U0383401

建筑工程质量通病防治手册

（第四版）

彭圣浩　主编

中国建筑工业出版社

图书在版编目（CIP）数据

建筑工程质量通病防治手册/彭圣浩主编. —4版 . —北京：中国建筑工业出版社，2013. 9（2023.5重印）

ISBN 978-7-112-15963-5

Ⅰ. ①建… Ⅱ. ①彭… Ⅲ. ①建筑工程-工程施工-工程质量-手册 Ⅳ. ①TU712-62

中国版本图书馆 CIP 数据核字（2013）第 237326 号

建筑工程质量通病防治手册

（第四版）

彭圣浩 主编

*

中国建筑工业出版社出版、发行（北京西郊百万庄）

各地新华书店、建筑书店经销

北京红光制版公司制版

天津翔远印刷有限公司印刷

*

开本：787×1092毫米 1/16 印张：119¾ 字数：3000千字

2014年2月第四版 2023年5月第五十次印刷

定价：**260.00**元

ISBN 978-7-112-15963-5

（24728）

本书第四版仍以采用传统施工技术的一般工业与民用建筑工程为主，同时包括应用日益广泛的新技术、新工艺、新材料的施工。

本次修订，保持原书的体例、编排方式和写作风格。同时，照顾城乡不同地区量大面广的中小型建筑施工企业技术水平和施工条件的差异，保留了本书中所有采用适用建筑技术的一般施工项目，增补了遗漏的和新出现的施工项目，删除了已陈旧、落后的内容。

第四版在第三版基础上做了较大的改动，新编了脚手架、索膜结构、墙体保温、设备安装、电梯、智能建筑、地下空间、既有建筑物加固、轨道交通和桥梁工程等10章，质量通病项目由第三版的1633项增加到2340项，并按照第三版出版后新发布的有关国家标准和行业标准对全书做了修订。全书共设50章，即：1常用建筑材料质量指标；2建筑测量工程；3土方工程；4爆破工程；5基础降（排）水；6深基坑工程；7地基加固处理；8浅基础工程；9桩基础工程；10沉井工程；11防水工程；12脚手架工程；13砌体结构工程；14模板工程；15滑模及爬模施工；16钢筋加工与安装；17钢筋焊接与机械连接；18混凝土工程；19特种混凝土工程；20预制钢筋混凝土构件生产；21装配式钢筋混凝土结构安装；22预应力混凝土工程；23现浇钢筋混凝土结构工程；24钢结构工程；25索膜结构工程；26木结构工程；27屋面工程；28墙体保温工程；29轻质隔墙工程；30地面工程；31建筑防腐蚀工程；32幕墙工程；33门窗及玻璃工程；34木装修及吊顶工程；35抹灰饰面工程；36板（砖）饰面工程；37建筑涂饰工程；38设备安装工程；39建筑电气安装工程；40给排水与暖卫工程；41通风空调工程；42电梯工程；43智能建筑工程；44古建工程；45地下空间工程；46建筑物室外工程；47既有建筑物加固工程；48工程构筑物施工；49轨道交通工程；50桥梁工程。

本书供城乡建筑施工人员、管理人员使用，也可供土建设计人员和大专院校土建专业师生参考。

* * *

责任编辑　林婉华
责任设计：李志立
责任校对：肖　剑　关　健

总 目 录

（带＊者为第四版编写修订人员）

27　屋面工程　霍瑞琴* 哈成德* 王寿华 叶琳昌 叶　筠
28　墙体保温工程　胡伦坚*
29　轻质隔墙工程　程　峰* 龚程伟* 郭向勇* 余永祯
30　地面工程　邓学才 李振申* 曾兆平* 赵自强
31　建筑防腐蚀工程　徐兰洲 刘福云* 邢　峻*
32　幕墙工程　姜晨光*
33　门窗及玻璃工程　俞廷标* 王寿华 何文成
34　木装修及吊顶工程　刘宴山* 刘丙宇* 赵自强
35　抹灰饰面工程　李振申* 李文东* 李　杭* 王祖哲 滕伟才
36　板（砖）饰面工程　彭雪飞* 滕之俊*
37　建筑涂饰工程　徐　峰* 李振申* 李文东* 彭雪飞*
38　设备安装工程　李　明* 胡鸿志*
39　建筑电气安装工程　周卫新* 张文洋* 董春杰* 陈御平 朱林根
40　给排水与暖卫工程　费海丰* 钱雪松* 张玉贞 宋　波
41　通风空调工程　连　淳* 李红霞*
42　电梯工程　高占强* 陶建伟*
43　智能建筑工程　卞　璐* 张　婧*
44　古建工程　刘大可* 马炳坚* 路化林* 蒋广全*
45　地下空间工程　董　曦* 姜晨光* 王利民* 马云新*
46　建筑物室外工程　陈小俊* 吕学谦 曹全民 邓学才
47　既有建筑物加固工程　敬登虎* 刘丙宇* 卢海波* 郭庆丰*
48　工程构筑物施工　曹全民* 艾胜利* 阎汝刚*
49　轨道交通工程　姜晨光*
50　桥梁工程　姜晨光*
附录　周恋华 彭雪燕 宋春娜

主　编　彭圣浩

第四版前言

本书第四版将是我奉献给读者的最后一个版本。自1983年至今，经过了30个春秋，参加过本书写作的合作伙伴，有一些已相继离我而去，特别是参与第三版编写修订的施文华、邹泓荣、陆钦赞、钟炯垣、凌关荣等专家、挚友的逝世，使我深感悲痛，他们为本书做出的贡献，值得我们永远怀念。

我以多病之身、耄耋之年能够支撑到今天，其中有一种力量就是想坚持为读者站完最后一班岗。我从1970年创办了《建筑技术》，1980年创办了《建筑工人》，整个心血倾注在两本杂志上，当时有些作者对我说，“你有两个女儿，这两本杂志成了你的两个儿子”，而我现在发觉，对这本书的热爱程度胜过了对两本杂志。因此我虽然明知修订本书已是心有余而力不足，但当在网上看到众多读者对本书如饥似渴的需求，看到我国建筑技术的不断发展，看到建筑标准的不断制订和修订，一次一次的激励，使我怀着一种紧迫感和责任感，以对读者负责的态度，毅然作出了再次修订本书的决定。

从2011年9月开始组织本书第四版修订，到2013年3月修订完成，历时一年有余，这期间我两次患病住院，真是心急如焚。林婉华同志是我的老朋友，从第一版开始就担任本书的责任编辑，她劝慰我不要着急，出版合同到期也不会催促我。我的家人、亲朋好友也多次好意劝我，说我那么大的年纪还是身体要紧。因此在此时此刻，当全书修订完成写第四版前言的时候，我的心情无比激动。

本书1983年出版后已重印39次，累计印数达60余万册，之所以能够具有强大的生命力和吸引力，其原因我在第三版前言中已作了4点总结。要编出一本好书，除了选题策划外，关键在于物色志同道合、真才实学的作者。参加本书第四版编制修订的100多位作者，绝大多数具有教授、研究员及教授级高级工程师的职称，有的参与了有关国家或行业标准的编制，或出版过相关的专业图书，而且至今仍坚守在施工、生产、科研和教学岗位上。他们既不是为了扬名立万，更不是为了区区稿酬，而是为了把自己的经验和知识，警示后来者，避免重蹈覆辙。

本书第四版在第三版基础上做了较大的改动，有的章节全部重新编写并增补了新的内容，删除和合并了个别章节，新编了脚手架、索膜结构、墙体保温、设备安装、电梯、智能建筑、地下空间、既有建筑物加固、轨道交通和桥梁工程等10章，全书仍为50章，质量通病项目由第三版的1633项增加到2340项，并按照第三版出版后新发布的有关国家标准和行业标准对全书做了修订。但尽管作了最大的努力，还是不能尽如人意，寄希望于下一个版本能够进一步加以完善，使其内容常新，长盛不衰，不辜负读者的厚爱和期望。

值此本书第四版出版之际，谨向新老读者和出版、发行人员表示诚挚的问候和感谢，并为我家人对我的支持和帮助感到由衷的欣慰！

彭圣浩

2013年3月12日

第三版前言

本书从第一版组织编著到第三版修订出版历时二十载，付出了一代人、一百多位专家的心血。他们中间一些人已经离我们而去，王伯龙同志抱病坚持完成了编写任务，伍芬林同志在身患绝症之际参加了第三版的修订，逝世前一个月还对修订稿作了最后一次补充。我对他们的英年早逝深感悲痛和惋惜，读者将会和我一起纪念他们为本书作出的贡献。我相信，他们的名字将和这本书一起长久流传下去。

本书是我国最早全面分析工程质量通病的工具书，从1984年出版至今已重印20次，累计印数达57万册，成为我国建筑图书中持续发行期最长、发行量最大、发行覆盖面最广的少数几种图书之一。究其原因：

一是建筑工程质量通病防治是一个长期的、涉及面广的而又迫切需要解决的课题，只要工程建设一天不停顿，防治质量通病就一天也不能松懈；只要建筑工程继续在发展，防治质量通病这个课题就需要不断更新内容；

二是编写本书有着明确的宗旨，不是为个人树碑立传，而是急读者之所需，怀着为提高我国建筑工程质量水平服务的心愿，以严肃认真、精益求精的态度，为读者编好书，要让读者感到本书确实可读、可学、可用；

三是融合了一般图书的优点和辞书的特点，采用了一种新颖的编排形式，从书名、章节设置到条目编排，都进行了独特的构思，取得了实用、简明、便查的效果；

四是汇集了一批有真才实学的、志同道合的写作伙伴，特别是在经历十年浩劫，缺乏参考资料和现成模式的情况下，凭着丰富的实践经验，以对读者负责的诚意，尽其所知，倾心传授。

本书第三版在第二版的基础上又作了较大改动，有些章节全部重新改写并增补了新的内容，个别章节作了删节，新编了施工测量、爆破、深基坑、浅基础、地下连续墙、特种混凝土、建筑幕墙、古建筑和室外工程等9章，全书由原40章调整为50章，质量通病条目由第二版的1040项增加到1633项，并按照第二版出版后新发布的有关国家标准和行业标准对全书作了修订，使本书以崭新的面貌呈现在读者面前。

建筑工程质量通病防治，重在预防，一旦产生质量通病，甚至酿成事故，即使尚可补救，但已造成损失，留下缺憾，事后治理，实属无奈，亡羊补牢，终究不是上策。参与编写本书的诸同仁，对此深有同感。为此编者恳切希望广大读者不仅在工程发生质量通病之后，阅读本书，查找原因，寻求治理方法；更应在工程实践中认真研读，事先采取周密的预防措施，做到未雨绸缪，防患于未然，确保工程质量万无一失。

借此第三版出版之际，谨向本书新老读者和出版、发行人员表示诚挚的问候和衷心的感谢。

彭圣浩

2001年6月30日

第二版前言

《建筑工程质量通病防治手册》自1984年出版发行以来，受到了各地建筑职工的普遍欢迎。截至1988年，本手册已重印4次，累计印数达50万册，1986年被评选为全国优秀畅销书之一，1990年1月荣获建设部首届全国优秀建筑科技图书部级奖一等奖。

但由于本手册成稿于1983年，而近几年随着我国改革开放政策的实施，建筑业发展较快，新技术、新工艺、新材料采用较多，有关建筑技术的国家标准、规范陆续修订，以及法定计量单位开始普遍推行，因此本手册的内容亟须根据上述情况的变化而加以补充修订。

本手册第二版仍按第一版编排方式共设40章，但篇幅较第一版略有增加，补充了振冲、旋喷、强夯、砂桩、碎石挤密桩、组合式钢模板、钢筋气压焊接、长线台座生产预应力圆孔楼板、无粘结预应力混凝土、高层建筑钢结构安装、高分子防水卷材屋面、涂料类防腐蚀工程、外墙彩砂厚涂料饰面、玻璃马赛克饰面等方面内容，质量通病项目由第一版的906项增加到1040项。书中所列数据和符号均按新编《建筑安装工程质量检验评定标准》和其他新颁规范、标准进行了修订，在公式、图表和文字叙述中，改用了法定计量单位的国际符号表达量值。为便于读者掌握，在手册前面，分别列出了本手册所用的法定计量单位和专用符号的索引表以及法定计量单位和第一版旧用非法定计量单位的换算关系表。对于第一版中存在的个别疏漏和错误，在第二版中也尽可能作了修正。

借此机会，对关心本手册的广大读者和建筑界人士表示衷心感谢，并希望继续提供宝贵意见。

编　者

1990年1月

第一版前言

建筑工程质量通病是指建筑工程中经常发生的、普遍存在的一些工程质量问题。由于其量大面广，因此对建筑工程质量危害很大，是进一步提高工程质量的主要障碍。

当前，全国各地建筑施工企业，普遍开展了“创全优工程”竞赛活动，在加强企业管理、提高工程质量等方面，取得了显著成绩。但是，工程质量粗糙、低劣的状况还没有得到根本改善，质量通病还经常出现，工程质量事故还时有发生。究其原因是多方面的，除了思想上对工程质量重视不够，企业管理不善外，一个重要原因是，近几年来，我国城乡建筑队伍迅猛发展，施工技术力量薄弱，施工人员对如何消除工程质量通病缺乏必要的理论知识和实践经验。为了确保工程质量，创造全优工程，城乡广大建筑企业和基建部门，迫切需要一本有助于诊断、预防、治疗工程质量通病的、全面系统而又简明实用的工具书，以此来指导施工和维修。这就是我们编辑本手册的目的。

本手册主要叙述建筑施工中的“常见病”、“多发病”，也介绍了部分由于设计原因造成的质量通病。读者对象主要是城乡建筑企业的广大施工人员、管理干部，农村建筑社队施工 人员，以及建房单位和用房单位的基建人员与行政管理人员，同时也可供土建设计人员和大专院校土建专业师生参考。

本手册编写范围以采用传统施工技术的一般工业与民用建筑工程为主，并包括部分近年来应用日益广泛的新技术、新工艺、新材料施工项目。全书共分四十章，列举了906项质量通病项目。每项质量通病一般介绍了通病的现象（特征），分析了产生原因，提供了预防措施和治理方法。重点介绍预防措施，以贯彻预防为主的方针。在章节划分及通病项目编排上，以便于读者查找使用为原则，不拘泥于固定的程式。每一章节后面，均按国家规范或部颁标准的要求，列出了该工程项目的质量标准及检验方法。对于尚无国家标准的项目，则列出了地区或单位制定的标准，并在表后加注说明，以供参考。

本手册在编写时，力求做到通用性强，适用面广；内容完整，简明扼要；概念正确，措施有效。但是由于编写质量通病防治手册在国内还是初次尝试，缺乏经验，又由于受时间、人力、编写人员水平和资料的限制，因此本手册还存在不少缺点，特别是各章节笔调还欠统一，繁简不甚一致，有些项目不全，名词、术语使用也不够严谨。为了保持章节内容的相对独立和完整，以方便使用，有些章节的个别通病项目或其内容不可避免地略有重复。总之，本手册错误和遗漏之处还很多，我们热诚希望读者把使用中发现的问题和意见，随时告诉我们，以便今后补充修正。

本手册在编写过程中，得到了写作者所在单位的领导和周围同志的热情支持和帮助，对此我们表示衷心感谢。

编　者

1983年12月

目录

2　建筑测量工程

3 土方工程

4 爆破工程

5　基础降（排）水

6　深基坑工程

7 地基加固处理

8　浅基础工程

9 桩基础工程

10　沉 井 工 程

11 防水工程

12　脚手架工程

13　砌体结构工程

14 模板工程

15 滑模及爬模施工

16 钢筋加工与安装

17 钢筋焊接与机械连接

18　混凝土工程

19 特种混凝土工程

20 预制钢筋混凝土构件生产

21 装配式钢筋混凝土结构安装

22　预应力混凝土工程

23 现浇钢筋混凝土结构工程

24 钢结构工程

25　索膜结构工程

26　木结构工程

27　屋 面 工 程

28　墙体保温工程

29　轻质隔墙工程

30 地 面 工 程

32 幕墙工程

33 门窗及玻璃工程

34 木装修及吊顶工程

35 抹灰饰面工程

36 板（砖）饰面工程

37 建筑涂饰工程

38　设备安装工程

39 建筑电气安装工程

40 给排水与暖卫工程

41 通风空调工程

42 电梯工程

43　智能建筑工程

44　古建工程

45 地下空间工程

46 建筑物室外工程

47 既有建筑物加固工程

48 工程构筑物施工

49 轨道交通工程

50 桥梁工程

附 录

1 常用建筑材料质量指标

1.1 水泥、矿物掺合料

1.1.1 常用水泥

1. 各龄期强度不得低于表 1-1 的规定数值。

通用硅酸盐水泥不同强度等级各龄期强度值 **表 1-1**

品 种	强度等级	抗压强度（MPa）		抗折强度（MPa）	
		3d	28d	3d	28d
硅酸盐水泥	42.5	≥17.0	≥42.5	≥3.5	≥6.5
	42.5R	≥22.0		≥4.0	
	52.5	≥23.0	≥52.5	≥4.0	≥7.0
	52.5R	≥27.0		≥5.0	
	62.5	≥28.0	≥62.5	≥5.0	≥8.0
	62.5R	≥32.0		≥5.5	
普通硅酸盐水泥	42.5	≥17.0	≥42.5	≥3.5	≥6.5
	42.5R	≥22.0		≥4.0	
	52.5	≥23.0	≥52.5	≥4.0	≥7.0
	52.5R	≥27.0		≥5.0	
矿渣硅酸盐水泥 火山灰质硅酸盐水泥 粉煤灰硅酸盐水泥 复合硅酸盐水泥	32.5	≥10.0	≥32.5	≥2.5	≥5.5
	32.5R	≥15.0		≥3.5	
	42.5	≥15.0	≥42.5	≥3.5	≥6.5
	42.5R	≥19.0		≥4.0	
	52.5	≥21.0	≥52.5	≥4.0	≥7.0
	52.5R	≥23.0		≥4.5	

注：表中强度等级栏中 R 表示早强型，经求 3d 达到较高水平。

2. 各项技术要求应符合表 1-2 的规定。

通用硅酸盐水泥技术要求 **表 1-2**

水泥品种	代号	不溶物（%）	烧失量（%）	三氧化硫（%）	氧化镁（%）	氯离子（%）	细度	凝结时间		安定性（沸煮法）
								初凝不小于（min）	终凝不大于（min）	
硅酸盐水泥	P.Ⅰ	≤0.75	≤3.0	≤3.5	≤5.0	≤0.06	比表面积不小于 $300m^2/kg$	45	390	合格
	P.Ⅱ	≤1.50	≤3.5							
普通硅酸盐水泥	P.O	—	≤5.0					45	600	合格

续表

水泥品种	代号	不溶物(%)	烧失量(%)	三氧化硫(%)	氧化镁(%)	氯离子(%)	细度	凝结时间 初凝 不小于(min)	凝结时间 终凝 不大于(min)	安定性(沸煮法)
矿渣硅酸盐水泥	P. S. A	—	—	≤4.0	≤6.0	≤0.06	80um方孔筛不大于10%，或45um方孔筛不大于30%	45	600	合格
	P. S. B				—					
火山灰质硅酸盐水泥	P. P	—	—	≤35	≤6.0			45	600	合格
粉煤灰硅酸盐水泥	P. F	—	—					45	600	合格
复合硅酸盐水泥	P. C	—	—					45	600	合格

注：1. 如果水泥压蒸试验合格，则水泥中氧化镁的含量允许放宽至6.0%。

2. 如果水泥中氧化镁的含量大于6.0%时，需进行水泥压蒸安全性试验并合格。

3. 当有更低要求时，该指标由买卖双方确定。

3. 主要性能和适用范围参见表1-3。

通用硅酸盐水泥的主要性能和适用范围　　**表1-3**

水泥品种	主要性能 优点	主要性能 缺点	使用范围 适用范围	使用范围 不适用范围
硅酸盐水泥	(1) 快硬早强； (2) 水化热高； (3) 耐冻性好	(1) 耐热性较差； (2) 耐腐蚀性较差	(1) 要求快硬早强的工程； (2) 配制高强度等级混凝土； (3) 配制预拌混凝土	(1) 大体积混凝土； (2) 受化学侵蚀的工程
普通硅酸盐水泥	(1) 早强； (2) 水化热高； (3) 耐冻性较好	(1) 耐热性较差； (2) 耐腐蚀性较差	(1) 一般土建工程中混凝土及预应力混凝土结构，包括受反复冰冻作用结构以及高强度等级混凝土； (2) 配制预拌混凝土； (3) 配制建筑砂浆	(1) 大体积混凝土； (2) 受化学侵蚀的工程
矿渣硅酸盐水泥	(1) 早期强度低，后期强度增长较快； (2) 水热化底； (3) 耐热性较好； (4) 抗硫酸盐类侵蚀和抗水性较好	(1) 抗冻性较差； (2) 干燥收缩较大	(1) 适用于大体积混凝土； (2) 配制耐热性混凝土； (3) 蒸汽养护构件； (4) 一般地上地下和水中的混凝土构筑物等； (5) 配制建筑砂浆	(1) 早期要求强度较高的工程； (2) 严寒地区并在水位升降部位的结构
火山灰质硅酸盐水泥	(1) 早期强度低，后期强度增长较快； (2) 水化热较低； (3) 抗硫酸盐侵蚀和抗水性好； (4) 抗渗性好	(1) 抗冻性较差； (2) 干燥收缩大； (3) 耐热性较差	(1) 大体积混凝土工程； (2) 有抗渗要求的混凝土； (3) 蒸汽养护构件； (4) 一般混凝土工程	(1) 早期要求较高的混凝土工程； (2) 严寒地区并在水位升降部位的结构； (3) 干燥环境下的混凝土； (4) 有耐磨要求的混凝土

续表

水泥品种	主要性能		使用范围	
	优点	缺点	适用范围	不适用范围
粉煤灰硅酸盐水泥	除干燥收缩较小外，其他同火山灰质硅酸盐水泥	除抗碳化能力较差外，其他同火山灰质硅酸盐水泥	一般混凝土工程	有抗碳化要求的混凝土工程，其他同火山灰质硅酸盐水泥
复合硅酸盐水泥	根据所掺混合材种类、掺量及相对比例，与矿渣、火山灰、粉煤灰硅酸盐水泥相似	(1) 干燥收缩较大； (2) 抗冻性较大	根据其掺入的混合材种类，参照其他混合材水泥适用范围选用	根据其掺入的混合材种类，参照其他混合材水泥不适用范围选用

1.1.2 几种特种水泥

1. 各龄期强度不得低于表1-4规定数值。

几种特种水泥不同等级各龄期强度值 **表1-4**

强度等级	强度(MPa)	抗硫酸盐硅酸盐水泥		白色硅酸盐水泥		高铝水泥		快硬硅酸盐水泥	
		3d	28d	3d	28d	1d	3d	1d	3d
32.5	抗压			12.0	32.5			15.0	32.5
	抗折			3.0	6.0			3.5	5.0
37.5	抗压							17.0	37.5
	抗折							4.0	6.0
42.5	抗压	16.0	42.5	71.0	42.5	36.0	42.5	19.0	42.5
	抗折	3.5	6.5	3.5	6.5	4.0	4.5	4.5	6.4
52.5	抗压	22.0	52.5	22.0	52.5	46.0	52.5		
	抗折	2.0	7.0	4.0	7.0	5.0	5.5		
62.5	抗压					56.0	62.5		
	抗折					6.0	6.5		
72.5	抗压					66.0	72.5		
	抗折					7.0	7.5		

注：1. 快硬硅酸盐水泥使用单位如要求7d及28d龄期的数据，则应进行试验，试验结果仅作参考，但后一龄期的强度必须高于前一龄期的强度。
2. 高铝水泥28d强度应予测定，其实测值不得低于同等级的3d指标。

2. 各项指标要求应符合表1-5的规定。

几种特种水泥技术要求 **表1-5**

水泥品种	三氧化硫(%)	氧化镁(%)	安定性	细度	凝结时间		烧失量(%)
					初凝(min)	终凝(h)	
抗硫酸盐硅酸盐水泥	<2.5	<5.0	沸煮法合格	比表面积 $280m^2/kg$	>45	<10	<3.0
白色硅酸盐水泥	<3.5	<4.5	沸煮法合格	0.08mm方孔筛筛余<10	>45	<12	—

续表

水泥品种	三氧化硫（%）	氧化镁（%）	安定性	细　度	凝结时间		烧失量（%）
					初凝（min）	终凝（h）	
快硬硅酸盐水泥	＜4.0	＜5.0	沸煮法合　格	0.08mm 方孔筛筛余＜10	＞40	＜10	—
高铝水泥	SiO_2 ≤10%	Fe_2O_3 ≤3%	—	0.08mm 方孔筛筛余＜10	＞40	＜10	

注：快硬硅酸盐水泥氧化镁含量如经压蒸安定性试验合格，允许放宽到6.0%。

1.1.3　矿物掺合料

1. 拌制混凝土和砂浆用粉煤灰应符合表1-6技术要求。

拌制混凝土和砂浆用粉煤灰技术要求　　**表1-6**

项　目		技术要求		
		Ⅰ级	Ⅱ级	Ⅲ级
细度，45μm方形筛筛余不大于（%）	F类粉煤灰	12.0	25.0	45.0
	C类粉煤灰			
需水量比，不大于（%）	F类粉煤灰	95	105	115
	C类粉煤灰			
烧失量，不大于（%）	F类粉煤灰	5.0	8.0	15.0
	C类粉煤灰			
含水量，不大于（%）	F类粉煤灰	1.0		
	C类粉煤灰			
三氧化硫，不大于（%）	F类粉煤灰	3.0		
	C类粉煤灰			
游离氧化钙，不大于（%）	F类粉煤灰	1.0		
	C类粉煤灰	4.0		
安定性雷式夹沸煮后增加距离，不大于（mm）	C类粉煤灰	5.0		

注：按煤种分类F类和C类。F类粉煤灰是由无烟煤或烟煤煅烧收集的粉煤灰；C类粉煤灰是由褐煤或次烟煤煅烧收集的粉煤灰，其氧化钙含量一般大于10%。

2. 用于水泥和混凝土中的粒化高炉矿渣粉，应符合表1-7技术指标。

粒化高炉矿渣粉技术指标　　**表1-7**

项　目			级　别		
			S105	S95	S75
密度（g/cm^3）	≥		2.8		
比表面积（m^2/kg）	≥		500	400	300
活性指数（%）	≥	7d	95	75	55
		28d	105	95	75
流动度比（%）	≤		95		
含水量（%）	≤		1.0		
三氧化硫（%）	≤		4.0		
氯离子（%）	≤		0.06		
烧失量（%）	≤		3.0		
玻璃体含量（%）	≥		85		
放射性			合格		

3. 高强高性能混凝土用矿物掺合料应符合表 1-8 技术要求。

矿物掺合料技术要求指标 **表 1-8**

试验项目			指标							
			磨细矿渣			磨细粉煤灰		磨细天然沸石		硅灰
			Ⅰ	Ⅱ	Ⅲ	Ⅰ	Ⅱ	Ⅰ	Ⅱ	
化学性能	MgO（%）≤		14			—	—	—	—	—
	SO_3（%）≤		4			3		—	—	—
	烧失量≤		3			5	8	—	—	6
	Cl（%）≤		0.02			0.02		0.02		0.02
	SiO_2（%）≥		—	—	—	—	—	—	—	85
	吸铵值（mol/100g）≥		—	—	—	—	—	130	100	—
物理性能	比表面积（m^2/kg）≥		750	550	350	600	400	700	500	15000
	含水率（%）≤		1.0			1.0		—	—	3.0
胶砂性能	需水量比（%）≤		100			95	105	110	110	125
	活性指数	3d（%）≥	85	70	55	—	—	—	—	—
		7d（%）≥	100	85	75	80	75	—	—	—
		28d（%）≥	115	105	100	90	85	90	85	85

1.2 建设用砂、石

1.2.1 建设用砂

1. 建设用砂的技术要求见表 1-9。

2. 建设用砂的颗粒级配标准应符合表 1-10 的要求。

建设用砂的技术要求 **表 1-9**

项目		指标		
		Ⅰ类	Ⅱ类	Ⅲ类
颗粒级配		应符合表 1-10 规定		
含泥量（按重量计）、(%)		≤1.0	≤3.0	≤5.0
泥块含量（按重量计）、(%)		0	≤1.0	≤2.0
有害物质含量（%）（按重量计）（不能混有草根、树叶、树枝、塑料品、煤块、炉渣等）	云母	≤1.0	≤2.0	≤2.0
	轻物质	≤1.0	≤1.0	≤1.0
	硫化物及硫酸盐（按 SO_3 重量计）	≤0.5	≤0.5	≤0.5
	有机物（比色法）	合格	合格	合格
	氯化物（以氯离子重量计）	≤0.01	≤0.02	≤0.06
	贝壳	≤3.0	≤5.0	≤8.0
坚固性：在硫酸钠饱和溶液中经 5 次循环浸渍后，其重量损失（%）		≤8	≤8	≤10
单级最大压碎指标（%）		≤20	≤25	≤30
表观密度（kg/m^3）		>2500		

续表

项目	指标		
	Ⅰ类	Ⅱ类	Ⅲ类
松散堆积密度（kg/m³）	>1400		
空隙率（%）	<44		
碱集料反应	经碱集料反应试验后，试件应无裂缝、酥裂、胶体外溢等现象，在规定的试验龄期膨胀率应小于0.10%		

注：Ⅰ类宜用于强度等级大于C60混凝土；Ⅱ类宜用于强度等级C30～C60及抗冻、抗渗或其他要求的混凝土；Ⅲ类宜用于强度等级小于C30的混凝土和建筑砂浆。

建设用砂的颗粒级配标准 **表1-10**

砂的分类	天然砂			机制砂		
级配区	1区	2区	3区	1区	2区	3区
方孔筛	累计筛余（%）					
4.75mm	10～0	10～0	10～0	10～0	10～0	10～0
2.36mm	35～5	25～0	15～0	35～5	25～0	15～0
1.18mm	65～35	50～10	25～0	65～35	50～10	25～0
600μm	85～71	70～41	40～16	85～71	70～41	40～16
300μm	95～80	92～70	85～55	95～80	92～70	85～55
150μm	100～90	100～90	100～90	97～85	94～80	94～75

注：砂的实际颗粒级配与表中所列数字相比，除4.75mm和600μm筛档外，可以略有超出，但超出总量应不大于5%。

3. 人工砂的颗粒级配、石粉含量、母岩的强度应符合表1-11、表1-12、表1-13的规定。

人工砂的颗粒级配 **表1-11**

筛孔尺寸		4.75mm	2.36mm	1.18mm	600μm	300μm	150μm
累计筛余（%）	Ⅰ区	10～0	35～5	65～35	85～71	95～80	100～90
	Ⅱ区	10～0	25～0	50～10	70～41	92～70	100～90
	Ⅲ区	10～0	5～0	25～0	40～16	85～55	100～90

人工砂的石粉含量 **表1-12**

项目		指标		
		≥C60	C55～C30	≤C25
石粉含量（%）	MB<1.4（合格）	≤5.0	≤7.0	≤10.0
	MB≥1.4（不合格）	≤2.0	≤3.0	≤5.0

人工砂母岩的强度 **表1-13**

项目	指标		
	火成岩	变质岩	沉积岩
母岩强度（MPa）	≥100	≥80	≥60

注：人工砂的实际颗粒级配与表中累计筛余相比，除筛孔为4.75mm和600μm的累计筛余外，其余筛孔的累计筛余可超出表中限定范围，但超出量不应大于5%。

1.2.2 混凝土用石子

1. 混凝土用石子的技术要求见表 1-14。

2. 石子的颗粒级配标准应符合表 1-15 的要求。

混凝土用石子的技术要求　　表 1-14

<table>
<tr><th colspan="3" rowspan="2">项　　目</th><th colspan="3">指　　标</th></tr>
<tr><th>Ⅰ类</th><th>Ⅱ类</th><th>Ⅲ类</th></tr>
<tr><td colspan="3">颗粒级配</td><td colspan="3">应符合表 1-15 的要求</td></tr>
<tr><td colspan="3">针片状颗粒含量（按重量计）（%）</td><td>≤5</td><td>≤10</td><td>≤15</td></tr>
<tr><td rowspan="2">含泥量、泥块含量（按重量计）（%）</td><td colspan="2">含泥量</td><td>≤0.5</td><td>≤1.0</td><td>≤1.5</td></tr>
<tr><td colspan="2">泥块含量</td><td>0</td><td>≤0.2</td><td>≤0.5</td></tr>
<tr><td rowspan="2">有害物质含量（%）（不应混有草根、树枝、树叶、塑料品、煤块、炉渣等）</td><td colspan="2">硫化物与硫酸盐（按 SO_3 重量计）（%）</td><td>≤0.5</td><td>≤1.0</td><td>≤1.0</td></tr>
<tr><td colspan="2">有机物</td><td>合格</td><td>合格</td><td>合格</td></tr>
<tr><td colspan="3">坚固性：在饱和硫酸钠溶液中经 5 次循环浸渍后，其重量损失（%）</td><td>≤5</td><td>≤8</td><td>≤12</td></tr>
<tr><td rowspan="3">强度</td><td colspan="2">岩石抗压强度</td><td colspan="3">在水饱和状态下，其抗压强度火成岩应不小于 80MPa，变质岩应不小于 60MPa，水成岩应不小于 30MPa</td></tr>
<tr><td rowspan="2">压碎指标（%）</td><td>碎石</td><td>≤10</td><td>≤20</td><td>≤30</td></tr>
<tr><td>卵石</td><td>≤12</td><td>≤14</td><td>≤16</td></tr>
<tr><td colspan="3">表观密度（kg/m³）</td><td colspan="3">>2600</td></tr>
<tr><td colspan="3">吸水率（%）</td><td>≤1.0</td><td>≤2.0</td><td>≤2.0</td></tr>
<tr><td colspan="3">含水率和堆积密度</td><td colspan="3">按实测值</td></tr>
<tr><td colspan="3">空隙率（%）</td><td>≤43</td><td>≤45</td><td>≤47</td></tr>
<tr><td colspan="3">碱集料反应</td><td colspan="3">经碱集料反应试验后，试件应无裂缝、酥裂、胶体外溢等现象，在规定的试验龄期的膨胀率应小于 0.10%</td></tr>
</table>

注：Ⅰ类宜用于强度等级大于 C60 的混凝土；Ⅱ类宜用于强度等级为 C30～C60 及抗冻、抗渗或其他要求的混凝土；Ⅲ类宜用于强度等级小于 C30 混凝土。

卵石和碎石的颗粒级配标准　　表 1-15

级配情况	公称粒径	累计筛余，按重量计（%） 筛孔尺寸（方孔筛）（mm）											
		2.36	4.75	9.50	16.0	19.0	26.5	31.5	37.5	53.0	63.0	75.0	90
连续粒级	5～16	95～100	85～100	30～60	0～10	0							
	5～20	95～100	90～100	40～80	—	0～10	0						
	5～25	95～100	90～100	—	30～70	—	0～5	0					
	5～31.5	95～100	90～100	70～90	—	15～45	—	0～5	0				
	5～40	—	95～100	75～90	—	30～65	—	—	0～5	0			
单粒粒级	5～10	95～100	80～100	0～15	0								
	10～16		95～100	80～100	0～15								
	10～20		95～100	85～100		0～15	0						
	16～25			95～100	55～70	25～40	0～10						
	16～31.5		95～100		85～100			0～10	0				
	20～40			95～100		80～100			0～10	0			
	40～80					95～100			70～100		30～60	0～10	0

注：1. 公称粒级的上限为该粒级的最大粒径。

2. 单粒级一般用于组合成具有要求级配的连续粒级，也可与连续粒级的碎石或卵石混合使用，以改善它们的级配或配成较大粒度的连续粒级。

3. 根据混凝土工程和资源的具体情况，进行综合技术经济分析后，在特殊情况下，允许直接采用单粒级，但必须避免混凝土发生离析。

1.2.3　轻集料

1. 不同密度的轻粗集料的筒压强度应不低于表 1-16 的规定。

轻粗集料的筒压强度　　表 1-16

轻粗集料种类	密度等级	筒压强度（MPa）	轻粗集料种类	密度等级	筒压强度（MPa）
人造轻集料	200	0.2	天然轻集料 工业废渣轻集料	600	0.8
	300	0.5		700	1.0
	400	1.0		800	1.2
	500	1.5		900	1.5
	600	2.0		1000	1.5
	700	3.0	工业废渣轻集料中的自然煤矸石	900	3.0
	800	4.0		1000	3.5
	900	5.0		1100～1200	4.0

2. 不同密度等级轻粗集料的吸水率应不大于表 1-17 的规定。

轻粗集料的吸水率　　表 1-17

轻粗集料种类	密度等级	1h 吸水率（%）
人造轻集料 工业废渣轻集料	200	30
	300	25
	400	20
	500	15
	600～1200	10
采用烧结工艺生产的粉煤灰陶粒	600～900	20
天然轻集料	600～1200	—

注：人造轻粗集料和工业废料轻粗集料的软化系数应不小于 0.8；天然轻粗集料的软化系数应不小于 0.7；轻细集料的吸水率和软化系数不作规定；报告实测试验结果。

3. 轻集料中有害物质含量应符合表 1-18 的规定。

轻集料中有害物质含量规定　　表 1-18

项目名称	技术指标
含泥量（%）	≤3.0
	结构混凝土用轻集料≤2.0
泥块含量（%）	≤1.0
	结构混凝土用轻集料≤0.5
煮沸重量损失（%）	≤5.0
烧失量（%）	≤5.0
	天然轻集料不作规定，用于无筋混凝土的煤渣允许≤18
硫化物和硫酸盐含量（按 SO_3 计）（%）	≤1.0
	用于无筋混凝土的自然煤矸石允许含量≤1.5
有机物含量	不深于标准色；如深于标准色，按 GB/T 17431.2－2010 中 18.6.3 的规定操作，且试验结果不低于 95%
氯化物（以氯离子含量计）含量（%）	≤0.02
放射性	符合 GB 6566 的规定

1.2.4 砌体用石材

1. 天然石材

常见天然石材的主要技术性能可参照表 1-19。

常见天然石材主要技术性能 **表 1-19**

无材名称	表观密度（kg/m³）	抗压强度（MPa）
花岗岩	2600	120～250
石灰岩	1800～1600	10～100
砂　岩	2400～2600	40～250

注：1. 石灰岩的耐热、耐酸性较差，故高温及含有大量碳酸气或酸性废水的构筑物不宜使用。

2. 石砌体所用的石材应符合设计规定的强度等级和岩种，并应质地坚实，无风化、剥落和裂纹。

3. 当设计对石料强度无具体要求时，抗压强度可参照以下数值：毛石、毛料石 30MPa，粗料石、半细料石、细料石 40MPa。

2. 卵石

卵石规格应基本一致，并应无脱层、蜂窝，外形应呈扁平状。呈圆球状、针状、薄片状及表面特别光滑者不得使用。

3. 毛石

毛石砌体所用的毛石，包括乱毛石和平毛石，其外形应呈块状，中部厚度不宜小于 15cm（砌挡土墙的毛石，中部厚度不小于 20cm）。

注：乱毛石系指形状不规则的石块；平毛石系指形状不规则，但有两个平面大致平行的石块。

4. 料石

（1）料石表面的加工，应符合表 1-20 的要求。

料石表面加工质量要求 **表 1-20**

种　类	外露面及相接周边的表面凹入深度不大于（mm）	叠砌面和接砌面的表面凹入深度不大于（mm）
细料石	2	10
毛细料石	10	15
粗料石	20	20
毛料石	稍加修整	25

注：1. 相接周边的表面系指叠砌面、接砌面与外露面相接处 2～3cm 范围内的部分。

2. 有装饰层的料石表面，其加工应符合装饰施工的要求。

3. 当设计对外露面有特殊要求时，应按设计要求加工。

（2）各种砌筑用料石的宽度、厚度均不宜小于 20cm，长度不宜大于厚度的 4 倍。料石规格尺寸的加工允许偏差应符合表 1-21 的要求。

料石规格尺寸加工允许偏差 **表 1-21**

种　类	宽、厚度（mm）	长度（mm）
细料石、半细料石	±3	±5
粗料石	±5	±7
毛料石	±10	±15

注：如设计有特殊要求，应按设计要求加工。

1.3　石灰、石膏

1.3.1　建筑用石灰

1. 建筑生石灰的技术指标见表 1-22。

建筑生石灰技术指标　　表 1-22

项　目	钙质生石灰			镁质生石灰		
	优等品	一等品	合格品	优等品	一等品	合格品
CaO+MgO 含量（%）不小于	90	85	80	85	80	75
未消化残渣含量（5mm 圆孔筛余）（%）不大于	5	10	15	5	10	15
CO_2（%）不大于	5	7	9	6	8	10
产浆量（L/kg）不小于	2.8	2.3	2.0	2.8	2.3	2.0

注：钙质生石灰氧化镁含量≤5%，镁质生石灰氧化镁含量>5%。

2. 建筑生石灰粉的技术指标见表 1-23。

建筑生石灰粉技术指标　　表 1-23

项　目		钙质生石灰粉			镁质生石灰粉		
		优等品	一等品	合格品	优等品	一等品	合格品
CaO+MgO 含量（%）不小于		85	80	75	80	75	70
CO_2 含量（%）不大于		7	9	11	8	10	12
细度	0.9mm 筛的筛余（%）　不大于	0.2	0.5	1.5	0.2	0.5	1.5
	0.125mm 筛的筛余（%）　不大于	7.0	12.0	18.0	7.0	12.0	18.0

3. 建筑消石灰粉的技术指标见表 1-24。

建筑消石灰粉技术指标　　表 1-24

项　目		钙质消石灰粉			镁质消石灰粉			白云石消石灰粉		
		优等品	一等品	合格品	优等品	一等品	合格品	优等品	一等品	合格品
CaO+MgO 含量（%）　不小于		70	65	60	65	60	55	65	60	55
游离水（%）		0.4～2	0.4～2	0.4～2	0.4～2	0.4～2	0.4～2	0.4～2	0.4～2	0.4～2
体积安定性		合格	合格	—	合格	合格	—	合格	合格	—
细度	0.9mm 筛筛余(%)　不大于	0	0	0.5	0	0	0.5	0	0	0.5
	0.125mm 筛筛余(%)　不大于	3	10	15	3	10	15	3	10	15

1.3.2　建筑用石膏

1. 建筑石膏技术要求见表 1-25。

建筑石膏技术指标　　表 1-25

项　目		优等品	一等品	合格品
抗折强度（MPa）≥ 抗压强度（MPa）≥		2.5 4.9	2.1 3.9	1.8 2.9
细　度 0.2mm 方孔筛，筛余（%）不大于		5.0	10.0	15.0
凝结时间（min）	初凝时间　不小于 终凝时间　不大于	6 30	6 30	6 30

2. 粉刷石膏的技术要求见表 1-26。

粉刷石膏的技术指标 表1-26

项目			指标		
			优等品	一等品	合格品
细度	面层粉刷石膏	2.5mm方孔筛筛余	0		
		0.2mm方孔筛筛余	40		
	底层和保温层粉刷石膏	2.5mm方孔筛筛余	—		
		0.2mm方孔筛筛余			
凝结时间（h）		初凝	≥1		
		终凝	≤8		
抗压强度（MPa）		面层粉刷石膏	5.0	3.5	2.5
		底层粉刷石膏	4.0	3.0	2.0
		保温层粉刷石膏	2.5	1.0	1.0
抗折强度（MPa）		面层粉刷石膏	3.0	2.0	1.0
		底层粉刷石膏	2.5	1.5	0.8
		保温层粉刷石膏	1.5	0.6	0.6
保温层粉刷石膏的体积密度（kg/m^3）			≤600		

1.4 混凝土外加剂

1.4.1 代号、性能指标

1. 各种外加剂代号应符合表1-27的规定。

各种外加剂代号 表1-27

外加剂类型	代号	外加剂类型	代号
早强型高性能减水剂	HPWR-A	缓凝型普通减水剂	WR-R
标准型高性能减水剂	HPWR-S	引气减水剂	AEWR
缓凝型高性能减水剂	HPWR-R	泵送剂	PA
标准型高效减水剂	HWR-S	早强剂	PC
缓凝型高效减水剂	HWR-R	缓凝剂	Re
早强型普通减水剂	WR-A	引气剂	AE
标准型普通减水剂	WR-S		

2. 受检混凝土性能指标应符合表1-28的规定。

受检混凝土性能指标 表1-28

项目	外加剂品种												
	高性能减水剂 HPWR			高效减水剂 HWR		普通减水剂 WR			引气减水剂 AEWR	泵送剂 PA	早强剂 PC	缓凝剂 Re	引气剂 AE
	早强型 HPWR-A	标准型 HPWR-S	缓凝型 HPWR-R	标准型 HWR-S	缓凝型 HWR-R	早强型 WR-A	标准型 WR-S	缓凝型 WR-R					
减水率（%）不小于	25	25	25	14	14	8	8	8	10	12	—	—	6
泌水率比（%）不小于	50	60	70	90	100	95	100	100	70	70	100	100	70

续表

项目		外加剂品种												
		高性能减水剂 HPWR			高效减水剂 HWR		普通减水剂 WR			引气减水剂 AEWR	泵送剂 PA	早强剂 PC	缓凝剂 Re	引气剂 AE
		早强型 HPWR-A	标准型 HPWR-S	缓凝型 HPWR-R	标准型 HWR-S	缓凝型 HWR-R	早强型 WR-A	标准型 WR-S	缓凝型 WR-R					
含气量（%）		≤6.0	≤6.0	≤6.0	≤3.0	≤4.5	≤4.0	≤4.0	≤5.5	≥3.0	≤5.5	—	—	≥3.0
凝结时间之差（min）	初凝	−90～+90	−90～+120	+90	−90～+120	＞+90	−90～+90	−90～+120	＞+90	−90～+120	—	−90～+90	＞+90	−90～+120
	终凝			—		—			—			—	—	
1h经时变化量	坍落度（mm）	—	≤80	≤60	—	—	—	—	—	—	≤80	—	—	—
	含气量（%）	—	—	—						−1.5～+1.5	—			−1.5～+1.5
抗压强度比（%）不小于	1d	180	170	—	140	—	135	—	—	—	—	135	—	—
	2d	170	160	—	130	—	130	115	—	115	—	130	—	95
	7d	145	150	140	125	125	110	115	110	110	115	110	100	95
	28d	130	140	130	120	120	100	110	110	100	110	100	100	90
收缩率比（%）不大于	28d	110	110	110	135	135	135	135	135	135	135	135	135	135
相对耐久性（200次）（%）不小于		—	—	—	—	—	—	—	—	80	—	—	—	80

注：1. 表中抗压强度比、收缩率比、相对耐久性为强制性指标，其余为推荐性指标。
2. 除含气量和相对耐久性外，表中所列数据为掺外加剂混凝土与基准混凝土的差值或比值。
3. 凝结时间之差性能指标中的“−”号表示提前，“+”号表示延缓。
4. 相对耐久性（200次）性能指标中的“≥80”表示将≥28d龄期的受检混凝土试件快速冻融循环200次后，动弹性模量保留值≥80%。
5. 1h含气量经时变化量指标中的“−”号表示含气量增加，“+”号表示含气量减少。
6. 其他品种的外加剂是否需要测定相对耐久性指标，由供需双方协商确定。
7. 当用户对泵送剂等产品有特殊要求时，需要进行的补充试验项目、试验方法及指标，由供需双方协商确定。

3. 混凝土外加剂各种类型、品种、适用范围参见表1-29。

混凝土外加剂各种类型、品种、适用范围　　表1-29

类　型	品　种	适用范围
高性能减水剂	聚羧酸系高性能减水剂，可分为非缓凝型、缓凝型高性能减水剂（亦可分为早强型、标准型、缓凝型高性能减水剂）	掺量低，减水率高，氯离子和碱含量低，配制的混凝土拌合物工作性好，混凝土收缩率较小，可改善混凝土的体积稳定性和耐久性等；可配制高强、高性能混凝土

续表

类 型	品 种	适用范围
普通减水剂和高效减水剂	木质素磺酸盐类； 多环芳香族磺酸盐类； 水溶性树脂磺酸盐类； 脂肪族类及其他改性木质素磺酸钙、改性丹宁等	普通减水剂具有一定的缓凝、减水和引气作用；高效减水剂具有较高的减水率，较低的引气量。可配制素混凝土、钢筋混凝土、预应力混凝土和高强高性能混凝土
引气及引气减水剂	引气剂：松香树脂类；烷基和烷基芳烃磺酸盐类；脂肪醇磺酸盐类；皂甙类；其他：蛋白质盐、石油磺酸盐类。 引气减水剂是由引气剂与减水剂复合组成，兼有引气和减水功能的外加剂	可配制抗冻混凝土、抗渗混凝土、抗硫酸盐混凝土、泌水严重的混凝土、贫混凝土、轻骨料混凝土、人工骨料配制的普通混凝土、高性能混凝土以及有饰面要求的混凝土。不宜用于蒸养混凝土及预应力混凝土
缓凝剂、缓凝减水剂及缓凝高效减水剂	糖类；木质素磺酸盐类；羟基羧酸及其盐类；无机盐类；可溶硼酸盐和磷酸盐等及胺盐及其衍生物、纤维素醚等	可配制大体积混凝土、碾压混凝土、炎热气候条件下施工的混凝土、大面积浇筑的混凝土、避免冷缝产生的混凝土、需长时间停放或长距离运输的混凝土、自流平免振混凝土、滑模施工或拉模施工的混凝土及其他需要延缓凝结时间的混凝土。缓凝高效减水剂可制备高强高性能混凝土
早强剂及早强减水剂	强电解质无机盐类早强剂；水溶性有机化合物；主要是有机盐和无机盐复合物等	能加速水泥水化和硬化，促进混凝土早期强度增长，缩短混凝土养护龄期，可配制蒸养混凝土，常温、低温和最低温度不低于－5℃环境中施工的有早强要求的混凝土工程。不宜在炎热环境条件下施工的混凝土；对人体产生危害或对环境产生污染的化学物质，严禁用作早强剂。 含有六价铬盐、亚硝酸盐等有毒成分的早强剂，严禁用于饮水工程及与食品相接触的工程。硝铵类严禁用于办公、居住等建筑工程。 严禁采用规范规定的含有氯盐配制的早强剂及早强减水剂
防冻剂	氯盐类；氯盐阻锈类；无氯盐类；水溶性有机化合物类；有机化合物与无机盐复合类；复合型防冻剂等	含强电解质无机盐的防冻剂用于混凝土中，必须符合规范规定。有机化合物类防冻剂可配制素混凝土、钢筋混凝土及预应力混凝土工程；有机化合物与无机盐复合防冻剂及复合型防冻剂可配制素混凝土、钢筋混凝土及预应力混凝土工程；但必须符合规范规定的禁用条例；含亚硝酸盐、碳酸盐的防冻剂严禁用于预应力混凝土结构
膨胀剂	硫铝酸钙类；硫铝酸钙-氧化钙类；氧化钙类	可配制补偿收缩混凝土，填充用膨胀混凝土，自应力混凝土，灌浆用膨胀砂浆。含硫铝酸钙类、硫铝酸钙-氧化钙类膨胀剂的混凝土（砂浆）不得用于长期环境温度为80℃以上的工程。含氧化钙类膨胀剂配制的混凝土（砂浆）不得用于海水或有侵蚀性水的工程

续表

类型	品种	适用范围
泵送剂	是由减水剂、缓凝剂、引气剂等复合而成的泵送剂	可配制工业与民用建筑及其他建（构）筑物的泵送施工的混凝土；特别适用于大体积混凝土、高层建筑和超高层建筑；适用于滑模施工，也适用于水下灌注桩混凝土。可配制预拌（商品）混凝土
防水剂	无机化合物类；有机化合物类；混合物类；复合类	可配制工业与民用建筑的屋面、地下室、隧道、巷道、给排水池、水泵站等有防水抗渗要求的混凝土工程。含氯盐的防水剂混凝土，严禁用于预应力混凝土工程，并应符合规范的规定
速凝剂	铝酸盐、碳酸盐等为主要成分的无机盐混合物等；铝酸盐、水玻璃等为主要成分，与其他无机盐复合而成的复合物	可用于采用喷射法施工的喷射混凝土，亦可用于需要速凝的其他混凝土

1.4.2 减水剂

1. 聚羧酸系高性能减水剂

(1) 聚羧酸系高性能减水剂的类型、形态、级别应符合表 1-30 的规定。

聚羧酸系高性能减水剂的类型、形态、级别 **表 1-30**

类型	非缓凝型	符合	FHN
	缓凝型		HN
形态	液体		Y
	固体		G
级别	一等品		Ⅰ
	合格品		Ⅱ

(2) 聚羧酸系高性能减水剂化学性能指标应符合表 1-31 的规定。

聚羧酸系高性能减水剂化学性能指标 **表 1-31**

项次	试验项目	性能指标			
		FHN		HN	
		Ⅰ	Ⅱ	Ⅰ	Ⅱ
1	甲醛含量（按折固含量计）(%) 不大于	0.05			
2	氯离子含量（按折固含量计）(%) 不大于	0.6			
3	总碱量(Na_2O+0.658K_2O)(按折固含量计)(%)不大于	15			

(3) 掺聚羧酸系高性能减水剂混凝土性能指标应符合表 1-32 规定的数值。

掺聚羧酸系高性能减水剂混凝土性能指标 **表 1-32**

项次	试验项目	性能指标			
		FHN		HN	
		Ⅰ	Ⅱ	Ⅰ	Ⅱ
1	减水率（%）不小于	25	18	25	18
2	泌水率比（%）不大于	60	70	60	70
3	含气量（%）不大于	6.0			
4	1h 坍落度保留值（mm）不小于	—		150	

续表

项次	试验项目		性能指标			
			FHN		HN	
			Ⅰ	Ⅱ	Ⅰ	Ⅱ
5	凝结时间差（min）		−90～+120		>+120	
6	抗压强度比（%）不小于	1d	170	150	—	
		3d	160	140	155	135
		7d	150	130	145	125
		28d	130	120	130	120
7	28d收缩率比（%）不大于		100	120	100	120
8	对钢筋锈蚀作用		对钢筋无锈蚀作用			

2. 普通、高效、高性能减水剂品名和技术性能参见表1-33。

普通、高效、高性能减水剂品名和技术性能　　表1-33

品　名	主要成分及技术指标	混凝土性能	掺加量(%)
木质素磺酸钠	主要成分纸浆废液	减水率10%～15%：28d强度提高10%～20%；坍落度增加100～150mm	0.2～0.3
MY型减水剂	主要成分木钙衍生物，pH值8～9，粉状	减水率9%～12%；3d及28d强度提高15%；引气量3%～04%	0.2～0.3
CF-G型减水剂	主要成分木质素磺酸镁	减水率8%；3d及28d强度提高12%	0.4
FDN高效减水剂	主要成分为β-萘磺酸甲醛缩合物，棕黄色粉状物，pH值7～9，表面张力71.1×10^{-5}N，水泥净浆流动度为240mm	泌水率16%～25%；3d强度提高50%～60%，28d强度提高20%～30%；节约水泥10%～15%；不锈蚀钢筋	0.2～0.75
UNF高效减水剂	主要成分β-萘磺酸盐，褐色粉状物，pH值7～9，表面张力70—71×10^{-5}N，水泥净浆流动度220mm，硫酸钠含量≤30%	减水率150%～20%：3d强度提高50%～70%，28d强度提高16%～30%；节约水泥10%～15%；不锈蚀钢筋；适用混凝土蒸养工艺	0.5～1.0
NF高效减水剂	主要成分β-萘磺酸盐，褐色粉状物，pH值11～12，表面张力71.3×10^{-5}N，水泥净浆流动度250mm，硫酸钠含量≤30%	减水率10%～20%；3d强度提高50%～60%，28d强度提高15%～50%；节约水泥>10%	0.5～1.5
N型减水剂	主要成分次甲基多萘磺酸钠，pH值2.7～10，水泥净浆流动度≥200mm，硫酸钠含量≤25%	减水率16%；3d强度提高50%，28d强度提高15%～30%	0.5～0.7
HM型减水剂	主要成分碱木素，pH值9～10，表面张力61.3×10^{-5}N	减水率50%～8%；3d及28d强度提高11%，节约水泥5%	0.2～0.3
糖蜜减水剂	废蜜	减水率70%～11%；28d强度提高10%～20%；坍落度增大40～60mm	0.2～0.3
AF高效减水剂	主要成分次甲基多环芳烃磺酸钠	减水率10%～20%；1～3d强度提高50%～100%：7d强度超过基准28d的强度；抗渗和抗碳化性能好	0.5～1.2
QYZ高效减水剂	本产品属于脂肪族，不引气、不缓凝，硫酸钠含量低	减水率18%以上，1～3d强度提高50%以上，7d强度提高40%以上，28d强度提高30%以上	0.4～1.2
QYM高效减水剂	主要成分以上三聚氰胺磺酸盐甲醛缩合物，本产品不缓凝，不引气	减水率16%以上，1～3d强度提高50%以上，28d强度提高30%以上	0.5～1.5

3. 早强型减水剂品名和技术性能参见表1-34。

早强型减水剂品名和性能 **表1-34**

品名	主要成分及技术指标	混凝土性能	掺加量(%)
金陵1号减水剂	主要成分萘磺酸盐、硫酸钠，pH值7～8、粉状、4900孔筛余<20%	减水率10%～16%，3d强度提高40%～70%，28d强度提高10%～50%	1.0～1.5
FDN-S	主要成分硫酸钠、萘磺酸盐，黄棕色粉状物	减水率14%；3d混凝土强度提高30%～80%	0.2～1.0
UNF-4	主要成分硫酸钠、萘磺酸盐，粉状物	减水率10%～15%；3d混凝土强度提高70%	1～2.5
JM_2早强高效减水剂	主要成分甲基萘磺酸、钠盐、甲醛缩合物，粉状物	减水率15%，3d强度可达到设计强度50%～70%，7d强度可达到设计强度60%～80%。28d强度提高20%；节约水泥12%	1～2
HL-302型早强减水剂	糖钙复合剂	减水率5%～8%；3d强度提高30%～60%，28d强度提高10%；节约水泥8%～10%	1.5～2.0
S型	主要成分AF硫酸钠等，粉状物	减水率15%；1～3d混凝土强度提高50%～100%	2～3
JZS	主要成分糖钙，硫酸钠，粉状物，0.08mm筛余<10%	减水率8%；3d混凝土强度提高50%～80%	2.5～3
YNZ早强减水剂	主要成分硫酸钠，萘磺酸盐粉状物，pH值7～9	减水率10%～20%，3d强度提高60%～80%，28d强度提高20%～60%	1～1.5

4. 缓凝型减水剂品名和技术性能参见表1-35。

缓凝型减水剂品名和性能 **表1-35**

品名	主要成分及技术指标	混凝土性能	掺加量(%)
DH_4缓凝增塑高效减水剂	主要成分萘磺酸盐等；pH值9～11，粉剂，表面张力62～68×10^{-5}N	减水率17%或增大坍落度150～200mm；3d强度提高30%，28d强度提高25%，气温30℃时，缓凝4～7h	0.5
HL—202缓凝高效减水剂	主要成分木钙及萘磺酸盐，粉剂	减水剂10%～25%，或增大坍落度3倍；3d强度提高20%～80%，28d强度提高15%～50%	1.5～2.0
糖蜜减水剂（缓凝性）	主要成分糖蜜，棕黄色粉状物，水不溶物<5%，pH值≥13，净浆流动度较基准高25%	初凝延缓120min，提高坍落度1倍；减水率7%～10%，3d强度提高25%，28d强度提高20%；降低干缩15%，提高抗渗1倍	0.1～0.2
HL401表面缓凝剂	主要成分磷酸钠等，液态，在+2℃以上使用	涂于模板表面，3d内拆模，混凝土表面3～5mm砂浆可剥离；不降低混凝土强度；不锈蚀钢筋	0.25～3
ST缓凝减水剂	主要成分糖钙，pH值12～13，表面张力69～71×10^{-5}N，含固量43%～45%	减水率60%～11%（砂浆为5%～7%）；28d强度提高15%～25%；节约水泥50%～10%；常温下缓凝2～4h	0.2～0.3

续表

品　名	主要成分及技术指标	混凝土性能	掺加量(%)
FND-100缓凝减水剂	主要成分β萘磺酸、甲醛高缩合物、钠盐等复合型	减水率≥10%；初凝延缓1～3h；3d、7d强度提高10%～30%，28d强度提高10%	0.25
FDN-440缓凝减水剂	主要成分β萘磺酸、甲醛高缩合物、钠盐复合型	减水率14%；初凝延缓0.5～2h；3d强度提高30%～50%，28d强度提高20%	0.4
UNF-5AS缓凝高效减水剂	以减水、缓凝、引气复合而成，pH值7～9，粉状	减水率≥18%；初凝延缓1～3h；3～7d强度提高30%～40%，28d强度提高25%	0.5～1.5
YNH缓凝减水剂	以减水、缓凝、引气等复合而成，pH值7～9，粉状	减水率≥12%；初凝延缓1～3h；3～7d强度提高20%～30%，28d强度提高20%以上	0.6～1.2

5. 引气型减水剂品名和技术性能见表1-36。

引气型减水剂品名和性能参考　　表1-36

品　名	主要成分及技术指标	混凝土性能	掺加量（%）
HB复合引气减水剂	主要成分为木质素及松香酸钠液体	减水率10%；28d强度提高10%～20%；节约水泥10%～15%；用作砂浆外加剂可节约白灰30%～50%或水泥20%～40%；在混合砂浆中可节约全部白灰	0.15～0.25
DH_5引气缓凝减水剂	主要成分为羟基塑化物，粉剂，表面张力60～65×10^{-5}N，pH值10～12	A型缓凝6h，B型缓凝3h；28d强度提高20%～30%；减水率10%～15%	0.10～0.25
YJ-1型引气减水剂		减水率10%以上；含气量3.5%～5.5%；3d强度提高15%，28d强度提高10%；收缩率比≤120%，对钢筋无锈蚀	0.01～0.05
SM-1多功能粉末引气剂	无机化合物	含气量3%～5%，抗压强度不降低	0.6～0.8
SM-2引气剂		含气量3%～5%；强度提高5%～10%	0.1～0.5

1.4.3 常用早强剂

1. 常用早强剂掺量应符合表1-37的规定。

常用早强剂掺量限值　　表1-37

混凝土种类	使用环境	早强剂名称	掺量限值（水泥重量%）不大于
预应力混凝土	干燥环境	三乙醇胺	0.05
		硫酸钠	1.0
钢筋混凝土	干燥环境	氯离子（Cl^-）	0.6
		硫酸钠	2.0
钢筋混凝土	干燥环境	与缓凝减水剂复合的硫酸钠	3.0
		三乙醇胺	0.05
	潮湿环境	硫酸钠	1.5
		三乙醇胺	0.05
有饰面要求的混凝土		硫酸钠	0.8
素混凝土		氯离子（Cl^-）	1.8

注：预应力混凝土及潮湿环境中使用的钢筋混凝土中不得掺氯盐早强剂。

2. 有机胺类及复合早强剂的技术性能参见表 1-38。

有机胺类及复合早强剂的品名和性能参考　　表 1-38

品　名	技　术　指　标	混凝土性能	掺加量（%）
三乙醇胺 N（$C_2H_4OH)_2$	略有胺臭味的淡黄色或无色稠液，浓度可达 95%，弱碱性；含水率＜0.5；相对密度 1.12～1.13；溶于水，在空气中颜色变深	单独使用使混凝土增强 3%～6%，略有缓凝，超掺则剧烈降低强度；复合其他早强剂效果好	0.02～0.05
三异丙醇胺	三异丙醇胺含量≥75%，其余为一、二、三异丙胺，碱性淡黄色稠液，温度低于 12℃为白色脂状物；相对密度 0.99～1.019	28d 强度显著提高，但早强效果较差	0.02～0.1
HZ-1 早强剂	木质素磺酸钙化学改性，灰色粉末	减水率 5%～10%；冻融强度损失减小到 25%；低温增强效果好；3d 强度提高 120%～160%；28d 强度提高 50%～75%；可用于蒸汽养护	2.5～5
H-2 早强剂	主要成分为硫酸钠、铬渣，固体粉末，pH 值 7.5～8.5；120 目筛筛余≤10%	3～7d 强度提高 80%；缩短混凝土达到 70%设计强度的时间；缩短蒸养周期	2～3
慕湖牌 MNC-A 型混凝土早强剂	主要成分为糖钙、硫酸钠粉剂，4900 孔筛筛余≤15%	稍具缓凝性；28d 强度提高 20%；减水率 6%；提高抗冻、抗渗性；严寒环境使用，早强发展慢，但恢复常温后强度正常发展；可用于蒸养制品	1.5～8
硫酸钠复合早强剂	主要成分为硫酸钠粉剂	常温下强度达设计强度的 70%，养护时间缩短 1/2；1d 强度提高 150%～200%，3d 强度提高 40%～100%，28d 强度提高 10%～15%；有阻锈效能	2～3

1.4.4　混凝土防冻剂

1. 掺防冻剂混凝土性能应符合表 1-39 的规定。

掺防冻剂混凝土性能　　表 1-39

项次	试验项目		性能指标					
			一等品			合格品		
1	减水率（%）≥		10			—		
2	泌水率比（%）≤		80			100		
3	含气量（%）≥		2.5			2.0		
4	凝结时间差（min）	初凝	−150～+150			−210～+210		
		终凝						
5	抗压强度比（%）≥	规定温度（℃）	−5	−10	−15	−5	−10	−15
		7d	20	12	10	20	10	8
		28d	100		95	95		90
		7+28d	95	90	85	90	85	80
		7+56d	100			100		
6	28d 收缩率比（%）≤		135					
7	渗透高度比（%）≤		100					
8	50 次冻融强度损失率比（%）≤		100					
9	对钢筋锈蚀作用		应说明对钢筋有无锈蚀作用					

2. 复合防冻剂的品名和技术性能参见表 1-40。

复合防冻剂的品名和技术性能参数 表 1-40

品名	技术指标	混凝土性能	温度(℃)	掺加量(%)
861 复合早强防冻剂	由抗冻剂、早强剂、减水剂和体质剂等复合而成，不含氯盐，对钢筋无锈蚀作用	减水率：1 型 8%～12%，2 型 10%～15%；抗压强度比（1 型）：7d，36%28d，86%28d+28d，110%	−5～−10 −10～−15	3 5
LD-B 混凝土防冻剂	不含氯盐，对钢筋无锈蚀作用	减水率 10%～25%；含气量≤5%；抗压强度比：7d≥10%，14d≥25%，28d≥35%；28d+28d≥95%	−5 −10 −15 −20	5 6.5 8 10
京华 5 型、10 型、25 型防冻剂	主要成分亚硝酸钠，系由防冻组分、早强组分、高效减水剂及少量活性材料复合而成，粉状	减水率 10%以上；抗压强度比：28d，99%～100%，7d+28d，100%	−5（5 型） −10（10 型） −25（25 型）	2 4 8
YPF-2	主要成分亚硝酸钠、有机早强剂	减水率 12%～17%；含气量 3%；抗压强度比；28d>35%，28d+28d≥100%	−5～−10 −10～−15	5～6 6～7
HZ-3 抗冻剂	主要成分硝酸钠、亚硝酸盐、早强剂，浅棕色粉末，30 目筛余≤20%	减水率≥15%；含气量<5%；抗压强度比：7d=15%，28d=35%，28d+28d=100%	−5～−10 −10～−15 −15～−20	6～8 8～10 10～12

3. 复合早强型防冻剂的品名和技术性能参见表 1-41。

复合早强型防冻剂的品名和性能参考 表 1-41

品名	技术指标	混凝土性能	掺加量(%)
BJYJ-Ⅱ	粉剂	减水率 4%～8%；强度较基准混凝土 1d 提高 40%，28d 提高 10%～18%	6
LNC	粉剂，4900 孔筛余<15%	减水率 8%～10%；常温下 3d 强度达到设计强度 70%	1.5～3
MSF	主要成分木钙、硫酸钠等，灰色粉剂	减水率 5%～10%；强度较基准混凝土 3d 提高 25%	按推荐掺量
KDJ-5 型	萘系	减水率 10%；强度较基准混凝土 3d 提高 30%，7d 提高 50%	2.5～3.5
NC	主要成分糖钙、硫酸钠载体等，粉末状，4900 孔筛余≤15%	适宜矿渣水泥混凝土；强度较基准混凝土 1～3d 提高 30%～50%，7d 提高 50%	2～4
YND 系防冻剂	以减水、早强、防冻等组分复合而成，分为 4 种型号，适于日最低气温 −10～−20℃以上，粉状和液体，对钢筋无锈蚀作用	减水率 10%以上，强度较基准混凝土 7d 提高 30%以上，适用于普通和冬期泵送混凝土	3～5
MNC-C 防冻剂	无氯、低碱、粉状物	减水率 18%以上，掺量小，早强，减水，防冻效果显著，强度较基准混凝土提高 30%以上	2～5

1.4.5　混凝土泵送剂

混凝土泵送剂的品名和技术性能参见表1-42。

混凝土泵送剂品名和性能参考　表1-42

品　名	主要成分及技术指标	混凝土性能	掺加量（%）
YNB系泵送剂	主要成分萘系为母体，再复合保塑、缓凝、引气、早强等组分；分为粉状和液体，共有4种型号	1型、3型适于常温季节施工，为早强型；2型适于高强混凝土；4型适于高温季节施工，为缓凝型；均适于泵送混凝土施工，坍落度增大110mm以上，坍落度损失小	粉状1～1.5 液体1.5～2.5
JF-9泵送剂	主要成分萘系，再复合其他组分，液体	适于常温季节泵送混凝土施工：根据混凝土凝结时间要求，可稍作调整缓凝成分等	液体1.5～2.5
MNC-P型泵送剂	主要成分为萘系，再复合其他有关组分，可分为普通型、早强型、高强型，粉状和液体	适于泵送混凝土施工，根据施工要求可作适当调整，坍落度增大100mm以上，坍落度损失小	粉状1～2.0 液体1.5～4.0

1.4.6　混凝土膨胀剂

1. 混凝土膨胀剂物理指标应符合表1-43规定。

混凝土膨胀剂性能指标　表1-43

项　目		指标值 Ⅰ型	指标值 Ⅱ型
细度	比表面积（m^2/kg）≥	200	
	1.18mm筛筛余（%）≤	0.5	
凝结时间	初凝（min）≥	45	
	终凝（min）≤	600	
限制膨胀率（%）	水中7d≥	0.025	0.050
	空气中21d≥	−0.020	−0.010
抗压强度（MPa）	7d≥	200	
	28d≥	40.0	

注：本表中的限制膨胀率为强制性的，其余为推荐性的。

2. 混凝土膨胀剂的品名和技术性能参见表1-44。

混凝土膨胀剂品名和性能参考　表1-44

品名	主要成分及技术指标	混凝土性能	掺加量（%）
HCSA高性能混凝土膨胀剂	属硫铝酸钙类膨胀剂，在水中7d限制膨胀率≥0.050%	可用于后浇带、膨胀加强带和工程接缝填充	12～15
WG-CMA三膨胀源抗裂剂	属硫铝酸钙类膨胀剂，在水中7d限制膨胀率≥0.025%以上	可用于补偿混凝土收缩，适用于超长结构的混凝土工程等	8～12
UEA膨胀剂	属硫铝酸钙类膨胀剂，在水中7d限制膨胀率≥0.025%以上	可用于补偿收缩混凝土工程	8～12
UEA-H膨胀剂	属硫铝酸钙类膨胀剂，在水中7d限制膨胀率≥0.025%以上	可用于补偿收缩混凝土工程	8～10

1.4.7 砂浆、混凝土防水剂

1. 受检砂浆的性能应符合表1-45的要求。

受检砂浆的性能 **表1-45**

试验项目		性能指标	
		一等品	合格品
安定性		合　格	合　格
凝结时间	初凝（min）≥	45	45
	终凝（h）≤	10	10
抗压强度比（%）≥	7d	100	85
	28d	90	80
透水压力比（%）≥		300	200
吸水量比（48h）（%）≤		65	75
收缩率比（28d）（%）≤		125	135

注：安定性和凝结时间为受检净浆的试验结果，其他项目数据均为受检砂浆与基准砂浆的比值。

2. 受检混凝土的性能应符合表1-46的规定。

受检混凝土的性能 **表1-46**

试验项目		性能指标	
		一等品	合格品
安定性		合格	合格
泌水率比（%）≤		50	70
凝结时间差（min）	初凝	−90	−90
抗压强度比（%）≥	3d	100	90
	7d	110	100
	28d	100	90
渗透高度比（%）≤		30	40
吸水量比（48h）（%）≤		65	75
收缩率比（28d）（%）≤		125	135

注：安定性为受检净浆的试验结果，凝结时间差为受检混凝土与基准混凝土的差值，表中其他数据为受检混凝土与基准混凝土的值："−"表示提前。

1.5 砖、瓦

1.5.1 砖

1. 烧结普通砖

(1) 烧结普通砖的尺寸允许偏差应符合表1-47规定。

烧结普通砖的尺寸允许偏差标准（mm） **表1-47**

公称尺寸	优等品		一等品		合格品	
	样本平均偏差	样本极差≤	样本平均偏差	样本极差≤	样本平均偏差	样本极差≤
240	±2.0	6	±2.5	7	±3.0	3
115	±1.5	5	±2.0	6	±2.5	7
53	±1.5	4	±1.6	5	±2.0	6

（2）烧结普通砖的外观质量应符合表 1-48 的规定。

烧结普通砖的外观质量标准（mm）　　表 1-48

项　目		优等品	一等品	合格品
两条面高度差　≤		2	3	4
弯曲　≤		2	3	4
杂质凸出高度　≤		2	3	4
缺棱、掉角的 3 个破坏尺寸不得同时大于		5	20	30
裂纹长度≤	（1）大面上宽度方向及其延伸至条面的长度	30	60	80
	（2）大面上长度方向及其延伸至顶面的长度或条顶面上水平裂纹的长度	50	80	100
完整面不得少于		二条面和二顶面	一条面和一顶面	—
颜色		基本一致	—	—

注：1. 为装饰面而施加的色差，凹凸纹、拉毛、压花等不算作缺陷。
　　2. 凡有下列缺陷之一者，不得称为完整面：
　　（1）缺损在条面或顶面上造成的破坏面尺寸同时大于 10mm×10mm；
　　（2）条面或顶面上裂纹宽度大于 1mm，其长度超过 30mm；
　　（3）压陷、粘底、焦花在条面或顶面上的凹陷或凸出超过 2mm，区域尺寸同时大于 10mm×10mm。

（3）烧结普通砖的强度应符合表 1-49 的规定。

烧结普通砖的强度　　表 1-49

强度等级	抗压强度平均值（MPa）≥	变异系数 $\delta \leqslant 0.21$	变异系数 $\delta > 0.21$
		强度标准差 $f_k \geqslant$	单块最小抗压强度值 $f_{min} \geqslant$
MU30	30.0	22.0	25.0
MU25	25.0	18.0	22.0
MU20	20.0	14.0	16.0
MU15	15.0	10.0	12.0
MU10	10.0	6.5	7.5

（4）烧结普通砖的抗风化性能应符合表 1-50 的规定。

烧结普通砖的抗风化性能标准　　表 1-50

砖　种　类	严重风化区				非严重风化区			
	5h 沸煮吸水率，%≤		饱和系数≤		5h 沸煮吸水率，%≤		饱和系数≤	
	平均值	单块最大值	平均值	单块最大值	平均值	单块最大值	平均值	单块最大值
黏土砖	19	21	0.80	0.82	23	25	0.88	0.90
粉煤灰砖	20	22			30	32		
页岩砖	15	17	0.72	0.74	18	20	0.78	0.80
煤矸石砖	18	20			21	23		

注：粉煤灰砖其粉煤灰掺入量（体积比）小于 50%时，抗风化性能按黏土砖规定。

（5）烧结砖技术性能应符合表1-51的规定。

烧结砖技术性能标准 **表1-51**

项　目	技术指标		
	优等品	一等品	合格品
抗风化性能	黑龙江、吉林、辽宁、内蒙古、新疆5个地区的砖必须进行冻融试验，其他地区的砖的抗风化性能符合表1-50规定时可不做冻融试验，否则必须进行试验。冻融试验后，每块砖样不允许出现裂纹、分层、掉皮、缺棱、掉角等冻坏现象；重量损失不得大于2%		
泛霜	每块砖样应无泛霜	每块砖样不允许出现中等泛霜	每块砖样不允许出现严重泛霜
石灰爆裂	不允许出现最大破坏尺寸大于2mm的爆裂区域	（1）最大破坏尺寸大于2mm且小于等于10mm的爆裂区域，每组砖样不得多于15处。 （2）不允许出现最大破坏尺寸大于10mm的爆裂区域	（1）最大破坏尺寸大于2mm且小于等于15mm的爆裂区域，每组砖样不得多于15处，其中大于10mm的不得多于7处。 （2）不允许出现最大破坏尺寸大于15mm的爆裂区域
欠火砖、酥砖和螺旋纹砖		不允许有	

2. 烧结多孔砖和多孔砌块

（1）烧结多孔砖和多孔砌块的尺寸允许偏差应符合表1-52的规定。

烧结多孔砖和多孔砌块的尺寸允许偏差（mm） **表1-52**

尺　寸	样本平均偏差	样本极差≤
＞400	±3.0	10.0
300～400	±2.5	9.0
200～300	±2.5	8.0
100～200	±2.0	7.0
＜100	±1.5	6.0

（2）烧结多孔砖和多孔砌块的外观质量应符合表1-53的规定。

烧结多孔砖和多孔砌块的外观质量 **表1-53**

项　目		指标（mm）
1. 完整面	不得少于	一条面或一顶面
2. 缺棱掉角的三个破坏尺寸	不得同时大于	30
3. 裂纹长度		
（1）大面（有孔面）上深入孔壁15mm以上宽度方向及其延伸到条面的长度	不大于	80
（2）大面（有孔面）上深入孔壁15mm以上长度方向及其延伸到顶面的长度	不大于	100
（3）条顶面上的水平裂纹	不大于	100
4. 杂质在砖或砌块面上造成的凸出高度	不大于	5

注：凡有下列缺陷之一者，不得称为完整面：

（1）缺损在条面或顶面上造成的破坏面尺寸同时大于20mm×30mm；

（2）条面或顶面上裂纹宽度大于1mm，其长度超过70mm；

（3）压陷、焦花、粘底在条面或顶面上的凹陷或凸出超过2mm，区域最大投影尺寸同时大于20mm×30mm。

（3）烧结多孔砖和多孔砌块的强度等级应符合表1-54的规定。

烧结多孔砖和多孔砌块的强度等级　　表1-54

强度等级	抗压强度平均值（MPa）≥	强度标准值 f_k≥
MU30	30.0	22.0
MU25	25.0	18.0
MU20	20.0	14.0
MU15	15.0	10.0
MU10	10.0	6.5

（4）烧结多孔砖和多孔砌块的孔型结构及孔洞率应符合表1-55的规定。

烧结多孔砖和多孔砌块的孔型结构及孔洞率　　表1-55

孔型	孔洞尺寸（mm）		最小外壁厚（mm）	最小肋厚（mm）	孔洞率（%）		孔洞排列
	孔宽度尺寸 b	孔长度尺寸 L			砖	砌块	
短型条孔或矩形孔	≤13	≤40	≥12	≥5	≥28	≥33	（1）所有孔宽应相等，孔采用单向或双向交错排列；（2）孔洞排列上下、左右应对称，分布均匀，手抓孔的长度方向尺寸必须平行于砖的条面

注：1. 矩形孔的孔长 L、孔宽 b 满足式 $L\geqslant 3b$ 时，为矩形条孔。
2. 孔4个角应做成过渡圆角，不得做成直尖角。
3. 如果没有砌筑砂浆槽，则砌筑砂浆槽不计算在孔洞率内。
4. 规格大的砖和砌块应设置手抓孔，手抓孔尺寸为：30～40mm×75～85mm。

（5）烧结多孔砖和多孔砌块的密度等级应符合表1-56的规定。

烧结多孔砖和多孔砌块的密度等级　　表1-56

密度等级（kg/m³）		3块砖或砌块干燥表观密度平均值
砖	砌　块	
—	900	≤900
1000	1000	900～1000
1100	1100	1000～1100
1200	1200	1100～1200
1300	—	1200～1300

（6）烧结多孔砖和多孔砌块的抗风化性能应符合表1-57的规定。

烧结多孔砖和多孔砖块的抗风化性能 **表 1-57**

种类	项目							
	严重风化区				非严重风化区			
	5h 沸煮吸水率（%）≤		饱和系数 ≤		5h 沸煮吸水率（%）≤		饱和系数 ≤	
	平均值	单块最大值	平均值	单块最大值	平均值	单块最大值	平均值	单块最大值
黏土砖和砌块	21	23	0.85	0.87	23	25	0.88	0.90
粉煤灰砖和砌块	23	25			30	32		
页岩砖和砌块	16	18	0.74	0.77	18	20	0.78	0.80
煤矸石砖和砌块	19	21			21	23		

注：粉煤灰掺入量（重量比）小于 30%时，按黏土砖和砌块规定判定。

3. 烧结空心砖和空心砌块

(1) 烧结空心砖和空心砌块的尺寸允许偏差应符合表 1-58 的规定。

烧结空心砖和空心砌块的尺寸允许偏差（mm） **表 1-58**

尺寸	优等品		一等品		合格品	
	样本平均偏差	样本极差≤	样本平均偏差	样本极差≤	样本平均偏差	样本极差≤
＞300	±2.5	6.0	±3.0	7.0	±3.5	8.0
＞200～300	±2.0	5.0	±2.5	6.0	±3.0	7.0
100～200	±1.5	4.0	±2.0	5.0	±2.5	6.0
＜100	±1.5	3.0	±1.7	4.0	±2.0	5.0

(2) 烧结空心砖和空心砌块的外观质量应符合表 1-59 的规定。

烧结空心砖和空心砌块的外观质量（mm） **表 1-59**

项目			优等品	一等品	合格品
弯曲		≤	3	4	5
缺棱、掉角的 3 个破坏尺寸不得同时		＞	15	30	40
垂直度		≤	3	4	5
未贯穿裂纹长度	大面上宽度方向及其延伸到条面的长度	≤	不允许	100	120
	大面上长度方向或条面上水平面方向的长度	≤	不允许	120	140
贯穿裂纹的长度	大面上宽度方向及其延伸到条面的长度	≤	不允许	40	60
	壁、肋沿长度方向、宽度方向及其水平方向的长度	≤	不允许	40	60
肋、壁内残缺长度		≤	不允许	40	60
完整面		不少于	一条面和一大面	一条面或一大面	—

注：凡有下列缺陷之一者，不能成为完整面：

(1) 缺损在大面、条面上造成的破坏面尺寸同时大于 20mm×30mm；

(2) 大面、条面上裂纹宽度大于 1mm，其长度超过 70mm；

(3) 压陷、粘底、焦花在大面、条面的凹陷或凸出超过 2mm，区域尺寸同时大于 20mm×30mm。

（3）烧结空心砖和空心砌块的强度等级应符合表1-60的规定。

烧结空心砖和空心砌块强度等级　　表1-60

强度等级	抗压强度（MPa）			密度等级范围（kg/m³）
	抗压强度平均值≥	变异系数 $\delta\leqslant0.21$	变异系数 $\delta>0.21$	
		强度标准值 $f_k\geqslant$	单块最小抗压强度值 $f_{min}\geqslant$	
MU10.0	10.0	7.0	8.0	≤1100
MU7.5	7.5	5.0	5.8	
MU5.0	5.0	3.5	4.0	
MU3.5	3.5	2.5	2.8	
MU2.5	2.5	1.6	1.8	≤800

（4）烧结空心砖和空心砌块的孔洞排列及其结构应符合表1-61的规定。

烧结空心砖和空心砌块的孔洞排列及其结构　　表1-61

等　级	孔洞排列	孔洞排列数（排）		孔洞率（%）
		宽度方向	高度方向	
优等品	有序交错排列	$b\geqslant200mm\geqslant7$ $b<200mm\geqslant5$	≥2	≥40
一等品	有序排列	$b\geqslant200mm\geqslant5$ $b<20mm\geqslant4$	≥2	
合格品	有序排列	≥3	—	

注：b 为宽度的尺寸。

（5）每组砖和砌块的吸水率平均值应符合表1-62的规定。

烧结空心砖和空心砌块的吸水率　　表1-62

等　级	吸水率（%）≤	
	黏土砖和砌块、页岩砖和砌块、煤矸石和砌块	粉煤灰砖和砌块
优等品	16.0	20.0
一等品	18.0	22.0
合格品	20.0	24.0

注：粉煤灰砖和砌块粉煤灰掺入量（体积比）小于30%时，按黏土砖和砌块规定判定。

（6）抗风化性能应符合表1-63的规定。

烧结空心砖和空心砌块抗风化性能　　表1-63

分　数	饱和系数（mm）≤			
	严重风化区		非严重风化区	
	平均值	单块最大值	平均值	单块最大值
黏土砖和砌块 粉煤灰砖和砌块	0.85	0.87	0.88	0.90
页岩砖和砌块 煤矸石砖和砌块	0.74	0.77	0.78	0.80

4. 蒸压灰砂砖

(1) 蒸压灰砂砖尺寸偏差和外观应符合表 1-64 的规定。

蒸压灰砂砖尺寸偏差和外观 **表 1-64**

项目			指标		
			优等品	一等品	合格品
尺寸允许偏差（mm）	长度	L	±2	±2	±3
	宽度	B	±2		
	高度	H	±1		
缺棱掉角	个数（个），不多于		1	1	2
	最大尺寸（mm），不得大于		10	15	20
	最小尺寸（mm），不得大于		5	10	10
对应高度差（mm），不得大于			1	2	3
裂纹	条数（条），不多于		1	1	2
	大面上宽度方向及其延伸到条面的长度(mm),不得大于		20	50	70
	大面上长度方向及其延伸到顶面上的长度或条、顶面水平裂纹的长度（mm），不得大于		30	70	100

(2) 蒸压灰砂砖抗压强度和抗折强度应符合表 1-65 的规定。

蒸压灰砂砖力学性能 **表 1-65**

强度级别	抗压强度（MPa）		抗折强度（MPa）	
	平均值不小于	单块值不小于	平均值不小于	单块值不小于
MU25	25.0	20.0	5.0	4.0
MU20	20.0	16.0	4.0	3.2
MU15	15.0	12.0	3.3	2.6
MU10	10.0	8.0	2.5	2.0

注：优等品的强度级别不得小于 MU15。

(3) 蒸压灰砂砖抗冻性应符合表 1-66 的规定。

蒸压灰砂砖抗冻性指标 **表 1-66**

强度级别	冻后抗压强度（MPa）平均值不小于	单块砖的干密度损失（%）不大于
MU25	20.0	2.0
MU20	16.0	2.0
MU15	12.0	2.0
MU10	8.0	2.0

注：优等品的强度级别不得小于 MU15。

5. 粉煤灰砖

(1) 粉煤灰砖的尺寸偏差和外观应符合表 1-67 的规定。

粉煤灰砖尺寸偏差和外观 **表 1-67**

项目		指标		
		优等品（A）	一等品（B）	合格品（C）
尺寸允许偏差（mm）	长	±2	±3	±4
	宽	±2	±3	±4
	高	±1	±2	±3

续表

项　　目	指　　标		
	优等品（A）	一等品（B）	合格品（C）
对应高度差≤	1	2	3
缺棱掉角的最小破坏尺寸≤	10	15	20
完整面　不少于	二条面和一顶面或二顶面和一条面	一条面和一顶面	一条面和一顶面
裂纹长度　≤			
大面上宽度方向的裂纹（包括延伸到条面上的长度）	30	50	70
其他裂纹	50	70	100
层裂	不允许		

注：在条面或顶面上破坏面的两个尺寸同时大于 100mm 和 20mm 者为非完整面。

（2）粉煤灰砖的强度及抗冻性应符合表 1-68 的规定。

粉煤灰砖强度指标及抗冻性　　表 1-68

强度等级	抗压强度（MPa）		抗折强度（MPa）		抗冻性指标	
	10 块平均值≥	单块值≥	10 块平均值≥	单块值≥	抗压强度（MPa）平均值≥	砖的干密度损失（%）单块值≤
MU30	30.0	24.0	6.2	5.0	24.0	
MU25	25.0	20.0	5.0	4.0	20.0	
MU20	20.0	16.0	4.0	3.2	16.0	2.0
MU15	15.0	12.0	3.3	2.6	12.0	
MU10	10.0	8.0	2.5	2.0	8.0	

6. 蒸压灰砂多孔砖

（1）尺寸允许偏差应符合表 1-69 的规定。

蒸压灰砂多孔砖尺寸允许偏差　　表 1-69

尺　　寸	优等品（mm）		合格品（mm）	
	样本平均偏差	样本极差≤	样本平均偏差	样本极差≤
长度	±2.0	4	±2.5	6
宽度	±1.5	3	±2.0	5
高度	±1.5	2	±1.5	4

（2）外观质量应符合表 1-70 的规定。

蒸压灰砂多孔砖外观质量　　表 1-70

项　　目		指　　标	
		优等品	合格品
缺棱掉角	最大尺寸（mm）　≤	10	15
	大于以上尺寸的缺棱掉角个数（个）　≤	0	1
裂纹长度	大面宽度方向及其延伸到条面的长度（mm）≤	20	50
	大面长度方向及其延伸到顶面或条面长度方向及其延伸到顶面的水平裂纹长度（mm）　≤	30	70
	大于以上尺寸的裂纹条数（条）　≤	0	1

(3) 强度等级及抗冻性应符合表 1-71 的规定。

蒸压灰砂多孔砖强度等级及抗冻性 **表 1-71**

强度等级	抗压强度（MPa）		冻后抗压强度（MPa）平均值≥	单块砖的干密度损失（%）≤
	平均值≥	单块最小值≥		
MU30	30.0	24.0	24.0	2.0
MU25	25.0	20.0	20.0	
MU20	20.0	16.0	16.0	
MU15	15.0	12.0	12.0	

1.5.2 瓦

1. 烧结瓦

(1) 烧结瓦的通常规格主要结构尺寸应符合表 1-72、表 1-73 的规定。

烧结瓦（平瓦）通常规格及主要结构尺寸 **表 1-72**

产品类别	规格	基本尺寸（mm）							
		厚度	瓦槽深度	边筋高度	搭接部分长度		瓦爪		
					头尾	内外槽	压制瓦	挤出瓦	后爪有效高度
平瓦	400×240～360～220	10～20	≥10	≥3	50～70	25～40	具有四个瓦爪	保证两个瓦爪	≥5

烧结瓦（脊瓦）通常规格及主要结构尺寸（mm） **表 1-73**

脊瓦	L≥300 b≥180	h	L_1	d	h_1
		10～20	25～35	>b/4	≥5
三典瓦、双筒瓦、鱼鳞瓦、牛舌瓦	300×200～150×150	8～12	同一品种规格瓦的曲度或弧度应保持基本一致		
板瓦、筒瓦、滴水瓦、沟头瓦	430×350～110×50	8～16			
J型瓦、S形瓦	320×320～250×250	12～20	谷深 C≥35，头尾搭接部分长度 50～70，左右搭接部分长度 30～250		
波形瓦	420×330	12～20	瓦脊高度≤35，头尾搭接部分长度 30～70，内外槽搭接部分长度 25～40		

(2) 尺寸允许偏差和表面质量应符合表 1-74 的规定。

烧结瓦尺寸允许偏差和表面质量 **表 1-74**

外形尺寸范围（mm）		优等品	合格品
L（b）≥350		±4	±6
250≤L（b）<350		±3	±5
200≤L（b）<250		±2	±4
L（b）<200		±1	±3
有釉类瓦	无釉类瓦		
缺釉、斑点、落脏、棕眼、熔洞、图案缺陷、烟熏、釉泡、釉裂	斑点、起包、熔洞、麻面、图案缺陷、烟熏	距 1m 处目测不明显	距 2m 处目测不明显
色差、光泽差	色差	距 2m 处目测不明显	

2. 混凝土瓦

(1) 混凝土瓦尺寸允许偏差和外观质量应符合表 1-75 的规定。

混凝土瓦尺寸允许偏差和外观质量　　表 1-75

项次	项　目	指标（mm）
1	长度偏差绝对值	≤4
2	宽度偏差绝对值	≤3
3	方正度	≤4
4	平面性	≤3
5	掉角：在瓦正表面的角两边的破坏尺寸不得大于	8
6	瓦爪残缺	允许一爪有缺，担小于爪高的 1/3
7	边筋残缺：边筋短缺、断裂	不允许
8	擦边长度不得超过（在瓦正表面上造成的破坏宽度小于 5mm 者不计）	30
9	裂纹	不允许
10	分层	不允许
11	涂层	瓦表面涂层完好

(2) 混凝土屋面瓦的承载力标准值应符合表 1-76 的规定。

混凝土屋面瓦的承载力标准值（N）　　表 1-76

项　目	波形屋面瓦						平板屋面瓦		
瓦脊高度 d（mm）	$d>20$			$d\leqslant20$			—		
遮盖宽度 b（mm）	$b_1\geqslant300$	$b_1\leqslant200$	$200<b_1<300$	$b_1\geqslant300$	$b_1\leqslant200$	$200<b_1<300$	$b_1\geqslant300$	$b_1\leqslant200$	$200<b_1<300$
承载力标准值（F_c）	1800	1200	$6b_1$	1200	900	$3b_1+300$	1000	800	$2b_1+400$

3. 油毡瓦

(1) 油毡瓦物理性能指标见表 1-77。

油毡瓦物理性能指标　　表 1-77

项　目	优　等　品	合　格　品
可溶物含量（g/m²）不小于	1800	1450
拉力［（25±2）℃纵向］（N）不小于	340	300
耐热度（℃）	85±2	85±2
	受热 2h，涂层无滑动和集中性气泡	
柔度（℃）不大于	10	10
	绕半径 35mm 圆棒或弯板无裂纹	

(2) 油毡瓦的外观质量要求见表 1-78。

油毡瓦的外观质量要求　　表 1-78

项　目	质　量　要　求
温度适应性	在 10～45℃环境温度时应易于打开，不得产生脆裂和破坏性粘连
防水性	玻纤毡（胎基）必须完全被沥青浸透和涂盖
颜色、粒度	彩色矿物粒料颜色和粒度应分布均匀，覆盖紧密，色泽一致
外　观	边缘切割整齐，切槽清晰，厚薄均匀；表面无孔洞、楞伤、裂缝、折皱和起泡等缺陷。自粘接点距末端切槽的一端不大于 190mm，并与油毡瓦的防粘纸对齐

1.6 砌　　块

1.6.1 混凝土小型空心砌块

1. 混凝土小型空心砌块的抗压强度见表 1-79。

混凝土小型空心砌块抗压强度　　表 1-79

项　目	抗压强度（MPa）≥					
	MU3.5	MU5.0	MU7.5	MU10.0	MU15.0	MU20.0
5 块平均值	3.5	5.0	7.5	10.0	15.0	20.0
单块最小值	2.8	4.0	6.0	8.0	12.0	16.0

注：非承重砌块在有试验数据的条件下，强度等级可降低到 2.8。

2. 混凝土小型空心砌块外观质量应符合表 1-80 的要求。

混凝土小型空心砌块尺寸、外观质量及技术性能　　表 1-80

<table>
<tr><th colspan="2" rowspan="2">检　验　项　目</th><th colspan="3">允许偏差（mm）或质量要求</th><th colspan="2" rowspan="2">检　验　规　则</th></tr>
<tr><th>优等品(A)</th><th>一等品(B)</th><th>合格品(C)</th></tr>
<tr><td rowspan="3">尺寸</td><td>长　　度</td><td>±2</td><td>±3</td><td>±3</td><td colspan="2" rowspan="7">（1）在一批（10000 块）砌块中，随机抽样 32 块作外观质量检验，当其中有 7 块以上不符合本表规定，则这批砌块为不合格；
（2）检验用尺量和目检；
（3）轻质小砌块可参照本表进行检验</td></tr>
<tr><td>宽　　度</td><td>±2</td><td>±3</td><td>±3</td></tr>
<tr><td>高　　度</td><td>±2</td><td>±3</td><td>+3
−4</td></tr>
<tr><td colspan="2">弯曲（mm）不大于</td><td>2</td><td>2</td><td>3</td></tr>
<tr><td rowspan="2">掉角缺棱</td><td>个数（个）不多于</td><td>0</td><td>2</td><td>2</td></tr>
<tr><td>三个方向投影尺寸的最小值（mm）不大于</td><td>0</td><td>20</td><td>30</td></tr>
<tr><td colspan="2">裂纹延伸的投影尺寸累计（mm）不大于</td><td>0</td><td>20</td><td>30</td></tr>
<tr><td rowspan="2">相对含水率（%）</td><td>使用地区的年平均湿度</td><td>＞75</td><td>50～75</td><td>＜50</td><td colspan="2" rowspan="2">由外观合格的主规格砌块中随机抽取 3 块</td></tr>
<tr><td>3 块平均值</td><td>≤45</td><td>≤40</td><td>≤35</td></tr>
<tr><td colspan="2">抗渗性（用于清水外墙）</td><td colspan="3">水面下降高度
3 块中任 1 块≤10mm</td><td colspan="2">在外观合格的主规格砌块中随机抽取 3 块</td></tr>
<tr><td rowspan="4">抗冻性</td><td rowspan="2">使用环境条件</td><td colspan="3" rowspan="2">非采暖地区</td><td colspan="2">采暖地区</td></tr>
<tr><td>一般环境</td><td>干湿交替环境</td></tr>
<tr><td>抗冻等级</td><td colspan="3">不　规　定</td><td>D15</td><td>D25</td></tr>
<tr><td>指　　标</td><td colspan="3">—</td><td colspan="2">强度损失≤25%
重量损失≤5%</td></tr>
<tr><td colspan="2">干缩率（%）
用于清水外墙
用于承重墙
用于非承重内墙、隔墙</td><td colspan="3">
＜0.5
＜0.6
＜0.8</td><td colspan="2">在外观合格的主规格砌块中随机抽取 3 块，本值仅供参考</td></tr>
</table>

注：非采暖地区指最冷月份平均气温高于−5℃地区；采暖地区指最冷月份平均气温低于或等于−5℃地区。

1.6.2 蒸压加气混凝土砌块

1. 蒸压加气混凝土砌块的尺寸允许偏差和外观质量应符合表 1-81 的规定。

蒸压加气混凝土砌块的尺寸允许偏差和外观质量　**表 1-81**

项目			指标	
			优等品	合格品
尺寸允许偏差（mm）	长度	*L*	±3	±4
	宽度	*B*	±1	±2
	高度	*H*	±1	±2
缺棱掉角	最小尺寸不得大于（mm）		0	30
	最大尺寸不得大于（mm）		0	70
	大于以上尺寸的缺棱掉角个数（个），不多于		0	2
裂纹长度	贯穿一棱二面的裂纹长度不得大于裂纹所在面的裂纹方向尺寸总和的		0	13
	任一面上的裂纹长度不得大于裂纹方向尺寸的		0	12
	大于以上尺寸的裂纹条数（条），不多于		0	2
爆裂、粘模和损坏深度不得大于（mm）			10	30
平面弯曲			不允许	
表面疏松、层裂			不允许	
表面油污			不允许	

2. 砌块的抗压强度应符合表 1-82 的规定。

蒸压加气混凝土砌块的立方体抗压强度　**表 1-82**

强度等级	立方体抗压强度（MPa）	
	平均值不小于	单组最小值不小于
A1.0	1.0	0.8
A2.0	2.0	1.6
A2.5	2.5	2.0
A3.5	3.5	2.8
A5.0	5.0	4.0
A7.0	7.5	6.0
A10.0	10.0	8.0

3. 砌块的干密度、强度级别、干燥收缩、抗冻性和导热系数（干态）应符合表 1-83 的规定。

砌块的干密度、强度级别、干燥收缩、抗冻性和导热系数　**表 1-83**

干密度级别			B03	B04	B05	B06	B07	B08
干密度	优等品≤		300	400	500	600	700	800
	合格品≤		325	425	525	625	725	825
强度级别	优等品		A1.0	A2.0	A3.5	A5.0	A7.5	A10.0
	合格品				A2.5	A3.5	A5.0	A7.5
干燥收缩性	干密度级别		B03	B04	B05	B06	B07	B08
	标准法（mm/m）≤		0.50					
	快速法（mm/m）≤		0.80					
抗冻性	重量损失（%）≤		5.0					
	冻后强度 MPa≥	优等品	0.8	1.6	2.8	4.0	6.0	8.0
		合格品			2.0	2.8	4.0	6.0
导热系数（干态）［W（m·k）］≤			0.10	0.12	0.14	0.16	0.18	0.20

注：规定采用标准法、快速法测定砌块干燥收缩值，若测定结果发生矛盾不能判断时，则以标准法测定的结果为准。

1.6.3 粉煤灰混凝土小型空心砌块

1. 粉煤灰混凝土小型空心砌块的尺寸允许偏差和外观质量应符合表 1-84 的规定。

粉煤灰混凝土小型空心砌块尺寸允许偏差和外观质量　表 1-84

项　目		指　标
尺寸允许偏差（mm）	长度	±2
	宽度	±2
	高度	±2
最小外壁厚（mm），不小于	用于承重墙体	30
	用于非承重墙体	20
肋厚（mm），不小于	用于承重墙体	25
	用于非承重墙体	15
缺棱掉角	个数（个），不多于	2
	3 个方向投影的最小值（mm），不大于	20
裂缝延伸投影的累计尺寸（mm），不大于		20
弯曲（mm），不大于		2

2. 粉煤灰混凝土小型空心砌块的密度等级、强度等级和抗冻性应符合表 1-85 的规定。

粉煤灰混凝土小型空心砌块密度等级和强度等级　表 1-85

密度等级（kg/m³）	砌块块体密度范围
600	≤600
700	610～700
800	710～800
900	810～900
1000	910～1000
1200	1010～1200
1400	1210～1400

强度等级	平均值（MPa）不小于	单块最小值（MPa）不小于
MU3.5	3.5	2.8
MU5	5.0	4.0
MU7.5	7.5	6.0
MU10	10.0	8.0
MU15	15.0	12.0
MU20	20.0	16.0

使用条件	抗冻指标	重量损失率（%）	强度损失率（%）
夏热冬暖地区	F15	≤5	≤25
夏热冬冷地区	F25		
寒冷地区	F35		
严寒地区	F50		

1.6.4 轻集料混凝土小型空心砌块

1. 轻集料混凝土小型空心砌块的尺寸允许偏差和外观质量应符合表 1-86 的规定。

轻集料混凝土小型空心砌块尺寸允许偏差和外观质量　表 1-86

项　目		指标	项　目		指标
尺寸偏差（mm）	长	±3	肋厚（mm）	用于承重墙　≥	25
	宽	±3		用于非承重墙 ≥	20
	高	±3	缺棱掉角	个数/块　≤	2
最小外壁厚（mm）	用于承重墙　≥	30		三个方向投影的最大值（mm）　≤	20
	用于非承重墙 ≥	20	裂缝延伸的累计尺寸（mm）≤		30

2. 轻集料混凝土小型空心砌块的密度等级和强度等级应符合表1-87的规定。

轻集料混凝土小型空心砌块密度等级和强度等级　　表1-87

密度等级（kg/m³）	砌块干燥表观密度的范围（kg/m³）	强度等级	砌块抗压强度（MPa）	
			平均值	最小值
500	≤500	1.5	≥1.5	1.2
600	510～600	2.5	≥2.5	2.0
700	610～700	3.5	≥3.5	2.8
800	710～800	5.0	≥5.0	4.0
900	810～900	7.5	≥7.5	6.0
1000	910～1000	10.0	≥10.0	8.0
1200	1010～1200			
1400	1210～1400			

注：强度等级符合要求者为一等品；密度等级范围不满足要求者为合格品。

3. 轻集料混凝土小型空心砌块的抗冻性应符合表1-88的要求。

轻集料混凝土小型空心砌块抗冻性　　表1-88

使用条件		抗冻等级	重量损失（%）	强度损失（%）
非采暖区		F15	≤5	≤25
采暖地区	相对湿度≤60%	F25		
	相对湿度>60%	F35		
水位变化、干湿循环或粉煤灰掺量≥取代水泥量50%时		≥F50		

注：1. 非采暖地区指最冷月份平均气温高于−5℃的地区；采暖地区系指最冷月份平均气温低于或等于−5℃的地区。
2. 抗冻性合格的砌块的外观质量也应符合表1-86的要求。

4. 干缩率和相对含水率应符合表1-89的要求。

轻集料混凝土小型空心砌块干缩率和相对含水率　　表1-89

干缩率（%）	相对含水率（%）		
	潮　湿	中　等	干　燥
<0.03	45	40	35
0.03～0.045	40	35	30
>0.045～0.065	35	30	25

注：使用地区的湿度条件：潮湿系指年平均相对湿度大于75%的地区；中等系指年平均相对湿度50%～75%的地区；干燥系指年平均相对湿度小于50%的地区。

1.7　钢筋混凝土用钢筋

1.7.1　钢筋混凝土用热轧带肋钢筋

1. 热轧带肋钢筋的牌号和化学成分见表1-90。

热轧带肋钢筋的牌号和化学成分　　表1-90

牌号	化学成分（%）不大于					
	C	Si	Mn	P	S	Cep
HRB335 HRBF335	0.25	0.80	1.60	0.045	0.045	0.52
HRB400 HRBF400						0.54
HRB500 HRBF500						0.55

2. 热轧带肋钢筋的力学性能和弯曲性能应符合表 1-91 的规定。

热轧带肋钢筋的力学性能和弯曲性能 **表 1-91**

牌号	R_{eL}（MPa）	R_m（MPa）	A（%）	A_{gt}（%）	公称直径 d（mm）	弯心直径
	不小于					
HRB335 HRBF335	335	455	17	7.5	6～25	3d
					28～40	4d
					>40～50	5d
HRB400 HRBF400	400	540	16		6～25	4d
					28～40	5d
					>40～50	6d
HRB500 HRBF500	500	630	15		6～25	6d
					28～40	7d
					>40～50	8d

1.7.2 钢筋混凝土用热轧光圆钢筋

1. 光圆钢筋的牌号和化学成分应符合表 1-92 的规定。

光圆钢筋的牌号和化学成分 **表 1-92**

牌号	化学成分（%）不大于				
	C	Si	Mn	P	S
HPB235	0.22	0.30	0.65	0.045	0.050
HPB300	0.25	0.55	1.50		

2. 光圆钢筋的力学性能应符合表 1-93 的规定。

光圆钢筋的力学性能 **表 1-93**

牌号	R_{eL}（MPa）	R_m（MPa）	A（%）	A_{gt}（%）	冷弯试验 180° 弯心直径 d 钢筋公称直径 a
	不小于				
HPB235	235	370	25.0	10.0	$d=a$
HPB300	300	420			

1.7.3 低碳钢热轧圆盘条

1. 钢的牌号和化学成分（熔炼分析）应符合表 1-94 的规定。

钢的牌号和化学成分（熔炼分析） **表 1-94**

牌号	化学成分（%）				
	C	Mn	Si	S	P
			不大于		
Q195	≤0.12	0.25～0.50	0.30	0.040	0.035
Q215	0.09～0.20	0.25～0.60	0.30	0.045	0.045
Q235	0.12～0.20	0.30～0.70			
Q275	0.14～0.22	0.40～1.00			

2. 力学性能和工艺性能应符合表 1-95 的规定。

低碳钢热轧圆盘条力学性能和工艺性能 表 1-95

牌号	力学性能		冷弯试验 180° d=弯心直径 a=试件直径
	抗拉强度 R_m（MPa）不大于	断后伸长度 $A_{11.3}$（%）不小于	
Q195	410	30	d=0
Q215	435	28	d=0
Q235	500	23	d=0.5a
Q275	540	21	d=1.5a

1.7.4 预应力混凝土用热处理钢筋

1. 热处理钢筋的化学成分见表 1-96。

热处理钢筋的化学成分 表 1-96

牌号	化学成分（%）					
	C	Si	Mn	Cr	P	S
					不大于	
40Si2Mn	0.36～0.45	1.40～1.90	0.80～1.20	—	0.045	0.045
48Si2Mn	0.44～0.53	1.40～1.90	0.80～1.20	—	0.045	0.045
45Si2Cr	0.41～0.51	1.55～1.95	0.40～0.70	0.30～0.60	0.045	0.045

2. 热处理钢筋的力学性能应符合表 1-97 的规定。

热处理钢筋的力学性能 表 1-97

公称直径（mm）	牌号	屈服强度 $\sigma_{0.2}$（MPa）	抗压强度 σ_b（MPa）	伸长率 δ_{10}（%）
		不小于		
6	40Si2Mn	1325	1470	6
8.2	48Si2Mn			
10	45Si2Cr			

1.7.5 预应力混凝土用钢丝

1. 光圆钢丝尺寸及允许偏差见表 1-98。

光圆钢丝尺寸及允许偏差表 表 1-98

公称直径 d_n（mm）	直径允许偏差（mm）	公称横截面积 S_n（mm^2）	每米参考重量（g/m）
3.00	±0.04	7.07	55.5
4.00		12.57	98.6
5.00	±0.05	19.63	154
6.00		28.27	222
6.25		30.68	241
7.00		38.48	302
8.00	±0.06	50.26	394
9.00		63.62	499
10.00		78.54	616
12.00		113.1	888

2. 冷拉钢丝的力学性能应符合表1-99的规定。

冷拉钢丝的力学性能 **表 1-99**

公称直径 d_n（mm）	抗压强度 σ_b（MPa）不小于	规定非比例伸长应力 $\sigma_{po.2}$（MPa）不小于	最大力下总伸长率（L_o=200mm）δ_{gt}（%）不小于	弯曲次数（180°，次）不小于	弯曲半径 R（mm）	断面收缩率 ψ（%）不小于	每210mm扭曲的扭软次数 n 不小于	初始应力相当于70%公称抗拉强度时，1000h后应力松弛率 r（%）不大于
3.00	1470 1570 1670 1770	1100 1180 1250 1330	1.5	4	7.5	—	—	8
4.00				4	10	35	8	
5.00				4	15		8	
6.00	1470 1570 1670 1770	1100 1180 1250 1330		5	15	30	7	
7.00				5	20		6	
8.00				5	20		5	

3. 三面刻痕钢丝尺寸及允许偏差应符合表1-100的规定。

三面刻痕钢丝尺寸及允许偏差 **表 1-100**

公称直径 D_n（mm）	刻痕深度		刻痕长度		节距	
	公称深度 A（mm）	允许偏差（mm）	公称长度 B（mm）	允许偏差（mm）	公称长度 L（mm）	允许偏差（mm）
≤5.00	0.12	±0.05	3.5	±0.05	5.5	±0.05
＞5.00	0.15		5.0		8.0	

注：公称直径指横截面积等同于光圆钢丝横截面积时所对应的直径。

4. 螺旋肋钢丝的尺寸及允许偏差应符合表1-101的规定。

螺旋肋钢丝的尺寸及允许偏差 **表 1-101**

公称直径 d_n（mm）	螺旋肋数量（条）	基圆尺寸		外轮廓尺寸		单肋尺寸	螺旋肋导程 c（mm）
		基圆直径 D_1（mm）	允许偏差（mm）	外轮廓直径 D（mm）	允许偏差（mm）	宽度 a（mm）	
4.00	4	3.85	±0.05	4.25	±0.05	0.90～1.30	24～30
4.80	4	4.60		5.10			
5.00	4	4.80		5.30		1.30～1.70	28～36
6.00	4	5.80		6.30		1.60～2.00	30～38
6.25	4	6.00		6.70			30～40
7.00	4	6.73		7.46	±0.10	1.80～2.20	35～45
8.00	4	7.75		8.45		2.00～2.40	40～50
9.00	4	8.75		9.45		2.10～2.70	42～52
10.00	4	9.75		10.45		2.50～3.00	45～58

5. 消除应力光圆及螺旋肋钢丝的力学性能应符合表1-102的规定。

消除应力光圆及螺旋肋钢丝的力学性能　表 1-102

公称直径 d_n（mm）	抗拉强度 σ_b（MPa）不小于	规定非比例伸长应力 $\sigma_{p0.2}$（MPa）不小于		最大力下总伸长率（L_o=200mm）δ_{gt}（%）不小于	弯曲次数（次，180°）不小于	弯曲半径 R（mm）	应力松弛性能		
							初始应力相当于公称抗拉强度的百分数（%）	1000h 后应力松弛率 r（%）不小于	
		WLR	WNR					WLR	WNR
							对所有规格		
4.00 4.80 5.00	1470 1570 1670 1770 1860	1290 1380 1470 1560 1640	1250 1330 1410 1500 1580	3.5	3 4 4	10 15 15	60	1.0	4.5
6.00 6.25 7.00	1470 1570 1670 1770	1290 1380 1470 1560	1250 1330 1410 1500		4 4 4	20 20 20	70	2.0	8
8.00 9.00	1470 1570	1290 1380	1250 1330		4 4	25 25	80	4.5	12
10.00 12.00	1470	1290	1250		4 4	30			

注：WLR 为普通松弛钢丝，WNR 为低松弛钢丝。

6. 消除应力的刻痕钢丝的力学性能应符合表 1-103 的规定。

消除应力的刻痕钢丝的力学性能　表 1-103

公称直径 d_n（mm）	抗拉强度 σ_b（MPa）不小于	规定非比例伸长应力 $\sigma_{p0.2}$（MPa）不小于		最大力下总伸长率（L_o=200mm）δ_{gt}（%）不小于	弯曲次数（次，180°）不小于	弯曲半径 R（mm）	应力松弛性能		
							初始应力相当于公称抗拉强度的百分数（%）	1000h 后应力松弛率 r（%）不大于	
		WLR	WNR					WLR	WNR
							对所有规格		
≤5.0	1470 1570 1670 1770 1860	1290 1380 1470 1560 1640	1250 1330 1410 1500 1580	3.5	3	15	60	1.5	4.5
							70	2.5	8
>5.0	1470 1570 1670 1770	1290 1380 1470 1560	1250 1330 1410 1500			20	80	4.5	12

1.7.6　预应力螺纹钢筋

1. 预应力螺纹钢筋外形尺寸及允许偏差见表 1-104。

预应力螺纹钢筋外形尺寸及允许偏差　　表 1-104

<table>
<tr><th rowspan="3">公称直径（mm）</th><th colspan="4">基圆直径（mm）</th><th colspan="2">螺纹高（mm）</th><th colspan="2">螺纹底宽（mm）</th><th colspan="2">螺距（mm）</th><th rowspan="3">螺纹根弧 r（mm）</th><th rowspan="3">导角 α</th></tr>
<tr><th colspan="2">dh</th><th colspan="2">dv</th><th colspan="2">h</th><th colspan="2">b</th><th colspan="2">l</th></tr>
<tr><th>公称尺寸</th><th>允许偏差</th><th>公称尺寸</th><th>允许偏差</th><th>公称尺寸</th><th>允许偏差</th><th>公称尺寸</th><th>允许偏差</th><th>公称尺寸</th><th>允许偏差</th></tr>
<tr><td>18</td><td>18.0</td><td rowspan="2">±0.4</td><td>18.0</td><td>+0.4
−0.8</td><td>1.2</td><td rowspan="2">±0.3</td><td>4.0</td><td rowspan="5">±0.5</td><td>9.0</td><td>±0.2</td><td>1.0</td><td>80°42′</td></tr>
<tr><td>25</td><td>25.0</td><td>25.0</td><td>+0.4
−0.8</td><td>1.6</td><td>6.0</td><td>12.0</td><td rowspan="2">±0.3</td><td>1.5</td><td>81°19′</td></tr>
<tr><td>32</td><td>32.0</td><td>±0.5</td><td>32.0</td><td>+0.4
−1.2</td><td>2.0</td><td>±0.4</td><td>7.0</td><td>16.0</td><td>2.0</td><td>80°40′</td></tr>
<tr><td>40</td><td>40.0</td><td rowspan="2">±0.6</td><td>40.0</td><td>+0.5
−1.2</td><td>2.5</td><td>±0.5</td><td>8.0</td><td>20.0</td><td rowspan="2">±0.4</td><td>2.5</td><td>80°29′</td></tr>
<tr><td>50</td><td>50.0</td><td>50.0</td><td>+0.5
−1.2</td><td>3.0</td><td>+0.5
−1.0</td><td>9.0</td><td>24.0</td><td>2.5</td><td>81°19′</td></tr>
</table>

注：螺纹底宽允许偏差属于轧辊设计参数。

2. 预应力螺纹钢筋的力学性能见表 1-105。

预应力螺纹钢筋力学性能　　表 1-105

<table>
<tr><th rowspan="2">级别</th><th>屈服强度 R_{eL}（MPa）</th><th>抗拉强度 R_m（MPa）</th><th>断后伸长率 A（%）</th><th>最大力下总伸长率 A_{gt}（%）</th><th colspan="2">应力松弛性能</th></tr>
<tr><th colspan="4">不小于</th><th>初始应力</th><th>1000h 后应力松弛率 V_r（%）</th></tr>
<tr><td>PSB785</td><td>785</td><td>980</td><td>7</td><td rowspan="4">3.5</td><td rowspan="4">$0.8R_{eL}$</td><td rowspan="4">≤3</td></tr>
<tr><td>PSB830</td><td>830</td><td>1030</td><td>6</td></tr>
<tr><td>PSB930</td><td>930</td><td>1080</td><td>6</td></tr>
<tr><td>PSB1080</td><td>1080</td><td>1230</td><td>6</td></tr>
</table>

注：无明显屈服时，用规定非比例延伸强度 $R_{p0.2}$ 代替。

1.7.7 预应力混凝土用钢绞线

1. 1×2 结构钢绞线尺寸及允许偏差和参考重量应符合表 1-106 的规定。

1×2 结构钢绞线尺寸及允许偏差和参考重量　　表 1-106

<table>
<tr><th rowspan="2">钢绞线结构</th><th colspan="2">公称直径</th><th rowspan="2">钢绞线直径允许偏差（mm）</th><th rowspan="2">钢绞线参考截面积 S_n（mm^2）</th><th rowspan="2">每米参考重量（g/m）</th></tr>
<tr><th>钢绞线直径 D_n（mm）</th><th>钢丝直径 d（mm）</th></tr>
<tr><td rowspan="5">1×2</td><td>5.00</td><td>2.50</td><td rowspan="2">+0.15～0.05</td><td>9.82</td><td>77.1</td></tr>
<tr><td>5.80</td><td>2.90</td><td>13.2</td><td>104</td></tr>
<tr><td>8.00</td><td>4.00</td><td rowspan="3">+0.25～0.10</td><td>25.0</td><td>197</td></tr>
<tr><td>10.00</td><td>5.00</td><td>39.3</td><td>309</td></tr>
<tr><td>12.00</td><td>6.00</td><td>56.5</td><td>444</td></tr>
</table>

2. 1×3 结构钢绞线尺寸及允许偏差和每米参考重量应符合表 1-107 的规定。

1×3 结构钢绞线尺寸及允许偏差、每米参考重量 表 1-107

钢绞线结构	公称直径		钢绞线测量尺寸 A（mm）	测量尺寸 A 允许偏差（mm）	钢绞线参考截面积 S_n（mm^2）	每米钢绞线参考重量（g/m）
	钢线线直径 D_n（mm）	钢丝直径 d（mm）				
1×3	6.20	2.90	5.41	+0.15 −0.05	19.8	155
	6.50	3.00	5.60		21.2	166
	8.60	4.00	7.46	+0.20 −0.10	37.7	296
	8.74	4.05	7.56		38.6	303
	10.80	5.00	9.33		58.6	462
	12.90	6.00	11.2		84.8	666
（1×3）C	8.74	4.05	7.56		38.6	303

3. 1×7 结构钢绞线的尺寸允许偏差和每米参考重量应符合表 1-108 的规定。

1×7 结构钢绞线的尺寸允许偏差、每米参考重量 表 1-108

钢绞线结构	公称直径 D_n（mm）	直径允许偏差（mm）	钢绞线参考截面积 S_n（mm）	每米钢绞线参考重量（g/m）	中心钢丝直径 d 加大范围（%）不小于
1×7	9.50	+0.30 −0.15	54.8	430	2.5
	11.10		74.2	582	
	12.70	+0.40 −0.20	98.7	775	
	15.20		140	1101	
	15.70		150	1178	
	17.80		191	1500	
（1×7）C	12.70	+0.40 −0.20	112	890	
	15.20		165	1295	
	18.00		223	1750	

4. 1×2 结构钢绞线的力学性能应符合表 1-109 的规定。

1×2 结构钢绞线的力学性能 表 1-109

钢绞线结构	钢绞线公称直径 D_n(mm)	抗拉强度 R_m(MPa) 不小于	整根钢绞线的最大力 F_m(kN)不小于	规定非比例延伸力 $F_{p0.2}$(kN) 不小于	最大力总伸长率 (L_O≥400mm) A_{gt}(%)不小于	应力松弛性能	
						初始负荷相当于公称最大力的百分数(%)	1000h 后应力松弛率 r(%) 不大于
1×2	5.00	1570	15.4	13.9	对所有规格	对所有规格	对所有规格
		1720	16.9	15.2			
		1860	18.3	16.5			
		1960	19.2	17.3			

续表

钢绞线结构	钢绞线公称直径 D_n(mm)	抗拉强度 R_m(MPa)不小于	整根钢绞线的最大力 F_m(kN)不小于	规定非比例延伸力 $F_{po.2}$(kN)不小于	最大力总伸长率(L_O≥400mm) A_{gt}(%)不小于	应力松弛性能	
						初始负荷相当于公称最大力的百分数(%)	1000h后应力松弛率 r(%)不大于
1×2	5.80	1570	20.7	18.6	3.5	60	1.0
		1720	22.7	20.4			
		1860	24.6	22.1			
		1960	25.9	23.3		70	2.5
	8.00	1470	36.9	33.2			
		1570	39.4	35.5		80	4.5
		1720	43.2	38.9			
		1860	46.7	42.0			
		1960	49.2	44.3			
	10.00	1470	57.8	52.0			
		1570	61.7	55.5			
		1720	67.6	60.8			
		1860	73.1	65.8			
		1960	77.0	69.3			
	12.00	1470	83.1	74.8			
		1570	88.7	79.8			
		1720	97.2	87.5			
		1860	105	94.5			

注：规定非比例延伸力 $F_{po.2}$值不小于整根钢绞线公称最大力 F_m的 90%。

5. 1×3 结构钢绞线力学性能应符合表 1-110 的规定。

1×3 结构钢绞线力学性能 **表 1-110**

钢绞线结构	钢绞线公称直径 D_n(mm)	抗拉强度 R_m(MPa)不小于	整根钢绞线的最大力 F_m(kN)不小于	规定非比例延伸力 $F_{po.2}$(kN)不小于	最大力总伸长率(L_O≥400mm) A_{gt}(%)不小于	应力松弛性能	
						初始负荷相当于公称最大力的百分数(%)	1000h后应力松弛率 r(%)不大于
1×3	6.20	1570	31.1	28.0	对所有规格	对所有规格	对所有规格
		1720	34.1	30.7			
		1860	36.8	33.1			
		1960	38.8	34.9			
	6.50	1570	33.3	30.0			
		1720	36.5	32.9		60	1.0
		1860	39.4	35.5			
		1960	41.6	37.4			

续表

钢绞线结构	钢绞线公称直径 D_n(mm)	抗拉强度 R_m(MPa)不小于	整根钢绞线的最大力 F_m(kN)不小于	规定非比例延伸力 $F_{p0.2}$(kN)不小于	最大力总伸长率(L_O≥400mm) A_{gt}(%)不小于	应力松弛性能：初始负荷相当于公称最大力的百分数(%)	应力松弛性能：1000h后应力松弛率 r(%)不大于
1×3	8.60	1470	55.4	49.9	3.5	70	2.5
		1570	59.2	53.3			
		1720	64.8	58.3			
		1860	70.1	63.1			
		1960	73.9	66.5			
	8.74	1570	60.6	54.5			
		1670	64.5	58.1			
		1860	71.8	64.6			
	10.80	1470	86.6	77.9		80	4.5
		1570	92.5	83.3			
		1720	101	90.9			
		1860	110	99.0			
		1960	115	104			
	12.90	1470	125	113			
		1570	133	120			
		1720	146	131			
		1860	158	142			
		1960	166	149			

注：规定非比例延伸力 $F_{p0.2}$ 值不小于整根钢绞线公称最大力 F_m 的 90%。

6. 1×7 结构钢绞线力学性能应符合表 1-111 的规定。

1×7 结构钢绞线力学性能　　表 1-111

钢绞线结构	钢绞线公称直径 D_n(mm)	抗拉强度 R_m(MPa)不小于	整根钢绞线最大力 F_m(kN)不小于	规定非比例延伸力 $F_{p0.2}$(kN)不小于	最大力总伸长率(L_O≥400mm) A_{gt}(%)不小于	应力松弛性能：初始负荷相当于公称最大力的百分数(%)	应力松弛性能：1000h后应力松弛率 r(%)不大于
1×7	9.50	1720	94.3	84.9	对所有规格	对所有规格	对所有规格
		1860	102	91.8	3.5	60	1.0
		1960	107	96.3			
	11.10	1720	128	115			
		1860	138	124			
		1960	145	131			
	12.70	1720	170	153		70	2.5
		1860	184	166			
		1960	193	174			

续表

钢绞线结构	钢绞线公称直径 D_n(mm)	抗拉强度 R_m(MPa)不小于	整根钢绞线最大力 F_m (kN)不小于	规定非比例延伸力 $F_{p0.2}$(kN)不小于	最大力总伸长率 (L_O≥400mm) A_{gt}(%)不小于	应力松弛性能	
						初始负荷相当于公称最大力的百分数(%)	1000h后应力松弛率 r(%)不大于
1×7	15.20	1470	206	185		80	4.5
		1570	220	198			
		1670	234	211			
		1720	240	217			
		1860	160	234			
		1960	274	247			
	15.70	1770	266	239			
		1860	279	251			
	17.80	1720	327	294			
		1860	353	318			
(1×7)C	12.70	1860	208	187			
	15.20	1820	300	270			
	18.00	1720	384	346			

注：规定非比例延伸率 $F_{p0.2}$值不小于整根钢绞线公称最大力 F_m 的 90%。

1.7.8 无粘结预应力钢绞线

无粘结预应力钢绞线规格及性能应符合表 1-112 的规定。

无粘结预应力钢绞线规格及性能 表 1-112

钢绞线			防腐润滑脂重量 W_3(g/m)不小于	护套厚度(mm)不小于	μ	K
公称直径(mm)	公称截面积(mm²)	公称强度(MPa)				
9.50	54.8	1720	32	0.8	0.04～0.10	0.003～0.004
		1860				
		1960				
12.70	98.7	1720	43	1.0	0.40～0.10	0.003～0.004
		1860				
		1960				
15.20	140.0	1570	50	1.0	0.40～0.10	0.003～0.004
		1670				
		1720				
15.20	140.0	1860	50	1.0	0.40～0.10	0.003～0.004
		1960				
15.70	150.0	1770	53	1.0	0.40～0.10	0.003～0.004
		1860				

注：经供需双方协商，也生产供应其他强度和直径的无粘结预应力钢绞线。

1.7.9 冷轧带肋钢筋

冷轧带肋钢筋的力学性能和工艺性能应符合表 1-113 的规定。

冷轧带肋钢筋的力学性能和工艺性能　　表 1-113

牌号	$R_{po.2}$ (MPa) 不小于	R_m (MPa) 不小于	伸长率（%）不小于		弯曲试验 180°	反复弯曲次数	应力松弛初始应力应相当于公称抗拉强度的 70% 1000h 松弛率（%）
			$A_{11.3}$	A_{100}			不大于
CRB550	500	550	8.0	—	$D=3d$	—	—
CRB650	585	650	—	4.0	—	3	8
CRB800	720	800	—	4.0	—	3	8
CRB970	875	970	—	4.0	—	3	8

注：1. 表中 D 为弯心直径，d 为钢筋公称直径。

2. 钢筋公称直径为 4、5、6mm 时，反复弯曲试验的弯曲半径为 10、15、15mm。

3. 钢筋的强屈比 $R_m/R_{po.2}$ 比值应不小于 1.03，经供需双方协议可用 $A_{gt}\geqslant 2.0\%$ 代替 A。

4. 供方在保证 1000h 松弛率合格基础上，允许使用推算法确定 1000h 松弛。

1.7.10　冷加工钢筋

1. 冷拔低碳钢丝拉伸试验、反复弯曲试验的性能要求见表 1-114。

冷拔低碳钢丝拉伸试验、反复弯曲试验的性能要求　　表 1-114

冷拔低碳钢丝的直径 (mm)	抗拉强度 R_m 不小于 (MPa)	伸长率 A 不小于 (%)	180°反复弯曲次数不小于	弯曲半径 (mm)
3	550	2.0	4	7.5
4		2.5		10
5		3.0		15
6				15
7				20
8				20

注：1. 抗拉强度试件应取未经机械调直的冷拔低碳钢丝。

2. 冷拔低碳钢丝伸长率测量标距对直径 3～6mm 的钢丝为 10mm，对直径 7mm、8mm 的钢丝为 150mm。

2. 冷拉钢筋的力学性能应符合表 1-115 规定。

冷拉钢筋的力学性能　　表 1-115

钢筋级别	公称直径 (mm)	屈服点 σ_5 (MPa)	抗拉强度 σ_b (MPa)	伸长率 δ_{10} (%)	冷弯：d—弯心直径 a—试样直径
		不小于			
Ⅰ级	≤12	280	370	11	180°　$d=3a$
Ⅱ级	8～25 / 28～40	450 / 430	510 / 490	10	90°　$d=3a$ / $d=4a$
Ⅲ级	8～25 / 28～40	500	570	8	90°　$d=5a$ / $d=6a$
Ⅳ级	10～25 / 28～32	700	835	6	90°　$d=5a$ / $d=6a$

3. 冷轧扭钢筋力学性能和工艺性能应符合表 1-116 的规定。

冷轧扭钢筋力学性能和工艺性能　表 1-116

强度级别	型　号	抗拉强度 σ_b (MPa)	伸长率 A (%)	180°弯曲试验（弯心直径=3d）	应力松弛(%)(当 $\sigma_{con}=0.7f_{ptk}$)	
					10h	1000h
CTB550	Ⅰ	≥550	$A_{11.3}$≥4.5	受弯曲部分钢筋表面不得产生裂纹	—	—
	Ⅱ	≥550	A≥10		—	—
	Ⅲ	≥550	A≥12		—	—
CTB650	Ⅲ	≥650	A_{100}≥4		≤5	≤8

注：d 为冷轧扭钢筋标志直径；σ_{con} 为预应力钢筋张拉控制应力；f_{ptk} 为预应力冷轧扭钢筋抗拉强度标准值。

1.8　结构钢材及焊接材料

1.8.1　钢结构钢材

钢材的力学性能见表 1-117 的规定。

钢材的力学性能　表 1-117①

牌号	等级	屈服强度 R_{eH} (N/mm²) 不小于						抗拉强度 R_m (N/mm²)	断后伸长率 A (%) 不小于					冲击试验（V 形缺口）	
		厚度（或直径）(mm)							厚度（或直径）(mm)					温度 (℃)	冲击吸收功（纵向）(J) 不小于
		≤16	>16～60	>40～60	>60～100	>100～150	>150～200		≤40	>40～60	>60～100	>100～150	>150～200		
Q195	—	195	185	—	—	—	—	315～430	33	—	—	—	—	—	—
Q215	A	215	205	195	185	175	165	335～450	31	30	29	27	26	—	—
	B													+20	27
Q235	A	235	225	215	215	195	185	370～500	26	25	24	22	21	—	—
	B													+20	27
	C													0	
	D													−20	
Q275	A	275	265	255	245	225	215	410～540	22	21	20	18	17	—	—
	B													+20	27
	C													0	
	D													−20	

注：1. Q195 的屈服强度值仅供参考，不作交货条件。
2. 厚度大于 100mm 的钢材，抗拉强度下限允许降低 20N/mm²。宽带钢（包括剪切钢板）抗拉强度上限不作交货条件。
3. 厚度小于 25mm 的 Q235B 级钢材，如供方能保证吸收功值合格，经需方同意，可不做检验。

弯曲试验结果 表 1-117②

牌号	试样方向	冷弯试验 $180^{\circ}B=2a^2$	
		钢材厚度（或直径）(mm)	
		≤60	>60～100
		弯心直径 a	
Q195	纵	0	—
	横	0.5a	
Q215	纵	0.5a	1.5a
	横	a	2a
Q235	纵	a	2a
	横	1.5a	2.5a
Q275	纵	1.5a	2.5a
	横	2a	3a

注：1. B 为试样宽度，a 为试样厚度（或直径）。

2. 钢材厚度（或直径）大于 100mm 时，弯曲试验由双方协商确定。

1.8.2 结构钢材用焊接材料

1. 常用结构钢材焊接焊条按表 1-118 选用。

常用结构钢材手工电弧焊焊条选配 表 1-118

钢材							手工电弧焊焊条				
牌号	等级	抗拉强度 σ_b (MPa)	屈服强度 σ_s (MPa) $\delta \leqslant 16$ (mm)	屈服强度 σ_s (MPa) $\delta>50$～100 (mm)	冲击功 T (℃)	冲击功 Akv (J)	型号	熔敷金属性能 抗拉强度 σ_b (MPa)	熔敷金属性能 屈服强度 σ_s (MPa)	熔敷金属性能 延伸率 δ_s (%)	冲击功≥275J 时试验温度 (℃)
Q235	A	375～460	235	205	—	—	E4303①	420	330	22	0
	B				20	27	E4303①、				0
	C				0	27	E4328、				−20
	D				−20	27	E4315、				−30
							E4316				−20
Q295	A	390～570	295	235	—	—	E4303①	420	330	22	0
	B				20	34	E4315、 E4316、 E4328				−30 −20
Q345	A	470～630	345	275	20	34	E5003①	490	390	20	0
	B						E5003①、 E5015、 E5016、 E5018			22	−30
	C				0	34	E5015、				
	D				−20	34	E5016、 E5018				
	E				−40	27	②				②
Q390	A	490～650	390	330	—	—	E5015、	490	390	22	−30
	B				20	34	E5016、	540	440	17	
	C				0	34	E5515-D3、-G、				
	D				−20	34	E5516-D3、-G				
	E				−40	27	②				②

续表

钢材							手工电弧焊焊条				
牌号	等级	抗拉强度 σ_b (MPa)	屈服强度 σ_s(MPa)		冲击功		型号	熔敷金属性能			
			$\delta\leq16$ (mm)	$\delta\geq50\sim100$ (mm)	T (℃)	Akv (J)		抗拉强度 σ_b (MPa)	屈服强度 σ_s (MPa)	延伸率 δ_s(%)	冲击功≥275J时试验温度 (℃)
Q420	A	520～680	420	360	—	—		540	440	17	
	B				20	34	E5515-D3、-G、E5516-D3、-G				−30
	C				0	34					
	D				−20	34					
	E				−40	27	②				②
Q460	C	550～720	460	400	0	34	E6015-D1、-G、E5516-D1、-G	590	490	15	−30
	D				−20	34					
	E				−40	27	②				②

注：①用于一般结构；②由供需双方协议。

2. 常用结构钢材焊接的焊剂、焊丝选用见表 1-119。

常用结构钢埋弧焊焊接焊剂、焊丝选配　　表 1-119

钢材		焊剂型号、焊丝牌号
牌号	等级	
Q235	A、B、C	F4A0-H08A
	D	F4A2-H08A
Q295	A	F5004-H08A①、F5004-H08MnA②
	B	F5014-H08A①、F5014-H08MnA②
Q345	A	F5004-H08A①、F5004-H08MnA②、F5004-H10Mn2②
	B	F5014-H08A①、F5014-H08MnA②、F5014-H10Mn2② F5011-H08A①、F5011-H08MnA②、F5011-H10Mn2②
	C	F5024-H08A①、F5024-H08MnA②、F5024-H10Mn2② F5021-H08A①、F5021-H08MnA②、F5021-H10Mn2②
	D	F5034-H08A①、F5034-H08MnA②、F5034-H10Mn2② F5031-H08A①、F5031-H08MnA②、F5031-H10Mn2②
	E	F5041-③
Q390	A、B	F5011-H08MnA①、F5011-H10Mn2②、F5011-H08MnMoA②
	C	F5021-H08MnA①、F5021-H10Mn2②、F5021-H08MnMoA②
	D	F5031-H08MnA①、F5031-H10Mn2②、F5031-H08MnMoA②
	E	F5041-③
Q420	A、B	F6011-H10Mn2②、F6011-H08MnMoA②
	C	F6021-H10Mn2②、F6021-H08MnMoA②
	D	F6031-H10Mn2②、F6031-H08MnMoA②
	E	F6041-③
Q460	C	F6021-H08MnMoA②
	D	F6031-H08Mn2MoVA②
	E	F6041-③

注：①薄板 I 形坡口对接；②中、厚板坡口对接；③供需双方协议。

1.9　木材、人造板材

1.9.1　木材

1. 承重木结构用方木的材质要求见表 1-120。

承重木结构方木材质要求　　**表 1-120**

项次	缺陷名称	木材等级		
		Ⅰa	Ⅱa	Ⅲa
		受拉构件或拉弯构件	受弯构件或压弯构件	受压构件
1	腐朽	不允许	不允许	不允许
2	木节 在构件任一面任何 150mm 长度上所有木节尺寸的总和,不得大于所在面宽的	1/3 (连接部位为 1/4)	2/5	1/2
3	斜纹 任何 1m 材长上平均倾斜高度,不得大于(mm)	50	80	120
4	裂缝 (1)在连接的受剪面上 (2)在连接部位的受剪面附近,其裂缝深度(有对面裂缝时用两者之和)不得大于木材宽的	不允许 1/4	不允许 1/3	不允许 不　限
5	髓心	应避开受剪面	不　限	不　限
6	虫蛀	允许有表面虫沟,不得有虫眼		

注:1. 对于死节(包括松软节和腐朽节),除按一般木节测量外,必要时尚应按缺孔验算,若死节有腐朽迹象,则应经局部防腐处理后使用。
2. 木节尺寸按垂直于构件长度方向测量。

2. 承重木结构用原木的材质要求见表 1-121。

承重木结构原木材质要求　　**表 1-121**

项次	缺陷名称	木材等级		
		Ⅰa	Ⅱa	Ⅲa
		受拉构件或拉弯构件	受弯构件或压弯构件	受压构件
1	腐朽	不允许	不允许	不允许
2	木节 (1)在构件任一面 150mm 长度上。沿周长所有木节尺寸的总和,不得大于所测部位原木周长的 (2)每个木节的最大尺寸,不得大于所测部位原木周长的	1/4 1/10(连接部位为 1/12)	1/3 1/6	不限 1/6
3	扭纹 小头 1m 材长上倾斜高度不得大于(mm)	80	120	150
4	髓心	避开受剪面	不　限	不　限
5	虫蛀	允许有表面虫沟,不得有虫眼		

注:对于原木的裂缝,应通过调整其方位(使裂缝尽量垂直于构件的受剪面)予以使用。其他附注同表 1-120。

1.9.2　人造板材

1. 胶合板对角线长度允许偏差及翘曲度限值见表 1-122 及表 1-123。

胶合板对角线长度允许偏差 表 1-122

胶合板公称长度(mm)	两对角线长度之差(mm)
≤1200	3
>1220～1830	4
>1830～2135	5
>2135	6

胶合板翘曲度限值 表 1-123

厚度	等级			
	特级	一级	二级	三级
6mm以上	不得超过0.5%	不得超过1%	不得超过1%	不得超过2%

注:翘曲度以胶合板对角线最大弦高与对角线长度之比来表示。

2. 硬质纤维板的外观质量要求见表 1-124。

硬质纤维板的外观质量要求 表 1-124

缺陷名称	计量方法	允许限度			
		特级	一级	二级	三级
水渍	占板面面积(%)	不许有	≤2	≤20	≤40
污点	直径(mm)	不许有		≤15	≤30,小于15不计
	个数(个/m²)			≤2	≤2
斑纹	占板面积百分比(%)	不许有			≤5
粘痕	占板面积百分比(%)	不许有			≤1
压痕	深度或高度(mm)	不许有		≤0.4	≤0.6
	每个压痕面积(mm²)			≤20	≤400
	个数(个/m²)			≤2	≤2
分层、鼓泡、裂痕、水湿、炭化、边角松软		不许有			

1.10 防水材料

1.10.1 沥青、玛瑞脂、煤焦油

1. 石油沥青的种类、牌号和技术要求见表 1-125。

石油沥青的种类、牌号和技术要求 表 1-125

质量指标	道路石油沥青							建筑石油沥青		普通石油沥青		
	200	180	140	100甲	100乙	60甲	60乙	30	10	75	65	55
针入度(25℃、100g)(1/100mm)	201～300	161～200	121～160	91～120	81～120	51～80	41～80	25～40	10～25	75	65	55
延度(25℃)(cm)≥	—	100	100	90	60	80	40	3	1.5	2	1.5	1
软化点(环球法)(℃)≥	30～45	35～45	38～48	42～52	42～52	45～55	45～55	70	95	60	80	100
溶解度(三氯甲烷,四氯化碳或苯)(%)≥	99	99	99	99	99	99	99	99.5	99.5	98	98	98

续表

质量指标	道路石油沥青							建筑石油沥青		普通石油沥青		
	200	180	140	100甲	100乙	60甲	60乙	30	10	75	65	55
蒸发损失（160℃，5h）（%）≤	1	1	1	1	1	1	1	1	1	—	—	—
蒸发后针入度比（%）≥	50	60	60	65	65	70	70	65	65	—	—	—
闭点(开口)(%)≥	180	200	230	230	230	230	230	230	230	230	230	230

注：1. 道路石油沥青和建筑石油沥青的牌号按其针入度划分。

2 普通石油沥青的牌号按其性质及用途划分。

2. 煤沥青的技术指标见表 1-126。

煤沥青的技术指标 **表 1-126**

指标名称	低温沥青		中温沥青		高温沥青
	1号	2号	1号	2号	
软化点（℃）	35～45	46～75	80～90	75～95	95～120
甲苯不溶物含量（%）	—	—	15～25	不大于 25	—
灰分（%）不大于	—	—	0.3	0.5	—
挥发分（%）	—	—	58～68	55～75	—
水分（%）	—	—	5.0	5.0	5.0
喹啉不溶物含量(%)不大于	—	—	10	—	—

注：1. 水分只作生产操作中控制指标，不作质量考核依据。

2. 落地 2 号中温沥青灰分允许不大于 1%。1 号中温沥青主要用于电极沥青。

3. 沥青玛瑺脂的技术要求见表 1-127。

沥青玛瑺脂不同标号的技术要求 **表 1-127**

指标名称	S-60	S-65	S-70	S-75	S-80	S-85	J-55	J-60	J-65
耐热度	用 2mm 厚的沥青玛瑺脂粘合两张沥青油纸，于不低于下列温度（℃）中，在 1∶1 坡度上停放 5h，油纸不应滑动								
	60	65	70	75	80	85	55	60	65
柔韧度	涂在沥青油纸上的 2mm 厚的沥青玛瑺脂层，在（18±2）℃时，围绕下列直径（mm）的圆棒，以 2s 的时间以均衡速度弯成半周，沥青玛瑺脂不应有裂纹								
	10	15	15	20	25	30	25	30	35
粘结力	用手将两张粘贴在一起的油纸慢慢地一次撕开，从油纸和沥青玛瑺脂的粘贴面的任何一面的撕开部分，应不大于粘贴面积的 1/2								

4. 煤焦油的技术指标见表 1-128。

煤焦油的技术指标 **表 1-128**

指标名称	指标		指标名称	指标	
	1号	2号		1号	2号
密度（ρ_{20}）(g/mL)	1.15～1.21	1.13～1.22	水分（%）不大于	4.0	4.0
甲苯不溶物（无水基）(%)	3.5～7.0	不大于 10.0	粘度（E 80）不大于	5.0	—
灰分（%）不大于	0.13	0.13	萘含量（无水基）(%) 不小于	7.0	—

注：萘含量指标不作为质量考核依据。

1.10.2 防水卷材

1. 沥青防水卷材的外观质量要求见表 1-129。

沥青防水卷材的外观质量要求 **表 1-129**

项 目	外观质量要求
孔洞、硌伤	不允许
露胎、涂盖不匀	不允许
折纹、折皱	距卷芯 1000mm 以外，长度不应大于 100mm
裂 纹	距卷芯 1000mm 以外，长度不应大于 10mm
裂口、缺边	边缘裂口小于 20mm，缺边长度小于 50mm，深度小于 20mm，每卷不应超过四处
接 头	每卷不应超过一处

2. 石油沥青毡的物理性能指标见表 1-130。

石油沥青油毡的物理性能 **表 1-130**

项 目		指标		
		Ⅰ型	Ⅱ型	Ⅲ型
单位面积浸涂材料总量（g/m^2）≥		600	750	1000
不透水性	压力（MPa）≥	0.02	0.02	0.10
	保持时间（min）≤	20	30	30
吸水率（%）≤		3.0	2.0	1.0
耐热度		(85±2)℃，2h 涂盖层无滑动、流淌和集中性气泡		
拉力（纵向）（N/50mm）≥		240	270	340
柔度		(18±2)℃，绕 φ20mm 棒或弯板无裂缝		

注：1. 本标准Ⅲ型产品物理性能要求为强制性的，其余为推荐性的。

2. 本表卷重：Ⅰ型 17.5kg/卷；Ⅱ型 22.5kg/卷：Ⅲ型 28.5kg/卷。

3. 煤沥青油毡的技术性能指标见表 1-131。

煤沥青油毡的技术性能 **表 1-131**

指 标		200 号	270 号		350 号	
		合格品	一等品	合格品	一等品	合格品
每卷重量（kg）不小于	粉毡	16.5	19.5		23.0	
	片毡	19.0	22.0		25.5	
幅度（mm）		915 和 1000				
每卷面积（m^2）		20±0.3				
可溶物含量（g/m^2）不小于		450	560	510	660	600
不透水性	压力（MPa），不小于	0.05	0.05		0.10	
	保持时间（min）不小于	15	30	20	30	15
		不渗漏				
吸水率(常压法)(%)不大于	粉毡	3.0				
	片毡	5.0				
耐热度（℃）		70±2	75±2	70±2	75±2	70±2
		受热 2h 涂盖层应无滑动和集中性气泡				
拉力（N）在（25±2）℃时，纵向不小于		250	330	300	380	350
柔度（℃），不大于		18	16	18	16	18
		绕 φ20mm 圆棒或弯板无裂纹				

4. 石油沥青油纸的技术性能见表1-132。

石油沥青油纸的技术性能　**表1-132**

指　　标	200号	350号
每卷重量（kg）不小于	7.5	13.0
幅度（mm）	915或1000	
每卷总面积（m^2）	20±0.3	
浸渍材料占原纸重量百分比（%）不小于	100	
吸水率（真空法）（%）不大于	25	
拉力（N），在（25±2）℃时，纵向不小于	110	240
柔度，在（18±2）℃时	围绕ϕ10mm圆棒或弯板无裂纹	

5. 高聚物改性沥青防水卷材的质量指标见表1-133。

高聚物改性沥青防水卷材的质量指标　**表1-133**

项　目		性能要求		
		聚酯毡胎体卷材	玻纤毡胎体卷材	聚乙烯膜胎体卷材
拉伸性能	拉力（N/50mm）	≥800（纵横向）	≥500（纵向） ≥300（横向）	≥140（纵向） ≥120（横向）
	最大拉力时延伸率（%）	≥40（纵横向）	—	≥250（纵横向）
低温柔度（℃）		≥−15 3mm厚，r=15mm；4mm厚，r=25mm；3s，弯180°无裂纹		
不透水性		压力0.3MPa，保持时间30min，不透水		
断裂、皱折、孔洞、剥离		不允许		
边缘不整齐、砂砾不均匀		无明显差异		
胎体未浸透、露胎		不允许		
涂盖不均匀		不允许		

6. 合成高分子防水卷材质量指标见表1-134。

合成高分子防水卷材主要质量指标　**表1-134**

项　目	性能要求				
	硫化橡胶类		非硫化橡胶类	合成树脂类	纤维胎增强类
	JL_1	JL_2	JF_3	JS_1	
拉伸强度（MPa）	≥8	≥7	≥5	≥8	≥8
断裂伸长率（%）	≥450	≥400	≥200	≥200	≥10
低温弯折性（%）	−45	−40	−20	−20	−20
不透水性	压力0.3MPa，保持时间30min，不透水				
折　痕	每卷不超过2处，总长度不超过20mm				
杂　质	大于0.5mm颗粒不允许				
胶　块	每卷不超过6处，每处面积不大于4mm²				
缺　胶	每卷不超过6处，每处不大于7mm，深度不超过本身厚度的30%				

7. 弹性体改性沥青防水卷材（简称 SBS 防水卷材）材料性能见表 1-135。

弹性体改性沥青防水卷材（SBS 防水卷材）性能 **表 1-135**

序号	项目		指标				
			I		Ⅱ		
			PY	G	PY	G	PYG
1	可溶物含量（g/m²）≥	3mm	2100				—
		4mm	2900				—
		5mm	3500				
		试验现象	—	胎基不燃	—	胎基不燃	—
2	耐热性	（℃）	90		105		
		（mm）≤	2				
		试验现象	无流淌、滴落				
3	低温柔性（℃），无裂缝		−20		−25		
4	不透水性（30min）		0.3MPa	0.2MPa	0.3MPa		
5	拉力	最大峰拉力(N/50mm)≥	500	350	800	500	900
		次高峰拉力(N/50mm)≥	—	—	—	—	800
		试验现象	拉伸过程中，试件中部无沥青涂盖层开裂或与胎基分离现象				
6	延伸率	最大峰时延伸率（%）≥	30	—		—	—
		第二峰时延伸率（%）≥					15
7	浸水后重量增加（%）	PE、S	1.0				
		M	2.0				
8	热老化	拉力保持率（%）≥	90				
		延伸率保持率（%）≥	80				
		低温柔性（℃），无裂缝	−15			−20	
		尺寸变化率（%）≤	0.7	—	0.7	—	0.3
		重量损失（%）≤	1.0				
9	渗油性	张数≤	2.0				
10	接缝剥离强度（N/mm）≥		1.5				
11	热熔下卷材表面沥青涂盖层厚度(mm)≥		1.0				
12	人工气候加速老化	外观	无滑动、流淌、滴落				
		拉力保持率（%）≥	80				
		低温柔性（℃），无裂缝	−15			−20	

8. 塑性体改性沥青防水卷材（简称 APP 防水卷材）材料性能应符合表 1-136 的要求。

塑性体改性沥青防水卷材（APP 防水卷材）性能 **表 1-136**

序号	项目		指标				
			I		Ⅱ		
			PY	G	PY	G	PYG
1	可溶物含量（g/m²）≥	3mm	2100				—
		4mm	2900				—
		5mm	3500				
		试验现象	—	胎基不燃	—	胎基不燃	—
2	耐热性	（℃）	110		130		
		（mm）≤	2				
		试验现象	无流淌滴落				
3	低温柔性（℃），无裂缝		−7		−15		
4	不透水性（30min）		0.3MPa	0.2MPa	0.3MPa		
5	拉力	最大峰拉力(N/50mm)≥	500	350	800	500	900
		次高峰拉力(N/50mm)≥	—	—	—	—	800
		试验现象	拉伸过程中，试件中部无沥青涂盖层开裂或与胎基分离现象				

续表

序号	项　目			指　标				
				Ⅰ		Ⅱ		
				PY	G	PY	G	PYG
6	延伸率	最大峰时延伸率(%)≥		25	—	40	—	—
		第二峰时延伸率(%)≥		—		—		15
7	浸水后重量增加（%）	PE、S		1.0				
		M		2.0				
8	热老化	拉力保持率（%）≥		90				
		延伸率保持率（%）≥		80				
		低温柔性（℃），无裂缝		−2		−10		
		尺寸变化率（%）≤		0.7	—	0.7	—	0.3
		重量损失（%）≤		1.0				
9	接缝剥离强度（N/mm）≥			1.0				
10	热熔下卷材表面沥青涂盖层厚度(mm)≥			1.0				
11	人工气候加速老化	外观		无滑动、流淌、滴落				
		拉力保持率（%）≥		80				
		低温柔性（℃），无裂缝		−2		−10		

9. 改性沥青聚乙烯胎防水卷材的物理力学性能应符合表1-137的规定

改性沥青聚乙烯胎防水卷材物理力学性能　　表1-137

序号	项　目			指　标				
				T				S
				O	M	P	R	M
1	不透水性			0.4MPa，30min不透水				
2	耐热性（℃）			90				70
				无流淌，无起泡				无流淌，无起泡
3	低温柔性（℃），无裂纹			−5	−10	−20	−20	−20
4	拉伸性能	拉力（N/50mm）≥	纵向	200			400	200
			横向					
		断裂延伸率（%）≥	纵向	120				
			横向					
5	尺寸稳定性		（℃）	90				70
			（%）≤	2.5				
6	卷材下表面沥青涂盖层厚度（mm）≥			1.0				—
7	剥离强度（N/mm）≥		卷材与卷材	—				1.0
			卷材与铝板					1.5
8	钉杆水密性			—				通过
9	持粘性（min）≥			—				1.5
10	自粘沥青再剥离强度（与铝板）（N/mm）≥			—				1.5
11	热空气老化	纵向拉力（N/50mm）≥		200			400	200
		纵向断裂延伸率（%）≥		120				
		低温柔性（℃），无裂纹		5	0	−10	−10	−10

1.10.3　防水涂料

1. 有机防水涂料的物理性能应符合表1-138的要求。

有机防水涂料物理性能 表 1-138

涂料种类	可操作时间（min）	潮湿基面粘结强度（MPa）	抗渗性（MPa）			浸水 168h 后断裂伸长率（%）	浸水 168h 后拉伸强度（MPa）	耐水性（%）	表干（h）	实干（h）
			涂膜（30min）	砂浆迎水面	砂浆背水面					
反应型	≥20	≥0.3	≥0.3	≥0.6	≥0.2	≥300	≥1.65	≥80	≤8	≤24
水乳型	≥50	≥0.2	≥0.3	≥0.6	≥0.2	≥350	≥0.5	≥80	≤4	≤12
聚合物水泥	≥30	≥0.6	≥0.3	≥0.8	≥0.6	≥80	≥1.5	≥80	≤4	≤12

注：耐水性是指在浸水 168h 后，材料的粘结强度及砂浆抗渗性的保持率。

2. 无机防水涂料的物理性能应符合表 1-139 的要求。

无机防水涂料物理性能 表 1-139

涂料种类	抗折强度（MPa）	粘结强度（MPa）	抗渗性（MPa）	冻融循环
水泥基防水涂料	>4	>1.0	0.8>	>D50
水泥基渗透结晶型防水涂料	≥3	≥1.0	>0.8	>D50

3. 胎体增强材料质量应符合表 1-140 的要求。

胎体增强材料质量要求 表 1-140

项目		聚酯无纺布	化纤无纺布	玻纤网布
外观		无团状，平整无折皱		
拉力（宽 50mm）	纵向（N）	≥150	≥45	≥90
	横向（N）	≥100	≥35	≥50
延伸率	纵向（%）	≥10	≥20	≥3
	横向（%）	≥20	≥25	≥3

4. 聚氨酯防水涂料物理力学性能见表 1-141 的规定。

聚氨酯防水涂料物理力学性能 表 1-141

项目		单组分产品		多组分产品	
		Ⅰ类	Ⅱ类	Ⅰ类	Ⅱ类
拉伸强度（MPa）≥		1.90	2.45	1.90	2.45
断裂伸长度（%）≥		550	450	450	450
撕裂强度（N/mm）≥		12	14	12	14
低温弯折性（℃）≤		−40		−35	
不透水性（0.3MPa，30min）		不透水			
固体含量（%）≥		80		92	
表干时间（h）≤		12		8	
实干时间（h）≤		24			
加热伸缩率（%）	≤	1.0			
	≥	−4.0			
地下工程潮湿基面粘结强度（MPa）≥		0.40			
定伸时老化	加热老化	无裂纹及变形			
	室外人工气候老化	无裂纹及变形			

续表

项目		单组分产品		多组分产品	
		Ⅰ类	Ⅱ类	Ⅰ类	Ⅱ类
热处理	拉伸强度保持率（%）	80～150			
	断裂伸长率（%）⩾	500	400	400	
	低温弯折性（℃）⩽	−35		−30	
碱处理	拉伸强度保持率（%）	60～150			
	断裂伸长率（%）⩾	500	400	400	
	低温弯折性（℃）⩽	−35		−30	
酸处理	拉伸强度保持率（%）	80～150			
	断裂伸长率（%）⩾	500	400	400	
	低温弯折性（℃）⩽	−35		−30	
室外人工气候老化	拉伸强度保持率（%）	80～150			
	断裂伸长率（%）⩾	500	400	400	
	低温弯折性（℃）⩽	−35		−30	

5. 聚合物水泥防水涂料（简称JS防水涂料）物理力学性能应符合表1-142的要求。

聚合物水泥防水涂料（JS防水涂料）物理力学性能　　表1-142

序号	试验项目		指标		
			Ⅰ型	Ⅱ型	Ⅲ型
1	固体含量（%）⩾		70	70	70
2	拉伸强度	无处理（MPa）⩾	1.2	1.8	1.8
		加热处理后保持率（%）⩾	80	80	80
		碱处理后保持率（%）⩾	60	70	70
		浸水处理后保持率（%）⩾	60	70	70
		紫外线处理后保持率（%）⩾	80	—	—
3	断裂伸长率	无处理（MPa）⩾	200	80	30
		加热处理后保持率（%）⩾	150	65	20
		碱处理后保持率（%）⩾	150	65	20
		浸水处理后保持率（%）⩾	150	65	20
		紫外线处理后保持率（%）⩾	150	—	—
4	低温柔性（ϕ10mm棒）		−10℃无裂纹	—	—
5	粘结强度	无处理（MPa）⩾	0.5	0.7	1.0
		潮湿基层（MPa）⩾	0.5	0.7	1.0
		碱处理（MPa）⩾	0.5	0.7	1.0
		浸水处理（MPa）⩾	0.5	0.7	1.0
6	不透水性（0.3MPa，30min）		不透水	不透水	不透水
7	抗渗性（砂浆背水面）（MPa）⩾		—	0.6	0.8

1.10.4　密封材料

1. 改性石油沥青密封材料的物理性能应符合表1-143的要求。

改性石油沥青密封材料物理性能　　表1-143

项目		性能指标	
		Ⅰ类	Ⅱ类
耐热度	温度（℃）	70	80
	下垂值（mm）	⩽4.0	
低温柔性	温度（℃）	−20	−10
	粘结状态	无裂纹和剥离现象	
拉伸粘结性（%）		⩾125	
浸水后拉伸粘结性（%）		⩾125	
挥发性（%）		⩽2.8	
施工度（mm）		⩾22.0	⩾20.0

注：改性石油沥青密封材料按耐热度和低温柔性分为Ⅰ类和Ⅱ类。

2. 合成高分子密封材料的物理性能应符合表 1-144 的要求。

合成高分子密封材料物理性能　　表 1-144

项目		性能要求	
		弹性体密封材料	塑性体密封材料
拉伸粘结性	拉伸强度（MPa）	≥0.2	≥0.02
	延伸率（%）	≥200	≥250
柔性（℃）		－30，无裂纹	－20，无裂纹
拉伸-压缩循环性能	拉伸-压缩率（%）	≥±20	≥±10
	粘结和内聚破坏面积（%）	≤25	

3. 几种常用合成高分子密封膏的技术性能见表 1-145。

几种常用合成高分子密封膏的技术性能　　表 1-145

指标名称		主要技术性能指标			
		单组分丙烯酸乳胶密封膏	单组分氯磺化聚乙烯密封膏	双组分聚氨酯建筑密封膏	双组分聚硫建筑密封膏
表干时间（h）		0.5～1	24～48	≯24	≯24
耐热度（85℃，5h）		合格	合格	合格	合格
低温柔性（℃）		－35，合格	－30，合格	－30，合格	－30，合格
收缩率（60d,%）		≤16.7	≤20	≤10	≤10
延伸率（%）		300～500	≥150	≥300	≥200
拉伸强度（MPa）		≥0.60	≥0.60	≥0.60	1.6
粘结强度（MPa）	与水泥制品	0.40～0.63	≥0.60	≥0.60	≥0.60
	与玻璃制品	0.24～0.40	≥0.35	≥0.50	≥0.40
	与石膏制品	≥0.20	≥0.2	≥0.25	≥0.25

4. 聚氨酯建筑密封胶物理力学性能应符合表 1-146 的规定。

聚氨酯建筑密封胶物理力学性能　　表 1-146

试验项目		技术指标		
		20HM	25LM	20LM
密度（g/cm³）		规定值±0.1		
流动性	下垂度（N型）（mm）	≤3		
	流平性（L性）	光滑平整		
表干时间（h）		≤24		
挤出性（ml/min），见注1		≥80		
适用期（h），见注2		≥1		
弹性恢复率（%）		≥70		
拉伸模量（MPa）	23℃	＞0.4或＞0.6	≤0.4或≤0.6	
	－20℃			
定伸粘结性		无破坏		
浸水后定伸粘结性		无破坏		
冷拉-热压后的粘结性		无破坏		
重量损失率（%）		≤7		

注：1. 此项仅适用于单组分产品。

2. 此项仅适用于多组分产品，允许采用供需双方商定的其他指标值。

1.11 保温及防腐蚀材料

1.11.1 保温材料

1. 膨胀蛭石的技术性能见表1-147。

膨胀蛭石的技术性能　　表1-147

项目	技术指标		
	优等品	一等品	合格品
密度　(kg/m^3)	≤100	≤200	≤300
导热系数　[(25±5)℃][W/(m·K)]	≤0.062	≤0.078	≤0.095
含水率（%）	≤3	≤3	≤3

2. 膨胀珍珠岩的技术性能要求见表1-148。

膨胀珍珠岩的技术性能　　表1-148

标号	堆积密度 (kg/m^3) 最大值	重量含水率 (%) 最大值	粒度(%)				导热系数 [W/(m·K)]，最大值		
			5mm筛孔筛余量，最大值	0.15mm筛孔通过量，最大值					
				优等品	一等品	合格品	优等品	一等品	合格品
70号	70	2	2	2	4	6	0.047	0.049	0.051
100号	100						0.052	0.054	0.056
150号	150						0.058	0.060	0.062
200号	200						0.064	0.066	0.068
250号	250						0.070	0.072	0.074

注：导热系数是平均温度（298±5）k，温度梯度5～10k/cm下的测值。

3. 聚苯乙烯泡沫塑料的技术性能见表1-149。

聚苯乙烯泡沫塑料主要技术指标　　表1-149

项目			板材		包装材料
			PT（普通型）	ZX（自熄型）	
密度（g/cm^3）		不大于	0.030	0.035	0.040
吸水性（kg/m^3）		不大于	0.080	0.080	—
含水量（%）		不大于	—	—	4
压缩强度（压缩50%）(MPa)	密度：<0.02g/cm^3	不小于	0.15	0.15	0.15
	密度：0.02～0.035g/cm^3	不小于	0.2	0.2	0.2
弯曲强度（MPa）	密度<0.02g/cm^3	不小于	0.18	0.18	
	密度0.02～0.035g/cm^3	不小于	0.22	0.22	
尺寸稳定性（%）	70℃		±0.5	±0.5	±0.5
	～−40℃		±0.5	±0.5	±0.5
导热系数（W/m·K）		不大于	0.035	0.035	0.035
自熄性			—	2s内自熄	—
耐低温性（℃）			−200	−200	−200

1.11.2 防腐蚀材料

1. 耐酸砖（板）的质量要求见表1-150。

耐酸砖（板）的质量要求 表1-150

项目		耐酸率（%）	吸水率（%）
耐酸砖	一类	≥99.80	≤0.50
	二类	≥99.80	≤2.0
	三类	≥99.70	≤4.0
缸砖		≥94.00	≤7.0
耐酸陶板		≥97.00	≤7.0
铸石板		≥99.00	

2. 水玻璃的质量指标见表1-151。

水玻璃的质量指标 表1-151

项次	项目	指标	项次	项目	指标
1	密度（20℃，g/cm³）	1.44～1.47	3	二氧化硅（%）	≥25.7
2	氧化钠（%）	≥10.2	4	模数（M）	2.6～2.9

3. 水玻璃类耐酸材料的耐腐蚀性能见表1-152。

水玻璃类耐酸材料的耐腐蚀性能 表1-152

介质名称	浓度（%）	温度（℃）	耐腐蚀情况	介质名称	浓度（%）	温度（℃）	耐腐蚀情况
硝酸	40～98	不限	耐	铬酸	60	不限	耐
硫酸	85～95	不限	耐	甲酸	90	不限	耐
硫酸	50以下	不限	较耐	次氯酸	10	不限	耐
盐酸	30以上	不限	耐	硼酸	浓溶液	不限	耐
盐酸	<5	不限	耐（渗透性大）	氟硅酸	任意	不限	不耐
醋酸	<10	不限	较耐	氢氟酸	任意	不限	不耐
磷酸	≥300℃时不耐			氢氧化钠	任意	不限	不耐

4. E型环氧树脂的质量指标见表1-153。

E型环氧树脂的质量指标 表1-153

项次	项目	E-44	E-42
1	环氧值（当量/100g）	0.41～0.47	0.38～0.45
2	软化点（℃）	12～20	21～27

5. 不饱和聚酯树脂的质量指标见表1-154。

不饱和聚酯树脂的质量指标 表1-154

项次	项目	指标		
		双酚A型	二甲苯型	邻苯型
1	酸值（氢氧化钾，mg/g）	12～23	<40	17～27
2	粘度（25℃，Pa·s）	0.25～0.85	0.25～0.55	0.25～0.75
3	固体含量（%）	50～65	64～72	60～70
4	胶化时间（250℃，min）	8～30	60	10～30

注：不饱和聚酯树脂的贮存期，20℃时，不应超过6个月，30℃时，不应超过3个月。

6. 呋喃树脂的质量指标见表1-155。

呋喃树脂的质量指标　　表1-155

项次	项目	指标		
		糠酮型	糠醇糠醛型	糠酮糠醛型
1	树脂含量（%）	>94	—	—
2	灰分（%）	<3	—	—
3	含水率（%）	<1	—	—
4	pH值	7	—	—
5	粘度（涂-4粘度计，25℃，s）	—	20～30	50～80

注：1. 呋喃树脂的贮存期，不宜超过12个月。
2. 糠酮型呋喃树脂主要用于配置环氧呋喃树脂。

7. 酚醛树脂的质量指标见表1-156。

酚醛树脂的质量指标　　表1-156

项次	项目	指标	项次	项目	指标
1	游离酚含量（%）	<10	3	含水率（%）	<12
2	游离醛含量（%）	<2	4	粘度（落球粘度计，25℃，s）	45～65

注：1. 酚醛树脂常温下的贮存期，不应超过1个月。
2. 当采用冷藏法或加入10%的苯甲醇时，贮存期不宜超过3个月。

1.12 玻璃

1.12.1 普通平板玻璃

1. 普通平板玻璃的外观等级标准见表1-157。

普通平板玻璃的外观等级标准　　表1-157

缺陷种类	说明	优等品	一等品	合格品
波筋（包括波纹辊子花）	不产生变形的最大入射角	60°	45° 50mm边部，30°	30° 100mm边部，0°
气泡	长度1mm以下的	集中的不允许有	集中的不允许有	不限
	长度大于1mm的每平方米允许个数	≤6mm，6	≤8mm，8 >8～10mm，2	≤10mm，12 >10～20mm，2 >20～25mm，1
划伤	宽≤0.1mm每平方米允许条数	长≤50mm，3	长≤100mm，5	不限
	宽>0.1mm每平方米允许条数	不许有	宽≤0.4mm 长<100mm 1	宽≤0.8mm 长<100mm 3
砂粒	非破坏性的，直径0.5～2mm，每平方米允许个数	不许有	3	8
疙瘩	非破坏性的疙瘩波及范围直径不大于3mm的，每平方米允许个数	不许有	1	3
线道	正面可以看到的，每片玻璃允许条数	不许有	30mm， 边部宽≤0.5mm 1	宽≤0.5mm，2
麻点	表面呈现的集中麻点	不许有	不许有	每平方米不超过3处
	稀疏的麻点，每平方米允许个数	10	15	30

注：1. 集中气泡、麻点是指100mm直径圆面积内超过6个。
2. 砂粒的延续部分，入射角0°能看出的当线道论。

2. 普通平板玻璃的质量标准见表 1-158。

普通平板玻璃的质量标准　　表 1-158

项目		允许偏差范围	项目		允许偏差范围
厚度偏差（mm）	厚度（mm）2 3 4 5 6	±0.15 ±0.20 ±0.20 ±0.25 ±0.30	矩形度偏差（玻璃板应为矩形）	长宽比	不得大于 2.5 2、3mm 玻璃不得小于 400mm×300mm 4、5、6mm 玻璃不得小于 600mm×400mm
弯曲度（%）		不得超过 0.3	透光率（%）（玻璃表面不许有擦不掉的白雾状或棕黄色的附着物）	厚度（mm） 2 3、4 5、6	 不小于 88 不小于 86 不小于 82
其他尺寸偏差（包括偏斜）（mm）		±3			
边部凸出或残缺部分（mm）		不得超过 3	外观等级		按表 1-157 确定，二等品玻璃板边部 15mm 内不要求
缺角		一片玻璃只许有一个，沿原角等分线测量不得超过 5mm	其　他		玻璃不许有裂子、压口和破坏性的疵点存在

3. 普通平板玻璃物理性能可参考表 1-159。

普通平板玻璃机械、光学、热工性能参考数据　　表 1-159

机械性能			光学性能			热工性能	
项目		指标	项目		指标	项目	指标
密度(kg/cm³)		2.5	透光率(%)	2mm 厚	≮88	比热[J/(kg·K)]	0.8×10^3(0～50℃)
硬度	莫氏	5.5～6.5				软化温度(℃)	720～730
	肖氏	120		3、4mm 厚	≮86		
抗压强度(MPa)		880～930				线膨胀系数	8×10^{-6}～10×10^{-6}
抗弯强度(MPa)		40～60		5、6mm 厚	≮82	导热系数[(W/m·K)]	0.76～0.82
弹性模量(MPa)		5×10.5～10×15.5					

1.12.2 浮法玻璃、中空玻璃

1. 浮法玻璃的质量标准见表 1-160。

浮法玻璃的技术质量标准　　表 1-160

项目		允许偏差范围		项目		允许偏差范围	
厚度偏差(mm)	厚度(mm)3、4	±0.20		边部凸出或残缺部分及缺角深度(mm)	玻璃厚度	厚 3、4、5、6	厚 8、10、12
	5、6	+0.20 −0.30			凸出或残缺	3	4
	8、10	±0.35			缺角深度	5	6
	12	±0.40		外观质量		合格	
尺寸偏差(包括偏斜)(mm)	—	≤1500	>1500	透光率(%)不小于	厚度(mm) 3	87	
	厚度 3、4、5、6	±3	±4		4	86	
	厚度 8、10、12	±4	±5		5	84	
					6	83	
					8	80	
					10	78	
					12	75	
弯曲度(%)		不得超过 0.3		裂　口		不允许存在	

注：玻璃 15mm 边部允许本表所列任何缺陷。

2. 中空玻璃的尺寸允许偏差见表 1-161。

中空玻璃的尺寸允许偏差　　表 1-161

长度及宽度（mm）		厚　度　（mm）			两对角线（mm）	
长度尺寸	允许偏差	厚度尺寸	公称厚度	允许偏差	对角线长度	允许偏差
＜1000	±2.0	≤6	＜18	±1.0	＜1000	4
1000～2000	±2.5		18～25	±1.5	≥1000～2500	6
2000～2500	±3.0	＞6	＞25	±2.0		

注：中空玻璃的公称厚度为两片玻璃的公称厚度隔框厚度之和。

3. 中空玻璃的技术性能要求见表 1-162。

中空玻璃的技术性能要求　　表 1-162

项　目	试　验　条　件	性能要求
密　封	在试验压力低于环境气压 10±0.5MPa，厚度增长必须≥0.8mm。在该气压下保持 2.5h 后，厚度增长偏差＜15%为不渗漏	全部试样不允许有渗漏现象
露　点	将露点仪温度降到≤－40℃，使露点仪与试样表面接触 3min	全部试样内表面无结露或结霜
紫外线照射	紫外线照射 168h	试样内表面上不得有结露或污染的痕迹
气候循环及高温、高湿	气候试验经 320 次循环，高湿、高温试验经 224 次循环，试验后进行露点测试	总计 12 块试样，至少 11 块无结露或结霜

注：中空玻璃的内表面不得有妨碍透视的污迹及胶粘剂飞溅现象。

1.13　板 块 装 饰 材 料

1.13.1　玻璃马赛克（玻璃锦砖）

1. 玻璃马赛克正面的外观质量要求见表 1-163。

单块玻璃马赛克正面的外观质量要求　　表 1-163

缺陷名称		表示方法	缺陷允许范围
变形	凹陷 弯曲	深度（mm） 弯曲度（mm）	不大于 0.3 不大于 0.5
缺　角		损伤长度（mm）	不大于 4.0 允许一处
缺　边		长度（mm） 宽度（mm）	不大于 4.0 允许一处 不大于 2.0 允许一处
疵　点 裂　纹 波　纹		—	不明显 不允许 不允许密集
开口式气泡		长度（mm） 宽度（mm）	不大于 2.0 不大于 0.1

注：1. 整联上具有表列缺陷的单块玻璃马赛克数不大于 5%。
2. 单块玻璃马赛克缺角与缺边不能同时存在。
3. 单块玻璃马赛克的背面应有锯齿状或阶梯状的沟纹。
4. 每批玻璃马赛克的色泽应基本一致。

2. 玻璃马赛克尺寸的允许偏差见表 1-164。

玻璃马赛克的尺寸及允许偏差 **表 1-164**

项目		尺寸(mm)			允许偏差		
单块	边长	20	25	30	±0.5	±0.5	±0.6
	厚度	4.0	4.2	4.3	±0.4	±0.4	±0.5
每联	线路	2.0、3.0或其他尺寸			±0.6		
	联长	327或其他尺寸			±2		
	周边距				1～8		

注：1. 允许按用户和生产厂协商生产其他形状和尺寸的产品，但其边长不得超过45mm。
2. 线路、联长尺寸可按用户和生产厂协商作适当调整，但其允许公差不变。

3. 玻璃马赛克的理化性能见表1-165。

玻璃马赛克的理化性能标准 **表 1-165**

试验目录	条件	要求指标
玻璃马赛克与铺贴纸粘合牢固度	直立平放法 卷曲摊平法	均无脱落
脱纸时间	水浸	5min时，无单块脱落； 40min时，有70%以上的单块脱落
热稳定性	90℃水（30min），18～25℃水（10min）循环5次	全部试样均无裂纹、破损
化学稳定性	1mol/L盐酸溶液，100℃，4h 1mol/L硫酸溶液，100℃，4h 1mol/L氢氧化钠溶液，100℃，4h 蒸馏水，100℃，4h	$K\geqslant99.90$，且外观无变化 $K\geqslant99.93$，且外观无变化 $K\geqslant99.88$，且外观无变化 $K\geqslant99.96$，且外观无变化

注：1. 所用粘结剂除保证粘接强度外，还应易从玻璃马赛克上擦洗去，且不能损害纸或使玻璃马赛克变色。
2. 所用铺贴纸应在合理搬运和正常施工过程中不发生撕裂。

1.13.2 陶瓷马赛克❶（陶瓷锦砖）

1. 陶瓷马赛克尺寸的允许偏差见表1-166。

陶瓷马赛克尺寸允许偏差 **表 1-166**

项目		允许偏差	
		优等品	合格品
单块砖	长度、宽度	±0.5	±1.0
	厚度	±0.3	±0.4
成联砖	线路	±0.6	±1.0
	联长	±1.5	±2.0

2. 陶瓷马赛克的外观质量要求见表1-167。
3. 陶瓷马赛克物理性能指标见表1-168。

❶ 陶瓷马赛克是建材行业标准的名称。在建工行业施工规范中用"陶瓷锦砖"。

陶瓷马赛克的外观质量要求　表 1-167

缺陷名称		缺陷允许范围							
		最大边长不大于 25mm				最大边长大于 25mm			
		优等品		合格品		优等品		合格品	
		正面	背面	正面	背面	正面	背面	正面	背面
夹层、釉裂、开裂		不允许				不允许			
斑点、粘疤、起泡、坯粉、麻面、波纹、缺釉、桔釉、棕眼、落脏、熔洞		不明显		不严重		不明显		不严重	
缺角	斜边长（mm）	<2.0	<4.0	2.0～3.5	4.0～5.5	<2.3	<4.5	2.3～4.3	4.5～6.5
	深度（mm）	不大于厚砖的 2/3				不大于厚砖的 2/3			
缺边	长度（mm）	<3.0	<6.0	3.0～5.0	6.0～8.0	<4.5	<8.0	4.5～7.0	8.0～10.0
	宽度（mm）	<1.5	<2.5	1.5～2.0	2.5～3.0	<1.5	<3.0	1.5～2.0	3.0～3.5
	深度（mm）	<1.5	<2.5	1.5～2.0	2.5～3.0	<1.5	<2.5	1.5～2.0	2.5～3.5
变形	翘曲（%）	不明显				0.3		0.5	
	大小头（mm）	0.2		0.4		0.6		1.0	

注：1. 斜边长小于 1.5mm 的缺角允许存在；正背面缺角不允许出现在同一角部；正面只允许缺角一处。
2. 正背面缺边不允许出现在同一侧面；同一侧面边不允许有 2 处缺边；正面只允许 2 处缺边。
3. 陶瓷马赛克与铺贴衬材的粘结按标准规定试验后，不允许有陶瓷马赛克脱落。
4. 正面贴纸陶瓷马赛克的脱纸时间不大于 40min。

陶瓷马赛克的物理性能指标　表 1-168

项目	性能指标	
	无釉陶瓷马赛克	有釉陶瓷马赛克
吸水率（%）	≤0.2	≤1.0
耐急冷急热性	不要求	经急冷急热试验不裂

1.13.3　陶瓷砖

不同用途陶瓷砖的产品性能要求及试验方法见国家标准 GB/T 3810—的相关要求。

1.13.4　天然花岗石建筑板材

1. 普型花岗石建筑板材尺寸的允许偏差见表 1-169。

普型花岗石建筑板材尺寸的允许偏差　表 1-169

项目		亚光面和镜面板材			粗面板材		
		优等品	一等品	合格品	优等品	一等品	合格品
长、宽度（mm）		0～−1.0	0～−1.0	0～−1.5	0～−1.0	0～−1.0	0～−1.5
厚度（mm）	≤12mm	±0.5	±1.0	+1.0～−1.5	—	—	—
	>12mm	±1.0	±1.5	±2.0	10～−2.0	+2.0	+2.0～−3.0

2. 普型花岗石建筑板材平面度和角度的允许公差见表 1-170。

普型花岗石建筑板材平面底和角度的允许公差 表 1-170

项目	板材长度范围(mm)	亚光面和镜面板材（mm）			粗面板材（mm）		
		优等品	一等品	合格品	优等品	一等品	合格品
平面度	＜100	0.20	0.35	0.50	0.60	0.80	1.00
	＞100～＜800	0.50	0.65	0.80	1.20	1.50	1.80
	800	0.70	0.85	1.00	1.50	1.80	2.00
角度	＜400	0.50	0.50	0.80	0.50	0.50	0.80
	＞400	0.40	0.60	1.00	0.40	0.60	1.00

3. 普型花岗石建筑板材的外观质量要求见表 1-171。

普型花岗石建筑板材的正面外观质量要求 表 1-171

<table>
<tr><th>缺陷名称</th><th>规定内容</th><th>优等品</th><th>一等品</th><th>合格品</th></tr>
<tr><td>缺棱</td><td>长度不超过 10mm，宽度不超过 1.2mm（长度小于 5mm、宽度小于 1.0mm 者不计），周边每 m 长允许个数（个）</td><td rowspan="5">不允许</td><td rowspan="4">1</td><td rowspan="4">2</td></tr>
<tr><td>缺角</td><td>沿板材边长，长度≤3mm，宽度≤3mm（长度≤2mm、宽度≤2mm 不计），每块板允许个数（个）</td></tr>
<tr><td>裂纹</td><td>长度不超过两端顺延至板边总长度的 1/10（长度小于 20mm 者不计），每块板允许个数（条）</td></tr>
<tr><td>色斑</td><td>面积不超过 15mm×30mm（面积小于 10mm×10mm 者不计），每块板允许个数（个）</td></tr>
<tr><td>色线</td><td>长度不超过两端顺延至板边总长度的 1/10（长度小于 40mm 者不计），每块板允许个数（条）</td><td>2</td><td>3</td></tr>
</table>

注：干挂板材不允许有裂纹存在。

4. 花岗石建筑板材的物理性能指标见表 1-172。

花岗石建筑板材的物理性能指标 表 1-172

项目	镜面光泽度	体积密度 (g/m³)	吸水率 (%)	干燥压缩强度 (MPa)	弯曲强度 (MPa)
性能指标	镜面板材的正面应有镜面光泽，能清晰地反映出景物。其光泽度值应不小于 75 光泽单位	不小于 2.50	不大于 0.60	不小于 100.0	不小于 8.0

1.13.5 天然大理石建筑材料

1. 普型大理石建筑板材尺寸的允许偏差见表 1-173。

普型大理石建筑板材尺寸的允许偏差 表 1-173

部位		优等品	一等品	合格品
长、宽度（mm）		0，−1.0	0，−1.0	0，−1.5
厚度(mm)	≤15	±0.5	±0.8	±1.0
	＞15	+0.5，−1.5	+1.0，−2.0	±2.0

2. 天然大理石建筑板材直线度和角度的允许极限公差见表 1-174。

天然大理石建筑板材直线度和角度的允许极限公差　**表 1-174**

项　目	材料长度范围（mm）	允许极限公差值（mm）		
		优　等　品	一　等　品	合　格　品
直线度	≤800	0.60	0.80	1.00
	＞800	0.80	1.00	1.20
线轮廓度	—	0.80	1.00	1.20
角度	≤400	0.30	0.40	0.50
	＞400	0.40	0.50	0.70

注：拼缝板材正面与侧面的夹角不得大于 90°。

3. 天然大理石建筑板材的外观质量见表 1-175。

天然大理石建筑板材正面外观质量要求　**表 1-175**

名　称	规　定　内　容	优等品	一等品	合格品
裂　纹	长度不超过 10mm 的允许条数（条）	0		
缺　棱	长度不超过 8mm，宽度不超过 1.5mm（长度≤4mm、宽度≤1mm 不计），每米长允许个数（个）	0	1	2
缺　角	沿板材边长顺延方向，长度≤3mm，宽度≤3mm（长度≤2mm、宽度≤2mm 不计），每块板允许个数（个）			
色　斑	面积不超过 20mm×30mm（面积小于 4mm×5mm 者不计），每块板允许个数（个）		2	3
砂　眼	直径在 2mm 以下		不明显	有，不影响装饰效果

4. 天然大理石建筑板材的物理性能指标见表 1-176。

天然大理石建筑板材的物理性能指标　**表 1-176**

项　目	镜面光泽度	体积密度（g/cm³）	吸水率（%）	干燥压缩强度（MPa）	弯曲强度（MPa）
性能指标	板材的抛光面应具有镜面光泽，镜面光泽度应不低于 70 光泽单位或由供需双方商定	不小于 2.60	不大于 0.50	不小于 50.00	不小于 7.0

1.13.6　建筑水磨石制品

1. 水磨石尺寸允许偏差及平面度、角度允许极限公差应符合表 1-177 规定。

水磨石尺寸允许偏差及平面度、角度允许极限公差　**表 1-177**

类　别	等　级	长度、宽度（mm）	厚度（mm）	平面度（mm）	角度（mm）
墙面、柱面	优等品	0，－1	±1	0.6	0.6
	一等品	0，－1	＋1，－2	0.8	0.8
	合格品	0，－2	＋1，－3	1.0	1.0
楼地面	优等品	0，－1	＋1，－2	0.6	0.6
	一等品	0，－1	±2	0.8	0.8
	合格品	0，－2	±3	1.0	1.0
立板、踢脚板	优等品	±1	＋1，－2	1.0	0.8
	一等品	±2	±2	1.5	1.0
	合格品	±3	±3	2.0	1.5
隔断板、窗台板、台面板	优等品	±2	＋1，－2	1.5	1.0
	一等品	±3	±2	2.0	1.5
	合格品	±4	±3	3.0	2.0

注：1. 厚度≤15mm 的单面磨光水磨石，同块水磨石上的厚度极差不得大于 2mm。
　　2. 侧面不磨光的拼缝水磨石，正面与侧面的夹角不得大于 90°。

2. 水磨石制品的外观质量及物理性能指标见表1-178。

水磨石制品的外观质量及物理性能指标　　表1-178

缺陷名称	优等品	一等品	合格品
返浆、杂质	不允许	不允许	长×宽<10mm×10mm者不超过2处
色差、划痕、杂石、漏沙、气孔	不允许	不明显	不明显
缺口	不允许	不允许	长×宽>5mm×3mm者不应有，长×宽≤5mm×3mm者，周边上不得超过4处，但同一条棱上不得超过2处
图案偏差（mm）	≤2	≤3	≤4
图案越线（mm）	不允许	越线距离≤2，长度≤10，允许2处	越线距离≤3，长度≤20，允许2处
光泽度	抛光水磨石的光泽度，优等品不得低于45.0光泽单位；一等品不得低于35.0光泽单位；合格品不得低于25.0光泽单位		
吸水率	不得大于8.0%		
抗折强度	抗折强度平均值不得低于5.0MPa，且单块最小值不得低于4.0MPa		

注：1. 一个缺角应计为相邻两棱边各有缺口1处。
2. 同批水磨石磨光面上的石渣级配和颜色应基本一致。
3. 磨光面的石渣分布应均匀，石渣粒径≥3mm的水磨石，出石率应不小于55%。

1.14 油漆、涂料

1.14.1 常用建筑油漆

1. 建筑常用油脂漆性能及适用范围见表1-179。

建筑常用油脂漆性能及适用范围　　表1-179

名称	型号	性能及适用范围
清油（鱼油）	Y00-1 Y00-2 Y00-3	比未经熬炼的植物油干燥快，但漆膜柔软，易发粘。主要用于调和厚漆的红丹防锈漆，也可单独作涂刷物体表面或木材面打底之用
清油（光油）	Y00-7	与其他清油比较，光泽大，干燥快，耐磨，耐水，漆膜坚韧，保光性与耐候性相近。选用时应注意这些特点，亦可与体质颜料混合制成腻子供填嵌用
聚合清油	Y00-8	干燥性能比一般植物油快，和一般清油比较，光泽高，粘度大，专供施工单位在现场自配油性腻子用
各色厚漆	Y02-1	漆膜较软，是最低级的油性漆料，适用于涂复一般要求不高的建筑工程或水管接头处，亦可选作木质物件打底用
锌白厚漆	Y02-2	漆膜较软，但遮盖力比其他厚漆好，不易粉化，耐候性比白厚漆（Y02-13）好，适用于有特殊要求的金属、木材部件表面的涂饰，亦可作为打底材料
各色油性无光调和漆	Y03-2	漆膜较耐久，可用水擦洗，色彩柔和。适用于建筑物室内各种墙壁、门窗、构配件涂装之用，但绝不宜用于室外
各色油性调和漆	Y03-1	耐候性比酯胶调和漆好，但干燥时间较长。可作室内外一般金属、木材、建筑物表面涂装之用

续表

名 称	型 号	性 能 及 适 用 范 围
各色油性调和漆	Y85-1	遮盖力好，着色力强，色彩鲜艳。可作各种基漆调配颜色之用
锌灰油性防锈漆	Y53-5	耐候性比一般调和漆强，不易粉化，涂刷性好，有一定的防锈能力。可用于涂装已涂过铁红或其他防锈漆的钢铁物件表面上，作为防锈面漆之用
红丹油性防锈漆	Y53-1	防锈性、涂刷性均较好，但漆膜软，干燥慢。主要作室内外钢铁结构、物件表面防锈打底之用，但不能用于铝板、锌板及其制品等
铁红油性防锈漆	Y53-2	
红丹油性防锈漆（分装）	Y53-6	性能、用途均与 Y53-1 同，但由于分罐包装，故无红丹沉底结块的缺点（使用量：200～240g/m²）

2. 建筑常用树脂清漆性能及适用范围见表 1-180。

建筑常用树脂清漆性能及适用范围 **表 1-180**

名 称	型 号	性 能 及 适 用 范 围
酯胶清漆（清凡立水）	T01-1	漆膜光亮，耐水性较好，有一定的耐候性，但次于酚醛清漆。可作为木质门窗、墙裙、隔板、隔墙及木器家具、金属等表面涂装之用
酚醛清漆	F01-1 F01-2 F01-14	漆膜光亮，坚硬耐水，干燥较快，但较脆易泛黄。可作木器家具罩光及不常被碰撞的木质构配件表面涂饰之用
醇酸清漆	C01-1	附着力、耐久性均较酯胶清漆及酚醛清漆好，但耐水性次于酚醛清漆。能自然干燥。可用于喷刷室内外金属、木材表面及作醇酸磁漆罩光之用
	C01-7	
硝基外用清漆（腊克）	Q01-1	有良好的光泽与耐久性。可作木器家具、室内外木质构配件、金属表面涂饰之用，亦可作外用硝基磁漆罩光之用
硝基内用清漆（腊克）	Q01-15	漆膜干燥快，有较好的光泽。可作室内木构配件、金属及木器家具涂饰之用，亦可作内用硝基磁漆罩光之用
硝基木器清漆	Q22-1	漆膜光泽好、硬度高，可用砂蜡、光蜡打磨上光，耐候性较差。可用作高级木器、木装修等的涂装
沥青清漆	L01-6	耐水，耐腐蚀，防潮性能好，但耐候性不好，机械性能差。可作一般金属及木材表面防腐蚀油漆用，但不能用于室外及阳光直接照射处
沥青清漆	L01-13	漆膜硬，常温下干燥快，涂刷方便，防水、防腐蚀性能较好。选用同 L01-6
过氯乙烯清漆	G01-57	耐酸、碱、盐性能好，但附着力较差，颜色浅，干燥快。可作管道表面防腐蚀涂饰或木材表面防火、防霉、防化工腐蚀涂饰作用
清漆	G01-7	漆膜光泽较高，丰满度较好，干燥较快，打磨性好。可作木器表面涂装或面漆上罩光之用
环氧沥青清漆（分装）	H01-4	漆膜坚牢，附着力好，具有良好的耐潮和防腐性能。适用于地下管道、贮槽及需抗水、抗腐的金属以及混凝土表面的涂饰
虫胶清漆（泡立水）	T01-18	干燥快，涂刷方便，漆膜均匀有光泽，耐烫性差。适用于木器罩光，但不宜在受潮和受热影响的物件上应用
聚氨酯清漆（分装）	S01-2	常温干燥，与 S06-2、S07-1、S04-4 配套使用。具有优良的耐腐蚀性能及物理机械性能。可作混凝土、金属等表面在腐蚀环境中的油漆面层之用
	S01-5	漆膜坚硬光亮，耐水、耐油、耐碱、耐磨性均好。可作运动场地板和防酸、防碱木器表面涂装之用

3. 建筑常用调和漆（不含油性调和漆）的性能及适用范围见表1-181。

建筑常用调和漆（不含油性调和漆）的性能及适用范围　　表1-181

名称	型号	性能及适用范围
各色酯胶调和漆	T03-1	干燥性能好，漆膜较硬，有光，有一定的耐水性能。可作室内外一般金属、木质物件装修及建筑物表面的涂装
各色酯胶平光调和漆	T03-2	平光，光泽柔和，色彩鲜明，能耐水洗。可作室内墙面、墙裙涂饰之用
各色酯胶半光调和漆	T03-4	半光，价廉，施工方便。可作室内木材、金属表面要求半光的涂饰之用，亦可作室内墙面、墙裙涂装之用
各色钙酯调和漆	T03-3	漆膜平整光滑，干燥快速，耐候性差，可作室内木材、金属涂饰之用，但不能用于室外
各色醇酸调和漆	C03-1	常温干燥，耐候性比酯胶调和漆好。可作室内外一般金属、木质物件、装修及建筑物表面的涂装
各色多烯调和漆	X03-1	与一般调和漆相同，光泽、附着力均好。可作室内木材，砖墙、水泥砂浆及金属表面涂装之用，但不能用于室外

4. 建筑常用磁漆的性能及适用范围见表1-182。

建筑常用磁漆的性能及适用范围　　表1-182

名称	型号	性能及适用范围
各色酯胶磁漆	T04-1	漆膜光亮坚韧，有一定的耐水性，对金属附着力好，光泽和干性都比T03-1调和漆好。可作室内木材、金属表面及家具、门、窗涂装之用，但不宜用于室外
白、浅色酯胶磁漆	T04-2	漆膜坚韧，光泽好，不易泛黄，附着力强。质量与酚醛磁漆相当，但耐候性较酚醛磁漆差。可作室内外木材、金属表面涂饰之用
各色酚醛磁漆	F04-1	色彩鲜艳，光泽好，常温干燥，附着力强，但耐候性较醇酸磁漆差。可作一般木质、金属表面涂装之用
各色酚醛无光磁漆	F04-9	常温干燥，附着力强，但耐候性比醇酸无光磁漆差。可作木材、金属表面要求无光涂饰时涂装之用
各色酚醛半光磁漆	F04-10	性能同F04-9，但耐候性比醇酸半光磁漆差。可作要求半光木材、金属表面涂装之用
各色纯酚醛磁漆	F04-11	漆膜坚韧，常温干燥，耐水性、耐候性、耐化学性均比F04-1强。可作要求防潮或干湿交替处的木材、金属表面涂装之用
各色纯酸磁漆	C04-2	光泽及机械强度均好，耐候性比调和漆及酚醛漆好，能常温干燥，适于室外使用。最宜作金属表面涂装之用，木材表面亦可使用
各色纯酸磁漆	C04-42	户外耐久性、附着力均比C04-2醇酸磁漆好，但干燥时间较长。可作室外钢铁表面涂饰之用，亦可用于室内
各色纯酸无光磁漆	C04-43	漆膜平整无光，常温干燥（100℃以下时），耐久性比酚醛无光磁漆好，比C04-2醇酸磁漆差，但耐水性比它好。可作要求无光的钢铁表面涂饰之用
各色硝基内用磁漆（工业喷漆）	Q04-3	漆膜光泽，耐候性不好，只能做室内木材、金属表面涂饰之用，不能用于室外，否则油漆表面易于粉化开裂
各色环氧硝基磁漆	H04-2	漆膜坚固，耐候性较一般硝基外用磁漆好，常温干燥。可作金属表面耐腐涂层之用

1.14.2　建筑装饰涂料

1. 合成树脂乳液内墙涂料的技术要求，见表 1-183。

合成树脂乳液内墙涂料的技术要求　　表 1-183

项　目	质量指标		
	优等品	一等品	合格品
在容器中状态	无硬块，搅拌后成均匀状态		
施工性	刷涂二道无障碍		
低温稳定性	不变质		
干燥时间（表干）（h）	≤2		
涂膜外观	正常		
对比率（白色和浅色），≥	0.95	0.93	0.90
耐碱性（24h）	24h 无异常		
耐洗刷性（次），≥	1000	500	200

注：浅色是指白色涂料为主要成分，添加适量色浆后配成的浅色涂料形成的涂膜所呈现的浅颜色。

2. 水溶性内墙涂料的技术要求见表 1-184。

水溶性内墙涂料的技术要求　　表 1-184

产 品 分 类	项　目	质 量 指 标	
		Ⅰ 类	Ⅱ 类
Ⅰ类：用于涂刷浴室、厨房内墙 Ⅱ类：用于涂刷建筑物浴室、厨房以外的室内墙面	容器中状态	无结块、沉淀和絮凝	
	粘度（s）	30～75（用于－4 粘度计测定）	
	细度（μm）	≤100	
	遮盖力（g/m²）	≤300	
	白度（%）	≥80（白色涂料）	
	涂膜外观	平整，色泽均匀	
	附着力（%）	100	
	耐水性	无脱落、起泡和皱皮	
	耐干擦性（级）	—	≤1
	耐洗刷性（次）	≥300	—

3. 合成树脂乳液外墙涂料的技术要求见表 1-185。

合成树脂乳液外墙涂料的技术要求　　表 1-185

项　目		质量指标		
		优等品	一等品	合格品
在溶液中状态		无硬块，搅拌后呈均匀状态		
施工性		刷涂二道无障碍		
低温稳定性		不变质		
干燥时间（表干）（h）		≤2		
涂膜外观		正常		
对比率（白色和浅色），≥		0.93	0.90	0.87
耐水性		96h 无异常		
耐碱性（24h）		48h 无异常		
耐洗刷性（次）≥		2000	1000	500
耐人工气候老化性	白色和浅色	600h 不起泡、不剥落、无裂纹	400h 不起泡、不剥落、无裂纹	250h 不起泡、不剥落、无裂纹
	粉化（级），≤	1		
	变色（级），≤	2		
	其他色	商定		

续表

项目	质量指标		
	优等品	一等品	合格品
耐沾污性（白色和浅色）（%），≤	15	15	20
涂层耐温变性（5次循环）	无异常		

注：浅色的注解同表1-183。

4. 外墙无机建筑涂料的质量指标见表1-186。

外墙无机建筑涂料的质量指标 **表1-186**

项目			质量指标	
涂料贮存稳定性	常温稳定性［(23±2)℃，6个月］		可搅拌，无凝聚、生霉现象	
	热稳定性［(50±2)℃，3d］		无结块、凝聚、生霉现象	
	低温稳定性［(−5±1)℃，3次］		无结块、凝聚、破乳现象	
涂料粘度（s）			ISO杯 40～70	
涂料遮盖力（g/m²） 不大于			A	350
			B	320
涂料干燥时间（h） 不大于			A	2
			B	1
涂层耐洗刷性（1000次）			不露底	
涂层耐水性（500h）			无起泡、软化、剥落现象，无明显变化	
涂层耐碱性（300h）			无起泡、软化、剥落现象，无明显变化	
涂层耐冻融循环性（10次）			无起泡、剥落、裂纹、粉化现象	
涂层粘结强度（MPa） 不小于			0.49	
涂层耐沾污性（%） 不大于			A	35
			B	25
涂层耐老化性		800h	A	无起泡、剥落，裂纹0级，粉化、变色1级
		500h	B	无起泡、剥落，裂纹0级，粉化、变色1级

5. 溶剂型外墙涂料的技术要求见表1-187。

溶剂型外墙涂料的技术要求 **表1-187**

项目		质量指标		
		优等品	一等品	合格品
在溶液中状态		无硬块，搅拌后呈均匀状态		
施工性		刷涂二道无障碍		
干燥时间（表干）(h)		≤2		
涂膜外观		正常		
对比率（白色和浅色），≥		0.93	0.90	0.87
耐水性		168h无异常		
耐碱性（24h）		48h无异常		
耐洗刷性（次）≥		5000	3000	2000
耐人工气候老化性	白色和浅色	1000h不起泡、不剥落、无裂纹	500h不起泡，不剥落，无裂纹	300h不起泡，不剥落，无裂纹
	粉化（级），≤	1		
	变色（级），≤	2		
	其他色	商定		
耐沾污性（白色和浅色）（%），≤		10	10	15
涂层耐温度性（5次循环）		无异常		

注：浅色的注解同表1-183。

6. 多彩内墙涂料的质量指标见表1-188。

多彩内墙涂料的质量指标 **表1-188**

试验类别	项目	质量指标	试验类别	项目	质量指标
涂料性能	在容器中的状态	搅拌后呈均匀状态，无结块	涂料性能	实干时间(h)，不大于	24
	粘度(25℃)KUB法	80～100		涂膜外观	与样本相比无明显差别
	不挥发物含量(%)不小于	19		耐水性[去离子水，(23±2)℃，96h]	不起泡，不掉粉，允许轻微失光和变色
	施工性	喷涂无困难		耐碱性[饱和氢氧化钙溶液，(23±2)℃](48h)	不起泡，不掉粉，允许轻微失光和变色
	贮存稳定性(0～30℃)(月)	6		耐洗刷性(次)不小于	300

7. 合成树脂乳液砂壁状建筑涂料的质量指标见表1-189。

合成树脂乳液砂壁状建筑涂料的质量指标 **表1-189**

项目	质量指标		项目	质量指标	
	一等品	合格品		一等品	合格品
在容器中状态	搅拌混合后无硬块，呈均匀状态		耐洗刷性（次）不小于	1000	500
施工性	涂刷二道无障碍		耐人工老化性	250h	200h
涂膜外观	涂膜外观正常		粉化（级）	1	
干燥时间（h）不大于	2		变色（级）	2	
对比率（白色和浅色）不小于	0.90	0.87	涂料耐冻融性	不变质	
耐水性（96h）	无异常		涂层耐温变性（10次循环）	无异常	
耐碱性（48h）	无异常				

8. 复层建筑涂料的理化性能要求见表1-190。

复层建筑涂料理化性能要求 **表1-190**

项目			质量指标		
			优等品	一等品	合格品
容器中状态			无硬块，呈均匀状态		
涂抹外观			无裂开，无明显针孔，无气泡		
低温稳定性			无结块，无组成物分离，无凝聚		
初期干燥抗裂性			无裂纹		
粘结强度(MPa)	标准状态≥	PE	1.0		
		E、Si	0.7		
		CE	0.5		
	浸水后≥	RE	0.7		
		E、Si、CE	0.5		
涂层耐温性（5次循环）			不剥落，不起泡，无裂纹，无明显变色		
透水性（mL）		A性<	0.5		
		B性<	2.0		
耐冲击性			无裂纹、剥落以及明显变形		

续表

项目		指标		
		优等品	一等品	合格品
耐沾污性（白色和浅色）	平状（%）≤	15	15	20
	立体状（级）≤	2	2	3
耐候性（白色和浅色）	老化时间（h）	600	400	250
	外观	不起泡，不剥落，无裂纹		
	粉化（级）≤	1		
	变色（级）≤	2		

注：浅色是指白色涂料为主要成分，添加适量色浆后配置成的浅色涂料形成的涂膜所呈现的浅颜色。

9. 水性涂料及溶剂型外墙涂料性能比较见表1-191。

水性涂料及溶剂型外墙涂料性能比较　　表1-191

涂料种类	优　点	缺　点
聚乙烯醇类水溶性内墙涂料	价格低廉，施工简便	(1) 属低档次内墙涂料，装饰效果欠佳； (2) 耐水性差，涂膜表面不能用湿布擦洗； (3) 涂膜表面容易脱粉； (4) 部分产品中含甲醛，对人体有害，属淘汰禁用产品
外墙无机建筑涂料	(1) 与水泥类基材粘结力强，能形成有透气性的硬度较高的致密涂层； (2) 有优良的耐候性，在紫外线作用下非常稳定； (3) 有良好的耐热性，在600℃温度下，不燃、无烟； (4) 较好的耐污染性，不易吸灰，能保持明快的装饰效果； (5) 具有优良的耐水性，能承受长期雨水冲刷； (6) 不产生挥发性的有机溶剂，不会污染环境； (7) 价格较低	(1) 涂料的储存性较差，容易分层沉淀，流平性较差，装饰效果不佳； (2) 以石英砂为主要的砂粒状涂料较容易挂灰积尘；涂刷性较差，适宜喷涂施工
合成树脂乳液内墙和外墙涂料（乳胶漆）	(1) 不污染环境，安全无毒，由于以水分为分散介质，解决了施工中有机溶剂毒性气体带来的环境污染及劳动保护问题，并杜绝了火灾问题； (2) 施工方便，可以刷涂、滚涂、喷涂，施工工具可以用水清洗； (3) 涂膜干燥快，在适宜的气候条件下，有时可以在1d完成工程施工； (4) 具有优良的保光保色性； (5) 透气性好，可避免涂膜内外湿度差而产生鼓包，不易结露，因而可在新建的建筑物的砂浆墙面上涂刷	(1) 聚醋酸乙烯乳胶漆耐水、耐碱性较差，涂膜性脆，只能用于室内装饰；与共聚乳液相比，其档次较低； (2) 内墙乳胶漆的耐候性、耐碱性普通较差，不能用于室外装饰； (3) 乳胶漆配制中的助剂，对涂膜有消光作用，因而难以生产高光漆，其光泽度和耐候性均不如溶剂型外墙漆

续表

涂料种类	优　　点	缺　　点
复层建筑涂料（喷塑涂料）	（1）色彩丰富，立体感强，装饰效果好； （2）由多种涂层组成，对墙体有良发的保护作用，粘结强度高； （3）有良好的耐褪色性、耐污染性、耐高低温性	在北方气候干燥的环境中使用，聚合物水泥类，主层涂料中的水泥类固化过程中吸收不到足够的水分，容易粉化、龟裂，降低粘结力和强度
溶剂型外墙涂料	（1）光泽性较高，尤其是高光型外墙涂料，为其他类型涂料不可及； （2）涂膜较紧密，具有良好的附着性和较好的硬度； （3）耐水性、耐碱性、耐候性、耐污染性、耐久性良好	（1）要求墙面和施工环境更干燥； （2）多数涂料均有一定的异味和毒性，污染环境，施工时要求通风和防火
弹性建筑涂料（弹性乳胶漆）	（1）涂料富有柔软性和弹性，一般为厚质涂层，延伸率可达 200%～400%，能适应建筑物墙面宽 1～2mm 的裂缝而不断裂，防裂、防水功能好； （2）饰面功能良好	（1）有些产品高温下发粘，会降低防污功能； （2）价格高，不宜大面积使用
多彩花纹涂料	（1）施工方便，一次喷涂能形成多色花纹涂膜； （2）涂层兼有涂料和壁纸的优点，适用于室内墙面高档装饰，还由于其光学效果好，能使不够平整的装饰面感觉平整美观； （3）涂膜耐涂刷性、耐污染性、耐久性均好	施工工艺要求高
合成树脂乳液砂壁状建筑涂料（彩砂涂料）	（1）着色骨料可由人工制造，高温烧结，可以做到色泽鲜艳，且不褪色； （2）利用骨料不同级配和颜色的特点，经过选配，可使涂料层取得类似天然砂石的丰富色彩和质感； （3）用合成树脂乳液做胶粘剂，涂层能与基层粘结牢固，耐水、耐候	（1）醋酸乙烯—丙烯酸共聚液的耐水性欠佳； （2）骨料要求有一定的级配，粗颗粒太多，涂层易积尘污染；全部用细砂，涂层质感不佳； （3）着色骨料要求有一定的吸水率，以免施工时飞溅
地面涂料	（1）施工简便，造价较低； （2）光洁明亮，整体性好，可以改变水泥砂浆或旧地面冷、硬、湿、脏的观感	（1）与传统的板块地面、现磨石地面相比，使用年限相对较短； （2）与塑料地面、化纤地毯相比，质感及弹性较差

10. 建筑不同使用部位涂料选用参见表 192。

建筑不同使用部位涂料选用参考　　**表 1-192**

建筑使用部位		对表面涂层的使用要求	涂料类型	涂料种类																			
				水性涂料	无机涂料		水泥系	乳液型涂料								溶剂型涂料							
				聚乙烯醇系涂料	碱金属硅酸盐系涂料	硅溶胶无机涂料	聚合物水泥系涂料	聚醋酸乙烯涂料	乙—丙涂料	乙—顺涂料	氯—偏涂料	丙—硅涂料	苯—丙涂料	丙烯酸酯涂料	水乳型环氧树脂涂料	过氯乙烯涂料	苯乙烯涂料	聚乙烯醇缩丁醛涂料	氯化橡胶涂料	丙烯酸酯涂料	聚氨酯系涂料	环氧树脂涂料	丙烯酸酯有机硅涂料
建筑物外部	屋面	耐水性优良，耐候性优良	屋面防水材料										○	○						○	✓		○
建筑物外部	墙面	耐水性优良，耐候性优良，耐沾污性好	外墙涂料	×	○	✓	○	×	○	○	○	✓	✓	✓	✓	○	○	○	✓	✓	✓		✓
建筑物外部	地面	耐水性优良，耐磨性优良，耐候性好	室外地面涂料				○														✓	○	✓
建筑物内部	居民住宅墙、顶棚	颜色品种多样，透气性良好，不易结露	内墙涂料		×	○		○	✓	○	○	○	✓	✓	○		×						
建筑物内部	工厂车间墙、顶棚	防霉性好，耐水性好，表面光洁	内墙涂料	○	×	○		○	○	○	○	○	○	○	○	○	×	○	○	✓	✓		✓
建筑物内部	居民住宅地面	耐水性好，耐磨性好，颜色多样	室内地面涂料				✓				✓					○	○				✓	○	○
建筑物内部	工厂车间地面	耐水性优良，耐磨性优良，耐油性好，耐腐性好	室内地面涂料				○				○					○	○				✓	✓	✓

注：✓优先选用；○可以选用；×不能选用。

11. 按基层（基体）材质选用涂料参见表 1-193。

按基层（基体）材质涂料选用参考　　表 1-193

基层（基体）材料种类	涂料种类																			
	水性涂料	无机涂料		水泥系	乳液型涂料								溶剂型涂料							
	聚乙烯醇系涂料	碱金属硅酸盐系涂料	硅溶胶无机涂料	聚合物水泥系涂料	聚醋酸乙烯涂料	乙—丙涂料	乙—顺涂料	氯—偏涂料	丙—硅涂料	苯—丙涂料	丙烯酸酯涂料	水乳型环氧树脂涂料	过氯乙烯涂料	苯乙烯涂料	聚乙烯醇缩丁醛涂料	氯化橡胶涂料	丙烯酸酯涂料	聚氨酯系涂料	环氧树脂涂料	丙烯酸酯有机硅涂料
混凝土基体	○	○	○	✓	○	○	○	○	✓	✓	✓	○	○	○	○	○	✓	✓	○	✓
加气混凝土基体	○	○	○	✓	○	○	○	○	✓	✓	✓	○	○	○	○	○	✓	✓	○	✓
砂浆基层	○	○	○	✓	○	○	○	○	✓	✓	✓	○	○	○	○	○	✓	✓	○	✓
石灰浆基层	✓	○	○	×	○	○	○	○	○	○	○	○	○	○	○	○	○	○	○	○
木基层	×	×	×	×	○	○	○	○	○	○	○	○	✓	✓	✓	✓	✓	✓	✓	○
金属基层	×	×	×	×	×	×	×	×	○	○	○	×	✓	✓	✓	✓	✓	✓	✓	○

注：✓优先选用；○可以选用；×不能选用。

1.15 壁纸、胶粘剂

1.15.1 聚氯乙烯壁纸

1. 壁纸的规格尺寸要求见表 1-194。

聚氯乙烯壁纸规格尺寸要求　　表 1-194

<table>
<tr><th>项　目</th><th colspan="3">说 明 及 标 准</th></tr>
<tr><td>宽度和每卷长度</td><td colspan="3">(1) 宽度：(530±5) mm 或 (900～1000) ±10mm；
(2) 每卷长度，530mm 宽者，(10±0.05) m；900～1000mm 宽者，(50±0.50) m；
(3) 其他规格尺寸由供需双方协商或以上述标准尺寸的倍数供应</td></tr>
<tr><td rowspan="5">每卷段数和段长</td><td colspan="3">(1) 10m/（卷）的成品壁纸每卷为 1 段；
(2) 50m/（卷）的成品壁纸的段数及其段长应符合下列规定：</td></tr>
<tr><td>级　别</td><td>每卷段数不多于</td><td>最小段长不小于</td></tr>
<tr><td>优等品</td><td>2 段</td><td>10m</td></tr>
<tr><td>一等品</td><td>3 段</td><td>3m</td></tr>
<tr><td>合格品</td><td>6 段</td><td>3m</td></tr>
</table>

2. 壁纸的外观质量要求应符合表 1-195 规定。

聚氯乙烯壁纸的外观质量要求　　表 1-195

项目名称	等　级		
	优　等　品	一　等　品	合　格　品
色差	不允许有	不允许有明显差异	允许有差异，但不影响使用

续表

项目名称	等级		
	优等品	一等品	合格品
伤痕和皱褶	不允许有	不允许有	允许基纸有明显折印，但壁纸表面不许有死折
气泡	不允许有	不允许有	不允许有影响外观的气泡
套印精度	偏差不大于 0.7mm	偏差不大于 1mm	偏差不大于 2mm
露底	不允许有	不允许有	允许有 2mm 的露底，但不许密集
漏印	不允许有	不允许有	不允许有影响外观的漏印
污染点	不允许有	不允许有目视明显的污染点	允许有目视明显的污染点，但不许密集

3. 壁纸的物理性能指标见表 1-196。

聚氯乙烯壁纸的物理性能指标 **表 1-196**

项目名称			等级		
			优等品	一等品	合格品
耐摩擦色牢度试验（级）	干摩擦	纵向	>4	≥4	≥3
		横向			
	湿摩擦	纵向	>4	≥4	≥3
		横向			
褪色性（级）			>4	≥4	≥3
遮蔽性（级）			4	≥3	≥3
湿润拉伸负荷（N/15mm）		纵向	>2.0	≥2.0	≥2.0
		横向			
壁纸可洗性		可洗	30 次无外观上的损伤和变化		
		特别可洗	100 次无外观上的损伤和变化		
		可刷洗	40 次无外观上的损伤和变化		
胶粘剂可拭性		横向	20 次无外观上的损伤和变化		

注：1. 可洗性是壁纸在粘贴后的使用期内可洗涤的性能。可洗性按使用要求分可洗、特别可洗和可刷性三个等级。

2. 可拭性是指粘贴壁纸的粘合剂附在壁纸的正面，在粘合剂未干时，应有可能用湿布或海绵擦去，而不留明显痕迹。

1.15.2 胶粘剂

1. 建筑用胶粘剂种类、性能及适用范围见表 1-197。

建筑工程用的胶粘剂种类、性能和使用范围 **表 1-197**

类别	名称	性能和适用范围
蛋白质胶粘剂	豆蛋白胶、酪素胶、血胶	耐水性差，但价廉、干状剪切强度较高，可用来制作一般胶合板和包装用胶粘剂，血胶较多用于油漆涂料腻子打底
酚醛树脂类	酚醛树脂胶、改性酚醛树脂胶	耐水性、耐老化性、耐热性好，胶合强度高，可制成具有防水要求的Ⅰ类胶合板，与其他材脂可混合成改性胶

续表

类　别	名　　称	性能和适用范围
氨基树脂类	脲醛树脂胶、三聚氰胺树脂胶	耐水性较好，胶合强度较高，可用于胶合板制造、建筑装饰粘贴及家具粘结
环　氧树脂胶	环氧树脂胶、改性环氧树脂	耐水性、耐老化性、耐热等性能都很好，可用于建筑物补强，防水修漏，装饰粘贴及制作环氧树脂玻璃纤维制品
醋酸乙烯酯类	聚醋酸乙烯乳液（白胶）、改性聚醋酸乙烯乳液	具有一定的耐水性、耐老化性，胶合强度较高，是建筑装饰、细木加工以及聚合物水泥砂浆配制常用的粘结材料
聚酯树脂类	不饱和聚酯树脂胶	性能优良，是制造人造石材、玻璃钢制品的理想材料
聚乙烯醇类	缩丁醛类聚乙烯醇胶	建筑装饰工程中应用广泛的胶结料，一般低档建筑装饰涂料，聚合物抹灰砂浆均采用
纤维素类	甲基纤维素胶、羧甲基纤维素胶、改性纤维素胶	耐水性较差，一般作为胶粘剂，涂料增稠剂的辅助材料。建筑抹灰装饰中大量应用纤维作为基层打底材料
橡胶类	氯丁胶乳、天然胶乳、硅橡胶	耐水、耐老化、胶合强度好，用于具有较高要求和特殊功能的粘结
其　他	SG 型建筑胶粘剂 SN 型建筑胶粘剂	主要用来配水泥或其他抹灰砂浆作为建筑装饰抹灰、装饰贴面板、制品的粘贴。具有较高的粘结强度和耐久性

2. 修补混凝土用环氧树脂胶粘剂的用料配方参见表 1-198。

修补混凝土用环氧树脂胶粘剂的用料配方　　表 1-198

配方编号	用料配合比（重量比）										适用范围
	环氧树脂		固化剂		增韧剂		填料		稀释剂		
	牌号	用量	名称	用量	名称	用量	名称	用量	名称	用量	
1	E44（6101）	100	乙二胺	15（mL）	邻苯二甲酸二丁酯	40～50（mL）	硅酸盐水泥	200	二甲苯：丁醇＝1：1	适量	修补混凝土裂缝用
2	E42（634）	100	乙二胺	8			粉煤灰（180 目）	50	丙酮	50	粘合混凝土裂缝
3	E42	100	间苯二胺	16	304 聚酯树脂	30	—	—	690 活性溶剂	20	新老混凝土接头胶接
4	E44	100	乙二胺	6～7	—	—	—	—	二甲苯	15～20	灌补混凝土发丝裂纹
5	E44	100	乙二胺	7	—	—	—	—	二甲苯	5～10	修补 0.1～0.6mm 宽混凝土裂缝
6	E44	100	乙二胺	7	—	—	—	—	二甲苯	0～5	修补 0.6～1.0mm 宽混凝土裂缝
7	E44	100	乙二胺	7	—	—	硅酸盐水泥	30～60	二甲苯	15～20	修补 1～2mm 宽混凝土裂缝

注：1. 2 号配方胶的抗拉强度为 0.35～4.0MPa，3 号配方胶的抗拉强度为 1.8～2.1MPa。配方中 304 聚酯树脂与 690 活性溶剂，可先混合均匀，贮存待用（不超过 7d）。
2. 混凝土裂缝宽超过 2mm 时，可在 6、7 号配方中加入适量细砂。

附录1 常用建筑材料中有害物质限量

1. 建筑材料放射性核素限量

（1）建筑主体材料

当建筑主体材料中天然放射性核素镭-226、钍-232、钾-40的放射性比活度同时满足$I_{Ra}\leqslant 1.0$和$I_r\leqslant 1.0$时，其产销与使用范围不受限制。

对于空心率大于25%的建筑主体材料，其天然放射性核素镭-226、钍-232、钾-40的放射性比活度同时满足$I_{Ra}\leqslant 1.0$和$I_r\leqslant 1.3$时，其产销与使用范围不受限制。

（2）装饰装修材料

根据国家标准《建筑材料放射性核素限量》（GB 6566—2010），装饰装修材料放射性水平大小划分为以下三类。

1）A类装饰装修材料

装饰装修材料中天然放射性核素镭-226、钍-232、钾-40的放射性比活度同时满足$I_{Ra}\leqslant 1.0$和$I_r\leqslant 1.3$要求的为A类装饰装修材料。A类装饰装修材料产销与使用范围不受限制。

2）B类装饰装修材料

不满足A类装饰装修材料要求但同时满足$I_{Ra}\leqslant 1.3$和$I_r\leqslant 1.9$要求的为B类装饰装修材料。B类装饰装修材料不可用于Ⅰ类民用建筑的内饰面，但可用于Ⅰ类民用建筑、工业建筑内饰面及其他一切建筑物的外饰面。

3）C类装饰装修材料

不满足A、B类装饰装修材料要求但满足$I_r\leqslant 2.8$要求的为C类装饰装修材料。C类装饰装修材料只可用于建筑物的外饰面及室外其他用途。

4）$I_r>2.8$的花岗石只可用于碑石、海堤、桥墩等人类很少涉及的地方。

2. 室内装饰装修用人造板及其制品中甲醛释放限量

室内装饰装修用人造板及其制品中甲醛释放量应符合附表1-1的规定。

3. 室内装饰装修用溶剂型木器涂料中有害物质限量

室内装饰装修用溶剂型木器涂料中有害物质含量应符合附表1-2的要求。

人造板及其制品中甲醛释放量试验方法及限量值 附表1-1

产品名称	试验方法	限量值	使用范围	限量标志
中密度纤维板、高密度纤维板、刨花板、定向刨花板等	穿孔萃取法	≤9mg/100g	可直接用于室内	E_1
		≤30mg/100g	必须饰面处理后可允许用于室内	E_2
胶合板、装饰单板贴面胶合板、细木工板等	干燥器法	≤1.5mg/L	可直接用于室内	E_1
		≤5.0mg/L	必须饰面处理后可允许用于室内	E_2
饰面人造板（包括浸渍纸层压木质地板、实木复合地板、竹地板、浸渍胶膜纸饰面人造板等）	气候箱法	$\leqslant 0.12mg/m^3$	可直接用于室内	E_1
	干燥器法	≤1.5mg/L		

注：1. 气候箱法仲裁时采用。

2. E_1为可直接用于室内的人造板，E_2为必须饰面处理后允许用于室内的人造板。

溶剂型木器涂料中有害物质限量值 附表 1-2

项目		限量值		
		硝基漆类	聚氨酯漆类	醇酸漆类
挥发性有机化合物（VOC）（g/L）（注 1） ≤		750	光泽（60°）≥80，600 光泽（60°）＜80，700	550
苯（%）（注 2） ≤		0.5		
甲苯和二甲苯总和（%）（注 2） ≤		45	40	10
游离甲苯二异氰酸酯（TDI）（%）（注 3） ≤		—	0.7	—
重金属（限色漆）（mg/kg） ≤	可溶性铅	90		
	可溶性镉	75		
	可溶性铬	60		
	可溶性汞	60		

注：1. 按产品规定的配比和稀释比例混合后测定。如稀释剂的使用量为某一范围时，应按照推荐的最大稀释量稀释后进行测定。

2. 如产品规定了稀释比例或产品由双组分或多组分组成时，应分别测定稀释剂和各组分中的含量，再按产品规定的配比计算混合后涂料中的总量。如稀释剂的使用量为某一范围时，应按照推荐的最大稀释量进行计算。

3. 如聚氨酯漆类规定了稀释比例或由双组分或多组分组成时，应先测定固化剂（含甲苯二异氰酸酯预聚物）中的含量，再按产品规定的配比计算混合后涂料中的含量。如稀释剂的使用量为某一范围时，应按照推荐的最小稀释量进行计算。

4. 混凝土外加剂中释放氨的限量

混凝土外加剂中释放氨的量≤0.10%（重量分数）。

5. 内墙涂料中有害物质限量

内墙涂料中有害物质限量值应符合附表 1-3 的要求。

6. 室内装饰装修用胶粘剂中有害物质限量

（1）溶剂型胶粘剂中有害物质限量值应符合附表 1-4 的规定。

内墙涂料中有害物质限量值 附表 1-3

项目			限量值
挥发性有机化合物（VOC）（g/L）		≤	200
游离甲醛（g/kg）		≤	0.1
重金属（mg/kg）	可溶性铅	≤	90
	可溶性镉	≤	75
	可溶性铬	≤	60
	可溶性汞	≤	60

溶剂型胶粘剂中有害物质限量值 附表 1-4

项目		指标		
		橡胶胶粘剂	聚氨酯类胶粘剂	其他胶粘剂
游离甲醛（g/kg）	≤	0.5	—	
苯（g/kg）	≤	5		
甲苯＋二甲苯（g/kg）	≤	200		
甲苯二异氰酸酯（g/kg）	≤	—	10	—
总挥发性有机物（g/L）	≤	750		

注：苯不能作为溶剂使用，作为杂质其最高含量不得大于 5g/kg。

（2）水基型胶粘剂中有害物质限量值应符合附表 1-5 的规定。

水基型胶粘剂中有害物质限量值 附表 1-5

项目		指标				
		缩甲醛类胶粘剂	聚乙酸乙烯酯胶粘剂	橡胶类胶粘剂	聚氨酯类胶粘剂	其他胶粘剂
游离甲醛（g/kg）	≤	1	1	1	—	1
苯（g/kg）	≤	0.2				
甲苯+二甲苯（g/kg）	≤	10				
总挥发性有机物（g/L）	≤	50				

7. 室内装饰用壁纸中有害物质限量

壁纸中的有害物质限量值应符合附表 1-6 规定。

壁纸中的有害物质限量值 附表 1-6

有害物质名称		限量值（mg/kg）
重金属（或其他）元素	钡	≤1000
	镉	≤25
	铬	≤60
	铅	≤90
	砷	≤8
	汞	≤20
	硒	≤165
	锑	≤20
氯乙烯单体		≤1.0
甲醛		≤120

8. 聚氯乙烯卷材地板中有害物质限量

（1）氯乙烯单体限量

卷材地板聚氯乙烯层中氯乙烯单体含量应不大于 5mg/kg。

（2）可溶性重金属限量

卷材地板中不得使用铅盐助剂；作为杂质，卷材地板中可溶性铅含量应不大于 20mg/m^2。

卷材地板中可溶性镉含量应不大于 20mg/m^2。

（3）挥发物的限量

卷材地板中挥发物的限量见附表 1-7。

卷材地板中挥发物的限量 附表 1-7

发泡类卷材地板中挥发物的限量（g/m^2）		非发泡类卷材地板中挥发物的限量（g/m^2）	
玻璃纤维基材	其他基材	玻璃纤维基材	其他基材
≤75	≤35	≤40	≤10

2 建 筑 测 量 工 程

建筑测量工程是研究利用各种测量仪器和工具对建筑场地上地面的位置进行量度和测定的科学，它的基本任务：

（1）对建筑施工场地的表面形状和尺寸按一定比例测绘成地形图；

（2）将图纸上已设计好的工程建筑物按设计要求测设到地面上，并用各种标志表示在现场；

（3）按设计的屋面标高，逐层引测。

本章主要阐述建筑工程在施工测量及竣工图的实测与编绘过程中常见的质量通病与防治方法。

2.1 施 工 控 制 测 量

2.1.1 精密量距偏差

1. 现象

当进行控制网的边长及二级导线的精密量距时，精密量距所量长度一般要加尺寸、温度和高差 3 项改正数，有时必须进行垂曲改正，实际在精密量距中发现相对误差达不到精密量距的要求。

2. 原因分析

（1）精密量距使用的钢尺相对误差偏大。

（2）传距桩预埋深度不统一，倾斜改正值未计算。

（3）拉尺时弹簧秤施加的拉力与检定时拉力不符。

（4）钢尺受环境因素的直接影响。

（5）精密量距的计算方法不当，未完全考虑影响因素产生的改正值。

3. 防治措施

（1）精密量距使用的整尺段长度丈量钢尺和零尺段丈量补尺，必须经过有资质的计算单位检定，其丈量的相对误差不应大于 1/100000。

（2）传距桩要使用经纬仪定线预埋，使用水准仪测量其高度，计算其斜距改正值。

（3）使用的钢尺在开始量距前应先打开与空气接触，经 10min 后，施加和钢尺检定时相同的拉力进行读数，随后调整起始分画线，重新对准桩顶标志读出读数，要求记录 3 组读数。每次读数应估读到 0.1～0.5mm，每次较差为 0.5～1mm。每次记录读数时，应同时测出钢尺量距时的实际温度。全段距离丈量，往返二测回以上，相对误差应不大于 1/5000～1/10000。

（4）计算精密量距时应考虑以下改正值。

1）钢尺尺长改正

$$\Delta L_i = \Delta C_i + \Delta P_i - \Delta S_i$$

式中 ΔL_i——零尺段尺长改正值；

ΔC_i——零尺段尺长误差（或刻画误差）；

$$\Delta C_i = \frac{L_i}{L} \cdot \Delta L_{平检}$$

其中 L——整尺段长度；

L_i——零尺段长度；

$\Delta L_{平检}$——钢尺水平状态检定拉力 P_0，20℃时的尺长误差改正值；

ΔP_i——钢尺尺长拉力改正值；

ΔS_i——钢尺尺长垂曲改正值。

2）温度改正

若量距时温度 t 不等于钢尺检定时的标准温度 t_0（一般为 20℃）时，则每一整尺段 L 的温度改正值 ΔL_t 为：$\Delta L_t = \alpha \cdot (t - t_0) \cdot L$。式中 α 为钢尺线膨胀系数，一般钢尺当温度变化 1℃时，α 值约为 1.2×10^{-5}。

3）倾斜改正

如果沿斜地面量得 A、B 两点之距离为 L（图 2-1），A、B 两点之间的高差为 h，为了将倾斜距离 L 算为水平距离 L_0，需要求出倾斜改正数 ΔL_h

$$\Delta L_h = L_0 - L = -\frac{h^2}{2 \cdot L} - \frac{h^4}{8 \cdot L^3},$$

上式中一般只取用第 1 项，即可满足要求。例如高差较大，斜距 L 较短，则须计算第 2 项改正数。

4）垂曲改正

实际丈量时，钢尺必然悬空下垂，不可能如同钢尺检定时其下部设等距离水平托桩，此时对所量距离必须进行垂曲改正：

$$\Delta L = \frac{W^2 \cdot L^3}{24P^2}$$

式中 ΔL——钢尺垂曲改正数；

W——钢尺每米重力（N）；

L——尺段两端间的距离（m）；

P——拉力（N）。

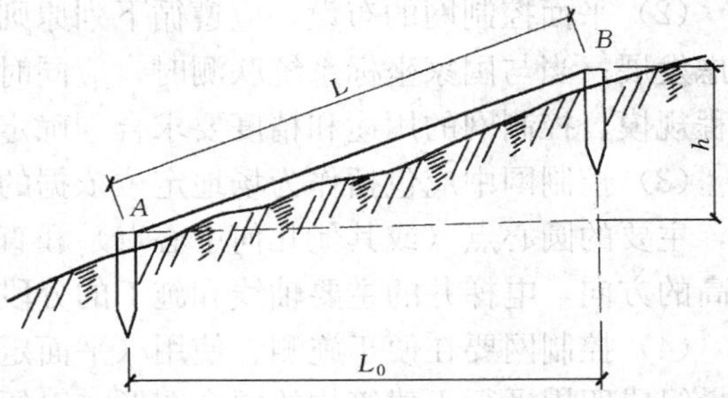

图 2-1 斜距改正图

5）拉力改正

钢尺长度在拉力作用下产生微小伸长值，用它测距时，读得的“假读数”必然小于真实读数，所以应在此读数上加拉力改正值：

$$\Delta P_i = G \cdot L_i (P - P_0)$$

式中 P——测量时的拉力（N）；

P_0——检定时的拉力（N）；

G——钢尺延伸系数（1m 不锈钢卷尺在 10N 拉力作用下 G=0.019mm；1m 普通钢卷尺在 10N 拉力作用下 G=0.017mm）；

L_i——零尺段长度。

（5）测距用的普通钢尺，应符合表 2-1 技术指标要求。

普通钢尺测距的技术指标　　表 2-1

边长丈量较差相对误差	作业尺数	丈量总次数	定线最大偏差（mm）	尺段高差较差（mm）	读定次数	估读值至（mm）	温度读数值至（℃）	同尺各次或同段各尺的较差（mm）
1/30000	2	4	50	≤5	3	0.5	0.5	≤2
1/20000	1～2	2	50	≤10	3	0.5	0.5	≤2
1/10000	1～2	2	70	≤10	2	0.5	0.5	≤3

2.1.2　场区平面控制网选择不当，精度不够

1. 现象

场区控制网制定不便于施工测量，布网不当，无法进行闭合校核。

2. 原因分析

（1）平面控制网的制定及施工方案中未充分考虑建筑物的特性，如设计定位条件、建筑物的形状和布局，主轴线尺寸的关系，未根据现场实际情况等进行全面综合考虑。

（2）平面控制网制定未考虑闭合图形，施测时无法校核其准确性。

（3）平面控制线之间距离太短，影响精度要求；控制点之间有障碍物，不通视。

（4）制定标高控制网时，未根据已知标高点的准点（导线点）位置，综合考虑建筑物的布局特点。

（5）卫星定位测量控制网的布设方法不当。

3. 防治措施

（1）场区平面控制网，可根据场区的地形条件和建（构）筑物的布置情况，布设成建筑方格网、导线及导线网、三角形网或 GPS 网等形式。

（2）平面控制网的布设，应遵循下列原则：首级控制网的布设，应因地制宜，且适当考虑发展；当与国家坐标系统联测时，应同时考虑联测方案。首级控制网的等级，应根据工程规模、控制网的用途和精度要求合理确定。加密控制网，可越级布设或同等级扩展。

（3）控制网中应包括作为场地定位依据的起始点和起始边，建筑物的对称轴和主要轴线，主要的圆心点（或其他几何中心点）和直径方向（或切线方向），主要弧线长、弦和矢高的方向，电梯井的主要轴线和施工的分段轴线等。

（4）控制网要在便于施测、使用（平面定位及高层竖直测设）和长期保留的原则下，尽量组成四周平行于建筑物的闭合图形，以便闭合校核。

（5）控制线的间距以 30～50m 为宜，控制点之间应通视、易测量，控制桩的顶面标高应略低于场地的设计标高，桩底应低于冰冻层，以便长期保留。

（6）高层建筑物附近至少要设置 3 个栋号水准点或±0.000 水平线，一般建筑物要设置 2 个栋号水准点或±0.000 水平线。

（7）整个场地内，东西或南北每相距 100m 左右要有水准点，并构成闭合图形，以便闭合校核。

（8）各水准点点位要设在基坑开挖和地面受影响而下沉的范围之外，水准点桩顶标高应略高于场地设计标高，桩底应低于冰冻层，以便长期保留。通常也可在平面控制网的桩顶钢板上，焊上一个小半球作为水准点之用。

（9）卫星定位测量控制网的布设，应符合下列要求：

1）应根据测区的实际情况、精度要求、卫星状况、接收机的类型和数量以及测区已有的测量资料进行综合设计；

2）首级网布设时，宜联测 2 个以上高等级国家控制点或地方坐标系的高等级控制点；对控制网内的长边，宜构成大地四边形或中点多边形；

3）控制网应由独立观测边构成一个或若干个闭合环或附合路线，各等级控制网中构成闭合环或附合路线的边数不宜多于 6 条；

4）各等级控制网中独立基线的观测总数，不宜少于必要观测基线数的 1.5 倍；

5）加密网应根据工程需要，在满足规范精度要求的前提下可采用比较灵活的布网方式；

6）对于采用 GPS-RTK 测图的测区，在控制网的布设中应顾及参考站点的分布及位置。

2.1.3 轴线定位点选择不正确

1. 现象

平面控制网选择主轴线进行测量放线，根据定位点测量轴线时，校核工作无法开展。

2. 原因分析

（1）由于建筑物外形的原因，使得平面控制网不便于组成闭合网形。

（2）主轴线选择不当，不便于或未进行测设校核。

3. 防治措施

对于不便于组成闭合网形的场地，投测点宜测设成“一”、“L”“十”和“++”形主轴线或平行于建筑物的折线形主轴线，但在测设中，要有严格的测设校核。首先应保证控制桩在平面中通视；其次，在平面中选择适当的配合校正点，并确保定位点的位置，便于加密和扩展。

卫星定位测量控制点位的选定，应符合下列要求：

1）点位应选在土质坚实、稳固可靠的地方，同时要有利于加密和扩展，每个控制点至少应有一个通视方向；

2）点位应选在视野开阔，高度角在 15°以上的范围内，应无障碍物，点位附近不应有强烈干扰接收卫星信号的干扰源或强烈反射卫星信号的物体；

3）充分利用符合要求的旧有控制点。

2.1.4 建筑高程误差偏大

1. 现象

水准测量时，产生的系统误差和偶然误差超出了容许误差范围。

2. 原因分析

（1）由于仪器和标尺的缺陷或未校正产生误差。

（2）仪器架设位置与前后视点距离误差大，产生偏差。

（3）水准仪视线未整平，视平线不平行于水准面。

（4）水准仪照准时，十字丝线未正对水准尺中线；焦距未调好，视差未消除。

3. 预防措施

（1）测量仪器和工具应定期送有资质的检验单位检验和校正，消除系统误差。

（2）架设仪器时，应力求前后视距相等，消除因视准轴与水准管轴不平行而引起的误差。

（3）水准仪照准时，用微动螺旋使十字丝纵线正对水准尺中线，持尺者要使尺身垂直。

（4）望远镜精确调平时，确保水准气泡居中，照准后在目镜后上下移动观测，调整调焦螺旋，直到十字丝交点在目标中上下不显动，消除视差。

4. 治理方法

沿闭合水准路线作水准测量，闭合差在容许误差范围内，可以平差，否则应重测。

（1）水准测量的限差：Ⅱ、Ⅲ、Ⅳ等水准测量均应进行往返观测，或单程双线观测，其测量结果限差应符合表 2-2。

水准测量的限差（mm）　表 2-2

等级	每公里少于 15 站	每公里多于 15 站
Ⅱ	$4\sqrt{R}$或$1\sqrt{n}$	$5\sqrt{R}$或$1.2\sqrt{n}$
Ⅲ	$12\sqrt{R}$或$3\sqrt{n}$	$15\sqrt{R}$或$3.5\sqrt{n}$
Ⅳ	$20\sqrt{R}$或$5\sqrt{n}$	$25\sqrt{R}$或$6\sqrt{n}$

注：表中 R 为往返测附合或闭合水准路线的公里数，或两水准点间往（或返）测水准路线的公里数；n 为往（或返）测的测站数。

（2）水准测量容许误差平差：平差的方法是将闭合差反号，按水准路线各段的距离或测站总数比例分配。各段的高差改正数 C_i 为：

$$C_i=\frac{L_i}{\Sigma L}\cdot f_{\mathrm{n}}\text{或}C_i=\frac{n_i}{\Sigma n}\cdot f_{\mathrm{n}}$$

式中　L_i——某段水准线路长度（m）；

ΣL——水准线路总长（m）；

f_{n}——实测的闭合差；

n_i——某段的测站数；

Σn——各段测站数的总和。

2.1.5　测距偏差

1. 现象

在普通量距中，出现实测值之间数据差异。

2. 原因分析

（1）选用量距工具不当，不能满足精度要求。

（2）距离全长超过一整钢尺时，直线花杆定线产生偏差。

（3）未吊坠插测杆，分段点位置偏离，造成读数积累偏差。

（4）两人拉尺用力不均，或未拉紧、拉平钢尺。

3. 预防措施

（1）一级及以上等级控制网的边长，应采用中、短程全站仪或电磁波测距仪测距，一级以下也可采用普通钢尺量距。

（2）测距仪器及相关的气象仪表，应及时校验。当在高海拔地区使用空盒气压表时，宜送当地气象台（站）校准。

（3）皮尺易伸缩，量距要求较低时使用，在距离测量中，应选用抗拉强度高不易伸缩，经有资质计量单位检定过的钢尺。

（4）当距离超出一整尺时，应采用“三点一线法”，较长时花杆采用经纬仪定线、定位。

（5）在吊坠球尖端指示地面点处，测杆应于钢尺同一侧竖直后再插入。

（6）使用钢尺时，两人应同时用力均匀拉紧并抬平，然后读出数据。

（7）斜坡上丈量距离，应由坡顶向坡下丈量，以避免线坠在地上确定分段点时产生偏差。

（8）测站对中误差和反光镜对中误差不应大于2mm。

（9）当观测数据超限时，应重测整个测回，如观测数据出现分群时，应分析原因，采取相应措施重新观测。

（10）四等及以上等级控制网的边长测量，应分别量取两端点观测始末的气象数据，计算时应取平均值。

（11）测量气象元素的温度计宜采用通风干湿温度计，气压表宜选用高原型空盒气压表；读数前应将温度计悬挂在离开地面和人体1.5m以外阳光不能直射的地方，读数精确至0.2℃；气压表应置平，指针不应滞阻，读数精确至50Pa。

4. 治理方法

为了校核并提高丈量精度，要求进行往返丈量，取平均值作为结果，量距精度用往返测距值的差数与平均值之比表示。普通量距在平坦地区要求达到1/3000；在起伏变化较大地区要求达到1/2000；在丈量困难地区不得大于1/1000。如果往测与返测距离值的差数，与往返丈量平均值之比超过范围时，应重新丈量，否则可以平差。

2.1.6 测角偏差

1. 现象

使用经纬仪、全站仪测量角度时，出现测量角度数据偏差。

2. 原因分析

（1）仪器视准轴与水平轴不垂直，水平轴与竖轴不垂直。

（2）仪器度盘存在偏心差，仪器未整平，水平度盘不水平，经纬仪对中不准确。

（3）目标花杆不垂直，或花杆未插稳。

（4）外界自然因素影响（如大风、雾天、烈日、暴晒等恶劣天气）。

3. 防治措施

（1）测角时，采取盘左或盘右的两个位置观测，取平均值，消除视准轴与水平轴不垂直，水平轴与竖轴不垂直，以及仪器度盘的偏心差等误差。

（2）经纬仪对中力求准确，测量时，对中的偏心差不得超过1mm。

（3）照准目标力求准确，必须用十字丝交点正对测点的标志。

（4）整平仪器，使水平度盘尽可能保证水平位置。

（5）尽可能避开不利的因素，以免影响测角精度。

2.1.7 竖向结构垂直偏差

1. 现象

在一般工业与民用建筑中，每楼层垂直偏差或全高垂直度偏差不满足现行规范规定，垂直偏差大。

2. 原因分析

（1）砌体施工时未挂垂直线。

（2）现浇混凝土结构钢筋偏位造成模板无法到位。

（3）现浇混凝土结构梁柱节点及门窗洞口处配筋过密，钢筋安装不规范，模板就无法到位。

（4）模板安装后未吊线坠或未认真吊线坠找正。

（5）竖向结构模板支撑系统控制机构失灵，一边顶牢而另一边松弛。

（6）竖向控制轴线向上投测过程中产生积累偏差超过标准。

3. 预防措施

（1）砌体施工时，宜双面挂线控制砌体的垂直平整度。

（2）楼面轴线控制网投测后，根据定位尺寸校正竖向结构的纵向钢筋，确保根部到位，调整好垂直度偏位的骨架，检查复核后方可绑扎箍筋和水平钢筋，骨架绑扎后于顶部用铁丝拉紧找正，并挂垂线控制。

（3）对于钢筋配制过密的部位，翻样时要充分考虑，施工中控制施工工艺和安装顺序，确保骨架截面尺寸正确。

（4）现浇混凝土结构模板安装后，应吊线坠校正垂直度，双面用顶撑顶牢；对于外侧墙，对拉螺栓应与纵横搁栅连接牢固，并和内侧顶撑连接，顶拉控制，使系统在混凝土浇筑过程中便于检查调整。

（5）用经纬仪或吊线坠投测轴线，在建立轴线控制网及向上竖向投测的过程中，其投测依据应该是同一原始轴线基准点，以避免误差积累。

4. 治理方法

已施工的竖向结构出现垂直偏差时，首先采用吊线坠法或轴线投测法，复核检查现施工段及基层根部控制点的测量精度，以保证待施工段的垂直度控制，已施工的竖向结构，在能保证结构截面尺寸偏差在规范范围内的，适当凿除修整，用比原混凝土强度高一级、同配合比的水泥砂浆修补；如果垂直偏差使得结构截面尺寸偏差超过规范和设计要求，应引起有关部门的高度重视，采取结构补强措施。

2.2　工业与一般民用建筑施工测量

2.2.1　施工测量主轴线确定及定位测量方法不当

1. 现象

建筑物测量放线，无法保证和复核设计尺寸和相对位置的正确性。

2. 原因分析

（1）定位依据正确性无法保证。

（2）测定主轴线前，未认真编制明确的测量方案。

（3）主轴线布设形式不够科学，数量不足。

3. 防治措施

（1）定位依据是现有建（构）筑物时，应会同业主、设计单位到现场对定位依据的控制点、线和标高等具体位置进行测量，并记录备案。如定位直接的依据是建筑红线、道路中心线或测量控制点时，要在会同业主、设计单位现场交桩后，根据计算的数据实地校验各桩间距、夹角和高差，以防参照物、控制点、桩本身的误差与矛盾，影响施工测量精度。

（2）编制测量方案时，应注意以下几个内容：主轴线应尽量位于场地中央，主轴线的定位点一般不少于3个；主轴线中纵横轴各个端点应布置在场区的边界上。为了便于恢复施工过程中损坏的轴线控制点，必要时主轴线各个端点可布置在场区外的延长线上。

2.2.2 基础定位不准

1. 现象

基础验线时，经检查复核发现基础放线误差，轴线允许偏差超出规范规定，见表2-3。

轴线允许偏差　　表2-3

长度 L（m）	$L \leqslant 30$	$30 < L \leqslant 60$	$60 < L \leqslant 90$	$L > 90$
允许偏差（mm）	±5	±10	±15	±20

2. 原因分析

（1）未检测所使用的轴线桩是否松动，位置是否正确。

（2）使用经纬仪向基础上投测建筑物主轴线时，未经闭合校核，就测放细部轴线。

3. 预防措施

（1）根据建筑物矩形控制网的四角桩，检测各轴线控制桩位绝对无碰动和位移后方可使用，使用时要明确具体的轴线控制桩，以防用错。

（2）根据基槽周边上轴线控制桩，用经纬仪向基础垫层上投测建筑物大角、轮廓轴线及主轴线，经纬仪闭合校核无误后，再测放细部轴线。

（3）强化检查验收制度，细部轴线测放自检后，组织专门技术部门先行验线，检查基础定位情况和垫层顶面的标高，确定无误后会同业主、监理复核验线，合格签证后方可进行下道工序。

4. 治理方法

一旦发现基础放线偏差过大，应引起有关部门的高度注视，从定位控制桩位置到细部轴线尺寸检查复核，纠正错误，如果偏差超过两倍中误差时，重要部位应重新测放轴线。

2.2.3 基坑抄平处理不当

1. 现象

基坑开挖深度与设计标高不符，或基坑内两端及多处局部水平标高线偏差较大。

2. 原因分析

（1）基坑内水准标高控制方法不正确。

（2）基坑面积较大，而水准标高基准点设置数量不足，致使前后视线不等长，距离差过大。

（3）基坑内四周引进的水平标高点未闭合，局部控制桩移位。

3. 防治措施

（1）当基坑深度较浅（≤5m），且边坡土质稳定时，在基坑将要挖到基底设计标高时，再用水准仪在坑内四周槽壁上测设一些小木桩，使其顶面到坑底设计标高为一固定值，作为控制高程的依据。

（2）当基坑埋深较大时（>5m），在基坑四周护坡钢板桩、混凝土护壁桩或其他支护设施上，选择部分侧面竖向平直规正的桩，在其上各涂一条10cm宽的竖向白漆带，用水准仪根据原始水准点测出±0.00以下各整米数的水平线，用红漆段间隔分色，做出标识，作为水准控制点，然后在基坑内使用水准仪，校测四周护坡桩上的水准点是否在同一标高的水平线上，误差不得超过±3m。在施测基础标高时，应后视两个以上的水准点作为校核。

(3) 观察时尽量选择适当的坑内基准点，使前后视线等长。

2.2.4　管道工程中线定位及高程控制不准

1. 现象

管线空间定位位置及高程控制不准，坡度方向不正确。

2. 原因分析

(1) 地形图上未全部明确标出管道的主点（起点、终点及转折点）与地物的关系数据，图纸设计深度不够。

(2) 地形图上同时给出了管道主点和控制点，与实际道路中心线或建筑物轴线不平行或不垂直，相互矛盾。

(3) 管线主点之间线段定位偏位。

(4) 管线高程控制临时水准间距太大。

(5) 高程控制网精度选择不够。

3. 预防措施

(1) 加强图纸交底，认真进行图纸会审。

(2) 在城建区管线走向与道路中心线或建筑物轴线平行（垂直）或成角度时，根据地物的关系来确定主点的位置，严格根据设计提供的关系数据进行管线定位。

(3) 当管道规划设计地形图上给出管道主点坐标和主点控制点时，根据控制点定位。

(4) 当管道规划设计地形图上给出管道主点坐标而无控制点时，应于管道线近处布设控制导线，采取极坐标法与角度交会法定位测角精度为30″，量距精度为1/5000

(5) 在管道施工时要沿管线敷设方向布置临时水准点，如现场无固定地物的，应提前埋设标桩作为水准点，临时水准点可根据不可低于Ⅲ等精度水准点敷设。临时水准点间距，自流管道和架空管道不大于200m，其他管道不大于300m。

4. 治理方法

管线定位容差应符合表2-4规定，当管线偏位超过允许偏差时，首先应检查校正主点的定位位置，测量检查实测各转折点的夹角，使其符合设计值要求。距离实量值与设计值比较，其相对误差不超过1/2000，否则应将重要部位重新返工。

管线定位容差　　　　表2-4

测定内容	定位容差（mm）	测定内容	定位容差（mm）
厂房内部管线	7	厂区外地下管道	200
厂区内地上和地下管线	30	厂区内输电线路	100
厂区外架空管道	100	厂区外输电线路	300

2.2.5　工业厂房基础柱的测量定位、高程控制及柱身垂直度测量偏差大

1. 现象

基础及柱间轴线偏差，托座和柱顶标高及柱身垂直度偏差，影响吊车梁和屋架就位。

2. 原因分析

(1) 柱基础杯底标高与设计标高不一致。

(2) 柱基础中心线未对齐。

(3) 柱安装未进行经纬仪校正。

(4) 预制构件的几何尺寸容许偏差超过规定标准。

3. 预防措施

(1) 安装前先逐一复检预制柱的托座、柱顶等各主要关键部位几何尺寸的实际关系，算出并调整基础顶面相应的标高值，安装垫块或凿除局部混凝土，用水平仪抄平使其符合设计要求。

(2) 安装前在杯形基础弹出十字中心线，柱身上面三面弹出相应的中心线，安装时应使柱底三面中心线与杯口中心线对齐，使用经纬仪校正，并加以固定，复核无误后才能脱钩。

4. 治理方法

柱垂直偏差大时，在柱纵横轴线上，离柱距离约为柱高的 1.5 倍，安置两架经纬仪，先照准柱底中心线再慢慢仰视到柱顶，指挥调节支撑或拉绳，敲打钢楔，确保柱中心线与轴线偏差小于 5mm。如柱高不大于 10m，垂直偏差应≤±10mm；柱高大于 10m 时，垂直度偏差应$\leqslant \frac{H}{1000}$且≤±20mm。

2.2.6 吊车梁安装测量偏差大

1. 现象

吊车梁中线位置和梁顶的标高偏差大。

2. 原因分析

(1) 厂房轴线控制网精度不够或施测中产生偶然偏大误差。

(2) 柱垂直度偏差超过标准。

(3) 柱身上标高控制线精度不够，或托座梁面整平工作不细致，造成梁面标高偏差。

3. 防治措施

(1) 检查验收吊车梁的截面尺寸、铁件位置是否正确，确保预制构件满足设计要求。

(2) 对轴线控制网进行校核，确保无误，根据轴线控制网吊装吊车梁。

(3) 根据柱中心轴线端点，在地面上定出吊车梁中心线控制桩，用经纬仪投测梁中心线到每根柱托座上，并弹上墨线，吊装时，确保吊车梁和托座上的中心线相互对齐。

(4) 用水准仪抄平，在柱侧面测出基准线，测量并定出柱托座面设计标高线，复核吊车梁实际截面尺寸，以此为依据加钢板垫块，吊车梁顶面标高误差应不超过±5mm。

2.3 高层建筑施工测量

2.3.1 平面控制不当

1. 现象

根据平面控制网测放轴线，其细部尺寸精度不够。

2. 原因分析

(1) 未根据高层建筑形状选用较佳的控制网形状，随着施工的进度未能将控制网延伸到受施工影响区之外，建立的控制网无法校核。

(2) 建立方格控制网时，未考虑高层建筑楼层结构变化情况，控制网中转频繁，造成偏差。

(3) 参见 2.1.2“场区平面控制网选择不当，精度不够”的原因分析。

3. 防治措施

（1）根据建筑物形状布置，正确选择矩形网、多边形网、主轴线，建立网格时应考虑控制网校核点，参见 2.1.2“场区平面控制网选择不当，精度不够”的防治措施。

（2）熟悉施工图，综合考虑建筑物整个施工过程，从打桩、挖土、浇筑基础垫层、各楼层结构变化情况等方面考虑建立施工方格控制网。

（3）平面控制网中，建立局部直角坐标系统放样，控制点之间距离误差要求不大于±2mm，测角中误差不大于±5″。

（4）建筑施工控制网的最弱边相对中误差通常取 1/2000。

（5）在高层建筑中，投测点的布置形式必须保证可靠、方便、闭合、准确，基本常用的几种形式有：三点直线形、三点角度形、四点丁字形、五点十字形，无论何种形式，主轴线上的控制点数都不得少于 3 个。

2.3.2 高程控制不当

1. 现象

高层建筑测量水准精度差。

2. 原因分析

（1）高程控制网点选择位置不正确，水准点未妥善保护，引测标高未闭合复测。

（2）实测选用仪器不当及方法不规范。

（3）参见 2.1.4“建筑高程误差偏大”的原因分析。

3. 防治措施

（1）制定高层建筑工地上高程控制点，要联测到国家水准标志上或城市水准点上，高层建筑物的外部水准点的标高系统与城市水准点的标高系统必须统一。

（2）高层建筑工地所用的水准点必须固定，且各水准点和±0.000 水平线应妥善保护，以求得施工过程中标高统一，在雨季前后对控制点各复测一次，保证标高的正确性。

（3）实测时应使用精度不低于 S_3 级的水准仪，视线长度不大于 80m，且要注意前后视线等长，镜位与转点均要稳定，使用塔尺时要尽量不抽第 2 节。

（4）水准测量结果的限差，见 2.1.4“建筑高程误差偏大”的防治措施。

2.3.3 吊线坠法轴线控制点偏差

1. 现象

使用吊线坠法工艺向上传递轴线时，轴线竖向控制出现偏差。

2. 原因分析

（1）线坠制作精度不够，导致控制点与线坠轴线和细钢丝不在同一轴线上，产生引线偏差。

（2）操作不认真，未解除钢丝扭曲打结现象；未设防风吹措施。

（3）吊线时，未提供照明、通信联络设备，上下操作者不认真。

（4）由于楼层较高，预留洞（200mm×200mm）位置交叉偏移，吊线不畅通，轴线控制点引测不准确。

3. 防治措施

（1）线坠呈圆柱，顶端为锥形，重 15～20kg，其锥形尖端与钢丝悬吊线应与坠体轴线为同一竖直线。

（2）坠线应使用没有扭曲的 ϕ0.5～0.8mm 钢丝，吊时线坠应保持稳定不旋转，吊线本身平顺。悬吊时所在楼层设风挡措施，预防风吹造成吊线本身偏斜或不稳定。悬吊时要注意有充足的亮度，保证坠体尖端正指控制点。

(3) 在投测中要有专人检查各预留洞位置是否碰触吊线，上下要配合默契，通信畅通，取线左、线右投测的平均位置轴线。控制点悬吊结束后，使用经纬仪或激光铅垂仪进行闭合校核，如误差超出±3mm时，则逐一重新悬吊。

(4) 在±0.000首层地面或地下室底板上，制定轴线控制网或以靠近高层建筑结构四周的轴线点为准，逐层向上悬吊引测轴线，控制结构竖向偏差。为保证控制点坠吊精度，楼层每升高3～5层（14.0m左右）时，重新在结构面上预埋钢板，投测控制点，建立新控制网，新控制网经校核无误，方可投入使用。

2.3.4 激光铅垂仪法投点偏差

1. 现象

使用激光铅垂仪投测轴线进行竖向控制，精度不能满足要求。

2. 原因分析

(1) 首层结构面上轴线控制点精度不能保证。

(2) 仪器未调置好或仪器自身未校核好。

(3) 未消除竖轴不垂直于水平轴产生的误差。

3. 防治措施

(1) 首层面层上的轴线控制网点必须保证精度，预埋钢板上的投测点要校核无误后刻上"十"字标识。在浇筑上升的各层混凝土时，必须在相应的位置预留200mm×200mm与首层楼面控制点相对应的孔洞，保证能使激光束垂直向上穿过预留孔。

(2) 为保证轴线控制点的准确性，在首层控制点上架设激光铅垂仪，调整仪器对中，严格整平后方可启动电源，使激光器发射出可见的红色光束。光斑通过结构板面对应的预留孔洞，显示在盖着的玻璃板或白纸上，将仪器水平转一周，若光斑在白板上的轨迹为一闭合环时，调节激光管的校正螺丝，使其轨迹趋于一点为止。

(3) 为了消除竖轴不垂直水平轴产生的误差，需绕竖轴转动照准部，让水平度盘分别在0°、90°、180°、270°四个位置上，观察光斑变动位置，并作标记，若有变动，其变动的位置成十字的对称形，对称连线的交点即为精确的铅垂仪正中点（图2-2）。

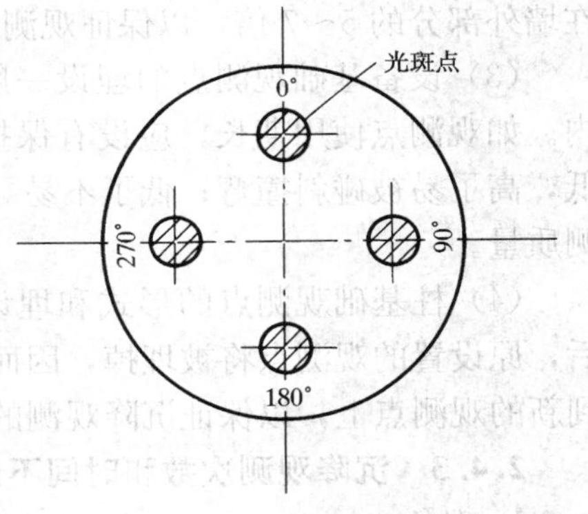

图2-2 激光施测

2.4 沉降与变形观察

2.4.1 水准点布设不正确

1. 现象

水准点布设数量与地点不妥。

2. 原因分析

（1）水准点布设未考虑水准网沿建筑物闭合。

（2）水准点布设未考虑现场特殊性质。

3. 防治措施

（1）水准点数量应不少于3个并组成水准网。

（2）水准点尽量与观测点接近，其距离不应超过100m，以保证观测的精度。

（3）水准点应布设在受振动区域以外的安全地点，以防止受到振动的影响。

（4）水准点离开公路、铁路、地下管道和滑坡至少5m，避免埋设在低洼积水处及松软土地带。

（5）为防止水准点受到冻胀的影响，水准点的埋置深度至少要在冰冻线以下0.5m。

（6）对水准点要定期进行检测，以保证沉降观测成果的正确性。

2.4.2　观测点的形式与埋设不合理

1. 现象

基础及柱沉降观测点制作形式与埋设不合理，观测点稳定性差，观测数据不真实。

2. 原因分析

施工单位未注意沉降观测工作，观测点制作马虎，埋设不认真。

3. 防治措施

（1）观测点本身制作要求牢固稳定，确保点位安全，能长期保存，其上部必须为突出的半球形状或有明显的突出之处，与柱身或墙身保持一定的距离，要保证在顶上能垂直置尺和有良好的通视条件。

（2）一般民用建筑沉降观测点，设置在外墙勒脚处。观测点埋在墙内的部分应大于露在墙外部分的5～7倍，以保证观测点的稳定性。

（3）设备基础观测点的埋设一般可利用铆钉或钢筋来制作，然后将其预埋在混凝土内。如观测点使用期长，应设有保护盖。埋设观测点时应保证露出的部分，不过高或太低，高了易被碰斜撞弯；低了不易寻找，以防水准尺置在点上会与混凝土面接触，影响观测质量。

（4）柱基础观测点的形式和埋设方法与设备基础相同，但当柱子安装进行二次浇捣后，原设置的观测点将被埋掉，因而必须及时在柱身上设置新观测点，并及时将高程引测到新的观测点上，以保证沉降观测的连贯性。

2.4.3　沉降观测次数和时间不当

1. 现象

沉降观测次数和时间不合理，导致观测成果不能及时准确反映建筑物实际沉降变化。

2. 原因分析

（1）施工期间沉降观测次数安排不合理，导致观测成果不能准确反映沉降曲线的细部变化。

（2）工程移交后沉降观测时间安排不合理，导致掌握工程沉降情况不准确、不及时。

3. 防治措施

（1）施工期间较大荷重增加前后，如基础浇灌、回填土、安装柱子、框架、每建成一层楼、设备安装、设备运转、工业炉砌筑期间、烟囱每增加15m左右等，均应进行观测。

（2）如施工期间中途停工时间较长，应在停工时和复工后分别进行观测。

(3) 当基础附近地面荷重突然增加，周围大量积水及暴雨后，或周围大量挖土方等，均应观测。

(4) 工程投入生产后，应连续进行观测，可根据沉降量大小和速度确定观测时间的间隔，在开始时间隔可短一些，以后随着沉降速度的减慢，可逐渐延长，直至沉降稳定为止。

(5) 施工期间，建筑物沉降观测的周期，高层建筑每增加1～2层应观测一次，其他建筑的观测总次数不应少于5次。竣工后的观测周期，可根据建筑物的稳定情况确定。

2.4.4 沉降观测的线路不正确

1. 现象

观测线路不固定，沉降观测的精度低。

2. 原因分析

观测前未到现场进行统筹规划，确定线路和安置仪器的位置，人员不固定，未重视固定观测线路的工作。

3，防治措施

对观测点较多的建（构）筑物进行沉降观测前，应到现场进行勘察规划，确定安置仪器的位置，选定若干较稳定的沉降观测点或其他固定点作为临时水准点（转点），并与永久水准点组成环路，最后根据选定的临时水准点设置仪器的位置以及观测线路，绘制沉降观测线路图，以后每次都按固定的线路观测。在测定临时水准点高程的同时，应校核其他沉降观测点。

2.4.5 沉降与变形曲线在首次观测后发生回升现象

1. 现象

沉降观测在第二次观测时即发生曲线上升，到第三次后曲线又逐渐下降。

2. 原因分析

由于第一次观测精度不高而使观察成果存在较大误差。

3. 防治措施

(1) 使用的仪器必须是经有资质的检验单位检定合格的仪器。

(2) 观测过程中要“三固定”：仪器固定，人员固定，观测线路固定。

(3) 如曲线回升超过5mm，应将第一次观测成果废除，而采取第二次观测成果为初测成果；如果曲线回升在5mm以内，则调整初测标高与第二次观测标高一致。

2.4.6 沉降变形曲线在中间某点突然回升

1. 现象

曲线在观测成果中表现为中间某点突然有上升趋势。

2. 原因分析

(1) 沉降观测过程中，水准点被碰松动，出现水准点低于被碰前的标高。

(2) 沉降观测过程中，观测点被碰，致使观测点被碰后高于被碰前的标高。

3. 预防措施

(1) 在建筑施工的全过程中，都应注意对观察点和水准点的保护工作，可以采用砌筑黏土砖挡土墙的方法加以保护，高度超过观测点10cm，在其上用预制盖板覆盖保护，并做出明显警示标识，预防搬运材料时遭到人为碰动。

（2）建筑物在交工前应对水准点、观测点，采用与建筑物外观效果相协调的活动装饰板（盒）加以保护，并做到坚固耐久，方便使用。

4. 治理方法

如果水准点被碰动破坏时，应改用其他水准点继续观测。并在其附近重新埋设观测点，通过引测复核计算出该点的相对标高，办理签证记录后，再继续观测。而该点该次沉降量，可选择结构、荷重及地质都相同且邻近的另两个沉降观测点，同期的平均值沉降量作为被碰观测点之沉降量。再次设置观测点时，应接受教训，做到方便使用，便于保护。

2.4.7 沉降变形曲线自某点起渐渐回升

1. 现象

观察成果表现为曲线自某点起有回升趋向。

2. 原因分析

（1）采用设置于建筑物上的水准点，由于建筑物未稳定而下沉。

（2）新埋设的水准点，埋设地点不当，时间不长发生下沉现象。

（3）水准点和建筑物同时下沉，初期建筑物沉降量大于水准点沉降量，曲线不回升，到后期建筑物下沉逐渐稳定，而水准点继续下沉。

3. 防治措施

选择或埋设水准点时，特别是建筑物上设置水准点时，应保证其点位的稳定性，如果查明的确是水准点下沉而使曲线渐渐回升，测出水准点的下沉量，修正观测点的标高。

2.4.8 沉降变形曲线呈现波浪起伏现象

1. 现象

在沉降观测后期，曲线呈现波浪起伏现象。

2. 原因分析

建筑物到后期，由于下沉极微或已接近稳定，曲线上出现了测量误差比较突出的现象。

3. 防治措施

应从提高测量精度，减少误差方面出发。如果发生这种现象，应根据整个情况进行分析，决定自某点起，将波浪线改为水平线。

2.4.9 沉降变形曲线出现中断现象

1. 现象

在观测中曲线发生中断。

2. 原因分析

（1）沉降观测点开始是埋设在柱基础面上进行观测，在柱基础二次灌浆时没有埋设新点进行观测，而使曲线中断。

（2）观测点被碰毁；因装修要求观察点被隐蔽或造成不通视；后来设置的观测点绝对标高不一致，而使曲线中断。

3. 防治措施

按照2.4.6“沉降变形曲线在中间某点突然回升”的治理方法将曲线连接起来，估求出停测期间的沉降量，并将新设置的沉降点不计其绝对标高，而取其沉降量，一并加在旧沉降点的累计沉降量中去，如图2-3所示。

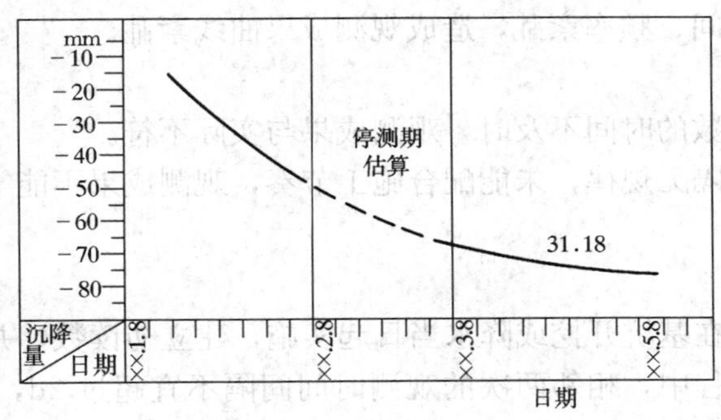

图 2-3　沉降曲线中断估算图

2.5　深基坑变形观测

2.5.1　变形观测的基准点、观测点设定时间不当

1. 现象

基准点、观测点在支护结构和降水井施工未完成前或基坑开挖后设定，不能反映基坑边坡的实际变形情况。

2. 原因分析

(1) 操作者未掌握基坑变形测知识。

(2) 对沉降和水平位移观测质量不重视。

(3) 基准点、观测点受支护结构、降水井和土方开挖施工的扰动。

3. 防治措施

变形观测所用的基准点、观测点应在支护结构或降水井施工完成后，基坑开挖之前设定，使所观察成果更能切合实际。

2.5.2　水平位移观测点、沉降观测点和基准点布设位置不当

1. 现象

水平位移观测点、沉降观测点布设地点和距离不正确。基准点受到基坑边坡变形的影响。

2. 原因分析

观测点埋设位置不能真实反映边坡支护结构的变形情况，基准点发生位移，与观测点之间的相对变形值，无法反映实际情况，原因在于操作者未掌握专业知识。

3. 防治措施

(1) 水平位移观测点应沿支护结构体延伸方向均匀布设。

(2) 沉降观测点应沿建筑物外墙或柱基、重要管线的延伸方向布设。

(3) 变形观测点间距宜为 10115m。

(4) 基准点的位置，应布设在不受基坑边坡变形影响的地方，基准点和变形观测点均应加以保护，防止人为破坏。

2.5.3　变形观测时间不当及频率不足

1. 现象

由于变形观测时间、频率紊乱，造成观测成果曲线紊乱。

2. 原因分析

(1) 建立初始读数的时间不及时，观测成果与实际不符。

(2) 观测时间间隔无规律，未能配合施工节奏，观测成果不能掌握实际变化情况并指导施工。

3. 防治措施

(1) 变形观测要在基坑开挖或降水当日起实施，建立初读数，并办理复核签证手续。

(2) 基坑开挖过程中，相邻两次的观测时间间隔不宜超过 2d，或以基坑开挖深度确定观察的时间间隔。

(3) 基坑开挖结束一个月后，观测时间间隔不宜超过 10d，在出现可能促使变形加快的情况时，要加密观测频数。基坑开挖完毕后且变形已趋稳定时，可适当延长时间间隔，当地下构筑物完工后即可结束观测。

2.5.4 变形观测资料不全

1. 现象

由于观测资料不齐全，其成果难以编制成表，或绘制成曲线，未能及时办理签证，缺乏权威性。

2. 原因分析

(1) 缺少基准点、观测点、观测时间的资料。

(2) 观测值记录不详，或长时间未汇编，记录值丢失。

(3) 观测过程中，其他有关单位未能参加或办理签证。

3. 预防措施

(1) 明确观测基准点和变形观测点的位置及编号。

(2) 记录变形观测的日期、时间和本次观测值及累积变形值。

(3) 及时将观测资料绘制成表或曲线，变形观测结束后，将资料汇总成册，并附有必要的文字说明。

(4) 严格按照观测方案实施，及时请有关单位共同进行检查，及时复核观测成果，签证备案。

2.6 GPS 全球定位系统测量

2.6.1 GPS 基线解算时起算点精度低

1. 现象

GPS 基线解算过程中，基线解算结果较差。

2. 原因分析

实际工程证明，起算点误差对基线解算结果有一定影响，起算点误差越大这种影响也越大，且对较长基线的影响更大。其影响主要体现在对基线分量的影响上并呈现出对称性和按比例增长的趋势。

3. 防治措施

进行 C 级或 C 级以下 GPS 网测量时，起算点的 WGS-84 坐标精度应不低于 25m，进行B级测量时起算点的WGS-84坐标精度应不低于3m。可以用多时段观测的单点定位结果作为一般工程GPS网基线解算的起算点；对高精度GPS网应通过以下3个途径获取较高精度的起算点坐标，即：

（1）以国家高精度A、B级GPS网点的WGS-84坐标作为基线处理中的起算点坐标；

（2）若网中某点具有较准确的国家坐标系或地方坐标系坐标时，则可先通过它们所属坐标系与WGS-84坐标系间的精确转换参数求得该点的WGS-84坐标数据，然后再把它作为基线向量解算的起算点；

（3）若网中某点是Doppler点或SLR、VLBI、IGS站，可将其联测至GPS网中作为起算点进行基线向量解算（因为这些点均具有精密的地心坐标）。

2.6.2 GPS卫星星历误差

1. 现象

卫星星历给出的卫星空间位置与卫星实际位置不同，它们之间的偏差即为卫星星历误差，该误差会导致GPS测量数据产生系统性偏差。

2. 原因分析

卫星星历是GPS测量定位的主要依据，卫星星历是由GPS地面监控站跟踪检测GPS卫星求定的。由于GPS地面监控站的测试误差以及卫星在空中运行受到的各种摄动力影响，使得GPS地面监控站测定的卫星轨道会有误差。另外，由GPS地面注入站传给卫星的广播星历以及由卫星向地面发送的广播星历都是根据地面监测获得的卫星轨道外推计算出来的，因而也必然会导致由广播星历提供的卫星位置与卫星实际位置之间存在偏差。

3. 防治措施

（1）采用由美国国防制图局（DMA）生产的精密星历［或由国际GPS服务（IGS）生产的精密星历］；

（2）建立自己的跟踪网独立定轨（即采用不断改进的定轨技术及摄动力模型，以实测星历为基础，获得较好的定轨数据以提高精度）；

（3）采用相对定位作业模式（即所谓的“差分GPS技术”）；

（4）在大区域测区采用轨道松弛法求得测站位置及轨道改正数，以对无法获取精密星历的状态进行补救。

2.6.3 GPS卫星钟产生钟差

1. 现象

卫星钟的钟面时与GPS时之间的同步误差，以及卫星钟与卫星钟之间的同步误差，导致GPS测量数据产生误差。

2. 原因分析

GPS空间距离是通过测量GPS信号，由卫星传播到接收机的传播时间乘以卫星信号的传播速度获得的。若卫星信号中有6～8ms的误差，则其对空间距离的影响将达180～240cm的水平。虽然GPS卫星都采用高精度的原子钟，但由于主控站（及监控站）对GPS卫星的控制和调整仍无法完全改正卫星钟的钟面时与GPS时之间的同步误差以及卫星钟与卫星钟之间的同步误差，两种同步误差将通过卫星的导航电文提供给用户，故卫星的导航电文不可避免地会存在这两种时间误差，并引起等效的空间距离偏差。

3. 防治措施

在GPS相对定位中，卫星钟差或经主控站（及监控站）改正后的残差，可通过观测量求差（或差分）的方法得以极大限度地消减，同时，接收机钟与卫星钟之间的同步误差（即接收机钟差）也可通过观测值求差得到有效的遏制。故卫星钟差可通过模型和妥善的数据处理得到一定程度的修正。

2.6.4 电离层延迟导致距离产生误差

1. 现象

地球大气电离层对GPS信号产生影响，并进而使利用GPS接收机所测得的卫星到GPS接收天线间的距离产生误差。

2. 原因分析

所谓“电离层”（含平流层）是指高度在60～1000km间的大气层，这一层中大气中的分子会由于太阳的作用而广泛发生电离现象，且电离层中的电子密度是变化的（它与太阳黑子的活动状况、地球上地理位置、季节变化和时间有关），GPS卫星信号通过电离层时会和其他电磁波信号一样受到带电介质的非线性散射影响，电离层对GPS信号的影响必然使得利用GPS接收机所测得的卫星至GPS接收天线之间的距离产生误差，对GPS信号而言，这种距离误差可达50～150mm。

3. 防治措施

(1) 利用双频改正技术，可利用L1/L2的频率观测值直接解算出电离层的时延差改正数（经过双频观测值改正后GPS空间距离的伪距残差可达厘米级）；

(2) 采用合理的电离层模型对空间距离进行改正，利用该模型可将电离层延迟影响减少75%左右；

(3) 采用两个或多个观测站同步观测量求差获取改正值，该方法只适用于短距离基线。

2.6.5 对流层延迟导致测量误差

1. 现象

地球大气对流层对GPS信号会产生影响，并进而使利用GPS接收机所测得的卫星到GPS接收天线间的距离产生误差。

2. 原因分析

所谓“对流层”是指高度在50km以下的地球大气层（占地球大气重量99%的大气都集中在该层）。对流层对GPS卫星信号的折射与信号传播路线上的温度、气压和湿度等大气状态参数有关，同时还与卫星的高度角及测站的高程有关。对流层对GPS卫星信号折射所造成的GPS卫星到测站（GPS接收机位置）空间距离的误差一般在几米至十几米的水平。

3. 防治措施

在施测GPS控制网时，为削弱对流层的折射影响，首先应进行模型改正。由于模型改正仅能切削掉对流层折射影响的大部分，故在观测值中仍会含有少量由对流层折射造成的误差，此时应再利用差分技术进一步削弱对流层折射的影响。

2.6.6 多路径效应导致测量误差

1. 现象

GPS接收机天线周围的各种物体会反射与折射GPS卫星信号，进而使利用GPS接收机所测得的GPS卫星到GPS接收天线间的距离产生误差。

2. 原因分析

实际测量过程中，GPS接收机天线不仅会接收到卫星直接发射的信号，还会接收到经接收机天线周围物体一次或多次反射及折射的卫星信号，并把这两种叠加的信号作为观测量来处理，因此，其定位结果中就会包含干扰信号（即接收机天线周围物体一次或多次反射及折射的卫星信号）的影响，从而使利用GPS接收机所测得的GPS卫星到GPS接收天线间的距离产生误差。这些干扰信号就称为多路径信号，多路径信号导致GPS测距产生偏差的过程就称为“多路径效应”。

3. 防治措施

(1) 选点时应使点位尽量避开强反射物（比如水面、平坦光滑地面和平整的建筑物）；

(2) 选用能削弱多路径效应的天线（比如具有Pinwheel技术的天线、采用扼流线圈等）；

(3) 适当延长观测时间（最好在一天的不同时间进行观测）。

2.6.7 GPS卫星信号受干扰或阻挡

1. 现象

当GPS卫星信号被障碍物暂时阻挡或受其他无线电信号干扰时，会产生周跳，进而使利用GPS接收机所测得的GPS卫星到GPS接收天线间的距离产生误差。

2. 原因分析

所谓“周跳”是指GPS卫星信号被障碍物暂时阻挡或受其他无线电信号干扰而产生的整周跳变现象，这种“周跳”会导致GPS的测相错误，进而导致利用GPS接收机所测得的GPS卫星到GPS接收天线间的空间距离产生较大的偏差。

3. 防治措施

GPS测量中对周跳必须进行修复，检验和解决周跳问题的方法通常有屏幕扫描法、多项式拟合法、卫星间求差法等（其原理都是根据残差修复整周跳变）。解决周跳的根本途径是提高外业观测条件、重视选点工作（从而人为地避免周跳的发生）。

2.6.8 接收机测相精度低

1. 现象

当GPS接收机测相精度较低时，会使利用GPS接收机所测得的GPS卫星到GPS接收天线间的距离产生误差。

2. 原因分析

GPS测量的主要观测量是卫星信号从卫星到接收机的时间延迟，为了测量时间延迟要在接收机内复制测距码信号并通过接收机的时间延迟器进行A相移（以使复制的码信号与接收到的相应码信号达到最大相关），其必需的相移量便是卫星发射的码信号到达接收机天线的传播时间。卫星发射码与接收机内复制的相应测距码之间相位差的大小约为码元宽度的1%，根据相位差与码元宽度的这种关系，就可初步估计各种波长的信号观测精度。

3. 防治措施

选择性能优异的GPS接收机。

2.6.9 接收机系统误差大

1. 现象

当使用的 GPS 接收机存在较大系统误差时，会使利用 GPS 接收机所测得的 GPS 卫星到 GPS 接收天线间的距离产生误差。

2. 原因分析

GPS 接收机的系统误差包括接收机钟差、通道间偏差、锁相环延迟、码跟踪环偏差、天线相位中心的偏差等，这些偏差均与测相及定位关系密切，若其偏差较大，则测量精度必然降低。

3. 防治措施

(1) 要减弱 GPS 接收设备系统误差对 GPS 观测精度的影响，必须在 GPS 作业前认真了解仪器的性能、工作特性及其要达到的精度要求，并制定好 GPS 作业计划，必须定期对 GPS 接收机进行检验，检验项目包括 GPS 接收天线相位中心稳定性测试；GPS 接收机内部噪声水平测试；GPS 接收机野外作业性能及不同测程精度指标的测试；GPS 接收机频标稳定性检验和数据质量的评价；GPS 接收机高低温性能测试等。

(2) 对新购置的或维修后的测地型或差分型 GPS 接收机应按规定的项目进行全面检验后使用，其检验的内容包括一般检验、通电检验和实测检验等 3 项。一般检验应按规定进行，即接收机天线、仪器箱及其配件应匹配、齐全和外观良好、完整无损，紧固部件不得松动和脱离；仪器操作手册、后处理软件使用手册及其软盘应齐全；通电检验应按规定进行，即有关电源信号灯等工作应正常，按键和显示系统工作应正常，应利用自测试命令进行测试以检验接收机接收信号强弱、锁定 GPS 卫星数据快慢和卫星失锁等情况；实测检验主要有 5 项内容，即 GPS 测量状态检验；GPS 接收机内部噪声水平检验。GPS 接收天线相位中心稳定性检验；GPS 接收天线光学对点器检验；电池检验。GPS 仪器应按规定进行维护，每天工作后应用毛刷将尘土、脏物擦刷干净后装入箱中，若被雨淋湿，应放在通风处自然晾干；仪器长途搬运时必须将仪器及附件装入防振箱内。若较长时间不使用，仪器应用软布、毛刷清洁仪器各部分后放入仪器箱内，同时应每月对仪器进行定期保养、通电，通电时间应不少于 1h。仪器若出现故障或使用不慎摔坏、进水等，不要擅自打开仪器，应及时送固定维修点维修。应建立 GPS 接收机及天线等设备的使用维修档案，以便掌握每台设备的质量情况和使用情况。

2.6.10　工作环节导致 CPS 测量失误

1. 现象

工作环节不认真导致 GPS 测量产生误差或错误。

2. 原因分析

GPS 接收机天线安置精度不高会导致 GPS 测量产生人为误差。野外 GPS 数据采集工作失误，如错误地测量了天线高、错误地设置了测站名、对中整平误差较大、错误地选择了天线类型、接收机设置矛盾等，都会导致 GPS 测量产生错误（或粗差）。

3. 防治措施

认真阅读 GPS 接收机的说明书，熟悉使用的 GPS 接收机的性能、工作程序、操作要领，通过严密的野外观测及校核程序来减少这类错误或粗差。作业前应认真检查各接收机的设置情况，确保各接收机设置正确一致，完整无误，作业时野外记录的测站名、位置、观测时间和天线高要清楚、准确，且必须在观测开始和结束时分别测量与记录天线高。

2.6.11 地球椭球模型选择不当

1. 现象

地球椭球模型选择不当导致GPS测量产生较大偏差或错误。

2. 原因分析

不了解GPS测量结果服务的测量系统情况导致系统转换错误。

3. 防治措施

弄清GPS测量结果服务的测量系统情况，明确它们之间与GPS地球椭球（即WGS-84椭球）的转换关系。目前，我国有3套国家层面的大地测量系统在运行，它们是2000国家大地坐标系、1980西安坐标系、1954北京坐标系。另外，各地还建有许多地方坐标系，比如城市坐标系、矿山坐标系、水工枢纽坐标系、施工坐标系等。

2.6.12 转换方法选择不当

1. 现象

转换方法选择不当导致GPS坐标与区域性坐标转换时偏差较大。

2. 原因分析

转换方法选择不当会导致GPS坐标与区域性坐标转换时偏差较大。

3. 防治措施

区域性坐标一般采用经UTM投影（即通用横轴墨卡托投影）、横轴墨卡托投影（即俗称的高斯-克吕格投影）、兰伯特投影后构建的平面直角坐标系统。我国目前采用的是横轴墨卡托投影。在我国，工程测量中，应首先将GPS大地坐标转换成基于GPS椭球（WGS-84椭球）的高斯平面直角坐标，然后再将GPS实用高斯平面直角坐标转换为区域性平面直角坐标。

2.6.13 坐标转换软件选择不当

1. 现象

坐标转换软件选择不当导致GPS坐标与区域性坐标转换时偏差较大。

2. 原因分析

GPS测量的坐标系是世界大地坐标系（即WGS-84坐标系），而我们国家目前通用的三维坐标系为1954北京坐标系与1956黄海高程系（或1980西安坐标系与1985国家高程基准；或2000国家大地坐标系与1985国家高程基准），因此，必须对GPS测量的三维定位成果进行换算，才能满足实际工程建设需要。不同的坐标转换软件采用不同的转换模式，若转换软件选择不当，就会导致GPS坐标与区域性坐标转换时偏差较大。

3. 防治措施

GPS测量中应根据实际情况选择具有针对性转换模式的坐标转换软件，这些转换模式主要有3个，即传统的柒参数转换模式、我国科技工作者提出的玖参数转换模式、简化的叁参数转换模式等。柒参数转换法和玖参数转换法均具有较精确的数学模型，且均需至少在测区内3个已知大地点上获取载波相位静态观测1～2h的WGS-84系坐标（X，Y，Z）成果，然后，根据有关数学模型解算出转换参数后进行坐标转换。柒参数和玖参数转换法主要适用于精密GPS控制测量，叁参数转换法主要适用于精度要求不高的GPS三维定位测量。需要指出的是除了WGS-84坐标系与我国2000国家大地坐标系间可实现整体性转换外，WGS-84坐标系与我国其他坐标系间只能实现局域性的小范围转换。

2.6.14　坐标换带软件选择不当

1. 现象

坐标换带软件选择不当导致GPS坐标与区域性坐标转换时偏差较大。

2. 原因分析

线路测量（公路、铁路、管线、渠道）中，许多控制点会分属于不同的高斯平面直角坐标系（即分属于不同的高斯投影带），因此，经常需要进行换带计算，GPS测量中若坐标换带软件选择不当，就会导致GPS坐标与区域性坐标转换时偏差较大。

3. 防治措施

转换效果最好的方法是先将GPS大地坐标转换为基于WGS-84椭球的WGS-84理论高斯坐标，再将WGS-84理论高斯坐标转换为WGS-84实用高斯坐标，然后再与区域坐标系高斯坐标（即区域坐标系实用高斯坐标）进行平面转换，这样，GPS大地坐标就全部转换成了区域坐标系高斯坐标。下一步工作就是坐标换带计算，首先将区域坐标系高斯坐标转换为区域坐标系理论高斯坐标，再将区域坐标系理论高斯坐标转换为区域坐标系大地坐标，再根据换带高斯平面直角坐标系中央子午线经度将区域坐标系大地坐标转换为换带高斯平面直角坐标系的理论高斯坐标，最后再将换带高斯平面直角坐标系的理论高斯坐标转换为换带高斯平面直角坐标系的实用高斯坐标。

2.6.15　高程转换软件选择不当

1. 现象

高程转换软件选择不当导致GPS高程转换时偏差较大。

2. 原因分析

高程系统有很多种，有正高高程（简称正高）、正常高高程（简称正常高）、海拔高高程（简称海拔高或海拔）、独立高程（为改变了零高程面的正常高，比如建筑高程中的±0)、大地高程（简称大地高）等。必须弄清这些高程系统之间的关系才能实现较准确的转换，若弄不清它们之间的关系就必然会导致较大的高程测量偏差。GPS获得的高程是基于WGS-84椭球的大地高，测绘科学和工程建设领域采用的高程时正常高（即我国的1956黄海高程系统和1985国家高程基准，其基准面是似大地水准面），由地面点沿通过该点的椭球面法线到WGS-84椭球体面的距离称GPS大地高，由地面点沿该点的铅垂线到似大地水准面的距离称为正常高。

3. 防治措施

将GPS测定的大地高转为正常高的关键是求取GPS大地高 H（大地）与正常高 H（正常）之间的差值（图2-4）。

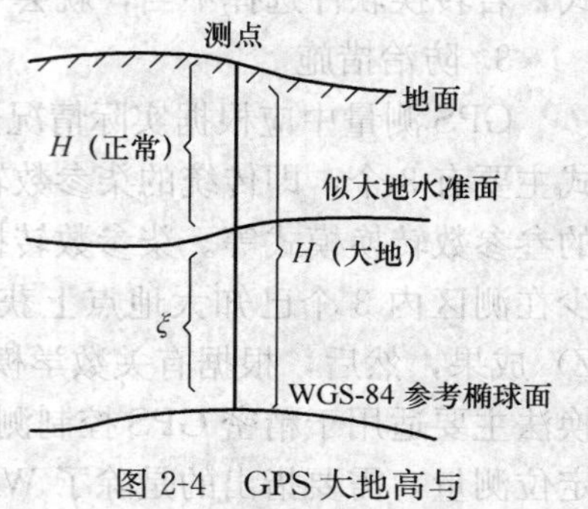

图2-4　GPS大地高与正常高的关系

2.6.16　差分GPS测量失锁

1. 现象

差分GPS测量中卫星失锁导致GPS测量结果误差较大。

2. 原因分析

差分GPS测量中若卫星失锁会使观测数据断链，进而导致GPS测量结果产生较大误差。

3. 防治措施

严格按操作规范作业。差分 GPS 测量的差分方法包括实时差分 GPS 与事后差分 GPS 测量，它们又可再分为实时载波相位差分 GPS 测量与伪距差分 GPS 测量。

2.6.17 GPS 单点定位测量偏差过大

1. 现象

采用 GPS 单点定位测量时 GPS 观测数据偏差过大。

2. 原因分析

GPS 现场观测条件不佳时，采用 GPS 单点定位测量会使 GPS 观测数据偏差过大。

3. 防治措施

(1) 单点定位参数设置及输入应严格按规定进行，根据需要将事先设计的测点理论坐标或已测定的三维坐标转换参数安置到导航型手持式 GPS 接收机内并选定好用户坐标系统及高程系统，然后按拟定的作业路线依次导航到达预定的测点位置或实时指定的位置进行观测。

(2) 根据 GPS 卫星分布状况及精度要求确定每点观测时间（≥5min）。应在工区内选择 5 个及以上均匀分布的高级控制点上测定三维坐标转换参数 D_X、D_Y、D_Z，要求其间最大差值≤15m、平均差值≤10m。

(3) 使用带有提高测高精度装置的手持式 GPS 接收机，测高时需在高级控制点上进行高程校准且控制半径要求不超过 50km。

(4) 单点定位现场作业应按相关要求进行接收机设置。当导航定位剩余误差显示符合要求后予以确认并按规定格式做好记录。

2.7 测量仪器的检验与校正

2.7.1 经纬仪上盘水准管不垂直于竖轴

1. 现象

将仪器大致置平，使上盘水准管和任意两脚螺旋平行，调整脚螺旋，使气泡居中，当将上盘旋转 180°，气泡则不再居中。

2. 原因分析

经纬仪上盘水准管与竖轴不垂直，存在偏差。

3. 防治措施

当发现上盘水准管轴不垂直于竖轴时，应及时对仪器进行校正，以免工程测量中产生过大偏差。其校正方法为：用校正针拨动水准管校正螺丝，使水准管的一端抬高或降低，让气泡退回偏离中点的一半，另一半调整脚螺旋使其居中。此项检验须反复进行，直至水准管不论在任何方向，气泡偏离中央不超过半格为止。

为了便于仪器整平，有的仪器上装有圆水准器。圆水准器的校正可根据已校正好的水准管进行，即利用水准管将仪器置平，拨动圆水准器校正螺丝（一松一紧），使气泡居中。圆水准器也可单独进行校正，其方法见 2.7.5“普通水准仪圆水准轴不平行于仪器竖轴”的防治措施。

2.7.2　经纬仪十字点竖丝不垂直于横轴

1. 现象

将仪器安平，使望远镜十字丝对准远方一点目标，旋紧度盘制动螺旋（如为游标经纬仪，则旋紧游标盘及度盘制动螺旋），然后旋转望远镜微动螺旋，使其上下微动，若该点不在竖丝上移动，出现左右偏离竖行现象，表示仪器不满足使用条件（图 2-5）。

2. 原因分析

经纬仪十字丝的竖丝不垂直于其横轴。

3. 防治措施

经纬仪应定期检查，当由于外界因素造成这一现象时，需及时校正，防患于未然。其校正方法为：松开经纬仪十字丝的两相邻螺丝，并转动十字丝环使其满足条件。校正好以后，将松动的螺丝旋紧。

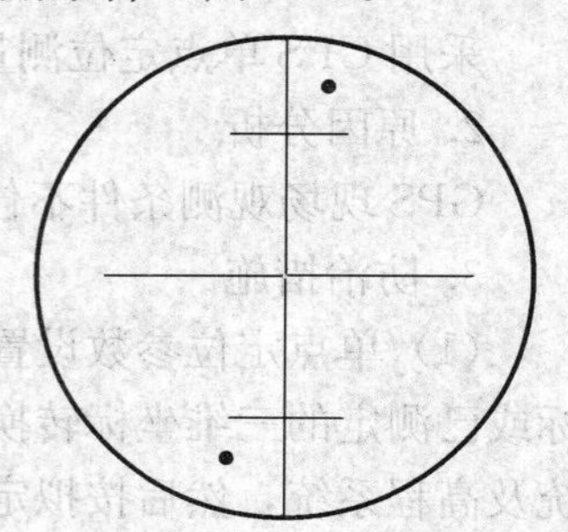
图 2-5　十字丝检验

2.7.3　经纬仪视准轴不垂直于横轴

1. 现象

选一长为 60～100m 的平坦场地，在一端设置一点 A，在另一端横置一分划尺 B，横尺要大致与 AB 方向垂直，安置仪器于 A、B 中间，并使三者的高度接近。用望远镜十字丝中心对准 A 点，固定照准部及水平度盘（游标经纬仪则固定上下盘），倒转望远镜读出横尺上所截之数设为 B'，转动照准部 180°，重新瞄准 A 点，再倒转望远镜读出横尺上纵丝所截之数为 B''，发现 B'、B''读数不相同，说明视准轴与横轴不垂直（图 2-6）。

图 2-6　检验校核视准轴

2. 原因分析

经纬仪视准轴与其横轴不垂直，产生系统误差。

3. 防治措施

经纬仪应定期检查，发现这种现象，应立即停止仪器使用，对仪器进行校正，防止将误差带到工程测量中去。其校正方法为：用十字丝竖丝进行校正，即将左右两个十字丝校正螺丝一松一紧，使竖丝从 B''移至 B，$B''B$ 为两次读数差的四分之一。在校正时，对上下两个校正螺丝中之一还应略微放松，以免两旁拉力过大，损坏螺丝螺纹和镜片。此项检验必须重复检查校正，直到条件满足。

如果在 B 处不设置横尺，可在该处贴一张白纸，将 B'、B''投于纸上，然后在 B'、B''之间定一点 B，使 $B''B=\frac{1}{4}B'B''$，按同法校正。

2.7.4　经纬仪横轴不垂直于竖轴

1. 现象

离建筑物 10～30m 的 A 点安置仪器，在建筑物上固定一横尺，使之大致垂直于视平面，并应与仪器高度大致相同。使望远镜向上倾斜 30°～40°，用望远镜十字丝的交点，照准建筑物高处一固定点 M，固定照准部（游标经纬仪则固定上下盘），不使仪器在水平方向上转动，将望远镜放平，在横轴上得出读数 m_1，然后以倒镜位置瞄准 M，再向下俯视，在横轴上截取数值为 m_2，出现 m_1、m_2 位置不相同（图 2-7）。

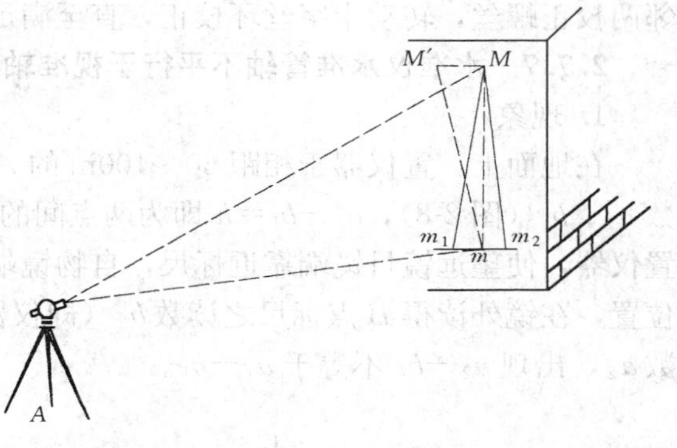

图 2-7 检验校核横轴

2. 原因分析

经纬仪横轴不垂直于竖轴所产生的系统误差。

3. 防治措施

应将经纬仪定期检查，发现此现象，应及时对仪器进行校核，预防将误差带到工程测量中去。其校正方法为：以十字丝交点对准横尺上面 m_1、m_2 两数的平均值 m（即 m_1、m_2 的中点），然后固定照准部（游标经纬仪则固定上下盘），抬高望远镜，这时十字丝纵丝必不通过 M 点，而偏向 M' 点，用校正针拨动支架上横轴校正螺丝，改变支架高度，即抬高或降低横轴的一端，然后使十字丝对准 M 点。这项检校也须反复 2～3 次才能使条件满足。如果仪器上没有此项设备，校正时须在较低的一个支架上用锡纸填高，使之符合要求。

如在建筑物上 m 处不设置横尺，可于该处贴一白纸。以正倒镜瞄准 M 向下投出 m_1、m_2，然后取 m_1m_2 之中点 m 按同法校正。

2.7.5 普通水准仪圆水准轴不平行于仪器竖轴

1. 现象

把水准仪安置在三脚架上，转动脚螺旋，使圆水准器的气泡居中。然后使仪器绕竖轴旋转 180°，此时水准仪圆水准器的气泡不再居中。

2. 原因分析

由于外界因素的影响，使得水准仪的圆水准器轴（圆球面中点与球心的连线）与仪器竖轴不平行。

3. 防治措施

定期检查仪器，发现上述现象时，及时校正，其方法为：如气泡偏离圆水准器中心位置，选用脚螺旋使气泡退回一半，然后拨动圆水准器校正螺丝使气泡居中。反复检验校正直至满足条件；还可按照经纬仪上盘水准管轴垂直于竖轴的检校方法，将水准仪上长水准管校正好，在长水准管水平的条件下，拨动圆水准器校正螺丝，使圆气泡居中。

2.7.6 水准仪十字丝横丝不垂直于仪器竖轴

1. 现象

将水准仪在地上安置好，以横丝的一端瞄准远处一清晰的固定点，然后转动水平方向的微动螺丝，该点应始终在横丝上移动，否则说明横丝不垂直于竖轴。

2. 原因分析

由于仪器保养欠妥或使用不当，造成十字丝横丝不垂直于仪器竖轴。

3. 防治措施

定期对仪器保养检查，发现仪器十字丝横丝与仪器竖轴不垂直时，松动十字丝环上相邻两校正螺丝，转动十字丝环校正，直至满足要求为止。

2.7.7 水准仪水准管轴不平行于视准轴

1. 现象

在地面上，置仪器于相距 60～100m 的 A、B 之中点，对两端所立标尺进行观测得读数 a_1、b_1（图 2-8），$a_1-b_1=h$ 即为两点间的正确高差。然后将仪器搬近 B 点，紧靠 B 点置仪器，使望远镜目镜端靠近标尺，自物镜端观测水准尺，以笔尖指出圆孔中心在尺上的位置，在镜外读得 B 点标尺之读数 b_2（即仪器高）。然后对 A 点所立水准尺进行观测得读数 a_2，出现 a_2-b_2 不等于 a_1-b_1。

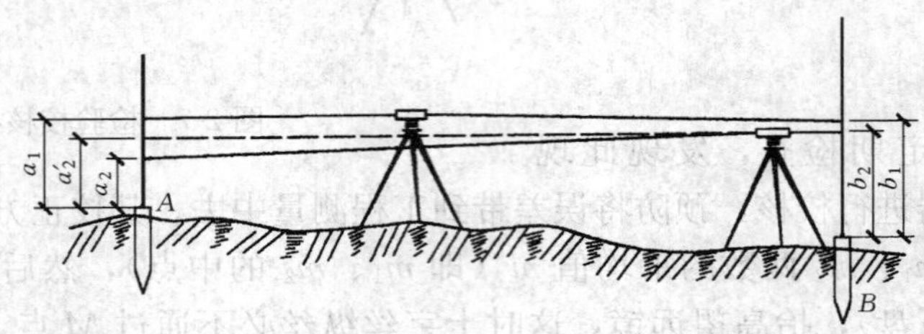

图 2-8 检验校核水准管轴

2. 原因分析

由于使用不当，造成水准管轴与视准轴不平行。

3. 防治措施

定期检查校正仪器，确保水准仪水准管轴与现准轴平行，其校正方法为：若 a_2-b_2 不等于 a_1-b_1，在 A 点上水准尺的正确读数应为 $a'_2=b_2+(a_1-b_1)=b_2+h$。旋转望远镜微倾螺旋，使横丝对准 A 点标尺上的正确读数 a'_2，这时视准轴已水平，但气泡却偏离中心，拨动水准管校正螺丝使气泡居中。此项检校要反复进行，直至仪器在 B 点所测之高差，与仪器在 A、B 的中点所测正确高差相差在 3～4mm 以内（图 2-8）。

2.7.8 水准仪视准轴与水准管轴不平行

1. 现象

安平仪器后，在距仪器约 50m 处竖立一水准尺。将仪器整平，使水准管气泡严格居中，用横丝的中心部位在标尺上读数。然后将两个脚螺旋相对旋转 1～2 整周，使水准仪向一侧倾斜，此时横线所对尺上读数必已变动，旋转微倾螺旋，使十字丝交点处读数保持不变，查看气泡是否偏离中心，如有偏离，记住气泡偏离中心的方向，看是偏向目镜端还是偏向物镜端。使脚螺旋恢复原来位置，并旋转微倾螺旋使气泡居中，此时横丝所对尺上读数仍为原来数值。然后再以和前次相反的方向旋转脚螺旋 1～2 整周，使水准仪向另一侧倾斜，同时旋转微倾螺旋保持十字丝交点处读数不变，再察看气泡有无偏离中心现象，或偏向哪一端。若气泡一次偏于目镜端，而另一次偏于物镜端，即存在交叉误差。

2. 原因分析

水准仪视准轴与水准管轴不平行而产生交叉误差。

3. 防治措施

用水准管上左右两校正螺旋一松一紧使气泡居中。检验与校正工作要重复进行，直至满足条件。在进行三、四等水准测量前，都应先进行该项检验校正，一般情况下应定期检查校正。

2.7.9 精密水准仪圆水泡轴线不垂直

1. 现象

仪器安平后拨转另一方向，则仪器气泡发生偏离。

2. 原因分析

精密水准仪圆水泡轴线不垂直，难于安平。

3. 防治措施

（1）仪器应定期检查检验，使用前要熟悉仪器，使用中严格按照操作程序进行，使用后注意对仪器的保养。

（2）用长水准管使纵轴确切垂直，然后校正之，使圆水泡气泡居中，其步骤如下：用圆水泡粗略安平，再用微倾螺旋使长水准气泡居中，得微倾螺旋之读数，拨转仪器180°，倘气泡偏差，仍用微倾螺旋安平，又得一读数，旋转微倾螺旋至两读数之平均数，此时长水准轴线已与纵轴垂直。接着再用水平螺旋安平，长水准管水泡居中，则纵轴即垂直。转动望远镜至任何位置，气泡像符合差不大于1mm，纵轴即已垂直，则校正圆水准使气泡恰在黑圈内。圆水泡的下面有三个校正螺旋，校正时不可旋得过紧，以免损坏水准盒。

2.7.10 精密水准仪微倾螺旋上刻度指标偏差

1. 现象

在校正圆水泡轴线垂直的工作中，进行仪器长水准轴线与纵轴垂直的操作步骤时，曾得到微倾螺旋两数之平均数，当微倾螺旋对准此数时，长水准轴线应与纵轴垂直，此数若不对零线，则有指标差。

2. 原因分析

由于仪器使用不慎或操作不当，使仪器出现微倾螺旋上刻度指标差。

3. 防治措施

将微倾螺旋外面周围3个小螺旋各松开半转，轻轻旋动螺旋头至指标恰指零线为止，然后重新旋紧小螺旋。在进行此项工作时，长水准必须始终保持居中，即气泡像保持符合状态。

2.7.11 精密水准仪长水准管轴不平行于视准轴

现象、原因分析和防治措施参见2.7.7“水准仪水准管轴不平行于视准轴”的相关内容。

2.7.12 全站仪照准部水准管不垂直于竖轴

1. 现象

将仪器大致置平，转动照准部使其水准管与任意两个脚螺旋的连线平行，调整脚螺旋使气泡居中，然后将上盘旋转180°，气泡不居中。

2. 原因分析

经纬仪照准部水准管轴与竖轴不垂直，存在偏差。

3. 防治措施

当发现照准部水准管轴不垂直于竖轴时，应及时对仪器进行校正，以免工程测量中产生过大偏差。其校正方法为：用校正针拨动水准管一端的校正螺丝，使水准管的一端抬高或降低，让气泡退回偏离中点的一半，另一半调整脚螺旋使其居中。此项检验须与校正必须反复进行，直至水准管不论在任何方向，气泡偏离中央不超过半格为止。

2.7.13　全站仪十字点竖丝不垂直于横轴

1. 现象

将仪器安平，使望远镜十字丝对准远方一点目标，旋紧度盘制动螺旋，然后旋转望远镜微动螺旋，使其上下微动，若该点不在竖丝上移动，出现左右偏离竖行现象，表示仪器不满足使用条件。

2. 原因分析

全站仪十字丝的竖丝不垂直于其横轴。

3. 防治措施

全站仪应定期检查。当由于外界因素造成这一现象时，需及时校正。校正方法为：松开4个压环螺钉（装有十字丝环的目镜用压环和4个压环螺钉与望远镜筒相连接），转动目镜筒使小点始终在十字竖丝上移动，校正后将压环螺钉旋紧。

2.7.14　全站仪视准轴不垂直于横轴

现象、原因分析和防治措施参见2.7.3“经纬仪视准轴不垂直于横轴”的相关内容。

2.7.15　全站仪横轴不垂直于竖轴

1. 现象

选择较高墙壁附近安置仪器，以盘左位置瞄准墙壁高处一点 P（仰角最好大于30°），放平望远镜在墙上定出一点 m_1。倒转望远望，以盘右位置再瞄准 P 点，又放平望远镜在墙上定出另一点 m_2，m_1 和 m_2 位置不重合。

2. 原因分析

全站仪横轴不垂直于竖轴，产生系统误差。

3. 防治措施

全站仪应定期检查，发现此现象，应当及时对仪器进行校核，预防将误差带到工程测量中去。其校正方法为：以十字丝交点对准横尺上 m_1、m_2 两数的平均值 m（即 m_1、m_2 的中点），然后固定照准部，抬高望远镜，这时，十字丝纵丝必不通过 P 点，用校正针拨动支架上横轴校正螺丝，改变支架高度，即抬高或降低横轴的一端，然后使十字丝对准 P 点。这项检校须反复进行，直至使条件满足。

2.8　竣工总平面图编绘

2.8.1　竣工总平面图编绘结果与实际情况不完全相符

1. 现象

(1) 绘制竣工总平面图的依据不足，资料收集不齐全。

(2) 竣工总平面图上内容不全，绘制精度不够。

2. 原因分析

(1) 在施工过程中，未及时收集每一单项工程的施工资料。

(2) 未熟悉了解竣工总平面图需绘编的内容

(3) 竣工总平面图绘编工作不认真。

3. 防治措施

(1) 施工过程中应及时收集设计总平面图、单位工程平面图、纵横断面图和设计变更资料、定位测量资料、施工检查测量及竣工测量资料。绘编过程中应及时实地勘察复核原始资料的真实性，调整有关数据。

(2) 正确选用竣工总平面图比例尺：厂区内为$\frac{1}{500}$～$\frac{1}{1000}$，厂区外为$\frac{1}{1000}$～$\frac{1}{5000}$。竣工总平面图坐标网格画好后应及时进行检查，相关交叉点应在同一直线上，画廓的对角线绘制允许误差不得超过±1m；各展点对所临近的方格允许误差不得超过±3mm。

2.8.2 竣工总平面图编制内容不齐全

1. 现象

竣工总平面图上内容不齐全，特别是地下设施、市政管网未能反映，不能够为改建或扩建提供充分的资料。

2. 原因分析

(1) 施工过程中未能及时收集地下管网的隐蔽验收记录。

(2) 竣工总平面图内容仅局限于地表的、建（构）筑物；绘制精度不够。

3. 防治措施

竣工总平面图的绘编除建筑物、构筑物外，还应包含以下内容：

(1) 总平面及交通运输竣工图：应绘出地面的建筑物、构筑物、公路、铁路、地面排水、沟渠、树木绿化等设施；矩形建筑物、构筑物在对角线两端外墙轴线交点，应注明两点以上坐标；圆形建筑物、构筑物应注明中心坐标及外半径尺寸；所有建筑物都应注明室内地坪标高；公路中心的起终点、交叉点，应注明坐标及标高，弯道应注明交角、半径及交点坐标，路面应注明材料及宽度；铁路中心线的起终点、交叉点，应注明坐标，在曲线上应注明曲线的半径、切线长、曲线长、外矢矩、偏角诸元素；铁路的起终点、变坡点及曲线的内轨轨面应注明标高。

(2) 给排水管道竣工图：应绘出地面给水建筑物、构筑物及各种水处理设施。在管道的结点处，当图上按比例绘制有困难时，可用大样图表示。管道的起终点、交叉点、分支点，应注明坐标；变坡处应注明标高；变径处应注明管径及材料，不同型号的检查井，应绘详图。排水管道应绘出污水处理构筑物、水泵站、检查井、跌水井、水封井、各种排水管道、雨水口、排出水口、化粪池以及明渠、暗渠等。检查井应注明中心坐标、出入口管底标高、井底标高、井台标高。管道应注明管径、材料、坡度。对不同类型的检查井应绘出详图。

(3) 动力、工艺管道竣工图：应绘出有关的建筑物、构筑物，管道的起终点、交叉点，注明坐标及标高、管径及材料；对于地沟埋设的管道，应在适当的地方绘出地沟断面，表示出沟的尺寸及沟内各种管道的位置。

(4) 输电及通信线路竣工图：应绘出总变电所、配电站、车间降压变电所、室外变电装置、柱上变压器、铁塔、电杆、地下电缆检查井等；通信线路应绘出中继站、交接箱、分线盒（箱）、电杆、地下通信电缆、人孔等；各种线路的起终点、分支点、交叉点的电杆应注明坐标，线路与道路交叉处应注明净空高；地下电缆应注明深度及电缆沟的沟底标高；各种线路应注明线径、导线数、电压等数据；各种输变电设备应注明型号、容量；应绘出有关建筑物及铁路、公路。

(5) 综合管线竣工图：应绘出所有地上、地下管道，主要建筑物、构筑物及铁路、道路；在管道密集及交叉处，应用剖面图表示其相互关系。

2.8.3　竣工总平面图实测中疏漏

1. 现象

竣工总平面图实测中所施测细部点的精度不够和实测的内容不充分。

2. 原因分析

(1) 竣工总平面图实测中的控制点选择不当；

(2) 实测范围不够明确；

(3) 竣工总平面图实测方法不当造成实测精度不够。

3. 防治措施

(1) 总平面图实测应在已有的施工平面控制点和水准点上进行。当控制点被破坏或不够使用时，应进行恢复和补测控制点。

(2) 根据平面图性质可划分为综合和分项竣工总平面图，实测范围应包含地上、地下一切建筑物、构筑物和竖向布置及绿化情况等。

(3) 对已有资料进行实地检测，其允许误差应符合国家现行有关施工验收规范的规定；建筑物、构筑物的竣工位置应根据控制点采用极坐标法或直角坐标法实测其坐标，实测精度应不低于建（构）筑物的定位精度。

附录 2　建筑施工测量技术要求及允许偏差

建筑物施工放样的主要技术要求　　附表 2-1

建筑物结构特征	测量相对中误差	测角中误差(″)	在测站上测定高差中误差(mm)	根据起始水平面在施工水平面上测定高程中误差(mm)	竖向传递轴线点中误差(mm)
金属结构、钢筋混凝土结构（建筑物高度 100～120m 或跨度 30～36m）	1/20000	5	1	6	4
15 层房屋（建筑物高度 60～100m 或跨度 18～30m）	1/10000	10	2	5	3
5～15 层房屋（建筑物高度 15～60m 或跨度 6～18m）	1/5000	20	2.5	4	2.5
5 层房屋（建筑物高度 15m 或跨度 6m 及以下）	1/3000	30	3	3	2
木结构、工业管线或公路铁路专用线	1/2000	30	5	—	—
土工竖向整平	1/1000	45	10	—	—

注：1. 对于具有两种以上特征的建筑物，应取要求高的中误差值。

2. 特殊要求的工程项目，应根据设计对限差的要求，确定其放样精度。

柱子、桁架或梁的安装测量允许偏差　附表 2-2

项次	测量项目	允许偏差（mm）	项次	测量项目	允许偏差（mm）
1	钢柱垫板标高	±2	5	桁架和实腹梁、桁架和钢架的支承结点间相邻高差	±5
2	钢柱±0 标高检查	±2			
3	混凝土柱（预制）±0 标高	±3	6	梁间距	±3
4	混凝土柱、钢柱垂直度	±3	7	梁面垫板标高	±2

注：当柱高大于 10m 或一般民用建筑的混凝土柱、钢柱垂直度，可适当放宽。

附属构筑物安装测量的允许偏差　附表 2-3

项次	测量项目	允许偏差（mm）	项次	测量项目	允许偏差（mm）
1	栈桥和斜桥中心线投点	±2	4	管道构件中心线定位	±5
			5	管道标高测量	±5
2	轨面标高	±2	6	管道垂直度测量	$H/1000$
3	轨道跨距丈量	±2			

注：H 为管道垂直部分的长度。

构件预装测量的允许偏差　附表 2-4

项　次	测　量　项　目	允许偏差（mm）
1	平台面抄平	±1
2	纵横中心线的正交度	$\pm 0.8\sqrt{l}$
3	预装过程中的抄平工作	±2

注：l 为自交点起算的横向中心线长度，不足 5m 时，以 5m 计。

高层建筑物竖向测量的允许偏差　附表 2-5

工　程　项　目	相邻两层对接中心线相对偏差（mm）	相对基础中心线的偏差（mm）	累计偏差（mm）
厂房等的各种构架、立柱	±3	$H/2000$	±20
闸墩、栈桥墩、厂房等的侧墙	±5	$H/1000$	±30
筛分楼、堆料高排架等	±5	$H/1000$	±35

注：H 为建筑物、构筑物的高度。

变形测量的等级划分及精度要求　附表 2-6

变形测量等级	垂直位移测量		水平位移测量	适　用　范　围
	变形点的高程中误差（mm）	相邻变形点高差中误差（mm）	变形点的点位中误差（mm）	
一等	±0.3	±0.1	±1.5	变形特别敏感的高层建筑、工业建筑、高耸构筑物、重要古建筑、精密工程设施等
二等	±0.5	±0.3	±3.0	变形比较敏感的高层建筑、高耸构筑物、古建筑、重要工程设施和重要建筑场地的滑坡检测等
三等	±1.0	±0.5	±6.0	一般性的高层建筑、工业建筑、高耸构筑物、滑坡监测等
四等	±2.0	±1.0	±12.0	观测精度要求较低的建筑物、构筑物和滑坡监测等

注：1. 变形点的高程中误差和点位中误差，系相对于最近基准点而言。
2. 当水平位移变形测量用坐标向量表示时，向量中误差为表中相应等级点位中误差的 $1/\sqrt{2}$。
3. 垂直位移的测量，可视需要按变形点的高程中误差或相邻变形点高差中误差确定测量等级。

3 土 方 工 程

在土方工程施工中，由于操作不善，违反设计和施工规范、规程导致的质量通病和质量事故，往往层出不穷，危害甚大，如造成建筑物下沉、开裂、位移、倾斜，甚至倒塌破坏或摧毁。因此，对土方工程施工必须特别重视，按设计和施工规范、规程要求认真进行，以确保工程质量。现将土方工程施工中常遇到的质量通病和防治措施简述如下。

3.1 场 地 平 整

Ⅰ 挖 填 土 方

3.1.1 挖方边坡塌方

1. 现象

在场地平整过程中或平整后，挖方边坡土方局部或大面积发生塌方或滑塌现象。

2. 原因分析

（1）采用机械整平，未遵循由上而下分层开挖的顺序，坡度过陡、倾角过大或将坡脚超挖、松动破坏，使边坡失稳，造成塌方或溜坡。

（2）在有地表水、地下水作用的地段开挖边坡，未采取有效的降、排水措施，地表滞水或地下水浸入坡体内，使土的黏聚力降低，坡脚被冲蚀掏空，边坡在重力作用下失去稳定而引起塌方。

（3）软弱土地段，在边坡顶部大量堆土或堆建筑材料，或行驶施工机械设备、运输车辆，造成边坡失稳而滑塌。

3. 预防措施

（1）在斜坡地段开挖边坡时应遵循由上而下、分层开挖的顺序，合理放坡，不使过陡，同时避免切割、松动坡脚，以防边坡失稳而造成塌方。

（2）永久性挖方的边坡坡度应根据填方高度、土的种类和工程重要性按设计规定放坡，如设计无规定，挖方的边坡坡度值可参见表3-1、表3-2、表3-3。

永久性土工构筑物挖方的边坡坡度 **表 3-1**

项次	挖 土 性 质	边坡坡度
1	在天然湿度、层理均匀、不易膨胀的黏土、粉质黏土和砂土（不包括细砂、粉砂）内挖方深度不超过3m	1：1.00～1：1.25
2	土质同上，深度为3～12m	1：1.25～1：1.50
3	干燥地区内土质结构未经破坏的干燥黄土及类黄土，深度不超过12m	1：0.10～1：1.25
4	在碎石土和泥灰岩土的地方，深度不超过12m，根据土的性质、层理特性和挖方深度确定	1：0.50～1：1.50

续表

项次	挖土性质	边坡坡度
5	在风化岩内的挖方，根据岩石性质、风化程度、层理特性和挖方深度确定	1∶0.20～1∶1.50
6	在微风化岩石内的挖方，岩石无裂缝且无倾向挖方坡脚的岩层	1∶0.10
7	在未风化的完整岩石内的挖方	直立的

自然放坡的坡率允许值 **表 3-2**

边坡土体类别	状态	坡率允许值（高宽比）	
		坡高小于 5m	坡高 5m～10m
碎石土	密实	1∶0.35～1∶0.50	1∶0.50～1∶0.75
	中密	1∶0.50～1∶0.75	1∶0.75～1∶1.00
	稍密	1∶0.75～1∶1.00	1∶1.00～1∶1.25
黏性土	坚硬	1∶0.75～1∶1.00	1∶1.00～1∶1.25
	硬塑	1∶1.00～1∶1.25	1∶1.25～1∶1.50

注：1. 表中碎石土的充填物为坚硬或硬塑状态的黏性土；
2. 对于砂土填充或充填物为砂石的碎石土，其边坡坡率允许值应按自然休止角的确定。

岩石边坡坡度允许值 **表 3-3**

岩石类土	风化程度	坡度允许值（高宽比）		
		坡高在 8m 以内	坡高 8～15m	坡高 15～30m
硬质岩石	微风化	1∶0.10～1∶0.20	1∶0.20～1∶0.35	1∶0.30～1∶0.50
	中等风化	1∶0.20～1∶0.35	1∶0.35～1∶0.50	1∶0.50～1∶0.75
	强风化	1∶0.35～1∶0.50	1∶0.50～1∶0.75	1∶0.75～1∶1.00
软质岩石	微风化	1∶0.35～1∶0.50	1∶0.50～1∶0.75	1∶0.75～1∶1.00
	中等风化	1∶0.50～1∶0.75	1∶0.75～1∶1.00	1∶1.00～1∶1.50
	强风化	1∶0.75～1∶1.00	1∶1.00～1∶1.25	

(3) 在有地表滞水或地下水作用的地段，应做好排导、降水措施，以拦截地表滞水和地下水，避免冲刷坡面和掏空坡脚，防止坡体失稳。特别在软弱土地段开挖边坡，应降低地下水位，防止边坡产生侧移。

(4) 施工中避免在坡顶堆土和存放建筑材料，并避免行驶施工机械设备和车辆振动，以减轻坡体负担，防止塌方。

4. 治理方法

对临时性边坡塌方，可将塌方清除，将坡顶线后移或将坡度改缓；对永久性边坡局部塌方，在将塌方松土清除后，用块石填砌或由下而上分层回填 2∶8 或 3∶7 灰土嵌补，与土坡面接触部位作成台阶式搭接，使接合紧密。

3.1.2 填方边坡塌方

1. 现象

填方边坡塌陷或滑塌，造成坡脚处土方堆积，坡顶上部土体裂缝。

2. 原因分析

(1) 边坡坡度过陡，坡体因自重或地表滞水作用使边坡土体失稳而导致塌陷或滑塌。

（2）边坡基底的草皮、淤泥、松土未清理干净，与原陡坡接合未挖成阶梯形搭接，填方土料采用了淤泥质土等不合要求的土料。

（3）边坡填土未按要求分层回填压(夯)实,密实度差,黏聚力低,自身稳定性不够。

（4）坡顶、坡脚未做好排水措施，由于水的渗入，土的黏聚力降低，或坡脚被冲刷掏空而造成塌方。

3. 预防措施

（1）永久性填方的边坡坡度应根据填方高度、土的种类和工程重要性按设计规定放坡，如设计无规定，填方的边坡坡度值可参见表3-4。当填土边坡用不同土料进行回填时，应根据分层回填土料类别，将边坡做成折线形式。

永久性填方的边坡坡度 **表3-4**

项次	土的种类	填方高度（m）	边坡坡度
1	黏土类土、黄土、类黄土	6	1∶1.5
2	粉质黏土、泥炭岩土	6～7	1∶1.5
3	中砂和粗砂	10	1∶1.5
4	砾石和碎石土	10～12	1∶1.5
5	易风化的岩石	12	1∶1.5

注：1. 当填方高度超过本表限值时，其边坡可做成折线形，填方下部边坡坡度应为1∶1.75～1∶2。
2. 凡永久性填方，土的种类未列入本表者，其边坡坡度不得大于$\varphi+45°/2$，φ为土的自然倾斜角。

（2）使用时间较长的临时填方边坡坡度，当填方高度在10m以内，可采用1∶1.5；高度超过10m，可做成折线形，上部为1∶1.5，下部采用1∶1.75。

（3）填方应选用符合要求的土料，避免采用腐殖土和未经破碎的大块土作边坡填料。边坡施工应按填土压实标准进行水平分层回填、碾压或夯实。当采用机械碾压时，应注意保证边缘部位的压实质量；对不要求边坡修整的填方，边坡宜宽填0.5m，对要求边坡整平拍实的填方，宽填可为0.2m。机械压实不到的部位，配以小型机具和人工夯实。填方场地起伏之处，应修筑1∶2阶梯形边坡。分段填筑时，每层接缝处应作1∶1.5斜坡形，以保证结合的质量。

（4）在气候、水文和地质条件不良的情况下，对黏土、粉砂、细砂、易风化岩石边坡以及黄土类缓边坡，应于施工完毕后，随即进行防护。填方铺砌表面应预先整平，充分夯压密实，沉陷处填平捣实。边坡防护法根据边坡土的种类和使用要求选用浆砌或干砌片（卵）石及铺草皮、喷浆、抹面等措施。

（5）在边坡上、下部作好排水沟，避免在影响边坡稳定的范围内积水。

4. 治理方法

边坡局部塌陷或滑塌，可将松土清理干净，与原坡接触部位作成阶梯形，用好土或3∶7灰土分层回填夯实修复，并做好坡顶、坡脚排水措施。大面积塌方，应考虑将边坡修成缓坡，作好排水和表面罩覆措施。

3.1.3 填方出现橡皮土

1. 现象

填土受夯打（碾压）后，基土发生颤动，受夯击（碾压）处下陷，四周鼓起，形成软塑状态，而体积并没有压缩，人踩上去有一种颤动感觉。在人工填土地基内，成片出现这种橡皮土，将使地基的承载力降低，变形加大，地基长时间不能得到稳定。

2. 原因分析

在含水量很大的黏土或粉质黏土、淤泥质土、腐殖土等原状土地基土进行回填，或采用这种土作土料进行回填时，由于原状土被扰动，颗粒之间的毛细孔遭到破坏，水分不易渗透和散发。当施工时气温较高，对其进行夯击或碾压，表面易形成一层硬壳，更加阻止了水分的渗透和散发，因而使土形成软塑状态的橡皮土。这种土埋藏越深，水分散发越慢，长时间内不易消失。

3. 预防措施

(1) 夯（压）实填土时，应适当控制填土的含水量，土的最优含水量可通过击实试验确定，也可采用 w_p+2 作为土的施工控制含水量（w_p 为土的塑限）。工地简单检验，一般以手握成团，落地开花为宜。

(2) 避免在含水量过大的黏土、粉质黏土、淤泥质土、腐殖土等原状土上进行回填。

(3) 填方区如有地表水时，应设排水沟排走；有地下水应降低至基底 0.5m 以下。

(4) 暂停一段时间回填，使橡皮土水量逐渐降低。

4. 治理方法

(1) 用干土、石灰粉、碎砖等吸水材料均匀掺入橡皮土中，吸收土中水分，降低土的含水量。

(2) 将橡皮土翻松、晾晒、风干至最优含水量范围，再夯（压）实。

(3) 将橡皮土挖除，采取换土回填夯（压）实，或填以 3∶7 灰土、级配砂石夯（压）实。

3.1.4 填土密实度达不到要求

1. 现象

回填土经碾压或夯实后，达不到设计要求的密实度，将使填土场地、地基在荷载下变形量增大，承载力和稳定性降低，或导致不均匀下沉。

2. 原因分析

(1) 填方土料不符合要求，采用了碎块草皮、有机质含量大于 8%的土及淤泥、淤泥质土和杂填土作填料。

(2) 土的含水率过大或过小，因而达不到最优含水率下的密实度要求。

(3) 填土厚度过大或压（夯）实遍数不够，或机械碾压行驶速度太快。

(4) 碾压或夯实机具能量不够，达不到影响深度要求，使密实度降低。

3. 预防措施

(1) 选择符合填土要求的土料回填。

(2) 填土的密实度应根据工程性质来确定，一般用土的压实系数换算为干密度来控制。无设计要求时，压实系数 λ_c 可参考表 3-5 使用。

$$\text{压实系数}\ \lambda_c=\frac{\text{土的控制干密度}}{\text{土的最大干密度}}$$

填方质量控制值（压实系数）　表 3-5

项次	填方类型	填方部位	压实系数 (λ_c)
1	砖石承重结构及框架结构（简支结构与排架结构）	在地基主要受力层范围以内 在地基主要受力层范围以下	≥0.95（0.94） ≥0.90
2	轻型建筑或厂区管网	在地基主要受力层范围以内 在地基主要受力层范围以下	≥0.90 ≥0.85
3	室内地坪	有整体面层时的填土垫层 无整体面层时的填土垫层	≥0.90 ≥0.85
4	厂区道路	面层 整体面层的垫层	≥0.95 ≥0.90
5	一般场地	无建筑区	≥0.85

土的最大干密度是当最优含水量时，通过标准的击实试验取得的。为使回填土在压实后达到最大干密度，应使回填土的含水量接近最优含水量，偏差不大于±2。各种土的最优含水量和最大干密度的参考值见表 3-6。在回填土时，应严格控制土的含水量，加强施工前的检验。含水量大于最优含水量范围时，应采用翻松、晾晒、风干方法降低含水量；或采取换土回填，或均匀掺入干土，或采用其他吸水材料等来降低含水量；含水量过低，应洒水湿润。

（3）对有密实度要求的填方，应按所选用的土料、压实机械性能，通过试验确定含水量控制范围、每层铺土厚度、压（夯）实遍数、机械行驶速度（振动碾压为 2km/h），严格进行水平分层回填、压（夯）实，使达到设计规定的质量要求。

（4）加强对土料、含水量、施工操作和回填土干密度的现场检验，按规定取样，严格每道工序的质量控制。

土的最优含水量和最大干密度参考表　表 3-6

土的种类	最优含水量（%）（重量比）	最大干密度（t/m^3）	土的种类	最优含水量（%）（重量比）	最大干密度（t/m^3）
砂　土	8～12	1.80～1.88	粉质黏土	12～15	1.85～1.95
粉　土	16～22	1.61～1.80	黏　土	19～23	1.58～1.70

4. 治理方法

（1）土料不合要求时应挖出换土回填或掺入石灰、碎石等压（夯）实加固。

（2）对由于含水量过大，达不到密实度要求的土层，可采取翻松、晾晒、风干或均匀掺入干土及其他吸水材料，重新压（夯）实。

（3）当含水量小时，应预先洒水润湿。当碾压机具能量过小时，可采取增加压实遍数，或使用大功率压实机械碾压等措施。

3.1.5　场地积水

1. 现象

在建筑场地平整过程中或平整完成后，场地范围内高洼不平，局部或大面积出现积水。

2. 原因分析

(1) 场地平整填土面积较大或较深时，未分层回填压（夯）实，土的密实度不均匀或不够，遇水产生不均匀下沉造成积水。

(2) 场地周围未作排水沟；或场地未做成一定排水坡度；或存在反向排水坡。

(3) 测量错误，使场地高洼不平。

3. 预防措施

(1) 平整前，对整个场地的排水坡、排水沟、截水沟、下水道进行有组织排水系统设计。施工时，本着先地下后地上的原则，先做好排水设施，使整个场地排水流畅。排水坡的设置应按设计要求进行，设计没有要求时，地形平坦的场地，纵横方向应做成不小于0.2%的坡度，以利泄水。在场地周围或场地内，设置排水沟（截水沟），其截面、流速、坡度等应符合有关规定。

(2) 对场地内的填土进行认真分层回填碾压（夯）实，使密实度不低于设计要求。设计无要求时，一般也应分层回填，分层压（夯）实，使相对密实度不低于85%，避免松填。填土压（夯）实方法应根据土的类别和工程条件合理选用。

(3) 做好测量的复核工作，防止出现标高误差。

4. 治理方法

已积水场地应立即疏通排水和采用截水措施，将水排除。场地未做排水坡度或坡度过小部位，应重新修坡；对局部低洼处，填土找平，碾压（夯）实至符合要求，避免再次积水。

Ⅱ 场地平整常遇一般故障

3.1.6 冲沟

1. 现象

在黄土冲积阶地上或坡面上出现大量纵的、横的或纵横交错较窄的沟谷及沟壁较陡的沟道，使地表面凹凸不平。有的深达5～6m，沟底堆积松软土层，使场地土层软硬不均。

2. 原因分析

多由于暴雨冲刷剥蚀坡面形成。先在低凹处将坡面土粒带走，冲蚀成小穴，逐渐扩大成浅沟，以后进一步冲刷，就成为冲沟。其形状宽窄不一，较深的沟槽，使地形、地貌、土层遭到破坏。

3. 防治措施

(1) 对地面上的冲沟可将松土清除，用好土分层回填夯（压）实；因其土质结构松散，承载力低，如用作地基，可采取加宽基础处理。

(2) 对边坡上的冲沟可用好土或3∶7灰土分层回填夯实，或用浆砌块石填砌至坡面一平，在坡顶作排水沟及反水坡，以阻止冲刷坡面，下部设排水沟，以防止冲蚀坡脚。

3.1.7 黄土地区出现落水洞、土洞

1. 现象

在黄土地区地面或坡面上出现落水暗道，有的表面成喇叭口下陷，造成边坡塌方或塌陷；在黄土层或岩溶地区可溶性岩土的黏土层或碎石黏土混合层中，有的出现圆形或椭圆

形（或漏斗状）大小不一的洞穴（土洞），有互相串通的，也有独立封闭的，成为排泄地表径流的暗道。它具有埋藏浅、分布密、发育快、顶板强度低等特性，当发展到一定程度，亦会影响稳定，造成场地塌陷或边坡坍方。

2. 原因分析

落水洞、土洞的形成与发育，与土层的性质、地质构造、水的活动等因素有关。但多由于地表水在黏土层的凹地积聚、下渗、冲蚀或地下水位频繁升降潜蚀，将土中细颗粒带走而形成。

3. 防治措施

（1）对地表较浅的落水洞、土洞及塌陷地段，可将上部挖开，清除松软土，用好土、灰土或砂砾石分层回填夯实，面层用黏土夯填，并使其比周围地表略高些，同时作好地表水的截流、防渗、堵漏工作，阻止下渗。

（2）对深落水洞，可用砂、砂砾石、片石或贫混凝土填灌密实，面层用黏土夯实。亦可采用灌浆挤密法加固，方法是在地表钻两个孔至洞内，一为灌浆孔，一为排气孔，用压浆泵将水泥砂浆压入洞内，气体由排气孔排出，使灰浆充满洞穴孔隙，硬化后形成实体。

（3）对地下水形成的深落水洞或土洞，应先将洞底软土挖除，抛填块石，并从下到上用砂砾作反滤层，面层再用黏土夯填密实。

3.1.8 杂填土地区出现古河道、古湖泊

1. 现象

在杂填土地区常出现一些较宽、较深的软弱带，土质结构松散，含水量较大，含有较多碎块和大量有机杂质，压缩模量低，与附近土层承载力相差悬殊，常不能直接作为地基。

2. 原因分析

原古河道、古湖泊由于泥砂沉积、枯竭、改道、填垃圾、附近建房、堆填弃土等原因，将河道、湖泊填堵淤塞，形成一条或一片埋藏在地下的软弱带。

3. 防治措施

（1）如古河道、古湖泊已年久被密实的沉积物填满，土质较为均匀密实，含水量在20%以下，且无被水冲蚀的可能，土的承载力不低于附近的天然土时，可不进行处理。

（2）如古河道、古湖泊填积物为松软土、淤泥，含水量较大，则应挖土后用好土分层回填夯实；用作地基的部位用灰土分层回填夯实，使承载力不低于同一地区的天然土。与河道接触的部位，应做成阶梯形接槎，并仔细捣实，阶梯宽应不小于1m，回填按先深后浅的顺序进行。

3.1.9 出现废窑洞、井口

1. 现象

在黄土地区山坡地段，常在下部或中部出现各种大小不一的已搬迁废弃的窑洞，由于机械行驶或日后经雨水冲蚀，将发生塌陷。在采矿地区常在地面下部出现各种直径大小不一的废井口，有的暗埋在地下。

2. 原因分析

废窑洞多由人工挖掘形成，由于冲蚀，有的堵塞或坍塌将洞口封闭埋于地下。井口多

由人工采矿形成，有的已被废渣或松土填塞，或井口坍塌，将井口封闭于地下。

3. 防治措施

(1) 对于边坡上的废窑洞，可采取人工夯填土至离洞顶1.8m，再从里向外回填至洞外2m，或顶面用石头堆砌；对地面下的废窑洞，可用好土分层回填夯实，用作地基的部分用灰土夯填密实。

(2) 对井口可采用将井口挖成倒圆台形的瓶塞状，瓶塞用素混凝土（或毛石混凝土）浇筑，较大井口，适当配筋；也可用3∶7灰土分层夯填实，通过瓶塞将井口上部的荷载传到井壁四周；亦可采用在井口上部用毛石砌成圆球拱状，利用球拱的作用将上部荷载传至井口四周；如井深在3～5m，可采用换土的办法，将原井内的松土挖去，用3∶7灰土分层夯至设计标高。如果遇到建筑物轴线通过井口，如直径不超过2.5m，可采用钢筋混凝土梁跨过井口的方法处理。

3.1.10 地面下出现古墓、坑穴

1. 现象

地面下出现墓穴、松土坑穴，其上部覆盖层承载力很低，在荷载或雨水作用下，将发生塌陷使建筑物倒塌。

2. 原因分析

古时深埋墓葬，年久淤填被埋在地底；有的墓葬腐朽塌陷，则在地下深处形成松土坑穴或洞穴。

3. 防治措施

(1) 在施工前应用洛阳铲在建筑物一定范围（一般外墙基础边缘向四周扩3～5m）内按规定进行墓探，发现墓穴，应将松土杂物清除，分层回填好土或3∶7灰土夯实，使达到要求的干密度。

(2) 当在基础下压缩土层范围内有局部古墓或坑穴，应在压缩层并向外加宽50cm范围内的古墓或坑穴用好土或3∶7灰土分层回填夯实处理，其余部位，如已被土填充密实，可不处理。

(3) 如古墓中有文物应及时报主管部门或当地政府处理。

附录3.1 场地平整施工质量标准

1. 平整场地

平整区域的坡度与设计要求相差不应超过0.1%，排水沟坡度与设计要求相差不应超过0.05%。

2. 场地平整的允许偏差

(1) 表面标高：人工清理±30mm；机械清理±50mm；

(2) 长度、宽度（由设计中心向两边量）：人工＋300、－100mm，机械＋500、－150mm；

(3) 边坡坡度：人工施工表面平整，不应偏陡；机械施工基本成型，不应偏陡；

(4) 地面、路面下的地基：水平标高0～－50mm；表面平整度（用2m直尺检查）人工操作≤20mm，机械施工≤30mm。

3.2　基坑（槽）边坡开挖

3.2.1　挖方边坡塌方

1. 现象

在挖方过程中或挖方后，基坑（槽）边坡土方局部或大面积塌落或滑塌，使地基土受到扰动，承载力降低，严重的会影响建筑物的稳定和施工安全。

2. 原因分析

（1）基坑（槽）开挖较深，放坡不够；或挖方尺寸不够，将坡脚挖去；或通过不同土层时，没有根据土的特性分别放成不同坡度，致使边坡失去稳定而造成塌方。

（2）在有地表水、地下水作用的土层开挖基坑（槽）时，未采取有效的降、排水措施，使土层湿化，黏聚力降低，在重力作用下失去稳定而引起塌方。

（3）边坡顶部堆载过大，或受车辆、施工机械等外力振动影响，使坡体内剪切应力增大，土体失去稳定而导致塌方。

（4）土质松软，开挖次序、方法不当而造成塌方。

3. 预防措施

（1）根据土的种类、物理力学性质（如土的内摩擦角、黏聚力、湿度、密度、休止角等）确定适当的边坡坡度。常见土的物理性质参考数值见表 3-7。对永久性挖方的边坡坡度，应按设计要求放坡，一般在 1：1.0～1：1.5 之间。对临时性挖方边坡坡度，在山坡整体稳定情况下，如地质条件良好，土质较均匀，高度在 3m 以内的应按表 3-8 确定，经过不同土层时，其边坡应做成折线形，如图 3-1 所示。

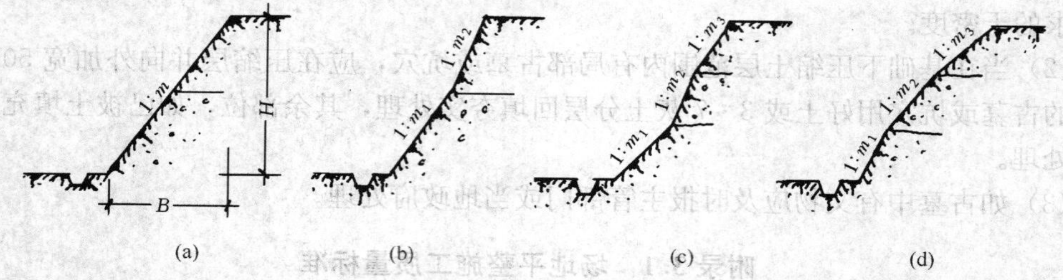

图 3-1　不同土层折线形边坡

（a）上下接近；（b）、（c）上陡下缓；（d）上缓下陡

1：m—土方坡度（$=H/B$）；m—坡度系数（$=B/H$）；H—边坡高度；B—边坡宽度

（2）开挖基坑（槽）和管沟，如地质条件良好，土质均匀，且地下水位低于其底面标高时，挖方深度在 5m 以内不加支撑的边坡的最陡坡度，应按表 3-9 的规定采用。

常见土的物理性质参考数值　　表 3-7

土的名称	土的状态	内摩擦角 φ	黏聚力 c (MPa)	休止角 α	土的名称	土的状态	内摩擦角 φ	黏聚力 c (MPa)	休止角 α
粗砂	干 湿	40° 35°	0 0	30° 25°	粉土	干 湿	26° 18°	0.02 0.005	40° 25°
细砂	干 湿	28° 32°	0 0	28° 20°	粉质黏土	干 湿	24° 21°	0.06 0.008	 30°
粉砂	干 湿	36° 28°	0.005 0.002	25° 20°	黏土	干 湿	20° 8°～10°	0.10 0.01	50° 15°

注：干土指含水量适当，土呈坚硬状态；湿土指饱和度大于 50%，黏性土呈软塑状态。

临时性挖方边坡坡度值 **表 3-8**

土的类别		边坡坡度
砂土	不包括细砂、粉砂	1∶1.25～1∶1.50
一般黏性土	坚硬	1∶0.75～1∶1.00
	硬塑	1∶1.00～1∶1.25
碎石类土	密实、中密	1∶0.50～1∶1.00
	稍密	1∶1.00～1∶1.50

深度在 5m 内的基坑（槽）、管沟边坡的最陡坡度（不加支撑） **表 3-9**

土的类别	边坡坡度（高∶宽）		
	坡顶无荷载	坡顶有静载	坡顶有动载
中密的砂土	1∶1.00	1∶1.25	1∶1.50
中密的碎石类土（充填物为砂土）	1∶0.75	1∶1.00	1∶1.25
硬塑的粉土	1∶0.67	1∶0.75	1∶1.00
中密的碎石类土（充填物为黏性土）	1∶0.50	1∶0.67	1∶0.75
硬塑的粉质黏土、黏土	1∶0.33	1∶0.50	1∶0.67
老黄土	1∶0.10	1∶0.25	1∶0.33
软土（经井点降水后）	1∶1.00	—	—

注：静载指堆土或材料等，动载指机械挖土或汽车运输作业等。静载或动载距挖方边缘的距离应不小于 0.8m，高度不超过 1.5m。

（3）在地质条件良好，土质均匀，且地下水位低于基坑（槽）或管沟底面标高时，挖方边坡可做成直立壁不加支撑，但挖方深度不得超过表 3-10 规定的数值，此时砌筑基础或施工其他地下结构设施，应在管沟挖好后立即进行。施工期较长，挖方深度大于表 3-10 规定数值时，应做成直立壁加设支护。支护的形式、方法和适用范围可参考表 3-11、表 3-12。

基坑（槽）和管沟挖成直立壁不加支撑的容许深度 **表 3-10**

项次	土的类别	容许挖方深度（m）
1	稍密的杂填土、素填土、碎石类土、砂土	≤1.00
2	密实的碎石类土（充填物为黏土）	≤1.25
3	可塑性的黏性土	≤1.50
4	硬塑状的黏性土	≤2.00

（4）做好地面排水措施，避免在影响边坡稳定的范围内积水，造成边坡塌方。当基坑（槽）开挖范围内有地下水时，应采取降、排水措施，将水位降至离基底 0.5m 以下方可开挖，并持续到回填完毕。

浅基坑支护（撑）的形式方法和适用范围　　表 3-11

支护方式	支护简图	支护加固方法及适用范围
斜柱式支护	柱桩　挡土板　斜撑　回填土　短桩　1500	在柱桩内侧钉水平挡土板，外侧用斜撑支顶，斜撑底端支在木桩上，在挡土板内侧回填土。 适用于开挖较大型、深度不大的基坑或使用机械挖土
锚拉式支护	短桩　$\geqslant\frac{H}{\mathrm{tg}\varphi}$　拉杆　回填土　H　挡板	在柱桩的内侧设水平挡土板，桩一端打入土中，另端用拉杆与锚桩拉紧，在挡土板内侧回填土。 适用于开挖较大型、深度不大的基坑，或使用机械挖土而不能安设横撑时使用
短柱横隔支护	横隔板　短桩　填土	在坡脚打入小短木桩，部分露出地面，钉水平挡土板，在背面填土。 适于开挖宽度大的基坑，当部分地段下部放坡不够时使用
临时挡土墙支护	草袋装土、砂或干砌、浆砌块石	在坡脚用砖、石叠砌或用草袋装土、砂堆砌，使坡脚保持稳定。 适于开挖宽度大的基坑，当部分地段下部放坡不够时使用
型钢桩与横挡板结合支护	型钢桩　挡土板　1　1　挡土板　楔子　型钢桩	在基坑周围预先打入钢轨工字钢或 H 型钢桩，间距 1～1.5m，然后边挖方边将 3～8cm 厚的挡土板塞进钢桩之间挡土，并在横向挡板与型钢桩之间打上楔子，使横板与土体紧密接触。 适于地下水位较低、深度不很大的一般黏性或砂性土层中应用

深基坑常用支护结构形式 **表 3-12**

类型、名称	支护形式及特点	适用条件
挡土灌注排桩或地下连续墙（图 3-2 和图 3-3）	挡土灌注排桩系以现场灌注桩，按队列式布置组成的支护结构；地下连续墙系用机械施工方法成槽浇灌钢筋混凝土形成的地下墙体。 特点：刚度大，抗弯强度高，变形小，适应性强，需工作场地不大，振动小，噪声低。但排桩墙不能止水；连续墙施工需较多机具设备	(1) 适于基坑侧壁安全等级一、二、三级； (2) 悬臂式结构在软土场地中不宜大于 5m； (3) 当地下水位高于基坑底面时，宜采用降水、排桩与水泥土桩组合截水帷幕或采用地下连续墙； (4) 用于逆作法施工
排桩土层锚杆支护（图 3-4）	系在稳定土层钻孔，用水泥浆或水泥砂浆将钢筋与土体粘结在一起拉结排桩挡土。 特点：能与土体结合承受很大拉力，变形小，适应性强，不用大型机械，所需工作场地小，钢材省，费用低	(1) 适于基坑侧壁安全等级一、二、三级； (2) 适用于难以采用支撑的大面积深基坑； (3) 不宜用于地下水大、含有化学腐蚀物的土层和松散软弱土层
排桩内支撑支护（图 3-5）	系在排桩内侧设置钢或钢筋混凝土水平支撑，用以支挡基坑侧壁进行挡土。 特点：受力合理，易于控制变形，安全可靠，但需大量支撑材料，基坑内施工不便	(1) 适于基坑侧壁安全等级一、二、三级； (2) 适用于各种不易设置锚杆的较松软土层及软土地基； (3) 当地下水位高于基坑底面时，宜采用降水措施或采用止水结构
水泥土墙支护（图 3-6）	系由水泥土桩相互搭接形成的格栅状、壁状等形式的连续重力式挡土止水墙体。 特点：具有挡土、截水双重功能，施工机具设备相对较简单，成墙速度快，使用材料单一，造价较低	(1) 基坑侧壁安全等级宜为二、三级； (2) 水泥土墙施工范围内地基承载力不宜大于 150kPa； (3) 基坑深度不宜大于 6m； (4) 基坑周围具备水泥土墙的施工宽度
土钉墙或喷锚支护（图 3-7）	系用土钉或预应力锚杆加固的基坑侧壁土体与喷射钢筋混凝土护面组成的支护结构。 特点：结构简单，承载力较高，可阻水，变形小，安全可靠，适应性强，施工机具简单，施工灵活，污染小，噪声低，对周边环境影响小，支护费用低	(1) 基坑侧壁安全等级宜为二、三级非软土场地； (2) 土钉墙基坑深度不宜大于 12m；喷锚支护适于无流砂、含水量不高、不是淤泥等流塑土层的基坑，开挖深度不大于 18m。当地下水位高于基坑底面时，应采取降水或截水措施
逆作拱墙支护（图 3-8）	系在平面上将支护墙体或排桩作成闭合拱形支护结构。 特点：结构主要承受压应力，可充分发挥材料特性，结构截面小，底部不用嵌固，可减小埋深，受力安全可靠，变形小，外形简单，施工方便、快速，质量易保证，费用低	(1) 基坑侧壁安全等级宜为二、三级； (2) 淤泥和淤泥质土场地不宜采用； (3) 基坑平面尺寸近似方形或圆形，施工场地适合拱圈布置；拱墙轴线的矢跨比不宜小于 1/8，坑深不宜大于 12m； (4) 地下水位高于基坑底面时，应采取降水或截水措施
钢板桩支护（图 3-9）	采用特制的型钢板桩，借机械打入地下，构成一道连续的板墙作为挡土截水围护结构。 特点：强度高，刚度大，整体性好，锁口紧密，水密性强，打设方便，施工快速，可回收使用；但一次性投资较高	(1) 基坑侧壁安全等级二、三级； (2) 基坑深度不宜大于 10m； (3) 当地下水位高于基坑底面时，应采用降水或截水措施

续表

类型、名称	支护形式及特点	适用条件
钢筋（或钢筋骨架）支护（图 3-10a）	基坑挖成圆形，每挖深 0.6～1.0m，支设两道钢筋箍（或一道三角形钢筋骨架），内塞木板顶紧	天然湿度黏土类土，地下水较少，直径 2～4m，深度 6～8m 以内
混凝土（或钢筋混凝土）支护（图 3-10b）	基坑挖成圆形，每挖深 1.0～1.5m，支内模板，现浇一节混凝土或钢筋混凝土护壁，如此循环作业，直至要求深度，钢筋用搭接焊连接	天然湿度黏土类土，地下水较少，直径 1.0～2.5m，深度 40m 以内；直径 2.5～4.0m，深 10m 以内
砖砌或抹砂浆支护（图 3-10c）	每挖 1.0～1.5m 深，用 M10 水泥砂浆砌半砖或一砖厚护壁，用 30mm 厚的 M10 水泥砂浆填实砖与土壁之间空隙，每挖好一段，即砌筑一段，要求灰缝饱满，挖（砌）第二段时，比第一段的孔径缩小 60mm，以下逐段进行，直到要求深度。当土质较好，直径较小，亦可采用抹 20～25mm 厚水泥砂浆护壁，另插适当锚筋相连	一般老填土、粉质黏土、黏土中地下水较少的圆形结构或直径 1.5～2.0m、深 30m 以内的人工挖孔桩护壁（一般用半砖厚）

注：基坑分级和基坑变形的监控值参见表 3-13。

基坑变形的监控值（cm）　　**表 3-13**

基坑类别	围护结构墙顶位移监控值	围护结构墙体最大位移监控值	地面最大沉降监控值
一级基坑	3	5	3
二级基坑	6	8	6
三级基坑	8	10	10

注：1. 符合下列情况之一，为一级基坑：
1）重要工程或支护结构做主体结构的一部分；
2）开挖深度大于 10m；
3）与邻近建筑物、重要设施的距离在开挖深度以内的基坑；
4）基坑范围内有历史文物、近代优秀建筑、重要管线等需严加保护的基坑。
2. 三级基坑为开挖深度小于 7m，且周围环境无特别要求时的基坑。
3. 除一级和三级外的基坑属二级基坑。
4. 当周围已有的设施有特殊要求时，尚应符合这些要求。

（5）在坡顶上弃土、堆载时，弃土堆坡脚至挖方上边缘的距离，应根据挖方深度、边坡坡度和土的性质确定。当土质干燥密实时，其距离不得小于 3m，当土质松软时，不得小于 5m，以保证边坡的稳定。

（6）土方开挖应自上而下分段分层、依次进行，随时作成一定的坡势，以利泄水，避免先挖坡脚，造成坡体失稳。相邻基坑（槽）和管沟开挖时，应遵循先深后浅或同时进行的施工顺序，并及时做好基础或铺管，尽量防止对地基的扰动。

4. 治理方法

（1）对沟坑（槽）塌方，可将坡脚塌方清除作临时性支护（如堆装土编织袋或草袋、设支撑、砌砖石护坡墙等）措施。

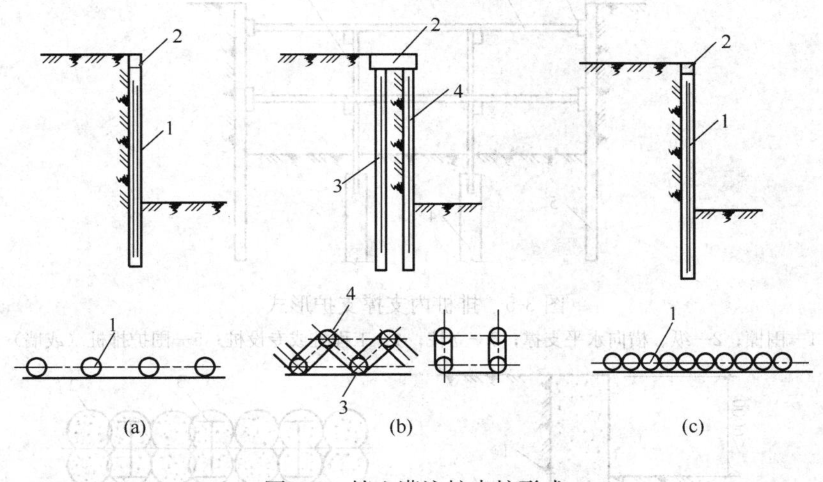

图 3-2 挡土灌注桩支护形式

（a）间隔式；（b）双排式；（c）连续式

1—挡土灌注桩；2—连续梁（圈梁）；3—前排桩；4—后排桩

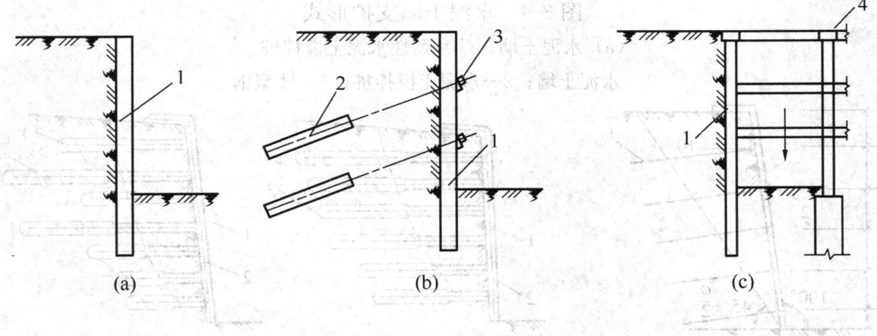

图 3-3 地下连续墙支护形式

（a）悬臂式地下连续墙支护；（b）地下连续墙与土层锚杆组合支护；（c）逆作法施工支护

1—地下连续墙；2—土层锚杆；3—锚头垫座；4—地下室梁、板、柱

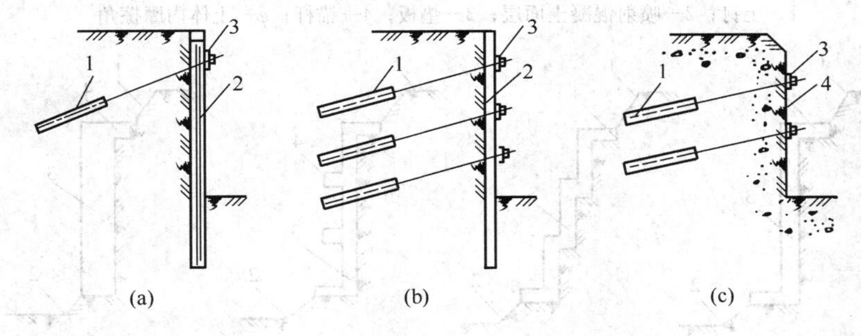

图 3-4 土层锚杆支护形式

（a）单锚支护；（b）多锚支护；（c）破碎岩土支护

1—土层锚杆；2—挡土灌注桩或地下连续墙；3—钢横梁（撑）；4—破碎岩土层

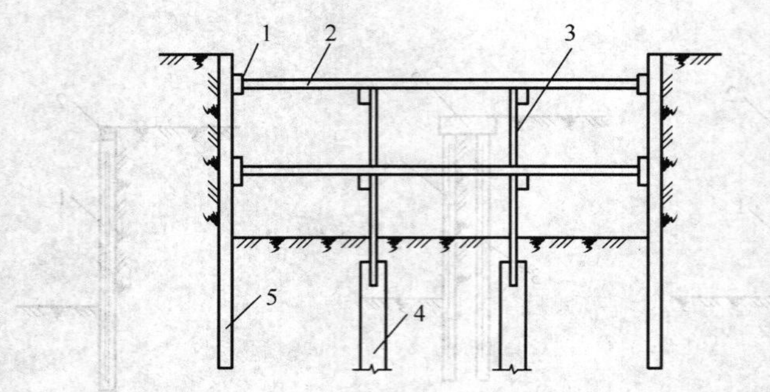

图 3-5 排桩内支撑支护形式

1—围檩；2—纵、横向水平支撑；3—立柱；4—工程桩或专设桩；5—围护排桩（或墙）

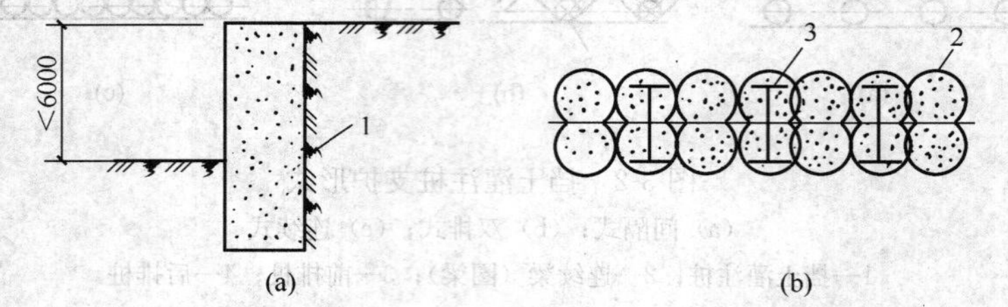

图 3-6 水泥土墙支护形式

(a) 水泥土墙；(b) 劲性水泥土搅拌桩

1—水泥土墙；2—水泥土搅拌桩；3—H 型钢

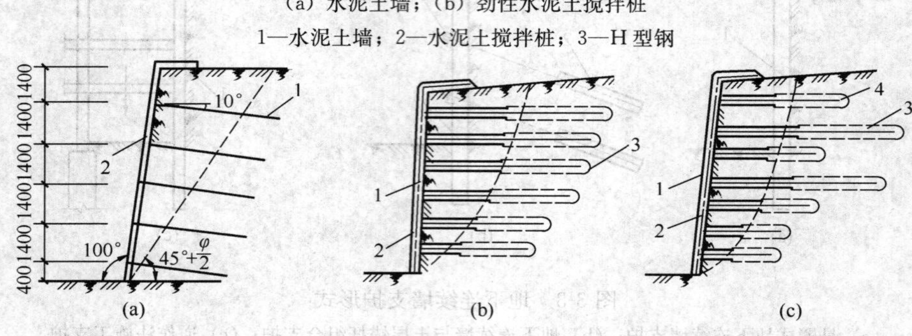

图 3-7 土钉墙与喷锚支护形式

(a) 土钉墙支护构造；(b) 喷锚支护结构；(c) 锚杆头与钢筋网和加强筋的连接

1—土钉；2—喷射混凝土面层；3—垫板；4—锚杆；φ—土体内摩擦角

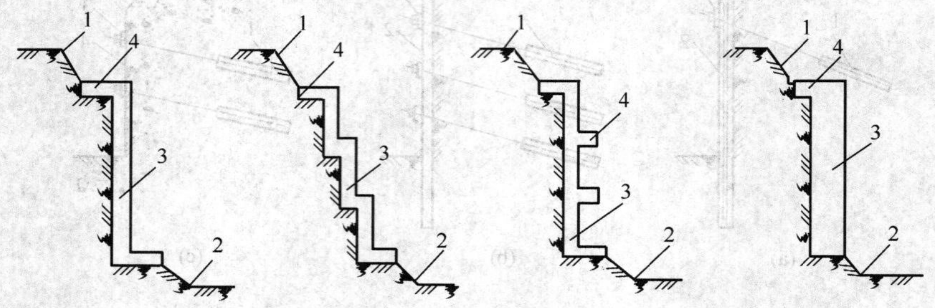

图 3-8 逆作拱墙支护形式

1—地面；2—基坑底；3—拱墙；4—肋梁

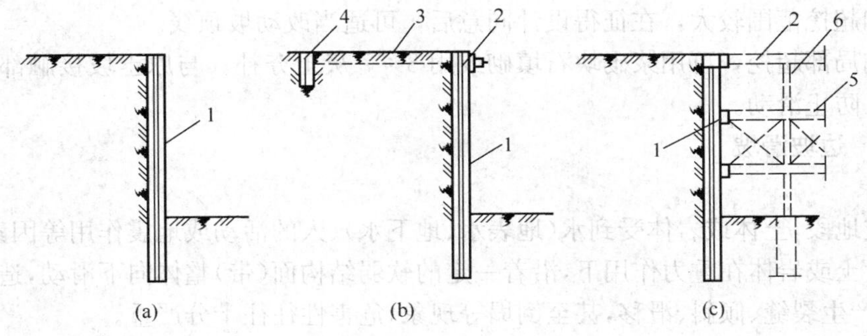

图 3-9 钢板桩支护形式

(a) 悬臂式；(b) 锚拉式；(c) 支撑式

1—钢板桩；2—钢横梁；3—拉杆；4—锚桩；5—钢支撑；6—钢柱

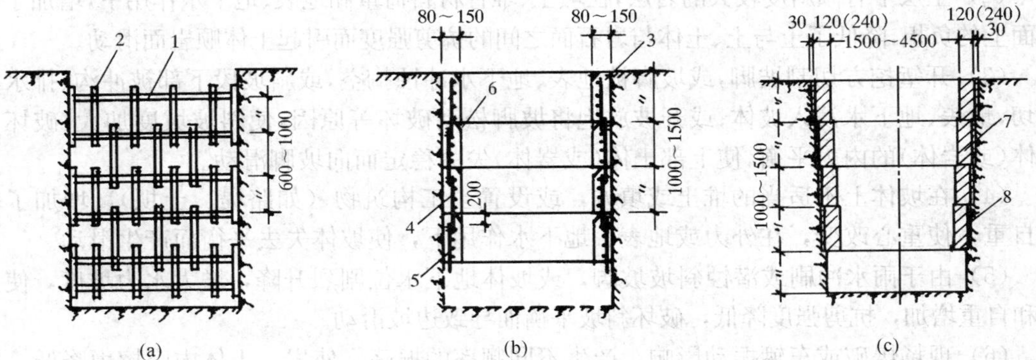

图 3-10 钢筋与混凝土支护和砖砌支护

(a) 钢筋（或钢筋骨架）支护；(b) 混凝土（或钢筋混凝土）支护；(c) 砖砌或抹砂浆支护

1—2ϕ25～32mm 钢筋箍或钢筋骨架；2—木板；3—混凝土或钢筋混凝土支护；4—立筋 ϕ6～8@200～250mm；5—水平筋 ϕ6～8@180～200mm；6—混凝土浇筑口，终凝后用砂浆堵塞；7—砖砌护壁；8—水泥砂浆填塞空隙

(2) 对永久性边坡局部塌方，可将塌方清除，用块石填砌或回填 2∶8、3∶7 灰土嵌补，与土接触部位做成台阶搭接，防止滑动；或将坡顶线后移；或将坡度改缓。

3.2.2 边坡超挖

1. 现象

边坡面界面不平，出现较大凹陷，造成积水，使边坡坡度加大，影响边坡稳定。

2. 原因分析

(1) 采用机械开挖，操作控制不严，局部多挖。

(2) 边坡上存在松软土层，受外界因素影响自行滑塌，造成坡面凹洼不平。

(3) 测量放线错误。

3. 预防措施

(1) 机械开挖应预留 0.3m 厚采用人工修坡。

(2) 对松软土层避免各种外界机械车辆等的振动，采取适当保护措施。

(3) 加强测量复测，进行严格定位，在坡顶边脚设置明显标志和边线，并设专人检查。

4. 治理方法

（1）如超挖范围较大，在征得设计同意后，可适当改动坡顶线。

（2）如局部超挖，可用浆砌块石填砌或用3∶7灰土夯补。与原土坡接触部位应做成台阶接槎，防止滑动。

3.2.3　边坡滑坡

1. 现象

在斜坡地段，土体或岩体受到水（地表水、地下水）、人的活动或地震作用等因素的影响，边坡的大量土或岩体在重力作用下，沿着一定的软弱结构面（带）整体向下滑动，造成线路摧毁，建筑物产生裂缝、倾斜、滑移，甚至倒塌等现象，危害性往往十分严重。

2. 原因分析

（1）边坡坡度不够，倾角过大，土体因自重及地表水（或地下水）浸入，剪切应力增加，黏聚力减弱，使土体失稳而滑动。

（2）土层下有倾斜度较大的岩层，在填土、堆置材料荷重和地表、地下水作用下，增加了滑坡面上的负担，降低了土与土、土体与岩石面之间的抗剪强度而引起土体顺岩面滑动。

（3）开堑挖方切割坡脚，或坡脚被地表、地下水冲蚀掏空，或斜坡段下部被冲沟、排水沟所切，地表、地下水浸入坡体；或开坡放炮将坡脚松动破坏等原因，使斜坡坡度加大，破坏了土体（或岩体）的内力平衡，使上部土体（或岩体）失去稳定而向坡脚滑动。

（4）在坡体上不适当的堆土或填方，或设置土工构筑物（如路堤、土坝），增加了坡体自重，使重心改变，在外力或地表、地下水作用下，使坡体失去平衡而产生滑动。

（5）由于雨水冲刷或潜蚀斜坡坡脚，或坡体地下水位剧烈升降，增大水力坡度，使土体和自重增加，抗剪强度降低，破坏斜坡平衡而导致边坡滑动。

（6）现场爆破或车辆振动影响，产生不同频率的振荡，使岩、土体内摩擦力降低，抗剪强度减小而使岩、土体滑动。

3. 预防措施

（1）加强地质勘察和调查研究，注意地形、地貌、地质构造（如岩、土性质，岩层生成情况，岩层倾角、裂隙节理分布等）、滑坡迹象及地表、地下水流向和分布，采取合理的施工方法，避免破坏土坡地表的排水、泄洪设施，消除滑坡因素，保持坡体稳定。

（2）保持边坡有足够的坡度，避免随意切割坡脚，土坡尽量制成较平缓的坡度，或做成阶梯形，使中间有1～2个平台以增加稳定（图3-11a）。土质不同时，视情况制成2～3种坡度，一般可使坡度角小于土的内摩擦角，将不稳定的陡坡部分削去，以减轻边坡负担。在坡脚处有弃土石条件时，将土石方填至坡脚[图3-11(b)、(c)]，筑挡土堆或修筑台地，并使填土的坡度不陡于原坡体的自然坡度，使其起到反压作用以阻挡坡体滑动。

（3）在滑坡体范围以外设置环形截水沟，使水不流入坡体内，在滑坡区域内修设排水系统，疏导地表、地下水，减少地表水下渗冲刷地基或将坡脚冲坏。如无条件修筑正式排水工程，则应做好现场临时泄洪排水设施，或保留原有场地自然排水系统，并进行必要的整修和加固。

（4）施工中尽量避免在坡脚处取土，在坡体上弃土或堆放材料。尽量遵循先整治后开挖的施工程序。在斜坡上挖土，应遵守由上至下分层开挖的程序，严禁先切割坡脚；在斜坡上填方时，应遵守由下往上分层压填的程序，不要集中弃土，以免破坏原边坡的自然平衡而造成滑坡。必须挖去坡脚时，应设挡土结构代替原坡脚，采取分段跳槽开挖措施，并应尽量在旱季施工。

（5）避免破坏坡体上的自然植被。对于可能滑动的土坡和易于风化的岩坡，在表面及坡顶作罩护措施，并尽可能保护天然植被不被破坏，借以稳定土（岩）坡。

（6）避免在有可能滑坡的区段进行爆破，或设置振动很大的构筑物，影响边坡的稳定。发现滑坡裂缝，应及时填平夯实；沟渠开裂渗水，要及时修复。

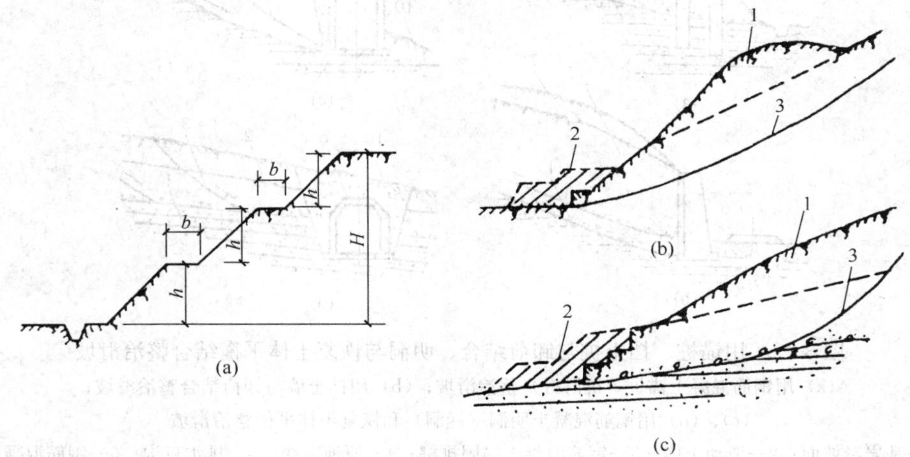

图 3-11 台阶式边坡及陡坡加固

（a）作台阶式边坡；（b）、（c）削去陡坡加固坡脚

1—削去土坡；2—堆筑挡土堆（台地）；3—滑动面；

H—边坡原来高度；h—设置平台后各个边坡的高度；b—平台宽

4. 治理方法

（1）对上部先变形挤压下部滑动的推动式滑坡，可采取卸荷减重的方法，在滑坡体上削去一部分土，并辅以做好排水系统，一方面减轻自重，另一方面在坡脚堆土以抵御滑坡体滑动，使达到平衡。

（2）对下部先变形滑动，上部失去支撑而引起的牵引式滑坡，可用支挡的办法来整治，如用大直径现浇钢筋混凝土锚固桩（抗滑桩）支挡（图 3-12a）；如推力不大，下部地基良好，可采取挡土墙或挡土墙与锚桩相结合的办法（图 3-12b）整治。

（3）对深路堑开挖，挖去土体支撑部分而引起的滑坡，可用设涵洞或挡土墙与恢复土体平衡相结合进行整治（图 3-12c、d）。

（4）对一般挖去坡脚引起的滑坡，可用设挡土墙与岩石锚桩，或挡土板、柱与土层锚杆相结合的办法来整治(图 3-13)。锚桩、锚杆均应设在滑坡体以外的稳定岩(土)层内。

3.2.4 边坡剥落、崩坍

1. 现象

在泥岩、页岩地区，边坡表面部分或大面积出现剥落，掉下岩土碎块；有的出现崩坍，影响下部道路和工程安全。

2. 原因分析

在易风化的泥岩、页岩地区，边坡未做好排水，长期在空气中受到雨水冲蚀，风化作用，风化很快，使坡面逐片剥落，不断掉下岩土碎块，年长日久将表层淘空，使上部岩层或在有裂隙部位在自重作用下崩坍，影响边坡的稳定和安全。

3. 预防措施

（1）在泥岩、页岩边坡顶部和坡脚部位做好排水沟，排除坡面雨水。

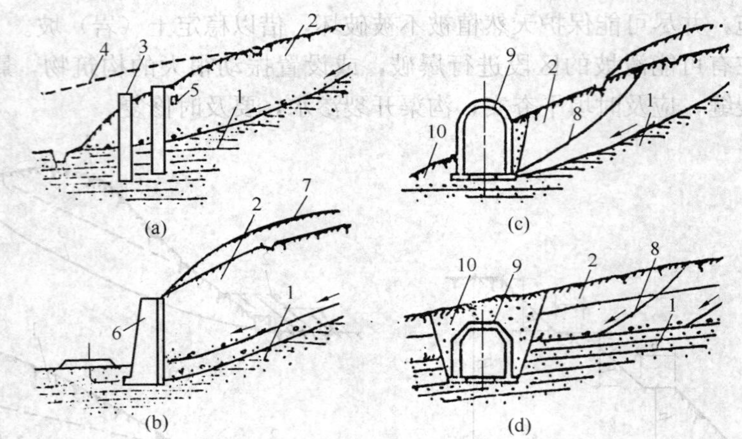

图 3-12 用锚桩、挡土桩与卸荷结合、明洞与恢复土体平衡结合整治滑坡

（a）用钢筋混凝土锚桩（抗滑桩）整治滑坡；（b）用挡土墙与卸荷结合整治滑坡；

（c）、（d）用钢筋混凝土明洞（涵洞）和恢复土体平衡整治滑坡

1—基岩滑坡面；2—滑动土体；3—钢筋混凝土锚固排桩；4—原地面线；5—排水盲沟；6—钢筋混凝土或块石挡土墙；7—卸去土体；8—土体滑动面；9—混凝土或钢筋混凝土明洞（涵洞）；10—恢复土体

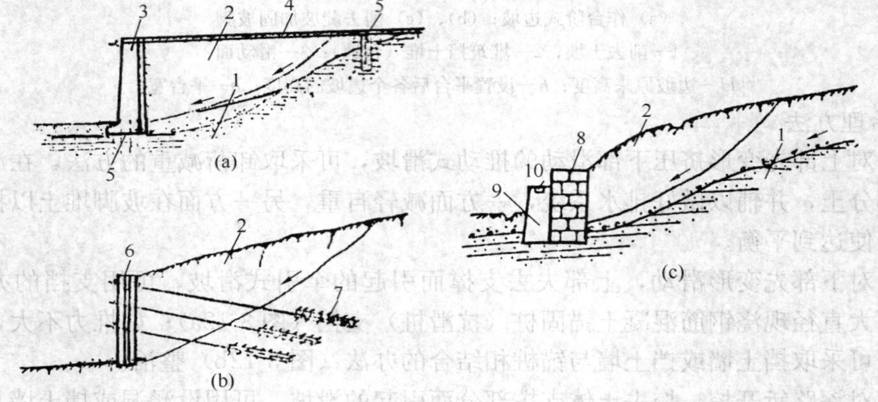

图 3-13 用挡土墙（挡土板、柱）与岩石（土层）锚杆、混凝土墩结合整治滑坡

（a）用挡土墙与岩石锚杆结合整治滑坡；（b）用挡土板、柱与土层锚杆结合整治滑坡；

（c）用混凝土墩与挡土墙结合整治滑坡

1—基岩滑坡面；2—滑动土体；3—挡土墙；4—岩石锚杆；5—锚桩；6—挡土板、柱；7—土层锚杆；8—块石挡土墙；9—混凝土墩，间距 5m；10—钢筋混凝土横梁

（2）在边坡表面做保护层，使坡面不裸露于空气中，避免坡面受到雨水的冲刷和风化作用。

（3）边坡应有 1∶0.3～1∶0.75 的坡度，避免坡度过陡或出现倒坡，保持边坡稳定安全。

4. 治理方法

（1）在易风化的泥岩、页岩边坡坡脚做浆砌块石排水沟，防止雨水长期冲蚀坡面和淘空、冲坏坡脚。

（2）在易风化的泥岩、页岩边坡表面做保护层。常用保护层做法有：

1）在边坡表面抹石灰炉渣砂浆（石灰∶粒径 1～5mm 炉渣＝1∶2～3，重量比，并

掺相当石灰量6%～7%的麻刀拌和），厚20～30mm，压实、抹光、拍打紧密；或抹（喷）水泥粉煤灰砂浆（水泥：粉煤灰：砂：石灰膏＝1：1：2：适量，重量比），厚20～25mm；或加插适当短锚筋连接坡面。

2）在边坡下部1/2～1/3坡高部位用M5水泥石灰炉渣砂浆砌块石（或大卵石）墙，厚400mm，顺坡面砌筑，墙面每2m×2m设一ϕ50mm泄水孔，每隔10～15m留一条竖向伸缩缝，中间填塞浸渍沥青的木板或聚氯乙烯泡沫板，上部1/2～2/3仍采用抹保护层，方法同1）项。

3.2.5 基坑（槽）泡水

1. 现象

基坑（槽）开挖后，地基土被水浸泡，造成地基松软，承载力降低，地基下沉。

2. 原因分析

(1) 开挖基坑未设排水沟或挡水堤，导致地面水流入基坑。

(2) 在地下水位以下挖土，未采取降排水措施将水位降至基底开挖面以下。

(3) 施工中未连续降水，或受停电影响。

3. 预防措施

(1) 开挖基坑（槽）周围应设排水沟或挡水堤，防止地面水流入基坑（槽）内；挖土放坡时，坡顶和坡脚至排水沟均应保持一定距离，一般为0.5～1.0m。

(2) 在潜水层内开挖基坑（槽）时，根据水位高度、潜水层厚度和涌水量，在潜水层标高最低点设置排水沟和集水井，防止流入基坑。

(3) 在地下水位以下挖土，应在开挖标高坡脚设排水沟和集水井，并使开挖面、排水沟和集水井的深度始终保持一定差值，使地下水位降低至开挖面以下不少于0.5m。当基坑深度较大，地下水位较高以及多层土中上部有透水性较强的土，或虽为同一种土，但上部地下水较旺时，应采取分层明沟排水法，在基坑边坡上再设1～2层明沟，分层排除地下水。基坑（槽）除明沟排水以外，亦可采用各种井点降水方法，将地下水位降至基坑（槽）最底标高以下再开挖。

(4) 施工中保持连续降水，直至基坑（槽）回填完毕。

4. 治理方法

(1) 已被水淹泡的基坑（槽），应立即检查排、降水设施，疏通排水沟，并采取措施将水引走、排净。

(2) 对已设置截水沟而仍有小股水冲刷边坡和坡脚时，可将边坡挖成阶梯形，或用编织袋装土护坡将水排除，使坡脚保持稳定。

(3) 已被水浸泡扰动的土，可根据具体情况，采取排水晾晒后夯实，或抛填碎石、小块石夯实；换土（3：7灰土）夯实；或挖去淤泥加深基础等措施处理。

3.2.6 基土扰动

1. 现象

基坑挖好后，地基土表层局部或大部分出现松动、浸泡等情况，原土结构遭到破坏，造成承载力降低，基土下沉。

2. 原因分析

(1) 基坑挖好后，未及时浇筑垫层进行下道工序施工，施工机械及车辆、操作工人在基土上行走，造成扰动。

(2) 地基被长时间暴晒、失水。

(3) 冬期施工，地基表层受冻胀。

(4) 基坑周围未做好排水降水措施，被雨水、地表水或地下水浸泡。

3. 预防措施

(1) 基坑挖好后，立即浇筑混凝土垫层保护地基。不能立即进行下道工序施工时，应预留一层150～200mm厚土层不挖，待下道工序开始再挖至设计标高。

(2) 机械开挖应由深而浅，基底应预留一层200～300mm厚土层，用人工清理找平，以避免超挖和基底土遭受扰动。

(3) 基坑挖好后，避免在基土上行驶施工机械和车辆或大量堆放材料。必要时，应铺路基箱或垫道木保护。

(4) 基坑四周应做好排水降水措施，降水工作应持续到基坑回填土完毕。

(5) 雨期施工时，基坑应挖好一段浇筑一段垫层，并在坑周围筑土堤或挖排水沟，以防地面雨水流入基坑（槽），浸泡地基。

(6) 冬期施工时，如基坑不能立即浇筑垫层，应在表面进行适当覆盖保温，防止受冻。

4. 治理方法

(1) 已被扰动的地基土，可根据具体情况采取原土碾压、夯实，或填碎石、小块石夯实。

(2) 对扰动较严重的采用换填土方法，用3∶7灰土或砂砾石回填夯实，或换去松散土层，加深基础。

(3) 局部扰动可挖去松散土，用砂石填补夯实。

3.2.7　坑底隆起变形

1. 现象

深基坑土体开挖后，地基卸载，土体中压力减少，土的弹性效应导致基坑底面产生一定的回弹隆起变形，使坑底土体抗剪强度降低，建筑物产生较大的沉降。

2. 原因分析

坑底土体隆起是地基土卸荷从而改变坑底原始应力状态的反应。在基坑开挖深度不大时，坑底为弹性隆起，只中部少量产生，基本不会引起坑外土体向坑内移动；随着开挖深度的增大，坑内外高差所形成的加载和地面各种超载作用就会使支护桩墙外侧土体向坑内移动，使坑底产生向上的塑性变形，基特征一般为两边大中间小的隆起状态，同时在基坑周围产生较大的塑性区，并引起地面沉降。回弹变形量（隆起）的大小与土的种类、是否浸水、基坑的深度与面积、暴露时间及挖土顺序等因素有关。如基坑积水，黏性土因吸水使土的体积增加，不但抗剪强度降低，回弹变形亦增大，将加大建筑物的后期沉降。

3. 预防措施

(1) 防治方法主要是“减少土体中有效应力的变化，提高土的抗剪强度和刚度，减少暴露时间，并防止地基土浸水”。

(2) 尽量安排在全年降水最少的季节施工。在基坑开挖过程中和开挖后，应保持井点降水正常进行。

(3) 减少坑底暴露时间，尽快浇筑垫层和底板。

（4）必要时，对基础结构下部土层进行局部地基加固。

4. 治理方法

治理方法可参见3.2.6“基土扰动”。

3.2.8 基坑（槽）开挖遇流砂

1. 现象

当基坑（槽）开挖深于地下水位0.5m以下，采取坑内抽水时，坑（槽）底下面的土产生流动状态，随地下水一起涌进坑内，出现边挖、边冒，无法挖深的现象。发生流砂时，土完全失去承载力，不但使施工条件恶化，而且严重时会引起基础边坡塌方，附近建筑物会因地基被掏空而下沉、倾斜，甚至倒塌。

2. 原因分析

（1）当坑外水位高于坑内抽水后的水位，坑外水压向坑内流动的动水压等于或大于颗粒的浸水密度，使土粒悬浮失去稳定变成流动状态，随水从坑底或四周涌入坑内，如施工时采取强挖，抽水愈深，动水压就愈大，流砂就愈严重。

（2）由于土颗粒周围附着亲水胶体颗粒，饱和时胶体颗粒吸水膨胀，使土粒密度减小，因而在不大的水冲力下能悬浮流动。

（3）饱和砂土在振动作用下，结构被破坏，使土颗粒悬浮于水中并随水流动。

（4）易产生流砂的条件是：1）水力坡度较大，流速大，当动水压力超过土粒重量，达到能使土粒悬浮时，即会出现流砂现象；2）土层中有厚度大于250mm的粉砂土层；3）土的含水率大于3%以上或空隙率大于43%；4）土的颗粒组成中黏土粒含量小于10%，粉砂含量大于75%；5）砂土的渗透系数很小，排水性能很差。

3. 防治措施

（1）防治方法主要是减小或平衡动水压力，或使动水压力向下，使坑底土粒稳定，不受水压干扰。

（2）安排在全年最低水位季节施工，使基坑内动水压减小。

（3）采取水下挖土（不抽水或少抽水），使坑内水压与坑外地下水压相平衡或缩小水头差。

（4）采用井点降水，使水位降至距基坑底0.5m以下，使动水压力方向朝下，坑底土面保持无水状态。

（5）沿基坑外围四周打板桩，深入坑底下面一定深度，增加地下水从坑外流入坑内的渗流路线和渗水量，减小动水压力。

（6）采用化学压力注浆或高压水泥注浆，固结基坑周围粉砂层，使形成防渗帷幕。

（7）往坑底抛大石块，增加土的压重和减小动水压力，同时组织快速施工。

（8）当基坑面积较小，也可采取在四周设钢板护筒，随着挖土不断加深，直至穿过流砂层。

附录3.2 土方开挖施工质量标准

1. 主控项目

（1）原状地基土不得扰动、受水浸泡及受冻。

检查数量：全数检查。

检查方法：观察，检查施工记录。

（2）开挖形成的边坡坡度及坡脚位置应符合设计要求。

检查数量：每 20m 边坡检查 1 点，每段边坡至少测 3 点。

检查方法：坡度用坡度尺结合 2m 靠尺量测；坡脚位置用全站仪等量测。

（3）场地平整开挖区的标高允许偏差为±50mm；其他开挖区的标高允许偏差为 0～－50mm。

检查数量：每 400m² 测 1 点，至少测 5 点。

检查方法：用水准仪测量。

（4）开挖区的平面尺寸应符合设计要求。

检查数量：全数检查。

检查方法：放出开挖区设计边线，将开挖区实际边线与设计边线进行对比。

2. 一般项目

（1）场地平整开挖区表面平整度允许偏差为 50mm；其他开挖区表面平整度允许偏差为 20mm。

检查数量：每 400m² 测 1 点，至少测 5 点。

检查方法：用 2m 靠尺和钢尺检查。

（2）分级放坡边坡平台宽度允许偏差为－50mm～＋100mm

检查数量：每 20 延长米平台测 1 点，每段平台至少测 3 点。

检查方法：用钢尺量

（3）分层开挖的土方工程，除最下面一层土方外的其他各层土方开挖区表面标高允许偏差为±50mm。

检查数量：每 400m² 测 1 点，至少测 5 点。

检查方法：标高用水准仪等量测。

3.3　土方回填压（夯）实

3.3.1　填方基底处理不当

1. 现象

填方基底未经处理，局部或大面积填方出现下陷，或发生滑移等现象。

2. 原因分析

（1）填方基底上的草皮、淤泥、杂物和积水未清除就填方，含有机物过多，腐朽后造成下沉。

（2）填方区未做好排水，地表、地下水流入填方，浸泡回填土方。

（3）在旧有沟渠、池塘或含水量很大的松散土上回填土方，基底未经换土、抛填砂石或翻晒晾干等处理，就直接在其上填土。

（4）在较陡坡面上填方，未先将斜坡基底挖成阶梯形就填土，使填方未能与斜坡很好结合，在重力作用下，填方土体顺斜坡滑动。

（5）冬期施工基底土遭受冻胀，未经处理就直接在其上填方。

3. 预防措施

（1）回填土方基底上的草皮、淤泥，杂物应清除干净，积水应排除，耕土、松土应先经夯压实处理，然后回填。

（2）填土场地周围做好排水措施，防止地表滞水流入基底，浸泡地基，造成基底土下陷。

（3）对于水田、沟渠、池塘或含水量很大的地段回填，基底应根据具体情况采取排水、疏干、挖去淤泥、换土、抛填片石、填砂砾石、翻松、掺石灰压实等措施处理，以加固基底土体。

（4）当填方地面陡于1/5时，应先将斜坡挖成阶梯形，阶高0.2～0.3m，阶宽大于1m，然后分层回填夯实，以利结合并防止滑动。

（5）冬期施工基底土体受冻胀，应先解冻，夯实处理后再行回填。

4. 治理方法

（1）对下陷已经稳定的填方，可仅在表面作平整夯实处理。

（2）对下陷尚未稳定的填方，应会同设计部门针对情况采取加固措施。

3.3.2 基坑（槽）回填土沉陷

1. 现象

基坑（槽）填土局部或大片出现沉陷，造成靠墙地面、室外散水空鼓下陷，建筑物基础积水，有的甚至引起建筑结构不均匀下沉，出现裂缝。

2. 原因分析

（1）基坑（槽）中的积水、淤泥杂物未清除就回填；或基础两侧用松土回填，未经分层夯实；或槽边松土落入基坑（槽），夯填前未认真进行处理，回填后土受到水的浸泡产生沉陷。

（2）基槽宽度较窄，采用手夯回填夯实，未达到要求的密实度。

（3）回填土料中夹有大量干土块，受水浸泡产生沉陷；或采用含水量大的黏性土、淤泥质土、碎块草皮作土料，回填质量不合要求。

（4）回填土采用水泡法沉实，含水量大，密实度达不到要求。

3. 预防措施

（1）基坑（槽）回填前，应将槽中积水排净，淤泥、松土、杂物清理干净，如有地下水或地表滞水，应有排水措施。

（2）回填土采取严格分层回填、夯实。每层虚铺土厚度不得大于300mm。土料和含水量应符合规定。回填土密实度要按规定抽样检查，使符合要求。

（3）填土土料中不得含有大于50mm直径的土块，不应有较多的干土块，急需进行下道工序时，宜用2：8或3：7灰土回填夯实。

（4）严禁用水沉法回填土方。

4. 治理方法

（1）基坑（槽）回填土沉陷造成墙脚散水空鼓，如混凝土面层尚未破坏，可填入碎石，侧向挤压捣实；若面层已经裂缝破坏，则应视面积大小或损坏情况，采取局部或全部返工。局部处理可用锤、凿将空鼓部位打去，填灰土或黏土、碎石混合物夯实，再作面层。

（2）因回填土沉陷引起结构物下沉时，应会同设计部门针对情况采取加固措施。

3.3.3 房心回填土下沉

1. 现象

房心回填土局部或大片下沉，造成地坪垫层面层空鼓、开裂甚至塌陷破坏。

2. 原因分析

(1) 填土土料含有大量有机杂质和大土块，有机质腐朽造成填土沉陷。

(2) 填土未按规定厚度分层回填夯实，或底部松填，仅表面夯实，密实度不够。

(3) 房心处局部有软弱土层，或有地坑、坟坑、积水坑等地下坑穴，施工时未经处理或未发现，使用后，荷重增加，造成局部塌陷。冬期回填土中含有冰块。

3. 预防措施

(1) 选用较好土料回填，认真控制土的含水量在最优范围以内，严格按规定分层回填夯实，并抽样检验密实度使符合质量要求。

(2) 回填土前，应对房心原自然软弱土层进行认真处理，将有机杂质清理干净。

(3) 房心回填土深度较大（>1.5m）时，在建筑物外墙基回填土时需采取防渗措施，或在建筑物外墙基外采取加抹一道水泥砂浆或刷一度沥青胶等防水措施，以防水大量渗入房心填土部位，引起下沉。

(4) 对面积大而使用要求较高的房心填土，采取先用机械将原自然土碾压密实，然后再进行回填。

4. 治理方法

可参见3.3.2“基坑（槽）回填土沉陷”的治理方法（1）。

3.3.4 回填土渗透水引起地基下沉

1. 现象

地基因基槽室外回填土渗漏水而导致下沉，引起结构变形、开裂。

2. 原因分析

(1) 建筑场地土表层为透水性强的土，外墙基槽回填仍采用了这种土料，地表水大量渗入浸湿地基，导致地基下沉。

(2) 基槽及附近局部存在透水性较大的土层，未经处理，形成水囊浸湿地基，引起下沉。

(3) 基础附近水管漏水。

3. 预防措施

(1) 外槽回填土应用黏土、粉质黏土等透水性较弱的土料回填，或用2∶8、3∶7灰土回填。

(2) 基槽及附近局部存在透水性较大的土，采取挖除或用透水性较小的土料封闭，使与地基隔离，并在下层透水性较小的土层表面作成适当的排水坡度或设置盲沟。

(3) 对基础附近管道漏水，及时堵截或挖沟排走。

4. 治理方法

(1) 如地基下沉严重并继续发展，应将基槽透水性大的回填土挖除，重新用黏土或粉质黏土等透水性较小的土回填夯实，或用2∶8或3∶7灰土回填夯实。

(2) 如下沉较轻并已稳定，可按3.3.2“基坑（槽）回填土沉陷”的治理方法（1）处理。

3.3.5 基础墙体被挤动变形

1. 现象

夯填基础墙两侧土方或用推土机送土时，将基础、墙体挤动变形，造成基础墙体裂缝、破裂，轴线偏移，严重地影响墙体受力性能。

2. 原因分析

（1）回填土时只填墙体一侧，或用机械单侧推土压实，基础、墙体在一侧受到土的较大侧压力而被挤动变形。

（2）墙体两侧回填土设计标高相差悬殊（如暖气沟、室内外标高差较大的外墙），仅在单侧夯填土，墙体受到侧压力作用。

（3）在基础墙体一侧临时堆土，堆放材料、设备或行走重型机械，造成单侧受力使墙体变形。

3. 预防措施

（1）基础两侧用细土同时分层回填夯实，使其受力平衡。两侧填土高差控制不超过300mm。如遇暖气沟或室内外回填标高相差较大，回填土时可在另一侧临时加木支撑顶牢。

（2）基础墙体施工完毕，达到一定强度后再进行回填土施工。同时防止在单侧临时大量堆土或堆置材料、设备，以及行走重型机械设备。

4. 治理方法

已造成基础墙体开裂、变形、轴线偏移等严重影响结构受力性能的质量事故，要会同设计部门，根据具体损坏情况，采取加固措施（如填塞缝隙、加围套等）进行处理，或将基础墙体局部或大部分拆除重砌。

附录 3.3 土方回填压实施工质量标准

1. 主控项目

（1）填料应符合设计要求。

检查数量：全数检查。

检查方法：直观鉴别、现场量测或取样检测。

（2）回填土每层压实系数应符合设计要求。

检查方法与数量：采用环刀法取样时，基槽或管沟回填每层按长度 20m～50m，取样一组，每层不少于 1 组；柱基回填，每层抽样柱基总数的 10%，且不少于 5 组；基坑和室内回填每层按 $100m^2$～$500m^2$ 取样一组，每层不少于 1 组；场地平整回填每层按 $400m^2$～$900m^2$ 取样一组，每层不少于 1 组，取样部位应在每层压实后的下半部。

采用灌砂（或灌水）法取样时，取样数量可较环刀法适当减少，但每层不少于 1 组。

（3）土方回填形成的边坡坡度及坡脚位置应符合设计要求。

检查数量：每 20m 边坡检查 1 点，每段边坡至少测 3 点。

检查方法：坡度用 2m 靠尺结合坡度尺量；坡脚位置用全站仪等量测。

（4）场地平整回填区的标高允许偏差为±50mm；其他回填区的标高允许偏差为 0～−50mm。

检查数量：每 $400m^2$ 测 1 点，至少测 5 点。

检查方法：用水准仪等量测。

2. 一般项目

场地平整回填区表面平整度允许偏差为 30mm；其他回填区表面平整度允许偏差为 20mm。

检查数量：每 400m² 测 1 点，至少测 5 点。

检查方法：用 2m 靠尺和塞尺检查。

3.4　几种地区特殊土

3.4.1　湿陷性黄土

1. 现象

湿陷性黄土地基上的建（构）筑物，在使用过程中受到水（雨水，生产、生活废水）的不同程度的浸湿后，地基常产生大量不均匀下沉（陷），造成建（构）筑物裂缝、倾斜，甚至倒塌。

2. 原因分析

湿陷性黄土又称大孔土，与其他黄土同属于黏性土，但性质有所不同，它在天然状态下，具有很多肉眼可见的大孔隙，并常夹有由于生物作用所形成的管状孔隙，天然剖面呈竖直节理，具有一定抵抗移动和压密的能力。它在干燥状态下，由于土质具有垂直方向分布的小管道，几乎能保持竖直的边坡。但它受水浸湿后，土的骨架结构迅速崩解破坏产生严重的不均匀沉陷，因此使建筑物也随之产生变形甚至破坏。

3. 预防措施

(1) 换土法：将湿陷性黄土挖去一层（厚约 1.0～3.0m），用原土或灰土再分层回填夯实，夯实质量应符合设计要求或规范规定。夯实后，土的孔隙减小，湿陷性降低。

(2) 重锤夯实法：采用重 2.0～3.0t 的截头圆锥体钢筋混凝土夯锤，起吊 4.0～6.0m 高自由下落夯击土层，一夯换一夯，使土层密实度提高，夯实范围每边应超出基础宽不小于 0.6m，适于消除 1.0～2.0m 厚的土层湿陷性。采用重锤夯实回填土地基时，应分层进行，每层虚铺土厚度一般相当于锤底直径，夯击遍数应通过试夯确定，试夯层数不宜少于二层，土的含水量一般控制在相当于塑限含水量±2%较合适。

(3) 强夯法：用 8～16t 的重锤，从 6～20m 高自由落下夯击土层，以提高地基承载力，适于消除 5～8m 厚的土层湿陷性。

(4) 灰土挤密桩法：基底设灰土挤密桩，处理宽度每边超出基础宽 0.5m，桩顶设不小于 0.5m 厚的灰土垫层，可挤密地基土，提高承载力，消除 5～10m 厚土层的湿陷性。

(5) 做好排水防水：做好建筑场地周围的排水、防洪设施，建筑场地应有不小于 2%的坡度，防止雨水浸泡基坑，建筑物周围散水应适当加宽（做成 1.2～1.5m），并设隔水层。做好屋面雨水和室内地面水的防水措施。地下管道、水池、化粪池应与建筑物保持一定的距离，并严防漏水、渗漏，尽量保持原土层的干湿状态。

4. 治理方法

(1) 如建筑物变形已基本稳定，只需做好地面排水工作，对受损部位进行必要的修补加固。

(2) 如变形较严重，尚未稳定，除做好排水外，可采取在基础周围或一侧设石灰桩、灰砂桩加固，以起到挤密加固地基的作用，或用化学注浆或注碱液加固地基，以改善黄土湿陷性质，提高地基承载力。

(3) 如基础、墙开裂系因基底部有墓坑下沉造成，则应重新回填灰土夯实空虚墓坑，并加大基底面尺寸。

(4) 对结构物出现倾斜，可采取浸水矫正，即在结构物倾斜的相反方向钻孔（或挖沟）注水而产生湿陷，使倾斜得到矫正，必要时适当加压，以加快矫正速度。浸水法适于土层含水量较低的情况，加压矫正则用于含水量较高的情况。

3.4.2 膨胀土

1. 现象

膨胀土为一种高塑性黏土，一般承载力较高，具有吸水膨胀、失水收缩和反复胀缩变形、浸水承载力衰减、干缩裂隙发育等特性，性质极不稳定。常使建筑物产生不均匀的竖向或水平的胀缩变形，造成位移、开裂、倾斜甚至破坏，且往往成群出现，尤以低层平房严重，危害性很大。裂缝特征有外墙垂直裂缝，端部斜向裂缝和窗台下水平裂缝，内、外山墙对称或不对称的倒八字形裂缝等；地坪则出现纵向长条和网格状的裂缝。一般于建筑物完工后半年到五年出现。

2. 原因分析

主要是膨胀土成分中含有较多的亲水性强的蒙脱石（微晶高岭土）、伊利石（水云母）、硫化铁和蛭石等膨胀性物质，土的细颗粒含量较高，具有明显的湿胀干缩效应。遇水时，土体即膨胀隆起（一般自由膨胀率在10%以上），产生很大的上举力，使房屋上升（可高达10cm）；失水时，土体即收缩下沉，由于这种体积膨胀收缩的反复可逆运动，以及建筑物各部挖方深度、上部荷载和地基土浸湿、脱水的差异，使建筑物产生不均匀的升、降运动，造成建筑物出现裂缝、位移、倾斜甚至倒塌。

3. 预防措施

(1) 提前整平场地，使场地经过雨水预湿，减少挖填方湿度过大的差别，使含水量得到新的平衡，大部分膨胀力得到释放。

(2) 尽量保持原自然边坡、保持场地的稳定条件，避免大挖大填。基础适当埋深或用墩式基础、桩基础，以增加基础附加荷载，减小膨胀土层厚度，减轻升降幅度，但成孔时切忌向孔内灌水，成孔后宜当天浇筑混凝土。

(3) 临坡建筑不宜在坡脚挖土施工，避免使坡体平衡改变，使建筑物产生水平膨胀、位移。

(4) 采取换土处理，将膨胀土层部分全部挖去，用灰土、土石混合物或砂砾回填夯实；或用人工垫层如砂、砂砾作缓冲层，厚度不小于90cm。

(5) 在建筑物周围做好地表渗、排水沟等，散水坡适当加宽（可做成宽1.2～1.5m），其下做砂或炉渣垫层，并设隔水层。室内下水道设防漏、防湿措施，使地基土尽量保持原有天然湿度和天然结构。

(6) 加强结构刚度，如设置地箍、地梁，在两端和内外墙连接处，设置水平钢筋加强连接等。

(7) 做好保湿防水措施，加强施工用水管理，做好现场施工临时排水，避免基坑（槽）浸泡和建筑物附近积水。基坑（槽）挖好后，及时分段快速施工完成，并回填覆盖夯实，减少基坑（槽）暴露时间，避免暴晒。

4. 治理方法

对已产生胀缩裂缝的建筑物，应迅速修复断沟漏水，堵住局部渗漏，加宽排水坡。做渗排水沟，以加快稳定。对裂缝进行修补加固，如加柱墩、抽砖加扒钉配筋、压（喷）浆、拆除部分砖墙重新砌筑等，在墙外加砌砖垛和加拉杆，使内外墙连成整体，防止墙体局部倾斜。

3.4.3　软土

1. 现象

软土为一种天然含水量大、压缩性高、承载力低的从软塑到流动状态的饱和黏性土，包括淤泥、淤泥质土、泥炭质土等。它具有沉降量大而不均匀，沉降速度快，沉降稳定时间长等特性，易造成建筑物不均匀沉降，导致房屋墙身开裂、倾斜破坏，管道断裂，污水不能排出等情况发生。

2. 原因分析

软土在静水或缓慢流水环境中沉积，经生物化学作用而形成。它的特征为：天然含水量高，一般大于液限 w_L（40%～90%）；天然孔隙比大（一般大于1）；压缩性高，压缩系数 a_{1-2} 大于 0.5MPa^{-1}；承载力低，不排水抗剪强度小于 30kPa；渗透系数小（$K=1\times10^{-6}\sim1\times10^{-8}$ cm/s）；它的工程性质为具有触变性、高压缩性、低透水性、不均匀性、流变性以及沉降速度快等。施工中应根据这些特征和工程性质，采取预防处理措施，以防出现结构物开裂倾斜破坏。

3. 预防措施

（1）采用置换法或拌入法处理地基，如用砂、碎石等材料置换软弱地基中部分软弱土体，形成复合地基或在软土中掺入水泥石灰等，形成加固体，与未加固部分形成复合地基，以提高承载力，减少压缩性。常用方法有振冲置换法、生石灰桩法、深层搅拌法、高压喷浆法等；对暗埋的塘、浜、沟、坑穴等可用局部挖除、换土垫层、灌浆、悬浮式短桩等方法处理。

（2）对大面积厚层软土地基，采用砂井预压、真空预压、堆载预压等措施，以加速地基排水固结，提高其抗剪强度。

（3）建筑物各部差异较大时，合理安排施工顺序，先施工高度大、重量重的部分，使在施工期内先完成部分沉降；后施工高度低和重量轻的部分，以减少部分差异沉降。

（4）施工注意基坑土的保护，通常可在坑底保留 20cm 厚左右，施工垫层时再挖除，避免扰动而破坏土的结构。如已被扰动，可换去扰动部分，用砂、碎石回填处理。

（5）对仓库、油罐、水池等结构物，适当控制活荷载的施加速度，使软土逐步固结，地基强度逐步增长，以适应荷载增长的要求和借以降低总沉降量，防止土侧向挤出，避免建（构）筑物产生局部破坏或倾斜。

4. 治理方法

参见 3.4.2“膨胀土”的治理方法。

3.4.4　盐渍土

1. 现象

盐渍土是一种土层内含有石膏、芒硝、岩盐（硫酸盐或氯化物）等易溶盐且其含量大于0.5%的土。具有溶陷性、膨胀性和腐蚀性，其地基承载力变化大，随着季节和气候的变化而变化，在干燥时盐分呈结晶状态，地基承载力较高，一旦浸水后，晶体溶解变为液体，承载力降低，压缩性增大；土中含硫酸盐类结晶，体积膨胀，溶解后体积缩小，易使地基土的结构破坏，强度降低并形成松胀盐土；由于盐类遇水溶解，使地基容易产生溶蚀现象，降低地基的稳定性。在天然状态下，盐渍土为很好的地基，一旦因自然条件改变就会产生严重的溶陷、膨胀和腐蚀，使建筑物裂缝、倾斜或结构被腐蚀破坏。

2. 原因分析

盐渍土的成因主要是海水浸入到沿岸地区或内陆盆地或洼地中，易溶盐随水流由高处带往低处，或冲积平原含易溶盐地下水位上升，经过毛细作用和蒸发作用，盐分残留、凝聚地面而形成。盐渍土一般分布在地表至地面下1.5m的部位，个别可达4.0m，土的含盐量多集中在近地表处，向深部逐渐减小；再受季节性变化很大，旱季盐分向地表大量聚集，表层含盐量增高，雨季盐分被水淋滤下渗，含盐量下降。

3. 预防措施

(1) 清除地基表层松散土层及含盐量超过规定的土层，使基础埋于盐渍土层以下，或采用含盐类型单一和含盐低的土层作为地基持力层或清除含盐多的表层盐渍土而代之以非盐渍土类的粗颗粒土层（碎石类土或砂土垫层），隔断有害毛细水的上升。

(2) 铺设隔绝层或隔离层，以防止盐分向上运移。

(3) 采用垫层、重锤击实及强夯法处理浅部土层，可消除基土的湿陷量，提高其密实度及承载力，降低透水性，阻挡水流下渗；同时破坏土的原有毛细结构，阻隔土中盐分向上运移。

(4) 厚度不大或渗透性较好的盐渍土，可采取浸水预溶，水头高度不应小于30cm，浸水坑的平面尺寸，每边应超过拟建房屋边缘不小于2.5m。

(5) 对溶陷性高、土层厚及荷载很大或重要建筑物上部地层软弱的盐沼地，可根据具体情况采用桩基础、灰土墩、混凝土墩或砾石墩基，深入到盐渍临界深度以下。

(6) 施工时做好现场降排水，防止含盐水在土层表面及基础周围聚集，而导致盐胀。

4. 治理方法

参见3.4.2“膨胀土”的治理方法。

4 爆 破 工 程

4.1 爆破器材制作和装药

4.1.1 瞎炮（拒爆）

1. 现象

爆破工程点火或通电引爆炸药后，药包出现不爆炸的现象。

2. 原因分析

（1）爆破器材制造有毛病。火雷管中加强帽装反，容易产生半爆制造导火索时药芯细、断药，以及油类或沥青浸入药芯，均会造成断火现象，产生瞎炮。导火索燃速不稳定，易出现后点火的先爆，使先点火的导火索打断或拉出而产生瞎炮。又如电雷管制造中引火剂和桥线接触不良，致使雷管不能发火；延期雷管中由于装配不良，硫磺流入管内，使引火剂与导火索隔离，不能点燃导火索等。

（2）保管方法不当，或储存期限过长，致使雷管、导火索、导爆索或炸药过期，受潮变质失效。

（3）水眼装药，在水中或潮湿环境下爆破，炸药包未采取防水或防潮措施，使炸药浸水，受潮失效。

（4）操作方法不当。装药密度过大，爆药的敏感度不够，或雷管导火索连接不牢，装药时将导火索拉出；点火时忙乱，将点炮次序搞错或漏点；导火索切取长短不一致，难以控制起爆顺序，使后爆的提前，而产生“带炮”。

（5）电爆网路敷设质量差，连接方法错误，漏接、连接不牢、输电线或接触电阻太大；线路绝缘不好，产生输电线或接地局部漏电、短路；操作不慎，个别雷管脚线未接上，装填不慎折断脚线；或导火索、导爆索、电爆线路损伤、折断。

（6）在炮孔装药或回填堵塞过程中，损坏了起爆线路，造成断路、短路或接地，炸药与雷管分离未被发现。

（7）起爆网路设计不正确，电容量不够，电源不可靠，起爆电流不足或电压不稳；网路计算有错误，每组支线的电阻不平衡，其中一支路未达到所需的最小起爆电流。

（8）在同一网路中采用了不同厂、不同批、不同品种的雷管，电阻差过大，由于雷管敏感度不一，造成部分拒爆。炮孔穿过很湿的岩层，或岩石内部有较大的裂隙，药包和雷管受潮或引爆后漏气。

3. 预防措施

（1）雷管、导火索、导爆索和炸药使用前，要进行严格认真的质量检查，精心进行测定，过期、受潮和质量不合格的应予以报废处理。

（2）在水眼、水中和潮湿环境中爆破，应采取防水、防潮措施。如使用防水雷管和炸药，或用防水材料包扎炸药，应避免浸水和受潮。

(3) 改善保管条件。库房内相对湿度应保持在70%以下；不同类型、不同厂家产品应分类堆放，分批使用，防止受潮和混用。

(4) 改善加工操作技术。导火索与雷管连接必须使用雷管钳，使连接牢固；切割导火索的刀必须锋利，避免切割不齐或有碎棉纱堵住喷火孔，装炮应先装干孔，后装湿孔；装药密度应控制在最优密度范围内，不使过于密实。

(5) 起爆网路施工必须认真按操作规程进行，细致操作，避免漏接、捣断脚线；爆破前要严格检查爆破线路敷设质量，逐段检测网路电阻是否平衡，网路是否完好，电流电压是否符合设计要求，有无漏电现象。如发现异常情况，应在查明原因、排除故障后，方可起爆。

(6) 雷管和炸药包要适当保护，防止导线损伤、折断；在炮孔装药或回填堵塞中要细致操作，防止损坏线脚、电爆网路和使雷管与炸药分离，并加强检查。

(7) 在同一电爆网路中避免使用不同厂、不同批、不同品种的雷管、导火索、导爆索。在同一条串联线路中，不同时段的电雷管不能使用同一批时，必须是同厂，且桥线材料必须相同。

(8) 爆破线路适当提高电流强度，一般将串联电路的电流提高到4A以上，用以克服因敏感雷管先爆而造成的拒爆。经常检查插销、开关、线路接头，以防损坏。点火应做到不错不漏。炮孔穿过潮湿岩层或较大裂隙，要作防水和防漏气处理。

4. 治理方法

(1) 瞎炮如系由开炮孔外的电线、电阻、导火索或电爆网路不合要求造成，经检查可燃性和导电性能完好，纠正后，可以重新接线起爆。

(2) 当炮孔不深（在50cm以内），可用裸露爆破法炸毁；当炮孔较深（在50cm以上）时，可在距炮孔近旁60cm处，钻（打）一与原炮孔平行的新炮孔，再重新装药起爆，将原瞎炮销毁。钻平行炮孔时应将瞎炮的堵塞物掏出，插入一木桩作为钻（打）孔的导向标志。

(3) 如果打孔困难，亦可采取将盐水注入炮孔中，使炸药雷管失效，再用高压水冲掉炸药，重新装药引爆。

(4) 在处理瞎炮时，严禁把带有雷管的药包从炮孔内拉出来，或者拉动电雷管上的导火索或雷管脚线，把电雷管从药包内拔出来，或掏动药包内的雷管。

4.1.2 早爆

1. 现象

点火或通电引爆炸药时，出现有的药包比预定时间提前爆炸的现象。

2. 原因分析

(1) 导火索燃速不稳定，或采用了不同燃速的导火索，燃速快的就早爆。

(2) 不同厂家生产的电雷管混用，易点燃的雷管先爆。

(3) 电爆网中雷管分组不均，易引起电流分配不均，雷管数少的组，因电流充足而先爆。

(4) 爆破区存在杂散电流、摩擦静电、感应电或高频电磁波、雷电等，都有可能产生电感效应，引起电雷管早爆。

3. 防治措施

(1) 选择燃速稳定的导火索进行爆破。

(2) 同一电爆网中选用同厂、同批、同品种的电雷管。

(3) 电爆网设计尽量使电雷管分组均匀，使各组电流强度基本一致。

（4）用电设备较复杂的场所，应对爆破范围的杂散电流进行检测，有可能引起早爆的改用导爆索、火雷管起爆。

4.1.3 冲天炮

1. 现象

爆破时，爆破气体从炮孔中冲出，使爆破失效，被爆破体不产生开裂和解体的现象。

2. 原因分析

（1）采用堵塞材料不合适，使用了光滑、不易于密实和易漏气的堵塞材料。

（2）炮孔堵塞长度不够，使爆炸气体从孔口冲出。

（3）装药密度不够；或孔壁上裂缝较多，造成漏气。

（4）炮孔方向与临空面垂直形成“旱地拔葱”。

3. 防治措施

（1）堵塞材料应选用内摩擦力较大、易于密实、不漏气的材料。一般用黏土及砂加水拌和而成，采用比例为1∶2～1∶3，水用量为15%～20%。

（2）炮孔堵塞应保证足够的堵塞长度，一般应大于抵抗线长的10%～20%。

（3）提高堵塞质量，堵塞时，堵塞物之间必须密实，防止空段。一般当药卷装到规定的位置后，应先用炮棍把填塞物轻轻推入药孔，使填塞物与药卷充分接触，然后逐段装入填塞物，装一段捣一段。起初用力轻，以后逐渐加力，接近孔口时用力捣实。分层装药时，填塞物仅起固定药卷位置的作用，一般不需要密实。当两层药卷之间孔壁上裂缝较多时，为防止爆炸气体逸散过多，其间的填塞层应压实。分层装药的药卷之间最好用砂泥条或钻孔粉屑填充，上层药卷至孔口之间必须填塞密实。

4. 炮孔方向尽量使与临空面平行或与水平临空面成45°角，与垂直临空面成30°角。

4.1.4 炸药爆炸不完全

1. 现象

炸药爆破后，有的炸药爆炸，有的不爆炸，造成爆破不完全，降低爆破效果，危害爆破作业安全。

2. 原因分析

（1）钻孔深度过浅，与设计深度不符，分层装药包爆破时，表层药包起爆过早，冲击压力将底面药包压到死压点，使底面药包不爆炸。

（2）装药量过少，部分药包出现瞎炮。

3. 预防措施

（1）严格控制钻孔深度和分层装药间隔，相邻药包之间应不小于300mm。

（2）装药量应按设计要求；瞎炮预防措施参见4.1.1“瞎炮（拒爆）”的预防措施。

4. 治理方法

可参见4.1.1“瞎炮（拒爆）”的治理方法。

4.2 药包爆破

4.2.1 超爆

1. 现象

岩土和建筑物拆除爆破，破碎面出现超过要求爆破界线的现象。

2. 原因分析

(1) 未按边线或拆除控制爆破方法布孔和装药。

(2) 一次爆破用药量过大，超出了预定爆破作用范围。

3. 防治措施

(1) 在边线部位采取密孔法、护层法和拆除控制爆破方法进行布孔。

(2) 控制一次起爆炸药用量，采取较密布孔、较少装药、依次起爆的方法，使爆裂面较规则整齐地出现在预定设计位置。

4.2.2 爆渣块过大

1. 现象

被爆破碎的岩石或建（构）筑物爆渣块度过大，清理困难，需进行二次爆破破碎处理。

2. 原因分析

(1) 炮孔间距过大，临空面太少，抵抗线长度过长，致使各炮孔单独向的自由面爆成漏斗，留下未爆破的硬块，而使爆落的爆渣块过大。

(2) 炸药用量过小，破碎力度不够，不能使被爆破体都粉碎成碎块，而使部分爆渣过大。

(3) 采用集中药包爆破，各部分受力不匀，使爆渣块度大小不匀，产生部分大块。

(4) 在长条形爆破体上进行单排布孔，炮孔过小时，爆炸能主要消耗于相邻炮孔间的破裂上，从而减弱了向自由面方向推移介质的能量，亦会产生爆渣过大的现象。

3. 预防措施

(1) 按破碎块度要求，设计和布置炮孔；选取适当的临空面和抵抗线长度。

(2) 合理装药，炸药用量按计算和通过试爆确定。

(3) 尽可能采用延长药包、分散布孔、少装药的方法，使爆渣大小均匀。

(4) 在长条形爆破体上进行单排布孔，炮孔间距宜取 1.0～1.5 倍抵抗线长度。

4. 治理方法

将大块爆渣根据破碎块度要求钻孔、装药，或采取裸露爆破法进行二次破碎解体，使其达到要求的块度。

4.2.3 爆面不规整

1. 现象

爆破后 要求爆裂面规整的岩坡、台阶或拆除爆破的切割面，出现凹凸不平或在两端头的转角形成缺角等缺陷。

2. 原因分析

(1) 在爆裂或切割面部位未采取多布孔、少装药或间隔装药的控制爆破方法进行施爆。

(2) 炮孔未沿设计爆裂面顶线（即切割线）布置，钻孔深浅不一，相互不平行，左右前后偏离过大。

(3) 切割面上未设导向空孔（不装药），或虽设导向空孔，但深度未达到破裂切割深度。

(4) 炮孔采取密装装药（即偶合装药）方式（图 4-1a），使爆轰压力过大，损坏爆裂面。

3. 防治措施

(1) 对要求切割面规整的爆破，宜采取控制爆破方法，多钻孔、少装药或间隔装药；或采用护层法施爆。基本点是：创造较多的临空面，采取较密的布孔，群炮齐爆，或依次起爆，使裂缝沿着炮孔连线裂开，形成比较整齐的爆裂面。

(2) 炮孔应沿设计爆裂面顶线布置，炮孔做到深浅一致，相互平行，使爆轰力基本均匀，使其前后偏离不过大。

(3) 在爆破或切割面两端设导向空孔，并使其深度与爆破、切割深度一致。

(4) 靠爆裂、切割面炮孔采取非密装装药（即不偶合装药）方式（图 4-1b），以减弱爆轰力和爆破振动，保护爆裂面尽量少受损伤。

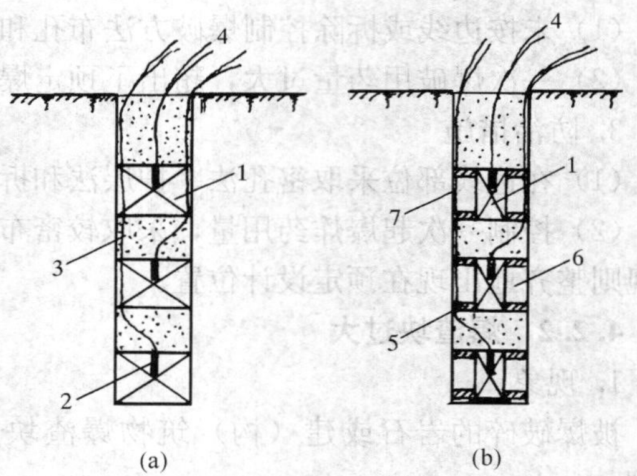

图 4-1　密装式和非密装分层装药方式

(a) 密装式分层装药；(b) 非密装式分层装药

1—炸药卷；2—电雷管；3—堵塞物；4—导电线；5—塑料制定位器或橡胶圈；6—空隙；7—炮孔壁

4.2.4　爆破振动过大

1. 现象

爆破时，振动强度过大，造成邻近建（构）筑物不同程度的损坏，仪器失灵，或对人体造成伤害。

2. 原因分析

(1) 采用了爆速高、猛度大、冲击作用强的炸药，作用于爆破体上的炮轰压力大，因而使爆破振动过大。

(2) 在控制爆破中，采用了密装装药方式，爆炸能量大，易使介质粉碎，振动亦相应加大。

(3) 爆炸一次装药量过大，使爆破振动强度（爆速）超过允许界限。

3. 防治措施

(1) 选择适当的爆破能源，如在控制爆破中选用低爆速炸药或燃烧剂，以降低地震波、冲击波的作用。

(2) 采用适当的装药方式，如在控制爆破中，采取分散装药，减少爆破振动强度；或采取装药与孔壁间预留一定环形空隙的装药方式，可缓冲和降低爆破对介质的冲击作用，因而可减少振动程度。

(3) 控制爆破振动强度。一般多以垂直振速来衡量爆破振动强度，并作为划分破坏程度的指标。对应各种影响程度的爆破振速限值参考资料见表 4-1；根据大量实测资料统计，不同建筑物、构筑物地面质点爆破振动速度允许临界值参考资料见表 4-2。

(4) 控制和减少一次齐爆的最大用药量来降低爆破能量，或采用分段微差控制爆破予以减振。

各种影响程度的爆破振速限值参考表 表 4-1

级别	建筑物和岩土破坏状况	振速 (mm/s)
6	建筑物安全	≤50
7	房屋墙壁抹灰有开裂、掉落	60～120
8	一般房屋受到破坏；斜坡陡岩上的大石滚落，地表面出现细小裂缝	120～200
9	建筑物受到严重破坏；松软的岩石表面出现裂缝，干砌片石移动	200～500
10～12	建筑物全部破坏，岩石崩裂，地形有明显的变化	1500

建筑物、构筑物爆破振动速度允许界限 表 4-2

项次	建筑物和构筑物类别	振速临界值（mm/s）
1	安装有电子仪器设备的建筑物	≤35
2	土质边坡	≤50
3	质量差的古、旧房屋	50～70
4	质量较好的砖石建筑物	100～120
5	坚固的混凝土建筑物、构筑物	≤200

（5）增大爆破作用指数 n 值，使爆炸能量中一大部分形成空气冲击波，从而使转化为地震波的能量相对减少，地震强度亦随之减弱。

（6）合理设计起爆顺序，采取多段分次顺序起爆，使每段时间间隔在 20ms 以上，使每次爆炸的地震波不重叠，形成独立作用的波，因而可大大降低地震强度。

（7）在建（构）筑物周围设置减震沟，深度大于或等于基础深度，可起一定的减震作用。

4.2.5 裸露爆破药包乱放，不覆盖

1. 现象

裸露爆破随便乱放药包，不进行适当覆盖，达不到破碎效果，且易出现冲天炮和质量、安全事故。

2. 原因分析

裸露药包多用于破碎大孤石或进行大块岩石、爆破块体的二次爆破。药包在块体表面乱放，不覆盖，易使药包飞散，或爆散相邻药包，使药量和爆破力消散，不能集中将被爆体解体、破碎，从而降低爆破效果，破碎块飞散较远，危害安全。

3. 预防措施

裸露药包应放在石块凹处，有裂隙（裂缝）的大块体应放在缝隙处，并在药包上用草皮或稀泥覆盖（忌用石块覆盖），厚度不少于药包直径。多个药包要放得适当，使一个药包在爆破时不致爆散其余药包。如不能做到，就必须采用传爆线或电雷管进行一次爆破。裸露爆破半径应在 400mm 以上。

4. 治理方法

爆破后发现有不爆的药包，并已飞散，可用新的雷管进行二次爆破。

4.3 控制爆破

4.3.1 爆破体失控

1. 现象

控制爆破中，被爆破体未按预定设计解体，破碎或散架，甚至将保留部分破坏。

2. 原因分析

（1）爆破设计不合理，未按结构特点、爆破范围、倒塌方向、解体破碎要求等确定爆破部位、爆破工艺、技术参数、单个构件的装药用量、装药方式及起爆次序等，致使爆破失去控制，不能按预定设计解体、破碎或散架。

（2）用药量过小，不能使被爆破结构自行解体、破碎，或爆破后材料不能离散原位。

（3）对高大整体建筑物，当要求部分炸塌、部分保留时，未先留出隔离带，致使保留部分炸坏。

（4）要求整体塌落解体破碎的建筑物，未彻底爆破底层的支承结构（柱、梁及承重墙），以致爆破后不能使其散离原位，以利用屋架自重，使整个结构塌落散架。

3. 防治措施

（1）精心合理地进行爆破设计，应根据爆破目标的类型、结构特点、要求爆破的范围（部位）、倒塌方向、塌落方式、要求解体破碎程度等，确定爆破部位、爆破参数、单个构件的装药用量、装药方式及起爆次序等，精心操作，使其按预定设计解体破碎或散架。

（2）确定合理的单位用药量系数。用药量应根据计算并通过试验确定，合理分配药量，确保充分起爆，以达到预定解体破碎或散架的要求。

（3）对要求部分炸塌、部分保留的建筑物，应先在分界处，用人工清出宽度大于1m的隔离带，或采取先在保留面附近部位进行预裂爆破，以确保爆破不致损坏保留部分。

（4）对要求整体塌落解体、破碎的建筑物，应先将底层的支承柱、梁及承重墙结构炸毁，使爆破建筑能自动塌落解体，其爆破碎块不散离原位。

4.3.2　竖向控制爆破未定向倒塌（塌落）

1. 现象

烟囱、框架等竖向结构控制爆破后，未按要求定向倒塌（塌落）或原地倒塌。

2. 原因分析

（1）爆裂口未设置在要求倒塌方向，或设置长度不够，或未先炸毁主要支承部分，使爆破的构筑物不能按预定方向倒塌（塌落）。

（2）炸药用量不够，不能使爆破后材料散离原位，促使爆裂口以上部位靠自重塌落。

（3）先后起爆顺序不当，不能有效地控制倒塌（塌落）方向。

3. 防治措施

（1）烟囱、框架爆破应在烟囱底部及柱根部先炸出爆裂口（切口），割裂上部结构与基础的联系，促使爆裂口以上部分自行坍落。当烟囱要求定向倒塌时，爆裂口应取在要求倒塌方向（图4-2），其长度不小于目标周长的一半；当要求原地倒塌时，爆裂口应取目标周长。

（2）要求原地倒塌时，可炸断底层全部承重柱墙，利用上部自重倒塌。

（3）确定合理的起爆顺序，采用毫秒雷管分段逐次起爆，保证爆破的建（构）筑物按预定方向倒塌。

4.3.3　水压控制爆破破碎不匀

1. 现象

水池、罐体、地下室、钢铁容器等结构采用水压控制爆破后，破碎块体大小不一、不均匀，爆破效果差，需进行二次破碎。

2. 原因分析

(1) 药量布置位置不当、不匀；对于均匀圆筒形或长方形池（罐，下同）体，未采用中心药包；池体高度大于或近似等于 $2R_W$（R_W 为药包中心至圆心池体内壁，或矩形池体短边内壁的距离，m）时，未设置上、下层中心群药包，使爆力和破碎不均匀。

(2) 对外壁设有加强柱（肋）的池体，未在柱根部另设辅助药包。灌水没有充满整个被爆池体，降低爆破力，使池各处受力不均。

(3) 池体有孔洞，未用砖或钢板封闭，降低爆破效果。

(4) 药包未采取防水措施，导致失效。

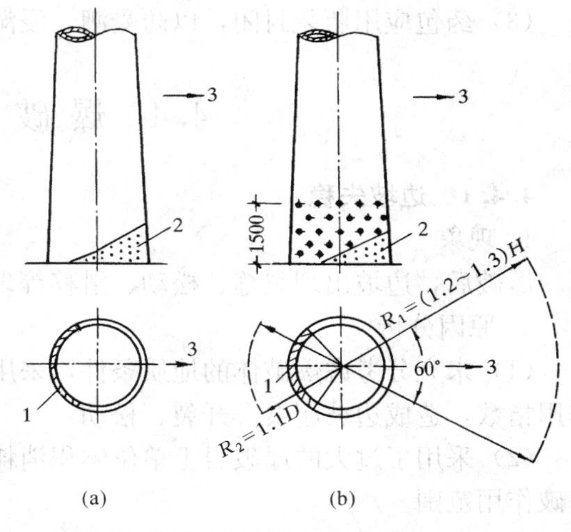

图 4-2 烟囱控制爆破爆裂口形式

(a) 钢筋混凝土烟囱爆裂口形式；(b) 砖烟囱爆裂口形式

1—保留截面；2—爆裂口；3—倾倒方向

R_1、R_2—烟囱倾倒后散落范围半径；H—烟囱高度；

D—烟囱爆破位置的筒壁外直径

3. 防治措施

(1) 对于均匀圆筒形或长方形(长宽比 $a/b \leqslant 1.2$)的池体，应采用中心药包(图 4-3a)；若池体高度大于或近似等于 $2R_W$ 时，应设置上、下二层的中心群药包(图 4-3b)。长方形池体的长宽比 $a/b>1$ 时，在设置群布药包。药包入水深度 $H_0 \approx (0.7\sim1.0)R_W$；药包与池底之距离 $H_1=(0.35\sim0.50)R_W$，群布药包中各药包的间距 $a=(1.0\sim1.5)R_W$。

(2) 池体外壁设有加强柱（肋）时，应在根部另布置辅助药包。池中水应充满整个被爆的池内；洞口用砖堵死或用钢板补焊封闭，利用水的不可压缩性，传递爆炸荷载，以提高爆破效果，达到均匀破碎四周壁体的目的。

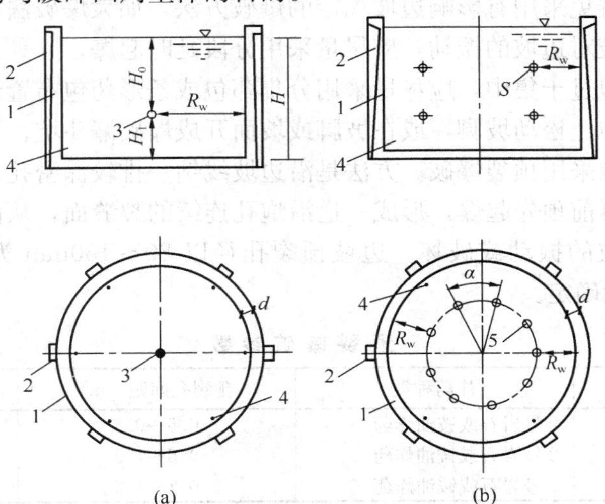

图 4-3 池罐体水压控制爆破药包布置

(a) 中心药包；(b) 群布药包

1—池、罐壁；2—加强柱（肋）；3—中心药包；4—辅助药包；5—分集药包

（3）药包应用瓶装封闭，以防受潮、浸湿而失效。

4.4　爆破不良症状

4.4.1　边坡失稳

1. 现象

爆破后，边坡出现裂缝、松动、滑移等现象，严重影响边坡的稳定性。

2. 原因分析

（1）未充分考虑爆破体的地质条件，采用了不当的爆破技术参数，如采用过大的爆破作用指数，造成边坡超爆、开裂、松动。

（2）采用了过大的爆破岩土单位体积消耗量系数 q 值，使一次爆破药量过大，扩大了爆破作用范围。

（3）没有预留足够的边坡保护层厚度，将边坡面破坏。

（4）不适于采用竖井、大爆破的地区，采用了大爆破，使边坡受扰动，给边坡稳定带来严重损坏。

（5）开坡放炮将边脚松动破坏，或在坡脚坡面开成爆破漏斗坑，破坏了边坡土体的内力平衡，使上部土体（或岩体）失去稳定。

（6）边坡部位岩土体本身存在倾向相近、层理发达、风化破碎严重的软弱夹层或裂隙，内部夹有软泥；或岩层中夹有易滑动的岩层；或存在老滑坡体、岩堆体，受爆破振动，使边坡松动、位移失稳。

3. 预防措施

（1）爆破设计时，应在邻近最终边坡的爆破区考虑预留一定厚度的边坡保护层，使边坡处于爆破压碎圈半径范围以外。

（2）根据地质条件，通过计算选择用药量和适宜的药包布置方式，相应的爆破参数；对不良地质、地段避免采用有影响边坡稳定的爆破方法，如大爆破法、峒室法爆破法等。

（3）为减轻爆破对边坡的振动，应尽量采用分段延时起爆。

（4）为避免药包过于集中，应尽量采用分集药包或条形药包布置形式。

（5）爆破时应防止松动坡脚，或在坡脚或坡面开成爆破漏斗坑。

（6）在边坡部位采用预裂爆破。方法是沿边坡线钻一排较深密孔，装少量炸药，在靠近边坡的药包未起爆前预先起爆，形成一道沿炮孔连续的裂缝面，从而隔断或减轻靠近边坡药包爆破时对边坡的振动或破坏。边坡预裂孔径以 80～150mm 为宜，有关参数见表 4-3,必要时应由试验确定。

预裂爆破参数　　**表 4-3**

孔径（mm）	炸药种类	预裂孔间距（m）	装药量（kg/m^3）
50	2 号岩石或铵油炸药	0.5～0.8	0.20～0.35
80	2 号岩石或铵油炸药	0.6～1.0	0.25～0.50
100	2 号岩石或铵油炸药	0.7～1.2	0.30～0.70

4. 治理方法

（1）对坡脚松动可用设挡土墙与岩石锚杆，或挡土板、柱与土层锚杆相结合的办法来整治。锚桩、锚杆均应设在边坡松动层以外的稳定岩（土）层内。

(2) 对坡面因振动出现较大的裂隙，可用砌石或砂浆封闭；对裂缝的悬石采用岩石锚杆与稳定岩层拉结。

(3) 如坡面局部出现凹坑，岩石边坡可用浆砌块石填砌；土坡用 3∶7 灰土夯补；与原岩土坡接触部位应做成台阶接槎，使牢固结合。

4.4.2 地基产生过大裂隙

1. 现象

爆破后，地基受挤压、振动产生过大的裂隙，降低地基的抗渗性和承载能力。

2. 原因分析

(1) 爆破时，基底以上未预留保护层，基底处于爆破压碎圈范围内，使地基受到扰动破坏，出现大量裂隙。

(2) 爆破用药量过大，使地基受过大爆轰力，造成松动，出现较多过大的裂隙。

(3) 地基本身存在很多裂隙，受爆破振动后使裂隙扩大加剧。

3. 预防措施

(1) 爆破时，基底以上应预留一定厚度的保护层，使基底处于爆破压碎圈半径范围以外。

(2) 根据地质情况，通过计算恰当地选择用药量和各项爆破工艺参数，使炮轰力和爆破振动不过大，以避免地基受到较大扰动而出现裂隙。

(3) 对本身存在较多裂隙的地基，避免采用大爆破方法松动土石方开挖基坑。

4. 治理方法

对有抗渗漏要求的地基，较大裂隙可用砂浆或细石混凝土填补；较小裂隙采用水泥压力灌浆处理；对无抗渗要求的地基，清除松散碎块后，用混凝土垫层找平即可；对原土地基清除松土后，用 3∶7 灰土夯实找平。

4.4.3 邻近建筑物裂缝

1. 现象

爆破后，邻近建筑物出现各种程度不同的裂缝。

2. 原因分析

(1) 爆破单位用药量过大，产生巨大的地震波、冲击波，造成建筑物裂缝。

(2) 装药结构不合理，布孔少而集中，同时采用密装装药方式，使爆轰能量大，振动大。

(3) 一次装药量大，未采取分段、分次微差起爆，使爆破振动强度超过建筑物的允许界限。

3. 防治措施

同 4.2.4“爆破振动过大”的防治措施。

4.4.4 爆破安全距离超标

1. 现象

爆破设计安全距离过小，实际爆破地震波和冲击波过大，爆破飞石过远，爆破效果差，使邻近建筑物、设备损坏，人员受到伤害。

2. 原因分析

（1）爆破设计未按规范规定安全距离布置药包。

（2）设计用药量过大，过于集中，未分散设置，破坏力过大，出现和抛掷大量飞石，使邻近建筑物、设备受到过大爆轰力作用。

（3）对建筑物、设备未采取必要的保护措施。

3. 预防措施

（1）爆破设计应按爆破种类、要求和规范规定的安全距离进行布置药包。

（2）消除爆破振动灾害，可采用控制爆破，分散布置药包，减少地震波和冲击波；采用分段爆破，减少一次起爆总药量来控制振动速度，使其不超过允许的安全范围。必要时可挖防震沟来破坏地震波的传播。用深孔和小药量以控制飞石。

（3）防飞石措施多用覆盖防护。对轻型防护可采用韧性较好的帆布、塑料胶管、带（胶片）或旧布垫等，或用荆笆、草垫或草袋装土等；对重型防护可用废旧汽车轮胎、粗圆木（用环索连接）、铁环（丝）网、脚手板或废钢板、钢材等，根据爆破的类型、防护距离及周围环境等选用。一般讲，崩落或破碎性爆破可采用轻型防护；如被保护物距离很近或对很重要的建筑物及设备，则应用重型防护。

（4）设置警戒线，阻止人员进入。爆破飞石的最小安全距离不应小于表 4-4 规定。

爆破飞石的最小安全距离　　**表 4-4**

项次	爆破方法	最小安全距离（m）	项次	爆破方法	最小安全距离（m）
1	炮孔爆破、炮孔药壶爆破	200	6	小洞室爆破	400
2	二次爆破、蛇穴爆破	400	7	直井爆破、平洞爆破	300
3	深孔爆破、深孔药壶爆破	300	8	边线控制爆破	200
4	炮孔爆破法扩大药壶	50	9	拆除爆破	100
5	深孔爆破法扩大药壶	100	10	基础龟裂爆破	50

附录 4　爆破工程质量标准及检验方法

1. 柱基、基坑、管沟和水下爆破后基底的岩土状态，必须符合设计要求。

2. 爆破工程外形尺寸的允许偏差和检验方法应符合附表 4-1 的规定。

爆破工程外形尺寸的允许偏差及检验方法　　**附表 4-1**

项次	项目	允许偏差（mm）			检验方法
		柱基、基坑、基槽、管沟	场地平整	水下爆破	
1	标高	－200	＋100 －300	－400	用水准仪检查
2	长度、宽度（由设计中心线向两边量）	＋200	＋400 －100	＋1000	用经纬仪、拉线和尺量检查
3	边坡坡度	－0	－0	－0	观察或用坡度尺检查

注：1. 柱基、基坑、基槽、管沟和水下爆破应将炸松的石渣清除后检查。场地平整应在整平完毕后检查。
2. 本表项次 3 的偏差系指边坡坡度不应偏陡。
3. 检查数量。标高：柱基抽查总数的 10%，但不少于 5 个，每个不少于 2 点；基坑每 $20m^2$ 取 1 点，每坑不少于 2 点；基槽、管沟每 20m 取 1 点，但不少于 5 点；场地平整每 100～$400m^2$ 取 1 点，但不少于 10 点。长度、宽度和边坡坡度均为每 20m 取 1 点，每边不少于 1 点。

5 基础降(排)水

基础降（排）水是土方工程、地基与基础工程施工中的一项重要技术措施，在建筑、隧道和地下工程施工中是一项常用的辅助工法。它能疏干基土中的水分，促使土体固结，提高地基强度；对处于天然地下水位以下基坑（槽）的施工，可以减少土坡土体侧向位移与沉降，稳定边坡，清除流砂，减少基底土的隆起；使位于天然地下水位以下的地基与基础工程施工能避免地下水的影响，改善了施工条件。此外，还可以减少土方量，缩短工期，提高工程质量和保证施工安全。

如果在施工前对施工场地的工程地质和水文地质情况缺乏详细的调查，或是降水设计方案、降水方法与设备的选择不符合工程的特点，不能满足工程的需要，或是降水的施工质量不佳，造成降水失效或达不到预定的要求，都会影响土方工程、地基与基础工程的正常施工，甚至危及邻近建筑物、构筑物和市政设施的安全与使用。

目前，常用基础降（排）水方法有明排井（坑）、井点降水、井管降水等。根据其设备又可分为轻型井点、喷射井点、电渗井点、深井井管、大口径井点和水平井点等。具体选用时，可根据工程的特点、要求的降水深度、含水层土的类别及其渗透系数、施工设备的条件和施工期限等因素，进行比较，选取经济合理、技术可靠、易于施工、管理方便的降水方案。各种井点、井管的性能、施工工艺和操作管理不尽相同，如果不能因地制宜、因事制宜地灵活运用和合理解决施工中的问题，将会造成严重的工程质量事故和安全事故。

5.1 基坑降(排)水

5.1.1 地下水位降低深度不足

1. 现象

（1）地下水位没有降到施工组织设计的要求，即挖土面以下 0.5～1.0m，水不断渗进坑内。

（2）基坑内土的含水量较大、较湿，不利于土方开挖，并引起基坑边坡失稳。

（3）坑内有流砂现象出现。

2. 原因分析

（1）对需要进行降水地区及相邻地区的工程地质和水文地质资料缺乏详细的了解和调查，没有查明相对含水层和不透水层、地下水的补给关系以及主要含水层和下卧层等情况；收集的资料与实际不符，或是借用附近工程有关资料；降水设计所采用含水层的渗透系数不可靠，影响了降水方案的选择和设计。

（2）降水方案设计有误，井点的平面布置、滤管的埋置深度、排水沟和排水井（坑）的布置、设计的降水深度不合理。

(3) 对工程特点和降水设备的性能缺乏了解，降水设备质量不符合要求，或是在运输、装卸、堆放、安装、使用过程中，零部件已经磨损，达不到要求的精度，不能发挥应有的作用。

(4) 施工质量有问题，如井孔的垂直度、深度与直径，井管的沉放，砂滤料的规格与粒径，滤层的厚度，管线的安装等质量不符合要求。

(5) 井管和降水设备系统安装完毕后，没有及时试抽和洗井，滤管和滤层被淤塞。

(6) 排水沟未及时清理淤泥，妨碍排水。

(7) 机电设备故障或动力、能源不能满足降水设备运转的需要，造成地下水降低后回升。

(8) 降水方案与挖土和基坑围护方案不相匹配，施工过程中因土方开挖和围护支撑的拆除，影响降水，甚至破坏降水设备。

3. 预防措施

(1) 工程地质和水文地质资料以及降水范围、深度、起止时间和工程周围环境要求是制定降水设计方案、选择施工机具、计算涌水量、布置井点位置、确定滤管位置和标高等的基本条件，应提前进行勘察或在现场进行有关试验，一般情况下，需要哪些水文、地质资料可参照表 5-1，根据降水工程的复杂程度区别对待。

一般降水工程复杂程度分类　　**表 5-1**

条件		复杂程度分类		
		简　单	中　等	复　杂
基坑类型	条状 b (m)	$b\leqslant3.0$	$3.0\leqslant b\leqslant8.0$	$b>8.0$
	面状 F (m^2)	$F<5000$	$5000\leqslant F\leqslant20000$	$F>20000$
降水深度 $S_\triangle$ (m)		$S_\triangle<6.0$	$6.0\leqslant S_\triangle\leqslant16$	$S_\triangle>16$
含水层特征 K (m/d)		单层 $0.1\leqslant K\leqslant20$	双层 $0.1\leqslant K\leqslant50$	多层 $K<0.1$ 或 >50
工程环境影响		无严格要求	有一定要求	有严格要求
场地类型		Ⅲ类场地，辅助工程措施简单	Ⅱ类场地，辅助工程措施较复杂	Ⅰ类场地，辅助工程措施复杂

地质资料的基本内容应包括工程附近的河流与湖泊的位置，地形地貌的描述，丰水期与枯水期的地下水位及其随潮汐的变化情况，工程所在地点土的物理力学性质和地质纵横断面图。并应查明相对含水层和不透水层的范围、地下水的补给关系、主要含水层和下卧层的范围和土颗粒的组成等，其深度应达到主要隔水层。土层的渗透系数（包括水平和垂直渗透系数）必须可靠，要根据降水工程的复杂程度作必要的现场抽水试验确定；如需采取回灌措施的，还应现场做注水试验；对于电渗井点降水，还应有电渗系数和导电率等资料。

(2) 开挖低于地下水位的基坑（槽）、管沟和其他挖方时，应根据当地工程地质资料、挖方尺寸、深度及要求降水的深度和工程特点，参照表 5-2 选择降水方法和设备。

降水类型及适用条件 表 5-2

降水类型	适用条件	
	渗透系数(cm/s)	可能降低的水位深度(m)
轻型井点多级轻型井点	$10^{-2}\sim10^{-5}$	3～6 6～12
喷射井点	$10^{-3}\sim10^{-6}$	8～20
电渗井点	$<10^{-6}$	宜配合其他形式降水使用
深井井管	$\geqslant10^{-5}$	>10

(3) 采用挖掘机、铲运机、推土机等机械挖土时，应使地下水位经常低于开挖底面不少于0.5m；加人工挖土时，地下水位低于开挖底面值可适当减少。降水实际能达到的深度与工程特点、水文地质情况、井点管的长度和平面布置等有关。井点降水系统的平面布置，可根据具体情况选用封闭形井点、双排井点或单排井点。对长宽度较大的基坑可在基坑中间增设一排或多排降水井点；若有局部深度比大面积基坑深的深坑（如电梯井等），可在深坑部位另设一组满足深坑降水要求的井点。轻型井点的井距为0.8～2m，距边坡线至少1m；喷射井点的井距为1.5～3m，距边坡线至少1.0m；电渗井点管（阴极）应布置在钢筋或钢管制成的电极棒（阳极）外侧0.8～1.5m，露出地面0.2～0.3m。对轻型井点、喷射井点和电渗井点，若按封闭方式布置单套井点设备时，集水总管宜在抽水机组的对面断开，使抽水机组两侧的集水总管长度、地下水抽汲量、管内的水流阻力和真空度大小等可基本接近，以达到较好的抽水效果。当采用多套井点设备时，各套井点设备的集水总管之间宜装设阀门隔开，使各套设备管内的水流分开；当其中一套机组发生故障时，可开启相邻的有关阀门，借助邻近的抽水机组来维持抽水。

(4) 井点施工应符合下列要求。

井孔应保持垂直，以防止孔壁坍塌；井孔的深度应大于井点管的深度，以保证井点管的设计埋设深度；井孔直径应根据井点的直径确定，不得小于规定的孔径，且上下应保持一致，特别是在井孔穿过不同土层时，要注意施工质量。滤管应按要求的位置埋设在透水性较好的含水层中，必要时可采取扩大井点滤层等辅助措施。如遇孔壁坍塌、井孔淤塞，使滤管无法沉放到规定的深度时，应重新成孔，严禁将滤管强行插入土中，以免滤管被淤泥堵塞而失效。成孔后，往往孔内的泥浆浓度过大，使砂滤料不易灌填、沉落，影响滤层质量，并使其透水性能减弱。因此，在灌填砂滤料前，应把孔内泥浆适当稀释，使砂滤料易于灌填和沉落（也要防止泥浆稀释过度而造成坍孔）。灌填砂滤料时，井管应居中，使砂滤料均匀地围绕在周围，形成滤层。灌填高度一般要求达到天然地下水位标高，其灌填量不得小于计算量的95%。

井点管沉放到井孔内以后，管口应妥善保护，以防杂物掉入管内造成堵塞。

井点系统各部件均应安装严密，防止漏气。连接集水总管与井管弯联管的短管宜采用软管。

井点施工时，还应做好施工记录，作为质量检查、总结经验、分析事故原因的依据。

记录中应包括施工单位和班组、工程名称、气候条件、施工机具、人工降水类别、井点编号、冲孔起讫时间、井孔直径和深度、井点的直径和长度、灌砂量、滤管长度、滤管底端标高和沉淀管长度等内容。

(5) 降水设备的管道、部件和附件等，在组装前必须检验和清洗，并妥善保管。对曾经使用过的管道、部件和附件等，还必须除去锈屑、垃圾和淤泥，并用压力空气或压力水冲洗干净。应特别注意井点滤管在运输、装卸和堆放时，网孔破损，绕丝走动，如果沉放前没有及时修补，将会造成滤管淤塞、泥土流失、地面沉陷等不良后果。

(6) 灌填砂滤料后，应规定及时洗井和试抽，可以破坏成孔时在孔壁形成的泥皮，排除渗入周围土层、滤层、滤管中的泥浆，使井管的过滤段形成良好的过滤层，恢复土层透水和井管的降水性能。同时，还要全面检查井点系统管路接头质量、井点出水状况（包括出水量、含泥量）、抽水机械运转情况等；如有漏气、漏水和“死井”（即滤管已被泥砂堵塞，渗水性能很差的井）等不正常现象，应及时处理，否则，在基坑开挖以后更难处理。

检查合格后，井点口到地面下一定深度范围内，应用黏性土填塞封孔，以防止漏气和地面水下渗，可以提高降水效果。

(7) 为确保降水连续不断地进行，应有备用泵和电动机；必要时，还应设置双电源或备用柴油发电机。泵、电动机、电源等在使用中一旦发生故障，应及时更换，以求在最短的时间内恢复正常降水，防止地下水位上升超过一定限度而引起工程质量事故。

降水过程中，应加强降水系统的维护和检查，保证不间断的抽水。同时，应经常观测并记录工作水压力、地下水流量、井点真空度、观察孔水位等，以便发现问题，及时处理。

(8) 排水沟应及时清理、修整，使水顺利地排到明排井（坑）内，并要有专人及时抽水。

(9) 井点的布置和挖土方向以及基坑围护支撑的布置要互相协调，不要因挖土将井点管碰坏。深井井管应布置在围护支撑附近，因深井管随基坑的挖深，井管露出土面越多，容易产生不稳定。深井管可以固定在围护支撑上，不易被挖土机碰坏。

(10) 在基坑内设降水观察井。挖土前测量观察井内水位降低情况，水位降至挖土底面 0.5～1m 时再开始挖土。

4. 治理方法

(1) 基坑边坡失稳的治理，可参见本手册 3.1.1“挖方边坡塌方”的治理方法。

(2) 坑内有流砂现象出现的治理可参见本手册 3.2.8“基坑（槽）开挖遇流砂”的治理方法。

(3) 对于井点管或滤层淤塞而引起的降水失效，可以通过洗井处理（即向管内用压力水或压缩空气反复冲洗、疏通），破坏成孔时在孔壁形成的泥皮，并恢复土层透水和井管的降水性能。

(4) 对于地下水位降深与要求相差不大的工程，可以根据降深差异的大小，分别采取减少井管之间距离的方法，即在原相邻的井管中间增加井管；也可以在基坑内增设井管，以增加地下水位的降低深度。对于地下水位降低深度与要求相差较大的工程，需要在原降水系统之外，再重新考虑比较合理的降水方法和设备，重新施工。

5.1.2　地面沉陷过多

1. 现象

在基坑外侧的降低地下水位影响范围内，地基土产生不均匀沉降，导致受其影响的邻近建筑物和市政设施发生不均匀沉降，引起不同程度的倾斜、裂缝，甚至断裂、倒塌。

2. 原因分析

(1) 排水的主要作用是疏干施工基地一定深度范围内的地下水，以利于基础施工。但是，随着孔隙水从土中被吸出而使孔隙水压力消散或降低，随之土体被压缩、固结。这一固结过程快慢，取决于地基土的性质，如饱和黏性土的压缩、固结需要较长时间才能完成，而砂土固结需要的时间则较短。

由于人工降水漏斗曲线范围内的土体压缩、固结，造成地基沉陷，这一沉陷量随降水深度的增加而增加，沉陷的范围随降水的范围扩大而扩大。

(2) 如果降水采用真空降水方法，不仅使井管内的地下水抽汲到地面，而且在滤管附近和土层深处产生较高的真空度，即形成负压区：各井管共同的作用，在基坑的内外形成一个范围较大的负压地带，使土体内的细颗粒向负压区移动，而使土体的孔隙增大。当地基土的孔隙被压缩、变形后，也产生了地基土的沉陷。真空度愈大，负压值和负压区范围也愈大，产生沉陷范围和沉降量也愈大。

(3) 地基采用人工降水措施后，在基坑外侧形成一人工降水漏斗曲线，即产生了水位差；土体在动力水压力影响下，细颗粒土产生移动，使土体的孔隙增大，随之产生压缩变形和沉陷。

(4) 井管滤管和滤层是人工降水工作中一个十分重要的环节，良好的滤管和滤层可以充分发挥井管的作用。其具体要求是渗透性好，又能将泥砂阻挡于滤层之外，具体反映是出水量大，出水的泥砂含量小：反之则井管被泥砂淤塞，出水量小，或由于在真空和动水压力作用下，移动到滤层周围的细颗粒通过滤层和滤管不断地被抽汲，使抽出的水浑浊，含泥砂量较大：由于地基土中的泥砂不断地流失，引起地面沉陷。

(5) 降水的深度过大，时间过长，扩大了降水的影响范围，加剧了土的压缩与泥砂流失，使地面沉陷增大。

3. 预防措施

(1) 降水前，应考虑到水位降低区域内的建筑物（包括市政地下管线等）可能产生的沉降和水平位移或供水井水位下降。在岩溶土洞发育地区，因降水加剧了地下水活动，使岩溶土洞发展，也可能引起地面塌陷；必要时，均应采取防护措施。在施工前，必须了解邻近建筑物或构筑物的原有结构，地基与基础的详细情况，如影响使用和安全时，应会同有关单位采取措施处理。例如在开挖基坑四周预先做防水帷幕或回灌水。

(2) 在降水期间，应定期对基坑外地面、邻近建筑物、构筑物、地下管线进行沉陷观测，具体要求为：在受降水影响范围的不同部位设置固定变形观测点，观测点不可少于4个；降水前应对设置的变形观测点进行二等水准测量，测量不少于2次，测量允许误差为±1mm。降水开始后，水位未达到设计降水深度以前，对观测点应每天观测1次；达到降水深度以后，可每2～5d观测1次，直至变形影响稳定或降水结束为止。另外，在基坑内外设观察井定期进行水位观察，并作好记录；一般抽水开始后，水位未达到设计降水深度前，每天观察3次水位、水量；当水位已达到降水深度，且趋于稳定时，可每天观察1次：如果在地表水补给影响的地区或雨季时，观察次数每日2～3次。观察过程中如发现建筑物等变形增大或地下水位情况异常，应及时采取措施。

(3) 基础降水工程施工前，应根据工程特点、工程地质与水文地质条件、附近建筑物和构筑物的详细调查情况等，合理选择降水方法、降水设备和降水深度；而且还应按国家标准《建筑地基基础工程施工质量验收规范》(GB 50202）和行业标准《建筑与市政降水工程技术规范》(JGJ/T 111）的规定编制施工组织设计，然后按施工组织设计的要求组织施工。人工降水的深度和范围、井点的真空度等，不能只顾及基坑的开挖和地基与基础工程的施工，而任意加深人工降水的深度或加大井点的真空度，还应考虑减少人工降水对周围环境的影响，尽量将降水的深度和范围、井点的真空度控制在一定的限度内。

(4）尽可能地缩短基坑开挖、地基与基础工程施工的时间，加快施工进度，并尽快地进行回填土作业，以缩短降水的时间。在可能的条件下，施工安排在地下水位较低或枯水的季节更佳，可以减少降水的深度和抽水量。

(5）滤管、滤料和滤层的厚度等，均应按规定设置，以保证地下水在滤层内的水流速度较大，过水量较多，又可以防止泥砂随水流入井管。抽出的地下水含泥量应符合规定，如发现水质浑浊，应分析原因，及时处理。滤管缠丝间隙（或滤网孔径）和滤层材料的规格，应根据土层情况和砂样筛分结果参照表 5-3 选用。

过滤器缠丝间隙和滤料规格表　　**表 5-3**

项次	含水层分类	筛分结果（以筛分后的重量计算）	填入砾石直径（mm）	过滤器缠丝间隙（mm）
1	卵石	颗粒＞3mm，占 90％～100％	24～30	5
2	砾石	颗粒＞2.25mm，占 85％～90％	18～22	5
3	砾砂	颗粒＞1mm，占 80％～85％	7.5～10	5
4	粗砂	颗粒＞0.75mm，占 70％～80％	6～7.5	5
5	粗砂	颗粒＞0.50mm，占 70％～80％	5～6	4
6	中砂	颗粒＞0.40mm，占 60％～70％	3～4	2.5
7	中砂	颗粒＞0.30mm，占 60％～70％	2.5～3	2
8	中砂	颗粒＞0.25mm，占 60％～70％	2～2.5	1.5
9	细砂	颗粒＞0.20mm，占 50％～60％	1.5～2	1
10	细砂	颗粒＞0.15mm，占 50％～60％	1～1.5	0.75
11	细砂含泥	颗粒＞0.15mm，占 40％～50％（含泥不超过 50％）	1～1.5	0.75
12	粉砂	颗粒＞0.10mm，占 50％～60％	0.75～1	0.5～0.75
13	粉砂含泥	颗粒＞0.10mm，占 40％～50％（含泥不超过 50％）	0.75～1	0.5～0.75

注：表中砾石的规格系最大限度，即含水层筛分粒径的 8～10 倍，在实用中亦可根据具体情况定为 6～8 或 5～10 倍。

(6）在基坑附近有建筑物、构筑物和市政管线的一侧做防水帷幕；防水帷幕可采用地下连续墙、深层搅拌桩等方法。降水井点设在基坑内一侧，以减少降水对外侧地基土的影响。

(7）采用降水与回灌技术相结合的工艺，即在需要保护的建筑物或构筑物与降水井点之间埋设回灌井点或回灌砂井、回灌砂沟等，通过现场注水试验确定回灌井点、回灌砂井的数量。一般情况下，回灌井点、回灌砂井的数量、深度与降水井点相同。回灌砂沟的沟底应在渗透性能较好的土层内，降水井点与回灌井点的距离宜大于 6m，以防两井相通。回灌水箱的高度、回灌水量等应以满足需保护的建筑物或构筑物处的地下水位保持或接近原自然地下水位要求为准。回灌水不应从砂井、砂沟中溢出。

4. 治理方法

对于降水而引起的地面沉陷，造成周围建筑物、构筑物、市政设施的有关质量问题，可分别根据工程情况进行处理，可参见本手册 13.2.8“地基不均匀沉降引起墙体裂缝”的治理方法。

5.2　明排井（坑）

明排井（坑）是由排水沟将水流至集水井（坑），再用潜水泵或泥浆泵将集水井（坑）内的水抽至地面排出基坑。它既经济又简单，是基础降水深度小于 2m 的首选方案。但如果施工中不认真对待，会产生以下质量通病。

5.2.1　明沟排水不畅

1. 现象

地下水不能通过明沟顺利地排入集水井（坑），造成地下水降不到设计深度，基坑土含水率高，影响基坑土方工程的施工。

2. 原因分析

（1）排水沟没有随基坑土的挖深而加深。

（2）排水沟的深度和宽度不够，或排水沟没有一定的坡度，使水水能顺利地流向集水井（坑）。

（3）基坑面积大，排水沟设置少。

（4）施工操作疏忽，泥土将排水沟堵塞，水流不通。

3. 预防措施

（1）基坑周围设置排水井（坑）和排水沟，应距坡脚有足够的距离，一般不应小于 30cm；与基础外边线也应有一定的距离，以不影响基坑施工。

（2）排水沟和集水井（坑）应与基坑（槽）的开挖水平施工长度同步进行。

（3）排水沟一般宜挖成梯形，宽度等于或大于 0.4m，深度为 0.4～0.6m，排水沟应有 0.1%～0.5%的坡度，使水流不致阻滞而淤塞。

（4）安排专人及时清理排水沟内的淤泥。

（5）基坑面积大时，可在基坑内挖盲沟将水引至基坑周围的排水沟，加快地下水的排泄。

4. 治理方法

由于边坡塌方造成排水沟损坏，可挖去塌方土，在边坡叠放装土草袋，使边坡稳定，再重新开挖排水沟。

5.2.2　集水井（坑）排水不畅或失效

1. 现象

集水井（坑）内水排不出，影响排水沟的水流入集水井（坑），造成基坑降水效果差。

2. 原因分析

(1) 选择的排水泵不能满足集水井（坑）排水的需要，使水不能迅速排出。

(2) 集水井（坑）布置距离太大，不能满足地下水涌入量的需要。

(3) 集水井（坑）深度和大小不能满足抽水的要求，或构造不合理，如滤水层选择错误、井壁处理不好，造成塌土使水泵不能抽水。

3. 防治措施

(1) 集水井（坑）直径应大于 0.5m，深度为 1m，布置在基坑四周，一般每隔 20～40m 设置 1 个。

(2) 水泵型号和数量应根据涌水量选择。隔膜式水泵、潜水泵适用于涌水量 $Q<20m^3/h$ 基坑的降水；隔膜式和离心式水泵、潜水泵适用于涌水量 $Q=20\sim60m^3/h$；当 $Q>60m^3/h$ 时用离心式水泵。

BA 型、B 型离心式水泵、潜水泵和泥浆泵性能见表 5-4、表 5-5、表 5-6、表 5-7。

BA 型离心水泵主要技术性能　　表 5-4

水泵型号	流量 (m^3/h)	扬程 (m)	吸程 (m)	电机功率 (kW)	外形尺寸（mm）（长×宽×高）	重量 (kg)
1.5BA-6	11.0	17.4	6.7	1.5	370×225×240	30
2BA-6	20.0	38.0	7.2	4.0	524×337×295	35
2BA-9	20.0	18.5	6.8	2.2	534×319×270	36
3BA-6	60.0	50.0	5.6	17.0	714×368×410	116
3BA-9	45.0	32.6	5.0	7.5	623×350×310	60
3BA-13	45.0	18.8	5.5	4.0	554×344×275	41
4BA-6	115.0	81.0	5.5	55.0	730×430×440	138
4BA-8	109.0	47.6	5.8	30.0	722×402×425	116
4BA-12	90.0	34.6	5.8	17.0	725×387×400	108
4BA-18	90.0	20.0	5.0	10.0	631×365×310	65
4BA-25	79.0	14.8	5.0	5.5	571×301×295	44
6BA-8	170.0	32.5	5.9	30.0	759×528×480	166
6BA-12	160.0	20.1	7.9	17.0	747×490×450	146
6BA-18	162.0	12.5	5.5	10.0	748×470×420	134
8BA-12	280.0	29.1	5.6	40.0	809×584×490	191
8BA-18	285.0	18.0	5.5	22.0	786×560×480	180
8BA-25	270.0	12.7	5.0	17.0	779×512×480	143

B 型离心水泵主要技术性能　　表 5-5

水泵型号	流量 (m^3/h)	扬程 (m)	吸程 (m)	电机功率 (kW)	重量 (kg)
1.5B-17	6～14	20.3～14.0	6.6～6.0	1.5	17.0
2B-31	10～30	34.5～24.0	8.2～5.7	4.0	37.0
2B-19	11～25	21.0～16.0	8.0～6.0	2.2	19.0
3B-19	32.4～52.2	21.5～15.6	6.2～5.0	4.0	23.0
3B-33	30～55	35.5～28.8	6.7～3.0	7.5	40.0
3B-57	30～70	62.0～44.5	7.7～4.7	17.0	70.0
4B-15	54～99	17.6～10.0	5.0	5.5	27.0
4B-20	65～110	22.6～17.1	5.0	10.0	51.6
4B-35	65～120	37.7～28.0	6.7～3.3	17.0	48.0
4B-51	70～120	59.0～43.0	5.0～3.5	30.0	78.0
4B-91	65～135	98.0～72.5	7.1～40.0	55.0	89.0
6B-13	126～187	14.3～9.6	5.9～5.0	10.0	88.0
6B-20	110～200	22.7～17.1	8.5～7.0	17.0	104.0
6B-33	110～220	36.5～29.2	6.6～5.2	30.0	117.0
8B-13	216～324	14.5～11.0	5.5～4.5	17.0	111.0
8B-18	220～360	20.0～14.0	6.2～5.0	22.0	—
8B-29	220～340	32.0～25.4	6.5～4.7	40.0	139.0

潜水泵主要技术性能 表 5-6

型号	流量 (m^3/h)	扬程 (m)	电机功率 (kW)	转速 (r/min)	电流 (A)	电压 (V)
QY-3.5	100	3.5	2.2	2800	6.5	380
QY-7	65	7	2.2	2800	6.5	380
QY-15	25	15	2.2	2800	6.5	380
QY-25	15	25	2.2	2800	6.5	380
JQB-1.5-6	10～22.5	28～20	2.2	2800	5.7	380
JQB-2-10	15～32.5	21～12	2.2	2800	5.7	380
JQB-4-31	50～90	8.2-4.7	2.2	2800	5.7	380
JQB-5-69	80～120	5.1～3.1	2.2	2800	5.7	380
7.5JQB8-97	288	45	7.5	—	—	380
1.5JQB2-10	18	14	1.5	—	—	380
$2Z_6$	15	25	4.0	—	—	380
JTS-2-10	25	15	2.2	2900	5.4	—

注：JQB-1.5-6、JQB-5-69、1.5JQB-10 的重量分别为 55、45、43kg。

泥浆泵主要技术性能 表 5-7

泥浆泵型号	流量 (m^3/h)	扬程 (m)	电机功率 (kW)	泵口径 (mm)		外形尺寸 (m) (长×宽×高)	重量 (kg)
				吸入口	出口		
3PN	108	21	22	125	75	0.75×0.59×0.52	450
3PNL	108	21	22	160	90	1.27×5.1×1.63	300
4PN	100	50	75	75	150	1.49×0.84×1.085	1000
2.5NWL	25～45	5.8～3.6	1.5	70	60	1.247（长）	61.5
3NWL	55～95	9.8～7.9	3	90	70	1.677（长）	63
BW600/30	(600)	300	38	102	64	2.106×1.051×1.36	1450
BW200/30	(200)	300	13	75	45	1.79×0.695×0.865	578
BW200/40	(200)	400	18	89	38	1.67×0.89×1.6	680

注：流量括号中数量单位为 L/min。

(3) 集水井（坑）井壁四周要采取防止井壁塌方的措施，并且要有滤水层；护壁可用篱笆、箩筐、铁皮桶等，滤水层可用块石、卵石等，使水能渗进集水井（坑）。

(4) 经常派人清理集水井（坑），将井内的淤泥及垃圾清理干净并指定专人对每个集水井（坑）进行观察，发现有一定量的积水立即开泵抽水。

5.3 轻 型 井 点

轻型井点主要设备包括井点管、集水总管和抽水机组等。由抽水机组产生真空，将地下水提升到地面。轻型井点因机组类型不同而分为干式真空泵井点、射流泵井点、隔膜泵井点。由于其排气排水方式不同，常见故障和防治方法亦不同。

5.3.1 滤管淤塞

1. 现象

滤管渗水不畅，地下水不易进入滤管。

2. 原因分析

(1) 滤管位置没有在渗透性较大的土层中。

(2) 井点孔深度不够，井点管插在井点底部的淤泥中。

(3) 井点孔直径太小，砂滤层厚度不够。

(4) 砂滤料不合规格，且含泥量过大，并夹有泥块、杂草等垃圾。

(5) 井点孔冲孔结束时，孔内泥水浓度过大。

(6) 井点管放入孔内后，没有及时灌填砂滤料。

(7) 砂滤料从井点管的单侧倒入，滤层厚度不均匀，且填砂量没有达到规定值。

3. 预防措施

(1) 滤管位置应设在渗透性较大的土层中。

(2) 井点孔深度应大于井点管深度 0.5m，严禁将井点管硬插入土中。

(3) 冲井点孔时，井点孔的直径不宜小于 30cm，孔身要直、要圆，孔身上下保持一致。

(4) 砂滤料应符合规定要求，滤料应过筛，清除夹杂其中的块、杂草等垃圾。

(5) 井点孔冲孔深度达到规定位置后，应将孔内泥水进行稀释。

(6) 井点管放入孔内后，应立即灌填砂滤料。

(7) 回填砂滤料时，应围绕井点管四周均匀填入，使滤层厚度均等，填砂滤料的数量应满足规定要求。

(8) 井点下沉结束时应及时检验井点渗水性能：当砂滤料在井点管周围灌入井孔时，应有泥浆水从井点管口冒出；或是将清水注入井点管内，水能很快下渗，则可认为这根井点管属于良好。如果水不下渗，则应立即处理。一套井点埋设后及时试抽洗井。

4. 治理方法

(1) 井点孔直径太小、深度不够时，应重新扩大井孔孔径和加大孔深。

(2) 对于硬插入土中的井点管，应拔出重新冲孔加深，达到规定深度要求后再沉放。

(3) 灌砂量不足时，应及时查清原因，采取措施进行补充灌砂。

(4) 对于渗水性能很差的井点，应及时分析原因，采取措施，提高其渗水性能。

5.3.2　真空度失常

1. 现象

(1) 真空度很小，真空表指针剧烈抖动，抽水量很少。

(2) 真空度异常大，但抽不出水。

(3) 地下水位降不下去，基坑边坡失稳，有流砂现象。

2. 原因分析

(1) 井点设备安装不严密，管路系统大量漏气。

(2) 抽水机组零部件磨损或发生故障。

(3) 井点滤网、滤管、集水总管和滤清器被泥砂淤塞，或砂滤层含泥量过大等，以致抽水机组上的真空表指针读数异常大，但抽不出地下水。

(4) 井点设备选择不当，或井点滤管埋设的位置和标高不当，处于渗透系数较小的土层中。

3. 预防措施

(1) 井点管路安装必须严密。

(2) 抽水机组安装前必须全面保养，空运转时真空度应大于 60kPa。

(3) 轻型井点系统应按一定程序施工，通常是：

1) 挖井点沟槽，铺设集水总管。为了充分利用泵的抽水能力，集水总管标高要尽量接近地下水位，并宜沿抽水水流方向有 0.25%～0.5%的上仰坡度。

2) 冲井点孔。冲孔时冲管应垂直插入土中，井孔冲成后，要立即拔出冲管，插入井点管，立即在井点管与孔壁之间迅速填灌砂滤层，防止孔壁塌土，砂滤层宜选用干净的 0.4～0.6mm 的中粗砂，灌填要均匀，砂滤层的灌填质量是保证井点管顺利插入的关键。滤料填至地面以下 1.0～2.0m，上面用黏土封口，以防漏气。井点管插好后与集水总管相连接。

3) 安装抽水机组，并同集水总管相连接。

4) 进行试抽和洗井，检查合格后交付使用。

(4) 轻型井点系统的全部管路，在安装前均应将管内铁锈、淤泥等杂物除净。井点滤管在运输、装卸和堆放时，应防止滤网损坏；下入井点孔前，必须对滤管逐根检查，检查标准为：过滤管长 1.2～2m，孔隙率 15%，外包 1～2 层 60～80 目尼龙网或铜丝网。井点冲孔深度应比滤管底端深 0.5m 以上，冲孔直径应不小于 0.3m。单根井点埋设后要检查其渗水能力。

(5) 一套井点埋设后要及时试抽洗井，全面检查管路接头安装质量、井点出水状况和抽水机组运转情况，发现漏气和“死井”等问题，应立即处理。

4. 治理方法

(1) 真空度失常而又一时不易辨别出现问题的具体部位时，可先将集水总管和抽水机组之间的阀门关闭。如果真空度仍然很小，则属于抽水机组故障；如果真空度由小突然变大，则属于抽水机组以外的管路漏气。

(2) 集水总管漏气可根据漏气声音逐段检查，根据情况在漏气点或拧紧螺栓，或用白漆加麻丝嵌堵缝隙或管子丝扣漏气部位。

(3) 井点管因淤塞而抽不出水的检查方法有：手摸井点管，冬天不暖，夏天不凉；井管顶端弯头不呈现潮湿；用短钢管一端触在井点管弯头上，另一端俯耳细听，无流水声；通过透明的塑料弯联管察看，不见有水流动；向井点内灌水，水不下渗。基坑未开挖前可用高压水冲洗井点滤管内淤泥砂，必要时拔出井点，洗净井点滤管后重新水冲下沉。

5.3.3 水质浑浊

1. 现象

(1) 抽出的水始终不清，水中含砂量较大。

(2) 基坑附近地表沉降较大。

2. 原因分析

(1) 井点滤网破损。

(2) 井点滤网孔径和砂滤料粒径太大，失去过滤作用，土层中的大量泥砂随地下水被抽出。

(3) 滤层厚度不足，主要是因为施工质量不好引起，如井孔缩颈、倾斜、弯曲不直、井点管在孔内不居中，造成滤层不连续、厚薄不均匀和局部偏薄等。

3. 预防措施

(1) 下井点管前必须严格检查滤网，发现破损或包扎不严密，应及时修补。

(2) 井点滤网和砂滤料应根据土质条件选用。当土层为砂质粉土或粉砂时，一般可选用60～80目的滤网，砂滤料可选中粗砂。

(3) 井点施工应按有关规定执行，详见5.1.1“地下水位降低深度不足”的预防措施(4)、(5)、(6)

4. 治理方法

抽出水质始终浑浊的井点，必须停止使用。

5.3.4　井点降水局部异常

1. 现象

基坑局部边坡有流砂堆积或出现滑裂险情。

2. 原因分析

(1) 失稳边坡一侧有大量井点淤塞或真空度太小。

(2) 基坑附近有河流或临时挖掘的积存有水的深沟，这些水向基坑渗漏补给，使动水压力增高。

(3) 基坑附近地面因堆料超载或机械振动等，引起地表裂缝和坍陷；如果同时又有地表水向裂缝渗漏，则流砂堆积或滑裂险情将更严重。

3. 预防措施

(1) 详见5.3.2“真空度失常”的预防措施。

(2) 在水源补给较多的一侧，加密井点间距，在基坑开挖期间禁止邻近边坡挖沟积水。

(3) 基坑附近地面避免堆料超载，并尽量避免机械振动过剧。

4. 治理方法

(1) 封堵地表裂缝，把地表水引向离基坑较远处；找出水源予以处理，必要时用水泥灌浆等措施填塞地下空洞、裂缝。

(2) 在失稳边坡一侧，增设抽水机组，以分担部分井点管抽汲的水量，提高这一段井点的抽汲能力。

(3) 在有滑裂险情边坡附近卸载，防止险情加剧，造成井点严重位移而产生的恶性循环。

5.3.5　气水分离失控

1. 现象

(1) 干式真空泵缸体内发出连续的撞击响声。

(2) 真空泵的活塞缸体内有水吸入。

(3) 井点降水受到严重影响。

2. 原因分析

(1) 气水分离箱水位器气密性差，外面空气从接缝处漏入箱体内。

(2) 气水分离箱的上下两个筒体气密性差。

(3) 离心水泵与气水分离箱之间的控制阀门不密闭。

(4) 离心水泵的出水量控制不当，出水时有时无。

3. 预防措施

(1) 气水分离箱在进入施工现场前必须经过保养，防止箱内的水进入真空泵。

（2）气水分离箱的水位器上下两端应装有旋塞，必要时能关闭，以防止外面空气进入箱体内。

（3）气水分离箱的上下两个筒体应密闭，使气水在此进行二次分离。

（4）离心水泵与气水分离箱之间的阀门应可靠，防止漏气。

（5）离心水泵的出水量应控制适度，使其能保持连续出水。

4. 治理方法

（1）听到排气缸体内发出撞击声后，应立即将气缸下面的放水旋塞开启，使气缸内的积水排出，排净积水后，将放水旋塞关闭。

（2）若撞击声仍连续不断，气缸下面的旋塞不断有水排出，则停泵检查真空泵活塞与气缸末端留有的空隙状况等，待处理后不再有撞击声时，才可按规定操作顺序，重新开泵使用。

5.3.6 排气缸体升温过高

1. 现象

干式真空泵抽水机组的排气缸体温度上升异常高，无法继续运转进行降水。

2. 原因分析

（1）排气缸体开泵前未加冷却水，或在抽水机组运转时，冷却水因种种原因漏失，使缸体温度上升很高。

（2）冷却水循环过程中受阻，水温升高。

（3）冷却泵损坏。

（4）冷却水管路被泥砂、垃圾等杂物堵塞，无法循环流动进行冷却。

3. 预防措施

（1）干式真空泵抽水机组开动前，必须将冷却箱内灌满清水。

（2）降水设备进入施工现场前，气水分离箱内必须进行保养，箱底内无淤泥等垃圾沉积物，箱底的冷却水管完好无损，冷却水管内水路畅通无积垢，使传热性能良好。

（3）冷却水泵、水箱及管路保养完好，性能正常，管路和各处接头不漏水，经测试合格后，方可正式使用。

（4）真空泵运转期间，要经常检查缸套温度状况，以确保设备正常。

4. 治理方法

发现真空泵活塞缸体的缸套温度升高很大时，若冷却水箱无水，应立即加满清水，若因冷却水管堵塞或气水分离箱内泥砂等淤积使热交换失效，则用外面的冷却水来降温。

5.3.7 局部地段出现流砂和险情

1. 现象

基坑局部边坡有流砂或出现滑坡险情。

2. 原因分析

（1）失稳边坡一侧有大量井点管淤塞，或真空度太小。

（2）基坑附近有河流或临时挖掘深水沟，这些水向基坑渗漏，使动水压力增高。

（3）基坑附近地面因堆料超载或机械振动等，引起地表裂缝和坍陷。

（4）抽出的地下水在此附近地面排出而回流入地下。

3. 预防措施

(1) 详见 5.3.1“滤管淤塞”和 5.3.2“真空度失常”的预防措施；

(2) 在水源补给较多一侧，加密井点间距，在基坑开挖期间禁止邻近边坡挖沟积水；

(3) 基坑附近地面禁止堆土堆料超载，并尽量避免机械振动过剧；

(4) 抽出的地下水应排放到远处，使其不在此附近回流入土中。

4. 治理方法

详见 5.3.4“井点降水局部异常”的治理方法。

5.4 喷射井点

喷射井点适用于深度超过 8m 的基坑降水工程。主要设备包括装有扬水器井点管、进水总管、回水总管、高压水泵和循环水池（或水箱）。循环工作水经过高压水泵加压后，通过进水总管、井点管流向位于井点下部的滤水管顶端附近的扬水器处产生真空，抽吸地下水。抽吸的地下水经过能量传递，获得同等势能后与循环工作水一起提升到地面，通过回水总管，回流入循环水池（箱），地下水排出池（箱）外，工作水继续循环使用。在工作水循环流动过程中，地下水不断被抽出，地下水位不断下降，形成降水漏斗曲线，周围地层被逐渐疏干。如果井点施工质量差，扬水器（包括喷嘴和混合室）失效，循环水路不通畅，工作水大量流失和压力下降，井点滤管或砂滤层淤塞，井点就失效。目前常用的是喷水井点，常见的故障和防治方法同工作水循环能否正常有密切关系。

5.4.1　井点管漏水

1. 现象

(1) 底座密封部位大量漏水，井点抽水的是漏下去的循环工作水，地下水位降不下去。

(2) 井点外管或内管接头漏水。

2. 原因分析

(1) 井点内管底部的密封铜环在安装时受损。

(2) 安装在外管底部内侧的底座锈蚀，加工时的光洁度差。

(3) 井点抽水期间，循环工作水在内管中的向上力使内管上升，引起密封铜环与底座脱开。

(4) 井点外管或内管接头的连接质量不合格。

3. 预防措施

(1) 改进安装工艺，避免密封环磨损。

(2) 安装密封环时严禁用管子钳卡在密封铜环上。

(3) 外管底座上的密封面应无锈蚀，且保持必要的光洁度。

(4) 露在地面上的内管和外管之间的紧固件应箍紧，防止井点内管上升。

(5) 井点外管或内管接头连接后要进行压水试验，检验合格后方可使用。

4. 治理方法

(1) 将底座密封失效的井点内管拔出，更换受损的密封铜环后，再将内管插入井点外管中使用。

(2) 将上升的井点内管压下去，使底座密封生效。

5.4.2 扬水器失效

1. 现象

(1) 井点真空度很小，井点内管出水不畅或无力，压差反映不正常。当关闭此井点时，压力表显示出工作水压力增加，如超过正常情况下预先测定的数值范围，称为压差不正常。

(2) 扬水器失效的井点附近常有涌水冒砂，出现局部土层较湿或边坡局部不稳定现象。

2. 原因分析

(1) 喷嘴被杂物堵塞，当关闭该井点时，压力表指针基本不动或上升很小。

(2) 喷嘴磨损严重，甚至穿孔漏水，喷嘴夹板焊缝开裂。当关闭该井点时，压力表指针上升很大。

3. 预防措施

(1) 严格检查扬水器质量，重点是同心度和焊缝质量；组合后，每根井点管应在地面作泵水试验和真空度测定。地面测定的真空度不宜小于93kPa。

(2) 装配扬水器时要防止工具损伤喷嘴夹板焊缝；井点管和总管内必须除净铁屑、泥砂和焊渣等杂物，并加防护，以防喷嘴堵塞带来后患。

(3) 防止喷射器损坏，预先应对每根喷射井点进行冲洗，开泵压力要小，以后逐步开足。

(4) 工作水要保持清洁，井点全面试抽两天后，应更换清水，以后视水质浑浊程度定期更换清水；工作压力要调节适当，能满足降水要求即可，以减轻喷嘴磨耗程度。

4. 治理方法

(1) 喷嘴堵塞时，应迅速将堵塞物排除，通常是先关闭该井点，松开管卡，将内管上提少许，敲击内管，使堵塞物振落到下部的沉淀管。如果堵塞物卡得过紧，振落不下，则可将内管全部拔出，排除堵塞物。

(2) 喷嘴夹板焊缝开裂或磨损、穿孔漏水时，则应将内管全部拔出，更换喷嘴。

5.4.3 井点堵塞

1. 现象

(1) 工作水压力正常，但井点真空度超过附近正常井点较多。

(2) 向被堵塞的井点内管中灌水，水渗不下去。

(3) 如邻近同时有几根井点堵塞，则附近基坑边坡土体潮湿，甚至出现边坡不稳或流砂现象。

2. 原因分析

(1) 井点管四周填砂滤料后，未及时进行单井试抽，致使井管内泥砂沉淀下来，把滤管内的芯管吸口淤塞。

(2) 井点滤管埋设位置和标高不当，处于不透水黏土层中。

(3) 冲孔下井点过程中，孔壁坍塌或缩孔，或土层中遇硬黏土夹层，而在冲孔时未处理，致使滤网四周不能形成良好的砂滤层，使滤网被淤泥堵塞。

3. 预防措施

(1) 喷射井点宜按下列程序施工：

1）安装水泵设备（包括循环水池或水箱）及泵的进出管路，必要时搭临时泵房；

2）铺进水总管和回水总管，挖井点坑和排泥沟；

3）沉没井点管，灌填砂滤料，接通进水总管，单井及时试抽；

4）全部井点沉设完毕后，立即把各根井点接通回水总管，进行全面试抽，合格后交付使用。

(2) 在成层土层中，井点滤管一般应设在透水层较大的土层中，必要时可扩大砂滤层直径，适当延深冲孔深度或增设砂井。

(3) 冲孔应垂直，孔径应不小于 40cm，孔深应大于井点底端 1m 以上。拔冲管时应先将高压水阀门关闭，防止把已成孔壁冲坍。对土层中的硬黏土夹层部位，应使冲管上下反复冲孔和不断旋转冲管，使夹层的孔径扩大到设计要求。

(4) 单井试抽时排出的浑浊水不可回入回水总管。试抽开始时水质浑浊，而后变清是属于正常现象，水质变清后连续试抽不宜小于 1h，以提高砂滤层及其附近土层的渗水能力。

4. 治理方法

(1) 当滤管内被泥砂淤积时，可先提起井点管少许，通过井点内外管之间环形空间进水冲孔，由内管排水；或反之，通过内管进水，由环形空间排水，使反冲的压力水把淤积的泥砂冲散成浑水排出。

(2) 当淤泥堵塞滤网或砂滤层时，可通过向井点内管压水，使高压水带动泥浆从井点孔滤层翻出地面，翻孔时间约 1h；停止压水后，悬浮的砂滤料逐渐沉积在井点滤管周围，重新组成滤层。

(3) 如果滤管埋设深度不当，应根据具体情况增设砂井，提高成层土层垂直渗透能力，或在透水性较好的含水层中另设井点滤管，或拔出井管重新埋设。

5.4.4　喷射井点一般故障

1. 现象

(1) 井点倒灌水，井点周围有翻砂冒水现象。

(2) 工作水压力升不高，致使井点真空度很小。

(3) 井点回水连接短管爆裂。

(4) 循环水池水位不断下降。

2. 原因分析

(1) 扬水器失效，井点内管底座安装不严密，或使用过程中因管卡松动，内管上移，造成底座部位漏水，井点内管及外管的接头漏水，工作水压力过低等原因，均可能发生井点倒灌水。

(2) 水泵负担过多的井点，或循环水池内泥砂沉淀过多，堵塞水泵吸水口，致使工作水量不足，水压升不高，使井点真空度很小。

(3) 井点阀门操作不慎引起短管爆裂。

(4) 循环水池位置离基坑太近，当地表发生沉陷时，影响循环水池，开裂漏水。如果井点倒灌水或工作水循环系统中有大量漏水时，工作水的漏失量超过井点抽出水量，水池水位亦将不断下降。

3. 预防措施

（1）参见5.4.2“扬水器失效”的预防措施。井点管组装前，应认真检查内管底座部位的支座环等质量；组装后在地面上对每根井点进行泵水试验；使用时要把内管顶部的管卡拧紧，防止内管上移；并要根据井点埋设深度保证必要的工作水压力。

（2）要按照水泵实际性能来负担井点数量，要有备用水泵。为了防止水泵吸水口被泥砂堵塞，应考虑多方面因素，可参见5.3.3“水质浑浊”和5.4.3“井点堵塞”的有关预防措施；并加强降水值班岗位责任制，经常注意水的含砂量和水池中的泥砂沉积高度。

（3）井点阀门操作应按照程序，开井点时应先开回水阀门，后开进水阀门；关井点时，应先关进水阀门，后关回水阀门。

（4）循环水池位置宜离基坑稍远，并适当加强水池结构的抗裂措施，要防止井点倒灌水，进水总管和回水总管的接头应安装严密。

4. 治理方法

（1）发现井点倒灌水，应立即关闭该井点，查清倒灌水原因并作处理。根据井点关闭时工作水压力表指针上升数值大小和先易后难顺序，依次检查处理。如井点阀门未开足应开足，以保证必要的工作水量和工作水压力；内管底座安装不严密或使用过程中井点内管上移的，应将内管顶端管卡拧紧，使底座向下压紧，保证接触严密；如底座上的铜环损坏，则更换铜环；扬水器失效按5.4.2“扬水器失效”治理方法处理；内管接头漏水则按具体情况处理丝扣接头或焊缝；若外管接头漏水则停止使用该井点。

（2）水泵流量不足时应增设水泵；清理循环水池中的沉积泥砂应在维持井点连续降水的条件下进行，并查明泥砂大量沉积原因。如系个别井点引起，应按5.3.3“水质浑浊”的治理方法处理。

（3）短管爆裂时，应立即关闭该井点，换上泵房内备用的回水连接短管，然后按本项预防措施（3）的操作程序开启井点。

（4）循环水池开裂漏水时，应对水池进行加固和堵漏；必要时改用循环水箱。如果循环水池水位下降系工作水循环管路系统或井点倒灌水引起的，应根据具体情况处理。

5.4.5 工作水压骤然下降

1. 现象

（1）降水泵房中的水泵输出水的总管内工作水压骤然下降。

（2）井点降水骤然中断。

2. 原因分析

（1）井点进水连接短管接头脱落，引起工作水大量外流。

（2）井点回水连接短管接头脱落或断裂，循环工作水回不到循环水池，水池水位不断下降，水泵吸水量不足，引起水泵出水压力下降。

（3）循环水池放水过度，造成水泵无水可吸。

（4）水泵与循环水池之间的吸水管路断裂，严重影响水泵吸水量。

3. 防治措施

（1）当连接短管断裂或脱落，应立即开闭井点控制阀门，换上备用连接短管。

（2）当循环水池因放水过度而脱水，应立即开闭循环水池放水阀门，并开启水源阀门向循环水池补充水量，提高水池水位，在水泵能够开动并向井点供给有压工作水以前，应立即调节井点系统的有关控制阀门，防止向井点倒灌水。

(3) 对于吸水管路断裂的水泵，应立即关闭吸水管路阀门和水泵的出水阀门，同时开动备用水泵。

5.5 电渗井点

电渗井点的设备除包括轻型井点或喷射井点的设备外，另加金属棒。它的工作原理是应用电场作用，金属棒插入地中为阳极，使弱含水层中带正电荷的水分子（自由水及结合水）向为阴极的井点管运动，加快水在土中的渗透。主要适用于渗透系数小于 0.1m/d 的细颗粒土层土，尤其是在淤泥和淤泥质黏土中，与轻型井点或喷射井点结合使用效果显著。电渗井点除有轻型井点和喷射井点的质量通病外，还有以下质量通病。

5.5.1 电渗效果差

1. 现象

地下水不能向阴极方向集中，使井点排水量少，影响降水效果。

2. 原因分析

(1) 阴极、阳极数量不相等，或电线未连接成通路。

(2) 地面上有其他导电物体，使大量电流从地表面通过，降低了电渗效果。

(3) 电渗阳极埋设不符合要求，如阳极与土体接触不好，电阻增加，影响电渗效果。

3. 预防措施

(1) 电渗井点宜按下列程序施工：

1) 埋设轻型井点管或喷射井点管；

2) 埋设阳极（用 ϕ50～ϕ70mm 钢管或 ϕ5mm 以上的钢筋）；

3) 阴、阳极分别用铜芯橡皮线、扁铁或钢筋等连成通路，再分别连接到直流发电机的相应电极上。

(2) 利用轻型井点管或喷射井点管作阴极，沿基坑外围布置，用钢管或钢筋打入或钻入地下做阳极（高出地面 20～40cm）。阳极要比阴极埋深 0.5～1m，以保证水位降到所要求的深度。

(3) 阴极、阳极数量要相等，并分别用电线连接成通路；通电后使带负电荷的土颗粒向阳极移动，带正电水分子则向阴极（即井点）方向集中，这样就产生电渗现象；在电渗和真空的作用下，强制黏土中的水向井点管快速排出，井点管连续抽水，地下水位逐步下降。

(4) 通电前，清除干净地面上阴阳极之间的无关金属和其他导电物，地面保持干燥，最好做一层绝缘层，效果更好。

(5) 阳极埋设用电钻钻孔埋设；阳极就位后，利用下一钻孔排出泥浆倒灌填孔，使阳极与土接触良好，减少电阻，有利电渗。

4. 治理方法

(1) 当发现抽水效果不好时，先排除井点的原因。然后逐个检查井点管和打入地下的作为阳极金属棒的通电情况，发现不符，重新接电。

(2) 发现阴阳极之间有导电物，应及时清除。

5.5.2 电能消耗大或电短路

1. 现象

从电表上观察用电量明显增加或电流不通。

2. 原因分析

(1) 电解过程中，产生气体附在电极附近，使土体电阻加大，电能量消耗相应增加。

(2) 井点管与阳极棒距离太近，并且埋设不垂直，互相接触；通电后，造成短路。

3. 防治措施

(1) 在不需要电渗的土层（渗透系数较大）中的阳极表面涂沥青或其他绝缘材料。

(2) 采用间接通电法，即通电 24h 后，停电 2～3h 后再通电。

(3) 阴、阳极两者的间距，应控制在 0.8～1.5m 之间，井点管和阳极管子（或钢筋）埋设都必须垂直，防止相邻的阴、阳极相碰；发现有相碰现象，应在通电前拔除阳极的管或钢筋，重新埋设。

5.5.3 水位下降不明显

1. 现象

电渗降水通电后，发生断路。

2. 原因分析

井点管和钢筋在埋设时发生偏斜，在地下相碰，因而通入电流后，阴极与阳极发生短路。

3. 预防措施

(1) 井点管和钢筋在加工时均应调直，在运输与堆放时防止受弯。

(2) 在埋设时应检查是否保持成直线，若发现弯曲应立即调直。

(3) 井点管和钢筋应保持一定间距，不能过于靠近。

(4) 井点管和钢筋埋设后，应进行检验。

4. 治理方法

将发生短路的钢筋与阳极连接的总线路断开，同时将钢筋拔出，空洞用土填塞，然后补设电棒，再与阳极连接，总线路接通，恢复电渗降水。

5.5.4 没有达到预定降水要求

1. 现象

通电后，地下水位降深增加不多，没有达到预定降水要求。

2. 原因分析

(1) 用作阳极的钢筋设置深度太浅。

(2) 阳极与阴极之间的距离太大。

(3) 电渗时工作电压不足，电流密度太小。

(4) 井点发生故障。

3. 预防措施

(1) 用作阳极的钢筋设置深度应比井点管深度大 500mm。

(2) 阳极与阴极之间的距离应经计算确定，根据经验一般按井点的种类可参考下值：

1) 采用轻型井点作为阴极时，其相隔距离为 0.8～1.0m；

2) 采用喷射井点作为阴极时，其相隔距离为 1.2～1.5m。

(3) 电渗井点降水的工作电压不宜大于60V，电流密度宜为0.5～5A/m²。

(4) 要保持井点正常运转。

4. 治理方法

(1) 用作阳极的钢筋设置深度不足时，应接长后伸入到土中的规定深度。

(2) 阳极与阴极之间的距离太大时，应拔出阳极，重新设置。

(3) 对于电渗中工作电压不足时，应增设直流电焊机或直流发电机，以提高工作电压。

(4) 直流电焊机或直流发电机设置地点应尽可能靠近电极，并加粗连接电极的导线截面；通电后如果电压偏低，根据具体情况可以改为分组通电方式。

(5) 排除井点故障。

5.6　深　井　井　管

深井井管的主要设备包括深井、深井泵（或深井潜水泵）和排水管路等。地下水依靠深井泵（或深井潜水泵）叶轮的机械力量直接从深井内扬升到地面排出。本方法适用于渗透系数较大（10～25m/d）、降水深（>10m）、基坑面积大、降水时间长的工程。

深井泵的电动机安装在地面上，它通过长轴传动使深井内的水泵叶轮旋转。而深井潜水泵的电动机和水泵均淹没在深井内工作。深井井管常见的质量通病和防治方法，是与成井质量和泵的安装和使用密切相关。

5.6.1　基坑地下水降不下去

1. 现象

深井泵（或深井潜水泵）的排水能力有余，但井的实际出水量很小，因而地下水位降下不去。

2. 原因分析

(1) 井深、井径和垂直度不符合要求，井内沉淀物过多，井孔淤塞。

(2) 洗井质量不良，砂滤层含泥量过高，孔壁泥皮在洗井过程中尚未破坏掉，孔壁附近土层在钻孔时遗留下来的泥浆没有除净，结果使地下水向井内渗透的通道不畅，严重影响单井集水能力。

(3) 滤管的位置、标高以及滤网和砂滤料规格未按照土层实际情况选用，渗透能力差。

(4) 水文地质资料与实际情况不符，井管滤管实际埋设位置不在透水性能较好的含水层中。

3. 预防措施

(1) 深井井管宜按下列程序施工：

井管测量定位→挖井口、安护筒→钻孔→回填井底砂垫层→吊放井管→回垫井管与孔壁间的砂砾过滤层→洗井→安装深井泵（潜水泵）→安装抽水控制电路→试抽水→降水井正常工作。

(2) 钻孔孔井应大于井管直径300～500mm，井深应比所需降水深度深6～8m；井管应垂直放在井孔中，四周均匀填砾砂，砾砂应用铁锹下料，不允许用机械直接下料，防止砾砂分层不均匀和冲击井管。砾砂填至井口下 1m，然后用不含砂的黏土封口至井口面。

（3）在井管四周灌砂滤料后应立即洗井。一般在抽筒清理孔内泥浆后，用活塞洗井，或用泥浆泵冲清水与拉活塞相结合洗井，借以破坏深井孔壁泥皮，并把附近土层内遗留下来的泥浆吸出，然后立即单井试抽，使附近土层内未吸净的泥浆依靠地下水不断向井内流动而清洗出来，达到地下水渗流畅通。抽出的地下水应排放到深井抽水影响范围以外。

（4）需要疏干的含水层均应设置滤管，滤网和砂滤料规格应根据含水层土质颗粒分析，参照表 5-3 选定。

（5）在土层复杂或缺乏确切水文地质资料时，应按照降水要求进行专门钻探，对重大复杂工程应做现场抽水试验。在钻孔过程中，应对每一个井孔取样，核对原有水文地质资料。在下井管前，应复测井孔实际深度。结合设计要求和实际水文地质情况配井管和滤管，并按照沉放先后顺序把各段井管、滤管和沉淀管依次编号，堆放在井口附近，避免错放或漏放滤管。

（6）在井孔内安装或调换水泵前，应测量井孔的实际深度和井底沉淀物的厚度。如果井深不足或沉淀物过厚，需对井孔进行冲洗，排除沉渣。

4. 治理方法

（1）重新洗井，要求达到水清砂净，出水量正常。

（2）在适当的位置补打深井。

5.6.2 基坑地下水位降深不足或降水速度慢

1. 现象

（1）观测孔水位未降低到设计要求。

（2）在预定时间内达不到预定降水深度。

（3）基坑内涌水、冒砂，施工困难。

2. 原因分析

（1）基坑局部地段的深井量不足。

（2）深井泵（或深井潜水泵）型号选用不当，深井排水能力低。

（3）因土质等原因，深井排水能力未充分发挥。

（4）水文地质资料不确切，基坑实际涌水量超过计算涌水量。

3. 预防措施

（1）先按照实际水文地质资料计算降水范围总涌水量、深井单位进水能力、抽水时所需过滤部分总长度、点井根数、间距及单井出水量。复核深井过滤部分长度、深井进出水量及特定点降深要求，以达到满足要求为止。深井布置应考虑基坑深度和形状，可沿基坑四周环形布置，也可在基坑内点式布置。深井的井距一般 15～20m。渗透系数小，间距宜小些；渗透系数大，间距可大些。在基坑转角处、地下水流的上游、临近江河等的地下水源补给一侧的涌水量较大，应加密深井间距。

（2）选择深井泵（或深井潜水泵）时，应考虑到满足不同降水阶段的涌水量和降深要求。一般在降水初期因地下水位高，泵的出水量大；但在降水后期，因地下降深增大，泵的出水量就会相应变小。

（3）改善和提高单井排水能力，可根据含水层条件设置必要长度的滤水管，增大滤层厚度。对渗透系数小的土层，单靠深井泵抽水难以达到预期的降水目标，可采用另加真空泵组成真空深井进行降水；真空泵不断抽气，使井孔周围的土体形成一定的真空度，地下水则能较快地进入井管内，从而加快了降水速度。

(4) 基坑降水深度大于8m时，可根据分层挖土的情况采用二道以上滤管分层取水。一般深井滤水管设在底部，抽水先抽滤管部位的下层水，上层水由水的重力作用通过土体的空隙往下慢慢渗透，从而降低地下水位，减少土体的含水率；这样土层越厚，降水需要的时间越长。采用多道滤管则可缩短降水时间，但要注意每道滤管挖土暴露后，要立即用毛毡或其他材料将其封闭，防止影响抽水效果。

4. 治理方法

(1) 在降水深度不够的部位，增设深井。

(2) 在单井最大集水能力的许可范围内，可更换排水能力较大的深井泵（或深井潜水泵）。

(3) 洗井不合格时应重新洗，以提高单井滤管的集水能力。

5.6.3 基坑降水计算失误

1. 现象

管井井点降水水位持续不下，基坑降水不成功

2. 原因分析

(1) 计算参数选取不合理；

(2) 管井井点布置不合理；

(3) 基坑涌水量计算不合理、不准确。

3. 防治措施

(1) 根据基坑形状、深度、周围建筑物及构筑物等的特点，参考地质勘查资料，合理选择基坑降水计算参数，如：基坑计算长；基坑计算宽；基坑计算深；含水层厚度（H）；渗透系数（K）；降水深度（S）；基坑等效半径（r_0）；影响半径（R）。

(2) 基坑涌水量计算：根据前述条件，按规范（JGJ 120—2012）选用合理的公式进行计算。

(3) 合理选择抽水机具：根据基坑涌水量及设计的单井安全出水量、流量及扬程选用潜水电泵抽水。

(4) 管井成井质量的好坏是降水成败的关键，因此必须按有关规范规程进行施工。施工应特别注意采用清水钻进，泥浆稠时应中途换浆。终孔必须换浆、捞渣。滤水管采用水尾管，管外包扎80目的尼龙纱一层。投砾厚度为10cm，成井后立即进行洗井，洗至水清为止。

5.7 大 口 径 井 点

大口径井点主要用于大面积深基坑工程的降水，尤其在市区内建造地铁车站等处，为了防止周围建筑物及地下管线等沉降，通常这些大面积深基坑工程四周均先设地下连续墙等围护结构，地下连续墙底端的深度较深，底部为软弱地层，有些地区为厚度较大的含砂层，用大口径井点降水来满足疏干地层的要求。

大口径井点主要组成：喷射井点（或深井潜水泵、深井泵、潜水泵，随水量及降深大

小而定)、真空抽水机组(射流泵或干式真空泵井点抽水组,随水文地质条件而定)、钢套管(管底有一节滤水管相连,管径相同,通常管径为400~600mm)。

5.7.1 出水量太少

1. 现象

单根大口径井点实际出水量很小,影响降水效果。

2. 原因分析

(1) 井孔直径不够大。

(2) 滤层淤塞。

3. 预防措施

(1) 确保井孔直径。

(2) 确保滤层质量,及时对孔内泥浆进行稀释,但要防止坍孔。并应及时沉没井管并回填质量合格的砂滤料。

(3) 填砂滤料后及时洗井。

(4) 为保证滤层质量,在底部3m长的滤管外围包一砂袋,随井管一起下入井孔内。

4. 治理方法

重新洗井;重新洗井无效时,根据需要,拔出井管重打,或在邻近补打井点。

5.7.2 基坑外侧地下水位失控

1. 现象

深基坑内降水时,地下连续墙结构外侧地表发生沉降过大。

2. 原因分析

(1) 地下连续墙深度不够,没有将含水层切断。

(2) 含砂层很厚,在地下连续墙深度设计时,没有考虑降水对外围地表沉降的影响。

3. 预防措施

(1) 在含水层厚度不大的情况下,地下连续墙设计深度应超过整个含水层厚度,并适当进入下卧黏土隔水层一定深度。

(2) 在含水层厚度很大的情况下,地下连续墙设计深度应适当考虑阻止坑内井点降水时对外围地表沉降的影响。同时,坑内井点在平面布置、井点设置深度、降水时间等方面亦应考虑这些因素,确保地表沉降在允许范围内。

4. 治理方法

(1) 调整大口径井点降水的部位和深度。

(2) 采用回灌技术控制基坑外围保护对象的地下水位,以控制其沉降值在允许范围内。

(3) 设置防渗墙。

5.8 水 平 井 点

水平井点是由水平滤水管和抽水机组所组成。在一般情况下,水平井点是由竖井中间含水层内打进水平滤水管,其高程、水平方位角、滤水管顶进长度、根数和层次根据降水设计确定(图5-1、图5-2)。地下水通过水平滤水管向竖井内集中后向地面排出,由于伸向含水层的滤水管范围大、数量多，因而其排水能力大，降水速度快，成本亦较低。

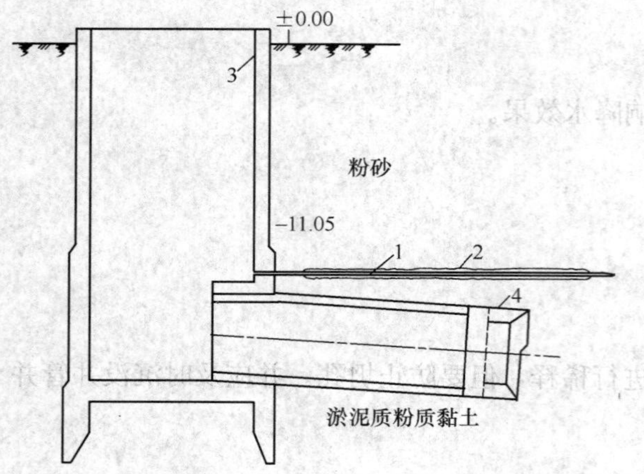

图 5-1　水平井点位置

1—水平井点；2—井点砂滤；3—沉井；4—盾构

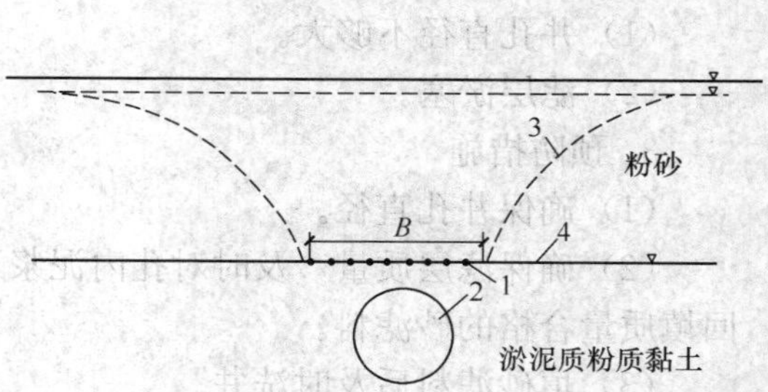

图 5-2　水平井点真空降水情况

1—水平井点；2—盾构；3—地下水位降落漏斗曲线；4—2 个土层的交界面；B—水平井点覆盖范围

5.8.1　洞口泥砂涌入

1. 现象

水平井点顶向土层的出洞口，有泥砂涌入。

2. 原因分析

(1) 洞口外面是含水层，出洞口缺乏周密的技术措施，打开洞口时外面泥砂就向内涌入。

(2) 水平井点顶进中途暂停间隙，没有及时采取封闭措施，泥砂从滤水管和洞口之间空隙涌入。

3. 预防措施

(1) 水平滤水管若从竖井中向含水层顶进，在洞口外侧小范围用少量井点降水。若从基坑内向外顶进，则可采用换土法。

(2) 若水平井点滤水管直径较小，可在洞口内侧预先装置阀门，通过阀门向外顶出滤水管。

4. 治理方法

将洞口封闭后，在洞外打设少量井点降水。

5.8.2　砂喷不出

1. 现象

水平井点顶进时，砂喷不出去。

2. 原因分析

(1) 砂滤料中夹杂有石子。

(2) 喷砂器进砂口没有安装筛子；

(3) 喷砂器和喷砂管内存在垃圾杂物；喷砂管内残留的砂淤塞。

3. 预防措施

(1) 砂滤料加工后，在运输、储存、堆放过程中，要防止石子等粗粒混入。

(2) 喷砂器进砂口要安装筛子，以防石子等进入喷砂器。

(3) 喷砂器和喷砂管等在安装使用前必须严格保养，确保干净。

(4) 每次喷砂应将砂喷尽，防止积砂淤塞管路。

4. 治理方法

(1) 将喷砂器出口处的砂石堵塞物取出。

(2) 查出被堵塞的一段喷砂管，将积砂排出。

5.8.3 顶进阻力异常

1. 现象

水平井点顶进时，阻力增大异常，顶力超过规定限值，仍顶不动。

2. 原因分析

(1) 每根水平井点是由若干段滤水管管段组成，最前端有一只顶头喷砂顶进用。每水平顶进一段，再用电焊连接一段滤水管管段。由于施工作业面场地狭窄，焊接操作困难，往往因焊接变形使管段之间不呈直线，增加了顶进阻力，管段数量多，接头多，顶进阻力就逐渐增大。

(2) 每节滤水管管段在组装加工时，本身发生弯曲变形，导致管段的两个端面与管段轴线没有保持垂直。

(3) 水平井点顶进过程中，中途暂停顶进时间过长，使滤水管周围的摩阻力不断增大。

(4) 正面遇阻碍物。

3. 防治措施

(1) 滤水管管段进场前，必须进行检验，合格后方可使用。

(2) 改进管段焊接工艺，使前后段的滤水管管段焊接后呈一直线。

(3) 水平井点正式顶进前，充分做好准备工作，加快顶进速度，将必要的暂停顶进间隙时间压缩到最低限度，使摩阻力不至增大过多；

(4) 发现沿线地下阻碍物，预先排除。

5.8.4 管段偏离轴线

1. 现象

滤水管管段顶进时，管段轴线偏离基准轴线。

2. 原因分析

(1) 千斤顶轴线与滤水管的顶进方向偏离。

(2) 后靠反力支座面与顶进方向不垂直。

(3) 导向板方向与顶进方向偏离。

(4) 滤水管管段弯曲，管段的两个端面与轴线不垂直。

(5) 管段之间的连接在电焊时发生变形，使前后管段连接后不呈一直线。

(6) 滤水管顶进时发生偏离没有及时纠偏。

3. 预防措施

(1) 千斤顶安装时，其轴线应与滤水管顶进方向一致，并固定牢靠。

(2) 后靠反力支座面应与顶进方向垂直。

(3) 导向板的轴线在安装时，应使其与顶进方向一致，并加以固定。

(4) 滤水管管段两个端面在加工组合时应使其与管段轴线垂直。

(5) 前后管段在电焊焊接时应保持呈一直线，使其不因焊接而发生弯曲变形。

(6) 滤水管管段顶进时必须与基准轴线方向保持一致。

4. 治理方法

在顶进工程中，加强观测千斤顶装置，若发生位移，应及时调整使其复位，并注意及时纠偏。

5.8.5　出水含泥量过多

1. 现象

抽出的地下水混浊，水中含泥量过多。

2. 原因分析

(1) 水平井点顶进过程中，在喷砂的同时进行顶进，喷砂有多有少时，喷砂厚度不均匀。

(2) 滤层厚度不足，在水平井点全长上喷砂量少，滤层厚度没有达到设计要求。

(3) 滤层缺失，尚未喷砂就已顶进滤水管，或是喷砂已结束而滤水管还在顶进。

3. 防治措施

(1) 滤水管管段的顶进速度应与单位时间的喷砂量匹配，以确保砂滤层的设计厚度和滤层厚度的均匀性。

(2) 管段顶进前要先喷砂。

(3) 滤层喷砂结束时，管段顶进亦应同时停止。

附录5　基础降（排）水工程质量标准及检验方法

1. 深井井管竣工后，应按国家现行的《供水管井验收规范》的有关规定进行验收。当尚无标准规定时，可按设计要求进行验收。

2. 降水施工过程中改变降水设计方案，应有设计人员与施工人员洽商处理意见书，必要时尚应具有审批手续。

3. 全部降水运行时，抽排水的含砂量应符合下列规定：

(1) 粗砂含量应小于 1/50000；

(2) 中砂含量应小于 1/20000；

(3) 细砂含量应小于 1/10000。

4. 验收时应提供施工记录、工程统计表、施工说明、洽商处理意见和审批文件等。

5. 全部降水井、排水设施的降水深度应符合下列要求：

(1) 在基坑中心、最远边侧、井间分水岭处和基坑底任意部位，实际降水深度应等于或深于设计预测的降水深度，并应稳定 24h。

(2) 当局部地段不能满足设计降水深度时，应按工程辅助措施、补救措施的可行性进行评估。

6. 降水与排水施工质量检验标准见附表 5-1。

降水与排水施工质量检验标准 **附表 5-1**

序号	检查项目	允许值或允许偏差	检查方法
1	排水沟坡度（‰）	1～2	目测：坑内不积水，沟内排水畅通
2	井管（点）垂直度（%）	1	插管时目测
3	井管（点）间距（与设计相比）（%）	≤150	钢尺量检查
4	井管（点）插入深度（与设计相比）（mm）	≤200	水准仪检查
5	过滤砂砾料填灌（与计算值相比）（mm）	≤5	检查回填料用量
6	井点真空度：轻型井点（kPa） 喷射井点（kPa）	>60 >93	真空度表测定 真空度表测定
7	电渗井点阴阳极距离：轻型井点（mm） 喷射井点（mm）	80～100 120～150	钢尺量检查 钢尺量检查

6 深基坑工程

为进行建（构）筑物地下部分的施工，由地面向下开挖出的深空间称为深基坑；为保证深基坑施工、主体地下结构的安全和周围环境不受损害而采取的支护结构、降水和土方开挖及回填的工程，总称为深基坑工程。深基坑支护设计、施工应遵循安全适用、保护环境、技术先进、经济合理、确保质量的原则。深基坑支护结构的类型分为支挡式结构、水泥土挡土墙、土钉墙、截水帷幕等，其中支挡式结构又分为悬臂式排桩、支撑式排桩、锚拉式排桩、双排桩及地下连续墙等；支护排桩的形式包括灌注桩、预制桩、型钢水泥土搅拌桩及钢板桩等；地下连续墙的形式包括单一支护的地下连续墙和兼作主体地下结构外墙（二墙合一）。土钉墙的形式包括单一土钉墙、水泥土桩复合土钉墙、预应力锚杆复合土钉墙及微型桩复合土钉墙等。水泥土挡土墙的形式包括水泥土搅拌桩和高压旋喷桩，其平面布置又可分为单排式、多排实体式或格栅式及设墩式。

深基坑支护结构的特点：除与主体结构相结合者以外，大多属于临时性结构，设计的安全度小于永久性结构，加之施工中的疏忽和设计失误，容易出现质量通病，甚至坍塌破坏事故，导致严重损害地下主体结构和周围环境。为防止深基坑和地下连续墙工程质量事故的重复发生，根据国内各地深基坑和地下连续墙工程所发生的支护结构变形、位移、渗漏以至倒塌，道路管线塌陷损坏，邻近建（构）筑物损坏等工程实例，提出下述各种质量通病（事故）的现象、原因分析以及防治措施。

6.1 排桩支护

6.1.1 排桩踢脚、坑底隆起

1. 现象

排桩踢脚指基坑开挖接近或到坑底时，支护桩受到土水侧压力作用，在坑底部产生往坑内超标位移的现象，严重者挤压坑底土体使坑底土体隆起并导致工程桩或基础位移、倾斜以至断裂，坑外地面沉降坍陷破坏环境，见图 6-1。

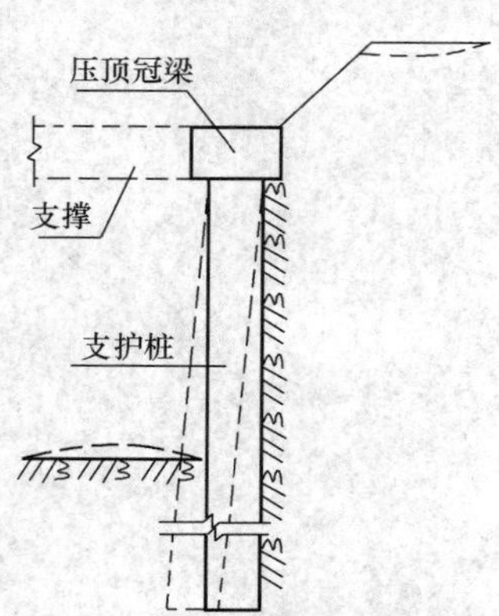

图 6-1 排桩踢脚、坑底隆起

2. 原因分析

（1）设计方面：支护桩插入坑底的长度不足，即被动土压力不足以抵挡支护桩向坑内位移；或被动区应作土体加固而未设计加固；或基坑周边的施工荷载设计值偏小。

（2）施工方面：施工的支护桩偏短未到设计标高，压顶冠梁以上放坡卸土欠宽，被动区加固体喷浆不足或未靠紧支护桩，基坑开挖中超挖或严重扰动坑底土体，基坑周边施工荷载超过设计规定值。基坑开挖到底后再施工人工挖孔桩，挖孔破坏了被动区土体。

3. 预防措施

(1) 设计方面：支护桩插入坑底的长度应符合现行相关行业标准的规定，其中基坑周边的计算挖深和挤土型工程桩对土体的扰动而影响 c、φ 值以及坑边施工荷载值均应选择合理，尤其是软土深基坑；应考虑到现场施工的工艺要求；计算出支护桩下部位移偏大时应在被动区加固土体。

(2) 施工方面：严格按支护设计图纸和相应行业标准的规定施工；基坑开挖中严禁超挖，坑底的 300mm 土方应人工修挖；坑边行驶或作业的施工机械和材料堆集的荷载不得超过设计规定。基坑四周不得堆土；基坑被动区加固的水泥搅拌桩或高压旋喷桩应按设计施工，且靠紧支护桩；基坑开挖到底后再施工人工挖孔桩，应挖好 1 根桩孔随即灌注混凝土，防止被动区同时出现大量临空面。加强基坑监测并及时采取信息化施工措施。

4. 治理方法

(1) 分块及时快速浇捣基坑底的混凝土垫层，软土地区基坑周边混凝土垫层的厚度宜适当加厚，垫层应靠紧支护排桩。踢脚严重时，先统片浇捣底板的混凝土垫层，踢脚基本稳定后，切割基础梁和承台处的垫层后继续施工。

(2) 基坑周边地面卸去部分土体，卸土的宽度和厚度视现场具体情况定，以减小支护桩的主动土压力。发现坑边地面裂缝处应及时注入水泥浆封闭。

(3) 踢脚和隆起严重时，应立即在坑底被动区叠压砂包并靠紧支护桩。叠压砂包的宽度和高度应视具体情况定。同时在支护桩的迎土侧施工高压旋喷桩或压力注浆加固土体，待支护桩稳定后再拿掉砂包继续施工。

(4) 若支护桩为钢板桩时，应在其迎土侧施工一排拉森式钢板桩，此钢板桩的顶部与原有钢板桩用型钢围梁连接，使之共同承载。

6.1.2 排桩位移过大

1. 现象

支护排桩在基坑开挖中产生位移过大，包括支护桩顶部倾斜位移过大、整体位移过大。位移又分为在排桩平面内和出平面两种，位移往往与倾斜同时发生，严重者使坑边地面裂缝沉陷。如图 6-2 所示。

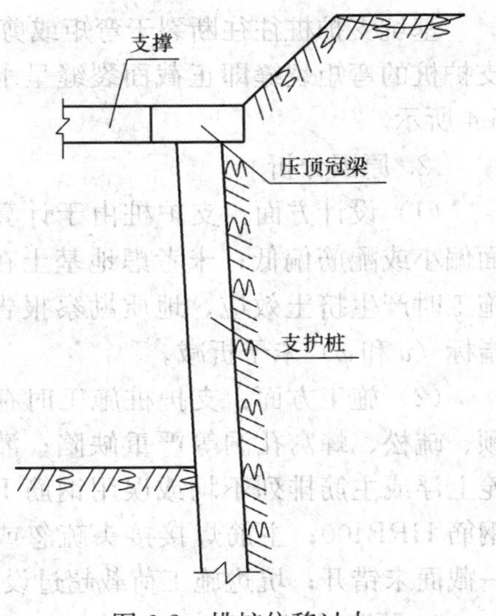

图 6-2 排桩位移过大

2. 原因分析

(1) 设计方面：设计的支撑两端支撑力不平衡，例如支撑两端的挖深差异大或地基土性状差异大或支护桩设置不当等；支护桩插入坑底的长度不足，即被动土压力不足以抵挡支护桩向坑内位移。

(2) 施工方面：基坑挖土没有均匀分层对称开挖，单侧不对称式超挖；没有先撑（锚杆）后挖，而是先挖后撑（锚杆）；基坑边单侧施工荷载超过设计值；支护桩偏短未达到设计标高。

3. 预防措施

（1）设计方面：当支撑两端的挖深差异大或地基土性状差异大时，应对挖深大和地基土较软弱区域的被动区土体加固，或单侧扩大卸土放坡宽度；排桩插入坑底的深度应足够；排桩及其冠梁应在基坑周边封闭，无法封闭时，应在开口侧加强支护桩或同时辅以土体加固。

（2）施工方面：基坑挖土的顺序、方法必须与支扩设计的工况相一致，并遵循“开槽支撑（锚）、先撑（锚）后挖、分层开挖、严禁超挖”的原则。基坑边的施工荷载包括材料堆载不得超过设计值，坑边不得堆土。施工的支护桩长度和坑边卸土宽度应与设计一致。

4. 治理方法

（1）基坑支撑力偏大侧即支护桩向坑内位移倾斜侧的坑边地面卸去部分土体，以减少该侧支护桩的主动土压力。

（2）基坑支撑力偏大侧排桩迎土侧施打高压旋喷桩或压力注入水泥浆加固土体，以减小该侧支护桩的主动土压力。

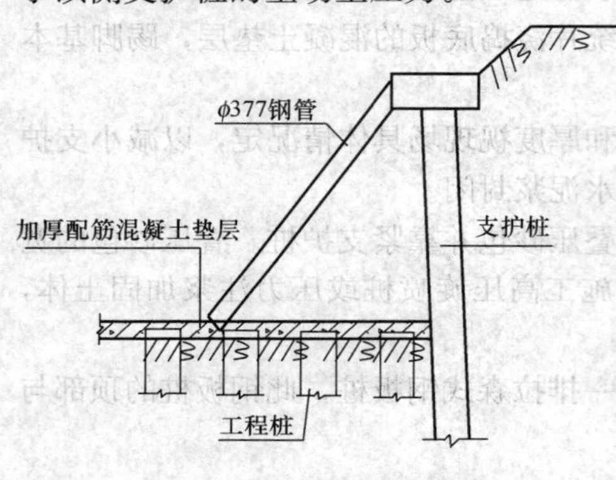

图 6-3　钢管斜撑支顶

（3）当排桩位移倾斜严重时，采用钢管斜撑顶支于支护桩的压顶冠梁，斜撑下端支撑于加厚且配有钢筋网的早强混凝土垫层上，该垫层可连接数根工程桩，见图 6-3。钢管斜撑浇入混凝土底板中，底板达到设计强度后切割掉。

（4）在排桩位移倾斜处的上端桩间隙处施打土锚杆，土锚杆注浆体的水泥浆中掺入早强剂，土锚杆的外锚头采用型钢紧贴于支护桩内侧。

6.1.3　排桩断裂、倒塌

1. 现象

基坑支护桩往往断裂于弯矩或剪力最大处或支护桩缩颈与混凝土疏松及蜂窝孔洞处。支护桩的弯矩裂缝即正截面裂缝呈水平方向，剪切裂缝即斜截面裂缝呈斜线方向，如图 6-4 所示。

2. 原因分析

（1）设计方面：支护桩由于计算错误导致截面偏小或配筋偏低；未考虑地基土在挤土型桩基施工时产生挤土效应，地质勘察报告的抗剪强度指标（c 和 φ）未予折减。

（2）施工方面：支护桩施工时存在混凝土缩颈、疏松、蜂窝孔洞等严重缺陷；灌注桩的钢筋笼上浮或主筋排列不均或误用钢筋 HRB335 代替钢筋 HRB400；主筋焊接接头疏忽或接头位于同一截面未错开；坑边施工荷载超过设计值。

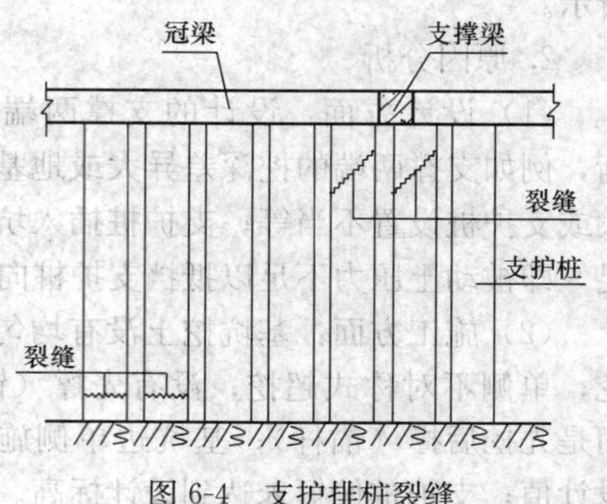

图 6-4　支护排桩裂缝

3. 预防措施

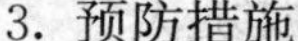

(1) 设计方面：支护桩的荷载组合和截面配筋设计应合理；当工程桩采用挤土型桩时，应将地质勘察报告的抗剪强度指标 c、φ 值适当折减。

(2) 施工方面：支护桩应严格按现行相关行业标准的规定和设计要求施工；坑边施工荷载不得超过设计值；现场挖土应结合基坑监测的信息及时调整作业，严防支护结构倒塌。

4. 治理方法

(1) 坑边地面卸去部分土体，以减小支护桩的主动土压力。坑边地面裂缝处及时注入水泥浆封闭。

(2) 支护桩裂缝处用砂轮磨平，再用环氧树脂粘贴1～2层碳纤维布补强。

(3) 当支护桩裂缝较宽或全截面裂通时，除粘贴碳纤维布外，还应用粗钢管作为斜撑顶支于连接数根支护桩的型钢冠梁上，钢管斜撑下端支撑于加厚且配以钢筋网的早强混凝土垫层上，见图 6-5。其余治理方法同第 6.1.2“排桩位移过大”的相关内容。

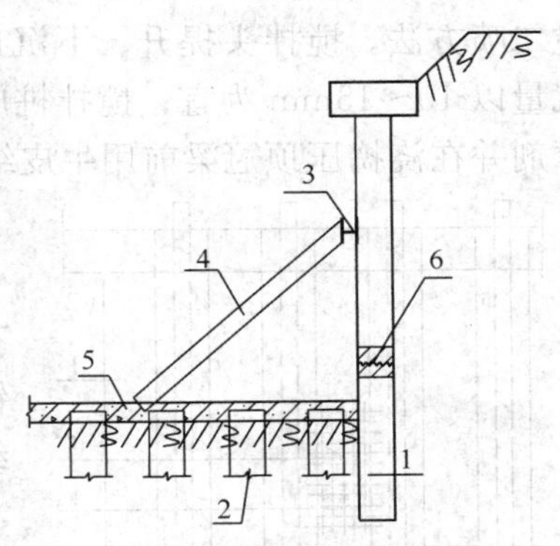

图 6-5 钢管斜撑加固示意

1—支护桩；2—工程桩；3—型钢围梁；4—A426 钢管；5—配筋混凝土垫层；6—碳纤维布

(4) 加强基坑监测，当发现裂缝在继续扩大，应综合采用上述措施，并在坑底回填土方或压砂包。

(5) 若发生支护桩断裂导致局部支护结构倒塌时，除立即在坑内回填土方外，应由各方会同处理。

6.1.4 排桩间隙渗漏

排桩间隙渗漏详见第 6.4 节相关内容。

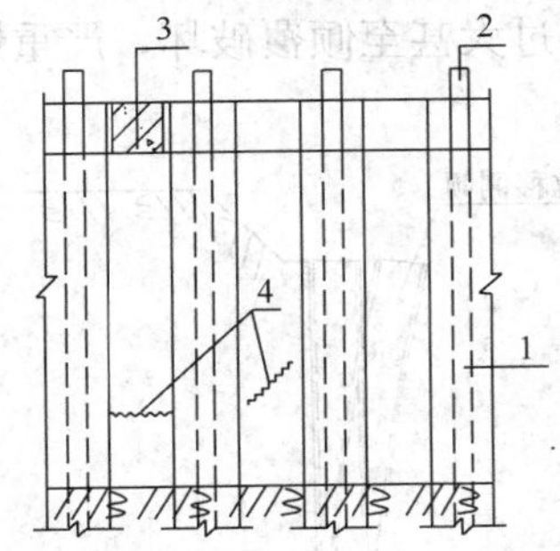

图 6-6 型钢水泥土搅拌桩裂缝

1—型钢水泥土搅拌桩；2—型钢；3—支撑；4—裂缝

6.1.5 型钢水泥土搅拌桩裂缝、变形

1. 现象

施工中会产生水泥土搅拌桩裂缝、渗漏甚至停喷脱空、型钢偏位、排桩弯曲变形。位移、压顶冠梁裂缝以及型钢拔断等严重缺陷。见图 6-6 和图 6-7。

2. 原因分析

(1) 设计方面：设计的型钢水泥土搅拌桩截面及型钢截面不够大；冠梁截面不够宽或箍筋不够密；支护桩中的型钢间距过大，会使未插型钢的水泥搅拌桩产生裂缝；型钢插入坑底深度不足会产生踢脚位移。

(2) 施工方面：桩机行走不平整或间歇时间过长造成水泥土搅拌桩搭接不足；水泥掺入量不足或水灰比过大；桩机的搅拌头下沉或提升速度过快或输浆管堵塞停喷；型钢插入未用定位导向架造成偏位；型钢插入前未涂减摩剂和与冠梁混凝土之间未用牛皮纸隔离或型钢接头焊缝欠饱满，造成型钢拔断；压顶冠梁绑扎钢筋时未在型钢处加密造成剪切裂缝。

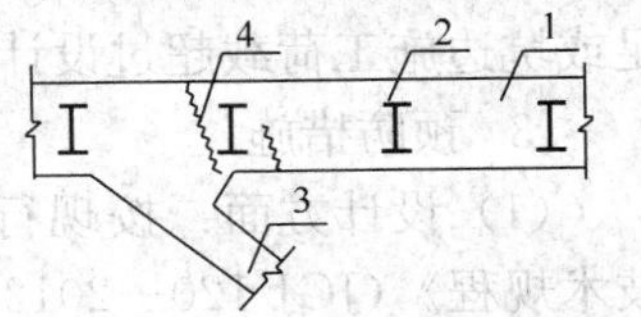

图 6-7 压顶冠梁裂缝平面

1—压顶冠梁；2—型钢；3—支撑；4—裂缝

3. 预防措施
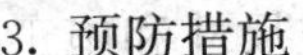

（1）设计方面：型钢水泥土搅拌桩截面和型钢截面及间距应合理；压顶冠梁插入型钢处，应在型钢翼缘外侧设置附加主筋和箍筋；型钢两侧箍筋应加密；桩的长度设计应足够；型钢接头应采用夹板搭接焊形式，焊缝长度和厚度应足够。

（2）施工方面：桩机行走的地基或轨道应平整，搭接套打施工的间歇时间不应超过12h，若超过应在外侧补桩；水泥掺入量和水灰比应按设计规定施工；成桩工艺应采用二搅二喷方法，搅拌头提升、下沉速度应为0.5～1.0m/min，搅拌头每转一周的提升、下沉量以10～15mm为宜；搅拌桩成桩后应立即插入型钢；型钢应涂刷不小于1mm厚的减摩剂并在浇捣压顶冠梁前用牛皮纸隔离。

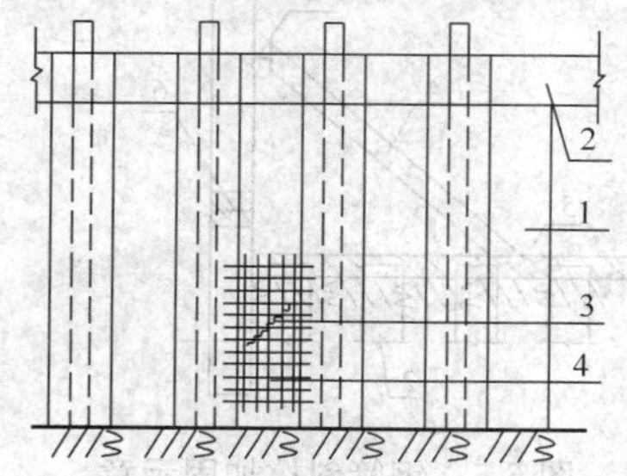

图6-8　喷锚挂网治理裂缝

1—水泥土桩；2—压顶冠梁；3—裂缝；4—钢筋网

4. 治理方法

（1）水泥土搅拌桩裂缝渗漏采取喷锚挂网治理，即在裂缝区域用ϕ10双向@500短筋击入水泥土搅拌桩作为锚筋，再挂上ϕ6@200双向钢筋网，然后分两遍喷C25级细石混凝土80厚，见图6-8。

（2）水泥搅拌桩脱空，采用钢模板或木模板贴于搅拌桩侧面，或打入简易短钢板桩，再在脱空处浇捣混凝土。

（3）压顶冠梁裂缝采用粘贴碳纤维布治理，沿冠梁顶面和侧面粘贴并封闭住裂缝，形成U形箍形式，裂缝较宽处应先压力注浆封闭。

6.1.6　悬臂钢板桩位移侧倾及渗漏

1. 现象

悬臂钢板桩顶端容易出现位移侧倾过大或渗漏或整体位移过大甚至倾覆破坏，严重影响基坑周边的环境，见图6-9。

2. 原因分析

（1）设计方面：钢板桩截面型号偏小或插入坑底的长度不足，应设置围梁或支撑而未设置；荷载组合时漏计荷载或偏小；地质勘察报告的土体抗剪强度指标c、φ值不准确。

（2）施工方面：钢板桩沉桩施工插入坑底长度不足，沉桩后标高差异大；或钢板桩之间未咬合导致沿坑周每延米的钢板桩数量偏少或渗漏；陈旧钢板桩弯曲变形大，事先未矫正；基坑边沿放坡宽度和深度不足或坑边施工荷载超过设计值。

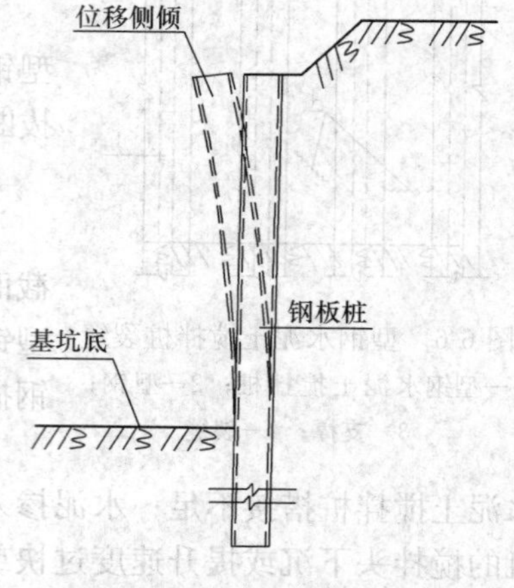

图6-9　悬臂钢板桩位移侧倾

3. 预防措施

（1）设计方面：按现行行业标准《建筑基坑支护技术规程》（JGJ 120—2012）合理设计，包括荷载组合和钢板桩的截面型号及长度的选择，悬臂式钢板桩的顶部也应设置钢冠梁。

（2）施工方面：钢板桩沉桩施工时应检查插入坑底的长度，并先设置定位的围檩支架，见图6-10，以保证沉入钢板桩的垂直度和相互咬合。基坑边沿放坡尺寸和施工荷载应符合设计规定。及时设置钢围梁。

钢板桩施工：旧钢板桩在打设前应整修矫正，矫正要在平台上进行，可用油压千斤顶顶压或火烘等方法矫正。做好定位围檩支架，以保证钢板桩垂直打入和打入后的钢板桩墙面平直，见图 6-10。防止钢板桩锁口中心线位移，可在打桩进行方向的钢板桩锁口处设卡板。应用 2 台经纬仪从两个方向控制沉桩入土。转角处封闭合龙应用异形板桩或采用轴线封闭法。

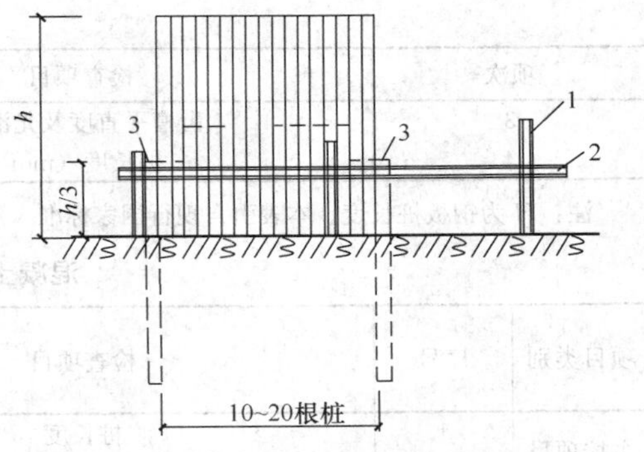

图 6-10 钢板桩打设示意图

1—围檩柱；2—围檩；3—两端打入定位桩

4. 治理方法

(1) 快速浇捣基坑底的混凝土垫层，严重倾斜位移时立即卸除坑边土方，详见第 6.1.1“排桩踢脚、坑底隆起”的治理方法。

(2) 快速安装型钢围檩和粗钢管或型钢支撑，型钢围檩和钢板桩顶部用螺栓连接，脱空处垫以方木。若型钢支撑梁的跨度过大，可用钢管或 H 型钢斜撑。见图 6-3。

(3) 在钢板桩迎土侧补打一排加长的钢板桩，和原有的钢板桩顶部用型钢围檩连接。

附录 6.1 排桩施工质量检验标准

排桩桩位和垂直度的允许偏差　　附表 6-1

项次	项　目	允许偏差（mm）
1	桩位垂直压顶冠梁的中心线	50
2	桩位沿压顶冠梁的中心线	50
3	桩垂直度	0.005H

注：H 为支护桩的有效长度。本表引自现行行业标准《建筑基坑支护技术规程》(JGJ 120—2012)。

型钢水泥土搅拌桩桩位和垂直度及型钢插入的允许偏差　　附表 6-2

项次	项　目		允许偏差（mm）
1	桩位垂直压顶冠梁的中心线		40
2	桩位沿压顶冠梁的中心线		40
3	桩垂直度		0.004H
4	型钢顶标高		±50
5	型钢平面位置	平行于基坑边线	50
		垂直于基坑边线	10
6	型钢形心转角		3°

注：H 为支护的水泥搅拌桩有效长度。本表引自现行行业标准《型钢水泥土搅拌墙技术规程》(JGJ/T 199—2010)。

重复使用的钢板桩检验标准　　附表 6-3

项次	检查项目	允许偏差
1	桩垂直度	<1%H
2	桩身弯曲度	<2%H

续表

项次	检查项目	允许偏差
3	齿槽平直度及光滑度	无电焊渣或毛刺
4	桩长度（mm）	+10

注：H 为钢板桩长度。本表引自现行国家标准《建筑地基基础工程施工质量验收规范》（GB 50202—2002）。

混凝土板桩制作标准 附表 6-4

项目类别	序号	检查项目	允许偏差或允许值（mm）
			数值
主控项目	1	桩长度	0～+10
	2	桩身弯曲度	<0.1%H
一般项目	1	保护层厚度	±5
	2	横截面相对两面之差	0～±10
	3	桩尖对桩轴线的位移	10
	4	凹凸槽尺寸	±3
	5	桩顶平整度	2

注：H 为混凝土板桩长度。本表编引自现行国家标准《建筑地基基础工程施工质量验收规范》（GB 50202—2002）。

6.2 锚杆

6.2.1 锚杆位移过大

1. 现象

基坑开挖至坑底后，在锚杆锚固端部位经常会出现地面拉裂、坑边地面沉降、锚杆位移过大、排桩向坑内倾斜等现象，严重影响周边环境。

2. 原因分析

（1）设计方面：支护桩刚度太小，引起锚杆体受力过大，接近甚至达到钉土极限摩阻力，因而造成锚杆位移过大。由于场地土质较差，局部存在暗浜，实际土体提供的钉土极限摩阻力比设计参数取值要小，或者锚杆设计长度不够，从而造成锚杆抗拔力不足。

（2）施工方面：局部截水帷幕失效，引起桩间漏土漏水，带走了锚杆体周边土体，锚杆抗拔承载力受损，造成局部区域位移过大。锚杆的注浆量和注浆压力偏小，达不到设计锚杆体的直径及长度。在软土地区挖至坑底后，长时间暴露，土体在锚杆力作用下，产生蠕变位移。

3. 预防措施

（1）设计方面：计算的支锚刚度应适当折减，控制支护桩的含钢率不宜大于 1.0%。对控制变形要求较高区段，宜增大桩径。钉土极限摩阻力应由现场抗拔试验来确定或验证。选取锚杆长度时，要考虑自由段长度，以及上覆土压力不足引起的抗拔力下降等因素。锚杆注浆宜设计为二次压力注浆工工艺。

（2）施工方面：精心施工截水帷幕，有条件时应降低坑边水位。锚杆施工过程中，做到及时封堵锚杆孔。进行合理的施工工艺组合，尤其是锚杆的注浆量、注浆压力及浆液配合比应符合现行相关行业标准的规定。减少基坑的暴露时间，及时浇筑混凝土垫层并靠紧支护桩。型钢或混凝土腰梁与支护桩之间的空隙应用混凝土填充密实。

4. 治理方法

根据基坑变形情况、周边环境、施工进度、场地条件等因素，可采取下列的治理措施。

(1) 如发现锚杆变形过大，可以对其他未挖到坑底的区域进行锚杆补强，如增加锚杆长度，加密锚杆间距，增大注浆体，甚至施加预应力等。由于锚杆施工要达到设计强度需要一段时间，因而对已挖至坑底的区域应尽快浇捣混凝土垫层。

(2) 如截水帷幕失效，出现漏土、漏水情况，可采用本手册 6.4 “截水帷幕” 中有关的治理方法。

(3) 在位移偏大，对周边环境产生了不利影响位置，可以增设竖向斜撑，在坑底浇筑 2000×2000×400 (mm) 以上的钢筋混凝土垫层，在环梁位置设置后埋件，然后放置间距 6m 左右的钢管，见图 6-11。待底板混凝土浇筑完成后，切割钢管并封堵。

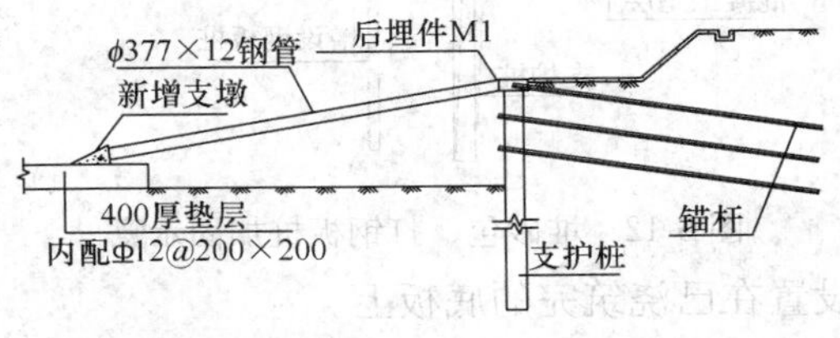

图 6-11 竖向斜撑加固

6.2.2 锚杆被拔出、排桩倾覆

1. 现象

当基坑挖至坑底后，出现冠梁与坑边地面严重脱开，在锚杆端部位置地面拉裂，锚杆长度范围内地面出现大面积沉陷，随着时间的推移，变形继续扩大，造成锚杆被拔出，支护桩整体向坑内倾覆，甚至整排桩折断。严重者造成坑边管线断裂，对周边环境产生严重破坏。

2. 原因分析

(1) 设计方面：支护桩桩长过短，出现踢脚现象。一般桩锚体系如桩底出现较大变形，会造成锚杆变形过大，甚至引起锚杆拔出失效。设计的地质参数、钉土极限摩阻力等选择不合理，造成锚杆实际抗拔力偏小，锚杆拔出，由原来的桩锚体系演变成了悬臂排桩式支护体系，导致支护结构失效。

(2) 施工方面：基坑未按现行国家标准《建筑地基基础工程施工质量验收规范》(GB 50202—2002) 的规定挖土，偏挖或超挖；未及时施工下排锚杆，引起周边水管破裂，造成土体流失严重，锚杆被拔出，支护结构失效。基坑边重车行走，堆放钢筋材料等施工荷载过大，对锚杆区土体的扰动很大。基坑边土体的放坡平台宽度和卸土深度不足。

3. 预防措施

(1) 设计方面：支护桩桩长要满足嵌固稳定和整体稳定的安全要求，支护桩宜进入好土层。周边环境要求较高区域，支护结构选型要重点考虑变形影响，特别在坑边有给水、雨水、污水管等，要考虑漏水的不利因素，宜采用排桩支撑体系。选择合理的土层抗剪强度指标 c、φ 值及钉土极限摩阻力参数，摩阻力参数宜由现场试验来确定。通过加长锚杆采提高单根锚杆抗拔力，或通过加密来减少单根锚杆的受力。

(2) 施工方面：对荷载较集中或挖深大的区段做重点加固处理及监测，尤其是坑边埋有敏感管线区段。基坑挖土应分层分段，严禁超挖；设置多道锚杆的基坑，应先槽式分层开挖出工作面，待锚杆全部施工并达到设计强度后，再全面分层开挖中心岛的土方。基坑周边施工荷载不得超过设计规定值。

4. 治理方法

(1) 坑边卸土，在坑边土体扰动范围内，进行2m厚或更多的卸土。

(2) 坡顶侧打设一排拉森式或普通钢板桩，坡面设好100mm厚C25混凝土面层。

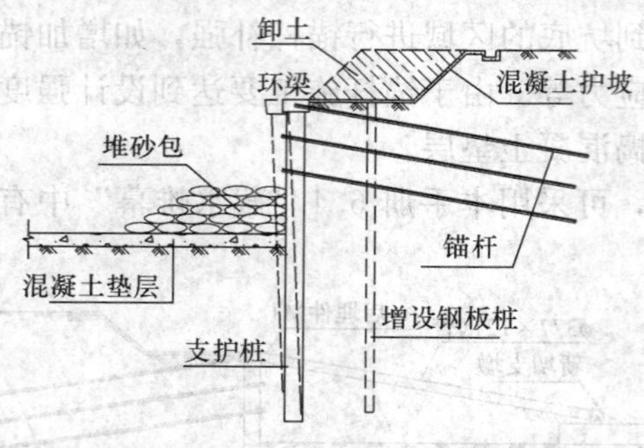

图6-12　堆砂包、打钢板桩加固示意

(3) 在坑内10～20m范围内浇筑300mm厚以上的C25混凝土垫层，并在垫层上反压砂包。待支护结构加固处理后再吊除砂包，继续施工。见图6-12。

(4) 设置竖向斜撑。在斜撑范围内留置三角土，起平衡土压力、稳定基坑作用。待内侧底板浇筑完成后，设置一排间距5～8m竖向钢管斜撑。接着挖除三角土体，浇筑剩余区域底板。钢管斜撑一端设置在支护桩冠梁上，一端设置在已浇筑完的底板上。

6.2.3　桩锚结构整体失稳

1. 现象

当基坑挖至坑底后，土体侧向位移偏大，造成围护桩折断、冠梁破碎、土锚杆失效，桩锚支护结构整体失稳。

2. 原因分析

(1) 设计方面：支护桩桩径或型钢水泥土搅拌桩的型钢型号偏小，桩长不够，土锚杆抗拔力太小，水位降深设计不足，管井数量太少等。以上因素组合，导致桩锚结构整体失稳。

(2) 施工方面：锚杆注浆量不足，注浆压力偏低，水灰比过大，锚杆抗拔承载力过低。管井滤网堵孔，抽水泵扬程太小，突然停电而未备发电机等原因，造成水位上升，使得坑外水压力增加，产生险情。坑边有大直径承插接头的供水管，在土体侧向位移较大的情况下，引起水管或接头爆开，在动水压力作用下，支护结构失效。坑边超载，包括坑边大面积堆土、堆放钢筋等材料，多辆挖土机、运土汽车集中作业或行驶等。

3. 预防措施

(1) 设计方面：合理选取土体的物理力学性质参数，如基坑的安全等级为一级，场地周边环境复杂，参数可进一步折减。查明坑边的重要管线，特别是对基坑可能产生不利影响的供排水管，根据管线的变形要求对基坑支护结构做相应的加强。如变形不满足要求，可在管线两侧打设临时支护，并做好支架。如管线比较陈旧，已经开裂漏水，应考虑在最不利水位情况下，设计支护结构。

(2) 施工方面：锚杆注浆应饱满，控制注浆量、注浆压力及浆液配合比；注浆管应插至距孔底50mm，随着浆液的注入缓慢均匀地拔出；若孔口无浆液溢出，应及时补注。注浆时应封堵注浆的孔口。一次注浆宜选用灰砂比0.5～1.0、水灰比0.38～0.45的水泥砂浆，或水灰比0.45～0.5的水泥浆；二次高压注浆宜使用水灰比0.45～0.55的水泥浆。各次注入的浆液中宜掺入早强剂。土层锚杆抗拔力应作现场试验。确保地下水位降深，详见本手册第5章“基础降（排）水”的相关内容。基坑挖土做到先撑（锚）后挖，不超挖，坑边荷载不超载。

4. 治理方法

(1) 坑内土方回填，宽度范围在基坑开挖深度2倍以上，以平衡基坑的十压力，避免二次失稳滑移。

(2) 坑边大范围卸土，卸土深度与宽度由坑边场地具体条件确定。

(3) 坑边破裂漏水的市政水管需要绕道或临时封堵，重新布置深井降水。

(4) 按折减后的c、φ值设计支护桩，打设超长的预应力锚杆。图6-13为新打支护桩和超长锚杆的加固示意图。

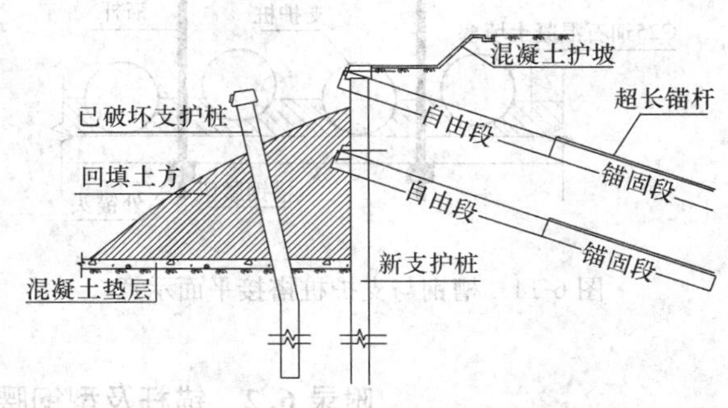

图6-13 增设支护桩和超长锚杆的加固示意

(5) 如坑边没有放坡卸土和施工超长锚杆的条件，只能坑内回填土方后，进行内支撑支护。

6.2.4 锚杆腰梁变形过大

1. 现象

腰梁受力后，容易出现变形过大、槽钢扭曲、细石混凝土掉落等现象。

2. 原因分析

(1) 设计方面：腰梁的槽钢型号选择过小，或者相邻锚杆之间的距离偏大，使得腰梁的抗弯承载力不足，从而出现槽钢外突、扭曲等严重变形现象，引起锚杆的受力不均匀，导致个别锚杆受力过大。支护桩刚度过小，造成局部区段的腰梁向迎坑侧突出。

(2) 施工方面：支护桩偏位过大，且混凝土填充腰梁不够密实，使得腰梁由均匀受力的等跨连续梁变成了集中受力的不等跨连续梁，弯矩增大，腰梁变形过大。局部支护桩有质量缺陷，承载力下降，使锚杆受力过大，个别锚杆被拔出，造成腰梁外鼓。未分层开挖土体，引起锚杆受力过大，或者锚杆体设计强度未达到即进行土方开挖，均会导致腰梁变形过大。

3. 预防措施

(1) 设计方面：增加型钢腰梁的截面高度和宽度，提高刚度，以满足承载力、变形的要求；减少支护桩的桩间距离，或者增加锚杆数量，使腰梁跨度尺寸减小；增加支护桩的刚度。

(2) 施工方面：型钢腰梁与支护桩之间用细石混凝土浇捣密实，确保紧贴，同时做好截水帷幕，从而使腰梁均布受力，符合设计工况。控制支护桩的偏位和垂直度在允许偏差内，详见本节附录6.2。锚杆外锚头的承压钢板应垂直锚杆的轴线。

4. 治理方法

(1) 首先选择更大型号的槽钢，与原有槽钢腰梁焊接；接着在槽钢底与支护桩之间填充细石混凝土，确保支护桩与槽钢连成整体；待混凝土强度达到要求后，继续土方开挖。见图6-14。

(2) 对局部锚杆变形过大，槽钢腰梁外鼓的部位，应及时采取补强措施。可以补设若干钢管竖向斜撑，钢管的下端可设在坑底的加强垫层上，上端和槽钢焊接，见图6-15。

竖向钢管斜撑做法，见第6.2.1“锚杆移位过大”的治理方法相关内容。

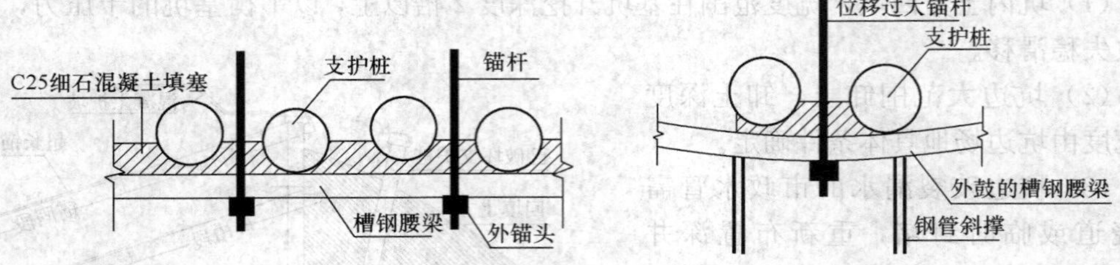

图6-14　槽钢与支护桩搭接平面示意　　图6-15　锚杆腰梁补强平面

附录6.2　锚杆及型钢腰梁质量检验标准

锚杆支护工程质量检验标准　　附表6-5

项目类别	序号	检查项目	允许偏差或允许值		检查方法
			单位	数值	
主控项目	1	钻孔深度	mm	+500	用钢尺量
	2	锚杆长度	mm	+30	用钢尺量
	3	锚杆锁定力	设计要求		现场实测
一般项目	1	锚杆位置	mm	±100	用钢尺量
	2	钻孔倾斜度	度	±1	测钻机倾角
	3	浆体强度	设计要求		试样送检
	4	注浆量	大于理论计算浆量		检查计量数据
	5	自由段套管长度	mm	±50	用钢尺量

注：1. 本表编引自现行国家标准《建筑地基基础施工质量验收规范》(GB 50202—2002) 和现行行业标准《建筑基坑支护技术规程》(JGJ 120—2012)。
2. 锚杆检测数量不少于锚杆总数的5%，且同一土层中的锚杆检测数据不应少于3根。

型钢腰梁质量检验标准　　附表6-6

序号	检查项目	允许偏差 (mm)	检验方法
1	跨度最外两端或支承面最外侧距离	±5	用钢尺检查
2	接口截面错位	2	用焊缝量规检查
3	节点处杆件轴线错位	4	划线后用钢尺检查
4	杆件连接件截面几何尺寸	±3	用钢尺检查
5	焊缝焊脚尺寸	+4	用焊缝量规检查

注：本表引自现行国家标准《钢结构工程施工质量验收规范》(GB 50205—2001)。

6.3　支撑系统

6.3.1　支撑节点裂缝及破坏

1. 现象

支撑节点出现混凝土开裂，开始出现在支撑顶面或支撑与冠梁的交接处，随后支撑侧面出现斜向剪切裂缝，最后支撑节点混凝土破碎，严重的会引起支护结构失稳。

2. 原因分析

（1）设计方面：支护桩过短，或者桩端未进入好土层，出现踢脚现象；立柱桩布置太少，支撑跨度过大，支撑截面过小，从而使节点出现裂缝甚至破坏。支撑变形增加与承载力下降，造成支护桩的受力增大，位移和踢脚现象更为严重，最后造成支护结构破坏。支撑杆件之间的距离过大，冠梁的跨度过大，支撑与冠梁的节点受力过于集中，同时支撑与冠梁的节点未做混凝土加腋、箍筋未加密、未设加强筋等，最后造成节点开裂及破坏。

（2）施工方面：支撑杆件轴线不在同一直线上，或者立柱桩偏位较大，使支撑杆件形成折线形，导致支撑杆件大幅度增加偏心距。支撑节点处加腋尺寸不足，箍筋未加密。挖土机在支撑跨中作业，或者在支撑上堆放过多施工材料，施工荷载过大，节点弯矩增大。挖土机在挖土过程中，不注意对支撑杆件的保护，使支撑混凝土剥落，钢筋外露等。混凝土养护时间太短，或者局部超挖等因素，均会造成支撑开裂及破坏。钢冠梁放置不够平直，钢支撑与钢冠梁之间连接不够紧密，焊接质量差等原因，均会造成钢支撑节点的开裂，甚至破坏。

3. 预防措施

（1）设计方面：支护桩长度要足够，支护桩宜进入好土层，如土层为深厚的淤泥质土，应充分考虑踢脚的影响；增加支撑截面高度。支撑密度应适中，同时增强冠梁的刚度。对支撑与支撑、支撑与冠梁及立柱桩偏位的节点作重点加强，如混凝土加腋、箍筋加密、设加强筋等措施。钢冠梁与支护桩之间应采用不低于C20的细石混凝土填充密实。

（2）施工方面：正确放样，控制施工偏心距；尽可能不在支撑上停走挖土机，如果支撑下工作面不够，必须在支撑上作业时，应在支撑上覆渣500～600mm，铺设好钢质路基板，挖土机尽量停在立柱顶的节点上。另外，可以提高支撑的混凝土强度等级，掺入早强剂等措施，来缩短养护时间。土方开挖须按设计的工况分层分段，严禁超挖，对坑边有电梯井或集水井等局部较深位置，除做特殊加强外，要控制挖土速度，及时施工坑底的混凝土垫层，并靠紧支护桩。确保钢支撑与立柱桩、钢冠梁、混凝土支撑预埋件及钢支撑之间的连接和焊接质量。

4. 治理方法

（1）支撑或节点裂缝但无破碎现象，宜采用碳纤维布粘贴加固。碳纤维布用环氧树脂粘贴，应覆盖裂缝区段；裂缝宽度较大时，可用双层碳纤维分布层粘贴牢固。

（2）在支撑出现严重裂缝或破碎的区域，进行坑内回填土，坑边卸土。然后对受损的支撑节点进行补强，见图6-16，在支撑截面四角位置各放置1根∟90×10角钢，并用80mm宽、10mm厚、间距600mm的钢板焊接。在冠梁位置，放置两根角钢，也用钢板焊接，形成一个钢桁架。钢筋混凝土支撑或冠梁与钢桁架之间的空隙用细石混凝土填充。支撑节点补强后，继续施工。

（3）如果支撑节点受损严重，基坑可能存在坍塌风险，可以先在相应区域坑内回填土方，然后调整地下室的施工顺序，即浇筑完成其他位置的底板，设置竖向斜撑，最后清理坑内剩余土方。

（4）增设土层锚杆，减少支撑受力。

6.3.2 支撑变形过大产生裂缝

1. 现象

基坑挖至坑底后，发现一侧位移较大，甚至支撑整体移动，侧边支护桩沿基坑边线方向倾斜，立柱桩也跟着倾斜，局部支撑节点破碎，支护桩断裂，大部分支撑杆件出现

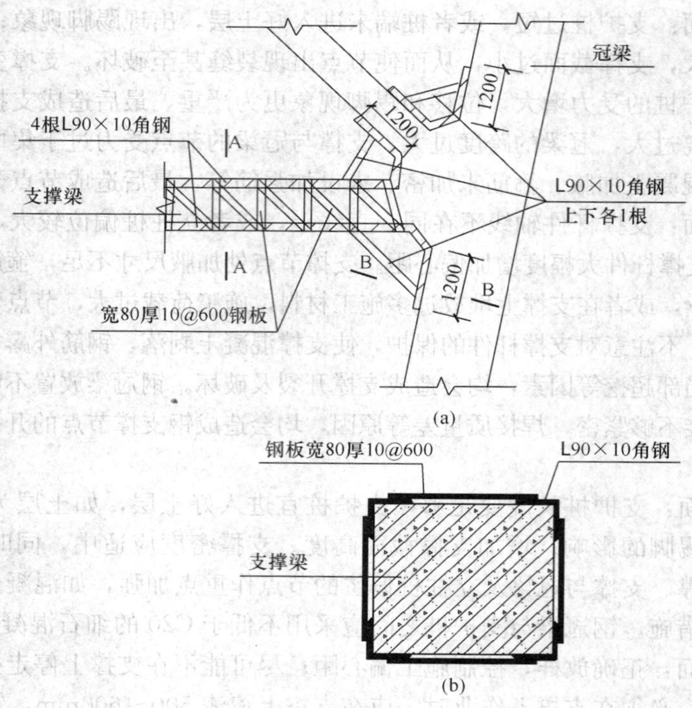

图 6-16 支撑节点补强示意
(a) 节点补强平面；(b) A—A 剖面

裂缝。

2. 原因分析

(1) 设计方面：由于局部较深、坑边卸土放坡不够、一侧受力面较宽较大、支撑系统未封闭等原因，造成支撑两端的受力不平衡，引起支撑系统整体位移，支撑杆件及节点产生裂缝甚至破坏。支撑杆件长细比过大，引起支撑梁上拱或下弯；立柱桩承载力不足而沉降变形。支撑与冠梁夹角过小，未对支护桩及节点进行相应加强；没有对基坑的阳角进行局部加固处理。

(2) 施工方面：施工单位抢工期，分区段设撑，分区段挖土，支撑系统未封闭，使支撑受力不平衡。特别是钢支撑的角撑位置，如未封闭支撑系统，钢支撑与钢冠梁之间易出现滑脱破坏。未按设计要求进行分层、对称开挖，局部支撑受力失去平衡，导致支撑位移变形过大及裂缝。坑边局部荷载过大，如坑边堆放材料，使支撑受力不平衡，引起支撑位移和裂缝。

3. 预防措施

(1) 设计方面：在支撑的两端进行土压力平衡验算，并对挖土施工提出科学合理的要求。当坑中坑靠近基坑一侧时，应对大坑与坑中坑采取加固措施。支撑系统应封闭，对受力较大的杆件及节点进行重点加强，控制支撑杆件的长细比。支撑系统无法封闭时，应在开口端采用支护桩加大加长增密，坑底被动区用水泥搅拌桩或高压旋喷桩加固等措施，确保钢支撑与立柱、钢支撑之间及与冠梁等节点的有效连接。

(2) 施工方面：在支撑体系封闭且达到设计强度后，方可进行土方开挖，如有必要可设置施工栈桥或坑边设置加强行车道（如用水泥搅拌桩加固）。在土方开挖过程中，应严格遵循“开槽支撑、先撑后挖、分层开挖、严禁超挖”的原则，应做到分层、分段、对称开挖，避免单侧一挖到底及超挖等现象发生。做到支撑两端荷载基本平衡。

4. 治理方法

（1）采用增设土层锚杆的方式进行加固，可以减小支撑受力，减小围护桩的内力；土层锚杆采用二次注浆工艺，对主动区土体进行有效加固，使土体物理力学参数提高，主动土压力降低。

（2）坑内采用高压旋喷桩对被动区进行加固，可以有效提高被动区土压力，并减少桩身弯矩，见图 6-17。

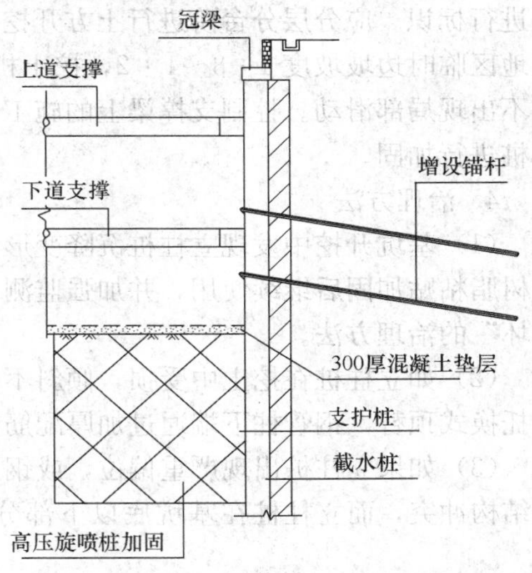

图 6-17 锚杆和坑内被动区加固示意

（3）水平向增设钢管支撑，或者补设竖向钢管斜撑。

（4）在荷载较大侧进行卸土、卸载，坑内用砂包或施工材料反压。

（5）支撑裂缝或破碎的加固方法详见 6.3.1“支撑节点裂缝及破坏”的治理方法。

6.3.3 支撑的立柱桩沉降变形过大

1. 现象

在挖土过程中，发现个别立柱桩沉降较大，或者立柱桩倾斜较大，引起支撑梁局部下沉，偏心距大幅增加，引起支撑破坏。见图 6-18，立柱桩沉降严重。

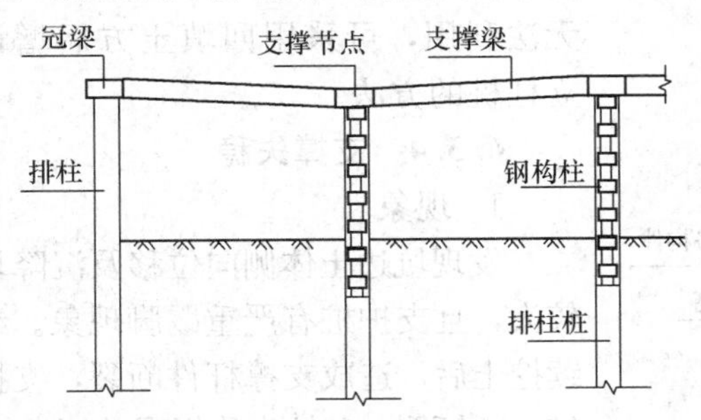

图 6-18 立柱桩沉降变形过大示意

2. 原因分析

（1）设计方面：立柱桩承载力不够；立柱桩未进入硬土层，沉降变形过大；或立柱桩的钢立柱设计长度不足。立柱桩与地下结构的承台、地梁轴线相交，造成立柱桩位置的地梁钢筋穿越绑扎困难，钻孔或切割钢格构柱分肢，严重削弱其承载力。

（2）施工方面：立柱桩施工中，钢立柱和基桩钢筋笼出现上浮，或者长度不足；钢立柱未与基桩钢筋笼焊接；钢立柱中心定位偏差，柱身倾斜。挖土过程中，挖土机碰撞立柱桩，致使立柱桩位移甚至折断。挖土坡度过陡，临时边坡出现滑动，引起立柱桩和工程桩的移位。在支撑梁上堆放钢筋等施工材料、停放挖土机作业、行走运土车等，使立柱桩超载，出现较大沉降。

3. 预防措施

（1）设计方面：如支撑上需要设置施工堆场，或者挖土机在支撑上作业，或者支撑顶行驶运土汽车，应在立柱桩承载力计算时予以考虑，必要时按施工栈桥设计。钢立柱锚入基桩的长度不宜小于立柱长边或直径的 4 倍，且不宜小于 2m。对立柱桩沉降变形进行验算，有条件时立柱桩宜进入好土层。立柱桩原则上应避开定位轴线位置。

（2）施工方面：如在桩基施工过程中发现钢立柱和钢筋笼上浮或位置有误，应在支撑梁施工前，对立柱桩进行补强甚至补桩。严禁挖土机碰撞立柱桩，基坑挖土前，应对立柱桩进行标识。应分层分台阶进行土方开挖，分层厚度一般1～2m，台阶宽度6～10m，软土地区临时边坡坡度1∶3～1∶2，挖土机停靠或行走路线上铺设好路基板，确保坑内土方不出现局部滑动。控制支撑梁上的施工荷载。需设置施工栈桥的基坑，应对支撑梁和立柱桩进行加固。

4. 治理方法

（1）基坑开挖中发现立柱桩沉降变形，导致支撑裂缝但不严重，可采用碳纤维布和环氧树脂粘贴加固后继续使用，并加强监测，粘贴碳纤维布方法见6.3.1“支撑节点裂缝及破坏”的治理方法。

（2）如立柱桩在挖土中受损，倾斜不大，尚可继续使用，挖土到坑底后，立即用粗钢管托换式顶替，钢管柱下端通过加厚配筋垫层连接于就近的工程桩上。

（3）如果立柱桩出现严重偏位，或钢立柱过短甚至脱离下部的基桩，或立柱桩与基础梁结构冲突，而立柱桩在基坑底以下部分司继续使用，可采取图6-19所示的加固措施：在原立柱桩附近补1～2根立柱格构件，使其与原立柱桩用钢筋混凝土垫梁相连，垫梁尽量利用就近的工程桩。新增的钢立柱顶端与支撑梁植筋式连接，使立柱轴向力通过补强的钢立柱传递荷载。

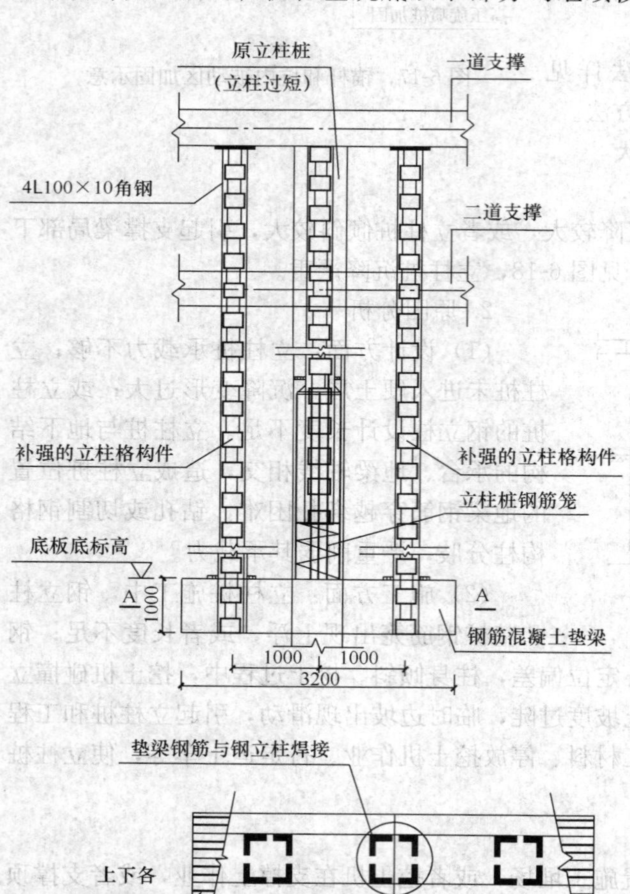

图6-19　立柱加固示意

（4）立柱桩被挖土严重损坏，无法利用，可采用回填土方后增设立柱桩的方法。

6.3.4　支撑失稳

1. 现象

发现坑边土体侧向位移及沉降均较大，且支护桩有严重踢脚现象。继续挖土后，造成支撑杆件断裂，支护桩折断倾倒，基坑失稳坍塌破坏。

2. 原因分析

（1）设计方面：支护桩过短，出现严重踢脚现象，使得支撑梁与冠梁节点出现裂缝；支撑系统设计不合理，局部杆件受力过大，且未作相应加强。钢支撑节点有缺陷，或支护桩踢脚位移，导致钢冠梁及钢支撑脱落破坏。

（2）施工方面：未按要求进行

基坑监测，或者监测数据已超过报警值，但没有采取加固措施。在基坑边大面积堆放土方，使得支护桩受力加大；在基坑开挖接近坑底阶段，运土车与挖土机集中作业，超过设计允许的施工荷载。先挖后撑，施工顺序颠倒，或者在支撑体系封闭前开挖土方，导致支撑失稳破坏。

3. 预防措施

(1) 设计方面：加大支护桩的嵌固深度，以减少踢脚变形；布置稳定的支扩结构体系，确保支撑节点可靠连接。结合施工平面布置，对荷载较大位置作相应的加同处理。如发现施工与设计要求不符，或者监测数据超过报警值，应及时提出加固方案。

(2) 施工方面：土方开挖的顺序、方法必须与设计工况一致，并遵循“先撑后挖、限时支撑、分层开挖、严禁超挖”的原则。在基坑土方开挖后，重车行驶道路应离开挖边一定距离；可在坑边设计加强的施工道路，把重车荷载传递到地基深处。如图 6-20，在坑边打设一排车道桩，车道桩与支护桩用加强梁及加强板连接，加固后机械可停靠在坑边作业。加强基坑监测，监测数据达到报警值时，立即采取加同措施。

4. 治理方法

(1) 支撑失稳断裂仅限于某一跨，且支撑梁未坍塌及支护排桩位移不严重，可在该跨采用 $\phi609\times12$ 钢管托换式加固。即将 $\phi609\times12$ 钢管安装于该跨度支撑底，钢管两端通过垫铁与钢立柱焊接牢固，同时利用扣件式钢管将粗钢管与支撑梁箍为一体，见图 6-21。

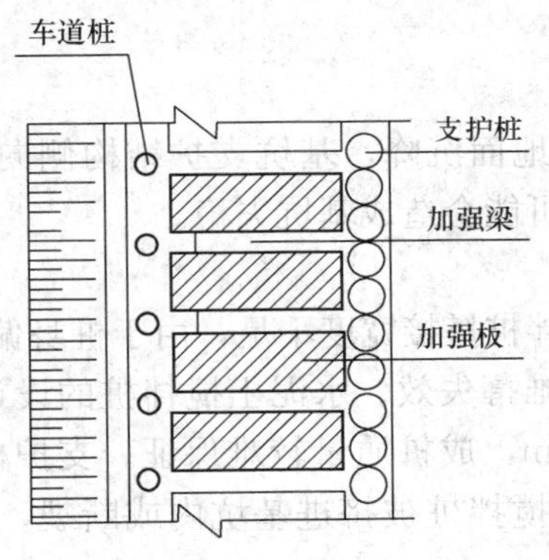

图 6-20 施工道路加强示意

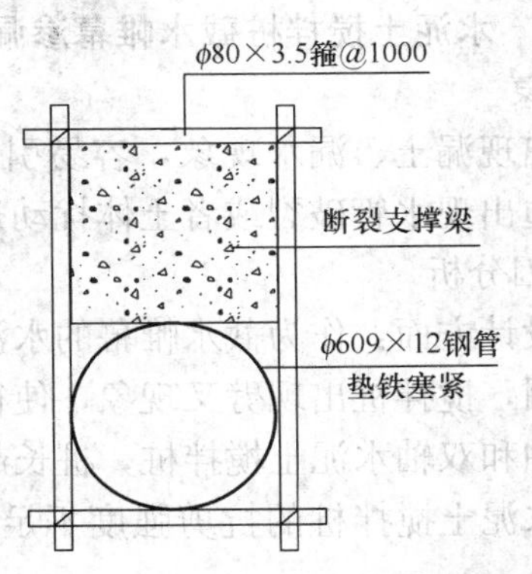

图 6-21 粗钢管托换式加固

(2) 当支护排桩折断坍塌，支撑失稳破坏，应立即往坑内回填土方，查明原因，经设计、监理协商后，重新施工支护桩和支撑。

(3) 同 6.3.1“支撑节点裂缝及破坏”的治理方法的内容。

附录 6.3 支撑系统工程质量检验标准

支撑系统工程质量检验标准 附表 6-7

项目类别	序号	检查项目	允许偏差或允许值		检查方法
			单位	数值	
主控项目	1	支撑位置：标高 平面	mm mm	30 100	水准仪 用钢尺量
	2	预加应力	kN	±50	油泵读数或传感器

续表

项目类别	序号	检查项目	允许偏差或允许值		检查方法
			单位	数值	
一般项目	1	围梁标高	mm	30	水准仪
	2	立柱位置：标高	mm	30	水准仪
		平面	mm	50	用钢尺量
	3	立柱垂直度	1/150		经纬仪
	4	开挖超深（开槽放支撑不在此范围）	mm	＜200	水准仪
	5	支撑安装时间	设计要求		用钟表估测

注：1. 作为永久性结构的支撑系统尚应符合现行国家标准《混凝土结构工程施工质量验收规范》（GB 50204—2002）（2011 年版）的要求。

2. 本表引自现行国家标准《建筑地基基础施工质量验收规范》（GB 50202—2002）和现行行业标准《建筑基坑支护技术规程》（JGJ 120—2012）。

6.4 截 水 帷 幕

6.4.1 水泥土搅拌桩截水帷幕渗漏

1. 现象

桩间出现漏土、漏水现象，容易引起坑边地面沉降，基坑支护结构侧向位移变形过大，如坑边出现水管破裂或者土体扰动过大，可能会造成基坑失稳。

2. 原因分析

（1）设计方面：作为截水帷幕的水泥土搅拌桩搭接宽度不足，由于桩身偏位及垂直度偏差等原因，搅拌桩出现劈叉现象，使得截水帷幕失效。水泥土搅拌桩的设计桩长过长，特别是单轴和双轴水泥土搅拌桩，桩长超过 15m，成桩质量较难保证。支护桩间距过大，使得桩间水泥土搅拌桩的抗剪强度不足，导致搅拌桩被挤进基坑内或断裂，引起基坑漏土、漏水。

（2）施工方面：截水帷幕桩的水泥掺入量不足，或者未到搅拌桩的龄期，提前进行土方开挖，造成搅拌桩的桩身强度不符合设计要求，使截水帷幕失效。搅拌桩与支护排桩未贴紧，在排桩发生较大侧向变形后，搅拌桩与排桩脱开，搅拌桩受力过大，引起桩身开裂；搅拌桩的垂直度偏差大，桩身下部出现劈叉现象，引起渗漏。

3. 预防措施

（1）设计方面：根据基坑深度、工程地质和水文地质条件选择合适的水泥土搅拌桩。水泥搅拌桩的搭接宽度应符合：当搅拌深度不大于 10m 时，不应小于 150mm；当搅拌深度为 10～15m 时，不应小于 200mm；当搅拌深度大于 15m 时，不应小于 250mm。根据现场试验或地区经验选择水泥土搅拌桩的无侧限抗压强度，可通过提高水泥掺入量、减少支护桩间距、降低坑外水位等措施来提高截水帷幕的有效性。

（2）施工方面：确保水泥土搅拌桩的水泥掺入量，如工期紧，应掺入适量的早强剂，一般外掺石膏粉和三乙醇胺，掺入量分别为水泥掺量的 2％和 0.1％。确定支护桩与水泥土搅拌桩合理的施工顺序，如支护桩为钻孔灌注桩，因其易出现扩径现象，水泥土搅拌桩宜先施工。如支护桩为挤土的沉管灌注桩或预应力混凝土管桩等，水泥土搅拌桩宜后施工。搅拌桩施工工艺须做到"四搅两喷"，应保证喷浆压力和注浆量，作到搅拌均匀，如施工间隔时间过长导致无法搭接的，应在接缝处采用补桩或压力注浆措施。

4. 治理方法

(1) 水泥土搅拌桩截水帷幕失效常发生在基坑底部位置，在挖至基坑底后，只出现漏土现象，而漏水较少，可提前浇筑底板换撑带，用细石混凝土土填充空隙，并用短钢管 $\phi48\times3.5$ 设置斜撑，见图 6-22。

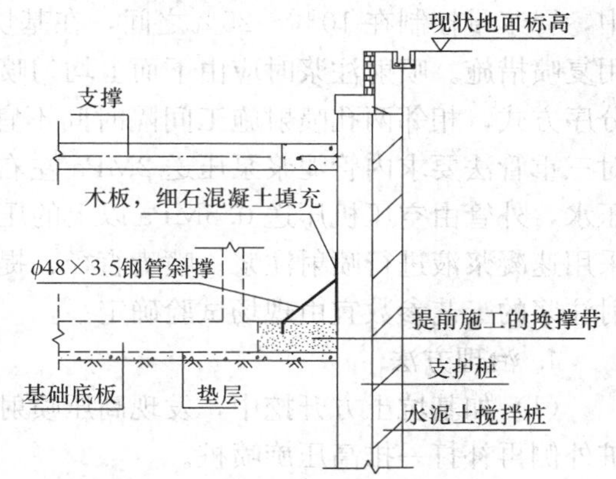

图 6-22 截水帷幕失效加固示意

(2) 降低坑外地下水位，减少水泥土搅拌桩的土压力。

(3) 在支护桩间隙处砌半砖或一砖厚的堵漏墙，并用 2ϕ6@500 植筋连接于支护桩上，作为拉结筋。

(4) 先用塑料导管植入渗水处导泄，然后喷第一遍掺入快硬剂的细石混凝土，挂 ϕ6@200 双向钢筋网，再喷第二遍细石混凝土，最后用水泥掺快凝剂（例如水玻璃）替换导管堵孔。

(5) 钢模板或木模板嵌入桩间隙，并用粗钢筋连接（植筋）于支护桩，然后在桩间填入式浇捣早强混凝土堵住渗漏。

(6) 支护桩迎土侧桩间双液注浆止渗漏，将水泥浆和快凝剂（如水玻璃）同时压力注入。

(7) 支护桩迎土侧桩间打入密排咬口式钢板桩止渗漏。

6.4.2 高压喷射注浆截水帷幕渗漏

1. 现象

高压旋喷或摆喷注浆形成的桩体，开挖中发现基坑渗漏，如不及时采取封堵措施，易造成坑边地面沉降、管线断裂，甚至基坑支护结构失稳。

2. 原因分析

(1) 设计方面：支护桩间距过大，或高压喷射注浆帷幕的水泥用量太少，或帷幕的水泥固结体搭接宽度不足，在坑底土压力较大位置，桩身强度不足，使水土渗漏。高压喷射注浆的成桩工艺选择不合理。在支护桩间距较大、挖土深的位置，不宜选用单管法高压注浆。

(2) 施工方面：当高压旋喷桩采用嵌缝式施工时，由于定位发生偏差，高压旋喷桩与支扩桩未贴紧，土体从高压旋喷桩与支护桩之间的缝隙中挤出，造成基坑渗漏。旋喷参数如喷嘴直径、提升速度、旋喷速度、喷射压力、注浆流量等选择不合理，出现成桩质量问题。

3. 预防措施

(1) 设计方面：通过提高水泥掺入量、减少支护桩间距、降低坑外水位等措施来提高高压旋喷桩截水帷幕的有效性。成桩工艺选择三重管法或二重管法，尽可能采用封闭搭接式截水帷幕，搭接宽度应符合：当注浆孔深度不大于 10m 时，不应小于 150mm；当注浆孔深度为 10～20m 时，不应小于 250mm；当注浆孔深度为 20～30m 时，不应小于 350mm。

（2）施工方面：应先进行支护排桩施工，后进行高压旋喷注浆施工。旋喷施工过程中，冒浆量控制在 10%～25%之间，在基坑重要区域或桩身强度有特殊要求位置，可采用复喷措施。喷射注浆时应由下而上均匀喷射；高压旋喷注浆的施工作业顺序应采用隔孔分序方式，相邻两孔喷射施工间隔时间不宜小于 24h，并确保有效搭接。确保注浆压力，对三重管法要求内管泥浆泵压送 2MPa 左右的浆液，中管由高压泵压送 20MPa 左右的高压水，外管由空压机压送 0.5MPa 以上的压缩空气。为保护邻近的建筑物和道路管线，宜采用速凝浆液进行喷射注浆。喷嘴直径、提升速度、旋喷速度、喷射压力、注浆流量等喷射注浆的工艺参数宜由现场试验确定。

4. 治理方法

（1）如基坑土方开挖中，发现高压喷射注浆截水帷幕质量达不到设计要求，可在支护桩外侧再补打一排高压旋喷桩。

（2）如基坑已开挖至设计标高，出现漏土漏水现象较为严重，可在截水帷幕失效区域的支护桩外侧补打一排拉森式钢板桩，钢板桩与支护桩的接缝处，可采用低压注浆补缝，见图 6-23。

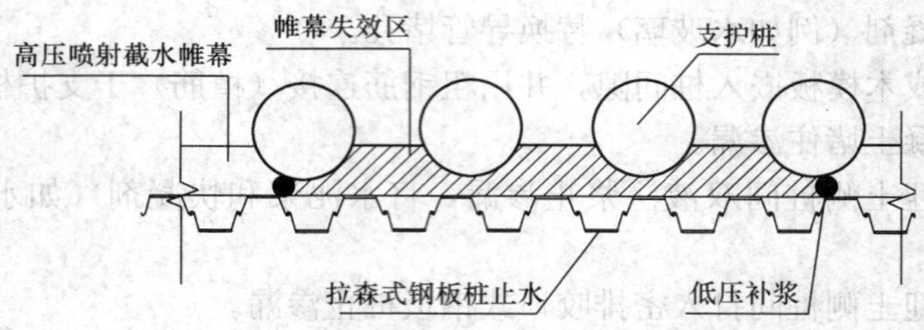

图 6-23　拉森式钢板桩止水示意

（3）见 6.4.1“水泥土搅拌桩截水帷幕渗漏”的治理方法的相关内容。

6.4.3　基坑底渗涌水

1. 现象

在土的颗粒细、含水量较为丰富的粉砂土层的基坑中，经常出现流砂、管涌和突涌等地下水危害现象，均会造成基坑边沉降，危及周边道路、管线及建筑物等，严重时会造成基坑护壁坍塌。

2. 原因分析

（1）设计方面：基坑地下水可能造成渗漏水的破坏成因分析不合理，降水方案针对性不强，从而使降水措施达不到应有的效果。选用的截水帷幕不合理或者帷幕深度不足。

（2）施工方面：降水管井出水量少，降水效果差；降水井的砂滤层施工质量差，引起排出的水混浊，把坑边大量泥砂带跑。

3. 防治措施

（1）静水压力作用主要增加了土体及支护结构的侧向压力，降低水位可保持坑内干燥，方便施工。降水深度应满足坑底正常作业，要求降水后的最高水位在坑底 0.5m 以下。设置截水帷幕如钢板桩、水泥土搅拌桩、高压旋喷桩、地下连续墙等或采用冻结法来封堵地下水。

(2) 动水压力作用下，可能产生流砂和管涌，流砂易出现突发性事故。管涌使土体中的细颗粒被带走，影响土体强度。降低水位，可减少水土压力，减少渗透力作用，增加土体强度，提高支护结构的稳定性。降水深度宜在可能产生流砂或管涌的土层面以下。防治管涌的措施主要为增加基坑围护结构插入坑底的深度，以延长地下水的渗透路径，降低水力梯度；在水流溢出处设置反滤层等。设置截水帷幕如钢板桩、水泥土搅拌桩、高压旋喷桩、地下连续墙等，来封堵地下水或者延长渗透路径。

(3) 承压水作用下，使基坑产生突涌，会顶裂甚至冲毁基坑底隔水土层，破坏性大。降低水位可减少承压水头，防止基坑发生突涌现象。承压水层不厚，可设置截水帷幕隔断承压水层；如承压水层较厚且很深，可采取坑底设置水平向截水帷幕，即减压井降水。

(4) 降水管井成孔后，用砾砂填充井管与孔壁间形成滤层。然后用泵进行试抽水，开始出水混浊，经一定时间后出水应逐渐变清，对较长时间出水混浊的管井应予以停止并更换。

附录 6.4 截水帷幕施工质量标准

水泥土搅拌桩截水帷幕施工质量标准 附表 6-8

项目类别	序号	检查项目		允许偏差或允许值		检查方法
				单位	数值	
主控项目	1	水泥及外掺剂质量		设计要求		查产品合格证或抽样送检
	2	水泥用量		设计要求		查看流量计
	3	桩体强度		设计要求		按规定办法
一般项目	1	机头提升速度		m/min	≤0.5	量机头上升距离及时间
	2	桩底标高		mm	±200	测机头深度
	3	桩顶标高		mm	+100 −50	水准仪 (顶部 500mm 不计入)
	4	桩位偏差		mm	<50	用钢尺量
	5	桩径			<0.04D	用钢尺量，D 为桩径
	6	垂直度		%	<1.0	经纬仪
	7	搭接	搅拌深度≤10m 搅拌深度 10～15m 搅拌深度>15m	mm	≥150 ≥200 ≥250	用钢尺量

高压喷射注浆截水帷幕施工质量标准 附表 6-9

项目类别	序号	检查项目	允许偏差或允许值		检查方法
			单位	数值	
主控项目	1	水泥及外掺剂质量	设计要求		查产品合格证或抽样送检
	2	水泥用量	设计要求		查看流量计
	3	桩体强度	设计要求		按规定办法

续表

项目类别	序号	检查项目	允许偏差或允许值		检查方法
			单位	数值	
一般项目	1	钻孔位置偏差	mm	<50	用钢尺量
	2	钻孔垂直度	%	<1.0	经纬仪
	3	孔深	mm	±200	用钢尺量
	4	注浆压力	设计要求		查看压力表
	5	桩体直径	mm	≤50	开挖后用钢尺量
	6	桩身中心允许偏差		<0.2D	用钢尺量，D 为桩径
	7	搭接：注浆孔深度≤10m 注浆孔深度 10～15m 注浆孔深度>15m	mm	≥150 ≥250 ≥350	用钢尺量

注：本表编引自现行国家标准《建筑地基基础施工质量验收规范》（GB 50202—2002）和现行行业标准《建筑基坑支护技术规程》（JGJ 120—2012）。

6.5 土钉墙支护

6.5.1 土钉墙位移过大

1. 现象

基坑挖至坑底后，容易出现土钉墙面层局部外鼓、裂缝，坑边地面沉降变形较大的现象，如不及时采取措施，变形会进一步扩大，可能会出现土钉墙失稳破坏。

2. 原因分析

（1）设计方面：土钉水平向或垂直向间距过大，使得土钉受力过大，土钉之间形成的土拱承载力过低，造成土钉墙较大的位移变形。土钉长度太短，或者土钉成孔工艺选择不合理，使土钉的抗拔力不足，导致土钉体中的浆体破碎，钢筋屈服。土钉与土体之间的极限粘结强度选择过大，或未考虑挤土型工程桩沉桩施工的挤土效应。

（2）施工方面：未按设计要求进行土方开挖，土方开挖与土钉墙施工脱节，产生超长或超深开挖，土方开挖不合理，均会使土钉墙产生较大变形。混凝土垫层施工跟进不及时，坑底暴露时间过长，导致坑边沉降过大。土钉注浆不到位，包括浆体配合比、注浆压力、注浆量等注浆要素不符合设计要求，或者土钉体未达到设计强度就开挖土方，造成土钉抗拔承载力达不到设计值。

3. 预防措施

（1）设计方面：影响土钉抗拔承载力的因素众多，宜适当提高土钉抗拔承载力的安全系数，主要通过加密、加长土钉，或者改进土钉成孔工艺等方法，并明确土方开挖要求。基坑施工过程中，会对土体产生扰动，因而基坑周边有重要建筑物或者管线时，慎用土钉墙支护。应对土钉的抗拔承载力进行检测，验证土钉与土体之间的极限粘结强度；当工程桩沉桩存在挤土效应时，应适当降低其取值。

（2）施工方面：基坑土方开挖必须与土钉墙施工紧密配合，基坑土方可分为中心岛后挖区与四周的分层开挖区。周边土方开挖应配合土钉墙作业，挖土宽度一般距离坑边 6～

10m，分层高度由土钉墙竖向间距来确定，待上排土钉体达到设计强度后，方可进行下一层土方的开挖和土钉的施工。基坑四周的土钉墙施工完成后，再开挖中央的放坡开挖区(即中心岛)。打入注浆式土钉一般用ϕ48×2.5钢管，土钉体直径80mm，注浆压力较难控制，土钉体直径不易保证；而成孔注浆式土钉的注浆体直径有保证，其抗拔承载力远大于打入注浆式土钉，故应尽量选择后者。两者均应控制注浆要素，使符合设计要求。基坑每分层开挖一段应立即喷射第一层混凝土护坡面层，厚度为设计厚度的一半，铺设钢筋网且该层土钉施工后再立即喷射第二层混凝土。基坑开挖至坑底后，应立即施工混凝土垫层，并靠紧土钉墙脚。

4. 治理方法

(1) 减少或卸去坑边荷载，主要包括材料堆载和行车荷载；坑边放坡卸载，即挖除部分坑边土体。

(2) 开挖至坑底后，立即浇筑300mm厚混凝土垫层，宽度范围8～10m。

(3) 在坡脚位置打设一排钢板桩或者松木排桩，起到减少位移变形和增加整体稳定作用。

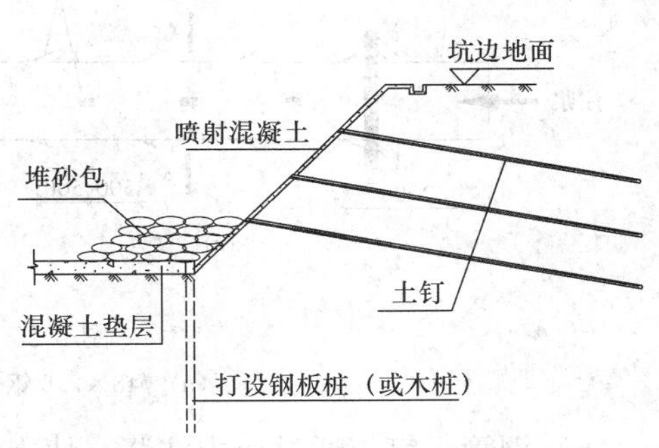

图6-24 土钉墙补强加固示意

(4) 土钉墙位移变形严重时，在坑底地基土或垫层上叠堆砂包，见图6-24，待土钉墙加固后，再卸除砂包继续施工。

6.5.2 土钉注浆不足

1. 现象

基坑开挖过程中，发现土钉墙位移变形较大，局部出现土钉被拔出，进一步开挖可能出现土钉墙滑移甚至整体稳定破坏的现象。

2. 原因分析

(1) 设计方面：钢管土钉选用水泥砂浆注浆，会堵塞出浆孔，各出浆孔的出浆量不均，土钉抗拔力达不到设计要求；纯水泥浆的水灰比选择不合理，过大的水灰比，水泥硬化后收缩过大，注浆孔内空隙较多，影响抗拔力；过小的水灰比，注浆泵出浆困难。土钉孔注浆材料的强度要求过低。

(2) 施工方面：钢管土钉出浆孔间距过大，不能形成连续的注浆体；出浆孔的保护倒刺或土钉端头的扩大头焊接不牢，在土钉打入过程中掉落；注浆压力选择不合理，水泥用量不足。

3. 防治措施

(1) 土钉应做抗拔承载力试验，发现土钉抗拔承载力不符合设计要求，需对基坑支护进行加强。土钉抗拔试验要点见现行行业标准《建筑基坑支护技术规程》(JGJ 120—2012) 附录D。

(2) 土钉孔注浆材料的强度不宜低于20MPa。

(3) 土钉浆液中纯水泥浆的水灰比通常为0.45～0.55，水泥砂浆的水灰比通常为0.40～0.45。宜在浆液中掺入膨胀剂及早强剂。一次拌和的水泥浆或水泥砂浆应在初凝前使用。

(4) 一次注浆的水泥浆凝固后，孔内可能存在空隙，如土钉抗拔承载力要求较高，可采取二次注浆的方式，二次注浆后，土钉的抗拔承载力可明显提高。

(5) 钢管土钉孔口用塞子堵住注浆口；土钉出浆孔通常0.5m左右设置一组，每组2个，梅花形排列，出浆孔直径4～15mm；出浆孔口设置倒刺，与钢管焊接，主要防止打入土体过程中堵塞出浆孔，并可增加土钉抗拔力，见图6-25。

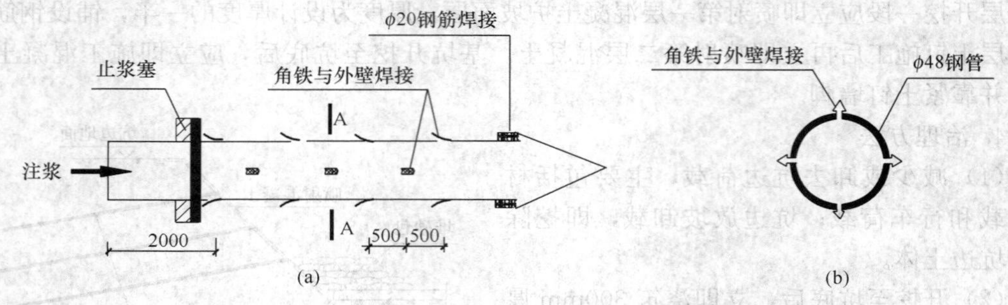

图6-25 钢管土钉详图

(a) ϕ48×2.5钢管加工；(b) 剖面图A-A

(6) 钢管土钉，通过压力注浆，使土体密实及强度提高，增强对钢管的握裹力，一般开孔压力在2.0MPa，水泥用量在15kg/m以上，要防止孔口冒浆。钻孔注浆土钉通常采用重力式注浆，水泥用量一般20kg/m以上，一次注浆压力通常在0.2～0.5MPa，如采用二次注浆，注浆压力一般在2.0MPa左右，应在新鲜浆液从孔口溢出后方可停止注浆。

(7) 如工期较紧，土方开挖较快，可采用高强度水泥和早强剂，提高注浆体的早期强度。

(8) 发现土钉墙位移变形较大，应参照6.5.1“土钉墙位移过大”的相应内容治理。

6.5.3 土钉墙失稳

1. 现象

土钉墙失稳包括内部失稳（即局部滑动破坏）、整体失稳（即土钉墙整体滑动）或倾覆破坏。基坑挖至坑底后变形较大，引起坑边地下水管开裂，然后造成基坑失稳，坑边路面开裂，围墙外倾，基坑坡面开裂，坑内严重隆起，大批工程桩移位甚至断裂。

2. 原因分析

(1) 设计方面：土钉长度过短，土钉体直径过小，间距不合理即过稀或过密；土钉的形式选择不当，例如应选择钻孔注浆式土钉而选择了打入式钢管注浆土钉；设计的土钉注浆参数不合理。应设计井点降水而未设计。基坑边有民房及重要管线，且场地土质较差，不宜采用土钉墙支护。

(2) 施工方面：挖土速度过快，未进行分层分段土方开挖，开挖后未及时施工土钉和喷射混凝土面层。在基坑变形超过报警值，未及时回填土方或坑边卸载等应急处理。垫层施工不及时，坑底暴露时间过长，会造成坑底隆起量过大。土钉施工长度不足，注浆不符合设计要求，使土钉抗拔承载力达不到设计要求，严重位移变形后发展到失稳。

3. 预防措施

(1) 设计方面：设计土钉墙的土钉长度和钉径应足够，间距应合理，土钉的形式和注浆参数应合理。在地下水位较高的基坑应结合井点降水措施。可采用深层水泥搅拌桩（或高压旋喷桩）与土钉墙相结合的复合型土钉墙，见图 6-26，水泥搅拌桩可提高坑底土体的抗剪强度，稳固坡脚，同时，采用水泥搅拌桩超前支护，可减少基坑变形；当基坑挖深较大或地质土层很软弱时，可采用桩锚支护取代土钉墙支护，详见 6.2“锚杆”的相关内容。

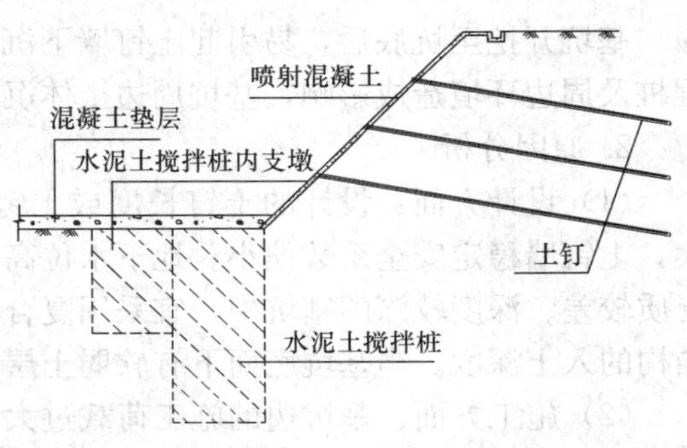

图 6-26 水泥搅拌桩复合式土钉墙示意

（2）施工方面：严禁超挖，在坑边位置，应采取分层分段开挖土方，分段浇筑底板下混凝土垫层的方式，可有效减少基坑的变形，分段长度通常为 20～30m，距离坑边 8～10m 范围内快速浇筑 30cm 厚 C25 混凝土垫层。选取钻孔注浆式土钉，确保注浆的配合比、注浆的压力及水泥用量。

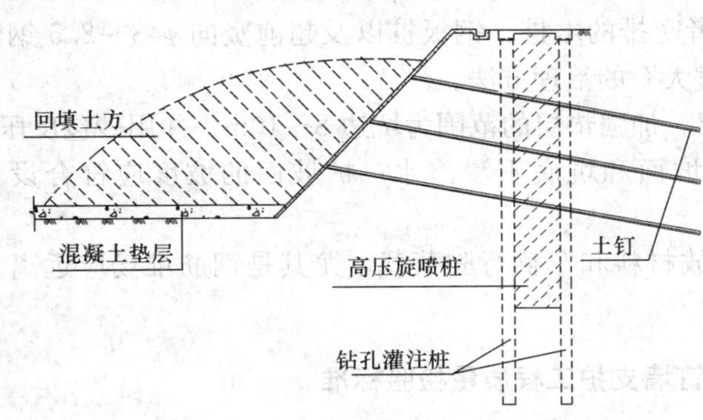

图 6-27 双排桩结合高压旋喷桩加固示意

4. 治理方法

（1）当土钉墙失稳现象不严重，即只有局部滑动失稳或仅有裂缝变形前兆，可采用第 6.5.1“土钉墙位移过大”的治理方法加固。

（2）当土钉墙严重失稳时，应先对失稳基坑进行土方回填，见图 6-27，确保基坑位移不再增大。然后在坡顶位置打设两排钻孔桩，前排桩为 $\phi600$@800mm，后排桩为 $\phi600$@2400mm，前后排桩间距为 3～4m，两排桩之间土体再用高压旋喷桩加固，并用梁板结构把两排钻孔桩相连。

（3）如图 6-28 所示，先进行土方回填成坑边三角土，然后在坡顶位置打设一排 $\phi600$@800mm 的钻孔桩，待坑内距离坑边一定距离的地下室底板浇筑完成后，设置竖向钢管支撑，最后分段开挖土方，分段浇筑坑边剩余的底板。上述土钉墙重新加固设计时，应将地质参数 c、φ 值予以折减。

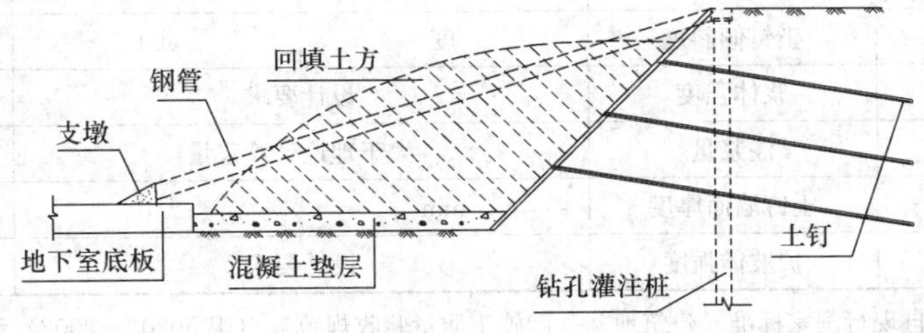

图 6-28 桩加竖向斜撑加固示意

（4）上述增设的钻孔灌注桩也可以用拉森式钢板桩取代，以求速效。

6.5.4 土钉墙坑内隆起量过大

1. 现象

基坑开挖至坑底后，易引起土钉墙下沉及向坑内位移，造成坑底土体隆起，对坑内工程桩及周边环境造成影响，基坑周边土体沉降及裂缝，严重时造成基坑失稳。

2. 原因分析

（1）设计方面：设计的土钉长度或土钉体直径不足及间距不合理，造成土钉位移过大，土钉墙稳定安全系数偏小。地下水位高、土层渗透系数大的基坑未设计井点降水。在土质较差、深度较深的基坑中，宜采用复合型土钉墙支护，增设竖向支护结构，增加支护结构的入土深度。当基坑底面下有软弱土层时，土钉墙抗隆起安全系数应足够。

（2）施工方面：基坑边的施工荷载过大，使坑边路面下沉，导致坑底隆起。基坑内垫层设置不及时，或者设置范围及厚度过小。降排水措施不到位，坑内雨水浸泡，被动区土体扰动等，均会加大坑底的隆起量。土钉墙的坡度偏大，未按设计要求施工。

3. 防治措施

（1）坡脚设置具有一定刚度和强度的竖向支护结构，能阻挡土体内移，从而减少坑底隆起量。如坡脚打设水泥搅拌桩，或者密排的木桩、钢板桩以及超前竖向 $\phi48\sim2.5$ 钢管注浆锚杆等，见 6.5.1“土钉墙位移过大”的治理方法。

（2）快速浇筑 30cm 厚混凝土垫层，加强垫层的范围为坑边 8～10m，并用砂包反压。

（3）做好降水、排水措施，确保坡面和坑底不浸泡水；护坡面的坡度应符合设计要求。

（4）控制坑边施工荷载，包括堆放材料和车辆行驶荷载，尤其是钢筋堆场应远离基坑边。

附录 6.5　土钉墙支护工程质量检验标准

土钉墙支护工程质量检验标准　　附表 6-10

项目类型	序号	检查项目	允许偏差或允许值		检查方法
			单位	数值	
主控项目	1	土钉成孔长度	mm	+100	用钢尺量
	2	土钉抗拔承载力	行业标准、设计要求		现场实测
	3	土钉杆体长度	大于设计长度		用钢尺量
一般项目	1	土钉位置	mm	±100	用钢尺量
	2	土钉倾斜度	度	±1	测钻机倾角
	3	浆体强度	设计要求		试样送检
	4	注浆量	大于理论计算浆量		检查计量数据
	5	土钉墙面厚度	mm	±10	用钢尺量
	6	护坡体强度	设计要求		试样送检

注：1. 本表编引自现行国家标准《建筑地基基础施工质量验收规范》（GB 50202—2002）和现行行业标准《建筑基坑支护技术规程》（JGJ 120—2012）。

2. 土钉抗拔承载力检测数量不宜少于土钉总数的 1%，且同一土层中的土钉检测数量不应少于 3 根，试验的最大荷载不应小于土钉轴向拉力标准值的 1.1 倍。

6.6 水泥土挡土墙

6.6.1 水泥土挡土墙位移过大

1. 现象

水泥土挡土墙体变形过大或整体刚性移动，对临近坑边道路管线、高位工程桩以及附近建筑物带来影响，并且影响坑内工程桩和基础施工。

2. 原因分析

(1) 设计方面：水泥土挡墙的厚度及入土深度不足，挡土墙抗倾覆、抗滑移、整体稳定性及抗隆起的安全系数不满足规范的要求；基坑计算挖土深度偏小，没有考虑靠近基坑边的电梯井、集水井以及多桩承台挖土深度的影响；没有考虑坑边重车行走及临时堆载的影响，地面超载计取不足；挡土墙计算时，土的抗剪强度指标 c、φ 取值偏大；当工程桩为挤土桩时未考虑土体受扰动影响；基坑面积大，边长尺寸大，基坑暴露时间长，没有考虑基坑的时空效应；挡土墙位置存在较厚的杂填土、老河道或者地下设施等，影响成桩质量，没有做好加固处理。

(2) 施工方面：水泥土挡土墙的施工质量不能满足设计要求，基坑开挖时水泥搅拌桩的强度没有达到设计要求；没有按照设计文件规定的区域堆放施工材料和重车行走，导致水泥土挡土墙主动土压力超载；未按照设计工况进行土方开挖，超挖、乱挖；土方开挖速度过快，没有分区、分段、分层开挖，一次性开挖到坑底；基坑开挖面积大，暴露时间长，未分段及时浇筑混凝土垫层。

3. 预防措施

(1) 设计方面：水泥土挡土墙的厚度及入土深度必须满足抗倾覆、抗滑移、整体稳定性及抗隆起安全系数的要求；基坑计算开挖深度应考虑靠近坑边的坑中坑及多桩承台的影响；所采用的土体抗剪强度指标 c、φ 值应取地质勘察报告提供的标准值，并根据工程桩、围护桩施工对土体的扰动情况适当折减；当挡土墙变形不能满足时，采用坑底被动区加固，加固方法可采用水泥搅拌桩、高压旋喷桩、压密注浆等，平面布置形式可采用满堂式、“裙边”式、支墩式等，见图 6-29、图 6-30；挡土墙顶面应做不小于 150mm 厚 C20 钢筋混凝土面板，并在水泥搅拌桩中插入钢筋或钢管增加面板与挡土墙之间的抗剪强度。见图 6-31。

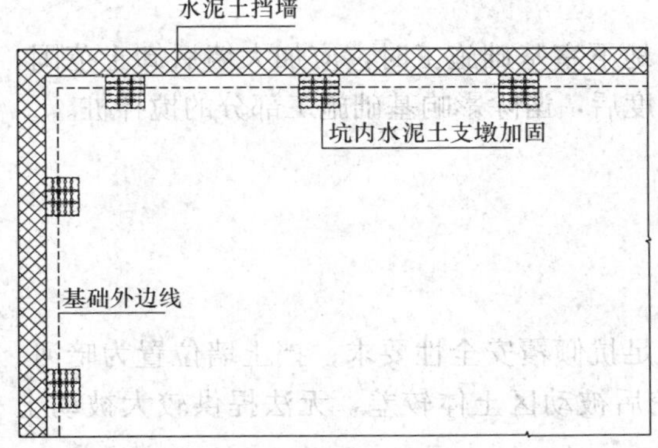

图 6-29 坑底水泥土支墩加固平面

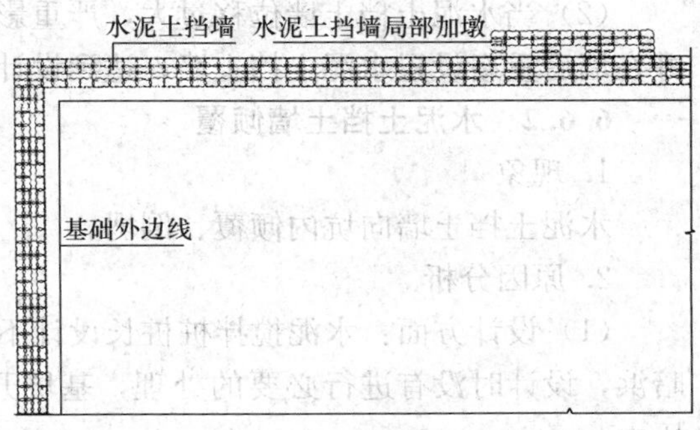

图 6-30 水泥土挡墙局部加墩

（2）施工方面：水泥搅拌桩施工应控制下沉及提升速度，一般预搅下沉的速度应控制在0.80m/min，喷浆提升速度不宜大于0.50m/min，重复搅拌升降可控制在0.5～0.8m/min；控制喷浆速率与喷浆提升（或下沉）速度的关系，确保水泥浆沿全桩长均匀分布，并保证在提升开始时同时注浆，在提升至桩顶时，该桩全部浆液喷注完毕；施工中发生中断注浆，应立即暂停施工，重新搅拌下沉至停浆面或少浆桩段以下0.50m的位置，重新注浆搅拌提升；经常检查搅拌叶片磨损情况，当发生过大磨损时，应及时更换或修补；基坑提前开挖时，应在水泥浆中掺入早强剂，开挖前对水泥搅拌桩进行取芯检测；在水泥搅拌桩中掺入水泥用量的10%的粉煤灰代替水泥，以增加水泥强度；对于地下水丰富的工程，在水泥浆中掺入速凝早强剂，防止浆液被冲蚀；按照设计规定的区域堆放施工材料和设置施工道路，并加固出土口；基坑开挖应分层、分段对称开挖，开挖到坑底后立即浇筑混凝土垫层。

4. 治理方法

（1）当水泥土挡土墙位移过大，但不影响地下室基础施工时，采取如下措施：①立即进行墙后卸土；②坑内抽条式分段开挖后立即设置加厚混凝土垫层至挡土墙边；③在坑边被动区垫层上设置砂袋反压，见图6-32。

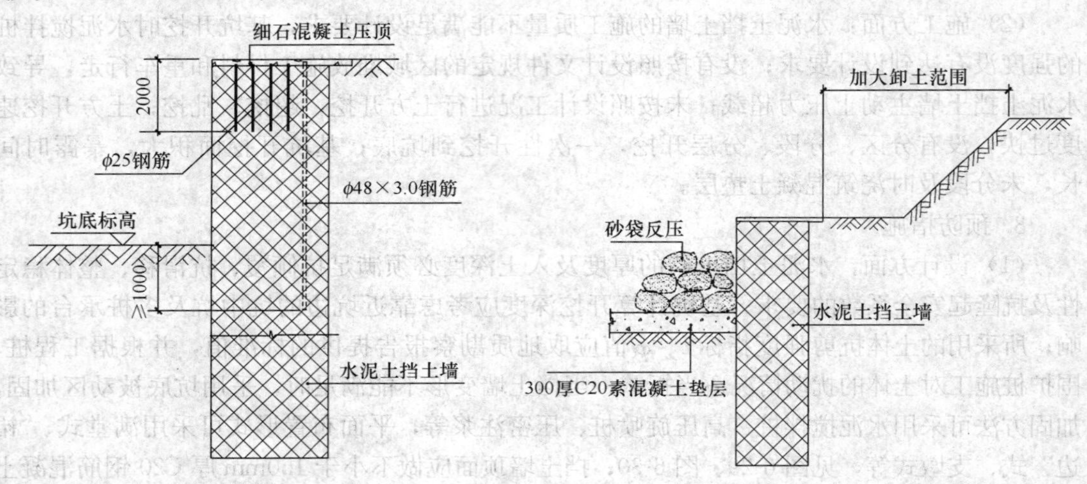

图6-31 水泥土挡墙插筋　　图6-32 砂袋反压加固示意

（2）当水泥土挡土墙位移过大，严重影响地下室基础施工时，应加大墙后卸土范围，并在墙后重新设置水泥土挡土墙，达到设计强度后，凿除影响基础施工部分的搅拌桩。

6.6.2 水泥土挡土墙倾覆

1. 现象

水泥土挡土墙向坑内倾覆、倒坍。

2. 原因分析

（1）设计方面：水泥搅拌桩桩长设计不满足抗倾覆安全性要求；挡土墙位置为暗河、暗浜，设计时没有进行必要的处理，基坑开挖后被动区土体较差，无法提供较大被动土压力。

（2）施工方面：没有按照设计要求进行卸土放坡，坡面没有喷射混凝土面层，下雨时边坡土体含水量增大，导致主动土压力增大；基坑边堆放大量施工材料；基坑边设置施工道路，重车频繁行走引起墙后主动土压力增加；挡土墙背后高位桩基础先于基坑施工并进行土方回填，施工荷载大于设计要求；基坑开挖中受到临近工地施工的不利影响。

3. 预防措施

（1）设计方面：根据施工总平面布置的要求，合理考虑坑边地面超载取值；挡土墙桩长应满足抗倾覆稳定性的要求；坑边卸土宽度和深度应合理；挡土墙位置分布有老河道、暗浜时应设计挖除松散塘渣、淤泥等，换填并夯实素黏土，并对河道位置被动区进行加固，见图 6-33；被动区水泥土支墩加固措施同 6.6.1“水泥土挡土墙位移过大”的预防措施（1）。

（2）施工方面：严格按照设计的卸土放坡的宽度及高度施工，并对边坡面喷射混凝土面层；坑边应按设计规定的区域堆放施工材料，按设计加强过的位置作为出土口和车辆运行道路；挡土墙后的高位桩基础先行施工时，回填土的厚度以及外脚手架等施工荷载不得大于设计规定；基坑土方开挖，不得乱挖、超挖，挖到坑底后立即浇筑基底垫层；基坑开挖中和开挖后受到临近工地施工的不利影响时，应在挡土墙背后设置防挤沟、布置卸压孔，并加强监测。

4. 治理方法

（1）当水泥土挡土墙倾覆变形尚未倒塌破坏，不影响地下室基础施工时，可采取如下措施：立即进行墙后卸土；坑内抽条式分段开挖后立即浇筑加厚混凝土垫层至挡土墙边；在加厚混凝土垫层上设置竖向斜撑，见图 6-34。

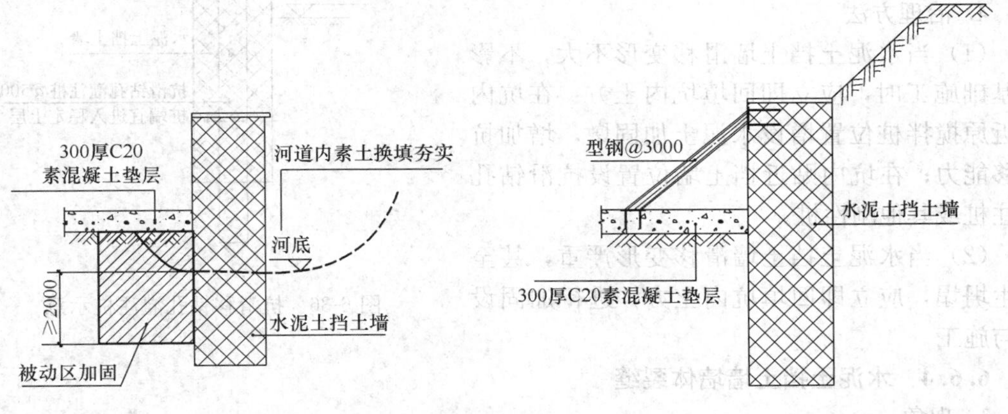

图 6-33 河道位置加固示意　　图 6-34 竖向斜撑加固示意

（2）当水泥土挡土墙倾覆过大并倒坍，应对倒坍区域重新设计补强。

6.6.3 水泥土挡土墙滑移

1. 现象

水泥土挡土墙墙体及附近土体整体滑移破坏，基底土体隆起，坑边土体开裂，坑内工程桩偏位。

2. 原因分析

（1）设计方面：水泥土挡土墙厚度不足，墙底与土体摩擦力偏小，在主动土压力作用下，挡土墙滑移；挡土墙底位于土质较差的淤泥中，淤泥土抗剪强度低，坑内被动区未设

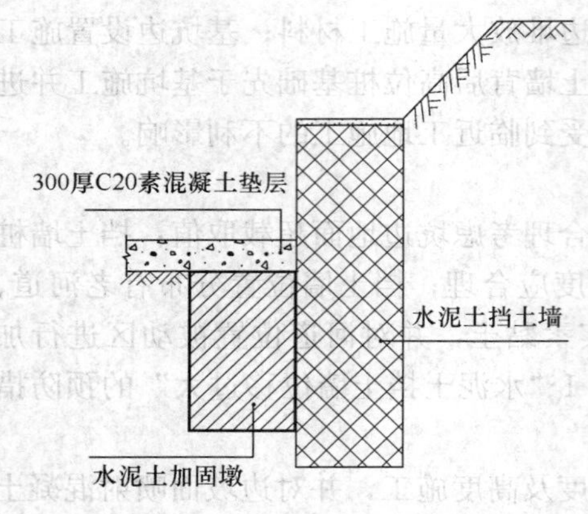

图 6-35　坑内加固墩示意

计加固处理；同 6.6.1“水泥土挡土墙位移过大”的原因分析（1）。

（2）施工方面：水泥搅拌桩施工时，提升喷浆速度太快，喷浆不均匀，导致桩身强度不均匀，局部出现断层，基坑开挖后沿断层滑移；挡土墙施工范围内存在有机质含量较高的泥炭土，影响水泥搅拌桩质量，桩身强度达不到设计要求；同 6.6.1“水泥土挡土墙位移过大”的原因分析（2）。

3. 预防措施

（1）设计方面：增加挡土墙的厚度，对于淤泥质土，不宜小于 $0.7h$，对于淤泥，不宜小于 $0.8h$（h 为基坑深度），以增加墙底部与土体之间摩擦力；在基坑内设置水泥土加固暗墩，增加抗滑移能力。见图 6-35；在水泥工挡土墙中设置型钢、钢管、刚性桩等，以增加抗滑移能力，插入深度宜进入力学性质较好的土层中。见图 6-36。

（2）施工方面：同 6.6.1“水泥土挡土墙位移过大”的预防措施（2）；水泥土挡土墙当用于泥炭土或土中有机质含量较高时，宜通过试验确定其相关参数。

4. 治理方法

（1）当水泥土挡土墙滑移变形不大，不影响基础施工时，应立即回填坑内土方：在坑内贴近原搅拌桩位置增设水泥土加固墩，增加抗滑移能力；在坑内贴近挡土墙位置设抗滑钻孔灌注桩或其他刚性桩。

（2）当水泥土挡土墙滑移变形严重，甚至发生坍塌，应立即回填坑内土方，进行加固设计与施工。

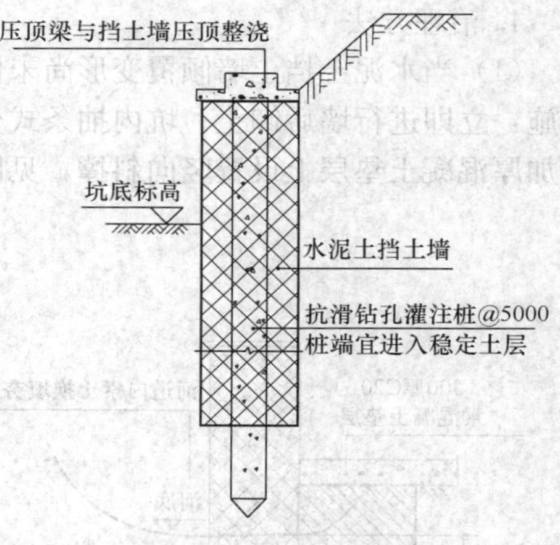

图 6-36　抗滑移钻孔灌注桩示意

6.6.4　水泥土挡土墙墙体裂缝

1. 现象

水泥土挡土墙产生墙体受压、受剪或受拉破坏而出现墙体裂缝。

2. 原因分析

（1）设计方面：水泥土挡土墙厚度不足，截面刚度过小，不能满足墙体受压、受拉及受剪要求；挡土墙采用格栅式布置时，水泥土置换率太小；挡土墙桩与桩之间的搭接长度太少；基坑边线不规则，内折阳角分布过多，土压力应力集中，使内折阳角产生受拉裂缝；挡土墙水泥掺量设计不足，导致桩身强度偏低。

（2）施工方面：基坑开挖时，挡土墙桩身龄期偏短，强度不足；水泥土搅拌桩施工时喷浆提升过快、断浆等导致墙身强度分布不均匀；水泥搅拌桩垂直度偏差大，导致下端开叉，搭接不满足要求而开裂；挡土墙中相邻桩施工的时间间隔过长，挡土墙中出现施工

"冷缝"；土方开挖时，超挖、乱挖，导致墙体背后主动土压力增大。

3. 预防措施

(1) 设计方面：水泥土挡土墙厚度应满足挡土墙截面抗拉、抗压、抗剪的要求。挡土墙基坑边线尽量避免内折阳角，而采用向外拱的折线形，避免内折阳角应力集中产生裂缝，见图 6-37；挡土墙优先选用大直径双轴搅拌桩，以减少搭接接缝；挡土墙桩与桩之间的搭接长度，在土质较差时，桩的搭接长度不宜小于 200mm；施工前，应进行成桩工艺及水泥掺入量或水泥浆配合比试验；挡土墙采用格栅式布置时，水泥土置换率。应符合相关行业标准的要求；必要时挡土墙可采用成桩质量容易保证的三轴水泥搅拌桩或高压旋喷桩；水泥土墙体 28d 无侧限抗压强度不宜小于 0.8MPa。可在水泥土桩中插入钢筋、钢管或毛竹等杆筋，插入深度大于基坑深度，并锚入面板内。

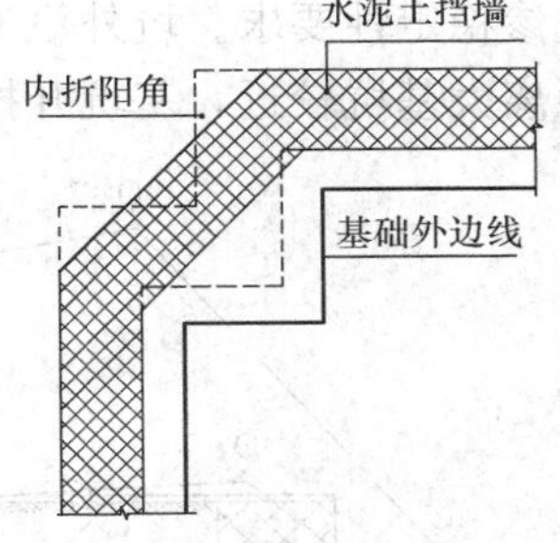

图 6-37 水泥土挡墙平面形状

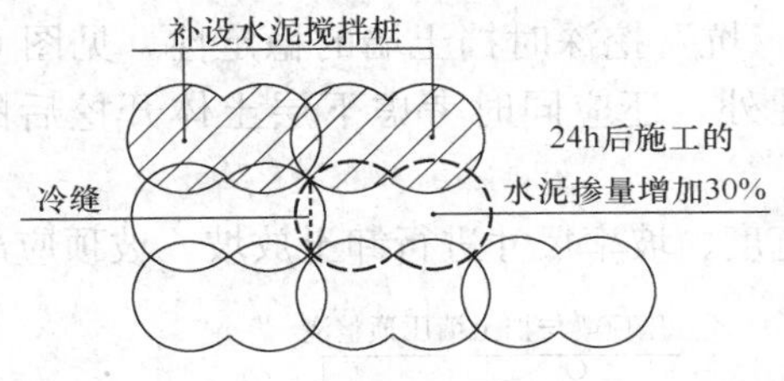

图 6-38 冷缝补救措施

(2) 施工方面：同 6.6.1"水泥土挡墙位移过大"的预防措施 (2)；水泥搅拌桩垂直度偏差应控制在 1%以内，桩位偏差应控制在 30mm 以内，防止水泥搅拌桩下段分叉：挡土墙中相邻桩施工的时间间隔不应超过 24h。因故停歇时间超过 24h，应采取补桩或在后施工桩中增加水泥掺量、以及注浆加固等措施，见图 6-38；基坑开挖施工时应采取分段、分层、对称均匀开挖，防止超挖、乱挖，并及时浇筑混凝土垫层。

4. 治理方法

(1) 墙体裂缝较小，对挡土墙受力性能影响不大时，在墙后适当卸土后，对裂缝进行纯水泥灌浆封闭，在后续施工过程中加强观测。

(2) 挡土墙裂缝较大，严重影响挡土墙受力性能时，应立即停止土方开挖，对此区域挡土墙采取增加水泥土挡土墙厚度等加强措施。

(3) 同 6.6.2"水泥土挡土墙倾覆"的治理方法。

6.6.5 水泥土挡土墙整体失稳

1. 现象

水泥土挡土墙沿某一圆弧滑动面向坑内滑动，墙后大面积地面开裂沉陷，坑内土体隆起，工程桩位移。

2. 原因分析

(1) 设计方面：水泥土挡土墙嵌入坑底深度不足，整体稳定安全系数偏低；挡土墙底部位于土性较差的淤泥土中或老河道中，挡土墙稳定性差；基坑底面附近存在渗透系数大的承压水层，开挖后坑底不透水层在动水压力作用下被承压水顶破而形成坑底管涌，挡土墙失稳。

(2) 施工方面：水泥土挡土墙用于开挖深度较大的基坑时，设计的墙后卸土范围较大，但施工时因场地条件限制，卸土范围不满足设计要求；在墙后大量堆放施工材料或重车行走，导致墙体失稳破坏；墙后土体含水量大，渗透系数大，挡土墙嵌固深度不能满足抗渗稳定性要求。坑外没有设计降水措施固结土体，导致失稳；基坑中存在“坑中坑”，距离大基坑较近，基坑开挖中乱挖、超挖，导致挡土墙失稳。

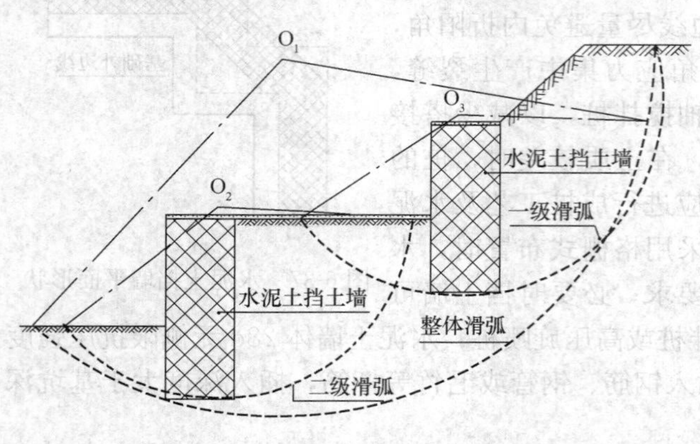

图 6-39　多级开挖整体稳定性示意

3. 预防措施

（1）设计方面：水泥土挡土墙的嵌固深度，对淤泥质土或淤泥不宜小于 1.2～1.3h（h 为基坑深度），并应满足整体稳定性安全系数不小于 1.30 的要求；当挡土墙后存在透水系数较大的土层时，坑外应设置井点降低地下水位；当基坑中出现多级开挖深度或“坑中坑”，距离大基坑较近时，应考虑“深浅坑”或“坑中坑”挖深时挡土墙的稳定性，见图 6-39，设计时除考虑每层土体开挖的挡土墙稳定性外，还应同时考虑下层土体开挖后的整体稳定性。

（2）施工方面：严格按照设计的放坡高度、宽度、坡率尺寸进行卸土放坡，坡顶应严格控制施工堆场的地面荷载；挡土墙嵌固深度应切断软弱土层、老河道，进入土性较好的土层；必要时在水泥土挡土墙中每隔 3～6m 插入 1 根刚性桩，见图 6-40；基坑开挖应防止超挖、乱挖；应按设计规定的区域堆放施工材料和行驶重车；当基坑底面附近存在渗透系数大的承压水层时，可用水泥土挡土墙切断承压水层，形成止水帷幕，坑内外设置降水井降低地下水位。

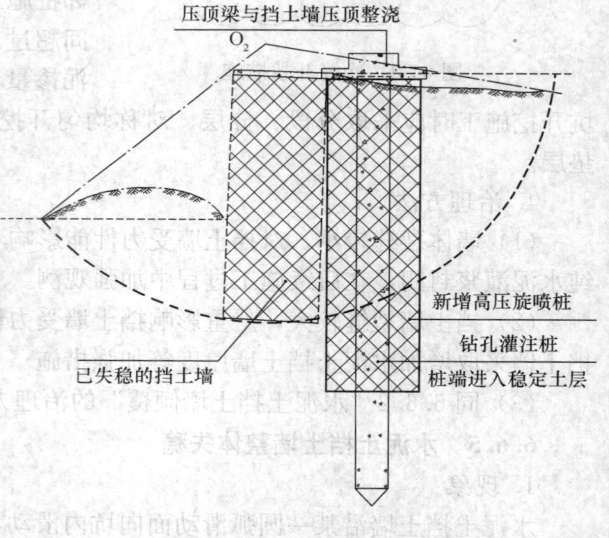

图 6-40　高压旋喷桩及刚性桩加强措施

4. 治理方法

（1）当水泥土挡土墙发生整体稳定性破坏时，应立即进行坑外卸土，坑内回填土方或者堆放砂袋反压，见图 6-32。

（2）在坑外设置高压旋喷桩挡土墙，桩长切断圆弧滑动面，进入土性较好的稳定土层，必要时每隔一定距离增设钻孔灌注桩，增强整体稳定性，如图 6-40 所示。

（3）对保留可用的挡土墙裂缝进行高压注浆封闭。最后重新开挖土体，并对偏位工程桩纠偏加固或补桩。

附录6.6 水泥土挡土墙施工质量检验标准

水泥土挡土墙施工质量检验标准 附表6-11

项目类别	序号	检查项目	允许偏差或允许值		检查方法
			单位	数值	
主控项目	1	水泥及外掺剂质量	设计要求		检查产品合格证书或抽样送检
	2	水泥用量	设计要求		磅秤或流量计
	3	桩体强度及完整性检验	设计要求		抽芯取样试压，不应小于总桩数1%，且不应小于6根
一般项目	1	垂直度	%	≤1	经纬仪测钻杆
	2	平面定位	mm	≤30	钢尺量检查
	3	注浆压力	设计要求		查看压力表
	4	桩体搭接	mm	≤50	钢尺量检查
	5	桩体直径	mm	≤30	钢尺量检查
	6	钻杆提升速度	m/min	≤0.50	量机头上升距离及时间
	7	桩顶标高	mm	±50	水准仪（最上部500mm不计入）

注：本表编引自现行国家标准《建筑地基基坑工程施工质量验收规范》（GB 50202—2002）和行业标准《建筑基坑支护技术规程》（JGJ 120—2012）。

6.7 地下连续墙

6.7.1 导墙变形破坏

1. 现象

导墙在施工过程中容易出现坍塌、不均匀下沉、裂缝、断裂、向内位移等现象，影响地下连续墙成槽质量，也会导致附近地面土体沉降，破坏环境。

2. 原因分析

（1）设计方面：导墙下地基存在暗浜、废弃管道、软弱土层未经设计处理；导墙埋深不足，受水位较高的地下水冲刷掏空导墙下的地基土；导墙下地基承载力不能满足施工荷载的要求，设计时未要求地基处理。

（2）施工方面：导墙混凝土强度不足，导墙厚度、配筋不足；导墙墙顶、墙面平整度和垂直度未满足质量要求；导墙背后填土质量未达到设计要求；导墙内侧设置的支撑不足，被导墙外侧土压力向槽内推移挤拢；作用在导墙上的施工荷载过大。

3. 预防措施

（1）设计方面：应根据地质条件、施工荷载进行验算，以满足成槽设备和顶拔接头管等施工的荷载要求：选择较好的导墙形式，埋深不小于1.5m，混凝土的设计强度等级不宜低于C20；导墙宜采用钢筋混凝土结构，内外导墙间净距应比设计的地下连续墙厚度大40～60mm，导墙壁厚150～300mm，双向配筋，导墙面至少应高于地面约100mm；地质较差的土层，宜选用“]["形导墙，底部外伸扩大支承面积；混凝土导墙拆模后，立即沿其纵向每隔1.5m左右加设上下两道方木支撑；软土地基中，宜在导墙底部采用水泥搅拌

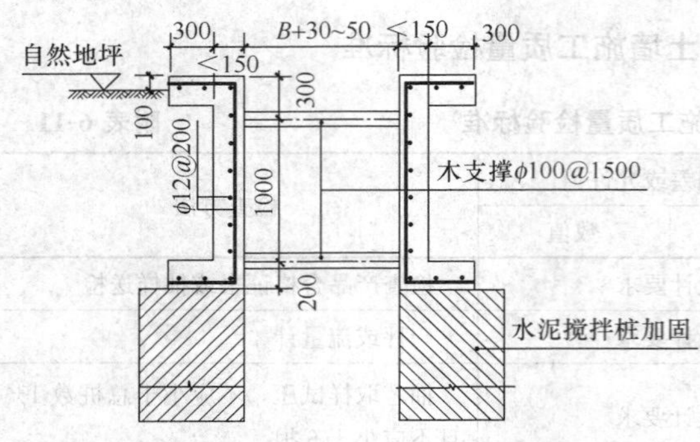

图 6-41　导墙断面详图与地基加固措施

桩等地基处理措施并与槽壁加固措施结合起来，导墙断面与地基加固见图 6-41。

（2）施工方面：导墙顶面要水平平整，内侧面要垂直，顶面平整度和内侧面垂直度及导墙内外墙面间净空尺寸和轴线偏差应符合附录 6.7 的规定；导墙外侧应以黏土分层回填密实，防止地面水从导墙背后渗入槽内；在导墙混凝土达到设计强度并加好支撑之前，禁止重型机械和运输设备在附近作业停留；导墙施工中遇到废弃管沟要堵塞或挖除，遇到暗浜应换土回填；如果成槽机及附属施工荷载过大，应在导墙上铺设钢质路基板。

4. 治理方法

（1）当导墙附近土体局部沉降且变形较小不影响成槽尺寸时，对沉降区域土体进行注浆加固后修复导墙，增加导墙之间的支撑数量。

（2）影响槽段宽度不大时，用接头管强行插入，撑开足够空间后下放钢筋笼。

（3）对于大部分或局部严重变形破坏影响成槽施工的导墙应拆除，并用优质土（或黏土中掺入适量水泥）分层回填夯实加固地基，重新施工导墙。

6.7.2　地下连续墙夹泥

1. 现象

地下连续墙在浇捣混凝土过程中，形成淤泥夹层或槽段局部夹泥，槽段混凝土强度降低，引起墙体开裂、渗漏。

2. 原因分析

（1）槽段底部沉渣是主要原因之一。混凝土开始浇筑时向下冲击力大，会将导管下的沉渣冲起，一部分与混凝土杂混，处于导管附近的沉渣易被混凝土推挤至远离导管的端部。当沉渣厚度大或粒径大时，仍有部分留在原地。同时悬浮于泥浆中的渣土，会沉淀下来落在混凝土面上，这层渣土流动性好，会到低洼处聚集，容易被包裹在混凝土中形成夹泥。

（2）护壁泥浆性能差，导致槽壁稳定性差，在浇捣混凝土过程中，槽壁坍塌，与混凝土混在一起形成夹泥。或成槽后至混凝土浇筑的间隔时间过长，泥浆沉淀，在地下连续墙各墙段的接缝处形成泥皮，导致夹泥现象。

（3）槽段长度较大，导管根数不足，导管摊铺面积不够，部分位置未能迅速灌筑到位，被泥渣填充。

（4）水下浇筑混凝土时，首批混凝土灌入量不足，不能将泥浆全部冲出，导管端部未被初灌的混凝土有效包裹；出现导管拔空，泥浆从导管底口进入混凝土内。

（5）导管接头不严密，存在缝隙，导致泥浆渗入导管内。

（6）混凝土未连续浇筑，造成间断或浇灌时间过长，后浇灌的混凝土顶升时，与泥渣混合。

3. 预防措施

（1）泥浆是稳定槽壁的关键，泥浆要具备物理和化学的稳定性，合理的流动性，良好的泥皮形成能力以及适当的密度。护壁泥浆配合比应按试验确定。泥浆拌制后应贮放24h，待泥浆材料充分水化后方可使用。泥浆液面应高于导墙底面500mm。

（2）单元槽段开挖到设计标高后，在插放接头管和钢筋笼之前，必须及时清除槽底淤泥沉渣，必要时下笼后再作一次清底，清底后4h内灌注混凝土。

（3）应采用导管法浇筑混凝土。导管接头应采用粗丝扣，设置橡胶圈密封，必要时在首次使用前应进行气密性实验，保证密封性能。

（4）槽段长度不大于6m时，宜采用二根导管同时浇筑混凝土；槽段长度大于6m时，宜采用三根导管同时浇筑混凝土。两根导管之间的间距不应大于3m，导管距离槽段两端不宜大于1.50m。

（5）开始浇筑混凝土时，导管应距槽底0.30～0.50m，首批灌入混凝土量要足够，使其有一定的冲击量，能把泥浆从导管端挤散，导管端应预先设置隔水栓。

（6）混凝土浇筑过程中，导管埋入混凝土面的深度宜在2.0～4.0m，浇筑液面的上升速度不宜小于3m/h，确保混凝土面均匀上升，混凝土面高差小于500mm。混凝土应连续浇筑。

（7）在浇捣过程中，导管不能作横向运动，槽段附近不得有重车行走，防止槽壁坍塌。

4. 治理方法

（1）在浇筑混凝土过程中遇槽壁坍塌夹泥，可将落在混凝土面上的泥土用空气吸泥机吸出，继续浇筑；如果混凝土已初凝，可将导管提出，将混凝土清除，重新下导管浇筑混凝土。

（2）基坑开挖后，发现地下连续墙的夹泥量较少，渗漏水面积不大时，可采用填堵法，凿除夹泥区域混凝土，冲洗干净后，采用掺入防渗剂的速凝混凝土对凿出部位进行喷射封堵。

（3）如果地下连续墙出现面积较大的夹泥，渗水面积较大，应先在其外侧渗水部位采用高压旋喷桩封堵，然后在内侧清除夹泥，冲洗干净后，搭设漏斗型模板，采用高一级强度的微膨胀混凝土振捣密实，见图6-42。

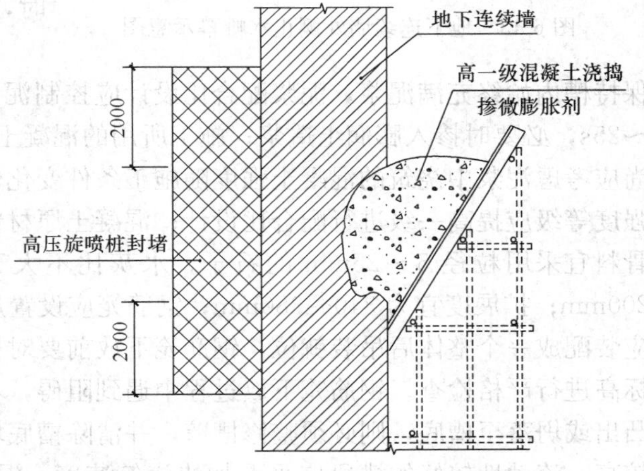

图6-42 地下连续墙夹泥处理示意

（4）如果地下连续墙夹泥严重影响设计所需要的承载力和抗渗性能，应在墙外侧增加一幅槽段，并在接缝位置增加高压旋喷桩等止水措施。

6.7.3 地下连续墙酥松、蜂窝、孔洞

1. 现象

基坑开挖后，地下连续墙表面出现酥松、露筋、蜂窝、孔洞，混凝土强度较低，达不

到设计要求，严重时导致地下连续墙裂缝渗漏。

2. 原因分析

(1) 混凝土配合比不当，粗细骨料级配不好，含泥量大，杂质多，砂浆少，石子多，和易性差，水灰比大，浇捣混凝土时产生离析等缺陷，强度达不到要求。

(2) 水泥质量不合格，过期或受潮结块，缺乏活性，使混凝土强度降低。

(3) 混凝土缺乏良好的流动性，混凝土浇筑时会围绕导管堆积成一个尖顶的锥形，泥渣会被滞留在多根导管的中间或槽段接头部位，形成质量缺陷。

(4) 导管法水中浇筑混凝土操作不良，混入大量泥浆，使混凝土产生质量缺陷，强度降低。混凝土超标高浇筑的高度不够。

(5) 地下水位较高，流动性较好，浇捣混凝土时，水泥浆被地下水冲刷流失。

(6) 槽段端部不垂直，接头管倾斜，混凝土浇捣过程中在接头部位产生绕流漏浆，导致接头部位混凝土出现酥松、蜂窝等缺陷。

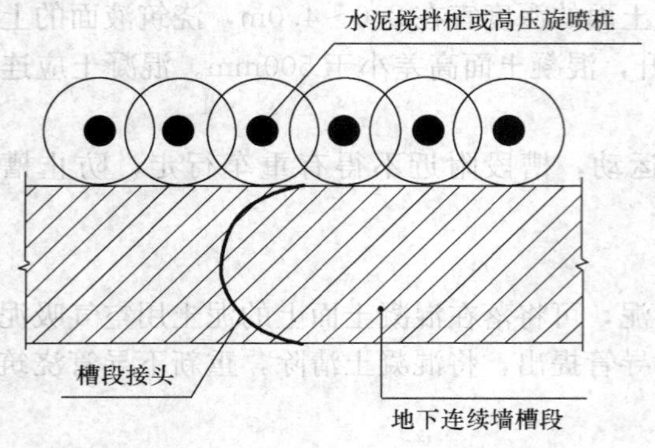

图 6-43 地下连续墙外侧止水帷幕示意图

3. 预防措施

(1) 设计方面：地下连续墙的混凝土强度等级宜取 C30～C40；混凝土抗渗等级不宜小于 P6，钢筋的保护层厚度应符合现行行业标准的要求；混凝土浇筑面宜高出设计标高 500mm 以上；在地下水丰富的砂性土中，宜在浇筑混凝土前在基坑外侧设置水泥搅拌桩、高压旋喷桩等止水帷幕，见图 6-43；当处于水量丰富的砂性土时，应设计井点降水。

(2) 施工方面：槽段开挖过程中，应保持槽内始终充满泥浆，泥浆配合比设计应控制泥浆的相对密度为 1.1～1.3，粘度为 18～25s，必要时掺入膨润土造浆；施工所用的混凝土除满足一般水下浇筑混凝土的要求外，尚应考虑泥浆中浇筑的混凝土强度随施工条件变化较大，强度分散性亦大，因此，混凝土强度等级应提高一级进行配合比设计；混凝土原材料，要求采用颗粒级配良好的砂子，粗骨料宜采用粒径 5～25mm 的石子。水灰比不大于 0.60，混凝土的坍落度宜为 180～200mm；扩展度宜为 340～380mm；钢筋笼应设置足够的保护层垫块，单元槽段的钢筋笼应装配成一个整体后吊装就位，钢筋笼下放前要对槽壁垂直度、平整度、清孔质量及槽底标高进行严格检查。钢筋笼下放过程中遇到阻碍，不允许强行下放，如发现槽壁土体局部凸出或坍落至槽底，则必须整修槽壁，并清除槽底坍土后，方可下放钢筋笼；对地下水位较高、流动性较好的槽段应采取加快浇筑速度，混凝土中掺入速凝剂；槽段端部也要垂直，并应清刷干净；锁口管应紧贴槽段，保持垂直插入到沟槽底部；钢筋笼就位后应及时浇筑混凝土，导管埋入混凝土面深度宜在 2.0～4.0m，浇筑液面的上升速度不宜小于 3m/h，见图 6-44。

4. 治理方法

(1) 对存在蜂窝、麻面、浇捣不密实、酥松的混凝土，应凿除至混凝土密实层，对锈蚀钢筋进行除锈，将缺陷周围凿毛，清理干净，并涂一层素水泥浆界面剂，用强度高一等级的细石混凝土进行喷射或浇捣修补。

(2) 如果墙身出现较大酥松孔洞，应先清除墙体表面的疏松物质，并清洗、凿毛和涂刷水泥浆处理后，采用搭设漏斗形模板并浇捣微膨胀混凝土修补，同时用小插入式振捣器振捣密实，混凝土强度等级应至少提高一级。如图6-42所示。

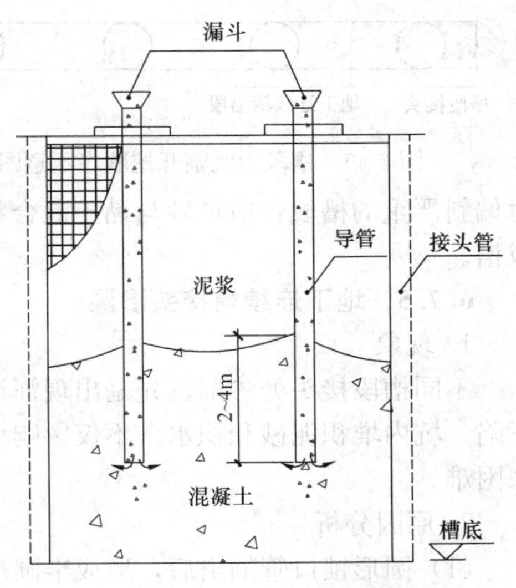

图 6-44 槽段中浇灌混凝土的导管位置图

6.7.4 槽孔倾斜（歪曲）

1. 现象

槽孔向一个或两个方向偏斜，垂直度超过规定值（0.3%），影响钢筋笼下放困难，钢筋笼刮伤槽壁造成塌方，影响地下连续墙成型质量。

2. 原因分析

(1) 导墙垂直度和平面位置不能满足要求，影响成槽机械施工。

(2) 钻机柔性悬吊装置偏心，钻头本身倾斜或多头钻底座未安置水平，挖槽过程中没有对抓斗进行垂直度监控。

(3) 成槽过程中没有采取自动纠偏措施，没有做到随挖随纠。

(4) 钻进中遇较大孤石、探头石或局部坚硬土层。

(5) 在有倾斜度的软硬地层交界面钻进，或在粒径大小悬殊的砂卵石中钻进，钻头所受阻力不均；扩孔较大处钻头摆动，偏离方向。

(6) 采取依次下钻，一侧为已浇筑混凝土连续墙，常使槽孔向另一侧倾斜。

3. 预防措施

(1) 应根据不同的地质条件、成槽断面、技术要求，选择合适的成槽机械且控制泥浆指标。

(2) 控制导墙的几何尺寸和垂直度，钻机使用前调整悬吊装置，使机架、多头钻和槽孔中心处在一条直线上；机架底座应保持水平，并安设平稳，防止歪斜。

(3) 初始挖槽精度对整个槽壁精度影响很大，在成槽过程中，抓斗入槽、出槽应慢速均匀进行，严格控制垂直度，确保槽壁及槽幅接头的垂直度符合设计要求。

(4) 在成槽过程中，应控制成槽机的垂直度，在成槽前调整好成槽机的水平度和垂直度。成槽过程中，利用成槽机上的垂直度仪表及自动纠偏装置来保证成槽垂直度。

(5) 成槽时，悬吊抓斗的钢索不能松弛，要使钢索呈垂直张紧状态。

(6) 合理安排每个槽段中的挖槽顺序，使抓斗两侧的阻力均衡。遇较大孤石、探头石，应辅以冲击钻破碎，再用钻机钻进。在软硬岩层交界处及扩孔较大处，采取低速钻进。

(7) 相邻槽段成槽，宜采取间隔跳幅施工，合理安排掘削顺序，适当控制钻压，使钢索处于受力状态下钻进，见图6-45。

(8) 成槽时，避免在开挖槽段附近增加较大地面附加及振动荷载，以防止槽段坍塌。

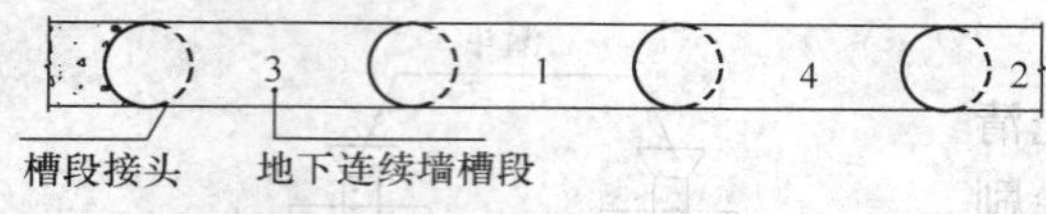

图 6-45　槽段中跳幅开挖顺序示意图

4. 治理方法

成槽后先查明槽段偏斜的位置和程度，对偏斜不大的槽段，一般可在偏斜处吊住钻机，上下往复扫孔，使钻孔正直；对偏斜严重的槽段，应填砂与黏土混合物到偏斜处 1m 以下，待回填密实后，再重新开挖成槽。

6.7.5　地下连续墙接头渗漏

1. 现象

不同槽段接头处渗漏，先是出现浑浊泥水，然后是泥砂涌进基坑，接头位置坑外土体下陷，坑内堆积泥砂和积水，不仅影响坑边地基的稳定性，而且会对开挖后的基础施工带来困难。

2. 原因分析

(1) 圆形锁口管抽出后，形成半圆形光滑接头面，易与边槽段混凝土接触面形成渗水通道。

(2) 先行幅连续墙接缝处成槽垂直度差，后行幅成槽时不能将接缝处泥土抓干净，导致接缝处夹泥（俗称开裤衩）。

(3) 后行幅地下连续墙施工时，未对先行幅接缝侧壁进行清刷施工或清刷不彻底，导致该处出现夹泥现象。

(4) 槽段内沉渣未清理干净，在混凝土浇筑时，部分沉渣会被混凝土的流动挤到墙段接头处和两根导管中间（此处混凝土面较低），形成墙段接缝夹泥渗水和墙体中间部分渗水。

(5) 浇捣混凝土过程产生冷缝或槽壁坍塌夹泥导致墙体渗漏。

(6) 锁口管在混凝土中拔断或拔不出。

3. 预防措施

(1) 设计方面：选择槽段接头应满足混凝土浇筑压力对其强度和刚度的要求。作为主体结构一部分的地下连续墙应选择防渗性能较好的接头连接形式；在接头处设置扶壁柱，通过后施工的扶壁柱来堵塞地下连续墙外侧水流的渗流途径；在接头处采用高压旋喷桩加固，旋喷桩孔位应贴近连续墙，深度在基坑底面以下 3～5m，见图 6-46；在基坑外侧接头附近设置备用管井降水，作为抗渗漏的应急措施。

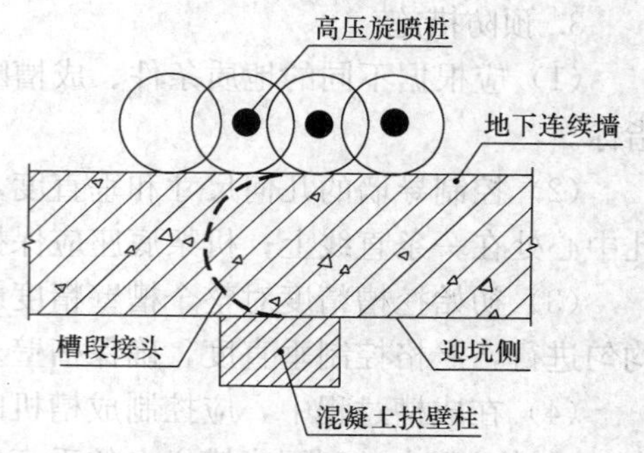

图 6-46　槽段接头抗渗加固措施

(2) 施工方面：安放槽段锁口管时，应紧贴槽段垂直缓慢沉放至槽底，对相邻墙段的接头面用刷槽器等方法进行清刷，要求槽段接头混凝土面不得有夹泥沉渣；锁口管底部回填碎石，上端口与导墙处用榫楔石固定，浇筑混凝土过程中应采取措施防止混凝土侧向和底部绕流导致接头处理困难；合理布置灌注混凝土的导管位置。保证混凝土连续浇捣，并控制导管插入深度（不小于 2.0m），快速均匀浇捣混凝土，浇筑液面的上升速度不宜小于 3m/h；拔锁口管的装置能力应大于 1.5 倍的摩阻力；锁口管在混凝土初凝后应即转动或上下活动，每 10～15min 活动一次，混凝土浇筑后 4～5h，应开始顶拔。

4. 治理方法

(1) 对一般渗漏水，可采取导水引流、墙面裂缝注浆的方法堵漏，先对渗漏处进行割缝与剔槽，精修出宽 3～5cm、深 15～20cm 的沟槽，沟槽处安放塑料管引流。然后在渗漏处表面两侧 10cm 范围内凿毛，冲洗干净，及时用速效堵漏剂和水泥拌合进行封堵。最后在连续墙外侧渗漏处进行化学压力注浆。

(2) 槽段接缝严重漏水，先在渗漏处作临时引流、封堵。如果是锁口管拔断引起，在墙体渗漏外侧采用高压旋喷桩或者高压注浆作临时封堵，将先行幅钢筋笼水平钢筋和拔断的锁口管凿出，水平向焊接 ϕ16@500mm 钢筋，按 6.7.2“地下连续墙夹泥”的治理方法(图 6-42) 治理；如果是导管空拔等引起的裂缝或墙体夹泥，则将夹泥充分清除后再用混凝土喷射加同修补。

(3) 墙后接缝处注浆：应视渗漏的轻重程度，选择浆液配合比及浓度、控制浆液流向范围，一般在地下水丰富的粉土、砂土中注浆，应增加浆液浓度和缩短初凝时间，在严重渗漏处的坑外进行双液注浆填充、速凝，深度比渗漏处深不小于 3m。双液注浆参数（体积比)：水泥浆：水玻璃＝1：0.5，注浆压力视深度而定，一般不小于 0.6MPa。

6.7.6 地下连续墙断裂破坏

1. 现象

基坑开挖过程中，地下连续墙位移变形超过报警值，导致坑边土体下陷、槽段接头漏水涌砂现象，甚至墙身断裂，支撑系统破坏，坑外土体严重下陷，坑边道路管线断裂受损。

2. 原因分析

(1) 设计方面：坑边地面超载取值偏小，没有考虑坑边重车行走及施工材料堆放荷载；挖土深度取值偏小，没有考虑地下室坑中坑以及多桩承台深度的影响；地基土物理力学指标没有按照规范规定取值；地下连续墙插入深度、墙体厚度不满足要求；地下连续墙配筋、截面不足；基坑附近存在老河道、暗浜等不良地质情况未勘探清楚，未采取处理措施。

(2) 施工方面：基坑边大量重车行走和堆放施工材料超过设计规定；没有均匀分层对称开挖基坑土方，造成局部土压力不平衡；没有按照设计工况要求及时设置支撑结构，严重超挖；地下连续墙出现夹泥、孔洞、蜂窝等严重质量问题，槽段接头不良，漏水涌砂等现象严重；没有按照设计要求进行井点降水或坑底土体加固处理。

3. 预防措施

(1) 设计方面：地下连续墙计算应充分考虑施工条件，合理确定支撑标高和基坑分层开挖深度等计算工况，并按基坑内外实际状态选择计算模式，以及换撑拆撑工况；地下连续墙底部需插入基底以下足够深度并宜进入较好土层，以满足嵌固深度和各项稳定性要求。在软土地基中，嵌固深度应加大安全储备，减少“踢脚”变形。当有需要时，地下连续墙底部需进入透水层隔断水力联系；地下连续墙厚度应根据成槽机的规格、墙体的抗渗要求、支撑布置、墙体的受力和变形计算等综合确定；基坑的第一道围檩和支撑宜设计为钢筋混凝土结构。

(2) 施工方面：坑边重车行走和材料堆放场地应按设计要求进行加固；基坑土方开挖的顺序、方法必须与设计工况一致，并遵循“开槽支撑，先撑后挖、分层开挖、严禁超挖”的原则；严格控制地下连续墙的墙体和接头质量；按设计要求加固坑底地基土体及支撑结构的设置，并认真进行基坑监测；基坑开挖到底后立即浇筑 200～300mm 厚 C20 素混凝土垫层。

4. 治理方法

（1）信息化施工，加强监测，一旦支护系统监测报警值超过设计要求，立即采取坑外卸土或坑内回填等应急措施，减少连续墙断裂的风险，避免产生更大的破坏后果。

（2）如果地下连续墙外侧断裂位置在坑底以下受力较小位置，并且不影响地下连续墙的整体受力性能，可在坑外受损位置施工高压旋喷桩补强。

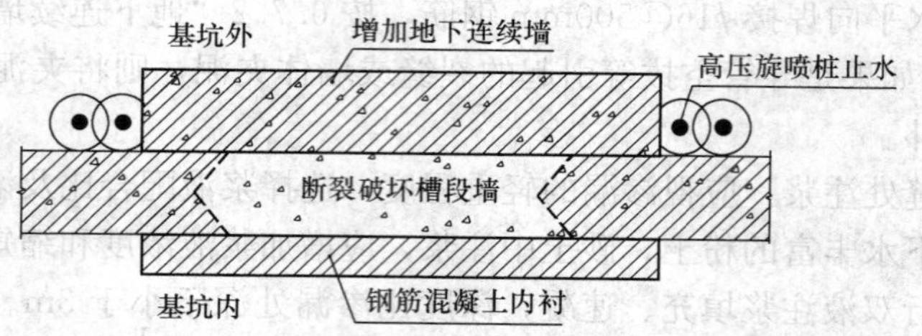

图 6-47　外侧增加地下连续墙补强

（3）若槽段局部严重断裂破坏，但支撑系统受损不严重，可先在地下连续墙断裂部位外侧增加一幅地下连续墙槽段，并在接缝位置增加高压旋喷桩等止水措施，如图 6-47 所示；也可以在墙外侧补设钻孔灌注桩加固，同时设置相应的止水帷幕，见图 6-48。

（4）在加固和止水措施施工完毕后，方可进行土体开挖，开挖后再对断裂处进行修复：凿去该处劣质或破损混凝土，将相邻两槽段的钢筋笼在接缝处凿出，清洗两侧面，焊上本槽段钢筋，封上内侧模板，浇筑强度高一等级的混凝土，同时在地下连续墙内侧设置钢筋混凝土内衬墙，见图 6-47、图 6-48。

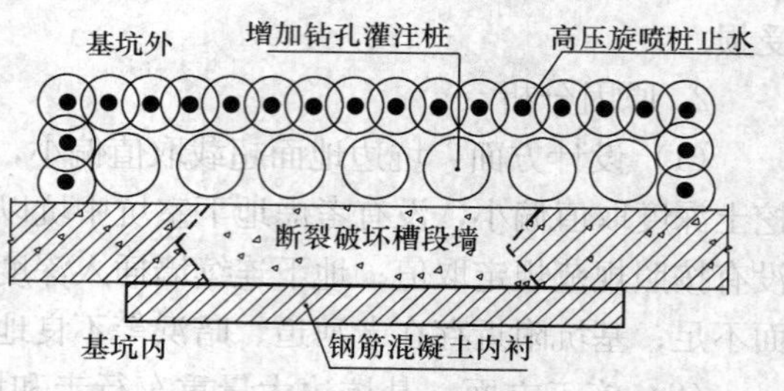

图 6-48　外侧增加钻孔灌注桩补强

（5）若基坑整片连续墙倒塌破坏，支撑结构严重破坏，则应在基坑回填土稳定后重新设计和施工支护结构。

附录 6.7　地下连续墙施工质量检验标准

地下连续墙施工质量检验标准　　附表 6-12

项目类别	序号	检查项目		允许偏差或允许值（mm）	检查方法
主控项目	1	墙体强度		设计要求	声波透射法、查试块记录、取芯试压
	2	垂直度	永久结构	$H/300$	测声波测槽仪或成槽机上的监测系统测定
			临时结构	$H/150$	

续表

项目类别	序号	检查项目		允许偏差或允许值（mm）	检查方法
一般项目	1	导墙尺寸	宽度	W+40	用钢尺量
			墙面平整度	<5	用钢尺量
			导墙平面位置	±10	用钢尺量
	2	沉渣厚度	永久结构	≤100	重锤或沉积物测定仪测
			临时结构	≤200	
	3	槽段质量	槽深	+100	重锤测
			槽段厚度	±10	用钢尺量
	4	混凝土坍落度		180～220	用坍落度测定器检查
	5	钢筋笼尺寸	钢筋材质检验	设计要求	抽样送检
			主筋间距	±10	用钢尺量
			长度	±100	用钢尺量
			箍筋间距	±20	用钢尺量
			直径	±10	用钢尺量
	6	地下连续墙表面平整度	永久结构	<100	此为均匀黏土层，松散及易坍土层由设计决定
			临时结构	<150	
			插入式结构	<20	
	7	永久结构时预埋件位置	水平方向	≤10	用钢尺量
			垂直方向	≤20	用水准仪检查

注：1. 本表编引自现行国家标准《建筑地基基础工程施工质量验收规范》（GB 50202—2002）。

2. 表内 H 为墙体高度；W 为地下连续墙设计厚度。

6.8 逆作法施工

6.8.1 钢立柱偏位过大

1. 现象

钢立柱中心偏离原设计位置过大，不仅造成立杆承载能力的下降，而且会影响顺作施工外包混凝土及正常使用。

2. 原因分析

（1）设计方面：设计往往从地下1层开始逆作，导致立柱顶标高埋深比较大，容易在挖土中使立柱偏位；钢立柱截面尺寸偏小、刚度小，在浇捣立柱桩以及土方开挖过程中容易产生偏位和上浮；钢立柱插入立柱桩的长度太小，锚固长度不足，在逆作过程中当水平力作用过大时产生倾斜偏位。

（2）施工方面：立柱桩定位不精确，导致钻孔桩孔位偏差过大；钢立柱吊放过程中没有校正，偏离孔位中心过大；在浇捣立柱桩混凝土过程中没有设置校正器校正，或定位校正架移除过早，导致钢立柱在土压力和自身弹性变形作用下松动、偏位；立柱桩施工完毕后，钢立柱与上部孔壁之间的空隙没有及时充填，在外荷载作用下容易变形倾斜；施工时分层开挖深度过大，或挖土机的铲斗碰撞，使钢立柱倾斜偏位过大，甚至被挖断。

3. 预防措施

(1) 设计方面：设计时尽量从1层楼面结构开始逆作，方便对立柱进行校正和固定；钢立柱插入立柱桩不小于2.0m；钢立柱宜采用型钢格构柱或钢管混凝土柱，并尽量采用“一柱一桩”的布置形式，立柱桩应采用钻孔灌注桩；钢立柱的截面不宜小于420mm，或钢管直径不宜小于500mm；立柱顶部的节点处理必须牢固可靠，见图6-49。

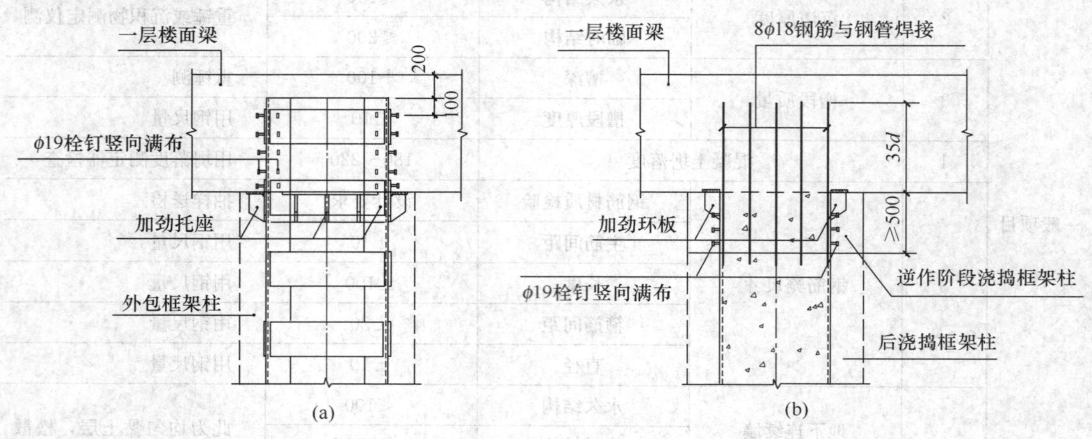

图6-49　钢立柱与一层楼板梁的连接

(a) 型钢格构柱；(b) 钢管混凝土柱

(2) 施工方面：准确测设桩位，在桩位四周增设十字护桩；施工立柱桩时，宜安装不小于2m长的护筒，并控制护筒的垂直度和平面定位。在护筒四周对称回填优质黏土；钻机平台的水平度、钻杆垂直度应满足相关行业标准的要求；钢立柱吊放时应正对桩孔中心，采用两台经纬仪在垂直方向进行校正，并设置钢立柱校正架，在浇筑混凝土过程中及时校正；应待混凝土终凝后，方可拆除校正架；钢立柱与上部孔壁之间的空隙应用砂土充填密实；立柱与水平结构的连接应按设计要求施工；基坑土方开挖应严格保护钢立柱，标识出钢立柱位置，然后分层对称开挖，挖土机远离已经挖开的钢立柱。

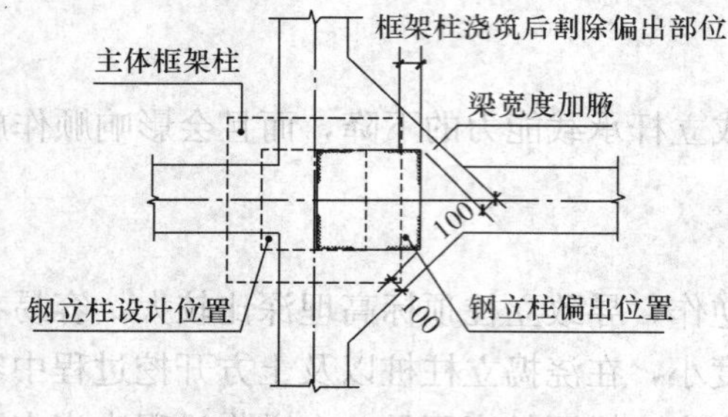

图6-50　钢立柱偏位处理节点

4. 治理方法

(1) 当钢立柱偏出范围位于后浇筑的框架柱以内，对结构梁板内力影响不大、不影响梁柱节点处理时，经设计人员复核后可对结构梁板构件及节点适当加强。

(2) 当钢立柱偏位过大，偏出后浇框架柱截面以外，应首先对逆作阶段主体结构梁板内力进行复核，梁截面尺寸加大，或节点加腋处理，箍筋加密。顺作施工框架柱时，柱子截面适当加大；当无法加大截面时，应先浇筑框架柱，再割除偏出截面外的钢立柱，最后修复，见图6-50。

(3) 当钢立柱偏位很大，无法满足竖向承载力要求，严重影响结构梁板结构内力分布，应重新补设钢立柱。

6.8.2 钢立柱垂直度偏差大

1. 现象

立柱桩倾斜导致钢立柱垂直度偏差超过设计要求，造成承载能力下降，甚至影响正常使用。

2. 原因分析

(1) 设计方面：同6.8.1"钢立柱偏位过大"中原因分析(1)。作为钢立柱顶部固定端的楼板，水平方向土压力不平衡，基坑开挖后，立柱顶部承受单向水平力，导致钢立柱向一个方向倾斜。

(2) 施工方面：同6.8.1"钢立柱偏位过大"中的原因分析(2)。立柱桩桩孔在施工过程中倾斜，包括：钻孔过程中遇到较大孤石或者探头石；在有倾斜度的软硬地层交界处、基岩倾斜处，或者粒径大小悬殊的卵石层中钻进，钻头所受的阻力不均匀；钻机底座安置不平；钻杆弯曲，接头不直。立柱桩孔倾斜导致钢立柱倾斜。

3. 预防措施

(1) 设计方面：同6.8.1"钢立柱偏位过大"的预防措施(1)。钢立柱在施工阶段应控制长细比，柱顶端适当考虑不平衡支撑力，并根据其安装就位的垂直度允许偏差考虑竖向荷载偏心；灌注桩钢筋笼内径应大于钢立柱截面的外径或对角线长度，否则应将灌注桩端部一定范围进行扩径处理，其做法见图6-51；总体方案设计时，尽量使钢立柱顶部水平方向支撑力基本均衡。

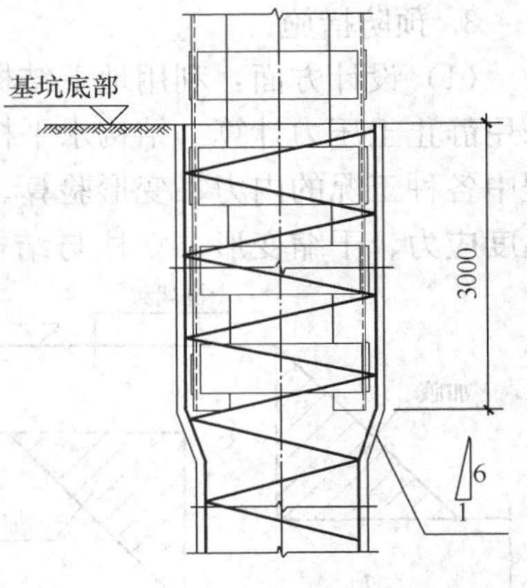

图6-51 钢立柱插入灌注桩构造

(2) 施工方面：同6.8.1"钢立柱偏位过大"中的预防措施(2)。钢筋笼吊放时保证与钻孔桩的同心度，要测量垂直定位后下放；钢筋笼安放后进行钢立柱校正架安装，校正架中心应对准桩孔中心，并调整使钢立柱各边与轴线严格平行或垂直；钢立柱插入钢筋笼设计深度后，钢立柱每侧面与桩主筋焊接并同定在桩孔中心。下放过程中采用两台经纬仪双向观测控制。钢立柱下放到位后，用角钢点焊固定在校正架上；在钢立柱中埋设测斜管对垂直度进行适时监测和校正；应采用专门的定位调垂设备对其进行定位和调垂。

4. 治理方法

(1) 钢立柱偏差程度不严重，偏出范围位于后浇筑的框架柱截面内，经设计人员复核后可对结构梁板构件及节点适当加强。并在每层楼面梁板结构逆作完成后，立即顺作本层钢立柱位置的结构框架柱，增大竖向支承系统刚度。

(2) 当钢立柱垂直度偏差过大，局部偏出后浇框架柱截面以外，应首先对逆作阶段主体结构梁板内力进行复核和加强，同6.8.1"钢立柱偏位过大"的治理方法(2)。并尽快顺作施工框架柱，框架柱截面在不影响使用功能情况下可适当加大，当无法加大柱子截面时，应同6.8.1"钢立柱偏位过大"的治理方法(2)处理，见图6-50。

(3) 同6.8.1"钢立柱偏位过大"的治理方法 (3)。

6.8.3　逆作法施工的楼面结构产生变形裂缝

1. 现象

逆作法施工引起楼面结构变形，甚至开裂，危及结构的正常使用。

2. 原因分析

(1) 设计方面：在逆作法施工过程中，竖向构件中荷载增加在整个结构平面内呈不均匀分布，引起结构在施工期间的不均匀沉降；地下连续墙两墙合一工程中，地下连续墙和工程桩不处在同一持力层而产生差异沉降；大面积出土洞口位置没有设置支撑结构和加强措施；结构楼板上设置施工道路没有进行加固；后浇带以及结构缝位置没有设置水平传力结构；同一层梁板结构局部有高差、错层等等，均会导致变形裂缝。

(2) 施工方面：没有按照设计要求设置出土洞口，导致洞口位置应力集中而开裂；施工车辆在没有加固的楼板上运行，楼板结构承载力不足而开裂；土方开挖中超挖、乱挖，导致楼板结构体系受力过大；地下室楼板利用土胎模或者模板支架浇筑混凝土，地基承载力不足，导致楼板沉降变形。

3. 预防措施

(1) 设计方面：利用地下结构的梁板兼作基坑支撑时，地下结构外墙的侧向土压力宜采用静止土压力计算。结构水平构件除应满足使用期设计要求外，尚应进行逆作法施工过程中各种工况的内力、变形验算。地下结构楼板宜采用梁板式或格构梁式；应验算混凝土温度应力、干缩变形、立柱与结构外墙之间差异沉降引起的结构次应力，并采取必要措施，防止有害裂缝的产生；地下结构同层楼板面标高有高差时，应设置临时支撑或可靠的水平向传力转换结构，也可在错层位置的框架梁位置加腋，见图6-52；当传递水平力的楼板存在大面积缺失时，应在楼板缺失位置设置水平支撑；传递水平力的各层楼板留设通长结构缝（如后浇带）位置应设置水平传力构件；地下结构楼板上的预留孔洞应验算洞口处的应力和变形，应设置洞口边梁或临时支撑加强；立柱桩之间、立柱与地下连续墙之间的差异沉降难以精确计算，可以通过采用桩端（墙底）后注浆方法控制；两墙合一时地下连续墙与结构梁板构件的连接，宜按整体连接刚性构造考虑。

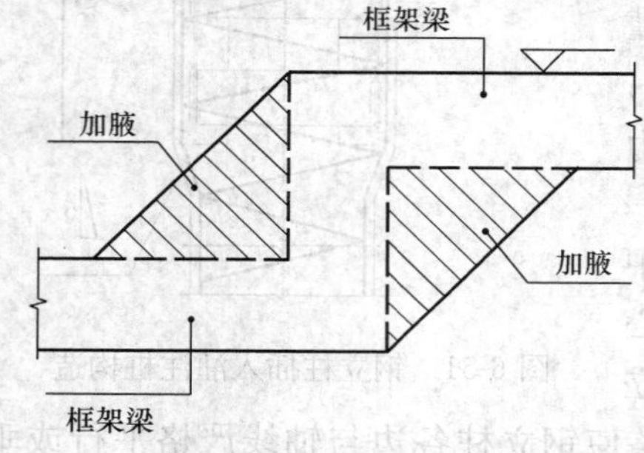

图6-52　错层位置加腋处理

(2) 施工方面：合理预留施工孔洞且应保持一定距离，并提请结构设计方加强；合理设置施工平台及土方车辆运输道路，利用地下主体结构的梁板作施工平台和施工道路时，应提请结构设计方加强；施工阶段楼板上的预留洞孔在逆作施工结束需要封闭的，其孔洞周边应预留钢筋或抗剪埋件及埋设膨胀止水条、刚性止水板或注浆管等。预留洞孔接头位置应凿毛，并冲洗干净；结构楼板的底模设置在地基上，特别是软土地基上，应有防止底模沉陷的措施；按照施工工况协调基坑开挖与在立柱桩上施加荷载，减少立柱与地下连续墙的沉降差。

4. 治理方法

(1) 对于不影响结构安全的表面裂缝，先将裂缝附近表面灰尘、浮渣清除、洗净，并烘烤干燥，然后涂抹环氧胶泥或贴碳纤维布，以及抹、喷水泥砂浆等方法封闭裂缝。

（2）对结构安全有影响、缝宽大于0.1mm的较深或贯穿性裂缝，应将剥落酥松部分凿除，清理干净后，采用环氧树脂对裂缝进行灌浆，最后采用围套加固、钢箍加固或者粘贴碳纤维布加固法，见图6-53。

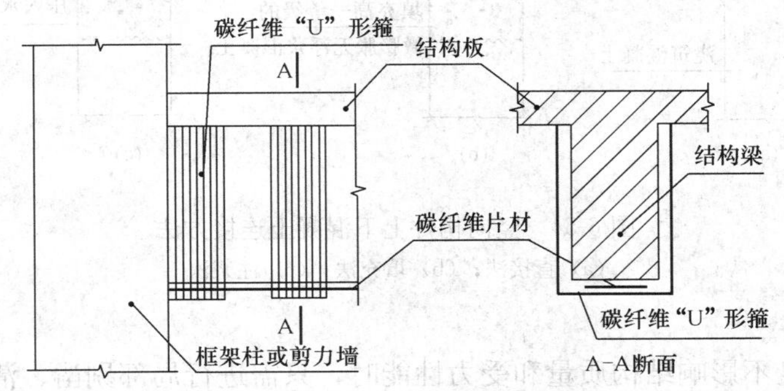

图6-53 粘贴碳纤维布加固示意

6.8.4 竖向构件接头不良

1. 现象

竖向构件接头不良，导致出现上下偏位、混凝土裂缝等现象。

2. 原因分析

（1）设计方面：竖向框架柱截面设计太小，与钢立柱之间空隙过小；剪力墙厚度太薄，钢筋较密；竖向支承系统承载力不足，顺作时产生沉降与逆作中的梁板节点脱开；梁柱节点中，梁受力钢筋太密，排数太多，穿越钢立柱连接困难，导致节点处钢筋连接差。

（2）施工方面：由于定位偏差，导致竖向构件垂直度及接头位置偏离设计位置；没有将逆作法施工已浇捣的构件混凝土底面松动的混凝土及垃圾清理干净并凿毛，导致接头位置结合不良；模板固定不牢固、对拉螺栓或模板刚度不够，混凝土浇筑后局部产生侧向变形；混凝土浇筑未分层施工，一次下料过多，振捣次数过少，造成混凝土不密实；后浇混凝土的沉降和收缩在其顶面形成空隙。

3. 预防措施

（1）设计方面：合理选择立柱的截面尺寸，钢立柱与外包混凝土侧模板空隙不宜小于100mm；提高立柱桩和地下连续墙的竖向承载力，减少沉降，如桩（墙）底注浆，增大桩径及桩长等；尽量采用高强度钢筋代替普通钢筋，减少节点位置竖向受力钢筋数量；地下结构钢筋混凝土柱或型钢混凝土柱箍筋，当处在水平施工缝位置，上下各一个柱长边尺寸且不小于500mm的范围内，应符合相关现行国家标准的规定。

（2）施工方面：竖向构件逆作时应定位准确，严格控制垂直度，模板固定牢固；逆作法施工浇捣地下结构墙、柱的混凝土时，墙柱模板顶部宜做成向上开口的喇叭形，且上层梁板在柱、墙节点处宜预留下层柱、墙的混凝土浇捣孔；柱模板应设置足够数量的柱箍和对拉螺栓；浇捣混凝土前应对逆作构件底部松动混凝土及垃圾进行清理，凿毛后冲洗干净；当施工每一层水平结构时，相应的上、下层混凝土墙应预留竖向钢筋，预留长度应符合现行相关国家标准的规定；顺作竖向混凝土构件与逆作竖向混凝土构件施工缝的常用方法有三种，即直接法、充填法和注浆法，见图 6-54。

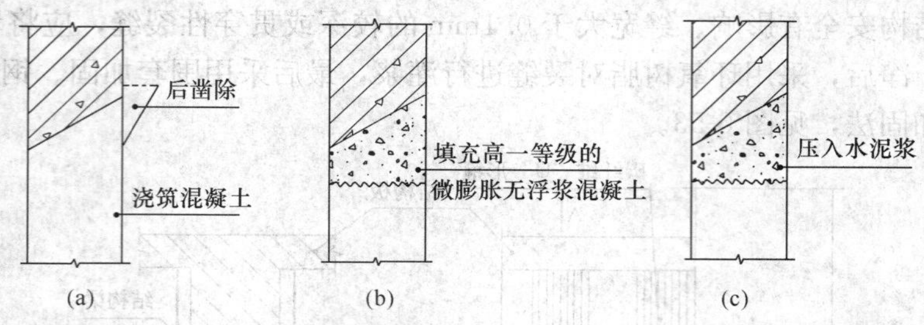

图 6-54　竖向构件上下混凝土连接方法
(a) 直接法；(b) 填充法；(c) 注浆法

4. 治理方法

(1) 接头不良不影响结构质量和受力性能时，只需进行局部剔凿、清理干净，然后用 1∶2 水泥砂浆或高一等级的细石混凝土进行修补。

(2) 因接头不良影响结构受力性能时，应采用钢筋混凝土围套加固法、钢箍加固法、粘贴碳纤维布加固法等。

(3) 竖向结构结合面出现缝隙时，在上、下层竖向结构结合面处预留若干注浆孔，用压力灌浆消除缝隙。

6.8.5　墙体渗漏

1. 现象

槽段接头渗漏，泥砂涌进基坑，接头位置坑外土体下陷，不仅影响坑边环境的稳定性，而且会对开挖施工产生危害。

2. 原因分析

(1) 设计方面：地下连续墙层高较大，支撑间距过大，设计的地下连续墙偏薄，导致连续墙墙身变形过大产生裂缝；相邻墙体因差异沉降产生竖向裂缝而渗漏。

(2) 施工方面：地下连续墙在施工过程中产生夹泥、蜂窝、空洞等质量问题以及相邻幅接头不良等原因产生渗漏；基坑超挖、乱挖导致墙体变形过大，产生裂缝；局部支撑穿外墙，在浇捣外墙时无法拆除而没有做好止水措施的，导致外墙渗漏；逆作法施工的边立柱和顺作施工的外墙结合不紧密，而止水措施又未施工到位，导致外墙渗漏；同 6.7.5 “地下连续墙接头渗漏”的原因分析。

3. 预防措施

(1) 设计方面：地下连续墙的厚度应根据地下结构层高进行验算。层高过大导致支撑竖向间距大时，应在两道支撑之间设置竖向斜撑；不同深度墙体之间的差异沉降，采用墙底注浆加固控制；承受较大上部结构的竖向荷载的地下连续墙槽段之间宜采用十字钢板刚性接头；地下连续墙槽段接头处设置扶壁柱；当地下连续墙内侧设置分离式内衬墙时，应在两者之间设置排水通道；在地下连续墙顶部设置贯通、封闭的压顶圈梁，见图 6-55，也可在底板与地下连续墙连接处设置嵌入式的底板环梁（图 6-56）；地下连续墙槽段接头处外侧设置高压旋喷桩，见 6.7.5 “地下连续墙接头渗漏”的预防措施 (1)。

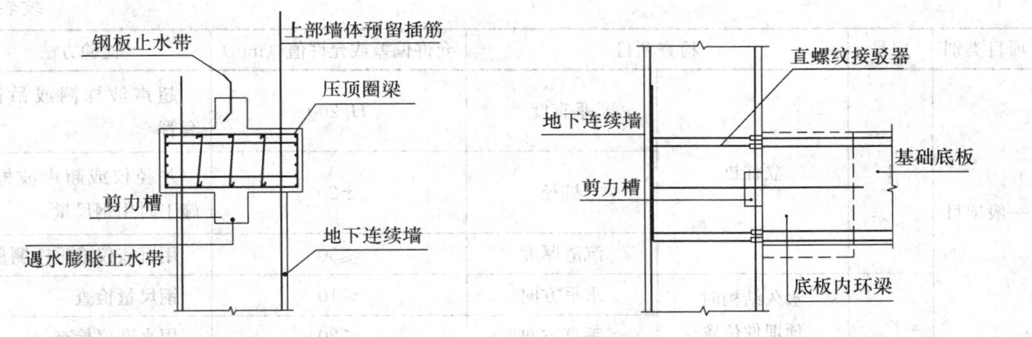

图 6-55 压顶梁与地下连续墙连接　　图 6-56 底板环梁与地下连续墙连接

(2) 施工方面：在设置预埋件时，应将预埋件的锚固钢筋尽量锚固在墙体中部，使预埋件端部和迎土侧墙体表面保持一定距离；在施工过程中，控制墙体质量，采取措施使墙体混凝土浇捣密实，防止墙体产生孔洞；土方开挖时应采用分区盆式抽条开挖的方式，减少因围护系统的变形导致墙体开裂产生渗漏的问题；同 6.7.5“地下连续墙接头渗漏”的预防措施（2）。

4. 治理方法

(1) 设计方面：对于两墙合一的工程，在地下连续墙内侧做一道建筑内墙（砖衬墙），内衬墙与地下连续墙之间留有约 100～200mm 的隔潮空间。砖衬墙内壁做防潮处理，且与地下连续墙之间在每一楼面处设置导流沟，各层导流沟用竖管连通，通过导流沟和竖管引至积水坑排出，地下连续墙与底板接触面设置遇水膨胀橡胶止水条，见图 6-57；地下连续墙墙段间的竖向接缝宜设置防渗和止水构造，如在槽段接缝位置外侧设置高压旋喷桩止水帷幕等。

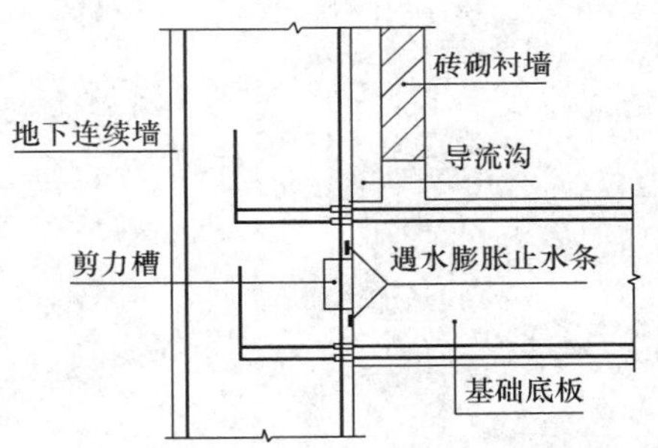

图 6-57 内衬墙与地下连续墙之间导流沟示意

(2) 施工方面：先将渗漏点周围的夹泥和杂质去除，凿出沟槽，并冲洗干净，再在沟槽处埋入塑料管对漏水进行引流，并用封缝材料进行封堵，封堵完成并达到一定强度后，再用聚氨酯堵漏剂，用注浆泵进行化学压力灌浆，待浆液凝固后，拆除注浆管；同 6.7.5“地下连续墙接头渗漏”的治理方法。

附录 6.8 逆作法施工质量检验标准

逆作法施工质量检验标准　　附表 6-13

项目类别	序号	检查项目		允许偏差或允许值（mm）	检验方法
主控项目	1	钢立柱	平面位移	≤20	钢尺量检查
			垂直度	$H/300$	超声波测斜仪
			截面几何尺寸	±3	钢尺量检查
	2	竖向结构沉降差		≤20 且≤$L/400$	水准仪观测

续表

项目类别	序号	检查项目		允许偏差或允许值（mm）	检验方法
一般项目	1	立柱桩	垂直度	$H/200$	超声波探测或吊锤测套管
			桩径	±20	井径仪或超声波检测，施工时用钢尺量
			沉渣厚度	≤50	用沉渣仪或重锤测量
	2	永久结构时预埋件位置	水平方向	≤10	钢尺量检查
			垂直方向	≤20	用水准仪检查

注：1. 本表编引自现行国家标准《建筑地基基础工程施工质量验收规范》（GB 50202—2002）和现行行业标准《建筑基坑支护技术规程》（JGJ 120—2012）。

2. 表内主控项目序号 1 中 H 为支承立柱长度，序号 2 中 L 为相邻柱距；一般项目序号 1 中 H 为桩长。

7 地基加固处理

地基加固处理的主要目的是提高软弱地基的承载力，保证地基的稳定。地基加固常用的方法有换土处理，人工或机械夯（压）实，振动压实，土（灰土）、砂、石桩挤密加固，排水固结及化学加固等。各种地基加固方法各有其适用范围和条件，如选用不当或施工方法有错误，不按规范和操作规程进行，就会造成质量事故。

7.1 换土加固地基

换土加固是处理浅层地基的方法之一。该法是将软弱土层挖除，换填结构较好的土、灰土、中（粗）砂、碎（卵）石、石屑、煤渣或其他工业废粒料等材料，制作素土地基（土垫层）、灰土地基或砂垫层和砂石垫层地基等。其施工程序基本相同——基坑（槽）开挖、验槽、分层回填、夯（压）实或振实，以达到设计的密实度和夯实深度。

7.1.1 基坑（槽）坍塌

1. 现象

施工挖掘土方时，基坑（槽）壁突然发生塌方。

2. 原因分析

同本手册 3.1.1“挖方边坡塌方”的原因分析。

3. 防治措施

(1) 施工中必须按规定放坡。当土具有天然湿度、构造均匀、水文地质条件良好且无地下水时，深度在 5m 以内，不加支撑的基坑（槽）和管沟，其边坡的最大允许坡度可采用表7-1规定。

(2) 同本手册 3.1.1“挖方边坡塌方”的预防措施 (2)、(3)。

(3) 如简易支撑无法消除边坡滑动及土方坍塌，可采用打板桩防护。

基（坑）槽边坡规定　　表 7-1

土的名称	边坡坡度		
	人工挖土并将土抛于坑（槽）或沟的上边	机械挖土	
		在坑（槽）或沟底挖土	在坑（槽）或沟上边挖土
砂土	1∶1	1∶0.75	1∶1
粉土	1∶0.67	1∶0.50	1∶0.75
粉质黏土、重粉质黏土	1∶0.50	1∶0.33	1∶0.75
黏土	1∶0.33	1∶0.25	1∶0.67
含砾石、卵石土	1∶0.67	1∶0.50	1∶0.75

续表

土的名称	边坡坡度		
	人工挖土并将土抛于坑（槽）或沟的上边	机械挖土	
		在坑（槽）或沟底挖土	在坑（槽）或沟上边挖土
泥炭岩、白垩土	1∶0.33	1∶0.25	1∶0.67
干黄土	1∶0.25	1∶0.10	1∶0.33

注：1. 如人工挖土不把土抛于基坑（槽）或管沟上边，而随时把土运往弃土场时，则应采用机械在坑（槽）或沟底挖土的坡度。
2. 表中砂土不包括细砂和粉砂；干黄土不包括类黄土。
3. 在个别情况下，如有足够资料和经验或采用多斗挖沟机时，可不受本表限制。

7.1.2 基坑（槽）底出现“流砂”

1. 现象

当基坑（槽）开挖超过地下水位 0.5m 时，坑内采用集水井排水，坑（槽）底发现冒砂，边挖边冒，无法挖深，这种现象称为“流砂”。

2. 原因分析

流砂一般出现在粉砂层或黏土颗粒含量小于 10%、粉粒含量大于 75%的土层，地下水动水压力较大，基坑（槽）内外的水位高差大，动水将粉砂颗粒冲流冒出，粉砂层被破坏，形成流砂。流砂挖掘愈多，将使基坑（槽）外附近的地基下陷、沉塌。

3. 预防措施

（1）施工前必须了解天然地基土层情况。

（2）如基坑（槽）底在地下水位以下超过 0.5m，并正处于粉砂层中，则应预先采用点井降水，将水位降低，以消除坑（槽）内外的动水压力。

4. 治理方法

如未作上列预防措施，而施工中突然发现流砂现象时，则可采用下列方法：

（1）采用水下挖土（不排水挖土），使基坑（槽）内水位与坑（槽）外地下水位相平衡，消除水压，阻止流砂产生；

（2）打板桩，将板桩打入坑底下面一定深度内，减小动水压力；

（3）向坑底抛大石块，增加土的压重，同时组织快速施工。但此法只能解决局部或轻微流砂现象，如果冒砂现象较快，土已失去承载能力，抛入的大石块就会沉入土中，无法阻止流砂上冒；

（4）基坑（槽）外钻孔抽水，在基坑（槽）外钻孔，深度超过基底标高，用抽水泵或潜水泵抽水，以改变地下水渗流方向和降低地下水位，阻止流砂发生。

7.1.3 换土夯实中出现“橡皮土”

换土夯实中出现“橡皮土”的现象、原因分析、预防措施和治理方法，见本手册 3.1.3“填方出现橡皮土”的相应部分。

7.1.4 地基密实度达不到要求

1. 现象

换土后的地基，经夯击、碾压后，达不到设计要求的密实度。

2. 原因分析

(1) 换土用的土料不纯。

(2) 分层虚铺厚度过大。

(3) 土料含水量过大或过小。

(4) 机具使用不当，夯击能量不能达到有效影响深度。

3. 防治措施

(1) 土料要求

1) 素土地基：土料一般以粉土或粉质黏土、重粉质黏土、黏土为宜，不应采用地表耕植土、淤泥及淤泥质土、膨胀土及杂填土。

2) 灰土地基：土料应尽量采用从地基槽中挖出的土，凡有机质含量不大的黏性土，都可用作为灰土的土料，但不应采用地表耕植土。土料应予过筛，其粒径不大于15mm。石灰必须经消解3～4d后方可使用，粒径不大于5mm，且不能夹有未熟化的生石灰块粒，灰、土配合比（体积比）一般为2∶8或3∶7，拌和均匀后铺入基坑（槽）内。

3) 砂垫层和砂石垫层地基宜采用质地坚硬的中砂、粗砂、砾砂、卵石或碎石，以及石屑、煤渣或其他工业废粒料。如采用细砂，宜同时掺入一定数量的卵石或碎石。砂石材料不能含有草根、垃圾等杂质。

(2) 含水量要求

1) 素土地基必须采用最佳含水量。

2) 灰土经拌和后，如水分过多或不足时，可晾干或洒水润湿。一般可按经验在现场直接判断，其方法为：手握灰土成团，两指轻捏即碎。此时灰土基本上接近最佳含水量。

3) 砂垫层和砂石垫层施工可按所采用的捣实方法，分别选用最佳含水量。

(3) 掌握分层虚铺厚度，必须按所使用机具来确定，见表7-2、表7-3。

土（灰土）最大虚铺厚度 **表7-2**

机具种类	机具规格	虚铺厚度（cm）	备注
石夯、木夯	40～80kg	20～25	人力送夯，落高40～50cm，一夯压半夯
轻型夯实机械	蛙式打夯机		
	柴油打夯机	20～25	
压路机	机重6～10t	20～30	双轮压路机

砂垫层和砂石垫层每层铺设厚度及最佳含水量 **表7-3**

项次	捣实方法	每层铺设厚度（cm）	施工时的最佳含水量（%）	施工说明	备注
1	平振法	20～25	15～20	用平板式振动器往复振捣到密度合格为止	不宜使用于细砂或含泥量较大的砂所铺筑的砂垫层
2	插振法	按振捣器插入深度确定	饱和	(1) 用插入式振捣器； (2) 插入间距可根据机械振幅大小决定； (3) 不应插至土层	
3	水撼法	25	饱和	(1) 注水高度超过铺设面层； (2) 用钢叉摇撼捣实，插入点间距为10cm； (3) 钢叉分四齿，齿的间距8cm，长30cm，木柄长90cm，重4kg	

续表

项次	捣实方法	每层铺设厚度（cm）	施工时的最佳含水量（%）	施工说明	备注
4	夯实法	15～20	8～12	（1）用木夯或机械夯； （2）木夯重 40kg，落距 50cm； （3）一夯压半夯，全面夯实	
5	碾压法	15～20 （压路机）	8～12	6～10t 压路机往复碾压	（1）适用于大面积或砂石垫层； （2）不宜用于地下水位以下的砂垫层

注：在地下水位以下的垫层，最下层的铺设厚度可比表内数值增加 5cm。

附录 7.1 换土加固地基质量检验标准

灰土地基质量检验标准　　附表 7-1

项目类别	序号	检查项目	允许偏差或允许值	检查方法
主控项目	1	地基承载力	设计要求	按规定方法
	2	配合比	设计要求	按拌和时的体积比
	3	压实系数	设计要求	现场实测
一般项目	4	石灰粒径（mm）	≤5	筛分法检查
	5	土料有机质含量（%）	≤5	试验室焙烧法检查
	6	土颗粒粒径（mm）	≤15	筛分法检查
	7	含水量（与最优含水量比较）（%）	±2	烘干法检查
	8	分层厚度偏差（与设计要求比较）（mm）	±50	水准仪检查

砂及砂石地基质量检验标准　　附表 7-2

项目类别	序号	检查项目	允许偏差或允许值	检查方法
主控项目	1	地基承载力	设计要求	按规定方法
	2	配合比	设计要求	检查拌和时的体积比或重量比
	3	压实系数	设计要求	现场实测
一般项目	4	砂石料有机质含量（%）	≤5	焙烧法检查
	5	砂石料含泥量（%）	≤5	水洗法检查
	6	石料粒径（mm）	≤100	筛分法检查
	7	含水量（与最优含水量比较）（%）	±2	烘干法检查
	8	分层厚度（与设计要求比较）（mm）	±50	水准仪检查

土工合成材料地基质量检验标准 附表 7-3

项目类别	序号	检查项目	允许偏差或允许值	检查方法
主控项目	1	土工合成材料强度（%）	≤5	置于夹具上做拉伸试验（结果与设计标准比较）
	2	土工合成材料延伸率（%）	≤3	置于夹具上做拉伸试验（结果与设计标准比较）
	3	地基承载力	设计要求	按规定方法
一般项目	4	土工合成材料搭接长度（mm）	≥300	钢尺量检查
	5	土石料有机质含量（%）	≤5	焙烧法检查
	6	层面平整度（mm）	≤20	用 2m 靠尺检查
	7	每层铺设厚度（mm）	±25	水准仪检查

粉煤灰地基质量检验标准 附表 7-4

项目类别	序号	检查项目	允许偏差或允许值	检查方法
主控项目	1	压实系数	设计要求	现场实测
	2	地基承载力	设计要求	按规定方法
一般项目	3	粉煤灰粒径（mm）	0.001～2.000	过筛检查
	4	氧化铝及二氧化硅含量（%）	≥70	试验室化学分析
	5	烧失量（%）	≤12	试验室烧结法检查
	6	每层铺筑厚度（mm）	±50	水准仪检查
	7	含水量（与最优含水量比较）（%）	±2	取样后试验室确定

7.2 灰浆碎砖三合土加固地基

7.2.1 松散不密实

1. 现象

灰浆碎砖三合土松散、有孔隙，夯击效果不佳。

2. 原因分析

（1）碎砖粒径大小悬殊，夹有杂物垃圾。

（2）灰浆不净、浓度不够或浆水离析。

（3）分层铺设厚度不按规范规定，超过所用夯实机具的有效影响深度。

3. 防治措施

（1）材料要求：碎砖粒径应为 2～6cm，不能夹有杂物；砂或黏性土（沙泥）中不得有草根、贝壳等有机杂物；生石灰块应消化成熟石灰膏。

三合土的配合比为石灰膏∶砂或沙泥（黏性土）∶碎砖，一般成分比例为 1∶2∶4 或 1∶3∶6（体积比）。

（2）下料前，对基坑（槽）做好清底验槽工作。

(3) 拌和后的灰浆碎砖三合土，第一层虚铺 22cm，以后每层虚铺 20cm，每层均分别夯打至 15cm。铺设前应在槽壁标出每层标高。

(4) 夯打前，将铺好的三合土用四齿耙拉平。

(5) 夯打时如发现三合土太干，应补浇灰浆，并随浇随打。

7.2.2　表层疏松不平整

1. 现象

表层疏松、不平整，影响下一工序施工。

2. 原因分析

(1) 拌和不均匀，浇浆不足。

(2) 未作最后一遍整平夯实工作。

3. 防治措施

(1) 最后一遍夯打，必须注意标高水平，宜用浓浆拌和三合土，夯打密实。

(2) 待表层灰浆略为收干后，铺上薄层砂子或煤屑，最后整平夯实。

(3) 刚打完的三合土，如因雨水冲刷或积水过多，表面灰浆被冲去，可在排除积水后，重新浇浆夯实。

附录 7.2　灰浆碎砖三合土加固地基质量要求

灰浆碎砖三合土质量要边施工边检查，重点检查以下几点。

1. 灰浆碎砖三合土必须灰浆饱满，拌和均匀。

2. 夯打坚实，规范规定第一皮虚铺 22cm，夯打至 15cm，以后每皮虚铺 20cm 夯实至 15cm。坑（槽）壁用标桩控制。

3. 如用木夯，其重量必须超过 40kg，落距不小于 50cm，以一夯压半夯的顺序全面夯实。

4. 顶面标高允许偏差±15mm，表面平整度的允许偏差不得大于 20mm。

7.3　重力夯实加固地基

重力夯实适用于地下水位以上稍湿的黏性土、砂土、湿陷性黄土、杂填土和分层填土地基的加固。它是以 1.5～3.0t 的重锤，底面直径为 1.0～1.5m，举高 2.5～4.5m 自由下落，产生的夯击能量，促使土体密实，其有效影响深度一般为 1～1.5m，是属于浅层地基处理方法之一。作为分层填土地基时，每层虚铺厚度一般相当于锤底直径为宜。

施工前必须在建筑地段附近进行试夯，选定锤重、底面直径和落距，以便确定最后下沉量（最后二击平均每击土面的沉降值）及相应的最少夯击遍数和总下沉量。

最后下沉量一般可采用下列数值：

黏性土及湿陷性黄土　　1～2cm

砂土　　0.5～1cm

试夯结果应达到设计的密实度和夯实深度。如不能满足设计要求时，可适当提高落距，增加夯击遍数，必要时可增加锤重再行试夯。

施工时的夯击遍数，应按试夯确定的最少夯击遍数增加 1～2 遍，夯击遍数一般为

6～8遍（同一夯位夯击一下即为一遍）。

7.3.1 重力夯实夯成“橡皮土”

重力夯实夯成“橡皮土”的现象、原因分析、预防措施和治理方法，见本手册 3.1.3“填方出现橡皮土”的相应部分。

7.3.2 夯击不密实

1. 现象

夯实过程中无法达到试夯时确定的最少夯击遍数和总下沉量，不能夯击密实。

2. 原因分析

（1）土的含水量过大或过小。

（2）不按规定的施工顺序进行。

（3）重锤的落距不按规定执行，忽高忽低，落锤不平稳，坑壁坍塌。

（4）分层夯实时，土的虚铺厚度过大，或夯击能量不足，不能达到有效影响深度。

3. 防治措施

（1）地基夯实时，应使土保持在最佳含水量的范围内（即 $w_y \pm 2$），如土太干，可适当加水，加水后应待水全部渗入土中一昼夜后，并检验土的含水量已符合要求，方可进行夯打。若地基土的含水量过大，可铺撒吸水材料，如干土、碎砖、生石灰等，或采取换土等其他有效措施。

（2）分层填土时，应取含水量相当于或略高于最佳含水量的土料，每层铺填后应及时夯实。基坑（槽）周边应做好排水措施，防止向坑（槽）内灌水。

（3）在条形基槽和大面积基坑内夯打时，宜先按一夯挨一夯顺序进行，在一次循环中同一夯位应连夯两下，下一循环时，夯位应与前一循环错开 1/2 锤底直径，如此反复进行；在较小面积的独立柱基基坑内夯打时，一般采用先周边后中间或先外后里的跳打法；当基坑（槽）底面的标高不同时，应按先深后浅的顺序逐层夯实。

（4）落距应按规定执行，落锤必须平稳，夯位要准确，基坑（槽）的夯实范围应大于基础底面，开挖基坑（槽）每边比设计宽度加宽不宜小于 0.3m，湿陷性黄土地区不得小于 0.6m。坑（槽）边坡应适当放缓。

（5）分层夯实填土时，必须严格规定控制每层铺土厚度。试夯时的层数不宜小于二层。

附录 7.3 重力夯实加固地基质量检验标准

试夯后应挖探井取样检查夯实效果，测定坑底以下 2.5m 深度范围内的密实度，每隔 0.25m 逐层取土进行试验，并与试坑以外相对深度的天然土密实度作比较。

正式施工后检查夯实效果，除应满足试夯最后下沉量的规定要求外，尚应符合夯实的基坑（槽）表面总下沉量不少于试夯总下沉量的 90%，用以上两个指标控制质量，即认为合格。其夯击检查点的数量如下：

每一单独基础至少应有 1 点；

对基槽每 20m 应有 1 点；

对整片地基每 50～100m^2 取 1 点。

通过检查，如质量不合格时，应进行补夯，直至合格为止。

重力夯实加固地基质量检验标准　附表 7-5

项目类别	序号	检查项目	允许偏差或允许值	检查方法
主控项目	1	地基强度	设计要求	按规定方法
	2	地基承载力	设计要求	按规定方法
一般项目	3	夯锤落距（mm）	±300	钢索设标志
	4	锤重（kg）	±100	称重
	5	夯击遍数及顺序	设计要求	计数法检查
	6	夯点间距（mm）	±500	钢尺量检查
	7	夯击范围（超出基础范围距离）	设计要求	钢尺量检查
	8	前后两遍间歇时间	设计要求	实测或检查施工记录

7.4　强力夯实加固地基

强夯法（强力夯实法）是一种软弱地基深层加固方法，其有效加固深度随夯击能量增大而加深，它是利用不同重量的夯锤，从不同的高度自由落下，产生很大的冲击力来处理地基的方法。它适用于砂质土、黏性土及碎石、砾石、砂土、黏土等的回填土，以提高地基的强度，满足上部荷载的要求。

7.4.1　地面隆起及翻浆

1. 现象

夯击过程中地面出现隆起和翻浆现象。

2. 原因分析

(1) 夯点选择不合适，使夯击压缩变形的扩散角重叠。

(2) 夯击有侧向挤出现象。

(3) 夯击后间歇时间短，空隙水压力未完全消散。

(4) 有的土质夯击数过多易出现翻浆（橡皮土）。

(5) 雨期施工或土质含水量超过一定量时（一般为 20%内），夯坑周围出现隆起及夯点有翻浆的现象。

3. 防治措施

(1) 调整夯点间距、落距、夯击数等，使之不出现地面隆起和翻浆为准（视不同的土层、不同机具等确定）。

(2) 施工前要进行试夯确定：各夯点相互干扰的数据；各夯点压缩变形的扩散角；各夯点达到要求效果的遍数；每夯一遍空隙水压力消散完的间歇时间。

(3) 根据不同土层不同的设计要求，选择合理的操作方法（连夯或间夯等）。

(4) 在易翻浆的饱和黏性土上，可在夯点下铺填砂石垫层，以利空隙水压的消散，可一次铺成或分层铺填。

(5) 尽量避免雨期施工，必须雨期施工时，要挖排水沟，设集水井，地面不得有积水，减少夯击数，增加空隙水的消散时间。

7.4.2 强力夯实夯击效果差

1. 现象

强夯后未能满足设计要求深度内的密实度。

2. 原因分析

（1）冬期施工土层表面受冻，强夯时冻块夯入土中，这样消耗了夯击能量又使未经压缩的土块夯入土中。

（2）雨期施工地表积水或地下水位高，影响了夯实效果。

（3）夯击时在土中产生了较大的冲击波，破坏了原状土，使之产生液化（可液化的土层）。

（4）遇有淤泥或淤泥质土，强夯无效果，虽然有裂隙出现，但空隙水压不易消散掉。

3. 防治措施

（1）雨期施工时，施工表面不能有积水，并增加排水通道，底面平整应有泛水（0.5%～1%），夯坑及时回填压实，防止积水；在场地外围设围埝，防止外部地表水浸入，并在四周设排水沟，及时排水。

（2）地下水位高时，可采用点井降水或明排水（抽水）等办法降低水位。

（3）冬季应尽可能避免施工，否则应增大夯击能量，使能击碎冻块，并清除大冻块，避免未被击碎的大冻块埋在土中，或待来年天暖融化后作最后夯实。

（4）若基础埋置较深时，可采取先挖除表层土的办法，使地表标高接近基础标高，减小了夯击厚度，提高加固效果。

（5）夯击点一般按三角形或正方形网格状布置，对荷载较大的部位，可适当增加夯击点。

（6）建筑物最外围夯点的轮廓中心线，应比建筑物最外边轴线再扩大 1～2 排夯点（取决于加固深度）。

（7）土层发生液化应停止夯击，此时的击数为该遍确定的夯击数或视夯坑周围隆起情况，确定最佳夯击数。目前常用夯击数在 5～20 击范围内。

（8）间歇时间时保证夯击效果的关键，主要根据空隙水压力消散完来确定。

（9）当夯击效果不显著时（与土层有关），应铺以袋装砂井或石灰桩配合使用，以利排水，增加加固效果。

（10）夯锤应有排气孔，以克服气垫作用，减少冲击能的损耗和起锤时夯坑底对夯锤的吸力，增加夯击效果。

（11）在正式施工前，应通过试夯和静载试验，确定有关参数。夯击遍数应根据地质情况确定。

7.4.3 土层中有软弱土

1. 现象

土层中存在黏土夹层，不利加固深度与加固效果。

2. 原因分析

软黏土弱夹层位于加固范围之内，则加固只能达到弱夹层表面，而在软弱夹层下面的土层很难得到加固，这是由于该层吸收了夯击能量难于向下传递所致。

3. 防治措施

（1）尽量避免在软弱夹导地区采用强夯法加固地基。

(2) 加大夯击能量。

附录 7.4　强力夯实加固地基质量检验标准

强力夯实加固地基质量检验标准同附录 7.3“重力夯实加固地基质量检验标准”。

7.5　振冲法加固地基

振冲法加固地基最初仅用于松散砂土的挤密，现已在黏性土、软黏土、杂填土以及饱和黄土地基上广泛应用。

振冲法对砂土是挤密作用，对黏性土是置换作用，加固后桩体与原地基土共同组成复合地基。

振冲施工前，应在现场进行制桩试验，确定有关的设计参数以及振冲水压、水量、填料方法与用量等。

7.5.1　桩体缩颈或断桩

1. 现象

碎石桩桩体个别区段由于桩孔回缩或遇硬土层扩孔不足，而使桩孔直径偏小，导致填料困难，甚至产生桩体断续出现断桩现象。

2. 原因分析

(1) 在软黏土地基中成孔后，桩孔孔壁容易回缩或坍塌，堵塞孔道，使填料下落发生困难。

(2) 振冲器穿过硬土层后，忽视必要的扩孔工序。

3. 防治措施

(1) 在软黏土地基中施工时，应经常上下提升振冲器进行清孔，如土质特别软，可在振冲器下沉到第一层软弱层时，就在孔中填料，进行初步挤振，使这些填料挤到该软弱层的周围，起到保护此段孔壁的作用。然后再继续按常规向下进行振冲，直至达到设计深度为止。

(2) 如遇硬土层时，应将振冲器在硬土层区段上下提升，并适当加大水压进行扩孔。

7.5.2　振冲法加固效果差

1. 现象

砂土地基经振冲后，通过检验达不到要求的密实度；黏性土地基经振冲后，通过荷载试验检验，复合地基的承载力与刚度均未能达到设计要求。

2. 原因分析

(1) 振冲加密砂土时水量不足，未能使砂土达到饱和；在振冲时留振时间不够，未能使砂土充分液化。

(2) 黏性土地基振冲施工时，未能适当控制水压、电流，填料量不足或桩体密实度欠佳。

3. 防治措施

(1) 在砂土地基中施工时，应严格控制水量，当振冲器水管供水仍未能使地基达到饱和，可在孔口另外加水管灌水，也可在加固区预先浸水后再施工。但要注意水量不可过大，以免将地基中的部分砂砾冲走，影响地基密实度。

（2）振冲挤密砂土时，振冲器应以1～2m/min速度提升，每提升30～50cm，留振30～60s，以保证砂土充分液化。与此同时，应严格控制密实电流，一般应超过振冲器空转电流5～10A。

（3）在黏性土地基中进行振冲时，应视地基土的软硬情况调节水压，一般造孔水压应适当大些，填料的水压应适当降低。

（4）当振冲器沉至加固深度以上约30～50cm时，应将振冲器以5～6m/min的速度提升至孔口，再以同样速度下沉至原来深度。在孔底处应稍降低水压并适当停留，使孔中稠泥浆通过回水带出地面，借以降低孔内泥浆密度，以利填料时石料能较快地下落入孔。

（5）填料时，可以分几次或连续填料，视土质情况而定，填料量不少于一根桩的体积容量，以确保达到设计要求置换率。

（6）在黏土地基中，其密实电流量一般应超过振冲器空转电流15～20A，每次振实时，均应留振片刻，观察电流的稳定情况。

（7）严格做好施工记录，检查有否漏桩等情况。

附录 7.5　振冲加固地基质量检验标准

振冲加固地基质量检验标准　　附表 7-6

项目类别	序号	检查项目	允许偏差或允许值	检查方法
主控项目	1	填料粒径	设计要求	抽样检查
	2	密实电流（黏性土）（A） 密实电流（砂性土或粉土）（A） （以上为功率30kW振冲器） 密实电流(其他类型振冲器)(A_0)	50～55 40～50 1.5～2.0	电流表读数 电流表读数 电流表读数，A_0为空振电流
	3	地基承载力	设计要求	按规定方法
一般项目	4	填料含泥量（%）	<5	抽样检查
	5	振冲器喷水中心与孔径中心偏差（mm）	≤50	钢尺量检查
	6	成孔中心与设计孔位中心偏差（mm）	≤100	钢尺量检查
	7	桩体直径（mm）	<50	钢尺量检查
	8	孔深（mm）	±200	量钻杆或重锤测量

7.6　土和灰土挤密桩加固地基

土和灰土挤密桩适用于地下水位以上的湿陷性黄土、人工填土、新近堆积土和地下水有上升趋势地区的地基加固。

挤密桩施工前，必须在建筑地段附近进行成桩试验。通过试验可检验挤密桩地基的质量和效果，同时取得指导施工的各项技术参数：成孔工艺、桩径大小、桩孔回填料速度和夯击次数的关系、夯实后的密度和桩间土的挤密效果，以确定合适的桩间距等。成桩试验结果应达到设计要求。

7.6.1　桩缩孔或塌孔，挤密效果差

1. 现象

夯打时造成缩颈或堵塞，挤密成孔困难；桩孔内受水浸湿，桩间距过大等使挤密效果差。

2. 原因分析

(1) 地基土的含水量过大或过小。含水量过大，土层呈强度极低的流塑状，挤密成孔时易发生缩孔；含水量过小，土层呈坚硬状，挤密成孔时易碎裂松动而塌孔。

(2) 不按规定的施工顺序进行。

(3) 对已成的孔没有及时回填夯实。

(4) 桩间距过大，挤密效果不够，均匀性差。

3. 防治措施

(1) 地基土的含水量在达到或接近最佳含水量时，挤密效果最好。当含水量过大时，必须采用套管成孔。成孔后如发现桩孔缩颈比较严重，可在孔内填入干散砂土、生石灰块或砖渣，稍停一段时间后再将桩管沉入土中，重新成孔。如含水量过小，应预先浸湿加固范围的土层，使之达到或接近最佳含水量。

(2) 必须遵守成孔挤密的顺序，应先外圈后里圈并间隔进行。对已成的孔，应防止受水浸湿且必须当天回填夯实。

(3) 施工时应保持桩位正确，桩深应符合设计要求。为避免夯打造成缩颈堵塞，应打一孔，填一孔，或隔几个桩位跳打夯实。

(4) 控制桩的有效挤实范围，一般以 2.5～3 倍桩径为宜。

7.6.2　桩身回填夯击不密实，疏松、断裂

1. 现象

桩孔回填不均匀，夯击不密实，时密时松，桩身疏松甚至断裂。

2. 原因分析

(1) 不按施工规定进行操作，回填料速度太快，夯击次数相应减少。

(2) 回填料拌和不均匀，含水量过大或过小。

(3) 施工回填料的实际用量未达到成孔体积的计算容量。

(4) 锤重、锤型和落距选择不当。

3. 预防措施

(1) 成孔深度应符合设计规定，桩孔填料前，应先夯击孔底 3～4 锤。根据成桩试验测定的密实度要求，随填随夯，对持力层范围内（约 5～10 倍桩径的深度范围）的夯实质量应严格控制。若锤击数不够，可适当增加击数。

(2) 回填料应拌和均匀，且适当控制其含水量，一般可按经验在现场直接判断。

(3) 每个桩孔回填用料应与计算用量基本相符。

(4) 夯锤重不宜小于 100kg，采用的锤型应有利于将边缘土夯实（如梨形锤和枣核形锤等），不宜采用平头夯锤，落距一般应大于 2m。

(5) 如地下水位很高时，可用人工降水后，再回填夯实。

4. 治理方法

夯填过程中，若遇孔壁塌方，应停止夯填，先将塌方土清除干净，然后用C10混凝土灌入塌方处，再继续回填夯实。

附录7.6 土和灰土挤密桩加固地基质量检验标准

土和灰土挤密桩加固地基质量检验标准 附表7-7

项目类别	序号	检查项目	允许偏差或允许值	检查方法
主控项目	1	桩体及桩间土干密度	设计要求	现场取样试验
	2	桩长（mm）	+500	测桩管长度或垂球测孔深
	3	地基承载力	设计要求	按规定方法试验
	4	桩径（mm）	−20	钢尺量检查
一般项目	5	土料有机质含量（%）	≤5	试验室焙烧法试验
	6	石灰粒径（mm）	≤5	筛分法检查
	7	桩位偏差（mm）	满堂布桩≤0.40D 条基布桩≤0.25D	钢尺量检查
	8	垂直度（%）	≤1.5	用经纬仪测桩管
	9	桩径（mm）	−20	钢尺量检查

注：桩径允许偏差负值是指个别断面；D为桩径。

7.7 碎石桩挤密加固地基

碎石桩是用振动沉桩机将钢套管沉入土中再灌入碎石而成，适用于松砂、软弱土、杂填土、粉质黏土等土层的地基加固。此法所形成的碎石桩体，与原地基土共同组成复合地基，来承受上部结构的荷载，有时也用于克服土层液化（松砂或粉土层）。

7.7.1 碎石桩桩身缩颈

1. 现象

成形后的桩身局部直径小于设计要求，一般发生在地下水位以下或饱和的黏性土中。

2. 原因分析

（1）原状土含饱和水再加上施工注水润滑，经振动产生流塑状，瞬间形成高空隙水压力，使局部桩体挤成缩颈。

（2）地下水位与其上土层结合处，易产生缩颈。

（3）流动状态的淤泥质土，因钢套管受较强振动，也易产生缩颈。

（4）桩间距过小，互相挤压形成缩颈。

3. 预防措施

（1）要详细研究地质报告，确定合理的施工方法。

（2）每根桩用浮漂观测法，找出缩颈部位，计算出桩径，便于采取补救措施。

（3）套管中应保持足够的灌石量，至少有2m高的石料（用敲击桩管确定管中石料部位）。

（4）采用跳打法克服桩相互挤压现象。

4. 治理方法

（1）控制拔管速度，一般为 0.8～1.5m/min。要求每拔 0.5～1.0m 停止拔管，原地振动 10～30s（根据不同地区、不同地质选择不同的拔管速度），反复进行，直至拔出地面。

（2）用反插法来克服缩颈。可分为：

1）局部反插：在发生部位进行反插，并多往下插入 1m；

2）全部反插：开始从桩端至桩顶全部进行反插，即开始拔管 1m，再反插到底，以后每拔出 1m 反插 0.5m，直至拔出地面。

（3）用复打法克服缩颈。可分为：

1）局部复打：在发生部位进行复打，同样超深 1m；

2）全复打：即为二次单打法的重复，应注意同轴沉入到原深度，灌入同样的石料。

7.7.2　碎石灌量不足

1. 现象

碎石挤密桩施工中，碎石实际灌量小于设计要求灌量。

2. 原因分析

（1）同本章 7.7.1“碎石桩桩身缩颈”的原因分析。

（2）开始拔管有一段距离，活瓣被黏土抱着张不开；孔隙被流塑土或淤泥所填充；或活瓣开口不大，碎石不能顺利流出。

（3）碎石不规格，石料间摩阻较大，造成出料困难。

3. 预防措施

（1）同本章 7.7.1“碎石桩桩身缩颈”的预防措施（1）、（2）、（3）。

（2）严格控制碎石规格，一般粒径为 0.5～3cm，含泥量小于 5%。

（3）确定实际灌量的充盈系数，按规范为 $K=1.1 \sim 1.3$（根据不同地质选用）。

（4）调节加大沉箱的振动频率，减小碎石间摩擦，加速石料顺利流出管外。

4. 治理方法

（1）同本章 7.7.1“碎石桩桩身缩颈”的治理方法（1）、（2）、（3）。

（2）用混凝土预制桩尖法，解决活瓣桩尖张不开的问题，加大灌石量。

（3）灌料时注入压力水（一般为 0.2～0.4MPa）的泵压，使石料表面润滑，减小摩阻，易于流入孔中。

7.7.3　碎石挤密桩密实度差

1. 现象

碎石挤密桩经过测试，密实度达不到设计要求。

2. 原因分析

（1）土层过软或地下水位较高呈流塑状，桩间土承载力增长达不到设计要求。

（2）碎石灌量小于设计灌量。

（3）产生局部缩颈或断桩现象。

（4）表层加固效果差，主要是上部覆盖压力小，土体加固时产生纵向变形。

3. 防治措施

（1）认真分析地质报告，找出不密实的原因，以确定补救措施。

（2）用加密桩的办法减小桩间距，一般为 $2.5d \sim 3d$（d 为桩径或边长），采用梅花式布桩（等边三角形布桩），每平方米范围内应有 1 根碎石桩。

（3）控制拔管速度，同本章 7.7.1“碎石桩桩身缩颈”的治理方法（1）。控制桩管贯入速度以增加对土层预振动。

（4）控制碎石的含泥量在 5%以内，不得有有机物质掺入。

（5）控制施工注水量（在灌料时注少量水，拔管时停止注水），或采用不注水而加大沉桩机激振力的办法。

（6）遵守成孔挤密程序，先外围后里圈，并间隔进行（跳打法）。

7.7.4 成桩偏斜，达不到设计深度

1. 现象

成桩未能达到设计标高，桩体偏斜过大。

2. 原因分析

（1）遇到地下物如大孤石、大块混凝土、老房基及各种管道等。

（2）遇到干硬黏土或硬夹层（如砂、卵石层）。

（3）遇有倾斜的软硬地层交接处，造成桩尖向软弱土方向滑移。

（4）桩工机械底座放置的地面不平、不实，沉陷不均匀，使桩机本身倾斜。

（5）钢套管弯曲过大，稳管时又未校正。

3. 防治措施

（1）施工前地面应平整压实（一般要求地面承载力为 100～150kN/m²），或垫砂卵石、碎石、灰土及路基箱等，因地制宜选用。

（2）施工前选用合格的钢桩管，稳桩管要双向校正（成 90°角，用锤球或经纬仪），控制垂直度不大于 1%。

（3）放桩位点时，先用钎探找出地下物的埋置深度，挖坑应分层回填夯实（钎长 1～1.5m），非桩位点可不作处理。

（4）遇有硬黏土或硬夹层，可先成孔注水，浸泡一段时间再沉管，或边振沉边注水，以满足设计深度。

（5）遇到地层软硬交接处沉降不等或滑移时，应与设计单位研究，采取缩短桩长、加密桩数的办法。

7.7.5 碎石拒落

1. 现象

沉桩到个别区段，碎石拒落，出现断桩。

2. 原因分析

（1）同 7.7.2“碎石灌量不足”的原因分析（2）。

（2）灌石料的自重克服不了孔隙水压力造成的活瓣不张，因而出现碎石拒落或断桩。

3. 防治措施

（1）控制拔管速度，同 7.7.1“碎石桩桩身缩颈”的治理方法（1）。

（2）用浮漂观测确定拒落断桩部位，采用 7.7.1“碎石桩桩身缩颈”的治理方法

(2)、(3)。

(3) 详细做好打桩记录，把发生的问题和处理措施记载清楚，进行分析研究。

附录 7.7　碎石桩挤密加固地基质量检验标准

碎石桩挤密加固地基质量检验标准同附录 7.8“砂桩加固地基质量检验标准”。

7.8　砂桩加固地基

砂桩是利用振动灌注施工机械，向地基土中沉入钢管灌注砂料而成，能起到砂井排水及挤密加固地基的作用。

砂桩在成桩过程中，桩管周围土被挤密，密度增加，压缩性降低，在振动的桩管中灌入的砂料成为较密实的柱体，从而有效地分担了上部结构的荷载，可用于软弱土、淤泥质土及新填土的加固。

7.8.1　砂桩桩身缩颈

1. 现象

成桩灌料拔管时，桩身局部出现缩颈。

2. 原因分析

同本章 7.7.1“碎石桩桩身缩颈”的原因分析。

3. 防治措施

(1) 施工前分析地质报告，确定适宜的工法。

(2) 控制拔管速度，同 7.7.1“碎石桩桩身缩颈”的治理方法 (1)。

(3) 控制贯入速度，以增加对土层预振动，提高密度。

(4) 扩大桩径的办法同 7.7.1“碎石桩桩身缩颈”的治理方法 (2)、(3)。

(5) 选择激振力，提高振动频率。

(6) 根据情况采用袋装砂井配合使用。

7.8.2　灌砂量不足

1. 现象

桩体灌砂量小于设计灌量，影响密实效果。

2. 原因分析

(1) 同 7.7.1“碎石桩桩身缩颈”的原因分析 (1)、(4)。

(2) 同 7.7.2“碎石灌量不足”的原因分析 (2)。

(3) 砂子不规格，含泥量和有机杂质多。

(4) 活瓣桩尖缝隙大，沉管中进入泥水。

3. 防治措施

(1) 开始拔管前应先灌入一定量砂，振动片刻 (15～30s)，然后将管子上拔 30～50cm，再次向管中灌入足够砂量，并向管中注水 (适量)，对桩尖处加自重压力，以强迫活瓣张开，使砂易流出，用浮漂测得桩尖已经张开后，方可继续拔管。

(2) 控制拔管速度，同 7.7.1“碎石桩桩身缩颈”的治理方法 (1)、(2)、(3)。

(3) 活瓣桩尖缝隙要严，提高制作水平，避免沉管中进入泥水。

(4) 实际灌量应满足规范按照不同地质要求确定的充盈系数。

(5) 砂桩施工顺序，应从两侧向中间进行，以利挤密。

(6) 砂桩料以中粗砂为好，含泥量应在3%以内，无杂物。

(7) 灌砂量应按砂在中密状态时的干密度和桩管外径所形成的桩孔体积计算，最低不得小于计算量的95%。

(8) 可选用混凝土预制桩尖法。

(9) 采用全复打时应遵守下列要求：

1) 第一次灌入量，应达到自然地面，不得少灌。

2) 前后两次沉管轴线应重合，并达到原孔深。

(10) 采用反插法应遵守以下要求：

1) 桩管灌入砂料后应先振动片刻，再开始拔管，每次拔管速度为0.5～1.0m/min，反插深度0.3～0.5m，保证管内填料始终不低于地表面，或高于地下水位1～1.5m以上(不同地质、不同地区应采用不同的方法)。

2) 在桩尖处1.5m范围内宜多次反插，以强迫活瓣张开或扩大端部断面。

3) 穿过淤泥层时，应放慢拔管速度，并减小拔管高度和反插深度。

附录7.8 砂桩加固地基质量检验标准

砂桩加固地基质量检验标准 附表7-8

项目类别	序号	检查项目	允许偏差或允许值	检查方法
主控项目	1	灌砂量(%)	≥95	实际用砂量与计算体积比
	2	地基强度	设计要求	按规定方法试验
	3	地基承载力	设计要求	按规定方法试验
一般项目	4	砂料的含泥量(%)	≤3	试验室测定
	5	砂料的有机质含量(%)	≤5	焙烧法测定
	6	桩位(mm)	≤50	钢尺量检查
	7	砂桩标高(mm)	±150	水准仪检查
	8	垂直度(%)	≤1.5	经纬仪检查桩管垂直度

7.9 石灰桩加固地基

石灰桩是加固软土地基的一种新方法，其作用是对桩周围土进行挤密。生石灰桩打入土中产生吸水、膨胀、发热以及离子交换作用，使桩柱硬化，并改善了原地基土的性质。石灰桩所用的材料为石灰块，成形后与桩间土组成复合地基，从而提高地基的承载力。

7.9.1 石灰桩桩体缩颈

1. 现象

桩体局部区段直径偏小。

2. 原因分析

(1) 由于软土易产生缩颈，在桩长度内含灰量随深度增加而减少，致使加固效果不一致，因此石灰桩只适用于8m以内的浅基加固。

(2) 由于生石灰吸水，在地下水位以下影响硬结，产生缩颈。

(3) 桩间距不合适。

3. 防治措施

(1) 桩间距以1.0～1.2m效果最佳。

(2) 控制拔管速度一般为0.8～1.0m/min。

(3) 改进工艺，用扩大桩径的办法，使桩上下一致。

7.9.2 生石灰失效影响挤密

1. 现象

施工中生石灰失效消解，降低了挤密效果。

2. 原因分析

(1) 雨期施工，现场存放石灰遇雨受潮消解。

(2) 石灰桩出现软心，达不到设计要求。

(3) 生石灰吸水后在地下水位下硬结困难。

(4) 顶层厚度不够、不密实，上部荷载加荷速度过快，未使石灰达到固化期。

3. 防治措施

(1) 石灰桩不宜雨期施工。现场存料不得超过2d，应随运随施工。

(2) 桩位按梅花形布置。

(3) 出现软心应重复灌注石灰或加打砂桩。

(4) 供应新鲜石灰，不得受潮，保证投料量150～160kg/m。

(5) 适当控制加荷时间，应使石灰桩达到一个月左右的硬化期。

附录7.9 石灰桩加固地基质量检验标准

石灰桩加固地基质量检验标准同附录7.6“土和灰土挤密桩加固地基质量检验标准”。

7.10 水泥粉煤灰碎石桩（CFG桩）加固地基

随着地基处理技术的不断发展，越来越多的材料可以作为复合地基的桩体材料。粉煤灰是我国数量最大、分布范围最广的工业废料之一，为桩体材料开辟了新的途径。

水泥粉煤灰碎石桩是采用碎石、石屑、粉煤灰、少量水泥加水进行拌和后，利用桩工机械，振动灌入地基中，制成一种具有粘结强度的非柔性、非刚性的亚类桩，它与桩间土形成复合地基，共同承受荷载，从而达到加固地基的目的。目前，在建筑工程中，较多选用。

7.10.1 缩颈、断桩

1. 现象

成桩困难时，从工艺试桩中，发现缩颈或断桩。

2. 原因分析

(1) 由于土层变化，在高水位的黏性土中，振动作用下会产生缩颈。

(2) 灌桩填料没有严格按配合比进行配料、搅拌以及搅拌时间不够。

(3) 在冬期施工中，对粉煤灰碎石桩的混合料保温措施不当，灌注温度不符合要求，浇灌又不及时，使之受冻或达到初凝。雨季施工，防雨措施不利，材料中混入较多的水分，坍落度过大，从而使强度降低。

(4) 拔管速度控制不严。

(5) 冬期施工冻层与非冻层结合部易产生缩颈或断桩。

(6) 开槽及桩顶处理不好。

3. 防治措施

(1) 要严格按不同土层进行配料，搅拌时间要充分，每盘至少3min。

(2) 控制拔管速度，一般1～1.2m/min。用浮标观测（测每米混凝土灌量是否满足设计灌量）以找出缩颈部位，每拔管1.5～2.0m，留振20s左右（根据地质情况掌握留振次数与时间或者不留振）。

(3) 出现缩颈或断桩，可采取扩颈方法（如复打法、翻插法或局部翻插法），或者加桩处理。

(4) 混合料的供应有两种方法。一是现场搅拌，一是商品混凝土。但都应注意做好季节施工。雨期防雨，冬期保温，都要苫盖，并保证灌入温度5℃以上（冬期按规范）。

(5) 每个工程开工前，都要做工艺试桩，以确定合理的工艺，并保证设计参数，必要时要做荷载试验桩。

(6) 混合料的配合比在工艺试桩时进行试配，以便最后确定配合比（荷载试桩最好同时参考相同工程的配合比）。

(7) 在桩顶处，必须每1.0～1.5m翻插一次，以保证设计桩径。

(8) 冬期施工，在冻层与非冻层结合部（超过结合部搭接1.0m为好），要进行局部复打或局部翻插，克服缩颈或断桩。

(9) 施工中要详细、认真地做好施工记录及施工监测。如出现问题，应立即停止施工，找有关单位研究解决后方可施工。

(10) 开槽与桩顶处理要合理选择施工方案，否则应采取补救措施，桩体施工完毕待桩达到一定强度（一般7d左右），方可进行开槽。

7.10.2 灌量不足

1. 现象

施工中局部实际灌量小于设计灌量。

2. 原因分析

(1) 原状土（如黏性土、淤泥质土等）在饱和水或地下水中，由于振动沉管过程中产生流塑状，而形成高孔隙水压力，使局部产生缩颈。

(2) 地下水位与其土层结合处，易产生缩颈。

(3) 桩间距过小或群桩布置，互相挤压产生缩颈。

(4) 混凝土达到初凝后才灌入，或冬期施工受冻，和易性较差。

(5) 开始拔管时有一段距离，桩尖活瓣被黏性土抱着张不开或张开很小，材料不能顺利流出。

（6）在桩管沉入过程中，地下水或泥土进入桩管。

3. 防治措施

（1）根据地质报告，预先确定出合理的施工工艺。开工前要先进行工艺试桩。

（2）同 7.10.1“缩颈、断桩”中的防治措施（2）、（3）。

（3）季节施工要有防水和保温措施，特别是未浇灌完的材料，在地面堆放或在混凝土罐车中时间过长，达到了初凝，应重新搅拌或罐车加速回转再用。

（4）克服桩管沉入时进入泥水，应在沉管前灌入一定量的粉煤灰碎石混合材料，起到封底作用。

（5）确定实际灌量的充盈系数（按规范规定的 1.1～1.3 选用）。

（6）用浮标观测检查控制填充材料的灌量，否则应采取补救措施，并做好详细记录。

（7）根据地质具体情况，合理选择桩间距，一般以 4 倍桩径为宜，若土的挤密性好，桩距可以取得小一些。

7.10.3　成桩偏斜达不到设计深度

1. 现象

成桩未达到设计深度，桩体偏斜过大。

2. 原因分析

（1）遇到了地下物（如孤石、大混凝土块、老房基及各种管道等）。

（2）遇到干硬黏土或硬夹层（如砂、卵石层）。

（3）遇到了倾斜的软硬土结合处，使桩尖滑移向软弱土方向。

（4）地面不平坦、不实，致使桩机倾斜，桩机垂直度又未调整好。

（5）桩管本身弯曲过大，又未及时更换或调直。

3. 防治措施

（1）施工前场地要平整压实（一般要求地面承载力为 $100\sim150kN/m^2$），若雨期施工，地面较软，地面可铺垫一定厚度的砂卵石、碎石、灰土或选用路基箱。

（2）施工前要选好合格的桩管，稳桩管要双向校正（用锤球吊线或选用经纬仪成 90°角校正），规范控制垂直度 0.5%～1.0%。

（3）放桩位点最好用钎探查找地下物（钎长 1.0～1.5m），过深的地下物用补桩或移桩位的方法处理。

（4）桩位偏差应在规范允许范围之内（10～20mm）。

（5）遇到硬夹层造成沉桩困难或穿不过时，可选用射水沉管或用“植桩法”（先钻孔的孔径应小于或等于设计桩径）。

（6）沉管至干硬黏土层深度时，可采用注水浸泡 24h 以上，再沉管的办法。

（7）遇到软硬土层交接处，沉降不均，或滑移时，应与设计研究采用缩短桩长或加密桩的办法等。

（8）选择合理的打桩顺序，如连续施打、间隔跳打，视土性和桩距全面考虑。满堂红补桩不得从四周向内推进施工，而应采取从中心向外推进或从一边向另一边推进的方案。

附录 7.10 水泥粉煤灰碎石桩加固地基质量检验标准

水泥粉煤灰碎石桩加固地基质量检验标准 附表 7-9

项目类别	序号	检查项目	允许偏差或允许值	检查方法
主控项目	1	原材料	设计要求	检查产品合格证书或抽样送检
	2	桩径（mm）	−20	钢尺量或计算填料量
	3	桩身强度	设计要求	查 28d 试块强度
	4	地基承载力	设计要求	按规定办法
一般项目	5	桩身完整性	按桩基检测技术规范	按桩基检测技术规范
	6	桩位偏差（mm）	满堂布桩≤0.4D 条基布桩≤0.25D	钢尺量检查，D 为桩径
	7	桩垂直度（%）	≤1.5	用经纬仪测桩管
	8	桩长（mm）	+100	测桩管长度或垂球测孔深
	9	褥垫层夯填度	≤0.9	钢尺量检查

注：1. 夯填度指夯实后的褥垫层厚度与虚体厚度的比值。
2. 桩径允许偏差负值是指个别断面。

7.11 塑料板排水预压法加固地基

将带状塑料排水板，用插板机插入软土中，然后在土面加载预压（或采用真空预压），使土中水沿塑料板的通道溢出，并从砂垫层中排走，使地基得到加固，这种方法称为塑料板排水预压法。

7.11.1 塑料板固定不牢，通道堵塞

1. 现象

施工中塑料板与钢靴脱开，塑料板通道堵塞。

2. 原因分析

（1）插板沉管时遇到硬物。

（2）塑料板与钢靴未连接牢固。

（3）排水孔道细小，水流阻力系数大，造成较大的水头损失，滤水膜透水阻力随时间迅速增长，很快失去滤水作用。

（4）插板机件可靠性差。

（5）钢靴发生问题，起不到遮盖作用，泥砂进入空心套管内发生堵塞。

3. 防治措施

（1）遇到硬物及管道等，应予以清除，或移位沉管。

（2）与钢靴连接要精心操作，无误后方可施工。

（3）改进塑料板锚固方式。

（4）通道被堵时应重新插板。

7.11.2　土层剪切破坏

1. 现象

预压荷载时发生剪切破坏。

2. 原因分析

(1) 塑料板排水堆载预压后，孔隙水消散慢。

(2) 加载过快造成土层结构破坏。

3. 防治措施

(1) 压载后待孔隙水充分消散，方可继续加载。

(2) 应分级加载，不得过快、过大。

7.12　深层（水泥土）搅拌法加固地基

深层搅拌法是加固深厚层软黏土地基的新技术。它以水泥、石灰等材料作为固结剂，通过特制的深层搅拌机械，在地基深部就地将软黏土和固化剂强制拌和，使软黏土硬结成具有整体性和水稳定性的柱状、壁状和块状等不同形式的加固体，以提高地基承载力。

深层搅拌适用于加固软黏土，特别是超软土，加固效果显著，加固后可以很快投入使用，适应快速施工要求。

7.12.1　搅拌体不均匀

1. 现象

搅拌体质量不均匀。

2. 原因分析

(1) 工艺不合理。

(2) 搅拌机械、注浆机械中途发生故障，造成注浆不连续，供水不均匀，使软黏土被扰动，无水泥浆拌和。

(3) 搅拌机械提升速度不均匀。

3. 防治措施

(1) 施工前应对搅拌机械、注浆设备、制浆设备等进行检查维修，使处于正常状态。

(2) 选择合理的工艺。

(3) 灰浆拌和机搅拌时间一般不少于 2min，增加拌和次数，保证拌和均匀，不使浆液沉淀。

(4) 提高搅拌转数，降低钻进速度，边搅拌，边提升，提高拌和均匀性。

(5) 注浆设备要完好，单位时间内注浆量要相等，不能忽多忽少，更不得中断。

(6) 重复搅拌下沉及提升各一次，以反复搅拌法解决钻进速度快与搅拌速度慢的矛盾，即采用一次喷浆二次补浆或重复搅拌的施工工艺。

(7) 拌制固化剂时不得任意加水，以防改变水灰比（水泥浆），降低拌和强度。

7.12.2　喷浆不正常

1. 现象

注浆作业时喷浆突然中断。

2. 原因分析

（1）注浆泵损坏。

（2）喷浆口被堵塞。

（3）管路中有硬结块及杂物，造成堵塞。

（4）水泥浆水灰比稠度不合适。

3. 防治措施

（1）注浆泵、搅拌机等设备施工前应试运转，保证完好。

（2）喷浆口采用逆止阀（单向球阀），不得倒灌泥土。

（3）注浆应连续进行，不得中断。高压胶管搅拌机输浆管与灰浆泵应连接可靠。

（4）泵与输浆管路用完后要清洗干净，并在集浆池上部设细筛过滤，防止杂物及硬块进入各种管路，造成堵塞。

（5）选用合适的水灰比（一般为0.6～1.0）。

（6）在钻头喷浆口上方设置越浆板，解决喷浆孔堵塞问题，使喷浆正常。

7.12.3　抱钻、冒浆

1. 现象

搅拌施工中有抱钻或冒浆出现。

2. 原因分析

（1）工艺选择不适当。

（2）加固土层中的黏土层（特别是硬黏土层）或夹层，是设计拌和工艺的关键问题，因这类黏土颗粒之间粘结力强，不易拌和均匀，搅拌过程中易产生抱钻现象。

（3）有些土层虽不是黏土，也容易搅拌均匀，但由于其上覆盖压力较大，持浆能力差，易出现冒浆现象。

3. 防治措施

（1）选择适合不同土层的不同工艺，如遇较硬土层及较密实的粉质黏土，可采用以下拌和工艺：输水搅动→输浆拌和→搅拌。

（2）搅拌机沉入前，桩位处要注水，使搅拌头表面湿润。地表为软黏土时，还可掺加适量砂子，改变土中粘度，防止土抱搅拌头。

（3）在搅拌、输浆、拌和过程中，要随时记录孔口所出现的各种现象（如硬层情况，注水深度，冒水、冒浆情况及外出土量等）。

（4）由于在输浆过程中土体持浆能力的影响出现冒浆，使实际输浆量小于设计量，这时应采用“输水搅拌→输浆拌和→搅拌”工艺，并将搅拌转速提高到50r/min，钻进速度降到1m/min，可使拌和均匀，减小冒浆。

7.12.4　桩顶强度低

1. 现象

桩顶加固体强度低。

2. 原因分析

（1）表层加固效果差，是加固体的薄弱环节。

（2）目前所确定的搅拌机械和拌和工艺，由于地基表面覆盖压力小，在拌和时土体上拱，不易拌和均匀。

3. 防治措施

(1) 将桩顶标高1m内作为加强段，进行一次复拌加注浆，并提高水泥掺量，一般为15%左右。

(2) 在设计桩顶标高时，应考虑需凿除0.5m，以加强桩顶强度。

附录7.11 深层（水泥土）搅拌法加固地基质量检验标准

深层（水泥土）搅拌法加固地基质量检验标准 附表7-10

项目类别	序号	检查项目	允许偏差或允许值	检查方法
主控项目	1	水泥及外掺剂质量	设计要求	查产品合格证书或抽样送检
	2	水泥用量	参数指标	查看流量计
	3	桩体强度	设计要求	按规定办法
	4	地基承载力	设计要求	按规定办法
一般项目	5	机头提升速度（m/min）	≤0.5	量机头上升距离及时间
	6	桩底标高（mm）	±200	测机头深度
	7	桩顶标高（mm）	+100 −50	水准仪（最上部500mm不计入）检查
	8	桩位偏差（mm）	<50	钢尺量检查
	9	桩径（mm）	<0.04D	钢尺量（D为桩径）检查
	10	垂直度（%）	≤1.5	经纬仪检查
	11	搭接（mm）	>200	钢尺量检查

7.13 高压喷射注浆（旋喷法）加固地基

高压喷射注浆（旋喷法）加固地基是利用高压泵通过特制的喷嘴，把浆液（一般为水泥浆）喷射到土中。浆液喷射流依靠自身的巨大能量，把一定范围内的土层射穿，使原状土破坏，并因喷嘴作旋转运动，被浆液射流切削的土粒与浆液进行强制性的搅拌混合，待胶结硬化后，便形成新的结构，达到加固地基的目的。

旋喷法适用于粉质黏土、淤泥质土、新填土、饱和的粉细砂（即流砂层）及砂卵石层等的地基加固与补强。其工法有单管法、双重管法、三重管法及干喷法等。

7.13.1 加固体强度不均、缩颈

1. 现象

旋喷加固体的成桩直径不一致，桩身强度不均匀，局部区段出现缩颈。

2. 原因分析

(1) 旋喷方法与机具未根据地质条件进行选择。

(2) 旋喷设备出现故障（管路堵塞、串、漏、卡钻等），中断施工。

(3) 拔管速度、旋转速度及注浆量未能配合好，造成桩身直径大小不匀，浆液有多

有少。

(4) 没有根据不同的设计要求和不同的旋喷方法，布置不同的桩位点。

(5) 旋喷的水泥浆与切削的土粒强制拌和不充分、不均匀，直接影响加固效果。

(6) 穿过较硬的黏性土，产生缩颈。

3. 防治措施

(1) 应根据设计要求和地质条件，选用不同的旋喷法、不同的机具和不同的桩位布置。

(2) 旋喷浆液前，应作压水压浆压气试验，检查各部件各部位的密封性和高压泵、钻机等的运转情况。一切正常后，方可配浆，准备旋喷，保证旋喷连续进行。

(3) 配浆时必须用筛过滤，过滤网眼应小于喷嘴直径，搅拌池（槽）的浆液要经常翻动，不得沉淀，因故需较长时间中断旋喷时，应及时压入清水，使泵、注浆管和喷嘴内无残液。

(4) 对易出现缩颈部位及底部不易检查处，采用定位旋转喷射（不提升）或复喷的扩大桩径办法。

(5) 根据旋喷固结体的形状及桩身匀质性，调整喷嘴的旋转速度、提升速度、喷射压力和喷浆量。

(6) 控制浆液的水灰比及稠度。

(7) 严格要求喷嘴的加工精度、位置、形状、直径等，保证喷浆效果。

7.13.2 钻孔沉管困难，偏斜、冒浆

1. 现象

旋喷设备钻孔困难，并出现偏斜过大及冒浆现象。

2. 原因分析

(1) 遇有地下物，地面不平不实，未校正钻机，垂直度超过1%的规定。

(2) 注浆量与实际需要量相差较多。

3. 防治措施

(1) 放桩位点时应钎探，摸清情况，遇有地下物，应清除或移桩位点。

(2) 旋喷前场地要平整夯实或压实，稳钻杆或下管要双向校正，使垂直度控制在1%范围内。

(3) 利用侧口式喷头，减小出浆口孔径并提高喷射压力，使压浆量与实际需要量相当，以减少冒浆量。

(4) 回收冒浆量，除去泥土过滤后再用。

(5) 采取控制水泥浆配合比（一般为0.6～1.0），控制好提升、旋转、注浆等措施。

7.13.3 固结体顶部下凹

1. 现象

旋喷后的固结体顶部出现凹穴。

2. 原因分析

当采用水泥浆液进行旋喷时，在浆液与土搅拌混合后的凝固过程中，由于浆液析水作用，一般均有不同程度的收缩，造成在固结体顶部出现凹穴。凹穴的深度随土质、浆液的析出性、固结体的直径和全长等因素的不同而异。

3. 防治措施

（1）对于新建工程的地基，在旋喷完毕后，挖出固结体顶部，对凹穴灌注混凝土或直接从旋喷孔中再次注入浆液。

（2）对于构筑物地基，采用两次注浆法较为有效，即旋喷注浆完成后，对固结体顶部与构筑物基础底部之间的空隙，在原旋喷孔位上，进行第二次注浆，浆液的配方应用无收缩或具有微膨胀性的材料。

附录 7.12　高压喷射注浆加固地基质量检验标准

高压喷射注浆加固地基质量检验标准　　附表 7-11

项目类别	序号	检查项目	允许偏差或允许值	检查方法
主控项目	1	水泥及外掺剂质量	符合出厂要求	查产品合格证书或抽样送检
	2	水泥用量	设计要求	查看流量表及水泥浆水灰比
	3	桩体强度或完整性检验	设计要求	按规定办法检验
	4	地基承载力	设计要求	按规定办法检验
一般项目	5	钻孔位置（mm）	≤50	钢尺量检查
	6	钻孔垂直度（%）	≤1.5	经纬仪测钻杆或实测
	7	孔深（mm）	±200	钢尺量检查
	8	注浆压力	按设计参数指标	查看压力表
	9	桩体搭接（mm）	>200	钢尺量检查
	10	桩体直径（mm）	≤50	开挖后用钢尺量检查
	11	桩身中心位移（mm）	≤0.2D	开挖后桩顶下 500mm 处用钢尺量，D 为桩径

7.14　注浆法加固地基

注浆加固法是根据不同的土层与工程需要，利用不同的浆液，如水泥浆法或其他化学浆液，通过气压、液压或电化学原理，采用灌注压入，高压喷射，深层搅拌（利用渗透灌注、挤密灌注、劈裂灌注、电动化学灌注），使浆液与土颗粒胶结起来，以改善地基土的物理和力学性质的地基处理方法。

采用注浆法加固地基，虽然有着工期短、加固快等优点，但由于造价昂贵，因此，通常用在加固范围较小，处理已建工程的地基基础工程事故，或对其他加固方法不能解决的一些特殊工程问题中。而在新建工程中，特别是需要大面积进行地基处理工程中很少采用。

7.14.1 注入浆液冒浆

1. 现象

注入化学浆液有冒浆现象。

2. 原因分析

(1) 地质报告不详细，对土质了解不透，不能选择合理的施工方案。

(2) 施工前，未作现场工艺试验，因此对化学浆液的浓度、用量、灌入速度、灌注压力、加固效果、打入（钻入）深度等不清楚。

(3) 采用电动硅化加固时，未能做试验，不能提出合理的电压梯度、通电时间和方法。

(4) 用于地基加固的化学浆液配方不合理。

(5) 需要加固的土层上，覆盖层过薄。

(6) 土层上部压力小，下部压力大，浆液就有向上抬高的趋势。

(7) 灌注深度大，上抬不明显，而灌注深度浅，浆液上抬较多，甚至会溢到地面上来。

3. 防治措施

(1) 注浆法加固地基要有详细的地质报告，对需要加固的土层要详细描述，以便作出合理的施工方案。

(2) 注浆管宜选用钢管，管路系统的附件和设备以及验收仪器（压力计）应符合规定的压力。

(3) 需要加固的土层之上，应有不小于1.0m厚度的土层，否则应采取措施，防止浆液上冒。

(4) 及时调整浆液配方，满足该土层的灌浆要求。

(5) 根据具体情况，调整灌浆时间。

(6) 注浆管打至设计标高并清理管中的泥砂后，应及时向土中灌注溶液。

(7) 打管前检查带有孔眼的注浆管应保持畅通。

(8) 采用间隙灌注法，亦即让一定数量的浆液灌入上层孔隙大的土中后，暂停工作，让浆液凝固，几次反复，就可把上抬的通道堵死。

(9) 加快浆液的凝固时间，使浆液出注浆管就凝固，这就缩短了上冒的机会。

7.14.2 注浆管沉入困难，偏差过大

1. 现象

注浆管沉入困难，达不到设计深度，且偏斜过大。

2. 原因分析

(1) 注浆管沉入遇到障碍物，如石块、大混凝土块、树根、地基等物。

(2) 采取沉管措施不合理。

(3) 打（钻）入的注浆管未采用导向装置，注浆管底端的距离偏差过大。

(4) 放桩位点偏差超过规范。

(5) 受地层土质和渗透的影响。

3. 防治措施

（1）放桩位点时，在地质复杂地区，应用钎探查找障碍物，以便排除。

（2）打（钻）注浆管及电极棒，应采用导向装置，注浆管底端间距的偏差不得超过20%，超过时，应打补充注浆管或拔出重打。

（3）放桩位偏差应在允许范围内，一般不大于20mm。

（4）场地要平坦坚实，必要时要铺垫砂或砾石层，稳桩时要双向校正，保证垂直沉管。

（5）开工前应作工艺试桩，校核设计参数及沉管难易情况，确定出有效的施工方案。

（6）设置注浆管和电极棒宜用打入法，如土层较深，宜先钻孔至所需加固区域顶面以上2～3m，然后再用打入法，钻孔的孔径应小于注浆管和电极棒的外径。

（7）灌浆操作工序包括打管、冲管、试水、灌浆和拔管五道工序，应先进行试验。

7.14.3　桩体不均匀

1. 现象

施工中发现桩柱体质量不均匀。

2. 原因分析

（1）浆液使用双液化学加固剂时，由于分别注入，在土中出现浆液混合不均匀，影响加固工程质量。

（2）化学浆液的稠度、浓度、温度、配合比和凝结时间，直接影响灌浆工程的顺利进行。

（3）注浆管孔眼被堵塞。

（4）灌浆不充分。

（5）灌浆材料选择不合理。

3. 防治措施

（1）使用新型化学加固剂，达到低浓度混合单液的灌注目的，克服双液分别灌注混合不均的弊端，提高工程质量。

（2）根据不同的加固土层，选用合适的化学加固剂的浓度、稠度、配合比和凝固时间，又根据施工温度，通过试验优选合适的化学加固剂的配方，进行正常施工，确保桩体的质量。

（3）向土中注入混合浆液时，灌注压力应保持一个定值，一般为0.2～0.23MPa，这样能使浆液均匀压入土中，使桩柱体得到均匀的强度。

（4）利用电测技术检测化学加固质量，是一种快速有效的办法，它能直观地反映加固体的空间位置、几何形状和体积大小。

（5）每根桩的灌浆管都由下而下提升灌注，使之强度均匀。

（6）为了防止喷嘴堵塞，必须用高压喷射，压力均匀，边灌边旋转边向上提升，一气呵成。

（7）注浆管带有孔眼部分，宜加防滤层或其他防护措施，以防土粒堵塞孔眼。

（8）打管前应检查带有孔眼的注浆管，保持孔眼畅通，并进行冲管、试水。

（9）灌注溶液与通电工作须连续进行，不得中断。

（10）灌注溶液的压力，一般不超过30N/cm²（压力），拔出注浆管后，留下的孔洞应用水泥砂浆或土料堵塞。

附录 7.13　注浆法加固地基质量检验标准

注浆法加固地基质量检验标准　　　　**附表 7-12**

项目类别	序号	检查项目		允许偏差或允许值	检查方法
主控项目	1	原材料检验	水泥	设计要求	查产品合格证书或抽样送检
			注浆用砂 粒径（mm） 细度模数 含泥量及有机物含量（%）	 <2.5 <2.0 <3	试验室试验
			注浆用黏土 塑性指数 黏粒含量（%） 含砂量（%） 有机物含量（%）	 >14 >25 <5 <3	试验室试验
			粉煤灰 细度 烧失量（%）	 不粗于同时使用的水泥 <3	试验室试验
			水玻璃模数	2.5～3.3	抽样送检
			其他化学浆液	设计要求	查产品合格证书或抽样送检
	2	注浆体强度		设计要求	取样送检
	3	地基承载力		设计要求	按规定方法检查
一般项目	4	各种注浆材料称量误差（%）		<3	抽查
	5	注浆孔位偏移（mm）		±20	钢尺量检查
	6	注浆孔深（mm）		±100	量测注浆管长度
	7	注浆压力（与设计参数比）（%）		±10	检查压力表读数

7.15　粉喷桩加固地基

粉体喷射搅拌法（DJM 粉喷桩），属深层搅拌法（干法）的一种，它是以生石灰或水泥等粉体材料作为加固料，通过专用的粉体喷搅施工机械，用压缩空气将粉体以雾状喷入加固部位的地基土中，凭借钻头的叶片旋转，使粉体加固料与原位软土得到充分的混合，通过一系列的化学反应，从而使软土硬结而形成具有整体性、水稳性及一定承载力的加固柱体，这种柱状加固体与软土地基一起组成的复合地基，为软土地基加固技术开拓了一种新的方法，可在铁路、公路、市政工程、港口码头、工业与民用建筑等软土地基加固方面推广使用。然而它在加固处理、计算理论、施工方法和检测手段等方面尚应进一步完善和提高。

7.15.1　加固体强度不均

1. 现象

加固体不均匀，加固柱体不完整。

2. 原因分析

(1) 地质报告不详细，未能选择合理的施工方案。

(2) 选择加固料种类及配方不合理。

(3) 未能在施工前，对加固料及掺入量，在不同的养护龄期制成的试件进行室内各种物理力学性能测试研究，以便寻求最佳的加固效果及配方。

(4) 喷粉不正常、不均匀。

(5) 喷嘴堵塞。

3. 防治措施

(1) 采用机械搅拌充分混合，使桩体质地均匀，外形匀称。

(2) 用脉冲射流对原状土进行搅拌，由于不需加水，加固效果好，可保证桩体质量。

(3) 合理的选择粉喷桩的范围，如桩长、桩数等以满足设计要求。

(4) 详细分析地质报告，确定可靠的施工方案。

(5) 设计宜使地基土对桩的支承力与桩身承载力接近。

(6) 复合地基施工前，应进行工艺试桩，必要时应通过荷载试验，最后确定施工方案与设计参数。

(7) 在下钻时喷射空气，可使钻进顺利进行，防止喷嘴堵塞。

(8) 粉喷桩施工应按先密桩区后疏桩区的顺序进行。

(9) 粉体质量施工采用强度等级为 42.5 级的普通硅酸盐水泥，对每批水泥应索取出场化验单，其各项指标均应达到国家标准方可使用。若大批使用，应选择质检全套化验，由于粉喷桩对水泥用量大，故应注重现场简易配合比试验，通过试块强度对比观察来检查水泥质量。

(10) 每施工完一桩，打开灰罐加灰一次，保证每桩总用量与设计要求吻合，既不能多也不能少。通过试桩调节出合适的刮灰器转速，保证上下两次喷粉后灰量几乎正好用完。一旦发现有影响刮灰器均匀转动的故障及隐患，应及时排除。若中途堵塞，故障排除后接桩时，钻头须钻入下部桩体 1.0m 后方能后转喷粉提升。

7.15.2　桩体偏斜过大，钻进困难，喷粉溢出地面

1. 现象

桩体偏斜过大，钻进困难，并出现冒粉，溢出地面。

2. 原因分析

(1) 地面不平整，场地软弱，造成机械偏斜。

(2) 桩机钻杆偏斜过大，搅拌轴不垂直。

(3) 钻机钻进时遇到了地下障碍物，如石块、混凝土大块、老房基等。

(4) 桩位偏斜过大。

(5) 喷射结束过晚，停喷时间未能掌握好，甚至到达地面才停喷。

3. 防治措施

(1) 施工场地要平坦坚实，使喷粉桩机正常移动施工，必要时铺垫砂或砾石垫层。机械就位后，要双向校正垂直度。

(2) 如机械本身偏差过大，应调直或更换合格的施工机械。

(3) 放桩位应在允许范围（20mm）之内。地下障碍复杂的施工场地，应用钎探探明桩位，并及时清除障碍物。

(4) 水泥粉的喷出量、粉喷机的搅拌速度、水泥与土的比例等工艺和技术指标，应按设计要求严格控制。

(5) 当钻头提升至距地面 50cm 时，应停止喷射水泥粉（石灰粉），以防止粉粒溢出地面。

(6) 正式施工前，应作工艺试桩，以确定合理的施工方案。

(7) 应清理现场，当工作场地表面硬壳很薄时，要先铺垫砂，以便施工机械顺利移动和施钻，但不得铺垫碎石材料，以免钻进困难。如场地有石质材料或树根等物，应清除掉。

7.16 振动压密法加固地基

振动压密法加固地基适用于无粘性的杂填土中。杂填土在城市中普遍存在，由于它密度小、不均匀、承载力低，常使建筑物产生不均匀沉降，出现裂缝及倾斜等问题，因而经常采用换土、挤密或打桩等方法加以处理。振动压密法加固地基是在振动力及重力作用下，使土体在某深度范围内达到更紧密的新平衡状态，密度增加，孔隙减小。

7.16.1 振动不密实，有裂缝

1. 现象

振动压密区不密实并出现裂缝。

2. 原因分析

(1) 冬期施工表层存在冻土。

(2) 局部杂填土中有大硬块及黏土。

(3) 局部发生翻浆。

(4) 振动机械及其参数选用不当。振幅大小不均，振源远近不一。

3. 防治措施

(1) 必须在冬期施工时，应事先用草帘覆盖保温。

(2) 选择适合土层加密的振动机械，避免由于振幅大小不均和传力距振源远近不一，造成沉降不均而出现裂缝。为避免对周围建筑物的影响，振源距建筑物应不小于 3m。

(3) 振动压密的回填厚度及遍数应视设计要求及土质通过振密试验确定。

(4) 无论采用哪种振动设备，均应先沿基槽两边振密，再振中间部分，效果较好。

(5) 振动压密时，不得漏振，各振板之间应搭接 10cm 左右。

(6) 雨期施工时，如现场水位较低，地势较高，雨后无积水，可直接施振，否则应事先挖排水沟，并使工作面有一定坡度，以防积水造成翻浆。

(7) 振动时发现局部有大块硬物及黏土，应予挖除。

7.16.2 沉降不均，翻浆

1. 现象

振动压密后出现沉降不均及翻浆。

2. 原因分析

（1）建筑物设计层高相差悬殊，体型不整齐。

（2）沉降缝考虑不周密。

（3）地下水位高，杂填土含饱和水。

（4）施振遍数过多，或雨期施振无措施。

3. 防治措施

（1）了解杂填土性质和分布情况，如地下水位高时应进行降水，使地下水距振板 0.5m。

（2）雨期施振同 7.16.1“振动不密实，有裂缝”的防治措施（6）。

（3）当杂填土松散又水位高时，易使振动器下陷，可拆下部分振动偏心块以减小振动力，快速预振几遍后，再装上偏心块正常振动。

（4）建筑物尽可能做到形式整齐，层高差别不大，并合理设置圈梁。

（5）施振前，应沿基槽轴线进行动力触探，触探点间距 6m 左右，触探应穿过杂填土原底，以确定其振密后的承载力。

（6）振动压密前，应在现场选几点进行试验，求出稳定下沉量及振稳时间。

（7）振动压密后，应用蛙夯找平，经检查符合质量标准后方能砌筑基础。

（8）经检查不合格者应进行补振。

（9）采用振动压密法应设置沉降观测点，并尽量采用荷载试验确定地基承载力。

7.17　多桩型复合加固地基

不同桩型、桩长的多元组合型复合地基在平面布置和空间布置上应紧密结合地质情况灵活运用，长短桩间隔布置、分别置于不同土层上，可分别发挥其各自特点，在确保地基处理效果的前提下，达到方案合理、节约投资、缩短工期的目的。

长桩：提高地基承载力，将荷载通过桩身向深处传递，减少压缩层变形，控制整体沉降。桩体强度要求较高，多采用 CFG 桩、钢筋混凝土桩、预制桩等。

短桩：主要对浅层土体进行处理，减小浅层应力集中，提高承载力，消除软弱土层引起的不均匀沉降，桩体采用散体桩和柔性桩，如水泥土搅拌桩、碎石桩、石灰桩等。

褥垫层：促使桩、土协调变形，合理分配应力，保证桩土共同作用。

针对不同地质情况以及每个工程的特殊情况，选择不同的长桩与短桩的搭配，施工顺序为先短桩、后长桩。褥垫层材料可选用粗中砂、碎石、级配砂石，厚度为 30～50cm 为宜，分层铺设，振捣密实，振捣过程应遵循由外向内的原则。

7.17.1　桩体缩颈

1. 现象

成形后的桩身局部直径小于设计要求。

2. 原因分析

（1）原状土含饱和水再加上施工注水润滑，经振动产生流塑状，瞬间形成高空隙水压力，使局部桩体挤成缩颈。

（2）地下水位与其上土层结合处，易产生缩颈。

（3）流动状态的淤泥质土，因土层本身抗干扰能力差，施工产生振动，也易产生缩颈。

(4) 桩间距过小，互相挤压形成缩颈。

3. 预防措施

(1) 要详细研究地质报告，确定合理的施工方法。

(2) 每根桩用浮漂观测法，找出缩颈部位，计算出桩径，便于采取补救措施。

(3) 套管中应保持足够的灌入材料。

(4) 出现缩短或断桩时，可采取扩颈方法（如复打法、翻插法或局部翻插法），或者加桩处理。

(5) 采用跳打法克服桩相互挤压现象。

4. 治理方法

(1) 按不同土层、不同施工方法进行配料。

(2) 控制拔管速度，根据不同施工工艺、不同地区、不同地质选择不同的拔管速度。

(3) 用反插法来克服缩颈，有局部反插或全部反插。

(4) 用复打法克服缩颈，局部复打或全部复打。

(5) 加桩处理。

(6) 施工中要详细、认真地做好施工记录及施工监测。如出现问题，应立即停止施工，找有关单位研究解决后方可施工。

(7) 开槽与桩顶处理要合理选择施工方案，否则应采取补救措施。

7.17.2 灌量不足

1. 现象

施工中实际灌量小于设计要求灌量。

2. 原因分析

(1) 同7.17.1“桩体缩颈”的原因分析。

(2) 桩间距过小或群桩布置，互相挤压产生缩颈。

(3) 开始拔管有一段距离，活瓣被黏土抱住不能张开；孔隙被流塑土或淤泥所填充；或活瓣开口较小，填料不能顺利流出。

(4) 填料粒径大小不合理或流出性差，流动阻力大，造成出料困难。

3. 防治措施

(1) 同7.17.1“桩体缩颈”的预防措施(1)、(2)、(3)。

(2) 根据地质具体情况和施工方法，合理选择桩间距，并采用间隔跳打法施工。

(3) 采取有效措施，如调节加大沉箱的振动频率，减小碎石间摩擦，加速石料顺利流出管外，对桩尖处加自重压力等，以强迫活瓣张开。

(4) 严格控制填料的规格。

7.17.3 成桩偏斜，达不到设计深度

1. 现象

成桩未能达到设计标高，桩体偏斜过大。

2. 原因分析

(1) 遇到地下物如大孤石、大块混凝土、老房基及各种管道等。

(2) 遇到干硬黏土或硬夹层（如砂、卵石层）。

(3) 遇有倾斜的软硬地层交接处，造成桩尖向软弱土方向滑移。

(4) 桩工机械底座放置的地面不平、不实，沉降不均匀，使桩机本身倾斜。

(5) 钢套管弯曲过大，稳管时又未校正。

3. 防治措施

(1) 施工前应将地面平整压实（一般要求地面承载力为100～150kN/m^2），或垫砂卵石、碎石、灰土及路基箱等，因地制宜选用。

(2) 施工前选用合格的钢桩管，稳桩管要双向校正（成90°角，用线坠或经纬仪），控制垂直度不大于1%。

(3) 放桩位点时，先用钎探找出地下物的埋置深度，挖坑应分层回填夯实（钎长1～1.5m），非桩位点可不作处理。

(4) 遇有硬黏土或硬夹层，可先成孔注水，浸泡一段时间再施工，或边施工边注水，以满足设计深度。

(5) 遇到硬夹层造成沉桩困难或穿不过时，可选用射水沉管或采用“植桩法”；先钻孔的孔径应小于或等于设计桩径。

(6) 选择合理的打桩顺序（如连续施打、间隔跳打），视土性和桩距全面考虑。满堂红补桩不得从四周向内推进施工，而应采取从中心向外推进或从一边向另一边堆进的方案。

7.18　微型桩加固地基

微型桩加固地基是通过一定的方法或手段在地基中先成孔，再在孔中下入设计所要求的钢筋笼（或钢管、型钢等）和注浆用的注浆管，经清孔后在孔中投入一定规格的石料或细石混凝土，再用水泥浆液替代孔中的水（投细石混凝土时无此工序）进行先后两次压力注浆，形成直径为90～300mm的同径或异径的桩。微型桩复合地基是由桩间改良后的土与注浆微型桩桩体组成的人工“复合地基”。

7.18.1　塌孔，孔底虚土多

1. 现象

在成孔过程中或成孔后，孔壁坍落，桩底部有很厚的泥夹层。

2. 原因分析

(1) 泥浆密度不够及其他泥浆性能指标不符合要求，使孔壁未形成坚实泥皮。

(2) 由于护筒埋置太浅，下端孔口漏水、坍塌或孔口附近地面受水浸湿泡软，或钻机装置在护筒上，由于振动使孔口坍塌，扩展成较大坍孔。

(3) 在松软砂层中钻进，进尺太快。

(4) 钻锥钻进时回钻速度太快，空钻时间太长。

(5) 水头太大，使孔壁渗浆或护筒底形成反穿孔。

(6) 清孔后泥浆密度及粘度等指标降低；用空气吸泥机清孔，泥浆吸走后未及时补水，使孔内水位低于地下水位；清孔操作不当，供水管嘴直接冲刷孔壁；清孔时间过久或清孔后停顿过久。

(7) 吊入钢筋笼时碰撞孔壁。

3. 防治措施

(1) 在松散粉砂土或流砂中钻进时，应控制进尺速度，选用较大密度、粘度和胶体率的泥浆。

(2) 汛期地区变化过大时，应升高护筒，增加水头，或用虹吸管、连通管等措施保证水头相对稳定。

(3) 发生孔口坍塌时，可立即拆除护筒并回填钻孔，重新埋设护筒再钻。

(4) 如发生孔内坍塌，判明坍塌位置后，回填砂和黏土（或砂砾和黄土）混合物至坍孔处以上 1～2m；如坍孔严重时，应全部回填，待回填物沉积密实后再行钻进。

(5) 清孔时应指定专人补水，保证钻孔内必要的水头高度。供水管不宜直接插入钻孔中，应通过水槽或水池使水减速后流入钻孔中，以免冲刷孔壁。吸泥机应扶正，防止触动孔壁。不宜使用超过 1.5～1.6 倍钻孔中水柱压力的风压。如坍孔严重须按前述方法处理。

(6) 吊入钢筋笼时应对准钻孔中心竖直插入。

7.18.2 缩孔

1. 现象

实际孔径小于设计孔径。

2. 原因分析

(1) 塑性土膨胀，造成缩孔。

(2) 钻头焊补不及时，严重磨耗的钻头钻出较设计桩径偏小的孔。

(3) 选用机具和工艺不合理。

3. 防治方法

(1) 采用上下反复扫孔的方法，以扩大孔径。

(2) 根据不同的土层，选用相应的机具、工艺，钻头应及时维修护理。

(3) 成孔后立即安放钢筋笼，浇筑桩身混凝土。

7.18.3 桩孔倾斜

1. 现象

桩孔垂直偏差大于规范要求的1%。

2. 原因分析

(1) 地下遇有坚硬大块障碍物，把钻杆挤向一边。

(2) 地面不平，桩架导向杆不垂直，稳钻杆时没有稳直。

(3) 钻杆不直，尤其是两节钻杆不在同一轴线上，钻头的定位尖与钻杆中心线不在同一轴线上。

3. 预防措施

(1) 如石头、混凝土等障碍物埋置不深，可提出钻杆，清理完障碍物后重新钻进。遇有埋得较深的大块障碍物，如不易挖出，可拔出钻杆，在孔内填进砂土或素土后，与设计人员协商，改变桩位，躲过障碍物再钻。如实在无法改变桩位，可用带合金钢钻头的牙轮钻或筒钻，把石块或混凝土块粉碎后取出。

(2) 不符合要求的钻杆及钻头不应使用，或及时更换。

4. 治理方法

(1) 对严重倾斜的桩孔，应用素土回填夯实，然后重新钻孔。

（2）补桩。

7.18.4 桩身混凝土质量差

1. 现象

桩身表面有蜂窝、空洞，桩身夹土、离析，浇筑混凝土后的桩顶浮浆过多。

2. 原因分析

（1）混凝土较干，和易性差，骨料太大或未及时提升导管以及导管位置倾斜等，使导管堵塞，形成桩身混凝土中断。

（2）混凝土浇筑时没有按操作工艺边浇灌边振捣，或只在桩顶部振捣，下部没有振捣，造成混凝土不密实，出现蜂窝、空洞等现象。

（3）浇筑混凝土时，孔壁受到振动，使孔壁土塌落同混凝土一起灌入孔中，造成桩身夹土。

（4）混凝土浇筑过程中，放钢筋笼时碰撞孔壁使土掉入孔内，继续浇筑混凝土时，造成桩身夹土。

（5）每盘混凝土的搅拌时间或加水量不一致，造成坍落度不均匀，和易性不好，故在混凝土浇筑时有离析现象，桩身出现分段不均匀。

（6）拌制混凝土的水泥过期，骨料含泥量大或不符合要求，混凝土配合比不当，造成桩身强度低。

（7）浇筑混凝土时，孔口未放铁板或漏斗，使孔口浮土混入。

3. 防治措施

（1）混凝土坍落度应严格按设计或规范要求控制。

（2）合理选择外加剂。尽量用早强型减水剂代替普通泵送剂。

（3）粉煤灰的选用要经过试配以确定掺量，粉煤灰至少应选用Ⅱ级灰。

（4）严格按照混凝土操作规程施工。为了保证混凝土和易性，可掺入外加剂等。严禁使土及杂物混入混凝土中一起灌入孔内。

（5）浇筑混凝土前必须先放好钢筋笼，避免在浇筑混凝土过程中吊放钢筋笼。

（6）浇筑混凝土前，先在孔口放好铁板或漏斗，以防止回落土掉入孔内。

（7）雨季施工孔口要做围堰，防止雨水灌入孔中影响质量。

（8）桩孔较深时，可吊放振捣棒振捣，以保证桩底部密实度。

8 浅基础工程

基础的作用是将建筑物承受的各种荷载安全传递至地基上，并使地基在建筑物允许的沉降变形值内正常工作，因此要保证建筑物在设计规定年限内的结构安全和正常使用功能，除了要求主体结构具有一定的安全储备之外，也取决于地基与基础的安全性。如果地基与基础出现问题或发生破坏，轻则修复困难、加固费用巨大且影响使用，重则将导致建筑物破坏甚至酿成灾害。因此，地基与基础是建筑工程中最重要的分部工程，其中基础分为浅基础和深基础两大类，通常按基础的埋置深度划分。一般埋置深度小于5m（或埋深超过5m、但小于基础宽度的大尺寸的基础，如箱形基础）的为浅基础，大于5m的为深基础，其差别主要在设计原则、基础对地基的作用和施工方法上。浅基础对地基的作用是通过基础底面向地基传递荷载，其施工条件和施工工艺相对简单，只需经过挖槽、排水等普通施工程序即可建造。

浅基础按基础材料可以分为砖基础、毛石基础、灰土基础、三合土基础、混凝土和毛石混凝土基础、钢筋混凝土基础、木基础等；根据基础构造和形式可以分为条形基础、独立基础（壳体基础、墩式基础、杯口基础）、联合基础（柱下条形基础、柱下十字交叉基础、筏形基础、箱形基础）、实体基础等；根据基础的受力性能又可分为无筋扩展基础（刚性基础）、扩展基础（柔性基础）等。

基础作为建筑物的下部结构，应保证有足够的强度、刚度和耐久性，其施工质量关系到整个建筑物的耐久性和使用安全，因此施工中应针对基础结构的特点，制定有效的施工技术方案与质量保证措施，按施工图纸、规范、方案等认真组织施工与验收，确保工程质量。

浅基础种类较多，且涉及多个分部、分项工程，本章仅叙述常见浅基础工程特有的质量通病；对于非浅基础工程特有的质量通病，请参见本手册土方、爆破、基础降（排）水、地基处理与加固、地下防水、砌体、模板、钢筋、混凝土、现浇钢筋混凝土结构工程等相关章节。

8.1 砖 基 础

8.1.1 轴线位移

1. 现象

基础轴线（或中心线）偏离设计位置，与上部墙体轴线（或中心线）错位。

2. 原因分析

(1) 测量放线错误，常见的是看错图（误看标注尺寸，轴线、边线、中线搞错等）或读错尺，造成轴线偏差大。

(2) 基础大放脚收分（退台）尺寸掌握不准确，收分不均。

(3) 控制桩埋设不够或保护措施不力而位移；采取间隔吊中，出现轴线偏差。

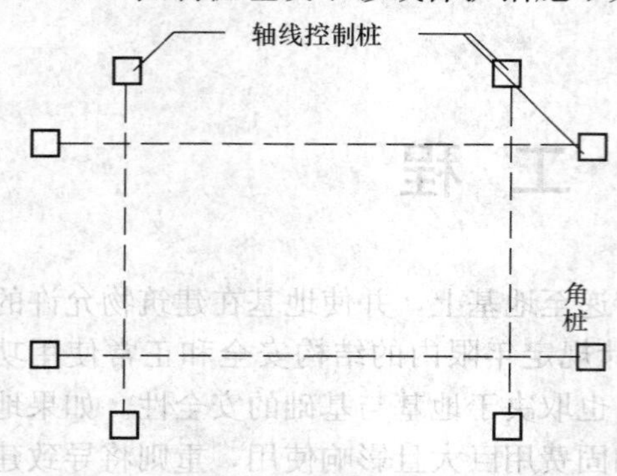

图 8-1 基础轴线控制桩

3. 预防措施

(1) 为便于基槽开挖后恢复轴线位置，应将建筑物定位轴线延长到基槽外安全地方，并作好标志，其方法有设置轴线控制桩和龙门框两种形式。轴线控制桩设置在基槽外基础轴线的延长线上，建立半永久性标志（多数为混凝土包裹木桩），如图 8-1 所示，作为开挖基槽后恢复轴线位置的依据。龙门框法适用于一般砖石结构的小型民用建筑物，在建筑物四角与隔墙两端基槽开挖边界线以外约 2m 处打下大木桩，使各桩连线平行于墙基轴线，用水准仪将 0.000 的高程位置放样到每个龙门桩上，然后以龙门桩为依据，用木料或通长 *DN*48 钢管搭设龙门框。

(2) 横墙轴线应设中心桩，中心桩打入与地面平齐，中心桩之间不宜堆土和放料，挖槽时应用砖覆盖，以便于清土寻找。在横墙基础拉中线时，应复核相邻轴线距离，以检查中心桩是否有移位情况。

(3) 大放脚有等高式（两皮一收）和间隔式（两皮一收与一皮一收相间）两种，每一种通台宽度均为 1/4 砖，为防止砌筑基础大放脚收分不匀而造成轴线位移，应在基础收分部分砌完后，拉通线重新核对，并以新定出的轴线为准，砌筑基础直墙部分。

(4) 按施工流水分段砌筑的基础，应在分段处设置标志板。

(5) 砌筑基础前，应先用钢尺校核放线尺寸，允许偏差应符合表 8-1 的规定。

放线尺寸的允许偏差 **表 8-1**

长度 L、宽度 B (m)	L(或 B) $\leqslant 30$	$30 < L$(或 B) $\leqslant 60$	$60 < L$(或 B) $\leqslant 90$	L(或 B) > 90
允许偏差 (mm)	±5	±10	±15	±20

4. 治理方法

轴线偏差过大，可能导致基础偏心受力，留下隐患。因此发现基础位置偏差太大时，原则上应拆除重做，或者与设计单位等有关方面进行协商，通过修改上部结构的设计，或采用扩大法、托换法等进行处理。

8.1.2 基础顶面标高偏差过大

1. 现象

基础顶面标高不在同一水平面，出现高低不一致，其偏差明显超过质量验收规范的规定，影响上层墙体标高。

2. 原因分析

(1) 砖基础垫层标高偏差较大，影响基础砌筑时的标高控制。

(2) 砖基础砌筑不设皮数杆、挂线，凭眼力、经验随意砌筑。

(3) 基础大放脚皮数杆未能贴近大放脚，找标高时易出现偏差。

(4) 基础采用大面积铺灰砌筑方法，铺灰面过长或铺灰厚薄不匀，砂浆因停歇时间过久挤浆困难，灰缝不易压薄而出现冒高现象。

3. 预防措施

(1) 砌基础前应清理基槽（坑）底，除去松散软弱土层，用灰土填补夯实，然后铺设垫层，垫层标高与平整度宜控制在《建筑地面工程施工质量验收规范》（GB 50209—2010）表 4.1.7 规定的允许负偏差范围内。

(2) 砌筑前应复核基层标高，当有偏差时应及时修正（局部凹洼处可用细石混凝土垫平），清理好垫层后先用干砖试摆，以确定排砖方法和错缝位置，确认无误后满铺（10～30mm）砂浆，进行摆砖擦底，擦底砂浆应饱满，并起到找平、承重和防止跑浆的作用。

(3) 基础砌体转角、交接、高低处及每隔（10～15m）应设立皮数杆。皮数杆应根据设计要求、块材规格和灰缝厚度在皮数杆上标明皮数及竖向构造的变化部位（基础收台部位、门窗洞口标高、基础收顶标高等）。立皮数杆应进行抄平，保证标高统一。

(4) 一砖半厚及其以上的基础应双面挂线粒紧后分皮依线砌筑，保证水平缝均匀一致，平直通顺，标高符合要求。当线较长时，应在中间部位设支线点，确保线能拉紧绷直。

(5) 基础皮数杆采用小断面方木或钢筋制作，尽可能夹在基础中心位置，以便检查；如采用在基础外侧立皮数杆检查标高时，应配以水平尺校核标高（图 8-2）。

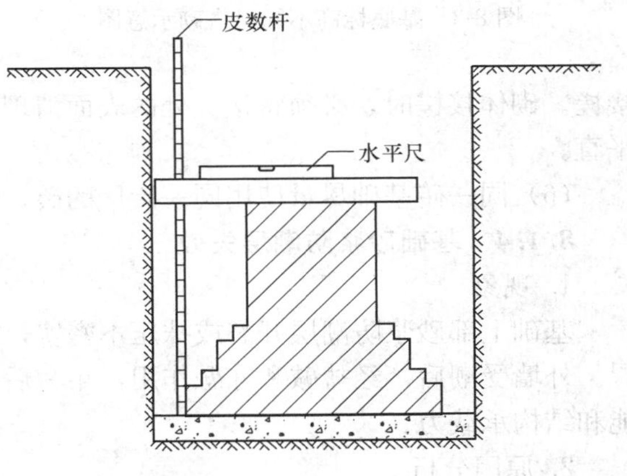

图 8-2 水平尺校对水平情况

(6) 基础砌筑宜采取小面积铺灰。采用铺浆法砌筑时，铺浆长度不得超过 750mm（当施工期间气温超过 30℃时，铺浆长度不得超过 500mm），随铺随砌，铺浆后应立即放置砌体，摆正、找平，认真控制灰缝厚度。

4. 治理方法

基础顶面标高偏差过大时，应用细石混凝土找平后再砌墙，并以找平后的顶面标高为准设置皮数杆。

8.1.3 砌体组砌混乱

1. 现象

(1) 基础砌体组砌方法混乱，出现直缝和“二层皮”，里外皮砖层互不相咬，形成通缝。

(2) 内外墙基础留槎未做成踏步式，高低基础相接处未砌成阶梯，或阶梯台阶长度不足。

2. 原因分析

(1) 操作人员忽视组砌形式，致使出现通缝、“二层皮”、留直槎等现象。

(2) 砌砖基础需用大量七分头砖，操作人员图省事不打七分头砌筑。

(3) 同一基础采用不同砖厂的砖砌筑，规格、尺寸不一致，造成累积偏差，而常变动组砌形式等，从而降低砌体基础的强度与整体性。

3. 防治措施

(1) 加强对操作人员的技能培训和考核，达不到技能要求者，不能上岗操作。

（2）砌筑基础应注意组砌形式，砌体中砖缝搭接不得少于1/4砖长；内外皮砖层，每隔五层砖应有一层丁砖拉结（五顺一丁），使用半砖头应分散砌于基础砌体中。每砌完一层应进行一次竖缝刮浆塞缝工作。

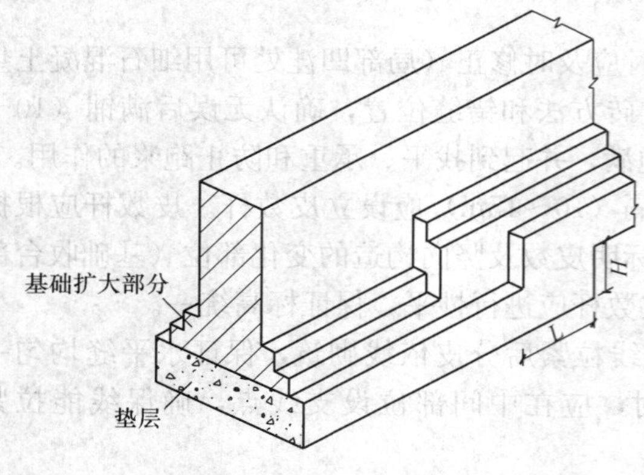

图8-3　基底标高不同时搭砌示意图

（3）砌基础坚持打七分头砖，严禁采用包心砌法；转角处要放七分头砖，并在山墙和檐墙两处分层交替设置，不能同缝。

（4）内外墙基础应同时砌筑或做成踏步式。当基底标高不同时，应从低处砌起，并应由高处向低处搭砌。当设计无要求时，搭接长度L不应小于基础底的高差H，搭接长度范围内下层基础应扩大砌筑（图8-3）。

（5）砌体的转角处和交接处应同时砌筑，当不能同时砌筑时，应按规定留槎、接槎。砌体接槎时，必须将接槎处的表面清理干净，洒水湿润，并应填实砂浆，保持灰缝平直。

（6）同一砖基础尽量使用同一砖厂的砖。

8.1.4　基础砂浆防潮层失效

1. 现象

基础上部砂浆防潮层开裂或抹压不密实，未能阻断毛细水上升通道，造成底层墙体潮湿。外墙受潮后，经盐碱和冻融作用，年久后，砖墙表面逐层酥松剥落，影响居住使用功能和结构承载力。

2. 原因分析

（1）施工时砂浆混用，采用砌筑剩余砂浆或在砌筑砂浆中随意掺加水泥作防潮层使用，达不到防潮砂浆的配合比要求，抗渗性能降低。

（2）防潮层基层未清理干净，或未浇水湿润、浇水不够，影响砂浆与基面的粘结。

（3）表面抹压不实，养护不好，防潮层早期脱水，强度、密实度达不到设计要求，或者出现裂缝。

（4）冬期施工，防潮层受冻失效。

3. 防治措施

（1）防潮层应作为独立的隐蔽工程项目，在整个建筑物基础工程完工后进行操作，施工应一次成型，不留或少留施工缝（如必须留置则应留在门口位置）。

（2）防潮层下面三层砖要求满铺满挤，横、竖向灰缝砂浆都要饱满，240mm墙防潮层下的顶皮砖，应采用满丁砌法。

（3）防潮层施工宜安排在基础房心土回填后进行，避免填土时对防潮层的损坏。

（4）如设计对防潮层作法未作具体规定时，宜采用20mm厚1：2.5水泥防水砂浆（掺加水泥重量3%的防水剂），不得用砌砖剩余砂浆或掺水泥代用，操作要点如下：

1）基础砌至防潮层时，须用水平仪找平；基面上的泥土、砂浆等杂物应清理干净，如有砖块被碰动应重新砌筑，基层应充分浇水润湿，表面略见风干。

2）抹防潮层时应两边贴尺，以保证防潮层厚度与标高。不允许用防潮层的厚度来调整基础标高的偏差。

3）砂浆表面用木抹子揉平，待开始起干时抹压2～3遍，抹压时可在表面刷一层水泥净浆，以进一步堵塞砂浆毛细管通路。

4）防潮层砂浆抹完后第二天浇水养护，养护期不少于3d。防潮层上可铺20～30mm厚砂子，上盖一层砖，每日浇水一次，以保持良好的潮湿养护环境。

（5）冬期施工防潮层，应适当保温护盖防冻，但不宜掺加抗冻剂。

附录8.1 砖基础质量标准和检验方法

1. 砖和砂浆的强度等级必须符合设计要求。

抽检数量：按《砌体结构工程施工质量验收规范》（GB 50203—2011）第4.0.12条和5.2.1条的有关规定。

检验方法：查砖与砂浆试块试验报告。

2. 砌体灰缝砂浆应密实饱满，砖墙水平灰缝的砂浆饱满度不得低于80%。

抽检数量：每检验批抽查不应少于5处。

检验方法：用百格网检查，每处检测3块砖，取其平均值。

3. 砖基础尺寸、位置的允许偏差及检验应符合附表8-1的规定。

砖基础尺寸、位置允许偏差及检验方法 **附表8-1**

项次	项 目	允许偏差（mm）	检验方法	抽检数量
1	轴线位置偏移	10	用经纬仪和尺或用其他测量仪器检查	承重墙、柱全数检查
2	基础顶面标高	±15	用水准仪和钢尺检查	不应少于5处
3	灰缝厚度	10±2	水平灰缝厚度用尺量10皮砖砌体高度折算；竖向灰缝宽度用尺量2m砌体长度折算	不应少于5处
4	水平灰缝平直度	10	拉5m线和尺检查	不应少于5处

8.2 毛（料）石基础

8.2.1 基础位置、标高、尺寸偏差大

1. 现象

（1）基础轴线（中心线）偏离设计位置。

（2）基础顶面标高不统一，偏差超过规定。

（3）基础平面尺寸误差过大。

2. 原因分析

（1）同8.1.1“轴线位移”的原因分析（1）、（3）。

(2) 石料选用不当，砌筑尺寸控制不准等造成基础轴线或平面尺寸偏差过大。

(3) 基层标高偏差大，施工时未纠正。

(4) 石块上、下面未经必要的打凿、找平，影响上层墙体的标高。

3. 预防措施

(1) 详见8.1.1“轴线位移”的防治措施（1）、（2）、（4）、（5）。

(2) 应选用尺寸合适的毛（料）石砌筑（尤其是底层），确保基础尺寸准确。

(3) 垫层标高、平整度宜控制在《建筑地面工程施工质量验收规范》（GB 50209—2010）表4.1.7的规定。砌筑前检查基层标高，当有偏差时应及时修正（局部低洼处可用细石混凝土垫平）。

(4) 每砌完一层，必须校对中心线、找平一次，检查有无偏斜现象。

4. 治理方法

详见8.1.1“轴线位移”和8.1.2“基础顶面标高偏差过大”的治理方法。

8.2.2 基础根部不实

1. 现象

地基松软不实，基础第一层毛石未坐实挤紧，或局部嵌入土内，从而产生不均匀沉陷，严重时引起基础开裂。

2. 原因分析

(1) 基础垫层施工前未按规定进行验槽，基底杂物、浮土、积水等未进行清理与平整夯实，基底土质不良未处理。

(2) 砌基础时未铺灰坐浆，即将石头单摆浮搁在地基土上。

(3) 底皮石头过小，未将大面朝下，致使个别尖棱短边挤入土中。

3. 防治措施

(1) 基础砌筑前，应检查基槽（坑）的土质、轴线、尺寸和标高，清理杂物，打好底夯。地基过湿时，应铺100mm厚的砂子、矿渣、砂砾石或碎石填平夯实。若发现地基不良，应会同有关部门处理，并办理隐蔽验收记录。

(2) 砌筑毛石基础的第一皮石块应坐浆，并将大面向下；砌筑料石基础的第一皮石块应用丁砌层坐浆砌筑。毛石砌体的第一皮及转角处、交接处应用较大的平毛石砌筑。

(3) 砌筑时毛石应平铺卧砌，毛石长面与基础长度方向垂直（即顶砌），互相交叉紧密排好。接着向缝内填灌砂浆并捣实，然后再用小石块嵌填，石块间不得出现无砂浆相互接触现象。

8.2.3 基础组砌错乱

1. 现象

毛石基础砌体错乱，灰缝大小不一，同皮石块内外不搭砌，阶形基础错台处不搭砌或压搭不够（下皮石缝外露），留槎、接槎处砌体整体性差，影响基础传力性能，导致基础开裂，产生不均匀下沉等。

2. 原因分析

(1) 未采用立皮数杆双面挂线分皮砌筑的方法，基础组砌方法不当，采用同层内先将两边纵向排成两行，中间再用碎石填塞的错误砌法等。

(2) 毛石规格不符合要求，尺寸偏小或未大小搭配，造成砌筑时错缝搭砌困难，大放脚上级台阶压砌下级台阶过少。

（3）在基础转角或纵横墙的交接处留槎，或接槎做成直槎或斜槎。由于基础外墙转角和纵横墙的交接处为建筑荷载和应力较大部位，而接槎又是砌体的薄弱环节，在该部位接槎引起基础开裂、下沉。

3. 防治措施

（1）毛石基础砌筑应放线、立皮数杆，双面挂线分皮卧砌，每层高度 30～40cm。

（2）基础的最下一皮毛石应选用较大的平毛石砌筑，使大面朝下，放置平稳后灌浆；转角及阴阳角外露部分应选用方正平整的毛石（俗称角石）互相拉结砌筑。

（3）大、中、小毛石应搭配使用，保证砌体平稳。各皮石块间应利用自然形状经敲打修整使能与先砌石块基本吻合，搭砌紧密；应上下错缝，内外搭砌，不得采用外面侧立石块中间填心的砌筑方法。

（4）毛石基础各皮必须设置拉结石。拉结石应均匀分布，水平距离应不大于 2m，上下左右拉结石应相互错开，呈梅花形。转角、内外墙交接处均应选用拉结石砌筑。

（5）阶形毛石基础顶面宽度应比墙厚大 200mm，每阶台阶至少砌二皮毛石，上阶石块应至少压砌下阶的 1/2，相邻阶梯的毛石应相互错缝搭砌，台阶的高度比不应小于 1∶1。

（6）毛石之间应留 20～35mm 的灰缝，当灰缝＞30mm 时，应选用小石块加砂浆填塞密实，不准使用成堆的碎石填塞。

（7）在砌筑过程中，如需调整石块时，应将毛（料）石提起，刮去原有砂浆重新砌筑，严禁用敲击方法调整，以防松动周围砌体。

（8）毛石基础砌筑需留槎时，不得留在外墙转角或纵墙与横墙的交接处，至少应离开 1.0～1.5m 的距离；接槎应作成阶梯式，不得留直槎或斜槎。

8.2.4 基础出现通缝

1. 现象

毛石基础砌体上下各皮石缝连通。

2. 原因分析

（1）左右、上下、前后未搭砌，砌缝未错开

（2）转角处组砌方法错误。

3. 防治措施

（1）石块左右、上下、前后应交错搭砌，必须砌缝错开，禁止重缝。

（2）在转角部位应改为丁顺叠砌或丁顺组砌。

8.2.5 基础出现里外二层皮

1. 现象

基础毛石砌体里外皮互不连续自成一体，降低了砌体的承载力与稳定性，导致基础开裂甚至上部墙体倾斜、倒塌。

2. 原因分析

（1）选用毛石尺寸过小，每皮石块压搭过少，未设拉结石，造成横截面上、下重缝。

（2）砌筑方法不正确，如采用过桥式、填心式、双合式、翻槎式、斧刀面式、劈合式、马槽式、分层式等砌法（图 8-4）。

3. 防治措施

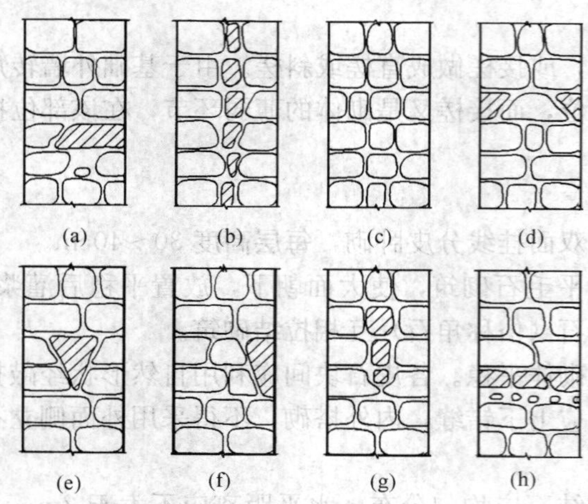

图 8-4　错误的砌石方式
(a) 桥式；(b) 填心式；(c) 对合式（双合面式）；(d) 翻槎式；(e) 斧刀面式；(f) 劈合式；(g) 马槽式；(h) 分层式

(1) 注意大小块石搭配使用，控制立缝厚度，空隙用小块石堵塞密实，防止平面形成十字缝。

(2) 每皮石块砌筑时，每隔 1.5m 砌一块拉结石，且上下皮应错开形成梅花形；当墙厚 400mm 以上时，用两块拉结石内外搭接，搭接长度不小于 150mm，长度应大于墙厚的 2/3。

(3) 采用铺浆法砌筑，每块石头上下应叠靠，前后石块应搭接，砌缝错开，排石稳固，避免平面十字缝出现图 8-4 所示的形式。

8.2.6　砌面凹凸不平

1. 现象

砌体表面里出外进凹凸不平。

2. 原因分析

(1) 砌筑时未挂线，砌乱毛石时未精心挑选，使平整大面摆放在正面。

(2) 浇筑基础上部地梁时，将石砌体挤出，导致墙面不平，影响砌体的外观质量。

3. 防治措施

(1) 砌墙时认真跟线，并把较方且大的一面朝外。球形、椭圆形、棕子形或扁形石块不能使用。

(2) 浇筑基础上部地梁时，应保证支撑系统牢固，混凝土应分层浇筑，避免过振。

8.2.7　砌体粘结不牢

1. 现象

砌体中石块与砂浆粘结不良，存在瞎缝和砂浆不实等情况，基础整体性不佳。

2. 原因分析

(1) 砌体灰缝过大，砂浆收缩后与石块脱离。

(2) 石材砌筑前未洒水湿润表面，造成砂浆失水过早。

(3) 砌筑基础采取先铺石后用水冲浆方法填灌石块间缝隙，难以使石块间空隙及边角部位被砂浆填充密实；且砂浆水灰比大，水泥浆流失多，降低砂浆抗压强度和粘结强度，使砌体强度大幅度降低。

3. 防治措施

(1) 砌石应严格按操作规程作业，控制灰缝厚度。

(2) 砌石前视气候情况适当洒水湿润。

(3) 砌筑方法应先采用坐浆法砌筑，过大缝隙用碎石填充，砂浆填塞密实。

(4) 分段砌筑时，留槎高度不超过一步架，且应砌成踏步槎，以保证良好结合。

附录 8.2　毛（料）石基础质量标准和检验方法

1. 石材及砂浆强度等级必须符合设计要求。

抽检数量：同一产地的同类石材抽检不应少于1组。同一类型、强度等级的砂浆试块不应少于3组。

检验方法：料石检查产品质量证明书；石材、砂浆检查试验报告。

2. 砌体灰缝的砂浆饱满度不应小于80%。

抽检数量：每检验批抽查不应少于5处。

检验方法：观察检查。

3. 石砌体尺寸、位置的允许偏差及检查方法应符合附表8-2的规定。

石砌体基础尺寸、位置允许偏差及检验方法　　**附表8-2**

项次	项　目	允许偏差（mm）			检验方法
		毛石	料石		
			毛料石	粗料石	
1	轴线位置偏移	20	20	15	用经纬仪和尺检查，或用其他测量仪器检查
2	基础顶面标高	±25	±25	±15	用水准仪和尺检查
3	砌体厚度	+30	+30	+15	用尺检查

注：每检验批抽查不应少于5处。

8.3　灰土、砂和砂石基础

8.3.1　灰土或回填砂石密实度差

1. 现象

松土坑等开挖后，回填的灰土、砂、砂石的干质量密度或贯入度，达不到设计要求和施工规范的规定。

2. 原因分析

（1）回填材料质量不符合要求，灰土拌和不均匀。

（2）回填不分层或分层过厚，导致无法压实。

（3）施工时，对回填材料的含水率控制不当。

3. 预防措施

（1）垫层材料应符合下列要求：

1）砂石：应选用天然级配材料，颗粒级配应良好，不含植物残体、垃圾等杂质。优先选择质地坚硬的中砂、粗砂、碎石，当使用粉细砂时，应掺入25%～30%的碎石或卵石，最大粒径不宜大于50mm。对湿陷性黄土地基，不得选用砂石等渗水材料。

2）素土：不得使用淤泥、耕土、冻土、膨胀土以及有机质含量大于5%的土。当含有碎石时，其粒径不宜大于50mm。用于湿陷性黄土地基的素土垫层，土料中不得夹有砖、瓦和石块。

3）灰土：体积配合比宜为2∶8或3∶7。土料宜用黏性土及塑性指数大于4的粉土，不得含有松软杂质，应尽量采用就地开挖的黏性土料，使用前应先过筛，颗粒不大于15mm。灰土宜用新鲜的消石灰，其颗粒不得大于5mm。

(2) 灰土施工时，应适当控制含水量。常用的检验方法是用手将灰土紧握成团，两指轻捏即碎为宜，如土料水分过多或不足时，应晾干或洒水湿润。灰土应拌和均匀，颜色一致。拌好后及时铺好夯实，不得隔日夯打。

(3) 灰土基础施工时，铺灰土应分段分层进行，分层铺设厚度按表 8-2 选用，各层厚度都应预先在基槽（坑）侧壁设定标志或插标签、拉线控制。每层灰土的夯打遍数，应根据设计要求的干密度在现场试验确定，夯打完后的灰土应声音清脆。

灰土最大虚铺厚度　　**表 8-2**

项次	夯实机具	机具规格	虚铺厚度（mm）	说　明
1	石夯、木夯	0.04～0.08t	200～250	人力送夯，落距 400～500mm，每夯搭接半夯
2	轻型夯实机械	—	200～250	蛙式或柴油打夯机
3	压路机	机重 6～10t	200～300	双轮压路机

(4) 灰土基础过长过厚须分段分层施工时，上下层接缝应错开不少于 500mm，且不得位于墙角、柱墩及承重窗间墙处。分层施工每层所铺虚土应从接缝处往前伸 500mm，夯实后再用铁锹在接缝处垂直切齐。当灰土深度不同时，应作成阶梯形，搭接长度不少于 500mm（图 8-5）。

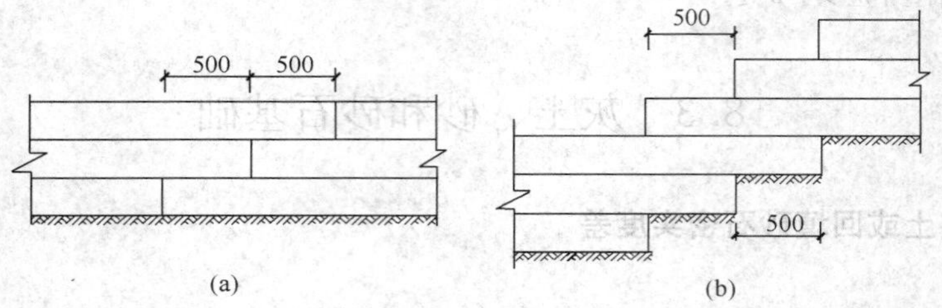

图 8-5　灰土接缝

(a) 分层平接法；(b) 阶梯式接缝法

(5) 砂和砂石地基的捣实，可视不同条件选用振实、夯实或压实等方法。施工时应分层进行，在下层密实度经检验合格后，方可进行上层施工。每层铺筑厚度及最优含水量可参考表 8-3 所示数值。分层厚度可用样桩控制。

砂和砂石地基每层铺筑厚度及最优含水量　　**表 8-3**

项次	压实方法	每层铺筑厚度（mm）	施工时的最优含水量（%）	施　工　说　明
1	平振法	200～250	15～20	(1) 用平板式振捣器往复振捣； (2) 不宜使用干细砂或含泥量较大的砂所铺筑的砂地基
2	插振法	振捣器插入深度	饱和	(1) 用插入式振捣器； (2) 插入点间距可根据机械振幅大小决定； (3) 不应插至下卧黏性土层； (4) 插入振捣完毕后，所留的孔洞应用砂填实； (5) 不宜使用细砂或含泥量较大的砂所铺筑的砂地基

续表

项次	压实方法	每层铺筑厚度（mm）	施工时的最优含水量（%）	施工说明
3	水撼法	250	饱和	（1）注水高度应超过每次铺筑面层； （2）用钢叉摇撼捣实插入点间距为 100mm； （3）钢叉分四齿，齿间距为 80mm，长 300mm，木柄长 90mm
4	夯实法	150～200	饱和	（1）用木夯或机械夯； （2）木夯重 40kg，落距 400～500mm； （3）一夯压半夯全面夯实
5	碾压法	250～350	8～12	（1）6～12t 压路机往复碾压； （2）适用于大面积施工的砂和砂石地基

注：在地下水位以下的地基，其最下层的铺筑厚度可比上表增加 50mm。

4. 治理方法

灰土、三合土或回填砂石的密实度差，往往导致地基基础变形加大，上部结构开裂等危害。常用处理方法除了返工重做外，还可采用水泥灌浆、化学灌浆、复合地基等方法补强处理，但需经有关各方协商统一意见后，方可设计和施工。

8.3.2 灰土早期浸水

1. 现象

灰土铺后或夯打完成后不久，遭雨淋或被水浸泡，造成疏松，强度、抗渗性降低。

2. 原因分析

（1）浅基础各分项工程没有连续施工，基坑未及时回填，灰土表面未作防雨措施。

（2）地下水位以下做灰土时，排水或降低地下水位的措施不当。

3. 预防措施

（1）灰土基础作业应连续进行，尽快完成，施工后应及时修建基础和回填基槽（坑），或在表面作临时遮盖，防止日晒雨淋。

（2）在地下水位以下的基槽（坑）内施工时，应采取排水措施。夯实后的灰土 3d 内不得受水浸泡。

（3）在雨、雪、低温、强风条件下，在室外或露天不宜进行灰土作业。雨季作业时，应采取适当防雨、排水措施，以保证灰土基础在无积水的状态下进行。

4. 治理方法

尚未夯实的灰土或刚夯打完的灰土，如遭受雨淋浸泡，则应将积水及松软灰土除去，并补填夯实；稍受浸湿的灰土，应在晾干后再夯打密实。

8.3.3 局部软弱层挖除不够

1. 现象

（1）基底松土或被扰动土层未清除净。

（2）局部加深处未形成台阶状。

（3）基底位置的土井和坑穴等未作适当处理。

2. 原因分析

（1）地质勘察深度和精度不足。

(2) 发现不良土质、软弱层、土井等不作处理。基底土质未经有关方共同验收。

3. 防治措施

(1) 基础施工前必须验槽，将基底表面浮土、淤泥、杂物清除干净，两侧应设一定坡度。如发现槽、坑内有局部软弱层或孔穴，应将坑中松软土挖除，使坑底及四壁均见天然土为止，通知设计单位确定处理办法，一般采用素土或灰土分层回填夯实，每层铺填厚度和压实要求应符合施工及验收规范的规定，严禁用水沉法回填土方。

(2) 当松土坑范围较大且长度超过5m时，如坑底土与一般槽底土质相同，可将此部分基础加深，做1∶2踏步与两端相接，每步高不大于500mm，长度不小于1m，见图8-6。如深度较大，用灰土或砂石分层回填夯实到槽、坑底标高，也可用低强度等级混凝土浇筑并振捣密实。

(3) 当垫层底部存在古井、古墓、洞穴、旧基础、暗塘等软硬不均的部位时，应按设计单位根据对建筑物不均匀沉降的要求提出的处理方法进行施工，并经检验合格后，方可铺填垫层。

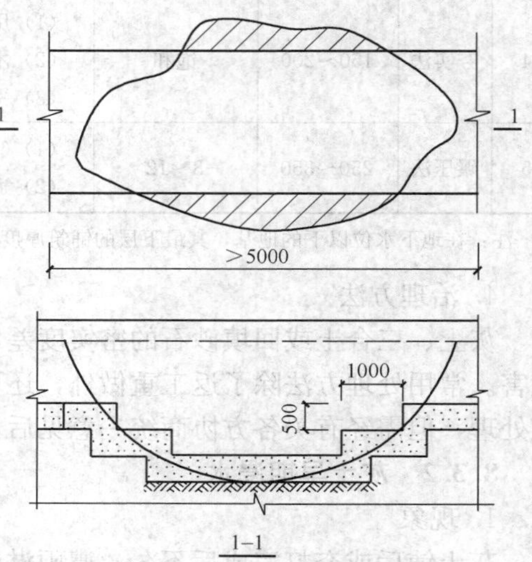

图8-6 松土范围大时的处理

8.3.4 局部处理的地基表面不符合要求

1. 现象

(1) 验槽发现有软弱土层或孔穴采用挖除并用素土或灰土填实，但厚度不足，顶面标高误差过大，表面不平整。

(2) 局部地基处理的面层未形成水平面或台阶形。

2. 原因分析

(1) 材料拌和不均匀，未按设计要求和施工质量验收规范的规定施工。

(2) 局部地基处理用的材料每层虚铺厚度不足，夯压程度不均匀。

3. 预防措施

(1) 参见8.3.1"灰土或回填砂石密实度差"的治理方法，认真按设计要求和施工规范的规定分层铺设和夯压密实。

(2) 局部地基处理面积较大时，应在处理完成后及时用水准仪检查顶面标高，用2m靠尺和楔形塞尺检查平整度。

4. 治理方法

对已出现高差、凹凸不平部位，应修平、补填灰土后夯实。

附录8.3 灰土、砂和砂石基础质量标准和检验方法

1. 灰土、砂和砂石基础的材料及配合比应符合设计要求，搅拌均匀，分层虚铺厚度、上下层搭接长度、夯实时加水量、夯压遍数、压实系数等均应符合规定。

2. 施工结束后，应检验基础承载力。

3. 灰土、砂和砂石基础的允许偏差和检验方法见附表8-3。

灰土、砂和砂石基础允许偏差及检验方法 **附表 8-3**

项次	项目		允许偏差（mm）	检验方法
1	顶面标高		±15	用水准仪或拉线和尺量检查
2	表面平整度	灰土	15	用 2m 靠尺和楔形塞尺检查
		砂、砂石	20	

8.4 混凝土基础和毛石混凝土基础

8.4.1 混凝土蜂窝、露筋

1. 现象

基础混凝土表面缺少水泥砂浆而形成石子外露，石子之间形成空隙类似蜂窝窟窿状，表面局部酥松，或构件内钢筋未被混凝土包裹而外露，影响混凝土的强度和抗渗性能，降低基础结构的安全性和耐久性。

2. 原因分析

(1) 混凝土配合比不当，材料计量不准确，造成砂浆少，石子多。

(2) 混凝土搅拌时间不够，未拌和均匀，或在混凝土运输过程中发生离析、漏浆，拌合料和易性差，振捣不密实。

(3) 下料不当，下料过高，未设串筒下料，造成石子砂浆离析。

(4) 混凝土未分层下料，振捣不实，或漏振，振捣时间不够。

(5) 钢筋较密，使用的石子粒径过大或坍落度过小，混凝土工作性能不满足要求，振捣不足或未振捣。

(6) 钢筋保护层垫块位移、垫块太少或漏放；振捣时碰撞钢筋造成钢筋移位、保护层厚度不足。

(7) 模板支撑承载力与刚度不足，或模板拼缝不严，造成水泥浆流失。

3. 预防措施

(1) 基础施工宜采用预拌混凝土；如现场搅拌，宜采用具有自动计量装置的设备集中搅拌，或采用符合现行国家标准《混凝土搅拌机》（GB/T 9142—2000）的搅拌机进行搅拌，并应配备计量装置，严格控制配合比，作到计量准确。

(2) 混凝土搅拌车使用前应喷水润湿，但不得留有积水；混凝土运输过程中应避免发生离析、漏浆、泌水和坍落度损失较大等现象，当运至浇筑地点发现有上述现象时，应进行二次拌制；二次拌制时不得任意加水，必要时可同时加水和胶凝材料或减水剂，保持水胶比不变。

(3) 混凝土配合比设计中的最大水胶比和最小胶凝材料用量应符合现行国家标准《混凝土质量控制标准》（GB 50164—2011）等的有关规定。

(4) 混凝土材料应拌和均匀，坍落度符合要求，保证混凝土拌合物的均匀性和工作性。

(5) 混凝土下料高度超过 2m，应设串筒或溜槽；应分层下料，分层捣固，防止漏振、欠振、过振，保证混凝土密实、均匀。

(6) 在钢筋密集区域，可使用小粒径石子，并适当加大坍落度，选择小型振动棒辅助振捣，加密振捣点，适当延长振捣时间。

(7) 应保证钢筋位置、保护层厚度准确，垫块的规格、数量与布置应满足设计、规范与施工方案的要求；混凝土振捣时严禁碰撞钢筋。

(8) 基础模板与支撑应具有足够的承载力、刚度和稳定性，满足模板施工方案的设计要求，能可靠地承受施工过程中所产生的各类荷载。模板拼缝应堵塞严密，浇筑过程中应随时检查模板支撑情况，防止漏浆、跑浆现象发生。

4. 治理方法

(1) 施工过程中发现蜂窝、露筋、孔洞、夹渣、疏松等混凝土结构缺陷时，应认真分析缺陷产生的原因。对于严重缺陷，应制定专项修整方案，经审批后再实施，不得擅自处理，返工修补前后应有记录及图像资料。

(2) 对于局部小蜂窝的一般缺陷，凿除胶结不牢固部分的混凝土，表面清理洗刷干净后，用1：2或1：2.5水泥砂浆抹平压实。

(3) 较大蜂窝的严重缺陷，应凿除胶结不牢固部分的混凝土至密实部位，清理表面，支设模板，洒水湿润，涂抹混凝土界面剂，采用比原混凝土强度等级高一级的细石混凝土浇筑密实，养护时间不应少于7d。

(4) 如蜂窝较深且清除困难，可采用埋管注浆处理。

8.4.2 混凝土孔洞、夹渣

1. 现象

基础混凝土结构内部有较大尺寸的空穴（孔穴深度和长度均超过保护层厚度），钢筋局部或全部裸露，或混凝土中夹有杂物且深度超过保护层厚度，混凝土密实性差，强度与耐久性降低。

2. 原因分析

(1) 在钢筋较密的部位、型钢与钢筋结合区域或预留孔洞和埋件处，混凝土下料被搁住，未振捣就继续浇筑上层混凝土。

(2) 混凝土离析，砂浆分离，石子成堆，严重跑浆，又未进行振捣；或混凝土一次下料过多、过厚，漏振或欠振，形成松散孔洞。

(3) 模板内杂物清理不干净；或混凝土内掉入木块、石块等杂物，混凝土被卡住。

3. 预防措施

(1) 同8.4.1“混凝土蜂窝、露筋”的预防措施 (1) ～(5)。

(2) 在基础钢筋密集区域或型钢与钢筋结合区域应选择小型振动棒辅助振捣，加密振捣点，并应适当延长振捣时间，必要时可采用人工辅助振捣；对于特殊复杂部位，经设计单位同意，可采用同强度等级、原材料相同的细石混凝土浇筑，并认真分层振捣密实。

(3) 预留孔洞两侧，宽度大于0.3m的预留洞底部区域应在洞口两侧同时下料进行振捣，并应适当延长振捣时间；宽度大于0.8m的洞口底部，应采取特殊的技术措施（加设浇灌口等），严防漏振、欠振。

(4) 混凝土浇筑前应将模板内杂物清理干净，浇筑过程中应注意不得有杂物落入基础模板内。

4. 治理方法

参见8.4.1“混凝土蜂窝、露筋”的治理方法。

8.4.3 混凝土表面缺棱掉角

1. 现象

基础边角处混凝土局部掉落，棱角不直、翘曲不平、飞边凸肋，表面掉皮、起砂、麻面等。

2. 原因分析

(1) 模板表面粗糙或粘附水泥浆渣等杂物未清理干净。

(2) 胶合板模板周转次数过多，脱胶翘角，刚度差。

(3) 混凝土浇筑前，胶合板模板未充分浇水湿润。

(4) 模板未涂刷隔离剂，或涂刷不均、局部漏刷或失效。

(5) 混凝土浇筑后养护不好，容易脱水，强度低，或模板吸水膨胀将边角拉裂，拆模时，棱角被粘掉。

(6) 低温施工时，过早拆除侧面非承重模板。

(7) 拆模时，边角受外力或重物撞击，或保护不好，棱角被碰掉。

3. 防治措施

(1) 模板表面应清洁平整，耐磨性和硬度良好；胶合板模板的胶合层不应脱胶翘角。

(2) 胶合板模板在浇筑混凝土前应充分浇水湿润，混凝土浇筑后应认真浇水养护。

(3) 基础模板应均匀涂刷隔离剂，以有效减小混凝土与模板间的吸附力，防止混凝土表面、边角粘掉。

(4) 拆除侧面非承重模板时，混凝土强度应在1.2MPa以上，保证其表面及棱角不受损伤。

(5) 拆模时，应注意保护混凝土棱角，避免用力过猛过急。

8.4.4 混凝土裂缝

基础混凝土裂缝的现象、原因分析、预防措施和治理方法详见本手册第18章“混凝土工程”中“混凝土裂缝”的相应条目。

8.4.5 混凝土强度达不到要求

基础混凝土强度达不到要求的现象、原因分析、预防措施和治理方法，见本手册第18章“混凝土工程”的相应部分内容。

8.4.6 锥形基础斜坡混凝土松散开裂

1. 现象

锥形基础斜坡较陡时采用拍打成形，而未采取支模浇筑混凝土，斜坡混凝土呈现松散、开裂状，基础的截面尺寸和强度不能满足设计要求，降低了基础承载力与耐久性。

2. 原因分析

台阶坡度大时，如仍采取拍打方法而不支设模板，混凝土在重力作用下沿斜坡流淌向下滑动，难以拍打密实，从而造成斜坡混凝土开裂、松散、不密实。

3. 预防措施

锥形基础两个方向的坡度不宜大于1∶3；当斜坡角度超过30°时，应在斜坡面支模板浇筑混凝土，并在适当部位留设浇灌口进行混凝土的下料与振捣；或随浇筑随安装模板。台阶与斜坡混凝土应一次连续浇筑完成，以保证整体性。

4. 治理方法

参见 8.4.1“混凝土蜂窝、露筋”的治理方法。

8.4.7　阶形混凝土基础台阶根部吊脚

1. 现象

阶形基础上部台阶根部的混凝土出现“吊脚”，降低了混凝土的受力性能和基础的整体承载能力，且往往下部台阶混凝土表面隆起，标高超高，上部台阶侧模下口陷入混凝土内，侧模拆除困难，并容易损伤混凝土楞角。

2. 原因分析

(1) 下部台阶混凝土浇筑后，紧接着浇筑上部台阶，此时下部台阶或底层部分混凝土未沉实，在重力作用下被挤隆起，上部台阶侧面根部混凝土向下脱落形成蜂窝和空隙，俗称“吊脚”。

(2) 上部台阶侧模未撑牢，下口未设置钢筋支架或混凝土垫块，脚手板直接搁置在模板上，造成上部台阶侧模下口陷入混凝土内。

3. 预防措施

(1) 基础台阶浇筑混凝土时，应在下部台阶混凝土浇筑完成间歇 1.0～1.5h，待其沉实后继续浇筑上部混凝土，以防止根部混凝土向下滑动。或在基础台阶浇筑后，在浇筑上部基础台阶前，先沿上部基础台阶模板底圈做成内外坡度，待上部混凝土浇筑完毕，再将下部台阶混凝土铲平、拍实、拍平。

(2) 上部台阶侧模应支承在预先设置的钢筋支架或预制混凝土垫块上，并支撑牢靠，使侧模高度保持一致，不允许将脚手板直接搁置在模板上。从侧模下口溢出来的混凝土应及时铲平至侧模下口，防止侧模下口被混凝土卡牢，拆模时造成混凝土缺陷。

4. 治理方法

(1) 将吊脚处松散混凝土和软弱颗粒凿去，洗刷干净后，支模，用比原混凝土高一强度等级的细石混凝土填补，并捣实。

(2) 局部蜂窝的治理方法详见 8.4.1“混凝土蜂窝、露筋”的相应内容。

8.4.8　混凝土基础定位、尺寸偏差大

1. 现象

(1) 基础中心线错位。

(2) 基础的平面尺寸、阶形基础的台阶宽、高尺寸偏差过大。

(3) 带形基础上口宽度不准，基础顶面的边线不直。

(4) 杯形基础的杯口模板位移；芯模上浮，或芯模拆除困难。

2. 原因分析

(1) 测量放线错误。安装模板时，挂线或拉线不准，造成垂直度偏差大，或模板上口不在一条直线上。

(2) 模板上口仅用铁丝拉紧，且松紧不一致，上口不钉木带或不加顶撑，浇混凝土时的侧压力使模板下口向外推移（上口内倾），造成上口宽度大小不一。

(3) 模板支撑直接撑在基坑土面上，因土体松动变形，导致模板的尺寸、形状产生偏差。

(4) 浇筑混凝土时，杯形基础上段模板支撑方法不当，杯芯模底部采用全密闭方式，或者在杯芯模底部的混凝土有气泡不密实，严重时造成杯芯模上浮。

(5) 混凝土浇筑时未对称均匀下料，造成模板压力差太大而发生偏移。

3. 防治措施

(1) 在确认测量放线标记和数据正确无误后，方可以此为据，安装模板。模板安装中，要准确地挂线和拉线，以保证模板垂直度和上口平直。

(2) 模板及支撑应有足够的强度和刚度，支撑的支点应坚实可靠。

(3) 模板支撑支承在土上时，下面应垫木板，以扩大支承面。模板长向接头处应加拼条，使板面平整，连接牢固。

(4) 杯芯模板可做成整体，也可做成两半形式，中间各加楔形板一块，拆模时，先取出楔形板，然后分别将两半杯口模取出。木模板应刨光直拼，表面涂刷隔离剂，底部钻若干排气（水）小孔。

(5) 浇筑混凝土时，两侧或四周应均匀下料并振捣密实。脚手板不得搁置在模板上。

8.4.9 毛石混凝土基础内毛石间空隙多

1. 现象

基础底、顶及内部空隙多，毛石之间的混凝土填灌不密实，基础整体性差，强度较低，造成受力不均匀或承载力不足，沉降过大或产生不均匀沉降。

2. 原因分析

(1) 毛石选材不当，不坚实，不洁净，强度不足，尺寸偏大或偏小。

(2) 基础底层未采用混凝土打底，造成松散毛石直接与地基接触，存在很多空隙。

(3) 基础毛石混凝土浇筑时，掺毛石采取随意抛掷，没有分层铺砌，造成毛石之间的混凝土填灌不密实。

(4) 毛石上层没有采用混凝土覆盖，高低不平。

3. 防治措施

(1) 混凝土中掺用的毛石应选用坚实、未风化、无裂缝洁净的石料，强度等级不低于MU20；毛石尺寸不应大于所浇部位最小宽度的1/3，且不得大于30cm，表面如有污泥、水锈，应用水冲洗干净。

(2) 毛石混凝土浇筑时，应先铺一层10～15cm厚混凝土打底，再铺上毛石，毛石插入混凝土约一半后，再灌混凝土，填灌所有空隙，再逐层铺砌毛石和浇筑混凝土，直至基础顶面，保持毛石顶部有不少于10cm厚的混凝土覆盖层，并找平整。

8.4.10 毛石混凝土基础毛石松散堆积

1. 现象

毛石铺设时施工随意，排列不均，相互之间无间隙，无混凝土包裹，造成基础整体性、强度和刚度降低，达不到设计要求。

2. 原因分析

(1) 施工时随意铺设毛石，造成毛石不均匀排列，有的部位毛石多，有的部位毛石少，造成强度不均。

(2) 毛石间不留间隙或间隙过小，使毛石不能被混凝土包裹、振捣密实，造成基础中存在松散毛石层，不能形成整体共同工作。

(3) 基础中掺入过多毛石，混凝土量不足，不能与毛石良好粘结。

3. 防治措施

(1) 毛石混凝土基础中，毛石铺放应均匀排列，使大面向下，小面向上，毛石间距应不小于10cm，离开模板或槽（坑）壁距离不应小于15cm，保证间隙内能插入振动棒进行捣固，毛石能被混凝土包裹。振捣时应避免振捣棒碰撞毛石、模板和其槽（坑）壁。

(2) 阶形基础每一阶高内应整分浇筑层，并有二排毛石，每阶表面应基本抹平；坡形基础，应注意保持斜面坡度的正确与平整；毛石不露于混凝土表面。

(3) 毛石混凝土基础中所掺加毛石数量应控制不超过基础体积的25%。

附录 8.4　混凝土基础和毛石混凝土基础质量标准和检验方法

混凝土基础和毛石混凝土基础尺寸、位置允许偏差及检验方法　附表 8-4

项次	项　目	允许偏差（mm）		检　验　方　法
		独立基础	其他基础	
1	轴线位移	10	15	钢尺检查
2	截面尺寸	+8，−5		钢尺检查

混凝土设备基础尺寸、位置允许偏差及检验方法　附表 8-5

项次	项　目		允许偏差（mm）	检　验　方　法
1	坐标位置		20	钢尺检查
2	不同平面的标高		0，−20	用水准仪或拉线和钢尺检查
3	平面外形尺寸		±20	钢尺检查
	凸台上平面外形尺寸		0，−20	钢尺检查
	凹穴尺寸		+20，0	钢尺检查
4	平面水平度	每米	5	水平尺和楔形塞尺检查
		全长	10	水准仪或拉线和钢尺检查
5	垂直度	每米	5	经纬仪或吊线和钢尺检查
		全高	10	
6	预埋地脚螺栓	标高（顶部）	+20，0	水准仪或拉线和钢尺检查
		中心距	±2	钢尺检查
7	预埋地脚螺栓孔	中心线位置	10	钢尺检查
		深度	+20，0	钢尺检查
		孔垂直度	10	吊线和钢尺检查
8	预埋活动地脚螺栓锚板	标高	+20，0	水准仪或拉线和钢尺检查
		中心线位置	5	钢尺检查
		带螺纹孔锚板平整度	2	钢尺和楔形塞尺检查
		带槽锚板平整度	5	钢尺和楔形塞尺检查

注：检查坐标、中心线位置时，应沿纵、横两个方向量测，并取其中的较大值。

8.5 筏形和箱形基础

8.5.1 基坑开挖时基土扰动或变形

1. 现象

(1) 基坑开挖时，基土被扰动破坏，导致局部地基不均匀沉降，降低地基承载力，严重时造成基础开裂。

(2) 基坑产生“弹性效应”，土体回弹变形疏松，影响支护结构安全。

2. 原因分析

(1) 机械开挖未预留人工清土层，机械在坑底反复行驶，将坑底土层松动。

(2) 未作好基坑降（排）水措施，基坑被地下水长时间浸泡。

(3) 未合理安排与控制开挖的顺序、范围与标高，水平基准桩被碰动破坏。

(4) 坑底暴露时间长，未及时浇筑垫层和底板。

3. 预防措施

(1) 基坑采用机械开挖应在基底预留一层 200～300mm 土层用人工开挖，清底、找平，避免超挖或基土被扰动。

(2) 基坑开挖完成后，应尽快进入下道工序，如不能及时施工，应预留一层 100～150mm 厚土层在进行下道工序前挖除。

(3) 做好基坑降（排）水，基坑四周设排水沟或挡水堤，以拦阻地表滞水流入基坑内。

(4) 应采用井点降水等措施，降低地下水位至开挖基坑底以下 0.5～1.0m，以防止基坑被地下水浸泡或出现流砂或管涌破坏坑底基土。

(5) 基坑开挖应设水平桩，控制基坑标高，标桩的距离不大于 3m，并加强保护和检查；基坑开挖应按标桩、放线定出的开挖宽度、标高，分块（段）分层挖土，以防超挖。

(6) 雨期、冬期施工应连续作业，基坑挖完后应尽快进行下道工序施工，以减少对基土的扰动和破坏。

(7) 坑底弹性效应是地基土卸载从而改变坑底原始应力状态的反应。施工中减少坑底出现弹性隆起的有效措施是设法减少土体中有效应力的变化，提高土的抗剪强度和刚度。当基坑开挖到设计基底标高，经验收后，应随即浇筑垫层和底板，减少坑底暴露时间，防止地基土被破坏。

4. 治理方法

被扰动的土应进行换填，必要时采用深层搅拌桩或高压旋喷射桩进行局部地基加固处理，具体参见本手册第 7 章“地基加固处理”中第 12.13 节相关内容。

8.5.2 基础混凝土表面缺陷

1. 现象

(1) 基础混凝土表面凹陷不平或有印痕，标高、板厚不一致，影响基础外观质量，严重时降低基础承载力。

(2) 基础表面出现大量浮浆，影响钢筋与混凝土之间的粘结性能，造成混凝土强度不均，并极易出现沉降裂缝和表面塑性裂缝。

(3) 基础表面产生露筋、蜂窝、孔洞、缺棱掉角等质量缺陷。

2. 原因分析

(1) 混凝土浇筑摊铺未设控制标高，或未按标高施工；浇筑后仅用铁锹拍平，未用刮杠、抹子等按标高找平压光，导致表面粗糙不平。

(2) 基础混凝土在未达到一定强度时，即上人操作或运料，表面出现凹陷不平或印痕。

(3) 基础混凝土入模分层浇筑与振捣后，由于水泥析水和骨料沉降，其表面常聚积一层游离水，施工时未进行泌水处理，使基础表面产生大量浮浆。

(4) 造成露筋、蜂窝、孔洞和缺棱掉角的原因分析详见 8.4“混凝土基础和毛石混凝土基础”的相应部分内容。

3. 预防措施

(1) 浇筑混凝土后，应根据水平控制标志或弹线用抹子找平、压光，终凝后覆盖浇水养护。混凝土强度达到 1.2MPa 以上时，方可在基础上走动。

(2) 基础底板浇筑混凝土过程中必须妥善处理泌水，以提高混凝土质量。泌水常用处理方法见图 8-7 所示。

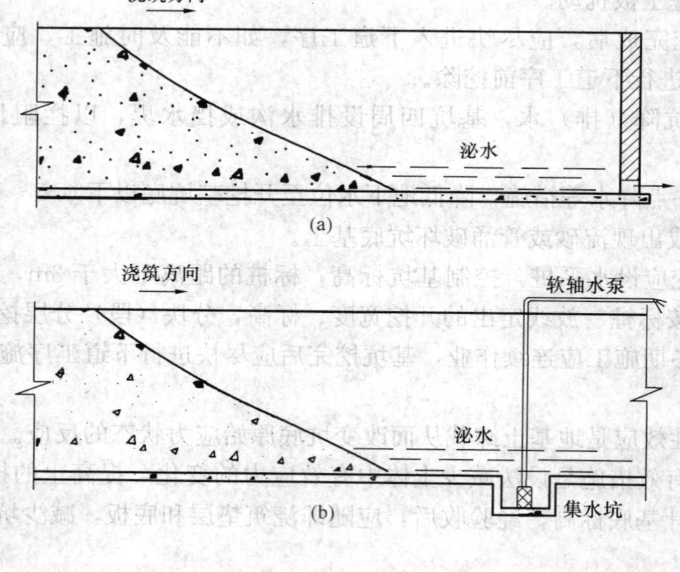

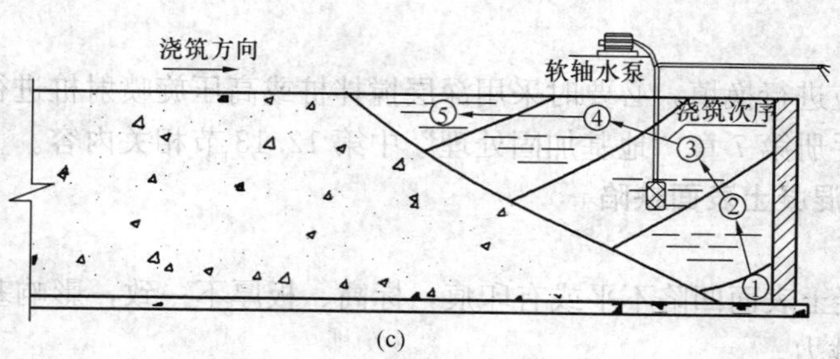

图 8-7 混凝土泌水处理

(a) 模板留孔排除泌水；(b) 设集水坑用泵排除泌水；(c) 用软轴水泵排除泌水

1）在施工垫层时预留排水坑，泌水随着施工方向推进被赶至排水坑，集中排走。

2）支模时在纵向及横向最后端头一侧后部设排水孔口，使泌水能顺利地排出模外，汇集到集水井中，用泵排出基坑。

3）将上层泌水汇集于基坑预留集水坑内，用软轴水泵及时排除，或及时排入已施工附近较深的池、坑中排走，表面压实拉平，但要注意不要将混凝土浆同时排出。

4）当混凝土坡角接近顶端时，改变混凝土浇筑方式，改由端头侧模边开始往回浇筑，使与混凝土原斜面形成一个集水坑，并加强两个方向混凝土浇筑强度，以逐步缩小成浆潭，再用软轴水泵排除。

5）对大型基础顶面泌水坑处理，可刮去浮浆，用麻布袋或海绵吸出泌水后，用同强度等级的干硬性混凝土拍平，最上层表面在初凝前用长刮尺刮平，用木抹子压实，在水泥初凝后终凝前进行二次抹面，以避免混凝土收水，产生塑性裂缝。

(3) 露筋、蜂窝、孔洞、缺棱掉角的预防措施参见 8.4“混凝土基础和毛石混凝土基础”的相应部分内容。

4. 治理方法

(1) 表面局部不平整时，可在洗净后用细石混凝土或 1∶2 水泥砂浆修补整平，并加强养护。

(2) 露筋、蜂窝、孔洞、缺棱掉角的治理方法见 8.4“混凝土基础和毛石混凝土基础”的相应部分内容。

8.5.3 基础混凝土有夹层、缝隙或施工冷缝

1. 现象

基础混凝土局部混凝土出现离析、不密实，有松散夹层或施工冷缝现象，施工缝、后浇带等接缝处不严实，严重时有渗漏现象，从而影响建筑物使用功能以及建筑结构基础的承载力与耐久性。

2. 原因分析

(1) 筏形基础或箱形基础一般平面面积与厚度尺寸较大，混凝土浇筑未采取合理的分段、分层方式，浇灌作业混乱无序，浇灌层、段之间未在先浇混凝土初凝前及时搭接，出现施工冷缝。

(2) 混凝土一次浇筑过厚处往往振捣不到位或产生漏振现象，而有些层厚过薄处又过振，混凝土浇筑高度过大时未采取串筒、溜槽下料，混凝土出现离析，不密实。

(3) 施工缝、后浇带等接缝处清理不干净，未将软弱混凝土表层凿除，接缝处未处理，混凝土浇筑前未充分湿润；后浇带混凝土浇筑后养护时间不够。

(4) 施工缝交接处未灌接缝砂浆层，接缝处混凝土未振捣密实。

3. 预防措施

(1) 底板应根据设计的后浇带分区施工，每区混凝土浇筑应通过计算后进行分段，由一端向另一端分层推进，均匀下料，振捣密实，不得漏振、欠振和超振。

(2) 当底板厚度不大于 50cm 时可不分层，采用斜面赶浆法浇筑，表面及时整平；当底板厚度大于 50cm 时，应采取水平分层或斜面分层方式，注意各层、各段之间应在先期浇筑的混凝土初凝前衔接上，并加强连接处的振捣，以保证混凝土的整体性，提高基础的抗渗能力（图 8-8）。

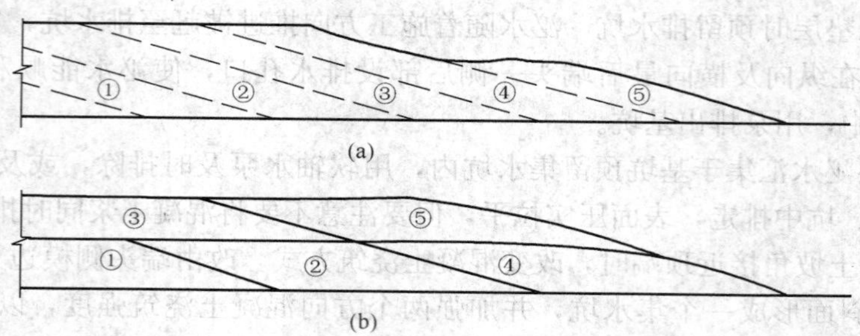

图 8-8　混凝土斜面分层浇筑流程
(a) 斜面分层；(b) 分段斜面分层
①②③④⑤—混凝土浇筑顺序

(3) 水平施工缝浇筑混凝土前，为使新老混凝土能很好地粘结，应将缝表面浮浆和杂物清除，然后铺设净浆、涂刷混凝土界面处理剂或水泥基渗透结晶型防水涂料，再铺30～50mm厚的1∶1水泥砂浆，并及时浇筑混凝土。

(4) 垂直施工缝浇筑混凝土前，应将其表面清理干净，再涂刷混凝土界面处理剂或水泥基渗透结晶型防水涂料，并及时浇筑混凝土。

(5) 施工缝、后浇带处混凝土开始浇筑时，机械振捣宜向施工缝处逐渐推进，并距80～100mm处停止振捣，但应加强对施工缝接缝的捣实，使其紧密结合。

(6) 后浇带混凝土应一次浇筑，不得留设施工缝；混凝土浇筑后应及时养护，养护时间不得少于28d。

(7) 混凝土浇筑高度大于2m时，应设串筒或溜槽下料。如混凝土在运输后出现离析，必须进行二次搅拌。当坍落度损失后不能满足施工要求时，应加入原水胶比的水泥浆或掺加同品种的减水剂进行搅拌，严禁直接加水。

4. 治理方法

(1) 缝隙夹层不深时，可将松散混凝土凿去，洗刷干净后，用1∶2或1∶2.5水泥砂浆强力填嵌密实。

(2) 缝隙夹层较深时，应清除松散部分和内部夹杂物，用压力水冲洗干净后支模，强力灌注细石混凝土并捣实，或将表面封闭后进行压浆处理。

(3) 如已存在渗漏现象，其治理宜根据渗漏部位、渗漏现象采取不同的技术措施，具体可参照本手册第11章“防水工程”的相关内容。

8.5.4　基础表面出现干缩裂缝

1. 现象

基础表面（特别是养护不良的部位），出现龟裂，裂缝无规则，走向纵横交错，分布不均。

2. 原因分析

(1) 混凝土中水泥用量高，水胶比过大，骨料级配不良，砂率过高，采用过量细砂，外加剂保水性差。

(2) 粗骨料用量少，造成混凝土拌合物总用水量及水泥浆量大，容易引起混凝土的收缩；粗骨料为砂岩、板岩等，含泥量较大，对水泥浆的约束作用小。

(3) 混凝土表面过度振捣，表面形成水泥含量较大的砂浆层，收缩量加大等。

(4) 施工现场混凝土重新加水改变稠度，引起收缩值增大。

(5) 混凝土浇筑后养护不当（尤其是环境气温高时），受到风吹日晒，表面水分散发快，体积收缩大，而内部温度变化很小，收缩小，表面收缩剧变受到内部混凝土的约束，出现拉应力而引起开裂。

(6) 混凝土基础长期露天曝露，未及时进行回填，时干时湿，表面湿度发生剧烈变化。

3. 预防措施

(1) 控制混凝土水泥用量，水胶比和砂率不要过大。

(2) 严格控制砂石含泥量，应注意粗骨料粒径、粒形与矿物成分，选用坚固、坚硬的骨料，如白云石、长石、花岗石和石英等；应使用含泥量低的中粗砂，避免使用过量细砂。

(3) 宜掺加适量的粉煤灰与外加剂，以改善混凝土的施工性能，减少混凝土的用水量，减少泌水和离析现象。

(4) 宜对水泥、掺合料和外加剂等材料进行适应性检验，以保证其相容性。

(5) 混凝土应振捣密实，并注意对表面进行二次抹压，以提高抗拉强度，减少收缩量。

(6) 施工现场严禁在混凝土中直接加水，如确属因各种原因造成混凝土工作性能不能满足施工要求时，应加入原水胶比的水泥浆或掺加同品种的减水剂，搅拌运输车应进行快速搅拌，搅拌时间应不小于120s；如坍落度损失或离析严重，经补充外加剂或快速搅拌等已无法恢复混凝土拌合物的工艺性能时，不得浇筑入模。

(7) 加强混凝土的早期养护，并适当延长养护时间；长期曝露应覆盖草帘（袋）、塑料薄膜，并定期适当洒水，保持湿润，防止曝晒。

4. 治理方法

(1) 在基础混凝土初凝前出现的干缩裂缝，可采取二次压光和二次浇灌层加以平整。

(2) 对于已固化的混凝土存在的干缩裂缝，可采用如下方法处理：

1) 表面涂抹法：涂抹材料应根据结构的使用要求选取，并具有密封性和耐久性，变形性能应与被修补的混凝土性能相近，可选用环氧树脂等，稍大的裂缝也可用水泥砂浆、防水快凝砂浆涂抹。

2) 嵌缝法：适用于宽度较大的裂缝，将裂缝部位剃凿成U形槽口（当裂缝宽度大于0.3mm时，也可不凿缝），然后清除浮灰，冲洗干净后涂上一层界面剂，根据裂缝的情况，灌入不同粘度的树脂。

8.5.5 大体积筏形基础混凝土温度收缩裂缝

1. 现象

基础出现温度收缩裂缝，裂缝深度可分为表面、深层或贯穿，开裂方向纵横、斜向均存在，多发生在浇筑完后2～3个月或更长时间，部分缝宽受温度变化影响较明显（如冬季宽度扩张，夏季缩小，早晚扩张，中午缩小），从而降低基础的承载力与耐久性。

2. 原因分析

(1) 大体积混凝土浇筑后水泥水化热量大，混凝土内部温度高，在降温阶段块体收缩，由于地基或结构其他部分的约束（如在坚硬的岩石地基、桩基或厚大混凝土垫层上），会产生很大的温度应力。这些应力一旦超过混凝土当时龄期的抗拉强度，就会产生裂缝，严重时贯穿整个截面，降低基础的整体承载能力和结构耐久性。

(2) 对于厚度较大的混凝土，由于表面散热快，温度较低，内外温差产生表面拉应力，形成表面裂缝。对于深层裂缝（部分切断结构断面）及表面裂缝，当内部混凝土降温时受到外约束作用，也可能发展为贯穿裂缝。

(3) 大体积筏形基础未进行合理的保湿与保温养护。

3. 预防措施

(1) 基础混凝土的设计强度等级不宜过高（宜在 C25～C40 的范围内），并可利用混凝土 60d 或 90d 的强度作为混凝土配合比设计、混凝土强度评定及工程验收的依据。

(2) 选用中、低热硅酸盐水泥或低热矿渣硅酸盐水泥。大体积混凝土施工所用水泥其 3d 的水化热不宜大于 240kJ/kg，7d 的水化热不宜大于 270kJ/kg。

(3) 选用良好级配的粗、细骨料，应符合国家现行标准的有关规定，不得使用碱活性骨料；细骨料宜采用洁净中砂，其细度模数宜大于 2.3，含泥量不大于 3%；粗骨料应坚固耐久、粒形良好，粒径 5～31.5mm，并连续级配，含泥量不大于 1%。

(4) 在混凝土中掺适量粉煤灰、减水剂等，以节省水泥用量，降低水胶比。

(5) 筏形或箱形基础置于岩石类地基上时，宜在混凝土垫层上设置滑动层，滑动层构造可采用一毡二油或一毡一油（夏季），以减少约束作用，削减温度收缩应力。

(6) 大体积混凝土工程施工前，宜对施工阶段大体积混凝土浇筑体的温度、温度应力及收缩应力进行试算，并确定施工阶段大体积混凝土浇筑体的升温峰值，里表温差及降温速率的控制指标，提出必要的粗细骨料和拌和用水的降温、入模温度控制要求（如可采取加冰等措施），制定相应的温控技术方案并严格实施与监控监测。

(7) 超长底板混凝土除了留设变形缝、后浇带以释放混凝土温差收缩应力外，也可采用跳仓施工法，跳仓的最大分块尺寸不宜大于 40m，跳仓间隔施工的时间不宜小于 7d，跳仓接缝处按施工缝的要求设置和处理。大体积混凝土也可采取设循环冷凝水管等降低混凝土内部水化热温升以减少里表温差等技术措施。

(8) 底板混凝土宜采取分层连续推移式整体连续浇筑施工，充分利用混凝土层面散热，但必须在前层混凝土初凝前，将下一层混凝土浇筑完毕，不留设施工缝；宜采用二次振捣工艺，加强层间混凝土的振捣质量，并及时清除表面泌水。

(9) 基础混凝土浇筑完毕后应进行蓄水养护，保证混凝土中水泥水化充分，提高早期相应龄期的混凝土抗拉强度和弹性模量，防止早期出现裂缝。

(10) 基础混凝土应按技术方案要求采取保温材料覆盖等保温技术措施，防止混凝土表面散热与降温过快，必要时可搭设挡风保温棚或遮阳降温棚。在保温养护过程中，应对预先布控的测温点进行现场监测（包括混凝土浇筑体的里表温差和降温速率），控制基础内外温差在 25℃以内，降温速度在 1.5℃/d 以内，以充分发挥徐变特性、应力松弛效应，提高混凝土的早期极限抗拉强度，削减温度收缩应力；当实测结果不满足温控指标的要求时，应及时调整保温养护措施。保温覆盖层的拆除应分层逐步进行，当混凝土的表面温度与环境最大温差小于 20℃时，才可全部拆除。

4. 治理方法

参见 8.5.4“基础表面出现干缩裂缝”的治理方法。

附录 8.5 筏形或箱形混凝土基础的质量标准和检验方法

筏形或箱形混凝土基础的质量标准及检验方法可参见本手册第 18 章中附录 18.3“混凝土质量标准及检验方法”的相应内容。

9 桩基础工程

9.1 预制混凝土方桩

我国目前使用量大的预制桩是普通钢筋混凝土预制方桩，其桩的截面尺寸有 25cm×25cm～50cm×50cm，最大可达 60cm×60cm，长度为 4～50m，沉桩深度可达 60m 以上，个别可达 80m。本节主要叙述采用冲击式的锤击打入法施工的钢筋混凝土预制桩所发生的质量通病。

9.1.1 桩顶碎裂

1. 现象

在沉桩过程中，桩顶出现混凝土掉角、碎裂、钢筋外露。碎裂后的桩顶混凝土，一般外表面呈灰白色，里面呈青灰色，钢筋上不粘混凝土。

2. 原因分析

（1）混凝土设计强度等级偏低，或者桩顶抗冲击的钢筋网片不足，主筋距桩顶面距离太小。

（2）混凝土配合比不符合设计要求，施工控制不严，振捣不密实。

（3）养护时间短或养护措施不当，后期强度没有充分发挥。钢筋与混凝土在承受冲击荷载时，不能很好地协同工作，桩顶容易发生严重碎裂。

（4）桩身外形质量不符合规范要求，如桩顶面不平，桩顶平面与桩轴线不垂直，桩顶保护层厚等。

（5）施工机具选择或使用不当。打桩时原则上要求锤重大于桩重，但须根据桩断面、单桩承载力和工程地质条件来考虑。桩锤小，桩顶受打击次数过多，桩顶混凝土容易产生疲劳破坏而打碎。桩锤大，桩顶混凝土承受不了过大的打击力也会发生破碎。

（6）桩顶与桩帽的接触面不平，替打木表面倾斜，桩沉入土中时桩身不垂直，使桩顶面倾斜，造成桩顶局部受集中应力而破损。

（7）沉桩时，桩顶未加缓冲垫或缓冲垫损坏后未及时更换，使桩顶直接承受冲击荷载。

（8）设计要求进入持力层深度过多，施工机械或桩身强度不能满足设计要求。

3. 预防措施

（1）桩制作要振捣密实，主筋不得超过第一层钢筋网片。桩经过蒸养达到设计强度后，还应有 1～3 个月的自然养护，使混凝土能较充分地完成碳化过程和排出水分，以增加桩顶抗冲击能力。夏季养护不能裸露，应加盖草帘或黑色塑料布，并保持湿度，以使混凝土碳化更充分，强度增长较快。

（2）应根据工程地质条件、桩断面尺寸及形状，合理选择桩锤，见表 9-1。

选择锤重参考表 **表 9-1**

项目			柴油锤重（t）					
			20	25	35	45	60	72
锤的动力性能		冲击部分重(t)	2.0	2.5	3.5	4.5	6.0	7.2
		总重(t)	4.5	6.5	7.2	9.6	15.0	18.0
		冲击力(kN)	2000	2000～2500	2500～4000	4000～5000	5000～7000	7000～10000
		常用冲程(m)	1.8～2.3					
桩的截面尺寸		预制方桩、预应力管桩的边长或直径(cm)	25～35	35～40	40～45	45～50	50～55	55～60
		钢管桩直径(cm)		ϕ40		ϕ60	ϕ90	ϕ90～100
持力层	黏性土、粉土	一般进入深度(m)	1～2	1.5～2.5	2～3	2.5～3.5	3～4	3～5
		静力触探比贯入阻力 P_s 平均值(MPa)	3	4	5	>5	>5	>5
	砂土	一般进入深度(m)	0.5～1	0.5～1.5	1～2	1.5～2.5	2～3	2.5～3.5
		标准贯入击数 *N*(未修正)	15～25	20～30	30～40	40～45	45～50	50
锤的常用控制贯入度(cm/10击)				2～3		3～5	4～8	
设计单桩极限承载力(kN)			400～1200	800～1600	2500～4000	3000～5000	5000～7000	7000～10000

注：本表适用于 20～60m 长钢筋混凝土预制桩及 40～60m 长钢管桩，且桩尖进入硬土层有一定深度。

（3）沉桩前应对桩质量进行检查，尤其是桩顶有无凹凸情况，桩顶平面是否垂直于桩轴线，桩尖是否偏斜。对不符合规范要求的桩不宜采用，或经过修补后才能使用。

（4）检查桩帽与桩的接触面处及替打木是否平整，如不平整，应进行处理后方能施工。

（5）稳桩要垂直，桩顶应加草帘、纸袋、胶皮等缓冲垫。如桩垫失效应及时更换。

（6）根据工程地质条件、现有施工机械能力及桩身混凝土耐冲击的能力，合理确定单桩承载力及施工控制标准。

4. 治理方法

（1）发现桩顶有打碎现象，应及时停止沉桩，更换并加厚桩垫。如有较严重的桩顶破裂，可把桩顶剔平补强，再重新沉桩。

（2）如因桩顶强度不够或桩锤选择不当，应换用养护时间较长的“老桩”或更换合适的桩锤。

9.1.2 桩身断裂

1. 现象

桩在沉入过程中，桩身突然倾斜错位（图 9-1）；当桩尖处土质条件没有特殊变化，

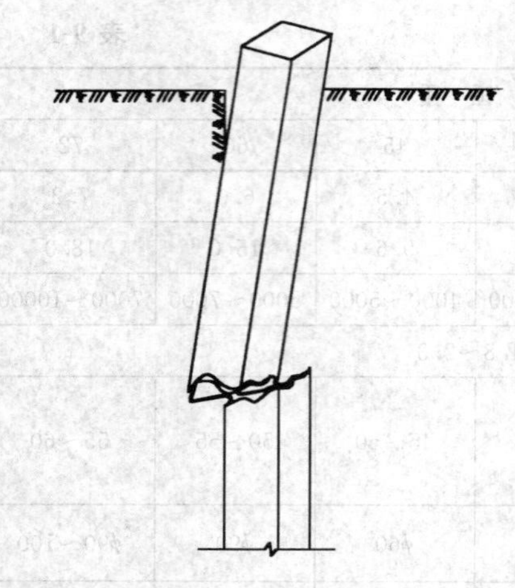

图 9-1　桩倾斜错位

贯入度却逐渐增加或突然增大，当桩锤跳起后，桩身随之出现回弹现象，施打被迫停止。

2. 原因分析

（1）桩身在施工中出现较大弯曲，在反复的集中荷载作用下，当桩身不能承受抗弯强度时，即产生断裂。桩身产生弯曲的原因有：

1）一节桩的细长比过大，沉入时，又遇到较硬的土层。

2）桩制作时，桩身弯曲超过规定，桩尖偏离桩的纵轴线较大，沉入时桩身发生倾斜或弯曲。

3）桩入土后，遇到大块坚硬障碍物，把桩尖挤向一侧。

4）稳桩时不垂直，打入地下一定深度后，再用走桩架的方法校正，使桩身产生弯曲。

5）采用“植桩法”时，钻孔垂直偏差过大。桩虽然是垂直立稳放入桩孔中，但在沉桩过程中，桩又慢慢顺钻孔倾斜沉下而产生弯曲。

6）两节桩或多节桩施工时，相接的两节桩不在同一轴线上，产生了曲折，或接桩方法不当（一般多为焊接，个别地区使用硫磺胶泥法接桩）。

（2）桩在反复长时间打击中，桩身受到拉、压应力，当拉应力值大于混凝土抗拉强度时，桩身某处即产生横向裂缝，表面混凝土剥落，如拉应力过大，混凝土发生破碎，桩即断裂。

（3）制作桩的水泥强度等级不符合要求，砂、石中含泥量大或石子中有大量碎屑，使桩身局部强度不够，在该处断裂。桩在堆放、起吊、运输过程中产生裂纹或断裂。

（4）桩身混凝土强度等级未达到设计强度即进行运输与施打。

（5）在桩沉入过程中，某部位桩尖土软硬不均匀，造成突然倾斜。

（6）在沉桩过程中，当桩穿过较硬土层进入软弱下卧层时，在锤击过程中桩身会出现较大拉应力，当拉应力大到超出桩身抗拉极限时，会发生桩身断裂。

3. 预防措施

（1）施工前，应将旧墙基、条石、大块混凝土等清理干净，尤其是桩位下的障碍物，必要时可对每个桩位用钎探了解。对桩身质量要进行检查，发生桩身弯曲超过规定，或桩尖不在桩纵轴线上时，不宜使用。一节桩的细长比不宜过大，一般不超过 30。

（2）在初沉桩过程中，如发现桩不垂直应及时纠正，如有可能，应把桩拔出，清理完障碍物并回填素土后重新沉桩。桩打入一定深度发生严重倾斜时，不宜采用移动桩架来校正。接桩时要保证上下两节桩在同一轴线上，接头处必须严格按照设计及操作要求执行。

（3）采用“植桩法”施工时，钻孔的垂直偏差要严格控制在 1%以内。植桩时，桩应顺孔植入，出现偏斜也不宜用移动桩架来校正，以免造成桩身弯曲。

（4）桩在堆放、起吊、运输过程中，应严格按照有关规定或操作规程执行，发现桩开裂超过有关规定时，不得使用。普通预制桩经蒸压达到要求强度后，宜在自然条件下再养护一个半月，以提高桩的后期强度。施打前，桩的强度必须达到设计强度的 100%（指多为穿过硬夹层的端承桩）的老桩方可施打。而对纯摩擦桩，强度达到70%便可施打。

（5）遇有地质比较复杂的工程（如有老的洞穴、古河道等），应适当加密地质探孔，详细描述，以便采取相应措施。

（6）熟悉工程地质情况，当桩穿过较硬土层进入软弱下卧层时，适当控制锤击力。

4. 治理方法

当施工中出现断裂桩时，应及时会同设计人员研究处理办法。根据工程地质条件、上部荷载及桩所处的结构部位，可以采取补桩的方法。条基补1根桩时，可在轴线内、外补（图9-2a、b）；补2根桩时，可在断桩的两侧补（图9-2c）。柱基群桩时，补桩可在承台外对称补（图9-2d）或承台内补桩（图9-9e）。

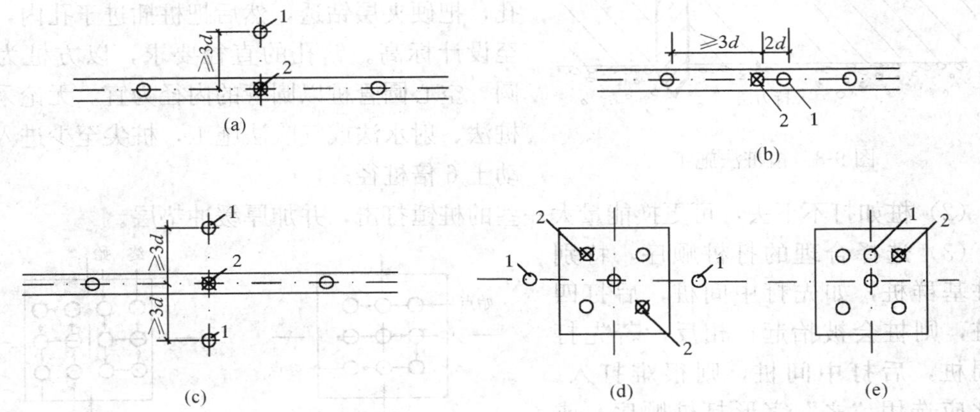

图9-2 补桩示意图

（a）轴线外补桩；（b）轴线内补桩；（c）两侧补桩；（d）承台外对称补桩；（e）承台内补桩

1—补桩；2—断桩

9.1.3 沉桩达不到设计要求

1. 现象

桩设计时是以贯入度和桩端标高作为沉桩收锤的控制条件。一般情况下，以一种控制标准为主，以另一种控制标难为参考。有时沉桩达不到设计的最终控制要求。

2. 原因分析

（1）勘探点不够或勘探资料粗略，对工程地质情况不明，尤其是持力层的起伏标高不明，致使设计考虑持力层或选择桩尖标高有误，也有时因为设计要求过严，超过施工机械能力或桩身混凝土强度。

（2）勘探工作是以点带面，对局部分布的硬夹层或软夹层透镜体不可能全部了解清楚，尤其在复杂的工程地质条件下，还有地下障碍物，如大块石头、混凝土块等。

（3）以新近代砂层为持力层时，由于结构不稳定，同一层土的强度差异很大，桩打入该层时，进入持力层较深才能求出贯入度。但群桩施工时，砂层越挤越密，最后就有沉不下去的现象。

（4）桩锤选择太小或太大，使桩沉不到或沉过设计要求的控制标高。

（5）桩顶打碎或桩身打断，致使桩不能继续打入。特别是柱基群桩，布桩过密互相挤实，以及选择施打顺序不合理。

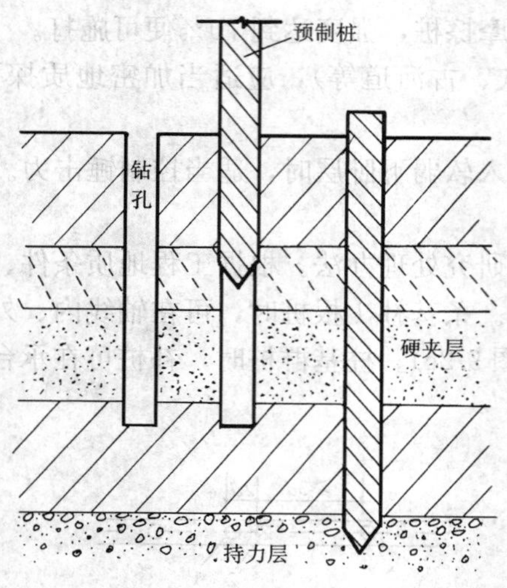

图 9-3　植桩法施工

3. 预防措施

(1) 详细探明工程地质情况，必要时应作补勘；正确选择持力层或标高，根据工程地质条件、桩断面及自重，合理选择施工机械、施工方法及行车路线。

(2) 防止桩顶打碎或桩身断裂。

4. 治理方法

(1) 遇有硬夹层时，可采用植桩法、射水法或气吹法施工。植桩法施工（图 9-3）即先钻孔，把硬夹层钻透，然后把桩插进于孔内，再打至设计标高。钻孔的直径要求，以方桩为内切圆，空心圆管桩以圆管的内径为宜。无论采用植桩法、射水法或气吹法施工，桩尖至少进入未扰动土 6 倍桩径。

(2) 桩如打不下去，可更换能量大一些的桩锤打击，并加厚缓冲垫层。

(3) 选择合理的打桩顺序，特别是柱基群桩，如先打中间桩，后打四周桩，则桩会被抬起；相反，若先打四周桩，后打中间桩，则很难打入。为此应选用“之”字形打桩顺序，或从中间分开往两侧对称施打（图 9-4）。

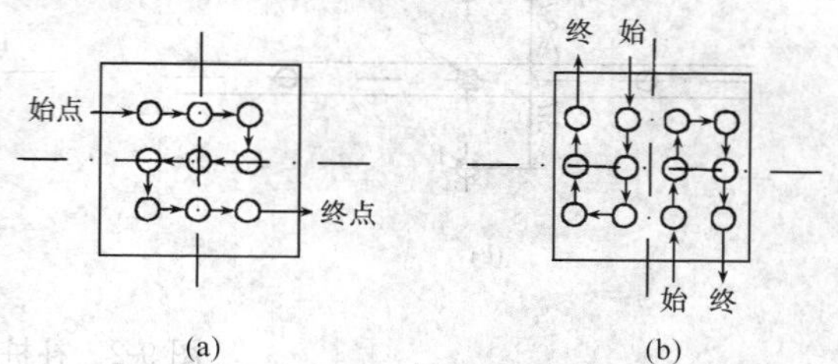

图 9-4　打桩顺序示意图
(a)“之”字形顺序；(b) 中间往两侧顺序

(4) 选择桩锤应遵循重锤低击的原则，这样容易贯入，可减少桩的损坏率。

(5) 桩基础工程正式施打前，应做工艺试桩，重大工程还应做荷载试验桩，确定能否满足设计要求。

9.1.4　桩顶位移

1. 现象

在沉桩过程中，相邻的桩产生横向位移或桩身上下升降。

2. 原因分析

(1) 同 9.1.2“桩身断裂”的原因分析 (1) 中 3)、5)、6)。

(2) 桩数较多，土层饱和密实，桩间距较小，在沉桩时土被挤到极限密实度而向上隆起，相邻的桩一起被涌起。

(3) 在软土地基施工较密集的群桩时，由于沉桩引起的空隙压力把相邻的桩推向一侧或涌起，当土体大规模发生位移时，甚至会在桩身产生拉裂缝。

(4) 桩位放得不准，偏差过大；施工中桩位标志丢失或挤压偏离，随意定位；桩位标志与墙、柱轴线标志混淆搞错等，造成桩位错位较大。

(5) 选择的行车路线不合理。

(6) 摩擦桩，桩尖落在软弱土层中，布桩过密，或遇到不密实的回填土（枯井、洞穴等），在锤击振动的影响下使桩顶下沉。

3. 防治措施

（1）同 9.1.2“桩身断裂”的预防措施。

（2）采用点井降水、砂井或盲沟等降水或排水措施。

（3）沉桩期间不得同时开挖基坑，需待沉桩完毕后相隔适当时间方可开挖，相隔时间应视具体地质条件、基坑开挖深度、面积、桩的密集程度及孔隙压力消散情况采确定，一般宜 2 周左右。

（4）采用“植桩法”可减少土的挤密及孔隙水压力的上升。

（5）认真按设计图纸放好桩位，做好明显标志，并做好复查工作。施工时要按图核对桩位，发现丢失桩位或桩位标志，以及轴线桩标志不清时，应由有关人员查清补上。轴线桩标志应按规范要求设置，并选择合理的行车路线。

9.1.5 桩身倾斜

1. 现象

桩身垂直偏差过大。

2. 原因分析

（1）打桩机架挺杆导向固定垂直于底盘，不能作前后左右微调，或虽能微调，但使用不便。在沉桩过程中，如果场地不平，有较大坡度，挺杆导向也随着倾斜，则桩在沉入过程中随着挺杆导向产生倾斜。

（2）桩制作时，桩身弯曲超过规定，桩尖偏离桩的纵轴线较大，沉入时桩身发生倾斜或弯曲。

（3）同 9.1.2“桩身断裂”的原因分析（1）中 2）、3）、4）、5）、6）及 9.1.1“桩顶碎裂”的原因分析（4）。

3. 防治措施

（1）场地要平整。如场地不平，施工时，应在打桩机行走轮下加垫板等物，使打桩机底盘保持水平。

（2）同 9.1.2“桩身断裂”的预防措施（1）、（2）、（3）及 9.1.1“桩顶碎裂”的预防措施（4）、（5）。

9.1.6 接桩处松脱开裂

1. 现象

接桩处经过锤击后，出现松脱开裂等现象。

2. 原因分析

（1）连接处的表面没有清理干净，留有杂质、雨水和油污等。

（2）采用焊接或法兰连接时，连接铁件不平及法兰平面不平，有较大间隙，造成焊接不牢或螺栓拧不紧。

（3）焊接质量不好，焊缝不连续、不饱满，焊肉中央有焊渣等杂物。接桩方法有误，时间效应与冷却时间等因素影响。

（4）采用硫磺胶泥接桩时，硫磺胶泥配合比不合适，没有严格按操作规程熬制，以及温度控制不当等，造成硫磺胶泥达不到设计强度，在锤击作用下产生开裂。

（5）两节桩不在同一直线上，在接桩处产生曲折，锤击时接桩处局部产生集中应力而破坏连接。上下桩对接时，未作严格的双向校正，两桩顶间存在缝隙。

3. 防治措施

(1) 接桩前，对连接部位上的杂质、油污等必须清理干净，保证连接部件清洁。检查校正垂直度后，两桩间的缝隙应用薄铁片垫实，必要时要焊牢，焊接应双机对称焊，一气呵成，经焊接检查，稍停片刻，冷却后再行施打，以免焊接处变形过多。

(2) 检查连接部件是否牢固平整和符合设计要求，如有问题，须修正后才能使用。

(3) 接桩时，两节桩应在同一轴线上，法兰或焊接预埋件应平整，焊接或螺栓拧紧后，锤击几下再检查一遍，看有无开焊、螺栓松脱、硫磺胶泥开裂等现象，如有应立即采取补救措施，如补焊、重新拧紧螺栓，并把丝扣凿毛或用电焊焊死。

(4) 采用硫磺胶泥接桩法时，应严格按照操作规程操作，特别是配合比应经过试验，熬制时及施工时的温度应控制好，保证硫磺胶泥达到设计强度。

9.1.7 接长桩脱桩

1. 现象

长桩打入须进行多节接长，施工完毕通过检查完整性时，发现有的桩出现脱节现象。

2. 原因分析

(1) 接头处连接角钢长度未达到设计要求。

(2) 焊接不连续，焊腿尺寸不足，上下节桩间隙垫铁不充实，桩接头处吻合不好。

(3) 遇密实砂层，穿透或进入持力层要求过高，造成锤击数增加，桩身受到拉、压应力的交替循环作用，使角钢焊缝打裂开焊，接头脱桩。

(4) 打入桩的挤土效应造成地面隆起或侧移，在桩侧阻力作用下带动桩身上部位移，而桩身下部进入持力层，牢固嵌入，导致接缝拉开甚至桩身拉断。

3. 防治措施

(1) 选用复打加固方式（用贯入度控制）检查和消除接头处的间隙，再用小应变检查桩体完整性，若仍出现错位，就用加桩方法处理。

(2) 上下节桩双向校正后，其间隙用薄铁板填实焊牢，所有焊缝要连续饱满，按焊接质量要求操作。

(3) 对因接头质量引起的脱桩，若未出现错位情况，属有修复可能的缺陷桩。当成桩完成，土体扰动现象消除后，采用复打方式，可弥补缺陷，恢复功能。

(4) 对遇到复杂地质情况的工程，为避免出现桩基质量问题，可改变接头方式，如用钢套方法，接头部位设置抗剪键，插入后焊死，可有效地防止脱开。

9.1.8 浮桩

1. 现象

在黏土地基中，已打入的桩产生上浮现象，桩顶标高与原打桩的标高不符。

2. 原因分析

桩沉入土层的过程中，土体被侧向及向下挤开，产生挤土效应，在砂性土中沉桩的扰动范围约为6倍桩身直径，由于挤土效应使地基土发生隆起和位移，已打入的桩受后期打入桩的影响，发生上浮。

3. 防治措施

(1) 对上浮的桩复（打）压1～2次，甚至多次。在休止期以后才能进行土方开挖，不同的土层，休止期一般为7～21d。

（2）采用预钻孔的方法，削弱土层中的超静孔隙水压力，并可起到土层的应力释放，减小土体挤压应力的积累。

（3）采用钻打结合法，即先钻孔，后在钻孔中插入预制桩，用桩机沉桩。

（4）打桩前采用袋装砂井排水法，利用砂井快速排除孔隙水，降低空隙水压力。

（5）桩机施工完成后，应对桩顶标高进行监测，发现浮桩，要及时复压或复打。

（6）对工程桩应进行完整性和承载力的检测验收。

9.2 预应力混凝土管桩

先张法预应力混凝土管桩具有单桩承载力高、单位造价低、施工速度快、成桩质量可靠等特点，在建筑、铁路、公路、桥梁、港口、码头等工程中得到了广泛的应用。其外直径（D）为300～1200mm，常见的为400～600mm；按其混凝土有效预压应力值可分为：A型（4MPa）、AB型（6MPa）、B型（8MPa）、C型（10MPa），其计算值应在各自规定值的±5%范围内；按桩身混凝土抗压强度等级可分为PHC桩和PC桩，其中PHC桩的混凝土强度等级不得低于C80，PC桩的混凝土强度等级不得低于C60。

9.2.1 沉桩深度达不到设计要求

1. 现象

桩在施工过程中，达不到设计要求的深度，引起桩的有效桩长不够。特别是有的工程是以桩长或桩长和压桩力双控为打桩标准，往往不能满足设计的终控指标。

2. 原因分析

（1）勘探资料太粗或有误，未查明工程地质情况，尤其是持力层的标高起伏，致使设计选择持力层或桩端标高有误；或机械设备能力不能满足设计要求。

（2）设计选择的持力层不当或设计要求过高，有的最大压桩力超过了桩身结构强度。

（3）成桩遇到地下障碍物或厚度较大的硬隔层。

（4）桩尖遇到密实的粉土或粉细砂层，打桩产生“假凝”现象，但间隔一段时间以后又可以打下去。

（5）桩端被击（压）碎，桩身被打（压）断，无法继续施工，这种现象比较普遍。

（6）布桩密集或打桩顺序不当，由于挤土效应，先施工的桩上浮，后施工的桩难以达到设计要求的持力层。

3. 预防措施

（1）施工前详细查明地质情况，必要时应补充勘察，根据工程地质条件，合理选择桩型、桩长，正确选择施工机械和施工方法。

（2）适当加大桩距，合理选择打桩顺序，可采取自中部向两边打、分段打等。

（3）施工前平整场地，清除地下障碍物。

（4）施工前，应在正式桩位进行工艺性试桩，选择建设场地不同部位试打3～5根，以校核勘察与设计的合理性，指导下一步工程桩的施工。

4. 治理方法

（1）遇到硬厚夹层时，可采用“钻孔植桩法”、射水法或气吹法，但桩应进入未扰动

的持力层 $6D$。

(2) 当满足设计要求承载力的前提下，可考虑减少桩长，减小桩径或增大桩距。

(3) 调整设计方案，采用以终压力或收锤贯入度为施工终控指标，但需通过试桩静载试验的结果来确认。

9.2.2 桩顶位移或桩身倾斜

1. 现象

在管桩施工过程中或基础开挖过程中，出现桩顶水平位移以及桩身倾斜等问题。

2. 原因分析

(1) 测量放线有误，施工时未加以纠正。

(2) 施工时未对准桩位中心点或第一节桩垂直度不满足施工规范要求。

(3) 打桩顺序不当，先施工的桩因挤土产生位移，特别是在软土层中，先施工的短桩更容易跑位。

(4) 当桩进入孤石和其他坚硬障碍物层时，桩身容易被挤偏。

(5) 两节桩或多节桩在施工时接桩不直，桩中心线成直线，桩偏位。

(6) 在淤泥软土中打桩，由于陷机或桩机未站稳就施工，易使桩身倾斜。

(7) 锤击施工时，桩锤、桩帽、桩中心线不在一条直线上，偏心受力。

(8) 先打的桩送桩太深，附近后打的桩往送桩孔的方向倾斜。

(9) 送桩器同桩头套得太松或送桩器倾斜。

(10) 基坑开挖时，存在边打桩边开挖、桩旁边堆土现象，造成桩周土体不平衡。

3. 防治措施

(1) 施工前对测量放线加以检查校核，发现有误及时纠正。

(2) 合理安排打桩顺序，并采用预钻排水孔、开挖防挤沟等适当的释放应力措施。

(3) 施工时要严格控制好桩身垂直度，重点放在第一节桩上，垂直度偏差不得超过桩长的0.5%，桩帽、桩身及送桩器应在同一直线上，施工时宜用经纬仪在两个方向进行校核。

(4) 施工前要平整场地，软弱的场地中适当要铺设道砟，不能使桩机在打桩过程中产生不均匀沉降。

(5) 要控制送桩深度，不宜超过3m，如送桩太深可考虑先开挖基坑后再打桩。

(6) 施工前要检查设备，及时维修，以免影响施工质量。

(7) 同9.1.2“桩身断裂”的预防措施(1)、(2)。

(8) 桩基施工完成后，应在达到休止期后再进行基坑的开挖施工，基坑开挖应分层均匀进行，必须强调维护措施，防止土体对桩的侧压力在桩身上产生附加弯矩，引起桩的倾斜，甚至造成桩身结构的破坏。在场地土质较软，尤其是淤泥质流塑性土层较厚时，基坑周边不得临时堆土，重型载重运输车的行走线路应远离基坑，否则极易造成基坑周边的桩受边坡土侧向压力作用，导致整排基桩向中间移位、倾斜甚至断裂。

9.2.3 桩身破坏

1. 现象

桩在沉入过程中，桩身突然倾斜错位，贯入速度不正常或压桩力陡降，在桩顶、桩身或桩端某一部位出现混凝土碎裂，桩身断裂破坏。

2. 原因分析

(1) 在砂土中施工开口管桩，下端桩身容易发生劈裂。

(2) 沉桩时遇到孤石和裸露的岩面，桩尖易被击碎，多节桩的底面沿倾斜岩面滑移时使上面的接头开裂。

(3) 接桩时接头施工质量差，引起接头开裂，如电焊时焊缝的自然冷却时间不够，焊缝遇水断裂；对接的接缝间隙只用少数钢板填塞，锤击时产生拉应力引起接头开裂。

(4) 管桩制作质量差，如漏浆严重或管壁太薄，蒸养不当，桩身混凝土强度不够。

(5) 施工设备选择不当，如锤重选择不匹配、静压机压桩力不够，打桩时未加桩垫，打桩机未调整水平，桩施工时不垂直等。

(6) 管桩内腔充满水时进行锤击施工，使管桩产生纵向裂缝。

(7) 桩身自由段长细比过大，沉入时遇到坚硬的土层时使桩断裂。

(8) 各种原因引起的管桩偏心受压或偏心锤击。

(9) 桩在运输、堆放、吊装和搬运过程中已产生裂缝或折断，施工前未认真检查。

(10) 施工完成露出地面的桩受到机械碰撞而断裂，基坑开挖操作不当引起桩身大倾斜大偏位而折断。

3. 防治方法

(1) 正确选择施工机械，制定有效的施工方案，控制桩身垂直度，避免斜桩发生。

(2) 控制好桩机施工终止条件，对纯摩擦桩，终止条件宜以桩长作为控制条件，对较长的端承型摩擦桩，宜以设计桩长控制为主，终压力值为辅。对中长桩（14～21m）可采用桩长和压桩力（锤击贯入度）双控。

(3) 管桩施工完成后，土方应分层开挖，确保开挖过程中管桩不受扰动、不发生位移，桩头高出设计标高需凿除的，宜采用割桩器切除，严禁使用大锤强行凿桩。

(4) 施工前应加强对管桩桩身原材料的检查验收，管桩的外观质量和尺寸允许偏差见附表 9-4。

(5) 施工中一旦发生桩身破坏，可采用低应变方法检测桩身质量，并根据检测结果选择处理方案。

(6) 施工中管桩发生断裂，首先应查明原因，判别断裂部位，并检测管桩的垂直度，如为倾斜断裂，应先将桩扶正，当断裂深度在 8～10m 时，可采用放钢筋笼至断裂部位以下 1～2m，再灌填芯混凝土的方法处理，处理完成后用低应变动测方法检测处理质量。

9.2.4 地面隆起和浮桩

1. 现象

沉桩过程中，原地面发生向上隆起和向管桩密集区域外侧横向位移，区域土体发生变形，土体中的管桩随之发生侧向移动或纵向弯曲或向上产生位移（浮桩）（图 9-5）。

2. 原因分析

当粉质黏土含水饱和时，桩进入饱和黏土层后，由于土层体积被压缩而产生的附加孔隙水压力迅速增大，当孔隙水压力大于上部土层自重及土层抗剪力之和时，桩周边的土层将受力向上方移动，形成地面隆起，隆起时产生的摩擦力使桩产生上浮，对端承桩或端承型摩擦桩，引起基础的不均匀沉降。

3. 防治措施

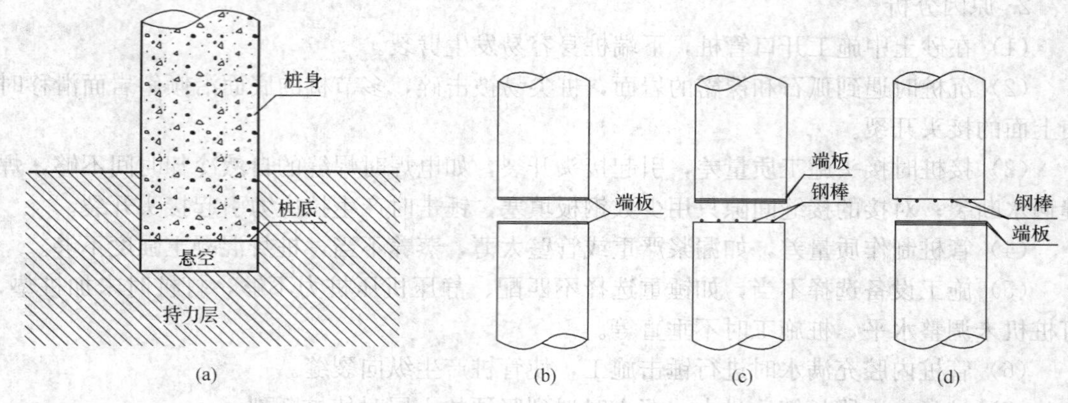

图 9-5　浮桩和接桩松脱开裂

(a) 单节桩上浮；(b)、(c)、(d) 多节桩接桩断裂，上节桩上浮

参见 9.1.8“浮桩”的防治措施。

9.2.5　接桩松脱开裂

1. 现象

锤击施工时产生拉应力或负摩阻力，使桩出现松脱开裂或错位的现象（图 9-5)。

2. 原因分析

参见 9.1.6“接桩处松脱开裂”的原因分析。

3. 防治措施

(1) 接桩时，桩尖尽量避开坚硬土层。

(2) 接桩时，法兰螺栓要拧紧并作防腐处理。

(3) 采用焊接接桩时，应确保焊接质量。

(4) 接桩处开裂，可采用先放置钢筋笼并用细石混凝土填芯灌实。

9.3　大直径预应力混凝土管桩

大直径预应力混凝土管桩是指管桩直径大于 600mm、分段制成混凝土管节、采用后张法自锚预应力工艺制成的管桩，其直径一般为 1m、1.2m、1.4m，其制作工艺有复合法和立式法两类，主要用于大中型码头和桥梁工程中，近年来许多工业厂房也使用该种桩型，大直径预应力混凝土管桩的施工以锤击法为主，国外以植桩法为主。

9.3.1　桩身开裂、断裂

1. 现象

大直径预应力混凝土管桩在生产制作、运输、吊装及施工工程中，由于桩身制作质量、施工工艺不当、地质异常和环境影响等因素，造成桩身出现裂缝、断裂。

2. 原因分析

(1) 桩身质量在生产或运输过程中没有得到有效保障。

(2) 打桩船机选用不合理，抗风浪能力不足，在打桩过程中容易发生摇摆或晃动。

(3) 土层标贯击数过大或地层中含有孤石或其他障碍物，水下存在陡坎或斜坡，在打桩贯入度很小的情况下如继续施工，将会产生桩身开裂、断裂。

（4）水锤作用。

3. 防治措施

（1）严格控制管桩制作质量，注意大直径管桩的吊运、堆存、装运等环节，防止因操作不当所产生的桩身损坏。

（2）选择打桩船应首选船体大、抗风浪能力强的，以避免遇到风浪便影响正常施工或引起施工质量低下。

（3）掌握地质特点，根据土层变化控制锤击力大小，一旦发现桩身剧烈抖动或贯入度突然增大、桩身倾斜时，应立即停止施工，经有关单位制定方案后再进行下一步施工。

（4）桩身开孔，在桩顶以下 1～1.5m 处，开两个对称孔，孔径为 5cm，泥面以下 5m 处，开两个对称孔，开孔时宜用取芯机或风钻，避免使用钢绞线或钢棒。

9.3.2 桩顶破碎

1. 现象

打桩过程中，发现桩顶混凝土破碎、崩裂。

2. 原因分析

（1）桩身质量在生产或运输过程中没有得到有效保障。

（2）桩锤、桩帽和桩未处于同一轴线上，产生偏心锤。

（3）桩垫材质差、弹性差、桩垫太薄，或不及时更换桩垫，以致不能对作用于桩顶的锤击力发挥其调整作用，使局部混凝土受到过大的冲击而发生破裂。

（4）沉桩时遇到孤石、裸露的岩面或坚硬的岩土层，沉桩困难。

3. 防治措施

（1）严格控制管桩制作质量，注意大直径管桩的吊运、堆存、装运等环节，防止因操作不当所产生的桩身损坏。

（2）施工时要严格控制好桩身垂直度，重点放在第一节桩上，垂直度偏差不得过大，桩帽、桩身及送桩器应在同一直线上，施工时宜用经纬仪在两个方向进行校核。

（3）选用质量优良、可靠的桩垫，使用一定数量的桩数或桩长后，应及时更换。

（4）施工前详细查明地质情况，必要时应补充勘察，根据工程地质条件，合理选择桩型、桩长，正确选择施工机械和施工方法。

9.3.3 桩端达不到设计标高

1. 现象

打桩过程中，桩顶标高还没有达到设计要求，而此时的贯入度已经很小，桩难以沉入。若以桩长和贯入度双控作为收锤标准，则桩长不满足要求，桩端达不到设计标高。

2. 原因分析

（1）勘探资料太粗或有误，未查明工程地质情况，尤其是持力层的标高起伏，致使设计选择持力层或桩端标高有误；或机械设备能力不能满足设计要求。

（2）设计选择的持力层不当或设计要求过高，最大压桩力超过了桩身结构强度。

（3）成桩遇到地下障碍物或厚度较大的硬隔层。

3. 防治措施

（1）施工前详细查明地质情况，必要时应补充勘察，根据工程地质条件，合理选择桩型、桩长，正确选择施工机械和施工方法。

（2）适当加大桩距，视工程具体情况，可以按 4～5D 控制，合理选择打桩顺序，可采取自中部向两边打、分段打等。

（3）施工前平整场地，清除地下障碍物。

9.3.4　桩位偏差或桩身倾斜

1. 现象

在施工过程中发现本来没有偏差的桩出现了桩位偏差或桩身倾斜；或已施工完毕后，桩位发生偏差或桩身倾斜。

2. 原因分析

（1）参见 9.2.2“桩顶位移或桩身倾斜”的原因分析（1）～（7）。

（2）打桩船机选用不合理，抗风浪能力不足，在打桩过程中容易发生摇摆或晃动。

（3）打桩环境为新近沉积的淤泥质土及岸坡较陡时陆地上较大较高的土体回填堆积，或岸坡为新开挖不久，由此产生地基土流动而带动桩体整体位移或局部弯曲。

3. 防治措施

（1）参见 9.1.2“桩身断裂”的预防措施（1）、（2）及 9.2.2“桩顶位移或桩身倾斜”的防治措施（1）、（3）、（5）、（6）。

（2）选择打桩船应首选船体大、抗风浪能力的，以避免一遇风浪便影响正常施工或引起施工质量低下。

（3）合理安排施工顺序与施工工艺，必要时应开挖土体以减小因土体高程差引起的剪应力。

附录 9.1　钢筋混凝土预制桩施工质量标准

预制桩（钢桩）桩位的允许偏差　　附表 9-1

项次	项　　目	允许偏差（mm）	项次	项　　目	允许偏差（mm）
1	盖有基础梁的桩： （1）垂直基础梁的中心线 （2）沿基础梁的中心线	 100＋0.01H 150＋0.01H	3	桩数为 4～16 根桩基中的桩	1/2 桩径或边长
2	桩数为 1～3 根桩基中的桩	100	4	桩数大于 16 根桩基中的桩： （1）最外边的桩 （2）中间桩	 1/3 桩径或边长 1/2 桩径或边长

注：H 为施工现场地面标高与桩顶设计标高的距离。

预制桩钢筋骨架质量检验标准　　附表 9-2

项目类别	序号	检查项目	允许偏差或允许值（mm）	检查方法
主控项目	1	主筋距桩顶距离	±5	用钢尺量
	2	多节桩锚固钢筋位置	5	用钢尺量
	3	多节桩预埋铁件	±3	用钢尺量
	4	主筋保护层厚度	±5	用钢尺量
一般项目	5	主筋间距	±5	用钢尺量
	6	桩尖中心线	10	用钢尺量
	7	箍筋间距	±20	用钢尺量
	8	桩顶钢筋网片	±10	用钢尺量
	9	多节桩锚固钢筋长度	±10	用钢尺量

钢筋混凝土预制桩的质量检验标准　　附表 9-3

项目类别	序号	检查项目	允许偏差或允许值	检查方法
主控项目	1	桩体质量检验	按基桩检测技术规范	按基桩检测技术规范
	2	桩位偏差	见附表 9-1	用钢尺量
	3	承载力	按基桩检测技术规范	按基桩检测技术规范
一般项目	4	砂、石、水泥、钢材等原材料（现场预制时）	符合设计要求	查出厂质保文件或抽样送检
	5	混凝土配合比及强度（现场预制时）	符合设计要求	检查称量及查试块记录
	6	成品桩外观质量	表面平整，颜色均匀，掉角深度＜10mm，蜂窝面积小于总面积 0.5%	观察检查
	7	成品桩裂缝（收缩裂缝或起吊、装运、堆放引起的裂缝）	深度＜20mm，宽度＜0.25mm，横向裂缝不超过边长的一半	裂缝测定仪测定，该项在地下水有侵蚀地区及锤击数超过 500 击的长桩不适用
	8	成品桩尺寸： 横截面边长(mm) 桩顶对角线差(mm) 桩尖中心线(mm) 桩身弯曲矢高(mm) 桩顶平整度(mm)	 ±5 ＜10 ＜10 ＜1/1000l ＜2	 用钢尺量 用钢尺量 用钢尺量 用钢尺量，l 为桩长 用水平尺量
	9	电焊接桩： 焊缝质量 电焊结束后停歇时间(min) 上下节平面偏差(mm) 节点弯曲矢高(mm)	 见附表 9-7 ＞1.0 ＜10 ＜1/1000l（l 为两节桩长）	 见附表 9-7 秒表测定 用钢尺量 用钢尺量
	10	硫磺胶泥接桩： 胶泥浇注时间(min) 浇注后停歇时间(min)	 ＜2 ＞7	 秒表测定 秒表测定
	11	桩顶标高(mm)	±50	水准仪观测
	12	停锤标准	设计要求	现场实测或查沉桩记录

先张法预应力管桩质量检验标准　　附表 9-4

项目类别	序号	检查项目	允许偏差或允许值	检查方法
主控项目	1	桩体质量检验	按基桩检测技术规范	按基桩检测技术规范
	2	桩位偏差	见附表 9-1	用钢尺量
	3	承载力	按基桩检测技术规范	按基桩检测技术规范

续表

项目类别	序号	检查项目		允许偏差或允许值	检查方法
一般项目	4	成品桩质量	外观	无蜂窝、露筋、裂缝，色感均匀，桩顶处无孔隙	用钢尺量
			桩径(mm) 管壁厚度(mm) 桩尖中心线(mm) 顶面平整度(mm) 桩体弯曲	±5 ±5 <2 10 <1/1000l(l为两节桩长)	用钢尺量 用钢尺量 用水平尺量 用钢尺量 用钢尺量
	5	接桩：焊缝质量 电焊结束后停歇时间(min) 上下节平面偏差(mm) 节点弯曲矢高		见附表 9-7 >1.0 <10 <1/1000l	见附表 9-7 秒表测定 用钢尺量 用钢尺量，l为两节桩长
	6	停锤标准		按设计要求	现场实测或查沉桩记录
	7	桩顶标高(mm)		±50	水准仪观测

9.4 斜桩沉桩

斜桩多用于桥梁、码头、船坞、钻探平台、接岸结构等水工结构和陆地特殊结构工程中，以承受竖向和水平向荷载。

9.4.1 桩顶碎裂，桩身断裂

1. 现象

在沉桩过程中，混凝土斜桩的桩头容易出现碎裂、桩身断裂现象，严重者桩头混凝土击碎后露出钢筋。

2. 原因分析

(1) 设计方面：未考虑工程地质的复杂条件、施工机具的情况以及斜桩悬臂状态等特殊因素；混凝土设计强度偏低，桩顶抗冲击的钢筋网片不足，或应采用预应力桩而未采用，应设置钢帽箍而未设置；斜桩的长细比过大或配筋不足。

(2) 施工方面：混凝土配合比不符合设计要求，养护措施不当，导致混凝土强度不足；混凝土振捣不周密，桩头处混凝土存在不平整或蜂窝、孔洞等现象，尤其是钢帽箍阴角内部位；施工机具选择使用不当，锤重小而冲程过大，违反重锤低击原则，造成桩顶受击次数过多，或桩顶最大锤击力超过桩身混凝土极限承载力，或桩帽和桩锤之间的垫衬不当；桩身接头焊缝不饱满或焊缝厚度不足，沉桩至一定深度产生拉应力破坏；锤击沉桩未达到收锤标准就收锤完工，或斜桩悬臂状态过长未设置相应措施，在水流、波浪的荷载作用下产生桩身断裂；预制混凝土桩在运输、吊装中吊点、吊具选择不当，或混凝土强度未达到就起吊使用。

3. 预防措施

(1) 设计方面：应熟悉并校核工程地质勘察报告，必要时提出补勘；合理选择桩端持力层及长桩分段的接头位置；尽量选用或设计高强预应力混凝土管桩或预应力空心方桩，桩顶和接头的构造应合理；控制长桩的长细比，无法达到现行行业标准的规定时应选用钢管桩或型钢桩。

（2）船上沉桩的施工措施：1）专用打桩船舶性能必须满足当地的水文、气象、航道等多方面条件；2）配备包括打桩船、运输桩方驳、拖轮等船组和熟练水上作业的打桩人员；3）配有桩从陆上预制加工地点转到水上运输的机械设备和码头；4）沉桩需要水陆配合，在陆地测量人员指挥下进行，以防打桩船在锚泊后晃动影响沉桩质量，特别注意倾角应结合桩架刻度和倾角器校核。基桩开始打前几击时，应用冷锤（不给油着锤），若发现跑位倾斜过大应重新校正或拔出重打；5）沉桩的桩锤应与斜桩轴线同心，桩帽与桩锤之间的垫衬应用竖纹硬木且厚度不小于150mm；沉桩的先后顺序应适应打桩船的性能，避免某些桩无法施工；6）要掌握施工地区的气候及水文变化规律，编制专项沉桩施工方案；7）沉桩的最后贯入度与收锤标准的确定，应结合工程地质条件、基桩情况及打桩设备的性能，防止机损桩坏；8）长斜桩接头应校正两桩间隙，用薄铁片垫实焊牢，焊缝饱满，沉桩结束后应采用临时固定（夹桩）措施，可与已沉入的竖桩或斜桩组合连接；9）超长桩（$L>55m$）特别是俯打桩时，泥面以上的悬臂段很长，开锤施工很容易断桩，需要特制一只活动替板，用钢丝绳系挂，替板的位置宜在悬臂段的中部。超长桩起吊时，采用八点二组滑车吊桩方法；10）超长桩或大直径（边长）桩往往应用重锤或重型液压锤沉桩，打桩船的起吊能力和桩架长度均应满足。

4. 治理方法

（1）发现桩头碎裂或桩身断裂，应立即停止施工，各方会同研究处理方法。

（2）桩头轻度裂缝，可加厚或更换减振垫后继续施工。

（3）桩头严重碎裂，应剔平后用钢板套补强，如图9-6所示，钢板套安装前用高等级干硬性水泥砂浆铺平垫实，用环氧树脂粘结钢板套，再将钢板套的面板与植筋穿孔焊接。

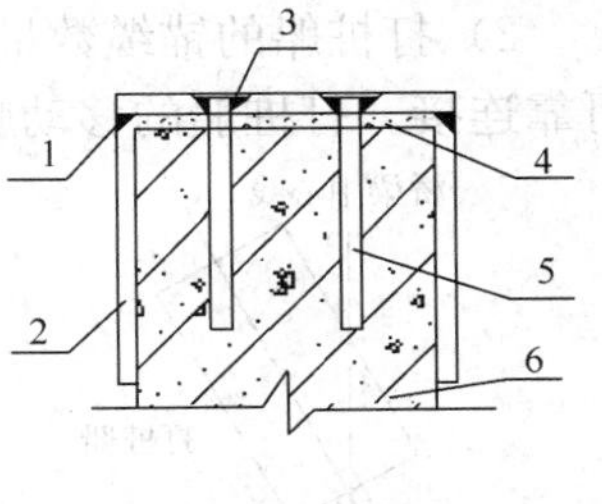

（4）水位以上桩身轻度裂缝处用环氧树脂粘贴碳纤维布数层，桩身严重裂缝者或水位以下无法修补者应补桩。

图9-6 钢板套与桩头连接剖面
1—坡口焊；2—侧板；3—面板与锚筋穿孔塞焊；4—环氧树脂粘贴砂浆垫平；5—植筋；6—斜桩头

9.4.2 斜桩位移、倾斜度超标

1. 现象

沉桩后发现桩头偏移定位点过大，也有发生斜桩和已沉工程桩在泥面以下相碰，导致无法沉桩到位。

2. 原因分析

（1）设计方面：未考虑工程水文和地质的复杂条件，水中斜桩由于悬臂的长度大，容易在自重和水流、波浪的水平荷载作用下产生桩头位移；未计算斜桩在沉桩后临时悬臂工况下桩身的强度、刚度和嵌固的稳定性，设计的倾斜度过大；未按比例画出群桩在斜桩倾斜方向的剖面图或未留出足够的空间。

（2）施工方面：1）测量放线定位时，水陆两地测量人员配合不好，各台测量仪器对桩位的交会角过小；施工机具设备选择或使用不当，或机架导板刚度不足，或船舶的锚缆设置不足；2）沉桩工艺不当，插桩入土后未进一步校核桩位，桩自重下沉阶段未结束就开锤，陆地指挥人员未发指令就收锤结束，仰打和俯打选择不当，替打钢桩选择不当；3）沉桩结束后未及时施工夹桩设施。

3. 预防措施

(1) 设计方面：应充分考虑工程和水文地质及气象条件的复杂情况，计算水中斜桩在正常使用阶段和沉桩施工阶段及沉桩后临时悬臂阶段的桩身强度、刚度与嵌入泥面下的稳定性；斜桩的倾斜度不宜过大；应按比例作图画出全部竖桩和斜桩在斜桩倾斜方向的剖面图。

(2) 施工方面：除9.4.1“桩顶碎裂、桩身断裂”所述预防措施外，还应采取下列措施：

1) 船上施工桩基的沉桩工艺应按下述流程进行：

打桩船向装桩方驳移动→提升打桩锤和替打、俯打桩架及下放大小钩→打桩船向装桩方驳下落吊钩→捆绑吊索→水平起吊桩向沉桩区移船→移船中竖直架子，放下小钩，起大钩，将桩立起→在测量配合下打桩船初定位→打桩船抛锚就位→打开抱桩器，桩进龙口，套好背板→向桩顶套入替打→解下吊索（小钩）、替打和桩锤的挂钩扣→精确定桩位→插桩入土2～3m后暂停，进一步校核桩位→继续沉桩直到桩自重下沉结束→压锤，使桩继续下沉，直至停沉→解开上吊索（大钩扣）和抱桩器、背板→下老母扣（开锤起落架）→开锤打桩→记录锤击过程→控制标高停锤（由陆上测量人员发指令）→沉桩完毕→将替打挂在锤上→起吊锤和替打→退船继续施工。

2) 打桩船的锚缆数量和长度及锚锤子重量应足够，锚锤子应与铁链和浮桶及打桩船可靠连接。打桩船的移动顺序应合理策划部署。

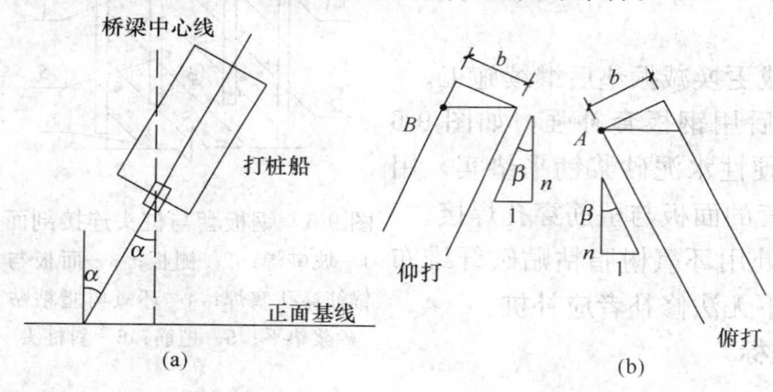

图9-7　斜桩定位示意
(a) 平面图；(b) 立面图
图中α为斜桩的平面扭角，β为斜桩的倾斜角。

3) 水中沉桩时，水陆两地（主要为陆地）的测量应有数台经纬仪和水准仪，各台仪器对桩位的交会角，应控制在60°～120°之间。斜桩定位示意如图9-7所示。

4) 桩位反复校核见沉桩工艺流程。水上施工桩基一般不宜接桩，特殊情况下接桩时，已仰俯的桩架不能再移动或转动，接第二节桩时还须用经纬仪校正其位置和同心度，必须防止接上节桩时下节桩溜桩或倾斜。

5) 按照陆地指挥的指令（控制标高），再安装替打桩继续沉桩，控制收锤标准。替打桩的长度和刚度应足够。沉桩结束后应及时施工夹桩设施，在有台风、大浪和洪峰等预报时，应检查夹桩设施是否牢固可靠。

6) 陆地施工斜桩时，如斜桩施打场地表面比较松散，桩倾角后很容易跑位，可采取场地预先平整、压实或者采用桩尖位置挖垂直小坑及稳桩提前量来减小和避免打桩位移超偏，详见图9-8所示。

4. 治理方法

(1) 陆地上斜桩产生位移、倾斜度超标的各种治理方法见本章相关各节。

(2) 水中斜桩产生位移、倾斜度超标，但无桩头碎裂、桩身断裂等其他方面质量缺

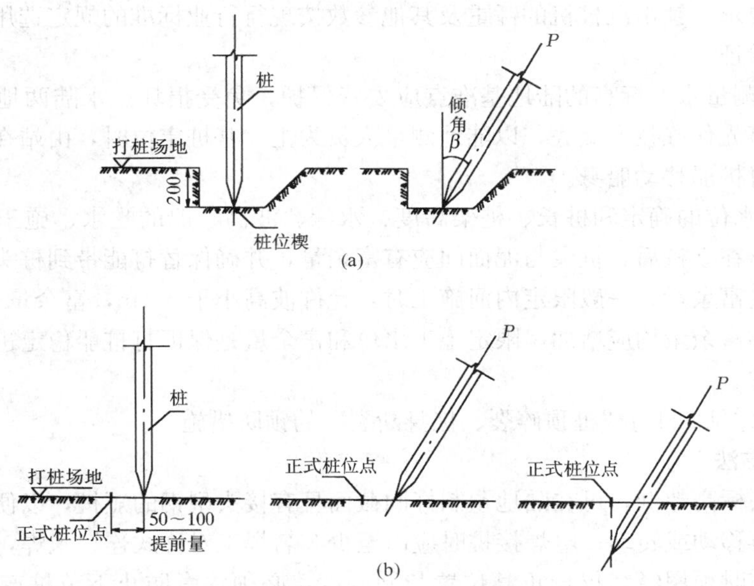

图 9-8 斜桩稳桩示意图

陷，宜尽量保留使用，可采用承台加厚截面及加强配筋予以弥补。

（3）水中斜桩控制位移、倾斜度的主要方法是重在预防，当位移、倾斜度严重超标时，会商结果确需补桩时，应制定具体的补沉斜桩的专项施工方案。

9.4.3 斜桩标高及贯入度超标

1. 现象

斜桩标高超标指沉桩结束后桩端超低或超高，斜桩顶面倾斜；斜桩贯入度超标指沉桩的标高已达到而贯入度仍大于设计要求。

2. 原因分析

（1）设计方面：地质勘察报告有误或钻探孔过稀，导致地质剖面不准确；设计的斜桩长度不足，引起沉桩后标高超低；设计的沉桩最终贯入度偏小，沉桩后标高超标，甚至桩头锤击碎裂仍达不到设计的贯入度要求。

（2）施工方面：锤击的锤重选择不当，锤重过轻会引起锤击次数超过标准值而导致桩身损坏，锤重过重会引起锤击压应力大于桩身混凝土的抗压强度设计值；未进行结合地质钻探孔条件的试沉桩；陆地上测量仪器水准仪的基准点受到扰动破坏或测量计算错误。

3. 预防措施

（1）设计方面：校核工程及水文地质勘察报告，当钻探孔或提供的资料欠缺时，应要求补勘；斜桩的长度应设计合理，宜留有富余量，因超高桩比超低桩容易处理；最终贯入度的规定应合理，可以现行行业标准的规定为依据，结合现场试桩确定。

（2）施工方面：

1）斜桩终止锤击的控制应符合现行行业标准的规定：贯入度已达到设计要求而桩端标高未到达时，应继续锤击 3 阵，按每阵 10 击的贯入度不大于设计规定的数值确认。

2）选择打桩船应能满足施工要求，包括吃水深度、船舶稳定性、走锚可能性、锚缆布置等都应满足打所有桩基平面布置图内的桩、抗风浪性能、起吊能力、桩架高度以及施工进度等的要求。锤击沉桩机的锤重及其他参数按现行行业标准的规定选用后，应在现场进行试沉桩验证。

3）控制测量水准标高的陆地基准点应妥善保护，免受损坏。水陆两地的测量人员应密切配合，事先作好技术交底，以陆地测量人员为主。基桩定位时，由站在打桩船龙口的测量工指挥打桩船移动船身。

4）施工水位的确定和桩长、桩架高度、水深、波高、船的吃水、施工水域的泥面富余量等有关。在立桩后，桩尖与泥面间应有富余量，并确保替打能带到桩头上及吊替打的滑车有一定的富余量。一般限定内河施工时，允许波高小于50cm，富余量大于20cm。海上允许波高和富余量均应增加，限定施工水位和富余量是保证打桩船稳定进而控制沉桩质量的基本条件。

5）其他详见9.4.1“桩顶碎裂、桩身断裂”的预防措施。

4. 治理方法

（1）桩头标高超低，可在陆地预制好同截面且有接头型钢的短桩，以便应用；已仰俯的桩架不能再移动或转动；电焊接桩时应由至少2名焊工对称式连续施焊，并保证焊缝饱满；安装接桩时须用经纬仪校正其位置与同心度，必须注意防止下节桩产生溜桩或倾斜现象。

（2）桩头标高超高，可用电动切桩机切割，切割前应用型钢抱箍箍紧桩身，且只能切割混凝土保护层的厚度，剩余桩芯混凝土用手锤凿除，以便保留桩的主筋锚入承台。

（3）遇到较厚硬夹层时，沉桩时不易穿过，可采用振动法、射水法等辅助沉桩法，但桩尖处最后沉入的2m必须锤击打入，按现行行业标准及设计要求控制贯入度标准。

（4）锤击沉桩的最终贯入度偏大，应继续沉桩，直至达到设计要求，处理方法同（1）。

附录9.2 水上沉桩的允许偏差

水上沉桩桩顶偏位允许偏差（m） 附表9-5

序号	沉桩区域	混凝土方桩		预应力混凝土管桩（D>600）		钢管桩	
		直桩	斜桩	直桩	斜桩	直桩	斜桩
1	内河和有掩护近岸水域	100	150	150	200	100	150
2	近岸无掩护水域（距岸≤500m）	150	200	200	250	150	200
3	离岸无掩护水域（距岸>500m）	200	250	250	300	250	300

注：1. 直径D≤600mm的管桩按方桩允许偏差执行。
2. 墩台中间桩可按上表规定放宽50mm。

9.5 钢管（型钢）桩

建筑工程中，根据高大建筑物、工业厂房及特殊构筑物的基础工程需要，有时会选用钢桩（长桩）的桩基础。H 型或工字型钢板桩多用于深基坑开挖作为挡土支护和挡水的临时工程选用，由于其造价昂贵，作为桩基础还不普遍。一般钢桩多为无缝钢管，易于将其制成桩，便于运输及沉入土中。钢管桩桩尖分为开口桩、闭口桩（有桩靴），管的直径为 25～100cm（也有大于 100cm 的），桩管壁厚度又分为薄壁与厚壁，钢桩长度可达数十米。短管节的焊接在架台上以平放位置进行，长管节则在桩沉入土内过程中焊接接长。多数钢管桩沉桩后，在钢管内填充混凝土以提高承载力。

9.5.1 钢管桩顶变形

1. 现象

钢管桩在沉桩过程中，特别是较长的桩，经大能量、长时间锤击，产生桩顶变形、开裂。

2. 原因分析

（1）勘察设计方面：工程地质勘察报告描述不详，勘探点过少；遇到了坚硬的地下硬夹层，如较厚的中密以上的砂层、砂卵石层等；设计的钢管桩壁厚偏小，或应设计桩顶加固肋板而未设计。

（2）施工方面：遇到了坚硬的障碍物，如大石块、大块混凝土等难于穿过，导致锤击次数过多；桩顶的减振材料衬垫过薄，更换不及时，桩帽构造和衬垫选材不合适；打桩锤的锤重选择偏轻，锤击次数过多，使桩顶钢材疲劳破损，打桩顺序不合理；稳桩校正不严格，造成锤击偏心，影响了垂直贯入；场地平整度偏差过大，造成基桩易倾斜打入，使桩沉入困难。

3. 预防措施

（1）勘察设计方面：应按现行国家标准的规定详细勘察并提供勘察报告，根据地质的复杂程度进行加密探孔，必要时一桩一探（特别是超长桩）；设计的钢管桩顶部应有加固肋板或套箍。

（2）施工方面：放桩位时，先用钎探查找地下障碍物，及时清除，穿硬夹层时，可选用射水法、机钻法等措施预成孔；平整场地时，应将旧房基混凝土等挖除，场地平整度要求能使桩机正常行走，必要时铺塘渣、砂卵石、灰土或路基箱等；打桩前，桩帽内垫上合适的减振材料衬垫，如硬木、麻袋，纸垫等，随时更换或一桩一换；施打超长又直径较大的桩时，应选用大能量的柴油锤，以重锤低击为佳，最大打桩力应不大于桩身竖向极限承载力，单桩的总锤击数不宜超过 3000 击。

4. 治理方法

（1）中间节桩桩顶的变形裂缝：接桩时先割除掉变形裂缝部分，再进行接桩。割除时应保证端口水平度、平整度，接桩应焊接可靠，见图 9-9。

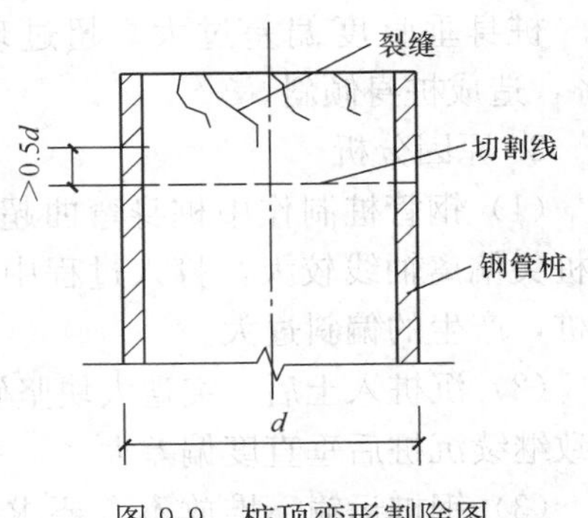

图 9-9 桩顶变形割除图

（2）顶节桩桩顶变形：若仅仅是桩顶破损，且破损长度在 1m 左右，可挖出桩顶，加入补强锚筋并浇筑混凝土，见图 9-10；如破损部分长度较大时，应更换新桩。

（3）桩下端破损：如经检测，桩下端严重破损，则需进行补桩；若桩下端轻微破损，经设计方、监理

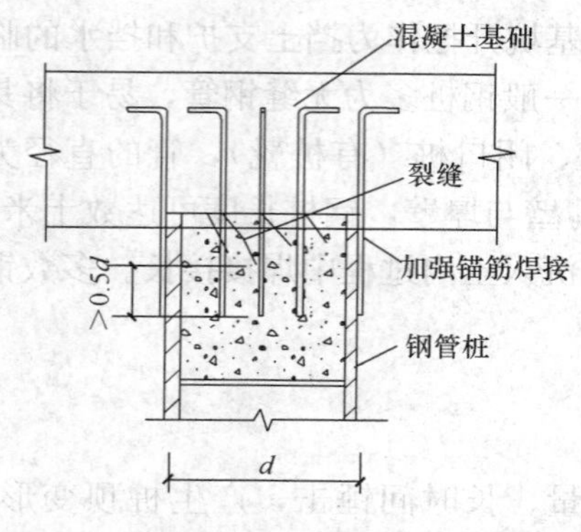

图 9-10　桩顶变形连接示意

方认可，可以使用。

9.5.2　沉桩达不到设计要求

1. 现象

沉桩达不到设计的最终控制标高或贯入度要求。

2. 原因分析

(1) 遇到了较厚的硬夹层，穿过极为困难；或沉桩要求双控制，例如进入持力层较深而贯入度仍未达到。

(2) 接桩质量不符合设计要求，接头焊缝开裂；接桩选择的土层部位未避开硬持力层或硬夹层处。

(3) 同 9.1.3“沉桩达不到设计要求”的原因分析。

3. 预防措施

(1) 根据地质勘察报告的说明，应避免基桩处在硬夹层，硬持力层中进行接桩，以减少接头处焊缝出现开裂、错位等现象。

(2) 钢桩接头焊接，上下节应严格校正垂直度，按现行国家标准控制。气温低于 0℃ 或雨雪天，无可靠措施确保焊接质量时，不得焊接。每个接头焊完后应冷却 1～2min 后方可锤击。

(3) 贯入度已达到设计要求而桩端标高未达到时，应继续锤击 3 阵，并每阵 10 击的贯入度不大于设计规定值。

(4) 同 9.1.3“沉桩达不到设计要求”的预防措施。

4. 治理方法

(1) 地表层遇有大块石、混凝土块等障碍物时，应在沉入钢桩前进行触探，并应清除桩位中的障碍物。

(2) 沉桩中需穿越中间硬夹层时，可采用预钻孔取土工艺，先取土再进行沉桩。

(3) 当桩尖所穿过土层较厚，较硬，穿透有困难时，可在桩下端部增焊加强箍，如图 9-11 所示，加强箍壁厚 6～12mm，高 200～300mm，以增加桩端的强度。

(4) 同 9.1.3“沉桩达不到设计要求”的治理方法。

9.5.3　钢管桩桩身倾斜

1. 现象

桩身垂直度偏差过大，超过现行国家标准规定的 1%，造成桩身倾斜。

2. 原因分析

(1) 钢管桩制作中桩身弯曲超过规定，沉桩施工初期桩尖偏离轴线较大，打入过程中接桩未校正好就进行接桩，产生的偏斜过大。

(2) 沉桩入土后，突遇大块坚硬障碍物，桩尖挤偏，导致继续沉桩后垂直度偏差大。

(3) 钢桩运输、堆放不合要求，搬运吊放有强烈撞

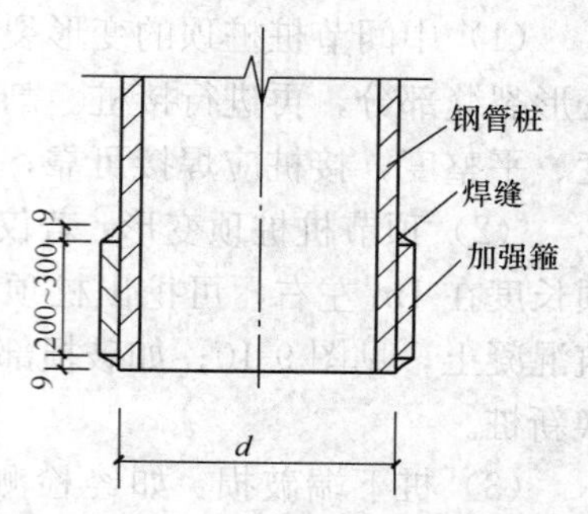

图 9-11　桩端加强箍剖面图

击，造成桩体弯曲变形。

（4）参见9.1，5“桩身倾斜”的原因分析。

3. 预防措施

（1）在最初击打校正稳好的桩时，要用冷锤（不给油状态）击打2～3击，再次校正，若发现桩不垂直，应及时纠正，把桩拔出，找出原因，处理后重新稳桩校正后再施打。

（2）接桩时，上下节桩应在同一轴线上，接头处必须严格按照设计要求和现行国家标准的规定执行。发现桩顶锤击破损，不能正常接桩时，应按9.5.1“钢管桩顶变形”的治理方法，割除损坏部位再进行接桩。

（3）遇到较厚且坚硬的砂或砂卵石夹层采用射水或机钻法时，要随时观察桩的沉入情况，发现偏斜立即停止，采取措施后方可继续施工。

（4）钢桩运输、吊放、搬运，应防止桩体撞击，防止桩端、桩体损坏或弯曲，堆放不宜太高。堆放场地应平坦坚实，排水畅通，支点设置合理，两端应用木楔塞住，防止滚动、撞击、变形。

（5）同第9.5.1“钢管桩顶变形”的预防措施。

4. 治理方法

（1）用高压水枪沿桩位冲出环形深孔，冲孔后，由于桩周围土的不平衡压力得到释放，桩身可适量自行纠正，一般最佳冲孔深度为8m左右，可自行纠偏12mm左右。

（2）拉伸（预压）纠偏，即对在软土地基中的桩顶施加水平拉力或顶压力使桩基本复位。纠偏时要严格控制桩顶位移的速率，一般以2～5cm/h为宜，完成总偏移量的一半时停30min后，再次将桩顶推至复位。钢管桩复位后，冲刷的坑内填入块石混合料，有条件时注入速凝水泥浆。撤销纠偏的受力结构时按照“先受力先撤销”的原则，拆除固定受力墩和反力钢架，应注意控制速率，避免钢桩回弹。

9.5.4 接桩处松脱开裂

1. 现象

钢管桩接桩焊缝处经过锤击，出现松脱、开裂等现象。

2. 原因分析

（1）钢桩接头连接处留有浮锈、油污等杂质，焊接前未清除干净。

（2）采用焊接或法兰连接时，连接件及法兰不平，有较大间隙，造成焊接不牢或螺栓拧不紧。

（3）上下节接桩前轴线不垂直，偏心部位锤击时产生应力集中，破坏连接焊缝。

（4）焊接质量不好，焊缝不连续、不饱满，有夹渣、咬肉等现象；或焊接现场施焊时未考虑季节接桩要求，造成接桩质量差。

（5）法兰连接时，螺栓拧入后未作紧固处理，造成锤击产生强大振动，有松扣现象。

（6）遇到坚硬大块障碍物或坚硬较厚的砂、砂卵石夹层，穿入困难，经长时间大能量锤击，造成接头处松脱开裂。

3. 防治措施

（1）钢桩接桩前，对连接部位上的浮锈、油污等杂质必须清理干净，保证连接部件清洁。

（2）下节桩顶经锤击后的变形部分应割除，以保证顺利平整的接桩。

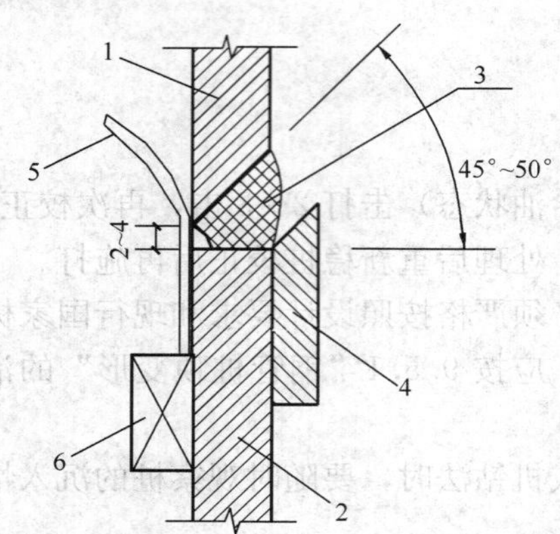

图 9-12　钢桩接头焊接示意图

1—钢管桩上节；2—钢管桩下节；3—坡口焊缝；4—铜夹箍：5—内衬箍；6—挡块

(3) 上下节接桩焊接时，将锥形内衬箍放置在下节桩内侧的挡块上，紧贴桩管内壁并分段点焊，然后吊接上节桩，其坡口搁在焊道上，使上下节桩对口的间隙为 2～4mm，再用经纬仪校正垂直度，在下节桩顶端外周安装好铜夹箍，再进行电焊，如图 9-12 所示。

(4) 焊接应对称连续分层进行，管壁厚小于 9mm 的分 2 层施焊，大于 9mm 的分 3 层施焊。

(5) 应有防寒、防雨等季节焊接措施；冬季气温低于−5℃时不得焊接，夏季雨天，无可靠措施确保焊接质量时，不得焊接。

(6) 法兰连接螺栓拧紧后，螺帽应点焊或螺纹凿毛，以免较长时间锤击造成松动脱扣。

(7) 焊接质量应符合现行国家标准的规定，每个接头除外观检查外，还应按接头总数的 5%做超声波或 2%做 X 射线检查，在同一工程内，探伤检查不得少于 3 个接头。

9.5.5　钢管内混凝土浇筑不密实

1. 现象

钢管桩内混凝土浇筑不密实，产生蜂窝，孔洞、离析、裂缝与内壁脱离等现象。

2. 原因分析

(1) 混凝土配合比不当，未做水下混凝土配合比试验。

(2) 混凝土较干，骨料太大或未及时提升导管或提升速度过快或导管位置倾斜等，使导管堵塞，形成桩身混凝土夹泥、孔洞、蜂窝。

(3) 混凝土未能连续浇筑，中断时间过长，产生夹泥或裂缝。

(4) 开口钢管桩底端泥浆渣土未清理干净，造成桩端夹渣、离析。

(5) 钢管内壁未清理干净，附有大量泥皮杂质，导致混凝土与钢管内壁脱离。

3. 预防措施

(1) 认真设计并严格控制混凝土配合比，当沉入的钢管内有地下水时，应进行水下混凝土配合比试验，混凝土配合比应具备良好的和易性，坍落度宜为 180～220mm。

(2) 边浇筑混凝土边拔导管，做到连续作业。浇筑时勤测混凝土顶面上升高度，随时掌握导管埋入深度，导管埋深控制在 2～4m。

(3) 钢管桩内泥浆应用吸泥设备吸出，桩底泥浆沉渣厚度应符合现行行业标准规定。

(4) 钢管内壁应清理干净，不得留有泥皮。

(5) 必要时，按现行行业标准规定进行桩身质量的现场低应变检测。

4. 治理方法

(1) 当导管堵塞而混凝土尚未初凝时，可用钻机起吊设备，吊起一节钢轨或其他重物在导管内冲击，然后迅速提出导管，用高压水冲通导管，重新下隔水栓灌注。当隔水栓冲出导管后，应将导管继续下降，直到导管不能再插入时，再少许提升导管，继续浇筑混凝土。

(2) 当中断时间超过初凝时间，桩径较大时，可抽掉钢管桩内的水，对原混凝土面进行人工凿毛并清洗，然后再继续浇筑混凝土；桩径较小时，可用比原桩径稍小的钻头在原桩位钻孔到一定深度，清除孔内混凝土碎渣后，再继续浇筑混凝土。

9.5.6 桩身断面失稳

1. 现象

沉桩过程中，贯入度突然增大，桩身某断面失稳。

2. 原因分析

(1) 稳桩时不垂直，打入地下一定深度后，再用移动桩架的方法校正，使桩身产生弯曲。

(2) 稳桩时桩不垂直，桩帽、桩锤及桩不在同一直线上。

(3) 两节桩或多节桩施工时，相接的两节桩不在同一轴线上，产生了弯曲。

(4) 设计长细比过大，引起纵向失稳。

(5) 桩身局部质量存在瑕疵。

3. 防治措施

(1) 在沉桩过程中，如发现桩不垂直应及时纠正，如有可能，应把桩拔出，重新沉桩。桩打入一定深度发生严重倾斜时，不宜采用移动桩架来校正。

(2) 接桩时要保证上下两节桩在同一轴线上，接头处必须严格按照设计要求执行。

(3) 适当增加壁厚以提高断面刚度。

(4) 沉桩前对桩体进行必要的检查。

9.5.7 桩端管材卷曲、开裂

1. 现象

表面现象不明显，桩底钢材在巨大沉桩力作用下产生开裂、卷曲（图 9-13）。

2. 原因分析

(1) 桩端强度不足，进入粗砂、乱石或坚硬的黏土层，沉桩阻力增大。

(2) 地表有坚硬块体随沉桩过程带入下部土层。

3. 防治措施

(1) 在桩端增加钢套箍，以增加桩端抗裂、抗变形的能力。

(2) 及时清理地表石块、混凝土块等坚硬物质。

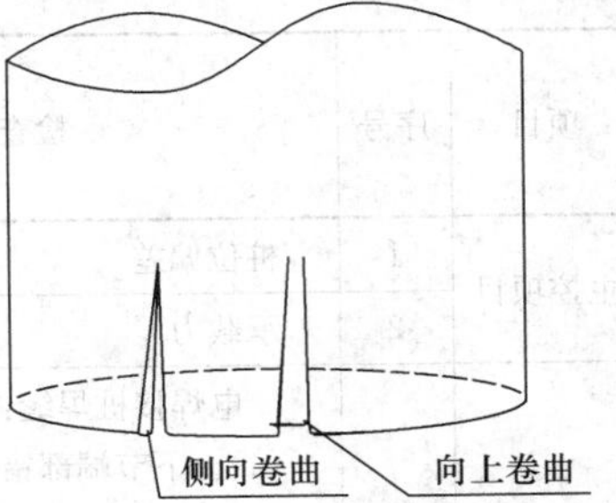

图 9-13 开口桩尖卷曲、开裂

9.5.8 型钢桩桩身横向扭转

1. 现象

沉桩过程中，随着桩的打入深度不断增大，下部桩身在土体中发生桩身扭转，且扭转程度越往桩底方向越严重。

2. 原因分析

桩周土体发生变化，聚集在型钢桩两翼间的土体存在差异，对桩身产生主动压力，致使桩身发生扭转，且扭转程度随入土深度的增加而增大。

3. 防治措施

利用抱箍反向扭转变形量过大的桩，对于入土深度不大的桩，可以拔出重新沉桩。

附录 9.3　钢管桩施工质量检验标准

成品钢管桩质量检验标准　　附表 9-6

项目类别	序号	检查项目	允许偏差或允许值	检查方法
主控项目	1	钢桩外径或断面尺寸：桩端 桩身	±0.5%D ±1D	用钢尺量，D 为外径或边长
	2	矢高	<1/1000l	用钢尺量，l 为桩长
一般项目	3	长度(mm)	+10	用钢尺量
	4	端部平整度(mm)	≤2	用水平尺量
	5	H 钢桩的方正度(mm) h>300 h<300	$T+T'$≤8 $T+T'$≤6	用钢尺量，h、T、T' 见图示
	6	端部平面与桩中心线的倾斜值(mm)	≤2	用水平尺量

钢管桩施工质量检验标准　　附表 9-7

项目	序号	检查项目	允许偏差或允许值		检查方法
			单位	数值	
主控项目	1	桩位偏差	见附表 9-1		用钢尺量
	2	承载力	按基桩检测技术规范		按基桩检测技术规范
一般项目	4	电焊接桩焊缝： (1)上下节端部错口 (外径≥700mm)	mm	≤3	用钢尺量
		(外径<700mm)	mm	≤2	用钢尺量
		(2)焊缝咬边深度	mm	≤0.5	焊缝检查仪
		(3)焊缝加强层高度	mm	2	焊缝检查仪
		(4)焊缝加强层宽度	mm	2	焊缝检查仪
		(5)焊缝电焊质量外观	无气孔，无焊瘤，无裂缝		直观
		(6)焊缝探伤检验	满足设计要求		按设计要求
	5	电焊结束后停歇时间	min	>1.0	秒表测定
	6	节点弯曲矢高		<1/1000l	用钢尺量，l 为两节桩长
	7	桩顶标高	mm	±50	水准仪
	8	停锤标准	设计要求		用钢尺量或沉桩记录

9.6 沉管灌注桩

利用锤击沉桩设备沉管、拔管成桩，称为锤击沉管灌注桩；利用振动器振动沉管、拔管成桩，称为振动沉管灌注桩。

9.6.1 桩身缩颈、夹泥

1. 现象

桩身缩颈指成形后的桩身局部直径小于设计要求。桩身夹泥指泥浆把灌注的混凝土局部隔开，使得桩身不完整、不连续。

2. 原因分析

(1) 套管在强迫振动下迅速把基土挤开而沉入地下，局部套管周围土颗粒之间的水及空气不能很快向外扩散而形成孔隙压力，当套管拔出后，因为混凝土没有柱体强度，在周围孔隙压力的作用下，把局部桩体挤成缩颈、夹泥。

(2) 在流塑状态的淤泥质土中，沉管到位后由于套管先拔后振使混凝土不能顺利地流出，淤泥质土迅速填充进来造成缩颈、夹泥。

(3) 桩身在上下不同土层处，混凝土的凝固速度及挤压力不同，在上下段不同土层临界处引起缩颈。

(4) 拔管速度过快，桩管内形成的真空吸力对混凝土产生拉力作用，造成桩身缩颈。

(5) 拔管时，管内混凝土过少，自重压力不足或混凝土坍落度偏小，和易性差，管壁对混凝土产生摩擦力，混凝土扩散慢，造成缩颈。

(6) 群桩布桩过密，桩身混凝土终凝前被挤压产生缩颈。

(7) 采用反插法施工时，反插尝试太大，活瓣式桩靴向外张开，将孔壁周围的泥土挤进桩身；采用复打法施工时，套管上的泥土未清理干净，造成桩身夹泥。

3. 预防措施

(1) 施工中控制拔管速度：锤击沉管桩施工，对一般土层拔管速度宜为1m/min，在软弱土层和软硬土层交界处拔管速度宜为0.3～0.8m/min；振动沉管桩施工，在一般土层内拔管速度宜为1.2～1.5m/min，在软弱土层中宜为0.5～0.8m/min；采用活瓣桩尖时宜慢些。

(2) 桩管灌满混凝土后，先振动10s再拔管，应边拔边振，每次拔管高度0.5～1.0m，反插深度0.3～0.5m；在拔管过程中，应分段添加混凝土，保持管内混凝土面始终不低于地表面或高于地下水位1.0～1.5m以上，使混凝土出管时有较大的自重压力形成扩张力。

(3) 混凝土的充盈系数不得小于1.0，对充盈系数小于1.0的桩，应全长复打。在淤泥等高流塑状土层中易产生缩颈部位，宜采取复打或反插工艺解决缩颈。复打前应把桩管上的泥土清干净，局部复打应超过断桩或缩颈区1m深。成桩混凝土顶面应超灌500mm以上。

(4) 控制反插尝试不超过活瓣式桩靴长度的2/3。

(5) 在群桩基础中，若桩中心距小于4倍桩径时，应采用跳打法施工。

（6）施工时用浮标检测法经常检测混凝土下落情况，发现问题及时处理。

4. 治理方法

（1）当桩身混凝土强度达到设计值的75%时，利用静压沉桩的桩架进行跑桩检测，是一种快速测桩方法。事先凿去桩顶浮浆，主筋向外弯曲90°，填以中粗砂后放置30mm厚圆形钢板。检测时将桩架和配重（压桩力）设置为单桩承载力特征值R_a的1.5倍左右，桩架就位后用卷扬机加载于桩顶，使桩架的前轮离地（俗称抬架），将荷载通过传力杆压在桩顶上，用油压千斤顶测出作用于桩顶的压桩力。标定压桩力后可直接按抬架的方法逐根进行跑桩检测，在压桩力作用下持续3min，观测桩顶下沉量，若桩顶下沉量小于$0.1D$（D为桩直径）且残余沉降量小于$0.06D$，就认为该桩质量合格；反之则认为该桩质量有问题，需要治理。对于一般质量缺陷的沉管桩，例如轻度上浮的桩、桩尖进入持力层不足的桩、桩身混凝土拉裂的桩以及轻度夹泥的桩，均可利用跑桩检测兼治理。

（2）经跑桩检测出质量有问题的桩可利用低应变动测检测，确定该Ⅲ类桩缩颈、夹泥、断裂、离析等缺陷的位置；若缺陷仅存在于桩身上部3m左右深度，可采用套管法或放坡法开挖后凿去桩身缺陷部位，重新支模浇筑混凝土。

（3）对于检测出的Ⅳ类桩和缺陷位置较深的Ⅲ类桩（无法开挖后凿桩加固），则一般应采取补桩法治理。

9.6.2 吊脚桩

1. 现象

桩端混凝土脱空，或桩的底部混入泥水杂质形成较弱的桩尖，俗称吊脚桩，从而削弱了桩的承载力（图9-14）。

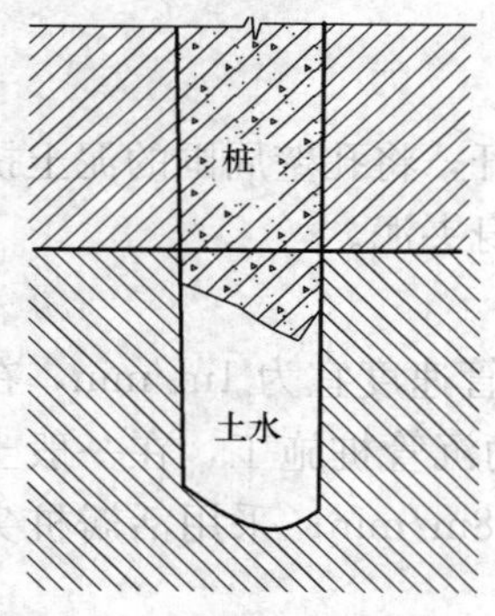

图9-14 吊脚桩

2. 原因分析

（1）桩入土较深，并且进入低压缩性的粉质黏土层，拔管时，活瓣桩尖被周围的土包住而打不开，混凝土无法流出套管。

（2）在有地下水的情况下，封底混凝土浇灌过早，套管下沉时间又较长，封底混凝土经长时间振动被振实，在管底部形成“塞子”，堵住了套管下口，使混凝土无法流出。

（3）预制桩头的混凝土质量较差，强度不够。沉管时预制桩头被挤入套管内，拔管时堵住管口，使混凝土不能流出管外。

（4）活瓣式桩尖合龙不严密，沉管下沉时，泥水挤入桩管内。

3. 防治措施

（1）根据工程地质条件、建筑物荷重及结构情况，合理选择桩长，尽可能使桩端不过多的进入低压缩性的土层中，以防止出现混凝土拒落现象，反而影响单桩承载力。

（2）严格检查预制桩尖的强度和规格，预制混凝土锥形桩尖的环形肩部表面应有预埋铁。

（3）沉管时用吊铊检查桩靴是否进入管内和管内有无泥浆，若有应拔出纠正或填砂重打。

（4）在地下水位较高、含水量大的淤泥和粉砂土层，当桩管沉到地下水位时，在管内灌入0.5m左右水泥砂浆作封底，并再灌1m高混凝土封闭桩端以平衡水压力，然后继续沉管。

(5) 拔管时应用浮标测量，检查混凝土是否确已流出管外。也可用铁锤敲击桩管壁法，确定混凝土是否下落。

(6) 采用9.6.1"桩身缩颈、夹泥"治理方法所述跑桩检测法治理。

(7) 护壁短桩管法。在桩管端部增设扩壁短桩管，沉桩管时，短桩管随之下沉；拔桩管时，短桩管下落，起到护孔和减振的作用，从而防止桩的吊脚缩颈。

9.6.3 断桩

1. 现象

桩身局部分离，甚至有一段没有混凝土（图9-15）；桩身的某一部位混凝土断裂或坍塌，在坍塌处上部没有混凝土（图9-16）。

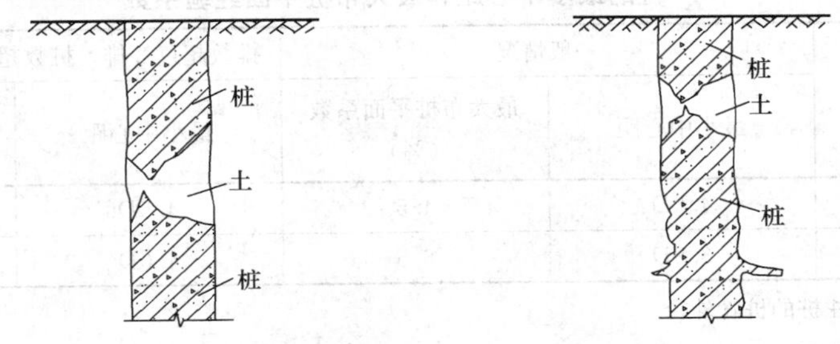

图9-15 断桩　　图9-16 桩坍塌断裂

2. 原因分析

(1) 在软硬不同的两层土中振动上拔套管，由于振动对于两层土的波速不一样，桩成型后，还未达到初凝强度时，产生了剪切力把桩剪断；或已成型但未达到一定强度的桩，被邻近桩位沉管剪断。

(2) 拔管时速度太快，或混凝土坍落度过小，混凝土还未流出套管外，周围的土迅速挤压回缩，形成断桩。

(3) 在流态的淤泥质土中孔壁不能直立，浇筑混凝土时，混凝土重度大于流态淤泥质土，造成混凝土在该层中坍塌。

(4) 冬期施工，冻层与非冻层混凝土沉降不一样，被拉断；或混凝土不符合季节施工的要求，由于振动产生离析。

3. 防治措施

(1) 采用跳打法施工，跳打时必须在相邻成形的桩达到设计强度的60%以上方可进行。

(2) 冬期施工混凝土要适合冬期施工要求，加入混凝土外加剂，并保证混凝土浇筑入管的温度。冻层与非冻层交接处要采取局部反插（应超过1m以上）措施。

(3) 采用9.6.1"桩身缩颈、夹泥"的治理方法治理。

9.6.4 沉管达不到设计标高

1. 现象

沉管灌注桩一般采用标高控制，沉桩达不到设计的最终控制标高，影响单桩承载力。

2. 原因分析

（1）沉管中遇到硬夹层，又无适当措施处理。

（2）沉管灌注桩是挤土桩，当群桩数量大，布桩平面系数大，土层被挤密后，后续施工的桩管下沉困难，未达到设计标高。

（3）振动沉管桩施工中，桩机设备功率偏小，即振动锤激振力偏低或正压力不足，或桩管太细长，刚度差，使振动冲击能量减小，不能传至桩尖，造成沉桩达不到设计标高。

3. 预防措施

（1）详细分析工程地质资料，了解硬夹层情况，对可能穿不透的硬夹层，应预先采取措施，例如预钻孔后沉管等措施，对地下障碍物必须预先清除干净。

（2）控制沉管灌注桩的最小中心距和最大布桩平面系数，详见表 9-2。

桩的最小中心距和最大布桩平面经验系数　　表 9-2

土的类别	一般情况		排数超过 2 排，桩数超过 9 根的摩擦型桩基础	
	最小中心距	最大布桩平面系数（%）	最小中心距	最大布桩平面系数（%）
穿越深厚软土	4.0D	4.5	4.5D	4
其他土层	3.5D	6.5	4.0D	5

注：D—沉管灌注桩的桩管外径。

（3）合理规划沉桩顺序，当桩中心距小于 4 倍桩径或布桩平面系数较大时，可采用由中间向两侧对称施打或自中央向四周施打的顺序。

（4）根据工程地质资料，选择合适的沉桩机械，套管的长细比不宜大于 40。

4. 治理方法

（1）根据工程地质条件，选择合适的振动桩机设备参数和锤重。沉桩时，如因正压力不够而沉不下，可用加配重或加压的办法来增加正压力。

（2）对较厚的硬夹层，可先把硬夹层钻透（钻孔取土），然后再把套管植入沉下。也可辅以射水法一起沉管。

（3）因挤土效应无法下沉到设计标高时，可采用“取土植桩”来解决，即在沉桩桩位预先钻孔取土，然后再沉管，将产生较小的挤土作用。

9.6.5 钢筋笼上浮、偏位、下沉

1. 现象

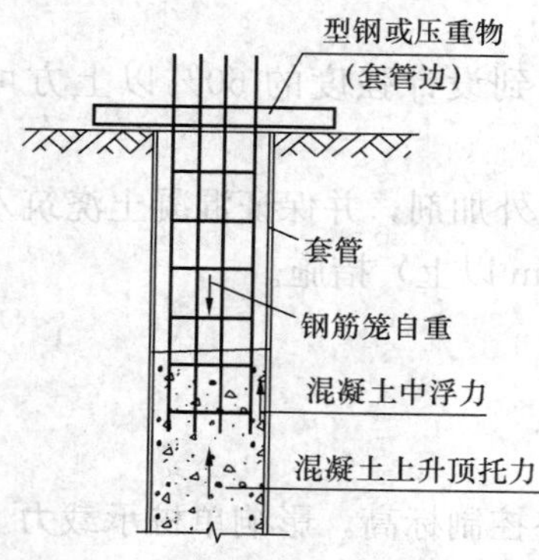

图 9-17　钢筋笼防止上浮示意图

套管沉入到位钢筋笼放入后，在浇筑混凝土时，钢筋笼随着混凝土的灌注产生上浮、偏位现象；或混凝土初凝前，钢筋笼产生下沉现象。

2. 原因分析

（1）混凝土浇筑过程过快，当钢筋笼在混凝土中产生的浮力和混凝土上升产生的顶托力大于钢筋笼自重时，会产生钢筋笼上浮（图 9-17）。

（2）套管上提时钩挂钢筋笼，导致将钢筋笼带上来。

（3）钢筋笼在下沉时保护层定位不可靠，导致钢筋笼偏位。

(4) 沉管桩浇筑混凝土时，因振动导致钢筋笼偏位。

(5) 钢筋笼下沉后，顶端固定不牢，导致钢筋笼上浮或下沉。

3. 防治措施

(1) 防治上浮措施：当套管底口低于钢筋笼底部3～1m之间，以及混凝土表面在钢筋笼底部上下1m之间，应放慢混凝土灌注速度，一般最大的灌注速度宜为0.5m/min。在套管中放入钢筋笼后，用型钢或压重物连接钢筋笼，以防止上浮或下沉，型钢或压重物应放置于套管边沿，使混凝土可顺利浇筑。在浇筑混凝土时，注意观察悬吊钢筋笼的吊筋变化情况。

(2) 防治偏位措施：钢筋笼下放完后应在钢筋笼上拉十字线，找出钢筋笼中心，同时找出套管桩位中心，使钢筋笼中心与套管中心重合并固定在桩位中心。钢筋笼保护层一般采用在主筋上焊接"∟┘"形短钢筋；为达更好的效果，保护层可设置成混凝土转轮式垫块，其半径为桩的保护层厚度+10mm，每隔2m均匀布置4个，焊在主筋上。

(3) 防治下沉措施：对于非全长配筋的桩，下放好钢筋笼后，务必用型钢拴住钢筋笼顶吊圈，如图9-17所示和(1)所述方法。

9.6.6 混凝土灌注量过大

1. 现象

浇筑沉管灌注桩的混凝土时，混凝土的灌注用量过大。

2. 原因分析

(1) 地下遇有枯井、坟坑、溶洞、下水道、防空洞等洞穴。

(2) 在饱和淤泥或淤泥质软土中施工，土质受到扰动，强度大大降低，在灌注混凝土的侧压力作用下，导致桩身扩大。

3. 防治措施

(1) 施工前应详细了解施工现场内的地下洞穴情况，预先挖开清理，然后用素土填塞。

(2) 对于饱和淤泥或淤泥质软土中采用沉入套管护壁浇筑桩的混凝土时，宜先打试桩，如发现混凝土用量过大，可与有关单位研究，完善施工方法或改用其他桩型。

9.7 长螺旋钻孔压灌桩

长螺旋钻孔压灌桩成桩是由长螺旋钻机成孔，钻杆芯管内泵压混凝土成桩，然后利用振动器将钢筋笼沉入桩身混凝土中，也可以在长螺旋杆中心压水泥浆，再在孔内压钢筋笼(图9-18)，一般不需特别清孔。长螺旋钻孔压灌桩施工时无振动，无泥浆污染，机械设备简单，移动方便，施工速度快。特别适用于地下水位以上的黏性土、粉土、素填土、中等密实以上的砂土；在地下水位以下施工时，排渣较困难，容易塌孔。桩孔直径一般为400～800mm，桩长一般为30m左右，钢筋笼插入长度不大于12m，属非挤土成桩工艺。

9.7.1 孔底虚土多

1. 现象

成孔后孔底虚土过多，超过规范所要求的不大于10cm的规定。

2. 原因分析

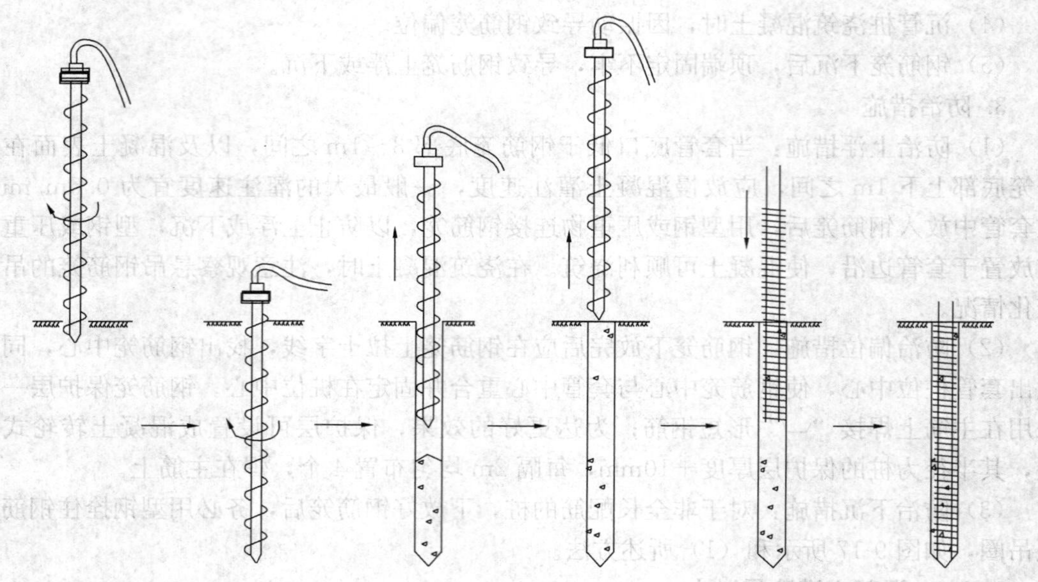

图 9-18　长螺旋钻孔压灌桩示意

(1) 松散填土或含有大量炉灰、砖头、垃圾等杂物的土层，以及流塑淤泥、松散砂、砂卵石、卵石夹层等土中，成孔后或成孔过程中土体容易塌落。

(2) 钻杆加工不直或在使用过程中变形，钻杆连接法兰不平，使钻杆拼接后弯曲。钻杆在钻进过程中产生晃动，造成孔径增大或局部扩大。提钻时，土从叶片和孔壁之间的空隙掉落到孔底。钻头及叶片的螺距或倾角太大，提钻时部分土易滑落孔底。

(3) 孔口的土没有及时清理干净，甚至在孔口周围堆积有大量钻出的土，钻杆提出孔口后，孔口积土回落。

(4) 成孔后，孔口盖板没有盖好，或在盖板上有人和车辆行走，孔口土被扰动而掉入孔中。

(5) 放混凝土漏斗或钢筋笼时，孔口土或孔壁土被碰撞掉入孔内。

(6) 施工工艺选择不当；钻杆、钻头磨损太大；孔底虚土没有清理干净。

(7) 成孔后，不及时浇筑混凝土，孔壁长时间暴露，水分蒸发，或被雨水冲刷及浸泡，造成孔壁土塌落。

(8) 出现上层滞水造成塌孔。

(9) 地质资料和必要的水文地质资料不够详细，对季节施工考虑不周。

3. 预防措施

(1) 仔细探明工程地质条件，尽可能避开可能引起大量塌孔的地点施工，如不能避开，则应选择其他施工方法。

(2) 施工前或施工过程中，对钻杆、钻头应经常进行检查，不符合要求的钻杆、钻头应及时更换。根据不同的工程地质条件，选用不同形式的钻头。

(3) 钻孔钻出的土应及时清理，提钻杆前，先把孔口的积土清理干净，防止孔口土回落到孔底。

(4) 成孔后，尽可能防止人或车辆在孔口盖板上行走，以免扰动孔口土。混凝土漏斗及钢筋笼应竖直地放入孔中，要小心轻放，防止把孔壁土碰塌掉到孔底。当天成孔后必须当天灌完混凝土。

(5) 对不同的工程地质条件，应选用不同的施工工艺。一般来说提钻杆的施工工艺有以下三种：

1) 一次钻至设计标高后，在原位旋转片刻再停止旋转，静拔钻杆。

2) 一次钻到设计标高以上1m左右，提钻甩土，然后再钻至设计标高后停止旋转，静拔钻杆。

3) 钻至设计标高后，边旋转边提钻杆。

(6) 成孔后应及时浇筑混凝土。

(7) 干作业成孔，地质和水文地质应详细描述，如遇有上层滞水或在雨季施工时，应预先找出解决塌孔的措施，以保证虚土厚度满足设计要求。

(8) 钢筋笼的制作应在允许偏差范围内，以免变形过大，吊放时碰刚孔壁造成虚土超标，同时应在放笼后浇筑混凝土前，再测虚土厚度，如超标应及时处理。

4. 治理方法

(1) 在同一孔内用本条预防措施（5）中第一种方法做二次或多次投钻。

(2) 用勺钻清理孔底虚土。

(3) 孔底虚土是砂或砂卵石时，可先采用孔底灌浆拌和，然后再浇灌混凝土。

(4) 采用孔底压力灌浆法、压力灌混凝土法及孔底夯实法解决。

9.7.2 塌孔

1. 现象

成孔后，孔壁局部塌落。

2. 原因分析

(1) 在有砂卵石、卵石或流塑淤泥质土夹层中成孔，这些土层不能直立而塌落。

(2) 局部有上层滞水渗漏作用，使该层土坍塌。

(3) 成孔后没有及时浇筑混凝土。

(4) 出现饱和砂或干砂的情况下也易塌孔。

3. 预防措施

(1) 在砂卵石、卵石或流塑淤泥质土夹层等地基土处进行桩基施工时，应尽可能不采用干作业长螺旋钻孔灌注桩方案，而应采用人工挖孔并加强护壁的施工方法或湿作业施工法。

(2) 在遇有上层滞水可能造成的塌孔时，可采用以下两种办法处理：

1) 在有上层滞水的区域内采用点渗井降水；

2) 正式钻孔前7d左右，在有上层滞水区域内，先钻若干个孔，深度透过隔水层到砂层，在孔内填进级配卵石，让上层滞水渗漏到下面的砂卵石层，然后再进行施工。

(3) 为核对地质资料，检验设备、施工工艺以及设计要求是否适宜，在正式施工前，宜进行试成孔，以便提前做出相应的保证正常施工的措施。

4. 治理方法

(1) 先钻至塌孔以下1～2m，用细石混凝土或低强度等级混凝土（C10）填至塌孔以上1m，待混凝土初凝后，使填的混凝土起到护圈作用，防止继续坍塌，再钻至设计标高。

也可采用3∶7灰土夯实代替混凝土。

(2) 钻孔底部如有砂卵石、卵石造成的塌孔，可采用钻深的办法，保证有效桩长满足设计要求。

(3) 成孔后要立即浇筑混凝土。

(4) 采用中心压灌水泥浆护壁工法，可解决滞水所造成的塌孔问题。

9.7.3 桩孔倾斜

1. 现象

桩身垂直度偏差过大，超过现行国家标准1%的规定值。

2. 原因分析

(1) 桩机底盘不水平引起钻杆倾斜，或桩机前面的导向龙门不垂直。

(2) 成孔长度过长，产生纵向弯曲。

(3) 钻杆本身不直，两节钻杆不在同一轴线上，钻头的定位尖与钻杆中心线不在同一轴线上。

(4) 土层软硬不均，桩机钻进速度未按实际土层的不同予以调整。

(5) 地下遇有坚硬大块障碍物，把钻杆挤向一边。

3. 预防措施

(1) 调整桩机底盘至水平，使钻杆和桩机导向龙门垂直。

(2) 设置侧向稳定装置，即增加钻杆的侧向支点，防止钻杆纵向弯曲。

(3) 设备进场前应调直钻杆，如有备用钻杆，可将弯曲的钻杆更换。

(4) 钻头与桩位点偏差不得大于20mm，钻进过程中，不宜反转或提升钻杆。

(5) 施工中严格控制钻进速度，刚接触地面时，下钻速度要慢。钻进速度应根据土层情况来确定：杂填土、黏性土、砂卵石层为0.2～0.5m/min；素填土、黏土、粉土、砂层为1.0～1.5m/min。遇到土层软硬不均处，应放慢钻进速度，轻轻加压，慢速钻进。

(6) 选择合适类型的钻头，尖底钻头适用于黏性土，平底钻头适用于松散土，耙式钻头适用于含有大量砖块、碎混凝土块、瓦块的回填土。

4. 治理方法

(1) 对严重倾斜的桩孔，应用素土填死夯实，然后重新钻孔。

(2) 如遇到埋得不深的石头、混凝土等地下障碍物，可清理完障碍物回填后重新钻进。遇有埋得较深的大块障碍物，如不易挖出，可改变桩位。

(3) 钻进过程中遇有块石、孤石等大块障碍物，而又无法改变桩位，可改用冲击钻将块石冲碎或挤入侧壁土体内。

(4) 钻机钻进过程中，不宜反转或提升钻杆，如需提升钻杆或反转，应将钻杆提至地面，对钻尖开启门须重新清洗、调试、封口。

9.7.4 钻进困难

1. 现象

长螺旋钻孔压灌桩机钻进时很困难，甚至钻不进。

2. 原因分析

(1) 桩机钻进中钻杆刚度不够，遇有坚硬土层，或有地下障碍物，导致钻杆被挤弯而钻进困难。

（2）钻机设备的功率不够，钻头的倾角、转速选择不合理。

（3）钻进速度太快或钻杆在弯曲状态下钻进，造成卡钻，因而钻不进去。

3. 防治措施

（1）更换钻机的钻杆，挖除块石，放慢钻进速度。

（2）更换大功率钻机，硬黏土层中钻进可加些水以减小阻力。

（3）控制钻进速度，保持钻杆垂直钻进。当遇到较大较深的漂石、孤石卡钻时，应作移桩位处理。

9.7.5 桩身缩颈、裂缝

1. 现象

同 9.6.1“桩身缩颈、夹泥”的现象。

2. 原因分析

（1）饱和淤泥质黏土中，土在孔隙水土压力的作用下会挤入混凝土中，冲刷水泥浆，导致桩身缩颈或裂缝。

（2）在松软土质中提钻后，下面的空隙由于密封会形成负压，加上土质较差，稍有空隙周围土就会进入桩孔中，导致桩身缩颈或裂缝。

3. 防治措施

（1）钻至设计标高后，应先泵入混凝土并停顿 20～30s，再缓慢提升钻杆。提钻速度应根据土层情况确定，且应与混凝土泵送量相匹配，保证管内有一定高度的混凝土。

（2）桩顶混凝土超灌高度不宜小于 0.5m。

（3）土质太差（如淤泥质黏土），提钻后桩孔不能自立造成周围土挤入时，改为湿作业成孔，即先灌注水泥浆，经 3h 后再在初凝的水泥土中二次成孔。

（4）在地下水位以下的砂土层中钻进时，钻杆底部活门应有防止进水的措施，压灌混凝土应连续进行。

9.7.6 窜孔

1. 现象

刚成形桩混凝土与相邻正在钻孔的桩距离偏小或桩孔倾斜，引发成形桩的混凝土窜向相邻的桩孔，称为窜孔（串孔），造成刚成形桩的混凝土变形或水泥浆流失，见图 9-19 所示。

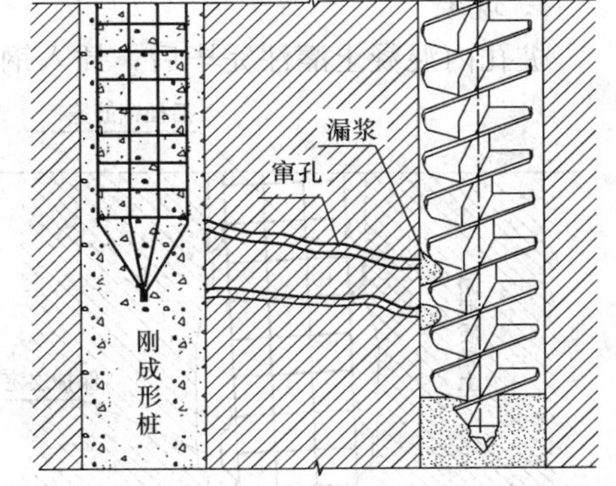

图 9-19 窜孔现象示意图

2. 原因分析

（1）钻杆钻进过程中叶片剪切作用对土体产生扰动，土体受剪切扰动能量的积累，使土体发生液化。

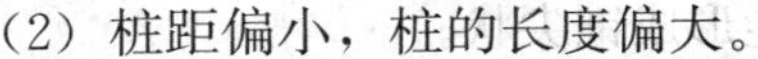

（2）桩距偏小，桩的长度偏大。

（3）桩孔不垂直，造成相邻桩的中心距小于 $3d$，加之土质软弱或地下水作用，导致窜孔。

3. 防治措施

（1）采用跳打方式，保证足够的桩距，避免窜孔，尤其是桩间距偏小的饱和粉细砂及软土地层。

（2）合理安排桩基的施工顺序，保证正在钻孔桩周边已成形工程桩具有足够的强度。

（3）若窜孔系因地下水作用引起，应采用井点降水，降低地下水位。

（4）对已发现窜孔的桩孔，应拔出钻杆，回填土方，滞后重新钻孔；相邻已成形的基桩应作低应变动测检验，若检验结果属于Ⅲ、Ⅳ类桩，应进行补强加固或补桩处理。对于颈缩、裂缝断在桩体浅部，可采用下套管人工凿除桩体至缺陷处，重新浇筑混凝土至桩顶；对于缺陷位于桩体深部的桩，可用 9.7.11“桩体密实性差”所述的治理方法补强。

9.7.7 钢筋笼下沉

1. 现象

桩顶钢筋笼往下沉。

2. 原因分析

混凝土固结收缩，或桩顶钢筋笼固定措施不当。

3. 防治措施

桩顶设置有效的固定措施，12h 以后方可拆除。

9.7.8 钢筋笼上浮

1. 现象

钢筋笼放置后上浮。

2. 原因分析

相邻桩间距太近，施工时混凝土窜孔或桩周土被挤密，造成前一支桩钢筋笼上浮。

3. 防治措施

（1）相邻桩间距太近时应进行跳打，保证混凝土不窜孔，初凝后钢筋笼一般不会再上浮。

（2）控制好相邻桩的施工间隔时间。

9.7.9 钢筋笼下插困难

1. 现象

桩孔内混凝土灌注完毕后，插入钢筋笼困难，垂直度和钢筋笼保护层厚度不易保证。

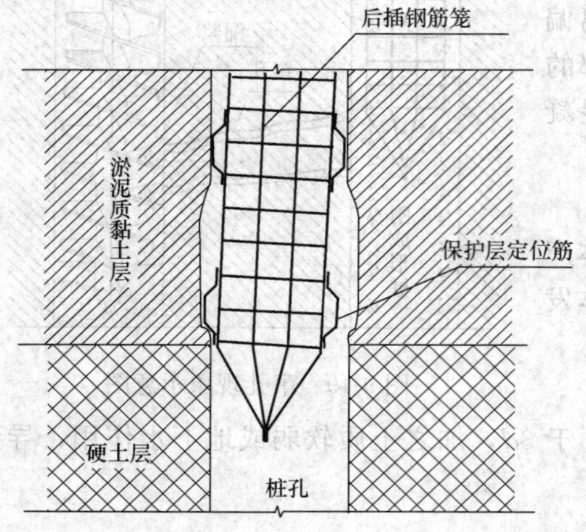

图 9-20 不同土质交界处台阶示意

2. 原因分析

（1）在淤泥质黏土层中，下插钢筋笼顶端容易滑向孔壁，无法下插。

（2）当淤泥质黏土下层土为较好的土层时，在一边提钻一边泵压混凝土时，在过渡处淤泥质黏土会受挤压形成一个台阶，见图 9-20 所示。

（3）基桩的钢筋笼制作不牢固，底端散架，不能形成锥尖状。

（4）混凝土泵压时间过长，或钢筋笼下插过迟，混凝土已初凝。

3. 防治措施

（1）钢筋笼插入应采用专用机械，一般在混凝土灌注后 5min 内立即开始插钢筋笼，减少间隔时间。混凝土混合料的坍落度及初凝时间应控制合理，不宜过小。

(2) 下插钢筋笼必须对准孔位，使用双向线坠直角布置，发现垂直度偏差过大，及时通知操作手停机纠正，下笼作业人员应扶正钢筋笼对准已灌注完成的桩。

(3) 钢筋笼宜采用焊接固定，保证有一定刚度和整体牢固，钢筋笼锥形底端应进行加固，锥尖处主筋宜焊接。

(4) 必要时增设振动用钢管（又称传力杆）穿入钢筋笼内，并与振动锤可靠连接，钢筋笼顶部与振动锤应进行连接。

(5) 下笼过程中必须使用振动锤及钢筋笼自重压入，压至无法压入时再启动振动锤，防止由于振动锤振动导致钢筋笼偏移。插入速度宜控制在 1.2～1.5m/min。

9.7.10 混凝土泵送堵塞

1. 现象

长螺旋钻孔压灌桩在钻孔至设计标高后，钻杆芯管中混凝土泵送时发生堵管。

2. 原因分析

(1) 拌制的混凝土不均匀、离析、泌水等，搅拌时间过短，和易性降低性。

(2) 混凝土坍落度过小或过大。

(3) 泵送管线距离过长，布管不合理，弯头过多。

(4) 泵的料斗内混凝土余量过少，泵送时吸入空气，或泵送压灌不连续。

(5) 混凝土混合料中大块石子进入泵管，造成管线堵塞。

(6) 夏季气温过高，阳光直射泵送管道。

3. 防治措施

(1) 应通过试验确定混凝土配合比，混凝土坍落度宜为 160～220mm，不能过大或过小，粗骨料最大粒径不宜大于 30mm；可掺加粉煤灰或外加剂。

(2) 施工前应先将混凝土泵的料斗及管线用清水湿润，然后搅拌一定量的水泥砂浆进行泵送以润滑管线。水泥砂浆的配合比可采用 1∶2，其用量取决于输送管线的长度。

(3) 混凝土输送泵管布置宜减少弯道，混凝土泵与钻机的距离不宜超过 60m。混凝土输送泵管宜保持水平，当长距离泵送时，泵管下面应垫实。

(4) 混凝土混合料的搅拌时间应控制合理，每盘混合料的搅拌时间不应小于 60s。

(5) 桩身混凝土的泵送压灌应连续进行，当钻机移位时，料斗内的混凝土应连续搅拌，泵送时，料斗内混凝土的高度不得低于 400mm，料斗上应装有滤网，防止大块石子进入泵管。

(6) 当气温高于 30℃时，宜在输送泵管上覆盖隔热材料，每隔一段时间应洒水降温。

(7) 成桩后，应及时清除钻杆及泵管内的残留混凝土。长时间停置时，应采用清水将钻杆、泵管、混凝土泵清洗干净。

9.7.11 桩体密实性差

1. 现象

长螺旋钻孔压灌桩的桩体内存在许多孔隙和气泡，或桩端处存在虚土及混合料离析，桩体混凝土不密实，影响其强度及承载力。

2. 原因分析

(1) 长螺旋钻孔压灌桩在浇灌过程中不振捣，靠压力泵送混凝土，当泵压不足时就难以达到其他灌注桩的密实程度。

(2) 泵送混凝土前提拔钻杆，造成桩端处存在虚土及混合料离析；或泵送混凝土中停顿，桩孔受土水挤压缩颈断桩，或造成混凝土离析。

(3) 混凝土在自重作用下，只能在桩上部达到一定程度的密实，一定深度以下虽然有压力，但是气泡和水却不能排出，不能形成密实结构。

(4) 插钢筋笼中专用的振动钢管和振动锤提升时，速度过快。

3. 防治措施

(1) 应通过试验确定混凝土配合比，坍落度宜为160～220mm，保证其和易性和流动性。

(2) 振动用钢管和振动锤提升时，应尽量缓慢，每提升3m，开启振动锤一次，边拔边振。

(3) 压灌桩的充盈系数宜为1.0～1.2。桩顶混凝土超灌高度不宜小于0.5m。

(4) 在钻杆提升之前，应按确定的泵送压力（宜为6～8MPa）压灌混凝土，压灌30～60s后提升钻杆，并确认钻头阀门打开后，方可缓慢提钻。混凝土泵送应连续进行，边泵送混凝土边提钻，提钻速率按试桩工艺参数控制，保证钻头始终埋在混凝土面以下不小于1000mm。

(5) 对于低应变动测检测结果发现的Ⅲ、Ⅳ类桩，应进行加固补强或补桩。根据桩体缺陷的具体位置，可选择桩周压力注浆或桩截面中央钻芯引孔后压力注浆等方法加固补强。

9.8 泥浆护壁钻孔灌注桩

泥浆护壁成孔是用泥浆保护孔壁并排出土渣而成孔，不论地下水位高或低的土层皆适用，多用于含水量高的软土地区。泥浆具有保护孔壁、防止塌孔、排出土渣以及冷却与润滑钻头的作用。泥浆一般需专门配制，当在黏土中成孔时，也可用孔内钻渣原土自造泥浆。成孔机械有回转钻机、潜水钻机、冲击钻等。采用回转钻机施工的桩称为泥浆护壁钻孔灌注桩。

9.8.1 坍孔

1. 现象

在成孔过程中或成孔后，孔壁坍落，造成钢筋笼放不到底，桩底部有很厚的泥夹层。

2. 原因分析

(1) 泥浆密度不够及其他泥浆性能指标不符合要求，使孔壁未形成坚实泥皮（图9-21）。

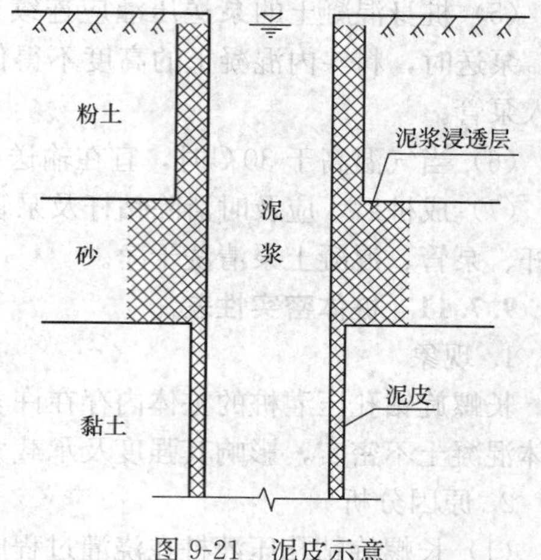

图9-21　泥皮示意

(2) 由于护筒埋置太浅，下端孔口漏水、坍塌或孔口附近地面受水浸湿泡软，或钻机装置在护筒上，由于振动使孔口坍塌，扩展成较大坍孔。

(3) 在松软砂层中钻进，进尺太快。

（4）提住钻锥钻进，回钻速度太快，空钻时间太长。

（5）水头太大，使孔壁渗浆或护筒底形成反穿孔。

（6）清孔后泥浆密度、粘度等指标降低；用空气吸泥机清孔，泥浆吸走后未及时补水，使孔内水位低于地下水位；清孔操作不当，供水管嘴直接冲刷孔壁；清孔时间过久或清孔后停顿过久。

（7）吊入钢筋笼时碰撞孔壁。

3. 防治措施

（1）在松散粉砂土或流砂中钻进时，应控制进尺速度，选用较大密度、粘度、胶体率的泥浆。不同地层中的泥浆指标参见附表 9-9。

（2）汛期地区变化过大时应采取升高护筒，增加水头，或采用虹吸管、连通管等措施保证水头相对稳定。

（3）发生孔口坍塌时，可立即拆除护筒并回填钻孔并重新埋设护筒后再钻。

（4）如发生孔内坍塌，应判明坍塌位置，回填砂和黏土（或砂砾和黄土）混合物到坍孔处以上 1～2m；如坍孔严重，应全部回填，待回填物沉积密实后再行钻进。

（5）清孔时应指定专人补水，保证钻孔内必要的水头高度。供水管最好不直接插入钻孔中，应通过水槽或水池使水减速后流入钻孔中，可免冲刷孔壁。应扶正吸泥机，防止触动孔壁。不宜使用过大的风压，不宜超过 1.5～1.6 倍钻孔中水柱压力。如坍孔严重须按前述方法处理。

（6）吊入钢筋笼时应对准钻孔中心竖直插入。

9.8.2 钻孔漏浆

1. 现象

在成孔过程中或成孔后，泥浆向孔外漏失。

2. 原因分析

（1）泥浆不够粘稠。

（2）遇到透水性强或有地下水流动的土层。

（3）护筒埋设太浅，回填土不密实或护筒接缝不严密，在护筒刃脚或接缝处漏浆。

（4）水头过高使孔壁渗浆。

（5）灰岩地区钻孔遇到岩溶溶洞。

3. 防治措施

（1）加稠泥浆或倒入黏土，慢速转动，或在回填土内掺片、卵石，反复冲击，增强护壁。

（2）在有护筒防护范围内，接缝处可用棉絮堵塞，封闭接缝，稳住水头。

（3）在容易产生泥浆渗漏的土层中，应采取维持孔壁稳定的措施。

（4）在施工期间护筒内的泥浆面应高出地下水位 1.0m 以上，在受水位涨落影响时，泥浆面应高出最高水位 1.5m 以上。

（5）对于小型岩溶溶洞，可回填黏土充填溶洞后再钻；对大型溶洞应进行工程物探，查明溶洞规模后重新研究确定施工方案。

9.8.3 扩孔

1. 现象

孔直径大于桩设计直径。

2. 原因分析

扩孔是孔壁坍塌而造成的结果，详见9.8.1"坍孔"的原因分析。

3. 防治措施

若只孔内局部发生坍塌而扩孔，钻孔仍能达到设计深度，则不必处理，只是混凝土灌注量大大增加。若因扩孔后继续坍塌影响钻进，应按坍孔事故处理。

9.8.4　缩孔

1. 现象

孔径小于设计孔径。

2. 原因分析

(1) 塑性土膨胀，造成缩孔。

(2) 钻头焊补不及时，严重磨耗的钻头钻出较设计桩径稍小的孔。

(3) 选用机具、工艺不合理。

3. 防治方法

(1) 采用上下反复扫孔的办法，以扩大孔径。

(2) 根据不同的土层，应选用相应的机具、工艺，钻头应及时维修护理。

(3) 成孔后立即验孔，安放钢筋笼，浇筑桩身混凝土。

9.8.5　钻孔偏斜

1. 现象

成孔后孔不直，出现较大垂直偏差。

2. 原因分析

(1) 钻孔中遇有较大的孤石或探头石。

(2) 在有倾斜度的软硬地层交界处，岩面倾斜处钻进，或者粒径大小悬殊的砂卵石层中钻进，钻头受力不均。

(3) 扩孔较大处，钻头摆动偏向一方。

(4) 钻机底座未安置水平或产生不均匀沉陷。

(5) 钻杆弯曲，接头不正。

3. 防治措施

(1) 安装钻机时要使转盘、底座水平，起重滑轮缘、固定钻杆卡孔和护筒中心三者应在一条竖直线上，并经常检查校正。

(2) 由于主动钻杆较长，转动时上部摆动过大，必须在钻架上增设导向架，控制钻杆上的提引水笼头，使其沿导向架向中钻进。

(3) 钻杆、接头应逐个检查，及时调整；主动钻杆弯曲，要用千斤顶及时调直。

(4) 在有倾斜的软、硬地层钻进时，应吊着钻杆控制进尺，低速钻进；或回填片、卵石冲平后再钻进。

(5) 钻孔机具及工艺的选择，应根据桩型、钻孔深度、土层情况、泥浆排放及处理等条件综合确定。

(6) 为了保证桩孔垂直度，钻机应设置相应的导向装置。

(7) 用检孔器检孔，查明钻孔偏斜的位置和偏斜情况后，一般可在偏斜处吊住钻头上下反复扫孔，使钻孔正直。偏斜严重时应回填砂黏土，待沉积密实后再继续钻进。

(8) 钻进过程中，如发生斜孔、塌孔等现象时，应停钻，采取相应措施再行施工。

9.8.6 钢筋笼放置位置与设计要求不符

1. 现象

钢筋笼变形，保护层不够，深度、位置不符合要求。

2. 原因分析

(1) 堆放、起吊、运输没有严格执行规程，支垫数量不够或位置不当，造成变形。

(2) 钢筋笼吊放入孔时不是垂直缓缓放下，而是斜插入孔内。

(3) 清孔时孔底沉渣或泥浆没有清理干净，造成实际孔深与设计要求不符，钢筋笼放不到设计深度。

3. 防治措施

(1) 如钢筋笼过长，应分段制作，吊放钢筋笼入孔时进行孔口分段焊接。

(2) 钢筋笼在运输和吊放过程中，每隔 2.0～2.5m 设置加强箍一道，并在钢筋笼内每隔 3～4m 装一个可拆卸的十字形临时加劲架，在钢筋笼吊放入孔后再拆除。

(3) 在钢筋笼周围主筋上每隔一定间距设置混凝土垫块，混凝土垫块应根据保护层的厚度及孔径设计。

(4) 用导向钢管控制保护层厚度，钢筋笼由导管中放入，导向钢管长度宜与钢筋笼长度一致，在浇筑混凝土过程中再分段拔出导管或浇筑完混凝土后一次拔出。

(5) 清孔时应把沉渣清理干净，保证实际有效孔深满足设计要求。

(6) 钢筋笼应垂直缓慢放入孔内，防止碰撞孔壁。钢筋笼放入孔内后，要采取措施，固定好位置。

(7) 钢筋笼吊放完毕，应进行隐蔽工程验收，合格后应立即浇筑水下混凝土。

9.8.7 桩身混凝土离析、松散、夹泥或断桩

1. 现象

成桩后，桩身中部没有混凝土或混凝土质量差，夹有泥土，严重的形成断桩。

2. 原因分析

(1) 混凝土较干，骨料太大或未及时提升导管以及导管位置倾斜等，使导管堵塞，形成桩身混凝土中断。

(2) 混凝土搅拌机发生故障，混凝土不能连续浇筑，中断时间过长。

(3) 导管挂住钢筋笼，提升导管时没有扶正，以及钢丝绳受力不均匀等。

(4) 未控制好导管提升量，导致导管口埋入混凝土过深或脱离混凝土面。

3. 预防措施

(1) 混凝土坍落度应严格按设计或规范要求控制。

(2) 浇筑混凝土前应检查混凝土搅拌机，保证混凝土搅拌时能正常运转，必要时应有备用搅拌机一台，以防万一。

(3) 边灌混凝土边拔套管，做到连续作业，一气呵成。浇筑时勤测混凝土顶面上升高度，随时掌握导管埋入深度，避免导管埋入过深或导管脱离混凝土面。

(4) 钢筋笼主筋接头要焊平，导管法兰连接处罩以圆锥形白铁罩，底部与法兰大小一致，并在套管头上卡住，避免提拔导管时，法兰挂住钢筋笼。

(5) 水下混凝土的配合比应具备良好的和易性，配合比应通过试验确定，坍落度宜为180～220mm水泥用量应不少于360kg/m³，为了改善和易性和缓凝，水下混凝土宜掺加外加剂。

(6) 开始浇筑混凝土时，为使隔水栓顺利排出，导管底部至孔底距离宜为300～500mm，孔径较小时可适当加大距离，以免影响桩身混凝土质量。

4. 治理方法

(1) 当导管堵塞而混凝土尚未初凝时，可采用下列两种方法。

1) 用钻机起吊设备，吊起一节钢轨或其他重物在导管内冲击，把堵塞的混凝土冲击开。

2) 迅速提出导管，用高压水冲通导管，重新下隔水球灌注。浇筑时，当隔水球冲出导管后，应使导管继续下降，直到导管不能再插入时，然后再少许提升导管，继续浇筑混凝土，这样新浇筑的混凝土能与原浇筑的混凝土结合良好。

(2) 当混凝土在地下水位以上中断时，如果桩直径较大（一般在1m以上），泥浆护壁较好，可抽掉孔内水，用钢筋笼（网）保护，对原混凝土面进行人工凿毛并清洗钢筋，然后再继续浇筑混凝土。

(3) 当混凝土在地下水位以下中断时，可用较原桩径稍小的钻头在原桩位上钻孔，至断桩部位以下适当深度时（可由验算确定），重新清孔，在断桩部位增加一节钢筋笼，其下部埋入新钻的孔中，然后继续浇筑混凝土。

(4) 当导管接头法兰挂住钢筋笼时，如果钢筋笼埋入混凝土不深，则可提起钢筋笼，转动导管，使导管与钢筋笼脱离；否则只好放弃导管。

9.9 旋挖成孔灌注桩

旋挖成孔灌注桩适用性强，自动化程度高，劳动强度低，钻进效率高，成桩质量好，环境污染小，最大成孔直径可达1.5～4m，最大成孔深度为60～90m，可以满足各类大型基础施工的要求。在合理选取施工方法与施工工艺时，能最大限度地节省物力、财力、人力等资源。目前成孔设备有斗筒式钻头和短螺旋钻头两种，前者是利用带有斗筒式钻头的钻杆旋转及本身的自重，将切削的土屑"刮入"斗筒内，提升斗筒至孔外，借助斗筒的特殊机构卸土；后者通过螺旋钻头钻进，土进入螺纹中，将钻头提出孔口后，将土卸在孔外。

斗筒式钻头成孔可以用泥浆护壁，此时泥浆无需循环，也称"静态泥浆"，如土质很好，可以自立，可以不用护壁措施。短螺旋钻头无需套管和泥浆护壁，只适用于地下水位以上土层，如遇地下水，最好设置套管护壁，否则会造成塌孔，且卸土困难。

9.9.1 护筒冒水

1. 现象

护筒外壁冒水，严重的会引起地基下沉、护筒倾斜和位移，造成桩孔偏斜，甚至无法施工。

2. 原因分析

埋设护筒时周围土不密实；护筒水位差太大；钻头起落时碰撞。

3. 防治措施

(1) 埋护筒时坑底与四周要选用最佳含水量的黏土，分层夯实。

(2) 在护筒适当高度开孔，使护筒内保持有 1～1.5m 的水头高度。

(3) 起落钻头时防止碰撞护筒。

(4) 护筒冒水时可用黏土在四周填实加固，如严重下沉或位移则应返工重埋。

9.9.2 钻进困难

1. 现象

钻进极慢或不进尺。

2. 原因分析

(1) 在硬可塑黏土层中钻进极慢，一般为 8～10h，占单桩钻进进间的 60%～70%。

(2) 钻头选型不当，合金刀具安装角度欠妥，刀具切土过浅，钻头配重过轻。

(3) 钻头被黏土糊满。

3. 防治措施。

(1) 施工前详细了解地质勘查报告，合理选配机型、钻头。

(2) 更换或改造钻头，重新安排刀具角度、形状、排列方向，加大配重，加强排渣，降低泥浆密度或改用钻进方式，采取反循环钻进方式。

9.9.3 桩孔孔壁坍塌

1. 现象

成孔中或成孔后，孔壁不同程度塌落。成孔中排出的泥浆不断出现气泡，有时护筒内的水位突然下降，均为塌孔的现象。

2. 原因分析

(1) 土质松散。

(2) 泥浆配制不合理，不适用于当前的地质情况。

(3) 护筒埋设不好，筒内水位低，压强不足。

(4) 钻头钻速过快或空转时间太长，引起钻孔下部坍塌。

(5) 成孔后待灌时间和灌注时间过长。

(6) 吊入钢筋笼时未对准钻孔中心竖直插入。

3. 防治措施

(1) 密实回填土。松散易坍土层中适当深埋护筒。

(2) 使用优质泥浆，提高泥浆密度和粘度。

(3) 升高护筒，终孔后补给泥浆，保持要求的水头高度

(4) 成孔后待灌时间一般不宜超过 3h，并尽可能加快灌注速度、缩短灌注时间。

(5) 保证钢筋笼制作质量，防止变形。吊设时要对准孔位，吊直扶稳，缓缓下沉，防止碰撞孔壁。

9.9.4 桩孔局部缩颈

1. 现象

局部缩颈是指局部孔径小于设计孔径。

2. 原因分析

(1) 泥浆性能欠佳，失水量大，引起塑性土层吸水膨胀，或形成疏松、蜂窝状厚层

泥皮。

(2) 邻桩施工间距不当，土层中应力尚未消散，导致新孔孔壁软土流变。

(3) 钻头直径磨损过大。

3. 防治措施

(1) 采用优质泥浆，控制泥浆密度和粘度，降低失水量。

(2) 当设计桩距＜$4d$ 对应跳隔 1～2 根桩施工。

(3) 新桩尽可能在邻桩成桩 36h 后开钻。

(4) 用泥浆和足尺寸钻头扫孔，扫通清孔后尽快灌注混凝土。

9.9.5 桩孔偏移倾斜

1. 现象

成孔后桩孔出现较大垂直偏差或弯曲。

2. 原因分析

(1) 钻机安装不平或钻台下有虚土，产生不均匀沉陷。

(2) 桩架不稳，钻杆导架垂直，钻机磨损，部件松动。

(3) 护筒埋设偏斜，钻杆弯曲，主动钻杆倾斜。

(4) 遇旧基础或大石等地下障碍物，土层软硬不均或基岩倾斜。

3. 防治措施

(1) 钻机安装应水平、稳固，无束前缘切点、转盘中心和护筒中心三者应在同一轴线上。

(2) 检查护筒保证不偏斜，钻杆不弯曲，主动钻杆保持垂直，增添导向架，控制提引水龙头，尽可能采用钻挺加压。

(3) 除软硬互层采用轻压慢转技术参数外，对软塑黏土层，尤其是流塑黏土层和砂层进入硬塑黏土层，或从黏土层进入基岩时，钻机下端的锥形导向小钻头需改用平底导向小钻头，或者直接用不带导向小钻头的平底钻头钻进。

(4) 采用沉井、挖孔桩等方式清除地下障碍物。

(5) 在硬塑黏土层发生偏斜时，用砂、黏土混合物回填偏斜以上 1～2m，待密实后用平底合金钻头轻压慢转。

(6) 基岩面发生偏斜时，可投入 20～40mm 粒径碎石，略高于偏斜处，冲击密实后用平底合金钻头、牙轮滚刀钻或平底钢粒钻头纠斜。

9.9.6 孔底沉渣过多

1. 现象

孔底沉淤、残留泥砂过厚，或孔壁泥土塌落孔底。

2. 原因分析

(1) 清孔未净，清孔泥浆密度过小或以清水置换。

(2) 钢筋笼吊放未垂直对中，碰剐孔壁，泥土坍落孔底。

(3) 清孔后待灌时间过长，泥浆沉淀。

3. 防治措施

(1) 终孔后钻头提高孔底 10～20cm，保持慢速空转，维持循环清孔时间不少于 30min。

(2) 采用优质泥浆清孔，控制泥浆密度和粘度，不要直接用清水置换。

(3) 采用导管二次清水，冲孔时间以导管内测量的孔底沉渣厚度达到规范要求为准。

(4) 提高混凝土初灌时对孔底的冲击力，导管底端距孔底控制在 30～40cm，初灌混凝土量须满足导管底端能埋入混凝土中 1.0m 以上，利用隔水塞和混凝土冲刷残留沉渣。

(5) 保证钢筋笼制作质量，防止变形。

(6) 吊设时要对准孔位，吊直扶稳，缓缓下沉，防止碰撞孔壁。

9.10 冲击成孔灌注桩

冲击成孔灌注桩是一种利用冲击钻头的冲击力，破坏土层或岩石的结构，使土形成泥，岩石破碎至岩渣，利用泥浆循环带出岩渣并护壁成孔的灌注桩施工工艺。该工艺是重锤冲击钻进，在土层中成孔速度虽远不及钻机成孔快，但对坚硬岩石的破碎能力强，冲钻速度快，嵌岩效率高，因此在工业、民用高层建筑、港口码头及铁路桥梁等大型工程建设中被广泛使用。冲击成孔是成桩过程中的关键工序，冲击钻头是冲击成孔的主要施工机具，钻头体提供重量和冲击动能，常用形式有十字形、一字形、圆形等，以十字形应用最为广泛。

9.10.1 坍孔

1. 现象

成孔过程中或成孔后，孔壁坍落，造成钢筋笼放不到底，桩底部有很厚的泥夹层。

2. 原因分析

(1) 由于出渣后未及时补充泥浆（或水），或河水、潮水上涨，或孔内出现承压水，或钻孔通过砂砾等强透水层，孔内水流失等而造成孔内水头高度不够。

(2) 冲击锥或掏渣筒倾倒，撞击孔壁，或爆破处理孔内孤石、探头石，炸药量过大。

(3) 参见 9.8.1“坍孔”的原因分析 (1)、(2)、(6)、(7)。

3. 防治措施

(1) 在松散粉砂土或流砂中钻进时，应控制进尺速度，选用较大相对密度、粘度、胶体率的泥浆或高质量泥浆。冲击钻成孔时投入黏土、掺片、卵石，低冲程冲击，使黏土膏、片、卵石挤入孔壁起护壁作用。

(2) 严格控制冲程高度和炸药用量。

(3) 参见 9.8.1“坍孔”的防治措施的相关内容。

9.10.2 钻孔漏浆

现象、原因分析及防治措施均参见 9.8.2“钻孔漏浆”的相关内容。

9.10.3 桩孔偏斜

1. 现象

成孔后孔不直，出现较大垂直偏差。

2. 原因分析

参见 9.8.5“钻孔偏斜”的原因分析 (1)、(2)、(4)。

3. 防治措施

(1) 预先处理掉孤石或探头石后，回填黏土再重新冲击成孔。

(2) 对有倾斜度的软硬地层交界处、岩石倾斜处，或在粒径大小悬殊的卵石层中钻进，采用碎石回填——钻进循环的办法纠正钻孔的偏斜。

(3) 保证钻机平台水平和稳定，确保落锤冲击轴心稳定，进行必要的监测和矫正。

9.10.4　缩孔

1. 现象

孔径小于设计孔径。

2. 原因分析

(1) 塑性土膨胀，造成缩孔。

(2) 终孔后至灌注混凝土前间隔时间过长，地下水及土压力作用而造成缩孔。

(3) 锤钻头使用时间长、磨损较大，没有及时修正。

3. 防治措施

(1) 调整施工过程中泥浆密度，以及孔内泥浆顶面标高与原地面标高的高差。

(2) 重新用冲击锤在缩孔处刷孔，同时提高孔内水头高度进行处理，处理后应尽快浇注，防止再次出现缩孔。

(3) 成孔后立即验孔，安放钢筋笼，浇筑桩身混凝土。

9.10.5　梅花孔

1. 现象

桩孔不圆，呈梅花形。

2. 原因分析

(1) 锥顶转向装置失灵，以致冲锥不转动，总在一个方向上下冲击。

(2) 相对密度和粘度过高，冲击转动阻力太大，钻头转动困难。

(3) 操作时钢丝绳太松或冲程太小，冲锥刚提起又落下，钻头转动时间不充分或转动很小，不能改换冲击位置。

(4) 有非匀质地层，如漂卵石层、堆积层等，易出现探头石。

3. 防治措施

(1) 应经常检查转向装置的灵活性，及时修理或更换失灵的转向装置。

(2) 选用适当的粘度和相对密度的泥浆，并适时掏渣。

(3) 用低冲程时，每冲击一段换用高一些的冲程冲击，交替冲击修整孔形。

(4) 出现梅花孔后，可用片、卵石混合黏土回填钻孔，重新冲击。

9.10.6　卡钻

1. 现象

钻头被卡在桩孔中。

2. 原因分析

(1) 钻孔形成梅花形，冲锥被狭窄部位卡住。

(2) 未及时焊补冲锥，钻孔直径逐渐变小；焊补后的冲锥变大，又用高冲程猛击，极易发生卡锥。

(3) 伸入孔内不大的探头石未被打碎，卡住锥脚或锥顶。

(4) 孔口掉下石块或其他物件，卡住冲锥。

（5）在黏土层中冲击的冲程太高，泥浆太稠，以致冲锥被吸住。

（6）大绳松放太多，冲锥倾倒、顶住孔壁。

3. 防治措施

（1）当卡钻时，若锥头向下有活动余地，可使钻头向下活动并转动至孔径较大方向提起钻头。也可松一下钢丝绳，使钻锥转动一个角度，有可能将钻锥提出。

（2）卡钻不宜强提，以防坍孔、埋钻。宜用由下向上顶撞的办法，轻打卡点的石头，使钻头上下活动，以脱离卡点或使掉入的石块落下。

（3）用较粗的钢丝绳带打捞钩或打捞绳放进孔内，将冲锥钩住后，与大绳同时提动或交替提动，并多次上下、左右摆动试探，有时能将冲锥提出。

（4）在打捞过程中，要继续搅拌泥浆，防止沉淀埋钻。

（5）用其他工具，如小的冲锥、小掏渣筒等下到孔内冲击，将卡锥的石块挤进孔壁，或把冲锥碰活脱离卡点后，再将冲锥提出。但要稳住大绳，以免冲锥突然下落。

（6）用压缩空气管或高压水管下入孔内，对准卡锥一侧或吸锥处，适当冲射片刻，使卡点松动后强行提出。

（7）使用专门加工的工具将顶住孔壁的钻头拨正。

（8）用以上方法提升卡锥无效时，可试用水下爆破提锥法。将防水炸药（少于1kg）放于孔内，沿锥的滑槽放到锥底，而后引爆，振松卡锥，再用卷扬机和链滑车同时提拉。

9.10.7　埋钻

1. 现象

孔内坍孔或沉渣过多，将钻头埋住，使钻头无法上提和转动。

2. 原因分析

（1）因孔壁坍孔，埋住钻头。

（2）在黏土层中冲击成孔时，由于冲程太大，泥浆粘度过高，钻渣量大，钻杆内径过小，出浆口堵塞，以致钻头被埋住。

3. 防治措施

（1）控制泥浆密度，防止孔壁坍塌。

（2）对于冲击钻，除上述方法外，还应减少冲程适当控制进尺。

9.10.8　桩底沉渣过厚

1. 现象

桩底沉渣过厚或桩底混浆。

2. 原因分析

（1）清孔不彻底；岩渣粒径过大，清孔的泥浆无法使其呈现悬浮状态并带出桩孔，成为永久性沉渣。

（2）清孔后的泥浆密度过大，以致在灌注混凝土时，混凝土的冲击力不能完全将桩孔底部的泥浆泛起，造成混浆。

（3）清孔之后到混凝土的浇灌时间过长，使原来已处于悬浮状态的岩渣沉回桩孔底部，这些沉淀的岩渣过厚，不能被泛起而成为永久性沉渣。

（4）灌注混凝土的导管下端距离桩孔底部过高，或混凝土坍落度过小，流动性差，影响了混凝土冲击力对桩孔底部泥浆的泛起的效果，并可能造成初始灌注的混凝土无法包裹住导管的下端，造成混浆和夹层。

（5）导管内壁过于粗糙，光洁度不足，减小了初始混凝土灌注时活塞在导管中的下落速度，影响了混凝土的冲击作用，造成底部沉浆。

3. 防治措施

（1）认真检查清孔阶段的岩渣料径，以及清孔后的泥浆密度。为了提高泥浆的清孔效果，可在泥浆中加入外加剂（如硫酸钠等）以提高泥浆的胶体稳定性。

（2）严格控制好清孔后的停置时间，若时间过长，应利用灌注混凝土的导管重新清孔，再进行水下混凝土灌注。

（3）严格控制导管下端到桩孔底部的距离，通常为30cm左右，不应超过50cm。确保混凝土初始灌注量能盖过导管下端，使导管的初始埋置深度不小于1m。

（4）严格控制好混凝土的坍落度，确保其流动性；经常清理导管内壁，避免初始混凝土灌注时活塞在导管中下落不畅，造成导管堵塞，影响了桩芯混凝土的灌注质量。

（5）对于桩底沉渣过厚而影响质量时，常用的有效的处理方法是利用抽芯检测的抽芯孔或超声探测的探测管作通道，采用高压灌浆对桩底进行补强。

9.11 人工挖孔灌注桩

近年来，大直径人工挖孔灌注桩在建筑、道路桥梁、设备基础、深基坑护坡、支护挡土等工程中，应用较为普遍，其优点是较为经济，质量能够保证。但它有一定的局限性，一般在地下水位以上的土层中，干作业成孔较为理想；在有丰富的上层滞水或地下水的土层中，不宜选用。人工挖孔桩的直径从0.8m起，最大可达4m，扩底直径一般为桩身直径的1.5～2.5倍，可彻底清底，能直观检查持力层，加之有护壁，因此质量稳定性高，单桩承载力大。

9.11.1 护壁混凝土开裂或坍塌

1. 现象

人工挖孔过程中，出现塌孔，成孔困难。

2. 原因分析

（1）遇到了复杂地层，出现上层滞水，造成塌孔。

（2）遇到了干砂或含水的流砂。

（3）地质报告粗糙，勘探孔较少，施工方案未能考虑周全，施工准备不足，特别是直径大、孔深又有扩底的情况下。

（4）地下水丰富，措施不当，造成护壁困难，使成孔更加困难。

（5）雨季施工，成孔困难。

3. 防治措施

（1）人工挖孔要有详细的地质与水文地质报告，必要时每孔都要有探孔，以便事先采取防治措施。

（2）遇到上层滞水、地下水，出现流砂现象时，应采取混凝土护壁（图9-22）的办法，例如使用短模板减小高度，一般用30～50cm高，加配筋，上下两节护壁搭接长度不得小于5cm，混凝土强度等级同桩身，并使用速凝剂，随挖随验随浇筑混凝土。

(3) 遇到塌孔，还可采用预制水泥管、钢套管、沉管护壁的办法。

(4) 混凝土护壁的拆模时间应在24h之后进行。塌孔严重部位也可采取不拆模永久留入孔中的措施。

(5) 水量大、易塌孔的土层，除横向护壁，还要防止竖向护壁滑脱，护壁间用纵向钢筋连接，打设护壁土锚筋。必要时也可用孔口吊梁的办法（桩身混凝土浇灌时拆除）。

(6) 雨季施工，孔口做混凝土护圈，或设排水沟抽排水。

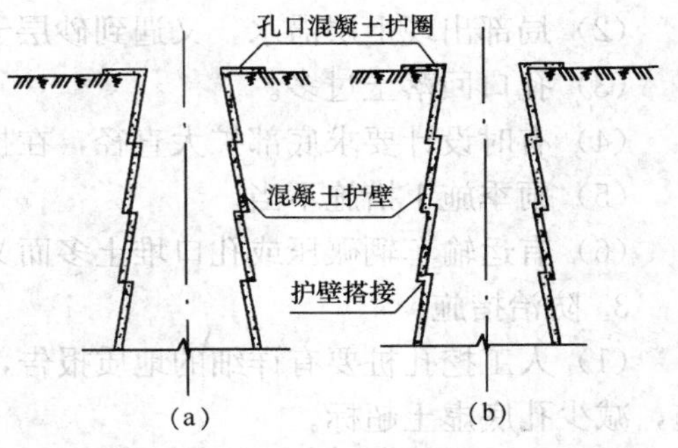

图 9-22 人工挖孔桩混凝土护壁示意
(a) 护壁无搭接；(b) 护壁有搭接

(7) 护壁混凝土应随挖随验随浇筑，不得过夜。必要时采取降水措施。

(8) 正式开挖前要做试验挖桩，以校核地质、设计、工艺是否满足要求。

(9) 人工挖孔桩应采取跳挖法，特别是有扩底的挖孔桩，应考虑扩孔直径采取相应措施，以免塌孔贯穿。

(10) 扩大头部位若砂层较厚，地下水或承压水丰富难于成孔，可采用高压旋喷技术人工固结，再进行挖孔。

9.11.2 护壁孔壁、连接处渗水严重

1. 现象

桩孔侧壁渗水。

2. 原因分析

(1) 地下水丰富，水头压力大。

(2) 地表回填土松散，对地表水有富集作用。

(3) 护壁施工质量差，混凝土强度低，胶结不良，搭接长度不足。

3. 防治措施

(1) 在施工前组织有关工程技术人员深入现场，对工程的地理位置、自然环境并结合施工季节等因素进行详细的调查了解。

(2) 对施工期地表水采取截流控制措施，如在轴线外侧砌筑环形截水沟，桩基施工区域内砌筑井字排水沟等，以减小桩孔涌水量。

(3) 利用井点法降低地下水位。

(4) 对深流砂层和渗水量特别大的地段，采取钢护筒护壁。

(5) 可在桩身混凝土浇筑前采用防水材料封闭渗漏部位；对于出水量较大的孔可用木楔打入，周围再用防水材料封闭，或在集中漏水部分嵌入泄水管，装上阀门，在桩孔施工时打开阀门让水流出，浇筑桩身混凝土时再关闭。

9.11.3 孔底虚土多

1. 现象

遇到较复杂的地层及各工序操作不当，出现孔底虚土过多。

2. 原因分析

(1) 达到持力层时，人为造成原状土被过多扰动。

（2）局部出现上层滞水，又遇到砂层土，出现塌孔。

（3）孔口回落土过多。

（4）有时设计要求底部扩大直径，在扩底部位遇到砂土层。

（5）雨季施工措施不当。

（6）有运输车辆碾压或孔口堆土多而又靠近孔口，或孔口板未及时盖上。

3. 防治措施

（1）人工挖孔桩要有详细的地质报告，特别是水文地质报告，以便预先制定出有效措施，减少孔底虚土超标。

（2）严格控制孔深超挖，完孔后，孔底虚土必须全部清除，见到坚实的原状土。

（3）扩底部位遇到砂土层时，应采取支护措施。

（4）孔口堆土应距孔口至少 2m 以外，并及时运出，避免施工车辆碾压。成孔后，立即盖好孔口盖板，以防过多掉入回落土，造成孔口坍塌。

（5）雨季施工，孔口应做防水圈，高出地面 20cm 以上，防止雨水灌孔。

（6）成孔验收后，立即放钢筋笼，不得碰撞孔壁；虚土过多应清除，立即浇筑混凝土。成孔后，成桩必须当天完成，不得过夜。

9.11.4 桩位偏差大

1. 现象

桩孔倾斜超过垂直偏差及桩顶位移偏差过大。

2. 原因分析

（1）桩位放得不准，偏差过大，施工中桩位标志丢失或挤压偏离，施工人员随意定位，造成桩位错位较大。

（2）挖孔过程中，施工人员未认真吊线进行挖孔，挖孔直径控制不严。

（3）扩底未按要求找中，造成偏差过大。

（4）开始挖孔时定位圈摆放不准确或画得不准。

（5）发现桩孔偏斜度超过规定，纠偏不及时，不认真，特别是支模时未吊中。

3. 防治措施

（1）应严格按图放桩位，并有复检制度。桩位丢失应放线补桩。轴线桩与桩位桩应用颜色区分，不得混淆，以免挖错位置。

（2）开始挖孔前，要用定位圈（钢筋制作的圆环有刻度十字架）放挖孔线，或在桩位外设置定位龙门桩，安装护壁模板必须用桩心点校正模板位置，并由专人负责。

（3）井圈中心线与设计轴线偏差不得大于 20mm。

（4）挖孔过程中，应随时用线坠吊放中心线，特别是发现偏差过大，应立即纠偏。要求每次支护壁模板都要吊线一次（以顶部中心的十字圆环为准）。扩底时，应从孔中心点吊线放扩底中心桩。应均匀环状开挖进尺，每次以向四周进尺 100mm 为宜，以防局部开挖过多造成塌壁。

（5）成孔完毕后，应立即检查验收，并随即吊放钢筋笼，浇筑混凝土，避免晾孔时间过长，造成不必要的塌孔，特别是雨季或有渗水的情况下，成孔不得过夜。

9.11.5 桩身混凝土松散、离析

1. 现象

桩身混凝土出现松散、离析。

2. 原因分析

(1) 桩底积水在浇筑桩身混凝土之前没有抽净。

(2) 护壁渗水。

3. 防治措施

(1) 浇筑桩身混凝土前要确保将孔底水清理彻底，提泵时不要关闭泵电源，保证提出水泵时，不致使抽水管中残留水又流入桩孔内，防止孔内积水影响混凝土的配合比和密实性。

(2) 如果孔底水量大，确实无法采取抽水的方法解决，桩身混凝土的施工就应当采取水下浇筑施工工艺。

(3) 同 9.11.2“护壁孔壁、连接处渗水严重”的防治措施。

9.12 爆 破 灌 注 桩

爆破灌注桩多数指爆破扩底灌注桩，是先在桩位上机钻或人工挖或爆破成孔，然后在孔底放入炸药，再灌入适量的压爆混凝土，引爆炸药使孔底形成球形扩大头。爆破后孔内压爆混凝土落入空腔内形成球形扩大头，随之放置钢筋笼，在压爆混凝土初凝前浇筑混凝土成桩。一般适用于山坡地区或远离城市的地区，且处于地下水位以上、土质为较硬的黏性土、中密以上的砂土、碎石或圆砾土以及风化基岩。

9.12.1 拒爆（瞎炮）

1. 现象

爆破灌注桩桩孔底的炸药包点火或通电引爆后，炸药包出现不爆炸的现象。

2. 原因分析

参见 4.1.1“瞎炮（拒爆）”的原因分析。

3. 预防措施

(1) 用防水的塑料薄膜包裹炸药包，避免受潮，不能用导线提放药包。炸药包放入桩孔底面，放松导线防止折断，并在炸药包上盖干砂保护，避免被压爆混凝土冲坏或移位。

(2) 炸药包制作应放双雷管，用并联法与引爆线路连接，即采用双保险的方法；同时，药包要做好防潮层，若孔底有水时，炸药包应系一重物（在扩大头中心位置），避免上浮。最好使用电雷管，若使用火雷管，应严格保护导火线。

(3) 炸药包制作后，应到安全区由爆破工做线路检查。

(4) 炸药用量应由现场桩孔中爆破试验后确定。同一工程应用同一种类炸药和雷管。

(5) 参见 4.1.1“瞎炮（拒爆）”的预防措施。

4. 治理方法

(1) 发生拒爆（瞎炮）后，应由专职人员进行检查，找出原因，设法诱爆或采取措施破坏炸药包。

(2) 在压爆混凝土初凝前，可用 1 根直径较大的竹竿，在其最下端一节锯开一个小口，装上炸药和雷管，紧封小口后，插入原药包附近，通电引爆，带动原药包同时爆炸。也可用 ϕ25～50mm 钢管或木杆代替竹竿。

（3）在靠近拒爆桩侧边再钻一孔，孔深与原桩长一样，放置同量炸药，浇入压爆混凝土后引爆，以诱爆原炸药包。

9.12.2 混凝土拒落

1. 现象

炸药包爆炸形成扩大头后，压爆的混凝土不落下，形成空穴。

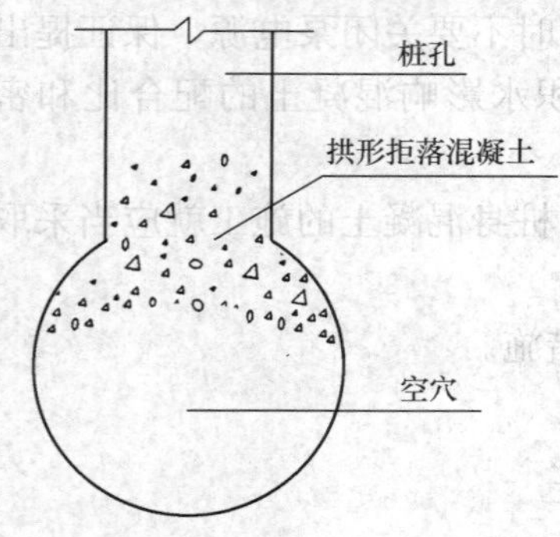

图 9-23 压爆混凝土拒落示意

2. 原因分析

（1）炸药包爆炸后所产生的气体扩散不出去，压爆混凝土被顶住，不能落下。

（2）一次（压爆）浇筑混凝土量过多，或压爆混凝土浇筑后至引爆的间隔时间过长，或混凝土坍落度过小，爆破后形成拱桥状拒落。如图 9-23 所示。

（3）桩孔周壁土质干燥或土层中夹有软弱土层，引爆后产生桩孔缩颈，导致混凝土拒落。

3. 预防措施

（1）炸药包在孔底安放后，经检验引爆线路完好，即可浇筑压爆混凝土，浇灌量不宜超过扩大头体积的 60%，或 2～3m 桩孔深。压爆混凝土的坍落度，在一般黏性土中宜为 10～12cm；在湿陷性黄土中宜为 16～18cm。开始时应缓慢灌入，以免砸坏药包。

（2）当桩距等于或大于 1.5 倍扩大头直径时，可逐个进行引爆；相邻爆扩桩的扩大头不在同一标高时，引爆的顺序宜先深后浅，以防止浅桩孔引爆时深桩孔产生塌孔。从浇灌混凝土开始至引爆时的间隙时间，不宜超过 30min。引爆后桩身混凝土应连续浇筑。

（3）土质松散干燥或有软弱夹层时，应下沉套管护壁。

4. 治理方法

（1）在混凝土中插入钢管或塑料管进行排气，或用振捣棒的强力振动使混凝土下落；当振捣棒的传动软管欠长时，应特制超长软管的振捣棒。

（2）当混凝土已经初凝后，可在近旁补钻 1 根新桩孔，贯穿到拒爆桩空腔，放上同量药包，往拒落桩底端的空腔和新桩孔浇筑混凝土，通电引爆成新的爆扩桩。

（3）用钻孔机械将拒落的混凝土取出，重新安装炸药包、雷管及导火线，然后浇筑改进的压爆混凝土，再迅速引爆。

9.12.3 爆扩头偏位

1. 现象

爆扩头的球形混凝土不在规定的桩孔位置正中心而偏向一侧。

2. 原因分析

（1）爆扩头处土质不均匀，一侧松软而另一侧坚硬。

（2）炸药包和雷管安放位置不正，偏于桩孔底端的一侧。

（3）相邻的桩孔底标高相近而间距过小，或引爆的程序不合理。

3. 预防措施

（1）钻孔或挖孔到设计标高后，应检查孔底周围的土质是否均匀且符合设计要求，若发现孔底土质不均匀或土质松软，应继续向下钻孔或挖孔。

(2) 炸药包和雷管应安放在桩孔底中心，并固定住炸药包。

(3) 桩孔轴线的间距应符合现行行业标准《建筑桩基技术规范》(JGJ 94—2008) 的规定。

(4) 爆扩头炸药包的引爆程序参见9.12.2“混凝土拒落”的预防措施。

4. 治理方法

(1) 压爆混凝土量填不满扩大头空腔时，可用测孔器测出扩大头是否有偏位现象及偏位方向。

(2) 在偏位的后方孔壁边放一小药包，再浇筑压爆混凝土，进行补充爆扩，如图9-24所示。

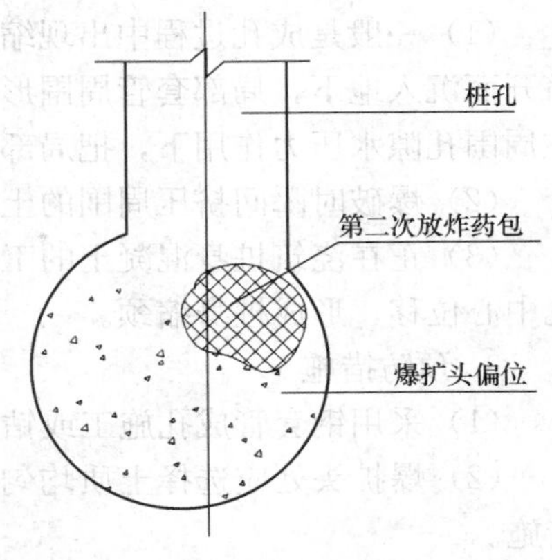

图9-24 爆扩头偏位处理示意图

9.12.4 桩孔回落土

1. 现象

桩孔口、桩孔壁的土坍塌，回落至孔底，形成桩身夹泥。

2. 原因分析

(1) 孔壁土质松散软弱，炸药爆破时振动使孔壁松散土渣掉落至孔底。

(2) 临近的爆扩桩炸药包爆破时强烈振动，使孔壁松散土渣掉落至孔底。

(3) 爆扩成孔时孔口处理不当，孔口未经处理或加固处理不当。

(4) 已钻、挖成的桩孔壁受雨水冲刷和浸泡，导致孔壁土渣掉落至孔底。

3. 预防措施

(1) 在地表面干松土层中成孔，应在孔口开挖后，立即下钢套管护壁。

(2) 采用爆扩成孔时，孔口宜挖成喇叭口，上大下小。人工挖孔桩应设置混凝土护壁，孔口护壁应施工成环状压住孔口地基土。

(3) 雷管的摆法要注意，炸药包最上面的那只雷管有导线的一端应向下，使引爆力向上冲，可减少回落土。

(4) 已成孔到设计标高的桩孔，尚未安放炸药包时应加盖板保护。当天爆扩的桩应当连续浇筑完混凝土。

4. 治理方法

(1) 回落土量小时可用特制小工具掏出，量大时可用成孔机械再次取土。人工挖孔桩则下人掏挖干净。

(2) 如是邻近扩大头爆扩时引起土体回落，可用成孔机械和辅助工具取出压爆的混凝土，掏净回落土，重新安放炸药包和浇筑压爆混凝土。

(3) 有时回落土与少量地下水混为泥浆，掏不尽或抽不干时，可往孔内倒入粉状干土或干石灰粉，稍加拌和后取出。

(4) 控制桩孔间距，爆扩时水平距离5m内不宜有施工好的成孔。

9.12.5 桩身缩颈

1. 现象

爆破灌注桩成形后的桩身局部直径小于设计要求。

2. 原因分析

（1）一般是成孔过程中出现缩颈。采用套管成孔时，套管在强迫振动下迅速把软黏土挤开而沉入地下，局部套管周围形成孔隙水压力，当套管拔出后，混凝土尚无柱体强度，在周围孔隙水压力作用下，把局部桩体挤成缩颈。

（2）爆破时瞬间挤压周围的土体形成球颈，混凝土填充进去使桩直径挤小。

（3）正在浇筑桩身混凝土的工程桩，受到邻近爆扩桩的爆炸振动，引起孔壁土体向桩孔中心位移，形成桩身缩颈。

3. 预防措施

（1）采用钢套管成孔施工或钻孔后再下钢套管。

（2）爆扩头处应选择土质均匀且强度较高的土层，见 9.12.3“爆扩头偏位”的预防措施。

（3）正在浇筑桩身混凝土的工程桩，应离开正准备爆破的桩至少 5m 以远；或待邻近桩爆破后再开始浇筑桩身混凝土。

4. 治理方法

（1）发现有轻微缩颈时，可用掏土工具掏出缩颈部位的土，然后立即浇筑混凝土。

（2）如缩颈严重，应采用成孔机械重新成孔，除用套管法施工外，还可以在缩颈部位用适量炸药进行爆破。

（3）如经低应变检测缩颈严重，属于Ⅲ、Ⅳ类桩，一般采取在邻近位置补桩。

9.12.6　浮爆

1. 现象

爆扩头引爆后，爆扩的位置不在桩的底端而在桩的中上部。

2. 原因分析

炸药包放到桩孔底面后，由于压爆混凝土过薄或相应的临时固定措施未到位，导致浇筑压爆混凝土时，炸药包上浮甚至浮到压爆混凝土的面上，或浮到桩身的中上部，使引爆后的爆扩头不在桩的底端。

3. 预防措施

（1）当炸药包放到孔底后，把炸药包固定住，待压爆混凝土灌完，明确炸药包的位置在设计位置后方可引爆。

（2）成孔后，药包放置孔底，灌注压爆混凝土用量可为计算的扩大头混凝土量或稍大。

（3）若套管成孔，炸药包放入管底，引爆电线上应做好尺寸标记，记录下孔深标记，然后放压爆混凝土，拔套管一定高度（应大于扩大头直径的 1.5 倍）方可引爆。

4. 治理方法

（1）钻机成孔时，可用钻头钻或击碎击落浮爆的混凝土及桩孔底端堆集的压爆混凝土，随之用专用工具掏挖干净，并抽干孔中积水，重新按上述预防措施的要求施工。

（2）可用型钢或钢管冲击式击碎击落浮爆的混凝土，然后按如上方法处理。

（3）浮爆扩大区的混凝土应清除至设计要求的孔径，防止沉放钢筋笼时产生偏位，或再次浇筑桩身混凝土时产生蜂窝、孔洞及其他不密实缺陷。

附录9.4 混凝土灌注桩施工质量标准及检验方法

灌注桩成孔施工允许偏差 **附表9-8**

成孔方法		桩径允许偏差（mm）	垂直度允许偏差（%）	桩位允许偏差（mm）	
				1～3根桩、条形桩基沿垂直轴线方向和群桩基础中的边桩	条形桩基沿轴线方向和群桩基础的中间桩
泥浆护壁钻、挖、冲孔桩	$d \leqslant 1000$mm	±50	1	$d/6$且不大于100	$d/4$且不大于150
	$d > 1000$mm	±50		$100 + 0.01H$	$150 + 0.01H$
锤击（振动）沉管振动冲击沉管成孔	$d \leqslant 500$mm	−20	1	70	150
	$d > 500$mm			100	150
螺旋钻、机动洛阳铲干作业成孔		−20	1	70	150
人工挖孔桩	现浇混凝土护壁	±50	0.5	50	150
	长钢套管护壁	±20	1	100	200

注：1. 桩径允许偏差的负值是指个别断面；
2. H为施工现场地面标高与桩顶设计标高的距离；d为设计桩径。

制备泥浆的性能指标 **附表9-9**

项次	项目	性能指标	检验方法	项次	项目	性能指标	检验方法
1	相对密度	1.1～1.5	泥浆比重计	6	泥皮厚度（mm/min）	1～3	失水量仪
2	粘度（s）	10～25	漏斗法	7	静切力	1min 20～30mg/cm^2 10min50～100mg/cm^2	静切力计
3	含砂率（%）	<6%		8	稳定性（g/cm^2）	<0.03	
4	胶体率（%）	>95%	量杯法	9	pH值	7～9	pH试纸
5	失水量（mL/30min）	<30	失水量仪				

混凝土灌注桩钢筋笼质量检验标准 **附表9-10**

项目类别	序号	检查项目	允许偏差或允许值（mm）	检查方法
主控项目	1	主筋间距	±10	用钢尺量
	2	长度	±100	用钢尺量
一般项目	3	钢筋材质检验	设计要求	抽样送检
	4	箍筋间距	±20	用钢尺量
	5	直径	±10	用钢尺量

混凝土灌注桩质量检验标准 **附表9-11**

项目类别	序号	检查项目	允许偏差或允许值（mm）	检查方法
主控项目	1	桩位	见附表9-8	基坑开挖前量护筒，开挖后量桩中心
	2	孔深	+300	只深不浅，用重锤测，或测钻杆、套管长度，嵌岩桩应确保进入设计要求的嵌岩深度
	3	桩体质量检验	按基桩检测技术规范。如钻芯取样，大直径嵌岩桩应钻至桩尖下50cm	按基桩检测技术规范
	4	混凝土强度	设计要求	试块报告或钻芯取样送检
	5	承载力	按基桩检测技术规范	按基桩检测技术规范

续表

项目类别	序号	检查项目	允许偏差或允许值（mm）	检查方法
一般项目	6	垂直度	见附表 9-8	测套管或钻杆，或用超声波探测，于施工时吊线坠
	7	桩径	见附表 9-8	井径仪或超声波检测，于施工时用钢尺量，人工挖孔桩不包括内衬厚度
	8	泥浆相对密度（黏土或砂性土中）	1.15～1.20	用比重计测，清孔后在距孔底 50cm 处取样
	9	泥浆面标高（高于地下水位）	0.5～1.0m	目测
	10	混凝土坍落度：水下灌注 干施工	160～220 70～100	坍落度仪
	11	钢筋笼安装深度	±100	用钢尺量
	12	混凝土充盈系数	＞100％	检查每根桩的实际灌入量
	13	桩顶标高	+30 −50	水准仪检查，需扣除桩顶浮浆层及劣质桩体
	14	沉渣厚度：端承桩 摩擦桩	≤50 ≤150	用沉渣仪或重锤测量

10 沉 井 工 程

沉井是修建深基础（如桥梁和高大构筑物等的支承结构）、地下室和地下构筑物（如各类泵房或水池、盾构或顶管工作井、隧道、矿井等）广泛应用的施工方法之一。适用于埋深较大、土质较软、场地较小、含水土层不稳定的工程。根据工程埋深和水文地质特点，沉井下沉方法有排水下沉和不排水下沉两大类。在施工中由于缺乏经验和管理不善等原因，常会发生一系列的质量问题，影响沉井顺利下沉和使用。因此，在施工前要制定好科学合理又切实可行的施工方案和技术措施，并在施工中认真细致地实施，抓好沉井施工的关键技术，防止发生各类质量问题，确保工程质量。

10.1 沉 井 制 作

10.1.1 外壁粗糙、鼓胀

1. 现象

沉井浇筑混凝土脱模后，外壁表面粗糙、不光滑，尺寸不准，出现鼓胀，增大与土的摩阻力，影响顺利下沉。

2. 原因分析

（1）模板不平整，表面粗糙或粘有水泥砂浆等杂物未清理干净，脱模时，混凝土表层被粘脱落。

（2）采用木模板时，浇筑混凝土前未浇水湿润或湿润不够，混凝土水分被吸去，致使混凝土失水过多，疏松脱落形成粗糙面。

（3）采用钢模板支模时，未刷或局部漏刷隔离剂，拆模时，表皮被钢模板粘结脱落。

（4）模板接缝、拼缝不严密，使混凝土中水泥浆流失，而使表面粗糙；或混凝土振捣不密实，部分气泡留在模板表面，脱模后混凝土表面粗糙。

（5）筒壁模板局部支撑不牢，或支撑刚度差，或支撑在松软土地基上；浇筑混凝土时模板受振，或地基浸水下沉，造成局部模板松开，外壁鼓胀。

（6）混凝土未分层浇筑，振捣不实，漏振或下料过厚，振捣过度，造成模板变形，筒壁表面出现蜂窝、麻面或鼓胀。

3. 预防措施

（1）模板应经平整，板面应清理干净，不得粘有干硬水泥砂浆等杂物。

（2）木模板在浇筑混凝土前，应充分浇水湿润，清洗干净；钢模脱模剂要涂刷均匀，不少于两遍，不得漏刷。

（3）模板接缝、拼缝要严密，如有缝隙，应用油毡条、塑料条、纤维板或刮腻子堵严，防止漏浆。

（4）模板必须支撑牢固，支撑应有足够的刚度；如支撑在软土地基上应经加固，并有排水措施，防止浸泡。

(5) 混凝土应分层均匀浇筑，严防下料过厚及漏振、过振，每层混凝土均应振捣至气泡排除为止。

4. 治理方法

井筒外壁粗糙、鼓胀应加以修整。将粗糙部位用清水刷洗，充分湿润后，用素水泥浆或 1∶3 水泥砂浆抹光。鼓胀部分应将凸出部分凿去、洗净，湿润后亦用素水泥浆或 1∶3 水泥砂浆抹光处理。

10.1.2　沉井模板及支架损坏

1. 现象

沉井制作浇筑混凝土时模板构件或支架变形、损坏。

2. 原因分析

(1) 沉井在第二节开始制作时沉降较大，产生模板支架变形、损坏。

(2) 由于脚手架及支架与模板固定连接，并且脚手架及支架刚度相对较大，当两者沉降差较大时，模板易被拉坏。

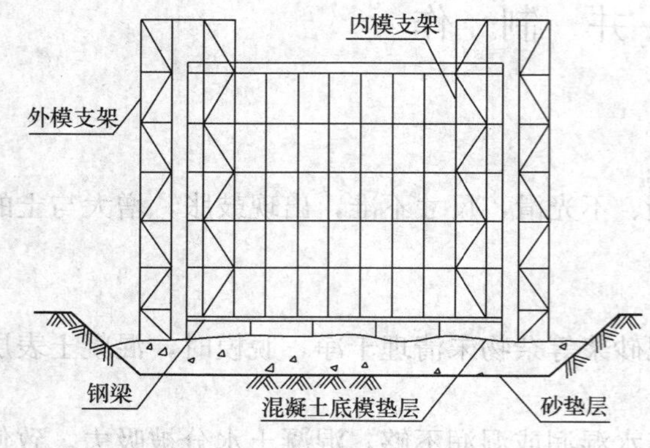

图 10-1　沉井内模支架支承示意图

3. 预防措施

(1) 外脚手架可与模板脱开，只在极少几处用拉杆联系，当沉井高度不很大时，可只在井顶以上与内模支架拉结。

(2) 沉井第二节的内模支架不采用落地式，而采用支承式，即支架支承在沉井底梁或临时性钢梁上，使其与沉井同步下沉，见图 10-1。

(3) 第一节沉井制作高度不宜过大（一般不超过 6m），否则要适当加厚砂垫层并保证质量，以减少沉井沉降量，保证模板安全。

4. 治理方法

当发现模板开始被脚手架或支架拉坏时，则暂停浇筑混凝土，适当加固模板构件，并尽可能将脚手架及支架与模板间改用活络套等方式联系，以减少其相互影响。

10.1.3　井筒裂缝

1. 现象

井筒制作完毕后在沉井壁上出现纵向或水平裂缝，有的出现在隔墙上或预留孔四角。

2. 原因分析

(1) 沉井支设在软硬不均的土层上未进行加固处理，地基出现不均匀沉降造成井筒裂缝。

(2) 沉井支设垫木（垫架）位置不当（或间距过大），使沉井早期出现过大弯曲应力而造成裂缝。

(3) 拆模时垫木（垫架）未按对称均匀拆除，或拆除过早，强度不够，而使沉井局部产生过大拉应力，导致出现纵向裂缝。

（4）沉井筒壁与内隔墙荷载相差悬殊，沉陷不均而产生较大的附加弯矩和剪应力，造成裂缝。而洞口处截面削弱，强度较低，应力集中，故常会在洞口两侧出现裂缝。

（5）矩形沉井外壁较厚，刚度较大，温度收缩时因内隔墙被外壁约束出现温度收缩裂缝。

3. 预防措施

（1）遇软硬不均的地基应作砂垫层或垫褥处理，使其受力均匀且在地基允许承载力范围以内。

（2）沉井刃脚处支设垫木（垫架）的位置应适当，并应使地基受力均匀，垫木（垫架）间距应根据计算确定。

（3）拆除垫架时，大型沉井应达到设计强度的100%，小型沉井应达到70%。

（4）拆除刃脚垫木（垫架）时，应分区、分组、依次、对称、同步地进行，先抽除一般垫木（垫架），后拆除定位垫架。

（5）沉井筒壁与内隔墙支模应能使作用于地基的荷载基本均匀，对沉井孔洞薄弱部位应在四角增设斜向附加钢筋以加强。

（6）矩形沉井在外壁与内隔墙交接处应适当配置温度构造钢筋。

4. 治理方法

（1）对表面裂缝可采用涂两遍环氧胶泥（或再加贴环氧玻璃布）以及抹、喷水泥砂浆等方法进行处理。

（2）缝宽小于0.1mm的裂缝可不处理或只进行表面处理；对缝宽大于0.1mm的深进或贯穿性裂缝，应根据裂缝可灌程度采用灌水泥浆或化学浆液（环氧或甲凝浆液）的方法进行裂缝修补，或者采用灌浆与表面封闭相结合的方法进行处理。

10.1.4 井筒歪斜

1. 现象

井筒浇筑混凝土后，筒体出现歪斜现象，影响沉井下沉的垂直度控制。

2. 原因分析

（1）沉井制作场地土质软硬不均，事前未进行地基处理，筒体混凝土浇筑后产生不均匀下沉。

（2）砂垫层厚度不够或施工质量差（不密实、不均匀、被水浸泡等），致使其支承强度达不到要求。

（3）沉井一次制作高度过大，重心过高，易于产生歪斜。

（4）沉井制作质量差，刃脚不平，井壁不垂直，刃脚和井壁中心线不垂直，使刃脚失去导向功能。

（5）拆除刃脚垫架时，没有采取分区、依次、对称、同步地抽除承垫木。抽除后又未及时回填夯实，或井外四周的回填土夯实不均，致使沉井在拆垫架后出现偏斜。

3. 预防措施

（1）沉井制作场地应先经清理平整夯（压）实，如土质不良或软硬不均，应全部或局部进行地基加固处理（如设砂垫层、灰土垫层等）。

（2）沉井制作应控制一次最大浇筑高度在1.2m以内，以保持重心稳定。

（3）严格控制模板、钢筋、混凝土质量，使井壁外表面光滑，井壁垂直。各部尺寸在规范允许偏差范围以内。

(4) 抽除沉井刃脚下的承垫木，应分区、分组、依次、对称、同步地进行。每次抽出垫木后，刃脚下应立即回填砂砾或碎石，并夯打密实，井外回填土应夯实均匀；定位支点处的垫木，应最后同时抽除。

(5) 多次下沉的沉井接高施工时，应事先核算其下沉稳定系数，并采取稳定沉井的技术措施（刃脚处多留土，井内灌水、填土或砂等）。

4. 治理方法

(1) 井筒已歪斜，可在开始下沉时，采取在歪斜相反方向，刃脚较高的部位的一侧加强挖土，在歪斜的方向较低的一侧少挖土来纠正。

(2) 多次下沉的沉井接高时的倾斜则按沉井纠偏方法施工。

10.1.5 刃脚开裂损坏、外形不正

1. 现象

沉井刃脚浇筑混凝土脱模后，出现开裂损坏、外形不正、凹凸、鼓胀等情况，影响下沉顺利进行。

2. 原因分析

(1) 在软弱土层支设刃脚模板未设置砂垫层和垫架或砖座，致使筒身荷载集中落在刃脚端部，造成地基产生较大不均匀沉降，而使刃脚开裂破坏，变形、外形不正。

(2) 设有垫架的刃脚拆除垫架时，没有采取分区、分组、依次、对称、同步地抽除承垫木，抽除后又未及时回填砂砾或碎石夯实，使刃脚在拆除垫架后，因荷载大，地基不均匀下沉而导致刃脚局部开裂损坏，或变形使外形不正。

3. 预防措施

(1) 在弱土层上支设刃脚模板，应视沉井的重量、施工荷载和地基承载情况，采用垫架法、半垫架法或砖垫座支模（图 10-2），以避免地基产生较大不均匀沉陷，导致刃脚开裂损坏、变形、外形不正、下沉困难。

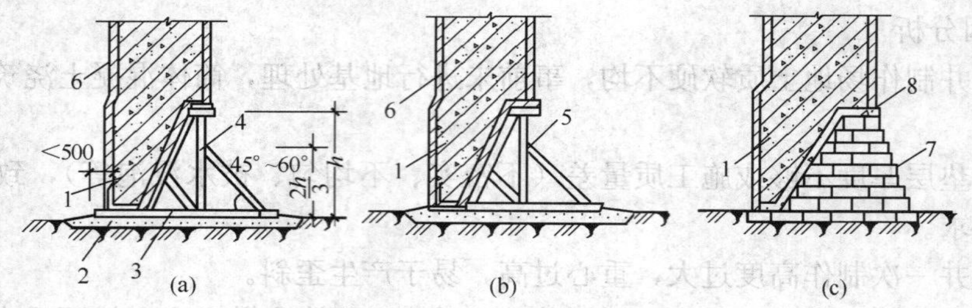

图 10-2 沉井刃脚垫架和砖座法施工

(a) 垫架法支设；(b) 半垫架法支设；(c) 砖垫座支设

1—刃脚；2—砂垫层；3—枕木；4—垫架；5—半垫架；6—模板；7—砌砖座；8—水泥砂浆抹面，上铺油毡纸或塑料薄膜

(2) 采用垫架、半垫架或砖座支设刃脚模板，在拆模抽除垫木和拆除砖垫座（分组设分隔缝）时，应分区、分组、依次、对称、同步地进行，每次抽出垫木或拆除砖座后，刃脚下应立即分层回填砂砾或碎石，并夯打密实，井外回填土应夯实均匀，定位、点处的垫木、砖座，应最后同时抽除（拆除），以避免刃脚受力不均造成刃脚、筒身破裂、变形、外形不正。

4. 治理方法

刃脚开裂损坏、外形不正部位，应按设计要求进行修补，将裂缝、不正部位凿去、洗净，充分湿润后支模，并用高一强度等级细石混凝土填补振捣密实，使强度和外形、尺寸符合原设计要求。

10.1.6 首节井身开裂歪扭

1. 现象

分节制作时，首节井身开裂，或歪斜、扭曲，使纠偏困难，导致出现较大误差，造成质量事故。

2. 原因分析

（1）首节沉井混凝土的强度未达到设计要求，就浇筑上节混凝土井身，在自重和施工荷载作用下，井身产生裂缝，造成渗漏和下沉困难。

（2）在首节纠偏未完成的情况下，接高上节会使偏斜越来越严重，导致误差累加，给纠偏带来极大困难。

3. 防治措施

（1）在常温下首节井身混凝土应达到设计强度后，方可接高浇筑上节井身混凝土。

（2）沉井在接高前应将首节的纠偏工作完成。要在刃脚底面呈水平状态时接高第二节井身。沉井接高位置应放在首节沉井浇筑面露出地面尚有 0.8～1.0m 时进行，接高前最后一次下沉的刃脚应尽量沉实在土层中，使刃脚在土层中嵌固，以利于接高期间井体稳定。

10.1.7 沉井拆除垫架后出现裂缝或断裂

1. 现象

沉井刃脚没有达到设计要求的混凝土强度，就拆除垫架或抽出垫木，在刃脚、井身出现裂缝或断裂情况。

2. 原因分析

沉井本身自重很大，依靠设置在刃脚底部的垫架、垫木或砖座将沉井荷载均匀传递到地基上，刃脚混凝土强度没有达到设计要求，强度不足，就拆除垫架、抽出垫木或拆除砖座，会使地基产生较大的不均匀沉陷，从而导致刃脚、井身产生裂缝，甚至断裂，造成质量事故。

3. 防治措施

刃脚垫架拆除、垫木抽出，首节应达到 100％的设计强度，第二节应达到设计强度的 70％方可进行，并应按一定次序进行。圆形沉井先拆除一般垫架（垫木，下同），后拆定位垫架；矩形沉井，先拆（抽）除内隔墙下垫架，然后分组、对称地抽除外墙两短边下的垫架，再抽长边下一般垫架，最后同时抽取定位垫架，抽除应按 10.1.5“刃脚开裂损坏、外形不正”的防治措施（2）进行，以防开裂。

10.2 沉 井 下 沉

10.2.1 平面位移过大

1. 现象

沉井下沉时平面位移过大。

2. 原因分析

(1) 沉井下沉施工中井位高差（倾斜）未控制好，又未及时测量平面位移情况，致使沉井在单向倾斜情况下下沉过多，而导致沉井平面位移过大。

(2) 井周有不对称水土压力长期作用（如不对称地面超载、井点作用不对称及附近打桩施工影响等)，使井位逐渐偏向水土压力较小的一侧。

(3) 沉井外部土体出现液化。

3. 预防措施

(1) 沉井下沉施工中要经常变换井位倾斜的方向，并观测平面位移情况，及时调整沉井倾斜方向。

(2) 井周地面标高不能相差太多。

(3) 井周地面超载要保持对称。

(4) 井周井点作用（布置及使用）要对称。

(5) 沉井附近如要打桩时，应在施工程序及隔离设施等方面采取对称措施，以减少其对沉井位移的影响程度。

4. 治理方法

在沉井下沉施工中要经常观测井位情况，及时采取纠偏措施，使沉井下沉到位时轴线位置的偏差不超过下沉深度的1%或10cm（下沉深度小于10m时)。

10.2.2 下沉过快

1. 现象

沉井下沉速度超过挖土速度，出现异常情况，使施工难以控制。

2. 原因分析

(1) 遇软弱土层，土的承载力很低，使下沉速度超过挖土速度。

(2) 长期抽水或因砂的流动，使井壁与土的摩阻力下降。

(3) 沉井外部土体出现液化。

3. 预防措施

(1) 发现下沉过快，可重新调整挖土，在刃脚下不挖或部分不挖土。

(2) 将排水法改为不排水法下沉，增加浮力。

(3) 在沉井外壁间填粗糙材料，或将井筒外的土夯实，增大摩阻力。

4. 治理方法

(1) 可用木垛在定位垫架处给以支承，以减缓下沉速度。

(2) 如沉井外部土液化出现虚坑时，可填碎石处理。

10.2.3 下沉过慢

1. 现象

沉井下沉速度很慢，甚至出现不下沉的现象。

2. 原因分析

(1) 沉井自重不够，不能克服四周井壁与土的摩阻力和刃脚下土的正面阻力。

(2) 井壁制作表面粗糙，高洼不平，与土的摩阻力加大。

(3) 向刃脚方向削土深度不够，正面阻力过大。

（4）遇孤石或大块石等障碍物，沉井局部被搁住，或刃脚被砂砾挤实。

（5）遇摩阻力大的土层，未采取减阻措施，或减阻措施遭到破坏，侧面摩阻力增大。

（6）在软黏性土层中下沉，因故中途停沉过久，侧压力增大而使下沉过慢或停沉。

3. 预防措施

（1）沉井制作应严格按设计要求和工艺标准施工，保持尺寸准确，表面平整光滑。

（2）使沉井有足够的下沉自重，下沉前进行分阶段下沉系数 K 的计算（K 值应控制不小于 1.10～1.25），或加大刃脚上部空隙。

（3）在软黏性土层中，对下沉系数不大的沉井，采取连续挖土，连续下沉，中间停歇时间不要过长。

（4）在井壁上预埋射水管，遇下沉缓慢或停沉时，进行射水以减少井壁与土层之间的摩阻力。

（5）在井壁周围空隙中充填触变泥浆（膨润土 20%、火碱 5%、水 75%）或黄泥浆，以降低摩阻力，并加强管理，防止泥浆流失。泥浆应根据土层特性按表 10-1 选用。

不同土层对泥浆要求　　表 10-1

土层名称	土层特点	对泥浆要求
黏土层	黏土层结构紧密，地下水渗透缓慢，土体侧压力较大	应采用密度较大、失水量较小的泥浆，以防黏土遇水膨胀，而造成土壁坍落破坏
砂　层	砂层结构松散，易坍落，有地下水渗透	应采用粘度较高、静切力较大、产生的泥皮薄而坚韧的泥浆，以防止砂层塌落和泥浆流失
卵石层	卵石间孔隙较大，结构较松散，地下水渗流较畅通	应采用粘度高、静切力大、密度较小的泥浆，以防止泥浆流失

4. 治理方法

（1）如因沉井侧面摩阻力过大造成，一般可在沉井外侧用 0.2～0.4MPa 压力水流动水针（或胶皮水管）沿沉井外壁空隙射水冲刷助沉。下沉后，射水孔用砂子填满。

（2）在沉井上部加荷载，或继续浇筑上一节井壁混凝土，增加沉井自重使之下沉。

（3）将刃脚下的土分段均匀挖除，减少正面阻力；或继续进行第二层（深 40～50cm）碗形破土，促使刃脚下土失稳下沉。

（4）对于不排水下沉，则可以进行部分抽水，以减少浮力，借以加重沉井。

（5）遇小孤石或块石搁住，可将四周土挖空后取出；对较大孤石或块石，可用炸药或静态破碎剂进行破碎，然后清除。如果采用不排水下沉，则应由潜水员进行水下清理。

（6）遇硬质胶结土层时，可用重型抓斗和加大水枪的射水压力联合作业；也可用钢轨冲击破坏后，再用抓斗抓出。

（7）如因沉井四壁减阻措施被破坏，应设法恢复。

（8）采用振动装置（振动锤或振动器）振动井壁，以减低摩阻力，但仅限于小型沉井使用。

10.2.4 瞬间突沉

1. 现象

沉井在瞬时间内失去控制，下沉量很大，或很快，出现突沉或急剧下沉，严重时往往使沉井产生较大的倾斜或使周围地面塌陷。

2. 原因分析

(1) 在软黏土层中，沉井侧面摩阻力很小，当沉井内挖土较深，或刃脚下土层掏空过多，使沉井失去支撑，常导致突然大量下沉，或急剧下沉。

(2) 当黏土层中挖土超过刃脚太深，形成较深锅底，或黏土层只局部挖除，其下部存在的砂层被水力吸泥机吸空时，刃脚下的黏土一旦被水浸泡而造成失稳，会引起突然塌陷，使沉井突沉。当采用不排水下沉，施工中途采取排水迫沉时，突沉情况尤为严重。

(3) 沉井下遇有粉砂层，由于动水压力的作用，向井筒内大量涌砂，产生流砂现象，而造成急剧下沉。

3. 预防措施

(1) 在软土地层下沉的沉井可增大刃脚踏面宽度，或增设底梁以提高正面支承力；挖土时，在刃脚部位宜保留约 50cm 宽的土堤，控制均匀削土，使沉井挤土缓慢下沉。

(2) 在黏土层中严格控制挖土深度（一般为 40cm），不能太多，不使挖土超过刃脚，可避免出现深的锅底将刃脚掏空。黏土层下有砂层时，防止把砂层吸空。

(3) 控制排水高差和深度，减小动水压力，使其不能产生流砂或隆起现象；或采取不排水下沉的方法施工。

4. 治理方法

(1) 加强操作控制，严格按次序均匀挖土，避免在刃脚部位过多掏空，或挖土过深，或排水迫沉水头差过大。

(2) 在沉井外壁空隙填粗糙材料增加摩阻力；或用枕木在定位垫架处给以支撑，重新调整挖土。

(3) 发现沉井有涌砂或软黏土因土压不平衡产生流塑情况时，为防止突然急剧下沉和意外事故发生，可向井内灌水，把排水下沉改为不排水下沉。

10.2.5 下沉搁置

1. 现象

沉井被地下障碍物搁住或卡住，出现不能下沉或下沉困难的现象。

2. 原因分析

(1) 沉井下沉局部遇孤石、大块卵石、矿渣块、砖石、混凝土基础、管线、钢筋、树根等被搁置、卡住，造成沉井难以下沉。

(2) 下沉中遇局部软硬不均地基或倾斜岩层。

3. 预防措施

(1) 施工前做好地基勘察工作，对沉井壁下部 3m 以内的各种地下障碍物，下沉前挖井取出。

(2) 对局部软硬不均地基或倾斜岩层，采取先破碎开挖较硬土层或倾斜岩层，再挖较弱土层，使其均匀下沉。

4. 治理方法

(1) 遇较小孤石，可将四周土掏空后取出；较大孤石或大块石、地下沟道等，可用风动工具或用松动爆破方法破碎成小块取出。炮孔距刃脚不小于 50cm，其方向须与刃脚斜面平行，药量不得超过 200g，并设钢板、草垫防护，不得用裸露爆破。

(2) 钢管、钢筋、树根等可用氧气烧断后取出。

(3) 不排水下沉，爆破孤石，除打眼爆破外，也可用射水管在孤石下面掏洞，装药破碎吊出。

10.2.6 沉井悬挂

1. 现象

沉井下沉过程中，刃脚下部土体已经掏空，而沉井的自重仍不能克服摩阻力下沉，产生悬挂现象，有时将井壁拉裂。

2. 原因分析

(1) 井壁与土壁间的摩阻力过大，沉井自重不够，下沉系数过小。

(2) 沉井平面尺寸过小，下沉深度较大，遇较密实的土层，其上部有可能被土体夹住，使其下部悬空，有时将井壁拉裂。

3. 预防措施

(1) 使沉井有足够的下沉自重；下沉前应验算沉井的下沉系数，应不小于1.1～1.25。

(2) 加大刃脚上部空隙，使井壁与土体间有一定空间，以避免被土体夹住。

4. 治理方法

(1) 用0.2～0.4MPa的压力流动水针沿沉井外壁缝隙冲水，以减少井壁和土体间的摩阻力。

(2) 在井筒顶部加荷载；或继续浇筑上节筒身混凝土，增加自重和对刃口下土体的压力，但应在悬空部分下沉后进行，以免突然下沉破坏模板和混凝土结构。

(3) 继续第二层碗形挖土，或挖空刃脚土，必要时向刃脚外掏深100mm。

(4) 在岩石中下沉，可在悬挂部位进行补充钻孔和爆破。

10.2.7 沉井下沉时泥水大量涌入井内

1. 现象

沉井下沉时，出现大量泥土、地下水涌入井内和向一侧产生倾斜等情况，影响下沉施工的操作与安全，造成纠偏困难。

2. 原因分析

沉井下沉未封闭外壁预留孔洞，在外侧土压力和水压力作用下，泥土和地下水大量从洞口涌入井内，给井内挖土下沉操作带来极大困难，影响施工安全和顺利进行。同时由于有预留孔洞，使井壁各边重量不等，井重心偏移，下沉时易使沉井向没有孔洞、重的一面倾斜，给纠偏造成困难。

3. 防治措施

沉井壁中有的预留地下廊道、地沟、管道、进水窗等孔洞，下沉前应进行封闭处理。对较大孔洞，可在制作时在洞口预埋钢框、螺栓，用钢板、方木封闭，中填与孔洞混凝土重量相等的砂石或铁块配重（图10-3a、b）；对沉井进水窗则采取一次做好，内侧用钢板封闭（图10-3c）。沉井封底后再拆除封闭钢板、挡木等。

10.2.8 沉井下沉误差大

1. 现象

沉井下沉未设置测量控制网观测沉井下沉的位置、标高和垂直度，从而造成误差较大，影响下沉质量。

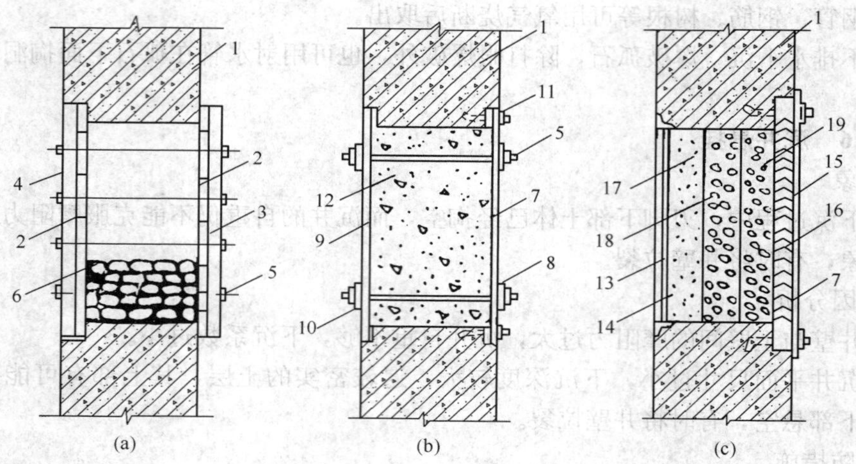

图 10-3　沉井井壁孔洞封闭构造

(a) 大通道口堵孔；(b) 管道洞口堵孔；(c) 进水窗堵孔

1—沉井井壁；2—50mm 厚木板；3—枕木；4—槽钢内夹枕木；5—螺栓；6—配重；7—10mm 厚钢板；8—槽钢；9—100mm×100mm 方木；10—50mm×100mm 方木；11—橡皮垫；12—砂砾；13—钢筋箅子；14—5mm 孔钢丝网；15—钢百叶窗；16—15mm 孔钢丝网；17—砂；18—5～10mm 粒径砂卵石；19—50～60mm 粒径卵石

2. 原因分析

由于下沉未设置精度高的测量控制网观测沉井下沉的位置、中心线、标高和垂直度，而是采用目测或水平尺和钢卷尺量测，从而产生误差较大，位置、中心线，标高（沉降值）、垂直度不够准确，出现倾斜、位移、超沉和扭转等通病，达不到设计要求，常严重影响工程质量，甚至造成事故。

3. 防治措施

沉井下沉过程中应加强位置、中心线、标高（沉降值）和垂直度等的观测。在沉井外部地面及井壁顶部四面设置纵横十字中心控制线、水准基点，以控制平面位置、中心线和标高。沉井垂直度的控制，是在井筒内按 4 或 8 等分标出垂直轴线，各吊线坠一个对准下部标板来控制（图 10-4），并定时用两台经纬仪进行垂直偏差观测。挖土时，应随时观测垂直度；当线坠离墨线达 50mm，或四面标高不一致时，即应纠正。沉井下沉的控制，系在井筒壁周围弹水平线，用水准仪来观测沉降。下沉过程中，每班应观测不少于两次，并做好记录，如有倾斜、位移和扭转，应及时通知值班队长指挥操作人员纠正，使偏差控制在允许范围内。

10.2.9　沉井下沉及纠偏困难

1. 现象

沉井出现下沉困难、不均衡、井身倾斜、偏移、移位、搁置或突沉等不良症状，造成下沉、纠偏困难，影响工程顺利进行。

2. 原因分析

沉井下沉未根据土质情况按一定顺序，不分层、对称、均衡挖土，使刃脚下部地基受力不均，挤（切）土高低不一，从而易出现下沉困难，井身倾斜、偏移、搁置、突沉等不

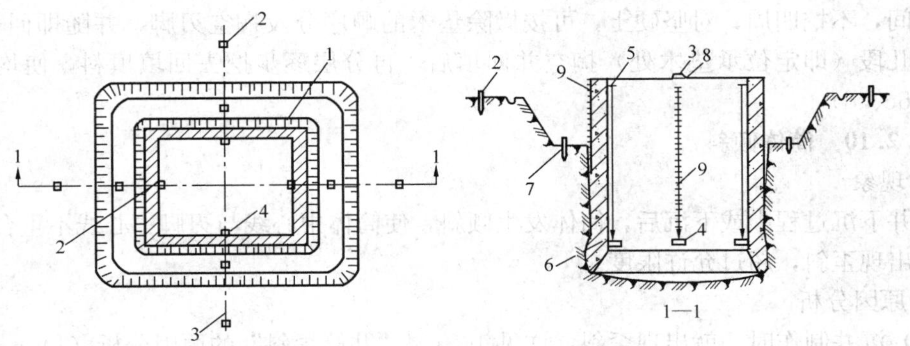

图 10-4 沉井下沉测量控制方法

1—沉井；2—中心线控制点；3—沉井中心线；4—钢标板；5—预埋铁件；6—线坠；7—下沉控制点；8—沉降观测点；9—井壁外下沉标尺

良现象，使沉井不能达到均衡、竖直、平稳挤（切）土下沉。

3. 防治措施

（1）沉井下沉挖土应根据不同土质情况，研究采取一定有效的挖土顺序，分层开挖，使挖土对称、均衡，刃脚下部地基土受力均匀，达到沉井均匀、竖直平衡下沉。

（2）沉井下沉挖土，对松软土质，应先挖沉井中部土层（每层约深 40～50cm），沿沉井刃脚周围保留土堤，使沉井在自垂作用下挤（切）土下沉（图 10-5a）；对中等密实的土；如刃脚土堤挖出后仍很少下沉，可再从中部向刃脚分层均匀削薄土堤，使沉井平稳下沉（图 10-5b）；对土质软硬不均的土层，应先挖硬的一侧，后挖软的一侧；对流砂层应

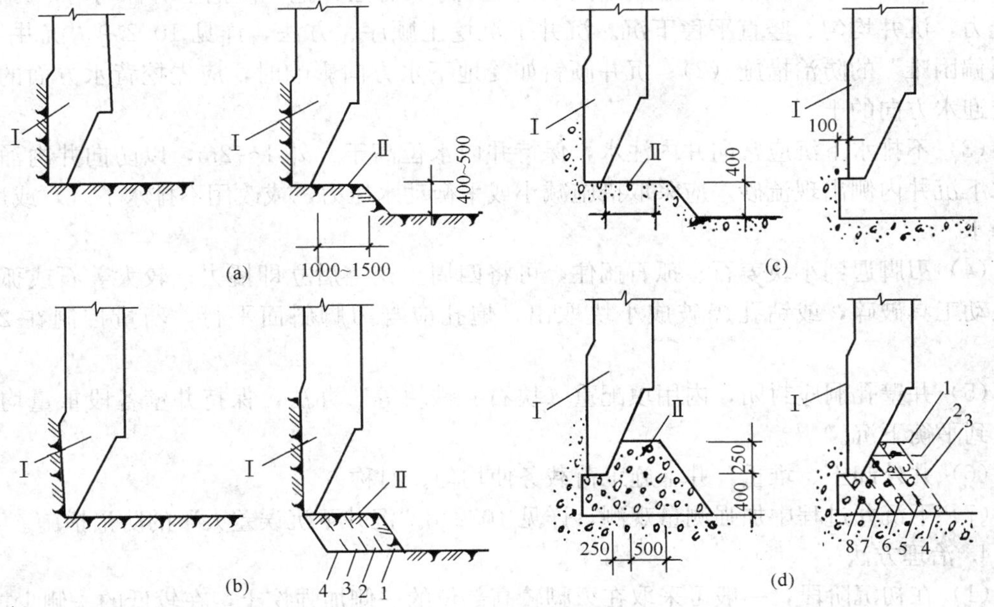

图 10-5 沉井下沉开挖次序

(a) 松软土开挖；(b) 中等密实土开挖；(c)、(d) 坚硬土层开挖

Ⅰ—刃脚；Ⅱ—小土堤；1、2、3、4、5、6、7、8—刷坡次序

只挖中间，不挖四周；对坚硬土，可按撤除垫木的顺序分段掏空刃脚，并随即回填砂砾，待最后几段（即定位承垫木处）掏空并回填后，再分层逐步挖去回填填料，使均匀下沉（图 10-5c、d）。

10.2.10 筒体倾斜

1. 现象

沉井下沉过程中或下沉后，筒体发生倾斜，使筒体中心线与刃脚中心线不重合，沉井垂直度出现歪斜，超过允许限度。

2. 原因分析

(1) 沉井制作时，就出现歪斜，详见 10.1.4“井筒歪斜”的原因分析（1）～（4）。

(2) 土层软硬不均，或挖土不均匀，使井内土面高低悬殊；或局部超挖过深，使下沉不均；或刃脚下掏空过多，使沉井不均匀突然下沉，导致沉井倾斜。

(3) 不排水下沉沉井，未保持井内水位高于井外，造成向井内涌砂，引起沉井歪斜。

(4) 刃脚局部被石块或埋设物搁住，未及时处理；或排水下沉，井内一侧出现流砂。

(5) 沉井壁上留有较大孔洞，使重心偏移，未填配重使井壁各部达到平衡就下沉。

(6) 井外临时弃土或堆重对沉井产生偏心土压；或在井壁上施加施工荷载，对沉井一侧产生偏压。

(7) 在软土中下沉封底时，未分格、逐段对称进行，造成沉井不均匀下沉而引起倾斜。

3. 预防措施

(1) 沉井制作时出现歪斜详见 10.1.4“井筒歪斜”的预防措施（1）～（4）。

(2) 根据不同土质情况，采用不同的挖土顺序，分层开挖，使挖土对称均匀，刃脚均匀受力，沉井均匀、竖直平稳下沉。沉井下沉挖土顺序、方法，详见 10.2.9“沉井下沉及纠偏困难”的防治措施（2）。沉井倾斜如受地下水方向影响时，应先挖背水方面的土，后挖迎水方向的土。

(3) 不排水下沉应常向井内注水，保持井内水位高于井外 1～2m，以防向井内涌砂。排水下沉井内侧出现流砂，应采取措施减小或平衡动水压力，或改用不排水下沉，或用井点降水。

(4) 刃脚遇到小块姜石、孤石搁住，可将四周土挖空后立即撬去；较大姜石或孤石，用风动工具破碎，或钻孔爆破成小块取出，炮孔应与刃脚斜面平行，药量控制在 200g 以内。

(5) 井壁孔洞应封闭，内用填配重（块石、铁块等）办法，保持井壁各段重量均衡，以达到平衡下沉。

(6) 井外卸土、堆重，井上施工荷载务使均匀、对称。

(7) 下沉井过程中加强测量观测，详见 10.2.8“沉井下沉误差大”的防治措施。

4. 治理方法

(1) 在初沉阶段，一般可采取在刃脚较高部位的一侧加强挖土，在较低的一侧少挖土或回填砂石来纠正。如系不排水下沉，一般可靠近刃脚较高的一侧加强挖土。

(2) 在终沉阶段，一般可利用设在井外侧的射水管冲刷土体或采取井外射水来纠正倾斜。

（3）在刃脚底的一侧加垫木楔，刃脚高的一侧多挖土。

（4）在井口上端加偏心压载纠正，务使在沉井封底以前纠正达到合格。

10.2.11 偏移或扭位

1. 现象

沉井下沉过程中或下沉后，筒体轴线位置发生一个方向偏移（称为位移），或两个方向的偏移（称为扭位）。

2. 原因分析

（1）位移大多由于倾斜引起，当沉井倾斜一侧土质较松软，在纠正倾斜时，井身往往向倾斜一侧下部产生一个较大的压力，因而伴随向倾斜方向产生一定位移。位移大小随土质情况及向一边倾斜的次数而定。当倾斜方向不平行轴线时，纠正后则产生扭位，多次不同方向的倾斜，纠正倾斜后拌随产生位移的综合复合作用，也常导致产生偏离轴线方向的扭位。

（2）沉井倾斜未纠正就继续下沉，常会使沉井向倾斜相反方向产生一定位移。

（3）测量偏差未及时纠正。

3. 预防措施

（1）加强测量控制和检测，在沉井外和井壁上设控制线，内壁上设垂度观测标志，以控制平面位置和垂直度，每班观测不少于 2 次，发现位移或扭位应及时纠正。

（2）及时纠正倾斜，避免在倾斜情况下继续下沉，造成位移或扭位。

（3）控制沉井不再向偏移方向倾斜。

（4）加强测量的检查和复核工作。

4. 治理方法

位移纠正方法一般是控制沉井不再向位移方向倾斜，同时有意识地使沉井向位移相反方向倾斜，纠正倾斜后，使其伴随向位移相反方向产生一定位移纠正。如位移较大，也可有意使沉井偏位的一方倾斜，然后沿倾斜方向下沉，直到刃脚处中心线与设计中心线位置吻合或接近时，再纠正倾斜，位移相应得到纠正。扭位可按纠正位移方法纠正，使倾斜方向对准沉井中心，然后纠正倾斜，扭位随之得到纠正。亦可先纠正一个方向的倾斜、位移，然后纠正另一个方向的倾斜、位移，几次倾斜方向纠正后，轴线即恢复到原位置。

10.2.12 遇坚硬土层难以下沉

1. 现象

沉井挖土遇坚硬土层，出现难以开挖下沉的现象。

2. 原因分析

遇厚薄不一的黄砂胶结层（姜结石），质地坚硬，用一般镐、锹开挖非常困难，使下沉十分缓慢。

3. 防治措施

（1）排水下沉时，以人力用铁钎打入土中向上撬动、取出，或用铁镐、锄开挖，必要时打炮孔爆破成碎块。

（2）不排水下沉时，用重型抓斗、射水管和水中爆破联合作业。先在井内用抓斗挖 2m 深锅底坑，由潜水工用射水管在坑底向四角方向距刃脚边 2m 冲 4 个 400mm 深的炮孔，各放 200g 炸药进行爆破，余留部分用射水管冲掉，再用抓斗抓出。

10.2.13　下沉遇流砂

1. 现象

沉井采取井内排水时，井外的土、粉砂产生流动状态，随地下水一起涌入井内，边挖、边冒，无法挖深；常造成沉井出现突沉、偏斜、下沉过慢或不下沉等情况。

2. 原因分析

(1) 井内锅底开挖过深，井外松散土涌入井内。

(2) 井内表面排水后，井外地下水动水压力把土压入井内。

(3) 爆破处理障碍物时，井外土受振进入井内。

(4) 挖土深超过地下水位 0.5m 以上。

3. 预防措施

(1) 采用排水法下沉，水头宜控制在 1.5～2.0m。

(2) 挖土避免在刃脚下掏挖，以防流砂大量涌入，中间挖土也不宜挖成锅底形。

(3) 穿过流砂层应快速，最好加荷，使沉井刃脚切入土层。

4. 处理方法

(1) 当出现流砂现象，可在刃脚堆石子压住水头，削弱水压力，或周围堆砂袋围住土体，或抛大块石，增加土的压重。

(2) 改用深井或喷射点井降低地下水位，防止井内流淤。深井宜安设在沉井外，点井则可设置在井外或井内。

(3) 改用不排水法下沉沉井，保持井内水位高于井外水位，以避免流砂涌入。

10.2.14　邻近建筑物下沉

1. 现象

沉井周围地面塌陷，邻近建筑物局部下沉，出现裂缝或倾斜。

2. 原因分析

(1) 建筑物离沉井过近，基础未采取加固隔离措施。

(2) 沉井下沉降低地下水位，使邻近建（构）筑物地基土层局部压密产生下沉。

(3) 沉井下沉遇粉砂层或下沉挖土刃脚外掏空过多，向沉井内涌砂，造成周围地面下陷。

3. 预防措施

(1) 在建筑物基础靠沉井一侧用板桩或喷粉桩加固。

(2) 在沉井与建筑物之间设置回灌井，减少邻近建筑物地下水的流失。

(3) 遇粉砂层采用点井降水，使水头差不过大，避免引起流砂。

(4) 沉井挖土，避免在刃脚处向外掏空，尽量采取切土下沉方法。

(5) 在井壁外侧不断回填中砂，使靠近建筑物一侧土不被扰动。

4. 治理方法

遇流砂或向井内涌泥引起建筑物下沉时，应改排水下沉为不排水下沉，或在井外部加设点井降水下沉。

10.2.15　下沉裂缝

1. 现象

沉井下沉过程中，在沉井竖壁上出现纵向或水平方向裂缝，有的集中在隔墙上，或预留孔洞口两侧。

2. 原因分析

(1) 沉井下沉时被大孤石、漂石或其他障碍物搁住，使井壁产生过大拉应力而造成裂缝。

(2) 圆形沉井下沉过程中，由于过大的倾斜受侧向不均匀土压力作用或一侧突然下沉，常导致在井壁内侧或外侧产生竖向裂缝。

(3) 沉井下沉时，当刃脚踏面脱空，沉井被上部土体挤紧而悬挂在土层中，在井墙内可能出现较大的竖向拉力，而将井筒水平拉裂。

3. 预防措施

(1) 做好地质勘察工作，深 3m 以内障碍物应在沉井制作、下沉前挖除，下沉时采取先钎探，挖除障碍物再挖土下沉。

(2) 考虑沉井受侧向不均匀土压力作用，按实测内摩擦角加减 5°～8°计算井壁强度，提高受不均匀荷载强度的能力。下沉过程中注意避免过大的倾斜和突然下沉。

(3) 考虑沉井脱空情况，验算竖向钢筋，一般按自重的 25%～65%计算其最大拉断力，或按最不利情况（在墙高度分节接头处即施工缝位置）计算最大拉断力。

4. 治理方法

参见 10.1.3“井筒裂缝”的治理方法。

10.2.16 沉井沉至设计标高后继续自沉

1. 现象

沉井挖土下沉一次沉至基底设计标高，在软弱土层中，出现继续自沉，造成倾斜或超沉现象。

2. 原因分析

沉井自重很大，在软弱土层中一次沉至设计标高停挖土后，一般尚未稳定，还会在自重作用下继续不均匀自沉，从而导致出现倾斜或超沉等情况。

3. 防治措施

(1) 沉井在终沉阶段，每 1h 应观测一次，周边开挖深度应小于 100～300mm（视土质而定），在距设计井底标高 100～200mm 时应停止井内挖土和抽水，使沉井靠自重沉至设计标高或接近设计标高，达到稳定；或经观测在 8h 内累计不沉量不大于 10mm 时，始可进行沉井封底。

(2) 如在软弱土层中，停止挖土和排水后，2～3d 仍不能稳定，则应立即在刃脚下加设 4～8 个支墩，加大支承面积等措施，控制不再下沉。

10.2.17 超沉或欠沉

1. 现象

沉井下沉完毕后，刃脚平均标高大大超过或低于设计要求深度，相应沉井壁上的预埋件及预留孔洞位置的标高，也大大超过规范允许的偏差范围。

2. 原因分析

(1) 沉井下沉至最后阶段，未进行标高控制和测量观测。

(2) 下沉接近设计深度，未放慢挖土和下沉速度。

(3) 遇软土层或流砂，下沉失去控制。

(4) 在软弱土层预留自沉深度太小，或未及时封底；或沉井下沉尚未稳定就封底，常造成超沉；在砂土层或坚硬土层预留自沉深度太大，或沉井下沉尚未稳定就封底，常发生欠沉。

(5) 沉井测量基准点碰动，标高测量错误。

3. 预防措施

(1) 沉至接近设计标高，应加强测量观测和校核分析工作。

(2) 在井壁底梁交接处，设砖砌承台，在其上面铺方木，使梁底压在方木上，以防过大下沉。

(3) 沉井下沉至距设计标高 0.1m 时，停止挖土和井内抽水，使其完全靠自重下沉至设计或接近设计标高。

(4) 采取减小或平衡动水压力和使动水压力向下的措施，以避免流砂现象发生。

(5) 沉井下沉趋于稳定（8h 的累计下沉量不大于 10mm 时），方可进行封底。

(6) 采取措施保护测量基准点，加强复测，防止出现测量错误。

4. 治理方法

如超沉过多，可将沉井上部接高处理；欠沉一般作抬高设计标高处理。

10.2.18　遇倾斜岩石层

1. 现象

沉井下沉到设计深度后遇倾斜岩石，造成封底困难。

2. 原因分析

地质构造不均，使沉井刃脚部分落在基岩上，部分落在较软的土层上，封底后易造成沉井不均匀下沉，产生倾斜。

3. 预防措施

(1) 井底岩层的倾斜面，适当作成台阶。

(2) 当沉井部分落在岩层上，部分落在较软的土层上时，在沉井落在软土层上的两角及中间挖井浇筑混凝土或砌块石支墩直至硬土层，以支承沉井，使封底后下沉均匀；亦可将沉井支承在岩层的部分凿去 50cm 深，再回填土砂混合物作软性褥垫处理。

4. 治理方法

遇倾斜岩层应使沉井大部分落在岩层上，其余未到岩层部分，若土层稳定不向内崩坍，可进行封底工作；若井外土易向内崩坍，则可不排水，由潜水工一面挖土，一面以装有水泥砂浆或混凝土的麻袋包堵塞缺口，堵完后再清除浮渣，进行封底。

10.2.19　井底土层被承压水顶破

1. 现象

沉井排水下沉至某个深度时，井底下土层被承压水顶破，使井底大量涌水而被迫改用不排水下沉施工法。

2. 原因分析

(1) 事先未掌握井底土层承压水的水文地质资料。

(2) 事先虽了解井底有承压水存在，但未有相应防范技术措施。

3. 预防措施

(1) 事先应对井底水文地质资料进行调查分析。

(2) 当了解井底有承压水存在时，应对井底土层的稳定性进行分析计算，发现井底土稳定性安全不够，应采取承压水减压或井底土层加固等技术措施。

4. 治理方法

(1) 改用不排水下沉施工法。

(2) 对承压水进行减压（如打沉井点）或对井底土层进行加固处理（仅用于井底土层稳定安全稍差时）。

10.3 沉井封底

10.3.1 封底混凝土密实度不佳

1. 现象

封底混凝土存在泥浆夹层，或封底混凝土不密实，有蜂窝、孔洞。

2. 原因分析

(1) 混凝土配合比设计不当，或混凝土未连续浇筑，间隔时间过长而使混凝土凝固不能流动。

(2) 导管埋入混凝土过深且提动次数太少（或间隔时间过久），以及混凝土配合比不当或拌制、运输不当造成混凝土和易性差、流动性小，甚至已凝固。

(3) 在软土地基其井底浮泥未清理干净或首批混凝土灌注量不够，而使导管未被混凝土埋住或埋深不够。

(4) 浇筑时导管提升速度过快或提升过高，水进入导管内，导致混凝土与泥浆水未被完全隔离。

(5) 导管接缝不严或断裂，严重漏水，使泥水混凝土相混合。

(6) 导管布置间距大于导管实际扩散影响半径，使混凝土堆之间搭接不良而产生夹层。

(7) 混凝土和易性差，流动性小，不能顺利扩散而使之密实，使泥浆水混入。

3. 预防措施

(1) 封底混凝土配合比要认真选配。水泥用量宜为350～400kg/m^3；中、粗砂，砂率应为45%～50%；骨料粒径以5～40mm为宜；初凝时间应大于3h，水灰比应不大于0.6；坍落度应为16～20cm。为节约水泥，可经试验确定后掺加木钙等减水剂以使混凝土能较好扩散。

(2) 混凝土应连续浇筑，浇筑间歇时间不应超过30min。

(3) 在软弱土层封底前，应将井底浮泥杂物清除干净并铺碎石垫层。

(4) 导管下口距基底应保持30～40cm距离。首批混凝土量应通过计算加以确定。

(5) 浇筑前导管应设置球、塞等隔水，导管埋入混凝土的深度应不小于1m。多根导管同时灌注时混凝土面应平均升高，上升速度应不小于0.25m/h、坡度应不大于1∶5。导管间距应控制在有效影响半径范围内（一般取3～4m），以使各导管的浇筑面积相互重叠。

(6) 浇筑应从最低点开始。每隔20min应对导管外混凝土面测量一次。

(7) 导管弯曲度应不大于0.5%，接头一般应采用粗扣套接并加设橡胶圈密封。最下一节导管长度应大于 2m，导管埋入混凝土的深度不宜大于 3m，并应及时适量提拔导管。

4. 治理方法

封底混凝土存在泥浆夹层可采取压浆方法进行处理（或在其面层上进行适当的配筋加固）；蜂窝、孔洞可凿开冲洗干净后再重新浇筑混凝土。

10.3.2 沉井封底结构被破坏

1. 现象

沉井不均匀下沉，造成上部标高出现水平差、沉井偏斜以及封底后沉井上游，沉井底脱空或被稀泥填塞，或沉井接缝产生渗水。

2. 原因分析

(1) 封底前井底的积水和淤泥未清除干净，封底混凝土未按分格、对称均匀的浇筑方法操作，混凝土质量差。

(2) 在含水地层中井底未做滤水层，封底时未设集水井，导致地下水位升高对沉井产生上浮力，将沉井浮起或将封底混凝土结构破坏。

(3) 沉井井壁刃脚与封底混凝土接触面未经凿毛处理并清洗干净就浇筑混凝土。

3. 预防措施

(1) 封底前应将井内积水和淤泥清除干净，封底混凝土应采取对称、均匀、分格并按照一定顺序进行浇筑的方式，一般宜选沿刃脚填筑宽约 60cm、厚度同刃脚斜面高度的混凝土，然后再逐步向井中心推进。

(2) 混凝土应分层浇筑，每层厚度 30～50cm。

(3) 在含水地层的井底应先按设计铺设约 40～50cm 厚的反滤垫层，反滤层应由中（粗）砂、碎石组成，并按规定级配比例施工，在沉井底部混凝土达到设计强度后方可停止抽水而将集水井封堵。

(4) 将井壁刃脚与封底混凝土接触面进行凿毛处理并清洗干净，以保证其接合良好。

4. 治理方法

在含水地层若井内涌水量很大、抽干困难（或井底严重涌水、冒砂）时，可采取外部降水措施使其恢复下沉；井底接缝漏水可采取水泥或化学注浆补漏方式进行处理。

10.3.3 沉井封底后出现裂缝

1. 现象

沉井下沉至设计标高，尚未稳定就封底，底板出现裂缝、鼓胀和渗漏水。

2. 原因分析

由于沉井自重和面积大，在较软弱土层中下沉到设计标高，停止挖土后，还会在自重作用下继续自沉，直至承载力达到平衡、稳定，如尚未平稳就封底，将会使底板承受很大的地基反力，而使底板裂缝、鼓胀、破坏和渗漏水。

3. 防治措施

加强对沉井自沉的稳定观测，参见 10.2.16“沉井沉至设计标高后继续自沉”的防治措施（1）。至沉井自沉稳定后才进行封底。

10.3.4 沉井封底后底板开裂、破碎或上浮

1. 现象

沉井排水封底，底板混凝土强度尚未达到设计强度就停止降（排）水和封填集水井，出现底板开裂、破碎或上浮现象。

2. 原因分析

沉井采取排水法封底，底板未达到设计要求强度，就停止排水或降水和封填集水井，底板承受地基反力和水位上升浮力的双重作用，使底板开裂、破碎，或使底板脱离基土上浮损坏。

3. 防治措施

在底板混凝土未达到设计要求强度前，应继续排降水，直至底板强度达到要求，并经抗浮稳定性验算［参见 10.3.6“沉井上浮”的预防措施（2）］后，确认沉井和底板能满足抗浮要求时，方可封填集水井、停止排降水。封填集水井应按 10.3.6“沉井上浮”的预防措施（1）进行，将集水井周边清洗干净，封垫混凝土必须浇捣密实，防止渗漏。

10.3.5 沉井失稳

1. 现象

沉井封底后，沉井继续下沉或不均匀下沉，造成上部标高出现水平差，沉井出现偏斜。

2. 原因分析

（1）井底土质松软，封底前未进行处理。

（2）井底土质软硬不均，未经处理就封底，造成各部分下沉不均。

（3）封底混凝土未分格、对称、均匀浇筑，使各部分沉陷不均。

（4）沉井内部结构和上部结构平面分布不对称，偏心重量使位于软弱土层中的沉井产生后期附加倾斜。

（5）沉井边或附近进行基坑开挖或打桩等施工，内部结构和上部结构平面分布不对称，偏心重量使位于软弱土层中的沉井产生后期附加倾斜。

3. 预防措施

（1）封底前，对井底松软土层和软硬不均土层，进行换填加固处理；井底积水淤泥要清除干净，使有足够的承载力，以支承沉井上部荷载，防止不均匀沉陷。

（2）封底混凝土采取均匀、对称、分格、按照一定顺序进行浇筑，并宜先沿刃脚填筑一宽约 70cm 同心圆带，厚度根据刃脚斜面高度确定，而后再逐步向锅底中心推进。混凝土应分层浇捣，每层厚 50cm，在软土中采取分格逐段对称封底。

（3）施工设计时尽可能减少沉井受到的偏心重量。

（4）沉井边或附近后期基坑开挖或打桩施工方案中，应采取适当技术措施避免或减少对沉井倾斜增大的影响，也可在沉井终沉阶段，使预计后期井外施工产生沉降大的一侧井位适当偏高些。

4. 治理方法

（1）沉井均匀下沉，可将沉井接高处理；不均匀下沉，可采取在井口上端偏心压载等措施纠正。

（2）当井位倾斜超过规范或设计要求的允许值时，可采取在井位低处底板下压浆顶升纠偏措施。

（3）如井位标高还有一定余地时，也可在井位高处一侧井边挖土或采取其他助沉措施进行纠偏。

10.3.6　沉井上浮

1. 现象

封底后，沉井上浮一定高度，沉井底脱空或被稀泥填塞，或造成沉井倾斜。

2. 原因分析

(1) 在含水地层沉井封底，井底未做滤水层，封底时未设集水井继续抽水，封底后停止抽水，地下水对沉井的上浮力大于沉井及上部附加重量而将沉井浮起。

(2) 施工次序安排不当，沉井内部结构和上部结构未施工，沉井四周未回填就封底，在地下、地面水作用下，沉井重量不能克服水对沉井的上浮力而导致沉井上浮。

3. 预防措施

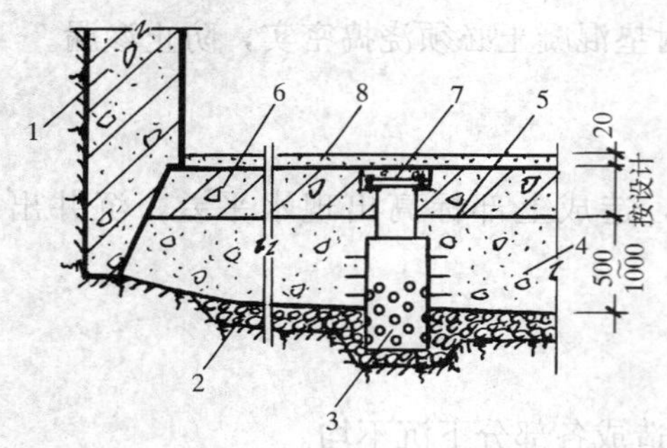

图 10-6　沉井封底排水构造

1—刃脚；2—盲沟（填粒径 15～75mm 砾石）；3—集水井、带孔钢管；4—封底混凝土；5—防水层；6—钢筋混凝土底板；7—ϕ300mm×4mm 滤水钢管，带法兰、垫圈、螺栓；8—防水砂浆

(1) 在含水地层上的沉井封底，井底应先按设计铺设垫层，一般设置厚约 40～50cm 的碎石或砂砾石倒滤层，其中碎石和砂砾石部分应分层夯实，并在沉井底部设 2～3 个集水井不断抽水，待封底混凝土达到设计强度后，方可停止抽水，将集水井一个一个封堵，构造如图 10-6 所示。方法是将集水井中水抽干，在套管内迅速用干硬性混凝土堵塞，然后用带胶圈法兰盖严，用螺栓拧紧或用钢盖板封焊，最后在盖板上浇筑混凝土抹平。

(2) 沉井封底后，整个沉井受到被排除地下水的向上浮力作用，所以应对沉井封底后的抗浮稳定性进行验算：

沉井外未回填土，不计抗浮的井壁与侧面土反摩擦阻力的作用，按下式验算：

$$K=\frac{G}{F}\geqslant 1.1 \tag{10-1}$$

沉井外已回填土，考虑井壁与侧面土的反摩阻力的作用，按下式验算：

$$K=\frac{G+f}{F}\geqslant 1.25 \tag{10-2}$$

式中　K——抗浮稳定系数；

G——沉井自重力；

F——地下水的向上浮力；

f——井壁与侧面土反摩阻力。

如抗浮稳定系数 K 分别小于 1.1 和 1.25，应先将回填土、内隔墙、上部结构等施工后，再封堵集水井。

(3) 合理安排施工顺序，需要沉井四周回填土和上部结构施工完，才能满足抗浮要求时，应先回填土和施工上部结构，再封底。

4. 治理方法

(1) 沉井不均匀下沉，可采取在井口上端偏心压载等措施纠正。

(2) 在含水地层井筒内涌水量很大无法抽干时，或井底严重涌水、冒砂时，可采取向井内灌水，用不排水方法封底。如沉井已上浮，可在井内灌水或继续施工上部结构加载；同时在外部采取降水措施使其恢复下沉。

(3) 井底接缝渗漏水，可参照11.8“防水工程堵漏技术”处理。

10.3.7 封底渗漏水

1. 现象

封底后，沉井底板接缝及底板本身产生渗透水现象。

2. 原因分析

(1) 封底混凝土与沉井井壁刃脚接触面未经凿毛处理，并且未清理干净就浇筑混凝土，新旧混凝土间接缝不严，存在夹层。

(2) 底板分格或分圈浇筑，特别是不排水浇筑混凝土，接缝未搭接处理好，混凝土未振捣密实。

3. 预防措施

(1) 对有抗渗要求的沉井，在抽承垫木前，对底板与井壁刃脚、底梁、隔墙接触面进行凿毛处理，清除浮浆、污泥，封底前再次冲洗接缝部位，保持良好接合。

(2) 底板浇筑应做好排水；分格、分圈浇筑混凝土要分层进行，处理好搭接缝并振捣密实。采取不排水浇筑混凝土，应用导管法分层浇筑、均匀上升，混凝土中宜掺加适量絮凝剂，使混凝土不分散并结合紧密。

4. 治理方法

(1) 井底板及接缝渗漏水，可采用水泥或化学注浆补漏处理，见11.8“防水工程堵漏技术”。

(2) 如大面积渗漏水，可将渗漏部位凿毛，洗净、湿润，抹压1～2mm厚素水泥浆层，再用防水砂浆或膨胀水泥砂浆抹面，或用刚性防水多层抹面补漏。在内部净空允许的情况下，亦可在内部加设60～80mm厚细石防水混凝土套紧贴底板及刃脚部位，以阻止渗漏水。

10.3.8 封底混凝土中出现泥浆夹层

1. 现象

封底混凝土中，出现大量的泥浆夹层，破坏了整体性，降低了强度，造成渗漏水。

2. 原因分析

(1) 在软土地基，沉井施工采用不排水封底，井底浮泥未清理干净，混入混凝土内。

(2) 导管下口距基底面高度过大，首批混凝土量不够，使导管未埋进混凝土堆内。

(3) 浇筑时，导管埋入混凝土深度不够，提升速度太快，泥浆水进入导管内，混凝土与泥浆水未完全隔离。

(4) 导管接缝不严或断裂，严重漏水，使泥浆水与混凝土混在一起。

(5) 导管布置间距大于导管扩散影响半径，使混凝土堆间搭接不良，出现泥夹层。

(6) 混凝土和易性差，流动度过小，不能顺利摊开使之密实，而使泥浆水混入。

3. 防治措施

(1) 基底为软土地基时，应将井底浮泥清除干净并铺碎石垫层。

(2) 导管下口距基底保持40cm为宜；首批灌注导管混凝土应通过计算确定，使混凝土能顺利从导管内排出扩散并与水隔离。

10.3.9　沉井内土面隆起

1. 现象

沉井排水下沉到位后，井内土面严重隆起到底板高度内，边挖土沉井就边下沉，影响封底施工。

2. 原因分析

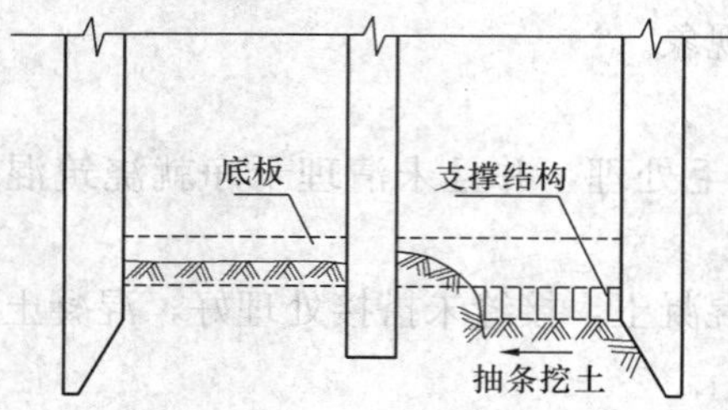

图 10-7　沉井分格封底

(1) 沉井自重大、刃脚高度短。

(2) 井底土层软弱，没有采取稳定井底及井周土层的技术措施。

3. 预防措施

(1) 施工设计时应尽可能减少井壁厚度并加长刃脚高度，增设底梁。

(2) 对井周及井底软弱土层进行加固处理，增加井壁与土层间的摩阻力，提高井周土层的抗剪强度及井底土层的支承强度。

(3) 条件许可时，事先改用不排水下沉施工法。见图 10-7。

4. 治理方法

(1) 对井周及井底土层采取加固措施。

(2) 条件许可时，改用井内加水后，水中挖土封底施工法。

可采用分格封底（大型井），或抽条挖土加井底临时支承结构的施工法，见图 10-7。

10.3.10　泄水管失效

1. 现象

水下封底混凝土达到设计强度并抽干井内水后，泄水管中没有地下水渗流出，或有大量土砂涌出来。

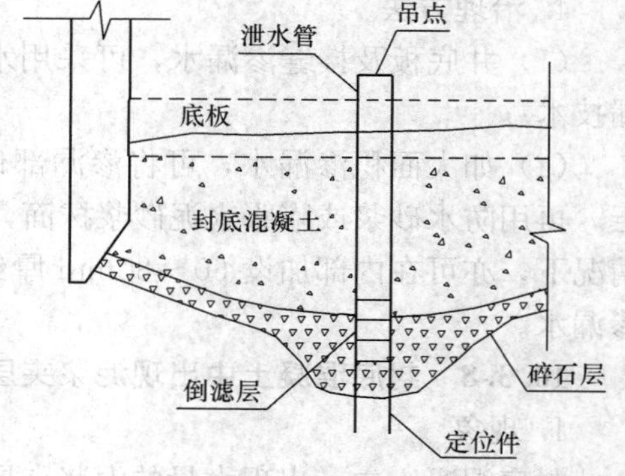

图 10-8　泄水管示意图

2. 原因分析

(1) 泄水管安装未按技术要求施工，使滤水头处被黏性土堵塞而不起泄水作用。

(2) 泄水管内倒滤层未做好，使土砂随地下水涌入井内。

3. 预防措施

(1) 泄水管安装前应先在井底铺碎石垫层，使滤水头不与黏性土接触。

(2) 泄水管内倒滤层要按设计要求做好，保证能泄水而不涌土砂，见图 10-8。

4. 治理方法

当泄水管内有大量土砂涌出时：

(1) 进行封堵作业加以封堵。

(2) 如不能进行封堵作业或井边地面大量沉降时，则在井内加压仓水。

(3) 井边如有降水井点则恢复开启，否则可补打降水井点。

(4) 采取泄水管内注浆封堵。

（5）井周做隔水帷幕。

10.3.11 导管拔不出

1. 现象

在封底混凝土浇筑中，出现导管下口埋入混凝土内拔不出来的现象。

2. 原因分析

（1）导管制作尺寸和垂直度偏差大，外直径不一，并出现弯曲。

（2）导管埋入混凝土堆过深，提动次数太少。

（3）混凝土未连续浇筑，间隔时间过久，混凝土已经凝固，将导管粘牢。

（4）混凝土配合比不当，初凝时间太短，和易性差，贮料时间过久，混凝土浇筑后，很快凝固，与导管粘牢，摩阻力加大。

3. 预防措施

（1）导管应精心加工制作，保持外直径上下一致，弯曲度不大于0.5%。接头应用粗丝扣套接，最下一节导管长度应大于2m，下端应不带法兰盘。

（2）导管插入混凝土深度应视封底厚度确定，宜控制在1.2～3.0m，不应过深。对导管外面混凝土面标高，每隔20min应测量一次，及时提升导管，不使埋入过深。在浇筑过程中，每隔20～30min应提动一次导管。

（3）混凝土应连续浇筑，间隔时间一般控制在15min内，任何情况下不得超过30min。

（4）适当选用混凝土配合比，初凝时间不应少于3h，混凝土坍落度应为18～20cm，贮料时间不应超过1.5h。

4. 治理方法

导管拔不出，可在管根部凿去部分封底混凝土，将露出的导管割断，在管内及上部浇筑混凝土堵塞，捣实并整平。

附录10 沉井工程质量标准及检验方法

沉井（箱）的质量检验标准 附表10-1

项目类别	序号	检查项目	允许偏差或允许值	检查方法
主控项目	1	混凝土强度	满足设计要求（下沉前必须达到设计强度标准值的70%）	查试块记录或抽样送检
	2	封底前，沉井（箱）的下沉稳定（mm/8h）	<10	水准仪检查，h为小时
	3	封底结束后的位置： 刃脚平均标高（与设计标高比）（mm）	<100	水准仪检查
		刃脚平面中心线位移	<1%H	经纬仪检查，H为下沉总深度，H<10m时，控制在100mm之内
		四角中任何两角的底面高差	<1%l	水准仪检查，l为两角的距离，但不超过300mm，l<10m时，控制在100mm之内

续表

项目类别	序号	检 查 项 目		允许偏差或允许值	检 查 方 法
一般项目	4	钢材、对接钢筋、水泥、骨料等原材料检查		符合设计要求	查出厂质量保证书或抽样送检
	5	结构体外观		无裂缝，无蜂窝、空洞，不露筋	观察检查
	6	平面尺寸：长与宽		±0.5%	钢尺量，最大控制在100mm之内
		曲线部分半径		±0.5%	钢尺量，最大控制在50mm之内
		两对角线差		1.0%	钢尺量检查
		预埋件（mm）		20	钢尺量检查
	7	下沉过程中的偏差	高差	1.5%～2.0%	水准仪检查，但最大不超过1m
			平面轴线	$<1.5\%H$	经纬仪检查，H为下沉深度，最大应控制在300mm之内，此数值不包括高差引起的中线位移
	8	封底混凝土坍落度（mm）		180～220	坍落度测定器检查

注：表内第3项中三项偏差可同时存在。下沉总深度系指下沉前后刃脚之高差。

11 防 水 工 程

“结构自防水”已成为我国工程建设的主要防水技术措施。它既是承重结构，又极具防水特性。较为普遍应用的是补偿收缩混凝土和普通防水混凝土。这类防水工程，工序简便，造价低廉，防水持久，节省投资。但如果工程细部处理不当，施工操作不严，则底板、围护结构和顶板裂缝以及各种预留缝漏水也很多见。

11.1 防水混凝土工程

11.1.1 地下室外墙开裂渗水

1. 现象

地下室外墙在模板拆除后出现开裂，一般是垂直裂缝比较多。

2. 原因分析

（1）设计配筋率不合理，或采用粗钢筋大间距的设置。

（2）直形墙无腰梁或壁柱等加强措施。

（3）水平钢筋和垂直钢筋设置位置不当。

（4）混凝土配合比不合理。

（5）施工振捣不够充分；拆模太早，温差大，养护不及时。

3. 预防措施

（1）建议设计有足够配筋率的同时，在保持钢筋总面积不变的情况下，尽量采用小直径小间距的配筋方式，有利于抗裂。

（2）直形墙设计时应每隔 30m 左右设后浇带，每道后浇带中间每隔 3～5m 设一道壁柱，并在水平方向适当增加腰梁，加强刚度。

（3）建议竖直钢筋放置在内侧，水平钢筋放在外侧面，以利于控制垂直裂缝。

（4）混凝土可掺用纤维和膨胀剂，控制水泥及粉煤灰的用量，以免产生收缩裂缝。

（5）外墙浇筑采用预拌泵送混凝土，分层浇筑，避免出现施工冷缝。

（6）混凝土浇筑后 3d 开始松开模板固定螺栓，5d 后开始拆模。拆模后应及时做外防水并回填土方，尽量减少外墙混凝土在空气中的暴露时间。

（7）混凝土浇筑并终凝后即开始养护，保证混凝土养护时间≥14d。

4. 治理方法

（1）对于≤0.2mm 的裂缝，可以凿成“V”形槽，补环氧砂浆，进行加强后，再大面积施工，见图 11-1。

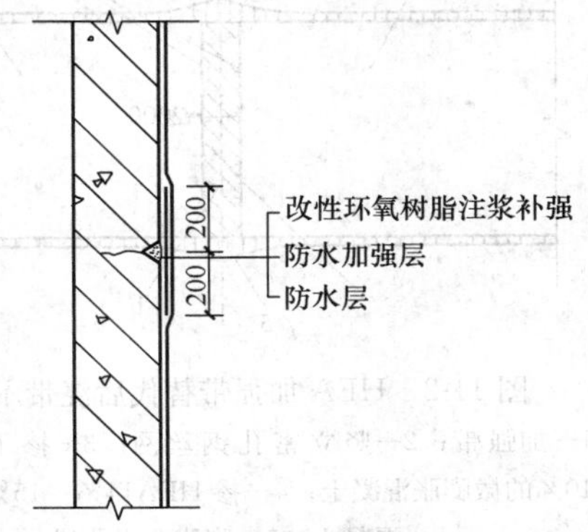

图 11-1 裂缝环氧砂浆补强示意图

（2）对于>0.2mm且贯穿的裂缝，可以采用压力注浆的方法。注浆的方法参见11.8“防水工程堵漏技术”。

11.1.2　底板混凝土裂缝渗漏水

1. 现象

混凝土表面出现不规则的收缩裂缝或环形裂缝，出现渗漏水。

2. 原因分析

（1）设计考虑欠周，底板的配筋率及厚度设计不合理。

（2）部分桩基、筏板没有设置在可靠的持力层上，或采用多种桩型，持力层变化大。基础产生不均匀沉降。

（3）大体积混凝土结构浇筑后水泥的水化热很大，混凝土产生收缩裂缝。

（4）大体积防水混凝土施工中，没有采用积极有效的防裂措施，把防水混凝土等同于一般混凝土。

（5）混凝土中大量掺用粉煤灰等外掺料，或砂石中含泥量过高，坍落度过大等。

3. 预防措施

（1）设计方面

1）设计中应充分考虑地下水作用的最不利情况。桩基、筏基必须支承在可靠的持力层上，使结构具有足够的强度、刚度，以抑制地基基础局部下沉。如底板开挖至岩石层时，必须凿除岩石400mm以上，然后回填砂石，使底板能自由变形沉降，同一栋楼采用同一种桩型。

2）根据结构断面形状、荷载、埋深，基础的强度，采用补偿收缩混凝土。一般在混凝土中内掺HEA或UEA膨胀剂，补偿混凝土的限制收缩，抵消混凝土结构在收缩中产生的拉应力，控制温差，使结构不裂。

3）以膨胀加强带取代后浇缝（图11-2），即在结构收缩应力最大的地方多掺入HEA或UEA，产生相应较大的膨胀来补偿结构的收缩。加强带的位置一般设在结构后浇带上，宽为2m。带之间适当增加温度钢筋10%～15%，能实现连续超长防水结构，其后浇缝设置可延长至100m以上。采用自防水与附加防水相结合，双防双保险。地下工程底板采用高效预应力混凝土，对消除结构混凝土裂缝，有其独特的效果。

4）合理设置后浇带和变形缝。在设计图中，应着重绘制底板后浇带、地下室底板桩基、

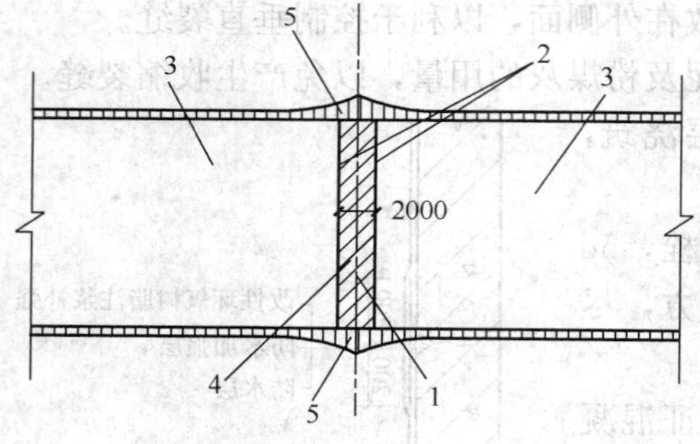

图11-2　HEA加强带替代后浇带示意图

1—加强带；2—竖立密孔钢丝网；3—掺HEA6%～10%的微膨胀混凝土；4—掺HEA14%～15%的大膨胀混凝土；5—膨胀应力曲线

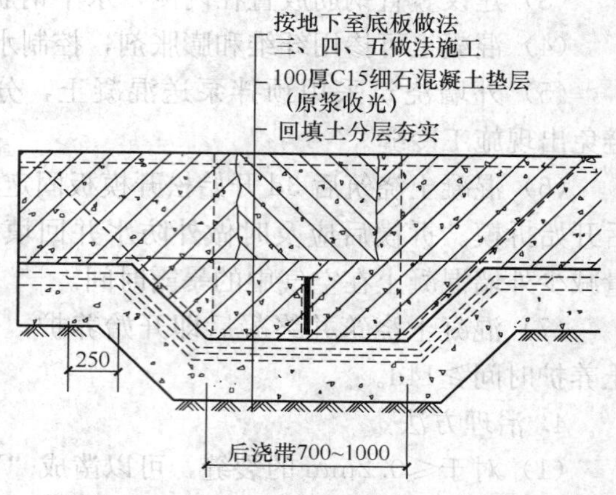

图11-3　地下室底板后浇带防水构造

地下室地梁槽和地下室底板与外墙交角等的构造详图。地下室底板后浇带防水构造如图 11-3 所示，地下室梁槽防水构造如图 11-4 所示，地下室底板与外墙交角防水构造如图 11-5。

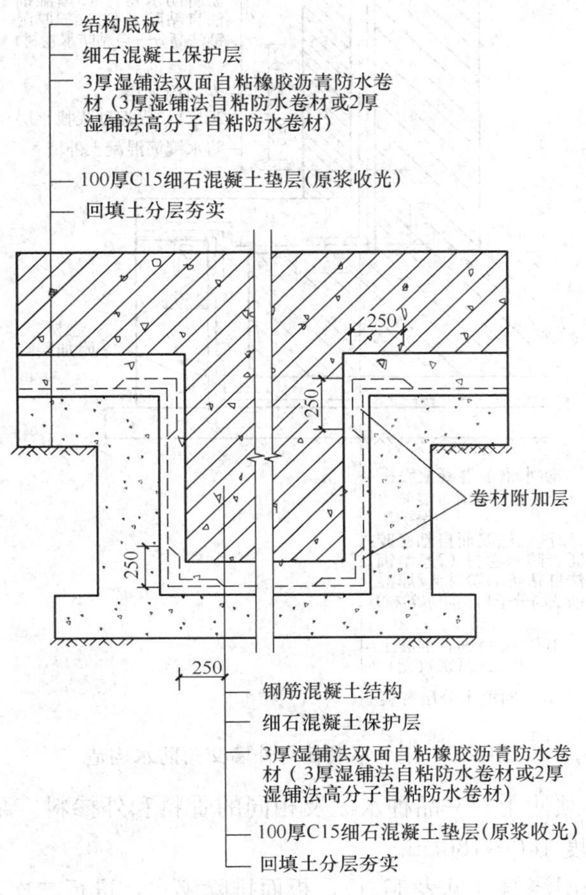

图 11-4 地下室梁槽防水构造

（2）施工方面

1）编制大体积混凝土施工方案，计算出其内部最高温升及内外温差，采取必要的养护方式。为测得混凝土体内外温差，在承台底板内设置一定数量的 PN 结，作温度传感器，使用 PN128 型遥感温度巡测仪进行测温。从混凝土浇筑 12h 开始，温升阶段 1～3d，每 2h 测温一次；降温阶段 4～6d，每 1h 测温一次。7d 以后，每天测温一次，内外温差达到控制温度值以下时，方可撤除保温措施。

2）为减少混凝土内部的水化热，宜优先选用强度等级为 42.5 级的矿渣硅酸盐水泥，内掺适量超细粉煤灰和高效减水剂，可减少水泥用量，提高混凝土的可泵性。

3）严格控制砂石含泥量，并通过精心级配，提高混凝土的抗拉强度。

4）基础底板和围护墙可采用 240～370mm 厚的砖模，混凝土浇筑后，砖模不拆即回填土。采用钢模或木模时，在模外挂草帘或麻袋浇水，大体积混凝土应采用蒸汽养护，拆模后立即回填土，可减少混凝土内外温差，混凝土能得到充分养护。

5）基础底板采用预应力混凝土，利用预应力筋张拉后的弹性回缩，消除结构裂缝。

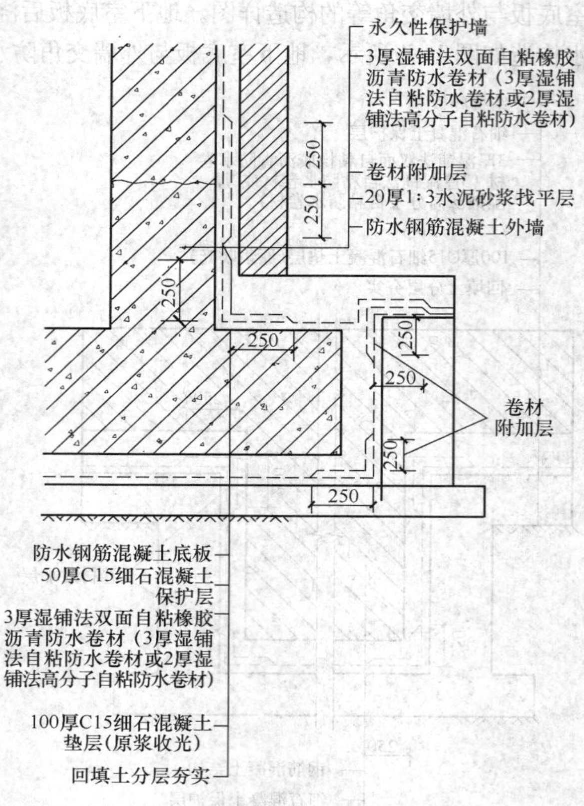

图 11-5 地下室底板与外墙交角防水构造

6）防水混凝土必须使用同一品种水泥及相同的骨料和外掺料。泵送混凝土的砂率宜为 38%～45%，坍落度 140～180cm。

7）混凝土采用分层浇筑（见表 11-1），板面排除泌水，进行二次收浆。

混凝土浇筑层厚度 **表 11-1**

项次	捣实混凝土方法	浇筑层厚度（mm）	项次	捣实混凝土方法	浇筑层厚度（mm）
1	插入式振动棒	振动器作用部分长度的 1.25 倍	2	平板振动器	200

8）商品混凝土施工时应加强现场监控力度，专人检测其坍落度和搅拌时间。

4. 治理方法

（1）根据裂缝渗漏水量和水压大小，采取促凝胶浆或氰凝、丙凝灌浆堵漏，其方法详见 11.8“防水工程堵漏技术”。

（2）对不渗漏的裂缝，可直接用灰浆处理，其方法参见 11.1.4“混凝土蜂窝、麻面、孔洞、露筋并出现渗漏水”的治理方法。

（3）对于结构出现的环形裂缝，应按变形缝的方法处理，参见 11.2.2“混凝土变形缝渗漏水”的有关部分。

11.1.3 防水混凝土抗渗性能不稳定

1. 现象

前后试块抗渗性能的检验结果差异比较大（大于0.2MPa）。

2. 原因。

（1）水泥生产厂家的批号不一、品种不同，或前后使用的水泥品质发生变化。

（2）原材料分批进厂，性能差异较大，品质不一。

（3）计量不准确或计算等问题，影响抗渗试验结果的数据。

3. 防治措施

（1）水泥品种不同不能混合使用，尽量使用同一批、同一等级的水泥配制防水混凝土。过期、受潮、结块的水泥不能使用。

（2）砂、石的含水率每天测定1～2次，若遇下雨则应增加测定次数，及时调整配合比，不允许用坍落度来控制用水量。

（3）加强施工管理，技术交底落实到位。抗渗试件的制作宜由专职质检人员负责。

11.1.4 混凝土蜂窝、麻面、孔洞、露筋并出现渗漏水

1. 现象

参见本手册第18章“混凝土工程”中18.2“表面缺陷”的相关内容。

2. 原因

（1）参见18.2“表面缺陷”的相关内容。

（2）减水剂防水混凝土中的减水剂变质，有效成分有较大变化，或计量不精确。

3. 预防措施

（1）参见18.2“表面缺陷”的相关内容。

（2）减水剂的掺入量应由试验确定，并要考虑混凝土运输和停留的时间。减水剂掺入量的误差不要超过±2%。

4. 治理方法

（1）参见18.2“表面缺陷”的相关内容。

（2）参见11.8“防水工程堵漏技术”。

11.1.5 减水剂防水混凝土凝结时间长

1. 现象

普通减水剂混凝土在浇筑完成后12～15h，高效减水剂混凝土在浇筑完成后15～20h甚至更长时间，混凝土还没有凝结。

2. 原因分析

（1）减水剂的质量不符合要求，或保管不当，减水剂变质。

（2）减水剂的掺入量有误（超量），或计量不正确。

3. 防治措施

（1）在选择减水剂时，首先要确保产品的质量必须合格。

（2）减水剂的掺入量要符合要求，称量的误差不能超过±2%；储存期间应加盖盖好，不得混入杂物和水。

11.1.6 减水剂防水混凝土坍落度损失快

1. 现象

混凝土搅拌完成后运输至浇筑地点，坍落度损失值在20mm以上。

2. 原因

（1）用于混凝土中的减水剂品种很多，其性能差别很大，某些减水剂分子的憎水基团定向极不理想，随着时间的延长，混凝土所获得的增大的流动性就较快损失。

（2）不同品种的减水剂有不同的适宜的掺入方法，对混凝土的性能有很大影响。

（3）水泥熟料中碱含量过高，缩短凝结时间，加速降低混凝土拌合物的流动性。

3. 防治措施

（1）减水剂使用前要做试验（包括与水泥的适应性试验），并在试验过程中仔细观察样品的坍落度变化。

（2）减水剂的掺入的方法要遵循在试验室试验时的先后顺序。

（3）合理安排搅拌、运输和浇筑各个环节的时间，尤其是停放的时间，停放时间越长，坍落度损失就越大。

11.1.7 膨胀水泥防水混凝土膨胀率不稳定

1. 现象

膨胀水泥防水混凝土浇筑完成后，其膨胀率时高时低，波动大，质量不稳定。

2. 原因

（1）混凝土配制计量不准确。

（2）没有使用同一厂家生产的同一批次膨胀水泥，膨胀率不一样，浇筑完成后性能不稳定。混凝土拌合物拌和不均匀，试件取样没有代表性。

（3）在浇筑期间和养护期间，温差太大。

3. 防治措施

（1）在混凝土配制前要严格控制配合比，计量要准确。

（2）同一构件要使用同一厂家生产的同一批次的水泥，水泥在存储时应保持干燥，受潮、结块的水泥不得使用，要用机械搅拌。浇筑完成后，取样检测要有代表性，养护温度控制在（20±3）℃，相对湿度控制在90％以上。膨胀水泥防水混凝土宜用中砂，配合比设计要符合表11-2的要求。

膨胀水泥防水混凝土配合比设计要求　　表11-2

项次	项　目	技 术 要 求	项次	项　目	技 术 要 求
1	水泥用量（kg/m^3）	350～380	4	坍落度（mm）	40～60
2	水灰比	0.5～0.52 0.47～0.5（加减水剂后）	5	膨胀率（％）	＜0.1
			6	自应力值（MPa）	0.2～0.7
3	砂　率（％）	35～38	7	负应变（mm/m）	注意施工与养护，尽量不产生负应变，最多不大于0.2％

（3）在常温下，膨胀水泥防水混凝土浇筑完成后4h即应覆盖，8～12h要开始浇水养护；拆模后应大量浇水养护，使混凝土始终处于潮湿或湿润的状态，养护时间不少于14d。

附录11.1 防水混凝土施工质量标准及检验方法

1. 基本规定

（1）防水混凝土适用于抗渗等级不小于P6的地下混凝土结构。不适用于环境温度高于80℃的地下工程。处于侵蚀性介质中，防水混凝土的耐侵蚀性要求应符合现行国家标准《工业建筑防腐蚀设计规范》（GB 50046—2008）和《混凝土结构耐久性设计规范》（GB/T 50476—2008）的有关规定。

（2）水泥的选择应符合下列规定：

1）宜采用普通硅酸盐水泥或硅酸盐水泥，采用其他品种水泥时应经试验确定；

2）在受侵蚀性介质作用时，应按介质的性质选用相应的水泥品种；

3）不得使用过期或受潮结块的水泥，并不得将不同品种或强度等级的水泥混合使用。

（3）砂、石的选择应符合下列规定：

1）砂宜选用中粗砂，含泥量不应大于3.0%，泥块含量不宜大于1.0%；

2）不宜使用海砂；在没有使用河砂的条件时，应对海砂进行处理后才能使用，且控制氯离子含量不得大于0.06%；

3）碎石或卵石的粒径宜为5～40mm，含泥量不应大于1.0%，泥块含量不应大于0.5%；

4）对长期处于潮湿环境的重要结构混凝土用砂、石，应进行碱活性检验。

（4）矿物掺合料的选择应符合下列规定：

1）粉煤灰的级别不应低于Ⅱ级，烧失量不应大于5%；

2）硅粉的比表面积不应小于15000m^2/kg，SiO_2含量不应小于85%；

3）粒化高炉矿渣粉的品质要求应符合现行国家标准《用于水泥和混凝土中的粒化高炉矿渣粉》（GB/T 18046—2008）的有关规定。

（5）混凝土拌合用水，应符合现行行业标准《混凝土用水标准》（JGJ 63—2006）的有关规定。

（6）外加剂的选择应符合下列规定：

1）加剂的品种和用量应经试验确定，所用外加剂应符合现行国家标准《混凝土外加剂应用技术规范》（GB 50119—2003）的质量规定；

2）掺加引气剂或引气型减水剂的混凝土，其含气量宜控制在3%～5%；

3）考虑外加剂对硬化混凝土收缩性能的影响；

4）严禁使用对人体产生危害、对环境产生污染的外加剂。

（7）防水混凝土的配合比应经试验确定，并应符合下列规定：

1）试配要求的抗渗水压值应比设计值提高0.2MPa；

2）混凝土胶凝材料总量不宜小于320kg/m^3，其中水泥用量不宜小于260kg/m^3，粉煤灰掺量宜为胶凝材料总量的20%～30%，硅粉的掺量宜为胶凝材料总量的2%～5%；

3）水胶比不得大于0.50，有侵蚀性介质时水胶比不宜大于0.45；

4）砂率宜为35%～40%，泵送时可增至45%；

5）灰砂比宜为1∶1.5～1∶2.5；

6）混凝土拌合物的氯离子含量不应超过胶凝材料总量的0.1%；混凝土中各类材料的总碱量（Na_2O当量）不得大于3kg/m^3。

（8）防水混凝土采用预拌混凝土时，入泵坍落度宜控制在120～160mm，坍落度每小时损失不应大于20mm，坍落度总损失值不应大于40mm。

（9）混凝土拌制和浇筑过程控制应符合下列规定：

1）拌制混凝土所用材料的品种、规格和用量，每工作班检查不应少于两次；每盘混凝土组成材料计量结果的允许偏差应符合附表11-1的规定。

混凝土组成材料计量结果的允许偏差　附表11-1

混凝土组成材料	每盘计量（%）	累计计量（%）
水泥、掺合料	±2	±1
粗、细骨料	±3	±2
水、外加剂	±2	±1

注：累计计量仅适用于微机电子计算机控制计量的搅拌站。

2）混凝土在浇筑地点的坍落度，每工作班至少检查两次，坍落度试验应符合现行国家标准《普通混凝土拌合物性能试验方法标准》（GB/T 50080—2002）的有关规定。混凝土坍落度允许偏差应符合附表11-2的规定。

混凝土坍落度允许偏差　附表11-2

规定坍落度（mm）	允许偏差（mm）
≤40	±10
50～90	±15
＞90	±20

3）泵送混凝土在交货地点的入泵坍落度，每工作班至少检查两次。混凝土入泵时的坍落度允许偏差应符合附表11-3的规定。

混凝土入泵时的坍落度允许偏差　附表11-3

所需坍落度（mm）	允许偏差（mm）
≤100	±20
＞100	±30

4）当防水混凝土拌合物在运输后出现离析，必须进行二次搅拌。当坍落度损失后不能满足施工要求时，应加入原水胶比的水泥浆或掺加同品种的减水剂进行搅拌，严禁直接加水。

（10）防水混凝土抗压强度试件，应在混凝土浇筑地点随机取样后制作，并应符合下列规定：

1）同一工程、同一配合比的混凝土，取样频率与试件留置组数应符合现行国家标准《混凝土结构工程施工质量验收规范》（GB 50204—2002）（2011年版）的有关规定；

2）抗压强度试验应符合现行国家标准《普通混凝土力学性能试验方法标准》（GB/T 50081—2002）的有关规定；

3）结构构件的混凝土强度评定应符合现行国家标准《混凝土强度检验评定标准》（GB/T 50107—2010）的有关规定。

（11）防水混凝土抗渗性能应采用标准条件下养护混凝土抗渗试件的试验结果评定，试件应在混凝土浇筑地点随机取样后制作，并应符合下列规定：

1）连续浇筑混凝土每500m^3应留置一组6个抗渗试件，且每项工程不得少于两组；

采用预拌混凝土的抗渗试件，留置组数应视结构的规模和要求而定；

2）抗渗性能试验应符合现行国家标准《普通混凝土长期性能和耐久性能试验方法标准》（GB/T 50082—2009）的有关规定。

(12) 大体积防水混凝土的施工应采取材料选择、温度控制、保温保湿等技术措施。在设计许可的情况下，掺粉煤灰混凝土设计强度等级的龄期宜为 60d 或 90d。

(13) 防水混凝土分项工程检验批的抽样检验数量，应按混凝土外露面积每 $100m^2$ 抽查 1 处，每处 $10m^2$，且不得少于 3 处。

2. 主控项目

(1) 防水混凝土的原材料、配合比及坍落度必须符合设计要求。

检验方法：检查产品合格证、产品性能检测报告、计量措施和材料进场检验报告。

(2) 防水混凝土的抗压强度和抗渗性能必须符合设计要求。

检验方法：检查混凝土抗压强度、抗渗性能检验报告。

(3) 防水混凝土结构的施工缝、变形缝、后浇带、穿墙管、埋设件等设置和构造必须符合设计要求。

检验方法：观察检查和检查隐蔽工程验收记录。

3. 一般项目

(1) 防水混凝土结构表面应坚实、平整，不得有露筋、蜂窝等缺陷；埋设件位置应准确。

检验方法：观察检查。

(2) 防水混凝土结构表面的裂缝宽度不应大于 0.2mm，且不得贯通。

检验方法：用刻度放大镜检查。

(3) 防水混凝土结构厚度不应小于 250mm，其允许偏差应为＋8mm、－5mm；主体结构迎水面钢筋保护层厚度不应小于 50mm，其允许偏差应为±5mm。

检验方法：尺量检查和检查隐蔽工程验收记录。

11.2 细部构造防水

混凝土细部是指变形缝、后浇带、预埋件等，此处防水复杂，如处理不好极容易出现渗漏水。

11.2.1 混凝土结构施工缝出现渗漏

1. 现象

施工缝混凝土骨料集中，混凝土酥松，接槎明显，沿缝隙处渗漏水。

2. 原因分析

(1) 施工缝位置不当，如留在混凝土底板上，或在墙上留垂直施工缝。

(2) 施工缝混凝土面没有凿毛，残渣没有冲洗干净，新旧混凝土结合不牢。

(3) 在支模和绑扎钢筋过程中，锯末、铁钉等杂物掉入缝内没有及时清除，浇筑上层混凝土后，在新旧混凝土之间形成夹层。

(4) 浇筑上层混凝土时，施工缝处未铺水泥砂浆，上下层混凝土不能牢固粘结。

(5) 施工缝未做企口或没有安装止水带。

(6) 下料方法不当，骨料集中于施工缝处。

(7) 混凝土墙体单薄，钢筋过密，振捣困难，混凝土不密实。

(8) 没有采用补偿收缩混凝土，造成接槎部位产生收缩裂缝。

3. 预防措施

(1) 防水混凝土结构设计，钢筋布置和墙体厚度应考虑施工方便，易于保证质量。

(2) 防水混凝土应连续浇筑，少留置施工缝。当需留置施工缝时，应遵守下列规定：

1) 底板、顶板不宜留施工缝；

2) 墙体不应留垂直施工缝。水平施工缝不应留在剪力与弯矩最大处或底板与侧墙交接处，应留在高出底板表面不小于300mm的墙体上；

3) 承受动力作用的设备基础，不应留置施工缝。

(3) 施工缝留置形式，可选用图11-6几种。墙体不宜留凹口缝，难于清理。此外在平口缝的迎水面外贴防水止水带，外涂抹防水涂料和砂浆等做法，亦甚可取。

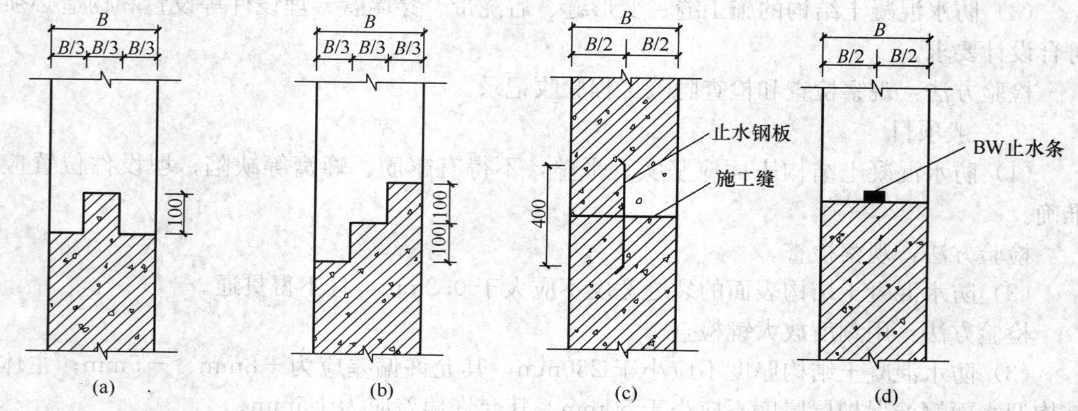

图11-6　施工缝留置形式

(a) 凸形缝；(b) 阶梯缝；(c) 平口缝埋金属止水带；(d) 平口缝贴BW止水条

金属止水带一般用2～3mm薄钢板制成，接头应搭接满焊，不得有缝隙。固定后墙体暗柱处，如在止水带上割洞绑箍筋，封模前应补焊。应用BW止水条时，须将混凝土粘贴面凿平，清扫干净后，抹一层水泥浆找平压光，利用材料本身的粘性，直接粘贴于混凝土表面，接头部位钉钢钉固定。

(4) 认真清理施工缝，凿掉表面浮粒，用钢丝刷或剁斧将旧混凝土面打毛，并用压力水冲洗干净，但不得有积水。

(5) 混凝土应采用补偿收缩混凝土，按水泥重量10%左右掺入AEA或WG-HEA微膨胀剂。

(6) 浇筑上层混凝土前，使用木模应润湿后，先在施工缝处浇一层与混凝土灰砂比相同的水泥砂浆，以增强新旧混凝土粘结。

4. 治理方法

根据施工缝渗漏水情况和水压大小，采用促凝胶浆或氰凝（丙凝）灌浆堵漏，详见11.8“防水工程堵漏技术”。

11.2.2 混凝土变形缝渗漏水

1. 现象

地下工程变形缝（包括沉降缝、伸缩缝）渗漏水。

2. 原因分析

（1）设计未能满足密封防水、适应变形、施工方便、检查容易等基本要求。变形缝构造形式和材料未根据工程特点、地基或结构变形情况以及水压、水质和防水等级等条件确定。

（2）变形缝无构造详图。

（3）原材料未抽样复检。

（4）金属止水带焊缝不饱满，橡胶或塑料止水带接头没有锉成斜坡并粘结搭接。

（5）变形缝处混凝土振捣不密实。

3. 预防措施

（1）地下工程的变形缝宜设置在结构截面的突变处、地面荷载的悬殊段和地质明显不同的地方，不得设置在结构的转角处。

（2）地下工程宜尽量减少变形缝。当必须设置时，应根据该工程地下水压、水质、防水等级、地基和结构变形情况，选择合适的构造形式和材料。

（3）防水混凝土变形缝的做法参见图 11-7 至图 11-15。

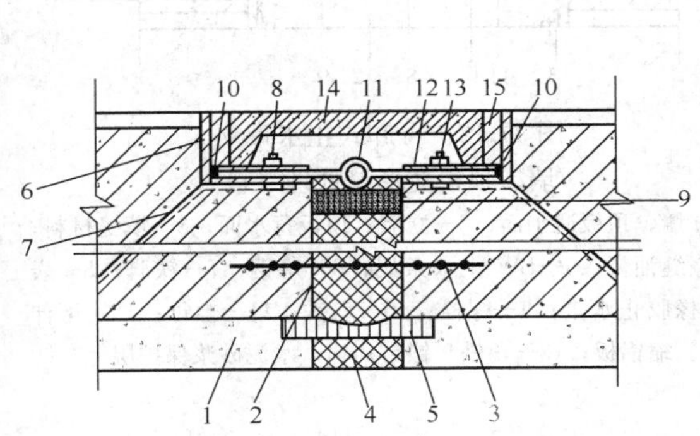

图 11-7 可卸式止水带底板变形缝处理（1）

1—底板迎水面垫层；2—变形缝；3—埋入式橡胶止水带（或塑料止水带）；4—浸沥青纤维板填缝；5—嵌缝油膏；6—预埋角钢；7—铁脚；8—螺栓；9—BW 止水条；10—油膏；11—表面式橡胶止水带（塑料止水带）；12—扁铁；13—螺母；14—预制钢筋混凝土板；15—硬橡皮片

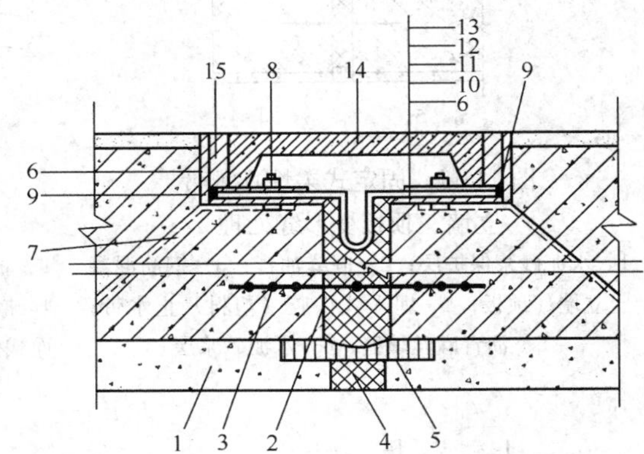

图 11-8 可卸式止水带底板变形缝处理（2）

1～8 同图 11-7 图注；9—油膏；10—橡胶垫条（或石棉水泥垫）；11—金属止水带；12—橡胶垫条（或石棉水泥垫）；13—扁铁；14—预制钢筋混凝土盖板；15—硬橡胶片

（4）地下防水工程在施工过程中，应保持地下水位低于防水混凝土以下 500mm 以上，并应排除地下水。变形缝施工应注意以下各点。

1）用木丝板和麻丝或聚氯乙烯泡沫塑料板作填缝材料时，木丝板和麻丝应经沥青浸渍。填缝前，先于缝内涂热沥青一道。

2）橡胶或塑料止水带，应经严格检查，如有破损，须经修补。金属止水带，焊缝应满焊严密。

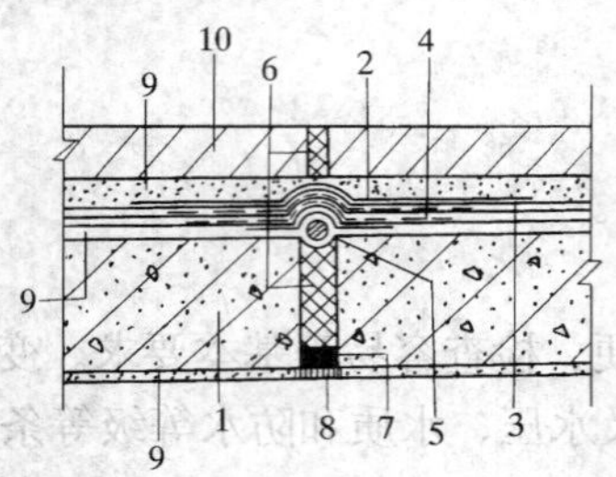

图 11-9　不受水压止水带立墙、顶板变形缝处理

1—立墙、顶板混凝土；2—镀锌铁皮；3—卷材防水层；4—附加卷材防水层；5—$\phi40\sim\phi50$ 油毡卷；6—沥青麻丝；7—BW 防水条；8—嵌缝油膏；9—水泥砂浆层；10—砖砌防护层

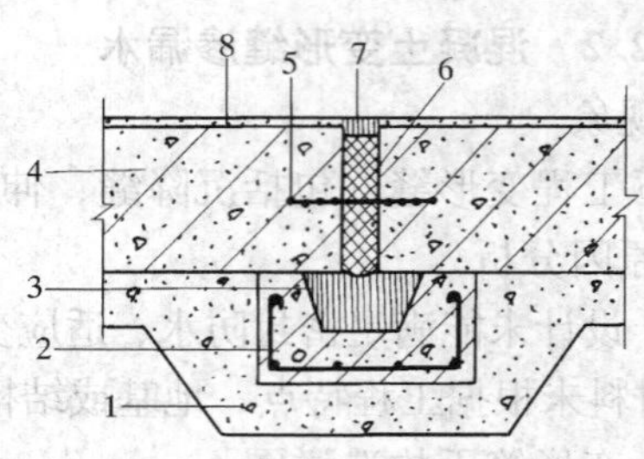

图 11-10　固定式柔性止水带底板变形缝处理

1—迎水面混凝土垫层；2—钢筋混凝土保护层；3—热沥青；4—钢筋混凝土底板；5—埋入式橡胶（塑料）止水带；6—填沥青麻丝；7—嵌缝油膏；8—水泥砂浆层

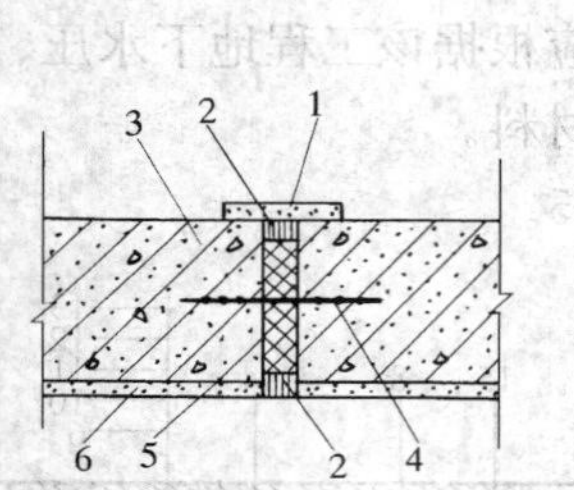

图 11-11　固定式柔性止水带立墙、顶板变形缝处理

1—水泥砂浆保护层；2—嵌缝油膏；3—钢筋混凝土立墙、顶板；4—埋入式橡胶（塑料）止水带；5—沥青麻丝填缝；6—水泥砂浆层

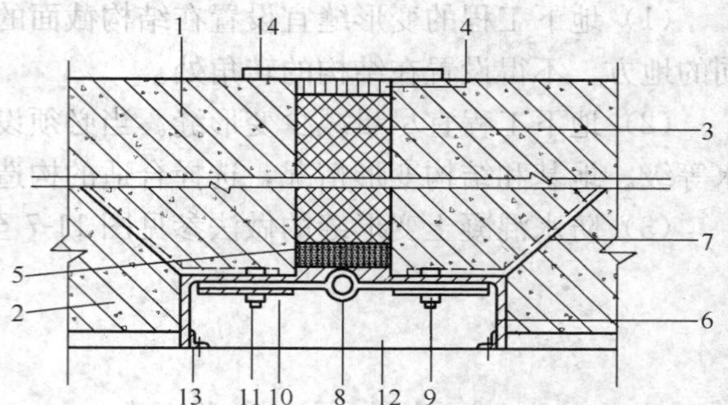

图 11-12　可卸式止水带立墙、顶板变形缝处理（1）

1—立墙、顶板迎水面；2—立墙、顶板背水面；3—填缝材料；4—嵌缝油膏；5—BW 止水条码；6—角钢；7—铁脚；8—表面式橡胶止水带；9—螺栓；10—扁铁；11—螺母；12—可伸缩铝板；13—角铁、锚钉；14—水泥砂浆保护层

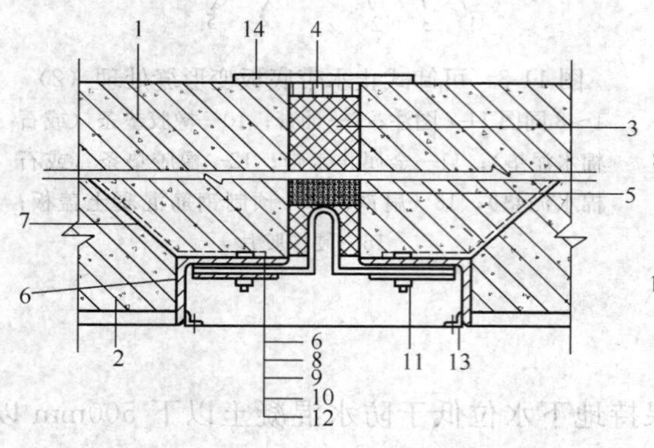

图 11-13　可卸式止水带立墙、顶板变形缝处理（2）

1—7 同图 11-12 图注；8—橡胶垫条；9—金属止水带；10—扁铁；11—螺母；12—可伸缩铝板；13—角钢、锚钉；14—水泥砂浆保护层

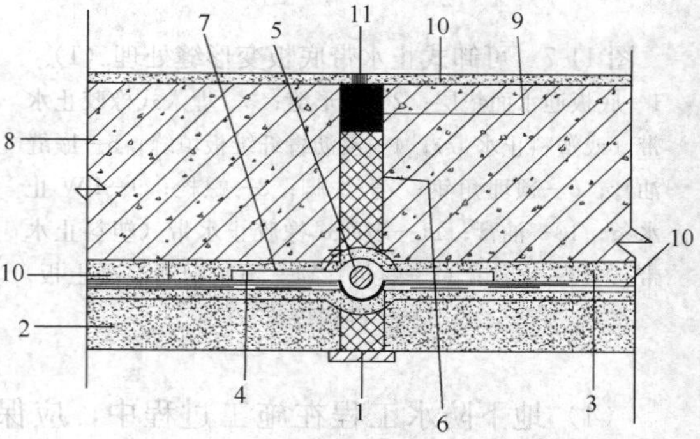

图 11-14　不受水压止水带底板变形缝处理

1—砖砌保护层；2—混凝土垫层；3—防水卷材；4—附加卷材防水层；5—$\phi40\sim50$ 油毡卷；6—填沥青麻丝；7—镀锌铁皮；8—钢筋混凝土底板；9—BW 止水条；10—水泥砂浆层；11—嵌缝油膏

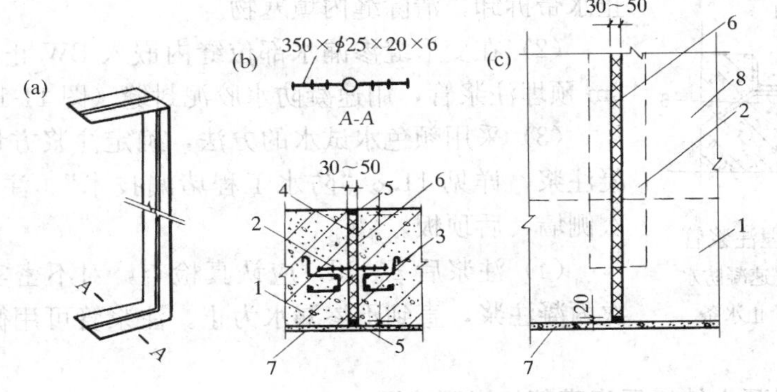

图 11-15 固定式橡胶止水带安装示意图

(a) 橡胶止水带；(b) 底板止水带安装；(c) 立墙止水带安装

1—钢筋混凝土底板；2—橡胶止水带；3—固定橡胶止水带的钢筋夹；4—变形缝 30～50mm；5—聚氯乙烯胶泥；6—30～50mm 窒息性聚苯乙烯泡沫塑料板；7—混凝土垫层；8—钢筋混凝土立墙（迎水面）

3）埋入式橡胶或塑料止水带，施工时，严禁在止水带的中心圆圆环处穿孔，应埋设在变形缝横截面的中部，木丝板应对准圆环中心。止水带接长时，其接头应锉成斜坡，毛面搭接，并用相应的胶粘剂粘结牢固。金属止水带接头应采用相应的焊条仔细满焊。

4）采用 BW 膨胀止水条嵌缝，止水条必须具有缓胀性能，规格一般为 20mm×30mm，亦可按缝宽在工厂预先订货。BW 止水条运输、贮存不得受潮、沾水，使用时，应防止先期受水浸泡膨胀。

5）底板埋入式橡胶（塑料）止水带，要把下部的混凝土振捣密实，然后将铺设的止水带由中部向两侧挤压按实，再浇筑上部混凝土。墙体内的橡胶止水带，用成型的钢筋夹固，与结构钢筋绑扎或焊固，防止位移产生渗漏水（图 11-16）。浇筑混凝土时，避免止水带周围骨料集中。

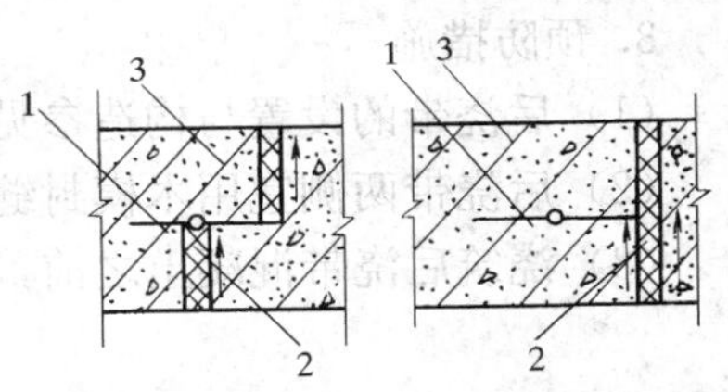

图 11-16 止水带位移渗漏水示意图

1—埋入式橡胶止水带；2—填缝材料；3—钢筋混凝土

6）墙体变形缝两侧混凝土，应分层浇筑，并用小直径插入式振捣棒振捣，切勿漏振或过振。振捣棒不得碰撞止水带。

7）变形缝两侧预埋角钢应在同一水平面上，不得高低不平，底板和侧墙的转角处其水平和垂直方向的预埋螺栓位置要紧靠转角，止水带应按实际螺栓间隔打孔，压铁应按实打成直角，防止拐角处造成空隙和压紧空档。压紧螺母应多次拧紧，以防变形后松动。

8）表面附贴式橡胶止水带两边，填防水油膏密封。金属止水带压铁上下应铺垫橡胶垫条或石棉水泥布，以防渗漏。

9）底板变形缝顶部空腔用钢筋混凝土预制板覆盖；立墙和顶板的背水面，用可伸缩的镀锌钢板或铝板封盖，锚钉固定。

4. 治理方法

（1）如发现变形缝渗漏水，对可卸止水带，可揭开盖板，扭开螺母，将压铁及表面式

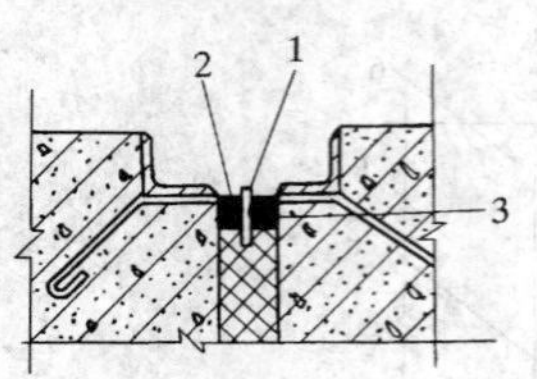

图 11-17　预埋注浆管
1—注浆管；2—速凝防水胶泥；3—BW 止水条

止水带拆卸，清除缝内填塞物。

（2）在变形缝渗漏水部位缝内嵌入 BW 止水条，每隔 1～2m 预埋注浆管，用速凝防水胶泥封缝（图 11-17）。

（3）采用颜色水试水的方法，确定注浆方量。然后采用丙凝注浆，详见 11.8“防水工程堵漏技术”。注浆顺序先底板，次侧墙，后顶板。

（4）注浆后 2～3d，应认真检查，对不密实处，可作第二次丙凝注浆，直到不渗漏水为止。注浆管可用微膨胀水泥砂浆填实。

11.2.3　混凝土结构后浇带部位出现渗漏

1. 现象

后浇带完工后，有的在两侧接合部位产生渗水

2. 原因分析

（1）设计无构造详图，施工、监理无所遵循。

（2）混凝土底板和墙体后浇带两侧未做企口带或没有安装金属止水带。

（3）两侧支模困难，混凝土浇筑时，水泥浆大量流失，混凝土酥松。

（4）钢筋锈蚀，底板缝内灰渣积聚，施工前没有彻底除锈、清渣、排水，旧混凝土未凿毛，铺浆后即浇筑混凝土。

（5）后浇带使用的补偿收缩混凝土的等级没有提高，微膨胀剂掺量少，混凝土坍落度控制不严，振捣不细致，新旧混凝土结合不牢固。

（6）养护未及时覆盖，浇水次数少，养护期没有达到规定时间就提早拆模。

3. 预防措施

（1）后浇带的设置与构造参见图 11-18 至图 11-24。

（2）后浇带两侧宜用木模封缝，尽量减少混凝土水泥浆流失。

（3）浇筑后浇带混凝土之前，必须做好以下各点：

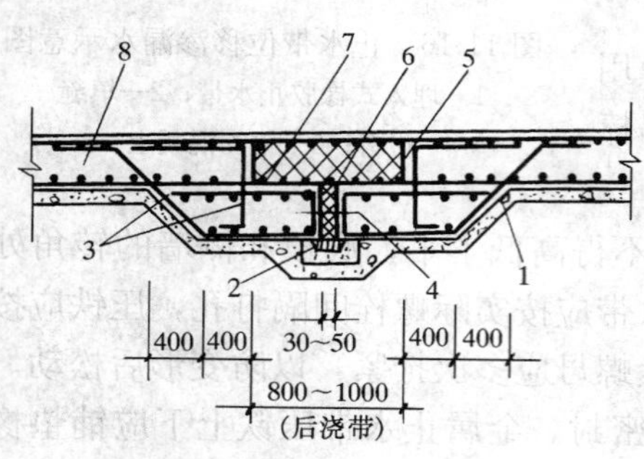

图 11-18　底板后浇带
1—混凝土垫层；2—嵌缝油膏及水泥砂浆保护层；3—附加双向钢筋同板筋；4—30～50mm 缝；5—单层钢板网隔断；6—沥青浸麻丝；7—底板构造钢筋；8—底板

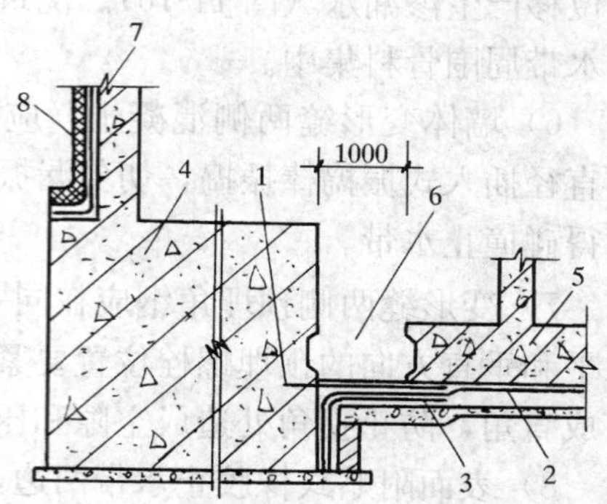

图 11-19　主楼底板与裙楼底板后浇带
1—18mm 厚橡胶止水带；2—2mm 厚聚氨酯防水层；3—3mm 厚加筋聚氨酯附加层；4—主楼底板（厚 2.8m）；5—裙房底板（厚 0.6m）；6—后浇带；7—外墙聚氨酯防水层；8—聚苯板保护层

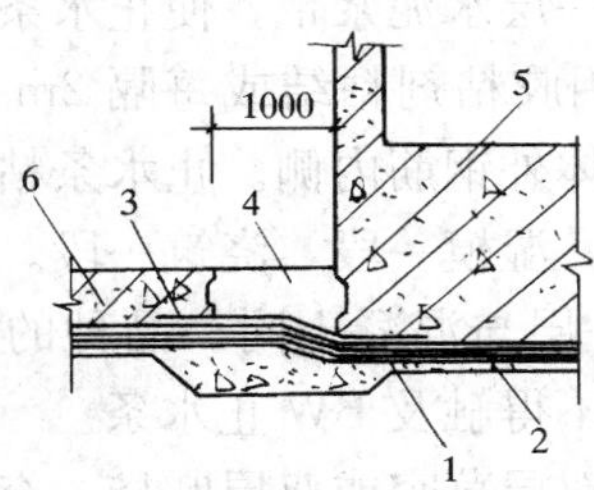

图 11-20 商住楼底板与裙楼底板后浇带

1—2mm 厚聚氨酯防水层；2—砂浆保护层；3—6mm 厚加筋聚氨酯附加层；4—后浇带；5—商住楼底板（厚 1.4m）；6—裙房底板（厚 0.6m）

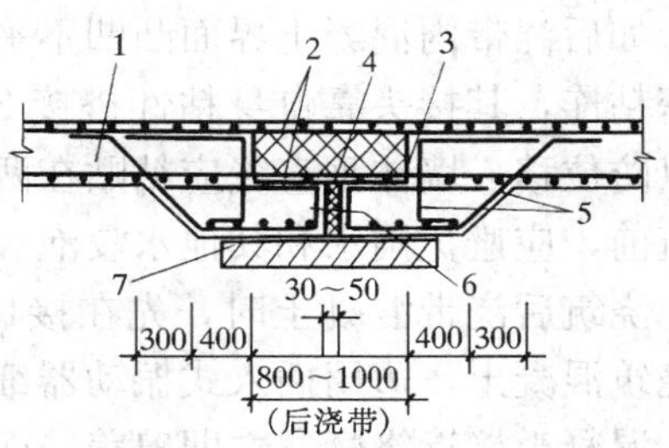

图 11-21 外墙后浇带（1）

1—外墙；2—立墙钢筋拉通；3—单层钢板网隔断；4—沥青浸麻丝或沥青浸木丝板；5—附加双向钢筋同板筋；6—30～50mm 缝；7—240mm 保护砖墙

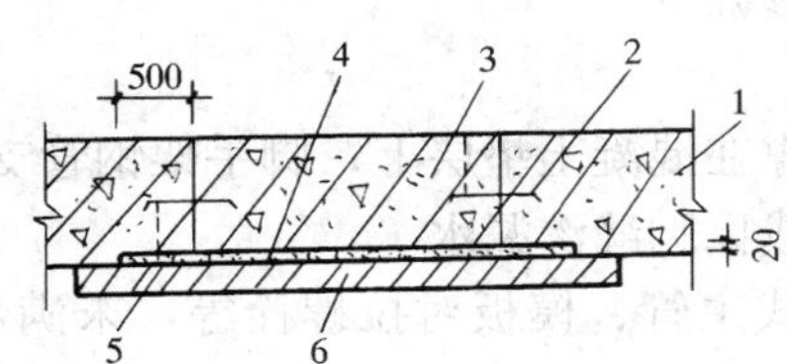

图 11-22 外墙后浇带（2）

1—外墙；2—金属止水带；3—后浇补偿收缩混凝土；4—防水砂浆；5—防水层（二毡三油或改性沥青防水毡）；6—M5 水泥砂浆砌 120mm 厚护墙

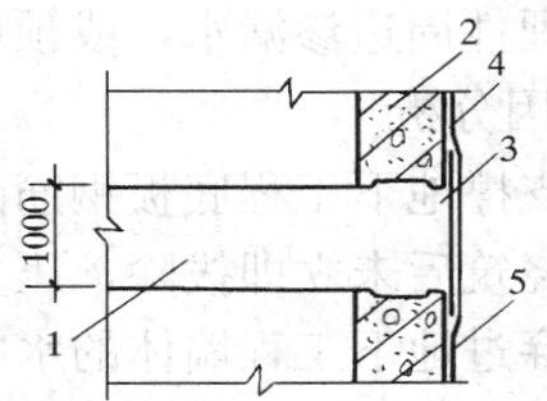

图 11-23 外墙后浇带水平截面

1—底板后浇带；2—地下室外墙；3—6mm 厚钢板；4—聚氨酯防水层；5—隔离层

1）排干缝内积水，清掉灰渣后，沿两侧旧混凝土，用钢錾子剔除松散石子。对于缝缘已预埋了钢板止水带的，应特别注意凿去下部的松散层，露出坚实层。

2）用钢丝刷除去钢筋或钢板止水带上的锈皮及混凝土浆。

3）缝缘未做企口带也没有安装钢板止水带的，应粘贴 BW 橡胶止水条。

4）后浇带混凝土须用补偿收缩混凝土，其强度等级应比旧混凝土高 0.5～1 级，内掺水泥重量 14%～15%的 AEA 或 WG-HEA 膨胀剂。坍落度按 162～180mm 控制（泵送混凝土）。

5）在后浇带两侧粘贴 BW 橡胶止水条（图 11-25）时，其混凝土界面应保持清洁，

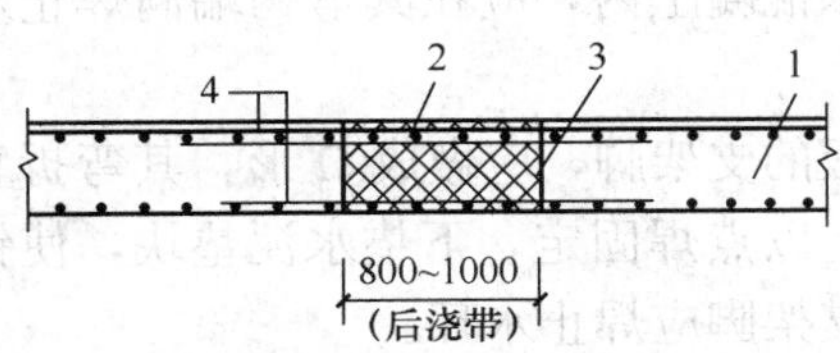

图 11-24 顶板后浇带

1—顶板；2—顶板钢筋拉通；3—单层钢板网隔断；4—附加钢筋同板筋

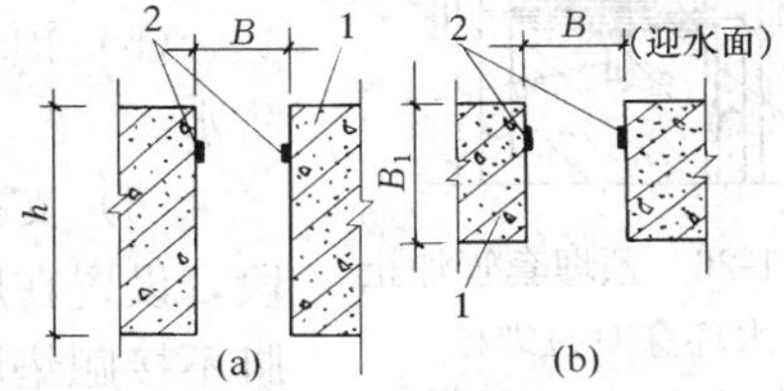

图 11-25 后浇带粘贴 BW 止水条

（a）底板后浇带；（b）外墙后浇带

B—后浇带的宽度；B_1—外墙墙体的厚度；h—底板高度；

1—防水混凝土；2—BW 止水条（缓胀型）

无积水。如后浇带内混凝土界面凸凹不平，凿平后压抹一层水泥浆带，使止水条与混凝土界面紧密粘连，其接头靠自身粘性搭接3～5cm，随后用胶粘剂粘结或每隔2m钉水泥钉固定，以防位移。墙体垂直缝应粘贴在两侧的墙中至墙体外钢筋内侧。止水条粘贴后，混凝土浇筑前，应避免雨水和其他水浸泡。浇筑混凝土时，湿模一段，浇筑一段。

(4) 浇筑后浇带混凝土时，先在接口部位刷或喷一层与混凝土同一品种的素水泥浆后，边浇筑混凝土，边用插入式振动器细致捣实，注意不得触及BW止水条。

(5) 混凝土接近终凝，立即覆盖（或挂在模板上）双层草帘或双层麻袋，充分浇水养护14d。拆模后，在迎水面做附加的防水层和护墙。

4. 治理方法

详见11.8“防水工程堵漏技术”的相关内容。

11.2.4 预埋件部位渗漏水

1. 现象

沿预埋件周边渗漏水，或预埋件附近出现渗漏水。

2. 原因分析

(1) 支撑地下工程底板钢筋的支架脚直接撑在混凝土垫层上；脚手架钢管支在混凝土垫层上，浇筑后未立即拔除，压力水沿支架脚或撑脚缝渗漏水。

(2) 穿过地下工程墙体的水电套管、固定式主管、模板对拉螺栓等，未满焊止水环，或环板宽度太窄；预埋铁件及环片表面锈蚀层未清除，混凝土不能与埋件粘结严密。

(3) 暗线管接头不严或套有缝管，水渗入管内后由管内渗出。

(4) 施工中预埋件固定不牢受振松动，与混凝土间产生缝隙。

(5) 预埋件密集处，混凝土浇筑困难，振捣不密实。

3. 预防措施

(1) 设计应合理布置预埋件，利于保证预埋件周围混凝土的浇筑质量。必要时预埋件部位的截面应局部加厚，使埋设件或预留孔（槽）底部的混凝土厚度不小于250mm。

(2) 所有穿过防水混凝土的预埋件，必须满焊止水环，焊缝要密实无缝。环片净宽至少要50mm，大管径的套管不得小于100mm。安装时，须固定牢固，不得有松动现象。

(3) 预埋铁件表面锈蚀，必须作除锈处理。

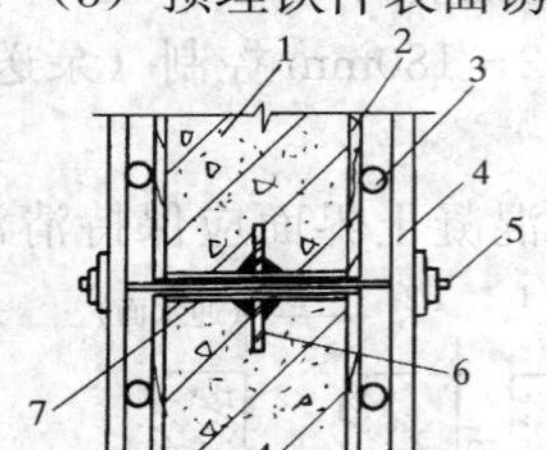

图11-26 预埋套管加止水环穿对拉螺栓

1—防水混凝土；2—模板；3—水平钢管；4—双排竖向钢管；5—拉紧螺栓；6—ϕ60～80mm止水环；7—套管（拆模后将螺栓拔出）

(4) 地下防水混凝土结构的电源线路，应以明线为主，尽量不用或少用暗线，以减少结构的渗水通道。如必须采用暗线时，应保证接头严密，穿线管必须采用无缝管。

(5) 预埋件埋入防水混凝土内，应在其弯钩端满焊止水板防水。

(6) 支撑承台、底板的支架脚，应做成Ω形，其弯折直线段，设置在底部钢筋网上以点焊固定，下垫水泥垫块，使钢筋脚不接触垫层。否则，支架脚应焊止水环。

(7) 防水混凝土结构内部设置的各种钢筋或绑扎铁丝，不得接触模板；固定模板用的拉紧螺栓穿过混凝土结构时，可采用在螺栓或套管上加焊止水环，止水环必须满焊（图11-26），也可在螺栓两端加堵头。

(8) 浇筑混凝土时，加强预埋件周围混凝土振捣。但不得碰撞预埋件。

4. 治理方法

如发现预埋件有渗漏水，按11.8“防水工程堵漏技术”有关方法治理。

11.2.5 穿墙管（盒）部位渗漏水

1. 现象

热力管道、常温管道及电缆管穿过防水混凝土时与混凝土分离，产生裂缝漏水。

2. 原因分析

除与11.2.4“预埋件部位渗漏水”的原因相同外，还因热力管道穿墙部位构造处理不当，使管道在温差作用下，因伸缩变形与结构脱离，产生裂缝渗漏水。

3. 预防措施

(1) 设计上应尽可能将管道埋置深度提高到常年地下水位以上。

(2) 热力管道因伸缩变形，穿过防水墙体的部位可采用安装翼环套管，套管上焊止水环，在一端翼环上设置螺栓和压紧法兰。穿管后，管道与套管间的空隙，用石棉水泥或麻刀石灰嵌填，套入挡圈和耐热橡胶圈，压紧法兰用螺栓压紧封堵，另一端沿周缝嵌油膏封固。其构造见图11-27。此法既适应管道伸缩，也便于日后检修和更换。

(3) 常温管道穿墙，只需在管道上满焊止水环（图11-28），或在管周剔槽捻素水泥浆。管与管的间距应大于300mm。

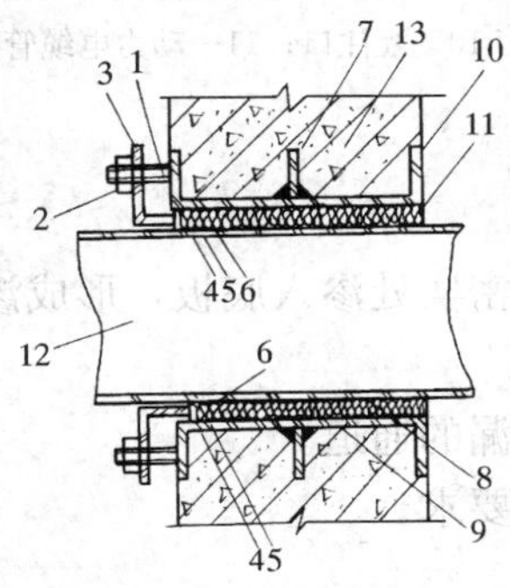

图11-27 热力管道套管式穿墙示意图

1—螺栓；2—螺母；3—压紧法兰；4—耐热橡胶圈；5—耐热橡胶条；6—挡圈；7—止水环；8—嵌填石棉水泥或麻刀石灰；9—套管；10—翼环；11—嵌缝油膏；12—主管；13—墙体防水混凝土

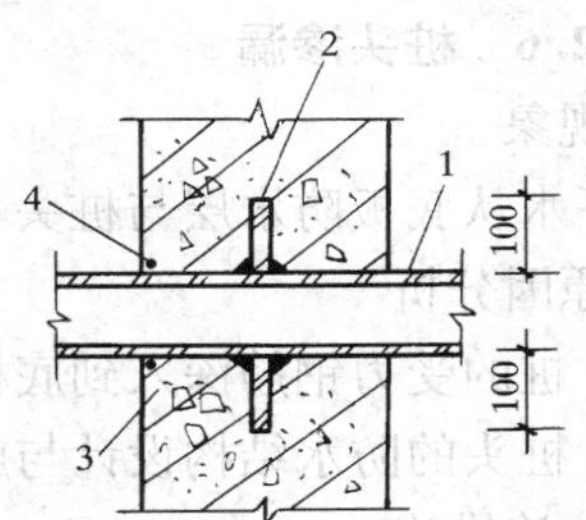

图11-28 常温管道穿墙示意图

1—主管；2—止水环；3—墙体；4—嵌缝材料

(4) 动力电缆群可采用套管或穿墙盒方式，集中穿过外墙。前者用石棉沥青等油性防水材料填塞电缆与套管之间的缝隙，外做满灌防水材料的箱形防水构造；后者则在穿墙盒的封口钢板上与墙体预埋角钢焊牢，并从钢板上的浇注口注入沥青防水（见图11-29）。

(5) 处于地下水位以下的管道和电缆穿墙部位，防水处理必须严格细致。洞口两侧对称浇灌混凝土，均匀进行振捣。混凝土坍落度要严格控制，防止离析。

4. 治理方法

参照11.8“防水工程堵漏技术”中有关方法处理。

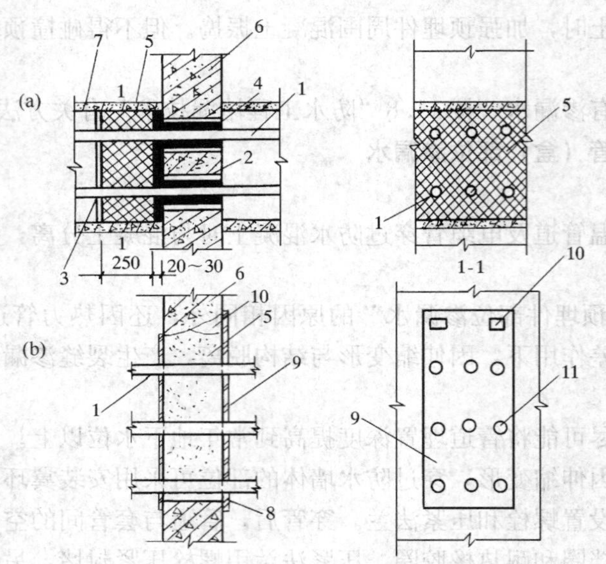

图 11-29　动力电缆群穿墙构造示意图

(a) 套管式；(b) 穿墙盒式

1—穿墙电缆；2—套管；3—木板或砖墙；4—油麻填塞；5—纯沥青灌注；6—墙体；7—箱形构造；8—固定角钢；9—封口钢板；10—灌注口；11—动力电缆管孔

11.2.6　桩头渗漏

1. 现象

地下水从底板防水层与桩头连接处或从桩不密实处渗入底板，形成渗漏。

2. 原因分析

(1) 桩的受力钢筋深入到底板内部，成为渗漏的通道。

(2) 桩头的防水结构设计与施工工艺不符合要求。

3. 防治措施

(1) 应使底板防水层在桩头部位得到连接，以形成整体防水层，具体要求如下：

1) 桩头部位的防水应采用刚性防水涂层。

2) 施工中钢筋处于变位时，防水层应与钢筋粘接牢固，保证不致断裂。同时，要保证桩基与底板结构之间的粘接强度，以及桩头本身的防水密封。应使桩基和底板垫层的大面防水层连成一个连续整体，使其形成完整的防水层。防水材料要求粘接强度高，能确保防水层与桩头钢筋牢固连接，与混凝土之间有牢固的握裹力，使其形成一体。

3) 桩头防水构造如图 11-30 所示。

(2) 桩头的防水结构应符合如下要求：

1) 聚合物为改性 EVA，固含量 50%；中砂要求含泥量＜2%，粒径＜3mm，并过筛；优先选用高铝水泥，也可使用 42.5 级的普通硅酸盐水泥或硅酸盐水泥。

2) 将水泥和砂干拌均匀，再将适量水加入初拌湿润，随后加入聚合物搅拌均匀。

3) 拌和完成的聚合物防水砂浆，在温度 18～25℃时的使用间隔时间约为 1h。

(3) 按设计要求将桩顶剔凿至混凝土密实处，并清洗干净；破桩后如发现渗漏，应及

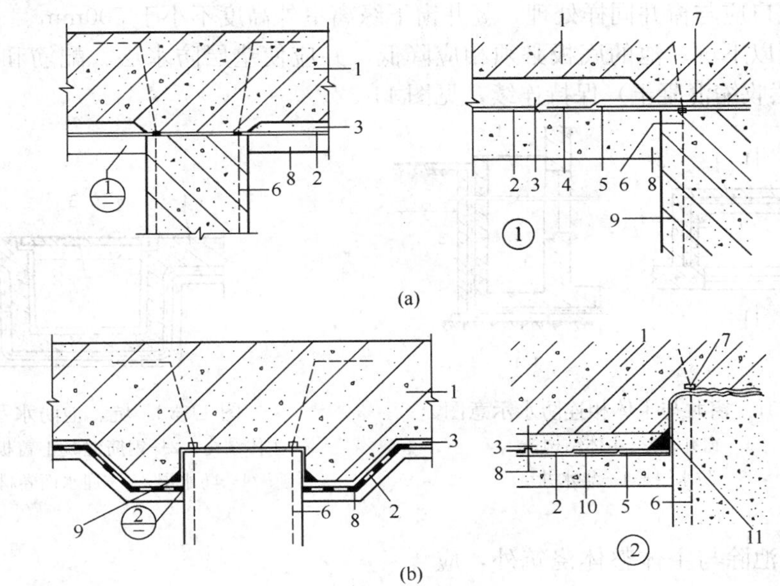

图 11-30 桩头防水构造

(a) 防水构造（一）；(b) 防水构造（二）

1—结构底板；2—底板防水层；3—细石混凝土保护层；4—防水层；5—水泥基渗透结晶型防水涂料；6—桩基受力筋；7—遇水膨胀止水条（胶）；8—混凝土垫层；9—桩基混凝土；10—聚合物水泥防水砂浆；11—密封材料

时采取堵漏措施，将渗漏止住；涂刷水泥基渗透结晶型防水涂料时，应连续、均匀，不得少涂或漏涂，并应及时进行养护。

11.2.7 孔口、坑、池渗漏水

1. 现象

(1) 工程出口处，地下水和地面水倒灌。

(2) 窗井与主体结构相交处以及坑、池或墙壁转角处渗漏水。

2. 原因分析

(1) 设计对地下水位和地面标高掌握不准。

(2) 窗井与主体结构断开时，由于窗井底部回填土夯筑不密实，土方遇水下沉。

(3) 混凝土振捣不密实。

3. 预防措施

(1) 地下工程通向地面的各种孔口，其结构须用防水混凝土或补偿收缩混凝土浇筑，出口处应高出地面不小于 500mm，且应有防雨设施。

(2) 窗井的部分或全部在最高水位以下时，窗井应与主体结构连成整体。其内外防水层也应与主体结构连成整体（图 11-31）。

(3) 窗井的底部在最高地下水位以上时，窗井的底板和墙可与主体结构断开。但窗井底部的回填土应充分夯实，保证回填土不下沉。其内防水层仍应与主体结构连成整体，以防止在转角处渗漏水。

（4）通风口应与窗井同样处理，竖井窗下缘离室外高度不小于 500mm。

（5）底板以下坑、池的底板必须相应降低，并应使垫层防水层、配筋和防水混凝土（或 HEA 补偿收缩混凝土）保持连续，见图 11-32。

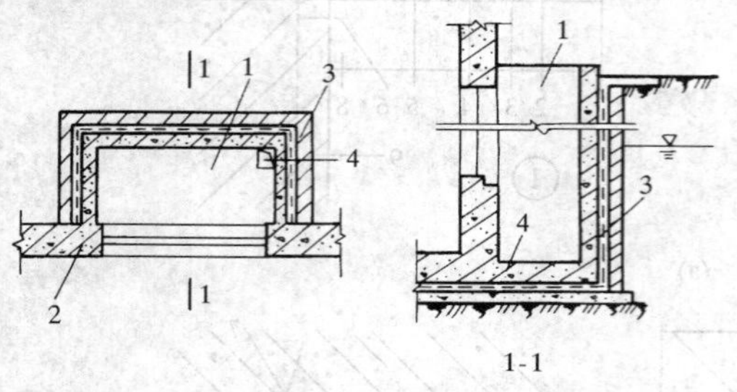

图 11-31　窗井与主体相连防水示意图

1—窗井；2—主体结构；3—防水层；4—集水井

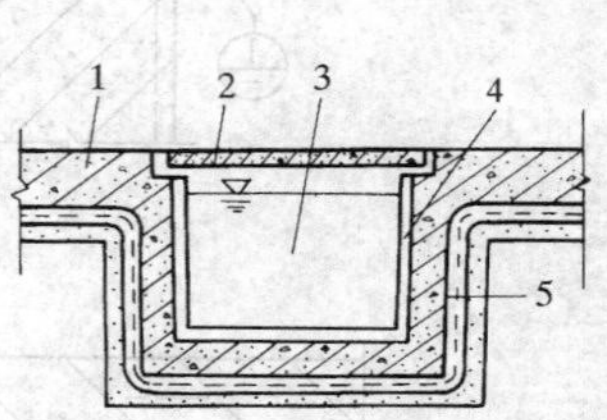

图 11-32　坑、池防水示意图

1—主体结构；2—钢筋混凝土盖板；3—坑、池；4—防水层；5—迎水面卷材防水层

（6）坑、池除与主体整体浇筑外，应内设附加防水层。

（7）底板为防水混凝土，窗井采用防水砂浆砌砖。砂浆强度等级不低于 M5，砖不低于 MU7.5。施工时，砖必须泡水浸透，严禁干砖上墙。窗井顶设雨棚防雨（图 11-33）。

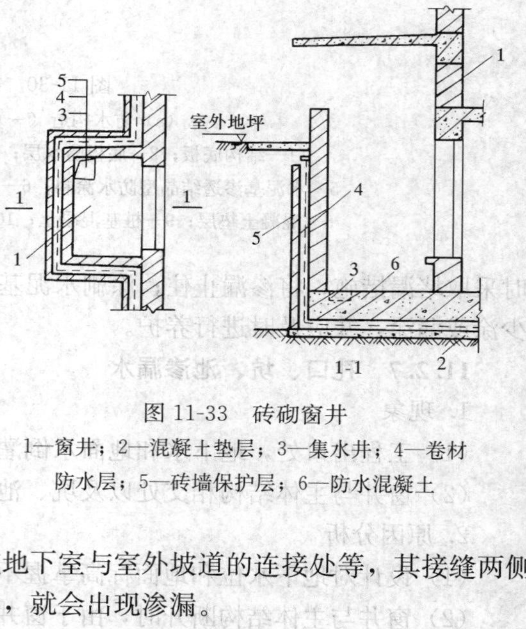

图 11-33　砖砌窗井

1—窗井；2—混凝土垫层；3—集水井；4—卷材防水层；5—砖墙保护层；6—防水混凝土

4. 治理方法

详见 11.8“防水工程堵漏技术”的相关部分。

11.2.8　预留通道接头渗漏水

1. 现象

预留通道接头处出现渗漏。

2. 原因分析

预留通道一般位于上部结构的变化部位或地下室与室外坡道的连接处等，其接缝两侧出现一定的沉降差，如果止水和防水措施不当，就会出现渗漏。

3. 防治措施

（1）接缝应采用柔性材料，使其具有适应变形的能力。

（2）预留通道接缝处的最大沉降差不得大于 30mm。

（3）预留通道的接头应采取变形缝防水的构造形式，防水施工应符合下列规定：

1）预留通道先施工的混凝土、中埋式止水带和与防水相关的预埋件等应及时进行保护，以保证端部表面混凝土和中埋式止水带干净，预埋件不锈蚀。

2）接头混凝土施工前应将先浇筑的混凝土端部表面凿毛，露出钢筋或预埋的钢筋接驳器钢板，与待浇筑混凝土部位的钢筋焊接或连接好后再行浇筑。

3）当先浇筑的混凝土中未预埋可卸式止水带的预埋螺栓时，可选用金属或尼龙膨胀螺栓固定可卸式止水带。采用金属膨胀螺栓时，可用不锈钢材料或用金属涂膜、环氧涂料进行防锈处理。

附录 11.2 细部构造防水工程质量标准及检验方法

Ⅰ 施 工 缝

1. 主控项目

（1）施工缝用止水带、遇水膨胀止水条或止水胶、水泥基渗透结晶型防水涂料和预埋注浆管必须符合设计要求。

检验方法：检查产品合格证、产品性能检测报告和材料进场检验报告。

（2）施工缝防水构造必须符合设计要求。

检验方法：观察检查和检查隐蔽工程验收记录。

2. 一般项目

（1）墙体水平施工缝应留设在高出底板表面不小于 300mm 的墙体上。拱、板与墙结合的水平施工缝，宜留在拱、板与墙交接处以下 150～300mm 处；垂直施工缝应避开地下水和裂隙水较多的地段，并宜与变形缝相结合。

（2）在施工缝处继续浇筑混凝土时，已浇筑的混凝土抗压强度不应小于 1.2MPa。

（3）水平施工缝浇筑混凝土前，应将其表面浮浆和杂物清除，然后铺设净浆、涂刷混凝土界面处理剂或水泥基渗透结晶型防水涂料，再铺 30～50mm 厚的 1∶1 水泥砂浆，并及时浇筑混凝土。

（4）垂直施工缝浇筑混凝土前，应将其表面清理干净，再涂刷混凝土界面处理剂或水泥基渗透结晶型防水涂料，并及时浇筑混凝土。

（5）中埋式止水带及外贴式止水带埋设位置应准确，固定应牢靠。

（6）遇水膨胀止水条应具有缓膨胀性能；止水条与施工缝基面应密贴，中间不得有空鼓、脱离等现象；止水条应牢固地安装在缝表面或预留凹槽内；止水条采用搭接连接时，搭接宽度不得小于 30mm。

（7）遇水膨胀止水胶应采用专用注胶器挤出粘结在施工缝表面，并做到连续、均匀、饱满，无气泡孔洞，挤出宽度及厚度应符合设计要求；止水胶挤出成形后，固化期内应采取临时保护措施；止水胶固化前不得浇筑混凝土。

（8）预埋注浆管应设置在施工缝断面中部，注浆管与施工缝基面应密贴并固定牢靠，固定间距宜为 200～300mm；注浆导管与注浆管的连接应牢固、严密，导管埋入混凝土内的部分应与结构钢筋绑扎牢固，导管的末端应临时封堵严密。

（1）～（8）检验方法均为：观察检查和检查隐蔽工程验收记录。

Ⅱ 变 形 缝

1. 主控项目

（1）变形缝用止水带、填缝材料和密封材料必须符合设计要求。

检验方法：检查产品合格证、产品性能检测报告和材料进场检验报告。

（2）变形缝防水构造必须符合设计要求。

检验方法：观察检查和检查隐蔽工程验收记录。

（3）中埋式止水带埋设位置应准确，其中间空心圆环与变形缝的中心线应重合。

检验方法：观察检查和检查隐蔽工程验收记录。

2. 一般项目

（1）中埋式止水带的接缝应设在边墙较高位置上，不得设在结构转角处；接头宜采用热压焊接，接缝应平整、牢固，不得有裂口和脱胶现象。

（2）中埋式止水带在转弯处应做成圆弧形；顶板、底板内止水带应安装成盆状，并宜采用专用钢筋套或扁钢固定。

（3）外贴式止水带在变形缝与施工缝相交部位宜采用十字配件；外贴式止水带在变形缝转角部位宜采用直角配件。止水带埋设位置应准确，固定应牢靠，并与固定止水带的基层密贴，不得出现空鼓、翘边等现象。

（4）安设于结构内部的可卸式止水带所需配件应一次配齐，转角处应做成45°坡角，并增加紧固件的数量。

（5）嵌填密封材料的缝内两侧基面应平整、洁净、干燥，并应涂刷基层处理剂；嵌缝底部应设置背衬材料；密封材料嵌填应严密、连续、饱满，粘结牢固。

（6）变形缝处表面粘贴卷材或涂刷涂料前，应在缝上设置隔离层和加强层。

（1）～（6）检验方法均为：观察检查和检查隐蔽工程验收记录。

Ⅲ 后 浇 带

1. 主控项目

（1）后浇带用遇水膨胀止水条或止水胶、预埋注浆管、外贴式止水带必须符合设计要求。

检验方法：检查产品合格证、产品性能检测报告和材料进场检验报告。

（2）补偿收缩混凝土的原材料及配合比必须符合设计要求。

检验方法：检查产品合格证、产品性能检测报告、计量措施和材料进场检验报告。

（3）后浇带防水构造必须符合设计要求。

检验方法：观察检查和检查隐蔽工程验收记录。

（4）采用掺膨胀剂的补偿收缩混凝土，其抗压强度、抗渗性能和限制膨胀率必须符合设计要求。

检验方法：检查混凝土抗压强度、抗渗性能和水中养护14d后的限制膨胀率检验报告。

2. 一般项目

（1）补偿收缩混凝土浇筑前，后浇带部位和外贴式止水带应采取保护措施。

检验方法：观察检查。

（2）后浇带两侧的接缝表面应先清理干净，再涂刷混凝土界面处理剂或水泥基渗透结晶型防水涂料；后浇混凝土的浇筑时间应符合设计要求。

（3）遇水膨胀止水条的施工应符合本附录Ⅰ.2（6）条的规定；遇水膨胀止水胶的施工应符合本附录Ⅰ.2（7）条的规定；预埋注浆管的施工应符合本附录Ⅰ.2（8）条的规定；外贴式止水带的施工应符合本附录Ⅱ.2（3）条的规定。

（4）后浇带混凝土应一次浇筑，不得留设施工缝；混凝土浇筑后应及时养护，养护时间不得少于 28d。

（2）～（4）检验方法均为：观察检查和检查隐蔽工程验收记录。

Ⅳ 穿墙管（盒）

1. 主控项目

（1）穿墙管用遇水膨胀止水条和密封材料必须符合设计要求。

检验方法：检查产品合格证、产品性能检测报告和材料进场检验报告。

（2）穿墙管防水构造必须符合设计要求。

检验方法：观察检查和检查隐蔽工程验收记录。

2. 一般项目

（1）固定式穿墙管应加焊止水环或环绕遇水膨胀止水圈，并作好防腐处理；穿墙管应在主体结构迎水面预留凹槽，槽内应用密封材料嵌填密实。

（2）套管式穿墙管的套管与止水环及翼环应连续满焊，并作好防腐处理；套管内表面应清理干净，穿墙管与套管之间应用密封材料和橡胶密封圈进行密封处理，并采用法兰盘及螺栓进行固定。

（3）穿墙盒的封口钢板与混凝土结构墙上预埋的角钢应焊严，并从钢板上的预留浇注孔注入改性沥青密封材料或细石混凝土，封填后将浇注孔口用钢板焊接封闭。

（4）当主体结构迎水面有柔性防水层时，防水层与穿墙管连接处应增设加强层。

（5）密封材料嵌填应密实、连续、饱满，粘结牢固。

（1）～（5）检验方法均为：观察检查和检查隐蔽工程验收记录。

Ⅴ 埋设件

1. 主控项目

（1）埋设件用密封材料必须符合设计要求。

检验方法：检查产品合格证、产品性能检测报告、材料进场检验报告。

（2）埋设件防水构造必须符合设计要求。

检验方法：观察检查和检查隐蔽验收记录。

2. 一般项目

（1）埋设件应位置准确，固定牢靠；埋设件应进行防腐处理。

检验方法：观察、尺量和手扳检查。

（2）埋设件端部或预留孔、槽底部的混凝土厚度不得小于 250mm；当混凝土厚度小于 250mm 时，应局部加厚或采取其他防水措施。

检验方法：尺量检查和检查隐蔽工程验收记录。

（3）结构迎水面的埋设件周围应预留凹槽，凹槽内应用密封材料填实。

（4）用于固定模板的螺栓必须穿过混凝土结构时，可采用工具式螺栓或螺栓加堵头，螺栓上应加焊止水环。拆模后留下凹槽应用密封材料封堵密实，并用聚合物水泥砂浆抹平。

（5）预留孔、槽内的防水层应与主体防水层保持连续。

(6) 密封材料嵌填密实、连续、饱满，粘结牢固。

(3) ～ (6) 检验方法均为：观察检查和检查隐蔽工程验收记录。

Ⅵ 预留通道接头

1. 主控项目

(1) 预留通道接头用中埋式止水带、遇水膨胀止水条或止水胶、预埋注浆管、密封材料和可卸式止水带必须符合设计要求。

检验方法：检查产品合格证、产品性能检测报告、材料进场检验报告。

(2) 预留通道接头防水构造必须符合设计要求。

检验方法：观察检查和检查隐蔽工程验收记录。

(3) 中埋式止水带埋设位置应准确，其中间空心圆环与通道接头中心线应重合。

检验方法：观察检查和检查隐蔽工程验收记录。

2. 一般项目

(1) 预留通道先浇混凝土结构、中埋式止水带和预埋件应及时保护，预埋件应进行防锈处理。

检验方法：观察检查。

(2) 遇水膨胀止水条的施工应符合本附录Ⅰ中2 (6) 条的规定：遇水膨胀止水胶的施工应符合本附录Ⅰ中2 (7) 条的规定；预埋注浆管的施工应符合本附录Ⅰ.2 (8) 条的规定。

(3) 密封材料嵌填应密实、连续、饱满，粘结牢固。

(4) 用膨胀螺栓固定可卸式止水带时，止水带与紧固件压块以及止水带与基面之间应结合紧密。采用金属膨胀螺栓时，应选用不锈钢材料或进行防锈处理。

(5) 预留通道接头外部应设保护墙。

(2) ～ (5) 检验方法均为：观察检查和检查隐蔽工程验收记录。

Ⅶ 桩 头

1. 主控项目

(1) 桩头用聚合物水泥防水砂浆、水泥基渗透结晶型防水涂料、遇水膨胀止水条或止水胶和密封材料必须符合设计要求。

检验方法：检查产品合格证、产品性能检测报告、材料进场检验报告。

(2) 桩头防水构造必须符合设计要求。

检验方法：观察检查和检查隐蔽工程验收记录。

(3) 桩头混凝土应密实，如发现渗漏水，应及时采取封堵措施。

检验方法：观察检查和检查隐蔽工程验收记录。

2. 一般项目

(1) 桩头顶面和侧面裸露处应涂刷水泥基渗透结晶型防水涂料，并延伸到结构底板垫层150mm处；桩头四周300mm范围内应抹聚合物水泥防水砂浆过渡层。

(2) 结构底板防水层应做在聚合物水泥防水砂浆过渡层上并延伸至桩头侧壁，其与桩头侧壁接缝处应采用密封材料嵌填。

(3) 桩头的受力钢筋根部应采用遇水膨胀止水条或止水胶，并应采取保护措施。

(4) 遇水膨胀止水条的施工应符合本附录Ⅰ.2 (6) 条的规定；遇水膨胀止水胶的施工应符合本附录Ⅰ.2 (7) 条的规定。

(5) 密封材料嵌填应密实、连续、饱满，粘结牢固。

(1) ～ (5) 检验方法均为：观察检查和检查隐蔽工程验收记录。

Ⅷ 孔　　口

1. 主控项目

(1) 孔口用防水卷材、防水涂料和密封材料必须符合设计要求。

检验方法：检查产品合格证、产品性能检测报告、材料进场检验报告。

(2) 孔口防水构造必须符合设计要求。

检验方法：观察检查和检查隐蔽工程验收记录。

2. 一般项目

(1) 人员出入口高出地面不应小于 500mm；汽车出入口设置明沟排水时，其高出地面宜为 150mm，并应采取防雨措施。

检验方法：观察和尺量检查。

(2) 窗井内的底板应低于窗下缘 300mm。窗井墙高出室外地面不得小于 500mm；窗井外地面应做散水，散水与墙面间应采用密封材料嵌填。

检验方法：观察检查和尺量检查。

(3) 窗井的底部在最高地下水位以上时，窗井的墙体和底板应作防水处理，并宜与主体结构断开。窗台下部的墙体和底板应做防水层。

(4) 窗井或窗井的一部分在最高地下水位以下时，窗井应与主体结构连成整体，其防水层也应连成整体，并应在窗井内设置集水井。窗台下部的墙体和底板应做防水层。

(5) 密封材料嵌填应密实、连续、饱满，粘结牢固。

(3) ～ (5) 检验方法均为：观察检查和检查隐蔽工程验收记录。

Ⅸ 坑、池

1. 主控项目

(1) 坑、池防水混凝土的原材料、配合比及坍落度必须符合设计要求。

检验方法：检查产品合格证、产品性能检测报告、计量措施和材料进场检验报告。

(2) 坑、池防水构造必须符合设计要求。

检验方法：观察检查和检查隐蔽工程验收记录。

(3) 坑、池、储水库内部防水层完成后，应进行蓄水试验。

检验方法：观察检查和检查蓄水试验记录。

2. 一般项目

(1) 坑、池、储水库宜采用防水混凝土整体浇筑，混凝土表面应坚实、平整，不得有露筋、蜂窝和裂缝等缺陷。

(2) 坑、池底板的混凝土厚度不应小于 250mm；当底板的厚度小于 250mm 时，应采取局部加厚措施，并应使防水层保持连续。

(1)～(2) 检验方法均为：观察检查和检查隐蔽工程验收记录。

(3) 坑、池施工完后，应及时遮盖和防止杂物堵塞。

检验方法：观察检查。

11.3 水泥砂浆防水层

水泥砂浆防水层是以水泥浆和水泥砂浆分层交替抹压均匀、密实，与结构层牢固结合成整体的抹面防水层。具有良好的防水能力（一般抗渗透压力为1.5～2MPa），防水层施工简便，质量可靠，且适应性强。水泥砂浆防水层施工中存在的主要质量问题是不浇水养护，有的覆盖、浇水养护不及时，有的养护时间太短，以致造成不应有的质量事故。

11.3.1 防水层局部洇湿与渗漏水

1. 现象

在防水层未遭剔凿、碰撞破坏和没有空鼓裂缝的表面上，有潮湿痕迹或渗漏。

2. 原因分析

未严格按照防水层有关要求进行操作，忽视防水层的连续性，如素浆层刮抹不严，薄厚不均，出现空白或大面积漏抹等，成为防水层中的薄弱环节。

3. 预防措施

(1) 操作要仔细认真，务求素浆层刮抹严密，均匀一致，并不遭破坏。

(2) 加强对防水层的质量检查工作。

4. 治理方法

先把渗漏部位擦干，立即均匀撒上薄薄一层干水泥粉，表面出现的湿点即为漏水点。如还不能查出，可用水泥胶浆（水泥：促凝剂＝1：1）在漏水部位涂一薄层，并立即撒上干水泥粉检查，洇湿点即为漏水点。堵漏方法见11.8“防水工程堵漏技术”。

11.3.2 防水层空鼓、裂缝、渗漏水

1. 现象

防水层与基层脱离，甚至隆起，表面出现缝隙大小不等的交叉裂缝。处于地下水位以下的裂缝处，往往出现渗漏。

2. 原因分析

(1) 基层清理不干净或有油污、浮灰等，对防水层与基层的粘结起了隔离作用。防水层空鼓后，随着与基层的脱离产生收缩应力，导致裂缝产生与开展。

(2) 在干燥的基层上，水分立即被基层吸干，造成早期严重脱水而产生收缩裂缝，同时与基层粘结不良而产生空鼓。

(3) 水泥选用不当，安定性不好，或不同品种水泥混合使用，收缩系数不同，往往造成大面积网状裂缝。砂子过细，也容易造成收缩裂缝。

(4) 随意增减水泥用量或改变水灰比，致使灰浆收缩不均，造成收缩裂缝。

(5) 对凹凸差异较大的基层没有进行找平处理，灰浆层薄厚不均，产生不等量收缩。操作时，素浆层过厚，砂浆层过薄，也会产生收缩裂缝。

(6) 后期养护不好或不及时，使防水层产生干缩裂缝。

3. 预防措施

(1) 结构设计的裂缝开展宽度不应大于0.1mm。

(2) 选用42.5级以上无结块的普通硅酸盐水泥。不同品种和不同强度等级的水泥不得混用。防水工程应选用平均粒径不小于0.5mm的颗粒坚硬、粗糙洁净的中粗砂。

(3) 基层表面须去污、剁毛、刷洗清理，并保持潮湿、清洁、坚实、粗糙。凹凸不平处应先剔凿，浇水清洗干净，再用素浆和水泥砂浆分层找平。蜂窝、麻面、孔洞等应剔凿清理刷洗后，作找平处理。采用"四层抹面法"。

(4) 加强对防水层的养护工作，加强浇水养护，保持经常湿润，养护期为两周。

4. 治理方法

(1) 无渗漏水的空鼓裂缝，须全部剔除，边缘成斜坡形，按基层处理要求清洗干净，然后按各层次重新补平整。

(2) 对于渗漏水的空鼓裂缝，剔除后按11.8"防水工程堵漏技术"进行治理。

(3) 对于未空鼓、不漏水的防水层收缩裂缝，可沿裂缝剔成八字形边坡沟槽，按防水层作法补平。

11.3.3 预埋件部位渗漏水

1. 现象

穿透防水层的预埋件周边出现洇湿或不同程度的渗漏。

2. 原因分析

(1) 操作中忽视对预埋件周边的处理，抹压不仔细，底部出现漏抹现象；没有认真清除预埋件表面锈蚀层，防水层与预埋件接触不严。

(2) 预埋件周边的防水层抹压遍数少，交活快，使周边防水层产生收缩裂缝。

(3) 预埋件在施工期间或安装使用时，与周边防水层接触处产生微裂造成渗漏。

(4) 预埋件未焊止水环，或未满焊。

3. 预防措施

(1) 预埋件四周剔成深30mm、宽20mm的环形沟槽（可酌情调整），预埋件除锈并清洗沟槽后，用水灰比为0.2左右的素浆嵌实，再随其他部位一起抹上防水层（图11-34）。

(2) 对于有振动的预埋件，可参照图11-35的作法埋设。

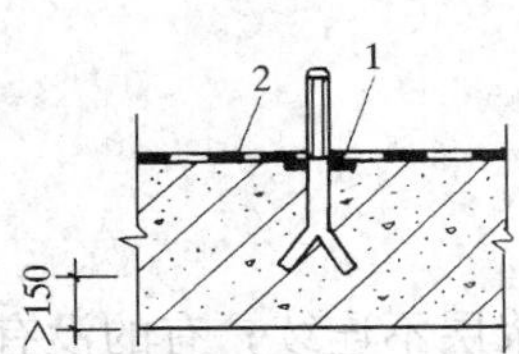

图11-34 预埋铁件的处理

1—素浆嵌实；2—防水层

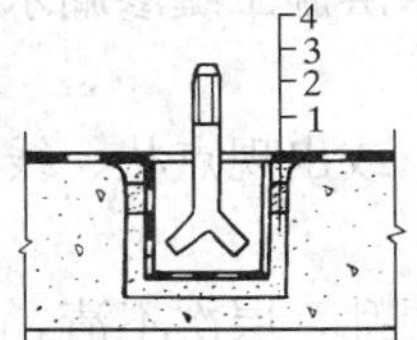

图11-35 受振的预埋件部位漏水修补

1—快凝砂浆；2—水泥胶浆；3—素浆嵌实；4—防水层

4. 治理方法

(1) 对于预埋件周边出现的渗漏，先将周边剔成环形沟槽，再堵塞处理。

(2) 对于因受振而使预埋件周边出现的渗漏，需将预埋件拆除，并剔凿出凹槽供埋设预制块（表面抹好防水层）用。埋设前凹槽内先嵌入水泥：砂＝1：1和水：促凝剂＝1：

1的快凝砂浆，再迅速将预制块填入。待快凝砂浆具有一定强度后，周边用胶浆堵塞，并用素浆嵌实，然后分层抹防水层补平，见图14-35。

（3）如埋件密集，呈漏水状态，剔除埋件后漏水增多，补漏困难，可先按11.8“防水工程堵漏技术”中“水泥压浆法”灌入快凝水泥浆，待凝固后，漏水量明显下降时，再参照上述（1）、（2）方法处理。

11.3.4 门框部位渗漏水

1. 现象

地下工程铁门或混凝土门的角铁门框和门轴等预埋铁件部位漏水。

2. 原因分析

（1）门窗口部位的防水层不连续，或未经任何处理。

（2）门窗口安装时任意剔凿、磕碰防水层，开关振动，造成预埋件松动。

3. 预防措施

角铁门框、门轴等应尽量采用后浇或后砌法固定，见图11-36。

4. 治理方法

拆除已出现渗水的门框门轴等，剔槽后堵漏处理和修补防水层，浇筑养护14d后，重新安装，见图11-37。

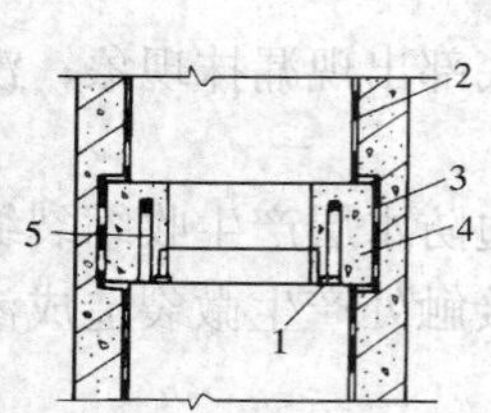

图11-36 铁门框后浇固定方法

1—角铁门框；2—防水层；3—槽内呈麻面；4—后浇高强度混凝土；5—锚固筋

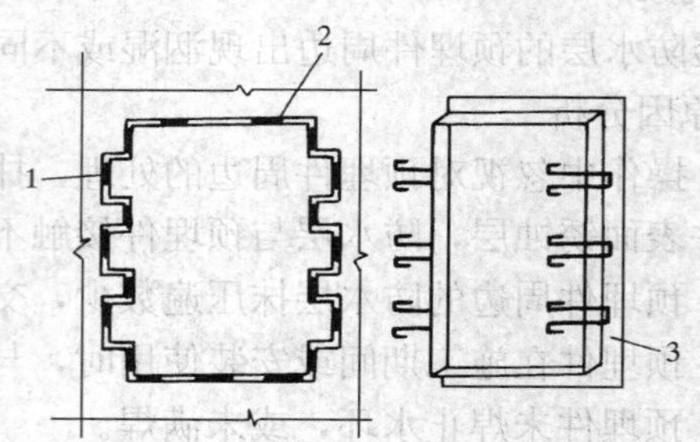

图11-37 漏水铁门框的处理方法

1—槽内呈麻面，安装门框后浇筑高强度混凝土；2—防水层；3—角铁门框

11.3.5 防水层施工缝渗漏水

1. 现象

接缝处洇湿，或出现点状、线状渗漏。

2. 原因分析

防水层留槎混乱，层次不清，无法分层搭接，使得素浆层不连续；有的没有按要求留槎，如留成直角槎等；接槎时，往往由于新槎收缩，产生微裂而造成渗漏水。

3. 预防措施

（1）防水层的施工缝需留斜坡阶梯形槎，接槎要依照层次顺序分层进行，无论墙面或地面的留槎，均需离阴角200mm以上。

（2）不符合要求的槎口，应用剁斧等剔成坡形，然后逐层搭接。

4. 治理方法

出现漏水现象，可按11.8“防水工程堵漏技术”中的“直接堵漏法”处理。

11.3.6 穿墙管道部位渗漏水

1. 现象

常温管道周边洇湿或有不同程度的渗漏。热力管道周边防水层隆起或酥裂。

2. 原因分析

(1) 同 11.3.3“预埋件部位渗漏水”的原因分析。

(2) 穿墙管道沿基层表面常设有法兰，影响该处砌筑或混凝土浇筑质量，后期防水处理困难。另一原因是热力管道穿墙部位处理不当，或只按常温管道处理，在温差作用下管道往返伸缩变形，造成周边防水层破坏，产生裂缝而漏水。

3. 预防措施

(1) 一般常温管道的渗漏水与 11.3.3“预埋件部位渗漏水”的治理方法相同。

(2) 常温管道穿过砖石砌体的区段应除锈，并浇筑高强度等级混凝土包裹。

(3) 热力管道穿过内墙的部位应预留较管径大 100mm 的圆孔，圆孔内做好防水层，管道安装后，空隙处用麻刀石灰或石棉水泥嵌填，见图 11-38。

(4) 热力管道穿透外墙而又没有地下沟道时，为了适应管道伸缩变形和保证不漏水，可采用橡胶止水管套方法处理，见图 11-39。

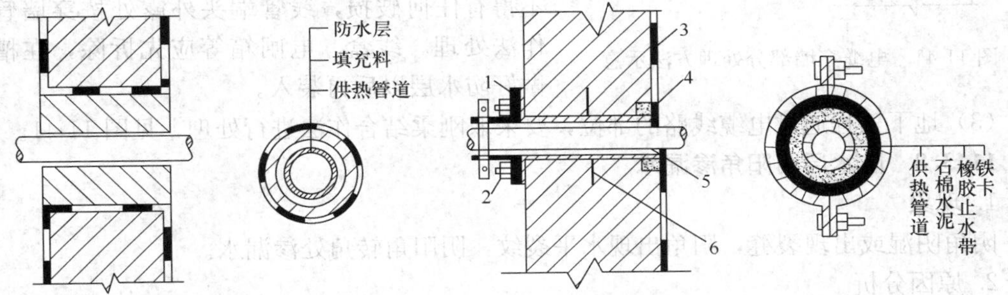

图 11-38 热力管道穿透内墙作法

图 11-39 热力管道穿透外墙作法
1—橡胶止水套；2—螺母；3—套管；4—素浆嵌槽；5—石棉水泥；6—套管锚固筋

(5) 在允许范围内，尽量将热力管道的标高提高至常年最高地下水位以上。

4. 治理方法

(1) 热力管道穿透内墙部分出现渗漏水时，可将穿管孔眼剔大，采用埋设预制半圆混凝土套管法进行处理，见图 11-40。

(2) 热力管道穿透外墙部分出现渗漏水，修复时需将地下水位降至管道标高以下，用

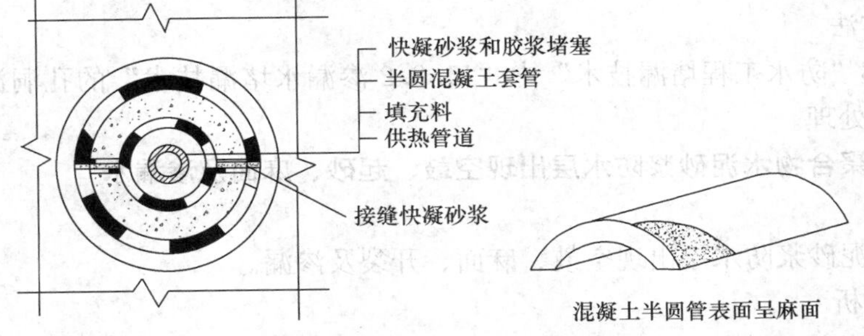

图 11-40 埋设预制半圆套管法

设置橡胶止水套的方法处理。

11.3.7　电源管路等渗漏水

1. 现象

线盒或电闸箱槽内漏水，线管内或线管穿墙处漏水。

2. 原因分析

(1) 线盒、闸箱等采取预埋方法，其背面和侧面墙体未做防水处理。

(2) 穿线管多为有缝管，密封性能差，水从暗埋管路的接缝、接头等处渗入，沿穿线管漏入；埋设时穿线管破损或弯曲处开裂。

(3) 穿线管外露端头、电缆出入口等部位缺乏相应的防水处理，造成周边渗漏。

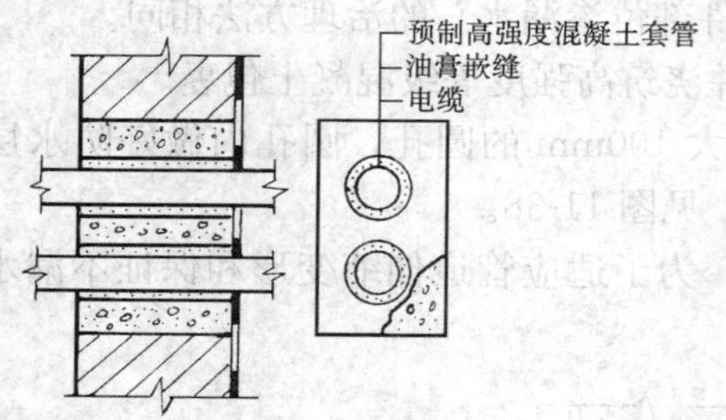

图 11-41　电缆穿墙部分处理方法示意

3. 防治措施

(1) 地下工程的电源线路，宜采用明线装置，以便于防水处理和检修维护。穿透砖砌内墙的线管应选用密封性能良好的金属管，两端头要按穿墙管道作法处理。

(2) 暗线装置的穿线管必须封闭，埋设时不得有任何破损，线管端头外露处按穿墙管道作法处理。线盒、电闸箱等应先拆除，在槽内做好防水层以后再装入。

(3) 地下工程通过电缆线路的部位，要采取刚柔结合作法进行处理，见图 11-41。

11.3.8　防水层阴阳角渗漏水

1. 现象

阴角阴湿或出现裂缝，阳角出现水平裂纹，阴阳角转角处渗漏水。

2. 原因分析

(1) 素浆层刮抹不严或被破坏；素浆层过软，抹砂浆时造成混层。

(2) 操作时，阴阳角处水分挥发较慢，灰浆因重力作用而下垂，产生裂缝；交活时防水层过软产生收缩。

3. 预防措施

(1) 对于不便操作的阴阳角等部位，应仔细抹压严密。阴阳角的防水层，均需抹成圆角，阴角直径 50mm，阳角直径 10mm。

(2) 阴阳角处防水层一般硬结较慢，压光时可用水泥：砂子＝1：1 的干拌灰撒在上面，将离析出的水分吸干。

4. 治理方法

可按 11.8“防水工程堵漏技术”中“11.8.2 渗漏水堵漏技术”的孔洞漏水或裂缝漏水直接堵塞法处理。

11.3.9　聚合物水泥砂浆防水层出现空鼓、起砂、麻面及渗漏水

1. 现象

聚合物水泥砂浆防水层出现空鼓、麻面、开裂及渗漏。

2. 原因分析

(1) 基层清理不干净，聚合物水泥砂浆与基层粘结不牢，出现空鼓。

（2）配合比不合理，或搅拌不均匀，出现表面起砂、麻面、裂纹等现象。

（3）未分层施工，出现防水层开裂而渗漏。

（4）施工缝留槎不合理，未合理搭接，在施工缝处出现渗漏水。

（5）未按操作规程施工，出现不平不实。

（6）养护不及时或砂浆达不到强度即投入使用。

3. 预防措施

（1）混凝土基层表面用钢丝刷打毛，表面光滑寸，用剁斧凿毛，油污严重时要剥皮凿毛，然后充分浇水湿润。表面有蜂窝、麻面、孔洞时，先用凿子将松散不牢的石子剔除。表面有凹凸不平时，应将凸出的混凝土块凿平，凹坑先剔成斜坡并将表面打毛后，浇水湿润，再用素灰与水泥砂浆交替抹压，直至与基层表面平直，最后将水泥砂浆横向扫毛。

（2）防水层施工一般顺序为：由上至下，由里向外，先顶板、再墙面、后地面分层铺抹和喷刷，每层宜连续施工。

（3）聚合物水泥砂浆参考配合比如下：水泥∶砂∶聚合物乳液为1∶（1～2）∶（0.25～0.50），加适量水。采用立式搅拌机拌和，拌和器具应清理干净。拌制时，水泥与砂先干拌均匀，然后倒入乳液和水拌和3～5min，配制好的聚合物水泥砂浆应在20～45min（视气候而定）内用完。

（4）聚合物水泥砂浆施工温度以5～35℃为宜，室外工程不得在雨天、雪天和五级风及其以上时施工。

（5）涂抹聚合物水泥砂浆前，应先将基层用水冲洗干净，充分湿润，不积水。按产品说明书的要求配制底涂材料打底，涂刷时力求薄而均匀。

（6）聚合物水泥砂浆应在底涂材料涂刷15min后开始铺抹。

（7）涂层厚度大于10mm时，立面和顶面应分层施工，第二层应待第一层指触干后进行，各层紧密贴合。

（8）每层宜连续施工，如必须留槎时，应采用阶梯形槎，接槎部位离阴阳角不得小于200mm，接槎应依层次顺序操作，层层搭接紧密。

（9）铺抹可采用抹压或喷涂施工。喷涂施工时，喷枪的喷嘴应垂直于基面，合理调整压力和喷嘴与基面距离的关系。

（10）铺抹时应压实、抹平；如遇气泡要挑破压紧，保证铺抹密实；最后一层表面应提浆压光。

（11）聚合物水泥砂浆防水层应在终凝后进行保湿养护，时间不少于7d。在防水层未达到硬化状态时，不得浇水养护或直接受雨水冲刷，硬化后可采用干湿交替的养护方法。在潮湿环境中，可在自然条件下养护。

（12）过水构筑物应待聚合物水泥砂浆防水层施工完成28d后方可投入运行。

4. 治理方法

对于聚合物水泥砂浆防水层出现渗漏时，应用切割机切除此部分防水层，再用掺有膨胀剂的聚合物水泥砂浆进行修补，直至不渗不漏。参见11.8“防水工程堵漏技术”。

附录11.3 水泥砂浆防水层施工质量标准及检验方法

1. 基本规定

(1) 水泥砂浆防水层适用于地下工程主体结构的迎水面或背水面。不适用于受持续振动或环境温度高于80℃的地下工程。

(2) 水泥砂浆防水层应采用聚合物水泥防水砂浆、掺外加剂或掺合料的防水砂浆。

(3) 水泥砂浆防水层所用的材料应符合下列规定：

1) 使用普通硅酸盐水泥、硅酸盐水泥或特种水泥，不得使用过期或受潮结块的水泥；

2) 宜采用中砂，含泥量不应大于1.0%，硫化物及硫酸盐含量不应大于1.0%；

3) 用于拌制水泥砂浆的水，应采用不含有害物质的洁净水；

4) 聚合物乳液的外观为均匀液体，无杂质、无沉淀、不分层；

5) 外加剂的技术性能应符合现行国家或行业有关标准的质量要求。

(4) 水泥砂浆防水层的基层质量应符合下列规定：

1) 基层表面应平整、坚实、清洁，并应充分湿润、无明水；

2) 基层表面的孔洞、缝隙，应采用与防水层相同的水泥砂浆堵塞并抹平；

3) 施工前应将埋设件、穿墙管预留凹槽内嵌填密封材料后，再进行防水层施工。

(5) 水泥砂浆防水层施工应符合下列规定：

1) 水泥砂浆的配制，应按所掺材料的技术要求准确计量；

2) 分层铺抹或喷涂，铺抹时应压实、抹平，最后一层表面应提浆压光；

3) 防水层各层应紧密粘合，每层宜连续施工；必须留设施工缝时，应采用阶梯坡形槎，但与阴阳角处的距离不得小于200mm；

4) 水泥砂浆终凝后应及时进行养护，养护温度不宜低于5℃，并应保持砂浆表面湿润，养护时间不得少于14d；聚合物水泥防水砂浆未达到硬化状态时，不得浇水养护或直接受雨水冲刷，硬化后应采用干湿交替的养护方法。潮湿环境中，可在自然条件下养护。

(6) 水泥砂浆防水层分项工程检验批的抽样检验数量，应按施工面积每100m^2抽查1处，每处10m^2，且不得少于3处。

2. 主控项目

(1) 防水砂浆的原材料及配合比必须符合设计规定。

检验方法：检查产品合格证、产品性能检测报告、计量措施和材料进场检验报告。

(2) 防水砂浆的粘结强度和抗渗性能必须符合设计规定。

检验方法：检查砂浆粘结强度、抗渗性能检验报告。

(3) 水泥砂浆防水层与基层之间应结合牢固，无空鼓现象。

检验方法：观察和用小锤轻击检查。

3. 一般项目

(1) 水泥砂浆防水层表面应密实、平整，不得有裂纹、起砂、麻面等缺陷。

检验方法：观察检查。

(2) 水泥砂浆防水层施工缝留槎位置应正确，接槎应按层次顺序操作，层层搭接紧密。

检验方法：观察检查和检查隐蔽工程验收记录。

(3) 水泥砂浆防水层的平均厚度应符合设计要求，最小厚度不得小于设计厚度的85%。

检验方法：用针测法检查。

(4) 水泥砂浆防水层表面平整度的允许偏差应为5mm。

检验方法：用2m靠尺和楔形塞尺检查检查。

11.4 卷材防水层

地下工程卷材防水层是用沥青胶将各种卷材连续地胶结于结构表面而形成的。卷材防水层的主要优点是防水性能较好，并具有一定的韧性和可变性，适应地下工程下沉、伸缩而引起的微小变形，能抗酸、碱、盐溶液的侵蚀或受振动作用的地下工程。其缺点是存在着质量不易保证、劳动条件差、污染大气、不安全等因素，特别是施工质量难以检查，一旦出现渗漏水，修补较困难。

11.4.1 卷材防水层空鼓

1. 现象

铺贴后的卷材表面，经敲击或手感检查，出现空鼓声。

2. 原因分析

(1) 基层潮湿，沥青胶结材料与基层粘结不良。

(2) 由于人员走动或其他工序的影响，找平层表面被泥水沾污，与基层粘结不良。

(3) 立墙卷材的铺贴，操作比较困难，热作业容易造成铺贴不实不严。

3. 预防措施

(1) 无论用外贴法或内贴法施工，都应把地下水位降至垫层以下不少于300mm。上抹1∶2.5水泥砂浆找平层，以创造良好的基层表面，防止由于毛细水上升造成基层潮湿。

(2) 保持找平层表面干燥洁净。必要时应在铺贴卷材前采取刷洗、晾干等措施。

(3) 铺贴卷材前1～2d，喷或刷1～2道冷子底油，以保证卷材与基层表面粘结。

(4) 卷材均应实铺（即满涂热沥青胶结料），保证铺实贴严。

(5) 当防水层采用SBS、APP改性沥青热熔卷材施工时，可采用热熔条粘法施工。即采用火焰加热器熔化热熔型卷材底层的热熔胶进行粘贴。铺贴时，卷材与基层宜采用条状粘结。但每幅卷材与基层粘结面不少于4条，每条宽不小于150mm，卷材之间满粘。

(6) 冷粘法铺贴卷材时气温不宜低于5℃。热熔法冬期施工应采取保温措施，以确保胶结材料的适宜温度。雨期施工应有防雨措施，或错开雨天施工。

4. 治理方法

对于检查出的空鼓部位，应剪开重新分层粘贴。

11.4.2 卷材搭接不良

1. 现象

铺贴后的卷材甩槎被污损破坏，或立面临时保护墙的卷材被撕破，无法搭接。

2. 原因分析

(1) 临时保护墙砌筑强度高，不易拆除，或拆除时不仔细，没有相应的保护措施。

(2) 施工现场组织管理不善，工序搭接不紧凑；排降水措施不完善，水位回升，浸泡卷材，玷污了卷材槎子。

3. 防治措施

从混凝土底板下面甩出的卷材可刷油铺贴在永久保护墙上，但超出永久保护墙部位的卷材不刷油铺实，而用附加保护油毡包裹钉在木砖上，待完成主体结构、拆除临时保护墙时，撕去附加保护油毡，可使内部各层卷材完好无缺，如图 11-42。

当采用聚氨酯代卷材作防水层时，其地下室底板与外墙防水处理见图 11-43。

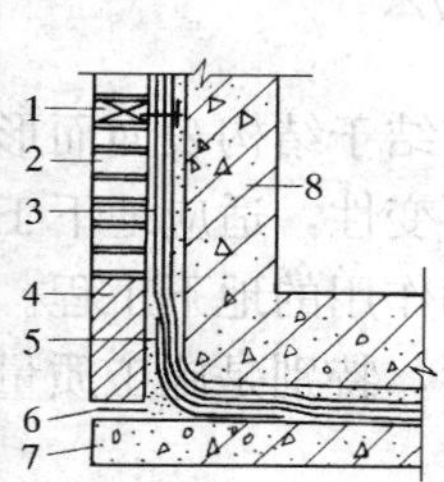

图 11-42　外贴法卷材搭接示意图

1—木砖；2—临时保护墙；3—卷材；4—永久保护墙；5—转角附加油毡；6—干铺油毡片；7—垫层；8—结构

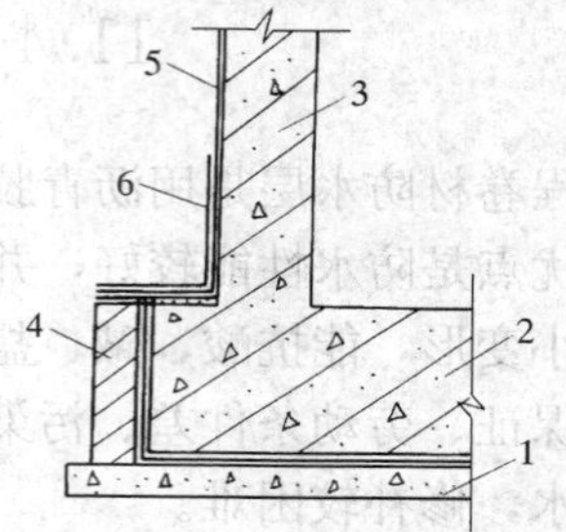

图 11-43　地下室底板与外墙防水处理

1—混凝土垫层；2—地下室底板；3—地下室外墙；4—砖侧墙；5—2mm 厚聚氨酯防水层；6—3mm 厚聚氨酯附加层

11.4.3　卷材转角部位或防水层渗漏

1. 现象

地下工程主体结构施工后，转角部位或墙休出现渗漏。

2. 原因分析

(1) 在转角部位，卷材未能按转角轮廓铺贴严实，后浇或后砌主体结构时此处卷材遭破坏。

(2) 所选用的卷材韧性较差，转角处操作不便，沥青胶结料温度过高或过低，不能确保转角处卷材铺贴严密。

(3) 在转角处未按照有关要求增设卷材附加层。

(4) 砖砌保护层后，砖块、水泥砂浆与防水层接触凸凹不平。当回填土夯实时，砖墙受挤压，防水层被砖墙内的硬物质刺破受损。

(5) 建筑物完工以后，主体结构与保护砖墙不能同步沉降，产生巨大的摩擦力而相互错动，拉裂了防水层。

3. 预防措施

(1) 基层转角处应做成圆弧形或钝角。

(2) 转角部位应尽量选用强度高、延伸率大、韧性好的无胎油毡或沥青玻璃布油毡。

(3) 沥青胶结料的温度应严格按有关要求控制。涂刷厚度应力求均匀一致，各层卷材均要铺贴牢固，并增设卷材附加层，如图 11-44。附加层一般可用两层同样的卷材或一层无胎油毡（或沥青玻璃布油毡），按照转角处形状粘结紧密。

(4) 改进接槎保护层。混凝土垫层宽出底板 300mm，满做防水涂料，并用油毡和砂浆防护，待地下室结构完成后，清出接槎涂层，随即做外墙防水层。

(5) 防水保护层采用 20～50mm 聚氯乙烯泡沫塑料板（或再生聚苯板）代替 120 或 240 砖墙。其作法是用专用胶粘剂把聚氯乙烯泡沫塑料板（聚苯板）粘贴于防水层上，由于它是软保护层，能缓冲并吸收回填土压力对防水层的破坏，且软保护层对防水层的约束应力较小，能使防水层与建筑物实现同步沉降，不损坏防水层。

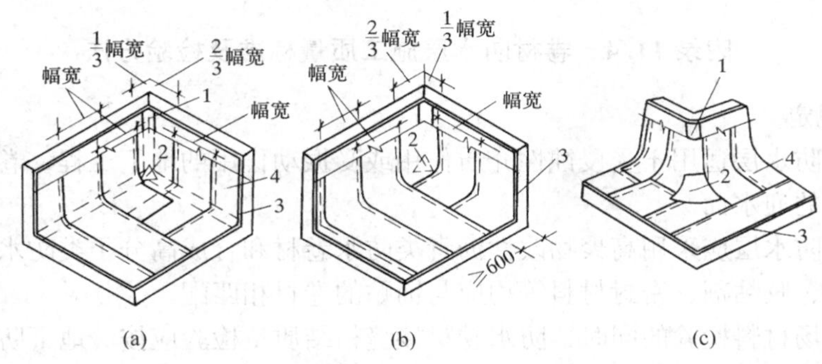

图 11-44 三面角的卷材铺设法

(a) 阴角第一层卷材铺设法；(b) 阴角第二层卷材铺设法；(c) 阳角第一层卷材铺设法

1—转角处卷材附加层；2—角部附加层；3—找平层；4—卷材

(6) 直接用灰土做保护层，施工时将白灰和土过筛，彻底清除灰土中的硬块物质，按 3∶7 比例均匀拌和，分层夯实，夯实时，靠墙设临时挡板，使灰土和防水层之间形成软接触。或是在软保护层之外，回填 2∶8 或 3∶7 灰土，使软保护层与灰土软接触，施工时严格分层夯实，逐层做密度试验，严格按标准操作，加强灰土层的防水效果。

(7) 有条件的地区，砖砌防水层的保护墙改用 25mm 厚的松木板。板材要倒棱倒边，承插连接，并经防腐剂处理。板材表面光洁平滑，又有一定强度和弹性，即便被回填土冲击，板材能承受挤压，不会损坏防水层。当回填土下沉时，由于板面光滑又浸有油脂，与防水层之间摩擦系数较小，两者之间错动，不致拉裂防水层。

4. 治理方法

当转角部位出现粘结不牢、不实等现象时，应将该处卷材撕开，灌入玛璃脂，用喷灯烘烤后，逐层补好。热熔型卷材则用火焰喷枪加热卷材与基层修补。

11.4.4 管道处铺贴不严实

1. 现象

卷材与管道壁粘结不严，出现张口、翘边现象，一般管径越小，上述现象越严重。

2. 原因分析

(1) 对管道未进行认真的清理、除锈，不能确保卷材与管道的粘结。

(2) 穿管处周边呈死角，使卷材不易铺贴严密。

3. 防治措施

(1) 管道表面的污垢和铁锈要清除干净。在穿越砖石结构处，管道周围宜以细石混凝土包裹，其厚度不小于 300mm。抹找平层时，应将管道根部抹成直径不小于 50mm 圆角。卷材应按转角要求铺贴严实。

(2) 亦可在穿管处埋设带法兰的套管，将卷材防水层粘贴在法兰上，粘贴宽度至少为 100mm，并用夹板将卷材压紧。法兰及夹板都应清理干净，刷上沥青，夹板下面应加油毡衬垫，见图 11-45。

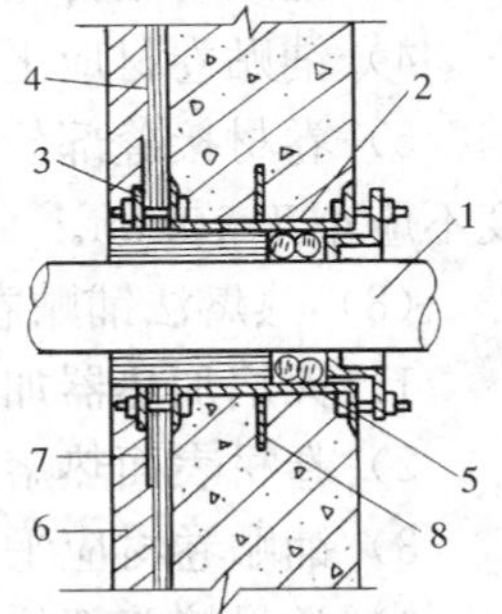

图 11-45 套管法处理穿墙管道与卷材的连接示意

1—管道；2—套管；3—夹板；4—卷材防水层；5—填缝材料；6—保护墙；7—附加卷材层衬垫；8—止水环

附录 11.4 卷材防水层施工质量标准及检验方法

1. 基本规定

（1）卷材防水层适用于受侵蚀性介质作用或受振动作用的地下工程；卷材防水层应铺设在主体结构的迎水面。

（2）卷材防水层应采用高聚物改性沥青类防水卷材和合成高分子类防水卷材。所选用的基层处理剂、胶粘剂、密封材料等均应与铺贴的卷材相匹配。

（3）在进场材料检验的同时，防水卷材接缝粘结质量检验应按《地下防水工程质量验收规范》（GB 50208—2011）附录 D 执行。

（4）铺贴防水卷材前，基面应干净、干燥，并应涂刷基层处理剂；当基面潮湿时，应涂刷湿固化型胶粘剂或潮湿界面隔离剂。

（5）基层阴阳角应做成圆弧或 45°坡角，其尺寸应根据卷材品种确定；在转角处、变形缝、施工缝、穿墙管等部位应铺贴卷材加强层，加强层宽度不应小于 500mm。

（6）防水卷材的搭接宽度应符合附表 11-4 的要求。铺贴双层卷材时上下两层和相邻两幅卷材的接缝应错开 1/3～1/2 幅宽，且两层卷材不得相互垂直铺贴。

防水卷材的搭接宽度 附表 11-4

卷材品种	搭接宽度（mm）	卷材品种	搭接宽度（mm）
弹性体改性沥青防水卷材	100	聚氯乙烯防水卷材	60/80（单焊缝/双焊缝）
改性沥青聚乙烯胎防水卷材	100		100（胶粘剂）
自粘聚合物改性沥青防水卷材	80	聚乙烯丙纶复合防水卷材	100（粘结料）
三元乙丙橡胶防水卷材	100/60（胶粘剂/胶粘带）	高分子自粘胶膜防水卷材	70/80（自粘胶/胶粘带）

（7）冷粘法铺贴卷材应符合下列规定：

1）胶粘剂应涂刷均匀，不得露底、堆积；

2）根据胶粘剂的性能，应控制胶粘剂涂刷与卷材铺贴的间隔时间；

3）铺贴时不得用力拉伸卷材，排除卷材下面的空气，辊压粘贴牢固；

4）铺贴卷材应平整、顺直，搭接尺寸准确，不得扭曲、皱折；

5）卷材接缝部位应采用专用胶粘剂或胶粘带满粘，接缝口应用密封材料封严，其宽度不应小于 10mm。

（8）热熔法铺贴卷材应符合下列规定：

1）火焰加热器加热卷材应均匀，不得加热不足或烧穿卷材；

2）卷材表面热熔后应立即滚铺，排除卷材下面的空气，并粘贴牢固；

3）铺贴卷材应平整、顺直，搭接尺寸准确，不得扭曲、皱折；

4）卷材接缝部位应溢出热熔的改性沥青胶料，并粘贴牢固，封闭严密。

（9）自粘法铺贴卷材应符合下列规定：

1）铺贴卷材时，应将有粘性的一面朝向主体结构；

2）外墙、顶板铺贴时，排除卷材下面的空气，辊压粘贴牢固；

3）铺贴卷材应平整、顺直，搭接尺寸准确，不得扭曲、皱折和起泡；

4）立面卷材铺贴完成后，应将卷材端头固定，并应用密封材料封严；

5）低温施工时，宜对卷材和基面采用热风适当加热，然后铺贴卷材。

（10）卷材接缝采用焊接法施工时应符合下列规定：

1）焊接前卷材应铺放平整，搭接尺寸准确，焊接缝的结合面应清扫干净；

2）焊接时应先焊长边搭接缝，后焊短边搭接缝；

3）控制热风加热温度和时间，焊接处不得漏焊、跳焊或焊接不牢；

4）焊接时不得损害非焊接部位的卷材。

（11）铺贴聚乙烯丙纶复合防水卷材应符合下列规定：

1）应采用配套的聚合物水泥防水粘结材料；

2）卷材与基层粘贴应采用满粘法，粘结面积不应小于90%，刮涂粘结料应均匀，不得露底、堆积、流淌；

3）固化后的粘结料厚度不应小于1.3mm；

4）卷材接缝部位应挤出粘结料，接缝表面处应涂刮1.3mm厚50mm宽聚合物水泥粘结料封边；

5）聚合物水泥粘结料固化前，不得在其上行走或进行后续作业。

（12）高分子自粘胶膜防水卷材宜采用预铺反粘法施工，并应符合下列规定：

1）卷材宜单层铺设；

2）在潮湿基面铺设时，基面应平整坚固、无明水；

3）卷材长边应采用自粘边搭接，短边应采用胶粘带搭接，卷材端部搭接区应相互错开；

4）立面施工时，在自粘边位置距离卷材边缘10～20mm内，每隔400～600mm应进行机械固定，并应保证固定位置被卷材完全覆盖；

5）浇筑结构混凝土时不得损伤防水层。

（13）卷材防水层完工并经验收合格后应及时做保护层。保护层应符合下列规定：

1）顶板的细石混凝土保护层与防水层之间宜设置隔离层。细石混凝土保护层厚度：机械回填时不宜小于70mm，人工回填时不宜小于50mm；

2）底板的细石混凝土保护层厚度不应小于50mm；

3）侧墙宜采用软质保护材料或铺抹20mm厚1：2.5水泥砂浆。

（14）卷材防水层分项工程检验批的抽样检验数量，应按铺贴面积每100m^2抽查1处，每处10m^2，且不得少于3处。

2. 主控项目

（1）卷材防水层所用卷材及其配套材料必须符合设计要求。

检验方法：检查产品合格证、产品性能检测报告和材料进场检验报告。

（2）卷材防水层在转角处、变形缝、施工缝、穿墙管等部位做法必须符合设计要求。

检验方法：观察检查和检查隐蔽工程验收记录。

3. 一般项目

（1）卷材防水层的搭接缝应粘贴或焊接牢固，密封严密，不得有扭曲、折皱、翘边和起泡等缺陷。

检验方法：观察检查。

（2）采用外防外贴法铺贴卷材防水层时，立面卷材接槎的搭接宽度，高聚物改性沥青类卷材应为150mm，合成高分子类卷材应为100mm，且上层卷材应盖过下层卷材。

检验方法：观察和尺量检查。

(3) 侧墙卷材防水层的保护层与防水层应结合紧密，保护层厚度应符合设计要求。

检验方法：观察和尺量检查。

(4) 卷材搭接宽度的允许偏差应为－10mm。

检验方法：观察和尺量检查。

11.5 涂料防水层

涂料防水是在自身有一定防水能力的结构层表面涂刷一定厚度的防水涂料，经常温胶联固化后，形成一层具有一定韧度的防水涂膜的一类防水技术。根据防水基层的情况和使用部位，还可以加固材料和缓冲材料铺设在防水层内，以达到提高涂膜防水效果、增强防水层强度和耐久性的目的。涂膜防水由于防水效果好，施工简单、方便，适合于结构表面形状复杂的防水施工，在地下工程中的应用也很广泛。

涂膜防水层所采用的防水涂料包括无机防水涂料和有机防水涂料。无机防水涂料可选用水泥基防水涂料和水泥基渗透结晶型防水涂料；有机涂料可选用反应型防水涂料、水乳型防水涂料和聚合物水泥防水涂料。涂料防水层的防水涂料可采用外防外涂和外防内涂两种做法。

11.5.1 涂膜防水层开裂

1. 现象

涂料在成膜后出现有规律或无规律的裂缝。

2. 原因

(1) 涂料施工工艺不合理，在施工时上一遍涂料未实干就开始涂刷后续涂料。

(2) 基层刚度不足，抗变形能力差，找平层开裂而引起涂膜开裂。

3. 防治措施

(1) 涂料应分层、分遍进行施工，并按预先试验的材料用量与间隔时间进行涂布。若夏季环境温度在30℃以上时，应尽量避开炎热的中午施工，最好安排在早晚（尤其是上半夜）温度较低时进行施工。

(2) 涂膜防水层出现有规律的裂缝时，首先清除裂缝部位的防水涂膜，将裂缝剔凿扩宽，清理干净，并用密封材料嵌填；干燥后，干铺或单边点粘宽度为200～300mm的隔离层；面层铺设带有胎体增强材料的涂膜防水层，与原有防水层的有效粘接宽度不应小于100mm。涂料涂刷应均匀，不得外露胎体，新、旧防水层搭接应严密。

(3) 涂膜防水层出现无规律的裂缝时，应铲除损坏的涂膜防水层，清除裂缝周围浮灰及杂物，沿裂缝涂刷基层处理剂；干燥后，铺设涂膜防水层。防水涂膜应由两层以上涂层组成，新铺设的防水层应与原防水层粘接牢固并密封严实。

11.5.2 涂膜防水层脱皮、起鼓

1. 现象

涂料在成膜之后脱皮、起鼓。

2. 原因分析

（1）基层上有杂物、砂粒和废削屑，或表面未充分干燥，或施工时湿度较大。

（2）在施工中，涂膜与粘接层之间有空气，导致涂膜起鼓。

3. 防治措施

（1）涂料施工前，应将基层表面清扫干净；沥青基涂料中如有沉淀物（沥青颗粒），可用滤网进行过滤。

（2）选择晴朗天气施工；或可选用潮湿界面处理剂、基层处理剂；或使用能在湿基面上固化的合成高分子防水涂料，以抑制涂膜中鼓泡的形成。

（3）将起鼓部位的防水层用刀呈十字形切割，排出鼓泡内的气体，并翻开切割的防水层，清除杂物并晾干。将切割翻开部分的防水层重新粘贴牢固，上面铺设带有胎体增强材料的涂膜防水层，周边应大于原防水层的切割部位，搭接宽度不应小于100mm，外露边缘应用涂料多遍涂刷密封严实。

（4）将脱皮部分的卷材清除干净，修正或重新做找平层，再在找平层上做涂膜。

11.5.3 水泥基渗透结晶型防水涂层出现气孔、气泡、渗漏

1. 现象

水泥基渗透结晶型防水涂层涂刷后出现气孔、气泡、起鼓，涂膜翘边。

2. 原因分析

（1）气孔、气泡是由于材料搅拌方式及搅拌时间过短，材料拌和不均匀；或是涂膜前未将基层清理干净。

（2）防水层空鼓多发生在找平层与防水层之间及接缝处，主要原因是基层潮湿，含水率过大，基层处理及养护不认真，促使涂膜鼓泡。

（3）涂膜翘边是由于基层不洁净、不干燥，收头操作不细致，密封不好，底层涂料粘结力不强，涂料未浸透胎体等造成。

（4）防水层渗漏多发生在变形缝、穿墙管、施工缝等处，由于细部防水构造处理不当或作业不仔细，防水层脱落，粘结不牢等原因造成。

（5）多遍涂刷时，未待前遍涂层干燥成膜即施工下一遍涂料，造成高处露底、低处堆积。施工时应使两遍涂膜间隔足够长的时间，前一遍涂料初凝后，方可施工下一遍涂料。

3. 防治措施

（1）将混凝土表面的浮浆、泛碱、油污、尘土等杂物用凿击、喷砂、酸洗（盐酸）、钢丝刷刷洗、高压水冲等方法清洗干净。混凝土基面应当粗糙、干净，结构表面如有缺陷、裂缝、蜂窝、麻面均应修凿、清理。墙面上的钢筋头应割除，且凹入墙面，用掺有与水泥基渗透结晶型防水涂料相容的防水砂浆补平。所有阴阳角和其他转角处，均应做成圆弧，阴角直径宜大于50mm，阳角直径宜大于10mm。预埋穿墙管应采取增强防水措施。

（2）用水充分润湿处理过的混凝土基层，达到湿润、润透，以便加强表面的虹吸作用，但表面不应有明水。新浇的混凝土表面在浇筑20h后方可使用涂料。浇筑后的24h为使用该涂料的最佳时段，因为混凝土仍然潮湿，所以基面仅需少量的预喷水。

（3）涂刷作业以专用的半硬尼龙刷，不宜用抹子、滚筒、油漆刷。涂刷时要反复用力，使涂层厚度均匀，每层的厚度应小于1.2mm。每道涂刷应厚薄均匀、不漏刷、不透底。涂刷完毕，终凝后方可进行下一道涂层的施工。但两涂层涂刷间隔时间不宜过长，否则应湿润后再涂刷。施工时上一道涂刷方向应与下一道相互垂直，且每遍涂刷时应交替改

变涂刷方向，同层涂膜的先后搭槎宽度宜为 30～50mm。喷涂时喷距涂层要近些，以保证灰浆能喷进表面微孔或微裂纹中。涂层施工完毕后，应检查各部位是否均匀，是否需要进行再次修补。如有起皮现象，应将起皮部分去除，重新进行基层处理，待充分湿润后再涂刷涂料。

(4) 平面或台阶处须均匀涂刷。阳角与凸处涂覆均匀，阴角与凹处不得涂料过厚或沉积，否则影响涂料渗透或造成局部涂层开裂。在热天露天施工时，建议在早、晚或夜间进行。对于水泥类材料的厚涂层，在涂层初凝后（8～48h）即可使用。对于油漆、环氧树脂和其他有机涂料需要 12d 的养护和结晶过程才能进行，施工前先用 3%～5%的盐酸溶液清洗涂层表面，之后应将所有酸液从表面上洗去。

(5) 喷涂作业时需用专用喷枪，不宜用油漆喷枪。喷涂作业时，喷嘴应距基面较近，保证涂料能均匀喷进基层表面微孔或裂纹之中。其均匀性、厚度要求等基本同涂刷施工。

附录 11.5　涂料防水层施工质量标准及检验方法

1. 基本规定

(1) 涂料防水层适用于受侵蚀性介质作用或受振动作用的地下工程；有机防水涂料宜用于主体结构的迎水面，无机防水涂料宜用于主体结构的迎水面或背水面。

(2) 有机防水涂料应采用反应型、水乳型、聚合物水泥等涂料；无机防水涂料应采用掺外加剂、掺合料的水泥基防水涂料或水泥基渗透结晶型防水涂料。

(3) 有机防水涂料基面应干燥。当基面较潮湿时，应涂刷湿固化型胶结剂或潮湿界面隔离剂；无机防水涂料施工前，基面应充分润湿，但不得有明水。

(4) 涂料防水层的施工应符合下列规定：

1) 多组分涂料应按配合比准确计量，搅拌均匀，并应根据有效时间确定每次配制的用量；

2) 涂料应分层涂刷或喷涂，涂层应均匀，涂刷应待前遍涂层干燥成膜后进行。每遍涂刷时应交替改变涂层的涂刷方向，同层涂膜的先后搭压宽度宜为 30～50mm；

3) 涂料防水层的甩槎处接槎宽度不应小于 100mm，接涂前应将其甩槎表面处理干净；

4) 采用有机防水涂料时，基层阴阳角处应做成圆弧；在转角处、变形缝、施工缝、穿墙管等部位应增加胎体增强材料和增涂防水涂料，宽度不应小于 500mm；

5) 胎体增强材料的搭接宽度不应小于 100mm。上下两层和相邻两幅胎体的接缝应错开 1/3 幅宽，且上下两层胎体不得相互垂直铺贴。

(5) 涂料防水层完工并经验收合格后应及时做保护层。保护层应符合本章附录 11.4“卷材防水层施工质量标准及检验方法”中 1（13）条的规定。

(6) 涂料防水层分项工程检验批的抽样检验数量，应按涂层面积每 $100m^2$ 抽查 1 处，每处 $10m^2$，且不得少于 3 处。

2. 主控项目

(1) 涂料防水层所用的材料及配合比必须符合设计要求。

检验方法：检查产品合格证、产品性能检测报告、计量措施和材料进场检验报告。

(2) 涂料防水层的平均厚度应符合设计要求，最小厚度不得小于设计厚度的 90%。

检验方法：用针测法检查。

（3）涂料防水层在转角处、变形缝、施工缝、穿墙管等部位做法必须符合设计要求。

检验方法：观察检查和检查隐蔽工程验收记录。

3. 一般项目

（1）涂料防水层应与基层粘结牢固，涂刷均匀，不得流淌、鼓泡、露槎。

检验方法：观察检查。

（2）涂层间夹铺胎体增强材料时，应使防水涂料浸透胎体覆盖完全，不得有胎体外露现象。

检验方法：观察检查。

（3）侧墙涂料防水层的保护层与防水层应结合紧密，保护层厚度应符合设计要求。

检验方法：观察检查。

11.6 地下建筑金属板和塑料防水板

金属板防水层是用薄金属板焊成四周及底部封闭的防水箱套，紧贴于防水结构的表面，起到防水作用。对于一些面积较小、温度较高，或有贵重设备仪器对防水要求较高，或处于经常有强烈振动、冲击、磨损的地下结构防水占有重要地位和实用价值。

塑料防水板防水层是采用由工厂生产的具有一定厚度和抗渗能力的高分子薄板或土工合成材料，铺设在初期支护（如喷射混凝土、地下连续墙上）与内衬砌（内衬混凝土）间的防水层。这种防水做法已在地铁、隧道中广泛使用。

11.6.1 金属防水板出现渗漏

1. 现象

金属板焊缝不饱满、不密实，金属板生锈等出现渗漏。

2. 原因分析

（1）焊工焊接水平差，焊缝不饱满、不密实。

（2）焊缝未做外观或无损检验。

（3）金属板内或外的地下室结构混凝土有缺陷，出现渗漏。

3. 防治措施

（1）金属防水层应按设计规定选用材料，所用材料应符合国家标准，应有出厂合格证、质量检验报告和现场抽样试验报告，不合格材料不得用在工程上。金属板包括钢板、铜板、铝板、合金钢板等，一般采用Q235或16Mn钢板，厚度3～8mm。其各项性能指标应符合国标《碳素结构钢》（GB 700—2006）和《低合金高强度结构钢》（GB/T 1591—2008）的要求。所用连接材料，如焊条、焊剂、螺栓、型钢、铁件等以及金属板的防锈等保护材料均应符合要求。对于有严重锈蚀、麻点或划痕等缺陷的金属板，均不应用于金属防水层。

（2）先装法施工（结构内侧设置金属板防水层）：

1）先焊成整体箱套，厚4mm以下钢板接缝可用拼接焊，4mm及其以上钢板用对接焊，垂直接缝应互相错开。箱套内侧用临时支撑加固，以防吊装及浇筑混凝土时变形。结构内侧设置金属板防水层，如图11-46所示。

2）在结构底板钢筋及四壁外模板安装完后，将箱套整体吊入基坑内预设的混凝土墩或型钢支架上准确就位，箱套作为内模板使用。

3）钢板锚筋应与防水结构的钢筋焊牢，或在钢板上焊以一定数量的锚固件，使与混凝土连接牢固，如图 11-47 所示。

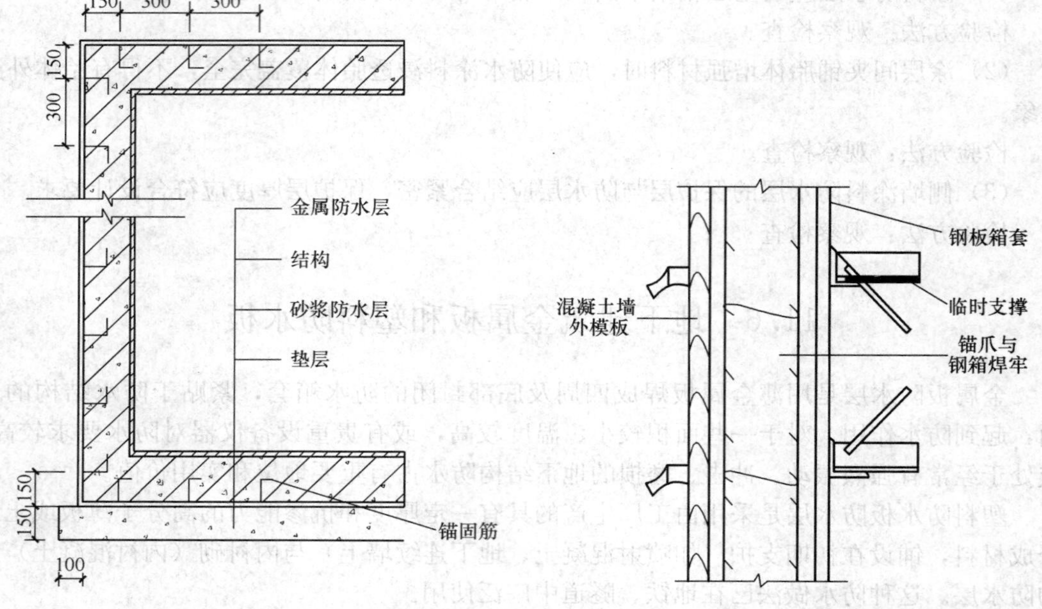

图 11-46　结构内侧设置金属板防水层　　图 11-47　金属板防水层先装钢板箱套支扩作法

4）箱套在安装前，应检查焊缝的严密性，如发现渗漏，应立即修整或补焊。

5）为便于浇筑混凝土，在箱套底板上可开适当孔洞，待混凝土达到 70%强度后，用比孔稍大的钢板将孔洞补焊严密。该法适用于面积不大、内部形状较简单的金属防水层。

（3）后装法施工（结构内侧设置金属板防水层）：

1）根据钢板尺寸及结构造型，在防水结构内壁和底板上预埋带锚爪的钢板或型钢埋件，与结构钢筋或安装的钢固定架焊牢，并保证位置正确。

2）浇筑结构混凝土，达到设计强度要求后，在紧贴内壁埋设件上焊钢板防水层内套，要求焊缝饱满，无气孔、夹渣、咬肉、变形等疵病。

3）焊缝经检查合格后，钢板防水层与结构混凝土间的空隙用水泥浆灌满。钢板表面涂刷防腐底漆及面漆保护，或按设计要求铺设预制罩面板、铺砌耐火砖等。该法适用于面积较大和形状复杂的金属防水层。

（4）结构外侧设置金属板防水层，承受外部水压的金属板厚度及固定金属板的锚固件的个数和截面，应符合设计要求。

（5）金属板的拼接及与建筑结构锚固件的连接应采用焊接，焊缝应饱满、密实，无质量缺陷，焊道与焊道、焊道与基本金属间过渡较平滑，焊渣和飞溅物基本清除干净。应注意减少焊缝产生的次应力。竖向金属板的垂直接缝，应相互错开。

（6）金属板的拼接焊缝应参照《建筑钢结构焊接技术规程》（JGJ 81—2002）进行外

观检查和无损检验。发现焊缝不合格或有渗漏时，应及时进行修整或补焊。

(7) 金属板防水层完工后不得有明显凹面和损伤，应采取防锈措施加以保护。金属板需用的保护材料应按设计规定使用。

(8) 地下结构混凝土浇筑要密实，无裂缝、蜂窝、孔洞、夹层等缺陷。

11.6.2 塑料防水板防水层出现渗漏水

1. 现象

塑料防水板焊接不严，出现渗漏。

2. 原因分析

(1) 塑料防水板未设缓冲层，或缓冲衬垫未用暗钉圈固定，或与暗钉圈焊接不牢。

(2) 两幅塑料防水板的搭接宽度较小，不足100mm。焊接不严，有焊穿现象。

(3) 竖向防水板的铺设与基层固定不牢固，有下垂或破损现象。

3. 预防措施

(1) 应选用性能合适的塑料防水板及配套材料。塑料防水板主要性能指标见表11-3，物理力学性能指标见表11-4。

塑料防水板材料主要技术性能指标 **表11-3**

序号	项目名称		材料名称				
			低密度聚乙烯	乙烯-醋酸乙烯共聚物	高密度聚乙烯	乙烯共聚物沥青	聚氯乙烯
1	重量 (g/cm²)		0.91	0.93	0.94	0.99	1.35～1.45
2	拉伸强度 (MPa)	纵向	13.80	19.5	18.9	19	4.9～12
		横向	1420	216	18	17.3	
3	断裂延伸率 (%)	纵向	548	676	896	748	150～250
		横向	606	728	900	766	
4	直角撕裂强度 (N/mm)	纵向	739	831	118	81	196～40
		横向	58.8	751	117	77.8	
5	耐酸碱性		稳定	稳定	稳定	稳定	稳定
6	维卡软化温 (℃)		70		≥90	—	—
7	脆化温度 (℃)		−60		−60	—	−45
8	厚度×幅度 (mm)		0.8×2100	0.8×2100	0.65～1×4000	1.2×1580	1.0×1000
9	材料利用率		中	中	高	中	低

塑料防水板物理力学性能 **表11-4**

项目	拉伸强度 (MPa)	断裂延伸率 (%)	热处理时变化率 (%)	低温弯折性	抗渗性
指标	≥12	≥200	≤2.5	−20℃无裂纹	0.2MPa，24h不透水

(2) 塑料防水板的缓冲衬垫应用暗钉圈固定，缓冲层可选用土工布或土工膜，其单位面积重量不小于280g/m²，在铺塑料板边的同时，将其与暗钉圈焊接牢固。

（3）两幅塑料防水板的搭接宽度应≥100mm，下部塑料防水板应压住上部塑料板。搭缝宜采用双条焊缝焊接，单条焊缝的有效焊接宽度应≥10mm。搭接缝必须采用热风焊接，焊接应严密，不得焊焦焊穿。在正式焊接卷材前，必须进行试焊，并进行剥离试验，以此来检查当时气候条件下焊接工具和焊接参数及操作水平，确保焊接质量。

（4）复合式衬砌的塑料板铺设应超前内衬混凝土的施工，距离宜为5～20m，并设临时挡板，防止机械损伤和电火花灼伤防水板。

（5）双向铺设时，应先横后竖，环向铺设时，先拱后墙，下部防水板压住上部防水板。塑料板的铺设应平顺与基层固定牢固，不得有下垂和破损现象。

（6）内衬混凝土时，振捣棒不得直接触碰防水板；浇筑横顶时应防止防水板绷紧。

（7）局部设置防水板时，其两侧应采取封闭措施。

4. 治理方法

参照11.8“防水工程堵漏技术”的相关内容。

附录11.6　金属板防水层施工质量标准及检验方法

1. 基本规定

（1）金属板防水层适用于抗渗性能要求较高的地下工程；金属板应铺设在主体结构迎水面。

（2）金属板防水层所采用的金属材料和保护材料应符合设计要求。金属板及其焊接材料的规格、外观质量和主要物理性能，应符合国家现行有关标准的规定。

（3）金属板的拼接及金属板与工程结构的锚固件连接应采用焊接。金属板的拼接焊缝应进行外观检查和无损检验。

（4）金属板表面有锈蚀、麻点或划痕等缺陷时，其深度不得大于该板材厚度的负偏差值。

（5）金属板防水层分项工程检验批的抽样检验数量，应按铺设面积每10m² 抽查1处，每处1m²，且不得少于3处。焊缝表面缺陷检验应按焊缝的条数抽查5%，且不得少于1条焊缝；每条焊缝检查1处，总抽查数不得少于10处。

2. 主控项目

（1）金属板和焊接材料必须符合设计要求。

检验方法：检查产品合格证、产品性能检测报告和材料进场检验报告。

（2）焊工应持有有效的执业资格证书。

检验方法：检查焊工执业资格证书和考核日期。

3. 一般项目

（1）金属板表面不得有明显凹面和损伤。

检验方法：观察检查。

（2）焊缝不得有裂纹、未熔合、夹渣、焊瘤、咬边、烧穿、弧坑、针状气孔等缺陷。

检验方法：观察检查和使用放大镜、焊缝量规及钢尺检查，必要时采用渗透或磁粉探伤检查。

（3）焊缝的焊波应均匀，焊渣和飞溅物应清除干净；保护涂层不得有漏涂、脱皮和反锈现象。

附录 11.7 塑料防水板防水层施工质量标准及检验方法

1. 基本规定

(1) 塑料防水板防水层适用于经常承受水压、侵蚀性介质或有振动作用的地下工程；塑料防水板宜铺设在复合式衬砌的初期支护与二次衬砌之间。

(2) 塑料防水板防水层的基面应平整，无尖锐突出物，基面平整度 D/L 不应大于 1/6。

注：D 为初期支护基面相邻两凸面间凹进去的深度；L 为初期支护基面相邻两凸面间的距离。

(3) 初期支护的渗漏水，应在塑料防水板防水层铺设前封堵或引排。

(4) 塑料防水板的铺设应符合下列规定：

1) 铺设塑料防水板前应先铺缓冲层，缓冲层应用暗钉圈固定在基面上；缓冲层搭接宽度不应小于 50mm；铺设塑料防水板时，应边铺边用压焊机将塑料防水板与暗钉圈焊接；

2) 两幅塑料防水板的搭接宽度不应小于 100mm，下部塑料防水板应压住上部塑料防水板。接缝焊接时，塑料防水板的搭接层数不得超过 3 层；

3) 塑料防水板的搭接缝应采用双焊缝，每条焊缝的有效宽度不应小于 10mm；

4) 塑料防水板铺设时宜设置分区预埋注浆系统；

5) 分段设置塑料防水板防水层时，两端应采取封闭措施。

(5) 塑料防水板的铺设应超前二次衬砌混凝土施工，超前距离宜为 5～20m。

(6) 塑料防水板应牢固地固定在基面上，固定点间距应根据基面平整情况确定，拱部宜为 0.5～0.8m，边墙宜为 1.0～1.5m，底部宜为 1.5～2.0m；局部凹凸较大时，应在凹处加密固定点。

(7) 塑料防水板防水层分项工程检验批的抽样检验数量，应按铺设面积每 $100m^2$ 抽查 1 处，每处 $10m^2$，且不得少于 3 处。焊缝检验应按焊缝条数抽查 5%，每条焊缝为 1 处，且不得少于 3 处。

2. 主控项目

(1) 塑料防水板及其配套材料必须符合设计要求。

检验方法：检查产品合格证、产品性能检测报告和材料进场检验报告。

(2) 塑料防水板的搭接缝必须采用双缝热熔焊接，每条焊缝的有效宽度不应小于 10mm。

检验方法：双焊缝间空腔内充气检查和尺量检查。

3. 一般项目

(1) 塑料防水板应采用无钉孔铺设，其固定点的间距应符合基本规定中第 (6) 条的规定。

检验方法：观察和尺量检查。

(2) 塑料防水板与暗钉圈应焊接牢靠，不得漏焊、假焊和焊穿。

检验方法：观察检查。

(3) 塑料防水板的铺设应平顺，不得有下垂、绷紧和破损现象。

检验方法：观察检查。

(4) 塑料防水板搭接宽度的允许偏差应为－10mm。

检验方法：尺量检查。

11.7 特殊工法结构防水工程

11.7.1 喷锚支护出现渗漏水

1. 现象

在地下建筑工程中，采用锚杆、喷射混凝土、钢筋网喷混凝土、锚杆喷射混凝土和锚杆钢筋网喷射混凝土等来加固洞室围岩时产生渗漏水。

2. 原因分析

(1) 在喷射混凝土之前，未对围岩裂隙及其渗漏水作处理，而喷射混凝土面厚度一般仅 80～100mm，不足以阻止水渗漏。

(2) 喷射混凝土施工前，未清除危石、岩面。

(3) 工程变截面及轴线转折点的阳角处，未增加喷射混凝土厚度，抗渗能力不够。

(4) 锚杆孔洞渗水。

(5) 地质情况较差时，钢筋网喷锚混凝土，配筋不够，直径小或间距大。

(6) 喷射混凝土配合比不合理，混凝土不密实。

(7) 喷射混凝土预埋件未采取防水措施。

3. 防治措施

(1) 当围岩渗水较大时，应先采用导水法排水，然后再喷射混凝土，通常有以下几种方法处理排水。

1) 弹簧管法排水：适用于在裂隙水成线形分布的地段。弹簧管制作时，首先用 12～14 号镀锌钢丝绕成弹簧，直径视裂隙水量的大小而定。弹簧圈外包塑料布或玻璃布，塑料布外再用铁窗纱保护，将弹簧用 14～20 号钢丝固定在裂隙处形成导水管。弹簧两侧用速凝水泥砂浆封闭，然后进行喷射混凝土作业，见图 11-48 所示。为防止弹簧管外的喷射混凝土开裂，可增设一层直径 4mm 的钢丝网。

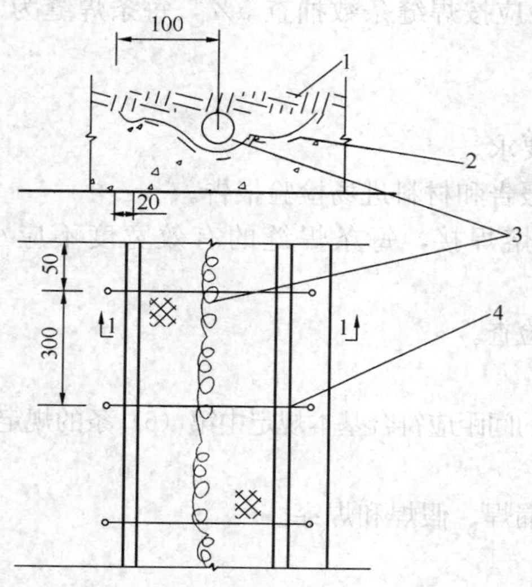

图 11-48 弹簧管排水

1—快凝水泥浆（通常封住）；2—铁窗纱夹玻璃布（塑料薄膜）；3—12～14 号镀锌钢丝绕制弹簧；4—20 号镀锌钢丝固定导水管

2) 半圆铁皮法排水：适用于裂隙水量较大、而岩壁比较平整的部位。将薄铁皮做成半圆形，固定在岩壁裂隙处，两侧再用速凝水泥砂浆封闭，并用 14 号钢丝固定，然后喷射混凝土，其结构如图 11-49 所示。

3) 钻孔引流排水：当围岩有明显渗漏点时，

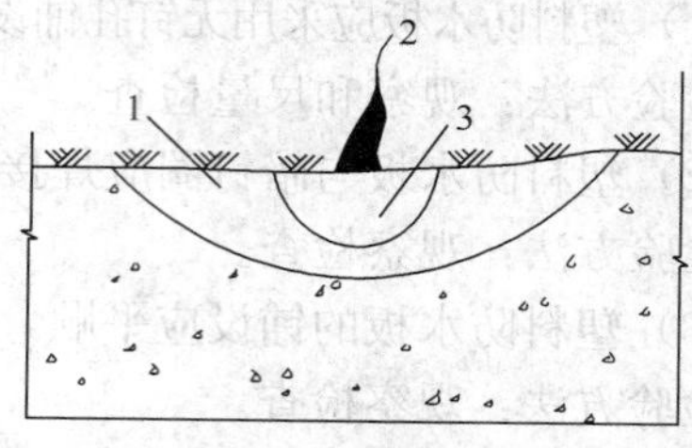

图 11-49 半圆铁皮法排水

1—快凝水泥浆；2—裂隙；3—裂隙水渗漏处半圆铁管

可先在漏水处钻孔或凿槽，将漏水引流集中，然后用速凝止水材料封闭，插入导管，将水集中导出，如图 11-50 所示。

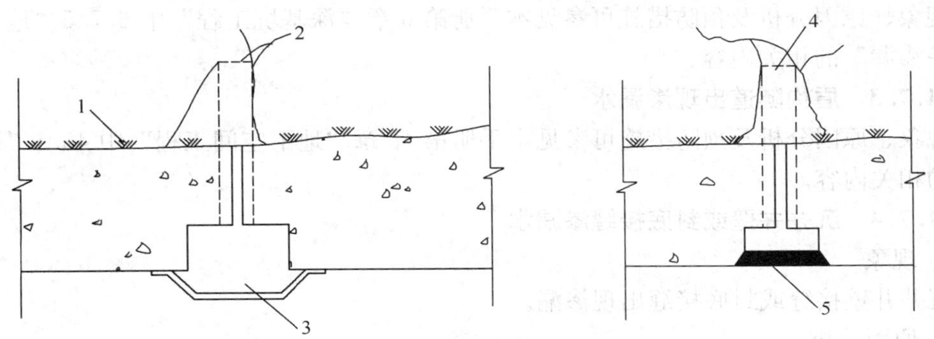

图 11-50 钻孔引流
1—快凝水泥浆；2—裂隙；3—环向导水槽；4—钻孔；5—橡胶条

4）边喷边排法：在喷射混凝土的同时，用速凝材料将橡皮管固定在岩壁上，然后边喷射混凝土边抽去橡皮管，喷射混凝土与岩壁间形成渗水通道，使裂隙水从中排出。

5）玻璃棉引水带法：对于大面积的片状渗漏水，可采用玻璃棉做成引水带，贴在岩壁的渗漏处，将水引至侧墙的排水沟，如图 11-51 所示。玻璃棉具有孔隙多，不易腐烂，容易敷贴在岩壁上，与喷射混凝土结合，具有良好的排水性能，但造价较高。

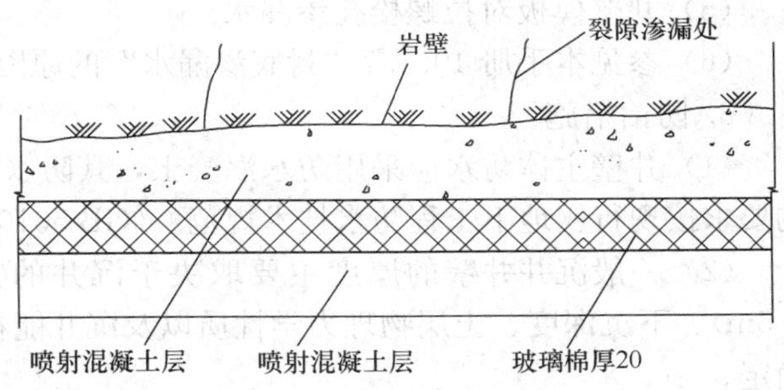

图 11-51 玻璃棉引水带导水

6）喷涂快凝材料作内防水层：对于无明显渗漏水或间歇性渗漏水地段，可在两层喷射混凝土层中，喷涂氯丁胶乳沥青等快凝材料作内防水层。

（2）喷射混凝土首先应除去危石、清洗岩面，分次喷混凝土，每次厚度约为 3～8cm。每次喷完以后，应消除回弹料、松散料，并喷水养护。第一层喷完后，加设锚杆，必要时再挂钢筋网，然后再喷第二层、第三层混凝土。

（3）喷射混凝土喷层厚度应有 60％以上不小于设计厚度，最小厚度应大于设计厚度的 50％，且平均厚度不小于设计厚度。喷层厚度应≥80mm，对地下工程变截面及轴线转折点的阳角部位，应增加 50mm 以上的喷射混凝土。

（4）锚杆长度一般都在 1.5m 以上。应重视对锚杆孔防水处理。锚杆孔无渗漏水时，可直接用 1∶1～1∶2 的高强度水泥砂浆堵塞；锚杆孔有渗漏水时，应先注浆封水，浆液最好选用粘度小、强度低的丙凝浆液。

（5）在地下地质条件较差或洞室跨度较大时，为了维持岩层的稳定和增强岩层的刚度，需在喷射混凝土中设置钢筋网。当设置钢筋网时，洞室开挖必须采用光面爆破，以使洞室开挖表面更为平整。

（6）喷射带钢筋网结构时，要避免形成孔洞和蜂窝。喷嘴到受喷面的距离一般为 500～600mm，以增加喷混凝土的冲击压实力，保证混凝土的密实性和对钢筋的握裹力。

(7) 喷射混凝土有预埋件时，应采取防水措施止水。

11.7.2 地下连续墙出现渗漏水

现象、原因分析及预防措施可参见本手册第6章“深基坑工程”中6.7.5“地下连续墙接头渗漏”的相关内容。

11.7.3 盾构隧道出现渗漏水

现象、原因分析及预防措施可参见本手册第45章“地下空间工程”中45.1“盾构施工”的相关内容。

11.7.4 沉井井壁或封底接缝渗漏水

1. 现象

沉井井壁接缝或封底接缝出现渗漏。

2. 原因分析

(1) 沉井井壁未采用防水混凝土。

(2) 井壁厚度不够，未做防水处理，出现裂缝。

(3) 井壁分节高度过高，节间混凝土浇筑间隔时间过短。

(4) 两节沉井之间的接缝防水节点处理马虎。

(5) 井壁模板对拉螺栓孔渗漏水。

(6) 参见本手册10.3.7“封底渗漏水”的原因分析。

3. 防治措施

(1) 井壁主体防水应采用防水混凝土，其防水等级应根据工程重要性和使用中对防水的要求按现行《地下工程防水技术规范》(GB 50108—2008) 相应条款确定。

(2) 一般沉井井壁的厚度主要取决于沉井的大小（不宜小于0.4m，一般为0.4～1.5m)、下沉深度、土层物理力学性质以及沉井能在足够的自重下顺利下沉的条件由计算确定。

(3) 井壁采用分节制作（除高度不大的沉井外），在砂垫层上制作的沉井，第一节沉井壁的混凝土浇筑高度以1.5～2m为宜，以后每节的高度不超过8～10m。浇筑井壁混凝土时必须注意以下几点：

1) 第一节混凝土强度达到设计强度的70%之后，方允许浇筑第二节混凝土；

2) 每节沉井的混凝土应分层均匀浇筑，一次连续浇完。浇筑应沿着井壁四周对称进行，避免混凝土面高低相差悬殊，形成压力不匀而产生不均匀沉陷，使沉井断裂。沉井有倾斜时，可在沉井偏高处浇捣，但高度不宜过大，一般在400mm左右。

3) 当强度达到设计强度的75%～80%时方可拆模。

(4) 为提高混凝土沉井的防水性能，减少沉井下沉时的摩擦阻力，最好在混凝土沉井拆模后，在沉井的外壁做防水抹面。各段井壁接高的施工缝按照防水混凝土施工缝要求认真处理。外井壁无防水抹面时，要将接缝处上下各200mm范围内凿毛，冲洗干净后作防水抹面，以提高接缝处的防水能力。有条件时，可在接缝处设置金属止水片或橡胶止水带。

(5) 两节沉井之间的接缝防水可按防水混凝土施工缝处理，根据该缝在下沉到设计标高后所在深度及井壁厚度而定。可采用凹凸缝或设置钢板止水带，也可采用腻子型遇水膨胀止水条等单一或多道防线。对于防水要求较高的工程可在接缝外侧预留约20mm×

20mm 的凹槽，在槽内按水泥基渗透结晶型防水涂料各种要求（基面要求、材料配比、养护等）先涂刷 1.0～1.2mm 厚涂层，然后嵌填该材料的半干料团或掺有掺合料（水泥基渗透结晶型混凝土外加剂）的防水砂浆嵌填密实，并一定抹平。

（6）井壁模板架设时，在对拉螺栓中部安放止水片，一般尺寸为 100mm×100mm×3mm，内外两侧螺栓孔可打毛后充分用水浸润，涂刷水泥基渗透结晶型防水涂料 1～1.2mm 厚，然后再用水泥基渗透结晶型防水砂浆或其他防水砂浆填实，并一定要抹平，以利下沉。

（7）沉井封底的防治措施参见本手册 10.3.7“封底渗漏水”的相关内容。

（8）沉井封水有套井封水法、注浆封水法等。套井封水法见图 11-52，注浆封水法见图 11-53 所示。

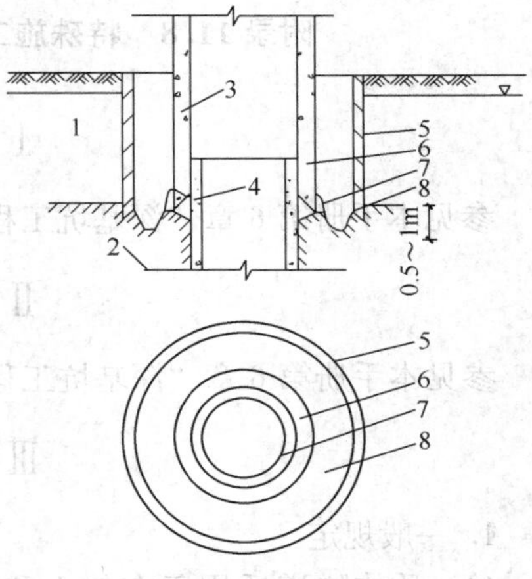

图 11-52 套井封水示意

1—三合土回填；2—硬化黏土；3—五层抹面防水层；4—快硬水泥内衬；5—外圈竖井壁；6—内圈竖井壁；7—快硬水泥外衬；8—水沟

外部注浆封水程序是：安装注浆管路系统，用木塞塞住排水管，防止水泥浆压到井内。注浆机械根据实际条件可用污水泵、砂浆或泥浆泵（压力 6.0～3.0MPa，流量 6～12m³/h）。先用砂浆或水泥-水玻璃浆液，水压较大，难以封住时，才可使用化学浆液。

内部封水是在刃脚内部浇筑防水混凝土，以加强防水效果，见图 11-54 所示。

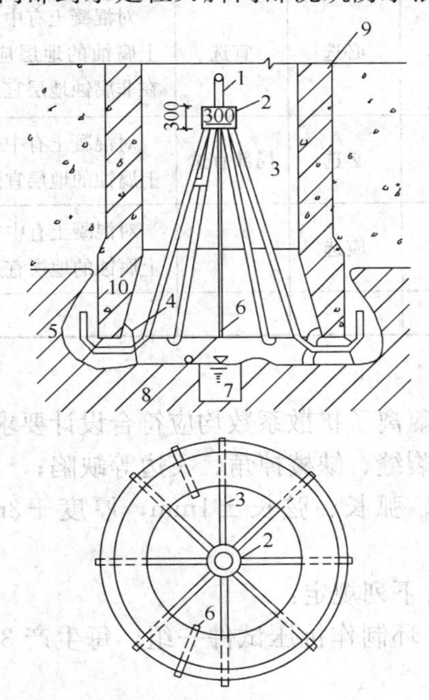

图 11-53 注浆封水示意

1—输浆管；2—分配器；3—压浆水管；4—快干混凝土；5—挡板；6—排水管；7—集水坑；8—硬化黏土；9—沉井壁；10—刃脚

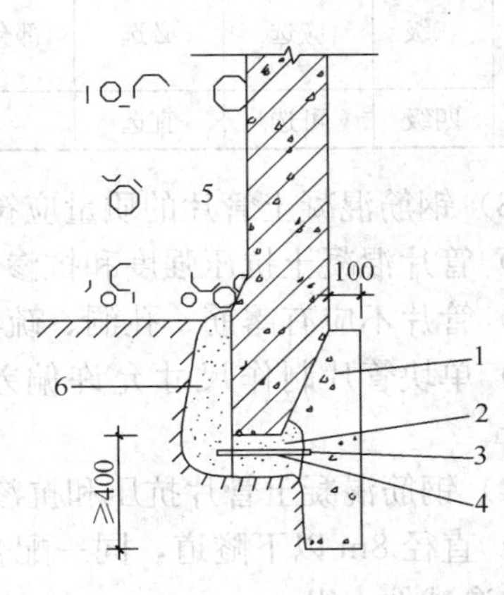

图 11-54 内部封水示意

1—防水混凝土内衬；2—快干混凝土临时封水；3—排水管；4—挡板；5—砂卵石；6—快干水泥浆外封

附录 11.8 特殊施工法结构防水工程质量标准及检验方法

Ⅰ 喷 锚 支 护

参见本手册第 6 章“深基坑工程”的相关部分内容。

Ⅱ 地 下 连 续 墙

参见本手册第 6 章“深基坑工程”的相关部分内容。

Ⅲ 盾 构 隧 道

1. 一般规定

(1) 盾构隧道适用于在软土和软岩土中采用盾构掘进和拼装管片方法修建的衬砌结构。

(2) 盾构隧道衬砌防水措施应按附表 11-5 选用。

盾构隧道衬砌防水措施 **附表 11-5**

防水措施		高精度管片	接缝防水				混凝土内衬或其他内衬	外防水涂料
			密封垫	嵌缝材料	密封剂	螺孔密封圈		
防水等级	一级	必选	必选	全隧道或部分区段应选	可选	必选	宜选	对混凝土有中等以上腐蚀的地层应选，在非腐蚀地层宜选
	二级	必选	必选	部分区段宜选	可选	必选	局部宜选	对混凝土有中等以上腐蚀的地层宜选
	三级	应选	必选	部分区段宜选	—	应选	—	对混凝土有中等以上腐蚀的地层宜选
	四级	可选	宜选	可选	—	—	—	—

(3) 钢筋混凝土管片的质量应符合下列规定：

1) 管片混凝土抗压强度和抗渗性能以及混凝土氯离子扩散系数均应符合设计要求；

2) 管片不应有露筋、孔洞、疏松、夹渣、有害裂缝、缺棱掉角、飞边等缺陷；

3) 单块管片制作尺寸允许偏差：宽度±1mm，弧长、弦长±1mm，厚度+3mm、-1mm。

(4) 钢筋混凝土管片抗压和抗渗试件制作应符合下列规定：

1) 直径 8m 以下隧道，同一配合比按每生产 10 环制作抗压试件一组，每生产 30 环制作抗渗试件一组；

2) 直径 8m 以上隧道，同一配合比按每工作台班制作抗压试件一组，每生产 10 环制作抗渗试件一组。

(5) 钢筋混凝土管片的单块抗渗检漏应符合下列规定：

1) 检验数量：管片每生产 100 环应抽查 1 块管片进行检漏测试，连续 3 次达到检漏标准，则改为每生产 200 环抽查 1 块管片，再连续 3 次达到检漏标准，按最终检测频率为 400 环抽查 1 块管片进行检漏测试。如出现一次不达标，则恢复每 100 环抽查 1 块管片的最初检漏频率，再按上述要求进行抽检。当检漏频率为每 100 环抽查 1 块时，如出现不达标，则双倍复检，如再出现不达标，必须逐块检漏。

2）检漏标准：管片外表在 0.8MPa 水压力下，恒压 3h，渗水进入管片外背高度不超过 50mm 为合格。

（6）盾构隧道衬砌的管片密封垫防水应符合下列规定：

1）密封垫沟槽表面应干燥、无灰尘，雨天不得进行密封垫粘贴施工；

2）密封垫应与沟槽紧密贴合，不得有起鼓、超长和缺口现象；

3）密封垫粘贴完毕并达到规定强度后，方可进行管片拼装；

4）采用遇水膨胀橡胶密封垫时，非粘贴面应涂刷缓膨胀剂或采取符合缓膨胀的措施。

（7）盾构隧道衬砌的管片嵌缝材料防水应符合下列规定：

1）根据盾构施工方法和隧道的稳定性，确定嵌缝作业开始的时间；

2）嵌缝槽如有缺损，应采用与管片混凝土强度等级相同的聚合物水泥砂浆修补；

3）嵌缝槽表面应坚实、平整、洁净、干燥；

4）嵌缝作业应在无明显渗水后进行；

5）嵌填材料施工时，应先刷涂基层处理剂，嵌填应密实、平整。

（8）盾构隧道衬砌的管片密封防水应符合下列规定：

1）接缝管片渗漏时，应采用密封剂堵漏；

2）密封剂注入口应无缺损，注入通道应通畅；

3）密封剂材料注入施工前，应采取控制注入范围的措施。

（9）盾构隧道衬砌的管片螺孔密封圈防水应符合下列规定：

1）螺栓拧紧前，应确保螺栓孔密封圈定位准确，并与螺栓孔沟槽相贴合；

2）螺栓孔渗漏时，应采取封堵措施；

3）不得使用已破损或提前膨胀的密封圈。

（10）盾构隧道分项工程检验批的抽样检验数量，应按每连续 5 环抽查 1 环，且不得少于 3 环。

2. 主控项目

（1）盾构隧道衬砌所用防水材料必须符合设计要求。

检验方法：检查产品合格证、产品性能检测报告和材料进场检验报告。

（2）钢筋混凝土管片的抗压强度和抗渗性能必须符合设计要求。

检验方法：检查混凝土抗压强度、抗渗性能检验报告和管片单块检漏测试报告。

（3）盾构隧道衬砌的渗漏水量必须符合设计要求。

检验方法：观察检查和检查渗漏水检测记录。

3. 一般项目

（1）管片接缝密封垫及其沟槽的断面尺寸应符合设计要求。

检验方法：观察检查和检查隐蔽工程验收记录。

（2）密封垫在沟槽内应套箍和粘贴牢固，不得歪斜、扭曲。

检验方法：观察检查。

(3) 管片嵌缝槽的深宽比及断面构造形式、尺寸应符合设计要求。

检验方法：观察检查和检查隐蔽工程验收记录。

(4) 嵌缝材料嵌填应密实、连续、饱满，表面平整，密贴牢固。

检验方法：观察检查。

(5) 管片的环向及纵向螺栓应全部穿进并拧紧；衬砌内表面的外露铁件防腐处理应符合设计要求。

检验方法：观察检查。

Ⅳ 沉 井

参见本手册第10章“沉井工程”的相关部分内容。

11.8 防水工程堵漏技术

防水工程渗漏水形式主要表现为三种：点渗漏、缝渗漏和面渗漏。按其渗水量的不同，又可分为慢渗、快渗、漏水和涌水四种情况，见表11-5。

地下工程渗漏水形式　　表11-5

序号	渗水情况	渗 水 表 现
1	慢渗	漏水现象不明显，用毛刷或布将漏水处擦干，不能立即发现漏水，需经3～5min后，才发现有湿痕，再隔一段时间才集成一小片水，逐渐汇集成流
2	快渗	漏水比慢渗明显，擦干漏水处能立即出现水痕，很快集成一片，并顺墙流下
3	漏水（急流）	漏水现象明显，形成一股水流，由漏水孔、缝顺墙急流而下
4	涌水（高压急流）	漏水严重，水压较大，常常形成水柱由漏水处喷射

地下工程渗漏水，采用快凝堵漏材料在成功堵漏后，使用防水砂浆进行抹面防水加强。这种做法适用于混凝土孔洞渗漏水封堵、混凝土裂隙渗漏水封堵、大面积渗漏水的修堵，在渗漏水治理中应用普遍。

渗漏水治理应遵循“堵排结合、因地制宜、刚柔相济、综合治理”的原则。

11.8.1 堵漏材料及其应用

1. 硅酸钠类促凝剂

硅酸钠类促凝剂按采用矾的种类多少而定，分为二矾、三矾、四矾、五矾防水剂，采用矾类越多，性能越稳定，堵漏效果越好。

(1) 水玻璃促凝剂，是以硅酸钠（水玻璃）为基本原料，按一定配合比掺入适量的水和数种矾类配制而成的一种具有促凝作用的快速堵漏材料，市场有成品供应。不用时密闭封存，置于阴凉处，避免水分蒸发。水玻璃促凝剂原材料组成和配合比见表11-6。

水玻璃（二矾）促凝剂原材料组成和配合比　　表11-6

材料名称	配合比	材料名称	配合比
硫酸铜（胆矾，蓝矾）	1	重铬酸钾（红矾钾）	1
硅酸钠（水玻璃）	400	水	60

注：硫酸铜、重铬酸钾均用三级化学试剂。

（2）快燥精促凝剂是以水玻璃为主体材料，掺入适量的硫酸钠、荧光粉和水配制而成的一种绿色液体，其配合比见表11-7。快燥精促凝剂有成品供应。

快燥精促凝剂配合比（重量比） 表11-7

材料名称	水玻璃（波美度为40）	硫酸钠	荧光粉	经处理后的水
配合比	200	2	0.001	14

2. 水玻璃促凝剂堵漏灰浆

（1）水玻璃促凝剂水泥素浆：在水灰比为0.55～0.6的水泥浆中，掺入相当于水泥重量1%的促凝剂，拌和均匀而成。

（2）快凝水泥砂浆：将水泥和砂（1∶1）干拌均匀后，再将促凝剂和水按1∶1的比例混合在一起，使用时以其代替拌合水，把干拌均匀的水泥和砂浆按水灰比为0.45～0.5混合调制成快硬水泥砂浆。这种砂浆凝固较快，应随拌随用。

（3）快凝水泥胶浆（简称胶浆）：直接用促凝剂和干水泥翻拌而出。配合比根据使用条件不同，分别为水泥∶促凝剂＝1∶0.5～0.6或1∶0.8～0.9。这种胶浆凝固较快，从开始拌和到操作完毕以1～2min为宜，并在水中同样可以凝固，施工中必须随拌随用。

（4）水泥要求采用强度等级不低于42.5级普通硅酸盐水泥，不宜使用矿渣水泥。

3. 无机高效防水粉

无机高效防水粉属于水硬性无机型胶凝材料，与水调和硬化后即具有防水、防渗功能，外观一般为白色或灰色粉末状材料。目前市场上常见的有堵漏灵、堵漏停、堵漏能、防水宝和确保时等。可视其性能及工程具体情况选用。

（1）Ⅱ型堵漏灵用于大面积刷涂，抗渗防潮；Ⅲ型堵漏灵用于带水堵漏，其主要性能指标见表11-8。

堵漏灵主要技术性能 表11-8

项目		堵漏灵	
		Ⅱ型（简称02）	Ⅲ型（简称03）
抗压强度（MPa）	净浆	>22	—
	7d砂浆	>19	>36
抗折强度（MPa）	净浆	>4	—
	7d砂浆	>3	6
抗渗强度（MPa）	净浆	>1.5	1.5
	7d砂浆	>0.5	—
粘结力7d（MPa）		>1.6	>2
遮盖力（g/m^2）		≤300	—
冻融循环（−20℃～20℃）		20次涂膜无变化	50次试压无变化
耐高温100℃（沸水煮）		6h无变化	—
耐碱［饱和$Ca(OH)_2$浸泡18个月］		无变化	—
耐盐（饱和食盐水浸泡18个月）		无变化	—

续表

项　目		堵漏灵	
		Ⅱ型（简称 02）	Ⅲ型（简称 03）
耐海水（pH8.05，天然海水）		—	—
凝结时间（25℃）	初凝	1.5h	34min
	终凝	2.5h	43min
耐低温性（－40℃）		—	—

（2）Ⅰ型防水宝与确保时都是以一种母料辅以一定比例的石英粉及硅酸盐水泥混合而得，其比例是：母料：石英粉：水泥＝1～1.5：2：8。水泥最好采用早强型普通硅酸盐水泥，不得使用矿渣水泥或火山灰水泥等。石英砂细度要通过 200 目筛。Ⅱ型防水宝是灰色粉末，拌水后即可使用。防水宝、确保时主要技术性能见表 11-9。

防水宝主要技术性能　　**表 11-9**

项　目		防水宝	
		Ⅰ型	Ⅱ型
外观		白色均匀粉末，无结块，无异物	灰色均匀粉末，无结块，无异物
凝结时间（min）	初凝	≥45	≥40
	终凝	≤360	≤90
7d 抗压强度（MPa）		净浆≥13	净浆≥20
7d 抗折强度（MPa）		净浆≥4	净浆≥5
7d 抗渗强度（MPa）	涂层	≥0.4	≥0.4
	砂浆	≥1.5	≥2.0
粘结力（MPa）		≥1.2	≥1.4
冻融（无开裂、起皮、剥落）		－13℃～30℃ 30 次	－20℃～30℃ 50 次
耐碱性（无开裂、起皮、剥落）		10%NaOH 浸泡 48h	Ca（OH）$_2$ 浸泡 500h
耐高温（无开裂、起皮、剥落）		100℃水煮 5h	100℃水煮 5h
耐低温（涂层无变化）		－40℃，5h	－40℃，5h
抗硫酸盐浸蚀，K 值		—	≥1.0

（3）无机高效防水粉配料方法见表 11-10，使用时按不同的防水或修补堵漏部位，选用不同的配料比，并经试配确定。堵漏停与确保时、防水宝的配料方法基本一致。

无机高效防水粉配料方法　　**表 11-10**

名称		配合比（重量比）	配　制　方　法
堵漏灵Ⅱ型	刷涂法浆料	1 号料浆（第一层浆料）： 02 粉料：水＝1：0.7～0.8； 2 号料浆（第二层浆料）： 02 粉料：水＝1：0.8～1.0	在容器中放入定量 02 粉料，再加总用水量 1/2 的清水，强力搅拌成稠浆，然后把剩余 1/2 水边搅拌边加入，搅拌 3≥5min 后，放置 30min 左右即可使用
	刮压法泥子	02 粉料：水＝1：0.4～0.5	将 02 粉按配合比加水后搅拌 3～5min 成均匀浆料后，放置 30min 即可使用

续表

名称	配合比（重量比）	配 制 方 法
堵漏灵Ⅲ型	堵漏湿硬料 03 粉料：水＝1：0.15	按配合比将 03 粉料和水在容器内拌成类似颗粒的湿硬料，用于做成圆块状或饼状，静置到用于指轻压有硬感时，即可使用。一次配料需在 1h 内用完
	堵漏泥子 03 粉料：水＝1：0.3～0.4	将 03 粉料按配合比加水后，搅拌 3～5min，使成均匀浆料，放置 20min 左右即可使用（用于慢渗基面的泥子要稠）
防水宝	1 型防水宝： 石英粉：水泥＝1～1.5：2：8	先在容器内加入按比例的用水量，然后徐徐加入混合料，搅拌约 10min 成糊状，静置 30min 即可使用
	Ⅱ型防水宝：水＝10：2～5	将Ⅱ型防水宝，徐徐按比例加入水中，充分搅拌 10min，静置 10～25min 即可使用

(4) 无机高效防水粉的使用：

1) Ⅱ型堵漏灵刷涂法施工，先清理基面，并用水充分湿润；用棕刷刷涂 02 型涂料，每层刷 3～5 遍，每遍表面必须收水再刷下一遍；一层刷完后待 6～8h 或过夜，喷水湿润表面后按上法涂刷第二层；第二层刷完过夜后，喷水湿养护 3d，后期自然养护。

2) Ⅲ型堵漏灵用于带水堵漏时，将手指轻压有硬感，将块状或饼状填料放入孔洞或沟槽中，用铁锤击打木棒，将填料挤压密实，周边处用压子挤紧，即可立即止漏。

3) 防水宝施工，先将进行防水处理的基面清理干净，不可有油污和粘挂的粉尘、松散物等，施工前还必须将基面充分润湿，以防干后涂层脱落。

Ⅰ型防水宝涂层施工操作要求：作涂层时要作 2～3 道，一般作 2 道，渗漏水严重时作 3 道。涂刮时第一道（第二道）用料较稠，一般加水 40％～50％，最后一道用料可较稀，加水量为 70％～80％。在上一道涂层手摸不粘不留印迹时即可进行下一道。涂层作好后要充分养护，自最后一道涂层手摸不粘不留印迹时起，应立即喷水（喷雾）养护。

Ⅱ型防水宝涂层施工操作要求：作涂层时要作 2～3 道（一般作 2 道）。涂刮时第一道用料较稠（一般加水 26％～30％），最后一道用料可较稀。在上一道涂层手摸不粘不留印迹时即可进行下一道。如环境干燥，在进行下一道涂层之前还需喷水或喷雾。涂层作好后要充分养护，自最后一道涂层手摸不粘不留印迹时起，应立即喷水（喷雾）养护，若此时涂层脱水，将前功尽弃。在施工第一天的养护特别重要，涂层应保持 24h 湿润。

4. 堵漏剂

(1) 801 堵漏剂是以多种化工原料配制而成，它与强度等级 52.5 级以上普通硅酸盐水泥以堵漏剂：水泥＝1：2～3（重量比）配制成胶浆，可在 1min 内凝固，堵漏效果较好，使用时应随用随拌。

(2) 901（或 902）速效堵漏剂是无机与有机高分子材料组合而成的一种反应型快速堵漏材料。该剂具有速凝快硬、瞬间止水、早强高强、抗渗抗裂等多种功能，且无毒无害，贮存运输方便，其主要技术性能见表 11-11。

901速效堵漏剂主要技术性能　　**表11-11**

项　目	指　标
凝结硬化时间（min）	4±1
抗压强度（MPa）	1h，＞10；28d，＞20
冻融循环	－15℃～20℃，20次无开裂、起皮、剥落
耐候性	紫外线连续照射960h，无变化
吸水率（%）	＜1
7d抗渗强度（MPa）	＞15
7d粘结强度（MPa）	＞1.2
耐高温	100℃沸水煮6h，无开裂、起皮、剥落
耐碱性	饱和氢氧化钠溶液浸泡500h，无开裂、起皮、剥落

901速效堵漏剂配制时，按渗漏部位的大小，将适量的速效堵漏剂加入堵漏剂重量30%的洁净水，迅速用腻子刀或木棒进行搅拌1～2min，使堵漏剂呈塑胶状浆体，静置待用。无渗漏水的孔洞或缝隙，可用搅拌好的堵漏剂即时封堵并压实即可；当有慢漏或压力水喷冒时，应待搅拌好的堵漏剂浆体表面开始收水发干时，搓成球状或条状，立即压入漏水孔洞或裂缝之中，用手向四周挤压，然后按住浆体，并保持1～2min，待浆体基本凝结硬化后，即可将手松开。

5. 膨胀水泥

膨胀水泥品种有双快（快凝、快硬）、微膨、高强等几种，用于紧急堵漏的，可用快凝膨胀水泥或石膏矾土膨胀水泥，如能把水泥加热至200℃，使水泥中的二水石膏变成半水石膏，堵漏效果更好。用于大面积修补时，可用明矾石膨胀水泥或硅酸盐膨胀水泥。

11.8.2 渗漏水堵漏技术

1. 混凝土孔洞渗漏水封堵方法

(1) 直接堵漏法

一般适于在水压不大（水压2N以下）、孔洞较小的情况下采用。操作时根据渗漏水量大小，以漏点为圆心剔成凹槽，并用水将凹槽冲洗干净，用配合比为1∶0.6的水泥水玻璃胶浆（或其他促凝剂胶浆）捻成与凹槽直径相接近的圆锥体，待胶浆开始凝固时，迅速将胶浆用力堵塞于凹槽内，并向槽壁四周挤压严实，使胶浆立即与槽壁紧密粘合，持续半分钟即可将凹槽四周擦干。撒上干水泥，检查是否有渗漏水情况，确定无渗漏后，在胶浆表面抹素灰和水泥砂浆各一层，并将砂浆表面扫毛，待砂浆有一定强度后，再在其上做防水层。

(2) 下管堵漏法

适用于水压较大（水压2～4N）且漏水孔洞亦较大时采用。操作时彻底清除漏水处空鼓的面层，剔成孔洞，将混凝土碎物清除干净，并在洞底铺一层碎石，在上面盖上油毡或铁皮，油毡中间开一小孔，用胶皮管插入孔中，使水顺胶皮管流出。若为地面孔洞漏水，则在漏水处四周砌筑挡水墙，用胶皮管将水引出墙外。然后用水泥水玻璃胶浆（或其他促凝剂胶浆）把胶皮管四周的孔洞一次灌满。待胶浆开始凝固时，用力压实孔洞四周，使胶浆表面低于基面约10～20mm。在表面撒干水泥粉，检查无漏水时，拔出胶皮管，封堵孔洞。

(3) 木楔子堵漏法

适用于水压很大（水位在 5m 以上）、漏水孔洞不大的情况下采用，木楔子堵塞法如图 11-55 所示。操作时用水泥水玻璃胶浆（或其他促凝剂胶浆）把一端打成扁形的铁管，用水泥胶浆稳牢于漏水处剔成的孔洞内，铁管顶端应比基层面低 30～40mm，管四周空隙用素浆、砂浆抹好，待有强度后，把浸过沥青的木楔打入管内，管顶处再堵干硬性砂浆，抹素浆、砂浆等，经 24h 后，检查无漏水现象，随同其他部位一起做好防水层。

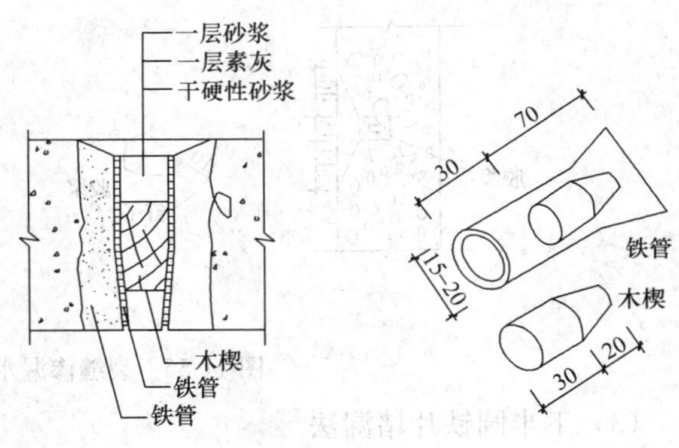

图 11-55 木楔子堵漏法

(4) 预制套盒堵漏法

适用于在水压较大、漏水严重、孔洞较大时采用，操作时将漏水处剔成圆形孔洞，在孔洞四周筑挡水墙。根据孔洞大小制作混凝土套盒，套盒外半径比孔洞半径小 30mm，套盒壁上留数个进水孔，底部根据漏水量大小留数个出水孔，套盒外壁做好防水层，表面做成麻面。在孔洞底部铺碎石及芦席，将套盒反扣在孔洞内，使套盒顶面比原地面表面低 20mm。在套盒与孔洞壁的空隙中填碎石及水泥胶浆，并用水泥胶浆把胶管插稳于套盒的出水孔上，将水引到挡水墙外。在套盒顶面抹好素浆、砂浆层，并将砂浆表面扫成毛纹。待砂浆凝固后，拔出胶管，按直接堵塞法的要求将孔眼堵塞，最后随同其他部位做好防水层。对于水压较大、孔洞较大，且漏水量大的渗漏情况，宜采用灌浆材料与工艺进行堵漏。

2. 混凝土裂缝渗漏水封堵方法

(1) 直接堵漏法

适用于水压较小的裂缝慢渗、快渗或急流漏水采用。操作时，先沿缝方向以裂缝为中心剔成八字形边坡沟槽，深 10～30mm，宽 15～50mm，并清洗干净。把拌和好的水泥胶浆捻成条形，待胶浆快要凝固时，迅速填入沟槽中，向槽内或槽两侧用力挤压密实，使胶浆与槽壁紧密结合。若裂缝过长可分段堵塞。堵塞完毕经检查无渗水现象，用素浆和砂浆把沟槽抹平并扫成毛面，凝固后（约 124h）随其他部位一起做好防水层。

(2) 下线堵漏法

适用于水压较大的慢渗或快渗的裂缝渗漏水时采用，下线堵漏法如图 11-56 所示。

操作时，先按裂缝漏水直接堵塞法一样剔好沟槽，在沟槽底部沿裂缝放置一根小绳（直径视漏水量确定），长度 200～300mm，把将要凝固的胶浆，填压于已放好绳的沟槽内，并迅速向两侧压密实。填塞后，立即把小绳抽出，使水顺绳孔流出。缝隙较长时可分段堵塞，每段间留 20mm 空隙。根据漏水量大小，在空隙处采用下钉法或下管法使其缩小。下钉法是把胶浆包在钉杆上，插于 20mm 的空隙，待胶浆快要凝固时，用力将胶浆向空隙四周压实，同时转动钉杆立即拔出，使水顺钉眼流出。经检查除钉眼处其他部位无渗水现象，再沿沟槽抹素浆、砂浆各一层，并将表面扫毛，待凝固后，再按孔洞漏水直接堵塞法将钉眼堵塞，随后可进行防水层施工。

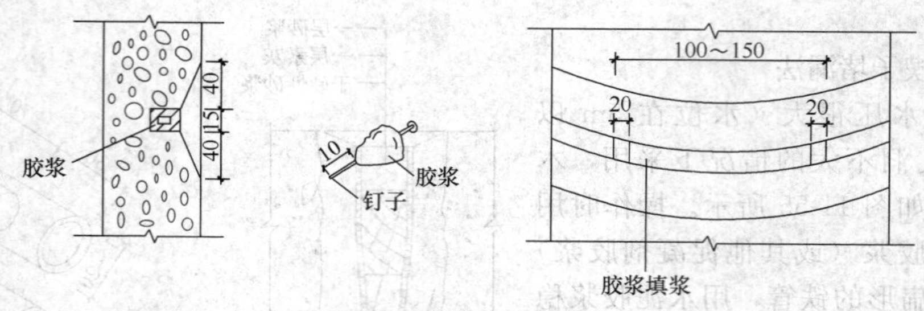

图 11-56　裂缝渗漏水下线堵漏法

(3) 下半圆铁片堵漏法

适用于水压较大的急流渗漏水裂缝采用，下半圆铁片堵漏法如图 11-57。

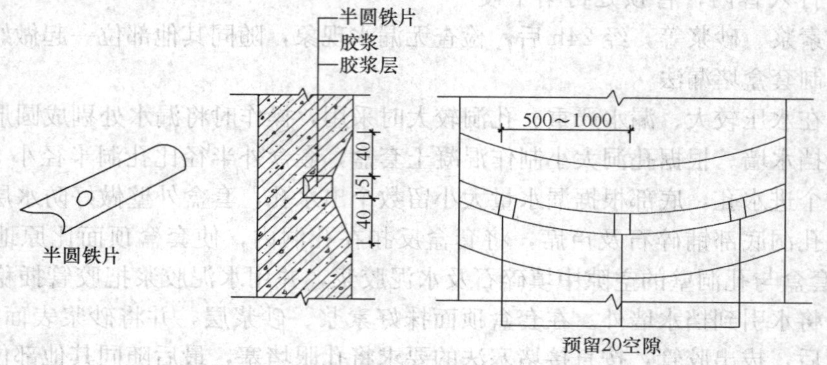

图 11-57　裂缝渗漏水下半圆铁片堵漏法

操作时，把漏水处剔成八字形边坡沟槽，尺寸可视漏水量大小而定，一般深×宽分别为 30mm×20mm、40mm×30mm 或 50mm×30mm。在沟槽底部扣上半圆铁片（长 100～150mm，弯曲后宽度与槽宽相等），每隔 500～1000mm 需放一个，把胶管插入铁片孔内。然后按裂缝漏水直接堵塞法分段堵塞，漏水顺管流出。经检查无渗漏后，在缝隙处抹一、二层防水层，凝固后拔出胶管，按孔洞漏水直接堵塞法将管眼堵好，最后随其他部位一起做好防水层。有条件时，也可采用灌浆法。

3. 混凝土大面积渗漏水抹面堵漏法

大面积严重渗漏，应尽可能采取措施降低地下水位，以便在无水情况下进行修堵施工。当无条件降低地下水位时，应先行引水泄压，再涂抹快凝止水材料，使面漏变成线漏、线漏变为点漏（可集中为若干点），最后将漏水点封堵，再行大面积抹面。

大面积慢渗，漏水不明显，但湿渍常在。这种情况下可采用速凝材料直接封堵，再进行防水砂浆抹面，或涂抹水泥基结晶型防水涂料等。

(1) 主要材料

常用的材料有水泥砂浆、膨胀水泥砂浆、氯化铁防水砂浆和聚合物水泥砂浆等，均适用于地下工程大面积渗漏水抹面堵漏。

1) 氯化铁防水素浆配制：先将氯化铁防水剂放入容器中，缓慢加入搅拌均匀；再加入水泥继续搅拌均匀即成。

2) 氯化铁防水砂浆配制：氯化铁防水砂浆配合比参见表 11-12。按配合比先将称量好的氯化铁防水剂和拌合水混合搅拌均匀成混合液备用；将称量过的水泥和砂子干拌均匀；再加入防水剂混合液搅拌 1～2min 即成。防水砂浆根据所需随拌随用，以免浪费，初凝变硬的砂浆不得使用。

氯化铁防水砂浆参考配合比（重量比） 表 11-12

材料名称	水泥	水	中砂	氯化铁防水剂
氯化铁防水素浆	1	0.35～0.39	—	0.03
氯化铁防水底层砂浆	1	0.45～0.52	2	0.03
氯化铁防水面层砂浆	1	0.5～0.55	2.5	0.03

3）聚合物水泥砂浆配制：聚合物水泥砂浆所选聚合物，主要有聚醋酸乙烯乳液、丙烯酸酯共聚乳液以及氯丁胶乳等。聚醋酸乙烯乳液聚合物水泥砂浆配合比参见表 11-13。

聚醋酸乙烯乳液水泥砂浆参考配合比 表 11-13

材料名称	水泥	钢纤维＋母料 合成纤维＋母料	聚醋酸乙 烯乳液	砂	水
聚合物水泥净浆	1	0.1	0.05	—	0.375～0.45
钢纤维聚合物水泥砂浆	1	0.22	0.05	2.2	0.30～0.36
合成纤维聚合物水泥砂浆	1	0.3	0.08	2.6	0.35～0.40

丙烯酸酯共聚乳液水泥砂浆参考配合比：水泥∶细砂∶丙烯酸酯共聚乳液＝1∶2～3∶0.3～0.5，通常丙烯酸酯共聚乳液含固量为50％左右，按上述配合比，丙烯酸酯固体掺量相当于水泥用量的15％～25％，一般以12％为宜。

聚合物水泥砂浆配制时，按配合比将原材料称量好，将水加入聚合物乳液并搅拌均匀，再边拌边加入水泥及母料，拌至均匀即可。纤维聚合物水泥砂浆配制时，先按配合比将原材料称量好，将拌合水徐徐加入聚合物乳液并搅拌均匀；将水泥与砂干拌均匀，再加入混合均匀的水乳液及母料，继续搅拌均匀，最后再投入纤维拌至均匀即成。

4）阳离子氯丁胶乳水泥砂浆配合比参见表 11-14。氯丁胶乳水泥砂浆（及丙烯酸酯共聚乳液水泥砂浆）配制时，按配合比将原材料称量准确，将氯丁胶乳装入搅拌桶，加入稳定剂、消泡剂和水，拌和均匀成乳液备用；将水泥和砂子投入搅拌机先行干拌均匀，再将备用的乳液徐徐倒入搅拌机，搅拌均匀即可。

阳离子氯丁胶乳水泥砂浆参考配合比（重量比） 表 11-14

材料名称	普通硅酸盐水泥	中砂	阳离子氯丁胶乳	复合助剂、水
净浆配方	1	—	0.3～0.4	适量
砂浆配方①	1	1～3	0.25～0.5	适量
砂浆配方②	1	2～2.5	0.2～0.5	0.13～0.14 适量

（2）氯化铁防水纤维聚合物与氯丁胶乳砂浆抹面施工要点

1）先做好基层清理、补平工作，使基层表面保持潮湿、清洁、平整、坚固。

2）在基层上抹防水素浆厚 2～3mm；抹底层防水砂浆厚 10～12mm，分两次抹成，每次厚 5～6mm，并用木抹子搓平；然后抹面层防水砂浆厚 10～13mm，也分两次抹成，每次厚 5～6.5mm，终凝前用铁抹子压实抹平。

3）防水砂浆施工后 8～12h 喷水养护或覆盖湿草袋养护，24h 后可浇水养护，保持湿润，养护期在 14d 以上。

丙烯酸酯共聚乳水泥砂浆抹面，其施工方法基本同于普通砂浆，但养护方法却与氯丁胶乳水泥砂浆相同，即干燥结合养护法。

(3) 喷涂水泥基渗透结晶型防水涂料

水泥基渗透结晶型防水涂料可渗入水泥混凝土（砂浆）内部，与碱类物质反应，生成不溶于水的结晶体，填塞混凝土内部空隙，封闭毛细孔渗水通道，从而起到抗渗效果。喷涂水泥基渗透结晶型防水涂料施工要点：

1）堵漏后，将基层面清理干净，清除乳浆、油污、杂物，对空隙、裂缝破坏处可用同强度等级混凝土或砂浆补强。

2）以洁净水冲洗基层，然后除去明水，使基层呈饱和湿润状态。

3）喷涂水泥结晶型防水涂料，防止漏喷和露底。喷涂遍数可视具体情况而定。

4）涂层固化后即可喷洒清水养护，养护期不少于 3d，注意保持湿润养护。

11.8.3　注浆堵漏施工

1. 注浆材料

注浆堵漏是处理地下结构渗漏水的有效方法之一，是根据工程渗漏水的情况（水的流量、流速）以及渗漏部位，布置注浆孔，并选择适宜的注浆设备和注浆材料，将浆液压入裂缝及孔隙的深部至注满并固化，而达到治理渗漏的目的。

(1) 水泥注浆材料

水泥注浆材料又称颗粒注浆材料，由水泥、水、水玻璃组成，具有粘结强度高，材料来源广，价格低，运输贮存方便，采用单液注浆方式，工艺比较简单等优点，是应用最广泛的基本注浆材料之一。但是，因为它属于颗粒材料，对微小裂隙难于注入，另外水泥浆液凝固时间较长，故在应用上有一定的局限性，仅适用于修补地下结构不存在流动水条件的较深较大的混凝土孔洞，及宽度大于 2mm 的裂缝、施工缝、接缝漏水。

1）水泥水玻璃浆液

将水玻璃溶液与水泥浆液混合，再加入适量外加剂配制而成。可以根据孔隙、裂缝的大小，制成水泥水玻璃浆液或超细水泥水玻璃浆液。浆液的配制的原材料采用强度等级不低于 42.5MPa 的普通硅酸盐水泥；水玻璃溶液使用模数为 2.4～2.8，浓度在（35～45）Be（波美度）范围内。浆液配合比的选择应以胶凝时间及结石体强度为依据。其中水灰比影响较大，水灰比越小，胶凝时间越短，结石体强度越高，特别是早期影响更为显著，而溶液浓度仅在一定范围内起作用。通常是在水灰比为 0.55～0.6 的水泥浆液中，掺入相当于水泥重量 1%的水玻璃拌和而成。

2）水泥浆液及超细水泥浆液

采用强度等级不低于 42.5MPa 的普通硅酸盐水泥，水灰比可根据实际情况调整。对孔隙较大以及宽度大于 0.2mm 的裂缝，可采用 0.5～0.6 水灰比制成水泥浆液，必要时可掺入适量外加剂进行注浆堵水。对孔隙较小以及宽度小于 0.2mm 的裂缝，可采用超细水泥浆液或自流平水泥浆液等进行注浆。水泥浆液配制采用机械搅拌，加料时要先加水，然后在不断搅拌下逐渐加入水泥直至搅拌均匀，为防止注浆时堵塞，应经常搅拌，并过

0.5mm 以下的筛孔后使用。水玻璃水泥浆配制也应采用机械搅拌，将水玻璃徐徐加入水泥中，搅拌均匀即可。

（2）化学注浆材料

化学注浆具有较好的可注性，且可根据实际需要调整胶凝时间，甚至可达瞬间凝胶，适用于有动水压的微小孔隙及裂缝的注浆施工。常用的化学注浆材料有聚氨酯类、丙烯酰胺类、环氧树脂类等。非水溶性聚氨酯又名氰凝，是由过量的异氰酸酯与多羟基的聚醚反应生成的低聚氨酯“预聚体”。“预聚体”有成品市售，也可以自行合成。

1）氰凝预聚体

氰凝预聚体的组成见表 11-15。按组成比例将称量好的甲苯二异氰酸酯和邻苯二甲酸二丁酯放入干燥的搪瓷容器中，边搅拌边徐徐加入 N-204 和 N-303 聚醚，升温并控制在 50℃左右 2～3h，经冷却后再加入丙酮稀释，测定相对密度，然后储于密闭铁桶中备用，如储存时间较长，可掺入聚醚重量 0.03％的苯磺酰氯。注意加热后，冷却时可用冷水冷却法，但严禁水溅入反应容器内。氰凝预聚体的主要技术性能见表 11-16，氰凝浆液配合比参见表 11-17。氰凝水泥浆液系统以氰凝浆液加上一定量的水泥配制而成，它既具有氰凝浆液的一系列优点，又提高了浆液胶凝体的强度，其配合比参见表 11-18。

氰凝预聚体的组成 **表 11-15**

名称	甲苯二异氰酸酯（TDI）	邻苯二甲酸二丁酯	N-204 聚醚	N-303 聚醚	丙酮
重量比	300	100	100	100	100

注：预聚体的（—NCO/—OH）值为 2.3；（—NCO/—OH）值增大时，预聚体的粘度随之降低，遇水反应加快，一般在 2～4 之间，比值过大时，聚合物疏松质脆。丙酮可用部分二甲苯代替。

氰凝预聚体的品种和主要技术性能 **表 11-16**

项目	TT-1	TT-2	TP-1C	TP-2	TM-1
外观	浅黄色 透明液体	浅黄色 透明液体	棕黑色 半透明液体	棕褐色 半透明液体	棕黑色 半透明液体
相对密度	1.057～1.125	1.036～1.086	1.080～1.200	1.040～1.100	1.088～1.125
NCO（重量%）	26～28	21～24	9～15	8～13	11～14
粘度（Pa·s）	0.4，0.8	0.2～0.5	＞1.0	＞1.0	＜0.4
凝胶时间	数秒～数十秒	数秒～数十秒	数秒～数十分	数秒～数十分	数秒～数十分
浆液固结体积比	6～9	6～9	2～6	2～6	2～6
浆液固结体的抗压强度（MPa）	13.0～25.0	14.0～15.0	10.0～18.0	10.0～15.0	14.0～15.0
浆液固结体的抗渗性能（MPa）	＞0.9	0.4	＞0.9	＞0.9	＞0.7

氰凝浆液的组成及配合比（重量比） **表 11-17**

材料名称	规格	作用	配合比		加料顺序
			Ⅰ	Ⅱ	
预聚体	—	主剂	100	100	1
硅油	201～50 号	表面活性剂	1	—	2

续表

材料名称	规格	作用	配合比		加料顺序
			Ⅰ	Ⅱ	
吐温	80号	乳化剂	1	—	3
邻苯二甲酸二丁酯	工业用	增塑剂	10	1～5	4
丙酮	工业用	溶剂	5～20	—	5
二甲苯	工业用	溶剂	—	1～5	6
三乙胺	试剂	催化剂	0.7～3	0.3～1	7
有机锡	—	催化剂	—	0.15～0.5	8

注：1. 如预聚体混合使用时，可按 TT-1 为 90，TP-1 为 10 采用。
2. 有机锡常用二月桂酸二丁基锡。如无三乙胺时，可用二甲基醇代替。
3. 如浆液粘结太快，可加入少量的对甲苯磺酰氯作为缓凝剂，以使缓凝。
4. 三乙胺加入量视裂缝大小而定，用量多，可灌性即可提高，但胶凝体强度降低。
5. 丙酮加入量视裂缝大小而定，用量多，可灌性即可提高，但胶凝体强度降低。

氰凝水泥浆液配合比（重量比）　表 11-18

材料名称		TC-1	TC-2	TPC-1	TPC-2
预聚体	TT-1	100	100	80	80
	TP-1	0	0	20	20
增塑剂		10	10	10	10
稀释剂		10	10	10	10
乳化剂		1	1	1	1
水泥		50	80	50	80

注：水泥为 42.5 级以上普通硅酸盐水泥。

2）水溶性聚氨酯注浆材料

水溶性聚氨酯是由环氧乙烷开环共聚或环氧乙烷与环氧丙烷开环共聚的聚醚与多异氰酸反应而成“预聚体”，外观呈淡黄色或琥珀色透明液体。目前国内有两种，即高强度预聚体和低强度预聚体，其组成见表 11-19。主要性能是粘度小、可注性好，有良好的适应变形的能力和一定的粘结强度，止水性好，适合作地下建筑物内外墙、地面以及地铁、隧道、水池、水塔等构筑物的注浆堵漏材料。采用单液注浆方式，设备简单，施工方便。其主要技术性能见表 11-20。

水溶性聚氨酯预聚体的组成　表 11-19

预聚体	材料名称	作用	材料名称	作用
高强度预聚体	环氧丙烷聚醚（604）	主剂	二甲苯	溶剂
	环氧乙烷聚醚	主剂	邻苯二甲酸二丁酯	溶剂
	甲苯二异氰酸酯	主剂		
低强度预聚体	环氧乙烷环氧丙烷共聚醚（分子量 1000～4000）	主剂	甲苯二异氰酸酯	主剂

水溶性聚氨酯浆材的技术性能　　表 11-20

序号	项目		技术性能
1	相对密度		1.03
2	对水质适应性		pH3～13
3	膨胀率		2～3 倍
4	诱导凝固时间		几十秒～几十分钟
5	粘结强度（混凝土与结石）（MPa）	干燥	1.8～2.0
		潮湿	0.6～0.8
6	延伸率（%）	掺水量 300%（固含量 17.5%）的胶凝体	200
		掺水量 500%（固含量 10%）的胶凝体	300
7	抗拉强度（MPa）	掺水量 100%时	2
		掺水量 250%时	1.5
		掺水量 500%时	0.8

3）弹性聚氨酯浆液

弹性聚氨酯主要由多异氰酸酯和多元醇反应而成，是一种弹性好、强度高、粘结强的柔性注浆材料。在室温下即可固化，适用于处理地下工程的变形缝渗漏水。对有反复变形的混凝土结构裂缝，更为理想。采用单液注浆方式，设备简单，施工方便，但目前货源较少，价格较高。弹性聚氨酯注浆浆液的配合比见表 11-21。配制时按配合比组成将预聚体与添加剂混合均匀即可。催化剂的用量要根据施工温度、地下水的酸碱度、注浆所需扩散范围以及所需有效注浆时间来调整；且必须在临注浆时加入并搅拌均匀。通常是在现场取渗漏水样作发泡试验，以确定浆液遇水后至开始发泡的时间为有效注浆的时间。弹性聚氨酯浆液根据所用多异氰酸酯和多元醇的种类及制备方法的不同，可以得到不同材性的产品，因而可根据工程要求选择配合比来调节性能，以满足要求。

弹性聚氨酯浆液配合比示例（重量比）　　表 11-21

名称	组分	配合比	名称	组分	配合比
预聚体	主剂	100	50%发泡灵丙酮液	表面活性剂	1
50%吐温丙酮液	乳化剂	1	50%三乙胺二丁酯液	催化剂	0.1～0.5

注：预聚体成分见表 9-16。发泡灵与吐温可只加一种。

4）丙烯酰胺注浆材料

丙烯酰胺注浆材料又称丙凝（MG-646 浆液），是一种双组分快速堵漏注浆材料，采用双液注浆方式，甲、乙溶液混合后立即反应，经引发、聚合、交联反应，生成富有弹性且不溶于水的凝胶，从而堵塞封闭渗漏水通道，起到堵漏作用。丙凝浆液的缺点是，固化强度低，凝胶体湿胀干缩，不适用于干湿交替变化的环境；此外，它在固化前具有一定毒性，使用时应注意有效的安全防护。丙凝浆液组成材料及性能见表 11-22。丙凝注浆材料的配制应根据堵漏工程具体情况选择适宜的配合比，配合比用量范围见表 11-23，并按工程所需控制的凝胶时间；以标准溶液的百分比浓度为准，其他各成分含量均以此为基数进行调整；然后将甲、乙两组分分别称量准确放入两个容器内，加入定量的水，溶解搅拌均匀后备用。标准溶液成分百分比为：丙烯酰胺（AM）9.5%、甲亚基双丙烯酰胺（MBAM）0.5%、水（H_2O）90%。

丙凝浆液组成材料及性能 表 11-22

液别	材料名称	作用	相对密度	外观	其他性质
甲液	丙烯酰胺	主剂	0.6	水溶性白色或黄色鱼鳞状结晶	易溶于水，吸湿，在空气中易聚合，有毒
	甲亚基双丙烯酰胺	交联剂	0.6	水溶性白色粉末	与单体交联，有毒
	三乙醇胺	促进剂	—	无色油状液体	易溶于水，在空气中吸收CO_2
	硫酸亚铁	强促进剂	1.898	蓝绿色结晶	易吸潮，氧化成高价铁
	铁氰化钾	缓凝剂	1.85	红色结晶	易吸潮，氧化成高价铁（有毒）
乙液	过硫酸铵	引发剂	1.982	白色结晶	易吸湿，易分解

丙凝浆液组成材料配合比用量范围（%） 表 11-23

丙烯酰胺	甲亚基双丙烯酰胺	三乙醇胺	硫酸亚铁	铁氰化钾	过硫酸铵
5～20	0.3～0.7	0.5～2.0	0.02～0.1	0.02～0.1	0.5～2.0

5）环氧树脂注浆材料

环氧树脂注浆材料按稀释剂不同有非活性稀释剂、活性稀释剂、糠醛丙酮稀释剂三大体系。目前用于堵漏注浆的是环氧糠酮注浆材料，具有粘度低、强度高、收缩小、毒性低，有良好的化学稳定性，可在常温或低温下固化。适用于地下工程的堵漏加固、裂缝修补，采用单液注浆方式，设备简单，施工方便，是使用较多的注浆材料。环氧糠醛浆液的组成、作用及特点见表 11-24。环氧糠醛主液常用配合比见表 11-25。环氧糠醛浆液参考配合比见表 11-26。环氧糠醛浆液的基本性能见表 11-27。

环氧糠醛浆液的组成、作用及特点 表 11-24

材料名称	作用	特点
环氧树脂	主剂	使用 E-44 环氧树脂，其粘度小，固结体韧性好，使用较普遍
糠醛，丙酮	稀释剂	二者均粘度低，溶于水，具有良好的稀释性和溶水性，浆液配制后在乙二胺等作用下生成糠醛树脂
乙二胺 二乙烯三胺 三乙烯四胺	固化剂 （胺类）	乙二胺价格较低，使用较多。直接使用乙二胺配浆时发热量大，特别是使用强促凝剂容易暴聚，所以应预先将丙酮与乙二胺合成半酮亚胺作为固化剂
苯酚 间苯二酚 过苯三酚	促凝剂 （酚类）	能使浆液迅速凝结硬化
水泥 煤焦油	填充料	水泥可缩短浆液固化时间，提高与潮湿混凝土的粘结强度。煤焦油对水有屏蔽作用

环氧糠醛主液常用配合比（重量比） 表 11-25

配合比编号	环氧树脂（E-44）	糠醛（工业用）	苯酚（工业用）
1	100	30	5
2	100	50	10
3	100	30	15

环氧糠醛浆液参考配合比 表 11-26

浆液编号	主液 (mL)	稀释剂丙酮 (mL)	促凝剂过苯三酚 (g)	固化剂半酮亚胺 (mL)	粘度 (s)
1号	1000	68～58	0～30	288～308	0.2082
2号	1000	138～125	0～30	260～286	33.4×10^{-3}
3号	1000	192～178	0～30	266～294	18.1×10^{-3}
4号	1000	260	0～30	316	—

环氧糠醛浆液的基本性能 表 11-27

项　目	性　能	项　目	性　能
外观	棕黄色透明液体	相对密度	1.06
抗压强度（MPa）	50～80	抗拉强度（MPa）	8～16
粘度（s）	（10～20）$\times10^{-3}$	固化时间（h）	24～48
与混凝土粘结强度（MPa）干粘	1.9～2.8	与混凝土粘结强度（MPa）湿粘	1.0～2.0

环氧糠醛的主液及浆液可在施工现场配制，其主液可预先配制备用。配制时先按配合比将环氧和糠醛混合制成主液，再按体积比加入稀释剂等组分，搅拌均匀即可。稀释剂用量加大，则浆液固结强度降低，特别是抗拉强度降低显著，因此，注浆时应根据实际情况及需要予以适当调整用量。表 9-26 中的 3 号浆液稀释度中等，可用于 0.2mm 以上的干、湿裂缝的堵漏和补强。如遇较细的有水缝隙且无其他浆材可注时，用 4 号浆液也能收到较好的效果。1 号浆液粘度大，亲水性较差，宜用于 0.5mm 以上裂缝的加固及堵漏。

2. 注浆主要机具

(1) 单液注浆机具

风压罐注浆机具如图 11-58 所示。手压泵机具如图 11-59 所示。

(2) 双液注浆机具

双液注浆机具可按使用的动力不同，分为电动和气动两种。电动灌浆装置，如图 11-60 所示。气动灌浆装置，如图 11-61 所示。

(3) 注浆嘴

注浆嘴有不同形式，对于用钻机钻的孔可采用压环式或楔入式注浆嘴；对于用促凝剂水泥浆埋设的注浆嘴，可采用埋入式。单液注浆和双液注浆均可采用。

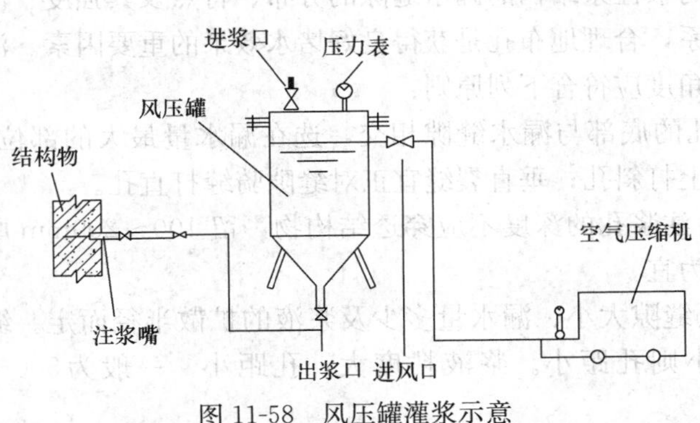

图 11-58　风压罐灌浆示意

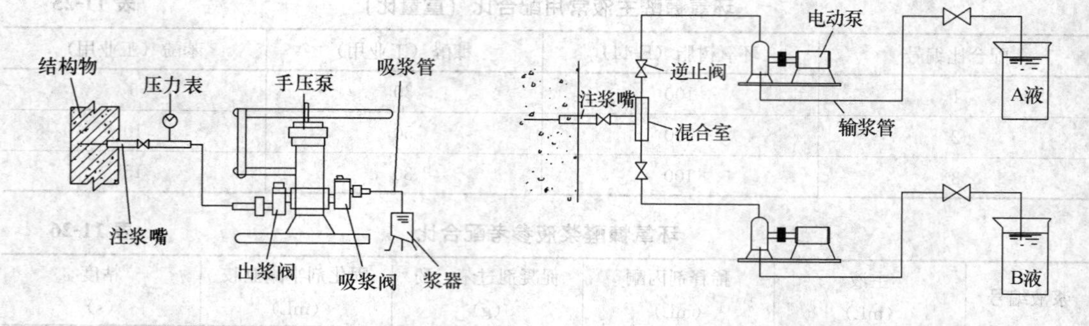

图 11-59　手压泵灌浆示意　　　　图 11-60　电动灌浆装置示意

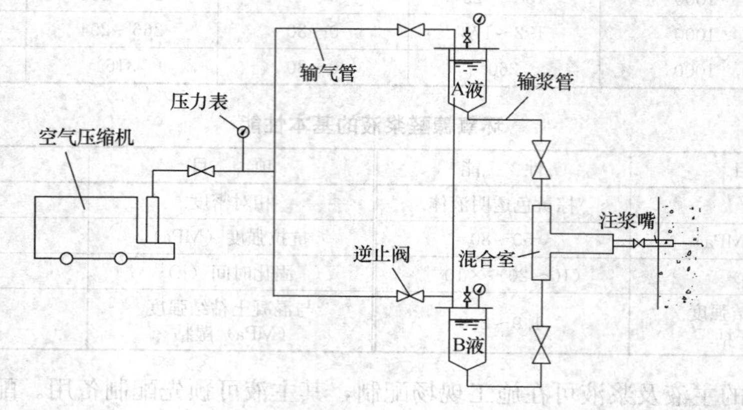

图 11-61　气动灌浆装置示意

3. 注浆堵漏施工要点

(1) 施工准备

需要修补的渗漏水部位，应选用强度较高的注浆材料，如水泥浆、超细水泥浆、环氧树脂、聚氨酯和丙烯酰胺等浆液进行注浆堵漏补强处理，必要时，可在堵漏止水后，对结构表面增设抹面防水、涂料防水等加强措施。基层表面必须清理，必要时将混凝土结构上的裂缝剔成沟槽，并用钢丝刷刷洗干净。

(2) 注浆孔的设置

注浆孔的位置、数量及其埋深，与被注浆结构的漏水缝隙的分布、特点及其强度、注浆压力、浆液扩散范围等均有密切关系，合理地布孔是获得良好堵水效果的重要因素。注浆孔的数量、布置间距、钻孔深度及角度应符合下列原则：

1) 注浆孔位置的选择应使注浆孔的底部与漏水缝隙相交，选在漏水量最大的部位。一般情况下，水平裂缝宜沿缝下面向上打斜孔；垂直裂缝宜正对缝隙骑缝打直孔。

2) 注浆孔可用机械或人工钻成，注浆孔的深度不应穿透结构物，留 100～200mm 厚度为安全距离。双层结构以穿透内壁为宜。

3) 注浆孔的孔距应视漏水压力、缝隙大小、漏水量多少及浆液的扩散半径而定。缝隙大、漏水量多，则孔距大；缝隙小则孔距小。浆液粘度大，孔距小，一般为500～1000mm。

（3）封闭漏水部位

注浆嘴埋设方式见表11-28。注浆嘴埋设后，除注浆嘴内漏水外，其他凡有漏水现象或有可能漏水的部位（在一定范围内）都要采取封闭措施，以免出现漏浆、跑浆现象。各种形式的渗漏水的封堵参见11.8.2“渗漏水堵漏技术”相关部分。

注浆嘴埋设方法 **表11-28**

序号	注浆嘴名称	埋设方法
1	一般情况要求	埋设的注浆嘴应不少于两个，即设一嘴为排水（气）嘴，另一嘴为注浆嘴。如单孔漏水亦可顶水打一个孔，埋一个光注浆嘴
2	压环式注浆嘴	插入钻孔后，用扳手转动螺母，即压紧活动套管和压环，使弹性橡胶圈向孔壁四周膨胀并压紧，也使注浆嘴与孔壁连接牢固
3	楔入式注浆嘴	在插入部分外壁缠上麻丝，缠麻处的直径应略大于孔直径，然后用锤将其打入孔内
4	埋入式注浆嘴	事先用钻子剔成孔洞，孔洞直径要比注浆嘴的直径略大30～40mm。将孔洞内清洗干净，用快凝胶浆把注浆嘴稳固于孔洞内，其埋深应不小于50mm

（4）试注

1）试注是在漏水处封闭和埋设注浆嘴后并具有一定的强度时进行。试注时采用颜色水代替浆液，以计算注浆量、注浆时间，为确定浆液配合比、注浆压力等提供参考。同时观察封堵情况和各孔连通情况，以保证注浆正常进行。

2）试注的做法是在试注前，用有容量刻度的容器和秒表，测定地下水的流量。然后用红色染料配制色水，用注浆机进行压水试验，用秒表记下色水从注入至流出的时间，一般取这一时间的3/5至2/3作为浆液凝固时间。例如色水注入至流出时间为15s，则浆液凝固时间可定为9～10s。

3）试注还可检验对混凝土裂缝加固的防渗效果，如果在很低的压力下就有色水渗出则应重新考虑加固措施。

（5）安装机具与配制浆液

1）安装并检查注浆机具，以确保在注浆施工中的正常安全使用。

2）根据色水试注前测定的注浆孔漏水量和试验时测定的注入水量，并考虑到注浆过程中浆液损失来估计需配制的浆液用量，一般配浆量要大于压入颜色水数量。

3）浆液凝结时间可通过改变组成材料用量加以调整，为此需先进行试配，并将部分材料先行混合配好，最后在注浆前加入促凝剂，每次配浆量不宜过多，要随配随用。

（6）注浆

1）注浆前对整个注浆系统进行全面检查，在注浆机具运转正常、管路畅通情况下方可注浆。

2）注浆应自下而上，由一端向另一端循序渐进地连续进行。

3）注浆时，将浆液倒入浆罐内，旋紧罐口，将活接头接在注浆嘴上，开动空气压缩机或电动泵，打开储浆罐阀门，浆液沿输浆管通过注浆嘴压入缝内，注浆压力一般为0.05～0.2MPa，可按注浆情况随时调整。

4）选其中一孔注浆（一般选择在较低处及漏水量较大的注浆嘴），见浆后，立即关闭各孔，仍持续压浆，注浆压力应大于渗漏水压力，使浆液沿着漏水通道逆向推进。

5）注到不再进浆时，停止压浆，立即关闭注浆嘴，以防止浆液回流，堵塞注浆管道。停止压浆时，应先关闭注浆嘴的阀门，再关闭空气压缩机或电动泵停止压浆。注浆结束后，应将注浆孔及检查孔封填密实。

6）注浆后，应立即清洗灌浆机具，便于下次再用。丙凝和水泥浆液的注浆机具用水冲洗，聚氨酯和环氧树脂注浆机具用丙酮或二甲苯清洗。浆液硬化12～24h后，剔下清理干净再用。

（7）效果观察

待浆液凝固后，剔除注浆嘴，观察注浆堵漏效果，必要时可重复注浆。当各孔无渗漏水现象时，即可用防水砂浆等材料将孔口补平封实。

附录11.9　注浆工程质量标准及检验方法

Ⅰ　预注浆与后注浆

1. 一般规定

（1）预注浆适用于工程开挖前预计涌水量较大的地段或软弱地层；后注浆适用于工程开挖后处理围岩渗漏及初期壁后空隙回填。

（2）注浆材料应符合下列规定：

1）具有较好的可注性；

2）具有固结体收缩小，良好的粘结性、抗渗性、耐久性和化学稳定性；

3）低毒并对环境污染小；

4）注浆工艺简单，施工操作方便，安全可靠。

（3）在砂卵石层中宜采用渗透注浆法；在黏土层中宜采用劈裂注浆法；在淤泥质软土中宜采用高压喷射注浆法。

（4）注浆浆液应符合下列规定：

1）预注浆宜采用水泥浆液、黏土水泥液或化学浆液；

2）后注浆宜采用水泥浆液、水泥砂浆或掺有石灰、黏土膨润土、粉煤灰的水泥浆液；

3）注浆浆液配合比应经现场试验确定。

（5）注浆过程控制应符合下列规定：

1）根据工程地质条件、注浆目的等控制注浆压力和注浆量；

2）回填注浆应在衬砌混凝土达到设计强度的70%后进行，衬砌后围岩注浆应在充填注浆固结体达到设计强度的70%后进行；

3）浆液不得溢出地面和超出有效注浆范围，地面注浆结束后注浆孔应封填密实；

4）注浆范围和建筑物的水平距离很近时，应加强对邻近建筑物和地下埋设物的现场监控；

5）注浆点距离饮用水源或公共水域较近时，注浆施工如有污染应及时采取相应措施。

（6）预注浆、后注浆分项工程检验批的抽样检验数量，应按加固或堵漏面积每100m²

抽查1处，每处$10m^2$，且不得少于3处。

2. 主控项目

(1) 配制浆液的原材料及配合比必须符合设计要求。

检验方法：检查产品合格证、产品性能检测报告、计量措施和材料进场检验报告。

(2) 预注浆及后注浆的注浆效果必须符合设计要求。

检验方法：采取钻孔取芯法检查；必要时采取压水或抽水试验方法检查。

3. 一般项目

(1) 注浆孔的数量、布置间距、钻孔深度及角度应符合设计要求。

检验方法：尺量检查和检查隐蔽工程验收记录。

(2) 注浆各阶段的控制压力和注浆量应符合设计要求。

检验方法：观察检查和检查隐蔽工程验收记录。

(3) 注浆时浆液不得溢出地面和超出有效注浆范围。

检验方法：观察检查。

(4) 注浆对地面产生的沉降量不得超过30mm，地面的隆起不得超过20mm。

检验方法：用水准仪测量。

Ⅱ 结构裂缝注浆

1. 一般规定

(1) 结构裂缝注浆适用于混凝土结构宽度大于0.2mm的静止裂缝、贯穿性裂缝等堵水注浆。

(2) 裂缝注浆应待结构基本稳定和混凝土达到设计强度后进行。

(3) 结构裂缝堵水注浆宜选用聚氨酯、丙烯酸盐等化学浆液；补强加固的结构裂缝注浆宜选用改性环氧树脂、超细水泥等浆液。

(4) 结构裂缝注浆应符合下列规定：

1) 施工前，应沿缝清除基面上油污杂质；

2) 浅裂缝应骑缝粘埋注浆嘴，必要时沿缝开凿"U"形槽并用速凝水泥砂浆封缝；

3) 深裂缝应骑缝钻孔或斜向钻孔至裂缝深部，孔内安设注浆管或注浆嘴，间距应根据裂缝宽度而定，但每条裂缝至少有一个进浆孔和一个排气孔；

4) 注浆嘴及注浆管应设在裂缝的交叉处、较宽处及贯穿处等部位；对封缝的密封效果应进行检查；

5) 注浆后待缝内浆液固化后，方可拆下注浆嘴并进行封口抹平。

(5) 结构裂缝注浆分项工程检验批的抽样检验数量，应按裂缝的条数抽查10%，每条裂缝检查1处，且不得少于3处。

2. 主控项目

(1) 注浆材料及其配合比必须符合设计要求。

检验方法：检查产品合格证、产品性能检测报告、计量措施和材料进场检验报告。

(2) 结构裂缝注浆的注浆效果必须符合设计要求。

检验方法：观察检查和压水或压气检查；必要时钻取芯样采取劈裂抗拉强度试验方法检查。

3. 一般项目

(1) 注浆孔的数量、布置间距、钻孔深度及角度应符合设计要求。

检验方法：尺量检查和检查隐蔽工程验收记录。

(2) 注浆各阶段的控制压力和注浆量应符合设计要求。

检验方法：观察检查和检查隐蔽工程验收记录。

12 脚手架工程

本章主要阐述扣件式钢管脚手架、模板支架、门式钢管脚手架、碗扣式钢管脚手架、承插型盘式钢管脚手架（轮扣式钢管脚手架）和木脚手架工程从脚手架构配件的选用、架体的搭设和拆除过程中常见的质量通病与防治方法。

12.1 脚手架构配件

12.1.1 钢管材质不合格

1. 现象

钢管规格尺寸不符合要求，钢管壁厚负偏差大。外表面锈蚀，弯曲变形。

2. 原因分析

（1）材料部门未严格验收，现场使用了不符合规格的钢管。

（2）钢管老旧，保养不及时或没有保养。

3. 防治措施

（1）采购或租赁时，选取资质较好的供应商，不使用劣质材料。

（2）配置游标卡尺、钢板尺等检查工具，对钢管进场验收严格控制。

（3）脚手架宜采用 $\phi48.3\times3.6$ 钢管。每根钢管的最大重量不应大于 25.8kg，当钢管壁厚略小于规范规定的厚度时，钢管的力学性能参数应做相应的折减。

（4）对于壁厚小于 3.0mm 的薄壁钢管，应予以退场。

（5）钢管脚手架用钢管应符合现行国家标准《直缝电焊钢管》（GB/T 13793）、《低压流体输送用焊接钢管》（GB/T 3091）中的 Q235A 级普通钢管的要求，其材料性能应符合现行国家标准《碳素结构钢》（GB/T 700—2006）的规定。

12.1.2 扣件材质质量差

1. 现象

扣件表面有裂纹，或有多处大于 $10mm^2$ 的砂眼。扣件表面没有进行防锈处理。表面粘砂面积累计大于 $150mm^2$。扣件与钢管接触部位有氧化皮。铆钉处不牢固，有裂纹。产品的型号、商标、生产年号在醒目处没有铸出字迹、图案或不清晰。

2. 原因分析

（1）使用了不符合规格的扣件。

（2）扣件老旧，保养不足或没有保养。

3. 防治措施

（1）对扣件进行抽样送检，并做如下性能试验：

1）抗滑性能试验、抗破坏性能试验、扭转刚度性能试验、对接扣件抗拉性能试验；

2）底座抗压性能试验；

3）扣件铸件材料力学性能试验。

（2）及时清理、保养使用后的扣件：扣件应逐个挑选，有裂缝、变形、螺栓出现滑丝的，严禁使用；挑选好的扣件包装成袋（箱）。

（3）扣件在主要部位不得有缩松、夹渣、气孔等铸造缺陷。扣件应严格整形，与钢管的贴合面应紧密接触，应保证扣件抗滑、抗拉性能。

（4）扣件与底座的力学性能应符合表12-1的要求。

扣件力学性能 **表12-1**

性能名称	扣件形式	性能要求
抗滑	直角	P=7.0kN时，$\Delta_1\leqslant$7.0mm；P=10.0kN时，$\Delta_2\leqslant$0.50mm
	旋转	P=7.0kN时，$\Delta_1\leqslant$7.0mm；P=10.0kN时，$\Delta_2\leqslant$0.50mm
抗破坏	直角	P=25.0kN时，各部位不应破坏
	旋转	P=17.0kN时，各部位不应破坏
扭转刚度	直角	扭力矩为900N·m时，$f\leqslant$70.0mm
抗拉	对接	P=4.0kN时，$\Delta\leqslant$2.00mm
抗压	底座	P=50.0kN时，各部位不应破坏

（5）扣件（除底座外）应经过65N·m扭力矩试压，扣件各部位不应有裂纹。

（6）扣件用脚手架钢管应采用《低压流体输送用焊接钢管》（GB/T 3091）中公称外径为48.3mm的普通钢管，其公称外径、壁厚的允许偏差及力学性能应符合《低压流体输送用焊接钢管》（GB/T 3091）的规定。

（7）扣件用T形螺栓、螺母、垫圈以及铆钉采用的材料应符合《碳素结构钢》（GB/T 700—2006）的有关规定。T形螺栓M12的总长应为（72±0.5）mm，螺母对边宽应为（22±0.5）mm，厚度应为（14±0.5）mm，铆钉直径应为（8±0.5）mm，铆接头应大于铆孔直径1mm；旋转扣件中心铆钉直径应为（14±0.5）mm。

12.1.3 碗扣架节点不合格

1. 现象

碗扣式脚手架立杆的碗扣节点表面有裂纹、砂眼，构件锈蚀严重；节点焊缝不饱满满。

2. 原因分析

（1）对进场碗扣架构配件未进行验收。

（2）立杆碗扣节点老旧，保养不足或没有保养。

3. 防治措施

（1）上碗扣、可调底座及可调托撑螺母应采用可铸造铁或铸钢制造，其材料机械性能应符合现行国家标准《可锻造铁件》（GB 9440）中KTH330-08及《一般工程用铸造碳钢件》（GB 11352）中ZG270-500的规定。

（2）下碗扣的钢板应符合现行国家标准《碳素结构钢》（GB/T 700—2006）中的Q235级钢的要求，板材厚度不得小于6mm，并应经600～650℃的时效处理。严禁利用废旧锈蚀钢板改制。

（3）材料部门对进场材料应严格验收，构配件外观质量应符合下列要求：

1）铸造件表面应光整，不得有砂眼、缩孔、裂纹、浇冒口残余等，表面粘砂应清除干净；

2）冲压件不得有毛刺、裂纹、氧化皮等缺陷；

3）各焊缝应饱满，焊药应清除干净，不得有未焊透、夹砂、咬肉、裂纹等缺陷；

4）构配件防锈漆涂层应均匀、附着牢固；

5）主要构配件上的生产标识应清晰。

12.1.4 木脚手架杆件材质不合格

1. 现象

木脚手架杆件选用的木材直径过小，表面有腐朽、虫蛀、折裂、扭裂和纵向严重裂缝。

2. 原因分析

（1）进场木材未进行严格验收。

（2）施工过程中施工不当，或保养不到位，导致材料本体损伤，未及时更换已损坏严重的杆件。

3. 防治措施

（1）对进场木材应严格验收，不合格材料严禁进场。

（2）木脚手架的立杆、斜撑、剪刀撑、抛撑应选用剥皮杉木或落叶松，其材质性能均应符合《木结构设计规范》（GB 50005—2003，2005 年版）中规定的承重结构原木Ⅲa 材质等级的质量标准。

（3）纵向、横向水平杆及连墙件应选用剥皮杉木或落叶松，其材质性能均应符合规定的承重结构原木Ⅱa 材质等级的质量标准。

（4）立杆的梢径不应小于 70mm，大头直径不应大于 180mm，长度不宜小于 6m。

（5）纵向水平杆所采用的杉杆梢径不应小于 80mm，红松、落叶松梢径不应小于 70mm，长度不宜小于 6m。

（6）横向水平杆的梢径不得小于 80mm，长度宜为 2.1～2.3m。

（7）每年均应对杆件进行外观检查，有腐朽、虫蛀、折裂、扭裂和纵向严重裂缝的杆件不得使用或及时更换。

12.2 扣件式钢管脚手架

12.2.1 立杆基础不均匀沉降

1. 现象

立杆基础不均匀沉降，立杆悬空；立杆发生错位，脚手架发生倾斜、下沉。

2. 原因分析

（1）场地未平整和夯实，没有做必要的硬化措施就搭设架体；纵横向扫地杆搭设过高，整体性差，易造成架体倾斜。

（2）排水设施未做好，架体基础比周边地坪低，易形成积水，而使地基承载力下降。

（3）立杆底座未放置垫木或垫板，地基不均匀沉降，造成立杆悬空、倾斜。

3. 防治措施

（1）依据脚手架承受荷载、搭设高度、搭设场地情况，脚手架地基与基础的施工，应符合《建筑地基基础工程施工质量验收规范》（GB 50202—2002）的规定；压实填土地基应符合《建筑地基基础设计规范》（GB 50007—2011）的规定；灰土地基应符合《建筑地基基础工程施工质量验收规范》（GB 50202—2002）的规定。

（2）在立脚手架之前基础应做好排水措施，做到不积水。

（3）立杆垫板或底座宜高于自然地坪 50～100mm，垫板应采用长度不小于 2 跨、厚度不小于 50mm、宽度不小于 200mm 的木板，并保证垫板的边缘至杆端距离不小于 100mm。

（4）在架体距地高度不大于 200mm 的范围内，设置纵横向扫地杆，保证脚手架底部整体性。

12.2.2 连墙件设置不当

1. 现象

连墙件距主节点距离过大，设置数量不足，布置混乱；脚手架与建筑结构拉结不牢。

2. 原因分析

（1）操作工人未经技术交底，仅凭个人经验设置连墙件，未按照图纸和专项施工方案施工。施工管理人员现场监督不到位。

（2）建筑边缘梁侧模施工时，拆除了阻碍施工的连墙件。

（3）浇筑混凝土时，混凝土冲击力导致连墙件预埋件位移。

3. 防治措施

（1）施工前做好对操作工人的技术交底。

（2）合理安排模板和连墙件施工的先后顺序，使之不相互干扰。

（3）布置连墙件时，应加强现场监督力度。连墙件位置应靠近主节点，偏离距离不应大于 300mm；同时尽量保证连墙件中的连墙杆呈水平设置，当不能水平设置时，应向脚手架一端下斜连接。

（4）连墙件优先采用菱形布置，或呈梅花形布置，常用做法如图 12-1。

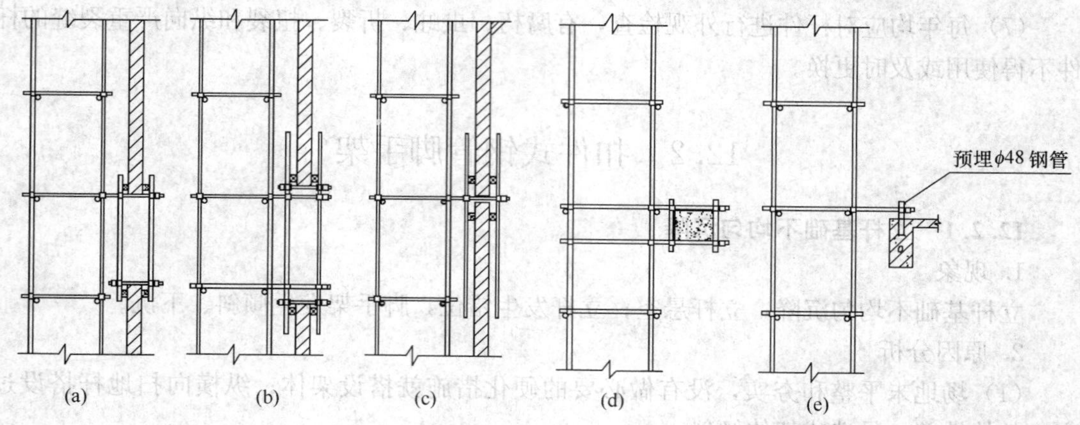

图 12-1 连墙件常用做法示意图

（5）开口型脚手架的两端必须有连墙件，连墙件的垂直间距不应大于建筑物的层高，并且不应大于 4m；在浇筑混凝土前，应对预留在结构层的连墙件进行检验，发现不合格时及时整改。

（6）连墙件布置最大间距应符合表 12-2 要求。

连墙件布置最大间距 表 12-2

搭设方法	高度 (m)	竖向间距 h (m)	水平间距 l_a (m)	每根连墙件覆盖面积 (m^2)
双排落地	≤50	$3h$	$3l_a$	≤40
双排悬挑	>50	$2h$	$3l_a$	≤27
单排	≤24	$3h$	$3l_a$	≤40

12.2.3 剪刀撑设置不当

1. 现象

剪刀撑最上几步没有搭设到顶。斜杆搭接长度不够。与地面的夹角偏大或偏小。开口型双排脚手架的两端漏设横向斜撑。

2. 原因分析

（1）施工前未进行技术交底，工人为图省事剪刀撑未搭设到顶。

（2）选用的钢管长度长短不一，剪刀撑搭接时搭接长度不够。

（3）剪刀撑布置未注意与地面角度。

（4）操作工人凭经验图省事，一般都少设或未搭设横向斜撑。

3. 防治措施

（1）施工前做好技术交底，施工时加强现场监督管理。

（2）选用剪刀撑钢管时，要挑选有足够长度的钢管，每道剪刀撑跨越立杆的根数应按表 12-3 的规定确定。每道剪刀撑宽度不应小于 4 跨，且不应小于 6m。斜杆与地面的倾角应在 45°～60°之间。

剪刀撑跨越立杆的最多根数 表 12-3

剪刀撑斜杆与地面的倾角	45°	50°	60°
剪刀撑跨越立杆最多根数	7	6	5

（3）剪刀撑斜杆接长可选择搭接或对接的方式，采用搭接时，搭接长度不应小于 100mm，并采用不少于 3 个旋转扣件固定，端部扣件盖板的边缘至杆端距离不应小于 100mm；扣件中心至主节点的距离不应大于 150mm。

（4）搭设脚手架时，剪刀撑、横向斜撑必须随立杆、纵横向水平杆等同步搭设，不得滞后安装。

（5）横向斜撑应在同一节间由底至顶层呈“之”字形连续布置。高度在 24m 以上的封闭型双排脚手架，除拐角应设置横向斜撑外，中间应每隔 6 跨距设置一道。

（6）开口型双排脚手架的两端应设置横向斜撑。

12.2.4 脚手架变形、倾斜

1. 现象

立杆垂直度偏差较大，脚手架外立面变形，出现倾斜。

2. 原因分析

（1）连墙件设置不合理或被拆除，没有严格按规范要求对架体进行拉结。

（2）架体上堆载的材料、工具过多，使荷载过大，架体没有考虑分层卸荷。

（3）工人图方便，把应搭设在主节点位置的横向水平杆移到脚手板两端，搭设的横向水平杆远离主节点，造成主节点上下横向水平间距过大，易使内外两立杆错位，造成架体倾剑。

（4）卸荷钢丝绳未拉紧或已松动。

3. 防治措施

（1）脚手架搭设前应做好技术交底，同时加强现场监管力度。

（2）严格按施工方案和规范设置连墙件，并在使用中定期检查连墙件的状态。

（3）施工层挂设限载标示牌，控制架体上的荷载，同时对上部脚手架采取分层卸荷，保证底部立杆的正常受力状态。

（4）当发现立杆变形，应进行加固或更换立杆，保证脚手架安全使用。

（5）定期检查卸荷钢丝绳。

（6）主节点处必须设置一道横向水平杆，用直角扣件扣接，严禁拆除。

（7）单、双排和满堂脚手架立杆接长除顶层顶步外，其余各层各步接头必须采用对接扣件连接。

12.2.5　满堂脚手架设置不当

1. 现象

脚手板未满铺，铺设不牢。未按规范要求设置扫地杆、水平剪刀撑、竖向剪刀撑或斜杆。未设置爬梯。

2. 原因分析

（1）为了人员行走和材料的运输方便，减少了对扫地杆的搭设。

（2）为了往架体内部传递钢管方便，未按要求同时搭设水平、竖向剪刀撑。

（3）未按要求铺设脚手板，脚手板绑扎不牢。

（4）工人为图方便，直接在脚手架上下，未及时搭设爬梯。

3. 防治措施

（1）施工前做好技术交底，施工时加强现场监管力度。

（2）扫地杆应按方案和规范要求设置，架体区域如需作为人员或材料运输通道，除了设置安全网外，还可以在扫地杆上用模板等材料铺设走道。

（3）及时跟上水平剪刀撑的搭设，否则不得搭设更高一步的水平杆。

（4）满堂架应按规定随架高设置爬梯，爬梯踏步间距一般为 250～300mm。

（5）脚手板应按方案和规范要求铺设（图 12-2），以保证架体上施工人员行走和施工时的安全。

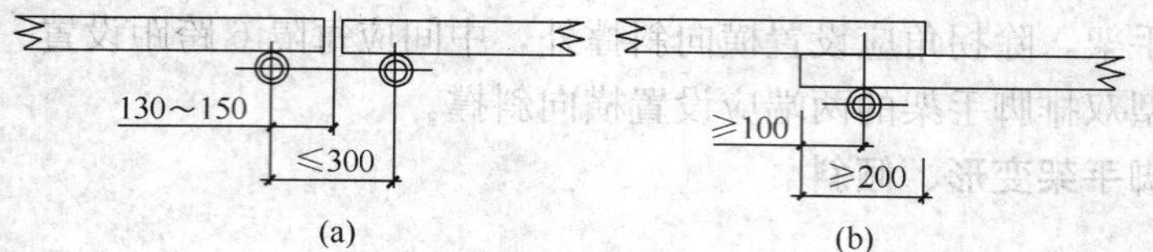

图 12-2　脚手板对接、搭接构造

（a）脚手板对接；（b）脚手板搭接

12.2.6 人行和运料斜道设置不当

1. 现象

斜道设置不合理，坡度过大，宽度不够，不便于材料运输和人员上下。斜道没设挡脚板、防护栏杆，脚手板上未设置防滑条或防滑条明显过少，间距大。

2. 原因分析

（1）错误认为通道外侧已经有垂直及水平钢管，且有密目式安全网防护，不需要再设挡脚板及防护栏杆。

（2）通道设在外架立面宽度过小的位置，使通道的宽度不够。

（3）长时间没有检查维护，导致防滑条脱落。

3. 防治措施

（1）斜道应按方案要求，根据不同用途设置好位置、宽度、坡度。运料斜道宽度不应小于 1.5m，坡度不应大于 1：6；人行斜道宽度不应小于 1m，坡度不应大于 1：3。

（2）加强现场监督管理，检查挡脚板及防护栏杆的搭设是否牢固，做好定期维护。防护栏杆高度为 120mm，挡脚板高度不应小于 180mm。

（3）防滑条的设置间距为 250～300mm。施工过程中应定期检查，如果防滑条出现松动或脱落，应派人及时加固，保证人员上下和材料运输的安全。

12.2.7 型钢悬挑脚手架安装不规范

1. 现象

悬挑型钢布设位置不准确，间距过大；悬挑梁锚固端过短，锚固卡环（或 U 形钢筋拉环）采用点焊固定，卡环处型钢两侧没有用木楔塞紧；个别立杆悬空；型钢悬挑架卸载钢丝绳与建筑物拉结的吊环使用螺纹钢；悬挑钢梁上钢管脚手架一次悬挑长度过高。

2. 原因分析

（1）没有进行技术交底，工人随意预埋锚固卡环，造成悬挑型钢梁间距过大。锚固卡环预埋位置偏差大，或是浇筑混凝土时被扰动，锚固卡环焊接焊缝长度不足，卡环处型钢两侧没有用木楔塞紧，导致后期悬挑型钢可能出现松动。

（2）选用长度不足的旧型钢，使得个别立杆没有立在型钢上而悬空。

（3）卸载钢丝绳的吊环一般用 HPB235 级 $\phi16$ 以上的大直径钢筋，现场用量少，为图省事，随意用螺纹钢代替圆钢做吊环使用。

（4）过分考虑成本问题，一次悬挑长度过高。

3. 防治措施

（1）根据方案要求确定型钢的间距，派专人监督准确埋设锚固卡环；在浇筑混凝土时，尽量不碰到预埋的锚固卡环；U 形环或锚固螺栓应埋至梁、板底层钢筋位置，并与梁、板底层钢筋焊接或绑扎牢固，其锚固长度应符合《混凝土结构设计规范》（GB 50010—2010）的规定。

（2）按设计方案要求选择尺寸、长度正确的型钢。型钢悬挑梁截面高度不应小于 160mm。悬挑梁尾端应不少于两处固定于钢筋混凝土梁板结构上。安装时注意锚固长度、脚手架立杆位置，如发现不符合要求的锚杆要及时更换（图 12-3、图 12-4）。

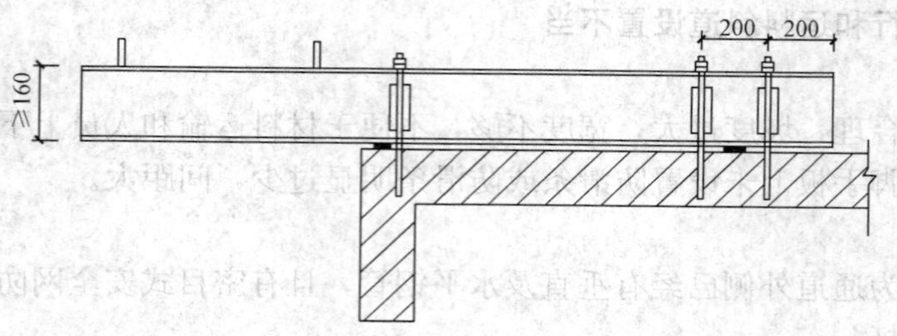

图 12-3　悬挑钢梁穿墙构造

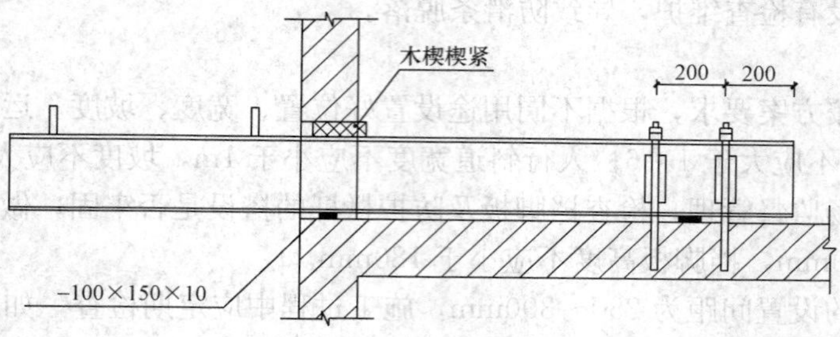

图 12-4　悬挑钢梁楼面构造

（3）在进行型钢锚固时U形钢筋拉环、锚固螺栓与型钢间隙应用钢楔或硬木木楔楔紧，保证型钢的稳定。锚固型钢悬挑梁的U形钢筋拉环或锚固螺栓直径不宜小于16mm，用于锚固的U形钢筋拉环或螺栓应采用冷弯成型（图12-5）。

（4）每个型钢悬挑梁外端宜设置钢丝绳或钢拉杆与上一层建筑结构斜拉结。钢丝绳、钢拉杆不参与悬挑钢梁受力计算；钢丝绳与建筑结构拉结的吊环应使用HPB235级钢筋，其直径不宜小于20mm（图12-6）。

（5）锚固位置设置在楼板上时，楼板厚度不宜小于120mm。如果楼板厚度小于120mm时，应采取加固措施。

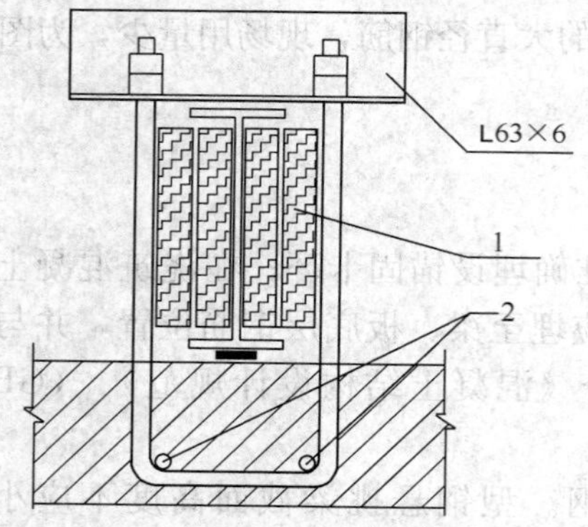

图 12-5　悬挑钢梁U形螺栓固定构造

1—木楔侧向楔紧；2—两根1.5m长、直径18mm HRB335钢筋

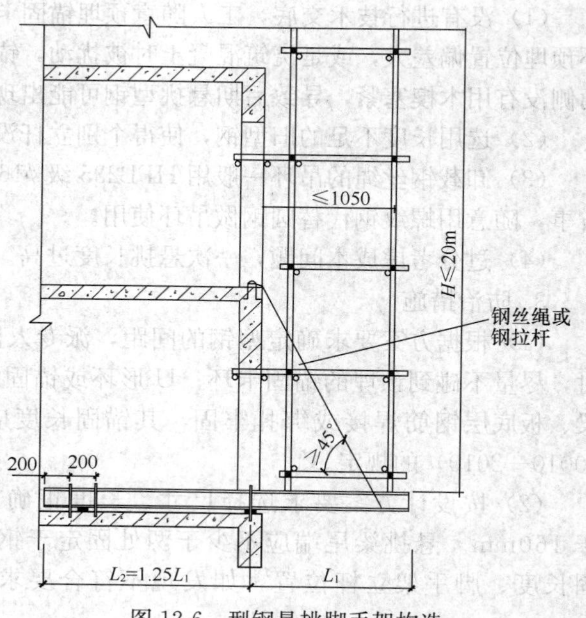

图 12-6　型钢悬挑脚手架构造

（6）一次悬挑高度不宜超高 20m，高度超过 20m 时应组织专家对施工方案进行论证，论证通过后方可实施。

（7）悬挑梁悬挑端应设置使脚手架立杆与钢梁可靠固定的定位点，定位点离悬挑梁端部不应小于 100mm。固定点通常做法采用 200mm 长的 *DN*25 短钢管或 ϕ25 短钢筋与钢梁焊接牢固（图 12-7）。

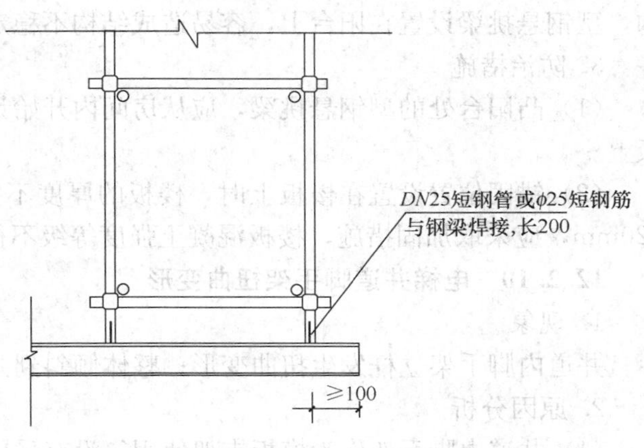

图 12-7 悬挑架体底部作法

12.2.8 转角处悬挑脚手架设置不合理

1. 现象

阳角处型钢挑梁相互交叉，使有的钢梁锚固端被切断，锚固端长度变短；转角立杆容易悬空。

2. 原因分析

（1）施工方案没有考虑转角处型钢的布置；没有及时进行技术交底。

（2）阳角处悬挑型钢外伸条数较多，或采用与建筑结构垂直的方式布置型钢，造成锚固端型钢交叉而被切断。

（3）转角处型钢和立杆没有形成“一条型钢对应两根立杆的关系”。

3. 防治措施

（1）编制施工方案时应根据工程情况合理布置转角处型钢的位置，并做好技术交底，施工时加强现场监管力度。

（2）在悬挑型钢的悬挑端设置沿外架方向的稍小规格型钢，解决阳角处需要外伸悬挑型钢过多和容易悬空的问题（图 12-8）。

（3）转角处及其旁边转角型钢采用斜向辐射形布置，以保证锚固端不相碰。

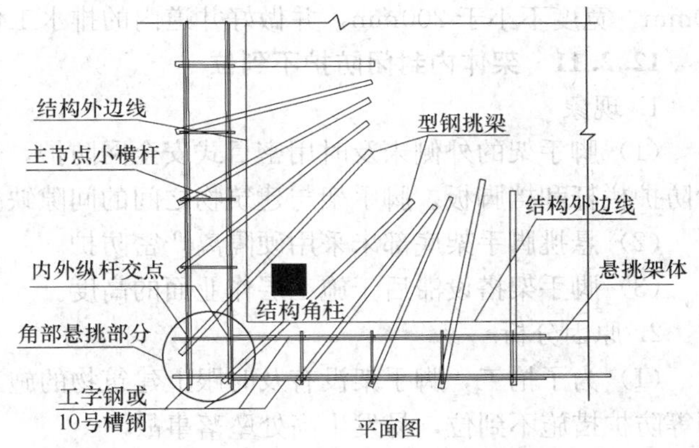

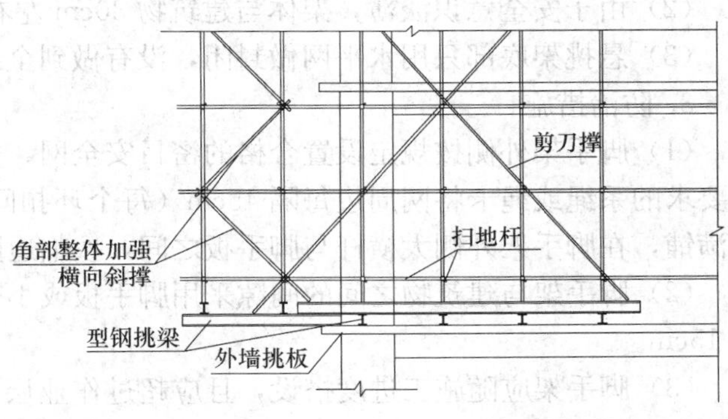

图 12-8 悬挑架角部加强作法

12.2.9 阳台处悬挑脚手架设置不当

1. 现象

型钢梁从阳台楼板上悬挑。

2. 原因分析

忽视了凸阳台楼板为悬挑结

构，型钢悬挑梁设置在阳台上，容易造成结构不稳定而易发生安全事故。

3. 防治措施

（1）凸阳台处的型钢悬挑梁，应从房间内开始计算，铺设时型钢梁应固定到房间内梁板上。

（2）锚固位置设置在楼板上时，楼板的厚度不宜小于120mm。如果楼板的厚度小于120mm，应采取加固措施，楼板混凝土强度等级不得低于C20。

12.2.10 电梯井道脚手架扭曲变形

1. 现象

井道内脚手架立杆发生扭曲变形；整体倾斜到井道一侧。

2. 原因分析

（1）井道内脚手架作为模板支架使用，没有采用有效的分层卸载，架体超载，发生扭曲变形。

（2）脚手架未设置斜杆或连墙件，脚手架没有形成整体，与建筑结构拉结不牢，立杆变形造成架体整体倾斜。

3. 防治措施

（1）脚手架搭设前应在井道上挂设明显的限载标示。

（2）按照设计计算要求分层设置卸荷措施，保证脚手架稳固。

（3）严格按方案及规范要求设置斜杆及连墙件，立杆底部应垫好垫板，垫板厚度50mm，宽度不小于200mm，并做好井道内的排水工作。

12.2.11 架体内封闭防护不到位

1. 现象

（1）脚手架的外侧未及时用密目式安全网防护，作业层上脚手板未满铺，脚手架外侧少防护栏杆和挡脚板。脚手架与建筑物之间的间隙缺少水平防护。

（2）悬挑脚手架底部未采用硬隔离严密防护。

（3）脚手架搭设滞后于施工层作业面的高度。

2. 原因分析

（1）为了抢工，脚手架没有及时跟上建筑物的施工高度。作业层脚手板未满铺，安全网等防护措施不到位，易发生高处坠落事故。

（2）由于安全意识淡薄，架体与建筑物30cm左右的间隙没有做水平防护。

（3）悬挑架底部只用水平网做封闭，没有做到全封闭硬防护，易发生坠落。

3. 防治措施

（1）脚手架外侧按规定设置合格的密目安全网，安全网设置在外排立杆的里面，用满足要求的系绳或绳卡将网周边每隔45cm（每个环扣间隔）系牢在钢管上。作业层脚手板应满铺，在脚手架外侧大横杆与脚手板之间，按临边防护的要求设置防护栏杆和挡脚板。

（2）脚手架与建筑物之间的间隙采用脚手板或小兜网进行水平防护，留余缝隙应不大于15cm。

（3）脚手架应随施工进度搭设，且应超过作业层一步架或高出作业层1.5m，作业层栏杆和脚手板应满足图12-9的要求。

（4）悬挑架底部采用硬质全封闭严密防护。

12.2.12 脚手架拆除不当

1. 现象

(1) 拆除操作没有专人负责统一协调；拆除顺序不正确，连墙件、剪刀撑等杆件拆除过早，没有随脚手架逐层拆除，架体易发生倾斜，甚至倒塌。

(2) 拆除下来的钢管、扣件直接抛掷至地面。

2. 原因分析

(1) 未进行技术交底，多人操作无专人负责统一协调，造成行动不统一，部分脚手架拆除快于其他部位。

(2) 为图方便，连墙件、剪刀撑一次性拆除过多，造成未拆除部分架体失稳。

(3) 拆除人员不听指挥，将拆下的材料随意抛掷至地面。

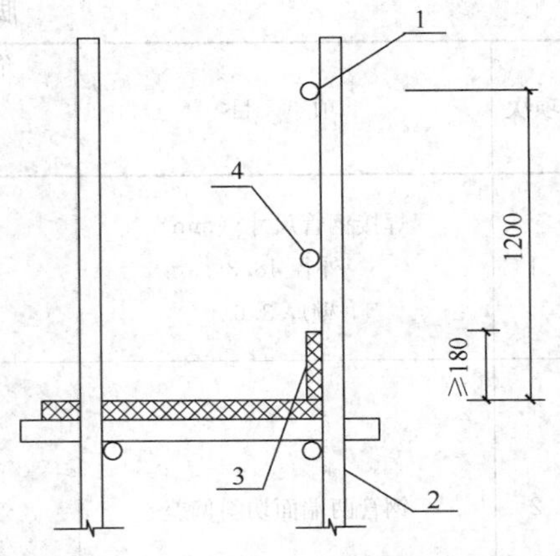

图 12-9 栏杆与挡脚板构造
1—上栏杆；2—外立杆；
3—挡脚板；4—中栏杆

3. 防治措施

(1) 架体拆除前应进行技术交底。脚手架拆除应由上而下逐层进行，连墙件、斜支撑随脚手架逐层拆除；分段拆除高差大于两步时，增设连墙件加固。

(2) 架体拆除作业设专人指挥，当有多人同时操作时，应明确分工，统一行动，且应具有足够的操作面。

(3) 当脚手架拆至下部最后一根长立杆的高度（约 6.5m）时，先在适当位置搭设临时抛撑加固后，再拆除连墙件。

(4) 搭拆脚手架时，地面应设围栏和警戒标志，并派专人看守，严禁非操作人员入内。卸料时各杆件严禁抛掷至地面。

附录 12.1 扣件式脚手架的质量验收标准

脚手架扣件拧紧抽样检查数目及质量判定标准 附表 12-1

项次	检查项目	安装扣件数量（个）	抽检数量（个）	允许的不合格数（个）
1	连接立杆与纵（横）向水平杆或剪刀撑的扣件；接长立杆、纵向水平杆或剪刀撑的扣件	51～90	5	0
		91～150	8	1
		151～280	13	1
		281～500	20	2
		501～1200	32	3
		1201～3200	50	5
2	连接横向水平杆与纵向水平杆的扣件（非主要节点处）	51～90	5	1
		91～150	8	2
		151～280	13	3
		281～500	20	5
		501～1200	32	7
		1201～3200	50	10

脚手架构配件允许偏差　　附表 12-2

项次	项　目	允许偏差 Δ (mm)	示意图	检查工具
1	焊接钢管尺寸（mm） 外径 48.3 壁厚 3.6	 ±0.5 ±0.36		游标卡尺
2	钢管两端面切斜偏差	1.70	2° Δ	塞尺、拐角尺
3	钢管外表面锈蚀深度	≤0.18	Δ	游标卡尺
4	钢管弯曲 ①各种杆件钢管的端部弯曲 l≤1.5m	≤5	Δ l	钢板尺
	②立杆钢管弯曲 3m<l≤4m 4m<l≤6.5m	 ≤12 ≤20	Δ l	
	③水平杆、斜杆的钢管弯曲 l≤6.5m	≤30		
5	冲压钢脚手板 ①板面挠曲 l≤4m l>4m	 ≤12 ≤16		钢板尺
	②板面扭曲 （任一角翘起）	≤5		
6	可调托撑支托板变形	1.0	Δ Δ	钢板尺、塞尺

构配件质量检查表 附表 12-3

项目	要求	抽检数量	检查方法
钢管	应有产品质量合格证、质量检验报告	750 根为一批，每批抽取 1 根	检查资料
	钢管表面应平直光滑，不应有裂缝、结疤、分层、错位、硬弯、毛刺、压痕、深的划道及严重锈蚀等缺陷，严禁打孔；钢管使用前必须涂刷防锈漆	全数	目测
钢管外径及壁厚	外径 48.3mm，允许偏差±0.5mm；壁厚 3.6mm，允许偏差±0.36mm，最小壁厚 3.24mm	3%	游标卡尺测量
扣件	应有生产许可证、质量检测报告、产品质量合格证、复试报告	按《钢管脚手架扣件》(GB 15831—2006)的规定	检查资料
	不允许有裂缝、变形、螺栓滑丝；扣件与钢管接触部位不应有氧化皮；活动部位应能灵活转动，旋转扣件两旋转面间隙应小于 1mm；扣件表面应进行防锈处理	全数	目测
扣件螺栓拧紧扭力矩	扣件螺栓拧紧扭力矩值不应小于 40N·m，且不应大于 65N·m	按《建筑施工扣件式钢管脚手架安全技术规范》8.2.5 条	扭力扳手
可调托撑	可调托撑抗压承载力设计值不应小于 40kN。应有产品质量合格证、质量检验报告	3‰	检查资料
	可调托撑螺杆外径不得小于 36mm，可调托撑螺杆与螺母旋合长度不得少于 5 扣，螺母厚度不小于 30mm，插入立杆内的长度不得小于 150mm。支托板厚不小于 5mm，变形不大于 1mm。螺杆与支托板焊接要牢固，焊缝高度不小于 6mm	3%	游标卡尺、钢板尺测量
	支托板、螺母有裂缝的严禁使用	全数	目测
脚手板	新冲压钢脚手板应有产品质量合格证	—	检查资料
	冲压钢脚手板板面挠曲≤12mm (l≤4m)，或≤16mm (l>4m)；板面扭曲≤5mm (任一角翘起)	3%	钢板尺
	不得有裂纹、开焊与硬弯；新、旧脚手板均应涂防锈漆	全数	目测
	木脚手板材质应符合现行国家标准《木结构设计规范》(GB 50005) 中Ⅱa 级材质的规定。扭曲变形、劈裂、腐朽的脚手板不得使用	全数	目测
	木脚手板的宽度不宜小于 200mm，厚度不应小于 50mm；板厚允许偏差−2mm	3%	钢板尺
	竹脚手板宜采用由毛竹或楠竹制作的竹串片板、竹笆板	全数	目测
	竹串片脚手板宜采用螺栓将并列的竹片串连而成。螺栓直宜为 3～10mm，螺栓间距宜为 500～600mm，螺栓离板端宜为 200～250mm，板宽 250mm，板长 2000mm、2500mm、3000mm	3%	钢板尺

脚手架搭设的技术要求、允许偏差与检验方法　　附表 12-4

<table>
<tr><th>项次</th><th colspan="2">项　目</th><th>技术要求</th><th>允许偏差
Δ（mm）</th><th colspan="3">示　意　图</th><th>检查方法
与工具</th></tr>
<tr><td rowspan="5">1</td><td rowspan="5">地基
基础</td><td>表　面</td><td>坚实平整</td><td rowspan="3">—</td><td rowspan="5" colspan="3">—</td><td rowspan="5">观察</td></tr>
<tr><td>排　水</td><td>不积水</td></tr>
<tr><td>垫　板</td><td>不晃动</td></tr>
<tr><td rowspan="2">底　座</td><td>不滑动</td><td rowspan="2">−10</td></tr>
<tr><td>不沉降</td></tr>
<tr><td rowspan="11">2</td><td rowspan="11">单、双排
与满堂脚
手架立杆
垂直度</td><td>最后验
收立杆
垂直度
（20～50）m</td><td>—</td><td>±100</td><td colspan="3"></td><td rowspan="11">用经纬仪
或吊线和
卷尺</td></tr>
<tr><td colspan="6">下列脚手架允许水平偏差（mm）</td></tr>
<tr><td colspan="3" rowspan="2">搭设中检查偏差的高度
（m）</td><td colspan="3">总　高　度</td></tr>
<tr><td>50m</td><td>40m</td><td>20m</td></tr>
<tr><td colspan="3">$H=2$</td><td>±7</td><td>±7</td><td>±7</td></tr>
<tr><td colspan="3">$H=10$</td><td>±20</td><td>±25</td><td>±50</td></tr>
<tr><td colspan="3">$H=20$</td><td>±40</td><td>±50</td><td>±100</td></tr>
<tr><td colspan="3">$H=30$</td><td>±60</td><td>±75</td><td></td></tr>
<tr><td colspan="3">$H=40$</td><td>±80</td><td>±100</td><td></td></tr>
<tr><td colspan="3">$H=50$</td><td>±100</td><td></td><td></td></tr>
<tr><td colspan="6">中间档次用插入法</td></tr>
<tr><td rowspan="9">3</td><td rowspan="9">满堂支撑架
立杆垂直度</td><td>最后验收
垂直度
30m</td><td>—</td><td>±90</td><td colspan="3"></td><td rowspan="9">用经纬仪或
吊线和卷尺</td></tr>
<tr><td colspan="6">下列满堂支撑架允许水平偏差（mm）</td></tr>
<tr><td rowspan="2">搭设中检查
偏差的高度
（m）</td><td colspan="5">总高度</td></tr>
<tr><td colspan="5">30m</td></tr>
<tr><td>$H=2$</td><td colspan="5">±7</td></tr>
<tr><td>$H=10$</td><td colspan="5">±30</td></tr>
<tr><td>$H=20$</td><td colspan="5">±60</td></tr>
<tr><td>$H=30$</td><td colspan="5">±90</td></tr>
<tr><td colspan="6">中间档次用插入法</td></tr>
</table>

续表

项次	项目		技术要求	允许偏差 Δ（mm）	示意图	检查方法与工具
4	单双排、满堂脚手架间距	步距 纵距 横距	— — —	±20 ±50 ±20	—	钢板尺
5	满堂支撑架间距	步距 立杆间距	— —	±20 ±30	—	钢板尺
6	纵向水平杆高差	一根杆的两端	—	±20	Δ; l_a l_a l_a	水平仪或水平尺
		同跨内两根纵向水平杆高差	—	±10	1; 2; Δ	
7	剪刀撑斜杆与地面的倾角		45°～60°		—	角尺
8	脚手板外伸长度	对 接	a=130～150mm l≤300mm	—	a; l≤300	卷尺
		搭 接	a≥100mm l≥200mm	—	a; l≥200	卷尺

续表

项次	项目		技术要求	允许偏差 Δ（mm）	示意图	检查方法与工具
9	扣件安装	主节点处各扣件中心点相互距离	$a \leqslant$ 150mm	—	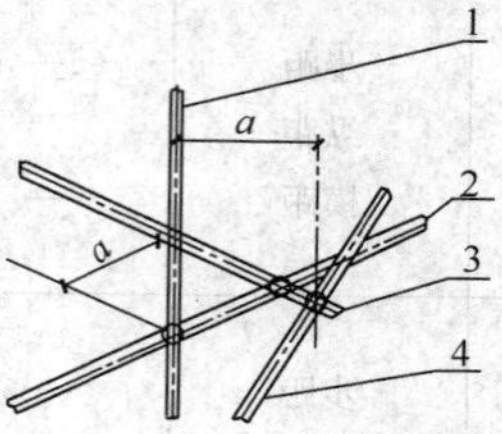	钢板尺
		同步立杆上两个相隔对接扣件的高差	$a \geqslant$ 500mm	—	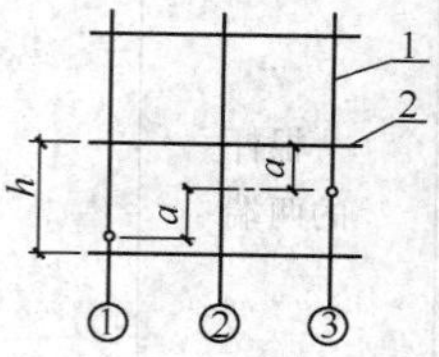	钢卷尺
		立杆上的对接扣件至主节点的距离	$a \leqslant h/3$			
		纵向水平杆上的对接扣件至主节点的距离	$a \leqslant l_a/3$	—	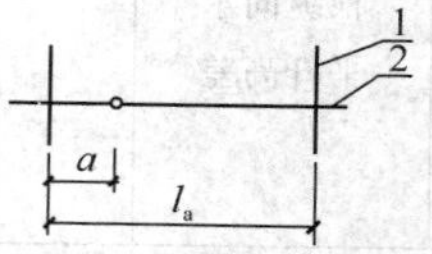	钢卷尺
		扣件螺栓拧紧扭力矩	40～65 N·m	—	—	扭力扳手

注：图中 1—立杆；2—纵向水平杆；3—横向水平杆；4—剪刀撑。

12.3 模板支架

12.3.1 模板支架基础不均匀沉降

1. 现象

基础排水不畅，有积水；地基下沉，立杆悬空。

2. 原因分析

（1）场地未平整夯实，没有及时做必要的硬化处理就开始搭设架体，地基发生不均匀沉降，架体整体性差，造成倾斜。

（2）立杆底座未放置垫木或垫板，纵横向扫地杆搭设过高，造成立杆悬空、倾斜。

（3）架体基础比周边地坪低，形成积水而使地基承载力下降。

3. 防治措施

(1) 地基应平整、坚实，并有排水措施。对湿陷性黄土应有防水措施；对特别重要的结构工程可采用做混凝土地坪、打桩等措施防止支架下沉；对冻胀性土应有防冻融措施。当满堂或共享空间模板支架立柱高度超过8m时，若地基土达不到承载要求，无法防止立柱下沉，则应先施工地面下的工程，再分层回填夯实地基，浇筑地面混凝土垫层，达到强度后再支模。

(2) 立杆底部应按规范要求设置底座、垫板，垫板厚度不得小于50mm。

(3) 支架搭设完毕，应按规定组织验收，验收应有量化内容，并应满足如下要求：

1) 立柱底部基土回填夯实状况应满足要求；

2) 垫木应满足设计要求；

3) 底座位置应正确，顶托螺杆伸出长度应符合规定；

4) 立杆的规格尺寸和垂直度应符合要求，不得出现偏心荷载；

5) 扫地杆、水平拉杆、剪刀撑等的设置应符合规定，固定应可靠；

6) 安全网和各种安全设施应符合要求。

12.3.2 满堂支撑架布局不当

1. 现象

(1) 扣件式钢管脚手架：立杆搭接未按规范要求采用对接扣件连接；满堂支撑架体搭设间距相差较大，超过8m的满堂支撑架扫地杆的设置层没有加设水平剪刀撑。

(2) 碗扣式钢管脚手架：立杆上的上碗扣不能上下串动和灵活转动，出现卡滞现象；地基上的立杆未采用可调底座；立杆上端包括可调螺杆伸出顶层水平杆的长度过长。

(3) 门式钢管脚手架：扫地杆、水平加固杆少设或没有搭设；部分交叉支撑发生严重变形，整个脚手架发生晃动。

2. 原因分析

施工前未做技术交底，现场监管不到位。

(1) 扣件式钢管脚手架：未按规范要求设置剪刀撑、水平杆；没有选用合适规格的立杆，接长立杆时采用了搭接方式。

(2) 碗扣式钢管脚手架：脚手架立杆碗扣节点未按0.6m模数设置；立杆上未设有接长用套管及连接销孔；为图省事少设最上一道横杆，造成立杆上端包括可调螺杆伸出顶层水平杆的长度过长。

(3) 门式钢管脚手架：由于脚手架未正确设置交叉支撑和连墙件；作业人员沿架体攀爬使刚度较差的交叉支撑杆件变形；未按规范规定和施工方案要求搭设架体，扫地杆和水平加固件设置不足。

3. 防治措施

施工前及时做好技术交底，施工时加强现场监管力度。

(1) 扣件式钢管脚手架：满堂支撑架搭设高度不宜超过30m。立杆伸出顶层水平杆中心线至支撑点的长度不应超过0.5m。满堂支撑架应根据架体的类型设置剪刀撑，并应符合下列规定：

1) 普通型：在架体外侧周边及内部纵、横向每5～8m，应由底至顶设置连续竖向剪刀撑，剪刀撑宽度应为5～8m（图12-10）。在竖向剪刀撑顶部交点平面应设置连续水平剪刀撑。支撑高度超过8m，或施工总荷载大于15kN/m^2，或集中线荷载大于20kN/m的

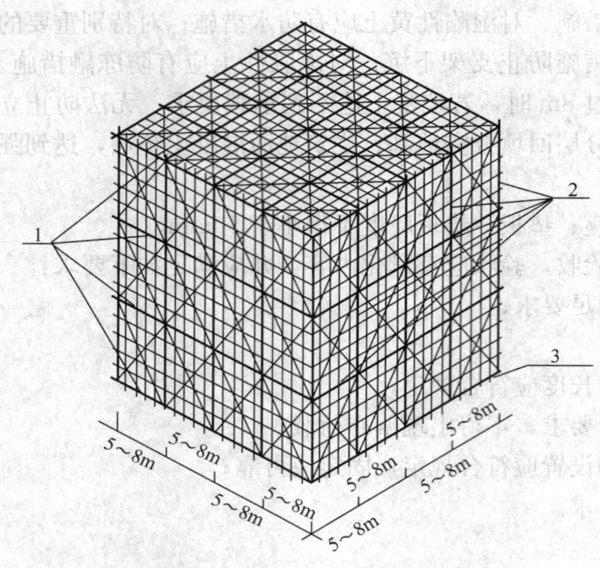

图 12-10 普通型水平、竖向剪刀撑布置图
1—水平剪刀撑；2—竖向剪刀撑；3—扫地杆设置层

支撑架，扫地杆的设置层应设置水平剪刀撑。水平剪刀撑至架体底平面距离与水平剪刀撑间距不宜超过 8m。

2）加强型：当立杆纵、横间距为 0.9m×0.9m～1.2m×1.2m 时，在架体外侧周边及内部纵、横向每 4 跨（且不大于 5m），应由底至顶设置连续竖向剪刀撑，剪刀撑宽度应为 4 跨；当立杆纵、横间距为 0.6m×0.6m～0.9m×0.9m 时，在架体外侧周边及内部纵、横向每 5 跨（且不小于 3m），应由底至顶设置连续竖向剪刀撑，剪刀撑宽度应为 5 跨；当立杆纵、横间距为 0.4m×0.4m～0.6m×0.6m（含 0.4m×0.4m）时，在架体外侧周边及内部纵、横向每 3～3.2m 应由底至顶设置连续竖向剪刀撑，剪刀撑宽度应为 3～3.2m。在竖向剪刀撑顶部交点平面应设置水平剪刀撑，扫地杆的设置层水平剪刀撑的设置与普通型一致，水平剪刀撑至架体底平面距离与水平剪刀撑间距不宜超过 6m，剪刀撑宽度应为 3～5m（图 12-11）。

3）满堂支撑架的可调底座、可调托撑螺杆伸出长度不宜超过 300mm，插入立杆内的长度不得小于 150mm。

4）当立杆采用对接接长时，立杆的对接扣件应交错布置，两根相邻立杆的接头不应设置在同步内，同步内隔一根立杆的两个相隔接头在高度方向错开的距离不宜小于 500mm，各接头中心至主节点的距离不宜大于步距的 1/3；当立杆采用搭接接长时，搭接长度不应小于 1m，并应采用不少于 2 个旋转扣件固定，端部扣件盖板的边缘至杆端距离不应小于 100mm。

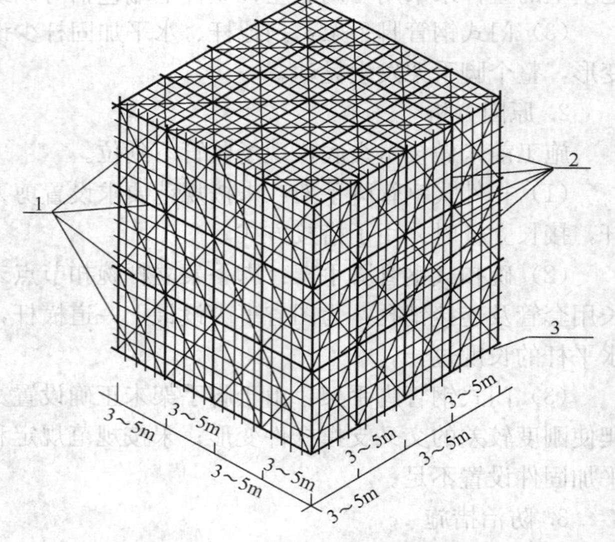

图 12-11 加强型水平、竖向剪刀撑构造布置图
1—水平剪刀撑；2—竖向剪刀撑；3—扫地杆设置层

（2）碗扣式钢管脚手架：立杆连接外套管壁厚不得小于（3.5+0.5）mm，内径不大于 50mm，立杆连接处外套管与立杆间隙应小于或等于 2mm，外套管长度不得小于 160mm，外伸长度不小于 110mm。可调底座底板的钢板厚度不得小于 6mm，可调托撑钢板厚度不得小于 5mm。可调底座及可调托撑丝杆与调节螺母啮合长度不得少于 6 扣，插入立杆内的长度不得小于 150mm。立杆上端包括可调螺杆伸出顶层水平杆的长度不得大于 0.7m。

（3）门式钢管脚手架：纵向扫地杆应固定在距门架立杆底端不大于200mm处的门架立杆上，横向扫地杆宜固定在紧靠纵向扫地杆下方的门架立杆上。水平加固杆在脚手架的转角处、开口型脚手架端部的两个跨距内，每步门架应设置一道，当搭设高度小于或等于40m时，至少每两步门架应设置一道。跨距与间距应根据支架的高度、荷载由计算和构造要求确定，门架的跨距不宜超过1.5m，门架的净间距不宜超过1.2m。

12.3.3 可调顶托设置不当

1. 现象

插入立杆钢管顶部过短，可调节高度的顶撑螺杆伸出过长；出现顶托下沉，螺杆与支托板断裂，立杆受力不均，导致架体倾斜。

2. 原因分析

（1）顶托的直径与螺距不符合规范要求，使用的螺杆直径小于35mm，且伸出过长，受力后螺栓压弯变形过大，受力不均导致架体倾斜。

（2）螺杆与支托板焊接质量差，造成螺杆与支托板断裂。

3. 防治措施

（1）可调顶托材料进场应经过验收合格后方可使用。

（2）可调托撑螺杆外径不得小于35mm，直径与螺距应符合《梯型螺纹》（GB/T 5796.2）、（GB/T 5796.3）的规定。

（3）可调托撑抗压承载力设计值不应小于40kN，支托板厚不应小于5mm。

（4）可调托撑的螺杆与支托板焊接应牢固，焊缝高度不得小于6mm；可调托撑螺杆与螺母旋合长度不得少于5扣，螺母厚度不得小于30mm，插入立杆内的长度不得小于150mm。

（5）调节螺杆的高度不宜超过300mm；对支撑梁、板的模板支架中钢管立柱顶部应设可调支托，其螺杆伸出钢管顶部不得大于200mm。

12.3.4 剪刀撑设置不当

1. 现象

剪刀撑设置不合理，设置随意，间距过大；剪刀撑杆件接长长度不够；剪刀撑角度偏大或偏小；高支模水平剪刀撑少设或未设。

2. 原因分析

（1）未进行技术交底，工人搭设剪刀撑时未控制好角度及间距，导致剪刀撑角度和跨度偏差较大。

（2）没有根据模板支架的高度设置连续剪刀撑或水平剪刀撑，现场监管力度也不够，没能及时改正。

3. 防治措施

（1）施工前做好技术交底，施工时加强现场监管力度。

（2）满堂模板和共享空间模板支架立柱，在外侧周圈应设由下至上的竖向连续式剪刀撑；中间在纵横向应每隔10m左右设由下至上的竖向连续式的剪刀撑，其宽度宜为4.5～6m，并在剪刀撑部位的顶部、扫地杆处设置水平剪刀撑（图12-12）。

（3）剪刀撑杆件的底端应与地面顶紧，夹角宜为45°～60°。当建筑层高在8～20m时，除应满足上述规定外，还应在纵横向相邻的两竖向连续式剪刀撑之间增加“之”字形

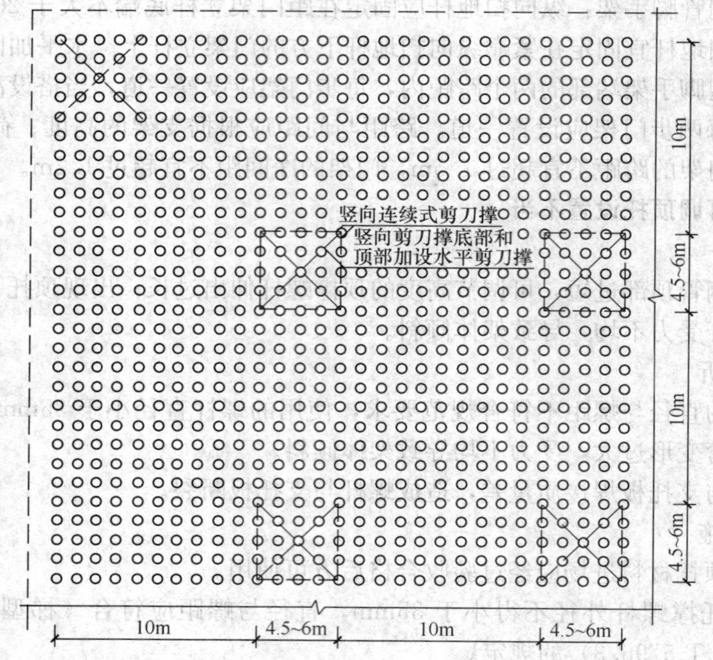

图 12-12　建筑层高在 8m 以下时剪刀撑布置

斜撑，在有水平剪刀撑的部位，应在每个剪刀撑中间处增加一道水平剪刀撑（图 12-13）。

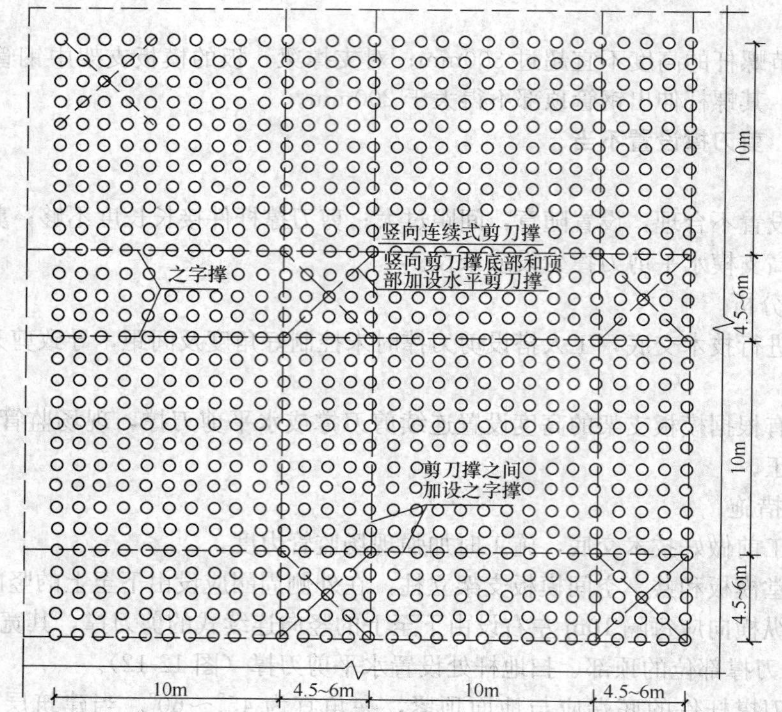

图 12-13　建筑层高在 8~20m 时剪刀撑布置

（4）当建筑层高超过 20m 时，在满足以上规定的基础上，应将所有“之”字形斜撑全部改为连续式剪刀撑（图 12-14）。

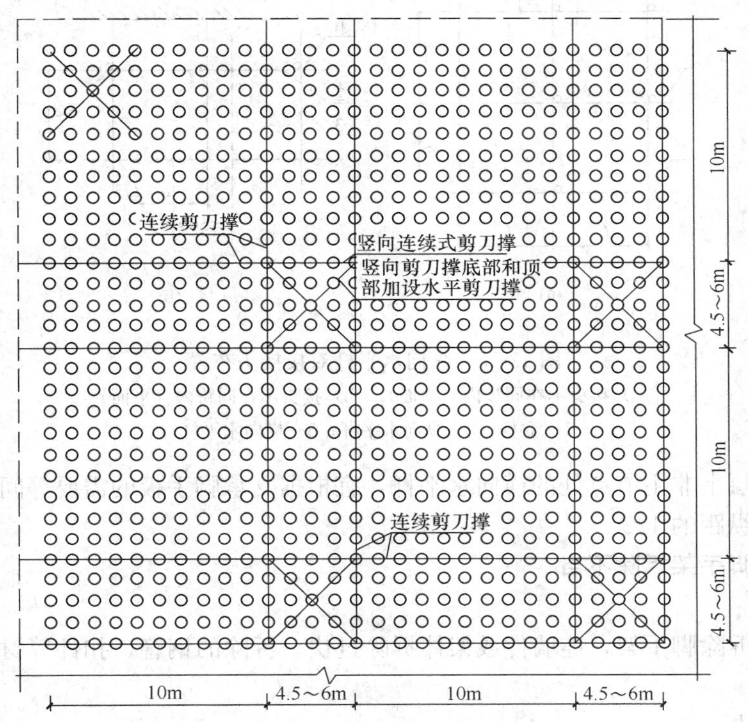

图 12-14 建筑层高在 20m 以上时剪刀撑布置

12.3.5 水平杆设置不当

1. 现象

两根相邻纵向水平杆的接头在同步或同跨内；支撑脚手板的横向水平杆间距过大；未按脚手板铺设需要加设横向水平杆。

2. 原因分析

（1）施工前未进行技术交底。

（2）未按施工方案要求搭设水平杆。

（3）工人未按脚手板铺设的需要增加设置横向水平杆。

3. 防治措施

（1）施工前应做好技术交底，搭设过程中有专人指挥和现场监督管理。

（2）纵向水平杆应设置在立杆内侧，单根杆长度不应小于 3 跨。

（3）纵向水平杆接长应采用对接扣件连接或搭接，并符合下列规定：

1）两根相邻纵向水平杆的接头不应设置在同步或同跨内；不同步或不同跨两个相邻接头在水平方向错开的距离不应小于 500mm；各接头中心至最近主节点的距离不应大于纵距的 1/3（图 12-15）；

2）水平杆搭接长度不应小于 1m，应等间距设置 3 个旋转扣件固定；端部扣件盖板边缘至搭接纵向水平杆杆端的距离不应小于 100mm。

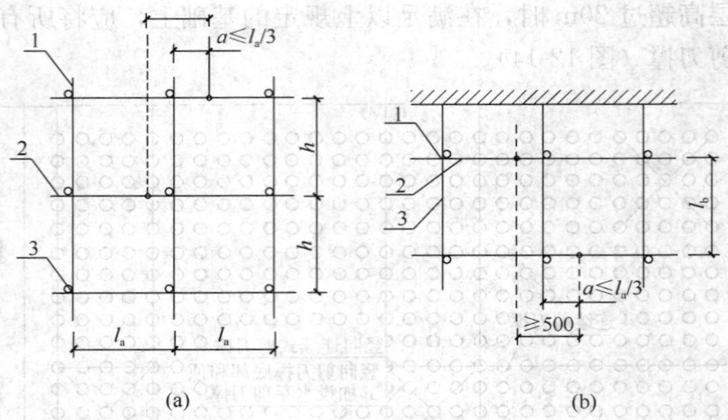

图 12-15　纵向水平杆对接接头布置

(a) 接头不在同步内（立面）；(b) 接头不在同跨内（平面）

1—立杆；2—纵向水平杆；3—横向水平杆

(4) 作业层上非主节点处的横向水平杆，宜根据支承脚手板的需要等间距设置，最大间距不应大于纵距的 1/2。

12.3.6　脚手架拆除不当

1. 现象

没有逐层拆除脚手架，连墙件或架体拆除过快。拆除的钢管、扣件等材料随手抛投至地面。

2. 原因分析

(1) 施工现场架子拆除分工不明确，无专人指挥。

(2) 架子拆除人员无上岗证，未对工人进行安全技术交底。

(3) 工人为图方便，连墙件、剪刀撑拆除过多，造成未拆除部分架体失稳。

(4) 拆除人员不听指挥，将拆下的材料随意抛掷至地面。

3. 防治措施

(1) 架体拆除前进行严格的检查，根据拆除前的现状补充完善拆除方案并做好技术交底。架体拆除应从上而下逐层进行，严禁上下同时拆除作业。

(2) 同一层的构配件和加固件必须按先上后下、先外后内的顺序进行拆除。

(3) 连墙件必须随脚手架逐层拆除，当架体的自由高度大于两步时，必须加设临时拉结。

(4) 拆除下来的模板、构配件严禁抛掷，应按指定地点堆放。

(5) 拆除架体时，周围设围栏和警戒标志并派专人看守，严禁非操作人员入内。

12.4　门式钢管脚手架

12.4.1　立杆基础不均匀沉降

1. 现象

柱下的垫脚座基础不均匀下沉，脚手架整体倾斜。

2. 原因分析

（1）因工期紧，为了抢进度，回填土未夯实、场地不平及立杆没设底座垫板就搭设脚手架，地基承载力不够，导致地基下沉，架体倾斜。

（2）排水设施未做好，基础有积水，长时间浸泡，导致地基承载力下降。

3. 防治措施

（1）门式脚手架与模板支架的搭设场地必须平整坚实；回填土应分层逐层夯实；场地排水应顺畅，不应有积水。

（2）在搭设门式脚手架与模板支架时，根据不同地基土质和搭设高度条件，应符合表12-4的规定。

不同地基土质的搭设高度 **表 12-4**

搭设高度（m）	地基土质		
	中低压缩性且压缩性均匀	回填土	高压缩性或压缩性不均匀
≤24	夯实原土，干重力密度要求15.5kN/m³。立杆底座置于面积不小于0.075m² 的垫木上	土夹石或素土回填夯实，立杆底座置于面积不小于0.10m² 垫木上	夯实原土，铺设通长垫木
>24且≤40	垫木面积不小于0.10m²，其余同上	砂夹石回填夯实，其余同上	夯实原土，在搭设地面满铺C15混凝土，厚度不小于150mm
>40且≤55	垫木面积不小于0.15m² 或铺通长垫木，其余同上	砂夹石回填夯实，垫木面积不小于0.15m² 或铺通长垫木	夯实原土，在搭设地面满铺C15混凝土，厚度不小于200mm

注：垫木厚度不小于50mm，宽度不小于200mm；通长垫木的长度不小于1500mm。

（3）搭设门式脚手架的地面标高宜高于自然地坪标高50～100mm。

12.4.2 连墙件设置不当

1. 现象

连墙件间距大，连墙杆松脱；在架体转角处或开口型脚手架端部未设连墙件。

2. 原因分析

（1）施工前未进行技术交底，操作工人仅凭个人经验安装连墙件，没有按照专项施工方案施工，现场管理人员监管又不到位。

（2）由于连墙件预埋漏设，造成连墙件安装不能随脚手架搭设同步进行，滞后整个脚手架的搭设进度。

3. 防治措施

（1）连墙件设置的位置、数量应按专项施工方案确定，并按确定的位置设置预埋件。做好技术交底，加强施工现场监督管理力度。

（2）连墙件设置最大间距应满足表12-5的规定。

连墙件最大间距或最大覆盖面积　　**表 12-5**

序号	脚手架搭设方式	脚手架高度（m）	连墙件间距（m）		每根连墙件覆盖面积（m^2）
			竖向 h	水平向 l	
1	落地、密目式安全网全封闭	≤40	$3h$	$3l$	≤40
2		≤40	$2h$	$3l$	≤27
3		>40			
4	悬挑、密目式安全网全封闭	≤40	$3h$	$3l$	≤40
5		40～60	$2h$	$3l$	≤27
6		>60	$2h$	$2l$	≤20

注：1. 序号 4～6 为架体位于地面上高度。
2. 按每根连墙件覆盖面积选择连墙件设置时，连墙件的竖向间距不应大于 6m。
3. 表中 h 为步距，l 为跨距。

（3）在门式脚手架的转角处或开口型脚手架端部，必须增设连墙件，连墙件的垂直间距不应大于建筑物的层高，且不应大于 4.0m。

（4）连墙件应靠近门架的横杆设置，距门架横杆不宜大于 200mm；连墙杆应固定在门架的立杆上，宜水平设置，当不能水平设置时，与脚手架连接的一端，应低于建筑结构连接的一端；连墙件的坡度宜小于 1∶3。

（5）连墙件的安装必须随脚手架搭设同步进行，严禁滞后安装；当脚手架操作层高出相邻连墙件以上两步时，在连墙件安装完毕前必须采用有效的临时拉结措施，确保脚手架稳定。

12.4.3　门架转角处连接设置不合理

1. 现象

在建筑物转角处，内外两侧立杆上漏设水平连接杆、斜撑杆，架体在转角处不能有效地形成整体。

2. 原因分析

（1）施工前未做技术交底，搭设过程中监管力度不够。

（2）未按专项施工方案要求设置水平连接杆和斜撑杆，转角处的两榀门架未能连成整体。

3. 防治措施

（1）施工前应进行技术交底，施工时加强现场监管力度。

（2）在建筑物的转角处，门式脚手架内、外两侧立杆上应按步设置水平连接杆和剑撑杆，将转角处的两榀门架连成一体（图 12-16）。

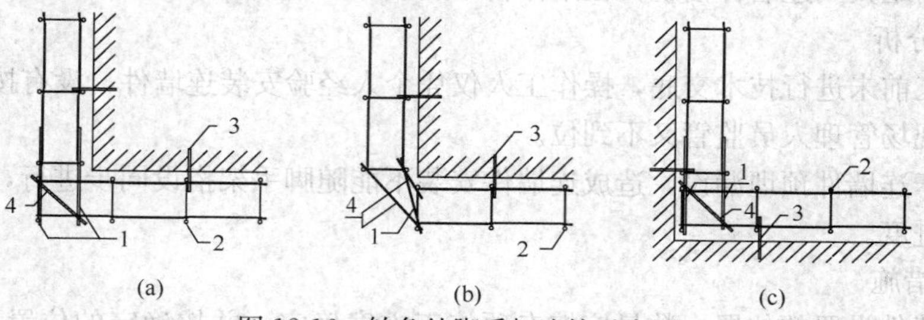

图 12-16　转角处脚手架连接示意图
（a）、（b）阳角转角处脚手架连接；（c）阴角转角处脚手架连接
1—连接杆；2—门架；3—连墙件；4—斜撑杆

(3) 连接杆、斜撑杆应采用钢管，其规格应与水平加固杆相同；连接杆、斜撑杆应采用扣件与门架立杆及水平加固杆紧扣。

12.4.4 剪刀撑、水平加固件设置不当

1. 现象

剪刀撑设置间距过大；剪刀撑没搭设到顶；剪刀撑杆件搭接长度不够；剪刀撑角度偏大或偏小；水平加固杆、剪刀撑没有随脚手架搭设同步进行。

2. 原因分析

(1) 施工前未进行技术交底，剪刀撑搭设时未控制好角度及间距。

(2) 现场监督不力，水平加固杆、剪刀撑没有随脚手架同步搭设。

3. 防治措施

(1) 施工前认真做好技术交底，施工时加强现场监管力度。

(2) 门式脚手架搭设高度在 24m 及以下时，在脚手架转角处、两端及中间间隔不超过 15m 的外侧立面，必须各设置一道剪刀撑，并应由底至顶连续设置；当超过 24m 时，在脚手架外侧立面必须设置连续剪刀撑（图 12-17）。

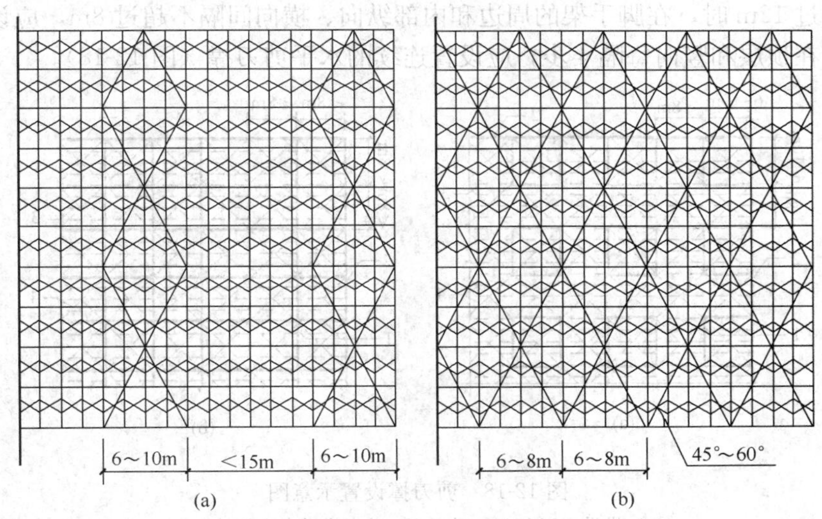

图 12-17 剪刀撑设置示意图

(a) 搭设高度在 24m 及以下；(b) 搭设高度超过 24m

(3) 剪刀撑斜杆与地面的倾角应为 45°～60°；剪刀撑斜杆采用搭接接长，搭接长度不宜小于 1m，搭接处应采用不少于 3 个旋转扣件扣紧。每道剪刀撑的宽度不应大于 6 个跨距，且不应大于 10m，也不应小于 4 跨距，且不小于 6m。

(4) 门式架应在门架两侧的立杆上设置纵向水平加固杆，并应采用扣件与门架立杆扣紧。水平加固杆设置应符合下列要求：

1) 在顶层、连墙件设置层必须设置；

2) 当脚手架每步铺设挂扣式脚手板时，至少每 4 步应设置一道，并宜在有连墙件的水平层设置；

3) 在架体转角处、开口型脚手架端部的两个跨距内，每步门架应设置一道。

（5）水平加固杆、剪刀撑等加固件必须与门架同步搭设；水平加固件应设置于门架立杆内侧，剪刀撑应设置于门架立杆外侧。

12.4.5 满堂脚手架搭设不规范

1. 现象

门架跨距或间距过大，纵、横向扫地杆搭设不到位，剪刀撑没有设置或搭设不规范，杆件搭接长度不够。满堂脚手架的顶部作业区没有满铺脚手板。

2. 原因分析

（1）脚手架没有按专项施工方案要求搭设，未搭设扫地杆和剪刀撑。

（2）顶部作业区脚手板满铺不到位，操作平台周边设置栏杆和挡脚板不到位。

3. 防治措施

（1）满堂脚手架的门架和间距应根据实际荷载计算确定，门架净间距不宜超过 1.2m，架体搭设高度不宜超过 30m。

（2）搭设高度 12m 及以下时，脚手架周边应设置连续竖向剪刀撑；在脚手架的内部纵向、横向间隔不超过 8m，应设置一道竖向剪刀撑；在顶层应设置连续的水平剪刀撑。搭设高度超过 12m 时，在脚手架的周边和内部纵向、横向间隔不超过 8m，应设置连续竖向剪刀撑；在顶层和竖向每隔 4 步，应设置连续的水平剪刀撑（图 12-18）。

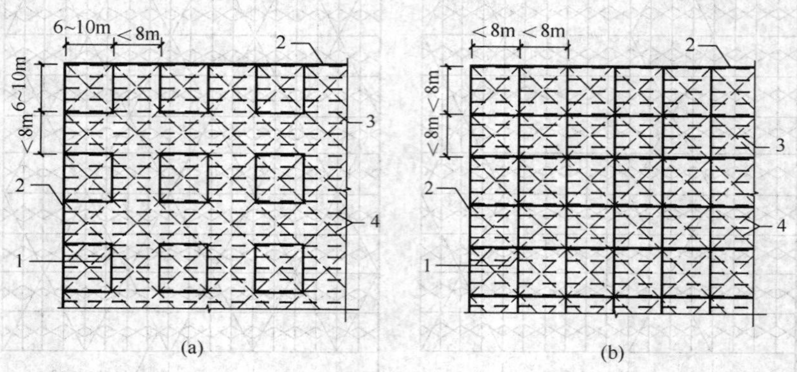

图 12-18 剪刀撑设置示意图

（a）搭设高度在 12m 及以下；（b）搭设高度超过 12m

1—竖向剪刀撑；2—周边竖向剪刀撑；3—门架；4—水平剪刀撑

（3）在满堂脚手架的底层门架立杆上应分别设置纵向、横向扫地杆，并应将扣件与门架立杆扣紧。

（4）对高宽比大于 2 的满堂架，宜采取设置缆风绳或连墙件等有效措施，防止架体倾覆。缆风绳或连墙件设置宜符合下列要求：

1）架体端部及外侧周边水平间距不宜超过 10m，宜与竖向剪刀撑位置对应；

2）连墙件竖向间距不宜超过 4 步。

12.4.6 悬挑脚手架搭设不当

1. 现象

悬挑型钢布设位置不正确，间距过大。锚固端过短，锚固端 U 形钢筋拉环未预埋或位置不对。转角处型钢悬挑梁布置不合理，门架立杆没落在钢梁上。

2. 原因分析

（1）悬挑梁没有根据施工方案布设，钢梁位置与门架立杆位置不能对应。

（2）由于现场监管不到位，锚固卡环预埋位置产生偏差，或是浇筑混凝土时被扰动；U形钢筋拉环焊接长度不够，导致悬挑型钢梁出现松动。

3. 防治措施

（1）施工前做好技术交底，严格按施工方案布设型钢悬挑梁，其位置应与门架立杆位置对应，每一跨距宜设置1根型钢悬挑梁。

（2）悬挑脚手架底层门架立杆应设置纵向扫地杆，并在脚手架的转角处、两端和中间间隔不超过15m的底层门架上，各设置一道单跨距的水平剪刀撑。

（3）在建筑物平面转角处（图12-19、图12-20），型钢悬挑梁应经计算设置，架体应按步设置水平连接杆，与门架立杆或水平杆扣紧。

（4）其他防治措施同扣件式钢管脚手架中型钢悬挑脚手架。

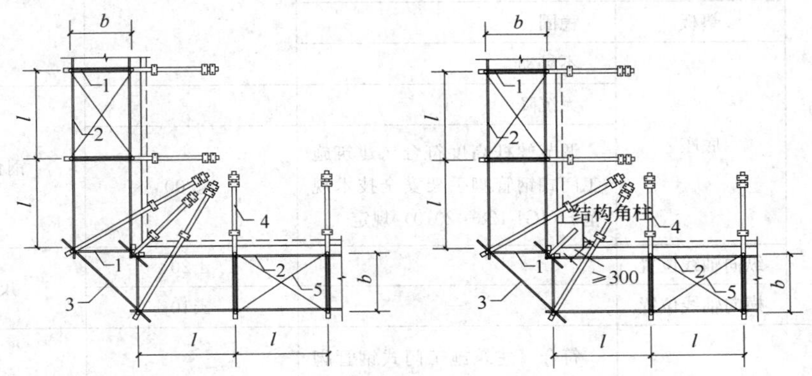

图12-19　建筑平面转角在阳角处型钢悬挑梁设置

1—门架；2—水平加固件；3—连接杆；4—型钢悬挑梁；5—水平剪刀撑

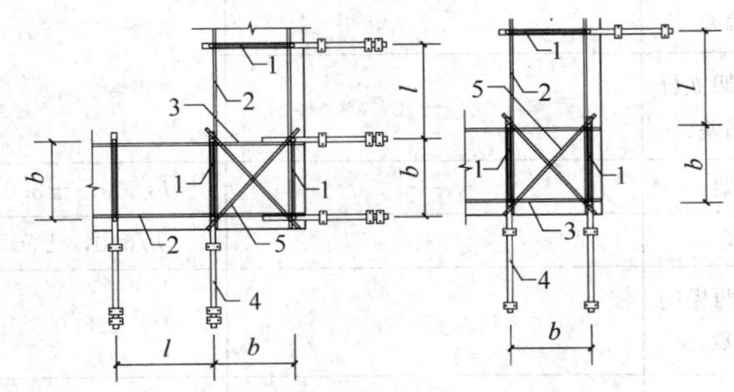

图12-20　建筑平面转角在阴角处型钢悬挑梁设置

1—门架；2—水平加固件；3—连接杆；4—型钢悬挑梁；5—水平剪刀撑

12.4.7　脚手架拆除不当

现象、原因分析及防治措施参见12.3.6“脚手架拆除不当”的相关内容。

附录 12.2　门式钢管脚手架的质量验收标准

门式脚手架与模板支架搭设技术要求、允许偏差及检验方法　附表 12-5

项次	项目		技术要求	允许偏差（mm）	检验方法
1	隐蔽工程	地基承载力	符合《建筑施工门式钢管脚手架安全技术规范》（JGJ 128—2010）中 5.6.1 条、5.6.3 条规定	—	观察、施工记录检查
		预埋件	符合设计要求	—	
2	地基与基础	表面	坚实平整	—	观察
		排水	不积水		
		垫板	稳固		
		底座	不晃动		
			无沉降	—	
			调节螺杆高度符合《建筑施工门式钢管脚手架安全技术规范》（JGJ 128—2010）规定	≤200	钢直尺检查
		纵向轴线位置	—	±20	尺量检查
		横向轴线位置	—	±10	
3	架体构造		符合《建筑施工门式钢管脚手架安全技术规范》（JGJ 128—2010）及专项施工方案要求	—	观察 尺量检查
4	门架安装	门架立杆与底座轴线偏差	—	≤2.0	尺量检查
		上下榀门架立杆轴线偏差	—		
5	垂直度	每步架	—	$h/500$，±3.0	经纬仪或线坠、钢直尺检查
		整体	—	$h/500$，±50	
6	水平度	一跨距内两榀门架高差	—	±5.0	水准仪 水平尺 钢直尺检查
		整体	—	±100	
7	连墙件	与架体、建筑结构连接	牢固	—	观察、扭矩测力扳手检查
		纵、横向间距	—	±300	尺量检查
		与门架横杆间距	—	≤200	

续表

<table>
<tr><th>项次</th><th colspan="2">项　目</th><th>技术要求</th><th>允许偏差
(mm)</th><th>检验方法</th></tr>
<tr><td rowspan="2">8</td><td rowspan="2">剪刀撑</td><td>间距</td><td>按设计要求设置</td><td>±300</td><td>尺量检查</td></tr>
<tr><td>与地面的倾角</td><td>45°～60°</td><td>—</td><td>角尺、尺量检查</td></tr>
<tr><td>9</td><td colspan="2">水平加固杆</td><td>按设计要求设置</td><td></td><td>观察、尺量检查</td></tr>
<tr><td>10</td><td colspan="2">脚手板</td><td>铺设严密、牢固</td><td>孔洞≤25</td><td>观察、尺量检查</td></tr>
<tr><td rowspan="2">11</td><td rowspan="2">悬挑支撑结构</td><td>型钢规格</td><td rowspan="2">符合设计要求</td><td>—</td><td rowspan="2">观察、尺量检查</td></tr>
<tr><td>安装位置</td><td>±3.0</td></tr>
<tr><td>12</td><td colspan="2">施工层防护栏杆、挡脚板</td><td>按设计要求设置</td><td>—</td><td>观察、手扳检查</td></tr>
<tr><td>13</td><td colspan="2">安全网</td><td>按规定设置</td><td>—</td><td>观察</td></tr>
<tr><td>14</td><td colspan="2">扣件拧紧力矩</td><td>40～65N·m</td><td>—</td><td>扭矩测力扳手检查</td></tr>
</table>

12.5 碗扣式脚手架

12.5.1 立杆基础不均匀沉降

1. 现象

脚手架基础不平，地基下沉，立杆悬空；未设置垫板和扫地杆。

2. 原因分析

（1）场地未平整夯实，没有及时做必要的硬化措施就开始搭设架体，地基发生不均匀沉降，架体整体性差，造成倾斜。

（2）立杆底座未放置垫木或垫板，纵、横向扫地杆搭设过高，会造成立杆悬空、倾斜。

（3）架体基础比周边地坪低，易形成积水而使地基承载力下降。

3. 防治措施

（1）脚手架工程属危险性较大工程，脚手架地基基础必须按照施工设计方案进行施工和验收，验收合格后，方可进行下一步施工。

（2）架体搭设场地应平整、坚实：对于较厚淤泥质土的立杆基础，应换填2∶8砂石并夯实，再铺5cm水泥砂浆找平；若立杆基础为普通黏土局部夹渣着淤泥质土，可采用浇筑20cm厚混凝土垫层；若立杆基础为普通黏土，承载力较好，则仅需5cm水泥砂浆找平。

（3）土层地基上的立杆应采取可调底座和垫板；双排脚手架立杆基础验收合格后，应按施工方案的设计进行放线，底座和垫板准确地放置在定位线上，垫板宜采用长度不小于立杆二跨，厚度不小于50mm，底座的轴心线应与地面垂直。

（4）立杆基础应向外找坡，对水进行引流，保证不积水并及时排走。

（5）设置纵横扫地杆，增强架体整体性。

(6) 地基高低差较大时，可利用立杆 0.6m 节点位差进行调整。

12.5.2 双排脚手架转角组架不合理

1. 现象

转角处组架不合理，架体组装不牢。

2. 原因分析

没有合理选择构配件的规格，在转角为非直角时，水平间距不能满足水平横杆、斜杆的模数，工人往往只能拉一道水平横杆，不能保证架体稳定。

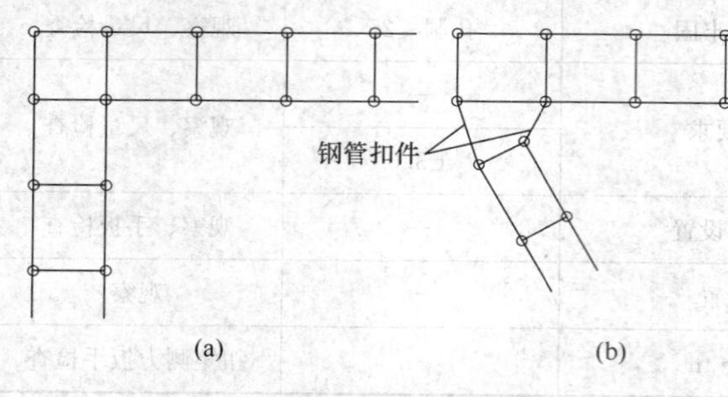

图 12-21　拐角组架图

(a) 横杆组架；(b) 钢管扣件组架

3. 防治措施

(1) 双排脚手架根据使用条件的要求合理选择结构设计尺寸，横杆步距宜选用 1.8m，横距宜选用 1.2m，立杆纵向间距可选择不同规格的系列尺寸。

(2) 双排外脚手架拐角为直角时，宜采用横杆直接组架（图 12-21a）；拐角为非直角时，可采用钢管扣件组架（图 12-21b）。

(3) 曲线布置的双排外脚手架组架时，应按曲率要求使用不同长度的内外横杆组架，曲率半径应大于 2.4m。

12.5.3 斜杆设置不当

1. 现象

竖向专用斜杆或八字形斜撑未连续设置或角度偏差大；竖向专用斜杆两端未固定在纵横向水平杆与立杆汇交的碗扣节点处。

2. 原因分析

搭设随意，未按规范及方案要求搭设；管理人员在现场检查不够。

3. 防治措施

(1) 施工前应进行技术交底至每个操作工人。

(2) 安排专业人员在现场落实架体搭设，严格按照规范及方案要求执行。

(3) 双排脚手架专用斜杆设置做法如下：

1) 斜杆应设置在有纵向及横向横杆的碗扣节点上；

2) 在封圈的脚手架拐角处及“一”字形脚手架端部，应设置竖向通高斜杆；

3) 当架体高度小于或等于 24m 时，每隔 5 跨应设置一组竖向通高斜杆（图 12-22）；当架体高度大于 24m 时，每隔 3 跨应设置一组竖向通高斜杆，斜杆应对称设置；

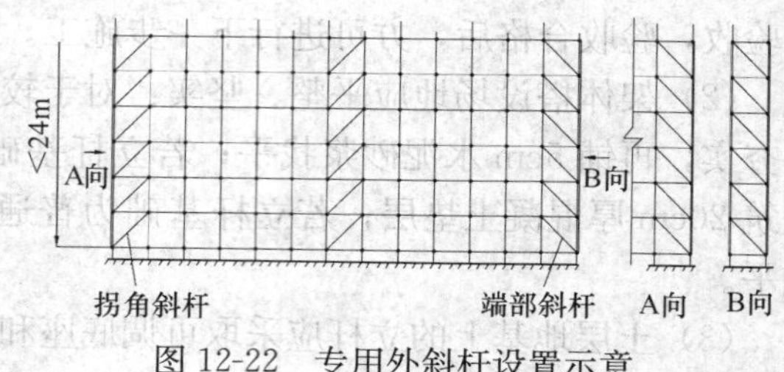

图 12-22　专用外斜杆设置示意

4) 当斜杆临时拆除时，拆除前应在相邻立杆间设置相同数量的斜杆。

(4) 当采用钢管扣件做斜杆时应符合下列规定：

1) 斜杆应每步与立杆扣接，扣接点与碗扣节点的距离不应大于 150mm；当出现不能与立杆扣接时，应与横杆扣接，扣件扭紧力矩为 40～65N·m；

2）纵向斜杆应在全高方向设置成“八”字形且内外对称，斜杆间距不应大于 2 跨（图 12-23）。

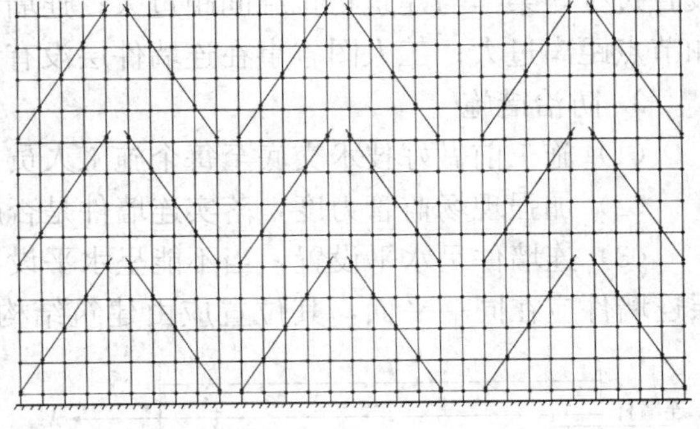

图 12-23 钢管扣件斜杆设置图

12.5.4 模板支撑架搭设不规范

1. 现象

模板支撑架搭设立杆间距过大。顶托上部空隙较大，可调螺杆伸出过长。脚手架立杆节点未错开布置。碗扣式高支模，未按要求设置水平剪刀撑。大、深梁独立支撑未按要求与楼板支撑架体连接成整体。

2. 原因分析

(1) 立杆没有根据层高或需搭设的高度来选择，立杆高度不够，只能把可调顶托螺杆伸长来支撑模板体系。

(2) 随意搭设，未按施工方案要求执行。管理人员现场监管力度不够。

3. 防治措施

(1) 施工前做好技术交底至每个施工人员。

(2) 安排专业施工人员加强现场监管，严格按照规范及方案要求执行。

(3) 模板支撑架应根据所承受的荷载、搭设的高度选择立杆间距和步距；底层扫地杆距地面高度应小于等于 350mm，立杆底部应设置可调底座或固定底座；立杆上端包括可调螺杆伸出顶层水平杆的长度不得大于 0.7m。

(4) 模板支撑架斜杆设置应符合以下要求：

1) 当立杆间距大于 1.5m 时，应在拐角处设置通高专用斜杆，中间每排、每列应设置通高八字形斜杆或剪刀撑；

2) 当立杆间距小于或等于 1.5m 时，模板支撑架四周从底到顶连续设置竖向剪刀撑中间纵、横向由底至顶连续设置竖向剪刀撑，其间距应小于或等于 4.5m；

3) 剪刀撑斜杆与地面夹角应在 45°～60°之间，斜杆应每步与立杆扣接。

(5) 当模板支撑架高度大于 4.8m 时，顶端和底部必须设置水平剪刀撑，中间水平剪刀撑设置间距应小于或等于 4.8m。

(6) 当模板支撑架周围有主体结构时，应设置连墙杆。

(7) 大、深梁独立支撑立柱应与周围的楼板支撑架体连接成整体。

12.5.5 双排脚手架连墙件设置不当

1. 现象

双排脚手架连墙件设置间距过大，架体倾斜。架体底层第一步水平杆处未设置连墙件。连墙件的连接点距碗扣节点距离过大。架体高度大于 24m 时，所有的连墙件层未设水平斜杆。

2. 原因分析

(1) 施工前没有技术交底，随意设置连墙件，未能及时发现并纠正。

(2) 连墙件设置少，特别是在山墙是剪力墙，由于不好设连墙件预埋件，造成连墙件设置过少，架体与建筑物拉结间距过大；连墙预埋件设置位置不准，使连墙件连接点距碗扣节点距离过大；工人图省事在连墙件层没有设水平斜杆。

3. 防治措施

(1) 施工前做好技术交底至每个施工人员。

(2) 加强现场监管力度，落实连墙件是否严格按照规范及方案要求设置。

(3) 连墙件呈水平设置，当不能呈水平设置时，与脚手架连接的一端应下斜连接；每层连墙件应在同一平面，其位置应由建筑结构和风荷载计算确定，且水平间距不应大于4.5m；连墙件应设置在有横向横杆的碗扣节点处，当采用钢管扣件做连墙件时，连墙件应与立杆连接，连接点距碗扣节点距离不应大于150mm。

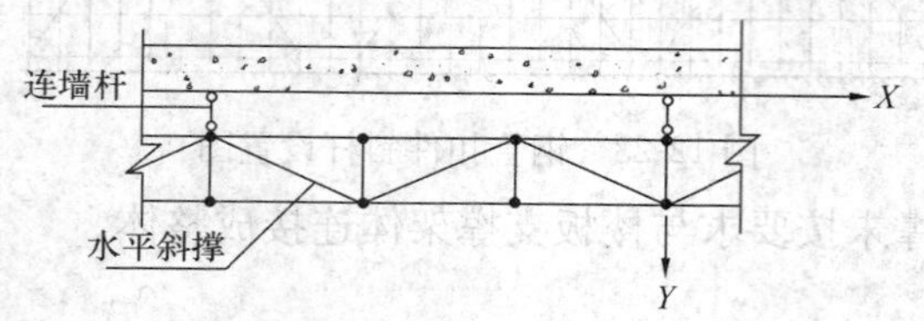

图 12-24 水平斜撑设置示意图

(4) 当脚手架高度大于24m时，顶部24m以下所有的连墙件层必须设置水平斜杆，水平斜杆应设置在纵向横杆下（图 12-24）。

12.5.6 脚手架拆除不当

现象、原因分析及防治措施参见 12.3.6“脚手架拆除不当”的相关内容。

12.6 承插型盘扣式钢管脚手架（轮扣式脚手架）

12.6.1 立杆基础不均匀沉降

现象、原因分析及防治措施参见 12.5.1“立杆基础不均匀沉降”的相关内容。

12.6.2 斜杆或剪刀撑设置不当

1. 现象

承插型盘扣式钢管脚手架（轮扣式脚手架）没有设斜杆或剪刀撑。

2. 原因分析

没有按规范和施工方案要求搭设双排脚手架或模板支架的斜杆或剪刀撑。

3. 防治措施

(1) 施工前应做好对操作工人的技术交底，施工时加强现场监督管理。

(2) 当搭设高度不超过8m的满堂模板支架时，步距不宜超过1.5m，支架架体四周外立面向内的第一跨每层均应设置竖向斜杆，架体底层以及顶层均应设置竖向斜杆，并应在架体内部区域每隔5跨由底至顶纵、横向均设置竖向斜杆（图 12-25）或采用扣件钢管搭设的大剪刀撑（图 12-26）。当满堂模板支架的架体高度不超过4个步距时，可不设置顶层水平斜杆；当架体高度超过4个步距时，应设置顶层水平斜杆或扣件钢管水平剪刀撑。

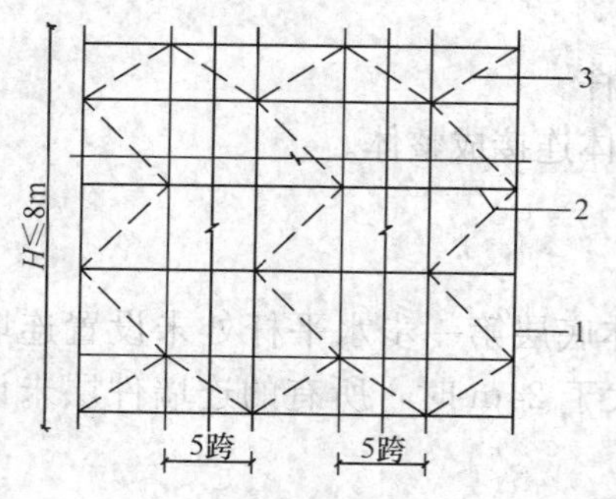

图 12-25 满堂架高度不大于 8m 斜杆设置立面图

1—立杆；2—水平杆；3—斜杆

(3) 当搭设高度超过8m的满堂模板支架时，竖向斜杆应满布设置，水平杆的步距不得大于1.5m，沿高度每隔4～6个标准步距应设置水平层斜杆或扣件钢管剪刀撑（图12-27）。周边有结构物时，宜与周边结构形成可靠拉结。

（4）对于双排脚手架，沿架体外侧纵向每5跨每层应设置1根竖向斜杆（图12-28a）或每5跨间应设置扣件钢管剪刀撑（图12-28b），端跨的横向每层应设置竖向斜杆。

（5）对双排脚手架的每步水平杆层，当无挂扣钢脚手板加强水平层刚度时，应每5跨设置水平斜杆（图12-29）。

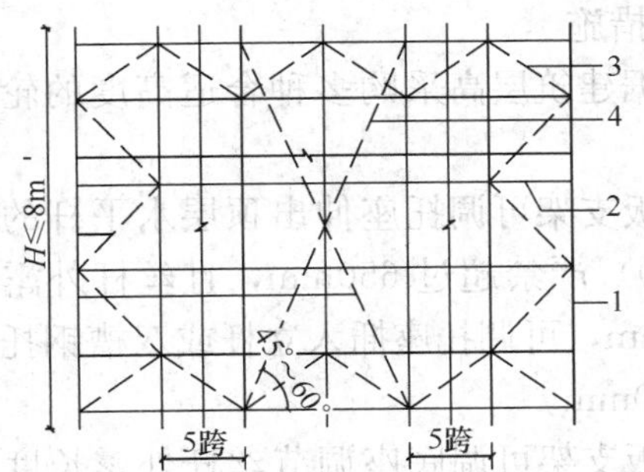

图12-26 满堂架高度不大于8m剪刀撑设置立面图

1—立杆；2—水平杆；3—斜杆；4—扣件钢管剪刀撑

图12-27 满堂架高度大于8m水平斜杆设置立面图

1—立杆；2—水平杆；3—斜杆；4—水平层斜杆或扣件钢管剪刀撑

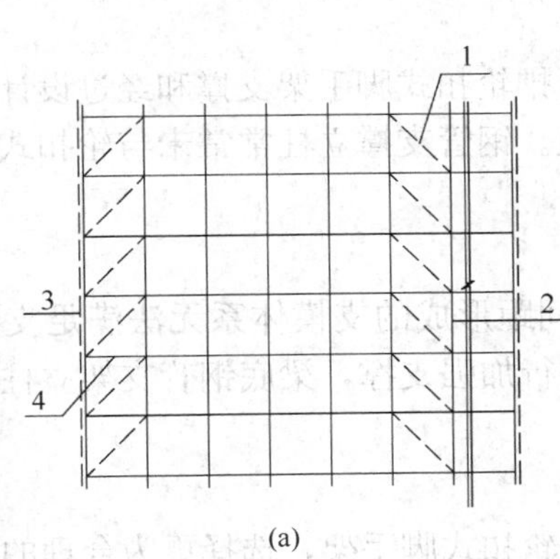

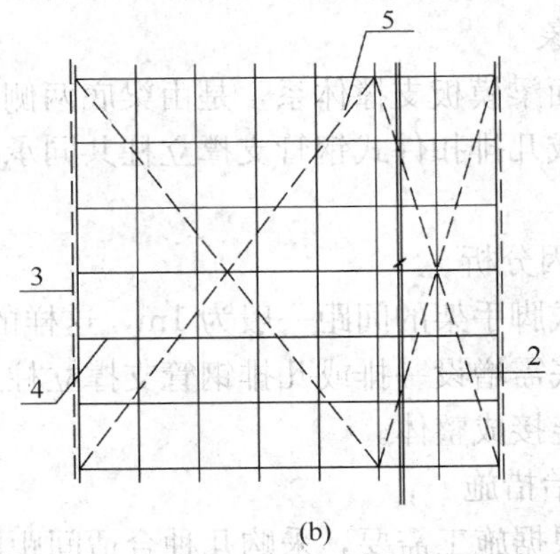

图12-28 双排脚手架斜杆或剪刀撑设置

（a）每5跨每层设斜杆；（b）每5跨设扣件钢管剪刀撑

1—斜杆；2—立杆；3—两端竖向斜杆；4—水平杆；5—扣件钢管剪刀撑

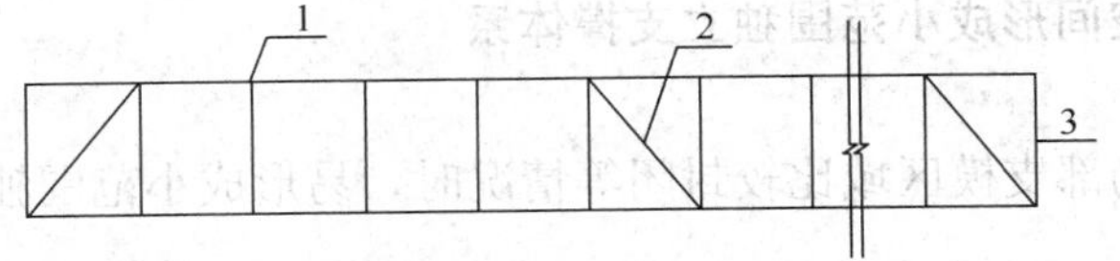

图12-29 双排脚手架水平斜杆设置

1—立杆；2—水平斜杆；3—水平杆

12.6.3 可调顶托或底座超长

1. 现象

出现可调顶托调节丝杆外露长度超过400mm，或可调底座调节丝杆外露长度超

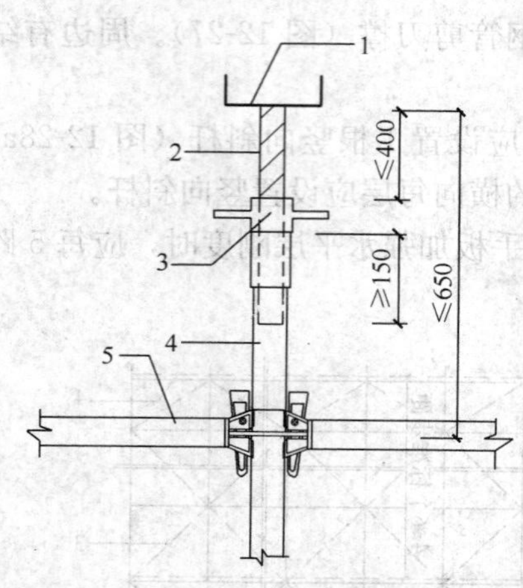

图 12-30 带可调托座伸出顶层水平杆的悬臂长度

1—可调托座；2—螺杆；3—调节螺母；4—立杆；5—水平杆

过 300mm。

2. 原因分析

高层建筑的层高有多种，轮扣式脚手架立杆高度虽有多种规格，但一般情况下只采购两种高度规格的脚手架，势必会在某些层高支模时，造成可调顶托或底座可调螺杆超长。

3. 防治措施

（1）根据建筑层高采购多种合适高度的轮扣式脚手架。

（2）模板支架可调托座伸出顶层水平杆的悬臂长度（图 12-30）严禁超过 650mm，且丝杆外露长度严禁超过 400mm，可调托座插入立杆或双槽钢托梁长度不得小于 150mm。

（3）模板支架可调底座调节丝杆外露长度不应大于 300mm，作为扫地杆的最底层水平杆离地高度不应大于 550mm。

12.6.4 大截面梁模板支撑体系设置不当

1. 现象

大截面梁模板支撑体系，是由梁底两侧两排轮扣式脚手架支撑和经过设计计算梁底增设的一排或几排扣件式钢管支撑立柱共同承担。钢管支撑立柱常常未与轮扣式模板支架连接成整体。

2. 原因分析

轮扣式脚手架的间距一般为 1m，这样的间距形成的支模体系无法满足支撑大梁的要求，在梁底需增设一排或几排钢管支撑立柱进行加强支撑，梁底钢管支架立柱未与轮扣式模板支架连接成整体。

3. 防治措施

（1）根据施工需要，采购几种合适间距的轮扣式脚手架，选择更为合理的轮扣式脚手架支撑体系。

（2）深梁根据设计计算需增设受力支撑体系时，必须将加强受力的钢管支撑立柱和轮扣式脚手架支模体系连接在一起，以保证整体稳定性（图 12-31）。

12.6.5 局部空间形成小范围独立支撑体系

1. 现象

当斜梁较多、局部支模区域比较封闭等情况时，易形成小范围独立体系，未能形成有效的整体稳定性。

2. 原因分析

由于轮扣式脚手架的间距一般为 1m，支模体系在斜梁等情况下易形成独立体系，各自独立的支撑体系不能有效地连接成整体支撑架。

3. 防治措施

（1）根据施工需要，采购几种合适间距的轮扣式脚手架，选择更为合理的轮扣式脚手

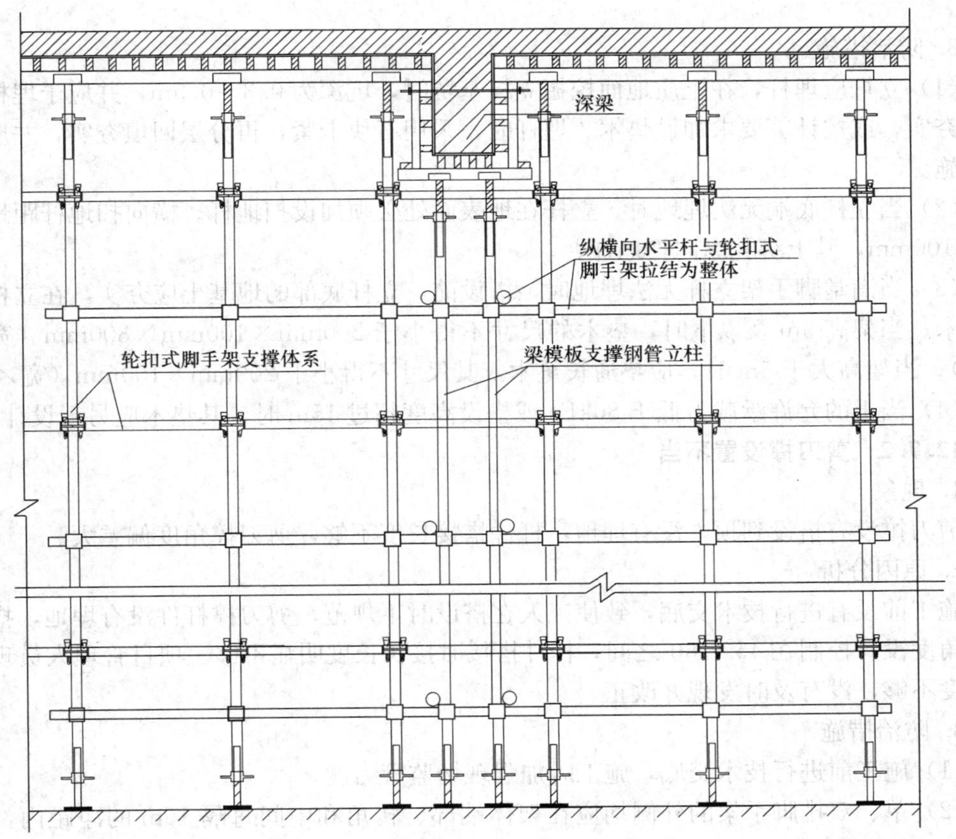

图 12-31 深梁模板支撑体系设置

架支撑体系。

(2) 用横杆或斜杆使独立支撑体系尽可能与外部体系连接。

(3) 确实形成独立支撑体系时，可将横杆加长与其他体系连接，或采用固定、抱柱等形式与周边固定结构连接。

12.6.6 脚手架拆除不当

现象、原因分析及防治措施参见 12.3.6“脚手架拆除不当”的相关内容。

12.7 木 脚 手 架

12.7.1 立杆基础不均匀沉降

1. 现象

地基下沉，立杆悬空，基础排水不畅，有积水。

2. 原因分析

(1) 架体地基不平整，回填土未按要求分层夯实。

(2) 架体基础比周边地坪低，无排水措施，地基因积水浸泡而降低了承载力。

(3) 立杆底端埋地前，未按规范要求在地表面加设扫地杆，造成架体不稳，易倾斜、倒塌。

3. 防治措施

（1）立杆应埋杆，在土质地面挖掘立杆基坑时，坑深为0.3～0.5m，并应于埋杆前将坑底夯实，或按计算要求加设垫木。埋杆时，采用石块卡紧，再分层回填夯实，并应有排水措施。

（2）当立杆底端无法埋地时，立杆在地表面处必须加设扫地杆。横向扫地杆距地表面应为100mm，其上绑扎纵向扫地杆。

（3）当满堂脚手架立杆无法埋地时，搭设前，立杆底部的地基土应夯实，在立杆底加设垫木。当架高5m及以下时，垫木的尺寸不得小于200mm×100mm×800mm（宽×厚×长）；当架高大于5m时，应垫通长垫木，其尺寸不得小于200mm×100mm（宽×厚）。

（4）当土的允许承载力低于80kPa或搭设高度超过15m时，其垫木应另行设计确定。

12.7.2 剪刀撑设置不当

1. 现象

剪刀撑没有搭设到顶，没有埋地，杆件搭接长度不够，剪刀撑角度偏差大。

2. 原因分析

施工前没有进行技术交底，致使工人在搭设时不规范，剪刀撑杆件没有埋地，搭设剪刀撑角度没有控制在45°～60°之间，杆件搭接时接长长度明显不够。项目管理人员现场监管力度不够，没有及时发现并改正。

3. 防治措施

（1）施工前进行技术交底，施工时加强现场监管力度。

（2）单、双排脚手架的外侧均应在架体端部、转角和中间每隔15m的净距内，设置纵向剪刀撑，并由底至顶连续设置；剪刀撑的斜杆至少覆盖5根立杆（图12-32a），斜杆与地面倾角应在45°～60°之间。当架长在30m以内时，应在外侧立面整个长度和高度上连续设置多跨剪刀撑（图12-32b）。

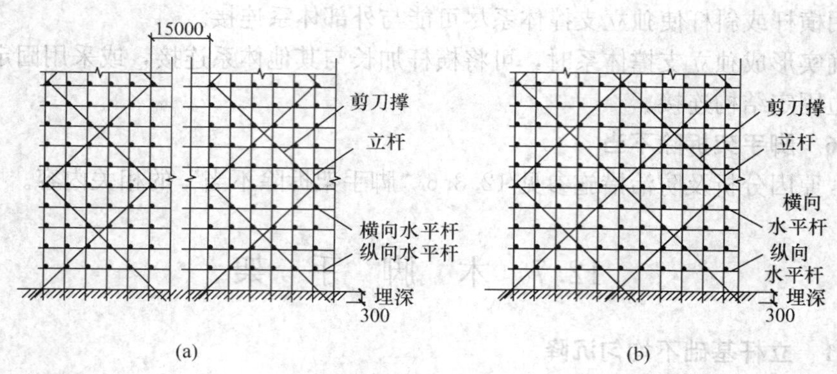

图12-32　剪刀撑构造图

（a）间隔式剪刀撑；（b）连续式剪刀撑

（3）剪刀撑斜杆的端部应置于立杆与纵、横向水平杆相交节点处，与横向水平杆绑扎牢固。立杆及纵、横向水平杆各相交处均应绑扎牢固。

（4）对不能交圈搭设的单片脚手架，应在两端端部从底到上连续设置横向斜撑（图

12-33)。

(5) 斜撑或剪刀撑的斜杆底端埋入土内深度不得小于0.3m（图12-33）。

(6) 搭接的长度不得小于1.5m，且在搭接范围内绑扎钢丝不应少于三道，其间距应为0.6～0.75m。

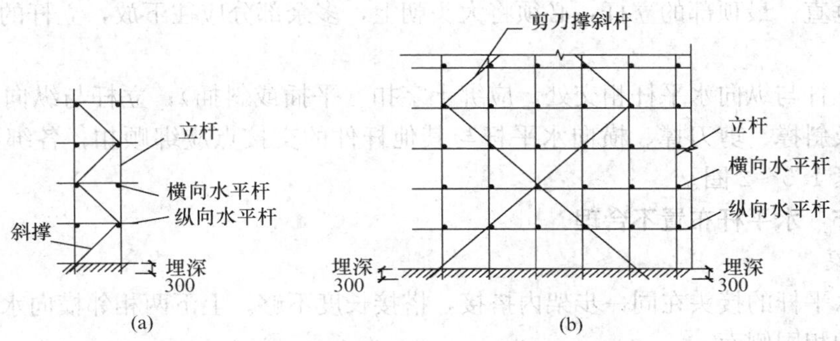

图12-33 斜撑与剪刀撑斜杆的埋设

(a) 斜撑的埋设；(b) 剪刀撑斜杆的埋设

12.7.3 连墙件设置不当

1. 现象

连墙件距主节点距离过大，设置数量不足，布置混乱。

2. 原因分析

(1) 搭设连墙件未按照设计图纸和专项施工方案设置。

(2) 管理人员现场监管不到位，脚手架未验收合格即开始使用。

3. 防治措施

(1) 施工前应进行技术交底，施工时加强现场监管力度。

(2) 当脚手架架高超过7m时，必须在搭架的同时，设置与建筑物牢固连接的连墙件。连墙件的设置应符合下列规定：

1) 应既能抗拉又能承压，除在第一步架高处设置外，双排架应两步三跨设置1个；单排架应两步两跨设置1个；连墙件应沿整个墙面采用梅花形布置；

2) 开口形脚手架应在两端端部沿竖向每步架设置1个；

3) 连墙件应采用预埋件和工具化、定型化的连接构造。

12.7.4 立杆接头布置不当

1. 现象

立杆接头在同一步距内，搭接长度不够，立杆接头大头朝向不正确。

2. 原因分析

(1) 施工时凭经验随意搭接，造成立杆接头均在同一步距内，搭接长度不够，长短不一。

(2) 管理人员现场监管不到位，未验收合格即开始使用。

3. 防治措施

(1) 施工前应进行技术交底，施工时加强现场监管力度。

（2）相邻两立杆的搭接接头应错开一步架。接头的搭接长度应跨相邻两根纵向水平杆，且不得小于 1.5m。接头范围内必须绑扎三道钢丝，绑扎钢丝的间距应为 0.60～0.75m。

（3）立杆接长应大头朝下，小头朝上，同一根立杆上的相邻接头，大头应左右错开，并应保持垂直。最顶部的立杆，必须将大头朝上，多余部分应往下放，立杆的顶部高度应一致。

（4）立杆与纵向水平杆相交处，应绑十字扣（平插或斜插）；立杆与纵向水平杆各自的接头以及斜撑、剪刀撑、横向水平杆与其他杆件的交接点应绑顺扣；各绑扎扣在压紧后，应拧紧 1.5～2 圈。

12.7.5　水平杆布置不合理

1. 现象

纵向水平杆的接头在同一步架内搭接，搭接长度不够。上下两相邻横向水平杆分别搁置在立杆的相同侧面。

2. 原因分析

（1）工人未按方案要求搭设。施工时凭经验随意对水平杆进行搭设，水平杆接头在同一步架内搭接，搭接长度不够。

（2）管理人员现场监管不到位，未验收合格即开始使用。

3. 防治措施

（1）施工前应进行技术交底，施工时加强现场监管力度。

（2）纵向水平杆应绑在立杆里侧。绑扎第一步纵向水平杆时，立杆必须垂直。纵向水平杆的接头应符合下列规定：

1）接头应置于立杆处，并使小头压在大头上，大头伸出立杆的长度应为 0.2～0.3m；

2）同一步架的纵向水平杆大头朝向应一致，上下相邻两步架的纵向水平杆大头朝向应相反，但同一步架的纵向水平杆在架体端部时大头应朝外；

3）搭接的长度不得小于 1.5m，且在搭接范围内绑扎钢丝不应少于三道，其间距应为 0.6～0.75m；

4）同一步架的里外两排纵向水平杆不得有接头；相邻两纵向水平杆接头应错开一跨。

（3）横向水平杆的搭设应符合下列规定：

1）单排架横向水平杆的大头应朝里，双排架应朝外；

2）沿竖向靠立杆的上下两相邻横向水平杆应分别搁置在立杆的不同侧面。

12.7.6　满堂木脚手架布置不当

1. 现象

搭设的立杆、水平杆间距过大。剪刀撑未连续设置。

2. 原因分析

施工时凭经验随意搭设立杆、水平杆。管理人员现场监管不到位，未验收合格即开始使用。

3. 防治措施

（1）施工前应进行技术交底，施工时加强现场监管力度。

（2）满堂木脚手架的搭设应满足表 12-6 要求。

满堂木脚手架构造参数 表 12-6

用途	控制荷载	立杆纵横间距（m）	纵向水平杆竖向步距（m）	横向水平杆设置	作业层横向水平杆间距（m）	脚手板铺设
装修架	2kN/m²	≤1.2	1.8	每步一道	0.60	满铺、铺稳、铺牢，脚手板下设置大网眼安全网
结构架	3kN/m²	≤1.5	1.4	每步一道	0.75	

（3）四周外排立杆必须设剪刀撑，中间每隔 3 排立杆必须沿纵、横方向设通长剪刀撑，剪刀撑均必须从底到顶连续设置。

（4）封顶立杆大头应朝上，并用双股绑扎。

（5）脚手板铺好后立杆不应露杆头，且作业层四角的脚手板应采用 8 号镀锌或回火钢丝与纵、横向水平杆绑扎牢固。

（6）上料口及周圈应设置安全护栏和立网。

（7）搭设时应从底到顶，不得分层。

（8）当架体高于 5m 时，在四角及中间每隔 15m 处，与剪刀撑斜杆的每一端部位置，均应加设与竖向剪刀撑同宽的水平剪刀撑。

12.7.7 脚手架拆除不当

现象、原因分析及防治措施参见 12.3.6“脚手架拆除不当”的相关内容。

13 砌体结构工程

13.1 砌筑砂浆

砌筑砂浆是砌体结构工程的组成材料之一。由于砂浆质量对砌体的影响不如混凝土那样直接，因此人们对砂浆质量缺乏足够的重视，在砂浆配合比、计量、搅拌、使用时间以及试块制作、养护等方面没有严格按规范规定执行，从而经常产生一些质量通病。

13.1.1 试块制作、养护不规范

1. 现象

试块制作所用垫砖，在施工现场随意取用铺垫。不管是水泥砂浆还是混合砂浆，随便在室内外放置。养护期间的环境温度不予控制，更无记录。试块缺棱掉角、表面粗糙、干燥。整个制作、养护过程没有专人负责和管理。

2. 原因分析

(1) 不了解砌体强度主要取决于砖和砂浆两者的强度和粘结状况。

(2) 没有专人或兼职人员管理，缺乏制度约束，工作不认真，责任性不强。试块制作流于形式。

(3) 有关人员不了解砌浆试块制作、养护等工序的相关规定和要求，对临时抽调的人员，缺乏交底，并经常变动。

3. 防治措施

(1) 砂浆试块应在搅拌点取样制作。一组试块应在同一罐（盘）砂浆中取样。回罐（盘）砂浆只能取作一组试样。

(2) 试块的制作和养护，底砖含水率不得大于2%，并不得重复使用。铺垫用纸应有较好的吸湿性。成型时将拌和好的砂浆一次装满已涂刷的薄层机油的试模内，用直径10mm、长350mm的钢筋（其一端是半球型）均匀插捣25次，然后在四周用刮刀沿试模插捣数次。砂浆应高出试模顶6～8mm，当砂浆表面开始出现麻斑状态时（约15～30min），将高出部分的砂浆沿试模顶面刮平，置于正温条件下养护一昼夜拆模，如气温较低，应予适当延长，但不应超过两昼夜。

将拆模后的试块，置于标准条件下养护至28d。水泥混合砂浆养护环境温度为（20±3）℃，相对湿度为60%～80%；水泥砂浆和微沫砂浆养护环境温度为（20±3）℃，相对湿度为90%以上。

当缺乏标准养护条件时，也可采用自然养护，即水泥混合砂浆在正温度，相对湿度为60%～80%的条件下（如养护箱或不通风的室内）养护。水泥砂浆和微沫砂浆在正温度，并保持试块表面湿润的状态下（如湿砂堆中）养护。自然养护期间的温度应予记录，以便试块破型后按养护期间的平均温度进行换算。

13.1.2 砂浆强度不稳定

1. 现象

砂浆强度的波动性较大，匀质性差，其中低强度等级的砂浆特别严重，强度低于设计要求的情况较多。

2. 原因分析

（1）影响砂浆强度的主要因素是计量不准确。对砂浆的配合比，多数工地使用体积比，以铁锨凭经验计量。由于砂子含水率的变化，可导致砂子体积变化幅度达10%～20%。

（2）水泥混合砂浆中无机掺合料（如建筑生石灰、建筑生石灰粉、石灰膏及粉煤灰等）的掺量对砂浆强度影响很大，随着掺量的增加，砂浆和易性越好，但强度降低，如超过规定用量的1倍，砂浆强度约降低40%。但施工时往往片面追求良好的和易性，无机掺合料的掺量常常超过规定用量，因而降低了砂浆的强度。

（3）无机掺合料材质不佳，生石灰、生石灰粉熟化时间不够，石灰膏中含有较多的灰渣，或运至现场保管不当，发生结硬、干燥等情况，使砂浆中含有较多的软弱颗粒，降低了强度。

（4）水泥的质量不稳定、安定性不好或强度较低，砂浆搅拌不匀，采用人工拌和或机械搅拌，加料顺序颠倒，使无机掺合料未散开，砂浆中含有少量的疙瘩，水泥分布不均匀，影响砂浆的匀质性及和易性。

（5）在水泥砂浆中掺加砌筑砂浆增塑剂、早强剂、缓凝剂、防冻剂或防水剂等外加剂，外加剂超过规定掺用量，或外加剂质量不好，甚至变质，严重地降低了砂浆的强度。

（6）砂浆试块的制作、养护方法和强度取值等不标准，致使测定的砂浆强度缺乏代表性。

3. 防治措施

（1）建立施工计量器具校验、维修、保管制度，以保证计量的准确性。

（2）砂浆配合比的确定，应结合现场材质情况进行试配，试配时应采用重量计量，水泥及外加剂的计量偏差为±2%，砂及粉煤灰、石灰膏等配料的允许误差为±5%。

（3）无机掺合料一般为湿料，计量称重比较困难，而其计量误差对砂浆强度影响很大，故应严格控制。计量时，应以标准稠度（120±5）mm为准，如供应的无机掺合料的稠度小于120mm时，应调成标准稠度，或者进行折算后称重计量，建筑生石灰、建筑生石灰粉熟化为石灰膏的熟化时间不得少于7d和2d。

（4）施工中，不得随意增加石灰膏或外加剂的掺量来改善砂浆的和易性。

（5）粉煤灰、建筑生石灰、建筑生石灰粉的品质指标应符合现行标准的相关规定。

（6）水泥进场后必须按规定对水泥的安定性和强度进行复检，砌筑砂浆应采用机械搅拌，砂浆如掺入有机塑化剂、早强剂、缓凝剂、防冻剂等，应经检验和试配，符合要求后，方可使用。有机塑化剂应有砌体的型式检验报告。

（7）试块的制作、养护和抗压强度取值，应按规定执行。

13.1.3 砂浆和易性差，沉底结硬

1. 现象

（1）砂浆和易性不好，砌筑时铺浆和挤浆都较困难，影响灰缝砂浆的饱满度，同时使

砂浆与砖的粘结力减弱。

（2）砂浆保水性差，容易产生分层、泌水现象。

（3）灰槽中砂浆存放时间过长，最后砂浆沉底结硬，即使加水重新拌和，砂浆强度也会严重降低。

2. 原因分析

（1）强度等级低的水泥砂浆由于采用高强度等级水泥和过细的砂子，使砂子颗粒间起润滑作用的胶结材料（水泥量）减少，因而砂子间的摩擦力较大，砂浆和易性较差，砌筑时，压薄灰缝很费劲。而且，由于砂粒之间缺乏足够的胶结材料起悬浮支托作用，砂浆容易产生沉淀和出现表面泛水现象。

（2）水泥混合砂浆中掺入的石灰膏等塑化材料质量差，含有较多灰渣、杂物，或因保存不好发生干燥和污染，不能起到改善砂浆和易性的作用。

（3）砂浆搅拌时间短，拌和不均匀。

（4）拌好的砂浆存放时间过久，或灰槽中的砂浆长时间不清理，使砂浆沉底结硬。

（5）拌制的砂浆未在规定时间内用完，而将剩余砂浆捣碎加水拌和后继续使用。

3. 防治措施

（1）低强度等级砂浆应采用水泥混合砂浆，如确有困难，可掺增塑剂或掺水泥用量5%～10%的粉煤灰，以达到改善砂浆和易性的目的。

（2）水泥混合砂浆中的塑化材料，应符合试验室试配时的质量要求，现场的石灰膏、黏土膏等，应在池中妥善保管，防止暴晒、风干结硬，并经常浇水保持湿润。

（3）宜采用强度等级较低的水泥和中砂拌制砂浆，拌制时应严格执行施工配合比，并保证搅拌时间。

（4）灰槽中的砂浆，使用中应经常用铲翻拌、清底，并将灰槽内角边处的砂浆刮净，堆于一侧继续使用，或与新拌砂浆混在一起使用。

（5）现场拌制的砂浆应随伴随用，拌制的砂浆应在拌后 3h 内用完；当施工期间最高气温超过 30°时，应在 2h 内用完。预拌砂浆及蒸压加气混凝土砌块专用砂浆的使用时间按照厂方提供的说明书中的规定。

13.1.4　用等强度等级的水泥砂浆代替水泥混合砂浆

1. 现象

设计确定采用水泥砂浆，施工单位为降低成本，改善砂浆和易性，便于操作，改用水泥混合砂浆，错误地采用相同强度等级混合砂浆代替，造成砌筑后的砌体抗压强度和抗剪、抗拉强度等均有不同程度的下降。

2. 原因分析

（1）施工技术管理人员和施工人员对规范中砂浆替代的有关规定缺乏了解。

（2）有关水泥砂浆、混合砂浆和微沫砂浆的性能，对施工操作的影响认识模糊，想当然地认为只要强度等级相同，不同砂浆之间便可互代。

3. 防治措施

（1）组织施工技术人员培训和学习有关施工质量验收规范和设计规范。

（2）施工中的采用水泥砂浆或掺有机塑化剂的水泥砂浆代替混合砂浆时，应按设计规范有关规定，考虑砌体抗压强度和抗剪、抗检强度分别降低 15%和 25%的影响，据此重新换算确定相应的水泥砂浆或掺有机塑化剂水泥砂浆的强度等级，并按此强度等级委托试验部门进行配合比设计。

13.1.5 冬期施工掺盐砂浆应用不当

1. 现象

(1) 整个冬期施工期间使用统一不变的配合比和掺盐量。

(2) 氯盐和微沫剂同时投入搅拌，温度低于+5℃时，也不采取措施。

(3) 不考虑适宜应用范围，均采用氯盐砂浆法进行砌筑。

2. 原因分析

(1) 对规范的有关规定和要求，缺乏了解。

(2) 不清楚砂浆掺盐量与施工环境温度密切相关，掺盐量过多或过少都会对砂浆强度和砌体强度造成不良影响和危害。

3. 防治措施

(1) 技术主管部门应组织有关施工、试验人员进行冬期施工的业务培训。学习有关规范和规程。明确各级施工、技术管理人员的职责，认真做好冬期施工技术措施，做好技术交底。质检部门和质检人员应对冬期施工技术措施的落实和执行，进行经常性的督促和检查，以杜绝失误事故发生。

(2) 在进度安排上，尽可能把对装饰有特殊要求的砌体工程避开冬施，尤其是严寒季节。为防止砂浆遭冻，砌体强度受影响，可考虑采用材料加热和提高砂浆强度等级等措施。严寒季节施工，则可采用暖棚法或冻结法砌筑，但应遵循相关规定和要求。做好相应的技术措施和必要的计算工作。对于接近高压电线的建筑物，亦可采取提高砂浆强度等级，错开施工时节，提高环境保温和材料加热等措施进行施工。

(3) 对有配筋或预埋铁件的砌体，其配筋和铁件应进行防腐处理。一般可采用防腐涂料予以处理，如涂刷防锈漆（二道），或预先在拉结筋表面浸涂水泥净浆，作为防腐保护层。也可采用无氯盐类防冻剂代替氯盐防冻剂，如亚硝酸钠、硝酸钠和碳酸钾等。应用时应遵守有关规定和要求，其适宜掺量由试验确定。

(4) 掺盐砂浆用于水位变化范围内而又没有防水措施的砌体时，则应对砌体进行防水处理。如采用防水砂浆，可分层涂沫 2～3 次，厚度不超过 25mm。也可采用卷材防水。

(5) 因掺盐量不当（偏少），影响砌体强度的，可考虑砂浆后期强度的增长，或请监理单位共同取样，做砌体强度试验，如结果能满足设计要求，可不作处理。如砌体强度虽有降低，但降低在 5%以内，可请设计单位复核，并经同意，可不予加固。如砌筑强度降低较大，则应会同设计单位研究确定是否需要加固处理。

附录 13.1 砌筑砂浆的质量要求及强度评定

1. 水泥使用应符合下列规定：

(1) 水泥进场时应对其品种、等级、包装或散装仓号、出厂日期等进行检查，并应对其强度、安定性进行复验，其质量必须符合现行国家标准的有关规定；

(2) 当在使用中对水泥质量有怀疑或水泥出厂超过 3 个月（快硬硅酸盐水泥超过 1 个月）时，应复查试验，并按复验结果使用；

(3) 不同品种的水泥，不得混合使用。

抽检数量：按同一生产厂家、同品种、同等级、同批号连续进场的水泥，袋装水泥不超过 200t 为一批，散装水泥不超过 500t 为一批，每批抽样不少于 1 次。

检验方法：检查产品合格证、出厂检验报告和进场复验报告。

2. 砂浆用砂宜采用过筛中砂，并应满足下列要求：

（1）不应混有草根、树叶、树枝、塑料、煤块、炉渣等杂物；

（2）砂中含泥量、泥块含量、石粉含量、云母、轻物质、有机物、硫化物、硫酸盐及氯盐含量（配筋砌体砌筑用砂）等应符合现行标准的有关规定；

（3）人工砂、山砂及特细砂，应经试配能满足砌筑砂浆技术条件要求。

3. 拌制水泥混合砂浆的粉煤灰、建筑生石灰、建筑生石灰粉及石灰膏应符合下列规定：

（1）粉煤灰、建筑生石灰、建筑生石灰粉的品质指标应符合现行标准的有关规定；

（2）建筑生石灰、建筑生石灰粉熟化为石灰膏，其熟化时间分别不得少于 7d 和 2d；沉淀池中储存的石灰膏，应防止干燥、冻结和污染，严禁采用脱水硬化的石灰膏；建筑生石灰粉、消石灰粉不得替代石灰膏配制水泥石灰砂浆；

（3）石灰膏的用量，应按稠度（120±5）mm 计量，现场施工中石灰膏不同稠度的换算系数，可按附表 13-1 确定。

石灰膏不同稠度的换算系数　　附表 13-1

稠度（mm）	120	110	100	90	80	70	60	50	40	30
换算系数	1.00	0.99	0.97	0.95	0.93	0.92	0.90	0.88	0.87	0.86

4. 拌制砂浆用水的水质，应符合现行标准的有关规定。

5. 砌筑砂浆应进行配合比设计。当砌筑砂浆的组成材料有变更时，其配合比应重新确定。砌筑砂浆的稠度宜按附表 13-2 的规定采用。

砌筑砂浆的稠度　　附表 13-2

砌 体 种 类	砂浆稠度（mm）
烧结普通砖砌体 蒸压粉煤灰砖砌体	70～90
混凝土实心砖、混凝土多孔砖砌体 普通混凝土小型空心砌块砌体 蒸压灰砂砖砌体	50～70
烧结多孔砖、空心砖砌体 轻骨料小型空心砌块砌体 蒸压加气混凝土砌块砌体	60～80
石砌体	30～50

注：1. 采用薄灰砌筑法砌筑蒸压加气混凝土砌块砌体时，加气混凝土粘结砂浆的加水量按照其产品说明书控制。
2. 当砌筑其他块体时，其砌筑砂浆的稠度可根据块体吸水特性及气候条件确定。

6. 施工中不应采用强度等级小于 M5 水泥砂浆替代同强度等级水泥混合砂浆，如需替代，应将水泥砂浆提高 1 个强度等级。

7. 在砂浆中掺入的砌筑砂浆增塑剂、早强剂、缓凝剂、防冻剂、防水剂等砂浆外加剂，其品种和用量应经有资质的检测单位检验和试配确定。所用外加剂的技术性能应符合国家现行有关标准的质量要求。

8. 配制砌筑砂浆时，各组分材料应采用重量计量，水泥及各种外加剂配料的允许偏差为±2%；砂、粉煤灰、石灰膏等配料的允许偏差为±5%。

9. 砌筑砂浆应采用机械搅拌，搅拌时间自投料完起算应符合下列规定：

(1) 水泥砂浆和水泥混合砂浆不得少于120s；

(2) 水泥粉煤灰砂浆和掺用外加剂的砂浆不得少于180s；

(3) 掺增塑剂的砂浆，其搅拌方式、搅拌时间应符合现行行业标准的有关规定；

(4) 干混砂浆及加气混凝土砌块专用砂浆宜按掺用外加剂的砂浆确定搅拌时间或按产品说明书采用。

10. 现场拌制的砂浆应随拌随用，拌制的砂浆应在3h内使用完毕；当施工期间最高气温超过30℃时，应在2h内使用完毕。预拌砂浆及蒸压加气混凝土砌块专用砂浆的使用时间应按照厂方提供的说明书确定。

11. 砌体结构工程使用的湿拌砂浆，除直接使用外，必须储存在不吸水的专用容器内，并根据气候条件采取遮阳、保温、防雨雪等措施，砂浆在储存过程中严禁随意加水。

12. 砌筑砂浆试块强度验收时其强度合格标准应符合下列规定：

(1) 同一验收批砂浆试块强度平均值应大于或等于设计强度等级值的1.10倍；

(2) 同一验收批砂浆试块抗压强度的最小一组平均值应大于或等于设计强度等级值的85%。

注：1. 砌筑砂浆的验收批，同一类型、强度等级的砂浆试块不应少于3组；同一验收批砂浆只有1组或2组试块时，每组试块抗压强度平均值应大于或等于设计强度等级值的1.10倍；对于建筑结构安全等级为一级或设计使用年限为50年及以上的房屋，同一验收批砂浆试块的数量不得少于3组。

2. 砂浆强度应以标准养护，28d龄期的试块抗压强度为准。

3. 制作砂浆试块的砂浆稠度应与配合比设计一致。

抽检数量：每一检验批且不超过250m^3砌体的各类、各强度等级的普通砌筑砂浆，每台搅拌机应至少抽检一次。验收批的预拌砂浆、蒸压加气混凝土砌块专用砂浆，抽检可为3组。

检验方法：在砂浆搅拌机出料口或在湿拌砂浆的储存容器出料口随机取样制作砂浆试块（现场拌制的砂浆，同盘砂浆只应作1组试块），试块标准养护28d后作强度试验。预拌砂浆中的湿拌砂浆稠度应在进场时取样检验。

13. 当施工中或验收时出现下列情况，可采用现场检验方法对砂浆或砌体强度进行实体检测，并判定其强度：

(1) 砂浆试块缺乏代表性或试块数量不足；

(2) 对砂浆试块的试验结果有怀疑或有争议；

(3) 砂浆试块的试验结果，不能满足设计要求；

(4) 发生工程事故，需要进一步分析事故原因。

附录13.2 预拌砌筑砂浆施工与质量验收

1. 一般规定

(1) 预拌砌筑砂浆的稠度可按附表13-2选用。

(2) 砌体砌筑时，块材应表面清洁，外观质量合格，产品龄期符合国家现行有关标准规定。

2. 块材处理

(1) 砌筑非烧结砖或砌块砌体时，块材的含水率应符合国家现行有关标准的规定。

(2) 砌筑烧结普通砖、烧结多孔砖、蒸压灰砂砖、蒸压粉煤灰砖砌体时，砖应提前浇水湿润，并宜符合国家现行有关标准的规定。不应采用干砖或处于吸水饱和状态的砖。

(3) 砌筑普通混凝土小型空心砌块、混凝土多孔砖及混凝土实心砖砌体时，不宜对其浇水湿润；当天气干燥炎热时，宜在砌筑前对其喷水湿润。

(4) 砌筑轻骨料混凝土小型空心砌块砌体时，应提前浇水湿润。砌筑时，砌块表面不应有明水。

(5) 采用薄层砂浆施工法砌筑蒸压加气混凝土砌块砌体时，砌块不宜湿润。

3. 砌体施工

(1) 砌筑砂浆的水平灰缝厚度宜为 10mm，允许误差宜为 +2mm。采用薄层砂浆施工法时；水平灰缝厚度不应大于 5mm。

(2) 采用铺浆法砌筑砖砌体时，一次铺浆长度不得超过 750mm；当施工期间环境温度超过 30℃时，一次铺浆长度不得超过 500mm。

(3) 对砖砌体、小型砌块砌体，每日砌筑高度宜控制在 1.5m 以下或一步脚手架高度内；对石砌体，每日砌筑高度不应超过 1.2m。

(4) 砌体的灰缝应横平竖直、厚薄均匀、密实饱满。砖砌体的水平灰缝饱满度不得小于 80%；砖柱水平灰缝的砂浆饱满度不得小于 90%；小砌块砌体灰缝的砂浆饱满度，按净面积计算不得低于 90%，填充墙砌体灰缝的砂浆饱满度，按净面积计算不得低于 80%。竖向灰缝不应出现瞎缝和假缝。

(5) 竖向灰缝应采用加浆法或挤浆法使其饱满，不应先干砌后填缝。

(6) 当砌体上的砖或砌块被撞动或需移动时，应将原有砂浆清除再铺浆砌筑。

4. 质量验收

(1) 对同品种、同强度等级的砌筑砂浆，湿拌砌筑砂浆应以 $50m^3$ 为一个检验批，干混砌筑砂浆应以 100t 为 1 个检验批；不足 1 个检验批的数量时，应按 1 个检验批计。

(2) 每检验批应至少留置 1 组抗压强度试块。

(3) 砌筑砂浆取样时，干混砌筑砂浆宜从搅拌机出料口，湿拌砌筑砂浆宜从运输车出料口或储存容器随机取样。砌筑砂浆抗压强度试块的制作、养护、试压等应符合现行标准的规定，龄期应为 28d。

(4) 砌筑砂浆抗压强度应按验收批进行评定，其合格条件应符合下列规定：

1) 同一验收批砌筑砂浆试块抗压强度平均值，应大于或等于设计强度等级所对应的立方体抗压强度的 1.10 倍，且最小值应大于或等于设计强度等级所对应的立方体抗压强度的 0.85 倍；

2) 当同一验收批砌筑砂浆抗压强度试块少于 3 组时，每组试块抗压强度值应大于或等于设计强度等级所对应的立方体抗压强度的 1.10 倍。

13.2　砖砌体工程

13.2.1　砖基础防潮层失效

基础防潮层作法大致有三种，即：抹 20mm 厚 1：2.5 水泥砂浆（掺适量防水剂）；

M10 水泥砂浆砌二砖三缝；60mm 厚 C15 或 C20 混凝土圈梁。

1. 现象

防潮层开裂或抹压不密实，不能有效地阻止地下水分沿基础向上渗透，造成墙体经常潮湿，使室内抹灰层剥落。外墙受潮后，经盐碱和冻融作用，年久后，砖墙表皮逐层酥松剥落，影响居住环境卫生和结构承载力。

2. 原因分析

（1）防潮层的失效不是当时或短期内能发现的质量问题，因此，施工质量容易被忽视。如施工中经常发生砂浆混用，将砌筑基础剩余的砂浆作为防潮砂浆使用，或在砌筑砂浆中随意加一些水泥，这些都达不到防潮砂浆的配合比要求。

（2）在防潮层施工前，基面上不作清理，不浇水或浇水不够，影响防潮砂浆与基面的粘结。操作时表面抹压不实，养护不好，使防潮层因早期脱水，强度和密实度达不到要求，或者出现裂缝。

（3）冬期施工防潮层因受冻失效。

3. 防治措施

（1）防潮层应作为独立的隐蔽工程项目，在全部建筑物基础工程完工后进行操作，施工时尽量不留或少留施工缝。

（2）防潮层下面三皮砖要求满铺满挤，横、竖向灰缝砂浆都要饱满，240mm 墙防潮层下的顶皮砖，应采用满丁砌法。

（3）防潮层施工宜安排在基础房心土回填后进行，避免填土时对防潮层的损坏。

（4）如设计对防潮层作法未作具体规定时，宜采用 20mm 厚 1：2.5 掺加适量防水剂的作法，操作要求如下。

1）清除基面上的泥土、砂浆等杂物，将被碰动的砖块重新砌筑，充分浇水润湿，待表面略见风干，即可进行防潮层施工。

2）两边贴尺抹防潮层，保证 2mm 厚度。不允许用防潮层的厚度来调整基础标高的偏差。

3）砂浆表面用木抹子揉平，待开始起干时，即可进行抹压（2～3 遍）。抹压时，可在表面撒少许干水泥或刷一遍水泥净浆，以进一步堵塞砂浆毛细管通路。

4）防潮层砂浆抹完后，第二天即进行浇水养护。

（5）60mm 厚混凝土圈梁的防潮层施工，应注意混凝土石子级配和砂石含泥量，圈梁面层应加强抹压，也可采取撒干水泥压光处理，养护方法同水泥砂浆防潮层。

（6）防潮层砂浆和混凝土应按隐蔽工程进行验收。防潮层应按隐蔽工程验收。

13.2.2 砖砌体组砌混乱

1. 现象

混水墙面组砌方法混乱，出现直缝和“二层皮”，砖柱采用先砌四周后填心的包心砌法，里外皮砖层互不相咬，形成周圈通天缝，降低了砌体强度和整体性；砖规格尺寸误差对清水墙面影响较大，如组砌形式不当，形成竖缝宽窄不均，影响美观。

2. 原因分析

（1）因混水墙面要抹灰，操作人员容易忽视组砌形式，或者操作人员缺乏砌筑基本技能，因此，出现了多层砖的直缝和“二层皮”现象。

（2）砌筑砖柱需要大量的七分砖来满足内外砖层错缝的要求（图 13-1），打制七分砖会增加工作量，影响砌筑效率，而且砖损耗很大。当操作人员思想不够重视，又缺乏严格检查的情况下，三七砖柱习惯于用包心砌法（图 13-2）。

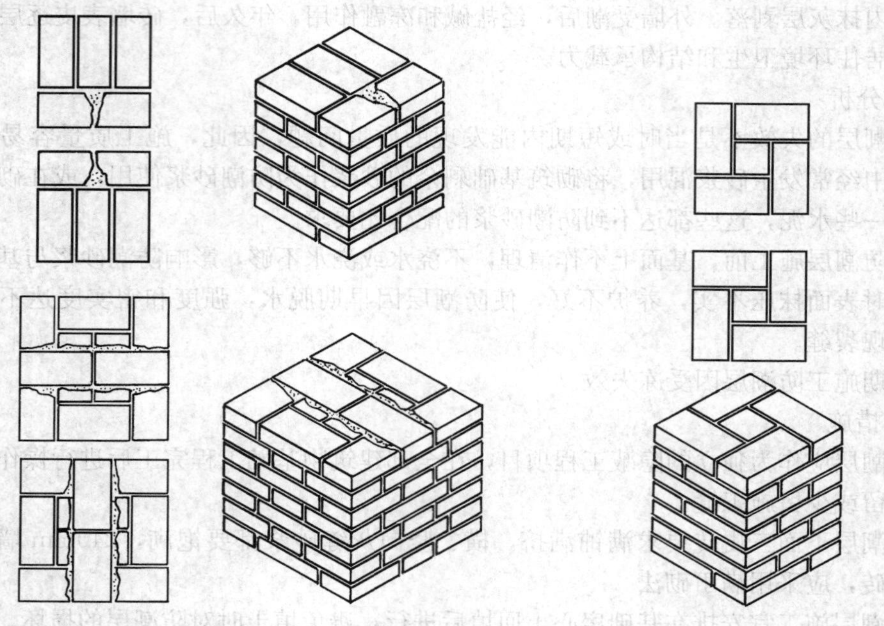

图 13-1　七分砖在柱中情况　　图 13-2　三七砖柱包心砌法

3. 防治措施

（1）应使操作者了解砖墙组砌形式不单是为了清水墙美观，同时也是为了使墙体具有较好的受力性能。因此，墙体中砖缝搭接不得少于 1/4 砖长；内外皮砖层最多隔 200mm 就应有一层丁砖拉结。烧结普通砖采用一顺一丁、梅花丁或三顺一丁砌法，多孔砖采用一顺一丁或梅花丁砌怯均可满足这一要求。

（2）加强对操作人员的技能培训和考核，达不到技能要求者，不能上岗操作。

（3）砖柱的组砌方法，应根据砖柱断面尺寸和实际使用情况统一考虑，但不允许采用包心砌法。

（4）砌筑砖柱所需的异形尺寸砖，宜采用无齿锯切割，或在砖厂生产。

（5）砖柱横竖向灰缝的砂浆都必须饱满，每砌完一层砖，都要进行一次竖缝刮浆塞缝工作，以提高砌体强度。

（6）墙体组砌形式的选用，可根据受力性能和砖的尺寸误差确定。一般清水墙面常选用一顺一丁和梅花丁组砌方法；砖砌蓄水池宜采用三顺一丁组砌方法；双面清水墙，如工业厂房围护墙、围墙等，可采取三七缝组砌方法。在同一栋号工程中，应尽量使用同一砖厂的砖，以避免因砖的规格尺寸误差而经常变动组砌方法。

13.2.3　砖缝砂浆不饱满、砂浆与砖粘结不良

1. 现象

砌体水平灰缝砂浆饱满度低于 80%；竖缝出现瞎缝；砌筑清水墙采取大缩口铺灰，缩口缝深度甚至达 20mm 以上，影响砂浆饱满度。砖在砌筑前未浇水湿润，干砖上墙，

或铺灰长度过长，致使砂浆与砖粘结不良。

2. 原因分析

(1) 低强度等级的砂浆，如使用水泥砂浆，因水泥砂浆和易性差，砌筑时挤浆费劲，操作者用大铲或瓦刀铺刮砂浆后，使底灰产生空穴，砂浆不饱满。

(2) 用于砖砌墙，使砂浆早期脱水而降低强度，且与砖的粘结力下降，而干砖表面的粉屑又起隔离作用，减弱了砖与砂浆层的粘结。

(3) 用铺浆法砌筑，有时因铺浆过长，砌筑速度跟不上，砂浆中的水分被底砖吸收，使砌上的砖层与砂浆失去粘结。

(4) 砌清水墙时，为了省去刮缝工序，采取了大缩口的铺灰方法，使砌体砖缝缩口深度达 20mm 以上，既降低了砂浆饱满度，又增加了勾缝工作量。

3. 防治措施

(1) 改善砂浆和易性是确保灰缝砂浆饱满度和提高粘结强度的关键。详见 13.1.3 "砂浆和易性差，沉底结硬"的防治措施。

(2) 改进砌筑方法。不宜采取铺浆法或摆砖砌筑，应推广"三一砌砖法"，即使用大铲，一块砖、一铲灰、一挤揉的砌筑方法。

(3) 当采用铺浆法砌筑时，必须控制铺浆的长度，一般气温情况下不得超过 750mm，当施工期间气温超过 30℃时，不得超过 500mm。

(4) 严禁用干砖砌墙。砌筑前 1～2d 应将砖浇湿，使砌筑时烧结普通砖和多孔砖的含水率达到 10%～15%；灰砂砖和粉煤灰砖的含水率达到 8%～12%。

(5) 冬期施工时，在正温度条件下也应将砖面适当湿润后再砌筑。负温下施工无法浇砖时，应适当增加砂浆的稠度；对于 9 度抗震设防地区，在严冬无法浇砖情况下，不能进行砌筑。

13.2.4 清水墙面游丁走缝

1. 现象

大面积的清水墙面常出现丁砖竖缝歪斜、宽窄不匀，丁不压中（丁砖在下层顺砖上不居中），清水墙窗台部位与窗间墙部位的上下竖缝发生错位，直接影响到清水墙面的美观。

2. 原因分析

(1) 砖的长、宽尺寸误差较大，如砖的长为正偏差，宽为负偏差，砌一顺一丁时，竖缝宽度不易掌握，稍不注意就会产生游丁走缝。

(2) 开始砌墙摆砖时，未考虑窗口位置对砖竖缝的影响，当砌至窗台处分窗尺寸时，窗的边线不在竖缝位置，使窗间墙的竖缝上下错位。

(3) 里脚手砌外清水墙，未检查外墙面的竖缝垂直度。

3. 防治措施

(1) 砌筑清水墙，应选取边角整齐、色泽均匀的砖。

(2) 砌清水墙前应进行统一摆底，并先对现场砖的尺寸进行实测，以便确定组砌方法和调整竖缝宽度。

(3) 摆底时应将窗口位置引出，使砖的竖缝尽量与窗口边线相齐，如安排不开，可适当移动窗口位置（一般不大于 20mm）。当窗口宽度不符合砖的模数时，应将七分头砖留在窗口下部的中央，以保持窗间墙处上下竖缝不错位（图 13-3）。

(4) 游丁走缝主要是丁砖游动所引起，因此在砌筑时，必须强调丁压中，即丁砖的中线与下层顺砖的中线重合。

(5) 在砌大面积清水墙（如山墙）时，在开始砌的几层砖中，沿墙角1m处，用线坠吊一次竖缝的垂直度，至少保持一步架高度有准确的垂直度。

(6) 沿墙面每隔一定间距，在竖缝处弹墨线，墨线用经纬仪或线坠引测。当砌至一定高度（一步架或一层墙）后，将墨线向上引伸，以作为控制游丁走缝的基准。

(7) 采用里脚手架时，应经常探身察看外墙面的竖缝垂直度。

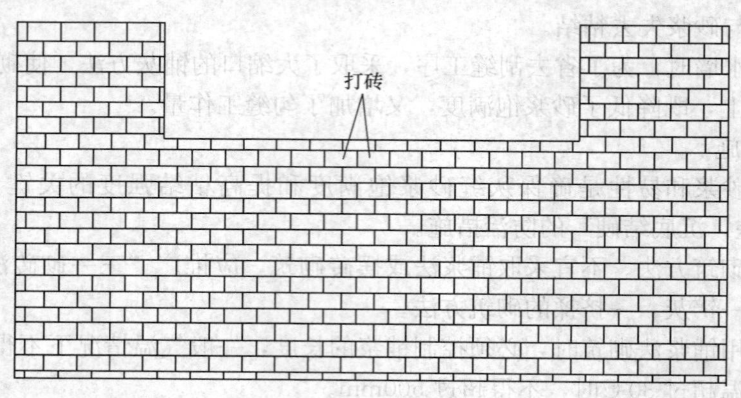

图 13-3　窗间墙上下竖缝情况

13.2.5 "螺丝"墙

1. 现象

砌完一个层高的墙体时，同一砖层的标高差一皮砖的厚度，不能交圈。

2. 原因分析

砌筑时，没有按皮数杆控制砖的层数。每当砌至基础顶面或混凝土楼板上接砌砖墙时，由于标高偏差大，皮数杆往往不能与砖层吻合，需要在砌筑中用灰缝厚度逐步调整。

3. 防治措施

(1) 砌墙前应先测定所砌部位基面标高误差，通过调整灰缝厚度，调整墙体标高，每次在基础顶面或楼板上接砌时，应重新抄平，采用灰缝调整好水平标高。

(2) 调整同一墙面标高误差时，可采取提（或压）缝的办法，砌筑时应注意灰缝均匀，标高误差应分配在一步架的各层砖缝中，逐层调整。

(3) 挂线两端应相互呼应，注意同一条水平线所砌砖的层数是否与皮数杆上的砖层数相符。

(4) 当砌至一定高度时，可检查与相邻墙体水平线的平行度，以便及时发现标高误差。

(5) 在墙体一步架砌完前，应进行抄平弹半米线，用半米线向上引尺检查标高误差，墙体基面的标高误差，应在一步架内调整完毕。

13.2.6 清水墙面勾缝不符合要求

1. 现象

清水墙面勾缝深浅不一致，竖缝不实，十字缝搭接不平，墙缝内残浆未扫净，墙面被砂浆严重污染；脚手眼处堵塞不严、不平，留有永久痕迹（堵孔砖与原墙面色泽不一致）；

勾缝砂浆开裂、脱落。

2. 原因分析

（1）清水墙面勾缝前未经开缝，刮缝深度不够或用大缩口缝砌砖，使勾缝砂浆不平，深浅不一致。竖缝挤浆不严，勾缝砂浆悬空未与缝内底灰接触，与平缝十字搭接不平，容易开裂、脱落。

（2）脚手眼堵塞不严，补缝砂浆不饱满。堵孔砖与原墙面的砖色泽不一致，在脚手眼处留下永久痕迹。

（3）勾缝前对墙面浇水润湿程度不够，使勾缝砂浆早期脱水而收缩开裂。墙缝内浮灰未清理干净，影响勾缝砂浆与灰缝内砂浆的粘结，日久后脱落。

（4）采取加浆勾缝时，因托灰板接触墙面，使墙面被勾缝水泥砂浆弄脏而留下印痕。如墙面浇水过湿，扫缝时墙面也容易被砂浆污染。

3. 防治措施

（1）清水墙面勾缝所用水泥的凝结时间和安定性复验应合格。砂浆的配合比应符合设计要求。

（2）勾缝前，必须对墙体砖缺楞掉角部位、瞎缝、刮缝深度不够的灰缝进行开凿。开缝深度为10mm左右，缝子上下切口应开凿整齐。

（3）砌墙时应保存一部分砖，供堵塞脚手眼用。脚手眼堵塞前，先将洞内的残余砂浆剔除干净，并浇水润湿（冲去浮灰），然后铺以砂浆，用砖挤严。横、竖灰缝均应填实砂浆，顶砖缝采取喂灰方法塞严砂浆，以减少脚手眼对墙体强度的影响。

（4）勾缝前，应提前浇水冲刷墙面的浮灰（包括清除灰缝表层不实部分），待砖墙表皮略见风干时，再开始勾缝。勾缝顺序应是从上而下，自左向右；先勾横缝，后勾竖缝。

（5）勾缝用1∶1.5水泥细砂砂浆，细砂应过筛，砂浆稠度以勾缝镏子挑起不落为宜。

（6）清水墙勾缝的形式有：平缝、凹缝、斜缝、半圆形凸缝，如图13-4所示。平缝操作简单，勾成的墙面平整，不易剥落和积污，防雨水的渗透作用较好，但墙面较为单调，平缝一般采用深浅两种做法，深的约凹进墙面对面3～5mm。凹缝是将灰缝凹进墙面5～8mm凹面可做成半圆形，勾凹缝的墙面有立体感。斜缝是把灰缝的上口压进墙面3～4mm。凸缝是在灰缝面做成一个半圆形的凸线，凸出墙面约5mm左右，凸缝墙面线条明显清晰、美规，但操作比较费事。

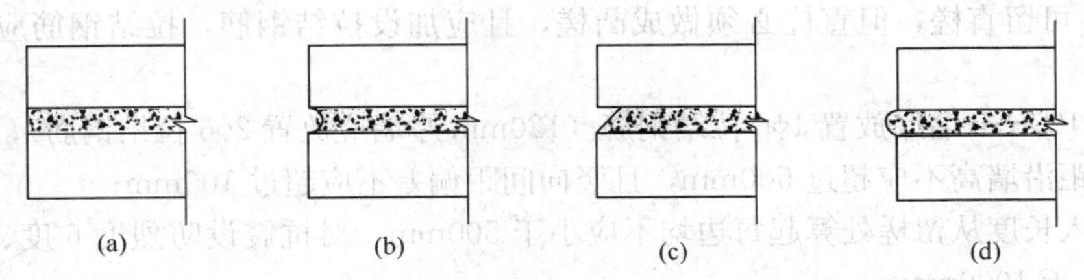

图13-4 勾缝形式

(a) 平缝；(b) 凹缝；(c) 斜缝；(d) 凸缝

（7）勾完缝后，待勾缝砂浆略被砖面吸水起干，即可进行扫缝。扫缝应顺缝扫，先水平缝，后竖缝，扫缝时应不断地抖掉扫帚中的砂浆粉粒，以减少对墙面的污染。

（8）干燥天气勾缝后应喷水养护。

13.2.7　墙体留槎形式不符合规定，接槎不严

1. 现象

砌筑时不按规范执行，随意留直槎，且多留置阴槎，槎口部位用砖碴填砌，留槎部位接槎砂浆不严，灰缝不顺直，使墙体拉结性能严重削弱。

2. 原因分析

（1）操作人员对留槎形式与抗震性能的关系缺乏认识，习惯于留直槎，认为留斜槎不如留直槎方便，而且多数留阴槎。有时由于施工操作不便，如外脚手砌墙，横墙留斜槎较困难而留置直槎。

（2）施工组织不当，造成留槎过多。由于重视不够，留直槎时，漏放拉结筋，或拉结筋长度、间距未按规定执行；拉结筋部位的砂浆不饱满，使钢筋锈蚀。

（3）后砌120mm厚隔墙留置的阳槎（马牙槎）不正不直，接槎时由于咬槎深度较大（砌十字缝时咬槎深120mm），使接槎砖上部灰缝不易塞严。

（4）斜槎留置方法不统一，留置大斜槎工作量大，斜槎灰缝平直度难以控制，使接槎部位不顺线。

（5）施工洞口随意留设，运料小车将混凝土、砂浆撒落到洞口留槎部位，影响接槎质量。填砌施工洞的砖，色泽与原墙不一致，影响清水墙面的美观。

3. 防治措施

（1）在安排施工组织计划时，对施工留槎应作统一考虑。外墙大角尽量做到同步砌筑不留槎，或一步架留槎，二步架改为同步砌筑，以加强墙角的整体性。纵横墙交接处，有条件时尽量安排同步砌筑，如外脚手砌纵墙，横墙可以与此同步砌筑，工作面互不干扰。这样可尽量减少留槎部位，有利于房屋的整体性。

（2）砖砌体的转角处和交接处应同时砌筑，严禁无可靠措施的内外墙分砌施工。在抗震设防烈度为8度及8度以上地区，对不能同时砌筑而又必须留置的临时间断处应砌成斜槎。普通砖砌体斜槎水平投影长度不应小于高度的2/3，多孔砖砌体的斜槎长高比不应小于1/2。斜槎砌法见图13-5。

（3）应注意接槎的质量。首先应将接槎处清理干净，然后浇水湿润，接槎时，槎面要填实砂浆，并保持灰缝平直。

（4）非抗震设防及抗震设防烈度为6度、7度地区，当临时间断处不能留斜槎时，除转角处外，可留直槎，但直槎必须做成凸槎，且应加设拉结钢筋，拉结钢筋应符合下列规定。

1）每120mm墙厚放置1ϕ6拉结钢筋（120mm厚墙应放置2ϕ6拉结钢筋）；

2）间距沿墙高不应超过500mm，且竖向间距偏差不应超过100mm；

3）埋入长度从留槎处算起每边均不应小于500mm，对抗震设防烈度6度、7度的地区，不应小于1000mm；

4）末端应有90°弯钩（图13-6）。

（5）外清水墙施工洞口（人货电梯、井架上料口）留槎部位，应加以保护和覆盖，防止运料小车碰撞槎子和撒落混凝土、砂浆造成污染。为使填砌施工洞口用砖的规格和色泽与墙体保持一致，在施工洞口附近应保存一部分原砌墙用砖，供填砌洞口时使用。

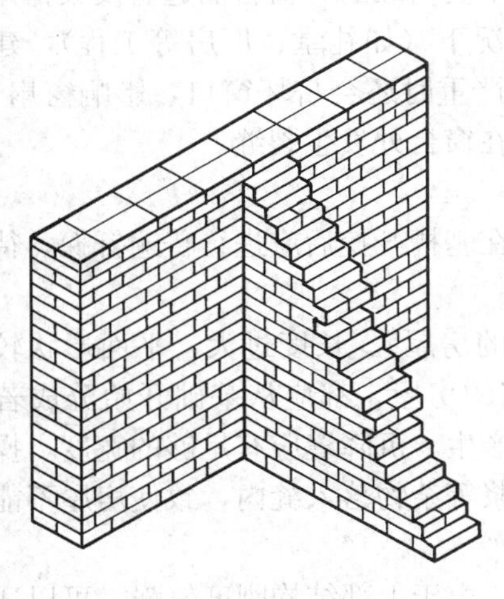

图 13-5 斜槎砌法

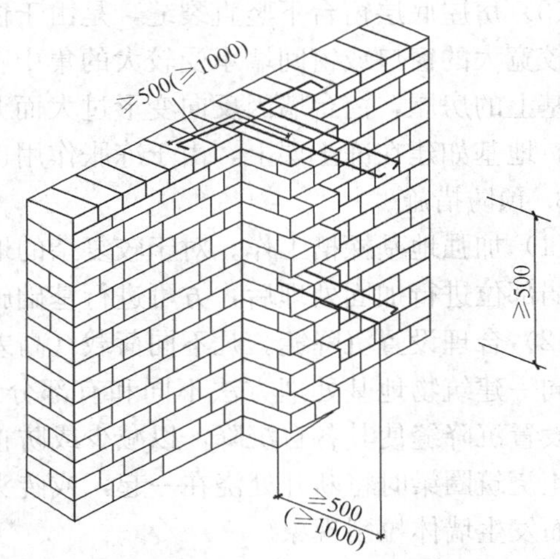

图 13-6 直槎处拉结钢筋示意图

13.2.8 地基不均匀沉降引起墙体裂缝

1. 现象

(1) 斜裂缝一般发生在纵墙的两端，多数裂缝通过窗口的两个对角，裂缝向沉降较大的方向倾斜，并由下向上发展（图 13-7）。横墙由于刚度较大（门窗洞口也少），一般不会产生太大的相对变形，故很少出现这类裂缝。裂缝多出现在底层墙体，向上逐渐减少，裂缝宽度下大上小，常常在房屋建成后不久就出现，其数量及宽度随时间而逐渐发展。

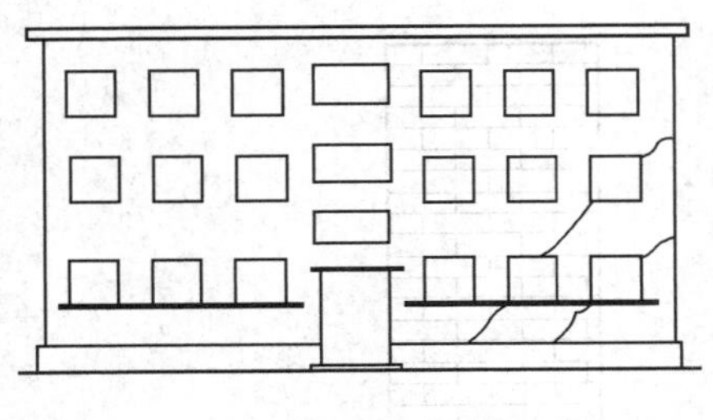

图 13-7 斜裂缝情况

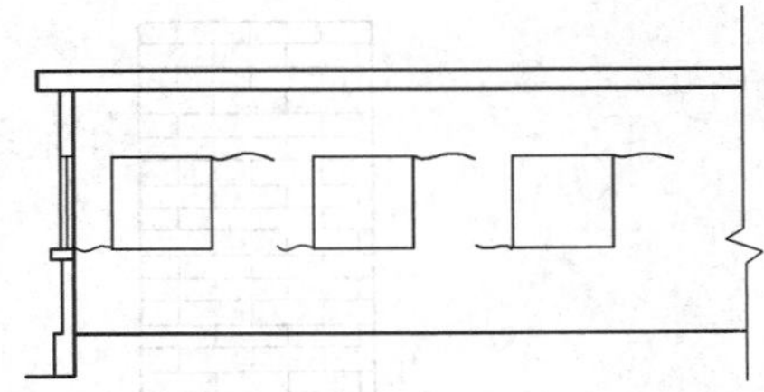

图 13-8 窗间墙水平裂缝

(2) 窗间墙水平裂缝一般在窗间墙的上下对角处成对出现，沉降大的一边裂缝在下，沉降小的一边裂缝在上（图 13-8）。

(3) 竖向裂缝发生在纵墙中央的顶部和底层窗台处，裂缝上宽下窄。当纵墙顶层有钢筋混凝土圈梁时，顶层中央顶部竖直裂缝则较少。

2. 原因分析

(1) 斜裂缝主要发生在软土地基上的墙体中，由于地基不均匀下沉，使墙体承受较大的剪切力，当结构刚度较差，施工质量和材料强度不能满足要求时，导致墙体开裂。

(2) 窗间墙水平裂缝产生的原因是，由于地基沉降量较大，沉降单元上部受到阻力，使窗间墙受到较大的水平剪力，而发生上下位置的水平裂缝。

(3) 房屋底层窗台下竖直裂缝，是由于窗间墙承受荷载后，窗台墙起着反梁作用，特别是较宽大的窗口或窗间墙承受较大的集中荷载情况下（如礼堂、厂房等工程），建在软土地基上的房屋，窗台墙因反向变形过大而开裂，严重时还会挤坏窗口，影响窗扇开启。另外，地基如建在冻土层上，由于冻胀作用也可能在窗台处发生裂缝。

3. 预防措施

(1) 加强地基探槽工作。对于较复杂的地基，在基槽开挖后应进行普遍钎探，待探出的软弱部位进行加固处理后，方可进行基础施工。

(2) 合理设置沉降缝。凡不同荷载（高差悬殊的房屋）、长度过大、平面形状较为复杂、同一建筑物地基处理方法不同和有部分地下室的房屋，都应从基础开始分成若干部分，设置沉降缝使其各自沉降，以减少或防止裂缝产生。沉降缝应有足够的宽度，操作中应防止浇筑圈梁时将断开处浇在一起，或砖头、砂浆等杂物落入缝内，致使房屋不能自由沉降而发生墙体拉裂现象。

(3) 加强上部结构的刚度，提高墙体抗剪强度。由于上部结构刚度较强，可以适当调整地基的不均匀下沉。故应在基础顶面（±0.000）处及各楼层门窗口上部设置圈梁，减少建筑物端部门窗数量。设计时，应控制长高比不要过大。操作中严格执行规范规定，如砖浇水润湿程度，改善砂浆和易性，提高砂浆饱满度，在施工临时间断处留置斜槎等。对于非抗震设防地区及抗震设防烈度为 6、7 度地区的房屋，当留置直槎时，也应留成阳槎，并按规定加设拉结筋，严禁留置阴槎、不设拉结筋的做法。

(4) 宽大窗口下部应考虑设混凝土梁或砌反砖碹（图 13-9），以适应窗台反梁作用的变形，防止窗台处产生竖直裂缝。为避免多层房屋底层窗台下出现裂缝，除了加强基础整体性外，也采取在灰缝内设置通长钢筋的方法来加强。另外，窗台部位也不宜使用过多的半砖砌筑。

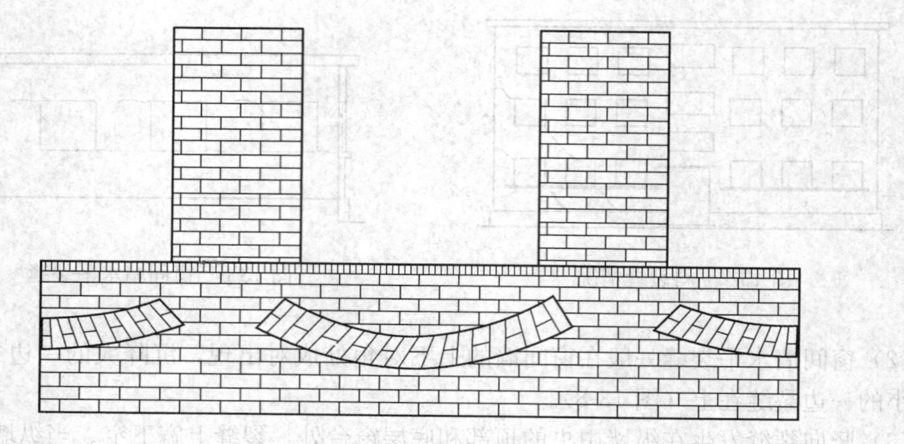

图 13-9　砌反砖碹

4. 治理方法

(1) 对于沉降差不大，且已不再发展的一般性细小裂缝，因不会影响结构的安全和使用，采取砂浆堵抹或压力注浆法即可。

(2) 对于不均匀沉降仍在发展，裂缝较严重且在继续开展，则应本着先加固地基后处理裂缝的原则进行。一般可采用桩基托换方法来加固，即沿基础两侧布置灌注桩，上设抬梁，将原基础圈梁托起，防止地基继续下沉。然后根据墙体裂缝的严重程度，分别采用填缝法、压浆法、外加网片法、置换法进行处理（详见附录13.6）。

13.2.9 温度变化引起的墙体裂缝

1. 现象

（1）八字裂缝。出现在顶层纵墙的两端（一般在1～2开间的范围内），严重时可发展到房屋1/3长度内（图13-10），有时在横墙上也可能发生。裂缝宽度一般中间大、两端小。当外纵墙两端有窗时，裂缝沿窗口对角方向裂开。

（2）水平裂缝。一般发生在平屋顶屋檐下或顶层圈梁下2～3皮砖的灰缝位置，裂缝一般沿外墙顶部断续分布，两端较中间严重，在转角处，往往形成纵、横墙相交而成的包角裂缝（图13-11）。

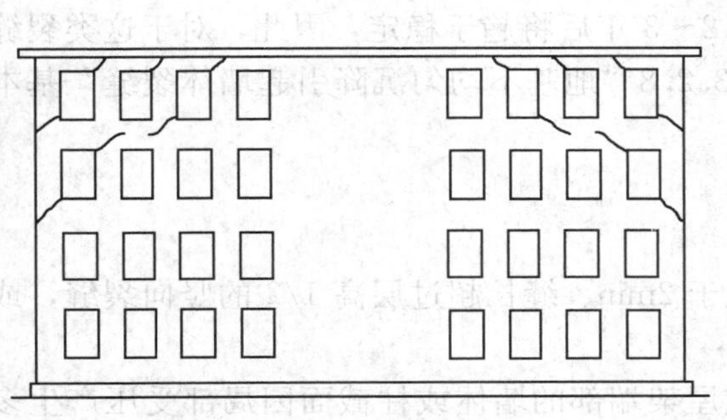

图13-10 八字裂缝情况

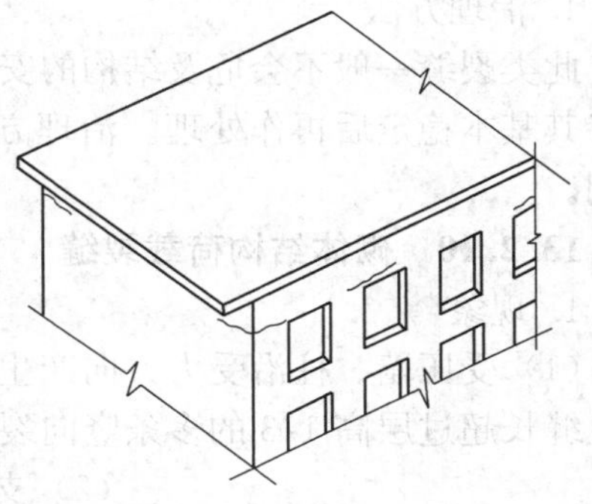

图13-11 水平裂缝情况

（3）竖向裂缝。对于一些长度较大的房屋，在纵墙中间部位可能出现竖向裂缝，裂缝宽度中间大、两端小。

2. 原因分析

（1）八字裂缝一般发生在平屋顶房屋顶层纵墙面上，这种裂缝的产生，往往是在夏季屋顶圈梁、挑檐混凝土浇筑后，保温层未施工前，由于混凝土和砖砌体两种材料线胀系数的差异（前者比后者约大一倍），在较大温差情况下，纵墙因不能自由缩短而在两端产生八字裂缝。无保温屋盖的房屋，经过夏、冬季气温的变化，也容易产生八字裂缝。裂缝之所以发生在顶层，还由于顶层墙体承受的压应力较其他各层小，从而砌体抗剪强度比其他各层要低的缘故。

（2）檐口下水平裂缝、包角裂缝以及在较长的多层房屋楼梯间处，楼梯休息平台与楼板邻接部位发生的竖直裂缝，以及纵墙上的竖直裂缝（图13-12），产生的原因与上述原因相同。

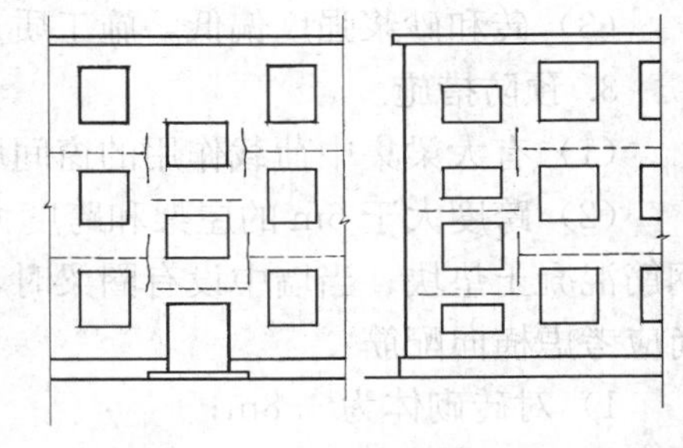

图13-12 竖直裂缝

3. 预防措施

（1）合理安排屋面保温层施工。由于屋面结构层施工完毕至作好保温层，中间有一段时间间隔，因此屋面施工应尽量避开高温季节，同时应尽量缩短间隔时间。

（2）屋面挑檐可采取分块预制或者顶层圈梁

与墙体之间设置滑动层。

（3）按规定留置伸缩缝，以减少温度变化对墙体产生的影响。伸缩缝应清理干净，避免碎砖或砂浆等杂物填入缝内。

（4）混凝土砖、蒸压砖的生产龄期达到 28d 后，方可用于砌体的施工。

（5）砌筑烧结普通砖、烧结多孔砖、蒸压灰砂砖、蒸压粉煤灰砖砌体时，砖应提前 1～2d 适度湿润，不得采用干砖或吸水饱和状态的砖砌筑。砖湿润程度宜符合下列规定：

1）烧结类砖的相对含水率 60%～70%；

2）混凝土多孔砖及混凝土实心砖不需浇水湿润，但在气候干燥炎热的情况下，宜在砌筑前对其喷水湿润；

3）其他非烧结类砖的相对含水率为 40%～50%。

4. 治理方法

此类裂缝一般不会危及结构的安全，且 2～3 年后将趋于稳定，因此，对于这类裂缝可待其基本稳定后再作处理。治理方法与 13.2.8“地基不均匀沉降引起墙体裂缝”基本相同。

13.2.10 砌体结构荷载裂缝

1. 现象

（1）受压墙、柱沿受力方向产生缝宽大于 2mm、缝长超过层高 1/2 的竖向裂缝，或产生缝长超过层高 1/3 的多条竖向裂缝；

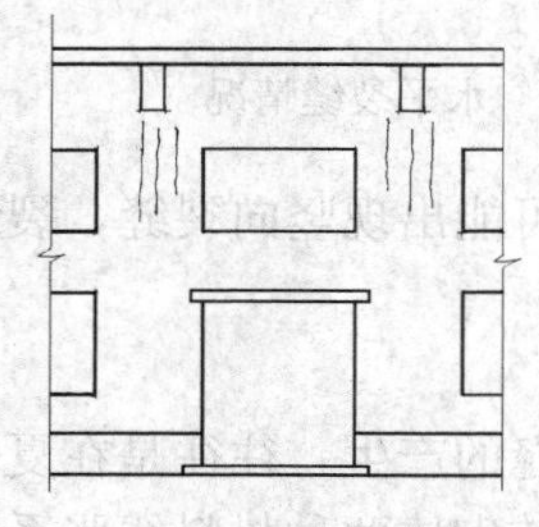

图 13-13 局部竖向裂缝

（2）支承梁或屋架端部的墙体或柱截面因局部受压产生多条竖向裂缝（图 13-13），或裂缝宽度已超过 1mm；

（3）墙柱因偏心受压产生水平裂缝，裂缝宽度大于 0.5mm；

（4）墙柱刚度不足，出现挠曲鼓闪，且在挠曲部位出现水平或交叉裂缝；

（5）砖过梁中部产生明显的竖向裂缝，或端部产生明显的斜裂缝，或支承过梁的墙体产生水平裂缝；

（6）砖筒拱、扁壳、波形筒拱、拱顶沿母线出现裂缝；

（7）其他显著影响整体结构性的裂缝。

2. 原因分析

（1）大梁下面墙体竖向裂缝，主要由于未设梁垫或梁垫面积不足，砖墙局部承受荷载过大所引起。

（2）墙体厚度不足，或未砌砖垛。

（3）砖和砂浆强度偏低，施工质量差。

3. 预防措施

（1）有大梁集中荷载作用的窗间墙，应有一定的宽度（或加墙垛）。

（2）跨度大于 6m 的屋架和跨度大于下列数值的梁，应在支承处砌体上设置混凝土或钢筋混凝土垫块；当墙中设有圈梁时，垫块与圈梁宜浇成整体，当大梁荷载较大时，墙体尚应考虑横向配筋：

1）对砖砌体为 4.8m；

2）对砌块和料石砌体为 4.2m；

3）对毛石砌体为3.9m。

（3）当梁跨度不小于下列数值时，其支承处宜加设壁柱，或采取其他加强措施：

1）对240mm厚砖墙为6m，对180mm厚砖墙为4.8m；

2）对砌块、料石墙为4.8m。

（4）对宽度较小的窗间墙，施工中应避免使用断砖和留脚手眼。

4. 治理方法

（1）由于此类裂缝属于受力裂缝，处理的宽度限值，应按表13-1的规定选取。

砌体结构构件裂缝处理的宽度限值（mm） 表13-1

项目	构件类别	
	主要构件	一般构件
（A）必须处理的裂缝宽度	＞1.5	＞5
（B）宜处理裂缝宽度	0.3～1.5	1.5～5
（C）不须处理的裂缝宽度	＜0.3	＜1.5

注：表中数据系指室内正常环境下的裂缝处理的宽度限制，其他情况应根据环境恶劣程度相应减小。

（2）首先应由设计部门根据砖和砂浆的实际强度，并结合施工质量进行复核验算，如果局部受压不能满足规范要求，可会同施工部门采取加固措施。处理时，可选择外加钢筋混凝土面层加固法、外加钢筋网片水泥砂浆面层加固法、外包型钢加固法等方法进行加固处理。加固作业面覆盖裂缝时可不进行裂缝修补。对于情况严重者，为确保安全，必要时在处理前应采取临时加固措施，以防墙体突然性破坏。

附录13.3 砖砌体质量标准以及检验方法

1. 一般规定

（1）适用于烧结普通砖、烧结多孔砖、混凝土多孔砖、混凝土实心砖、蒸压灰砂砖、蒸压粉煤灰砖等砌体工程。

（2）用于清水墙、柱表面的砖，应边角整齐，色泽均匀。

（3）砌体砌筑时，混凝土多孔砖、混凝土实心砖、蒸压灰砂砖、蒸压粉煤灰砖等块体的产品龄期不应小于28d。

（4）有冻胀环境和条件的地区，地面以下或防潮层以下的砌体，不应采用多孔砖。

（5）不同品种的砖不得在同一楼层混砌。

（6）砌筑烧结普通砖、烧结多孔砖、蒸压灰砂砖、蒸压粉煤灰砖砌体时，砖应提前1～2d适度湿润，严禁采用干砖或处于吸水饱和状态的砖砌筑，块体湿润程度宜符合下列规定：

1）烧结类块体的相对含水率60％～70％；

2）混凝土多孔砖及混凝土实心砖不需浇水湿润，但在气候干燥炎热的情况下，宜在砌筑前对其喷水湿润。其他非烧结类块体的相对含水率为40％～50％。

（7）采用铺浆法砌筑砌体，铺浆长度不得超过750mm；当施工期间气温超过30℃时，铺浆长度不得超过500mm。

（8）240mm厚承重墙的每层墙的最上一皮砖，砖砌体的阶台水平面上及挑出层的外皮砖，应整砖丁砌。

(9) 弧拱式及平拱式过梁的灰缝应砌成楔形缝，拱底灰缝宽度不宜小于 5mm，拱顶灰缝宽度不应大于 15mm，拱体的纵向及横向灰缝应填实砂浆；平拱式过梁拱脚下面应伸入墙内不小于 20mm；砖砌平拱过梁底应有 1%的起拱。

(10) 砖过梁底部的模板及其支架拆除时，灰缝砂浆强度不应低于设计强度 75%。

(11) 多孔砖的孔洞应垂直于受压面砌筑。半盲孔多孔砖的封底面应朝上砌筑。

(12) 竖向灰缝不应出现瞎缝、透明缝和假缝。

(13) 砖砌体施工临时间断处补砌时，必须将接槎处表面清理干净，洒水湿润，并填实砂浆，保持灰缝平直。

(14) 夹心复合墙的砌筑应符合下列规定：

1) 墙体砌筑时，应采取措施防止空腔内掉落砂浆和杂物；

2) 拉结件设置应符合设计要求，拉结件在叶墙上的搁置长度不应小于叶墙厚度的 2/3，并不应小于 60mm；

3) 保温材料品种及性能应符合设计要求。保温材料的浇注压力不应对砌体强度、变形及外观质量产生不良影响。

2. 主控项目

(1) 砖和砂浆的强度等级必须符合设计要求。

抽检数量：每一生产厂家，烧结普通砖、混凝土实心砖每 15 万块，烧结多孔砖、混凝土多孔砖、蒸压灰砂砖及蒸压粉煤灰砖每 10 万块各为一验收批，不足上述数量时按 1 批计，抽检数量为 1 组。

检验方法：查砖和砂浆试块试验报告。

(2) 砌体灰缝砂浆应密实饱满，砖墙水平灰缝的砂浆饱满度不得低于 80%；砖柱水平灰缝和竖向灰缝饱满度不得低于 90%。

抽检数量：每检验批抽查不应少于 5 处。

检验方法：用百格网检查砖底面与砂浆的粘结痕迹面积，每处检测 3 块砖，取其平均值。

(3) 砖砌体的转角处和交接处应同时砌筑，严禁无可靠措施的内外墙分砌施工。在抗震设防烈度为 8 度及 8 度以上地区，对不能同时砌筑而又必须留置的临时间断处应砌成斜槎，普通砖砌体斜槎水平投影长度不应小于高度的 2/3，多孔砖砌体的斜槎长高比不应小于 1/2。斜槎高度不得超过一步脚手架的高度。

抽检数量：每检验批抽查不应少于 5 处。

检验方法：观察检查。

(4) 非抗震设防及抗震设防烈度为 6 度、7 度地区的临时间断处，当不能留斜槎时，除转角处外，可留直槎，但直槎必须做成凸槎，且应加设拉结钢筋，拉结钢筋应符合下列规定：

1) 每 120mm 墙厚放置 1ϕ6 拉结钢筋（120mm 厚墙应放置 2ϕ6 拉结钢筋）；

2) 间距沿墙高不应超过 500mm，且竖向间距偏差不应超过 100mm；

3) 埋入长度从留槎处算起每边均不应小于 500mm，对抗震设防烈度 6 度、7 度的地区，不应小于 1000mm；

4）末端应有90°弯钩（见图13-6）。

抽检数量：每检验批抽查不应少于5处。

检验方法：观察和尺量检查。

3. 一般项目

（1）砖砌体组砌方法应正确，内外搭砌，上下错缝。清水墙、窗间墙无通缝；混水墙中不得有长度大于300mm的通缝，长度200～300mm的通缝每间不超过3处，且不得位于同一面墙体上。砖柱不得采用包心砌法。

抽检数量：每检验批抽查不应少于5处。

检验方法：观察检查。砌体组砌方法抽检每处应为3～5m。

（2）砖砌体的灰缝应横平竖直，厚薄均匀，水平灰缝厚度及竖向灰缝宽度宜为10mm，但不应小于8mm，也不应大于12mm。

抽检数量：每检验批抽查不应少于5处。

检验方法：水平灰缝厚度用尺量10皮砖砌体高度折算；竖向灰缝宽度用尺量2m砌体长度折算。

（3）砖砌体尺寸、位置的允许偏差及检验应符合附表13-3的规定。

砖砌体尺寸、位置的允许偏差及检验 **附表13-3**

<table>
<tr><th>项次</th><th colspan="3">项　目</th><th>允许偏差（mm）</th><th>检验方法</th><th>抽检数量</th></tr>
<tr><td>1</td><td colspan="3">轴线位移</td><td>10</td><td>用经纬仪和尺或用其他测量仪器检查</td><td>承重墙、柱全数检查</td></tr>
<tr><td>2</td><td colspan="3">基础、墙、柱顶面标高</td><td>±15</td><td>用水准仪和尺检查</td><td>不应少于5处</td></tr>
<tr><td rowspan="3">3</td><td rowspan="3">墙面垂直度</td><td colspan="2">每　层</td><td>5</td><td>用2m托线板检查</td><td>不应少于5处</td></tr>
<tr><td rowspan="2">全高</td><td>≤10m</td><td>10</td><td rowspan="2">用经纬仪、吊线和尺或用其他测量仪器检查</td><td rowspan="2">外墙全部阳角</td></tr>
<tr><td>>10m</td><td>20</td></tr>
<tr><td rowspan="2">4</td><td rowspan="2">表面平整度</td><td colspan="2">清水墙、柱</td><td>5</td><td rowspan="2">用2m靠尺和楔形塞尺检查</td><td rowspan="2">不应少于5处</td></tr>
<tr><td colspan="2">混水墙、柱</td><td>8</td></tr>
<tr><td rowspan="2">5</td><td rowspan="2">水平灰缝平直度</td><td colspan="2">清水墙</td><td>7</td><td rowspan="2">拉5m线和尺检查</td><td rowspan="2">不应少于5处</td></tr>
<tr><td colspan="2">混水墙</td><td>10</td></tr>
<tr><td>6</td><td colspan="3">门窗洞口高、宽（后塞口）</td><td>±10</td><td>用尺检查</td><td>不应少于5处</td></tr>
<tr><td>7</td><td colspan="3">外墙上下窗口偏移</td><td>20</td><td>以底层窗口为准，用经纬仪或吊线检查</td><td>不应少于5处</td></tr>
<tr><td>8</td><td colspan="3">清水墙游丁走缝</td><td>20</td><td>以每层第一皮砖为准，用吊线和尺检查</td><td>不应少于5处</td></tr>
</table>

附录13.4 砌体结构典型裂缝特征

引自《房屋裂缝检测与处理技术规程》（CECS 293—2011）

砌体结构的典型荷载裂缝特征　　附表 13-4

项次	裂缝原因	裂缝主要特征		裂缝现象
		裂缝常出现位置	裂缝走向及形态	
1	受压	承重墙或窗间墙中部	多为竖向裂缝，中间宽，两端窄	
2	偏心受压	受偏心荷载的墙或柱	压力较大一侧产生竖向裂缝；另一侧产生水平裂缝，边缘宽，向内渐窄	
3	局部受压	梁端支承墙体受集中荷载处	竖向裂缝并伴有斜裂缝	
4	受剪	受压墙体受较大水平荷载处	水平通缝	
			沿灰缝阶梯形裂缝	
4	受剪	受压墙体受较大水平荷载处	沿灰缝和砌块阶梯形裂缝	
5	地震作用	承重横墙及纵墙窗间墙	斜裂缝，X形裂缝	
6	不均匀沉降	底层大窗台下，建筑物顶部，纵横墙交接处	竖向裂缝，上部宽，下部窄	
		窗间墙上下对角	水平裂缝，边缘宽，向内渐窄	
		纵、横墙竖向变形较大的窗口对角。下部多，上部少；两端多，中部少	斜裂缝，正八字形	
		纵、横墙挠度较大的窗口对角。下部多，上部少；两端多，中部少	斜裂缝，倒八字形	

续表

项次	裂缝原因	裂缝主要特征		裂缝现象	项次	裂缝原因	裂缝主要特征		裂缝现象
		裂缝常出现位置	裂缝走向及形态				裂缝常出现位置	裂缝走向及形态	
7	温度变形，砌体干缩变形	纵墙两端部靠近屋顶处的外墙及山墙	斜裂缝，正八字形		7	温度变形，砌体干缩变形	房屋两端横墙	X形	
		外墙屋顶，靠近屋面圈梁墙体，女儿墙底部，门窗洞口	水平裂缝，均宽				门窗、洞口、楼梯间等薄弱处	竖向裂缝，均宽，贯通全高	

附录 13.5 摘引自《砌体结构设计规范》(GB 50003—2011) 防止或减轻墙体开裂的主要措施

1. 在正常使用条件下，应在墙体中设置伸缩缝。伸缩缝应设在因温度和收缩变形可能引起应力集中、砌体产生裂缝可能性最大的地方。伸缩缝的间距可按附表 13-5 采用。

砌体房屋伸缩缝的最大间距 **附表 13-5**

屋盖或楼盖类型		间距 (m)
整体式或装配整体式钢筋混凝土结构	有保温层或隔热层的屋盖、楼盖	50
	无保温层或隔热层的屋盖	40
装配式无檩体系钢筋混凝土结构	有保温层或隔热层的屋盖、楼盖	60
	无保温层或隔热层的屋盖	50
装配式有檩体系钢筋混凝土结构	有保温层或隔热层的屋盖	75
	无保温层或隔热层的屋盖	60
瓦材屋盖、木屋盖或楼盖、轻钢屋盖		100

注：1. 对烧结普通砖、烧结多孔砖、配筋砌块砌体房屋取表中数值；对石砌体、蒸压灰砂砖、蒸压粉煤灰砖、混凝土砌块、混凝土普通砖和混凝土多孔砖房屋，取表中数值乘以 0.8 的系数，当墙体有可靠外保温措施时，其间距可取表中数值。

2. 在钢筋混凝土屋面上挂瓦的屋盖应按钢筋混凝土屋盖采用。

3. 层高大于 5m 的烧结普通砖、多孔砖、配筋砌块砌体结构单层房屋，其伸缩缝间距可按表中数值乘以 1.3。

4. 温差较大且变化频繁地区和严寒地区不采暖的房屋及构筑物墙体的伸缩缝的最大间距，应按表中数值予以适当减小。

5. 墙体的伸缩缝应与结构的其他变形缝相结合，缝宽度应满足各种变形缝的变形要求；在进行立面处理时，必须保证缝隙的变形作用。

2. 房屋顶层墙体，宜根据情况采取下列措施：

（1）屋面应设置保温、隔热层；

（2）屋面保温（隔热）层或屋面刚性面层及砂浆找平层应设置分隔缝，分隔缝间距不宜大于 6m，其缝宽不小于 30mm，并于女儿墙隔开；

（3）采用装配式有檩体系钢筋混凝土屋盖；

（4）顶层屋面板下设置现浇钢筋混凝土圈梁，并沿内外墙拉通，房屋两端圈梁下的墙体内宜设置水平钢筋；

（5）顶层墙体有门窗等洞口时，在过梁上的水平灰缝内设置 2～3 道焊接钢筋网片或 2Φ6 钢筋，焊接钢筋网片或钢筋应伸入洞口两端墙内不少于 600mm；

（6）顶层及女儿墙砂浆强度等级不低于 M7.5（Mb7.5，Ms7.5）；

（7）女儿墙应设置构造柱，构造柱间距不宜大于 4m，构造柱应伸至女儿墙顶，并与现浇钢筋混凝土压顶整浇在一起；

（8）对顶层墙体施加竖向预应力。

3. 房屋底层墙体，应根据情况采取下列措施：

（1）增大基础圈梁的刚度；

（2）在底层的窗台下墙体灰缝内设置 3 道焊接钢筋网片或 2Φ6 钢筋，应伸入两边窗间墙内不小于 600mm。

4. 在每层门、窗过梁上方的水平灰缝内及窗台下第一和第二皮水平灰缝内，宜设置焊接钢筋网片或 2Φ6 钢筋，焊接钢筋网片或钢筋应伸入两边窗间墙内不小于 600mm。当墙长大于 5m 时，宜在每层墙高度中部设置 2～3 道焊接钢筋网片或 3Φ6 的通长水平钢筋，竖向间距为 500mm。

5. 房间两端和底层第一、第二开间门窗洞处，可采取下列措施：

（1）在门窗洞口两边墙体的水平灰缝中，设置长度不小于 900mm、深度间距为 400mm 的 2Φ4 的焊接钢筋网片；

（2）在顶层和底层设置通长钢筋混凝土窗台梁，窗台梁高宜为块材高的模数，梁内纵向钢筋不少于 4Φ10，箍筋中Φ6@200，采用不低于 C20 混凝土。

（3）在混凝土砌块房屋门窗洞口两侧不少于一个孔洞中，设置不少于 1Φ12 竖向钢筋，钢筋应在楼层圈梁或基础内锚固，孔洞用不低于 Cb20 混凝土灌实。

6. 填充墙砌体与梁、柱或混凝土墙体结合的界面处（包括内、外墙），宜在粉刷前设置钢丝网片（网片宽 400mm，沿界面缝两侧各延伸 200mm），或采取其他有效的防裂、盖缝措施。

7. 当房屋刚度较大时，可在窗台下或窗台角处墙体内，在墙体高度或厚度突然变化处设置竖向控制缝（附图 13-1）。竖向控制缝宽度不宜小于 25mm，缝内填以压缩性能好的填充材料，且外部用密封材料密封（如聚氨酯、硅酮等密封膏），并采用不吸水的、闭孔发泡聚乙烯实心圆棒（背衬）作为密封膏的隔离物。

8. 蒸压灰砂砖、蒸压粉煤灰砖、混凝土多孔砖和混凝土砌块砌体宜采用专用砂浆砌筑。

9. 块材高度大于 53mm 的墙体采用的预制窗台板，不得嵌入墙内。

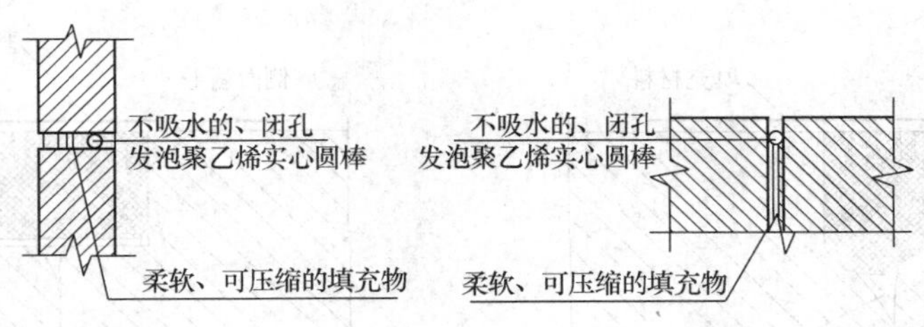

附图 13-1 控制缝的做法

附录 13.6 砌体裂缝修补法

1. 一般规定

(1) 适用于修补影响砌体结构、构件正常使用性的裂缝，对承载能力不足引起的裂缝，尚应按设计或相关规范执行。

(2) 砌体结构裂缝的修补应根据其种类、性质及出现的部位进行设计，选择适宜的修补材料、修补方法和修补时间。

(3) 常用的裂缝修补方法有填缝法、压浆法、外加网片法和置换法等。根据工程的需要，这些方法尚可组合使用。

(4) 砌体裂缝修补后，其墙面抹灰的做法应符合现行国家标准的有关规定。在抹灰层砂浆或细石混凝土中加入短纤维，可进一步减少和限制裂缝的出现。

2. 填缝法

(1) 填缝法适用于处理砌体中宽度大于 0.5mm 的裂缝。

(2) 修补裂缝前，首先应剔凿干净裂缝表面的抹灰层，然后沿裂缝开凿 U 形槽。对凿槽的深度和宽度，应符合下列规定：

1) 当为静止裂缝时，槽深不宜小于 15mm，槽宽不宜小于 20mm；

2) 当为活动裂缝时，槽深宜适当加大，且应凿成光滑的平底，以利于铺设隔离层；槽宽宜按裂缝预计张开量 t 加以放大，通常可取 $(15+5t)$ mm，槽内两侧壁应凿毛；

3) 当为钢筋引起的裂缝时，应凿至锈蚀部分完全露出为止，钢筋底部混凝土凿除的深度，以能使除锈工作彻底进行。

(3) 对静止裂缝，可采用改性环氧砂浆、改性氨基甲酸乙酯胶泥或改性环氧胶泥（附图 13-2a）。对活动裂缝，可采用丙烯酸树脂、氨基甲酸乙酯、氯化橡胶或可挠性环氧树脂等为填充材料，并采用聚乙烯片、蜡纸或油毡片等为隔离层（附图 13-2b）。

(4) 对锈蚀裂缝，应在已除锈的钢筋表面上，先涂刷防锈液或防锈涂料，待干燥后再填封闭裂缝材料。对于活动裂缝，其隔离层应干铺，不得与槽底有任何粘结，以使充填材料能起到既密封又能适应变形的作用。

(5) 修补裂缝应符合下列规定：

1) 充填封闭裂缝材料前，应先将槽内两侧凿毛的表面浮尘清除干净；

2) 采用水泥基修补材料填补裂缝，应先将裂缝及周边砌体表面湿润；

3) 采用有机材料不得湿润砌体表面，应先将槽内两侧面上涂刷一层树脂基液；

4) 充填封闭材料应采用搓压的方法填入裂缝中，并应修复平整。

3. 压浆法

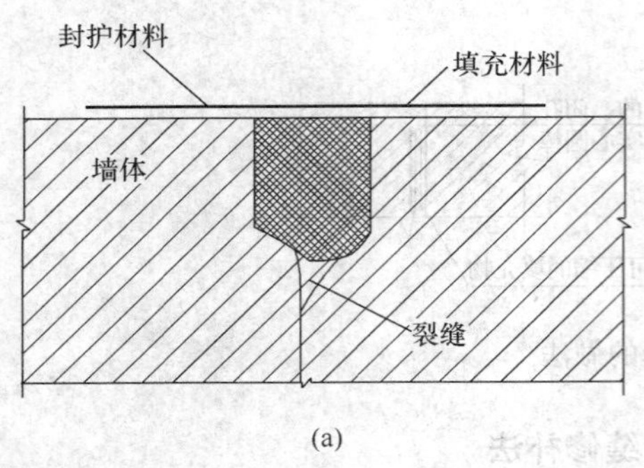

(a)

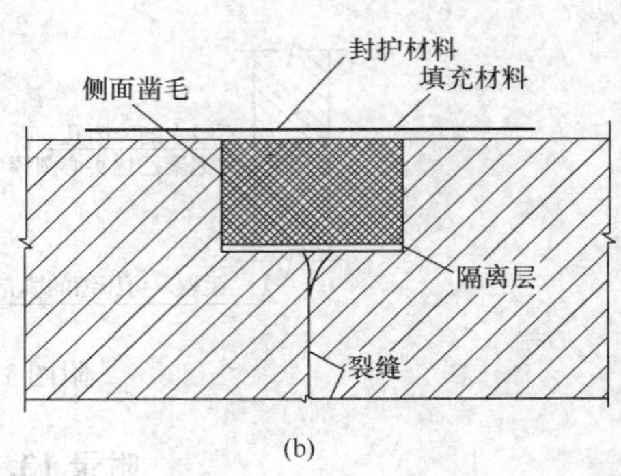

(b)

附图 13-2 填缝法裂缝补示意图

(1) 压浆法即压力灌浆法，适用于处理裂缝宽度大于 0.5mm 且深度较深的裂缝。

(2) 压浆的材料可采用无收缩水泥基灌浆料、环氧基灌浆料等。

(3) 压浆工艺应按规定的流程进行：清理裂缝→安装灌浆嘴→封闭裂缝→压气试验→配浆→压浆→封口处理。

(4) 压浆法的操作应符合下列规定：

1) 清理裂缝时，应在砌体裂缝两侧不少于 100mm 范围内，将抹灰层剔除。若有油污也应清除干净；然后用钢丝刷、毛刷等工具，清除裂缝表面的灰土、浮渣及松软层等污物；用压缩空气清除缝隙中的颗粒和灰尘；

2) 当裂缝宽度在 2mm 以内时，灌浆嘴间距可取 200～250mm；当裂缝宽度在 2～5mm 时，可取 350mm；当裂缝宽度大于 5mm 时，可取 450mm，且应设在裂缝端部和裂缝较大处；

3) 应按标示位置钻深度 30～40mm 的孔眼，孔径宜略大于灌浆嘴的外径，钻好后应清除孔中的粉屑；

4) 灌浆嘴应在孔眼用水冲洗干净后进行固定，固定前先涂刷一道水泥浆，然后用环氧胶泥树脂砂浆将灌浆嘴固定，裂缝较细或墙厚超过 240mm 时，应在墙的两侧均安放灌浆嘴；

5) 封闭裂缝时，应在已清理干净的裂缝两侧，先用水浇湿砌体表面，再用纯水泥浆涂刷一道，然后用 M10 水泥砂浆封闭，封闭宽度约为 200mm；

6) 试漏应在水泥砂浆达到一定强度后进行，并采用涂抹皂液等方法压气试漏，对封闭不严的漏气处应进行修补；

7) 配浆应根据灌浆料产品说明书的规定及浆液的凝固时间，确定每次配浆的数量，浆液稠度过大，或者出现初凝情况，应停止使用。

(5) 压浆操作应符合下列要求：

1) 压浆前应先灌水；

2) 空气压缩机的压力宜控制在 0.2～0.3MPa；

3) 将配好的浆液倒入储浆罐，打开喷枪阀门灌浆，直至邻近灌浆嘴（或排气嘴）溢浆为止；

4) 压浆顺序应自下而上，边灌边用塞子堵住已灌浆的嘴，灌浆完毕且已初凝后，即可拆除灌浆嘴，并用砂浆抹平孔眼。

(6) 压浆时应严格控制压力，防止损坏边角部位和小截面的砌体，必要时，应作临时性支护。

4. 外加网片法

(1) 外加网片法适用于增强砌体的抗裂性能，限制裂缝开展，修复风化、剥蚀的砌体。

(2) 外加网片所用的材料应包括钢筋网、钢丝网、复合纤维织物网等。当采用钢筋网时，其钢筋直径不宜大于 4mm；当采用无纺布替代纤维复合材料修补裂缝时，仅允许用于非承重构件的静止细裂缝的封闭性修补。

(3) 网片覆盖面积除应按裂缝或风化、剥蚀部分的面积确定外，尚应考虑网片的锚固长度。网片短边尺寸不宜小于 500mm。网片的层数：对钢筋和钢丝网片，宜为单层；对复合纤维材料，宜为 1～2 层；设计时可根据实际情况确定。

5. 置换法

(1) 置换法适用于砌体受力不大、砌体块材和砂浆强度不高的开裂部位，以及局部风化、剥蚀部位的加固（附图 13-3）。

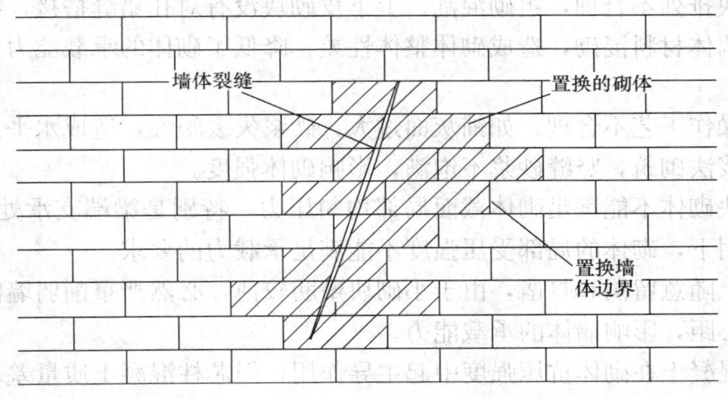

附图 13-3　置换法处理裂缝图

(2) 置换用的砌体块材可以是原砌体材料，也可以是其他材料，如配筋混凝土实心砌块等。

(3) 置换砌体时应符合下列规定要求：

1) 把需要置换部分及周边砌体表面抹灰层剔除，然后沿着灰缝将被置换砌体凿掉，在凿打过程中，应避免扰动不置换部分的砌体；

2) 仔细把粘在砌体上的砂浆剔除干净，清除浮尘后充分润湿砌体；

3) 修复过程中应保证填补砌体材料与原有砌体可靠嵌固；

4) 砌体修补完成后，再做抹灰层。

13.3　混凝土小型空心砌块砌体工程

混凝土小砌块是用混凝土制成的一种空心、薄壁的硅酸盐制品。小砌块标准块外形尺寸为 390mm×190mm×190mm，并备有辅助规格砌块。小砌块可分为单排孔和多排孔两种。它的抗压强度等级有 MU5、MU7.5、MU10、MU15 和 MU20 等 5 种；密度为 1300～1400kg/m³；砌筑砂浆的强度等级有 M15、M10、M7.5 和 M5 等，混凝土小砌块砌体是由小砌块和混凝土芯柱共同组成的。

混凝土小砌块的优点是：施工适应性强，重量轻，大小适宜，砌筑方便；小砌块墙体重量轻，可降低基础造价；小砌块墙与粉刷层粘结牢固，粉刷不易起壳。但因小砌块在外形尺寸和材性方面与黏土砖有较大差异，故混凝土小砌块工程的质量通病与砖砌体工程不同。

13.3.1　砌体强度低

1. 现象

墙体抗压强度偏低，出现墙体局部压碎或断裂，造成结构破坏。

2. 原因分析

(1) 小砌块强度偏低，不符合设计要求；小砌块断裂、缺棱掉角。

(2) 砂浆及原材料质量差，如石灰膏中有生石灰块、水泥安定性不合格、砂子偏细或含泥量过多等，都会影响砂浆的强度，造成砂浆强度低于设计强度。

(3) 小砌块排列不合理，组砌混乱。上下皮砌块没有对孔错缝搭接，纵横墙没有交错搭砌；与其他墙体材料混砌，造成砌体整体性差，降低了砌体的承载能力，在外力作用下导致破坏。

(4) 由于操作工艺不合理，如铺灰面过大，砂浆失去塑性，造成水平灰缝不密实；竖缝没有采用加浆法砌筑，竖缝砂浆不饱满，影响砌体强度。

(5) 小砌块砌体不能满足砌体截面局部均匀压力，特别是梁端支承处砌体局部受压，在集中荷载作用下，砌体的局部受压强度不能满足承载力的要求。

(6) 墙体上随意留洞和打凿，由于小砌块壁肋较薄，必然严重削弱墙体受力的有效面积，并增大偏心距，影响墙体的承载能力。

(7) 芯柱混凝土在砌体抗压强度中起主导作用，但芯柱混凝土质量差，也直接影响砌体的抗压强度。

(8) 冬期施工未采取防冻等措施，砌体在未达到一定强度时受冻而影响强度。

3. 预防措施

(1) 认真做好小砌块、水泥、石子、砂、石灰膏和外掺剂等原材料的质量检验；在砌筑过程中，外观和尺寸不合格的小砌块要剔除，使用在主要受力部位的小砌块要经过挑选。

(2) 砂浆配合比应用重量比控制，做到盘盘称量；砂浆要采用机械搅拌，并且要搅拌均匀，随拌随用，在初凝前用完。砂浆出现泌水现象时，要在砌筑前再次拌和。砌筑砂浆应在拌成后 3h 内用完；当最高气温超过 30℃时，应在 2h 内用完。严禁使用隔夜砂浆(预拌砂浆除外)。砂浆除应满足强度要求外，还应有良好的和易性，一般宜为 50～70mm。

(3) 小砌块一般应优先采用集装箱或集装托板装车运输；要求装车均匀、平整，防止运输过程中小砌块相互碰撞而损坏。小砌块到工地后，不允许翻斗倾卸和任意抛掷，避免造成小砌块缺棱掉角和产生裂缝。现场堆放场地应平整、坚实，并有排水。小砌块堆置高度不宜超过 1.6m，装卸时，不得用翻斗车或随意抛掷。

(4) 砌墙前应根据小砌块尺寸和灰缝厚度设计好砌块排列图和皮数杆。砌筑皮数、灰缝厚度、标高应与该工程的皮数杆相应标志一致。皮数杆应竖立在墙的转角和交接处，间距宜小于 1.5m。建筑尺寸与砌块模数不符合需要镶砌时，应用与砌块强度等级相同的混凝土块，不可与其他墙体材料混砌，也不可用断裂砌块。

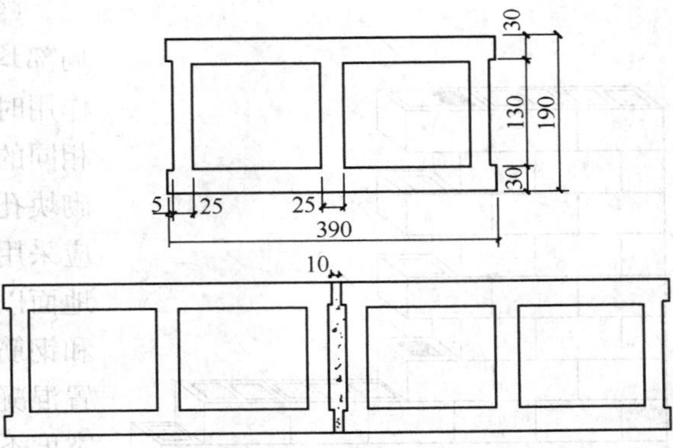

图 13-14 小砌块搭砌位置示意图

(5) 小砌块的底部应底面朝上砌筑（即反砌）；正常情况下，小砌块的每日砌筑高度宜控制在 1.4m 或一步脚手架高度内。砌筑小砌块时砂浆应随铺随砌，砌体灰缝应横平竖直，水平灰缝宜用坐浆法铺满小砌块全部壁肋或多排孔小砌块的封底面；竖向灰缝应采取满铺端面法，即将小砌块端面朝上铺满砂浆再上墙挤紧，然后加浆捣实。砂浆饱满度均不宜低于 90%；灰缝宽度宜为 10mm，不得小于 8mm，也不应大于 12mm，同时，不得出现瞎缝、透明缝。

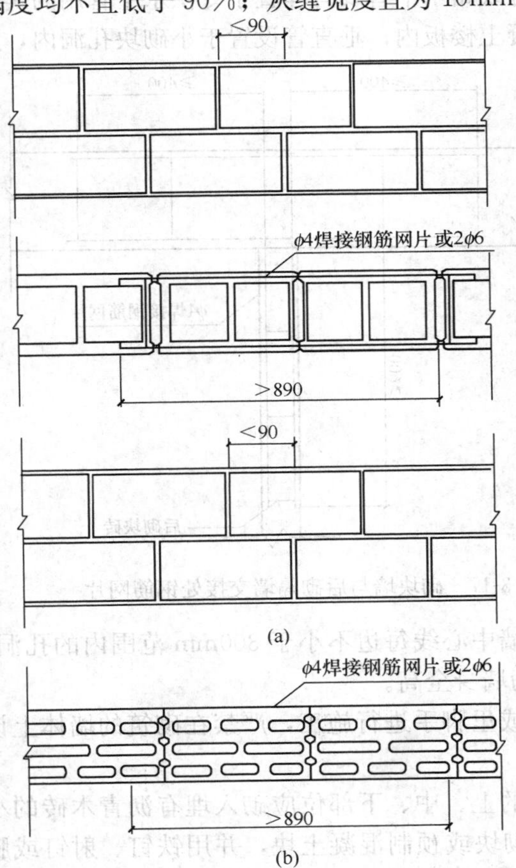

图 13-15 混凝土小砌块在灰缝中设置拉接筋或网片

(a) 混凝土单孔小砌块；(b) 混凝土多排孔小砌块

(6) 使用单排孔小砌块时，上下皮小砌块应孔对孔、肋对肋错缝搭接（图 13-14）；试验证明，错孔砌筑要比对孔砌筑时的强度降低 20%。使用多排孔小砌块时，也应错缝搭接。搭接长度均不应小于 90mm。个别部位墙体达不到上述要求时，应在灰缝设置拉接筋或焊接网片。钢筋和网片两端距离垂直缝不小于 400mm（图 13-15），但竖向通缝仍不能超过二皮小砌块。

(7) 190mm 厚度的小砌块内外墙和纵横墙要同时砌筑并相互搭接。临时间断处应设置在门窗洞口处或砌成阶梯形斜槎，斜槎水平投影长度不应小于斜槎高度（严禁留直槎）。接槎时，必须将接槎处表面清理干净，填实砂浆，保持灰缝平直。施工洞口可预留直槎，但在洞口砌筑和补砌时，应在直槎上下搭砌的小砌块内用强度等级不低于 C20（或 C20b）的混凝土灌实（图 13-16）。

(8) 小砌块墙与砌隔墙交界处，应沿墙高每 400mm 在水平灰缝内设置不少于 2Φ4、横距不大于 200mm 的焊接钢筋网片（图 13-17）。

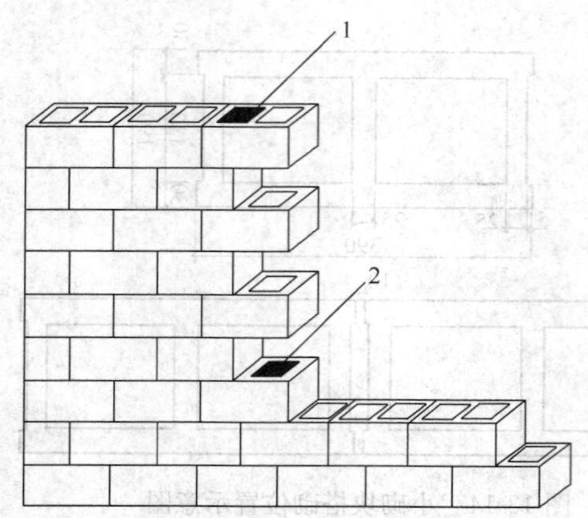

图 13-16　施工临时洞口直槎砌筑示意图
1—先砌洞口灌孔混凝土（随砌随灌）；
2—后砌洞口灌孔混凝土（随砌随灌）

（9）砌体受集中荷载处应加强。在砌体受局部均匀压力或集中荷载（例如梁端支承处）作用时，应根据设计要求用与小砌块强度等级相同的混凝土（不低于 C20）填实一定范围内的砌块孔洞；如设计无规定，在墙体的下列部位，应采用 C20 混凝土灌实砌体的孔洞：底层室内地面以下或防潮层以下的砌体；无圈梁的檩条和钢筋混凝土楼板支承面下的一皮砌块；未设置混凝土垫块的屋架、梁等构件支承面。灌实宽度不应小于 600mm，高度不应小于 600mm 的砌块；挑梁支承面下，其支承部位的内外墙交接处，纵横各灌实 3 个孔洞，灌实高度不小于 3 皮砌块。

（10）预留洞应在砌筑时预先留置，并在洞周围采取加强措施。照明、电信、闭路电视等线路水平管线宜埋置于专供水平管用的实心带凹槽小砌块内，也可敷设在圈梁或现浇混凝土楼板内；垂直管设置于小砌块孔洞内，施工时可采用先立管后砌墙，此部位砌块采取套砌法，也可采用先砌墙后插管的方法。接线盒和开关盒可嵌埋在预砌 U 形小砌块内，然后用水泥砂浆填实，窝牢铁盒。冷、热水水平管可采用实心带凹槽的小砌块进行敷设。立管宜安装在 E 字形小砌块中的一个开口孔洞中。待管道试水合格后，采用 C20 混凝土封闭或用 1∶2 水泥砂浆嵌平并覆盖铅丝网。安装后的管道表面应低于墙面 4～5mm，并与墙体卡牢固定。卫生间设备固定点砌块灌孔示意见图 13-18。

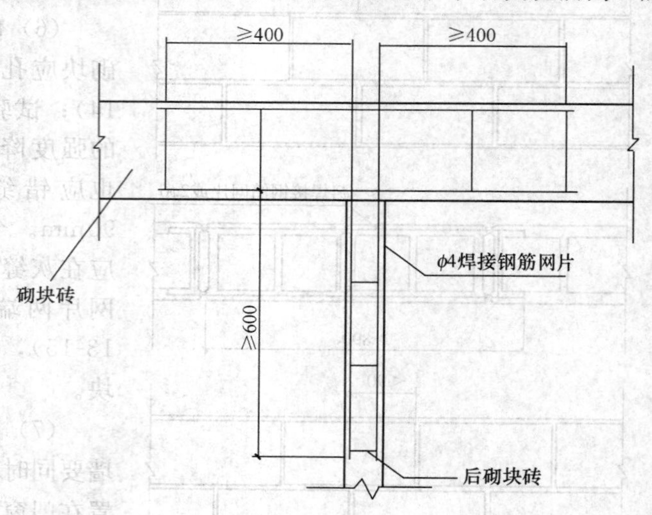

图 13-17　砌块墙与后砌隔墙交接处钢筋网片

（11）混凝土砌块房屋纵横墙交接处，距墙中心线每边不小于 300mm 范围内的孔洞，应采用不低于 C20 混凝土灌实，灌实高度应为墙身全高。

（12）小砌块墙体砌筑应采用双排脚手架或里脚手进行施工，严禁在砌筑的墙体上设脚手孔洞。

（13）木门窗框与小砌块墙体两侧连接处的上、中、下部位应砌入埋有沥青木砖的小砌块（190mm×190mm×190mm）或实心小砌块或预制混凝土块，并用铁钉、射钉或膨胀螺栓固定。门窗洞口两侧的小砌块孔洞灌填 C20 混凝土后，其门窗与墙体的连接方法可按实心混凝土墙体施工。

（14）冬期施工不得使用水浸后受冻的小砌块，并且不得采用冻结法施工，不得使用

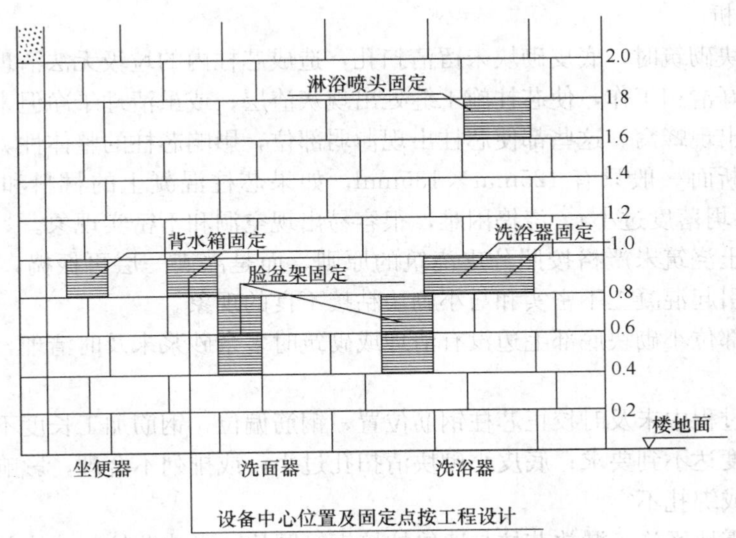

图 13-18 卫生间设备固定点砌块灌孔示例

受冻的砂浆。每日砌筑后，应使用保温材料覆盖新砌的砌体。解冻期间应对砌体进行观察，发现异常现象，应及时采取措施。

4. 治理方法

(1) 对已砌筑于砌体中的不合格砌块，如条件许可时，应拆除重砌。特别是在受力部位，即使上部结构已经完成，但砌的数量不多，面积不大时，一般应在做好临时支撑以后，将不合格砌块拆除，重新砌筑；待砌体达到一定强度以后，方能撤去临时支撑。

(2) 如果砌体中已砌进较多的不合格砌块或分布面较广，又难于拆除时，需要在结构验算后，进行加固补强。

补强时，一般均应铲除原有抹灰层，清理干净后，采用钢筋混凝土增大结构断面的方法。对柱、垛等部位，可通过计算，确定适当厚度的钢筋混凝土围箍进行加固补强。对于墙体等部位，可以通过计算，在墙体两侧用适当厚度的钢筋混凝土板墙进行加固补强。混凝土施工方法可采用支模浇筑方法，也可采用喷射混凝土的工艺施工。墙体上每隔适当距离钻孔（孔距一般控制在 500mm 左右），放置拉结筋，使加固以后的墙体形成整体。

在加固过程中，绑扎钢筋、立模板、浇水湿润、浇筑混凝土、喷射混凝土等施工工艺和要求与钢筋混凝土相同。

13.3.2 混凝土芯柱质量差

1. 现象

芯柱混凝土出现缺陷，如空洞、缩颈、不密实，或与小砌块粘接不好；芯柱钢筋位移，搭接长度不够，或绑扎不牢；芯柱上下不贯通。芯柱质量差影响砌体的整体性，砌体容易产生裂缝。又因小砌块建筑抵抗地震水平剪力主要由砌体的水平灰缝抗剪强度和现浇混凝土芯柱的横截面抗剪强度共同承担，因此混凝土芯柱质量差也影响建筑物的抗震能力。

2. 原因分析

(1) 小砌块砌筑时，底皮砌块未留清扫孔，造成芯柱内的垃圾无法清理；或虽有清扫孔未能认真做好清扫工作，使芯柱施工缝处出现灰渣层；或虽清理干净但未用水泥砂浆接合，施工缝处出现蜂窝。这些都使芯柱出现薄弱部位，影响芯柱的整体性。

(2) 芯柱断面一般只有 125mm×135mm，如果芯柱混凝土的材料和级配选择不当(如石子过大，坍落度过小)，浇捣困难，很容易出现空洞和不密实现象。

(3) 混凝土浇筑未严格按照分皮浇筑的原则，而是灌满一层再振捣，或采用人工振捣，这样容易引起混凝土不密实和与小砌块粘接不良的现象。

(4) 芯柱部位小砌块底部毛边没有清理或砌筑时多余砂浆未及时清理，这样会出现芯柱缩颈现象。

(5) 施工过程中未及时校正芯柱钢筋位置，钢筋偏位；钢筋加工长度不符合要求，芯柱钢筋搭接长度达不到要求；底皮小砌块清扫孔过小，或排列不合理，影响钢筋绑扎，部分钢筋未绑扎或绑扎不牢。

(6) 在抗震地区施工漏放芯柱与墙体拉接钢筋网片，影响芯柱与墙体共同受力。

(7) 楼盖使用预制楼板时，预制楼板芯柱部位未留缺口，使芯柱无法贯通。

3. 预防措施

(1) 每层每根芯柱柱脚应采用竖砌双孔 E 形、单孔 U 形或 L 形小砌块留设清扫口。

(2) 每层墙体砌筑到要求标高后，应及时清扫芯柱孔洞内壁及芯柱孔道内掉落的砂浆等杂物。

(3) 芯柱混凝土应选用小砌块灌孔混凝土。浇筑芯柱混凝土应符合以下规定：

1) 浇筑芯柱混凝土时，砌筑砂浆强度应大于 1MPa；

2) 清除孔内掉落的砂浆等杂物，并用水冲淋孔壁；

3) 浇筑芯柱混凝土前，应先注入适量与芯柱混凝土成分相同的去石水泥砂浆；

4) 每浇筑 400～500mm 高度捣实一次，或边浇边捣实。

(4) 浇灌芯柱混凝土宜采用坍落度 70～80mm 的细石混凝土，当采用泵送时，坍落度宜为 140～160mm，以便于混凝土浇捣密实，不易出现空洞和蜂窝麻面。芯柱混凝土必须按连续浇灌、分层（300～500mm 高度）捣实的原则进行操作，直浇到离该芯柱最上一皮小砌块顶面 50mm 止，不得留施工缝。振捣时宜选用微型插入式振动棒振捣。

(5) 有现浇圈梁的工程，虽然芯柱和圈梁混凝土一次浇筑整体性好，但因有圈梁钢筋浇捣芯柱混凝土较困难，故宜采用芯柱和圈梁分开浇筑。可采取芯柱混凝土浇筑到低于顶皮砌块表面 30～50mm 处，使每层圈梁与每根芯柱交接处均形成凹凸形暗键，以增加圈梁和芯柱的整体性，加强房屋的抗震能力。

(6) 砌筑前，芯柱部位所用的小砌块孔洞底的毛边要清除。砌筑时，应砌好一皮后用棍或其他工具在芯柱孔内搅动一圈，使孔内多余砂浆脱落，保证芯柱的断面尺寸。

(7) 钢筋接头至少应绑扎 2 点，上部要采取固定措施，芯柱混凝土浇筑好后，要及时校正钢筋。

(8) 房屋墙体交接处或芯柱与墙体连接处应设置拉接钢筋网片，网片可采用直径 4mm 的钢筋点焊而成，沿墙高间距不大于 600mm，并应沿墙体水平通长设置。6、7 度抗震设防时底部 1/3 楼层，8 度抗震设防时底部 1/2 楼层，9 度抗震设防时全部楼层，上述拉结钢筋网片沿墙高间距不大于 400mm（图 13-19）。

4. 治理方法

（1）芯柱钢筋位移，可在每层楼面标高处按不超过 1/6 弯折角度，逐步校正到正确位置（图 13-20）。

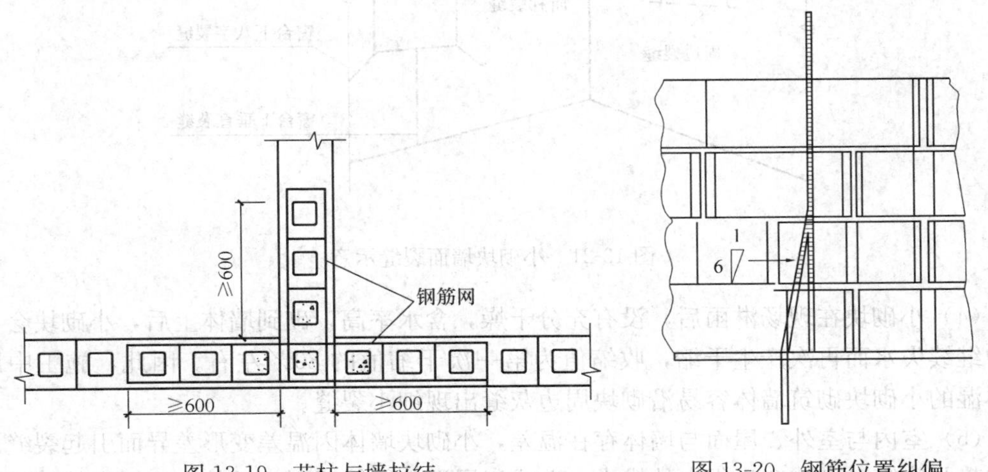

图 13-19 芯柱与墙拉结　　图 13-20 钢筋位置纠偏

（2）发现芯柱混凝土强度达不到或浇筑不密实，可将芯柱部位的小砌块和混凝土凿除（用人工凿除，避免影响周围的墙体），然后清理干净，重新立模板浇筑混凝土，其要求与钢筋混凝土工程相同。

13.3.3 墙体产生裂缝，整体性差

1. 现象

小砌块墙体产生各种裂缝，如水平裂缝、竖向裂缝、阶梯形裂缝和砌块周边裂缝。一般情况下，在顶部内外纵墙及内横墙端部出现正八字裂缝；窗台左右角部位和梁下部局部受压部位出现裂缝，裂缝主要是沿灰缝开展；在顶层屋面板底、圈梁底出现水平裂缝，见图 13-21。这些裂缝影响建筑物的整体性，对抗震不利，影响建筑物的美观，严重的墙面会出现渗水现象。

2. 原因分析

（1）小砌块的块体比黏土砖大，相应灰缝少，故砌体的抗剪强度低，只有砖砌体的 40%～50%左右，仅为 0.23MPa；另外竖缝仅 19cm 高，砂浆难以嵌填饱满，如果砌筑中不注意操作质量，抗剪强度还会降低。

（2）小砌块表面沾有黏土、浮灰等污物，砌筑前没有清理干净，在砂浆和小砌块之间形成隔离层，影响小砌块砌体的抗剪强度。

（3）混凝土小砌块收缩率在 0.35～0.5mm/m 之间，比黏土砖的温度线膨胀系数大 60 倍以上。混凝土收缩一般需要 180d 后才趋于稳定，养护 28d 的混凝土仅完成收缩值的 60%，其余的收缩值将在 28d 后完成。因此，采用没有适当存放期的小砌块砌筑，小砌块将继续收缩，如果遇砌筑砂浆强度不足、粘接力差或某部位灰缝不饱满，此时收缩应力大于砌体的抗拉和抗剪强度，小砌块墙体就必然产生裂缝。

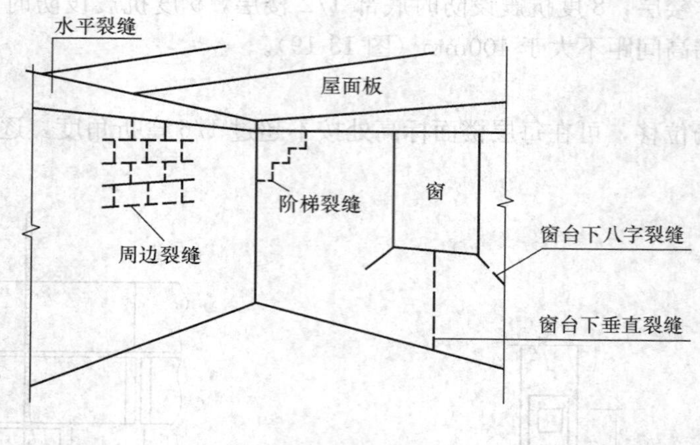

图 13-21　小砌块墙面裂缝示意

（4）小砌块在现场淋雨后，没有充分干燥，含水率高，砌到墙体上后，小砌块会在墙体中继续失水而再次产生干缩，收缩值为第一次干缩值的 80%左右。因此，施工中用雨水淋湿的小砌块砌筑墙体容易沿砌块周边灰缝出现细小裂缝。

（5）室内与室外、屋面与墙体存在温差，小砌块墙体因温差变形差异而引起裂缝。屋面的热胀冷缩对砌体产生很大的推力，造成房屋端部墙体开裂。另外，顶层内外纵墙及内横墙端部产生正八字斜裂缝，还有，屋面板与圈梁之间、圈梁与梁底砌体之间，在温度作用下出现水平剪切，也会出现水平裂缝。

（6）小砌块建筑因块体大，灰缝较少，对地基不均匀沉降特别敏感，容易产生墙体裂缝。建筑物的不均匀沉降会引起砌体结构内的附加应力，从而产生剪拉斜裂缝或垂直弯曲裂缝。另外，因窗间墙在荷载作用下沉降较大，而窗台墙荷载较轻，沉降较小，这样在房屋的底层窗台墙中部会出现上宽下窄的垂直裂缝。

（7）小砌块排列不合理，在窗口的竖向灰缝正对窗角，裂缝容易从窗角处的灰缝向外延伸，见 13.3.1“砌体强度低”的原因分析（3）。

（8）砂浆质量差造成小砌块间粘接不良；砂浆中有较大的石子，造成灰缝不密实；砌筑时铺灰长度太长，砂浆失水，影响粘接；小砌块就位校正后，又受到碰撞、撬动等，影响砂浆与小砌块的粘接。由于上述种种原因，造成小砌块之间粘接不好，甚至在灰缝中形成初期裂缝。

（9）圈梁施工没有做好垃圾清理和浇水湿润，使混凝土圈梁与墙体不能形成整体，失去圈梁的作用。

（10）楼板安装前，没有做好墙顶或圈梁顶清理、浇水湿润、找平以及安装时的坐浆等工作，在温度应力作用下，容易在墙顶面或圈梁顶面产生水平裂缝。

（11）墙体、圈梁、楼板之间没有可靠的连接，使某一构件或某一部位受力后，力不能传递，也就不能共同承受外力，很容易在局部破坏，产生裂缝甚至最后造成整个建筑物破坏。

（12）小砌块外形尺寸不符合要求，尺寸误差大，引起水平灰缝弯曲和波折，使小砌块受力不均匀，砌体抗剪能力大为减弱，容易产生裂缝。

(13) 混凝土芯柱质量差，见 13.3.2“混凝土芯柱质量差”的原因分析。

(14) 砂浆强度低于 1MPa 就浇筑芯柱混凝土，造成墙体位移产生初始裂缝。

3. 防治措施

(1) 配制砌筑砂浆的原材料必须符合质量要求。做好砂浆配合比设计，砂浆应具有良好的和易性和保水性，故宜采用混合砂浆，避免因砂浆干缩而引起裂缝。

(2) 控制小砌块的含水率，改善砌块生产工艺，采用干硬性混凝土，减小水灰比；在混凝土配合比中多用粗骨料；小砌块生产中要振捣密实；生产后用蒸汽养护，小砌块在出厂时含水率控制在 45%以内。

(3) 控制铺灰长度、灰缝厚度和砂浆饱满度，详见 13.3.1“砌体强度低”的预防措施 (5)。

(4) 小砌块进场不宜贴地堆放，底部应架空垫高，雨天上部应遮盖。

(5) 为了减少小砌块在砌体中收缩而引起的周边裂缝，小砌块应在厂内至少存放 28d 后再送往现场，有条件的最好存放 40d，使小砌块基本稳定后再上墙砌筑。

(6) 小砌块吸水率很小，吸水速度缓慢，砌筑前不宜浇水；在天气特别炎热干燥时，砂浆铺摊后会失水过快，影响砌筑砂浆和小砌块的粘接，故在砌筑前要稍喷水湿润。

(7) 绘制砌块排列图，小砌块主块型图见图 13-22，墙体节点排块图见图 13-23，外墙排块示例见图 13-24。

(8) 选择合理的小砌块强度等级和砂浆强度等级，使之互相匹配，充分发挥小砌块的作用。当用强度等级低的砂浆砌筑时，在砌体受压时，砌体的变形主要发生在砂浆中，小

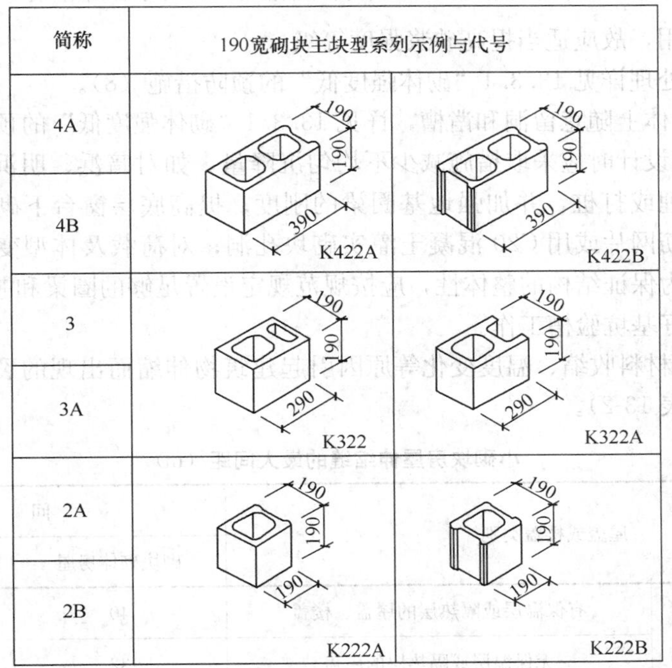

图 13-22　小砌块主块型图

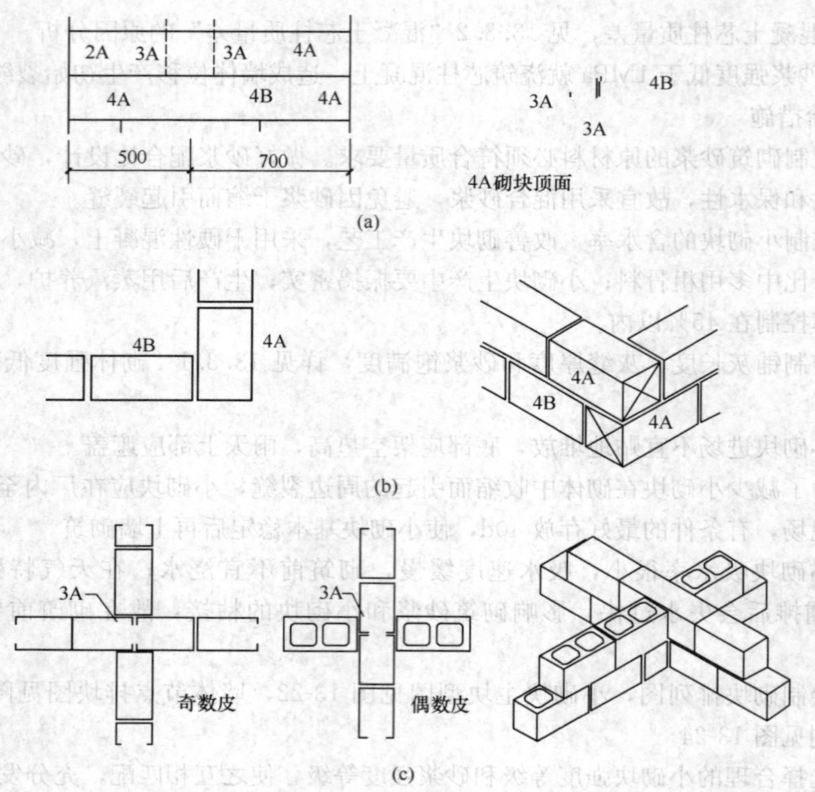

图 13-23 墙体节点排块图

(a) 丁字墙节点排块；(b) 转角墙节点排块；(c) 十字墙节点排块

砌块发挥不了作用，故应适当提高砂浆强度等级。

(9) 梁支座处理详见 13.3.1“砌体强度低”的预防措施 (8)。

(10) 不在墙体上随意留洞和凿槽，详见 13.3.1“砌体强度低”的预防措施 (9)。

(11) 建筑物设计时应采取措施减少不均匀沉降量，如对暗浜、明浜和软土基进行适当的地基加固处理或打桩，并加强地基圈梁的刚度；提高底层窗台下砌筑砂浆的强度等级、设置水平钢筋网片或用 C20 混凝土灌实砌块孔洞；对荷载及体型变化复杂的建筑物宜设置沉降缝；为保证结构的整体性，应按规范规定设置足够的圈梁和芯柱；施工过程中要加强管理，做好基坑验槽工作。

(12) 为减少材料收缩、温度变化等原因引起建筑物伸缩而出现的裂缝，必须按规定设置伸缩缝（见表 13-2）。

小砌块房屋伸缩缝的最大间距（m） **表 13-2**

屋盖或楼盖类别		间距	
		砌块砌体房屋	配筋砌块砌体房屋
整体式或装配整体式钢筋混凝土结构	有保温层或隔热层的屋盖、楼盖	40	50
	无保温层或隔热层的屋盖	32	40

续表

屋盖或楼盖类别		间距	
		砌块砌体房屋	配筋砌块砌体房屋
装配式无檩体系钢筋混凝土结构	有保温层或隔热层的屋盖、楼盖	48	60
	无保温层或隔热层的屋盖	40	50
装配式有檩体系钢筋混凝土结构	有保温层或隔热层的屋盖	60	75
	无保温层或隔热层的屋盖	48	60
瓦材屋盖、木屋盖或楼盖、砖石屋盖或楼盖		75	100

注：1. 当有实践经验并采取有效措施时，可适当放宽；

2. 温差较大且变化频繁地区和严寒地区不采暖的房屋及构筑物墙体的伸缩缝的最大间距，应按表中数值予以适当减小。

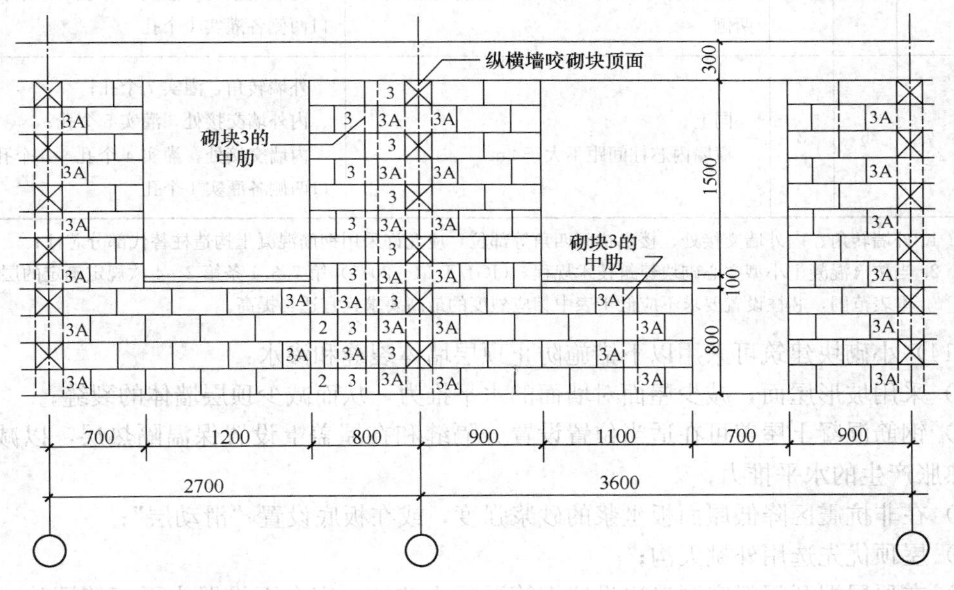

图 13-24　外墙排块示例

注：1. 本图适用于混水墙的开间立面排块，圈（过）梁高度宜为 100mm 的倍数。

2. 图中未注砌块代号的为 4A、4B 或 2A、2B，窗间墙的排块应与窗口上下协调一致，以便芯柱贯通。

3. 窗间墙的下部排块由两边轴线开始向中间排，应首先选用主砌块，余数用辅助块进行调配。

4. 砌块 3 的中肋应与上下砌块的边肋对齐。

5. 墙体芯柱的设置和拉结盘要求按《混凝土小型空心砌块建筑技术规程》（JGJ/T 14—2011）执行。

（13）在小砌块建筑的外墙转角、楼梯间四角的纵横墙处的砌块 3 个孔洞，宜设置混凝土芯柱；5 层及 5 层以上的房屋也应在上述部位设置钢筋混凝土芯柱；在抗震设防地区应按表 13-3 设置钢筋混凝土芯柱。

小砌块砌体房屋芯柱设置要求　**表 13-3**

房屋层数				设置部位	设置数量
6度	7度	8度	9度		
≤5	≤4	≤3	—	外墙转角和对应转角； 楼、电梯间四角，楼梯斜梯段上下端对应的墙体处（单层房屋除外）； 大房间内外墙交接处； 错层部位横墙与外纵墙交接处； 隔12m或单元横墙与外纵墙交接处	外墙转角，灌实3个孔； 内外墙交接处，灌实4个孔； 楼梯斜段上下端对应的墙体处，灌实2个孔
6	5	4	1	上同； 隔开间横墙（轴线）与外纵墙交接处	
7	6	5	2	同上； 各内墙（轴线）与外纵墙交接处； 内纵墙与横墙（轴线）交接处和洞口两侧	外墙转角，灌实5个孔； 内外墙交接处，灌实4个孔； 内墙交接处，灌实4个孔～5个孔；洞口两侧各灌实1个孔
—	7	6	3	同上； 横墙内芯柱间距不大于2m	外墙转角，灌实7个孔； 内外墙交接处，灌实5个孔； 内墙交接处，灌实4个孔～5个孔；洞口两侧各灌实1个孔

注：1. 外墙转角、内外墙交接处、楼电梯间四角等部位，应允许采用钢筋混凝土构造柱替代部分芯柱；

2. 当按《混凝土小型空心砌块建筑技术规程》（JGJ/T 14～2011）第7.3.1条第2～4款规定确定的层数超出本表范围，芯柱设置要求不应低于表中相应烈度的最高要求且宜适当提高。

（14）小砌块建筑可采用以下措施防止顶层墙体裂缝和渗水：

1）采用坡形屋面，减少屋面对墙面的水平推力，从而减少顶层墙体的裂缝；

2）钢筋混凝土屋盖可在适当位置设置分隔缝和在屋盖上设置保温隔热层，以减少屋面板热胀产生的水平推力；

3）在非抗震区降低屋面板坐浆的砂浆强度，或在板底设置"滑动层"；

4）屋顶优先选用外挑天沟；

5）在顶层端开间门窗洞口边设置钢筋混凝土芯柱，窗台下设置水平钢筋网片或现浇混凝土窗台板；

6）顶层内外墙适当增加芯柱，重点放在内外墙转角部位和东、西山墙；

7）顶层每隔400mm高加通长$\phi 4$钢筋网片一道，也可在1/2墙高处增加一道200mm高的现浇混凝土圈梁；

8）加强顶层屋面圈梁；适当提高顶层墙体砌筑砂浆强度等级，一般其强度等级大于M5；

9）结构施工完毕后，及时进行屋面保温层施工；待保温层施工完后，再进行内外墙抹灰。

（15）在炎热地区东、西山墙应考虑隔热措施，如外挂隔热板；在寒冷地区应考虑提高外墙保温性能，以减少墙体不同伸缩所造成的裂缝，或使裂缝控制在允许范围内。

（16）在墙面设控制缝，即在指定位置消除掉墙收缩时产生的应力和裂缝。控制缝应设在砌体干缩变形可能引起应力集中处、砌体产生裂缝可能性最大的部位，如墙高度、厚度变化处，门窗洞口处等。控制缝处可用弹性防水胶进行嵌缝。

（17）圈梁应尽量设在同一水平面上，并与楼板同一标高，形成封闭状，以便对楼板平面起到箍紧作用；如构造上不许可时，也可设在楼板下。当不能在同一水平闭合时，应增设附加圈梁，其搭接长度不小于两倍圈梁的垂直距离，并不应小于 1m。基础部位和屋盖处圈梁宜现浇，楼盖处圈梁可以用预制槽形底模整浇（图 13-25），有抗震设防要求的房屋内均应设置现浇钢筋混凝土圈梁（图 13-26），不得用预制槽形板作底模，并应按表 13-4 要求设置。

现浇钢筋混凝土圈梁设置要求 **表 13-4**

墙类	烈度		
	6、7 度	8 度	9 度
外墙和内纵墙	屋盖处及每层楼盖处	屋盖处及每层楼盖处	屋盖处及每层楼盖处
内横墙	同上； 屋盖处间距不应大于 4.5m； 楼盖处间距不应大于 7.2m； 构造柱对应部位	同上； 各层所有横墙，且间距不应大于 4.5m； 构造柱对应部位	同上； 各层所有横墙

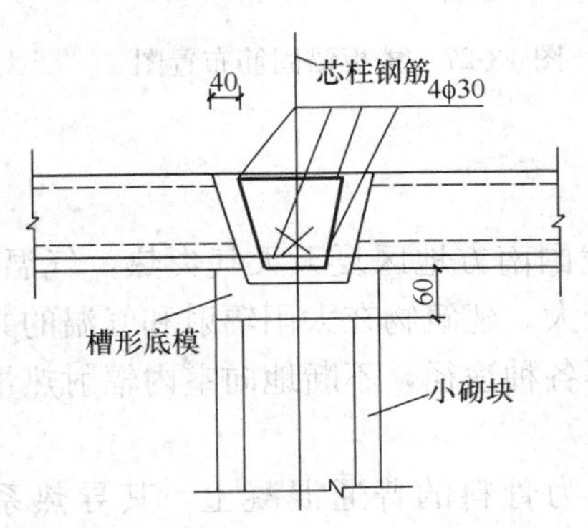

图 13-25 芯柱与圈梁整浇

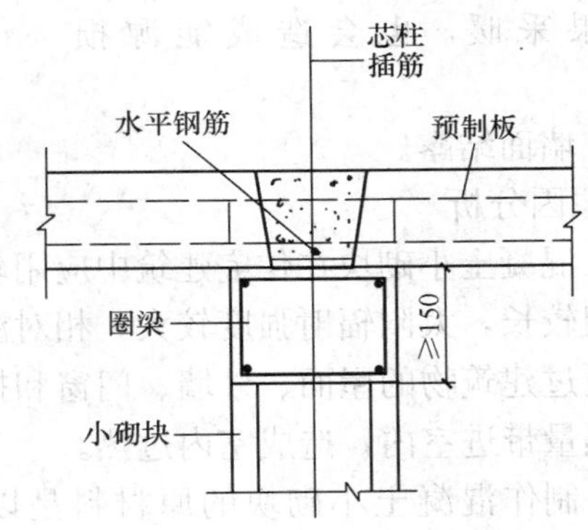

图 13-26 屋面圈梁及抗震设防房屋圈梁图

（18）预制楼板要安装牢固。预制楼板搁置在墙上或圈梁上的支承长度不应小于 80mm。如果不能满足要求，应采取加固措施，如在与墙或梁垂直板缝内配置钢筋（Φ 6～Φ 8），钢筋两端伸入板缝内的长度为 1/4 跨。

板底缝隙一般不应小于 20mm，在清理、湿润以后分二次进行灌缝；第一次用 1：2 水泥砂浆灌 30mm 左右，第二次用 C20 细石混凝土灌满缝隙，并捣实、压平。如果板缝过大，应加钢筋或网片，这样，不仅能增加楼面的整体性，也可防止板缝渗漏。

（19）为了使建筑物有较好的空间刚度和受力性能，要做好墙体、圈梁、楼板之间的连接，包括有支承向板的锚固筋（即楼板搁置端）、非支承向板的锚固筋、阳台板的锚固筋等。

支承向板端锚固筋可用Φ8钢筋放在板缝中，板端空隙应用C20细石混凝土灌实（图13-27）。非支承向板的锚固筋用于连接与楼板平行方向的小砌块砌体和楼板，锚固筋一般用Φ8，间距小于或等于1200mm，非支承向楼板不允许进墙，避免削弱墙体局部承载力（图13-27）。

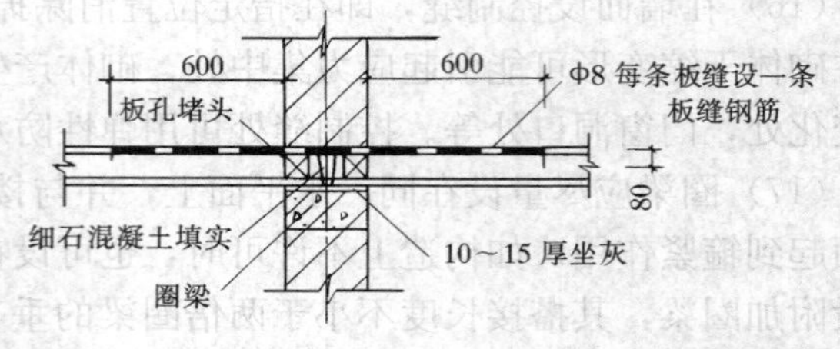

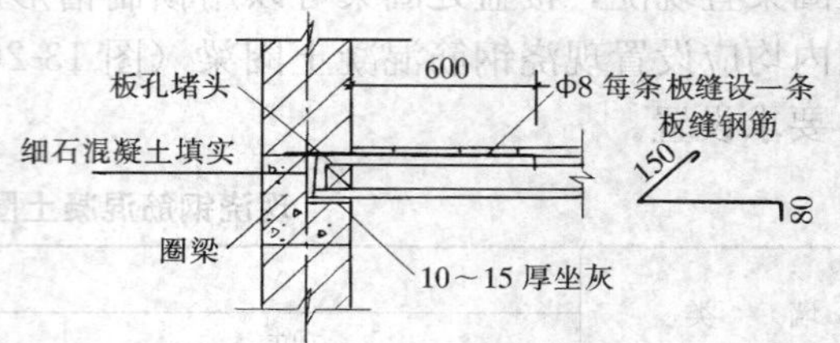

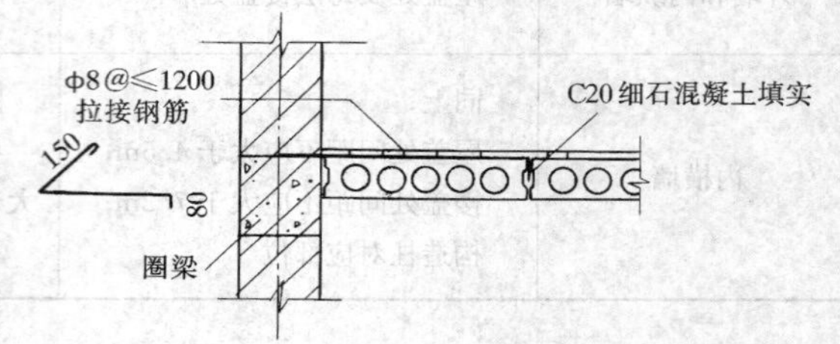

图13-27　楼板锚固筋布置图

（20）为防止窗口下两侧产生垂直裂缝或八字缝，砌块排列时应注意窗口的竖向灰缝不要正对窗角；对窗台下墙体应采取加强措施，设置水平钢筋网片或钢筋混凝土窗台板带。

13.3.4　墙体隔热性能差

1. 现象

（1）墙体隔热性能差，墙体内表面温度高，夏季室内闷热，采用空调能源损耗大。

（2）墙体保温性能差，室内冬天冷；如果采暖，也会造成能源损耗大。

（3）墙面结露。

2. 原因分析

（1）混凝土小砌块在住宅建筑中应用较多。我国南方地区夏天天气炎热，气温较高，持续时间较长，太阳辐射强度较大，相对湿度也较大。建筑物在太阳辐射和气温的共同作用下，通过建筑物的屋面、外墙、门窗和扶梯间等各种途径，不断地向室内辐射热量，把大量的热量带进室内，造成室内过热。

（2）制作混凝土小砌块的原材料是以砂、石为骨料的普通混凝土，其导热系数为1.51W/（m·K），是实心黏土砖导热系数的二倍；虽然小砌块有40%以上的空心率具有一定的保温性能，但因结构受力和抗震的要求，小砌块有一定宽度的混凝土肋；小砌块砌体的转角、丁字墙等节点部位均灌筑混凝土芯柱，形成热桥，影响外墙的保温性能。

（3）在寒冷地区，因局部节点、局部结构的保温措施处理不妥（如楼板、梁、柱等部位），产生薄弱环节，容易形成贯通式“热桥”，甚至墙面结露。

（4）在严寒地区，砌筑没有采用保温砂浆，造成砌体灰缝跑冷。

3. 防治措施

（1）采取适当的保温措施，使保温性能满足热工和节能要求。

1）采用内保温，即在墙体内侧贴或抹保温材料，如贴珍珠岩版、充气石膏板，抹保温砂浆等。采用内保温时要注意在外露墙面的普通混凝土柱、楼板、梁，挑出的屋面板和阳台等产生“热桥”的部位，应在外侧同时采取贴保温板或抹保温砂浆等保温措施。

2）寒冷地区采用外保温，在外墙粘贴保温板，如聚苯板、水泥聚苯板，再在外面做增强纤维饰面层；也可采用外保温复合墙，即在承重小砌块外侧砌加气砌块或其他装饰块材。

3）在严寒地区可采用带有空气间层和不带空气间层的夹心复合保温墙体，即在承重砌块和保温外墙之间填充高效保温材料，这种方法效果较好。

4）从建筑设计上采取措施，改善建筑热工性能。对于寒冷地区有保温要求的建筑物，平面和空间布置应力求紧凑，尽量缩小外围结构面积，以减少建筑物的热损失；主房间应布置在较好朝向，充分利用太阳的热量；迎风面和阴面尽量布置次要房间，减少窗面积，以降低冷风渗透的热损失。

（2）在南方地区采取合适的隔热措施，使其隔热性能达到 240mm 厚砖墙同样的隔热效果。

1）南方炎热地区的建筑，平面和空间布置应力求避免大面积受烈日暴晒，避免出现大面积东、西向墙面及门窗；充分利用绿化遮荫；争取主导风向和室内穿堂风，以利通风散热。

2）为了降低对太阳辐射热的吸收率，增加反射率，可以在外墙面的外表结合装饰要求，采用浅色或刷白处理等方法。

3）采用多排孔砌块墙体，如 240mm 厚三排孔小砌块的墙体，其隔热性能可以接近 240mm 厚黏土砖墙。

4）炎热地区东、西、北三面的外墙，应根据情况采取隔热措施，如小砌块孔洞中填炉渣、泡沫粉煤灰等，或砌筑复合砌体、粘贴隔热材料，也可在外墙的外侧做外挂隔热通风层。

（3）小型砌块建筑外墙的保温隔热措施，应与屋顶、楼地板、门窗等构件连接部位的保温隔热措施保持构造上的连续性和可靠性。

（4）小型砌块建筑的屋顶宜设计为保温隔热层置于防水层上的倒置式屋面，且宜选择憎水型的绝热材料做保温隔热层。

（5）在夏热冬冷地区或夏热冬暖地区，小型砌块建筑屋顶的表面宜采用浅色饰面材料。平屋顶宜采用绿色植物或有保温材料基面的架空通风屋顶。

附录 13.7 混凝土小型空心砌块砌体工程质量标准及检验方法

1. 一般规定

（1）适用于普通混凝土小型空心砌块和轻骨料混凝土小型空心砌块（以下简称小砌块）等砌体工程。

（2）施工前，应按房屋设计图编绘小砌块平、立面排块图，施工中应按排块图施工。

（3）施工采用的小砌块的产品龄期不应小于 28d。

（4）砌筑小砌块时，应清除表面污物，剔除外观质量不合格的小砌块。

（5）砌筑小砌块砌体，宜选用专用小砌块砌筑砂浆。

（6）底层室内地面以下或防潮层以下的砌体，应采用强度等级不低于 C20（或 Cb20）的混凝土灌实小砌块的孔洞。

（7）砌筑普通混凝土小型空心砌块砌体，不需对小砌块浇水湿润，如遇天气干燥炎热，宜在砌筑前对其喷水湿润；对轻骨料混凝土小砌块，应提前浇水湿润，块体的相对含水率宜为40%～50%。雨天及小砌块表面有浮水时，不得施工。

(8) 承重墙体使用的小砌块应完整、无破损、无裂缝。

(9) 小砌块墙体应孔对孔、肋对肋错缝搭砌。单排孔小砌块的搭接长度应为块体长度的1/2；多排孔小砌块的搭接长度可适当调整，但不宜小于小砌块长度的1/3，且不应小于90mm。墙体的个别部位不能满足上述要求时，应在灰缝中设置拉结钢筋或钢筋网片，但竖向通缝仍不得超过两皮小砌块。

(10) 小砌块应将生产时的底面朝上反砌于墙上。

(11) 小砌块墙体宜逐块坐（铺）浆砌筑。

(12) 在散热器、厨房和卫生间等设备的卡具安装处砌筑的小砌块，宜在施工前用强度等级不低于C20（或Cb20）的混凝土将其孔洞灌实。

(13) 每步架墙（柱）砌筑完后，应随即刮平墙体灰缝。

(14) 芯柱处小砌块墙体砌筑应符合下列规定：

1) 每一楼层芯柱处第一皮砌块应采用开口小砌块；

2) 砌筑时应随砌随清除小砌块孔内的毛边，并将灰缝中挤出的砂浆刮净。

(15) 芯柱混凝土宜选用专用小砌块灌孔混凝土。浇筑芯柱混凝土应符合下列规定：

1) 每次连续浇筑的高度宜为半个楼层，但不应大于1.8m；

2) 浇筑芯柱混凝土时，砌筑砂浆强度应大于1MPa；

3) 清除孔内掉落的砂浆等杂物，并用水冲淋孔壁；

4) 浇筑芯柱混凝土前，应先注入适量与芯柱混凝土成分相同的去石砂浆；

5) 每浇筑400～500mm高度捣实一次，或边浇筑边捣实。

2. 主控项目

(1) 小砌块和芯柱混凝土、砌筑砂浆的强度等级必须符合设计要求。

抽检数量：每一生产厂家，每1万块小砌块为一验收批，不足1万块按一批计，抽检数量为1组；用于多层以上建筑的基础和底层的小砌块抽检数量不应少于2组。砂浆试块的抽检数量应执行“附录13.1砌筑砂浆的质量要求及强度评定”中第12条的有关规定。

检验方法：检查小砌块和芯柱混凝土、砌筑砂浆试块试验报告。

(2) 砌体水平灰缝和竖向灰缝的砂浆饱满度，按净面积计算不得低于90%。

抽检数量：每检验批抽查不应少于5处。

检验方法：用专用百格网检测小砌块与砂浆粘结痕迹，每处检测3块小砌块，取其平均值。

(3) 墙体转角处和纵横交接处应同时砌筑。临时间断处应砌成斜槎，斜槎水平投影长度不应小于斜槎高度。施工洞口可预留直槎，但在洞口砌筑和补砌时，应在直槎上下搭砌的小砌块孔洞内用强度等级不低于C20（或Cb20）的混凝土灌实。

抽检数量：每检验批抽查不应少于5处。

检验方法：观察检查。

(4) 小砌块砌体的芯柱在楼盖处应贯通，不得削弱芯柱截面尺寸；芯柱混凝土不得漏灌。

抽检数量：每检验批抽查不应少于5处。

检验方法：观察检查。

3. 一般项目

（1）砌体的水平灰缝厚度和竖向灰缝宽度宜为 10mm，但不应小于 8mm，也不应大于 12mm。

抽检数量：每检验批抽查不应少于 5 处。

检验方法：水平灰缝厚度用尺量 5 皮小砌块的高度折算；竖向灰缝宽度用尺量 2m 砌体长度折算。

（2）小砌块砌体尺寸、位置的允许偏差应按下列规定执行。

1）外墙上下窗口偏移允许偏差为 20mm。

抽检数量：每检验批抽查不应少于 5 处。

检验方法：以底层窗口为准，用经纬仪或吊线检查。

2）其他项目按附表 13-3 要求执行。

13.4 石砌体工程

石砌体工程是指用砂浆砌筑各种毛石、毛料石、粗料石、细料石等的砌体工程。为确保砌石工程质量，砌筑前应做好下述各项准备工作：挑选形状尺寸合适的石块，并进行适当的再加工和必要的清洗；校核测量与抄平放线工作，如标高误差过大，应用细石混凝土垫平；制作和安装皮数杆，并在皮数杆之间拉准线，依准线逐皮砌石。

由于准备工作疏漏，以及施工操作中违反规范、规程的规定，砌石工程的质量通病较常见。

13.4.1 石材质量差，表面污染

1. 现象

（1）石材的岩种和强度等级不符合设计要求；料石表面色差大、色泽不均匀，表面凹入深度大于施工规范的规定，疵斑较多；石材外表面有风化层，内部有隐裂纹。

（2）卵石大小差别过大，外观呈针片状，长厚比大于 4。

（3）石材表面有泥浆或油污。

2. 原因分析

（1）未按设计要求采购石料，石材实际质量与材质证明不一致。

（2）不按规定检查材质证明。

（3）采石场石材等级分类不清，优劣大小混杂。

（4）外观质量检查马虎，混入风化石等不合格品。

（5）运输、装卸方法和保管不当。

3. 预防措施

（1）按施工图规定的石材质量要求采购。

（2）认真按规定查验材质证明或试验报告，必要时应抽样复验。

（3）加强石材外观质量的检查验收，风化石等不合格品不准进场。

（4）对于经过加工的料石，装卸、运输和堆放贮存时，均应有规则地叠放。为避免运输过程中损坏，应用竹木片或草绳隔开。

（5）各种料石的宽度、厚度均不宜小于200mm，长度宜大于厚度的4倍。

（6）贮存石材的堆场场地应坚实，排水良好，防止泥浆污染。

4. 治理方法

（1）强度等级不符合要求或质地疏松的石材应予以更换。

（2）已进场的个别石块，如表面有局部风化层，应凿除后方可砌筑。

（3）色泽差和表面疵斑的石块，不宜砌在裸露面。

（4）少量形状、尺寸不良的石块应在砌筑前进行再加工。

（5）清洗被泥浆污染的石块。对石材表面的铁锈斑可用2%～3%的稀盐酸或3%～5%的磷酸溶液涂刷石面2～3遍，然后用清水冲洗干净。

13.4.2　毛石和料石组砌不良

1. 现象

（1）毛石墙上下各皮的石缝连通，形成垂直通缝。

（2）石墙各皮砌体中的石块相互没有拉结，形成两片薄墙，施工中易出现坍塌。

2. 原因分析

（1）石块体型过小，造成砌筑时压搭过少。

（2）砌筑时没有针对已有砌体状况，选用了不适当体型的石块。

（3）对形状不良的石块砌筑前没有加工。

（4）石块砌筑方法不正确，造成墙体稳定性降低（图13-28）。

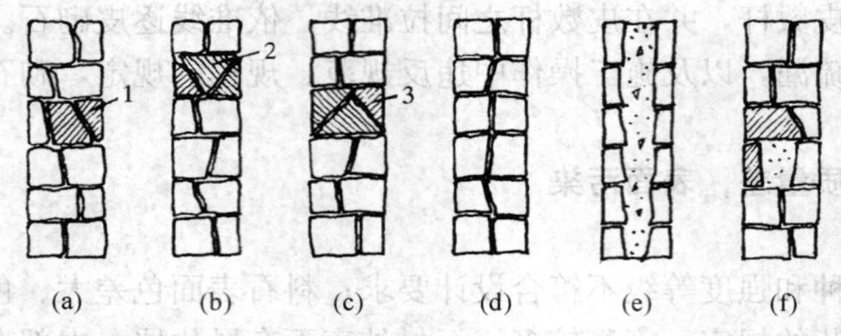

图13-28　砌筑方法不正确

（a）翻槎面；（b）斧刃面；（c）产口面；（d）双合面；（e）填心；（f）桥式

1—翻槎石；2—斧刃石；3—铲口石

3. 预防措施

（1）毛石过分凸出的尖角部分应用锤打掉；斧刃石（刀口石）必须加工后，方可砌筑。

（2）应将大小不同的石块搭配使用，不得将大石块全部砌在外面，而墙心用小石块填充。

（3）毛石砌体宜分皮卧砌，各皮石块应利用自然形状经修凿使能与先砌石块错缝搭砌。

（4）砌乱毛石墙时，毛石宜平砌，不宜立砌。每一石块要与左右、上下的石块有叠靠与前后的石块有交搭，砌缝要错开，使每一石块既稳定又与其四周的其他石块交错搭接，不能有松动、孤立的石块。

（5）毛石砌体必须设置拉结石。拉结石应均匀分布，相互错开，每0.7m^{2}墙面至少设置1块，且同皮内的中距不应大于2m。拉结石的长度，当墙厚≤400mm时，应与墙厚相等，当墙厚大于400mm，可用两块拉结石内外搭接，搭接长度不应小于150mm，且其中1块长度不应小于墙厚的2/3。

(6) 毛石墙的第一皮及转角处、交接处和洞口处，应用较大的平毛石砌筑。

4. 治理方法

(1) 墙体两侧表面形成独立墙，并在墙厚方向无拉结的毛石墙，其承载力低，稳定性差，在水平荷载作用下极易倾倒，因此，必须返工重砌。

(2) 对于错缝搭砌和拉结石设置不符合规定的毛石墙，应及时局部修整重砌。

13.4.3 石块粘结不牢

1. 现象

(1) 石块之间无砂浆，即石块直接接触形成“瞎缝”。

(2) 石块与砂浆粘结不牢，个别石块出现松动。

(3) 石块叠砌面的粘灰面积（砂浆饱满度）小于80%。

2. 原因分析

(1) 石块表面有风化层剥落，或表面有泥垢、水锈等，影响石块与砂浆的粘结。

(2) 毛石砌体不用铺浆法砌筑，有的采用先铺石、后灌浆的方法，还有的采用先摆碎石块后塞砂浆或干填碎石块的方法。这些均造成砂浆饱满度低，石块粘结不牢。

(3) 料石砌体采用有垫法（铺浆加垫法）砌筑，砌体以垫片（金属或石）来支承石块自重和控制砂浆层厚度，砂浆凝固后会产生收缩，使料石与砂浆层之间形成缝隙。

(4) 砌体灰缝过大，砂浆收缩后形成缝隙。

(5) 砌筑砂浆凝固后，碰撞或移动已砌筑的石块。

(6) 毛石砌体当日砌筑高度过高。

3. 预防措施

(1) 石砌体所用石块应质地坚实，无风化剥落和裂纹。石块表面的泥垢和影响粘结的水锈等杂质应清除干净。

(2) 石砌体应采用铺浆法砌筑。砂浆必须饱满，其饱满度应大于80%。

(3) 料石砌筑不准用先铺浆后加垫，即先按灰缝厚度铺上砂浆，再砌石块，最后用垫片来调整石块的位置。也不得采用先加垫后塞砂浆的砌法，即先用垫片按灰缝厚度将料石垫平，再将砂浆塞入灰缝内。

(4) 毛石墙砌筑时，平缝应先铺砂浆，后放石块，禁止不先坐灰而由外面向缝内填灰的做法；竖缝必须先刮碰头灰，然后从上往下灌满竖缝砂浆。

(5) 毛石墙石块之间的空隙（即灰缝）≤35mm时，可用砂浆填满；>35mm时，应用小石块填稳填牢，同时填满砂浆，不得留有空隙。严禁用成堆小石块填塞。

(6) 控制砂浆层厚度：砌体外露面的灰缝不宜大于40mm；毛料石和粗料石砌体的灰缝厚度不宜大于20mm；细料石的灰缝厚度不宜大于5mm。

(7) 砌筑砂浆凝固后，不得再移动或碰撞已砌筑的石块。如必须移动，再砌筑时应将原砂浆清理干净，重新铺砂浆。

(8) 毛石砌体每日的砌筑高度不应超过1.2m。

4. 治理方法

(1) 当出现石块松动，敲击墙体听到空洞声，以及砂浆饱满度严重不足时，这些情况将大大降低墙体的承载力和稳定性，因此必须返工重砌。

(2) 对个别松动石块或局部小范围的空洞，也可采用局部掏去缝隙内的砂浆，重新用砂浆填实。

13.4.4 墙面垂直度及表面平整度误差过大

1. 现象

(1) 墙面垂直度偏差超过规范规定值。

(2) 墙表面凹凸不平，表面平整度超过规范规定值。

2. 原因分析

(1) 砌墙未挂线。砌乱毛石时，未将石块的平整大面放在正面。

(2) 砌筑时没有随时检查砌体表面的垂直度，以致出现偏差后，未能及时纠正。

(3) 砌乱毛石墙时，将大石块全部砌在外面，里面全部用小石块，以致墙里面灰缝过多，造成墙面向内倾斜。

(4) 在浇筑混凝土构造柱或圈梁时，墙体未采取必要的加固措施，以致将部分石砌体挤动变形，造成墙面倾斜。

3. 预防措施

(1) 砌筑时必须认真跟线。在满足墙体里外皮错缝搭接的前提下，尽可能将石块较平整的大面朝外砌筑。球形、蛋形、粽子形或过于扁薄的石块未经修凿不得使用。

(2) 砌筑中认真检查墙面垂直度，发现偏差过大时，及时纠正。

(3) 砌乱毛石墙时，应将大小不同石块搭配使用。禁止外表面全用大石块和里面用小石块填心的做法。

(4) 浇筑混凝土构造柱和圈梁时，必须加好支撑。混凝土应分层浇筑，振捣不过度。

4. 治理方法

(1) 墙面垂直度偏差过大，影响承载力和稳定性，应返工重砌。个别检查点的垂直度偏差超出规定不多，又不便处理时，可不作处理。

(2) 表面严重凹凸不平影响外观时，应返修或修凿处理。

13.4.5 石砌挡土墙里外层拉结不良

1. 现象

挡土墙里外两侧用毛料石，中间填砌乱毛石，两种石料间搭砌长度不足，甚至未搭砌，形成里、中、外三层砌体。

2. 原因分析

(1) 砌毛料石时，未砌拉结石或拉结石数量太少，长度太短。

(2) 中间的乱毛石部分不是分层砌筑，而是采用抛投方法填砌。

3. 预防措施

(1) 料石与毛石组砌的挡土墙中，料石与毛石应同时砌筑，并每隔 2～3 皮料石层用丁砌层与毛石砌体拉结砌合。丁砌料石的长度与组合墙厚度相同。

(2) 采用分层铺灰分层砌筑的方法，不得采取投石填心的做法。

(3) 料石与毛石组砌的挡土墙，宜采用同皮内丁顺相间的组合砌法，丁砌石的间距不大于 1～1.5m。中间部分砌筑的乱毛石必须与料石砌平，保证丁砌料石伸入毛石部分的长度不小于 20cm。

4. 治理方法

参见 13.4.2“毛石和料石组砌不良”的治理方法。

13.4.6 勾缝砂浆粘结不牢

1. 现象

勾缝砂浆与砌体结合不良，甚至开裂和脱落，严重时造成渗水漏水。

2. 原因分析

(1) 砌筑或勾缝砂浆所用砂子含泥量过大，影响石材和砂浆间的粘结。

(2) 砌体的灰缝过宽，勾缝时采取一次成活的做法，勾缝砂浆因自重过大而引起滑坠开裂。当勾缝砂浆硬结后，由于雨水或湿气渗入，促使勾缝砂浆从砌体上脱落。

(3) 砌石过程中未及时刮缝，影响勾缝挂灰。从砌石到勾缝，其间停留时间过长，灰缝内有积灰，勾缝前未清扫干净。

(4) 勾缝砂浆水泥含量过大，养护不及时，发生干裂脱落。

3. 预防措施

(1) 要严格掌握勾缝砂浆配合比（宜用 1∶1.5 水泥砂浆），禁止使用不合格的材料，宜使用中粗砂。

(2) 勾缝砂浆的稠度一般控制在 4～5cm。

(3) 凸缝应分两次勾成，平缝应顺石缝进行，缝与石面抹平。

(4) 勾缝前要进行检查，如有孔洞应填浆加塞适量石块修补，并先洒水湿缝。刮缝深度宜大于 2cm。

(5) 勾缝后早期应洒水养护，以防干裂、脱落，个别缺陷要返工修理。

4. 治理方法

凡勾缝砂浆严重开裂或脱落处，应将勾缝砂浆铲除，按要求重新勾缝。

附录 13.8 石砌体工程质量标准及检验方法

1. 一般规定

(1) 本节适用于毛石、毛料石、粗料石、细料石等砌体工程。

(2) 石砌体采用的石材应质地坚实，无裂纹和无明显风化剥落；用于清水墙、柱表面的石材，尚应色泽均匀；石材的放射性应经检验，其安全性应符合现行国家标准《建筑材料放射性核素限量》（GB 6566—2010）的有关规定。

(3) 石材表面的泥垢、水锈等杂质，砌筑前应清除干净。

(4) 砌筑毛石基础的第一皮石块应坐浆，并将大面向下；砌筑料石基础的第一皮石块应用丁砌层坐浆砌筑。

(5) 毛石砌体的第一皮及转角处、交接处和洞口处，应用较大的平毛石砌筑。每个楼层（包括基础）砌体的最上一皮，宜选用较大的毛石砌筑。

(6) 毛石砌筑时，对石块间存在较大的缝隙，应先向缝内填灌砂浆并捣实，然后再用小石块嵌填，不得先填小石块后填灌砂浆，石块间不得出现无砂浆相互接触现象。

(7) 砌筑毛石挡土墙应按分层高度砌筑，并应符合下列规定：

1) 每砌 3～4 皮为一个分层高度，每个分层高度应将顶层石块砌平；

2）两个分层高度间分层处的错缝不得小于80mm。

（8）料石挡土墙，当中间部分用毛石砌筑时，丁砌料石伸入毛石部分的长度不应小于200mm。

（9）毛石、毛料石、粗料石、细料石砌体灰缝厚度应均匀，灰缝厚度应符合下列规定：

1）毛石砌体外露面的灰缝厚度不宜大于40mm；

2）毛料石和粗料石的灰缝厚度不宜大于20mm；

3）细料石的灰缝厚度不宜大于5mm。

（10）挡土墙的泄水孔当设计无规定时，施工应符合下列规定：

1）泄水孔应均匀设置，在每米高度上间隔2m左右设置一泄水孔；

2）泄水孔与土体间铺设长宽各为300mm、厚200mm的卵石或碎石作疏水层。

（11）挡土墙内侧回填土必须分层夯填，分层松土厚度宜为300mm。墙顶土面应有适当坡度，使流水流向挡土墙外侧面。

（12）在毛石和实心砖的组合墙中，毛石砌体与砖砌体应同时砌筑，并每隔4～6皮砖用2～3皮丁砖与毛石砌体拉结砌合；两种砌体间的空隙应填实砂浆。

（13）毛石墙和砖墙相接的转角处和交接处应同时砌筑。转角处、交接处应自纵墙（或横墙）每隔4～6皮砖高度引出不小于120mm与横墙（或纵墙）相接。

2. 主控项目

（1）石材及砂浆强度等级必须符合设计要求。

抽检数量：同一产地的同类石材抽检不应少于1组。砂浆试块的抽检数量应执行"附录13.1砌筑砂浆的质量要求及强度评定"中第12条的有关规定。

检验方法：料石检查产品质量证明书，石材、砂浆检查试块试验报告。

（2）砌体灰缝的砂浆饱满度不应小于80%。

抽检数量：每检验批抽查不应少于5处。

检验方法：观察检查。

3. 一般项目

（1）石砌体尺寸、位置的允许偏差及检验方法应符合附表13-6的规定。

石砌体尺寸、位置的允许偏差及检验方法　　**附表13-6**

<table>
<tr><th rowspan="4">项次</th><th rowspan="4">项　目</th><th colspan="7">允许偏差（mm）</th><th rowspan="4">检验方法</th></tr>
<tr><th colspan="2">毛石砌体</th><th colspan="5">料石砌体</th></tr>
<tr><th rowspan="2">基础</th><th rowspan="2">墙</th><th colspan="2">毛料石</th><th colspan="2">粗料石</th><th>细料石</th></tr>
<tr><th>基础</th><th>墙</th><th>基础</th><th>墙</th><th>墙、柱</th></tr>
<tr><td>1</td><td>轴线位置</td><td>20</td><td>15</td><td>20</td><td>15</td><td>15</td><td>10</td><td>10</td><td>用经纬仪和尺检查，或用其他测量仪器检查</td></tr>
<tr><td>2</td><td>基础和墙砌体顶面标高</td><td>±25</td><td>±15</td><td>±25</td><td>±15</td><td>±15</td><td>±15</td><td>±10</td><td>用水准仪和尺检查</td></tr>
<tr><td>3</td><td>砌体厚度</td><td>+30</td><td>+20
−10</td><td>+30</td><td>+20
−10</td><td>+15</td><td>+10
−5</td><td>+10
−5</td><td>用尺检查</td></tr>
</table>

续表

项次	项目		允许偏差（mm）							检验方法
			毛石砌体		料石砌体					
					毛料石		粗料石		细料石	
			基础	墙	基础	墙	基础	墙	墙、柱	
4	墙面垂直度	每层	—	20	—	20	—	10	7	用经纬仪、吊线和尺检查，或用其他测量仪器检查
		全高	—	30	—	30	—	25	10	
5	表面平整度	清水墙、柱	—	—	—	20	—	10	5	细料石用 2m 靠尺和楔形塞尺检查，其他用两直尺垂直于灰缝拉 2m 线和尺检查
		混水墙、柱	—	—	—	20	—	15	—	
6	清水墙水平灰缝平直度		—	—	—	—	—	10	5	拉 10m 线和尺检查

抽检数量：每检验批抽查不应少于 5 处。

（2）石砌体的组砌形式应符合下列规定：

1）内外搭砌，上下错缝，拉结石、丁砌石交错设置；

2）毛石墙拉结石每 0.7m^2 墙面不应少于 1 块。

抽检数量：每检验批抽查不应少于 5 处。

检验方法：观察检查。

13.5 配筋砌体工程

小砌块配筋砌体，是在小砌块砌体内配置类似钢筋混凝土构件的钢筋，有一定的配筋率，使砌体成为与钢筋混凝土类似的配筋构件，起到承重结构的作用。目前，国内小砌块配筋砌体的形式有两种（图 13-29）：一种是水平筋放在水平灰缝内，垂直筋插在小砌块孔洞内，孔洞内再浇筑混凝土；另一种是小砌块横肋上有凹槽，水平筋放在凹槽中，垂直筋也是插在小砌块孔洞内，小砌块水平凹槽和垂直孔洞内都浇筑混凝土，使砌体内形成网格式现浇混凝土结构。因此，小砌块配筋砌体的施工方法，既不同于一般的小砌块砌体，又不同于现浇钢筋混凝土结构，故有其特殊的质量通病。

13.5.1 配筋砌体抗压强度低

1. 现象

配筋砌体抗压强度低，墙面出现裂缝和局部压碎现象，不能满足设计要求，影响房屋的安全，严重的造成房屋倒塌。

2. 原因分析

（1）配筋砌体的抗压强度取决于混凝土小砌块和灌芯混凝土强度；小砌块强度或灌芯混凝土强度达不到设计要求，造成砌体强度达不到设计值。

（2）设计的灌芯混凝土强度等级与小砌块强度等级不匹配。虽然混凝土和小砌块分别

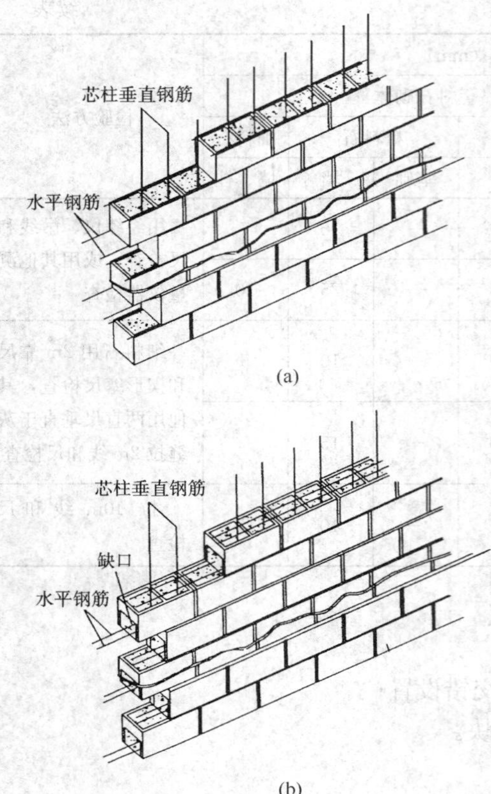

图 13-29　混凝土小砌块配筋形式
（a）水平钢筋放在水平灰缝内；
（b）水平钢筋放在小砌块凹槽内

达到设计强度的要求，但砌体强度达不到设计强度。例如小砌块设计强度要求偏低，造成小砌块在未达到砌体强度要求前，先于灌芯混凝土破坏，造成砌体未达到设计强度就破坏，芯柱混凝土未充分发挥作用。

（3）小砌块配筋砌体内水平和垂直方向都配有钢筋，施工较困难，如果灌芯混凝土性能不好、坍落度小、保水性差等，使灌芯混凝土不容易浇捣密实，出现空洞现象。

（4）小砌块组砌不合理，没有全部做到肋对肋、孔对孔、错缝搭接，使灌芯混凝土无法贯通。

（5）灌芯混凝土有灰渣层，影响芯柱的局部强度。

（6）其他原因同本章 13.3.1“砌体强度低”的有关内容。

3. 预防措施

（1）灌芯混凝土强度与小砌块强度要相匹配，应通过砌体抗压强度试验采确定小砌块和灌芯混凝土各自的最佳设计强度值。

（2）灌芯混凝土的配合比应根据施工现场经验和试验室试配来设计；试配值应根据砌体试验和混凝土强度试验来确定。混凝土要求有良好的性能，即要求坍落度大，一般为（250±20）mm，坍落度损失小，流动性好；保水性、粘聚性良好，无离析，泌水少。另外，混凝土 28d 强度不仅要达到设计强度要求，并要有一定的强度保证率，长期强度稳定，不回缩，与钢筋粘接牢固，与小砌块共同工作性能良好。

（3）为了使灌芯混凝土有良好性能，混凝土应掺外加剂；搅拌混凝土时宜采用后掺外加剂的工艺。在用水量不变的情况下坍落度可增加 50mm；在坍落度相同的情况下，后掺外加剂混凝土强度有明显提高。所以搅拌混凝土时，应先放石子，后放水泥、粉煤灰和砂子，加水搅拌 2～3min，再加外掺剂搅拌 2～3min，然后出料。

（4）因小砌块孔洞小，又放置垂直和水平钢筋，混凝土坍落度小就很难灌实；所以保证混凝土的坍落度显得很重要，在搅拌混凝土过程中要增加检查混凝土坍落度的次数，发现偏差要及时更正。

（5）为了便于浇筑和确保灌芯混凝土密实，宜在砌完一个楼层后，再浇筑灌芯混凝土，并分二次连续浇筑，第一次浇至窗台顶面，第二次浇至顶皮砌块面下 10mm，采用微型插入式振动器逐孔振捣。

（6）配筋砌体的小砌块排列与一般小砌块建筑不同，一定要保证上下皮小砌块孔对孔、肋对肋、错缝搭接；当块型不能满足要求，小砌块无法排列时，墙体空缺部分需另支模板，用现浇混凝土填充，与灌芯混凝土一起浇筑。如果小砌块模数不符，可在墙的端头采用支模现浇的方法。

(7) 当采用有现浇混凝土水平带的小砌块配筋砌体时，为保证小砌块竖缝灌实，竖缝中间不能有砂浆夹渣阻塞，故宜采用在小砌块端头披头缝上墙的砌筑方法。即在小砌块端头不是满抹砂浆，而是在两侧竖肋上抹浆，在砌上墙后，要随砌随即将竖缝中的多余砂浆清除，只要求确保竖缝两侧肋上砂浆饱满，中间不能留有砂浆；但砌体也应无瞎眼缝和空头缝。

(8) 配筋砌体使用的砂浆要求粘接性好、流动性低、和易性好、保水性强和强度高(一般在M20以上)，为减少由于石灰膏计量不准而产生砂浆强度波动，宜选用保水塑化材料代替传统的石灰膏。

(9) 其余详见本章13.3.1“砌体强度低”和13.3.2“混凝土芯柱质量差”的有关内容。

4. 治理方法

参照13.3.1“砌体强度低”和13.3.2“混凝土芯柱质量差”治理方法的有关内容。

13.5.2 水平钢筋安放质量缺陷

1. 现象

水平钢筋放置混乱，钢筋漏放、漏绑扎、规格不符、放置位置不对和锚固搭接长度不符合要求。

2. 原因分析

(1) 交底不清，操作人员不清楚水平钢筋设置的部位、搭接长度等；施工过程中管理不严格，未进行钢筋验收，发生钢筋漏扎、漏放等现象。

(2) 钢筋未按图纸加工，尺寸不足或短筋长用，造成钢筋搭接倍数不够。

(3) 设置在水平灰缝中的钢筋，未居中放置，钢筋在砂浆中的保护层厚度不够或暴露在外面，不利于钢筋保护，造成钢筋锈蚀，影响结构的耐久性。

(4) 使用污染和有锈的钢筋造成钢筋与砂浆或混凝土结合不好，影响钢筋性能的发挥。

3. 防治措施

(1) 由于小砌块配筋砌体水平钢筋的施工是与小砌块砌筑交叉进行的，在砌体砌好后，钢筋就难以进行检查和校正；因此与一般工程不同，水平钢筋应分皮进行隐蔽工程验收，质量检查人员要跟班检查。

(2) 根据设计图编制钢筋加工单，钢筋的规格、尺寸和弯钩应符合设计和规范要求；加工好的钢筋应编号，写好使用部位后，再运往楼面，避免操作人员用错位。

(3) 小砌块排列图上应标明水平钢筋长度、规格和搭接长度等；并满足下列要求：

1) 在凹槽砌块混凝土带中，钢筋锚固长度不宜小于$30d$，且其水平或垂直弯折的长度不宜小于$15d$或200mm；钢筋的搭接长度不宜小于$35d$

2) 在砌体水平灰缝中，钢筋锚固长度不宜小于$50d$，且其水平或垂直弯折的长度不宜小于$20d$或150mm；钢筋的搭接长度不宜小于$55d$；

3) 在隔皮或错缝搭接的灰缝中为$50d+2h$，其中d为受力钢筋直径，h为灰缝间距。

(4) 2根水平钢筋之间的距离要满足设计要求，要用S钩绑扎固定。若使用钢筋网片，则网片要平整。

（5）设置在水平灰缝内的钢筋或网片，应居中放在砂浆层中。当是钢筋时，水平灰缝厚度应超过钢筋直径 6mm 以上；当是钢筋网片时，水平灰缝应超过网片厚度 4mm 以上，但水平灰缝总厚度不宜超过 15mm。

（6）设置在砌体水平灰缝内的钢筋应进行适当保护，可在其表面涂刷钢筋防腐涂料或防锈剂。

13.5.3　垂直钢筋位移，锚固不符合要求

1. 现象

竖向钢筋不在芯洞中间，偏向一侧，严重的与上部钢筋搭接不上，使钢筋一侧混凝土保护层厚度不足，削弱了混凝土和钢筋共同工作的能力，也不利于荷载传递。

2. 原因分析

（1）由于竖筋一般是一层 1 根，由上面插入，钢筋在根部搭接绑扎。因绑扎不牢或漏绑，在浇捣混凝土时将钢筋挤向一边，造成一边混凝土保护层不够，或钢筋本身不直、弯曲和歪斜，一面紧靠小砌块。

（2）钢筋上部未进行固定，混凝土浇捣完，初凝前，未对竖向钢筋进行整理。

3. 防治措施

（1）小砌块第一皮要用 E、U 形小砌块砌筑，保证每根竖筋的部位都有缺口，利于钢筋绑扎。

（2）钢筋搭接处绑扎不能少于 2 点，且要绑扎牢固。

（3）混凝土浇捣时，振动棒不允许碰竖向钢筋。

（4）竖筋上部在顶皮小砌块面上点焊固定在 1 根统长的水平筋（Φ 10）上，使其位置固定。

（5）混凝土浇捣完，在初凝前，对个别移位的钢筋进行校正，确保钢筋位置准确。

（6）竖向钢筋接头、锚固长度、搭接长度应满足以下要求。

1）钢筋直径大于 22mm 时，宜采用机械接头，接头的质量应符合有关标准的规定；其他直径的钢筋可采用搭接接头，并符合下列要求：

① 钢筋的接头位置应设置在受力较小处；

② 受拉钢筋的搭接接头长度不小于 $1.1l_a$，受拉钢筋的搭接接头长度不小于 $0.7l_a$，且不应小于 300mm（l_a 为钢筋的锚固长度）；

③ 当相邻接头钢筋的间距不大于 75mm 时，其搭接长度为 $1.2l_a$；当钢筋间的接头错开 $20d$ 时，搭接长度可不增加。

2）钢筋在灌孔混凝土中的锚固，应符合下列规定：

① 当计算中充分利用竖向受拉钢筋强度时，其锚固长度 l_a，对 HRB335 级钢筋不宜小于 $30d$；对 HRB400 和 RRB400 级钢筋不宜小于 $35d$；任何情况下钢筋（包括钢筋网片）锚固长度不应小于 300mm；

② 竖向受拉钢筋不宜在受拉区截断。如必须截断时，应延伸至按正截面受弯承载力水平计算不需要该钢筋的截面以外，延伸长度不小于 $30d$；

③ 竖向受压钢筋在跨中截断时，必须伸至按计算不需要该钢筋截面以外，延伸长度不应小于 $20d$；对绑扎骨架中末端无弯钩的钢筋，不应小于 $25d$；

④ 钢筋骨架中的受力光面钢筋，应在钢筋末端做弯钩，在焊接骨架、焊接网以及轴心受压构件中，可不做弯钩；绑扎骨架中的受力变形钢筋，在钢筋末端可不做弯钩。

附录 13.9 配筋砌体工程质量标准及检验方法

1. 一般规定

(1) 配筋砌体工程除应满足本节要求和规定外，尚应符合本章 13.2“砖砌体工程”和 13.3“混凝土小型空心砌块砌体工程”的有关规定。

(2) 施工配筋小砌块砌体剪力墙，应采用专用的小砌块砌筑砂浆砌筑，用专用小砌块灌孔混凝土浇筑芯柱。

(3) 设置在灰缝内的钢筋，应居中置于灰缝内，水平灰缝厚度应大于钢筋直径 4mm 以上。

2. 主控项目

(1) 钢筋的品种、规格、数量和设置部位应符合设计要求。

检验方法：检查钢筋的合格证书、钢筋性能复试试验报告、隐蔽工程记录。

(2) 构造柱、芯柱、组合砌体构件、配筋砌体剪力墙构件的混凝土及砂浆的强度等级应符合设计要求。

抽检数量：每检验批砌体，试块不应少于 1 组，验收批砌体试块不得少于 3 组。

检验方法：检查混凝土和砂浆试块试验报告。

(3) 构造柱与墙体的连接应符合下列规定：

1) 墙体应砌成马牙槎，马牙槎凹凸尺寸不宜小于 60mm，高度不应超过 300mm，马牙槎应先退后进，对称砌筑；马牙槎尺寸偏差每一构造柱不应超过 2 处；

2) 预留拉结钢筋的规格、尺寸、数量及位置应正确，拉结钢筋应沿墙高每隔 500mm 设 2Φ6，伸入墙内不宜小于 600mm，钢筋的竖向移位不应超过 100mm，且竖向移位每一构造柱不得超过 2 处；

3) 施工中不得任意弯折拉结钢筋。

抽检数量：每检验批抽查不应少于 5 处。

抽样方法：观察检查和尺量检查。

(4) 配筋砌体中受力钢筋的连接方式及锚固长度、搭接长度应符合设计要求。

抽检数量：每检验批抽查不应少于 5 处。

检验方法：观察检查。

3. 一般项目

(1) 构造柱一般尺寸允许偏差及检验方法应符合附表 13-7 的规定。

构造柱一般尺寸允许偏差及检验方法 附表 13-7

项次	项 目			允许偏差 (mm)	检 验 方 法
1	中心线位置			10	用经纬仪和尺检查或用其他测量仪器检查
2	层间错位			8	用经纬仪和尺检查或用其他测量仪器检查
3	垂直度	每层		10	用 2m 托线板检查
		全高	≤10m	15	用经纬仪、吊线和尺检查或用其他测量仪器检查
			>10m	20	

抽检数量：每检验批抽查不应少于5处。

（2）设置在砌体灰缝中钢筋的防腐保护应符合设计的规定，且钢筋防护层完好，不应有肉眼可见裂纹、剥落和擦痕等缺陷。

抽检数量：每检验批抽查不应少于5处。

检验方法：观察检查。

（3）网状配筋砖砌体中，钢筋网规格及放置间距应符合设计规定。每一构件钢筋网沿砌体高度位置超过设计规定一皮砖厚不得多于1处。

抽检数量：每检验批抽查不应少于5处。

检验方法：通过钢筋网成品检查钢筋规格，钢筋网放置间距采用局部剔缝观察，或用探针刺入灰缝内检查，或用钢筋位置测定仪测定。

（4）钢筋安装位置的允许偏差及检验方法应符合附表13-8的规定。

钢筋安装位置的允许偏差和检验方法　附表13-8

项　目		允许偏差（mm）	检　验　方　法
受力钢筋保护层厚度	网状配筋砖砌体	±10	检查钢筋网成品，钢筋网放置位置局部剔缝观察，或用探针刺入灰缝内检查，或用钢筋位置测定仪测定
	组合砖砌体	±5	支模前观察与尺量检查
	配筋小砌块砌体	±10	浇筑灌孔混凝土前观察与尺量检查
配筋小砌块砌体墙凹槽中水平钢筋间距		±10	钢尺量连续3档，取最大值

抽检数量：每检验批抽查不应少于5处。

13.6　填充墙砌体工程

加气混凝土砌块和轻质混凝土小砌块（以下统称“砌块”）因其重量轻，用作填充墙可以减轻建筑物自重，降低工程投资，因此，在框架结构、短肢剪力墙等结构中得到广泛应用。但因其材性和施工的特殊性，因此质量通病也有其特殊性。

13.6.1　填充墙与混凝土柱、梁、墙连接不良

1. 现象

填充墙与柱、梁、墙连接处出现裂缝，严重的受冲撞时倒塌。

2. 原因分析

（1）砌填充墙时未将拉接筋调直或未放在灰缝中，影响钢筋的拉接能力。

（2）混凝土柱、墙、梁未按规定预埋拉接筋，或偏位、规格不符。

（3）钢筋混凝土梁、板与填充墙之间未楔紧，或没有用砂浆嵌填密实。

3. 预防措施

（1）填充墙砌至拉接筋部位时，将拉接筋调直，平铺在墙身上，然后铺灰砌墙；严禁把拉接筋折断或来进入墙体灰缝中。

（2）填充墙与混凝土柱、墙、梁可采用不脱开或脱开两种连接方式。填充墙两侧与框

架柱不脱开时的构造做法见图 13-30。填充墙顶部与框架梁、板不脱开时的构造做法见图 13-31。其他构造措施要求如下。

1）沿柱高每隔 500mm 宜配置 2 Φ 6 拉结钢筋（墙厚大于 240mm 时配置 3 Φ 6），钢筋伸入填充墙长度不宜小于 700mm，且拉结钢筋应错开截断，相距不宜小于 200mm。填充墙墙顶应与框架梁紧密结合。顶面与上部结构接触处宜用一皮砖或配砖斜砌楔紧。图 13-30 中拉结钢筋伸入墙内长度 L：非抗震设计时不应小于 600mm，抗震及设防烈度为 6、7 度时不应小于墙长的 1/5 且不小于 700mm，8 度时应沿墙全长贯通。拉结钢筋及预埋件锚固应锚入墙、柱竖向钢筋内侧。如果采用后植筋时，钢筋的抗拔力不小于 60kN。

2）当填充墙有洞口时，宜在窗洞口的上端或下端、门洞口的上端设置钢筋混凝土带，钢筋混凝土带的混凝土强度等级不小于 C20。当有洞口的填充墙尽端至门窗洞口边距离小于 240mm 时，宜采用钢筋混凝土门框。

3）当采用填充墙与框架柱、梁不脱开时，填充墙长度超过 5m 或墙长大于 2 倍层高时，墙顶与梁宜有拉结措施，中间应加设构造柱；墙高超过 4m 时，宜在墙高中部设置与柱连接的水平系梁；墙高超过 6m 时，宜沿墙高每 2m 设置与柱连接的水平系梁，梁的截面高度不小于 60mm。

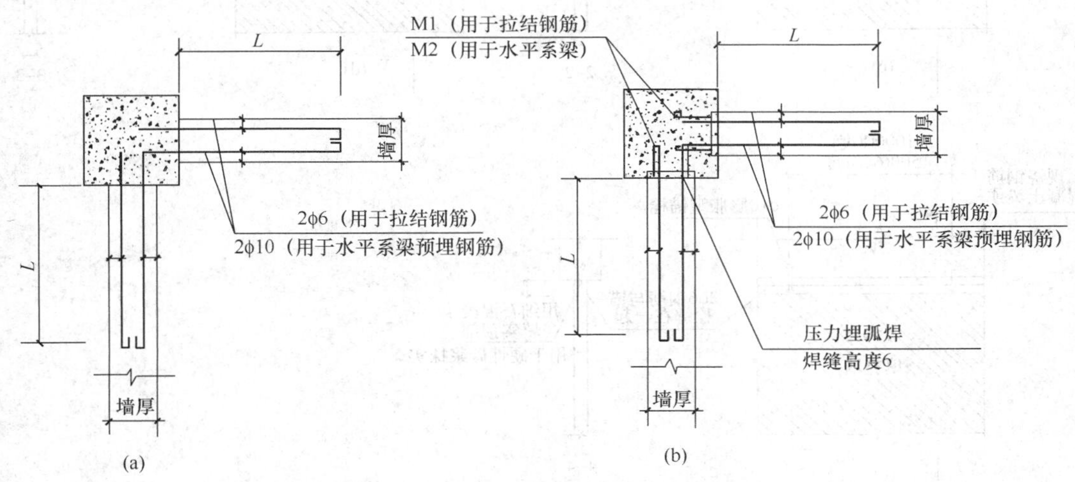

图 13-30 填充墙两侧与框架柱不脱开时的构造做法
（a）植筋；（b）预埋铁件

（3）填充墙砌完后，砌体还会有一定的变形，因此要求填充墙砌到梁、板底留一定的空隙，在抹灰前再用侧砖、立砖或预制混凝土块斜砌挤紧，其倾斜度为 60°左右，砌筑砂浆要饱满。另外，在填充墙与柱、梁、板结合处须用砂浆嵌缝，这样使填充墙与梁、板、柱结合紧密，不易开裂。

（4）填充墙与框架柱、梁脱开时的构造要求做法见图 13-32。填充墙与框架梁脱开连接连接时的构造做法见图 13-33。其他构造要求如下。

1）填充墙两端与框架柱、填充墙顶面与框架梁宜留出 10～15mm 的间隙。

2）在距门窗洞口每侧 500mm 和其间距离 20 倍墙厚且不大于 5m 处的墙体两侧的凹

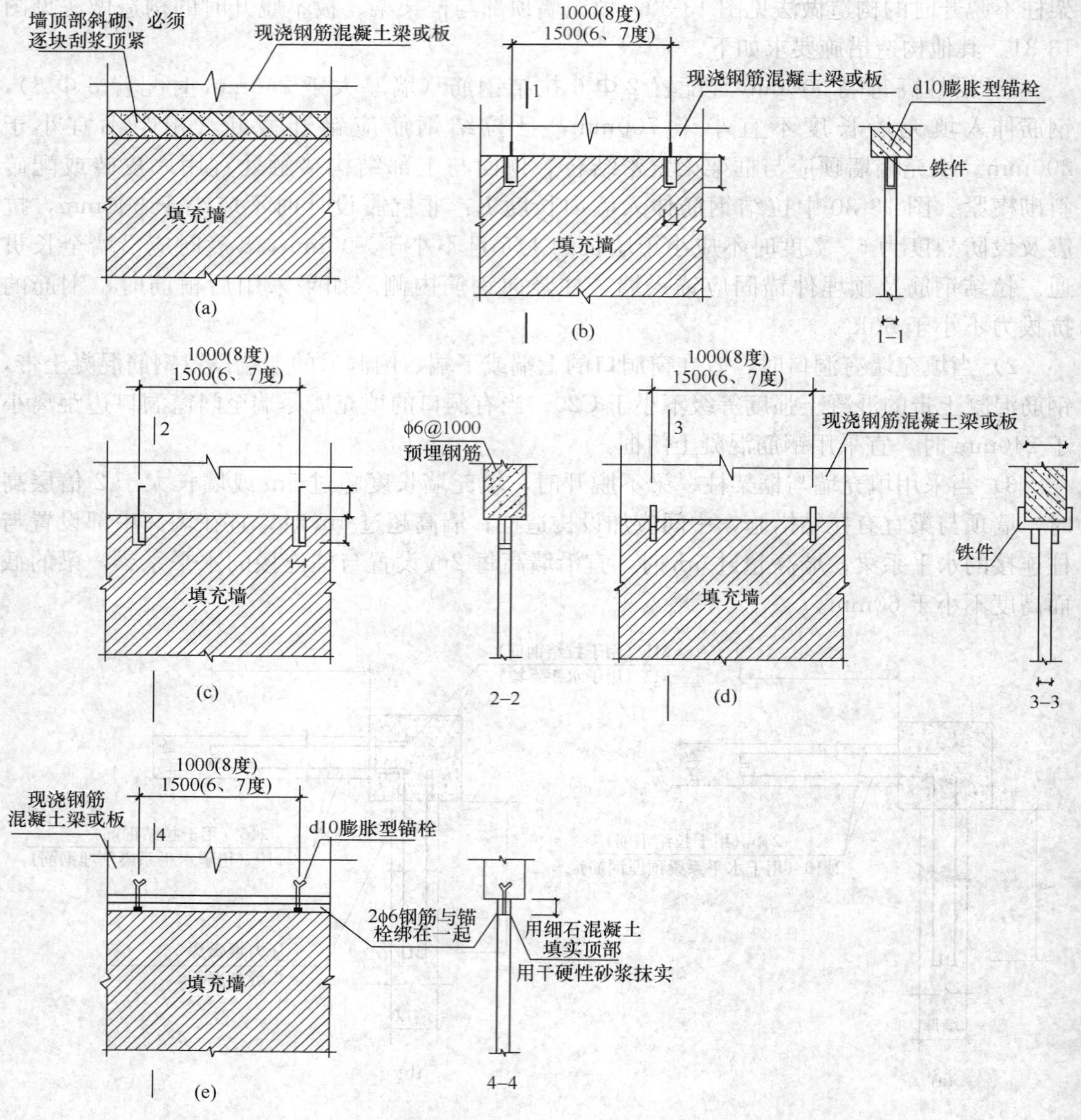

图 13-31　填充墙顶部与框架梁、板不脱开时的构造做法

槽内，设置竖向钢筋和拉结筋，并应符合下列要求：

① 凹槽的尺寸宜为 500mm×50mm。凹槽可在砌筑时切割块材，或用专门的块型砌筑；也可在砌筑时留出 500mm×50mm 宽的竖缝而成，但此缝应采用不低于 M5（Mb5、M5s）的砂浆填实，且在缝两侧 400mm 范围内设置焊接网片或钢筋，其竖向间距不宜大于 400mm；

② 凹槽内的竖向钢筋不宜小于Φ 12，拉筋宜采用Φ 6，竖向间距不宜大于 600mm。竖向钢筋应与框架梁的预留钢筋连接，绑扎接头时不宜小于 $30d$，焊接时不宜小于 $10d$。

3）当填充墙长大于 5m，应在墙体上部 1/3 范围内设置通长焊接网片，其竖向间距不宜大于 400mm。

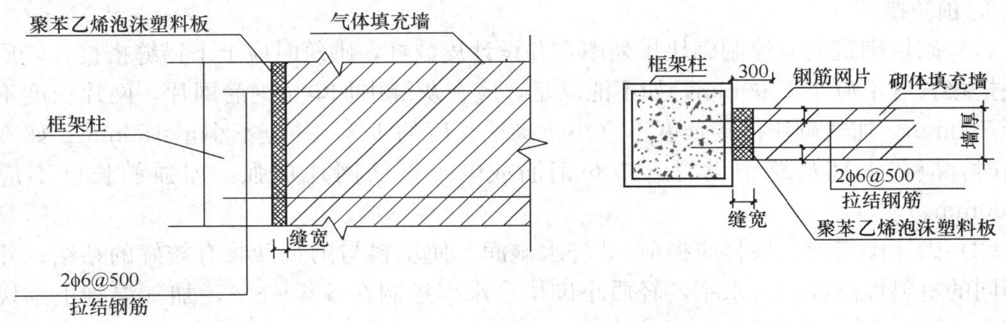

图 13-32 填充墙与框架柱连接时的缝隙构造做法

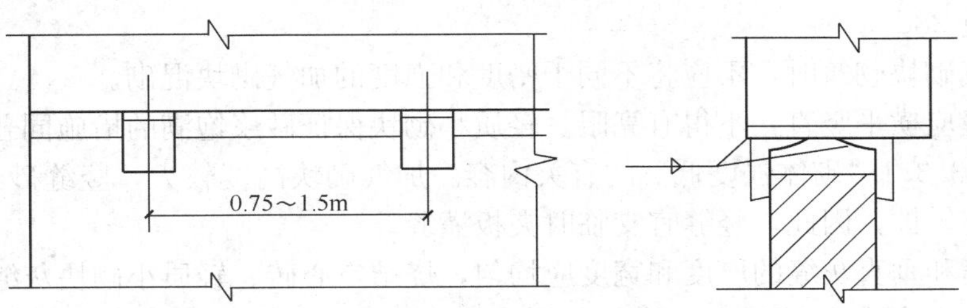

图 13-33 填充墙与框架梁脱开连接时的构造做法

4）填充墙与框架柱、梁的缝隙可采用聚苯乙烯泡沫塑料板板条或聚氨酯发泡充填，并用硅酮胶或其他弹性密封材料封缝。

4. 治理方法

（1）柱、梁、板或承重墙内漏放拉结筋时，可采用后植筋的方法，即采用冲击钻在混凝土构件上钻孔、清孔、冲洗，然后用环氧树脂将锚入的钢筋与混凝土构件固定。

（2）柱、梁、板或承重墙与填充墙之间出现裂缝，可凿除原有嵌缝砂浆，重新嵌缝。

13.6.2 墙片整体性差

1. 现象

墙体沿灰缝产生裂缝或在外力作用下造成墙片损坏，影响墙片的整体性。

2. 原因分析

（1）砌块含水率过大，砌上墙后，砌块逐渐干燥而收缩，因此体积不稳定，容易在灰缝中产生裂缝。

（2）砌块施工未预先绘制砌块排列图，使砌块排列混乱，造成砌块搭接长度不符合要求、灰缝过厚等现象，引起沿灰缝产生裂缝。

（3）因轻质小砌块和加气砌块的强度低，承受剧烈碰撞能力差，往往墙底部容易损坏，影响墙片的整体性。

（4）在抗震设防区，未按抗震要求对墙体采取加强措施，遇地震，墙片整体性差，出现裂缝，甚至倒塌。

（5）加气砌块块体大，竖缝砂浆不易饱满，影响砌体的整体性。另外，因块体大，灰缝少，受剪能力差，在外界因素影响下（如温差、干缩等），容易沿灰缝产生裂缝。

（6）随意凿墙破坏墙片整体性。

3. 预防措施

(1) 砌块砌筑前应绘制砌块排列图，并设计皮数杆，砌筑时应上下错缝搭接，轻质小砌块搭接长度不应小于90mm；如不能满足，应在灰缝中加Φ 4 钢筋网片，网片长度不应小于700mm。加气砌块搭接长度不宜小于砌块长度的1/3，并应不小于150mm；如不能满足时，应在水平灰缝中设置 2 Φ 6 钢筋或Φ 4 钢筋网片加强，加强筋长度不应小于500mm。

(2) 砌体砌筑前，块材应提前2d浇水湿润，使块料与砌筑砂浆有较好的粘结；并根据不同的材料性能控制含水率，轻质小砌块含水率控制在5%～8%，加气混凝土砌块含水率应小于15%，粉煤灰加气块含水率小于20%。

因砌块在龄期达到28d之前，自身的收缩较大，为控制砌体收缩裂缝，要求砌块砌筑时龄期应超过28d。

(3) 加气砌块砌筑时，不应将不同干密度和强度的加气砌块混砌。

(4) 灰缝应横平竖直，不得有亮眼。轻质小砌块保证砂浆饱满的措施同普通混凝土小砌块，详见13.3.1“砌体强度低”的有关内容。加气砌块高度较大，竖缝砂浆不易饱满，影响砌体的整体性，因此，竖缝宜支临时夹板灌缝。

水平灰缝和垂直灰缝的厚度和宽度应均匀，烧结空心砖、轻质小砌块灰缝厚度和宽度为8～12mm，蒸压加气混凝土砌块灰缝厚度和宽度为15mm，当蒸压加气混凝土砌块采用蒸压加气混凝土砌块粘结砂浆时，水平灰缝厚度和竖向灰缝宽度宜为3～4mm。

(5) 砌块墙底部应砌筑烧结普通砖、多孔砖、预制混凝土块或现浇混凝土，其高度不小于200mm。

(6) 在抗震设防地区应采取相应的加强措施，砌筑砂浆的强度等级不应低于M5。当填充墙长度大于5m时，墙顶部与梁应有拉接措施，如在梁上预留短钢筋，以后砌入墙的垂直灰缝内。当墙高度超过4m时，宜在墙高的中部设置与柱连接的通长钢筋混凝土水平墙梁。

(7) 不可随意凿墙，预埋水电管线时，应采用切割机切槽，然后轻轻剔除。

4. 治理方法

(1) 粉刷前，发现灰缝中有细裂缝时，可将灰缝砂浆表面清理干净后，重新用水泥砂浆嵌缝。裂缝严重的要拆除重砌。可参照附录13.6“砌体裂缝修补法”。

(2) 压碎和损坏的墙体，应拆除重砌。

附录13.10 填充墙砌体工程质量标准及检验方法

1. 一般规定

(1) 本节适用于烧结空心砖、蒸压加气混凝土砌块、轻骨料混凝土小型空心砌块等填充墙砌体工程。

(2) 砌筑填充墙时，轻骨料混凝土小型空心砌块和蒸压加气混凝土砌块的产品龄期不应小于28d，蒸压加气混凝土砌块的含水率宜小于30%。

(3) 烧结空心砖、蒸压加气混凝土砌块、轻骨料混凝土小型空心砌块等在运输、装卸过程中，严禁抛掷和倾倒；进场后应按品种、规格堆放整齐，堆置高度不宜超过2m。蒸压加气混凝土砌块在运输及堆放中应防止雨淋。

(4) 吸水率较小的轻骨料混凝土小型空心砌块及采用薄灰砌筑法施工的蒸压加气混凝土砌块，砌筑前不应对其浇（喷）水湿润；在气候干燥炎热的情况下，对吸水率较小的轻骨料混凝土小型空心砌块宜在砌筑前喷水湿润。

(5) 采用普通砌筑砂浆砌筑填充墙时，烧结空心砖、吸水率较大的轻骨料混凝土小型空心砌块应提前1～2d浇（喷）水湿润。蒸压加气混凝土砌块采用蒸压加气混凝土砌块砌筑砂浆或普通砌筑砂浆砌筑时，应在砌筑当天对砌块砌筑面喷水湿润。块体湿润程度宜符合下列规定：

1) 烧结空心砖的相对含水率60%～70%；

2) 吸水率较大的轻骨料混凝土小型空心砌块、蒸压加气混凝土砌块的相对含水率40%～50%。

(6) 在厨房、卫生间、浴室等处采用轻骨料混凝土小型空心砌块、蒸压加气混凝土砌块砌筑墙体时，墙底部宜现浇混凝土坎台，其高度宜为150mm。

(7) 填充墙拉结筋处的下皮小砌块，宜采用半盲孔小砌块或用混凝土灌实孔洞的小砌块；薄灰砌筑法施工的蒸压加气混凝土砌块砌体，拉结筋应放置在砌块上表面设置的沟槽内。

(8) 蒸压加气混凝土砌块、轻骨料混凝土小型空心砌块不应与其他块体混砌，不同强度等级的同类块体也不得混砌。

注：窗台处和因安装门窗需要，在门窗洞口处两侧填充墙上、中、下部可采用其他块体局部嵌砌；对与框架柱、梁不脱开方法的填充墙，填塞填充墙顶部与梁之间缝隙可采用其他块体。

(9) 填充墙砌体砌筑应待承重主体结构检验批验收合格后进行。填充墙与承重主体结构间的空（缝）隙部位施工，应在填充墙砌筑14d后进行。

2. 主控项目

(1) 烧结空心砖、小砌块和砌筑砂浆的强度等级应符合设计要求。

抽检数量：烧结空心砖每10万块为一验收批，小砌块每1万块为一验收批，不足上述数量时按一批计，抽检数量为1组。砂浆试块的抽检数量应执行“附录13.1砌筑砂浆的质量要求及强度评定”中第12条的有关规定。

检验方法：查砖、小砌块进场复验报告和砂浆试块试验报告。

(2) 填充墙砌体应与主体结构可靠连接，其连接构造应符合设计要求，未经设计同意，不得随意改变连接构造方法。每一填充墙与柱的拉结筋的位置超过一皮块体高度的数量不得多于一处。

抽检数量：每检验批抽查不应少于5处。

检验方法：观察检查。

(3) 填充墙与承重墙、柱、梁的连接钢筋，当采用化学植筋的连接方式时，应进行实体检测。锚固钢筋拉拔试验的轴向受拉非破坏承载力检验值应为6.0kN。抽检钢筋在检验值作用下应基材无裂缝、钢筋无滑移宏观裂损现象；持荷2min期间。荷载值降低不大于5%。检验批验收可按《砌体结构工程施工质量验收规范》（GB 50203—2011）中表B.0.1通过正常检验一次、二次抽样判定。

抽检数量：按附表13-9确定。

检验方法：原位试验检查。

检验批抽检锚固钢筋样本最小容量 附表 13-9

检验批的容量	样本最小容量	检验批的容量	样本最小容量
≤90	5	281～500	20
91～150	8	501～1200	32
151～280	13	1201～3200	50

3. 一般项目

(1) 填充墙砌体尺寸、位置的允许偏差及检验方法应符合附表 13-10 的规定。

填充墙砌体尺寸、位置的允许偏差及检验方法 附表 13-10

项次	项目		允许偏差（mm）	检验方法
1	轴线位移		10	用尺检查
2	垂直度（每层）	≤3m	5	用 2m 托线板或吊线、尺量检查
		>3m	10	
3	表面平整度		8	用 2m 靠尺和楔形尺检查
4	门窗洞口高、宽（后塞口）		±10	用尺量检查
5	外墙上、下窗口偏移		20	用经纬仪或吊线检查

抽检数量：每检验批抽查不应少于 5 处。

(2) 填充墙砌体的砂浆饱满度及检验方法应符合附表 13-11 的规定。

填充墙砌体的砂浆饱满度及检验方法 附表 13-11

砌体分类	灰缝	饱满度及要求	检验方法
空心砖砌体	水平	≥80%	采用百格网检查块体底面或侧面砂浆的粘结痕迹面积
	垂直	填满砂浆，不得有透明缝、瞎缝、假缝	
蒸压加气混凝土砌块、轻骨料混凝土小型空心砌块砌体	水平	≥80%	
	垂直	≥80%	

抽检数量：每检验批抽查不应少于 5 处。

(3) 填充墙留置的拉结钢筋或网片的位置应与块体皮数相符合。拉结钢筋或网片应置于灰缝中，埋置长度应符合设计要求，竖向位置偏差不应超过一皮高度。

抽检数量：每检验批抽查不应少于 5 处。

检验方法：观察和用尺量检查。

(4) 砌筑填充墙时应错缝搭砌，蒸压加气混凝土砌块搭砌长度不应小于砌块长度的 1/3；轻骨料混凝土小型空心砌块搭砌长度不应小于 90mm；竖向通缝不应大于 2 皮。

抽检数量：每检验批抽查不应少于 5 处。

检验方法：观察检查。

(5) 填充墙的水平灰缝厚度和竖向灰缝宽度应正确，烧结空心砖、轻骨料混凝土小型空心砌块砌体的灰缝应为 8～12mm；蒸压加气混凝土砌块砌体当采用水泥砂浆、水泥混合砂浆或蒸压加气混凝土砌块砌筑砂浆时，水平灰缝厚度和竖向灰缝宽度不应超过

15mm；当蒸压加气混凝土砌块砌体采用蒸压加气混凝土砌块粘结砂浆时，水平灰缝厚度和竖向灰缝宽度宜为 3～4mm。

抽检数量：每检验批抽查不应少于 5 处。

检验方法：水平灰缝厚度用尺量 5 皮小砌块的高度折算；竖向灰缝宽度用尺量 2m 砌体长度折算。

14 模板工程

模板的制作与安装质量，对于保证混凝土、钢筋混凝土结构与构件的外观平整和几何尺寸的准确，以及结构的强度和刚度等均起到重要的作用。由于模板尺寸误差、支设不牢而造成的工程质量问题时有发生，应引起高度的重视。

14.1 模板一般质量通病

14.1.1 轴线位移

1. 现象

混凝土浇筑完成模板拆除后，柱、墙实际位置与建筑物轴线有偏移。

2. 原因分析

(1) 翻样不认真或技术交底不清，模板拼装时组合件未能按规定到位。

(2) 轴线测放产生误差。

(3) 墙、柱模板根部和顶部无限位措施或限位不牢，发生偏位后又未及时纠正，造成累积误差。

(4) 支模时未拉水平、竖向通线，且无竖向总垂直度控制措施。

(5) 模板刚度差，未设水平拉杆或水平拉杆间距过大。

(6) 混凝土浇筑时未均匀对称下料，或一次浇筑高度过高。

(7) 对拉螺栓、顶撑、木楔使用不当或松动，造成轴线偏位。

3. 防治措施

(1) 严格按 1/10～1/50 的比例将各构件翻成详图并注明各部位编号、轴线位置、几何尺寸、平面形状、预留孔洞、预埋件等，经复核无误后认真对生产班组及操作工人进行详细的技术交底，作为模板制作、安装的依据。

(2) 模板轴线测放后，其轴线闭合误差应符合现行测量规范的相关规定，并组织专人进行技术复核验收，确认无误后才能支模。

(3) 墙、柱模板根部和顶部必须设可靠的限位措施。

(4) 支模时要拉水平、竖向通线，并设竖向总垂直度控制线。

(5) 根据混凝土结构特点，对模板进行专门设计（高大模板编写专项施工方案并经过专家论证)，以保证模板及其支架具有足够强度、刚度及稳定性。对拉螺栓的规格、间距必须由计算确定。

(6) 混凝土浇筑前，应对模板轴线、支架、顶撑、螺栓进行认真检查、复核，发现问题及时进行处理。

(7) 混凝土浇筑时，要均匀、对称下料，并控制浇筑速度，浇筑高度应严格控制在施工规范允许范围内。

14.1.2 标高偏差

1. 现象

混凝土结构层标高及预埋件、预留孔洞的标高与施工图设计标高有偏差。

2. 原因分析

（1）楼层无标高控制点或控制点偏少，控制网无法闭合，竖向模板根部未做平。

（2）模板顶部无标高标记，或未按标记施工。

（3）高层建筑标高控制线转测过频，累计误差过大。

（4）预埋件、预留孔洞未固定牢，施工时未重视施工方法。

（5）楼梯踏步模板未考虑装修层厚度。

3. 防治措施

（1）每层楼设足够的标高控制点，竖向模板根部须找平。

（2）模板顶部设标高标记，严格按标记控制模板尺寸。

（3）建筑楼层标高由首层±0.000标高控制，严禁逐层向上引测，以防止累计误差，当建筑高度超过30m时，应另设标高控制线，每层标高引测点应不少于3个，形成闭合网，以便复核。

（4）预埋件及预留孔洞，在安装前应与图纸对照，确认无误后准确固定在设计位置上，必要时用电焊或套框等方法将其固定。在浇筑混凝土时，应沿其周围分层均匀浇筑，严禁碰击和振动预埋件和模板。

（5）楼梯踏步模板安装时应考虑装修层厚度。

14.1.3 混凝土结构变形

1. 现象

拆模后发现混凝土柱、梁、墙出现凸肚、缩颈或翘曲现象。

2. 原因分析

（1）模板支撑及围檩未事先设计，或者设计参数选择不合理，计算结果有错误，导致支撑及围檩间距过大，模板截面小，刚度差。

（2）组合小钢模，连接件未按规定设置，造成模板整体性差。

（3）柱、墙、梁模板无对拉螺栓或螺栓间距过大，螺栓规格过小。

（4）竖向承重支撑在地基土上，未夯实，未垫平板，也无排水措施。

（5）门窗洞口内模之间对撑不牢，混凝土振捣时模板易被挤偏。

（6）梁、柱模板卡具间距过大，或对拉螺栓配备数量不足。

（7）浇筑墙、柱混凝土速度过快，一次浇筑高度过高，振捣过度。

（8）采用木模板或胶合板模板施工，长期日晒雨淋，模板出现变形。

3. 防治措施

（1）模板及支撑系统设计时，应充分考虑自重、施工荷载及混凝土浇筑时产生的侧向压力；对于搭设跨度≥18m，高度≥8m，施工总荷载15kN/m^{2}及以上，集中线荷载20kN/m及以上的高支模，应编写专项方案，确保安全。

（2）梁底支撑间距应能够保证在混凝土重量和施工荷载作用下不产生变形。支撑底部若为泥土，应先认真夯实，设排水沟，并铺放通长垫木或型钢，以确保支撑不沉陷，最好在回填土上，浇筑厚度≥100mm、强度等级不低于C15的素混凝土垫层后，再在其上支立模板支撑。

(3) 组合小钢模拼装时，连接件应按规定放置，围檩及对拉螺栓间距、规格应按设计要求放置。

(4) 梁、柱模板若采用卡具时，其间距要按规定设置，并要卡紧模板，其宽度比截面尺寸略小。梁、板采用可调托撑时，托撑丝杆伸出钢管顶部≤200mm。

(5) 梁、墙模板上部必须有临时撑头，以保证浇筑时梁、墙上口宽度。

(6) 浇筑混凝土要均匀对称下料，严格控制浇筑高度及浇筑速度，特别是门窗洞口模板两侧，既要保证振捣密实，又要防止过振引起模板变形。

(7) 当梁、板跨度大于或等于 4m 时，模板中间应按设计起拱。

(8) 采用木模板、胶合板模板施工时，经验收合格后应及时浇筑混凝土。

14.1.4 接缝不严

1. 现象

模板间接缝不严，有间隙，混凝土浇筑时产生漏浆。

2. 原因分析

(1) 翻样不认真或有误，模板制作马虎，拼装时接缝过大。

(2) 木模板制作粗糙，拼缝不严，或安装周期过长，干缩湿胀。

(3) 浇捣混凝土时，木模板未提前浇水湿润，使其胀开。

(4) 钢模板变形未及时修整或接缝措施不当。

(5) 梁、柱交接部位，接头尺寸不准、错位。

3. 防治措施

(1) 翻样要严格按 1/10～1/50 比例将构件细部翻成详图，经复核无误后向操作工人交底，强化质量意识，认真制作定型模板和拼装。

(2) 严格控制木模板含水率，制作时拼缝要严密，必要时可选择双面胶带封闭模板拼缝。

(3) 浇筑混凝土时，木模板要提前浇水湿润，使其胀开密缝。

(4) 钢模板应轻拿轻放，出现变形，要及时修整平直。

(5) 钢模板间不能用油毡、塑料布，水泥袋等去嵌缝堵漏。

(6) 梁、柱交接部位支撑要牢靠，拼缝要严密（必要时缝间加双面胶纸）。

14.1.5 脱模剂使用不当

1. 现象

用废机油涂刷造成混凝土污染，或混凝土残浆不清除即刷脱模剂。

2. 原因分析

(1) 拆模后不清理混凝土残浆即刷脱模剂。

(2) 脱模剂涂刷不匀或漏涂，或涂层过厚。

(3) 使用废机油作脱模剂，污染钢筋、混凝土。

3. 防治措施

(1) 拆模后，必须清除模板上遗留的混凝土残浆，再刷脱模剂。

(2) 严禁用废机油作脱模剂，脱模剂材料可选用皂液、滑石粉、石灰水及其混合液和各种专门化学制品脱模剂等。

（3）脱模剂材料宜拌成稠状，应涂刷均匀，不得流淌，一般以刷两度为宜，以防漏刷，也不宜涂刷过厚。

（4）脱模剂涂刷后，应及时浇筑混凝土，以防隔离剂层遭受破坏。

14.1.6 模板未清理干净

1. 现象

模板内残留木块、浮浆残渣、碎石等建筑垃圾。

2. 原因分析

（1）钢筋绑扎完毕及封模时，模板未及时清理。

（2）墙、柱根部，梁柱接头最低处未留清扫孔，或所留位置无法清扫。

（3）模板周转至下一层时，对残留在模板内的混凝土水泥浆，未及时进行清理。

3. 防治措施

（1）钢筋绑扎完毕，用压缩空气清除或压力水冲洗模板内垃圾。

（2）在封模前，派专人将模板内垃圾清除干净。

（3）墙、柱根部，梁柱接头处预留清扫孔，预留孔尺寸≥100mm×100mm，模内垃圾清除完毕后，及时将清扫口处封严。

（4）每次模板拆除后应及时清理完残留在模板上的混凝土水泥浆。

14.1.7 封闭或竖向模板无排气孔、浇捣孔

1. 现象

封闭或竖向的模板无排气孔；高柱、高墙未留浇捣孔。

2. 原因分析

（1）墙体内大型预留洞口底模未留排气孔，或楼梯段采用全封闭模板时未设排气孔，易使混凝土浇筑时产生气囊，导致混凝土不密实。

（2）高柱、高墙侧模无浇捣孔，造成混凝土浇灌自由落差过大，易离析或振动棒不能插到位，造成振捣不实。

3. 防治措施

（1）墙体的大型预留洞口（门窗洞等）底模应开设排气孔，使混凝土浇筑时气泡及时排出，确保混凝土浇筑密实。

（2）高柱、高墙（超过 3m）侧模要开设浇捣孔，以便于混凝土浇筑和振捣，混凝土浇筑时可用串筒下料。

（3）当楼梯段采用全封闭模板时，应在梯段模板中每个踏面上设排气孔，气孔间距 300～500mm 为宜。

14.1.8 模板支撑选配不当

1. 现象

支撑体系选配和支撑方法不当，结构混凝土浇筑发生变形。

2. 原因分析

（1）支撑选配马虎，未经过专项设计及安全验算，无足够的承载能力及刚度，混凝土浇筑后模板变形。

（2）支撑稳定性差，混凝土浇筑后支撑自身失稳，使模板变形。

（3）采用特殊支撑（如承插型盘扣式、碗扣式）时构造措施不符合要求。

（4）同一层梁板支撑，不同的支撑形式混合使用（如扣件式支撑架与门字架混用），造成受力不均匀而发生变形。

3. 防治措施

（1）模板支撑系统根据不同的结构类型和模板类型来选配，以便相互协调配套。使用时，应对支承系统进行必要的验算和复核，对于超重、超高、跨度超大的模板支撑，必须编专项设计方案并经专家论证。

（2）尽量不选用木质支撑体系。钢质支撑体系的钢楞和支撑的布置形式应满足模板设计要求，并能保证安全承受施工荷载。钢管支撑体系一般宜扣成整体排架式，其立柱纵横间距一般为1m左右（荷载大时应采用密排形式），同时应按现行规范的相关要求加设斜撑和剪刀撑。

（3）支撑体系的基底必须坚实可靠，竖向支撑基底如为土层时，应在支撑底铺垫型钢或50mm厚、200mm宽以上的脚手板等硬质材料，最好先浇筑C15厚100mm混凝土垫层，再支立模板。

（4）在多层或高层施工中，应注意逐层加设支撑，分层分散施工荷载。侧向支撑必须顶牢固，拉结和加固可靠，必要时应采用打入地锚或在混凝土中预埋铁件和短钢筋头做撑脚。

（5）所有模板支撑必须设置扫地杆及水平拉杆，以确保支撑体系的整体稳定性。当采用承插型盘扣式、门式、碗扣式钢管脚手架模板支撑时，其构造必须满足相关的现行规范的规定，并编写专项施工方案，确保安全。

（6）同一楼层应采用同一种支撑形式，严禁不同的支撑形式混合使用。

14.1.9 使用木模的墙面有模板皮

1. 现象

墙体木模板拆除时，墙面上残粘模板表皮，观感差。

2. 原因分析

（1）木模板周转次数多，其表面刚度不足，拆除时表面模板皮残粘在混凝土面层上。

（2）使用了失效的脱模剂或脱模剂涂刷不均匀、漏刷。

（3）脱模过迟，未及时养护，混凝土表面温度过高，其早期表层强度发展过快，混凝土粘连木模。

3. 预防措施

（1）对于经过多次周转使用的木模，剔除其中表面刚度不足或弯曲变形的木模。仅局部表面刚度不足的木模，使用前应重新修补。

（2）木模拆除后应及时清理表面砂浆及翘皮，认真涂刷有效的脱模剂。

（3）采用快速拆模体系，当混凝土强度大于1.2MPa时，及时松开模板，对混凝土淋水养护。

4. 治理方法

（1）剔除嵌入混凝土表层的木模板表皮，严重的在剔除后，先刷一道108胶水泥浆，然后用水泥砂浆分层补平压光，达到设计要求的平整度。

（2）小面积的墙面拆模粘有模板皮时，拆模后应即剔除，使用108胶水泥腻子刮1～2道找平。

（3）模板皮嵌入混凝土较深时，应全部凿除板皮外混凝土，用钢丝刷或加压水洗刷表面，再用高一级的细石混凝土填塞，并仔细捣实。

14.2 现场现浇混凝土结构模板

14.2.1 条形基础模板缺陷

1. 现象

沿基础通长方向，模板上口不直，宽度不准；下口陷入混凝土内；侧面混凝土麻面、露石子；拆模时上段混凝土缺损；底部上模不牢（图 14-1）。

2. 原因分析

（1）模板安装时，挂线垂直度有偏差，模板上口不在同一直线上。

（2）钢模板上口未用圆钢穿入洞口扣住，仅用铁丝对拉，有松有紧，或木模板上口未钉木带，浇筑混凝土时，其侧压力使模板下端向外推移，以致模板上口受到向内推移的力而内倾，使上口宽度大小不一。

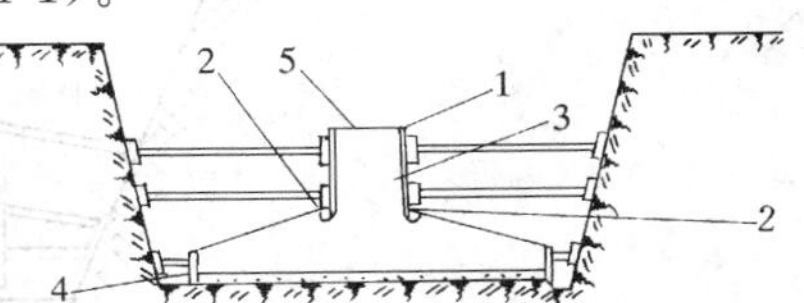

图 14-1 条形基础模板缺陷示意
1—上口不直，宽度不准；
2—下口陷入混凝土内；
3—侧面露石子、麻面；
4—底部上模不牢；5—模板口用铁丝对拉，有松有紧

（3）模板未撑牢，在自重作用下模板下垂。浇筑混凝土时，部分混凝土由模板下口翻上来，未在初凝时铲平，造成侧模下部陷入混凝土内。

（4）模板不平整，残渣未清除干净；拼缝缝隙过大，侧模支撑不牢。

（5）木模板临时支撑直接撑在土坑边，接触处土体松动掉落。

3. 防治措施

（1）模板应有足够的强度和刚度，支模时，垂直度要找准确，其支立大样见图 14-2。

（2）钢模板上口应用 $\phi8\sim10$ 圆钢套入模板顶端小孔内，中距 500～800mm（图 14-2）。木模板上口应钉木带，以控制带形基础上口宽度，并通长拉线，保证上口平直。

（3）上段模板应支承在预先横插的圆钢或预制混凝土垫块（图 14-3）。

（4）发现混凝土由上段模板下翻至下段，应在混凝土初凝前轻轻铲平至模板下口，使模板下口不至于卡牢。

（5）混凝土呈塑性状态时，切忌用铁锹在模板外侧用力拍打，以免造成上段混凝土下滑，形成根部缺损。

（6）模板组装前应将模板上残渣剔除干净，侧模支撑应牢靠。

（7）支撑直接撑在土坑边时，土体应密实，支撑下面应垫木板，以扩大其接触面。木模板长向接头处应加拼条，使板面平整，连接牢固。

14.2.2 杯形基础模板缺陷

1. 现象

杯基中心线不准；杯口模板位移；混凝土浇筑时芯模浮起；拆模时芯模起不出（图 14-4）。

2. 原因分析

（1）杯基中心线弹线未兜方。

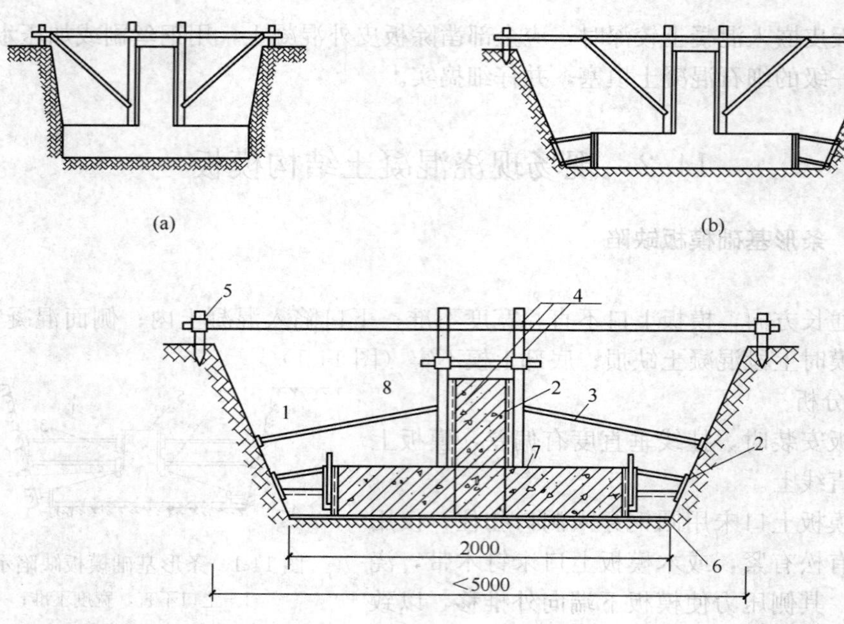

图 14-2 条形基础模板

(a) 土质较好，下半段利用原土削平不另支模；(b) 土质较差，上下两阶均支模；(c) 钢模板

1—斜托架@1500mm；2—钢模板；3—斜撑@3000mm；4—钢管吊架；

5—钢管（48×3.5）；6—素混凝土垫层；7—钢架（16@500）；8—钩头螺栓

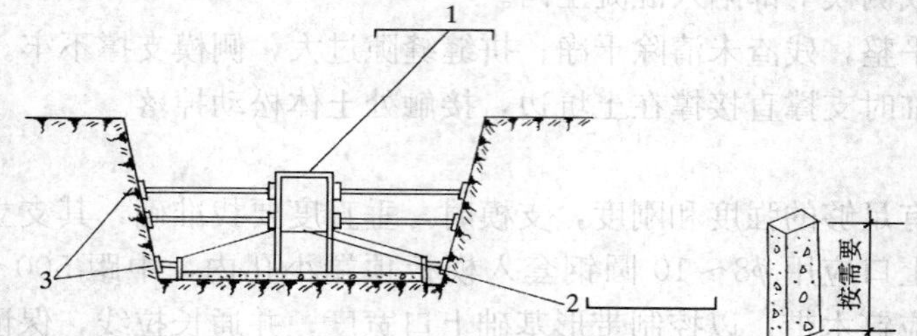

图 14-3 钢筋支架或混凝土长方垫块

1—ϕ8 或 ϕ10 圆钢；2—横插于基础钢架 ϕ12 圆钢或 50mm×80mm 垫块，

间距 800～1000mm；3—土坑边垫木板扩大接触面

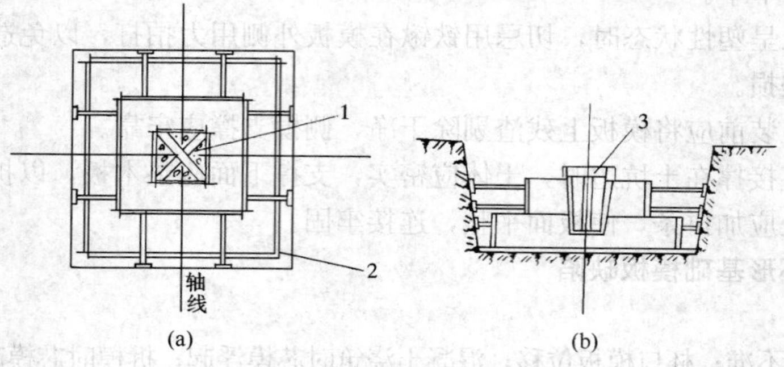

图 14-4 杯形基础钢模板示意

1—排气孔；2—角模；3—杯芯模板

(2) 杯基上段模板支撑方法不当，浇筑混凝土时，杯芯木模板由于不透气，向上浮起。

(3) 模板四周的混凝土下料不均匀，振捣不均衡造成模板偏移。

(4) 操作脚手板搁置在杯口模板上，造成模板下沉。

(5) 杯芯模板拆除过迟，粘结太牢。

3. 防治措施

(1) 杯形基础支模应首先找准中心线位置，先在轴线桩上找好中心线，用线坠在垫层上标出两点，弹出中心线，再由中心线按图弹出基础四面边线，要兜方并进行复核，用水平仪测定标高，然后依线支设模板。

(2) 木模板支上段模板时采用抬把木带，将木带与下段混凝土面隔开少许间距，便于混凝土面拍平。杯形基础模板支立见图 14-5。

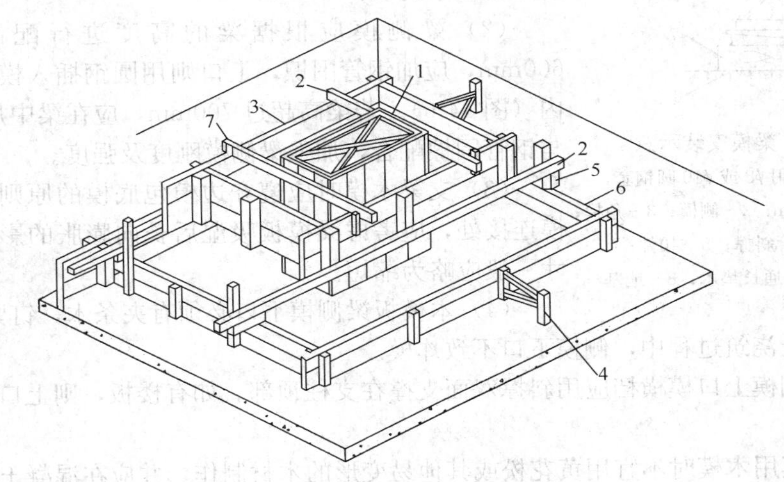

图 14-5 杯形独立基础模板

1—杯口芯模；2—轿杠模；3—杯口侧板；4—撑于土壁上；5—托木；6—侧板；7—木档

(3) 杯芯木模板要刨光直拼，芯模外表面涂隔离剂，底部应钻几个小孔，以便排气，减少浮力。浇筑混凝土时，在芯模四周要均匀下料，要对称振捣。

(4) 脚手板不得搁置在模板上。

(5) 拆除杯芯模板，一般在终凝前后即可用锤轻打，撬棍拨动。较大的芯模，可用捯链将杯芯模板稍加松动后，再徐徐拔出。

14.2.3 梁模板缺陷

1. 现象

梁身不平直；梁底不平，下挠；梁侧模炸模（模板崩坍）；拆模后发现梁身侧面有水平裂缝、掉角、表面毛糙；局部模板嵌入柱梁间，拆除困难。

2. 原因分析

(1) 模板支设未校直撑牢，支撑整体稳定性不够。

(2) 模板没有支撑在坚硬的地面上。混凝土浇筑过程中，由于荷载增加，泥土地面受潮降低了承载力，支撑随地面下沉而出现变形。

(3) 梁底模未按设计要求或规范规定起拱；未根据水平线控制模板标高。

(4) 同14.2.1"条形基础模板缺陷"的原因分析(2)、(4)。

(5) 侧模承载能力及刚度不够，拆模过迟或模板未使用隔离剂。

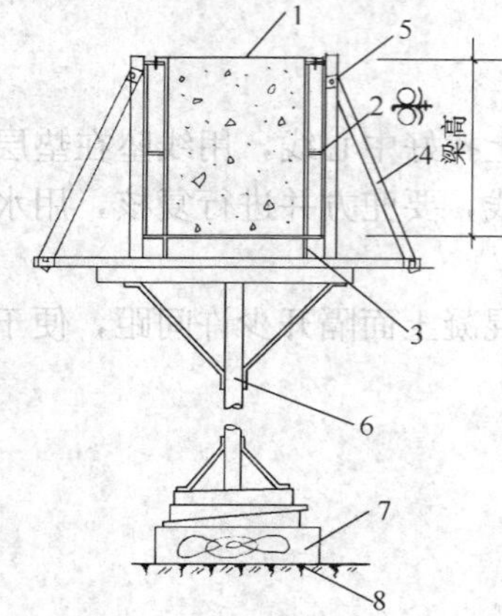

图14-6　梁模安装示意

1—模板上口用ϕ8或ϕ10圆钢套，间距500～800mm；2—侧模；3—角模；4—ϕ48钢管斜撑；5—扣件；6—支撑；7—通长垫木；8—地基

(6) 木模板采用易变形的木材制作，混凝土浇筑后变形较大，易使混凝土产生裂缝、掉角和表面毛糙。

(7) 木模在混凝土浇筑后吸水膨胀，事先未留有空隙。

3. 防治措施

(1) 梁底支撑间距应能保证在混凝土重量和施工荷载作用下不产生变形。支撑底部如为泥土地面，应先认真夯实，铺放通长垫木，以确保支撑不沉陷。梁底模应按设计或规范要求起拱。

(2) 梁侧模应根据梁的高度进行配制，若超过600mm，应加钢管围檩，上口则用圆钢插入模板上端小孔内(图14-6)。若梁高超过700mm，应在梁中加对穿螺栓，与钢管围檩配合，加强梁侧模刚度及强度。

(3) 支梁木模时应遵守边模包底模的原则。梁模与柱模连接处，应考虑梁模板吸湿后长向膨胀的影响，下料尺寸一般应略为缩短。

(4) 木模板梁侧模下口必须有夹条木，钉紧在支柱上，以保证混凝土浇筑过程中，侧模下口不致炸模。

(5) 梁侧模上口模横档应用斜撑双面支撑在支柱顶部。如有楼板，则上口横档应放在板模龙骨下。

(6) 梁模用木模时不宜用黄花松或其他易变形的木材制作，并应在混凝土浇筑前充分湿润。

(7) 同14.2.1"条形基础模板缺陷"的防治措施(6)。

(8) 模板支立前，认真涂刷隔离剂两度。

(9) 当梁底距地面高度过高时(5m以上)，宜采用脚手钢管扣件或桁架支模，参见图14-7，当梁跨超过18m、施工总荷载超过15kN/m^{2}或线荷载超过20kN/m，或梁板支撑高度超过8m时，应编写专项施工方案并经论证后实施。

(10) T形梁模参见图14-8(a)，花篮梁模一般可与预制楼板吊装相配合，支模法参见图14-8(b)，梁模板支柱应能承受预制楼板重量、混凝土重量及施工荷载，在混凝土浇筑时模板支撑系统不得变形。

14.2.4　圈梁模板缺陷

1. 现象

(1) 局部胀模，造成墙内侧或外侧水泥砂浆挂墙。

(2) 梁内外侧不平，砌上段墙时局部挑空。

2. 原因分析

(1) 卡具未夹紧模板，混凝土振捣时侧向压力造成局部模板向外推移。

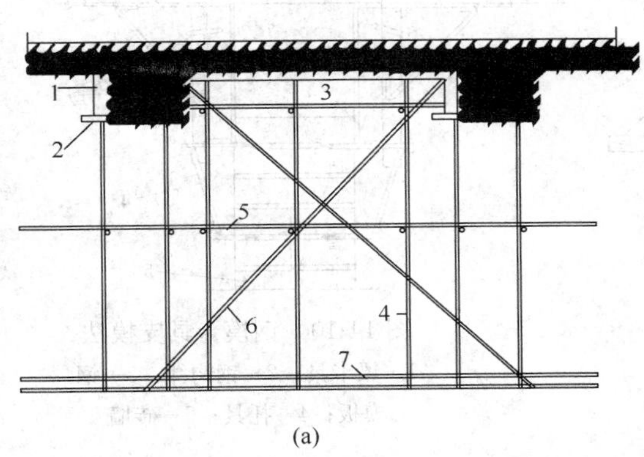

(a)

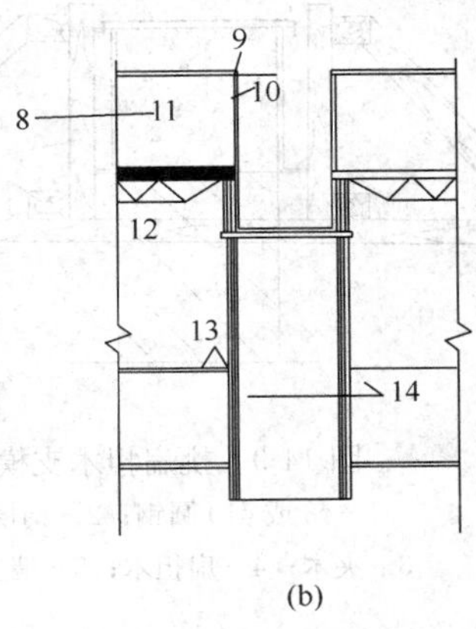

(b)

图 14-7 梁模板的支撑方法示意

(a) 钢管支撑梁模板的安装；(b) 桁架支撑主、次梁模板

1—钢模；2—梁下横楞；3—40mm×60mm 方木或 ϕ48×3.5mm 钢管；4—立柱；5—水平连杆；6—剪刀撑；7—木楞；8—次梁侧板；9—方梁侧板；10—阳角模；11—木楔；12—次梁桁架；13—钢管水平撑；14—主梁桁架

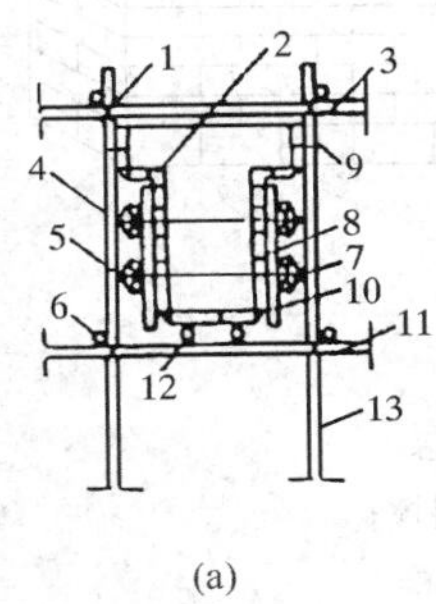

(a)

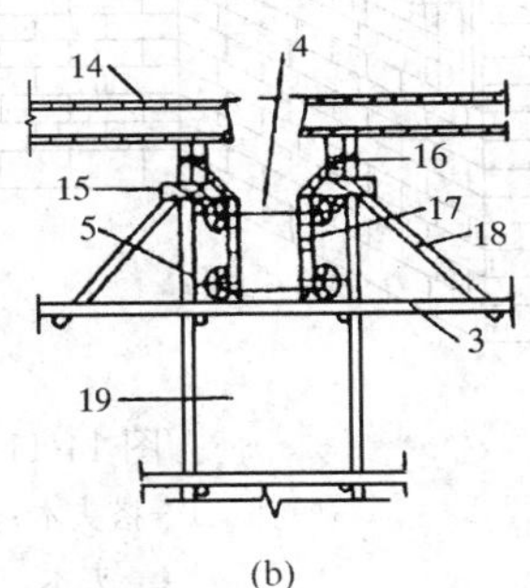

(b)

图 14-8 T 形梁、花篮梁钢模板安装示意图

(a) T 形梁钢模板；(b) 预制楼板的花篮梁支模法

1—扣件；2—阴角模；3—横杆；4—对拉螺栓；5、7—钩头螺栓；6—纵向连系杆；8—内钢楞；9—外钢楞；10—连接角模；11—ϕ48 支承横杆；12—钢管搁栅；13—ϕ48 支承杆；14—预制楼板；15—斜模撑；16—牵杠；17—钢模；18—斜撑；19—钢管排架

(2) 模板组装时，未与墙面支撑平直。

3. 防治措施

(1) 采用在墙上留孔挑扁担木方法施工时（图 14-9），扁担木长度应不小于墙厚加二倍梁高，圈梁侧模下口应夹紧墙面，斜撑与上口横档钉牢，并拉通长直线，保持梁上口呈直线。

(2) 采用钢管卡具组装模板时（图 14-10），如钢管卡具滑扣应即掉换。

(3) 圈梁木模板上口必须有临时撑头，保持梁上口宽度（图 14-11）。

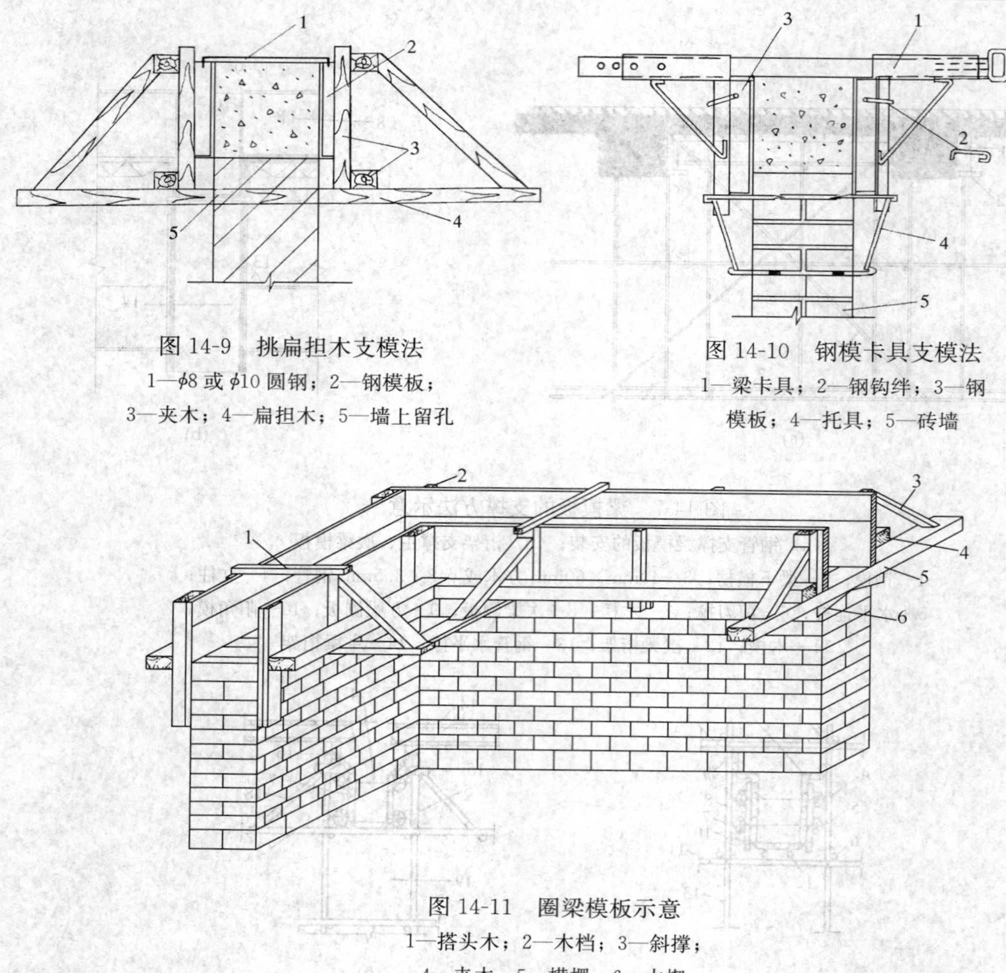

图 14-9　挑扁担木支模法

1—$\phi 8$ 或 $\phi 10$ 圆钢；2—钢模板；3—夹木；4—扁担木；5—墙上留孔

图 14-10　钢模卡具支模法

1—梁卡具；2—钢钩绊；3—钢模板；4—托具；5—砖墙

图 14-11　圈梁模板示意

1—搭头木；2—木档；3—斜撑；4—夹木；5—横楞；6—木楔

14.2.5　深梁模板缺陷

1. 现象

梁下口炸模，上口偏歪；梁中部下挠。

2. 原因分析

(1) 下口围檩未夹紧或木模板夹木未钉牢，在混凝土侧压力作用下，侧模下口向外歪移。

(2) 梁过深，侧模刚度差，中间又未设对拉螺栓或对拉螺栓间距偏大。

(3) 支撑按一般经验配料，梁自重和施工荷载未经核算，致使超过支撑能力，造成梁底模板及支撑不够牢固而下挠。

(4) 斜撑角度过大（大于 60°），支撑不牢，造成局部偏歪。

(5) 同 14.2.1“条形基础模板缺陷”的原因分析（4）。

3. 防治措施

(1) 根据深梁的高度及宽度核算混凝土振捣时的重量及侧压力（包括施工荷载）。钢模板外侧应加双排钢管围檩，间距不大于 500mm（图 14-12），并加穿对拉螺栓，沿梁的长方向≤500mm，螺栓外可穿 ϕ20 的 PVC 管以保证梁的净宽，并便于螺栓回收重复使用。木模采取 18mm 厚模板，每 250～300mm 加一拼条（50mm×100mm 木方立放），根据梁的高度适当加设双排钢管围檩。一般离梁底 200～250mm 处加 ϕ14～16mm 对拉螺栓，沿梁长方向相隔应大于 500mm，在梁模内螺栓可穿上硬塑料套管撑头，以保证梁的宽度，并便于螺栓回收，重复使用。

（2）木模板夹木应与支撑顶部的横担木钉牢。

（3）单根深梁模板上口必须拉通长麻线（或铁丝）复核。

（4）同 14.2.1“条形基础模板缺陷”的防治措施（6）和 14.2.3“梁模板缺陷”的防治措施（1）。

（5）深梁应有可靠措施，保证梁横的侧向稳定，可采用相邻板的模板支撑的水平拉杆端头，加可调托撑侧向顶住双排钢管围梁。

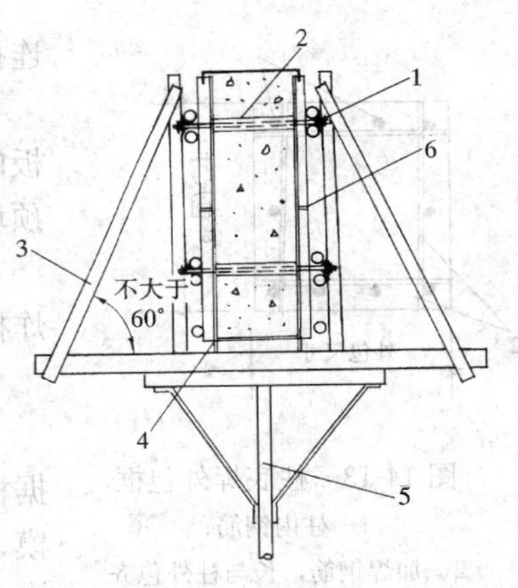

图 14-12 深梁模板支模示意
1—ϕ50 钢管“3”形扣件；
2—对拉螺栓套 ϕ40 钢管；
3—斜撑（不大于 60°）；
4—角模；5—支撑；
6—模板拼缝

（6）梁模支撑均不能成为独立的受力体系，应与相邻板的立柱纵横成行，互相拉接，以保证梁模板支撑的整体稳定性。

（7）对于层高超 8m、跨度超过 18mm、施工总荷载大于 15kN/m^2 或线荷载大于 20kN/m 的模板，应编制专项施工方案，并经专家论证，确保安全。

14.2.6 柱模板缺陷

1. 现象

（1）炸模，造成断面尺寸，鼓出、漏浆，混凝土不密实或蜂窝麻面。

（2）偏斜，一排柱子不在同一轴线上。

（3）柱身扭曲，梁柱接头处偏差大。

2. 原因分析

（1）柱箍间距太大或不牢，钢筋骨架缩小或木模钉子被拔出。

（2）轴线测放不认真，梁柱接头处未按大样图安装组合。

（3）成排柱子支模不跟线、不找方，钢筋偏移未扳正就套柱模。

（4）柱模未保护好，支模前已歪扭，未整修好就使用。

（5）模板两侧松紧不一，未进行模板柱箍和对拉螺栓设计。

（6）模板上有混凝土残渣，未很好清理，或拆模时间过早。

3. 防治措施

（1）成排柱子支模前，应先在底部弹出通线，将柱子位置兜方找中。

（2）柱子支模前必须先校正钢筋位置。

（3）柱子底部应做小方盘模板，或以钢筋焊成柱断面外包框（图 14-13）。

（4）成排柱模支撑时，应先立两端柱模，校直与复核位置无误后，顶部拉通长线，再立中间各根柱模。柱距不大时，相互间应有剪刀撑及水平撑搭牢。柱距较大时，各柱单独拉四面斜撑，保证柱子位置准确。

（5）钢柱模由下至上安装，模板之间用楔形插销插紧，转角位置用连接角模将两模板

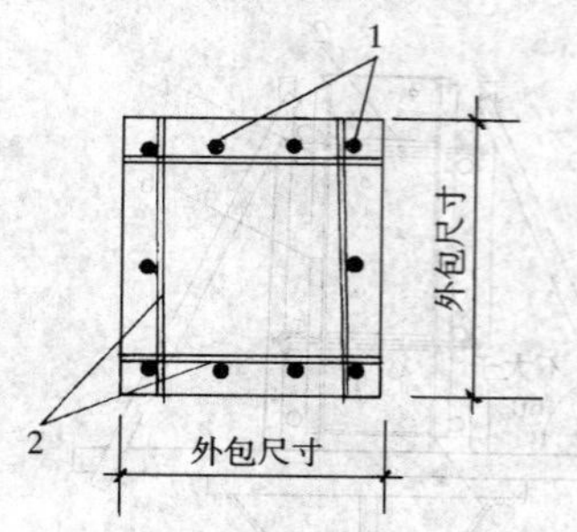

图 14-13 柱底焊外包框
1—柱内钢筋；
2—加焊钢筋，长与柱外包齐

连接，以保证角度准确。

(6) 调节柱模每边的拉杆或顶杆上的花篮螺栓，校正模板的垂直度，拉杆或顶杆的支承点（钢筋环）要牢固可靠的预埋在楼板混凝土内。

(7) 柱模外面每隔 500mm 左右应加设牢固的柱箍，防止炸模（图 14-14）。

(8) 同 14.2.1“条形基础模板缺陷”的防治措施（6）。

(9) 柱模如用木料制作，拼缝应刨光拼严，门子板应根据柱宽采用适当厚度，确保混凝土浇筑过程中不漏浆、不炸模、不产生外鼓。

(10) 较高的柱子，应在模板中部一侧留临时浇捣口，以便插入振动棒浇筑混凝土，当混凝土浇筑到临时洞口时，即应封闭牢固。

(11) 柱模拆除时的混凝土强度应能保证其表面及棱角不受损伤。

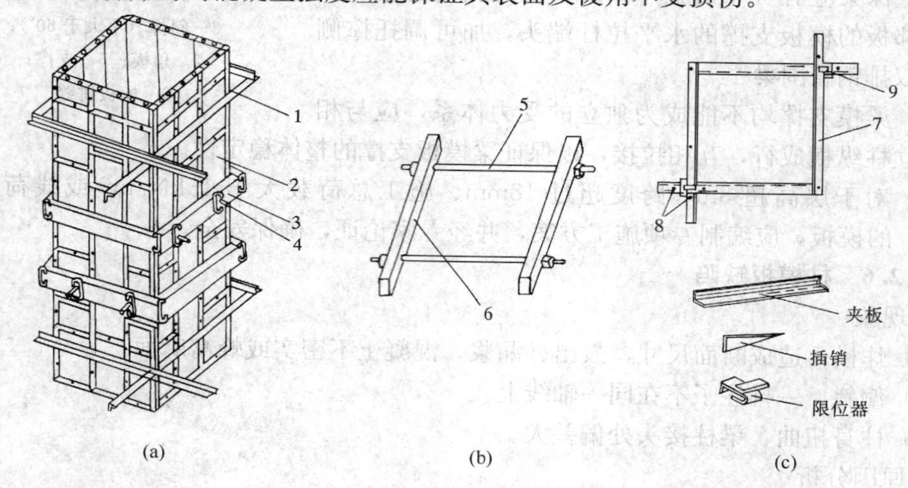

图 14-14 柱钢模板安装示意
（a）柱模安装；（b）钢木夹箍；（c）角钢型柱箍
1—夹箍；2—模板；3—C 形钢；4—对拉螺栓；5—ϕ8～ϕ10 螺栓；
6—50mm×70mm 夹木；7—夹板；8—插销；9—限位器

14.2.7 构造柱模板缺陷

1. 现象

构造柱采用胶合板模板，混凝土表面平整垂直度偏差大，密实性差。

2. 原因分析

(1) 采用的模板刚度差，两侧模板组装松紧不一。

(2) 未采用对拉螺栓，仅采用对顶支撑或铁丝拉结固定模板。

(3) 未采用振捣棒振捣密实，浇捣口处混凝土处理马虎。

3. 防治措施

(1) 周转次数多刚度差的胶合板模板不得使用，模板采用 50mm×100mm 木方作横肋，设对拉螺栓以 ϕ48 钢管作围檩收紧。

（2）构造柱上口开设斜槽浇捣口，用小直径振动棒将混凝土振捣密实，严禁用器具撞击模板内外。

（3）混凝土坍落度不宜过大，浇捣口部位做成喇叭口，分层用膨胀混凝土填实，待混凝土终凝后凿除多余的混凝土。

14.2.8 板模板缺陷

1. 现象

板中部下挠；板底混凝土面不平；采用木模板时梁边板模板嵌入梁内不易拆除。

2. 原因分析

（1）模板龙骨用料较小或间距偏大，不能提供足够的强度及刚度，底模未按设计或规范要求起拱，造成挠度过大。

（2）板下支撑底部不牢，混凝土浇筑过程中支撑下沉，板模下挠。

（3）板底模板不平，混凝土接触面平整度超过允许偏差。

（4）将板模板铺钉在梁侧模上面，甚至略伸入梁模内，浇筑混凝土后，板模板吸水膨胀，梁模也略有外胀，造成边缘一块模板嵌牢在混凝土内。

3. 防治措施

（1）楼板模板下的龙骨和牵杠木应计算确定，确保有足够强度和刚度，支承面要平整。

（2）支撑材料应有足够强度，前后左右相互搭牢，增加稳定性。

（3）同 14.2.3“梁模板缺陷”的防治措施（1）。

（4）木模板板模与梁模连接处，板模应铺到梁侧模外口齐平，避免模板嵌入梁混凝土内，以便于拆除。

（5）钢木模板混用时，缝隙必须嵌实，并保持水平一致。

（6）楼板模板支立后，应抄水平线复核平整度，发现误差及时调整。

14.2.9 墙模板缺陷

1. 现象

（1）炸模、倾斜变形，墙体不垂直，厚薄不一，墙面高低不平。

（2）墙根跑浆、露筋，模板底部被混凝土及砂浆裹住，拆模困难。

（3）墙角模板拆不出。

2. 原因分析

（1）钢模板事先未绘排列图；相邻模板未设置围檩或围檩间距过大，对拉螺栓选用过小或未拧紧；墙根未设导墙，模板根部不平，缝隙过大。

（2）木模板制作不平整，厚度不一致，相邻两块墙模板拼接不严、不平，支撑不牢，没有采用对拉螺栓来承受混凝土对模板的侧压力；或因选用的对拉螺栓直径太小或间距偏大，不能承受混凝土侧压力而被拉断。

（3）模板间支撑方法不当（图 14-15a），如只有水平支撑，当①墙振捣混凝土时，墙模受混凝土侧压力作用向两侧挤出，①墙外侧有斜撑顶住，模板不易外倾；而①墙与②墙间只有水平支撑，侧压力使①墙模板鼓凸，水平支撑推向②墙模板，使模板内凹，墙体失去平直；当②墙浇筑混凝土时，其侧压力推向③墙，使③墙位置偏移更大。

（4）混凝土浇筑分层过厚，振捣不密实，模板受侧压力过大，支撑变形。

(5) 角模与墙模板拼接不严，水泥浆漏出，包裹模板下口。拆模时间太迟，模板与混凝土粘结力过大。

(6) 未涂刷隔离剂，或涂刷后被雨水冲走。

3. 防治措施

(1) 墙面模板应拼装平整，模板面应涂刷隔离剂。

(2) 有几道混凝土墙时，除顶部设通长连接木方定位外，相互间均应用剪刀撑撑牢（图 14-15b、c）。

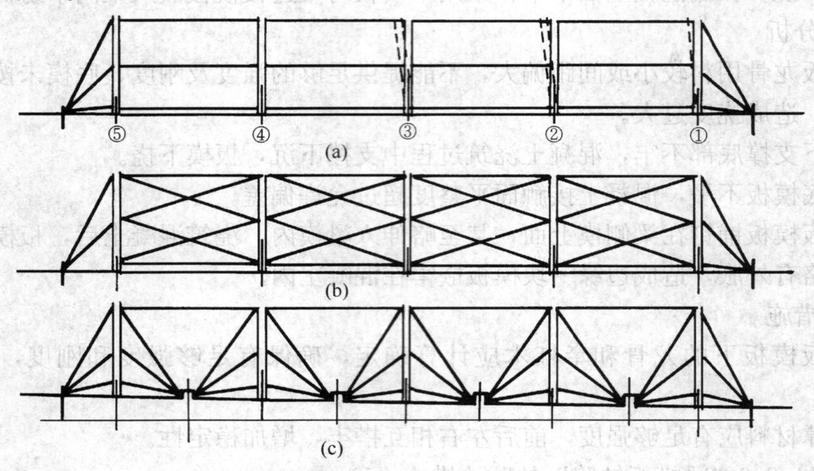

图 14-15 墙模板缺陷示意

(a) 错误的支撑方法；(b)、(c) 正确的支撑方法

(3) 墙身中间应根据设计配制对拉螺栓，模板两侧以连杆增强刚度（图 14-16）承担混凝土的侧压力。模板之间，应根据墙厚用混凝土预制块或硬塑料撑头，以保证墙体厚度一致。有防水要求时，应采用焊有止水片的螺栓。

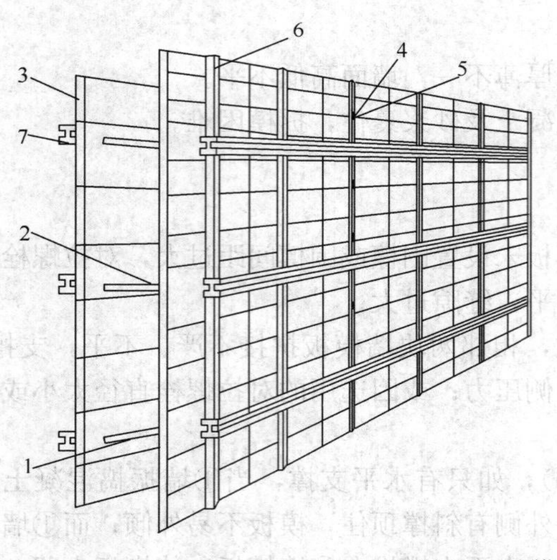

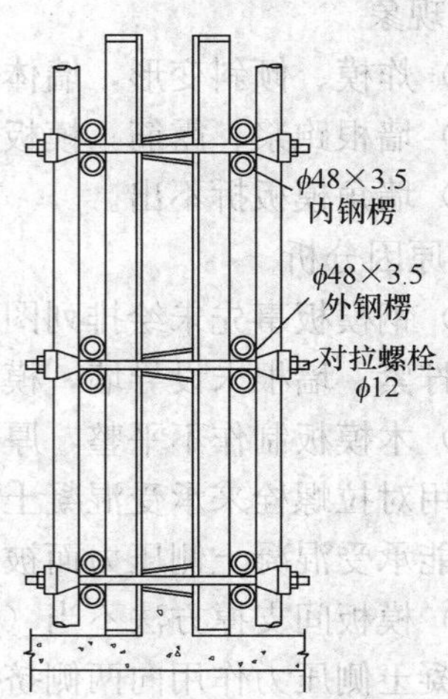

图 14-16 墙模板示意

1—对拉螺栓；2—钢管或塑料管；3—模板；

4—蝶形卡；5—钩头螺栓；6—竖连杆；7—横连杆

（4）每层混凝土的浇筑厚度，应控制在300～500mm范围内。

（5）墙根按墙厚度先浇灌150～200mm高导墙作根部模板支撑，模板上口应用扁钢封口，拼装时，钢模板上端边肋要加工两个缺口，将两块模板的缺口对齐，板条式拉杆放入缺口内，用U形卡卡紧。

（6）龙骨不宜采用钢花梁，墙、梁交接处和墙顶上口应设拉结，外墙所设的拉顶支撑要牢固可靠，支撑的间距、位置由模板设计确定。

14.2.10 筒模缺陷

1. 现象

使用筒模施工混凝土，筒体水平标高及竖向控制常出现偏差。

2. 原因分析

（1）筒模制作时不精细，自身有缺陷。

（2）爬升架承重横梁不水平，标高不准确。

（3）筒模爬升组装中未进行中心线（轴线）竖向控制，由于筒体钢筋绑扎时垂直偏差大，筒模组装无法到位。

3. 防治措施

（1）筒模制作组装应在平整干净的场地上进行，组装时临时用支撑固定，待筒模各部件校正好后，拆除临时支撑将其吊至所需位置就位。

（2）筒模的高度宜比楼层高200mm，上端平楼面；爬升架及筒模的预留洞必须准确，洞底标高必须一致，以确保承重横梁水平及便于筒模校正。

（3）筒体钢筋绑扎时要确保垂直，不得突出墙外，在每一层距楼面100mm处焊ϕ18@500定位筋，根据楼层定位线进行焊接，长度比墙厚略小3～5mm。

（4）在组装的筒模上划出四面中心线，安装就位时，应对准安装结构部位的四面中心线，筒模就位校正好后穿对拉螺栓固定。筒模成型后要求每角两边板面误差正负值保持一致，或两面允许误差为10mm，对角线长度差值不得超过10mm。

14.2.11 框支转换梁模板缺陷

1. 现象

框支转换梁出现下挠现象，侧向出现胀模或开裂，梁底露筋。

2. 原因分析

（1）模板及支撑系统未进行设计。立杆或顶撑设置间距过大，不能承受转换梁钢筋混凝土和模板自重及施工荷载，使转换梁出现下挠现象。

（2）侧向模板对拉螺栓配置数量少，致使侧向模板刚度不足。

（3）框支梁未按设计或规范要求起拱以抵消大梁下挠变形。

（4）混凝土振捣过振，使模板变形。

（5）框支梁钢筋过密出现梁筋顶住模板，使模板不能安装严密。

（6）保护层垫块强度不够，框支梁钢筋绑扎后，垫块被压坏或压碎。

（7）混凝土养护不及时，或未采取合理的措施，拆模后梁出现开裂。

3. 防治措施

（1）对模板结构进行荷载组合，计算和验算模板的承载能力和刚度，核对钢管立杆或顶撑的配备密度及对拉螺杆的数量是否满足框支转换梁混凝土浇筑时的刚度、强度和稳定性要求，据此编制施工方案并论证，确保安全。

（2）当框支转换梁跨度大于或等于4m时，模板应根据设计要求起拱；当设计无要求时，起拱高度宜为全长跨度的1‰～3‰，钢模板可取偏小值1‰～2‰，木模板可取偏大值1.5‰～3‰。

（3）框支梁钢筋翻样时应充分考虑钢筋保护层厚度，绑扎过程中严格控制质量，使模板能就位。混凝土浇筑严禁过振，严禁振动模板。

（4）框支梁下层的楼板模板支撑应保留（由计算确定保留几层），确保下层楼板有足够的支承能力。

（5）转换大梁对拉螺杆不穿PVC管（螺杆一次性摊销，不周转），防止穿孔太多，产生应力集中而出现裂缝。

（6）保护层垫块应有足够的强度，可采用大理石或花岗石垫块。

（7）框支转换梁一般截面大、自重重，除浇水养护外，应采取合理的保温措施（如在侧模外粘贴聚苯板），确保梁内外温差≤25℃，减少裂缝。

14.2.12　异形柱模板缺陷

1. 现象

异形柱在阴角处出现胀模、烂模、漏浆现象。

2. 原因分析

（1）阴角处销栓和螺栓数量配备不足，混凝土振捣时产生胀模。

（2）楼面立模前未用水泥砂浆找平或封堵，封模后用木片等塞缝、混凝土浇筑时水泥浆外溢，拆模后有木片、纸片等嵌入混凝土内。

（3）模板拼缝不严，阴角处模板刚度不足，振动棒插入混凝土内过深，振捣时间过久，使模板底部承受的侧压力过大而漏浆，出现蜂窝、麻面或露筋。

（4）柱子混凝土浇筑前未铺一层水泥砂浆，柱模板未浇水湿润。

3. 防治措施

（1）弯曲变形刚度不足的模板应剔除，阴角处模板设销栓固定，模板阴角处加设竖向压杠，采用对拉螺栓固定钢管围檩，对拉螺栓要靠近阴角处。

（2）立模前对楼面找平，或在柱截面限位处采用水泥砂浆封堵。

（3）检查模板拼缝应于立模前验收。混凝土应分层浇捣，振动棒插入下层混凝土内不大于200mm，延续振捣时间30s左右，不得过振。

（4）柱混凝土浇筑前先铺一层水泥砂浆，柱模板应浇水充分湿润。

14.2.13　劲性梁柱模板缺陷

1. 现象

劲性梁柱混凝土出现振捣不实，蜂窝、麻面、漏浆。

2. 原因分析

参见14.2.6“柱模板缺陷”的原因分析。

3. 防治措施

（1）劲性柱可采用定型组合钢模板，钢模竖向排列四角用角钢连接，或采用定型组合胶合板模板，四角用铁钉销牢。模板外部用柱模箍固定，竖向采用50mm×100mm硬木方，间距250～350mm，横向加2ϕ48钢管组成围檩，其间距为≤500mm。劲性梁柱型钢上可适当设置托板焊接对拉螺杆（须事先征得设计院同意），以加强定型模板的固定。

（2）劲性梁采用的定型组合模板，经征得设计同意，可于劲性结构上加钢托板焊接螺杆固定模板，提高侧模刚度。

（3）劲性柱顶上应预留浇筑口，混凝土分层浇筑，分层厚度宜为300～400mm。由于柱内型钢限制了混凝土流动，因此混凝土应对称均匀下料。

（4）劲性梁混凝土宜先从钢梁一侧下料、振捣，挤向另一侧，直到混凝土高度超过钢梁下翼缘板，然后改为双侧对称下料、振捣，当混凝土浇筑到上翼缘板时，再将混凝土从跨中下料，向两端延伸振捣，将混凝土内气泡赶向两端排出为止。

（5）参见14.2.6“柱模板缺陷”的防治措施。

14.2.14 圆形框架柱模板缺陷

1. 现象

圆形框架柱漏浆，有蜂窝、麻面，并易跑模。

2. 原因分析

（1）圆形框架柱模板组合困难，柱箍制作困难，当浇筑混凝土时，侧压力大，模板接口刚度、强度满足不了要求，易跑模漏浆。

（2）圆形框架柱下脚限位不牢，或下脚模板不严密。

（3）混凝土浇筑时侧压力偏大，圆形柱模薄弱处漏浆。

3. 预防措施

（1）圆形柱采用组合木模板易于成形，柱模板拼装后以50mm×5mm扁铁制成柱包箍，扁铁与L50角铁焊接，角铁上制孔，以螺丝拧紧受力，见图14-17。

（2）圆形框架柱下脚采用定型木方限位，采用水泥砂浆封堵空隙，在圆形框架柱下脚处将柱箍加密，确保模板有足够的刚度和强度。

（3）混凝土浇筑时，按300～400mm分层，混凝土振捣时插入下层混凝土深度为50～150mm，为保证柱模刚度和强度，其外包扁铁箍间距应经过计算确定，一般不宜超过@300mm。

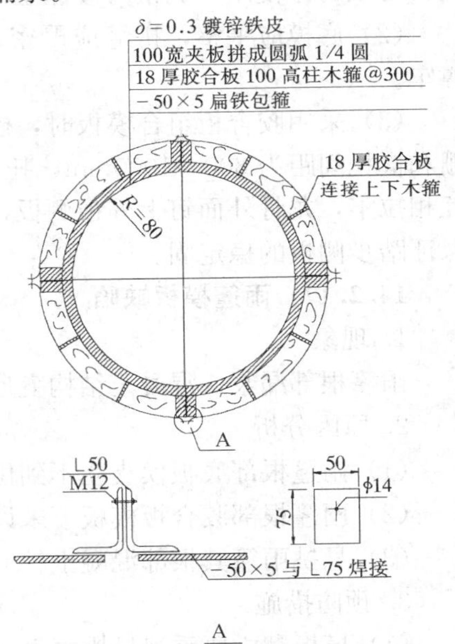

图14-17 圆形框架柱模板支立

14.2.15 球壳曲线形模板缺陷

1. 现象

球壳、曲线形模板标高控制不准，模板接缝不严。

2. 原因分析

（1）模板施工前未组织编制施工方案，精确计算各部位标高。

（2）球壳、曲线形组合模板顶撑不当，支立模板前，未测设细部标高控制顶撑高度，模板施工后，未认真验收曲线形各部位结构混凝土底标高。

（3）球壳、曲线形结构配制组合定型模板比较复杂，加以组合模板宽度不宜太大，造成模板拼缝过多，因此保证模板刚度和强度更加困难。

3. 防治措施

(1) 模板施工前，应认真编制专题施工方案并认真交底。

(2) 施工时，专人定位抄平控制顶撑标高，专人验收模板标高与设计标高是否一致，如不一致，应调节顶撑高度支顶模板到位。

(3) 球壳、曲线形结构单个模板宽度窄，组合模板拼缝多，施工时要保证拼缝顺直，模板面部可采用0.3mm厚的镀锌铁皮罩面，并应注意增加此处模板的承力背枋等，保证模板刚度和强度。

14.2.16 楼梯模板缺陷

1. 现象

楼梯侧帮露浆、麻面、底部不平。

2. 原因分析

(1) 楼梯底模采用钢模板，遇有不能满足模数时，以木模板相拼，侧帮模也用木模板制作，易形成拼缝不严密，造成跑浆。

(2) 底板平整度偏差过大，支撑不牢靠。

3. 防治措施

(1) 侧帮在梯段处可用钢模板，以2mm厚薄钢模板和8号槽钢点焊接连，每步两块侧帮必须对称使用，侧帮与楼梯立帮且U形卡连接。

(2) 底模应平整，拼缝应严密，符合施工规范，若支撑杆细长比过大，应加剪刀撑撑牢。

(3) 采用胶合板组合模板时，楼梯支撑底板的木龙骨间距宜为300～500mm，支承搁栅和横托间距为800～1000mm，托木两端用斜支撑支柱，下用单楔楔紧，斜撑间用牵杠互相拉牢，龙骨外面钉上外帮侧板，其高度与踏步口齐，踏步侧板下口钉1根小支撑，以保证踏步侧板的稳定固。

14.2.17 雨篷模板缺陷

1. 现象

雨篷根部漏浆，混凝土结构变形。

2. 原因分析

(1) 雨篷根部底板模支立不到位，混凝土浇筑时漏浆。

(2) 雨篷根部胶合板模板下未设托枋，混凝土浇筑时根部模板变形。

(3) 悬挑雨篷其根部混凝土较前端厚，模板施工时，模板支撑未被重视。

3. 预防措施

(1) 模板翻样要重视悬挑雨篷，确保有足够的刚度、强度及稳定性。

(2) 雨篷底模板根部应覆盖在梁侧模板上口，其下用50mm×100mm托方顶牢，混凝土浇筑时，振点不应直接在根部位置。

(3) 悬挑雨篷模板施工时，应根据悬挑跨度将底模向上反翘2～5mm左右，以抵消混凝土浇筑时产生的下挠变形。

(4) 混凝土试件强度达到设计强度的100%以上时，方可拆除雨篷模板。

14.3　现场预制混凝土构件模板

14.3.1　桩模板缺陷

1. 现象

(1) 桩身不直；几何尺寸不准；桩尖偏斜，桩头不平；叠浇柱上下粘连。

(2) 接桩处，上节桩预留钢筋与下节桩预留钢筋孔洞位置有偏差，或下节桩孔深不足。

2. 原因分析

(1) 场地未平整夯实，使接触地面的桩身不平直。

(2) 弹线有偏差。

(3) 桩模的支撑强度与刚度不足。

(4) 桩尖模板振捣时移位。桩头模板不垂直于桩身。

(5) 上下桩的连接处，下节桩预留孔洞位置不准，深度不够；上节桩预留钢筋未设定位套板，混凝土振捣时位置走动。

(6) 桩模板未刷隔离剂，或隔离剂被雨水冲掉。

3. 防治措施

(1) 制桩场地应平整夯实，排水通畅，铺≥100mm 道砟压平粉光，再用 M5 水泥砂浆抹平压光（图 14-18）。

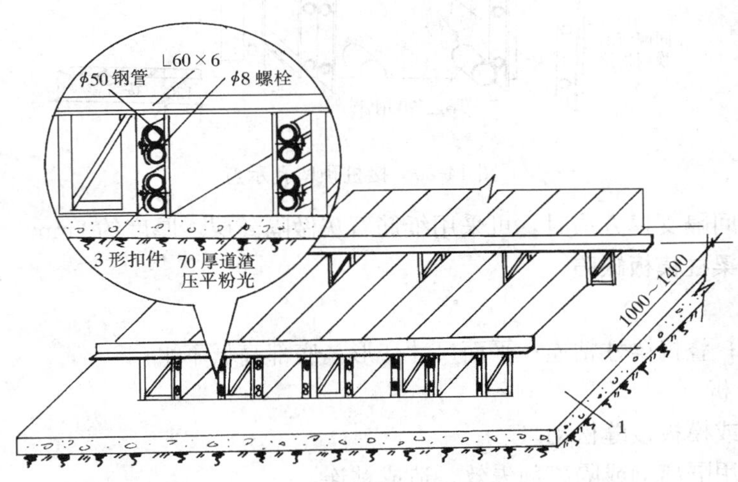

图 14-18　现场预制桩模板示意

1—地坪（按制桩场地每边放出 200mm）

(2) 采用间隔支模施工方法，地面上弹准桩身宽度线（间隔宽度应加纸筋灰作隔离剂的厚度）。模板与模档应有足够的刚度。桩头端面要用角尺兜方。

(3) 桩尖端应用专用钢帽套上（图 14-19）。

(4) 上下节桩端部均应做相匹配的专用模板，以保证接桩位置准确，并与桩侧模板连接好。为使接桩准确，在浇筑桩身混凝土时，可在钢管内预先放置 4ϕ50mm 圆钢，在初凝前应经常转动圆钢，初凝后拔出成孔（图 14-20）。

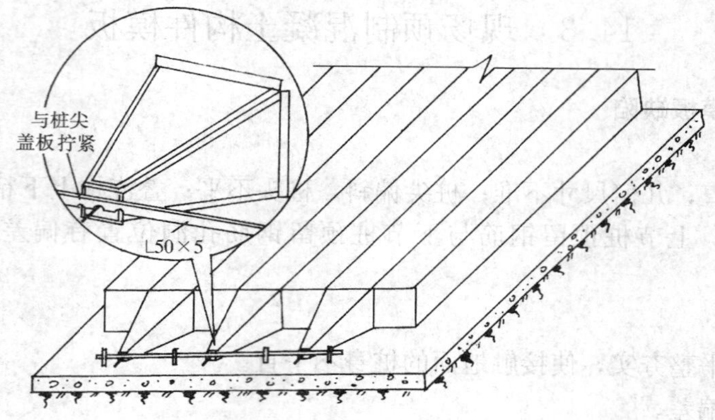

图 14-19　桩尖钢帽

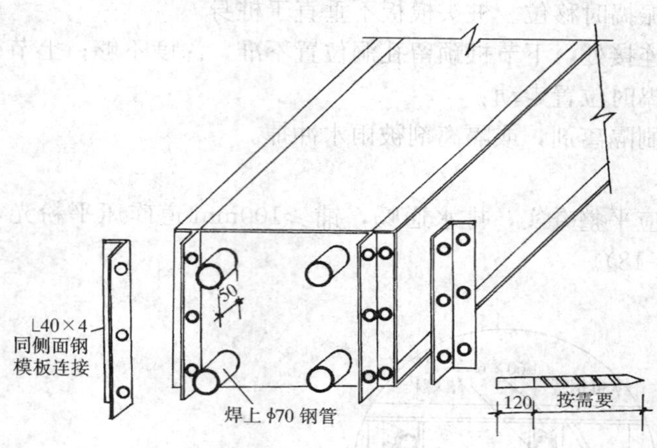

图 14-20　接桩预留孔示意

（5）采用间隔支模方法时，可采用纸筋石灰做隔离层，厚度约 2mm。

14.3.2　梁柱模板缺陷

1. 现象

底部漏浆；叠捣梁柱粘连；平面尺寸变形，底部高低不平。

2. 原因分析

（1）炸模或模板接缝松动。

（2）未使用隔离剂或隔离剂失效，造成粘连。

（3）场地未平整夯实。

3. 防治措施

（1）底模一般应采用分节脱模法或胎模施工，制作前应将地面平整夯实，固定支座及胎模表面用水泥砂浆抹光并涂刷隔离剂。

（2）两侧及端部模板要有足够的刚度，并撑牢夹紧，保证嵌缝严密，工字形柱模板支立示意见图 14-21。

（3）叠捣施工时应涂刷专用隔离剂，防止上下粘连。

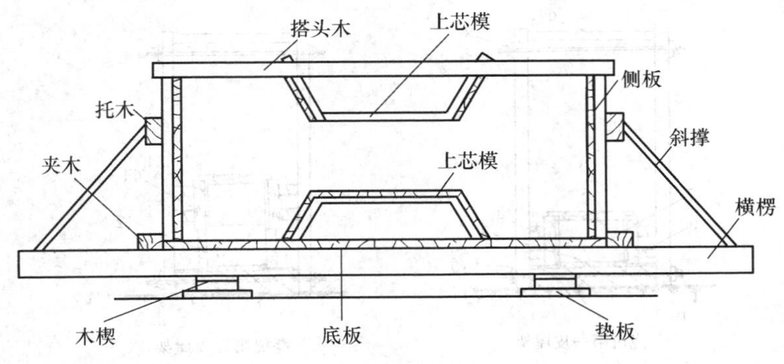

图 14-21 工字形柱模板

14.3.3 桁架模板缺陷

1. 现象

构件不平整、扭曲或有蜂窝、麻面、露筋；预应力筋孔道堵塞，芯管拔不出；沿预应力孔道现裂纹；或在翻身竖起时，呈现侧向弯曲。

2. 原因分析

(1) 底部胎模未用水平仪抄平，尺寸不准。

(2) 模板制作不良，支撑不牢，底部两侧漏浆，侧模外胀。上部对拉螺栓拉得过紧又未加撑木，当混凝土浇筑完成，拆除侧模上口临时搭头木时，侧模向里收进，造成构件上口宽度不足。

(3) 当混凝土浇筑完毕转动芯管时，由于钢管不直，造成混凝土表面裂缝。抽芯过早，容易造成混凝土塌陷裂缝。

(4) 预应力芯管采用两节拼接方法，转动芯管时如不小心，中间会被混凝土堵塞。

(5) 混凝土浇筑完毕，抽芯钢管未及时转动，结硬后芯管转拔不出。

3. 防治措施

(1) 模板制作要符合质量标准，达到设计要求的平整度与形状尺寸，周围要夹紧夹牢，不使变形，不得漏浆（图 14-22）。

(2) 架设叠捣模板时，下口要夹紧在已浇筑好的构件上，上口螺栓收紧要适度，这样在拆除构件上口搭头木时，模板上口不致挤小。

(3) 应保证芯管钢管匀直。构件混凝土浇筑完毕，应每隔 10～15min 将芯管转动一圈，以免混凝土粘牢芯管。

(4) 在混凝土浇筑过程中，注意勿将芯管向外拉出。

(5) 采用分节脱模法预制构件时，应保证各支点有足够的承载力。

14.3.4 小型构件模板缺陷

1. 现象

构件不方正，边角歪斜，厚薄不匀，超厚超宽。

2. 原因分析

(1) 地坪不平，边模安装时，未按设计要求尺寸拉对角线校正。

(2) 边模连接不牢，表面振实过程中，边框接头处向外胀开。

(3) 浇筑混凝土时，边模向上浮起，造成底部漏浆。

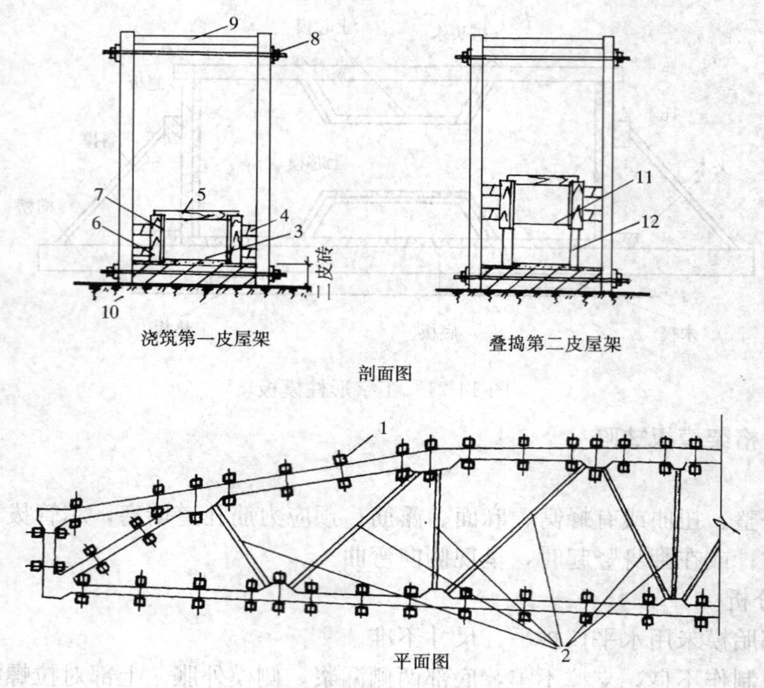

图 14-22　预制桁架模板示意

1—临时支撑架；2—预制腹杆；3—水泥砂浆面层；4—木楔；5—搭头木；6—拼条；7—模板；8—对拉螺栓；9—撑木；10—素土夯实；11—隔离剂；12—撑木

3. 防治措施

（1）底模要平整坚固，符合构件表面质量要求，边模厚度当容易出现超厚时，可预先将边模高度减小 3～5mm。模板及地坪要涂刷隔离剂。

（2）安装模板时应校正对角拉线长度，接头处要牢固。

（3）浇筑混凝土时，要防止边模浮起。表面要按边模高度铲平。

（4）脱模时间应根据当时气温及混凝土强度发展情况而定。

14.4　构件厂预制构件钢模板

14.4.1　底盘缺陷

1. 现象

底盘整体扭翘；底盘下垂或上拱；局部变形或损伤。

2. 原因分析

（1）底盘结构未经计算，刚度较小。

（2）起吊时吊钩钢丝绳长短不一或码放垛底楞不平。

（3）多次重复施加预应力，使底盘留下剩余变形，导致不能使用。

（4）内胎面用钢面板过薄，区格划分过大，随使用次数增多而凹凸不平。

（5）隔离剂不良，清模时混凝土粘结，锤击硬伤。

（6）起吊、运输、码放过程中撞击，造成硬伤。

（7）焊接不良，焊缝不够，焊后内应力过大，导致变形。

（8）局部受力区零件构造处理不当，如模外张拉的预应力圆孔板梳筋条焊在槽钢上，受力引起槽钢翼缘板变形。

3. 防治措施

（1）设计时应从各种不利的受力状态作结构的强度、刚度（变形）和局部稳定性计算。特别应控制刚度，对承受预应力的钢模板更要注意。

（2）注意细部构造，运用钢结构理论进行细部设计。如用加劲肋加强上翼缘，使承受张拉力后不变形，或改槽形截面为箱形截面。

（3）底盘结构设计要考虑变形要求，布置合理，省工省料。

（4）起吊时 4 个吊钩的钢丝绳要长短一致。

（5）码放垛底楞应用水平仪找平，底楞要耐撞击，如用钢轨等。

（6）内胎面钢面板厚至少 5mm 以上，使用次数不多的钢模板可用 3～4mm 厚。区格划分应不大于 1000mm×1000mm。

（7）施焊顺序要合理，尽量减少焊接变形和降低焊接内应力。焊缝尺寸应符合设计要求，不得少焊。

（8）底盘变形超过规定，要及时用专门工具调平。

14.4.2 侧模缺陷

1. 现象

（1）侧向弯曲过大，构件成型后两头窄中间宽。

（2）垂直方向产生弯曲，组装后与底盘缝隙大，引起跑浆。

（3）扭曲变形，引起组装困难。组装后侧模不垂直，上口大下口小。

（4）旋转侧模的合页板启闭不灵活。

（5）表面局部硬伤变形。

2. 原因分析

（1）设计截面本身垂直轴（Y 轴）惯性矩小，在混凝土侧压力作用下，向外变形或扭曲。

（2）旋转侧模使用次数多，合页板孔径变大或销轴磨细，产生尺寸误差。

（3）混凝土渣和灰浆未清除干净，侧模受挤垫，造成垂直弯曲或上口大下口小，不垂直。

（4）合页板与焊在底盘上的耳板位置不正确，或侧模本身纵向移动产生摩擦，因而启闭费力。

（5）浇筑混凝土前未涂隔离剂或涂得不匀，脱模后混凝土粘结在侧模上，清理时锤击振动，使表面凹凸不平。

（6）操作过程紧固件松动；支拆或搬动时摔碰或搁支不平。

（7）焊接变形或焊缝不足，不能起组合截面的功能。

3. 防治措施

（1）侧模刚度要计算，尽量采用槽形、箱形等刚度较大的截面形式。

（2）合页板焊接位置要正确。为减少旋转时的摩擦，可在合页板两边焊 上 6mm 厚环形垫圈，如图 14-23 所示。

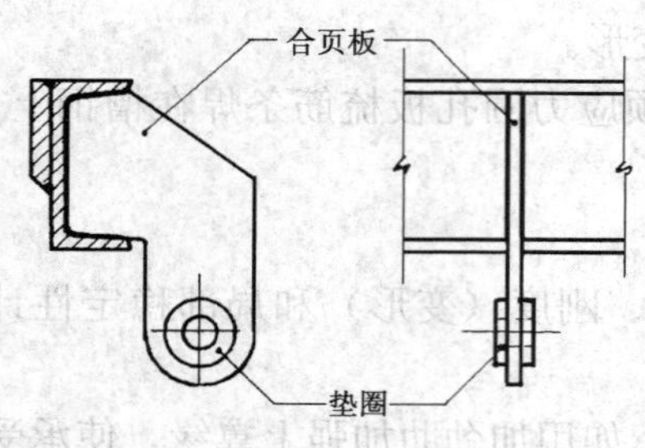

图 14-23 侧模合页板加垫圈

（3）及时检查合页板旋转孔径，过大则更换。销轴磨细也要及时更换。紧固件如有掉落或变形要及时换备件。

14.4.3 端模缺陷

1. 现象

一般钢模板端模，刚度不好，造成平面变形或硬伤；成型过程中端模上窜；端头外倾或内倒，不垂直；端头埋件位移。

2. 原因分析

（1）设计时紧固构造考虑不周，在振实混凝土过程中引起端模活动。

（2）用料刚度较差，经受不住混凝土的侧压力而引起变形。

（3）灰渣未清理干净，以及操作过程中锤击、摔碰等，引起变形及硬伤。

3. 防治措施

（1）设计端模时应有计算依据，必要时用加劲肋提高其刚度。

（2）设计的紧固工艺要可靠，位置易固定，易装拆。

（3）按操作规程操作，不用或少用锤击。有变形应及时修理。

（4）预埋件应采取可靠固定措施，防止位移。

14.4.4 预应力圆孔板钢模板缺陷

1. 现象

因构件带圆孔和配置 ϕ^b4～5 预应力钢丝，在采用模外张拉和机组流水工艺中，有其特殊性，其质量问题除 14.4.1～14.4.3 各条外，还表现为：

（1）梳筋条和端模槽口不在一条直线上，造成穿筋困难和张拉力不准；

（2）两端模圆孔中心不平行，引起穿圆管芯子困难；

（3）张拉端 U 形承力板变形；

（4）张拉板上挠变形，导致预应力筋保护层偏大，张拉板螺栓断裂。

2. 原因分析

（1）钢模板加工不合格，未经验收或验收粗糙。

（2）U 形承力板多次重复承受张拉力，引起疲劳和剩余变形。

（3）张拉板本身受力状态复杂，会引起变形。多次重复施力以及焊接等因素，可能引起螺栓开裂。

3. 防治措施

（1）设计提出加工误差要明确，要按机械制图标注尺寸，特别是圆孔中心线和槽口中心线应分别从板中心线计算，避免累计误差。

（2）U 形承力板的应力分析应从最不利条件考虑，如力的作用点可能上移或两个承力板受力不均等，构造加固及焊接要可靠。

（3）张拉板受力大且偏心，为了避免张拉板上挠变形和螺栓断裂等，对于较宽且受张拉力较大的张拉板可以改为两块，以保证质量和安全。

（4）经常检查零配件，发现隐患及变形，应及时更换或修理。

14.5 现浇混凝土大模板施工

14.5.1 墙体垂直偏差大

1. 现象

墙体垂直偏差大，倾斜严重，超过规范要求。

2. 原因分析

(1) 支模时未用线坠靠吊，或拧紧穿墙螺栓后未进行复查。

(2) 大模板地脚螺栓固定不牢，受物体猛烈冲撞后（如外墙板的碰撞等）发生斜变形，事后又未进行纠正。

(3) 使用的大模板本身变形，扭曲严重。

(4) 模板支搭不牢，地脚螺栓未拧紧；振捣混凝土过猛，模板变位。

3. 预防措施

(1) 支模过程中要反复用线坠靠吊。先安装正面大模，通过地脚螺栓调整，用线坠靠吊垂直后再安装反面大模，然后在反面模板外侧用线坠校核，最后用穿墙螺栓固定正、反大模，校核垂直度，并检查地脚螺是否拧紧。

(2) 支模完毕经校正后如遇有较大冲撞，应重新用线坠复核校正。

(3) 日久失修变形严重的大模板不得继续使用，应进行修理。

(4) 混凝土浇筑完用线坠靠吊，如出现误差，在初凝前对模板进行校正。

4. 治理方法

(1) 垂直偏差超过 3mm 在 15mm 以内的，将部分墙面凿毛后，用水泥砂浆找平。此项治理工作应在拆模后立即进行。

(2) 垂直偏差严重者（全高垂直偏差超过 20mm），应拆模后立即将混凝土凿掉，重新浇筑混凝土。

(3) 如墙体垂直偏差大，楼板两端压墙长度不足 20mm 时，应会同设计单位研究处理。

14.5.2 拆模后墙面凹凸不平

1. 现象

现浇混凝土墙体拆模后墙面凹凸不平，有的局部凹瘪，有的成连续波浪形，也有的局部鼓包（用 2m 靠尺检查凹凸超过规范要求）。

2. 原因分析

(1) 大模背面的槽钢（龙骨）间距过大或所用面板钢板太薄。

(2) 穿墙管长短不一，穿墙螺栓拧得过紧，使其附近钢板局部变形。

(3) 振动器过度猛振大模板板面，板面局部损伤。

(4) 安装及拆模过程中用大锤或撬棍猛击模板板面，造成严重缺陷。

3. 预防措施

(1) 加强模板维修，每个工程完工后，应对模板检修一次。板面有缺陷时，应随时进行修理，严重的应更换板面钢板。

(2) 刚度不足的大模板，可加密背面钢龙骨（8 号槽钢），即在原来两根之间再加一根，或在原来两根水平槽钢之间加一道垂直方向的短龙骨。

（3）不得用振动器猛振大模板面，或用大锤、撬棍击打钢模。

（4）穿墙螺栓部位的钢板宜适当加固，可采用在板面的反面贴上一块小的方形厚钢板或在孔口两侧加焊型钢。

4. 治理方法

（1）对现有钢模彻底进行检修、加固。

（2）对凹凸的墙面应在拆模后立即进行修补。

（3）对大面积波浪形墙面，可增抹靠骨灰（无底灰的罩面灰）找平。靠骨灰可以是混合灰，也可以是纸筋石灰（加胶料）。

14.5.3　拆模后阴角不方正、不垂直

1. 现象

拆模后内纵、横墙交接处及外墙与内横墙交接处阴角不方正、不垂直。

2. 原因分析

（1）采用筒子模时操作疏忽，角部出现垂直偏差。

（2）采用平模时，内纵墙模板与已浇筑好的内墙之间缝隙过大；内纵墙模板轴线位移。

（3）小角模变形与大模板之间形成缝隙，出现漏浆及阳角变形。

（4）外砌内浇建筑中，外墙与内墙交接处的组合柱断面宽度均大于内墙厚度（因有马牙槎），必须加上较大的小角模。如果支设小角模时操作马虎，固定不好，往往造成角模位移，阴角产生严重变形。

（5）外砖墙不平或外墙板表面不平。

3. 预防措施

（1）及时修理好模板，尤其是小角模。

（2）安装筒模时应精心操作，将误差消灭在安装过程之中。

（3）支模时应保持轴线位置正确，减小模板垂直偏差。

（4）外砌内浇建筑外墙与内墙模板交接处的小角模必须认真处理，固定牢靠，确保不变形。

（5）组合柱处的砖墙面必须砌筑平整。

4. 治理方法

拆完模板后立即进行修补。先用靠尺、线坠和方尺检查，然后进行剔凿，再用108胶水泥浆补平压光。

14.5.4　楼梯间墙体错台和漏浆

1. 现象

在楼梯间上下墙体接槎处出现错台，一般错台20～30mm。

2. 原因分析

（1）测量时轴线位置控制不准，使上下层墙体轴线错位。

（2）没有按轴线位置支模，模板位置偏移；或模板安装不垂直，造成墙体上口位移。

（3）上层模板与下部墙体间有缝隙，造成漏浆或出现错台。

（4）下层墙顶部圈梁侧模支撑固定不牢，侧模向外推移或局部外胀。拆模后圈梁外侧

不直，安装上层大模时贴附不严，造成漏浆或错台。

(5) 楼梯间两侧大模板只能支在楼梯间临时平台上，其刚度较差，支模困难，致使模板支设不牢。混凝土振捣过度，使模板发生变位或变形。

3. 预防措施

(1) 直接从楼梯间墙向上引测控制轴线，然后再向两侧引出其他墙体轴线，避免误差累积。

(2) 在支楼梯间墙圈梁时，要特别注意靠楼梯间一侧的侧模，必须拉线找平、找直，楼梯间圈梁侧模必须用支撑对顶牢。为了避免外鼓，可以将圈梁侧模缩进 5mm，拆模后再行修补抹平。

(3) 为了防止漏浆，可在楼梯间临时平台上加铺一块脚手板，大模板放置于脚手板上，中间的空隙用木条塞紧。

(4) 楼梯间圈梁模板改用特制的钢模。钢模用 24 号槽钢切割成高 140mm 和 100mm 上下两段搭接而成，焊接处下边用螺栓和 3mm 厚的扁钢固定“b”字形橡皮条两条（图 14-24）。钢模端部根据平台板形状作成企口，并留出 20mm 空隙，以便于支拆模板。楼梯间墙支模如图 14-25 所示。

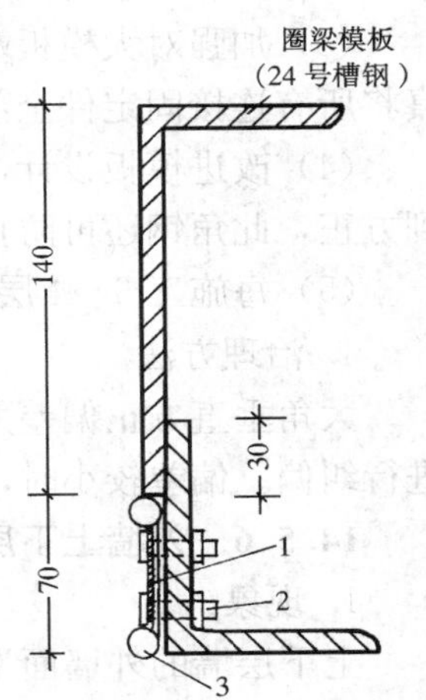

图 14-24 楼梯间圈梁模板断面

1—压胶条扁钢 3×50；2—φ6 螺栓；3—b 字形橡胶条

4. 治理方法

(1) 如某层发现轴线偏移时，应在该层加以校正。

(2) 对于小的错台，应在拆模后及时剔凿修补，凹陷处抹高强度水泥砂浆，并注意上下墙体之间的顺直平整。

(3) 影响结构承载能力的错台，应砸掉重新浇筑混凝土。

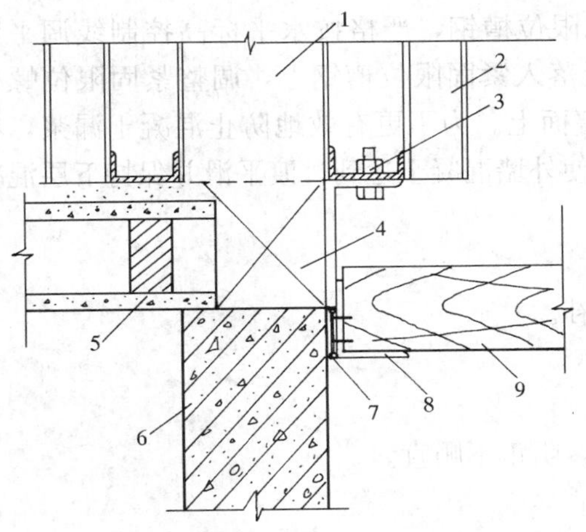

图 14-25 楼梯间墙支模示意图

1—上层墙体；2—大模板；3—连接螺栓；4—圈梁；5—圆孔板；6—下层墙体；7—橡胶条；8—圈梁模板；9—10×10 木横撑

14.5.5 大角不垂直，不方正

1. 现象

大角竖向呈折线，或倾斜大于规定，不方正，甚至变成小圆角。

2. 原因分析

(1) 模板不合要求，端面不方正，相邻两块模板无法呈 90°夹角。

(2) 模板安装不严密，或在安装后受碰撞发生错位。

(3) 模板使用维修不当，固定连接件内灌入混凝土浆，未作处理。

3. 预防措施

(1) 大模板的小面（两端侧面）必须平直，与模板大面呈 90°夹角，并注意检查大模板的加工质量。

(2) 安装模板时注意靠吊垂直度和方正度，安装完模板后要防止碰撞。

(3) 加强对大模板端面的清理及模板连接固定件的维修，使其容易转动，操作者要认真将所有连接固定件全部固定。

(4) 改进模板设计，可在两块大模板之间放入一块角钢，则大角模板必须呈 90°，做到方正，此角钢还可防止混凝土漏浆。

(5) 每施工 3～4 层就用经纬仪（或吊线坠）检查大角的垂直度。

4. 治理方法

大角垂直方正偏差大时，应在拆模后及时用水泥砂浆找直、找方，并在上一层施工时进行纠偏。偏差较小时，可在外装修抹灰时找直、找方。

14.5.6 外墙上下层接槎不平、漏浆

1. 现象

上下层墙的外墙面不在同一平面上，出现错台，接槎部位流出水泥砂浆。

2. 原因分析

(1) 模板支立不合要求，或支立后碰撞发生位移。

(2) 支承模板的三角挂架平台刚度或稳定性不好，使模板在振捣混凝土时发生位移。

(3) 模板下部与外墙封闭不严，造成漏浆。

3. 预防措施

(1) 必须保证模板安装的垂直度，安装好后不得碰撞。

(2) 三角挂架必须有足够的刚度，有防止模板受振发生位移的可靠措施。内外模板必须连接牢固，每块模板用两道钢丝绳、捯链与内横墙拉结牢固，以防模板受振位移。

(3) 改进模板设计。在模板的上下两端固定一道木板或橡胶板及橡皮条，浇完混凝土后，每层墙面出现一道凹槽腰线。支上层模板时上层木板（或橡胶板）紧贴于凹槽内，可防止出现错台漏浆。

(4) 在混凝土墙上预埋 ϕ16 螺栓，先套入限位槽钢，严格按水平标高控制线调平紧固，使支承槽钢有足够的承载力，再将大模板落入紧固限位槽钢上，调整紧固限位螺栓（图 14-26），使墙模完全紧贴在已浇混凝土的墙面上。为了更有效地防止混凝土漏浆，在限位槽钢接触面处垫高压缩海绵或双面胶带，使外墙混凝土达到过渡平滑并保持下层混凝土墙清洁。

4. 治理方法

上下层接槎不平处，可用水泥砂浆进行找补。

14.5.7 现浇楼板不平，阴角不直

1. 现象

现浇楼板板中部下挠，板底混凝土面不平，阴角不顺直。

2. 原因分析

(1) 选用模板面板厚度不一致，搁栅间距过大，刚度、强度不够，混凝土振捣时局部模板下沉，使板底平整度差，阴角处出现不顺直。

(2) 支撑顶部牵杠木拉线找平，搁栅和面板虚架其上，当混凝土浇筑时，搁栅受力不均，造成局部下塌。

(3) 支撑配备不能保证足够的刚度、强度和稳定性。

(4) 大跨度板面模板未按规定起拱，模板受力后下挠。

3. 防治措施

(1) 楼板模板厚度要一致，搁栅木料要有足够的强度和刚度，搁栅面要平整，要通过结构计算确定搁栅间距。

(2) 模板支架必须确保刚度及稳定性，其配备密度必须经过安全承载力验算。当采用钢支柱时，由试验所得的承载力的安全系数应不小于2。支柱杆管设扫地杆及水平杆，以加强其稳定性。底层地面支柱的支承面应夯实，并铺垫脚手板。

(3) 模板从四周铺起，在中间收口，当板跨度等于或大于4m时，模板应起拱，若模板压弯时，角位模板应通线钉固撑牢。

(4) 楼面模板铺完后，应认真检查其平整度、设计标高和支架的牢固性。

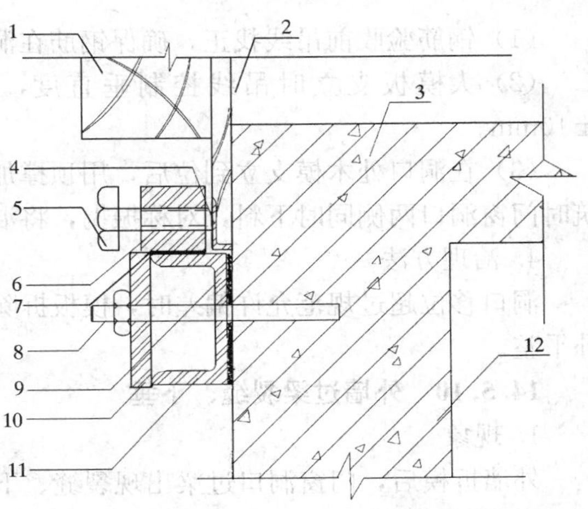

图14-26 模板底部节点

1—背枋；2—18厚胶合板；3—现浇混凝土楼面；4—L62032×20×3角钢；5—螺钉；6—40方钢；7—焊接；8—ϕ16螺栓；9—高压缩性海绵或2厚橡皮条；10—80×110×20扁钢@500；11—10号槽钢；12—现浇混凝土墙面

14.5.8 门窗洞不方正

1. 现象

全现浇大模板工程门窗洞口走形，周边倾斜，或四角不方正。

2. 原因分析

(1) 门窗洞口模板加工质量不合格或安装不牢固，发生位移。

(2) 浇筑混凝土时，门窗洞口两侧下料不匀，将模板挤歪。

3. 预防措施

(1) 注意检查门窗洞口模板的加工质量，四角及周边应垂直方正。

(2) 安装模板时各紧固件一定要全部安好卡紧，防止松动。

(3) 浇筑混凝土时，门窗洞口两侧对称下料并保持一致，落距不要太大。

4. 治理方法

拆模后如门窗口不方正，应及时剔凿修补。

14.5.9 门窗洞上下错位

1. 现象

在高层建筑标准层中常出现外墙门窗洞口左右偏移，中心不叠合。

2. 原因分析

(1) 门窗洞口钢筋绑扎偏移，致使洞口模板无法到位。

(2) 模板支立未找正，使门窗洞口定型模板无法支立到位。

(3) 门窗洞口模板未吊线找直，洞口模板安装时偏离。

(4) 模板安装不牢固，顶撑未顶到位，混凝土浇筑时使模板偏移。

3. 预防措施

(1) 钢筋验收前吊线找正，确保钢筋在洞口控制线之内。

(2) 大模板支立时吊线控制垂直度，洞口模板安装的中心线位移允许偏差为±10mm。

(3) 在洞口处木模支立到位后，用顶撑加固，其侧面竖向也需用顶撑顶紧，混凝土浇筑时门窗洞口两侧同时下料，对称振捣，将混凝土挤压到位。

4. 治理方法

洞口移位超过规范允许偏差时，模板拆除后应及时剔凿，采用水泥砂浆内掺 108 胶修补平整。

14.5.10 外墙过梁裂缝、下垂

1. 现象

外墙拆模后，门窗洞口过梁出现裂缝、下垂，重者脱皮、露筋。

2. 原因分析

(1) 拆模时，混凝土强度低，门窗洞口跨度大（一般都在 1.5m 以上），由于过梁承受不了上部荷载而下垂出现裂缝。

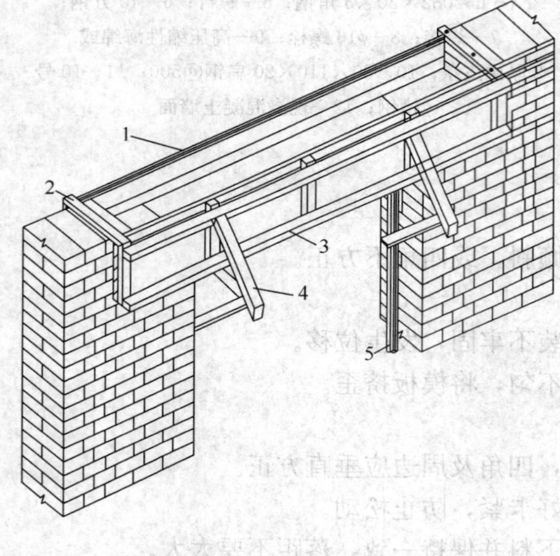

图 14-27 门窗过梁模板

1—木档；2—搭头木；3—夹木；4—斜撑；5—支撑

(2) 拆除门窗洞口模板或大模时，碰撞了墙体。

(3) 穿墙螺栓套管离过梁下皮太近，拆除时用锤敲击，使过梁因振动产生裂缝，甚至脱皮、露筋。

3. 预防措施

(1) 拆模时，动作要轻，不得撞击过梁和墙体。

(2) 由于混凝土强度太低，可暂不拆除门窗洞口过梁模板，或拆除后立即加设支撑。

(3) 穿墙螺栓套管应刷脱模剂。

(4) 门过梁模板支立示意见图 14-27。

4. 治理方法

参见第 18 章“混凝土工程”的相关内容。

14.5.11 整体楼梯缺陷

1. 现象

楼梯间施工出现楼梯底部不平整，楼梯梁板歪斜，轴线位移现象，侧模板松动造成楼梯侧向不顺直和胀模。

2. 原因分析

(1) 楼梯底板平整度和刚度差，支撑不牢靠；操作人员在模板上走动；混凝土浇筑时泵口离模板高度大，混凝土冲击模板。

(2) 底板和侧向斜支撑少，接头处刚度不一致，造成楼梯段施工缝处平整度差。

3. 防治措施

（1）楼梯底模板拼装要平整，一次性支立到楼梯梁下，并加强支撑，保证上下刚度一致，坡度一致。楼梯模板支立示意见图 14-28。

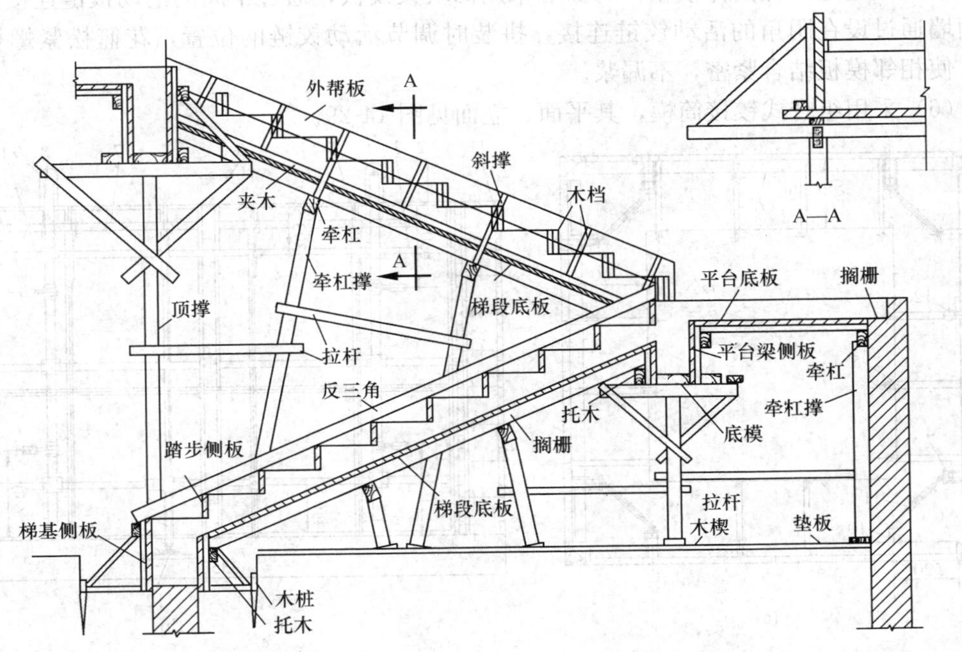

图 14-28 楼梯模板支立示意

（2）侧向拼缝应严密，刚度要保证，钢木混合模板的配模刚度应一致，长细比较大的支撑应增设剪刀撑。

（3）整体楼梯可采用全封闭式双面模板。混凝土浇筑时加强振捣，可有效减少楼梯模板缺陷。

（4）模板、支撑验收合格后方可浇筑混凝土。

（5）浇筑混凝土时，控制泵口到模板的距离和混凝土在楼板处的堆积量不应过大。

14.5.12 电梯井壁施工缝错牙漏浆

1. 现象

电梯井壁施工缝处混凝土出现错牙，施工缝及阴角处出现漏浆现象。

2. 原因分析

（1）电梯井筒模下脚模板及阴角处模板刚度不足，混凝土浇筑时出现错牙漏浆。

（2）电梯井筒模下脚和阴角模板交叉处缝隙未处理。

（3）振动棒插入下层过深，导致下脚错牙漏浆和阴角局部胀模漏浆。

3. 防治措施

（1）在浇筑电梯井下层混凝土时，于上层电梯井下脚处预埋 ϕ16 螺栓@1000mm 左右分布，拧紧电梯井下脚模板（模板与下层墙之间衬海绵或双面胶）。

（2）在电梯井阴角处采用角铁焊接三角固定架，固定阴角与螺栓连接，保证阴角模板刚度。

（3）模板验收前，用木条修整模板间隙，防止漏浆。

（4）混凝土浇筑分层，每层混凝土不超过500mm，振捣棒插入下层混凝土深度100～200mm为宜。

（5）改进电梯井筒体模板，每面墙采用两块大模板，通过中间的活动铰链连接，相邻两面墙通过设在阴角的活动铰链连接，拼装时调节活动铰链的位置，花篮松紧螺栓向外转，使相邻模板结合紧密，不漏浆。

（6）采用组合式铰接筒模，其平面、立面见图14-29。

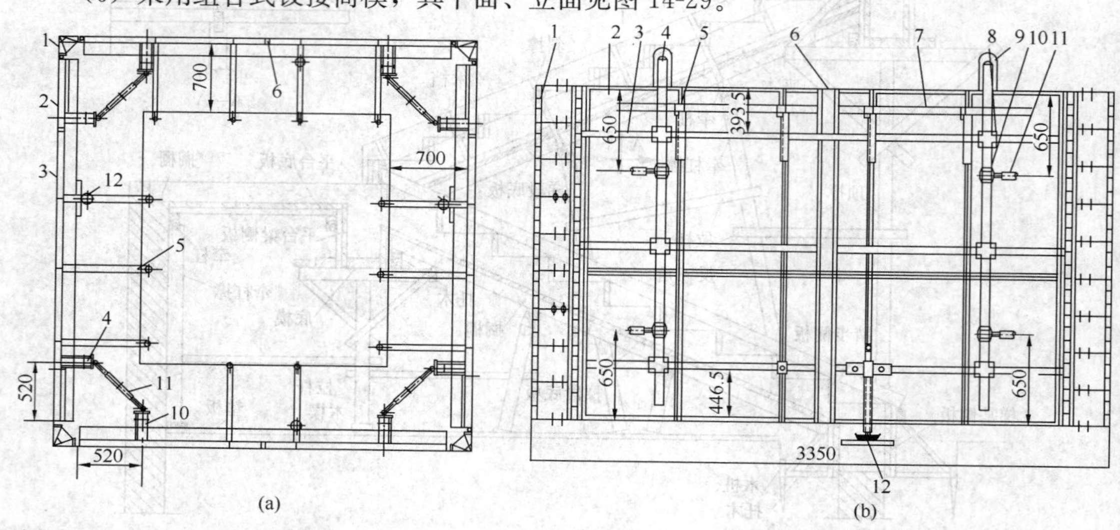

图14-29 组合式铰接筒模平、立面图

（a）平面图；（b）立面图

1—铰接式角模；2—SP-70模块；3—横龙骨（50mm×100mm）；4—竖龙骨（50mm×100mm）；5—轻型悬吊撑架；6—拼条；7—操作平台脚手架；8—方钢管管卡；9—吊钩；10—固定支架；11—脱模器；12—地脚螺栓支脚

14.6 后浇水平悬挑构件模板

14.6.1 阳台、雨篷、空调板等后浇水平悬挑构件根部混凝土开裂

1. 现象

阳台、雨篷、空调板等后浇水平悬挑板根部常出现裂缝，严重的发生构件根部断裂。

2. 原因分析

（1）拆模过早，板根部过早出现拉应力，产生裂缝；过早拆除下部支撑，板根部挠度增大，产生裂缝。

（2）施工中将悬挑板作为模板、脚手架等的支撑点，或将阳台等部位作为上料台或龙门架入口，未对悬挑板采取支顶等措施，因施工荷载及冲击等造成根部开裂。

（3）悬挑板的底模位置偏高，悬挑构件混凝土厚度不足。

（4）后浇水平悬挑板中受拉主筋位置不正确，如位置偏低或施工中将钢筋踩至板底，造成悬挑板主筋发挥不了受力作用，拆模后发生板根开裂、折断。

（5）忽视后浇水平悬挑板的质量控制，施工中利用剩余混凝土零星浇筑，未分批验收。

3. 防治措施

（1）施工前应认真查阅图纸，核对后浇水平悬挑板标高和钢筋布置情况，并做好交底，放出板位置线，防止因标高不准引起后浇水平悬挑板受力筋偏位。

（2）剪力墙钢筋绑扎完毕，应准确定位后绑扎悬挑构件钢筋。为保证悬挑板钢筋在浇筑混凝土时不发生位移，预埋钢筋用 2ϕ14 的钢筋夹紧，并将 2ϕ14 的钢筋牢固固定在剪力墙钢筋上，然后将悬挑板钢筋水平弯置在剪力墙内。

（3）悬挑板上部受力筋应用马凳架起，确保受力筋整体高度和不下塌。

（4）支设悬挑板底模前，应在墙面弹线控制底模标高，发现悬挑板上部受力筋偏低时，应采取措施处理。

（5）严格按规范要求控制拆模时间，现场制作悬挑板混凝土同条件养护试块，达到设计强度等级时方可拆模。

（6）拆模后，后浇水平悬挑板下部应架设临时支撑，并需连续搭设 3 层，以免施工荷载过大使后浇水平悬挑板产生裂缝。

（7）分批进行后浇水平悬挑板钢筋、模板和混凝土等各项施工的验收工作。

14.6.2 后浇水平悬挑板根部混凝土不密实

1. 现象

后浇悬挑板与墙的交界部位出现蜂窝、露筋、混凝土错台、施工缝内夹渣等，严重时板根开裂，影响结构安全。

2. 原因分析

（1）板根施工缝未认真剔凿、清理，大模内置的保温板未清除干净，墙面的隔离剂、养护剂及砂浆等未清理干净。

（2）墙面不平整，板底模与墙面有缝隙，施工中用木片、编织袋等随意堵塞，浇筑混凝土时夹入墙体内。

（3）板底模内落入杂物，浇筑混凝土前未认真清理。

（4）混凝土搅拌不匀，运至现场后已离析，板根施工缝未按工艺湿润、垫浆，混凝土铺设后没有振捣密实。

3. 防治措施

（1）剔凿施工缝至露出石子，并宜用切割机切齐。

（2）支模应牢固严密，将板底模与墙面间的缝隙封堵严，并清除杂物及垃圾。

（3）浇筑混凝土前先浇水湿润模板及施工缝处混凝土，铺垫与混凝土成分相同的砂浆，砂浆厚度应小于 25mm，浇筑混凝土后应振捣密实，特别是板根位置应由人工插捣密实。

14.6.3 阳台、空调板等不顺线

1. 现象

结构施工后，各层阳台、空调板等上下不顺线，左右错位、里出外进；水平不顺线，高低不一致，影响建筑外观质量。

2. 原因分析

对水平悬挑板的模板位置控制不严，后浇构件零星施工，未分批验收。

3. 防治措施

（1）将平行于外墙的轴线向内返，在楼面弹通长的里外控制线，据以检查悬挑板出墙的位置。

（2）用经纬仪或线坠由下层墙面向上层墙面引测控制线，据以检查悬挑板左右的位置。

（3）支设悬挑板底模前，应在墙面弹线控制底模标高。

（4）分批进行后浇水平悬挑板模板验收。

14.7　几种特殊模板施工

14.7.1　压型钢模接缝漏浆

1. 现象

采用压型钢板模板的混凝土楼板出现下挠，压型钢板接缝或开洞处漏浆。

2. 原因分析

（1）未对压型钢板进行专项设计，压型钢板刚度不足。

（2）压型钢板模板无立杆支撑或立杆支撑间距偏大。

（3）在绑扎钢筋期间堆载太重，造成压型钢板先行出现挠度。

（4）压型钢板接缝不严，出现漏浆。

3. 防治措施

（1）施工前应按楼板荷载及施工荷载对压型钢板模板进行专项设计，选用合适的截面和跨度尺寸。

（2）根据计算书布置压型钢板的立杆支撑，间距要合理，立杆应设扫地杆以及水平杆，水平杆间距≤1500mm。

（3）在绑扎钢筋或混凝土浇筑过程中，严禁集中堆载，防止出现下挠。

（4）压型钢板安装后需要开设较大孔洞时，开洞前必须于板底采取相应的支撑加固措施，然后方可开洞。

（5）压型钢板楼板各层间连续施工时，上下层钢板支撑加固的支柱，应安装在同一竖向直线上，或采取措施使上层支柱荷载传递到工程的竖向结构上。

（6）压型钢板就位后，应随即调整校正，用钉子将钢板与木龙骨钉牢，然后沿着板的相邻搭接边点焊牢固，把板连成整体。压型钢板模板与梁搭接示意见图14-30，压型钢板模板纵向搭接处必须位于龙骨上，搭接长度为50～100mm，端头应定位焊（图14-31）。压型钢板横向搭接示意见图14-32。

14.7.2　塑料或玻璃钢模壳缺陷

1. 现象

模壳拼缝不严，出现翘曲变形，拆模后混凝土蜂窝麻面，楼板开裂。

2. 原因分析

（1）塑料模壳未进行专项设计，强度不够。

（2）模壳表面有气泡，模壳内不光滑，不平整。

（3）模壳拼缝不平整、不严密；支撑间距偏大。

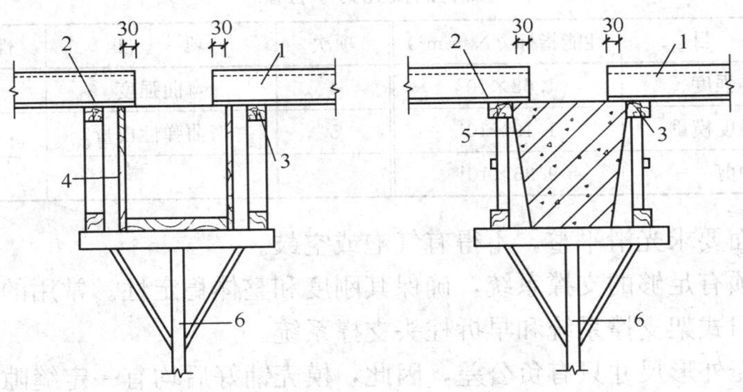

图 14-30 压型钢板模板与混凝土梁搭接

1—模板；2—模板与龙骨钉固；3—木龙骨；

4—梁模；5—预制混凝土梁；6—支撑架

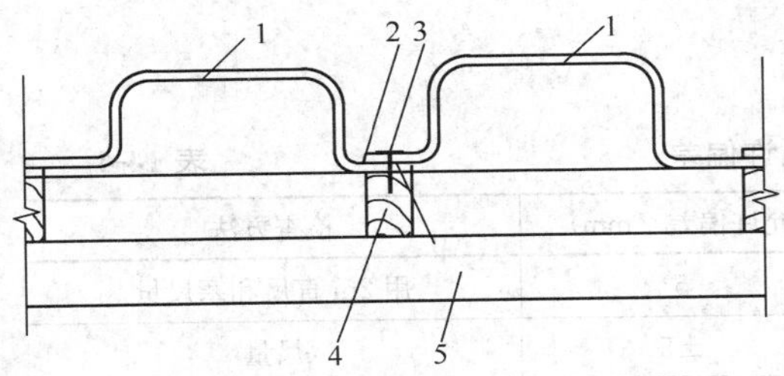

图 14-31 压型钢板模板长向搭接

1—模板；2—端头定位焊；3—压型钢板与木龙骨钉牢；4—次龙骨；5—主龙骨

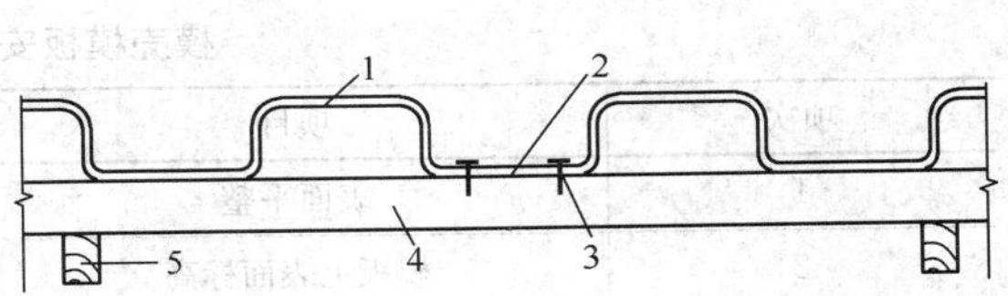

图 14-32 压型钢板模板横向连接

1—模板；2—模板与木龙骨钉固；3—两模板侧边定位焊；4—次龙骨；5—主龙骨

(4) 混凝土浇筑时荷载过大；养护不及时或养护方法不当。

3. 防治措施

(1) 塑料模壳的规格造型应通过设计确定，其力学性能指标见表 14-1。

塑料模壳力学性能指标 **表 14-1**

项 次	项 目	性能指标（N/mm²）	项 次	项 目	性能指标（N/mm²）
1	拉伸强度	40	3	弯曲强度	38.7
2	抗压强度	46	4	弯曲弹性模量	1.8×10^3

(2) 塑料和玻璃钢模壳规格允许偏差及力学性能见表 14-2、表 14-3。

塑料和玻璃钢模壳规格尺寸允许偏差 **表 14-2**

项次	项 目	允许偏差（mm）	项次	项 目	允许偏差（mm）
1	外形尺寸	−2	4	侧向变形	−2
2	外表面平整度	2	5	底边高度尺寸	−2
3	垂直变形	4			

玻璃钢模壳力学性能　表 14-3

项次	项　目	性能指标（N/mm^2）	项次	项　目	性能指标（N/mm^2）
1	拉伸强度	1.68×10^2	4	弯曲强度	1.74×10^2
2	拉伸强度模量	1.19×10^4	5	弯曲弹性模量	1.02×10^4
3	冲剪	9.96×10^4			

（3）模壳表面要求光滑平整，不得有气泡或空鼓。

（4）模壳必须有足够的支撑系统，确保其刚度和整体稳定性。常用的支撑系统有：钢支柱支撑系统、门式架支撑系统和早拆柱头支撑系统。

（5）由于模壳外形尺寸只有负公差，因此，模壳铺好后均有一定缝隙，应用胶带或双面胶纸将缝隙粘贴封严，以免漏浆。

（6）拆模气孔要用布基胶布粘贴，防止浇筑混凝土时灰浆流入气孔。在涂刷脱模剂前先把气孔周围擦干净，并用细钢丝捅孔，使其畅通。然后粘贴不小于 50mm×50mm 布基胶布堵住。

（7）模壳模板安装允许偏差见表 14-4。

模壳模板安装允许偏差　表 14-4

项次	项目	允许偏差（mm）	检查方法
1	表面平整	5	用 2m 直尺和塞尺量
2	模板上表面标高	±5	尺量
3	相邻两板面高低差	2	尺量

（8）模壳的施工荷载应控制在 2～2.5 kN/m^2。

（9）由于密肋楼板板面较薄，一般为 5～10cm，因此，要防止混凝土水分过早蒸发，早期宜用塑料薄膜覆盖的养护方法。

14.7.3　玻璃钢圆柱模板胀模、漏浆，柱面出现蜂窝、麻面

1. 现象

圆柱出现胀模、拼缝漏浆，垂直度差，拆模后有蜂窝、麻面。

2. 原因分析

（1）玻璃钢模板厚度及拉箍未进行专项设计，厚度偏小，拉箍偏大或偏小。

（2）玻璃钢表面有气泡、空鼓、纤维外露、毛刺等现象。

（3）模板的拼缝不严，边肋及加强肋安装不牢，与模板不成整体。

（4）圆柱模板侧向刚度不够，浇筑过程中受外力作用出现偏移，造成垂直度差。

3. 防治措施

（1）玻璃钢模板的厚度应根据混凝土侧压力的大小，经过计算确定，还与柱箍间距大小有关，当厚度偏小时，可以通过加密柱箍来加强。板面太厚，耗用材料多，增加成本，太薄则刚度差。一般厚度为 4～5mm。

（2）玻璃钢模板高度视混凝土柱高而定。柱高在 4m 以内时，可以做成一节同高度的模板；柱高在 4m 以上时，考虑到支模方便和模板的竖向刚度，可以做成 3～4m 高，分节浇筑混凝土，每次浇筑高度在 2.5～3.5m。

（3）玻璃钢模板在承受侧压力后，断面会膨胀变形，其膨胀率可按 0.6%考虑，即 100cm 直径的圆柱模板应做成 ϕ99.4cm。模板直径的加工误差应控制在－3～＋2mm。

（4）为了增强模板刚度，保证模板圆度，在模板外侧必须设置柱箍，柱箍用角钢∟40mm×4mm 或扁钢－56mm×6mm 做成，如图 14-33 所示。柱箍最少应设置 3 道，分别设于柱模的上、中、下三个部位。柱箍的内径与圆柱模板的外径一致，接口处用螺栓连接。柱箍的另一个作用是供设置柱模的斜撑或缆绳用以调整模板的垂直度，保证模板的竖向稳定。中部柱箍设在模板的 2/3 高度，下部的柱箍还可用于固定柱模的位置。

（5）柱帽模板通常设计为两块半圆形的漏斗状，然后用螺栓拼装而成。圆漏斗的接缝部位要保证平直，接缝严密。周边及接缝处均用角钢加强。对于直径较大的柱帽，为了增强悬挑部分的刚度，防止下垂，还应增设型钢环梁或玻璃钢环梁。以承受浇筑混凝土时的荷载。柱帽及环梁形式如图 14-34 和图 14-35 所示。为了使柱帽模板与楼板模板能严密地结合在一起，可把半圆漏斗柱帽展宽，做成玻璃钢平台，并在平台底面设若干道加劲肋，如图 14-35 所示。

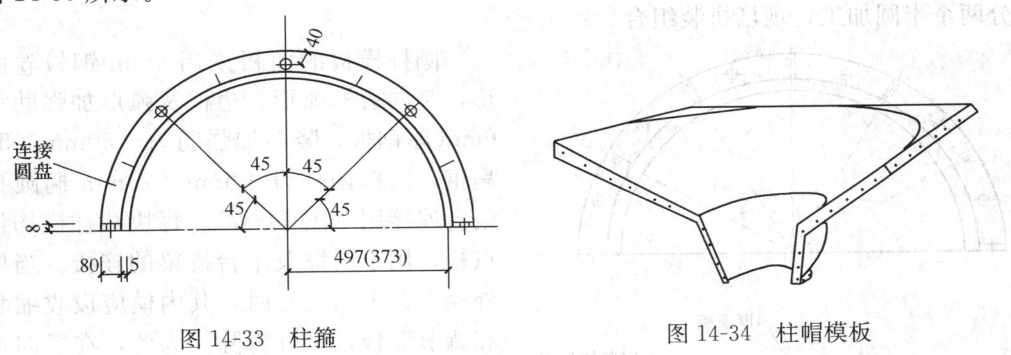

图 14-33 柱箍　　图 14-34 柱帽模板

（6）在模板的拼接处应采用扁钢或角钢加强，为此玻璃钢模板也应设置凸沿，其凸沿的拐角必须与模板内侧的切线呈 90°，两侧凸沿要保证顺直，以使拼接处严密。加强肋的扁钢或角钢与凸沿应贴紧，并采用不饱和聚酯树脂粘结，如图 14-36 所示。

（7）模板内侧必须光滑平整，模板表面不得有气泡、空鼓、皱纹、纤维外露、毛刺等现象。模板接缝要严密。

（8）边肋及加强肋安装要牢固，与模板成一整体。

14.7.4 圆柱钢模缺陷

1. 现象

圆柱钢模垂直度差，接缝漏浆，表面有蜂窝、麻面。

2. 原因分析

（1）圆柱钢模未进行设计计算，强度和刚度不够。

（2）圆柱钢模拼缝不严。

（3）钢模内侧未刷脱模剂或清

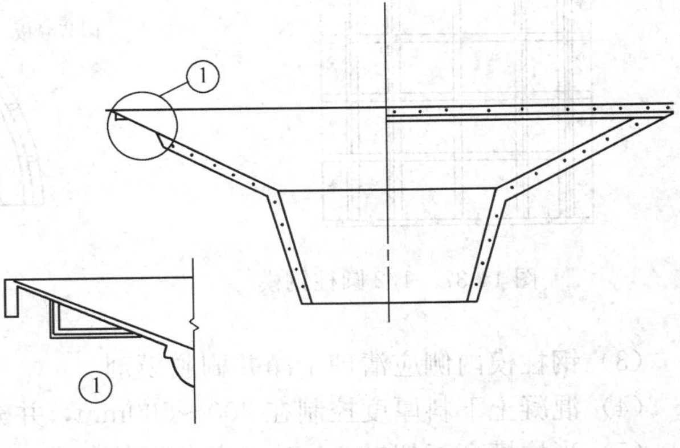

图 14-35 柱帽环梁

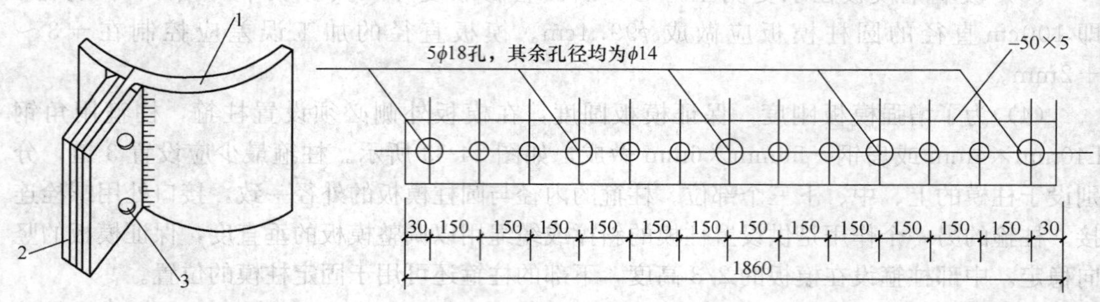

图 14-36　拼缝处加强处理

1—模板；2—加强肋扁钢；3—连接螺孔

理不干净。

3. 防治措施

(1) 圆柱模钢板柱箍必须经过专门设计，选择合适的钢板厚度及柱箍，一般圆柱模板可分两个半圆加工，现场拼装组合。

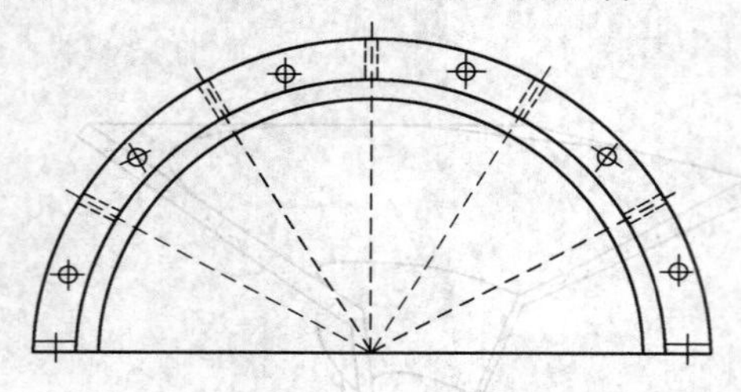

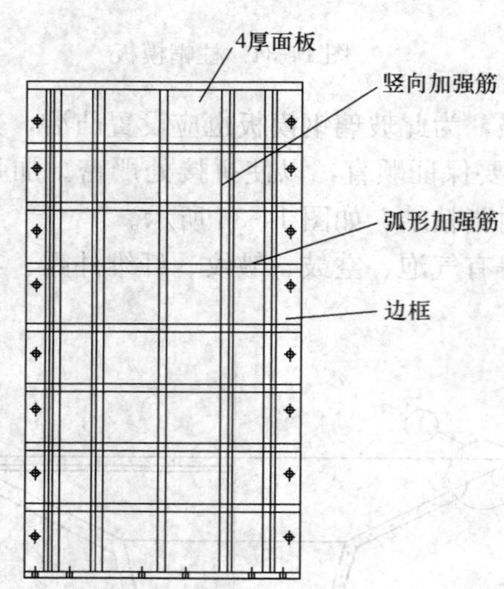

图 14-37　1/2 圆柱钢模

圆柱模板的面板采用 4mm 钢板卷曲成形，竖向边框弧形，边框及弧形加强肋均为 6mm 厚钢板，竖向加强肋为－50mm×5mm 扁钢，边框四周设 17mm×21mm 椭圆孔作组合连接用（图 14-37）。每块圆柱模均设节点板，用于斜撑及平台挑梁的连接。当柱子外径大、中间空心时，其内模应设收缩装置和调节缝板，以利拆除。为此，在竖向边框内侧焊支腿，两块模板之间用螺栓调节，形成空心圆柱模（图 14-38）。

(2) 圆柱模上下及对接接缝必须拧紧螺栓，使缝隙严密。

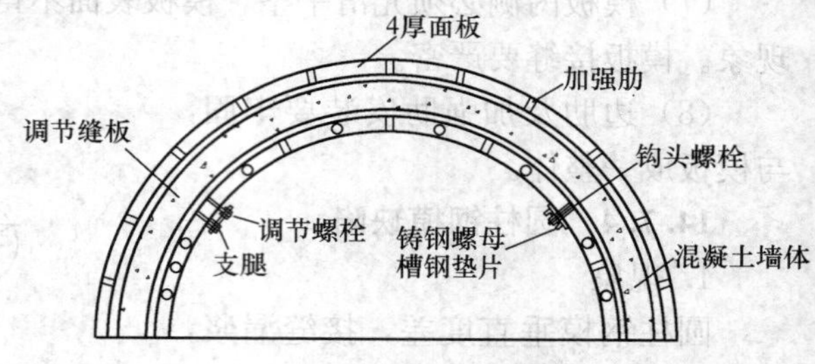

图 14-38　空心圆柱模板

(3) 钢柱模内侧应清理干净并刷脱模剂。

(4) 混凝土下料厚度控制在 300～500mm，并充分振捣密实。

(5) 当柱模高度超过 3m 时，应设侧向支撑，并防止外力撞击而出现偏斜。

14.7.5 预应力薄板模板缺陷

1. 现象

预应力薄板抗剪强度不足，有蜂窝、麻面、露筋、缺棱掉角，平整度差，外观变形。

2. 原因分析

（1）薄板未经过专门设计，其厚度及抗剪设置不合理。

（2）薄板模板材料不符合要求，钢筋直径小、间距大，混凝土强度偏低。

（3）吊装过程中产生碰撞，造成缺棱掉角。

（4）薄板制作过程中保护层厚度不够，钢筋位置不够准确。

（5）混凝土浇筑后未达到强度即开始吊装，造成缺棱掉角、开裂。

（6）薄板模板支作过程中混凝土浇筑振捣不密实，出现蜂窝、麻面等。

（7）薄板安装就位后，进行位置调整时，撬棍未垫木块，直接撬动薄板，碰坏薄板边角。

（8）薄板的立杆支柱未经计算，间距过大，混凝土浇筑过程中，出现薄板模板下挠，平整度差。

（9）薄板吊点设置不合理。

3. 防治措施

（1）为了保证混凝土薄板与现浇混凝土叠合后，在叠合面具有一定的抗剪能力，在薄板生产时，应对其抗剪能力的不同要求，对薄板上表面作必要的抗剪构造处理。

1）当要求叠合面承受的抗剪能力较小时，可在薄板的上表面加工成具有粗糙划毛的表面；或用网状滚轮辊压成4～6mm深的网状表面；也可用辊筒压成小凹坑，凹坑长、宽为50～80mm，凹坑深6～10mm，间距为150～300mm（图14-39）。

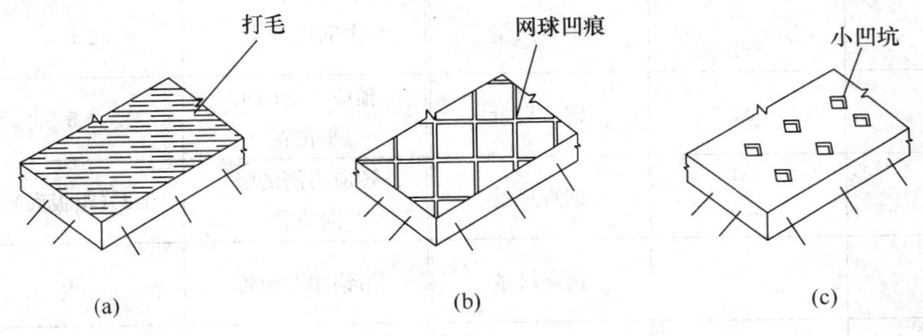

图14-39 薄板上表面处理

（a）表面划毛；（b）网状压痕；（c）压小凹坑

2）当要求叠合面承受较大的切应力时（大于0.4N/mm^2），薄板上表面除要求粗糙外，还要增设抗剪钢筋，抗剪钢筋可选用折线形焊接网片、波纹形网片、三角形焊接骨架等（图14-40）。

（2）预应力混凝土薄板材料要求：混凝土强度等级采用C30～40；预应力筋采用直径5mm的高强刻痕钢丝或中强冷拔低碳钢丝，一般配置在薄板截面1/3～2/5高度范围内，当板厚小于60mm时，预应力筋配置一层，间距50mm；当板厚大于60mm时，预应力筋

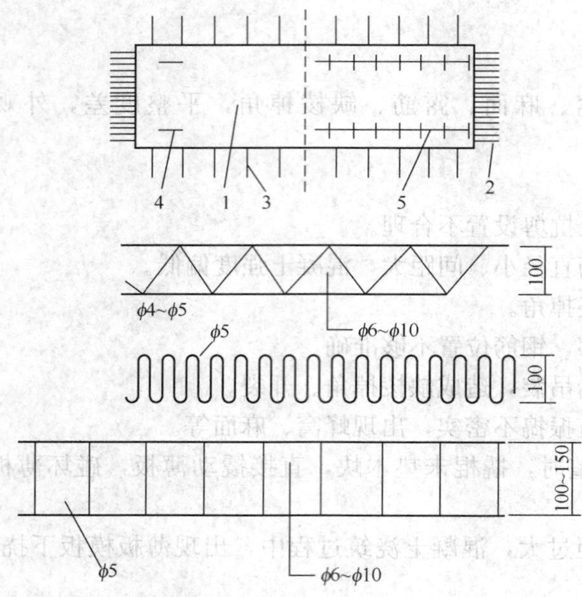

图 14-40 薄板上表面抗剪钢筋

1—薄板；2—主筋；3—分布筋；4—吊环；5—抗剪钢筋

可配置两层，层间间距为 20～30mm，上下层对正。

(3) 预应力薄板制作过程中，应控制好尺寸、钢筋保护层厚度及钢筋位置等，其制作的允许偏差应符合表 14-5 的规定。

(4) 混凝土薄板出池、放张和起吊时的混凝土强度必须符合设计要求。如设计无规定时，不得低于设计强度标准值的 80%。薄板混凝土试块在标准养护条件下 28d 的强度必须符合现行规范规定。

(5) 薄板进场后，应该对出厂合格证明及其型号、规格尺寸；板端伸出钢筋、预埋件留置情况；薄板下表面是否平整，有无裂缝、缺棱掉角、翘曲等现象进行检查，不合格产品不得使用。

(6) 清理薄板周边毛刺、上表面尘土、浮渣，并将板端伸出钢筋向上弯 45°（冷轧扭钢筋混凝土薄板板端外伸钢筋向上弯曲 90°），弯曲直径必须大于 20mm。

预应力混凝土薄板制作的允许偏差 **表 14-5**

项 目	允许偏差（mm）	检验方法	项 目	允许偏差（mm）	检验方法
板长	+5 −2	钢直尺量	主筋保护层	±5	钢直尺量
板宽	±5	钢直尺量	预应力筋的水平位置	±5	钢直尺量
板厚	+4 −2	钢直尺量	预应力筋的竖向位置	±2（距板底）	钢直尺量
串角	±10	钢直尺量	吊钩相对位置	≤50	钢直尺量
侧向弯曲	L/150，且≤20	拉线，钢直尺量	预埋件位置	中心位移 10 平面高差 5	钢直尺量
扭翘	B/750	拉线，钢直尺量	预应力筋下料长度相对差值	≤l/15000，且≤2	钢直尺量
表面平整度	±8	2m 靠尺和楔形尺量	张拉预应力值与规定偏差百分率	5%	
板底平整度	±2	2m 靠尺和楔形尺量	预应力筋有效长度	±1/10000	
主筋外伸长度	±10	钢直尺量			

注：L—构件长，B—构件宽，l—下料长度。

（7）将支承薄板的墙（梁）顶部伸出的钢筋调整好。检查墙（梁）顶面标高是否符合安装标高的要求，一般墙（梁）顶面标高应比板底设计标高低 20mm 为宜。弹出薄板的安装标高控制线，划出薄板安装位置线，并注明板号。

（8）跨度在 4m 以内的条板吊装，可根据起重机的起重量和板的重量，一次吊运多块，先停放在指定的硬架上，然后单块挂吊安装就位。跨度大于 4m 的条板或整间薄板，应采用 6～8 点吊挂进行吊装。

（9）薄板起吊时，应先吊离地面 50cm，检查吊具工作状况及薄板平稳情况是否正常，无误后再提升就位。

（10）按照硬架支撑设计要求，立柱宜采用可调钢支柱或 ϕ48.3×3.6 脚手架钢管，拉杆可采用脚手架钢管。硬架支撑的支承龙骨上表面应保持平直。并与板底标高一致。龙骨及立柱的间距，以保证薄板在施工荷载作用下不产生裂缝和不超过允许挠度为准，龙骨间距以 1200～1500mm 为宜，沿龙骨方向支柱间距为 800～1000mm，支柱底下应垫通长垫板。当硬架的支柱高度超过 3m 时，支柱之间必须加设水平拉杆，钢管支柱必须使用钢管拉杆，并用扣件扣紧，不得用钢丝绑扎。支柱高度在 3m 以下时，应根据具体情况设置水平拉杆，以保证硬架支撑的整体稳定性。

（11）薄板安装就位后，采用撬棍调整薄板位置时，撬棍的支点要垫木块，以免损坏薄板的边角。薄板调整位置后，将板端（侧）伸出钢筋调整到设计角度，并伸入相邻板拟浇筑叠合层混凝土部位内，不得将伸出钢筋弯成 90°角或返回弯入板自身的叠合层内。

（12）硬架支撑应待叠合层混凝土强度达到设计强度的 100%才能拆除。

（13）薄板安装的允许偏差及检验方法应符合表 14-6 的规定。

预应力混凝土薄板安装允许偏差及检验方法　　**表 14-6**

项次	项　目	允许偏差（mm）	检查方法
1	相邻两板底高差	高级≤2 中级≤4 有吊顶或抹灰≤5	在板底与硬架 龙骨之间用塞尺检查
2	板的支承长度偏差	5	用钢直尺量
3	安装位置偏差	≤10	用钢直尺量

14.7.6　双钢筋薄板模板缺陷

1. 现象

同 14.7.5“预应力薄板模板缺陷”。

2. 原因分析

同 14.7.5“预应力薄板模板缺陷”的原因分析（1）。

3. 防治措施

（1）双钢筋混凝土薄板混凝土强度等级不低于 C30；双钢筋的纵筋宜采用 ϕ8 热轧低碳 Q235 级钢筋，经冷拔成 ϕ6 级冷拔低碳钢丝。双钢筋的横筋宜采用含碳量小于纵筋的同等材料或 Q235 级钢，直径为 ϕ6.5，经冷拔成 ϕ4 级冷拔低碳钢丝。

（2）双钢筋薄板制作过程中，应控制好尺寸、钢筋保护层厚度及钢筋位置等，其制作的允许偏差应符合表 14-7 的规定。

双钢筋混凝土薄板制作的允许偏差　表 14-7

项目	允许偏差(mm)	检验方法	项目	允许偏差(mm)	检验方法
板长	+5 −2	钢直尺量 钢直尺量	表面平整度	±8	2m 靠尺和楔形尺量
			板底平整度	±2	2m 靠尺和楔形尺量
板宽	±5	钢直尺量	主筋外伸长度	±10	直尺量
板厚	+4 −2	钢直尺量 钢直尺量	主筋保护层	±5	钢直尺量
			主筋水平位置	±5	钢直尺量
串角	±10	钢直尺量	主筋竖向位置	±2（距板底）	钢直尺量
侧向弯曲	$L/750$，且≤20	拉线，钢直尺量	吊钩相对位置	≤50	钢直尺量
扭翘	$B/750$	拉线，钢直尺量	预埋件位置	中心位移 10，平面高差 5	钢直尺量

注：L—构件，B—构件宽。

（3）双钢筋混凝土薄板出池、放张和起吊时要求同 14.7.5“预应力薄板模板缺陷”的防治措施（4）。

（4）当房间开间为单拼或三拼组合时，双钢筋混凝土薄板模板必须设置水平拉杆；当房间开间为四拼或五拼组合时，必须加设纵横贯通的水平拉杆（图 14-41）。

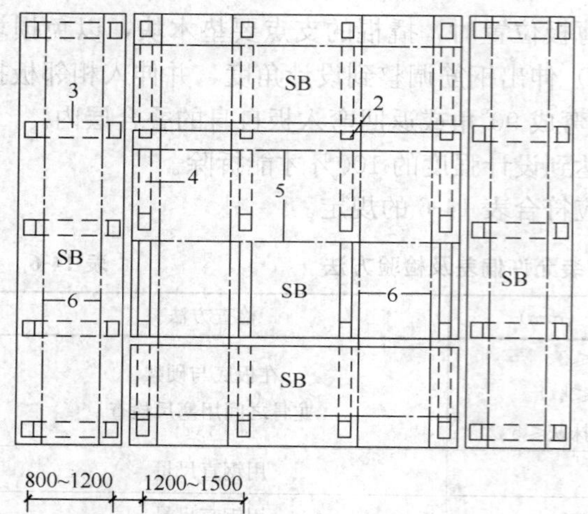

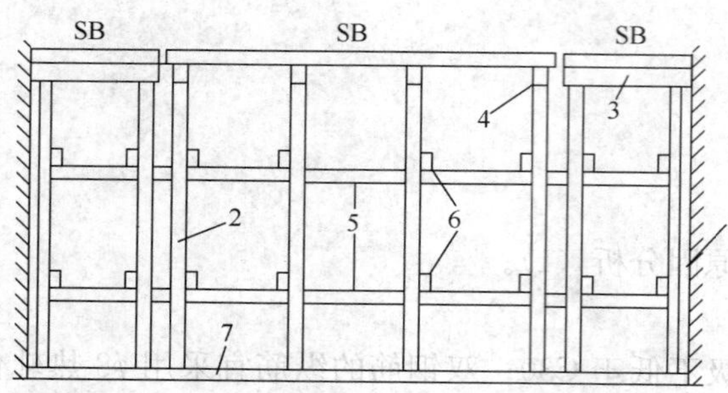

图 14-41　五拼双钢筋混凝土薄板模板的硬架支撑

1—薄板周边墙（梁）支座；2—支柱；3、4—龙骨；5—纵向贯通水平拉杆；6—横向贯通水平拉杆；7—通长垫板；SB—双钢筋混凝土薄板

（5）双钢筋混凝土薄板可按三、四、五几种形式拼接成整间的双向受力的现浇叠合层的模板，拼缝宽度为 80～100mm。拼接后用 ϕ8 钢筋沿吊环两个方向通长进行双向连接，并绑扎，钢筋要伸入邻跨 400mm，并加弯钩（图 14-42）。

（6）薄板安装质量要求见表 14-6。

14.7.7　冷轧扭钢筋薄板模板缺陷

1. 现象

同 14.7.5“预应力薄板模板缺陷”。

2. 原因分析

同 14.7.5“预应力薄板模板缺陷”。

3. 防治措施

（1）冷轧扭钢筋混凝土薄板混凝土强度等级不低于 C30。主筋采用冷轧扭钢筋，标志直径为 6.5～8mm，配置在板厚 1/2 位置或稍偏低板底的位置。主筋间距：当叠合后楼板厚度 $h \leqslant$ 150mm 时，不应大于 200mm；当 $h >$ 150mm 时，不应大于 1.5h，且每米板宽不少于 3 根。

（2）冷轧扭钢筋薄板制作允许偏差除主筋外伸长度为－5 外，其余应符合表 14-7 的规定。

（3）同 14.7.5“预应力薄板模板缺陷”的防治措施。

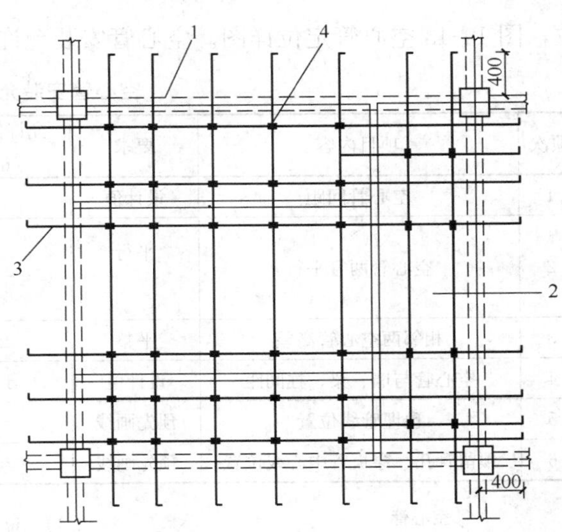

图 14-42 双钢筋混凝土薄板拼接
1—周边支座；2—薄板；3—通长钢筋；4—吊环

14.7.8 空心楼盖薄壁空心管高分子组合芯模缺陷

1. 现象

芯模在运输或混凝土浇筑过程中出现破损，浇筑过程中出现上浮、破损，或振捣不密实，浇筑后出现裂缝。

2. 原因分析

（1）空心楼盖薄壁空心管吊装过程中一次吊装过大，保护措施不力。

（2）未设置薄壁管件，护层垫块或垫块设置不合理。

（3）空心楼盖薄壁管高分子组合芯模安装后，未设专用通道，浇筑过程中受重力而出现破坏。

（4）未采取抗浮措施。

（5）混凝土浇筑时一次下料太多，振动棒触碰薄壁管，导致管壁破损。

（6）振捣时间过长，造成薄壁管破损。

（7）坍落度偏小，混凝土不能充分填充薄壁管四周造成不密实。

（8）混凝土浇筑后未及时养护，混凝土收缩过大而产生裂缝。

（9）水电管未预先埋设或出现漏埋，混凝土浇筑后打凿楼板而出现开裂。

（10）拆模时间过早，受力后出现楼板开裂。

3. 防治措施

（1）空心楼盖薄壁空心管高分子组合芯模在运输及吊装时必须使用专用吊篮，严禁用缆绳直接捆绑空心管进行吊运，空心管被吊到安装楼层后要及时排放，不宜再叠层堆放。薄壁管堆放的允许叠层数见表 14-8。

薄壁管堆放的允许叠层数 表 14-8

薄壁管径（mm）	≤200	200～300	300～400	≥400
允许叠层	≤8	≤6	4≤	3

（2）当板底钢筋绑扎完后，根据空心管摆放位置，在空心管两端 $L/5$ 处各放置 1 根空心管保护层垫管，按布管平面图将空心管保护层垫管安放于底板下层钢筋网片的上部钢筋上，空心管保护层垫管要通长设置，与板底钢筋采用铁丝绑扎，防止空心管水平方向移

位，图14-43空心管定位详图。空心管安装允许偏差见表14-9。

空心管安装允许偏差　　表14-9

项次	项目内容	要求	允许偏差值（mm）	检测位置及方法
1	空心管间距	设计值	±12	在管的一般中部测量
2	空心管两管平行	平行	±15	在管有两端拉结锚点测，取两点测定绝对值作为实际偏差值
3	相邻两空心管高差	平整	±20	用2m靠尺垂直横跨各管段中部
4	空心管与墙、梁、柱间距	设计值	±15	用卷尺测量
5	预埋管线位置	预先画线	±15	用卷尺测量
6	预留管孔、穿板管中心线位置	预先画线	±15	用卷尺测量

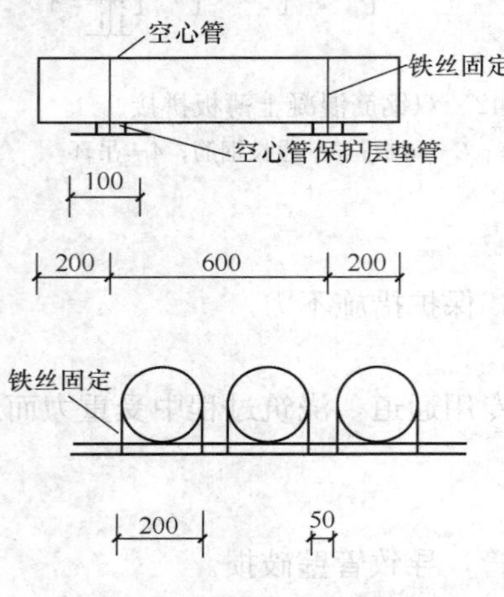

图14-43　空心管定位详图

（3）应避免施工人员或施工荷载直接作用在已铺设的薄壁管上。

（4）采取合理的抗浮措施。龙骨支撑的布置宜考虑兼薄壁管抗浮锚定的要求，模板应双向起拱0.2%。由于空心楼盖薄壁管重量较轻，在混凝土浇筑过程中会产生向上漂浮移位，因此必须采取措施固定，见图14-44。

（5）混凝土浇筑采用二次下料法，第一次下料达到芯模的4/5高度范围内，此时芯模外露时采用小直径振动棒认真仔细振捣，填满芯模周边，一般振捣时间30s。

（6）混凝土坍落度宜控制在160～200mm，石子采用10～25mm。

（7）混凝土浇筑后应及时浇水养护，并保持充分润湿，减少裂缝。

（8）对于8m左右跨度的楼板，强度达到100%后方可拆除。

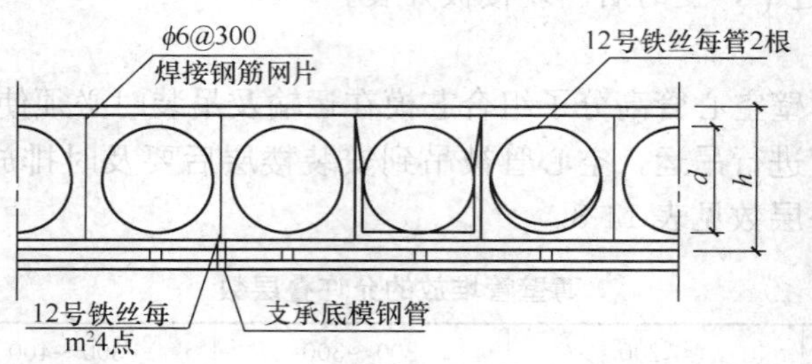

图14-44　薄壁管抗浮措施

14.7.9 PPE薄壁方箱组合芯模缺陷

现象、原因分析及防治措施参见14.7.8“空心楼盖薄壁空心管高分子组合芯模缺陷”。

附录 14.1 模板分项工程质量标准及检验方法

一、一般规定

1. 模板及其支架应根据工程结构形式、荷载大小、地基土类别、施工设备和材料供应等条件进行设计。模板及其支架应具有足够的承载能力、刚度和稳定性，能可靠地承受浇筑混凝土的重量、侧压力以及施工荷载。

2. 在浇筑混凝土之前，应对模板工程进行验收。模板安装和浇筑混凝土时，应对模板及其支架进行观察和维护。发生异常情况时，应按施工技术方案及时进行处理。

3. 模板及其支架拆除的顺序及安全措施应按施工技术方案执行。

二、模板安装

1. 主控项目

(1) 安装现浇结构的上层模板及其支架时，下层楼板应具有承受上层荷载的承载能力，或加设支架；上、下层支架的立柱应对准，并铺设垫板。

检查数量：全数检查。

检验方法：对照模板设计文件和施工技术方案观察。

(2) 在涂刷模板隔离剂时，不得沾污钢筋和混凝土接槎处。

检查数量：全数检查。

检验方法：观察。

2. 一般项目

(1) 模板安装应满足下列要求：

1) 模板的接缝不应漏浆；在浇筑混凝土前，木模板应浇水湿润，但模板内不应有积水；

2) 模板与混凝土的接触面应清理干净并涂刷隔离剂，但不得采用影响结构性能或妨碍装饰工程施工的隔离剂；

3) 浇筑混凝土前，模板内的杂物应清理干净；

4) 对清水混凝土工程及装饰混凝土工程，应使用能达到设计效果的模板。

检查数量：全数检查。

检验方法：观察。

(2) 用作模板的地坪、胎模等应平整光洁，不得产生影响构件质量的下沉、裂缝、起砂或起鼓。

检查数量：全数检查。

检验方法：观察。

(3) 对跨度不小于 4m 的现浇钢筋混凝土梁、板，其模板应按设计要求起拱；当设计无具体要求时，起拱高度宜为跨度的 1/1000～3/1000。

检查数量：在同一检验批内，对梁应抽查构件数量的 10%，且不少于 3 件；对板应按有代表性的自然间抽查 10%，且不少于 3 间；对大空间结构，板可按纵、横轴线划分检查面，抽查 10%，且不少于 3 面。

检验方法：水准仪或拉线、钢尺检查。

（4）固定在模板上的预埋件、预留孔和预留洞均不得遗漏，且应安装牢固，其偏差应符合附表 14-1 规定。

检查数量：在同一检验批内，对梁、柱和独立基础，应抽查构件数量的 10%，且不少于 3 件；对墙和板，应按有代表性的自然间抽查 10%，且不少于 3 间；对大空间结构，墙可按相邻轴线间高度 5m 左右划分检查面，板可按纵横轴线划分检查面，抽查 10%，且均不少于 3 面。

检验方法：钢尺检查。

预埋件和预留孔洞的允许偏差　　**附表 14-1**

项目		允许偏差（mm）
预埋钢板中心线位置		3
预埋管、预留孔中心线位置		3
插筋	中心线位置	5
	外露长度	+10，0
预埋螺栓	中心线位置	2
	外露长度	+10，0
预留洞	中心线位置	10
	尺寸	+10，0

注：检查中心线位置时，应沿纵、横两个方向量测，并取其中的较大值。

（5）现浇结构模板安装的偏差应符合附表 14-2 规定。

检查数量：在同一检验批内，对梁、柱和独立基础，应抽查构件数量的 10%，且不少于 3 件；对墙和板，应按有代表性的自然间抽查 10%，且不少于 3 间；对大空间结构，墙可按相邻轴线间高度 5m 左右划分检查面，板可按纵、横轴线划分检查面，抽查 10%，且均不少于 3 面。

现浇结构模板安装的允许偏差及检验方法　　**附表 14-2**

项目		允许偏差（mm）	检验方法
轴线位置		5	钢尺检查
底模上表面标高		±5	水准仪或拉线、钢尺检查
截面内部尺寸	基础	±10	钢尺检查
	柱、墙、梁	+4，−5	钢尺检查
层高垂直度	不大于 5m	6	经纬仪或吊线、钢尺检查
	大于 5m	8	经纬仪或吊线、钢尺检查
相邻两板表面高低差		2	钢尺检查
表面平整度		5	2m 靠尺和塞尺检查

注：检查轴线位置时，应沿纵、横两个方向量测，并取其中的较大值。

（6）预制构件模板安装的偏差应符合附表 14-3 的规定。

检查数量：首次使用及大修后的模板应全数检查；使用中的模板应定期检查，并根据使用情况不定期抽查。

预制构件模板安装的允许偏差及检验方法　　附表 14-3

项　目		允许偏差（mm）	检验方法
长　度	板、梁	±5	钢尺量两角边，取其中较大值
	薄腹梁、桁架	±10	
	柱	0，−10	
	墙板	0，−5	
宽　度	板、墙板	0，−5	钢尺量一端及中部，取其中较大值
	梁、薄腹梁、桁架、柱	+2，−5	
高（厚）度	板	+2，−3	钢尺量一端及中部，取其中较大值
	墙　板	0，−5	
	梁、薄腹梁、桁架、柱	+2，−5	
侧向弯曲	梁、板、柱	l/1000 且≤15	拉线、钢尺量最大弯曲处
	墙板、薄腹梁、桁架	l/1500 且≤15	
板的表面平整度		3	2m 靠尺和塞尺检查
相邻两板表面高低差		1	钢尺检查
对角线差	板	7	钢尺量两个对角线
	墙板	5	
翘曲	板、墙板	l/1500	调平尺在两端量测
设计起拱	薄腹梁、桁架、梁	±3	拉线、钢尺量跨中

注：l 为构件长度（mm）。

三、模板拆除

1. 主控项目

（1）底模及其支架拆除时的混凝土强度应符合设计要求；当设计无具体要求时，混凝土强度应符合附表 14-4 的规定。

检查数量：全数检查。

检验方法：检查同条件养护试件强度试验报告。

底模拆除时的混凝土强度要求　　附表 14-4

构件类型	构件跨度（m）	达到设计的混凝土立方体抗压强度标准值的百分率（%）	构件类型	构件跨度（m）	达到设计的混凝土立方体抗压强度标准值的百分率（%）
板	≤2	≥50	梁、拱、壳	≤8	≥75
	>2，≤8	≥75		>8	≥100
	>8	≥100	悬臂构件	—	≥100

（2）对后张法预应力混凝土结构构件，侧模宜在预应力张拉前拆除；底模支架的拆除应按施工技术方案执行，当无具体要求时，不应在结构构件建立预应力前拆除。

检查数量：全数检查。

检验方法：观察。

(3) 后浇带模板的拆除和支顶应按施工技术方案执行。

检查数量：全数检查。

检验方法：观察。

2. 一般项目

(1) 侧模拆除时的混凝土强度应能保证其表面及棱角不受损伤。

检查数量：全数检查。

检验方法：观察。

(2) 模板拆除时，不应对楼层形成冲击荷载。拆除的模板和支架宜分散堆放并及时清运。

检查数量：全数检查。

检验方法：观察。

附录 14.2　大模板施工质量与检验方法

1. 大模板安装质量应符合下列要求：

(1) 大模板安装后应保证整体的稳定性，确保施工中模板不变形，不错位、不胀模；

(2) 模板间的拼缝要平整、严密，不得漏浆；

(3) 模板板面应清理干净，隔离剂涂刷应均匀，不得漏刷。

2. 整体式大模板的制作允许偏差与检验方法应符合附表 14-5 的要求。

整体式大模板制作允许偏差与检验方法　　附表 14-5

项目	允许偏差（mm）	检验方法	项目	允许偏差（mm）	检验方法
模板高度	±3	卷尺量检查	板面平整度	2	2m 靠尺及塞尺量检查
模板长度	−2	卷尺量检查	相邻面板拼缝高低差	≤0.5	平尺及塞尺量检查
模板板面对角线差	≤3	卷尺量检查	相邻面板拼缝间隙	≤0.8	塞尺量检查

3. 拼装式大模板的组拼允许偏差与检验方法应符合附表 14-6 的要求。

拼装式大模板组拼允许偏差与检验方法　　附表 14-6

项目	允许偏差（mm）	检验方法	项目	允许偏差（mm）	检验方法
模板高度	±3	卷尺量检查	板面平整度	2	2m 靠尺及塞尺量检查
模板长度	−2	卷尺量检查	相邻模板高低差	≤1	平尺及塞尺量检查
模板板面对角线差	≤3	卷尺量检查	相邻模板拼缝间隙	≤1	塞尺量检查

4. 大模板安装允许偏差及检验方法应符合附表 14-7 的规定。

大模板安装允许偏差及检验方法　　附表 14-7

项　目	允许偏差（mm）	检　验　方　法
轴线位置	4	尺量检查

续表

项　目		允许偏差（mm）	检　验　方　法
截面内部尺寸		±2	尺量检查
层高垂直度	全高≤5m	3	线坠及尺量检查
	全高＞5m	5	线坠及尺量检查
相邻模板板面高低差		2	平尺及塞尺量检查
表面平整度		＜4	20m内上口拉直线尺量检查，下口按模板定位线为基准检查

15 滑模及爬模施工

滑动模板施工是以滑模千斤顶、电动提升机或手动提升器为提升动力，带动模板（或滑框）沿着混凝土（或模板）表面滑动而成型的现浇混凝土结构的施工方法（包括滑框倒模施工）的总称，简称滑模施工。液压爬升模板施工是爬模装置通过承载体附着或支承在混凝土结构上，当新浇筑的混凝土脱模后，以液压油缸或液压升降千斤顶为动力，以导轨或支承杆为爬升轨道，将爬模装置向上爬升一层，反复循环作业的施工工艺，简称爬模施工。

滑模及爬模装置主要包括模板系统、操作平台系统、主动系统、水电配套系统、施工精度控制系统。与普通的传统支模方法相比，具有施工速度快，占用场地小，装置组配灵活和重复利用率高等优点，有利于提高工程质量、绿色环保及安全文明施工，在我国工程建设中已被大量应用，尤其是近10年来国内的滑框倒模和爬模技术得到了较快发展，已在很多高层建筑、特种结构施工中广泛应用。

现将滑模及施工中出现的质量通病和防治措施介绍如下，钢筋和混凝土的一般质量通病参见本手册有关章节。

15.1 滑 模 施 工

15.1.1 模板几何形状变形

1. 现象

在滑模施工过程中，因种种原因有时会出现模板装置的几何形状变形。如圆形筒壁工程的平面变为椭圆形或局部凹凸变形，方形墙壁工程局部外胀变形或几何尺寸拉长等。

2. 原因分析

（1）模板装置在制作、组装时公差过大没有校正或接头处的螺栓孔过大及螺栓没有拧紧。

（2）模板在滑升过程中没有及时观测、控制和调整，致使累积误差过大。

3. 预防措施

（1）模板装置在制作和组装过程中，其各部构件和组装质量必须严格按规范要求进行控制，允许偏差见表15-1、表15-2。

（2）滑模施工前，应对模板装置进行全面检查，经验收合格后，方可进行滑模施工。

4. 治理方法

（1）对于圆形筒壁工程，应随时精确测出圆心至筒壁各点的误差情况。当发现超出规范的部位，应随时进行控制和调整。

操作平台设置辐射梁时，可通过调整螺栓移动提升架在辐射梁的位置进行调整。操作平台不设置辐射梁时，可通过设置于提升架下部放射形拉杆上的花篮螺栓进行调整。也可采用“支承杆导向法”进行调整，即在千斤顶底座下一侧加设楔形垫块或对支承杆施加一定外力，使千斤顶沿倾斜的支承杆向偏移的反方向爬升，利用支承杆的导向作用达到纠偏的目的。

滑模装置各部构件制作的允许偏差 **表 15-1**

名称	内容	允许偏差（mm）	名称	内容	允许偏差（mm）
钢模板	高度	±1	提升架	高度	±3
	宽度	−0.7～0		宽度	±3
	表面平整度	±1		围圈支托位置	±2
	侧面平直度	±1		连接孔位置	±0.5
	连接孔位置	±0.5	支承杆	弯曲	小于（1/1000）L
围圈	长度	−5		ϕ25 圆钢直径	−0.5～+0.5
	弯曲长度≤3m	±2		$\phi48\times3.5$ 钢管直径	−0.2～+0.5
	弯曲长度>3m	±4		椭圆度公差	−0.25～+0.25
	连接孔位置	±0.5		对接焊缝凸出母材	<+0.25

注：L 为支承杆加工长度。

滑模装置组装的允许偏差 **表 15-2**

项目		允许偏差（mm）	项目		允许偏差（mm）
模板结构轴线与相应结构轴线位置		3	考虑倾斜度后模板尺寸的偏差	上口	−1
围圈位置偏差	水平方向	3		下口	+2
	垂直方向	3	千斤顶安装位置的偏差	提升架平面内	5
提升架的垂直偏差	平面内	3		提升架平面外	5
	平面外	2	圆模直径、方模边长的偏差		−2～+3
安放千斤顶的提升架横梁相对标高偏差		5	相邻两块模板平面平整偏差		1.5

（2）对于方形墙壁工程，在精确测出偏差数据的基础上，可以采用调整拉杆的方法进行纠正。即对模板局部变形部位加设拉杆和花篮螺栓，在模板处于空滑状态时，通过调整拉杆的长度将偏差复位。在模板滑升中，也可采用“支承杆导向法”进行调整。

（3）当模板的几何形状已出现拉长变形时，可采用加强型可调拉杆法进行纠正。即在模板拉长变形部位的两端加设直径较大的拉杆（或钢丝绳）和捯链，当模板空滑时，通过施加外力先将拉长部位的模板复位后，再将围圈和围梁等构件的接头处的螺栓拧紧焊牢。必要时，可在接头处增设连接板焊牢。

15.1.2 支承杆弯曲

1. 现象

滑模施工中，布置在混凝土内部或外部的支承杆失稳弯曲，严重时可导致操作平台局部下沉。从脱模后混凝土表面裂缝、外凸等现象或根据支承杆突然出现较大幅度的下坠情况，可以发现混凝土内部支承杆弯曲。

2. 原因分析

（1）支承杆在制作时没有调直，或运输、存放及安装时造成弯曲。

（2）施工过程中，支承杆脱空部位自由长度过大，或接头处丝扣没有拧紧，以及操作平台荷载不均和模板在滑升中遇有障碍造成局部超载等。

（3）支承杆实际负荷偏大，安全储备偏小。

3. 预防措施

（1）支承杆的制作必须符合技术规范的要求，其允许偏差见表 15-1。在运输、存放及安装时应避免造成弯曲。

（2）施工中，支承杆的荷载应尽量均匀布置。当自由长度过大时，应及时进行加固处理，以防止支承杆失稳弯曲变形。在模板滑升过程中，应设专人及时检查和排除影响滑升的各种障碍，防止模板装置受阻。

（3）支承杆设计时，负荷取值应合理，并应有足够的安全储备。

4. 治理方法

（1）支承杆在混凝土内部弯曲。对于已弯曲的支承杆，其千斤顶必须立即卸荷，然后，将弯曲处的混凝土挖洞清除。当弯曲程度不大时，可在弯曲处加焊 1 根与支承杆同直径的绑条，见图 15-1（a）；当弯曲长度较大或弯曲程度较严重时，应将支承杆的弯曲部分切断，在切断处加焊两根总截面积大于支承杆的绑条，见图 15-1（b）。加焊绑条时，应保证必要的焊缝长度。

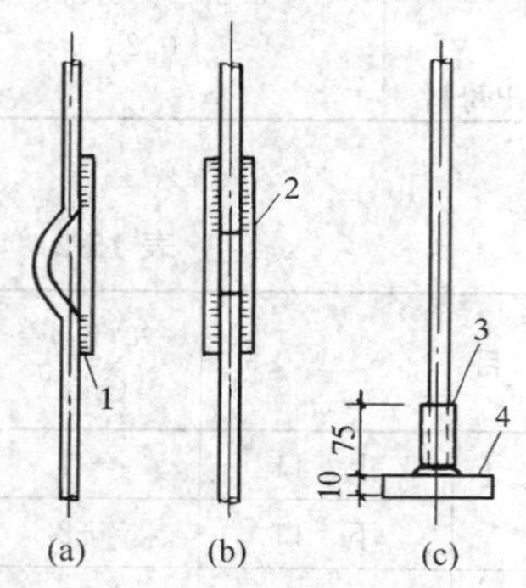

图 15-1　支承杆弯曲的处理
（a）弯曲不大时；（b）弯曲较大时；（c）弯曲严重时
1—ϕ25 钢筋；2—ϕ22 钢筋；3—ϕ29 套管；4—钢垫板

（2）支承杆在混凝土外部弯曲。支承杆在混凝土外部易发生弯曲的部位，大多在混凝土的表面至千斤顶卡头之间或门窗洞口及框架梁下部等支承杆的脱空部位。当发现支承杆弯曲时，首先必须停止千斤顶工作并立即卸荷。对于弯曲不大的支承杆，可参照图 15-1（a）的作法；对于弯曲程度较大的支承杆，应将弯曲部分切断，采用一段钢套管在接头处将上下支承杆对头加套焊接；也可将弯曲的支承杆齐混凝土面切断，在混凝土表面原支承杆的位置上，加设一个由钢垫板及钢套管焊接的套靴，将上段支承杆插入套靴内顶紧即可，见图 15-1（c）。

（3）当支承杆为 ϕ48×3.5 钢管时，也可参照上述方法处理。

15.1.3　保护层厚度不匀

1. 现象

墙体钢筋位移，保护层厚度不匀。

2. 原因分析

（1）滑模施工中，钢筋需随模板滑升随进行绑扎，如果滑模装置上没有设置钢筋定位装置或不采取加设垫块等措施，就容易使钢筋产生位移。

（2）浇筑混凝土时振捣器碰撞钢筋或强力振捣，也会使钢筋位移。

3. 预防措施

（1）绑扎竖向钢筋时，应在提升架的上部设置竖向钢筋定位架（图 15-2）。

（2）在模板与钢筋之间按保护层厚度加设垫块或在模板的上口设置保证钢筋保护层的定位装置（图 15-3）。

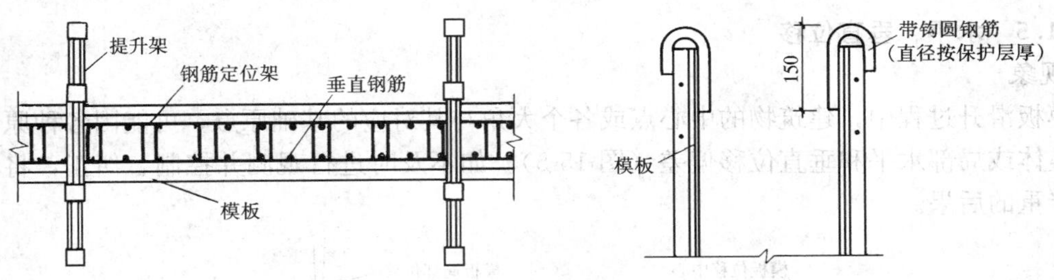

图 15-2　竖向钢筋定位架　　　　图 15-3　钢筋保护层定位装置

（3）浇筑混凝土时，防止振捣器碰撞钢筋和避免强力振捣。

4. 治理方法

对造成保护层厚度不匀的位移钢筋，应按 1∶6 坡度自位移处向上弯折就位。

15.1.4　门窗口模板移位

1. 现象

滑模脱模后，门窗口模板移位、偏斜或四角不方正。

2. 原因分析

（1）门窗口框模制作和安装时偏差过大或框模刚度较小。

（2）框模未固定牢固，被模板滑升时带起或浇筑和振捣混凝土时产生位移变形。

（3）浇灌层厚度过大或不对称浇筑。

3. 预防措施

（1）严格控制门窗口框模的制作和安装质量，框模的宽度应比模板上口小 5～10mm，并确保四角方正，尺寸和位置准确。其安装允许偏差见表 15-3。

门、窗框模安装的允许偏差　　表 15-3

项　目	允许偏差（mm）	
	钢门窗	铝合金（或塑钢）门窗
中心线位移	5	5
框正、侧面垂直度	3	2
框对角线长度		
≤2000mm	5	2
＞2000mm	6	3
框的水平度	3	1.5

（2）门窗口框模应安装牢固，为防止模板滑升过程中将框模带起或振捣混凝土时使框模位移变形，可采用固定于支承杆或钢筋的螺栓对框模进行临时加固（图 15-4）。

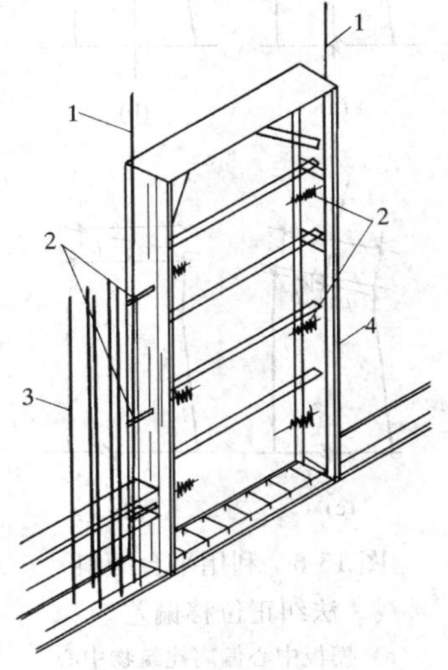

图 15-4　门口框模临时加固
1—支承杆；2—螺栓与支承杆或钢筋固定；3—钢筋；4—门口框模

（3）严格控制浇灌层厚度（不大于 200mm），门窗口位置应对称浇筑。

4. 治理方法

门窗口框模拆除后，对位移变形的部位应及时剔凿修理。

15.1.5　水平、垂直位移

1. 现象

在模板滑升过程中，建筑物的中心点或各个大角与其对应的基础原点，可能因各种原因发生整体或局部水平和垂直位移偏差（图 15-5）。如不及时进行观测并控制、纠正，将会造成严重的后果。

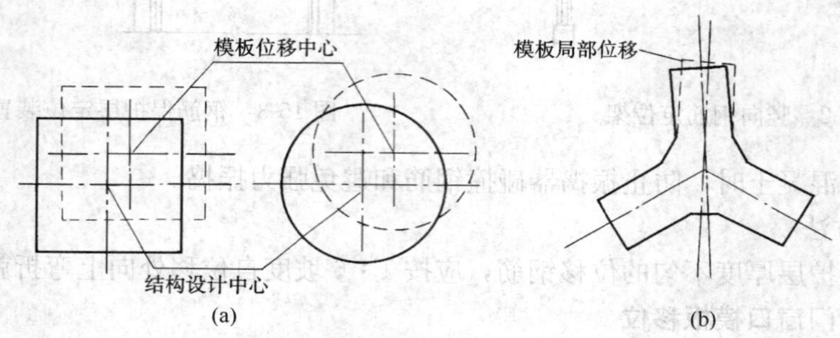

图 15-5　水平位移示意图
（a）整体水平位移；（b）局部水平位移

2. 原因分析

（1）操作平台上荷载不匀或卸料时局部冲击力过大。

（2）千斤顶不同步，造成操作平台高低不平，甚至倾斜。

（3）风荷载及其他水平外力影响（尤其模板处于空滑状态时更为敏感）。

（4）支承杆实际负荷偏大，安全储备偏小。

3. 预防措施

（1）尽量均匀布置操作平台上的荷载，减小卸料时的冲击力。

（2）采用限位器等调平装置，保持千斤顶和滑模装置水平滑升。在正常情况下，这是保证建筑物水平和垂直精度的关键。

（3）模板处于空滑状态时，应尽量减小风荷载和其他水平外力的影响。必要时，对滑模装置可采取防风或支顶、牵拉等临时加固措施。

（4）支承杆设计时应有足够的安全储备。

4. 治理方法

（1）平台倾斜法

当发现滑模装置向一侧发生整体或局部位移时，可有意识地将位移一侧的操作平台抬起一定高度，使操作平台向位移的反方向倾斜，继续滑升一段高度，当位移偏差等逐步得到纠正后，恢复水平滑升（图 15-6）。

（2）变位纠偏法

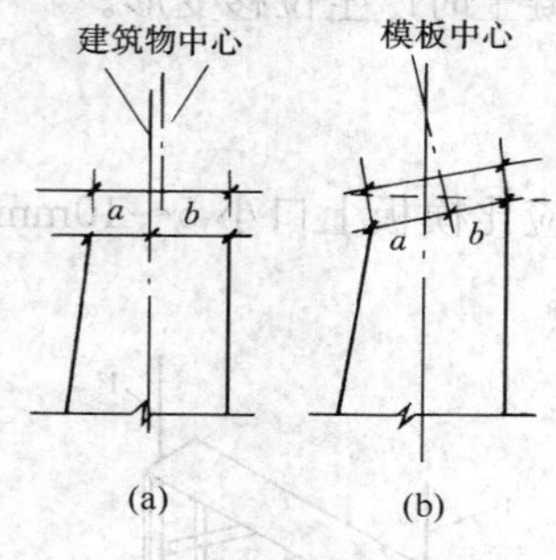

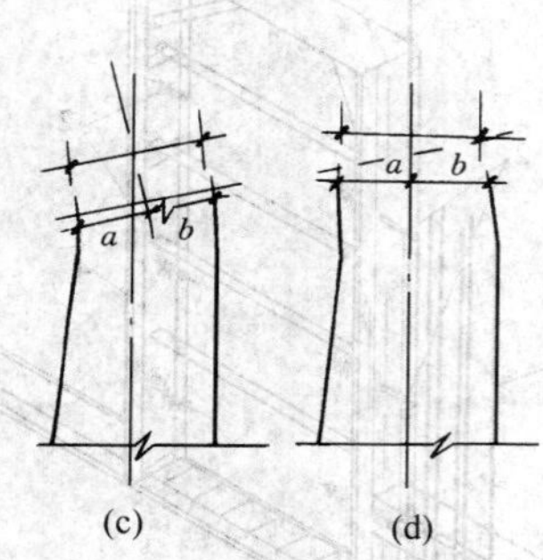

图 15-6　利用平台倾斜法纠正位移偏差
（a）模板中心偏离建筑物中心 $a<b$；（b）适当抬高操作平台 b 侧；（c）操作平台倾斜滑升，中心点趋近重合；（d）当 $a=b$ 时，恢复操作平台水平滑升

在滑模施工中，通过变动千斤顶的水平位置，推动支承杆产生水平位移，达到纠正滑模偏差的效果。

纠偏时，只需将变位螺栓拧松，按要求的方向推动千斤顶使支承杆位移后，再将变位螺栓拧紧，即可达到纠偏目的。变位纠偏器的构造见图 15-7。

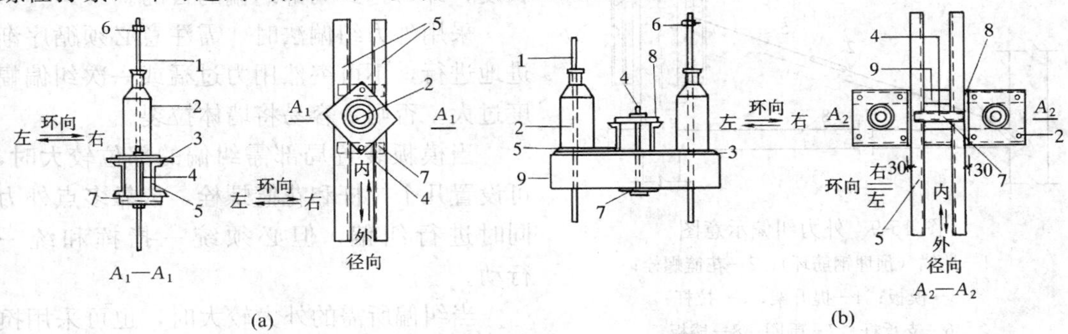

图 15-7　千斤顶变位纠偏器示意图

（a）单千斤顶变位纠偏器；（b）双千斤顶变位纠偏器

1—支承杆；2—千斤顶；3—千斤顶垫板；4—变位螺栓；5—提升架横梁；6—限位卡；7—下垫板；8—上垫板；9—双千斤顶扁担梁

（3）顶轮纠偏法

这种纠偏方法是利用已脱出模板下口并具有一定强度的混凝土作为支点，通过顶轮施加外力，逐步顶移模板和操作平台，达到纠偏的目的。

顶轮纠偏装置由撑杆顶轮和可调螺栓（或捯链）组成。撑杆的一端与平台梁（或桁架）铰接，另一端安装顶轮并顶在混凝土墙面上，在顶轮与墙面之间可铺一块木垫板。可调螺栓（或捯链）一端悬挂在平台梁上，另一端连接顶轮和撑杆。当拧紧可调螺栓（或捯链）时，撑杆的水平投影加长，使顶轮紧顶混凝土墙面，在墙面的反力作用下，操作平台与模板等向相反方向移位，见图 15-8（a）。

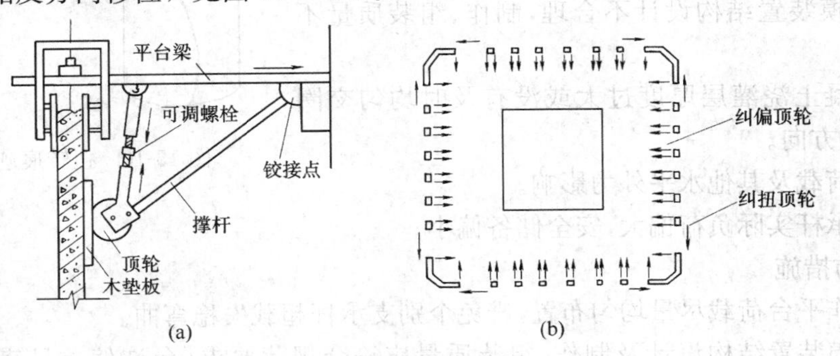

图 15-8　顶轮纠偏示意图

（a）纠偏顶轮构造示意；（b）顶轮平面布置

顶轮纠偏法也可同时用于扭转的纠正，见图 15-8（b）。

（4）外力纠偏法

对于发生局部位移偏差的滑模装置，可采用外力纠偏法进行纠正。图 15-9 所示为一种采用拉杆和花篮螺栓作为外力对墙体滑模进行纠偏的方法。其具体作法是：先在楼板混

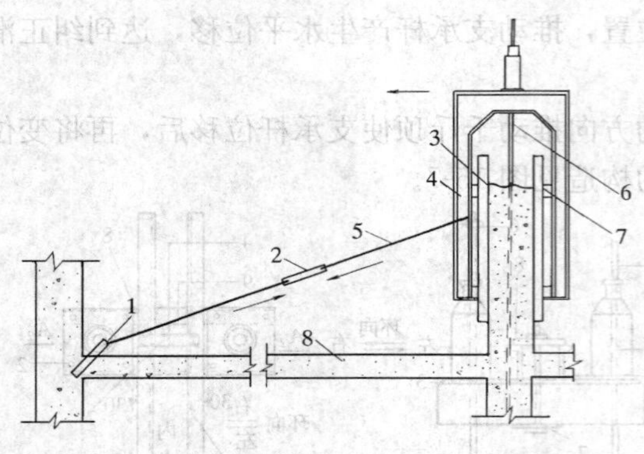

图 15-9　外力纠偏示意图
1—地锚（预埋钢筋环）；2—花篮螺栓；
3—模板；4—提升架；5—拉杆；
6—支承杆；7—围圈；8—楼板

凝土中预埋钢筋环作为地锚，然后，用拉杆和花篮螺栓与滑模装置的提升架连接固定。模板滑升时，只需通过花篮螺栓调节拉杆的长度，即可达到局部纠偏的目的。

采用外力纠偏法时，需注意必须循序渐进地进行，不可突然用力过猛或一次纠偏幅度过大。否则，容易将墙体拉裂。

当模板装置局部需纠偏的部位较大时，可设置几个拉杆和花篮螺栓，依靠多点外力同时进行纠偏，但必须统一指挥和统一行动。

当纠偏所需的外力较大时，也可采用捯链代替花篮螺栓，钢丝绳代替拉杆。

15.1.6　扭转

1. 现象

滑模施工时，所滑的筒壁结构表面出现竖向螺旋式扭转痕迹（图 15-10）。高层建筑墙壁结构有时也会出现大角局部或整体扭转位移。虽然单纯发生扭转的工程，其结构中心点不一定出现明显位移，但是，如果不及时进行控制和纠正，不仅观感不佳，而且由于结构内部支承杆和竖向受力钢筋亦随之产生扭转位移，将严重影响结构工程的质量。

2. 原因分析

(1)操作平台荷载不匀,局部荷载过大的支承杆容易弯曲变形。

(2)千斤顶及油路布置不合理,千斤顶爬升不同步,出现提升时间差。

(3)滑模装置结构设计不合理,制作、组装质量不合格。

(4)混凝土浇灌层厚度过大或没有及时均匀交圈和变换浇灌方向。

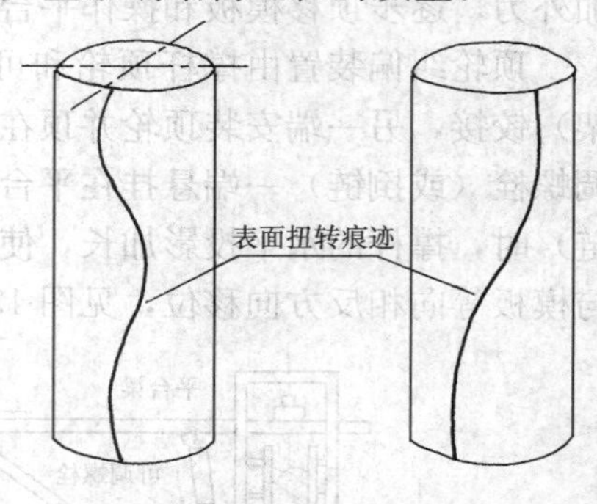

图 15-10　扭转痕迹示意图

(5)风荷载及其他水平外力影响。

(6)支承杆实际负荷偏大,安全储备偏小。

3. 预防措施

(1)操作平台荷载尽量均匀布置,避免个别支承杆超载失稳弯曲。

(2)滑模装置结构设计及制作、组装质量应符合规范要求(允许偏差见表 15-1、表 15-2)。同时,应随时纠正模板滑升中产生的变形。

(3)千斤顶和油路的布置要合理。为防止扭转,可沿筒壁方向布置纠扭双千斤顶。可以全部采用双千斤顶,也可以采用单双千斤顶间隔布置(图 15-11)。

(4) 严格控制浇灌层厚度（不大于 200mm），并及时“均匀交圈”和“变换浇灌方向”交替进行。

(5) 应尽量减小风荷载及其他外力影响。必要时，对滑模装置可采取一些防风或临时

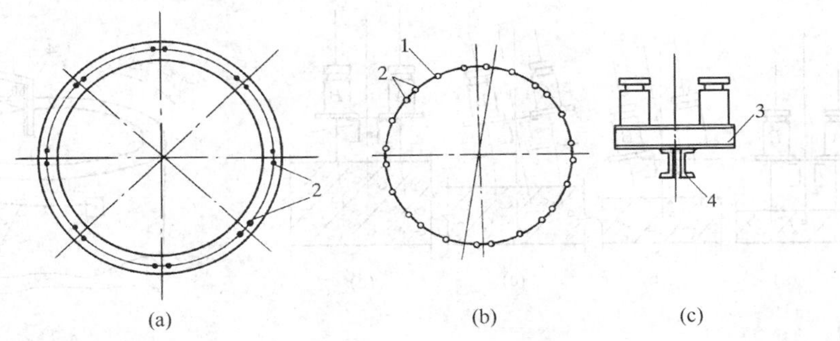

图 15-11 纠扭双千斤顶布置图

(a) 全部双千斤顶平面布置；(b) 单双千斤顶间隔平面布置；

(c) 双千斤顶立面构造

1—单千斤顶；2—双千斤顶；3—扁担挑梁；4—提升架横梁

支顶和牵拉等加固措施。

(6) 支承杆设计时应有足够的安全储备。

4. 治理方法

(1) 当提升架上布置纠扭双千斤顶时，将双千斤顶中扭转反方向的千斤顶 B 油路关闭停止工作，只提升扭转一侧的千斤顶 A，这样提升几个行程后，扭转即可得到纠正（图 15-12)。

纠扭时，千斤顶 A 可以采用连续提升的方式，也可以采用第一次提升 A，第二次提升 $(A+B)$，第三次再提升 A 的交替提升方式。但应防止纠扭的速度过快和支承杆倾斜角度过大。

(2) 当提升架只布置单千斤顶时，可在千斤顶靠近扭转一侧的底座部位，加设楔形钢垫板，使千斤顶向扭转的反方向倾斜爬升，扭转可逐步得到纠正。

(3) 当扭转程度较大时，可采用外力法进行纠扭。图 15-13 所示为一种采用钢丝绳和张紧器施加外力的纠扭方法。钢丝绳直径可采用 ϕ12mm，长度为筒壁圆周长的 2/3。一端固定在提升架外侧立柱上，另一端沿扭转的反方向固定于筒壁的预埋件上，钢丝绳中部串接一个张紧器。施工中，通过张紧器对钢丝绳施加外力，扭转即可逐步得到纠正。

采用外力法纠扭时，必须循序渐进地进行，不可一次矫正过多或施加压力过大，以防支承杆偏斜过大而失稳弯曲。施加外力前，应先对支承杆进行加固。

对于墙壁结构，如果大角出现局部或整体扭转程度较大，也可采用外力法进行纠正。尤其模板处于空滑阶段时，施加外力的效果更为显著。当扭转程度不大时，可采用“支承杆导向法”或“顶轮纠偏法”等方法进行纠扭。

15.1.7 混凝土水平裂缝

1. 现象

筒壁和墙壁工程模板滑升后，有时在墙体表面会发现水平裂缝。轻则表面造成微细裂纹破坏混凝土保护层，影响结构使用寿命；重则造成结构断裂性破坏。

2. 原因分析

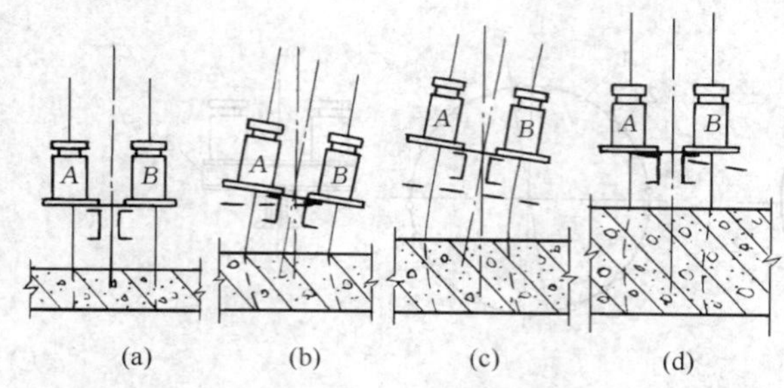

图 15-12 双千斤顶纠扭示意图

(a) 模板扭转，支承杆随之倾斜；(b) 提高千斤顶 A 高程，千斤顶 B 停止工作；(c) 千斤顶 A 提升几个行程后，扭转得到纠正；(d) 双千斤顶正常工作，恢复水平滑升

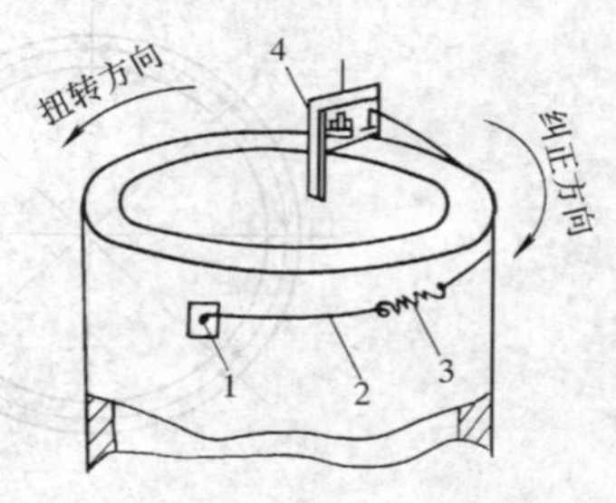

图 15-13 外力法纠扭示意图

1—筒体埋件；2—钢丝绳；3—张紧器；4—提升架

(1) 模板制作、组装质量不合格或施工中产生变形，使模板倾斜度太小或出现上口大下口小的倒倾斜度时，继续硬性提升，见图 15-14 (a)。

(2) 纠正偏差过急，使混凝土拉裂，见图 15-14 (b)。

(3) 混凝土浇灌层过厚导致模板提升速度过慢，使混凝土脱模强度远超过规范要求，甚至与模板粘结。

(4) 模板表面不平或不光洁，粘结物未清除干净，滑升摩阻力过大。

3. 预防措施

(1) 严格控制模板装置的设计和制作组装质量，其偏差应符合规范要求（表 15-1、表 15-2)。滑模施工中，应随时检查和纠正模板的变形，确保模板几何尺寸和倾斜度均符合规范要求时方可提升。

(2) 纠正偏差时，应循序渐进地进行，动作不可过猛、过急，一次纠偏幅度不可过大，以免将混凝土拉裂。

(3) 确定合理的滑升速度和严格控制混凝土浇灌层厚度（不大于 200mm)，缩短模板提升的间隔时间（不大于 0.5h)，加快模板的滑升频率。这样不仅可有效地减小滑升时的摩阻力，防止因模板与混凝土粘结而造成的水平裂缝，有利于提高滑模工程质量，同时，又可提高滑模施工速度。

(4) 加强对模板表面的清理与维修，保持模板表面平整与光洁，以减小滑升时的摩阻力。对于某些摩阻力较大的工程部位，可采取局部衬隔膜法（图 15-15)。具体作法是，模板组装后，在浇灌混凝土之前，紧贴滑升模板的表面加衬一层隔膜，隔膜材料可采用铁皮、油毡和塑料布等。当模板滑升时，隔膜留在筒壁混凝土的表面。模板滑升后，即可将隔膜揭下，可继续倒至上部使用。

这种方法可以有效地防止混凝土被模板拉裂。

4. 治理方法

(1) 筒壁表面深度未超过混凝土保护层的微细裂缝，当混凝土出模不久，尚保持塑性，一般可采用人工抹 1～2mm 水泥浆液进行表面压合封闭，以提高混凝土的防水和耐久性能。

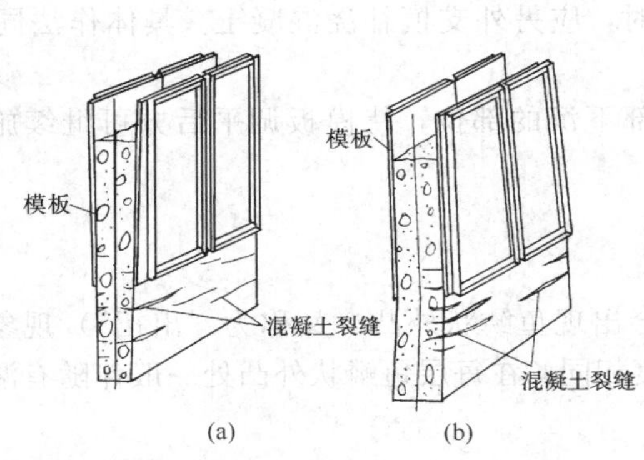

图 15-14 混凝土水平裂缝

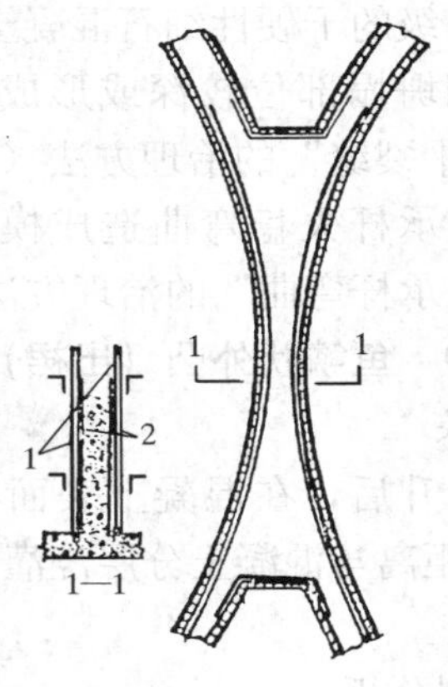

图 15-15 模板表面衬隔膜示意图

1—滑升模板；2—模板表面衬隔膜（可采用铁皮、油毡、塑料布等）

（2）筒壁断裂性裂缝，应彻底处理。缝宽小于 0.3mm 的贯穿性裂缝，一般采用灌注微膨胀水泥浆或低粘度环氧树脂等化学浆液封闭。缝宽大于 0.3mm 的贯穿性裂缝，应将裂缝处混凝土凿掉，将松散部分清除后，需另外支模，并将模板的一侧做成高于上口 100mm 的喇叭口，重新浇灌高一级强度等级的混凝土，使喇叭口处混凝土向外斜向加高 100mm，拆模后将多余部分剔除。

15.1.8 局部坍塌

1. 现象

模板滑升中，脱模的混凝土有时会出现局部坍塌现象。轻则局部露筋，严重时，可造成部分支承杆失稳弯曲，模板局部下沉以至操作平台倾斜。

2. 原因分析

（1）模板提升速度过快，混凝土的脱模强度过低，甚至脱模时没有强度。

（2）混凝土浇灌层过厚，致使交圈时间过长，使同一浇灌层的混凝土强度相差悬殊，先入模的混凝土早已超过脱模强度要求，而后入模的混凝土尚处于未凝固状态，模板不得不仓促提升。因此，往往可能同时发生水平拉裂和局部坍塌。

（3）振捣混凝土时，振捣器插入混凝土过深或强力振动钢筋和支承杆。

3. 预防措施

（1）合理控制滑模施工速度，当气温较低时，除适当降低滑模施工速度外，应通过掺加早强剂等措施控制混凝土的早期强度。

（2）混凝土浇筑时，应采取薄层浇灌、均匀交圈等措施，浇灌层厚度不大于 200mm。使同一浇灌层的混凝土在最短时间均匀交圈，确保每个浇灌层混凝土脱模强度基本一致。

（3）振捣混凝土时，严格掌握振捣器的插入深度，最好采用棒头长度为 250mm 的振捣器或在长振捣棒的棒头 250mm 处做出明显的标志，以防止插入过深或强力振动钢筋、支承杆和模板等。

4. 治理方法

（1）对局部保护层坍塌的部位，应及时将松散混凝土清除干净后，在坍塌部位用比原强度提高一级的干硬性细石混凝土进行修补。

(2) 当坍塌部位较深或形成孔洞时，应另外支模补浇混凝土。具体作法同15.1.7“混凝土水平裂缝”的治理方法(2)。

(3) 支承杆失稳弯曲造成模板局部下沉的部位，待模板调平后方可继续施工，见15.1.2“支承杆弯曲”的治理方法。

15.1.9　鱼鳞状外凸（出裙）

1. 现象

模板滑升后，在混凝土表面有时会出现鱼鳞状外凸（又称为“出裙”）现象，上下“出裙”的距离与混凝土分层浇灌的高度相同。在每层鱼鳞状外凸处一般伴随有漏浆和麻面现象。

2. 原因分析

(1) 提升架设计刚度不够或振捣过猛等造成侧压力过大，引起模板外胀变形。

(2) 模板组装或进行调整时质量不合格。模板单面倾斜度过大，不符合0.2%～0.5%的规范要求。这样的模板浇灌混凝土后，就必然会出现鱼鳞状外凸。如果前一层浇灌的混凝土发现“出裙”后，模板不能及时得到纠正，则后一层浇灌的混凝土将继续“出裙”(图15-16)。

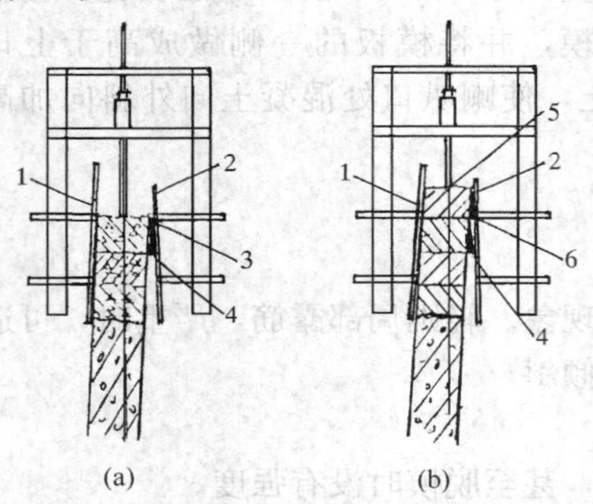

图15-16　鱼鳞状外凸（出裙）示意图

(a) 后一层混凝土浇灌前，内模倾斜度过大；(b) 后一层混凝土浇灌后，也出现鱼鳞状外凸

1—外模；2—内模；3—内模倾斜度过大；4—前一层浇灌的混凝土出现鱼鳞状外凸；5—后一层浇灌的混凝土；6—出现鱼鳞状外凸

(3) 浇灌层过厚，加大模板的侧压力，导致模板变形。

3. 预防措施

(1) 模板装置进行结构设计时，应充分考虑最不利条件下混凝土入模冲击力和振捣时的侧压力等影响，确保提升架、围圈和模板等各部分构件的刚度。

(2) 模板的制作和组装必须符合规范要求，模板单面倾斜度宜为模板高度的0.2%～0.5%。在模板滑升过程中，应经常对模板状况进行检查，发现模板装置变形和模板倾斜度不符合要求时，应立即进行纠正。

(3) 混凝土的浇筑应严格按薄层浇灌、均匀交圈等要求进行，浇灌层的厚度以不大于200mm为宜，禁止将吊罐混凝土直接入模或超厚浇灌。同时防止振捣器强力振动钢筋、支承杆和模板。

4. 治理方法

(1) 当混凝土“出裙”不严重，且需后作装修饰面的工程，可先将局部“出裙”凸出的部位剔凿至大致平整，表面用水泥砂浆搓平。

(2) 当“出裙”比较严重且接槎处有麻面、漏浆等质量问题时，应在剔凿“出裙”凸出部位的同时，清理麻面和漏浆部位的浮渣后，表面用与混凝土同品种的水泥砂浆抹平。当麻面松散部位有一定深度时（如20mm以上），应采用细石混凝土填实抹平。

15.1.10 缺棱掉角

1. 现象

一般发生于方柱或墙壁结构的阳角部位。随着模板的连续滑升，阳角部位突出的混凝土因种种原因，由开始出现裂缝逐渐发展到钢筋保护层的混凝土缺棱掉角。

2. 原因分析

(1) 阳角部位的混凝土实际上是主筋的保护层。模板滑升时，该部位受两侧摩阻力的作用形成夹角。当阳角部位的模板设计、制作组装或滑模施工不合理时，摩阻力增大到一定程度，就会使该部位的混凝土缺棱掉角。

(2) 浇筑混凝土时，振捣器强力振动钢筋和支承杆、模板，使阳角部位脱模不久的混凝土受到较大扰动，也会发生缺棱掉角。

(3) 气温较低时，出模不久的混凝土过早暴露，其强度增长缓慢，且钢筋表面容易形成一层冷凝水，使混凝土与钢筋粘结力降低。

3. 预防措施

(1) 严格按规范要求提高模板的设计、制作和组装的质量，阳角部位的模板宜采用整体角模，其两侧的单面倾斜度均应符合0.2%～0.5%的规范要求。阳角模板的尖部，应做成半圆形，其半径应不小于20mm。

滑模施工过程中，应经常对模板进行检查和维护，及时纠正模板变形和调整模板的倾斜度并随时清除模板表面的粘结物，以减少模板滑升时的摩阻力。

(2) 防止振捣器强力振动钢筋、支承杆和模板，严格控制振捣器插入混凝土的深度，不得超过一个浇灌层的厚度。尽量减小对阳角刚脱模混凝土的扰动。

(3) 低温施工时，对脱模不久的混凝土应采取悬挂石棉布等保温措施，以便加快脱模混凝土强度增长，防止钢筋表面冷凝水的形成。

4. 治理方法

缺棱掉角部位修补前，应先将松散混凝土清理干净后，用提高一级的细石混凝土压实、找直大角后抹平。修补混凝土宜采用同品种的水泥砂浆，力求表面颜色一致。

15.1.11 蜂窝、麻面及露筋

1. 现象

模板滑升后，墙体表面有时局部会发现蜂窝、麻面及露筋等质量问题。虽然由于滑模施工混凝土浇灌层的厚度不大于200mm，一般不会出现大面积的蜂窝、麻面及露筋等质量问题，但局部问题也不应忽视。

2. 原因分析

(1) 滑模施工因故需停歇一段时间后，继续施工时，接槎处未按施工缝的要求处理。其中包括筒仓的环梁、墙壁结构的楼板以及筒壁接槎等部位施工缝处理不当。

(2) 浇筑混凝土时，吊斗中的混凝土直接入模，使混凝土发生离析现象。

(3) 模板拼缝不严或倾斜度过大，浇筑混凝土时严重漏浆。

(4) 石子粒径过大，钢筋过密处振捣不实。

3. 预防措施

(1) 混凝土接槎处继续施工时，应按施工缝的要求处理。在正式浇筑混凝土之前，应清除接槎处的浮渣后，先浇筑一层（50～100mm）按原配合比减去石子的砂浆，以便于

接槎处混凝土的结合。

（2）严禁将吊斗中混凝土直接入模浇灌，以防止混凝土发生离析。当发生离析现象时，应在平台上进行二次拌和后方可入模。混凝土的浇筑应采取分层均匀交圈的方式。

（3）模板组装后应拼缝严密、倾斜度符合规范要求。施工中，当发现模板拼装不严、倾斜度过大时，应纠正合格后，方可浇筑混凝土，以免发生漏浆。

（4）严格掌握混凝土的配合比，认真控制石子的粒径和骨料的级配，改善搅拌、运输和入模时的混凝土质量。

4. 治理方法

（1）对出现蜂窝和露筋等部位，应先将松散及有孔隙的混凝土清除后，用提高一级的细石混凝土压实后用木抹搓平。水泥应采用同一品种，做到颜色和平整度一致。

（2）对于漏浆和麻面部位的处理方法，详见 15.1.9“鱼鳞状外凸（出裙）”的治理方法。

附录 15.1　滑模施工工程混凝土结构的允许偏差及检验方法

滑模施工工程混凝土结构的允许偏差及检验方法　　附表 15-1

项目			允许偏差（mm）	检验方法
轴线间的相对位移			5	经纬仪或吊线检查
圆形筒体结构	半径	≤5m	5	钢尺检查
		＞5m	半径的 0.1%且不得大于 10	
标高	每层	高层	±5	用水准仪或拉线、钢尺检查
		多层	±10	
	全高		±30	
垂直度	每层	层高小于或等于 5m	5	用经纬仪或吊线、钢尺检查
		层高大于 5m	层高的 0.1%	
	全高	高度小于 10m	10	
		高度大于或等于 10m	高度的 0.1%且不得大于 30	
墙、柱、梁、壁截面尺寸			＋8，－5	钢尺检查
表面平整	抹灰		8	用 2m 靠尺及塞尺检查
	不抹灰		5	
门窗洞口及预留洞口位置偏差			15	钢尺检查
预埋件位置偏差			20	

15.2　爬　模　施　工

15.2.1　模板上口标高不一致

1. 现象

根据《液压爬升模板工程技术规程》（JGJ 195—2010）规定，采用油缸爬模的架体可分段和整体同步爬升，同步爬升控制参数的设定：每段相邻机位间的升差值宜在 1/200 以内，整体升差值宜在 50mm 以内；对于采用千斤顶的爬模，每爬升 500～1000mm 调平一次，整体升差值宜在 50mm 以内。这些标高或升差都是以模板上口作为基准线，当模板上口有升差，说明爬模装置也有高差。

2. 原因分析

（1）爬模装置安装时，起始楼层的楼面标高不平。

（2）采用千斤顶的爬模，其千斤顶本身就有升差，油路布置不合理也会产生升差。

（3）整个爬模装置中各个机位或提升架所承受的荷载不均，较轻的爬升较快，过重的爬升较慢，形成了高差。

（4）没有采取有效的调平措施。

3. 预防措施

（1）爬模安装起始楼层在混凝土浇筑时应找平，爬模装置安装前应在模板位置进行抄平，当出现高差时，可提高模板下口安装标高，用水泥砂浆做抹灰带找平。

（2）对选用的千斤顶进行检测，采用升差较小的安装。

（3）油路布置应采取分区环形油路，其主油管应等长。

（4）爬模装置操作平台在设计和施工时，均应做到荷载均匀。

（5）采用千斤顶的爬模，其支承杆上应设限位卡，采用激光扫描将设定标高投射到支承杆上，所有限位卡都固定在同一标高位置。

4. 治理方法

（1）采用油缸的爬模，提前在模板上口到达标高位置附近，采用激光扫描或用水平仪将设定标高投射到钢筋上，模板爬升到达时，及时关闭油泵。对已产生的升差采用手动送油调平。

（2）采用千斤顶的爬模，将支承杆上所设限位卡从一般情况每隔 300～500mm 的设定，调整为 50～100mm 设定，待模板上口找平后，再进入正常爬升。

（3）对超重的物料、设备、人员应及时疏散，爬模装置在爬升时，不得堆放钢筋、水平模板及支撑架料。

15.2.2 模板平面变形

1. 现象

模板平面变形包括：爬模模板的外形尺寸变化、截面尺寸变化、模板不直、直角不成 90°等。

2. 原因分析

（1）爬模组装前没有检查已施工的工程结构外形尺寸、截面和角度，爬模模板贴紧原有结构组装，致使爬模组装产生偏差。

（2）模板背楞刚度差，产生变形。

（3）每块平模板背楞之间、互成直角的模板背楞之间没有有效连接措施。

（4）爬模是后穿对拉螺栓，模板之间没有定位套管，对拉螺栓难以保证截面准确尺寸。

（5）混凝土浇筑方式不当，使混凝土向模板一侧产生倾倒力，造成模板变形。

（6）施工误差累计过多，致使不能逐层消除误差。

3. 预防措施

（1）爬模装置安装前必须检查已施工的工程结构外形尺寸、截面和角度，对不符合设计图纸要求的部位应进行剔凿、修补。建设、监理、施工单位和爬模组装单位应共同检查并签字认可后，方能进行爬模装置的安装，其允许偏差和检查方法应符合《液压爬升模板工程技术规程》（JGJ 195—2010）表 7.4.1 的规定。

（2）加强施工现场的测量配合，模板首次安装前必须进行测量放线，将结构截面线、模板外边线、门窗洞口线、机位（提升架）位置线等均应投放到楼地面上，爬模施工中定点进行垂直度检查和观测。

（3）混凝土浇筑宜采用布料机均匀布料，分层浇筑，分层振捣，并应变换浇筑方向，顺时针、逆时针交错进行。

（4）模板、背楞应进行设计和验算，确保爬模施工的刚度要求。平模板背楞之间、互成直角的模板背楞之间应分别设有“一”字形芯带和直角芯带，采用钢销楔紧。

（5）钢筋保护层应设塑料卡定位，钢筋底部设与截面等宽的铁撑定位，模板上口可设木方或角钢定位，混凝土浇筑完成前拆除。

（6）模板平面误差应逐层消除，做到不上传，不累计。每层模板合模后，应检查每一个空间模板的对角线，确保直角方正。

4. 治理方法

（1）模板安装后发现平面尺寸与设计不符时，首先校正外墙面的平直度和垂直度。当模板与上架体连接在一起时，可调节上架体与下架体之间斜撑的可调丝杠。

（2）当模板为悬挂时，可通过墙体模板之间手动葫芦对拉、局部加支撑、调整对拉螺栓松紧度等方法校正。

（3）当采用千斤顶爬模，模板同提升架安装可采用可调支腿进行平直度和垂直度的调整。

（4）当某一个空间模板不成直角时，可在模板对角之间用手动葫芦对拉，并随时检查对角线。

（5）本层已安装且无法校正时，可在上层模板安装前按预防措施（2）、（5）项等有关条文作好准备后，在上层合模时进行调整。

15.2.3　角模错台

1. 现象

角模与大模板之间的连接，无论是全钢大模板还是木梁胶合板模板都是采取企口连接方式，面板之间合缝，模板边肋之间留有 20mm 的间隙有利于脱模。角模的面板突出 40～60mm，同全钢大模板上的贴边角钢或槽钢搭接，对于木梁胶合板模板，角模的面板同大模板上二分之一宽的边梁搭接。在实际施工中，角模与大模板的面板之间不一定合缝，角模突出部分没有同贴边角钢、槽钢或木梁紧贴，致使角模与大模板接缝处错台。

2. 原因分析

（1）全钢大模板的角模与大模之间采用 1 个斜拉螺栓连接，但是在爬模中采用 1 个斜拉螺栓连接不能使角模面板突出部分与大模贴紧。

（2）角模脱模后一般有 3 种方法到上一层再安装：

1）角模通过斜拉螺栓和连接槽钢随大模板一起爬升，在大模板合模后，利用斜拉螺栓和连接槽钢同大模板贴紧、合缝；

2）角模、大模板分别吊挂在上部增设的滑轮轨道上和上架体的滑轮轨道上，随爬模装置的爬升到达上层后，先安装大模板，再安装角模；

3）角模脱模后吊运到操作平台上，到达上层后，先安装大模板，再将角模插入并安装。

由于每次安装总是大模板在先，角模在后，且角模要同两侧大模连接，因此在接缝处总可能有不合缝的地方。

（3）大模板安装有偏差，不垂直或没有安装到规定的平面位置。

（4）角模与大模板的连接方式不可靠。

3. 预防措施

（1）角模与大模之间采用2个斜拉螺栓连接，连接槽钢应满足拉接的刚度要求。

（2）角模采取随大模板一起爬升或角模吊挂在上部增设的滑轮轨道上。随爬模装置爬升的方法，建议不采用每次都要拆装的方法。

（3）角模与大模的边肋设孔，增加2～3个边肋连接螺栓。

（4）角模与大模的边肋采用特制空腹钢管或焊接压型钢板，采用卡具连接。

（5）大模的企口处每层都要清理干净。

4. 治理方法

（1）角模安装前，先检查大模板是否垂直并安装到位。

（2）将角模与大模的边肋背面调整在同一平面，然后进行斜拉和两者边肋之间的螺栓连接。

（3）必要时可借助手动葫芦将角模强制拉到连接位置。

15.2.4 承载螺栓、锥形承载接头预埋位置偏差

1. 现象

承载螺栓在墙体内的预留孔是采用钢管或塑料管作套管在规定的中心标高和平面位置进行预埋（见图15-17），而锥形承载接头则是将锥体螺母和预埋件用较短的承载螺栓固定在大模板上，浇筑完混凝土脱模后，拆除定位承载螺栓，锥形承载接头留在混凝土内，其外端通过承载螺栓与挂钩连接座连接。

承载螺栓从墙体预留孔穿出或是与锥形承载接头连接，其中心位置产生偏差。

2. 原因分析

（1）预埋套管和锥形承载接头的中心位置线不准或安装有偏差。

（2）大模板有升差或偏移，带动与其连接的锥形承载接头也有偏差。

（3）预埋套管和锥形承载接头与钢筋相碰时，受到钢筋对埋件产生的推力或压力。

（4）混凝土振捣时振捣棒碰撞承载螺栓预埋套管和锥形承载接头，造成偏移。

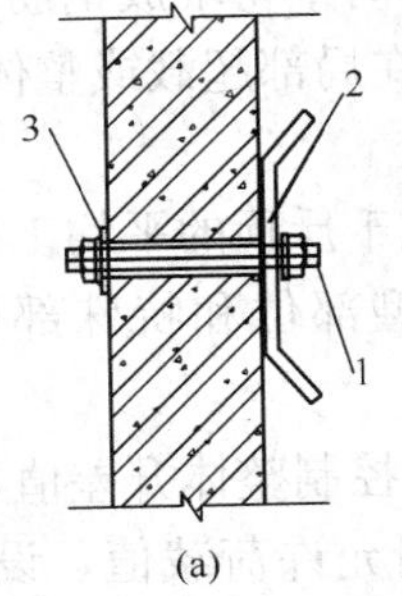

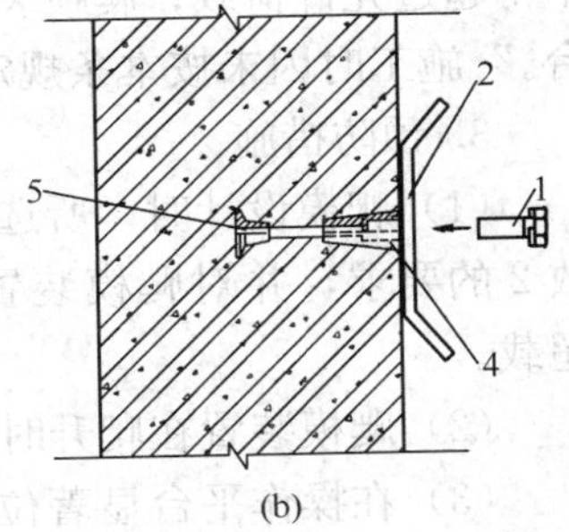

图15-17 承载螺栓的两种形式

（a）穿墙形式；（b）预埋形式

1—承载螺栓；2—挂钩连接板；3—垫板；4—锥体螺母；5—锚固板

3. 预防措施

(1) 钢筋绑扎完成后，应在钢筋上准确投放预埋套管的水平线和位置线，所预埋的套管，可用短钢筋固定。

(2) 在大模板上投放锥形承载接头的水平线和位置线，按承载螺栓直径在模板上打孔，用承载螺栓将锥形承载接头固定好。

(3) 当预埋套管和锥形承载接头与钢筋相碰时，钢筋应让位，不得对埋件产生推力或压力，以确保预埋件的准确性。

(4) 将挂钩连接板设计成锥形，即使预埋的套管或锥形承载接头有偏差，挂钩在挂钩连接板有一定的调整余地。

4. 治理方法

(1) 预埋套管或锥形承载接头有偏差时，通过锥形挂钩连接板调整，以确保挂钩位置准确。

(2) 混凝土振捣时严禁振捣棒碰撞承载螺栓预埋套管和锥形承载接头。

(3) 当预埋套管或锥形承载接头偏差过大，超过锥形挂钩连接板的调整范围时，可临时增设膨胀螺栓，其膨胀螺栓总截面应等于载承载螺栓总截面。

15.2.5　爬模装置爬升困难

1. 现象

爬模装置在爬升时，整体升差值超过 50mm，使附加荷载超过了油缸、千斤顶的安全储备，爬模装置出现爬升困难现象。

2. 原因分析

(1) 爬模设计时，选用的油缸或千斤顶额定荷载和工作荷载很接近，几乎没有安全储备，一旦出现局部超载或整体超载将严重影响爬模置的爬升。

(2) 爬模设计时，虽然油缸或千斤顶的平均工作荷载是额定荷载的 1/2，能满足安全系数 2 的要求，但是，由于爬模装置各个部位的荷载不是均匀的，如果设计时不作局部验算，可能会在局部超载。

(3) 爬模装置在爬升时，整体升差值偏大，出现了较大的附加荷载。

(4) 根据《液压爬升模板工程技术规程》(JGJ 195—2010) 第 9.0.5 条规定：“操作平台上应在显著位置标明允许荷载值，设备、材料及人员等荷载应均匀分布，人员、物料不得超过允许荷载；爬模装置爬升时不得堆放钢筋等施工材料，非操作人员应撤离操作平台。”施工时因未按本条规定，会在局部超载或整体超载时造成爬模装置爬升困难。

3. 预防措施

(1) 爬模设计时，所选油缸或千斤顶的平均工作荷应是额定荷载的 1/2，满足安全系数 2 的要求，并对爬模装置的典型部位和特殊部位作局部验算，确保局部和整体均不超载。

(2) 爬模装置在爬升时，严格控制整体升差值在 50mm 以内。

(3) 在操作平台显著位置标明允许荷载值，设备、材料及人员等荷载，做到均匀分布，人员、物料不超过允许荷载；爬模施工时，钢筋按指定位置整齐堆放，爬升时不得堆放钢筋等施工材料。

4. 治理方法

(1) 当出现爬模装置爬升困难时，首先进行全面检查，找出存在问题，“对症下药”。

（2）清除超载的钢筋和其他物料。

（3）在确保所有接头和密封处无渗漏的前提下，对液压系统进行加压爬升，加压后的压力不超过额定压力的1.5倍（即液压系统安装后的试验压力）。

（4）如果局部位置荷载较大，可缩小机位间距或增加机位。

15.2.6 爬模支承杆失稳变形

1. 现象

爬模装置出现升差和超载时，个别千斤顶负荷迅速增加，与其配套的支承杆不堪重负而失稳变形。

2. 原因分析

（1）支承杆的承载力与千斤顶不匹配，千斤顶有安全储备，而支承杆没有，一旦千斤顶负荷增加，支承杆因不堪重负而失稳变形。

（2）当支承杆超过规定长度时没有及时进行加固处理或加固不当。

（3）支承杆安装不垂直。

（4）支承杆连接接头不同心或不牢固。

3. 预防措施

（1）支承杆的承载力能满足千斤顶工作荷载要求，支承杆的直径应与选用的千斤顶相配套。

（2）支承杆应随爬模高度变化及时进行加固，确保加固点至千斤顶的下卡头距离不超过计算长度，所加固的水平杆必须双向且用规定扣件紧固牢靠。

（3）支承杆安装时应吊线检查，确保垂直。

（4）支承杆宜采用螺纹连接，螺纹长度宜等于或大于螺纹直径。当采用焊接方式连接时，支承杆采取加芯管先塞焊、后围焊的方法。

4. 治理方法

（1）对已变形但不严重的支承杆可进行加固处理，采取支承杆体外自身加固的方法：即支承杆可采取用2根脚手钢管互相平行，用扣件或异形扣件连接加固，加固钢管接头错开。

（2）支承杆严重失稳变形时，应待爬模装置爬升到一定高度，其荷载转移到承载支座和承载接头上以后，可将支承杆从千斤顶以下割除，上端从上向下上取出，重新插入新的支承杆，经垂直度检查符合要求后进入正常工作状态。

15.2.7 脱模困难

1. 现象

爬模脱模困难。爬模脱模与混凝土早期强度、混凝土与模板的粘结程度有关，与爬模的脱模方式也有关。

2. 原因分析

（1）混凝土的早期强度增长较快，与模板的粘结力较大。

（2）模板表面没有清理干净，造成与混凝土的粘结。

（3）没有涂刷脱模剂或脱模剂效果不好。

（4）齿轮齿条之间有混凝土灰浆污染，造成粘结。

（5）个别对拉螺栓没有拆除。

（6）影响脱模的障碍物没有清除。

3. 预防措施

（1）模板上设置脱模器，当出现脱模困难时，调节脱模器丝杠，顶住混凝土结构使模板后退（见图 15-18）。

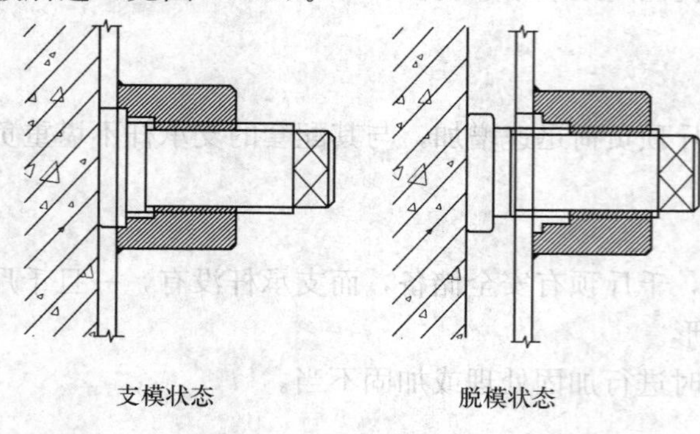

图 15-18　脱模器的脱模原理

（2）当采用齿轮齿条脱模方式时，应将齿轮齿条设计成封闭或半封闭状态，避免直接同污染物接触。

（3）坚持每层清理模板，涂刷脱模剂。

（4）采用优质油性脱模剂或油质乳化脱模剂，不采用水性的含有胶质的脱模剂。

（5）建议采用模板悬挂方式，在上架体上通过滑轮在滑轨上以人工或油缸机械脱模。

4. 治理方法

（1）当出现脱模困难时，首先检查所有模板是否全部拆除对拉螺栓，是否全部清除影响脱模的障碍物。

（2）混凝土结构与模板之间浇水湿润。

（3）清理齿轮齿条之间的粘结物，用水冲洗。

（4）当模板与上架体为一整体，且采用齿轮齿条后退方式时，上架体与下架体之间用手动葫芦拉动，使模板脱开混凝土。

（5）当采用模板悬挂方式而被混凝土粘住，可在模板与上架体之间用手动葫芦拉动，使模板脱开混凝土。

（6）如果模板上设置脱模器，当脱模困难时，先调节脱模器丝杠，顶住混凝土结构使模板后退，然后采用活动支腿将模板后退到所要求的位置。

15.2.8　模板上混凝土结垢

1. 现象

模板不能彻底清理干净，每次都有残余，使模板上混凝土结垢现象逐渐加重。

2. 原因分析

（1）脱模距离小，人工清理模板和涂刷脱模剂有困难。

（2）水性并含有胶质的脱模剂虽有润滑感，但使模板结垢现象反而加重。

（3）模板清理工作的责任不明确。

3. 预防措施

（1）模板清理工作一定要划分区段或模板范围，实行定员定岗、定清理除垢要求，从下到上一包到顶。

（2）建议采用不易粘结混凝土且易清理除垢的塑料模板。

（3）采用优质油性脱模剂或油质乳化脱模剂，不采用水性的含有胶质的脱模剂。

4. 治理方法

（1）采用千斤顶的爬模，每5层进行1次大清理，大清理时，拆除提升架顶部与横梁的连接螺栓，使滑轮受力，拆除角模，推动提升架立柱带动模板后退500～600mm。

（2）采用油缸的爬模，先使模板后退500～600mm，进行认真清理除垢和涂刷脱模剂。

（3）人工清理达不到平滑要求时，可采用手持电动砂轮进行砂磨，然后涂刷脱模剂。

15.2.9 施工操作平台荷载不均

1. 现象

施工中的实际荷载有的达不到4.0kN/m²，但有的可能超过4.0kN/m²，特别是钢筋集中吊运时，在平台上的存放位置荷载偏大。同时，布料机位置、混凝土卸料位置等也都是荷载相对集中的地方，使施工操作平台荷载不均或局部超载。

2. 原因分析

（1）爬模设计时没有按工程实际情况计算在平台上的钢筋备用量，而实际超过了规定荷载标准值。

（2）机位布置时没有考虑到布料机荷载、混凝土卸料荷载和其他设备荷载。

（3）施工时没有按设计的允许荷载值均匀分布钢筋、材料、设备。

（4）施工时出现人员过分集中。

3. 预防措施

（1）爬模设计时，荷载标准值除按《液压爬升模板工程技术规程》（JGJ 195—2010）的规定外，应按工程实际情况在典型部位和特殊部位计算在平台上的钢筋备用量，当实际超过标准值时，应按实际计算。

（2）在布料机位置、主要设备位置和混凝土集中卸料位置，应适当增加机位以分散荷载。

（3）操作平台上应在显著位置标明允许荷载值，设备、材料及人员等荷载应均匀分布，人员、物料不得超过允许荷载；爬模装置爬升时不得堆放钢筋等施工材料，非操作人员应撤离操作平台。

4. 治理方法

（1）对超载部位应及时卸载，对集中堆放的钢筋立即进行分散或运回地面。

（2）主要设备靠近机位或机邻双机位推放，不要放在平台中间。

（3）对不能卸载的超载部位（如布料机），可考虑临时增加千斤顶、提升架或油缸、架体。

15.2.10 钢筋与对拉螺栓、承载螺栓相碰

1. 现象

爬模的模板之间不仅有对拉螺栓，还有承载螺栓预埋套管、锥形承载接头，经常会与钢筋相碰，特别是在暗柱和节点加强部位。

2. 原因分析

（1）对拉螺栓的直径一般是16～20mm，模板上的对拉螺栓孔直径一般为25mm左右，当对拉螺栓碰到钢筋时，利用孔径无法调整。

（2）在爬模设计时，机位布置可根据工程设计图纸上的钢筋位置作避让，但爬模施工时，由于钢筋搭接、钢筋倾斜、平面偏差等原因造成相碰。

(3) 对拉螺栓、承载螺栓预埋套管、锥形承载接头的中心位置与钢筋的间距不可能协调或同步。

3. 预防措施

(1) 安装模板前宜在下层结构表面弹出对拉螺栓、预埋承载螺栓套管或锥形承载接头位置线，避免竖向钢筋同对拉螺栓、预埋承载螺栓套管或锥形承载接头位置相碰；竖向钢筋密集的工程，上述位置与钢筋相碰时，应对钢筋位置进行调整。

(2) 在爬模设计时，机位布置的平面尺寸应根据工程设计图纸上的钢筋位置作避让，并留有钢筋允许偏差的余地。

(3) 承载螺栓预埋套管、锥形承载接头中心在模板上的连接孔可适当加大，并可从模板背面进行安装，当与钢筋相碰时可作水平位移，模板开孔部位应有封闭措施。

(4) 在模板上增加对拉螺栓备用孔，当这个孔的对拉螺栓相碰时，改用附近的备用孔支穿入对拉螺栓。

4. 治理方法

(1) 爬模施工前按 (1)、(2) 两项预防措施处理。

(2) 对拉螺栓与钢筋相碰时，改从附近的对拉螺栓备用孔穿入。

(3) 承载螺栓预埋套管、锥形承载接头与钢筋相碰时，利用在模板上加大的连接孔作水平位移，模板开孔部位做好封闭。

(4) 必要时，模板后退，将相碰的钢筋偏移，确保预埋套管、锥形承载接头中心位置准确。

15.2.11　弧形模板的内外模不能后退

1. 现象

爬模在弧形结构上如果有两组架体（或提升架）对准弧形圆心，则弧形模板就不能后退。

2. 原因分析

(1) 模板后退的轨迹是互相平行的，而在弧形结构上任意两组架体（或提升架）对准弧形圆心后，就形成一个夹角，与其相连接的弧形模板，无论内模或是外模都不能后退。

(2) 弧形模板要在形成了夹角的架体（或提升架）上后退，对于内模而言，与其相连的连接点必须内移，对于外模而言，与其相连的连接点必须外移，但架体（或提升架）与模板之间的连接是固定的，因此不能后退。

3. 预防措施

(1) 在爬模设计时，弧形结构上任意两组架体（或提升架）的中分线对准弧形圆心，两组架体（或提升架）均平行于中分线，即两组架体（或提升架）之间是平行的，只有中分线对准圆心。此时，弧形模板，无论内模或是外模都可以后退。

(2) 由于弧形结构的半径大小、架体（或提升架）与预埋件的连接等问题，有时两组架体（或提升架）之间不能行平，只能对准圆心。此时可在弧形模板背后设水平滑轨，将架体（或提升架）与弧形模板之间的连接点做成滑轮，弧形模极后退时，对于内模而言，与其相连的连接点可以沿滑轨内移，对于外模而言，与其相连的连接点可以沿滑轨外移。

4. 治理方法

(1) 根据预防措施要求进行设计、制造和安装。

(2) 如果爬模设计时没有考虑后退问题，则按预防措施（1）进行改装。

(3) 原来一块弧形模板与两组架体（或提升架）相连，可将模板改小，即一块小型弧形模板与一组架体（或提升架）相连，各自后退。这样做的前提是弧形模板宽度不宜超过1200mm，架体（或提升架）与弧形模板居中连接。

附录 15.2 爬模施工工程混凝土结构的允许偏差和检验方法

爬模施工工程混凝土结构允许偏差和检验方法 **附表 15-2**

项次	项目			允许偏差（mm）	检验方法
1	轴线位移	墙、柱、梁		≤5	钢尺尺量检查
2	截面尺寸	抹灰		±5	钢尺尺量检查
		不抹灰		+4，−2	钢尺尺量检查
3	垂直度	层高	≤5m	6	经纬仪或吊线、钢尺检查
			>5m	8	
		全高		$H/1000$ 且≤30	经纬仪、钢尺检查
4	标高	层高		±10	水准仪或拉线、钢尺检查
		全高		±30	
5	表面平整	抹灰		8	2m 靠尺和塞尺检查
		不抹灰		4	
6	预留洞口中心线位置			15	钢尺尺量检查
7	电梯井	井筒长、宽定位中心线		+25，0	钢尺尺量检查
		井筒全高（H）垂直度		$H/1000$ 且≤30	2m 靠尺和塞尺检查

16 钢筋加工与安装

16.1 原料材质

16.1.1 钢筋锈蚀

1. 现象

(1) 浮锈：又称水锈。钢筋表面附有较均匀的细粉末，呈黄色或淡红色。

(2) 陈锈：锈迹粉末较粗，用手捻略有微粒感，颜色转红，有的呈红褐色。

(3) 老锈：锈斑明显，有麻坑，出现起层的片状分离现象，锈斑几乎遍及整根钢筋表面；颜色变暗，深褐色，严重的接近黑色。

2. 原因分析

保管不良，受到潮湿环境、雨、雪侵蚀；存放期过长；仓库环境潮湿，通风不良；已用于工程中的因停工或局部停工且没有事先采取保护措施。

3. 预防措施

钢筋原料应存放在仓库或料棚内，保持地面干燥；钢筋堆放应在离地面 20mm 以上；库存期不宜过长，原则上先进库的先使用。工地临时存放钢筋时，应选择地势较高、地面干燥的区域，四周应有排水措施，必要时加以覆盖。

4. 治理方法

(1) 浮锈：浮锈处于铁锈形成的初期，对钢筋与混凝土粘结的影响不大，为防止锈迹污染，可用麻袋布等擦拭干净，对有焊接处应在焊点附近擦拭干净后再实施焊接作业。

(2) 陈锈：可采用钢丝刷或麻袋布擦等手工方法；具备条件的现场应尽可能采用机械方法，粗钢筋应采用专用除锈机除锈。

(3) 老锈：对于有起层锈片的钢筋，应先用小锤敲击，使锈片剥离干净，再用除锈机除锈；因麻坑、斑点以及锈皮起层会使钢筋截面损伤，所以使用前应鉴定是否降级使用或另作其他处理。

(4) 已用于工程上的外露钢筋，复工前除按上述措施处理外，对陈锈、老锈处理之前，应进行适当检测，并将检测结果报设计单位处理。

16.1.2 混料

1. 现象

钢筋品种、强度等级混杂不清，直径大小不同的钢筋堆放在一起；虽然具备必要的合格证明（出厂质量证明书或复检报告单），但证明与实物不符；非同批原材料码放在一堆，难以分辨，影响使用。

2. 原因分析

原材料仓库管理不当，制度不严；钢筋出厂所捆绑的标牌脱落；对直径大小相近的钢筋，用目测有时分不清；合格证件未随钢筋实物同时送交仓库。

3. 预防措施

仓库应设专人验收入库钢筋；库内划分不同堆放区域，每堆应立标签或挂牌，标明其品种、强度等级、直径、合格证件编号及数量、检验状态等；验收时要核对钢筋肋形，并根据钢筋外表的厂离标记与合格证件对照；钢筋直径不易分清的，要用游标卡尺测量检查。

4. 治理方法

发现混料情况后应立即检查并进行清理，重新分类堆放；如果翻垛工作量大，不易清理，应将该堆钢筋做出记号，以备发料时提醒注意；已发出的混料钢筋应立即追查，并采取防止事故的措施。

16.1.3 钢筋污染

1. 现象

钢筋表面有可能影响其连接或与混凝土粘结性能的污染物。

2. 原因分析

存放、运输、加工、安装等过程中保护不当。

3. 预防措施

对有可能对钢筋产生污染的物质应与钢筋隔离堆放；对操作过程中可能污染钢筋的操作，应对钢筋采取相应的保护措施。

4. 治理方法

根据钢筋不同的污染物质，采用不同的去污剂进行清洗，但注意清洗剂不得对钢筋造成损伤。

16.1.4 原料曲折

1. 现象

钢筋有较严重曲折形状。

2. 原因分析

运输时装车不注意，碰撞成变形状态；运输车辆较短，条状钢筋弯折过度；用吊车卸车时，挂钩操作或堆放不慎，压垛过重或成垛太乱。

3. 预防措施

采用车架较长的运输车或用挂车接长运料；对于较长的钢筋，尽可能采用吊架装卸车，避免用钢丝绳捆绑；装卸车时轻吊轻放。

4. 治理方法

利用矫直工作台的相应工具将弯折处矫直；对于曲折处曲率半径较小的“硬弯”，矫直后应检查有无局部细裂纹；局部矫正不直或产生裂纹的，不得用作受力筋；对钢筋端部的曲折，可局部截去不用。

16.1.5 成型后弯曲处裂纹

1. 现象

钢筋成型后弯曲处外侧产生横向裂纹。

2. 原因分析

材料冷弯性能不良；在北方地区寒冷季节，成型场所温度过低。

3. 预防措施

每批钢筋送交仓库时，要认真核对合格证件，应特别注意冷弯栏所写弯曲角度和弯心直径是否符合钢筋技术标准的规定；寒冷地区成型场所应采取保温或取暖措施，维持环境温度在0℃以上。

4. 治理方法

取样复查冷弯性能；取样分析化学成分，检查磷的含量是否超过规定值。检查裂纹是否由于原先已弯折或碰损而形成，如有这类痕迹，则属于局部外伤，可不必对原材料进行性能检验。

16.1.6　钢筋纵向裂纹

1. 现象

带肋钢筋沿“纵肋”发现纵向裂纹，或“螺距”部分（即“内径”部分）有连续的纵向裂纹。

2. 原因分析

轧制钢筋工艺缺陷所致。

3. 预防措施

剪取实物送钢筋生产厂商，提请今后生产时注意加强检查，不合格的不得出厂；每批入库钢筋都要由专人进行外观检查，发现有纵向裂纹现象，联系供货商处置或退货，避免有此种缺陷的钢筋入库。

4. 治理方法

作为直筋（不加弯曲加工的钢筋）用于非重要构件，且仅允许裂纹位于构件受力较小处；如裂纹较长（不可能使裂纹位于构件受力较小处），该钢筋应作报废处理。

16.1.7　试件强度不足或伸长率低

1. 现象

在每批钢筋中任选两根钢筋切取两个试件作拉伸试验，试验取得的屈服点、抗拉强度和伸长率3项指标中，有1项指标不合格。

2. 原因分析

钢筋出厂时检验疏忽，以致整批材质不合格或材质不均匀。

3. 预防措施

收到供料单位的钢筋原材料后，应首先仔细查看出厂质量证明书或试验报告单，发现疑点如强度过高或波动较大等，应特别注意进场时的复检结果。

4. 治理方法

另取双倍数量的试样再作拉伸试验，重新测定3项指标，如仍有1组试件的屈服点、抗拉强度和伸长率中任1项指标不合格，不论这项指标在上次试验中是否合格，该批钢筋都不予验收，应退货或由技术部门另作降质处理；如果重新测定的指标均合格，则可正常使用。

16.1.8　冷弯性能不良

1. 现象

按规定做冷弯试验，即在每批钢筋中任选两根钢筋，切取两个试件做冷弯试验，其结果有1个试样不合格。

2. 原因分析

钢筋含碳量过高，或其他化学成分含量不合适，引起塑性性能偏低；钢筋轧制有缺陷，如表面有裂纹、伤疤或折叠。

3. 预防措施

通过出厂质量证明书或试验报告单以及钢筋外观检查，一般无法发现钢筋冷弯性能优劣，因此，只有通过冷弯试验说明该性能不合格时才能确定冷弯性能不良，在这种情况下，应通过供货单位告知钢筋生产厂引起注意。

4. 治理方法

另取双倍数量的试件再做冷弯试验，必要时应做化学成分检验，如试验合格，钢筋可正常使用；如仍有不合格，则该批钢筋不予验收，应退货。

16.1.9 钢筋直径“瘦身”

1. 现象

钢筋内径或带肋钢筋肋高不符合标准要求。

2. 原因分析

钢筋出厂时就不合格，或钢筋在调直等加工过程中拉伸过量。

3. 预防措施

加强对供货单位的选择，应选择正规的大型钢厂；加强钢筋进场的验收管理，配备游标卡尺等检测工具，对进场钢筋抽样检查，对加工后的钢筋也应适当抽样检查。复查时，每次均检测钢筋直径或重量偏差。

4. 治理方法

对原材料进场复检发现有钢筋直径或重量偏差超过规定的，应加倍抽样复检，如仍有不符合规定的，该批钢筋应退货处理或由技术部门降级改做他用；对因加工导致的钢筋直径或重量偏差超过规定的，应作退货处理。

16.1.10 钢筋出厂质量证明书、复检报告文件不符合要求

1. 现象

无出厂质量证明书、检验报告或其复印件；进场复试批量不符合要求，与出厂质量证明书不能一一对应，复试项目不全，如未检测钢筋直径或重量偏差。

2. 原因分析

有关人员对标准、规范理解不透，工作不细致。

3. 防治措施

有关人员应认真了解标准、规范的要求，钢筋进场后，应及时收集其出厂质量证明书，注明原件存放地，加盖原件存放单位的公章，并有经办人签名和经办时间，严格按现行标准、规范和相关管理规定见证取样送验。

16.2 钢 筋 加 工

16.2.1 条料弯曲

1. 现象

沿钢筋全长有一处或数处“慢弯”。

2. 原因分析

每批条料或多或少几乎都有“慢弯”。

3. 预防措施

在钢筋运输、装卸、存放及加工过程中，注意采取相应的措施，减轻条料弯曲程度。

4. 治理方法

直径为 14mm 和 14mm 以下的钢筋可用钢筋调直机调直；粗钢筋用人工调直，用手工成型钢筋的工作案子，将弯折处放在卡盘上扳柱间，利用平头横口扳子将钢筋弯曲处扳直，必要时用大锤配合打直，也可将钢筋进行冷拉以伸直。

16.2.2　钢丝表面损伤

1. 现象

冷拔低碳钢丝经钢筋调直机调直后，表面有压痕或划道等损伤。

2. 原因分析

调直机上下压辊间隙太小；调直模安装不合适。

3. 预防措施

一般情况下，钢丝穿过压辊之后，应使上下压辊间隙为 2～3mm；根据调直模的磨耗程度及钢筋性质，通过试验确定调直模合适的偏移量。

4. 治理方法

取损伤较严重的区段为试件，进行拉伸试验和反复弯曲试验，如各项力学性能均符合技术标准要求，则钢丝仍按合格品使用；如不符合要求，则根据具体情况处理，一般仅允许用作架立钢筋或构造分布钢筋；在点焊网中应加强焊点质量检验。

16.2.3　箍筋不方正

1. 现象

矩形箍筋成型后，拐角不成 90°，或两对角线长度不相等。钢筋弯钩平直长度不够，弯钩角度不符合要求。

2. 原因分析

箍筋边长成型尺寸与图纸要求误差过大；没有严格控制弯曲角度；一次弯曲多个箍筋时没有逐根对齐。

3. 预防措施

注意操作，使成型尺寸准确；当一次弯曲多个箍筋时，应在弯折处逐根对齐。

4. 治理方法

当箍筋外形误差超过质量标准允许值时，对于 HPB 钢筋，可以重新将弯折处直开，再行弯曲调整；对于其他品种钢筋，不得直开后再弯曲。

16.2.4　成型尺寸不准确

1. 现象

已成型的钢筋尺寸和弯曲角度不符合设计和标准、规范要求。

2. 原因分析

下料不准确；画线方法不对或误差大；用手工弯曲时，扳距选择不当；角度控制没有采取保证措施。

3. 预防措施

加强配料管理工作，预先确定各种形状钢筋下料长度调整值；根据实际成型条件，制定一套画线方法以及操作时搭扳子的位置规定。一般情况下可采用以下画线方法：画弯曲钢筋分段尺寸时，将不同角度的下料长度调整值在弯曲操作方向相反一侧长度内扣除，画上分段尺寸线；形状对称的钢筋，画线要从钢筋的中心点开始，向两边分画。

对弯曲角度，在设备和工具不能自行达到准确角度的情况下，可在成型案上画出角度准线或采取钉扒钉做标志的措施。

对形状比较复杂的钢筋，如要大批成型，应先放出实样，并根据具体条件预先选择合适的操作参数以作为示范。

4. 治理方法

当新成型钢筋某部分误差超过质量标准的允许值时，应根据钢筋受力和构造特征分别处理。如超偏差部分对结构性能没有不良影响的，可尽量用在工程上；对结构性能有较大影响的，或钢筋无法安装的，则必须返工。返工时如需将弯折处直开，仅限于对 HPB 级钢筋返工一次，并应检查弯折处的表面状况。

16.2.5 已成型的钢筋变形

1. 现象

钢筋成型后外形准确，但在堆放或搬运过程中出现弯曲、歪斜、角度偏差等。

2. 原因分析

钢筋成型后，往地面摔放过重，或因地面不平，或与别的物体或钢筋碰撞成伤；堆放过高或支垫不当被压弯；搬运频繁，装卸"野蛮"。

3. 预防措施

搬运、堆放要轻抬轻放，堆置地点应平整，支垫应合理；尽量按施工需要运送现场，并按使用先后堆放，以避免不必要的翻垛。堆放不宜过高。

4. 治理方法

将变形的钢筋抬放成型案上矫正；如变形过大，应检查弯折处是否有局部出现裂纹的现象，并根据具体情况处理。

16.2.6 圆形螺旋筋直径不准

1. 现象

圆形螺旋筋成型方法通常采用卷筒（手摇或电动）盘缠来实现，成型后直径不符合要求。

2. 原因分析

圆形螺旋筋成型所得的直径尺寸与绑扎时拉开的螺距和钢筋原料弹性性能有关，直径不准是由于没有很好考虑这两点因素。

3. 预防措施

应根据钢筋原料实际性能和构件所要求的螺距大小预先确定卷筒的直径。当盘缠在卷筒上的钢筋放松时，螺旋筋就会往外弹出一些，拉开螺距后又会使直径略微缩小，其间差值应由试验确定。

4. 治理方法

超过质量标准允许偏差值时，可用直径合适的卷筒再行盘缠，直至调整合适。

16.2.7　箍筋弯钩形式不正确

1. 现象

箍筋末端未按规范规定不同的使用条件制成相应的弯钩形式。

2. 原因分析

不熟悉箍筋使用条件；忽视规范规定的弯钩形式应用范围；配料任务多，各种弯钩形式取样混乱。

3. 预防措施

熟悉直（90°）弯钩、斜（135°）弯钩、半圆（180°）弯钩的应用范围和相关规定，特别是对用于有抗震要求和受扭的构件的斜弯钩，在加工配料过程要注意标注和说明。

4. 治理方法

对于已加工成型而发现弯钩形式不正确的箍筋（包括弯钩平直部分长度不符合要求），应按以下原则处理：斜弯钩可代替半圆弯钩或直弯钩；但半圆弯钩或直弯钩不能替代斜弯钩，应作废品处理。

16.2.8　焊接网片扭曲

1. 现象

钢筋点焊网片不平整或扭曲。

2. 原因分析

钢筋调直状态不良；点焊操作台台面或模架不平；没有严格按照规定的焊接参数操作（如电极压力、焊接通电时间各点不均等）；网片搬运或堆放不当。

3. 预防措施

主要应从焊接作业上改善质量：包括预先检查钢筋平直状态，不直的用手锤矫直；随时注意操作台台面或模架是否有过大的变形，不平的要及时修理；操作时应尽量使已确认合适的各种焊接参数一致。另外，网片搬运、堆放时应轻抬轻放。

4. 治理方法

焊接网片产生扭曲与钢筋加工工序关系密切，加工时应观察网片是否平整，将有问题的放在平板上测量扭曲程度，轻微扭曲的用锤子局部敲打整平，较严重的用压杆矫平，矫平过程中应注意防止焊点受力脱落。

16.2.9　钢筋截断尺寸不准

1. 现象

截断尺寸不准或被截钢筋端头不平。

2. 原因分析

定尺卡板活动；刀片间隙过大。

3. 预防措施

确定应截断的尺寸后拧紧定尺卡板的紧固螺栓；调整固定刀片与冲切刀片的水平间隙，对冲切刀片作往复水平动作的截断机，间隙以0.5～1.0mm为宜。

4. 治理方法

根据钢筋所在部位和截断误差情况，由技术人员确定是否可用或需返工。

16.2.10　钢筋调直切断时被顶弯

1. 现象

使用钢筋调直机切断钢筋时，在切断过程中钢筋被顶弯。

2. 原因分析

弹簧预压力过大，钢筋顶不动定尺板。

3. 预防措施

调整弹簧预压力，并事先试验合适。

4. 治理方法

切下被顶弯的钢筋，用手锤敲打平直后使用。

16.2.11 钢筋连切

1. 现象

使用钢筋调直机切断钢筋时，在切断过程中钢筋被连切。

2. 原因分析

弹簧预压力不足；传送压辊压力过大；钢筋下落料槽的阻力过大。

3. 预防措施

针对以上原因作相应调整。

4. 治理方法

发现存在连切时应立即处理，停止调直机工作，检查原因并及时解决。

16.3 钢 筋 安 装

16.3.1 骨架外形尺寸不准

1. 现象

在模板外绑扎的钢筋骨架，入模时放不进去，或划刮模板。

2. 原因分析

钢筋骨架外形不准；钢筋安装时有多根钢筋端部未对齐；绑扎时某根钢筋偏离规定位置。

3. 预防措施

绑扎时将多根钢筋对齐，防止钢筋绑扎偏斜或骨架扭曲。

4. 治理方法

将导致骨架外形尺寸不准的个别钢筋松绑，重新整理安装绑扎。切忌用锤子敲击，以免骨架其他部位变形或松扣。

16.3.2 骨架吊装变形

1. 现象

钢筋骨架用吊车吊装入模时发生扭曲、弯折、歪斜等变形。

2. 原因分析

骨架本身刚度不够；起吊后悠荡或碰撞；骨架钢筋交叉点绑扎欠牢或焊点脱落。

3. 预防措施

起吊操作应力求平稳；钢筋骨架起吊挂钩点要预先根据骨架外形确定好；刚度较差的骨架可绑木杆加固，或利用“扁担”起吊；骨架各钢筋交叉点要绑扎牢固或焊牢。

4. 治理方法

变形骨架应在模板内或附近修整平复，严重的应拆散，矫直后重新组装。

16.3.3 受力钢筋混凝土保护层不符合规定

1. 现象

浇筑混凝土前发现平板中钢筋的混凝土保护层厚度没有达到规范要求；或预制构件发现裂缝，凿开混凝土检查，发现保护层不准。

2. 原因分析

保护层垫块厚度不准或数量不够；或构件预制时，由于没有采取可靠措施，混凝土浇筑时钢筋网片产生了移位。

3. 预防措施

浇筑混凝土前，应仔细检查保护层垫块厚度是否准确，数量是否足够；对浇筑混凝土可能导致钢筋网片沉落时，应采取措施防止保护层出现偏差。

4. 治理方法

混凝土浇筑前发现保护层不准，可采取以上预防措施补救；对已成型的构件而发现保护层不准的，则应根据构件受力和结构重要程度，结合保护层厚度实际偏差状况，对其采取加固措施，严重的则应报废。

16.3.4 露筋

1. 现象

混凝土结构构件拆模后发现其表面有钢筋露出。

2. 原因分析

保护层垫块过少或脱落；钢筋成型尺寸不准确，或钢筋骨架绑扎不当，造成骨架外形尺寸偏差，局部抵触模板；振捣混凝土时，撞击钢筋使钢筋移位或引起绑扣松散。

3. 预防措施

保护层垫块应适量可靠；对竖立钢筋，宜推荐使用成品垫块；卡接在钢筋滑架外侧，并注意垫块与模板等挤牢。

4. 治理方法

对属于一般缺陷的露筋，可采用同品种同批量的水泥砂浆堵抹，如其周边混凝土有麻点的，应沿周围敲开或凿掉至看不到孔眼为止，清理干净浮渣，然后用与混凝土强度等级相同的水泥砂浆抹平；对属于严重缺陷的露筋，应经技术鉴定后，根据露筋严重程度采取措施补救；对可能影响构件受力性能的，应对构件进行加固处理。

16.3.5 梁箍筋被压弯

1. 现象

梁的箍筋骨架绑成后，未经搬运，箍筋即被骨架本身重量压弯。

2. 原因分析

梁的截面高度较大，但未设纵向构造钢筋和拉筋。

3. 预防措施

当梁的截面高度不小于 700mm 时，在梁的两侧面沿高度每隔 300～400mm 应设置一根直径不小于 10mm 的纵向构造钢筋（图 16-1）；并用拉筋联系，拉筋可每隔 3～5 个箍筋设置一个，直径与箍筋相同；拉筋一般弯成半圆钩，另一端做成略小于直角的直钩；绑扎时先把半圆弯钩挂上，再将另一端直钩钩住扎牢。

4. 治理方法

将箍筋被压弯的钢筋骨架临时支上，补充纵向构造钢筋和拉筋。

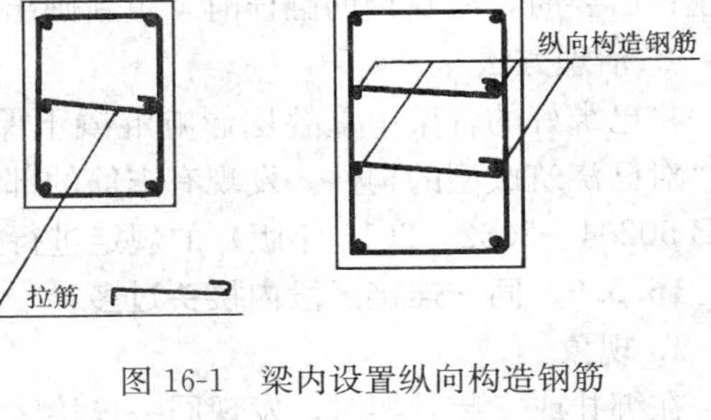

图 16-1 梁内设置纵向构造钢筋

16.3.6 绑扎接点松扣

1. 现象

搬移钢筋骨架时，绑扎接点松扣；或浇筑混凝土时绑扣松脱。

2. 原因分析

用于绑扎的铁丝太硬或粗细不适当；绑扣形式不正确。

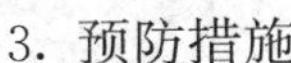

3. 预防措施

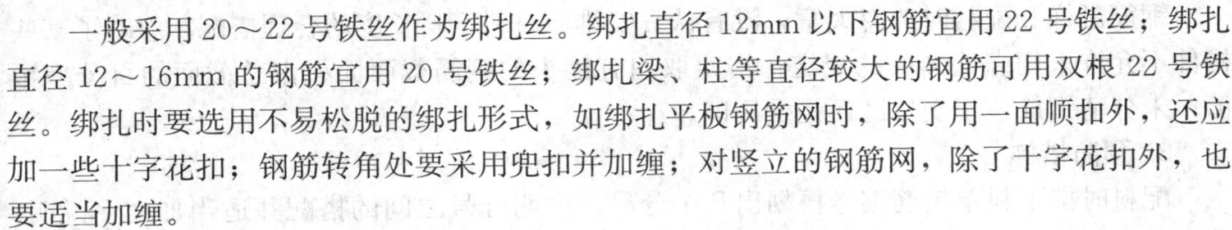

一般采用20～22号铁丝作为绑扎丝。绑扎直径12mm以下钢筋宜用22号铁丝；绑扎直径12～16mm的钢筋宜用20号铁丝；绑扎梁、柱等直径较大的钢筋可用双根22号铁丝。绑扎时要选用不易松脱的绑扎形式，如绑扎平板钢筋网时，除了用一面顺扣外，还应加一些十字花扣；钢筋转角处要采用兜扣并加缠；对竖立的钢筋网，除了十字花扣外，也要适当加缠。

4. 治理方法

将接点松扣处重新绑牢。

16.3.7 基础钢筋倒钩

1. 现象

绑扎基础底面钢筋网时，钢筋弯钩平放。

2. 原因分析

操作疏忽，绑扎过程中没有将弯钩扶起。

3. 预防措施

要认识到弯钩立起可以增强钢筋锚固能力，而基础厚度很大，弯钩立起并不会出现露钩现象，故绑扎时应切记要使钢筋弯钩朝上。

4. 治理方法

将弯钩已平放的钢筋松扣，扶起后重新绑扎牢固。

16.3.8 配筋重叠层次多

1. 现象

由于配筋重叠层次多（图16-2），导致钢筋骨架宽度或高度偏大，发生混凝土保护层厚度小、露筋，甚至骨架放不进模板的现象。

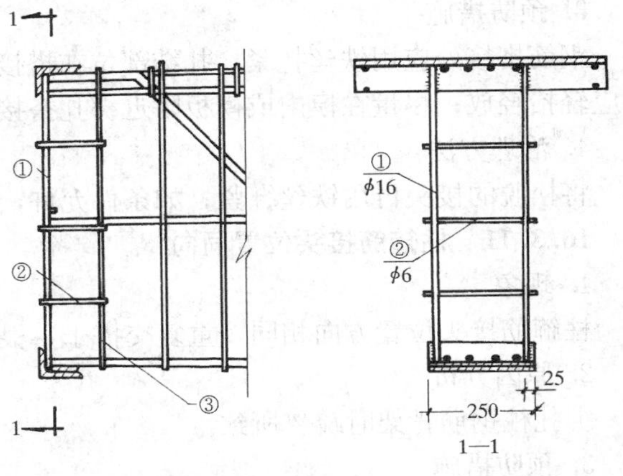

图 16-2 配筋重叠层次多

2. 原因分析

设计人员未考虑施工操作的实际情况。

3. 预防措施

加强对配筋重叠处的图纸审查工作，绑扎之前可先发现症结所在，即予纠正；必要时，应在钢筋翻样时，重新画出图样。

4. 治理方法

将已绑好的骨架中重叠层影响混凝土保护层的钢筋拆出，改变形状或尺寸再重新绑扎；对已浇筑成型的构件，发现有露筋的部位，按《混凝土结构工程施工质量验收规范》（GB 50204—2002，2011 年版）的规定进行处理。

16.3.9　同一连接区段内接头过多

1. 现象

在绑扎或安装骨架时，发现同一连接区段内受力钢筋接头过多，有接头的钢筋截面面积占总截面面积的百分率超出了规范规定的数值。

2. 原因分析

钢筋翻样和配料时疏忽大意，没有认真安排原材料下料长度的合理搭配；忽略了某些构件不允许采用绑扎接头的规定；错误取用有接头的钢筋截面面积占总截面的百分率数值；未分清钢筋位于受拉区还是受压区。

3. 预防措施

配料时按下料单钢筋编号再划出几个分号，注明分号之间的搭配并适当加文字说明；轴心受拉和小偏心受拉杆件中的受力钢筋接头均应焊接或机械连接，不得绑扎；认真学习规范规定，弄清楚“同一连接区段”的准确含义，正确区分受拉区与受压区的不同。

4. 治理方法

绑扎前发现接头数量不符合规范规定的，应立即通知配料人员重新考虑设置方案；如已绑扎或安装完钢筋骨架才发现，一般情况下应拆除骨架或抽出有问题的钢筋返工，如返工影响工期太长时，可采用焊帮条的方法或将绑扎搭接改为电弧焊搭接，但应履行相关手续。

16.3.10　绑扎搭接接头松脱

1. 现象

在钢筋骨架搬运过程中或浇筑混凝土时，发现绑扎搭接接头松脱。

2. 原因分析

搭接处没有扎牢，或搬运时碰撞、压弯接头处。

3. 预防措施

钢筋搭接处应用铁丝扎紧，扎结部位在搭接部分的中心和两端，共 3 处；搬运钢筋骨架应轻抬轻放；尽量在模内或模板附近绑扎搭接接头，避免搬运有搭接接头的钢筋骨架。

4. 治理方法

将松脱的接头再用铁丝绑紧；如条件允许，可用电弧焊焊上几点。

16.3.11　柱箍筋接头位置同向

1. 现象

柱箍筋接头位置方向相同，重复交搭于 1 根或 2 根纵筋上。

2. 原因分析

绑扎柱钢筋骨架时疏忽所致。

3. 预防措施

安装操作前应做好技术交底，操作时应加强过程质检，将接头位置错开绑扎。

4. 治理方法

相应解开几个箍筋，转过方向，重新绑扎，力求上下接头互相错开。

16.3.12 双层网片移位

1. 现象

配有双层钢筋网片的平板，一般常见上部网片向构件截面中部移位（向下沉落），但只有构件被碰损露筋时才能发现。

2. 原因分析

网片固定方法不当；振捣碰撞；绑扎不牢；被施工人员踩踏。

3. 预防措施

利用一些套箍或各种“马凳”之类的支架将上、下网片予以相互联系，成为整体；在板面架设跳板，供施工人员行走，且跳板应支于底模或其他物体上，不能直接铺在钢筋网片上。

4. 治理方法

当发现双层网片移位情况时，构件已制成，应通过计算确定构件是否报废或降级使用。

16.3.13 钢筋网主、副筋位置放反

1. 现象

构件施工时钢筋网主、副筋位置上下放反，例如图 16-3。

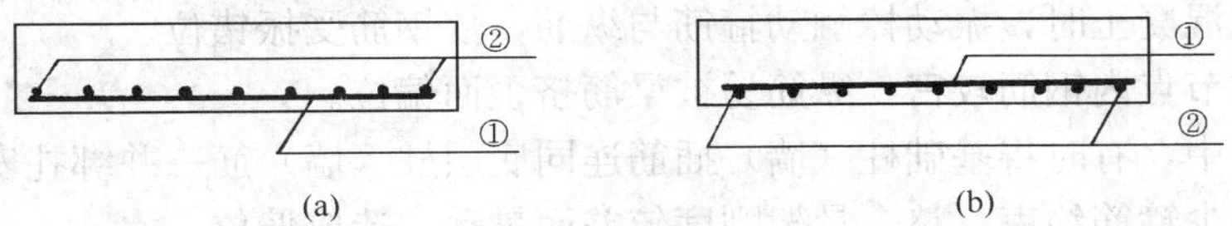

图 16-3 平板钢筋网位置

(a) 正确；(b) 错误

2. 原因分析

操作人员疏忽，使用时对主、副筋在上或在下，未加区别就铺入模板中。

3. 预防措施

布置这类构件施工任务时，要向有关人员和直接操作者做专项技术交底。

4. 治理方法

钢筋网主、副筋位置放反，如构件已浇筑混凝土，成型后才发现，必须通过设计单位复核其承载能力，再确定是否采取加固措施或减轻外加荷载。

16.3.14 箍筋间距不一致

1. 现象

按施工图标注的箍筋间距绑扎钢筋骨架，发现末一个间距与其他间距不一致，或实际所用箍筋数量与钢筋翻样表上的数量不符。

2. 原因分析

施工图标注的间距为近似值，绑扎时可能有出入。

3. 预防措施

根据构件配筋情况，预先计算好箍筋实际分布间距，例如图 16-4 中供绑扎钢筋骨架

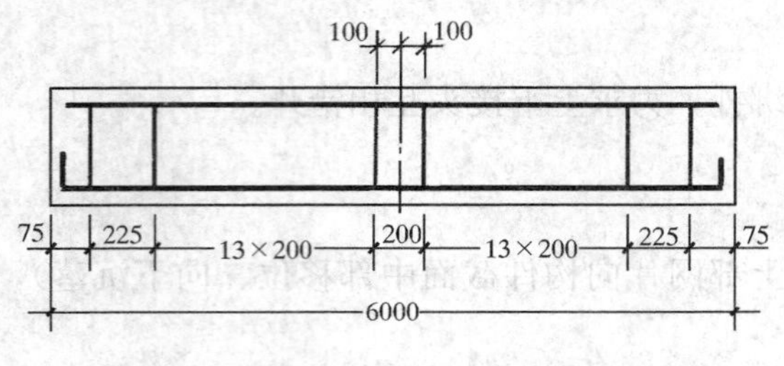

图 16-4　箍筋间距画线分布

时作为依据。

4. 治理方法

如箍筋已绑扎成钢筋骨架，应根据具体情况，适当增加箍筋。

16.3.15　柱纵向钢筋偏位

1. 现象

柱（墙）基础插筋和楼层柱（墙）纵筋外伸常发生偏位情况，严重者影响结构受力性能。

2. 原因分析

（1）模板固定不牢，在施工过程中时有碰撞柱（墙）模板的情况，致使柱（墙）纵筋与模板相对位置发生错动。

（2）因箍筋制作误差较大，内包尺寸不符合要求，造成柱（墙）纵筋偏位，甚至发生扭曲现象。

（3）不重视混凝土保护层作用，如发生垫块强度低被挤碎，垫块设置不均匀，数量少，垫块厚度不一致，与纵筋绑扎不牢等问题，影响纵筋偏位。

（4）施工人员随意摇动、踩踏、攀登已绑扎成型的钢筋骨架，致绑扎点松脱，纵筋偏位。

（5）浇筑混凝土时，振动棒触动箍筋与纵筋，使钢筋受振错位。

（6）梁柱节点内钢筋较密，纵筋易被梁筋挤歪而偏位。

（7）施工中，有时将基础柱（墙）插筋连同底层柱（墙）筋一并绑扎安装，因纵筋过长，上部又缺少箍筋约束，整个骨架刚度较差而晃动，造成偏位。

3. 预防措施

（1）应合理协调梁、柱（墙）间相互尺寸关系，协调好梁柱（墙）箍筋间的相互关系。

（2）按施工图要求将柱（墙）断面尺寸线标在各层楼面上，然后把柱（墙）从下层伸上来的纵筋，用两个箍筋或定位水平筋分别在末层楼面标高及以上 500mm 处上，用柱箍点焊固定。

（3）基础部分插筋宜为短筋插接，逐层接筋，并应用使其插筋骨架不变形的定位箍筋点焊固定。

（4）按要求正确制作箍筋，并与纵筋绑扎牢固，绑点不得遗漏。

（5）柱（墙）纵筋骨架侧面与模板间必须用垫块绑扎固定牢固，垫块厚度应一致。

（6）在梁柱交接处应用两个箍筋与柱（墙）纵筋点焊固定，同时绑扎上部钢筋。

4. 治理方法

对纵筋偏位不大的，可对纵筋按 1∶6 比例弯折就位；如偏差过大，应制定方案并经审批后处理。

16.3.16　梁柱节点核心部位柱箍筋遗漏

1. 现象

梁柱节点区域钢筋较密集交叉，柱箍筋绑扎困难，致使遗漏绑扎箍筋现象时常发生。

2. 原因分析

因设计一般不会对梁柱节点区域钢筋做细部设计，节点钢筋拥挤情况常见，造成核心部位绑扎钢筋困难，出现遗漏柱箍筋。

3. 预防措施

（1）施工前，应结合工程实际情况，合理确定梁柱节点区域的钢筋绑扎顺序，并在钢筋安装过程中严格遵照执行。

（2）当柱梁节点处梁的高度较高或实际操作中个别部位确实存在绑扎节点柱箍筋困难时，可将此部分柱箍做成两个相同的两端带135°弯钩的L形箍从柱侧向插入，钩住四角柱箍，或采用两相同的开口半箍，套入后用点焊焊牢柱箍的接头。

4. 治理方法

钢筋工程隐蔽验收时，应重点检查梁柱节点区域，发现问题及时改正后，再浇筑混凝土。

16.3.17 弯起钢筋方向错误

1. 现象

在各种悬臂梁中，弯起钢筋的弯起方向放反，如图16-5所示。

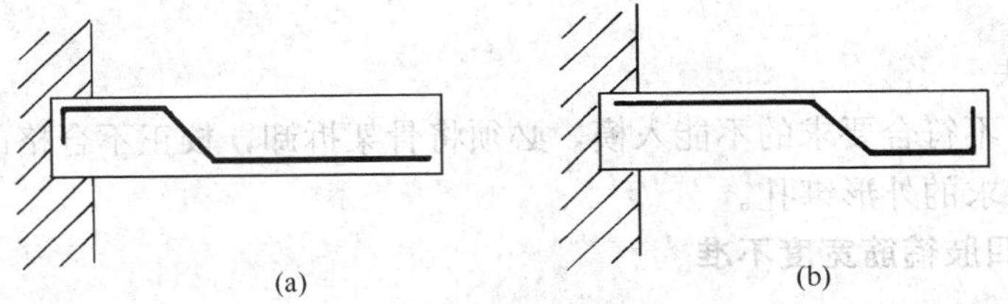

图16-5 悬臂梁弯起钢筋位置

（a）正确；（b）错误

2. 原因分析

钢筋骨架入模疏忽；没有对安装人员进行认真交底。

3. 预防措施

施工操作前，应对操作人员进行专门的技术交底，或在钢筋骨架上挂牌标示，提醒操作人员注意；隐蔽验收时，应重点检查。

4. 治理方法

这类错误有时发现不了，造成隐患；也可能在安装下一个钢筋骨架时发现错误。已浇筑混凝土的构件必须逐根凿开检查，通过设计单位复核验算，确定构件是否报废，或作加固处理。

16.3.18 钢筋遗漏

1. 现象

在隐蔽验收检查核对绑扎好的钢筋骨架时，发现有钢筋遗漏。

2. 原因分析

施工管理不当，没有深入熟悉施工图内容和钢筋安装顺序。

3. 预防措施

绑扎钢筋骨架之前要充分熟悉施工图，按钢筋翻样表核对配料单和料牌，检查钢筋规格是否齐全准确，形状、数量与施工图是否符合；在熟悉施工图的基础上，仔细研究钢筋绑扎安装顺序和步骤；绑扎完成后，应清理现场，认真自检。

4. 治理方法

漏掉的钢筋应全部补齐；对已浇筑混凝土的结构物或构件，如果发现有钢筋遗漏，应报设计单位复核验算后确定处理方案。

16.3.19 曲线形状不准

1. 现象

绑扎好带有曲线形状的钢筋骨架，安装入模时发现外形不相符。

2. 原因分析

曲线筋成型不准确，或经过搬移后变形；没有采取可靠措施使曲线形骨架外形满足设计要求。

3. 预防措施

曲线筋加工前，应认真复核曲线的定点计算结果，对成型后的曲线筋应认真检查其外形，搬运时注意轻抬轻放；绑扎形成钢筋骨架时，宜预先在绑扎场地上放出实样，再遵循实样外形绑扎。对较大型或较复杂的构件，可适当设置成型过程中的胎具，或附加相应的定型定位措施。

4. 治理方法

曲线筋形状不符合要求的不能入模，必须将骨架拆卸，校正不合格的曲线筋后，重新按施工图设计要求的外形绑扎。

16.3.20 四肢箍筋宽度不准

1. 现象

对于配有四肢箍筋作为复合箍筋的钢筋骨架，绑扎好安装入模时，发现混凝土保护层厚度可能过大或过小，严重的甚至导致骨架不能完全入模。

2. 原因分析

在骨架绑扎前未按应有的规定箍筋总宽度进行定位，或定位不准；或在操作时不注意，使两个箍筋往里或往外串动。

3. 预防措施

绑扎骨架时，先扎牢几对箍筋，使四肢箍筋宽度保持正确的尺寸，再穿纵向钢筋并绑扎其他箍筋；或按梁的截面宽度确定一种双肢箍筋，绑扎时沿骨架长度设几个这种双肢箍筋定位；绑扎成型过程中，应随时检查四肢箍筋宽度的准确性，发现有偏差及时纠正。

4. 治理方法

取出已入模的钢筋骨架，松掉每对箍筋交错部位的纵向钢筋的绑扣，校准四肢箍筋的宽度后重新绑扎。

16.3.21 梁上部钢筋下落

1. 现象

梁上部钢筋分二层或二层以上时，梁中钢筋骨架绑扎完后或安装入模，浇筑混凝土振捣时，上部二层钢筋下落变位。

2. 原因分析

未采取有效措施固定二层或二层以上的钢筋。

3. 预防措施

钢筋翻样与绑扎成型时，应有专门的措施固定此类钢筋，如弯制一些类似开口箍筋的钢筋将它们兜起来（图 16-6），必要时也可加一些钩筋以供悬挂。

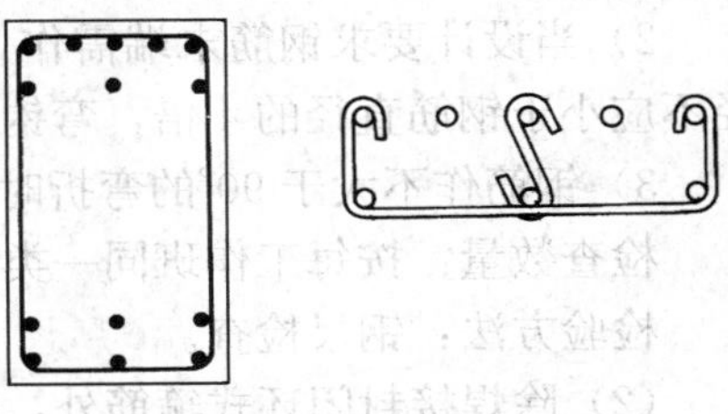

图 16-6 梁上部钢筋位置固定

4. 治理方法

浇筑混凝土时，施工现场必须有钢筋工跟班作业，发现有钢筋移位，应立即修整，以免造成隐患。

附录 16 钢筋工程质量标准及检验方法

钢筋工程施工应执行《混凝土结构工程施工质量验收规范》（GB 50204—2002，2011年版）中有关钢筋分项工程规定的质量标准及检验方法。

一、原材料

1. 主控项目

（1）钢筋进场时，应按现行国家相关标准的规定抽取试件作力学性能和重量偏差检验，检验结果必须符合有关标准的规定。

检查数量：按进场的批次和产品的抽样检验方案确定。

检验方法：检查产品合格证、出厂检验报告和进场复验报告。

（2）对有抗震设防要求的结构，其纵向受力钢筋的性能应满足设计要求；当设计无具体要求时，对一、二、三级抗震等级设计的框架和斜撑构件（含梯段）中的纵向受力钢筋，应采用 HRB335E、HRB400E、HRB500E、HRBF335E、HRBF400E 或 HRBF500E 钢筋，其强度和最大力下总伸长率的实测值应符合下列规定：

1）钢筋的抗拉强度实测值与屈服强度实测值的比值不应小于 1.25；

2）钢筋的屈服强度实测值与强度标准值的比值不应大于 1.30；

3）钢筋的最大力下总伸长率不应小于 9%。

检查数量：按进场的批次和产品的抽样检验方案确定。

检验方法：检查进场复验报告。

（3）当发现钢筋脆断、焊接性能不良或力学性能显著不正常等现象时，应对该批钢筋进行化学成分检验或其他专项检验。

检验方法：检查化学成分等专项检验报告。

2. 一般项目

钢筋应平直、无损伤，表面不得有裂纹、油污、颗粒状或片状老锈。

检查数量：进场时和使用前全数检查。

检验方法：观察。

二、钢筋加工

1. 主控项目

（1）受力钢筋的弯钩和弯折应符合下列规定：

1）HPB235 级钢筋末端应作 180°弯钩，其弯弧内直径不应小于钢筋直径的 2.5 倍，弯钩的弯后平直部分长度不应小于钢筋直径的 3 倍；

2）当设计要求钢筋末端需作 135°弯钩时，HRB335 级、HRB400 级钢筋的弯弧内直径不应小于钢筋直径的 4 倍，弯钩的弯后平直部分长度应符合设计要求；

3）钢筋作不大于 90°的弯折时，弯折处的弯弧内直径不应小于钢筋直径的 5 倍。

检查数量：按每工作班同一类型钢筋、同一加工设备抽查不应少于 3 件。

检验方法：钢尺检查。

(2) 除焊接封闭环式箍筋外，箍筋的末端应作弯钩，弯钩形式应符合设计要求；当设计无具体要求时，应符合下列规定：

1）箍筋弯钩的弯弧内直径除应满足第（1）项规定外，尚应不小于受力钢筋直径；

2）箍筋弯钩的弯折角度：对一般结构，不应小于 90°；对有抗震等要求的结构，应为 135°；

3）箍筋弯后平直部分长度：对一般结构，不宜小于箍筋直径的 5 倍；对有抗震等要求的结构，不应小于箍筋直径的 10 倍。

检查数量：按每工作班同一类型钢筋、同一加工设备抽查不应少于 3 件。

检验方法：钢尺检查。

(3) 钢筋调直后应进行力学性能和重量偏差的检验，其强度应符合有关标准的规定。

盘卷钢筋和直条钢筋调直后的断后伸长率、重量负偏差应符合附表 16-1 的规定。

盘卷钢筋和直条钢筋调直后的断后伸长率、重量负偏差要求 **附表 16-1**

<table>
<tr><th rowspan="2">钢筋牌号</th><th rowspan="2">断后伸长率
A（%）</th><th colspan="3">重量负偏差（%）</th></tr>
<tr><th>直径 6～12mm</th><th>直径 14～20mm</th><th>直径 22～50mm</th></tr>
<tr><td>HPB235、HPB300</td><td>≥21</td><td>≤10</td><td>—</td><td>—</td></tr>
<tr><td>HRB335、HRBF335</td><td>≥16</td><td rowspan="4">≤8</td><td rowspan="4">≤6</td><td rowspan="4">≤5</td></tr>
<tr><td>HRB400、HRBF400</td><td>≥15</td></tr>
<tr><td>RRB400</td><td>≥13</td></tr>
<tr><td>HRB500、HRBF500</td><td>≥14</td></tr>
</table>

注：1. 断后伸长率 A 的量测标距为 5 倍钢筋公称直径。

2. 重量负偏差（%）按公式（W_0-W_d）/$W_0\times100$ 计算，其中 W_0 为钢筋理论重量（kg/m），W_d 为调直后钢筋的实际重量（kg/m）。

(4) 对直径为 28～40mm 的带肋钢筋，表中断后伸长率可降低 1%；对直径大于 40mm 的带肋钢筋，表中断后伸长率可降低 2%。

采用无延伸功能的机械设备调直的钢筋，可不进行本条规定的检验。

检查数量：同一厂家、同一牌号、同一规格调直钢筋，重量不大于 30t 为一批；每批见证取 3 件试件。

检验方法：3 个试件先进行重量偏差检验，再取其中 2 个试件经时效处理后进行力学性能检验。检验重量偏差时，试件切口应平滑且与长度方向垂直，其长度不应小于 500mm；长度和重量的量测精度分别不应低于 1mm 和 1g。

2. 一般项目

(1) 钢筋宜采用无延伸功能的机械设备进行调直，也可采用冷拉方法调直。当采用冷拉方法调直钢筋时，HPB235、HPB300 光圆钢筋的冷拉率不宜大于 4%；HRB335、HRB400、HRB500、HRBF335、HRBF400、HRBF500 及 RRB400 带肋钢筋的冷拉率不宜大于 1%。

检查数量：按每工作班同一类型钢筋、同一加工设备抽查不应少于 3 件。

检验方法：观察，钢尺检查。

（2）钢筋加工的形状、尺寸应符合设计要求，其偏差应符合附表 16-2 的规定。

检查数量：按每工作班同一类型钢筋、同一加工设备抽查不应少于 3 件。

检验方法：钢尺检查。

钢筋加工的允许偏差 **附表 16-2**

项 目	允许偏差（mm）
受力钢筋顺长度方向全长的净尺寸	±10
弯起钢筋的弯折位置	±10
箍筋内净尺寸	±10

三、钢筋安装

1. 主控项目

钢筋安装时，受力钢筋的品种、级别、规格和数量必须符合设计要求。

检查数量：全数检查。

检验方法：观察，钢尺检查。

2. 一般项目

钢筋安装位置的偏差应符合附表 16-3 的规定。

钢筋安装位置的允许偏差和检验方法 **附表 16-3**

项 目			允许偏差（mm）	检 验 方 法
绑扎钢筋网	长、宽		±10	钢尺检查
	网眼尺寸		±20	钢尺量连续三档，取最大值
绑扎钢筋骨架	长		±10	钢尺检查
	宽、高		±5	钢尺检查
受力钢筋	间距		±10	钢尺量两端、中间各一点，取最大值
	排距		±5	
	保护层厚度	基础	±10	钢尺检查
		柱、梁	±5	钢尺检查
		板、墙、壳	±3	钢尺检查
绑扎箍筋、横向钢筋间距			±20	钢尺量连续三档，取最大值
钢筋弯起点位置			20	钢尺检查
预埋件	中心线位置		5	钢尺检查
	水平高差		+3，0	钢尺和塞尺检查

注：1. 检查预埋件中心线位置时，应沿纵、横两个方向量测，并取其中的较大值；

2. 表中梁类、板类构件上部纵向受力钢筋保护层厚度的合格点率应达到 90%及以上，且不得有超过表中数值 1.5 倍的尺寸偏差。

检查数量：在同一检验批内，对梁、柱和独立基础，应抽查构件数量的 10%，且不少于 3 件；对墙和板，应按有代表性的自然间抽查 10%，且不少于 3 间；对大空间结构，墙可按相邻轴线间高度 5m 左右划分检查面，板可按纵、横轴线划分检查面，抽查 10%，且均不少于 3 面。

17 钢筋焊接与机械连接

Ⅰ 钢 筋 焊 接

钢筋焊接接头的质量检验和验收应按现行行业标准《钢筋焊接及验收规程》（JGJ 18—2012）中有关规定执行；但是在施工中，由于种种原因，钢筋焊接接头的施焊条件往往偏离正常状态，使钢筋焊口或近缝区产生缺陷，影响接头的性能。现就钢筋焊接施工质量通病及其防治措施分述如后。

17.1 钢 筋 闪 光 对 焊

17.1.1 未焊透

1. 现象

焊口局部区域未能相互结晶，焊合不良，接头镦粗变形量很小，挤出的金属毛刺极不均匀，多集中于上口，并产生严重的胀开现象（图 17-1）；从断口上可看到如同有氧化膜的粘合面存在（图 17-2）。

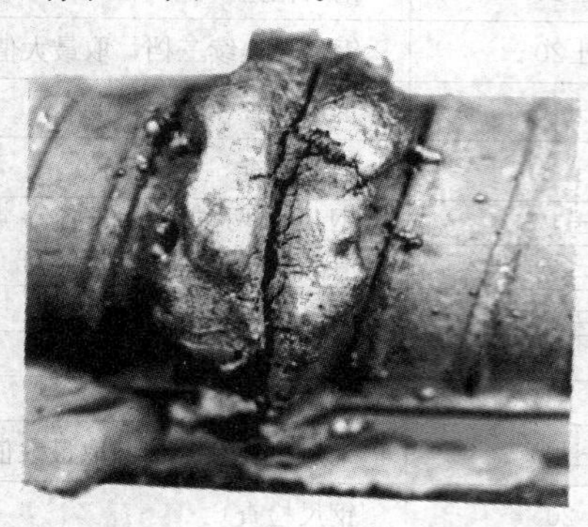

图 17-1 未焊透接头外貌

图 17-2 未焊透断口

2. 原因分析

(1) 焊接工艺方法应用不当。比如，对断面较大的钢筋理应采取预热闪光焊工艺施焊，但却采用了连续闪光焊工艺。

(2) 焊接参数选择不合适。特别是烧化留量太小，变压器级数过高以及烧化速度太快等，造成焊件端面加热不足，也不均匀，未能形成比较均匀的熔化金属层，致使顶锻过程生硬，焊合面不完整。

3. 防治措施

(1) 适当限制连续闪光焊工艺的使用范围。钢筋对焊焊接工艺方法宜按下列规定选择：

1）当钢筋直径≤20mm，钢筋牌号不大于 HRB400，采用连续闪光焊；

2）当钢筋直径＞20mm，牌号大于 HRB400，且钢筋端面较平整，宜采用预热闪光焊，预热温度约 1450℃左右，预热频率宜用 1～3 次/s；

3）当钢筋端面不平整，应采用“闪光-预热闪光焊”。

连续闪光焊所能焊接的钢筋范围，应根据焊机容量、钢筋牌号等具体情况而定，并应符合表 17-1 规定。

连续闪光焊焊接钢筋的范围 **表 17-1**

焊机容量（kVA）	钢筋直径（mm）	钢筋牌号	焊机容量（kVA）	钢筋直径（mm）	钢筋牌号	焊机容量（kVA）	钢筋直径（mm）	钢筋牌号
160 （150）	≤22 ≤22 ≤20	HPB300 HRB335 HRB400	100	≤20 ≤20 ≤18	HPB300 HRB335 HRB400	80 （75）	≤16 ≤14 ≤12	HPB300 HRB335 HRB400

（2）重视预热作用，掌握预热要领，力求扩大沿焊件纵向的加热区域，减小温度梯度。需要预热时，宜采用电阻预热法，其操作要领如下：第一，根据钢筋牌号采取相应的预热方式，其工艺过程图解见图 17-3，随着钢筋牌号的提高，预热频率应逐渐降低。预热次数应为 1 次～3 次，每次预热时间应 1.5～2s，间歇时间应为 2～4s；第二，预热压紧力应不小于 3MPa，当具有足够的压紧力时，焊件端面上的凸出处会逐渐被压平，更多的部位则发生接触，于是，沿焊件截面上的电流分布就比较均匀，使加热比较均匀。

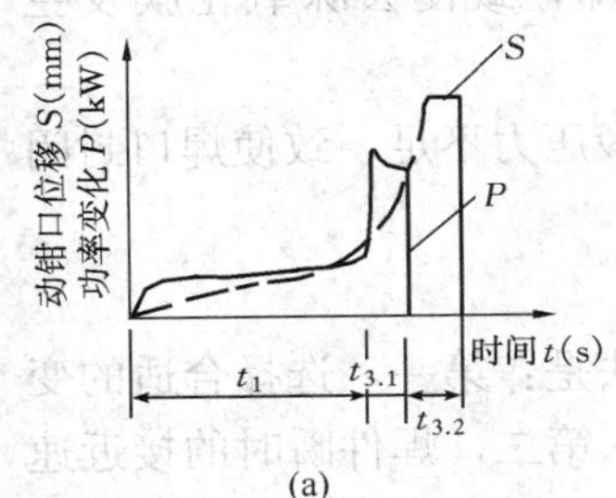

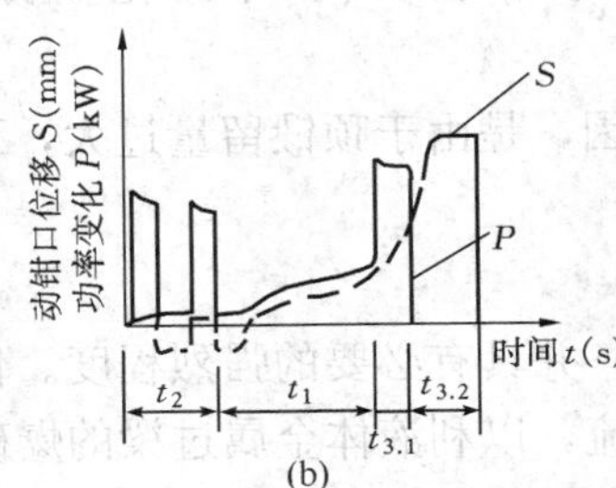

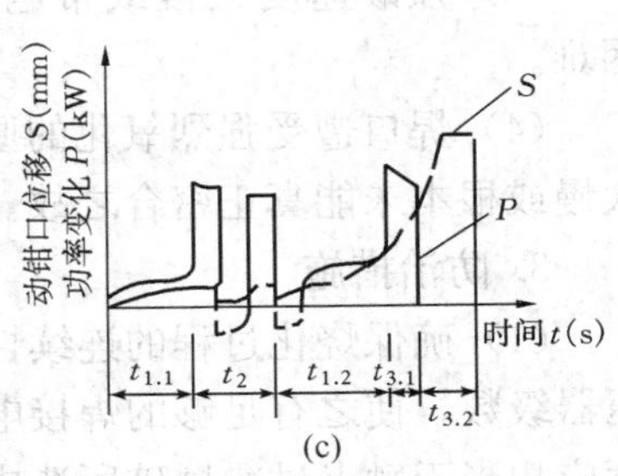

图 17-3 钢筋闪光对焊工艺过程图解

（a）连续闪光焊；（b）预热闪光焊；（c）闪光-预热闪光焊

t_1—烧化时间；$t_{1.1}$—一次烧化时间；$t_{1.2}$—二次烧化时间；t_2—预热时间；

$t_{3.1}$—有电顶锻时间；$t_{3.2}$—无电顶锻时间

（3）采取正常的烧化过程，使焊件获得符合要求的温度分布，尽可能平整的端面，以及比较均匀的熔化金属层，为提高接头质量创造良好的条件。具体作法是：第一，根据焊接工艺选择烧化留量。连续闪光时，烧化过程应较长，烧化留量应等于两根钢筋在断料时切断机刀口严重压伤区段（包括端面的不平整度），再加 8mm。闪光-预热闪光焊时，应分一次烧化留量和二次烧化留量。一次烧化留量等于两根钢筋在断料时切断机刀口严重压伤区段，二次烧化留量不应小于 10mm。第二，采取变化的烧化速度，保证烧化过程具有

“慢—快—更快”的非线性加速度方式。平均烧化速度一般可取 2mm/s。当钢筋直径大于 22mm 时，因沿焊件截面加热的均衡性减慢，烧化速度应略微降低。

（4）避免采用过高的变压器级数施焊。

17.1.2　氧化

1. 现象

焊口局部区域为氧化膜所覆盖，呈光滑面状态（图 17-4）；或是焊口四周或大片区域遭受强烈氧化，失去金属光泽，呈发黑状态（图 17-5）。

图 17-4　氧化缺陷之一

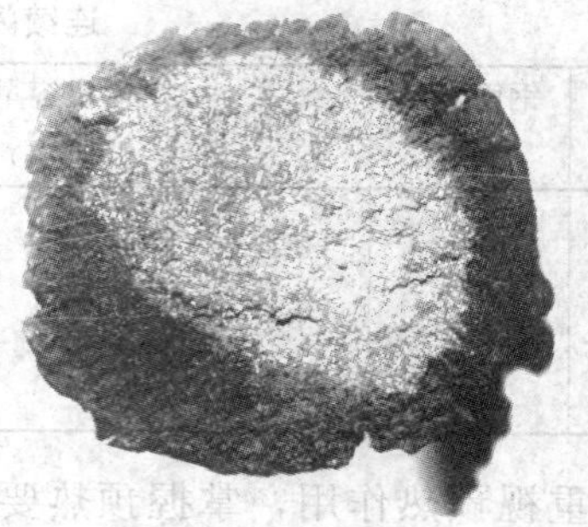

图 17-5　氧化缺陷之二

2. 原因分析

（1）烧化过程太弱或不稳定，使液体金属过梁的爆破频率降低，产生的金属蒸气较少，从数量上和压力上都不足以保护焊缝金属免受氧化。

（2）从烧化过程结束到顶锻开始之间的过渡不够急速，或有停顿，空气侵入焊口。

（3）顶锻速度太慢或带电顶锻不足，焊口中熔化金属冷却，致使去除氧化膜发生困难。

（4）焊口遭受强烈氧化的原因，是由于顶锻留量过大，顶锻压力不足，致使焊口封闭太慢或根本未能真正密合之故。

3. 防治措施

（1）确保烧化过程的连续性，并具有必要的强烈程度。作法是：第一，选择合适的变压器级数，使之有足够的焊接电流，以利液体金属过梁的爆破；第二，焊件瞬时的接近速度应相当于触点过梁爆破所造成的焊件实际缩短的速度，即瞬时的烧化速度。烧化过程初期，因焊件处于冷的状态，触点过梁存在的时间较长，故烧化速度应慢一些。否则，同时存在的触点数量增加，触点将因电流密度降低而难以爆破，导致焊接电路的短路，发生不稳定的烧化过程。随着加热的进行，烧化速度需逐渐加快，特别是紧接顶锻前的烧化阶段，则应采取尽可能快的烧化速度，以便产生足够的金属蒸汽，提高防止氧化的效果。

（2）顶锻留量应为 4～10mm，使其既能保证接头处获得不小于钢筋截面的结合面积，又能有效地排除焊口的氧化物，纯洁焊缝金属。随着钢筋直径的增大和牌号的提高，顶锻留量需相应增加，其中带电顶锻留量应等于或略大于三分之一，焊接 HRB500 钢筋时，顶锻留量宜增大 30%，以利焊口的良好封闭（参见表 17-2、表 17-3）。

（3）采取在用力情况下尽可能快的顶锻速度。因为烧化过程一旦结束，防止氧化的自保护作用随即消失，空气将立即侵入焊口。如果顶锻速度很快，焊口闭合延续时间很短，就能够免遭氧化；同时，顶锻速度加快之后，也利于趁热排除焊口中的氧化物。因此，顶锻速度越快越好。一般低碳钢对焊时不得小于20～30mm/s。随着钢筋牌号的提高，顶锻速度需相应增大。

连续闪光焊参数 表 17-2

钢筋牌号	钢筋直径（mm）	带电顶锻留量（mm）	无电顶锻留量（mm）	总顶锻留量（mm）
HPB300 HRB335 HRB400	10～12	1.5	3.0	4.5
	14	1.5	3.0	4.5
	16	2.0	3.0	5.0
	18	2.0	3.0	5.0
	20	2.0	3.0	5.0
	22	2.0	3.0	5.0

闪光-预热闪光焊顶锻留量 表 17-3

钢筋牌号	钢筋直径（mm）	带电顶锻留量（mm）	无电顶锻留量（mm）	总顶锻留量（mm）
HPB300 HRB335 HRB400	22	1.5	3.5	5.0
	25	2.0	4.0	6.0
	28	2.0	4.0	6.0
	30	2.5	4.0	6.5
	32	2.5	4.5	7.0
	36	3.0	5.0	8.0

（4）保证接头处具有适当的塑性变形。因为接头处的塑性变形特征对于破坏和去除氧化膜的效果起着巨大的影响，当焊件加热，温度分布比较适当，顶锻过程的塑性变形多集中于接头区时（图17-6a），有利于去除氧化物。反之，如果加热区过宽，变形量被分配到更宽的区域时（图17-6b），接头处的塑性变形就会减小到不足以彻底去除氧化物的程度。

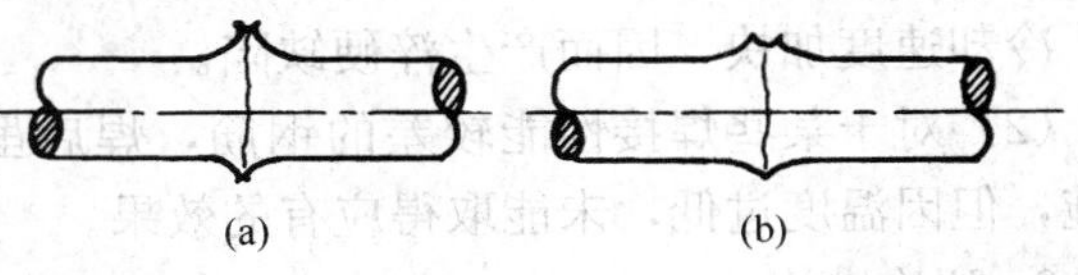

图 17-6 不同塑性变形的接头

（a）正常；（b）不正常

17.1.3 过热

1. 现象

从焊缝或近缝区断口上可看到粗晶状态（图17-7）。

2. 原因分析

（1）预热过分，焊口及其近缝区金属强烈受热。

（2）预热时接触太轻，间歇时间太短，热量过分集中于焊口。

（3）沿焊件纵向的加热区域过宽，顶锻留量偏小，顶锻过程不足以使近缝区产生适当的塑性变形，未能将过热金属排除于焊口之外。

（4）为了顶锻省力，带电顶锻延续较长，或顶锻不得法，致使金属过热。

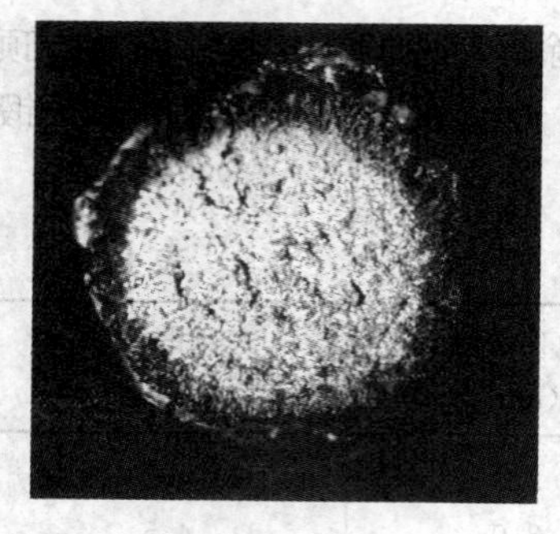
图 17-7　过热

3. 防治措施

(1) 根据钢筋牌号、品种及规格等情况确定其预热程度，并在生产中严加控制。为了便于掌握，宜采取预热留量与预热次数相结合的办法。预热留量应为 1～2mm，预热次数为 1～4 次，通过预热留量，借助焊机上的标尺指针，准确控制预热起始时间；通过记数，可适时控制预热的停止时间。

(2) 采取低频预热方式，适当控制预热的接触时间、间歇时间以及压紧力，使接头处既能获得较宽的低温加热区，改善接头的性能，又不致产生大的过热区。

(3) 严格控制顶锻时的温度及留量。当预热温度偏高时，可加快整个烧化过程的速度，必要时可重新夹持钢筋再次进行快速的烧化过程，同时需确保其顶锻留量，以便顶锻过程能够在有力的情况下完成，从而有效地排除掉过热金属。

(4) 严格控制带电顶锻过程。在焊接断面较大的钢筋时，如因操作者体力不足，可增加助手协同顶锻，切忌采用延长带电顶锻过程的有害做法。

17.1.4　脆断

1. 现象

在低应力状态下，接头处发生无预兆的突然断裂。脆断可分为淬硬脆断、过热脆断和烧伤脆断几种情况。这里着重阐述对接头强度和塑性都有明显影响的淬硬脆断问题。其断口以齐平为特征（图 17-8）。

2. 原因分析

(1) 焊接工艺方法不当，或焊接参数太强，致使温度梯度陡降，冷却速度加快，因而产生淬硬缺陷。

(2) 对于某些焊接性能较差的钢筋，焊后虽然采取了热处理措施，但因温度过低，未能取得应有的效果。

图 17-8　淬硬脆断

3. 防治措施

(1) 针对钢筋的焊接性，采取相应的焊接工艺。通常以碳当量（C_{eq}）来估价钢材的焊接性。碳当量与焊接性的关系，因焊接方法而不同。就钢筋闪光对焊来说，大致是：

$C_{eq} \leqslant 0.55\%$　　焊接性“好”

$0.55\% < C_{eq} \leqslant 0.65\%$　　焊接性“有限制”

$C_{eq} > 0.65\%$　　焊接性“差”

鉴于我国的钢筋状况是，HRB400 及以上都是低合金钢筋，而且有的碳含量已达到中碳范围，因此，应根据碳当量数值采取相应的焊接工艺。对于焊接性“有限制”的钢筋，不论其直径大小，均宜采取闪光-预热闪光焊；对于焊接性“差”的钢筋，更要考虑预热方式。一般说来，预热频率尽量低些为好，同时焊接参数应该弱一些，以利减缓焊接时的加热速度和随后的冷却速度，从而避免淬硬缺陷的发生。

(2) 正确控制热处理程度。对于难焊的 HRB500 钢筋，焊后进行热处理时：

第一，待接头冷却至正常温度，将电极钳口调至最大间距，重新夹紧；

第二，应采用最低的变压器参数，进行脉冲式通电加热，每次脉冲循环，应包括通电时间和间歇时间，并宜为3s；

第三，焊后热处理温度在750～850℃选择，随后在环境温度下自然冷却。

17.1.5 烧伤

1. 现象

烧伤系由于钢筋与电极接触处在焊接时产生的熔化现象而对钢筋表面的伤害；对于淬硬倾向较敏感的钢筋来说，这是一种不可忽视的危险缺陷。因为它会引起局部区域的强烈淬硬，导致同一截面上的硬度很不均匀。这种接头抗拉时，应力集中现象特别突出，因而接头的承载能力明显降低，并发生脆性断裂。其断口齐平，呈放射性条纹状态（图17-9）。

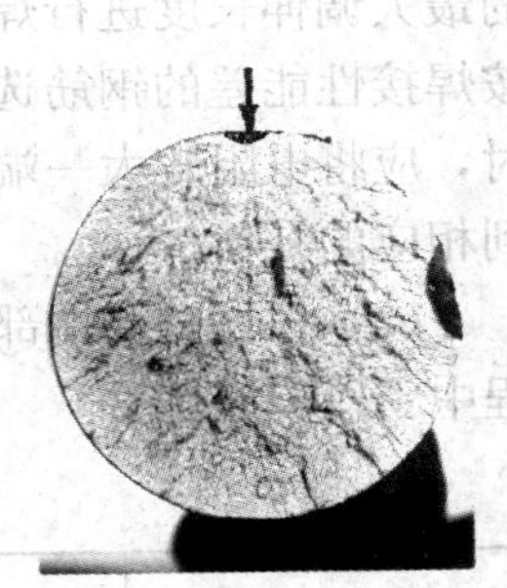

图17-9 烧伤断口

2. 原因分析

(1) 钢筋与电极接触处洁净程度不一致，夹紧力不足，局部区域电阻很大，因而产生了电阻热。

(2) 电极外形不当或严重变形、导电面积不足，致使局部区域电流密度过大。

(3) 热处理时电极表面太脏，变压器级数过高。

3. 防治措施

(1) 钢筋端部约130mm的长度范围内，焊前应仔细清除锈斑、污物，电极表面应经常保持干净，确保导电良好。

(2) 电极宜作成带三角形槽口的外形，长度应不小于55mm，使用期间应经常修整，保证与钢筋有足够的接触面积。

(3) 在焊接或热处理时，应夹紧钢筋。

(4) 热处理时，变压器级数宜采用Ⅰ级或Ⅱ级，并且电极表面应经常保持良好状态。

17.1.6 塑性不良

1. 现象

接头冷弯试验时，在受拉区（即外侧）横肋根部产生大于0.15mm的裂纹。

2. 原因分析

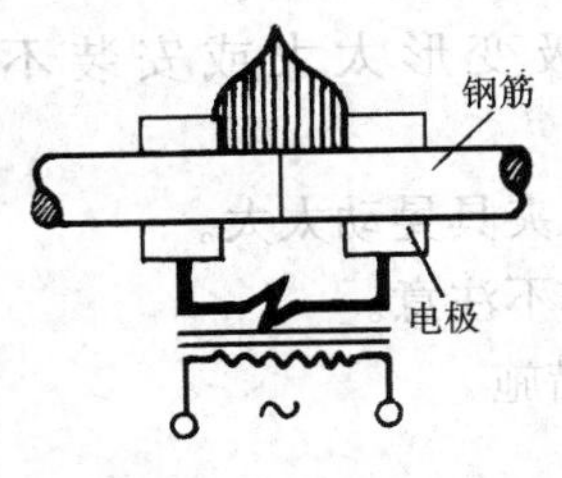

图17-10 调伸长度过小时的加热状况

(1) 由于调伸长度过小，焊接时向电极散热加剧（图17-10）；或变压器级数过高，烧化过程过分强烈，温度沿焊件纵向扩散的距离减小，形成陡降的温度梯度，冷却速度加快，致使接头处产生硬化倾向，引起塑性降低。

(2) 烧化留量过小，接头处可能残存钢筋断料时刀口压伤痕迹，产生了一些不良后果。因为刀口压伤部位相当于进行了冷加工，在焊接热量的影响下，会发生以下情况：其一，在超过再结晶温度（500℃左右）的区段产生晶粒长大现象；其二，在达到时效温度（300℃左右）的区段产生时效现象。这都影响着接头的性能，特别是后者，会使塑性降低。

(3) 顶锻留量过大，致使顶锻过分，引起接头区金属纤维弯曲，对接头塑性产生了不利影响。

3. 防治措施

（1）在不致发生旁弯的前提下，尽可能加大调伸长度（表 17-4），以消除钢筋断料时产生的刀口压伤和不平整问题，为实现均匀加热，改善接头性能创造必要的条件。

如果受焊机钳口间距所限，不能达到表 17-4 所推荐的数值时，应采取焊机所能调整的最大调伸长度进行焊接。若在同一台班内需焊接几个牌号或几种相近规格的钢筋时，可按焊接性能差的钢筋选择调伸长度，以减少调整工作量。不同牌号、不同直径的钢筋对焊时，应将电阻较大一端的调伸长度调大一些，以便在烧化过程中所引起的较多缩短能够得到相应的补偿。

（2）根据钢筋端部的具体情况，采取相应的烧化留量，力求将刀口压伤区段在烧化过程中予以彻底烧去。

钢筋对焊时推荐的调伸长度　　**表 17-4**

项　　次	钢筋牌号		调伸长度（d）	
	左夹具（固定）	右夹具（活动）	左　夹　具	右　夹　具
1	HPB300	HPB300	1.0	1.0
2	HRB335　HRB400	HRB335　HRB400	1.5	1.5
3	HRB500	HRB500	2.0	2.0

注：d 为钢筋直径。

（3）对于 HRB400 及以上的钢筋，需采取弱一些的焊接参数和低频预热方式施焊，以利接合处获得较理想的温度分布。

（4）在采取适当的顶锻留量的前提下，快速有力地完成顶锻过程，保证接头具有匀称、美观的外形。

17.1.7　接头弯折或偏心

1. 现象

接头处产生弯折，折角超过规定（图17-11a），或接头处偏心，轴线偏移大于 0.1d，或 1mm（图 17-11b）。

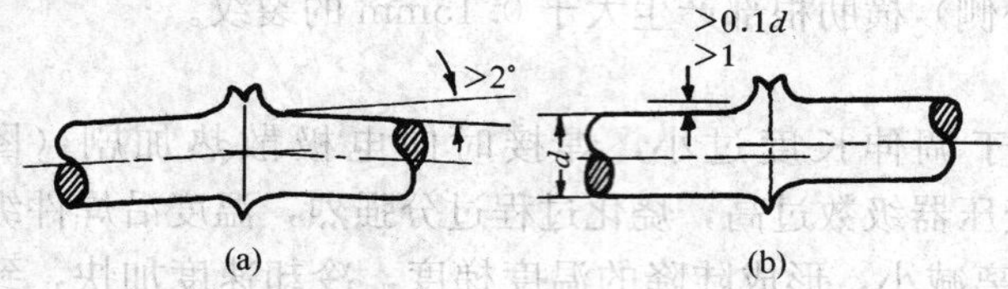

图 17-11　接头弯折和偏心

（a）弯折；（b）偏心

2. 原因分析

（1）钢筋端头歪斜。

（2）电极变形太大或安装不准确。

（3）焊机夹具晃动太大。

（4）操作不注意。

3. 防治措施

（1）钢筋端头弯曲时，焊前应予以矫直或切除。

（2）经常保持电极的正常外形，变形较大时应及时修理或更新，安装时应力求位置准确。

（3）夹具如因磨损晃动较大，应及时维修。

（4）接头焊毕，稍冷却后再小心地移动钢筋。

17.1.8　HRB500 钢筋焊接缺陷

1. 现象

接头发生脆性断裂或弯曲试验不合格。

2. 原因分析

(1) 焊接工艺选择不当。

(2) 变压器级数选择不当。

(3) 未进行焊后热处理。

3. 防治措施

(1) HRB500 钢筋焊接时，无论直径大小，均应采取预热闪光焊或闪光-预热闪光焊工艺。

(2) 参见 17.1.4“脆断”的防治措施 (2)。

17.1.9 余热处理 RRB400W 钢筋焊接缺陷

1. 现象

焊接接头抗拉强度不足或发生脆断。

2. 原因分析

(1) 变压器级数选择不当。

(2) 调伸长度不合要求。

3. 防治措施

(1) 余热处理 RRB400W 钢筋闪光对焊时，与热轧钢筋比较，应适当减小调伸长度，适当提高焊接变压器级数，缩短加热时间，快速顶锻，形成快热快冷条件，使热影响区长度控制在 0.6 倍钢筋直径范围之内。

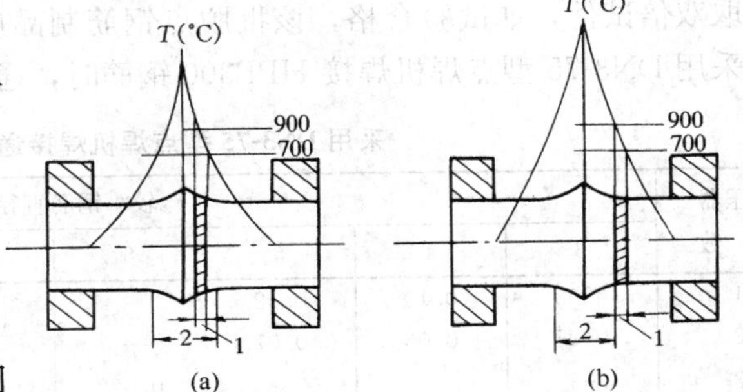

图 17-12 钳口距离与软化区的关系

(a) 钳口距 20mm；(b) 钳口距 35mm

1—软化区；2—截面加强区

(2) 余热处理 RRB400W 钢筋在焊接过程中，当温度在 700～900℃范围时，强度损失量大，使软化区的出现对接头强度带来不利影响。在采用合理工艺参数条件下，软化区不但变窄，同时也处在接头截面加强区（加大区之内）以及微淬火硬化和错位密度增高的部位，这样，可以获得良好焊接质量，见图 17-12。

17.2 钢筋电阻点焊

17.2.1 焊点脱落

1. 现象

钢筋点焊制品焊点周界熔化铁浆挤压不饱满，如用钢筋轻微撬打，或将钢筋点焊制品举至离地面 1m 高，使其自然落地，即可产生焊点分离现象。

2. 原因分析

(1) 焊接电流过小，通电时间太短，焊点强度较低。

(2) 电极挤压力不够。

(3) 压入深度不够。

3. 预防措施

（1）正确优选焊接参数。焊工应严格遵守班前试验制度，优选合适焊接参数，试验合格后方可正式投入生产。点焊热轧钢筋时，应采用电流强度较大（120～360A/mm²）、通电时间很短（0.1～0.5s）的参数。点焊冷处理钢筋时，必须电流强度较大，通电时间很短。同时应注意钢筋点焊制品的钢筋焊接间距，是否会产生电流分流现象。电流的分流，将使焊接强度降低。因此，应适当延长通电时间或增大电流。

（2）清除钢筋表面锈蚀、氧化铁皮和杂物、泥渣等，使钢筋表面接触良好，提高焊接强度。

4. 治理方法

对已产生脱点的钢筋点焊制品，应重新调整焊接参数，加大焊接电流（提高变压器级数），延长通电时间，减小电极行程（加大电极挤压力），进行二次补焊试焊，并应在制品上截取双倍试件，如试验合格，该批脱点钢筋制品应重新按二次补焊的焊接参数进行补焊。采用 DN3-75 型点焊机焊接 HPB300 钢筋时，通电时间见表 17-5。

采用 DN3-75 型点焊机焊接通电时间（s）　　　　表 17-5

变压器级数	较小钢筋直径（mm）							
	3	4	5	6	8	10	12	14
1	0.08	0.10	0.12	—	—	—	—	—
2	0.05	0.06	0.07	—	—	—	—	—
3	—	—	—	0.022	0.22	0.70	1.50	—
4	—	—	—	0.20	0.20	0.60	1.25	4.00
5	—	—	—	—	—	0.50	1.00	3.50
6	—	—	—	—	—	0.40	0.75	3.00
7	—	—	—	—	—	—	0.50	2.50

注：点焊 HRB335 钢筋或冷轧带肋钢筋时，焊接通电时间延长 20%～25%。

17.2.2　焊点过烧

1. 现象

钢筋焊接区，上下电极与钢筋表面接触处均有烧伤，焊点周界熔化铁浆外溢过大，而且毛刺较多，外观不美，焊点处钢筋呈现蓝黑色。

2. 原因分析

（1）电流过大和通电时间过长。

（2）钢筋表面已锈蚀，局部导电不良，造成多次重焊。

（3）电极表面不平，上下电极不对中或电极漏水滴在焊接区，造成焊点过烧现象。

（4）继电器接触失灵。

3. 防治措施

（1）除严格执行班前试验，正确优选焊接参数外，还必须进行试焊样品质量自检，目测焊点外观是否与班前合格试件相同，制品几何尺寸和外形是否符合设计要求，全部合格后方可成批焊接。

（2）电源电压的变化直接影响焊点强度。在一般情况下，电压降低 15%，焊点强度可降低 20%；电压降低 20%，焊点强度可降低 40%。因此，要随时注意电压的变化，电压降低或升高应控制在 5%的范围内。

(3) 发现钢筋点焊制品焊点过烧时，应降低变压器级数，缩短通电时间，按新调整的焊接参数制作焊接试件，经试验合格后方可成批焊制产品。

(4) 切断电源，校正电极。

(5) 清理触点，调节间隙。

17.2.3 焊点钢筋表面烧伤、火花飞溅严重

1. 现象

在点焊过程中有爆炸声，并产生强烈的火花飞溅。钢筋表面与电极接触处有过烧的粘连金属物。

2. 原因分析

(1) 钢筋表面存有油脂、脏物或氧化膜，甚至钢筋表面锈蚀已成麻点状态，使焊接时钢筋与钢筋、电极与钢筋间的接触电阻显著增加，甚至局部不导电，破坏了电流和热量的正常分布。尤其是有麻点的钢筋，麻坑内锈污不易除掉，因而产生电流密度集中，发生局部熔化或产生电弧烧伤钢筋，熔化铁浆外溢，形成火花飞溅严重。

(2) 上下电极表面不平整，有凹坑或凹槽，或电极握杆上的锥形插孔插入不紧密，使冷却水滴漏在焊点上，均会造成钢筋表面烧伤等现象。

(3) 通电加热时，电流过大，加热过度，电极压力大，造成压痕加深。

(4) 焊接时没有预压过程或预压力过小。

3. 防治措施

(1) 表面锈蚀已成麻点状态的钢筋不得用于点焊。对有锈但不严重的钢筋，必须清除铁锈或杂质，才能进行点焊。钢筋表面油脂用有机溶剂（丙酮、汽油等）或碱性溶液除掉后，再进行点焊。

(2) 有锈蚀的钢筋可先进行冷拉，使氧化皮自行脱落，再进行点焊。

(3) 电极表面必须随时保持平整。一般情况下，在一个工作台班内，应锉平电极表面1～3次。在更换安装电极时，要保持电极握杆中心垂直，上下电极柱对中，不得歪斜，图17-13为电极握杆和电极中心不垂直，应调整使之垂直。

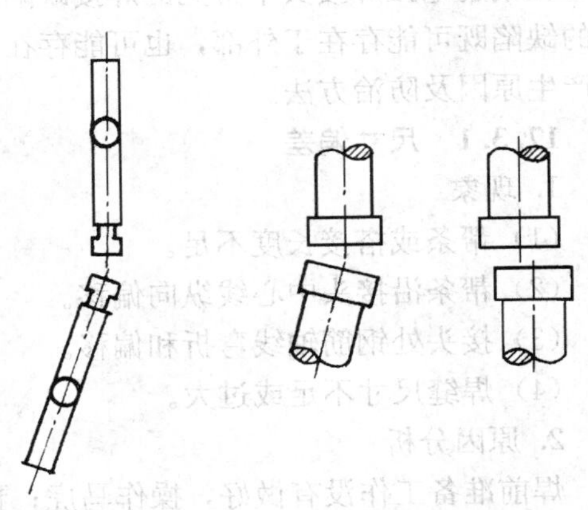

图 17-13 电极握杆和电极中心不垂直

(4) 应根据钢筋品种与直径的不同调整电极压力。以DN-75型点焊机为例，其电极压力可参考表17-6选取。

DN-75 型点焊机电极压力（N）参数 表 17-6

较小钢筋直径（mm）	HPB300 钢筋 冷拔低碳钢丝	HRB335 钢筋 冷轧带肋钢筋	较小钢筋直径（mm）	HPB300 钢筋 冷拔低碳钢丝	HRB335 钢筋 冷轧带肋钢筋
3	980～1470	—	8	2450～2940	2940～3430
4	980～1470	1470～1960	10	2940～3920	3430～3920
5	1470～1960	1960～2450	12	3430～4410	4410～4900
6	1960～2450	2450～2940	14	3920～4900	4900～5880

(5) 降低变压器级数，减小焊接电流。

(6) 保证预压过程和适当的预压力。

17.2.4　焊点压陷深度过大或过小

1. 现象

焊点压入深度与较小钢筋直径之比应为18%～25%，若小于或大于此规定均应调整焊接参数。

2. 原因分析

(1) 焊接电流愈小，焊点压入深度也愈小；反之愈大。

(2) 焊接钢筋通电时间愈短，钢筋受热熔化愈小，焊点压入深度也愈小；反之愈大。

(3) 电极挤压力小，焊点压入深度也小；反之愈大。

3. 防治措施

焊点压入深度的大小，与焊接电流、通电时间和电极挤压力有密切关系。要达到最佳的焊点压入深度，关键是正确选择焊接参数，并经试验合格后，才能成批生产。

17.3　钢筋电弧焊

在钢筋电弧焊接头中常见的焊接缺陷有两种，一种是外部缺陷，另一种是内部缺陷。有的缺陷既可能存在于外部，也可能存在于内部，例如气孔、裂纹等。下面介绍各种缺陷的产生原因及防治方法。

17.3.1　尺寸偏差

1. 现象

(1) 帮条或搭接长度不足。

(2) 帮条沿接头中心线纵向偏移。

(3) 接头处钢筋轴线弯折和偏移。

(4) 焊缝尺寸不足或过大。

2. 原因分析

焊前准备工作没有做好，操作马虎；预制构件钢筋位置偏移过大；下料不准等。

3. 防治措施

预制构件制作时应严格控制钢筋的相对位置；钢筋下料和组对应由专人进行，合格后方准焊接；焊接过程中应精心操作。

17.3.2　焊缝成形不良

1. 现象

焊缝表面凹凸不平，宽窄不匀。这种缺陷虽然对静载强度影响不大，但容易产生应力集中，对承受动载不利。

2. 原因分析

焊工操作不当；焊接参数选择不合适。

3. 预防措施

选择合适的焊接参数；要求焊工精心操作。

4. 治理方法

仔细清渣后精心补焊一层。

17.3.3 焊瘤

1. 现象

焊瘤是指正常焊缝之外多余的焊着金属。焊瘤使焊缝的实际尺寸发生偏差，并在接头处形成应力集中区。

2. 原因分析

(1) 熔池温度过高，凝固较慢，在铁水自重作用下下坠形成焊瘤。

(2) 坡口立焊、帮条立焊或搭接立焊中，如焊接电流过大，焊条角度不对或操作姿势不当也易产生这种缺陷。

3. 防治措施

(1) 熔池下部过大时，可利用焊条左右摆动和挑弧动作加以控制。

(2) 在搭接接头或帮条接头立焊时，焊接电流应比平焊适当减少，焊条左右摆动时在中间部位快些，两边稍慢些。

(3) 焊接坡口立焊接头加强焊缝时，应选用直径 3.2mm 的焊条，并应适当减小焊接电流。

17.3.4 咬边

1. 现象

焊缝与钢筋交界处烧成缺口没有得到熔化金属的补充，特别是直径较小钢筋的焊接及坡口立焊中，上钢筋很容易发生这种缺陷。

2. 原因分析

焊接电流过大，电弧太长，或操作不熟练。

3. 防治措施

选用合适的电流（表 17-7），避免电流过大。操作时电弧不能拉得过长，并控制好焊条的角度和运弧的方法。

钢筋电弧焊对焊条直径与焊接电流的选择 表 17-7

搭接焊及帮条焊				坡口焊			
焊接位置	钢筋直径 (mm)	焊条直径 (mm)	焊接电流 (A)	焊接位置	钢筋直径 (mm)	焊条直径 (mm)	焊接电流 (A)
平焊	10～18 20～32 36～40	φ3.2 φ4.0 φ5.0	90～130 150～180 200～250	平焊	16～22 25～32 36～40	φ3.2 φ4.0 φ5.0	130～170 180～220 230～260
立焊	10～18 20～32 36～40	φ3.2 φ4.0 φ4.0	80～110 130～160 170～220	立焊	16～22 25～32 36～40	φ3.2 φ4.0 φ4.0	110～130 150～180 170～220

17.3.5 电弧烧伤钢筋表面

1. 现象

钢筋表面局部有缺肉或凹坑。电弧烧伤钢筋表面对钢筋有严重的脆化作用，尤其是

HRB400、HRB500钢筋在低温焊接时表面烧伤，往往是发生脆性破坏的起源点。

2. 原因分析

由于操作不慎，使焊条、焊把等与钢筋非焊接部位接触，短暂地引起电弧后，将钢筋表面局部烧伤，形成缺陷或凹坑，或产生淬硬组织。

3. 预防措施

(1) 精心操作，避免带电金属与钢筋相碰引起电弧。

(2) 不得在非焊接部位随意引燃电弧。

(3) 地线与钢筋接触要良好紧固。

4. 治理方法

在外观检查中发现HRB400、HRB500钢筋有烧伤缺陷时，应予以铲除磨平，视情况焊补加固，然后进行回火处理，回火温度一般以500～600℃为宜。

17.3.6　弧坑过大

1. 现象

收弧时弧坑未填满，在焊缝上有较明显的凹坑，甚至产生龟裂，在接头受力时成为薄弱环节。

2. 原因分析

这种缺陷主要是焊接过程中突然灭弧引起的。

3. 防治措施

焊条在收弧处稍多停留一会，或者采用几次断续灭弧补焊，填满凹坑。但碱性直流焊条不宜采用断续灭弧法，以防止产生气孔。

17.3.7　脆断

1. 现象

焊接接头在承受拉、弯等应力时，在焊缝、热影响区域母材上发生没有塑性变形的突然断裂。断裂面一般从断裂源开始向其他方向呈放射性波纹，见图17-14。断裂强度一般比母材有所降低，有时甚至低于屈服强度。这种缺陷大部分发生在碳、锰含量较高的HRB500、HRB400钢筋中。

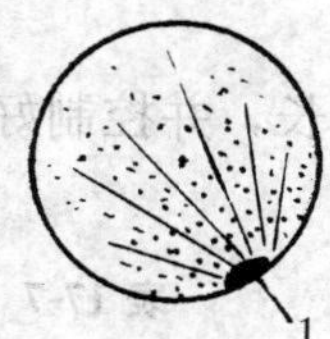

图17-14　脆断断面
1—淬硬区；2—烧伤

2. 原因分析

(1) 焊接时的咬边缺陷，造成接头局部应力集中。

(2) 电弧烧伤或交叉钢筋电弧点焊焊缝太小，使钢筋局部产生淬火组织。

(3) 连续施焊使焊缝和热影响区温度过高，冷却后形成粗大的魏氏组织，降低了接头的塑性。

(4) 负温焊接时，焊接工艺及参数选择不合适。

3. 防治措施

(1) 焊接过程中不得随意在主筋非焊接部位引弧，地线应与钢筋接触良好，避免在此处产生电弧。灭弧时弧坑要填满，并应将灭弧点拉向帮条或搭接端部。在坡口立焊加强焊缝焊接中，应减小焊接电流，采用短弧等措施。

(2) HRB400、HRB500钢筋坡口焊接时，应采用几个接头轮流施焊的方法，以避免接头过热产生脆性较大的魏氏组织。

(3) 在负温条件下进行帮条和搭接接头平焊时，第一层焊缝应从中间引弧向两端运弧，使接头端部达到预热的目的。HRB400、HRB500 钢筋多层施焊时（包括搭接焊、帮条焊和坡口焊），最后一层焊道应比前层焊道在两端各缩短 4～6mm，以消除或减少前层焊道及其临近区域的淬硬组织，改善接头性能。

17.3.8 裂纹

1. 现象

按其产生的部位不同，可分为纵向裂纹、横向裂纹、熔合线裂纹、焊缝根部裂纹、弧坑裂纹以及热影响区裂纹等；按其产生的温度和时间的不同，可分为热裂纹和冷裂纹两种。

2. 原因分析

(1) 焊接碳、锰、硫、磷化学成分含量较高的钢筋时，在焊接热循环的作用下，近缝区易产生淬火组织。这种脆性组织加上较大的收缩应力，容易导致焊缝或近缝区产生裂纹。

(2) 焊条质量低劣，焊芯中碳、硫、磷含量超过规定。

(3) 焊接次序不合理，容易形成过大的内应力，引起接头裂纹。

(4) 焊接环境温度偏低或风速大，焊缝冷却速度过快。

(5) 焊接参数选择不合适，或焊接热输入控制不当。

3. 预防措施

(1) 为了防止裂纹产生，除选择质量符合要求的钢筋和焊条外，还应选择合理的焊接参数和焊接次序。如在装配式框架结构梁柱刚性节点钢筋焊接中，应该一端焊完之后再焊另一端，不能两端同时焊接，以免形成过大的内应力，造成拉裂。

(2) 在低温焊接时，环境温度不应低于－20℃，并应采取控温循环施焊，必要时应采取挡风、防雪、焊前预热、焊后缓冷或热处理等措施，刚焊完的接头防止碰到雨雪。在温度较低时，应尽量避免强行组对后进行定位焊，定位焊缝长度应适当加大，必要时采用碱性低氢型焊条。定位焊后应尽快焊满整个接头，不得中途停顿和过夜。

4. 治理方法

焊后如发现有裂纹，应铲除重新焊接。

17.3.9 未焊透

1. 现象

焊缝金属与钢筋之间有局部未熔合，便会形成没有焊透的现象（图 17-15）。根据未焊透产生的部位不同，可分为根部未焊透、边缘未焊透和层间未焊透等几种情况。

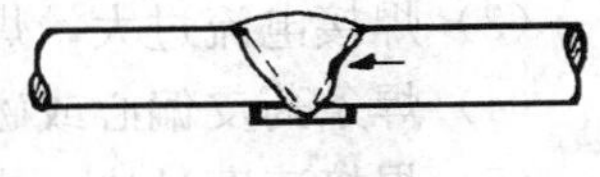

图 17-15 未焊透

2. 原因分析

(1) 在搭接焊及帮条焊中，电流不适当或操作不熟练，将会发生未焊透缺陷。

(2) 在坡口焊接头，尤其是坡口立焊接头中，如果焊接电流过小，焊接速度太快，钝边太大，间隙过小或者操作不当，焊条偏于坡口一边，均会产生未焊透现象。

3. 防治措施

(1) 钢筋坡口加工应由专人负责进行，只许采用锯割或气割，不得采用电弧切割。

(2) 气割熔渣及氧化铁皮焊前需清除干净，接头组对时应严格控制各部分尺寸，合格后方准焊接。

(3) 焊接时应根据钢筋直径大小，合理选择焊条直径。

(4) 焊接电流不宜过小；应适当放慢焊接速度，以保证钢筋端面充分熔合。

17.3.10 夹渣

1. 现象

图 17-16 夹渣

焊缝金属中存在块状或弥散状非金属夹渣物（图 17-16）。

2. 原因分析

产生夹渣的原因很多，主要是由于准备工作未做好或操作技术不熟练引起的，如运条不当，焊接电流小，钝边大，坡口角度小，焊条直径较粗等。夹渣也可能来自钢筋表面的铁锈、氧化皮、水泥浆等污物，或焊接熔渣渗入焊缝所致。在多层施焊时，熔渣没有清除干净，也会造成层间夹渣。

3. 防治措施

(1) 采用焊接工艺性能良好的焊条，正确选择焊接电流，在坡口焊中宜选用直径3.2mm的焊条。焊接时必须将焊接区域内的脏物清除干净；多层施焊时，应层层清除熔渣。

(2) 在搭接焊和帮条焊时，操作中应注意熔渣的流动方向，特别是采用酸性焊条时，必须使熔渣滞留在熔池后面；当熔池中的铁水和熔渣分离不清时，应适当将电弧拉长，利用电弧热量和吹力将熔渣吹到旁边或后边。

(3) 焊接过程中发现钢筋上有污物或焊缝上有熔渣，焊到该处时应将电弧适当拉长，并稍加停留，使该处熔化范围扩大，把污物或熔渣再次熔化吹走，直至形成清亮熔池为止。

17.3.11 气孔

1. 现象

焊接熔池中的气体来不及逸出而停留在焊缝中所形成的孔眼，大多呈球状。根据其分布情况，可分为疏散气孔、密集气孔和连续气孔等。

2. 原因分析

(1) 碱性低氢型焊条受潮，药皮变质或剥落，钢芯生锈；酸性焊条烘焙温度过高，使药皮变质失效。

(2) 钢筋焊接区域内清理工作不彻底。

(3) 焊接电流过大，焊条发红造成保护失效，使空气侵入。

(4) 焊条药皮偏心或磁偏吹造成电弧强烈不稳定。

(5) 焊接速度过快，或空气湿度太高。

3. 防治措施

(1) 各种焊条均应按说明书规定的温度和时间进行烘焙。药皮开裂、剥落、偏心过大以及焊芯锈蚀的焊条不能使用。

(2) 钢筋焊接区域内的水、锈、油、熔渣及水泥浆等必须清除干净，雨雪天气不能焊接。

(3) 引燃电弧后，应将电弧拉长些，以便进行预热和逐渐形成熔池，在焊缝端部收弧时，应将电弧拉长些，使该处适当加热，然后缩短电弧，稍停一会再断弧。

（4）焊接过程中，可适当加大焊接电流，降低焊接速度，使熔池中的气体完全逸出。

17.4 钢筋电渣压力焊

电渣压力焊操作简单，用料省，工效高，接头质量优良，有良好的技术经济效果。但在焊接过程中如果操作不当或焊接工艺参数选择不好，也会产生各种缺陷。

17.4.1 接头偏心和倾斜

1. 现象

（1）焊接接头的轴线偏移大于 $0.1d$ 或超过 1mm（图 17-17a）；

（2）接头弯折角度大于 2°（图 17-17b）。

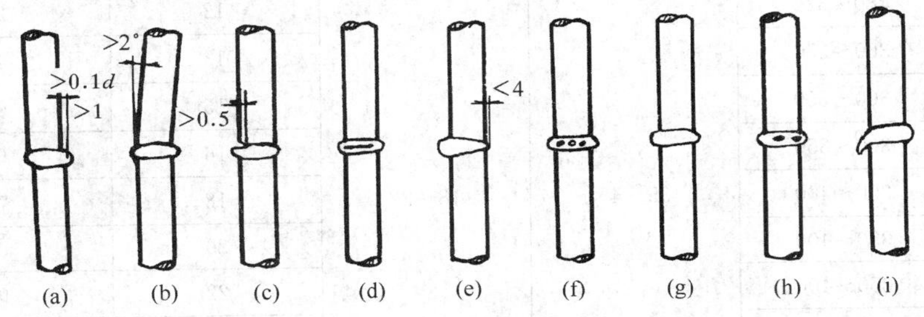

图 17-17 电渣压力焊接头缺陷

（a）偏心；（b）倾斜；（c）咬边；（d）未熔合；（e）焊包不匀；（f）气孔；（g）烧伤；（h）夹渣；（i）焊包下淌

2. 原因分析

（1）钢筋端部歪扭不直，在夹具中夹持不正或倾斜。

（2）夹具长期使用磨损，造成上下不同心。

（3）顶压时用力过大，使上钢筋晃动和移位。

（4）焊后夹具过早放松，接头未及时冷却，使上钢筋倾斜。

3. 防治措施

（1）钢筋端部不直部分在焊前应采用气割或矫正，端部歪扭的钢筋不得焊接。

（2）两钢筋夹持于夹具内，上下应同心；焊接过程中上钢筋应保持垂直和稳定。

（3）夹具的滑杆和导管之间如有较大间隙，造成夹具上下不同心时，应修正后再用。

（4）钢筋下送加压时，顶压力应适当，不得过大。

（5）焊接完成后，不能立即卸下夹具，应在停焊后约 2min 再卸夹具，以免钢筋倾斜。

17.4.2 咬边

1. 现象

咬边的缺陷症状如图 17-17（c）所示。主要发生于上钢筋。

2. 原因分析

（1）焊接时电流太大，钢筋熔化过快。

(2) 上钢筋端头没有压入熔池中，或压入深度不够。

(3) 停机太晚，通电时间过长。

3. 防治措施

(1) 钢筋端部熔化到一定程度后，上钢筋迅速下送，适当加大顶压量，以便使钢筋端头在熔池中压入一定深度，保持上下钢筋在熔池中有良好的结合。

(2) 焊接电流和通电时间是电渣压力焊重要参数，详见表 17-8。不同直径钢筋焊接时，应按较小直径钢筋选择参数，焊接通电时间可延长。

电渣压力焊焊接参数 表 17-8

钢筋直径（mm）	焊接电流（A）	焊接电压（V）		焊接通电时间（s）	
		电弧过程 $U_{2.1}$	电渣过程 $U_{2.2}$	电弧过程 t_1	电渣过程 t_2
12	280～320	35～45	18～22	12	2
14	300～350			13	4
16	300～350			15	5
18	300～350			16	6
20	350～400			18	7
22	350～400			20	8
25	350～400			22	9
28	400～450			25	10
32	450～500			30	11

17.4.3 未熔合

1. 现象

上下钢筋在接合面处没有很好地熔合在一起，即为未熔合（图 17-17d）。

2. 原因分析

(1) 焊接过程中上钢筋提升过大或下送时速度过慢；钢筋端部熔化不良或形成断弧。

(2) 焊接电流小或通电时间不够，使钢筋端部未能得到适宜的熔化量。

(3) 焊接过程中设备发生故障，上钢筋卡住，未能及时压下。

3. 预防措施

(1) 在引弧过程中应精心操作，防止操纵杆（或摇把）提得太快和过高，以免间隙太大发生断路灭弧；但也应防止操纵杆（或摇把）提得太慢，以免钢筋粘连短路。

(2) 适当增大焊接电流和延长焊接通电时间，使钢筋端部得到适宜的熔化量。

(3) 及时修理焊接设备，保证正常使用。

4. 治理方法

发现未熔合缺陷时，应切除重新焊接。

17.4.4 焊包不匀

1. 现象

焊包不匀包括两种情况：一种是被挤出的熔化金属形成的焊包很不均匀，大的一面熔化金属很多，小的一面其高度不足 4mm；另一种是钢筋端面形成的焊缝厚薄不匀，如图 17-17（e）所示。

2. 原因分析

(1) 钢筋端头倾斜过大而熔化量又不足，加压时熔化金属在接头四周分布不匀。

(2) 采用铁丝圈（焊条芯）引弧时，铁丝圈（焊条芯）安放不正，偏到一边。

(3) 焊剂填装不均。

3. 防治措施

(1) 当钢筋端头倾斜过大时，应事先把倾斜部分切去才能焊接，端面力求平整。

(2) 焊接时应适当加大熔化量，保证钢筋端部均匀熔化。

(3) 采用铁丝圈（焊条芯）引弧时，铁丝圈（焊条芯）应置于钢筋端部中心，不能偏移。

(4) 填装焊剂尽量均匀。

17.4.5 气孔

1. 现象

在焊包外部或焊缝内部由于气体的作用形成小孔眼，即为气孔（图 17-17f）。

2. 原因分析

(1) 焊剂受潮，焊接过程中产生大量气体渗入熔池。

(2) 钢筋锈蚀严重或表面不清洁。

(3) 上钢筋在焊剂中埋入深度不足。

3. 防治措施

(1) 焊剂在使用前必须烘干，否则不仅降低保护效果，且容易形成气孔。焊剂一般需经 250℃烘干，时间不少于 2h。

(2) 焊前应把钢筋端部铁锈及油污清除干净，避免在焊接过程中产生有害气体，影响焊接质量。

(3) 均匀填装焊剂，保证焊剂的埋入深度。

17.4.6 钢筋表面烧伤

1. 现象

钢筋夹持处产生许多烧伤斑点或小弧坑（图 17-17g）。HRB400、HRB500 钢筋表面烧伤后在受力时容易发生脆断。

2. 原因分析

(1) 钢筋端部或夹持处锈蚀严重，焊前未除锈。

(2) 夹具电极不干净。

(3) 钢筋未夹紧，顶压时发生滑移。

3. 防治措施

(1) 焊前应将钢筋端部 120mm 范围内的铁锈和油污清除干净。

(2) 夹具电极上粘附的熔渣及氧化物应清除干净。

(3) 焊前应把钢筋夹紧。

17.4.7 夹渣

1. 现象

焊缝中有非金属夹渣物，即为夹渣（图 17-17h）。

2. 原因分析

（1）通电时间短，上钢筋熔化未均匀即进行顶压，熔渣无法排出。

（2）焊接电流过大或过小。

（3）焊剂熔化后形成的熔渣粘度大，不易流动。

（4）预压力太小。

（5）上钢筋在熔化过程中气体渗入熔池；钢筋锈蚀严重或表面不清洁。

3. 防治措施

（1）应根据钢筋直径大小选择合适的焊接电流和通电时间。

（2）更换焊剂或加入一定比例的萤石，以增加熔渣的流动性。

（3）适当增加顶压力。

（4）焊前将钢筋端部120mm范围内铁锈和油污清除干净。

17.4.8　成形不良

1. 现象

接头成形不良，常见的是焊包下淌，见图17-17（i）。

2. 原因分析

焊接过程中焊剂泄漏，熔化铁水失去约束，随焊剂泄漏下淌。

3. 防治措施

（1）焊剂盒的下口及其间隙用石棉垫塞好，防止焊剂泄漏。

（2）避免焊后过快回收焊剂。

17.5　钢筋气压焊

气压焊接操作工艺合理，简便可行，不需电力，节约钢材，设备轻巧，使用灵活，可以用于不同方位焊接，焊接接头质量可靠，有良好的技术经济效果。钢筋气压焊按加压方式不同可分为手动气压焊和电动气压焊；按使用燃料气体不同可分为氧乙炔气压焊和氧液化石油气气压焊。按最高加热温度不同可分为钢筋固态气压焊（1150～1250℃）和钢筋熔态气压焊（1540℃以上）。

目前气压焊接多为手工操作，如果操作不当，工艺参数选择不合适，钢筋材质不适宜等，也会产生各种缺陷。

17.5.1　接头成形不良

1. 现象

（1）固态气压焊接头镦粗区的最大直径小于1.4d，熔态气压焊接头小于1.2d。镦粗长度小于1.0d（图17-18a）。

（2）焊接头镦粗区出现帽檐状（图17-18b）。

（3）熔态气压焊接头出现焊瘤（图17-18c）。

2. 原因分析

（1）固态气压焊时加热温度不够，焊缝区未达到可焊温度，或者最终顶压力未达到30MPa以上。

（2）装卡钢筋时，夹具的顶紧螺丝未顶紧，造成加压时钢筋打滑，顶压力施加不上。

（3）装卡钢筋时，夹具的活动夹头没有回到原始位置，造成加压时活动夹头行程不

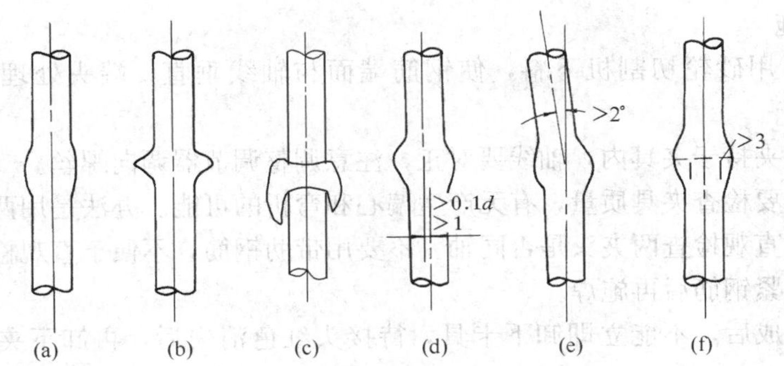

图 17-18 气压焊接头缺陷

（a）焊包太小；（b）帽檐状；（c）焊瘤；（d）偏心；

（e）倾斜；（f）过烧、纵向裂纹

够，镦粗头尚未压成，活动夹头已不再往前移动。

（4）焊接加热时，只在压焊面局部加热加压，容易在压焊面部出现帽檐状镦粗头。

（5）采用熔态气压焊时，火焰温度过高，或加热时间过长，形成焊瘤。

3. 预防措施

（1）焊接时焊缝区加热温度要达到可焊温度，最终顶压力要达到 30MPa 以上。

（2）加热时，加热器摆幅要达到两倍钢筋直径，并且高温区要集中在焊缝处，温度分布均匀。加压时注意，固态气压焊镦粗直径达到钢筋直径 1.4 倍以上，熔态气压焊应达到钢筋直径 1.2 倍以上，镦粗长度要达到钢筋直径 1.0 倍以上，形状均匀，平滑。

（3）装夹具前要检查夹具的活动夹头是否回到原来位置。施焊前要检查顶紧螺丝是否顶紧。对于抱紧式夹具或凸轮压紧式夹具，也要检查钢筋上紧情况。

（4）采用熔态气压焊时，火陷温度应选择合适，加热时间不要过长。

4. 治理方法

（1）对于镦粗头直径小、镦粗长度不够的焊接接头，可以装上夹具，重新加热、加压，使镦粗头达到合格要求。

（2）帽檐状镦粗头要割掉重新焊接。

（3）焊瘤过大时割除重焊。

17.5.2 接头偏心和倾斜

1. 现象

（1）接头两端轴线偏移大于 0.10d（d 为较小钢筋直径），或超过 1mm（图 17-18d）；

（2）接头弯折角度大于 2°（图 17-18e）。

2. 原因分析

（1）钢筋端面处理不平，有倾斜角。

（2）焊接夹具变形，质量差，两夹头不同轴或夹具刚度不够。

（3）夹具调向螺丝没有调整好。

（4）钢筋装卡时，两钢筋轴线未对正。

（5）焊接夹具拆卸过早。

（6）钢筋未夹紧就进行焊接。

3. 预防措施

(1) 钢筋要用砂轮切割机下料，使钢筋端面与轴线垂直，端头处理不合格的不应焊接。

(2) 两钢筋夹持于夹具内，轴线要对正，注意调整调节器调向螺丝。

(3) 焊接前要检查夹具质量，有无产生偏心和弯折的可能。办法是用两根光圆短钢筋安装在夹具上，直观检查两夹头是否同轴。不要用带肋钢筋，不便于直观检查。

(4) 确认夹紧钢筋后再施焊。

(5) 焊接完成后，不能立即卸下卡具，待接头红色消失后，再卸下夹具，以免钢筋弯折。

4. 治理方法

(1) 弯折角大于1°的可以加热后校正。

(2) 偏心大于0.10d，但小于0.3d，可加热矫正，当大于0.3d要割掉重焊。

17.5.3 过烧、纵向裂纹

1. 现象

(1) 钢筋压焊区表面有严重过烧现象（图17-18f）。

(2) 镦粗区表面局部纵向裂纹宽度大于2mm（图17-18f）。

2. 原因分析

(1) 采用固态气压焊时，加热温度过高，接近熔点温度，同时由于氧化性气体的渗入，使晶粒间的物质氧化，破坏了晶粒间的联系，造成过烧。

(2) 加热过程结束，但仍继续加压力，使镦粗区表面压出裂纹。

(3) 钢筋母材本身有纵向裂纹，施焊前未发现，一经加压纵向裂纹扩展。

(4) 加热器摆动不匀。

3. 预防措施

(1) 加热、加压操作要符合工艺规程要求。

(2) 施焊钢筋要经过仔细检查，有裂纹的钢筋不能施焊。

(3) 加热器功率的选择要与钢筋直径相适应。

4. 治理方法

(1) 过烧的接头是无法挽救的缺陷，必须割除重焊。

(2) 镦粗区纵向裂纹大于2mm时，要割掉重焊。

17.5.4 未焊合

1. 现象

焊接接头受力后从压焊面破断，断面呈平口，没有焊合现象。

2. 原因分析

(1) 钢筋端头处理不清洁，有锈、油污、水泥等附着物。

(2) 固态气压焊时钢筋装夹间隙大于3mm，或端面毛刺没有磨削净，使压焊面产生间隙。

(3) 装卡好的钢筋没有在当天施焊，压焊面被污染。

(4) 加热时火焰利用不正确，加热温度不够或热量分布不均，使压焊面氧化。

(5) 顶压力过小。

（2）回收焊剂重复使用时，未能将夹杂物清理干净。

3. 防治措施

（1）选择合适的压入留量，加快顶压速度，保证顶压过程中有足够的压入深度。

（2）合理调整熔化时间与焊接时间的匹配，经常保持顶压系统的灵活性，确保在带电情况下完成顶压过程。

（3）焊剂重复使用时，应认真清除夹杂物。

17.6.4 气孔

1. 现象

气孔一般都以球状存在于焊缝金属内部（图 17-22）。

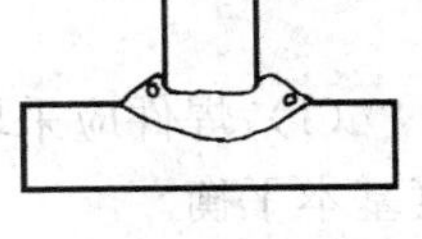

图 17-22 气孔

2. 原因分析

（1）焊剂受潮，或钢筋、钢板锈蚀严重，焊接时分解出的氢气混入熔池金属中，未完全逸出。

（2）焊剂粒径太大，覆盖厚度不足，对熔池金属保护太差。

3. 防治措施

（1）焊前应将焊剂按要求烘干，并保持清洁；钢筋和钢板焊接处需清除锈污。

（2）焊剂粒径要适中，特别是使用回收焊剂时，应认真清除熔渣；焊剂的覆盖厚度至少应能保证焊接过程的顺利进行而不泄露火光。

17.6.5 钢板焊穿

1. 现象

钢板背面有熔化金属凸出（图 17-23）。

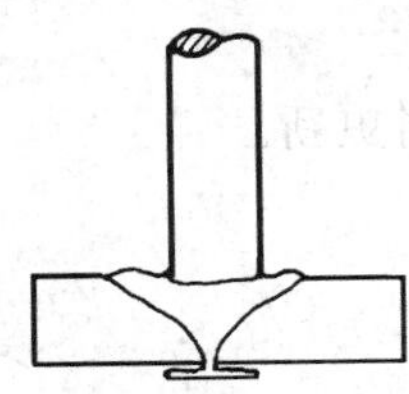

图 17-23 钢板焊穿

2. 原因分析

（1）焊接电流过大，焊接时间过长。

（2）钢筋粗，钢板薄，匹配不当。

（3）被焊钢板悬空放置。

3. 防治措施

（1）恰当选择焊接电流及焊接时间，避免钢板过热。

（2）当钢筋直径与钢板厚度不匹配时，应通过试验，求得合适的焊接参数。

（3）施焊时钢板下面放一平整垫板，并经常清扫焊剂，力求两者尽量贴紧。

17.6.6 焊偏

1. 现象

熔池金属严重不均（图 17-24a）。

2. 原因分析

（1）当采用直流电焊接时，焊件由一侧接地，电流流向发生直角变化，电流引起的磁场力产生不对称现象，于是，电弧偏向与焊件接地相反的一边（图 17-24b）。即使采取两侧对称接地方式，如果导电情况差异较大，仍会发生电弧偏吹现象。

（2）夹具悬臂晃动，顶压过程中产生位移。

3. 防治措施

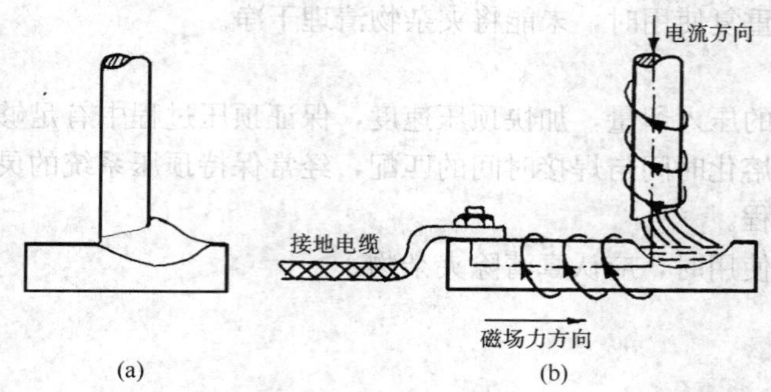

图 17-24　焊偏

(a) 接头焊偏；(b) 电弧偏吹

(1) 焊件应采取对称接地方式，且接地部位的平整度和洁净度应力求相同，使电流强度基本平衡。

(2) 增强悬臂的稳定性，确保熔化过程和顶压过程始终在同一部位进行。

(3) 采用交流电焊接。

17.6.7　歪斜

1. 现象

钢筋和钢板不垂直度大于 2°（图 17-25）。

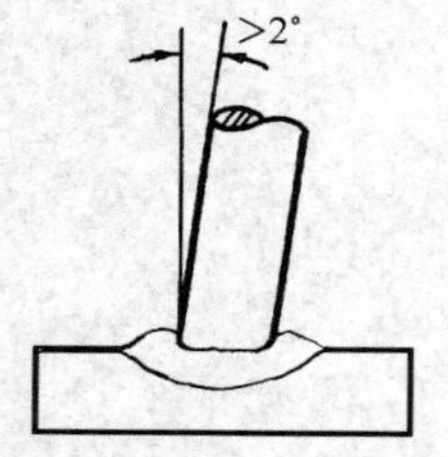

图 17-25　歪斜症状

2. 原因分析

(1) 电极钳口变形过大，夹装钢筋不正确。

(2) 焊后放松钳口过快，熔池金属尚未凝固不慎碰撞。

3. 防治措施

(1) 经常维修电极钳口，变形过火时应及时更新。

(2) 夹装钢筋应力求端正。

(3) 焊毕稍冷却后再松开钳口。

17.6.8　钢筋淬硬脆断

1. 现象

焊接接头在承受拉力时，在焊缝、热影响区发生脆性断裂。

2. 原因分析

(1) 焊接电流太大，焊接时间太短。

(2) 含碳、锰、硫、磷量较高。

3. 防治措施

(1) 减小焊接电流，延长焊接时间。

(2) 焊接前进行化学成分分析，合格后再使用。

17.6.9　钢板凹陷

1. 现象

钢板背面凸出。

2. 原因分析

(1) 焊接电流过大，焊接时间过短。

（2）顶压用力过猛。

3. 防治措施

（1）减小焊接电流，延长焊接时间。

（2）减小顶压力，减小压入量。

Ⅱ 钢筋机械连接

本节仅对国内市场上使用较为普遍，且已经积累了一定经验的几种主要钢筋机械连接方式，如套筒挤压接头、锥螺纹接头、镦粗直螺纹接头、滚轧直螺纹接头列入，而刚开始使用及使用量不多的灌浆接头、组合接头等暂未列入。

17.7 套筒挤压钢筋连接

17.7.1 连接套筒的质量缺陷

1. 现象

（1）套筒表面有肉眼可见的裂纹。

（2）套筒表面无挤压位置的喷漆标记线或标记线不清晰。

2. 原因分析

（1）钢管在轧制过程中产生的缺陷，套筒生产过程中未检验出来。

（2）套筒在厂家生产过程中，喷漆工序产生的质量缺陷。

3. 防治措施

产品进场时，加强对套筒外观的检验，不合格品退回厂家。

17.7.2 钢筋无法穿入套筒

1. 现象

连接钢筋无法穿入待连接的套筒。

2. 原因分析

（1）套筒内径偏小。

（2）钢筋端部有弯曲。

（3）钢筋端部切断时形成有明显的“马蹄形”和突出的尖角。

（4）钢筋的外形尺寸超差，肋尺寸偏大。

3. 防治措施

（1）现场加强入场套筒尺寸的检验，尺寸超差的不合格品退回生产厂家。

（2）对钢筋端部弯曲段进行调直，调直后再使用。

（3）使用手砂轮或手锤对钢筋凸出的尖角处进行打磨、锤击处理；使用专用钢筋切断设备进行钢筋的切断加工，如适用于钢筋机械连接的专用切筋机、砂轮锯、锯床等设备。

（4）加强对入场钢筋外形和尺寸的检验，对不符合国标外形尺寸超差的钢筋，应退货处理。

17.7.3 接头安装后外观不合格

1. 现象

（1）接头挤压完成后套筒中间部位压空。

（2）接头挤压完成后压痕分布明显不均。

（3）连接后套筒两侧的钢筋明显弯曲，且弯折角度大于行业标准所允许的4°。

（4）接头挤压完成后压痕深度不符合尺寸要求。

（5）挤压后的套筒出现裂纹。

2. 原因分析

（1）待挤压的钢筋未作插入尺寸标记，或在挤压前没有检查钢筋插入位置，钢筋插入过少；套筒表面挤压位置没有标识或标识不清晰。

（2）套筒上未标明压痕标志线，或挤压时压模与检查标志线未对正。

（3）套筒在挤压前及挤压过程中，没有摆正钢筋与模具的相对位置，压模压接方向与套筒轴线不垂直；被连接的两端钢筋不处于同一轴线上。

（4）未按照标准要求做接头的工艺检验；或未按照工艺检验合格的挤压力参数进行挤压操作；或挤压用钢筋与工艺检验时的钢筋厂家、生产批次不同，硬度发生了变化；或挤压时未按照规定的压力挤压；或压力表不准确。

（5）未按照规定的压力挤压，挤压力过大；压力表不准确；套筒的硬度偏高。

3. 防治措施

（1）待挤压钢筋在连接前作插入尺寸标记与检查标记，挤压按照要求将钢筋插入到位；挤压前应检查套筒表面的挤压标识，没有标识或标识不清晰的应退货。

（2）挤压前应检查套筒上压痕标志线，没有标志线或标识不清晰应退货；挤压操作时压模与检查标志线应对正。

（3）套筒在挤压前及挤压过程中，调整压钳，使压模压接方向与套筒轴线保持垂直；将被连接的两端钢筋处于同一轴线上；对挤压不符合要求的接头应切掉重新连接。

（4）套筒与进场钢筋应按照标准要求做接头的工艺检验，以验证与调整提供的套筒与进场的钢筋挤压工艺的匹配性；应严格按照工艺检验合格的挤压力参数进行操作；在更换钢筋厂家、套筒生产批号后应再进行工艺检验，以确定最佳的挤压力参数。

（5）严格按照规定的压力操作；应对设备上的压力表进行标定（有些压力表虽未到标定期限，但对其精度有怀疑时也可以进行标定）；加强入场套筒的硬度检验，对硬度不符合标准要求的套筒要退货处理。

17.7.4　钢筋接头试件拉脱

1. 现象

（1）钢筋从完好的套筒中拔出。

（2）钢筋从劈裂的套筒中拔出。

2. 原因分析

（1）没有按照操作要求用专用卡规测量压痕深度（压力表不准，显示压力小于实际压力）；压痕直径偏大；挤压力偏小；套筒硬度偏高；挤压模具规格与挤压钢筋规格不符。

（2）没有按照要求用专用卡规测量压痕深度；压痕直径偏小；压力表不准，显示压力大于实际压力；挤压力过大；套筒硬度偏高。

3. 防治措施

严格按照操作要求，用专用卡规测量压痕深度；定期标定压力表；套筒硬度进行复检，不符合要求的应退货处理；检查挤压用模具必须与待连接钢筋规格一致。

17.7.5 钢筋接头试件拉断

1. 现象

(1) 套筒从中间拉断。

(2) 钢筋从压痕处拉断。

2. 原因分析

(1) 套筒材料实际强度偏低，或套筒材料有缺陷，不符合设计要求。

(2) 套筒挤压时挤压力过大；压力表不准。

3. 防治措施

(1) 加强套筒材料的入场复检，不合格的材料一律禁止使用。

(2) 严格按照操作要求挤压，严禁超压挤压；压力表应定期进行标定或检查是否准确。

17.8 锥螺纹钢筋连接

17.8.1 连接套筒质量缺陷

1. 现象

(1) 会筒表面有裂纹。

(2) 套筒表面无规格标识。

2. 原因分析

(1) 套筒原材料存在裂纹缺陷，在生产过程中未检验出或出厂未经过检验。

(2) 套筒在出厂前未做规格标记。

3. 防治措施

(1) 加强对入场套管的外观检验，表面有微裂纹的套筒一律禁用。

(2) 对套筒表面未做规格标记的不合格套筒退回厂家。

17.8.2 连接钢筋无法穿入待连接套筒

1. 现象

连接钢筋无法穿入待连接套筒。

2. 原因分析

(1) 连接套筒与待连接钢筋型号不匹配。

(2) 连接套筒端部未戴保护盖进行防护，套筒内有异物。

3. 防治措施

(1) 加强现场套筒的管理，在连接前检查套筒表面标记是否与连接钢筋规格一致。

(2) 钢筋连接时拧下套筒保护盖，检查套筒内有无异物并清除异物。

17.8.3 接头安装后不合格

1. 现象

(1) 接头处外露螺纹超过接头供应商提供的操作规程规定的要求。

(2) 接头连接后未达到规定扭矩值，且未做油漆标记。

2. 原因分析

(1) 螺纹加工设备丝头长度限位装置调整有误，造成钢筋螺纹丝头加工过长，超过接头供应商提供的操作规程规定的要求。

（2）钢筋连接后未用扭矩扳手检验，或力矩扳手不准造成接头未按照规程规定的扭矩值拧紧；接头安装漏拧，未按照要求拧紧，且未做拧紧后的油漆标记。

3. 防治措施

（1）重新调整螺纹加工设备丝头长度限位装置的位置。

（2）接头必须按照规程规定的扭紧力矩值（表 17-11，参照 JGJ 107—2010 中表 6.2.2）安装，完成的接头必须按照接头厂家规定的检验比例，用扭矩扳手扭紧检验，检验合格的接头做好油漆标记；扭矩扳手按照规程要求，每年度必须到指定机构标定一次。

锥螺纹接头安装时的拧紧扭矩值 **表 17-11**

钢筋直径（mm）	≤16	18～20	22～25	28～32	36～40
拧紧扭矩（N·m）	100	180	240	300	360

17.8.4 钢筋接头试件拉脱

1. 现象

（1）钢筋从套筒中拔出而强度值未达到规范要求。

（2）钢筋从劈裂的套筒中拔出。

2. 原因分析

（1）套筒螺纹锥度或牙形角加工不合格；丝头锥度、牙形角或长度加工不合格；钢筋连接不合格。

（2）套筒存在质量缺陷。

3. 防治措施

（1）钢筋连接前应认真检查套筒质量，每一批应有产品合格证；丝头在加工过程中每个丝头必须通过专用检具进行检验，不合格品切掉重新加工，合格后拧上保护帽；钢筋连接后必须用扳手扭紧，并用扭矩扳手按照规定检验接头。

（2）钢筋连接前认真检查套筒是否有裂纹，对不合格品禁止使用。

17.8.5 钢筋接头试件拉断

1. 现象

在套筒处拉断。

2. 原因分析

套筒原材料不合格，存在质量缺陷。

3. 防治措施

认真检查套筒质量，是否有裂缝，对不合格产品禁止使用。

17.9 直螺纹钢筋连接

17.9.1 钢筋丝头无法全部旋入连接套筒

1. 现象

（1）钢筋螺纹丝头不能旋入或只有少量可以旋入连接套筒。

（2）钢筋螺纹丝头不能全部旋入连接套筒。

2. 原因分析

（1）套筒规格标识不清，套筒与钢筋的规格不匹配；钢筋螺纹丝头加工直径偏大；螺纹丝头加工时，刀具或滚丝轮规格使用错误，螺纹丝头的螺距与套筒螺纹的螺距不符。

（2）钢筋螺纹丝头的螺距误差超差，造成累计误差大；钢筋螺纹丝头加工有锥度。

3. 防治措施

（1）套筒规格标识不清的应退回工厂；加强现场螺纹丝头直径的检验；严格按照接厂家提供的钢筋直螺纹设备的操作规程操作，避免配件使用错误。

（2）更换质量有保障的滚丝轮、梳刀等产品，并应与加工套筒的机锥相匹配；选择使用精度、刚度较好的螺纹加工设备。

17.9.2 接头安装后不合格

1. 现象

（1）连接套筒安装后明显不居中；

（2）外露钢筋螺纹丝头长度超过标准要求；

（3）连接钢筋中部未对顶紧。

2. 原因分析

（1）钢筋螺纹丝头加工长度误差过大，连接的两个钢筋丝头长短不一致，并超过允许误差，两个丝头端部在套筒中居中或偏向一侧，外露丝头长度不一致。

（2）钢筋螺纹丝头加工长度偏长，超过允许误差值。

（3）钢筋螺纹丝头加工长度偏短，超过允许误差值；丝头加工锥度较大，不能全部旋入套筒；连接时未按照规定扭矩拧紧。

3. 防治措施

（1）应按照接头厂家提供的设备操作规程操作，严格控制丝头的加工长度，丝头应经检验合格后方可使用。

（2）使用精度、刚度较好的设备和质量较好的刀具配件加工丝头，以控制丝头加工锥度。

（3）应按照规定的扭矩值安装接头（表 17-12，摘自 JGJ 107—2010 中表 6.2.1）。

直螺纹接头安装时的最小拧紧扭矩值 **表 17-12**

钢筋直径（mm）	≤16	18～20	22～25	28～32	36～40
拧紧扭矩（N·m）	100	200	260	320	360

17.9.3 钢筋接头试件拉脱

1. 现象

接头检验时，拉力在未达到接头的设计拉力前，钢筋从套筒中拔出，螺纹丝头滑脱。

2. 原因分析

（1）套筒螺纹小径加工时尺寸偏大超差（螺纹牙高偏低，牙尖偏平），或钢筋螺纹丝头中径偏小、超差，造成螺纹的有效接触牙高不够。

（2）套筒或丝头加工中径的尺寸超差，造成安装时螺纹间隙过小，丝头无法全部拧入套筒中，有效的螺纹连接长度不够；丝头的加工锥度过大；安装时丝头未按照要求拧紧到位。

3. 防治措施

(1) 加强进场套筒螺纹小径的检验，及对现场钢筋螺纹丝头中径的检验，不合格品一律作废，禁止使用。

(2) 使用精度、刚度较好的螺纹加工设备及刀具配件加工钢筋螺纹，保证丝头锥度。

(3) 应严格按照行业标准的要求安装接头，并加强安装后的外观检验，对外观安装不合格的接头，应重新安装。

17.9.4　钢筋接头试件在接头部位（套筒处）拉断

1. 现象

钢筋接头试件在套筒部位拉断。

2. 原因分析

(1) 套筒材料的实际强度偏低，不符合套筒设计对材料强度的要求。

(2) 套筒外径尺寸偏小，尺寸超差。

(3) 套筒材料局部有缺陷。

3. 防治措施

(1) 套筒供应商应对套筒生产使用的材料加强复检，避免使用不符合设计要求的材料。接头使用单位必要时应向接头供应商索要与套筒表面生产批号相对应的套筒原材料的质量保证书及材料入场加工前的力学性能复检报告，避免使用力学性能不合格的材料或未经入场复检的材料；

(2) 加强入场套筒的外径尺寸检验，避免不合格套筒进场；

(3) 督促接头供应商对问题材料批次的套筒实行全部召回，在未查明问题的原因及提交可以继续使用该批套筒的证据以前，严禁继续使用问题批次的套筒。对没有实行材料批次管理的供应商，应督促改进或更换供应商。

17.10　镦粗直螺纹钢筋连接

17.10.1　钢筋螺纹丝头外观不合格

1. 现象

(1) 钢筋螺纹丝头牙形整体不饱满，牙尖较秃。

(2) 钢筋螺纹丝头的牙形一侧饱满，一侧较秃。

2. 原因分析

(1) 钢筋镦粗段镦粗直径偏小。

(2) 待加工钢筋端部弯曲，造成镦粗后镦粗段弯曲；钢筋断面采用普通切断机切断，断面不平整，有马蹄形，造成镦粗后镦粗段弯曲。

3. 防治措施

(1) 适当加大镦粗压力，增大镦粗段的直径，以能够满足操作规程的镦粗基圆尺寸要求。

(2) 镦粗前将待加工的钢筋弯曲部分调直或切除；钢筋切断时应采用专用切断机、砂轮切割机或锯床下料，保证切割断面垂直，保证断面不平度不大于规程规定的4°。

17.10.2 钢筋接头拉脱

1. 现象

钢筋螺纹丝扣从会筒中拔出。

2. 原因分析

(1) 钢筋螺纹丝头牙形不饱满，牙尖偏秃，造成螺纹的有效接触牙高偏小；

(2) 钢筋由于镦粗前弯曲或钢筋断面不平整，有“马蹄形”，造成镦粗后镦粗段弯曲，螺纹加工后牙形一边饱满，一边不饱满。

3. 防治措施

(1) 钢筋镦粗应严格按照操作规程操作，钢筋镦粗基圆直径应达到规程要求。

(2) 加工前应对弯曲钢筋调直或切断后再行镦粗加工；钢筋切断时应采用专用钢筋切断机、砂轮切割机或锯床切割，并保证切割断面的不垂直度≤4°；必要时调整钢筋镦粗设备的模具。

17.10.3 钢筋接头试件拉断

1. 现象

(1) 在未达到接头的设计强度时，钢筋在外露的丝头部位拉断。

(2) 在未达到接头的设计强度时，钢筋在镦粗“过渡段”拉断。

(3) 在未达到接头的设计强度时，钢筋在镦粗的“夹持段”拉断。

2. 原因分析

(1) 镦粗段螺纹的直径加工偏小；钢筋冷镦力偏小，强化程度不够。

(2) 钢筋冷镦力偏大，钢筋冷强强化的程度过大；个别情况下可能因为该钢筋对冷镦加工的敏感性过大，不能适应。

(3) 在钢筋镦粗时，镦粗机夹具对钢筋夹持段部位的夹紧力过大，或夹具不平行，对钢筋造成损伤。

3. 防治措施

(1) 严格按照接头供应商提供的操作规程进行加工，丝头直径应符合设计要求；适当加大钢筋镦粗的冷镦力，提高对钢筋冷强强化的程度。

(2) 尽可能减小钢筋镦粗的冷镦力，必要时可适当加大镦粗模具的成型腔尺寸，以尽量减小对钢筋冷强的强化程度；对不能适应冷镦加工的钢筋进行更换。

(3) 降低钢筋冷镦机的夹持压力，尽量减小在钢筋镦粗时夹具对钢筋夹持段部位的夹紧力；调整镦粗夹具的平行度。

17.11 剥肋滚轧直螺纹钢筋连接

17.11.1 钢筋螺纹丝头外观不合格

1. 现象

(1) 螺纹丝头牙形偏瘦，螺纹牙形上有双线或多线的压痕。

(2) 螺纹丝头牙尖偏平。

2. 原因分析

(1) 3个或4个滚丝轮的牙形轨迹不在同一条直线上，滚轧时形成“干涉”，螺纹牙形偏瘦。

（2）钢筋剥肋切削时，切削直径过小，不符合操作规程的直径要求。滚制的螺纹牙尖偏平，接头拉伸受力时接触牙高偏低，造成螺纹牙齿的强度偏低。

3. 防治措施

（1）更换新的滚丝轮或新的滚丝轮垫片，按照设备使用说明书的要求检查安装顺序是否正确。

（2）严格按照操作规程的要求加工钢筋剥肋直径。

17.11.2　钢筋接头试件拉脱

1. 现象

接头试件拉伸时，拉力在未达到接头的设计强度前，钢筋从套筒中拔出。

2. 原因分析

参见 17.11.1“钢筋螺纹丝头外观不合格”的原因分析。

3. 防治措施

参见 17.11.1“钢筋螺纹丝头外观不合格”的防治措施。

17.11.3　钢筋接头试件拉断

1. 现象

接头在套筒的端部钢筋外露螺纹部位拉断。

2. 原因分析

（1）钢筋的螺纹丝头加工过长（加长螺纹除外），套筒端部对它没有形成嵌固作用。

（2）螺纹剥肋长度大于滚丝长度，丝头外侧有未经滚轧强化的钢筋切削段。

（3）套筒端部的内倒角设计参数与螺纹滚丝轮端部过渡段的牙形不匹配。

3. 防治措施

（1）加工螺纹丝头剥肋长度与滚轧长度时，应严格按照要求的长度加工，误差应在要求的范围内。

（2）套筒端部内倒角的设计参数，应与螺纹滚丝轮端部过渡段牙形设计参数相匹配，或更换质量合格的接头供应商。

17.12　直接滚轧直螺纹钢筋连接

17.12.1　钢筋螺纹丝头外观不合格

1. 现象

（1）螺纹丝头牙形偏瘦，螺纹牙形上有双线或多线的压痕。

（2）滚轧的螺纹牙尖明显有“倒伏”的形态。

2. 原因分析

（1）3 个或 4 个滚丝轮的牙形轨迹不在同一条直线上，滚轧时形成“干涉”，螺纹牙形偏瘦。

（2）钢筋滚丝直径调整过大，造成滚制的螺纹牙尖偏平，接头拉伸受力时接触牙高偏低，造成螺纹牙齿的强度偏低；钢筋直径超标偏小。

（3）滚丝轮的设计存在缺陷。

3. 防治措施

(1) 更换新的滚丝轮或新的滚丝轮垫片，按照设备使用说明书的要求检查安装顺序是否正确。

(2) 将钢筋滚丝直径适当减小，并应符合中径的设计值；更换不符合标准的钢筋。

(3) 更换能够满足要求的滚丝轮。

17.12.2 钢筋接头试件拉脱

1. 现象

(1) 螺纹丝头牙形偏瘦，螺纹牙形上有双线或多线的压痕。

(2) 螺纹丝头牙尖偏平。

2. 原因分析

(1) 3 个或 4 个滚丝轮的牙形轨迹不在同一条直线上，滚轧时形成"干涉"，螺纹牙形偏瘦。

(2) 钢筋滚轧时形成"倒伏"的牙形，滚丝轮的设计存在缺陷。

3. 防治措施

(1) 更换新的滚丝轮或新的滚丝轮垫片，按照设备使用说明书的要求检查安装顺序是否正确。

(2) 更换能够满足要求的滚丝轮。

18 混 凝 土 工 程

混凝土工程是建（构）筑物的重要组成部分，也往往是建（构）筑物承受荷载的主要部位，其质量好坏，直接关系到整个建（构）筑物的安危和寿命，因此，对混凝土工程的施工质量必须特别重视，保证不出现任何足以影响混凝土结构性能的缺陷。施工时应根据工程特点、设计要求、材料供应情况以及施工部门的技术素质和管理水平，制定有效的保证混凝土质量的技术措施，按设计和施工验收规范要求认真施工，消除施工中常见的质量通病和缺陷，以确保工程质量。

本章叙述普通混凝土工程常见质量通病和预防措施。

18.1 混 凝 土 拌 制

18.1.1 配合比不良

1. 现象

混凝土拌合物松散，保水性差，易于泌水、离析，难以振捣密实，浇筑后达不到要求的强度。

2. 原因分析

（1）混凝土配合比未经认真设计计算和试配，材料用量比例不当，水胶比[1]大，砂浆少，石子多。

（2）使用原材料不符合施工配合比设计要求，水泥用量不够或受潮结块，活性降低；滑料级配差，含杂质多；水被污染，或砂石含水率未扣除。

（3）材料未采用称量，用体积比代替重量比，用手推车量度，或虽用磅秤计量，计量工具未经校验，误差大，材料用量不符合配合比要求。

（4）外加剂和掺量未严格称量，加料顺序错误，混凝土未搅拌均匀，造成混凝土匀质性很差，性能达不到要求。

（5）质量管理不善，拌制时，随意增减混凝土组成材料用量，使混凝土配合比不准。

3. 防治措施

（1）混凝土配合比应经认真设计和试配，使符合设计强度和性能要求及施工时和易性的要求，不得随意套用经验配合比。

每盘混凝土试配的最小搅拌量应符合表 18-1 的规定，并应小于搅拌机公称容量的

---

[1] 水胶比是广义上的水灰比，指混凝土中水与胶凝材料的重量之比。随着混凝土技术的发展，在配制高强、高性能混凝土时，可加入一部分活性较好的矿物掺合料，它的加入不仅可以代替（节省）部分水泥，而且有助于改善混凝土的性能。在此类混凝土的配合比设计时，原来的水灰比 W/C 就用 W/B 代替了，W/B 就是水胶比，B 等于水泥与矿物掺合料之和——编者注。

1/4，且不应大于搅拌机公称容量。

混凝土试配的最小搅拌量　表 18-1

粗骨料最大公称粒径（mm）	最小搅拌的拌合物量（L）
≤31.5	20
40.0	25

（2）确保混凝土原材料质量，材料应经严格检验，水泥等胶凝材料应有质量证明文件，并妥加保管，袋装水泥应抽查其重量，砂石粒径、级配、含泥量应符合要求，堆场应经清理，防止杂草、木屑、石灰、黏土等杂物混入。

（3）严格控制混凝土配合比，保证计量准确，材料均应按重量比称量，计量工具应经常维修、校核，每班应复验 1～2 次。现场混凝土原材料配合比计量偏差，不得超过下列数值（按重量计）：胶凝材料为±2%；粗、细骨料为±3%；拌合用水和外加剂为±1%。

（4）混凝土配合比应经试验室通过试验提出，并严格按配合比配料，不得随意加水。使用外加剂应先试验，严格控制掺用量，并按规程使用。

（5）混凝土拌制应根据粗、细骨料实际含水量情况调整加水量，使水胶比和坍落度符合要求。混凝土施工和易性和保水性不能满足要求时，应通过试验调整，不得在已拌好的拌合物中随意添加材料。

（6）混凝土运输应采用不易使混凝土离析、漏浆或水分散失的运输工具。

18.1.2　和易性差

1. 现象

拌合物松散不易粘结，或黏聚力大、成团，不易浇筑；或拌合物中水泥砂浆填不满石子间的孔隙；在运输、浇筑过程中出现分层离析，不易将混凝土振捣密实。

2. 原因分析

（1）水胶比与设计等级不匹配，水胶比过大，浆体包裹性差，容易离析；水胶比过小，浆体黏聚力过大、成团，不易浇筑。

（2）粗、细骨料级配质量差，空隙率大，配合比砂率过小，难以将混凝土振捣密实。

（3）水胶比和混凝土坍落度过大，在运输时砂浆和石子离析，浇筑过程中不易控制其均匀性。

（4）计量工具未检验，误差较大，计量制度不严或采用了不正确的计量方法，造成配合比不准，和易性差。

（5）混凝土搅拌时间不够，没有搅拌均匀。

（6）配合比设计不符合施工工艺对和易性的要求。

（7）搅拌设备选择不当。

（8）运输设备的型号及外观选择不当。

3. 预防措施

（1）混凝土配合比设计、计算和试验方法，应符合有关技术规定，混凝土在不同环境条件下的最大水胶比和胶凝材料最小用量等参数应符合表 18-2、表 18-3、表 18-4 要求。

混凝土结构的环境类别　　表 18-2

环境类别	条　件
一	室内干燥环境； 无侵蚀性静水浸没环境
二 a	室内潮湿环境； 非严寒和非寒冷地区的露天环境； 非严寒和非寒冷地区与无侵蚀性的水或土壤直接接触的环境； 严寒和寒冷地区的冰冻线以下与无侵蚀性的水或土壤直接接触的环境
二 b	干湿交替环境； 水位频繁变动环境； 严寒和寒冷地区的露天环境； 严寒和寒冷地区冰冻线以上与无侵蚀性的水或土壤直接接触的环境
三 a	严寒和寒冷地区冬季水位变动区环境； 受除冰盐影响环境； 海风环境
三 b	盐渍土环境； 受除冰盐作用环境； 海岸环境
四	海水环境
五	受人为或自然的侵蚀性物质影响的环境

注：1. 室内潮湿环境是指构件表面经常处于结露或湿润状态的环境。
2. 严寒和寒冷地区的划分应符合现行国家标准《民用建筑热工设计规范》（GB 50176）的有关规定。
3. 海岸环境和海风环境宜根据当地情况，考虑主导风向及结构所处迎风、背风部位等因素的影响，由调查研究与工程经验确定。
4. 受除冰盐影响环境是指受到除冰盐盐雾影响的环境；受除冰盐作用环境是指被除冰盐溶液溅射的环境以及使用除冰盐地区的洗车房、停车楼等建筑。
5. 暴露的环境是指混凝土结构表面所处的环境。

结构混凝土材料的耐久性基本要求　　表 18-3

环境等级	最大水胶比	最低强度等级	最大氯离子含量（%）	最大碱含量（kg/m^3）
一	0.60	C20	0.30	不限制
二 a	0.55	C25	0.20	
二 b	0.50（0.55）	C30（C25）	0.15	
三 a	0.45（0.50）	C35（C30）	0.15	3.0
三 b	0.40	C40	0.10	

注：1. 氯离子含量系指其占胶凝材料总量的百分比。
2. 预应力构件混凝土中的最大氯离子含量为 0.06%，其最低混凝土强度等级宜按表中的规定提高两个等级。
3. 素混凝土构件的水胶比及最低强度等级的要求可适当放松。
4. 有可靠工程经验时，二类环境中的最低混凝土强度等级可降低一个等级。
5. 处于严寒和寒冷地区二 b、三 a 类环境中的混凝土应使用引气剂，并可采用括号中的有关参数。
6. 当使用非碱活性骨料时，对混凝土中的碱含量可不作限制。

混凝土中胶凝材料的最小用量 **表 18-4**

最大水胶比	胶凝材料最小用量（kg/m³）		
	素混凝土	钢筋混凝土	预应力混凝土
0.60	250	280	300
0.55	280	300	300
0.50	320		
≤0.45	330		

注：C15 及 C15 以下的混凝土，其胶凝材料最小用量可不受本表限制。

（2）泵送混凝土配合比应符合标准要求，同时根据泵的种类、泵送距离、输送管径、浇筑方法、气候条件等确定，并应符合下列规定：

1）泵送混凝土输送管道的最小内径应符合表 18-5 的要求；粗骨料最大粒径与输送管径之比宜符合表 18-6 的要求；

泵送混凝土输送管道的最小内径（mm） **表 18-5**

粗骨料最大公称粒径	输送管道最小内径
25	125
40	150

粗骨料最大粒径与输送管径之比 **表 18-6**

粗骨料品种	泵送高度（m）	粗骨料最大粒径与输送管径之比
碎石	＜50	≤1∶3.0
	50～100	≤1∶4.0
	＞100	≤1∶5.0
卵石	＜50	≤1∶2.5
	50～100	≤1∶3.0
	＞100	≤1∶4.0

2）细骨料宜采用中砂，其通过 0.315mm 筛孔的砂不应少于 15%，砂率宜控制在 35%～45%；

3）水胶比不宜大于 0.6；

4）胶凝材料总量不宜小于 300kg/m³；

5）混凝土掺加的外加剂的品种和掺量宜由试验确定，不得随意使用；混凝土的坍落度宜为 100～180mm；

6）掺加引气剂型外加剂的泵送混凝土的含气量不宜大于 4%；

7）泵送轻骨料混凝土选用原材料及配合比，应通过试验确定；

8）泵送坍落度经时损失不宜大于 30mm/h；

9）入泵坍落度不宜小于 10cm，对于各种入泵坍落度不同的混凝土，其泵送高度不宜超过表 18-7 的规定。

（3）应合理选用水泥及矿物掺合料，以改善混凝土拌合物的和易性。

（4）原材料计量宜采用电子计量设备，应具有法定计量部门签发的有效检定证书，并应定期校验。

混凝土入泵坍落度与泵送高度关系表 表 18-7

最大泵送高度（m）	50	100	200	400	400 以上
入泵坍落度（mm）	100～140	150～180	190～220	230～260	—
入泵扩展度（mm）	—	—	—	450～590	600～740

（5）在混凝土拌制和浇筑过程中，应按规定检查混凝土的坍落度或工作度，每一工作班应不少于 2 次。混凝土浇筑时的坍落度按工程要求及需要采用。

（6）在一个工作班内，如混凝土配合比受外界因素影响而有变动时，应及时检查、调整。

（7）混凝土搅拌宜采用强制式搅拌机。

（8）随时检查混凝土搅拌时间，混凝土延续搅拌最短时间，按表 18-8 采用。

（9）混凝土运输应采用混凝土搅拌运输车，外观宜采用白色，装料前将罐内积水排尽，装载混凝土后，拌筒应保持 3～6r/min 的慢速转动，当混凝土需使用外加剂调整，应快速搅拌罐体不少于 120s，运输过程中严禁加水。

（10）施工温度超过 35℃，宜有隔热降温措施。

混凝土搅拌的最短时间（s） 表 18-8

混凝土坍落度（mm）	搅拌机机型	搅拌机出料量		
		＜250	250～500	＞500
≤40	强制式	60	90	120
＞40 且＜100	强制式	60	60	90
≥100	强制式	60		

注：混凝土搅拌的最短时间系指自全部材料装入搅拌筒中起到开始卸料止的时间。

4. 治理方法

因和易性不好而影响浇筑质量的混凝土拌合物，只能用于次要构件（如沟盖板等），或通过试验调整配合比，适当掺加水泥浆量，增加砂率，二次搅拌后使用。

18.1.3 外加剂使用不当

1. 现象

新拌混凝土泌水、分层、离析，工作性差，坍落度损失大，混凝土浇筑后，局部或大部分长时间不凝结硬化，硬化混凝土强度下降，收缩增大，短期内混凝土开裂，或已浇筑完的混凝土结构物表面起鼓包（俗称表面“开花”）等。

2. 原因分析

（1）外加剂与水泥适应性不良。

（2）外加剂的产品质量不达标（如碱含量超标等）。

（3）以干粉状掺入混凝土中的外加剂（如硫酸钠早强剂）细度不符合要求，含有大量未碾细的颗粒，遇水膨胀，造成混凝土表面“开花”。

（4）掺外加剂的混凝土拌合物运输停放时间过长，造成坍落度、稠度损失过大。

（5）根据混凝土的功能，所选用的外加剂类型不当。

（6）外加剂的储存存在问题，导致外加剂浓度变化及发生化学反应。

3. 预防措施

（1）施工前应详细了解外加剂的品种和特性，比对外加剂与胶凝材料的适应性，正确合理选用外加剂品种，其掺加量应通过试验确定。

（2）混凝土中掺用的外加剂应按有关标准鉴定合格，并经试验符合施工要求才可使用。

（3）运到现场的不同品种、用途的外加剂应分别存放，妥善保管，防止混淆或变质。

（4）粉状外加剂要保持干燥状态，防止受潮结块。已经结块的粉状外加剂，应烘干碾细，过0.6mm孔筛后使用。

（5）掺有外加剂的混凝土必须搅拌均匀，搅拌时间应适当延长。

（6）尽量缩短掺外加剂混凝土的运输和停放时间，减小坍落度损失。

（7）外加剂储存应确保装外加剂的罐体与外加剂无化学反应发生，确保各种环境下外加剂不沉积或结晶。

4. 治理方法

（1）宜使用液态匀质外加剂。

（2）因缓凝型减水剂掺入量过多而造成混凝土长时间不凝结硬化，可延长其养护时间，延缓拆模时间，后期混凝土强度经检定不受影响，可不处理，否则需采取加固或拆除重建等措施。

（3）混凝土表面鼓包，应剔除鼓包部分，用1∶2或1∶2.5砂浆修补。

附录18.1 混凝土配合比经验参考数据

对于技术经验不够丰富的技术人员而言，为了在满足混凝土性能要求的前提下尽量降低混凝土成本，结合系统的验证试验结果和有关专家的技术经验，给出了不同水胶比下混凝土的用水量（混凝土中已掺加减水剂，该用水量为混凝土实际单位用水量，已扣除外加剂中的水分）和矿物掺合料掺量建议值（附表18-1），供参考。对于高强混凝土，按照标准，如果用户无法确定适宜的技术参数，可参照附表18-2进行选择。

混凝土用水量和矿物掺合料掺量建议值 附表18-1

水胶比	实际用水量（kg/m^3）	矿物掺合料掺量（占胶材总量的重量百分比）	
		单掺粉煤灰	粉煤灰＋矿渣粉
0.6～0.7	185～195	25%～30%	20%～25%＋20%
0.5～0.6	175～185	25%～30%	20%～25%＋20%
0.4～0.5	165～175	25%～30%	15%～25%＋15%～25%
0.33～0.4	155～165	25%～35%	15%～25%＋15%～25%

注：混凝土类型为普通泵送钢筋混凝土，环境类别为一类环境，采用P·O42.5水泥，Ⅱ级F类粉煤灰和S95级矿渣粉。

高强混凝土配合比参数建议值 附表18-2

强度等级	水胶比	胶材总量（kg）	砂率
C60	0.32	490	0.38
C70	0.30	520	0.38
C80	0.28	550	0.38
C90	0.26	580	0.37
C100	0.24	600	0.36

注：水泥选择P·O52.5水泥，外加剂选择聚羧酸系高效减水剂，砂选择细度模数2.5～2.8的中砂。

18.2 表面缺陷

18.2.1 麻面

1. 现象

混凝土表面出现缺浆和许多小凹坑与麻点，形成粗糙面，影响外表美观，但无钢筋外露现象。

2. 原因分析

(1) 模板表面粗糙或粘附有水泥浆渣等杂物未清理干净，或清理不彻底，拆模时混凝土表面被粘坏。

(2) 木模板未浇水湿润或湿润不够，混凝土构件表面的水分被吸去，使混凝土失水过多，而出现麻面。

(3) 模板拼缝不严，局部露浆，使混凝土表面沿模板缝位置出现麻面。

(4) 模板隔离剂涂刷不匀，或局部漏刷或隔离剂变质失效，拆模时混凝土表面与模板粘结，造成麻面。

(5) 混凝土未振捣密实或振捣过度，造成气泡停留在模板表面形成麻面。

(6) 拆模过早，使混凝土表面的水泥浆粘在模板上，也会产生麻面。

3. 预防措施

(1) 模板表面应清理干净，不得粘有干硬水泥砂浆等杂物。

(2) 浇筑混凝土前，模板应浇水充分湿润，并清扫干净。

(3) 模板拼缝应严密，如有缝隙，应用海绵条、塑料条、纤维板或密封条堵严。

(4) 模板隔离剂应选用长效的，涂刷要均匀，并防止漏刷。

(5) 混凝土应分层均匀振捣密实，严防漏振，每层混凝土均应振捣至排除气泡为止。

(6) 拆模不应过早。

4. 治理方法

(1) 表面尚需作装饰抹灰的，可不作处理。

(2) 表面不再作装饰的，应在麻面部分浇水充分湿润后，用原混凝土配合比（去石子）砂浆，将麻面抹平压光，使颜色一致。修补完后，应用草帘或草袋进行保湿养护。

18.2.2 露筋

1. 现象

钢筋混凝土结构内部的主筋、副筋或箍筋等裸露在表面，没有被混凝土包裹。

2. 原因分析

(1) 浇筑混凝土时，钢筋保护层垫块位移，或垫块太少甚至漏放，致使钢筋下坠或外移紧贴模板面而外露。

(2) 结构、构件截面小，钢筋过密，石子卡在钢筋上，使水泥砂浆不能充满钢筋周围，造成露筋。

(3) 混凝土配合比不当，产生离析，靠模板部位缺浆或模板严重露浆。

(4) 混凝土保护层太小或保护层处混凝土漏振，或振捣棒撞击钢筋或踩踏钢筋，使钢筋位移，造成露筋。

(5) 模板清理不净造成粘接或脱模过早，拆模时造成缺棱、掉角，导致露筋。

3. 预防措施

(1) 浇筑混凝土前应加强检查，应保证钢筋位置和保护层厚度正确，发现偏差，及时纠正。钢筋保护层的最小厚度如设计图中未注明时，可参照表 18-9 的要求执行。

钢筋保护层的最小厚度（mm） **表 18-9**

环境与条件	构件名称	保护层厚度
室内干燥环境	板、墙	15
	梁、柱	20
非严寒和非寒冷地区露天或室内潮湿环境	板、墙	20
	梁、柱	25
严寒和非寒冷地区露天环境	板、墙	25
	梁、柱	35
严寒和寒冷地区冬季水位变动环境	板、墙	30
	梁、柱	40

注：1. 表中混凝土保护层厚度指最外层钢筋外边缘至混凝土表面的距离，适用于设计使用年限为 50 年的混凝土结果。

2. 构件中受力钢筋的保护层厚度不应小于钢筋的公称直径。

3. 混凝土强度等级不大于 C25 时，表中保护层厚度数值应增加 5mm。

4. 基础底面钢筋的保护层厚度，有混凝土垫层时应从垫层顶面算起，且不应小于 40mm。

5. 轻骨料混凝土的钢筋保护层厚度应符合国家现行标准《轻骨料混凝土结构技术规程》（JGJ 12—2006）的规定。

(2) 钢筋密集时，应选用适当粒径的石子。石子最大颗粒尺寸不得超过结构截面最小尺寸的 1/4，同时不得大于钢筋净距的 3/4。截面较小钢筋较密的部位，宜用细石混凝土浇筑。

(3) 混凝土应保证配合比准确和具有良好的和易性。

(4) 浇筑高度超过 3m，应加长软管或设溜槽、串筒下料，以防止离析。

(5) 模板应充分湿润并认真堵好缝隙。

(6) 混凝土振捣时，严禁撞击钢筋，在钢筋密集处，可采用直径较小或带刀片的振动棒进行振捣；保护层处混凝土要仔细振捣密实，避免踩踏钢筋，如有踩踏或脱扣等应及时调直纠正。

(7) 拆模时间要根据同条件试块试压结果正确掌握，防止过早拆模，损坏棱角。

4. 治理方法

(1) 对表面露筋，刷洗干净后，用 1∶2 或 1∶2.5 水泥砂浆将露筋部位抹压平整，并认真养护。

(2) 如露筋较深，应将薄弱混凝土和突出的颗粒凿去，洗刷干净后，用比原来高一强度等级的细石混凝土填塞压实，并认真养护。

18.2.3 蜂窝

1. 现象

混凝土结构局部酥松，砂浆少、石子多，石子之间出现类似蜂窝状的大量空隙、窟窿，使结构受力截面受到削弱，强度和耐久性降低。

2. 原因分析

(1) 混凝土配合比不当，或砂、石子、水泥材料计量错误，加水量不准确，造成砂浆少、石子多。

(2) 混凝土搅拌时间不足，未拌均匀，和易性差，振捣不密实。

(3) 混凝土下料不当，一次下料过多或过高，未设加长软管，使石子集中，造成石子与砂浆离析。

(4) 混凝土未分段分层下料，振捣不实或靠近模板处漏振，或使用干硬性混凝土，振捣时间不够；或下料与振捣未很好配合，未及时振捣就下料，因漏振而造成蜂窝。

(5) 模板缝隙未堵严，振捣时水泥浆大量流失；或模板未支牢，振捣混凝土时模板松动或位移，或振捣过度造成严重漏浆。

(6) 结构构件截面小，钢筋较密，使用的石子粒径过大或坍落度过小，混凝土被卡住，造成振捣不实。

3. 预防措施

(1) 认真设计并严格控制混凝土配合比，加强检查，保证材料计量准确。

(2) 混凝土应拌和均匀，其搅拌延续时间应符合表 18-8 的要求，坍落度应适宜。

(3) 混凝土下料高度如超过 3m，应设加长软管或设溜槽。

(4) 浇筑应分层下料，分层捣固，分层浇筑的最大厚度见表 18-10，并防止漏振。

混凝土分层浇筑层的最大厚度 表 18-10

振捣方法	混凝土分层振捣最大厚度
振动棒	振动棒作用部分长度的 1.25 倍
平板振动器	200mm
附着振动器	根据设置方式，通过试验确定

(5) 混凝土浇筑宜采用带浆下料法或赶浆捣固法。捣实混凝土拌合物时，插入式振捣器移动间距不应大于其作用半径的 1.5 倍；振捣器至模板的距离不应大于振捣器有效作用半径的 1/2。为保证上下层混凝土良好结合，振捣棒应插入下层混凝土 50mm；平板振捣器在相邻两段之间应搭接振捣 30～50mm。

(6) 混凝土每点的振捣时间，根据混凝土的坍落度和振捣有效作用半径，可参考表 18-11 采用。合适的振捣时间一般是：当振捣到混凝土不再显著下沉出现气泡和混凝土表面出浆呈水平状态，并将模板边角填满密实即可。

混凝土振捣时间与混凝土坍落度、振捣有效作用半径的关系 表 18-11

坍落度（mm）	0～30	40～70	80～120	130～170	180～200	200 以上
振捣时间（s）	22～28	17～22	13～17	10～13	7～10	5～7
振捣有效作用半径（cm）	25	25～30	25～30	30～35	35～40	35～40

(7) 模板缝应堵塞严密。浇筑混凝土过程中，要经常检查模板、支架、拼缝等情况，发现模板变形、走动或漏浆，应及时修复。

4. 治理方法

（1）对小蜂窝，用水洗刷干净后，用1∶2或1∶2.5水泥砂浆压实抹平。

（2）对较大蜂窝，先凿去蜂窝处薄弱松散的混凝土和突出的颗粒，刷洗干净后支模，用高一强度等级的细石混凝土仔细强力堵塞捣实，并认真养护。

（3）较深蜂窝如清除困难，可埋压浆管和排气管，表面抹砂浆或支模灌混凝土封闭后，进行水泥压浆处理。

18.2.4 孔洞

1. 现象

混凝土结构内部有尺寸较大的窟窿，局部或全部没有混凝土；或蜂窝空隙特别大，钢筋局部或全部裸露；孔穴深度和长度均超过保护层厚度。

2. 原因分析

（1）在钢筋较密的部位或预留孔洞和埋设件处，混凝土下料被搁住，未振捣就继续浇筑上层混凝土，而在下部形成孔洞。

（2）混凝土离析，砂浆分离，石子成堆，严重跑浆，又未进行振捣，从而形成特大的蜂窝。

（3）混凝土一次下料过多、过厚或过高，振捣器振动不到，形成松散孔洞。

（4）混凝土内掉入工具、木块、泥块等杂物，混凝土被卡住。

3. 预防措施

（1）在钢筋密集处及复杂部位，采用细石混凝土浇筑，使混凝土易于充满模板，并仔细捣实，必要时，辅以人工捣实。

（2）预留孔洞、预埋铁件处应在两侧同时下料，下部浇筑应在侧面加开浇灌口下料；振捣密实后再封好模板，继续往上浇筑，防止出现孔洞。

（3）采用正确的振捣方法，防止漏振。插入式振捣器应采用垂直振捣方法，即振捣棒与混凝土表面垂直或成40°～45°角斜向振捣。插点应均匀排列，可采用行列式或交错式（图18-1）顺序移动，不应混用，以免漏振。每次移动距离不应大于振捣棒作用半径（R）的1.5倍。一般振捣棒的作用半径为300～400mm。振捣器操作时应快插慢拔。

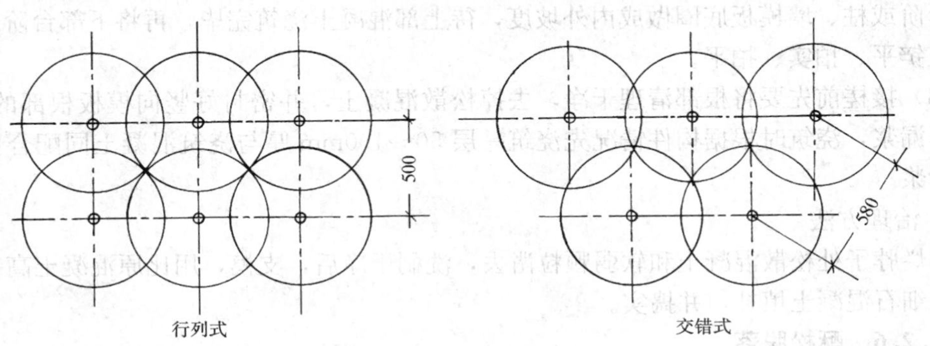

图18-1 插点排列

（4）控制好下料，混凝土自由倾落高度不应大于3m，大于3m时应采用加长软管或设溜槽、串筒的方法下料，以保证混凝土浇筑时不产生离析。

（5）砂石中混有黏土块、模板、工具等杂物掉入混凝土内，应及时清除干净。

(6) 加强施工技术管理和质量控制工作。

4. 治理方法

(1) 对混凝土孔洞的处理，应经有关单位共同研究，制定修补或补强方案，经批准后方可处理。

(2) 一般孔洞处理方法是：将孔洞周围的松散混凝土和软弱浆膜凿除，用压力水冲洗，支设带托盒的模板，洒水充分湿润后，用比结构高一强度等级的半干硬性细石混凝土仔细分层浇筑，强力捣实，并养护。突出结构面的混凝土，须待达到50%强度后再凿去，表面用1：2水泥砂抹光。

(3) 对面积大而深进的孔洞，按(2)项清理后，在内部埋压浆管、排气管，填清洁的碎石（粒径10～20mm），表面抹砂浆或浇筑薄层混凝土，然后用水泥压力灌浆方法进行处理，使之密实。

18.2.5 烂根

1. 现象

基础、柱、墙混凝土浇筑后，与基础、柱、台阶或柱、墙、底板交接处出现蜂窝状空隙，台阶或底板混凝土被挤隆起。

2. 原因分析

基础、柱或墙根部混凝土浇筑后，接着往上浇筑，由于此时台阶或底板部分混凝土尚未沉实凝固，在重力作用下被挤隆起，而根部混凝土向下脱落形成蜂窝和空隙（俗称"烂脖子"、"吊脚"）。

由于根部不平整、清理不干净，竖向构件模板不严密，振捣不及时、不到位而形成根部松散夹层或空隙。

3. 预防措施

(1) 基础、柱、墙根部应在下部台阶（板或底板）混凝土浇筑完间歇1.0～1.5h，沉实后，再浇上部混凝土，以阻止根部混凝土向下滑动。

(2) 基础台阶或柱、墙底板浇筑完后，在浇筑上部基础台阶或柱、墙前，应先沿上部基础台阶或柱、墙模板底圈做成内外坡度，待上部混凝土浇筑完毕，再将下部台阶或底板混凝土铲平、拍实、拍平。

(3) 接槎前先要将根部清理干净，去掉松散混凝土，并密封好竖向模板根部的缝隙，确保不漏浆，浇筑时根据构件情况先浇筑一层50～100mm厚与浇筑混凝土同配合比的减石子砂浆。

4. 治理方法

将烂脖子处松散混凝土和软弱颗粒凿去，洗刷干净后，支模，用比原混凝土高一强度等级的细石混凝土填补，并捣实。

18.2.6 酥松脱落

1. 现象

混凝土结构构件浇筑脱模后，表面出现酥松、脱落等现象，表面强度比内部要低很多。

2. 原因分析

(1) 木模板未浇水湿透，或湿润不够，混凝土表层水泥水化的水分被吸去，造成混凝土脱水酥松、脱落。

(2) 炎热刮风天浇筑混凝土，脱模后未适当护盖浇水养护，造成混凝土表层快速脱水产生酥松。

(3) 冬期低温浇筑混凝土，浇灌温度低，未采取保温措施，结构混凝土表面受冻，造成酥松、脱落。

3. 预防措施

(1) 模板要清理干净，充分润湿。

(2) 脱模后要及时护盖养护，尤其在炎热、大风天气，必要时可覆盖一层塑料薄膜保湿养护。

(3) 冬期施工应注意模板保温，以及脱模后的保温保湿。

4. 治理方法

(1) 表面较浅的酥松脱落，可将酥松部分凿去，洗刷干净充分湿润后，用1∶2或1∶2.5水泥砂浆抹平压实。

(2) 较深的酥松脱落，可将酥松和突出颗粒凿去，刷洗干净充分湿润后支模，用比结构高一强度等级的细石混凝土浇筑，强力捣实，并加强养护。

18.2.7 缝隙、夹层

1. 现象

混凝土内成层存在水平或垂直的松散混凝土或夹杂物，使结构的整体性受到破坏。

2. 原因分析

(1) 施工缝或后浇缝带，未经接缝处理，未将表面水泥浆膜和松动石子清除掉，或未将软弱混凝土层及杂物清除，或并未充分湿润，就继续浇筑混凝土。

(2) 大体积混凝土分层浇筑，在施工间歇时，施工缝处掉入锯屑、泥土、木块、砖块等杂物，未认真检查清理或未清除干净，就浇筑混凝土，使施工缝处成层夹有杂物。

(3) 混凝土浇筑高度过大，未设加长软管、溜槽下料，造成底层混凝土离析。

(4) 底层交接处未灌接缝砂浆层，接缝处混凝土未很好振捣密实；或浇筑混凝土接缝时，留槎或接槎时振捣不足。

(5) 柱头浇筑混凝土时，当间歇时间很长，常掉进杂物，未认真处理就浇筑上层柱混凝土，造成施工缝处形成夹层。

3. 预防措施

(1) 认真按施工验收规范要求处理施工缝及后浇缝表面；接缝处的锯屑、木块、泥土、砖块等杂物必须彻底清除干净，并将接缝表面洗净。

(2) 混凝土浇筑高度大于3m时，就应设加长软管或设溜槽下料。

(3) 在施工缝或后浇缝处继续浇筑混凝土时，应注意以下几点：

1) 浇筑柱、梁、楼板、墙、基础等，应连续进行，如间歇时间超过表18-12的规定，则按施工缝处理，应在混凝土抗压强度不低于1.2MPa时，才允许继续浇筑。

2) 大体积混凝土浇筑，如接缝时间超过表18-12规定的时间，可采取对混凝土进行二次振捣，以提高接缝的强度和密实度。方法是对先浇筑的混凝土终凝前后（4～6h）再振捣一次，然后再浇筑上一层混凝土。

3) 在已硬化的混凝土表面上，继续浇筑混凝土前，应清除水泥薄膜和松动石子以及软弱混凝土层，并加以充分湿润和冲洗干净，且不得积水。

4）接缝处浇筑混凝土前应铺一层水泥浆或浇 50～100mm 厚与混凝土内成分相同的水泥砂浆，或 100～150mm 厚减半石子混凝土，以利良好结合，并加强接缝处混凝土振捣使之密实。混凝土施工缝处理方法与抗拉强度关系如表 18-13 所列。

混凝土从搅拌机卸出后到浇筑完毕的延续时间（min）　**表 18-12**

项次	混凝土生产地点	气温	
		≤25℃	>25℃
1	预拌混凝土	150	120
2	施工现场	120	90
3	混凝土制品厂	90	60

注：当混凝土中掺有促凝或缓凝型外加剂时，其允许时间应根据试验结果确定。

施工缝处理方法与抗拉强度的关系参考表

（无接缝的混凝土抗拉强度为 100）　**表 18-13**

名称	处理方法	抗拉强度百分率（%）
水平缝	不除去旧混凝土上的水泥薄膜（浮浆）	45
	铲去约 1mm 浮浆，直接浇筑新混凝土	77
	铲去约 1mm 浮浆，施工缝上铺水泥浆	93
	铲去约 1mm 浮浆，施工缝上铺水泥砂浆	96
	铲去约 1mm 浮浆，施工缝上铺水泥浆，约 3h 后再振一次	100
垂直缝	用水冲洗接槎	60
	接槎面浇水泥砂浆或素水泥浆	80
	铲去约 1mm 浮浆，浇素水泥浆或砂浆	85
	铲平接槎凹凸处，浇素水泥浆或砂浆	90
	接槎面浇水泥砂浆或素水泥浆，在混凝土塑性状态最晚期（约 3～6h）再振捣	100

5）在模板上沿施工缝位置通条开口，以便于清理杂物和冲洗。全部清理干净后，再将通条开口封板，并抹水泥浆或减石子混凝土砂浆，再浇筑混凝土。

（4）承受动力作用的设备基础，施工缝要进行下列处理：

1）标高不同的两个水平施工缝，其高低结合处应留成台阶形，台阶的高宽比不得大于 1.0；

2）垂直施工缝处应加插钢筋，其直径为 12～16mm，长度为 500～600mm，间距为 500mm，在台阶式施工缝的垂直面也应补插钢筋；

3）施工缝的混凝土表面应凿毛，在继续浇筑混凝土前，应用水冲洗干净，湿润后在表面上抹 10～15mm 厚与混凝土内成分相同的一层水泥砂浆。

4. 治理方法

（1）缝隙夹层不深时，可将松散混凝土凿去，洗刷干净后，用 1∶2 或 1∶2.5 水泥砂浆强力填嵌密实。

（2）缝隙夹层较深时，应清除松散部分和内部夹杂物，用压力水冲洗干净后支模，强力灌细石混凝土捣实，或将表面封闭后进行压浆处理。

18.2.8　缺棱掉角

1. 现象

结构构件边角处或洞口直角边处，混凝土局部脱落，造成截面不规则，棱角缺损。

2. 原因分析

（1）木模板在浇筑混凝土前未充分浇水湿润；混凝土浇筑后养护不好，棱角处混凝土的水分被模板大量吸收，造成混凝土脱水，强度降低，或模板吸水膨胀将边角拉裂，拆模时棱角被粘掉。

（2）冬期低温下施工，过早拆除侧面非承重模板，或混凝土边角受冻，造成拆模时掉角。

（3）拆模时，边角受外力或重物撞击，或保护不好，棱角被碰掉。

（4）模板未涂刷隔离剂，或涂刷不均。

（5）模板清理不干净，遗留砂浆块等。

（6）施工中穿行的手推车以及拆模过程中的人为疏忽而导致棱角被破坏。

3. 预防措施

（1）木模板在浇筑混凝土前应充分湿润，混凝土浇筑后应认真浇水养护。

（2）拆除侧面非承重模板时，混凝土应具有 1.2MPa 以上强度。

（3）拆模时注意保护棱角，避免用力过猛、过急；吊运模板时，防止撞击棱角；运料时，通道处的混凝土阳角，用角钢、草袋等保护好，以免碰损。

（4）冬期混凝土浇筑完毕，应做好覆盖保温工作，防止受冻。

（5）拆模后应及时对易碰撞部位进行有效防护。

4. 治理方法

（1）较小缺棱掉角，可将该处松散颗粒凿除，用钢丝刷刷干净，清水冲洗并充分湿润后，用 1∶2 或 1∶2.5 的水泥砂浆抹补齐整。

（2）对较大的缺棱掉角，可将不实的混凝土和突出的颗粒凿除，用水冲刷干净湿透，然后支模，用比原混凝土高一强度等级的细石混凝土填灌捣实，并认真养护。

18.2.9 松顶

1. 现象

混凝土柱、墙、基础浇筑后，在距顶面 50～100mm 高度内出现粗糙、松散，有明显的颜色变化，内部呈多孔性，基本上是砂浆，无石子分布其中，强度较下部为低，影响结构的受力性能和耐久性，经不起外力冲击和磨损。

2. 原因分析

（1）混凝土配合比不当，砂率不合适，水灰比过大，混凝土浇筑后石子下沉，造成上部松顶。

（2）振捣时间过长，造成离析，并使气体浮于顶部。

（3）混凝土的泌水没有排除，使顶部形成一层含水量大的砂浆层。

3. 预防措施

（1）设计的混凝土配合比，水灰比不要过大，以减少泌水性，同时应使混凝土拌合物有良好的保水性。

（2）在混凝土中掺加加气剂或减水剂，减少用水量，提高和易性。

（3）混凝土振捣时间不宜过长，应控制在 20s 以内，不使产生离析。混凝土浇至顶层时应排除泌水，并进行二次振捣和二次抹面。

(4) 连续浇筑高度较大的混凝土结构时，随着浇筑高度的上升，分层减水。

(5) 采用真空吸水工艺，将多余游离水分吸去，提高顶部混凝土的密实性。

4. 治理方法

将松顶部分砂浆层凿去，洗刷干净充分湿润后，用高一强度等级的细石混凝土填筑密实，并认真养护。

18.3 外形尺寸偏差

18.3.1 表面不平整

1. 现象

混凝土表面凹凸不平，或板厚薄不一，表面不平，甚至出现凹坑脚印。

2. 原因分析

(1) 混凝土浇筑后，表面仅用铁锹拍平，未使用大杠、抹子找平压光，造成表面粗糙不平。

(2) 模板未支承在坚硬土层上，或支承面不足，或支撑松动，土层浸水，致使新浇筑混凝土早期养护时发生不均匀下沉。

(3) 混凝土未达到一定强度时，上人操作或运料，使表面出现凹陷不平或印痕。

3. 预防措施

(1) 严格按施工技术规程操作，浇筑混凝土后，应根据水平控制标志或弹线用抹子找平、压光，终凝后浇水养护。

(2) 模板应有足够的承载力、刚度和稳定性，支柱和支撑必须支承在坚实的土层上，应有足够的支承面积，并防止浸水，以保证结构不发生过量下沉。

(3) 在浇筑混凝土过程中，应经常检查模板和支撑情况，如有松动变形，应立即停止浇筑，并在混凝土凝结前修整加固好，再继续浇筑。

(4) 混凝土强度达到 1.2MPa 以上，方可在已浇筑结构上走动。

4. 治理方法

表面局部不平整的，可用细石混凝土或 1∶2 水泥砂浆修补。

18.3.2 位移、倾斜

1. 现象

基础、柱、梁、墙以及预埋件中心线对定位轴线，产生一个方向或两个方向的偏移(称位移)，或柱、墙垂直产生一定的偏斜(称倾斜)，其位移或倾斜值均超过允许偏差值。

2. 原因分析

(1) 模板支设不牢固或斜撑支顶在松软地基上，混凝土振捣时产生位移或倾斜。如杯形基础杯口采用悬挂吊模法，底部、上口如固定不牢，常产生较大的位移或倾斜。

(2) 门洞口模板及预埋件固定不牢靠，混凝土浇筑、振捣方法不当，造成门洞口和预埋件产生较大的位移。

(3) 放线出现较大误差，没有认真检查和校正，或没有及时发现和纠正，造成轴线累积误差过大，或模板就位时没有认真吊线找直，致使结构发生歪斜。

3. 预防措施

（1）模板应固定牢靠，对独立基础杯口部分如采用吊模时，要采取措施将吊模固定好，不得松动，以保持模板在混凝土浇筑时不致产生较大的水平位移。

（2）模板应拼缝严密，并支顶在坚实的地基上，无松动；螺栓应紧固可靠，标高、尺寸应符合要求，并应检查核对，以防止施工过程中发生位移或倾斜。

（3）门洞口模板及各种预埋件应支设牢固，保证位置和标高准确，检查合格后，才能浇筑混凝土。

（4）现浇框架柱群模板应左右均拉线以保持稳定；现浇柱预制梁结构，柱模板四周应支设斜撑或斜拉杆，用法兰螺栓调节，以保证其垂直度。

（5）测量放线位置线要弹准确，认真吊线找直，及时调整误差，以消除误差累积，并仔细检查、核对，保证施工误差不超过允许偏差值。

（6）浇筑混凝土时防止冲击门口模板和预埋件，坚持门洞口两侧混凝土对称均匀进行浇筑和振捣。柱浇筑混凝土时，每排柱子底由外向内对称顺序进行，不得由一端向另一端推进，以防止柱模板发生倾斜。独立柱混凝土初凝前，应对其垂直度进行一次校核，如有偏差应及时调整。

（7）振捣混凝土时，不得冲击振动钢筋、模板及预埋件，以防止模板产生变形或预埋件位移或脱落。

4. 治理方法

（1）凡位移、倾斜不影响结构质量时，可不进行处理；如只需进行少量局部剔凿和修补处理时，应适当修整。一般可用 1∶2 或 1∶2.5 水泥砂浆或比原混凝土高一强度等级的细石混凝土进行修补。

（2）凡位移、倾斜值影响结构受力性能时，可根据具体情况，采取用结构加固或局部返工处理。

18.3.3 凹凸、鼓胀

1. 现象

柱、墙、梁等混凝土表面出现凹凸和鼓胀，偏差超过允许值。

2. 原因分析

（1）模板支架支承在松软地基上，不牢固或刚度不够，混凝土浇筑后局部产生较大的侧向变形，造成凹凸或鼓胀。

（2）模板支撑不够或穿墙螺栓未锁紧，致使结构膨胀。

（3）混凝土浇筑未按操作规程分层进行，一次下料过多或用吊斗直接往模板内倾倒混凝土，或振捣混凝土时长时间振动钢筋、模板，造成跑模或较大变形。

（4）组合柱浇筑混凝土时利用半砖外墙作模板，由于该处砖墙较薄，侧向刚度差，使组合柱容易发生鼓胀，同时影响外墙平整。

3. 预防措施

（1）模板支架及墙模板斜撑必须安装在坚实的地基上，并应有足够的支承面积，以保证结构不发生下沉。如为湿陷性黄土地基，应有防水措施，防止浸水面造成模板下沉变形。

（2）柱模板应设置足够数量的柱箍，底部混凝土水平侧压力较大，柱箍还应适当加密。

(3) 混凝土浇筑前应仔细检查模板位置是否正确，支撑是否牢固，穿墙螺栓是否锁紧，发现松动，应及时处理。

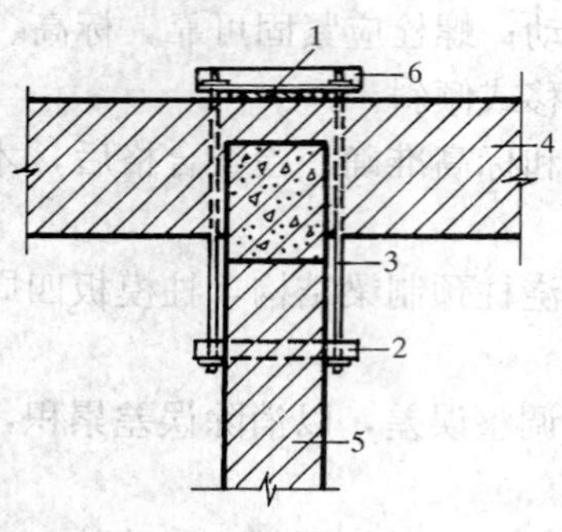

图 18-2 构造柱加固

1—木板；2—木方；3—螺栓；4—外墙；5—内墙；6—L50×5

(4) 墙浇筑混凝土应分层进行，第一层混凝土浇筑厚度为 50cm，然后均匀振捣；上部墙体混凝土分层浇筑，每层厚度不得大于 1.0m，防止混凝土一次下料过多。

(5) 为防止构造柱浇筑混凝土时发生鼓胀，应在外墙每隔 1m 左右设两根拉条，与构造柱模板或内墙拉结（图 18-2）。

4. 治理方法

(1) 凡凹凸鼓胀不影响结构质量时，可不进行处理；如只需要进行局部剔凿和修补处理时，应适当修整。一般可用 1∶2 或 1∶2.5 水泥砂浆或比原混凝土高一强度等级的细石混凝土进行修补。

(2) 凡凹凸鼓胀影响结构受力性能时，应会同有关部门研究处理方案后，再进行处理。

附录 18.2 混凝土结构外观质量标准、尺寸偏差及检验方法

1. 一般规定

(1) 混凝土结构的外观质量缺陷，应由监理（建设）单位、施工单位等各方根据其对结构性能和使用功能影响的严重程度，按附表 18-3 确定。

混凝土结构外观质量缺陷 **附表 18-3**

名称	现象	严重缺陷	一般缺陷
露筋	构件内钢筋未被混凝土包裹而外露	纵向受力钢筋有露筋	其他钢筋有少量露筋
蜂窝	混凝土表面缺少水泥砂浆而形成石子外露	构件主要受力部位有蜂窝	其他部位有少量蜂窝
孔洞	混凝土中孔穴深度和长度均超过保护层厚度	构件主要受力部位有孔洞	其他部位有少量孔洞
夹渣	混凝土中夹有杂物且深度超过保护层厚度	构件主要受力部位有夹渣	其他部位有少量夹渣
疏松	混凝土中局部不密实	构件主要受力部位有疏松	其他部位有少量疏松
裂缝	缝隙从混凝土表面延伸至混凝土内部	构件主要受力部位有影响结构性能或使用功能的裂缝	其他部位有少量不影响结构性能或使用功能的裂缝
连接部位缺陷	构件连接处混凝土缺陷及连接钢筋、连接件松动	连接部位有影响结构传力性能的缺陷	连接部位有基本不影响结构传力性能的缺陷
外形缺陷	缺棱掉角、棱角不直、翘曲不平、飞边凸肋等	清水混凝土构件有影响使用功能或装饰效果的外形缺陷	其他混凝土构件有不影响使用功能的外形缺陷
外表缺陷	构件表面麻面、掉皮、起砂、沾污等	具有重要装饰效果的清水混凝土构件有外表缺陷	其他混凝土构件有不影响使用功能的外表缺陷

(2) 混凝土结构拆模后，应由监理（建设）单位、施工单位对外观质量和尺寸偏差进行检查，作出记录，并应及时按施工技术方案对缺陷进行处理。

2. 外观质量

(1) 主控项目

混凝土结构的外观质量不应有严重缺陷。

对已经出现的严重缺陷，应由施工单位提出技术处理方案，并经监理（建设）单位认可后进行处理。对经处理的部位，应重新检查验收。

检验方法：观察，检查技术处理方案。

(2) 一般项目

混凝土结构的外观质量不宜有一般缺陷。

对已经出现的一般缺陷，应由施工单位按技术处理方案进行处理，并重新检查验收。

检查数量：全数检查。

检验方法：观察，检查技术处理方案。

3. 尺寸偏差

(1) 主控项目

混凝土结构不应有影响结构性能和使用功能的尺寸偏差。混凝土设备基础不应有影响结构性能和设备安装的尺寸偏差。

对超过尺寸允许偏差且影响结构性能和安装、使用功能的部位，应由施工单位提出技术处理方案，并经监理（建设）单位认可后进行处理。对经处理的部位，应重新检查验收。

检验方法：量测，检查技术处理方案。

(2) 一般项目

混凝土结构拆模后的尺寸偏差应符合附表 18-4 的规定。

检查数量：按楼层、结构缝或施工段划分检验批。在同一检验批内，对梁、柱和独立基础，应抽查构件数量的 10%，且不少于 3 件；对墙和板，应按有代表性的自然间抽查 10%，且不少于 3 间；对大空间结构，墙可按相邻轴线间高度 5m 左右划分检查面，板可按纵、横轴线划分检查面，抽查 10%，且均不少于 3 面；对电梯井，应全数检查。对设备基础，应全数检查。

混凝土结构尺寸允许偏差和检验方法 **附表 18-4**

项目			允许偏差（mm）	检验方法
轴线位置	基础		15	钢尺检查
	独立基础		10	
	墙、柱、梁		8	
	剪力墙		5	
垂直度	层高	≤5m	8	经纬仪或吊线、钢尺检查
		>5m	10	经纬仪或吊线、钢尺检查
	全高（H）		H/1000 且≤30	经纬仪、钢尺检查

续表

项目		允许偏差（mm）	检验方法
标高	层高	±10	水准仪或拉线、钢尺检查
	全高	±30	
截面尺寸		+8，−5	钢尺检查
电梯井	井筒长、宽对定位中心线	+25，0	钢尺检查
	井筒全高（H）垂直度	H/1000且≤30	经纬仪、钢尺检查
表面平整度		8	2m靠尺和塞尺检查
预埋设施中心线位置	预埋件	10	钢尺检查
	预埋螺栓	5	
	预埋管	5	
预留洞中心线位置		15	钢尺检查

注：检查轴线、中心线位置时，应沿纵、横两个方向量测，并取其中的较大值。

18.4 内部疵病

18.4.1 匀质性差，强度达不到要求

1. 现象

同批混凝土试块抗压强度平均值低于设计强度等级标准值的85%，或同批混凝土中个别试件强度值过高或过低，出现异常。

2. 原因分析

（1）水泥过期或受潮，活性降低；砂石骨料级配不好，空隙率大，含泥量和杂质超过规定或有冻块混入；外加剂使用不当，掺量不准确。

（2）混凝土配合比不当，计量不准，袋装水泥重量不足，计量器具失灵，施工中随意加水，或没有扣除砂石的含水量，使水灰比和坍落度增大。

（3）混凝土加料顺序颠倒，搅拌时间不够，拌和不匀。

（4）冬期低温施工，未采取保温措施，拆模过早，混凝土早期受冻。

（5）混凝土试块没有代表性，试模保管不善，混凝土试块制作未振捣密实，养护管理不当，或养护条件不符合要求；在同条件养护时，早期脱水、受冻或受外力损伤。

（6）混凝土拌合物搅拌至浇筑完毕的延续时间过长，振捣过度，养护差，使混凝土强度受到损失。

3. 预防措施

（1）水泥应有出厂合格证，并应加强水泥保存和管理工作，要求新鲜无结块。水泥使用过程中，当对质量产生怀疑或超过使用期时，应进行复验，并按复验结果使用。

（2）砂与石子粒径、级配、含泥量应符合要求。

（3）严格控制混凝土配合比，保证计量准确，及时测量砂、石含水量并扣除用水量。

（4）混凝土应按顺序加料、拌制，保证搅拌时间，拌和均匀。

（5）冬期施工应根据环境大气温度情况，保持一定的浇筑温度，认真做好混凝土结构的保温和测温工作，防止混凝土早期受冻。混凝土的受冻临界强度应符合下列规定：

1）采用蓄热法、暖棚法、加热法施工的混凝土，不得小于混凝土设计强度标准值的40%；

2）采用综合蓄热法、负温养护法施工的混凝土，当室外最低气温不低于－10℃时，不得小于3.5MPa；当室外最低温度低于－10℃但不低于－15℃时，不得小于4.0MPa；当室外最低温度低于－15℃但不低于－30℃时，不得小于5.0MPa；

3）强度等级不低于C60以及有抗冻融、抗渗要求的混凝土，其受冻临界强度应经试验确定。

（6）按施工验收规范要求认真制作混凝土试块，并加强对试块的管理和养护。

4. 治理方法

（1）当试块试压结果与要求相差悬殊，或试块合格而对混凝土结构实际强度有怀疑，或出现试块丢失、编号错乱、未作试块等情况，可采用非破损方法（如回弹法、超声法）来测定结构的实际强度，如强度仍不能满足要求，应经有关人员研究，查明原因，采取必要措施进行处理。

（2）当混凝土强度偏低，不能满足要求时，可按实际强度校核结构的安全度，研究处理方案，采取相应的加固或补强措施。

（3）混凝土结构工程冬期施工养护可采取蓄热法、综合蓄热法、负温养护法进行养护，若以上方法不能满足施工要求时，可采用暖棚法、蒸汽套法、热模法、内部通汽法、电极加热法、电热毯法、工频涡流法、线圈感应法等方法加热养护。

18.4.2 保护性能不良

1. 现象

钢筋混凝土结构的混凝土保护层遭受破坏，或混凝土的保护性能不良，钢筋发生锈蚀，铁锈膨胀引起混凝土开裂。

2. 原因分析

（1）施工时造成的混凝土表面缺陷，如缺棱掉角、露筋、蜂窝、孔洞和裂缝等没有处理或处理不良，在外界不良环境条件作用下，使钢筋锈蚀、膨胀剥落。

（2）钢筋混凝土内掺入过量的氯盐外加剂或在不允许使用氯盐的环境中，使用了含有氯盐成分的外加剂，造成钢筋锈蚀，混凝土沿钢筋产生裂缝、剥落。

（3）冬期施工混凝土结构构件未保温，混凝土早期遭受冻结，使表层出现裂缝、剥落、钢筋锈蚀。

3. 预防措施

（1）混凝土施工形成的表面缺陷应及时仔细进行修补，并应确保修补质量。

（2）钢筋混凝土中氯离子含量不得超过胶凝材料总量的0.1%（对于《混凝土结构设计规范》GB 50010规定的三b类环境）～0.3%（对于《混凝土结构设计规范》GB 50010规定的一类环境）。

（3）结构在冬期施工配制混凝土应采用普通水泥、低水灰比，掺加适量早强抗冻剂以提高早期强度，防止受冻。混凝土受冻临界强度应符合本章18.4.1预防措施（5）的要求。

4. 治理方法

(1) 一般混凝土裂缝可用结构胶泥封闭；对较宽较深的裂缝，用聚合物砂浆补缝或再加贴玻璃布处理。

(2) 对于已锈蚀的钢筋，应彻底清除铁锈，凿除与钢筋结合不牢固的混凝土和松散颗粒，用清水冲洗充分湿润后，再用比原混凝土高一个强度等级的细石混凝土填补密实，并认真养护。

(3) 大面积钢筋锈蚀膨胀引起的裂缝，应会同设计等单位研究制定处理方案，经批准后再进行处理。

18.4.3　预埋件空鼓

1. 现象

混凝土结构预埋件钢板与混凝土之间存在空隙，用小锤轻轻敲击时，发出空鼓回声，影响预埋件的受力、使用功能和耐久性。

2. 原因分析

(1) 混凝土浇筑时在预埋件和混凝土之间没有很好捣实，或没有辅以人工捣实。

(2) 混凝土水灰比和坍落度过大，混凝土干缩后在预埋件与混凝土之间形成空隙。

(3) 浇筑方法不当，使预埋件背面的混凝土气泡和泌水无法排出，形成空鼓。

3. 预防措施

(1) 预埋件背面的混凝土应仔细振捣并辅以人工捣实。水平预埋件下面的混凝土应采用赶浆法浇筑，由一侧下料振捣，另一侧挤出，并辅以人工横向插捣，使达到密实、无气泡为止。

(2) 预埋件背面的混凝土应采用干硬性混凝土浇筑，以减少干缩。

(3) 水平预埋件应在钢板上钻 1～2 个排气孔，以利气泡和泌水的排出。

4. 治理方法

(1) 如在浇筑时发现空鼓，应立即将未凝结的混凝土挖出，重新填充混凝土并插捣。

(2) 如在混凝土硬化后发现空鼓，可在钢板外侧凿 2～3 个小孔，用二次压浆法压灌饱满。

附录 18.3　混凝土质量标准及检验方法

1. 混凝土所用的水泥、水、骨料、外加剂等必须符合施工规范和有关的规定，并应有出厂合格证及试验报告。

2. 混凝土的配合比、原材料计量、搅拌、养护和施工缝处理必须符合施工规范的规定。

3. 评定混凝土强度的试块，必须按《混凝土强度检验评定标准》(GB 50107—2010) 的规定取样、制作、养护和试验，其强度必须符合下列规定：

(1) 统计方法评定

采用统计方法评定时，应按下列规定进行：

1) 当连续生产的混凝土，生产条件在较长时间内保持一致，且同一品种、同一强度等级混凝土的强度变异性保持稳定时，应按《混凝土强度检验评定标准》(GB/T 50107—2010) 第 5.1.2 条的规定进行评定。

2）其他情况应按《标准》第5.1.3条的规定进行评定。

3）一个检验批的样本容量应为连续的3组试件，其强度应同时符合下列规定：

$$m_{f_{cu}} \geqslant f_{cu,k} + 0.7\sigma_0 \tag{5.1.2-1}$$

$$f_{cu,min} \geqslant f_{cu,k} - 0.7\sigma_0 \tag{5.1.2-2}$$

检验批混凝土立方体抗压强度的标准差应按下式计算：

$$\sigma_0 = \sqrt{\frac{\sum_{i=1}^{n} f_{cu,i}^2 - nm_{f_{cu}}^2}{n-1}} \tag{5.1.2-3}$$

当混凝土强度等级不高于C20时，其强度的最小值尚应满足下式要求：

$$f_{cu,min} \geqslant 0.85 f_{cu,k} \tag{5.1.2-4}$$

当混凝土强度等级高于C20时，其强度的最小值尚应满足下列要求：

$$f_{cu,min} \geqslant 0.90 f_{cu,k} \tag{5.1.2-5}$$

式中：$m_{f_{cu}}$——同一检验批混凝土立方体抗压强度的平均值（N/mm²），精确到0.1（N/mm²）；

$f_{cu,k}$——混凝土立方体抗压强度标准值（N/mm²），精确到0.1（N/mm²）；

σ_0——检验批混凝土立方体抗压强度的标准差（N/mm²），精确到0.01（N/mm²）；当检验批混凝土强度标准差σ_0计算值小于2.5N/mm²时，应取2.5N/mm²；

$f_{cu,i}$——前一个检验期内同一品种、同一强度等级的第i组混凝土试件的立方体抗压强度代表值（N/mm²），精确到0.1（N/mm²）；该检验期不应少于60d，也不得大于90d；

n——前一检验期内的样本容量，在该期间内样本容量不应少于45；

$f_{cu,min}$——同一检验批混凝土立方体抗压强度的最小值（N/mm²），精确到0.1（N/mm²）。

4）当样本容量不少于10组时，其强度应同时满足下列要求：

$$m_{f_{cu}} \geqslant f_{cu,k} + \lambda_1 \cdot S_{f_{cu}} \tag{5.1.3-1}$$

$$f_{cu,min} \geqslant \lambda_2 \cdot f_{cu,k} \tag{5.1.3-2}$$

同一检验批混凝土立方体抗压强度的标准差应按下式计算：

$$S_{f_{cu}} = \sqrt{\frac{\sum_{i=1}^{n} f_{cu,i}^2 - nm_{f_{cu}}^2}{n-1}} \tag{5.1.3-3}$$

式中：$S_{f_{cu}}$——同一检验批混凝土立方体抗压强度的标准差（N/mm²），精确到0.01（N/mm²）；当检验批混凝土强度标准差$S_{f_{cu}}$计算值小于2.5N/mm²时，应取2.5N/mm²；

λ_1，λ_2——合格评定系数，按表5.1.3取用；

n——本检验期内的样本容量。

混凝土强度的合格评定系数 表 5.1.3

试件组数	10～14	15～19	≥20
λ_1	1.15	1.05	0.95
λ_2	0.90	0.85	

（2）非统计方法评定

当用于评定的样本容量小于10组时，应采用非统计方法评定混凝土强度。按非统计方法评定混凝土强度时，其强度应同时符合下列规定：

$$m_{f_{cu}} \geqslant \lambda_3 \cdot f_{cu,k} \tag{5.2.2-1}$$

$$f_{cu,min} \geqslant \lambda_4 \cdot f_{cu,k} \tag{5.2.2-2}$$

式中：λ_3，λ_4 ——合格评定系数，应按表 5.2.2 取用。

混凝土强度的非统计法合格评定系数 表 5.2.2

混凝土强度等级	＜C60	≥C60
λ_3	1.15	1.10
λ_4	0.95	

（3）混凝土强度的合格性评定

1）当检验结果满足《混凝土强度检验评定标准》（GB/T 50107—2010）第 5.1.2 条或第 5.1.3 条或第 5.2.2 条的规定时，则该批混凝土强度应评定为合格；当不能满足上述规定时，该批混凝土强度应评定为不合格。

2）对评定为不合格批的混凝土，可按国家现行的有关标准进行处理。

18.5 混凝土裂缝

裂缝是现浇混凝土工程中常遇的一种质量通病。裂缝的类型很多，按产生的原因有：外荷载（包括施工和使用阶段的静荷载、动荷载）引起的裂缝；物理因素（包括温度湿度变化、不均匀沉降、冻胀等）引起的裂缝；化学因素（包括钢筋锈蚀、化学反应膨胀等）引起的裂缝；施工操作（如脱模撞击、养护等）引起的裂缝。按裂缝的方向、形状有：水平裂缝、垂直裂缝、纵向裂缝、横向裂缝、斜向裂缝等；按裂缝深浅有表面裂缝、深进裂缝和贯穿性裂缝等。

裂缝存在是混凝土工程的隐患，例如表面细微裂缝，极易吸收侵蚀性气体或水分。当气温低于−3℃时，水分结冰体积膨胀，会进一步扩大裂缝宽度和深度。如此循环扩大，将影响整个工程的安全；深进较宽的裂缝，受水分和气体侵入，会直接锈蚀钢筋，锈点膨胀体积比原体积胀大 7 倍，会加速裂缝的发展，将引起保护层的剥落，使钢筋不能有效地发挥作用；深进的裂缝会使结构整体受到破坏。由此可知，裂缝的存在会明显地降低结构构件的承载力、持久强度和耐久性，有可能使结构在未达到设计要求的荷载前就造成破坏。

裂缝产生的原因比较复杂，往往由多种综合因素所构成，除承受荷载或外力冲击形成的裂缝外，在施工过程中形成的裂缝一般有下列几种。

18.5.1 塑性收缩裂缝

1. 现象

塑性收缩裂缝简称塑性裂缝，多在新浇筑的基础、墙、梁、板暴露与空气中的上表面出现，形状接近直线，长短不一，互不连贯，裂缝较浅，类似干燥的泥浆面（图 18-3）。大多在混凝土初凝后（一般在浇筑后 4h 左右），当外界气温高、风速大、气候很干燥的情况下出现。

2. 原因分析

(1) 混凝土浇筑后，表面没有及时覆盖，受风吹日晒，表面游离水分蒸发过快，产生剧烈的体积收缩，而此时混凝土早期强度低，不能抵抗这种收缩应力而导致开裂。

(2) 使用收缩较大的水泥；水泥含量过多，或使用过量的粉砂，或混凝土水灰比过大。

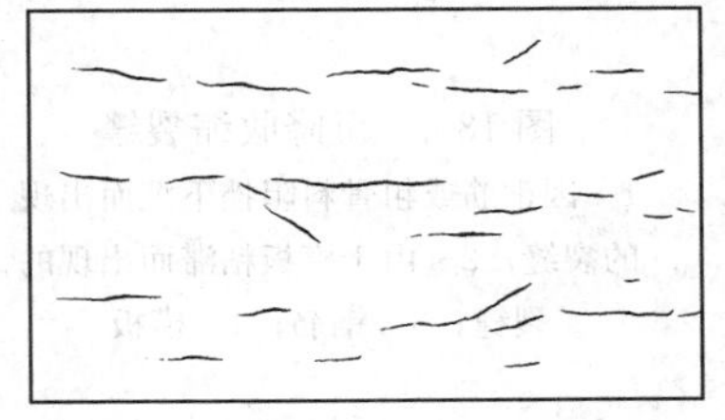

图 18-3 塑性收缩裂缝

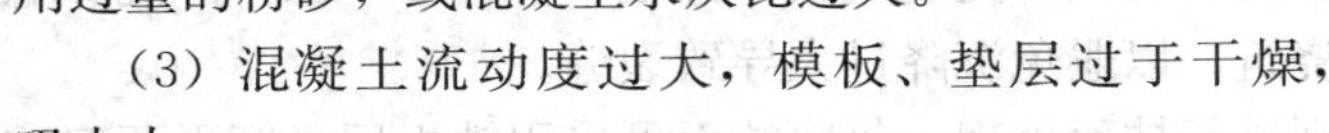

(3) 混凝土流动度过大，模板、垫层过于干燥，吸水大。

(4) 浇筑在斜坡上的混凝土，由于重力作用有向下流动的倾向，也是导致这类裂缝出现的因素。

3. 预防措施

(1) 配制混凝土时，应严格控制水灰比和水泥用量，选择级配良好的石子，减小空隙率和砂率；同时，要振捣密实，以减小收缩量，提高混凝土早期的抗裂强度。

(2) 浇筑混凝土前，将基层和模板浇水湿透，避免吸收混凝土中的水分。

(3) 混凝土浇筑后，对裸露表面应及时用潮湿材料覆盖，认真养护，防止强风吹袭和烈日暴晒。

(4) 在气温高、湿度低或风速大的天气施工，混凝土浇筑后，应及早进行喷水养护，使其保持湿润；分段浇筑混凝土宜浇完一段，养护一段。在炎热季节，要加强表面的抹压和养护。

(5) 在混凝土表面喷养护剂，或覆盖塑料薄膜或湿草袋，使水分不易蒸发。

(6) 加设挡风设施，以降低作用于混凝土表面的风速。

4. 治理方法

(1) 如混凝土仍保持塑性，可及时压抹一遍或重新振捣的方法来消除裂缝，再加强覆盖养护。

(2) 如混凝土已硬化，可向裂缝内装入干水泥粉，然后加水润湿，或在表面抹薄层水泥砂浆进行处理。

18.5.2 沉降收缩裂缝

1. 现象

沉降收缩裂缝简称沉降裂缝，多沿基础、墙、梁、板上表面钢筋通长方向或箍筋上或靠近模板处断续出现（图 18-4），或在预埋件的附近周围出现。裂缝呈梭形，宽度 0.3～0.4mm，深度不大，一般到钢筋上表面为止，在钢筋的底部形成空隙。多在混凝土浇筑后发生，混凝土硬化后即停止。

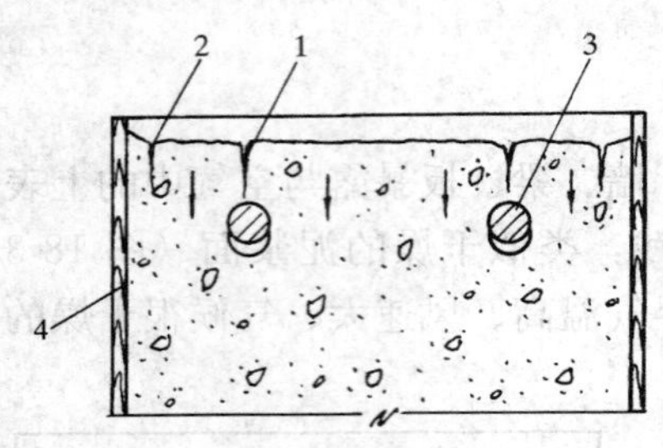

图 18-4　沉降收缩裂缝
1—因钢筋或粗骨料阻挡下沉而出现的裂缝；2—由于模板粘滞而出现的裂缝；3—钢筋；4—模板

2. 原因分析

(1) 混凝土浇筑振捣后，粗骨料沉落，挤出水分、空气，表面呈现泌水，而形成竖向体积缩小沉落，这种沉落受到钢筋、预埋件、模板、大的粗骨料以及先期凝固混凝土的局部阻碍或约束，或混凝土本身各部相互沉降量相差过大而造成裂缝。

(2) 混凝土保护层不足，混凝土沉降受到钢筋的阻碍，常在箍筋方向发生一道道的横向沉降裂缝。

3. 预防措施

(1) 加强混凝土配制和施工操作控制，不使水灰比、砂率、坍落度过大；振捣要充分，但避免过度。

(2) 对于截面相差较大的混凝土构筑物，可先浇筑较深部位，静停 2～3h，待沉降稳定后，再与上部薄截面混凝土同时浇筑，以避免沉降过大导致裂缝。

(3) 在混凝土初凝、终凝前分别进行抹面处理，每次抹面可采用铁板压光磨平两遍或用木抹子抹平搓毛两遍。

(4) 适当增加混凝土的保护层厚度。

4. 治理方法

可参见 18.5.1“塑性收缩裂缝”的治理方法。

18.5.3　干燥收缩裂缝

1. 现象

干燥收缩裂缝简称干缩裂缝，它的特征为表面性的，宽度较细（多在 0.05～0.2mm 之间），走向纵横交错，没有规律性，裂缝分布不均。但对基础、墙、较薄的梁板类结构，多沿短方向分布（图 18-5）；整体性变截面结构多发生在结构变截面处，大体积混凝土在平面部位较为多见，侧面也时有出现。这类裂缝一般在混凝土露天养护完毕经一段时间后，在上表面或侧面出现，并随湿度的变化而变化，表面强烈收缩可使裂缝由表及里、由小到大逐步向深部发展。

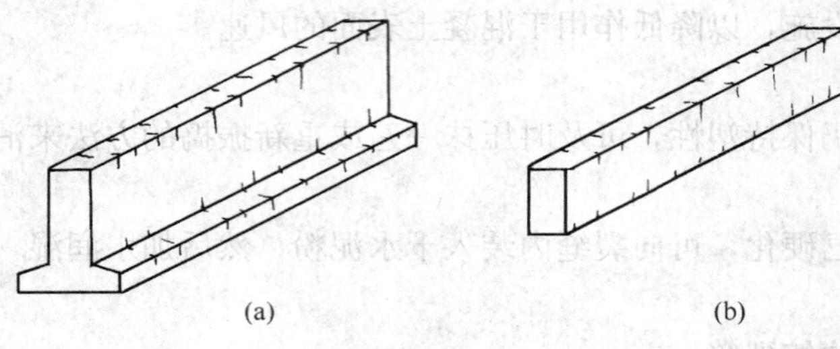

图 18-5　干燥收缩裂缝
(a) 基础；(b) 梁

2. 原因分析

(1) 混凝土结构成型后，没有覆盖养护，受到风吹日晒，表面水分散失快，体积收缩大，而内部湿度变化很小，收缩也小。因而表面收缩变形受到内部混凝土的约束，出现拉应力，引起混凝土表面开裂。

（2）混凝土结构长期裸露在露天，未及时回填土或封闭，处于时干时湿状态，使表面湿度经常发生剧烈变化。

（3）采用含泥量大的粉砂配制混凝土，收缩大，抗拉强度低。

（4）混凝土过度振捣，表面形成水泥含量较多的砂浆层，使收缩量增大。

3. 预防措施

（1）混凝土水泥用量、水灰比和砂率不能过大；提高粗骨料含量，以降低干缩量。

（2）严格控制砂石含泥量，避免使用过量粉砂。

（3）混凝土应振捣密实，但避免过度振捣；在混凝土初凝前和终凝前，均进行抹面处理，以提高混凝土的抗拉强度，减少收缩量。

（4）加强混凝土早期养护，并适当延长养护时间。暴露在露天的混凝土应及早回填或封闭，避免发生过大的湿度变化。

（5）参见 18.5.1“塑性收缩裂缝”的预防措施（2）～（5）。

4. 治理方法

参见 18.5.1“塑性收缩裂缝”的治理方法（2）。

18.5.4 温度裂缝

1. 现象

温度裂缝又称温差裂缝，表面温度裂缝走向无一定规律性，长度尺寸较大的基础、墙、梁、板类结构，裂缝多平行于短边；大体积混凝土结构的裂缝常纵横交错。深进的和贯穿的温度裂缝，一般与短边方向平行或接近与平行，裂缝沿全长分段出现，中间较密。裂缝宽度大小不一，一般在 0.5mm 以下，沿全长没有多大变化。表面温度裂缝多发生在施工期间，深进的或贯穿的多发生在浇筑后 2～3 个月或更长时间，缝宽受温度变化影响较明显，冬季较宽，夏季较细。沿截面高度，裂缝大多呈上宽下窄状，但个别也有下宽上窄的情况，遇顶部或底板配筋较多的结构，有时也出现中间宽两端窄的梭形裂缝。

2. 原因分析

（1）表面温度裂缝，多由于温差较大引起。混凝土结构构件，特别是大体积混凝土基础浇筑后，在硬化期间水泥放出大量水化热，内部温度不断上升，使混凝土表面和内部温差较大。当温度产生的非均匀的降温差时（如施工中注意不够而过早拆除模板；冬期施工过早除掉保温层，或受到寒潮袭击），将导致混凝土表面急剧的温度变化而发生较大的温降收缩，此时表面受到内部混凝土的约束，将产生很大的拉应力（内部温降慢，受自约束而产生压应力），而混凝土早期抗拉强度很低，因而出现裂缝。但这种温差仅在表面处较大，离开表面就很快减弱，因此，裂缝只在接近表面较浅的范围内出现，表面层以下的结构仍保持完整。

（2）深进的和贯穿的温度裂缝多由于结构降温差较大，受到外界的约束而引起的。当大体积混凝土基础、墙体浇筑在坚硬地基（特别是岩石地基）或厚大的旧混凝土垫层上时，没有采取隔离层等放松约束的措施，如果混凝土浇筑时温度很高，加上水泥水化热的温升很大，使混凝土的温度很高，当混凝土温降收缩，全部或部分地受到地基、混凝土垫层或其他外部结构的约束，将会在混凝土内部出现很大的拉应力，产生降温收缩裂缝。这类裂缝较深，有时是贯穿性的（图 18-6），将破坏结构的整体性。基础工程长期不回填，受风吹日晒或寒潮袭击作用；框架结构的梁、墙板、基础梁，由于与刚度较大的柱、基础约束，降温时也常出现这类裂缝。

（3）采用蒸汽养护的结构构件，混凝土降温制度控制不严，降温过速，使混凝土表面急剧降温，而受到内部的约束，常导致结构表面出现裂缝。

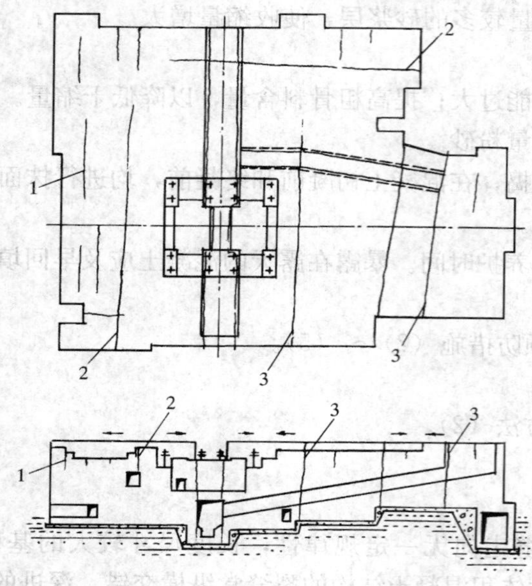

图 18-6 温度裂缝

1—表面裂缝；2—深进裂缝；3—贯穿裂缝

3. 预防措施

（1）一般结构预防措施

1）合理选择原材料和配合比，采用级配良好的石子；砂、石含泥量控制在规定范围内；在混凝土中掺加减水剂，降低水灰比；严格施工，分层浇筑振捣密实，以提高混凝土的抗拉强度。

2）细长结构构件，采用分段间隔浇筑，或适当设置施工缝或后浇缝，以减小约束应力。

3）在结构薄弱部位及孔洞四角、多孔板板面，适当配置必要的细直径温度筋，使其对称均匀分布，以提高极限拉伸值。

4）蒸汽养护结构构件时，控制升温速度不大于 15℃/h，降温速度不大于 10℃/h，避免急热急冷，引起过大的温度应力。

5）加强混凝土的养护和保温，控制结构与外界温度梯度在 25℃范围以内。混凝土浇筑后，裸露表面及时喷水养护，夏季应适当延长养护时间，以提高抗裂能力。冬季应适当延长保温和脱模时间，使缓慢降温，以防温度骤变，温差过大引起裂缝。基础部分及早回填，保湿保温，减少温度收缩裂缝。

（2）大体积结构预防措施

1）大体积混凝土配合比设计应符合下列规定：

（a）在保证混凝土强度及坍落度要求的前提下，应采用提高掺合料及骨料的含量等措施降低水泥用量，并宜采用低水化热水泥；

（b）最大胶凝材料用量不宜超过 450kg/m³；

（c）温控要求较高的大体积混凝土，其胶凝材料用量、品种等宜通过水化热和绝热温升试验确定；

（d）宜采用聚羧酸系减水剂。

2）宜采用混凝土后期强度，以减少水泥用量。基础大体积混凝土宜采用龄期为 56d、60d、90d 的强度等级；当柱、墙采用不小于 C80 强度等级的大体积混凝土时，混凝土可采用龄期为 56d 的强度等级；混凝土后期强度等级可作为配合比、强度评定及验收的依据；利用后期强度配制混凝土应征得设计同意。

3）大体积混凝土结构浇筑应符合下列规定：

(a) 用多台输送泵接硬管输送浇筑时，输送管布料点间距不宜大于12m，并宜由远而近浇筑；

(b) 用汽车布料杆输送浇筑时，应根据布料杆工作半径确定布料点数量，各布料点浇筑速度应保持均衡；

(c) 宜先浇筑深坑部分再浇筑大面积基础部分；

(d) 宜采用斜面分层浇筑方法，也可采用全面分层、分块分层浇筑方法，每层混凝土浇筑应连续；

(e) 混凝土分层浇筑应利用自然流淌形成斜坡，并应沿高度均匀上升，分层厚度不应大于500mm；

(f) 分层浇筑间隔时间应缩短，混凝土浇筑后应及时浇筑另一层混凝土；

(g) 混凝土浇筑后，在混凝土初凝、终凝前宜分别进行抹面处理，抹面次数宜适当增加。

4) 大体积混凝土施工温度控制应符合下列规定：

(a) 入模温度宜控制在30℃以下，应控制在5℃以上；

(b) 绝热温升不宜大于45℃，不应大于55℃；

(c) 混凝土表面温度与大气温度的差值不宜大于20℃；

(d) 混凝土内部温度与表面温度的差值不宜超过25℃；

(e) 混凝土降温速率不宜大于2℃/d。

5) 大体积混凝土裸露表面应及时进行蓄热养护，蓄热养护覆盖层层数应根据施工方案确定，养护时间应根据测温数据确定。大体积混凝土内部温度与环境温度的差值小于30℃时，可以结束蓄热养护。蓄热养护结束后宜采用浇水养护方式继续养护，蓄热养护和浇水养护时间应不得少于14d。

6) 加强养护过程中的测温工作，发现温差过大，及时覆盖保温，使混凝土缓慢降温，缓慢收缩，以有效地发挥混凝土的徐变特征，降低约束应力，提高结构抗拉能力。

4. 治理方法

(1) 温度裂缝对钢筋锈蚀、碳化、抗冻融（有抗冻要求的构件）、抗疲劳（对受动荷载的结构）等方面有影响，故应采取措施治理。

(2) 对表面裂缝，可以采取涂两遍结构胶泥或贴玻璃布，以及抹、喷水泥砂浆等方法进行表面封闭处理。

(3) 对有整体性防水、防渗要求的结构，缝宽大于0.1mm的深进或贯穿性裂缝，应根据裂缝可灌程度，采用灌水泥浆或裂缝修补胶的方法进行修补，或者灌浆与表面封闭同时采用。

(4) 宽度不大于0.1mm的裂缝，由于后期水泥生成氢氧化钙、硫酸铝钙等类物质，碳化作用能使裂缝自行愈合，可不处理或只进行表面处理即可。

18.5.5 撞击裂缝

1. 现象

裂缝有水平的、垂直的、斜向的；裂缝的部位和走向随受到撞击荷载的作用点、大小和方向而异；裂缝宽度、深度和长度不一，无一定规律性。

2. 原因分析

（1）拆模时由于工具或模板的外力撞击而使结构出现裂缝，如拆除墙板的门窗模板时，常引起斜向裂缝；用吊机拆除内外墙的大模板时，稍一偏移，就撞击承载力还很低的混凝土墙，引起水平或垂直的裂缝。

（2）拆模过早，混凝土强度尚低，常导致出现沿钢筋的纵向或横向裂缝。

（3）拆模方法不当，只起模板一角，或用猛烈振动的方法脱模，使结构受力不匀或受到剧烈的振动。

（4）梁、板混凝土尚未达到脱模强度，在其上运输、堆放材料，使梁、板受到振动或超过比设计大的施工荷载作用而造成裂缝。

3. 预防措施

（1）现浇结构成型或拆模，应防止受到各种施工荷载的撞击和振动。模板拆除过程中应检查混凝土表面是否有损伤，如有损伤立即修补或采取其他有效措施。

（2）结构脱模时必须达到规范要求的拆模强度，并使结构受力均匀。

（3）拆模应按规定的程序进行，后支的先拆，先支的后拆，先拆除非承重部分，后拆除承重部分，使结构不受到损伤。

（4）在梁、板混凝土未达到设计强度前，避免在其上运输和堆放大量工程和施工用料，防止梁、板受到振动和将梁板压裂。

4. 治理方法

（1）对一般裂缝可用结构胶泥封闭；对较宽较深裂缝，应先沿缝凿成八字形凹槽，再用结构胶泥、聚合物砂浆或水泥砂浆补缝或再加贴玻璃布处理。

（2）对较严重的贯穿性裂缝，应采用裂缝修补胶灌浆处理，或进行结构加固处理，方法参见本节附录“混凝土裂缝治理方法”。

18.5.6　沉陷裂缝

1. 现象

裂缝多在基础、墙等结构上出现，大多属深进或贯穿性裂缝，其走向与沉陷情况有关，有的在上部，有的在下部，一般与地面垂直或呈30°～45°角方向发展（图18-7）。较大的贯穿性沉降裂缝，往往上下或左右有一定的错距，裂缝宽度受温度变化影响小，因荷载大小而异，且与不均匀沉降值成正比。

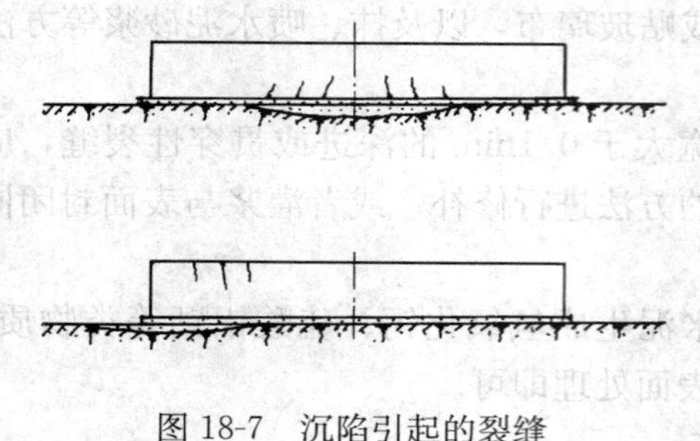

图18-7　沉陷引起的裂缝

2. 原因分析

（1）结构构件下面的地基软硬不均，或局部存在松软土，未经夯实和必要的加固处理，混凝土浇筑后，地基局部产生不均匀沉降而引起裂缝。

（2）结构各部分荷载悬殊，未作必要的加强处理，混凝土浇筑后因地基受力不均，产生不均匀沉降，造成结构应力集中，而导致出现裂缝。

（3）模板刚度不足，模板支撑不牢，支撑间距过大或支撑在松软土上；以及过早拆模，也常常导致不均匀沉陷裂缝的出现。

（4）冬期施工，模板支架支承在冻土层上，上部结构未达到规定强度时地层化冻下沉，使结构下垂或产生裂缝。

3. 防治措施

(1) 对软硬地基、松软土、填土地基应进行必要的夯（压）实和加固。

(2) 模板应支撑牢固，保证整个支撑系统有足够的承载力和刚度，并使地基受力均匀，拆模时间不能过早，应按规定执行。

(3) 结构各部分荷载悬殊的结构，适当增设构造钢筋，以避免不均匀沉降，造成应力集中而出现裂缝。

(4) 施工场地周围应做好排水措施，并注意防止水管漏水或养护水浸泡地基。

(5) 模板支架一般不应支承在冻胀性土层上，如确实不可避免，则应加垫板，做好排水，覆盖好保温材料。

18.5.7 化学反应裂缝

1. 现象

(1) 在梁、柱结构或构件表面出现与钢筋平行的纵向裂缝；板式构件在板底面沿钢筋位置出现裂缝，缝隙中夹有斑黄色锈迹。

(2) 混凝土表面呈现块状崩裂，裂缝无规律性。

(3) 混凝土出现不规则的崩裂，裂缝呈大网络（图案）状，中心突起，向四周扩散，在浇筑完半年或更长的时间内发生。

(4) 混凝土表面出现大小不等的圆形或类圆形崩裂、剥落，类似“出豆子”，内有白黄色颗粒，多在浇筑后两个月左右出现。

2. 原因分析

(1) 混凝土内掺有氯化物外加剂，或以海砂作骨料，或用海水拌制混凝土，使钢筋产生电化学腐蚀，铁锈膨胀而把混凝土胀裂（即通常所谓钢筋锈蚀膨胀裂缝）。有的保护层过薄，碳化深度超过保护层，在水的作用下，亦会使钢筋锈蚀膨胀造成这类裂缝。

(2) 混凝土中铝酸三钙受硫酸盐或镁盐的侵蚀，产生难溶而体积增大的反应物，使混凝土体积膨胀而出现裂缝（即通常所谓水泥杆菌腐蚀）。

(3) 混凝土骨料含有蛋白石、硅质岩或镁质岩等活性氧化硅，与高碱水泥中的碱反应生成碱硅酸凝胶，吸水后体积膨胀而使混凝土崩裂（即通常所谓“碱骨料反应”）。

(4) 水泥中含游离氧化钙过多（多呈颗粒），在混凝土硬化后，继续水化，发生固相体积增大，体积膨胀，使混凝土出现豆子似的崩裂，多发生在土法生产的水泥中。

3. 预防措施

(1) 冬期施工混凝土时应使用经试验确定适宜的防冻剂；采用海砂作细骨料时，应符合《海砂混凝土应用技术规范》(JGJ 206—2010) 的相关规定；在钢筋混凝土结构中不得用海水拌制混凝土；适当增厚混凝土或对钢筋涂防腐蚀涂料，对混凝土加密封外罩；混凝土采用级配良好的石子，使用低水灰比，加强振捣，以降低渗透率，阻止电腐蚀作用。

(2) 采用含铝酸三钙少的水泥，或掺加火山灰掺料，以减轻硫酸盐或镁盐对水泥的作用；或对混凝土表面进行防腐，以阻止对混凝土的侵蚀；避免采用含硫酸盐或镁盐的水拌制混凝土。

(3) 防止采用含活性氧化硅的骨料配制混凝土，或采用低碱性水泥和掺火山灰的水泥配制混凝土，降低碱化物质和活性硅的比例，以控制化学反应的产生。

(4) 加强水泥的检验，防止使用含游离氧化钙多的水泥配制混凝土，或经处理后使用。

4. 治理方法

钢筋锈蚀膨胀裂缝，应把主筋周围含盐混凝土凿除，铁锈以喷砂法清除，然后用喷浆或加围套方法修补。其他参见 18.5 中附录 18.4“混凝土裂缝治理方法”中有关大面积裂缝的治理方法。

18.5.8 冻胀裂缝

1. 现象

结构构件表面沿主筋、箍筋方向出现宽窄不一的裂缝，深度一般到主筋，周围混凝土疏松、剥落。

2. 原因分析

冬期施工混凝土结构构件未保温，混凝土早期遭受冻结，将表层混凝土冻胀，解冻后钢筋部位变形仍不能恢复，而出现裂缝、剥落。

3. 预防措施

(1) 结构构件在冬期施工，配制混凝土应采用普通水泥，低水灰比，并掺加适量早强抗冻剂，以提高早期强度。

(2) 对混凝土进行蓄热保温或加热养护，直至达到 40%的设计强度。

4. 治理方法

对一般裂缝可用结构胶泥封闭；对较宽较深裂缝，用聚合物砂浆补缝或再加贴玻璃布处理；对较严重的裂缝，应将剥落疏松部分凿去，加焊钢丝网后，重新浇筑一层细石混凝土，并加强养护。

附录 18.4 混凝土裂缝治理方法

混凝土结构或构件出现裂缝，有的破坏结构整体性，降低刚度，使变形增大，不同程度地影响结构承载力、耐久性；有的虽对承载力无多大影响，但会引起钢筋锈蚀，降低耐久性，或发生渗漏，影响使用。因此，应根据裂缝发生原因、性质、特征、大小、部位，结构受力情况和使用要求，并综合考虑不同的结构特点、材料性能及技术经济指标，合理选择治理方法。

一、验算开裂结构构件承载力注意事项

1. 结构构件验算采用的结构分析方法，应符合国家现行标准有关设计要求的规定。

2. 结构构件验算使用的抗力 R 和作用效应 S 计算模型，应符合其实际受力和构造状况。

3. 结构构件作用效应 S 的确定，应符合下列要求：

(1) 作用的组合和组合值系数以及作用的分项系数，应按现行国家标准《建筑结构荷载规范》(GB 50009—2012) 的规定执行；

(2) 当结构受到温度、变形等作用时，且对其承载力有显著影响时，应计入由此产生的附加内力。

4. 当材料种类和性能符合原设计要求时，材料强度应按原设计值取用；当材料的种类和性能与原设计不符时，材料强度应采用实测试验数据。材料强度的标准值应按国家现行有关结构设计标准的规定确定。

5. 进行承载力验算应根据国家现行标准中有关结构设计的要求选择安全等级，并确定结构重要性系数 γ_0。

二、荷载裂缝处理

1. 混凝土结构构件的荷载裂缝可按现行国家标准《混凝土结构加固设计规范》（GB 50367—2006）的要求进行处理。

2. 当混凝土结构构件的荷载裂缝宽度小于现行国家标准《混凝土结构设计规范》（GB 50010—2010）的规定时，构件可不做承载力验算。

三、非荷载裂缝处理

1. 混凝土结构构件的非荷载裂缝应按裂缝宽度限值，并按附表 18-7 的要求进行裂缝修补处理。

2. 混凝土结构的非荷载裂缝修补可采用表面封闭法、注射法、压力注浆法、填充密封等方法。

3. 混凝土结构构件的非荷载裂缝修补方法，可按下列情况分别选用：

（1）钢筋混凝土构件沿受力主筋处的弯曲、轴心受拉和大偏心受压应修补的非荷载裂缝，其宽度在 0.4～0.5mm 时可使用注射法进行处理，宽度大于或等于 0.5mm 时可使用压力注浆法进行处理；

（2）对于宜修补的钢筋混凝土构件沿受力主筋处的弯曲、轴心受拉和大偏心受压宜修补的非荷载裂缝，其宽度在 0.2～0.5mm 时可使用填充密封法进行处理，宽度在 0.5～0.6mm 时可使用压力注浆法进行处理；

混凝土结构构件裂缝修补处理的宽度限值（mm） 附表 18-5

区分	构件类别		环境类别和环境作用等级			
			I-C（干湿交替环境）	I-B（非干湿交替的室内潮湿环境及露天环境、长期湿润环境）	I-A（室内干燥环境、永久的静水浸没环境）	防水、防气、防射线要求
（A）应修补的弯曲、轴心受拉和大偏心受压荷载裂缝及非荷载裂缝的宽度	钢筋混凝土构件	主要构件	＞0.4	＞0.4	＞0.5	＞0.2
		一般构件	＞0.4	＞0.5	＞0.6	＞0.2
	预应力混凝土构件	主要构件	＞0.1（0.2）	＞0.1（0.2）	＞0.2（0.3）	＞0.2
		一般构件	＞0.1（0.2）	＞0.1（0.2）	＞0.35（0.5）	＞0.2
（B）宜修补的弯曲、轴心受拉和大偏心受压荷载裂缝及非荷载裂缝的宽度	钢筋混凝土构件	主要构件	0.2～0.4	0.3～0.4	0.35～0.5	0.05～0.2
		一般构件	0.3～0.4	0.3～0.5	0.4～0.6	0.05～0.2
	预应力混凝土构件	主要构件	0.05～0.1（0.02～0.2）	0.05～0.1（0.02～0.2）	0.1～0.2（0.05～0.3）	0.05～0.2
		一般构件	0.05～0.1（0.02～0.2）	0.05～0.1（0.02～0.2）	0.3～0.35（0.1～0.5）	0.05～0.2

续表

区分	构件类别		环境类别和环境作用等级			
			I-C（干湿交替环境）	I-B（非干湿交替的室内潮湿环境及露天环境、长期湿润环境）	I-A（室内干燥环境、永久的静水浸没环境）	防水、防气、防射线要求
（C）不需要修补的弯曲、轴心受拉和大偏心受压荷载裂缝及非荷载裂缝的亮度	钢筋混凝土构件	主要构件	<0.2	<0.3	<0.35	<0.05
		一般构件	<0.3	<0.3	<0.4	<0.05
	预应力混凝土构件	主要构件	<0.05（0.02）	<0.05（0.02）	<0.1（0.05）	<0.05
		一般构件	<0.05（0.02）	<0.05（0.02）	<0.3（0.1）	<0.05
需修补的受剪（斜拉、剪压、斜压）、轴心受压、小偏心受压、局部受压、受冲切、受扭裂缝	钢筋混凝土构件或预应力混凝土构件	任何构件	出现裂缝			

注：1. I-C、I-B、I-A级环境类别和环境作用等级按现行国家标准《混凝土结构耐久性设计规范》（GB/T 50476—2008）的标准确定。

2. 配筋混凝土墙、板构件的一侧表面接触室内干燥空气，另一侧表面接触水或湿润土体时，接触空气一侧的环境作用等级宜按干湿交替环境确定。

3. 表中的规定适用于采用热轧钢筋的钢筋混凝土构件和采用预应力钢丝、钢绞线及热处理钢筋的预应力混凝土构件；当采用其他类别的钢丝或钢筋时，其裂缝控制要求可按专门标准确定。

4. 表中括号内的限值适用于冷拉Ⅰ、Ⅱ、Ⅲ、Ⅳ级钢筋的预应力混凝土构件。

5. 对于烟囱、筒仓和处于液体压力下的结构构件，其裂缝控制要求应符合专门标准的有关规定。

6. 对于钢筋混凝土构件室内正常环境的屋架、托架、托梁、主梁、吊车梁裂缝宽度大于0.5mm的必须处理，而在高湿度环境中构件裂缝宽度大于0.4mm的必须处理。

（3）有防水、防气、防射线要求的钢筋混凝土构件或预应力混凝土构件的非荷载裂缝，其宽度在0.05～0.2mm时，可使用注射法并结合表面封闭法进行处理；其宽度大于0.2mm时，可使用填充密封法进行处理；

（4）钢筋混凝土构件或预应力混凝土构件受剪（斜拉、剪压、斜压）、轴心受压、小偏心受压、局部受压、受冲切、受扭产生的非荷载裂缝，可使用注射法进行处理；

（5）裂缝修补应根据混凝土结构裂缝深度 h 与构件厚度 H 的关系选择处理方法。h 不大于 $0.1H$ 的表面裂缝，应按表面封闭法进行处理；h 在 $0.1\sim0.5H$ 时的浅层裂缝，应按填充密封法进行处理；h 不小于 $0.5H$ 的深进裂缝以及 h 等于 H 的贯穿裂缝，应按压力注浆法进行处理，并保证注浆处理后界面的抗拉强度不小于混凝土抗拉强度；

（6）有美观、防渗漏和耐久性要求的裂缝修补，应结合表面封闭法进行处理。

四、施工和检验

1. 一般规定

（1）裂缝处理应符合国家现行标准《建筑结构加固工程施工质量验收规范》（GB

50550—2010)、《房屋裂缝检测与处理技术规程》(CECS 293：2011) 的规定。

(2) 在对结构构件进行裂缝处理时，施工单位应针对裂缝修补和加固方案制定施工技术措施。

(3) 裂缝处理所用材料的性能，应满足设计要求。

(4) 原结构构件表面，应按下列要求进行界面处理：

1) 原构件表面的界面处理，应沿裂缝走向及两侧各 100mm 的范围内，打磨平整，清除油垢直至露出坚实的基材新面，用压缩空气或吸尘器清理干净；

2) 当设计要求沿裂缝走向骑缝凿槽时，应按施工图规定的剖面形式和尺寸开凿、修整并清理干净；

3) 裂缝内的粘合面处理，应按粘合剂产品说明书的规定进行。

(5) 胶体材料的调制和使用应按产品说明书的规定进行。

(6) 裂缝表面封闭完成后，应根据结构使用环境和设计要求做好保护层。

(7) 裂缝处理施工的全过程，应有可靠的安全措施，并应符合下列要求：

1) 在裂缝处理过程中，当发现裂缝扩展、增多等异常情况时，应立即停止施工，并进行重新评估处理；

2) 存在对施工人员健康及周边环境有影响的有害物质时，应采取有效的防护措施；当使用化学浆液时，尚应保持施工现场通风良好；

3) 化学材料及其产品应存放在远离火源的储藏室内，并应密封存放；

4) 工作现场严禁烟火，并必须配备消防器材。

2. 施工方法和检验

(1) 采用注射法施工时，应按下列要求进行处理及检验：

1) 在裂缝两侧的结构构件表面应每隔一定距离粘接注射筒的底座，并沿裂缝的全长进行封缝；

2) 封缝胶固化后方可进行注胶操作；

3) 灌缝胶液可用注射器注入裂缝腔内，并应保证低压、稳压；

4) 注入裂缝的胶液固化后，可撤除注射筒及底座，并用砂轮磨平构件表面；

5) 采用注射法的现场环境温度和构件温度不宜低于 12℃，且不应低于 5℃；

6) 封缝胶固化后进行压气试验，检查密封效果；观察注浆嘴压入压缩空气值等于注浆压力值时是否有漏气的气泡出现。若有漏气，应用封缝胶修补，直至无气泡出现。

(2) 采用压力注浆法施工时，应按下列要求进行处理及检验：

1) 进行压力注浆前应骑缝或斜向钻孔至裂缝深处，并埋设注浆管，注浆嘴应埋设在裂缝端部、交叉处和较宽处，间隔为 300～500mm，对贯穿性深裂缝应每隔 1～2m 加设 1 个注浆管；

2) 封缝应使用专业的封缝胶，胶层应均匀无气泡、砂眼，厚度应大于 2mm，并与注浆嘴连接密封；

3) 封缝胶固化后，应使用洁净无油的压缩空气试压，确认注浆通道通畅、密封、无泄漏；

4) 注浆应按由宽到细、由一端到另一端、由低到高的顺序依次进行；

5) 缝隙全部注满后应继续稳定压力一定时间，待吸浆率小于 50mL 后停止注浆，关闭注浆嘴。

(3) 采用填充密封法施工时，应按下列要求进行处理及检验：

1) 进行填充密封前应沿裂缝走向骑缝开凿 V 形槽或 U 形槽，并仔细检查凿槽质量；

2) 当有钢筋锈胀裂缝时，凿出全部锈蚀部分，并进行除锈和防锈处理；

3) 当设置隔离层时，U 形槽底应为光滑的平底，槽底铺设隔离层，隔离层应紧贴槽底，且不应吸潮膨胀，填充材料不应与基材相互反应；

4) 向槽内灌注液态密封材料应灌注至微溢并抹平；

5) 静止的裂缝和锈蚀裂缝可采用封口胶或修补胶等进行填充，并用纤维织物或弹性涂料封护；活动裂缝可采用弹性和延性良好的密封材料进行填充封护（附图 18-1)。

(4) 采用表面封闭法进行施工时，应按下列要求进行处理及检验：

1) 进行表面封闭前应先清洗结构构件表面的水分，干燥后进行裂缝的封闭；

2) 涂刷底胶应使胶液在结构构件表面充分渗透，微裂缝内应含胶饱满，必要时可沿裂缝多道涂刷；

3) 粘贴时应排除气泡，使布面平整，含胶饱满均匀；

4) 织物沿裂缝走向骑缝粘贴，当使用单向纤维织物时，纤维方向应与裂缝走向相垂直；

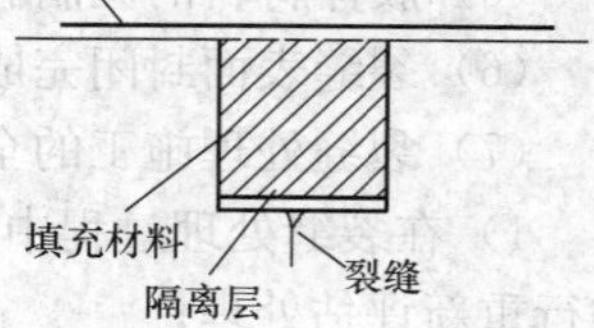

附图 18-1　裂缝处开 U 形槽填充修补材料

5) 多层粘贴时，应重复上述步骤，纤维织物表面所涂的胶液达到指干状态时应粘贴下一层。

(5) 采用化学材料浇注法施工时，应按下列要求进行处理及检验：

1) 进行化学材料浇注前，结构构件应做临时支撑；

2) 浇筑槽应分段开凿，每段不得超过 1m，开凿宽度可沿裂缝两侧各 50mm，剔除槽内输送部分并清除杂物，漏浆液的洞、缝可用结构胶泥封堵；

3) 材料制备应按产品说明书的要求进行，并保持适当的温度。

(6) 采用密实法施工时，应按下列要求进行处理及检验：

1) 裂缝两侧 10～20mm 范围应清理干净，并用水冲洗，保持湿润；

2) 采用结构胶泥修补裂缝应涂抹严实，并清理表面。

(7) 胶液固化 7d 后可采用下列方法进行灌浆质量检验：

1) 采用超声法，并应符合现行标准《超声法检测混凝土缺陷技术规程》(CECS 21：2000) 的规定。

2) 采用取芯法随机钻取直径为 50～80mm 的芯样进行检验。取芯位置应避开钢筋且选择裂缝中部，芯样取出后检查裂缝是否填充饱满、密实。有补强要求的，还应对芯样做劈裂强度试验或抗压强度试验，试件不应首先在裂缝修补处破坏；钻芯留下的孔洞应采用强度等级不低于 C30 且高于原构件混凝土一个强度等级的微膨胀细石混凝土或掺有石英砂的植筋胶填塞密实。

3) 采用承水法可适用于现浇楼板或围堰类构筑物，承水 24h 不渗漏为合格。

五、裂缝治理方法

1. 表面修补法

适用于对承载力无影响的表面及深进的裂缝，以及大面积细裂缝防渗漏水的处理。

(1) 表面涂抹砂浆法

适用于稳定的表面及深进裂缝的处理。处理时将裂缝附近的混凝土表面凿毛，或沿裂缝（深进的）凿成深15～20mm、宽100～150mm的凹槽，扫净并洒水湿润，先刷水泥净浆一遍，然后用1：1～2水泥砂浆分2～3层涂抹，总厚度为10～20mm，并压光。有渗漏水时，应用水泥净浆（厚2mm）和1：2水泥砂浆（厚4～5mm）交错抹压4～5层，涂抹3～4h后，应进行覆盖洒水养护。

(2) 表面涂抹结构胶泥（或粘贴玻璃布）法

适用于稳定的、干燥的表面及深进裂缝的处理。涂抹结构胶泥前，将裂缝附近表面灰尘、浮渣清除、洗净并干燥。油污应用有机溶剂或丙酮擦洗干净。如表面潮湿，应用喷灯烘烤干燥、预热，以保证胶泥与基层良好的粘结。较宽裂缝先用刮刀堵塞结构胶泥，涂刷时用硬毛刷或刮板蘸取胶泥，均匀涂刮在裂缝表面，宽80～100mm，一般涂刷两遍。粘贴玻璃布时，一般贴1～2层，第二层布的周边应比下面一层宽10～15mm，以便压边。结构胶泥由结构胶掺加适量水泥等粉料制备，其中结构胶的性能应符合《混凝土结构加固设计规范》(GB 50367—2006) 的相应规定。

(3) 表面凿槽嵌补法

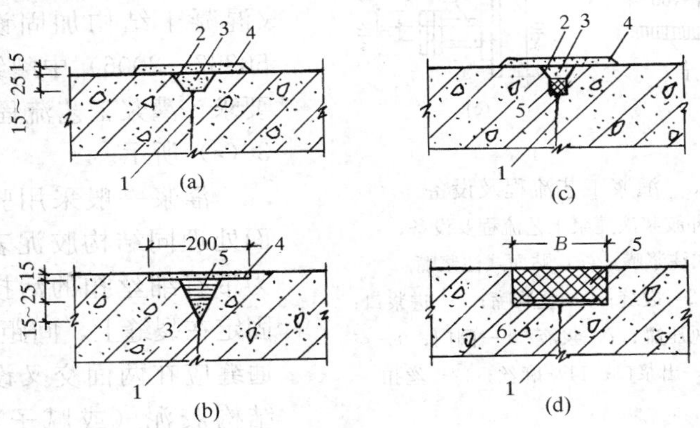

附图18-2 表面凿槽嵌补裂缝

(a) 一般裂缝处理；(b)、(c) 渗水裂缝处理；(d) 活动裂缝处理

1—裂缝；2—水泥净浆2mm；3—M30膨胀砂浆或C30膨胀混凝土（或1：2水泥砂浆）；4—环氧胶泥或1：2.5水泥砂浆（或刚性五层抹面）；5—聚氯乙烯胶泥等密封材料；6—隔离缓冲层；B—槽宽

适用于独立的裂缝宽度较大的死裂缝和活裂缝的处理。沿混凝土裂缝凿一条宽5～6mm的V形、U形槽，槽内嵌入刚性材料，如水泥砂浆或结构胶泥；或填灌柔性密实材料，如聚氯乙烯胶泥、沥青油膏、聚氨酯以及合成橡胶等密封。表面做砂浆保护层或不做保护层。具体构造处理见附图18-2。槽内混凝土面应修理平整并清洗干净，不平处用水泥砂浆填补。嵌填时槽内表面涂刷嵌填材料稀释涂料。对修补活裂缝仅在两侧涂刷，槽底铺一层塑料薄膜缓冲层，以防填料与槽底混凝土粘合，在裂缝上造成应力集中，将填料撕裂。然后用抹子或刮刀将砂浆（或结构胶泥）嵌入槽内使饱满压实，最后用1：2.5水泥

砂浆抹平压光（对活裂缝不作砂浆保护层）。

2. 内部修补法

适用于对结构整体性有影响，或有防水、防渗要求的裂缝修补。

（1）注射法

当裂缝宽度小于0.5mm时，可用注射器压入裂缝补强修补用胶。注射时，应在裂缝干燥或用热烘烤时缝内不存在湿气的条件下进行，注射次序从裂缝较低一端开始，针头尽量插进缝内，缓慢注入，使裂缝补强修补用胶在缝内向另一端流动填充，便于缝内空气排出。注射完毕在缝表面涂刷结构胶泥两遍或再加贴一层玻璃布条盖缝。

（2）化学灌浆法

化学灌浆具有粘度低、可灌性好、收缩小以及有较高的粘结强度和一定的弹性等优点，恢复结构整体性的效果好。适用于各种情况下的裂缝修补及堵漏、防渗处理。

灌浆材料应根据裂缝的性质、缝宽和干燥情况选用。灌浆材料应符合《混凝土结构加固设计规范》（GB 50367—2006）中裂缝补强修补用胶的要求，灌浆工艺流程及设备如附图18-3（a）所示。

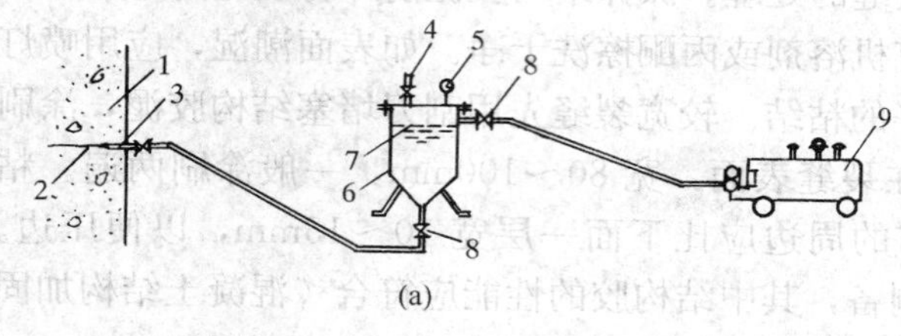

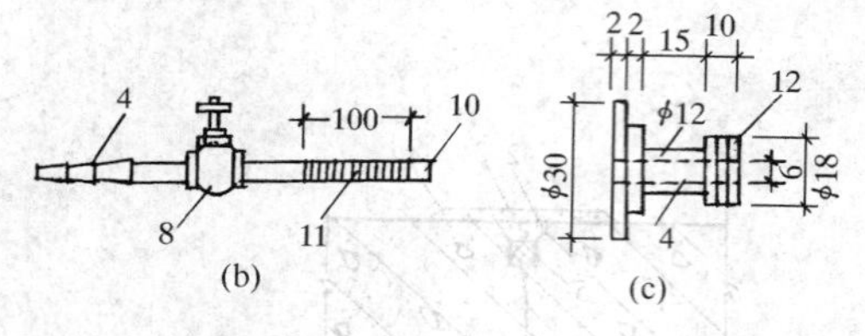

附图18-3 灌浆工艺流程及设备

（a）裂缝修补胶浆液灌浆工艺流程及设备；
（b）楔入式注浆嘴；（c）贴面式注浆嘴
1—混凝土结构；2—裂缝；3—注浆嘴；4—进浆口；5—压力表；6—风压罐；7—浆液；8—阀门；9—空气压缩机；10—出浆口；11—麻丝；12—丝扣

灌浆一般采用骑缝直接施灌。表面处理同结构胶泥表面涂抹。灌浆嘴为带有细丝扣的活接头，用结构胶泥固定在裂缝上，间距400～500mm，贯通缝应在两面交叉设置。裂缝表面用结构胶泥（或腻子）封闭。硬化后，先试气了解缝面通顺情况，气压保持0.2～0.3MPa，垂直缝从下往上，水平缝从一端向另一端，如漏气，可用石膏快硬腻子封闭。灌浆时，将配好的浆液注入压浆罐内，先将活接头接在第一个灌浆嘴上，开动空压机送气（气压一般为0.3～0.5MPa），即将裂缝修补胶压入裂缝中，待胶液从邻近灌浆嘴喷出后，即用小木塞将第一个灌浆孔封闭，以便保持孔内压力，然后同法依次灌注其他灌浆孔，直至全部灌注完毕。裂缝修补胶一般在20～25℃下经16～24h即可硬化，可将灌浆嘴取下重复使用。在缺乏灌浆设备时，较宽的平、立面裂缝也可用手压泵进行。

3. 结构加固法

适用于对结构整体性、承载能力有较大影响的，表面损坏严重的，表面、深进及贯穿性裂缝的加固处理，一般方法有以下几种。

（1）围套加固法

当周围空间尺寸允许的情况下，在结构外部一侧或三侧外包钢筋混凝土围套（附图18-4a、b）以增强钢筋和截面，提高其承载能力。对构件裂缝严重，尚未破碎裂透或一侧破碎的，将裂缝部位钢筋保护层凿去，外包钢丝网一层。如钢筋扭曲已达到流限，则加焊受力短钢筋及箍筋（或钢丝网），重新浇筑一层 35mm 厚细石混凝土加固（附图 18-4c）。大型设备基础一般采取增设围套或钢板带套箍（附图 18-5），增加环向抗拉强度的方法处理。对于基础表面的裂缝，一般在设备安装的灌浆层内放入钢筋网及套箍进行加固（附图 18-6）。加固时，原混凝土表面应凿毛洗净，或将主筋凿出；如钢筋锈蚀严重，应凿去保护层，喷砂除锈。增配的钢筋应根据裂缝程度计算确定。浇筑围套混凝土前，模板与原结构均应充分浇水湿润。模板顶部设八字口，使浇筑面有一个自重压实的高度。采用高一强度等级的细石混凝土，控制水灰比，加适量减水剂，注意捣实，每段一次浇筑完毕，并加强养护。

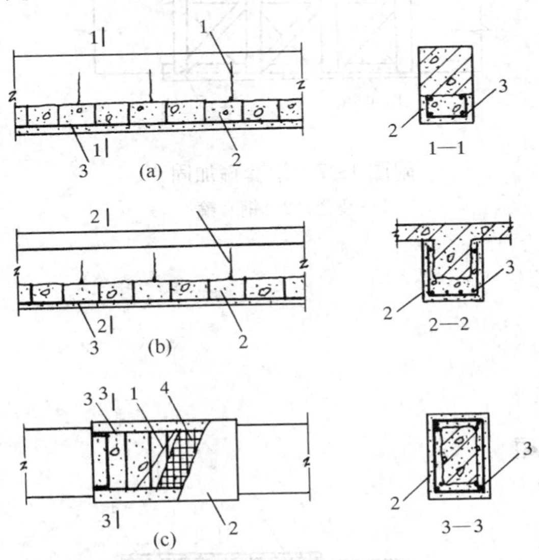

附图 18-4 钢筋混凝土围套加固
1—裂缝；2—钢筋混凝土围套；
3—附加钢筋；4—钢丝网

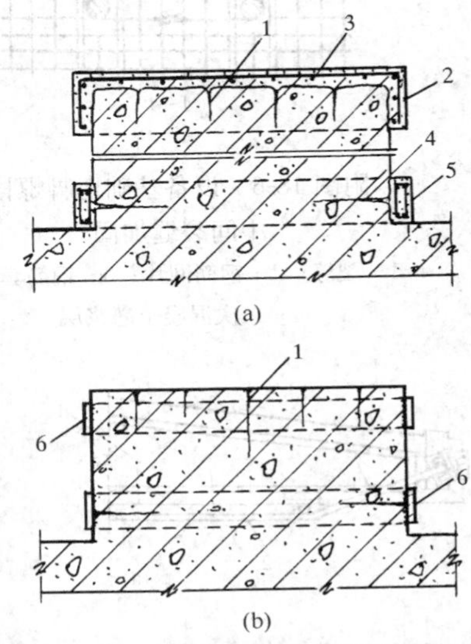

附图 18-5 设备基础裂缝加固处理
（a）用钢筋混凝土围套加固；（b）用钢板带箍加固
1—裂缝；2—混凝土加固层；3—钢筋网片；
4—刷界面剂，浇筑细石混凝土；5—钢筋混凝土
围套；6—钢板套箍或钢板套（8mm 厚），
用钢楔打紧后灌浆

（2）钢箍加固法

在结构裂缝部位四周用 U 形螺栓或型钢套箍（附图 18-7）将构件箍紧，以防止裂缝扩大，提高结构的刚度和承载力。加固时，应使钢套箍与混凝土表面紧密接触，以保证共同工作。

（3）预应力加固法

在梁、桁架下部增设新的支点和预应力拉杆，以减小裂缝宽度（甚至闭合），提高结构承载能力（附图 18-8a、b），拉杆一般采用电热法建力预应力。也可用钻机在结构或构件上垂直于裂缝方向钻孔，然后穿入钢筋施加预应力使裂缝闭合（附图 18-8c）。钢材表面应涂刷防锈漆两遍。

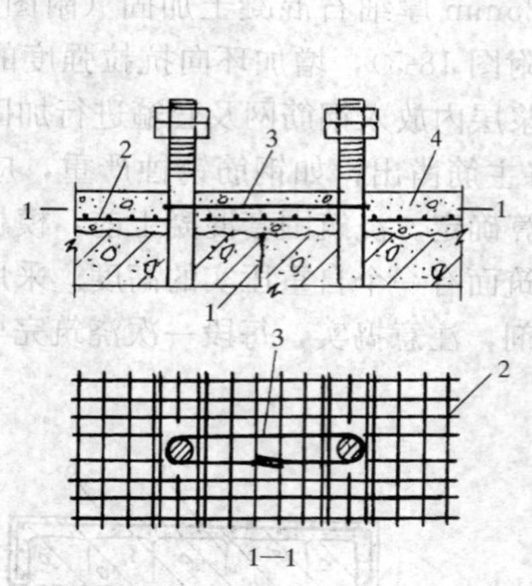

附图 18-6 设备基础地脚螺栓中间裂缝加固

1—裂缝；2—钢筋网片；3—钢筋套箍；4—二次混凝土灌浆层

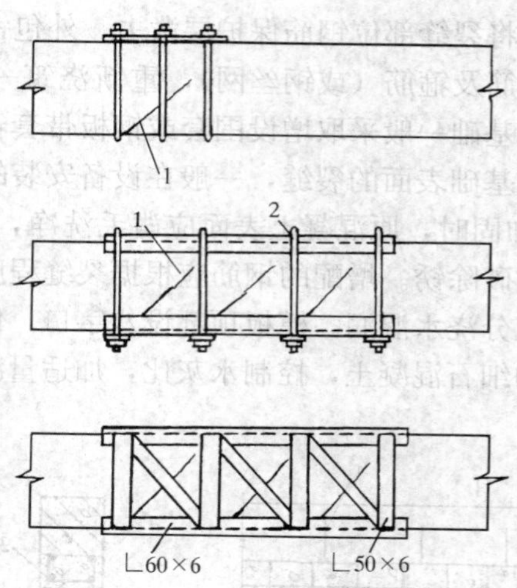

附图 18-7 钢套箍加固

1—裂缝；2—钢套箍

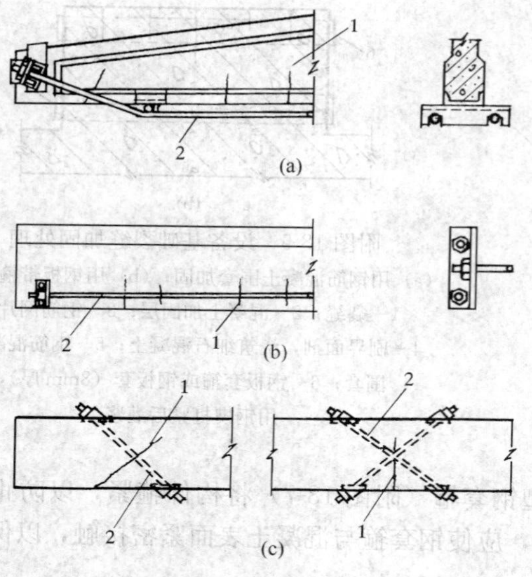

附图 18-8 预应力加固

(a)、(b) 预应力拉杆加固；(c) 预应力筋加固

1—裂缝；2—预应力拉杆或预应力钢筋

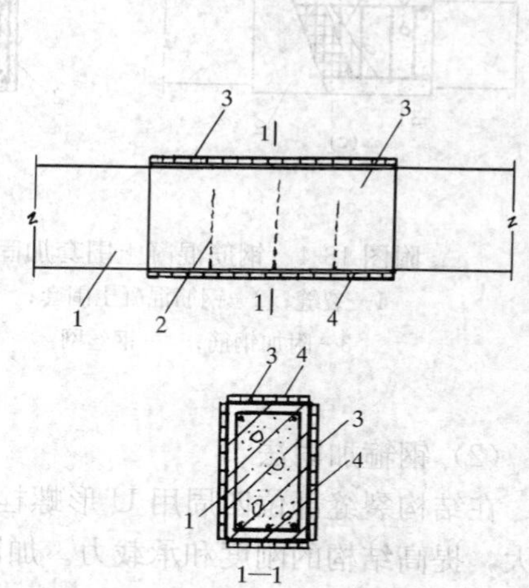

附图 18-9 粘钢加固

1—梁构件；2—裂缝；3—3～5mm 厚钢板；4—建筑结构胶

(4) 粘钢加固法

将 3～5mm 厚钢板用结构胶粘剂粘贴到结构构件混凝土表面，使钢板与混凝土结合成整体共同工作。这类胶粘剂有良好的粘接性能，粘接抗拉强度：钢与钢≥33MPa；钢与混凝土，混凝土破坏；粘结抗剪强度：钢与钢≥18MPa；钢与混凝土，混凝土破坏；胶粘

剂的抗压强度≥60MPa，抗拉强度≥30MPa。加固时将裂缝部位凿毛刷洗干净，将钢板按要求尺寸剪切好，在粘贴一面除锈，用砂轮打毛（或喷砂处理），在混凝土和钢板粘贴面两面涂覆。胶层厚0.8～1.0mm，然后将钢板粘贴在裂缝部位表面，0.5h后在四周用钢丝缠绕数圈，并用木楔楔紧，将钢板固定（附图18-9）。胶粘剂为常温固化，一般24h可达到胶粘剂强度的90%以上，72h固化完成，卸去夹紧用的钢丝、木楔。加固后，表面刷与混凝土颜色相近的灰色防锈漆。

（5）喷浆加固法

适用于混凝土因钢筋锈蚀、化学反应、腐蚀、冻胀等原因造成的大面积裂缝补强加固。先将裂缝损坏的混凝土全部铲除，清除钢筋锈蚀，严重的采用喷砂法除锈，然后以压缩空气或高压水将表面冲洗干净并保持湿润，在外表面加一层钢筋网或钢筋网与原有钢筋用电焊固定，接着在混凝土表面涂一层水泥净浆，以增强粘结。凝固前，用混凝土喷射机喷射混凝土，一般用干法，它是将一定比例配合搅拌均匀的水泥、砂、石子（比例为：52.5级普通硅酸盐水泥：中粗砂：粒径3～7mm的石子＝1：2：1.5～2）干拌料送入喷射机内，利用压缩空气（风压为0.14～0.18MPa）将拌合料经软管压送到喷枪嘴，在喷嘴后部与通入的压力水（水压0.3MPa）混合，高速度喷射于补缝结构表面，形成一层密实整体外套。混凝土水灰比控制在0.4～0.5，混凝土厚度为30～75mm。混凝土抗压强度为30～35MPa，抗拉强度为2MPa，粘结强度为1.1～1.3MPa。

附录18.5 混凝土结构典型裂缝特征

引自《房屋裂缝检测与处理技术规程》(ECS 293：2011)。

混凝土结构的典型荷载裂缝特征 附表18-6

项次	裂缝原因	裂缝主要特征	裂缝现象
1	轴心受拉	裂缝贯穿结构全截面，大体等间距（垂直于裂缝方向）；用带肋钢筋时，裂缝间出现位于钢筋附近的次裂缝	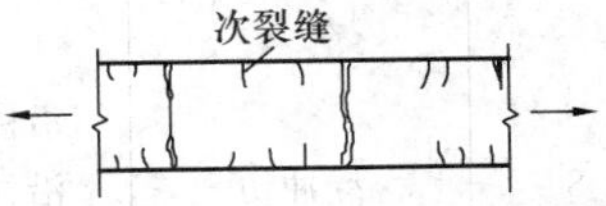 次裂缝
2	轴心受压	沿构件出现短而密的平行于受力方向的裂缝	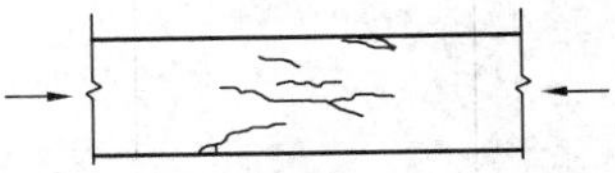
3	偏心受压	弯矩最大截面附近从受拉边缘开始出现横向裂缝，逐渐向中和轴发展； 用带肋钢筋时，裂缝间可见短向次裂缝	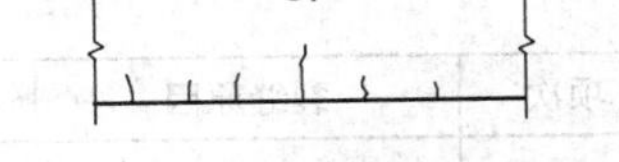
		沿构件出现短而密的平行于受力方向的裂缝，但发生在压力较大一侧，且较集中	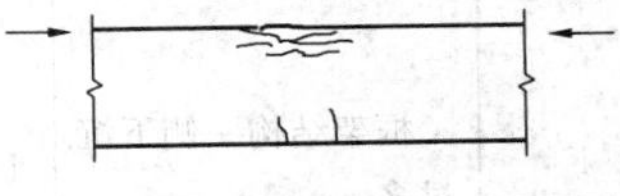
4	局部受压	在局部受压区出现大体与压力方向平行的多条短裂缝	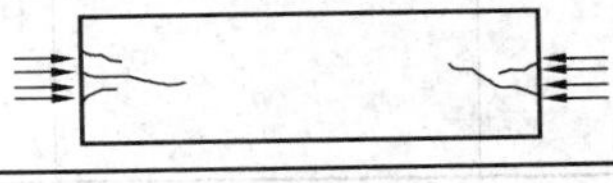

续表

项次	裂缝原因	裂缝主要特征	裂缝现象
5	受弯	弯矩最大截面附近从受拉边缘开始出现横向裂缝，逐渐向中和轴发展，受压区混凝土压碎	
6	受剪	沿梁端中下部发生约45°方向相互平行的斜裂缝	
		沿悬臂剪力墙支承端受力一侧中下部发生一条约45°方向的斜裂缝	
7	受扭矩	某一面腹部先出现多条约45°方向的斜裂缝，向相邻面以螺旋方向展开	
8	受冲切	沿柱头板内四侧发生45°方向的斜裂缝；沿柱下基础体内柱边四侧发生45°方向的斜裂缝	

混凝土结构的典型非荷载裂缝特征　　附表18-7

项次	裂缝原因	一般裂缝特征	裂缝现象
1	框架结构一侧下沉过多	框架梁两端发生裂缝的方向相反（一端自上而下，另一端自下而上）；下沉柱上的梁、柱接头处可能发生细微水平裂缝	▽(下沉)

续表

项次	裂缝原因	一般裂缝特征	裂缝现象
2	梁的混凝土收缩和温度变形	沿梁长度方向的腹部出现大体等间距的横向裂缝，中间宽、两头尖，呈枣核形，至上下纵向钢筋处消失，有时出现整个截面裂通的情况	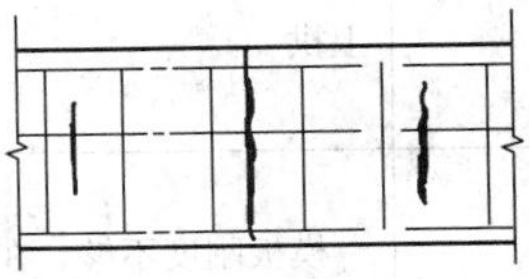
3	混凝土内钢筋锈蚀膨胀引起混凝土表面出现胀裂	形成沿钢筋方向的通长裂缝	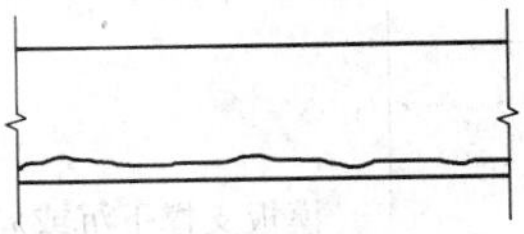
4	板的混凝土收缩和温度变形	沿板长度方向出现与板跨度方向一致的大体等间距的平行裂缝，有时板角出现斜裂缝	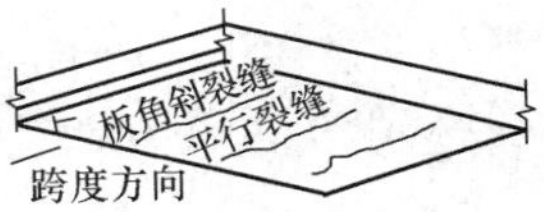 板角斜裂缝 平行裂缝 跨度方向
5	混凝土浇筑速度过快	浇筑1～2h后在板与墙、梁，梁与柱交接部位出现纵向裂缝	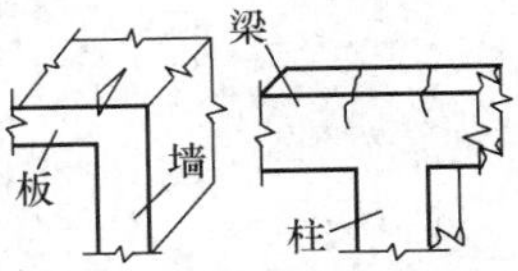 板 墙 梁 柱
6	水泥安定性不合格或混凝土搅拌、运输时间过长，使水分蒸发，引起混凝土浇筑时坍落度过低；或阳光照射、养护不当	混凝土中出现不规则的网状裂缝	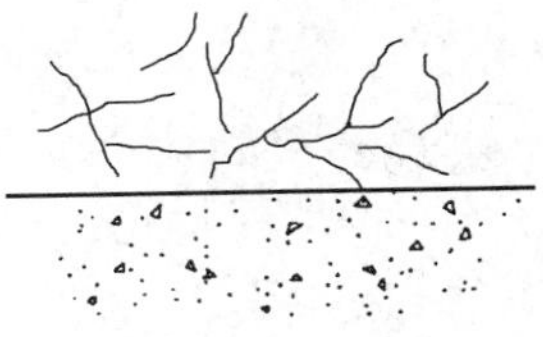
7	混凝土初期养护时急骤干燥	混凝土与大气接触面上出现不规则的网状裂缝	类似本表项次6
8	用泵送混凝土施工时，为了保证流动性，增加水和水泥用量，导致混凝土凝结硬化时收缩量增加	混凝土中出现不规则的网状裂缝	类似本表项次6

续表

项次	裂缝原因	一般裂缝特征	裂缝现象
9	木模板受潮膨胀上拱	混凝土板面产生上宽下窄的裂缝	
10	模板刚度不够，在刚浇筑混凝土的（侧向）压力作用下发生变形	混凝土构件出现与模板变形一致的裂缝	模板变形 模板变形
11	模板支撑下沉或局部失稳	已浇筑成型的构件产生相应部位的裂缝	自然地面浸水下沉 基槽回填土浸水下沉

19 特种混凝土工程

19.1 防 水 混 凝 土

防水混凝土是以调整混凝土配合比、改善骨料级配、掺加外加剂或采用特种水泥等方法提高自身的密实性、憎水性和抗渗性，使其满足抗渗压力大于0.6MPa的不透水混凝土。

防水混凝土按其配制方法不同，大体上可分为四类：普通防水混凝土（亦称富砂浆防水混凝土）、骨料级配防水混凝土、外加剂防水混凝土和膨胀水泥防水混凝土。外加剂防水混凝土，类别十分繁多，内容也很丰富，本节仅介绍其中几种较常用的外加剂防水混凝土。对于质量通病中的现象、原因分析、预防措施和治理方法有相同的内容，一般不再赘述，只列出参见章节。

Ⅰ 普通防水混凝土与骨料级配防水混凝土

普通防水混凝土是在普通混凝土骨料级配和设计方法的基础上，以调整配合比的方法来提高混凝土自身的密实性，从而达到一定抗渗性能的混凝土。它既要满足设计强度要求，也要达到抗渗目的。

普通防水混凝土亦称富砂浆防水混凝土。它不同于骨料级配法防水混凝土，后者以获得最小空隙率和最大密实度的骨料（砂石）连续级配曲线为理论依据。而普通防水混凝土则是适当加大混凝土中的水泥用量，以提高砂浆填充粗骨料空隙的程度，使其具有一定数量和重量的水泥砂浆，除起到填充、润滑和粘结作用外，还有一部分在粗骨料周围形成一定厚度的良好的砂浆包裹层，将粗骨料隔开，并保持一定距离，混凝土硬化后，粗骨料之间便被密实性较好的水泥砂浆所充实和包围，混凝土内部沿石子表面形成的毛细管通道也被切断，从而使配制的混凝土具有较好的抗渗性能。普通防水混凝土设计方法与普通混凝土完全一样，具有取材简易、设计施工方便、经济易行和适用性强等特点，为广大设计和施工单位广泛采用。

骨料级配防水混凝土是以水泥为胶结料，用三种或三种以上不同的粗细骨料，按照一定要求的比例混合而成的一种混凝土。使粗细骨料的混合级配满足混凝土最大密实度要求的抗渗混凝土。

骨料级配防水混凝土，除了砂石级配较普通混凝土严格外，施工要求也较普通混凝土严，如要求用机械搅拌和机械振捣等。

19.1.1 蜂窝、麻面、孔洞

参见11.1.4“混凝土蜂窝、麻面、孔洞、露筋并出现渗漏水”的相应部分内容。

19.1.2 干缩微裂

1. 现象

混凝土表面有少量用肉眼可见的、不规则裂纹和大量需借助放大镜才能清晰观察到的微裂纹（通常在0.05～0.1mm之间），呈现于浇筑混凝土的暴露面，基本上展现于混凝土表面。

2. 原因分析、预防措施和治理方法参见18.5“混凝土裂缝”的相关部分内容。

19.1.3　渗漏水

现象、原因分析、预防措施和治理方法参见11.2“细部构造防水”的相关部分内容。

19.1.4　裂缝

现象、原因分析、预防措施和治理方法参见18.5“混凝土裂缝”的相应部分内容。

19.1.5　抗渗性能不稳定

现象原因分析和防治措施参见11.1.3“防水混凝土抗渗性能不稳定”的内容。

Ⅱ　减水剂防水混凝土

减水剂防水混凝土是外加剂防水混凝土中应用较广的一种防水混凝土。它是在混凝土拌合物中掺入适量的减水剂，从而提高防水抗渗性能的混凝土。

减水剂防水混凝土存在的干缩微裂、渗漏水、裂缝等质量通病，其现象、原因分析、预防措施和治理办法与普通防水混凝土基本相同，本节不另作叙述。

19.1.6　坍落度损失快

现象、原因分析和防治措施参见11.1.6“减水剂防水混凝土坍落度损失快”的相应部分内容。

19.1.7　凝结时间长，强度低

现象、原因分析和防治措施参见11.1.5“减水剂防水混凝土凝结时间长”的相应部分内容。

19.1.8　蜂窝、麻面、孔洞

现象、原因分析、预防措施和治理方法参见19.1.1“蜂窝、麻面、孔洞”的相应部分内容。

19.1.9　抗渗性能不稳定

现象、原因分析和防治措施参见11.1.3“防水混凝土抗渗性能不稳定”的相应部分内容。

Ⅲ　氯化铁防水混凝土

氯化铁防水混凝土是在混凝土拌合物中加入适量的氯化铁防水剂配制而成的一种具有密实性高、防水性能好的混凝土。

由于氯化铁防水剂与水泥水化析出物化学反应生成的氢氧化铁等胶体的密实填充作用，新生的氯化钙对水泥熟料矿物的激化作用，易溶性物转化为难溶性物以及析水性降低等作用，增进了混凝土的密实性，提高了抗渗性。氯化铁防水剂配制简易、材料来源广、价格较低，并具有增强、耐久、抗腐蚀等优点，是一种较好的防水剂，可以配制较高抗渗等级的防水混凝土和抗油混凝土。

氯化铁防水混凝土有关蜂窝、麻面、孔洞、渗漏水等质量通病与普通防水混凝土内容基本相同，本节不另叙述。

19.1.10　钢筋锈蚀

1. 现象

在普通混凝土中，钢筋不会发生腐蚀现象，这是由于水泥硬化过程中生成的氢氧化钙，使钢筋处于高碱性状态，钢筋表面形成了一层钝化膜，保护了钢筋的长期正常使用。但当有盐类存在，并超过一定量时，起保护作用的钢筋钝化膜遭到破坏，钢筋发生腐蚀。

2. 原因分析

氯化铁防水剂溶液中，氯化铁和氯化亚铁的含量比例不当。过量的氯化铁与水泥硬化过程中析出的氢氧化钙反应生成的氯化钙，除部分与水泥结合外，剩余的氯离子则会引起钢筋腐蚀的危险。

3. 防治措施

(1) 严格按照配方和程序配制防水剂。使用前应核查防水剂溶液的密度，精确计量，称量误差不得超过±2%。掺量由试验确定。搅拌要均匀，要配成稀溶液加入，不可将防水剂直接倒入混凝土拌合物中搅拌。

(2) 对于重要结构，必要时，为防不测，宜检验氯化铁防水剂对钢筋的腐蚀性。如检验结果确认氯化铁防水剂对钢筋有腐蚀性作用，可采用阻锈剂（如亚硝酸钠）予以抑制。其适宜掺量由试验确定。

亚硝酸钠为白色粉末，有毒，应妥善保管并注明标签，以防当食盐使用，造成中毒事故。掺有亚硝酸钠阻锈剂的氯化铁防水混凝土，严禁用于饮水工程以及与食品接触的部位，也不得用于预应力混凝土工程，以及与镀锌钢材或铝铁相接触部位的钢筋混凝土结构。

(3) 掺有阻锈剂的氯化铁防水混凝土，应适当延长搅拌时间，一般延长1min，使外加剂与混凝土拌合物充分搅拌均匀。

19.1.11 收缩裂缝

1. 现象

同19.1.2“干缩微裂”的相应部分内容。

2. 原因分析

(1) 防水剂中氯化铁与氯化亚铁的比例不当，氯化铁含量过多。

(2) 防水剂中膨胀剂（硫酸铝、明矾）组分含量过多，使混凝土的收缩受到过大限制，形成裂缝。

(3) 防水剂计量不准，或储存期间有雨水浸入，或水分蒸发多，防水剂密度发生了变化，未能察觉，致使实际加入的防水剂量失控。

(4) 石子吸水率大，砂石含泥量和泥块含量严重超标。

(5) 砂石含水率不测定、不调整，凭经验增减用水量。加水计量装置失灵，凭目测坍落度替代水灰比控制，加大了收缩的不均匀性和可变性。

(6) 三氯化铁防水剂混凝土对养护工作的敏感性较大，养护不及时或干燥失水或养护时间、湿度不够等，都会严重影响混凝土的抗裂性和防水性。

3. 预防措施

(1) 防水剂使用前应核查其密度，如有变化，应查明原因，确认无害后，方可使用。计量器具应定期检验，并应有检验合格证。质检人员应核查其准确性和可靠性，以保证混凝土配合比例的正确性。

(2) 砂石品质应符合规定，砂石含泥量、泥块含量超过规定的，必须处理合格后方准使用。不使用受潮、结块的水泥。

(3) 砂石含水率每天测定1～2次，做到适时测定，及时调整配合比。夏季酷热天气施工，砂石骨料宜采取遮阳措施，冬期气温低于10℃时应采取保温措施，以减少或防止温差过大造成危害。

(4) 氯化铁防水混凝土的配制，应遵循如下基本要求。

1) 氯化铁防水剂配制的混凝土，应满足表19-1的技术要求和规定。

2) 使用的氯化铁防水剂，必须符合质量标准，不得使用市场上出售的化学试剂氯化铁。

3) 要按程序投料。配制防水混凝土时，应先用部分拌合水（约占全部用量的3/4至4/5）将防水剂稀释并拌匀，然后倒入已搅拌均匀的混凝土拌合物搅拌，最后再加入剩余的水继续搅拌至均匀。

氯化铁防水剂混凝土配制要求　　表19-1

项目	技术要求
水灰比	不大于0.55
水泥用量	不小于320kg/m³
坍落度	30～50mm
防水剂掺量	占水泥重量的3%为宜，掺量过多，对钢筋锈蚀及混凝土干缩均有不良影响

当采用机械搅拌时，应先加入砂子、水泥和石子，搅拌均匀后再加入稀释的氯化铁水溶液和水，禁止将氯化铁防水剂直接倒入混凝土拌合物中，以免搅拌机遭受腐蚀。搅拌时间不得少于2min。

4) 所用材料均严格计量。砂石含泥量和泥块含量应严格遵循《普通混凝土用砂石质量及检验方法标准》(JGJ 52—2006) 的规定。

(5) 氯化铁防水混凝土浇筑后，不可烈日暴晒，也不可受雨水侵袭，应及时进行覆盖养护。自然养护时，环境温度不应低于10℃，否则应采取保暖措施。一般在混凝土浇灌完毕后约8h即可用湿草袋覆盖，24h后便可浇水养护，时间不少于14d。

4. 治理方法

参见18.5中附录18.4“混凝土裂缝治理方法”。

19.1.12　抗渗性能不稳定

1. 现象

同19.1.5“抗渗性能不稳定”的相应部分内容。

2. 原因分析

(1) 参见19.1.5“抗渗性能不稳定”的原因分析。

(2) 氯化铁防水剂未按要求进行配制，质量不稳定，掺量控制不准或计量有误。

3. 防治措施

(1) 同19.1.5“抗渗性能不稳定”的防治措施。

(2) 做好氯化铁防水剂配制的技术交底工作，要有文字交底和配制记录。质检人员应核查所用原材料情况和配制成的防水剂有关质量指标（如密度、pH值、二氯化铁和三氯化铁两者的含量等），在确认质量符合要求后，方可使用。

(3) 氯化铁防水剂贮存期间，要加盖盖好，防止雨水进入。使用前应核查其密度，防止计量发生误差。施工使用时，宜由专人负责。

(4) 养护是否及时、充分，不仅关系到强度的发展，而且对抗渗性能和收缩性能也都会产生很大的影响。因此，应该引起高度重视。

Ⅳ 引气剂防水混凝土

引气剂防水混凝土是指在混凝土中掺入少量能引进定量微细气孔，但不显著改变水泥凝结时间和硬化速度的外加剂混凝土。引气剂所引进的气孔是分散性的气泡，尺寸一般在0.05mm到1.25mm之间。

在混凝土中掺入少量的引气剂，可在混凝土拌合物中产生大量均匀而稳定的小气泡，充实了硬化后混凝土的孔隙，隔断了渗水通道，并能使水泥石中的毛细管由亲水性变为疏水性，阻碍了混凝土的吸水性和渗水作用，有利于提高混凝土的抗渗性。由于引气剂防水混凝土具有良好的工作性、抗渗性和耐久性，技术经济效果好，虽然该项技术使用历史较久，但至今仍有应用。常用的引气剂有松香酸钠和松香热聚物两种。

引气剂防水混凝土有关蜂窝、麻面、孔洞、裂缝和渗漏水等质量通病与普通防水混凝土内容基本相同，本节不另叙述。

19.1.13 强度降低幅度大

1. 现象

掺引气剂的防水混凝土强度，一般都会有不同程度的降低，这是正常现象。但是，如果掺引气剂防水混凝土标养28d的强度，较之相同配合比的基准混凝土（即不掺引气剂的混凝土）28d标养的强度，降低幅度达25%以上时，就应该查明原因，予以纠正。

2. 原因分析

（1）水泥过期或受潮结块，强度大幅度下降，砂石含泥量、泥块含量严重超标，缺乏养护或养护不及时，早期脱水。

（2）引气剂制备质量不好，皂化不全，掺量不当或失控，或计量有误。实践表明：含气量每增加1%，28d强度下降3%～5%。

3. 防治措施

（1）水泥库应保持干燥，堆放高度不得超过10袋。不使用受潮、结块和过期水泥。

（2）砂石质量应符合规定要求，砂石含泥量和泥块含量超过规定的，必须处理合格后方准使用。

（3）引气剂的配制应按一定要求程序进行。松香酸钠（松香皂）引气剂是用松香或氧化树脂酸及氢氧化钠溶液加热反应配制而成。

（4）引气剂适宜掺量应由试验确定，不可套用，掺量过少，气泡大而少，混凝土结构不均匀；掺量过大，虽然可能有助于提高混凝土的抗渗性能，但强度降低的幅度也可能随之加大。试验证明：混凝土含气量在3%～6%时，其全面性能优良，此时松香酸钠掺量约为0.01%～0.03%，松香热聚物约为0.01%，混凝土的表观密度降低不超过6%，强度降低幅度不大于25%，抗渗性能较佳。当含气量超过上述范围时，其积极作用下降，消极作用上升。按照规定，引气剂混凝土的含气量不宜超过表19-2的规定。

（5）严格控制水灰比。水灰比不能过大，一般以控制在0.5～0.6为宜，最大不宜超过0.65。水泥用量一般为250～300kg/m^3，最小水泥用量不低于250kg/m^3。

（6）混凝土配合比由试验确定。砂率宜控制在28%～35%之间。掺用引气剂的混凝土拌合物的搅拌时间，一般宜控制在3～5min。搅拌时间不足，拌和不均匀，引气剂不能充分发挥作用，引气量低，和易性不好；搅拌时间过长，引气量又减小，和易性也变差。搅拌时间适当，引气量增大，和易性良好，并能有助于达到预期的强度要求和增进抗渗性能。

掺引气剂混凝土的含气量　　表 19-2

粗骨料最大粒径（mm）	混凝土含气量（%）
10	7.0
15	6.0
20	5.5
25	5.0
40	4.5
50	4.0
80	3.5

（7）混凝土拌合物从出料到浇筑的停留时间也不宜过长。应在搅拌机出料口取样，进行混凝土拌合物的和易性（坍落度）和含气量的检验，使其严格控制在规定的范围内。

（8）引气剂如发生絮凝或沉淀现象，应加热使其溶解后方可使用。引气剂应以溶液掺入混凝土拌合物水中使用，溶液中的水量应从拌合水中扣除。不得将引气剂直接加入搅拌机，以免气泡集中而影响混凝土质量。

（9）当材质有变动，如水泥品种、砂子细度模量和粗骨料最大粒径等变动，或施工条件有变化时，应及时通过试验调整引气剂的掺量。

19.1.14　抗渗性能不稳定

1. 现象

同 19.1.5“抗渗性能不稳定”的相应部分内容。

2. 原因分析

（1）参见 19.1.5“抗渗性能不稳定”的原因分析。

（2）引气剂计量不准，前后波动，或前后配制的引气剂质量不一，或贮存保管不当，有雨水浸入，或有变质现象。砂子细度模量变化大。

（3）施工期间环境温度变化大，以及养护工作的差异，对引气剂防水混凝土的含气量和抗渗性能影响很大。在低于 5℃条件下养护，几乎完全失去抗渗能力。

（4）混凝土拌合物停留时间长，含气量损失大。

3. 防治措施

（1）同 19.1.5“抗渗性能不稳定”的防治措施。

（2）严格按照配方和制作程序配制引气剂。配制时，松香皂化值一定要测定，不可估定。在确定引气剂掺量时，应考虑施工中含气量的损失，以及施工环境温度的骤变对抗渗性能的影响。

（3）引气剂防水混凝土的水灰比大小，应服从抗渗性能的需要。水灰比不仅决定着混凝土内毛细管网的数量和大小，而且对新形成的气泡数量和质量也有很大影响。水灰比在某一适宜范围内，混凝土可获得适宜的含气量和较高的抗渗性。大量试验和实践表明：水灰比以控制在 0.5～0.6 为宜，最大不超过 0.65。表 19-3 所列引气剂防水混凝土水灰比与抗渗性的关系，可供试验选择配合比时参考。

引气剂防水混凝土水灰比选用表　　表 19-3

水 灰 比	0.4～0.5	0.55	0.60	0.65
抗渗等级	≥P12	≥P8	≥P6	≥P4

（4）砂子细度对气泡的生成有一定的影响。细砂可获得细小的气泡，对混凝土抗渗性能有利；中砂配制的混凝土物理力学性能较好；而粗砂制成的混凝土生成的气泡则较大，且结

构也不均匀，抗渗性较差。一般宜采用中砂或细砂，尤以细度模数在 2.6 左右的砂子为好。

（5）为获得较高抗渗性和较好稳定性的引气剂防水混凝土，配制时，应遵循表 19-4 的要求。

引气剂防水混凝土配制要求 **表 19-4**

项次	项目	要求
1	引气剂掺量	以使混凝土获得 3%～6%的含气量为宜，松香酸钠掺量约为 0.01%～0.03%，松香热聚物掺量约为 0.01%
2	含气量	以 3%～6%为宜，此时拌合物表观密度降低不得超过 6%，混凝土强度降低值不得超过 25%
3	坍落度	30～50mm
4	水泥用量	≮250kg/m³，一般为 280～300kg/m³，当耐久性要求较高时，可适当增加用量
5	水灰比	≯0.65，以 0.5～0.6 为宜，当抗冻耐久性要求较高时，要适当降低水灰比
6	砂率	28%～35%
7	灰砂比	1∶2～2.5
8	砂石级配	10～20∶20～40＝30∶70～70∶30 或自然级配

（6）在试验确定混凝土配合比及引气剂掺量时，应考虑混凝土拌合物在运输、振捣、停留等过程中含气量的损失。

（7）引气剂防水混凝土宜采用机械搅拌，投料顺序同一般混凝土，但引气剂应预先加入混凝土拌合水中搅拌均匀后，再加入搅拌机内，不可直接将引气剂加入搅拌机，以免气泡集中，影响混凝土抗渗性和强度。

（8）施工过程中，质检人员应随机抽查混凝土拌合物的坍落度和含气量。遇不正常现象，应立即查明原因，并予纠正。

（9）养护工作应有专人负责，当环境温度低于 10℃时，即应采取保温措施。

Ⅴ 三乙醇胺防水混凝土

在混凝土拌合物中加入适量的三乙醇胺（$C_6H_{15}O_3N$），以提高混凝土抗渗性能而配制的混凝土称为三乙醇胺防水混凝土。

混凝中掺入三乙醇胺后，由于三乙醇胺的催化作用，在早期便生成较多的水化产物，部分游离水结合为结晶水，相应地减少了毛细管通路和孔隙，从而提高混凝土的抗渗性能，且具有早强作用。为了更好地发挥抗渗效能，三乙醇胺常与氯化钠和亚硝酸钠等无机盐复合使用。它不仅能促进水泥的水化，还能促进氯化钠、亚硝酸钠等无机盐与水泥的反应，增大混凝土的密实性，提高抗渗性。三乙醇胺防水混凝土，施工简便，早期强度高，质量稳定性好，模板周转率高，利于加快施工进度和提高劳动生产率，是实用性较好的一种外加剂防水混凝土。

三乙醇胺防水混凝土有关蜂窝、麻面、孔洞、裂缝和渗漏水等质量通病与普通防水混凝土基本相同，本节不另叙述。

19.1.15 应用范围失误

1. 现象

（1）与三乙醇胺、氯化钠和亚硝酸钠复合早强剂防水混凝土接触的锌、铝涂层发生腐蚀。

（2）用于直流电工厂的钢筋混凝土，绝缘不好，在直流电的作用下，发生电化学腐蚀。

（3）用于存放饮用水的水池中，可能发生中毒现象。遇活性骨料，则可能发生碱-骨料反应。

2. 原因分析

（1）违反规范的有关规定。规范明确规定了掺氯盐的钢筋混凝土结构的禁用范围，明确规定不得用于含有活性骨料的混凝土结构，并规定三乙醇胺、氯化钠的掺量不应大于表19-5的规定。

（2）亚硝酸钠与氯化钙比例不当，为防止氯盐对钢筋的危害，当氯盐掺量为水泥重量的0.5%～1.5%时，亚硝酸钠与氯盐之比应大于1，而当氯盐掺量为水泥重量的1.5%～3%时，亚硝酸钠与氯盐之比应大于1.3。

三乙醇胺、氯化钠掺量限定值　　表19-5

混凝土种类及使用条件		外加剂品种	掺量（占水泥重量）（%）
预应力混凝土		三乙醇胺	0.05
钢筋混凝土	干燥环境	氯　盐 三乙醇胺	1 0.05
	潮湿环境	三乙醇胺	0.05
无筋混凝土		氯　盐	3

注：1. 在潮湿环境下的钢筋混凝土中，氯盐总量不应大于水泥重量的2.5%。
2. 表中氯盐含量以无水氯化钙计。

3. 防治措施

（1）加强对有关技术标准、规范和规程的了解，正确掌握、运用、理解和执行标准、规范和规程。

（2）三乙醇胺、氯化钠和亚硝酸钠的掺量，应通过试验确定。试验时，可参考表19-6的配方进行选择。使用时应配制成溶液，其配制材料比例见表19-6。

三乙醇胺早强防水剂配制表　　表19-6

1号配方		2号配方			3号配方			
三乙醇胺0.05%		三乙醇胺(0.05%)+氯化钠(0.5%)			三乙醇胺(0.05%)+氯化钠(0.5%)+亚硝酸钠(1%)			
水	三乙醇胺	水	三乙醇胺	氯化钠	水	三乙醇胺	氯化钠	亚硝酸钠
$\frac{98.75}{98.33}$	$\frac{1.25}{1.67}$	$\frac{86.25}{85.83}$	$\frac{1.25}{1.67}$	$\frac{1.25}{1.25}$	$\frac{61.25}{60.83}$	$\frac{1.25}{1.67}$	$\frac{1.25}{1.25}$	$\frac{25}{25}$

注：1. 表中百分数为水泥重量的百分数。
2. 1号配方适用于常温和夏季施工，2号、3号配方适用于冬期施工。
3. 表中数据分子为三乙醇胺纯度为100%时的用量，分母为采用纯度75%的工业品三乙醇胺的用量。

配制时应严格按照表中配方配制防水剂溶液。先将水倒入容器中，然后放入其他材料，搅拌至完全溶解和均匀即成。防止氯化钠和亚硝酸钠溶解不充分或三乙醇胺分布不均造成不良后果。使用时应将配制成的防水剂溶液和混凝土拌合水混合均匀后加入拌合物中进行搅拌，不得将防水剂溶液直接倒入搅拌机中，防止搅拌不均，产生不良后果。防水剂溶液中的水分，应在混凝土拌合物用水量中扣除。

（3）暂不使用的防水剂溶液应加盖盖好，防止雨水进入或水分蒸发，以免溶液浓度发生变化，影响使用质量和效果。

（4）三乙醇胺应避光保存，并加盖盖好。因为它会吸收二氧化碳，长时间存放不妥，会影响三乙醇胺的质量。

（5）存放氯化钠和亚硝酸钠的容器应有鲜明标签载明品名，以防止配制时出现差错或误食中毒。存放的容器也应加以覆盖，防止吸湿受潮。

（6）使用前应核查防水剂溶液的浓度（密度），如有变化，应查明原因，调整加入量，以保证外加剂掺量和实际加水量不变。

19.1.16 抗渗性能不稳定

1. 现象

同19.1.5“抗渗性能不稳定”的相应部分内容。

2. 原因分析

(1) 每次配制防水剂的三乙醇胺纯度不一，致使混凝土中三乙醇胺的实际含量有别，使混凝土的致密性发生差异，导致混凝土抗渗性能发生变动。

(2) 计量器具失灵或防水剂溶液掺入量有误。

(3) 三乙醇胺防水剂存放保管不当，有雨水侵入或水分蒸发，浓度（密度）发生变化，使用前未予核查，实际掺加量前后已各不相同。

(4) 防水剂溶液没有按规定比例和要求配制，存在随意性或控制不严。

(5) 参见19.1.5“抗渗性能不稳定”的原因分析。

3. 防治措施

(1) 参见19.1.5“抗渗性能不稳定”的防治措施。

(2) 参见19.1.15“应用范围失误”的防治措施。

(3) 适当加大水泥用量，如抗渗等级为0.8～1.2MPa时，水泥用量约300kg/m^{3}为宜，使混凝土有足够的砂浆量，以满足其抗渗性能的要求。当水泥用量为280～300kg/m^{3}时，砂率以40%左右为宜。

Ⅵ 膨胀水泥防水混凝土

以膨胀水泥为胶结料配制而成的防水混凝土，称为膨胀水泥防水混凝土。由于膨胀水泥在水化过程中，生成大量的水化硫铝酸钙，使混凝土在硬化初期便产生体积膨胀，在约束条件下改善混凝土的孔结构，并使总孔隙率降低，毛细孔径减小，从而提高混凝土的密实性和抗渗性。

我国目前使用较多的膨胀水泥有明矾石膨胀水泥、硅酸盐膨胀水泥和石膏矾土膨胀水泥等。这些水泥，由于膨胀性较大，除用于配制防水混凝土外，还常用于补偿收缩混凝土。

19.1.17 坍落度损失大

1. 现象

混凝土拌合物出罐后，运输、停放30～45min左右，即明显出现粘稠现象，坍落度损失可达20mm以上，给施工操作带来了困难，影响浇筑质量。

2. 原因分析

(1) 施工现场环境温度高，尤其是夏季，气温超过35℃时更为明显。

(2) 运输、停留时间过长。

(3) 混入其他品种的水泥。如石膏矾土水泥混凝土拌合物中，若混入硅酸盐水泥，则混凝土拌合物会很快失去流动性。

(4) 膨胀水泥用量过多。不论何种膨胀水泥，其组分中的石膏含量，均较常用水泥的石膏含量高得多，SO_3含量一般可达6.5%～7.5%。

(5) 膨胀水泥的颗粒，普遍较常用水泥细小，比表面积一般达（4800±200）cm^2/g，表现在混凝土拌合物的需水量，较之相同坍落度的一般水泥混凝土不仅多（增加10%～15%），而且坍落度损失既快且大。

3. 防治措施

（1）合理安排施工工序，压缩运输、停留时间。允许停留和浇筑时间，应根据试验确定，并在混凝土配合比设计时适当加大坍落度值，以补偿可能的坍落度损失。不允许在拌和后的混凝土拌合物中加水调整坍落度。

（2）夏季酷热天气施工时，砂石骨料宜采取遮阳隔热措施，混凝土拌合物在运输过程中也应采取隔热措施，防止烈日暴晒，水分失散过快。但施工环境温度如过低（<5℃），则应采取保温措施。

（3）由于膨胀水泥独特的特性，对不同品种水泥的混入敏感性较强，因此要求膨胀水泥在储存、堆放、搅拌、运输等过程中均不应混入它种水泥，以防造成速凝或流动性迅速消失，损害混凝土的物理力学性能。搅拌机、运输车、手推车以及振捣机具、铁铲等施工机具，均应清洗干净，防止它种水泥残留物粘附其上，混入膨胀水泥混凝土中引起不良后果。

（4）膨胀水泥品种较多，各自性能不尽相同，相互间不可随便替代。即使同一品种、不同厂别的也不可替代，以防不测。

19.1.18 膨胀率不稳定

1. 现象

一个稳定的膨胀率是确保膨胀水泥防水混凝土质量的关键性指标。如现场施工取样测定的膨胀水泥防水混凝土试件的膨胀率忽高忽低，波动大，则表明该膨胀水泥防水混凝土存在质量缺陷。

2. 原因分析

（1）初始养护时间早晚不一。养护期间环境温度差异大。

（2）配合比控制不严，计量不准。

（3）试件取样的代表性差，混凝土拌合物匀质性差。

（4）膨胀水泥多厂别、多批次进场，膨胀性能不一。

3. 防治措施

（1）膨胀水泥储存库应保持干燥，受潮结块的膨胀水泥不应使用。应采用机械搅拌，时间不少于3min，并应比不掺外加剂混凝土延长30s。

（2）三个月后的过期膨胀水泥，不仅需要重新进行强度检验，还必须进行膨胀率的测定，符合国家标准，方可继续使用。

（3）膨胀水泥防水混凝土的配合比设计，见表11-2。

（4）作为胶结料的膨胀水泥，其膨胀率应符合表19-7的要求。

不同膨胀水泥膨胀率（%）要求 **表19-7**

水泥品种	龄期			
	1d		28d	
	水中养护	联合养护	水中养护	联合养护
硅酸盐膨胀水泥	不得小于0.30	—	不得大于1.00	—
石膏矾土膨胀水泥	不得小于0.15	不得小于0.15	不得大于1.00	不得大于1.00
明矾石膨胀水泥	不得小于0.15	—	不得大于1.00	
快凝膨胀水泥	不得小于0.30	—	不得大于1.00	—

注：1. 硅酸盐膨胀水泥湿气养护（湿度大于90%），最初3d内不应有收缩。
2. 联合养护系指水中养护3d后再放入湿气养护箱中养护。
3. 水中养护28d膨胀试件表面不得出现裂缝。
4. 快凝膨胀水泥6h膨胀率不得小于0.25%。

(5) 试件取样要有代表性，养护温度应控制在(20±3)℃，相对湿度控制在90%以上。

(6) 在常温下，膨胀水泥防水混凝土浇筑后4h即应覆盖，8～12h要开始浇水养护，拆模后则应大量浇水养护，使混凝土始终处于潮湿或湿润状态。养护时间一般不得少于14d。

(7) 膨胀水泥防水混凝土施工时应保持一定的环境温度，当环境温度低于5℃时，应采取保温措施。夏季酷热天气，砂石宜采取遮阳措施，浇筑完的混凝土不应在烈日下暴晒，或遭受雨水侵袭，尽可能减小温度对强度、膨胀值和抗渗性能的影响。长时间在高温下，钙矾石会发生晶形转变，孔隙率增加，强度降低，抗渗性能恶化。

附录19.1 普通防水混凝土配合比参数选用参考

普通防水混凝土水灰比选择参考表

附表19-1

抗渗等级(MPa)	混凝土强度等级	
	C20～C30	＞C30
P6～P8	0.6	0.55～0.6
P8～P12	0.55～0.6	0.50～0.55
＞P12	0.5～0.55	0.45～0.5

普通防水混凝土坍落度选择参考表

附表19-2

结构种类	坍落度(mm)
厚度≥25cm结构	20～30
厚度＜25cm或钢筋稠密的结构	30～50
厚度大的少筋结构	＜30
大体积混凝土或立墙	沿高度逐渐减小坍落度

普通防水混凝土砂率(%)选择参考表 **附表19-3**

砂子细度模数(μ_f)	石子空隙率(%)				
	30	35	40	45	50
0.7	35	35	35	35	35
1.18	35	35	35	35	36
1.62	35	35	35	36	37
2.16	35	35	36	37	38
2.71	35	36	37	38	39
3.25	36	37	38	39	40

注：1. 石子空隙率$=\left(1-\frac{石子堆积密度}{石子密度}\right)\times100\%$；

2. 本表是按石子粒径为5～30mm计算的，若采用5～20mm石子时，砂率可增加2%。

普通防水混凝土用水量(kg/m^3)选择参考表 **附表19-4**

坍落度(cm)	砂率(%)		
	35	40	45
1～3	175～185	185～195	195～205
3～5	180～190	190～200	200～210

注：1. 表中石子粒径为5～20mm。若石子最大粒径为40mm，用水量应减少5～10kg/m^3。

2. 表中石子按卵石考虑，若为碎石，应增加用水量5～10kg/m^3。

3. 表中采用的是火山灰质水泥，若用普通水泥，则用水量可减少5～10kg/m^3。

附录 19.2　防水混凝土质量标准及检验方法

防水混凝土质量标准及检验方法参见附录 11.1。

19.2　耐 酸 混 凝 土

能防止或抵抗酸性介质腐蚀作用的混凝土，称为耐酸混凝土。建筑工程中常用的耐酸混凝土有水玻璃耐酸混凝土、沥青混凝土和硫磺混凝土三种。使用时应根据具体承受酸性介质的种类和浓度，选择和确定耐酸混凝土的类别。

Ⅰ　水玻璃耐酸混凝土

随着生产技术的发展，以碳酸钾和石英为原材料制成的钾水玻璃已经问世。但由于钾水玻璃施工实践较少，因此本节所列举的水玻璃耐酸混凝土的质量通病项目，主要针对传统的钠水玻璃制品。

钠水玻璃耐酸混凝土是以水玻璃为胶结料，氟硅酸钠为硬化剂，加入一定级配的粉料（如石英粉、辉绿岩粉等）和粗细骨料配制而成的混凝土。具有较好的耐酸性能，强度高，材料来源广，价格低。但耐稀酸、耐水性和抗渗性欠佳。

19.2.1　凝结时间长，硬化缓慢

1. 现象

水玻璃耐酸混凝土浇筑后，常温条件下，8h 或更长时间还不结硬，用手摁仍有较明显的压痕，或用手摸压，手感不坚硬。

2. 原因分析

（1）水玻璃用量过多，或氟硅酸钠量过少，或两者兼而有之。

（2）水玻璃模数低或密度大，或两者兼而有之。

（3）施工浇筑和初始养护期间环境温度低、湿度大或有雨水侵袭。

（4）氟硅酸钠贮存保管不当，有杂物混入，或受潮或纯度低，粉料、粗细骨料含水率大、杂质多。

3. 防治措施

（1）配制水玻璃耐酸混凝土用的水玻璃，其质量应符合国家标准及表 19-8 的规定。其外观应为无色或略带色的透明或半透明粘稠液体。

水玻璃质量要求　　**表 19-8**

项　目	指　标	项　目	指　标
密度（20℃，g/cm³）	1.44～1.47	二氧化硅（%）	≥25.7
氧化钠（%）	≥10.2	模　数	2.6～2.9

（2）氟硅酸钠（硬化剂）的掺量一般为水玻璃用量的 15%～16%。氟硅酸钠外观为白色、浅灰或浅黄色粉末。技术质量标准应符合表 19-9 的规定。

氟硅酸钠质量要求　　**表 19-9**

项　目	指　标	项　目	指　标
纯度（%）不小于	95	含水率（%）不大于	1
游离酸（折合 HCl）（%）不大于	0.3	细度（通过 0.15mm 的筛孔，%）	100

注：含水率大或受潮结块时，应在不高于 100℃的温度下烘干并研细过筛后方可使用。

(3) 水玻璃耐酸混凝土的施工环境温度宜为15～30℃，相对湿度不宜大于80%，当环境温度低于10℃时，应采取加热保温措施。水玻璃耐酸混凝土浇筑后，不得让雨水浸入，也不应让其处于雾湿的环境中。因为水玻璃耐酸混凝土是气硬性材料，相对湿度过大，会影响硅酸凝胶的脱水速度，甚至出现泌水现象。

19.2.2 耐水性、耐稀酸性能差

1. 现象

水玻璃耐酸混凝土在硬化过程中常产生一种可溶性物质（如氟化钠），以及由于反应不完全还有一定量未参与反应的硅酸钠和氟硅酸钠存在，这些可溶物质愈多，水玻璃耐酸混凝土的抗水性和耐稀酸性能愈差。

2. 原因分析

(1) 水玻璃耐酸混凝土的凝结、硬化主要是水玻璃与氟硅酸钠的相互作用，生成具有胶结性能的“硅胶”，与粉料、粗细骨料胶结成整体，形成坚硬的水玻璃人造石。但是，由于水玻璃和氟硅酸钠的化学反应不能完全进行，反应率一般仅达80%左右。这就是说，即使组成材料的各组分比例合适，在耐酸混凝土中也仍然含有未参加反应的水玻璃和氟硅酸钠，以及混凝土在硬化过程中产生的可溶性物质（如氟化钠），使混凝土的耐酸性能（尤其是耐稀酸性能）和耐水性受到侵害。

(2) 氟硅酸钠用量不足，早期养护温度过低。

(3) 水玻璃模数过低，密度过大，用量过多。

(4) 酸化处理时间掌握不当，酸液浓度不合适或酸化处理次数少，质量差。

(5) 配合比设计质量不高，各种材料之间的比例不合适。

(6) 施工和养护期间，环境温度过低，湿度过大，或有雨水侵袭。

3. 防治措施

(1) 氟硅酸钠的掺量，应经计算和结合施工期间的环境温度，由试验确定。用量过少，不仅混凝土强度低，抗水稳定性差，而且产生麻面溶蚀的情况也较严重。掺量过多，混凝土硬化虽快，但不利于操作，且强度也可能下降，又加大了成本。

氟硅酸钠有毒，应有专人妥善保管。施工环境不可密闭，操作人员要戴口罩、护目镜。

(2) 水玻璃模数低于2.6时，应进行调整。

(3) 选择配合比时，在满足浸酸安定性和强度要求的情况下，宜选用水玻璃用量较少的配合比。因为水玻璃用量过多，不仅加大成本，而且使混凝土的耐酸性能和抗水稳定性变坏。减少水玻璃用量，就可以减少混凝土中钠盐的含量，使混凝土的耐酸性能和抗水稳定性以及抗渗透性能相应提高。

(4) 配制混凝土的水玻璃密度应控制在1.38～1.42之间。水玻璃密度过低，配制成的混凝土强度一般也低，对抗酸性能也不利。密度过大，施工操作困难，未参与反应的硅酸钠可能较多，这对抗酸、抗水、抗渗和其他力学性能都不利，且增大收缩性。因此，要求使用时，将水玻璃的密度控制在允许范围内。对不符合要求的，应进行调整。当模数和密度都需调整时，应先调整模数，后调整密度。

(5) 在选择和确定配合比时，应充分考虑使耐酸混凝土具有较好的抗稀酸性能和抗水稳定性，以及使耐酸混凝土具有适宜的强度。

为了达到这两个基本要求，除应有良好的材料品质、合理的配合比设计外，酸化处理时间掌握得当，酸液浓度适宜，就可以改善和提高混凝土的抗稀酸性能、抗水稳定性及抗掺性能。反之，就必然会损害混凝土的耐酸性能（尤其是稀酸）和抗水稳定性。酸化处理时，施工操作人员应戴防酸护具，如防酸手套、防酸靴、裙等。酸化处理时机，应视养护期间的温度而定。一般以混凝土达到设计强度，再采用浓度为30%～40%的 H_2SO_4 做表面酸化处理至白色结晶析出为止。酸化处理次数不宜少于4次。每次间隔时间：钠水玻璃材料不应少于8h；钾水玻璃材料不应少于4h，每次处理前应清除表面的白色析出物。

(6) 原材料使用时的温度不宜低于10℃。施工期间环境温度以15～30℃为好。低于10℃时，应采取加热保温措施，以提高混凝土的养护温度。但不允许直接用蒸汽加热。养护时间当养护温度为10～20℃时，养护时间不少于12昼夜；21～30℃时，不少于6昼夜；31～35℃时，不少于3昼夜。

养护温度不宜过高，否则会影响硬化后的混凝土的耐酸性和抗水性。养护期间应防止雨水侵袭，保持适当干燥，防止湿度过大（相对湿度不得大于80%）。

(7) 配合比应通过试验确定，不可套用。混凝土所用粉料、粗细骨料的混合物的空隙率应控制在22%范围内，材料品质应符合有关规定和要求。

19.2.3　浸酸安定性不合格

1. 现象

按规定方法制作的混凝土试件，在温度20～25℃、相对湿度小于80%的空气中养护至28d，然后放入40%浓度的硫酸溶液中浸泡28d后，取出试件，用水冲洗，阴干24h，经观察检验，混凝土试件表面有裂缝、起鼓、发酥、掉角或严重变色（含酸液）等不良现象。

2. 原因分析

(1) 水玻璃模数低，用量过多。

(2) 水玻璃与氟硅酸钠两者比例不当。

(3) 粗细骨料级配太差，空隙率大，配合比设计中有关参数（如砂率、粉料用量等）选用不当，使配制成的混凝土密实性差。

(4) 粉料、粗细骨料耐酸性能不合格（耐酸率小于95%），含水率大，含泥量、泥块含量等有害杂物较多。

(5) 施工操作和养护期间有雨水侵袭。

(6) 养护期间环境温度低，湿度大。

3. 防治措施

(1) 用以配制耐酸混凝土的水玻璃模数不得小于2.6，但也不得大于2.9，密度要求在1.38～1.42g/cm³ 的范围内，如不符合规定，必须进行调整，以满足规范要求。

(2) 水玻璃用量以满足混凝土获得必要的抗压强度和保障浸酸安定性合格为准，一般控制在250～300kg/m³ 之间为宜。用量过少，和易性差，施工操作困难，不易捣实，强度低、抗水性能差。用量过多，和易性虽好，但混凝土的抗酸、抗水稳定性变坏，收缩亦大。

(3) 氟硅酸钠的纯度不应小于95%，含水率不应大于1%，细度要求全部通过孔径0.15mm的筛。受潮结块时，应在不高于100℃的温度下烘干并研细过筛后方可使用。适宜掺用量，应根据计算和考虑施工季节的环境温度，通过试验确定，以期达到与水玻璃有较好的比例。

（4）配制水玻璃耐酸混凝土用的粉料、粗细骨料应符合规定。

1）粉料：耐酸率不应小于95%，含水率不应大于0.5%，细度要求在0.15mm筛孔的筛余量不大于5%，0.09mm筛孔的筛余量应为20%～30%。

2）细骨料：耐酸率不应小于95%，含水率不应大于1%，并不得含有泥土。如采用天然砂当细骨料，则含泥量不应大于1%，细骨料的颗粒级配应符合表19-10的规定。

细骨料的颗粒级配 **表19-10**

筛 孔（mm）	5	1.25	0.315	0.16
累计筛余量（%）	0～10	20～55	70～95	95～100

3）粗骨料：耐酸率不应小于95%，浸酸安定性应合格，含水率不应大于0.5%，吸水率不应大于1.5%，并不得含有泥土。

粗骨料的最大粒径，不应大于结构最小尺寸的1/4。其颗粒级配应符合表19-11的规定。

粗骨料的颗粒级配 **表19-11**

孔径（mm）	最大粒径	1/2最大粒径	5
累计筛余量（%）	0～5	30～60	90～100

（5）施工时的适宜环境温度为15～30℃。养护时的相对湿度不宜大于80%。当施工环境温度低于10℃时，应采取加热保温措施，并有足够的养护时间。原材料的使用温度，不宜低于10℃。

19.2.4 凝结速度快，操作困难

1. 现象

搅拌时拌合物不易搅拌均匀，粘稠性显示较大，流动度（坍落度）小，振捣也感困难，45～60min便结硬。

2. 原因分析

（1）水玻璃模数大，密度小，用量少。

（2）氟硅酸钠与水玻璃两者比例不当，氟硅酸钠用量过多。

（3）施工浇筑期间环境温度高（大于35℃）。

3. 防治措施

（1）将水玻璃模数和密度调至规定范围内（$M=2.6\sim2.9$，$\rho=1.38\sim1.42\text{g/cm}^3$）。使用量由试验确定，应满足施工和易性和操作要求。

（2）在选择氟硅酸钠掺用量时，应考虑施工期间的环境温度，通过试验确定。施工中如更换水玻璃，则应重新测定其模数，并通过试验调整配合比，不可随便套用原配合比。

（3）严格计量工作，不允许用体积比代替重量比。

（4）酷热天气施工，当环境温度大于35℃时，应采取遮阳、降温措施。原材料宜堆放在背阳处或加设遮挡物，避免阳光直射，以减少混凝土拌合物坍落度损失，避免粘稠性增大，硬化反应加速，而影响施工操作。

(5) 采用强制式搅拌机搅拌，合理安排搅拌、运输和浇筑的时间。

19.2.5　蜂窝、麻面、孔洞

1. 现象

参见 18.2.1"麻面"、18.2.3"蜂窝"、和 18.2.4"孔洞"的相应部分内容。

2. 原因分析

(1) 模板隔离剂使用不当，使用了肥皂水等碱性隔离剂。

(2) 水玻璃模数大，密度小，用量少，氟硅酸钠掺量过多，造成混凝土拌合物硬化反应过速，过于粘稠，增加了搅拌、振捣的困难，影响了施工操作质量。

(3) 氟硅酸钠用量过少，使混凝土产生麻面，甚至溶蚀现象。

(4) 参见 18.2.1"麻面"、18.2.3"蜂窝"和 18.2.4"孔洞"的原因分析。

3. 预防措施

(1) 粉料、粗细骨料、氟硅酸钠的品质应符合规范规定和要求。水玻璃模数不得小于 2.6，但也不应大于 2.9，密度应介于 1.38～1.42g/cm^3 之间。粗骨料最大粒径，不应大于结构最小尺寸的 1/4。

(2) 水玻璃用量以控制在 250～300kg/m^3 之间为宜，氟硅酸钠掺量在常温下一般为 15%左右。但应考虑施工期间的环境温度，予以必要的调整。粉料用量一般以 400～550kg/m^3 为宜，砂率以不低于 40%为好，以保证水玻璃混凝土所用粉料、粗细骨料的混合物的空隙率不大于 22%。

(3) 模板支设后，质检人员应进行核查，确保模板支设坚固和紧密。选用的隔离剂应与水玻璃耐酸混凝土具有适应性，避免使用碱性隔离剂。模板表面的污物应清除干净，隔离剂涂刷应均匀。如有雨水浸入模板，应予清除，重新涂刷。

(4) 水玻璃耐酸混凝土应采用强制式搅拌机搅拌，将细骨料、已混匀的粉料和氟硅酸钠、粗骨料加入搅拌机内干拌均匀，然而加入水玻璃湿拌，直至均匀。

(5) 模板的拆除，不宜过早，应视环境温度大小而定。一般可参照表 19-12 执行。

水玻璃耐酸混凝土的拆模时间　　表 19-12

环境温度（℃）	拆模时间（昼夜）	环境温度（℃）	拆模时间（昼夜）
10～15	≥5	21～30	≥2
16～20	≥3	31～35	≥1

承重模板的拆除，应在混凝土的抗压强度达到设计强度的 70%时方可进行。

(6) 参见 18.2.1"麻面"、18.2.3"蜂窝"和 18.2.4"孔洞"的预防措施。

4. 治理方法

(1) 一般麻面修补时，先用钢丝刷将麻面及其周边部分的污物清除掉，然后用干布清除表面尘埃，在一个方向涂刷水玻璃耐酸胶泥（去除原混凝土的粗细骨料）至平整。防止雨水侵袭和太阳暴晒。

(2) 对于一般蜂窝，可采用耐酸砂浆（去除原配合比中的粗骨料）进行填实、抹压。对较大的蜂窝，可先刷一道水玻璃耐酸胶泥，然后再抹压水玻璃耐酸砂浆。处理前应先清除蜂窝内的污物，并用钢丝刷将蜂窝周边酥松部分、松动的骨料和突出的颗粒剔除掉，至露出坚硬表层为止。要剔成喇叭口，然后用无污物的干布擦干净，尘埃较多时，还应用吹风机清除。

(3) 孔洞的处理，应先查明原因，拟定处理方案。其基本原则是：必须确保耐酸性能(含抗酸渗透性）和强度不受损害，或其损害程度在设计和使用允许的范围内。处理时，应将孔洞处的混凝土凿去，并清理干净，先薄薄涂一层水玻璃稀胶泥，待稍干后，再用耐酸胶泥或耐酸砂浆进行修补。

(4) 如修补面积较大，应在养护一段时间后，进行1～2次酸化处理。

19.2.6 龟裂、不规则裂纹

1. 现象

同19.1.2“干缩微裂”的相应部分内容。

2. 原因分析

(1) 水玻璃密度大，用量多，收缩变形大。

(2) 拌合物搅拌不均匀，致使混凝土硬化速度不一致，造成某些部分所能承受的拉应力不一，薄弱部分便出现裂纹、开裂现象。

(3) 混凝土暴露面积大，由于温度变化和温差影响，造成胀缩变形不一，形成裂纹。

(4) 粗细骨料中含泥量和泥块含量大。

(5) 振捣抹压不实，养护期间受雨水侵袭和太阳暴晒。

3. 预防措施

(1) 使用密度适宜的水玻璃（$\rho=1.38\sim1.42g/cm^3$），对密度过大的水玻璃，在常温下用水调整。当环境温度低于10℃时，宜用40～50℃的温水调整。

(2) 水玻璃用量以满足强度、耐酸性能和施工和易性为准，不宜多用，一般以控制在250～300kg/m³ 为宜。

(3) 采用强制式搅拌机搅拌，搅拌时间应较水泥混凝土延长30s左右，直至搅拌均匀为止。

(4) 所用材料应洁净，含泥量和泥块含量超过规定的骨料，应冲洗干净，符合标准后方可使用。

(5) 大面积施工时，要防止环境温度的差异过大，必要时，应采取措施，如通风、加强室内空气的对流、局部热源予以隔离等。

(6) 混凝土振捣、抹压要实。养护时为防止雨水侵袭或太阳暴晒，应采取遮盖措施。遇刮风天气，尚应加纸袋或用塑料薄膜覆盖，防止水分失散过快。

4. 治理方法

(1) 宽度小于0.1mm的发丝裂纹可以不予处理。

(2) 对于肉眼明显可见的裂纹，应先用钢丝刷清除混凝土表面的浮层，并将表面清理干净，然后用耐酸胶泥（去除原配合比中的粗细骨料）涂刷、抹压至混凝土表面平整。

(3) 对个别宽度较大的裂缝（0.1～0.2mm)，且周边又较酥松，宜剔成喇叭口，并清理干净，然后根据剔除口大小，再用原混凝土配合比的胶泥或砂浆填补，抹压密实。在养护期内应防止雨水侵袭，太阳暴晒。温度低于10℃时，应采取保温措施。

Ⅱ 沥青耐酸混凝土

沥青耐酸混凝土是以建筑石油沥青或煤沥青为胶结料，与耐酸粉料（石英粉、辉绿岩粉、安山岩粉或其他耐酸粉料)、耐酸细骨料(如石英砂)和耐酸粗骨料(石英石、花岗岩、玄武岩、长石等制成的碎石),加热搅拌均匀经铺筑、碾压或捣实而成的一种混凝土。其特点是整体无缝,有一定弹性,材料来源广,价格低,能耐中等浓度的无机酸。不足之处是耐热性差,易老化,强度较低,不美观。

19.2.7　混凝土表面发软

1. 现象

混凝土浇筑冷却后,表面发软,强度低,用手揿或用脚踏踩,弹性感较大,甚至可见手、脚印迹。

2. 原因分析

(1) 沥青用量过多。

(2) 混凝土拌合物温度低,铺摊过厚,铺摊温度或成活温度低,滚(碾)压不实。

(3) 粉料和骨料级配不好,密实性差。

(4) 混凝土拌合物拌和不均匀,温度过高,粗骨料分布不均,底部多,上部少。

3. 防治措施

(1) 沥青混凝土配合比应根据设计要求和施工条件,通过试验确定。沥青用量应以满足骨料表面形成沥青薄膜的前提下,尽可能少用。当采用平板振动器振实时,沥青用量占粉料和骨料混合物重量的百分率(%)为:细粒式沥青混凝土为8～10;中粒式沥青混凝土为7～9。

普通石油沥青不宜用于配制沥青混凝土和沥青砂浆。当采用平板振动器或滚筒压实时,宜采用30号沥青;当采用碾压机压实时,宜采用60号沥青。

(2) 配制沥青混凝土用的原材料质量应符合国家标准和规范的规定。采用良好级配的粉料和骨料,既可减少沥青用量,又可较好地改善和提高沥青混凝土的化学性能和物理力学性能。

(3) 配制沥青混凝土应遵循下列要求。

1) 沥青应破碎成块熬制,均匀加热至160～180℃,不断搅拌、脱水至不再起泡,并除去杂物。

2) 按施工配合比将预热至140℃左右的干燥粉料和骨料混合均匀,随即将熬至200～230℃的沥青逐渐加入,并不断翻拌至全部粉料和骨料被沥青覆盖为止。拌制温度宜为180～210℃

(4) 沥青混凝土摊铺后,随即刮平压实。当用平板振动器振实时,开始压实温度应为150～160℃,压实完毕后的温度不应低于110℃。当施工环境温度低于5℃时,开始压实温度应取160℃。每层压实后的厚度不宜过厚,以免降低沥青混凝土的密实性,影响强度、耐酸性和其他性能。对于细粒式沥青混凝土,压实后的厚度不宜超过30mm;中粒式沥青混凝土不宜超过60mm。虚铺厚度应经试压确定,用平板振动器振实时,宜为压实厚度的1.3倍。

19.2.8　抗压强度低,浸酸安定性不合格

1. 现象

试件反映出的抗压强度在20℃时低于3MPa;50℃时低于1MPa。浸入浓度为55%硫酸溶液中浸泡30昼夜,取出检验见有裂纹、掉角和酥松等不良现象。浸泡酸液的颜色也

有显著变化。

2. 原因分析

(1) 沥青中混入杂物较多，质量不好，用量过多。

(2) 粉料和骨料混合物的颗粒级配差，潮湿有水分，含泥量大，耐酸率不合格。

(3) 沥青熬制温度过高，时间过长，含有大量老化了的沥青。

(4) 混凝土搅拌拌和不均匀，加热温度不够。

(5) 开始摊铺压实和压实成活后温度过低。

(6) 摊铺厚度过厚，压重不够，压实后的密实度差，强度低。

3. 防治措施

(1) 参见 19.2.7“混凝土表面发软”的防治措施。

(2) 每日熬制的沥青量，应视日施工工程量而定，不可熬制过多。反复熬制或熬制温度过高，出现“焦化”老化现象的沥青应弃之不用。固体石油沥青加热时间以不超过 6～8h 为宜，即当日熬制的沥青，宜在当日用完。加热过程中要注意排除沥青中的水分，开始只加 1/3 容量，以后随加热熬制随添加，徐徐添足。注意防止温度过高，发生火灾事故。

(3) 应待粉料、纤维填料和粗细骨料混合均匀后，方可将熬制温度达 200～230℃的沥青逐渐加入，并不断搅拌至全部材料被沥青覆盖为止。拌制温度宜控制在 180～210℃。若环境温度过低（低于 5℃），则宜将拌制温度控制在较高的温度范围内（190～210℃），或采取措施，提高环境温度。

(4) 按配合比计量，不允许贪图施工操作方便，随意加大沥青用量。拌合物必须搅拌均匀。施工操作过程中，要防止被雨水浇或杂物混入混凝土拌合物中，以免影响混凝土强度和耐酸性能。

(5) 沥青应按不同品种、标号分别存放，防止混用，并避免粘附杂物。耐酸粉料、纤维填料和骨料应放在防雨棚内，防止受潮、雨水侵袭、泥土或其他杂物混入。

(6) 振动和压实等施工机具不应有水或油污等杂物，应保持干净和干燥。

(7) 试件的制作应按规定标准进行，具有代表性。

19.2.9 裂纹、空鼓

1. 现象

沥青混凝土压实冷却后，表面出现不规则裂纹，用手捻、敲打可以听到空鼓声，对强度和耐酸性能不利，也影响使用耐久性。

2. 原因分析

(1) 沥青用量过多，收缩大；开始压实温度过低，碾压、振捣不实或漏振。

(2) 压实后环境温度骤然降低，或遭受雨水浸入。

(3) 原材料中泥土等杂物较多，潮湿、含有水分。

(4) 一次摊铺厚度过厚，局部漏振或振动（捣）不实。

(5) 施工环境温度过低（<5℃），没有保温措施。

(6) 粉料和骨料混合物的颗粒级配不好。

(7) 沥青熬制温度和开始压实温度过高，一经振动，粗骨料因密度较大而下沉，沥青密度较小而上浮于表面，冷却后易产生收缩裂纹。

3. 防治措施

(1) 妥善堆放和保管各种材料。堆放地点应保持干燥和干净，防止材料受潮或泥土、油污等杂物混入。熬制沥青的锅和其他施工机具，也都应保持干净、干燥，防止施工垃圾混入。

(2) 沥青用量由试验确定。施工中应严格按照配合比计量，不允许随意加大沥青用量。如遇材料变动，也应由试验部门通过试验确定变更后的配合比。

(3) 所用材料的品质应符合规范规定和要求，没有合格证的材料不准进场。

(4) 冬期施工或环境温度低于5℃时，应采取保温措施；风力较大时，要采取遮挡措施，防止浇筑后的沥青混凝土表面骤然降温，使表里温差过大，造成收缩裂纹。

(5) 安排好施工进度计划，加强质检人员对摊铺厚度、拌合物温度和成活温度的随机抽查工作，防止温度过低或过高。

(6) 施工技术交底要有文字资料，便于质检人员督促检查。

(7) 对有裂纹或空鼓等缺陷的混凝土部位，可将缺陷处挖除，清理干净，预热后，涂一层热沥青，然后视缺陷大小，用沥青胶泥或沥青砂浆或沥青混凝土，趁热进行填铺、压实。对于一般裂纹，则可用铁辊烫平即可。

Ⅲ　硫磺耐酸混凝土

硫磺耐酸混凝土是以硫磺为胶结料，聚硫橡胶为增韧剂，掺入耐酸粉料和细骨料，经加热熬制成砂浆灌入松铺粗骨料层后形成的一种混凝土。它具有结构密实，硬化快，抗渗、耐水、耐稀酸，耐大多数无机酸、中性盐和酸性盐，强度高，施工方便，不需养护，特别适用于抢修工程。但耐磨性、耐火性差，性质较脆，收缩性大，易出现裂纹和起鼓，不宜用于温度高于90℃以及明火接触、冷热交替、温度急剧变化和直接承受撞击的部位。

19.2.10　裂纹

1. 现象

同19.1.2“干缩微裂”的相应部分内容。

2. 原因分析

(1) 硫磺用量过多，收缩变形大。灌注温度过高，或环境温度和粗骨料温度过低，灌注时骤然冷却，造成内外温差过大，表面形成裂纹。

(2) 材料中混有纤维状杂物，细骨料中含泥量大，粗骨料中则含有较多的泥土等杂物。

(3) 粗骨料使用前没有预热，或预热温度过低。

(4) 一次浇筑面积过大，加大了不同部位混凝土表面的温度差，影响了表面收缩变形的均匀性。

(5) 硫磺熬制质量不好，时间过短，温度过低，液面仍有气泡存在。

3. 预防措施

(1) 硫磺的使用量，应根据粗细骨料混合空隙率大小，通过试验确定，以满足包裹骨料，并略有剩余为度，一般不宜超过10%～15%。

(2) 硫磺砂浆的浇灌温度应控制在135～145℃范围内，不宜过高或过低。粗骨料必须干燥，并应预热，当施工环境温度低于5℃，其预热温度不应低于40℃，然后浮铺于模板内，其每层厚度不宜大于400mm，并预留浇灌孔，灌注点间距一般为300～400mm。浇灌时的温度应保持在40～60℃范围内。

(3) 当施工环境温度低于5℃时，已浇筑的硫磺混凝土表面应立即覆盖保温。刮风季节或有大风时施工，应采取遮挡措施，防止混凝土表面降温过速。

(4) 浇灌平面时，应分块进行，每块面积宜为2～4m²，待一块灌完并冷固收缩后，再浇筑相邻块。

硫磺混凝土的面层表面，应露出石子，最后用硫磺胶泥或硫磺砂浆找平，找平后的平整度，应采用2m直尺检查，其允许空隙不应大于6mm。

(5) 硫磺砂浆应熬制至液面无气泡，并经取样外观检查合格后方可灌注使用，或灌注成锭备用。其检查方法是：将搅拌均匀的硫磺砂浆在140℃时，浇入"8"字形抗拉试模中，应无起鼓现象，将试件打断，颈部断面内肉眼可见孔不宜多于5个为合格。

用于灌注粗骨料的硫磺砂浆的抗拉强度不得小于3.5MPa和设计要求，分层度和耐酸性能都应合格。

(6) 堆放材料的地方应干净、干燥，防止杂物和雨水混入和侵入。硫磺熬制时表面漂浮的杂物应清除干净。

4. 治理方法

(1) 硫磺耐酸混凝土的裂纹，一般都较细小，且基本上都是表面性的，通常可以不予处理，或用热铁辊滚压烫平即可。

(2) 较大的裂缝，可先将缝口剔成喇叭口，并清理干净后预热，然后浇灌硫磺砂浆，用铁辊烫压平整。

19.2.11 空鼓

1. 现象

用棒敲打或脚踏踩有空鼓声、空鼓感和较大的回弹感。

2. 原因分析

(1) 硫磺砂浆一次灌入量大而快，粗骨料中的空气没有得到及时排除，残留于混凝土内部，形成孔（空）域。

(2) 施工环境温度过低，硫磺加热温度过低，或石子未预热，或预热温度低，致使灌入的硫磺砂浆尚未充满粗骨料空隙前就已冷却，形成局部孔（空）域。

(3) 硫磺熬制质量不好，未熬透，熬制温度过低，仍含有大量气泡。

(4) 浇灌时浇灌孔没有保护好，坍陷堵塞。

3. 预防措施

(1) 浮铺的粗骨料应干燥、洁净，并应预热，每层厚度不宜过大，并预留浇灌孔，浇灌时的温度应控制在40～60℃。浇灌孔的预留方法，可将直径约50mm的钢管，按300～400mm的间距，在铺设粗骨料前预先埋入，待粗骨料铺完后将钢管缓慢抽出，每层铺设厚度不宜大于400mm，浇灌孔预留后，应加以保护，不得堵塞。

(2) 硫磺砂浆或硫磺胶泥应同时向预留孔的各个浇灌孔浇灌，至全部灌满为止，中间不得中断。浇灌的温度应控制在135～145℃之间。

(3) 浇灌平面时，应分块进行，每块面积宜为2～4m²，待一块灌完并冷却收缩后，再浇灌相邻块。硫磺混凝土的面层表面，应露出石子，最后用硫磺胶泥或硫磺砂浆找平，找平后的平整度，应采用2m直尺检查，其空隙不应大于6mm。

(4) 浇灌立面时，每层硫磺混凝土的水平施工缝应露出石子，垂直施工缝应相互错开。

（5）在面层找平或浇筑硫磺混凝土前，应将下一层硫磺混凝土表面收缩孔中的针状物凿除。

（6）当施工环境温度低于5℃时，应采取保温措施，并将硫磺砂浆的浇灌温度提高至140～150℃，粗骨料的预热温度可增至50～60℃。浇灌完的硫磺混凝土应立即覆盖保温。

（7）硫磺应熬制液面无气泡，并经取样外观检查合格后，方可灌注使用。其检查方法见19.2.10“裂纹”的预防措施（5）。

（8）硫磺和硫磺砂浆的熬制温度应控制在130～150℃和140～160℃范围内，不宜过高或过低。硫磺砂浆的浇灌温度以及石子的预热温度应为135～145℃和40～60℃，施工时环境温度较低时取上限，反之可取下限值。

4. 治理方法

将空鼓处剔除，并清理干净，在干燥状态下，视剔除区域大小，可先涂一层同配合比硫磺胶泥，再用同配合比硫磺砂浆或硫磺混凝土浇补，并随即用铁辊烫平压实。

19.2.12　强度低，耐酸性能不合格

1. 现象

（1）用于浇灌混凝土的硫磺砂浆，浸酸后的抗拉强度降低率超过20%，重量变化率超过1%。

（2）用于灌注混凝土的硫磺胶泥和硫磺砂浆的抗拉强度低于4.0MPa和3.5MPa，而按规定制作的抗压试件和抗折试件强度也均低于设计要求。

2. 原因分析

（1）粗细骨料泥土杂质含量较大，级配不好，耐酸性能不合格。

（2）粉料潮湿，含水量大，耐酸率不合格。

（3）硫磺用量过多或过少。各材料之间的比例配合不当。

（4）浇灌时硫磺砂浆温度过低，粗骨料预热不够或根本没有预热，致使灌注后的硫磺混凝土密实性差，强度低，耐酸性能差，达不到设计要求。

3. 防治措施

（1）组成硫磺混凝土的原材料，必须经检验合格后方可使用，其品质应符合下列要求。

1）硫磺：其质量应符合现行国家标准，硫含量不小于98%，水分含量不大于1.0%，且不得含有机杂质。

2）粉料的技术性能指标应满足表19-13的规定。

粉料技术性能指标　　**表19-13**

项　目	指　标	项　目		指　标
耐酸率（%）	不小于95	筛余量（%）	0.15mm筛孔	不大于5
含水率（%）	不大于0.5		0.09mm筛孔	10～30

3）细骨料的技术性能指标应达到表19-14的规定。

细骨料技术性能指标　　**表19-14**

项　目	耐酸率（%）	含泥量（%）	1mm筛孔筛余量（%）
指　标	不小于95	不大于1	不大于5

4）粗骨料的技术性能指标应符合表 19-15 的规定。

粗骨料技术性能指标 **表 19-15**

项　目	指　标	项　目		指　标
泥土含量	不允许	碎石含量（%）	粒径 20～40mm	不小于 85
耐酸率（%）	不小于 95			
浸酸安定性	合　格		粒径 10～20mm	不大于 15

5）改性剂应采用半固态黄绿色聚硫甲胶、半固态灰黄色聚硫乙胶或棕褐色粘稠状液体聚硫橡胶，其质量应符合规范的规定。

6）用以浇灌混凝土的硫磺砂浆质量应符合表 19-16 的要求。

硫磺砂浆的质量要求 **表 19-16**

项　目	指　标	项　目		指　标
抗拉强度（MPa）	≥3.5	浸酸后	抗拉强度降低率（%）	≤20
分　层　度	0.7～1.3		重量变化率（%）	≤1

(2) 硫磺用量以满足包裹粉料、聚硫甲（乙）胶和粗细骨料稍有富余即可，由试验确定。用量过多，不仅影响强度，而且加大收缩，甚至形成裂纹，增加能耗，提高成本。

(3) 质检人员应核查粗骨料预热温度、硫磺熬制温度和硫磺砂浆的浇灌温度，过高或过低，都有损于浇灌混凝土的质量、物理力学性能和抗酸性能。

(4) 施工环境温度低于 5℃时，应采取保温措施。相对湿度不应大于 80%，并宜在施工完成 2h 后方可使用，设备基础、贮槽等构筑物必须在浇灌 24h 后方可使用。

附录 19.3 耐酸混凝土施工配合比及技术指标

水玻璃耐酸混凝土的施工参考配合比及技术指标 **附表 19-5**

材料名称		配合比（重量比）						技术指标	
		水玻璃	氟硅酸钠	粉　料		骨　料		抗压强度不小于（N/mm^2）	浸　酸安定性
				铸石粉	铸石粉：石英粉＝1：1	细骨料	粗骨料		
水玻璃混凝土	1	1.0	0.15～0.16	2.0～2.2		2.3	3.2	15	合　格
	2				1.8～2.0	2.4～2.5	3.2～3.3		

改性水玻璃耐酸混凝土施工参考配合比 **附表 19-6**

配方序号	配　合　比（重量比）					
	水玻璃	氟硅酸钠	铸石粉	石英砂	石英石	外　加　剂
1	100	15	180	250	320	糠醇单体 3～5
2	100	15	180	260	330	多羟醚化三聚氰胺 8
3	100	15	210	230	320	木质素磺酸钙 2、水溶性环氧树脂 3

注：1. 水玻璃的密度（g/cm^3）：配方 3 应为 1.42，其他配方应为 1.38～1.40。
2. 氟硅酸钠纯度以 100%计。
3. 糠醇单体应为淡黄色（或微棕色液体），密度 1.13～1.14g/cm^3，纯度不应小于 98%。
4. 多羟醚化三聚氰胺应为微黄色透明液体，固体含量约 40%，游离醛不得大于 2%，pH 值应为 7～8。
5. 水溶性环氧树脂应为黄色透明粘稠液体，固体含量不得小于 55%，水溶性（1：10）呈透明。
6. 木质素磺酸钙为黄棕色粉末，密度为 1.06g/cm^3，碱木素含量应大于 55%，pH 值应为 4～6，水不溶物含量应小于 12%，还原物含量小于 12%。

沥青混凝土主要技术指标　附表 19-7

项目		指标	项目	指标
抗压强度 (N/mm^2)	20℃时不小于	3	饱和吸水率以体积计不大于（%）	1.5
	50℃时不小于	1	浸酸安定性	合格

硫磺砂浆、硫磺混凝土参考配合比　附表 19-8

材料名称	配合比（重量比）						
	硫磺	硅质材料	辉绿岩粉	细骨料	石棉绒	聚硫橡胶	粗骨料
硫磺砂浆	50	8.5	8.5	30	0～1	2～3	
硫磺混凝土	40～50						50～60

注：也可用硫磺胶泥配制硫磺混凝土。

19.3 耐碱混凝土

耐碱混凝土是由普通硅酸盐水泥和耐碱性能较好的石灰石、白云石、辉绿岩等粉料和粗细骨料拌制而成，它能抵抗浓度10%～15%的氢氧化钠、铝酸钠、碳酸钠、石灰水、碱性气体和粉尘等的腐蚀，常用于防腐蚀耐碱工程，如地面、池槽等。

19.3.1 裂缝

现象、原因分析、预防措施和治理方法可参见18.5“混凝土裂缝”的相应部分内容。

19.3.2 耐碱性介质性能差

1. 现象

在规定的碱液中浸泡至既定时间后，试件表面出现裂纹、掉角、起鼓、发酥等不良现象，抑或试件表面或浸泡的碱液颜色有显著变化，同时，抗压强度也会有较大幅度的降低，影响耐碱工程的使用寿命和正常使用。

2. 原因分析

(1) 水泥品种选用不当，用量过少，水灰比大。

(2) 粉料含杂质多，耐碱性能差。

(3) 骨料耐碱性能差，级配不好，空隙率大，含泥量和泥块含量大，杂质多。

(4) 配合比设计有关参数选择不当，配制成的混凝土密实性差。

(5) 混凝土拌合物搅拌不均匀，振捣不实，养护失控，养护湿度和时间都不够。

3. 防治措施

(1) 配制耐碱混凝土应选用硅酸盐水泥或普通硅酸盐水泥，因其熟料矿物组成中含有较多的耐碱性高的硅酸三钙（C_3S）和硅酸二钙（C_2S）。

矾土水泥和火山灰水泥中含有大量的氧化铝和氧化硅，极不耐碱，故不能用于配制耐碱混凝土。矿渣水泥虽然耐碱性能较好，但由于泌水性大，配制的混凝土密实性不易保证，一般也不宜采用。

(2) 磨细掺料主要是用来填充混凝土的空隙，提高混凝土的密实性。掺料也必须耐碱，一般可采用磨细的石灰石粉、白云石粉，其细度应全部通过0.15mm的筛孔，在4900孔/cm^2上的筛余量不大于25%。

(3) 水灰比越小耐腐蚀性能越强。在常温情况下，当其他条件相同时，与各种浓度的氢氧化钠溶液相应的耐碱混凝土水灰比大致可控制在表19-17的范围内。

(4) 骨料的耐碱性能，主要取决于化学成分中的碱性氧化物含量的高低和骨料本身的致密性。耐碱混凝土的骨料，宜采用石灰岩、白云岩和大理岩。

(5) 由于耐碱混凝土对密实性要求较高，故其骨料级配宜进行选择。

与氢氧化钠浓度相适应的混凝土水灰比

表 19-17

氢氧化钠浓度（%）	混凝土水灰比
<10	0.6～0.65
10～25	0.5～0.6
>25	0.5以下

(6) 耐碱混凝土水泥用量一般不宜小于300kg/m³，粉细料总量不宜少于400kg/m³（包括水泥和粒径小于0.15mm的磨细掺料）；磨细粉料的加入量，宜占骨料总量的6%～8%。

(7) 混凝土拌合物要搅拌均匀，分层振捣，不可漏振，也不得随意加大振距。混凝土终凝后即应覆盖湿养护，时间不得少于14d。当日平均温度低于5℃时，不得浇水。宜在混凝土表面涂刷保护层（如薄膜养生剂等），防止和减少混凝土内部水分蒸发。

(8) 耐碱混凝土的抗腐蚀作用有物理腐蚀和化学腐蚀两种。抗物理腐蚀可以通过严格控制级配、减少空隙率、降低水压比或掺加外加剂等方法提高混凝土的密实性来达到。而抗化学腐蚀则主要通过选择耐碱性能好的粉料和骨料，尤其是耐碱性能高的水泥来达到。这是改善和提高耐碱混凝土抗腐蚀性能的两个基本要素。

附录 19.4 耐碱混凝土施工参考配合比

耐碱混凝土施工参考配合比 **附表 19-9**

配合比（kg/m³）							坍落度	自然养护	浸碱养护	抗压强度
水泥		石灰石粉	中砂	碎石		水				
名称	用量			粒径(mm)	用量		(mm)	(d)	(d)	(N/mm²)
42.5级普通水泥	360	—	780	5～40	1170	178	50	28	14	21.0
	340	110	740	5～40	1120	182	50	28	28	23.8
	330	—	637	5～15 / 5～40	366 / 854.7	188	—	—	—	30.0
硅酸盐水泥	340	—	600	10～40	1405	150	20	28		37.7

注：1. 硅酸盐水泥由水泥熟料和石灰石粉按1∶1混合而成。

2. 浸碱养护的碱液为浓度25%的氢氧化钠溶液。

19.4 耐火混凝土

耐火混凝土是一种长期经受200～900℃以上高温作用，并在高温下保持所需要的物理力学性能的特种混凝土。它由适当的胶结料、耐热粗细骨料（有时也掺入一定量磨细的矿物掺量）和水，按一定比例配制而成。通常使用较多的有硅酸盐水泥耐火混凝土、水玻璃耐火混凝土、铝酸盐水泥耐火混凝土和磷酸盐耐火混凝土等几种。由于所用胶结料和骨料不同，它们各自的耐热性能和其他物理力学性能也就必然会有差别。实际使用时，应根据混凝土强度、极限使用温度以及其他性能要求、原材料供应状况和经济效益等因素综合考虑，确定选用耐火混凝土的品种及其骨料。

19.4.1　和易性不好，强度低

1. 现象

混凝土拌合物松散，不易粘结，或黏聚力过大、成团，不易浇筑，或运输、浇筑过程中产生离析、泌水现象。制作成型后的混凝土强度低，达不到既定的设计强度等级。

2. 原因分析

（1）水泥胶结料用量少，或水玻璃模数低、用量少，难以满足包裹粉料和粗细骨料的表面积需要，使混凝土拌合物显得松散、不粘结，振捣不实。

（2）水玻璃用量过多，氟硅酸钠用量少，拌合物黏聚力大，搅拌不均匀，易成团，浇筑时振捣困难，硬化后的混凝土密实性差。

（3）粉料、粗细骨料级配不好，空隙率大，选用砂率过小，致使拌合物和易性差，发生离析现象，粘聚性差。

（4）坍落度太大，搅拌不均匀。配合比设计参数选择不当，如水灰比过大，砂率不足，配制成的混凝土密实性差。

3. 防治措施

（1）耐火混凝土的坍落度一般宜选择在 20mm 以下，不可过大，最好采用干硬性混凝土。因为水分越多，不仅对强度不利，对耐热性能影响也很大。

（2）耐火混凝土的胶结料在满足耐高温性能、和易性及强度等要求的情况下，尽可能少用。水泥用量宜控制在 10%～20%范围内（以混凝土总量计），对荷重软化点和耐火度要求较高，而常温强度要求不高的水泥耐火混凝土，其水泥用量可控制在 10%～15%以内。胶结料为水玻璃的耐火混凝土，水玻璃模数宜控制在 2.6～2.8 范围内，密度一般宜控制在 1.38～1.40g/cm^3，氟硅酸钠掺量约占水玻璃重量的 10%～12%。用磷酸作胶结料的耐火混凝土，磷酸浓度一般控制在 50%左右。

（3）严格控制好原材料的品质，把好质量关，不仅有助于保证混凝土获得必要的强度，也有利于改善和提高耐火混凝土的其他物理力学性能。耐火混凝土使用的粉料和骨料应满足表 19-18 的要求。

（4）骨料一般采用天然级配。但为了满足强度和耐热性能等方面的需要，必要时也应采用人工级配，使颗粒达到最大堆积密度，以提高混凝土的密实度，增加强度，改善耐热性能。

（5）配合比设计时，应参照有关资料，通过试验确定，不可套用，也不允许将重量比换算成体积比。骨料用量以占耐火混合料总量的 80%左右为宜，粗骨料粒径不宜过大，砂率控制在 40%～60%之间。

（6）水泥耐火混凝土和水玻璃耐火混凝土的养护，按照各自的规定和要求进行，不可混淆。

耐火混凝土掺合料和骨料的技术要求 **表 19-18**

种类		掺合料经4900孔筛通过量不少于（%）		骨料颗粒级配（累计筛余按重量计）（%）						化学成分含量（%）						
		水泥胶结料耐火混凝土	水玻璃耐火混凝土	粗骨料粒径（mm）			细骨料粒径（mm）									
				25	10	5	5	1.2	0.15	MgO	SiO_2	Al_2O_3	CaO	Fe_2O_3	SO_3	烧失量
粘土质	黏土熟料	70	50	0～5	30～60	90～100	0～10	20～55	90～100			≥30		≤5.5	≤0.3	
	黏土砖	70	50	0～5	30～60	90～100	0～10	20～55	90～100			≥30				
	红砖	70	—	0～5	30～60	90～100	0～10	20～55	90～100							
高铝质	高铝砖	70	—	0～5	30～60	90～100	0～10	20～55	90～100			≥65				
	矾土熟料	70	—	0～5	30～60	90～100	0～10	20～55	90～100			≥48				
镁质	冶金镁砂	—	70	—	0～5	90～100	0～10	20～55	90～100	≥87	≤4		≤5			≤0.5
	镁砖	—	70	—	0～5	90～100	0～10	20～55	90～100	≥87			≤3.5			
粉煤灰		85	—	—	—	—	—	—	—			≥20			≤4	≤8
高炉重矿渣		—	—	0～5	30～60	90～100	0～10	20～55	90～100				≤4.5			

注：1. 对钢筋设置不密的厚大结构，允许采用最大粒径为40mm的粗骨料。

2. 掺合料的含水率不得大于1.5%。

3. 黏土熟料和矾土熟料的煅烧温度分别不得低于1350℃和1450℃。

4. 已用过的砖，应去除其表面熔渣和杂质。不得使用已使用过的镁质制品。

5. 冶金镁砂使用前必须经过酸化处理。

6. 高炉重矿渣应具有良好的安定性，不允许有大于25mm的玻璃质颗粒。

19.4.2 耐热度和荷重软化点低，热振稳定性差

1. 现象

（1）混凝土在高温作用下不熔化的性质称为耐火度。试件用标准三角锥测定结果表明耐火度（亦称熔化温度）达不到既定要求。

（2）耐火混凝土在（0.2±0.003）MPa静荷作用下，按照规定的升温速度加热到一定变形量时的温度，谓之荷重软化温度。试验时，荷重软化温度低于设计要求或偏离正常相应温度较大。

（3）耐火混凝土对于急冷急热的温度变化的抵抗性能称为热振稳定性。一般都能达到10次以上或10次左右。性能低下的耐火混凝土，其热振稳定性能不好，急冷急热几次，试样受热面的破损即超过一半。

2. 原因分析

（1）耐火混凝土品种选择失误，选定的耐火混凝土不可能达到要求的耐高温性能。

（2）骨料耐高温性能差，级配不好。

（3）水灰比大，坍落度大，胶结料用量过多。

（4）配合比设计参数选择不合适，比例不当，和易性不好，密实性差。

（5）材料计量控制不严，配合比失控。

3. 防治措施

（1）耐火混凝土的配合比选择，用计算方法比较烦琐，也难贴近实际。一般常用经验配合比为初始配合比，再通过试拌和试验调整，求出适用的施工配合比。

（2）耐火混凝土的掺合料和骨料应符合表 19-18 的技术要求。

（3）耐火混凝土的用水量（或水玻璃用量）在满足施工和易性要求的前提下，应尽可能少用。坍落度以不超过 20mm 为宜（人工搅拌以不超过 40mm 为宜），尽可能使用机械搅拌和振捣。

（4）水泥用量一般控制在 350kg/m^3 左右为宜。对荷重软化点和耐热度要求较高而常温强度要求不高的水泥耐火混凝土，其水泥用量可控制在混凝土重量的 10%～15%以内。

（5）选择耐火性能和级配良好的骨料。注意骨料的类别和耐火度，使之与胶结料相适应，同时还应选择适宜的粒度。如粗骨料粒径过大，用量过多，则混凝土的和易性会变差，难于成型，密实度下降，在高温下易于分层脱落。骨料用量一般约占混合料总量的 80%左右，砂率宜控制在 40%～60%之间。

（6）硅酸盐水泥和普通水泥除应符合国家标准外，并不得含有石灰岩类杂质。在硅酸盐水泥中加入一定量的黏土熟料粉、铬铁矿或菱镁矿，能有效地提高混凝土的耐火度和荷重软化点，并减少高温时的收缩。

（7）对于高铝质耐火混凝土，掺入一定量粒径小于 2mm 的氧化硅或黏土熟料（约 5%）或两者复合掺入，都能提高混凝土的荷重软化温度。

（8）耐火混凝土的搅拌时间，应比普通混凝土延长 1～2min，至混凝土混合物颜色均匀一致时为止。浇筑时应分层进行，每层厚度宜为 250～300mm。

（9）耐火混凝土的搅拌、成型、养护与普通混凝土基本相同，但应注意其胶结料的特点。水玻璃耐火混凝土宜在 15～30℃的干燥空气中养护 3d，烘干加热，并应防止暴晒，以免脱水快，产生龟裂。磷酸盐耐火混凝土须在 150℃以上烘干，总的干燥时间不少于 24h，硬化时不允许浇水。矾土水泥耐火混凝土的初期养护时间不得小于 3d，且最高养护温度不得超过 30℃。对于以硅酸盐水泥或普通水泥配制的耐火混凝土，浇筑后，宜在 15～25℃的潮湿环境中养护，时间不少于 7d；矿渣水泥耐火混凝土的养护时间不少于14d。

（10）水泥耐火混凝土和水玻璃耐火混凝土施工期间，当环境温度低于 10℃时，宜按冬期施工执行，并遵守下列规定：

1）水泥耐火混凝土可采用蓄热法或加热法。加热的温度不得超过 60℃，但矾土水泥耐火混凝土的加热温度不得超过 30℃。

2）水玻璃耐火混凝土的加热只能采用干热方法，不得采用蒸养，加热温度不得超过 60℃。

(11) 荷重软化点随骨料的临界粒度而变化，颗粒加大，荷重软化点的起始温度提高。当临界粒度增大到7mm时，其荷重软化点虽然较高，但压制成型性能差，容易缺棱掉角，烘干强度也低。因此，对于压制成型的磷酸高铝耐火混凝土临界粒度一般以3～5mm为宜。

(12) 耐火混凝土热工设备的热处理，须在强度达到设计强度的70%时，方可进行烘烤。但不应早于下列期限：

1) 矾土水泥耐火混凝土和水玻璃耐火混凝土不宜早于3d。

2) 硅酸盐水泥和普通水泥为胶结料的耐火混凝土不早于7d；矿渣水泥耐火混凝土不早于14d。

19.5 耐油混凝土

耐油混凝土是一种不与矿物油类起化学作用，并能阻止、抵抗其渗透的混凝土。某些矿物油，如轻油等，密度小、粘度低、渗透力强，易破坏水泥与骨料之间的粘结，因此要求耐油混凝土具有较高的密实性和抗渗性。为了做到这一点，一般是通过在普通混凝土中添加外加剂（如氢氧化钠、三氯化铁和三乙醇胺-氯化钠复合剂等），提高混凝土的密实性来增进混凝土的抗油渗透性。耐油混凝土常用于贮存轻油类的油罐或地面工程。

19.5.1 钢筋锈蚀

1. 现象

钢筋在混凝土（砂浆）试件的阳极极化电位测定中，阳极钢筋电位先向正方向上升，随即又逐渐下降，说明钢筋表面钝化膜已部分受损或钝化膜严重破坏，混凝土中存在对钢筋锈蚀危害的物质，并已发生腐蚀。

2. 原因分析

(1) 配制氢氧化铁的溶液中食盐含量过多，清洗工作马虎，仍有过量的氯化钠未清洗掉。

(2) 氢氧化铁溶液掺量过多。

3. 防治措施

(1) 三氯化铁具有酸性，超量使用，将会使钢筋产生锈蚀作用。在无可靠资料及试验证明无腐蚀性的情况下，应对钢筋进行防腐处理。

(2) 应按合理工序配制氢氧化铁溶液，其方法是：将固体三氯化铁溶解于水中，待放热反应冷却至室温后，再将氢氧化钠或氢氧化钙徐徐加入三氯化铁溶液中，一边倒，一边用木棒搅拌，速度应缓慢，使两者充分中和，直至用试纸测定的pH值至7～8时为止。如pH值小于或大于7～8时，则应加氢氧化钠或三氯化铁进行调整。

用此法配制成的中和体为氢氧化铁和氯化钠，然后用清水进行清洗，至溶液中氯化钠含量在12%以下时为止，以防止对钢筋产生锈蚀作用。

(3) 氢氧化铁按固体物质计算，约为水泥重量的1.5%～3%。过少，致密性差，抗油性能差；过多，则相应加大了氯化钠含量，对钢筋的防腐蚀性能构成危害。

(4) 当采用三氯化铁混合制剂施工时，按水泥用量1.5%的三氯化铁（以固体含量折算）和水泥用量0.15%木糖浆（以固体含量计算）分别掺入混凝土拌合水中，搅拌混凝土。

(5) 当采用三乙醇胺复合剂配制耐油混凝土时，则三乙醇胺和氯化钠的掺加量，可分别为水泥重量的0.05%和0.5%。氯化钠掺用量过多，必将对钢筋锈蚀造成危害。

(6) 配合比由试验确定。施工时应严格控制好配合比和外加剂的掺量。使用前应核查氢氧化铁或三氯化铁混合制剂的制备质量，以及与试验时的质量状况是否一致。如有变动，应重新通过试验进行调整，不可套用原配合比。

19.5.2　抗油渗性能差

1. 现象

试件经抗油渗性试验，抗油渗性能低下，达不到0.6MPa的基本要求，影响正常使用和耐久性，甚至根本无法使用。

2. 原因分析

(1) 氢氧化铁或三氯化铁混合剂配制有误，质量不合要求，或掺加量不当，致密性差，使配制成的混凝土抗油渗性能低下。

(2) 骨料级配不好，空隙率大，含泥量和泥块含量多。

(3) 混凝土配合比设计参数选择不当，如水灰比大，坍落度大，砂率小，混凝土拌合物的和易性、密实性差。

(4) 浇灌时，一次浇筑厚度过大，振捣不实，养护工作不及时，养护时间短，温度低，湿度小等。

3. 防治措施

(1) 砂石材料的质量应符合规定和要求，以提高混凝土的密实性和抗油渗性能。

(2) 氢氧化铁、三氯化铁混合剂或三乙醇胺复合外加剂的掺量，由试验确定，以保证混凝土有良好的致密性和抗油渗性。使用前应测定其固体含量和纯度，以保证掺加量的准确性。

(3) 计量器具要合格，称量要准确，不得用坍落度控制替代水灰比控制，也不准用体积比代替重量比。砂石含水率应每天测定1～2次，并据此调整配合比，不允许凭目测评估。

(4) 混凝土必须搅拌均匀方可出罐，在运输和卸料过程中，应采取适当措施，防止混凝土分层或离析。

(5) 混凝土浇筑时，应分层进行，每层厚度以控制在200～250mm为宜，做到均匀下料，防止粗骨料过分集中，振捣器插入混凝土的位置要分布均匀，按一定的行列顺序移动，不能随便，以防漏振。每次移动的距离不应大于振动棒作用半径的1.5倍，并伸入下层约5cm左右。振捣棒的作用半径一般为30～40cm。振捣时应快插慢拔，防止产生空(孔）域。

(6) 夏季施工时，耐油混凝土浇筑完后8～12h即应进行浇水养护，养护期间混凝土表面应保持潮湿，不可脱水。养护时间不得少于14d。温度低于10℃时，浇筑完的混凝土应采取保温措施并及时养护。

附录 19.5 耐油混凝土参考配合比

耐油混凝土参考配合比 **附表 19-10**

混凝土强度等级	配合比（重量比）										
	水	水泥	砂	石子（白石子）	三氯化铁（%）	明矾（%）	三乙醇胺（%）	氢氧化铁（%）	氯化钠（%）	木糖浆（%）	抗渗等级
C30	195	355	613	1143	1.58	0.1					P8
	189	350	608	1233	1.58	0.1				0.43	P8
	203	370	644	1190	1.5					0.15	P12
	153	390	626	1020			0.05		0.5		P12
	200	370	640	1190				2			P12

注：外加剂的掺量均以水泥重量的百分比（%）计。

19.6 补偿收缩混凝土

以膨胀水泥为胶结料，或在硅酸盐水泥熟料中或高强度等级的硅酸盐水泥中，掺入适量膨胀剂和粗细骨料混合而成的一种混凝土。由于它具有一定的微膨胀特性，能减少、防止和补偿混凝土的收缩，故被称为补偿收缩混凝土。

混凝土的开裂，通常都与混凝土的收缩有关。因此，用补偿收缩混凝土的膨胀来补偿收缩，亦即用膨胀来抵消全部或大部分收缩，就能够避免或大大减轻开裂。此外，补偿收缩混凝土还具有较好的抗渗性能和较高的早期强度。在工业与民用建筑的地下防水工程、地下建筑、水池、水塔、水场、机场、接缝、接头、底座、修补堵漏、压力灌浆和混凝土后浇缝等方面得到广泛的应用。

19.6.1 混凝土拌合物粘稠

1. 现象

混凝土拌合物出罐后，30～45min 左右即明显出现粘稠现象，施工操作困难。

2. 原因分析

（1）用于配制补偿收缩混凝土的水泥比表面积大。膨胀水泥或掺膨胀剂的硅酸盐水泥熟料（或高强度等级的硅酸盐水泥），其细度要求较之普通硅酸盐水泥及矾土水泥等要求高，因此混凝土拌合物的需水量，较之相同坍落度的普通水泥混凝土不仅多，而且坍落度损失既快亦大。

（2）不管是硅酸盐膨胀水泥、铝酸盐膨胀水泥还是明矾石膨胀水泥和硫铝酸盐膨胀水泥，其组分中的石膏含量，普遍较常用水泥中的石膏含量高得多。

（3）膨胀水泥用量大或膨胀剂掺量过多。

（4）施工环境温度过高，混凝土拌合物运输、停留时间过长。

（5）混入其他品种水泥。如石膏矾土水泥混凝土拌合物中混入了硅酸盐水泥，混凝土拌合物便会很快失去流动性。

3. 防治措施

（1）在混凝土配合比设计时，应充分考虑坍落度损失这一因素。其方法是：将混凝土第一次测定坍落度后的拌合物，立即用湿麻袋覆盖，经过 20min（相当于 30～40min 的运输或停放），继续加水重新拌合 2min，如坍落度符合要求，则前后两次加水量之和，就是正式配合比的加水量。据此，对配合比做最后的调整。不允许在拌和后的混凝土拌合物中加水调整坍落度。在操作条件许可的情况下，应尽可能采用较少的加水量，或掺用减水剂来减少需水量。

（2）补偿收缩混凝土水泥用量以满足必要的强度和膨胀率（尤其是限制膨胀率）为度，控制在 280～350kg/m³ 左右为宜。砂率可略低于普通混凝土。

（3）施工环境温度高于 35℃时，应对骨料采取遮阳措施，拌合物在运输途中也应予以覆盖，避免太阳暴晒。

（4）膨胀混凝土应采用机械搅拌，时间不少于 3min，并应比不掺加外加剂的延长 30s。从搅拌机出料口出料至浇筑完毕的允许时间由试验确定。

（5）补偿收缩混凝土的早期养护尤为重要，应由专人负责。湿养护时间一般不得少于 14d。

（6）膨胀水泥在储存、堆放、搅拌、运输以及浇灌等过程中，均不能混入它种水泥或它种水泥混凝土残留物，以免造成速凝、流动性迅速消失，损害混凝土的物理力学性能。

（7）膨胀水泥品种较多，性能各有差异，相互间不可随便替代。如有变更，必须通过试验，重新确定配合比和膨胀剂掺量。

19.6.2　收缩裂纹，强度低

1. 现象

混凝土存在表面性且无规则的细小裂纹和 0.1mm 以下肉眼难见或不可见的微裂缝，强度一般较相同水灰比的普通混凝土为低。

2. 原因分析

（1）水泥强度等级低，或使用了受潮、结块、过期的水泥。

（2）水灰比大，用水量大，造成了膨胀率减少，收缩率增大，或掺用了不合适的缓凝剂。缓凝剂一般都会加大收缩率。

（3）骨料级配不好，和易性差，泥和泥块含量大。

（4）养护不及时或养护湿度不够，时间短，混凝土表面失水过快，甚至脱水。

（5）膨胀剂称量有误，加大了使用量。

3. 防治措施

（1）受潮、结块水泥不得使用。过期水泥需要重新作强度检验，还必须进行膨胀性能（膨胀率）的测定，达到标准要求后方可使用。

（2）严格配合比计量。水泥和膨胀剂称量误差必须严格控制在±1%和±0.5%以内。不得用目测坍落度替代水灰比控制。

（3）掺膨胀剂的膨胀混凝土所用水泥，应符合下列规定。

1）对硫铝酸钙类膨胀剂（明矾石膨胀剂除外）、氧化钙类膨胀剂，宜采用硅酸盐水泥、普通硅酸盐水泥，如采用其他水泥，应通过试验确定。

2）明矾石膨胀剂宜采用普通硅酸盐水泥、矿渣硅酸盐水泥，如采用其他水泥，应通过试验确定。

（4）补偿收缩混凝土水泥用量不应少于 300kg/m³，水灰比值和配合比由试验确定，不可套用。在满足混凝土和易性要求和施工操作的条件下，用水量宜少不宜多。骨料质量应符合规范规定。

(5) 缓凝剂尽量不要使用，以防加大收缩率。确定能否使用时，则必须经试验证实能延缓混凝土的初凝时间，并不损害强度和膨胀性能，否则不得使用。使用时称量一定要准确、可靠，误差不得超过±2%。

(6) 补偿收缩混凝土浇筑后应采取挡风、遮阳或喷雾等措施，防止表面水分蒸发过快，浇灌后8～12h，即应用湿草袋覆盖养护，时间不得少于14d，自始至终，应使混凝土处于湿润状态。如施工环境温度较高（35℃以上），应对骨料采取遮阳措施。

(7) 施工环境温度低于5℃时，应采取保温措施，以利于混凝土强度的正常增长和膨胀效能的正常发挥。

19.6.3 补偿收缩性能不稳定

1. 现象

膨胀率或大或小，波动大；抗渗性能或高或低，不稳定。

2. 原因分析

(1) 水泥、膨胀剂质量不稳定，组成成分或有关组分含量有变化，或水泥过期、受潮、结块，膨胀剂计量不准。

(2) 水泥中混入了它种材料。如石膏矾土膨胀水泥中混入了硅酸盐水泥或石灰，轻则影响补偿收缩混凝土的膨胀性能，重则使混凝土遭受破坏，无法使用。

(3) 混凝土搅拌不均匀，养护工作随意性大。

(4) 骨料品质匀质性差，级配不好，或多次进场，材质变动大。

(5) 水灰比控制不严，含水率不测定，配合比不调整，或加水箱失灵，凭目测控制用水量。材料用体积比替代重量比。

3. 防治措施

(1) 水泥应符合标准的规定和设计要求。受潮、结块水泥不得使用。贮存期超过三个月的膨胀水泥，不仅需要复检强度，还应测试膨胀率，然后才能确定其能否继续使用。

(2) 膨胀剂的品种应根据工程地质和施工条件进行选择。配合比通过试验确定。所用膨胀剂的技术质量指标应稳定。如石膏、明矾，其纯度应保持一致，如有变化，则应重新进行膨胀性能和抗压强度的试验，不可套用。

(3) 砂石材料的质量应符合规定和要求。为保证材料质量的稳定性和一致性，应尽可能一次性进场。

(4) 膨胀水泥和膨胀剂的存放地点，应保持洁净、干燥，防止它种水泥或杂物混入。搅拌、运输机具、施工振捣和操作机具上沾上的它种水泥浆块或残留物应清除、冲洗干净，防止混入补偿收缩混凝土中，影响质量。

(5) 补偿收缩混凝土搅拌时间不少于3min，并应比不掺外加剂混凝土延长30s。其允许的运输和浇筑时间，应根据试验确定。宜采用机械振捣，并必须振捣密实。坍落度在15cm以上的填充用膨胀混凝土，不得使用机械振捣。每个浇筑部位必须从一个方向浇筑。

(6) 混凝土拌合物发生粘稠现象，不利于施工操作时，则应弃之不用，不允许再加水重新拌和。

(7) 施工环境温度大于35℃时，水泥和骨料均应采取遮阳措施，防止暴晒；当施工环境温度低于5℃时，应采取保温措施。

附录 19.6 膨胀剂常用掺量

膨胀剂常用掺量 附表 19-11

膨胀混凝土(砂浆)种类	膨胀剂名称	掺量（占水泥重量）(%)	膨胀混凝土(砂浆)种类	膨胀剂名称	掺量（占水泥重量）(%)
补偿收缩混凝土（砂浆）	明矾石膨胀剂	13～17	填充用膨胀混凝土（砂浆）	明矾石膨胀剂	10～13
	硫铝酸钙膨胀剂	8～10		硫铝酸钙膨胀剂	8～10
	氧化钙膨胀剂	3～5		氧化钙膨胀剂	3～5
	氧化钙-硫铝酸钙复合膨胀剂	8～12		氧化钙-硫铝酸钙复合膨胀剂	8～10

注：水泥及膨胀剂用量按内掺法计算，系指实际水泥用量（c'）与膨胀剂用量（p）之和为计算水泥用量（c），即：$c=c'+p$。

19.7 屏蔽混凝土

屏蔽混凝土是一种能屏蔽 X、α、β、γ 射线和中子辐射的混凝土，亦称为防辐射混凝土、重混凝土，本节统称屏蔽混凝土。α、β 射线穿透能力低，易被吸收，很小厚度的防护材料也能挡住，设计中最重要的是考虑对 γ 射线和中子射线的屏蔽。选用材料具有吸收射线的能力，吸收能力大小与材料密度成正比。中子辐射能被轻元素的核，特别是氢核所吸收，而水中含有较多的氢元素，除了硅酸盐水泥、矿渣水泥外，常用结晶水（化合水）含量较大的水化混凝土，如用矾土水泥、石膏矾土水泥配制的屏蔽混凝土等。因此，屏蔽 γ 射线和中子的混凝土不仅要有较大的表观密度，而且还应含有足够数量的结晶水和其他元素。

屏蔽混凝土依据其屏蔽射线种类不同，不但要求密度大，含一定量的结晶水，而且要求混凝土具有较好的匀质性，收缩小，有一定的结构强度和耐热性能。施工后屏蔽混凝土实体不允许有裂缝、孔洞等缺陷存在。

19.7.1 屏蔽混凝土性能差

1. 现象

屏蔽混凝土工作性差，性能达不到设计要求。

2. 原因分析

(1) 粗骨料级配不好

(2) 外加剂选择不合适。

(3) 配合比设计不合理，混凝土离析、泌水，和易性和工作性差。

(4) 混凝土装料率、投料顺序及搅拌时间不合理。

3. 防治措施

(1) 屏蔽混凝土工作性在很大程度上取决于骨料的性质和用量，屏蔽混凝土较普通混凝土砂率应适当增大，矿砂细度模数宜控制在 2.2～2.8，0.15mm 以下颗粒含量宜控制 15%～20%，75μm 以下石粉含量宜控制为 10%～15%。矿石级配应优良，并宜为连续级配，最大粒径不宜超过 31.5mm。

常用粗骨料的最大粒径 40mm，其筛分曲线应在图 19-1 的阴影内。细骨料的筛分曲线应在图 19-2 的阴影内。

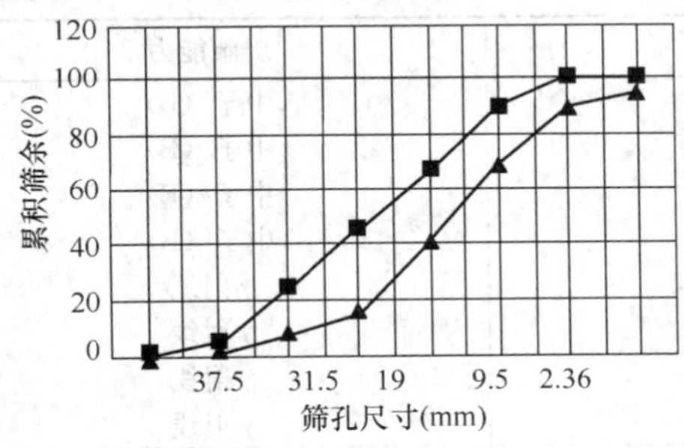

图 19-1 粗骨料的筛分曲线

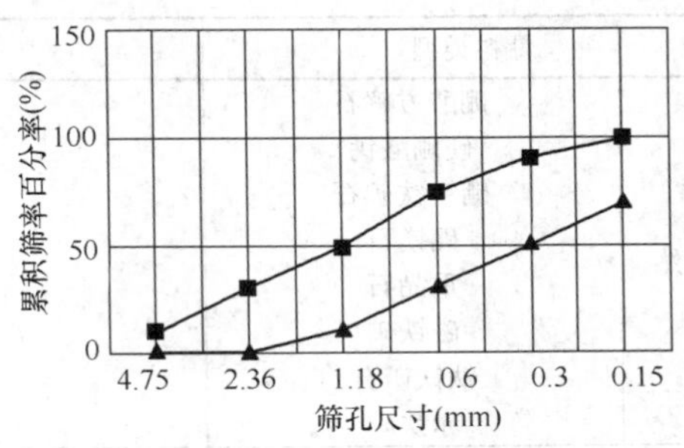

图 19-2 细骨料的筛分曲线

(2) 尽量选用连续级配的粗骨料，细骨料的密度越接近粗骨料的密度越好，细骨料之间的密度越接近越好，如其有多种密度宜连续递增，才能使细骨料混合后不产生泌水分层，有效地抑制粗骨料首先下沉。

(3) 铁质骨料宜为多粒径或不同规格的混合物，且表面不应粘混有油污和其他妨碍其与水泥砂浆粘结的杂质，铁质骨料最大规格不宜大于 25mm。

(4) 为了提高屏蔽混凝土的工作性，减少离析和泌水，宜优化屏蔽混凝土配合比设计，在其中掺入外加剂和粉煤灰、褐铁矿粉、铬矿粉等掺合料。掺入褐铁矿最为有效，因为褐铁矿吸水率较大，且比水泥密度大，可使整个混凝土的保水性和和易性得到改善。

(5) 确定合理装料率和投料顺序。屏蔽混凝土的搅拌容量应考虑搅拌机及其辅助设备的承受力，混凝土密度越大搅拌容量越小。屏蔽混凝土的加料顺序是采用二次上料法。

(6) 搅拌时间与搅拌机的性能、装料容量、加料顺序及所掺加的外加剂都有紧密的联系，应通过试验确定搅拌时间。

19.7.2 混凝土防护性能差

1. 现象

屏蔽混凝土不能有效防护射线。

2. 原因分析

(1) 水泥和骨料品种选择不当，与射线防护要求不吻合。

(2) 骨料级配不好，空隙率大，配制成的混凝土密实性差。

(3) 混凝土均匀性差。

3. 防治措施

(1) 骨料的选择应有针对性，即应根据要求防护的射线种类而定。如防护中子辐射，以采用含结晶水多的粗骨料，以褐铁矿骨料为好，而不宜采用磁铁矿或赤铁矿。建议作为屏蔽混凝土用的骨料见表 19-19。性能和技术要求见表 19-20、表 19-21。

建议作为屏蔽混凝土用的骨料 **表 19-19**

骨料类型		相对密度	屏蔽能力
天然	矾土矿	约 2.0	快速中子 (H)
	蛇纹矿	约 2.5	快速中子 (H)
	针铁矿	约 3.5	快速中子 (H)
	褐铁矿	约 3.5	快速中子 (H)

续表

骨料类型		相对密度	屏蔽能力
天然	硼酸方解石	约2.5	中子（B）
	硬硼酸钙	约2.5	中子（B）
	硼镁铁矿石	约3.5	中子（B）
	硼镁石	约3.0	中子（B）
	重晶石	约4.2	γ射线
	磁铁矿	约4.5	γ射线
	钛铁矿石	约4.5	γ射线
	赤铁矿	约4.5	γ射线
人造	重矿渣	约5.0	γ射线
	钢渣	约4.0	γ射线
	磷铁	约6.0	γ射线
	硅铁	约6.7	γ射线
	钢丸钢锻	约7.5	γ射线
	硼铁	约5.0	中子（B）
	碳化硼	约2.5	中子（B）
	硼玻璃	约2.5	中子（B）

注：H表示氢慢化；B表示硼慢化。

屏蔽γ射线的屏蔽混凝土常用骨料的性能和技术要求　表19-20

骨料种类	堆积密度（kg/m³）		相对密度	技术要求
	细骨料	粗骨料		
赤铁矿	2600～2700	2400～2500	4.2～5.3	表观密度应大，坚硬石块含量应多，细骨料中 Fe_2O_3 含量不低于60%，粗骨料中 Fe_2O_3 含量不低于75%；只允许含少量杂质
磁铁矿		2300～2500	4.3～5.1	
褐铁矿	1600～1700	1400～1500	3.2～4.0	Fe_2O_3 含量不应低于70%；仅含少量杂质，特别是黏土杂质
重晶石	3000～3100	2600～2700	4.3～4.7	$BaSO_4$ 含量不应低于80%；含石膏或黄铁矿的硫化物及硫酸化合物不超过7%。具有严重多孔结构的重晶石，不能用以制备屏蔽混凝土

屏蔽中子射线的屏蔽混凝土常用骨料的性能和技术要求　表19-21

骨料名称	堆积密度（kg/m³）	相对密度	技术要求
褐铁矿（粗骨料）	1400～1500	3.2～4.0	（1）Fe_2O_3 含量不应低于70%；（2）结晶水含量不少于10%；（3）吸水率为9%～10%；（4）杂质少（特别是黏土杂质）
褐铁矿（细骨料）	1600～1700		（1）Fe_2O_3 含量不应低于60%；（2）（3）（4）同上
硼镁（铁）矿石	—	约3.0（3.5）	（1）B_2O_3 含量应尽可能多；（2）粒径小于0.15mm的细粉料在8%以下
硬硼钙石	—	—	（1）B_2O_3 含量应尽可能多；（2）不溶于水；（3）其分子式为：$Ca(H_2O)[B_2BO_4(OH)_3]$
蛇纹石	—	2.5～2.7	（1）化学式为：$Mg_6[Si_4O_{10}](OH)_8$；（2）结晶水水含量应尽可能多

(2) 针对射线防护性能的具体要求，选择胶结料品种。对于中子的防护，采用硅酸盐水泥和矿渣水泥不及石膏矾土水泥，因为其结晶水远远少于后者。

(3) 改善骨料级配，增进混凝土的表观密度，克服单一粒级骨料的缺点，可以采用混合骨料来拌制防辐射混凝土。混合骨料可以有不同的组合，如用铁质骨料作粗骨料，褐铁矿砂作细骨料。粗骨料也可由两种或两种以上的铁质骨料、铁矿石或普通骨料组成。常用粗骨料的最大粒径 32.5mm。

(4) 为了改善防辐射混凝土的防护性能，可采用一些掺料掺入混凝土中。例如掺入适量的硼和硼化物，能有效地捉住中子，降低防护（中子）。

(5) 屏蔽混凝土的配合比设计，除了确保防护 γ 射线等所需要的表观密度和防护中子流所必须的结晶水这两个基本指标外，混合料尚应具有必要的和易性，以及设计要求的强度和经济性。

(6) 施工缝应设置在对结构和屏蔽影响最小的地方；施工缝应是梯形的，以防止辐射泄漏。

19.7.3 屏蔽混凝土强度低

1. 现象

屏蔽混凝土强度达不到设计要求的强度等级。

2. 原因分析

(1) 屏蔽混凝土水灰比大，和易性差。

(2) 粗骨料级配不好，粗、细骨料密度相差大。

(3) 屏蔽混凝土配料计量不准确。

3. 防治措施

(1) 可以采用强度等级不低于 42.5 级的硅酸盐水泥和普通硅酸盐水泥，优先选用矾土水泥或钡水泥。选用的坍落度不宜过大，应控制在 20～40mm。如采用泵送要求坍落度较大时，应考虑掺加减水剂，以免由于几种骨料密度相差较大而引起不均匀下沉。

(2) 水灰比的选择和确定应满足设计要求的强度，在保证混凝土和易性、坍落度、浇筑质量的情况下，尽可能减少用水量。

(3) 粗细骨料应选用表观密度大、含铁量高、级配良好的赤铁矿、磁铁矿和重晶石等制成的矿石和矿砂，其技术性能应符合有关标准要求。

(4) 配制不同相对密度的屏蔽混凝土时，对骨料块状的相对密度可参见表 19-19 的要求。当矿石相对密度较小，不能配出所要求的相对密度的混凝土时，可掺入一定量的金属铁块或钢块，规格不宜大于 25mm。

(5) 在使用硼添加剂和磷铁合金骨料时应慎重，因为它们可能延缓屏蔽混凝土达到规定的强度，凝固时间较长。

(6) 严格控制屏蔽混凝土配料计量的准确性。

19.7.4 屏蔽混凝土密度不均匀

1. 现象

屏蔽混凝土密度不均匀，达不到设计要求的密度。

2. 原因分析

(1) 屏蔽混凝土和易性差，混凝土运输浇筑过程中离析。

(2) 屏蔽混凝土运输、浇筑方法不当。

(3) 屏蔽混凝土振捣时间没有控制好，欠振或过振造成混凝土密度不均匀。

3. 防治措施

(1) 屏蔽混凝土应以最短的时间从搅拌地点运至浇筑地点。在运输过程中要避免材料组分离析，坍落度损失应减至最小，或不影响混凝土的浇筑和捣实。混凝土密度大于3600kg/m³ 时，不宜采用具有振动性的车辆运输。

(2) 泵送屏蔽混凝土出罐坍落度可控制在（100±20）mm；当密度<3300kg/m³ 时，入模坍落度控制在（80±20）mm 为宜，密度为 3600kg/m³ 时，控制在 50～80mm 为宜。对泵送屏蔽混凝土浇筑运输距离应视混凝土的密度大小和混凝土与泵管之间的摩擦系数而定，一般不宜超过 100m。屏蔽混凝土下料高度控制在 1m 范围内，采用串筒，混凝土未出现离析现象；超过 1m 时，由于落差太大，骨料沉降不同，会出现微弱离析现象。

(3) 屏蔽混凝土出料口应接软管或水平管，不得接钢管。屏蔽混凝土浇筑要全面分层，每层厚度不超过 300mm，也不宜小于 200mm；混凝土布料可采用人工布料，分层布料时严禁通过振捣棒振动引流摊平。

(4) 屏蔽混凝土振捣时间为 15s 左右，以表面出浆为准。振捣时间过长，会引起骨料的不均匀下沉。

19.7.5 外观尺寸超差，表面裂缝

1. 现象

屏蔽混凝土外观尺寸超差，表面裂缝。

2. 原因分析

(1) 屏蔽混凝土模板及其支架支设不牢固。

(2) 屏蔽混凝土浇筑方法不合理。

(3) 屏蔽混凝土养护方法不当。

3. 防治措施

(1) 屏蔽混凝土比普通混凝土重力密度大，模板及其支架的设计应根据工程结构形式、荷载大小、地基土类别、施工设备和材料供应等条件进行专门设计，模板及其支架的设计荷载分析应符合《混凝土结构工程施工规范》(GB 50666—2011) 的规定，其荷载设计值根据重力密度大小予以折减。

(2) 炎热季节屏蔽混凝土施工应对粗、细骨料设置遮阳，采用冰水或冷却水搅拌，混凝土出入模温度不宜超过 28℃。混凝土浇筑时要适当减少浇筑层厚度，利于浇筑层散热。浇筑混凝土后应及时采取覆盖措施防止拌合物水分蒸发过快，引起早期开裂。

(3) 寒冷季节浇筑混凝土应满足《建筑工程冬期施工规程》(JGJ/T 104—2011) 相关规定。当采取对骨料进行加热时，不应对含有化合水的骨料加热。含结晶水较多的骨料一般有褐铁矿、硼铁矿以及蛇纹石等，这些材料在高温情况下易损失结晶水，尤其是褐铁矿，超过 100℃就开始损失部分结晶水。

(4) 对浇筑完毕的屏蔽混凝土，一般在 12h 以内应及时加以覆盖和浇水，以保证水泥的充分水化。以硅酸盐水泥和普通硅酸盐水泥为胶结料的屏蔽混凝土，其养护要求同一般水泥混凝土。对于用矾土水泥或石膏矾土水泥为胶结料的屏蔽混凝土，如施工环境温度较高（35℃以上），应对骨料采取遮阳措施，浇筑后应避免阳光暴晒，并采取挡风、遮阳或

喷雾措施，防止水分蒸发过快。浇筑后 8～12h，即应用湿草袋覆盖养护，时间不得少于 14d，自始至终应使混凝土处于湿润状态。当环境温度低于 5℃时，应采取保温措施，以利于混凝土强度的正常发展和膨胀效能的正常发挥。

（5）大体积屏蔽混凝土应遵守《大体积混凝土施工规范》（GB 50496—2009）相关规定。为避免出现温度裂缝质量问题，应根据气候条件采取控温措施，将混凝土内外温差控制在设计要求的范围内，当设计无具体要求时，温差应不超过 25℃，降温梯度不超过 15℃/d。

19.8 特细砂混凝土

用细度模数（μ_f）1.6 以下，平均粒径小于 0.25mm 以下砂子为细骨料的混凝土，称为特细砂混凝土。采取降低砂率和流动性，适当增加水泥用量或掺用减水剂等措施，仍能配制出 C30 以上的混凝土。对于缺少中、粗砂，而有特细砂资源的地区来说，特细砂混凝土不失为资源利用的良好出路。

19.8.1 收缩开裂

1. 现象

同 19.1.2“干缩微裂”的相应部分内容。

2. 原因分析

（1）砂子细度模数过小（$\mu_f<0.7$），含泥量大。

（2）砂率、坍落度、水泥用量过大。

（3）粗骨料级配不好，含泥量、泥块含量大，拌合物和易性差。

（4）水泥品种选用不当，振捣抹压不实，养护不及时，时间短，湿度不够。

3. 防治措施

（1）砂子细度模数（μ_f）过小（<0.7），且通过 0.15mm 筛的量大于 30%时，在没有足够试验依据和相应技术措施保障的情况下，不得用以配制混凝土。

（2）改用工作度评定混凝土拌合物的流动性，而不宜采用圆锥体坍落度来表示混凝土的流动性。

（3）鉴于一般特细砂含泥量较高，相对用量较少（砂率小）的特点，可以适当放宽含泥量的标准要求，但不能大，以免过多增加水泥用量，加大收缩危害。

（4）宜选用硅酸盐水泥或普通水泥，避免使用火山灰水泥或矿渣水泥，因为后两种水泥干缩性较大。水灰比以满足强度要求为准，储备量不宜过大，一般宜控制在 10%～15%为宜。C25 以下混凝土强度储备可以大些，取 15%；C25 以上（含 C25）混凝土的强度储备可取 10%。

（5）特细砂混凝土由于砂粒细小，宜采用较低砂率，一般宜在 30%以下，砂率过大，不仅影响强度，而且增大水和水泥用量，加大收缩变形，甚至出现裂纹。砂子越细，混凝土的最佳砂率越小。

（6）混凝土拌合物搅拌时间和普通中粗砂混凝土相同，不可缩短。要求搅拌均匀，振捣密实。因特细砂水泥混凝土内在比表面积大，养护时需要的水分相对也较多，每日浇水次数宜增加 1～2 次，以满足正常硬化的需要，并有助于防范开裂现象的发生。

（7）由于这种收缩裂纹一般是表面性的，深度不大，通常可不予处理。如个别裂缝较宽，可将裂缝处理干净，抹压 1∶2 水泥浆或环氧树脂封闭。

19.8.2　混凝土强度低

1. 现象

在水泥强度等级、水灰比和粗骨料等条件相同的情况下，特细砂混凝土较之普通混凝土的抗压强度约低 2～5MPa 左右。

2. 原因分析

（1）砂子细度模数（μ_f）过低，含泥量大，砂率大。

（2）粗骨料级配不好，空隙率大，含泥量和泥块含量大。

（3）水泥受潮、结块或已过期（强度降低幅度大）。

（4）施工中水灰比失控，砂石含水率不测定，配合比不调整。

（5）振捣不实，养护失控，浇筑后的混凝土过早脱水。

（6）低温施工，没有保温措施。

3. 防治措施

（1）同 19.8.1“收缩开裂”的防治措施（1）～（3）。

（2）砂的细度模数（μ_f）等于或大于 1.0，且通过 0.15mm 筛孔的量不大于 12%时，可以用来配制 C25 和 C30 的特细砂混凝土。

（3）特细砂混凝土的配合比设计，基本和中、粗砂混凝土相同。可采用体积法进行设计。宜采用较低的砂率，一般在 30%以下。砂率过大，强度显著下降，为弥补强度损失，将会大幅度增加水泥用量。所以，在满足和易性要求的条件下，砂子越细，混凝土的最佳砂率越小。

（4）不使用受潮、结块或过期水泥。每天测定 1～2 次砂石含水率，并据此进行配合比调整。振捣工作和普通混凝土相同，但养护工作应进一步加强，养护期间应始终保持湿润状态。当环境温度低于 5℃时，要采取保温措施。

附录 19.7　特细砂混凝土砂率及坍落度参考

特细砂混凝土砂率参考表　　附表 19-12

石子种类	D(mm) / μ_f / 水泥用量(kg/m³)	20		30		40		60	
		0.7～1.0	1.0～1.5	0.7～1.0	1.0～1.5	0.7～1.0	1.0～1.5	0.7～1.0	1.0～1.5
卵石	200	25～27	28～30	24～26	27～29	23～25	26～28	22～24	25～27
	250	23～25	26～28	22～24	25～27	21～23	24～26	20～22	23～25
	300	21～23	24～26	20～22	23～25	19～21	22～24	18～20	21～23
	350	19～21	22～24	18～20	21～23	17～19	20～22	16～28	19～21
	400	18～20	21～23	17～19	20～22	16～18	19～21	15～17	18～20
碎石	200	28～30	31～33	27～29	30～32	26～28	29～31		
	250	26～28	29～31	25～27	28～30	24～26	27～29		
	300	24～26	27～29	23～25	26～28	22～24	25～27		
	350	22～24	25～27	21～23	24～26	20～22	23～25		
	400	21～23	24～26	20～22	23～25	19～21	22～24		

特细砂混凝土拌合物的坍落度 附表 19-13

序号	结构种类	机械振捣		人工捣实	
		工作度(s)	坍落度(mm)	工作度(s)	坍落度(mm)
1	基础或地面等的垫层	50～70		50～70	0
2	无配筋的厚大结构或配筋稀疏的结构			10～30	
3	梁板和大型及中型截面的柱子	30～50	0～10	30～50	30～50
4	配筋密列的钢筋混凝土结构	10～30	10～30	10～30	50～70
5	配筋特密的钢筋混凝土结构	5～15	30～50	5～15	

19.9 无砂大孔混凝土

无砂大孔混凝土是以水泥为胶结料与粗骨料（碎石、卵石或轻骨料）和水配制而成的一种混凝土。与普通混凝土相比，水泥用量较少，收缩变形小，表观密度小（一般为1400～1900kg/m^3），隔声、隔热性能较好。混凝土侧压力小，便于使用轻型模板。但强度低，主要用于非承重结构。

19.9.1 表观密度较大，强度低

1. 现象

无砂大孔混凝土和轻骨料混凝土的强度相似之处是一般均随混凝土表观密度的增大而提高。但有时，尽管混凝土表观密度并不太低（$\rho_0 \geqslant 1900$kg/m^3），但抗压强度却处在低下状况（3～5MPa 左右）。

2. 原因分析

（1）粗骨料级配不好，用量大，含泥量大。

（2）水灰比大，水泥用量少，水泥和粗骨料比例太大。

（3）模板支设不严密，缝隙大，水泥浆流失严重。

（4）振捣过度，石子下沉，水泥浆浮于面上，混凝土匀质性差。

（5）混凝土浇筑后遭受雨水冲刷，造成水泥浆流失。

3. 防治措施

（1）水泥用量和水灰比大小应以满足设计强度要求为准，在此基础上，可以调整与粗骨料之间的比例，以满足表观密度的要求。

（2）粗骨料的质量应符合规定。骨料粒径不宜过大，一般采用单一级配，以10～20mm为佳。必要时，为了满足强度的需要，可以掺入少量的砂子（不超过水泥浆和粗骨料总量的5%）。

（3）无砂大孔混凝土水泥用量多，强度高，水泥与骨料的比例，一般可在1∶6～12的范围内选取，强度要求较高的可取两者的较小比值，反之取较大比值。

（4）无砂大孔混凝土对用水量的敏感性较普通混凝土大得多。用水量大小应通过试拌确定，其外观检查方法是：粗骨料颗粒表面包裹一层具有金属光泽的发亮水泥薄膜时，其用水量即为最佳用水量。

（5）搅拌时为防止粘罐，前二罐应多加水泥，第一盘料应增加70%，第二盘料增加

50%。对采用轻骨料的无砂大孔混凝土，由于表面较粗糙（如浮石），应适当延长搅拌时间（约30s）。当采用强制式搅拌机搅拌时，可先搅拌水泥浆，再加入粗骨料混合搅拌。如采用自落式搅拌机搅拌，为防止大量水泥浆粘结在搅拌机的叶片上，投料方式宜改为：先投入1/2的用水量，以清洁筒壁上的水泥粘结层，然后加入骨料和水泥，剩余的1/2水，从出料口缓缓加入，以利出料。继续搅拌至均匀为止。一般约需3～4min。

（6）无砂大孔混凝土水泥用量一般均较少，基本上只够包裹骨料颗粒，盈余不多，在浇筑中不宜强烈振捣，否则将使水泥浆沉陷，破坏混凝土结构的均匀性，从而降低隔热性能和强度。所以只允许用插扦沿模板或拐角处轻轻插捣。在1.5m高度的范围内，拌合物自由下落，混凝土可依据自身的重力得到充分的密实度。

（7）由于无砂大孔混凝土具有较大的空气暴露面，其水分失散和蒸发的速度，较之普通混凝土要快，所以养护工作显得尤为重要。一般24h后即应开始养护，干热天气，浇筑后8～12h即应开始养护，时间不得少于3～7d，要求始终保持湿润，但又须防止雨水冲刷。

（8）由于无砂大孔混凝土强度一般均较低，所以，拆模时间应较普通混凝土相对较晚。模板支设应牢固、严密，防止漏浆。

19.9.2　钢筋锈蚀

1. 现象

钢筋在水分和氧气作用下，产生微电池现象而受腐蚀。

2. 原因分析

（1）无砂大孔混凝土内部存在许多大小不一的孔穴，而且相当一部分孔穴并不封闭，这些孔穴内的水和空气是可以自由贯穿而入的，这种外部环境，极易使钢筋发生锈蚀。

（2）无砂大孔混凝土中的钢筋裹浆能力薄弱，加之混凝土水泥用量较少，这就进一步削弱了钢筋的裹浆能力，致使未经防腐处理的钢筋发生锈蚀。

3. 防治措施

（1）无砂大孔混凝土用于配筋结构时，钢筋必须作防腐处理。

（2）钢筋防腐处理的程序和方法是：

1）清除钢筋表面的污物或油污。

2）配制浆液和涂刷：所用水泥品种、强度等级宜与施工时混凝土所用水泥一致，水泥净浆液的水灰比宜控制在0.45～0.50左右，要搅拌均匀，不可有团块。涂刷要均匀，不可漏刷。为了使浆液层有一定的厚度，第二天宜再涂刷一遍1∶2的水泥砂浆，初凝后应用塑料薄膜予以覆盖，防止太阳暴晒和雨水侵袭。养护1～2d后即可浇灌混凝土。

冬期施工，如在浆液中掺加氯盐，则应视氯盐掺加量的多少，掺加适量的亚硝酸钠，以防造成钢筋锈蚀。当氯盐掺量为水泥重量的0.5%～1.5%时，亚硝酸钠与氯盐之比应大于1；而当氯盐掺量为水泥重量的1.5%～3%时，亚硝酸钠与氯盐之比应大于1.3。

掺亚硝酸盐的混凝土，严禁用于饮水工程及与食品接触的部位，也不得用于与镀锌钢材或铝铁相接触部位的钢筋混凝土结构。

（3）混凝土浇灌下料和捣实时，应注意防止损坏钢筋防腐处理保护层。不要使用振捣工具，人工轻轻插捣即可。

（4）钢筋防腐处理除了上述方法外，也可用镀锌等方法。

19.10 多孔混凝土

多孔混凝土是内部均匀分布着大量微小气泡的轻质混凝土。按其气孔形成的方式不同，可分为加气混凝土和泡沫混凝土两大类。

加气混凝土是含硅质材料（如砂、粉煤灰、粉状高炉矿渣、尾矿粉等）和钙质材料（如水泥、石灰等）作为原料，经磨细、配料，再加入发气剂（铝粉、过氧化氢等）后，进行搅拌、浇筑、发泡、切割及蒸压养护或常压养护等工序生产制作而成，是一种不含粗骨料的混凝土，具有表观密度小、保温性能好和可加工等优点，广泛用于工业与民用建筑。

泡沫混凝土是用机械方法将泡沫剂溶液制成泡沫，再将泡沫加入到含硅质材料（如砂、粉煤灰）、钙质材料（水泥、石灰）、水及附加剂等组成的料浆中，经混合搅拌、浇筑成型、蒸气养护而成的一种轻质多孔材料。常用于屋面和热力管道的保温层。

Ⅰ 加气混凝土

19.10.1 抹灰开裂、空鼓

1. 现象

（1）砌块表面或表层下析出盐类的结晶体（白霜）。

（2）饰于加气混凝土表面的抹灰层产生开裂和空鼓等不良现象。

2. 原因分析

（1）盐析作用。加气混凝土所用砂中含有的氧化钠、氧化钾，在加气混凝土中能生成可溶性的硫酸钠、硫酸钾或碳酸钠和碳酸钾。在外界环境温湿度变化的影响下，加气混凝土中的水分便发生迁移，随之盐类便从内部转移到表面上，由于抹灰材料的膨胀性能与盐析过程产生的晶体膨胀不相适应，晶体产生的膨胀应力会挤破材料的孔隙壁，从而导致抹灰层开裂、空鼓，甚至脱落、剥落。

钠盐的盐析危害性比钾盐更大。因为钠盐吸水性较强，结晶体颗粒也较大，所以破损作用也较严重。

（2）膨胀系数的差异。水泥砂浆和加气混凝土的线胀系数相差较大，温度稍有变化，两者的变形差异就较大，在界面上产生剪力，而一般抹灰材料都是脆性材料，不能适应加气混凝土的湿胀干缩。由于变形和变形承受能力上的差距较大，抹灰层产生开裂、空鼓乃至脱落。

（3）吸湿和解湿性能存在差异。加气混凝土的吸湿性较慢，浇一遍水，仅少部分被吸收，大部分流掉，且持续吸水和解水的时间都较长，抹灰层与它在吸解水的速度和量上均不同步，导致抹灰层沿厚度方向的含水梯度十分显著，使抹灰层与加气混凝土的接合面、抹灰面层与底层等的含水率，各不相同，抹头层表面已干燥了，而基层含水率仍然很大，造成抹灰层干燥收缩应力过大，从而使抹灰面层开裂。

（4）加气混凝土表里（断面）含水率梯度大，收缩不一，使抹灰层所受的拉力超过其抗拉强度而出现裂缝、空鼓或脱落。

（5）强度差异。一次抹灰厚度过厚，抹灰砂浆强度太高。加气混凝土的强度小于水泥砂浆的强度，底弱面强，违反了抹灰工程的基本要求。

(6) 抹灰前，加气混凝土表面湿润不及时，湿度不够或过大。

(7) 加气混凝土表面浮灰较多，或有浮浆层及污物。

3. 防治措施

(1) 为防止加气混凝土抹灰开裂、空鼓或脱落，可采用下述方法和措施进行抹灰饰面工作。

1) 抹灰前先将墙面凹凸不平处修平，砌筑灰浆不饱满处和砌块缺陷处用1：1：6的混合砂浆找平。

2) 提前1d淋水两次，如天气炎热（气温高于28℃），应提前2d淋水湿墙，每天不少于两次，每次同一墙面受水时间应不少于5min，抹灰前再喷水一次，以渗入砌块内深度达8～10mm为宜。

3) 用素水泥浆或掺加10%的108胶水溶液拌制的素水泥浆，涂刷结合层一遍。

4) 结合层涂刷完毕后，应立即抹底灰，一般常用1：1：6的水泥混合砂浆抹两遍，第一遍厚为7～9mm，第二遍厚度在7mm以内，其间隔时间以不少于48h为好。切忌使用高强度等级的水泥砂浆抹灰。

5) 两遍砂浆抹完收水后，用手捻有痕迹时，在其表面随即刮一层素水泥浆，厚约1～1.5mm。素水泥浆要调成糊状，每次拌和量不宜过多，随拌随用。为防止凝结过速，可用缓凝剂或用含5%108胶的水溶液搅拌。

6) 为防止砂浆本身出现裂缝，可在拌制1：1：6的混合砂浆中掺加水泥重量2%～3%的建筑石膏（半水石膏）。为避免砂浆凝结过快，可掺入适量微沫剂或缓凝剂。

7) 室外抹灰应避开阴雨天或烈日暴晒，或采取相应措施予以防范。冬期雨雪天气或负温条件下应暂停施工，低温（5℃以下）施工应有保温措施。刮风天气，应暂停室外施工，室内则应将门窗洞口用物遮挡。

(2) 尽可能使用同一厂别（批）的加气混凝土，这样可以减少饰面（抹灰）工程质量控制的难度。

(3) 加气混凝土蒸压处理后应立即进行烘干，以降低出厂含水率，使这部分收缩消除在使用到建筑物上之前。如工地有条件，也可以采取类似或其他方法来降低加气混凝土的含水率，减少收缩变形能力。

(4) 防止加气混凝土吸水收缩、干缩的反复进行，是减缓盐析现象的有效措施之一。对加气混凝土进行憎水处理有助于防止盐析。

19.10.2　钢筋锈蚀

1. 现象

加气混凝土中的钢筋未作防腐处理，使钢筋锈蚀。

2. 原因分析

(1) 加气混凝土是多孔性结构，渗透性高，水分、氧气是造成钢筋腐蚀的重要外部环境。

(2) 加气混凝土一般碱度较低，使电化学腐蚀过程得以顺利进行，特别是在湿度高的空气介质中，以及干湿交替环境下，锈蚀更为严重。

3. 防治措施

(1) 加气混凝土中的钢筋应作防腐处理。防腐剂应满足下列几点要求：

1) 不透水性，并能有效地防止氧气和有害气体的扩散渗透；

2) 能长时间保持较高碱度；

3) 不含有害物质；

4) 与钢筋及加气混凝土有良好的结合力。

(2) 加气混凝土中常使用的钢筋防腐剂有：

1) 有机溶剂型的聚苯乙烯类防腐剂性能良好，能经受高温作用，与加气混凝土粘结力高（达 2～2.5MPa），贮存期长，干燥时间短；

2) 乳胶漆防腐剂不仅具有良好的防腐、耐水和抗碱性能，而且具有一定的弹性和耐热性。

Ⅱ 泡沫混凝土

19.10.3 消泡严重、塌模、分层

1. 现象

在泡沫混凝土浇灌入模后，早期消泡严重，硬化后期，肉眼观察可见有明显坍陷和分层现象，其干密度和热导系数均较正常值大，保温隔热性能较差。

2. 原因分析

(1) 胶凝材料与泡沫剂比例不当，胶凝材料用量过少，泡沫剂用量过多。

(2) 泡沫剂存放时间太长（一般有效期为半年时间），泡沫剂发生变质，泌水性较大，泡沫的稳定性（坚韧性）变差。

(3) 配制泡沫剂采用的骨胶或皮胶质量不符合要求，有腐臭或发霉现象，采用的松香出现发粘，颜色较深，碱的纯度过低。

(4) 泡沫混凝土料浆搅拌时间太长，泡沫破损较多。

3. 防治措施

(1) 配制泡沫混凝土的胶凝材料与泡沫剂的比例要适量，通过试验确定配合比。

(2) 用以配制泡沫剂的骨胶或皮胶要求透明，不含脂肪杂质，无腐臭味或发霉现象。使用时，应测定粘度及含水率，松香要求洁净透明，软化温度不低于 65℃，不含松油脂和其他油脂杂质，干燥状态时不发粘，且不成浊红色，使用时应测定皂化值。碱的纯度应在 85%以上，使用时应予测定。

(3) 常用的松香泡沫剂是用一定量的松香、碱和胶，加水熬制而成的。为了获得质量可靠的泡沫剂，各种材料的用量应通过计算确定，并按要求进行配制。

(4) 通过试验确定水泥用量和水料比。配制成的泡沫混凝土必须满足干密度和抗压强度两个主要技术指标的要求。

(5) 严格计量工作，不允许将重量比改变成体积比。泡沫剂的称量误差不得大于±2%。

(6) 泡沫混凝土料浆的搅拌时间宜为 3～5min。

19.10.4 抗压强度低

1. 现象

用于保温隔热的泡沫混凝土，抗压强度达不到设计干密度时的抗压强度值（见附表

19-15)。

2. 原因分析

(1) 水泥强度等级低，用量少，受潮、结块。

(2) 骨胶或皮胶质量不好，有腐臭或发霉现象，松香发粘。

(3) 泡沫剂存放时间太长变质，泡沫稳定性（坚韧性）差，用量过多。

(4) 水料比例过大。

(5) 搅拌时间太长，泡沫破损较多，既增大了表观密度，又破坏了泡沫结构，影响泡沫混凝土的正常增长。

(6) 对泡沫混凝土早期养护不善。

3. 防治措施

(1) 同 19.10.3“消泡严重、塌模、分层”的防治措施。

(2) 用以配制泡沫混凝土的泡沫剂质量符合下列指标要求时，方可用于生产泡沫混凝土：

1) 1h 后泡沫的沉陷距不大于 10mm；

2) 1h 的泌水量不大于 80mL；

3) 泡沫的倍数不小于 20。

(3) 由于泡沫混凝土拌制量、搅拌机械等不同，其搅拌时间可通过搅拌试验确定。

(4) 如果受干密度限制，无法进一步增大水泥用量和改变水料比时，可以采用较高一级强度等级的水泥来配制泡沫混凝土。

(5) 材料计量要准确，不得随便加大用水量或增加泡沫剂掺量。泡沫剂在存放期间要妥善保管，防止雨水或杂物侵入，使用前应核查，确认可行后方可使用。

(6) 加强泡沫混凝土的早期养护。

19.10.5 收缩开裂、吸水

1. 现象

硬化泡沫混凝土表面有肉眼可见的、不规则裂纹，宽度较细（多在 0.05～0.1mm 之间），走向纵横交错，没有规律性，裂纹分布不均。这类裂缝一般在泡沫混凝土露天养护完毕一段时间后，在泡沫混凝土面层出现，并随湿度的变化而变化，表面强烈收缩可使裂缝由表及里、由小到大逐步向深部发展。硬化泡沫混凝土收缩开裂的同时吸收大量外来水分，保温隔热性能降低。

2. 原因分析

(1) 水泥用量过大，水泥水化过程中伴随热效应，引起初始体积膨胀而冷却时又收缩，导致表面收缩量增大；另外，水泥水化过程中还存在自吸水引起的自收缩现象。因此，水泥用量过大，泡沫混凝土的收缩也会相应增大。

(2) 泡沫混凝土浇筑成型后，没有覆盖养护，受到风吹日晒，表面水分散失快，体积收缩大，而内部湿度变化很小，收缩也小，因而表面收缩变形受到内部混凝土的约束，出现拉应力，引起泡沫混凝土表面开裂。

(3) 泡沫混凝土浇筑后长期裸露在露天，未及时封闭，处于时干时湿状态，使泡沫混凝土表面湿度经常发生剧烈变化。

(4) 水料比过大，甚至出现泌水现象，泡沫混凝土表面有浮浆，水分蒸发硬化后，收缩应力超过了泡沫混凝土的拉应力，导致出现干缩开裂现象。

(5) 泡沫混凝土的收缩开裂与吸水是密切关联的，泡沫混凝土内部的孔绝大多数是相对独立的封闭孔，其吸水主要集中于表层，并不具有大的吸水性。收缩开裂后会引发显著的吸水作用，降低泡沫混凝土的保温隔热效果。

3. 防治措施

(1) 配制泡沫混凝土的水泥用量、水料比要适量，配合比应通过试验确定。

(2) 加强泡沫混凝土早期养护，并适当延长养护时间。暴露在露天的泡沫混凝土应及时封闭，避免发生过大的湿度变化。

(3) 浇筑泡沫混凝土前，应将基层和模板浇水湿透，避免吸收泡沫混凝土中的水分。

(4) 在气温高、湿度低或风速大的天气施工，泡沫混凝土浇筑后，应及早进行喷水养护，使其保持湿润；分段浇筑泡沫混凝土宜浇完一段，养护一段。在炎热季节，要加强表面的养护。

(5) 在泡沫混凝土浇筑后表面喷一层养护剂，或覆盖塑料薄膜或湿草袋，使水分不易蒸发。

(6) 加设挡风设施，以降低作用于泡沫混凝土表面的风速。

(7) 未加入泡沫的水泥浆料要搅拌均匀，加入泡沫的料浆搅拌时间应遵循规定，不得随意缩短或延长，以保证拌合物的均匀性和防止料浆中的泡沫破损过多。

(8) 使用聚丙烯等短纤维作为泡沫混凝土的抗裂剂。水泥、粉煤灰总重量的0.2%～0.4%的聚丙烯等短纤维的加入可以有效地防止泡沫混凝土的收缩开裂，并防止大量水吸入。

附录19.8 多孔混凝土技术数据参考

不同表观密度加气混凝土的抗压强度 附表19-14

表观密度（kg/m³）	400	500	600	700	800
抗压强度（绝干）（MPa）	1.5～2.0	3.0～3.5	4.0～5.0	5.0～6.0	6.0～7.0

泡沫混凝土干密度等级与强度大致关系 附表19-15

干密度等级	A03	A04	A05	A06	A07	A08	A09
强度（MPa）	0.3～0.7	0.5～1.0	0.8～1.2	1.0～1.5	1.2～2.0	1.8～3.0	2.5～4.0

石灰-水泥-砂泡沫混凝土试验拌料配合比 附表19-16

原材料	表观密度（kg/m³）					
	800		1000		1200	
	Ⅰ	Ⅱ	Ⅰ	Ⅱ	Ⅰ	Ⅱ
石灰（kg）	100	100	100	100	100	100
水泥（kg）	70	100	70	100	70	100
磨细砂（kg）	590	560	780	750	976	940
石灰：水泥：砂（重量比）	1：0.7：5.9	1：1：5.6	1：0.7：7.8	1：1：7.5	1：0.7：9.7	1：1：9.4
每一次试拌用水料比	0.38	0.40	0.36	0.38	0.34	0.36

注：泡沫剂用水量不计算在水料比内。

粉煤灰泡沫混凝土参考配合比　　附表 19-17

原材料名称	配合比	混合料有效 CaO（%）	抗压强度（MPa）
粉煤灰：生石灰：废模型石膏	74：22：4	8～10	10

19.11　轻骨料混凝土

用轻质粗骨料、轻质细骨料（或普通砂）、水泥和水配制的表观密度不大于 1900kg/m^3 的混凝土，称为轻骨料混凝土。凡堆积密度小于 1000kg/m^3 的骨料称为轻骨料。按其堆积密度大小，划分为 8 个堆积密度等级（kg/m^3）：300、400、500、600、700、800、900 和 1000。常用的轻骨料有工艺废品轻骨料（粉煤灰陶粒、膨胀矿渣珠、自燃煤矸石等）、天然轻骨料（浮石、火山灰渣等）和人造轻骨料（页岩陶粒、黏土陶粒、膨胀珍珠岩等）。

轻骨料混凝土具有表观密度小、保温性能好、抗震性能强等一系列优点，适用于装配式或现浇的工业与民用建筑，特别适用于高层及大跨度建筑。

19.11.1　坍落度波动大，损失快

1. 现象

（1）同一配合比配制的轻骨料混凝土拌合物，随机抽查的坍落度，各次测定值不一，且差值较大，一般大于 20mm。

（2）坍落度损失较之普通混凝土在相同流动性的条件下，明显较快，一般可达 20mm 以上。

2. 原因分析

（1）轻骨料颗粒级配匀质性差。

（2）附加吸水率（粗骨料 1h 的吸水率）试样缺乏代表性，或粗骨料饱和面干含水率测试不准，有效用水量失控，试样缺乏代表性或粗骨料用水饱和时，各部位被湿润的状况差异较大。

（3）各批进场粗骨料品质不一，尤其表现在附加吸水率和饱和吸水率两个指标上，前后差别较大，但又未能及时予以调整，导致混凝土坍落度前后不一，损失快而大。

（4）运输、停留和浇筑时间过长。

（5）砂子产地多而杂，使进场各部位的细度模数差异较大。

3. 防治措施

（1）配制混凝土用的轻（粗）骨料，应选用同一厂别、产地和同一品种规格，并尽可能一次性进场。若分批进场，则应分别检验其附加用水量和饱和含水率，进行用水量的调整，准确控制好有效用水量，以利于保证坍落度的稳定性。

（2）选用同一厂别、产地和同一规格的颗粒级配匀质性较好的砂子为细骨料。细度模数的波动不宜大于 0.3～0.4。配制全轻混凝土时，轻（细）骨料也应满足类似要求。

（3）测定附加用水量或饱和面干含水率的试样应有代表性。当进场轻（粗）骨料有变化时，应及时测定附加用水量，调整总水灰比值，以保持坍落度和强度的稳定。

（4）对采用饱和面干法进行处理后的轻（粗）骨料，应及时用塑料薄膜或塑料布加以

覆盖，防止水分蒸发。炎热季节，应经常核查，如有变化，应及时进行处理和调整。常温季节，也宜随处理随使用。储存备用量不宜超过4～8h的施工量为宜。阴雨潮湿天气，储存量可适当增加。

(5) 妥善安排搅拌、运输、浇筑时间。拌合物从出料到浇筑完毕的时间不宜超过45min。

19.11.2 收缩开裂

1. 现象

同19.1.2“干缩微裂”的相应部分内容。

2. 原因分析

(1) 混凝土拌合物坍落度大，和易性差，水泥和水泥浆量大。

(2) 总水灰比、有效水灰比大。

(3) 骨料中含有夹杂物质、泥块量，含泥量大。

(4) 配合比选择和设计时，没有考虑附加用水量问题；或仅凭估量而定，没有实际测定；或施工中没有得到执行。

(5) 混凝土拌合物搅拌、停留时间长，骨料吸水率大（或大于估计值、试验值），失水和水分蒸发后的收缩变形亦大。

(6) 浇筑暴露面面积大，湿养护不及时，养护时间短，或水分失散，蒸发过快，表里（断面）含水率梯度大。

3. 防治措施

(1) 骨料质量应符合有关标准规定。天然或工业废料轻骨料的含泥量不得大于2%，人工骨料不得含夹杂物质或黏土块。

(2) 轻（粗）骨料的附加用水量应取样测定，不能估算，检测结果应有代表性。

(3) 配合比设计中应区分总水灰比和有效水灰比。因此，必须对轻（粗）骨料的附加水用量（1h的吸水率）或饱和面干含水率进行测定，进行相应调整或处理。

(4) 轻骨料1h的吸水率：粉煤灰陶粒不大于22%；黏土陶粒和页岩陶粒不大于10%。超过规定吸水率的轻骨料不可随便使用，以免对混凝土的物理力学性能造成危害。

(5) 用以配制轻骨料混凝土的粗骨料级配应符合表19-22的要求。

粗骨料的级配要求 表19-22

用途	筛孔尺寸（mm）					
	5	10	15	20	25	30
	累计重量筛余（%）					
保温及结构保温用	不小于90	不规定	30～70	不规定	不规定	不大于10
结构用	不大于90	30～70	不规定	不规定	—	—

注：1. 不允许含有超过最大粒径两倍的颗粒。
2. 采用自然级配时，其空隙率不大于50%。

(6) 轻骨料混凝土宜采用强制式搅拌机搅拌，其加料顺序是：当轻骨料在搅拌前已预湿时，应先将粗、细骨料和水泥搅拌30s，再加水继续搅拌；若轻骨料在搅拌前未预湿时，则应先加1/2的总水量和粗细骨料搅拌60s，然后再加水泥和剩余用水量继续搅拌，至均匀为止。

掺用外加剂时（应通过试验），应先将外加剂溶（混）于水中，待混合均匀后，再加入拌合水中，一同加入搅拌机。不可将粉料或液态外加剂直接加入搅拌机内。

（7）合理安排搅拌、运输和浇筑的时间，整个过程不要超过45min。终凝后立即进行湿养护，时间不得少于7d，并应尽可能适当延长养护时间，防止收缩开裂。当采用蒸汽养护时，静置时间不宜小于1.5～2h，而且升温不可过快，以避免裂纹等不良现象的发生。

（8）配制轻骨料混凝土的有效用水量，可参考表19-23选用。

轻骨料混凝土有效用水量选择参考　　**表19-23**

序号	用途	流动性		有效用水量（kg/m³）
		工作度（s）	坍落度（mm）	
1	预制混凝土构件	<30	0～30	155～300
2	现浇混凝土			
	（1）机械振动		30～50	165～210
	（2）人工振捣或钢筋较密		50～80	200～220

注：1. 表中数值适用于圆球型和普通型轻骨料，碎石型粗骨料需按表中数值增加10kg左右的水。
2. 表中数值系指采用普通砂，如采用轻砂，需取1h吸水量为附加水量。

（9）配制C10以下的轻骨料混凝土时，允许加入占水泥重量20%～25%的粉煤灰或其他磨细的水硬性矿物外掺料，以改善混凝土拌合物的和易性。

（10）施工浇筑应分层连续进行。当采用插入式振捣器时，浇筑厚度不宜超过300mm；如采用表面振动器，则浇筑厚度宜控制在200mm以内，并适当加压。对于上浮或浮露于表面的轻骨料，可用木拍等工具进行拍压，使其混入砂浆中，然后用抹子抹平。

附录19.9　轻骨料混凝土技术数据参考

轻骨料混凝土的最大水灰比和最小水泥用量　　**附表19-18**

混凝土所处的环境条件	最大水灰比	最小水泥用量（kg/m³）	
		配筋混凝土	素混凝土
不受风雪影响的混凝土	不作规定	270	250
受风雪影响的露天混凝土，位于水中及水位升降范围内的混凝土和潮湿环境中的混凝土	0.50	325	300
寒冷地区位于水位升降范围内的混凝土和受水压或除冰盐作用的混凝土	0.45	375	350
严寒和寒冷地区位于升降范围内的受硫酸盐、除冰盐等腐蚀的混凝土	0.40	400	375

注：1. 严寒地区指最寒冷月份的平均温度低于－15℃；寒冷地区指最寒冷月份的平均温度处于－5℃～－15℃者。
2. 水泥用量不包括掺合料。
3. 寒冷和严寒地区的轻骨料混凝土应掺入引气剂，其含气量宜为5%～8%。
4. 轻骨料混凝土配合比中的水灰比应以净水灰比表示。配制全轻混凝土时，可采用总水灰比表示，但应加以说明。

轻骨料混凝土的砂率 附表 19-19

轻骨料混凝土用途	细骨料用途	砂率（%）
预制构件	轻砂	35～50
	普通砂	30～40
现浇混凝土	轻砂	40～45
	普通砂	35～45

注：1. 当混合使用普通砂和轻砂作细骨料时，砂率宜取中间值，宜按普通砂和轻砂的混合比例进行插入计算。
2. 采用圆球形轻骨料时，砂率宜取表中下限，采用碎石形时，则宜取上限。

19.12 耐低温混凝土

耐低温混凝土是以膨胀珍珠岩为主，配以适量胶结料（水泥、水玻璃、磷酸盐等），经拌和、成型、养护（或干燥，或固化）而成的一种混凝土，又称为耐低温膨胀珍珠岩混凝土。具有表观密度小，热导率低，低温绝热性能好，无毒、无味、不燃、抗菌、耐腐和施工方便等特点。建筑上广泛用于围护结构、低温及超低温保冷设备、热工设备等处的绝热保温。也可用作吸声材料。

19.12.1 收缩裂纹

1. 现象

同19.1.2“干缩微裂”的相应部分内容。

2. 原因分析

（1）水泥用量（或水玻璃）大，用水量大，膨胀珍珠岩混凝土拌合物拌和不均匀。

（2）膨胀珍珠岩质量不好，粉料含量太多，含水率大。

（3）浇筑的膨胀珍珠岩混凝土表面拍压不实，早期失水过多、过快。

（4）养护工作没有跟上，使水泥膨胀珍珠岩混凝土表面处于干燥或近于干燥状态，内外含水率差别大。混凝土浇筑后，遭受烈日暴晒和雨水侵袭，干湿交替作用，使表面产生裂纹。

3. 防治措施

（1）水泥用量（或水玻璃）以满足胶结包裹膨胀珍珠岩的需要以及混凝土的强度、表观密度的要求为基准，不宜过多，以免加大收缩值。

（2）以水泥或水玻璃为胶结料的膨胀珍珠岩混凝土，可以采用混凝土或砂浆搅拌机进行搅拌。每次搅拌量以不超过搅拌机标准筒容量的80%为宜，过多会影响搅拌质量。搅拌时间不宜少于3min，要搅拌至颜色一致为止。坍落度以选择30～50mm为宜。

（3）膨胀珍珠岩的表观密度一般为40～300kg/m^3。质量好的膨胀珍珠岩为白色松散颗粒，质量差的膨胀珍珠岩则呈浅黄色或米黄色，含有较多的粉状物或粉细颗粒，不宜用于配制耐低温混凝土，以免大幅度降低绝热保温效果。

（4）要分层浇筑（每层不宜超过250mm），拍压并划毛，浇筑最后一层应用木抹抹压平整密实，防止内部水分的过快蒸发，应一次连续浇筑完毕。

（5）为防止拍压过度或拍压不实，应事先通过试铺，求出混凝土拌合物适宜的压缩比，以便于质量控制、施工操作和检查掌握。

（6）浇筑完毕初凝后即可用塑料薄膜或草袋加以覆盖，终凝后即可进行养护。应注意以水泥为胶结料的膨胀珍珠岩混凝土是湿养护，而以水玻璃为胶结料的膨胀珍珠岩混凝土，则要求在相对湿度不大于80%的环境中进行养护，不宜烈日暴晒，并应防止雨水侵袭。室外浇筑应设置遮阳、防水。冬期施工应有保温措施。以水玻璃为胶结料的耐低温混凝土，当环境温度低于10℃时，即应采取保温措施。

19.12.2　热导性能差（热导率大）

1. 现象

施工现场按试验室签发的配合比执行，达不到既定的热导率，往往偏大，直接影响到耐低温混凝土的保温绝热性能。

2. 原因分析

（1）与配合比试验设计时所用材料不一，膨胀珍珠岩质量差，堆积密度大，粉状颗粒多。

（2）材料计量失准，或随意加大水泥或用水量，使配制成的耐低温混凝土密度增加，导致热导率上升。

（3）水泥膨胀珍珠岩混凝土在施工中铺设厚度的压缩比没有控制好，铺压过实。

（4）耐低温混凝土使用中环境湿度大，或处在潮湿状态下工作。

3. 防治措施

（1）根据设计要求的强度和热导率，选择密度适宜的膨胀珍珠岩，其技术性能应符合表19-24的规定和要求。粉料过多者，应过筛去除。

膨胀珍珠岩的技术指标　　表19-24

标号	堆积密度 kg/m³ 最大值	质量含水率 % 最大值	粒度 % 50mm筛孔筛余量 最大值	粒度 % 0.15mm筛孔通过量 最大值 优等品	一等品	合格品	导热系数 W/(m·K) [kcal/(m·h·℃)] 平均温度298±5K 温度梯度5～10K/cm 最大值 优等品	一等品	合格品
70号	70	2	2	2	4	6	0.047 (0.040)	0.049 (0.042)	0.051 (0.044)
100号	100						0.052 (0.045)	0.054 (0.046)	0.056 (0.048)
150号	150						0.058 (0.050)	0.060 (0.052)	0.062 (0.053)
200号	200	2	2	2	4	6	0.064 (0.055)	0.066 (0.057)	0.068 (0.058)
250号	250						0.070 (0.060)	0.072 (0.062)	0.074 (0.064)

（2）严格控制材料计量。在浇筑、抹压前，应事先通过试铺，求出绝热保温材料厚度的虚实比（即压缩比），以利于质量控制、施工操作和检查。

（3）耐低温混凝土所处环境应干燥，其湿度不宜大于自然平衡湿度，更不应使之处在潮湿环境中使用，以免增大热导率，损害保温绝热性能。

19.13 纤维增强混凝土

纤维增强混凝土简称纤维混凝土。它是将短而细的分散性纤维，均匀地撒布在普通混凝土中形成的一种混凝土。掺入纤维的目的，是提高混凝土的抗拉、抗弯、抗裂性和韧性，以及抗冲击等性能。所用纤维有高弹性模量纤维（如钢纤维、玻璃纤维、石棉纤维及碳纤维等）和低弹性模量纤维（如聚丙烯纤维及尼龙纤维等）两大类。工程中应用的纤维，其长径比一般为30～150，体积率约为0.3%～8%。

高弹性模量纤维中以钢纤维应用较多。钢纤维混凝土一般可提高抗拉强度2倍左右，提高抗冲击强度5倍以上，常用于路面、机场跑道等工程。低弹性模量纤维中，以聚丙烯纤维应用较多，虽然聚丙烯纤维混凝土的抗压、抗拉、耐磨、抗冻等性能都没有提高，但抗冲击性能比普通混凝土增大许多，适用于荷载不高但要求耐冲击、高韧性的构件材料。

19.13.1 纤维集聚，分散不均匀、结团

1. 现象

纤维在混凝土拌合物中没有被分散，而是集聚在一起为水泥浆所包裹，形成大小不一的团状水泥纤维球，不仅影响了混凝土的匀质性，而且也损害了纤维作用的正常发挥。

2. 原因分析

(1) 纤维过长，长（长度 L）径（直径 d）比过大。

(2) 纤维投料方式不当，位置不合适，投入了搅拌机筒壁或叶片上。或一次投入量过大、过快。

(3) 搅拌时间短，纤维尚未分散开即已停机。

(4) 拌合物中粗骨料比例过大。

3. 防治措施

(1) 作为纤维增强混凝土用的纤维，其长径比以控制在40～100为宜。如纤维截面不是圆形，则用具有相同截面面积的圆形直径（当量直径）计算长径比。长径比大，虽然有助于强度提高，但易结团。

(2) 为使钢纤维能在粗骨料间距中移动和分散，避免聚成一束，或相互交织成团，骨料的最大粒径不宜超过纤维分布的平均间距。一般最大粒径不宜超过20mm，用喷射法时不宜大于10mm。聚丙烯纤维混凝土粗骨料最大粒径不宜超过10mm，细骨料最大粒径不宜大于5mm。

(3) 纤维混凝土拌合物正确的投料搅拌方法是：将纤维通过分布机，或过10mm孔筛散开，加入粗骨料中先行干拌，使纤维均匀分布，避免结团，然后将水泥、砂子一起倒入搅拌机内进行搅拌，1min后再加水搅拌直至均匀为止。也可先投入砂、石和水泥干拌均匀，再将纤维投入干拌30s左右，注意不要将纤维投到筒壁或叶片上，最后加水搅拌约1min，至均匀为止。

整个搅拌时间应比普通混凝土延长1～2min，因为时间太短，纤维打不开，易结团。但不管采用何种投料搅拌方式，都应避免将水和纤维同时投入。

(4) 配合比设计中选用的砂率不宜小于50%，水灰比不宜大于0.5，坍落度一般不超

过 30～50mm 为好，钢纤维不宜太长。钢纤维掺量一般为混凝土体积的 1%～2%（约重 80～150kg/m³），不宜过大。

19.13.2　坍落度波动大

1. 现象

同一配合比的纤维混凝土，各次随机抽查的坍落度测定值，差值达 10～20mm 左右，显示差别较大。

2. 原因分析

（1）纤维直径、长度波动大，不规格，含有油污杂质或其他杂物，纤维掺加量失准。

（2）骨料中含泥量、泥块含量大且分布不均。

（3）纤维投料方式随意性大，不按合理程序和方式投料、搅拌。

（4）搅拌、运输或停留时间长短不一。

（5）套用普通混凝土的坍落度测定方法无法正确表达纤维混凝土的流动性。

3. 防治措施

（1）选用的纤维应洁净、干燥。钢纤维的长径比宜为 60～80。

（2）纤维投入搅拌机搅拌的方式，应按照 19.13.1 "纤维集聚，分散不均匀、结团"的防治措施（3）进行。

（3）拌合物从搅拌机出料口至浇筑完毕的时间不宜超过 45min。运输、停放过程中拌合物出现离析或过干现象，应用人工进行二次搅拌。混凝土浇筑应连续进行，每次浇灌厚度宜控制在 200～300mm 范围内。

（4）钢纤维混凝土用材料质量应符合国家标准的规定和要求。

（5）纤维称量允许误差宜控制在±2%以内，不允许以体积比替代重量比。

附录 19.10　纤维增强混凝土技术数据参考

玻璃纤维增强混凝土的主要性能　　附表 19-20

项目		技术指标
抗拉强度（MPa）	初裂强度	4.0～5.0
	极限强度	7.5～9.0
抗弯强度（MPa）	初裂强度	7.0～8.0
	极限强度	12～25
抗压强度		比未增强的水泥砂浆降低不大于 10%
抗冲击强度（kJ/m²）		用摆锤法测得为 15～30
弹性模量（×10⁴MPa）		2.6～3.1
韧性		受弯时韧性比未增强水泥砂浆提高 30～120 倍
密度（kg/m³）		1900～2100
吸水率（%）		10～15
抗冻性		25 次反复冻融无分层或龟裂现象，强度和重量基本无损失
耐热性		使用温度不宜超过 80℃
抗渗性		有较高的不透水性，在潮湿状态下还有较高的不透气性
防火性		由 2 层厚度各为 10mm 的玻璃纤维增强混凝土板和厚度为 100mm 的膨胀珍珠岩水泥为内芯组成的复合板，其耐火度可达 4h 以上
耐久性		预测用硫酸盐水泥制成的玻璃纤维增强混凝土制品，在自然环境中使用寿命至少 50 年

丙烯酸纤维增强混凝土的主要性能 附表 19-21

项 目	性 能
抗拉强度	用喷射法制得的极限强度可达 7～10MPa
抗弯强度	体积掺率为 1%左右时，抗弯强度提高不超过 25% 用喷射法（掺率 6%），极限强度可达 20MPa
抗压强度	比普通砂浆、混凝土无明显增加
抗冲击强度	体积掺率 2%，可提高 2～10 倍 体积掺率 6%（用喷射法），可达 30～35kJ/m^3
抗收缩性	体积掺率 1%左右，收缩率约降低 75%
耐火性	体积掺率 1%左右，耐火等级与普通混凝土同
抗冻性	经 25 次冻融，无龟裂、分层现象，重量和强度基本无损失
耐久性	在 60℃水中浸泡一年，抗弯强度等无明显下降

20　预制钢筋混凝土构件生产

预制钢筋混凝土构件一般分工厂预制和现场预制两种。本章侧重介绍预制钢筋混凝土构件特有的质量通病和防治措施。模板工程的质量通病和防治措施详见第 14 章，钢筋工程质量通病和防治措施详见第 16、17 章，预应力钢筋混凝土工程的质量通病和防治措施详见第 22 章，并可参见第 18 章混凝土工程的质量通病和防治措施。

20.1　大型梁、柱

20.1.1　横向表面裂缝

1. 现象

梁或柱的表面、侧面出现横向裂缝。裂缝间距有的与箍筋间距相近；有的裂缝出现在构件临时支点附近。

2. 原因分析

（1）混凝土多余水分蒸发造成干缩。由于干缩沿截面深度是不均匀的，表面干缩快，内部干缩慢，这种收缩差在混凝土构件自身的约束下，使表面产生拉应力，当拉应力超过混凝土抗拉强度时，构件表面产生裂缝。早期的干缩裂缝一般宽度不大，大多数缝宽不超过 0.2mm。构件浇筑成型后养护不当，促使这类裂缝的形成和发展。

（2）梁、柱箍筋尺寸过大或安装位置不正，混凝土保护层过薄，出现沿箍筋位置的横向裂缝。

（3）混凝土浇筑振实和抹平后，还会出现少量的沉缩，因受到钢筋的阻挡，而在钢筋底部出现孔隙，钢筋上表面形成沿钢筋方向的裂缝。这种裂缝仅出现在构件上表面，深度仅到钢筋表面为止。

（4）模板刚度不足或模板支撑下沉。新浇筑混凝土的早期强度很低，此时如出现构件预制场地不均匀沉降或在其他外力的作用下，构件出现非正常受力而造成表面横向裂缝。严重时裂缝向两侧面延伸。采用三节脱模等方法快速拆除底模时，也可能因支点不均匀沉降而造成横向裂缝。

（5）梁预应力筋放张时，在梁的上部，特别是上表面可能产生较大的拉应力，一般预制梁上部为受压区，配筋较少，放张引起的拉应力导致梁上表面出现横向裂缝，严重时裂缝向梁的两个侧面延伸。

3. 预防措施

（1）常温条件下预制钢筋混凝土构件时，应根据施工规范的规定进行浇水养护。养护方法应采用表面覆盖薄膜保温，或覆盖麻袋后浇水，以保证养护期内混凝土表面始终保持湿润。

（2）严格控制混凝土坍落度，一般控制在 20～40mm。出现沉缩裂缝时，及时进行二次抹压，必要时进行第三次抹压，以消除沉缩裂缝。但是抹压必须在混凝土终凝前完成。

（3）大型梁、柱的预制场地必须碾压密实，防止施工用水引起地基出现较明显的不均匀沉降。

（4）梁、柱模板应有足够的强度和刚度。三节脱模等快速脱模技术使用前应作必要的鉴定。

（5）为防止放张裂缝，可在构件上部适当增加配筋，以承受预应力筋放张时产生的拉应力。预应力筋的放张要缓慢进行，特别是用气焊直接切割钢筋时，极易产生突然冲击，不仅造成构件上部出现横向裂缝，而且还可能在梁的端部产生横向裂缝。宜采用的放张方法是先将钢筋加热、烧红，使钢筋出现延伸，然后切割。

4. 治理方法

横向裂缝中，大多数属干缩裂缝或沉缩裂缝，不影响结构的承载能力。沿箍筋开裂的裂缝宽度较大时，将影响外观，并导致钢筋锈蚀。混凝土硬化前出现的收缩裂缝、沉缩裂缝，可用铁铲或铁抹子拍实压平，消除这类裂缝。混凝土硬化后，表面出现宽度小于0.3mm、深度不大、条数较多的裂缝，可用涂刷环氧浆液法处理，每隔3～5min涂刷一次，涂层厚度达1mm左右为止。这种处理方法的环氧浆液深入深度可达16～84mm，虽然裂缝并未完全充填环氧胶粘剂，但这种处理方法可有效地防止空气和水从裂口渗入混凝土内。

20.1.2 梁、柱侧面裂缝

1. 现象

（1）用木模板制作的梁或柱，脱模后，在构件的侧面有时出现一些不规则的裂缝。宽度小的为0.2mm左右，宽的缝可达1～2mm。

（2）T形梁的腹板与上檐交界处经常出现纵向裂缝，宽度0.1～2mm。这种裂缝是不连续的，个别的沿梁的全长出现。

2. 原因分析

造成这种裂缝的主要原因是木模板过于干燥，在浇筑混凝土前，又未浇水湿透，浇筑混凝土后模板吸水膨胀变形，将构件的表面拉裂。

3. 防治措施

（1）在浇筑混凝土前，必须将木模板用水湿透。采用蒸汽养护时，对新制作的木模板，应用蒸汽蒸4h以上。

（2）在设计许可的条件下，T形梁的上檐与腹板交界处最好做成圆角，可以减小交界处的应力集中，从而在很大程度上消灭该处的裂缝。

20.1.3 柱子变截面处裂缝

1. 现象

上柱与托座交界处，在构件脱模起吊时经常出现横向裂缝。裂缝宽度一般为0.1～0.2mm，严重时可达1.5mm；长度一般为10～20mm，严重时在上表面裂通并发展至柱子的两侧，并向下延伸。

2. 原因分析

（1）柱子的吊钩通常放置在托座处，上柱长度一般在3～4.5m之间。脱模起吊时上柱呈悬臂状态，使上柱与托座交界处出现较大的负弯矩。此处又是变截面处，容易产生应力集中，导致裂缝出现。

（2）脱模起吊不稳，起吊时的冲击力促使裂缝出现。

3. 防治措施

（1）在柱子的变截面处上表面加两根不小于Φ 14mm、长度大于 2m 的带肋钢筋（图 20-1）。钢筋在箍筋上面绑牢，以抵抗负弯矩。

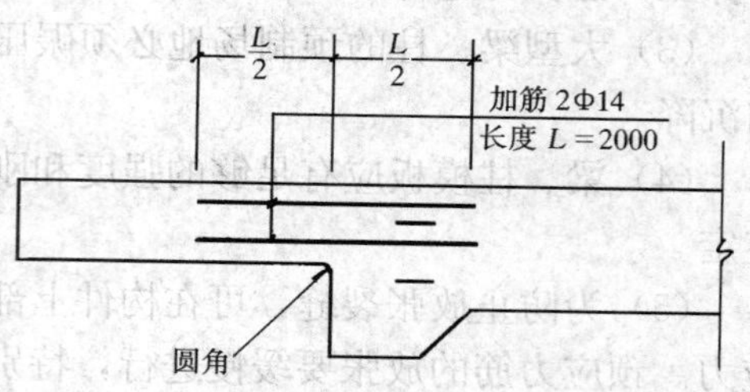

图 20-1　柱变截面处防裂措施

（2）吊环位置应使吊环处的负弯矩值与接近柱子中部的正弯矩值相等。在条件许可时，吊环应放在柱子截面较小的一侧。

（3）在不影响使用的情况下，上下柱变截面处尽可能做成圆角。

（4）构件起吊时的混凝土强度应大于设计强度标准值的 75%，并不得低于 20MPa。起吊时和码放时尽量做到平稳缓慢升降，避免因冲力过大而引起裂缝。

20.1.4　预埋件位移

1. 现象

预埋件中心偏离设计位置，或预埋件表面倾斜，与混凝土表面不平，使梁柱吊装焊接发生困难。

2. 原因分析

（1）浇筑和振捣混凝土时，由于预埋件在模板内固定不牢，经振动造成预埋件偏移。

（2）预埋件锚固筋设计不合理，与钢筋骨架主筋或箍筋相碰。如果勉强装入模板内，不易放准位置，也不易放平。

（3）振捣混凝土时，振动棒与预埋件直接接触，造成预埋件位移。

3. 防治措施

（1）用铁钉固定预埋件。将预埋件放置在设计位置后，四周用铁钉固定。铁钉数量视预埋件大小而定，但每边至少有 1 个钉子（图 20-2）。

（2）预埋件在构件侧面位置时，可用在侧模上留槽加卡子的办法固定（图 20-3）。即按预埋件大小在模板设计位置上预留 3～5mm 深的凹槽。槽的长度和宽度应比预埋件大 3mm 左右。预埋件放入槽内用卡子卡牢，待混凝土振捣密实再将卡子拔出。这种方法适合于重复生产同一型号的构件（即预埋件位置不变）的场合。

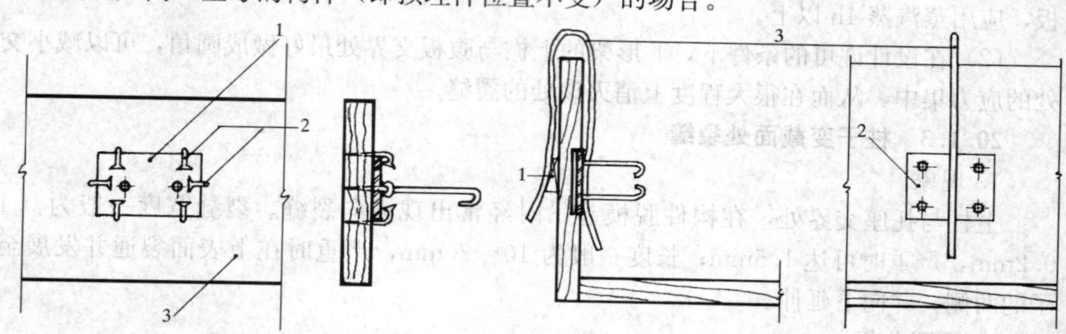

图 20-2　用铁钉固定预埋件

1—预埋件；2—铁钉；3—木模板

图 20-3　用卡子固定预埋件

1—垫木；2—预埋件；3—固定卡子

（3）用两头带丝扣的螺栓把预埋件固定在模板上。一种方法是在预埋件铁板上打孔套丝扣（图 20-4），利用铁板上的丝扣将预埋件固定，待混凝土振捣密实后卸下螺栓。另一种方法是在预埋件铁板上打孔，预埋件背面加一螺母，用螺栓和加的螺母将预埋件固定在模板上（图 20-5），拆模时卸下螺栓，而螺母留在其中。

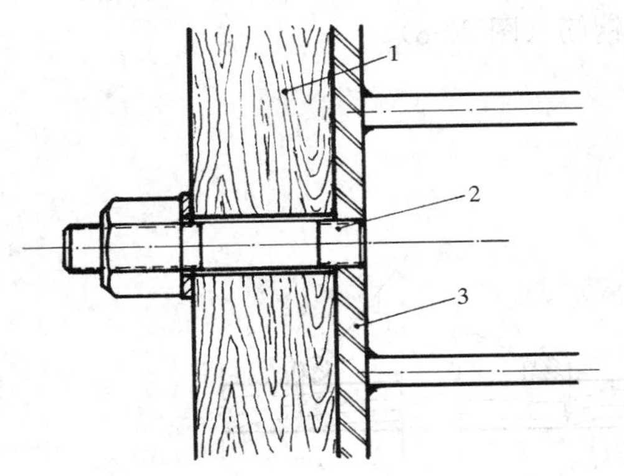

图 20-4 用工具式螺栓固定预埋件（一）
1—木模板；2—螺栓；3—预埋件

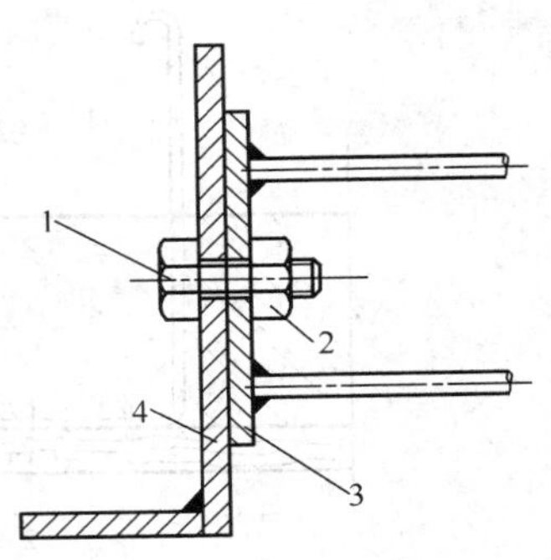

图 20-5 用工具式螺栓固定预埋件（二）
1—螺栓；2—螺母；3—预埋件；4—钢模板

用工具式螺栓法固定预埋件时，每个预埋件最好用两个螺栓，避免预埋件转动移位。如果采用 1 个螺栓时，必须将螺母或螺栓拧紧。

（4）梁端预埋件可采用图 20-6 所示的方法固定。即利用主筋压住预埋件，防止位移。

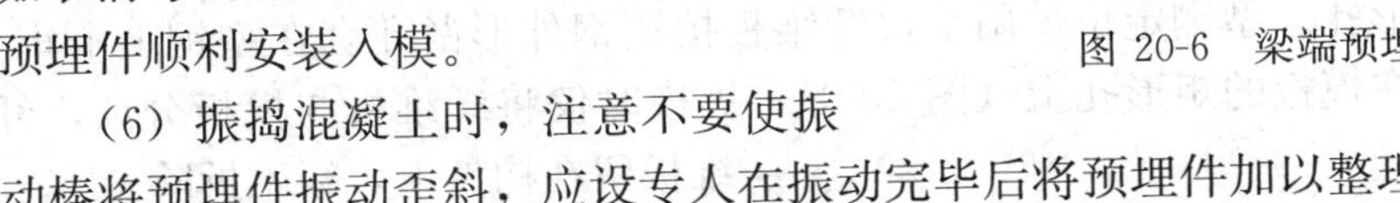

图 20-6 梁端预埋件的固定方法

（5）认真审查预埋件的图纸，如果发现预埋件的锚固筋与骨架钢筋相碰，可以适当改变锚固筋的位置与做法（例如取消弯钩或将弯钩改变方向等），使预埋件顺利安装入模。

（6）振捣混凝土时，注意不要使振动棒将预埋件振动歪斜，应设专人在振动完毕后将预埋件加以整理。

20.1.5 预埋外伸插筋和型钢位移

1. 现象

（1）梁柱内预埋的 $\phi12$ 和 $\phi12$ 以下的光圆钢筋，一般采用预先弯曲紧贴模板的安放方法，待构件脱模后再将钢筋扳直。但插筋在底模经常位移，以至脱模后找不到插筋，或插筋没有完全露在混凝土表面。

（2）预埋 $\phi12$ 以上的插筋或预埋外伸的各种型钢，浇筑混凝土后产生偏移及歪斜，或者产生外伸长度误差（外移或里移）。

2. 原因分析

（1）预埋外伸插筋或固定型钢的方式不可靠，在浇筑和振捣混凝土时又未及时扶正。

（2）振捣混凝土时，振动棒直接和插筋或型钢接触，引起位移。

3. 防治措施

（1）对于预先弯曲紧贴模板的插筋，若是木模板，可用铁钉或 U 形钉固定（图 20-7）。若是钢模板，可预先在钢模板上弯曲插筋的两侧焊两段 $\phi 8$ 钢筋，再在钢筋两侧的模板上打两个孔，用铁丝将贴模钢筋绑在模板上。拆模前，先将绑丝弄断，拆模后，由于有两短筋留下的凹槽，容易在此处找到并剔出钢筋（图 20-8）。

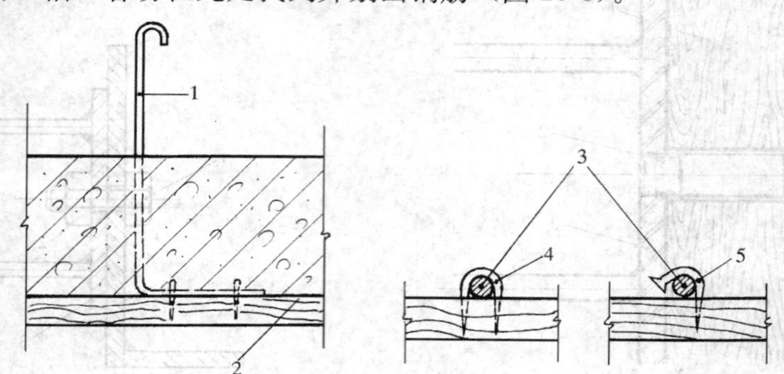

图 20-7　贴模弯曲插筋固定方法（一）
1、3—贴模预弯插筋；2—木模板；4—U 形铁钉；5—铁钉

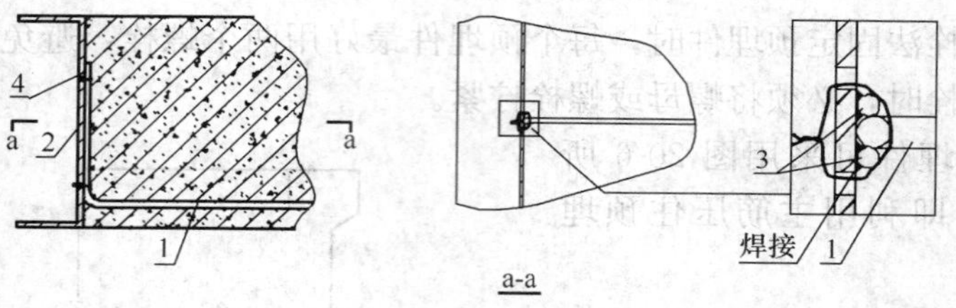

图 20-8　贴模弯曲插筋固定方法（二）
1—贴模插筋；2—钢模板；3—焊在钢模上的短筋；4—绑丝

（2）为了保证预埋型钢位置正确，便于支拆模板，通常不在模板上直接按型钢外形凿孔，而是在模板上留矩形孔。型钢定位采用小块纤维板按型钢外形凿孔套在型钢上卡牢。支模时将小块纤维板钉在模板的矩形孔上（图 20-9）。拆模时仅将纤维板与模板分离，纤维板留在构件上，暂不拆除。

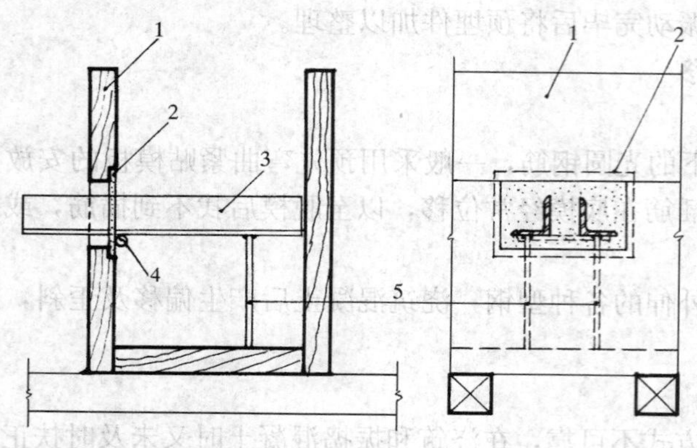

图 20-9　预埋型钢固定方法
1—侧模板；2—纤维板；3—预埋型钢；4—定位钢筋；5—支承钢筋

（3）为了保证外伸插筋或型钢的外露尺寸正确，可在插筋或型钢上面焊 1 根 $\phi 4$ 或 $\phi 6$ 的定位钢筋以防外移。为了保证预埋插筋或型钢不歪斜，在其伸入模板的内侧焊上 1～2 根短钢筋（也可利用型钢自身的锚筋），把插筋或型钢支撑在底模上（图 20-9）。

（4）在浇筑和振捣混凝土时，应避免振动棒直接碰击预埋插筋或型钢。

20.1.6 预制柱弯曲变形

1. 现象

现场预制的大型钢筋混凝土柱外形不正，柱身局部弯曲（柱截面短边方向），导致柱与梁或屋架连接困难。

2. 原因分析

（1）预制柱的部分地基为柱基坑的新填土，填土夯实不认真或不分层夯实。在预制柱生产过程中，由于施工荷载的作用和施工用水、雨水浸入新填土，造成明显的不均匀下沉。

（2）柱底模板刚度不足，支撑不良。

3. 预防措施

（1）预制柱的场地必须碾压密实。当柱的一端支承在基坑回填土上时，分层压实尤需认真进行。

（2）大型预制柱一般尺寸较大，又较重，预制时都是平卧（柱截面长边呈水平状）制作，因此柱模板的刚度应进行必要的设计验算。

4. 治理方法

大型柱的主要受力方向是截面的长边方向，而出现弯曲变形的是在截面的短边方向，即非主要受力方向，一般偏差不十分严重的情况下不致造成柱承载能力的大幅度下降。因此，首先进行柱承载力验算，如果仍能达到设计规范的要求，就不必补强加固。仅需考虑与该柱有关构件的连接措施，以保证连接符合设计要求，并使整个建筑物的结构安装能够顺利完成。

20.1.7 预应力屋面梁及屋架侧向弯曲

1. 现象

在露天平卧支模生产的预应力薄腹屋面梁，其预应力筋放张并起吊后出现侧向弯曲。一般轻微的侧向弯曲不到梁长的1‰，严重时可达梁长1/300。

2. 原因分析

（1）由于台座沉陷或木模板龙骨不在同一水平面，在浇筑和振捣混凝土后，因混凝土自重使模板下垂，产生侧向弯曲。

（2）用后张法生产，预留孔道产生向上偏移。由于孔道不正，使预应力钢筋束位置偏移，张拉时构件受力不均匀，引起侧向弯曲。

（3）用先张法生产时，由于放张时没有从梁的两边同时进行，使构件受力不匀，产生偏心荷载，使构件弯曲。

（4）混凝土离析，振捣后，下部混凝土中粗骨料多，上部混凝土中水泥砂浆多，硬化后上下收缩不匀引起。

3. 防治措施

（1）生产台座必须坚实牢固，不允许有下沉和变形现象。木模板龙骨下面要垫实，上表面要用水准仪找平，确保在同一水平面上。

（2）后张法生产张拉钢筋时，构件最好处在立放位置。当采用平卧码放张拉时，应检查构件的支点是否落实在垫木上。未垫实的可用木楔垫实，并用水准仪检查构件是否卧平，在确保无下垂时方可张拉预应力主筋。

(3) 后张法生产时，预留孔道位置必须准确，并要求平直。可以采用铁丝绑扎悬吊或用钢筋马凳支起，其间距以 200～400mm 为宜。

(4) 张拉预应力钢筋（束）时，要两端相对同时张拉。

(5) 先张法生产放张预应力主筋时，应先放松上翼缘的预应力筋。放松下部主筋时，应从中间开始，然后由内向外两边同时进行。

20.2　小型板、梁、柱类构件

小型板、梁、柱类构件（以下简称小型构件）系指沟盖板、挑檐板、栏板、窗台板和过梁、檩条以及 3m 以内的小型梁柱等构件。预制厂和施工现场均可生产，根据产品品种和工艺条件，多采用支拆模法、快速脱模法等方法生产。

20.2.1　钢筋骨架变形和主筋位移

1. 现象

构件的钢筋骨架扭翘或歪斜变形，主筋或副筋弯曲、位移以及保护层不均匀。

2. 原因分析

(1) 钢筋骨架绑扎或焊接不牢固，骨架在搬运、码放或入模过程中操作不当，造成脱扣、开焊、主副筋弯曲、移位或整个骨架变形。

(2) 钢筋绑扎通常采用一面顺扣绑扎法，如果在绑扎钢筋网、架时，每个绑扎点进铁丝扣的方向都一致、则钢筋网、架容易发生歪斜变形。

(3) 钢筋骨架入模后，没有可靠的固定措施。

(4) 浇筑混凝土时砸压钢筋骨架，振捣混凝土时直接顶撬钢筋骨架或过早地将固定钢筋位置的措施拆除。

3. 防治措施

(1) 钢筋骨架绑扎或焊接必须牢固，不得有松扣、漏绑、开焊等现象；搬运钢筋骨架要轻拿轻放，码放时要平直整齐，以保持骨架完好无损。

(2) 当采用一面顺扣绑扎钢筋网、架时，每个绑扎点进铁丝扣方向要求变换 90°，见图 20-10。

(3) 钢筋骨架应根据构件品种和生产方法采取相适应的固定措施。

1) 正向生产的小型构件，保护层垫块要沿主筋方向摆放，间距不大于 50cm，且应交叉分布（图 20-11）。

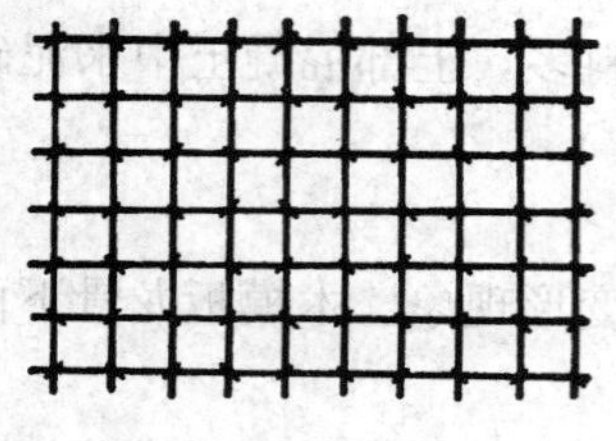

图 20-10　钢筋网绑扎法

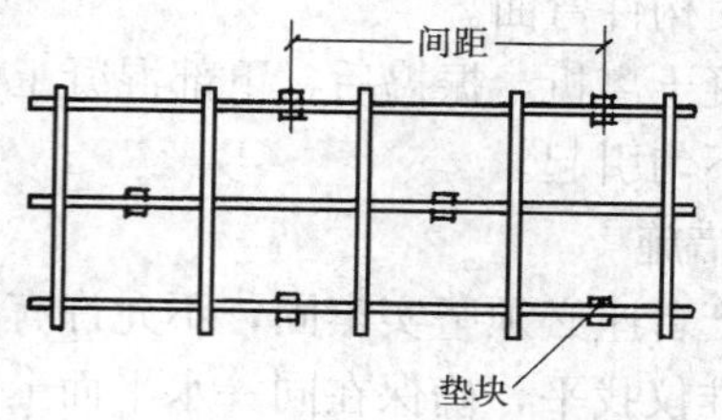

图 20-11　保护层垫块摆放方法

2) 正向生产挑檐板一类小型构件，平板部分主筋下面的垫块间距不宜大于 30cm；如有边肋，边肋主筋下面的垫块间距不大于 70cm；挑檐上层钢筋（即承受负弯矩的配筋），下面可摆放垫块或钢筋马凳控制其保护层（图 20-12）；也可用吊筋的方法，即在垂直于上层钢筋的方向放一根 $\phi16$ 钢筋或 5cm×5cm 方木，将上层钢筋保护层厚度吊在上面（图 20-13）；或用架筋的方法，即先在侧模上按上层钢筋保护层厚度钻孔，穿过 $\phi14$ 钢筋棍架起上层钢筋（图 20-14）。待混凝土浇筑振捣后，再将吊筋或架筋拆出。

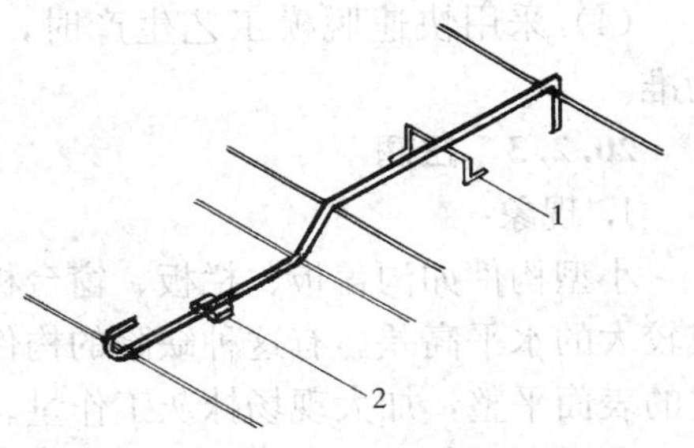

图 20-12 铁马凳及使用方法
1—铁马凳；2—垫块

3）用反打正扣翻模法生产小型构件时，应采取架筋法控制钢筋骨架的位置。架筋棍的数量应不少于 2 根，其间距不应大于 50cm。

（4）浇筑混凝土时，要按顺序由一端向另一端均匀摊平，切不可随意乱扔，更不能集中堆于模内一个部位，以免钢筋骨架位移或变形。

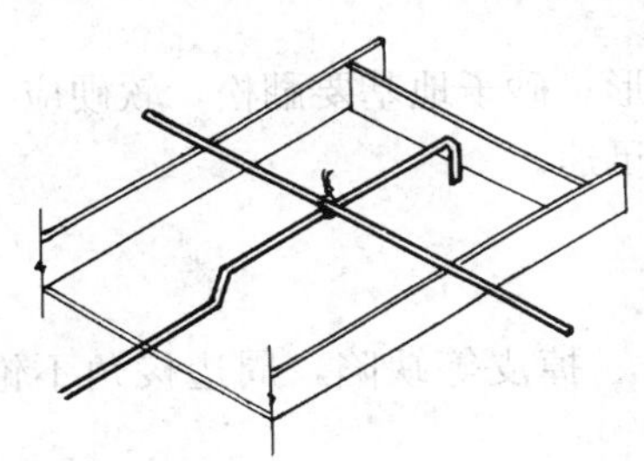
图 20-13 用吊筋法保证钢筋保护层

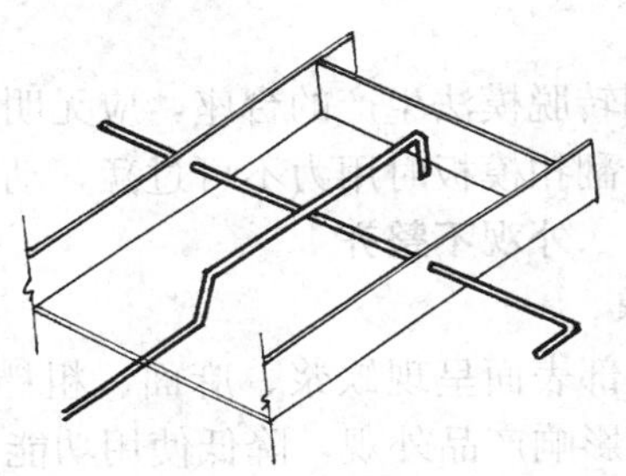
图 20-14 用架筋法保证钢筋保护层

20.2.2 规格尺寸不准

1. 现象

小型构件的长、宽、高和挑檐等细部尺寸的偏差一项或多项超过允许偏差值，直接影响其结构功能，并给现场安装带来困难。

2. 原因分析

（1）模板零部件磨损或变形，组装不紧固；模具上的灰浆杂物清除不干净，组装后结合不严；模板支得不牢，浇筑振捣混凝土时变形等。

（2）混凝土坍落度太大，脱模后混凝土自行坍塌，造成高度减小，宽度或长度加大。

（3）浇筑振捣混凝土时操作不当，致使模板变形，影响成型后构件的几何尺寸。

（4）采用快速脱模工艺生产时，模板拆除过早，或地面不平，不能保证构件的几何尺寸。

3. 防治措施

（1）加强模具维护保养，确保各个部位无杂物，并及时检修不合要求的模具，做到配件齐全、无损伤变形。

（2）要根据工艺条件和施工方法确定混凝土的坍落度或工作度，并在施工中严格控制。

（3）浇筑和振捣混凝土过程中，不损伤模板，发现问题立即检修加固。

(4) 采用快速脱模工艺生产时，模板的拆除时间应以混凝土不会发生塌落变形时为准。

20.2.3　扭翘

1. 现象

小型构件如沟盖板、栏板、窗台板及挑檐板等，其底面四个端角不在同一平面上，形成较大的水平高差。有这种缺陷的构件，安装后不平稳，受力时易发生斜断裂，且影响构件的表面平整，加大现场抹灰工作量。

2. 原因分析

(1) 用支拆模法或快速脱模法生产时，多因底模变形造成扭翘。

(2) 用翻转脱模法生产时，多由于台座不平或砂子地基软硬不一，表面处理不平及翻转过程中用力过猛造成。

3. 防治措施

(1) 支拆模或快速脱模使用的底模，必须平整；侧模与底模之间的缝隙不得超过 2mm。

(2) 翻转脱模法生产的台座，应无明显翘曲变形；砂子地基要翻松，软硬应一致，表面要平整。翻扣模板时用力不可过猛，动作要协调迅速。

20.2.4　外观不整齐

1. 现象

构件局部表面呈现缺浆、麻面、粗糙、沾石子、掉皮等缺陷，周边棱角不饱满或飞边、翘边，影响产品外观，降低使用功能。

2. 原因分析

(1) 模板组装不严，拼缝过大；或振捣混凝土时间过长，造成跑浆、漏浆而引起麻面、掉皮。

(2) 混凝土和易性不好，流动性太差，或混凝土振捣时间不够，造成缺浆，致使棱角不饱满。

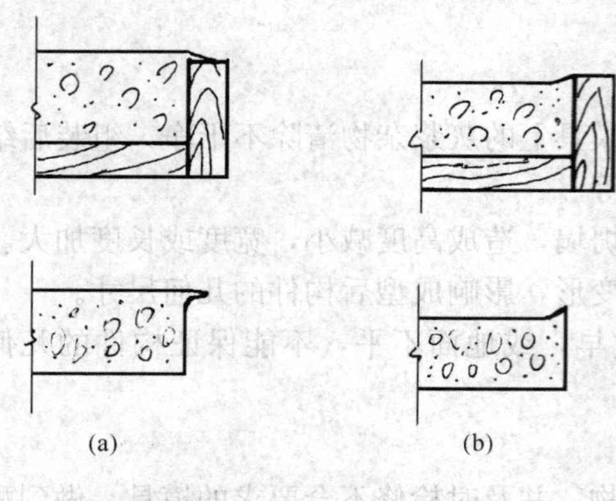

图 20-15　飞边和翘边

(a) 飞边；(b) 翘边

(3) 快速脱模所用的底模或台座，翻模所用的台座或砂基，其表面落地灰、小石子等杂物清除不干净，造成底面沾石子。

(4) 生产过程中，抹面高于模板上平，容易出现飞边（图 20-15a）；低于模板上平，将造成翘边（图 20-15b）。

(5) 成品外观缺陷修整不及时，不细致，形成外表粗糙。

3. 防治措施

(1) 模板组装、拼合要紧固严密，缝隙不得大于 2mm。

(2) 直接接触构件表面的底模、台座及砂基要清理干净，砂基中的石子杂物应随时清除。

(3) 要根据不同的工艺条件和生产方法确定混凝土的坍落度或工作度，并严格加以控制。

（4）抹面工序要坚持拍实抹平，做到浇筑振捣后的混凝土与模板上平一致，端头和四围边沿灰浆饱满，表面平整。

（5）用翻模法和快速脱模法生产，必须设置构件修理工序；修补构件缺陷要认真细致，并利用与原浆相同的原材料，以保持外表颜色一致。

20.2.5 硬伤掉角

1. 现象

各类小构件局部边角有劈裂、脱落或其他硬伤等缺陷，影响使用功能。

2. 原因分析

（1）在构件成型过程中，快速脱模时模板凹角的隔离措施失效而与构件边角粘结；翻转脱模或起模时碰撞构件边角；养护时踩踏损伤边角，又未及时修补。

（2）在对构件拆模、脱模、构件翻身及搬运、码放时，由于操作方法不当，造成构件硬伤掉角。

3. 防治措施

（1）构件搬运时的混凝土强度，不得低于设计规定。当设计无具体规定时，不应小于设计的混凝土强度标准值的75%。

（2）在拆模搬运码放构件时，各道工序均不得用撬棍或其他器械猛翘、击砸构件边角。

（3）要采取有效的隔离措施，如涂刷隔离剂、放置隔离塑料布或普通布，防止模板粘结结构边角。

（4）刚生产出的构件，因无模板防护，应加强管理，不踩踏、不碰撞，一旦发生质量缺陷，要及时整修完好。

（5）起吊构件时要严格按照设计要求的吊点，码放构件一定要遵照设计规定，如过梁不得倒置或侧置；盖板可平置堆放，也可斜立堆放（图20-16），应避免直立堆放；其他小型构件的堆放同样应注意与安装状态相一致。垫木要选用厚度一致和材质相同的材料，同一垛同一位置的各层垫木应上下垂直对正。

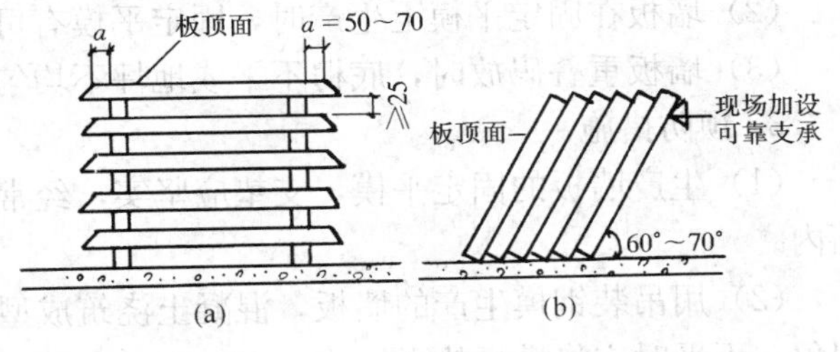

图 20-16 盖板的堆放方法
（a）平置堆放；（b）斜立堆放

（6）参见本手册18.2.8“缺棱掉角”的治理方法。

20.2.6 裂缝

现象、原因分析、预防措施和治理方法参见18.5“混凝土裂缝”的有关部分内容。

20.3 预制承重外墙板、外墙挂板

预制承重外墙板是指用于剪力墙结构体系的外墙板，它一般是由饰面层、保温层和结构层组成的复合板；挂板是指用于框架结构体系的自承重外墙板。这两种外墙板一般要求

在工厂做好饰面，如面砖饰面、装饰混凝土饰面或清水混凝土饰面。本节主要介绍这两种墙板的质量通病。

20.3.1 墙板门或窗洞口角裂

1. 现象

在墙板门洞或窗洞口沿角部开裂向板面延伸长10～30cm，裂缝宽度在0.5mm以下。

2. 原因分析

（1）墙板在洞口处的钢筋保护层厚度过大。

（2）夏季抹面后没有及时覆盖，失水造成开裂。

（3）采用蒸汽养护，降温太快，造成开裂。

3. 预防措施

（1）在洞口增加ϕ8～10钢筋，长400～600mm，与洞口边成45°。

（2）夏季或刮风时，抹面后应及时覆盖，以防水分蒸发。

（3）蒸养结束应适当延长降温时间，揭盖时，构件与环境温差应不大于20℃。

4. 治理方法

参见本手册18.5“混凝土裂缝”的有关部分内容。

20.3.2 墙板翘曲不平

1. 现象

翘曲又称扭翘。墙板4个角不在同一平面内，安装时相邻4块墙板的角部无法调整对齐。

2. 原因分析

（1）墙板采用吊钢模生产时，成型后养护时没有将模板垫平。

（2）墙板在固定平模上生产时，固定平模有可能本身不平存在扭翘。

（3）墙板重叠码放时，底楞不平或地坪不均匀下沉，造成扭翘。

3. 预防措施

（1）生产墙板的固定平模，支垫应坚实，经常检查其平整度，测量4个角应在同一平面内。

（2）用吊装钢模生产的墙板，混凝土浇筑成型后，静置养护前应采用水平仪测量模板四角，不平时应将模板垫平。

4. 治理方法

对于刚度不太大的墙板翘曲，可将墙板较低的两个对角部垫起，另外两个较高对角用重物或千斤顶施压，持荷数天，使其调整过来。

20.3.3 内墙面不平

1. 现象

平模反打方式生产的墙板，内墙面手工抹面的平整度达不到要求。剪力墙结构体系的承重外墙板，安装时内墙面左右两侧与上部需支挡模板，由于这部分墙面不平造成漏浆。

2. 原因分析

（1）墙板一般为平模反打生产方式，即墙板外立面朝下，内立面朝上。这样墙板的内立面为手工抹平。一般手工操作面的平整度为4mm，对于承重外墙板内墙面左右两侧和上部这部分区域，这一平整度不能满足安装要求。

（2）内墙面有预埋铁件和预埋长螺母，阻碍了用长杠将面层混凝土刮平。

（3）操作人员不认真，抹面后没有二次压光。

3. 预防措施

（1）墙板浇筑后，先将临时固定预埋件或长螺母的支架拆除，用刮杠刮平，收水后再用抹子压光。

（2）对于墙板左右两侧和上部周边的墙面，在抹压过程中还应用靠尺检查。

4. 治理办法

对于内墙面不平部分，可用砂轮片磨平修复。

20.3.4 预埋长螺母安装时螺栓难拧入

1. 现象

在墙板上，设有用于吊装或固定模板的预埋长螺母，当墙板在吊装或安装施工时，需要用螺栓拧入到这些长螺母中，出现螺栓拧不进去或拧不到位的情况。

2. 原因分析

（1）墙板上所预埋的长螺母并非标准件，用标准螺栓不能很好配合。

（2）一般预埋长螺母为了防腐需镀锌处理，由于镀锌层太厚，用标准螺栓就很难拧入。

（3）墙板生产时，预埋长螺母没有垂直板面；当连接物件较厚时，螺栓也难以拧入。

3. 防治措施

（1）用于墙板上的预埋长螺母应采用标准件，需镀锌的长螺母，螺纹加工时应留有余量；使用前，每批长螺母都应用螺纹规或标准螺栓拧入检查，不合格者不用。

（2）墙板生产时，长螺母用连接板临时固定在模板上，连接板应平整，固定可靠。拆模后，可用塑料塞堵住螺母口，以免异物进入。

（3）墙板安装时发现有拧不进螺栓的长螺母，可用合适的丝锥在长螺母中过一下。

20.3.5 外伸连接钢筋定位不准或歪斜

1. 现象

承重外墙上侧有与上层墙板内套筒连接用的外伸粗钢筋，此种连接用的粗钢筋要求定位精准，中心偏差不大于2mm，用常规方法很难达到。另外，外伸的钢筋歪斜，不垂直于构件表面，这两种质量问题导致上层墙板无法安装。

2. 原因分析

（1）墙板或其他构件外伸的粗钢筋，生产时一般在侧模的相应位置上开孔使之外露。为了保证拆模，一般开的孔要比钢筋直径大得多，这样，由于钢筋不一定在孔的中心，定位就很难精准。

（2）外伸钢筋在钢筋骨架上绑扎不牢，或位置不准。

（3）混凝土振捣时，使钢筋移位，成型后又没有扶正。

3. 防治措施

为使外伸粗钢筋定位精准且不歪斜，可采用定制橡胶圈（图20-17）。橡胶圈呈圆台状，中心有孔，孔径与外伸钢筋外径相当。在钢筋外伸位置的模板上钻一大孔，孔径与橡胶圈外径相当。构件生产时将橡胶圈套在外伸钢筋上，并塞在模板孔内。墙板拆模

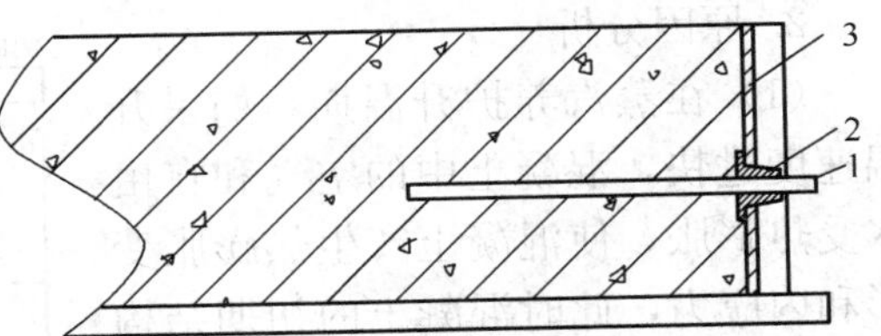

图20-17 外伸粗钢筋用橡胶圈定位

1—外伸钢筋；2—橡胶圈；3—侧模板

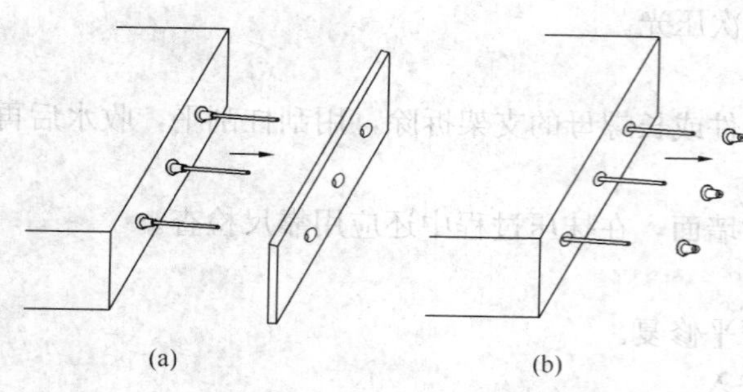

图 20-18　拆模过程
(a) 先拆除侧模；(b) 再逐个取出橡胶圈

时，先拆除侧模，再逐个将橡胶圈从钢筋上取下（图 20-18）。

20.3.6　湿接面粗糙度达不到要求

1. 现象

承重外墙板安装施工时，结构层四周侧面与现浇混凝土结合，为使结合可靠，要求加工成粗糙面，由于工艺或操作原因，表面的水泥浆皮未除净，骨料裸露深度不够，粗糙度达不到要求。

2. 原因分析

（1）模板面上预先涂刷的缓凝剂不够，或缓凝剂浓度太低，或涂刷后被雨水冲淋。

（2）墙板脱模后未及时用水将未凝固的水泥浆冲去。

（3）采用人工剔凿的方法，一般都达不到要求。

3. 防治措施

（1）应按照缓凝剂的种类、使用方法涂刷，涂刷量要合适：涂刷后应防止雨水冲淋。

（2）墙板脱模后应及时用水将未凝固的水泥浆冲去，如水冲困难，可辅助用钢丝刷清除。

20.4　机组流水工艺生产预应力圆孔板

本节主要叙述工厂用钢模板及机械抽芯工艺并在蒸汽养护条件下生产预应力圆孔板所产生的质量通病及防治措施。

20.4.1　板面横向裂缝

1. 现象

板面横向出现大于 0.2mm 宽的裂缝。裂缝一般从表面延伸到侧肋，通常发生在板跨的中部，板纵向中间 1000mm 左右范围内是裂缝集中发生区（图 20-19）。这种裂缝通常在两个侧边同时出现，板面常常裂通。严重时侧边裂缝较多，可从板面向下发展直到板的侧边下面的突出部分。

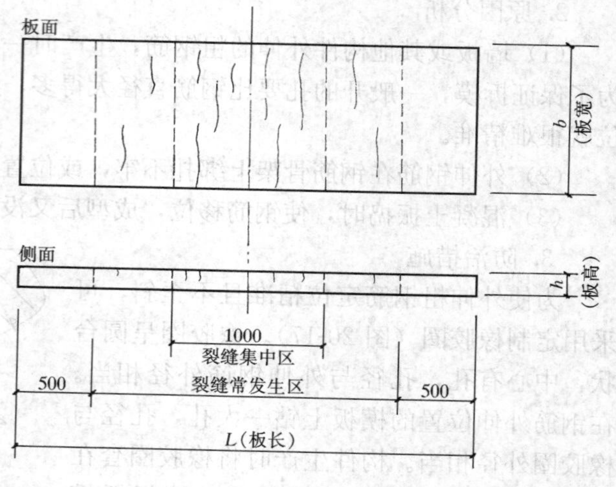

图 20-19　板面横向裂缝

2. 原因分析

（1）在蒸汽养护升温期，如果升温速度过快，混凝土中的空气和自由水受热膨胀，使混凝土产生热膨胀变形和内应力，此时混凝土的初期结构强度不足以抵抗这种变形和内应力，就会导致裂缝产生。

（2）养护池内蒸汽管道布置不合理。如果蒸汽管的喷汽方向直接对准构件（图 20-20），会出现较多的裂缝。

（3）模板刚度不足，吊运时变形，模板在入池和出池时不平稳，产生振动和碰撞，都可造成裂缝出现。

（4）在冬季，蒸汽池内外温差大，构件出池降温速度快，造成裂缝。

3. 预防措施

（1）尽可能用高强度等级普通水泥配制混凝土，加速水泥的水化反应，提高混凝土的早期强度，以抵御混凝土温度应力，可以大大减少板的横向裂缝。

（2）制定合理的养护制度，保证足够的预养和升温时间。一般预养 1～2h，升温速度不应超过每小时 25℃。

（3）蒸汽喷射方向不应直接对准构件，而应向上喷射（图 20-21）。合理布置养护池内喷汽管，并经常检查蒸汽管道有无损坏或漏汽现象。

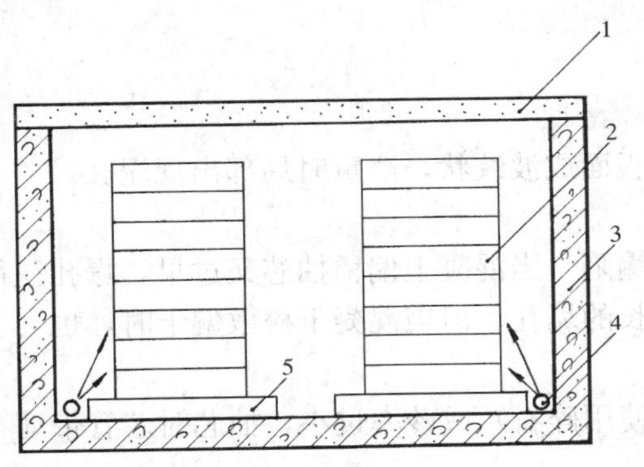

图 20-20 喷汽方向直接对准构件

1—池盖；2—构件；3—池墙；4—喷汽管；5—池楞

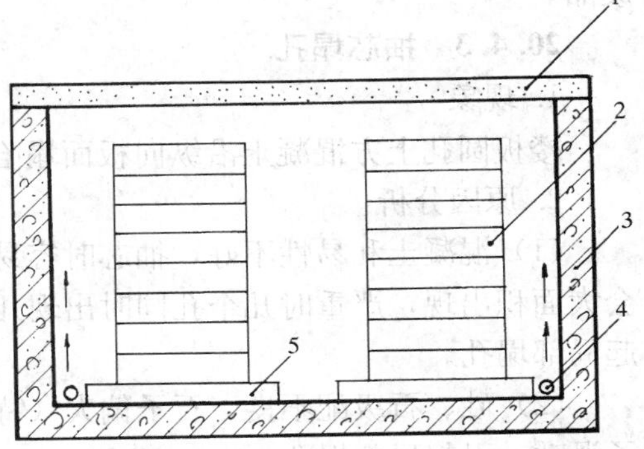

图 20-21 喷汽方向直接向上

1—池盖；2—构件；3—池墙；4—喷汽管；5—池楞

（4）钢模板应通过设计计算，保证有足够的刚度。吊运构件入池和出池时要平稳，码放构件时避免碰撞。

（5）构件出池前应充分降温。降温速度每小时不大于 20～30℃；出池的构件温度与室外温度差不得大于 40℃；冬季构件出池时，池内外温差不得超过 20℃。

4. 治理方法

裂缝宽度不超过 0.2mm，裂缝长度不贯通板宽，且不延伸到板的侧面时，可以用水泥净浆封闭处理后验收。若超过此限，应作鉴定和专门处理后，方可确定使用范围。

20.4.2 圆孔板抽芯板底裂缝

1. 现象

距板的端头 100mm 范围内出现横向裂缝，宽度较大，裂缝呈断续状，很少有沿板底横向裂通的现象。

2. 原因分析

（1）芯管弯曲，抽芯阻力加大，混凝土被拉裂。

（2）芯管前端被模板钢堵头长期磨损，产生局部凹陷，使抽芯阻力加大，将混凝土拉裂。

(3) 混凝土和易性差，尤其在板端混凝土偏稀的情况下，抽芯时更容易产生裂缝。

(4) 空心板端部设有网片。网片的保护层过小，抽芯后极易沿箍筋方向开裂；保护层过大，使箍筋与芯管接触，抽芯时芯管拉动箍筋，也会导致沿箍筋方向的裂缝。

3. 预防措施

(1) 经常检查芯管，发现有弯曲的应立即更换。芯管前端由于磨损产生凹陷者，应及时补焊磨平。

(2) 浇筑混凝土时，板端应选用和易性较好的混凝土，落地和偏稀的混凝土不可用在板的端部。

(3) 箍筋下部应放好水泥砂浆垫块，确保保护层厚度适中。

4. 治理方法

板端的底部裂缝正好位于板的支承部位，容易使板产生剪切破坏，板应作处理品或废品。

20.4.3 抽芯塌孔

1. 现象

楼板圆孔上方混凝土沿纵向板面塌陷，使板面成波纹状，严重时局部出现塌孔。

2. 原因分析

(1) 混凝土和易性不好，抽芯时容易造成塌陷。当混凝土偏稀抽芯又过早，塌孔往往会大面积出现，严重时几个孔同时出现几乎通长的塌孔。但当混凝土松散偏干时，也会引起局部塌孔。

(2) 砂、石级配不良，石子偏大（特别是使用碎石）或砂率过小，抽芯时芯管带动石子滑动，引起局部塌孔。

(3) 混凝土拌和不均匀，振动时间过短，板面混凝土不密实，石子过于集中，抽芯时容易塌孔。

(4) 芯管不直，抽芯过快，混凝土与芯管间的摩擦阻力加大，破坏混凝土的结构，造成塌孔。

3. 防治措施

(1) 混凝土拌合物应有良好的和易性，工作度应在30～40s。

(2) 混凝土应拌和均匀，搅拌的最短时间应符合规范规定。

(3) 新浇混凝土应仔细振实。用振动台振动的时间应不少于2.5min。当采用干硬性混凝土用振动台振实时，宜采用加压振动方法，压力为1～3kN/m²。

(4) 经常检查芯管是否平直，不合格的应立即更换，每次更换芯管不宜超过芯管总数的1/3。新芯管的前端1m处应用车床车出2‰的锥度，以保证抽芯顺利。

20.4.4 端部弯曲和松散

1. 现象

圆孔楼板的端部不在一条直线上，经常是中间弯曲成弧状；在楼板端部150mm范围内混凝土不密实。

2. 原因分析

(1) 抽芯机穿芯管时，芯管与模板堵头经常摩擦，堵头刚度不足时，堵头产生弯曲变形，造成构件端部弯曲。

(2) 芯管表面粗糙，与混凝土摩擦力过大，抽芯时将构件端部带成弧状。

(3) 板端部混凝土填量不足，加压板不能压实，抽芯时芯管带动混凝土局部移动，造成小孔端部弯曲或松散。

3. 防治措施

(1) 对芯管的要求可参见 20.4.3“抽芯塌孔”的预防措施 (4)。

(2) 穿芯时随时检查堵头质量，发现堵头顶弯时应立即更换。

(3) 构件成型后，板的两端部位浇筑的混凝土应比其他部位稍高一些，以避免因加压板未压实而产生端部弯曲和混凝土松散现象。

(4) 保证混凝土有良好的和易性，板的两端部位不得使用落地混凝土和石子集中的混凝土。

20.4.5 圆孔板扭翘

1. 现象

圆孔楼板底面端部 4 个角不在一个水平面上。

2. 原因分析

(1) 钢模板刚度不够，或模板底盘变形。

(2) 养护池底的两根垫梁不平，构件入池后，模板有一个角未着地，陆续入池的模板压在上面，致使模板产生变形，构件出现扭翘。

(3) 模板的一端堵头未落到底，高于侧模，模板入池码放时又未采取措施，使模板和构件产生扭翘现象。

3. 防治措施

(1) 钢模板应通过设计计算，除保证钢模的整体刚度外，对模板底盘的局部刚度也要进行核算。在生产过程中，要经常检查钢模有无变形，发现变形要及时修理。

(2) 养护池底的两根垫梁最好用混凝土做成固定式的。垫梁制作应认真找平，使用过程中定期用水平尺检查，发现不平要立即修理。

(3) 发现有个别堵头高于模板侧模时，可用厚度高出堵头的垫块垫在模板侧模上，保证 4 个角一样平。

20.4.6 活筋、肋裂及滑丝

1. 现象

(1) 活筋指预应力钢丝放张后，板端 50mm 左右长度的混凝土不能有效地锚固预应力钢丝，钢丝活动。

(2) 肋裂指板端预应力钢丝处，沿板肋纵向伸入孔内 100mm 左右的裂缝。

(3) 滑丝指预应力钢丝放张后，混凝土与预应力钢丝之间完全丧失粘结力，钢丝在混凝土中滑动。严重时，构件在脱模起吊过程中发生断裂事故。

2. 原因分析

(1) 残存在梳筋条和堵头钢丝槽内的混凝土渣未剔净，使钢丝不能下到槽底，堵头不能接触底板而高出侧模。因此在上层模板的叠压下，板端部的混凝土与钢丝分离，形成活筋和肋裂现象。

(2) 拆模时用手锤猛击堵头或撬动预应力钢丝，造成硬伤肋裂。

（3）钢丝冷拔时表面附着有润滑剂，或往模板中码放钢丝时，钢丝局部沾上模板的隔离剂，降低了混凝土与钢丝间的粘结力。

3. 预防措施

（1）用小扁錾将钢模板梳筋条和堵头钢丝槽内的混凝土残渣剔净，放置钢丝时要用木槌将钢丝砸入槽底。

（2）支模时应将堵头下到和侧模同一水平高度，并拧紧侧模两边的顶丝，确保构件成型过程中侧模和堵头不松动。

（3）构件成型后，如发现堵头高于侧模，轻微者可在码垛或入池时，用高于堵头的垫铁垫在同一端侧模的两侧角，以上面的模板不压堵头为准。严重的应返工重做。

（4）钢丝在使用前可用90℃以上的水煮或汽蒸4h，将钢丝表面的润滑剂（肥皂薄膜）和油污清除，以防滑丝。

（5）隔离剂要涂刷均匀，钢模涂刷隔离剂后，在模板内先放置8～10mm厚的木条树根，其间距以1m为宜，使钢丝不与模板底板直接接触，以防止钢丝粘上隔离剂造成滑丝。木条在钢丝张拉完毕后取出，重复使用。

4. 治理方法

肋裂不允许。活筋和滑丝，可以按活筋和滑丝的数量多少，根据设计要求按降低板的承载能力使用。

20.5　SP预应力空心板

SP板为用美国SPANCRETE机械制造公司的挤压机生产的预应力空心板。它采用长线台座预应力张拉，干硬式混凝土冲捣和挤压成型工艺连续生产。

20.5.1　养护产生收缩裂缝

1. 现象

SP板在挤压成型后的生产线上，养护过程中产生的横向或纵向收缩裂缝。

2. 原因分析

（1）由于各地区的水泥收缩指标不同，有时同一厂家不同批号生产的水泥收缩值也有差异。因此在相同养护制度下，很有可能导致产生裂缝。另外，水泥用量过多也是产生裂缝的重要原因。

（2）砂、石含泥量超标，以及砂石过细造成SP板的开裂。

（3）混凝土在搅拌过程中，如果各盘的混凝土和易性相差较大，SP板挤压成型后，两种不同和易性的混凝土交接处易出现裂缝。

（4）养护不及时或养护次数不够是造成板面开裂的主要原因。主要表现在SP板生产完毕后浇水养护过晚，或浇水不透。另外在刮风天或换季时的养护过程中，处于车间侧门风口处的SP板也易产生裂缝。

（5）混凝土在养护过程中随着强度的增长，收缩值逐渐加大，因此当混凝土强度已远远超过设计强度等级的75%时，如不及时放张，很容易产生收缩裂缝，尤其对厚度较大的板更易出现裂缝。

3. 防治措施

(1) 严格控制砂石质量，特别是砂的含泥量和细度模数指标。砂的细度模数不宜低于2.3，石子针片状及粒径应控制在标准规定的范围内。

(2) 按期标定计量设备，加强对用水量和水泥用量的控制。

(3) 严格执行养护制度，密切注意混凝土强度的增长，达到混凝土设计强度等级的75%时，应立即安排放张。如条件允许，放张后可再养护一段时间，待混凝土强度达设计值的90%后再进行切割。

(4) 对380mm厚度的板，可在生产线上适当的位置设置伸缩缝。

20.5.2 板截面不密实

1. 现象

SP板切割后断面经常发现有蜂窝以及细小的孔洞，主要位置约在板厚的2/3处，严重时可到板厚的1/2处，且板肋有横向裂缝。

2. 原因分析

(1) 混凝土和易性较差，一般使用过干的混凝土易产生上述现象。

(2) 石子粒径过大，挤压机在挤压搓动中没有相应小粒径的石子填充大石子之间的空隙，因而产生上述现象。

(3) 挤压机搓动捣固频率不够；挤压机孔芯未调整好，如侧偏、孔芯相对距离不均。

(4) 挤压机运行速度过快；中斗给料不足；中夯、后夯位置不正确。

(5) 后斗下料不畅时，人工辅助不及时。

3. 防治措施

(1) 增加混凝土搅拌时间，使混凝土达到理想的和易性。

(2) 增设振动筛，将粒径大于10mm的石子筛出。

(3) 加强隐蔽检查以及生产过程中的检查。

20.5.3 孔壁或板底拉裂，板底麻面、蜂窝

1. 现象

SP板切割后有时孔壁或板底会出现3～5mm的裂口，每间隔200mm左右一道。起吊后板底有时发现局部石子过多，无水泥浆而造成的麻面、蜂窝现象。

2. 原因分析

(1) 孔壁或板底拉裂主要是混凝土过湿，挤压机运行速度过快造成的。另外，新换的芯模，以及芯模调整位置不合适也能产生此类现象。

(2) 混凝土搅拌不均匀，混凝土过干使石子和砂浆分离。

3. 预防措施

(1) 操作人员应经常检测混凝土的和易性，不合格的混凝土严禁使用。

(2) 挤压机的运行速度不宜太快。

4. 治理方法

板起吊堆放时应对板底加强检查，发现拉裂或麻面，用高等级水泥砂浆修补。

20.5.4 切割后距板端1m处板顶面产生裂缝

1. 现象

板厚为300mm和380mm配筋数量较大的板上，板在放张后并未出现裂缝，一旦切割，在距板端800～1000mm处立即出现裂缝。有时切割后虽不出现裂缝，但板装车或运

至工地后出现裂缝。

2. 原因分析

(1) 板端部处钢绞线预应力过大。

(2) SP 板放张时混凝土强度偏低。

3. 防治措施

(1) 适当提高板切割时混凝土达到的强度。

(2) 采用钢绞线涂油法。当板内配筋超过 8 根 ϕ^s12.7mm 的钢绞线时，应在超过部分的钢绞线两端涂油。涂油和未涂油的钢绞线应相间均匀布置。采用此法将会使距板端一定范围内板的抗裂性和承载能力降低，应告知设计单位予以注意。

(3) 板端顶面粘钢板法。板切割前，在板两端易出现裂缝处，粘贴 4 条 1m 长、宽 30mm、厚 2～3mm 的带钢。该方法能有效抑制板顶裂缝。

(4) 板端顶面埋筋法。在距板端易出现横向裂缝的 800～1000mm 范围内埋放 1m 长、ϕ^s9.53mm 的钢绞线。板挤压成型后在混凝土未凝结硬化前，在板顶两端顺板肋挖。4 条深度为 25mm 的沟槽，使钢绞线有 15mm 的保护层，将钢绞线埋入槽内压实抹平。该方法也能有效地防止板面开裂。

20.5.5　钢绞线回缩超过限值

1. 现象

SP 板切割后，钢绞线的回缩值超过标准图的允许值。

2. 原因分析

(1) 钢绞线表面不洁净，使混凝土不能有效地锚固钢绞线，施加预应力后，钢绞线回缩。

(2) 挤压机滴水管水流量过大或过小，当水流量过大时会将钢绞线附近的水泥浆冲跑，使局部混凝土水灰比过大，握裹力下降。当滴水流量过小时，钢绞线附近的混凝土过干，无法搓出水泥浆，使混凝土不能紧密地包裹钢绞线，也会造成握裹力下降。

(3) 若滴水管发生偏移，水不能直接滴在钢绞线上，也会降低握裹力，因此操作人员应经常检查滴水管的滴水位置。

(4) 钢绞线放张时混凝土强度过低，一般板的实际混凝土强度低于试块混凝土强度，当相差较大时，一旦放张切割，钢绞线就会回缩。

3. 防治措施

除保证钢绞线表面清洁，以及加强滴水管位置和滴水量的检查外，还可以在钢绞线放张后暂不切割，SP 板继续养护，待混凝土强度增长到设计值的 90%以上时再切割，这样可明显减少钢绞线的回缩值。

20.5.6　起拱度不均

1. 现象

同一规格（即板的长度、厚度及配筋均相同）的 SP 板放张切割后，板的起拱度不尽相同，对板的安装质量有较大影响。

2. 原因分析

(1) 混凝土水灰比变化的影响。由于生产线上生产一条 SP 板一般需要十几立方米到几十立方米混凝土，虽然混凝土配合比相同，但在连续大量的搅拌过程中，砂石的含水率常会发生变化，尤其是砂子，一般上部含水率在3%～4%时，而下部含水率可达到6%～8%，因此在使用过程中混凝土中水灰比会逐渐加大，因而同一条生产线上SP板的混凝土强度前后会有差异，混凝土强度越高，板的起拱度越小；混凝土强度越低，板的起拱度越大。

（2）切割时混凝土强度不同的影响。同样条件下生产同一批规格的SP板，由于放张时混凝土强度可能不完全一致，造成了板起拱度不一致。

（3）存放时间的影响。相同规格的板存放时间不同，产生的起拱度也不同。存放期长的板起拱度较大，存放期短的板起拱度较小。

（4）堆放位置的影响。SP板会因在堆放垛中位置的不同，随着时间的延长，起拱度的变化也会不同。放在最上面的一块板的起拱度要明显大于放在下面的板。这是因为顶层板受太阳照射强烈，徐变又不受约束，故起拱明显增大。而下层板的徐变会受到上面板重量的制约，且日照温度影响较小，故起拱度相对较小。

3. 防治措施

（1）控制砂的含水率变化，砂子的堆放场应设两处，先用旧砂子。每天下班前将次日要用的砂子用铲车上下翻转，使含水率保持一致。该方法可有效防止SP板生产过程中混凝土水灰比的变化。

（2）同一批SP板应尽量一次生产完，且放张或切割时混凝土强度应保持一致。

（3）板堆放时可在顶层板上放置配重，防止该板起拱过大。

20.6 预应力混凝土屋面板

预应力混凝土屋面板是单层工业厂房屋盖的常用构件。一般板长5970mm，板宽1490mm，纵肋高240m、宽65mm，上板厚25mm（图20-22）。

20.6.1 屋面板纵肋预埋件位移

1. 现象

预埋件中线与设计位置不符，即向左或右偏移；预埋件向上移，不紧贴纵肋底面；预埋件歪斜。

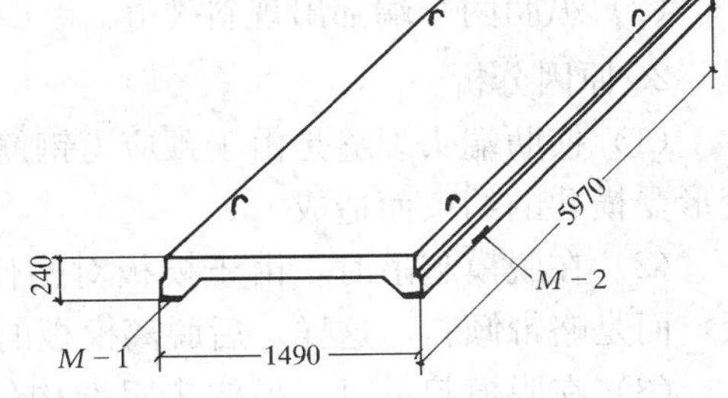

图20-22 预应力大型屋面板

2. 原因分析

（1）没有采取有效固定预埋件的措施，在振动混凝土过程中，预埋件被振动移位。

（2）采取下振动的生产工艺时，由于预埋件没有紧固在底模上，振动混凝土时，预埋件随同模板跳动，混凝土砂浆流进预埋件的底部，使预埋件上移。

（3）预埋件的插筋和屋面板纵肋的钢筋骨架以及端部钢筋网互相交错。在预埋件与钢筋骨架入模时，稍一不慎，就会造成预埋件歪斜。

3. 防治措施

（1）在屋面板钢模板纵肋放预埋件的位置处，加焊$\phi8$～$\phi10$钢筋（图20-23）以阻挡预埋件沿纵肋纵向位移。

(2) 在预埋件上加焊 ϕ10～ϕ12 短钢筋，或将预埋件锚筋做法改成如图 20-24 所示。预应力主筋正好在其上通过，主筋张拉完毕，即紧紧地压在预埋件上面，既可防止预埋件向上移动，又可保证预应力主筋保护层的厚度。

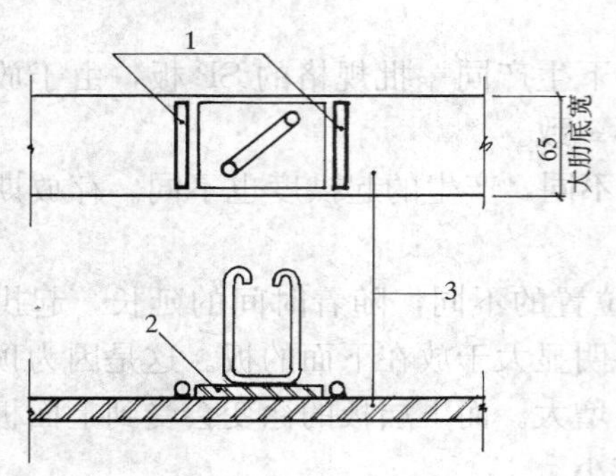

图 20-23　在钢模纵肋内加焊短筋

1—钢筋；2—预埋件；3—纵肋底模

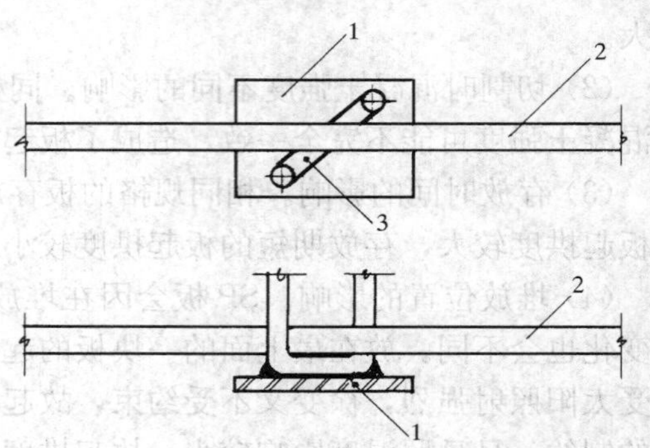

图 20-24　利用主筋压紧预埋件

1—预埋件；2—主筋；3—短钢筋

(3) 制作预埋件时，要保证预埋件本身的平整，安放在肋内的预埋件的下料宽度应比设计尺寸小 3～5mm，便于紧贴肋的底部和不产生歪斜现象。

(4) 预埋件与钢筋骨架入模后，要认真检查预埋件是否有歪斜现象。如有歪斜，要修理好以后才能浇筑混凝土。

20.6.2　端头裂缝

1. 现象

(1) 屋面板端部变断面处，出现沿端头横肋呈 45°角的斜向裂缝（图 20-25）。这种裂缝一般每端肋一处，严重时 4 个角同时出现。

图 20-25　端部角裂

(2) 纵肋两个端部出现斜裂缝。

2. 原因分析

(1) 横肋端头裂缝是由于预应力钢筋切断后，底胎模对板及肋变形的阻力作用和纵肋变形受横肋的约束而造成。

(2) 在脱模起吊时，由于模板对构件的吸附力不均匀，构件不是水平的同时脱离模板，而是略带倾斜，这样，后脱离模板的一角混凝土容易被拉裂。

(3) 在脱模起吊时，吊钩未对准构件中心或起吊过猛，使构件端部变断面处混凝土拉裂。

(4) 冬季构件出池前降温不够，温差过大，容易产生端部角裂。

(5) 钢筋放张后回缩，对混凝土产生压应力。此时如果钢筋的应力过高或混凝土强度不足，将会沿着钢筋的方向产生水平裂缝。又由于胎膜阻止了混凝土的收缩变形，纵肋的上部和下部之间产生剪应力，使纵肋端部产生斜向裂缝。

3. 防治措施

(1) 在端部变断面处易出现裂缝的部位，加长度 300mm 以上的 ϕ6 斜向构造钢筋，提高该区域的抗裂性能（图 20-26）。

(2) 构件脱模时，吊钩一定要对准构件的中心，钢丝绳长度要一致，使受力均匀。吊车起吊时要缓慢平稳。

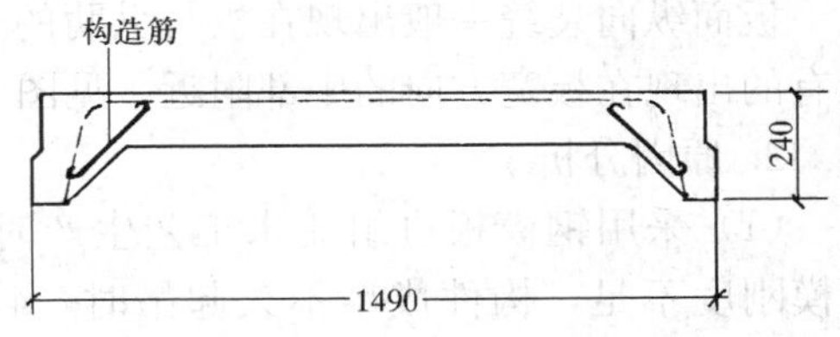

图 20-26 端部加斜向构造钢筋

(3) 适当延长降温时间。密封较好的养护池有时不易降温，可以在全部打开池盖前，先将池盖错开，让温度缓慢下降，使出池前的构件温度接近大气温度。

(4) 加工模板胎模时，各处的圆角最好用冲制的方法成型，特别是四角的球面过渡部分，更应用统一的冲模制作，以减少胎膜与混凝土的吸附力。

(5) 认真涂刷模板隔离剂。涂刷要均匀，不得有漏刷部分。

(6) 为了防止纵肋端头的裂缝可以采取以下几项措施：

1) 纵肋端头增配网片筋或螺旋筋，以增强端部混凝土的抗压能力和承受主拉应力的能力；

2) 板端预埋件的锚筋适当加长，并伸入端肋，以提高抗剪强度；

3) 提高肋端部混凝土的密实度。

20.6.3 板面横向裂缝

1. 现象

板面横向裂缝一般在横肋附近靠近纵肋处较多，严重的沿板宽方向裂通（图 20-27）。裂缝大多数为表面裂缝，少数穿透板厚，缝宽一般为 0.1mm 左右，也有的达 0.2mm。

2. 原因分析

(1) 板与肋的不均匀收缩。由于混凝土收缩与构件尺寸有关，同一时期内，较薄的构件收缩量大，较厚的构件收缩小，因此具有较大收缩的板受到纵向肋的约束，在板内沿纵向产生较大的拉应力，造成横向裂缝。

(2) 与环境温度变化有关。当用钢模生产、蒸汽养护等，若出地前混凝土降温过快，因为板面薄，散热快，而肋断面大，散热慢，造成板与肋之间产生较大的温差，板面剧烈收缩受到肋部的约束，导致裂缝的产生。夏天雨前、雨后，气温突然变化及昼夜温差较大时，都可能导致板面收缩不均匀而产生裂缝。

(3) 预应力钢筋的张拉值过高，放张后使板产生较大的反拱，一般达 20～30mm。板面因拉应力过大而开裂。

(4) 放张时，混凝土强度不足。

3. 防治措施

(1) 保证混凝土在放张时有足够的强度，必要时还可适当提高混凝土放张强度。

(2) 必须按照规定的预应力值张拉钢筋，最好不要超张拉。若需超张拉，应严格控制不超过 5%。

(3) 严格控制降温梯度和温差。

(4) 施工中要严格控制砂石含泥量及石子粒径，提高混凝土密实度，加强养护工作，控制水灰比和坍落度，降低水泥用量，以减小混凝土收缩，特别是早期收缩。

20.6.4 板面纵向裂缝

1. 现象

板面纵向裂缝一般出现在板与纵肋的交接处，也有的出现在板宽方向的中部附近，见图 20-27。

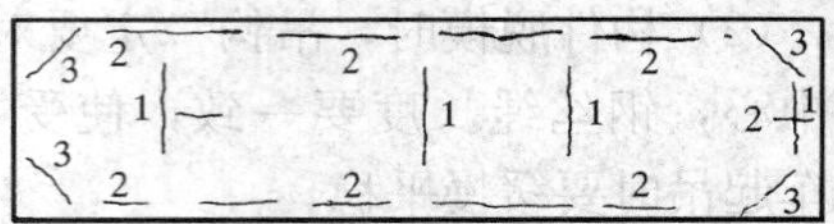

图 20-27　大型屋面板板面裂缝示意
1—横向裂缝；2—纵向裂缝；3—斜裂缝

2. 原因分析

(1) 采用钢模板机组流水工艺生产时，若钢侧模刚度不足，构件成型不久起吊时，4 个吊环挤压钢模侧帮，使其向内变形，混凝土被挤鼓起，当钢模入池下放吊钩后，侧模恢复原状，混凝土也随之变形，但此时混凝土已失去塑性，造成纵肋与板交接处开裂。

(2) 混凝土保护层过薄，浇捣后未及时养护，水泥砂浆沉缩以及钢筋（或钢丝）在水泥终凝前受到振动等原因，都可能造成纵向裂缝。

3. 防治措施

(1) 起吊屋面板应加铁扁担，使吊钩不产生水平分力，防止裂缝产生。

(2) 混凝土水灰比、坍落度应严格控制。

(3) 出现沉缩裂缝等，应及时再次抹压混凝土表面，以消除裂缝。

20.6.5　板面斜向裂缝

1. 现象

斜向裂缝较多的是出现在构件安装后，但是也有的出现在板长期堆放（如堆放 2～3 个月）后。裂缝离板端 0.5～1.0m 左右，以 45°斜向板端，缝宽约 0.1mm，形状为两端细、中间宽，而且常贯穿板厚，见图 20-27。

2. 原因分析

(1) 预应力放张后，纵肋受压变形，而底模和端横肋限制其变形，造成板角受拉、横肋端部受剪而开裂。

(2) 板端（主要是肋端）钢筋较密、预埋件较多，混凝土浇筑不注意，就易出现不密实，强度较低时，放张后产生的应力造成斜裂缝。

(3) 板堆放时间长，受干缩和徐变的不利影响，使板中拉应力明显加大。

(4) 板安装后，因板与屋架三点焊接，在支承约束影响下，板的温度变形受到限制而产生斜向拉应力。

3. 防治措施

(1) 在板面四角增加钢筋，提高板面抗拉能力。

(2) 降低水泥用量，减少混凝土收缩、徐变。

(3) 提高放张时的混凝土强度。

(4) 堆放支撑点由距离板端 500mm 改为 300mm，以加大跨度，减小徐变反拱。

20.7　预应力管桩

20.7.1　粘皮

1. 现象

管桩表面混凝土与管模粘结，拆模时局部混凝土从管桩外表面撕裂。

2. 原因分析

（1）脱模剂质量有问题或脱模剂涂刷不均匀。

（2）混凝土脱模时强度低。

3. 预防措施

（1）选择合格的脱模剂，脱模剂应涂刷均匀。

（2）混凝土配合比与搅拌、蒸养工艺制度应合理；保证脱模强度≥45MPa。

4. 治理方法

采用环氧树脂修补，或降级处理。

20.7.2 管桩蜂窝麻面

1. 现象

管桩两端部分螺钉孔混凝土局部酥松，砂浆少、石子多，石子之间出现空隙，形成的蜂窝状孔洞；管桩外表面局部有细小孔洞，强度低。

2. 原因分析

（1）混凝土坍落度偏小，太干硬，坍落度损失快。

（2）离心前工序误时，停留时间长，混凝土变干。

（3）离心低速速度过高或过低，时间短。

3. 防治措施

（1）搅拌出料时混凝土坍落度应控制在40mm左右，要求混凝土和易性良好。

（2）选择合适的减水剂避免坍落度损失，及时离心成型。

（3）确定最佳离心制度，选择合理的低速速度和时间。

20.7.3 上下模合缝处漏浆

1. 现象

管桩上下模合缝位置局部有水泥浆漏出。

2. 原因分析

（1）管桩上下模合口处变形不能吻合，垫条不佳。

（2）模边或合口未清理干净，合模时有砂石滚落合口处。

（3）合模螺钉残缺或未对称拧紧。

3. 防治措施

（1）及时维修变形管模，选用合适的密封垫条。

（2）上、下模的企口要清洁干净。

（3）检查空压机气压是否合适，更换残缺螺钉，对称拧紧合模螺钉。

20.7.4 桩套箍漏浆

1. 现象

桩头套箍与桩身混凝土结合面处有水泥浆漏出。

2. 原因分析

（1）套箍偏小或不圆润。

（2）管模两端头变形，椭圆度大。

3. 防治措施

（1）校正套箍喇叭口，保证套箍制作尺寸合适、圆润。

（2）检查管模变形情况，及时维修。

（3）放置环形密封条，防止漏浆。

20.7.5　套箍凹陷

1. 现象

桩套箍与桩身混凝土结合处套箍局部变形，凹入混凝土中

2. 原因分析

（1）桩套箍喇叭口直径过大或与管模椭圆度不一致。

（2）合模时，上模碰撞了套箍，或碎石压桩套箍。

3. 防治措施

（1）校正套箍喇叭口，保证套箍制作尺寸合适、圆润。

（2）合模时小心防止碰撞套箍，或防止石子滚落挤压套箍。

20.7.6　混凝土欠料

1. 现象

桩身横截面混凝土壁厚小于端头板宽度。

2. 原因分析

（1）混凝土料不足。

（2）管模纵向混凝土下料不均匀。

（3）离心成型管模跳动大，离心不充分。

3. 防治措施

（1）校正计量系统，保证配合比与称量准确无误；检测砂石含水率，正确调整砂石含量和用水量，防止混凝土浪费。

（2）下料均匀，合理设定离心制度，特别是低速速度和时间。

（3）检查调校离心机同心度、水平度，维修变形跳动的管模。

20.7.7　混凝土剥落

1. 现象

管桩内壁局部混凝土剥落。

2. 原因分析

（1）离心过度或管模跳动严重。

（2）矿物掺合料太粗，砂子细度模数过大，砂石含泥量大，石粉多。

3. 防治措施

（1）确定合理的离心制度，速度和时间要恰当；管模运转应平稳。跳动时适当降低转速，延长离心时间。

（2）控制好矿物掺合料掺量和砂的粗细程度。

20.7.8　内表面露石子

1. 现象

管桩内壁局部有石子高出水泥净浆层。

2. 原因分析

（1）配合比不佳，砂浆少，石子多。

（2）砂石级配不好，砂偏粗，针片状石子多。

（3）离心制度不妥，低中速时间太短；离心时管模跳动严重。

3. 防治措施

（1）通过试验确定最佳配合比，砂率和胶凝材料总量要经济合理。

（2）控制针片状石子含量≤5%。

（3）离心低中速时间适当延长，管模运转应平稳，跳动时适当降低转速延长时间。

20.7.9 端板倾斜变形

1. 现象

管桩两端头端头板局部变形，端面与管桩中心线不垂直。

2. 原因分析

（1）管模端面或张拉锚固装置变形倾斜，张拉螺丝滑牙或断筋。

（2）钢筋张拉时，千斤顶中心线与管模中心线不重合。

（3）同一管桩的预应力筋长度偏差大。

3. 防治措施

（1）检查管模和张拉锚固装置变形情况，及时维修，端头板和螺丝、钢筋及镦头质量要良好，勤抽检，螺丝要对称均匀上紧。

（2）张拉时调整千斤顶与管模中心线，使之重合。

（3）主筋定长切断误差应≤2‰。

20.7.10 环向裂纹

1. 现象

管桩外表面发生环向裂纹。

2. 原因分析

（1）脱模时混凝土强度不足。

（2）施加预应力不够。

（3）脱模剂效果不佳或管模变形，造成脱模粘附力大，管桩弯曲而产生裂纹。

（4）堆放场地或支点设置不当，吊运时碰撞。

3. 防治措施

（1）检查混凝土配合比、搅拌及蒸养工艺制度是否合理，设施是否正常，是否严格执行。

（2）检查张拉机是否正常，张拉油表读数和伸长量双控是否正确，钢筋及镦头质量是否合格，定长要准确，不能发生断筋现象。

（3）脱模时管桩应能从下模轻松脱出，不会夹模，否则要在松软场地上翻倒脱模并维修管模。

（4）堆放场地要平整，两支点放置时，支点距端头约桩长的1/5，吊运时要轻起轻放，防止碰撞。

20.7.11 外表面纵向裂纹

1. 现象

管桩外表面发生纵向裂纹。

2. 原因分析

（1）蒸压降压速度太快，出釜时桩身与外界温差大，产生内外湿差、温差、压差，造成表面纵裂。

(2) 吊运时碰撞。

3. 防治措施

(1) 控制蒸压降压速度≤0.5MPa/h，出釜时管桩与外界温差应小于80℃，且不能淋雨。

(2) 吊运时轻起轻放，防止碰撞。

20.7.12 内表面裂纹

1. 现象

内表面发生的裂纹一般呈纵向分布，多在浮浆层，砂浆层内比较浅。

2. 原因分析

水泥浆环向收缩引起的拉应力超过其本身抗拉强度，产生纵裂。

3. 防治措施

(1) 混凝土配合比要合理，特别是砂率和细度模数要适当。

(2) 砂浆层、水泥层不能过厚。

(3) 高压蒸养时采用保温缓慢降压措施。

20.7.13 桩身弯曲

1. 现象

管桩未开裂，但弯曲挠度超过国家标准。

2. 原因分析

(1) 管模弯曲变形，常压蒸养时管模堆叠不当，上下层支点错开，或上层桩长且外伸长度过大。

(2) 同支管桩各钢筋之间长度相对偏差大。

(3) 蒸压养护时支点不正确，造成压曲。

3. 防治措施

(1) 检查管模是否正常，及时维修，用石子铺平蒸养池底，跑轮要对准放置，悬空不超过1个轮。

(2) 钢筋定长误差不超过2mm。

(3) 蒸压入釜装车在桩长1/5处支点放置。

20.7.14 主筋断裂

1. 现象

管桩预应力主筋1条或几条断裂或其镦头断裂。

2. 原因分析

(1) 预应力筋材质不稳定，又未采用预张拉抽检。

(2) 镦头机镦头质量不合格，编笼滚焊焊点超深。

(3) 超张拉过度，或钢筋长度相差大。

3. 防治措施

(1) 选用材质稳定的预应力钢筋并加强检验。

(2) 镦头强度及镦头厚度应合格，焊点深度不超过1mm。

(3) 张拉系数不宜超过0.7，钢筋定长误差不超过2mm。

20.7.15 桩端面不平整

1. 现象

管桩端面局部高出端板平面。

2. 原因分析

(1) 预应力筋镦头过厚，突出端板面。

(2) 张拉锚固板接触面未清理干净，与端板之间不紧贴。

(3) 端板变形。

3. 防治措施

(1) 预应力筋镦头厚度应符合工艺要求。

(2) 张拉锚固板应清理干净。

(3) 端板刚度及其平整度应合格。

20.7.16 内壁浮浆

1. 现象

管桩内壁不圆润，不光滑，呈现波浪形或挂浆、浮浆层厚的现象。

2. 原因分析

(1) 混凝土配比不佳或计量不准，砂率大，混凝土坍落度太小。

(2) 离心制度不良，高速速度或时间不够。

(3) 水泥 C_3A 含量过高，胶凝材料过细，砂含泥量大，减水剂减水率低。

3. 防治措施

(1) 优化混凝土配比，校准计量系统，混凝土坍落度要控制适当。

(2) 离心要平稳，速度和时间适宜。

(3) 水泥 C_3A 含量≤8%，选用细度合适的胶凝材料和中砂，减水剂性能应稳定。

20.7.17 桩身混凝土强度低

现象、原因分析和预防措施参见 18.4.1“匀质性差，强度达不到要求”的相关内容。

20.8 清水混凝土构件

清水混凝土是直接应用混凝土成型后的自然质感作为饰面效果的混凝土。清水混凝土构件是有一个或几个面为清水混凝土饰面要求的构件。

20.8.1 清水面色泽不匀

1. 现象

在同一个清水混凝土构件表面总体颜色深浅或光泽不一致，或者在同一批构件的清水混凝土面，颜色或光泽有明显差别。

2. 原因分析

(1) 混凝土浇筑时产生扰动，模板表面的脱模剂局部被带走，或混入到表面混凝土中。这种情况在浇筑 L 形或槽形板时最容易发生。

(2) 采用蒸汽养护时，最高温度的差异，出模时构件的温度差异，以及构件表面水分蒸发的速率，均能造成各个清水混凝土构件的色泽差异。

(3) 混凝土中矿物掺合料或外加剂没有搅拌均匀。

3. 预防措施

(1) 混凝土中水泥与矿物掺合料及外加剂应选用同一品牌，延长混凝土搅拌时间，使之搅拌均匀。

(2) 混凝土浇筑时应防止沿模板面流动。

(3) 固定蒸汽养护制度，控制构件出模温度。

4. 治理办法

(1) 对于清水混凝土表面局部明显色差，可采用专用调色剂处理成基本一致。

(2) 对于由于养护造成清水混凝土面颜色差异的构件，可重新蒸养处理。

20.8.2　清水面气泡

1. 现象

清水面每平方米面积上有直径大于5mm的气泡5个以上，或有成片的小气泡。

2. 原因分析

(1) 混凝土和易性不好或含气量大。

(2) 脱模剂选择不当，使附着于模板表面的混凝土中空气表面张力增大，振捣时不易排出。

(3) 清水混凝土构件直立生产时，混凝土浇筑振捣不充分，没有将混凝土中的空气有效排出。

3. 预防措施

(1) 调整混凝土配合比，使达到要求的和易性，外加剂中增加消泡剂。

(2) 采用石蜡质的脱模剂或其他有效减少气泡的脱模剂。

(3) 构件的主要清水面生产时朝下，即平模生产。清水面直立生产时要采用振动模板和插入式振捣棒配合使用，达到有效排除气泡。

4. 治理办法

对于要求不太高的清水混凝土构件，可用白水泥加调色剂和成浆料修补，修补后不能有明显痕迹。

20.8.3　清水面麻面、粗糙

1. 现象

清水面上有局部或成片区域有凹或凸的细粒，形成麻面；另外，清水面上有明显的加工痕迹，手感粗糙不平。

2. 原因分析

(1) 钢制平模某些区域较长时间未使用又未保养，钢板锈蚀成麻坑，或者制作模具用的钢板氧化皮已经剥落或锈蚀成麻坑，致使生产出的清水构件麻面。

(2) 钢制平模由于改模用砂轮打磨造成钢板面毛糙，致使生产的清水面粗糙。

3. 预防措施

(1) 制作清水构件模具的面板要选用氧化皮完好的钢板，或经抛光的不锈钢板。

(2) 清水混凝土构件的模具使用时要格外细心，组模或拆模时不能砸伤或划伤平模的钢板。

(3) 长时间不用的钢模具或某一区段不用时，要采取妥善措施防止生锈。

4. 治理办法

清水面上如已生锈，应进行抛光处理后方可重新使用。

20.8.4 模板接缝处或板棱角有漏浆水痕迹

1. 现象

清水构件棱角处或模板拼缝处有黑色水墨痕迹，甚至出现漏浆，造成棱角不齐。

2. 原因分析

如果发生在棱角处，则由于模板组装接缝不严密（水能泄漏）所致；若发生在板面上，则由于模板的钢板拼缝处开焊所致。

3. 预防措施

（1）模板组装的接缝处加泡沫塑料条，并用固定螺栓将模板挤严。

（2）所有钢板拼缝均应满焊，发现有钢板拼缝开焊，及时补焊。

4. 治理办法

由于漏浆水造成水墨痕迹的，可用调色剂修饰处理。

20.8.5 边棱或装饰线条不顺直

1. 现象

清水混凝土构件的边棱，特别有倒角的边棱不顺直；或在装饰凹线条部位宽窄不一致。

2. 原因分析

（1）清水混凝土边棱一般需要倒角，制作模板的侧模则要用钢板铇铣成45°角，对于较大尺寸的侧模，线型需要拼接。由于机加工的误差或是侧模制作拼接的误差过大，拼接处线型不顺直，直接造成生产出的构件边棱不顺直。

（2）装饰凹线条宽窄不一致，也是模板加工制作误差过大造成。

3. 预防措施

（1）制作模板时尽量选用通长整根的线型；线型需要接槎时应选用合格的线型，在拼接时接槎应磨平。

（2）用带有磁性的橡胶线型代替机加工的钢质线型，因为这种线型断面误差小，且通长连续无接头。

4. 治理办法

边棱或装饰线条不顺超出感观接受程度的缺陷，无法修复。

20.8.6 清水面有钢筋隐条

1. 现象

有些板类构件的清水面上，出现有规律的水墨条纹，看似钢筋紧贴混凝土表面。

2. 原因分析

采用插入式振捣棒振实混凝土时，振捣棒靠着尤其是别着钢筋骨架或钢筋网片长时间振动，振动的钢筋扰动紧贴模板的混凝土，使涂刷在模板面上的脱模剂局部蹭去，混凝土硬化后，由于此处表面光泽与大面上不一致，造成水墨隐条。

3. 预防措施

（1）尽可能采用振动台或附着式振捣器成型，采用插入式振捣棒振捣时，不应长时间贴着钢筋振动。

（2）适当加大钢筋保护层厚度。

4. 治理办法

可用调色剂修饰处理。

20.9　其　他　构　件

20.9.1　非预应力叠合楼板裂缝

1. 现象

叠合楼板在出模、码放或运输时板底出现的横向或纵向裂缝，严重时裂缝贯通。

2. 原因分析

叠合楼板预制部分一般较薄，吊点或支承点设置不合理时弯矩过大，容易造成开裂。

3. 防治措施

（1）增加吊点，吊绳要能通过滑轮调节使受力平衡。码放时设多点支承，且支承点处于同一平面。

（2）增加钢筋，提高板的刚度；或板面增加预应力筋，提高板的抗裂性。

20.9.2　槽形板板面弯曲

1. 现象

非预应力槽形板出模放置一段时间后，板出现整体弧形弯曲，板面一侧内弯。

2. 原因分析

（1）槽形板构件面板与肋板截面刚度不对等，发生体积收缩时产生内力（弯矩）。

（2）构件蒸汽养护后快速降温和水分蒸发造成两面收缩不一致而弯曲。

（3）槽形板水平码放板面朝上时，支点太靠端头，在自重造成的弯矩长期作用下徐变造成。

3. 预防措施

（1）控制构件蒸养出模的温度与大气温度的温差不大于 15℃；并加覆盖，防止水分快速蒸发。

（2）槽板水平码放时支点位置选择应合理，不使板中产生大的弯矩；也可以考虑板面朝下码放。

4. 治理方法

如果槽形板用于水平承重，这种面弯一般无需治理；如果是用作外挂的非承重构件，这种面弯影响安装，则需调整。面弯不太大时，可采用水平加载的方法使板产生挠度并持荷一段时间来调整。

20.9.3　反打工艺生产的饰面砖不平或破损

1. 现象

有些外墙板带有面砖饰面，采用反打工艺，面砖铺在底模上，混凝土直接浇筑与面砖粘结成整体。墙板出模后，发现有些面砖不平、歪斜或破损。

2. 原因分析

（1）采用反打工艺生产面砖饰面板，是先将面砖按规则粘贴在薄膜上（制版），然后再铺在底模上，如果面砖粘贴不严，在混凝土浇筑时砂浆进入面砖与贴膜内，造成面砖不平；或砂浆挤去分隔条，造成面砖移位。

（2）铺贴好的面砖混凝土用振捣棒振捣，振捣棒碰到面砖，造成面砖破损。

3. 预防措施

（1）面砖制版，采用带有粘性较好的不干胶的背衬，用工具使背衬贴实面砖。

（2）在底模上铺贴面砖时，如砖缝中的分隔条没有挤严，可用湿砂浆局部勾缝。

（3）用振捣棒振捣混凝土时，应控制振捣棒的插入深度，避免碰到面砖。

4. 治理措施

将不平、歪斜或破损的面砖剔去，在剔以前先用砂轮锯在面砖四周沿砖缝切入混凝土深度 15～20mm。面砖剔去后用面砖胶粘剂将好的面砖粘贴上。粘贴时注意应与周边的面砖平齐，缝宽一致。

20.9.4 面砖或石材饰面板板面弯曲

1. 现象

采用反打一次成型工艺生产的面砖或石材饰面的外墙板或挂板，在出模存放一段时间后，墙板整体发生弯曲，面砖饰面一侧中间向外凸，板另一面呈凹形。板的长宽尺寸越大，厚度越小，弯曲越严重。

2. 原因分析

（1）面砖或石材饰面墙板或挂板出模后，混凝土孔隙中的水分蒸发体积发生收缩，由于面砖致密，有面砖的一侧混凝土体积收缩小，造成板中间向有面砖一侧弯曲。

（2）采用蒸汽养护，面砖或石材饰面板出模时温度较高，温度收缩与水分蒸发共同作用，造成的板面弯曲更严重。

（3）板出模时混凝土强度偏低，收缩加大。

3. 防治措施

（1）面砖或石材饰面墙板或挂板蒸汽养护时应延长降温时间，出模时强度应达到设计强度的 85%以上。

（2）面砖或石材饰面板应水平码放，饰面朝上，支点偏远，让板自重造成的挠度抵消混凝土收缩造成的弯曲。

（3）对于尺度较大的面砖或石材饰面板，制作的底模中心处可适当起拱 2～3mm。

附录 20 预制钢筋混凝土构件质量标准及检验方法

根据规范的有关规定，预制混凝土构件的外观质量缺陷按现浇结构相应规定区分其性质，参见本手册第 18 章的有关部分。

1. 主控项目

（1）预制构件应在明显部位标明生产单位、构件型号、生产日期和质量验收标志。构件上的预埋件、插筋和预留孔洞的规格、位置和数量应符合标准图或设计的要求。

检验方法：观察。

（2）预制构件的外观质量不应有严重缺陷。对已经出现的严重缺陷，应按技术处理方案进行处理，并重新检查验收。

检验方法：观察，检查技术处理方案。

（3）预制构件不应有影响结构性能和安装、使用功能的尺寸偏差。对超过尺寸允许偏差且影响结构性能和安装、使用功能的部位，应按技术处理方案进行处理，并重新检查验收。

检验方法：量测，检查技术处理方案。

2. 一般项目

(1) 预制构件的外观质量不宜有一般缺陷。对已经出现的一般缺陷，应按技术处理方案进行处理，并重新检查验收。

检验方法：观察，检查技术处理方案。

(2) 预制构件的尺寸偏差应符合附表 20-1 的规定。

预制构件尺寸的允许偏差及检验方法　　附表 20-1

项目		允许偏差（mm）	检验方法
长　度	板、梁	+10，−5	钢尺检查
	柱	+5，−10	
	墙　板	±5	
	薄腹梁、桁架	+15，−10	
宽度、高（厚）度	板、梁、柱、墙板、薄腹梁、桁架	±5	钢尺量一端及中部，取其中较大值
侧向弯曲	梁、柱、板	l/750 且≤20	拉线、钢尺量最大侧向弯曲处
	墙板、薄腹梁、桁架	l/1000 且≤20	
预埋件	中心线位置	10	钢尺检查
	螺栓位置	5	
	螺栓外露长度	+10，−5	
预留孔	中心线位置	5	钢尺检查
预留洞	中心线位置	15	钢尺检查
主筋保护层厚度	板	+5，−3	钢尺或保护层厚度测定仪量测
	梁、柱、墙板、薄腹梁、桁架	+10，−5	
对角线差	板、墙板	10	钢尺量两个对角线
表面平整度	板、墙板、柱、梁	5	2m 靠尺和塞尺检查
预应力构件预留孔道位置	梁、墙板、薄腹梁、桁架	3	钢尺检查
翘　曲	板	l/750	调平尺在两端量测
	墙板	l/1000	

注：1. l 为构件长度（mm）。
2. 检查中心线、螺栓和孔道位置时，应沿纵、横两个方向量测，并取其中的较大值。
3. 对形状复杂或有特殊要求的构件，其尺寸偏差应符合标准图或设计的要求。

21　装配式钢筋混凝土结构安装

21.1　安装前准备工作

21.1.1　建筑物纵横轴线不闭合

1. 现象

安装前复验时，建筑物纵横轴线不闭合。

2. 原因分析

（1）经纬仪测量时度盘卡子带动度盘转动；度盘偏心；正倒镜视准轴不垂直于横轴；横轴不垂直于竖轴；水准泡不居中。

（2）操作工艺不当。

（3）标准桩不准确。

3. 预防措施

（1）仪器等使用前应严格检查，并调整误差。

（2）仪器使用时必须按使用精度要求进行操作，一般采用复测法，对实测轴线先测长边后测短边。为保证测量精度，最好采用全站仪放线。

为消灭视差，必须将仪器十字线对清楚，集距对适当。使用时每转一个角度之前要调好水平度。

使用的钢尺应根据钢尺测距要求的拉力加弹簧秤，并核对钢尺的精确程度，如温度改正数。测量时钢尺要拉平。

（3）标准桩应设保护桩，并应有足够的数量。

（4）多层建筑物楼层放线时，必须从标准桩点往上引，如有小的误差，应消除在本楼层上。

4. 治理方法

如果发现轴线不闭合并已超过允许偏差，应重新放线。若多次改线，要把最后一次线弹好，做出标记，以防误会。

21.1.2　标高偏差大

1. 现象

安装前复验各点标高，误差超过允许值。

2. 原因分析

（1）测量仪器水泡不居中。

（2）操作工艺不合理。

（3）水准点有误。

3. 防治措施

参见 21.1.1“建筑物纵横轴线不闭合”的预防措施。

21.1.3　构件运输断裂

1. 现象

构件在运输中产生裂纹或断裂。

2. 原因分析

构件运输时强度不足，或支承垫木位置不当，上下层垫木不在一条直线上或悬挑过长；运输时构件受到剧烈的颠簸、冲击或急转弯产生扭转；或支撑不牢倾倒，都可能使构件断裂。

3. 预防措施

（1）构件运输时混凝土强度一般不应小于设计的混凝土强度标准值的 75%，特殊构件应达到 100%。

（2）非预应力等截面梁的垫点位置应选在距梁端 0.207l（l 为梁长）处，使正负弯矩相等；如果构件本身刚度很好，垫点位置也可以小于 0.207l。预应力梁必须按设计要求的垫点位置支垫。

（3）构件上下垫点必须垂直（图 21-1）。

（4）尽量避免构件在运输过程中发生碰撞。较长的构件，为避免剧烈振动造成构件破坏，可在构件中间放一个待受力的辅助垫点。运输长细比较大的预制柱时，应在两端垫点中间另加几个辅助垫点。

（5）墙板应用立放条形墙板运输车或插放式墙板运输车运输，见图 21-2、图 21-3。

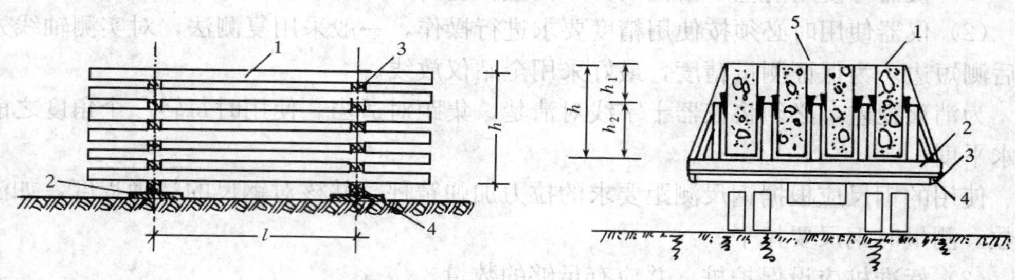

图 21-1　板构件堆放要求

1—板；2—脚手板；3—方木（50×50）；4—方木（100×100）；h、l—根据构件情况而定

图 21-2　立放条形墙板运输车

1—墙板；2—支承架；3—汽车托板；4—紧绳器；5—钢丝绳

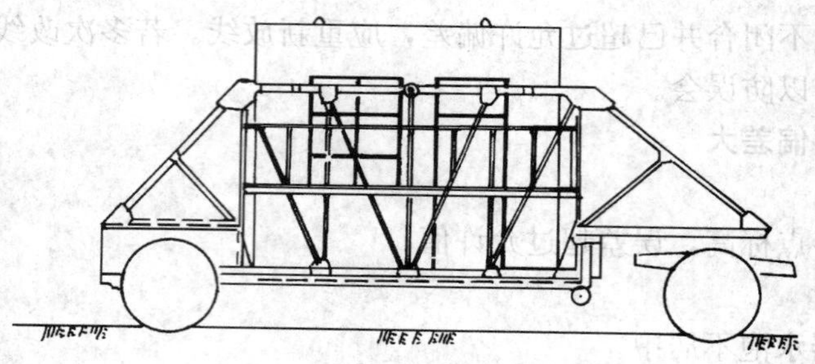

图 21-3　插放式墙板运输车

4. 治理方法

参见本手册 18.5.5“撞击裂缝”的治理方法。

21.1.4 构件堆放断裂

1. 现象

构件在堆放过程中产生裂纹或断裂。

2. 原因分析

(1) 构件强度不足，支垫不符合要求。

(2) 堆放支座地基沉陷。

(3) 构件重叠层数过多。

(4) 临时加固不牢。

3. 预防措施

(1) 参见 21.1.3“构件运输断裂”的预防措施 (1)、(2)、(3)。

(2) 构件堆放场地必须夯实，在最下面一层构件垫木下，最好铺放一块脚手板。

(3) 根据地基承载力，合理确定重叠堆放层数。不同的构件要采取不同的堆放形式。整块墙板的堆放形式如图 21-4，条形墙板的堆放可用靠放架，如图 21-5 所示。

(4) 对于屋架、三角形屋架、天窗架、托架、薄腹梁、墙板等稳定性较差的构件，堆放时应进行加固或做临时支撑，以防倾倒（图 21-6）。

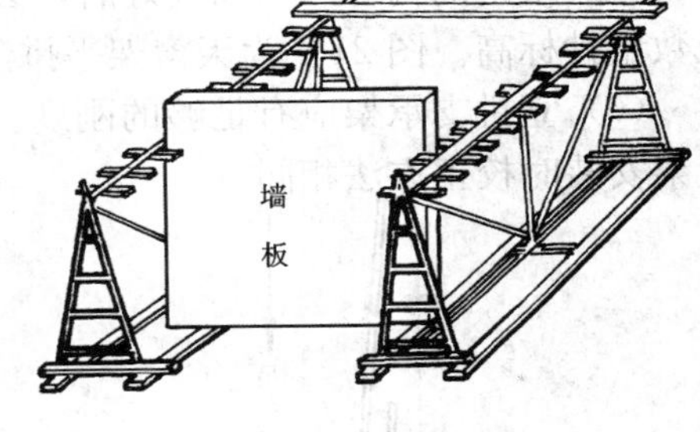

图 21-4 整块墙板的堆放

4. 治理方法

参见本手册 18.5.5“撞击裂缝”的治理方法。

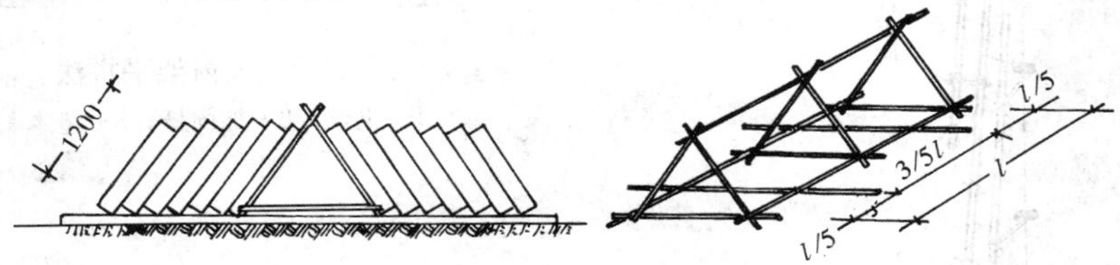

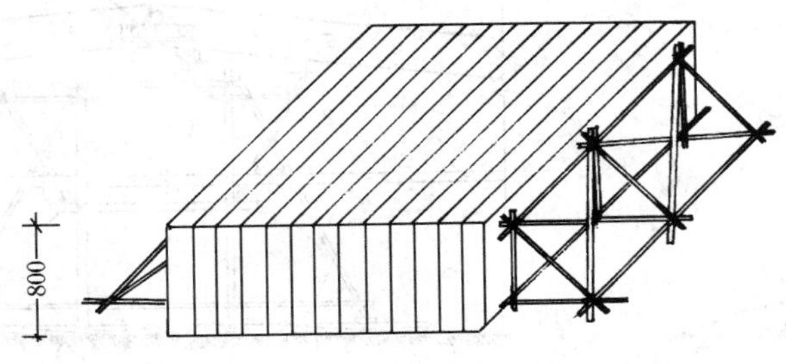

图 21-5 条形墙板靠放架

21.1.5 构件拼装扭曲

1. 现象

混凝土构件拼装节点错口，构件发生扭曲。

2. 原因分析

(1) 分部制作的构件本身几何尺寸不准确或组拼后构件几何尺寸不符合设计要求。

(2) 中间拼接点有错位。

(3) 平拼（卧拼）时，标高点抄得太少或抄得不准确。

(4) 平拼构件加固不牢。

(5) 构件立拼时临时支撑架刚度差，受力后产生变形。

3. 防治措施

(1) 严格检查构件本身的尺寸及组拼后的几何尺寸，尤应注意对角线尺寸是否准确。

(2) 中间拼接点错口移位时应及时处理，以免构件产生扭曲变形。

(3) 如拼接点需浇筑混凝土，应待混凝土强度达75%以上时才允许吊装。

(4) 构件平拼应设拼装台，地面应夯实。其抄标高点数一般不少于5个点，并应根据构件形状合理确定。

(5) 平拼的构件，一面焊好后，必须加固；翻过另一面后，仍应按正面抄标高点位置及数量抄标高。图21-7为天窗架平拼法示意图。

(6) 立拼支承架应有足够的刚度。图21-8为组合屋架拼装方法示意图。校正方法与屋架安装时校正方法相同。

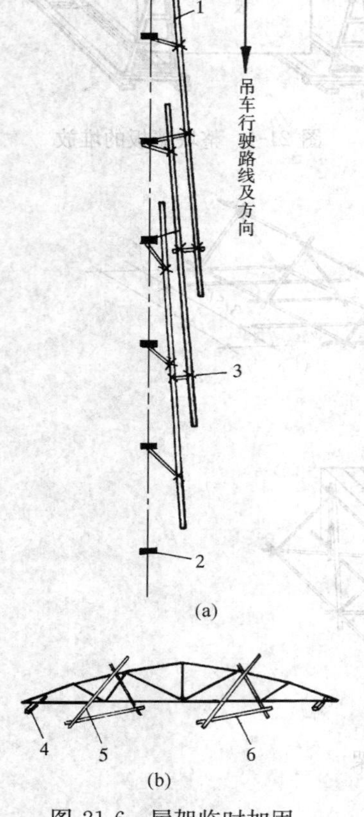

图21-6 屋架临时加固

(a)整排屋架临时加固；(b)单榀屋架临时加固
1—屋架；2—柱；3—方木(两端用8号钢丝绑扎)；4—垫木；5—人字支撑；6—扫地杆

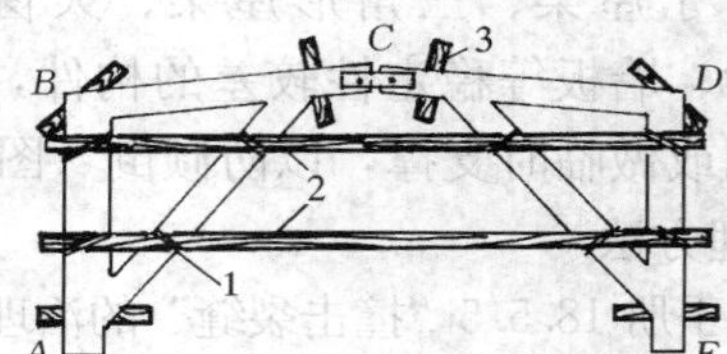

图21-7 天窗架平拼法

1—钢丝；2—加固杆；3—垫木

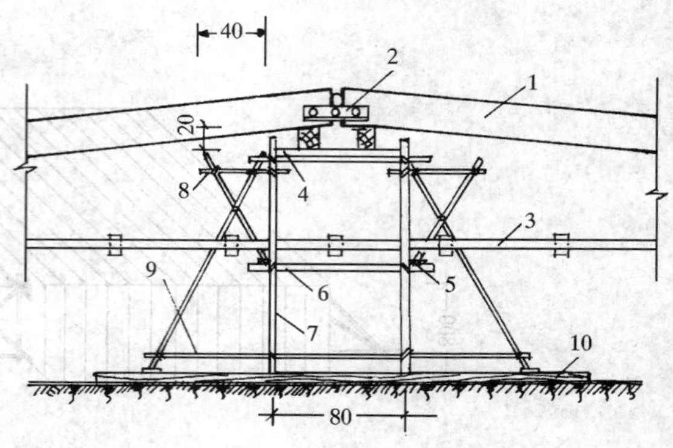

图21-8 组合屋架拼装方法

1—屋架；2—连接角钢；3—下弦；4—脚手板；5—顺水杆；6—横杆；7—立杆；8—悬挑平台；9—扫地杆；10—脚手板（当下弦较轻时；顺水杆正是下弦位置，当下弦较重时，此顺水杆可不用，另加斜撑给予稳定）

附录 21.1 构件拼装质量标准及检验方法

构件拼装允许偏差及检验方法 附表 21-1

项次	项目		允许偏差(mm)	检验方法
1	块体拼装轴线位移		3	拉线和尺量检查
2	侧向弯曲	梁、柱	$l/750$	拉线和尺量检查
		桁架、板、块体、天窗架	$l/1000$	

注：表中 l 为构件长度（mm）。

21.2 柱类构件安装

21.2.1 柱轴线位移

1. 现象

柱子实际轴线偏离标准轴线。

2. 原因分析

（1）杯口十字线放偏。

（2）构件制作时断面尺寸、形状不准确。

（3）对于插杯口的柱子，没有预检杯口尺寸。由于杯口偏斜，柱子在杯口内不能移动无法调整，或因四周钢楔未打紧，在外力作用下松动。

（4）多层框架柱连接依靠钢筋焊接，由于钢筋较粗，不能移动，也会造成位移加大。

（5）框架柱轴线虽已找正，但由于柱墩预埋件埋设不牢，振动钢筋时预埋件活动，使柱子产生位移。

3. 防治措施

（1）柱中心线要准确，并使相对两面中心线在同一个平面上。

（2）吊装前，对杯口十字线及杯口尺寸要进行预检。

（3）框架柱有小柱墩时，初校垂直偏差应控制在 2mm 左右，而后再看位移线。

当在柱头上面接柱（小柱墩无预埋铁）时，可采用柱子校正器固定（图 21-9）。

任何柱三面对线时，必须以大柱面中心线为准。

（4）松吊钩后，杯口内钢楔应再打紧一遍，并随即用经纬仪复测。在校正时，钢楔的调整和增减应有严格的工艺要求与安全措施，以防柱子倾倒。杯口内第一次浇筑的混凝土，在强度未达到 10MPa（有特殊要求者以设计说明为准）以前，不准随意拆掉钢楔，否则柱子垂直偏差会发生变化。

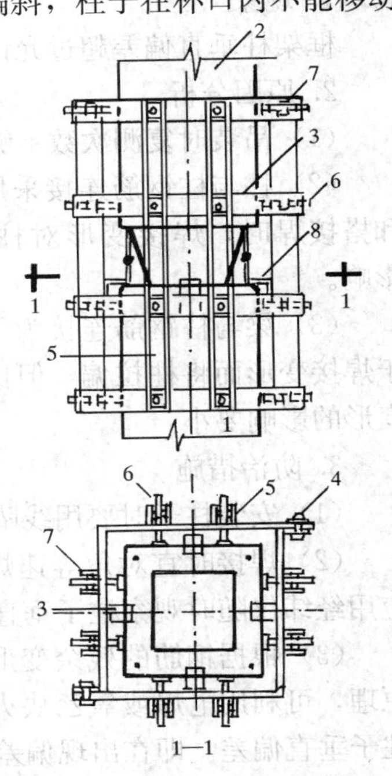

图 21-9 柱子校正器

1—下节柱；2—上节柱；3—环箍；4—固定螺栓；5—竖杆；6—调整螺栓；7—螺母；8—支承角钢

(5) 位移线应采取初校和复校方法。

21.2.2　柱吊装裂缝

1. 现象

柱子吊装过程中出现裂缝超过允许值。

2. 原因分析

(1) 吊装时混凝土强度没有达到设计要求的75%。

(2) 设计单位忽略了吊装点处断面承载能力验算。

(3) 外力碰撞。

3. 预防措施

(1) 混凝土柱强度必须达到设计强度75%以上（设计有特殊要求者按设计规定）才允许吊装。

(2) 通过计算构件裂缝开展宽度大于0.2～0.3mm者应采取措施。如采取加固措施，在正负弯矩较大的一面增加适当的钢筋，提高吊点处的刚度；或调节吊点位置，增加吊点等。

(3) 吊装时要防止碰撞。

4. 治理方法

参见本手册18.5.5“撞击裂缝”的治理方法。

21.2.3　框架柱垂直偏差大

1. 现象

框架柱垂直偏差超过允许值。

2. 原因分析

(1) 吊装时复测次数不够。

(2) 柱与柱钢筋连接采用立坡口、帮条焊和搭接焊时，焊接变形对柱垂直偏差有直接影响。

(3) 梁与柱钢筋连接为平坡口焊接时，由于焊接变形而将柱拉偏，但比柱与柱钢筋焊接变形的影响要小。

3. 防治措施

(1) 安装柱子时要用线坠初校。

(2) 焊接时宜对角等速焊接，焊接过程中应用经纬仪随时观察柱子垂直偏差情况。

(3) 根据钢筋的残余变形小于热胀变形的原理，可利用电焊或氧乙炔火焰烤钢筋以调整柱子垂直偏差。即在出现偏差的方向继续施焊，此时另一焊工停焊，当偏差值已向相反偏1～2mm时，两个焊工再等速焊接。

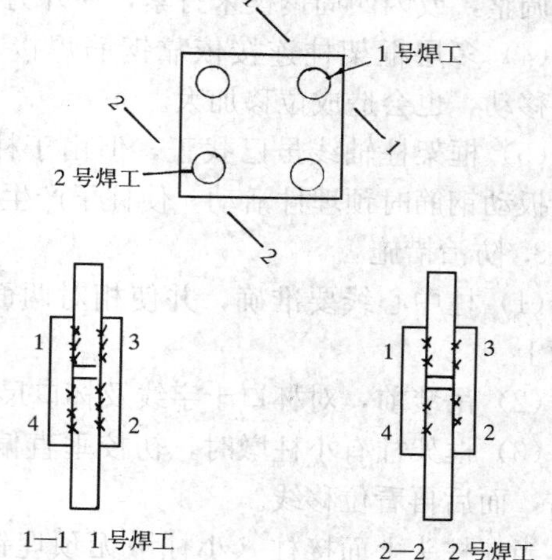

图21-10　柱子钢筋帮条焊施焊顺序
1、2、3、4—焊接顺序

(4) 钢筋帮条焊应按图21-10所示顺序焊接。

HPB300钢筋帮条的面积应不小于主筋的1.2倍；HRB335钢筋帮条的面积应不小于主筋的1.5倍。两钢筋直径不等时，应以直径较小的主筋直径为准。

钢筋帮条焊或搭接焊接形式如图 21-11 所示。

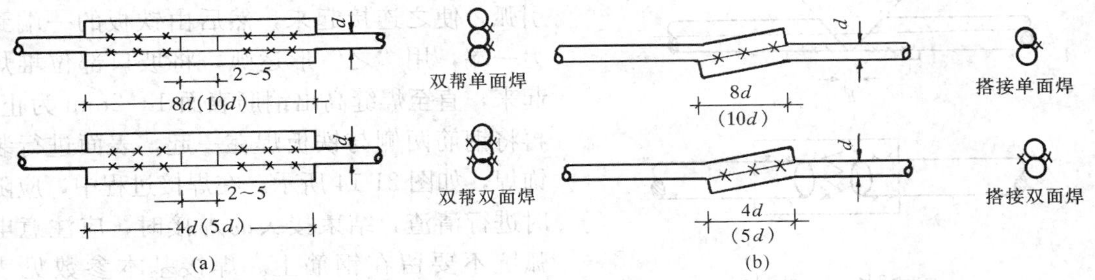

图 21-11 框架梁柱钢筋焊接形式

(a) 钢筋帮条焊；(b) 钢筋搭接焊

注：帮条或搭接长度值，不带括号数字适用于 HPB300 钢筋。括号中数字适用于热轧带肋钢筋。

采用帮条或搭接接头电弧焊时，焊缝高度及宽度应按图 21-12 的要求。

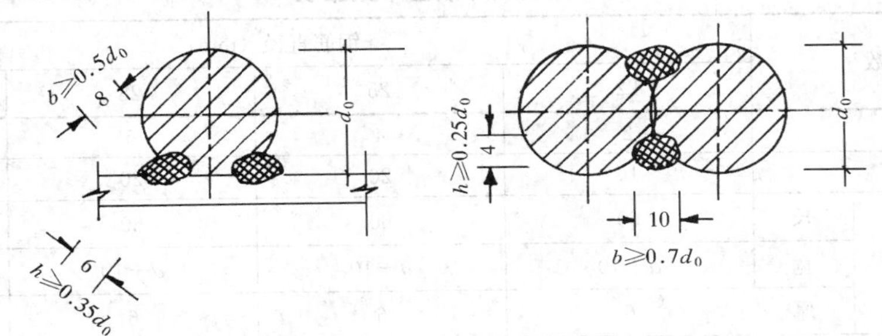

图 21-12 钢筋焊接焊缝高度及宽度

(5) 立坡口焊接是一种新的焊接工艺，没有进行过立坡口焊接的焊工应预先培训，并做试件焊接，然后通过试件的拉力试验，证明焊接质量合格后，方可在正式工程中施焊。钢筋立坡口焊接接头及运弧方法见图 21-13，焊接基本参数见表 21-1。上下钢筋应焊平，用电弧将焊根部位的焊渣吹掉，补焊好，其装饰焊高出钢筋表面 1～2mm 为止。

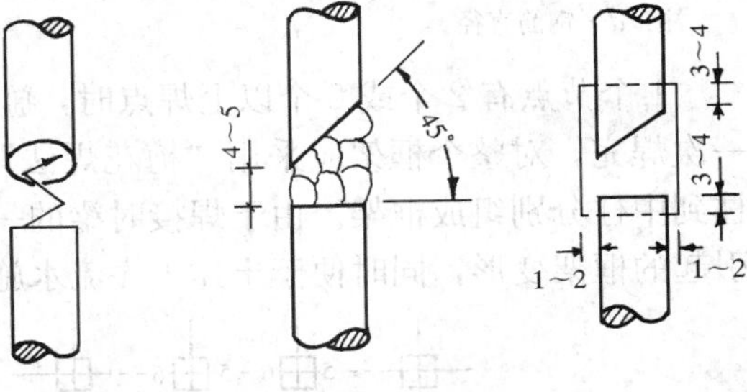

图 21-13 钢筋立坡口焊接接头及运弧方法

立坡口焊接基本数据表　　表 21-1

焊接参数	钢筋直径（mm）			
	22	25	28	32
最小间隙（mm）	4	4	5	5
最大间隙（mm）	10	15	15	15
坡口角度（°）	50	50	45	45
焊条直径（mm）	4	4	5	5
焊接电流（A）	160	160	180	180

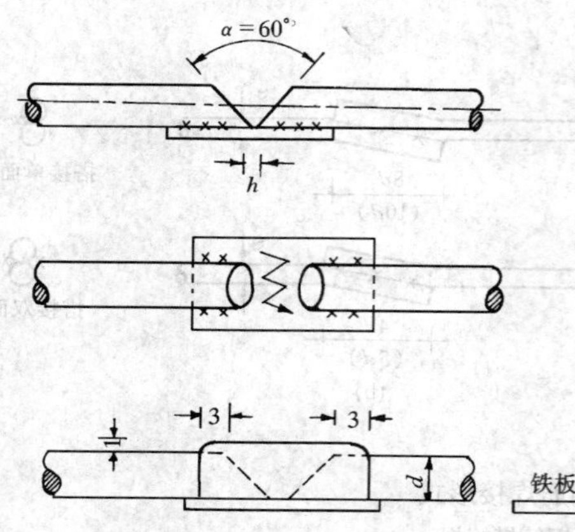

图 21-14　钢筋平坡口焊接及运弧方法

（6）平坡口焊接时应首先由坡口尖端处引弧，使之连接起来，然后由铁板的一端到另一端，用“之”形运弧，将坡口部位堆焊起来，直至焊缝高出钢筋表面 1～2mm 为止，再将钢筋两侧与铁板焊在一起，表面进行装饰焊，如图 21-14 所示。在焊接过程中，应随时进行清渣，结束接头的焊接时，应注意电弧坑不要留在钢筋上。焊接基本参数见表 21-2。

为避免影响柱子垂直偏差，必须采取合理的施焊顺序，保证柱子垂直偏差在规范允许范围之内。

平坡口焊接基本数据表　　**表 21-2**

焊接参数		钢筋直径（mm）			
		22	25	28	32
最小间隙（mm）		2	4	5	5
最大间隙（mm）		15	20	20	20
钢垫板尺寸（mm）	长	60	60	60	60
	宽	$d+10$	$d+10$	$d+10$	$d+10$
	厚	6	6	6	6
焊条直径（mm）		4	4	5	5
焊接电流（A）		180	180	200	200

注：d—钢筋直径。

1 个节点有 2 个或 2 个以上焊点时，施焊顺序应采取轮流间歇焊法，即 1 个焊点不要一次焊完，对整个框架应采用“梅花焊法”，如图 21-15 所示，先由中柱到边柱，或由边柱到中柱分别组成框架。由于焊接时梁的一端固定，一端自由，减小了焊接过程中拉应力引起的框架变形，同时便于土建工序流水施工。

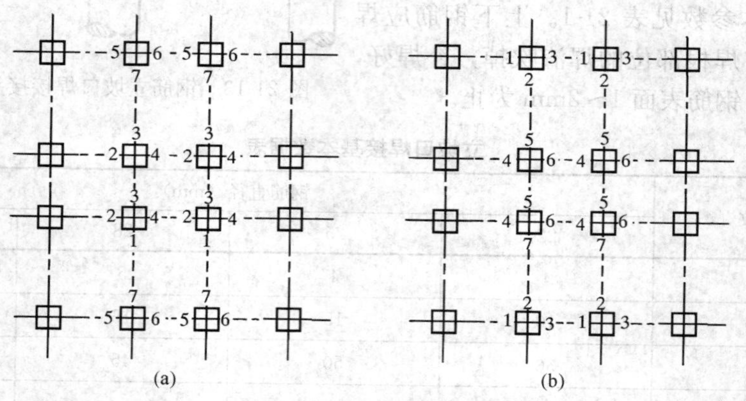

图 21-15　平坡口梅花焊法

（a）由中柱到边柱；（b）由边柱到中柱

框架结构梁柱接头焊接形式如图 21-16 所示。

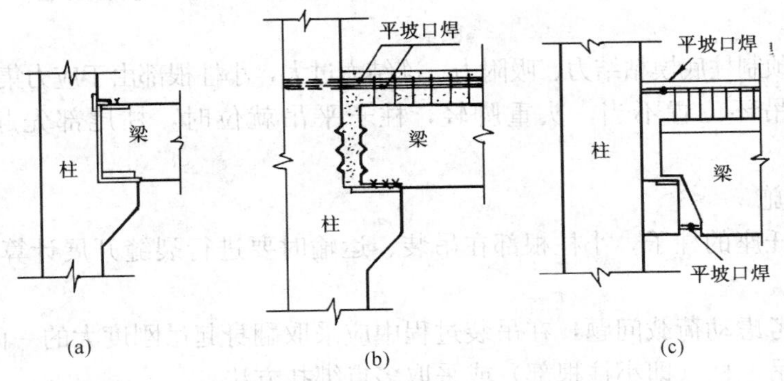

图 21-16　框架结构梁柱接头

(a) 明托座梁柱铰接接头；(b) 明托座梁柱刚性接头；(c) 暗托座梁柱接头

21.2.4　带托座柱垂直偏差大

1. 现象

柱子垂直偏差超过允许值。

2. 原因分析

(1) 由于柱子变断面，经纬仪未架在轴线上，观测出现误差。

(2) 柱子安装后，杯口混凝土强度未达到要求即撤去铁楔子，由于外力作用（如在柱子上绑架子、轻度地震、附近车辆或锻锤的振动等）造成柱子垂直偏差。

(3) 大头柱受偏心荷载作用，产生垂直偏差。

(4) 双肢柱由于构件制作偏差或基础不平，只能保证单肢垂直偏差，忽略了另一肢的垂直偏差。

(5) 安柱间钢支撑和吊车梁时，由于撬动构件使柱子产生垂直偏差。

3. 防治措施

(1) 校正变断面柱子时，经纬仪必须支在轴线上，经纬仪偏离轴线而造成的误差与观测偏差之和不能超过允许偏差值。

柱子校正后，应去掉临时支撑，以防受支撑外力影响造成永久性垂直偏差。

(2) 杯口内混凝土未达到设计强度或小于 10MPa 时，不允许在柱身绑架子。在安装吊车梁时，应再次进行复校，用电焊将柱与吊车梁固定，以消除柱子垂直偏差。

(3) 为防止大头柱由于偏心荷载引起的垂直偏差，校正后应用支顶方法固定，待柱基础钢筋全部焊接完毕时再拆除支顶。

(4) 对双肢柱各部主要尺寸要严格进行预检，杯口底部要平，不符合设计要求者要及时处理好。双肢柱的质量标准按《混凝土结构工程施工质量验收规范》(GB 50204) 的要求。如果两肢垂直偏差相差大于 20mm 时，两肢垂直偏差应适当均衡调整。

21.2.5　小柱根部裂缝

1. 现象

柱子托座上部的小柱根出现裂缝。

2. 原因分析

(1) 带托座柱在运输、吊装过程中未考虑动力荷载产生的弯矩数值，小柱根部断面较弱，容易开裂。

(2) 现场预制柱底模粘结力、吸附力、冻结力过大，小柱根部由于应力集中易出现裂缝。

(3) 柱子吊环位置不当，头重脚轻，柱子平吊就位时，柱尾部先起，小柱根部易折断。

3. 预防措施

(1) 凡带托座的柱子，小柱根部在吊装、运输时要进行裂缝开展计算，超过规定时，应有加固措施。

如设计未考虑动荷载问题，在吊装过程中应采取翻身起吊刚度大的一面，在条件允许的情况下可以吊上柱（即小柱根部）或采取多点绑扎方法。

(2) 遇有粘结力、吸附力、冻结力过大的柱子，应将铁楔子塞进缝隙内锤击，使构件间脱离；或用千斤顶侧向支顶，待柱子松动后，再慢慢起吊。

(3) 如果吊环位置不当已形成头重脚轻，应先将柱头部松动，打入木楔更换吊点。

4. 治理方法

参见本手册 18.5.5“撞击裂缝”的治理方法。

21.2.6　双肢柱底脚吊装裂缝

1. 现象

双肢柱底脚开裂。

2. 原因分析

双肢柱底脚距离较大，双肢及横梁构架刚度较小，在起吊滑行的过程中，由于臂杆转动双肢受扭，而造成双肢底脚开裂。

3. 防治措施

双肢柱的设计刚度应能满足双肢吊装受扭要求，如设计对此问题未考虑，可采用活动工具式型钢加固双肢底脚。

21.2.7　“Γ”形柱吊装断裂

1. 现象

“Γ”形柱发生断裂。

2. 原因分析

(1) 吊钩垂线与“Γ”形刚架的平面重心不重合。

(2) 吊索绑扎方法不当，造成梁先起或柱先起，都会引起“Γ”形柱或梁的断裂。

(3) 梁柱或刚性节点处（梁柱交点处），吊装钢筋或构造钢筋不足。

(4) 参见 21.2.2“柱吊装裂缝”的原因分析。

3. 防治措施

(1) 垫点位置必须按设计要求放置，见图 21-17 所示。

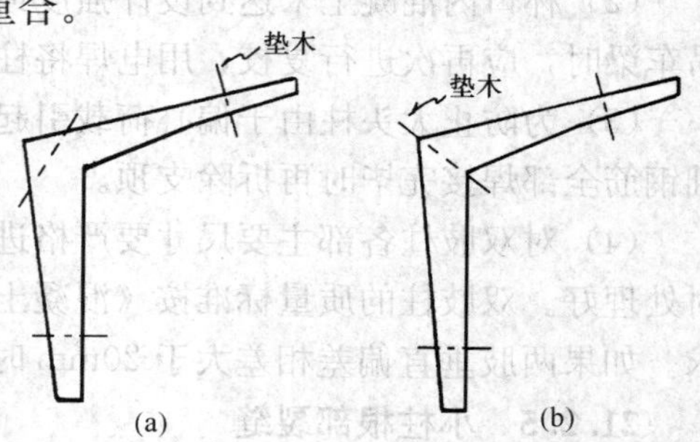

图 21-17　刚架支垫方法

(a) 垫点位置正确；(b) 垫点位置错误

（2）吊装时应根据构件几何尺寸，计算出构件平面重心，吊钩垂线要与重心重合。

（3）“Γ”形刚架的正确绑扎与吊装方法，应按计算和模拟试验结果确定吊点位置。“Γ”形刚架的一点、两点、三点绑扎方法见图 21-18 所示。

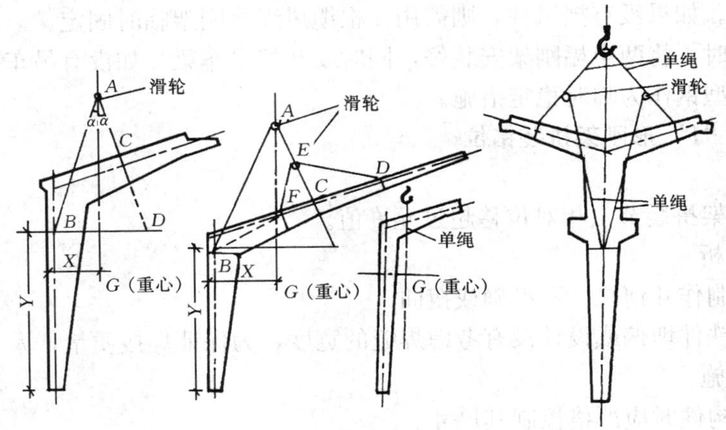

图 21-18　“Γ”形柱一、二、三点绑扎

在起吊开始时，必须使“Γ”形柱的底部和梁的顶部同时接触地面，以增加刚架纵向和侧向的刚度。对重叠构件尽量做到柱与梁先起，而肩膀（指梁柱交点处）后起，以减少构件间的吸附力。

（4）进行钢筋混凝土裂缝开展验算，如果钢筋不足，必须附加钢筋以满足吊装要求。

21.2.8　“Γ”形柱垂直偏差大

1. 现象

“Γ”形柱安装时垂直偏差超过允许值。

2. 原因分析

（1）无论拼接处有一个或两个拼接点，梁几何尺寸长或短，都会导致柱外倾或内倾。

（2）杯口处靠铁楔子临时固定，不浇筑混凝土，所以柱底脚活动性较大。

（3）活动支架的强度、刚度、稳定性不够。

3. 防治措施

（1）构件制作尺寸要严格控制，并预先进行构件预检，把问题消灭在吊装之前。

（2）如果两榀刚架拼在一起，刚架柱垂直而梁节点安装不上时，可凿去两半榀刚架梁较长的部分，或“Γ”形柱往跨外移不大于 10mm；如果超过此值，应经设计人同意。“Γ”形柱往跨外的不垂直度不得超过柱安装质量标准。

（3）“Γ”形刚架校正时，应同时把梁校正好（梁中心线与跨间的横轴线重合），经纬仪架设位置应尽可能放在跨间横轴线上（图 21-19）。

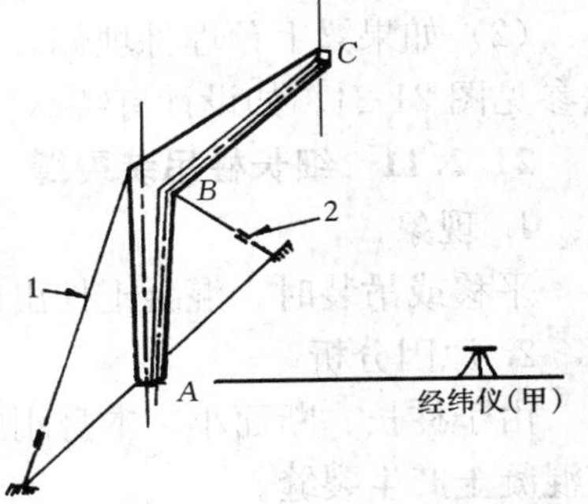

图 21-19　“Γ”形刚架校正方法

1—缆风绳；2—花篮螺栓

（4）刚架悬臂梁易造成内倾，一般应在柱梁交点内侧加设支撑（无活动支架时），杯口深度一般应大

于 70cm，以避免柱在杯口内活动。

（5）活动支架刚度应通过计算确定，否则刚度不够产生局部弯曲，造成柱垂直偏差。

（6）安装第一榀“Γ”形刚架非常重要，如果有挡风柱，应按准确尺寸，用弹簧板将梁与柱连接好。如果没有挡风柱，则需用 4 根缆风绳将刚架临时固定。

有吊车梁时，将两半榀刚架安装好，同时安装好吊车梁。如没有吊车梁和联系梁，可在刚架肩部加型钢作为临时稳定措施。

21.2.9　“Γ”形刚架拼装错位

1. 现象

“Γ”形刚架拼装节点相对位移超过允许值。

2. 原因分析

（1）构件制作几何尺寸不准确或扭曲。

（2）预埋铁件埋偏或设计没有考虑焊缝的宽度，为保证焊接质量，人为造成错位。

3. 预防措施

（1）制作构件时应严格控制其尺寸。

（2）严格审查图纸，有问题及时和设计单位洽商解决。

4. 治理方法

竖向错位不大于 10mm 时，一般采用氧乙炔火焰烘烤锤击密实；错位大于 10mm 时，须与设计人员研究解决。

横向错位不大于 10mm 时，一般以梁面中心线对准安装；大于 10mm 时，须与设计人员研究解决。

21.2.10　“Γ”形刚架外倾

1. 现象

“Γ”形刚架承受荷载后渐渐外倾。

2. 原因分析

由于刚架是两铰或三铰结构，本身刚度小，全部负荷后，梁柱断面内部钢筋少，久后造成外倾。

3. 防治措施

（1）为保证刚架刚度，要严格控制节点焊接质量，节点设计时应尽量做到强节点弱杆件，易于组装。

（2）如果梁上预埋件埋偏，不能保证焊缝宽度时，应对预埋件进行技术处理。一般作法参见图 21-24。如设计有特殊要求，应与设计人员洽商处理。

21.2.11　细长柱吊装裂缝

1. 现象

平移或吊装时，混凝土柱出现裂缝。

2. 原因分析

由于柱长、断面小，本身刚度差，吊装前柱子平移就位方法不当，或吊装方法不当，使混凝土产生裂缝。

3. 防治措施

（1）平移一般应采用两点平移使正负弯矩近似相等。一定要通过正负弯矩计算确定吊点，不能凭想像确定吊点位置。吊点位置确定后再进行混凝土裂缝开展验算。

(2) 吊装方法一般应采用一点（图 21-20）或两点吊装。如承载能力不够，也可用多机多点吊装。计算方法仍按弯矩分配法、三弯矩方程式等确定吊点位置，再进行裂缝开展计算。

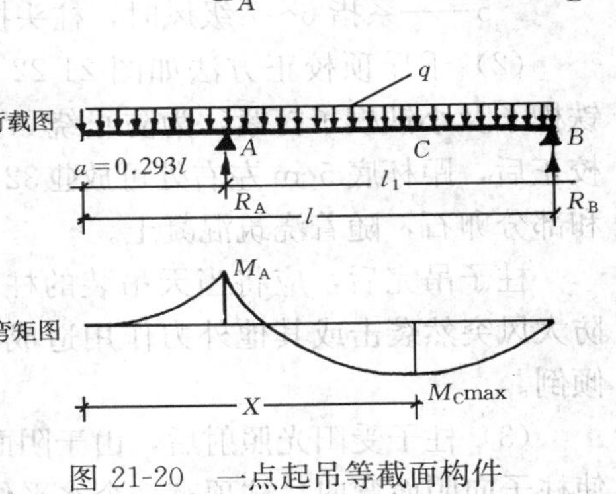

图 21-20 一点起吊等截面构件

21.2.12 细长柱垂直偏差大

1. 现象

细长柱在安装中垂直偏差超过允许值。

2. 原因分析

(1) 使柱产生垂直偏差的因素较多，主要有柱杯口临时固定松紧程度不一致，风力影响及阳光照射等。

(2) 柱子在制作时，阴面（即柱子底面）湿度较大，阳面（即柱子上面）湿度较小。柱子吊立后，在阳光照射下，湿度较大的一面柱垂直偏差变化较大，湿度较小的一面变化较小。

(3) 柱子前一天进行二次就位，阴面已风干一夜，但柱内湿度还很大，对柱的垂直偏差仍有很大影响。

通过实测可以看出，气温、时间、柱子阴阳面对柱子垂直偏差的变化规律：柱子阴面朝哪个方向，预留偏差就向同一方向，具体数值可参考图 21-21 理论曲线。

3. 防治措施

(1) 柱子如采用无缆风绳千斤顶校正，切忌摘钩校正。因脱钩后如垂直偏差较大，重心在柱外，受千斤顶作用，柱子会向相反方向倾倒。一般作法是柱子立直后，用线坠初校（图 21-22），其控制数值：

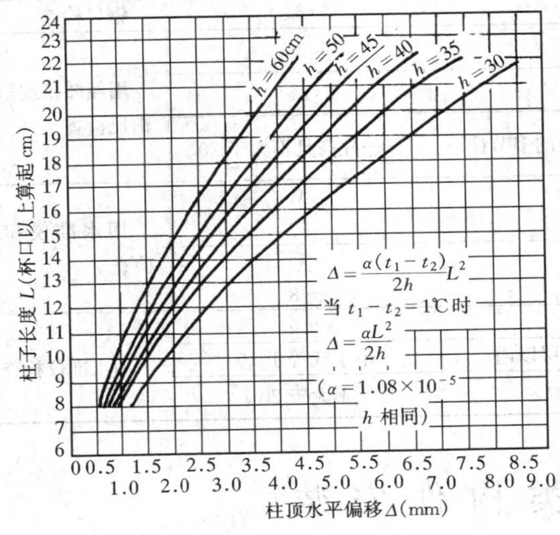

图 21-21 温差 1℃时柱顶偏移的理论曲线

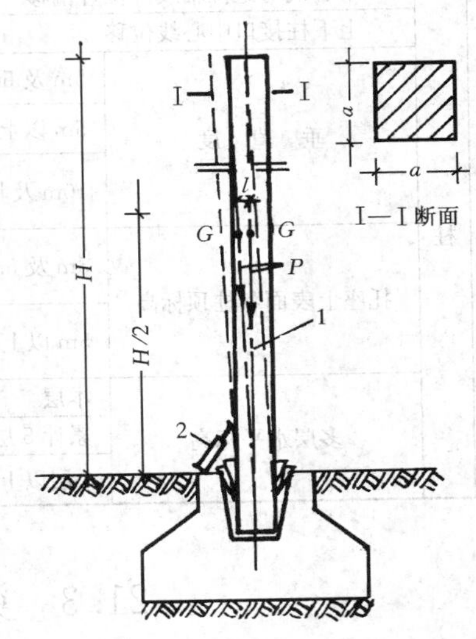

图 21-22 千斤顶校正柱

1—柱子；2—千斤顶

$$e=\frac{a}{4}+5$$

式中 e——柱子重心位移（cm）；

a——柱子断面边长（cm）；

5——系指6～7级风时，柱头振幅的一半（cm）。

（2）千斤顶校正方法如图21-22所示。上口将大铁楔子及小铁楔子打紧，为防止绕A点转动，当一次校正后，距杯底5cm左右处可放Φ32钢筋（图21-23）和部分卵石，随着浇筑混凝土。

柱子吊完后，应将当天吊装的柱子加好支撑，以防大风突然袭击或其他外力作用造成柱子垂直偏差及倾倒。

（3）柱子受阳光照射后，由于阴面和阳面的温差，使柱子向阴面弯曲，柱顶有一个水平位移。这个位移，可考虑采用预留偏差的方法解决。具体数值可参考图21-21。对细长柱也可利用早晨、阴天校正；或当日初校，次日晨复校。

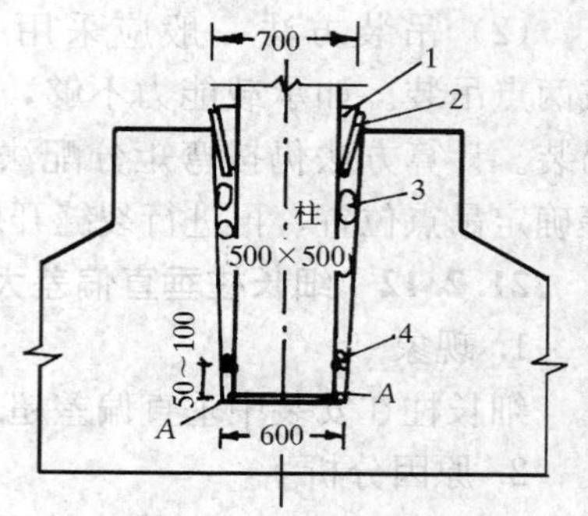

图21-23　柱子根部临时固定

1—大铁楔；2—小铁楔；3—卵石；4—Φ32钢筋垫块（形如品）

附录21.2　柱类构件安装质量标准及检验方法

杯形基础和柱安装允许偏差及检验方法　　附表21-2

项次	项	目		允许偏差（mm）	检验方法
1	杯形基础		中心线对轴线位置偏移	10	钢尺检查
			杯底安装标高	0 −10	用水准仪检查
2	柱	中心线对定位轴线的位置偏移		5	钢尺检查
		上下柱接口中心线位移		3	钢尺检查
		垂直度	5m及5m以下	5	用经纬仪或吊线和钢尺检查
			5m以上	10	
			10m及其以上的多节柱	$\frac{1}{1000}$柱高且不大于20	
		托座上表面和柱顶标高	5m及5m以下	0 −5	用水准仪和钢尺检查
			5m以上	0 −8	
		多层水平标高	本层	±0	用水准仪检查
			累计5层或5层以内	小于或等于10	
			5层以上	不大于20	

21.3　梁类构件安装

21.3.1　焊缝不符合要求

1. 现象

梁与柱节点焊缝太薄。

2. 原因分析

梁与柱之间接触不严密，缝隙过大，垫铁超过3块，垫铁不能形成阶梯形；设计时梁断面与柱断面相同，需要焊横缝或仰缝。

3. 防治措施

梁与柱之间接触点空隙较大时，要加工较厚的铁楔，保证焊缝阶梯尺寸；尽量避免进行横焊或仰焊。如果焊缝宽度不够，可采用加大预埋铁件的办法（图 21-24）处理，即在预埋铁件上面再焊上一块较大的钢板，其厚度同预埋铁件。

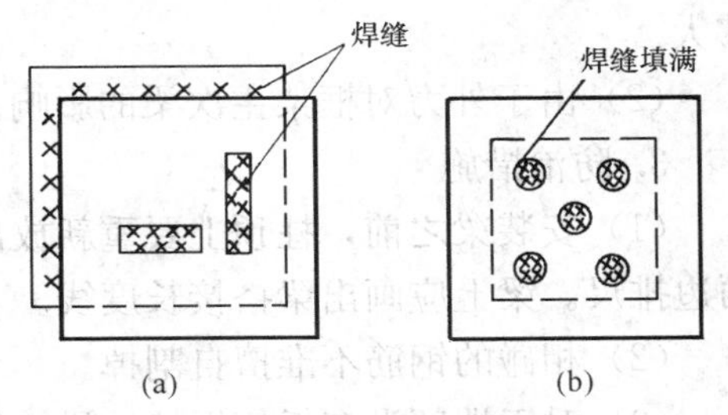

图 21-24 预埋铁件处理办法
（a）预埋铁件埋偏；（b）预埋铁件尺寸小

21.3.2 薄腹梁垂直偏差大

1. 现象

薄腹梁垂直偏差超过允许值。

2. 原因分析

（1）梁侧向刚度较差，扭曲变形大。

（2）点焊不牢即脱钩，使薄腹梁发生垂直偏差。

（3）吊线操作工技术不熟练，两端头采用线坠容易看成相反方向。

3. 防治措施

（1）侧向扭曲较大的梁（在制作允许偏差范围内）处理办法：

1）两端同向偏斜时，尽量校正为零，使中点垂直偏差与两端垂直偏差数值相等，同时对位移进行适当调整；

2）两端反向偏斜时，尽量校正为零，以中点垂直为主，使两端垂直偏差绝对值相等。

（2）吊装时，垫铁垫实后用电焊点焊固定，经垂直偏差复查无误后再脱钩。

（3）吊线操作工应经过培训。

21.3.3 薄腹梁位移

1. 现象

梁与柱顶预埋螺栓相碰，造成位移。

2. 原因分析

预埋螺栓位置不准，柱子安装不垂直，纵横轴线不准确等。

3. 防治措施

对于梁的临时固定螺栓，如果与梁相碰时，经设计允许，可去掉原螺栓重新补焊，再在需要的地方另加螺栓。

如果大梁两端为焊接连接，则去掉螺栓补焊好即可。

21.3.4 框架梁位移

1. 现象

梁中心线对定位轴线位移超过允许值。

2. 原因分析

（1）齿槽式节点（图 21-25）中，柱预埋筋与梁主筋相对位

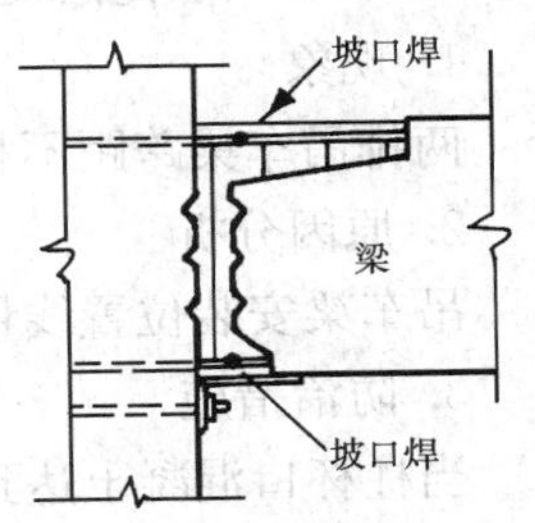

图 21-25 齿槽式节点

移大。

（2）由于外力对框架主次梁的影响。

3. 防治措施

（1）安装梁之前，柱顶上要重新放出正确的轴线，同时量测梁间距尺寸，应从中间向两边排尺。梁上应画出梁搭接长度线。

（2）相碰的钢筋不准擅自割掉。

（3）对于端部没有任何焊接的梁，吊装时，必须与柱临时固定，以防移动。

在安装楼板和调整板缝时，不应将外力传给梁。在支接头模板等操作时，不准随意挪动次梁。

（4）由于齿槽式节点处柱梁的预留筋过短，无法烤撼校正，只能调整梁位置，在钢筋焊接时，再略作调整，根据设计意见再采取其他补救措施。

21.3.5　框架梁安装裂缝

1. 现象

跨度较大的叠合主梁安装时在跨中产生裂缝。

2. 原因分析

（1）主梁叠合部分未现浇，承载力低，当施工荷载过大时，梁中部出现裂缝。

（2）梁两端搭接少，柱梁接触点易压裂。

3. 预防措施

（1）较大跨度的梁和一面带檐口受偏心荷载的梁，经设计验算后可在梁中部或两端支顶方木，以增加其承载能力和稳定性。

（2）安装楼板后浇叠合层未达到强度要求之前，不能随意拆除支撑。

4. 治理方法

参见本手册 18.5.5“撞击裂缝”的治理方法。

21.3.6　框架梁垂直偏差大

1. 现象

主梁垂直偏差超过允许值。

2. 原因分析

由于柱顶和梁底不平，缝隙垫得不实。

3. 防治措施

柱顶和梁底不平造成的缝隙，一般先垫铁楔之后再用细石混凝土塞实。

21.3.7　吊车梁跨距不等

1. 现象

两排吊车梁跨距不相等。

2. 原因分析

吊车梁安装位置线量测不准或钢尺拉得不紧。

3. 防治措施

当柱杯口混凝土达到设计强度后，应将下面的正确轴线点反到柱托座面上，用有弹簧秤的钢尺校核跨距无误后再安装。

21.3.8 吊车梁标高偏差或扭曲

1. 现象

单排吊车梁水平呈波浪形或中心线呈折线形。

2. 原因分析

(1) 由于柱托坐标高误差和吊车梁本身制作偏差，造成梁水平呈波浪形。

(2) 吊车梁中心线校正工艺不合理，使单排吊车梁呈折线形。

3. 防治措施

(1) 为避免吊车梁水平面呈波浪形，要作好预检工作，如杯口标高、柱托坐标高、吊车梁的几何尺寸等。在安装过程中，吊车梁两端不平时，应用合适的铁楔及时找平。

(2) 为防止单排吊车梁呈折线形，一般作法是：较重的T形吊车梁，随安装随校正，并用经纬仪支在一端打通线校正。对鱼腹式吊车梁或较轻的T形吊车梁，单排吊车梁安装完毕后，在两端轴线点上拉通长铁丝（一般用20号铁丝）逐根校正。

21.3.9 吊车梁垂直偏差大

1. 现象

吊车梁垂直偏差超过允许值。

2. 原因分析

(1) 鱼腹式吊车梁两端不平使腹部垂直偏差过大。

(2) T形吊车梁，由于两吊车梁距离很近，只能用线坠找另一端垂直，当吊车梁本身扭曲较大时，很难准确控制。

3. 防治措施

(1) 吊车梁中心线与垂直偏差校正应同时进行。

(2) 鱼腹式吊车梁可用F形专用标尺近似地校正腹部垂直偏差。

(3) 对T形吊车梁，扭曲不大时可用一端挂线坠的办法校正。扭曲较大时，也可用F形专用标尺校正（图21-26）。

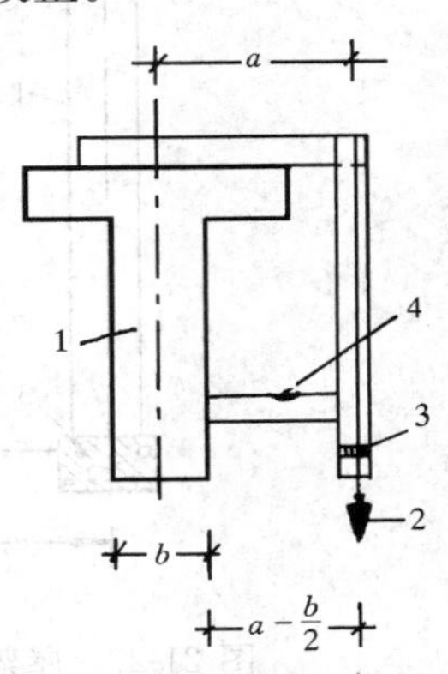

图 21-26 F形校正标尺

1—吊车梁；2—线坠；3—刻度尺；4—水准泡

附录 21.3 梁类构件安装质量标准及检验方法

梁类构件安装允许偏差及检验方法 **附表 21-3**

项次	项	目		允许偏差（mm）	检 验 方 法
1	梁	下弦中心线对定位轴线的位移		5	钢尺检查
		垂直度	薄腹梁	5	线坠、经纬仪和钢尺检查
			框架主次梁、联系梁	3	线坠和钢尺检查
2	吊车梁	中心线对定位轴线的位移		5	钢尺检查
		梁上表面标高		0，−5	水准仪和钢尺检查

21.4 屋 架 安 装

21.4.1 屋架垂直偏差大

1. 现象

屋架安装后垂直偏差超过允许值。

2. 原因分析

屋架制作或拼装过程中本身扭曲过大；安装工艺不合理，垂直度不易保证。

3. 防治措施

(1) 为使屋架在一个平面内受力，对于扭曲较大的屋架需经设计单位同意后方准使用。

(2) 屋架校正方法可在屋架下弦一侧拉1根通长铁丝，同时在屋架上弦中心线反出一个同等距离的标尺，用线坠校正（图21-27）。也可用1台经纬仪放在柱顶一侧与轴线平移 a 距离，在对面柱子上同样有一距柱为 a 的点，从屋架中线处用标尺挑出 a 距离，三点在一条线上，即可使屋架垂直（图21-28）。

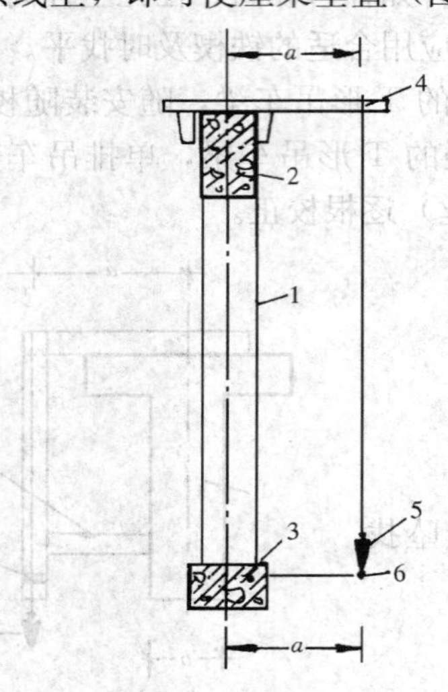

图21-27　屋架校正方法

1—屋架；2—上弦；3—下弦；4—标尺；5—线坠；6—拉通长铁丝

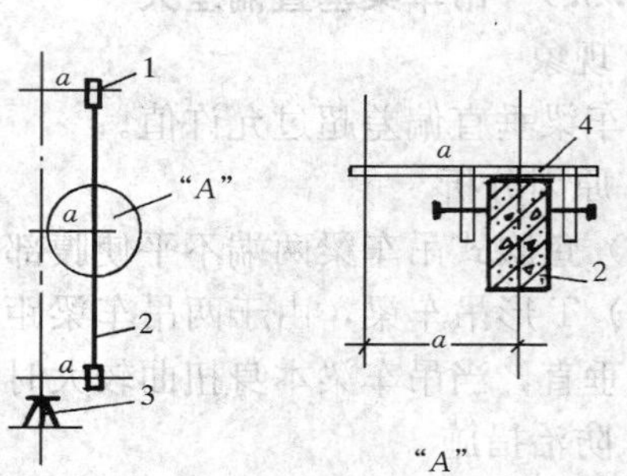

图21-28　经纬仪校正屋架方法

1—柱；2—屋架；3—经纬仪；4—标尺

(3) 如果屋架本身扭曲，可按垂直偏差均衡办法校正，参见21.3.2"薄腹梁垂直偏差大"的防治措施（1）。

(4) 确保垂直度符合要求的关键在于临时固定方法。第一榀屋架有挡风柱时，校正完毕后应与挡风柱拉牢或焊牢。如无挡风柱时，可在屋架上弦两坡各一点处拉4根缆风绳做临时固定。第二、三榀屋架在屋架校正后用拉杆拉牢。

21.4.2　屋架扶直时裂缝

1. 现象

屋架扶直时出现裂缝。

2. 原因分析

(1) 屋架扶直时，吊点选择不当。

(2) 屋架采取重叠预制时，受粘结力和吸附力影响而开裂。

(3) 垫木不实，屋架起吊时滑脱使下弦受振或碰裂。

(4) 预应力混凝土构件孔道灌浆的强度不够。

3. 防治措施

(1) 屋架扶直一般采用4点起吊为宜，最外面吊索与水平夹角不得小于45°。上弦受力情况应验算复核。

(2) 对多层重叠预制屋架，当粘结力和吸附力较大时，可采用振动办法使屋架脱离开。

(3) 重叠预制屋架扶直前，必须将两端垫木垫实，否则屋架将不能以 A 点为转动点，扶直中下弦会滑下而折断（图 21-29）。

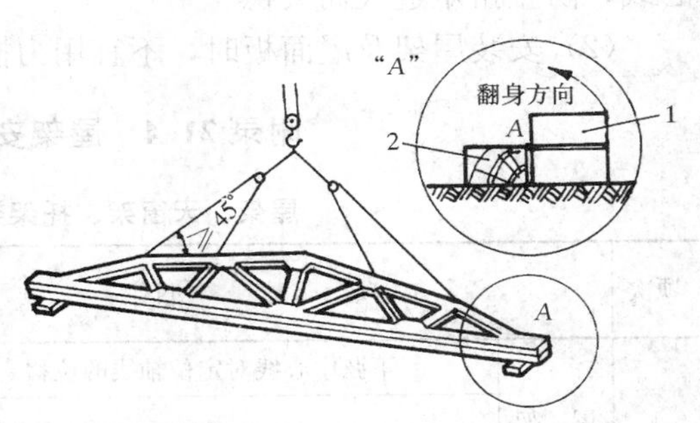

图 21-29 屋架扶直时下弦垫点

1—屋架端头；2—道木墩

(4) 预应力构件就位安装时，孔道灌浆强度不得低于 15MPa。

21.4.3 下弦拉杆受力不均

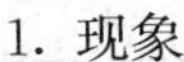

1. 现象

三角形屋架、托架等下弦杆两根钢筋或型钢松紧不一，受力不等。

2. 原因分析

拼装过程中，由于吊点选择不合理，使下弦杆受压，当屋架安装到设计位置时，由于屋架两端支点摩擦力较大，依靠屋架本身自重不能使下弦杆拉直。

3. 防治措施

(1) 拼装时，钢筋或型钢下弦拉杆要调直垫平。当钢筋下弦拉杆用花篮螺栓旋紧，或型钢下弦拉杆焊好后，必须进行检查，以防单根受力过大而破坏。

(2) 吊装前，屋架本身要进行横向加固，以减小下弦水平压力。为使下弦杆承受拉力，吊点尽量选在离端点较近处，注意两吊点的水平线要位于人字梁重心的上部。

21.4.4 天窗架位移

1. 现象

天窗架安装后支点纵方向不在一直线上。

2. 原因分析

(1) 天窗架拼装跨度不符合设计要求。

(2) 天窗架安装时来不及放通线，造成里出外进。

3. 防治措施

(1) 拼装天窗架时，各部分尺寸应进行抽检，超出拼装误差，应与设计单位研究处理。

(2) 对于天窗架安装位置，可在屋面上用经纬仪观测天窗架中点，随安装随观测，以确保天窗架中点在同一水平线上。

21.4.5 托架梁失稳

1. 现象

托架梁侧向刚度小，受扭后容易失稳。

2. 原因分析

托架梁一侧安装屋架，受偏心荷载后扭矩过大而失稳。

3. 防治措施

(1) 如果相邻两跨屋架作用在托架梁的一点上，在安装屋架前必须将托架梁进行加固。如果单跨屋架安装在托架上，设计时应在托架梁上焊垫板，使屋架荷载通过托架梁中心线，防止扭矩过大而失稳。

(2) 安装屋架及屋面板时，不宜用力撬动，防止托架梁失稳。

附录 21.4　屋架安装质量标准及检验方法

屋架、天窗架、托架梁安装允许偏差及检验方法　　**附表 21-4**

项次	项目			允许偏差 (mm)	检验方法
1	屋架	下弦中心线对定位轴线的位移		5	钢尺检查
		垂直度	桁架、拱形屋架、三角形屋架、下承式五角形屋架	$\frac{1}{250}$屋架高	用经纬仪或吊线和钢尺检查
2	天窗架	构件中心线对定位轴线的位移		5	钢尺检查
		垂直度		$\frac{1}{300}$天窗架高	用经纬仪或吊线和钢尺检查
3	托架梁	底座中心线对定位轴线的位移		5	钢尺检查
		垂直度		10	用经纬仪或吊线和钢尺检查

21.5　板类构件安装

21.5.1　吊环断裂

1. 现象

吊环发生断裂。

2. 原因分析

(1) 构件制作时吊环留得过长，在搬运时索具长短不一，堆放时上层板压吊环，使吊环反复受力，引起应力集中而局部硬化脆断。

(2) 使用含碳量较高的钢筋做吊环。

(3) 冬季温度低，钢筋吊环易于冷脆。

(4) 预埋吊环承载能力不足。

(5) 吊环在构件上的位置不正确。

3. 防治措施

(1) 吊环长短应符合吊装钩挂方便与堆放不被压倒的要求，不宜留置过长。

(2) 一般吊环钢筋采用 HPB300，严禁用 HRB335 及其以上的钢筋做吊环。

(3) 为避免吊环断裂，对有吊环的构件，吊装时均应加保险绳（图 21-30）。

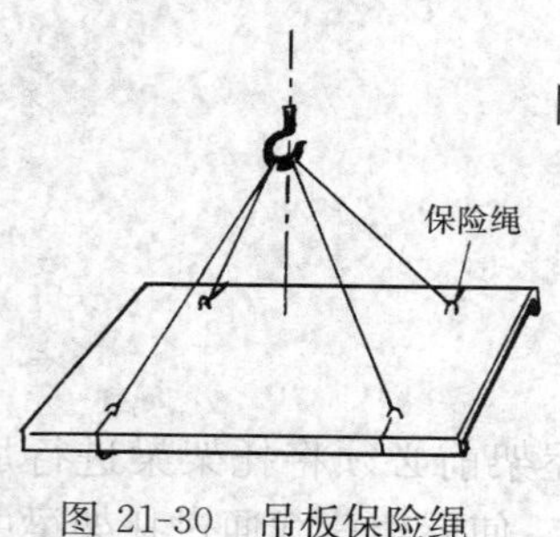

图 21-30　吊板保险绳

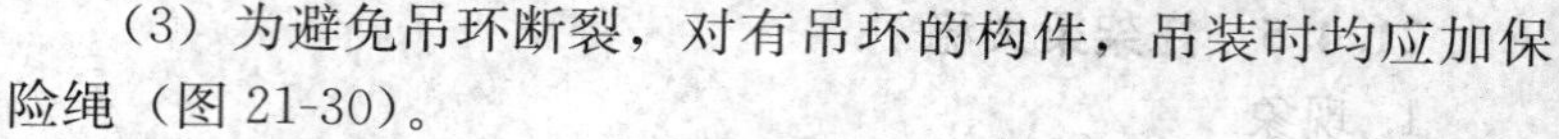
(4) 预埋钢筋吊环必须有足够的承载能力，位置必须正确。

21.5.2　屋面板位移

1. 现象

大型屋面板安装时板边压线或发生位移。

2. 原因分析

(1) 由于模板（尤其是大型模板）长期使用，构件跑模，出现超长超宽或窜角，以及板端出现上大下小或上小下大情况。

（2）放线或安装不精心。

（3）梁预埋铁件位置不正确。

3. 防治措施

（1）构件应经检验合格后再出厂。重点检查有无裂缝、鼓胀、飞边、大头板等。

（2）严格按板安装工艺进行操作，应从屋脊往两端对称扣板，使误差出现在梁的两端。如果到梁端板仍放不下，可在梁端加焊板或小钢托座。安装中应尽量通过调整板缝等措施做到不吃线。

在安装第一间板时，横向应适当往梁侧方向移动一些，纵向往厂房的两端或伸缩缝处移动一点，但不能过多，尽量使累计偏差处于厂房两端。

（3）如已造成板边吃线，一端搭接长不符合质量要求时，应征得设计单位同意，将板端保护层凿掉（严禁凿板肋）再安装。

（4）梁上预埋铁件位置错误的处理方法，见图 21-24。

21.5.3 屋面板焊接不良

1. 现象

板角焊缝长度、厚度不足。

2. 原因分析

（1）板肋预埋铁件不正，铁楔不符合要求，垫得不严密。

（2）片面追求吊装速度，忽视焊缝长度和厚度要求。

3. 防治措施

（1）制作构件时，要严格按规定放置板肋端部预埋铁件，使之突出构件，不能凹陷；如有缝隙，应用铁楔支垫密实。铁楔块数不得超过 3 块。

（2）焊缝必须清除药皮，自检无误后，方可安装第二块板。

21.5.4 圆孔板安装断裂

1. 现象

长向圆孔板安装后发生断裂。

2. 原因分析

（1）支座（指板两端搭接处）高低不平或板本身翘曲，造成支座处不密实，形成对角两点受力。

（2）构件出厂时混凝土强度不够，有微裂。

（3）长向板与叠合梁的现浇缝未能形成整体，板梁不能共同工作，施工荷载大时造成断裂。

3. 防治措施

（1）梁上应用砂浆找平，板端不密实要用铁楔垫实，灌缝时应用细石混凝土将空隙捻严。

（2）运输、安装时，发现裂纹板应经研究洽商后再使用。

（3）在叠合梁现浇前，板跨中应支顶一道方木。

21.5.5 板梁钢筋互碰

1. 现象

板预应力筋压叠合梁箍筋。

2. 原因分析

（1）梁与板的预埋钢筋尺寸不符，梁上预埋钢筋没有调直，或预埋筋较密（如抗震墙处梁）。

（2）板在安装时落钩较快，将梁上钢筋砸倒。

3. 防治措施

（1）安装前板与梁上预埋筋均应调直。调整时以钢筋不碰为主，以板位置线为辅，但不得小于板搭接长度最小值，否则应与设计人员洽商处理。

（2）禁止擅自切割板端预应力钢筋和梁上箍筋。

（3）安装时，当板距梁上钢筋 50cm 左右时，吊钩应徐徐降落就位，不能猛落砸倒钢筋。

21.5.6　板端搭接不当

1. 现象

板两端搭接长度不均匀，位移偏差超过允许值。

2. 原因分析

（1）板本身几何尺寸不符合要求。

（2）墙或梁偏差较大。

（3）安装人员操作不认真。

（4）板安装好后，其他工序操作时挪动了板的位置。

（5）梁上叠合部分箍筋相碰。

3. 防治措施

（1）吊装前应作好对板、墙及梁的预检工作，发现问题应会同设计人员进行洽商后认真处理。

（2）板安装前，两端应画出搭接长度线，板的搭接长度一般应等于板厚，并不得少于 70mm。

（3）安装好后的板不得随意挪动。

21.5.7　大楼板吊点处裂缝

1. 现象

大楼板在吊点处出现裂缝。

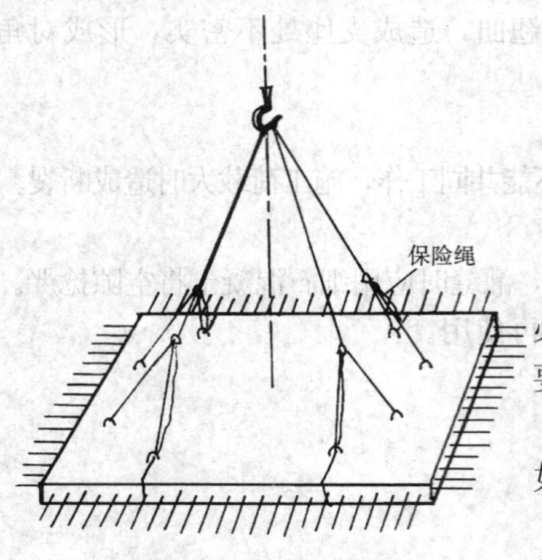

图 21-31　大板 8 点串联吊法

2. 原因分析

（1）大楼板尺寸较大，养护出池时强度不够。

（2）堆放时垫点不合理。

（3）索具在吊点处受力不均。

3. 防治措施

（1）构件养护出池、运输、吊装时，混凝土强度必须符合设计要求，如设计无规定时，不得低于设计要求强度的 75%。

（2）由于板面较大，堆放时 4 个垫点必须垫实，如有不实之处应用小木楔垫稳。

（3）大楼板吊装可采用 8 个点互相串联吊法，以保证各吊点受力均匀（图 21-31）。

21.5.8 加气混凝土板破断

1. 现象

加气混凝土板安装时发生破断。

2. 原因分析

(1) 板本身强度不够，有酥皮、离鼓或浸水超重等现象，多次运输碰撞造成端头锚固筋外露，失去锚固力。

(2) 板面安反，使受力筋位置颠倒。

(3) 有的板端露出主筋或者需凿出主筋与梁焊接，这样易于将板端凿坏，影响锚固筋受力。

(4) 受力筋防腐材料与加气混凝土之间握裹力小。

3. 防治措施

(1) 加气混凝土板强度不足不准出厂。在搬运过程中要防止碰撞，切勿与钢丝绳直接接触，防止局部脱落。

(2) 不论是成垛板或单块板，切忌翻身堆放或安装。

(3) 尽量避免在加气混凝土板两端焊接。

(4) 钢筋表面防腐材料要适当，以免影响加气混凝土与钢筋的握裹力。

(5) 加气混凝土板用作受力构件时，不允许锯短使用。

(6) 由于加气混凝土板强度较低，要验算板在施工荷载下的承载能力。

21.5.9 挑檐板位移与高差

1. 现象

阳台板、挑檐板安装后产生里出外进和不平现象。

2. 原因分析

(1) 构件制作偏差及安装方法不当，造成里出外进。

(2) 构件不平，安装位置标高不准确，支座不密实，构件安装后外倾或内倾。

(3) 安装悬挑构件时，下部临时支撑刚度不够。

3. 防治措施

(1) 先将四角的檐口板或阳台两端安装好后拉通线，以通线为准，轴线作参考，使上下阳台垂直对正。

(2) 安装构件时必须使用水平尺，以免构件内倾，抹灰时不易找平。

(3) 安装悬挑构件时，为增强临时支撑的刚度，立柱间要加剪刀撑，将水平拉杆与门窗洞、墙体拉结牢固，支撑位置上下层应垂直，标高要准确。

21.5.10 踏步板安装不严实

1. 现象

踏步板安装后支座处接触不严实，有缝隙。

2. 原因分析

(1) 构件制作偏差超过允许值。

(2) 休息平台安装不准确。

3. 防治措施

(1) 踏步板两端头几何尺寸要准确，否则角度不对，与支座接触产生缝隙。

（2）休息平台的安装位置是否正确，直接影响踏步板的角度，所以安装休息平台时要用踏步样板量好。

附录 21.5　板类构件安装质量标准及检验方法

板类构件安装允许偏差及检验方法　　附表 21-5

项次	项　目			允许偏差（mm）	检　验　方　法
1	屋面板	搭接长度	墙　上	不小于 80	钢尺检查
			梁　上	不小于 60	钢尺检查
			天窗架上	不小于 50	钢尺检查
		相邻板底平整度（支点处两板高低差）		≤3	钢尺检查
2	空心板	相邻两板下表面平整度	抹　灰	5	用 2m 直尺和楔形塞尺检查
			不抹灰	3	
3	大楼板	楼板搁置长度		±10	钢尺检查
		同一轴线相邻楼板高差		5	钢尺检查
4	加气混凝土板	墙上搭接长度		100	钢尺检查
		梁上搭接长度		80	钢尺检查
		相邻板底平整度（支点处两板高低差）		3	钢尺检查
5	楼梯、阳台、雨篷	位置偏移		10	钢尺检查
		标高		±5	用水准仪或钢尺检查

附录 21.6　装配式结构施工质量标准及检验方法

1. 主控项目

（1）进入现场的预制构件，其外观质量、尺寸偏差及结构性能应符合标准图或设计的要求。

检验方法：检查构件合格证。

（2）预制构件与结构之间的连接应符合设计要求。连接处钢筋或埋件采用焊接或机械连接时，接头质量应符合国家现行标准《钢筋焊接及验收规程》（JGJ 18—2012）、《钢筋机械连接通用技术规程》（JGJ 107—2010）的要求。

检验方法：观察，检查施工记录。

（3）承受内力的接头和拼缝，当其混凝土强度未达到设计要求时，不得吊装上一层结构构件；当设计无具体要求时，应在混凝土强度不小于 $10N/mm^2$ 或具有足够的支承时方可吊装上一层结构构件。已安装完毕的装配式结构，应在混凝土强度达到设计要求后，方可承受全部设计荷载。

检验方法：检查施工记录及试件强度试验报告。

2. 一般项目

（1）预制构件码放和运输时的支承位置和方法应符合标准图或设计要求。

检验方法：观察检查。

（2）预制构件吊装前，应按设计要求在构件和相应的支承结构上标志中心线、标高等控制尺寸，按标准图或设计文件校核预埋件及连接钢筋等，并作出标志。

检验方法：观察，钢尺检查。

（3）预制构件应按标准图或设计要求吊装。起吊时绳索与构件水平面的夹角不宜小于45°，否则应采用吊架或经验算确定。

检验方法：观察检查。

（4）预制构件安装就位后，应采取保证构件稳定的临时固定措施，并应根据水准点和轴线校正位置。

检验方法：观察，钢尺检查。

（5）装配式结构中的接头和拼缝应符合设计要求；当设计无具体要求时，应符合下列规定：

1）对承受内力的接头和拼缝应采用混凝土浇筑，其强度等级应比构件混凝土强度等级提高一级；

2）对不承受内力的接头和拼缝应采用混凝土或砂浆浇筑，其强度等级不应低于C15或M15；

3）用于接头和拼缝的混凝土或砂浆，宜采取微膨胀措施和快硬措施，在浇筑过程中应振捣密实，并应采取必要的养护措施。

检验方法：检查施工记录及试件强度试验报告。

（6）装配式结构尺寸允许偏差及检验方法见附表21-6以及附表21-2、附表21-3、附表21-4和附表21-5。

装配式结构尺寸允许偏差及检验方法 附表21-6

项目			允许偏差（mm）	检验方法
垂直度	层高	≤5m	8	经纬仪或吊线、钢尺检查
		>5m	10	经纬仪或吊线、钢尺检查
	全高（H）		H/1000且≤30	经纬仪、钢尺检查
标高	层高		±10	水准仪或拉线、钢尺检查
	全高		±30	
截面尺寸			+8，−5	钢尺检查
电梯井	井筒长、宽对定位中心线		+25，0	钢尺检查
	井筒全高（H）垂直度		H/1000且≤30	经纬仪、钢尺检查
表面平整度			8	2m靠尺和塞尺检查
预埋设施中心线位置	预埋件		10	钢尺检查
	预埋螺栓		5	
	预埋管		5	
预留洞中心线位置			15	钢尺检查

注：检查轴线、中心线位置时，应沿纵、横两个方向量测，并取其中的较大值。

22 预应力混凝土工程

22.1 预 应 力 筋

22.1.1 预应力筋力学性能不合格

1. 现象

预应力钢丝、钢绞线和预应力螺纹钢筋的抗拉强度、最大外力作用下总伸长率、反复弯曲次数（仅对钢丝）等有一项指标达不到国家标准的要求。

2. 原因分析

（1）原料的性能不好，强度偏低。

（2）钢绞线捻制过程中出现捻损，根据统计计算捻损为钢绞线破断力的1.5%。

（3）生产中，中频回火的温度达不到工艺要求，低于(380±5)℃，有残余应力存在，影响其塑韧性能。

3. 预防措施

（1）加强原材料质量检验。

（2）对半成品钢丝检验，应提高保险加载负荷。

（3）加强生产过程中工艺操作管理。

（4）按规定、按批量认真进行检验与试验后，方可出厂。

4. 治理方法

预应力钢丝、钢绞线和预应力螺纹钢筋进场后，应按规定抽样，委托有资质的检测机构进行试验。如有1项试验结果不符合现行国家标准的要求，则为不合格品；并从同一批未经试验的批（盘）中再取双倍数的试样进行复验，如仍有1个指标不合格，则该批钢丝、钢绞线和预应力螺纹钢筋为不合格品，或逐盘试验，取用合格品。

22.1.2 预应力筋表面划伤

1. 现象

预应力钢丝、钢绞线和预应力螺纹钢筋表面出现局部划伤、划痕。

2. 原因分析

（1）拔丝模损坏。

（2）捻股机内工字轮放线需经过连接模管、弓字板模架。捻制时，模管、模架出现开裂、脱落。

（3）拔丝模盒、捻股机合线模的位置、角度不合理。

（4）捻股机后变形器轮损坏，压下量过大。

3. 预防措施

（1）对拔丝模、捻股机模管、模架经常检查，发现损坏或脱落立即更换。

（2）对模盒、合线模、后变形器压下量进行检查，调整到合理位置。

4. 治理方法

（1）切除钢丝或钢绞线表面划伤、划痕的区段。

（2）每盘钢丝、钢绞线表面如遇到大面积划伤或多处划伤，则该盘钢丝、钢绞线应降级使用或退货处理。

（3）预应力螺纹钢筋表面划伤如影响锚具连接和张拉锚固，应切除表面划伤区段。

22.1.3 预应力筋表面生锈

1. 现象

预应力钢丝、钢绞线和预应力螺纹钢筋表面有浮锈、锈斑、麻坑等。

2. 原因分析

（1）生产过程中，经中频回火炉处理后，经循环水进行冷却，再经气吹。给水量过大，喷气量太小，造成钢绞线表面有一定的水分，经过一段时间表面出现浮锈。

（2）环境空气潮湿，存放过程中出现浮锈。

（3）在运输与存放过程中，钢丝和钢绞线盘卷包装破损，遭受雨露、湿气或腐蚀介质的侵蚀，发生锈蚀。

（4）当存放条件不符合有关规定，预应力螺纹钢筋表面易产生锈蚀。

3. 预防措施

（1）生产过程中，合理调整冷却给水量，加大喷气量，确保钢丝和钢绞线表面干燥，加强车间通风条件。

（2）每盘钢丝和钢绞线包装时，加防潮纸、麻片等，用钢带捆扎结实。

（3）预应力钢丝和钢绞线运输时，应采用篷车或油布严密覆盖。

（4）预应力钢丝和钢绞线储存时，应架空堆放在有遮盖的棚内或仓库内，其周围环境不得有腐蚀介质；如储存时间过长，宜用乳化防锈油喷涂表面。

（5）预应力螺纹钢筋应按《预应力混凝土用螺纹钢筋》（GB/T 20065—2006）有关规定运输和存放。

4. 治理方法

预应力钢丝、钢绞线和预应力螺纹钢筋表面允许轻微的浮锈。对于轻度锈蚀（锈斑）的钢丝、钢绞线和预应力螺纹钢筋，应做检验，对合格者应除锈后方可使用；对不合格者，降级使用或不使用。对严重锈蚀（麻坑）者，不得使用。

附录 22.1 预应力钢丝质量标准与检验方法

预应力钢丝的质量标准应符合国家标准《预应力混凝土用钢丝》（GB/T 5223—2002）的规定。钢丝的检验方法应按国家标准《钢丝验收、包装、标志及质量证明书的一般规定》（GB/T 2103—2008）的规定执行。

预应力混凝土用钢丝包括冷拉或消除应力的光圆、螺旋肋和刻痕钢丝。消除应力钢丝包括低松弛和普通松弛两种。

1. 预应力钢丝的表面质量、外形、尺寸及允许偏差

钢丝表面不得有裂纹和油污，也不允许有影响使用的拉痕、机械损伤等。钢丝表面产生回火颜色为正常颜色。钢丝表面允许有浮锈，但不应有目视可见的锈蚀麻点。

消除应力钢丝的伸直性：取弦长为1m的钢丝，放在一平面上，其弦与弧内侧最大自然矢高，刻痕钢丝不大于25mm，光圆及螺旋肋钢丝不大于20mm。

光圆钢丝、三面刻痕钢丝和螺旋肋钢丝的尺寸及允许偏差参数分别见1.7“钢筋混凝土用钢筋”中表1-98、表1-100和表1-101。

2. 预应力钢丝的力学性能

冷拉钢丝、消除应力光圆及螺旋肋钢丝、冷拉钢丝和消除应力刻痕钢丝的力学性能参数分别见1.7“钢筋混凝土用钢筋”中表1-99、表1-102和表1-103。

3. 预应力钢丝的检验方法

组批规则：预应力钢丝应成批检查和验收。每批由同一牌号、同一规格、同一加工状态的钢丝组成。每批重量不大于60t。

(1) 外观检查

预应力钢丝应逐盘进行形状、尺寸和表面检查。外观检查结果应符合《预应力混凝土用钢丝》(GB/T 5223—2002) 的要求。

(2) 力学性能试验

预应力钢丝外观检查合格后，从每批钢丝中抽取5%盘，但不少于3盘。从每盘钢丝的两端各截取1个试样，1个做拉伸试验（抗拉强度与伸长率），1个做反复弯曲试验。如有某一项试验结果不符合标准要求，则该盘钢丝为不合格品，并从同一批未经试验的钢丝盘中再取双倍数量的试样进行复验（包括该项试验所要求的任一指标）。如仍有1个指标不合格，则试批钢丝为不合格品或逐盘检验取用合格品。

附录22.2 预应力钢绞线质量标准与检验方法

预应力钢绞线的质量标准与检验方法应符合国家标准《预应力混凝土用钢绞线》(GB/T 5224—2003) 的规定。预应力钢绞线是指由冷拉光圆钢丝及刻痕钢丝捻制的用于预应力混凝土结构的钢绞线（简称钢绞线)。

1. 预应力钢绞线的表面质量、外形、尺寸及允许偏差

钢绞线表面不得带有润滑剂、油渍等降低钢绞线与混凝土粘结力的物质。钢绞线表面允许有轻微的浮锈和回火色，钢绞线的捻距应均匀，切断后不松散。

钢绞线的伸直性：取弦长为1m的钢绞线，放在一平面上，其弦与弧内侧最大自然矢高不大于25mm。

1×2、1×3和1×7结构钢绞线直径的尺寸及允许偏差见1.7.7“预应力混凝土用钢绞线”中表1-106至表1-108。

2. 预应力钢绞线的力学性能

1×2、1×3和1×7结构预应力钢绞线的力学性能见1.7.7“预应力混凝土用钢绞线”中表1-109至表1-111。

3. 预应力钢绞线的检验方法

组批规则：预应力钢绞线应成批验收，每批钢绞线由同一牌号、同一规格、同一生产工艺捻制的钢绞线组成。每批重量不大于60t。

从每批钢绞线中任取3盘，进行表面质量、尺寸及允许偏差、捻距和力学性能试验（抗拉强度与伸长率等)。从每盘所选的钢绞线端部正常部位截取1根试样进行上述试验。

试验结果如有规定的某一项检验结果不符合《预应力混凝土用钢绞线》（GB/T 5224—2003）规定时，则该盘卷不得交货。并从同一批未经试验的钢绞线盘卷中取双倍数量的试样进行该不合格项目的复验，复验结果即使有1个试样不合络，则整批钢绞线不得交货，或进行逐盘检验合格后交货。供方有权对复验不合格产品进行重新组批提交验收。

附录 22.3 预应力螺纹钢筋质量标准与检验方法

预应力螺纹钢筋的质量标准与检验方法应符合国家标准《预应力混凝土用螺纹钢筋》（GB/T 20065—2006）的规定。预应力螺纹钢筋是一种热轧成带有不连续的外螺纹的直条钢筋，该钢筋在任意截面处，均可用带有匹配形状的内螺纹的连接器或锚具进行连接或锚固。

1. 预应力螺纹钢筋的表面质量、外形、尺寸及允许偏差

螺纹钢筋表面不得有横向裂纹、结疤和折叠、起皮或局部缩颈，其螺纹制作面不得有凹凸、擦伤或裂痕，端部应切割平整。

允许有不影响钢筋力学性能、工艺性能以及连接的其他缺陷。

钢筋按定尺或倍尺长度交货时，长度允许偏差为0～20mm。

钢筋的弯曲度不得影响正常使用，钢筋每米弯曲度不应大于4mm，总弯曲度不大于钢筋总长度的0.4%。

钢筋的端部应平齐，不影响连接器通过。

预应力螺纹钢筋外形尺寸及允许偏差见1.7.6“预应力螺纹钢筋”中表1-104。

2. 预应力螺纹钢筋的力学性能

预应力螺纹钢筋的力学性能见1.7.6“预应力螺纹钢筋”中表1-105。

3. 预应力螺纹钢筋的检验方法

组批规则：预应力螺纹钢筋应按批进行检查和验收，每批应由同一炉罐号、同一规格、同一交货状态的钢筋组成。

（1）外观检查

钢筋的外观质量应逐根检查，同时还应采用匹配形状的连接器检验旋进情况。外观检查结果应符合《预应力混凝土用螺纹钢筋》（GB/T 20065—2006）的规定。

（2）力学性能试验

预应力螺纹钢筋的力学性能应按批抽样试验，每一检验批重量不应大于60t，从同一批中任取2根，每根取2个试件分别进行拉伸试验。对每批重量大于60t的钢筋，超过60t的部分，每增加40t增加一个拉伸试样。当有一项试验结果不符合有关标准的规定时，应取双倍数量试件重做试验，如仍有一项复验结果不合格，该批钢筋判为不合格品。

22.2 预应力筋用锚具、夹具和连接器

22.2.1 锚具内缩和锚口摩擦损失过大

1. 现象

预应力筋张拉锚固过程中，产生了超过设计及产品技术参数许可的内缩和锚口摩擦损失。《预应力筋用锚具、夹具和连接器应用技术规程》（JGJ 85—2010）对内缩和锚口摩擦

损失定义如下：

内缩：预应力筋在锚固过程中，由于锚具各零件之间、锚具与预应力筋之间产生相对位移而导致预应力筋回缩的现象。内缩包括锚具变形、夹片位移和预应力筋回缩。

锚口摩擦损失：预应力筋在锚具及张拉端锚垫板喇叭口转角处由于摩擦引起的预应力损失。当夹片式锚具采用限位自锚工艺张拉时，夹片逆向刻划预应力筋引起的损失也属于锚口摩擦损失。

2. 原因分析

（1）夹片式锚具张拉预应力筋并锚固时的内缩和夹片圆锥角 α、夹片齿形、夹片热处理工艺及夹片与锚环的配合等因素有关。试验和工程应用证明，夹片圆锥角 α 取 $12^{\circ}\sim14^{\circ}$ 为宜。内缩过大主要是以上几个因素综合作用导致。

（2）夹片式锚具张拉预应力筋锚固的锚口摩擦损失主要由锚具及张拉端锚垫板喇叭口两处转角引起。

3. 预防措施

（1）采用的锚固体系应依据《预应力筋用锚具、夹具和连接器应用技术规程》(JGJ 85—2010）进行锚具内缩值和锚口摩擦损失测试，符合设计与施工要求方可在工程中应用。

（2）根据工程情况，在现场进行张拉锚固工艺试验。

4. 治理方法

（1）张拉施工过程中，如实测夹片式锚具内缩过大，可以采取有顶压张拉工艺，以减小内缩值。

（2）实测锚具锚口摩擦损失过大时，应对锚垫板喇叭口转角处做圆滑倒角处理，并调整锚具与喇叭口对中的精度。

22.2.2　锚固区传力性能不合格

1. 现象

预应力筋张拉产生的巨大压力通过锚固区传递至混凝土结构，造成锚固区的锚垫板发生碎裂；锚垫板下混凝土开裂、崩裂或压碎。

2. 原因分析

（1）锚固体系生产制造不符合规范，内在质量存在严重缺陷。

（2）锚固区结构设计不合理，应力集中过大，锚下构造配筋不足。

（3）锚固区混凝土施工质量存在较严重缺陷。

3. 预防措施

（1）锚固体系定型产品应严格执行加工制造质量控制规定。

（2）锚固区结构设计计算应满足预应力施加的要求，具有合理的安全度。

（3）锚固体系应依据《预应力筋用锚具、夹具和连接器应用技术规程》(JGJ 85—2010）进行锚固区传力性能试验。

（4）加强混凝土浇筑质量控制，保证锚固区混凝土施工质量。

4. 治理方法

（1）锚固体系产品经过型式检验合格并定型后，不得随意改变技术参数和加工工艺。

（2）张拉过程中如发生锚垫板碎裂，锚垫板下混凝土开裂、崩裂或压碎，应立即停止张拉，制定更换及修复方案，补强合格后方可张拉。

22.2.3 钢丝镦头开裂、滑脱或拉断

1. 现象

(1) 预应力钢丝的冷镦头成型后，在其镦头部位出现劈裂和滑移裂纹现象。

(2) 预应力钢丝的冷镦头作拉伸试验时，发生冷镦头先断现象。

(3) 钢丝束张拉时，钢丝冷镦头从锚板中滑脱，甚至被拉断。

2. 原因分析

(1) 预应力钢丝冷镦头的劈裂是指平行于钢丝轴线的开口裂纹，主要由钢丝强度太高或钢材轧制有缺陷而引起。

(2) 钢丝冷镦头的滑移裂纹是指与钢丝轴线约呈45°的剪切裂纹，主要由冷加工工艺有缺陷而引起。

(3) 钢丝冷镦头的尺寸偏小、锚板的硬度低与锚孔大等，易引起冷镦头从锚板孔中滑脱。

(4) 钢丝冷镦头歪斜、锚板硬度低等，使冷镦头受力状态不正常，产生偏心受拉，易引起冷镦头没有达到钢丝抗拉强度时断裂。

(5) 钢丝下料长度相对误差偏大，引起钢丝束在镦头锚具中受力不匀，张拉时长度短的钢丝可能被拉断。

3. 预防措施

(1) 钢丝束镦头锚具使用前，首先应确认该批预应力钢丝的可镦性，即其物理力学性能应满足钢丝镦头的全部要求。

(2) 钢丝下料时，应保证断口平整，以防镦粗时头部歪斜。为此，应采用冷镦器的切筋装置或砂轮切割机。采用砂轮机可成束切割钢丝，但必须采用冷却措施。

(3) 锚板应经过调质热处理，硬度为HB 251～283；如锚板较软，镦头易陷入锚孔而被卡断。

(4) 镦头设备应采用液压冷镦器，其镦头模与夹片同心度偏差应不大于0.1mm。

(5) 钢丝镦头尺寸应不小于规定值，见表22-1；头型应圆整端正，颈部母材应不受损伤。

镦头器型号、镦头压力与头型尺寸 **表 22-1**

钢丝直径（d）	镦头器型号	镦头压力（N/mm^2）	头型尺寸（mm）	
			d_1	h
$\Phi^P 5$	LD-10	32～36	7～7.5	4.7～5.2
$\Phi^P 7$	LD-20	40～43	10～11	6.7～7.3

(6) 通过试镦，检查冷镦头质量，合格后方可正式镦头。

(7) 钢丝束两端采用镦头锚具时，同一束中各根钢丝下料长度的相对差值，应不大于钢丝束长度的1/5000，且不得大于5mm。

对长度不大于10m的先张法构件，当钢丝组成张拉时，同组钢丝下料长度的相对差值不得大于2mm。

4. 治理方法

(1) 钢丝镦头的圆弧形周边允许出现纵向微小裂纹；但不允许出现裂纹长度延伸至钢丝母材或出现斜裂纹或水平裂纹。

（2）钢丝镦头的强度不得低于钢丝抗拉强度标准值的98%；如低于该值，则应判为不合格，需改进镦头工艺后重新镦头。

（3）张拉过程中，钢丝滑脱或断丝的数量，不得超过结构同一截面预应力钢丝总根数的3%，且一束钢丝只允许1根。如超过上述限值数，则应更换钢丝重新镦头后张拉。

22.2.4　镦头锚具锚杯拉脱或断裂

1. 现象

（1）钢丝束张拉过程中，张拉千斤顶的工具式拉杆与锚杯连接处，锚杯的内螺纹被拉脱，锚杯随着钢丝束进入锚下扩大孔道内，并挤碎正常孔道壁的部分混凝土；

（2）钢丝束张拉过程中或锚固后，锚杯突然断裂，断口在退刀槽处，呈脆性破坏。

2. 原因分析

（1）张拉千斤顶的工具式拉杆与锚杯内螺纹连接时，拧入螺纹长度不满足设计要求，螺纹受剪切破坏。

（2）锚杯热处理硬度过高，材质变脆；退刀槽处切削过深，产生应力集中和淬火裂纹，承压钢板（锚垫板）位置偏斜，锚杯偏心受拉。由于上述原因，导致锚杯突然断裂，尤其是锚杯的尺寸较小时，锚杯过薄容易断裂。

3. 预防措施

（1）加强原材料检验，确定合理的热处理工艺参数。

（2）锚杯内螺纹的退刀槽应严格按图纸要求加工。退刀槽应加工成大圆弧形，避免应力集中和淬火裂纹。

（3）安装锚杯时，工具式拉杆拧入锚杯内螺纹的长度应满足设计要求。当锚杯拉出孔道时，应及时拧紧螺母以保证安全。

（4）螺母使用前，应逐个检查螺纹的配合情况。对于大直径螺纹的表面应涂润滑油脂，以确保张拉和锚固过程中螺母顺利旋合并拧紧。

（5）钢丝束张拉时，应严格注意对中，以免损坏锚杯的外螺纹。

4. 治理方法

将构件张拉端锚下扩大孔与正常孔道的连接处混凝土凿去，重新浇筑混凝土，养护到规定强度后，更换锚杯重新张拉；或经设计验算，适当降低张拉控制应力。

22.2.5　钢质锥形或单根钢丝夹片锚具滑丝或断丝

1. 现象

钢丝束张拉锚固过程中，位于锚环与锚塞（或夹片）之间钢丝发生滑移或在锚环下口处钢丝被卡断。

2. 原因分析

（1）钢质锥形锚具（单根钢丝夹片锚具）由锚环和锚塞（或夹片）组成；通过张拉钢丝束，顶压锚塞（或夹片），将多根钢丝楔紧在锚环与锚塞之间。钢丝的强度与硬度很高，如锚具加工精度差，热处理不当，钢丝直径偏差大，应力不均匀等，都会造成滑丝现象。

（2）锥形锚具安装时，锚环的锥形孔与承压钢板的平直孔形成一个折角，顶压锚塞时钢丝在该处易发生切口效应。如锚环安装有偏斜，孔道、锚环与千斤顶三者不对中，则会引起钢丝被卡断现象。

3. 预防措施

（1）确定合理的热处理工艺参数。采取“塞（或夹片）硬环软”，即锚塞（或夹片）硬度高（HRC55～58）、锚环硬度低（HRC20～24）的措施，来弥补钢丝直径的差异。

（2）锚环与锚塞的锥度应严格保证一致。锚环与锚塞配套时，其锚环的锥形孔与锚塞大小头，只允许同时出现正偏差或负偏差。其锥度绝对值偏差不大于 8′。

（3）编束时预选钢丝，使同一束中各根钢丝直径的绝对偏差不大于 0.15mm，并将钢丝理顺用铁丝编扎，避免穿束时钢丝错位。

（4）浇筑混凝土前，应使预留孔道与承压钢板孔对中；张拉时，可先将锚环点焊在承压钢板上，以使千斤顶与锚环、承压钢板对中。

4. 治理方法

张拉过程中，钢丝滑丝或断丝的数量，不得超过结构同一截面预应力钢丝总根数的 3%，且一束钢丝只允许 1 根。如超过上述限值数，应进行更换；当不能更换时，在容许的条件下，可适当提高其余钢丝束的预应力值，以满足结构设计要求。

22.2.6 锚固后夹片外露长度不均匀

1. 现象

夹片式锚具采用限位张拉自锚工艺张拉锚固后，夹片在锚环外露部分长度不均匀。

2. 原因分析

（1）夹片、锚环及预应力筋三者配合尺寸不合理。

（2）张拉自锚工艺采用的限位板间隙过大或张拉千斤顶回缸过快，锚固过程中夹片跟进不一致。

3. 防治措施

（1）为保证锚固过程中夹片跟进一致，2 片或 3 片式锚具的夹片必须采用约束钢丝环。

（2）调整限位板间隙至恰当尺寸，合理控制张拉千斤顶回缸速度，使夹片跟进一致。

（3）采用带液压顶压器的张拉千斤顶进行顶压锚固。

22.2.7 锚环或群锚锚板开裂

1. 现象

（1）锚环或群锚锚板在钢绞线束张拉时或锚固后出现环向裂纹或炸裂为两片、三片等，造成预应力损失大，甚至完全消失。

（2）锚环或群锚锚板在钢丝束或钢绞线束张拉锚固并灌浆后，封锚前发现锚环或群锚锚板环向裂开，但没有发现预应力筋滑移现象。

2. 原因分析

（1）由于锚环或锚板要承受很大的环向应力，其强度不足。

（2）锚环或锚板的原材料存在缺陷或热处理有缺陷。

（3）锚垫板表面没有清理干净，有坚硬杂物或锚具偏出锚垫板上的对中止口，形成不平整支承状态。

（4）锚环或锚板被过度敲击变形，或作为工具锚反复使用次数过多。

3. 预防措施

（1）选择原材料质量优良的产品，可避免原材料加工工艺不稳定等造成锚环或锚板强度低的现象。

(2) 锚具生产厂家应严格控制原材料及加工过程质量检验。

(3) 锚具安装时应与孔道中心对中，并与锚垫板接触平整。锚垫板上如设置对中止口，则应防止锚具偏出止口外，形成不平整的支承状态。

4. 治理方法

(1) 张拉过程中如发现锚环或锚板开裂，应更换锚具。

(2) 对张拉锚固并灌浆后发现的锚环环向裂缝，如预应力筋无滑移现象，可进一步观察并采取必要的加固方法处理或更换锚具。

22.2.8　群锚夹片开裂或碎裂

1. 现象

群锚夹片在预应力筋张拉过程中或锚固后裂为不规则的若干块，即夹片断裂或碎裂，或夹片纵向有裂纹。

2. 原因分析

(1) 夹片质量不合格，如材料有内在缺陷、热处理后硬度过高等。

(2) 夹片与锚板不配套，如不同体系锚具混用或同一体系不同规格的锚具混用。

(3) 孔道弯曲度大，且锚垫板安装角度不对。

(4) 夹片安装不平齐，造成外露的一片受弯而引起损坏。

(5) 张拉操作方法不当，如锚固时千斤顶回缸速度太快。

(6) 夹片安装或退锚时大力敲击，使用不当。

3. 预防措施

(1) 应采购有合格专业认证且产品质量有保证的厂家的产品，避免伪劣产品混入。

(2) 夹片与锚板应配套使用同一体系、同一预应力筋规格的锚具，不得混用。

(3) 夹片宜采用合金钢材料，其加工制造和热处理工艺严格执行相关标准。

(4) 夹片锚具安装时，锚板的位置与角度要正确；夹片应采用套管打紧，缝隙均匀，并外露一致。

(5) 预应力筋锚固时，千斤顶应缓慢卸压。

(6) 夹片安装或退锚时，不得大力敲击或单侧敲击。

4. 治理方法

(1) 少量夹片开裂或碎裂，可更换新夹片，重新张拉。

(2) 如大量夹片开裂或碎裂，应将已安装并拧紧的夹片拆下来检查，发现有裂缝，应重新送检合格后方可使用。

22.2.9　夹片锚具中钢绞线滑脱

1. 现象

(1) 张拉过程中，钢绞线突然从张拉千斤顶的工具锚夹片中或固定端夹片锚具中滑脱，造成夹片损坏，钢绞线瞬间滑脱，应力消失。

(2) 张拉锚固时，钢绞线突然从张拉端锚具中滑脱，造成夹片损伤，钢绞线瞬间滑脱或应力损失。

2. 原因分析

(1) 钢绞线表面的浮锈或砂尘等杂物太多，致使夹片齿槽与钢绞线的咬合深度太浅，锚固力变小造成滑脱。

（2）不同体系的锚具混用，不配套，造成锚具组件受力不合理，引起滑脱。

（3）锚板锥形孔有杂物，锚具锈蚀，多次使用，孔变形。

（4）夹片质量不合格，如硬度低、齿形有缺陷等。

（5）夹片安装不平齐，受力不均。

（6）限位板的限位尺寸太小，张拉时钢绞线表面被刮伤严重，致使铁屑填满夹片齿槽，造成锚固时钢绞线滑脱；限位板的限位尺寸太大，使夹片不能自锚而产生滑脱。

（7）张拉锚固时，千斤顶卸压太快，产生冲击，造成滑脱。

（8）内埋式固定端采用夹片锚具时，由于浇筑混凝土时夹片易松动及水泥浆渗入，钢绞线张拉时易滑脱。

3. 预防措施

（1）不同体系的夹片锚具，不得混用。

（2）如果无防止松脱措施，内埋式固定端不得采用夹片锚具，以防止钢绞线滑脱。

（3）安装锚具前，应清除钢绞线夹持段的表面浮锈和沙尘。

（4）夹片和锚板的表面应保持干净，不得沾有砂土等杂物；对工具锚夹片，应经常将齿槽清洗干净。

（5）夹片齿形部分不得有任何缺陷，超高强低松弛钢绞线的硬度应达 HRC 64～66。

（6）夹片安装时应采用套管打紧，缝隙均匀，并外露一致。

（7）选用合适的限位板及限位尺寸。

（8）张拉锚固时，千斤顶应缓慢卸压，使钢绞线带着夹片徐徐楔紧。

4. 治理方法

可参考 22.3.10“预应力筋滑丝和断丝”的治理方法。

22.2.10 挤压锚具中钢绞线滑脱

1. 现象

在张拉或锚固过程中，固定端的挤压锚具握裹力不足，钢绞线从挤压锚具中滑脱。

2. 原因分析

（1）挤压簧的硬度、强度太低，与钢绞线的咬合深度不够。

（2）挤压套的握裹强度太低，握裹力太小。

（3）组装时漏装挤压簧或挤压簧安装位置不合适。

（4）挤压套与挤压模不配套，挤压套塑性变形过小，握裹力降低。

（5）挤压模磨损，挤压套内径偏大，挤压力不够。

（6）钢绞线与挤压套配合长度过短。

3. 预防措施

（1）严格进行挤压簧、挤压套的质量检验。

（2）检查钢绞线、挤压簧、挤压套、挤压模、挤压顶杆是否配套，不同厂家产品不得混用。

（3）在挤压模内腔或挤压套外表面应涂润滑油。如果挤压套表面有泥土、灰砂，必须用柴油清洗后再用，否则易损坏挤压模。

（4）挤压簧和挤压套应严格安装到位；钢绞线应顶紧、扶正、对中。

（5）挤压时，压力表读数应符合操作说明书的规定。

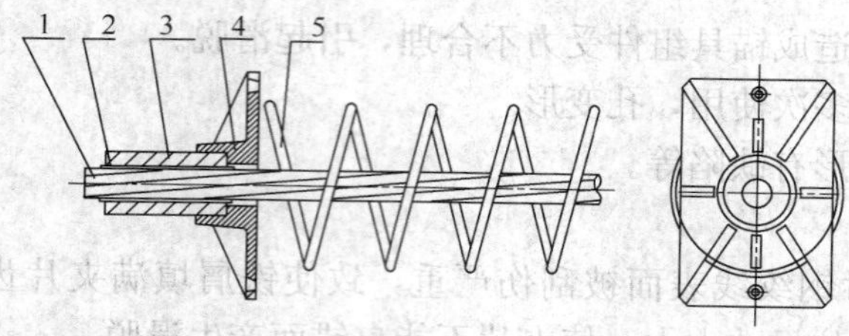

图 22-1　单根挤压锚具

1—钢绞线；2—挤压片；3—挤压锚环；4—挤压锚垫板；5—螺旋筋

(6) 挤压后的钢绞线外端应露出挤压头 2～5mm，在挤拉头两端都应露出挤压簧。挤压头直径应符合设计值，如挤出后直径偏大，说明挤压模孔磨损大，应更换挤压模。

(7) 为了确保挤压头的质量，应按检验批数量定期做挤压锚具的静载试验。

4. 治理方法

(1) 可参考 22.3.10“预应力筋滑丝和断丝”的治理方法。

(2) 在工程结构施工中，钢绞线从挤压锚具中滑脱后，如有可能，宜改用有防止松脱措施的夹片锚具代替挤压锚具来解决固定端锚固问题（图 22-1）。

22.2.11　轧花锚具中钢绞线滑脱

1. 现象

在张拉或锚固过程中，钢绞线的固定端轧花段产生滑移或脱出，造成钢绞线应力损失或应力消失。

2. 原因分析

(1) 钢绞线轧花端周边的混凝土强度不足，粘结力太小。

(2) 钢绞线轧花端与混凝土的握裹长度太短。

(3) 轧花端钢绞线表面有油脂、浮锈等杂物，降低了钢绞线与混凝土的粘结性能。

(4) 钢绞线轧花端梨形头的尺寸不足。

3. 防治措施

(1) 钢绞线轧花锚具靠梨形头和一定长度直线段裸露的钢绞线与混凝土的粘结而锚固。

(2) 钢绞线轧花端梨形头的尺寸见图 22-2。对 ϕ^s 12.7 钢绞线，直径 70～80mm，$A=130$～140mm；对 ϕ^s 15.2 钢绞线，直径 85～95mm，$A=150$～160mm。

(3) 混凝土浇筑前，应将轧花端钢绞线表面的污物和油脂擦拭干净。

(4) 钢绞线轧花锚具周边混凝土的强度不得低于 C30。

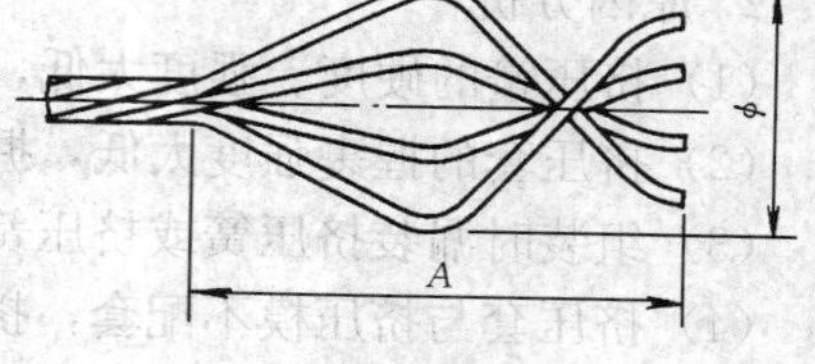

图 22-2　轧花锚具

(5) 钢绞线轧花锚具不得用于无粘结预应力混凝土结构。

22.2.12　先张法夹具中预应力筋滑脱

1. 现象

先张法预应力混凝土构件生产过程中，预应力筋张拉锚固时突然从锥销夹具（或单根钢丝夹具）中滑脱，预应力消失。

2. 原因分析

(1) 锥销夹具（或单根钢丝夹具）由套筒和锚塞（或夹片）组成，仅用于固定单根预应力钢丝。锚塞有齿板式与齿槽式两种。由于套筒锥度与锚塞齿形设计不合理，硬度不足，而引起滑丝。

（2）锥销夹具的加工质量达不到设计要求。

（3）套筒锥形孔与锚塞表面没有清理干净。

3. 预防措施

（1）套筒的锥度宜为 4°～7°，预应力钢丝的强度越高，套筒的锥度应越小。

（2）锥销夹具的硬度：对高强预应力钢丝套筒硬度宜为 HRC25～28，锚塞表面硬度应控制在 HRC55～60。

（3）锥销夹具的尺寸应考虑到能多次重复使用；锚塞齿形宜采用锯齿形细齿，能咬住钢丝。

（4）锥销夹具的加工质量应满足工艺要求。

4. 治理方法

可参考 22.3.10“预应力筋滑丝和断丝”的治理方法。对浇筑混凝土前发生的滑丝和断丝，应重新更换钢丝与夹具补拉。

22.2.13 钢绞线连接器拉脱

1. 现象

钢绞线从连接器的夹片或挤压头中滑脱；单孔连接器的连接螺纹拉脱；多孔连接器周边槽口的耳板开裂或挤压头滑出等。

2. 原因分析

（1）单孔和多孔连接器的设计不合理。

（2）单孔连接器的钢绞线未穿到位或连接螺纹未拧到位。

（3）多孔连接器周边槽口的耳板强度不足、支承面不平整、槽口宽度偏大、挤压头不到位等，引起耳板开裂或挤压头滑出现象。

（4）参见 22.2.9“夹片锚具中钢绞线滑脱”和 22.2.10“挤压锚具中钢绞线滑脱”的原因分析。

3. 防治措施

（1）连接器的连接部位易产生质量事故，因此要完善产品设计，并加强质量检查。

（2）参照 22.2.9“夹片锚具中钢绞线滑脱”和 22.2.10“挤压锚具中钢绞线滑脱”的预防措施和治理方法。

（3）连接器安装过程必须认真，严格执行每一项操作规定，确保连接器的可靠性。

附录 22.4 预应力筋用锚具和连接器的性能要求与检验方法

预应力筋用锚具和连接器的性能要求与检验方法应符合现行国家标准《预应力筋用锚具、夹具和连接器》（GB/T 14370—2007）及行业标准《预应力筋用锚具、夹具和连接器应用技术规程》（JGJ 85—2010）的规定。

1. 锚具和连接器的性能要求

（1）锚具的静载锚固性能，应由预应力筋-锚具组装件静载试验测定的锚具效率系数 η_a 和达到实测极限拉力时组装件中预应力筋的总应变 ε_{apu} 确定。锚具效率系数（η_a）不应小于 0.95，预应力筋总应变（ε_{apu}）不应小于 2.0%。锚具效率系数 η_a 应按附式 22-1

计算：

$$\eta_a = \frac{F_{apu}}{\eta_P \cdot F_{pm}} \tag{附式 22-1}$$

式中　F_{apu}——预应力筋-锚具组装件的实测极限拉力（N）；

F_{pm}——预应力筋的实际平均极限抗拉力（N），由预应力筋试件实测破断力平均值计算确定；

η_P——预应力筋的效率系数，其值应按下列规定取用：预应力筋-锚具组装件中预应力筋为 1～5 根时，$\eta_P=1$；6～12 根时，$\eta_P=0.99$；13～19 根时，$\eta_P=0.98$；20 根以上时，$\eta_P=0.97$。

预应力筋-锚具组装件的静载锚固性能试验结果，应同时满足下列两项要求：

$$\eta_a \geqslant 0.95; \varepsilon_{apu} \geqslant 2.0\%$$

当预应力筋-锚具组装件达到实测极限拉力时，应当是由预应力筋断裂（逐根或多根同时断裂），而不应由锚具的破坏所导致（锚具零件的变形不应过大或碎裂）；试验后锚具部件会有残余变形，但应能确认锚具的可靠性。夹片式锚具的夹片在预应力筋拉应力未超过 $0.8f_{ptk}$时，不允许出现裂纹。

（2）锚具的疲劳荷载性能。预应力筋-锚具组装件，除应满足静载锚固性能外，尚应满足循环次数为 200 万次的疲劳性能试验。当锚固的预应力筋为钢丝、钢绞线或热处理钢筋时，试验应力上限为预应力筋抗拉强度标准值 f_{ptk} 的 65%，疲劳应力幅度不应小于 80MPa。工程有特殊需要时，试验应力上限及疲劳应力幅度取值可另定。

当锚固的预应力筋为有明显屈服台阶的预应力筋时，试验应力上限为预应力筋抗拉强度标准值的 80%，疲劳应力幅度宜取 80MPa。

试件经受 200 万次循环荷载后，锚具零件不应疲劳破坏。预应力筋因锚具夹持作用发生疲劳破坏的截面面积不应大于试件总截面面积的 5%。

（3）锚具的周期荷载性能。在有抗震要求的结构中使用的锚具，预应力筋-锚具组装件还应满足循环次数为 50 次的周期荷载试验。

当锚固的预应力筋为钢丝、钢绞线或热处理钢筋时，试验应力上限应为预应力筋抗拉强度标准值 f_{ptk}的 80%，下限应力为预应力筋抗拉强度标准值 f_{ptk}的 40%。

当锚固的预应力筋为有明显屈服台阶的预应力筋时，试验应力上限应为预应力筋抗拉强度标准值的 90%，下限应力为预应力筋抗拉强度标准值 40%。

试件经 50 次循环荷载后预应力筋在锚具夹持区域不应发生破断。

（4）辅助性能要求。包括锚具内缩量测定；锚固端摩阻损失测定；张拉锚固工艺要求等。

（5）锚具尚应满足分级张拉、补张拉和放松拉力等张拉工艺的要求。锚固多根预应力筋的锚具，除具有整束张拉的性能外，尚宜具有单根张拉的性能。

（6）当锚具使用环境温度低于−50C 时，锚具应满足低温锚固性能要求。

（7）与后张预应力筋用锚具或连接器配套的锚垫板、局部加强钢筋，在规定的试件尺寸及混凝土强度下，应满足锚固区传力性能要求。

（8）连接器的基本性能要求。

先张法或后张法施工中，在张拉预应力后永久留在混凝土结构或构件中的连接器，均应符合锚具的性能要求；如在张拉后还须放张和拆卸的连接器，则应符合夹具的性能要求。

永久留在混凝土结构或构件中的预应力筋连接器，应符合锚具的性能要求。

2. 锚具和连接器的进场验收

锚具和连接器进场验收时，需方应按合同核对产品质量证明书中所列的型号、数量及适用于何种强度等级的预应力钢材，确认无误后，应按下列规定的项目进行检验。检验合格后方可在工程中应用。

进场验收时，同一种材料和同一生产工艺条件下生产的产品，同批进场时可视为同一检验批。每个检验批的锚具不宜超过 2000 件（套）。连接器的每个检验批不宜超过 500 套。夹具的检验批不宜超过 500 套。获得第三方独立认证的产品，其检验批的批量可扩大 1 倍。验收合格的产品，存放期超过 1 年，重新使用时应进行外观检查。

（1）外观检查

从每批产品中抽取 2%且不少于 10 套锚具，检查外形尺寸、表面裂纹及锈蚀情况。其外形尺寸应符合产品质量保证书所示的尺寸范围，且表面不得有机械损伤、裂纹及锈蚀；当有下列情况之一时，本批产品应逐套检查，合格者方可进入后续检验。

1）当有 1 个零件不符合产品质保书所示的外形尺寸，则应另取双倍数量的零件重做检查时，仍有 1 件不合格时；

2）当有 1 个零件表面有裂纹或夹片、锚孔锥面有锈蚀。

对配套使用的锚垫板和螺旋筋可按以上方法进行外观检查，但允许表面有轻度锈蚀。螺旋筋的钢筋不应采用焊接连接。

（2）硬度检验

对硬度有严格要求的锚具零件，应进行硬度检验。从每批产品中抽取 3%且不少于 5 套样品（多孔夹片式锚具的夹片，每套抽取 6 片）进行检验，硬度值应符合产品质保书的要求。如有 1 个零件硬度不合格时，应另取双倍数量的零件重做检验，如仍有 1 件不合格，则应对本批产品逐个检验，合格者方可进入后续检验。

（3）静载锚固性能试验

在外观检查和硬度检验都合格的锚具中抽取样品，与相应规格和强度等级的预应力筋组装成 3 个预应力筋—锚具组装件，进行静载锚固性能试验。每束组装件试件试验结果都必须符合静载锚固性能的要求。当有 1 个试件不符合要求时，应取双倍数量的锚具重做试验，如仍有 1 个试件不符合要求，则该批锚具判为不合格品。

对于锚具用量较少的一般工程，如锚具供应商能提供有效的锚具静载锚固性能试验合格的证明文件时，可仅进行外观检查和硬度检验。

每个工程或标段不宜使用两个生产厂家提供的产品，以防产品零件可能被错误地交叉安装，导致险情或产生隐患。

附录 22.5 预应力筋用夹具的性能要求与检验方法

1. 夹具的性能要求

（1）夹具的静载锚固性能，应由预应力筋-夹具组装件静载试验测定的夹具效率系数 η_g 确定。夹具效率系数 η_g 应按下附式（22-2）计算：

$$\eta_g = \frac{F_{gpu}}{F_{pm}} \tag{附式 22-2}$$

式中 F_{gpu}为预应力筋-夹具组装件的实测极限拉力（N）。夹具的静载锚固性能应符合 $\eta_g \geqslant 0.92$。

（2）在预应力筋-夹具组装件达到实测极限拉力时，应是由预应力筋断裂，而不应由夹具的破坏所导致。夹具应具有很好的自锚性能、松锚性能和安全的重复使用性能。主要锚固零件宜采取镀膜防锈。使用过程中，应能保证操作人员的安全。

注：需大力敲击才能松开的夹具，必须保证其对预应力筋的锚固没有影响，且对操作人员安全不造成危险时才能使用。

2. 夹具的验收

夹具进场验收时，应进行外观检查、硬度检验及静载锚固性能试验。验收方法与验收批划分等，与锚具相同；但静载锚固性能试验结果应符合夹具的性能要求。

22.3　施加预应力

22.3.1　预应力筋张拉力不符合设计要求

1. 现象

预应力筋的张拉力是指在构件张拉端由千斤顶施加给预应力筋的拉力。设计人员一般在图纸上标明预应力筋的张拉力，也有仅标明张拉控制应力或有效预应力值。

施工人员没有针对所选用的预应力体系、孔道成型方式及张拉方法等与设计条件作比较，直接套用设计张拉力或按规范选用张拉力，导致所建立的有效预应力值不符合设计要求。

2. 原因分析

（1）施工人员没有理解施加预应力的目的是在构件中准确建立有效的预应力值。预应力筋的张拉力取值应是在满足有效预应力值的基础上加上各项预应力损失值。

（2）设计中各项预应力损失取值，有时不符合实际施工情况，需要通过现场测试数据或参考同类工程的经验数据进行调整。

3. 防治措施

（1）在设计图纸上标明张拉力或张拉控制应力时，应向设计人员索取所考虑的预应力损失项目与取值。对照所选用的预应力体系、张拉方法及现场测试数据等，必要时调整设计张拉力。

（2）在设计图纸上仅标明有效预应力值时，应结合所选用的预应力体系与张拉方法，计算各项预应力损失，或通过实测孔道摩擦损失，确定预应力筋的所需张拉力 P，即：

$$P = \sigma_{con} \cdot A_p = (\sigma_{pe} + \sum_{i=1}^{n} \sigma_{li}) A_p \tag{22-1}$$

式中　σ_{con}——张拉控制应力；

σ_{pe}——有效预应力值；

σ_{li}——第 i 项预应力损失值，包括张拉阶段预应力损失与长期预应力损失两大类；

A_p——预应力筋的截面面积。

（3）对预应力钢丝和钢绞线，张拉控制应力 σ_{con} =（0.7～0.75）f_{ptk}（f_{ptk}为预应力筋

抗拉强度标准值)。施工时,如预应力筋需要超张拉,σ_{con}最大可达0.8f_{ptk},但锚具下口建立的预应力值不应大于0.7f_{ptk},预应力筋中建立的有效预应力值宜在(0.5~0.6)f_{ptk}范围内。

22.3.2 张拉阶段预应力损失取值不当

1. 现象

张拉阶段预应力损失包括孔道摩擦损失、锚固损失和弹性压缩损失。对某些预应力体系和施工方法,还产生锚口摩阻损失、变角张拉摩阻损失、转向装置摩阻损失、加热养护损失等。上述预应力损失项目多,易漏算;各项预应力损失的系数波动大,难以准确计算,导致所建立的有效预应力值偏低。

2. 原因分析

(1) 设计人员计算孔道摩擦损失和锚固损失时,采用设计规范所列的κ、μ、a值,与工程实际情况有一定差异。

(2) 施工人员根据所选用的预应力体系和施工方法确定预应力损失时,有漏算现象或取值不准。

3. 防治措施

(1) 关于孔道摩擦系数取值,分为有粘结预应力施工与无粘结预应力施工两种情况。对于有粘结预应力钢丝束或钢绞线,《混凝土结构设计规范》(GB 50010—2010)规定:采用波纹管成孔方式κ=0.0015,μ=0.25。通过大量工程实测数据统计,采用金属波纹管成孔方式,对钢丝束κ=0.002~0.0035,μ=0.20~0.30;对钢绞线κ=0.0015~0.0045,μ=0.25~0.35。

对于无粘结预应力筋,《无粘结预应力混凝土结构技术规程》(JGJ/T 92—2004)规定:钢绞线κ=0.004,μ=0.09。也可根据实测数据确定摩擦系数。

(2) 预应力筋锚固时的内缩量限值a,按规范规定见表22-2。

预应力筋锚固时的内缩量限值　表22-2

锚具类别		内缩量限值(mm)
支承式锚具(钢丝束镦头锚具等)	螺母缝隙	1
	每块后加垫板的缝隙	1
夹片式锚具	有顶压时	5
	无顶压时	6~8

在工程实践中,实测预应力筋锚固时的内缩值与表22-2所列数值比较接近。如果锚固时预应力筋的内缩值明显偏大,应检查张拉千斤顶限位板尺寸,必要时加以调整;也可采取超张拉措施来解决。

(3) 弹性压缩损失。在后张法施工中,多根预应力筋依次张拉时,先批张拉的预应力筋,受后批预应力筋张拉所产生的混凝土压缩而引起的平均预应力损失可按下式计算:

$$\sigma_{l6}=0.5\times E_s\times\frac{\sigma_{pc}}{E_c} \tag{22-2}$$

式中 σ_{pc}——由预应力引起的混凝土预压应力,按扣除张拉阶段预应力损失后的张拉力计算,但不包括第一束(批)预应力筋张拉力;对配置曲线预应力筋的框架梁,可近似按轴心受压计算;

E_s——预应力筋弹性模量;

E_c——混凝土弹性模量。

后张法弹性压缩损失在设计中不考虑,施工中可采取超张拉措施,将弹性压缩平均损失值加到张拉力内。

对截面尺寸较小、弹性压缩较大的构件，为使全截面建立的预压应力均匀，先批和后批张拉的预应力筋应采用不同的张拉力。

（4）锚具摩阻损失：经实际测试，钢质锥形锚具为张拉力的4%～5%；多孔夹片锚具（锚板顶面为平面）为2%～3%。

（5）变角张拉摩阻损失：经实际测试，变角10°～20°时为张拉力的2%～3%；变角20°～40°时为4%～6%。为减少摩阻损失，可在变角块孔内加润滑剂。

22.3.3 孔道摩擦损失测定数据不准确

1. 现象

孔道摩擦损失的测定数据，与以往同类工程所测定的实际值比较，偏离较大，不可靠。影响张拉控制应力的确定，易成为控制截面有效应力值小于设计值的隐患。

2. 原因分析

（1）测试方法不正确，如被动端张拉千斤顶的缸体未拉出、回油阀未关紧等。

（2）张拉千斤顶的标定曲线使用混淆。

（3）测试仪表与设备的精度不够。

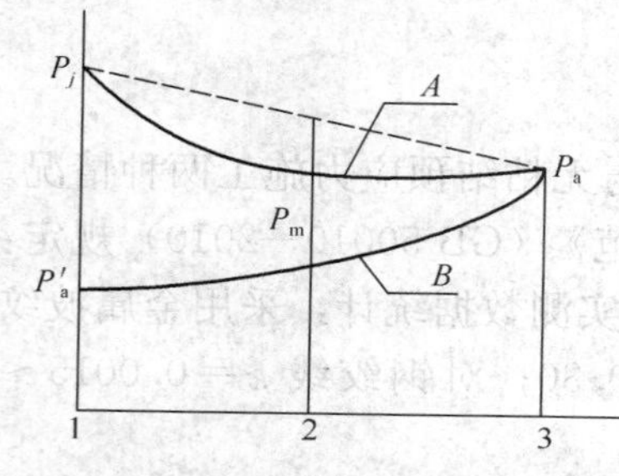

图 22-3 孔道摩擦损失变化图

1—张拉端；2—跨中；3—固定端

A 曲线：$P_x=P_j e^{-(\kappa\chi+\mu\theta)}$；

B 曲线：$P'_x=P_n e^{-(\kappa\chi+\mu\theta)}$

3. 防治措施

（1）对于重点工程，孔道摩擦损失测试应委托具有预应力测试经验并有资质的检测单位进行。

（2）选用传感器法或精密压力表法，可提高测试精度。

（3）采用精密压力表法时，张拉力与表读数之间的关系：对张拉端应查千斤顶主动工作状态的标定数据；对固定端应查千斤顶被动工作状态的标定数据。

（4）根据张拉端拉力 P_j 与实测固定端拉力 P_a，可按式（22-3）、式（22-4）分别算出实测的正摩擦 μ 值与跨中预应力力值 P_m（图 22-3）。

$$\mu=\frac{-\ln\left(\frac{P_a}{P_j}\right)-kx}{\theta} \tag{22-3}$$

$$P_m=\sqrt{P_j\cdot P_a} \tag{22-4}$$

（5）如孔道摩擦损失实测值与计算值相差较大，导致张拉力相差大于5%，则应调整张拉力，建立准确的预应力值。

22.3.4 无粘结预应力筋摩擦损失过大

1. 现象

无粘结预应力筋张拉时实测伸长值小于理论计算值，摩阻损失大。

2. 原因分析

（1）预应力筋表面外包的挤塑套管破损，预应力筋与混凝土浆体产生粘结。

（2）防腐润滑涂料过少或不均匀。

（3）预应力筋表面的外包裹物过紧。

3. 防治措施

（1）铺设预应力筋时应严格检查表面外包的挤塑套管有无破损之处，凡破损处都要重新用塑料布条或粘胶带等包裹好，方可浇筑混凝土。使用插入式振捣器时，禁止振捣棒接触预应力筋，防止预应力筋的表面包裹物受损伤。

（2）在制作无粘结预应力筋时，防腐润滑涂料要饱满均匀，挤塑套管松紧适度。

（3）张拉时出现预应力筋伸长值偏小时，可采取反复张拉或超张拉措施。

22.3.5 缓粘结预应力筋摩擦损失过大

1. 现象

缓粘结预应力筋是采用专用缓粘结涂料，通过涂包装置均匀涂覆在预应力筋表面，再经挤塑机外包 HDPE 套管并压纹加工生产的一种成品预应力筋。

缓粘结预应力筋张拉时实测伸长值小于理论计算值，摩擦损失过大。

2. 原因分析

（1）缓粘结涂料在预设使用期内粘结力过大。

（2）缓粘结预应力筋的运输、铺设及张拉施工期间，环境温度较高。

3. 防治措施

（1）根据工程施工进度，缩短缓粘结预应力筋使用过程总时间，确保在摩擦系数稳定期内进行张拉作业。

（2）运输、铺设及张拉施工过程中，避免将缓粘结预应力筋直接暴晒在阳光下。

（3）适当提高张拉控制应力，采取反复张拉和回松，以克服摩擦损失。

22.3.6 多跨曲线预应力筋摩擦损失过大

1. 现象

多跨曲线预应力梁中预应力筋的累计摩擦角较大，预应力筋张拉时实测伸长值小于理论计算值，摩擦损失过大。

2. 原因分析

（1）实际摩擦角累计值大于设计计算值。

（2）预应力筋铺设曲线偏差较大，预应力束局部弯折不平滑。

3. 防治措施

（1）设置准确牢固定位支撑，保证预应力束曲线平滑流畅。

（2）跨数较多时，设计可以考虑采用分段锚固方式。

（3）采用两端张拉工艺，适当提高张拉控制应力，采用反复张拉和回松，以克服摩擦损失。

22.3.7 张拉设备使用混乱

1. 现象

张拉设备未经标定、检验或超期使用，随意配套组合使用，造成张拉力不准确，影响结构的承载能力。张拉力过大时，会造成预应力筋受载后易断筋的隐患。

2. 原因分析

（1）施工人员缺乏培训，不了解张拉力对工程的重要性。

（2）设备不足，凑合使用。

（3）管理不善，设备不按规定标准标定、检验。

3. 防治措施

（1）张拉千斤顶、油泵及压力表要经编号配套后进行标定。每套设备标定后应及时绘出张拉力与压力表读数的关系曲线。

（2）张拉所用压力表的精度不宜低于0.4级，标定千斤顶用的试验机或测力计的不确定度不应低于±1%；标定时千斤顶活塞的运行方向，应与实际张拉工作状态一致。

（3）凡经配套标定的张拉设备，必须配套使用，不许随便更换、随意搭配组合使用。

（4）在使用过程中，一旦其中某项设备发生故障，需要更换时，仍须再行配套标定。

（5）张拉设备的标定期限，不应超过半年。对性能稳定的张拉设备，标定期限可放宽，但不得大于一年，并应设专人管理和督办。

（6）张拉前，由质检人员对张拉设备和标定曲线进行检查验证。

22.3.8　违反张拉顺序，随意张拉

1. 现象

操作人员没有遵照原定的张拉顺序进行张拉，使构件或整体结构受力不均衡，造成构件变形（侧弯、扭转、起拱不均等），出现不正常裂缝，严重时会使构件失稳。张拉操作不分级、升压快、不同步等，易发生应力骤增，应力变化不均衡，不利于应力调整。

2. 原因分析

（1）受力概念不清楚，不了解规范、规程要求，不按设计文件和施工方案规定施工。

（2）图省事，减少张拉设备调动。

（3）操作指令不明确，两端配合不协调。

3. 防治方法

（1）根据对称张拉、受力均匀的原则，并考虑施工方便，在施工方案中应明确规定整体结构的张拉顺序与单根构件预应力筋的张拉次序及张拉方式（一端、两端、分阶、分阶段张拉）。

（2）向操作人员认真交底，严格按设计文件和施工方案的规定施工。

（3）张拉作业时，初应力应选择得当，升压应缓慢进行，并量取伸长读数。

（4）两端张拉时要统一信号，同步进行。远距离张拉时，应使用对讲机进行联络，及时反映两端工作情况，遇有问题及时处理。

（5）张拉操作时，质检人员应在现场加强监督。

22.3.9　张拉伸长值超出允许偏差

1. 现象

用应力控制方法张拉预应力筋时，应同时量测预应力筋的实际伸长值，作为校核张拉力的一种重要手段。实际伸长值与计算伸长值相差较大，超过了规定的允许偏差范围。

2. 原因分析

（1）张拉伸长值计算公式不统一，计算结果有差异；预应力筋的弹性模量和截面面积取值与实际不符。

（2）预留孔道的坐标不准，线形不顺，张拉时预应力筋的摩阻力增大，实际伸长值偏小。

（3）在先穿筋后浇混凝土的情况下，如孔道有漏浆堵塞现象，未用通孔器检查，张拉时摩阻力会增大，实际伸长值偏小。

（4）张拉设备未能按规定期限进行标定，测力仪表读数不准确。

（5）张拉伸长值测量方法有问题，量测读数有误。

（6）张拉伸长值量测后，未扣除锚具楔紧等引起的预应力筋内缩值，实际伸长值偏大。

3. 防治措施

(1) 预应力筋的张拉伸长值 ΔL，应按式（22-5）计算（图 22-4）。

$$\Delta L=\frac{P\cdot L_{T}}{A_{p}\cdot E_{s}} \tag{22-5}$$

式中 P——预应力筋的平均张拉力，取张拉端拉力与跨中（两端张拉）或固定端（一端张拉）扣除摩擦损失后的拉力平均值，即

$$P=P_{j}\left(1-\frac{\kappa x+\mu\theta}{2}\right) \tag{22-6}$$

L_{T}——预应力筋的实际长度；

E_{s}——预应力筋的弹性模量；根据现行国家标准，对钢丝 $E_{s}=(2.05\pm0.1)\times10^{5}\text{N/mm}^{2}$，对钢绞线 $E_{s}=(1.95\pm0.1)\times10^{5}\text{N/mm}^{2}$，对重要工程，$E_{s}$ 应事先测定；有关试验认为：钢丝束和钢绞线束的 E_{s} 比单根钢丝和钢绞线的 E_{s} 低 2%～3%；

A_{p}——预应力筋的截面面积，一般取公称面积，如预应力筋的直径偏差较大，应取不小于实际面积；

x——从张拉端至计算截面的孔道长度（m）；

θ——从张拉端至计算截面曲线孔道切线的夹角（弧度）；

κ、μ——套用孔道摩擦损失设计资料或实测数据。

对多曲线段组成的曲线束，或直线段与曲线段组成的折线束，应分段计算张拉伸长值，然后叠加，较为准确。

(2) 预应力筋张拉伸长值的测量方法是采用精度为±1mm 的标尺，量测千斤顶缸体行程（伸长）数值，以初拉力（10%～25%P_{j}）为量伸长起点，分级张拉每级读伸长。其张拉伸长实际值 ΔL 应为：

$$\Delta L=\Delta L_{1}+\Delta L_{2}-A-B-C \tag{22-7}$$

式中 ΔL_{1}——从初拉力至最大张拉力之间的实测伸长值，包括分级张拉、两端张拉的总伸长；

ΔL_{2}——初拉力以下的推算伸长值，可根据弹性范围内张拉力与伸长值成正比的关系，用计算法或图解法确定（图 22-5）；

A——张拉过程中，锚具（包括工具锚、远端工作锚等）楔紧引起的预应力钢筋内缩值；

B——千斤顶缸体内，预应力筋的张拉伸长值；

C——施加应力时，构件的弹性压缩值（对部分预应力结构，其值很小，可略去不计）。

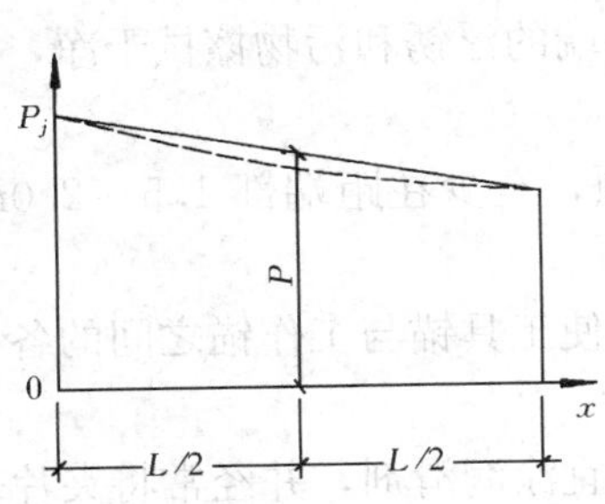

图 22-4 预应力筋张拉伸长值计算简图

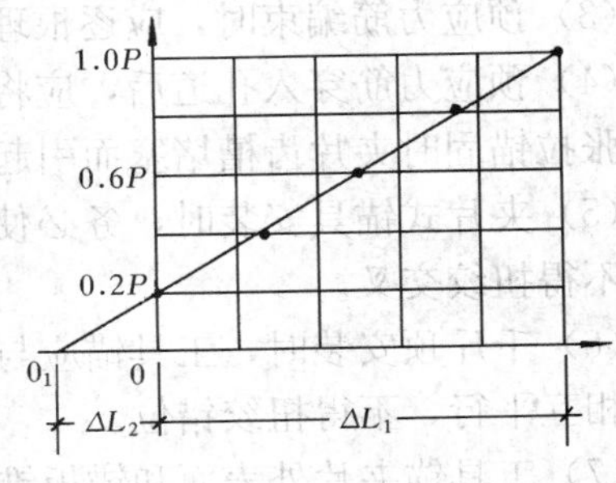

图 22-5 预应力筋实际伸长值图解

（3）应加强对张拉设备的管理，千斤顶号、压力表号及标定数据必须对号，且在有效使用期内。

（4）施加预应力是一项关键工序。油泵操作人员、伸长值量测人员及记录人员应加强责任心，读数要准确无误，对有怀疑的数据要复查纠正。

（5）实测伸长值小于计算值时，可适当提高张拉力予以补足，但最大张拉力对钢丝和钢绞线不得大于 $0.8f_{ptk} \cdot A_p$。

（6）张拉伸长值的允许偏差范围，标准规定为±6%。如实际伸长值超出上述允许偏差范围，应暂停张拉，查明原因，采取措施予以调整后，方可继续进行。

22.3.10　预应力筋滑丝和断丝

1. 现象

后张法预应力筋张拉时，预应力钢丝和钢绞线发生断丝和滑丝，使构件的预应力筋受力不均匀或使构件不能达到所要求的预应力值。

2. 原因分析

（1）实际使用的预应力钢丝或钢绞线直径偏大，锚塞或夹片安装不到位，张拉时易发生断丝或滑丝。

（2）预应力筋没有或未按规定要求梳理编束，预应力筋松紧不一或发生交叉，张拉时造成钢丝受力不均，易发生断丝。

（3）锚具尺寸不准，夹片锥度误差大，夹片硬度与预应力筋不匹配，易断丝或滑丝。

（4）锚环安装位置不准，支承垫板倾斜，千斤顶安装不正，造成预应力筋断丝。

（5）焊接时接地线接在预应力筋上，造成钢丝间短路，损伤钢绞线，张拉时发生脆断。

（6）浇筑混凝土前预应力筋已穿入孔道，端头未包扎，浇筑混凝土时水泥浆洒到预应力筋端头；张拉时又未清除干净，会产生滑丝。

（7）预应力筋事先受损伤或强度不足，张拉时产生断丝。

3. 预防措施

（1）预应力筋与锚具具有良好的匹配，是保证锚固性能的关键。现场实际使用的预应力筋与锚具，应与试验用的材料一致。如现场更换预应力筋或锚具，应重作组装件锚固性能试验。

（2）预应力筋下料时，应随时检查其表面质量，如局部线段不合格，则应切除。

（3）预应力筋编束时，应逐根理顺，捆扎成束，不得紊乱。

（4）预应力筋穿入孔道后，应将其锚固夹持段及外端的浮锈和污物擦拭干净，以免钢绞线张拉锚固时夹片齿槽堵塞而引起钢绞线滑脱。

（5）夹片式锚具安装时，务必使各根预应力筋平顺，至少在距端部1.5～2.0m的长度内不得扭绞交叉。

（6）千斤顶安装时，工具锚应与前端工作锚对正，使工具锚与工作锚之间的各根预应力筋相互平行，不得扭绞错位。

（7）工具锚夹片外表面和锚板锥形孔内表面使用前宜涂润滑剂，并经常将夹片表面清洗干净，以确保张拉工作顺利进行。如工具夹片开裂或牙面缺损较多，以及工具锚板出现明显变形或工作表面损伤显著时，均不得继续使用。

（8）焊接时，严禁利用预应力筋作为接地线。在预应力筋旁进行烧割或焊接操作时，应非常小心，使预应力筋不受过高温度、焊接火花或接地电流的影响。

4. 治理方法

（1）根据规范规定，张拉过程中预应力筋断裂或滑脱的数量，对后张法构件，严禁超过结构同一截面预应力筋总根数的3%，且每束钢丝只允许1根；对多跨双向连续板，其同一截面应按每跨计算。对先张法构件，在浇筑混凝土前发生断裂或滑脱的预应力筋必须更换。

（2）预应力粗钢筋断筋处理：某大桥连续箱梁竖向预应力粗钢筋两端用滚丝机轧出螺纹，其下端用螺母锚固在箱梁底部，在施工过程中，有少数预应力钢筋自上部螺纹处断裂，无法再用螺母锚固。处理方法：在断筋处凿出深约10cm的坑，安装一个专门制作的带外螺纹的夹片锚具，利用带撑脚的YC60型千斤顶用连接套筒拧在锚具上进行张拉，然后用开口垫片锚固，见图22-6。为了增加预应力粗钢筋与夹片的摩擦力，将粗钢筋套上丝扣。

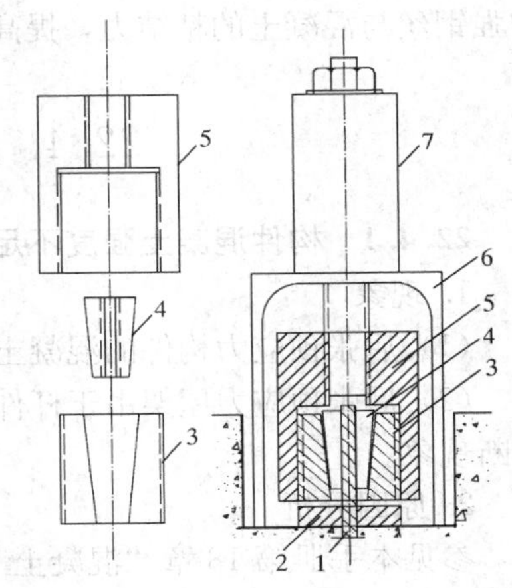

图 22-6 竖向预应力粗钢筋的断筋处理
1—竖向预应力粗钢筋；2—承压钢板；
3—锚环；4—夹片；5—连接套筒；
6—撑脚；7—YC60型千斤顶

（3）钢绞线束张拉时的滑丝处理：某厂房双跨预应力混凝土大梁配置4束$7\phi^s15.24$钢绞线束，采用群锚体系锚固。一端张拉，另端补拉。其中有一束张拉力达到50%以上时，听到响声，经检查无异常现象，继续张拉至100%力并进行锚固，但张拉伸长值偏大，再到固定端检查发现有1根钢绞线缩进。处理方法：张拉端拉力已达100%，即6根钢绞线承担7根钢绞线拉力，$\sigma_{con}=0.816f_{ptk}$，略超上限；在固定端补拉时，更换所滑钢绞线的夹片，并用前卡式千斤顶单根张拉，其拉力适当减少；然后用群锚千斤顶张拉6根钢绞线，其拉力适当增大，使总张拉力达到等值要求。

（4）无粘结钢绞线内埋式固定端滑丝处理：某工程看台悬臂梁内埋式固定端采用多根夹片锚具，张拉时固定端钢绞线滑丝。原因是夹片锚具在浇筑混凝土时由于振动器的振动使夹片松动，水泥浆渗入，无法将钢绞线夹紧。处理方法：在内埋式固定端的梁腹上开孔，取出锚具，洗净后重新安装；对已滑至锚板后的钢绞线采用千斤顶反推法，使其恢复到原来的设计位置；然后用前卡式千斤顶单根张拉到位。最后，对凿掉部分用细石混凝土封补。

22.3.11 先张法钢丝滑移

1. 现象

预应力钢丝放张时，钢丝与混凝土之间的粘结力遭到破坏，钢丝向构件内回缩。

2. 原因分析

钢丝表面不洁净，沾上油污；混凝土强度低、密实性差；放张速度过快。

3. 防治措施

（1）保持钢丝表面洁净，严防油污。

(2) 宜用皂脚类隔离剂。采用废机油时，必须待台面上的油稍干后，洒上滑石粉才能铺放钢丝，并以木条将钢丝与台面隔开。

(3) 混凝土必须振捣密实；防止踩踏、敲击刚浇筑混凝土的构件两端外露的钢丝。

(4) 预应力筋放张应在混凝土达到设计强度的75%以上时进行。放张时，最好先试剪1～2根预应力筋。如无滑动现象，再继续进行，并尽量保持平衡、对称，以防产生裂缝和薄壁构件翘曲。

(5) 光面预应力钢丝强度高，与混凝土粘结力差，一般在使用前应进行刻痕加工，以增强钢丝与混凝土的粘结力，提高钢丝的抗滑移能力。

22.4　预制预应力混凝土构件

22.4.1　构件混凝土强度不足

1. 现象

(1) 后张预应力构件的混凝土强度不足，影响施加预应力与构件承载力。

(2) 后张预应力屋架由于杆件截面尺寸小，混凝土强度不足，张拉过程中出现下弦杆折断现象。

2. 原因分析

参见本手册第18章“混凝土工程”的有关内容。

3. 预防措施

(1) 参见本手册第18章“混凝土工程”的有关内容。

(2) 混凝土试块应多留一组，以便在施加预应力前进行试压。经试压试压，混凝土强度达到张拉要求后，方可施加预应力。

4. 治理方法

(1) 根据构件的实际荷载情况、混凝土实际强度，适当降低（如有必要）预应力筋张拉力。按照现行混凝土结构设计规范的规定：验算其使用阶段的承载力、抗裂、挠度等，验算施工阶段（张拉、吊装）的承载力、抗裂及锚固区局部承压承载力等，合格后方可使用。

(2) 施加预应力时，为了防止混凝土被压碎，混凝土立方强度 f'_c 必须等于或大于由预应力产生的截面边缘混凝土压应力的1.7倍，即

$$f'_c \geqslant 1.7\sigma_{cc} \tag{22-8}$$

式中　σ_{cc}——预加应力、自重及施工荷载作用下截面边缘的混凝土压应力。

如果混凝土实际强度已定，σ_{cc} 计算值偏大，则应适当降低预应力筋的张拉力。

22.4.2　预留孔道塌陷、堵塞

1. 现象

预留孔道塌陷或堵塞、预应力筋不能顺利穿过，影响预应力筋张拉与孔道灌浆。

2. 原因分析

(1) 抽管过早，混凝土尚未凝固，造成坍孔事故。

(2) 抽管太晚，混凝土与芯管粘接牢固，抽管困难，尤其使用钢管时往往抽不出来。

(3) 孔壁受外力或振动影响，如抽管时因方向不正而产生的挤压力和附加振动等。

(4) 芯管接头处套管连接不紧密，漏浆。

(5) 预埋金属波纹管的材质低劣，抵抗变形能力差，接缝咬口不牢靠。

3. 预防措施

(1) 单根钢管长度不得大于 15m，胶管长度不得大于 30m；较长构件可用两根管对接，从两端抽出。对接处宜用 0.5mm 厚白铁皮做成的套管连接。套管长度 40cm，套管内壁应与钢管外表面紧密贴合（对胶管接头，套管内径应比胶管外径大 2～3mm，使胶管压气或压水后贴紧套管）。

(2) 浇筑混凝土后，钢管应每隔 10～15min 转动一次，转动工作应始终顺着一个方向；如用两根钢管对接时，两者的旋转方向应相反；转管时应防止钢管沿端头外滑，事先最好在钢管上做记号，以观察有无外滑现象。

(3) 钢管抽芯宜在混凝土初凝后、终凝前进行，一般以用手指按压混凝土表面不显凹痕时为宜，常温下抽管时间约在混凝土浇筑之后 3～5h，胶管抽芯时间可适当推迟。

(4) 抽管顺序宜先上后下，先曲后直；抽管速度要均匀。钢管要边抽边转，其方向要与孔道走向保持一致。胶管要先放水降压，待其截面缩小与混凝土自行脱离即可抽出。

(5) 夏季高温下浇筑混凝土时，应考虑合理的安排，避免先抽管的孔道因邻近的混凝土振捣而塌陷。

(6) 金属波纹管的检查、搬运、接长、保护等措施，详见 22.5.2“金属波纹管孔道漏进水泥浆”的预防措施。

4. 治理方法

(1) 芯管抽出后，应及时检查孔道成型质量，局部塌陷处可用特制长杆及时加以疏通。

(2) 对预埋波纹管成孔，应在混凝土凝固前用通孔器及时将漏进的水泥浆液散开。

(3) 如预留孔道堵塞，应查明堵塞部位，可用冲击钻与人工凿开疏通，重新补孔。

22.4.3 预留孔道偏移、局部弯曲

1. 现象

(1) 预留孔道局部弯曲，会引起穿筋困难，摩阻力增大。

(2) 预留孔道偏移，施加预应力时构件发生侧弯或开裂，甚至导致整个屋架或托架等后张预应力构件破坏。

2. 原因分析

(1) 固定芯管或波纹管用钢筋井字架的间距大，井格也比芯管大，浇筑混凝土时会引起孔道局部弯曲。

(2) 芯管或波纹管的位置固定不牢；尤其是波纹管的重量轻，如未用铁丝绑牢在井字架上或漏绑井字架的上横筋，在浇筑混凝土时波纹管容易上浮。

3. 预防措施

(1) 预留孔道的位置应正确，孔道应平顺，端部的预埋钢垫板应垂直于孔道的中心线。

(2) 芯管或波纹管的位置应采用钢筋井字架固定。钢筋井字架的尺寸应正确，其间距对钢管，不宜大于 1.5m；对金属波纹管，不宜大于 1.0m；对胶管，不宜大于 0.6m：对曲线孔道，宜适当加密。

(3) 芯管或波纹管要用铁丝绑扎在钢筋井字架上或利用钢筋井字架的上横筋压住，钢筋井字架应绑扎或点焊在钢筋骨架上。

(4) 预应力筋孔道之间的净距不应小于 50mm，孔道至构件边缘的净距不应小于 40mm；凡需起拱的构件，预留孔道应随构件同时起拱。

(5) 浇筑混凝土前，应检查预埋件、芯管或波纹管的位置是否正确，固定是否牢靠。

(6) 浇筑混凝土时，切勿用振动棒振动芯管或波纹管，以防芯管或波纹管偏移。

4. 治理方法

(1) 某工程 12m 预应力混凝土托架下弦杆的预应力筋采用 2 束 $20\phi^{P}5$ 钢丝束，预留孔道采用金属波纹管成型。预应力筋张拉锚固后，两榀托架下弦杆发生断裂，当即停止张拉。从断口看出，波纹管上浮引起张拉力偏心是事故发生的主要原因，见图 22-7。托架共计 43 榀，经每榀钻孔检查，多数波纹管都不同程度上浮。对尚未张拉的托架治理方法：凡波纹管上浮到中心线以上的托架，判废；凡波纹管上浮较大的托架，降低总张拉力，上下束采取不同张拉力，使合力作用点靠近中心线，并降级使用；凡波纹管上浮较小的托架，则拉足张拉力；或仅在波纹管一端上浮，则该端作为固定端，另端拉足张拉力，跨中建立的应力不低于原设计图纸，经荷载试压后，按原级别使用。

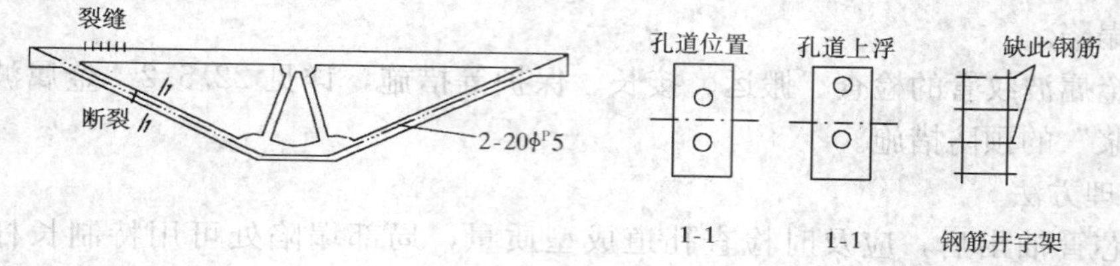

图 22-7　预应力混凝土托架

(2) 某工程 24m 预应力混凝土屋架下弦杆的预应力筋采用冷拉粗钢筋，预留孔道采用胶管抽芯成型。浇筑混凝土后，预留孔道局部弯曲，粗钢筋无法穿入。处理方法：首选人工修凿，扩大弯孔；由于下弦杆截面尺寸较小，加之修凿扩孔操作不当，孔壁被凿穿，并出现宽 0.15mm 裂缝，经张拉阶段验算，下弦杆的预压应力仍满足设计要求，张拉后混凝土没有出现压酥、脱皮、开裂等现象；孔洞修补后，经压力灌浆未出现渗漏现象。改用简易钻孔机扩孔，未发生孔壁凿穿、裂缝等，张拉时无异常情况。

22.4.4　预应力锚固区混凝土破坏

1. 现象

(1) 后张预应力构件张拉时，锚固区混凝土局部受压承载力不足，发生破坏。

(2) 锚固区承压钢板的一面或两面临空，张拉时发生混凝土崩出破坏。

(3) 内埋式固定端承压钢板在浇筑混凝土时被挤到边部，张拉时混凝土崩裂压碎。

2. 原因分析

(1) 锚固区承压钢板未可靠固定，位置走动。

(2) 间接钢筋（钢筋网片、螺旋筋）的尺寸偏小，数量不足，或位置不准。

(3) 混凝土强度不足，浇筑不密实。

(4) 对一面或两面临空的端头，未增设抗侧力锚固筋。

3. 预防措施

（1）编制预应力施工方案时，应根据实际采用的预应力体系与锚具尺寸，对锚固区进行局部承压承载力验算。必要时，建议修改锚具的布置方式与间距，增补抗侧力锚固筋等。

（2）锚固区承压钢板位置、间接钢筋尺寸、数量与位置等应严格按照图纸施工，并固定牢靠。

（3）加强端部混凝土振捣，提高混凝土密实性，防止出现酥松、蜂窝等质量缺陷。

（4）提高张拉锚固时的混凝土强度。

（5）预应力筋张拉前，应检查承压钢板后面的混凝土质量。如该处混凝土有空鼓现象，应在张拉前修补。

4. 治理方法

（1）采用单根张拉千斤顶借助于拆锚器放松预应力筋，更换端埋件，凿去端部损坏的混凝土，配置适量的钢筋网片或螺旋筋，重新浇筑混凝土并振捣密实。

（2）剔除混凝土碎块，补强加固。必要时再用钢板、角钢等加固，重新张拉。

22.4.5 孔道灌浆不通畅

1. 现象

水泥浆灌入预应力筋孔道内不通畅，另端灌浆排气管不出浆或排气孔不冒浆，灌浆泵压力过大（>1.0MPa），灌浆枪头堵塞。

2. 原因分析

（1）灌浆排气管（孔）与预应力筋孔道不通，或孔径太小。

（2）预应力筋孔道内有混凝土残渣或杂物，水泥浆内有硬块或杂物。

（3）灌浆泵、灌浆管与灌浆枪头没有冲洗干净，留有水泥浆硬块与残渣。

3. 预防措施

（1）确保灌浆排气管（孔）与预应力筋孔道接通。

（2）穿预应力筋前，孔道应清除干净；预应力筋表面不得有油污、泥土、脏物等带入孔道内。

（3）水泥必须过筛，并防止水泥袋纸等杂物混入水泥浆内。

（4）灌浆顺序应先下后上，以免上层孔道漏浆将下层孔道堵塞。

（5）每次灌浆完毕，必须将所有的灌浆设备清洗干净。下次灌浆前再次冲洗，以防被杂物堵塞。

4. 治理方法

（1）检查灌浆排气管（孔）是否通畅，如有堵塞，设法疏通后继续灌浆。

（2）如确认预应力筋孔道堵塞，应设法更换灌浆口再灌入，但所灌的水泥浆数量应能将第一次灌入的水泥浆排出，使两次灌入水泥浆之间的气体排出。

（3）如第（2）项治理方法实施困难，应在孔道堵塞位置钻孔，继续向前灌浆；如另端排气孔也堵塞，则必须重新钻孔。

22.4.6 孔道灌浆不密实

1. 现象

（1）孔道灌浆强度低，不密实。

（2）孔道灌浆不饱满，孔道顶部有较大的月牙形空隙，甚至有露筋现象。

上述现象，会引起预应力筋锈蚀，影响预应力筋与构件混凝土不能有效的粘结，严重时会造成预应力筋断裂，使构件损坏。

2. 原因分析

(1) 水泥与外加剂选用不当，水灰比偏大。

(2) 水泥浆配制时，其流动度和泌水率不符合要求。泌水率超标，浆液沉实过程泌水多，使部分孔道被泌出的水占据，不是水泥浆液。

(3) 灌浆操作不认真，灌浆速度太快，灌浆压力偏低，稳压时间不足。

3. 预防措施

(1) 灌浆用水泥宜采用强度等级不低于 42.5MPa 的普通硅酸盐水泥。水泥浆的水灰比宜为 0.4～0.45，流动度宜控制在 150～200mm。水泥浆 3h 泌水率宜控制在 2%，最大值不得超过 3%。

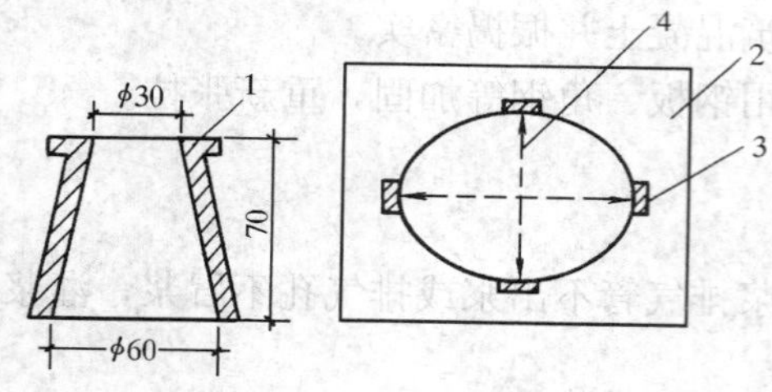

图 22-8　流动度测定

1—测定器；2—玻璃板；3—小铁块；4—测量直径

用流动度测定仪（图 22-8）测定时，先将测定器放在玻璃板上，再把拌好的水泥装入测定器内，抹平后双手迅速将测定器垂直提起，在水泥浆自然流淌 30s 后，量垂直两个方向流淌后的直径，连续做 3 次，取其平均值即为流动度。

(2) 为提高水泥浆的流动性，减少泌水和体积收缩，在水泥浆中可掺入适量的缓凝减水剂，水灰比可减至 0.35～0.38；并可掺入适量的膨胀剂，但其自由膨胀率应小于 6%。应注意不得采用对预应力筋有腐蚀作用的外加剂。

(3) 灌浆应缓慢均匀地进行，不得中断，并应排气通顺；在灌满孔道并封闭排气孔后，宜再继续加压至 0.5～0.6MPa，稳压 2min 后再封闭灌浆孔。

(4) 不掺外加剂的水泥浆，可采用二次灌浆法，两次灌浆的间隔时间宜为 30～45min。

(5) 水泥浆强度不应低于 30N/mm²。水泥浆试块用边长为 70.7mm 立方体制作，每一工作班应留取 1 组（6 块），作为水泥浆质量评定用。

4. 治理方法

(1) 灌浆后应从检查孔抽查灌浆的密实情况；如孔道内月牙形空隙较大（深度>3mm）或有露筋现象，应及时用人工补浆。

(2) 对灌浆质量有怀疑的孔道，可用冲击钻打孔检查；如孔道内灌浆不足，可用手动泵补浆。

22.4.7 预应力筋放张引起混凝土裂缝

1. 现象

截面较小的先张法预应力构件，如预应力大型屋面板或预应力叠合板等，放张预应力筋后产生纵肋或纵向端部区域斜裂缝或纵向裂缝，或劈拉裂缝。

2. 原因分析

构件端部区域斜裂缝是由最大剪力区内主拉应力引起的；纵向裂缝或劈拉裂缝是由于

构件厚度较小或构造筋设置不足引起的；采用切割放张预应力筋快速回缩产生的瞬间冲击作用也可引起端部裂缝。

3. 预防措施

(1) 此类裂缝可以通过增配钢筋网片或螺旋筋，扩散端头的集中剪力，均匀设置预应力筋，提高端部混凝土的强度和密实度，或加大端部截面等措施预防。

(2) 采用缓慢整体放张工艺，避免瞬间预应力筋回缩的冲击作用造成裂缝。

4. 治理方法

当裂缝宽度大于 0.1mm 时，可先沿裂缝凿出宽 15～20mm、深 10～15mm 的槽，然后用环氧砂浆封闭。

22.4.8 构件端部张拉裂缝

1. 现象

(1) 预应力筋张拉后，在构件端部锚固区产生纵向裂缝，见图 22-9 (a)。

(2) 预应力混凝土梁式构件或类似梁式构件（折板、槽板）的预应力筋集中配置在受拉区部位。在这类构件中建立预压应力后，在中和轴区域内的梁端出现纵向水平裂缝。见图 22-9 (b)。

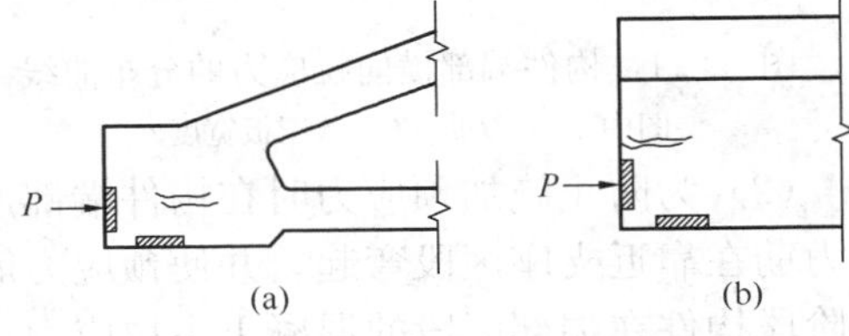

图 22-9 构件端部张拉裂缝

(a) 劈拉裂缝；(b) 端面裂缝

2. 原因分析

(1) 后张预应力混凝土构件中，张拉力作为一个荷载集中作用在构件端部总高度内较小的一部分。纵向压应力由集中作用转移为线性分布，产生横向（竖向）拉应力（图 22-10），如锚固区截面尺寸较小，则会产生纵向裂缝。这种裂缝位于张拉力集中荷载下，裂缝与荷载作用线基本重合，称为劈裂裂缝或锚固区裂缝。

图 22-11 示出在构件端部锚固区内横向（竖向）拉应力的分布曲线。这些分布曲线是在假定承压板位于构件截面中部，其宽度等于构件截面宽度的条件下给出的。从图中可以看出：①压板的面积越大（即 a/h 值越大），锚固区横向拉应力越小；②离开承压板 $0.1h$ 处出现拉应力，离开承压板 $0.25\sim0.5h$ 处存在较大的横向拉应力，离开承压板 h 处横向拉应力已很小。如果锚具位于厚度大的混凝土截面处，则所引起的横向拉应力变小。

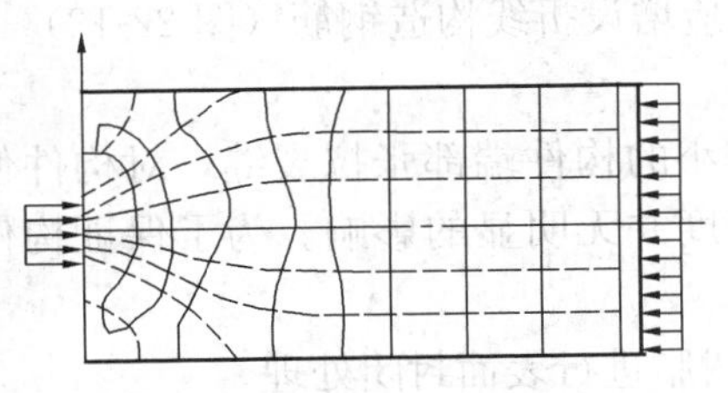

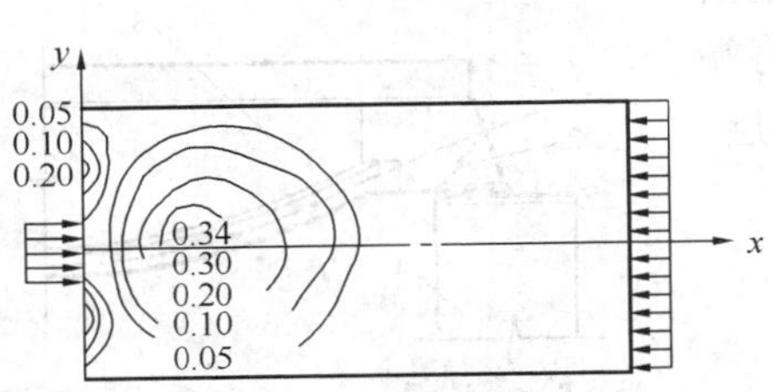

图 22-10 构件端部横向拉应力的等值线

（图中标出的系数代表横向拉应力与平均纵向压应力的比值）

(2) 由于张拉力集中作用在构件端部，在承压板附近的端面，存在另一个拉力区，会引起混凝土剥落。当张拉力偏心作用在构件下部时，剥落区的拉应力增大，影响范围也较大，裂缝也随之产生。这类裂缝位于张拉力集中荷载的侧面，裂缝大体上与荷载作用线平行，称为剥落裂缝或端面裂缝。

3. 预防措施

（1）为防止沿孔道劈裂，在构件端部 $3e$（e 为预应力筋的合力点至邻近边缘的距离），且不大于 $1.2h$（h 为构件端部高度）的长度范围内与间接钢筋配置区以外，应在高度 $2e$ 范围内均匀布置附加钢筋或网片，其配筋率 $\rho_v \geqslant 0.5\%$，见图 22-12 所示。孔道至构件边缘的净距不应小于 40mm。

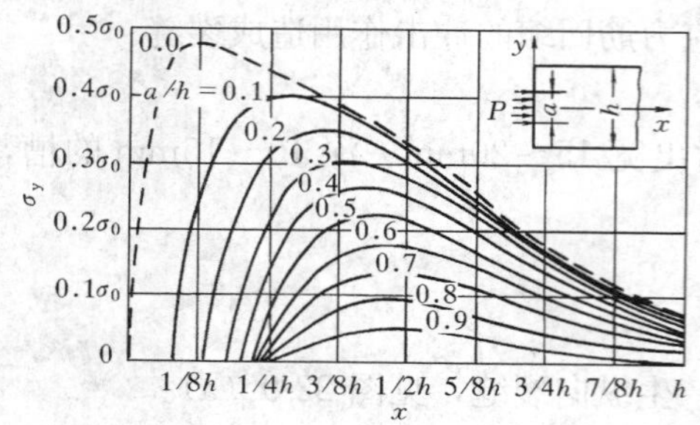

图 22-11　构件端部横向拉应力的分布曲线

图中 $\sigma_0 = P/bh$（b—承压板宽度）

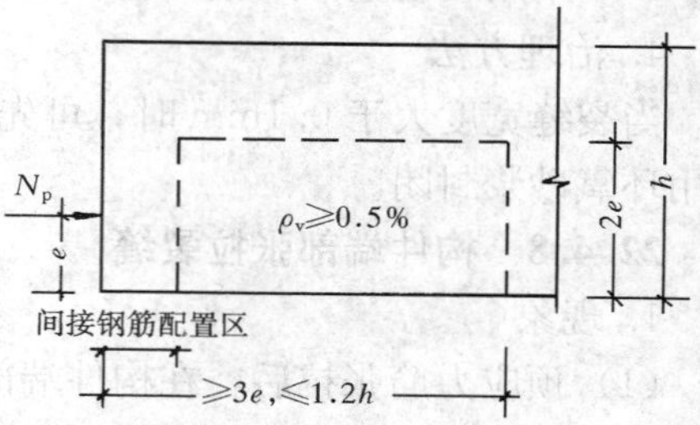

图 22-12　防止沿孔道劈裂配筋范围

（2）为防止施加预应力时在构件端部产生沿截面中部的纵向水平裂缝，宜将一部分预应力筋在靠近支座区段弯起，并使预应力筋尽可能沿构件端部均匀布置。此外，为减少使用阶段构件在端部区段的混凝土主拉应力（简支构件），也宜将一部分预应力筋在靠近支座处弯起。

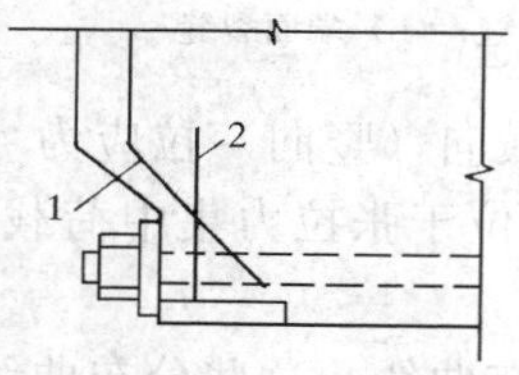

图 22-13　构件端部有局部凹进时的构造配筋

1—折线构造钢筋；2—竖向构造钢筋

（3）如预应力筋在构件端部不能均匀布置，而需集中布置在端部截面的下部或集中布置在上部和下部时，应在构件端部 $0.2h$ 范围设置竖向附加的焊接钢筋网、封闭式箍筋或其他形式的构造钢筋。

（4）当构件在端部有局部凹进时，为防止在预加应力过程中，端部转折处产生裂缝，应增设折线构造钢筋（图 22-13）。

4. 治理方法

（1）试验结果表明，较小的构件端部张拉裂缝，对构件使用阶段的工作性能和破坏强度并无明显的影响。为了保证构件的耐久性，需要将裂缝进行封闭处理。

（2）对宽度小于 0.15mm 的微裂缝，可采用环氧树脂进行表面封闭处理。

（3）对宽度为 0.15～0.30mm 的裂缝，可用钢凿将裂缝凿成 V 形口，嵌入环氧砂浆封闭处理。或将端部表面清除干净，凿毛、湿润，然后外加钢板网一层，抹 20mm 厚的 1∶2 水泥砂浆。

22.4.9　构件支座竖向裂缝

1. 现象

预应力混凝土构件（吊车梁、屋面板）在使用阶段，在支座附近出现由下而上的竖向裂缝或斜向裂缝（图 22-14）。

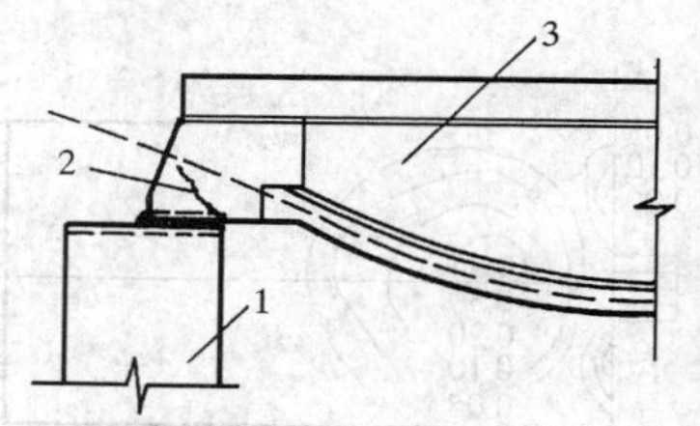

图 22-14　吊车梁竖向裂缝

1—下部支承结构；2—裂缝；3—预应力构件

2. 原因分析

先张构件或后张构件由于预应力筋在端部部分或全部弯起，支座处混凝土预压应力一般很小，甚至没有预压应力。当构件与下部支承结构焊接后，变形受到一定约束，加之受混凝土收缩、徐变或温度变化等影响，使支座连接处产生拉力，导致裂缝出现。

3. 防治措施

(1) 在构件端部设置足够的非预应力纵向构造钢筋或采取附加锚固措施。

(2) 屋面板等构件，可在预埋件钢板上加焊插筋，伸入受拉区（图 22-15）。

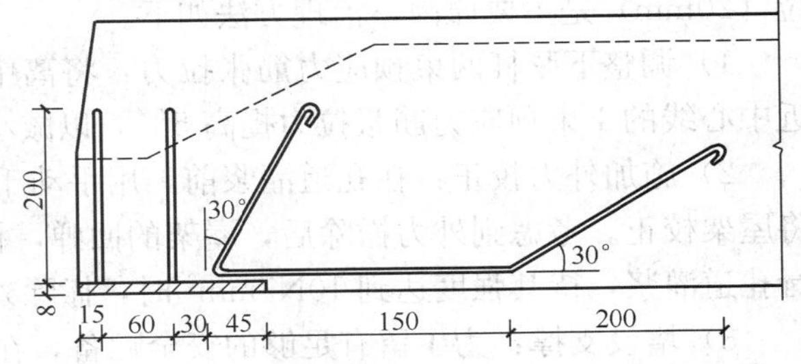

图 22-15 纵肋端部锚筋简图

(3) 适当加大吊车梁端头断面高度，压低预应力筋的锚固位置，减小非预压区。

(4) 支承节点采用微动连接，如螺栓连接、在预留孔内设橡胶垫圈等。

22.4.10 预应力空心板梁加热养护裂缝

1. 现象

先张法预应力空心板梁在冬期施工过程中，常会出现加热养护裂缝。一是在顶板上产生的横向裂缝，缝长为顶板全宽；二是在肋板侧面产生的上宽下窄的竖向裂缝。

2. 原因分析

(1) 梁体本身的上下部收缩不一致。经过加热养护之后梁体内温度升高，揭开油布后梁上部顶板的混凝土厚度较薄，降温后迅速收缩，而梁的下部底板较厚，冷却较慢，上部收缩较大而下部收缩较小，自然会产生上挠现象，但由于下部钢绞线的束缚，限制了上挠现象的产生，再加上板梁顶部布筋过少，抗不住这种变形拉力，因此产生裂缝。

(2) 降温速度过快。空心板梁属薄壁构件，其顶板混凝土厚 70mm，肋板最薄处为 80mm，因此其降温速度不应超过 50℃/h。

3. 防治措施

(1) 适当增加板梁顶面的抗裂钢筋。

(2) 严格控制升降温的速度。升温速度应不大于 10℃/h，降温速度不超过 5℃/h。

(3) 适当提前施加预应力（放张）。加热养护过程应连续均匀，中途不得停气，确保其强度一次到位。冷却到 5～10℃时，立即拆模并松束，尽早解除台座对预应力钢材的约束。

22.4.11 屋架下弦杆侧向弯曲

1. 现象

预应力屋架扶直后检查时，发现屋架下弦杆产生较大的侧向弯曲（平面外弯曲），其数值已超过允许值（$L/1000$）。

2. 原因分析

(1) 下弦杆预留孔道位置偏移，张拉力偏心，往往是引起屋架侧向弯曲的主要原因。

(2) 屋架预制场地未压实，混凝土浇筑后遇到大暴雨，使用的砖胎模产生较大的不均匀沉降，此时屋架混凝土强度较低，侧向刚度又差，引起屋架侧弯和裂缝。

(3) 制作屋架的底模高低不平。

3. 防治措施

(1) 某工程24m预应力屋架，采用2束预应力筋。扶直后检查时发现有4榀屋架下弦杆产生较大的侧向弯曲，最严重的1榀弯曲值达105mm。通过调查认为，预留孔道错位（20mm）是主要原因，治理方法如下。

1) 调整下弦杆两束预应力筋张拉力：将离中心线远的预应力筋张拉力降低5%，靠近中心线的1束预应力筋张拉力提高5%，以减小偏心距。

2) 施加外力校正：在孔道灌浆前，用手动千斤顶在下弦杆弯曲的反方向施加水平力将屋架校正。考虑到外力撤除后，屋架的回弹，校正时向反方向超弯20～30mm，然后进行孔道灌浆，待其强度达到$10N/mm^2$时，撤除外加力的机具。

3) 增设支撑：为了留有足够的安全贮备，在屋架安装后，又增设了水平拉杆和垂直支撑。

(2) 某工程27m预应力屋架，采用2束24ϕ^P5钢丝束，平卧重叠制作，砖胎模，4榀叠浇。施工中遇到大暴雨，有一叠屋架的胎模产生明显的不均匀沉降，下弦杆最大下弯58mm，上弦杆最大下弯36mm。经检查屋架上、下弦杆裂缝呈Π形，上表面贯通，两侧面从上往下的裂缝长约为截面高的1/3。裂缝宽度：上弦杆0.1～0.3mm，下弦杆0.1～0.7mm。治理方法如下。

1) 防止继续下沉：在下沉节点处的胎模上垫钢板，并在钢板与胎模间打入硬木楔；同时作好现场排水。

2) 调平屋架：采用5t捯链6台，搭设6个钢管门形架，利用已垫入的钢板作为提升板，采取先拉通线后同步提升的控制方法。调平后的屋架没有发现新的裂缝，原有裂缝也未扩展。

3) 降低张拉力10%：钢丝束张拉后，检查可见的下弦杆裂缝全部闭合，上弦杆裂缝未继续扩展。

4) 使用限制规定：将这4榀处理过的屋架使用在山墙和伸缩缝处，以降低使用荷载。

22.4.12　先张法构件挠度过大

1. 现象

先张法预应力混凝土构件在使用荷载下的实际挠度超过设计规定值或构件过早开裂。

2. 原因分析

(1) 构件的混凝土强度低于设计强度。

(2) 预应力筋张拉力不足，使构件建立的预应力值偏低。

(3) 台座或钢模板受张拉力变形大，导致预应力损失过大。

(4) 台座过长，预应力筋的摩阻损失大。

3. 防治措施

(1) 预应力筋放张时，混凝土强度应满足设计要求，但不应低于设计的混凝土强度等级的75%。

(2) 保证台座有足够的强度、刚度和稳定性，以防产生倾覆、滑移、变形过大等情况。重力式台座的抗倾覆安全系数不得小于1.5，抗滑移安全系数不得小于1.3；台墩与台面共同工作，可有效抵抗倾覆和滑移。台座钢横梁受力后的挠度应控制在2mm以内，钢丝锚固板的变形不大于1mm。

(3) 张拉设备要经过校验，使用中要检查压力表是否正常有效。

(4) 张拉时应尽可能使张拉设备轴线与预应力筋中心线一致，以减少预应力筋与锚固板孔洞之间的摩擦；还应防止预应力筋自重下垂增加与底模之间的摩擦，可每隔一定距离设置定位支架。

(5) 测力装置要经常维护和校验，以保证计量准确。预应力筋的张拉力，可用相应的伸长值校核。

(6) 预应力筋预应力值的检测应在张拉完毕后1h进行。此时锚固损失已完成，预应力筋松弛损失也部分产生。检测时的预应力设计规定值及抽检数列于表22-3。检测结果要求：预应力值偏差不应超过$\pm 0.05\sigma_{con}$；当一个构件中预应力筋数量少于5根时，可按全部预应力筋所测的预应力平均值计算。

预应力值检测时的设计规定值 **表22-3**

张拉方法		检测值	抽 检 数
长线张拉		$0.94\sigma_{con}$	构件条线的10%，但每班不少于1条
短线张拉	长4m	$0.91\sigma_{con}$	构件数的1%，但每班一工作班不少于1条
	长6m	$0.93\sigma_{con}$	

(7) 加热养护应分两阶段升温；第一阶段将温差（即升温的温度与张拉预应力筋时的温度差）控制在20℃内；待构件混凝土强度达到7.5MPa（粗钢筋）或10MPa（钢丝、钢绞线）以上时，再进行第二阶段升温。

22.4.13 先张板式构件翘曲

1. 现象

先张板式（如空心板、薄板）构件，在预应力筋放张后，发生严重翘曲，影响质量与使用。

2. 原因分析

(1) 台面或钢模不平整，预应力筋位置不准确，保护层不一致，以及混凝土质量低劣等，使预应力筋对构件施加一个偏心荷载，这对截面较小的构件尤为严重。

(2) 各根预应力筋所建立的张拉应力不一致，放张后对构件产生偏心荷载。

3. 防治措施

(1) 保证台面平整。一是作好台面，在素土夯实后铺碎石垫层，再浇筑混凝土台面（厚80～100mm），用原浆抹面或用1∶2水泥砂浆找平压光；二是防止温度变化引起台面开裂，要设置伸缩缝（间距为10～20m），必要时可对台面施加预应力；三是做好台面排水设施。

(2) 钢模板要有足够的刚度，承受张拉力时变形控制在2mm内。

(3) 确保预应力筋的保护层均匀一致。

(4) 成组张拉时要确保预应力筋长度一致。单根张拉时要考虑先后张拉力损失不同。可用不等的超张拉系数或重复张拉的方法调整。

(5) 钢模板吊入蒸汽池内养护时，支座底座一定要平整。重叠码放时钢模板上面不能有残余的混凝土渣，以防构件翘曲。

(6) 预应力筋放张时要对称进行，避免构件受偏心冲击荷载。

附录 22.6　预制混凝土构件预应力施工质量标准及检验方法

预制混凝土构件预应力施工质量标准和检验方法应符合现行国家标准《混凝土结构工程施工质量验收规范》(GB 50204—2002，2011 年版）的规定。

1. 预制混凝土构件先张法预应力施工质量检验

(1) 主控项目

1) 预应力筋的质量按附录 22.1“预应力钢丝质量标准与检验方法”、附录 22.2“预应力钢绞线质量标准与检验方法”、附录 22.3“预应力螺纹钢筋质量标准与检验方法”的有关规定检验。

2) 预应力筋用夹具的质量按附录 22.4“预应力筋用锚具和连接器的性能要求与检验方法”的有关规定检验。

3) 构件中的预应力筋品种、规格和数量，必须符合设计要求。

检验方法：隐蔽工程验收时，全数观察与钢尺量测。

4) 预应力筋铺设时，应选用非油质类模板隔离剂，并应避免沾污预应力筋。

检验方法：全数观察检查。

5) 预应力筋张拉锚固后，实际建立的预应力值与工程设计规定检验值的相对允许偏差为±5%。

浇筑混凝土前，发生断裂或滑脱的预应力筋必须予以更换。

检查数量：每工作班抽查预应力筋总数的 1%，且不少于 3 根。

检验方法：用应力测试仪量测，检查检测记录。

6) 预应力筋放松时，混凝土强度应符合设计要求。

检验方法：检查同条件养护试件的试验报告。

7) 放松预应力筋宜缓慢，防止突然冲击。放松顺序应符合设计要求。

检验方法：全数观察检查。

(2) 一般项目

1) 短线成组张拉时，钢丝镦头后的同组钢丝长度的极差不得大于 2mm。

检查数量：每工作班抽查钢丝总数的 3%，且不少于 3 束。

检验方法：钢尺量测。

2) 锚固时张拉端预应力筋的内缩量应符合设计要求。

检查数量：每工作班抽查预应力筋总数的 3%，且不少于 3 束

检验方法：钢尺量测。

3) 张拉后先张预应力筋的位置坐标与设计的偏差不得大于 5mm，且不得大于构件截面短边边长 4%。

检验方法同上述第 2) 项。

2. 预制混凝土构件后张预应力施工质量检验

参见附录 22.6“预制混凝土构件预应力施工质量标准及检验方法”。

22.5 现浇预应力混凝土结构

22.5.1 曲线孔道位置坐标偏差过大

1. 现象

在多跨连续预应力混凝土框架梁中，曲线预应力筋孔道一般是由预埋金属波纹管成型的。曲线预应力筋的竖向坐标是以预埋的波纹管中心线为准。多跨曲线孔道竖向坐标的控制点为跨中点、反弯点及支座点。

在实际施工中，检查曲线孔道竖向坐标时，经常遇到跨中处坐标偏高与支座处坐标偏低的现象，降低了预应力筋的 h_0 高度，影响梁的承载力和抗裂要求。

2. 原因分析

（1）控制曲线孔道竖向坐标的钢筋支托位置计算有误或安装不准。

（2）设计图纸上所标明的曲线孔道在支座处的竖向坐标有时偏高，但在该节点处纵横向钢筋较多，使曲线孔道难以安装到位。

（3）在钢筋安装与绑扎过程中，操作人员没有严格控制钢筋位置，尤其在支座处对曲线孔道的竖向坐标影响较大。

3. 预防措施

（1）在设计图纸会审期间，应复核曲线预应力筋的坐标高度是否会引起波纹管与梁的钢筋相碰。如在内支座处遇到这种情况，应与设计人员商讨，能否调整钢筋的规格与排列方式，不得已时考虑降低波纹管的坐标高度。在跨中处也可参照处理。至于在其他部位，要求钢筋应避开波纹管，不得影响波纹管的曲线形状。

（2）预应力筋的保护层，从波纹管壁算起，在跨中处和支座处均不得小于 50mm。在预应力混凝土框架梁施工前，应将预应力筋曲线坐标图、支座（跨中）处钢筋与预应力筋孔道排列详图等发给有关操作人员。施工中，加强督促检查，严格按图施工。

（3）预应力筋留孔用金属波纹管的定位，可采用钢筋支架（图 22-16）。钢筋支架的间距为 0.8～1.0m，可点焊在箍筋上；波纹管应采用铁丝绑扎在支架上。钢筋支架的高度 h_1（从箍筋内包尺寸量至波纹管底面）应等于该点预应力筋坐标高度扣除波纹管半径与保护层厚度 25mm 后得出，应在箍筋上做好标记。

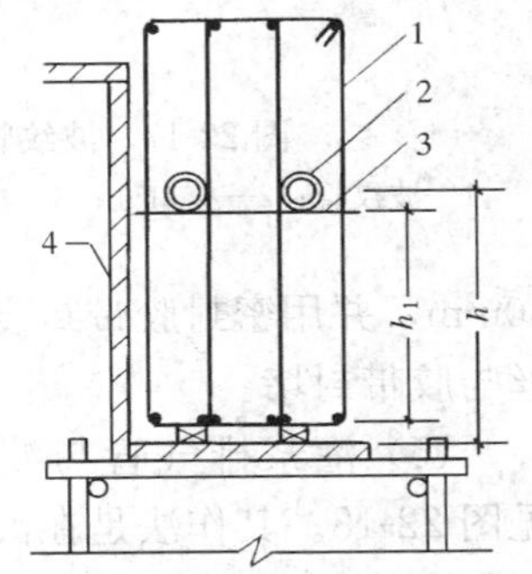

图 22-16 固定波纹管用钢筋支架示意图

1—箍筋；2—波纹管；3—钢筋支架；4—模板；h—坐标高度

4. 治理方法

（1）波纹管的坐标高度超出允许偏差，但不大于 5mm，可不必调整。

（2）波纹管的坐标高度如超出允许偏差大于 5mm，应局部拆开调整至允许偏差内。

（3）波纹管的坐标高度超出允许偏差较大而又无法调整时，应会同设计人员根据实际受力情况商讨解决办法。

22.5.2 金属波纹管孔道漏进水泥浆

1. 现象

浇筑混凝土时，金属波纹管（螺旋管）孔道漏进水泥浆。轻则减小孔道截面面积，增加摩阻力；重则堵孔，使穿束困难，甚至无法穿入。当采用先穿束工艺时，一旦漏入浆液将钢束铸固，造成无法张拉。

2. 原因分析

（1）金属波纹管没有出厂合格证，进场时又未验收，混入不合格产品。表现为管刚度差、咬口不牢、表面锈蚀等。

（2）波纹管接长处、波纹管与喇叭管连接处、波纹管与灌浆排气管接头处等接口封闭不严密，流入浆液。

（3）波纹管遭意外破损，如普通钢筋压伤管壁，电焊火花烧伤管壁，先穿束时由于戳撞使咬口开裂，浇筑混凝土时振动器碰触管壁等。

（4）波纹管安装就位时，在拐弯处折死角，或反复弯曲等，引起管壁开裂。

3. 预防措施

（1）金属波纹管出厂时，应有产品合格证并附有质量检验单，其各项指标应符合行业标准《预应力混凝土用金属螺旋管》（JG/T 3013）的要求。

金属波纹管进场时，应从每批中抽取 6 根，先检查管的内径 d，再将其弯成半径为 $30d$ 的圆弧，高度不小于 1m，检查有无开裂与脱扣现象；同时作灌水试验，检查管壁有无渗漏现象，合格后，方可使用。

（2）金属波纹管搬运时应轻拿轻放，不得抛甩或在地上拖拉；吊装时不得以 1 根绳索拦腰捆扎起吊。

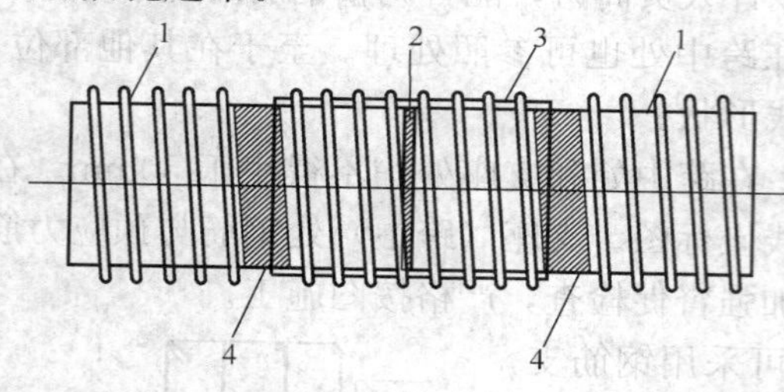

图 22-17　波纹管连接图

1—波纹管；2—接口处；3—接头管；4—封口胶带

波纹管在室外保管的时间不可过长，应架空堆放并用苫布等遮挡，以防止雨露和各种腐蚀性气体或介质的影响。

（3）金属波纹管可采用大一号同型波纹管接长。接头管的长度为 200～400mm，在接头处波纹管应居中碰口；接头管两端用密封胶带或塑料热塑管封裹，见图 22-17。

（4）波纹管与张拉端喇叭管连接时，波纹管应顺着孔道线形，插入喇叭口内至少 50mm，并用密封胶带封裹。波纹管与埋入式固定端钢绞线连接时，可采用水泥胶泥或棉丝与胶带封堵。

（5）灌浆排气管与波纹管的连接，见图 22-18。其作法是在波纹管上开洞，用带嘴的塑料弧形压板与海绵垫片覆盖并用铁丝扎牢，再将增强塑料管（外径 20mm，内径 16mm）插在嘴上用铁钉固定并伸出梁面约 400mm。

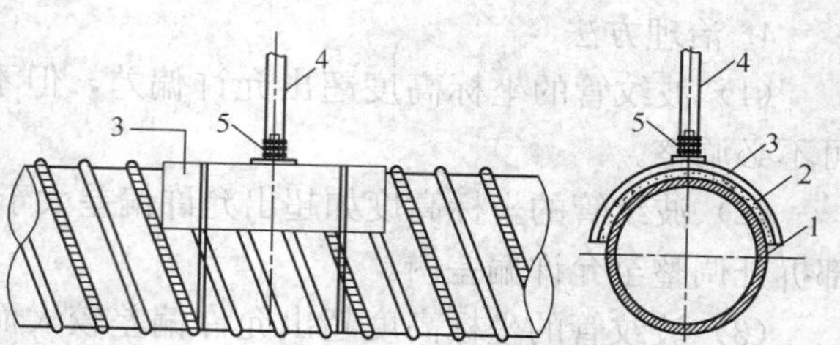

图 22-18　波纹管上留灌浆孔

1—波纹管；2—海绵垫；3—塑料盖板；4—塑料管；5—固定卡子

为防止排气管与波纹管连接处漏浆，波纹管上可先不开洞，并在外接塑料管内插 1 根钢筋，待孔道灌浆前再用钢筋打穿波纹管，拔出钢筋。

(6) 波纹管在安装过程中，应尽量避免反复弯曲；如遇到折线孔道，应采取圆弧线过渡，不得折死角，以防管壁开裂。

(7) 加强对波纹管的保护。防止电焊火花烧伤管壁；防止普通钢筋戳穿或压伤管壁；防止先穿束使管壁受损；浇筑混凝土时应有专人值班，保护张拉端埋件、管道、排气孔等。如发现波纹管破损，应及时修复。

4. 治理方法

(1) 对后穿束的孔道，在浇筑混凝土过程中及混凝土凝固前，可用通孔器通孔或用水冲孔，及时将漏进孔道的水泥浆散开或冲出。

(2) 对先穿束的孔道，应在混凝土终凝前，用捯链拉动孔道内的预应力束，以免水泥浆堵孔。

(3) 如金属波纹管孔道堵塞，应查明堵塞位置，凿开疏通。对后穿束的孔道，可采用细钢筋插入孔道探出堵塞位置。对先穿束的孔道，细钢筋不易插入，可改用张拉千斤顶从一端试拉，利用实测伸长值推算堵塞位置。试拉时，另端预应力筋要用千斤顶楔紧，防止堵塞砂浆被拉裂后，张拉端千斤顶飞出。

22.5.3 锚固区构造不合理

1. 现象

(1) 在现浇预应力混凝土框架结构中，框架梁预应力筋的锚固区通常设在梁柱节点处。大多数情况下，设计要求将锚固端做成内凹式，锚具埋在柱内。这种作法会引起柱主筋移位，箍筋处理复杂，间接钢筋（螺旋筋或钢筋网片）设置困难。柱筋不到位，会造成柱的承载力不足。节点处钢筋过密，易造成混凝土浇筑不密实；而节点区混凝土必须充分密实，才能保证满足节点核心区抗震要求和局部承压要求。

(2) 预应力筋锚固在悬臂梁端时，由于梁宽度小所产生的劈裂应力大，会引起沿预应力筋孔道的纵向裂缝。

(3) 框架梁预应力筋的固定端采取内埋式时，张拉力趋向于压缩固定端前方的混凝土，而拉开其后方的混凝土，引起锚固点背后开裂。

(4) 多跨连续框架梁的预应力筋采取分段搭接时，由于锚固区部分位置截面太小，局部承压面积不足，会引起混凝土碎裂。

2. 原因分析

(1) 对现浇预应力混凝土结构锚固区的受力状态认识不清：如框架结构锚固区的受力与单独构件受力差异，框架结构梁柱节点（尤其是抗震区）核心区的剪切应力，中间锚固端和内埋式锚固端后方产生的拉力等。

(2) 没有针对工程实际情况，作出切实可行的锚固区构造详图，或未经设计审核认可。

(3) 预应力混凝土框架结构施工前，没有及时将锚固区构造详图向土建施工单位进行技术交底，或土建施工单位仍习惯于按钢筋混凝土结构传统作法，导致预应力施工单位安装锚固端埋件时到处与钢筋相碰，难以达到预期要求，形成隐患。

3. 防治措施

(1) 预应力施工单位应针对工程实际情况与受力分析，作出切实可行的锚固区构造详图，并经设计部门审核认可。

（2）预应力筋锚固区端埋件与普通钢筋发生矛盾时，应遵循普通钢筋避让预应力筋的原则，并应会同设计人员共同解决。

（3）预应力筋锚固端采取内凹式作法时，端部埋件与非预应力筋的排放位置产生矛盾，可采取以下措施。对地震区，预应力筋锚头宜设在节点核心区外。

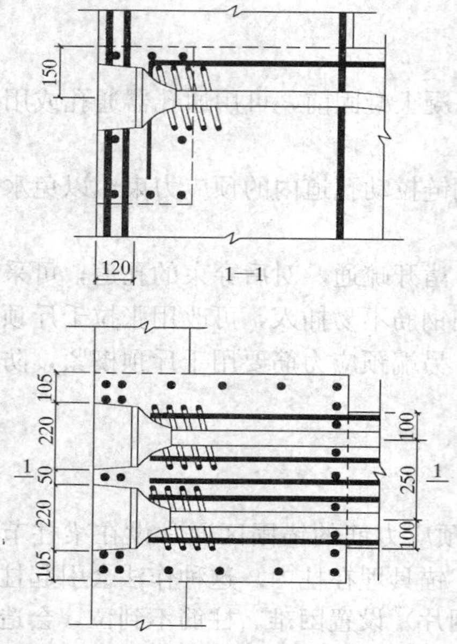

图 22-19　内凹式锚固端构造

（图中箍筋未示出）

1）框架梁的主筋在锚固区端部向下弯有困难时，可向上弯或缩进向下弯，但必须满足锚固长度要求。

2）矩形柱的主筋向两边移，不影响柱正截面的承载力；如移至第二排，因有效高度减小，必须进行等效换算。如图 22-19 所示柱的主筋由于与凹入式端埋件相碰，而将其中 4 根移至第二排换算为 5 根。

当柱筋无法移开时，可用氧乙炔焰将柱筋吹弯，或将主筋切断在两旁补插钢筋。

3）圆柱的主筋沿圆周均匀布置。主筋移动后的有效高度会减小，要补插足够数量的主筋。补插的主筋面积可按圆柱正截面承载力等效原则确定。

4）局部箍筋先弯折贴于模板，张拉后再将箍筋拉直焊牢。

（4）预应力筋锚固区间接钢筋设置。各类锚具，一般都有配套的间接钢筋，设计人员不必另行计算。实际工程中往往由于节点区钢筋太密，间接钢筋的放置十分困难，有时无法满足要求。节点区钢筋过密常造成混凝土浇筑不密实，反而易产生问题。

分析局部压力的变化与张拉阶段梁柱节点区钢筋受力情况后认为：锚固区柱、梁内的主筋与箍筋可作为间接钢筋的一部分。如钢筋过密间接钢筋放不下，可结合具体情况适当减少间接钢筋的数量。

（5）局压区的位置。设计人员应创造条件使局压区处于有利位置。一般多跨框架中内支座起控制作用，可适当降低边节点锚固位置以增大局压计算底面积。如截面较小，可将平行布置的 2 束预应力筋在接近锚固区时空间扭曲转换成竖直布置，见图 22-20。扩大局部承压计算底面积的另一方法是梁侧向加腋。

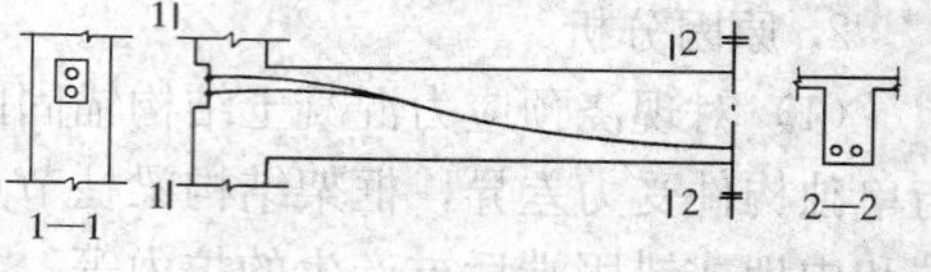

图 22-20　预应力筋在梁端转换为竖向布置

（6）内埋式锚固端的埋设位置。内埋式锚固端位于梁体内时，为了避免拉力集中使混凝土开裂，可采取交错布置方式，间距为 300～500mm，且离开梁侧面不得小于 40mm。当锚固于梁柱节点内时，应尽量靠近柱外侧，可上下错开布置。

在每个锚固点后，应根据混凝土厚度、有无抵抗拉力的钢筋等情况，确定是否需要增加钢筋。根据有关资料介绍，该附加筋应能传递张拉力的50%左右，但这些钢筋必须在锚固点前方的受压区中充分粘结。

（7）多跨连续梁预应力筋分段搭接时，张拉端锚固区有以下几种作法。

1）梁顶留槽法，又有两种作法，见图22-21所示。其中图中（a）留斜口凹槽（长800mm），可采用常规张拉方式；图中（b）留矩形凹槽（长600mm），端埋件与梁面竖直，要采用变角张拉方式。为防止张拉时凹口处混凝土开裂，应设置附加构造钢筋。

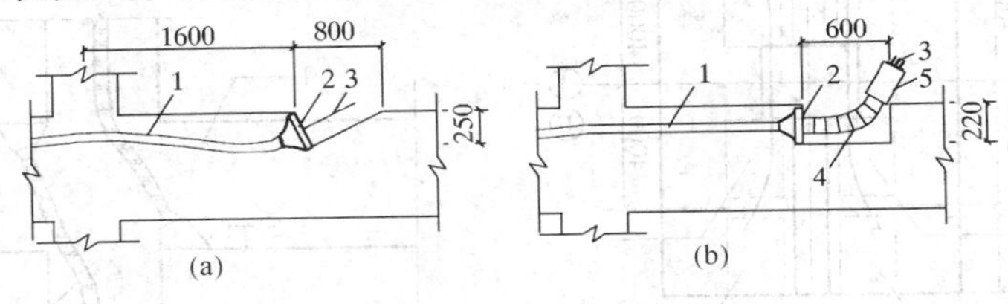

图22-21 梁顶留槽法

（a）斜口凹槽；（b）矩形凹槽

1—金属波纹管；2—喇叭管；3—预应力筋；4—变角块；5—张拉千斤顶

2）梁侧加宽法，见图22-22所示。梁侧加宽与加长的尺寸应根据钢绞线束数、锚具尺寸及局部承压验算确定。图中（a）所示是梁每侧锚固1束钢绞线。图中（b）所示是梁每侧锚固2束钢绞线，上下布置。

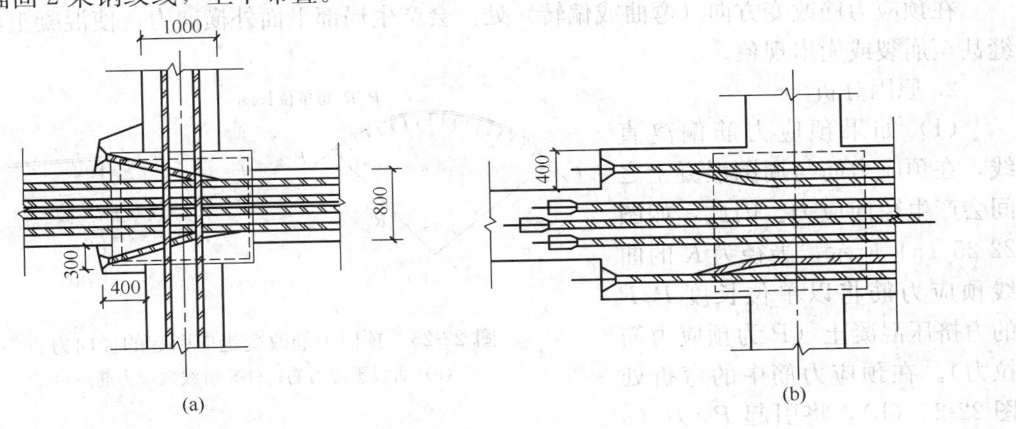

图22-22 锚固节点梁侧加宽法

3）梁侧楼板加厚法，见图22-23所示。在梁侧1m宽范围内楼板沿预应力筋搭接方向加厚400mm。预应力筋穿过柱后，由梁侧穿入板内伸至与框架梁垂直的次梁上锚固。为保证预应力筋张拉，在楼板上设置后浇张拉洞。

4）多跨连续次梁分段搭接的张拉端分别设置在相交主梁的两侧凹槽内，见图22-24所示。该凹槽处楼板要预留洞口，供张拉用。

（8）顶层柱一般应高出梁顶300～400mm，以满足局部承压截面尺寸的要求。柱中伸出梁顶的钢筋一般能满足限制水平裂缝开展的要求。这样处理的另一作用是避免柱筋在梁内弯折。柱伸出部分应与顶层梁一次浇筑。

楼层浇筑混凝土时，柱上施工缝是否需要高出梁面，与施工方案有关。如楼层浇筑混凝土后，接着就进行上层柱施工，框架梁张拉时上层柱混凝土也已达到所需的强度，则柱上施工缝可与楼面等高。

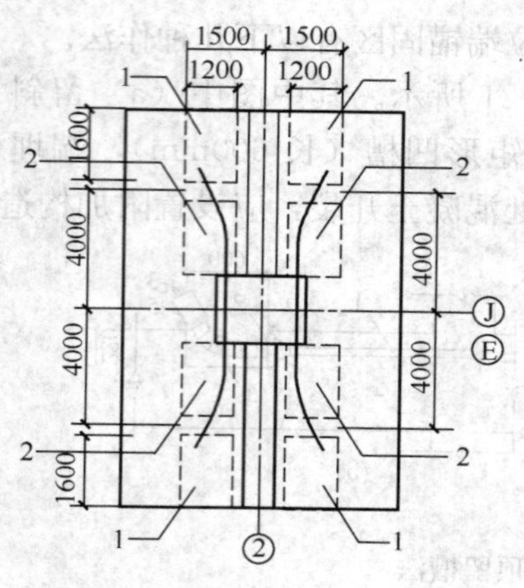

图 22-23　梁侧楼板加厚法

1—1200mm×600mm 板后浇；2—板局部加厚至 400mm

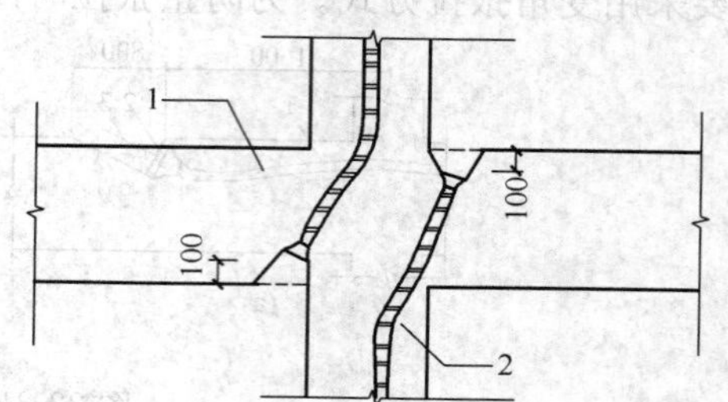

图 22-24　多跨次梁分段张拉

1—主梁；2—次梁

22.5.4　预应力筋弯曲（偏转）处混凝土开裂

1. 现象

在预应力筋改变方向（弯曲或偏转）处，会产生局部平面外横向力，使混凝土出现裂缝甚至崩裂或崩出现象。

2. 原因分析

（1）如果预应力筋偏离直线，在预应力筋与周围混凝土之间会产生径向应力。因此，如图 22-25（a）所示，半径为 R 的曲线预应力筋将以单位长度 P/R 的力挤压混凝土（P 为预应力筋拉力）。在预应力筋中的弯折处图 22-25（b），将引起 $P\alpha$ 力（α 为弯折处预应力筋转角，以弧度计）。

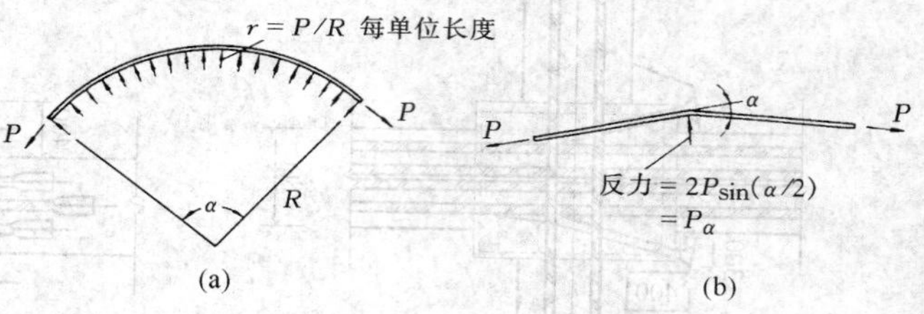

图 22-25　预应力筋改变走向引起的径向力

（a）曲线预应力筋；（b）折线预应力筋

（2）尽管设计中预应力筋是直线，实际施工中的预应力筋会出现局部有小的偏离，从而在混凝土中产生横向力。由于这些横向力的存在，可能会造成梁中的混凝土出现裂缝。

（3）在后张法施工中，当需中间凸出扶壁式锚固时（图 22-26），预应力筋方向会发生较大的局部偏移。偏移产生径向力 $r=P\alpha=Pe/x$。

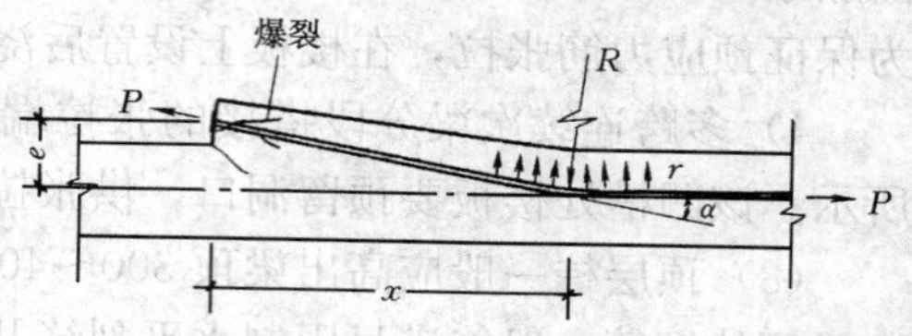

图 22-26　中间锚固处的径向力

3. 防治措施

（1）预应力混凝土梁在预应力筋弯折处宜加密箍筋或在弯折内侧设置附加钢筋网片。

（2）为防止实际施工中预应力筋出现偏离，在所有后张梁的腹板中布置一定数量的横向分布钢筋。

（3）对预应力混凝土曲梁，由于预应力筋张拉时在梁内侧产生径向压力，因此必须在梁腹内设置防崩裂的构造钢筋，见图 22-27 所示。防崩裂钢筋可选用 Φ12～Φ16 钢筋，作成 U 形，套在内排曲线预应力筋上，与外侧钢筋骨架焊牢。

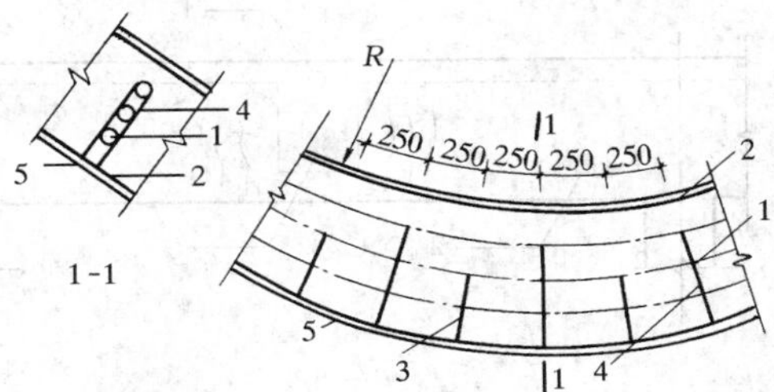

图 22-27 预应力混凝土曲梁防崩裂钢筋布置
1—纵向预应力筋；2—梁肋钢筋；3—短防崩筋；4—长防崩筋；5—曲梁

（4）在预应力筋从梁腹或梁面中伸出作中间锚固处，通常位于从主要构件凸出的块体上。虽则曲线段的长度很短，但弯曲度常常很大，所产生的局部应力较为复杂，径向应力与锚固应力合在一起，形成将凸出的块体从主要构件崩裂的趋向。因此，需要配置足够的横向钢筋来控制裂缝。

（5）对于配置有大吨位、弯曲度大的预应力筋的墙体或梁腹，由于局部径向力大，需要配置局部加强钢筋，以控制可能出现的崩裂现象。

22.5.5 预应力混凝土结构施工阶段裂缝

1. 现象

（1）大跨度预应力混凝土框架梁张拉前出现正截面裂缝，裂缝宽度为 0.1～0.3mm。预应力度越高的结构，往往开裂更为严重，有的甚至出现普通钢筋屈服的现象。

（2）在大面积预应力混凝土框架结构中不设或少设伸缩缝的情况下，在梁的侧面出现垂直裂缝，其宽度为中间宽、两头窄，呈梭形。

（3）在大跨度预应力混凝土框架结构中，往往将附房与主房连接在一起，柱的净高小。框架梁张拉时，在柱的侧面出现交叉裂缝，见图 22-28 所示。

（4）预应力混凝土楼盖梁张拉时，在柱的两侧附近的楼板上出现斜裂缝，见图 22-29 所示。

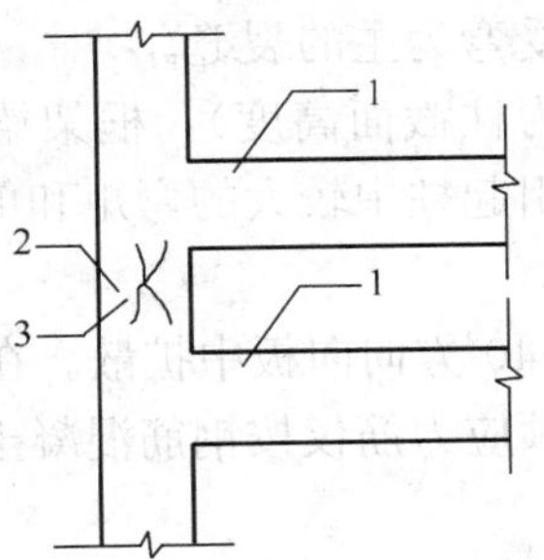

图 22-28 超短柱的剪切裂缝
1—预应力混凝土梁；2—超短柱；3—剪切裂缝

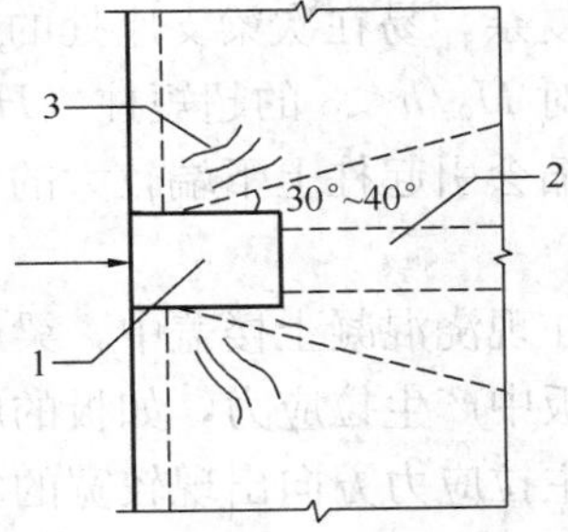

图 22-29 楼板角部的斜裂缝
1—柱子；2—预应力梁；3—斜裂缝

（5）在多跨预应力混凝土连续次梁体系中，主梁通常采用钢筋混凝土构件。次梁张拉时，边主梁的侧面在次梁支座附近出现从底向上的竖向裂缝，见图 22-30 所示。

（6）在大面积混凝土楼盖结构中，由于柱网不同，部分采用预应力混凝土梁，部分采用钢筋混凝土梁。预应力梁施工时，与其相连的钢筋混凝土梁板中出现垂直于预应力筋方

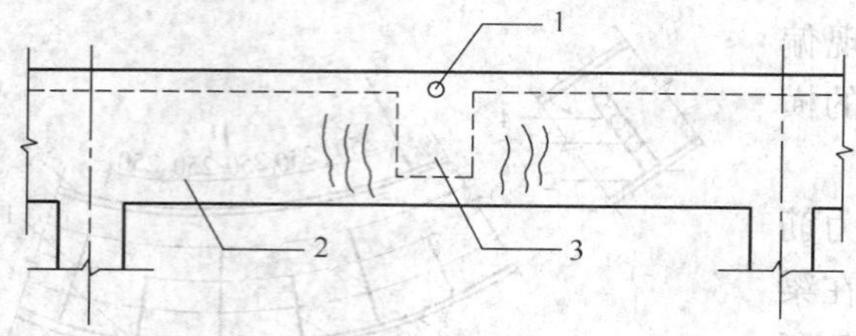

图 22-30　边主梁在次梁支座处的裂缝
1—预应力束；2—边主梁；3—预应力次梁

向的受拉裂缝。

(7) 多跨预应力混凝土连续梁张拉锚固后，发现梁的反拱比常规大，梁支座处侧面下部出现多条裂缝。

2. 原因分析

(1) 设计人员对预应力混凝土结构的特点还不完全了解，设计规范也缺乏相应的条文。有的设计只是简单地用预应力筋代替普通钢筋。预应力专业公司进行预应力混凝土结构设计时，往往也没有综合考虑施加预应力对相连或相邻构件受力的影响，没有采取必要的加筋措施。

(2) 施工人员对预应力混凝土结构的性能尚未完全掌握，以致后浇带的设置、模板支撑的选择与布置、模板拆除的时间与方式，仍然采用钢筋混凝土结构的传统作法。

(3) 预应力混凝土框架结构施工时，从混凝土浇筑到预应力筋张拉需要一段时间。如果在此期间预应力梁的模板支撑发生沉降，由于普通钢筋配得少，对沉降产生的裂缝抑制能力差，预应力混凝土梁就会产生正截面受弯裂缝。

(4) 现浇混凝土楼盖结构当采用满堂支模时，在结构施工图说明中仅指明预应力梁的底模与支撑应在张拉后方可拆除。施工人员通常有两种作法：一是所有梁板底模及支撑在预应力筋张拉后拆除，导致模板及支撑利用率低；二是在张拉前就将次梁及楼板的支撑拆除而未将主梁支撑加强，此时如主梁钢筋少，会出现正截面裂缝；如大梁的支撑在张拉前误拆，大梁会严重开裂，甚至发生倒塌事故。

(5) 在大面积未设伸缩缝的预应力混凝土框架结构中，梁侧面出现的梭形裂缝是由于混凝土收缩和温度变化而产生的，其形态与约束条件有关；梁的上部与下部纵筋多，所以裂缝出现在梁侧中部，呈两头尖、中间宽。

(6) 预应力次梁与边主梁相交处，边主梁在弯、剪、扭及横向预应力集中荷载作用下，应力复杂，易在次梁支座处的边主梁内侧产生受弯为主的裂缝。

(7) 对 $H_0/h<3$ 的超短柱（H_0 为柱净高、h 为柱截面高度），框架梁张拉时由于梁的弹性压缩会引起柱上下端较大的相对侧移，从而引起柱中较大的弯矩和剪力，出现剪切裂缝。

(8) 在现浇混凝土楼盖中，梁端张拉力沿 30°～40°方向向板中扩散。在应力扩散的过程中会在板中产生拉应力，如板的厚度薄，板中非预应力筋仅按钢筋混凝土楼盖配置，会在垂直于主拉应力方向出现较宽的斜裂缝。

3. 预防措施

(1) 为了防止施工期间预应力混凝土框架梁产生的正截面受弯裂缝，普通钢筋的配筋率不宜低于 $0.005bh$。

(2) 为了防止混凝土收缩与温度变化产生的裂缝，预应力混凝土大梁的腰筋直径应不小于 18mm，间距不宜大于 250mm，对梁宽较大的大梁，腰筋还应增多；对跨度特大、荷载特重的大梁，腰筋还可采用无粘结预应力筋。

(3) 对支承预应力次梁的钢筋混凝土边主梁，为防止其在次梁支座附近出现垂直裂缝，应增配腰筋、箍筋和纵向钢筋，并加大边主梁宽度。

(4) 对预应力混凝土大梁端部的短柱，如 $H_0/h<4$，短柱的箍筋应沿柱高全程加密，采用封闭或焊接箍筋。

对 $H_0/h<3$ 的超短柱，如在结构方案中无法避免，则在张拉方案中就应采取必要的措施，例如在张拉阶段采用滑动支座或短柱上下的预应力混凝土大梁同时对称张拉，使相对侧移小，避免出现张拉阶段剪切裂缝。

(5) 对预应力筋仅集中配置在轴线上梁内的预应力混凝土楼盖结构，或一方向均布，另一方向集中布置的预应力混凝土平板结构，应在预应力传递的边区格及角区格的板内加双向的非预应力筋，且每一方向上非预应力筋的配筋率不宜小于 0.2%，以抑制斜裂缝的开展。

(6) 为防止与预应力混凝土楼盖结构相连的钢筋混凝土中出现受拉裂缝，最好的办法是在相邻处留设施工缝，但大梁底及楼板底的钢筋可不断开。如不留后浇带，预应力筋应伸入相连的钢筋混凝土梁板中，分批截断与锚固，与预应力混凝土楼盖相连的一跨的大梁与板中的非预应力筋也应加强。

4. 治理方法

(1) 预应力混凝土大梁的模板支撑如在张拉前被误拆或已松动，应迅速重新支撑或顶紧。对楼面活载较小，每层施工速度较快的预应力混凝土楼盖结构，应经过施工验算，必要时在下层增设二次支撑。对地面活载特大的大面积预应力混凝土平板，因施工流水及多跨预应力筋交叉布置需要，经施工验算，也可先张拉部分预应力筋后拆除模板及支撑。

(2) 对高预应力度的混凝土梁，首批张拉时应测定反拱值，并检查该梁及周围构件的裂缝情况。如出现本条现象 (7) 时，应重新验算，降低张拉力，以策安全。

(3) 对于预应力混凝土结构施工阶段已产生的裂缝，凡裂缝宽度超过 0.1mm，都要进行修补。根据裂缝的宽度，可采用以下几项修补方法：

1) 对宽度小于 0.15mm 的微裂缝，可采用封闭法，例如采用环氧树脂或防水涂料涂刷裂缝表面；

2) 对宽度 0.15～0.3mm 的裂缝，可采用开槽填补法，例如采用钢凿将裂缝凿成 V 形口，嵌入环氧胶泥或乳胶水泥，再抹环氧砂浆，使表面与原混凝土齐平；

3) 对宽度大于 0.3mm 的裂缝，可采用压力注浆法。

宽度小于 0.15mm 的裂缝，在预应力筋张拉后尚能闭合；宽度大于 0.15mm 的裂缝，在预应力筋张拉后一般难以闭合，应在张拉前进行修补。

对于结构性裂缝宽度较大、数量较多的梁，可采用包角钢加固法或粘钢加固法等。可参见本手册 18.5“混凝土裂缝”的有关内容。

22.5.6 曲线孔道与竖向孔道灌浆不密实

1. 现象

(1) 曲线孔道的上曲部位，尤其是大曲率曲线孔道的顶部，孔道灌浆后会产生较大的月牙形空隙，甚至有一段空隙。

(2) 竖向孔道灌浆后，其顶部往往会产生一段空洞。在竖向孔道灌浆实践中，还发现孔道内穿钢绞线比钢丝的泌水多，孔洞更长。

竖向孔道顶部预应力筋如没有水泥浆保护，会引起腐蚀，给工程造成隐患。

2. 原因分析

(1) 孔道灌浆后，水泥浆中的水泥向下沉，水向上浮，泌水趋向于聚集在曲线孔道的上曲部位或竖向孔道的顶部，随后可能被吸收，留下空隙或空洞。

(2) 孔道灌浆后，钢绞线比钢丝泌水多。这种现象是由于高的液体压力迫使泌水进入钢绞线的缝隙里，并由此向上流动而被限制在顶部锚头的下面。

(3) 水泥浆的水灰比大，没有掺减水剂与膨胀剂等，在竖向孔道内泌水更为明显。

(4) 灌浆设备的压力不足，使水泥浆不能压送到位，浆体不密实，孔道顶部的泌水排不出去。

(5) 灌浆工艺依赖操作工的正确与熟练的操作技术，否则难以保证灌浆质量。

3. 防治措施

(1) 对重要的预应力工程，孔道灌浆用水泥浆应根据不同类型的孔道要求进行试配，格后方可使用。

(2) 对高差大于 0.5m 的曲线孔道，应在其上曲线部位设置泌水管（也可作灌浆用），见图 22-31。泌水管应伸出梁顶面 400mm，以便泌水向上浮，水泥向下沉，使曲线孔道的上曲部位灌浆密实。

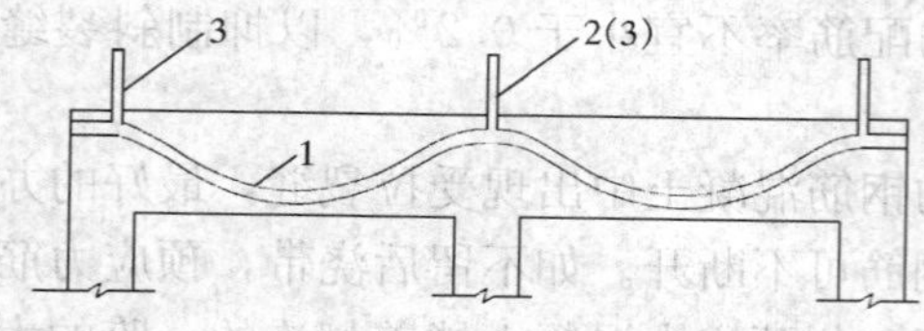

图 22-31　多跨曲线孔道灌浆泌水管的设置

1—预应力筋孔道；2—灌浆泌水管；3—泌水管

(3) 对高度大的竖向孔道，可在孔道顶部设置重力灌补浆装置（图 22-32）；也可在低于孔道顶部处用手动灌浆泵进行二次灌浆排除泌水，使孔道顶部浆体密实。

(4) 竖向孔道的灌浆方法，可采取一次灌浆到顶或分段接力灌浆，根据孔道高度与灌浆的压力等确定。孔道灌浆的压力最大限制为 1.0MPa。分段灌浆时要防止接浆处憋气。

(5) 灌浆操作工人应经过培训上岗，严格执行灌浆操作规程，确保孔道灌浆密实。

(6) 孔道灌浆后，应检查孔道顶部灌浆密实情况。如有空隙，应采用人工徐徐补入水泥浆，使空气逸出，孔道密实。

图 22-32　重力罐补浆装置

1—竖向孔道；2—锚具；3—补浆罐；4—补浆软管

22.5.7　预应力张拉后未能及时灌浆

1. 现象

预应力混凝土张拉后未能按规范要求及时灌浆。如某工程冬期施工，为拆除模板及支撑，要求张拉预应力筋，但张拉之后，由于气温过低，较长时间之内，灌浆条件不具备。

2. 原因分析

由于工程施工组织计划失误或季节气温降低等原因，不具备灌浆条件。

3. 防治措施

(1) 如出现不能及时灌浆且间隔时间较长时，必须采取有效措施，对已张拉预应力筋进行防腐蚀防护。

(2) 具备灌浆条件后，进行补张拉和必要的检测，及时完成灌浆。

22.5.8　预应力筋承压钢板凹陷

1. 现象

张拉端承压钢板有单孔与多孔两种。预应力筋张拉锚固时，承压钢板发生凹陷，张拉力随之下降，预应力损失大，甚至失效。

2. 原因分析

（1）混凝土强度不足。

（2）承压钢板厚度太薄。

（3）承压钢板背面混凝土有空鼓现象。

（4）梁板端模不密合，浇筑混凝土时漏浆。

（5）内埋式承压钢板部分重叠，混凝土有空隙。

3. 预防措施

（1）预应力筋张拉前，应提供混凝土试块强度试压报告；合格后方可进行张拉。

（2）单孔承压钢板的尺寸应不小于 80mm×80mm，厚度不小于 12mm，多孔承压钢板厚度不小于 14mm。

（3）检查内埋式承压钢板的埋设情况，承压钢板之间不得重叠，并要有可靠固定。

（4）梁板端模要密合并钉牢；混凝土振捣要适度，以确保密实。

（5）预应力筋张拉前，应检查承压钢板后面的混凝土质量，如有空鼓现象，应及时修补。

4. 治理方法

（1）张拉力已足而钢板凹陷仅 1～2mm，可不作处理。

（2）张拉力低于 60％时，如钢板开始凹陷，则应将该钢板拆除，重新修补后再张拉。

（3）张拉力等于与高于 60％力时，如钢板开始凹陷，则应停止张拉，不足部分可通过其他预应力筋增加张拉力来补足。

（4）张拉过程中，如遇到内埋式钢板滑移，张拉力下降，则应将该处混凝土凿开，重新摆正钢板位置，再将混凝土填塞密实。

22.5.9 无粘结预应力筋没有达到全密封要求

1. 现象

在无粘结预应力筋全长度上护套有破损，其两端与锚板连接处有裸露现象，张拉端没有防护措施等，达不到全密封要求，影响无粘结筋的耐久性。

2. 原因分析

（1）无粘结预应力筋生产时护套厚度不足，易破损。

（2）无粘结预应力筋护套在装卸时被吊索刮伤及在铺设时被钢筋擦破，未及时修补。

（3）无粘结预应力筋与端埋件组装时，护套切割长度过大，有一段露空。

（4）无粘结预应力筋张拉锚固后，外露的钢绞线与夹片没有封端罩，凹槽内混凝土填筑不密实。

3. 防治措施

（1）无粘结预应力筋出厂时，应有产品合格证并附有质量检验单。其各项指标应符合行业标准《钢绞线、钢丝束无粘结预应力筋》（JG

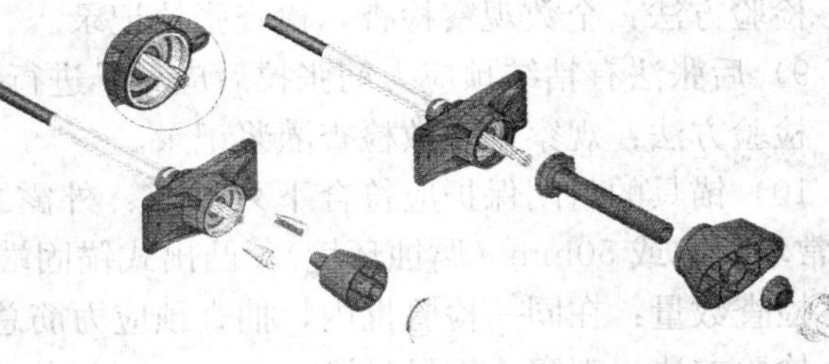

图 22-33 无粘结预应力筋全密封构造示意图

3006）的要求。无粘结预应力筋进场时，应逐盘检查表面质量：护套应光滑，不得有皱折、气泡及裂纹，护套应松紧适度。同时从每批中抽取 3 根试样（长 1m），检查油脂含量（对 Φ^s15.2 钢绞线，不小于 50g/m；对 Φ^s12.7 钢绞线，不小于 43g/m）与护套厚度（0.8～1.2mm），合格后方可使用。

（2）无粘结预应力筋在装卸与铺设过程中如有破损，应及时用粘胶带修补。

（3）在张拉后的锚具夹片和无粘结筋端部，应满涂防腐油脂，并罩上塑料帽达到全密封的要求，见图 22-33。锚头封闭后的凹槽内应采用微膨胀细石混凝土密封。

附录 22.7　现浇混凝土结构预应力施工质量标准及检验方法

现浇混凝土结构预应力施工质量标准和检验方法，应符合现行国家标准《混凝土结构工程施工质量验收规范》（GB 50204—2002，2011 年版）的规定。

1. 现浇混凝土结构后张有粘结预应力施工质量检验

（1）主控项目

1）预应力筋的质量按附录 22.1“预应力钢丝质量标准与检验方法”、附录 22.2“预应力钢绞线质量标准与检验方法”、附录 22.3“预应力螺纹钢筋质量标准与检验方法”的有关规定检验。

2）预应力筋用锚具和连接器的质量按附录 22.4“预应力筋用锚具和连接器的性能要求与检验方法”的有关规定检验。

3）孔道灌浆用水泥的质量按现行国家标准的相关规定检验。

4）预应力混凝土结构中的预应力筋品种、规格和数量，必须符合设计要求。

检验方法：隐蔽工程验收时，全数观察与钢尺量测。

5）施工过程中应避免电焊火花损伤预应力筋，受损伤的预应力筋应予以更换。

检验方法：全数观察检查。

6）预应力筋张拉时，混凝土强度应符合设计要求。

检验方法：每一检验批检查同条件养护试件的试验报告。

7）预应力筋的张拉力、张拉顺序及张拉工艺应符合设计与施工技术方案的要求，预应力筋张拉时实际伸长值与计算伸长值的相对允许偏差为±6%。

检验方法：全数检查张拉记录。

8）张拉过程中，应避免预应力筋断裂或滑脱。如有发生，其断裂或滑脱的数量严禁超过同一截面预应力筋总根数的 3%，且每束预应力筋不得超过 1 根。对多跨双向连续板，其同一截面应按每跨计算。

检验方法：全数观察检查，检查张拉记录。

9）后张法有粘结预应力筋张拉后应尽早进行孔道灌浆。孔道内水泥浆应饱满、密实。

检验方法：观察，全数检查灌浆记录。

10）锚具的封闭保护应符合下列规定：外露预应力筋的保护层厚度不应小于 20mm（正常环境）或 50mm（腐蚀环境）；凸出式锚固端锚具的保护层厚度不应小于 50mm。

检查数量：在同一检验批内，抽查预应力筋总数的 5%，且不少于 5 处。

检验方法：观察、钢尺量测。

（2）一般项目

1）预应力筋使用前应按附录 22.1“预应力钢丝质量标准与检验方法”、附录 22.2“预应力钢绞线质量标准与检验方法”、附录 22.3“预应力螺纹钢筋质量标准与检验方法”进行外观检查。

检验方法：全数观察检查。

2）预应力筋用锚具和连接器使用前应进行外观检查，其表面应无污物、锈蚀、机械损伤和裂纹。

检验方法：全数观察检查。

3）预应力混凝土用金属螺旋管（波纹管）的质量，应符合行业标准《预应力混凝土用金属螺旋管》（JG/T 3013）的规定。使用前应进行外观检查，其内外表面应清洁，无锈蚀，不应有油污、孔洞和不规则的褶皱，咬口不应有开裂或脱扣。必要时做径向刚度、抗渗漏性能试验。

检验方法：外观全数观察检查，性能试验按产品抽样检验方案确定。

4）预应力筋端部锚具的制作质量，应符合下列要求：

挤压锚具制作时压力表读数应符合操作说明书的规定，挤压后预应力筋外端应露出挤压套筒 1～5mm；钢绞线压花锚具成形时，表面应清洁，无油污，梨形头尺寸和直线段长度应符合设计要求；钢丝镦头的强度不得低于钢丝强度标准值的 98%，钢丝束两端采用镦头锚具时，同束中各根钢丝长度的极差不应大于钢丝长度的 1/5000，且不应大于 5mm。

检查数量：对挤压锚具，每工作班抽查 5%，但不少于 5 件；对压花锚具，每工作班抽查 3 件；对钢丝镦头强度，每批钢丝检查 6 个试件。

检验方法：观察，钢尺量测，检查镦头强度试验报告。

5）预应力筋预留孔道的规格、数量、位置和形状除应符合设计要求外，尚应符合下列要求：

预留孔道的定位应牢固；接头应密封；锚垫板应垂直于孔道中心线；在曲线孔道的波峰处应设置排气兼泌水管。

检验方法：全数观察，钢尺量测。

6）预应力筋束形控制点的设计位置偏差应符合附表 22-1 的规定。

束形控制点的设计位置允许偏差 **附表 22-1**

截面高（厚）度（mm）	$h \leqslant 300$	$300 < h \leqslant 1500$	$h > 1500$
允许偏差（mm）	±5	±10	±15

注：束形控制点的设计位置偏差合格率应达到 90%，且不得有超过表中数值 1.5 倍的尺寸偏差。

检查数量：在同一检验批内，抽查各类型构件中预应力筋总数的 5%，且对各类构件均不少于 5 束，每束不应少于 5 处。

检验方法：钢尺量测。

7）锚固阶段张拉端预应力筋的内缩量应符合设计要求；当设计无具体要求时，应符合表 22-2 的规定。

检查数量：每工作班抽查预应力筋总数的 3%，且不少于 3 束。

检查方法：钢尺量测。

8）预应力筋锚固后的外露部分，宜采用机械方法切割。其外露长度不宜小于预应力筋直径的 1.5 倍，且不宜小于 30mm。

检验方法：观察，钢尺量测。

9）灌浆用水泥浆的水灰比不应大于 0.45，搅拌后 3h 泌水率不宜大于 2%，且不应大于 3%，泌水应在 24h 内全部重新被水泥浆吸收。

检验方法：同一配合比做一次水泥浆的性能试验。

10）灌浆用水泥浆的抗压强度不应小于 30N/mm^2。

检验方法：每工作班留置一组边长为 70.7mm 的立方体试件，做水泥浆试件强度试验，检查其试验报告。

2. 现浇混凝土结构后张无粘结预应力施工质量检验

（1）主控项目

1）预应力筋的质量按附录 22.1“预应力钢丝质量标准与检验方法”、附录 22.2“预应力钢绞线质量标准与检验方法”、附录 22.3“预应力螺纹钢筋质量标准与检验方法”的有关规定检验。

2）预应力筋用锚具和连接器按附录 22.4“预应力筋用锚具和连接器的性能要求与检验方法”的有关规定检验。

3）无粘结预应力筋的涂包质量按行业标准《钢绞线、钢丝束无粘结预应力筋》（JG 3006）的规定检验，应检查油脂含量和护套厚度。

检验方法：每 60t 为一批，每批抽取一组试件进行检查。

4）、5）、6）、7）、8）项与有粘结预应力施工的主控项目 4）～8）项相同，9）项与有粘结预应力施工的主控项目 10）项相同。

（2）一般项目

1）无粘结预应力筋使用前应进行外观检查；护套应光滑、无裂纹、无明显褶皱。如护套有破损，应采用防水胶带修补。

检验方法：全数观察检查。

2）预应力筋用锚具和连接器使用前应进行外观检查，其表面应无污物、锈蚀、机械损伤和裂纹。

检验方法：全数观察检查。

3）预应力筋端部挤压锚具制作质量参见有粘结预应力施工的一般项目 4）项规定。

4）无粘结预应力筋的铺设除应符合附表 22-3 的规定外，尚应符合下列要求：无粘结预应力筋的定位应牢固，扎紧成束，锚垫板应垂直于预应力筋，内埋锚垫板不应重叠。锚具与锚垫板应贴紧。

检验方法：全数观察检查。

5）锚固阶段张拉端预应力筋的内缩量检查，参见有粘结预应力施工的一般项目 7）项的规定。

6）预应力筋锚固后的外露长度检查，参见有粘结预应力施工的一般项目 8）项规定。

23 现浇钢筋混凝土结构工程

现浇钢筋混凝土结构工程施工由模板（及支架）、钢筋与混凝土三大工序组成。

模板及支架应保证工程结构和构件各部分形状、尺寸和位置准确，且应便于钢筋安装和混凝土浇筑、养护。模板及支架应进行设计，保证具有足够的承载力、刚度和稳定性，应能可靠地承受施工过程中所产生的各类荷载。

钢筋绑扎到位是体现设计意图，满足结构受力要求的一项重要的隐蔽工程。钢筋工程宜选用高强度钢筋。当需要进行钢筋代换时，应办理设计变更文件。

在前两个工序的基础上认真做好混凝土的浇筑、振捣与养护工作，是保证整个现浇混凝土结构工程质量的最后一道技术关口，应高度重视。混凝土运输、输送、浇筑过程中严禁加水，散落的混凝土严禁用于结构浇筑。

把握好每道工序的施工操作与材料质量，加强前后工序之间的配合协调及交接验收，是防治现浇钢筋混凝土结构工程质量通病的关键所在。

23.1 模 板 安 装

模板及支架的质量、安装技术是保证现浇钢筋混凝土结构工程质量的前提，因此，必须重视模板的更新和安装技术的提高。除本节所述的模板安装质量通病外，尚应参照第14章“模板工程”的有关内容。

23.1.1 支架体系失稳、模板变形

1. 现象

混凝土浇筑过程中，支架体系，稳定性不足，模板变形，甚至发生坍塌（图 23-1、图 23-2）。

2. 原因分析

（1）底层基土没有夯压密实，造成支架下沉。

（2）模板施工前未进行设计，无切实可行的专项施工技术方案。

（3）支架体系材料不合格，刚度不够。

（4）未按照施工技术方案施工。

3. 预防措施

（1）支架体系落在回填土及软弱地基土上时，应夯实达到设计承载力。承载力不能满足时，应通过换土、铺垫碎石、垫板等铺垫措施使基层达到设计要求。

（2）模板施工前必须进行设计，编写专项施工方案。对达到一定规模的高大模板及支架体系的专项施工方案必须进行专家论证，通过后方可实施。

（3）掌握规范对模板及支架材料的要求，严把材料进场关，杜绝不合格材料进场。

（4）严格按照施工方案进行施工，尤其对支架体系中的立杆、横杆间距，剪刀撑设置，

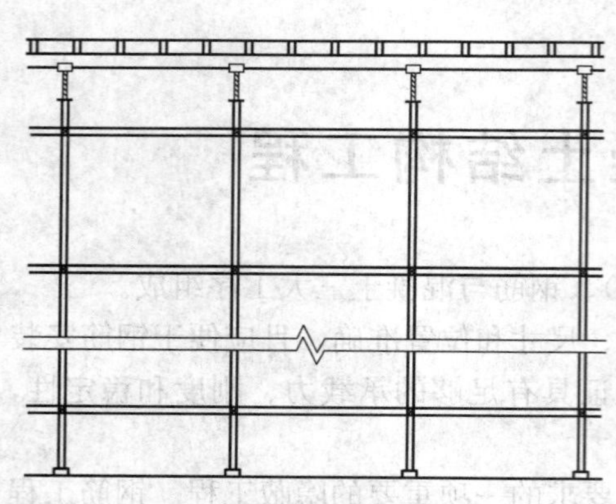

图 23-1　模板支撑稳定体系

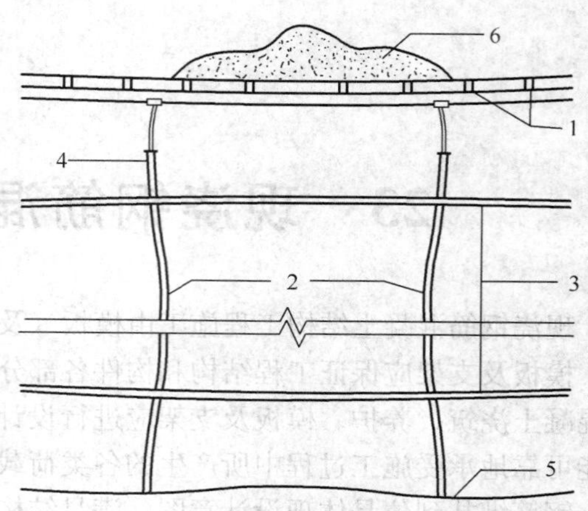

图 23-2　模板支架不稳定体系（浇筑时）
1—龙骨间距过大；2—立杆间距过大，刚度不够，变形；3—横杆间距过大，刚度不够，变形；4—自由端过长，变形；5—地基土未夯实，下沉；6—集中荷载过大

自由端要求等，必须严格执行方案。验收合格后，方可进行下道工序。

4. 治理方法

出现局部失稳变形，立即停止正在进行的施工工序，检查问题所在，重新进行加固处理，达到设计要求，局部已浇筑的混凝土应清理干净，经验收合格后方可继续进行后续施工。

如出现坍塌事故，必须停止所有施工作业。处理完事故，经许可后，拆除现有模板及支架体系，重新进行施工。

23.1.2　墙、柱位移错台

1. 现象

现浇钢筋混凝土结构的上下层墙、柱，在楼面处易发生位移错台（图 23-3），尤其是边墙、柱和楼梯间墙、柱。

2. 原因分析

(1) 放线不准确，使轴线或边线出现较大偏差。尤其是跨度大、轴线尺寸变化多和轴线偏中的墙、柱，易因放线差错造成错台。

(2) 墙、柱模板安装不垂直，模板侧向支撑不牢固或模板受到侧向撞动（如混凝土料斗冲撞模板等），均易造成墙、柱模板上端位移。一些截面小、高度高的墙、柱和独立柱较易发生这种情况。

(3) 地下室底板上外墙、柱接槎处，因下部导墙、柱混凝土尺寸偏差或上部墙、柱施工中模板下口结合不紧密，侧向支撑不牢固，易发生错台，俗称“双眼皮”。

3. 预防措施

(1) 现浇钢筋混凝土结构墙、柱轴线必须从能控制建筑物平面位置的控制桩点引测并固定，以此安装墙、柱模板。对较长的建筑物，放线时宜分段控制。分部分间尺寸应从中间控制点上量测，尽量减少测量累积的误差。

(2) 墙、柱模板下端应牢固地固定在楼地面上。施工中，按墙、柱准确的平面位置在楼板面上预埋短钢筋，以固定模板下端，防止模板位移。支模过程中要随时吊直校正，纵横两个方向用拉杆和斜撑固定。模板上部做好跨间横向拉结。对于边墙、柱，模板上口应设拉撑，防止模板倾斜。

(3) 浇筑混凝土时，应按先边墙、柱，后内墙、柱的浇筑顺序进行施工，分层浇筑，每层高度不超过振捣棒长度的1.25倍（一般为500～600mm），不得一次浇筑到顶。严禁混凝土料斗或泵管出口端冲击模板，以防止模板上口发生位移。

(4) 严格控制地下室外导墙、柱施工质量，控制好模板刚度，注重混凝土浇筑质量。

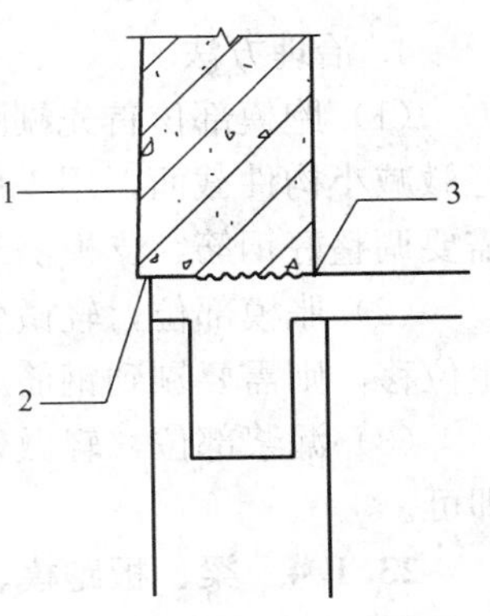

图 23-3 柱（墙）位置错台
1—墙柱模板垂直度不够；
2—侧帮模板支撑不牢固；
3—墙柱模板放线位置不准确

4. 治理方法

墙、柱出现位移错台的偏差较小时，一般不做处理，偏差可在装修阶段调整。如偏差较大，影响结构受力状况，必须由设计单位验算，经建设单位同意，采取补强措施。一般常用的方法有：植筋，浇筑高于设计强度的细石混凝土；加大墙、柱截面；粘钢补强；碳纤维补强等方法。

23.1.3 墙、柱跑模、胀模、漏浆

1. 现象

墙、柱混凝土施工后，模板局部出现跑模、胀模、漏浆的现象（图 23-4）。

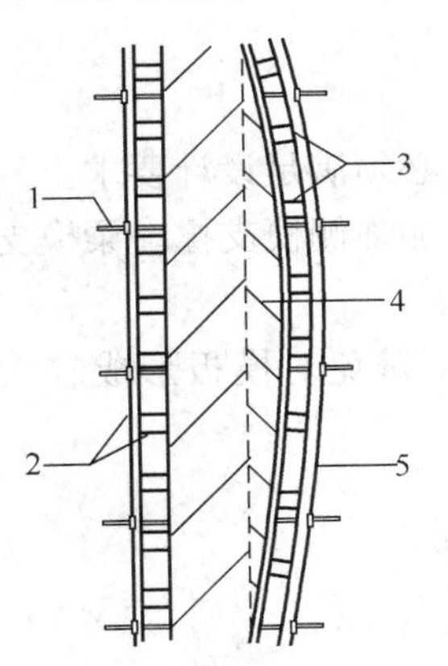

图 23-4 墙体胀模（水平方向）示意图
1—穿墙螺栓；2—墙体主次龙骨；3—龙骨间距过大；4—墙体胀模；5—龙骨刚度不够

2. 原因分析

(1) 模板及支架体系局部刚度不足，造成变形，如模板薄、龙骨间距大、支撑间距大等，导致跑模、胀模、漏浆。

(2) 两种模板组合使用，因刚度不同，交界处支撑同等设置，造成局部变形，导致跑模、胀模、漏浆。

(3) 柱模板箍、对拉螺栓设置不足或强度不够，导致跑模、胀模、漏浆。

(4) 高大模板的两侧缺少斜撑和拉杆固定，导致跑模、胀模、漏浆。

(5) 模板板面拼接不严，造成漏浆。

(6) 浇筑混凝土时未按规定分层浇筑振捣，一次浇筑高度过高，振捣不当，产生的侧压力过大，引起模板变形，导致跑模、胀模、漏浆。

3. 预防措施

(1) 模板板面拼接严密，支架体系牢固，整体和局部刚度满足设计要求，高大模板设置足够的斜撑和拉杆固定。

(2) 慎用两种模板组合施工，针对模板刚度不同，分别制定支架体系方案，重点关注交接处。

(3) 按照模板设计要求配置足够的柱模板箍和对拉螺栓。

(4) 混凝土浇筑时，应分层浇筑、振捣，按浇筑顺序施工，避免对模板形成较大的冲击。

4. 治理方法

（1）跑模部位首先剔除松散混凝土，如能保持原构件截面尺寸，不需进一步处理；如轻微减小构件截面，用1∶1水泥砂浆抹平即可；如对构件截面尺寸影响较大，露出钢筋，需要调整好钢筋，支模浇筑高一强度等级的细石混凝土。

（2）胀模部位，轻微变形的一般不作处理；变形大时，剔除多余部分即可；如钢筋发生位移，则需要剔到钢筋原位，调整好钢筋，支模浇筑高一强度等级的细石混凝土。

（3）漏浆部位，轻微处不作处理，较重部位剔除松散混凝土，用1∶1水泥砂浆抹平即可。

23.1.4　梁、板跑模、胀模、漏浆

1. 现象

梁、板混凝土施工后，模板局部出现跑模、胀模、漏浆的现象。

2. 原因分析

（1）模板及支架体系局部刚度不足，造成变形，如模板薄、龙骨间距大、支撑间距大、立杆自由端过大等，导致跑模、胀模、漏浆。

（2）梁模板支架体系较弱，侧模支撑不足，造成梁模板变形，导致跑模、胀模、漏浆。

（3）模板板面拼接不严，造成漏浆。

（4）浇筑混凝土时未按规定分层浇筑振捣，一次浇筑高度过高，振捣不当，局部压力过大，引起模板变形，导致跑模、胀模、漏浆。

3. 预防措施

（1）模板板面应拼接严密，支架体系牢固，整体和局部刚度必须满足设计要求。

（2）模板设计中，梁模板支架体系应有足够的强度和刚度，加强侧模支撑。梁模支架体系宜与楼板模板支架体系脱开。

（3）混凝土浇筑时，应分层浇筑、振捣，按浇筑顺序施工，避免对模板形成较大的冲击。

4. 治理方法

同23.1.3“墙、柱跑模、胀模、漏浆”的治理方法。

23.1.5　梁、柱接头跑模、胀模、漏浆

1. 现象

梁、板混凝土施工后，梁、柱接头部位模板局部出现跑模、胀模、漏浆的现象。

2. 原因分析

（1）梁、柱接头模板，主要是侧模与下层柱结合不紧密，侧向支刚度不足，造成变形，导致跑模、胀模、漏浆。

（2）模板板面拼接不严，造成漏浆。

（3）浇筑混凝土时未按规定分层浇筑振捣，一次浇筑高度过高，振捣不当，局部压力过大，引起模板变形，导致跑模、胀模、漏浆。

3. 预防措施

（1）梁、柱接头模板因其短小，形状较为复杂，宜选用定型模板。

（2）梁、柱接头模板加固较其他部位困难，但要求更高，是框架结构施工的重点。因

此施工应更加认真细致。

(3) 改变模板安装传统的排模顺序，先制作安装接头模板，保证其强度和刚度。梁模由梁柱接头处向跨中排模。

(4) 混凝土浇筑时，应分层浇筑、振捣，按浇筑顺序施工，避免对模板形成较大的冲击。

4. 治理方法

同 23.1.3“墙、柱跑模、胀模、漏浆”的治理方法。

23.1.6 反梁、导墙吊模胀模、跑浆

1. 现象

反梁、导墙较高、较长时，梁、墙的截面尺寸和平直度常发生超出允许偏差值的现象，同时，梁侧、导墙与板交接处的混凝土浆容易涌出，造成跑浆与板面不平整以及吊模下部被混凝土埋住的情况（图 23-5）。

2. 原因分析

(1) 反梁、导墙两侧模板一般为吊空安装，其下部往往较难固定，使模板在浇筑混凝土时发生外胀或向一侧倾斜。

(2) 板上用于固定侧模的预留短钢筋不足。

(3) 混凝土一次浇筑高度过高或坍落度太大，使反梁、导墙与板交接处的混凝土极易涌出埋住侧模下部，造成此部位的板局部过厚。

(4) 侧模支撑不牢固，浇筑混凝土时易产生变形，造成反梁、导墙的平直度差。

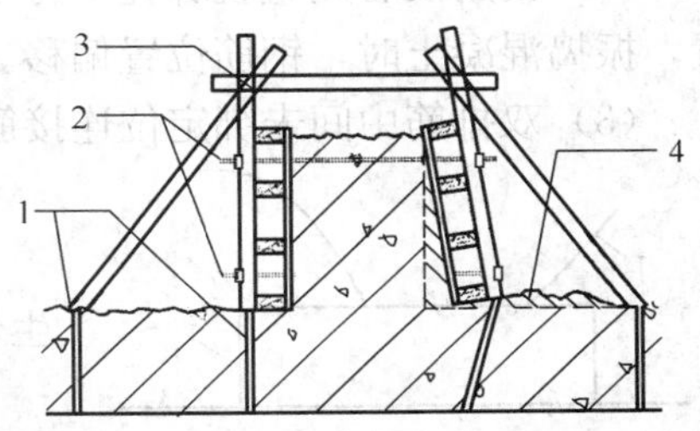

图 23-5 反梁胀模跑浆
1—固定钢筋；2—固定螺栓；3—ϕ48 钢管；4—胀模跑浆

3. 防治措施

(1) 模板应支撑牢靠，大截面时采用对拉螺栓拉紧两侧模板，以防止模板外胀。侧模上口应设锁口方子和斜撑。

(2) 板上增加预留的固定模板的短钢筋。

(3) 为保证混凝土质量和平整度，应采用小坍落度混凝土先浇筑至板面，然后间隔 0.5～1h，待板混凝土接近初凝前再浇筑板面以上部分，并适度振捣，防止混凝土涌出漏浆。

(4) 对于截面高、长度长的反梁，宜按两次叠合梁设计，即先浇筑至板面再支梁侧模。模板可在板上预留短钢筋固定。有防水要求的外墙，其导墙与底板不可分两次施工。

附录 23.1 现浇钢筋混凝土结构模板安装质量标准及检验方法

详见本手册第 14 章“模板工程”的附录 14.1“模板分项工程质量标准及检验方法”及附录 14.2“大模板施工质量与检验方法”。

23.2 钢 筋 安 装

现浇钢筋混凝土结构中，钢筋的安装对结构受力性能有重要影响，如果处理不好，在

浇筑混凝土后往往容易出现钢筋位移、保护层厚度过大过小等现象，严重降低结构的使用性能，因此施工中应给予足够的重视，确保工程质量。除必须遵守施工规范外，加强设计图纸会审和钢筋翻样工作尤为重要，使钢筋安装问题解决在施工之前，确保钢筋安装质量。除本节所述钢筋安装质量通病外，尚应参照本手册第 16 章“钢筋加工与安装”的有关内容。

23.2.1　墙体钢筋移位

1. 现象

墙体上下层连接钢筋移位，单片网片紧挨模板，不居中，影响楼板及上、下层墙体连接的整体性。有时门、窗洞口两侧的加强筋位移，影响支模。

2. 原因分析

(1) 随意扳动墙体上部的伸出筋，事后又未整理复位。

(2) 钢筋没有调直就绑扎（特别是电梯井门洞口，容易左右偏移）；垫块没有认真设置，振捣混凝土时，钢筋位置偏移。

(3) 双排筋中间未绑定位连接筋。

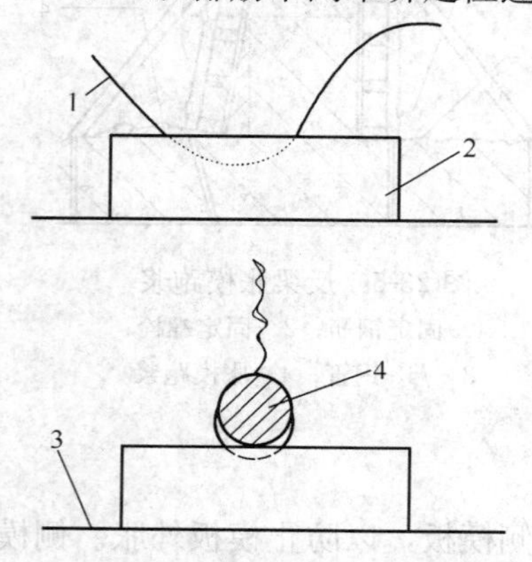

图 23-6　垫块和钢筋的连接
1—火烧丝；2—砂浆垫块；3—模板面；4—网片钢筋

(4) 预制钢筋网片堆放、吊运不当。

(5) 钢筋过细，网片不易挺立，固定位置困难而发生偏移。

(6) 混凝土振捣时碰击钢筋，甚至箍筋振松张开，使立筋位移。

3. 预防措施

(1) 严禁扳动墙体网片连接筋。模板上口设置卡子，固定墙体网片连接筋的位置，防止连接筋进入楼板压墙长度范围内。浇筑混凝土时，应确保钢筋位置正确。

(2) 网片上口绑垫块，其间距不应大于 1m，垫块的大面要朝向模板面（图 23-6）。

(3) 设专用支架堆放预制钢筋网片，用专用吊具吊装网片，确保网片在堆放和吊运过程中不变形。

(4) 绑扎门口两侧钢筋时，应用线坠吊直，保证钢筋位置和门口尺寸准确。

(5) 双排网片要绑扎定位连接筋，单排网片亦要绑扎“[”形定位筋（用 ϕ8 钢筋弯制），确保网片位置正确。

4. 治理方法

调整影响楼板或其他构件安装部位的移位钢筋。调整方法：将钢筋根部混凝土下剔 30～50mm

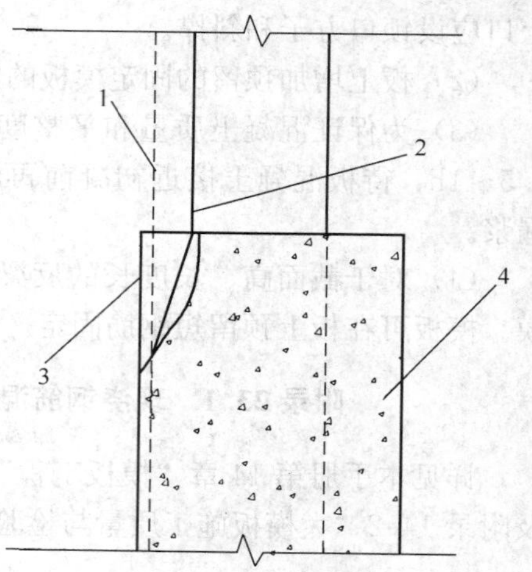

图 23-7　移位钢筋纠正
1—钢筋错误位置；2—纠正后的位置；3—此部分剔去；4—混凝土墙

(根据移位大小决定)，然后按 1∶6 坡度向所需弯折的方向弯挠（图 23-7)。要轻轻剔凿混凝土，防止墙体遭受破坏。

23.2.2 梁主筋位置不正确

1. 现象

框架结构梁主筋位置不正确，箍筋未完全打开，尤其是在梁柱节点核心区，钢筋保护层过大（图 23-8)。

2. 原因分析

(1) 钢筋翻样未考虑钢筋的实际排放情况，箍筋设计尺寸不准，在梁柱核心区箍筋尺寸宜逐渐变小，主筋在核心区应有一定斜度。

(2) 钢筋绑扎时排放顺序错误，尤其是与柱钢筋的位置关系。

(3) 钢筋绑扎不牢固，绑扣遗漏。

3. 防治措施

(1) 钢筋翻样既要满足设计意图，又要便于施工。

(2) 确定好钢筋排放顺序，调整好钢筋局部斜度，不得遗漏绑扣，确保骨架形状。

23.2.3 板钢筋上下排距不合适

1. 现象

钢筋上下排距离过大或过小，造成板混凝土保护层过小或过大，板截面过大或过小（图 23-9)。

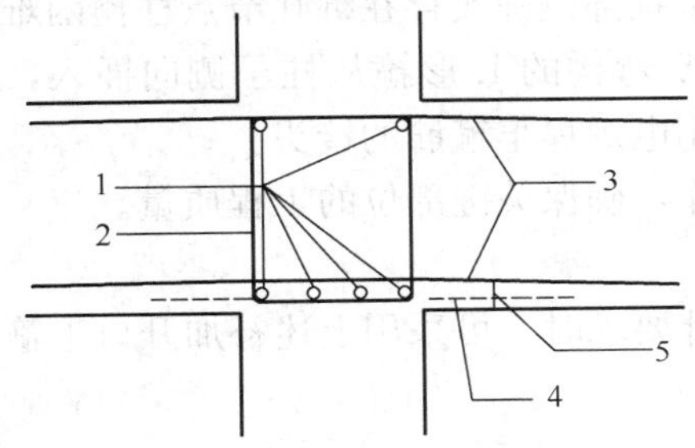

图 23-8 梁柱节点梁筋位置

1—横向梁主筋；2—横向梁箍筋；3—纵向梁主筋；4—设计保护层厚度；5—实际保护层厚度

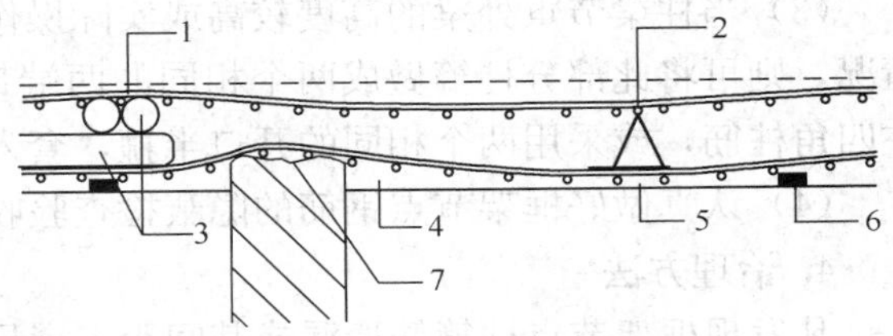

图 23-9 板钢筋排距及保护层

1—板保护层过小；2—马凳设置不合理；3—板内专业管线；4—板保护层过大；5—板保护层过小；6—垫块；7—浇筑高度超高

2. 原因分析

(1) 下层墙、柱混凝土浇筑高度超高，未及时处理，将板钢筋架高。

(2) 钢筋较密，板内预埋管线多且相互交叉重叠，加大了钢筋排距。

(3) 马凳布置不合理，造成上排钢筋上翘或下塌。

3. 防治措施

(1) 墙、柱混凝土浇筑高度宜控制比板底高 5mm，以利于水平与竖向构件混凝土结合。

(2) 合理布置板内预埋管线，必要时与设计商议，调整管线走向。

(3) 因板钢筋一般规格较小，故应适当增加马凳数量，防止钢筋上下位移。

23.2.4 梁柱节点核心部位箍筋遗漏

1. 现象

框架节点部位的梁柱钢筋交叉集中，使该部位柱箍筋绑扎困难。因此，遗漏绑扎箍筋的现象常有发生。

2. 原因分析

因设计单位一般对框架节点柱梁钢筋排列顺序、柱箍筋绑扎等问题都不作细部设计，致使节点钢筋拥挤情况相当普遍，造成核心部位绑扎钢筋困难的局面，因此存在遗漏柱箍筋的现象。

3. 预防措施

（1）施工前，应按照设计图纸并结合工程实际情况合理确定框架节点钢筋绑扎的先后顺序。

（2）框架纵横梁底模支撑完成后，即可放置梁的下部钢筋。若横梁比纵梁高，先将横梁下部钢筋套上箍筋置于横梁底模上，并将纵梁下部钢筋也套上箍筋放在各相应梁的底模上。再把符合设计要求的柱箍筋套入节点部位的柱子纵向钢筋绑扎。然后，先后将横纵梁上部纵筋分别穿入各自箍筋内。最后，将各梁箍筋按设计间距拉开绑扎固定。经检查合格后安装各梁的侧模板。

若纵梁断面高度大于横梁，则应将上述横纵梁钢筋先后穿入顺序改变，即“先纵后横”。

（3）当柱梁节点处梁的高度较高或实际操作中个别部位确实存在绑扎节点柱箍困难的情况，则可将此部分柱箍做成两个相同的两端带135°弯钩的L形箍从柱子侧向插入，钩住四角柱筋，或采用两个相同的开口半箍，套入后用电焊焊牢箍筋的接头。

（4）认真做好框架节点钢筋的隐蔽检查验收工作，确保关键部位的工程质量。

4. 治理方法

凡发现框架节点柱箍筋遗漏或其间距未满足设计要求时，可采用上述补加开口半箍的方法与柱子纵向钢筋绑扎或焊接。

23.2.5 梁板钢筋位置不正，保护层过大或过小

1. 现象

在现浇框架结构梁板钢筋的绑扎安装中常发生板面负弯矩钢筋位置不正确，梁内纵向钢筋间距很小甚至并拢，梁高增加而箍筋高度却不够或需改变梁底梁面标高等情况，影响工程质量，并造成混凝土保护层过大或过小。

2. 原因分析

（1）由于设计未考虑钢筋的实际排放情况，因此施工单位按设计图进行钢筋加工制作必将存在偏差。

（2）钢筋密，管线多，又相互重叠交叉是影响钢筋位置不正的重要原因。而图纸会审交底时又未能把诸如此类的问题化解在施工前加以解决。

（3）负筋较细，支垫不牢，无可靠保护措施，施工中任意踩踏。

3. 防治措施

（1）严格按设计图和有关技术规定进行钢筋绑扎与安装。

（2）由于设计原因将造成钢筋位置不正的问题，必须在施工前解决。

（3）为保证工程质量，钢筋绑扎应遵守以下要求：

1）板中受力钢筋位置，一般距梁边或墙边 50mm 开始放置。

2）双向板纵横两个方向的受力钢筋位置，应将承受弯矩较大方向的受力钢筋放置在受力较小钢筋的外侧。

3）板钢筋的绑扎，除靠近外围两行的钢筋相交点必须全部扎牢外，中间部分交叉点可间隔交错结扎。但双向板纵横向受力钢筋交叉点必须全部绑扎。

4）板的上部钢筋与负弯矩钢筋应每隔一定间距用钢筋支架托住。严禁任何人在已绑扎成型的板面钢筋网或构造筋上踩踏行走，并设置架空通道。

5）板下分布筋应配置在受力钢筋弯折处的内侧与直线段上面，在梁截面范围内可不设置；板面分布筋应放在板面受力钢筋或支座负筋下面。

6）梁的钢筋绑扎顺序应先主梁后次梁，先大梁后小梁。次梁的主筋应放在主梁主筋之上。若设梁垫，主梁主筋应放在梁垫的底筋之上。

7）对截面高度相同的梁相交，其钢筋相互间位置应由设计单位进行技术交底或在图中注明。

8）按设计要求的尺寸正确制作成型箍筋，以保证钢筋绑扎不偏位。

9）梁中弯起钢筋前排（对支座而言）的弯起点至后一排的弯终点的距离，不应大于箍筋的最大间距。第一排弯起钢筋的弯终点距支座边缘的距离不应大于 50mm。

10）梁支座处的箍筋从梁边或墙边 50mm 处开始设置。

11）梁内上下两排钢筋距离应在 75mm 以内，其净距离不应小于 25mm 或钢筋最大直径。

12）多根梁相交时宜设置经设计确定与钢筋的钢种、级别相同，但厚度大于钢筋直径的圆形钢板。所有梁的纵筋采用双面焊与钢板焊牢，经检查验收合格后方可浇筑混凝土。在钢板的另一面焊钢板网，以利抹灰粘结。抹灰前先用水泥砂浆打底，作为钢板保护层。

13）框架柱与梁、墙相交时，应按柱的钢筋包住梁、墙的钢筋为原则进行安装绑扎。

23.2.6 现浇楼板钢筋重叠、超厚

1. 现象

在现浇框架楼面中因钢筋重叠，管线交叉，常使楼板混凝土厚度产生超厚或局部超厚的现象。

2. 原因分析

（1）因设计原因，梁柱接头和主次梁交接处的钢筋排列交叉重叠，极易使该部位楼板局部超厚。

（2）板内预埋管线相互交叉，有些与钢筋重叠，或埋设于主次梁交接部位，造成钢筋抬高超出板面。为防止露筋，浇筑混凝土时，必须加厚或局部加厚此部分楼板厚度。

（3）模板底标高控制不严，或楼板混凝土浇筑标高控制不严，均可造成局部超厚。

3. 防治措施

（1）认真审查设计图，把钢筋重叠、管线交叉将造成楼板超厚的情况在施工前提请设计单位予以解决。

（2）认真绘制柱、梁、板钢筋、管线相互间穿插、交叉、重叠的位置图，以进一步明

确相互间的排列关系，从而制定既满足设计要求又符合工程实际情况的钢筋绑扎与管线埋设的施工方案。

(3) 严格控制楼板模板上表面标高，要求模板表面平整，偏差值应符合现行施工验收规范的要求。

(4) 混凝土浇筑前，应有醒目的楼板浇筑厚度的控制标志。控制点数量与间距应以方便施工，保证板厚符合设计要求为原则。

23.2.7　箍筋、水平筋间距不准

1. 现象

绑扎完成后，钢筋骨架箍筋和水平筋间距不准确、不均匀（图 23-10），即不美观，又影响结构受力。

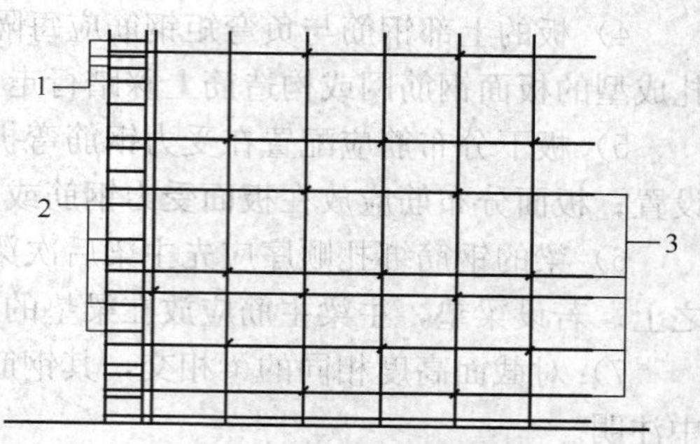

图 23-10　箍筋、水平筋间距不准确
1—加密区箍筋间距不准确；
2—非加密区箍筋间距不准确；
3—墙体水平筋间距不准确

2. 原因分析

(1) 钢筋绑扎中未设置标尺、标识，操作中易造成间距不准确。

(2) 未按照规范和设计要求进行箍筋加密，水平筋起步筋位置不正确。

(3) 暗柱箍筋绑扎不足。

3. 防治措施

严格操作工艺，按照规范和设计图纸施工，发现问题，及时调整。绑扎成型后，调整较为困难。

23.2.8　框支转换梁上部插筋偏位

1. 现象

高层建筑框支转换梁连接着不同的结构体系，上部结构插筋发生偏位。

2. 原因分析

(1) 框支转换梁钢筋绑扎结束后，未根据结构轴线位置尺寸插筋。

(2) 框支转换梁混凝土体量大，插筋又未固定牢，振捣时振动棒撞击钢筋，产生偏位。

(3) 上部结构插筋时，未考虑保护层厚度

3. 防治措施

(1) 框支转换梁钢筋绑扎结束后，在梁面筋上测放出轴线，根据轴线位置和上部结构间的关系，定出连接上部结构的插筋位置。

(2) 框支转换梁混凝土浇筑体量大，上部插筋的根部和上部在混凝土浇筑前应采用水平钢筋焊接限位，保证垂直度。混凝土浇筑时，分层振捣，避免振动棒撞击插筋。

(3) 混凝土浇筑过程中，应随时复核钢筋的位置，并采取可靠措施以保证位置正确。

附录 23.2　现浇钢筋混凝土结构钢筋安装质量标准及检验方法

详见本手册第 16 章“钢筋加工与安装”附录 16.1“钢筋工程质量标准及检验方法”。

23.3 混凝土浇筑与养护

本节叙述现浇钢筋混凝土结构的混凝土在浇筑与养护过程中产生的质量通病，此外尚应参照本手册第18章“混凝土工程”的有关内容。

23.3.1 墙体烂根

1. 现象

混凝土墙根与楼板接触部位出现蜂窝、麻面或露筋，有的墙根内夹有木片、水泥袋纸等杂物。

2. 原因分析

(1) 第一层混凝土浇筑过厚，振捣棒插入深度不够，底部未振实。

(2) 混凝土铺设后没有及时振捣，混凝土内的水分被吸收，振捣困难。

(3) 混凝土配合比控制不准，搅拌不匀，坍落度太大，材料离析；混凝土配合比设计砂率小，和易性不好，振捣困难或振捣时间过久，造成漏浆。

(4) 钢模板与楼板表面接触不严密。

(5) 钢模下部缝隙用木片堵塞时，木片进入墙体内。

3. 预防措施

(1) 支模前，在模板下脚相应的楼板位置抹水泥砂浆找平层，但应注意勿使砂浆进入墙体内。

(2) 模板下部的缝隙应用水泥砂浆等塞严，切勿使用木片并伸入混凝土墙体位置内。

(3) 增设导墙，或在模板底面放置充气垫、海绵胶垫等。

(4) 浇筑混凝土前先浇水湿润模板及楼板表面，然后浇一层50mm厚与混凝土成分相同的水泥砂浆，砂浆不宜铺得太厚，并禁止用料斗直接浇筑。

(5) 坚持分层浇筑混凝土，第一层浇筑厚度必须控制在500mm以内。

4. 治理方法

(1) 对于烂根较严重的部位，应先将表面蜂窝、麻面部分剔除，再用1：1水泥砂浆分层抹平。此项工作必须在拆模后立即进行。

(2) 对于已夹入木片、纸或草绳等的烂根部位，在拆模后应立即将夹杂物彻底剔除，然后捻入高强度干硬砂浆，必要时砂浆中可稍掺加细石。

(3) 对于轻微的麻面，可以在拆模后立即铲除，显出黄褐色砂子的表面，然后刮一道108胶水泥腻子。如不能在拆模后立即进行，必须剔除表面松动层，用水湿润并冲洗干净，然后再刮一道108胶水泥腻子。

(4) 对于较大面积的蜂窝、麻面或露筋，应参照本手册第18章“混凝土工程”的有关内容治理。

23.3.2 墙面粘连，缺棱掉角

1. 现象

墙体拆模时，模板粘连了较大面积的混凝土表皮，现浇墙体上口及洞口拆模后缺棱掉角。

2. 原因分析

(1) 脱模过早，混凝土强度低于1.2MPa。尤其是在初冬阶段（温度－1～10℃），由于缺乏可靠的保温措施，最易发生此类现象。

(2) 混凝土用水量控制不严，质量波动大，浇筑时下料集中，又未均匀振捣。

(3) 模板清理不干净（特别是上、下端口部位及门框边），易积留混凝土残渣。

(4) 使用了失效的隔离剂，或隔离剂涂刷不均匀、漏刷，或隔离剂被雨水冲刷掉。

(5) 衔接施工缝时浇筑的砂浆层过厚，强度偏低，洞口模板拆除过早，或拆模时碰撞，造成墙体缺棱掉角。

3. 预防措施

(1) 坚持墙体混凝土强度达到1.2MPa后才能拆模的规定。

(2) 清理模板和涂刷隔离剂必须认真，要有专人检查验收，不合格的要重新清理刷涂。

(3) 严格控制混凝土质量，混凝土应有良好的和易性，浇筑时均匀下料，禁止采用振动棒赶送混凝土的振捣方法。

(4) 应留有周转备用的洞口模板，以适当延迟洞口模板拆除的时间。宜采用可伸缩的洞口模板。禁止用大锤敲击模板，以防损伤混凝土棱角。

(5) 衔接施工缝的水泥砂浆厚度宜为50～100mm，浇筑底层混凝土必须认真振捣。采用掺粉煤灰的混凝土。在模板上口加入拌过水泥浆的石子再作振捣，确保此部分混凝土的强度达到设计要求。

4. 治理方法

参照本手册第18章“混凝土工程”的相关内容治理。

23.3.3 门（洞）口位移

1. 现象

拆模后，预留门（洞）口扭曲、歪曲、不方正。门洞口预留位置不正。尤其是门（洞）口一侧常设有小断面柱子，容易出现严重蜂窝、麻面。后立门口的预埋木砖振捣混凝土时容易移位，甚至找不到。

2. 原因分析

(1) 门口固定不牢，浇筑混凝土时位移变形。

(2) 门口两侧混凝土没有同时均匀浇筑，或两侧浇筑高度差太大，造成受力不均，将门口挤偏。第一步混凝土浇筑高度过高，也会造成门（洞）口下部变形过大。

(3) 门（洞）口尺寸与墙厚相同，钢模压口不严密，支撑不牢，发生位移和漏浆。

(4) 假口拆模时用大锤猛击，模板被砸坏，重复使用时容易造成漏浆。

(5) 木砖固定不牢或受振捣过猛，发生位移或掉落。

3. 预防措施

(1) 采用先立口的工艺。在大模板上先划出门框位置，然后钻小孔，用钉子将门框牢牢固定在大模板上。门框两侧（或一侧）加木条，使其尺寸比墙厚大3～5mm。整个门框应用水平支撑撑牢，防止门框两侧樘子向里侧移位变形（图23-11）。也可在大模上固定门框水平支撑，将门框直接套在水平支撑上，然后用木楔楔紧。

(2) 门（洞）口中间水平木支撑不得少于3道。如为后塞门框，宜采用金属制可伸缩式工具模板，保证拆模后棱角整齐。

(3) 开始浇筑混凝土时，先用人工送料浇筑500mm高度左右，然后再用吊斗浇筑。浇筑时要从门口正上方缓慢下料，或从门洞两侧同步同厚度下料。有条件或必要时（如门边钢筋过密），门口两侧可浇筑细石混凝土。

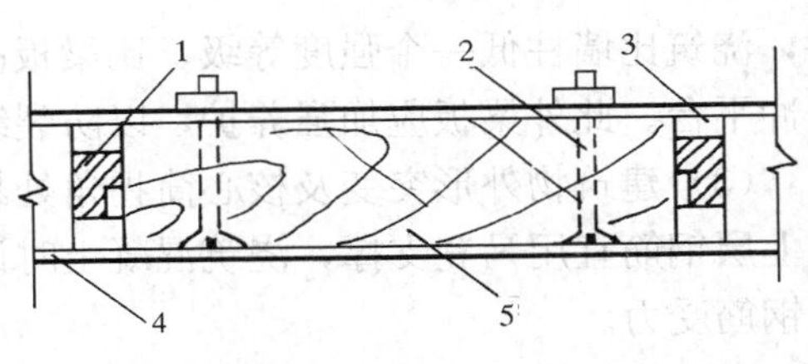

图 23-11 门框边加木条

1—木门框；2—固定水平支撑用螺栓；3—门框边贴木条；4—钢大模；5—木方水平支撑

(4) 如采用假口时，假口模板厚度尺寸要正确，一般应大于墙厚3～5mm，与钢模挤严压紧，防止漏浆或变形。

(5) 当门口两侧钢筋过密，又采用后立口时，不宜预埋木砖，可采用混凝土浇筑后射钉枪固定门框的作法（两侧樘子上各射3枚）。

(6) 采用后立口工艺时，最好多准备一个流水段的门口模板，隔一天后再拆除假口，以保证门（洞）口棱角整齐。

4. 治理方法

(1) 对于已造成位移、变形的门（洞）口，应将多余的混凝土凿至设计要求的位置，并达到质量评定标准。凿毛部位可用水泥浆或108胶水泥浆找平、顺直。此项修补工作宜在拆模后立即进行。

(2) 先立口变形较大时，应剔掉门框四周混凝土，将门框取出并重新修整，同时将门框四周的混凝土剔凿找平，以达到设计要求的洞口尺寸。待混凝土达到强度后，再用射钉枪将木门框固定在墙上。

23.3.4 现浇楼板混凝土开裂

1. 现象

混凝土楼板上出现不规则裂缝。

2. 原因分析

(1) 楼板混凝土内胶凝物质（如水泥及粉煤灰）掺量多，混凝土坍落度大，收缩大，硬化过程中出现裂缝。

(2) 楼板在核心筒周围由于混凝土强度等级差较大（墙、柱混凝土可达C50、C60，而梁、板仅为C30、C40），此处水化热变化大而出现开裂。

(3) 建筑物在核心筒拐角及建筑物形状突变处受荷后开裂；楼板上层钢筋被踩低，板悬挑部分容易开裂。

(4) 楼板模板支撑不牢，混凝土浇筑后受荷而开裂。

(5) 成品保护不好，混凝土强度不够就吊放材料及走人，使支撑发生沉降而开裂。

(6) 拆模太早，未到拆模时间即开始拆除支撑。

(7) 混凝土养护不及时或不养护。

3. 预防措施

(1) 混凝土胶凝材料量不宜过大，泵送混凝土坍落度宜控制在100～140mm。

(2) 高层建筑特别是超高层建筑竖向结构件强度等级较高，有些达C60、C70，施工时为保证墙（柱）的混凝土强度等级，往往会将高等级混凝土浇筑至竖向构件外500mm，而水平构件与之相交处混凝土强度等级仅C30、C40，建议此处设1～2m宽范围的水平构件，浇筑比墙柱低一个强度等级、比梁板高一个强度等级的混凝土，使水化热变化有一个缓冲平台。此外梁板应加强养护，以防裂缝产生。

（3）建筑物外形突变及核心筒拐角处易出现应力集中，设计时此处宜设放射钢筋，楼板上层钢筋宜用马凳支撑，浇筑混凝土时设专人值班，有被踩弯踩低的钢筋及时纠正，确保钢筋受力。

（4）梁板模板支撑必须经过设计确定间距，确保模板的刚度、强度及稳定性。

（5）混凝土浇筑后3d内严禁堆放重物，必须进行施工时，钢筋、模板等施工荷载必须分散堆放，防止因荷载集中而产生开裂。

（6）拆模必须有混凝土强度试压报告，由项目工程师下达拆模通知单。

（7）混凝土浇筑后及时养护，养护时间应严格按规范执行。

4. 治理方法

（1）规范允许范围内的裂缝凿成U形槽，用环氧砂浆嵌补，贯穿性的裂缝采用压力灌浆的方法修补。

（2）超过规范要求影响到结构安全的，必须与设计师及监理公司商定后方可处理。

23.3.5　大体积混凝土底板开裂

1. 现象

大体积混凝土底板表面开裂。

2. 原因分析

（1）混凝土原材料质量不好。

（2）混凝土浇筑完成后，表面覆盖不当，造成混凝土表面和内部温差过大，因两者收缩不一致而产生的拉应力大于混凝土早期抗拉强度，因而产生裂缝。

（3）底板过长、过大，未设置后浇带等有效措施。

（4）地基对底板混凝土的约束。

3. 防治措施

（1）选用低水化热的矿渣或火山灰水泥，掺加粉煤灰、矿粉等掺合料，减少水泥用量，降低混凝土水化热。大体积混凝土宜采用后期强度作为强度评定的依据。

（2）选用高效缓凝型减水剂，降低水胶比，延缓混凝土内部最高温升到来的时间。

（3）选用级配良好、含泥量小于1%的砂石。

（4）按照设计要求，设置后浇带或膨胀加强带，掺加微膨胀剂，减小混凝土收缩应力；如不设后浇带，应在适当位置，伸出膨胀加强带两侧各6000mm，或采用跳仓法施工。

（5）板底设置滑动层，降低地基对底板的约束，使底板混凝土在硬化过程中能自由伸缩。滑动层可选用高分子化合物、SBS等防水材料。

（6）做好测温工作，以便及时采取应对措施。

（7）混凝土养护时间不少于14d。

23.3.6　地下室外墙混凝土裂缝

1. 现象

地下室较长外墙的混凝土表面出现细微裂缝。

2. 原因分析

(1) 钢筋配置不足，不能抵抗温度应力。

(2) 混凝土硬化过程中受边墙柱的约束，跨中出现裂缝。

(3) 墙体过长，未设置后浇带。

(4) 混凝土养护不足，表面失水快；拆模过早，受气温影响大。

3. 防治措施

(1) 设计中，配置足够抵抗温度应力的分布筋，减小边墙柱与墙体间的约束。合理设置后浇带。

(2) 加强混凝土养护，延缓拆模时间。

23.3.7 施工缝开裂、夹渣、错台

1. 现象

混凝土施工缝（包括两个流水段之间的接缝、后浇带两侧的接缝等），出现开裂、夹渣、错台等。

2. 原因分析

(1) 先浇筑一侧的混凝土清理不到位，未将松散混凝土及杂物清理干净，造成夹渣、裂缝。

(2) 模板相接不平，支顶不均匀，不牢固，造成混凝土错台。

(3) 后浇带混凝土浇筑过早，两侧混凝土收缩变形较大，以至产生裂缝。

(4) 混凝土养护不及时或养护时间不够，使混凝土收缩较大产生开裂。

3. 防治措施

(1) 先浇筑混凝土一侧，清理到位，并用水冲洗干净。

(2) 模板要相接平整，支顶牢固，模板与原混凝土缝隙塞填海绵条。

(3) 后浇带混凝土浇筑必须待两侧混凝土变形基本结束后进行。后浇带宜采用微膨胀混凝土。

(4) 加强施工缝局部混凝土养护。

28.3.8 节点混凝土强度等级不明确

1. 现象

现浇钢筋混凝土结构的柱与梁板间混凝土设计强度等级因受力原因往往不相同，尤其是框架下部几层柱的混凝土强度等级比同层梁板高。如果梁柱节点部位混凝土按柱的混凝土强度等级浇筑，则梁柱间将存在施工缝，构成薄弱环节，对框架受力不利；若按梁板混凝土强度等级浇筑，则降低了节点部分混凝土强度等级。

2. 原因分析

(1) 框架结构由于受力要求其柱与梁板的混凝土强度等级往往不相同，由此产生了节点部位混凝土强度等级的确定问题。对此，设计单位有时未能进行明确的技术交底。

(2) 不少施工单位对框架节点混凝土强度等级要求欠考虑，习惯按梁板混凝土强度等级浇筑节点混凝土。

3. 防治措施

(1) 柱混凝土强度等级高于梁板混凝土强度不超过 $5N/mm^2$ 者，梁柱节点处的混凝土可随梁板一同浇筑。

(2) 柱混凝土强度超过梁板混凝土强度小于或等于 $10N/mm^2$，且柱四边皆有现浇梁

者，则梁柱节点混凝土也可随梁板一同浇筑。

（3）若柱与梁的混凝土强度等级相同，可能会造成节点承受竖向荷载能力不足及地震作用时节点抗剪能力降低，则应由设计单位采取以下技术措施：

1）按计算要求在节点处增加纵向钢筋；

2）在节点区内设置经计算的型钢；

3）增加节点范围内的箍筋。

采取上述措施后，如梁柱节点承受竖向荷载的能力和抗剪能力都能满足设计要求时，则节点处的混凝土可以随同梁板混凝土一起浇筑。

23.3.9　楼板端头节点处理质量差

1. 现象

（1）圆孔楼板堵头堵得不好，混凝土不能灌到楼板圆孔内。

（2）楼板端头节点混凝土不密实，蜂窝、麻面严重。

（3）伸出楼板外的连接筋没有弯折到符合规定的要求。

（4）横向附加筋未按规定放置在连接筋的交叉点上，有时甚至跑到楼板上皮。

2. 原因分析

（1）对圆孔楼板堵头的必要性认识不清，未按规定堵塞，堵头不严或活动，或过于靠里靠外，使混凝土不能灌实板端头孔洞。

（2）操作马虎，没有把楼板连接筋弯折成一定角度。

（3）板端节点浇筑前没有浇水湿润，混凝土脱水快，影响混凝土强度。

（4）板端节点混凝土振捣不密实；有时由于楼板本身尺寸及安装误差过大，端头板缝过窄，不便浇筑。

（5）灌缝未用细石混凝土。

（6）由于楼板端头连接筋不易处理，横向附加筋不好放置，有时甚至漏放。

3. 预防措施

（1）楼板圆孔堵头位置必须正确，可按图 23-12 所示方式用预制砂浆堵孔，也可用砂浆现堵的办法，即用白铁皮做成一个半圆形槽（长约 250mm），槽直径比圆孔板洞略小一些，将砂浆装进半圆形槽后，再将砂浆推入孔洞内（图 23-13）。

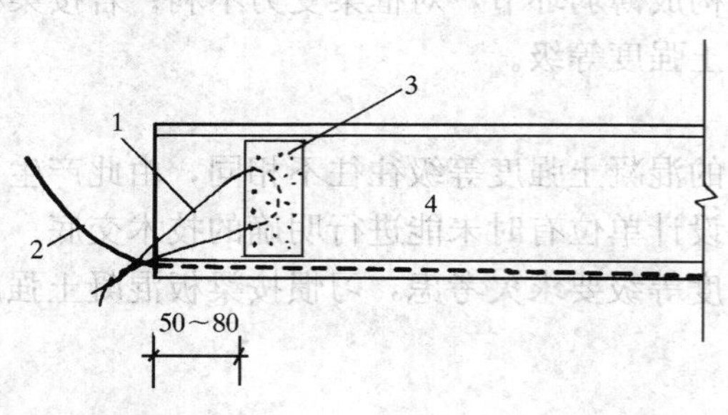

图 23-12　砂浆堵头的固定

1—火烧丝，与胡子筋绑牢；2—胡子筋；3—砂浆堵头；4—圆孔板

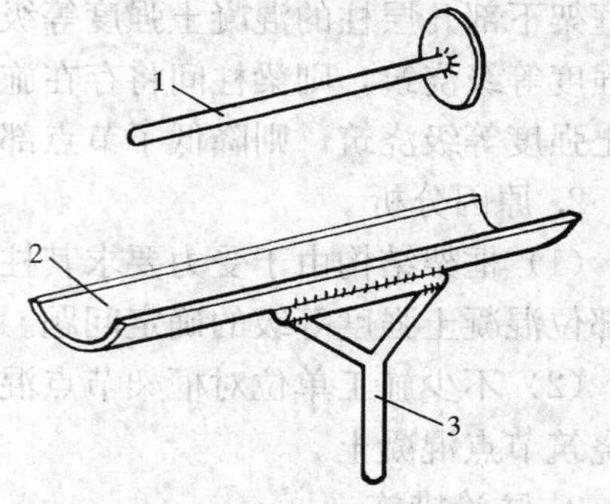

图 23-13　现堵头工具

1—推把；2—半圆形槽；3—把手

(2) 楼板安装位置必须正确。预制楼板连接筋应理直，按设计要求弯起（必要时采用焊接），并与附加筋绑扎牢固（图 23-14）。

(3) 端头板缝宜用细石混凝土（一般为 C30 并适当掺入膨胀剂）浇筑密实。浇筑混凝土前必须将板缝用水湿润，并刷素水泥浆一道。

(4) 常温施工时，板缝混凝土应浇水养护，混凝土强度达到 1.2MPa 时，才允许调整插筋位置和绑扎钢筋。

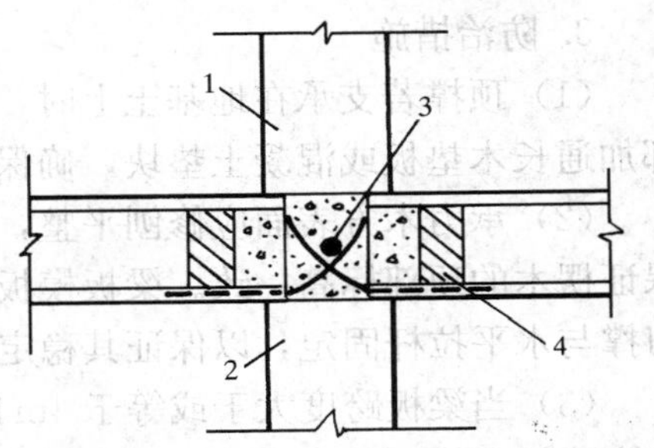

图 23-14 楼板端头节点
1—上部墙体；2—下部墙体；3—附加筋；4—砂浆堵头

4. 治理方法

(1) 严重不符合设计要求的板缝应进行加固，将圆孔板两侧第二排端头 800mm 处的圆孔凿开（每块板二道），各加 2 根 ϕ12mm 钢筋，再用混凝土填满捣实。

(2) 少量不符合设计要求的板缝，可凿掉重新浇筑混凝土。

28.3.10 构造柱承载力不足

1. 现象

框架结构中带构造柱的结构形式在施工中往往将构造柱与框架一起整浇，不符合设计意图，以致造成构造柱承载力不足。

2. 原因分析

(1) 施工人员因结构概念模糊，将构造柱当作框架柱，混淆两类混凝土柱受力上的区别，以致误把构造柱作为框架梁的支承构件。

(2) 设计交底时对两类不同的混凝土柱的施工顺序未明确说明。

3. 防治措施

(1) 框架中构造柱不得与框架结构同时整浇。

(2) 浇筑框架前，应在构造柱位置的框架梁底面预埋下层的 4 根构造柱插筋，并紧贴梁底模板平放固定。同时，在同一位置的梁顶面，预留出 4 根与梁筋绑扎固定的本层构造柱插筋。

(3) 由于浇筑构造柱混凝土时，其柱顶因有框架梁存在使施工发生困难，因此，宜采用高压灌浆法。

(4) 凡构造柱柱顶是上层现浇楼板者，则应在该柱相应位置四周的楼板中设置施工缝，并从楼板内伸出插筋，待浇筑构造柱混凝土时一并整浇。

23.3.11 大跨度梁板挠度大

1. 现象

大跨度梁板拆模后出现挠度大，平整度差的现象。

2. 原因分析

(1) 模板顶撑支承在未经夯实或不平整的地基土上，不能满足承载力要求，造成混凝土浇筑后出现梁板下挠现象。

(2) 虽按设计标高统一调整了各支柱的高度，但纵横楞木的厚度未能一致，即铺设梁板底模，致使混凝土浇捣造成模板下沉，出现梁板不平整的现象。

（3）大跨度梁板底模未按设计要求或规范规定起拱，混凝土浇筑时即出现下挠变形。

（4）模板支撑间距过大。

3. 防治措施

（1）顶撑若支承在地基土上时，应对基土平整夯实，并需满足承载力要求。在顶撑底部加通长木垫板或混凝土垫块，确保混凝土在浇筑过程中不会发生顶撑下沉。

（2）承力木方表面应修刨平整，翘曲变形严重的应剔除。施工时，调整支柱的标高，保证楞木的顶部标高一致。梁板模板安装后应组织验收。层高大于 4m 时，顶撑间应用剪刀撑与水平拉杆固定，以保证其稳定性。

（3）当梁板跨度大于或等于 4m 时，底模板应起拱。当设计无具体要求时，起拱高度取全跨长度的 1‰～3‰。

（4）模板、支撑必须经计算确定，严格执行支模方案。

23.3.12　大截面框支梁混凝土裂缝

1. 现象

混凝土梁沿长向出现竖向裂缝（大多出现在穿螺栓孔位置）。

2. 原因分析

（1）框支梁截面较大，混凝土硬化过程中产生的水化热，易在截面削弱部位螺栓孔等处造成应力集中而形成开裂。

（2）混凝土坍落度过大，混凝土硬化过程中产生的收缩也大。

（3）混凝土浇捣过程中形成冷缝，此处容易开裂。

（4）梁混凝土硬化过程中受先浇筑墙柱的约束。

（5）框支梁钢筋保护层偏大。

（6）混凝土拆模过早，梁内与表面及表面与大气温度差较大。

3. 防治措施

（1）大截面框支梁混凝土内部水化热必须得到有效控制，试配时可以掺用高效减水剂及粉煤灰，以降低水泥用量，同时利用减水剂的缓凝效果使混凝土内部最高温升得到延缓。对混凝土的入模温度加以控制（如对砂、石淋水降温，对搅拌水加冰块进行降温），螺栓孔处不穿 PVC 管，使梁截面不被削弱，减少开裂的几率。

（2）在满足泵送的前提下尽量减小坍落度。

（3）混凝土必须连续浇筑，并进行二次振捣，以提高混凝土与钢筋的握裹力，防止出现混凝土沉落而产生裂缝，增加混凝土密实度，提高其抗裂性。

（4）为减小混凝土凝结过程中支座（柱墙）对框支梁的约束，可采取框支梁、柱、墙一次性浇筑。

（5）框支梁钢筋出现保护层偏大时，可在箍筋外附加小直径、小间距的温度筋，减少收缩裂缝。

（6）延缓拆模时间，加强养护措施。由于框支梁截面较大，施工前必须计算混凝土内外温差以确定保温层厚度。梁内埋测温孔，定时监控温差情况。混凝土浇筑 7d 后方可开始分次拆除保温材料及梁侧模板，养护期不少于 14d。

23.3.13　后浇带混凝土开裂

1. 现象

后浇带与两侧先浇楼板的接合处不平整并出现开裂。

2. 原因分析

(1) 因先浇楼板模板支撑不牢，致使楼板与后浇带相接的部位出现下挠或上翘现象，为日后接缝不平留下隐患。

(2) 后立的后浇带模板与先浇楼板相接不平。

(3) 后浇带浇筑时间过早，而两侧楼板收缩变形还较大，以致产生裂缝。

(4) 后浇带两侧未清理干净，致使混凝土浇筑后形成隔离层而出现裂缝。

(5) 后浇带混凝土养护不及时或不养护，致使混凝土收缩较大产生开裂。

3. 预防措施

(1) 安装先浇楼板的模板时应按规定起拱，使楼板混凝土浇筑后呈水平。

(2) 后浇带模板应紧贴已浇混凝土楼板的底面，下部支撑或排架搭设应牢靠，防止失稳。

(3) 后浇带混凝土浇筑必须待两侧先浇楼板变形较充分完成（一般不少于60d）后方可进行。浇筑前应凿去楼板两侧面浮浆及松动的石子，用压力水冲洗干净，刷1：1水泥浆（或混凝土界面剂）后再浇筑混凝土。

(4) 后浇带必须采用微膨胀混凝土浇筑，以抵消混凝土凝结过程中的部分收缩。后浇带两侧应设挡水坎，蓄水养护14d，使之充分湿润，以进一步减少收缩裂缝的产生。

4. 治理方法

(1) 将后浇带凸出的混凝土凿除，并将凹进去的表面凿毛，然后用比混凝土强度等级高一级的砂浆抹平。

(2) 后浇带裂缝治理方法参见本手册18.5"混凝土裂缝"中附录18.4"混凝土裂缝治理方法"的有关内容。

23.3.14 楼板板缝及圈梁混凝土不密实、不规矩

1. 现象

楼板有瞎缝或板缝混凝土浇筑不密实。宽板缝浇筑混凝土后，底面比预制楼板底面下垂1～2mm。外墙圈梁上表面的标高控制不好，造成层高超高，外墙预制墙板水平缝过大。

2. 原因分析

(1) 预制楼板安装位置不正确，板缝大小不匀，甚至出现瞎缝。

(2) 宽板缝有圈梁的底模不易贴紧预制楼板底面，模板支撑不牢，加上振捣板缝和圈梁混凝土时底模下垂变形，造成板缝底面下垂。

(3) 板缝、圈梁浇筑混凝土前未浇水湿润，振捣不认真，混凝土未振实。

(4) 浇筑圈梁混凝土前未抄平，使圈梁上部标高超高。

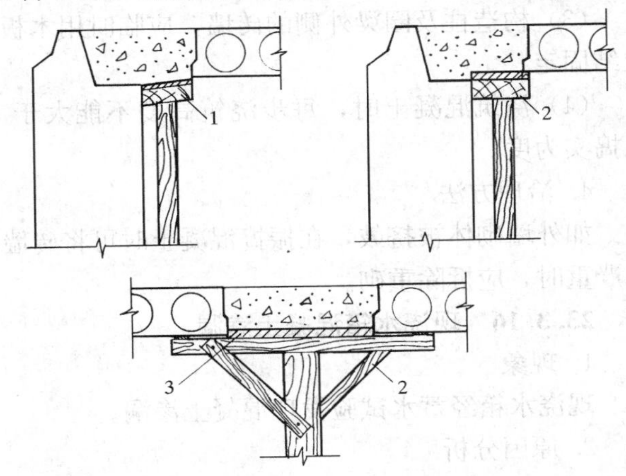

图23-15 圈梁及板缝支模正确与错误作法

1—错误作法；2—正确作法；3—模板进入楼板下皮5mm

3. 预防措施

（1）安装模板前先在墙上定出楼板位置，发现瞎缝时，应调整板缝间隙。

（2）狭缝应用膨胀砂浆灌筑，人工插捣；浇筑混凝土前必须浇水湿润；常温施工时应浇水养护。

（3）混凝土内掺微膨胀剂。

（4）改革支模方法，防止圈梁、宽板缝底面下垂，具体方法如图23-15所示。浇筑混凝土前进行抄平，定出外墙圈梁表面标高，并将标高线标在外墙板挡水台侧边，以控制圈梁高度，靠近圈梁的一块楼板安装标高必须正确。

4. 治理方法

（1）宽板缝或圈梁下部混凝土下垂严重时，拆模后应把凸出部分立即凿掉，用108胶水泥浆刮平；如下垂较少时，可用腻子顺坡找平，也可用手提砂轮将两侧混凝土磨顺找平。

（2）圈梁上部超高时，应将多余部分剔除抹平。

23.3.15 外墙砌体挤鼓

1. 现象

多发生于外砌内浇工程的组合柱、大角及圈梁等部位，在振捣混凝土时，相邻部位的砌体被挤鼓，形成局部砌体松散，灰缝脱落。

2. 原因分析

（1）施工安排不当，砌体强度不高，就开始浇筑混凝土。

（2）构造柱处的外墙只有120mm厚，不能承受混凝土的侧压力。

（3）砖墙砌体缺乏必要的加固措施。

（4）浇筑混凝土时，一次浇筑过高或振捣过猛。

3. 预防措施

（1）合理安排工序，待砌体达到一定强度后，再浇筑混凝土。

（2）构造柱处外墙厚度应为240mm，若设计只能是120mm时，应提高砂浆强度等级。

（3）构造柱及圈梁外侧的砖墙，应临时用木板支护加固，可用长螺栓将木板与大模板拉结固定。

（4）浇筑混凝土时，每步浇筑高度不能大于500mm，振动棒离外墙砌体要远一点，以捣实为度。

4. 治理方法

如外墙砌体被挤鼓，在振捣混凝土时可将砖墙敲平，然后加固。如混凝土已凝固，凸出严重时，应拆除重砌。

23.3.16 现浇水箱混凝土渗漏

1. 现象

现浇水箱经蓄水试验发现混凝土渗漏。

2. 原因分析

（1）混凝土配合比不当，水泥、粉煤灰掺量太高或采用了含泥量大的细砂。

（2）混凝土外加剂计量不准，搅拌时间和坍落度控制不当，振捣不规范，密实度不够。

(3) 模板刚度不足，混凝土振捣时接口处漏浆严重，致使混凝土密实度差，导致渗漏。

(4) 模板对拉螺杆未采用止水螺杆，或混凝土浇筑拆模后止水螺杆处理不当，致使水箱内的水沿着螺栓渗漏。

(5) 水箱侧壁与底板阴角混凝土未振捣密实，出现渗漏。

(6) 混凝土浇筑后养护不当，表面水分散失过快，造成混凝土内外不均匀而收缩，引起裂缝渗漏。

3. 预防措施

(1) 选用合理的配合比，采用“三掺技术”（掺粉煤灰、减水剂、微膨胀剂）试配混凝土，水泥用量不宜小于 $320kg/m^3$，但也不宜大于 $550kg/m^3$。确保原材料质量符合规范要求。

(2) 严格按照配合比对混凝土原料计量，参照配合比控制混凝土坍落度，在满足泵送的前提下，尽量减小坍落度，以防止混凝土出现收缩变形裂缝。混凝土每 300mm 分层浇筑，振动棒移动间距为 400mm 左右，振捣时间宜为 15～30s，且间隔 30min 左右进行二次复振，以提高混凝土与钢筋握裹力，增加混凝土密实性。

(3) 采用组合定型模板，加强模板接口处理，采用木方压紧接口缝隙两边，模板外侧竖向搁栅间距为 200～300mm，使用止水螺杆收紧，横向间距 400mm 左右设钢管围檩。

(4) 水箱混凝土拆模后采取合理的养护方案，尽量缩小混凝土内部温度与外界温度差，混凝土养护时间不宜少于 14d。

(5) 水箱侧壁与底板交界处应设计成钝角加腋处理，以增加此处厚度，也使混凝土更容易振捣密实。

(6) 混凝土养护后，沿止水螺杆周围 20mm 范围凿开喇叭口，深 10～20mm，用氧气吹断螺杆，用掺防水剂的微膨胀水泥砂浆封堵。

4. 治理方法

(1) 水箱外侧沿渗漏缝隙两侧 20mm 凿开混凝土，使其成“V”形槽，深度为 30mm 左右，清除松动石子，用水冲净且使槽内充分湿润，用快速堵漏剂堵漏，然后在槽内深抹 1～2mm 厚水泥净浆，稍干后用掺微膨胀剂的水泥砂浆压实缝槽收光，12h 后洒水养护 7d。

(2) 水箱内侧找出渗漏处，用环氧树脂压力注浆法，进行补强封闭，或凿开缝隙使用聚合物水泥砂浆修补平整。

23.4 混凝土结构安装

23.4.1 现浇内墙高于外墙板

1. 现象

外板内模工程中，现浇内墙高于外墙板，使建筑物层高及总高度增加，有时造成外墙板水平缝过大。

2. 原因分析

（1）楼板安装不平。由于大模板底部抹找平层砂浆时只能随高不随低，或找平层砂浆过厚，致使大模板抬高，形成内墙偏高。

（2）外墙板安装标高控制不严，坐浆厚度不够，造成外墙偏低。

（3）预制楼板厚度不一，安装时楼板标高控制不严，个别楼板超厚。

3. 预防措施

（1）模板的设计高度以比楼层净高小 2cm 为宜。

（2）楼板安装必须平整（尤其是第一层），高低差不能过大，应控制超厚楼板的使用。

（3）严格控制外墙板的坐浆厚度及水平缝的大小。

4. 治理方法

发现层高超高后，应立即采取上述预防措施，在上一层施工时加以纠正，避免造成内、外墙累积高差。

23.4.2　楼板安装不平，压墙长度不足

1. 现象

（1）楼板安装不平，两端标高不一致。

（2）楼板压墙长度偏长或偏短。

（3）大楼板与墙体接触不严，造成墙体局部受压。

2. 原因分析

（1）预制楼板翘曲，长度有误差。

（2）墙体上口未抹找平层砂浆，或找平层砂浆不平。

（3）支模不注意，墙体不垂直，轴线位移，或安装有误差。

3. 预防措施

（1）墙体上口应用水准仪抄平，认真抹好找平层砂浆。

（2）最好采用硬架支模，先将模板用硬架托起，再在下面勾好缝，然后浇筑板端头缝混凝土。

（3）认真检查楼板尺寸，不合格者不上墙。

（4）大楼板保持上平，小楼板保持下平。

（5）严格按照规范规定控制墙面垂直偏差。

（6）楼板两端压墙应均匀，防止一端压墙太少另一端压墙过多。每块楼板脱钩前应量测其两端压墙长度，均匀合格后再脱钩。

4. 治理方法

楼板压墙长度小于 20mm 时，应会同设计单位研究处理，或按图 23-16 方法处理。

23.4.3　阳台、雨篷及分户板不顺直

1. 现象

安装后各层阳台、雨篷上下不顺线，里出外进，前后不一条线，高低不平，水平标高不顺线，分户板上下不一条线。

2. 原因分析

阳台“三不顺线”（上下不顺线，底板左右不顺线，扶手水平不顺线）及雨篷不顺线的主要原因是阳台、雨篷的位置缺乏严格控制，忽视上下、左右、前后的协调。

3. 预防措施

(1)“三不顺线”的预防措施主要是采取纵横控制线的办法。

1)对平身阳台，将平行于外墙的阳台轴线向内返1.5m，弹通长横向控制线，据以控制阳台内侧距离，并利用临近阳台的横墙身线作为纵向控制线，用以控制阳台左(右)侧的距离。

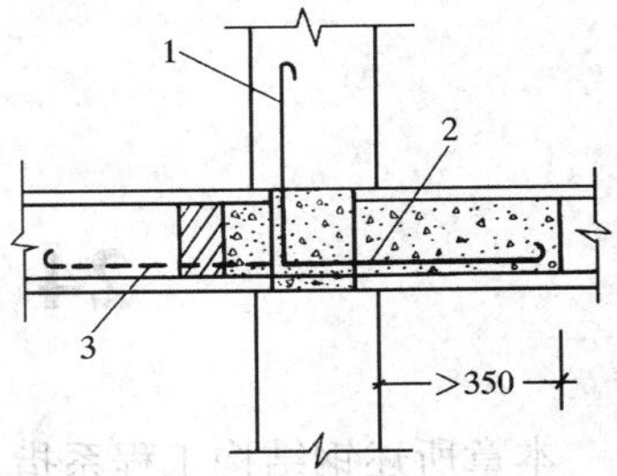

2)对拐角阳台，用纵向控制线控制阳台外侧横向距离，同时控制横向挑出长度。用横向控制线控制阳台纵向距离和纵向挑出长度。

3)阳台下皮标高应按楼层标高控制(抹砂浆标高灰饼)。

图 23-16 楼板加固示意图

1—一端搭接偏小时向上弯；2—每隔一孔凿开，放入 $\phi10$ 钢筋 $l=800$mm，灌细石混凝土；3—两端楼板搭接偏小时，钢筋通长放置

(2)安装阳台、雨篷、分户板前，在墙上弹出位置控制线，校核标高，并抹好找平层。分户板位置要用经纬仪或线坠由下层向上层引测，并注意分户板本身安装的垂直度。

(3)阳台板下必须搭设临时支撑，并需连续搭设三层，方可拆除最底层支撑。阳台支撑必须具有足够的强度和稳定性，并用水平拉杆将阳台支撑与外墙拉接牢固，防止阳台移位。

4. 治理方法

阳台、雨篷、分户板如发现不顺线时，可在装修时用水泥砂浆找补顺直。

附录 23.3 现浇钢筋混凝土结构混凝土质量标准及检验方法

详见本手册第 18 章“混凝土工程”的相关内容。

24 钢结构工程

本章所述钢结构工程系指工业与民用建筑及构筑物钢结构工程，它包括了高层及超高层建筑钢结构，大跨度结构有平面桁架钢结构，空间钢结构（钢网格结构、悬索及各种衍生结构等），预应力钢结构，组合钢结构，轻钢结构（门式刚架和薄壁型钢结构），高耸构筑物钢结构及各种特殊钢结构等。由于钢结构优点很多，设计施工技术日新月异，奇形怪异结构名目繁多，节点复杂，难度很大，在施工中采用的计算机手段，先进设备，先进工艺，以及跟踪检测与健康监测已取得了很大的成绩，因此得到了飞跃的发展。但在实践中也出现了一些问题，为确保工程质量，本章拟从材料、半成品、制作、安装、测量、焊接、高强度螺栓连接、涂装等工序的源头下手，叙述钢结构工程在施工过程中出现的一些质量通病及其防治措施，把质量问题消灭在萌芽状态。

24.1 钢结构材料

24.1.1 钢材表面有麻坑

1. 现象

钢材表面有局部麻点状或长条状损伤。

2. 原因分析

钢材锈蚀；调运过程中划伤，出现划坑。

3. 防治措施

（1）核对损伤缺陷深度，不超过该钢材负公差 1/2 者，宜继续使用。

（2）当损伤深度大于该钢板负公差 1/2 时，应与有关方协商，可进行焊补探伤后，酌情使用。

24.1.2 钢材局部夹渣、分层

1. 现象

钢板剖开后，中间出现夹渣或分层现象。

2. 原因分析

（1）钢材生产轧制过程中夹杂有非金属物质。

（2）钢锭缩口未全部切除。

3. 防治措施

（1）认真执行《钢结构工程施工规范》(GB 50775—2012) 中 5.2.3、5.2.4、5.2.5、5.2.6 条的规定。

（2）对出现缺陷的同批钢材，应进行扩大抽检或批次全检，主要是进行超声波无损探伤检验。

（3）对于成批或扩大抽检后缺陷出现频率较高的，应成批作废。

（4）检测后仅为偶发缺陷的，对分层缺陷，应在探伤基础上将缺陷周边200～300mm范围切除后使用：对夹渣缺陷，也可扩大切除或协商焊补，检测合格后使用。

24.1.3 板面出现波浪形

1. 现象

钢板表面出现波浪形。

2. 原因分析

钢板校平设备压力不够；设备压平辊轴级数不够。

3. 防治措施

（1）对于热轧卷板开平宜用多辊平直机校平，可进行反复调平。

（2）对于厚板应根据调平能力，选择合适的设备，不应超负荷工作。

24.1.4 焊接材料不符合设计或质量要求

1. 现象

由于焊接材料不合格，导致焊接接头的某项或某些技术指标达不到设计或质量要求。

2. 原因分析

（1）焊接材料选择错误。

（2）未按相关标准、规范要求进行检验、验收。

（3）材料储存、使用不当。

3. 预防措施

（1）钢结构工程中焊接材料的选择要综合考虑强度、韧性、塑性、工艺性能及经济等因素，不可偏废，否则会产生不良后果。例如过分关注强度会导致韧性和塑性降低，过度强调工艺性能则易导致综合力学性能和抗裂性能的损失。

焊接材料的选择在满足设计要求的同时，应符合现行国家标准《钢结构焊接规范》（GB 50661—2011）第4章和第7章中的相关要求：

1）焊条应符合《碳钢焊条》（GB/T 5117）、《低合金钢焊条》（GB/T 5118）的规定；

2）焊丝应符合《熔化焊钢丝》（GB/T 14957）、《气体保护电弧焊用碳钢、低合金钢焊丝》（GB/T 8110）、《碳钢药芯焊丝》（GB/T 10045）及《低合金钢药芯焊丝》（GB/T 17493）的规定；

3）气体保护焊使用的氩气应符合现行国家标准《氩》（GB/T 4842）的规定，其纯度不应低于99.95%；

4）使用的二氧化碳气体应符合现行国家标准《焊接用二氧化碳》（HG/T 2537）的规定，焊接难度为C、D级和特殊钢结构工程中主要构件的重要焊接节点，采用的二氧化碳质量应符合该标准中优等品的要求，难度等级的划分见表24-1；

5）埋弧焊用焊丝和焊剂应符合现行国家标准《埋弧焊用碳钢焊丝和焊剂》（GB/T 5293）和《埋弧焊用低合金钢焊丝和焊剂》（GB/T 12470）的规定；

6）栓钉焊使用的栓钉及焊接瓷环应符合现行国家标准《电弧螺柱焊用圆柱头焊钉》（GB/T 10433）的有关规定。

（2）对按设计要求采购的焊接材料应严格按照现行国家标准《钢结构工程施工质量验收规范》（GB 50205—2001）第4章第4.3节的要求进行检验验收。对一般钢结构采用的焊接材料只需进行软件核查，主要检查质量合格证明文件及检验报告等。而对于重要的钢结构工程，例如其难度等级符合C、D级规定（表24-1）的，则应对所选用的焊接材料按批次进行抽样复验，其复验方法和结果应符合相关标准或规范的规定。

钢结构工程焊接难度等级 **表24-1**

焊接难度等级	焊接难度影响因素			
	板厚 t（mm）	钢材分类	受力状态	钢材碳当量CEV（%）
A(易)	$t \leqslant 30$	Ⅰ	一般静载拉、压	CEV≤0.38
B(一般)	$30 < t \leqslant 60$	Ⅱ	静载且板厚方向受拉或间接动载	0.38<CEV≤0.45
C(较难)	$60 < t \leqslant 100$	Ⅱ	直接动载、抗震设 防烈度等于7度	0.45<CEV≤0.50
D(难)	$t > 100$	Ⅳ	直接动载、抗震设防烈度大于等于8度	CEV>0.50

注：1. 根据表中影响因素所处最难等级确定整体焊接难度。

2，钢材分类应符合《钢结构焊接规范》(GB 50661—2011)中表4.0.5的规定(表24-2)。

常用国内钢材分类 **表24-2**

类别号	标称屈服强度	钢材牌号举例	对应标准号
Ⅰ	≤295MPa	Q195、Q215、Q235、Q275	GB/T 700
		20、25、15Mn、20Mn、25Mn	GB/T 699
		Q235q	GB/T 714
		Q235GJ	GB/T 19879
		Q235NH、Q265GNH、Q295NH、Q295GNH	GB/T 4171
		ZG 200-400H、ZG 230-450H、ZG 275-485H	GB/T 7659
		G17Mn5QT、G20Mn5N、G20Mn5QT	CECS 235
Ⅱ	>295MPa且≤370MPa	Q345	GB/T 1591
		Q345q、Q370q	GB/T 714
		Q345GJ	GB/T 19879
		Q310GNH、Q355NH、Q355GNH	GB/T 4171
Ⅲ	>370MPa且≤420MPa	Q390、Q420	GB/T 1591
		Q390GJ、Q420GJ	GB/T 19879
		Q420q	GB/T 714
		Q415NH	GB/T 4171
Ⅳ	>420MPa	Q460、Q500、Q550、Q620、Q690	GB/T 1591
		Q460GJ	GB/T 19879
		Q460NH、Q500NH、Q550NH	GB/T 4171

注：国内新钢材和国外钢材按其屈服强度级别归入相应类别。

（3）焊接材料的保存与使用应严格按照产品说明书及现行国家标准《钢结构焊接规范》(GB 50661—2011) 第7章第7.2节的规定执行。由于储存或使用不当，不仅造成资源浪费，严重的会引发重大工程事故。以目前建筑钢结构焊接施工中的通病，不按要求对焊接材料进行烘干为例，其直接后果是导致焊缝金属中氢含量过高，增大延迟裂纹产生的几率。

4. 治理方法

(1) 力学或化学成分方面的问题，可将原有焊缝全部清除重焊或按设计要求进行局部加固。

(2) 对于因储存或使用不当造成焊接材料含氢量过高，则可采用焊后进行去氢处理的方法，具体做法是在焊后立即将焊缝加热到350℃左右，并保温2h以上，然后缓慢冷却。

24.1.5 特大空心球不圆度、壁厚减薄量超过标准

1. 现象

空心球焊接成型后出现壁厚减薄量及不圆度超过标准的现象。

2. 原因分析

模具误差大；原材厚度负差；半球成型温度过高或过低；焊接工艺不合理。

3. 防治措施

(1) 模具制作应严格控制精度，尤其是冲压的同心度。

(2) 如采购的钢板有负差，在制作直径大于600mm的焊接空心球体时，宜将钢板的厚度加厚2mm或更多。

(3) 半球冲压成型的温度应控制在800～1050℃之间。

(4) 焊接时应制定合理的焊接工艺，焊缝偏差为−0.5～0mm，高于母材的焊缝要打磨掉，焊接时应考虑焊接收缩量，宜采用转胎焊。

24.1.6 高强度螺栓成型时螺母根部发生断裂

1. 现象

大六角高强度螺栓在施加扭矩时螺母根部发生断裂。

2. 原因分析

在制作时，螺母与螺杆之间没有倒角成直角状态，施加扭矩时该部位应力集中造成螺栓断裂。

3. 防治措施。

(1) 螺栓验收时，应进行外观检查，尤其是对螺栓与螺母之间的倒角工艺。

(2) 如螺栓与螺母之间无倒角工艺，应谨慎处理，可作超拧节点试验，超拧值取规范允许最大值10%，放置7d，看有无断裂情况，如无法判定，宜批量退换。

24.1.7 螺栓球表面褶皱、裂纹

1. 现象

螺栓球表面有裂纹及褶皱。

2. 原因分析

(1) 工艺措施不当，根据《空间网格结构技术规程》(JGJ 7—2010) 和《钢网格螺栓球节点》(JG/T 10—2009) 的规定，螺栓球宜采用45号钢通过热锻造工艺加工生产。由于45号钢碳含量较高，从而导致其硬度较高，塑韧性相对较低，对加工工艺要求较严格。生产过程中如对加热温度、保温时间及冷却速度控制不严，易于产生裂纹等缺陷。

(2) 未严格按照《钢结构工程施工质量验收规范》(GB 50205—2001) 的相关要求进行表面质量检验。

3. 预防措施

(1) 制定严格、合理的生产工艺，并确保其被认真执行，特别是对直径较大的球体，

更应严格控制其加热温度和保温时间，以确保球体整体温度均匀，避免由于“外热内冷”产生的不均匀变形而引发锻造裂纹的产生。

（2）应严格按照现行国家标准《钢结构工程施工质量验收规范》（GB 50205—2001）第7.5.1条的规定，对螺栓球的表面质量进行抽查，抽查比例为10%，检验方法建议采用磁粉探伤方法，若发现裂纹类缺陷，则应对该批次球体进行全数检验。

4. 治理方法

对于发现裂纹类缺陷的球体，首先应采用砂轮打磨的方法将缺陷清除干净，再视其严重程度进行修复处理或更换：

（1）若缺陷深度小于2mm，则应在保证缺陷被清除干净的前提下，将打磨部位修复成坡度小于1∶2.5的形状即可；

（2）若缺陷深度超过2mm，则应在保证缺陷被清除干净的前提下，将打磨部位修复成坡口形状，并将球体预热到250～350℃后用焊接方法将其填满；

（3）对于缺陷深度超过2mm的球体，可采用置换新球的方法。

24.1.8 防腐涂料混合比不当

1. 现象

分组涂料未按生产厂家规定的配合比组成一次性混合：稀释剂的型号和性能未按照生产厂家所推荐的品种配套使用。

2. 原因分析

（1）未了解该涂料混合比的要求和搅拌操作顺序，擅自按自己的经验操作，造成搅拌顺序错误和配合比不符合产品标准要求。

（2）未使用计量器具，采用估计方法计量，造成配合比不当。

（3）不了解配套稀释剂的特性、类型，擅自选用不当的稀释剂。

3. 防治措施

（1）按产品说明书进行组分料的配合比和先后顺序，进行搅拌，同时应一次性混合，彻底搅拌，并按产品要求的喷涂时间在桶内搅拌。

（2）对一桶组分涂料分次使用时，宜采用计量器具进行配合比计量。

（3）应根据涂料品种、型号选用相对应的稀释剂，并按作业气温等条件选用合适比例的稀释剂。

24.1.9 防腐涂料超过混合使用寿命

1. 现象

非单组分涂料混合搅拌后，在产品超过混合使用寿命时仍在使用。

2. 原因分析

（1）不清楚非单组分涂料在指定温度下混合后，有一个必须用完的期限。

（2）不了解不同类型、品牌、生产厂家的非单组分涂料混合后的使用时间是有变化的，特别是在不同温度条件下施工是有不同的使用期限。

（3）涂料混合后虽过了时限但仍呈液态，错误地认为仍可继续使用。

3. 防治措施

（1）严格按照产品说明书上混合使用寿命的时限进行涂装作业。

（2）在非单组分涂料混合搅拌前，应了解施丁环境的气温，以确定涂料混合搅拌量。

（3）对超过产品使用说明书规定的混合使用时限的混合涂料，应停止使用。

24.1.10 防火涂料不合格

1. 现象

（1）防火涂料的耐火时间与设计要求不吻合。

（2）防火涂料的型号（品种）改变或超过有效期。

（3）防火涂料的产品检测报告不符合规定要求。

2. 原因分析

（1）不了解钢结构防火涂料的产品生产许可证应注明防火涂料的品种和技术性能，并由专业资质的检测机构检测并出具检测报告，而是简单地采用斜率直接推算出防火涂料的耐火时间。

（2）不了解改变防火涂料的型号（品种）利用薄涂型替代厚涂型，即是用膨胀型替代了非膨胀型，而膨胀型防火涂料多为有机材料组成，我国尚未对其使用年限做出明确规定。

（3）防火涂料施工中未注意有效期，堆放不妥，引起过期或结块等质量问题。

3. 防治措施

（1）钢结构防火涂料生产厂家应有防火涂料产品生产许可证，应注明品种和技术性能，并由专业资质的检测机构出具质量证明文件。

（2）钢结构防火涂料不能简单地用斜率比直接推算防火涂料的耐火时间。

（3）根据实际要求，选用合适的防火涂料型号。

（4）室内防火涂料因耐候性、耐水性较差，因此不能替代室外钢构件防火涂料。

（5）防火涂料应妥善保管，按批使用：对超过有效期或开桶（开包）后存在结块、凝胶、结皮等现象的，应停止使用。

24.2 钢结构制作

24.2.1 加工制作时工艺文件缺失

1. 现象

加工制作工艺文件没有或不全，就进行构件下料和加工制作。

2. 原因分析

（1）认为操作工人技术高超，没有工艺文件按图也可施工。

（2）认为过去有类似的构件加工制作经验，无需再有该构件的加工制作工艺。

3. 防治措施

（1）工艺文件是加工制作构件时的指南和标准，没有工艺文件或工艺文件简单、不全，很可能导致加工制作时盲目施工，造成返工或报废。

（2）工艺文件一般应由有经验的技术人员按照设计总说明、施工图、施工详图，结合本公司的实际情况（施工技术水平、相应的设备等）按国家、行业或本公司的标准、规范的要求，制定出结合实际的施工工艺文件、施工指导书、工艺交底书，其内容包括如何施工、施工程序、各道工序及其检验要求，特别是构件的最后检验要求。

（3）对刚进厂的工艺技术人员，可在有经验的本行业工艺技术人员、老技师的帮助下编写工艺文件，然后经有经验的技术人员、老技师的审查修改后，方可用于指导生产，以免引起不必要的错失。

24.2.2 放样下料未到位

1. 现象

放样下料未做好，影响下道切割、加工工序。

2. 原因分析

(1) 放样下料人员不知放样下料应做哪些工作，或不知道应做到什么深度。

(2) 工艺技术人员未向放样下料人员进行交底，或交底不够详细。

(3) 没有看清施工详图和工艺文件，就凭自己过去的"老经验"放样下料，从而出现不必要的失误。

3. 防治措施

(1) 要求工艺技术人员在放样下料前制定有针对性的工艺文件，并对放样下料人员作较透彻的书面和口头交底。没有工艺文件，放样下料人员有权拒绝施工，且立即向负责的生产技术领导反映，要求有相应的工艺文件和进行详细交底。

(2) 放样下料人员应加强学习（实习），尽快提高自己的技术水平和素质；操作前应仔细阅读、分析工艺文件和施工详图，有问题应与相关工艺技术人员仔细研究，共同解决。

(3) 放样下料人员在放样前应熟悉、掌握下列技术文件：

1) 熟悉构件施工详图；

2) 掌握构件施工工艺文件的焊接收缩余量和切割、端铣及安装现场施工所需要的余量；

3) 掌握构件加工成型后二次切割的余量；

4) 掌握构件的加工流程和加工工艺；

5) 掌握构件材质与使用钢板的规格。

(4) 放样下料人员应完成下列工作：

1) 根据构件的施工详图进行1∶1放样；

2) 核对构件所在位置与编号；

3) 核对节点部位的外形尺寸以及标高与相邻构件接合面是否一致；

4) 核对构件的断面尺寸及材质；

5) 核对构件的零件数量；

6) 绘制零件配套表和放样下料图；

7) 绘制加工检验样板的图纸。

(5) "下料"工作应将放样下料图上所示零件的外形尺寸、坡口的形式与尺寸、各种加工符号、质量检验线、工艺基准线等绘制在相应的型材或钢板上。

24.2.3 放样下料时用错材料

1. 现象

放样下料时用错材料。

2. 原因分析

(1) 粗心大意，看错图或写错钢号或尺寸，因而未按封口正确领料。

（2）仓库管理人员粗心，发料错误。

3. 防治措施

（1）仓库管理人员应有正确的材料台账，并根据领料人的要求严格发料，加强责任心。

（2）放样下料人员领料时，应根据施工详图和工艺文件，严格按要求领取满足图纸、工艺的材质、厚度、长度和宽度要求的材料；若有Z向要求的钢板，应查阅超声波探伤合格的检查资料，并与仓库管理发料员核对是否正确，签字认可。

（3）放样下料人员应按工艺规定的方向（构件主要受力方向和加工状况）进行下料。

（4）若材料代用，应向工艺技术人员反映，然后由工艺技术人员向深化设计人员，再向原设计人员申请材料代用洽商，经原设计人员同意后，方可代用。

24.2.4 放样下料尺寸错误

1. 现象

手工下料时尺寸（长度、宽度）下错。

2. 原因分析

（1）下料时粗心，未看清图纸和工艺文件的要求。

（2）所用的量尺是未经检验合格的，因此当检验员用经验收合格的钢卷尺量取时，两者误差较大。

（3）量取尺寸时，若因量尺端部不好用，为了准确量取时，扣掉了一定数量（一般为100mm），而在读取尺寸时，忘记了已扣去部分要加上去。

3. 防治措施

（1）加强责任心，严格按图纸和丁艺的要求下料。

（2）所用的量尺应经过检验合格，与经计量合格的标准尺进行比对，在合格范围内的量尺方可允许使用；量取尺寸时，量尺应该拉紧。

（3）量取尺寸时，若因卷尺端头部分量取不方便而扣掉时，应将此扣掉部分在读取尺寸时补上，以免出错。

24.2.5 放样下料时坡口方向画错

1. 现象

放样下料时坡口方向画错。

2. 原因分析

粗心大意，未看清图纸和工艺文件要求，下料时出错。

3. 防治措施

（1）看清施工详图和工艺文件后再下料，注意坡口的方向、角度、留根等，以防画错。

（2）提高放样下料人员责任心和素质。

24.2.6 切割有误

1. 现象

切割后发现尺寸不对，坡口有误。

2. 原因分析

切割人员未看清或不熟悉各种下料符号，即进行手控或手工切割（包括未留割刀缝宽度余量）而引起尺寸割错、形状割错或坡口割错（一般是坡口割反了方向，或角度太大或太小，或留根太多或太少）。

3. 防治措施

（1）切割人员应加强责任心，仔细看清各种下料符号后方可切割。

（2）切割人员若不熟悉符号或有疑义，应虚心学习和请教，提高自己的技术水平。

（3）切割时应讲究切割次序，以减少不必要的移位和换向，尽量采取相应措施，减少切割变形，从而也减少矫正工作量和保证工期。

24.2.7　坡口切割不合格

1. 现象

（1）焊根大小相差甚远。

（2）切割后边缘不成直线，对接时间隙有大有小（图 24-1）。

2. 原因分析

自动切割割嘴与钢板之间距离不等，切割风线就里外不等，边缘成曲线（图 24-2）。

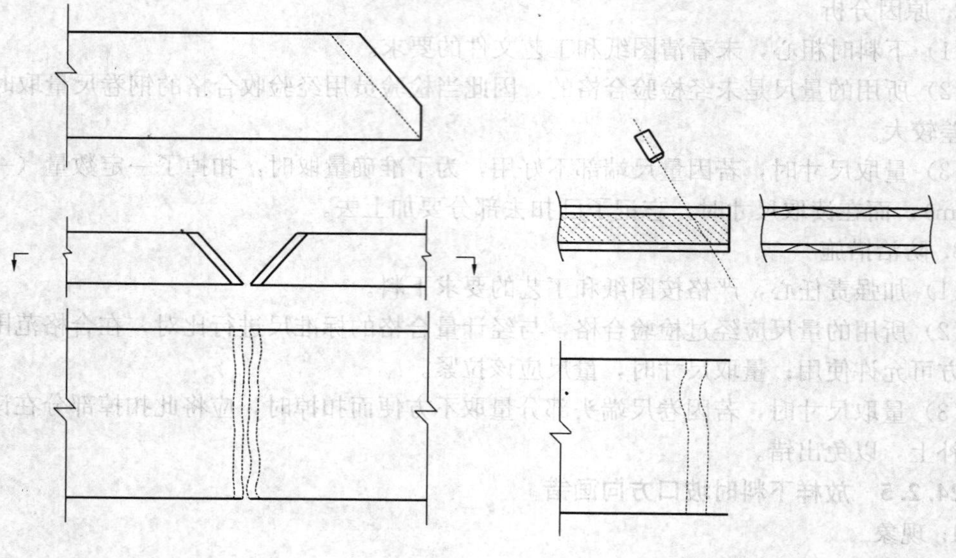

图 24-1　切割后边缘不成直线　　图 24-2　切割风线里外不等，边缘成曲线

3. 防治措施

（1）切割前钢板必须平整。

（2）切割机轨道必须平直，发现不平整轨道必须更换，使用时轨道必须保管好。

（3）小车直接在钢板上行走，切割小车必须有沿板边的导轮。

24.2.8　切割面不符合要求

1. 现象

切割面平直度、线形度、光洁度等不符合要求。

2. 原因分析

（1）切割前，切割区域未清理或未清理干净。

（2）切割时未根据钢材的厚度、切割设备、切割气体等要求和具体情况，选定合适的切割工艺参数。

(3) 切割工操作技术差。

3. 防治措施

(1) 提高每个参与切割人员的技术水平，端正工作态度。

(2) 切割前，一定要将切割区域清理干净，使下料符号清晰地显露出来。

(3) 根据钢板的厚度、切割设备的性能、要求，以及切割用气体等来选择合适的工艺参数，如割嘴型号、气体压力、切割速度等。

(4) 当零件板厚较大，且强度等级较高时，可先进行火焰切割试验，以确认和选择合理的切割工艺参数和程序（如切割前先预热等）。

(5) 切割起始端，尽量利用钢板边缘，当从钢板中间部位起热切割时，先热切割打孔，从打孔处开始切割，并注意打孔部位离钢板边缘应有足够的距离。

(6) 应尽量采用自动或半自动切割机进行切割。

(7) 宽翼缘型钢和板厚 $t \leqslant 12$mm 的零件，可采用机械切割，钢管及其相贯线和壁厚 $t \leqslant 12$mm 的零件，可优先采用等离子切割，切割表面质量应达到规定要求。

24.2.9 机械切割不符合要求

1. 现象

机械切割、剪切、锯切、边缘加工不符合要求，造成无法进行加工，甚至机械损坏。

2. 原因分析

(1) 未看清剪切、冲孔机械设备的性能和使用须知，盲目施工。

(2) 一般机械剪切，厚度不宜大于 12mm，超过 12mm 会崩坏剪刀板，甚至毁坏剪床。

(3) 钢材在环境温度过低时进行剪切、冲孔会影响钢材性能，造成成型不好和裂缝。

3. 防治措施

(1) 加强责任心，工作前应熟悉机械性能，钢材厚度超过 12mm 不能使用剪床进行剪切。

(2) 碳素结构钢在环境温度低于零下 12℃时，低合金钢在环境温度低于零下 15℃时，不得进行剪切、冲孔。

(3) 钢板下料前，应送到七辊、九辊矫平机上矫平，要求 1m^2 范围内不平度小于 1mm，以确保下料尺寸的精确度。

(4) 零件切割下料后，应打磨切割处，去除各种切割缺陷，然后将零件送去滚压矫平，这对消除切割时对钢板内应力的影响，提高整个组装工作精确度，减少内应力，有很大的作用。

24.2.10 孔壁毛刺未除尽，抗滑移系数不合格

1. 现象

孔壁毛刺未除尽，抗滑移系数不合格。

2. 原因分析

没有做到钻孔后必须清除毛刺，成品修理时漏掉。

3. 防治措施

坚持工序质量控制，前工序（钻孔、铣刨等）必须在本工序清除完毛刺后交付下

工序。

24.2.11 孔壁附近失去粗糙度

1. 现象

孔壁附近在抛丸以后补磨毛刺，失去粗糙度。

2. 原因分析

抛丸前没有清除干净毛刺，在抛丸后补磨毛刺，磨去了粗糙度。

3. 防治措施

构件必须在清理完毛刺后才能进行抛丸，如发现磨光了摩擦面，必须再抛丸。

24.2.12 零部件表面打磨后仍不成平面

1. 现象

零部件打磨后仍不成平面。

2. 原因分析

手工切割边缘，再打磨仍不能成为平面。

3. 防治措施

坚决取消手工切割，除了角部机器不能够达到的地方外，全部采用自动机械切割。

24.2.13 冷矫正、冷加工质量差

1. 现象

冷矫正、冷成型时，在未知极限环境温度的情况下施工，引起钢材变形、变脆和开裂等现象。

2. 原因分析

机械矫正，即俗称的冷矫正，是在常温环境下，利用机械对零部件或构件施加外力进行的矫正。冷成型（即冷加工）是利用机械在常温环境下进行的零件加工成型。当碳素结构钢环境温度低于－16℃，低合金结构钢环境温度低于－12℃时，仍然强行进行冷矫正、冷加工成型时，就会出现钢材变脆、开裂等现象，完全达不到矫正和加工的要求。

3. 防治措施

当环境温度低于－16℃（对碳素结构钢）或低于－12℃（对低合金结构钢）时，禁止对钢材进行冷矫正或冷加工。

24.2.14 热矫正、热加工达不到效果

1. 现象

热矫正、热加工时，在未知可加热至何种温度，或冷却至何种温度以下时仍继续施工，导致达不到矫正和加工的目的，甚至报废。

2. 原因分析

用火焰加热矫正或火焰加热和机械联合矫正，俗称为热矫正，若加热温度过高，或当温度降低到某一值时，仍继续进行施工，不但达不到矫正的效果，反而会使钢材零部件受损甚至报废。

3. 防治措施

(1) 当用火焰加热进行热矫正时，加热温度一般为700～800℃，不应超过900℃。冷却时，对于碳素结构钢，允许用浇水使其快速冷却，可达到加快矫正速度的效果，但对厚度 $t>30$mm 的厚板不宜浇水冷却，对低合金结构钢，绝不能浇水冷却（并须防止雨淋），

应让构件在环境中自然冷却。

（2）构件同一区域加温不宜超过二次。

（3）当零件采用热加工成型时，应根据材料的含碳量选择不同的加热温度，一般控制在 900～1100℃（根据需要，也可加热至 1100～1300℃），当温度下降，碳素结构钢在降到 700℃时，低合金结构钢在降到 800℃时，应结束加工。低于 200～400℃时，严禁锤打、弯曲或成型。

（4）对弯曲加工、轧圆利折弯，应按冷热加工时的环境温度、加工温度和加工机械的性能特性等要求进行施工，以免引起不必要的误差和问题。

24.2.15　制孔质量差

1. 现象

制孔时未按要求执行，导致孔本身的精度达不到要求，孔距与图纸不符。

2. 原因分析

构件上的高强度螺栓、普通螺栓、钢筋穿孔、铆钉孔等的加工，可用钻孔、铣孔、铰孔、冲孔、火焰切割等方法。对不同的加工方法，均应掌握其制孔的要求和方法的特征。另外，钻孔时要根据合理的基准线（面）进行，否则就会使加工的孔达不到要求。

3. 防治措施

（1）加工方法：

1）优先选用高精度数控钻床制孔；

2）孔很少时，个别孔或孔群可采用划线钻孔；

3）同类孔群较多的构件或零件可采用制孔模板加工；

4）长圆孔可采用钻孔加火焰切割法或铣孔法加工，其切割面须经打磨至符合要求；

5）当孔径大于 50mm，且无配合要求时，可采用火焰切割，切割面的粗糙度 R_a 不应大于 100μm，孔径误差不大于±2mm；

6）对 Q235 及以下的钢材，且厚度 $t \leqslant$12mm 时，允许用冲孔法加工，但需制定详尽的施工文件，并保证冲孔后，孔壁边缘材质不会引起脆性变化。

（2）当用制孔模板加工时，应达到以下要求：

1）模板的孔精度应高于构件上孔样的精度要求；

2）制孔模板上要有精确的定位基准线；

3）制孔时模板与构件应有精确定位和牢靠的锁定连接措施；

4）模板上孔洞内壁应具备足够的硬度（可用精致的套筒配合套入），要求定期检查其磨损状况，并及时修正。

（3）构件制孔时，要确定好合理的基准线（面）。

（4）制孔后还需进行组装焊接的构件，应考虑焊缝收缩变形对孔群位置的影响。

（5）严格按制孔要求，对孔精度、孔壁表面粗糙度、孔径偏差等进行加工和检查验收。

24.2.16　组装出错

1. 现象

零部件错装，或零件组装山错。

2. 原因分析

(1) 对图纸和工艺文件的要求未看清即盲目操作。

(2) 对构件的零部件未经检验或检验不彻底，漏检，零部件有问题，却仍然组装。

(3) 装配画线时位置出错，或方向划错（如首尾或左右倒置）。

(4) 装配组装时位置出错，或方向装错（如首尾或左右倒置）。

(5) 采用地样法胎架，地面上的线画得不对，胎架刚性不够，构件压上去后变形过大，模板高低不对，位置吊错。

(6) 装焊时，由于结构复杂，位置限制，无法一次组装成功，特别是结构内部的加强劲板和相应零部件，有时需装配1块焊接1块，检查合格1块，再装焊第2块，这种“逐步倒退装焊法”必须严格按顺序进行，否则后续的零部件将无法装焊。

3. 防治措施

(1) 在构件组装前，应熟悉施工详图和工艺文件的要求。

(2) 用于组装工作的零部件，必须完成焊接、矫正结束并经检验合格。

(3) 构件组装应在基础牢固且自身牢固，并经检验合格的胎架或专用工装设备上进行。

(4) 用于构件组装的胎架基准面，或专用工装设备上，应标有明显的该构件的中心线(轴心线)、端面位置线和其他基准线、标高位置等。

(5) 构件的隐蔽部位应在焊接、涂装前检查合格，方可封闭。

(6) 定位焊应由持相应合格焊接证件的人员进行。

(7) 构件或部件的端面加工前，应焊接完成并矫正结束，经专职检查员检查合格后方可进行端铣，以确保施工工艺要求的长度、宽度或高度。

(8) 为了确保构件的加工精度，首先必须确保零部件的加工精度，最后才能确保整个工程的质量。

24.2.17 焊接H型钢构件组装质量差

1. 现象

上、下翼缘板角变形；H型钢弯曲，不平直，扭曲。

2. 原因分析

(1) 上、下翼缘板与腹板焊接引起翼缘板角变形。

(2) 腹板装配时不平直，板面弯曲，与上、下翼缘板角连接处边缘不平直。

(3) 焊接工艺程序不正确。

3. 防治措施

(1) 钢板下料前应先送到七辊、九辊矫平机去整平，达到在每$1m^2$范围内不平度小于1mm。

(2) 零件下料应采用精密切割；切割好后也应送去做二次矫平，然后才组装。

(3) 上、下翼缘板与腹板均应采用数控直条切割机切割，切割时注意留焊接收缩余量、加工余量、切割余量等；切割后，对切割边缘均应修磨干净至合格。

(4) 腹板下料后，对腹板上、下两个端侧面（与翼缘角接处）进行刨切加工，包括坡口，以保证平直度（与翼缘板可紧贴）和H型钢的高度。

(5) 上、下翼缘板，按施工工艺根据不同板厚、不同焊接方法，用油压机压焊接反变形，并用精确的铁皮样板检验其反变形角度。

（6）在H型钢组立机上进行组立，定位焊，为防止角度形，在后矫的一边可设置斜撑（图24-3）。

（7）在船形胎架上用埋孤自动焊机进行焊接，其焊接顺序可根据其作用而有所不同，并辅以适当翻身焊接，以减少变形。焊后超声波检测，对于超过一定厚度的板焊接时，应按工艺要求进行预热（温度由板厚定），一般可用远红外加热器贴在翼缘板外进行预热。

（8）在H型钢矫正机上进行上、下翼缘板的角变形矫正以及弯曲、挠度及腹板平直度矫正，并可用局部火工矫正。

（9）以上面一端为标准，画H型钢腹板两侧的加劲板、连接板的位置线并进行装焊（图24-4）；注意在同一横截面两侧加劲板的中心线应对位好，误差应在范围之内：焊接时可对称施焊，以减少变形；焊后进行火工局部矫正。

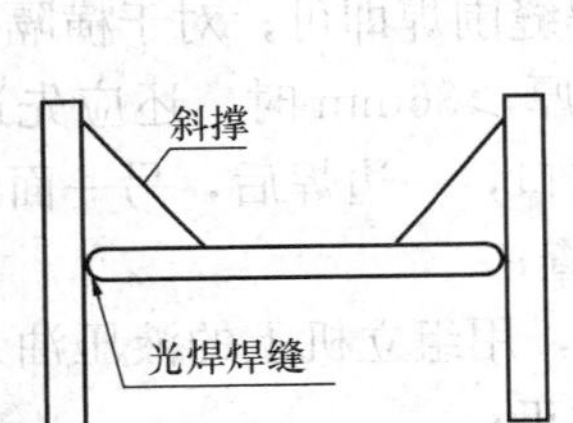

图24-3 加装斜撑，减少角变形

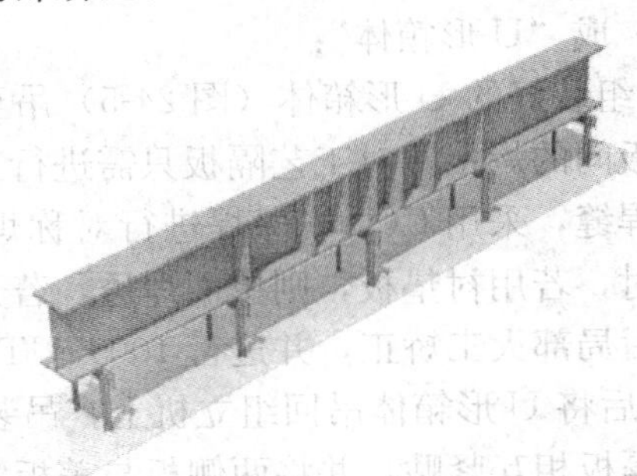
图24-4 画线并装焊加劲板、连接板

（10）以上面标准为基准，画出另一端长度余量线及相应螺栓孔位置，切割去余量，并在数控钻床上钻孔。

（11）检查验收合格后，按要求进行喷砂、油漆并检测。

24.2.18 焊接箱形构件组装质量差

1. 现象

箱形构件弯曲、不平直，扭曲；装焊程序不当，其内隔板可能无法装焊。

2. 原因分析

（1）零件板（上、下翼缘板，两侧板等）下料前后未矫平，装配时不平直，出现弯曲。

（2）焊接工艺程序及焊接参数不当。

3. 防治措施

（1）钢板下料前，应先送至七辊、九辊矫平机去整平，达到在$1m^2$范围内不平度小于1mm，零件下料切割好后，先要送去作二次矫平后才能组装。

（2）零件下料应采用精密切割，规则直条零件，如上、下翼缘板和两侧腹板，应采用数控直条机进行切割下料；非规则零件用数控切割机切割下料（包括用数控等离子切割机）。

（3）材料下料时，均应考虑零件将来参与组装时的各种预留余量（如焊接收缩余量、加工余量、切割余量、火工矫正余量和安装余量等）；下料后，对切割边缘应修磨干净至合格。

（4）两侧腹板切割下料后，宜刨切上、下两个端侧面（与翼缘角接处），包括坡口，以保证其平直度。然后在上、下两个端侧面坡口处装焊好焊接衬垫板，衬垫板应先矫平直，装配时应保证此两块衬垫板至腹板高度中心线的距离相等，且等于（箱形构件高度 H 和上、下翼缘厚度 t 之和）的一半，以确保箱形构件的总高，且保证能贴紧上、下翼缘板以及两侧焊缝坡口间隙相等。

（5）对内隔板及箱体两端的工艺隔板宜按工艺要求进行切割开坡口（精密切割或机加工），对隔板电渣焊处的夹板垫板，应由机加工而成，然后在专用隔板组装平台上用工夹具按要求装焊好，以控制箱体两端截面和保证电渣焊操作。

（6）在箱形构件组立机上组装：

1）吊底板→底板上画线→吊装内隔板（包括箱体两端的工艺隔板），定位→吊装两侧板，定位，成"U形箱体"；

2）将组装好的U形箱体（图24-5）吊至焊接平台上，进行横隔板、工艺隔板与腹板和下翼缘板间的焊接，对工艺隔板只需进行三面角焊缝围焊即可；对于横隔板与2块腹板的焊透角焊缝，采用 CO_2 气保焊进行对称焊接，板厚≥36mm时，还应先进行预热；横隔板焊接时，若用衬垫板，则单面焊透，若开双面坡口，一边焊后，另一面还应进行清根处理，焊后局部火工矫正，并进行100%UT探伤检查；

3）然后将U形箱体吊回组立机上，吊装上盖板，用组立机上的液压油泵将盖板与两侧板、内隔板相互紧贴，并将两侧板与盖板定位、矫正；

4）焊接上、下翼缘板和两侧腹板的4条纵缝，可用 CO_2 自动焊打底焊（焊高不超过焊缝深度的1/3，采用埋弧自动焊盖面；采用对称施焊法，可控制焊接引起的变形（包括扭曲变形），焊后再进行局部火工矫正；

5）进行横隔板与盖板间的电渣焊，先画位置线，再钻孔，然后进行电渣焊（图24-6），焊后将焊缝收口处修磨平整；

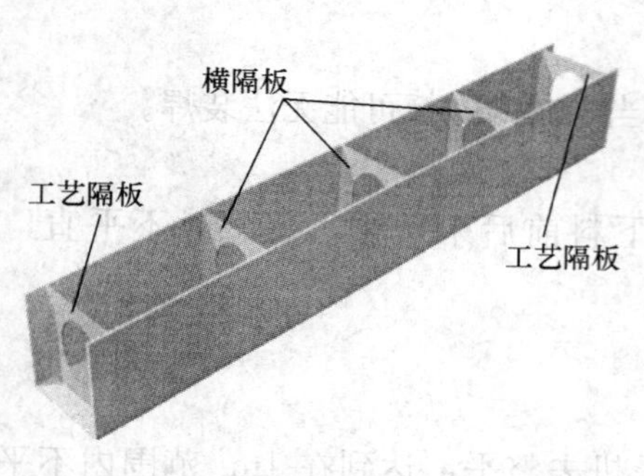

图24-5　已装配好的U形箱体

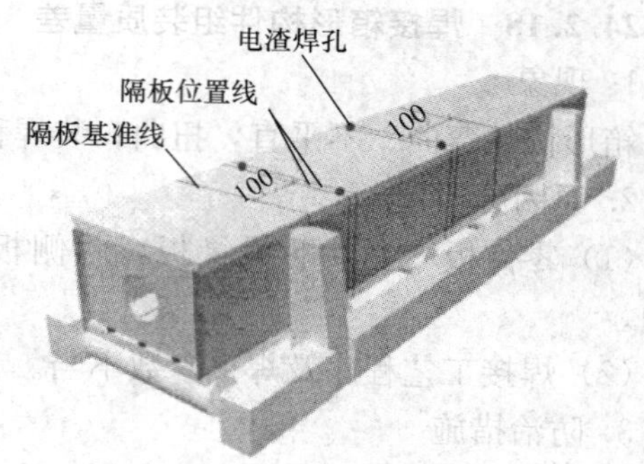

图24-6　钻电渣焊孔进行电渣焊

6）检查并对箱体变形处（如直线度、局部平整度、侧弯等）。进行局部火工矫正；

（7）采用端面铣床对箱体上、下端面进行机加工，使端面与箱体中心线垂直，以保证箱体的长度尺寸，并给钻孔提供精确的基准面，可有效地保证钻孔精度。

（8）箱体中心线及托座安装定位线（图24-7），然后在专用组装平台上装焊托座：采用 CO_2 半自动焊进行对称焊接，严格控制托座的相对位置和垂直度（角度）以及高强度螺栓孔群与箱体中心线的距离。

(9) 检查，涂装，标识，存放待运。

24.2.19 日字形钢构件组装质量缺陷

1. 现象

典型日字形钢构件（图 24-8）弯曲，不平直，扭曲；装焊程序不当，引起箱体内某些零部件无法装焊。

2. 原因分析

(1) 零件板（上、下翼缘板及 3 块腹板）下料前后未矫平，装配时不平直，出现弯曲。

(2) 焊接工艺程序及焊接参数（规范）不当。

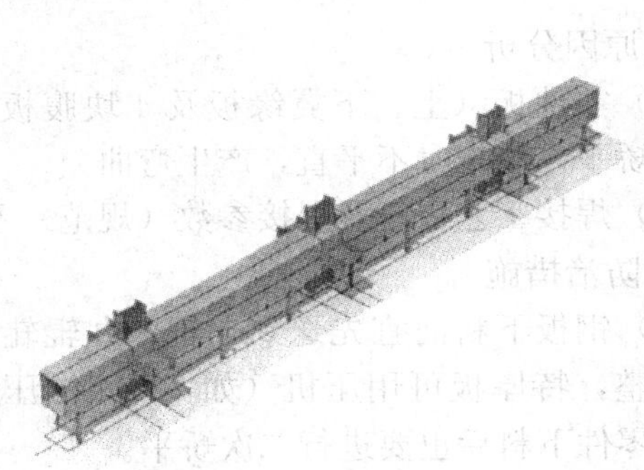

图 24-7 托座安装定位线

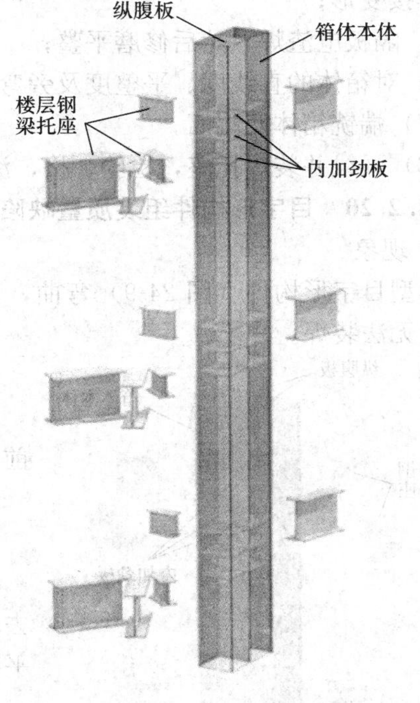

图 24-8 典型日字形柱简图

3. 防治措施

(1) 钢板下料前宜先送到七辊、九辊轧辊机上去轧平整，特厚板可采用油压机（如 2000t 油压机）压平整，零件下料后也要进行二次矫平。

(2) 零件下料宜采用精密切割，规则直条板应用数控直条机进行切割下料：非规则零件板，用数控切割机进行切割下料。

(3) 零件下料时，应按施工工艺施放各种预留余量；下料后，对切割边缘应修磨干净至合格。

(4) 侧板切割下料后，宜刨切上、下两个端侧面（与翼缘板角接处），包括坡口，以保证平直度和箱体高度。

(5) 对内隔板及工艺隔板，按工艺要求进行精密切割，开坡口，并在专用隔板组装平台上，用工夹具将电渣焊用的夹板垫板定位装焊好并验收。

(6) 在组立机上进行组装：

1) 将中间腹板与上、下翼缘板组装成 H 形，定位焊好（由于翼缘板较宽，为防止焊接时产生过大的角变形，应适当设置局部斜支撑），然后进行预热，在龙门埋弧焊机下进行焊接成 H 形，并进行矫正，特别是翼缘板的平直度；

2）装焊中间腹板两旁的内隔板（采用 CO_2 气保焊进行三面围焊），焊后局部矫正；

3）将两侧腹板先定位装好坡口处衬垫板，要求平直并严格控制此两块衬垫板与腹板中心线的半宽距，以确保“日字形”的高度及与翼板两板焊缝间隙宽度一致，然后将此两块外侧腹板定位焊于上、下翼缘板之间；

4）进行箱体外 4 条纵缝的焊接：CO_2 打底焊，埋弧自动焊盖面，采用对称施焊，以控制焊接变形；

5）隔板电渣焊，然后修磨平整；

6）对箱体的直线度、平整度及旁弯等进行火焰矫正。

（7）端铣箱体两端面。

（8）画线并装焊托座，检验合格，涂装，标识，存放待运。

24.2.20 目字形构件组装质量缺陷

1. 现象

典型目字形构件（图 24-9）弯曲，不平直，扭曲；装焊程序不当，引起箱体内某些零部件无法装焊。

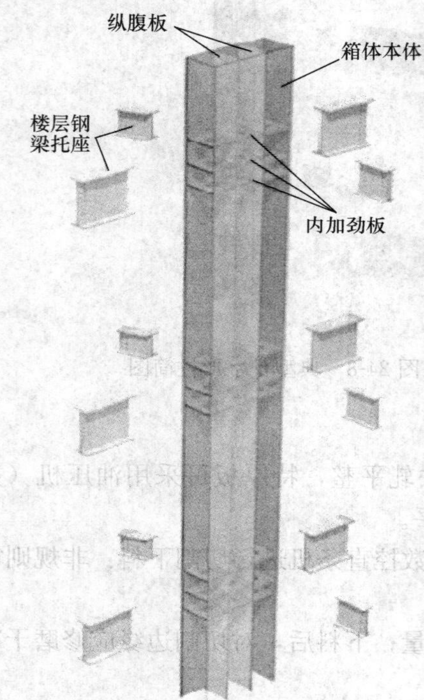

图 24-9 典型目字形柱简图

2. 原因分析

（1）零件板（上、下翼缘板及 4 块腹板）下料前后未矫平，装配时不平直，产生弯曲。

（2）焊接工艺程序及焊接参数（规范）不当。

3. 防治措施

（1）钢板下料前宜先送到七辊、九辊轧辊机上去轧平整，特厚板可用压机（如 2000t 油压机）压平整，零件下料后也要进行二次矫平。

（2）零件下料宜采用精密切割，规则直条板应用数控直条机切割下料；非规则零件板，用数控切割机切割下料。

（3）零件下料时，应按工艺要求施放各种预留余量；零件切割下料后，应对切割边缘进行打磨修补。

（4）4 块侧板的上、下端侧面，在切割下料后，宜进行刨切（包括坡口），以保证平直度和箱体构件的高度。

（5）对内隔板及工艺隔板也应按工艺要求进行精密切割，开坡口，并在专用隔板组装平台上，用工夹具将电渣焊用的夹板衬垫板定位装焊好，并进行验收。

（6）在组立机上进行组装：

1）吊装两块中间腹板之间的内隔板，并与先定位的下翼缘板定位焊好；

2）吊装中间两块腹板；

3）进行中间内隔板的三面围焊，焊后局部矫正；

4）吊装上翼缘板，要求此上盖板应与两中间腹板贴紧定位焊好；并要求上盖板（已开好与中间内隔板第四面的塞焊孔）与中间内隔板贴紧，再进行上盖板与内隔板间的塞焊，检查并修磨；

5）焊接上、下翼缘板与中间两块腹板的4条纵缝，用 CO_2 气体焊或埋弧自动焊施焊，焊后局部矫正；

6）再定位焊好两侧的内横隔板，并进行与上、下翼缘板及中间腹板处的三面围焊，焊后局部矫正；

7）吊装两侧外腹板，注意外腹板上、下两端坡口处的平直度、焊缝衬垫板的平直度和到腹板中心线的半宽值，以确保目字形构件箱体的高度；

8）进行外侧的4条纵缝的焊接：CO_2 焊打底，埋弧自动焊盖面，进行对称施焊，以控制焊接变形；

9）外侧内隔板电渣焊，并修磨平整；

10）对箱体的直线度、平整度及旁弯进行火焰矫正。

（7）端铣箱体两端面。

（8）画线并装焊托座，检验合格，涂装，标识，存放待运。

24.2.21 圆管形构件组装质量缺陷

1. 现象

圆管形构件（图24-10）弯曲、不圆度超差；对接口错边、接口不平顺；用压机压圆成型，造成钢板表面压痕严重，且压制应力过大，不能压整圆（成型圆度不对）。

2. 原因分析

零件下料切割未达到要求；压机压圆成型不好。

3. 防治措施

（1）零件下料切割应采用精密切割，以确保外形尺寸。

（2）筒体板两端用压机（压模）进行压头，并用内圆样板检验其成型圆度，然后割除余量开好纵缝坡口。

（3）送三星卷圆机轧卷全圆。

（4）筒体装配要保证纵缝接口平顺。

（5）内外纵缝均可用埋弧自动焊接，一般应内先焊，然后外侧清根进行外焊接。

（6）送卷圆机回轧矫正圆度。

（7）组装内部隔板，可在滚轮胎架上施焊，若无滚轮胎架，可将筒体置于胎架上，用 CO_2 气体保护焊焊好一部分后，旋转筒体，再进行另一部分焊接，直至焊完。

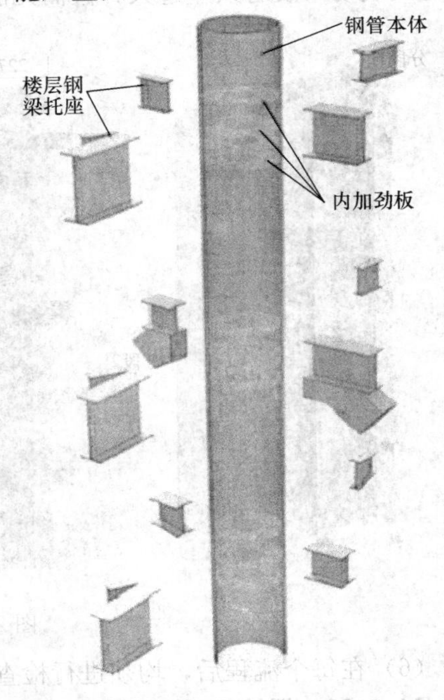

图24-10 典型圆管柱简图

（8）筒体段节间对接，焊接环缝。

（9）筒体上、下端面进行端铣。

（10）画线并装焊托座，确保与筒体的垂直度（或角度）及相对位置。

24.2.22　特殊巨型柱组装质量缺陷

1. 现象

特殊巨型柱（图 24-11）弯曲，不平直。

2. 原因分析

（1）零件板下料前、后未矫平，装配时不平直，出现弯曲。

（2）焊接工艺程序不当，造成内部有零件无法装焊；焊接参数（规范）不当，造成焊缝质量差、内应力过大、变形大等问题。

3. 防治措施

（1）钢板下料前，应送到七辊、九辊矫平机上去进行轧平，达到 $1m^2$ 范围内小于 1mm 的不平度，若钢板过厚，可用油压机进行压平（例如 2000t 油压机压平）。

（2）零件下料，应用精密切割，切割后对切割边缘打磨干净。

（3）3 根 H 型钢，先按 H 型钢成型、焊接、矫正和验收待用。

（4）将截面分成两部分，分别进行装焊、矫正和验收，在胎架上预组装在一起，送去端铣，然后再在胎架上合龙，画线装焊托座、栓钉，分段间连接板安装、检测，分放编号，拆开，抛丸发运。

（5）由于构件过大、过重，无法整体装焊后发运，因此要分成两部分，在场内制作时，可将此两部分先拼装在一起，待装好托座后再拆开，相当于应在场内进行预拼装，否则运到现场吊装时误差过大，甚而无法吊装。

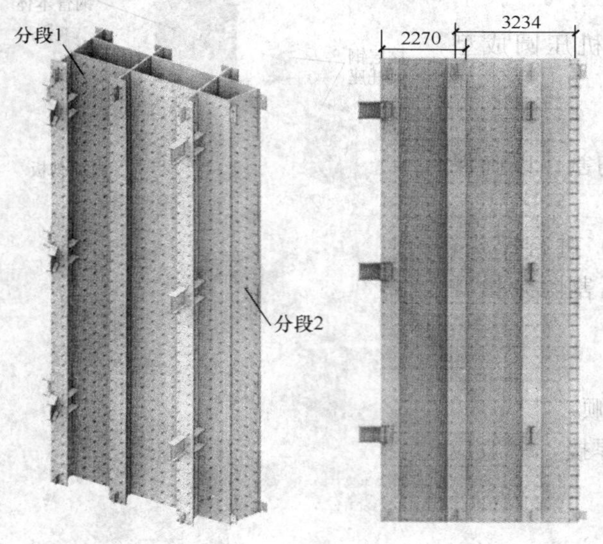

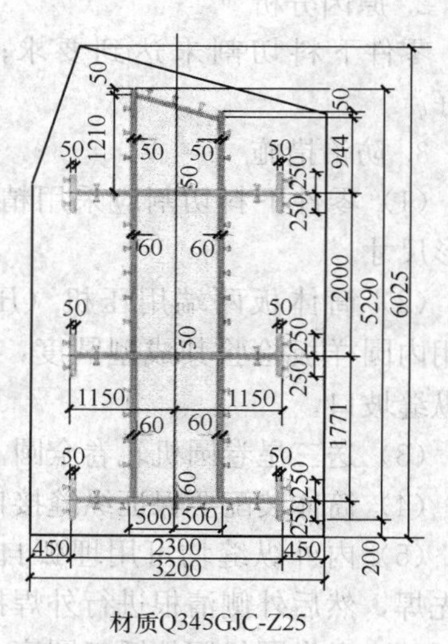

图 24-11　特殊巨型柱

（6）在每个流程后，均须进行检查及火工矫正。

24.2.23　焊接 H 型钢翼缘板边缘不规则

1. 现象

焊接 H 型钢翼缘板边缘不规则。

2. 原因分析

采购的扁钢，轧制时没有立辊。

3. 防治措施

应注意采购边缘有立辊的轧机轧制的扁钢，四角的 r 应≤2.0mm（图 24-12）。

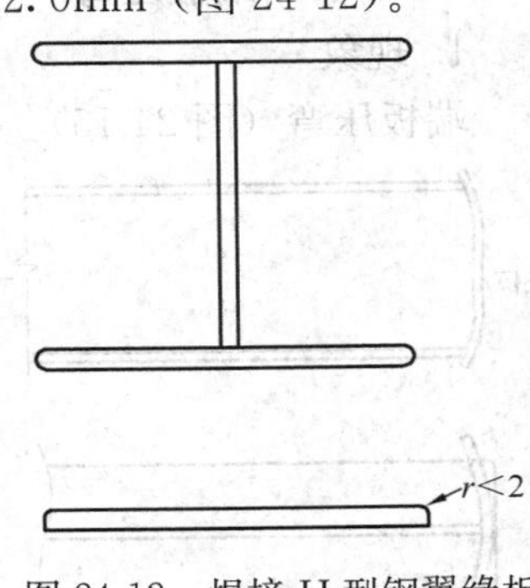

图 24-12 焊接 H 型钢翼缘板（四角的 r 应≤2.0mm）

24.2.24 焊接 H 型钢腹板不对中，弯曲

1. 现象

焊接 H 型钢腹板不对中，且出现弯曲。

2. 原因分析

组装前腹板弯曲未曾矫平。

3. 防治措施

组装前腹板以及其他零件都应矫平校直。

24.2.25 焊后腹板起凸

1. 现象

焊后腹板起凸严重（图 24-13）。

2. 原因分析

原来零件状态时腹板不平；焊接时约束度大，腹板受压，应力无法释放。

3. 防治措施

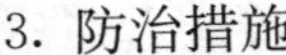

（1）如腹板是开平板，则必须经平板机整平方可投入使用；

（2）采用减少焊缝收缩应力的措施，如使用 CO_2 气体自动焊，快速焊接等。

（3）如已经发生腹板不平，只能在每一格内压平，同时用火焰矫正，使其散开成为不超标的小的不平。

24.2.26 端板凹陷

1. 现象

端板凹陷（图 24-14）。

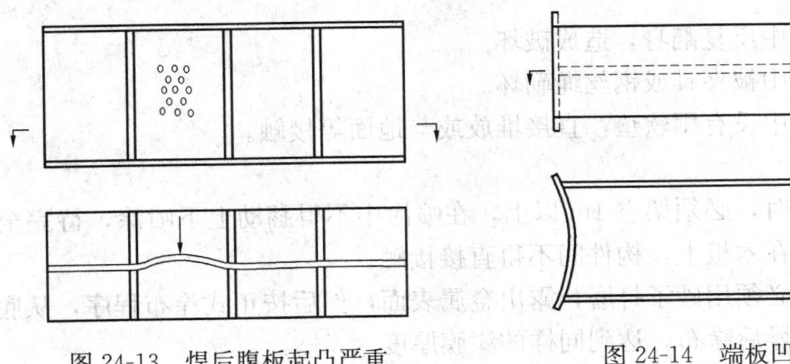
图 24-13 焊后腹板起凸严重　　图 24-14 端板凹陷

2. 原因分析

组装前 H 型钢端面不平，腹板与端板焊缝大。

3. 防治措施

（1）组装前，H 型钢端部应平齐，应用机械切割，达到同一平面，组装时间隙不大于 1mm。

（2）腹板与端板的焊脚应为腹板厚度的 0.7。

（3）已经变形的，用火焰矫正，在端板上施焊时应外侧烤红，使端板达到四边用平尺都能达到1mm平度内。

24.2.27　端板压弯

1. 现象

端板压弯（图24-15）。

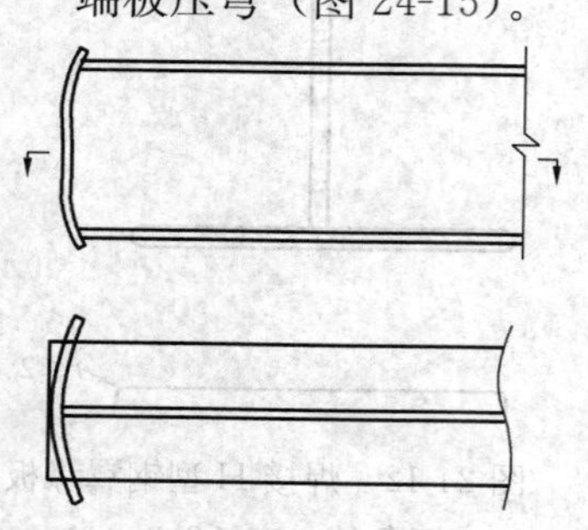

图24-15　端板压弯

2. 原因分析

端板单面焊接，焊缝收缩。

3. 防治措施

在端板外平面上施焊时应用火焰校正，或适当加外力。

24.2.28　大梁下挠或起拱不足

1. 现象

大梁下挠或起拱不足。

2. 原因分析

上翼缘焊缝较大且多；焊接次序不正确；未采用起拱措施，或起拱度太小。

3. 防治措施

（1）在组装前，腹板起拱应视构件情况及挠度大小，可以多点起拱或中央起拱。

（2）采用先焊下翼缘后焊上翼缘焊接顺序。

（3）如H型钢断面较低时，可以校正，如冷校正困难时，可以加外力同时热校正。

24.2.29　表面漆膜损伤

1. 现象

表面漆膜损伤，每个构件没有一件是保持完整。

2. 原因分析

（1）涂布过程中反复翻身，造成破坏。

（2）吊运过程中被夹具或钢丝绳勒坏。

（3）堆放过程中没有用软垫，直接堆放或与地面等接触。

3. 防治措施

（1）构件涂布时，必须架空1m以上，在喷涂中不得翻动上下喷涂，待完全干燥后用尼龙带吊下，放置在木板上，构件间不得直接接触。

（2）补漆过程必须用砂子打磨，露出金属表面，然后按正式涂布程序，从底漆、中间漆、面漆，逐层干燥后涂布，达到同样的漆膜厚度。

24.2.30　钢桁架焊后收缩

1. 现象

钢桁架焊后收缩，负差超标。

2. 原因分析

工艺没有规定组装时的预加收缩量；装配后未按工艺预放尺寸检查合格。

3. 防治措施

（1）编制工艺时必须规定组装时应留出焊接收缩余量。

（2）放胎、组装都应按工艺规定放出余量。

（3）装配工序是必检工序，未经检查合格，不得施焊。

（4）预放的余量，因工件断面、焊缝大小及焊接规范不同，要根据经验决定，如不能确定，还需做工艺试验。

24.2.31 檩托变形

1. 现象

檩托变形（图 24-16）。

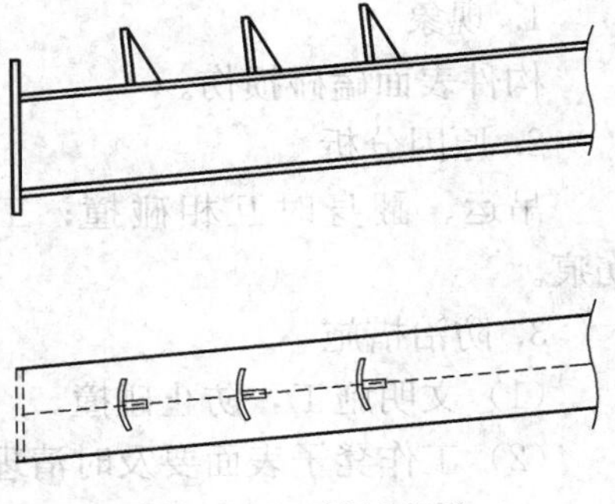

图 24-16 檩托变形

2. 原因分析

T 字形的檩托很小，数量很多，工艺上没有规定先小装焊，校平以后再大装，在大装以后一次焊接，造成变形，很难校正。

3. 防治措施

必须小装焊，校正以后不能装到上弦翼缘。

24.2.32 箱形断面构件焊接后断面尺寸负差超差、扭转

1. 现象

箱形断面构件，焊接后发现断面尺寸负差超差，扭转呈菱形。

2. 原因分析

腹板下料及加劲板尺寸不正确；加劲板间距太大；焊接或组装平台不平。

3. 防治措施

（1）严格控制腹板、翼板下料宽度。

（2）腹板切割坡口时必须两侧对称切割，防止形成平面内弯曲。

（3）隔板必须加工、组装精确。不得有负差或菱形出现。

（4）隔板之间每 1～1.5m 应有抗扭加劲的工艺板。

（5）组装和焊接的平台，必须找平不得扭曲。

（6）主缝焊接必须两侧同时进行，且同向焊接。

24.2.33 漆膜附着不好或脱落

1. 现象

漆膜附着不好或脱落。

2. 原因分析

基底有水、油污、尘土、返锈；涂布时温度过低；所采用涂料之间不相匹配。

3. 防治措施

（1）喷涂现场必须在温度＋5℃以上，温度露点差 3℃以上，周围相对湿度低于 85％时方可涂布。

（2）除锈后必须在 6h 内喷涂底漆，以保证不返锈。

（3）喷涂现场应清洁，不得在构件表面存留污物或油污，有油污处必须用稀料或汽油清洗干净。

（4）所用各层涂料，必须配伍合适，必要时应进行工艺试验。

（5）在露天喷涂时，刮风扬沙天气应停止作业。

（6）补涂的办法按 24.2.29“表面漆膜损伤”的防治措施（2）。

24.2.34　构件表面磕碰损伤

1. 现象

构件表面磕碰损伤。

2. 原因分析

吊运、翻身时互相碰撞；工作胎架老旧，表面有焊疤，工件放置或翻身时造成伤痕。

3. 防治措施

（1）文明施工，防止碰撞。

（2）工作凳子表面要及时清理，不应有焊疤等不平整现象。

（3）伤痕深度不超过 1mm 时打磨，超过 1mm 时，补焊磨平。

24.2.35　孔位偏差超标

1. 现象

孔位偏差超差。

2. 原因分析

划线误差，钻孔偏差；钻模未夹紧，钻孔时松动；定位基准未找准；数据输入错误。

3. 防治措施

（1）加强钻孔前的检查，如人工划线应打上样冲，明辨划线和钻孔工序的责任等。

（2）批量生产时，应强调首件检查。

（3）工艺中应对有具体要求的零件注明对准的基准边。

（4）数据机床的输入程序，应经审查无误后方可投入使用。

（5）当孔位偏差＜2mm 时，可以把该组孔眼扩大 2mm，偏差＞2mm 时，必须堵焊、磨平，重新钻孔。堵焊时必须焊透，不得塞垫钢筋等物体，必要时进行超声波检查。

24.2.36　梁支座端高度超差

1. 现象

梁支座端高度超差。

2. 原因分析

支座板下端未刨光；组装时未控制高度尺寸。

3. 防治措施

（1）支座端部应按图纸加工刨平。

（2）组装时控制高度尺寸。

24.3　钢结构安装

24.3.1　钢柱柱脚标高、纵横轴线定位误差超过允许值

1. 现象

钢柱与混凝土基础连接，钢柱柱脚标高调整不在同一标高，纵横轴线整体偏移或单向偏移，与定位的纵横轴线产生扭转偏移。

2. 原因分析

（1）钢柱与地脚螺栓连接：地脚螺栓预埋偏位；轴线与标高调整措施不当：钢柱柱脚标高调整措施不当。

（2）钢柱与杯口基础连接：杯口底部标高抄测误差大，且无标高调整工装措施；工序安排不合理。

3. 防治措施

（1）钢柱与地脚螺栓连接：

1）纵横轴线精度控制可根据实际情况，适当扩大柱脚螺栓孔的直径，增大柱身水平位移的调整空间，便于调整钢柱柱脚位置；也可采用钢柱柱脚板后组装焊接，即将现场预埋锚栓的实际相对位置实测后反馈给加工厂，工厂根据现场实际情况进行柱脚螺栓孔预制；

2）标高精度控制采用调整螺母的方法，如图 24-17。

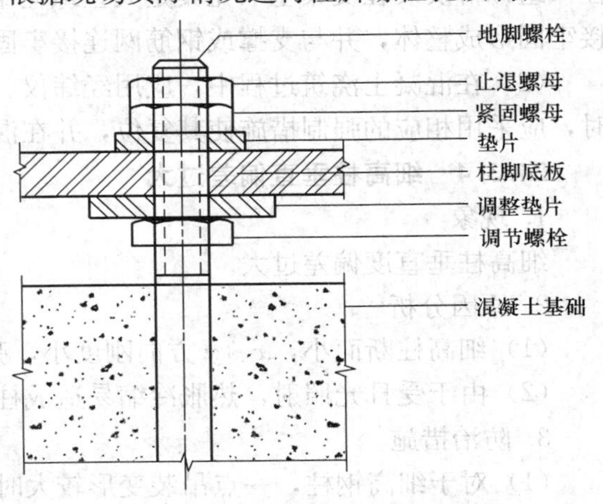

图 24-17 地脚螺栓示意图

（2）钢柱与杯口基础连接：

1）杯口底部抄平后，在钢柱柱身应设置调整标高工装，一般采用附加托座并用千斤顶调整标高，在标高与轴线调整好后，打入铁楔子，拉好缆风绳；

2）钢柱临时固定稳固后，不宜先安装联系钢梁或其他与钢柱连接的构件，宜先进行杯口灌浆，一般做法是先灌入 1/3 或 1/2 高度的混凝土，达到 70%以上强度后，撤出铁楔子，再浇筑剩余混凝土，同时可安装钢梁等构件。

24.3.2 预埋板与钢柱连接构造不当

1. 现象

钢柱与预埋钢板的焊缝贴近基础面或地面，操作工人没有操作空间，无法看到焊缝根部与靠近根部的位置，无法进行熔透焊接。

2. 原因分析

设计、深化设计与现场施工脱节，设计没有考虑现场的可操作性，看似非常容易处理的节点给现场造成了很大的困难。

3. 防治措施：

（1）根据现场不同的工况采用不同的连接方式。

（2）没有必要进行熔透焊接的可以采用贴脚焊缝，并设置竖向加劲肋加强。

（3）有条件的宜采用地脚锚栓的方式进行钢柱与基础连接。

（4）如必须采用熔透焊接的，宜采用预埋板带一段钢柱进行预埋，将钢柱与预埋板的焊缝在工厂进行处理，以保证焊接质量，现场则需要严格控制预埋段的定位轴线与垂直度，如此可按多节柱的施工工艺施工，以保证施工质量。

24.3.3 地脚螺栓预埋出现轴线偏移，螺栓倾斜

1. 现象

地脚螺栓埋设出现轴线偏移，螺栓倾斜，不符合设计要求。

2. 原因分析

(1) 在埋设地脚螺栓（组）时，未采用固定措施保证螺栓（组）中螺栓与螺栓之间的间距与对角线的尺寸。

(2) 地脚螺栓（组）在混凝土浇筑过程中，没有进行监控与实时调整，造成螺栓（组）随混凝土浇筑、振捣而发生偏移。

3. 防治措施

(1) 在安放地脚螺栓（组）前，应采用固定法兰或模具，将地脚螺栓（组）相互固定成为一个整体，保证螺栓之间的间距尺寸符合设计要求。安装时，宜设置固定支架，将螺栓（组）群安装在支架上（尤其是大型螺栓组群），调整好轴线与标高后，支架与法兰焊接牢固形成整体，并与支撑或钢筋网连接牢固。

(2) 在混凝土浇筑过程中，应用经纬仪、水准仪对其进行实时监控，当出现位移超标时，应采用相应的强制措施使其复位，并在混凝土初凝前再次进行校核。

24.3.4 细高柱垂直偏差过大

1. 现象

细高柱垂直度偏差过大。

2. 原因分析

(1) 细高柱断面小，x、y 方向刚度小，弹性较大，受外力影响容易发生变形。

(2) 由于受日光照射，热胀冷缩易造成柱子偏差。

3. 防治措施

(1) 对于细高钢柱，一点吊装变形较大时，可以采用两点、三点等多点吊装方法，以减小变形，吊装完成后，应加临时支撑，以防受风力或其他外力作用而倾倒，独立柱最好采用加扫地杆的方式固定。

(2) 对于整排柱或柱群，如果没有永久性柱间支撑，柱子又较高，应视柱子高度做好临时支撑，并在边柱端部增加一组或两组剪刀撑。

24.3.5 柱安装不平、扭转、不垂直

1. 现象

柱顶不平，上柱扭转，柱本身不垂直。

2. 原因分析

(1) 柱顶不平的原因是制作焊接变形，测量有误差，安装柱过程中的累积误差，柱-柱焊接时焊缝收缩及柱自重压缩变形等所致。

(2) 上柱扭转是由于制作焊接变形，运输过程碰撞及堆放时相互叠压成扭曲，安装过程中的累积误差等原因。

(3) 柱本身不垂直除因焊接变形及阳光照射影响外，还因工厂加工变形，柱安装垂直偏差较大，钢梁长或短利测量放线精度不高，控制点布设误差，控制点投点误差，细部放线误差，外界条件影响，仪器对中、后视误差，摆尺误差，读数误差等原因造成。

(4) 柱身受风力影响。

(5) 塔吊锚固在结构上，对结构及柱垂直都有一定影响。

3. 防治措施

(1) 柱顶不平采用相对标高控制法，找出本层最高、最低差值，确定安装标高（与相

对标高控制值相差 5mm 为宜)。主要作法是在连接耳板上下留 15～20mm 间隙,柱吊装就位后临时固定上下连接板,利用起重机起落调节柱间隙,符合标定标高后打入钢楔,点焊固定,拧紧高强螺栓,为防止焊接收缩及柱自重压缩变形,标高偏差调整为＋5mm 为宜。

(2) 钢柱扭转调整可在柱连接耳板的不同侧面夹入垫板(垫板厚 0.5～1.0mm),拧紧高强螺栓,钢柱扭转每次调整 3mm。

(3) 垂直度偏差调整:

1) 钢柱安装过程采取在钢柱偏斜方向的一侧打入钢楔或顶升千斤顶,如果连接板的高强度螺栓孔间隙有限,可采取扩孔办法,或预先将连接板孔制作比螺栓大 4mm,将柱尽量校正到零值,拧紧连接耳板高强度螺栓;

2) 钢梁安装过程直接影响柱垂直偏差,首先应掌握钢梁长或短的数据,并用两台经纬仪监控,其中 1 台经纬仪跟踪校正柱垂直偏差及梁水平度控制,梁安装过程可采用在梁柱间隙当中加铁楔进行校正柱,柱子垂直度要考虑梁焊接收缩值,一般为 1～2mm(根据经验预留值的大小),梁水平度控制在 $L/1000$ 内,且不大于 10mm,如果水平偏差过大,可采取换连接板或塞孔重新打孔的办法解决。

3) 钢梁的焊接顺序是先从中间跨开始对称地向两端扩展,同一跨钢梁,先安上层梁,再安中、下层梁,把累积偏差减小到最小值。

(4) 如果塔吊固定在结构上,测量工作应在塔吊工作前进行,以防塔吊工作使结构晃动,影响测量精度。

24.3.6 倾斜钢结构安装偏差超出允许值

1. 现象

带有倾角的钢柱在安装时,其角度与轴线定位偏差超出设计或规范的允许值。

2. 原因分析

钢柱与基础或下层柱连接节点的临时固定措施强度不够;测量方法不正确;钢柱调整措施不当。

3. 防治措施

(1) 计算钢柱临时连接节点的强度,确保临时固定后钢柱不发生位移。

(2) 在钢柱安装时可以采用逆装法,即先安装钢柱与其他结构联系梁,采用临时支撑固定,在安装钢柱时可以同时固定柱-柱接头、梁-柱接头,以方便钢柱临时固定。

(3) 在调整阶段,宜采用楔铁及千斤顶进行倾角与轴线定位调整。

(4) 测量定位,可采用全站仪进行观测,但柱上的观测点不宜少于 2 个;也可采用平面加标高和钢柱柱身两点测距进行校正。具体做法如下:

1) 先将柱身对地面或楼面的投影线投放在楼面或地面上,计算机放样出柱身下表面任意 2 点对投影的垂直距离,并在柱身上弹出中心定位线;

2) 在校正时观测柱身中心定位线与投影线是否重合;

3) 然后测定任意两点对投影的垂直距离尺寸与计算机放样尺寸是否一致,即可完成校核。如倾角是向建筑外侧的,可以改为计算机放样处柱身任意两点对已完成竖向结构的水平距离即可。

24.3.7 箱形钢柱内灌混凝土后变形

1. 现象

内灌混凝土的箱形钢柱，在浇筑混凝土的过程中，箱形柱身出现“鼓肚”或角部焊缝开裂现象。

2. 原因分析

（1）箱形钢柱四角的组装焊缝强度未达到设计要求。

（2）一次浇筑混凝土最过大，对柱身侧壁的压强过大。

（3）箱形柱身内部的隔板开孔不合理，造成混凝土流动阻塞，产生过大压强。

3. 防治措施

（1）在箱形钢柱制作时应严格控制焊接质量。箱形截面四个角部焊缝，如设计提出半熔透要求，加工厂宜抽检焊缝熔深。

（2）为保证混凝土在浇筑过程中的流动性，在箱形构件内部隔板中间位置均设置开孔，开孔大小一般不小于 250mm，同时在 4 个角部和隔板周边布置直径不小于 50mm 的孔洞，随柱身界面的增加，开孔直径应随之加大。

（3）箱形钢柱内灌混凝土一般有两种方法，高抛法和反顶法，无论采用何种方法，在施工前宜对一次浇筑的体量进行相关的计算，在施工过程中也可采用临时工装（夹具）对柱身进行临时加强约束，在混凝土凝固后拆除。

24.3.8 箱形柱、焊接钢管柱纵向炸缝开裂

1. 现象

箱形柱、焊接钢管柱冬季焊缝开裂。

2. 原因分析

（1）在楼层板混凝土洒水养护时，洒水器龙头未关闭，并直接挂在了钢柱上，导致钢柱内注水，在冬季低温时柱内存水开始冻结，将钢柱胀裂。

（2）钢柱在安装过程中，遇到大雨时，没有将柱头封闭，导致柱内灌水。

3. 防治措施

（1）楼板混凝土养护时，对结构柱应挂牌警示，并进行交底。

（2）在施工时，应做好柱头临时封闭措施，在施工后或降水前对柱顶做好临时封闭，一般采用多层板、镀锌薄板封闭，并与钢柱做好临时固定，防止风力将其吹落。

（3）深化设计时，在钢柱柱脚板设置排水孔。

（4）一旦发现柱身内注水，可以在柱底板钻孔，放出积水，并用火焰对钢柱进行适当烘烤，使水分蒸发，有条件的可以进入钢柱内除水。

24.3.9 斜撑对口错位

1. 现象

在高层钢框架结构斜向支撑安装就位后，斜撑与预留段错位。

2. 原因分析

（1）制作精度不够，钢柱、梁上预留段（斜向托座）角度不正确。

（2）钢柱、钢梁安装后偏差较大。

（3）斜撑分段不合理，在有少量偏差后无法调整。

3. 防治措施

（1）严格控制制作精度，有必要时应在工厂进行构件预拼装后出厂。

（2）钢筋混凝土柱与斜撑连接误差较大时，应与设计协商，进行补强处理（一般的处理方法采用焊缝 1∶4、1∶6 过渡，增加补强钢板与肋板，如果均达不到设计要求，则根据现场实际的情况，量体裁衣重新制作。

（3）对斜撑与其相邻结构宜分为斜撑段与两端托座连接。

24.3.10 超高层钢结构核心筒与外框架沉降差过大

1. 现象

采用内筒外框形式的超高层钢结构建筑，核心筒与外框架的沉降差大，使得外框架梁、伸臂桁架和钢板剪力墙等与核心筒连接节点焊缝出现裂纹。

2. 原因分析

随施工进度进展，结构自重逐渐增大，引起地基沉降以及结构压缩、焊接收缩等变形，钢材与混凝土的弹性模量的差异，造成钢结构外框与钢-混结构核心筒压缩变形不一致。

3. 防治措施

（1）对变形进行计算机模拟分析。

（2）根据计算结果，节点先考虑铰接，当沉降差值超过设计允许时再固定。

（3）对结构进行不间断的检测并记录。

24.3.11 钢屋架、天窗架垂直偏差过大

1. 现象

钢屋架或天窗架垂直度偏差超出允许值。

2. 原因分析

钢屋架或天窗架在制作时或拼装过程中，产生较大的侧向弯曲，同时安装不合理，造成垂直度超过允许值。

3. 防治措施

（1）严格控制构件几何尺寸，超过允许值应及时处理好再吊装。

（2）按照合理的安装工艺安装。

（3）天窗垂直偏差可采用经纬仪或线坠对天窗架两支柱进行矫正。

24.3.12 钢吊车梁垂直偏差大

1. 现象

钢吊车梁垂直偏差超过允许值。

2. 原因分析

支座处垫板埋设不密实：制动架尺寸不符合设计要求；节点处螺栓孔不重合；构件制作时产生扭曲变形。

3. 防治措施

（1）按缝隙大小，将垫板刨成楔形垫好，但楔形垫铁不能超过 3 块，并要求楔紧，用电焊点固，尤其是吊车梁两支点必须严格按设计要求施工。

（2）吊车梁、柱和制动架连接尺寸要准确，如果发现影响吊车梁垂直度，要进行技术处理，一般处理被连接件，而不处理吊车梁本身。

（3）节点处螺栓孔不重合，应尽量采用过眼冲子，将全部螺栓带上。

（4）构件制作时，应严格控制焊接变形。

24.3.13 门式刚架梁-梁、梁-柱端板不密合

1. 现象

梁-梁、梁-柱端部节点板之间有缝隙。

2. 原因分析

（1）门式刚架跨度大，梁在荷载作用下受弯产生挠度，在梁-梁端部节点板之间产生缝隙。

（2）梁-柱端部节点板两排高强度螺栓相距较大，出现缝隙。

（3）梁-梁、梁-柱节点板在焊接时产生变形。

（4）高强度螺栓施拧工艺不合理。

3. 防治措施

（1）门式刚架跨度大于或等于15m时，其横梁宜起拱，拱度可取跨度的1/500，在制作、拼装时应确保起拱高度，注意拼装胎具下沉影响拼装过程起拱值。

（2）刚架横梁的高度与跨度之比：格构式横梁可取1/15～1/25，实腹式横梁可取1/30～1/45。

（3）采用高强度螺栓时，螺栓中心至翼缘板表面的距离，应满足拧紧螺栓的施工要求；紧固件的中心距，理论值约为2.5d_0（螺栓直径），考虑施拧方便可取3d_0。

（4）梁-梁、梁-柱端部节点板焊接时要将两端板拼在一起，在有约束的情况下再进行焊接，变形即可消除。

（5）严格按照高强度螺栓施拧工艺施工。

24.3.14 十字水平撑挠度过大

1. 现象

十字水平支撑挠度超过允许值。

2. 原因分析

构件制作尺寸不准确；十字支撑本身自重产生挠度。

3. 防治措施

（1）严格控制构件制作尺寸偏差。

（2）吊装时，十字水平支撑4个吊点应保持在一个平面内。

（3）对于自身刚度差的支撑，在安装前应采取加强水平刚度措施。

（4）就位后成立即进行焊接或螺栓连接固定，用螺栓固定时，必须做好螺母的止退措施。

24.3.15 钢梁标高超差

1. 现象

钢梁安装完成后，标高超出标准要求。

2. 原因分析

在结构柱安装完成后，仅对钢柱柱顶标高进行了测控，没有测控钢柱托坐标高或节点板标高，如果钢柱制作误差较大，则钢梁随之产生较大误差。

3. 防治措施

在安装钢柱的时候，应对钢柱柱顶标高利托座或节点板标高进行双控，以保证钢梁的

绝对标高及楼层层间高度。

24.3.16 钢桁架（钢梁）安装侧向失稳

1. 现象

中、大跨度单片桁架（钢梁）在起吊或就位解除吊索后，构件发生侧向失稳。

2. 原因分析

（1）单片桁架（钢梁）由于跨度大，其侧向刚度比较差。

（2）在结构设计中仅考虑了桁架或钢梁结构体系的整体稳定性，未考虑施工过程的工况，在深化设计中也忽略了单榀桁架（钢梁）的稳定性计算。

（3）在选择吊点时，吊点布置不合理。

3. 防治措施

（1）在制定吊装方案时，应进行桁架（钢梁）吊装工况分析，计算桁架（钢梁）在自重条件下的侧向稳定性，可以给其附加一个初始变形量计算，根据计算结果来确定吊装方案和措施。

（2）在吊装前可采用在构件两侧布置加强钢梁或小桁架，以增强构件的整体刚度。

（3）桁架（钢梁）就位后，应采取临时固定措施，宜采用缆风绳或临时撑杆与其相邻的结构进行临时稳固连接，在两榀以上桁架（钢梁）通过水平连接构件形成稳定体系后，方可拆除临时稳定措施。

（4）梁板共同作用形成稳定体系的结构，应在桁架（梁）之间布置临时稳定措施，在板（压型钢板）混凝土浇筑且强度达到设计要求后，方可拆除临时稳定措施。

（5）吊耳的布置应经过安全计算，对于多点吊装，宜采用吊装工装（铁扁担），增大吊装钢丝绳与构件的水平夹角，夹角宜大于45°，以减少吊装过程对构件产生的水平分力。

24.3.17 桁架安装后跨中间距不正确

1. 现象

桁架（钢梁）安装后，桁架之间的跨中间距不正确，次桁架无法安装。

2. 原因分析

（1）桁架安装前，未对桁架支座处轴线进行复测与调整，导致桁架就位偏差大。

（2）桁架就位后，未及时采取临时固定措施，导致桁架跨中出现侧向位移。

（3）桁架组拼精度不能满足要求。

3. 防治措施

（1）桁架组拼时应复测其直线度，腹杆与弦杆应按设计要求对中，出现侧弯情况应及时修正；分段安装的桁架，在对接处的焊接作业，应采取相应的强制反变形工装和焊接顺序。

（2）对桁架支座位置的预埋件轴线应进行复验，出现偏差应及时纠正。

（3）在桁架就位后，应采取临时固定措施，保证桁架的侧向稳定；分段安装的桁架在空中组装后，须复测桁架的直线度、标高等指标。

（4）对于已出现跨中偏差的，可以采用工装（如顶撑丝杠或拉杆）进行适度纠偏调整。

24.3.18 桁架安装跨中挠度值过大

1. 现象

桁架整体安装就位后，跨中挠度值过大，不符合设计要求。

2. 原因分析

(1) 施工前未进行工况验算，确定桁架是否起拱、起拱值大小。

(2) 桁架组装时，未进行直线度校核，在组装成型后出现变形。

(3) 桁架安装就位后，临时固定措施刚度不够。

3. 防治措施

(1) 在安装前，应进行工况验算确定起拱值，或按设计要求进行，并计算桁架就位后临时工装的强度，确保临时工装不发生位移。

(2) 桁架组装时，可采用折线、冷压、热压方式对相应零件进行预起拱处理。在组装焊接前校核桁架整体尺寸，采取合理的焊接顺序，控制变形量。

24.3.19　吊装过程耳板焊缝开裂变形

1. 现象

在构件吊装过程中，耳板焊缝开裂、脱落。

2. 原因分析

(1) 吊装耳板与构件的连接焊缝强度不够。

(2) 吊耳构造不合理。

(3) 构件拼装、吊装过程中，吊耳承受平面外受力。

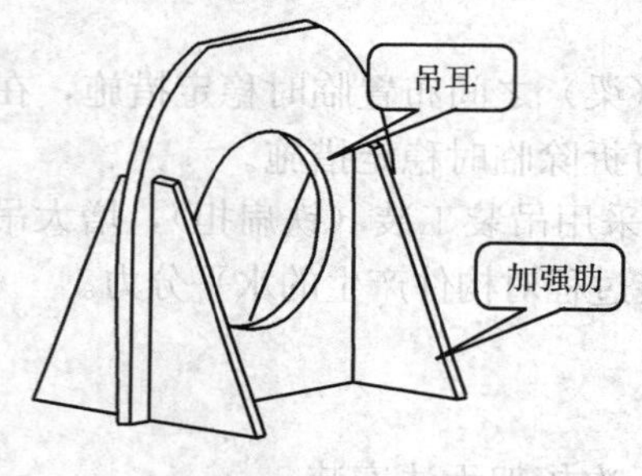

图 24-18　吊耳加强示意图

3. 防治措施：

(1) 在选择吊耳时，应按构件计算其自身的强度与焊缝强度，重量较大的构件上的吊耳宜采用坡口熔透焊，并进行 UT 探伤。

(2) 在很多情况下，吊耳的受力不仅仅是受拉、剪应力，还要承受一定弯矩，此时应对吊耳进行平面外加强。一般措施是在吊耳的两侧焊接加强耳板、焊缝等加强（图 24-18）；

(3) 在吊装施工前，应对吊装耳板的焊缝重点进行检查，主要检查焊缝有无漏焊、裂纹、未焊满等情况，必要时对吊耳的焊缝进行现场探伤。

24.3.20　钢网格结构拼装尺寸偏差大

1. 现象

钢网格结构拼装尺寸过小或过大。

2. 原因分析

(1) 焊接球、螺栓球、铸钢节点及杆件制作的几何尺寸偏差大。

(2) 焊接收缩等技术因素的影响。

(3) 钢尺本身误差影响。

(4) 中拼吊装杆件变形，造成尺寸偏差。

3. 防治措施

(1) 对焊接球、螺栓球、铸钢等节点杆件制作的几何尺寸，必须严格控制制作质量。

(2) 制定相应的焊接工艺措施。

(3) 统一检测器具，保证现场与工厂的检测、测量工具一致。

（4）杆件进场应进行几何尺寸与外观检查，符合要求后方可投入使用。

24.3.21 总拼装后尺寸误差大

1. 现象

钢网格结构总拼装变形超过允许偏差值。

2. 原因分析

总拼装顺序不当，或焊接顺序不当。

3. 防治措施

（1）大面积拼装一般采取从中间向两边或向四周的顺序进行，杆件有一端应是自由端，能及时调整拼装尺寸，以减小焊接应力与变形。

（2）螺栓球节点总拼装顺序一般从一边向另一边，或从中间向两边顺序进行。只有螺栓头与锥头（封板）端部齐平时，才可以跳格拼装，其顺序为：下弦→斜杆→上弦。

（3）钢网格结构焊接应先焊接下弦节点，使下弦收缩向上拱起，然后焊接腹杆及上弦。焊接时应尽量避免形成封闭圈，否则焊接应力加大，产生变形，一般可采用循环焊接法。

（4）节点带盖板可用夹紧器加紧后点焊定位，再进行全面焊接。

24.3.22 焊接球节点的钢管布置不当

1. 现象

焊接球节点管与管相碰。

2. 原因分析

由于球直径小，钢管直径大，造成比例失调，同时几根杆件交于球上，且夹角小，造成管与管相碰。对于特殊节点，多根杆件交在一起，也会造成管与管相碰。

3. 防治措施

（1）在杆件端头加锥头（锥头比杆件细），另加肋焊于球上。

（2）将没有达到满应力的杆件的直径改小。

（3）按规定两杆件距离 20mm，最小不小于 10mm，否则开成马蹄形，两管间焊好，并在两管间加肋补强。

（4）凡遇有杆件相碰，必须与设计单位研究处理。

24.3.23 多杆件复杂节点受力后出现塑性变形

1. 现象

在空间结构中多杆件相贯交汇的节点，在结构受力时，节点处出现焊缝开裂，杆件变形。

2. 原因分析

多杆件相贯汇交的节点，出现杆件焊缝累积叠加，降低材料韧性，因而节点区杆件屈曲，出现塑性。

3. 防治措施

（1）必须明确相交的杆件受力的主次，来确定杆件相贯的顺序。

（2）与设计方确定焊接焊缝的等级标准，尽量减少焊接工作，以避免焊缝过于集中或反复受热。

（3）对于杆件过多，6 根以上多达十几根杆件相贯交汇，可以采用过渡板、焊接球节点、铸钢节点处理。

24.3.24　温度作用下焊缝出现裂缝，杆件屈曲变形

1. 现象

空间几何封闭结构，由于温度变化产生的温度应力，导致焊接节点或热影响区出现裂缝或结构局部屈曲。

2. 原因分析

（1）几何封闭的结构体系，在安装焊接时没有采取合理的安装、焊接顺序，导致焊接残余应力集中，在结构的薄弱点产生破坏。

（2）结构封闭合龙焊接的环境温度与设计要求温度不一致，温度应力过大，对结构产生不利影响，在薄弱点产生断裂或变形。

3. 防治措施

（1）空间封闭结构在安装前必须制定有针对性的专项安装和焊接方案，制定出合理的安装与焊接顺序。焊接宜采用预热-缓冷-后热等措施，采用间隔焊、跳跃焊、循环焊接等工艺，以最大程度减少焊接应力。

（2）根据设计计算的整体温度应力状态，确定结构最终的合龙焊接温度与时间，同时预留好合龙缝，合龙带宜预留在便于操作且应力较小的部位。

24.3.25　高空散装标高出现误差

1. 现象

钢网格结构采用小拼单元或杆件直接在设计位置进行拼装的高空散装方法时，产生钢网格结构标高偏低现象。

2. 原因分析

（1）采用全支架法安装时，由于架子刚度差，即支架本身弹性压缩产生的压缩变形，以及地基沉降，造成标高偏低。

（2）采用悬挑法安装时，钢网格结构在拼装过程中，一端处于悬挑位置，由于小拼单元本身不能承受自重，使钢网格结构前端下挠。

3. 防治措施

（1）采用控制屋脊线标高的方法拼装，一般从中间向两侧发展，以减小累积偏差，便于控制标高，使误差消除在边缘上。

（2）拼装支架应进行设计，对重要的大型工程进行工况分析计算，得出结论后处理，必要时还应进行试压，使其具有足够的强度和刚度，并满足单肢和整体稳定的要求。

（3）悬挑安装时，由于钢网格结构单元不能承受自重，通过计算对钢网格结构进行加固，确保钢网格结构在拼装过程中的稳定，支架承受荷载，产生沉降，须采用千斤顶随时进行调整，当调整无效时，速请有关技术人员解决，以免影响拼装精度。

24.3.26　分块分条安装挠度偏差大

1. 现象

钢网格结构采用分条或分块单元在高空安装就位并连成整体的安装方法时，其施工挠度值大于设计挠度值。

2. 原因分析

钢网格结构是轻型屋面，跨度较大，高跨比小，合龙处中部挠度超过整体钢网格结构

挠度。

3. 防治措施

(1) 在钢网格结构合龙处，通过工况分析计算，设置足够刚度的支架，支架上装有螺旋千斤顶，用以调整钢网格结构挠度。

(2) 根据钢网格结构类型、大小和实际情况，施工时进行适当起拱，使挠度值小于设计挠度值。

24.3.27 整体安装空中位移出现平面扭曲

1. 现象

钢网格结构在地面组拼后，受柱位限制，整体安装时需空中移位，因平面受扭曲变形而破坏，造成事故。

2. 原因分析

(1) 设计时没有考虑钢网格结构整体安装所需要的刚度。

(2) 钢网格结构提升高差超过允许值。

(3) 多扒杆或多机提升速度不同步。

(4) 空中移位的运动方向受多机布置和扒杆起重滑轮组布置的影响。

(5) 缆风绳布置及受力不合理。

(6) 扒杆顶部偏斜超过允许值。

3. 防治措施

(1) 施工前应按实际情况进行工况分析计算，根据结论制定出最佳施工方案。

(2) 要严格控制钢网格结构提升高差，提升高差允许值可取吊点间距的 1/400，且不大于 100mm，或通过验算确定。

(3) 采用扒杆安装时，应使卷扬机型号、钢丝绳型号以及起升速度相匹配，并且使吊点钢丝绳相通，以达到吊点间杆件受力一致。采取多机抬吊安装时，应使起重机型号、起升速度相同，吊点间钢丝绳相同，以达到杆件受力一致。

(4) 合理布置起重机械及扒杆，起重折减系数取 0.75。

(5) 缆风绳地锚必须经过计算，缆风绳主初拉应力控制为 60%，施工过程中应设专人检查。

(6) 钢网格结构安装过程中，扒杆顶端偏斜不得超过扒杆高的 1/1000，且不大于 30mm。

24.3.28 整体顶升位移大

1. 现象

钢网格结构采用顶升安装方法时，钢网格结构轴线与定位轴线产生偏移。

2. 原因分析

(1) 顶升不同步，使杆件内力和柱顶压力发生变化。

(2) 钢网格结构及柱子刚度较差。

(3) 顶升点布置距离不合理。

(4) 顶升点超过允许高差值，杆件和千斤顶受力不均匀。

(5) 千斤顶合力对柱轴线产生位移。

(6) 钢网格结构支座中心对柱轴线产生位移。

(7) 支撑结构没有设导轨。

3. 防治措施

(1) 根据工程特点，进行多种工况分析计算确定顶升方案，并对关键点进行检测与对比，研究对策与处理方案。

(2) 顶升同步值按千斤顶行程而定，并设专人指挥顶升速度。

(3) 顶升点处的钢网格结构可做成上支承点或下支承点形式，并应有足够的刚度，为增加柱子刚度，可在双肢柱间增加缀条。

(4) 顶升点的布置距离，应通过计算，避免杆件受压失稳。

(5) 顶升时，各顶点的允许高差值应满足以下要求：

1) 相邻两个顶升支承结构间距的 1/1000，且不大于 30mm；

2) 在一个顶升支承结构上，有两个或两个以上千斤顶时，为千斤顶间距的 1/200，且不大于 10mm。

(6) 千斤顶与柱轴线位移允许值为 5mm，千斤顶应保持垂直。

(7) 顶升前及顶升过程中，钢网格结构支座中心对柱轴线的水平偏移值，不得大于截面短边尺寸的 1/50 及柱高的 1/500。

(8) 支撑结构如柱子刚性较大，可不设导轨；如刚性较小，必须加设导轨。

(9) 发生位移时可把千斤顶用楔片垫斜或人为造成反向升差，或将千斤顶平放，水平支顶钢网格结构。

24.3.29　整体提升柱的稳定性差

1. 现象

整体提升柱稳定性不够，受力失稳。

2. 原因分析

(1) 单提钢网格结构法需在柱顶放置提升设备，爬升法需在被提升重物上放置提升设备，升梁抬钢网格结构和升网滑模法，都对承重柱或支撑架产生很大压力。

(2) 提升设备布置与位置不合理。

(3) 提升过程各吊点不同步，升差值超过允许值。

(4) 提升设备偏心受压，产生偏心矩。

(5) 钢网格结构提升过程中或达设计标高时，需水平移位，对柱产生变荷载。

(6) 对柱采取的稳定措施不当。

3. 防治措施

(1) 根据提升方案，进行各种工况分析计算，并对关键点进行监测对比，发现问题及时处理。

(2) 钢网格结构提升吊点需通过计算，尽量与设计受力情况相接近，避免变号杆件失稳；每个提升设备所受荷载尽量达到平衡，提升负荷能力，群顶或群机作业，按额定能力乘以折减系数，穿心式千斤顶为 0.5～0.6，电力螺杆升板机为 0.7～0.8。

(3) 不同步的升差值对柱的稳定有很大影响，为此规程规定：当用升板机时允许差值为相邻提升点距离的 1/400，且不大于 15mm，当用穿心千斤顶时，为相邻提升点距离的 1/250，且不大于 25mm。

(4) 提升设备放在柱顶或放在被提升重物上，应尽量减少偏心距。

（5）钢网格结构提升过程中，为防止大风影响，造成柱倾覆，可在钢网格结构四角拉上缆风，平时放松，风力超过5级应停止提升，拉紧缆风。

（6）采用提升法施工时，下部结构应形成稳定的框架结构体系，即柱间设置水平支撑及垂直支撑，独立柱应根据提升受力情况进行验算。

（7）升网滑模提升速度应与混凝土强度相适应。

（8）不论采用何种整体提升方法，柱的稳定性都直接关系到施工安全，因此必须编制施工组织设计或施工方案，并与设计人员共同对柱的稳定性进行验算。

24.3.30 主结构提升位置杆件局部变形

1. 现象

采用整体提升法吊装结构、在提升点位置及相邻杆件发生弯曲变形。

2. 原因分析

（1）提升点受力与设计最终受力不一致，未采取相应的加固措施。

（2）因实际工况，提升点位置有后嵌入的杆件，在工况计算时，未考虑缺杆工况，对该部位没有采取加强措施。

（3）提升点布置不合理，导致杆件应力过大，造成变形；

（4）提升托座变形，导致局部失稳。

3. 防治措施

（1）在提升前，需对提升的各种工况进行模拟计算，杆件应力与变形应在设计允许的范围内，计算工况与实际工况应一致，尤其是缺杆工况，并根据计算结果，采用临时拉杆、撑杆对提升部位的结构进行相应的加强，根据计算，确定提升点的数量。

（2）提升的下锚点可设置提升梁或提升托架等工装，避免在原结构进行过多的焊割作业，在工装与结构接触的位置，宜设置肋板，保证结构受力的传递，同时工装与结构应设置防滑措施。

（3）提升托座是提升工作的主要受力部位，设计时应进行有限元分析，全面考虑其强度与稳定，必要时应增加水平支撑与垂直支撑。

24.3.31 单片桁架整体提升发生变形

1. 现象

采用整体提升法施工单片桁架，在提升时，桁架发生侧向挠曲。

2. 原因分析

（1）桁架整体刚度不够，在未加附加的加强措施时，不能保证自身稳定。

（2）桁架组装时有误差，杆件组装未能对准轴心，在提升时产生偏心力矩。

3. 防治措施

（1）桁架组装时，严格控制组拼质量。

（2）提升前应对提升的各种工况进行验算，为保险起见，应对结构赋予一个初始变形量，看此时结构是否稳定。提升前在单片桁架两侧附加小型立体桁架，以增强结构刚度。

24.3.32 钢网格结构安装后支座焊缝出现裂纹

1. 现象

钢网格结构或桁架等空间结构通过滑动支座或盆式支座与基础连接，在结构施工完成后达到设计受力状态时，支座或支座与基础埋板的焊缝出现裂缝。

2. 原因分析

焊接工艺不合理；结构施工时，变形过大；在施工阶段支座限位没有在最适宜的时间段打开。

3. 防治措施

(1) 一般滑动支座与盆式支座材料采用铸钢件，在焊接前宜对此材料与埋件进行焊接工艺评定，确定各项焊接参数与措施，以保证焊缝的可靠性，避免焊缝的延迟裂纹、冷裂纹。

(2) 在结构施工前，制定合理的拼装顺序与焊接顺序，尽量减少焊接应力与变形，宜采用分仓跳跃焊接，间隔焊接。

(3) 在结构施工阶段，结构最终合龙焊接前及卸载前，宜打开（至少结构一端）支座的限位或临时锁定措施，保证结构在此时不产生双向约束，使施工最终阶段结构施工产生的应力可以释放。

24.3.33 螺栓球节点处缝隙大

1. 现象

螺栓球节点拉杆部位缝隙大。

2. 原因分析

螺栓球节点零部件及杆件制作精度不够；拼装顺序及工艺不合理。

3. 防治措施

(1) 根据实际钢网格结构的跨度大小，对钢网格结构挠度进行工况分析，满足设计要求。

(2) 螺栓球节点的螺纹应按 6H 级精度加工，并符合国家标准的规定，球中心至螺栓端面距离偏差为±0.20mm，螺栓球螺孔角度允许偏差为±30′。

(3) 螺栓球节点钢管杆件成品是指钢管与锥头或封板的组合长度，其允许偏差值为±1mm。

(4) 钢管杆件宜用机床、切管机、爬管机下料。

(5) 制定合理的焊接工艺。

(6) 拼装顺序应从一端向另一端，或者从中间向两边，以减少累积偏差。

(7) 螺栓球节点钢网格结构安装时，必须按标准将高强度螺栓拧紧。

(8) 钢网格结构的屋盖系统安装后，再对钢网格结构各个接头用油腻子将所有空余螺孔及接缝处填嵌密实，补刷防腐漆两道。

24.3.34 复杂铸钢节点定位偏差大

1. 现象

空间多轴线杆件相交节点，在定位时，轴线偏差过大。

2. 原因分析

(1) 节点制造时偏差大。

(2) 安装定位时工作面工况比较复杂，高空作业面小难度大，测量作业通视条件差，测控精度不易保证。

3. 防治措施

(1) 严格控制制造质量。

(2) 尽量减少高空作业量，简化高空作业；大型复杂节点定位可采用相对坐标转化为三维定位的方法。

(3) 必须保证承重支架的刚度，在安装后应观测承重支架的变形。

(4) 定位时宜采用经纬仪、水准仪与全站仪相互配合，全站仪定位后用经纬仪和水准仪进行校核，并采用统一的器具进行测量。

24.3.35 空间网壳结构采用外扩法安装，边缘杆件无法合龙

1. 现象

空间网壳结构采用外扩法安装（图 24-19），在边缘封闭时，杆件无法按设计要求的尺寸合龙，外观形象达不到建筑设计要求。

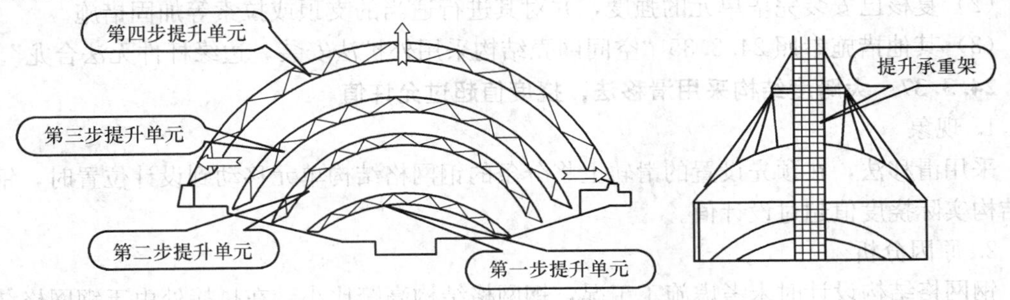

图 24-19 外扩法安装

2. 原因分析

(1) 采用外扩法安装，承重支架稳定性不够，造成结构偏移或扭曲。

(2) 外扩单元划分不合理，在外扩单元施工时产生的挠度较大。

(3) 施工过程中布置的观测点过少，同时没有在外扩单元施工中设置消差段。

(4) 拼装时，采取的焊接工艺与焊接顺序不合理，导致焊接累积变形大。

3. 防治措施

(1) 对施工工况进行全面计算分析，确定各项措施，包括临时承重支架、外扩单元的划分等，对于计算挠度较大的应增加拉索数量。

(2) 在扩展单元上合理布置观测点，采用全站仪对结构进行施工观测。

(3) 设置消差段，在必要的情况下，可以采用"量体裁衣"的办法进行杆件加工。

(4) 焊接前，应制定好焊接专项方案，制定好合理的焊接顺序与焊接工艺，宜采用分仓跳跃焊接和间隔焊接，尽量减少焊接应力与变形。

24.3.36 钢网格结构采用内扩法安装，局部无法合龙

1. 现象

空间钢网格结构采用内扩法（图 24-20）安装，在最终合龙时，结构累积偏差过大，无法按设计尺寸嵌补合龙。

2. 原因分析

(1) 内扩单元划分过大，局部挠度大。

(2) 在内扩过程中没有进行消差处理。

(3) 采用焊接节点的焊接工艺与顺序不合理。

3. 防治措施

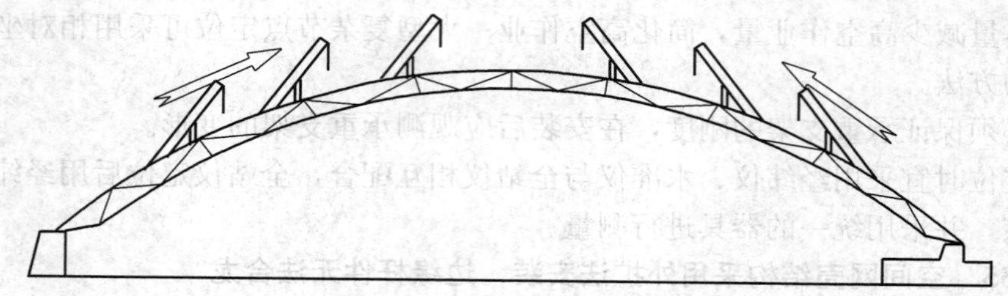

图 24-20　内扩法安装

(1) 施工前应计算施工工况，满足设计要求。

(2) 复核已安装完毕单元的强度，并对其进行适当的支顶或拉索等加固措施。

(3) 其他措施参照 24.3.35“空间网壳结构采用外扩法安装，边缘杆件无法合龙”。

24.3.37　大跨度结构采用滑移法，挠度值超过允许值

1. 现象

采用滑移法，在预先设置的滑轨上将分条的钢网格结构单元移动到设计位置时，钢网格结构实际挠度值超过设计值。

2. 原因分析

钢网格结构设计时未考虑施工工况，钢网格结构高跨比小，在拼接处由于钢网格结构自重而下垂，使其挠度超过设计值。

3. 防治措施

(1) 上滑移法（滑动结构）:

1) 对结构建模，对施工工况进行模拟计算，确定施工方法及措施；

2) 适当增大钢网格结构杆件断面，以增强其刚度；

3) 拼装时增加钢网格结构起拱值；

4) 大型钢网格结构安装时，中间应设置滑道，以减小钢网格结构跨度，增强刚度；

5) 在拼接处增加反梁或刚性支撑，或增设三层钢网格结构，以增强钢网格结构拼接部位的刚度；

6) 在滑移单元的下弦加设元宝形预应力钢绞线。

(2) 下滑移法（滑动支撑）:

1) 要细致校核滑移单元结构的刚度，保证两个施工单元合龙的精度；

2) 通过计算对支撑的架体与基础应适当加固与夯实；

3) 架体与滑道之间宜设置滑靴，使用滚轮进行移动；

4) 其他参见上滑移法。

(3) 不等高滑移：

1) 在底端的滑移轨道外侧加挡墙，可利用原结构的竖向连续结构，也可用型钢制作临时挡墙；

2) 在滑移支座增设水平横向的导轮，用以抵消水平推力，并保证滑移的连续性。

24.3.38　双层（单层）网壳安装不合格

1. 现象

安装过程中出现杆件长短和栓孔偏差过大，无法安装。

2. 原因分析

(1) 杆件及零部件加工精度不够；测量仪器精度不够。

(2) 测量工艺及安装工艺不合理。

(3) 阶段施工荷载对已安装完成的构件产生影响。

3. 防治措施

(1) 双层（单层）球壳节点形状一般为焊接空心球和螺栓球节点，其质量应符合相关规范要求。

(2) 经纬仪、全站仪、激光铅直仪、水平仪、钢尺等测量仪器必须经过计量鉴定合格后方可使用。

(3) 网壳节点属于三维空间，节点坐标控制至关重要，根据网壳特点，定出测量节点特征点，支架支点间距为±5mm，螺栓球间距为±1mm，螺栓球标高为±5mm。

(4) 采用合理的安装工艺，满足网壳安装精度。

(5) 对悬挑法无支撑的外（内）扩法，应通过各种工况验算得出结论。

24.3.39 双层（单层）网壳局部失稳

1. 现象

网壳在安装过程中，出现杆件弯曲的情况。

2. 原因分析

(1) 设计理论不符合实际，个别杆件刚度不够。

(2) 采用悬挑法安装时，施工荷载对杆件受力发生变化，拉杆变压杆。

(3) 整体安装吊点选择不合理，杆件发生变化。

(4) 网壳采用累积滑移法时，由于滑行不同步，局部杆件受扭曲而失稳。

(5) 采用全支架法，支架本身刚度不够，有下沉现象，造成个别杆件失稳。

3. 防治措施

(1) 根据设计建模及施工工况计算分析，选择合理的施工方法与措施。

(2) 采用悬挑法施工（内扩法或外扩法）的施工荷载，吊篮、安装人员、小扒杆及各圈开口刚度，都必须在安装前进行验算，以防杆件失稳。

(3) 整体安装吊点，与设计的支点受力不同，必须经过验算确定吊点位置。

(4) 网壳采用累积滑移法施工时，其中关键技术之一就是必须同步滑移，如不同步，网壳将产生扭曲，内部杆件易造成失稳；一般做法是滑移两侧设标尺控制。

(5) 采用全支架法拼装或安装网壳，要保证支架本身刚度和地基有足够的承载力，以防止支架本身下沉造成杆件失稳。

(6) 如出现个别杆件失稳，应立即停止工作，会同有关人员研究，找出原因，制定出有效实施方案，方可施工。

24.3.40 钢结构承重支架卸载，主结构出现变形

1. 现象

采用临时承重支架进行钢结构安装，结构施工完成在拆除承重支架时，结构变形过大。

2. 原因分析

(1) 在结构安装时，未按要求进行施工起拱。

（2）临时承重支架强度不够，在施工时承重支架变形过大，导致结构随着变形。

（3）在拆除承重支架时，变形不协调。

（4）结构安装完成后，存在质量缺陷，导致拆除承重支架时，结构发生严重变形。

3. 防治措施

（1）承重支架应通过施工工况验算来确定，并考虑卸载工况。

（2）与设计共同确定结构是否需要起拱以及起拱值。

（3）通过施工工况分析，确定卸载顺序、分级、行程等工艺数据。

（4）在卸载施工前，应对结构进行预验收，保证结构安装的节点处理等达到设计要求。

（5）根据实际工况选择适合的卸载方法，如螺旋千斤顶同步卸载法、液压千斤顶同步卸载法、沙箱卸载法、切割法等。

24.3.41 门式刚架高强度螺栓连接法兰盘节点不密合

1. 现象

门式刚架法兰盘节点安装后出现缝隙。

2. 原因分析

法兰盘与梁端部焊接肋板时变形成凸性；法兰盘高强度螺栓施工扭矩力不够。

3. 防治措施

（1）为防止法兰盘焊接肋板变形，宜将两块法兰盘板用安装螺栓拧紧后再与梁端焊接，梁与法兰盘板要对号入座安装。

（2）法兰盘板已呈现凸性，用火工烤平或采用端面铣平。

（3）对已安装好的门式刚架法兰盘节点出现缝隙要返工处理：将梁下部加承重支架（使梁不受力），距法兰盘节点 1000mm 左右处钻开，重新修整法兰盘节点，然后按有关规定焊接梁及安装法兰盘节点。

24.4 钢结构测量

24.4.1 控制网闭合差超过允许值

1. 现象

地面控制网中测距超过 $L/25000$，测角中误差大于 2″，竖向传递点与地面控制网点不重合。

2. 原因分析

按结构平面选择测量方法；平面轴线控制点的竖向传递方法有误。

3. 防治措施

（1）控制网定位方法应根据结构平面而定：

1）矩形建筑物定位，宜选用直角坐标法；任意形状建筑物定位，宜选用极坐标法；

2）平面控制点距离测点较长，量距困难或不便量距时，宜选用角度（方向）交汇法；

3）平面控制点距测点距离不超过所用钢尺的全长，且场地量距条件较好时，宜选用距离交汇法。

4）使用光电测距仪、全站仪定位时，宜选极坐标法；

5）当超高层钢结构大于或等于400m高度时，附加GPS做复核。

（2）根据结构平面特点及经验选择控制网点。有地下室的建筑物，开始可用外控法，即在槽边±0.00处建立控制网点，当地下室达到±0.00后，可将外围点引到内部，即内控法。

（3）无论内控法或外控法，必须将测量结果进行严密平差，计算点位坐标，按设计坐标进行修正，以达到控制网测距相对中误差小于$L/25000$，测角中误差小于2″。

（4）基准点处预埋100mm×100mm钢板，必须用钢针划十字线定点，线宽0.2mm，并在交点上打样冲点，钢板以外的混凝土面上放出十字延长线。

（5）竖向传递必须与地面控制网点重合，做法如下：

1）控制点竖向传递，采用内控法，投点仪器选用全站仪、激光铅垂仪、光学铅垂仪等；

2）根据仪器的精度情况，可定出一次测得高度，如用全站仪、激光铅垂仪、光学铅垂仪，在100m范围内竖向投测粘度较高，当高层采用附着塔吊，附着加外爬塔吊、内爬台吊时，其竖向传递点宜在80m以内；

3）定出基准控制点网，其全楼层面的投点，必须从基准控制点网引投到所需楼层上，严禁使用下一楼层的定位轴线。

（6）经复测发现地面控制网中测距超过$L/25000$，测角中误差大于2″，竖向传递点与地面控制网点不重合时，必须经测量专业人员找出原因，重新放线定出基准控制网点。

24.4.2 楼层轴线误差

1. 现象

楼层纵横轴线超过允许值。

2. 原因分析

（1）现场环境、楼层高度与测设方法不相适应。

（2）激光仪或弯管镜头经纬仪操作有误，或受外力振动等，造成标准点发生偏移。

（3）受雾天、阴天、阳光照射等天气影响。

（4）放线太粗心，钢尺、激光仪、经纬仪、全站仪等未经计量单位检测。

（5）钢结构本身受外力振动，标准点发生偏移。

3. 防治措施

（1）高层和超高层钢结构测设，根据现场情况可采用外控法和内控法；外控法适用于现场较宽大，高度在100m以内；内控法适用于现场宽大，高度超过100m。

（2）利用激光仪发射的激光点标准点，应每次转动90°、并在目标上测4个激光点，其相交点即为正确点，除标准点外的其他各点，可用方格网法或极坐标法进行复核。

（3）测放工作应考虑塔吊、作业环境与气候的影响。

（4）对与结构自振周期一起的结构振动，可以取其平均值。

（5）钢尺要统一，使用前要进行温度、拉力、挠度校正，宜采用全站仪。

（6）在钢结构上放线应用钢划针，线宽一般为0.2mm。

24.5 钢结构焊接

24.5.1 焊接变形、收缩

1. 现象

钢结构构件在制造安装焊接过程中会产生纵、横向收缩，角变形及弯扭等现象。

2. 原因分析

（1）焊接时构件受到不均匀的局部加热和冷却是产生焊接变形和应力的主要原因。

（2）焊缝金属在焊接热循环的作用下会产生相变，金相组织的改变导致焊缝金属的体积变动，从而引起应力应变。

（3）不同的焊接接头形式，使熔池内熔化金属的散热条件有所差别，从而导致焊缝中处于不同位置的熔化金属随熔池冷却所产生的收缩量不同，最终导致应力、应变的产生。

（4）构件的刚性及构件焊前所经历的冷加工工艺等对焊接应力、应变的产生和其量值的大小有较大的影响。

3. 预防措施

（1）合理安排焊缝布局和接头形式，如尽量使焊缝对称分布，减少焊缝尺寸和数量。

（2）优先选用焊接能量密度高的焊接工艺方法，如埋弧焊或气体保护焊等。

（3）采用反变形或刚性固定方式进行组装。

（4）采用合理的焊接工艺参数，减少热输入量。

（5）采用合理的焊接顺序，尽可能采用对称位置焊接，对长焊缝可采用分段退焊、跳焊等工艺。

（6）在焊接过程中，可采用强迫冷却以限制和缩小焊接受热面积，或采用锤击方法减少产生变形的应力。

（7）对于厚板大跨度或多层钢结构，为消除由于收缩变形所产生的累积误差，可根据试验结果或经验，采用补偿方法进行修正。表 24-3 中给出了不同板厚和构造形式钢结构构件的焊接收缩值。

钢构件焊接收缩余量 **表 24-3**

结构类型	焊接特征和板厚	焊接收缩量
钢板对接	各种板厚	长度方向：0.7mm/m；宽度方向：1.0mm/每个接口
实腹结构及焊接 H 型钢	断面高≤1000mm 板厚≤25mm	4 条纵向焊缝 0.6mm/m，焊透梁高收缩 1.0mm，每对加劲焊缝，梁的长度收缩 0.3mm
	断面高≤1000mm 板厚＞25mm	4 条纵向焊缝 1.4mm/m，焊透梁高收缩 1.0mm，每对加劲焊缝，梁的长度收缩 0.7mm
	断面高＞1000mm 的各种板厚	4 条纵向焊缝 0.2mm/m，焊透梁高收缩 1.0mm，每对加劲焊缝，梁的长度收缩 0.5mm
格构式结构	屋架、托架、支架等轻型桁架	接头焊缝每个接口 1.0mm，搭接贴角焊缝 0.5mm/m
	实腹柱及重型桁架	搭接贴角焊缝 0.25mm/m

续表

结构类型	焊接特征和板厚		焊接收缩量
圆筒形结构	板厚≤16mm		直焊缝每个接口周长 1.0mm；环焊缝每个接口周长 1.0mm
	板厚>16mm		直焊缝每个接口周长 2.0mm；环焊缝每个接口周长 2.0mm
焊接球节点钢网格结构杆件下料长度预加焊接收缩量	钢管厚度	≤6mm	每端焊缝放 1～1.5mm（参考值）
		≥8mm	每端焊缝放 1～2.0mm（参考值）

4. 治理方法

对于因工艺和措施不当，已造成变形的构件可采用机械或加热方法对变形部位进行矫正。

（1）机械方法：

1）静力加压法：对构件变形部位施以与其变形方向相反的作用力，使之产生塑性变形，以达到矫正目的；

2）薄板焊缝滚压法：对产生变形的焊缝采用窄滚轮滚压焊缝及附近区域，使之产生沿焊缝长度方向的塑性变形，以降低或消除焊接变形；

3）锤击法：采用机械或电磁锤击法使材料产生塑性延伸，补偿焊接所造成的收缩变形；与机械锤击法相比，电磁脉冲矫正法对构件施加的矫正力相对均匀，对其表面所造成的伤害较少，适用于导电系数较高的材料，如铝、铜等。

（2）加热法：

1）整体加热法：预先将变形部位用刚性夹具复原到设计形状后，对整体构件进行均匀加热，达到消除焊接变形的目的；

2）局部加热法：多采用火焰对构件局部加热，在高温下材料的热膨胀受到构件自身的刚性约束，产生局部的压缩变形，冷却后收缩，抵消焊后在该部位的伸长变形，达到矫正目的。

当采用加热方法进行构件变形矫正时，应注意加热温度，一般低碳钢或低合金钢的加热温度应为 600～800℃，不能过高，以防因金属过烧而氧化，导致物理性能变化。

24.5.2 焊接裂纹

1. 现象

由于工艺或选材不当在焊缝或热影响区附近产生裂纹。

2. 原因分析

按裂纹产生的机理划分可分为五大类：既热裂纹、再热裂纹、冷裂纹、层状撕裂及应力腐蚀裂纹，但在一般钢结构焊接工程中常见的裂纹种类有：热裂纹，也叫结晶裂纹；冷裂纹，也叫延迟裂纹及层状撕裂。

（1）热裂纹

热裂纹的基本特征是在焊缝的冷却过程中产生，温度较高，通常在固相线附近。沿晶开裂，裂纹断口有氧化色彩，多位于焊缝中沿纵轴方向分布，少量在热影响区。其产生的主要原因是钢材或焊材中的硫、磷杂质与钢形成多种脆、硬的低熔点共晶物，在焊缝的冷却过程中，最后凝固的低熔点共晶物处于受拉状态，极易开裂。

（2）冷裂纹

对于钢结构工程中常用的低碳钢和低、中合金钢，由焊接而产生的冷裂纹又称延迟裂纹。这种裂纹通常在200℃至室温范围内产生，有延迟特征，焊后几分钟至几天出现，往往沿晶启裂，穿晶扩展。大多数出现在焊缝热影响区焊趾、焊根、焊道下，少量发生于大厚度多层焊焊缝的上部，具体部位见图24-21。其产生的主要原因与钢材的选择、结构的设计、焊接材料的储存与应用及焊接工艺有密切的关系。

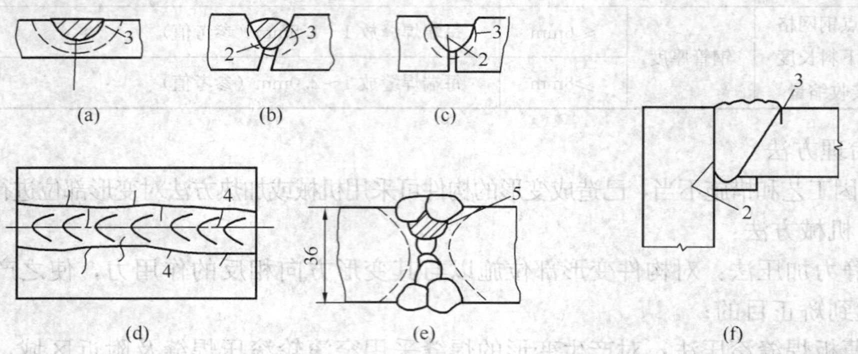

图24-21　焊接冷裂纹的分布形态

1—焊道下裂纹；2—焊根裂纹；3—焊趾裂纹；4、5—表面裂纹或焊缝内横裂纹层状撕裂

其主要特征为当焊接温度冷却到400℃以下时，在一些板材厚度比较大，杂质含量较高，特别是硫含量较高，且具有较强沿板材轧制平行方向偏析的低合金高强钢，当其在焊接过程中受到垂直于厚度方向的作用力时，会产生沿轧制方向呈阶梯状的裂纹。裂纹断口有明显的木纹特征，断口平台上分布有夹杂物，多发生于热影响区附近或板材厚度方向的中间位置（图24-22）。

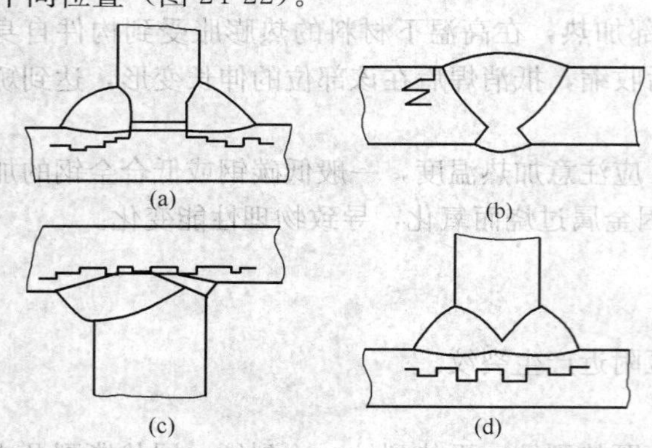

图24-22　层状撕裂类型

（a）焊根冷裂纹为启裂源的层状撕裂；（b）焊趾冷裂纹为启裂源的层状撕裂；（c）沿热影响区轧层夹杂物启裂的层状撕裂；（d）沿板厚中心（远离HAZ）轧层夹杂物启裂的层状撕裂

3. 预防措施

（1）热裂纹

1）对于一般钢结构工程常用的低碳钢或低合金钢，以及与之相匹配的焊接材料，要严格控制硫、磷含量，特别是对那些为了提高低温冲击韧性，而在其中加入镍元素的钢材或焊材，对于硫、磷有害元素的控制应更加严格，以避免低熔点共晶物的形成；

2）充分预热；控制线能量；控制焊缝的成型系数；减少熔合比，即减少母材对焊接金属的稀释率；降低拘束度；线能量的控制应以采用较小的焊接电流和焊接速度来实现，而不能采用提高焊接速度的方法；焊缝的成型系数是指焊缝的熔宽与熔深之比，在实际工程中应尽量避免形成熔宽较窄而熔深较大即成型系数过小的焊缝形状。

（2）冷裂纹

1）控制组织的硬化倾向：在设计选材时，应在保证材料综合性能的前提下，尽量选择碳当量较低的母材。当母材已经确定无法变更时，为限制组织的硬化程度，唯一的途径就是通过调整焊接工艺条件，控制 t8/5 和 t100，最终达到控制淬硬组织和热脆组织的目的。其方法主要有两种，首先是选择合适的线能量，以获取最佳的 t8/5 和 t100，以避免由于冷却速度过快产生马氏体组织或冷却速度过慢而产生晶粒粗大的热脆组织。但在某些条件下，例如母材的碳当量较高或母材的厚度较大时，仅靠调整线能量不足以解决所有问题，则应通过增加预热措施达到降低焊接接头冷倾向的目的。表 24-4 是现行国家标准《钢结构焊接规范》（GB 50661—2011）中给出的钢结构常用钢材预热温度推荐值。当遇到新材料，或为追求更加准确、经济、有效的预热温度时，也可依据现行国家标准《斜 Y 型剖口焊接裂纹试验方法》（GB 4675.1），通过试验获取。

常用钢材最低预热温度要求（℃） **表 24-4**

钢材类别	接头最厚部件的板厚 t（mm）				
	$t\leqslant20$	$20<t\leqslant40$	$40<t\leqslant60$	$60<t\leqslant80$	$t>80$
Ⅰ[a]	—	—	40	50	80
Ⅱ	—	20	60	80	100
Ⅲ	20	60	80	100	120
Ⅳ[b]	20	80	100	120	150

注：1. 焊接热输入约为 15～25kJ/cm，当热输入每增大 5kJ/cm 时，预热温度可比表中温度降低 20℃。
2. 当采用非低氢焊接材料或焊接方法焊接时，预热温度应比表中规定的温度提高 20℃。
3. 当母材施焊处温度低于 0℃时，应根据焊接作业环境、钢材牌号及板厚的具体情况将表中预热温度适当增加，且应在焊接过程中保持这一最低道间温度。
4. 焊接接头板厚不同时，应按接头中较厚板的板厚选择最低预热温度和道间温度。
5. 焊接接头材质不同时，应按接头中较高强度、较高碳当量的钢材选择最低预热温度。
6. 本表不适用于供货状态为调质处理的钢材；控轧控冷（TMCP）钢最低预热温度可由试验确定。
7. “—”表示焊接环境在 0℃以上时，可不采取预热措施。
8. 表中 a，铸钢除外，Ⅰ类钢材中的铸钢预热温度宜参照Ⅱ类钢材的要求确定；表中 b，仅限于Ⅳ类钢材中的 Q460、Q460GJ 钢。

2）减少拘束度：所谓减少拘束度主要是指减少造成焊接节点处于受拉状态的拘束。一般认为产生压应力的拘束，如某些弯曲拘束，反而可以抵消部分拉应力，提高焊缝抗冷裂纹的能力。因此，从设计和焊接工艺制定阶段就应尽量减小构件刚度和拘束度，并避免由于焊工操作不当造成的各种缺陷，如咬边、焊缝成形不良、错边过大、未熔合、未焊透、坡外随意引弧和安装临时卡具等形成所谓的“缺口”效应，而导致冷裂纹的产生。

3）降低扩散氢含量：为了限制焊缝中氢的含量，要从焊材材料、工艺方法及参数和焊后热处理等方面入手。首先要尽可能选择低氢或超低氢的焊接材料，并应注意保管，防止受潮。对于焊条、焊剂类材料，使用前应严格按照产品说明书进行烘干，且其保存、使用及在空气中允许外露的时间和重复烘干次数应按照《钢结构焊接规范》（GB 50661—2011）第 7 章第 7.2 节的相关要求执行。如有可能，宜选用奥氏体或低强度匹配焊条，奥氏体对氢有较高的溶解度，而低强度焊接材料具有相对较高的韧塑性。在焊接工艺参数方面，应在满足其他条件的基础上，适当增加线能量，以利于氢的逸出。同时，应根据实际情况适当增加预热及后热措施，以降低冷裂纹产生的可能性。

（3）层状撕裂

1）接头设计：改变焊接节点的接头形式，可有效降低应力应变，防止层状撕裂的发生图 24-23 是几种典型的示例。另外，减少坡口及角焊缝的尺寸，可有效减少应力应变，降低层状撕裂产生的几率。

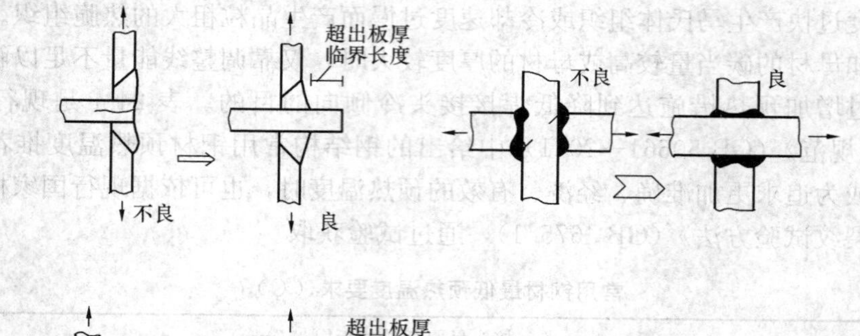

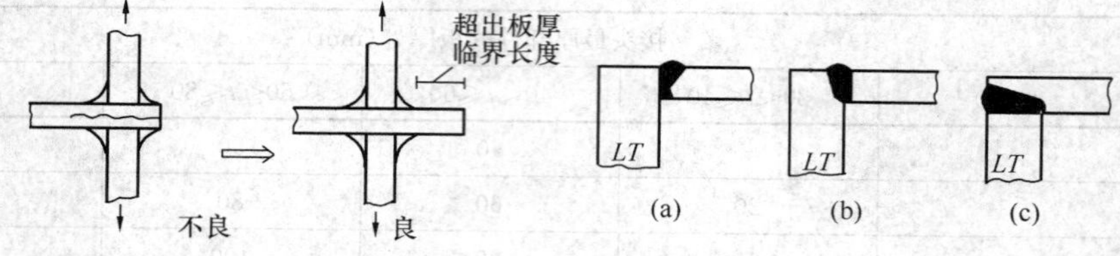

图 24-23　接头设计典型示例

2）选材：根据现行国家标准《钢结构工程施工质量验收规范》（GB 50205—2001）第 4 章第 4.2.2 条的规定，当板材厚度大于等于 40mm，且设计有 Z 向性能要求的厚板，应进行抽样复验，复验的项目主要包括三方面内容，一是化学成分；二是无损检测；三是力学性能。首先要严格控制化学成分，防止硫化物或氧化物等低熔点共物沿轧制方向形成夹层；其次可采取超声波方法对钢材进行检测，以确保沿轧制方向形成的夹杂物分层的分布情况在标准允许的范围内。另外，可采用力学方法测试板材的 Z 向性能，常用的手段是进行板厚方向的拉伸试验，其质量等级指标划分见表 24-5。

钢板厚度方向性能级别及其含硫量与断面收缩率值　　**表 24-5**

级　别	含硫量（%）不大于	断面收缩率（ψ_z%）	
		3 个试样平均值不少于	单个试样值不少于
Z15	0.01	15	10
Z25	0.007	25	15
Z35	0.005	35	20

3）工艺控制：首先应选择低氢焊接方法，如实芯焊丝的气体保护焊或埋弧焊。其次适当预热；采用较小的热输入量；控制焊缝尺寸，尽可能采用多层多道；必要时可采用低强度的焊材焊接过渡层，使应力集中于焊缝，减少热影响区的应变。

4. 治理方法

对于已发生裂纹的构件，可按照现行国家标准《钢结构焊接规范》（CB 50661—2011）第 7 章第 7.12 节及第 9 章第 9.0.10 条的规定进行返修。

24.5.3　未熔合及未焊透

1. 现象

未熔合主要是指母材与焊缝之间、焊缝与焊缝之间出现的未熔化现象；而未焊透则表现为单面或双面焊缝根部母材有未熔化的现象。具体位置及形状见图 24-24。

2. 原因分析

两者产生原因基本相同，主要是工艺参数、措施及坡口尺寸不当，坡口及焊道表面不够清洁或有氧化皮及焊渣等杂物，焊工技术较差等。

3. 预防措施

（1）按照相关标准和规范，结合具体工况条件正确选择坡口尺寸，避免坡口角度和根部间隙过小及钝边过火，并按要求在焊前及焊接过程中对坡口和焊缝表面进行清理。

（2）选择适当的焊接工艺参数，特别是电流不能太小。

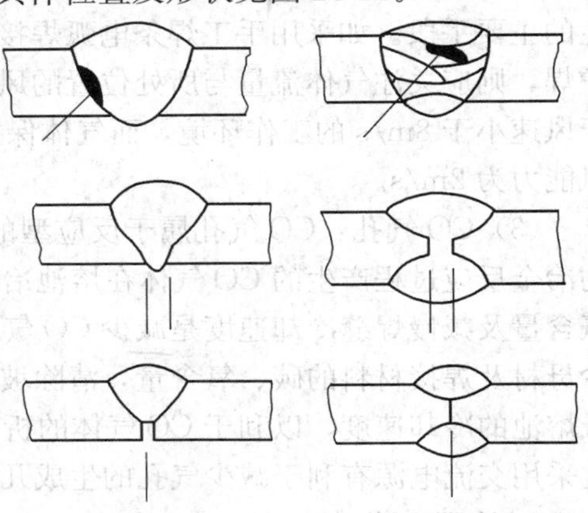

图 24-24　未熔合及未焊透示例

（3）重视对焊接电弧的长度、焊条及焊丝的角度及焊炬的运行速度进行控制，以保证母材与焊缝及焊缝与焊缝之间的良好熔合。

4. 治理方法

对于已发现未熔合及未焊透的构件，可按照《钢结构焊接规范》（GB 50661—2011）第 7 章第 7.12 节的规定进行返修。

24.5.4　气孔

1. 现象

焊缝金属中存在具有孔洞状的缺陷。

2. 原因分析

气孔按其产生形式可分为两类，即析出型气孔和反应型气孔，析出型气孔主要为氢气孔和氮气孔，反应型气孔在钢材（即非有色金属）的焊接中则以 CO 气孔为主。析出型气孔的主要特征是多为表面气孔，而氢气孔与氮气孔的主要区别在于氢气孔以单一气孔为主，而氮气孔则多为密集型气孔，反应型气孔则多数为内部气孔。焊缝中气孔产生的主要原因与焊材的选择。保存与使用，焊接工艺参数的选择，坡口母材的清洁程度及熔池的保护程度等有很大关系。

3. 预防措施

（1）氢气孔

1）消除气体来源：首先是严格执行相关标准规范的规定，对坡口及焊丝表面进行检查，发现有氧化膜、铁锈及油污等有害物质时，应采用烘干、烘烤或砂轮打磨等方法去除干净。

2）焊接材料的保存与使用：应严格按照产品说明书及现行国家标准《钢结构焊接规范》（GB 50661—2011）第 7 章第 7.2 节的规定执行。

3）焊接材料的选择：低氢型或碱性焊条的抗锈能力比酸性的要差，而采用高碱度焊剂的埋弧焊，则不同于碱性焊条具有较低铁锈敏感性。在气体保护焊的保护气体中选用纯 CO_2，或 CO_2 与 Ar 混合的保护气体，比纯 Ar 气保护具有更高的抗锈能力，可降低氢气孔发生概率。

(2) 氮气孔：氮气孔的主要来源是空气中的氮，因此加强熔池的保护是防止氮气孔产生的主要手段。如采用手工焊条电弧焊接方法，应注意电弧长度不宜过长。若采用气体保护焊，则应关注气体流量与所处位置的风速匹配关系。一般情况下，手工焊条电弧焊适用于风速小于 8m/s 的工作环境，而气体保护焊当其保护气体流量不大于 25L/min 时，其抗风能力为 2m/s。

(3) CO 气孔：CO 气孔属于反应型的焊缝内部气孔，其产生的主要原因是焊接熔池的冶金反应过程产生的 CO 气体在熔池冶金凝固关未能及时析出所致。因此，控制熔池中氧含量及减慢焊缝冷却速度是减少 CO 气孔产生的有效措施。要达到上述目的，首先应减少母材及焊接材料的碳、氧含量，清除坡口及附近的氧化物；其次应适当增加线能量，降低熔池的冷却速度，以利于 CO 气体的析出。另外，对于所有类型的气孔，采用直流电源比采用交流电源有利于减少气孔的生成几率，且直流反接比直流正接更有效。

4. 治理方法

对于已发现存在气孔的焊缝金属，可按照《钢结构焊接规范》(GB 50661—2011) 第 7 章第 7.12 节的规定进行返修。

24.5.5　夹渣

1. 现象

焊缝金属中由非金属夹杂物形成的缺陷。

2. 原因分析

非金属夹杂物的种类、形态和分布主要与焊接方法、焊条和焊剂及焊缝金属的化学成分有关。常见的非金属夹杂物主要有三种：氧化物、硫化物和氮化物。前两项主要来自焊接材料，而氮化物则只能来自空气。

3. 预防措施

(1) 严格控制母材和焊材有害元素的含量，如硫和氧的含量。

(2) 选择合理的焊接工艺参数，保证夹杂物能浮出。

(3) 多层多道焊时应注意清除前道焊接留下的夹杂物。

(4) 焊条或药芯焊丝气体保护焊时，应注意焊条或焊丝的摆动角度及幅度，以利于夹杂物的浮出。

(5) 焊接过程中，要使熔池始终处于受保护状态，以防空气侵入液态金属。

4. 治理方法

对于已发现未熔合及未焊透的构件，可按照《钢结构焊接规范》(GB 50661—2011) 第 7 章第 7.12 节的规定进行返修。

24.5.6　低温环境下焊接质量差

1. 现象

不考虑实际情况及相关标准规范的要求，在低温环境下盲目操作，导致焊接质量下降。

2. 原因分析

过低的环境温度会导致熔池的冷却速度加快，特别是对于高强度钢易形成脆硬的马氏体组织，导致冷裂纹的产生。另外，若无特殊的局部保温措施，过低的环境温度会严重影响焊工技术水平的发挥。

3. 预防措施

(1) 应根据设计要求与工程类型选择与之相符的技术标准及规范，熟悉并掌握其对制造及施工的环境条件的要求，并与实际情况相结合。目前国内外相关焊接技术标准与规范中，对按常规条件施焊所允许的最低环境温度要求存在较大的差异，施焊前要充分了解制造及施工环境是否满足所用标准规范的相关技术要求，如有差异，应提前进行相关的低温焊接工艺评定试验，并根据试验结果编制专用的工艺技术方案。表 24-6 给出了目前国内常用施工规范对低温焊接的最低施工温度限制，可供参考。

国内外各行业规程对低温焊接最低施工温度的规定 **表 24-6**

规范、规程名称	低合金钢	低碳钢	常温下至低温限值以上的措施/低温焊接措施
AWSD1.1（美）	−18℃	—	不需预热的钢材和板厚在常温以下施焊应预热至常温。−18℃以下施焊时设防护棚或加热
JASS6（日）	−5℃	—	在−5～5℃施焊应对接头 100mm 范围内加热
BS5135（英）	0℃	—	—
《钢制压力容器焊接规程》JB/T 4709—2007	−18℃	—	焊件温度 0～−18℃时在始焊处 100mm 范围预热到 15℃以上。低温焊接采取有效防护措施
《建筑工程冬期施工规程》JGJ/T 104—2011	−26℃	−30℃	钢材应有相应温度的冲击韧性保证值，并根据钢材牌号及板厚预热 36～150℃；要求焊工经低温焊接培训
《北京市城市桥梁工程施工技术规程》DB J01—46—2001 《公路桥涵施工技术规程》JTJ041—2000 《铁路钢桥制造规范》TB 10212—98	5℃	0℃	
《建筑钢结构焊接技术规程》JGJ81—2002	0℃	—	0℃以下施焊；提高预热温度 20～30℃；扩大预热范围至 2 倍板厚；焊后立即用岩棉保温，特厚板厚复杂节点应后热；设防护棚
《钢结构焊接规范》GB 50661—2011	−10℃	—	焊接环境温度低于 0℃但不低于−10℃时，应采取加热或防护措施，确保接头焊接处各方向大于等于 2 倍板厚且不小于 100mm 范围内的母材温度不低于 20℃或规定的最低预热温度（二者取高值）。焊接环境温度低于−10℃时，必须进行相应焊接环境下的工艺评定试验

(2) 在技术工艺方案可行的前提条件下，还应充分考虑其可操作性，尤其是焊工操作的灵活性，如有阻碍，则考虑局部保温措施，以保证焊接质量不受影响。

4. 治理方法

根据具体情况按照现行国家标准《钢结构焊接规范》（GB 50661—2011）第 7 章第

7.12 节及第 9 章第 9.0.10 条的规定进行返修。

24.5.7 焊条电弧焊常见缺陷

焊条电弧焊中常见的缺陷主要有：焊缝尺寸不符合要求、咬边、焊瘤、弧坑、根部未焊透、未熔合、气孔、夹渣及裂纹等。其现象、原因分析、预防措施及治理方法参见本手册第 17 章第 17.3 节“钢筋电弧焊”以及本章 24.5.2 至 24.5.5 中的有关内容。

24.5.8 熔化极气体保护电弧焊常见缺陷

1. 现象

熔化极气体保护电弧焊中常见的缺陷主要有：焊缝尺寸不符合要求、咬边、焊瘤、飞溅、根部未焊透、未熔合、气孔、夹渣及裂纹等。

2. 原因分析

(1) 焊缝尺寸不符合要求（蛇形焊道）：其形状与焊条电弧焊基本相同。其产生的主要原因除坡口角度不当、装配间隙不均匀、工艺参数选择不合理及焊接技能较低外，还有焊丝外伸过长、焊丝校正机构调整不良和导丝嘴磨损严重等原因。

(2) 咬边：焊接电流、电压或速度过大，停留时间不足，焊枪角度不正确是其产生的主要原因。

(3) 焊瘤和熔透过度：焊瘤产生的原因与焊条电弧焊基本相同，主要是焊接电流、焊接速度匹配不当，焊接操作技能较差所致。而熔透过度则主要是因为热输入过大及坡口加工不合适。

(4) 飞溅：其产生的主要原因是电弧电压过低或过高，焊丝与工件清理不良，焊丝粗细不均及导丝嘴磨损严重。

(5) 根部未焊透：见 24.5.3“未熔合及未焊透”的原因分析。

(6) 未熔合：见 24.5.3“未熔合及未焊透”的原因分析。

(7) 气孔：见 24.5.4“气孔”的原因分析。

(8) 夹渣：见 24.5.5“夹渣”的原因分析。

(9) 裂纹：见 24.5.2“焊接裂纹”的原因分析。

3. 预防措施

(1) 焊缝尺寸不符合要求（蛇形焊道）：在提高接头装配质量，选择合理的工艺参数，并保证焊工的操作技能达到相关考核标准要求的同时，对焊丝伸出长度和送丝速度进行调整，并应关注导丝嘴的磨损情况，磨损严重时应及时更换。

(2) 咬边：在降低焊接电压或焊接速度的同时，还可通过调整送丝速度来控制电流，避免电流过大。且应适当增加焊丝在熔池边缘的停留时间，并控制焊枪角度。

(3) 焊瘤和熔透过度：为避免焊瘤的产生，要根据不同的焊接位置选择焊接工艺参数，电流不能过大，焊速适中，严格控制熔池尺寸。对于熔透过度，除采取上述措施外，还应注意坡口的组对，适当减小根部间隙，增大钝边尺寸。

(4) 飞溅：焊前应仔细清理焊丝和坡口表面，去除各种污物；并应检查压丝轮、送丝管及导丝嘴，如有损坏应及时更换。同时应根据焊接工艺文件及实际施焊情况，仔细调整电流和电压参数，使之达到理想的匹配状态。

4. 治理方法

对熔化极气体保护电弧焊中产生的焊缝尺寸不符合要求、咬边、焊瘤及飞溅等缺陷，可采用砂轮打磨及补焊方法进行处理。

24.5.9 埋弧焊常见质量缺陷

埋弧焊中常见的主要缺陷有：裂纹、未熔合、未焊透、夹渣、气孔、咬边、焊瘤、余高不符合要求、焊道过宽、焊道表面不光滑及表面压坑等。其现象、原因分析、预防措施及治理方法参见本手册第17章第17.6节“预埋件钢筋埋弧压力焊和埋弧螺柱焊”以及本章24.5.2至24.5.5中的有关内容。

24.5.10 电渣焊常见质量缺陷

1. 现象

电渣焊中常见的主要缺陷有热裂纹、冷裂纹、未焊透、未熔合、气孔和夹渣。

2. 原因分析

各种缺陷产生原因见24.5.2～24.5.5条。

3. 预防措施

(1) 热裂纹：除应采取24.5.2条“焊接裂纹”中规定的相关措施外，还应注意降低焊丝送进速度；焊接冒口应远离焊件表面，焊接结束前应逐步降低焊丝送进速度。

(2) 冷裂纹：除应采取24.5.2条“焊接裂纹”中规定的相关措施外，还应注意避免焊接过程中断。如不得已中断焊接过程，应及时采取保温缓冷措施。对于焊缝，特别是停焊处的缺陷要在焊缝未冷却前及时修补。当室温低于0℃时，要注意焊后保温缓冷。

(3) 未焊透：除应采取24.5.3条“未熔合及未焊透”中规定的相关措施外，还应注意保持稳定的电渣过程，调整焊丝或熔嘴，使其距水冷成形滑块距离及在焊缝中位置符合工艺要求。

(4) 未熔合：除应采取24.5.3条“未熔合及未焊透”中规定的相关措施外，还应注意保持稳定的电渣焊过程；选择适当的熔剂，避免熔剂熔点过高。

(5) 气孔：除应采取24.5.4条“气孔”中规定的相关措施外，还应注意焊前仔细检查水冷成形滑块，以防漏水。当采用耐火泥进行熔池密封时，应防止其进入熔池，熔剂使用前应按要求烘干。

(6) 夹渣：除应采取24.5.5“夹渣”中规定的相关措施外，还应注意保持稳定的电渣焊过程，选择适当的熔剂，避免熔剂熔点过高；当采用玻璃丝棉进行绝缘时，应防止过多的玻璃丝棉熔入熔池。

4. 治理方法

对于已发现的各类缺陷，可根据具体情况按照现行国家标准《钢结构焊接规范》(GB 50661—2011) 第7章第7.12节及第9章第9.0.10条的规定进行返修。

24.5.11 碳弧气刨常见质量缺陷

1. 现象

碳弧气刨操作中常见质量缺陷主要有焊缝夹碳、粘渣、铜斑、刨槽尺寸和形状不规则及裂纹。

2. 原因分析

(1) 操作人员未经过专业培训，操作技能较差。

(2) 工艺参数选择不当，且未按相关工艺要求进行后处理。

(3) 碳棒质量不合格。

3. 预防措施

（1）建立健全相关从业人员的岗前培训考核制度，提高从业人员的操作技能。

（2）严格控制工艺参数：

1）电源极性一般应采用直流反接；

2）电流与碳棒直径的匹配关系见表 24-7；

碳棒规格及适用电流　　**表 24-7**

断面形状	规格（mm）	适用电流（A）	断面形状	规格（mm）	适用电流（A）
圆　形	3×355	150～180	扁　形	3×12×355	200～300
	4×355	150～200		4×8×355	180～270
	5×355	150～250		4×12×355	200～400
	6×355	180～300		5×10×355	300～400
	7×355	200～350		5×12×355	350～450
	8×355	250～400		5×15×355	400～500
	9×355	350～450		5×18×355	450～550
	10×355	350～500		5×20×355	500～600

3）刨削速度一般应控制在 0.5～1.2m/min 之间；

4）压缩空气压力应为 0.4～0.6MPa；

5）碳棒伸出长度应为 20～100mm；

6）碳棒与工件的夹角一般为 45°。

（3）夹碳缺陷产生的主要原因是刨削速度和碳棒送进速度不匹配，为防止该缺陷的产生应适时对其进行调整。

（4）在操作过程中应经常注意压缩空气压力的变化，以防止由于压缩空气压力过低而导致吹出的氧化铁和碳化铁等化合物形成的熔渣。粘连在刨槽两侧。

（5）在操作过程中若发现有碳棒铜皮脱落的现象，应及时进行更换。若碳棒质量没有问题而刨槽中仍有夹铜现象发生，则应考虑适当减小电流，以避免由于刨槽夹铜而在后继焊接过程中产生热裂纹。

4. 治理方法

对在操作过程中已形成的夹碳、夹渣及夹铜等缺陷，应采用砂轮、风铲或重新气刨等方法将其去除，以避免冷、热裂纹的产生。

24.5.12　焊接球节点球管焊缝根部未焊透

1. 现象

焊接球节点球管焊缝根部未焊透。

2. 原因分析

（1）考虑安装方便和保证球节点的空中定位精度，球管钢网格结构经常采用的节点形式为单 V 形坡口，根部不留间隙；而承受动载荷的球管钢网格结构，为提高结构的疲劳寿命也只能采用上述节点形式，从而导致焊缝根部不易焊透。

（2）焊工技能较差。

（3）坡口角度、焊接工艺参数、焊接工艺方法及焊条直径选择不当。

3. 预防措施

(1) 对于承受静荷载结构，建议采用单V坡口加衬管且根部预留间隙的节点形式。此种方法虽在一定程度上增加了组装工作量，但对焊工的技术水平要求相对较低，可以有效避免根部未焊透缺陷的产生，提高焊缝的一次合格率。

(2) 对于承受动荷载的结构，由于衬管与结构受力管件在节点处形成几何突变，造成应力集中，其对疲劳寿命的影响远大于根部局部未焊透的程度，因此，应采用单V形坡口且根部不留间隙的节点形式。为克服由此产生焊缝一次合格率偏低的现象，建议采取如下措施：

1) 当管壁厚度小于10mm时，应采用如图24-25所示的单V坡口；当管壁厚度大于10mm时，建议采用如图24-26所示的变截面形坡口，坡口加工宜采用机械方法，既可提高安装的定位精度，又可提高工作效率；

2) 建议采用手工电弧焊或脉冲式富氩气体保护焊接方法进行打底焊道的焊接。当采用手工电弧焊时，应选择直径等于或小于3.2mm的焊丝，以保证根部焊道尽可能多熔透，且焊道背面成型良好；

3) 应尽可能保证角焊缝表面与管材表面的夹角不大于350°，以减少焊趾处的应力集中，提高抗疲劳寿命。

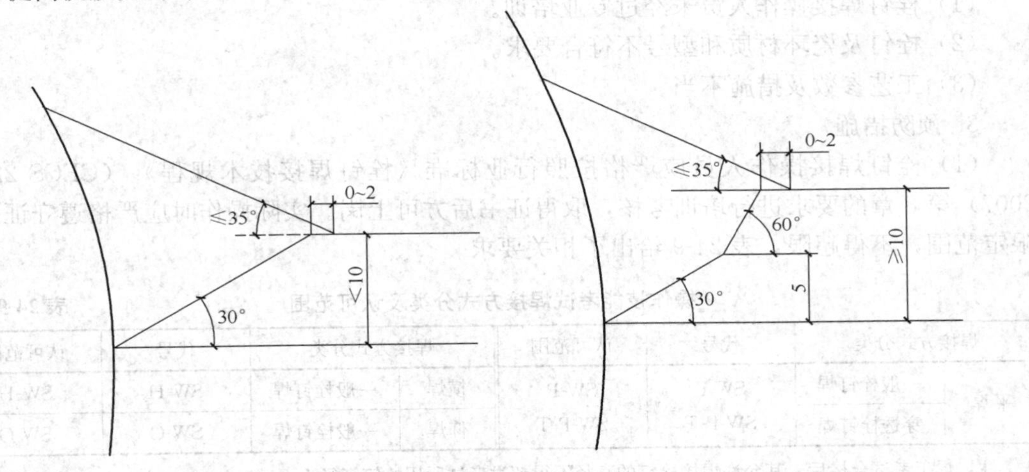

图24-25 单V坡口　　图24-26 变截面形坡口

(3) 对从事承受动荷载结构球管节点焊缝焊接工作的焊工，必须进行岗前模拟培训，使之熟悉工艺参数和操作要领，以提高产品的一次合格率。

4. 治理方法

对于已产生根部未焊透缺陷的焊缝，应首先采用超声波检测方法对缺陷进行精确定位，然后应严格按《钢结构焊接规范》(GB 50661—2011) 第7章第7.12节的规定进行返修。

24.5.13 栓钉焊接质量缺陷

1. 现象

目前栓钉焊接的质量问题比较突出，主要表现为现场抽样检验不能满足现行国家标准《钢结构工程施工质量验收规范》(GB 50205—2001) 第5章第5.3节及行业标准《栓钉焊接技术规程》(CECS 226：2007) 第7章第7.2节的质量要求。

(1) 外观质量检验合格标准见表24-8。

栓钉焊接接头外观检验合格标准 表24-8

外观检验项目	合格标准	检验方法
焊缝外形尺寸	360°范围内焊缝饱满 拉弧式栓钉焊：焊缝高 $K_1 \geqslant 1mm$；焊缝宽 $K_2 \geqslant 0.5mm$ 电弧焊：最小焊脚尺寸应满足《栓钉焊接技术规程》(CECS 226：2007) 表7.2.1-2的规定	目测、钢尺、焊缝量规
焊缝缺陷	无气孔、夹渣、裂纹等缺陷	目测、放大镜(5倍)
焊缝咬边	咬边深度≤0.5mm，且最大长度不得大于1倍的栓钉直径	钢尺、焊缝量规
栓钉焊后高度	高度偏差≤±2mm	钢尺
栓钉焊后倾斜角度	倾斜角度偏差 $\theta \leqslant 5°$	钢尺、量角器

(2) 现场弯曲试验应采用锤击方法，在焊缝不完整或焊缝尺寸较小的方向将其从原轴线弯曲30°，视其焊接部位无裂纹为合格。

2. 原因分析

(1) 栓钉焊接操作人员未经过专业培训。

(2) 栓钉及瓷环材质和型号不符合要求。

(3) 工艺参数及措施不当。

3. 预防措施

(1) 栓钉焊接操作人员应严格按照行业标准《栓钉焊接技术规程》(CECS 226：2007) 第8章的要求进行培训考核，取得证书后方可上岗。实际操作时应严格遵守证书的限定范围，不得超限，表24-9给出了相关要求。

操作技能考试焊接方式分类及认可范围 表24-9

焊接方式分类		代号	认可范围	焊接方式分类		代号	认可范围
平焊	一般栓钉焊	SW-P	SW-P	横焊	一般栓钉焊	SW-H	SW-H
	穿透栓钉焊	SW-P-T	SW-P-T	仰焊	一般栓钉焊	SW-O	SW-O

注：焊工考试合格后，其允许焊接栓钉的直径不得超过考试所用栓钉直径。

(2) 栓钉及瓷环材质及型号选择应符合现行国家标准《电弧螺柱焊用圆柱头焊钉》(GB/T 10433) 和行业标准《栓钉焊接技术规程》(CECS 226：2007) 中的有关规定，特别需要注意瓷环型号，应注意区分穿透型和非穿透型，不可混用，否则会严重影响焊接质量。

(3) 穿透焊或非穿透焊的焊接工艺参数可参照表24-10、表24-11、表24-12选择。

平焊位置栓钉焊接规范参考值 表24-10

栓钉规格(mm)	电流(A)		时间(s)		伸出长度(mm)	
	非穿透焊	穿透焊	非穿透焊	穿透焊	非穿透焊	穿透焊
ϕ13	950	900	0.7	0.9	3～4	4～6
ϕ16	1250	1200	0.8	1.0	4～5	4～6

续表

栓钉规格（mm）	电流（A）		时间（s）		伸出长度（mm）	
	非穿透焊	穿透焊	非穿透焊	穿透焊	非穿透焊	穿透焊
ϕ19	1500	1450	1.0	1.2	4～5	5～8
ϕ22	1800	—	1.2		4～6	—
ϕ25	2200	—	1.3		5～8	—

横向位置栓钉焊接工艺参数表 **表 24-11**

栓钉规格（mm）	电流（A）	时间（s）	伸出长度（mm）
ϕ13	1400	0.4	4.5
ϕ16	1600	0.4	4
ϕ19	1900	1.1～1.2	3.5
ϕ22	2050	1	2.5

仰焊位置栓钉焊接工艺参数表 **表 24-12**

栓钉规格（mm）	电流（A）	时间（s）	伸出长度（mm）
ϕ13	1200	0.4	2
ϕ16	1300	0.7	2
ϕ19	1900	1	2
ϕ22	2050	1	2

（4）栓钉焊接的设备及工艺应参照现行行业标准《栓钉焊接技术规程》（CECS 226：2007）第 4 章及第 6 章的相关规定执行。

4. 治理方法

对于已发现缺陷的栓钉应按现行行业标准《栓钉焊接技术规程》（CECS 226：2007）第 6 章第 6.3 节的相关规定执行。

24.5.14 管一管相贯节点焊接质量缺陷

1. 现象

局部根部未焊透，且焊角尺寸达不到设计要求（如图 24-27 所示的 D 区及部分 C 区位置）。

2. 原因分析

（1）对熔透焊缝的理解有误，一般情况下人们常将熔透焊缝理解成在焊接接头处至少有一块被焊板材在焊接过程中被全部熔透的焊缝，但事实并非如此，在焊接专业术语里将所谓的熔透焊缝定义为，从接头的一面焊接所完全熔透的焊缝。一般指单面焊双面成型焊缝，如图 24-28 所示。图中所展示的接头形式均为熔透焊缝，特别是细节 C 到 D 和细节 D 两种形式往往被看成是局部熔透或角焊缝。但实际上角焊缝的接头形式应如图 24-29 所示。两者的主要区别在于焊缝根部有没有保证熔透的根部间隙。由于概念上的误差或对标准的理解不够，经常导致在相贯管节点的组装过程中忽略了对节点跟部或过渡区根部间隙的控制，从而将熔透焊缝变成局部熔透或角焊缝。

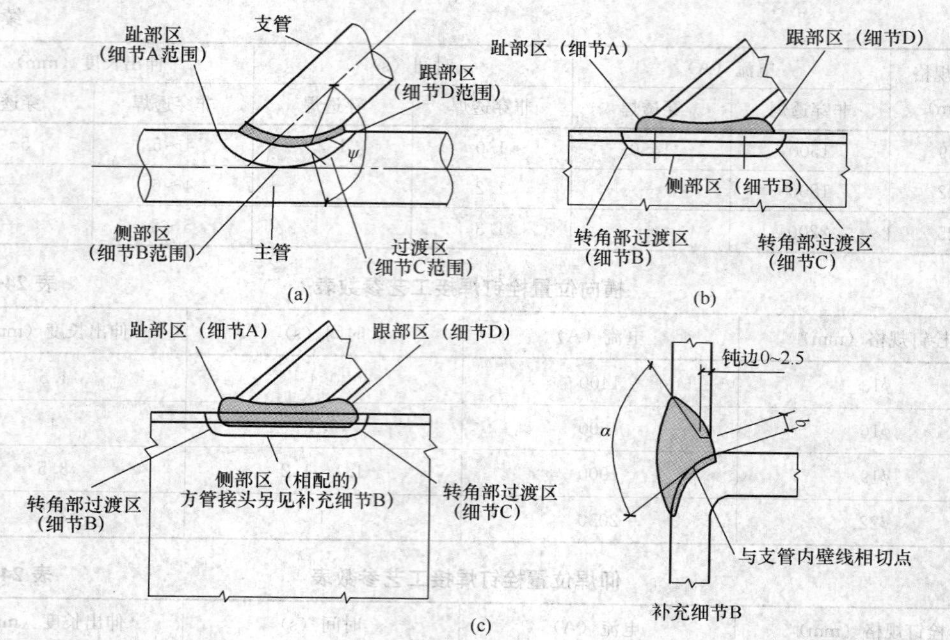

图 24-27 局部根部未焊透示意图

(a) 圆管节点的分区;(b) 台阶状矩形管节点的分区;(c) 相配的方管节点分区;

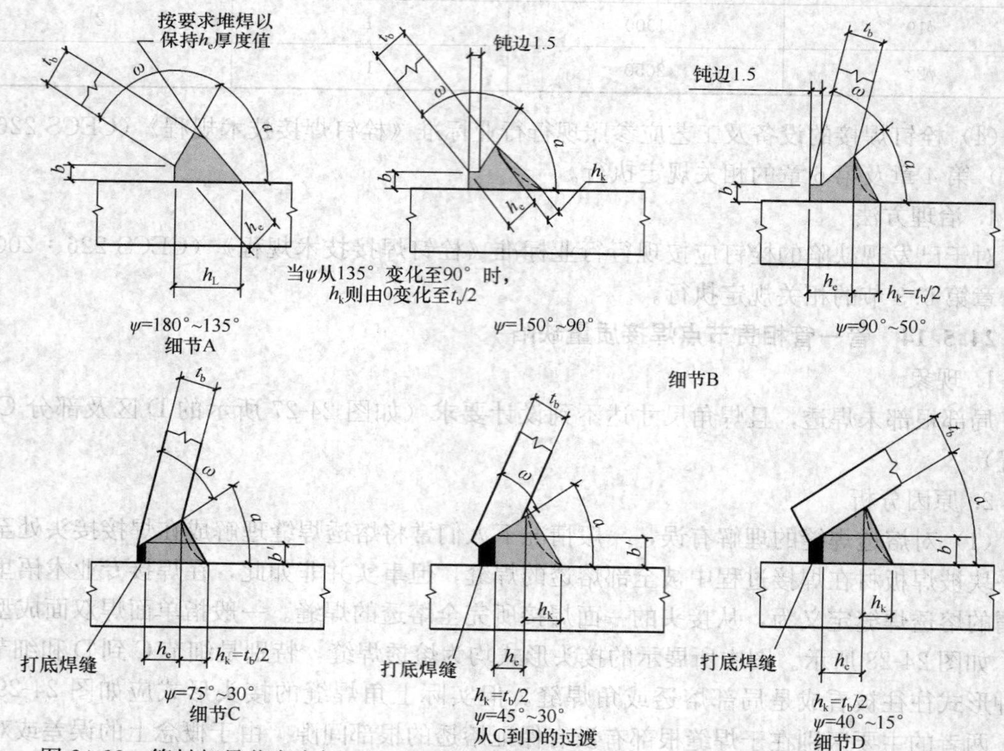

图 24-28 管材相贯节点全焊透焊缝的各区坡口形式与尺寸(焊缝为标准平直状剖面形状)

1—尺寸 h_e、h_L、b、b'、ψ、ω、α《钢结构焊接规范》(GB 50661—2011)中表 5.3.6-1;2—最小标准平直状焊缝剖面形状如实线所示;3—可采用虚线所示的下凹状剖面形状;4—支管厚度;5—h_k(加强焊脚尺寸)

(2) 焊角尺寸达不到设计要求：目前国内的实际情况是从设计到制造、安装的技术人员缺乏对《钢结构焊接规范》(GB 50661—2011) 第5章第5.3.6条的理解，没有完全掌握管相贯节点过渡区和跟部熔透、局部熔透和角焊缝焊缝尺寸的计算方法，从而导致焊缝尺寸达不到设计要求。

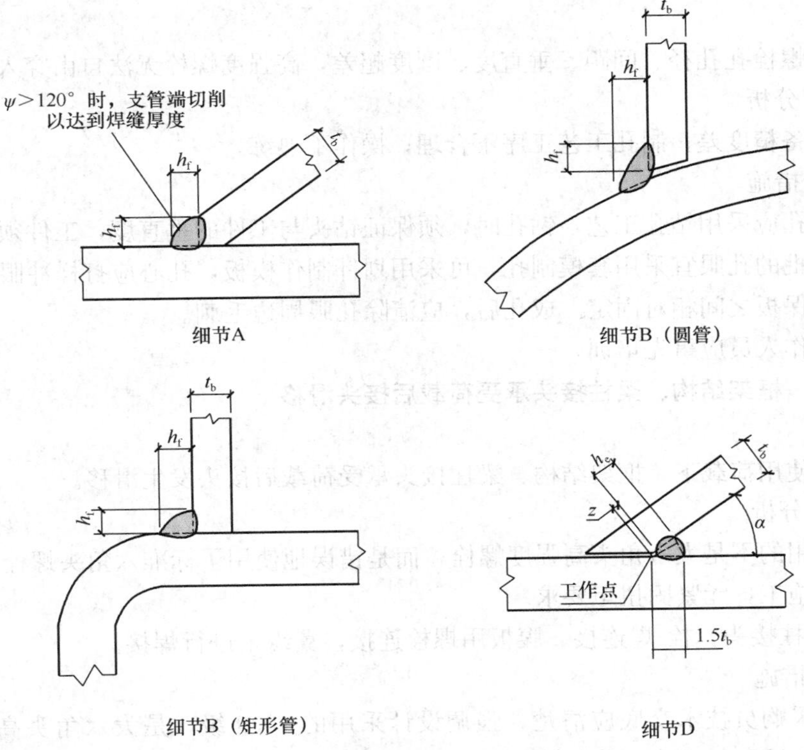

图 24-29 管材相贯节点角焊缝接头各区形状与尺寸

t_b—较薄件厚度；h_f—最小焊脚尺寸

(3) 目前国内外均缺少对管相贯节点过渡区和跟部焊缝熔敷情况及焊缝质量有效而简便的检测方法。

3. 预防措施

(1) 应加强对设计、制造、安装的技术人员及焊工的培训与标准宣贯，使其充分了解熔透与局部熔透及角焊缝之间的区别，掌握焊缝尺寸的计算方法。

(2) 加强管相贯焊接节点的过程控制，特别是对节点组对过程的控制，以保证相贯节点的不同部位的尺寸达到设计和规范的要求。

(3) 加强焊工岗前模拟培训与考核，提高焊工的操作水平。

4. 治理方法

(1) 由焊接缺陷导致的质量不合格可按照《钢结构焊接规范》(GB 50661—2011) 第7章第7.12节及第9章第9.0.10条的规定进行返修。

(2) 对于焊缝尺寸偏差导致焊缝强度不够，则应严格按照现行国家标准《钢结构焊接规范》(GB 50661—2011) 第5章第5.3.6条的要求重新计算并进行补强。

24.6 高强度螺栓连接

24.6.1 高强度螺栓孔超过偏差

1. 现象

高强度螺栓孔孔径、间距、垂直度、圆度超差，高强度螺栓无法自由穿入。

2. 原因分析

制孔设备精度差；制孔工艺工序不合理；操作不熟练。

3. 防治措施

（1）制孔应采用钻孔工艺，钻孔时，须保证钻头与工件的垂直度，工件须固定。

（2）成批的孔眼宜采用套模制孔，可采用划针制作模板，孔心应打样冲眼。多层板叠加时，须确保板之间相对固定。成孔后，应清除孔眼周边毛刺。

（3）操作人员应事先培训。

24.6.2 框架结构、梁柱接头承受荷载后接头滑移

1. 现象

在正常使用荷载下，框架结构、梁柱接头承受荷载后接头发生滑移。

2. 原因分析

（1）使用的不是大六角头高强度螺栓，而是错误地使用了标准六角头螺栓，并按普通六角头螺栓施工，无紧固扭矩要求。

（2）梁-柱接头、栓-焊连接、腹板用螺栓连接，翼缘未进行焊接。

3. 防治措施

（1）对采购员技术交底应清楚，强调设计采用的 10.9 级，是大六角头高强度螺栓，其标准是 GB 1228—1231，需要保证扭矩系数，对紧固扭矩有要求；不能采购标准六角头高强度螺栓，这种螺栓对紧同扭矩没有要求，按普通螺栓施工。

（2）对制作施工人员应交底清楚，对栓-焊混合接头，腹板拴接翼缘必须焊接。

24.6.3 连接接头螺栓孔错位，扩孔不当

1. 现象

节点螺栓安装完后，能明显看到有错位的螺栓孔。

2. 原因分析

（1）螺栓孔采用画线成型方法，孔及孔距的误差过大，造成节点板通用性差。

（2）安装时因螺栓不能自由穿孔，随意拿气割扩孔，造成螺栓孔过大，垫圈盖不住。

3. 防治措施

（1）当板厚大于 12mm 时，冲孔会使孔边产生裂纹和使钢板表面局部不平整。因此高强度螺栓孔制孔，必须按规范要求采用钻孔成型工艺。

（2）对栓孔较多的节点板，应用数控钻床或套模制孔，确保节点板的互换性。

（3）安装高强度螺栓时，螺栓应能自由穿入螺栓孔。安装或制作公差造成孔错位时，不得采用气割扩孔，应该采用铰刀扩孔，且按《钢结构工程施工质量验收规范》（GB 50205—2001）的要求，扩孔后的孔径不得超过 $1.2d$（d 为高强度螺栓直径）。

24.6.4 高强度螺栓施工不符合规范要求

1. 现象

(1) 高强度螺栓在工地户外贴地堆放，随意拿苫布一盖，且未盖严，螺栓生锈严重。

(2) 螺母、垫圈均有装反。

2. 原因分析

(1) 螺栓储存不符合《钢结构高强度螺栓连接技术规程》(JGJ 82—2011) 的要求，高强度螺栓应按规格分类存放于室内，防止生锈和沾染脏物。

(2) 安装工地随处可见一箱箱被打开的高强度螺栓连接副，而规程规定，应按当天安装需要的数量从库房领取，当天安装剩余的连接副必须妥善保管，不得乱扔。

3. 防治措施

(1) 工地应有严格的管理制度，严格执行规程的各项规定，用多少领多少，不能图方便将整箱放置于作业面上。

(2) 对工人进行技术交底时，应强调高强度螺栓连接副的特点，它不同于一般螺栓，有紧固扭矩要求，只有保持高强度螺栓连接副的出厂状态，即螺栓、螺母均是干净、无脏物沾染，且有一定的润滑状态。否则将会增大扭矩系数，紧固后螺栓的轴力达不到设计值，直接导致降低连接节点强度。

(3) 执行正确的安装方法，螺母带垫圈的一面朝向垫圈带倒角的一面。垫圈的加工成型工艺使垫圈支承面带有微小的弧度，从制造工艺上保证和提高扭矩系数的稳定与均匀，因此安装时切不可装反。

24.6.5 高强度螺栓连接节点安装质量缺陷

1. 现象

终拧时垫圈跟着转；终拧后连接节点螺栓外露丝扣过多。

2. 原因分析

(1) 将高强度螺栓作安装螺栓用，螺栓的部分螺纹损伤、滑牙，导致终拧时垫圈跟着转，拧不紧。

(2) 螺栓订货长度计算不当，或计算后为了减少规格、品种而进行合并，使部分螺栓选用过长。

3. 防治措施

(1) 螺栓长度应按《钢结构高强度螺栓连接技术规程》(JGJ 82—2011) 的要求计算，不能因图方便而随意加长。标准规定，对各类螺栓直径，相应的螺纹长度是一定值，由螺母的公称厚度、垫圈厚度、外露3个螺距利螺栓制造长度公差等因素组成。同一直径规格的螺栓长度变化只是螺栓光杆部分，螺纹部分是固定的，因此，过长的螺栓紧固时，有一部分螺栓看似拧紧（扳手转不动），实际是拧至无螺纹的部分。

(2)《钢结构高强度螺栓连接技术规程》(JGJ 82—2011) 规定：高强度螺栓连接安装时，每个节点应使用临时螺栓和冲钉。冲钉便于对齐节点板的孔位，但在施工安装时，往往为图方便和省事，不用冲钉和临时螺栓，直接用高强度螺栓取代，导致高强度螺栓的螺纹碰坏，加大了扭矩系数，甚至拧不紧，达到了扭矩值，但螺栓实际并未拧紧。

(3) 高强度螺栓穿入节点后，应该按照规程要求及时紧固。高强度螺栓穿入节点后，如果随手一拧，过一段时间后再终拧，由于垫圈和螺母支承面间无润滑，或已生锈，终拧时扭矩系数加大，按原扭矩终拧后螺栓轴力达不到设计要求。

24.6.6　高强度螺栓摩擦面的抗滑移系数不符合设计要求

1. 现象

高强度螺栓摩擦面的抗滑移系数检验的平均值等于或略大于设计规定值。

2. 原因分析

对规程及验收规范理解有误，抗滑移系数检验的最小值必须大于或等于设计规定值，而不是平均值。

3. 防治措施

根据《钢结构高强度螺栓连接技术规程》(JGJ 82—2011) 规定，抗滑移系数检验的最小值必须大于或等于设计规定值，当不符合上述规定时，构件摩擦面应重新处理。

抗滑移系数试件是模拟试件，《钢结构工程施工质量验收规程》(GB 50205—2001) 附录B中规定，试件与所代表的钢结构构件为同一材质、同批制作、采用同一摩擦面处理工艺和具有相同的表面状态。实际上是检验工厂采用的摩擦面处理工艺，粗糙度可能达不到设计要求，所以必须是最小值达到设计要求，如果是平均值达到设计要求，即意味着有一部分节点抗滑移系数小于设计要求，节点抗剪能力小于设计值。

24.6.7　摩擦面外观质量不合格

1. 现象

构件安装时，摩擦面上有泥土、浮锈、胶粘物等杂物，外观质量不合格。

2. 原因分析

(1) 构件堆放不规范，直接贴地堆放，泥土、积雪、雨水、脏物污染连接节点，安装前不作任何处理，直接安装。

(2) 摩擦面上无任何防护措施，构件制作完成到工地间隔时间较长，摩擦面上浮锈严重。

(3) 工厂对摩擦面采取防护措施是用膜保护摩擦面，但是保护膜选择不当，工地安装前揭膜后，摩擦面上沾染过多的胶粘物。

(4) 摩擦面孔边有毛刺、焊接飞溅物、焊疤等，或误涂油漆。

3. 防治措施

(1) 对沾有泥土、雨水、积雪、油漆等污物的摩擦面进行清理、干燥，使摩擦面的粗糙度达到要求。

(2) 在构件安装前，高强度螺栓连接节点摩擦面应进行清理，保持摩擦面的干燥、整洁，孔边不允许有飞边、毛刺、铁屑、油污和浮锈等，并用钢丝刷沿受力方向除去浮锈。

(3) 在构件安装前，应对摩擦面孔边的毛刺、焊接飞溅物、焊疤、氧化铁皮等，使用扁铲铲除。

24.7　钢结构防腐

24.7.1　构件涂层表面反锈、脱落

1. 现象

构件涂层表面逐步出现锈迹，局部涂层“壳起”并脱落。

2. 原因分析

(1) 除锈不彻底，未达到设计和涂料产品标准的除锈等级要求。

(2) 涂装前构件表面存在残余的氧化皮，构件表面存在残余的毛孔，有残余的且分布均匀的毛孔锈蚀。

(3) 除锈后未及时涂装，钢材表面受潮返黄。

(4) 表面污染未及时清除。

3. 防治措施

(1) 涂装前应严格按涂料产品除锈标准和设计要求以及国家标准规定进行除锈。

(2) 对残留的氧化皮应返工，重新作表面处理。

(3) 严格控制除锈时的环境湿度条件。

(4) 除锈后应及时清除污染物。

24.7.2 构件表面误涂、漏涂

1. 现象

构件表面不该涂装的面涂上涂料，构件表面（涂层之间）没有全覆盖或未涂。

2. 原因分析

(1) 不了解构件表面涂装的要求。

(2) 施工时不需涂装的表面的覆盖材料破损或散落。

(3) 操作不当，误涂或漏涂涂料。

3. 防治措施

(1) 加强操作责任心。

(2) 涂装开始前，对不要涂装和涂装特殊要求的面进行隐蔽覆盖或妥善处理。

(3) 涂装时发现隐蔽覆盖材料破损或散落，应及时修整处理。

(4) 对漏涂的应进行补涂涂料。

24.7.3 涂装厚度不达标

1. 现象

(1) 构件表面涂装的遍数少于设计要求。

(2) 涂层厚度未达到设计要求。

2. 原因分析

(1) 未了解该构件涂装的设计要求，错误选用了不同型号的涂料。

(2) 操作技能欠佳或涂装位置欠佳，引起涂层厚度不均。

(3) 涂层厚度的检验方法不正确，或干漆膜测厚仪未校核计量，读数有误。

3. 防治措施

(1) 正确掌握构件被涂装的设计要求，选用合适类型的涂料，并根据施工现场环境条件加入适量的稀释剂。

(2) 被涂装构件的涂装面尽可能平卧，保持水平。

(3) 正确掌握涂装操作技能，对易产生涂层厚度不足的边缘处，先做涂装处理。

(4) 涂装厚度检测应在漆膜实干后进行，检验方法按规范规定检查。

(5) 对超过干膜厚度允许偏差的涂层应补涂修整。

24.8 钢结构防火

24.8.1 防火涂料基层处理不当

1. 现象

(1) 防火涂料涂装基层存在油污、灰尘、泥沙等污垢。

(2) 防火涂料涂装前钢材表面除锈和防锈底漆施工不符合要求。

(3) 防火涂料涂装时环境温度和相对湿度不符合产品说明书要求。

2. 原因分析

(1) 对涂装基层存在污垢、表面除锈和除锈底漆处理不佳等，会引起防火涂料涂后产生空鼓、粉化松散、浮浆和返锈等缺陷的认识不足。

(2) 温度过低或湿度过大，易出现结露，影响防火涂层干燥成膜。

(3) 温度过高，易产生防火涂料涂层表面裂纹，增大表面裂纹宽度。

(4) 防火涂料涂层未干前遭雨淋、水冲等，将使涂层发白或脱落。

(5) 机械撞击将直接损伤涂层，甚至脱落。

3. 防治措施

(1) 清洗涂装基层存在的油污、灰尘、泥沙等污垢后方能进行防火涂料的涂装。

(2) 防火涂料涂装前，应对钢材表面除锈及防锈底漆涂装质量进行隐蔽工程验收，办理隐蔽工程交接手续。

(3) 应按防火涂料产品说明书的要求，在施工中控制环境温度和相对湿度，构件表面有结露不应施工。

(4) 注意天气影响，露天作业要有防雨淋措施。

(5) 避免其他构件在吊运中对已涂装的防火涂料的撞击。

24.8.2 防火涂料厚度不够

1. 现象

防火涂料涂层厚度未达到耐火极限的设计要求。

2. 原因分析

(1) 没有认识到防火保护层的厚度是钢结构防火保护设计和施工时的重要参数，直接影响钢结构的防火性能。

(2) 测量方法和抽查数量不正确。

(3) 对防火涂层厚度的施工允许偏差不了解。

3. 防治措施

(1) 加强中间质量控制，加强白检和抽检。

(2) 按同类构件数抽查10%，且均不应少于3件。

(3) 对防火涂料涂层厚度不够的区域应在涂层表面清洁处理后补涂，达到验收合格标准。

24.8.3 防火涂层表面裂纹

1. 现象

防火涂料涂层干燥后表面出现裂纹。

2. 原因分析

(1) 涂层过厚，表面已经干燥同结，内部却还在继续固化。

(2) 厚涂层未干燥到可以涂装后道涂层时，就涂装新的一层防火涂料。

(3) 防火涂料施工环境温度过高，引起表面迅速固化而开裂。

3. 防治措施

(1) 应按防火涂料产品说明书的要求配套混合，按施工工艺规定厚度多道涂装。

(2) 在厚涂层上覆盖新涂层，应在厚涂层最小涂装间隔时间后进行。

(3) 夏天高温下，涂装施工应避免暴晒，并注意保养。

(4) 对表面局部裂纹宽度大于验收规范要求的涂层，应进行返修。

(5) 处理涂层裂纹方法，可用风动工具或手工工具将裂纹与周边区域涂层铲除，再分层多遍进行修补涂装。

24.8.4 涂层外观缺陷

1. 现象

(1) 涂层干燥后出现脱层或轻敲时发现空鼓。

(2) 涂层表面出现明显凹陷。

(3) 涂层外观或用手掰，出现粉化松散利浮浆。

(4) 涂层表面外观不平整，有乳突现象。

2. 原因分析

(1) 一次涂层涂装太厚，由于内外干燥快慢不同，易产生开裂、空鼓与脱落(脱层)。

(2) 涂层在底层（或基层）存在油污、灰尘、泥沙等污垢或结露等情况下进行涂装，或没按产品要求挂钢丝网，涂刷界面剂，引起涂层空鼓与脱落（脱层）。

(3) 高温烈日下施工，未注意基层处理和涂层养护，引起涂层空鼓与脱落（涂层）。

(4) 在高温或寒冷环境条件下未采取措施就进行涂装施工，使涂料施工时就粉化或结冻，施工后涂层干燥固化不好，存在粘结不牢、粉化松散和浮浆等缺陷。

(5) 施工不规范，未作找平罩面，出现乳突也未作铲除处理。

3. 防治措施

(1) 防火涂料涂刷前应清除油污、灰尘和泥沙等污垢。

(2) 应按防火涂料施工技术要求，做好挂钢丝网、涂刷界面剂等增加附着力等措施。

(3) 防火涂料的施工环境温度宜在5～38℃之间，相对湿度不应大于85%，构件表面不应有结露。

(4) 钢构件表面连接处的缝隙应用防火涂料或其他防火涂料填补堵平后，方可进入大面积涂装。

(5) 防火涂料的底涂层宜采用喷枪喷涂。

(6) 薄型防火涂料喷涂时，每遍厚度不宜超过2.5mm，应在前涂层干燥后，再喷涂后遍涂层，喷涂应确保涂层完全闭合，涂层应平整、颜色均匀。

(7) 厚型防火涂料在喷涂或抹涂时，每遍厚度为5～8mm，施工层间间隔时间应符合产品说明书的要求。涂层应平整，无明显凹陷。

24.9 预应力钢结构拉索施工

24.9.1 拉索长度偏差大

1. 现象

拉索下料成品长度误差超过规范或者设计要求。

2. 原因分析

（1）钢结构厂家没有按照应力下料，给索厂提供的加工索长没有考虑张拉和结构变形对索长的影响。

（2）索厂没有按照拉索生产工艺进行生产。

3. 防治措施

在设计方没有给定拉索长度误差标准具体要求的情况下，一般参照《斜拉桥热挤聚乙烯拉索技术条件规范》规定，当索长小于100m时，拉索长度误差小于等于20mm；当索长大于100m时，长度误差小于或等于1/5000索长，因此是比较精确的，需要两方面控制。

（1）钢结构厂家对拉索进行下料时，不能按照钢结构下料习惯。拉索下料时除应在三维模型中直接测量出拉索长度作为下料长度外，还要考虑拉索后续张拉能引起拉索伸长和钢结构变形，这两方面对拉索长度影响很大，因此拉索下料时给索厂的下料单中，既要有拉索长度，也要有应力状态下的索长。

（2）索厂要按照钢结构厂家提供的应力下料图纸下料，在拉索的长度控制方面要考虑温度影响以及两端锚具浇铸体回缩对索长的影响，采用标定过的测量设备进行测量。同时下料前需对钢索进行预张拉，以消除索的非弹性变形，保证在使用时的弹性工作，预张拉在工厂内进行，一般选取钢丝极限强度的45%～60%为预张力，持荷时间为0.5～2.0h。

24.9.2 钢结构安装误差造成拉索不能安装

1. 现象

钢结构安装误差过大，造成不带调节端拉索不能安装上，或者安装完成后拉索松弛，带调节端拉索调节端调节长度不够。

2. 原因分析

钢结构安装时对结构安装尺寸控制较差：预应力钢结构在拉索张拉时会使钢结构产生变形，在钢结构安装时没有考虑。

3. 防治措施

（1）要充分认识预应力钢结构与常规钢结构不同，需要严格控制安装尺寸，确保满足拉索的安装要求。

（2）有些钢结构在拉索张拉前和张拉后变形很大，需要在钢结构安装时进行考虑，调整钢结构的安装尺寸。

（3）如果工期安排得当，可以在钢结构安装完成后进行钢结构实际安装尺寸测量，根据测量结果进行拉索索长的下料。

24.9.3 拉索锚具生锈

1. 现象

拉索锚具镀锌层脱落，拉索锚具在安装前或安装后生锈。

2. 原因分析

拉索存储方法不当，受雨雪水浸泡；拉索安装时造成镀锌层脱落。

3. 防治措施

(1) 拉索及配件在铺放使用前，应妥善保存放在干燥平整的地方，下边要有垫木，上面采取防雨措施，以避免材料锈蚀。

(2) 拉索安装时，要尽量避免尖锐工具直接接触拉索锚具，拉索锚具往钢结构上安装时，要尽量按照轴线方向安装锚具，避免锚具与钢结构间过渡挤压，造成镀锌层脱落。

24.9.4 拉索安装张拉完成后不顺直

1. 现象

拉索在张拉完成后出现竖向和水平弯曲。

2. 原因分析

(1) 拉索设计时选用规格过大或者拉索锚固点间距离过大，造成张拉应力很小，不能使长拉索顺直。

(2) 拉索出厂和运输时造成索体局部弯折过大。

(3) 拉索放索及安装时索体局部受横向力过大，造成拉索索体局部弯曲。

3. 防治措施

(1) 在设计时拉索张拉完成后最小应力一般要大于50MPa，否则容易造成张拉完成后拉索不直；对于长度较大且水平放置的拉索，要注意计算拉索在设计张拉力下的挠度，如果挠度过大，应采取一定的措施加以消除。

(2) 拉索在索厂盘卷成盘时要注意均匀盘卷，避免拉索局部横向受力，同时盘卷直径不宜过小，一般取大于索体外径的20倍，盘卷直径过小容易造成防护膜破损，或者拉索局部弯曲过大。拉索盘卷成盘由盘卷索盘上卸下前，要进行充分的捆绑固定，防止运输吊装过程中拉索散开造成不均匀变形。拉索在运输过程中要将索盘平放，防止受力不均引起索体局部变形。

(3) 拉索到现场安装时要使用放索盘进行放索，放索时随着拉索展开转动放索盘，将拉索均匀放开，如果不使用放索盘放索会造成拉索扭转，在牵引或者安装后极易造成拉索不顺直，或者形成不可恢复的索体弯折。拉索在吊装过程中注意拉索吊点之间的距离不宜过大，根据拉索的规格合理布置吊点位置，必要时加装辅助扁担。

24.9.5 索体防护层破损

1. 现象

拉索表面的PE（聚乙烯）防护层破损或者非PE防护而采用高钒镀层防护的高钒拉索表面高钒镀层被磨损掉。

2. 原因分析

拉索在运输、吊装、安装过程中坚硬物体接触防护层，造成防护层损伤。

3. 防治措施

(1) 运输过程中拉索要采用柔软的绳索固定。

(2) 到现场后拉索卸车时必须采用柔软的吊装带进行拉索卸货，严禁采用钢丝绳作为拉索卸货的吊具。

(3) 放索时，应在索下方垫滚轴，避免PE和有尖锐的物体发生剐蹭。

(4) 安装过程中注意防止拉索与钢结构或支撑胎架尖锐部位碰撞。

(5) PE拉索如果轻微破损，可以联系厂家提供与拉索同样颜色的PE，用热风枪熔化后进行修补，对于轻微的拉索高钒镀层损伤可以采用锌铝漆修补，对于损伤严重的PE和高钒镀层需要联系厂家进行修补。

24.9.6 索体锚具与PE索体间热缩管破损

1. 现象

拉索金属锚具与PE索体间用于防腐防护的热缩管破损。

2. 原因分析

由于热缩管是柔性拉索与刚性锚具间的连接部分，安装和张拉时都容易碰到这个部位，同时热缩管比较薄，比较容易破损。

3. 防治措施

安装和张拉时一定要注意保护该部位，可以采用软毛毡保护该部位，如果意外造成损伤，可以购买对应型号的热缩管，沿径向剖开，包裹到原部位后，用胶将热缩管粘结到一起后，再用热风枪将热缩管固定到防护部位。

24.9.7 撑杆偏移

1. 现象

连接到拉索的撑杆在张拉完成后竖向垂直度误差超过设计要求。

2. 原因分析

钢结构安装偏差和撑杆下端索夹安装位置偏差造成撑杆偏移；张拉时如果两边不对称，也会造成撑杆偏移。

3. 防治措施

(1) 拉索在工厂制作时一定要严格按照设计要求，在拉索上做好撑杆安装位置的标记点。

(2) 到达现场安装前，要先测量钢结构的安装尺寸，如果偏差较大，应调整拉索与撑杆下节点索夹的安装标记位置。

(3) 拉索安装时严格按照标记位置进行安装。

(4) 张拉时除控制索力外，还应控制两端锚具处螺纹的拧紧长度要对称，防止两端拧紧的长度差值过大，造成撑杆发生偏斜。

24.9.8 固定索夹节点滑移

1. 现象

撑杆下端的固定索夹节点在张拉过程中和张拉完成后，在安装屋面时及以后运营过程中发生滑移。

2. 原因分析

设计时没有考虑到撑杆两端拉索不平衡力过大，设计的螺栓拧紧力不够；或张拉前和张拉后螺栓没有拧紧。

3. 防治措施

(1) 设计时要考虑固定索夹节点两端拉索的不平衡力有多大，根据拉索与索夹节点间的滑移系数，设计选用螺栓和拧紧力。

(2) 张拉前要拧紧拉索索夹节点，由于拉索在张拉过程中直径要变细，因此在张拉完成后要再次拧紧螺栓。

(3) 如果后续结构恒载较大，在屋面、吊挂等恒载安装完成后，需要再一次拧紧螺栓。

24.9.9 钢拉杆螺纹锚固长度不够

1. 现象

钢拉杆杆体与锚具或调节套筒间的螺纹锚固长度没有满足受力要求。

2. 原因分析

由于钢拉杆杆体螺纹较短，且一个钢拉杆有多个连接部位，在安装时和张拉时需要反复旋转调节螺纹长度，因此容易造成个别螺纹锚固长度不够。

3. 防治措施

(1) 钢拉杆安装时首先要在杆体螺纹上用记号笔标记出拉杆的最小锚固长度位置，安装张拉完成后进行检查，如果标记没有露出，就表示能保证最小锚固长度。

(2) 在安装前，拉杆两端的螺纹露出长度一定要调整到相同，以确保不会出现为了调整拉杆长度，而造成个别螺纹锚固长度不够。

24.9.10 张拉完成后结构变形与索力偏差大

1. 现象

张拉完成后结构变形与索力及仿真计算值偏差超过要求。

2. 原因分析

(1) 支座摩擦与设计不相符，在相同张拉力下，摩擦力过大则结构变形偏小。

(2) 结构屋面荷载与设计不相符，荷载大则变形小，荷载小则变形大。

(3) 檩条及桁架与主梁的连接是固结还是铰接，对索力和变形也产生影响。

3. 防治措施

张拉前要仔细检查结构受力状态是否与仿真计算相符。检查的主要内容包括：

(1) 支座是否与设计相符，支座上的临时固定装置是否都已经拆除；

(2) 屋面荷载包括檩条、檩托等安装情况是否与计算相符；

(3) 相邻主梁间的檩托或者次梁与主梁的连接方式是刚接还是铰接；

(4) 支撑胎架是否有限制结构变形的措施；

(5) 张拉次序是否与原计算相符。

如果上述结构受力情况与仿真计算不符，需要重新调整仿真计算，确定张拉力和变形结果。

24.9.11 张拉完成后支座破坏

1. 现象

张拉完成后结构支座开裂或者变形。

2. 原因分析

张拉时支座的状态与设计不相符，或者张拉时支座为固定支座，张拉力大部分传递到支座上，造成支座变形或者开裂。

3. 防治措施

（1）在张拉前要仔细检查支座状态，张拉前应把固定支座的临时措施全部拆除。

（2）检查支座安装后滑动方向是否与设计一致。

（3）张拉前一般支座被设计成可滑动状态，如果设计最终为固定支座，施工时应通过支座构造设计确保在张拉时支座可滑移，在屋面全部荷载施加完成后，最终使支座变成固定铰接支座。

25 索膜结构工程

索膜结构是用高强度柔性薄膜材料经其他材料的拉压作用而形成的稳定曲面，是能承受一定外荷载的空间结构形式。索膜结构造型自由、轻巧、柔美，充满力量感，具有阻燃、制作简易、安装快捷、节能、使用安全等优点，因而在世界各地得到广泛应用。

索膜结构作为一种建筑体系所具有的特性主要取决于其独特的形态及膜材本身的性能，用膜结构可以创造出传统建筑体系无法实现的设计方案。这种结构形式特别适用于大型体育场馆、入口廊道、公众休闲娱乐广场、展览会场、购物中心等场所。

膜结构基材基本上为织品，材料由纤维构成。最常见的材料为聚酯压层或镀 PVC 材质，镀 PTFE 或镀硅之玻璃纤维材质。

膜结构从结构形式上分可分为：骨架式膜结构、张拉式膜结构、充气式膜结构 3 种形式。

骨架式膜结构（图 25-1）通过自身稳定的骨架体系支撑膜体来覆盖建筑空间，骨架体系决定建筑形体，膜体为覆盖物。因屋顶造型比较单纯，开口部不易受限制，且经济效益高等特点，广泛适用于任何大、小规模的空间。

图 25-1　骨架式膜结构

张拉式膜结构（图 25-2）通过钢索与膜材共同受力形式的稳定曲面来覆盖建筑空间，具有高度的形体可塑性和结构灵活性。近年来，大型跨距空间也多采用以钢索与压缩材料

图 25-2　张拉式膜结构

构成钢索网来支撑上部膜材的形式。因其施工精度要求高，结构性能强，且具丰富的表现力，所以造价略高于骨架式膜结构。

充气式膜结构（图 25-3）通过空气压力支撑膜体来覆盖建筑空间，可得到更大的空间，施工快捷，经济效益高，但需维持 24 小时送风机运转，其持续运行及机器维护费用的成本较高。

图 25-3　充气式膜结构

膜结构具有以下特点：

（1）轻质：张力结构自重小的原因在于它依靠预应力形态而非材料来保持结构的稳定性。从而使其自重比传统的建筑结构小得多，但却具有良好的稳定性。

（2）透光性：透光性是现代膜结构被广泛认可的特性之一。膜材的透光性可以为建筑提供所需的照度，这对于建筑节能十分重要。通过自然采光与人工采光的综合利用，膜材透光性可为建筑设计提供更大的美学创作空间。同时在夜晚，透光性将膜结构变成了光的雕塑品。

（3）柔性：张拉膜结构不是刚性的，其在风荷载或雪荷载的作用下会产生变形。膜结构通过变形来适应外荷载，在此过程中荷载作用方向上的膜面曲率半径会减小，直至能更有效抵抗该荷载。

（4）雕塑感：张拉膜结构的独特曲面外形使其具有强烈的雕塑感。膜面通过张力达到自平衡。张拉膜结构可使建筑师设计出各种张力自平衡、复杂且生动的空间形式。利用膜材的透光性和反射性，经过设计的人工灯光也可使膜结构成为光的雕塑。

（5）安全性：按照现有各国规范和指南设计的轻型张拉膜结构具有足够的安全性。轻型结构在地震等水平荷载作用下能保持很好的稳定性。膜结构发生撕裂时，若结构布置能保证桅杆、梁等刚性支承构件不发生坍塌，其危险性会更小。

（6）多功能：由于张拉膜结构的自身特性，可以满足从简单遮阳结构到功能复杂的大型建筑等许多不同的建筑功能要求。

（7）抵御天气的影响：膜屋面的一个重要作用就是抵御各种天气变化（如日晒、雨淋、风雪等）对其内部空间的影响，保持建筑物内部的舒适性。选择膜面的形态和材料时要考虑到所有可能的天气状况，并尽可能利用建筑本身等被动方法来减少能量的消耗。

（8）可移动性：结构可以在不同的地点反复拆建，膜材轻柔的特点使其方便运输，且易于迅速搭建，而闲置时占用空间很小。这种特性使膜结构十分适于用作临时性可移动建筑，特别是在发生突然灾难或遇到紧急情况而需要在短时间内为大量人员提供庇护所时。这种可移动性和可重复使用的特点，对加速现代城市的发展和建筑功能在某些特殊领域中的转变具有重要意义。

（9）可展性和自适应性：可开敞也可闭合，是一种人造的自适应体系，它的空间布置和对天气变化的反应具有灵活性和自适应性。

膜结构在设计、材料选用、构件设计、细部构造设计、剪裁设计到加工制作、安装张拉以及建成后的使用维护等过程中，任何步骤的错误或疏忽都有可能影响到工程的质量，甚至酿成工程事故。

25.1 膜结构设计

25.1.1 膜结构选型不当

1. 现象

膜面皱褶及变形。

2. 原因分析

膜结构选型不当，张力松弛或不连续，导致膜面皱褶及变形。

3. 防治措施

（1）选择适当的支撑结构和膜面形状。考虑恒荷载、活荷载、温度作用、风荷载、地震作用等组合，结合建模软件，拟合建筑造型要求的曲面，使控制线在轨迹线上平滑移动，形成屋盖曲面。同时考虑与钢结构支撑相连的混凝土结构的约束刚度，对钢屋盖进行几何非线性的整体稳定分析和弹塑性极限承载力分析。

（2）重视抗风设计。膜结构质量轻、刚度小、自振频率低，对地震作用有良好的适应性，但对风荷载却较为敏感，因此膜结构设计首先要考虑风荷载（或雪荷载）的作用。膜结构形体一般比较复杂，在进行刚性缩尺模型风洞试验时，不仅要考虑全封闭状态的模型，同时还应考虑因膜材撕裂、门窗突然开启、充气膜结构中电气管线破断等情况，进行突然开口状态的模型对比试验。对于复杂形体的膜结构，还应进行气弹模型试验。抗风设计应采用多级设防原则，即“多遇风不坏，偶遇风可修，罕遇风不毁”，这样既可确保结构的整体安全，也可避免增加不必要的造价，同时可以兼顾膜结构的特点，提高膜结构工程的安全性。

（3）重视节点设计。膜结构的节点是联系索、膜及相关支撑骨架与边缘构件的重要部件，也是形成膜结构形体的重要纽带。节点的松弛、失效或破坏，关系着结构的整体安全。结构设计时应使节点具有合适的刚度，不先于其他部件破坏，使各种材料的力学性能得以正常发挥，避免出现过大的应力集中或附加弯矩，并留有二次张拉的可能性。张弦梁结构节点主要有撑杆与索连接的索夹节点、撑杆与单层网壳连接的关节轴承节点、预应力张拉段索连接节点等。针对这些典型节点，通过有限元分析，考察节点的应力水平，查找应力集中点，进行针对性的节点修改，完善和保证节点的安全性。设计时应防止节点松动、滑移而导致膜面松弛、撕裂，保持在遭受灾害袭击时结构的稳定性。

（4）重视材料选择。工程膜面采用的材料主要有聚四氟乙烯涂面、PVC、聚酯纤维类薄膜和玻纤特富隆薄膜。材料主要指标应包括单位重量、厚度、力学性能、光学性能、防火性能及耐久性等。膜结构应根据防火要求选用不同的膜材，尽量采用不燃类膜材，同时还应重视拉索或拉杆的材质控制、锚头和锚头浇铸镦头的质量控制，以及典型拉杆或拉索的1：1张拉试验、拉索或拉杆长度等。

25.1.2 膜结构设计参数选取不当

1. 现象

膜结构设计有缺陷，参数选取不当。

2. 原因分析

（1）不熟悉膜结构的设计过程及程序。

（2）膜结构设计参数选取不合适。

3. 防治措施

（1）要对膜结构进行施工图设计，确定以下与膜面几何形状有关的参数：膜面分区及膜布经纬分布方向，各几何形状基准点的空间坐标，伞形膜结构伞顶的具体位置及帽圈的大小，边索以及其他与膜面形状相关的加强索、脊索和谷索的具体位置及其相应的弧度，膜面的应力分布及大小等。对复杂造型的膜面进行分区时要考虑其曲面变化、排水安排及支承结构体系等因素。

1）与膜面相连的索，如边索、加强索、脊谷索等的弧度，不仅影响到膜面的形状与覆盖面积，对索的内力影响也非常明显。同时，边索的弧度还影响到膜角点处膜布的宽度及节点板边线的夹角。膜面的应力分布及大小，不仅影响到其几何形状，还关系到结构张成后的刚度。确定膜面应力时要考虑到所用膜材的性能、张拉方法及实际张拉的难易程度。

2）在确定了与几何形状相关的上述参数后，需重新生成膜面形状，并对膜面进行荷载态分析；检查膜面是否有应力过于集中、变形过大，以及是否会出现积水、积雪等现象，进行必要的修改和优化。形状的修改、优化，需得到建筑师和业主的确认，并通报其他专业工种，以便协调、配合。

（2）进行结构体系设计，包括支承结构体系自身的稳定性、水平力的传递、体系内力的自平衡和结构单元的重复与组合。

1）膜结构的支承体系应满足其自身稳定性的要求，以方便把握各控制点的空间位置及对膜面实施张拉，防止万一发生膜材撕裂，不至于引起结构整体倒塌的严重事故，更换膜面时施工也比较方便。

2）在柔性边界的膜结构中，节点处的水平力往往很大，设计中应采用合适的构造措施以确保水平力的可靠传递。为避免柱顶水平力在柱脚产生过大的弯矩，可将边柱的柱脚铰接，也就是将其做成撑杆，并设置拉地锚索以传递膜角节点板传来的作用力。此时，撑杆、锚索的倾角应合理设计，以保证传力最有效并在各种荷载组合下的稳定。如因场地所限不能设置锚索时，可采用组合式边柱。

3）膜结构是一种张力结构，在布置膜结构的支承结构体系时，应尽可能将其设计成自平衡体系，以减少膜面张力对下部结构或地基的影响。

4）利用某种基本外形的结构单元加以组合，形成大面积的覆盖空间。设计时需注意膜面的热合线在连接处要对齐，以形成连续、流畅的视觉效果。

（3）要重视细部设计。

1）膜与索的连接：在柔性边界的膜结构中，索的应用形式可以是形成膜边界的边索，帮助大面积膜面传递荷载的加强索，辅助形成曲面形状的脊索和谷索，以及维持支承结构体系稳定的结构稳定索和锚地拉索等。边索与膜的连接可以是索穿在膜边的“裤套”内，也可以通过U形夹板相连；加强索以及脊索和谷索可以在膜布外也可以在膜布内。

2）索及索具的选用：应尽可能选用制作精美、耐久性能好的不锈钢制品。索及索具的最小破断力应满足机械强度的要求。

3）张拉节点及膜角节点板：为适应膜面在风作用下的变形及满足对膜面实施张拉和二次张拉的需要，张拉节点应有足够的转动自由度和张拉调节量。膜角节点板由不锈钢材料或普通钢板制成，可以是一片节点板加上与之配合的夹板组成，也可以由两片形状、大小相同的板组合而成。节点板的形状与角度要与膜面在角点处的空间形状相匹配，同时传力途径要明确、简洁，满足机械强度的要求。

4）膜面开洞的处理：应尽量避免在膜面开洞，当必须在膜面开洞时，应采取适当的措施，以保证开洞处膜面张力的可靠传递，同时做好防水处理。例如可在洞口处下方为一环形铝合金板，上方为用铝合金角钢制成的同样大小的圆环，用螺栓将膜布夹紧，膜面的张力在洞口处通过圆环传递，上面的角钢可阻止雨水从洞口处流入。

5）裁剪应变补偿的修正：在柔性边界的膜结构中，靠近边索处的膜在沿索的方向很难张拉，伞形膜在帽圈处沿环向也难以切实有效地施加预张力。当采用统一的百分率对膜布进行应变补偿（预缩）时，需对这些特定部位的补偿率作出修正。膜材的热合应采用张拉焊接，对膜片分块小、热合缝密集的区域，要考虑因热合造成的膜材收缩对补偿率的影响。

25.2 膜结构施工

25.2.1 膜面剪裁缺陷

1. 现象

膜面剪裁有缺陷，接缝布置不美观，膜材用料浪费。

2. 原因分析

膜结构在完成找形、荷载分析和构件设计（包括膜材、索、支承钢结构的设计等）并获批准后，要购买膜材料，进行裁剪设计，加工制作膜面。在裁剪设计的原则、裁剪方法、膜材连接方法与接缝设计、裁剪加工图、膜面制作工序与质量要求等任何一方面处理不当，均会导致膜面剪裁缺陷，影响膜面美观，造成膜材浪费。

3. 防治措施

（1）加强对膜结构裁剪设计。膜结构裁剪设计的内容与步骤如下：在找形得到的空间膜面上布置裁剪线，将空间膜面划分成若干个空间膜条；将空间膜条展开为平面膜片；释放预应力，对平面膜片进行应变补偿（即考虑预应力释放后膜材的弹性回缩）；根据以上结果，加上膜片接缝处及边角处都放量，得到平面裁剪片；给出膜材的下料图及膜面的加工图。对于简单、规则的可展曲面，可直接利用几何方法将其展开并得到下料图。而对于复杂曲面，需通过计算机方法确定。目前常用的裁剪方法有测地线裁剪法及平面相交裁剪法等。

（2）确定裁剪线的布置原则。裁剪线的布置应遵循以下原则：有良好的视觉效果；受力性能良好；便于加工，避免裁剪线过于集中，以方便边角处理；节省膜材，且使接缝总长度尽可能地短。通常，裁剪线的方向就是膜材的经向，即膜材的长度方向。习惯上，圆锥形（伞形）膜面的裁剪线按经向布置，马鞍形膜面的裁剪线沿平行于高点对角线的方向布置，拱支承形膜面的裁剪线多垂直于拱的跨度方向，脊谷式膜面的裁剪线多平行于脊谷索布置；刚性边界的膜结构，裁剪线多平行于边界支承构件。设计实际工程时，可适度地改变习惯做法，有时会收到意想不到的新奇效果。

（3）确定裁剪的应变补偿。膜材裁剪时的应变补偿值（预缩量）需根据膜材在特定应力比及应力水平下的双轴拉伸试验结果，结合各种因素，综合确定应变补偿率。膜材经、纬向的应变补偿率通常是不同的，且不同的应力分区也应采用不同的补偿率。常用聚氯乙烯（PVC）涂层覆盖聚酯织物的应变补偿率在0.5%～0.8%；而常用聚四氟乙烯（PTFE）涂层覆盖玻璃纤维膜材的应变补偿率经向为0.5%～1.0%，纬向在1.0%～3.0%之间。

（4）选用合理的膜材连接方法。膜材的连接方法有机械连接、缝纫连接、热合连接等。机械连接常用于大中型结构膜面与膜面的现场拼接。缝纫连接通常用于无防水要求的网状膜材结构中，或者与热合连接同时应用在PVC涂覆聚酯织物的边角处理上。对PVC膜材料，多用高频焊接，局部修补可用热风焊接；PTFE及乙烯-四氟乙烯共聚物（ETFE）膜材则采用接触加热物体的高温热合方法。接缝可以是搭接，也可以是采用“背贴条”的拼接。PTFE膜材采用焊接时，需要在两层PTFE膜材间放置氟化乙丙烯（FEP）薄膜条。

（5）编制好裁剪加工图。裁剪加工图包括膜片下料图、膜材排版图、膜面加工图。膜片下料图是指考虑了应变补偿后的平面膜片图，亦即各裁剪片的平面坐标及经线方向；膜材排版图是指各裁剪片在特定幅宽膜材上的排列图，在考虑了边角放量及经纬方向后，排列应尽可能紧凑，以节约膜材；膜面加工图就是各裁剪片的拼装图。在加工图上，除了注明各裁剪片及接缝位置外，还需给出接缝及边角处理方式和放量、接缝方向、补强位置及范围、膜材型号及规格、接缝检测要求、包装时折叠的顺序及方向标识要求等。

（6）对特殊部位的经验处理。诸如：在边角膜片与膜片连接处的接缝需要放量；在柔性边界的膜结构中，为方便穿钢索，常将膜边放出一定的余量做成索套；在膜结点板处以及刚性边界膜结构的边界处，也需在裁剪基准线外加上适当余量以方便埋绳；挖弧及补强层在膜角点，一般用膜节点板并通过连接配件连接膜面与支承结构；节点板处的膜面要作“挖弧”处理；膜角处及锥形膜面的顶部等部位应力比较集中，常用两层或三层膜热合在一起，作“补强层”处理；考虑到安装的方便，除了将膜面进行必要的分块之外，还可以在膜面上特定部位焊接一些“搭扣”，以方便吊装及张拉，在张拉完成后再将其剪去；出于防水或美观的考虑，也可在膜面适当部位焊接一些用于覆盖用的膜片。

（7）对特殊部位的应变补偿率进行调整。对于外形为圆锥形的膜结构，在帽圈处常用圆钢板或圆环与膜面相连，安装时通常也是先将膜面固定在钢板或圆环上再顶升，因而帽圈处膜的环向应变补偿值几乎为零。同样，靠近边索处的膜在沿索的方向很难张拉，应变补偿率也需作出调整。在刚性边界的膜结构中，中间部位的膜比较容易张拉，而靠近边界处的膜张拉就比较困难，边角处的应变补偿率也宜作出适当的调整。

（8）加强膜面加工质量检查。膜面的加工制作包括准备工作、放样、排版与下料、热合试验、热合加工、边角处理、清洗、包装。

1）膜面加工的技术准备工作，主要是阅读、领会设计图纸，查看相关数据文件；如为人工下料，需对制作人员进行技术交底。加工场地需平整、无尘，温度、湿度适宜；加工设备保养良好。

2）膜材的进场检测主要包括外观检查和物理性能检测两方面。外观检查主要是检查膜面色泽是否一致，有无斑点、小孔等，一般通过目测结合专用灯箱进行。待用膜材的品牌与型号应与设计图纸一致，并为同一批号（不同批号的膜材色泽会有差异）；无直径2mm以上的油污、瑕疵，无直径1mm以上的针孔，色泽应均匀一致。物理性能检测主要是检测厚度、重量、抗拉强度及撕裂强度等，检测结果应不低于膜材性能表所列指标。膜材进场时可对各项技术指标进行抽检，并检查膜材出厂时的材料检测报告和质量保证书。当抽检数据与出厂检测报告出入较大时，应通知膜材供应商并取样送权威检测机构检测、鉴定。

3）膜面放样有自动放样与手工放样之分，取决于加工厂商的设备情况。自动放样是将包含各膜片 X、Y 坐标的数据文件输入电脑，经排版、优化后打印在膜布上或直接由电脑控制的切割机将膜布裁剪成片。当采用手工放样时，通常要先做出 1：1 的纸样，再将纸样放置在膜布上排版，最后划线、下料。手工放样、下料的精度应控制在 2mm 以内。

4）在正式进行焊接加工前，需进行热合试验，以便为热合加工提供参数依据。试验样条的抗拉强度应不低于其母材强度的 80%。在焊接加工过程中，也需定时试验并记录结果，以便随着环境温、湿度的变化及加工部位的不同，随时修正相关技术参数。正式加工时，先将膜片在接缝处对齐，检查膜材的正反面及接缝顺序是否正确；清洁待焊区域；如为 PVC 膜材拼接接缝应放置“背贴条”，如为 PTFE 膜材需在接缝处两层膜片间放置 EFP 条；根据热合试验所得到的参数进行加工。最后根据设计图纸对边角进行埋绳、焊接穿钢索的“裤子”及补强处理。热合时宜采用张拉焊接，即要对待焊区域的膜材施加一定的预张力，以减小因热合造成的膜材收缩，改善张拉成型后焊缝处的应力状态。

25.2.2 膜材料色差大

1. 现象

膜材色泽差异明显，色差大。

2. 原因分析

膜材在生产过程中需在聚酯纤维织物或玻璃纤维织物的基材上涂以各种相应的涂层，以改善膜材的耐久性、抗水性、自洁性、抗紫外线等物理性能。然而不同批次生产的膜材往往存在一定的差异，若将色泽差异明显的膜材置于同一工程中势必影响美观。设于膜材外的 PVC 涂层随时间推移而老化、剥落。

3. 防治措施

（1）加强膜材料检查：主要有膜材检查、辅料检查和原材料复验。必须坚持在膜结构工程中采用同一厂家、同一型号、同一批次的膜材。膜材检查是指对厚度、宽度和外观进行检查。厚度检查用测厚仪检查，ETFE 膜材厚度允许偏差不超过±5%；宽度检查采用钢卷尺测量，每卷膜材启用前测量一次，宽度不得小于厂家提供的质量保证书上的数值；外观检查的方法是将膜材在裁剪桌上缓缓打开，目测检查，膜材印刷图案应满足设计要求，每卷膜材之间应无明显色差，膜材表面应光滑平整，无污点、霉点、褶皱等缺陷。辅料检查主要是对胶条进行检查，用卡尺检查胶条直径，允许公差不超过±1mm。每

$500m^2$ ETFE膜作为一个检验批进行原材料复验，做物理力学性能试验和透光率试验，试验结果合格，方可进入加工厂进行加工。所有检查必须有相关记录。

（2）检验打孔边实际尺寸与图纸标注尺寸之间的相对误差，长边相对误差应小于等于1.5%，短边相对误差应小于等于3%。

（3）对PVC成品膜单元按安装展开程序合理折叠、码放，用标准膜包裹严密并捆扎牢固，固定于木排上或放置于木质包装箱内。PTFE成品膜单元包装按安装要求的顺序逐一卷绕在有足够长度的钢管轴上，不应有折叠的死角。每个成品包装件上的醒目位置应有两处稳固的、字迹清楚牢固的标识。

（4）膜单元装车运输前应编制装卸运输方案，运输车辆应选用厢式货车，也可以选用配有可严密遮盖的防雨布并有固定装置的敞篷式货车。

（5）加强膜材制品的研究，推出涂敷良好、与基层结合紧密的新一代膜材；同时要精心施工及正常使用维护。

25.2.3 膜面制作损坏

1. 现象

膜材在制作过程中损坏。

2. 原因分析

没有正确按照制作工艺进行。

3. 防治措施

（1）制定正确的膜制作工艺流程：设计裁剪图→裁剪工程→熔接工程→修饰工程→制品检查→制品检查书制作→包装出货。

（2）膜材加工场杂物及突出物应清扫，并用吸尘器净尘，然后用布、吸滚轮及溶剂等仔细地将污垢清扫干净。膜材在工程中移动时，应由两人以上搬运，膜材下应无障碍物，以防止膜材发生折痕、折纹等损伤。

（3）将裁剪位置资料转送到自动裁剪机，自动进行膜材的记号、切割。

（4）熔接过程应按要求严格控制温度，以保证熔接质量。为保证膜结构整体的强度和稳定性，接缝的强度应与主要膜材的强度接近，接缝处弹性尽可能大，以保证几何曲面的美观。接缝处不得破损，在安装使用过程中无硬褶，表面不能渗水，接缝要能具有一定的耐化学侵蚀能力。在接缝处涂一层保护性的上光涂层或在薄膜上喷铝雾，以防熔接强度可能因受紫外线和高温作用而降低。

（5）膜固定用螺栓孔，应根据加工图，标出螺栓孔位置，用打孔机打孔。

（6）膜制作完进行检查验收并做好制品检查书后，将制作好的膜材两端设定在制品台上，以施工时展开顺序为基础确认卷起方向，卷在硬纸筒上并进行捆包工作，检查合格后方可运至安装施工现场。

25.2.4 膜结构张拉失误

1. 现象

膜结构施加预张力后超张拉或张拉力不足。

2. 原因分析

对膜结构工程施加预张力的重要性认识不足；施加预张力方案不正确，施加预张力方法及张拉控制机械设备选用不当，张拉质量控制不严。

3. 防治措施

(1) 制定正确的施加预张力方案。应考虑预张力的均匀传递，膜裁剪相对准确；受力部件的力不宜过大，应根据施力位置而定；为便于整个结构体系安装，成品膜单元应比预张力状态下的膜单元小。

(2) 准确选择施加预张力的方法。对膜结构施加预张力应以控制位移为主，对有代表性的施力点通过检测内力作为辅助控制手段。对膜结构的支撑结构的预埋件、地脚螺栓、预埋螺栓等的施工定位进行跟踪测量监控，确保施工定位准确。对钢构件的下料、组拼等加工过程进行严格检查监控，确保施工安装偏差控制在允许范围内。严格控制钢索的制作长度，确保误差控制在允许范围内。

(3) 合理选用膜结构张拉控制机械设备。全站仪及配套设备，用于监控各工序施工安装的准确定位；自动转换行程穿心式千斤顶及泵站、控制台，用于钢索体系的整体提升；大行程千斤顶，用于顶升立柱，给膜结构体系施加预张力；大吨位千斤顶、液压泵及测力装置，用于张拉钢索的方法施加预张力，千斤顶系统配置有测力装置，可以直观准确地掌握作用力的情况；膜单元拉展、张紧器具，配套施工夹具，用于空中展开膜单元和直接张紧膜面施加预张力方法使用；膜单元应力测试仪，用于检测膜面应力。

(4) 严格控制张拉质量。膜面应力应分块逐步张拉到位。膜面张拉到位后，监理应会同安装单位质检人员按照膜结构设计提供的膜面应力值、测试部位和测试工具对膜面应力进行全面检查验收，同时检查压板螺栓有无漏装漏拧。对钢结构预应力索或预应力拉杆的施工质量，应检查其材质控制、锚头质量控制、锚头浇铸镦头、典型拉杆或拉索的一比一张拉试验、拉索或拉杆长度、拉索或拉杆张拉力的控制、拉索或拉杆张拉对主体钢结构的影响、索张力或主体钢结构尺寸的控制关系。

25.2.5 膜结构支架钢结构施工质量差

1. 现象

膜结构钢结构骨架柱脚螺栓埋设不准确，柱顶部混凝土拉碎或拉崩；梁柱连接节点不规范，檩条、支撑局部失稳。

2. 原因分析

(1) 柱脚螺栓距离混凝土柱子边过近。

(2) 柱底抗剪件未按规定留设，柱底板与混凝土距离太近。

(3) 梁、柱连接节点刚性、柔性节点区分不清楚，高强螺栓连接不规范。

(4) 钢结构吊装方案不合理。

(5) 随意切割及修改檩条及支撑。

3. 防治措施

(1) 预埋螺栓时，钢柱侧边螺栓不能过于靠边，应与柱边留有足够的距离。同时，混凝土短柱要保证达到设计强度后，方可组织刚架的吊装工作。

(2) 抗剪槽和抗剪件应按规定留设。柱脚底板与混凝土柱间空隙不应过小，一般二次灌料空隙应为 50mm。

(3) 地脚螺栓位置应准确，不得任意打孔切割，柱脚固定要牢靠，锚栓最小边（端）距应能满足规范要求。

(4) 梁、柱连接与安装要严格按照设计图纸施作；翼缘板与加厚或加宽连接板对接焊缝时，应按要求做成倾斜度的过渡。对接焊缝连接处，若焊件的宽度或厚度不同，且在同一侧相差 4mm 以上者，应分别在宽度或厚度方向从一侧或两侧做成坡度不大于 1：2.5（1：4）的斜角。

（5）端板连接面制作要精细，切割要平整，与梁柱翼缘板焊接时要控制得当，不使端板翘曲变形。

（6）刚架梁柱拼接时，不得把翼缘板和腹板的拼接接头放在同一截面上，一定要按规定错开。刚架梁柱构件受集中荷载处应设加劲肋。

（7）连接高强螺栓应符合规范的相关规定。高强螺栓拧紧分初拧、终拧，对大型节点还应增加复拧。拧紧应在同一天完成，切勿遗忘终拧。在结构安装完成后，应对所有的连接螺栓逐一检查，以防漏拧或松动。高强螺栓连接面应按设计要求的抗滑移系数去处理。

（8）吊装刚架时，应先安装靠近山墙的有柱间支撑的头两榀刚架，安装完毕后，应在两榀刚架间将水平系杆、檩条及柱间支撑、屋面水平支撑、隅撑全部装好，利用柱间支撑及屋面水平支撑调整构件的垂直度及水平度，待调整正确后方可锁定支撑，而后安装其他刚架。

（9）不得随意增大、加长檩条或檩托板的螺栓孔径，若孔径过大、过长，隅撑就失去了应有的作用。隅撑角钢与钢梁的腹板不应直接连接，以免钢梁局部侧向失稳。檩条宜采用热镀锌带钢压制而成，且保证有一定的镀锌量。因墙面开设门洞，不得擅自将柱间垂直支撑一端或两端移位，以防破坏其稳定体系。

（10）施工单位不得任意取消设计图纸的一些做法。任何单位均不得擅自增加设计范围以外的荷载。

25.2.6　膜安装变形

1. 现象

膜材在安装过程中变形或损坏。

2. 原因分析

没有正确的按照安装工艺进行。

3. 防治措施

（1）按照正确膜安装工艺流程进行施工：安装方案会审→复核支承结构尺寸→膜安装技术交底→检查安装设备工具是否到位→施工安装平台搭设→钢索安装→铺设保护布料→膜面就位→展开膜材→连接固定→调整索及膜收边→张拉成型→防水处理→清洗膜面→最后检查→交工。

（2）膜体进场安装前，应组织项目有关人员对施工方案进行评审，确定详细的安装作业与安全技术措施。先复核支承结构的各个尺寸，使每个控制点的安装误差均在设计和规范允许的范围内；对膜体及配件的出厂证明、产品质量保证书、检测报告及品种、规格、数量进行验收；检查膜体外观是否有破损、褶皱，热熔合缝是否有脱落，螺栓、铝合金压条、不锈钢压条有无拉伤或锈蚀，索和锚具涂层是否破坏。同时还应收集安装期间的气象信息，安装过程中要密切注意风向和风速，避免膜体发生颤动现象，在强风或大雨天气要及时停止施工，并采取相应的安全防护措施。

（3）膜面安装应根据场地条件和施工方案搭设膜体展开平台，由专职架子工根据搭设方案按规定搭设，并按规定设好护栏、安全网等防护措施，经专职安全员验收合格后，方可使用。每跨膜面的搁置展开平台顶面用刨光的木垫板满铺，长度应满足一块膜材横向展开时的尺寸。搭设完毕后，外露的脚手管、扣件及尖锐部位应用棉布包裹。

(4) 膜布铺设前，应再一次对展开平台表面进行检查，应保证清洁、无污物、无尖锐毛刺，以免造成膜面的损坏或污染。展开膜体前，在平台上铺设临时彩条垫布，以保护膜材不被损伤，严格按确定的顺序展开膜体。打开包装前应校对包装上的标记，确认安装部位，并按标记方向展开，尽量避免展开后的膜体在场内移动。膜布展开时，随时观测膜布外观质量，发现因制作引起的破损、钩丝及不可清除的污迹，及时通报。

(5) 膜布安装时，操作工人的手套必须干净、无油污，穿软底胶鞋；安装工具放置时要平稳摆放，使用时必须做到安全、可控；小工具必须放置在工具包内。膜面安装完成后，保证膜布不破损，表面不被污浊。膜面展开前，预报当天风力不大于5级且非大雨时方可进行展膜。经确认所有安全设施及操作平台符合要求后方可进行展膜。根据膜面安装部位确认相同编号的膜布，打开包装将膜布从包装箱内取出。在平台上展开膜体后，用夹板将膜材与索连接固定。夹板的规格及夹板间的间距均应严格按设计要求安装。对一次性吊装到位的膜体，也必须一次将夹板螺栓、螺母拧紧到位。

(6) 膜面被搁置在展开平台上后，按折叠顺序依次打开，首先将膜面横向展开，四个角点固定，用绳索临时牵拉，当膜布纵向基本牵引到位时，将膜布向两侧膜结构支架方向牵引。膜面张拉成型时，应设专人统一指挥，保证操作工人的牵引速度同步。现场设专业技术人员跟踪检查监督，当膜面被牵引到距最终位置500mm时，用钢丝绳紧绳机代替绳索。膜布牵引工作结束后，为防止风的作用造成膜面的损坏，可采用反绳网拉设，纵向每隔8m拉1道。

(7) 调整膜布周边，进行膜布的张拉成型，最后与各节点板连接。张拉索膜结构中，膜材的张拉预应力靠索提供，张拉时应确定分批张拉的顺序、量值，控制张拉速度，并根据材料的特性确定超张拉量值，作好张拉值施工记录和张拉行程记录。

(8) 膜面固定时，先用紧绳机拉紧膜的四角，使膜角尽量接近固定位置，再进行膜边的固定。以膜后方中间点为起吊点吊起膜，膜起吊至适当位置，连接膜前方两个角点到主格构柱上，随后连接膜后方两个边角点到支柱上，松开吊车，连接膜后方中间点到钢筋混凝土墩上，对称张紧膜后方两个边角点及中点处张紧器完成张拉。将不锈钢螺栓依次安装在膜面连接板上，进行周边固定并将止水橡胶带按顺序排放在膜结构支架上。

25.2.7 膜结构“结露”

1. 现象

膜结构结露致使膜面积灰、变脏、变色，结构内部构件着水锈蚀，降低保温材料性能。

2. 原因分析

(1) 膜材料蓄热量低，保温性能差，膜内表面温度随着膜外表面温度波动。对于传统结构，外表面结露影响不大，但膜材内表面会受辐射降温的影响，如果内表面温度降低至结露点，与室内暖而湿的空气接触，就会发生结露现象。

(2) 膜材涂层具有憎水性，对湿度的变化没有任何抑制作用。膜材内表面的结露水很快就会在平滑的膜表面上形成一层水膜，并会积聚到一定程度后坠落。膜面和保温层内都曾出现过结冰现象。

(3) 结露现象发生的频率以及严重性很大程度上受气候、结构形式、建筑用途以及室内空间使用功能等方面的影响。

3. 防治措施

(1) 采用无保温隔热层的多层膜结构，限制辐射能量造成膜面降温，同时膜面之间增加的空气层可以设置独立的通风系统，使结露水分蒸发，也可以把外层膜内表面上形成的结露水收集起来，减少对内膜的危害。

(2) 采用有保温隔热层的多层膜结构，设置保温隔热层，以减缓通过膜面的热传导，使内外膜间有较大温差，可以防止内膜温度下降到室内结露点以下，从而降低结露的可能性。必要时可以在保温层温度较高的一侧与内层膜之间增设隔气层，并在保温层两侧设通风层，以加快水蒸气的消散和结露水的蒸发。

(3) 对于单层膜结构，通过提高室内膜面温度，提高结露点，通过除湿或补充室内外空气，维持室内外蒸汽压力平衡来降低空气湿度。

25.2.8　膜面褶皱

1. 现象

膜面出现褶皱。若结构在外荷载作用下出现过多的褶皱单元，膜面将形成水坑，产生应力集中，而使结构失去承载能力。

2. 原因分析

膜面褶皱大部分是由于设计、施工中预应力取值不当造成的。膜材是一种抗弯、抗压刚度趋近于零的材料，在设计中进行找形分析、荷载分析时，膜材不会产生褶皱。一般对于正交异性的薄膜材料，当一个方向的主应变出现负值时，膜单元将出现单向褶皱状态或全褶皱状态。

3. 防治措施

(1) 在裁剪膜片时，应使膜片纤维方向与主应力方向一致。

(2) 在实际操作时，特别是对一些角部或边缘区域，取材的随意性易造成热合后的膜片收缩不一致，易出现褶皱。因此这些部位应特别注意。

(3) 预张力施加不到位或支承构件制作安装误差也易使膜材出现褶皱。同时膜片裁剪时还应考虑膜材沿经向、纬向的收缩量，否则由于膜材的徐变将造成膜面松弛而难以施加预张力。

(4) 膜结构裁剪分析时应考虑周到，安装前必须对相关土建尺寸进行复核，及时调整膜片尺寸。

25.2.9　膜结构污渍

1. 现象

膜面或结构上有污渍。

2. 原因分析

(1) 设于膜材外的 PVC 涂层随时间推移老化、剥落。

(2) 制作安装缺陷导致膜面在焊缝处留下污渍，或不慎被利物刮划涂层，使织物直接接受紫外线的作用，时久也会出现局部污渍。

3. 防治措施

(1) 在原已有污渍存在的张拉膜材上涂敷结合良好的涂层。

(2) 膜结构应定期清洗，清洗时应采用专用清洗剂。为便于清洁，在设计阶段应考虑设置清洗人员上下的通道和便于安全索和保险绳固定的连接件。清洁时应保证不破坏PVDF或FEP等涂层材料的表面处理层。

(3) 建议用洗车用的喷水枪先将加清洗剂的水喷到膜上，再用软刷刷一遍，或用长杆前端裹上软布擦洗，这种方法清洗面不大。

(4) 建议找专业的索膜公司清洗。

25.2.10 膜结构出现存水、漏水

1. 现象

在膜材与膜材的交接位置，以及位置较低的角落部位，出现存水、漏水。

2. 原因分析

(1) 膜面的外形设计不合理，排水不通畅，容易在其上形成水兜或冰雪堆积。

(2) 充气膜结构采光顶无足够的坡度，未能妥善解决排水和积雪问题。

(3) 膜结构屋顶的排水方向和檐口排水方式不合适。

3. 防治措施

(1) 采用适宜的排水坡度。排水坡度越大，排水就越畅快。但当坡度过大时，会给施工和结构布置造成不利条件，因此要根据具体要求确定一个合适的坡度。采光顶的膜结构的坡度是由多方面因素决定的，其中地区降水量，采光顶和膜结构屋顶的体形、尺寸和结构构造形式对坡度影响最大，采光顶及膜结构屋顶支承顶的自净和清洁也是必须考虑的重要因素，一般地说，玻璃采光顶坡度不小于5%为宜。

(2) 合理组织排水系统。主要是确定采光顶和膜结构屋顶的排水方向和檐口排水方式，为了使雨水迅速排除，排水方向应该直接明确，减少转折。屋面伸出主支承体系形成挑檐使雨水从挑檐自由下落。这种无组织排水做法构造简单，造价经济，但落水时，影响行人通过，檐口挂冰。有组织排水是把落到采光顶和膜结构屋顶上的雨雪水排到檐沟（天沟）内，通过雨水管排泄到地面或雨中。

(3) 充气膜结构采光顶应有足够的坡度以妥善解决排水和积雪问题。通常膜面的坡度应不低于1：10。多数膜结构采用无组织排水方式，此时应注意雨水对地面和墙面的污染。利用建筑物自身的某些形状特点，可设置有组织排水，例如对于某些倒伞形膜屋面，可以利用伞尖处的柱子兼作为排水管；对于某些与建筑物相连的膜结构，可以利用与建筑物连接处的低点喇叭口来搜集雨水，再通过落水管排到地面。但应注意采取对建筑物墙面或地面的防污染措施。

25.2.11 膜材撕裂

1. 现象

膜材撕裂或烧毁。

2. 原因分析

(1) 强风作用使膜材撕裂。膜面过于扁平，或预张力不足，或因膜材徐变导致松弛后没有及时进行二次张拉，致使膜面的整体刚度很低，在强风作用下电力供应不正常，鼓风机停止运行，导致双层充气膜内压降低，引起膜面出现大幅度摆动，使膜材被撕裂或在摆动过程中撞击到其他物体而发生破坏。有的虽经重新张拉复位，又因暴风雪而使膜面撕裂。

（2）积雪荷载造成膜材撕裂。膜面的不均匀积雪相当于局部堆载，加之降雪后气温很低，膜材本身冷缩变脆硬，膜面适应应力重分布的能力降低，则易发生撕裂。

（3）设计原因导致膜材撕裂。例如某膜结构经核算发现原设计钢索直径偏小，节点构造不尽合理，在强风作用下致使结构破坏。另有某膜结构工程曾发生因支承骨架整体倾覆而使膜面撕裂破坏的事故，也与设计不当有关。

（4）吊装不当造成膜材撕裂；防护不当使膜面在地面或其他构筑物上拖动时局部被磨损、划破；张拉不当在膜面上留下过多的褶皱；以及火灾造成膜材烧毁。

3. 防治措施

（1）膜材撕裂强度远小于其抗拉强度，而撕裂常由一个小缺口开始，因此应防止初始缺陷的产生。在结构设计时不应使膜材两个主轴方向的拉力值相差太多，避免单向纤维的拉断使膜面破损；同时应采用撕裂强度较高的膜材产品，并加强在裁剪、运输、安装过程中对膜材的保护。除加强现场管理，防止意外事故发生外，还应及时对破损部位进行修补。

（2）补强膜片外形可与缺损形状相近，或取圆形、矩形、多边形，其尺寸应比损伤边缘大 50mm 以上，现场粘合或热合于主体膜材上。对于发生在膜片热合缝处的局部渗漏，在查明渗漏点的具体位置后，也可采用同样方法处理。对于一些边界处扭曲激烈的曲面造型（如双曲抛物面等），在其高、低角点附近膜面应力集中明显，需局部加强以防撕裂发生。ETFE 薄膜材料由于厚度较小（仅为 0.05～0.25mm），为防止鸟啄破损，可在 ETFE 膜结构屋盖周边设置网片，以警戒鸟类入侵。

（3）加强对膜结构的裁剪制作控制，膜结构表面裁剪缝时要考虑以下因素。

1）表面曲率：如果相邻单元曲率相差很大，说明此处曲面扭曲很严重，如果裁剪缝在此处不切断重新开始，那么裁剪膜块的边界就会有很大的弧形。

2）膜材料幅宽：平面网格划分时，要考虑到膜材料的幅宽，尽量使一块膜布中包含的膜单元完整，否则应通过插值计算确定膜块边界点的位置。

3）边界走向：如果边界比较平直，可以考虑用一个膜块的长边作为这条边界，否则只能用多个膜块的短边拼接成这条边界。

4）美观：裁剪缝的布置一定要规则、合理，如果膜表面设置有压索或脊索，那么最好使裁剪缝与压索或脊索重合，使索不至于打乱焊缝的图案布置。

（4）重视膜面安装及维护，特别要安排好和主体钢结构安装单位的关系，协调相互间的进度。膜面安装施工时应注意天气预报，保证在整个安装过程中无四级以上大风和大雨。当膜面安装过程当中发生膜面破损，必须立即进行修补。

（5）膜结构设计要精益求精，加工制作更应精雕细作。作业场地应清洁无尘。张拉焊接应由熟练工人严格按照作业指导书进行。安装张拉严格按照施工技术设计要求进行。

（6）膜面在潮湿状态下会很滑，在清理老旧建筑时可能发生断裂等破坏，故应布置安全网、安全绳及防坠网。每年雨季、冬季前应对膜面进行检查、清理，保持膜面排水畅通；雪荷载较大的地区应有必要的融雪、排雪应急措施。在强风、冰雹、暴雨和大雪等恶劣天气过程中及过程后，应及时检查膜结构建筑物有无异常现象，并采取必要的措施。

（7）应定期检查膜结构是否处于正常工作状态，支撑结构、索、夹板和螺栓连接等处的腐蚀情况，膜面有无较大变形，膜面是否应张力损失而松弛，膜面是否局部撕裂，膜材涂层是否剥离等。

(8) 膜材加工商应为业主提供少量原材料，以确保现场随时备有用于修补的膜材，备用材料应存放于阴凉干燥的环境中。

(9) 为使膜的替换简单方便，在结构的整个试用期内宜保留所有的加工图。对采用的新膜材重新进行试验，以确定其补偿值。根据现有支撑结构的具体尺寸进行结构找形，或重新进行裁剪设计。在替换之前，需对钢框架、钢索、夹板、螺栓、螺母和垫圈等其他结构原件进行检查，以便确定是继续使用还是予以更换。对继续使用的夹板和钢件都应进行清洗，并检查是否发生腐蚀。应将所有腐蚀层予以除去，并采取充分的保护措施。腐蚀严重的或损毁的应全部更换。

25.3 膜结构维护

25.3.1 膜结构安装完成后受损

1. 现象

膜材安装完成后维护不好，容易受损坏。

2. 原因分析

没有正确的安装和维护。

3. 防治措施

(1) 膜产品使用温度环境为－40℃/＋70℃，在设置灯光和采暖设备时，不宜离膜材太近，以免烧伤膜材。

(2) 膜材表面不应与刀子、锐器接触，以免划破及磨伤。一旦发现膜材被划破、严重磨伤等现象时，应及时采取有效措施，以免磨伤加重，同时通知厂商派人修复。膜表面如有积水，应及时进行排水处理。

(3) 钢构件表面不得遭受硬物打击与划伤，不得接触各种酸性、碱性和有机溶剂。

(4) 膜材表面需清洗、打扫时工人不应穿硬底鞋直接接触表面，防止沙土磨伤表面，严重磨刮膜表面。清洗时应用清水或中性清洗剂，不宜用汽油、酒精、氯水等酸性或碱性材料液剂。

(5) 膜表面不宜长时间堆放铁件、化学物品或其他带颜色的材料等杂物。未经许可不许在膜材上随意牵拉、悬挂重物及物品。

(6) 未经厂商认可，不得任意调整、拆卸结构中的钢结构、钢索、夹板及螺栓等部件。用户应定期（每一年）对钢结构进行防锈护理，对已锈蚀的钢结构表面进行除锈处理后，重新刷上油漆。

(7) 定期检查膜结构是否处于正常工作状态。主要检查项目有：膜材有无较大变形；膜材是否因预张拉损失而松弛；膜面是否有破损、松弛；膜材局部是否撕裂；膜材涂层是否剥离；拉索是否松动；油漆是否剥落等。

(8) 膜面的检查与维护宜在每年的雨季及雪季之前各进行一次，如遇恶劣天气也应及时进行检查。检查的内容除上述（7）中内容外，还应包括：周围是否有其他物体或构筑物会影响到膜结构的安全；膜面的接缝是否完好；角点的连接件是否有磨损、松动或锈蚀现象；排水系统是否畅通等。

25.3.2　膜结构施工安全防护不当

1. 现象

膜结构施工中安全防护不到位，易引起安全事故。

2. 原因分析

对膜结构施工工艺不熟悉，对安全防护不重视。

3. 防治措施

（1）膜结构施工前应根据工程实际，编制切实可行的膜结构施工方案及安全专项方案，指导施工。对钢结构制作、膜制作及安装、索膜结构整体提升、永久吊索替换施工提升用索及预应力施加等各个环节都必须严格控制。

（2）单元膜面施工前应设置安全设施。安全设施包括安全防护栏杆以及安全绳网。在施工区域按照一定间隔设置直立的脚手管，并在管件顶部拉设不锈钢钢丝绳作为安全防护栏杆。安全绳网采用腈纶绳及绳圈，紧固工具选用绳索紧绳机。拉设方法为将绳的一端直接连接在结构一侧上，另一端通过绳索紧绳机与结构另一侧连接，并利用紧绳机使绳索达到一定的紧度，依此方法排布绳索。绳索排布时，平行于膜结构支架方向，顺着膜结构支架方向通长拉设。

（3）膜面铺设前，需安装绳网，作为膜展开时的依托。绳网材料采用腈纶绳。绳网安装时，绳索两端通过绳索紧绳机与东西两端膜结构支架紧密相连。绳网安装结束后，通过绳索紧绳机对绳索施加足够的力，以避免膜面在牵引过程中与钢结构接触，造成膜面的损坏或污染。紧绳机外露尖锐部位用棉布包裹。

（4）根据膜面安装要求每隔3～4m应放置一定数量的膜面固定材料以及临时张拉工具，包括铝合金压条、膜面螺旋夹、白色夹具、灰色夹具以及卸甲、绳索紧绳机、钢丝绳紧绳机、紧固钳和尼龙绳。安装膜面的手工工具包括大力钳、扳手及带安全挂钩的工具袋应分发到班组。不锈钢螺栓依次安装在膜面连接板上，并将止水橡胶带按顺序排放在膜结构支架上。

（5）所有参加膜面展开工作的人员须穿软底胶鞋。膜布展开前，应再一次对搁置平台表面进行检查，应保证清洁、无污物，并保证无尖锐毛刺，以免造成膜面的损坏或污染。当膜面被搁置在安装架台上后，首先将膜面端部记号找出，操作工人通过紧绳机牵引膜面，两侧工人用绳索拉紧灰色夹具，抖动膜面，辅助膜面的牵引。牵引工作结束后，应立即安装反绳网。

26 木结构工程

木结构在我国有着悠久的历史，由于木材资源有限，因此，在大中城市建设中木结构已较少使用。但某些产林地区的建筑，以及古建筑、园林建筑中木结构仍比较常见。本章主要叙述豪式木桁架和屋面木骨架在制作、安装中的质量通病和防治措施。

26.1 木桁架制作

26.1.1 节点不牢，杆件劈裂

1. 现象

桁架杆件在施工和使用过程中产生剪面开裂、剪面长度削弱、端头劈裂、斜纹断裂、下弦接头过量滑移及裂纹等现象（图 26-1），致使节点不牢，强度不足，危及桁架安全。

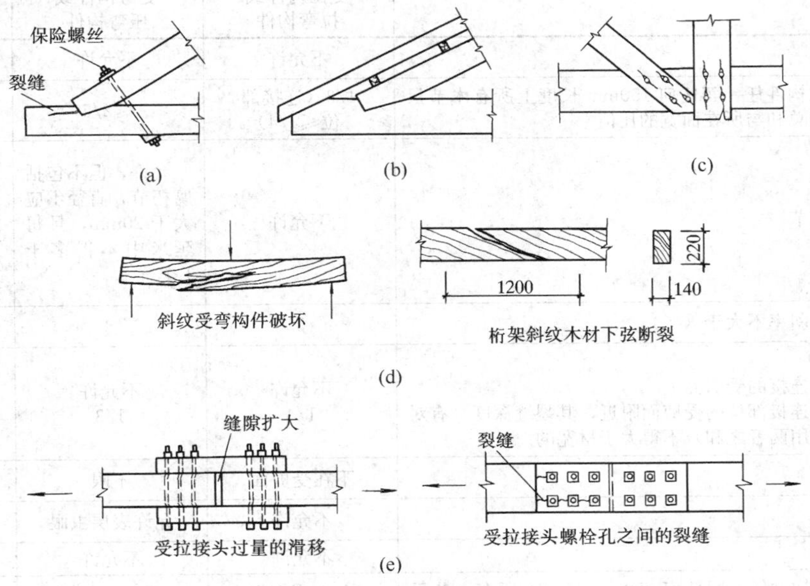

图 26-1 节点不牢杆件劈裂的几种常见症状

(a) 剪面开裂；(b) 剪面长度削弱；(c) 端头劈裂；

(d) 斜纹断裂；(e) 下弦接头过量滑移及裂纹

2. 原因分析

(1) 桁架未经设计，凭经验制作；或套用图纸不当，致使桁架杆件截面不足，节点不牢。

(2) 木节、斜纹、裂缝、髓心、腐朽等木材缺陷，超过选材标准的限值。

(3) 因材质干缩引起节点不牢、剪面及端头开裂。

(4) 由于经验不足、操作不认真或对木桁架各杆件及节点的受力情况缺乏了解，导致

选料不当。

(5) 使用湿材而未预先采取防裂措施，杆件端头逐渐发生劈裂。

(6) 由于螺栓孔径较小或孔眼不顺通，组装时将螺栓强行打入，或因螺栓位置离端部太近，致使杆件端头劈裂；扒钉（或铁钉）直径较粗，材质较硬脆，装钉前未预先钻孔，最易造成杆件端头劈裂。

(7) 施工安排不合理，屋架、檩条施工后长期不封闭，风吹雨淋，裂缝增加。

3. 预防措施

(1) 正确设计、放样。

1) 桁架必须经有设计资质的设计单位进行结构设计并有设计详图，方可施工。

2) 在平地或木板上，放出桁架的大样，各节点均按图纸绘出足尺实样。

(2) 材料须符合要求，选料适当。

1) 承重木结构的用料应符合表 26-1 规定。

承重木结构木材质量标准　　**表 26-1**

<table>
<tr><th rowspan="3">类别</th><th rowspan="3" colspan="2">缺陷名称</th><th colspan="3">木材等级</th></tr>
<tr><th>Ⅰ$_a$</th><th>Ⅱ$_a$</th><th>Ⅲ$_a$</th></tr>
<tr><th>受拉构件或拉弯构件</th><th>受弯构件或压弯构件</th><th>受压构件</th></tr>
<tr><td rowspan="7">承重木结构方木</td><td colspan="2">腐朽</td><td>不允许</td><td>不允许</td><td>不允许</td></tr>
<tr><td rowspan="2">木节</td><td>在构件任一面任何 150mm 长度上所有木节尺寸的总和与所在面宽的比值</td><td>1/3（连接部位≤1/4）</td><td>≤2/5</td><td>≤1/2</td></tr>
<tr><td>死节</td><td>不允许</td><td>允许，但不包括腐朽节，直径不应大于 20mm，且每延米中不得多于 1 个</td><td>允许，但不包括腐朽节，直径不应大于 50mm，且每延米中不得多于 2 个</td></tr>
<tr><td colspan="2">斜纹：斜率不大于（%）</td><td>5</td><td>8</td><td>12</td></tr>
<tr><td colspan="2">裂缝：
(1) 在连接的受剪面上
(2) 在连接部位的受剪面附近，其裂缝深度（有对面裂缝时用两者之和）不得大于材宽的</td><td>不允许
1/4</td><td>不允许
1/3</td><td>不允许
不限</td></tr>
<tr><td colspan="2">髓心</td><td>不在受剪面</td><td>不限</td><td>不限</td></tr>
<tr><td colspan="2">虫眼</td><td>不允许</td><td>允许表层虫眼</td><td>允许表层虫眼</td></tr>
<tr><td rowspan="6">承重木结构板材</td><td colspan="2">腐朽</td><td>不允许</td><td>不允许</td><td>不允许</td></tr>
<tr><td rowspan="2">木节</td><td>在构件任一面任何 150mm 长度上所有木节尺寸的总和与所在面宽的比值</td><td>≤1/4（连接部位为≤1/5）</td><td>≤1/3</td><td>≤2/5</td></tr>
<tr><td>死节</td><td>不允许</td><td>允许，但不包括腐朽节，直径不应大于 20mm，且每延米中不得多于 1 个</td><td>允许，但不包括腐朽节，直径不应大于 50mm，且每延米中不得多于 2 个</td></tr>
<tr><td colspan="2">斜纹：斜率不大于（%）</td><td>5</td><td>8</td><td>12</td></tr>
<tr><td colspan="2">裂缝：
在连接部位的受剪面及其附近</td><td>不允许</td><td>不允许</td><td>不允许</td></tr>
<tr><td colspan="2">髓心</td><td>不允许</td><td>不允许</td><td>不允许</td></tr>
</table>

续表

类别	缺陷名称		木材等级		
			Ⅰa	Ⅱa	Ⅲa
			受拉构件或拉弯构件	受弯构件或压弯构件	受压构件
承重木结构原木	腐朽		不允许	不允许	不允许
	木节	在构件任何150mm长度上沿周长所有木节尺寸的总和，与所测部位原木周长的比值	≤1/4	≤1/3	≤2/5
		每个木节的最大尺寸与所测部位原木周长的比值	≤1/10（普通部位） ≤1/12（连接部位）	≤1/6	≤1/6
		死节	不允许	不允许	允许，但直径不大于原木直径的1/5，每2m长度内不多于1个
	扭纹：斜率不大于（%）		8	12	15
	裂缝： （1）在连接部位的受剪面上 （2）在连接部位的受剪面附近，其裂缝深度（有对面裂缝时用两者之和）与原木直径的比值		不允许 ≤1/4	不允许 ≤1/3	不允许 不限
	髓心：位置		不在受剪面上	不限	不限
	虫眼		不允许	允许表层虫眼	允许表层虫眼

注：木节尺寸按垂直于构件长度方向测量。直径小于10mm的木节不计。

2）木桁架用的板、方材宜选用经过干燥的成材。若供应原木，应尽可能提前备料，木材运到工地后，按设计要求的尺寸预留干缩量（表26-2）立即锯割，合理堆放（图26-2），在不受暴晒的条件下逐渐风干。直接采用原木时，应剥掉树皮，并砍平木节，然后合理堆垛风干。

原木或方木构件的含水率（指构件全截面的平均值）应不大于25%；板材及受拉构件的连接板应不大于18%。

各种木材制作时的预留干缩量　表26-2

方木、板材厚度（mm）	干缩量（mm）
15～25	1
40～60	2
70～90	3
100～120	4
130～140	5
150～160	6
170～180	7
190～200	8

注：落叶松、木麻黄等树种的木材，应按表中规定加大干缩量30%。

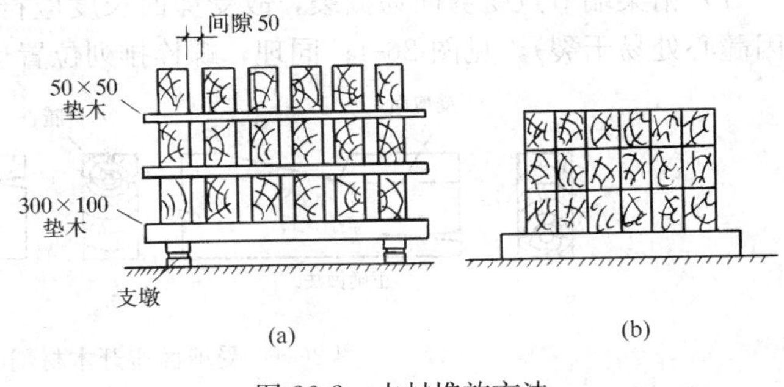

图26-2　木材堆放方法
（a）正确的堆放方法；（b）错误的堆放方法

3）桁架杆件各部位受力不等，见图26-3，故应根据各部位受力情况选料。好料用在受力大的部位和受拉杆件。选料时应考虑以下几点。

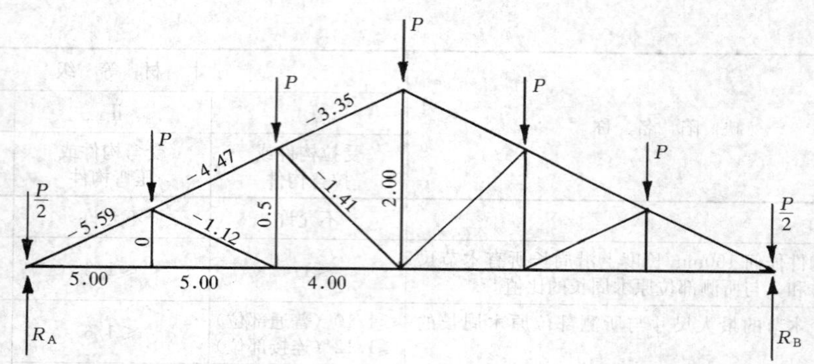

图 26-3　桁架内力分布示意

注：图中数值为屋架高跨比等于 1/4 时的内力系数，负号表示杆件受压。
杆件内力＝内力系数×P。

下弦：中间与两端比较，两端重要；
　　　上面与下面比较，下面重要（在中间）。
上弦：上弦与下弦比较，下弦重要；
　　　上段与下段比较，下段重要；
　　　上面与下面比较，下面重要。
端节点：上面与下面比较，上面重要。

下弦是受拉杆件，应选用好料；对下弦木料，应将材质好的一端放在端节点；对上弦木料，应将材质好的一端放在下端；对方木上弦，应将材质好的一面向下。对有微弯的木材，用在上弦时，凸面应向下；用在下弦时，凸面应向上。

4）上、下弦杆的接头位置应错开，下弦接头应设在中间节间内；上弦接头设在节点附近，但不宜设在端节间和脊节间内。原木大头应放在端节点处。接头的相互抵承面要锯平抵紧。

5）接头夹板应选用纹理平直、没有木节和髓心的气干材制作。任何情况下都不得采用湿材制作，否则应改用钢夹板连接。

6）连接处的受剪面要避开木材裂缝处，并注意剔除一部分开裂较严重的木材。

7）桁架端节点受剪面易撕裂，故受剪面长度应符合设计要求，而且要避开木材髓心（因髓心处易干裂），见图 26-4；同理，螺栓排列位置也应避开木材髓心。

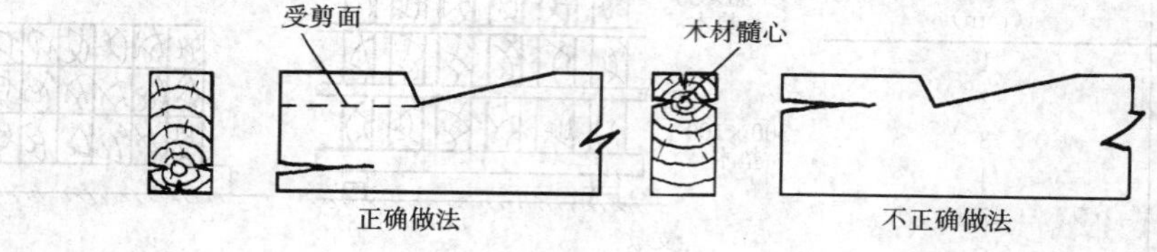

图 26-4　受剪面避开木材髓心示意

8）对斜纹要按规范要求严格限制，因木材沿斜纹开裂会使受拉杆件突然发生破坏，造成严重的工程质量事故。

9）木材有疖疤的部位，应避开刻槽处。下弦跨中段内的下面边缘拉应力较大，不应有缺孔和木节。

(3) 用湿材制作桁架时，应采取以下防裂措施：

1) 方木桁架的下弦应采用“破心下料”的方木，以消除因切向、径向两个方向收缩率不同而产生的环向拉力，减轻裂缝的开展。当径级较大时，沿方木底边破心（图 26-5a），当径级较小时，沿侧边破心（图 26-5b），髓心朝外用直径 $d=10\sim12$mm 的螺栓拼合（图 26-5c），螺栓沿下弦长度方向每隔 60cm 左右按两行错列布置，在节点处钢拉杆两侧各用 1 个螺栓系紧（图 26-5d）。

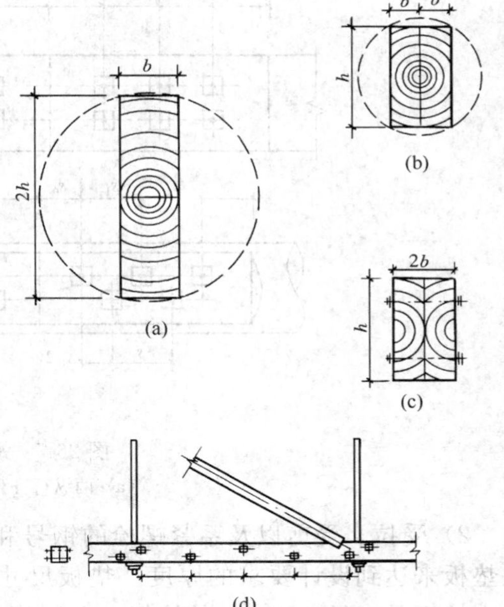

图 26-5 破心下料的方木下弦
(a) 沿方木底边破心；(b) 沿方木侧边破心；(c) 沿侧边破心方木拼合截面；(d) 沿侧边破心方木拼合下弦系紧螺栓的布置

2) 端节点的剪力面长度应比设计加长 50mm；被连接杆件的螺栓顺纹端距 s_0（图 26-7）应比设计加长 70mm。木夹板厚度应取下弦宽度的 2/3。

3) 为防上下弦端节点沿剪力面开裂，可在下弦端头下面 500mm 长度内锯开一条深 20mm 的竖向锯口（图 26-6），以减小材质干缩应力，然后绑扎 8 号镀锌铁丝，阻止端头裂缝及竖向锯口的扩展，参见图 26-11。

4) 使用湿材制作桁架时，宜采用下弦为钢拉杆的钢木桁架。制作钢木桁架节点时，要保证钢、木接触处的正确角度。

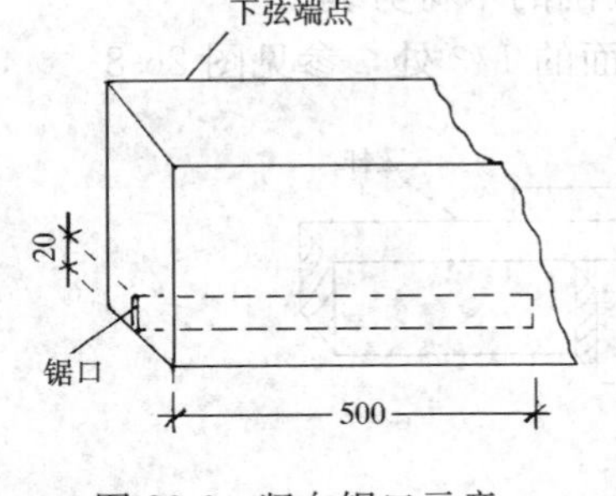

图 26-6 竖向锯口示意

5) 应认真进行防腐、防虫处理，构造上要注意通风。

(4) 连接接头应合理设计和制作。

1) 下弦接头每端的螺栓数目不宜少于 6～8 个。适当增加螺栓数目而相应地减少螺栓直径，对连接的韧性和承载能力均有显著改善，从而减少了木材因剪裂和劈开而破坏的危害。螺栓的排列应按两纵行齐列或错列布置（图 26-7），避免单列布置产生干缩裂缝而使接头产生过量滑移或被拉脱的危害。螺栓排列的最小间距见表 26-3。

螺栓排列的最小边距、端距与间距 **表 26-3**

构造特点	顺纹			横纹	
	端距		中距	边距	中距
	s_0	s'_0	s_1	s_3	s_2
两纵行齐列	7d		7d	3d	3.5d
两纵行错列			10d		2.5d

注：1. d 为螺栓直径。

2. 湿材 s_0 应增加 30mm。

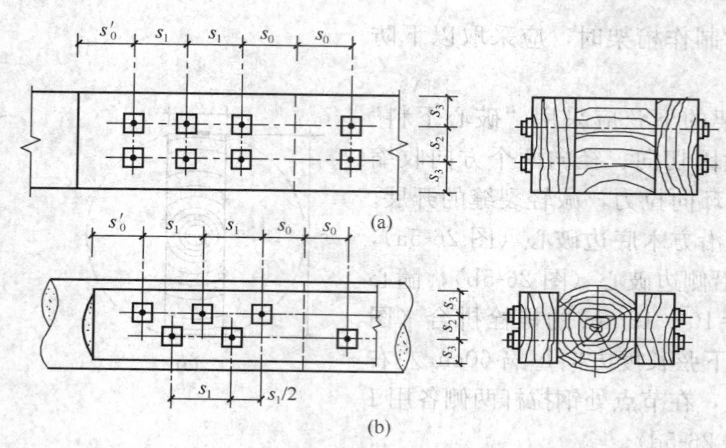

图 26-7　螺栓的排列示意

(a) 两纵行齐列；(b) 两纵行错列

2）受拉、受剪以及系紧螺栓的钢号和垫板尺寸应符合设计要求，不得用两块或多块垫板来达到设计要求的厚度。垫板尺寸无设计时，应按规范中有关规定执行。桁架中央拉杆及直径≥20mm 的拉杆，必须戴双螺母。钢件的连接均应采用电焊，不应用气焊或锻接。

（5）提高操作质量，防止人为裂缝的产生。

1）钻孔前，应将所要连接的杆件按正确位置叠合起来，临时固定，然后一次钻通，使孔眼顺通。钻孔时，孔径要比螺栓径大 0.5～1mm，钻头和孔位应成一直线。钻厚料时，每钻下 50～60mm 后，提起钻头清除木屑，再往下钻，以免孔中塞有木屑造成钻孔位移。当采用钢夹板或钢垫板而不能一次钻通时，应采取可靠措施保证各部分的对应孔位完全一致。拼装时用木槌轻轻将螺栓打入孔中，防止孔周围的木材劈裂。

2）保险螺栓孔必须与上弦垂直，位置在槽齿非受力面的 1/3 处，参见图 26-8。

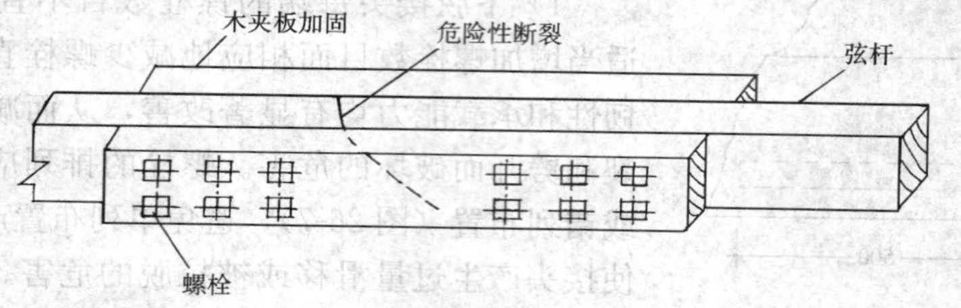

图 26-8　断裂加固示意

3）落叶松等脆硬性木材用钉子连接时，必须先钻孔，孔径为钉径的 0.8～0.9 倍，孔深不小于钉入深度的 0.6 倍。如钉径大于 6mm，不论何种木材，均应预先钻孔。用扒钉连接杆件时，应预先钻孔，孔位要错开剪力面，扒钉直径宜取 6mm。

4）不得在杆件上钻凿非设计的孔洞；不得挖刻装设搁板用的凹槽或裁口。

（6）合理安排工序，避免桁架长时间敞露。

4. 治理方法

（1）木桁架应建立检查和维护的技术档案，每隔 1～2 年作一次定期检查，对局部缺陷应予以维修，如拧紧松动的螺母；锈蚀拉杆的涂油；渗漏木屋盖的翻修；局部重涂防腐膏等。对影响使用安全的桁架，必须更换和加固，但应注意以下几点：

1）在更换或加固之前，对作用在结构上的荷载应局部或全部卸荷，并设置必要的临时支撑。如采用千斤顶或临时支承柱进行卸荷，支承点宜设在上弦节点下面。卸荷时应解除原支撑体系与桁架的联系，为防止受压弦杆出平面，应予以加固。

2）临时支柱向上抬起的高度应与桁架的挠度相适应，不能抬起过高，防止杆件在更换或加固后产生附加应力。由于增设支柱，将使连接处及各杆件内力发生变化，必要时须作验算。

3）各种补强加固措施应预先制定方案，并进行验算，以满足原设计要求。

（2）桁架弦杆的个别部位出现断裂迹象，或具有过大的木节、斜纹等缺陷，而其他部分完好时，可采用局部加双侧木夹板并以螺栓连接的方法进行加固（上弦每侧螺栓不少于4个，下弦每侧螺栓不少于6个），见图26-8和图26-9。对于受压构件，也可以采用单侧木板加固，见图26-10。

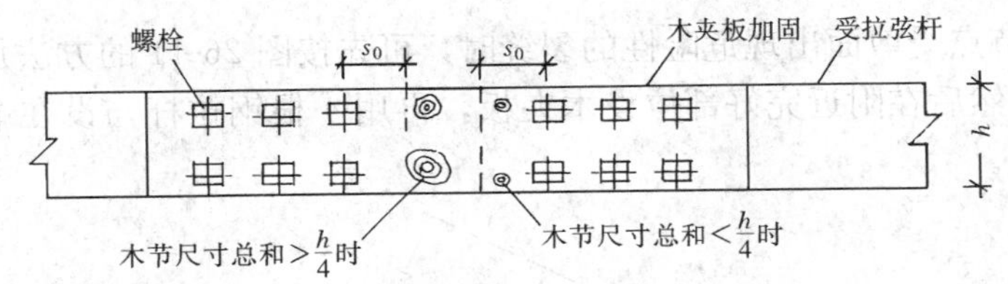

图26-9 受拉弦杆有大木节的加固

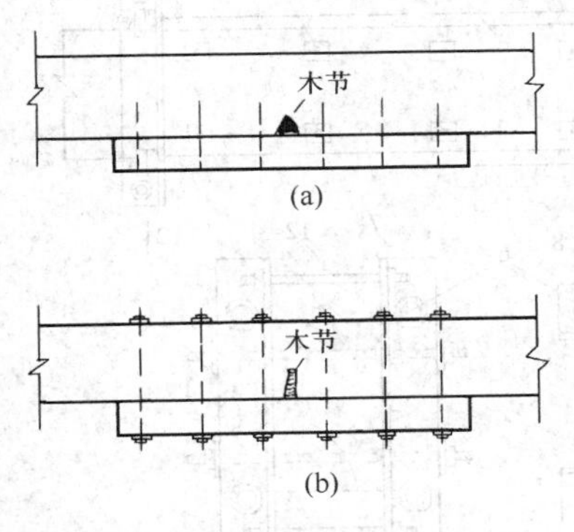

图26-10 单侧木板加固示意
（a）钉子连接；（b）螺栓连接

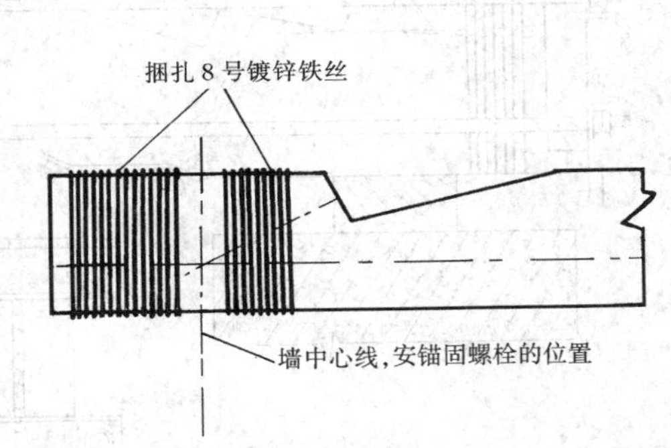

图26-11 下弦端部裂缝的加固

（3）桁架在制作过程中，如上下弦杆的端部发生轻度开裂而又无条件更换，应及时在开裂处灌注乳胶，然后用8号镀锌铁丝捆扎牢固（利用紧丝器捆扎），并在安装时满涂防腐剂，见图26-11。如弦杆接头处开裂，除按图26-11方法加固外，还要根据开裂程度，将夹板适当加长，并增加接头螺栓数量，以确保接头强度和刚度。

（4）桁架在使用过程中，如下弦受拉木夹板断裂或螺栓间剪面开裂，可重换木夹板（两侧夹板必须同时更换，即使另一侧夹板未损坏）。如更换夹板有困难，可在原夹板两端各加一块木夹板，其截面和使用螺栓数量、直径皆相同，然后通过抵承角钢将圆钢拉杆拧紧，使新加的木夹板受力工作，见图26-12。

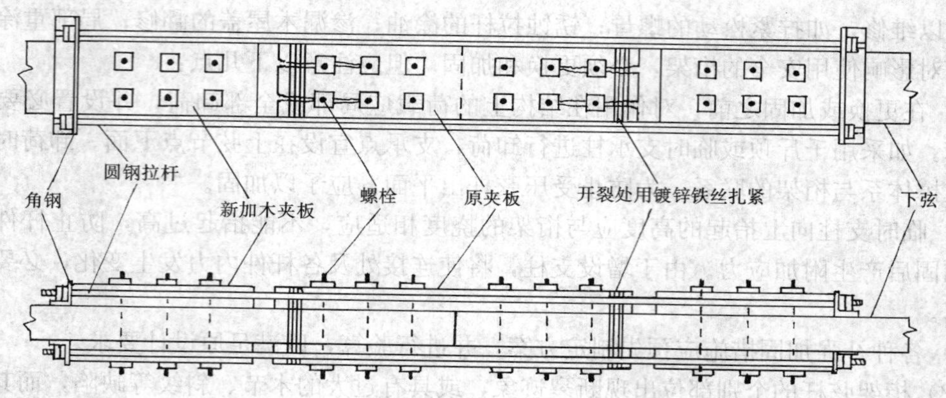

图 26-12　下弦接头加固示意

原木桁架下弦接头采用单排螺栓连接或下弦严重开裂时，也可按图 26-12 方法进行加固。

(5) 桁架端节点受剪面出现危险性的裂缝时，可先按图 26-11 的方法加固（灌胶前要清除缝内灰尘），然后在附近完好部位设木夹板，再用 4 根钢拉杆与设在端部的抵承角钢连接，见图 26-13。

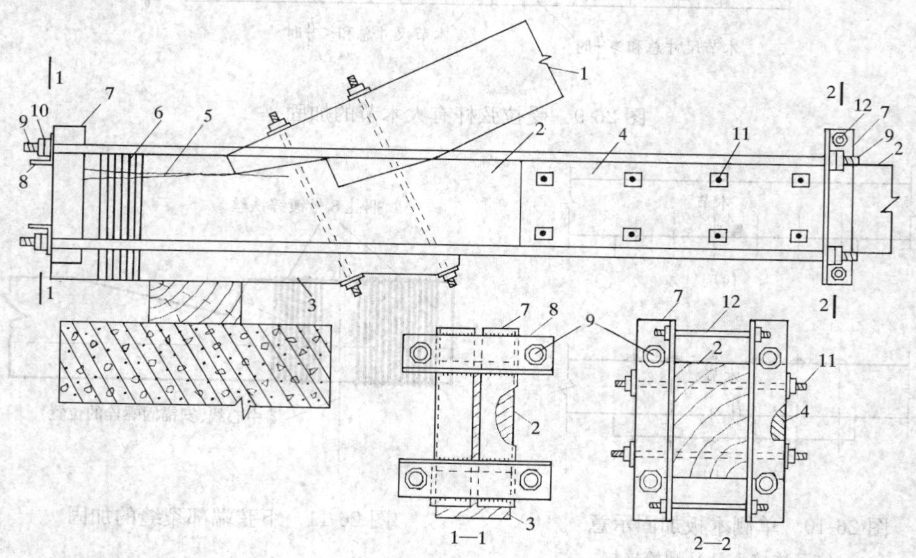

图 26-13　下弦端部危险性裂缝加固示意

1—上弦；2—下弦；3—附木；4—新设置的木夹板；5—剪面裂缝；6—捆扎 8 号镀锌铁丝；7—竖向抵承角钢；8—横向抵承角钢（与 7 焊接）；9—钢拉杆；10—螺母；11—夹板与下弦连接螺栓；12—角钢紧固螺栓

(6) 若上弦接头木夹板有裂缝，进行更换有困难，或上弦杆件也有裂缝时，可以采用套箍加固法进行加固，见图 26-14。

(7) 若上弦截面强度不足，可在上弦脊节间内设一横撑，以减小上弦跨中弯矩，解决强度不足，见图 26-15。

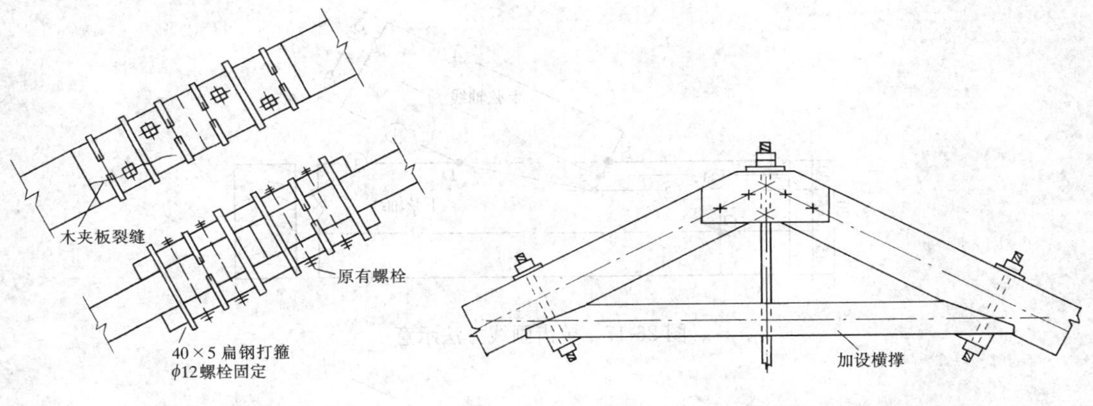

图 26-14 套箍加固法

图 26-15 上弦强度不足加固示意

26.1.2 槽齿作法不符合构造要求

1. 现象

(1) 轴线不垂直、不平分各槽齿的承压面，造成槽齿节点受力不合理，见图 26-16（a）。

(2) 承压面不锯平，受力后发生劈裂，见图 26-16（b）。

(3) 端节点槽口中留凸榫，降低承压面的紧密性，使连接工作恶化，见图 26-16（c）。

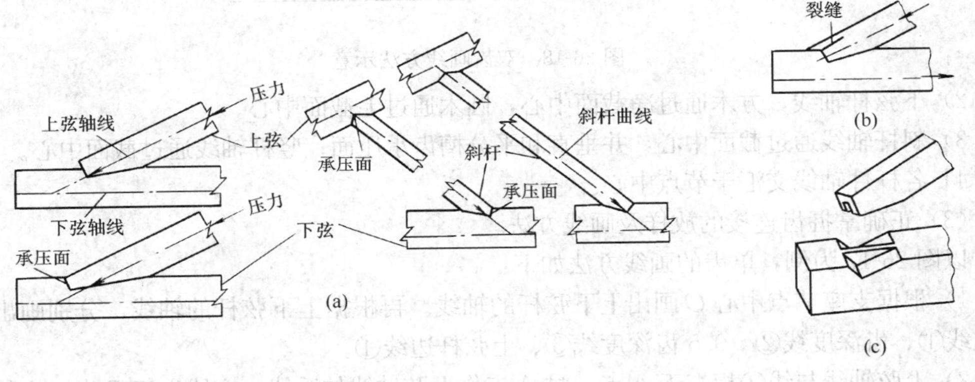

图 26-16 常见的几种错误作法

2. 原因分析

(1) 在木桁架施工图中，未画槽齿节点大样详图。木工按有关规定及要求自行绘制和制作时，由于对槽齿结合的构造要求注意不够，造成槽齿作法与构造要求不符。

(2) 检查人员忽视对屋架构造细节的检查。

3. 防治措施

(1) 桁架设计要有槽齿节点大样详图。

(2) 放大样和套样板时，必须详细检查各杆件的轴线位置和槽齿作法，无误后方准继续施工。其各杆件的轴线位置如下：

1) 上弦杆轴线通过截面中心，单齿时轴线垂直和平分端节点槽齿承压面（图 26-17）；双齿时轴线通过第二齿承压面顶点并垂直两个承压面。双齿时第一齿顶点位于上下弦的上边缘交点处，第二齿顶点位于上弦轴线与下弦上边缘的交点处（图 26-18）。

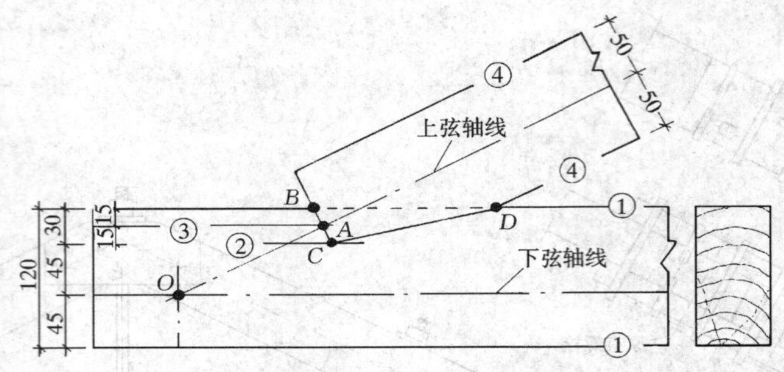

图 26-17 单齿画线方法示意

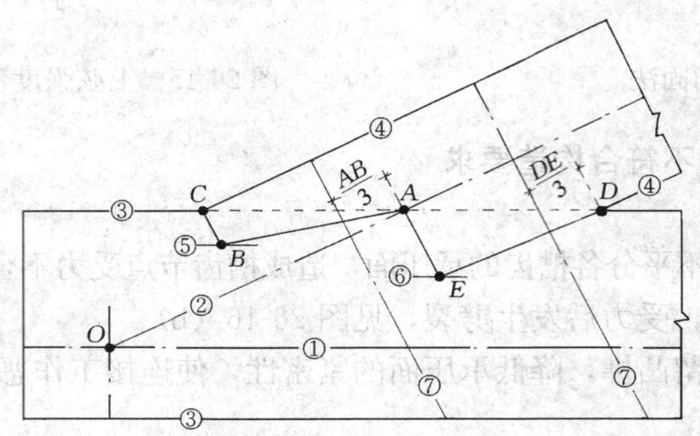

图 26-18 双齿画线方法示意

2）下弦杆轴线，方木通过净截面中心，圆木通过毛截面中心。

3）斜杆轴线通过截面中心，并垂直和平分槽齿承压面；竖杆轴线通过截面中心。

4）各杆件轴线交汇于节点中心。

（3）正确掌握齿连接的放样及画线方法。

以图 26-17 为例，单齿的画线方法如下：

1）根据支座节点中心 O 画出上下弦杆的轴线。再根据上下弦杆的轴线，分别画出下弦杆边线①、齿深度线②、0.5 齿深度线③、上弦杆边线④。

2）上弦轴线与线③相交于 A 点，过 A 点作上弦轴线的垂线，交线①于 B 点，交线②于 C 点，连接 CB 和 CD，则 BCD 图形即为所画单齿的位置和形状。同法，可画出中间各节点的齿。

3）承压面 BC 只有当与压杆（此处是上弦）轴线垂直时，才能将全部轴向力传给下弦，而 CD 面上不受力。由于上弦受力后可能下挠，在端部会发生一些转动，如果 CD 面完全贴紧，则在转动时会在齿槽根部将受剪面挑起，而引起横向撕裂，降低抗剪承载能力。因此，在 CD 面上应预留 5mm 的楔形缝。为此，杆件制作时，D 点处应去线加工。

以图 26-18 为例，双齿的画线方法如下：

1）根据支座节点中心 O，分别画出下弦轴线①、上弦轴线②，线②与下弦边线交于 A 点。

2）根据上、下弦杆的轴线，分别画出下弦杆边线③、上弦杆边线④，线④与下弦边线分别交于 C、D 两点。

3）画第一槽齿深度线⑤，过 C 点作线④的垂线，交线⑤于 B 点，连接 A、B 两点，则 ABC 图形即为第一槽齿的位置和形状。

4）画第二槽齿深度线⑥，过 A 点作线②的垂线，交线⑥于 E 点，连接 E、D 两点，则 ADE 图形即为第二槽齿的位置和形状。

5）在槽齿非受力面 AB 和 DE 的 1/3 处，分别作线②的垂线⑦，则线⑦即为保险螺栓孔的中心线。

26.1.3 桁架高度超差较大

1. 现象

桁架组装时，对结构高度、起拱高度控制不准，超差较大。

2. 原因分析

（1）桁架竖杆采用钢拉杆的，可利用拉杆螺栓调整桁架结构高度和起拱高度。如果在拧螺栓时不够精心，控制不准，即可造成超差。

（2）因轴线位置不正确而造成失误；杆件加工时，画线、锯截不准；桁架组装时，节点结合不严等，也能影响桁架结构高度和起拱高度的准确程度。

3. 预防措施

（1）木桁架起拱，可采用抬高立人的方法，见图 26-19。从图中可看出，只要中竖杆的轴线尺寸（即设计图纸中的结构高度）准确，起拱高度也能随之准确，所以在组装屋架时，要严格控制中竖杆的轴线尺寸。控制方法：桁架基本组装后，在脊节点和下弦中央节点分别划出节点中心（即图中 A、B 两点），然后利用钢拉杆螺栓调整其距离，使之符合桁架结构高度的尺寸。为便于桁架组装和调整高度，中钢拉杆的下料长度应比大样尺寸长 50mm。

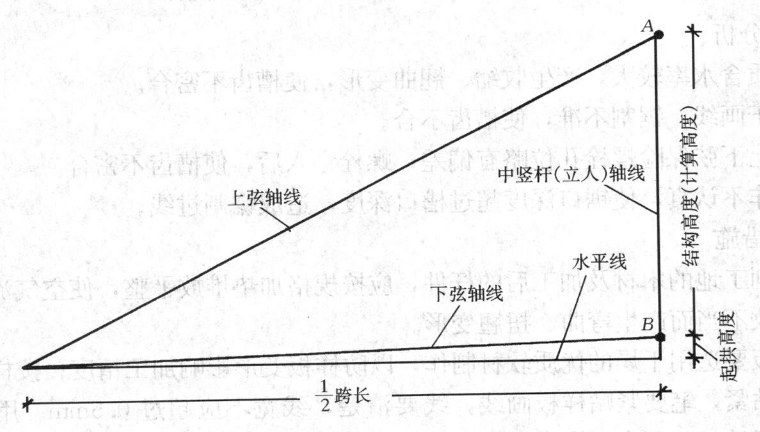

图 26-19 桁架起拱示意

（2）绘制桁架足尺大样或直接在木料上画线时，其杆件的轴线位置必须正确。详见 26.1.2“槽齿做法不符合构造要求”的防治措施（2）。

（3）杆件加工时，画线、锯截要准确；杆件组装时，各节点连接要严密。

4. 治理方法

结构高度、起拱高度超差时，可利用拉杆螺栓进行调整，使之符合要求。

26.1.4 槽齿不密合，锯割过线

1. 现象

（1）双齿连接时，两个承压面不能紧密一致共同受力（图 26-20a、b），或槽齿承压面局部接触不严（图 26-20c），致使桁架早期遭受破坏。

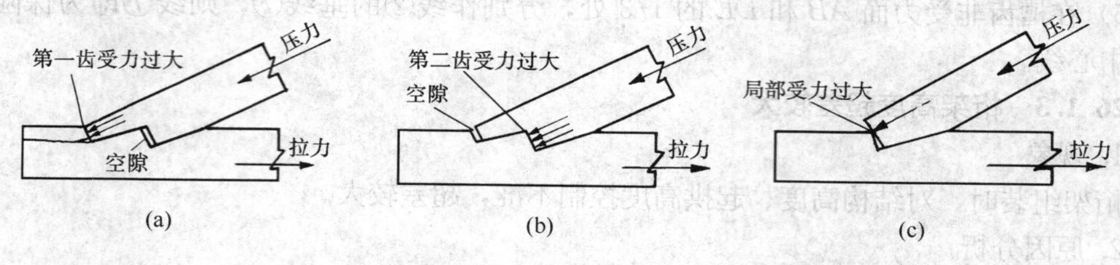

图 26-20 槽齿不合的症状

（2）槽口深度锯割不准，锯口深度超过了槽口深度，削弱了杆件的截面面积，见图 26-21。

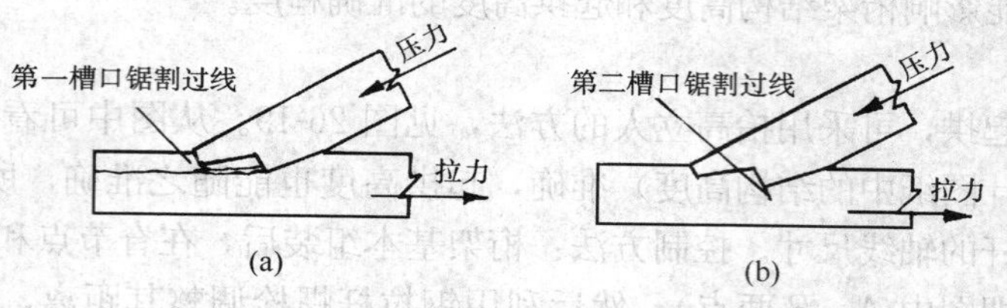

图 26-21 锯割过线的症状

（a）两受剪面重合破坏；（b）下弦截面被削弱

2. 原因分析

（1）材质含水率较大，产生收缩、翘曲变形，使槽齿不密合。

（2）由于画线、锯割不准，使槽齿不合。

（3）因上下弦保险螺栓孔位略有偏差，螺栓穿入后，使槽齿不密合。

（4）操作不认真，使锯口深度超过槽口深度，造成锯割过线。

3. 预防措施

（1）运到工地的木材及加工后的杆件，应按规格加垫堆放平整，使空气流通，防止木材因受潮和堆放不当而产生弯曲、扭翘变形。

（2）样板要选用干燥的优质软材制作，以防样板变形影响加工精度；按样板画线时，样板应与木料贴紧，笔要紧贴样板画线，线要清楚，线宽不应超过 0.5mm。用原木制作屋架时，砍平找正后，四面中心均应弹线，以便确定斜杆、竖杆和螺栓等位置。

（3）杆件加工时，做榫、断肩需留半线，不得走锯、过线。做双齿时，第一槽齿不密合时（见图 26-20b）不易修整，故应留一线锯割，第二槽齿留半线锯割。

（4）桁架宜竖立组装（组装方便，槽齿易密合）。基本组装后，应检查槽齿承压面是否接触严密，局部间隙不应超过 1mm，不允许有穿透的缝隙。无误后再将上下弦的保险螺栓孔一次钻通，边钻边复核孔位。如上下弦分别钻孔，要从接触点向两端钻，以消除孔位误差。

4. 治理方法

（1）如图 26-20(a)所示的槽齿接触不密合，应采用细锯锯第一槽齿的承压面，即可靠自重使双齿密合；如为图 26-20(b)所示的槽齿接触不密合，则不易修整。如槽齿间有均匀缝隙，应将桁架竖起靠自重密合；或适当拧紧拉杆螺栓使之密合，但要照顾到结构高度和起拱高度不得超差。不得用楔和金属板等填塞其缝隙。

（2）槽口锯割过线严重的，应增设夹板补强加固。

26.2 木桁架安装

26.2.1 安装标高控制不准，檐瓦低头或噘嘴

1. 现象

桁架安装过高或过低，封檐后檐瓦不随坡，出现低头或噘嘴现象，影响造型美观。

2. 原因分析

预先未进行檐头放样（或计算），故桁架的安装标高不准确。

3. 预防措施

（1）当为砖檐时，应预先进行檐头放样，以便计算出墙砌到多高上屋架合适，并使檐头标高高出瓦条上皮坡度线 30mm。以图 26-22 为例，其檐头放样方法和步骤如下：

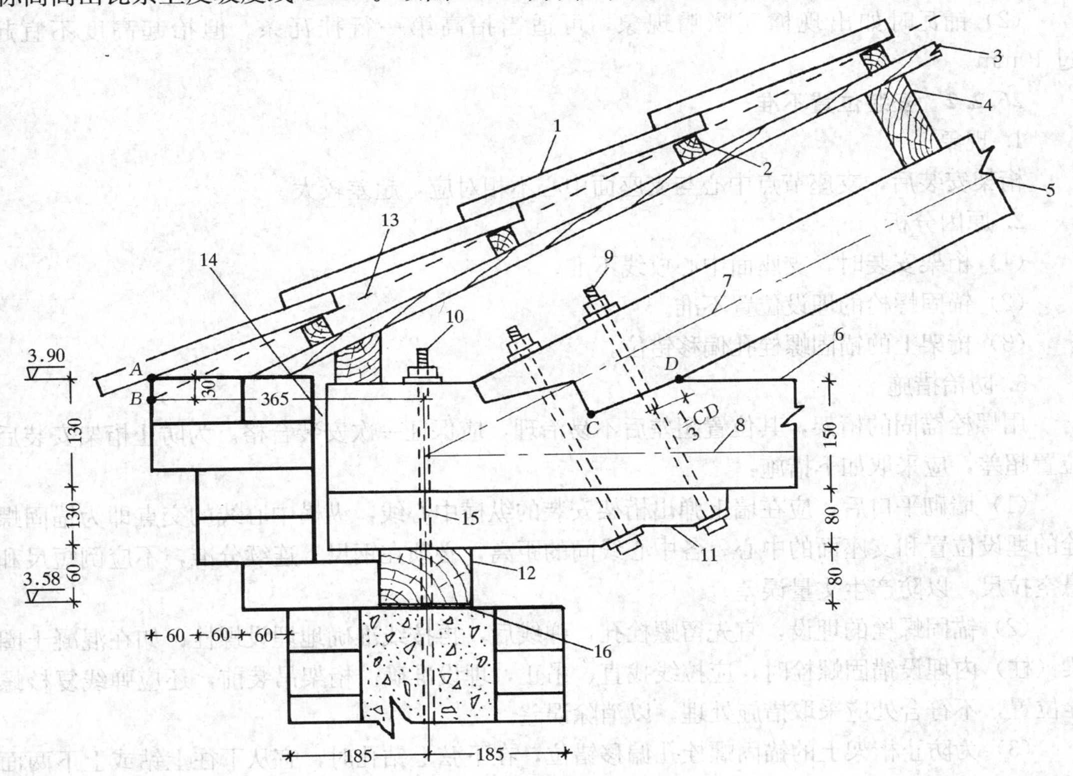

图 26-22 檐头放样示意

1—水泥瓦；2—挂瓦条；3—屋面板；4—檩条；5—上弦；6—下弦；7—上弦轴线；8—下弦轴线；9—保险螺栓；10—锚固螺栓；11—附木；12—卧木；13—瓦条上皮坡度线；14—通风空隙；15—墙中心线；16—水泥砂浆找平层

1）按施工图划出桁架端节点处的上下弦杆、附木、卧木，再划出檩条、屋面板和挂瓦条；

2）根据图纸的砖檐式样，定出檐高 A 点的位置。如图中为一、二、二砖檐，可由支座节点中心线向外量 185＋60＋60＋60＝365（mm），与挂瓦条上皮坡度线相交于 B 点，再从 B 点向上量 30mm（一块瓦的厚度），定出 A 点，则 A 点即为设计图纸所要求的檐头标高 3.90m；

3）从 A 点向下划出一、二、二砖檐和墙的实样；

4）找出哪一皮砖的标高与桁架卧木下皮的标高相符。从图中可看出，当砖墙砌到 3.58m 时，上桁架合适。然后在皮数杆上标出平口标高 3.58m。如果卧木下皮标高不为整皮砖数，施工时可在砖墙与卧木之间铺垫水泥砂浆找平。

（2）在封砖檐时，应边封檐，边进行复核。如有不符，可适当调整砖的出檐长度或灰缝厚度，以保证檐高高出瓦条上皮坡度线 30mm；有封檐板的木檐口，封檐三角木要比一般瓦条高出 30mm，以免檐瓦不随坡而出现低头和噘嘴现象。

4. 治理方法

（1）铺瓦时如出现檐瓦低头现象，应在檐边铺垫砂浆调整。对清水墙，其砂浆铺垫厚度不宜超过 20mm。

（2）铺瓦时如出现檐瓦噘嘴现象，可适当抬高第一行挂瓦条。但抬起高度不宜超过 10mm。

26.2.2　安装位置不准

1. 现象

桁架安装后，支座节点中心与支座面中心不相对应，超差较大。

2. 原因分析

（1）桁架安装时，支座面中心放线不准。

（2）锚固螺栓的埋设位置不准。

（3）桁架上的锚固螺栓孔偏移错位。

3. 防治措施

用螺栓锚固的桁架，其位置超差后不易治理，应保证一次安装合格。为防止桁架安装后位置超差，应采取如下措施：

（1）墙砌平口后，应在墙上弹出桁架安装的纵横中心线，纵横中心线的交点即为锚固螺栓的埋设位置和支座面的中心。各中心线间的距离，必须在钢尺上连续分准，不应倒短尺和悬空拉尺，以防产生丈量误差。

（2）锚固螺栓的埋设，宜先留螺栓孔，弹线后，再按线准确地埋设螺栓；如在混凝土圈梁（柱）内埋设锚固螺栓时，应拉线找直、吊正，埋设准确。桁架吊装前，还应弹线复核螺栓位置，不符合处应采取措施处理，以消除误差。

（3）为防止桁架上的锚固螺栓孔偏移错位，在下弦上钻孔时，宜从下往上钻或上下两面对钻，孔径应比螺栓径大 3mm。

（4）如墙厚≥370mm，可沿墙宽方向留长眼，待桁架吊装完并抄平、找正、吊直无误后，再浇筑细石混凝土并捣固密实，把螺栓锚固在墙内，混凝土浇筑高度要高于卧木下皮，以防混凝土与卧木接触不严。

26.2.3 侧向变形

1. 现象

(1) 桁架在吊装过程中，产生临时侧向弯、扭变形，使节点松动，甚至造成破坏。

(2) 安装桁架间的垂直支撑和横向支撑时，桁架产生永久性的侧向弯、扭变形。

(3) 桁架在使用过程中，侧向失稳而坍落。

2. 原因分析

(1) 桁架在吊装过程中，未采取防止侧向变形的相应措施。

(2) 在安装垂直支撑和横向支撑时，处置不当，受横向力影响，使桁架产生永久性的侧向弯、扭变形。

(3) 桁架与支撑、檩条之间连接不牢，整体刚度差，在使用荷载作用下，逐渐产生侧向变形，甚至失稳坍落。

3. 预防措施

(1) 桁架吊装时，吊索要兜住桁架下弦，避免单绑在上弦节点上，吊索位置要符合要求并绑扎牢固；起吊前应在桁架两端系上拉绳，以控制桁架在起吊过程中产生的摆动；当桁架吊起离开地面30mm后，应停车检查，无问题后再继续起吊，对准位置徐徐放下就位。为保证桁架在吊装过程中的侧向刚度和稳定性，应在上弦两侧绑上水平撑杆，其加固方法及吊点位置见图26-23。当桁架跨度很大时，还须在下弦两侧加设横撑。

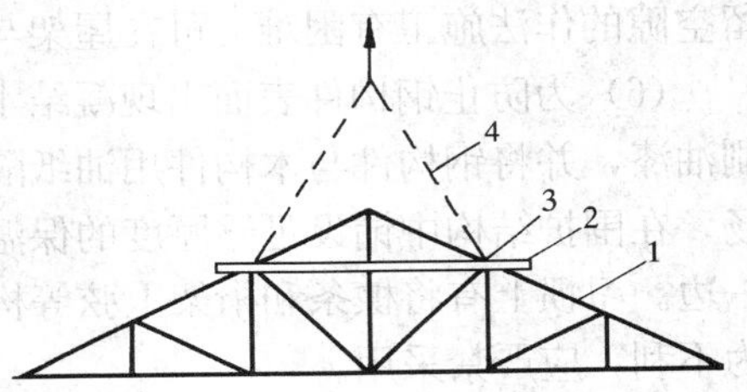

图26-23 桁架吊装示意

1—屋架；2—水平撑杆；3—吊点；4—吊索

(2) 为保证桁架在安装过程中不出现侧向弯、扭现象，应边安支撑和檩条，边校正和吊直。如果受条件限制不能同时安装，应安设可靠的临时支撑。支撑与桁架之间应用螺栓连接，不得采用钉连接和抵承连接，并在桁架找正、吊直无误后，再按螺栓孔位钻眼、安装，以防支撑长短不准或螺栓孔位不符，将桁架沿侧向顶弯或拉弯。

(3) 桁架之间及桁架与山墙之间，必须通过支撑或檩条将其连接成牢固的整体。

4. 治理方法

(1) 桁架安装后，如侧向变形较大，应重新调整支撑长度，使桁架上下弦在同一垂直平面内。

(2) 桁架在使用期间，受压上弦杆出平面时，需在卸荷后调整，然后增设檩条与上弦卡固，以缩短它的计算长度，或增设上弦横向支撑。一般腹杆出平面时，可增设木夹板，其截面厚度与腹杆相同，宽度应大于腹杆宽度，并用螺栓连接。

26.2.4 桁架防腐处理不当

1. 现象

桁架端节点木材过早腐朽，钢构件锈蚀严重，危及屋盖安全。

2. 原因分析

(1) 抢工图快，操作马虎，未进行防腐处理或处理不当；未严格按规范要求施工。

(2) 桁架端节点处于潮湿环境中，因通风不良和菌类寄生侵害而腐朽。

(3) 钢构件因结露而锈蚀，并使周围木材受潮腐朽。

3. 预防措施

(1) 采用马尾松、木麻黄、桦木、杨木等易腐朽和虫蛀的树种时，整个构件应采用防腐、防虫药剂处理，药剂的选用与配制见《木结构工程施工质量验收规范》(GB 50206—2012)；具有木腐菌感染征象或虫蛀现象的木材和木构件应单独堆置，并先进行毒杀，然后进行防腐、防虫处理，方允许使用。防腐剂应具有毒杀木腐菌和害虫的功能，而不致危及人畜和污染环境。

(2) 桁架应尽可能用干燥木材制作。

(3) 作好屋面防水，防止桁架受潮。檐口设计宜采用出檐和封檐板，不宜采用内排水和女儿墙等构造，从设计上消除屋面漏水的可能性。

(4) 在桁架支座下（即卧木下）设置防潮层，一般作法是铺二层油毡；桁架伸入墙内部分（包括卧木）必须涂刷防腐沥青。

(5) 为保证通风良好，桁架端节点不允许封闭在墙内，四周要留有空隙（图 26-24)；如留空隙的作法施工有困难，可在屋架与墙体接触处设置油毡（2～3 层）隔离层。

(6) 为防止钢构件表面出现凝结水，使钢构件锈蚀和木材受潮，桁架中的钢构件必须涂刷油漆，并将钢构件与木构件用油纸隔开。在保暖房屋中必须使屋盖承重结构处于同一温度场，在围护结构中铺设足够厚度的保温层，隔汽层设在温度高的一边，保温层设在温度低的一边。习惯上有将檩条和桁架上弦等构件埋置在保温材料中的作法，这种构造对木材防腐极为不利，应严禁采用。

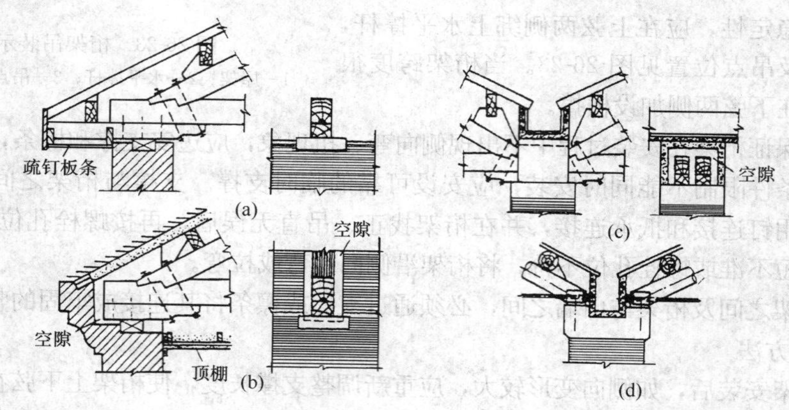

图 26-24　木桁架支座节点通风构造示意

4. 治理方法

(1) 如防腐、防虫处理不符合要求，必须补做。

(2) 如屋面漏水、渗水（特别是檐口、女儿墙、天沟等部位)，须及时维修。

(3) 当桁架端节点木材严重腐朽，原有节点的木材已不能利用时，应在卸荷后用临时支撑将桁架顶起，用木板和螺栓将上、下弦连接牢固，再将腐朽部分全部截去，然后可按下面方法加固：

1) 如能根除造成腐朽的条件，可在切除腐朽部分后，更换新的木料。以图 26-25 为例，上弦沿 *NK* 线锯截；下弦沿 *CBD* 线锯截，在 *ADFE* 位置上补加抵承填块；上、下弦沿 *BC* 线留 5mm 空隙。

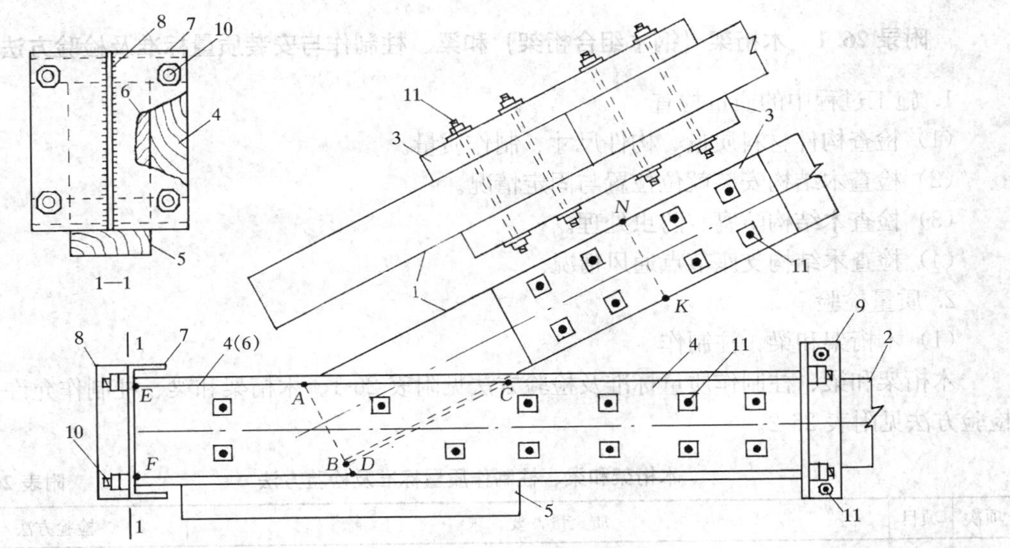

图 26-25 端节点腐朽木材更换示意

1—上弦；2—下弦；3—上弦木夹板；4—下弦木夹板；5—附木；6—抵承填块（图中 $ADFE$ 图形，位于两木夹板之间）；7—抵承槽钢；8—加劲板；9—抵承角钢；10—钢拉杆；11—连接螺栓

2）如无法根除造成腐朽的条件，则在切除腐朽部分后，需用型钢焊成件（图 26-26）或钢筋混凝土节点代替原有的木质节点构造。如有女儿墙时，则加固用的钢筋混凝土端头可与排水天沟结合考虑（图 26-27）。

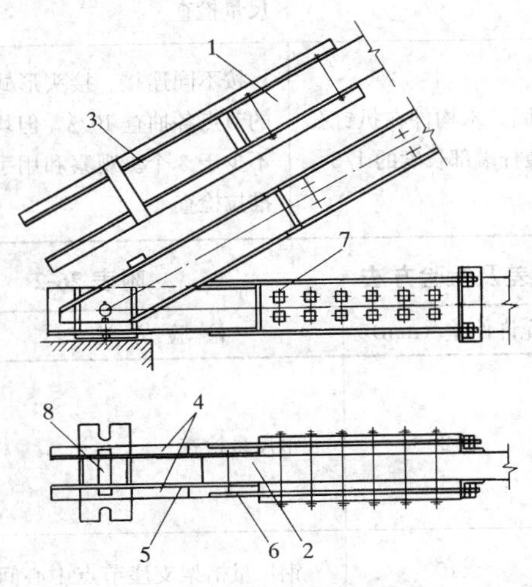

图 26-26 支座节点腐朽用槽钢加固端头

1—上弦；2—下弦；3—新加上弦槽钢；4—新加下弦槽钢；5—上弦槽钢未表示出；6—拉杆焊接在槽钢翼缘上；7—新加木夹板；8—销轴

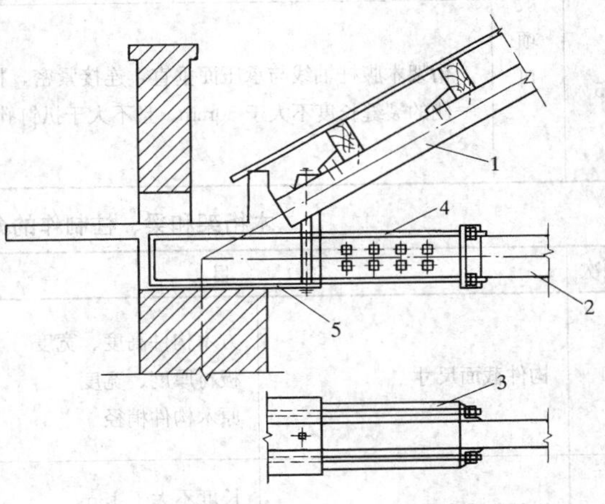

图 26-27 支座节点腐朽用钢筋混凝土加固端头并做成屋檐

1—上弦；2—下弦；3—木夹板；4—拉杆；5—混凝土端头

附录 26.1　木桁架（钢木组合桁架）和梁、柱制作与安装质量标准及检验方法

1. 施工过程中的质量检查

(1) 检查构件材料质量、构件尺寸、制作质量。

(2) 检查木结构安装就位位置与固定情况。

(3) 检查木结构防腐、防虫处理。

(4) 检查木结构支座节点通风情况。

2. 质量检验

(1) 木桁架和梁、柱制作

木桁架和梁、柱制作质量标准及检验方法见附表 26-1。木桁架和梁、柱制作允许偏差及检验方法见附表 26-2。

木桁架和梁、柱制作质量标准及检验方法　附表 26-1

项次	项目	质量要求	检验方法
1	主控项目	木材的树种、材质等级、含水率和防腐、防虫、防火处理必须符合设计要求和施工规范的规定	观察检查和检查测定记录
2	主控项目	采用钢材及附件的材质、型号、规格和连接构造等必须符合设计要求和施工规范及其专门规定	观察、尺量检查和检查出厂合格证、试验报告
3	主控项目	桁架支座节点、脊节点和上、下弦接头的构造必须符合设计要求和施工规范的规定	观察、尺量检查和检查大样技术复核单
4	一般项目	木结构螺帽数量及螺杆伸出螺帽长度符合施工规范的规定。钢拉杆顺直，各钢件应作防锈处理	按拉杆数量抽查 10%，但均不少于 3 件。观察、尺量检查
5	一般项目	桁架木腹杆轴线与承压面垂直，连接紧密，扒钉牢固。木构件在扒钉孔一侧的裂缝长度不大于 50mm，且不大于扒钉孔到木腹杆端部长度的 1/3	按不同连接、接头形式的节点各抽查 10%，但均不少于 3 个。观察和用手推拉检查

木桁架和梁、柱制作的允许偏差及检验方法　附表 26-2

项次	项目		允许偏差（mm）	检验方法
1	构件截面尺寸	方木构件高度、宽度 板材厚度、宽度 原木构件梢径	−3 −2 −5	钢尺量检查
2	构件长度	长度不大于 15m 长度大于 15m	±10 ±15	钢尺量桁架支座节点中心间距，梁、柱全长
3	桁架高度	跨度不大于 15m 跨度大于 15m	±10 ±15	钢尺量脊节点中心与下弦中心距离

续表

项次	项目			允许偏差（mm）	检验方法
4	受压或压弯构件纵向弯曲	方木构件		$L/500$	拉线钢尺量检查
		原木构件		$L/200$	
5	弦杆节点间距			±5	钢尺量检查
6	齿连接刻槽深度			±2	
7	支座节点受剪面	长度		−10	
		宽度	方木	−3	
			原木	−4	
8	螺栓中心间距	进孔处		$\pm 0.2d$	
		出孔处	垂直木纹方向	$\pm 0.5d$ 且不大于 $4B/100$	
			顺木纹方向	$\pm 1d$	
9	钉进孔处的中心间距			$\pm 1d$	
10	桁架起拱			+20	以两支座节点下弦中心线为准，拉一水平线，用钢尺量
				−10	两跨中下弦中心线与拉线之间距离

注：1. 木桁架逐榀检查。

2. d 为螺栓或钉的直径；L 为构件长度；B 为板束总厚度。

（2）木桁架和梁、柱安装

木桁架和梁、柱安装质量要求及检验方法见附表 26-3。木桁架和梁、柱安装允许偏差及检验方法见附表 26-4。

木桁架和梁、柱安装质量标准及检验方法 **附表 26-3**

项次	项目	质量要求	检验方法
1	主控项目	制作质量必须符合设计要求，运输中无变形或损坏	观察检查和检查验收记录
2		木结构的支座、支撑连接等构造必须符合设计要求和施工规范的规定。连接必须牢固、无松动	观察和用手推拉检查
3	一般项目	木结构支座部位不封闭在墙体之内，构件的两侧及端部留出空隙。木柱下设柱墩	按支座总数抽查 10%，但均不少于 3 件。观察和尺量检查
4		木构件与砖石砌体、混凝土的接触处以及支座垫木有防腐处理	按支座总数抽查 10%，但均不少于 3 件。观察、尺量检查和检查验收记录

木桁架和梁、柱安装允许偏差及检验方法　　附表 26-4

项次	项目	允许偏差（mm）	检验方法
1	结构中心线的间距	±20	钢尺量检查
2	垂直度	$H/200$ 且不大于 15	吊线钢尺量检查
3	受压或压弯构件纵向弯曲	$L/300$	吊（拉）线钢尺量检查
4	支座轴线对支承面中心位移	10	钢尺量检查
5	支座标高	±5	用水准仪检查

注：H 为桁架、柱的高度；L 为构件长度。

26.3　屋面木骨架

屋面木骨架由挂瓦条、顺水条、油毡、屋面板、椽条、檩条等组成，其常见的施工质量通病如下。

26.3.1　檩条节点不牢

1. 现象

同一趟檩条的接头处、檩条与屋架的连接处、檩条与山墙的连接处连接不牢，有松动现象。

2. 原因分析

（1）简支檩条对头钉固在屋架上弦上，端部被钉劈裂（图 26-28）。

（2）悬臂檩条接头结合面不严密。

（3）檩条与山墙未按设计规定予以锚固，连接不牢，不能共同受力。

3. 预防措施

（1）简支檩条的接头必须设在桁架上弦上，并应侧向搭接，见图 26-29（a），搭接长度不宜小于上弦宽度的 2 倍。圆檩要大小头搭接。

（2）檩条如在桁架上弦对头相接，应先用夹板连接牢固后再与上弦钉牢，见图 26-29（b）。

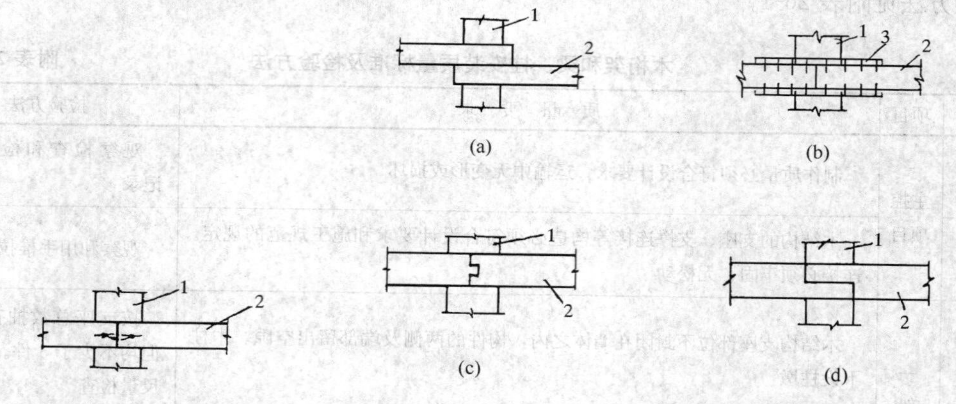

图 26-28　简支檩条端部劈裂
1—屋架；2—檩条

图 26-29　简支檩条接头示意
1—屋架上弦；2—檩条；3—夹板

（3）简支檩条用于屋脊部分时，宜采用图 26-29（c）、（d）的接头形式。

(4) 悬臂檩条接头应采用斜面缺接法。接头位置必须准确，接头处两个檩的斜结合面必须平整、严密，见图 26-30。

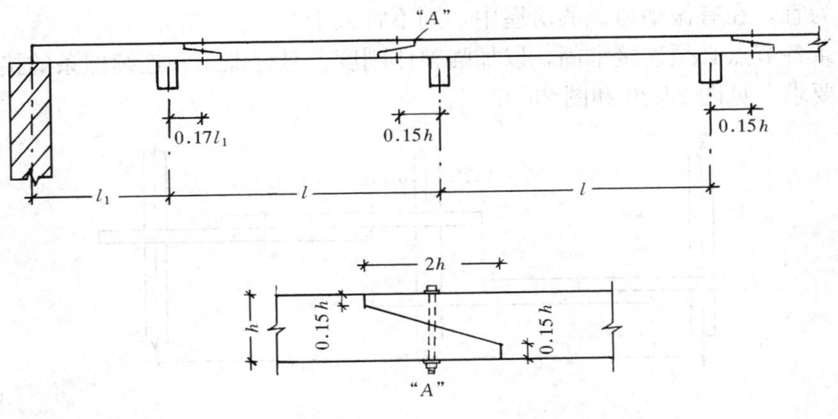

图 26-30 悬臂檩条的接头位置

(5) 檩条与桁架交接处，需用三角托木（爬山虎）托住，不得在上弦上刻槽承托。承托檩条的托木，至少应用 2 只铁钉钉牢，托木高度≥2/3 檩条高度（图 26-33）。

(6) 桁架及天窗脊节点和其他上弦节点或其附近的檩条、支撑架节点处的檩条，应与桁架上弦及山墙锚固。锚固方法可用螺栓或卡板（图 26-31）。螺栓直径设计无要求时，可在 12～16mm 范围选用。

(7) 檩条与砖石砌体连接处应按设计规定予以锚固，并作好防腐处理。

(8) 为保证檩条的整体刚度，屋面板（或椽条）长度不宜小于两个檩距，接头必须互相错开，每段长度不应大于 1.5m。

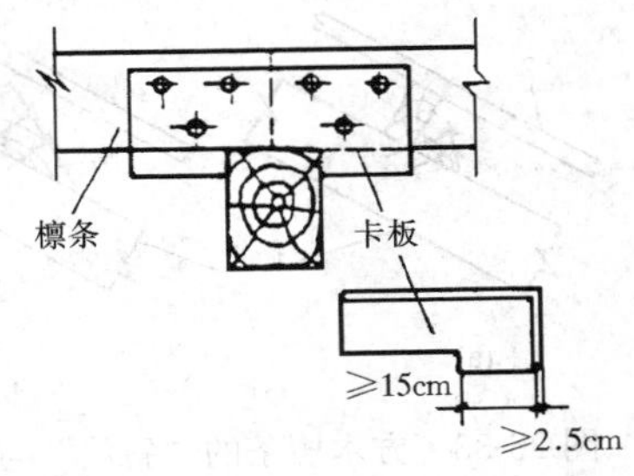

图 26-31 卡板锚固示意

4. 治理方法

对节点不牢的檩条，应按规定的作法重新连接牢固，或用夹板补强加固。

26.3.2 檩条挠度过大

1. 现象

檩条承重后挠度过大，瓦屋面呈波浪形。

2. 原因分析

(1) 檩条材质不良，含水率大，截面不足或中间檩条有较大的坡楞，因而刚度不足。

(2) 悬臂檩不按规定位置设置接头，矩形悬臂檩垂直屋面放置，檩条的承载能力不能得到充分利用。

3. 预防措施

(1) 檩条宜用松木、杉木制作，其材质应符合《木结构工程施工质量验收规范》(GB 50206—2012) 中规定的材质标准，见表 26-1。

(2) 檩条的截面与间距必须与设计相符。必要时，应根据《木结构设计规范》

(GB 50005—2003，2005 年版)进行验算；有较大坡楞的檩条可用于檐檩，应避免用于中间檩。

(3) 檩条的计算挠度不应超过 $l/200$；简支檩条的跨度不宜大于 4m；檩条高宽比以不大于 2.5 为宜，在有振动荷载的房屋中，则不宜大于 2。

(4) 檩条各节点必须连接牢固，以加强整体刚度。悬臂檩条和连续檩条的接头位置必须符合设计要求，见图 26-30 和图 26-32。

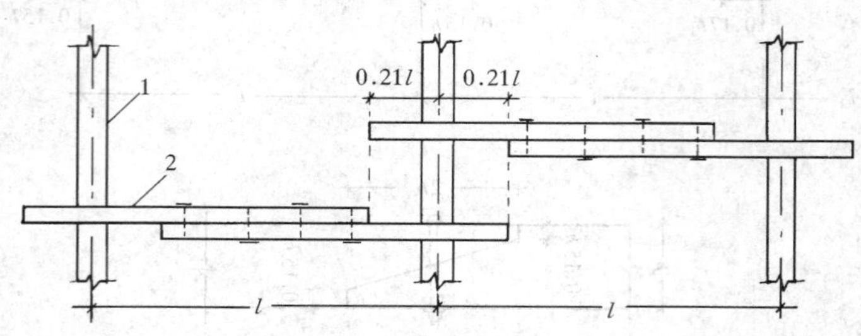

图 26-32　连续檩条的接头位置

1—桁架上弦；2—檩条

(5) 檩条必须按设计要求正放（单向弯曲）或斜放（双向弯曲），见图 26-33。矩形悬臂檩条和连续檩条宜正放；弯曲的檩条，凸面部分应朝向屋脊。

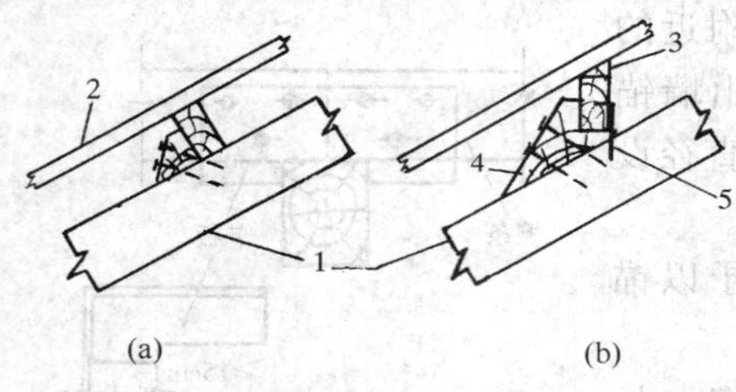

图 26-33　方木檩条的“斜放”与“正放”

(a) 斜放檩条；(b) 正放檩条

1—桁架上弦；2—屋面板或椽条；3—三角形木条；4—三角托木；5—扒钉

4. 治理方法

(1) 如果大部分檩条都产生较严重的下挠现象，应根据情况进行返修。

(2) 如个别檩条下挠较严重，可视具体情况按下列方法加固：

1) 附檩条加固：用千斤顶将檩条向上顶出拱度，然后通长附 1 根向上弯曲的檩条，附檩条的规格应根据设计和房屋的实际尺寸选定。当附檩条搁置在桁架上时，应采用托木架檩，托木应与桁架上弦固定牢靠，并满足搁置长度的要求。当附檩条搁置在砖墙上时，剔凿孔洞应规则，且贴近原有损坏的檩条，附檩条入墙部分做好防腐。千斤顶拆除后再将两根檩条钉固在一起，共同受力。附檩条应与上部屋面基层贴附，当贴附不严时，应用木楔打紧。檩条搁置长度应符合设计要求，用木楔打紧后堵砌好墙的孔洞。

2) 夹板加固：用千斤顶将屋面板顶起，然后在檩条两侧钉木夹板找平。夹板长度应大于 1/2 檩条跨度，夹板的接头位置不应设在檩条中部 1/2 跨长范围内。

3) 将檩条改变为撑托式梁的加固：檩条如因截面过小、变形严重，可采用此加固方法，即在檩条下用圆木或方木加固，使其与被加固的檩条成为一倒式单柱桁架，檩条同时亦为桁架中的一个杆件（图 26-34)。

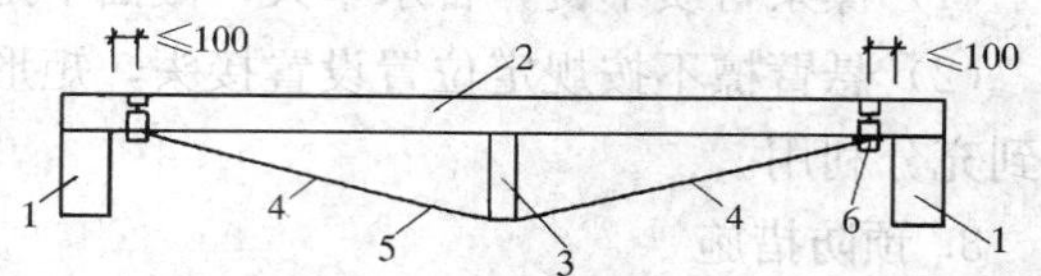

图 26-34　将檩条改变为撑托式梁的加固

1—上弦；2—檩条；3—圆木或方木；4—花篮螺栓；5—ф 8 光圆钢筋；6—连接件

26.3.3 檩条与石棉水泥瓦垄接触不严

1. 现象

位于每块石棉水泥瓦中部的檩条与瓦垄接触不严，见图 26-35。用钉强行连接后虽能接触严密，但使瓦产生附加应力，瓦面弯曲变形。

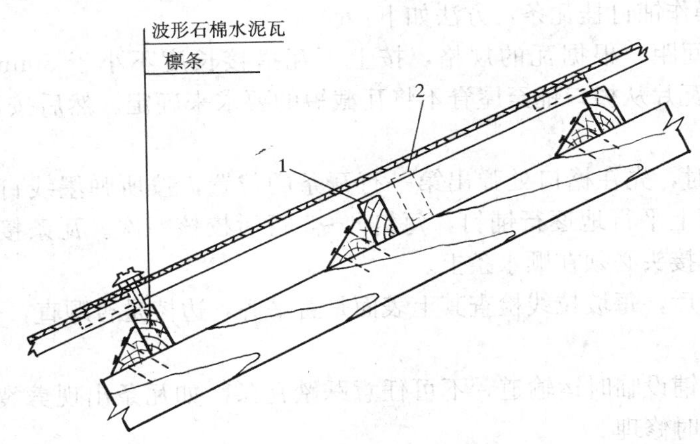

图 26-35 石棉水泥瓦屋面
1—檩条低于瓦垄；2—檩条超高

2. 原因分析

(1) 因波形石棉水泥瓦较长，能跨越 2～3 个檩距，每块石棉水泥瓦不平行屋架上弦，相差一块瓦的厚度（6～8mm），所以位于瓦中部的檩条与瓦垄接触不严。

(2) 瓦垄规格不标准而搭接不吻合，或铺钉方法不当，瓦垄互相搭接层数过多或搭接不严等，造成瓦中部的檩条与瓦垄接触不严。

(3) 因檩条铺钉不平，位于瓦中部的檩条与瓦垄间的缝隙忽大忽小。有时瓦中部的檩条超高，将瓦顶起。

3. 预防措施

(1) 应选用规格标准的波形石棉水泥瓦。铺钉时，瓦垄要吻合，搭接要严密，瓦垄的角端部分搭接重叠层数不得超过 3 层，并应割角铺钉。搭接长度不宜大于 20cm。

(2) 檩条上表面必须铺钉平齐。檩条与瓦垄之间的缝隙不应超过 6mm。

4. 治理方法

如缝隙超过 6mm，应对檩条高度进行加垫调整，或按缝隙大小加嵌板条。

26.3.4 挂瓦条铺钉不平齐、不顺直

1. 现象

(1) 同坡瓦条上表面的平整程度超差较大，甚至成波浪形。

(2) 同一趟瓦条的上边棱不直，有错牙、翘起和弯曲等现象。

2. 原因分析

(1) 由于屋架、檩条安装得不平齐，或屋面板、顺水条、挂瓦条的截面尺寸偏差较大，使瓦条铺钉不平齐。

(2) 由于铺钉瓦条时未拉线找直，或瓦条铺钉不牢，施工时被人踩踏歪斜又未进行修整，使瓦条不顺直。

3. 预防措施

(1) 檩条、椽条、屋面板、顺水条、挂瓦条的截面尺寸应符合要求；檩条应铺钉平齐(允许偏差见附表 26-6)。铺钉时应先安装脊檩和檐檩并找平，再以脊檩和檐檩的标高为准，由下向上依次安装其他檩条。凹凸不平的圆檩应预先弹线砍平。

(2) 按程序操作铺钉挂瓦条，方法如下：

1) 确定瓦条间距。根据瓦的规格，按上下瓦搭接长度不小于 50mm，檐头瓦伸出 50～70mm，并使瓦片从檐口铺至屋脊不将瓦截短的要求来确定。然后按瓦条间距做出标准尺棍。

2) 铺钉瓦条时，先在檐口处弹出第一行瓦条的位置，按所弹墨线钉上第一行瓦条，然后用尺棍由下而上平行地逐行铺钉，每钉 4～5 行后校核一次。瓦条接头应锯齐钉平，设置顺水条的，其接头必须在顺水条上。

(3) 瓦条铺钉后，每坡拉线检查其上表面是否平齐，边棱是否顺直，合格后再进行下道工序。

(4) 运瓦时应铺设临时运输道，不可任意踩踏瓦条。如瓦条出现劈裂、弯曲、翘起、歪斜等现象，应及时修理。

4. 治理方法

(1) 挂瓦条上表面的不平齐超过 8mm 时，在超差较大处的瓦条下面加设木垫调整，使之符合质量要求。

(2) 挂瓦条上边棱不顺直，10m 长度内的偏差值超过 10mm 时，应拉线调直。

附录 26.2　屋面木骨架质量标准及检验方法

1. 施工过程中的质量检查

(1) 检查木结构材料质量。

(2) 检查檩条接头位置、支承及固定情况。

(3) 检查椽条布置、挂瓦条施工顺序、屋面板接头与铺钉、封檐板接头情况。

2. 质量检验

(1) 屋面木骨架质量标准及检验方法见附表 26-5。

(2) 屋面木骨架允许偏差及检验方法见附表 26-6。

屋面木骨架质量标准及检验方法　　附表 26-5

项次	项目	质量要求	检验方法
1	主控项目	木材的树种、材质等级、含水率和防腐、防虫、防火处理必须符合设计要求和施工规范的规定	观察检查和检查测定记录
2	主控项目	檩条必须安装牢固，接头位置、固定方法符合设计要求和施工规范规定	观察和用手推拉检查
3	一般项目	椽与檩钉结牢固，屋脊处两檩条拉接可靠。椽条设在檩条上，并错开布置，无错开布置的相邻接头不多于 2 个	检查不少于 3 间。观察和用手推拉检查
4	一般项目	屋面板厚度符合设计要求，铺钉平整，接头应在檩、椽条上分段错开，每段接头处板的总宽度不大于 1.5m，无漏钉	抽检不少于 3 间。观察和尺量检查
5	一般项目	封檐(山)板表面刨光，接头采用龙凤榫并镶接严密，下边缘至少低于檐口平顶 25mm	抽检不少于 3 间。观察和尺量检查

屋面木骨架允许偏差及检验方法 **附表 26-6**

项次	项目		允许偏差（mm）	检验方法
1	檩条、椽条	方木截面	−2	钢尺量检查
		原木梢径	−5	钢尺量检查，椭圆时取大小径的平均值
		间距	−10	钢尺量检查
		方木上表面平直	4	每坡拉线钢尺量检查
		原木上表面平直	7	
2	油毡搭接宽度		−10	钢尺量检查
3	挂瓦条间距		±5	
4	封山、封檐板平直	下边缘	5	拉 10m 线，不足 10m 时拉通线，钢尺量检查
		表面	8	

27 屋 面 工 程

屋面工程在各种工程建设项目中起着举足轻重的作用。随着我国防水、保温材料的发展，有关材料及产品的国家和行业标准陆续发布实施，屋面工程施工工艺也不断改进。本章是按建筑物屋盖最上一层的遮盖材料，把屋面类型大致分为：卷材、涂膜屋面，瓦屋面，金属板屋面，玻璃采光顶等。屋面的基本构造层次宜符合表 27-1 的要求。

屋面的基本构造层次 **表 27-1**

屋面类型	基本构造层次（自上而下）
卷材、涂膜屋面	保护层、隔离层、防水层、找平层、保温层、找平层、找坡层、结构层
	保护层、保温层、防水层、找平层、找坡层、结构层
	种植隔热层、保护层、耐根穿刺防水层、防水层、找平层、保温层、找平层、找坡层、结构层
	架空隔热层、防水层、找平层、保温层、找平层、找坡层、结构层
	蓄水隔热层、隔离层、防水层、找平层、保温层、找平层、找坡层、结构层
瓦层面	块瓦、挂瓦条、顺水条、持钉层、防水层或防水垫层、保温层、结构层
	沥青瓦、持钉层、防水层或防水垫层、保温层、结构层
金属板屋面	压型金属板、防水垫层、保温层、承托网、支承结构
	上层压型金属板、防水垫层、保温层、底层压型金属板、支承结构
	金属面绝热夹芯板、支承结构
玻璃采光顶	玻璃面板、金属框架、支承结构
	玻璃面板、点支承装置、支承结构

注：1. 表中结构层包括混凝土基层和木基层；防水层包括卷材和涂膜防水层；保护层包括块体材料、水泥砂浆、细石混凝土保护层。
2. 有隔汽要求的屋面，应在保温层与结构层之间设隔汽层。

27.1 屋 面 找 平 层

屋面找平层是屋面工程中一个重要分项工程。卷材、涂膜防水层的基层应设找平层，找平层厚度和技术要求应符合表 27-2 的规定。本节所列质量通病，主要针对水泥砂浆找平层及细石混凝土找平层，除参照本节外，尚可查阅本手册相关章节。

找平层厚度和技术要求 表 27-2

类 别	适用基层	厚度（mm）	技术要求
水泥砂浆	整体现浇混凝土板	15～20	1：2.5水泥砂浆
	整体材料保温层	20～25	
细石混凝土	装配式混凝土板	30～35	C20混凝土，宜加钢筋网片
	板状材料保温层		C20混凝土

27.1.1 找坡不准

1. 现象

找平层施工后经泼水试验，发现低洼或坡度不足，尤其在檐沟、大沟和水落口周围，造成排水不畅或积水，日久将使卷材腐烂而导致渗漏水。

2. 原因分析

（1）设计未根据屋面形式、屋面面积、屋面高低层的设置等情况，将屋面划分成若干排水区域。

（2）屋面排水坡度不符合设计要求。

（3）檐沟、大沟纵向坡度在施工时控制不严。

（4）水落口杯埋设标高过高或水落管内径过小。

3. 防治措施

（1）屋面应适当划分排水坡，确定排水区域和排水线路，力求排水通畅简捷，水落口雨水负荷均匀。

（2）平屋面宜由结构找坡，其坡度不应小于3%；当采用材料找坡时，坡度宜为2%。

（3）檐沟、天沟纵向坡度小应小于1%，沟底水落差不得超过200mm。

（4）水落管内径不应小于75mm，每根水落管的汇水面积宜为150～200m^2。

（5）屋面找平层施工时，应严格按设计坡度拉线，并在相应位置上冲筋设基准点。

（6）屋面找平层施工完成后，对其坡度、平整度应及时组织验收。必要时，可在雨后检查屋面是否积水。

27.1.2 找平层开裂

1. 现象

（1）找平层较普遍出现无规则的裂缝，主要发生在有保温层的水泥砂浆找平层上，裂缝宽度一般在0.2～0.5mm，出现时间主要发生在水泥砂浆终凝以后至20d左右龄期内。不少工程实践证明，找平层中较大的裂缝较容易引发防水卷材开裂，且两者的位置、大小互为对应。

（2）找平层上出现横向有规则的裂缝，这种裂缝往往是通长和笔直的，裂缝间距在4～6m左右。

2. 原因分析

（1）在板状材料保温层上采用水泥砂浆找平层，其刚度利抗裂性明显不足。

（2）保温材料与水泥砂浆两种材料的线膨胀系数相差较大。

（3）找平层出现开裂与施工工艺有关，如抹压不实、养护不良等。

（4）结构层或保温层高低不平，导致找平层施工厚度不均。

3. 预防措施

(1) 对于整体现浇混凝土板，应采用随浇随抹施工工艺，原浆表面抹平、压光，一般不再做水泥砂浆找平层。

(2) 对于装配式混凝土板，应先将板缝用细石混凝土灌缝密实，再做C20细石混凝土找平层，提高结构层的刚度；必要时，找平层内应配Φ 4@200mm×200mm钢筋网片。

(3) 在保温层上应设置C20细出混凝土找平层。

(4) 在整体保温层上可采用水泥砂浆做找平层，但在板状材料保温层上应采用C20细石混凝土作找平层。

(5) 找平层应设分格缝，缝宽宜为5～20mm，纵横缝的间距不宜大于6m；如分格缝兼做排汽道时，缝宽可适当加宽至25～40mm，并应与保温层相连通。

(6) 对于抗裂要求较高的屋面工程，水泥砂浆找平层中宜掺抗裂纤维或微膨胀剂。

4. 治理方法

(1) 对于裂缝宽度在0.3mm以下的无规则裂缝，可用稀释后的沥青基层处理剂多次涂刷，予以封闭。

(2) 对于裂缝宽度在0.3mm以上的无规则裂缝，除了对裂缝进行封闭外，还宜在裂缝两边涂刷有胎体增强材料的涂膜附加层，宽度宜为100mm。

(3) 对于横向有规则的裂缝，则应在裂缝处将砂浆找平层凿开，形成温度分格缝。具体参照27.1.2“找平层开裂”的预防措施（5）。

27.1.3 找平层起砂、起皮

1. 现象

找平层施工后，砂浆找平层表面出现不同颜色和分布不均的砂粒，有时表面水泥胶浆会出现成片脱落或有起皮、起鼓现象。找平层起砂、起皮是两种不同的现象，但有时会在一个工程中同时出现。

2. 原因分析

(1) 砂浆的施工配合比不准确，使用过期或受潮结块的水泥，砂子含泥量过大。

(2) 水泥砂浆搅拌不匀，摊铺压实不当，特别是水泥砂浆在收水后未能及时进行二次压实和抹光。

(3) 屋面基层清扫不干净，找平层施工前未刷水泥净浆。

(4) 水泥砂浆养护不充分，特别是找坡材料或保温材料为基层，更易出现砂浆中的水泥不能充分水化的问题。

(5) 雨季施工未采取防雨措施。

3. 预防措施

(1) 水泥砂浆找平层宜采用体积比1∶2.5（水泥∶砂），水泥强度等级不应低于32.5级，不得使用过期和受潮结块的水泥，砂子含泥量不应大于5%；当采用细砂时，水泥砂浆配合比宜改为1∶2（水泥∶砂）。

(2) 水泥砂浆摊铺前，屋面基层应清扫干净，并充分湿润，但不得有积水现象。摊铺时应用水泥净浆薄涂一层，确保水泥砂浆与基层粘结良好。

(3) 水泥砂浆宜用机械搅拌，搅拌时间不得少于1.5min；严格控制水灰比和砂浆稠度，搅拌后的水泥砂浆应随拌随用。

(4) 做好水泥砂浆的摊铺和压实工作，宜采用木靠尺刮平，木抹子初压，并应在初凝收水后及时用铁抹子二次压实和抹光。

(5) 水泥砂浆终凝后应及时覆盖并浇水养护，使其表面保持湿润，养护时间宜为7～10d。也可使用喷养护剂、涂刷冷底子油等方法进行养护，保证砂浆中的水泥能充分水化。

(6) 雨季施工期间突然下雨时，应及时采取遮盖措施。

4. 治理方法

(1) 对于面积不大的轻度起砂，在清扫表面浮砂后，可用水泥净浆进行修补；对于大面积起砂，则应将水泥砂浆找平层凿至一定深度，再用1∶2（水泥∶砂）水泥砂浆进行修补，修补深度不宜小于15mm，修补范围宜适当扩大。

(2) 对于局部起皮或起鼓部位，在挖开后可用1∶2（水泥∶砂）水泥砂浆进行修补，修补时应做好与基层及新旧部位的接缝处理。

(3) 对于成片或大面积起皮或起鼓部位，则应全部铲除后返工重做。

附录 27.1　屋面找平层质量标准及检验方法

屋面找平层质量标准及检验方法见附表27-1。

屋面找平层质量标准及检验方法　　附表 27-1

项次	项目		质量要求或允许偏差	检验方法
1	主控项目	材料质量及配合比	应符合设计要求	检查出厂合格证、质量检验报告和计量措施
2		排水坡度	应符合设计要求	坡度尺检查
3	一般项目	找平层表面	应抹平、压光，不得有酥松、起砂、起皮现象	观察检查
4		连接和转角处	卷材防水层的基层与突出屋面结构的交接处，以及基层的转角处，找平层应做成圆弧形，且应整齐平顺	观察检查
5		分格缝	找平层分格缝的宽度和间距，均应符合设计要求	观察和尺量检查
6		允许偏差	找平层表面平整度的允许偏差为5mm	2m靠尺和塞尺检查

27.2　屋面保温层

屋面保温层应选用吸水率低、密度和导热系数小，并有一定强度的保温材料，保温层及其保温材料应符合表27-3的规定。由于松散材料和水泥膨胀珍珠岩或蛭石的含水量难以控制，使得保温性能大大降低，故予以淘汰。

保温层及其保温材料　　表 27-3

保温层	保温材料
板状材料保温层	聚苯乙烯泡沫塑料，硬质聚氨酯泡沫塑料，膨胀珍珠岩制品，泡沫玻璃制品，加气混凝土砌块，泡沫混凝土砌块
纤维材料保温层	玻璃棉制品，岩棉、矿渣棉制品
整体材料保温层	喷涂硬泡聚氨酯，现浇泡沫混凝土

27.2.1　含水率过高

1. 现象

保温层在施工和使用过程中，使得保温层含水率超过了该材料在当地自然风干状态下的平衡含水率，无法满足屋面所需传热系数和热阻，从而导致保温层乃至找平层、防水层出现起鼓、开裂。

2. 原因分析

(1) 由于保温材料含有过多水分，在温差作用下形成较大的蒸汽分压力，导致保温层乃至找平层、防水层起鼓、开裂。

(2) 保温材料进入现场后管理不当，露天堆放，雨淋受潮。

(3) 保温层施工完成后，未及时做好找平层和防水层，突然降雨而将保温层淋湿。

(4) 现浇泡沫混凝土施工时，为了操作方便随意加水、浇水，使整体保温层材料含水过多，不易干燥。

3. 预防措施

(1) 保温材料进场后应妥善保管，防止下雨受潮。

(2) 保温材料含水量过大时，在使用前应充分晒晾干燥。

(3) 保温层铺好后，应立即进行找平层和防水层施工，如在未做好防水层前天气突变，应采取苫布覆盖等防雨措施。

(4) 现浇泡沫混凝土施工应做到计量准确，严格控制其湿密度。

(5) 封闭式保温层的含水率，应相当于该材料在当地自然风干状态下的平衡含水率。

(6) 倒置式屋面应采取吸水率低且长期浸水不变质的保温材料，檐沟、水落口部位应采用现浇混凝土或砖砌堵头，并做好保温层排水处理。

(7) 封闭式保温层或卷材防水屋面保温层干燥有困难时，宜采用排汽措施。排汽道应纵横贯通，并应与大气连通的排汽孔相通；排汽孔宜每 36m^2 设置一个，并做好防水处理。

4. 治理方法

(1) 保温层内积水的排除，可在保温层及防水层完工后进行。先在屋面上凿开一个略大于混凝土真空吸水机吸头的空洞，将吸头直接埋入保温层内。吸头用普通棉布包裹严实，然后在空洞的周围，用水泥-水玻璃浆液封严，不得有漏气现象。封闭好后即可开机，待2～3min 后就可断续出水，每个吸水点连续作业 45mm 左右，即可将保温层内达到饱和状态的积水抽尽。

(2) 保温层干燥程度简易测试法：用冲击钻在保温层上钻一个 ϕ16mm 的圆孔，孔深至保温层 2/3 处，用一块大于圆孔的白色塑料布盖在圆孔上，塑料布四周用胶带封严，然后取一冰块放置在塑料布上，此时圆洞内的潮湿气体遇冷便在塑料布底面结露，2min 左右取下冰块，观察塑料布底面结露情况。如有明显露珠，说明保温层不干；如仅有一层不明显的白色小雾，说明保温层基本干燥，可以进行防水层施工。

测试时间宜选择在下午 2～4 时，此时保温层内温度度，相对温差大，测试结果明显、准确。对于大面积屋面，应多测试几个点，以提高测试的准确性。

(3) 如在屋面找平层已做好后发现保温层含水量过大，可做成排汽屋面，给水汽留出蒸发的通路。

27.2.2 厚度不足

1. 现象

保温层铺设完后，用钢钎插入检查，厚度达不到设计要求，影响保温效果。

2. 原因分析

(1) 板状保温材料厚度的尺寸偏差严重超标。

(2) 整体保温层现喷硬泡聚氨酯或现浇泡沫混凝土铺设时，未设立标尺，没有确保设计厚度的有效措施。

(3) 保温层铺设后，施工时直接在上面行人过车，将保温层踩踏压实，厚度减小。

3. 预防措施

(1) 板状保温材料进场后，应对板材的厚度进行复验。

(2) 喷涂硬泡聚氨酯或现浇泡沫混凝土铺设前，应设置标尺、弹线，严格按标线施工。

(3) 保温层铺设完工后，不得直接在上面行人过车或堆放重物，以免将其压实。

4. 治理方法

如铺设完整体材料保温层后发现厚度不足，应再喷涂或现浇一层同配合比的保温材料至设计厚度，不得有负偏差。

27.2.3 强度不够

1. 现象

保温材料抗压强度或压缩强度过低，上人作业时被踩坏，致使保温性能降低。板状保温制品在运输、堆放过程中产生缺棱、掉角、破碎，以致铺设后接缝过大，影响保温效果。

2. 原因分析

(1) 板状保温制品制作质量差，强度低，搬运时随意抛掷，使制品破碎。

(2) 喷涂硬泡聚氨酯时，计量不准确，未分遍进行喷涂；现浇泡沫混凝土铺设时，计量不准确，搅拌不均匀，未分层进行浇筑。

(3) 施工中人员踩踏，车辆碾压，使保温层产生压陷或破碎。

3. 预防措施

(1) 板状保温材料在运输过程中应适当加以包装，搬运时应轻拿轻放；进场后应进行抗压强度或压缩强度项目的抽样检验，不合格的材料不得使用。

(2) 喷涂硬泡聚氨酯和现浇泡沫混凝土，确定配合比前需经过试配，施工时必须做到计量准确。

(3) 保温层铺设完工后，其他工序施工使用小车运料时，应用脚手板铺道，避免车辆直接压在保温层上。

4. 治理方法

(1) 板状保温制品缺棱掉角、断块及拼缝不严处，应采用同类材料填补，不得用水泥砂浆填补。

(2) 板状保温制品强度不足时，宜选用较高强度的制品铺设在较低强度制品上，提高保温层的综合承载力。

(3) 板状保温制品、喷涂硬泡聚氨酯或现浇泡沫混凝土强度不足时，应采用 C20 细石混凝土找平层，必要时可在找平层内配双向钢筋网片，并验算保温层压缩变形。

27.2.4 表面不平整

1. 现象

板状保温制品铺设完后表面高低不平，相邻两块板的高低差大于 2mm；喷涂硬泡聚氨酯或现浇泡沫混凝土完工后，表面凹凸不平，用 2m 靠尺和塞尺检查，平整度偏差超过 5mm。

2. 原因分析

（1）板状保温制品厚度偏差较大，平铺或粘贴时未能采取措施，使得保温层铺平垫稳、粘贴牢固。

（2）喷涂硬泡聚氨酯或现浇泡沫混凝土时，标高控制不严，保温层厚薄不均；现浇泡沫混凝土表面压实抹平不好。

（3）屋面基层不平，且未做找平处理，影响保温板铺设平整。

（4）保温层强度不足，施工时保护措施不够，局部形成塌陷或凹坑。

3. 预防措施

（1）干铺的板状保温材料，应紧靠在需保温的基层表面上，并应铺平垫稳。分层铺设的板块上下层接缝应相互错开，板间缝隙应采用同类材料嵌填密实。

（2）粘贴的板状保温材料应贴严粘牢，分层铺设的板块上下层应相互错开，板间缝隙应采用同类材料嵌填；胶粘剂应与保温材料相容。

（3）保温层施工前要求基层平整，屋面坡度符合设计要求。施工时可根据保温层的厚度设置基准点，拉线找平。

（4）保温材料强度较低时，不得直接在保温层上行车或堆放重物，施工人员宜穿软底鞋进行操作。

4. 治理方法

（1）保温层表面平整度偏差未超过允许值的 1.5 倍时，一般可不予治理；偏差超过允许值的 1.5 倍时，则应当增加找平层的厚度。

（2）喷涂硬泡聚氨酯或现浇泡沫混凝土局部形成的塌陷或凹坑，应采用同类材料进行修复，并加强保护。

27.2.5 排汽措施不当

1. 现象

保温层含水率过大，而又急需做屋面找平层和防水层时，宜采取排汽措施。排汽道和排汽孔设置不妥，常会使保温层含有水分不能顺利排出，影响保温层和防水层质量。

2. 原因分析

（1）排汽道未与保温层连通，保温层含有水分不能排入大气中。

（2）排气道及排汽孔的设置不符合设计要求。

（3）施工时将排汽道、排汽孔堵塞。

（4）伸出屋面的排汽管未能做好防水处理。

3. 预防措施

（1）排汽道及排气孔应按本条中的治理方法设置。

（2）排汽道应与保温层连通，排汽道内可填入通气好的材料。

(3) 施工时应确保排汽道、排汽孔不被堵塞。

(4) 屋面的排汽出口应埋设金属或塑料排汽管，排汽管宜设置在结构层上，穿过保温层的排汽管及排汽道的管壁四周均应打孔，排汽管应做好防水处理（图 27-1）。

4. 治理方法

封闭式保温层或卷材防水屋面保温层干燥有困难时，宜采取排汽构造，并应符合下列规定：

1）找平层设置的分格缝可兼作排汽道，排汽道的宽度宜为 40mm；

2）排汽道应纵横贯通，并应与大气连通的排汽孔相通，排汽孔可设在檐口下或纵横排汽道的交叉处；

3）排汽道纵横间距宜为 6m，屋面面积每 36m² 宜设置一个排汽孔，排汽孔应做防水处理；

4）在保温层下也可铺设带支点的塑料板，通过空腔层排水、排汽。

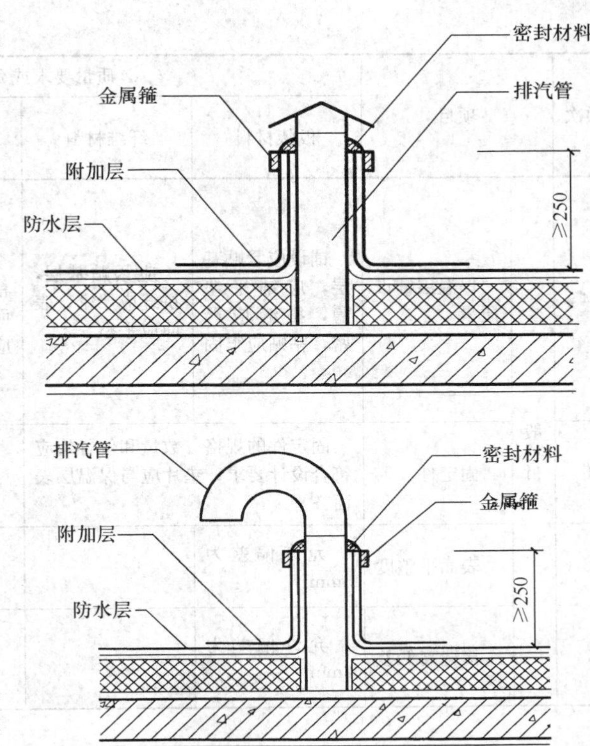

图 27-1 屋面排汽口作法示意

附录 27.2 屋面保温层质量标准及检验方法

屋面保温层质量标准及检验方法见附表 27-2。

屋面保温层质量标准及检验方法 附表 27-2

项次	项目		质量要求或允许偏差				检验方法
			板状材料	纤维材料	喷涂硬泡聚氨酯	现浇泡沫混凝土	
1	主控项目	保温材料的质量及配合比	应符合设计要求				检查出厂合格证、质量检验报告、进场检验报告和计量措施
2		保温材料的厚度	应符合设计要求，正偏差应不限，负偏差应为5%，且不得大于4mm	应符合设计要求，正偏差不限，毡不得有负偏差，板负偏差应为4%，且不得大于3mm	应符合设计要求，正偏差不限，不得有负偏差	应符合设计要求，其正负偏差应为5%，且不得大于5mm	钢针插入和尺量检查
3		热桥部位处理	应符合设计要求				观察检查

续表

<table>
<tr><th rowspan="2">项次</th><th colspan="2" rowspan="2">项目</th><th colspan="4">质量要求或允许偏差</th><th rowspan="2">检验方法</th></tr>
<tr><th>板状材料</th><th>纤维材料</th><th>喷涂硬泡聚氨酯</th><th>现浇泡沫混凝土</th></tr>
<tr><td>4</td><td rowspan="4">一般项目</td><td>保温层铺设质量</td><td>铺设应紧贴基层，应铺平垫稳，拼缝应严密，粘贴应牢固</td><td>应紧贴基层，拼缝应严密，表面应平整</td><td>应分遍喷涂，粘结应牢固，表面应平整，找坡应正确</td><td>应分层施工，粘结应牢固，表面应平整，找坡应正确，不得有贯通性裂缝，以及疏松、起砂、起皮现象</td><td>观察检查</td></tr>
<tr><td>5</td><td>固定件</td><td colspan="2">固定件的规格、数量和位置均应符合设计要求；垫片应与保温层表面齐平</td><td>—</td><td>—</td><td>观察检查</td></tr>
<tr><td>6</td><td>表面平整度</td><td>允许偏差为5mm</td><td>—</td><td colspan="2">允许偏差为5mm</td><td>2m靠尺和塞尺检查</td></tr>
<tr><td>7</td><td>接缝高低差</td><td>允许偏差为2mm</td><td>—</td><td>—</td><td>—</td><td>直尺和塞尺检查</td></tr>
</table>

27.3 卷材防水层

卷材防水层按其材料划分，可分为沥青防水卷材、高聚物改性沥青防水卷材、合成高分子防水卷材；按其粘贴的施工工艺，又可分为热粘法、热熔法、冷粘法、自粘法、热风焊接法、机械固定法等多种工法。所选用的基层处理剂、接缝胶粘剂、密封材料等配套材料应与铺贴的卷材材性相容，使粘结良好。沥青防水卷材系限制使用，不予推广。

卷材、涂膜屋面防水等级和防水做法应符合表27-4的要求。

卷材、涂膜屋面防水等级和防水作法　　表27-4

防水等级	防水作法
Ⅰ级	卷材防水层和卷材防水层、卷材防水层和涂膜防水层、复合防水层
Ⅱ级	卷材防水层、涂膜防水层、复合防水层

注：在Ⅰ级屋面防水做法中，防水层仅作单层卷材时，应符合单层防水卷材屋面技术的有关规定。

每道卷材防水层最小厚度应符合表27-5的规定。

每道卷材防水层最小厚度（mm）　　表27-5

<table>
<tr><th rowspan="2">防水等级</th><th rowspan="2">合成高分子防水卷材</th><th colspan="3">高聚物改性沥青防水卷材</th></tr>
<tr><th>聚酯胎、玻纤胎、聚乙烯胎</th><th>自粘聚酯胎</th><th>自粘无胎</th></tr>
<tr><td>Ⅰ级</td><td>1.2</td><td>3.0</td><td>2.0</td><td>1.5</td></tr>
<tr><td>Ⅱ级</td><td>1.5</td><td>4.0</td><td>3.0</td><td>2.0</td></tr>
</table>

注：在Ⅰ级屋面防水设防中，本表专指卷材和卷材、卷材与涂膜复合使用。

铺贴卷材采用搭接法，上下层及相邻两幅卷材的搭接缝应错开。各种卷材搭接宽度应符合表 27-6 的要求。

卷材搭接宽度（mm） 表 27-6

卷材类别		搭接宽度
合成高分子防水卷材	胶粘剂	80
	胶粘带	50
	单缝焊	60，有效焊接宽度不小于 25
	双缝焊	80，有效焊接宽度 10×2＋空腔宽
高聚物改性沥青防水卷材	胶粘剂	100
	自粘	80

本节所列质量通病与防治措施，主要针对高聚物改性沥青防水卷材施工和合成高分子防水卷材施工。

Ⅰ 高聚物改性沥青防水卷材施工

高聚物改性沥青防水卷材是由以高分子聚合物改性沥青为涂盖层，以聚酯纤维无纺布或玻璃纤维布为胎体，以砂粒、页岩片或聚乙烯膜等为覆面材料而制成。高聚物改性沥青防水卷材与沥青防水卷材相比，其拉力强度、耐热度及低温柔性均有一定的提高，并有较好的不透水性和抗腐蚀性，加上价格适中，已成为防水卷材的主导产品。现将高聚物改性沥青防水卷材屋面类型及构造作法列于表 27-7，有关质量通病及防治措施分述如下。

高聚物改性沥青防水卷材屋面类型及构造作法 表 27-7

序号	类型	构造作法
1	单层防水构造 无保温层 非上人屋面	（1）保护层：浅色保护涂料或高聚物改性沥青卷材本身的矿物粒料或铝箔覆盖层； （2）防水层：4mm 及其以上厚度高聚物改性沥青防水卷材，或 3mm 及其以上厚度的自粘聚酯胎改性沥青防水卷材，或 2mm 及其以上厚度的自粘无胎改性沥青防水卷材； （3）基层处理剂：沥青冷底子油或高聚物改性沥青涂料； （4）找平层：1∶2.5 水泥砂浆 20mm 厚； （5）基层：钢筋混凝土板
2	单层防水构造 有保温层 非上人屋面	（1）保护层：浅色保护涂料或高聚物改性沥青卷材本身的矿物粒料或铝箔覆盖层； （2）防水层：4mm 及其以上厚度的高聚物改性沥青防水卷材，或 3mm 及其以上厚度的自粘聚酯胎改性沥青防水卷材，或 2mm 及其以上厚度的自粘无胎改性沥青防水卷材； （3）基层处理剂：沥青冷底子油或高聚物改性沥青涂料； （4）找平层：C20 细石混凝土 30～35mm 厚； （5）保温层：厚度按热工要求计算确定； （6）基层：钢筋混凝土板
3	单层防水构造 无保温层 上人屋面	（1）保护层：缸砖或水泥方砖等块体材料、细石混凝土等； （2）粘结层：1∶3 水泥砂浆 20～30mm 厚； （3）隔离层：低强度等级砂浆、干铺卷材、塑料膜、土工布等； （4）防水层：4mm 及其以上厚度的高聚物改性沥青防水卷材，或 3mm 及其以上厚度的自粘聚酯胎改性沥青防水卷材，或 2mm 及其以上厚度的自粘无胎改性沥青防水卷材； （5）基层处理剂：沥青冷底子油或高聚物改性沥青涂料； （6）找平层：1∶2.5 水泥砂浆 20mm 厚； （7）基层：钢筋混凝土板

续表

序号	类 型	构 造 作 法
4	单层防水构造 有保温层 上人屋面	(1) 保护层：缸砖或水泥方砖等块体材料、细石混凝土等； (2) 粘结层：1∶3 水泥砂浆 20～30mm 厚； (3) 隔离层：低强度等级砂浆、干铺卷材、塑料膜、土工布等； (4) 防水层：4mm 及其以上厚度的高聚物改性沥青防水卷材，或 3mm 及其以上厚度的自粘聚酯胎改性沥青防水卷材，或 2mm 及其以上厚度的自粘无胎改性沥青防水卷材，卷材用量 $1.15\sim1.20m^2/m^2$； (5) 基层处理剂：沥青冷底子油或高聚物改性沥青涂料； (6) 找平层：C20 细石混凝土 30～35mm 厚； (7) 保温层：厚度按热工要求计算确定； (8) 基层：钢筋混凝土板

27.3.1 卷材起鼓

1. 现象

热熔法铺贴卷材时，因操作不当造成卷材起鼓。

2. 原因分析

(1) 因加热温度不均匀，致使卷材与基层之间不能完全密贴，形成部分卷材脱落或起鼓。

(2) 卷材铺贴时压实不紧，残留的空气未能全部赶出。

3. 防治措施

(1) 高聚物改性沥青防水卷材热熔法施工时，首先持喷枪人不能让火焰停留在一个地方时间太长，而应沿着卷材宽度方向缓慢移动，使卷材横向受热均匀；其次要求加热充分，温度适中；第三要掌握加热程度，以热熔后的沥青胶出现黑色光泽、发亮至稍有微泡现象为度。

(2) 卷材被热熔粘贴后，要在卷材尚处于较柔软时，就及时进行滚压。滚压时间可根据施工环境、气候条件调节掌握。气温高、冷却慢时，滚压时间宜稍迟；气温低、冷却快时，滚压宜提前。另外，加热与滚压的操作要配合默契，使卷材和基层面紧密接触，排尽空气，粘贴牢固。

27.3.2 转角、立面和卷材接缝处粘结不牢

1. 现象

卷材铺贴后，易在屋面转角、立面处出现脱空，而在卷材搭接缝处，还常发生张口、开缝和粘结不良等缺陷。

2. 原因分析

(1) 高聚物改性沥青防水卷材厚度较大、质地较硬，在屋面转角及立面部位铺贴比较困难，加上屋面两个方向变形不一致和自重下垂等原因，常易出现脱空及粘结不牢现象。

(2) 热熔卷材表面一般都有一层防粘隔离材料，如在粘结搭接缝时，未能将隔离材料用喷枪熔烧掉，是导致接缝处粘结不牢的主要原因。

3. 防治措施

(1) 基层必须做到平整、坚实、干净、干燥。

(2) 涂刷基层处理剂应做到均匀一致，无空白漏刷现象。

（3）基层与立墙的交接处和基层转角处应抹成圆弧形，并增设附加层。

（4）铺贴泛水处的卷材应采用满铺法；泛水收头应根据泛水高度和泛水墙体材料确定其密封形式。

（5）立面铺贴的卷材，应采用满粘法，并宜减少卷材短边搭接：卷材收头应固定于立墙的凹槽内，并用密封材料嵌填封严。

（6）卷材搭接缝部位宜以溢出热熔的改性沥青胶结料为度，溢出的改性油青胶结料宽度以 8mm 为宜。当接缝处的卷材有矿物粒料或片料时，应采用火焰烘烤及清除干净后再进行热熔和接缝处理。

27.3.3 卷材施工后破损

1. 现象

热熔卷材施工后易出现机械性损伤。

2. 原因分析

（1）热熔法铺贴卷材后，在温度尚未冷却时就频繁走动，容易引起损伤或戳破卷材。

（2）热熔法铺设卷材时，因喷枪距卷材面过近或烘烤沥青的温度过高，使改性沥青老化变焦，失去粘结力且易把卷材烧穿。

3. 防治措施

（1）热熔法铺贴卷材时，应禁止非操作人员在屋面上走动。

（2）在加热铺贴卷材时，操作人员应随加热方向按加热→滚铺→排气、收边→压实行序移动（图 27-2）。

图 27-2 滚铺法铺贴热熔卷材

1—加热；2—滚铺；3—排气、收边；4—压实

（3）铺贴热熔卷材时，喷枪头距卷材面宜保持 50～100mm 距离，与基层成 30°～45°角；当烘烤到沥青熔化，卷材底出现黑色光泽、发亮并有微泡现象时，此时沥青的温度在 200～230℃之间，负责推滚卷材的工人应随时向前推滚。

（4）搭接缝施工在熔烧卷材表面防粘隔离材料时，喷枪火焰应紧靠烫板一起移动，并距卷材高 50～100mm，烫板和喷枪要密切配合，切忌火焰烧伤或烫板损伤搭接处的相邻卷材面。

Ⅱ 合成高分子防水卷材施工

合成高分子防水卷材是由以合成橡胶、合成树脂或两者的共混体为基料，加入适量的化学助剂和填充料等，采用橡胶或塑料的加工工艺所制成。合成高分子防水卷材具有耐老化、使用寿命长、拉伸强度高、延伸率大、对基层伸缩或开裂变形适应性强等特点，是今后大力发展的防水卷材。现将合成高分子防水卷材屋面类型及构造作法列表 27-8，其质量通病及防治措施分述如下。

合成高分子防水卷材屋面类型及构造作法　　表 27-8

序号	类型	构造作法
1	单层防水构造 无保温层 非上人屋面	(1) 保护层：浅色涂料保护层； (2) 防水层：1.5mm 厚及其以上合成高分子防水卷材； (3) 基层胶粘剂：选用与卷材相容的胶粘剂； (4) 基层处理剂：选用与卷材相容的材料； (5) 找平层：1∶2.5 水泥砂浆 20mm 厚； (6) 基层：钢筋混凝土板
2	单层防水构造 有保温层 非上人屋面	(1) 保护层：浅色涂料保护层； (2) 防水层：1.5mm 厚及其以上合成高分子防水卷材； (3) 基层胶粘剂：选用与卷材相容的胶粘剂； (4) 基层处理剂：选用与卷材相容的材料； (5) 找平层：1∶2.5 水泥砂浆 20～25mm 厚，或细石混凝土 30～35mm； (6) 保温层：厚度按热工要求计算确定； (7) 基层：钢筋混凝土板
3	单层防水构造 无保温层 上人屋面	(1) 保护层：缸砖或水泥方砖等块体材料，或 40mm 厚细石混凝土； (2) 粘结层：1∶3 水泥砂浆 20～30mm 厚； (3) 隔离层：低强度等级砂浆、干铺卷材、塑料膜、土工布等； (4) 防水层：1.5mm 厚合成高分子防水卷材； (5) 基层胶粘剂：选用与卷材相容的胶粘剂； (6) 基层处理剂：选用与卷材相容的材料； (7) 找平层：1∶2.5 水泥砂浆 20mm 厚； (8) 基层：钢筋混凝土板
4	单层防水构造 有保温层 上人屋面	(1) 保护层：缸砖或水泥方砖等块体材料，或 40mm 厚细石混凝土； (2) 粘结层：1∶3 水泥砂浆 20～30mm 厚； (3) 隔离层：低强度等级砂浆、干铺卷材、塑料膜、土工布等； (4) 防水层：1.5mm 厚合成高分子防水卷材； (5) 基层胶粘剂：选用与卷材相容的胶粘剂； (6) 基层处理剂：选用与卷材相容的材料； (7) 找平层：1∶2.5 水泥砂浆 20～25mm 厚，或细石混凝土 30～35mm； (8) 保温层：厚度按热工要求计算确定； (9) 基层：钢筋混凝土板
5	复合防水构造 无保温层 非上人屋面	(1) 保护层：浅色涂料保护层； (2) 防水层：1.2～1.5mm 厚合成高分子防水卷材； (3) 基层胶粘剂：选用与卷材和涂膜均能相容的胶粘剂； (4) 防水层：合成高分子防水涂料，涂膜厚度为 1.5mm； (5) 基层处理剂：选用与涂膜相容的材料； (6) 找平层：1∶2.5 水泥砂浆 20mm 厚； (7) 基层：钢筋混凝土板

续表

序号	类型	构造作法
6	复合防水构造 有保温层 非上人屋面	(1) 保护层：浅色涂料保护层； (2) 防水层：1.2～1.5mm厚合成高分子防水卷材； (3) 基层胶粘剂：选用与卷材和涂膜均能相容的胶粘剂； (4) 防水层：合成高分子防水涂料，涂膜厚度为1.5mm； (5) 基层处理剂：选用与涂膜相容的材料； (6) 找平层：1∶2.5水泥砂浆20～25mm厚，或细石混凝土30～35mm； (7) 保温层：厚度按热工要求计算确定； (8) 基层：钢筋混凝土板
7	复合防水构造 无保温层 上人屋面	(1) 保护层：缸砖或水泥方砖等块体材料，或40mm厚细石混凝土； (2) 粘结层：1∶3水泥砂浆20～30mm厚； (3) 隔离层：低强度等级砂浆、干铺卷材、塑料膜、土工布等； (4) 防水层：1.2～1.5mm厚合成高分子防水卷材； (5) 基层胶粘剂：选用与卷材和涂膜均能相容的胶粘剂； (6) 防水层：选用与卷材相容的合成高分子防水涂料，涂料厚度为1.5mm； (7) 基层处理剂：选用与涂膜相容的材料； (8) 找平层：1∶2.5水泥砂浆20mm厚； (9) 基层：钢筋混凝土板
8	复合防水构造 有保温层 上人屋面	(1) 保护层：缸砖或水泥方砖等块体材料，或40mm厚细石混凝土； (2) 粘结层：1∶3水泥砂浆20～30mm厚； (3) 隔离层：低强度等级砂浆、干铺卷材、塑料膜、土工布等； (4) 防水层：1.2～1.5mm厚合成高分子防水卷材； (5) 基层胶粘剂：选用与卷材和涂膜均能相容的胶粘剂； (6) 防水层：选用与卷材相容的合成高分子防水涂料，涂料厚度为1.5mm； (7) 基层处理剂：选用与涂膜相容的材料； (8) 找平层：1∶2.5水泥砂浆20～25mm厚，或细石混凝土30～35mm； (9) 保温层：厚度按热工要求计算确定； (10) 基层：钢筋混凝土板

27.3.4 卷材开裂

1. 现象

合成高分子防水卷材采用冷粘法铺贴工艺，在施工后卷材屋面易产生无规则、分散状众多裂缝，并引起渗漏。

2. 原因分析

(1) 构造设计考虑不周。使用外露的合成高分子防水卷材，更易出现卷材开裂现象。

(2) 卷材材性较差。有些厂家生产的合成高分子防水卷材达不到有关质量指标，尤其是热老化保持率和加热收缩率。

(3) 基层刚度不够。如板状保温层抹水泥砂浆找平层时，层面出现开裂的机会就多。

(4) 与施工工艺有关。凡采用满粘法铺贴的卷材，屋面容易出现开裂；而采用点粘法、条粘法铺贴的卷材，则屋面开裂情况要好得多。

(5) 成品保护差。如有的屋面在卷材铺贴后还要安装设备等，由于未采取保护措施，因而开裂损坏现象较多。

3. 防治措施

(1) 结合工程实际情况进行屋面构造设计，应在合成高分子防水卷材上加设保护层。

(2) 合成高分子防水卷材的基层，应根据保温层的种类及结构层刚度确定找平层。参见27.1.2“找平层开裂”的预防措施。

(3) 合成高分子防水卷材应有出厂合格证和质量检测报告，对产品型式检验中热老化保持率和加热收缩率指标不合格的产品，应坚决不予使用。

(4) 合成高分子防水卷材由于具有拉伸强度高、延伸率大、抗变形能力强等特性，所以在铺贴时，卷材防水层易拉裂部位，宜选用空铺、点粘、条粘或机械固定等施工方法。

(5) 合成高分子防水卷材铺贴时，不可用力拉伸来展开卷材。因为合成高分子防水卷材在生产过程中，经延压后都有不同的收缩率，如拉伸过紧再加上收缩，使卷材具有很大的拉应力，在高应力状况下卷材老化加速，导致卷材发生断裂现象。

(6) 对基层上的有规则裂缝，应先清除缝内杂物及裂缝两侧面层的浮灰，并喷涂基层处理剂，然后在裂缝上单边点粘宽度不小于100mm卷材隔离层，面层应用宽度不大于300mm的卷材粘贴覆盖，且与原防水层的粘结宽度不应小于100mm。

(7) 对基层上的无规则裂缝，应先清除裂缝处杂物及面层浮灰，宜沿裂缝涂刷带胎体增强材料的聚氨酯防水涂料，其厚度宜为2mm。

27.3.5 卷材接缝粘结或焊接不牢

1. 现象

合成高分子防水卷材采用冷粘法或焊接法铺贴时，因粘结或焊接不牢，会使卷材接缝产生剥离现象。

2. 原因分析

(1) 搭接部位的结合面未清理干净，未采用与卷材配套的接缝专用胶粘剂。

(2) 未根据专用胶粘剂性能控制胶粘剂涂刷与粘合间隔时间。

(3) 卷材搭接部位采用胶粘带时，未刷基层处理剂。

(4) 焊接缝的结合面未清理干净，控制热风加热温度和时间不好，焊接缝出现漏焊、跳焊或焊接不牢。

3. 防治措施

(1) 合成高分子防水卷材大面铺贴后，应将搭接部位的粘合面清理干净，并采用与卷材配套的接缝专用胶粘剂，在搭接缝粘合面上涂刷均匀，不漏底，不堆积。根据专用胶粘剂性能，应控制胶粘剂涂刷与粘合间隔时间，并排除缝间的空气，用辊压粘贴牢固。

(2) 合成高分子防水卷材搭接部位采用胶粘带时，粘合面应清理干净，必要时可涂刷与卷材及胶粘带材性相容的基层处理剂，撕去胶粘带隔离纸应及时粘合上层材料，并辊压粘牢。低温施工时，宜采用热风机加热，使其粘贴牢固，封闭严密。

(3) 合成高分子防水卷材搭接部位采用焊接时，焊接缝的结合面应用溶剂擦洗干净，焊接时应控制热风加热温度和时间，焊接缝不得漏焊、跳焊或焊接不牢。

(4) 搭接缝口应用材料相容的密封材料封严，宽度不应小于10mm。

27.3.6 粘贴不牢

1. 现象

卷材与基层或卷材之间粘贴不牢，有脱开、皱折现象。

2. 原因分析

(1) 基层有油污、砂粒、浮浆等杂质。

(2) 施工时卷材过分潮湿，基层处理剂涂刷不均匀。

(3) 胶粘剂在使用时未充分搅拌。

(4) 卷材铺贴方法不当，滚压不够充分。

3. 防治措施

(1) 基层必须达到平整、坚实、干净、干燥。同时要用铲刀把附着在基层表面的砂粒、浮浆等杂物铲除，然后用笤帚将基层表面清扫干净。对油污、铁锈等要用溶剂进行处理。

基层表面是否干燥，可通过简易的测试方法。检验时将 $1m^2$ 卷材平坦地干铺在找平层上，静置 3～4h 后掀开检查，找平层覆盖部位与卷材上未见水印，即可认为基层达到干燥程度。

(2) 待基层表面清扫干净并且在已经干燥的情况下，才可按规定的用量均匀涂刷基层处理剂，经干燥 12h 左右，方能进行下一工序施工。

(3) 无论是单组分或双组分胶粘剂，在贮存过程中，固体成分容易沉淀在罐底。因此使用时必须用电动机具搅拌均匀，否则将成为粘结不牢的一个主因。

(4) 基层与卷材胶粘剂可涂刷在基层和卷材的底面，涂刷应均匀，薄厚一致，不露底、不堆积。采取空铺法、点粘法、条粘法时，应按规定的位置和面积涂刷胶粘剂。

(5) 由于合成高分子防水卷材延伸率较大，因此在铺贴卷材时不得用力拉伸卷材，否则在胶粘剂固化过程中，会使卷材与基层脱开或剥离，或者在局部形成皱折。合成高分子防水卷材正确的铺贴方法，应事先按弹线位置进行试铺；在正式铺贴时，工人推进时用力要均匀一致，只须让卷材自然展平，与基层表面紧贴铺牢为原则。

(6) 每当铺完一幅卷材后，应立即用干净而松软的长柄滚刷，从卷材的一端沿横向用力地顺次滚压，以便彻底排除卷材与基层之间的残留空气。排除空气后，平面部位用外包橡胶的铁棍（重约 30kg），垂直部位用手辊，转角部位用扁平辊进行辊压（图 27-3），以提高初期的粘结力和紧密性。

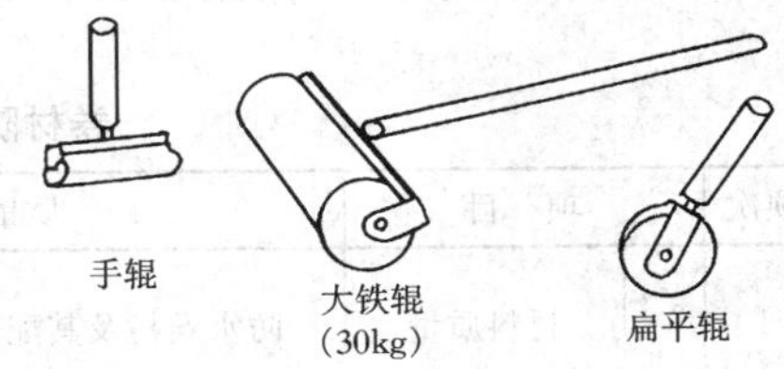

图 27-3 各种压辊工具

27.3.7 卷材起鼓

1. 现象

冷粘法铺贴合成高分子防水卷材时，因操作不当造成卷材起鼓。

2. 原因分析

(1) 卷材铺贴时，残留空气未全部排出。

(2) 胶粘剂未充分干燥就急于铺贴卷材，使溶剂残留在卷材层内部。

(3) 基层未达到干燥程度。

3. 防治措施

(1) 必须按规定的用量均匀涂刷胶粘剂：掌握好胶粘剂的干燥时间，当胶粘剂涂刷后，手感（指触）基本干燥时，即是铺贴卷材的最佳时间；卷材铺贴后滚压要充分。

（2）基层表面应达到平整、坚实、干净、干燥；不得在雨、雪天或有雾时施工。

（3）当卷材防水层局部起鼓时，应用针扎眼抽出空气或溶剂，然后将内部杂物清理干净，并把已割破的卷材周围仔细磨平，最后再铺贴比损伤部位外径大 100mm 以上的卷材。

27.3.8　卷材施工后破损

1. 现象

合成高分子卷材施工后出现机械性损伤。

2. 原因分析

（1）基层内混入杂物，施工中用脚踩踏时即可损伤卷材。

（2）卷材铺贴后，屋面上作其他工程时对已完工的防水层保护不好。

（3）剪刀、辊子、容器等施工物具不慎坠落。

（4）卷材采用空铺法、点粘法、条粘法或机械固定法时，强风将屋面周边的卷材刮起。

3. 防治措施

（1）由于卷材较薄容易损伤，因此铺贴卷材防水层应在屋面有关工序全部结束后进行。如有关工序必须与防水层交叉施工时，则应在防水层上设置保护层，即在施工人员严格监督下，采用胶合板、橡胶毡垫等隔离材料予以保护。

（2）一旦发现卷材局部损伤时，可按 27.3.7“卷材起鼓”的防治措施（3）进行。

（3）卷材采用空铺法、点粘法、条粘法或机械固定法时，屋面周边 800mm 范围内卷材应采用满粘法或适当增加固定件数量。

附录 27.3　卷材防水层质量标准和检验方法

卷材防水层质量标准和检验方法　　附表 27-3

项次		项　目	质量要求或允许偏差	检验方法
1	主控项目	材料质量	防水卷材及其配套材料的质量，应符合设计要求	检查出厂合格证、质量检验报告和进场检验报告
2	主控项目	屋面渗漏	卷材防水层不得有渗漏和积水现象	雨后观察或淋水、蓄水试验
3	主控项目	细部构造	卷材防水层在檐口、檐沟、天沟、水落口、泛水、变形缝和伸出屋面管道的防水构造，应符合设计要求	观察检查
4	一般项目	搭接缝	卷材的搭接缝应粘结或焊接牢固，密封应严密，不得扭曲、皱折和翘边	观察检查
5	一般项目	收头	卷材防水层的收头应与基层粘结，钉压应牢固，密封应严密	观察检查
6	一般项目	防水层铺贴	卷材防水层的铺贴方向应正确，卷材搭接宽度的允许偏差为－10mm	观察和尺量检查
7	一般项目	排汽构造	屋面排汽构造的排汽道应纵横贯通，不得堵塞；排汽管应安装牢固，位置应正确，封闭应严密	观察检查

27.4 涂膜防水层

涂膜防水层按其材料划分，可分为高聚物改性沥青防水涂料、合成高分子防水涂料、聚合物水泥防水涂料。涂膜防水层施工方法可分为刷涂法、刮涂法和机械喷涂法三种，但在施工过程中，可根据涂料品种、性能、稠度以及不同施工部位，分别选用不同的施工方法，见表 27-9。

涂膜防水层施工方法和适用范围 表 27-9

施工方法	具体操作	适用范围
刷涂法	用棕刷、长柄刷、圆滚刷蘸防水涂料进行涂刷	用于涂刷立面的防水层和节点部位细部处理，以及粘度较小的高聚物改性沥青防水涂料和合成高分子防水涂料的小面积施工
刮涂法	用胶皮刮板涂布防水涂料，先将防水涂料倒在基层上，用刮板来回刮涂，使其厚薄均匀	用于粘度较大的高聚物改性沥青防水涂料和合成高分子防水涂料以及聚合物水泥水防水涂料的大面积施工
机械喷涂法	将防水涂料倒入设备内，通过喷枪将防水涂料均匀喷出	用于粘度较小的高聚物改性沥青防水涂料和合成高分子防水涂料的大面积施工

每道涂膜防水层最小厚度应符合表 27-10 的规定。

每道涂膜防水层最小厚度（mm） 表 27-10

防水等级	合成高分子防水涂料	聚合物水泥防水涂料	高聚物改性沥青防水涂料
Ⅰ	1.5	1.5	2.0
Ⅱ	2.0	2.0	3.0

注：在Ⅰ级屋面防水设防中，本表专指卷材与涂膜复合使用。

27.4.1 涂膜开裂

1. 现象

涂膜出现细裂、粗裂和龟裂等现象。

2. 原因分析

（1）基层刚度不足，抗变形能力较差，找平层开裂。

（2）涂料使用前未搅拌均匀，涂料固体含量较低，涂料收缩量过大。

（3）涂膜施工中每遍涂料的涂刷厚度不够。

3. 防治措施

（1）对于装配式钢筋混凝土结构层和板状材料保温层，必须设置细石混凝土找平层或40mm厚配筋细石混凝土找平层，找平层应设分格缝。

（2）涂膜施工前，在结构易发生较大变形的部位和找平层分格缝处，均需增设带胎体增强材料的空铺附加层。

（3）施工前应将涂料搅拌均匀；选择固体含量高、收缩量较小的涂料。

27.4.2 涂膜脱皮、流淌、鼓泡

1. 现象

涂膜出现脱皮、流淌、鼓泡等缺陷。

2. 原因分析

(1) 涂料施工时一次涂刷过厚，或在前遍涂料未实干前即涂刷后续涂料。

(2) 基层表面未充分干燥，或在湿度较大的气候下操作。

(3) 基层表面不平，涂膜厚度不足，胎体增强材料铺贴不平整。

(4) 涂膜流淌主要发生在耐热性较差的防水涂料中。

3. 防治措施

(1) 防水层施工前，应将基层表面清扫，并洗刷干净；凡有起皮、起灰等缺陷时，要及时用钢丝刷清除，并修补完好。

(2) 涂料应分层、分遍进行施工，并按事先试验的材料用量和间隔时间进行涂布。夏季气温在30℃以上时，应尽量避开炎热的中午施工，最好安排在早晚温度较低的时间。

(3) 涂膜防水屋面的基层，应达到干燥状态后才可进行防水作业，并宜选择在晴朗天气施工。基层干燥有困难时，可选用潮湿界面处理剂、基层处理剂或能在潮湿基面上固化的合成高分子防水涂料。

(4) 基层局部不平，可将涂料掺入水泥砂浆中先行修补平整，待干燥后即可施工。涂层间夹铺胎体增强材料时，宜边涂布边铺胎体，胎体应铺贴平整，排除气泡，并与涂料粘结牢固。在胎体上涂布时，应使涂料浸透胎体，覆盖完全，不得有胎体外露现象。最上面的涂层厚度不应小于1.0mm。

(5) 进场前应对防水涂料进行抽样检验，不符合质量要求的防水涂料，坚决不予使用。

27.4.3　涂膜粘结不牢

1. 现象

涂膜与基层粘结不牢。

2. 原因分析

(1) 基层表面不平整、不干净，有起皮、起砂等现象。

(2) 施工时基层过分潮湿。

(3) 涂料结膜厚度不足或结膜不良。

(4) 在复合防水施工时，涂料与其他防水材料相容性差。

3. 预防措施

(1) 基层不平整时，宜用涂料掺入水泥砂浆进行修补；凡有起皮、起砂等缺陷时，要及时用钢丝刷清除，并修补完好；涂料施工前，应将基层表面清扫，并洗刷干净。

(2) 基层的干燥程度应根据所选用的防水涂料特性而定。当采用溶剂型、热熔型和反应固化型防水涂料时，基层应干燥；水乳型或水泥基类防水涂料，对基层的干燥程度没有严格的要求，但从成膜质量和涂膜防水层与基层粘结强度来考虑，干燥的基层比潮湿的基层有利。基层的干燥程度见27.3.6“粘贴不牢”防治措施（1）。

(3) 当基层表面尚未干燥而又急于施工时，可选择涂刷潮湿界面处理剂、基层处理剂等方法，改善涂料与基层的粘结性能；基层处理剂施工时应充分搅拌，涂刷均匀，覆盖完全，干燥后方可进行涂膜施工。

(4) 对反应固化型防水涂料，大多数是由两个或多个组分通过化学反应固化成膜的，组成的配合比必须准确称量，搅拌均匀，充分混合，否则都会导致涂膜质量下降，严重时甚至根本不能固化成膜。对溶剂型防水涂料，因固体含量较低，成膜过程中伴随有大量有毒、可燃的溶剂挥发，因此要注意施工时风向，并不宜用于空气流动性差的工程。对于水乳型防水涂料，其施工及成膜对温度有较严格的要求，低于5℃时就不便使用。水乳型涂料通过水分蒸发，使固体微粒聚集成膜的过程较慢，若中途遇雨，涂层将被雨水冲走；如成膜过程温度过低，结膜的质量以及基层的粘结力将会下降；如温度过高，涂膜又会起泡等，这些都应在施工中充分给予考虑。

（5）复合防水施工主要是指涂料和卷材复合使用的一种施工方法，形成复合防水层可弥补各自的不足，使防水层的设防更可靠。目前做法：一是采用聚氨酯防水涂料，上面复合合成高分子防水卷材，聚氨酯涂料既是涂膜层，又是粘结层；二是采用热熔SBS改性沥青防水涂料，涂刮后上面粘贴合成高分子防水卷材或高聚物改性沥青防水卷材。但注意在涂膜固化前不能来回行走踩踏，待大面积铺贴完毕且涂膜固化时，再行粘结搭接缝。

（6）涂膜结膜不良还与两层涂料施工间隔时间有关。如底层涂料未实干前即涂刷后续涂料，使底层中水分或溶剂不得及时挥发，而双组分涂料则未能充分固化而形成不了完整的防水薄膜。

4. 治理方法

（1）先将与基层粘结不牢的涂膜铲除并清理干净。

（2）修复范围应比原有粘结不牢的周边各扩大150mm，修复的防水材料及其防水层厚度，应与原设计标准相当，并要加铺胎体增强材料，适当增加涂刷次数。

（3）在新旧防水层的界面处，应用密封材料封严。

27.4.4 涂膜厚薄不均匀

1. 现象

防水层涂膜最度出现不均匀现象。

2. 原因分析

（1）屋面基层未做找平处理，结构层和找平层的表面平整度不符合设计要求。

（2）涂膜防水层施工未根据涂料品种、性能、粘度以及不同的施工部位分别选用不同的施工方法。

（3）涂膜的涂刷遍数未按事先试验确定的遍数进行。

（4）在胎体上涂布涂料时，未使涂料浸透胎体和覆盖完全，发生胎体外露现象。

（5）屋面转角及立面的涂膜，发生流淌和堆积现象。

3. 预防措施

（1）涂膜施工时，屋面基层必须平整、坚实、干净，无孔隙、起砂和裂缝。结构层和找平层的表面平整度不符合设计要求时，应用聚合物水泥砂浆修复。

（2）涂膜防水层施工方法应符合本节表27-9的规定。涂料粘度要适中，涂料的固化时间，根据气候条件可在涂料中适当加入缓凝剂或促凝剂来调节。

（3）涂膜施工前，必须根据设计要求的每m^2的涂料用量、涂膜厚度及涂料材性，事先试验确定每遍涂料的涂刷厚度，以及每个涂层需要涂刷的遍数。

（4）涂层间夹铺胎体增强材料时，宜边涂布边铺胎体；在胎体上涂布涂料时应使涂料浸透胎体，覆盖完全，不得有胎体外露现象，最上层的涂层厚度不应小于1.0mm。合成高分子防水涂膜施工时，位于胎体下面的涂层厚度不宜小于1.0mm，最上层的涂层不应少于两遍，其厚度不应小于0.5mm。

(5) 涂刷法施工时，涂布应先涂立面，后涂平面，采用分条或按顺序进行。防水涂膜应分遍涂布，待先涂布的涂料干燥成膜后，方可涂布后一遍涂料，且前后两遍涂料的涂布方向应相互垂直。涂层的甩槎处接槎宽度不应小于100mm，接涂前应将其甩槎表面处理干净。屋面转角及立面的涂膜应薄涂多遍，不得有流淌和堆积现象。

4. 治理方法

有关涂膜防水层的厚度测量，建议采用下列方法：

(1) 按涂布面积每100mm² 抽查一处，每处10m² 抽取5个点，两点间距不小于2.0m，计算5点的平均值为该处涂层平均厚度，并报告最小值；

(2) 涂层平均厚度符合设计规定，且最小厚度大于或等于设计厚度的80%为合格标准；

(3) 每个检验批当有一处涂层厚度不合格时，则允许再抽取一处按 (1) 测量，若重新抽取一处涂层厚度不合格，则判定检验批不合格。

27.4.5　涂膜破损

1. 现象

防水层涂膜遭受破损。

2. 原因分析

(1) 施工时未采取保护措施，涂膜容易遭到破坏。

(2) 基层刚度不足以及找平层强度过低或有酥松、塌陷等现象。

(3) 涂膜固化前，人员来回走动踩踏。

3. 防治措施

(1) 坚持按程序施工，待屋面上其他工程全部完工后，再施工涂膜防水层。

(2) 如找平层强度不足或有酥松、塌陷等现象时，则应对基层进行处理，然后才能施工涂膜防水层。

(3) 涂膜防水层施工后7d以内严禁上人。

(4) 涂膜固化完成后，即应进行保护层施工。

附录 27.4　涂膜防水层质量标准和检验方法

涂膜防水层质量标准和检验方法　　**附表 27-4**

项次	项	目	质量要求或允许偏差	检验方法
1	主控项目	材料质量	防水涂料和胎体增强材料的质量，应符合设计要求	检查出厂合格证、质量检验报告和进场检验报告
2		屋面渗漏	涂膜防水层不得有渗漏和积水现象	雨后观察或淋水、蓄水试验
3		细部构造	涂膜防水层在檐口、檐沟、天沟、水落口、泛水、变形缝和伸出屋面管道的防水构造，应符合设计要求	观察检查
4		涂膜厚度	涂膜防水层的平均厚度应符合设计要求，且最小厚度不得小于设计厚度的80%	针测法或取样量测

续表

项次	项目		质量要求或允许偏差	检验方法
5	一般项目	防水层涂布	涂膜防水层与基层应粘结牢固，表面应平整，涂布应均匀，不得有流淌、皱折、起泡和露胎体等缺陷	观察检查
6		收头	涂膜防水层的收头应用防水涂料多遍涂刷	观察检查
7		胎体增强材料	胎体增强材料应平整顺直，搭接尺寸应准确，应排除气泡，并应与涂料粘结牢固，胎体增强材料搭接宽度的允许偏差为－10mm	观察和尺量检查

27.5 屋面保护层

卷材、涂膜防水层或倒置式屋面保温层的上面，均可采用块体材料、水泥砂浆、细石混凝土保护层。刚性保护层与防水层或保温层之间，应铺设隔离层。

上人屋面保护层可采用块体材料、细石混凝土等材料，不上人屋面保护层可采用浅色涂料、铝箔、矿物粒料、水泥砂浆等材料。保护层材料的适用范围和技术要求应符合表27-11的规定，隔离层材料的适用范围和技术要求应符合表27-12的规定。

保护层材料的适用范围和技术要求 表27-11

保护层材料	适用范围	技术要求
浅色涂料	不上人屋面	丙烯酸系反射涂料
铝箔	不上人屋面	0.05mm厚铝箔反射膜
矿物粒料	不上人屋面	不透明的矿物粒料
水泥砂浆	不上人屋面	20mm厚1：2.5或M15水泥砂浆
块体材料	上人屋面	地砖或30mm厚C20细石混凝土预制块
细石混凝土	上人屋面	40厚C20细石混凝土或50mm厚C20细石混凝土内配ϕ4@100双向钢筋网片

隔离层材料的适用范围和技术要求 表27-12

隔离层材料	适用范围	技术要求
塑料膜	块体材料、水泥砂浆保护层	0.2mm厚聚乙烯膜或3mm厚发泡聚乙烯膜
土工布	块体材料、水泥砂浆保护层	≥200g/m^{2}聚酯无纺布
卷材	块体材料、水泥砂浆保护层	石油沥青卷材一层
低强度等级砂浆	细石混凝土保护层	10mm厚黏土砂浆，石灰膏：砂：黏土：1：2.4：3.6
		10mm厚石灰砂浆，石灰膏：砂=1：4
		5mm厚掺有纤维的石灰砂浆

27.5.1 刚性保护层找坡不准

1. 现象

刚性保护层排水坡度不符合设计要求，出现积水现象。

2. 原因分析

(1) 块体材料、水泥砂浆、细石混凝土保护层施工时未拉线找坡；保护层表面平整度不符合质量标准的要求。

(2) 檐沟、天沟纵向坡度在施工时控制不严。

(3) 水落口埋设标高过高或水落管内径过小。

3. 防治措施

(1) 参见 27.1.1“找坡不准”的防治措施。

(2) 刚性保护层施工后的表面坡度，不得改变屋面的排水坡度。施工时应采用坡度尺检查。

27.5.2　保护层开裂、起壳、起砂

1. 现象

水泥砂浆、细石混凝土保护层表面出现开裂、起壳、起砂现象。

2. 原因分析

(1) 因结构变形或地基不均匀沉降，引起结构裂缝而使保护层开裂。结构裂缝通常发生在屋面板的接缝或大梁的位置，一般宽度较大，并上下贯通。

(2) 由于季节性温差较大，且分格缝设置不合理而使保护层开裂。温度裂缝一般都是有规则的、通长的，裂缝分布较均匀。

(3) 由于砂浆或混凝土本身干燥收缩而使保护层开裂。收缩裂缝一般分布在混凝土表面，纵横交错，没有规律性，裂缝较短、较细。

(4) 砂浆或混凝土配合比设计不当，施工抹压或振捣不密实，压实收光不好以及早期干燥脱水、后期养护不当等。施工裂缝通常是不规则的、长度不等的断续裂缝。

(5) 刚性保护层长期暴露在大气中，日晒雨淋，混凝土面层会发生碳化现象。

3. 预防措施

(1) 对地基不均匀沉降、结构刚度差的屋面保护层，应采用配置钢筋网片的细石混凝土。为加强结构层刚度，宜采用现浇钢筋混凝土屋面板。

(2) 刚性保护层与卷材、涂膜防水层或保温层之间，应设置隔离层。隔离层可采用干铺卷材、聚乙烯薄膜或铺抹低强度等级砂浆。

(3) 做好混凝土配合比设计，严格控制水灰比；保护层厚度应均匀一致，混凝土应采用机械搅拌、机械振捣，并做好压实工作，收水后应及时二次压光。抹压时不得在混凝土表面洒水、加水泥浆或撒干水泥；认真做好混凝土养护，一般养护时间不得少于14d。

(4) 刚性保护层的分格缝，应设在屋面板的支承端、屋面转折处以及与突出屋面结构的交接处，并应与板缝对齐。分格缝的纵横间距，应根据不同保护材料确定。

4. 治理方法

(1) 对于细而密集、分布面积较大的表面裂缝，可采用聚合物水泥砂浆罩面。

(2) 对于宽度较大的结构裂缝，应在裂缝处将混凝土凿开形成分格缝，再按分格缝要求处理。

(3) 当保护层表面轻微起壳、起砂时，可将表面凿开，扫去浮灰杂质，然后加抹10mm 厚聚合物水泥砂浆。

27.5.3 保护层材料脱落

1. 现象

保护层材料破碎脱落，缺棱掉角。

2. 原因分析

（1）改性沥青防水卷材表面矿物粒料粒度不均匀，粘附于卷材表面不够紧密。

（2）改性沥青防水卷材表面覆盖的铝箔厚度小于0.05mm。

（3）浅色涂料保护层施工时，基面潮湿或使用与原防水涂料不相容的材料。

（4）水泥砂浆、细石混凝土保护层施工时，不注意成品保护，造成缺棱掉角等缺陷。

3. 预防措施

（1）改性沥青防水卷材表面材料，有矿物粒（片）料、铝箔、聚乙烯膜。带有矿物粒（片）料和铝箔的卷材，不需再做保护层。

（2）浅色涂料保护层施工时，其基面应符合平整、坚实、干净、干燥的要求，使用的涂料应与原防水涂料进行相容性试验。

（3）水泥砂浆、细石混凝土保护层施工时，要注意养护，并防止碰伤。

4. 治理方法

（1）矿物粒（片）料保护层脱落时，应先将基层清理干净，重新涂刷粘结材料，边涂刷边抛撒粒料进行修补，待粘结材料干燥后，扫除未粘结的粒料。

（2）浅色涂料保护层脱落时，应先将基层清理干净，干燥后重新涂刷保护层材料。

（3）刚性保护层脱落时，应将破碎的刚性材料清理干净，再将四周酥松部分凿除，用水充分湿润后，浇筑掺有微膨胀剂的砂浆或混凝土，并抹平压光和注意养护。

27.5.4 刚性保护层推裂山墙或女儿墙

1. 现象

刚性保护层推裂山墙或女儿墙而导致屋面渗漏的现象。

2. 原因分析

（1）刚性保护层未按设计要求设置分格缝；尤其是保护层与山墙、女儿墙交接处未留设缝隙，在高温季节暴晒时，因温度升高产生推力，致使墙体发生位移或开裂，从而出现渗漏。

（2）保护层与山墙、女儿墙交接处所留缝隙处处理不当。

3. 预防措施

（1）用块体材料做保护层时，宜留设分格缝，其纵横间距不宜大于10m，分格缝宽度不宜小于20mm；用水泥砂浆做保护层时，应设表面分格缝，分格面积宜为$1m^2$；用细石混凝土做保护层时，应留设分格缝，其纵横间距不宜大于6m。

（2）刚性保护层与山墙、女儿墙交接处，应预留宽度为30mm的缝隙，缝内宜填塞聚苯乙烯泡沫塑料，并用密封材料嵌填。

4. 治理方法

若施工时发现保护层与山墙、女儿墙交接处未留设缝时，先沿该交接处方向用电动切割机将保护层凿开，形成宽度为30mm、深度宜凿至保护层厚度4/5的缝隙，不得损坏防水层，然后按规定嵌填背衬材料和密封材料，密封材料的深度宜为缝隙宽度的50%～70%。

附录 27.5 屋面保护层质量标准和检验方法

保护层质量标准和检验方法 附表 27-5

项次	项目			质量要求或允许偏差	检验方法
1	主控项目	材料质量		保护层所用材料的质量及配合比，应符合设计要求	检查出厂合格证、质量检验报告和计量措施
2	主控项目	抗压强度		块体材料、水泥砂浆和细石混凝土保护层的抗压强度等级，应符合设计要求	抗压强度试验报告
3	主控项目	排水坡度		保护层的排水坡度，应符合设计要求	坡度尺检查
4	一般项目	块体材料		保护层表面应干净，接缝应平整，周边应顺直，镶嵌应正确，应无空鼓现象	小锤轻击和观察检查
5	一般项目	水泥砂浆、细石混凝土		保护层表面不得有裂纹、脱皮、麻面和起砂等现象	观察检查
6	一般项目	浅色涂料		应与防水层粘结牢固，厚薄应均匀，不得漏涂	观察检查
7	一般项目	允许偏差	表面平整度	块体材料、水泥砂浆 4mm，细石混凝土 5mm	2m 靠尺和塞尺检查
			缝格平直	块体材料、水泥砂浆、细石混凝土 3mm	拉线和尺量检查
			接缝高低差	块体材料 1.5mm	直尺和塞尺检查
			板块间隙宽度	块体材料 2mm	尺量检查
			保护层厚度	设计厚度的 10%，且不得大于 5mm	钢针插入和尺量检查

隔离层质量标准和检验方法 附表 27-6

项次	项目		质量要求或允许偏差	检验方法
1	主控项目	材料质量	隔离层所用材料的质量及配合比，应符合设计要求	检查出厂合格证和计量措施
2	主控项目	隔离层	不得有破损和漏铺现象	观察检查
3	一般项目	隔离层铺设	塑料膜、土工布、卷材应铺设平整，其搭接宽度不应小于 50mm，不得有皱折	观察和尺量检查
4	一般项目	低强度等级砂浆	表面应压实、平整，不得有起壳、起砂现象	观察检查

27.6 屋面细部构造

节点部位是屋面工程中最容易出现渗漏的薄弱环节，造成的渗漏占全部渗漏建筑的70%以上。屋面细部构造的特点：①节点部位大多数是应力或变形集中的地方，基层容易产生开裂；②节点部位大部分比较复杂，施工操作困难；③节点部位最容易受到损坏，是防水工程的薄弱环节。屋面细部构造的要求：①节点部位应进行多道设防，精心设计和认真施工；②考虑结构变形、温差变形、干缩变形等，在屋面与立面交接处首先应增设卷材、涂膜附加层，同时应合理使用密封材料；③节点设计应保证节点设防的耐久性不低于整体防水的耐久性；④节点设计应针对工程使用条件和特点。

本节所列质量通病，主要针对檐口、檐沟和天沟、女儿墙和山墙、水落口、变形缝、伸出屋面管道等细部构造分别叙述。

27.6.1 檐口渗漏

1. 现象

檐口部位发生渗漏现象。

2. 原因分析

(1) 檐口是雨水冲刷最严重的部位，卷材、涂膜防水层的收头处理不好，防水层容易被大风掀起而造成渗漏。

(2) 无组织排水檐口部位，卷材采取空铺法、点铺法、条铺法工艺，使卷材与基层粘结不牢而造成渗漏。

(3) 檐口下端未做滴水处理，使雨水沿檐口下端直接流向外墙而造成污染。

3. 防治措施

(1) 卷材防水屋面檐口 800mm 范围内的卷材应满粘，卷材收头应用金属压条钉压固定，并用密封材料封严。

(2) 涂膜防水层屋面檐口的涂膜收头，应用防水涂料多遍涂刷。

(3) 从防水层收头向外的檐口上端，外檐至檐口下部，均应采用聚合物水泥砂浆铺抹，檐口下部应同时做鹰嘴和滴水槽（图 27-4 和图 27-5）。

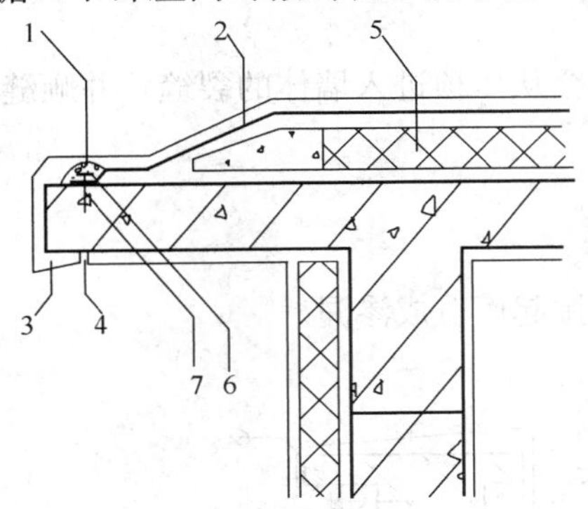

图 27-4 卷材防水屋面檐口

1—密封材料；2—卷材防水层；3—鹰嘴；4—滴水槽；5—保温层；6—金属压条；7—水泥钉

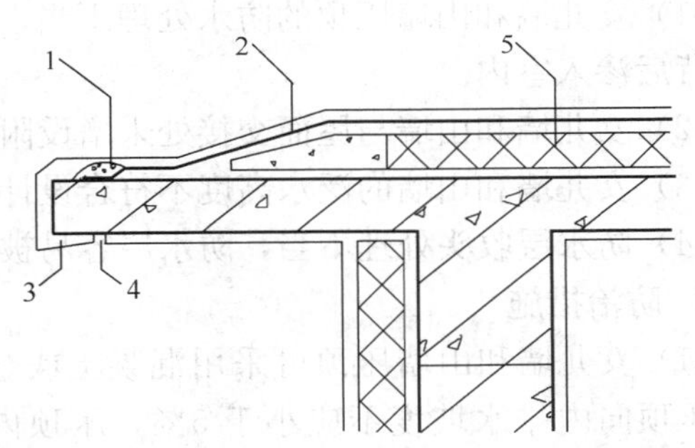

图 27-5 涂膜防水层面檐口

1—涂料多遍涂刷；2—涂膜防水层；3—鹰嘴；4—滴水槽；5—保温层

27.6.2 檐沟和天沟渗漏

1. 现象

檐沟和天沟部位发生渗漏现象。

2. 原因分析

(1) 檐沟和天沟是屋面雨水汇集之处，若檐沟和天沟与屋面交接处未增设附加层，就有可能导致屋面渗漏。

(2) 檐沟防水层收头处理不好，防水层容易被大风掀起而造成渗漏。

(3) 高低跨内排水天沟与立墙交接处，未采取能适应变形的密封处理而造成渗漏。

(4) 檐沟外侧下部未做滴水处理，使得沟内雨水沿檐沟下部流向外墙而造成污染。

3. 防治措施

(1) 檐沟和天沟的防水层下面应增设附加层，附加层伸入屋面的宽度不应小于250mm；屋面不设保温层时，檐沟和天沟伸入屋面的附加层在转角处应空铺，空铺宽度宜为200mm。

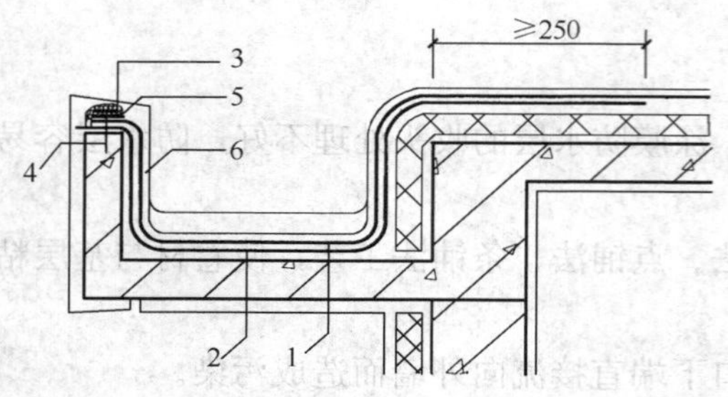

图 27-6　卷材、涂膜防水屋面檐沟

1—防水层；2—附加层；3—密封材料；4—水泥钉；5—金属压条；6—保护层

(2) 檐沟防水层应由沟底翻上至外侧顶部，卷材收头应用金属压条钉压固定，并用密封材料封严；涂膜收头应用防水涂料多遍涂刷。

(3) 从防水层收头向外的檐沟顶部至檐沟下部，均应采用聚合物水泥砂浆铺抹，檐沟下端应做鹰嘴或滴水槽（图 27-6）。

(4) 当檐沟外侧板高于屋面结构板时，为防止雨水口堵塞造成沟内积水漫进屋面，应在檐沟两端设置溢水口。

27.6.3　女儿墙和山墙渗漏

1. 现象

女儿墙和山墙部位发生渗漏现象。

2. 原因分析

(1) 女儿墙和山墙压顶的防水处理不当，雨水会从压顶进入墙体的裂缝，并顺缝从防水层背后渗入室内。

(2) 女儿墙和山墙与屋面交接处未增设附加层。

(3) 女儿墙和山墙的泛水高度不符合设计要求。

(4) 防水层收头处理不当，防水层容易被大风掀起而造成渗漏。

3. 防治措施

(1) 女儿墙和山墙压顶可采用混凝土或金属制品；压顶向内排水坡度不应小于5%，压顶内侧下端应做滴水处理。

(2) 女儿墙和山墙与屋面交接处的防水层下面应增设附加层，附加层在平面和立面的宽度均不应小于250mm。

(3) 女儿墙和山墙的泛水高度不应小于250mm。

(4) 低女儿墙泛水处的卷材防水层可直接铺贴或涂刷至压顶下，卷材收头应用金属压条固定，并用密封材料封严；涂膜收头应用防水涂料多遍涂刷。高女儿墙的卷材防水层泛水高度不应小于250mm，泛水上部的墙体应做泛水处理（图 27-7 和

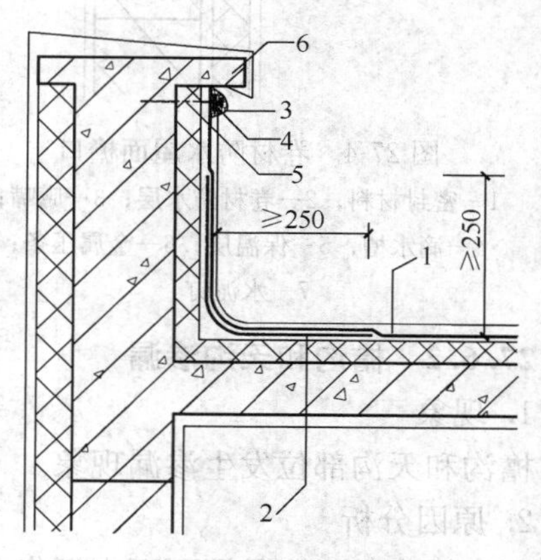

图 27-7　低女儿墙

1—防水层；2—附加层；3—密封材料；4—金属压条；5—水泥钉；6—压顶

图 27-8）。

（5）女儿墙泛水处的防水层表面，宜采用浇筑细石混凝土或涂刷浅色涂料保护。

27.6.4 水落口渗漏

1. 现象

水落口部位发生渗漏现象。

2. 原因分析

（1）水落口未牢固地固定在承重结构上，水落口产生的松动会使水落口与混凝土交接处的防水设防破坏，产生渗漏现象。

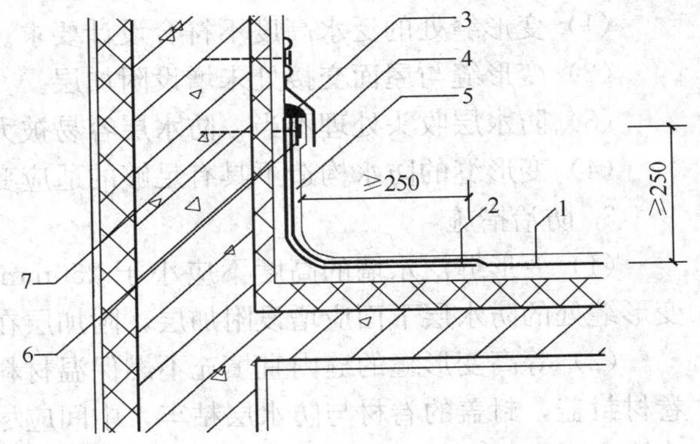

图 27-8 高女儿墙

1—防水层；2—附加层；3—密封材料；4—金属盖板；5—保护层；6—金属压条；7—水泥钉

（2）水落口的埋设标高不正确，造成水落口高出沟底及屋面最低处的现象较为普遍，造成水落口周围长期积水。

（3）水落口是受雨水冲刷最严重的部位，如水落口周围未增设附加层，或防水层和附加层伸入水落口杯内防水处理不当，均会造成渗漏。

3. 防治措施

（1）水落口宜采用塑料或金属制品，水落口与结构板之间应用 C20 细石混凝土灌缝严实。当水落口采用金属制品时，所有零件均应做防锈处理。

（2）水落口必须设在沟底最低处，水落口埋设标高应根据附加层的厚度及排水坡度加大的尺寸确定。

（3）水落口周围 500mm 范围内坡度不应小于 5%，并在防水层下面增设涂膜附加层。

（4）防水层和附加层伸入水落口杯内不应小于 50mm，并粘结牢固（图 27-9 和图 27-10）。

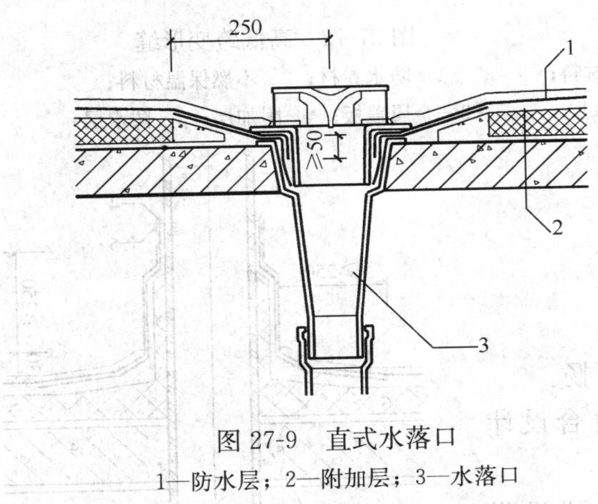

图 27-9 直式水落口

1—防水层；2—附加层；3—水落口

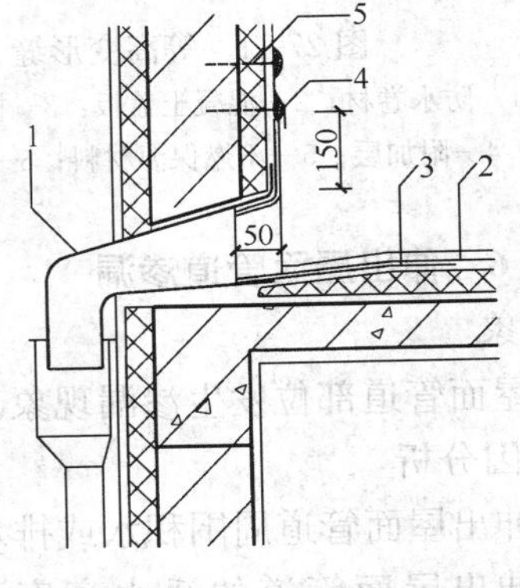

图 27-10 横式水落口

1—水落斗；2—防水层；3—附加层；4—密封材料；5—水泥钉

27.6.5 变形缝渗漏

1. 现象

变形缝部位发生渗漏现象。

2. 原因分析

（1）变形缝处的泛水高度不符合设计要求。

（2）变形缝与屋面交接处未增设附加层。

（3）防水层收头处理不当，防水层容易被大风掀起而造成渗漏。

（4）变形缝的防水构造不具有足够的适应变形能力。

3. 防治措施

（1）变形缝泛水墙的高度不应小于 250mm，防水层应铺贴或涂刷至泛水墙的顶部；变形缝处的防水层下面应增设附加层，附加层在平面和立面的宽度不应小于 250mm。

（2）等高变形缝的缝内宜填充不燃保温材料，防水层铺贴或涂刷至墙顶，然后上部用卷材封盖，封盖的卷材与防水层粘牢，中间应尽量下垂在缝中，并在其上放置聚苯乙烯泡沫棒，再在其上空铺一层卷材，最后顶部应加扣混凝土盖板（图 27-11）。

（3）高低跨变形缝低跨的防水层应铺贴或涂刷至低跨墙顶，然后上部用卷材封盖，卷材封盖的一端与防水层粘牢，另一端用金属压条钉压在高跨墙体凹槽内，并用密封材料封固，中间应尽量下垂在缝中，再在其上钉压金属盖板，端头用密封材料封严（图 27-12）。

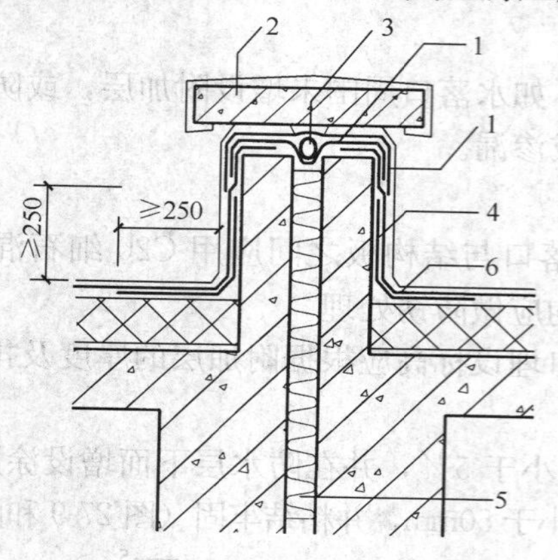

图 27-11 等高变形缝

1—防水卷材；2—混凝土盖板；3—衬垫材料；4—附加层；5—不燃保温材料；6—防水层

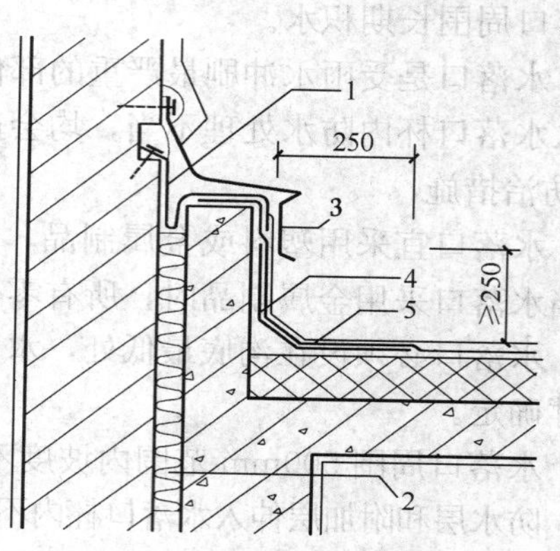

图 27-12 高低跨变形缝

1—防水卷材；2—不燃保温材料；3—金属盖板；4—附加层；5—防水层

27.6.6 伸出屋面管道渗漏

1. 现象

伸出屋面管道部位发生渗漏现象。

2. 原因分析

（1）伸出屋面管道周围积水或排水不畅。

（2）伸出屋面管道的泛水高度不符合设计要求。

（3）伸出屋面管道与屋面交接处未增设附加层。

（4）防水层收头处理不当而造成渗漏。

3. 防治措施

（1）伸出屋面管道周围的找平层，应抹出高

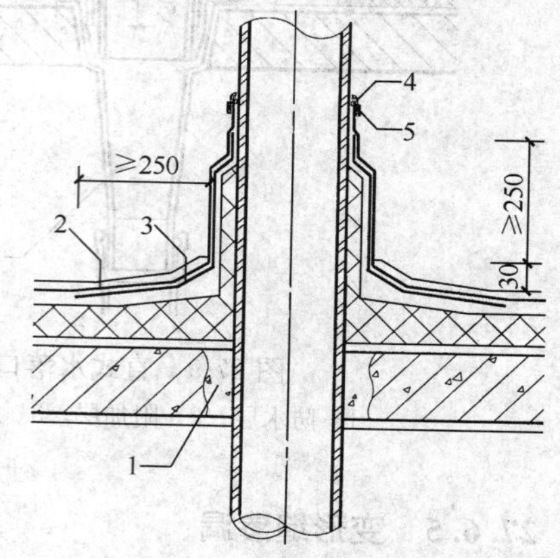

图 27-13 伸出屋面管道

1—细石混凝土；2—卷材防水层；3—附加层；4—密封材料；5—金属箍

度不小于 30mm 的排水坡。

(2) 管道四周的防水层下面应增设附加层，附加层在平面和立面的宽度均不应小于 250mm。

(3) 伸出屋面管道的泛水高度，应自管道周围排水坡顶部算起且不小于 250mm。

(4) 卷材防水层收头处应用金属箍箍紧，并用密封材料封严；涂膜防水层收头处应用防水涂料多遍涂刷（图 27-13）。

附录 27.6 屋面细部构造质量标准及检验方法

檐口质量标准和检验方法 附表 27-7

项次	项目		质量要求或允许偏差	检验方法
1	主控项目	防水构造	檐口的防水构造应符合设计要求	观察检查
2		渗漏	檐口部位不得有渗漏和积水现象	雨后观察或淋水试验
3		排水坡度	檐口的排水坡度应符合设计要求	坡度尺检查
4	一般项目	檐口卷材	檐口 800mm 范围内的卷材应满粘	观察检查
		收头	卷材收头应在找平层的凹槽内用金属压条钉压固定，并应用密封材料封严；涂膜收头应用防水涂料多遍涂刷	
5		檐口端部	檐口端部应抹聚合物水泥砂浆，其下部应同时做鹰嘴和滴水槽	观察检查

檐沟、天沟质量标准和检验方法 附表 27-8

项次	项目		质量要求或允许偏差	检验方法
1	主控项目	防水构造	檐沟、天沟的防水构造应符合设计要求	观察检查
2		渗漏	沟内不得有渗漏和积水现象	雨后观察或淋水试验
3		排水坡度	檐沟、天沟的排水坡度应符合设计要求	坡度尺检查
4	一般项目	附加层	檐沟、天沟附加层铺设应符合设计要求	观察和尺量检查
5		收头	檐沟防水层应由沟底翻上至外侧顶部，卷材收头应用金属压条钉压固定，并应用密封材料封严；涂膜收头应用防水涂料多遍涂刷	观察检查
6		檐口端部	檐沟外侧顶部及侧面均应抹聚合物水泥砂浆，其下部应做成鹰嘴或滴水槽	观察检查

女儿墙和山墙质量标准和检验方法 附表 27-9

项次	项目		质量要求或允许偏差	检验方法
1	主控项目	防水构造	女儿墙和山墙的防水构造应符合设计要求	观察检查
2		渗漏	女儿墙和山墙的根部不得有渗漏和积水现象	雨后观察或淋水试验
3		压顶做法	女儿墙和山墙的压顶做法应符合设计要求。压顶向内排水坡度不应小于 5%，压顶内侧下端应做鹰嘴或滴水槽	观察和坡度尺检查

续表

项次		项目	质量要求或允许偏差	检验方法
4	一般项目	附加层	女儿墙和山墙的泛水高度及附加层铺设应符合设计要求	观察和尺量检查
5	一般项目	收头	低女儿墙泛水处的卷材防水层可直接铺贴或涂刷至压顶下，卷材收头应用金属压条固定，并用密封材料封严；涂膜收头应用防水涂料多遍涂刷。高女儿墙的卷材防水层泛水高度不应小于 250mm，泛水上部的墙体应做泛水处理	观察检查

水落口质量标准和检验方法 **附表 27-10**

项次		项目	质量要求或允许偏差	检验方法
1	主控项目	防水构造	水落口的防水构造应符合设计要求	观察检查
2	主控项目	渗漏	水落口杯上口应设在沟底最低处，水落口处不得有渗漏和积水现象	雨后观察或淋水、蓄水试验
3	一般项目	安装	水落口的数量和位置均应符合设计要求，水落口杯应安装牢固	观察和手扳检查
4	一般项目	坡度	水落口周围直径 500mm 范围内坡度不应小于 5%，水落口周围的附加层铺设应符合设计要求	观察和尺量检查
5	一般项目	收头	防水层及附加层伸入水落口杯内不应小于 50mm，并应粘结牢固	观察和尺量检查

变形缝质量标准和检验方法 **附表 27-11**

项次		项目	质量要求或允许偏差	检验方法
1	主控项目	防水构造	变形缝的防水构造应符合设计要求	观察检查
2	主控项目	渗漏	变形缝处不得有渗漏和积水现象	雨后观察或淋水试验
3	一般项目	附加层	变形缝的泛水高度及附加层铺设应符合设计要求	观察和尺量检查
4	一般项目	防水层	防水层应铺贴或涂刷至泛水墙的顶部	观察检查
5	一般项目	等高变形缝	等高变形缝顶部宜加扣混凝土或金属盖板。混凝土盖板的接缝应用密封材料封严；金属盖板应铺钉牢固，搭接缝应顺流水方向，并应做好防锈处理	观察检查
6	一般项目	高低跨变形缝	高低跨变形缝在高跨墙面上的防水卷材封盖和金属盖板，应用金属压条钉压固定，并用密封材料封严	观察检查

伸出屋面管道质量标准和检验方法 **附表 27-12**

项次		项目	质量要求或允许偏差	检验方法
1	主控项目	防水构造	伸出屋面管道的防水构造应符合设计要求	观察检查
2	主控项目	渗漏	伸出屋面管道根部不得有渗漏和积水现象	雨后观察或淋水试验

续表

项次	项目		质量要求或允许偏差	检验方法
3	一般项目	附加层	伸出屋面管道的泛水高度及附加层铺设应符合设计要求	观察和尺量检查
4		坡度	伸出屋面管道周围的找平层应抹出高度不小于30mm的排水坡	观察和尺量检查
5		收头	卷材防水层收头处应用金属箍固定，并应用密封材料封严，涂膜防水层收头处应用防水涂料多遍涂刷	观察检查

27.7 屋 面 隔 热 层

屋面隔热层是指在炎热地区防止夏季室外热量通过屋面传入室内的措施。在我国南方一些地区，夏季时间较长，气温较高，随着人们生活的不断改善，对住房的隔热要求也逐渐提高，采取了种植、架空、蓄水等屋面隔热措施。屋面隔热层设计应根据地域、气候、屋面形式、建筑环境、使用功能等因素，经技术经济比较确定。由于城市绿色环保及美化环境的要求，从发展趋势来看，采用种植隔热方式将胜于架空隔热和蓄水隔热。

本节主要针对种植隔热层、架空隔热层、蓄水隔热层分别列出其质量通病与防治措施。

Ⅰ 种 植 隔 热 层

27.7.1 种植屋面防水层破损

1. 现象

种植屋面的防水层破损导致屋面渗漏。

2. 原因分析

（1）种植屋面的防水层未选择耐腐蚀、耐根穿刺性能好的材料。

（2）在种植屋面防水层表面未设置细石混凝土保护层，或在屋面施工过程中，对成品保护措施不力，造成已完工的防水层破损。

（3）种植土和种植植物的重量超过设计要求，结构发生严重变形或不均匀沉降，造成已完工的防水层破损。

3. 防治措施

（1）种植屋面的防水等级应为Ⅰ级，两道防水设防，其中下一道为普通防水层，上一道为耐根穿刺防水层。耐根穿刺防水层可采用铜胎基 SBS 改性沥青防水卷材、聚氯乙烯防水卷材、高密度聚乙烯防水卷材等，其性能指标应符合现行《屋面用耐根穿刺防水卷材》（JC/T 1075—2008）的技术要求。

（2）普通防水层和耐根穿刺防水层完工后，应进行淋水或蓄水试验，检查验收合格后，方可进行下一道工序施工。

（3）种植屋面防水层上面必须设置细石混凝土保护层，以抵抗种植土和种植工具对防水层的损坏。

（4）严格控制种植土和种植植物的重量，种植土和种植植物等应均匀堆放，防止过量超载。

27.7.2 种植屋面排水不畅

1. 现象

种植土中多余水分无法排走，造成植物烂根。

2. 原因分析

（1）多雨地区种植土下未设置排水层，特别大雨之后有集聚如泽的现象，积水很难迅速排出，造成植物浸泡后烂根。

（2）排水层材料选择或施工方法不当，影响排水效果。

（3）种植屋面上的种植土四周挡墙下部，未设泄水孔或已有泄水孔被堵塞。

3. 防治措施

（1）排水层材料应根据屋面功能及环境、经济条件等进行选择。塑料排水板应采用抗压强度高、排水高度适宜的高密度聚乙烯板，其搭接方式应根据产品规格具体确定；陶粒排水层的陶粒粒径不应小于25mm，堆积密度不宜大于500kg/m^3，铺设厚度宜为100～500mm，含泥量不应大于1%。

（2）塑料排水板宜采用搭接法施工，网状交织排水板宜采用对接法施工；陶粒铺设应。平整、厚度应均匀。

（3）过滤层宜采用单位面积重量为200～400kg/m^2 的土工布，过滤层应沿种植土周边向上铺设，其高度应与种植土相平。

（4）种植土四周应设挡墙，挡墙下部应设泄水孔，泄水孔内侧应铺设粗疏材料；泄水孔不得有堵塞，并应与排水出口连通。

Ⅱ 架空隔热层

27.7.3 架空屋面防水层破损

1. 现象

架空屋面防水层破损导致屋面渗漏。

2. 原因分析

（1）架空隔热层施工时，在支座底面未设置滑动层隔离，因两者收缩变形不一致而导致防水层破损。

（2）在屋面施工过程中，对成品保护措施不力，造成已完工的防水层破损。

（3）架空隔热板与女儿墙之间距离过小，在清理过程中因操作不便而造成防水层破损。

3. 防治措施

（1）架空屋面防水层完工后，应进行淋水或蓄水试验，检查验收合格后，方可进行下道工序施工。

（2）在砌筑砖支座时，对已完工的防水层应进行全面保护，并应在支座的底面处干铺一层卷材，以利滑动。

（3）在清理隔热层内建筑垃圾时，应做到随施工随清扫，避免砂浆结硬而造成清理困难或损坏已完工的防水层。架空隔热板与女儿墙的距离不宜小于250mm。

27.7.4 架空屋面通风隔热效果差

1. 现象

架空隔热层施工完后，屋面通风不畅，隔热效果差。

2. 原因分析

（1）架空隔热层进出风口位置设计不当，无法形成一定的气压和空气对流，不能循环地带走太阳辐射在屋面上产生的辐射热，因而难以降低屋顶室内温度。

（2）架空隔热层高度较低，且未能按屋面宽度和坡度大小来确定。如屋面较宽时，风道中阻力就会增加，此时宜采用较高的架空层；屋面坡度较小时，进风口和出风口之间的温差相对较小，为便于空气流通，宜采用较高的架空层，反之则可采用较低的架空层。但架空隔热层的高度并非越高越好，当风道高度大于300mm后，通风效果提高并不多。

（3）架空隔热板与女儿墙之间距离过大，因外界空气的介入，在开口处已形成一个回风区，风压自然减弱，所以吸风效果不好。

（4）架空隔热板的支座采用砖墩或砖砌的条形地垄墙，未能根据该地区夏季主导方向布置，影响通风隔热效果。

（5）施工后未将架空隔热层内的砂浆或砖块等杂物清除干净，阻碍了风道内空气的顺利流动，降低了通风隔热效果。

（6）架空隔热板开裂、掉角或缺损，如情况严重时，也会影响空气对流质量。

3. 防治措施

（1）女儿墙设计时，应在夏季主导方向的地方布置洞口，与架空隔热板的开口位置相对应，形成一个风压口，便于进风和空气对流。

（2）架空隔热层的高度宜为180～300mm，当屋面宽度大于10m时，应设置通风屋脊。架空隔热板与女儿墙的距离不宜小于250mm。

（3）架空隔热板宜安装在砖砌的条形地垄墙上，形成定向通风层：如果该地区夏季主导风向不稳定，则架空隔热板可安装在网格布置的砖墩上，形成不定向通风层。此时砖墩尺寸为120mm×120mm，高度与空气间层相同，砖墩之间距离为600mm×600mm，采取不定向通风层虽然会产生紊流，通风效果稍差，但因各个方向都能流通空气，有利于适应主导风向的改变。

（4）架空隔热层施工过程中，应随时将架空隔热层内的垃圾清扫干净，并应作为交工验收的条件之一。

（5）架空隔热板在安装前应及时检查构件质量，如架空隔热板有开裂、掉角或缺损时，应及时修补，严重不合格者禁止使用。

27.7.5 架空隔热板铺设不稳，板间未勾缝

1. 现象

架空隔热板铺设得不平整、不稳固，板与板之间未用水泥砂浆勾缝，使风道内的气流不集中，降低隔热效果。

2. 原因分析

（1）铺设架空隔热板时，未在砖墩上铺抹水泥砂浆，而是将隔热板直接放到砖墩上。

(2) 砖墩的上表面砌筑不平整，使架空隔热板翘曲、扭角。

(3) 板与板之间的缝隙太小，勾不进砂浆；或缝隙过大，无法勾砂浆。

3. 预防措施

(1) 砌筑砖墩时要挂线、找平，保持砖墩上表面平整。

(2) 铺设架空隔热板时，要在砖墩上抹一层水泥砂浆，再将隔热板铺放在砂浆上。

(3) 架空隔热板的板边宜做成斜面，以便用水泥砂浆或混凝土嵌填，并做勾缝处理。

(4) 架空隔热板应按设计要求留设变形缝。

4. 治理方法

(1) 对个别不平整或活动的架空隔热板，应将其拆下后，在砖墩上重新铺抹水泥砂浆，再将隔热板铺放在砂浆上。

(2) 对未勾缝的架空隔热板，应将其板缝清扫和洗刷干净，重新用水泥砂浆勾缝。

Ⅲ 蓄水隔热层

27.7.6 蓄水屋面防水层破损

1. 现象

蓄水屋面防水层破损导致屋面渗漏。

2. 原因分析

(1) 在屋面施工过程中，对成品保护措施不力，造成已完工的防水层破损。

(2) 蓄水隔热层施工前，防水层上面未采用细石混凝土保护层，保护层与防水层之间未铺设隔离层。

(3) 蓄水隔热层未按设计要求划分蓄水区和设分仓缝，由于蓄水面积过大引起屋面开裂及损坏防水层。

3. 防治措施

(1) 蓄水屋面防水层完工后，应进行淋水或蓄水试验，检查验收合格后，方可进行下道工序施工。

(2) 蓄水隔热层施工前，应在防水层上做细石混凝土保护层，保护层与防水层之间应铺设低强度等级砂浆隔离层，保证刚性保护层胀缩变形，不致损伤防水层。

(3) 蓄水隔热层应划分为若干个蓄水区，每区的边长不宜大于10m，在变形缝的两侧应分成两个互不连通的蓄水区。长度超过40m的蓄水隔热层应分仓设置。

27.7.7 蓄水屋面隔热效果差

1. 现象

蓄水隔热层施工完后，隔热效果差。

2. 原因分析

(1) 采用蓄水隔热层，由于水的蓄热和蒸发作用，大量消耗投射在屋面上的太刚辐射热，有效减弱屋面向室内的传热量。根据使用及有关资料介绍，蓄水深度过低，隔热效果不明显；蓄水深度过高，隔热效果提高并不大，且当水较深时夏季白天温升高，晚间反而导致室温增加。

(2) 蓄水隔热层与屋面结构层之间未设置绝热层，无法隔绝屋面热交换作用。

3. 防治措施

(1) 蓄水隔热层的蓄水深度宜为150～200mm。由于水不断蓄热和蒸发，给水管应及时增补，保证一定的蓄水深度。

(2) 夏热冬冷地区和夏热冬暖地区，宜将传统的蓄水屋面构造形式做必要的改进，即在蓄水隔热层与屋面结构之间设置绝热材料，经过热工计算，改进后的蓄水屋面就可满足夏季隔热并兼顾冬季保温的要求，同时还满足建筑节能的有关规定。

(3) 蓄水隔热层内宜种植水生植物，以加大水的放热和蒸发进程。

27.7.8 蓄水池开裂和渗漏

1. 现象

蓄水池开裂和渗漏造成蓄水隔热失败。

2. 原因分析

(1) 蓄水池防水混凝土配合比不准确，抗渗等级不符合设计要求。

(2) 防水混凝土搅拌不均匀，振捣不密实，施工缝处理不当，导致混凝土出现施工裂缝。

(3) 防水混凝土完工后未按规定进行养护，或蓄水后有断水现象，导致混凝土出现收缩裂缝。

(4) 蓄水池所有孔洞及所设置的溢水管、排水管和给水管，均未在混凝土施工前安装完毕，后凿孔洞给混凝土质量带来影响。

(5) 蓄水隔热层在地震地区和振动较大的建筑物上使用。

3. 防治措施

(1) 蓄水池应采用抗渗等级不低于P6的防水混凝土，池内宜抹一层防水砂浆。防水混凝土及配合比应符合《地下防水工程质量验收规范》(GB 50208—2008) 的有关规定。

(2) 防水混凝土施工时，配合比应准确，机械搅拌，机械振捣；每个蓄水区的防水混凝土应一次浇筑完毕，不得留置施工缝；防水混凝土施工环境气温宜为5～35℃，并应避免在冬期和高温期施工。

(3) 蓄水池的防水混凝土完工后，应及时进行养护，养护时间不得少于14d；蓄水后不得断水。

(4) 蓄水池的所有孔洞应预留；不得后凿；所设置的溢水管、排水管和给水管等，均应在混凝土施工前安装完毕。

(5) 蓄水隔热层不宜在寒冷地区、地震设防地区和振动较大的建筑上使用。

附录27.7 屋面隔热层质量标准及检验方法

种植隔热层质量标准和检验方法 **附表27-13**

项次	项目		质量要求或允许偏差	检验方法
1	主控项目	材料质量	种植隔热层所用材料的质量，应符合设计要求	检查出厂合格证和质量检验报告
2		排水系统	排水层应与排永系统连通	观察检查
3		泄水孔	挡墙或挡板泄水孔的留设应符合设计要求，并不得堵塞	观察和尺量检查

续表

项次	项目		质量要求或允许偏差	检验方法
4	一般项目	陶粒	陶粒应铺设平整、均匀，厚度应符合设计要求	观察和尺量检查
5		排水板	排水板应铺设平整，接缝方法应符合国家现行有关标准的规定	观察和尺量检查
6		过滤层	过滤层土工布应铺设平整、接缝严密，其搭接宽度的允许偏差为−30mm	观察和尺量检查
7		种植土	种植土应铺设平整、均匀，其厚度的允许偏差为±5%，且不得大于30mm	尺量检查

架空隔热层质量标准和检验方法　　附表 27-14

项次	项目		质量要求或允许偏差	检验方法
1	主控项目	制品质量	架空隔热制品的质量，应符合设计要求	检查材料或构件合格证和质量检验报告
2		制品铺设	架空隔热制品的铺设应平整、稳固，缝隙勾填应密实	观察检查
3	一般项目	间距	架空隔热制品距山墙或女儿墙不得小于250mm	观察和尺量检查
4		高度	架空隔热层的高度及通风屋脊、变形缝做法，应符合设计要求	观察和尺量检查
5		制品接缝	架空隔热制品接缝高低差的允许偏差为3mm	直尺和塞尺检查

蓄水隔热层质量标准和检验方法　　附表 27-15

项次	项目		质量要求或允许偏差		检验方法
1	主控项目	材料质量	防水混凝土所用材料的质量及配合比，应符合设计要求		检查出厂合格证、质量检验报告、进场检验报告和计量措施
2		抗压强度和抗渗压力	防水混凝土的抗压强度和抗渗性能，应符合设计要求		检查混凝土抗压和抗渗试验报告
3		渗漏	蓄水池不得有渗漏现象		蓄水至规定高度观察检查
4	一般项目	表面质量	防水混凝土表面应密实、平整，不得有蜂窝、麻面、露筋等缺陷		观察检查
5		裂缝	防水混凝土表面的裂缝宽度不应大于0.2mm，并不得贯通		刻度放大镜检查
6		预留管道	蓄水池上所留设的溢水口、过水孔、排水管、溢水管等，其位置、标高和尺寸均应符合设计要求		观察和尺量检查
7		蓄水池允许偏差	长度、宽度	允许偏差为+5mm，−10mm	尺量检查
			厚度	允许偏差为±5mm	尺量检查
			表面平整度	允许偏差为5mm	2m靠尺和塞尺检查
			排水坡度	符合设计要求	坡度尺检查

27.8 瓦 屋 面

本节所指的瓦屋面，包括烧结瓦、混凝土瓦和沥青瓦屋面。近年来随着建筑设计多样化，同时满足人们对造型和艺术的要求，越来越多地采用瓦屋面。瓦屋面防水等级和防水做法应符合表27-13的规定。

瓦屋面防水等级和防水做法 表27-13

防水等级	防 水 做 法
Ⅰ	瓦材＋防水层
Ⅱ级	瓦材＋防水垫层

烧结瓦、混凝土瓦和沥青瓦是具有一定防水能力的装饰材料，传统的瓦屋面主要依靠瓦片搭接构造防水和利用坡度重力排水来满足使用功能，因此瓦屋面的渗漏现象较为普遍。防水垫层在瓦屋面中起着重要的作用，只有瓦片和防水垫层组合后才能形成一道防水设防。防水垫层可采用空铺、满粘或机械固定，防水垫层的最小厚度和搭接宽度应符合表27-14的要求。

防水垫层的最小厚度和搭接宽度（mm） 表27-14

防水垫层品种	最小厚度	搭接宽度
自粘聚合物沥青防水垫层	1.0	80
聚合物改性沥青防水垫层	2.0	100

Ⅰ 平 瓦 屋 面

27.8.1 屋面渗漏

1. 现象

平瓦屋面遇雨水浸入发生渗漏。

2. 原因分析

（1）屋面坡度不够。

（2）基层材料刚度不足，铺设不平。

（3）防水垫层残缺破裂，铺钉不牢。

（4）瓦片材质差，有缺角、砂眼、裂纹和翘曲、张口、欠火等缺陷。

（5）屋脊处两个坡面的最上两根挂瓦条间距过大，无法保证脊瓦在两坡面瓦上的搭盖宽度。

（6）瓦片采用在基层上设置泥背的方法铺设。

（7）檐沟、天沟、烟囱泛水等部位防水处理不当。

3. 防治措施

（1）平瓦屋面的排水坡度不应小于30%。

（2）平瓦可铺设在木基层或钢筋混凝土基层上。木基层应铺钉牢固，表面平整；钢筋混凝土基层的表面应平整、干净、干燥。

（3）防水垫层在瓦屋面构造层次中的位置应符合设计要求；防水垫层应自下而上平行屋脊铺设，并顺流水方向搭接，搭接宽度应符合表 27-14 的规定；防水垫层应铺设平整，下道工序施工时不得损坏已铺完成的防水垫层。

（4）平瓦和脊瓦应边缘整齐，表面光洁，颜色均匀一致，不得有分层、裂纹和露砂等缺陷。平瓦的瓦爪和瓦槽应配合适当。进场的平瓦应检验抗弯强度和不透水性。

（5）顺水条应顺水流方向固定，间距不宜大于 500mm，顺水条应铺钉牢固、平整。挂瓦条间距应根据瓦片尺寸和屋面坡长经计算确定。挂瓦条应铺钉平整、牢固，上棱应成一直线。瓦头挑出檐口的长度宜为 50～70mm（图 27-14）。脊瓦在两坡面瓦上的搭盖宽度每边不应小于 40mm。

（6）平瓦屋面应采用干法挂瓦，瓦与屋面基层应铺钉牢固；瓦片应彼此紧密搭接，并应瓦榫落槽，瓦脚挂牢，瓦头排齐，无翘角和张口现象，檐口应成一直线；靠近屋脊处的第一排瓦应用聚合物水泥砂浆填实抹平，脊瓦搭盖间距均匀，脊瓦下端距坡面瓦的高度不宜大于 80mm。屋脊及斜脊应平直，无起伏现象（图 27-15）。

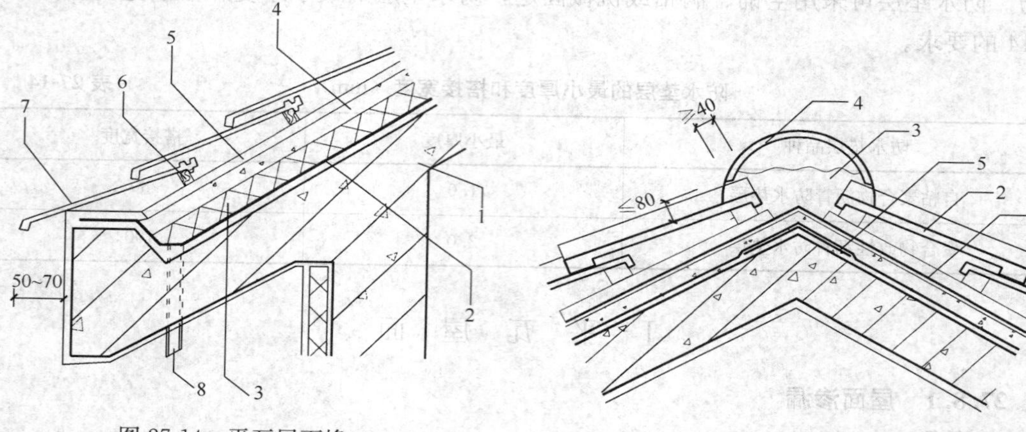

图 27-14　平瓦屋面檐口

1—结构层；2—防水层或防水垫层；3—保温层；4—持钉层；5—顺水条；6—挂瓦条；7—烧结瓦或混凝土瓦；8—泄水管

图 27-15　平瓦屋面屋脊

1—防水层或防水垫层；2—烧结瓦或混凝土瓦；3—聚合物水泥砂浆；4—脊瓦；5—附加层

（7）檐沟和天沟部位应增设附加层，附加层伸入屋面的宽度不应小于 500mm，檐沟和天沟防水层伸入瓦内的宽度不应小于 150mm，并应与防水层或防水垫层顺流水方向搭接。瓦头伸入檐沟、天沟内的长度宜为 50～70mm（图 27-16）。金属檐沟、天沟伸入瓦内宽度不应小于 150mm。

（8）平瓦屋面与山墙或突出屋面结构的交接处应增设附加层，附加层在平面和立面的宽度不应小于 250mm；泛水宜采用钢丝网聚合物水泥砂浆抹成，侧面瓦伸入泛水的宽度不应小于 50mm。烟囱与屋面的交接处，在迎水面中部位应抹出分水线，并应高出两侧各 30mm（图 27-17）。

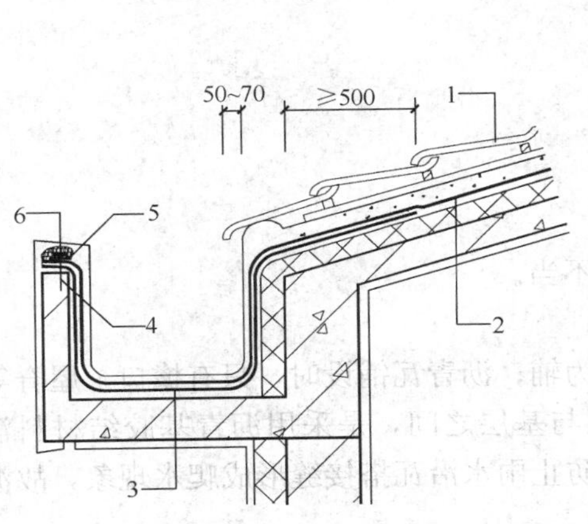

图 27-16 平瓦屋面檐沟
1—烧结瓦或混凝土瓦；2—防水层或防水垫层；
3—附加层；4—水泥钉；5—金属压条；
6—密封材料

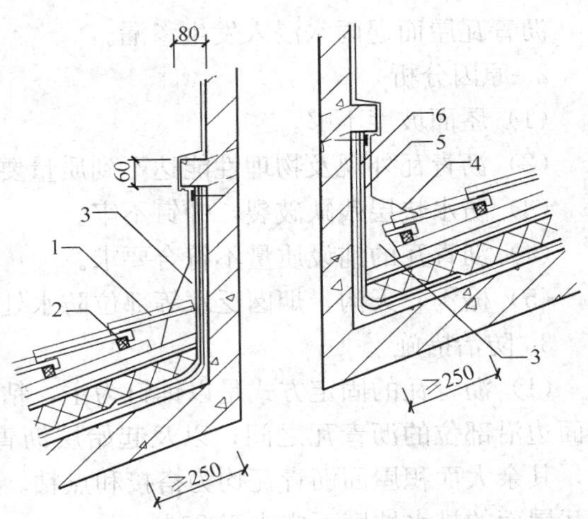

图 27-17 烟囱与平瓦屋面交接处
1—烧结瓦或混凝土瓦；2—挂瓦条；
3—聚合物水泥砂浆；4—分水线；
5—防水层或防水垫层；6—附加层

27.8.2 瓦片脱落

1. 现象

平瓦屋面施工中及施工后发生瓦片脱落。

2. 原因分析

（1）脊瓦底部与坡面瓦的空隙处，砂浆垫塞不严密。

（2）挂瓦时，平瓦的后爪未能挂牢在挂瓦条上，前爪与瓦槽未紧密吻合；脊瓦搭盖尺寸不够，脊瓦间的接头和脊瓦底部未按规定坐浆和嵌缝。

（3）挂瓦时，平瓦未按规定由两坡从下而上同时对称铺设。

（4）在大风及地震设防地区或屋面坡度大于100%时，瓦片未能与挂瓦条系挂牢固。

（5）屋面完工后未注意成品保护。

3. 防治措施

（1）屋脊施工时应拉通线，脊瓦底部要垫塞平稳，坐浆饱满，使屋脊不发生沉陷变形。

（2）脊瓦与坡面瓦的搭盖宽度，每边不应小于40mm，平脊的接头口要顺主导风向，斜脊的接头口要向下，平脊与斜脊的交接处要用聚合物水泥砂浆封严。

（3）铺设平瓦时，瓦片应均匀堆放在两坡的屋面上，不得集中堆放；铺设时应两坡从下而上对称铺设，以免不对称的施工荷载，使屋盖结构受力不均匀，导致结构变形或破坏。

（4）在大风及地震设防地区或屋面坡度大于100%时，应采取措施使瓦片与屋面基层固定牢固。此时应用20号镀锌铁丝穿过瓦鼻小孔，将全部瓦片与挂瓦条绑扎固定。

（5）瓦屋面完工后，应避免屋面受物体打击，严禁任意上人或堆放物件。

Ⅱ 沥青瓦屋面

27.8.3 屋面渗漏

1. 现象

沥青瓦屋面遇雨水浸入发生渗漏。

2. 原因分析

(1) 屋面坡度不够。

(2) 沥青瓦外观及物理性能达不到质量要求。

(3) 防水垫层残缺破裂，铺钉不牢。

(4) 沥青瓦的铺设质量不符合要求。

(5) 檐沟、天沟、烟囱泛水等部位防水处理不当。

3. 防治措施

(1) 沥青瓦的固定方式是以铺钉为主，粘结为辅；沥青瓦铺设时，只有檐口，屋脊等屋面边沿部位的沥青瓦之间；以及起始层沥青瓦与基层之间，是采用沥青基胶结材料满粘，其余大面积屋面沥青瓦均为搭接和点粘。为防止雨水沿瓦搭接缝形成爬水现象，故沥青瓦屋面的排水坡度不应小于20%。

(2) 沥青瓦的外观质量及物理性能，均应符合现行《玻纤胎沥青瓦》(GB/T 20474—2006) 的规定。

(3) 防水垫层见27.8.1"屋面渗漏"防治措施 (3)。

(4) 沥青瓦应自檐口向上铺设，起始层瓦是由瓦片经切除垂片部分后制得，且起始层瓦应沿檐口平行铺设且伸出檐口10～20mm，并应用配套沥青基胶结材料与基层粘结；第一层瓦应与起始层瓦叠合，但瓦切口向下指向檐口；第二层瓦应压在第一层瓦上且露出瓦切口，但不得超过切口长度。相邻两层沥青瓦的拼缝及切口应均匀错开。

(5) 檐沟部位应增设附加层，附加层伸入屋面的宽度不应小于500mm，檐沟防水层伸入瓦内的宽度不应小于150mm，并应与防水层或防水垫层顺流水方向搭接。金属滴水板应固定在基层上，伸入沥青瓦下宽度不应小于80mm，向下延伸长度不应小于60mm (图27-18)。

(6) 每片沥青瓦不得少于4个固定钉，每片脊瓦应用两个固定钉固定。脊瓦应顺年最大频率风向搭接，脊瓦与脊瓦的压盖面不应小于脊瓦面积的1/2；脊瓦在两坡面沥青瓦的搭盖宽度，每边不应小于150mm (图27-19)。

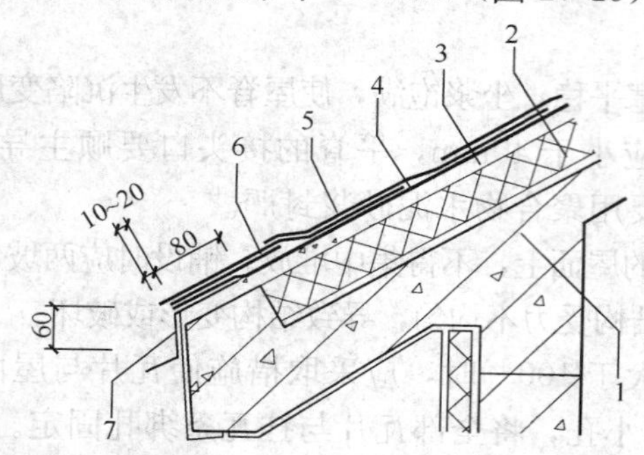

图27-18　沥青瓦屋面檐口

1—结构层；2—保温层；3—持钉层；4—防水层或防水垫层；5—沥青瓦；6—附加防水垫层；7—金属滴水板

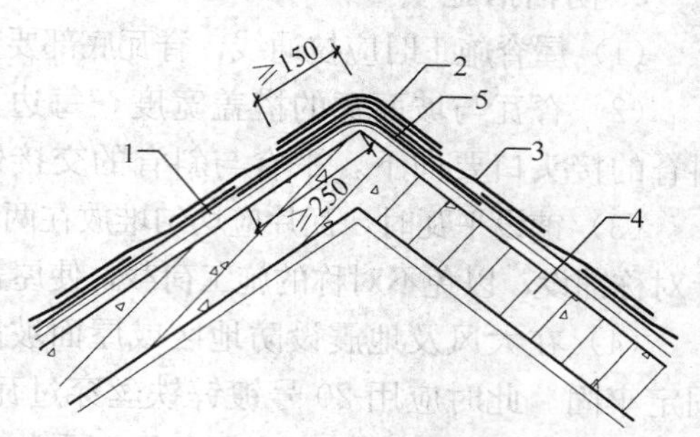

图27-19　沥青瓦屋面屋脊

1—防水层或防水垫层；2—脊瓦；3—沥青瓦；4—结构层；5—附加层

(7) 天沟部位应沿天沟中心线铺设宽度不小于1000mm的附加层，并按搭接式或编织式天沟做法铺设（图 27-20）；铺设敞开式天沟部位的泛水材料，应采用厚度不小于 0.45mm 的防锈金属板材，其纵向搭接长度不应小于 300mm。沥青瓦与金属天沟应顺流水方向搭接，搭接缝应用 100mm 宽的沥青基胶结材料粘合，沿天沟泛水处的钉子应密封覆盖。

（8）沥青瓦屋面与山墙及突出屋面结构的交接处应增设附加层，附加层在坡面和立面的宽度不应小于 250mm；在立面上可铺设防水卷材或金属泛水，铺设高度不应小于 250mm，与沥青瓦的搭盖宽度不应小于 100mm，并用沥青基胶结材料粘牢封严。防水卷材或金属泛水的收口处，应采用金属压条固定，并用密封材料封严。烟囱与屋面交接处应做泛水处理，在周边 100mm 范围内，应用沥青胶结材料将沥青瓦粘在基层上。

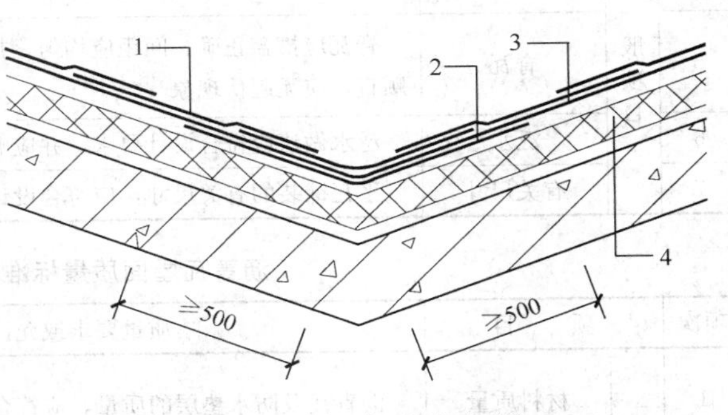

图 27-20　沥青瓦屋面天沟

1—沥青瓦；2—附加层；3—防水层或防水垫层；4—保温层

27.8.4　瓦片脱落

1. 现象

沥青瓦屋面施工后遇风力或受振动瓦片脱落。

2. 原因分析

主要是沥青瓦与基层粘结固定不牢和铺设脊瓦时施工方法不当而造成的。

3. 防治措施

（1）沥青瓦的基层及防水垫层必须平整，铺设沥青瓦时应将瓦片与基层紧贴；每片沥青瓦与基层的固定钉不得少于 4 个；在大风及地震设防地区或屋面坡度大于 100%时，每片沥青瓦与基层的固定钉不得少于 6 个。

（2）铺设脊瓦时，应将沥青瓦沿切槽剪开，分成 3 块作为脊瓦，在屋脊处弯折瓦片，将瓦片的两侧固定，用沥青基胶结材料涂盖暴露的钉帽。

（3）檐口、屋脊等屋面边沿部位的沥青瓦之间、起始层沥青瓦与基层之间，均应采用沥青基胶结材料满粘牢固，然后再按防治措施（1）用钉固定，以防大风掀起或地震时瓦片脱落。

附录 27.8　瓦屋面质量标准及检验方法

平瓦屋面质量标准和检验方法　　　**附表 27-16**

项次	项目		质量要求或允许偏差	检验方法
1	主控项目	材料质量	瓦材及防水垫层的质量，应符合设计要求	检查出厂合格证、质量检验报告和进场检验报告
2		渗漏	瓦屋面不得有渗漏现象	雨后观察或淋水试验
3		瓦片固定	瓦片必须铺置牢固。在大风及地震设防地区或屋面坡度大于 100%时，应按设计要求采取加强措施	观察或手扳检查

续表

项次	项目		质量要求或允许偏差	检验方法
4	一般项目	瓦片铺设	挂瓦条应分档均匀，铺钉应平整、牢固；瓦面应平整，行列应整齐，搭接应紧密，檐口应平直	观察检查
5		脊瓦	脊瓦应搭盖正确，间距应均匀，封固应严密；正脊和斜脊应顺直，应无起伏现象	观察检查
6		泛水	泛水做法应符合设计要求，并应顺直整齐，结合严密	观察检查
7		有关尺寸	平瓦铺装的有关尺寸，应符合设计要求	尺量检查

沥青瓦屋面质量标准和检验方法　　附表 27-17

项次	项目		质量要求或允许偏差	检验方法
1	主控项目	材料质量	沥青瓦及防水垫层的质量，应符合设计要求	检查出厂合格证、质量检验报告和进场检验报告
2		渗漏	沥青瓦屋面不得有渗漏现象	雨后观察或淋水试验
3		瓦片铺设	沥青瓦铺设应搭接正确，瓦片外露部分不得超过切口长度	观察检查
4	一般项目	瓦片固定	沥青瓦所用固定钉应垂直钉入持钉层，钉帽不得外露；并应与基层粘钉牢固，瓦面应平整，檐口应平直	观察检查
5		泛水	泛水做法应符合设计要求，并应顺直整齐，结合紧密	观察检查
6		有关尺寸	沥青瓦铺装的有关尺寸，应符合设计要求	尺量检查

27.9　金属板屋面

金属板屋面的板材包括压型金属板和金属面绝热夹芯板。金属板屋面可按建筑设计要求，选用镀层钢板、铝合金板、不锈钢板和钛锌板等金属板材。金属板材及其配套的紧固件、密封材料，其材料的品种、规格和性能等应符合国家现行材料标准和设计要求。金属板屋面应具有相应的承载力、刚度、稳定性和变形能力。金属板屋面防水等级和防水作法应符合表 27-15 的规定。

金属板屋面防水等级和防水作法　　表 27-15

防水等级	防水做法
Ⅰ级	压型金属板＋防水垫层
Ⅱ级	压型金属板、金属面绝热夹芯板

注：1. 当防水等级为Ⅰ级时，压型铝合金板基板厚度不应小于 0.9mm；压型钢板基板厚度不应小于 0.6mm。
　　2. 当防水等级为Ⅰ级时，压型金属板应采用 360°咬口锁边连接方式。
　　3. 在Ⅰ级屋面防水作法中，仅作压型金属板时，应符合《金属压型板应用技术规范》等相关技术规定。

27.9.1　屋面渗漏

1. 现象

金属板屋面遇雨水或冷凝水侵入发生渗漏。

2. 原因分析

(1) 屋面坡度不够。

(2) 金属板材的外观及物理性能达不到质量要求。

(3) 压型金属板采用咬口锁边连接构造，铺设质量不符合要求。

(4) 压型金属板和金属面绝热夹芯板采用紧固件连接构造，铺设质量不符合要求。

(5) 采光带的四周与金属板屋面的交接处，泛水处理不当。

(6) 檐口、檐沟、天沟、屋脊、变形缝等部位防水处理不当。

(7) 金属板屋面的防结露设计，不符合现行国家标准《民用建筑热工设计规范》(GB 50176) 的有关规定。

3. 防治措施

(1) 由于金属板屋面的泄水能力较好，屋面的排水坡度应根据屋面结构形式、板型、种类和当地气候条件等因素确定。压型金属板采用咬口锁边连接时，屋面的排水坡度不宜小于5%；压型金属板和金属面绝热夹芯板采用紧固件连接时，屋面排水坡度不宜小于10%。

(2) 金属板材应边缘整齐、表面光滑、色泽均匀、外形规则，不得有扭翘、脱膜和锈蚀等缺陷。进场的金属板材应检验基板厚度、镀层重量、涂层厚度、板材屈服强度和抗拉强度。

(3) 压型金属板采用咬口锁边连接构造，杜绝了因传统采用螺栓固定而造成屋面渗漏。压型金属板采用180°咬口锁边连接时，由于板材接缝产生虹吸作用，风雨交加时容易产生渗漏。因此在大风地区或高度大于30m的建筑屋面，压型金属板应采用360°咬口锁边连接，符合Ⅰ级屋面防水设防的要求；压型金属板的立边咬口采用暗扣直立锁边屋面系统在国内推广应用，其固定方式是先将T形铝质固定支座固定在檩条上，再将压型金属板扣在固定支座的梅花头上，最后用电动锁边机将金属板材搭接边咬合在一起。因此大面积屋面和弧状或组合弧状屋面，压型金属板的立边咬合宜采用暗扣直立锁边屋面系统。

(4) 压型金属板采用紧固件连接构造时，其纵向搭接应位于檩条处，搭接端必须与檩条有可靠的连接，搭接部位应设置防水密封胶带。压型金属板的纵向最小搭接长度应符合27-16的规定。

压型金属板的纵向最小搭接长度 (mm) **表 27-16**

压型金属板类型		最小搭接长度
高波压型金属板		350
低波压型金属板	屋面坡度≤10%	250
	屋面坡度>10%	200

注：波高≥70mm为高波压型金属板；波高<70mm为低波压型金属板。

压型金属板的横向搭接方向宜与主导风向一致，搭接不应小于一个波。搭接部位应设置防水密封胶带。搭接边用连接件紧固，连接件应设置在波峰上，连接件应采用带防水密封胶垫的自攻螺钉。

(5) 金属面绝热夹芯板采用紧固件连接构造时，应采用屋面板压盖和带防水密封胶垫自攻螺钉，将夹芯板固定在檩条上；夹芯板的纵向搭接应位于檩条处，每块板的支座宽度不应小于 50mm，支承处宜采用双檩条或檩条一侧加焊通长角钢；夹芯板的纵向连接应顺流水方向，搭接长度不应小于 200mm，搭接部位均应设置防水密封胶带，并用拉铆钉连接；夹芯板的横向搭接方向宜与主导风向一致，搭接尺寸应按具体板型确定，连接部位均应设置防水密封胶带，并用拉铆钉连接。

(6) 采光带宜高山金属板屋面 250mm；采光带的四周与金属板屋面的交接处，均应做泛水处理。

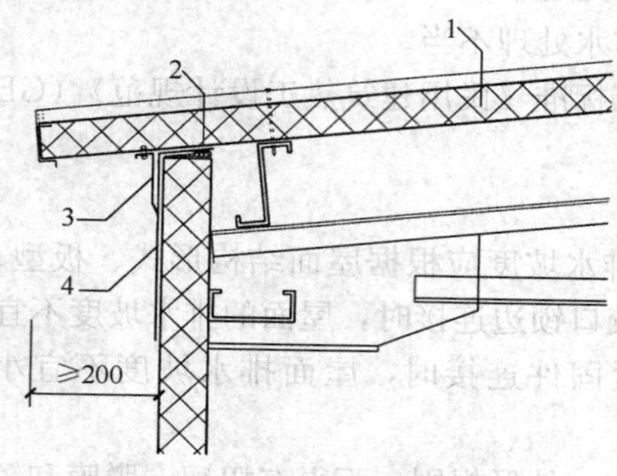

图 27-21　金属板屋面檐口
1—金属板；2—通长密封条；3—金属压条；4—金属封檐板

(7) 金属板屋面檐口挑出墙面的长度不应小于 200mm，屋面板端头应设置封檐板（图 27-21）；金属檐沟、天沟的伸缩缝间距不宜大于 30m；内檐沟及内天沟应设置溢流口或溢流系统，沟内宜按 0.5%找坡；金属板伸入檐沟、天沟内的长度不应小于 100mm；金属泛水板与突出屋面墙体的搭接高度不应小于 250mm；金属泛水板、变形缝盖板与金属板的搭接宽度不应小于 200mm；金属屋脊盖缝板在两坡面金属板上的搭接宽度每边不应小于 250mm。

(8) 金属板屋面施工完毕，应进行整体或局部淋水试验，檐口、天沟应进行蓄水试验。

(9) 一般说来，在金属板屋面结构内表面大面积结露的可能性不大，结露往往都出现在热桥位置附近。当然要彻底杜绝金属板屋面结构内表面结露现象也是很困难的，只是要求在室内空气温、湿度设计条件下不应出现结露。根据国内有关热工计算资料，室内温度和相对湿度下的露点温度可按表 27-17 选用。

室内温度和相对湿度下的露点温度（℃）　　**表 27-17**

室内温度（℃）	室内相对湿度（%）							
	20	30	40	50	60	70	80	90
5	−14.4	−9.9	−6.6	−4.0	−1.8	0	1.9	3.5
10	−10.5	−5.9	−2.5	0.1	2.7	4.8	6.7	8.4
15	−6.7	−2.0	1.7	4.8	7.4	9.7	11.6	13.4
20	−3.0	2.1	6.2	9.4	12.1	14.5	16.5	18.3
25	−0.9	6.6	10.8	14.1	16.9	19.3	21.4	23.3
30	5.1	11.0	15.3	18.8	21.7	24.1	26.3	28.3
35	9.4	15.5	19.9	23.5	26.5	29.9	31.2	33.2
40	13.7	20.0	24.6	28.2	31.3	33.9	36.1	38.2

27.9.2 金属板脱落

1. 现象

金属板屋面在施工中和施工后发生金属板脱落。

2. 原因分析

(1) 金属板铺设时，未按金属板板型技术要求和深化排板设计进行。

（2）金属板铺设过程中，未对金属板材采取临时固定措施。

（3）固定支架及支座与檩条连接不牢，或固定支座与支承构件之间产生腐蚀现象。

（4）紧固件的数量、直径不符合设计要求。

（5）金属板屋面未按设计要求提供抗风揭试验验证报告。

（6）屋面完工后未注意成品保护。

3. 防治措施

（1）金属板屋面施工前，进行深化排板设计是一项细致而具体的技术工作，直接影响到金属板的合理使用、安装质量和结构安全等。排板设计的主要内容包括：檩条及支座位置，金属板的基准线控制，异形金属板制作，板的规格及排布，连接件固定方式等。金属板屋面施工测量应与主体结构测量相配合，其误差应及时调整，不得积累；施工过程中应定期对金属板的安装定位基准点进行校核，确保金属板搭接、咬合或扣合连接可靠。

（2）金属板铺设过程中，应采取临时固定措施，当天就位的金属板材应及时连接固定。

（3）固定支架及支座必须采用螺栓或自攻螺钉与檩条连接固定，螺栓及螺钉的规格和性能应符合现行产品标准和设计要求。固定支座应选用与支承构件相同材质的金属材料，当选用不同材质金属材料并易产生电化学腐蚀时，固定支座与支承构件之间应采用绝缘垫片或采取其他防腐蚀措施。

（4）金属板屋面是由金属面板与支承结构组成，按现行国家标准《冷弯薄壁型钢结构技术规范》（GB 50018—2002）规定，紧固件的数量、直径应符合设计要求，否则会因风吸力作用和温度应力作用，将紧固件拉断或剪切破坏，造成金属板脱落。

（5）由于金属板屋面抗风揭能力的不足，对建筑的安全性能影响重大，产生破坏造成的损失也非常严重。因此，应重视对风荷载的设计要求。通过开展屋面系统抗风揭试验，能够检验屋面系统的设计、屋面系统所用的表面材料、基层材料、保温材料、固定件以及整个屋面系统的可靠性和可行性。

（6）金属板屋面完工后，应避免屋面受物体冲击，且不宜对金属面板进行焊接、开孔等作业，严禁任意上人或堆放物件。

附录 27.9 金属板屋面质量标准及检验方法

金属板屋面质量标准和检验方法 附表 27-18

项次	项目		质量要求或允许偏差	检验方法
1	主控项目	材料质量	金属板材及其辅助材料的质量，应符合设计要求	检查出厂合格证、质量检验报告和进场检验报告
2		渗漏	金属板屋面不得有渗漏现象	雨后观察或淋水试验
3	一般项目	铺装	金属板铺装应平整、顺滑，排水坡度应符合设计要求	坡度尺检查
4		咬口锁边连接	压型金属板的咬口锁边连接应严密、连续、平整，不得扭曲和裂口	观察检查
5		紧固件连接	压型金属板的紧固件连接应采用带防水垫圈的自攻螺钉，固定点应设在波峰上；所有自攻螺钉外露的部位均应密封处理	观察检查

续表

项次	项目		质量要求或允许偏差	检验方法
6	一般项目	金属面绝热夹芯板	金属面绝热夹芯板的纵向和横向搭接应符合设计要求	观察检查
7		节点构造	金属板的屋脊、檐口、泛水，直线段应顺直，曲线段应顺畅	观察检查
8		允许偏差	檐口与屋脊的平行度　15mm	拉线和尺量检查
			金属板对屋脊的垂直度为单坡长度的 1/800，且不大于 25mm	
			金属板咬缝的平整度　10mm	
			檐口相邻两板的端部错位　6mm	
			金属板铺装的有关尺寸应符合设计要求	尺量检查

27.10　玻璃采光顶

玻璃采光顶是由玻璃透光面板与支撑体系组成的屋顶。玻璃采光顶的支承结构主要有钢结构、钢索杆结构、铝合金结构等，采光顶的支承形式包括桁架、网架、拱壳、圆穹等。玻璃采光顶应按围护结构设计，主要承受自重以及直接作用在其上的风雪荷载、地震作用、温度作用等，不分担主体结构承受的荷载或地震作用。玻璃采光顶应具有足够的承载能力、刚度和稳定性，能够适应主体结构的变形及承受可能出现的温度作用。玻璃采光顶的构造设计除应满足安全、实用、美观的要求外，尚应便于制作、安装、维修保养和局部更换，其承载性能、气密性能、水密性能、热工性能、隔声性能和采光性能等物理性能分级指标，应符合现行标准《建筑玻璃采光顶》（JG/T 231—2007）的有关规定。

玻璃采光顶所用支承构件、透光面板及其配套的紧固件、连接件、密封材料，其材料的品种、规格和性能等应符合国家现行材料标准和设计要求。

27.10.1　屋面渗漏

1. 现象

玻璃采光顶遇雨水或冷凝水浸入发生渗漏。

2. 原因分析

（1）屋面坡度不够。

（2）采光顶所用支承构件、玻璃、紧固件、连接件和密封材料，不符合国家现行材料标准和设计要求。

（3）采光顶玻璃采用镶嵌或胶粘组装方式时，制作质量和安装质量不符合要求。

（4）采光顶玻璃采用点支组装方式时，制作质量和安装质量不符合要求。

（5）玻璃接缝密封胶的施工质量不符合要求。

（6）玻璃采光顶细部构造未进行深化设计。

（7）玻璃采光顶的防结露设计，不符合现行国家标准《民用建筑热工设计规范》（GB 50176）的有关规定，对采光顶内侧的冷凝水未采取控制、收集和排除的措施。

3. 防治措施

(1) 玻璃采光顶应采用支承结构找坡，其排水坡度不宜小于5%，同时还应保证单片玻璃挠度所产生的积水可以排除。

(2) 玻璃采光顶所用的材料均应有产品合格证和性能检测报告，材料的品种、规格和性能等应符合国家现行材料标准和设计要求。钢材应按设计要求做防腐处理，铝合金型材表面处理应符合现行《建筑玻璃采光顶》(JG/T231—2007) 的有关规定。采光顶所用紧固件、连接件除不锈钢外，应进行防腐处理：橡胶密封制品应符合现行《硫化橡胶和热塑性橡胶 建筑用预成型密封垫的分类、要求和试验方法》(HG 3100) 和《工业用橡胶板》(GB/T 5574) 的规定，硅酮结构密封胶应符合现行《建筑用硅酮结构密封胶》(GB 16776—2005) 的规定；玻璃接缝密封胶应符合现行《幕墙玻璃接缝用密封胶》(JC/T 882—2001) 的规定。

(3) 采光顶玻璃采用镶嵌组装方式时，应采取防止玻璃整体脱落的措施。玻璃与构件槽口的配合尺寸应符合技术标准的规定；玻璃四周应采用有弹性、耐老化的橡胶密封胶条镶嵌平整、严密，胶条的长度宜比框内槽口长1.5%～2.0%，胶条在转角处应斜面断开，并应用胶粘剂粘结牢固。

采光顶玻璃采用胶粘组装方式时，隐框和半隐框构件的玻璃与金属框之间，应采用与接触材料相容的硅酮结构密封胶粘结，其粘结宽度及厚度应符合强度要求。硅酮结构密封胶注胶前，玻璃及框料粘结表面的尘埃、油渍利其他污物，应分别使用带溶剂的擦布或干擦布清除干净，并应在清洁1h内进行注胶；硅酮结构密封胶打注应在温度15～30℃、相对湿度50%以上、洁净的室内进行，不得在现场打注；硅酮结构密封胶固化期间，组件不得长期处于单独受力状态；硅酮结构密封胶必须在有效期内使用。

(4) 采光顶玻璃采用点支组装方式时，应采用不锈钢驳接组件配装，事先应精确定出部件安装位置，驳接爪与玻璃之间应设置衬垫材料，厚度不宜小于1mm，衬垫材料的面积不应小于支承装置与玻璃的结合面。中空玻璃钻孔周边应采用多道密封措施。

(5) 玻璃接缝密封应采用硅酮耐候密封胶，其性能应符合现行《幕墙玻璃接缝用密封胶》(JC/T 882—2001) 的规定，密封胶的级别和模量应符合设计要求；密封胶在接缝内不得与底面粘结；密封胶的打注应均匀、密实、连续，胶缝应平整、光滑、宽度均匀；玻璃间的接缝宽度和密封胶的嵌填深度应符合设计要求；密封胶的施工温度应符合产品说明书规定，打胶前应使打胶面保持干净、干燥。

(6) 玻璃采光顶细部构造复杂，而且大部分由具有建筑幕墙专业承包资质的装饰公司制作安装完成，因此施工企业应进行深化设计。细部构造设计内容主要包括：高低跨处泛水；采光板板缝、单元体构造缝：檐沟、天沟、水落口：采光顶周边交接部位；洞口、局部凸出体收头；其他复杂构造部位。

(7) 框支承玻璃采光顶的防结露设计应满足现行《民用建筑热工设计规范》(GB 50176) 的有关规定；玻璃采光顶内侧的冷凝水应采取控制、收集和排除的措施。因此，玻璃采光顶的排水坡度不宜太小，以防冷凝水滴落；玻璃采光顶的型材应设置集水槽，并使所有集水槽相互沟通，使玻璃下的冷凝水汇集排放到室外或室内水落管内。

(8) 玻璃采光顶完成后，应进行整体或局部淋水试验，檐沟、天沟应进行蓄水试验。

27.10.2　密封胶开裂、气泡和粘结不牢

1. 现象

玻璃接缝密封胶施工中和施工后产生开裂、气泡和粘结不牢现象。

2. 原因分析

(1) 玻璃接缝所用密封胶的质量不符合设计要求。

(2) 玻璃接缝的尺寸不符合设计要求。

(3) 玻璃接缝密封胶的施工不符合要求。

(4) 玻璃接缝密封防水施工后未注意成品保护。

3. 预防措施

(1) 玻璃接缝是采光顶渗漏的主要通道，所用的密封材料必须经受得起长期的压缩和拉伸、振动及疲劳等作用，应采用具有一定弹性、粘结性、耐候性和位移能力的密封胶。同时，由于密封胶是不定型的膏状体，因此还应具有一定的流动性和挤出性。硅酮耐候密封胶按位移能力分为 25 和 20 两个级别，按拉伸模量分为低模量（LM）和高模量（HM）两个级别，也称为弹性密封胶。选用时迎水面宜采用低模量硅酮耐候密封胶，施工现场应抽样检验拉伸模量、定伸粘结性等项目，其性能应符合现行《幕墙玻璃接缝用密封胶》(JC/T 882—2001) 的规定。

(2) 玻璃间的接缝宽度应能满足玻璃和密封胶的变形要求，且不应小于 12mm；密封胶的嵌填深度宜为接缝宽度的 50%～70%；较深的密封槽口底部，宜采用聚乙烯发泡材料堵塞。

(3) 嵌填密封胶前，玻璃接缝应保持干净、干燥；背衬材料宽度应比接缝宽度大 20%，嵌入深度应为密封胶的设计厚度；根据接缝位移的大小和接缝宽度，应选择位移能力和模量相适应的密封胶。

密封胶宜采用电动或手动挤出枪进行嵌填，施工时应根据接缝的宽度选用合适的枪嘴。若采用筒装密封胶，可把包装桶的塑料嘴斜切开作为枪嘴。嵌填时应把枪嘴贴近接缝底部，并朝移动方向倾斜一定角度，边挤边以缓慢均匀的速度，使密封胶从底部充满整个接缝。如果接缝宽度超过 30mm 或接缝底部呈圆弧形时，宜采用二次填充法嵌填，即待先填充的密封胶固化后，再进行第二次填充。嵌填后应在密封胶表干前用刮刀进行压平和修整。嵌填应饱满，不得有气孔和孔洞。

(4) 嵌填完毕的密封部位，应避免碰损及污染；固化前不得上人踩踏。

4. 治理方法

(1) 密封胶施工中如发现开裂、气泡和粘结不牢现象时，应用喷灯或热烙铁进行修补；也可铲除原有密封材料，重新嵌填。

(2) 硅酮建筑密封胶按用途分为两种类型，即 G 类为镶装玻璃用；F 类为建筑接缝用，不适用于建筑幕墙和中空玻璃。因此，密封胶施工后，如发现延伸性差、弹性恢复率低或内聚破坏等材质不良时，应考虑是否错用 F 类硅酮建筑密封胶，必须调换 G 类硅酮建筑密封胶，以保证其耐久性。

附录 27.10 玻璃采光顶质量标准及检验方法

玻璃采光顶屋面质量标准和检验方法　　附表 27-19

项次	项目			质量要求或允许偏差			检验方法
1	主控项目	材料质量		采光顶玻璃及其配套材料的质量，必须符合设计要求			检查出厂合格证、质量 检验报告
2	主控项目	渗漏		玻璃采光顶不得有渗漏现象			雨后观察或淋水试验
3	主控项目	结构胶		硅酮结构胶和密封胶的打注应密实、连续、饱满，粘结应牢固，不得有气泡、开裂、脱落等缺陷			观察检查
4	一般项目	铺装		玻璃采光顶铺装应平整、顺直，排水坡度应符合设计要求			观察和坡度尺检查
5	一般项目	冷凝水收集		玻璃采光顶的冷凝水收集和排除构造，应符合设计要求			观察检查
6	一般项目	明框玻璃采光顶		明框玻璃采光顶的外露金属框或压条应横平竖直，压条安装应牢固；隐框玻璃采光顶的玻璃分格拼缝应横平竖直，均匀一致			观察和手扳检查
7	一般项目	点支承玻璃采光顶		点支承玻璃采光顶的支承装置应安装牢固，配合应严密；支承装置不得与玻璃直接接触			观察检查
8	一般项目	密封胶		采光顶玻璃的密封胶缝应横平竖直，深浅一致，宽窄均匀，应光滑顺直			观察检查
9	一般项目	允许偏差（mm）	明框玻璃采光顶	通长构件水平度（纵向或横向）	构件长度≤30m	15（10）	水准仪检查
					构件长度≤60m	20（15）	
					构件长度≤90m	25（20）	
					构件长度≤150m	30（25）	
					构件长度＞150m	35（30）	
				单一构件直线度（纵向或横向）	构件长度≤2m	3（2）	拉线和尺量检查
					构件长度＞2m	4（3）	
				相邻构件平面位置高低差		2（1）	直尺和塞尺检查
				通长构件直线度（纵向或横向）	构件长度≤35m	7（5）	经纬仪检查
					构件长度＞35m	9（7）	
				分格框对角线差	对角线长度≤2m	4（3）	尺量检查
					对角线长度＞2m	5（3.5）	
			隐框玻璃采光顶	通长接缝水平度（纵向或横向）	接缝长度≤30m	10	水准仪检查
					接缝长度≤60m	15	
					接缝长度≤90m	20	
					接缝长度≤150m	25	
					接缝长度＞150m	30	
				相邻板块的平面高低差		1	直尺和塞尺检查
				相邻板块的接缝直线度		2.5	2m 靠尺和尺量检查
				通长接缝直线度（纵向或横向）	接缝长度≤35m	5	经纬仪检查
					接缝长度＞35m	7	
				玻璃间接缝宽度（与设计尺寸比）		2	尺量检查

续表

项次	项目			质量要求或允许偏差			检验方法
9	一般项目	允许偏差（mm）	点支承玻璃采光顶	通长接缝水平度（纵向或横向）	接缝长度≤30m	10	水准仪检查
					接缝长度≤60m	15	
					接缝长度＞60m	20	
				相邻板块的平面高低差		1	2m靠尺和尺量检查
				相邻板块的接缝直线度		2.5	拉线和尺量检查
				通长接缝直线度（纵向或横向）	接缝长度≤35m	5	经纬仪检查
					接缝长度＞35m	7	
				玻璃间接缝宽度（与设计尺寸比）		2	尺量检查

注：一般项目中明框玻璃采光顶铺装项目用括号是表示铝构件的允许偏差。

28 墙体保温工程

28.1 膨胀聚苯板薄抹灰外墙外保温系统

28.1.1 粘贴法膨胀聚苯板脱落

1. 现象

粘贴法施工的膨胀聚苯板在施工后或使用中脱落。

2. 原因分析

(1) 膨胀聚苯板粘结面粘结强度不够发生脱落。主要原因有：

1) 基层表面的平整度偏差过大，通过点粘不同厚度的膨胀聚苯板来调整，造成膨胀聚苯板与基层粘结不牢固；

2) 基层表面没有进行界面处理，妨碍粘贴效果；

3) 基层墙面过于干燥；

4) 雨后没有等到墙面干燥就进行保温板粘贴，造成粘贴失败；

5) 胶粘剂收缩大，粘结力低，与保温板不相容，造成保温板粘贴不牢；

6) 粘结面积必须保证少于40%，且单块板面涂抹不均匀；

7) 膨胀聚苯板密度太低，含再生回收料过多，造成粘贴不牢；

8) 膨胀聚苯板陈化时间不够，后期收缩变形造成粘贴破坏脱离；

9) 膨胀聚苯板表面粉化，导致粘贴不牢；

10) 胶粘剂未完全达到终凝时进行后续施工，造成粘贴失败；

11) 保温板拼缝用胶浆粘死，导致排水、排气不畅及胀缩应力，造成内压剥离性空鼓；

12) 锚栓施工不规范（钻孔大，埋深浅，拉拔力不足，间距太大，相邻锚栓对膨胀聚苯板表面压紧力不均匀等），导致膨胀聚苯板脱落；

13) 较长、较大建筑物结构沉降不均匀破坏，在伸缩缝附近，造成保温层空鼓或局部脱落。

(2) 环境原因导致粘贴面破坏，发生膨胀聚苯板脱落。主要原因有：

1) 沿海多风地区或高层建筑外墙风压过大，尤其是负风压抵抗措施采用不合理，导致粘贴面破坏，膨胀聚苯板空鼓、脱落；

2) 环境温度过高，聚苯板受热发生不可逆热熔缩，导致粘贴面破坏，膨胀聚苯板变形、脱落。

3. 预防措施

(1) 沿海多风地区，高度超过30m和环境温度会超过75℃的建筑外墙保温系统，不得采用粘贴法膨胀聚苯板薄抹灰外墙外保温系统。膨胀聚苯板薄抹灰外墙外保温系统不能采用面砖饰面。

（2）施工期间以及完工后 24h 内，基层及环境空气温度应不低于 5℃。夏季应避免阳光暴晒。在 5 级以上大风天气和雨雪天不得施工。

（3）保证模塑膨胀聚苯板（EPS 板）密度大于 $18kg/m^3$；陈化时间在自然条件下不少于 42d 或在 60℃蒸汽中不少于 5d。慎用挤塑膨胀聚苯板（XPS 板）。

（4）基层墙体应该达到以下要求：

1）基层墙体平整度偏差应在±5mm 以内，基层墙体表面平整度不符合要求时，可采用 1：3 水泥砂浆找平；

2）基层墙体必须清理干净，墙面应无油、灰尘、脱模剂、风化物、涂料、蜡、防水剂、潮气、霜、泥土等污染物或其他有碍粘结的材料，并应剔除墙面的凸出物，再用水冲洗墙面，使之清洁平整；

3）清除基层墙体中松动或风化部分，用水泥砂浆填充后找平；

4）基层墙体处理完毕后，应将墙面略微湿润，以备进行聚苯板粘贴施工；

5）淋雨后的基层墙体，应该等到墙面基本干燥后再进行膨胀聚苯板粘贴。

（5）膨胀聚苯板外形不宜过大，EPS 板宽度不宜大于 1200mm，高度不宜大于 600mm，XPS 板宽度不宜大于 800mm，高度不宜大于 400mm。

（6）膨胀聚苯板表面必须进行处理，对于 EPS 板不得有粉化层，对于 XPS 板不得有挤出硬化层。

（7）膨胀聚苯板涂抹胶粘剂面积应不少于 40%，且单块板面要均匀涂抹。搅拌好的胶粘剂必须在 2h 内用完，严禁过时使用。

（8）膨胀聚苯板涂抹胶粘剂后，应立即将板平贴在基层墙体墙面上滑动就位。粘贴时动作应轻揉，均匀挤压。为了保持墙面的平整度，应随时用一根长度超过 2m 的靠尺进行压平操作，严格控制相邻板缝宽度及表面高度差。并注意保温板拼缝不得用胶浆粘死，导致排水、排气不畅。

（9）锚栓安装应在膨胀聚苯板粘贴 24h 后进行；膨胀聚苯板保温层固化干燥 5d 后可以进行抗裂防护层施工。

（10）锚栓规格和拉拔力应该符合设计要求。锚栓应设置在膨胀聚苯板粘结点上。锚栓间距和压紧力应该均匀一致。对于空心砖、轻质砌块等墙体，应采取可靠的锚固措施。

（11）注意处理好伸缩缝节点保温，保证伸缩缝移动时保温层不变形。

4. 治理方法

对于发生粘贴法膨胀聚苯板脱落的外墙外保温工程，应该先将脱落部位的保温材料清理干净，再按上述要求进行修复施工。

28.1.2　现浇混凝土模板内置膨胀聚苯板脱落

1. 现象

现浇混凝土模板内置膨胀聚苯板在施工后或使用中脱落。

2. 原因分析

（1）膨胀聚苯板与混凝土基层粘结强度不够发生脱落。主要原因有：

1）膨胀聚苯板密度太小，含再生回收料过多，造成粘贴不牢；

2）膨胀聚苯板陈化时间不够，后期收缩变形，造成粘贴破坏脱离；

3）表面粉化，导致膨胀聚苯板粘贴不牢；

4）膨胀聚苯板两面均用界面砂浆处理，导致粘贴不牢；

5）膨胀聚苯板与钢筋混凝土的结合面开槽形状不合理，导致膨胀聚苯板粘贴不牢；

6）由于膨胀聚苯板横向开槽，在混凝土浇筑过程中混凝土不能完全填充满板槽，板槽容易被振动棒或砂石破坏，从而失去板槽应有的作用；

7）膨胀聚苯板在高度方向拼接，混凝土一次浇筑高度过高，混凝土侧压力对板产生过大的压缩，在模板拆除后膨胀聚苯板不均匀复原，使膨胀聚苯板容易从混凝土表面撕裂；

8）模板刚度不足，混凝土浇筑时模板产生不均匀变形，造成模板拆除后膨胀聚苯板不均匀复原，从混凝土表面撕裂；

9）混凝土浇筑留置的锚栓，在混凝土浇筑时倒伏，不能起到附加锚固作用；后置锚栓施工不规范（钻孔大，埋深浅，拉拔力不足，间距太大，相邻锚栓对膨胀聚苯板表面压紧力不均匀等），导致膨胀聚苯板脱落。

（2）环境温度过高，聚苯板受热发生不可逆热熔缩，导致粘贴面破坏，膨胀聚苯板变形、脱落。

3. 预防措施

（1）现浇混凝土模板内置膨胀聚苯板外墙保温系统适用于建筑高度 60m 以下、环境温度不超过 75℃、对防火性没有特殊要求的外墙保温。膨胀聚苯板薄抹灰外墙外保温系统不能采用面砖饰面。

（2）保证模塑膨胀聚苯板（EPS 板）密度不小于 22kg/m^3；陈化时间在自然条件下不少于 42d 或在 60℃蒸汽中不少于 5d。谨慎使用挤塑膨胀聚苯板（XPS 板）。

（3）膨胀聚苯板宽度宜为 1.2m，高度宜为建筑物层高。聚苯板的齿形槽应设计为与高度方向平行的竖向燕尾槽（图 28-1），燕尾槽角度为 60°±10°，槽宽 90～110mm，槽中距 200mm，槽深 10mm±2mm，膨胀聚苯板两长边设高低槽，宽 20～25mm，深 1/2 板厚。膨胀聚苯板两面必须预喷刷界面砂浆。

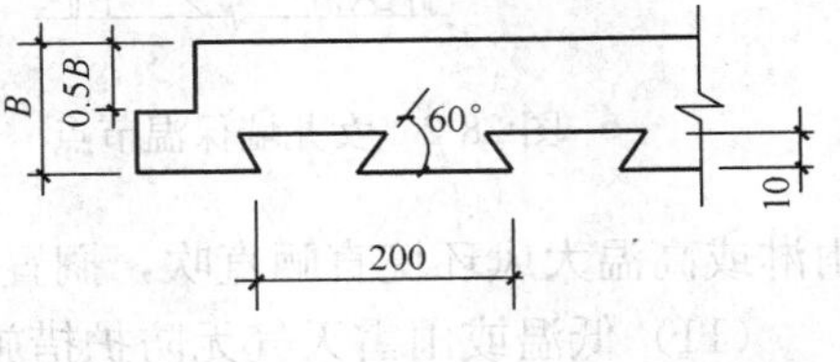

图 28-1 燕尾槽形状

（4）应采用钢制大模板施工。在合模前应用胶带纸把聚苯板板缝封住。在聚苯板上开穿墙螺栓孔时，孔与螺栓大小应合适，以减少孔洞处漏浆。

（5）混凝土一次浇筑高度应不大于 1m，混凝土需振捣密实、均匀，墙面及接槎处应光滑、平整。混凝土施工浇筑时，要注意控制混凝土的坍落度、下料高度、下料位置以及振捣棒的插点位置，防止振捣棒碰触膨胀聚苯板，并防止振捣不密实或漏振，造成膨胀聚苯板与结构墙体不能很好结合。

（6）后置锚栓规格、数量和拉拔力应符合设计要求。锚栓间距和压紧力应均匀一致。

4. 治理方法

现浇混凝土模板内置膨胀聚苯板外墙外保温工程发生膨胀聚苯板脱落时，应先将脱落部位的保温材料清理干净，再采用粘贴法对膨胀聚苯板薄抹灰外墙外保温系统进行修复施工，详见 28.1.1“粘贴法膨胀聚苯板脱落”的预防措施部分。

28.1.3　薄抹灰面层开裂、脱落

1. 现象

膨胀聚苯板薄抹灰外墙外保温系统的面层在施工后或使用中开裂、脱落。

2. 原因分析

(1) 膨胀聚苯板陈化时间不够，后期收缩变形造成面层变形不均匀，导致面层开裂。

(2) 膨胀聚苯板表面粉化，与面层粘贴不牢脱落。

(3) 膨胀聚苯板密度太小，含再生回收料过多，造成膨胀聚苯板与面层粘贴不牢，导致面层开裂、脱落。

(4) 环境温度过高，聚苯板受热发生不可逆热熔缩，膨胀聚苯板与面层粘贴不牢，导致面层开裂、脱落。

(5) 膨胀聚苯板表面污染、粉化，与面层粘贴不牢，导致面层开裂、脱落。

(6) 膨胀聚苯板相邻板面高度差太大或间缝隙太大，都会使保护层形成应力裂纹。

(7) 膨胀聚苯板相邻板缝填塞无机材料（混凝土浆），造成板缝处应力集中，易引起板缝开裂。

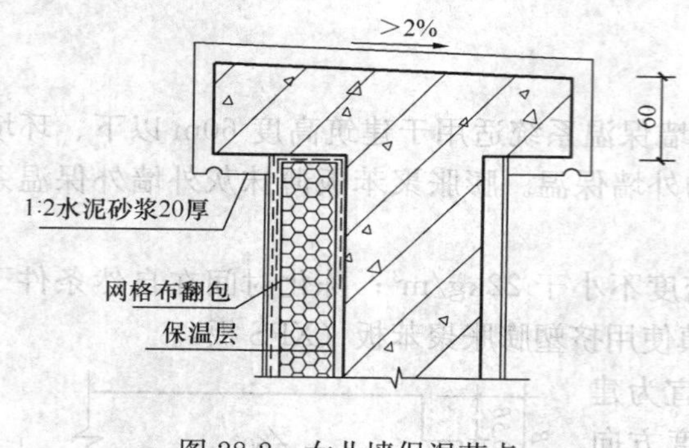

图 28-2　女儿墙保温节点

(8) 阳台、雨罩、空调室外机搁板、檐沟、女儿墙等节点保温设计不合理，造成热变形应力集中，产生表面裂纹或深层裂缝。如图 28-2 所示女儿墙只做了单面保温，容易产生温度裂缝。

(9) 装饰线条变化和墙体的转折比较复杂处，保温层施工困难，易造成开裂、脱落。

(10) 聚合物抹面砂浆质量不合格，或在现场随意加水、加砂，拌好的砂浆被雨淋或高温大风环境直晒直吹，搁置时间过长后而加水等，极易在使用部位发生裂纹。

(11) 低温或雨雪天气无防护措施强行施工，使粘结层浸水或受冻，改变了聚合物抹面砂浆性能，形成隐患，造成使用部位发生裂纹。

(12) 聚合物抹面砂浆未完全达到终凝，因水淋或失水过快产生裂纹，保护层因冻害不仅易发生表面裂纹，严重时会发生大量开裂现象。

(13) 耐碱玻纤网格布面密度小或经纬线不直，其在面层胀缩过程中约束力不足，甚至产生“断线”，无法起到约束“筋”的作用，易造成面层开裂。

(14) 耐碱玻纤网布对接、干搭接，搭边太少，导致耐碱玻纤网布不能与抗裂砂浆进行有效复合粘合，不能形成抗变形性能良好的抗裂防护层，影响变形应力传递以及抗裂、抗冲击性能，易产生直而长的裂纹。

(15) 门窗洞口部位处理不当，其周边保温板造型连接方式不合理，均会在保护层发生局部裂纹。

(16) 安装锚栓压力太大，聚合物抹面砂浆收缩变形时容易产生应力集中，在锚栓处不易扩散导致裂纹。

(17) 为了面层找平，聚合物抹面砂浆厚度大于 8mm，由于荷载过重造成面层脱落；

由于面层厚薄不匀，收缩不一致造成开裂。

(18) 不用柔性抗裂腻子找平使涂料饰面产生龟裂，进而逐渐造成聚合物抹面砂浆层开裂。

(19) 涂料弹性差，选用平涂方法，涂料收缩把漆膜拉裂。

(20) 分格缝间距过大，分格缝用水泥素浆填缝、压光，必然会发生裂纹。

(21) 外墙装饰构件固定不牢、移位，形成推拉作用，致使保温层局部空鼓或脱落。

(22) 膨胀聚苯板保温层与保温浆料保温层衔接处，由于两种保温材料的线膨胀系数不一致，又未进行必要的构造处理，温度变化引起裂缝。

3. 预防措施

(1) 选用合格的膨胀聚苯板，陈化时间在自然条件下不少于 42d 或在 60℃蒸汽中不少于 5d，慎用挤塑膨胀聚苯板（XPS 板）。

(2) 面层施工期间以及完工后 24h 内，基层及环境空气温度应不低于 5℃。夏季应避免阳光暴晒。在 5 级以上大风天气和雨雪天不得施工。

施工中注意不污染膨胀聚苯板表面，现浇混凝土模板内置聚苯板时模板不宜刷油，浇筑混凝土时须在聚苯板的上端扣上一个槽形的镀锌铁皮罩，防止浇筑混凝土时污染或破坏聚苯板上口。

(3) 面层施工前，清理膨胀聚苯板表面的污染、粉化层和板缝中的无机材料。

(4) 粘贴膨胀聚苯板时，竖缝应逐行错缝，如图 28-3，以便消除板缝处应力集中。

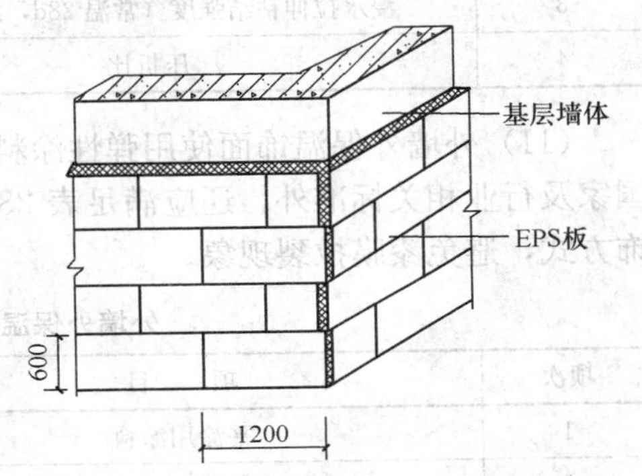

图 28-3 膨胀聚苯板粘贴示意

(5) 作好节点保温设计，避免造成热变形应力集中。

(6) 装饰线条变化和墙体的转折等比较复杂处，建议使用图 28-4 所示的节点处理方法。

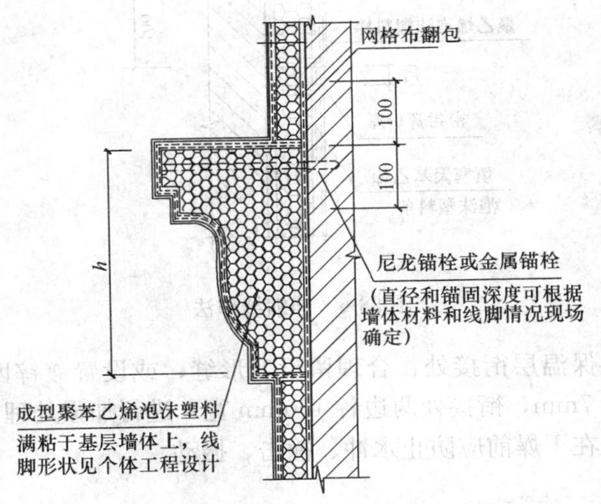

图 28-4 装饰线的保温处理

(7) 使用质量合格的耐碱玻纤网格布，严禁耐碱玻纤网布对接、干搭接，搭边不少于 50mm。首层墙面、门窗洞口和阳角部位应该铺贴双层耐碱玻纤网格布加强，洞口四角沿 45°方向应加贴耐碱玻纤网格布。首层墙面阳角处设 2m 高金属护角。

(8) 使用质量合格的聚合物抹面砂浆，其主要性能指标见表 28-1。严格现场施工工艺，抹面砂浆应两遍成活，先抹底层砂浆 2～3mm，将网格布压入砂浆中，平整压实，严禁网布皱褶。在底层抹面砂浆凝结前再抹一道抹面砂浆罩面，厚度 1～2mm，仅以覆盖网格布、微见网格布轮廓为宜。面层砂浆切忌反复揉搓，以免形成空鼓。聚合物抹面砂浆未完全达到终凝正常强度时，防止浸水、受冻或失水过快产生裂纹。

（9）安装锚栓应压力均匀，压紧膨胀聚苯板，并不使膨胀聚苯板变形，防止应力集中和局部抹面砂浆过厚导致应力集中。

（10）当面层找平厚度大于 8mm 时，应使用胶粉聚苯颗粒浆料找平。找平腻子应该使用柔性抗裂腻子。

聚合物抹面砂浆性能指标　　表 28-1

项　次	项　目	单　位	性能指标
1	可操作时间	h	≥1.5
2	拉伸粘结强度（常温 28d）	MPa	≥0.7
3	浸水拉伸粘结强度（常温 28d，浸水 7d）	MPa	≥0.5
4	压折比	—	≤3.0

（11）外墙外保温饰面使用弹性涂料，涂料必须与外保温系统相容，其性能除应符合国家及行业相关标准外，还应满足表 28-2 的抗裂性要求。优先选用有凹凸花纹的浮雕涂饰方式，避免漆膜拉裂现象。

外墙外保温饰面涂料抗裂性能指标　　表 28-2

项次	项　目	指　标
1	平涂用涂料	断裂伸长率≥150%
2	连续性复层建筑涂料	主涂层的断裂伸长率≥100%
3	浮雕类非连续性复层建筑涂料	主涂层初期干燥抗裂性满足要求

（12）分格缝间距应不大于 4m（图 28-5），伸缩缝间距应不大于 10m（图 28-6）。

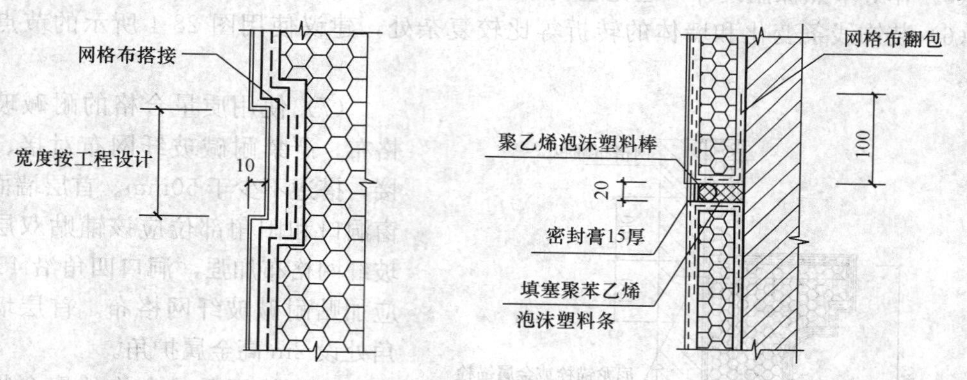

图 28-5　分格缝作法　　图 28-6　伸缩缝作法

（13）膨胀聚苯板保温层与保温浆料保温层衔接处，合理留设变形缝，或设置镀锌四角网（丝径 0.9mm，孔径 12.7mm×12.7mm，衔接处两边各 100mm 宽）进行加强处理。

（14）保温层、抗裂防护层、装饰层在干燥前应防止水冲、撞击、振动。

4. 治理方法

（1）当裂缝宽度小于 0.2mm，长度小于 50mm，密度小于 1 条/10m²，且无空鼓现象时，可以不用修善。

（2）当裂缝宽度小于 0.5mm，长度小于 100mm，密度超过 2 条/10m²，空鼓少于 1 处/10m²，空鼓面积小于 0.04m² 时，应该使用弹性密封胶封闭裂缝，空鼓部分可以不用修缮。

（3）当裂缝宽度大于 0.5mm，长度超过 100mm，密度超过 1 条/m²，空鼓超过 1 处/m²，空鼓面积超过 0.04m² 时，应该分析出具体原因，按照上述预防措施对症修复处理。

28.1.4 外墙外保温涂料装饰层起泡、脱落

1. 现象

膨胀聚苯板薄抹灰外墙外保温工程投入使用后，涂料装饰层表面出现大小不同突起的气泡，进一步发展会造成外墙涂料脱落，问题多发生在外墙涂料与外墙腻子的交接处。在工程交付使用的第二年初春，容易发生此类问题，多发生在建筑物南侧，深色涂料要比浅色涂料容易产生气泡。

2. 原因分析

（1）基层墙体含水率较高，特别是当墙体被雨淋过后立即粘贴保温板。

（2）膨胀聚苯板上墙后被雨淋过，未等保温板湿度降下来，即开始面层施工，将水分封闭在保温层内。

（3）装饰层透气性差，无法让水分透过涂料层渗出。冬春之交时，水蒸气浸在腻子中，昼夜变化时，夜间涂料表面温度小于 0℃，含水蒸气的腻子受冻，经数十次冻融循环后，腻子失去强度而粉化，涂料发生脱落。气温较高时，水蒸气膨胀，在涂料层下产生气泡，造成涂料装饰层损坏。

（4）在上一层腻子（涂料）还未干时直接涂抹下一道腻子（涂料）导致的起泡、针眼。

3. 预防措施

（1）新施工的混凝土、砖砌体含水率不大于 8%，酸碱度 pH 在 10 以下，可以开始保温层施工。

（2）膨胀聚苯板上墙后应采取措施避免雨淋，雨淋过的膨胀聚苯板应等湿度降低后再进行面层施工。

（3）选用透气性好、吸水率低的腻子和高分子弹性涂料。上一层腻子（涂料）干燥后再进行下一道腻子（涂料）施工。

（4）冬季室内温度高、湿度大的房屋（如浴池、卫生间），应该在内墙面设计隔汽层。

（5）砌体外侧应增加 20mm 厚 1∶2 水泥砂浆抹灰层，增加结构层的蒸汽渗透阻力。

（6）当基层和保温层内湿度超标又必须赶工时，应在保温墙面上增设排气孔。具体作法见图 28-7，沿建筑物高度间隔 6m 左右在上下两块板对缝处应预留 2mm 的水平缝，建筑物整体水平缝能交圈处尽量交圈，水平缝外侧用膨胀聚苯板裁成楔形条沿水平缝满塞，使水平缝内部形成通气道，吸气孔直径 $\phi70$，水平间距 10m 左右，在顶层窗口上部与二层竖向对应位置设排气孔。排气孔尺寸和做法同吸气孔。经过一个采暖期后，可以将排气孔撤掉，用发泡保温材料将通气孔打满封堵。

4. 治理方法

（1）轻微的漆膜起泡，可用砂纸打磨平整，再补面漆。

（2）由于涂料透气性不好，造成较严重的面层起泡时，必须将漆膜铲除干净，更换透

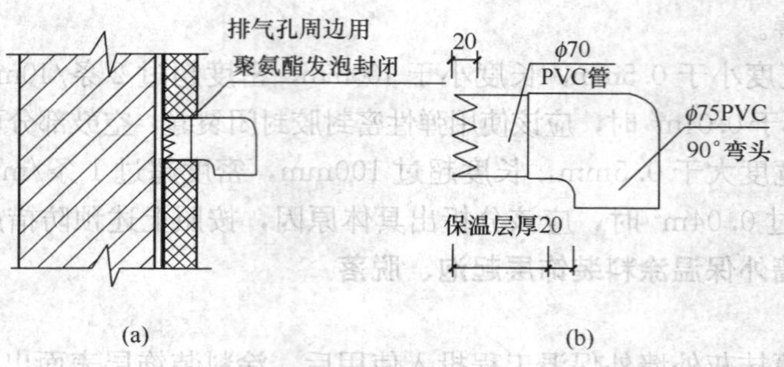

图 28-7　墙面排气孔作法

(a) 剖面；(b) 弯头详图

气性好、吸水性低的腻子和高分子弹性涂料从新涂装。

(3) 若因基层和保温层潮湿造成较大的面层起泡，应待某层和保温层湿度降低后再进行修复。

28.1.5　外墙外保温系统渗漏水，内表面结露、发霉

1. 现象

膨胀聚苯板薄抹灰外墙外保温工程投入使用后，外墙、顶层屋面与外墙交界处出现渗漏水，外墙内表面发生结露、发霉现象。

2. 原因分析

(1) 落水管、空调机支架等安装锚固部位不密封而渗水。

(2) 门窗口周边密封不严，造成局部渗水。

(3) 上窗口、阳台顶等部位无滴水檐等防渗措施，造成局部渗水。

(4) 变形缝处未涂密封胶密封，变形缝渗水，使保温层受浸。

(5) 保温层表面裂缝渗水，致使保温层受浸。

(6) 脚手架洞口等未砌实，形成渗漏水通道。

(7) 平屋面的女儿墙应力移位造成裂缝，形成渗漏水通道。

(8) 上述渗漏水部位形成局部热桥，降低了保温效果，造成外墙内表面结露、发霉。

(9) 粘贴法施工的膨胀聚苯板，由于墙体平整度差，致使局部保温层太薄，保温效果差，造成外墙内表面结露、发霉。

(10) 现浇混凝土模板内置的膨胀聚苯板，由于一次浇筑混凝土高度过高，混凝土侧压力对膨胀聚苯板产生过大的压缩，在模板拆除后膨胀聚苯板不均匀复原，经表面修平后，致使下部保温层太薄，保温效果差，造成外墙内表面结露、发霉。

(11) 局部节点（阳台、雨罩、空调室外机搁板、附壁柱、门窗口侧面、装饰线、檐沟）未做保温，而用水泥砂浆等应付处理，形成热桥，造成外墙内表面结露、发霉。

(12) 后续施工时破坏已完工的保温工程，形成热桥，造成外墙内表面结露、发霉。

3. 预防措施

(1) 保温系统施工前，将脚手架洞口等施工孔洞填塞密实。

(2) 门窗口周边做好密封处理，窗台不倒泛水。

(3) 上窗口、阳台顶按实际要求做好滴水檐。

(4) 变形缝处使用合格的密封胶进行密封。

（5）后装的设备锚固孔洞做好密封处理。

（6）基层墙体平整度差时，应先采用1∶3水泥砂浆找平至平整度偏差在±10mm以内后，再开始保温层施工。

（7）现浇混凝土模板内置的膨胀聚苯板，控制混凝土一次浇筑高度不大于1m，模板拆除后出现膨胀聚苯板不均匀复原，平整度超过8mm时，应使用胶粉聚苯颗粒浆料找平。

（8）完善局部节点的保温处理，克服热桥效应。

（9）注意保护已完工的墙体保温工程，如因后续工序造成损坏，应及时修复。

4. 治理方法

（1）外墙、顶层屋面与外墙交界处出现渗漏水，应先查出造成渗漏水的原因，然后对照《房屋渗漏修缮技术规程》（JGJ/T 53—2011）进行修复。

（2）因渗漏水使保温效果降低，造成外墙内表面结露、发霉，应该先修复渗漏水通病。

（3）因局部保温层太薄，局部节点保温不完善造成外墙内表面结露、发霉，应该根据结露、发霉的严重程度，决定是否拆除返工修复。

（4）后续施工时破坏的保温工程，应进行复原修复。

（5）加强室内通风换气，降低室内湿度，减少结露的可能性。

28.2 保温浆料外墙外保温系统

28.2.1 保温层开裂、脱落

1. 现象

保温浆料的保温层在施工后或使用中开裂、脱落。

2. 原因分析

（1）基层墙面过于干燥，没有进行界面处理，影响浆料保温层与基层的粘结效果。

（2）保温浆料不合格，和易性差，易滑坠，干缩大，易造成空鼓开裂。

（3）聚合物保温浆料。在现场随意添加含水量、含泥量太高的砂和低等级或安定性不合格的水泥，使聚合物保温浆料失去粘结、抗裂作用。

（4）聚合物保温浆料存放时间过长或受潮初凝使其失效，使用时造成粘结强度降低。

（5）拌好的保温浆料被雨淋，或在高温大风环境中直晒直吹，搁置时间过长后再加水等，改变了浆料级配合理性和技术性能，降低了聚合物保温浆料的粘结、抗裂作用。

（6）聚合物保温浆料一次抹灰厚度过厚，抹压力度过小，使保温浆料与基层墙面粘结不好。

（7）两层保温浆料之间的施工间隔时间过短，保温浆料强度低，被后续施工破坏。

（8）保温层施工期间环境温度过低，影响保温浆料强度，降低了与基层墙面粘结效果。

（9）施工完毕的保温层未进行合理的养护，使保温浆料收缩过大，造成空鼓开裂。

3. 预防措施

（1）墙面施工孔洞应用水泥砂浆修补完毕并验收合格。基层墙体必须清理干净，无油污和脱模剂等妨碍粘结的附着物，空鼓、疏松部位应剔除。除黏土砖墙外，其他墙体均应用界面砂浆处理，聚合物保温浆料涂抹前，应该在墙面洒水湿润。

（2）使用合格的聚合物保温浆料，其主要性能指标应符合表 28-3 要求。

聚合物保温浆料性能指标　　表 28-3

项次	项　目	单　位	性能指标	项次	项　目	单　位	性能指标
1	导热系数	W/（m·K）	≤0.060	3	压剪粘结强度	kPa	≥50
2	抗压强度	kPa	≥200	4	线性收缩率	%	≤0.3

（3）聚合物保温浆料贮存期不能超过 3 个月。

（4）施工期间以及完工后 24h 内，基层及环境空气温度应不低于 5℃。夏季应避免阳光暴晒。在 5 级以上大风天气和雨雪天不得施工。

（5）保温浆料搅拌应有专人负责计量控制，严禁随意添加砂、水泥和水。注意一次搅拌量的控制，每次的搅拌量以 2h 内使用完毕为准，回收的落地灰应在 3h 内回罐搅拌后使用完毕。

（6）保温浆料宜分遍抹灰，每遍间隔时间应在 24h 以上，每遍厚度不宜超过 20mm，总厚度不宜超过 60mm。第一遍抹灰应压实，最后一遍应找平，并用大杠搓平。

（7）保温层应该保湿养护 7d，方可进行抗裂防护层施工。

4. 治理方法

（1）已经发生保温层脱落的，应该将存在相同质量隐患的部位清除干净，然后按照预防措施重新进行保温层施工。

（2）若仅局部开裂较为严重，未发生保温层空鼓、脱落，就只对开裂部位的保温层进行修复，并恢复装饰面层即可。

28.2.2　保温浆料保温层涂料饰面层开裂、起泡、脱落

1. 现象

保温浆料的保温层表面涂料饰面层在施工后或使用中开裂、起泡、脱落。

2. 原因分析

（1）保温层开裂，造成保温体系面层开裂。

（2）阳台、雨罩、空调室外机搁板、檐沟、女儿墙等节点保温设计不合理，造成热变形应力集中，产生表面裂纹或深层裂缝。

（3）聚合物抹面砂浆质量不合格，或在现场随意加水、加砂，拌好的砂浆被雨淋或高温大风环境直晒直吹，搁置时间过长后加水等，改变其级配合理性，极易在使用部位发生裂纹。

（4）低温或雨雪天气无防护措施强行施工，使粘结层浸水或受冻，改变了聚合物抹面砂浆性能；造成使用部位发生裂纹。

（5）聚合物抹面砂浆未完全达到终凝正常强度时，因水淋或失水过快产生裂纹，保护层因冻害不仅易发生表面裂纹，严重时会发生大量严重开裂现象。

（6）耐碱玻纤网格布面密度不足或经纬线不直，形成其在面层胀缩过程中约束力不足，甚至产生“断线”，无法起到约束“筋”的作用，造成面层开裂。

（7）耐碱玻纤网格布对接、干搭接，搭边太少，耐碱玻纤网格布紧贴保温板，导致耐碱玻纤网格布不能与抗裂砂浆进行有效复合粘合，不能形成抗变形性能良好的抗裂防护

层，影响变形应力传递以及抗裂、抗冲击性能，易产生直而长的裂纹。

(8) 首层墙面、阳角和窗口处受撞击破坏开裂。

(9) 不用柔性抗裂腻子找平，使涂料饰面产生龟裂，逐渐造成聚合物抹面砂浆层开裂。

(10) 涂料弹性差，选用平涂方法，涂料收缩将漆膜拉裂。

(11) 外墙装饰构件固定不牢、移位，形成推拉作用，致使保温层局部空鼓或局部脱落。

(12) 分格缝间距过大，分格缝用水泥素浆填缝、压光，必然会发生裂纹。

(13) 保温层含水率较高，装饰层透气性差，无法让水分透过涂料层渗出，造成涂料装饰层起泡、损坏。

(14) 在上一层腻子（涂料）还未干时直接涂抹下一道腻子（涂料），导致起泡脱落。

3. 预防措施

(1) 施工期间以及完工后 24h 内，基层及环境空气温度应不低于 50℃。夏季应避免阳光暴晒。在 5 级以上大风天气和雨雪天不得施工。

(2) 保温层含水率小于 8%后，可以开始涂料饰面层施工。

(3) 作好节点保温设计，避免造成热变形应力集中。

(4) 使用质量合格的耐碱玻纤网格布，严禁耐碱玻纤网格布对接、干搭接，搭边不少于 50mm。首层墙面、门窗洞口和阳角部位应该铺贴双层耐碱玻纤网格布加强，洞口四角沿 45°方向应加贴耐碱玻纤网格布。首层墙面阳角处设 2m 高金属护角。

(5) 使用质量合格的聚合物抹面砂浆，其主要性能指标见表 28-1。严格控制现场施工工艺。抹面砂浆应两遍成活，先抹底层砂浆 2～3mm，将网格布压入砂浆中，要平整压实，严禁网格布皱褶。在底层抹面砂浆凝结前再抹一遍抹面砂浆罩面，厚度 1～2mm，仅以覆盖网格布、微见网格布轮廓为宜。面层砂浆切忌不停揉搓，以免形成空鼓。聚合物抹面砂浆未完全达到终凝正常强度时，防止浸水、受冻或失水过快产生裂纹。

(6) 找平腻子应该使用透气性好、吸水性低的柔性抗裂腻子。上一层腻子（涂料）干燥后再进行下一道腻子（涂料）施工。

(7) 外墙外保温饰面使用透气性好、吸水性低的弹性涂料，涂料必须与外保温系统相容，其性能除应符合国家及行业相关标准外，还应满足表 28-2 的抗裂性要求。优先选用有凹凸花纹的浮雕涂饰方式，避免漆膜拉裂现象。

(8) 合理设置变形缝，分格缝间距不大于 6m（图 28-8）。

(9) 保温层、抗裂防护层、装饰层在干燥前应防止水冲、撞击、振动。

4. 治理方法

(1) 当裂缝宽度小于 0.2mm，长度小于 50mm，密度小于 1 条/10m²，无空鼓时，可以不用修缮。

(2) 当裂缝宽度小于 0.5mm，长度小于 100mm，密度超过 2 条/10m²，空鼓少于 1 处/10m²，空鼓面积小于 0.04m² 时，应该使用弹性密封胶封闭裂缝，空鼓部分可以不用修缮。

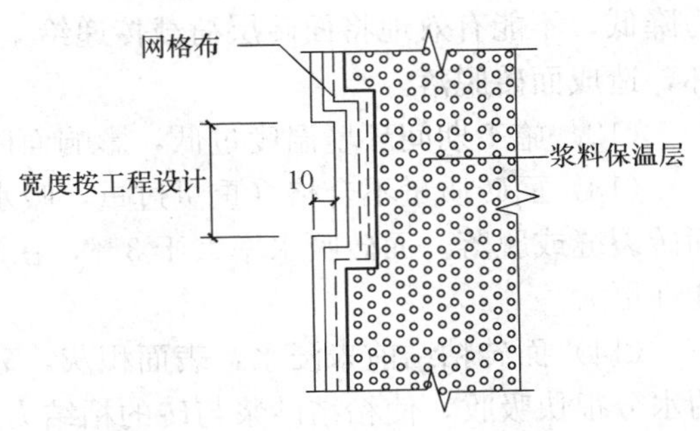

图 28-8 涂料饰面层分格缝作法

(3) 若因为保温层局部开裂，造成面层裂缝宽度大于0.5mm，长度超过100mm，应该先对保温层开裂部位的保温层进行修复，再按照上述预防措施对症修复处理。

(4) 漆膜起泡，可用砂纸打磨平整，再补面漆。

(5) 因为涂料透气性不好，造成较严重的面层起泡时，必须将漆膜铲除干净，更换透气性好、吸水性低的腻子和高分子弹性涂料，重新涂装。

28.2.3 保温浆料外墙面砖装饰层开裂、脱落

1. 现象

保温浆料外墙外保温工程投入使用后，面砖装饰层出现开裂，进一步发展会造成面砖脱落，影响装饰和保温效果，造成墙面渗漏和房屋周围的安全隐患。

2. 原因分析

(1) 保温层过于干燥、污染，又没有进行界面处理，影响抗裂防护层与浆料保温层的粘结效果，造成面砖脱落。

(2) 保温浆料粘结力差，或保温浆料养护不良，致使表面强度低，浆料保温层破坏，造成面砖脱落。

(3) 直接在浆料保温层上粘贴面砖，违背柔性渐变抗裂原理，当环境温度变化大时，面砖与浆料保温层变形量不协调，造成面砖脱落。

(4) 抗裂防护层、粘结层过厚（大于20mm），致使浆料保温层表面负荷过重，造成面砖脱落。

(5) 抗裂防护层过薄（小于8mm），不能协调面砖的温度变形，造成面砖脱落。

(6) 找平抗裂砂浆、面砖粘结砂浆质量差，或现场搅拌时随意添加含水量、含泥量太高的砂和低等级或安定性不合格的水泥，使找平抗裂砂浆、面砖粘结砂浆质量性能降低，造成面砖裂缝或脱落。

(7) 找平抗裂砂浆、面砖粘结砂浆存放时间过长或受潮失效，使用时粘结强度降低，造成面砖脱落。

(8) 拌好的找平抗裂砂浆、面砖粘结砂浆被雨淋或高温大风环境直晒直吹，搁置时间过长后加水等，改变了级配合理性和技术性能，使找平抗裂砂浆、面砖粘结砂浆质量性能降低，造成面砖裂缝或脱落。

(9) 使用网格布代替钢丝网，或者钢丝网质量不合格，使抗裂防护层作用降低。

(10) 钢丝网未铺置在抗裂防护层中间位置，失去钢丝网的作用，使抗裂防护层作用降低。

(11) 锚栓施工不规范（拉拔力不足，间距太大），导致对钢丝网和抗裂防护层的约束力降低，不能有效地将面砖层荷载传递给主体墙分担，保温层因长期承受过大剪切荷载破坏，造成面砖脱落。

(12) 施工期间环境温度过低，影响面砖与基层墙面粘结效果。

(13) 面砖质量不合格（重量过重，吸水率大，抗冻性差），经过几个冬夏循环后造成面砖裂缝或脱落。面砖吸水率大于3%，在严寒和寒冷地区出现面砖装饰层冻胀破坏的可能性更大。

(14) 面砖粘结前未浸水，表面积灰，砂浆不易粘结，而且由于面砖吸水，把砂浆中的水分很快吸收，使粘结砂浆与砖的粘结力大为降低。面砖浸水后粘结前未擦干或晾干，粘结面形成水膜，削弱了粘结砂浆与面砖的粘结力。

(15) 面砖跨粘在两种不同的基层上，而无有效措施解决胀缩应力作用，当环境温度变化大时，面砖与两种不同的基层变形不一致，造成面砖脱落。

(16) 面砖层伸缩缝设置不合理，当环境温度变化大时，形成胀缩破坏。

(17) 饰面砖接缝过小，当环境温度变化大时，面砖在温度应力作用下发生挤压，造成面砖脱落。

(18) 用普通砂浆进行面砖勾缝，面砖勾缝后不进行湿润养护，使灰缝收缩裂缝渗水，造成面砖脱落。接近冬期施工时面砖粘贴后不做勾缝处理而越冬，面砖灰缝在冬季进水冻胀，造成面砖脱落。

(19) 面砖粘结砂浆未固化时进行面砖勾缝，使面砖移位脱落。

(20) 地基不均匀沉降、地震力等引起结构物墙体变形、错位造成墙体严重开裂、面砖脱落。

3. 预防措施

(1) 施工期间以及完工后24h内，基层及环境空气温度应不低于5℃。夏季应避免阳光暴晒。在5级以上大风天气和雨雪天不得施工。粉刷抗裂防护层和粘贴面砖前，应将基层清理干净，并洒水湿润。

(2) 使用合格的聚合物保温浆料和聚合物抗裂砂浆进行保温层和防护层施工，其主要性能指标应符合表28-3和表28-1要求。抗裂防护层厚度宜控制在8～12mm厚，粘结灰浆厚度控制在3～5mm厚。保温层、抗裂防护层和面砖装饰层均应保湿养护7d，方可进行后续施工。

(3) 找平抗裂砂浆、面砖粘结砂浆现场搅拌时不得随意添加含水量、含泥量高的砂和低等级或安定性不合格的水泥。注意一次搅拌量的控制，每次搅拌量以2h内使用完毕为准，回收的落地灰应在3h内回罐搅拌后使用完毕。

(4) 采用丝径0.9mm、孔径12.7mm×12.7mm、含钢量0.8kg/m^{2}的热镀锌钢丝网。钢丝网应铺置在抗裂防护层中间位置。

(5) 锚栓规格和拉拔力应该符合设计要求，对于空心砖、轻质砌块等墙体应该采取可靠的锚固措施。

(6) 采用粘贴面带有燕尾槽的面砖，其性能指标除满足设计要求和《陶瓷砖》(CB/T 4100—2006) 要求外，还应满足表28-4的要求。

饰面砖性能指标 **表28-4**

项次	项　目		单位	指　标
1	表面面积		cm^2	≤190
2	厚　度		cm^2	≤0.75
3	单位面积重量		kg/m^2	≤20
4	吸水率	Ⅰ、Ⅵ、Ⅶ类气候区	%	≤3
		Ⅱ、Ⅲ、Ⅳ、Ⅴ类气候区		≤6
5	抗冻性	Ⅰ、Ⅵ、Ⅶ类气候区		50次冻融循环无破坏
		Ⅱ类气候区		40次冻融循环无破坏
		Ⅲ、Ⅳ、Ⅴ类气候区		10次冻融循环无破坏

(7) 面砖粘结前应浸水湿润，面砖浸水后粘结前应擦干或晾干。

(8) 贴砖时背面打灰要饱满，粘结灰浆中间略高，四边略低，粘贴时要轻轻揉压，压出的灰浆用铁铲剔除。面砖的垂直度及平整度应与控制面砖一致。面砖不得跨粘在两种不同的基层上。

(9) 饰面砖拼缝宽度不应小于 5mm。面砖勾缝应在面砖粘结砂浆固化 24h 后进行。勾缝应使用聚合物勾缝砂浆。面砖勾缝后应进行湿润养护 7d。严禁在接近冬期施工时面砖粘贴后不做勾缝处理而越冬的施工现象发生。

(10) 合理设置变形缝，分格缝间距不大于 6m（图 28-9）。

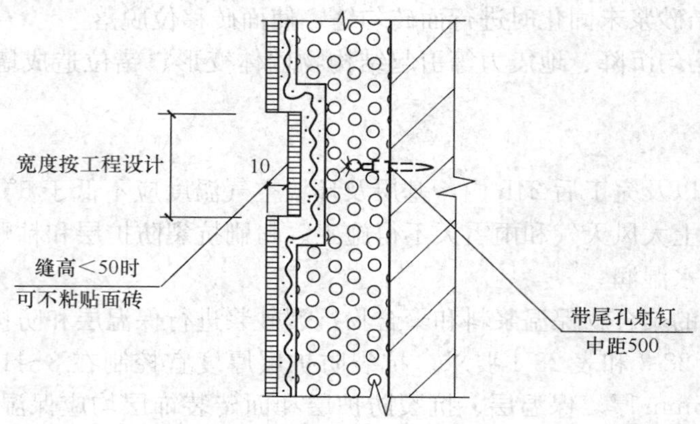

图 28-9　面砖装饰层分格缝作法

4. 治理方法

(1) 当裂缝宽度小于 0.2mm，长度小于 100mm，密度小于 1 条/$10m^2$，无空鼓、渗漏水现象时，可以不用修缮。

(2) 当裂缝宽度小于 0.5mm，长度大于 100mm，空鼓少于 1 处/$10m^2$，空鼓面积小于 $0.04m^2$，饰面砖拼缝有局部少量渗漏水时，可以在发生渗漏水的裂缝处喷涂有机硅憎水剂进行堵漏处理。

(3) 若面砖装饰层出现脱落及大面机渗漏水，应该先调查清楚发生问题的原因，再按照上述预防措施对症修复处理。

28.2.4　浆料保温外墙内表面结露、发霉

1. 现象

浆料外墙外保温工程投入使用后，外墙、顶层屋面与外墙交界处内表面发生结露、发霉现象。

2. 原因分析

(1) 因为外墙保温层空鼓、裂缝、渗漏水形成局部热桥，降低了保温效果。

(2) 保温浆料的导热系数达不到设计要求，保温效果差。

(3) 保温浆材搅拌时随意添加砂和水泥，降低了保温效果。

(4) 局部保温层太薄。

(5) 保温浆料搁置时间过长后加水和水泥搅拌，降低了保温层保温效果。

(6) 局部节点（女儿墙、门窗口侧面、装饰线、檐沟）未做保温，而用水泥砂浆等应

付处理，形成热桥。

(7) 后续施工时破坏已完工的保温工程，形成热桥，造成外墙内表面结露、发霉。

3. 预防措施

(1) 保温系统施工前，将脚手架洞口等施工孔洞填塞密实。

(2) 修复保温层空鼓、裂缝和渗漏水点。

(3) 使用合格的聚合物保温浆料，其主要性能指标应符合表 28-3 要求。严格保温浆料搅拌的计量控制，严禁随意添加砂、水泥和水。注意一次搅拌量的控制，每次的搅拌量以 2h 内使用完毕为准，回收的落地灰应在 3h 内回罐搅拌后使用完毕。

(4) 保证保温层厚度，确保保温效果均匀有效。

(5) 完善局部节点的保温处理，克服热桥效应。

(6) 外保温完工后，再进行施工时要注意保护已完工的墙体保温工程，如有损坏应及时修复。

4. 治理方法

(1) 如果外墙、顶层屋面与外墙交界处出现渗漏水，应该先查出造成渗漏水的原因，然后对症按照《房屋渗漏修缮技术规程》(JGJ/T 53—2011) 进行修复。

(2) 若保温层空鼓、裂缝和渗漏水，应查找、分析原因，对症进行修复。

(3) 因局部保温层太薄，局部节点保温不完善造成外墙内表面结露、发霉，应该根据结露、发霉的严重程度，决定是否拆除返工修复。

(4) 因后续施工时破坏的保温工程，应该进行复原修复。

(5) 加强室内通风换气，降低室内湿度，减少结露的可能性。

28.3 钢丝网架膨胀聚苯板外墙外保温系统

28.3.1 现浇混凝土钢丝网架膨胀聚苯板脱落

1. 现象

现浇混凝土钢丝网架膨胀聚苯板外墙外保温系统在施工后或使用中脱落。

2. 原因分析

(1) 钢丝网架质量不合格，使钢丝网架膨胀聚苯板与混凝土墙面结合不牢固。

(2) 未按规定设置 $\phi6$ 锚固钢筋，钢丝网架膨胀聚苯板与混凝土墙面结合不牢固。

(3) 膨胀聚苯板密度太低，含再生回收料过多，在面层荷载压力下造成膨胀聚苯板变形而脱落。

(4) 环境温度过高，聚苯板受热发生不可逆热熔缩，导致膨胀聚苯板变形，造成脱落。

(5) 浇筑混凝土时将钢丝网架斜插钢丝和 $\phi6$ 锚固钢筋碰倒，使钢丝网架膨胀聚苯板与混凝土墙面结合不牢固，造成脱落。

3. 预防措施

(1) 超过 75℃的建筑外墙保温系统，不得采用钢丝网架膨胀聚苯板外墙外保温系统。

(2) 保证模塑膨胀聚苯板 (EPS 板) 密度大于 20kg/m^3 (贴面砖时密度应大于 25kg/m^3)，陈化时间在自然条件下不少于 42d 或在 60℃蒸汽中不少于 5d。

(3) 选用合格钢丝网架，除满足设计要求外，还应满足表 28-5 的质量要求。

钢丝网架的质量要求　　表 28-5

项次	项　目	质量要求
1	镀锌低碳钢丝	用于钢丝网片的低碳钢丝的直径为 2.20mm，用于斜插丝的低碳钢丝的直径为 2.50mm，网孔 50mn×50mm，其性能指标应符合《钢丝网架夹芯板用钢丝》(YB/T 126—1997) 的要求。钢丝表面应热镀锌
2	焊点强度	抗拉力≥330N，无过烧现象
3	焊点质量	网片漏焊、脱焊点不超过焊点数的 8‰，且不应集中在一处，连续脱焊点不应多于 2 点，板端 200mm 区段内的焊点不允许脱焊、虚焊，斜插丝；脱焊点不超过 2%
4	斜插钢丝（腹丝）密度	(100～150) 根/m^2（符合设计要求）
5	斜插钢丝与网片的夹角	60°±5°
6	钢丝挑头	网边挑头长度≤6mm，插丝挑头≤5mm
7	穿透聚苯板挑头	穿透聚苯板挑头离板面垂直距离≥40mm

(4) 钢丝网架板安装时，应该保证 ϕ6 锚固钢筋锚固深度不得小于 100mm，间距符合设计要求，ϕ6 锚固钢筋和钢丝网架的斜插钢丝不倒伏。

(5) 浇筑混凝土时应注意不在钢丝网架膨胀聚苯板一侧倾倒混凝土。外墙模板立好后，在钢丝网架膨胀聚苯板的上端扣上一个槽形的镀锌铁皮罩，防止浇筑混凝土时冲击 ϕ6 锚固钢筋和钢丝网架的斜插钢丝，并应防止振捣棒碰触膨胀聚苯板，避免造成 ϕ6 锚固钢筋和钢丝网架的斜插钢丝倒伏。

4. 治理方法

对于发生现浇混凝土钢丝网架膨胀聚苯板脱落的外墙外保温工程，应该先将脱落部位的保温材料清理干净，采用机械固定方法在外墙上安装钢丝网架膨胀聚苯板（图 28-10），并按原设计要求恢复装饰面层。

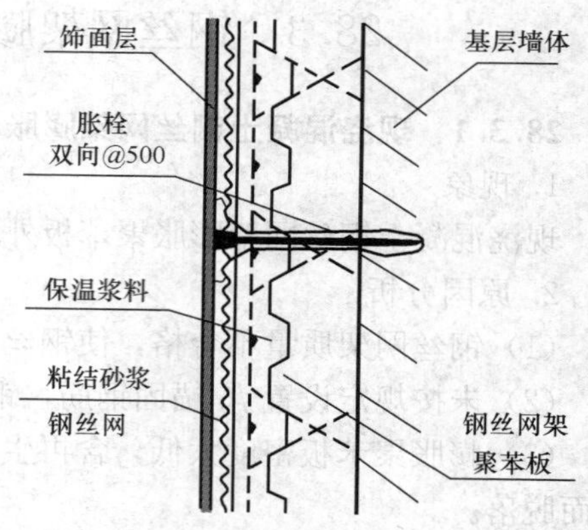

图 28-10　后置机械固定钢丝网架膨胀聚苯板

28.3.2　机械固定钢丝网架膨胀聚苯板脱落

1. 现象

机械固定钢丝网架膨胀聚苯板外墙外保温系统在施工后或使用中脱落。

2. 原因分析

(1) 环境温度过高，聚苯板受热发生不可逆热熔缩，导致膨胀聚苯板变形，造成脱落。

(2) 膨胀聚苯板密度太低，含再生回收料过多，在面层荷载压力下造成膨胀聚苯板变形，造成脱落。

(3) 基层表面的平整度偏差过大，造成钢丝网架膨胀聚苯板与基层靠紧，固定不牢。

(4) 钢丝网架质量差，锈蚀或者变形大，不能约束膨胀聚苯板位移，造成保温板固定不牢。

(5) $\phi 6$ 锚固钢筋（机械固定件）设置不符合设计要求，使钢丝网架膨胀聚苯板与基层墙体固定不牢固。

(6) 未按规定设置底层托架，面层荷载过重，造成膨胀聚苯板变形、脱落。

3. 预防措施

(1) 环境温度超过75℃的建筑外墙保温系统，不得采用钢丝网架膨胀聚苯板外墙外保温系统。

(2) 保证模塑膨胀聚苯板（EPS板）密度大于20kg/m³（贴面砖时密度应大于25kg/m³），陈化时间在自然条件下不少于42d或在60℃蒸汽中不少于5d。

(3) 基层墙体平整度偏差应在±3mm以内，基层墙体表面平整度不符合要求时，可采用1∶3水泥砂浆找平。

(4) 选用合格钢丝网架，除满足设让要求外，还应满足表28-6的质量要求。

钢丝网架质量要求 表28-6

项次	项目	质量要求
1	镀锌低碳钢丝	用于钢丝网片的低碳钢丝的直径为2.00mm，用于斜插丝的低碳钢丝的直径为2.20mm，网孔50mm×50mm，其性能指标应符合《钢丝网架夹芯板用钢丝》(YB/T 126—1997)的要求。钢丝表面应热镀锌
2	焊点强度	抗拉力≥330N，无过烧现象
3	焊点质量	网片漏焊、脱焊点不超过焊点数的8‰，且不应集中在一处；连续脱焊点不应多于2点，板端200mm区段内的焊点不允许脱焊、虚焊，斜插丝；脱焊点不超过
4	斜插钢丝（腹丝）密度	100～150根/m²（符合设计要求）
5	斜插钢丝与网片所夹角	60°±5°
6	腹丝插入EPS板深度	≥35mm
7	腹丝未穿透EPS板厚度	≥15mm

(5) $\phi 6$ 锚固钢筋（机械固定网件）设置间距和拉拔力应符合设计要求。

(6) 按设计规定设置底层承托件和层间承托件。

4. 治理方法

参见28.3.1"现浇混凝土钢丝网架膨胀聚苯板脱落"的治理方法。

28.3.3 聚苯钢丝网架板涂料饰面层开裂、起泡、脱落

1. 现象

钢丝网架膨胀聚苯板保温层表面涂料饰面层在施工后或使用中开裂、起泡、脱落。

2. 原因分析

(1) 环境温度过高，聚苯板受热发生不可逆热熔缩，造成膨胀聚苯板与面层粘贴不牢，导致面层开裂、脱落。

(2) 膨胀聚苯板密度太低，含再生回收料过多，板与面层粘贴不牢，导致面层开裂、脱落。

（3）钢丝网片紧贴聚苯板，未设置在水泥砂浆厚抹面层的中间，不能有效分散抹面层的各种变形应力，易造成面层开裂。

（4）抹面层砂浆抗裂性能差，施工后不进行湿养护，砂浆抹面层开裂，造成保温体系面层开裂。

（5）聚合物抹面砂浆质量不合格，或在现场随意加水、加砂，拌好的砂浆被雨淋或高温大风环境直晒直吹，搁置时间过长后加水等，改变其级配合理性，极易在使用部位发生裂纹。

（6）低温或雨雪天气无防护措施强行施工，使粘结层浸水或受冻，造成使用部位发生裂纹。

（7）聚合物抹面砂浆未完全达到终凝正常强度时，因水淋或失水过快产生裂纹，保护层因冻害不仅易发生表面裂纹，严重时会发生大量开裂现象。

（8）耐碱玻纤网格布面密度不足或经纬线不直，面层胀缩过程中约束力不足，甚至产生“断线”，无法起到约束“筋”的作用，易造成面层开裂。

（9）耐碱玻纤网布采用对接、干搭接，搭边太少，紧贴保温板，导致耐碱玻纤网格布不能与抗裂砂浆进行有效复合粘合，不能形成抗变形性能良好的抗裂防护层，影响变形应力传递以及抗裂、抗冲击性能，易产生直而长的裂纹。

（10）节点保温设计不合理，造成热变形应力集中产生表面裂纹或深层裂缝。

（11）首层墙面、阳角和窗口处受撞击破坏开裂。

（12）不用柔性抗裂腻子找平，使涂料饰面产生龟裂，进而逐渐造成聚合物抹面砂浆层开裂。

（13）涂料弹性差，选用平涂方法，涂料收缩把漆膜拉裂。

（14）分格缝间距过大，分格缝用水泥素浆填缝、压光，产生裂纹。

（15）保温层含水率较高，装饰层透气性差，无法让水分透过涂料层渗出，造成涂料装饰层起泡、损坏。

（16）在上一层腻子（涂料）还未干时直接涂抹下一道腻子（涂料），导致起泡脱落。

（17）膨胀聚苯板保温层与保温浆料保温层衔接处，由于两种保温材料的线膨胀系数不一致，又未进行必要的构造处理，温度变化引起裂缝。

3. 预防措施

（1）环境温度超过75℃的建筑外墙保温系统，不得采用钢丝网架膨胀聚苯板外墙外保温系统。

（2）保证模塑膨胀聚苯板（EPS板）密度大于20kg/m³（贴面砖时密度应大于25kg/m³），陈化时间在自然条件下不少于42d或在60℃蒸汽中不少于5d。

（3）基层墙体平整度偏差应在±3mm以内，基层墙体表面平整度不符合要求时，可采用1∶3水泥砂浆找平。

（4）现浇混凝土钢丝网架膨胀聚苯板系统安装钢丝网架膨胀聚苯板，在与墙体外侧模板之间间距600mm布置水泥砂浆垫块；控制墙体混凝土分层浇筑高度在500mm以内。减少膨胀聚苯板变形，防止钢丝网片压入聚苯板内。

（5）使用质量合格的抹面层砂浆，其主要性能指标见表28-7。抹面层砂浆厚度宜控制在18～20mm厚，钢丝网架板的平面钢丝应该嵌固在抹面层砂浆中间。

抗裂砂浆性能指标 表 28-7

项次	项目	单位	性能指标	项次	项目	单位	性能指标
1	可操作时间	h	≥1.5	3	浸水拉伸粘结强度（常温 28d，浸水 7d）	MPa	≥0.5
2	拉伸粘结强度（常温 28d）	MPa	≥0.7	4	压折比	—	≤3.0

(6) 抹面施工期间以及完工后 24h 内，基层及环境空气温度应不低于 5℃，夏季应避免阳光暴晒，在 5 级以上大风天气和雨雪天不得施工。

(7) 作好节点保温设计，避免造成热变形应力集中。

(8) 使用质量合格的耐碱玻纤网格布，严禁耐碱玻纤网格布对接、干搭接，搭边应不少于 50mm。首层墙面、门窗洞口和阳角部位应该铺贴双层耐碱玻纤网格布加强，洞口四角沿 45°方向应加贴耐碱玻纤网格布。首层墙面阳角处设 2m 高金属护角。

(9) 使用质量合格的聚合物抹面砂浆，其主要性能指标见表 28-1。严格控制现场施工工艺。抹面砂浆应两遍成活，先抹底层砂浆 2～3mm，将网格布压入砂浆中，要平整压实，严禁网格布皱褶。在底层抹面砂浆凝结前再抹一道罩面，厚度 1～2mm，仅以覆盖网格布、微见网格布轮廓为宜。面层砂浆切忌不停揉搓，以免形成空鼓。聚合物抹面砂浆未完全达到终凝正常强度时，防止浸水、受冻或失水过快产生裂纹。

(10) 找平腻子应该使用透气性好、吸水性低的柔性抗裂腻子。上一层腻子（涂料）干燥后再进行下一道腻子（涂料）施工。

(11) 外墙外保温饰面使用透气性好、吸水性低的弹性涂料，涂料必须与外保温系统相容，其性能除应符合国家及行业相关标准外，还应满足表 28-2 的抗裂性要求。优先选用有凹凸花纹的浮雕涂饰方式，避免漆膜拉裂现象。

(12) 合理设置变形缝，在每层层间宜留水平伸缩缝，层间保温板外钢丝网应断开，抹灰时嵌入层间塑料分隔条或泡沫塑料棒，外表用建筑密封膏嵌缝（图 28-11、图 28-12）。垂直抗裂分格缝间距不大于 6m（图 28-11、图 28-12）。

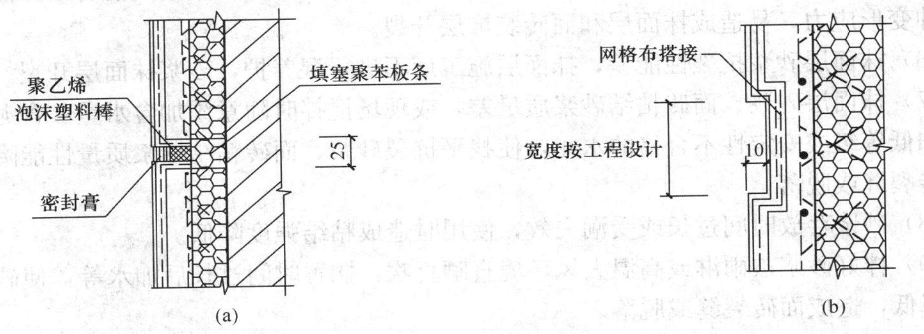

图 28-11 机械固定钢丝网架膨胀聚苯板外墙外保温系统变形缝

(a) 伸缩缝作法；(b) 分格缝作法

(13) 保温层、抗裂防护层、装饰层在干燥前应防止水冲、撞击、振动。

4. 治理方法

参见 28.2.2“保温浆料保温层”涂料饰面层开裂、起泡、脱落的治理方法。

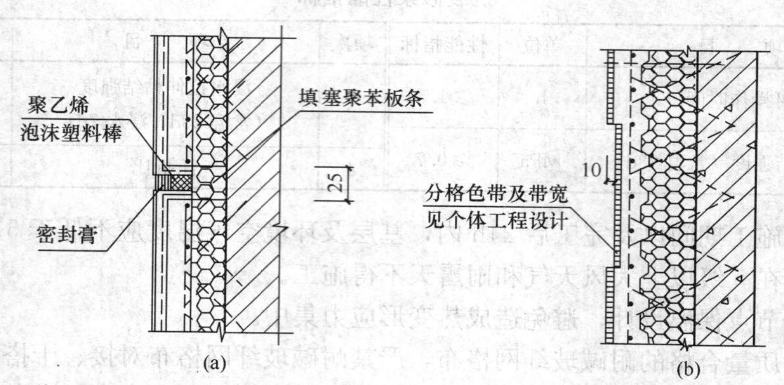

图 28-12　现浇混凝土钢丝网架膨胀聚苯板外墙外保温系统变形缝

(a) 伸缩缝作法；(b) 分格缝作法

28.3.4　聚苯钢丝网架板面砖装饰层开裂、脱落

1. 现象

钢丝网架膨胀聚苯板外墙外保温工程投入使用后，面砖装饰层出现开裂，进一步发展会造成面砖脱落，影响装饰和保温效果，造成墙面渗漏和房屋周围的安全隐患。

2. 原因分析

(1) 环境温度过高，聚苯板受热发生不可逆热熔缩，造成抹面层和面砖装饰层变形、开裂、脱落。

(2) 膨胀聚苯板密度太低，含再生回收料过多，在面层荷载压力下使膨胀聚苯板变形。

(3) 钢丝网架膨胀聚苯板与外墙固定不牢固。

(4) 面砖粘贴施工期间环境温度过低，影响面砖与基层墙面粘结效果。

(5) 钢丝网片紧贴聚苯板，未设置在水泥砂浆厚抹面层的中间，不能有效分散抹面层的各种变形应力，易造成抹面层和面砖装饰层开裂。

(6) 抹面层砂浆抗裂性能差，抹面层施工后不进行湿养护，砂浆抹面层开裂。

(7) 抹面层砂浆、面砖粘结砂浆质量差，或现场搅拌时随意添加含水量、含泥量太高的砂和低等级或安定性不合格的水泥，使找平抗裂砂浆、面砖粘结砂浆质量性能降低，造成面砖裂缝或脱落。

(8) 砂浆存放时间过长或受潮失效，使用时造成粘结强度降低。

(9) 拌好砂浆被雨淋或高温大风环境直晒直吹，搁置时间过长后加水等，使砂浆质量性能降低，造成面砖裂缝或脱落。

(10) 面砖质量不合格（重量过重、吸水率大、抗冻性差），经过几个冬夏循环后造成面砖裂缝或脱落。面砖吸水率大于3%，在严寒和寒冷地区出现面砖装饰层冻胀破坏的可能性更大。

(11) 面砖粘结前未浸水，表面积灰，砂浆不易粘结，而且由于面砖吸水，把砂浆中的水分很快吸收，使粘结砂浆与砖的粘结力大为降低。面砖浸水后粘结前未擦干或晾干，粘结面形成水膜，削弱了粘结砂浆与面砖的粘结力。

（12）面砖跨粘在两种不同的基层上，无有效措施解决胀缩应力作用，当环境温度变化大时，面砖与两种不同的基层变形不一致，造成脱落。

（13）面砖层伸缩缝设置不合理，当环境温度变化大时，形成胀缩破坏。

（14）饰面砖接缝过小，当环境温度变化大时，面砖在温度应力作用下发生挤压，造成脱落。

（15）用普通砂浆进行面砖勾缝，勾缝后不进行湿润养护，使灰缝收缩裂缝渗水，造成脱落。接近冬期施工时面砖粘贴后不做勾缝处理而越冬，面砖灰缝在冬季进水冻胀，造成脱落。

（16）面砖粘结砂浆未固化时进行勾缝，使面砖移位脱落。

（17）地基不均匀沉降、地震力作用等引起结构物墙体变形、错位，造成墙体严重开裂、面砖脱落。

3. 预防措施

（1）环境温度超过75℃的建筑外墙保温系统，不得采用钢丝网架膨胀聚苯板外墙外保温系统。

（2）保证模塑膨胀聚苯板（EPS板）密度大于20kg/m³（贴面砖时密度应大于25kg/m³），陈化时间在自然条件下不少于42d或在60℃蒸汽中不少于5d。

（3）施工期间以及完工后24h内，基层及环境空气温度应不低于5℃。夏季应避免阳光暴晒。在5级以上大风天气和雨雪天不得施工。

（4）使用质量合格的抹面层砂浆，其主要性能指标见表28-7。抹面层砂浆厚度宜控制在18～20mm厚，钢丝网架板的平面钢丝应该嵌固在抹面层砂浆中间。

（5）使用合格的面砖粘结砂浆，其主要性能指标见表28-1。粘结灰浆厚度控制在3～5mm厚。抹面层和面砖装饰层均应保湿养护7d，方可进行后续施工。

（6）找平抗裂砂浆、面砖粘结砂浆现场搅拌时不得随意添加含水量、含泥量高的砂和低等级或安定性不合格的水泥。注意每次的搅拌量以2h内使用完毕为准，回收的落地灰应在3h内回罐搅拌后使用完毕。

（7）采用粘贴面带有燕尾槽的面砖，其性能指标除满足设计要求和《陶瓷砖》（GB/T 4100）要求外，还应满足表28-4的要求。

（8）面砖粘结前应浸水湿润，面砖浸水后粘结前应擦干或晾干。

（9）贴砖时背面打灰要饱满，粘结灰浆中间略高，四边略低，粘贴时要轻轻揉压，压出的灰浆用铁铲剔除。面砖的垂直度及平整度应与控制面砖一致。面砖不得跨粘在两种不同的基层上。

（10）饰面砖拼缝宽度不应小于5mm。面砖勾缝应在面砖粘结砂浆固化24h后进行。勾缝应使用聚合物勾缝砂浆，勾缝后应进行湿润养护7d。严禁在接近冬期施工时面砖粘贴后不做勾缝处理而越冬的施工现象发生。

（11）合理设置变形缝，在每层层间宜留水平伸缩缝，层间保温板外钢丝网应断开，抹灰时嵌入层间塑料分隔条或泡沫塑料棒，外表用建筑密封膏嵌缝，垂直抗裂分格缝间距不大于6m（图28-11、图28-12）。

（12）设置底层承托件和层间承托件。

4. 治理方法

参见 28.2.3“保温浆料外墙面砖装饰层开裂、脱落”的治理方法。

28.3.5　钢丝网架膨胀聚苯板保温外墙内表面结露、发霉

1. 现象

钢丝网架膨胀聚苯板外墙外保温工程投入使用后，外墙、顶层屋面与外墙交界处内表面发生结露、发霉现象。

2. 原因分析

(1) 外墙保温层空鼓、裂缝、渗漏水形成局部热桥，降低了保温效果，造成外墙内表面结露、发霉。

(2) 混凝土一次浇筑高度过高，混凝土侧压力对膨胀聚苯板产生过大的压缩，在模板拆除后膨胀聚苯板不均匀复原，下部保温层太薄，保温效果差，造成外墙内表面结露、发霉。

(3) 钢丝网架膨胀聚苯板安装封闭不严密，混凝土浇筑时在膨胀聚苯板接缝处漏浆过多，形成热桥。

(4) 局部节点（女儿墙、门窗口侧面、装饰线、檐沟）未做保温，用水泥砂浆等处理，形成热桥。

(5) 后续施工时破坏已完工的保温工程，形成热桥，造成外墙内表面结露、发霉。

3. 预防措施

(1) 保温系统施工前，将脚手架洞口等施工孔洞填塞密实。

(2) 修复保温层空鼓、裂缝和渗漏水点。

(3) 控制墙体混凝土分层浇筑高度在500mm以内，减少膨胀聚苯板变形，保证保温层厚度。

(4) 安装钢丝网架膨胀聚苯板时，钢丝网架膨胀聚苯板接缝采用企口对接，并用双股镀锌钢丝绑扎固定，防止混凝土浇筑时漏浆（图 28-13）。

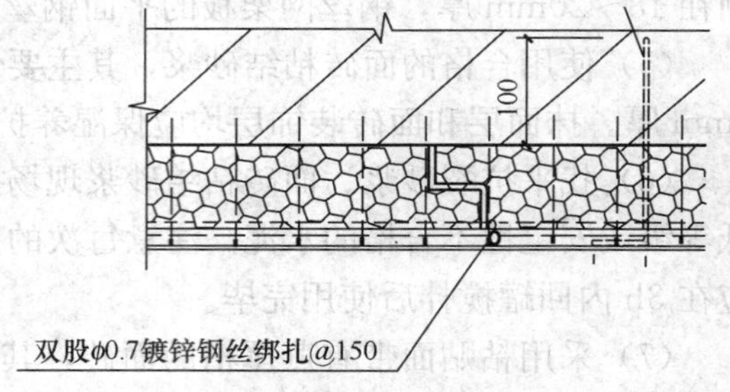

图 28-13　钢丝网架膨胀聚苯板接缝

(5) 完善局部节点的保温处理，克服热桥效应。

(6) 外保温完工后，再进行施工时要注意保护已完工的墙体保温工程，如有损坏应及时修复。

4. 治理方法

参见 28.2.4“浆料保温外墙内表面结露、发霉”的治理方法。

28.4　喷涂硬泡聚氨酯外墙外保温系统

28.4.1　硬泡聚氨酯保温层脱落

1. 现象

硬泡聚氨酯保温层在施工后或使用中开裂、脱落。

2. 原因分析

(1) 基层墙面潮湿、污染，喷涂硬泡聚氨酯施工前，又不刷聚氨酯防潮底漆进行界面处理，影响喷涂的硬泡聚氨酯的附着力，造成保温层脱落。

(2) 环境温度与墙体表面温度过低，聚氨酯泡沫发泡不完全，容易从墙体上脱落、起鼓，造成保温层脱落。

(3) 成型的硬泡聚氨酯密度过低，在面层荷载压力下保温层变形开裂，造成脱落。

(4) 大风天进行室外硬泡聚氨酯喷涂施工，喷涂时雾化的液滴易随风飞散，发泡过程中的热量损失太大，影响喷涂的硬泡聚氨酯的附着力，造成保温层脱落。

(5) 喷涂距离与角度掌握不合理，造成发泡质量不好，影响喷涂硬泡聚氨酯的附着力。

3. 预防措施

(1) 墙面施工孔洞用水泥砂浆修补完毕并验收合格。基层墙体基本干燥（含水率小于8%），表面必须清理干净，无油污和脱模剂等妨碍粘结的附着物，空鼓、疏松部位应剔除。墙面平整度控制在±5mm以下。如果基层偏差过大，应抹砂浆进行找平。喷涂硬泡聚氨酯施工前，应先刷一道聚氨酯防潮底漆。聚氨酯防潮底漆的性能指标应符合表28-8的要求。

聚氨酯防潮底漆性能指标 **表 28-8**

项次	项　目		单　位	指　标
1	原漆外观		—	淡黄至棕黄色液体，无机械杂质
2	施工性		—	涂刷无困难
3	干燥时间	表干	h	≤4
		实干	h	≤4
4	涂层从基层上脱离的抗性（干湿基层）		级	≤1
5	耐碱性		—	48h不起泡，不起皱，不脱落

(2) 喷涂硬泡聚氨酯的施工时环境温度及基层温度不应低于10℃、高于35℃。风力不大于4级，雨天不得施工。

(3) 喷涂硬泡聚氨酯施工时，应保持原料的温度（夏季黑料温度45℃，白料温度35℃；春秋季黑料温度65℃，白料温度45℃），当环境温度低于10℃时，应对黑白料桶进行补充加热。

(4) 喷涂硬泡聚氨酯施工时，控制喷枪与墙面夹角在70°～90°之间，喷枪与墙面间距保持在8～15mm为宜。

(5) 控制一次喷涂的厚度不超过10mm。

(6) 保证硬泡聚氨酯密度大于30kg/m³（贴面砖时密度应大于45kg/m³）。

4. 治理方法

(1) 已经发生保温层脱落的，应该将存在相同质量隐患的部位清除干净，然后按照预防措施的要求重新进行保温层施工。

（2）若保温层仅局部开裂较为严重，没有发生保温层空鼓、脱落，就只需对开裂部位的保温层修复，并恢复装饰面层即可。

28.4.2　硬泡聚氨酯保温层涂料饰面层开裂、起泡、脱落

1. 现象

硬泡聚氨酯保温层表面涂料饰面层在施工后或使用中开裂、起泡、脱落。

2. 原因分析

（1）保温层开裂，造成保温体系面层开裂。

（2）节点保温设计不合理，造成热变形应力集中，产生表面裂纹或深层裂缝。

（3）首层墙面、阳角和窗口处受撞击破坏开裂。

（4）喷涂硬泡聚氨酯达到要求厚度后，未及时进行界面处理，或直接在硬泡聚氨酯表面粉刷胶粉聚苯颗粒浆料找平层，影响保温层与找平层粘结效果，造成饰面层起泡、脱落。

（5）胶粉聚苯颗粒找平浆料、抗裂防护砂浆质量差，或在现场随意加水、加砂，拌好的砂浆被雨淋或高温大风环境直晒直吹，搁置时间过长后加水等，改变3级配合理性，极易在使用部位发生裂纹。

（6）低温或雨雪天气无防护措施强行施工，使粘结层浸水或受冻，改变了聚合物抹面砂浆性能，形成隐患，造成使用部位发生裂纹。

（7）聚合物抹面砂浆未完全达到终凝正常强度时，因水淋或失水过快产生裂纹，保护层因冻害不仅易发生表面裂纹，严重时会发生大量开裂现象。

（8）耐碱玻纤网格布面密度不足或经纬线不直，在面层胀缩过程中约束力不足，甚至产生“断线”，无法起到约束“筋”的作用，造成面层开裂。

（9）耐碱玻纤网格布采用对接、干搭接，搭边太少，紧贴基层，导致耐碱玻纤网格布不能与抗裂砂浆进行有效复合粘合，失去抗裂防护作用，影响变形应力传递及抗裂、抗冲击性能，易产生直而长的裂纹。

（10）硬泡聚氨酯保温层与保温浆料保温层衔接处，由于两种保温材料的线膨胀系数不一致，又未进行必要的构造处理，温度变化引起裂缝。

（11）不用柔性抗裂腻子找平涂料饰面产生龟裂，进而逐渐造成聚合物抹面砂浆层开裂。

（12）涂料弹性差，选用平涂方法，涂料收缩把漆膜拉裂。

（13）分格缝间距过大，分格缝用水泥素浆填缝、压光，必然会发生裂纹。

（14）外墙装饰构件固定不牢、移位，形成推拉作用，致使保温层局部空鼓或脱落。

（15）找平层、抗裂防护层含水率较高，装饰层透气性差，无法让水分透过涂料层渗出。

（16）在上一层腻子（涂料）还未干时直接涂抹下一道腻子（涂料），导致起泡、脱落。

3. 预防措施

（1）作好节点保温设计，避免造成热变形应力集中。

（2）喷涂硬泡聚氨酯达到要求的厚度后，约0.5h后即可涂刷聚氨酯界面剂，并且应

在4h内完成。聚氨酯界面剂的性能指标应符合表28-9的要求。

聚氨酯界面剂性能指标 **表28-9**

项次	项目	单位	指标	
1	容器中状态	—	搅拌后无结块，呈均匀状态	
2	施工性	—	涂刷无困难	
3	低温贮存稳定性	—	3次试验后，无结块、凝聚及组成物变化	
4	拉伸粘结强度（与水泥砂浆）	MPa	常温状态	≥0.70
			浸水7d	≥0.50
5	拉伸粘结强度（与聚氨酯）	MPa	常温状态	≥0.15且聚氯酯破坏
			浸水7d	≥0.15且聚氨酯破坏

(3) 找平层、抗裂防护层施工期间以及完工后24h内，基层及环境空气温度应不低于5℃。夏季应避免阳光暴晒。在5级以上大风天气和雨雪天不得施工。

(4) 使用质量合格的耐碱玻纤网格布，严禁耐碱玻纤网格布对接、干搭接，搭边应不少于50mm。首层墙面、门窗洞口和阳角部位应该铺贴双层耐碱玻纤网格布加强，洞口四角沿45°方向应加贴耐碱玻纤网格布。首层墙面阳角处设2m高金属护角。

(5) 使用质量合格的胶粉聚苯颗粒找平浆料、抗裂防护砂浆，其主要性能指标见表28-1。严格现场施工工艺。抹面砂浆应两遍成活，先抹底层砂浆2～3mm，将网格布压入砂浆中，要平整压实，严禁网格布皱褶。在底层抹面砂浆凝结前再抹一道抹面砂浆罩面，厚度1～2mm，仅以覆盖网格布、微见网格布轮廓为宜。面层砂浆切忌不停揉搓，以免形成空鼓。聚合物抹面砂浆未完全达到终凝正常强度时，防止浸水、受冻或失水过快产生裂纹。

(6) 找平腻子应使用透气性好、吸水性低的柔性抗裂腻子。上一层腻子（涂料）干燥后再进行下一道腻子（涂料）施工。

(7) 外墙外保温饰面使用透气性好、吸水性低的弹性涂料，涂料必须与外保温系统相容，其性能除应符合国家及行业相关标准外，还应满足表28-2的抗裂性要求。优先选用有凹凸花纹的浮雕涂饰方式，避免漆膜拉裂现象。

(8) 硬泡聚氨酯保温层与保温浆料保温层衔接处，合理留设变形缝，或设置镀锌四角网（丝径为0.9mm，孔径12.7mm×12.7mm，衔接处两边各100mm宽）进行加强处理。

(9) 分格缝间距不大于6m（参考图28-5），伸缩缝间距不大于10m（参考图28-6）。

(10) 保温层、抗裂防护层、装饰层在干燥前应防止水冲、撞击、振动。

4. 治理方法

参见28.2.3"保温浆料保温层涂料饰面层开裂、起泡、脱落"的治理方法。

28.4.3 面砖装饰层开裂、脱落

1. 现象

硬泡聚氨酯外墙外保温工程投入使用后，面砖装饰层出现开裂，进一步发展会造成面砖脱落，影响装饰和保温效果，造成墙面渗漏和房屋周围的安全隐患。

2. 原因分析

(1) 保温层脱落。

(2) 面砖粘贴施工期间环境温度过低，影响面砖与基层墙面粘结效果。

(3) 直接在保温层上粘贴面砖，违背柔性渐变抗裂原理，当环境温度变化大时，面砖与保温层变形量不一致，造成面砖脱落。

(4) 抗裂防护层、粘结层过厚（大于 20mm），致使浆料保温层表面负荷过重，造成脱落。

(5) 抗裂防护层过薄（小于 8mm），不能协调面砖的温度变形，造成脱落。

(6) 找平浆料、抗裂防护砂浆和面砖粘结砂浆质量差，或现场搅拌时随意添加含水量、含泥量太高的砂和低等级或安定性不合格的水泥，使找平抗裂砂浆、面砖粘结砂浆质量性能降低，造成面砖裂缝或脱落。

(7) 找平浆料、抗裂防护砂浆和面砖粘结砂浆存放时间过长或受潮初凝使其失效，使用时粘结强度降低，造成面砖脱落。

(8) 拌好的找平浆料、抗裂防护砂浆和面砖粘结砂浆被雨淋或高温大风环境直晒直吹，搁置时间过长后加水等，改变了级配合理性和技术性能，使找平抗裂砂浆、面砖粘结砂浆质量性能降低，造成面砖裂缝或脱落。

(9) 使用网格布代替钢丝网，或者钢丝网质量不合格，使抗裂防护层作用降低，造成面砖裂缝或脱落。

(10) 钢丝网未铺置在抗裂防护层中间位置，失去钢丝网的作用，使抗裂防护层作用降低，造成面砖裂缝或脱落。

(11) 锚栓施工不规范（拉拔力不足，间距太大），导致对钢丝网和抗裂防护层的约束力降低，不能有效地将面砖层荷载传导给主体墙分担，保温层因长期承受过大剪切荷载破坏，造成面砖脱落。

(12) 面砖质量不合格（重量过重、吸水率大、抗冻性差），经过几个冬夏循环后造成面砖裂缝或脱落。面砖吸水率大于 3%，在严寒和寒冷地区出现面砖装饰层冻胀破坏的可能性更大。

(13) 面砖粘结前未浸水，表面积灰，砂浆不易粘结，而且由于面砖吸水，把砂浆中的水分很快吸收，使粘结砂浆与砖的粘结力大为降低。面砖浸水后粘结前未擦干或晾干，粘结面形成水膜，削弱了粘结砂浆与面砖的粘结力。

(14) 面砖跨粘在两种不同的基层上，无有效措施解决胀缩应力作用，当环境温度变化大时，面砖与两种不同的基层变形不一致，造成面砖脱落。

(15) 面砖层伸缩缝设置不合理，当环境温度变化大时，形成胀缩破坏。

(16) 饰面砖接缝过小，当环境温度变化大时，面砖在温度应力作用下发生挤压，造成面砖脱落。

(17) 用普通砂浆进行面砖勾缝，面砖勾缝后不进行湿润养护，使灰缝收缩裂缝渗水，造成面砖脱落。面砖粘贴后不做勾缝处理而越冬，面砖灰缝在冬季进水冻胀，造成面砖脱落。

(18) 面砖粘结砂浆未固化时进行面砖勾缝，使面砖移位脱落。

(19) 地基不均匀沉降、地震力作用等引起结构物墙体变形、错位，造成墙体严重开裂，面砖脱落。

3. 预防措施

(1) 施工期间以及完工后 24h 内，基层及环境空气温度应不低于 5℃。夏季应避免阳光暴晒。在 5 级以上大风天气和雨雪天不得施工。粉抗裂防护层和粘贴面砖前，应该将基层清理干净，并洒水湿润。

（2）使用合格的找平浆料、抗裂防护砂浆和面砖粘结砂浆进行施工，抗裂防护层厚度宜控制在 8～12mm，粘结灰浆厚度控制在 3～5mm。保温层、抗裂防护层和面砖装饰层均应保湿养护 7d，方可进行后续施工。

（3）找平浆料、抗裂防护砂浆和面砖粘结砂浆现场搅拌时不得随意添加含水量、含泥量高的砂和低等级或安定性不合格的水泥。注意一次搅拌量的控制，每次的搅拌量以 2h 内使用完毕为准，回收的落地灰应在 3h 内回罐搅拌后使用完毕。

（4）采用丝径 0.9mm、孔径 12.7mm×12.7mm、含钢量 0.8kg/m^2 的热镀锌钢丝网。钢丝网应铺置在抗裂防护层中间位置。

（5）锚栓规格和拉拔力应符合设计要求，对于空心砖、轻质砌块等墙体应采取可靠的锚固措施。

（6）采用粘贴面带有燕尾槽的面砖，其性能指标除满足设计要求和《陶瓷砖》（GB/T 4100—2006）要求外，还应满足表 28-4 的要求。

（7）面砖粘结前应浸水湿润，浸水后粘结前应擦干或晾干。

（8）贴砖时背面打灰要饱满，粘结灰浆中间略高四边略低，粘贴时要轻轻揉压，压出的灰浆用铁铲剔除。面砖的垂直度及平整度应与控制面砖一致。面砖不得跨粘在两种不同的基层上。

（9）饰面砖拼缝宽度应大于 5mm。面砖勾缝应在面砖粘结砂浆固化 24h 后进行。勾缝应使用聚合物勾缝砂浆。面砖勾缝后应进行湿润养护 7d。严禁不做勾缝处理而越冬的施工现象发生。

（10）合理设置变形缝，在每层层间宜留水平伸缩缝，层间钢丝网应断开，抹灰时嵌入层间塑料分隔条或泡沫塑料棒，外表用建筑密封膏嵌缝（参考图 28-6）。垂直抗裂分格缝间距不大于 6m（参考图 28-5）。

4. 治理方法

参见 28.2.3“保温浆料外墙面砖装饰层开裂、脱落”的治理方法。

28.4.4 硬泡聚氨酯保温外墙内表面结露、发霉

1. 现象

硬泡聚氨酯外墙外保温工程投入使用后，外墙、顶层屋面与外墙交界处内表面发生结露、发霉现象。

2. 原因分析

（1）外墙保温层空鼓、裂缝、渗漏水形成局部热桥，降低了保温效果，造成外墙内表面结露、发霉。

（2）局部节点（女儿墙、门窗口侧面、装饰线、檐沟）未做保温，而用水泥砂浆等应付处理，形成热桥。

（3）局部保温层太薄，保温效果差。

（4）后续施工时破坏已完工的保温工程，形成热桥，造成外墙内表面结露、发霉。

3. 预防措施

（1）保温系统施工前，将脚手架洞口等施工孔洞填塞密实。

（2）修复保温层空鼓、裂缝和渗漏水点。

(3) 完善局部节点的保温处理，克服热桥效应。

(4) 保证保温层厚度，确保保温效果均匀有效。

(5) 注意保护已完工的墙体保温工程，如有损坏应及时修复。

4. 治理方法

参见 28.2.4“浆料保温外墙内表面结露、发霉”的治理方法。

28.5 机械固定单面钢丝网片岩棉板外墙外保温系统

28.5.1 机械固定单面钢丝网片岩棉板脱落

1. 现象

机械固定单面钢丝网片岩棉板外墙外保温系统在施工后或使用中脱落。

2. 原因分析

(1) 基层表面的平整度偏差过大，使单面钢丝网片岩棉板与基层靠紧，造成单面钢丝网片岩棉板固定不牢。

(2) 岩棉板未经过表面处理，密度低、质软、易分层，难于上墙固定，在面层荷载压力下保温层变形，造成脱落。

(3) 钢丝网架质量差，锈蚀或者变形大，不能约束岩棉板位移，造成保温板固定不牢。

(4) 锚栓设置不符合设计要求，使单面钢丝网片岩棉板与基层墙体固定不牢固，造成脱落。

(5) 未按规定设置底层托架，面层荷载过重，造成岩棉板变形、脱落。

3. 预防措施

(1) 基层墙体基本干燥（含水率小于 8%），平整度偏差应在±3mm 以内。表面平整度不符合要求时，可采用 1∶3 水泥砂浆找平。

(2) 岩棉板应经过强度、防水和粘结性能的表面处理，质量除满足设计要求外，还应满足表 28-10 的质量要求。

岩棉板质量要求 **表 28-10**

项次	项 目	单 位	适用建筑物高度	
			60m 以下	100m 以下
1	密度	kg/m^3	≥150	≥150
2	纤维平均直径	μm		4～7
3	渣球含量（颗粒直径＞0.25mm）	%	≤6.0	
4	有机物含量	%	≤4.0	
5	导热系数（70℃）	W/（m·K）	≤0.041	
6	吸湿率	%	≤1.0	
7	憎水率	%	≥98	
8	抗压强度（10%压缩量）	kPa	≥40	＞50
9	剥离强度	kPa	≥14	＞18

(3) 选用合格钢丝网架，除满足设计要求外，还应满足表 28-6 的质量要求。

(4) 锚栓设置间距和拉拔力应符合设计要求。

(5) 按设计规定设置底层承托件和层间承托件。

4. 治理方法

参见 28.3.1“现浇混凝土钢丝网架膨胀聚苯板脱落”的治理方法。

28.5.2 涂料饰面层开裂、起泡、脱落

1. 现象

机械固定单面钢丝网片岩棉板保温层表面涂料饰面层在施工后或使用中开裂、起泡、脱落。

2. 原因分析

(1) 岩棉板未经过表面处理，密度低、质软、易分层，难于上墙固定，在面层荷载压力下保温层变形，造成脱落。

(2) 钢丝网片紧贴聚苯板，未设置在水泥砂浆厚抹面层的中间，不能有效分散抹面层的各种变形应力，易造成面层开裂。

(3) 岩棉板和钢丝网片安装完毕后，不喷界面砂浆，直接在岩棉板上抹面层水泥砂浆，违背柔性渐变抗裂原理，当环境温度变化大时，抹面层开裂。

(4) 钢丝网片紧贴岩棉板，未设置在胶粉聚苯颗粒找平层的中间，不能有效分散抹面层的各种变形应力，易造成面层开裂。

(5) 节点保温设计不合理，造成热变形应力集中，产生表面裂纹或深层裂缝；首层墙面、阳角和窗口处受撞击破坏开裂。

(6) 低温或雨雪天气无防护措施，强行抹灰施工，使粘结层浸水或受冻，改变了聚合物抹面砂浆性能，造成使用部位发生裂纹。

(7) 胶粉聚苯颗粒找平浆料、抗裂防护砂浆质量差，或在现场随意加水、加砂，拌好的砂浆被雨淋或高温大风环境直晒直吹，搁置时间过长后加水等，改变其级配合理性，极易在使用部位发生裂纹；聚合物抹面砂浆未完全达到终凝正常强度时，因水淋或失水过快产生裂纹。

(8) 耐碱玻纤网格布面密度不足或经纬线不直，在面层胀缩过程中约束力不足，甚至产生“断线”，无法起到约束“筋”的作用，造成面层开裂。

(9) 耐碱玻纤网格布对接、干搭接，搭边太少，耐碱玻纤网格布紧贴基层，不能与抗裂砂浆进行有效复合粘合，失去抗裂防护作用，影响变形应力传递及抗裂、抗冲击性能，易产生直而长的裂纹。

(10) 岩棉板保温层与其他类型保温层衔接处，由于两种保温材料的线膨胀系数不一致，又未进行必要的构造处理，温度变化引起裂缝。

(11) 不用柔性抗裂腻子找平，使涂料饰面产生龟裂，进而逐渐造成聚合物抹面砂浆层开裂。

(12) 涂料弹性差，选用平涂方法，涂料收缩把漆膜拉裂。

(13) 分格缝间距过大，分格缝用水泥素浆填缝、压光，必然会发生裂纹。

(14) 外墙装饰构件固定不牢、移位，形成推拉作用，致使保温层局部空鼓或局部脱落。

（15）岩棉板未经过表面处理，防水性能差，在施工受潮后，装饰层透气性差，无法让水分透过涂料层渗出，造成涂料装饰层起泡、损坏。

（16）在上一层腻子（涂料）还未干时直接涂抹下一道腻子（涂料），导致起泡脱落。

3. 预防措施

（1）作好节点保温设计，避免造成热变形应力集中。

（2）选用经过强度、防水和粘结性能表面处理的岩棉板，质量应满足设计要求和表28-10的质量要求。

（3）岩棉板和钢丝网片安装完毕后，采用专用喷枪将配制好的界面砂浆均匀喷涂到岩棉板表面，确保岩棉板表面及钢丝网上均喷满界面砂浆，以增强岩棉板表面强度及防水性能和钢丝网的防腐性能。

（4）找平层、抗裂防护层施工期间以及完工后24h内，基层及环境空气温度应不低于5℃。夏季应避免阳光暴晒。在5级以上大风天气和雨雪天不得施工。若岩棉板在施工受潮后，应等待岩棉板干燥后再进行找平层、抗裂防护层施工。

（5）使用质量合格的胶粉聚苯颗粒找平浆料和抗裂防护砂浆。找平层浆料厚度宜控制在18～20mm。钢丝网架板的平面钢丝应该嵌固在找平层浆料中间。抹面砂浆应两遍成活，先抹底层抹面砂浆2～3mm，将网格布压入砂浆中，要平整压实，严禁网布皱褶。在底层抹面砂浆凝结前再抹一道抹面砂浆罩面，厚度1～2mm，仅以覆盖网格布、微见网格布轮廓为宜。面层砂浆切忌不停揉搓，以免形成空鼓。

（6）聚合物抹面砂浆未完全达到终凝正常强度时，防止浸水、受冻或失水过快产生裂纹。外墙面的窗口、门口的侧立面、上口、窗台等特殊部位要注意预留出抹胶粉聚苯颗粒保温浆料层的厚度，以确保上述部位的保温效果。找平层施工完成，湿养护7d后方可进行抗裂防护层及饰面层施工。

（7）使用质量合格的耐碱玻纤网格布，严禁耐碱玻纤网格布对接、干搭接，搭边应不少于50mm。门、窗口四角处的保温层上应首先用400mm宽耐碱玻纤网格布沿45°方向进行加强。沿门、窗四周，每边至少应设置3个锚固件，同时用“L”形网片进行包边。门、窗口角应用玻纤网格布包裹增强，包裹网格布单边宽度不应小于150mm。首层墙面阳角处设2m高金属护角。

（8）找平腻子应使用透气性好、吸水性低的柔性抗裂腻子。上一层腻子（涂料）干燥后再进行下一道腻子（涂料）施工。

（9）外墙外保温饰面使用透气性好、吸水性低的弹性涂料，涂料必须与外保温系统相容，其性能除应符合国家及行业相关标准外，还应满足表28-2的抗裂性要求。优先选用有凹凸花纹的浮雕涂饰方式，避免漆膜拉裂现象。

（10）岩棉板保温层与其他类型保温层衔接处，合理留设变形缝，或设置镀锌四角网（丝径为0.9mm、孔径12.7mm×12.7mm，衔接处两边各100mm宽）进行加强处理。

（11）伸缩缝间距不大于10m（参考图28-11a），分格缝间距不大于6m（参考图28-11b）。

（12）保温层、抗裂防护层、装饰层在干燥前应防止水冲、撞击、振动。

4. 治理方法

参见28.2.2“保温浆料保温层涂料饰面层开裂、起泡、脱落”的治理方法。

28.5.3 保温外墙内表面结露、发霉

1. 现象

钢丝网架膨胀聚苯板外墙外保温工程投入使用后，外墙、顶层屋面与外墙交界处内表面发生结露、发霉现象。

2. 原因分析

(1) 外墙保温层空鼓、裂缝、渗漏水形成局部热桥，降低了保温效果，造成外墙内表面结露、发霉。

(2) 岩棉板未经过表面处理，防水性能差；或者岩棉板表面在施工中被破坏，吸水率显著上升，保温性能降低，造成外墙内表面潮湿、结露、发霉。

(3) 施工期间连阴雨，空气湿度大，岩棉板受潮，保温性能降低。

(4) 局部节点（女儿墙、门窗口侧面、装饰线、檐沟）未做保温，而用水泥砂浆等应付处理，形成热桥。

(5) 后续施工时破坏已完工的保温工程，形成热桥，造成外墙内表面结露、发霉。

3. 预防措施

(1) 保温系统施工前，将脚手架洞口等施工孔洞填塞密实。

(2) 修复保温层空鼓、裂缝和渗漏水点。

(3) 选用经过强度、防水和粘结性能表面处理的岩棉板，质量应满足设计要求和表28-10的质量要求。岩棉板表面在施工中被破坏处，应补喷界面砂浆进行处理。

(4) 岩棉板在施工受潮后，应等待岩棉板干燥后再进行找平层、抗裂防护层施工。抗裂防护层施工完成7d，等找平层、抗裂防护层干燥后再进行饰面层施工。

(5) 当基层和保温层内湿度超标又必须赶工时，可参考图28-7在保温墙面上增设排气孔。

(6) 完善局部节点的保温处理，克服热桥效应。

(7) 注意保护已完工的墙体保温工程，如有损坏，应及时修复。

4. 治理方法

参见28.2.4“浆料保温外墙内表面结露、发霉”的治理方法。

28.6 保温砌块外墙

28.6.1 保温砌块墙体裂缝

1. 现象

保温砌块墙体在施工后或使用中出现裂缝。

2. 原因分析

(1) 采用非蒸压硅酸盐砌块及非蒸压加气混凝土砌块，砌块稳定性差，墙体变形、开裂。

(2) 现浇混凝土结构与砌块填充墙施工间隔时间过短，混凝土结构收缩造成砌块填充墙开裂。

(3) 砌块存放时间过短，砌块墙体后期收缩造成砌块填充墙开裂。

(4) 混凝土结构与砌块填充墙导热系数、线膨胀系数有差异，温度变形速度差异大，

造成混凝土结构与砌块填充墙之间有较大的温度应力，以致产生温度裂缝。

（5）砌块夹心保温复合墙的内、外叶墙拉结不合理，温度变形不一致，造成砌块夹心保温复合墙开裂。

3. 预防措施

（1）不得采用非蒸压硅酸盐砌块及非蒸压加气混凝土砌块。

（2）加气混凝土砌块出釜后存放应不少于28d，混凝土空心砌块存放不少于90d后，才可以砌筑墙体。

（3）控制构造柱间距≤3m（图28-14）。顶层和底层的外窗下、每层墙高的中部增设通长的现浇钢筋混凝土腰梁，厚度为120mm，宽度与砌体同，纵筋不少于4Φ10，箍筋Φ6@200，混凝土强度等级不小于C20。门窗洞口应采取钢筋混凝土边框加强，当构造柱与门窗洞口的钢筋混凝土边框距离较近时可合并设置。蒸压加气混凝土砌块砌体无约束的端部必须增设构造柱，减轻蒸压加气混凝土砌块砌体承受不均匀荷载产生开裂的可能性。

（4）砌块夹心保温复合墙的内、外叶墙应设置可调节变形的拉结件（图28-15）。外叶墙应根据块体材料固有特性设置控制缝。

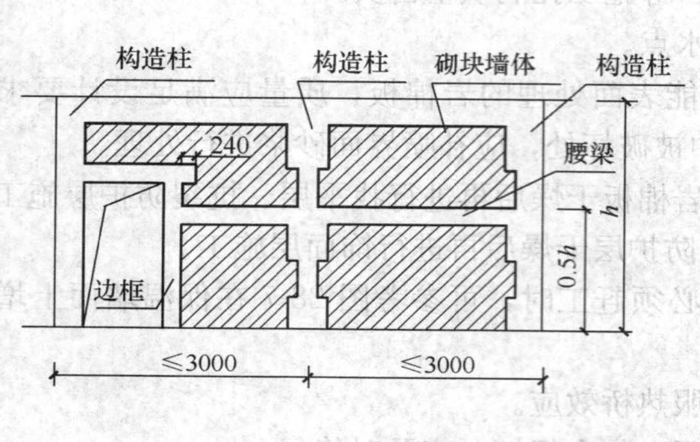

图28-14　构造柱、腰梁设置

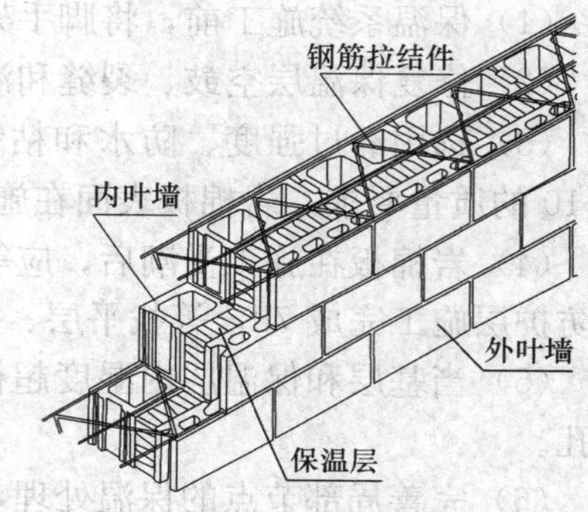

图28-15　夹心保温复合墙的内、外叶墙拉结示意

（5）现浇混凝土结构的填充墙应在主体结构浇筑完成28d后开始砌筑。

（6）框架填充墙顶处预留的间隙宜在墙体砌筑15d后封堵。

（7）在砌块墙体上开槽、打孔应使用专用机具切割或电钻钻孔，不得直接手工剔凿或敲击。

4. 治理方法

（1）由于砌块稳定性不合格的填充墙，应拆除后重新砌筑。

（2）由于混凝土结构的填充墙变形不一致、施工振动造成的墙体裂缝，应根据造成裂缝的不同性态，按相关技术标准采取可靠的修补方法。墙体修补的范围及形状应根据修补材料模数、性能及修补后的外观质量确定。对待修补的基层面应进行预处理。墙体修补后应根据修复材料的特性进行养护。

28.6.2　抹灰面层开裂、脱落

1. 现象

保温砌块墙体的面层在施工后或使用中出现开裂、脱落。

2. 原因分析

（1）保温砌块墙体出现裂缝。

（2）砌体与抹灰砂浆导热系数、线膨胀系数有差异，温度变形速度差异大，造成砌体与抹灰砂浆之间有较大的温度应力，以致产生温度裂缝。

（3）砌体表面污染或过于干燥，妨碍抹灰砂浆粘贴效果，造成面层开裂、脱落。

（4）抹灰砂浆的刚度、强度、密实度过大，阻碍了温度应力的释放。

（5）砌块填充墙与抹灰施工间隔时间过短，砌块填充墙收缩，造成面层开裂。

3. 预防措施

（1）消除保温砌块墙体出现裂缝的隐患。

（2）墙体抹灰宜在墙体砌筑完成60d后进行，最短不应少于45d。

（3）面层抹灰施工宜在环境空气温度5～30℃期间进行。夏季应避免阳光暴晒。抹灰完成后5～7d内应进行防风湿养护。

（4）做好墙面基层的处理，浇适量的水，再喷一层界面砂浆封闭加气混凝土墙面上的部分气孔，以及增强抹灰砂浆与加气混凝土墙面的粘结能力。

（5）外墙面粉刷应优先使用抗裂砂浆压耐碱玻璃纤维网布进行防裂处理，对于加气混凝土内墙面，可选用专用的内墙抹灰砂浆或粉刷石膏进行抹灰。

（6）在混凝土结构与砌块填充墙交界处敷设钢丝网片（钢丝的直径≥1.0mm，网孔20mm×20mm），钢丝网片在交界处两边的敷设应不少于50mm。粉刷时，钢丝网片应嵌固在抹面层砂浆中间。

（7）合理设置变形缝，间距不应大于6m，缝的深度应大于0.5倍粉刷面层厚度。

（8）加气混凝土墙面上不得留有脚手架眼。

（9）使用抗裂柔性耐水腻子及弹性涂料进行饰面层处理。

4. 治理方法

（1）因保温砌块墙体出现裂缝引起的表面开裂、脱落，应先将保温砌块墙体裂缝治理后，再进行表面质量问题的处理。

（2）其他表面裂缝的处理参见28.2.2“保温浆料保温层涂料饰面层开裂、起泡、脱落”的治理方法。

28.7 混凝土保温幕墙

28.7.1 内置保温板位移过大

1. 现象

现浇混凝土保温幕墙拆模后发现内置保温板位移过大，如果外移过多，混凝土幕墙面板厚度将不能满足设计要求或者露筋，不能起到对保温板的保护作用，同时还影响竖向承重结构的厚度，降低了结构的安全度。

2. 原因分析

（1）混凝土幕墙面板薄（50～60mm），使用混凝土骨料粒径过大，无法浇筑，造成混凝土幕墙面板出现露筋或厚度偏差大。

（2）保温板安装时，定位垫块厚度偏差大，设置位置和间距不合适，造成浇筑混凝土时保温板位移超过标准要求。

（3）浇筑混凝土时，保温板两侧混凝土高差过大。

（4）混凝土浇筑时，振捣棒碰触保温板及定位垫块，造成保温板在浇筑混凝土过程中移位、变形。

3. 预防措施

（1）控制混凝土骨料粒径和坍落度，混凝土幕墙面板（外侧）采用骨料粒径 5～10mm，坍落度 200～250mm 的细石混凝土浇筑；竖向承重结构（内侧）采用坍落度 160～200mm 的普通混凝土浇筑。

（2）定位垫块厚度应符合内、外侧混凝土的厚度，垫块间距应小于 600mm，内、外侧垫块位置应该对应。

（3）混凝土浇筑时，应及时观测保温板两侧混凝土的高差，严格控制在 400mm 以内。

（4）混凝土浇筑时，振捣棒不得碰触保温板及定位垫块，防止保温板在浇筑混凝土过程中移位、变形。

4. 治理方法

（1）保温板外移，可以经过抹细石混凝土进行修补，应保证混凝土幕墙面板的厚度不少于 40mm，面板钢筋在细石混凝土面板的中间位置。

（2）保温板内移超过 15mm，应先征求设计单位的意见，再采取相应补强加固措施。

28.7.2　混凝土幕墙面板裂缝、脱落

1. 现象

混凝土幕墙面板在施工后或使用中出现裂缝、脱落。

2. 原因分析

（1）未按规定设置面板变形缝，面板混凝土收缩造成不规则裂缝。

（2）面板混凝土内部骨料过少，收缩量太大，造成不规则裂缝。

（3）面板钢筋不在细石混凝土面板的中间位置，在外部荷载作用下承载力不足，造成面板开裂。

（4）混凝土养护不好，混凝土收缩量加大，造成不规则裂缝。

（5）混凝土幕墙连接件与面板内钢筋连接不牢固，在外部荷载作用下承载力不足，面板与主体结构脱离，造成脱落。

3. 预防措施

（1）在混凝土保温幕墙的混凝土面板上设置缩缝和涨缝。缩缝间距不应超过 4m，缩缝的构造作法见图 28-16（a），缩缝的切缝深度不应切断混凝土面板内钢筋；涨缝间距不应超过 20m，涨缝的构造作法见图 28-16（b），涨缝边沿 50～100mm 范围内应设置连接件。

（2）保证面板混凝土内部骨料不少于混

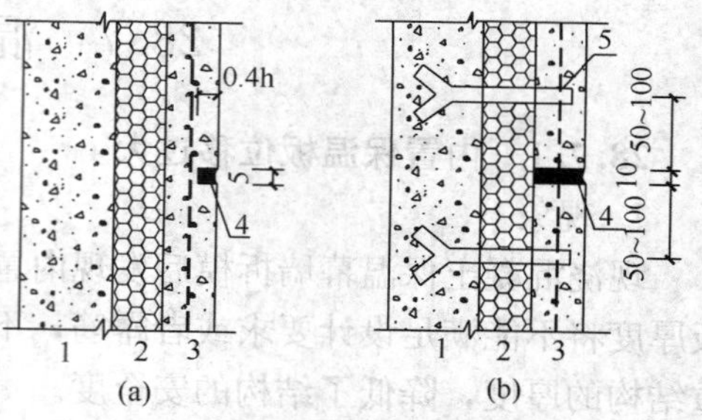

图 28-16　面板变形缝作法

（a）缩缝构造；（b）涨缝构造

1—幕墙基层；2—保温层；3—混凝土面板；4—密封胶；5—连接件

凝土体积的45%。

（3）后置混凝土保温幕墙在保温板和钢筋安装完成后，进行混凝土涂抹。混凝土涂抹分两次成活，第一次混凝土涂抹厚度以能够覆盖钢筋焊接网为宜；待混凝土初凝前，进行第二次混凝土涂抹，厚度以20mm为宜。第二次混凝土涂抹后，应及时收面抹光。保证面板钢筋在细石混凝土面板的中间位置。

（4）混凝土湿养护不少于7d。

（5）混凝土幕墙连接件与面板内钢筋必须可靠连接。

4. 治理方法

（1）当裂缝宽度小于0.5mm，长度小于200m，密度超过2条/$10m^2$，可以不用修缮。

（2）当裂缝宽度大0.5mm，长度超过200mm时，可以对裂缝进行罐浆封堵。

（3）若因面板钢筋与连接件连接不牢固造成面板脱落，应重新将面板钢筋与连接件连接牢固后恢复混凝土幕墙的面板。

（4）漆膜起泡，可用砂纸打磨平整，再补面漆。

（5）因涂料透气性不好，造成较严重的面层起泡时，必须将漆膜铲除干净，更换透气性好、吸水性低的腻子和高分子弹性涂料重新涂装。

28.8 外墙外保温系统施工防火

28.8.1 外墙外保温系统在施工时发生火灾

1. 现象

外墙外保温系统在施工过程中发生火灾。

2. 原因分析

（1）易燃保温材料进场后管理不严格，保温材料被引燃。

（2）施工中火源管理不严格，引燃可燃物。

（3）现场缺少消防灭火器材，火灾初起时，不能及时灭火。

3. 预防措施

（1）建立施工防火制度和组织机构，对现场施工人员进行消防安全知识教育并定期进行火灾救援演练。

（2）保温材料进场后，应远离火源。露天存放时，应采用不燃材料完全覆盖。

（3）需要采取防火构造措施的外保温材料，其防火隔离带的施工应与保温材料的施工同步进行。

（4）可燃、难燃保温材料的施工应分区段进行，各区段应保持足够的防火间距，并宜做到边固定保温材料边涂抹防护层。未涂抹防护层的外保温材料高度不应超过3层。

（5）电焊等涉及火源的工序应在保温材料铺设前进行。确需在保温材料铺设后进行的，应在电焊部位的周围及底部铺设防火毯等防火保护措施。

（6）不得直接在可燃保温材料上进行防水材料的热熔、热粘结法施工。

（7）施工用照明等高温设备靠近可燃保温材料时，应采取可靠的防火保护措施。

（8）聚氨酯等保温材料进行现场发泡作业时，应避开高温环境。施工工艺、工具及服装等应采取防静电措施。

(9) 施工现场应设置室内外临时消火栓系统，并满足施工现场火灾扑救的消防供水要求。

(10) 外保温工程施工作业工位应配备足够的消防灭火器材。

(11) 既有建筑进行节能改造施工时，若建筑物使用者不撤离，应该分区域施工，除遵守上述预防措施外，尚应将施工分区的窗洞口用防火毯遮盖（图 28-17）。

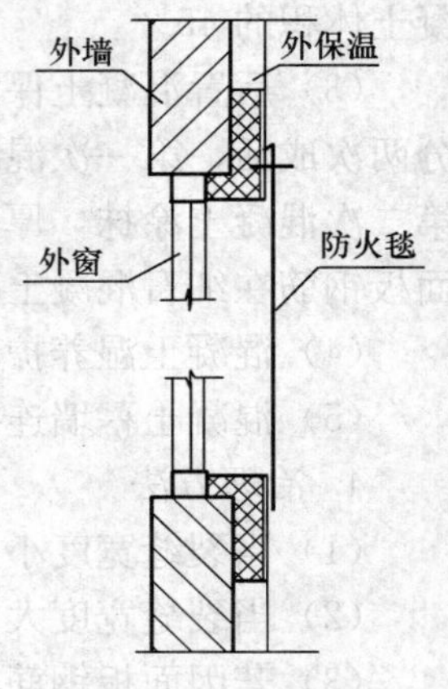

图 28-17　遮盖窗洞口

4. 治理方法

(1) 现场发生火灾，应该及时组织进行灭火。

(2) 火势过大，应该立即通知消防队，并派人到主要路口引领消防车进场救援。

(3) 火灾扑灭后，应该查找原因，对相关人员进行教育，采取补救措施。

28.8.2　外墙外保温系统在使用时发生火灾

1. 现象

外墙外保温系统在使用时发生火灾。

2. 原因分析

(1) 有火源、热源等火灾危险源。

(2) 外墙外保温系统附近堆放有可燃物。

(3) 外墙外保温系统的耐火极限过低，无法抵抗火灾的侵害和阻止本身建筑火势的进一步蔓延。

3. 预防措施

(1) 采用外墙外保温系统的建筑，其基层墙体耐火极限应符合现行防火规范的有关规定。

(2) 住宅建筑的外墙外保温系统应符合下列规定：

1) 建筑物高度大于等于 100m，其保温材料的燃烧性能应为 A 级；

2) 高度大于等于 60m 小于 100m 的建筑，其保温材料的燃烧性能不应低于 B2 级，当采用 B2 级保温材料时，每层应设置水平防火隔离带；

3) 高度大于等于 24m 小于 60m 的建筑，其保温材料的燃烧性能不应低于 B2 级，当采用 B2 级保温材料时，每两层应设置水平防火隔离带；

4) 高度小于 24m 的建筑，其保温材料的燃烧性能不应低于 B2 级，当采用 B2 级保温材料时，每三层应设置水平防火隔离带。

(3) 其他民用建筑应符合下列规定：

1) 高度大于等于 50m 的建筑，其保温材料的燃烧性能应为 A 级；

2) 高度大于等于 24m 小于 50m 的建筑，其保温材料的燃烧性能应为 A 级或 B1 级，其中，当采用 B1 级保温材料时，每两层应设置水平防火隔离带；

3) 高度小于 24m 的建筑，其保温材料的燃烧性能不应低于 B2 级；其中，当采用 B2 级保温材料时，每层应设置水平防火隔离带。

(4) 外保温系统应采用不燃材料作防护层，防护层应将保温材料完全覆盖。建筑物首层的防护层厚度不应小于 6mm，其他层不应小于 3mm。首层墙面以及门窗口等易受碰撞部位的抗冲击性应达到 10J 级；建筑物 2 层以上墙面等不易受碰撞部位的抗冲击性应该达到 3J 级。

(5) 建筑外保温系统的日常使用时应符合下列规定：

1) 与外墙和屋顶相贴邻的竖井、凹槽、平台等，不应堆放可燃物。

2) 火源、热源等火灾危险源与外墙、屋顶应保持一定的安全距离，并应加强对火源、热源的管理。

3) 不宜在采用外保温材料的墙面和屋顶上进行焊接、钻孔等施工作业。确需施工作业的，应采取可靠的防火保护措施，并应在施工完成后，及时将裸露的外保温材料进行防护处理。

4) 电气线路不应穿过可燃外保温材料。确需穿过时，应采取穿管等防火保护措施。

4. 治理方法

(1) 现场发生火灾，应及时组织进行灭火。

(2) 火势过大，应立即通知消防队，并派人到主要路口引领消防车进场救援。

(3) 火灾扑灭后，应该查找原因，消除预防措施所涉及的火灾隐患。

29 轻质隔墙工程

本章中隔墙系指建筑房屋分室、分户的固定式非承重墙。多用于公共建筑内不同使用功能厅、室的分隔及住宅中厨房、卫生间、阳台等部位。隔墙应满足相应的建筑热工、防潮、防水、隔声、防火等功能要求，并为建筑保温层、防水层、装饰层等提供良好的基层，为门窗、管道及家具等提供可靠的安装固定点。

隔墙按构造分类可分为板材式、骨架式和砌块式三大类。目前常用于隔墙的材料有轻骨料混凝土墙板、加气混凝土墙板、预制钢筋混凝土或GRC墙板、石膏圆孔墙板、水泥木丝板、轻钢龙骨石膏板或硅钙板、蒸压砖、蒸压加气混凝土砌块、轻集料混凝土空心砌块、石膏砌块等。目前我国的墙体材料大致可划分为淘汰型、过渡型和发展型，墙体材料的选用必须遵照国家和地方有关禁止或限制使用的规定。

隔墙工程是建筑工程中的重要组成部分，其质量缺陷不仅牵涉到安全问题，也直接影响建筑使用功能，给使用及居住人带来直接的不良影响。近年隔墙工程质量问题较多，“歪、渗、裂”等现象严重，应采取综合性的措施预防不同构造、不同材料的隔墙的质量通病，并进行治理，以保证隔墙工程的质量。

29.1 轻骨料混凝土板隔墙

轻骨料混凝土板以轻骨料混凝土为主要材料，板两面布有冷拉钢丝、钢丝网架或玻纤网等增强材料，采用挤压成型或立模成型等工艺机制，具有重量轻、强度高、便于安装等特点。轻集料混凝土板包括钢丝增强轻骨料混凝土空心条板、钢网架增强轻骨料混凝土空心条板、玻纤网增强轻骨料混凝土空心条板、玻纤网和钢丝网双增强的轻骨料混凝土空心条板等，目前在多层及高层住宅的室内、走廊及楼梯隔墙中用量较大。它们都以轻集料混凝土为主要材料，构造及安装方式相近，其施工质量通病也类同。

29.1.1 墙面不平整

1. 现象

板材接缝处高低不平，隔墙表面平整度偏差超出允许范围。

2. 原因分析

板材不规矩，安装工艺不得当，安装后产生翘曲变形等。

3. 防治措施

（1）使用挤压成型加工工艺时，要严格控制平台的平整度，在板材切割时要一次成型；使用立模成型加工工艺时，要加强对模板平整度的检查，对于变形的模板及破损的模板要及时更换，加工后要保证板材的养护期，在未完成养护前严禁运至施工现场使用。

（2）隔板和配套材料进场时，应由专人验收，将不平整、厚度超偏差及发生变形的隔板挑出，隔板表面的平整度偏差不应大于2mm，厚度偏差不应大于1mm。

(3) 隔板堆放时应放置垫木，并宜侧立堆放，高度不应超过两层，存放时避免被水淋湿、浸泡，隔板在运输及吊装过程中应使用专用吊具轻放。

(4) 安装前应在结构顶板、墙和地面弹好位置线，安装时以线为准，接缝处应顺平，不得有错台，门窗洞口两侧的隔板应顺直。

(5) 隔板与混凝土等其他材料墙体交界部位，应注意预留面层厚度。

29.1.2 隔墙产生裂缝

1. 现象

隔板与结构连接处、隔板与隔板接缝处出现裂缝。

2. 原因分析

(1) 隔板与结构连接不牢固。

(2) 隔板间嵌缝料质量不好、配合比不当或一次搅拌过多，使用时已凝结，粘结强度降低，影响接缝质量。隔板的吸水率偏高，嵌缝料失永收缩开裂。

(3) 由于隔板有一定的干缩率（≤0.6mm/m），当含水率变化且墙体较大时，干燥收缩等变形较大，隔板竖向接缝张开，在饰面层产生裂缝。

(4) 墙板受冲击或装修后吊挂重物等，隔板竖向接缝张开，在饰面层产生裂缝。

3. 防治措施

(1) 与结构构件连接时，在隔板拼缝处的上端，预先用射钉枪或用Φ6胀管螺钉将U形钢卡固定在结构上，使相邻两块隔板出一个U形钢卡固定住。90mm及以下厚度隔板用厚度为1.2mm钢卡，90mm以上厚度隔板用厚度为1.5mm钢卡。

(2) 清理与隔板接触的地面、顶面、墙体的砂浆等杂物，安装前清除板侧面浮灰，刷一遍界面剂后在板侧及顶端满刮胶粘剂。安装时板缝不得大于7mm，胶粘剂应填满板缝并挤实。

(3) 隔板安装完毕后，在24h左右用C20干硬性细石混凝土将板的底部填塞密实，待3d后、混凝土强度达到10MPa以上时，撤出木楔用同强度等级细石混凝土将木楔留下的空洞填实。

(4) 板缝连接处满刮涂一层嵌缝料，厚度宜为2～3mm，将嵌缝带粘结到板缝外，用抹子将嵌缝带压入到嵌缝料中，用嵌缝料将板面找平。板间缝采用50～100mm宽的嵌缝带，板与主体结构墙面或与门窗洞口连接处采用100～200mm嵌缝带。7d后，检查板缝是否有裂缝出现，并进行修补。

(5) 嵌缝料的质量要求，见表29-1。

嵌缝料的质量要求 **表29-1**

项次	项目		质量要求
1	拉伸胶黏强度（MPa）	常温14d	≥1.0
		耐水14d	≥0.7
2	压剪胶黏强度（MPa）	常温14d	≥1.5
		耐水14d	≥1.0
3	抗压强度（MPa）	14d	≥5.0
4	抗折强度（MPa）	14d	≥2.0
5	收缩率（%）		≤0.3
6	可操作时间	≥2h	

(6) 嵌缝带用于板缝之间嵌缝的增强材料，分为耐碱型涂塑玻璃纤网格布和聚酯无纺布两类，其性能要求见表29-2。

嵌缝带的性能要求 表29-2

项次	项目	宽度(mm)	单位面积重(g/m^2)	涂覆量(%)	厚度(mm)	抗拉强度(N/50mm)		延伸率(%)	
						纵向	横向	纵向	横向
1	玻纤Ⅰ	100/50	160	≥8	—	>750	>750	≥2	≥2
2	玻纤Ⅱ	100/50	160	≥8	—	>1000	>1000	≥2	≥2
3	聚酯Ⅰ	100/50	100	—	0.4	>280	>260	>20	>20
4	聚酯Ⅱ	100/50	120	—	0.5	>320	>300	>20	>20
5	聚酯Ⅲ	100/50	140	—	0.6	>350	>330	>20	>20

29.1.3 隔墙表面沿管线槽开裂

1. 现象

隔板面层装修完成后，在管线开槽的位置出现可见裂缝。

2. 原因分析

在隔板内埋设管线时随意切槽，破坏条板，导致强度下降；切割管槽后，该部位的封堵及表面处理不当。

3. 防治措施

(1) 埋设电线管和线盒时，按图找准位置，划出定位线，要安装的电线管应顺隔板的板孔埋设，不得横向或斜向切槽埋设。

(2) 安设水暖、煤气管道卡时，按图找准位置，划出管卡定位线，在隔墙板上钻孔和扩孔，不得剔凿。

(3) 隔板需要开洞(孔)时，应在隔板安装7d后，用电钻钻孔或专业机械切割，不得剔凿。

(4) 开槽(洞)部位应采用掺加聚合物胶粘剂的水泥砂浆分层填实，表面用嵌缝料及加宽嵌缝带进行处理。

附录29.1 轻骨料混凝土隔墙板施工质量标准和检验方法
(引自《轻骨料混凝土隔墙板施工技术规程》DB11/T491—2007)

1. 主控项目

(1) 隔墙安装允许偏差见附表29-1。

轻骨料混凝土隔墙安装允许偏差 附表29-1

项次	项　目	允许偏差(mm)	检验方法
1	表面平整	3	用2m靠尺和塞尺检查
2	立面垂直	4	用2m垂直检测尺检查
3	接缝高差	2	用钢直尺和塞尺检查
4	阴阳角方正	3	用直角检测尺检查
5	门窗洞口	4	用直尺检查

（2）轻骨料混凝土隔墙板其四周的连接应牢固，面层应平整，不得有起皮、掉角，不得露出嵌缝带，不得出现裂缝。

2. 一般项目

（1）板间拼缝宽为5mm，板必须用专用胶粘剂、嵌缝料和嵌缝带处理，胶粘剂应挤实、粘牢。嵌缝带用嵌缝料粘牢、刮平，不得出现毛刺、露网。

（2）阴阳角处的嵌缝带搭接宽度应大于100mm。

（3）门窗洞口与板的间隙用胶粘剂填实，并用嵌缝带增强处理。

（4）装好后墙面腻子应刮平整，表面无裂缝、起皮等现象。

29.2 蒸压加气混凝土条板隔墙

蒸压加气混凝土条板是以水泥、石灰、砂或粉煤灰为主要原料，以铝粉或铝膏为化学发泡剂，内配经防锈处理的钢筋网片，采用蒸压养护而成的板材。其密度较一般水泥质材料小，具有良好的防火、隔声、隔热、保温等性能，可用于工业与民用建筑隔墙工程。

29.2.1 隔墙板与结构连接不牢

1. 现象

条板与结构连接处的粘结砂浆不饱满、有干缝，加外力后易松动摇晃。

2. 原因分析

（1）粘结砂浆原材料质量不好，配合比不当；或一次搅拌过多，使用时已凝结，降低了粘结强度。

（2）粘结面有浮尘杂物，粘结砂浆涂抹不均匀、不饱满。

（3）板本身干燥，吸水率大，造成粘结砂浆失水。

（4）未按工艺要求安装操作。

3. 防治措施

（1）条板与结构连接的钢卡、钢板预埋件等的设置应符合设计要求，钢卡的厚度不小于1.5mm，条板与顶板接缝处钢卡间距不大于600mm，与墙柱接缝处钢卡间距不大于1000mm。使用射钉等应固定牢，普通钢卡表面应做防锈处理，钢卡见图29-1。

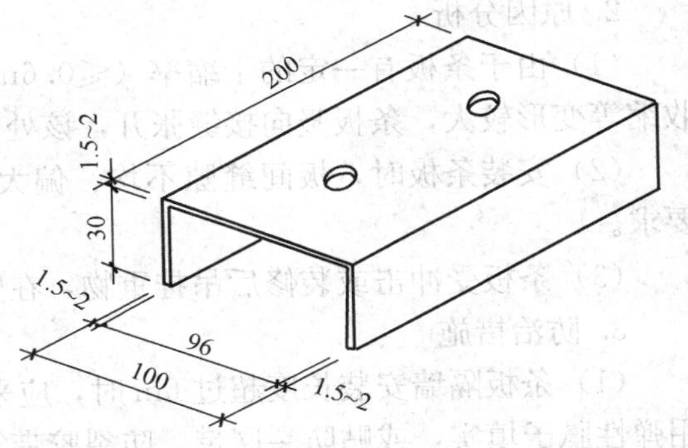

图29-1 固定条板钢卡示意

（2）条板下端与楼地面结合处应留出安装空间，用三角形硬木楔顶紧后填入1：3水泥砂浆。当安装空间大于30mm时应填入C20干硬性细石混凝土，待砂浆或细石混凝土不少于3d，具有一定强度后撤除木楔，空隙处用同等级的砂浆或细石混凝土填实，见图29-2。

（3）条板上端安装前应进行检查，用钢丝刷将浮尘、碎渣清理干净，用毛刷蘸水稍加湿润，把粘结砂浆涂抹在粘结面上，然后将板立于预定位置，用撬棍将板撬起，挤出粘结砂浆，使板顶与结构面粘结严密。

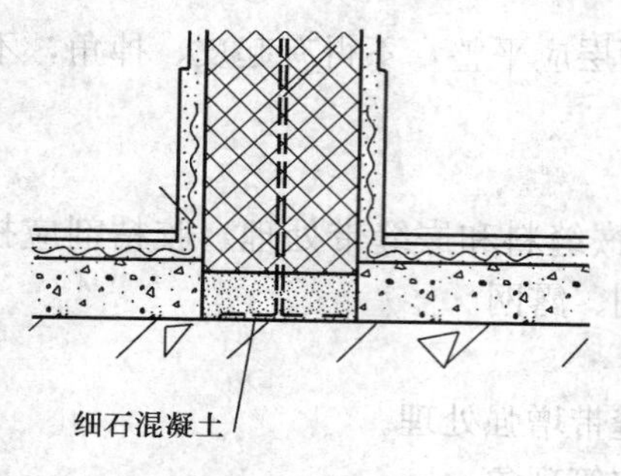

图 29-2　条板与楼板结合处作法示意

(4) 安装好加气混凝土条板要防止碰撞、水浸泡等，做好成品保护工作。

29.2.2　隔墙表面不平整

1. 现象

条板表面平整度超出允许偏差，有较明显的侧弯，在条板接缝处、门洞口两侧等部位有明显的错台。

2. 原因分析

(1) 条板质量差，不平整，厚度及侧向弯曲等超出允许偏差，或运输存放时发生弯曲变形。

(2) 条板材质及工艺有问题，加气混凝土的基本性能不符合要求，安装后因潮湿及荷载等产生较大变形。

(3) 安装时未跟线。

3. 防治措施

(1) 条板和配套材料进场时，应由专人验收，注意检查条板的平整度、裂缝等关键项目，条板表面平整度偏差不应大于 2mm，厚度偏差不应大于 1mm。不合格的条板和配套材料不得进场使用，不得使用非蒸压养护的加气混凝土条板。

(2) 条板堆放时应放置垫木，并宜侧立堆放，高度不应超过两层，存放时避免被水淋湿、浸泡，条板在运输及吊装过程中应使用专用吊具轻放。

(3) 安装前应在顶板、墙和地面弹好位置线，安装时以线为准，接缝要求顺平，不得有错台，门窗洞口两侧条板必须顺直。

29.2.3　隔墙板之间出现裂缝

1. 现象

面层装修后，沿条板间接缝处出现竖向裂缝。

2. 原因分析

(1) 由于条板有一定的干缩率（≤0.6mm/m），当含水率变化且墙体较大时，因干燥收缩等变形较大，条板竖向接缝张开，该处饰面层产生裂缝。

(2) 安装条板时，板间缝隙不均、偏大，接缝处的粘接材料及防裂处理工艺不符合要求。

(3) 条板受冲击或装修后吊挂重物，在竖向接缝处的饰面层产生裂缝。

3. 防治措施

(1) 条板隔墙安装长度超过 6m 时，应采取加强防裂措施，如间断预留伸缩缝，后期用弹性腻子填实，或贴防裂网带、防裂胶带等加强处理。

(2) 条板安装时含水率不应超过 10%，干燥地区不应超过 8%。

(3) 条板接缝的密封、嵌缝、粘结及防裂增强材料，应提供质量证明文件，并按产品说明书配套使用。

(4) 条板接缝处满刮专用粘结砂浆后应挤实，板缝宽度不大于 10mm，条板间接缝表面用专用砂浆打底后粘贴 50mm 宽耐碱涂塑玻纤网格布，用专用砂浆刮平，见图 29-3。条板与墙柱的接缝及条板转角表面，用专用砂浆打底后粘贴耐碱涂塑玻纤网格布，每边 100mm 宽以上，并用专用砂浆刮平。

（5）条板上需开槽、开孔及安装吊挂时，按设计要求进行加固，条板上应避免开水平槽，不得开穿透的洞口。

（6）安装好加气混凝土条板要防止碰撞、冲击等，做好成品保护工作。

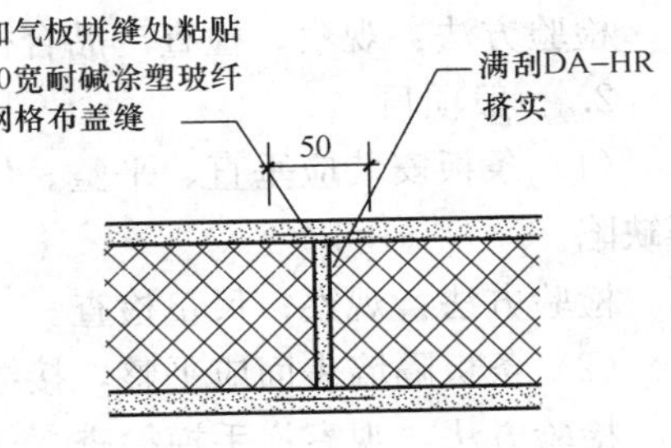

图 29-3 条板接缝处理作法示意

29.2.4 门框不牢固

1. 现象

门框松动，门框与条板间的塞灰出现裂缝并陆续脱落。

2. 原因分析

（1）门框侧面及上方的条板与结构连接不牢固。

（2）门框与条板的固定连接做法不合理，门框固定点距离过大。

（3）门框两侧条板位置不准确，门框与条板的间隙过大，塞灰收缩造成开裂脱落。

3. 防治措施

（1）门框侧面及上方的条板与结构应连接牢固，并按设计要求加固。

（2）安装门框两侧条板前，应进行排板并弹出洞口线，门洞口两侧的条板应无破损、裂缝等。门框周围间隙不超过 10mm。

（3）门框安装应在条板安装 7d 后进行。门框应固定在预埋木砖上；或在条板上钻 $\phi34$ 孔，用粘结砂浆将 $\phi30$ 防腐木楔钉入孔内。门框每侧应不少于 3 个固定点，见图 29-4。

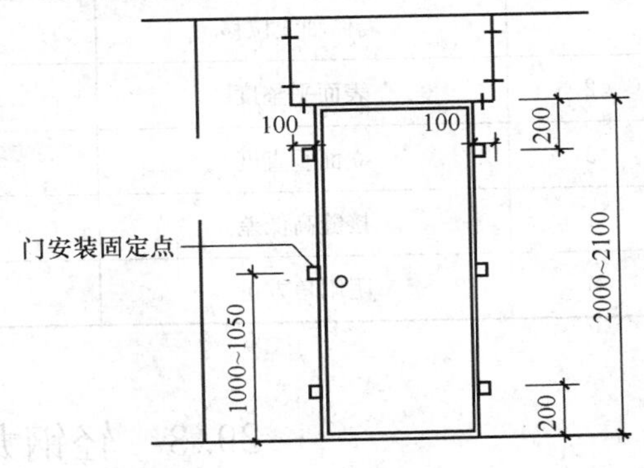

图 29-4 条板隔墙门框固定点示意

（4）门框塞灰应密实，表面用弹性嵌缝剂，或加盖条收口。

（5）门框安装后应避免碰撞破坏，做好成品保护工作。

附录 29.2 蒸压加气混凝土条板隔墙施工质量标准和检验方法（引自《建筑轻质条板隔墙技术规程》JGJ/T 157—2008）

1. 主控项目

（1）隔墙条板的品种、规格、性能、外观应符合设计要求。有隔声、保温、防火、防潮等特殊要求的工程，材料应有满足相应性能等级的检测报告。

检验方法：观察；检查产品合格证书、进场验收记录和性能检测报告。

（2）条板隔墙安装所需的预埋件和连接件的位置、规格、数量以及连接方法应符合设计要求。

检验方法：观察；尺量检查；检查隐蔽工程验收记录。

（3）条板之间、条板与建筑结构之间结合应牢固、稳定，连接方法应符合设计要求。

检验方法：观察；手扳检查。

（4）条板隔墙安装所用的接缝材料的品种及接缝方法应符合设计要求。

检验方法：观察；检查产品合格证书和施工记录。

2. 一般项目

（1）条板安装应垂直、平整、位置正确，转角应规正，板材不得有缺边、掉角、开裂等缺陷。

检验方法：观察；尺量检查。

（2）条板隔墙表面应平整，接缝应顺直、均匀，不应有裂纹、裂缝。

检验方法：观察；手摸检查。

（3）隔墙上的孔洞、槽、盒应位置准确，套割方正，边缘整齐。

检验方法：观察。

（4）条板隔墙安装的允许偏差和检验方法，应符合附表 29-2 的规定。

蒸压加气混凝土条板隔墙允许偏差和检验方法 附表 29-2

项次	项　目	允许偏差（mm）	检验方法
1	墙体轴线位移	5	用经纬仪或拉线和尺检查
2	表面平整度	3	用 2m 靠尺和塞尺检查
3	立面垂直度	3	用 2m 垂直检测尺检查
4	接缝高低差	2	用钢直尺和塞尺检查
5	阴阳角方正	3	用直角检测尺检查

29.3 轻钢龙骨石膏板隔墙

轻钢龙骨石膏板隔墙系采用连续热镀锌钢板（带）基材、冷弯工艺生产的薄壁型钢龙骨，两侧面用纸面石膏板作覆面材料，在施工现场组装而成的轻质隔墙。具有灵活划分空间，饰面处理简易，施工便捷，轻质环保的特点，可广泛用于工业与民用建筑的非承重分隔墙。根据性能及构造等要求，分为普通隔墙、隔声墙、耐火墙、耐水墙等。

29.3.1 隔墙与墙体、顶板接缝处有裂缝

1. 现象

隔墙与结构主体的墙（柱）、顶板连接处出现裂缝。

2. 原因分析

（1）龙骨质量差，有变形，通贯横撑龙骨或支撑卡安装数量不够，整片隔墙龙骨架没有足够的刚度和强度，因变形而出现裂缝。

（2）隔墙与结构墙体及顶板相接处，没有粘接缝带或玻璃纤维带，未用配套的嵌缝料按工艺标准处理。

3. 防治措施

（1）将边框龙骨（即沿地、沿顶龙骨）与主体结构固定。固定前先铺垫一层橡胶条或沥青泡沫塑料条。边框龙骨与主体结构连接采用射钉或电钻打眼安装膨胀螺栓，固定间距：水平方向不大于 800mm，垂直方向不大于 1000mm。边框龙骨与墙、顶、地面固定

作法见图 29-5。

(2) 在沿顶、沿地龙骨上分档画线，按分档位置安装竖龙骨，竖龙骨上端、下端插入沿顶和沿地龙骨的凹槽内，调整垂直及定位后用铆钉固定。

(3) 安装门窗洞口的加强龙骨后，安装通贯横撑龙骨和支撑卡，通贯横撑龙骨应与竖向龙骨的冲孔保持在同一水平上，并卡紧固定，不得松动。

(4) 安装石膏板时，两侧面石膏板应错缝排列，石膏板与龙骨应采用十字头自攻螺钉固定，螺钉长度：一层石膏板用25mm，两层石膏板用35mm。

(5) 在墙体与顶板接缝处粘结 50mm 宽玻璃纤维带，再分层刮腻子。

(6) 隔墙下端的石膏板不应直接与地面接触，应留有 10～15mm 的缝隙，用密封膏嵌严。

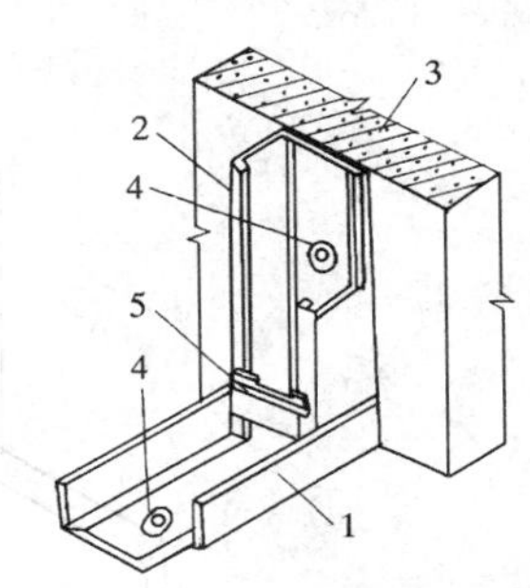

图 29-5 边框龙骨与墙、顶、地连接固定作法示意
1—沿地龙骨；2—竖向龙骨；3—墙；4—射钉；5—支撑卡

29.3.2 板缝开裂

1. 现象

纸面石膏板接缝、阴阳角接缝在施工后一段时间内陆续开裂，开始呈现不很明显的发丝裂缝，随着时间推移而扩展，当环境温湿度变化较大时更为明显。

2. 原因分析

(1) 隔墙结构构造不合理，有的龙骨间距偏大，有的墙体超过限制高度；有的在门窗洞口、设备管线安装等受力处未安装加强龙骨等，因墙体刚度及强度不足，产生变形导致板缝处开裂。

(2) 纸面石膏板因气候过于干燥或受潮发生胀缩，或因温度变化发生胀缩，因温度和湿度变化导致墙体变形和裂缝。

(3) 板缝节点做法不合理，嵌缝材料选择不当，施工操作及工序安排不合理。

3. 防治措施

(1) 隔墙结构构造应合理，龙骨间距、面板厚度等应符合设计要求，在门窗洞口、设备管线安装处，应安装加强龙骨，超过 12m 长的墙体应按设计要求设控制变形缝。

(2) 石膏板安装前应存放于室内，垫木方与地面隔离，避免受潮。冬期应待石膏板达到室内温度时方可安装。

(3) 石膏板安装时，其接缝处应适当留缝，一般 3～6mm，嵌缝宜在石膏板安装 1d 后进行。先将接缝内浮土清除干净，刷胶后用小刮刀把配套的嵌缝料嵌入板缝。板缝要嵌满嵌实，与坡口刮平，待嵌缝料终凝后，检查嵌缝处是否有裂纹产生，如产生裂纹要重新嵌缝。

(4) 在接缝坡口处刮约 1mm 厚的嵌缝料，然后粘贴接缝带，压实刮平。当嵌缝料开始凝固又尚处于潮湿状态时，再刮一道嵌缝料，将接缝带遮盖，待第二道嵌缝料凝固后，再刮第三道嵌缝料，并将板缝填满刮平。见图 29-6。

(5) 阴角的接缝处理方法同平缝。

(6) 阳角可按以下方法处理：阳角粘贴两层接缝带，角两边均拐过 100mn，粘贴方

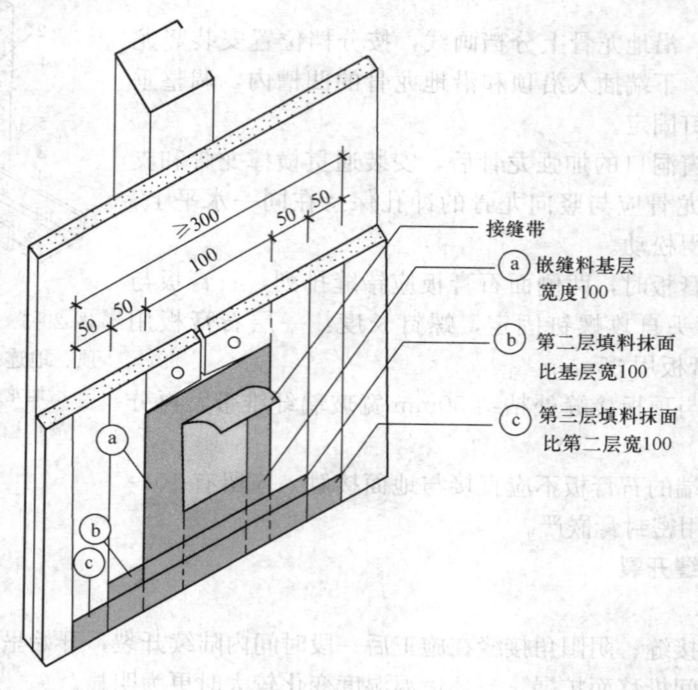

图 29-6　轻钢龙骨石膏板嵌缝作法示意

法同平缝处理，表面用腻子刮平。

(7) 为了防止潮湿引起石膏板变形裂缝，墙面应尽量采用贴壁纸或刷涂料做法。

(8) 采取成品保护措施，防止已安装的轻钢石膏板墙受撞击、水浸泡，不得凿、砸。

(9) 已进入采暖期又尚未住人的房间，应控制供热温度，并注意开窗通风，以防干热造成墙体变形和裂缝。

29.3.3　门口上角墙面出现裂缝

1. 现象

在门口两个上角出现垂直裂缝，裂缝位置与门口上角处纸面石膏板的接缝重合，随着门的反复开关，裂缝有一定扩展，修理后易反复开裂，实木门口上角墙面更易出现裂缝。

2. 原因分析

隔墙结构构造不合理，门洞口未安装加强龙骨，或轻钢骨架连接不牢固，门开关时反复撞击使接缝处开裂。

3. 防治措施

(1) 隔墙结构构造应合理，在门洞口应安装加强龙骨或型钢骨架。

(2) 门口上角安装龙骨时应注意牢固，位置准确，厚度一致，安装石膏板前龙骨应顺平，不得强压石膏板就位。

(3) 避免门洞口上角处有石膏板的垂直或水平接缝，将石膏板切割成“刀把形”后安装。

29.3.4　板面有钉痕

1. 现象

纸面石膏板自攻钉处不平，随着时间推移逐渐加重，严重的形成明显鼓包。

2. 原因分析

自攻钉帽生锈，因铁锈膨胀，使表面腻子层产生鼓包现象。

3. 防治措施

使用经防锈处理的专用自攻钉，自攻钉帽应陷入石膏板纸面 0.5～1mm，但不得损坏纸面，钉帽处应点刷防锈漆。

29.3.5　板面接缝处有痕迹

1. 现象

板面接缝处局部突出，逆光线观察突出痕迹较明显。

2. 原因分析

石膏板接缝处端部呈直角，当贴接缝带后，由于接缝处的接缝带及嵌缝料厚度较大，未分层顺平，造成局部面层突出。

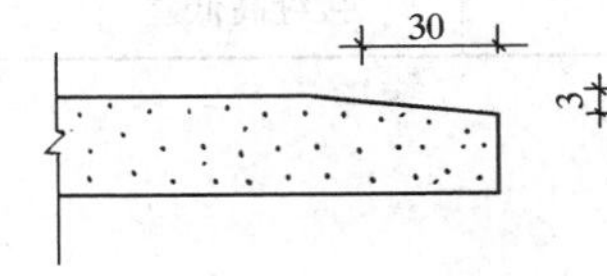

图 29-7　纸面石膏板倒角作法

3. 防治措施

使用倒角板是处理好板面接缝的基本条件，倒角作法见图 29-7。

附录 29.3　轻钢龙骨石膏板隔墙施工质量标准和检验方法
（引自《建筑装饰装修工程质量验收规范》GB 50210—2001）

1. 主控项目

（1）骨架隔墙所用龙骨、配件、墙面板、填充材料及嵌缝材料的品种、规格、性能应符合设计要求。有隔声、隔热、阻燃、防潮等特殊要求的工程，材料应有相应性能等级的检测报告。

检验方法：观察：检查产品合格证书、进场验收记录、性能检测报告和复验报告。

（2）骨架隔墙工程边框龙骨必须与基体结构连接牢固，并应平整、垂直、位置正确。

检验方法：手扳检查：尺量检查；检查隐蔽工程验收记录。

（3）骨架隔墙中龙骨间距和构造连接方法应符合设计要求。骨架内设备管线的安装、门窗洞口等部位加强龙骨应安装牢固，位置正确，填充材料的设置应符合设计要求。

检验方法：检查隐蔽工程验收记录。

（4）骨架隔墙的墙面板应安装牢固，无脱层、翘曲、折裂及缺损。

检验方法：观察；手扳检查。

（5）墙面板所用的接缝材料的接缝方法应符合设计要求。

检验方法：观察。

2. 一般项目

（1）骨架隔墙面应平整光滑、色泽一致、洁净、无裂缝，接缝应均匀、顺直。

检验方法：观察；手摸检查。

（2）骨架隔墙上的孔洞、槽、盒应位置正确、套割吻合、边缘整齐。

检验方法：观察。

(3) 骨架隔墙内的填充材料应干燥，填充应密实、均匀，无下坠。

检验方法：轻敲检查，检查隐蔽工程验收记录。

(4) 骨架隔墙安装的允许偏差和检验方法应符合附表 29-3 的规定。

轻钢龙骨石膏板隔墙允许偏差和检验方法 **附表 29-3**

项次	项目	允许偏差（mm）	检验方法
1	立面垂直度	3	用 2m 垂直检测尺检查
2	表面平整度	3	用 2m 靠尺和塞尺检查
3	阴阳角方正	3	用直角检测尺检查
4	接缝高低差	1	用钢直尺和塞尺检查

29.4 泰柏板隔墙

泰柏板以自熄型 EPS 泡沫塑料为芯材，两侧配以直径为 2mm 高强镀锌冷拔钢丝网片，钢丝片网格一般为 50mm×50mm，与斜插过芯材的腹丝焊接形成空间骨架，两侧抹灰后可用于建筑室内隔墙、轻质隔断等。具有节能、轻质、隔声、施工简便等特点。

29.4.1 隔墙与结构固定不牢

1. 现象

隔墙刚度差，墙面易颤动、变形，严重的影响使用。

2. 原因分析

(1) 隔墙高度较大或吊挂重物，未进行加强处理。

(2) 泰柏板与结构连接强度不足，构造不合理。

(3) 洞口、阴阳角等部位未进行加强处理。

3. 防治措施

(1) 按设计要求进行施工，高度较大及吊挂较重的隔墙应设型钢龙骨，并焊接钢筋网等进行加强。

(2) 按设计要求用膨胀螺栓固定 U 码，将泰柏板与结构墙板连接牢固，用 $\phi 6$ 钢筋间距 500mm 植入结构，将泰柏板夹住，与结构交接部位设附加钢丝网。

(3) 门洞口设型钢龙骨，洞口处设 45°之字条补强，见图 29-8。阴阳角用通长角网连接补强，见图 29-9。

(4) 埋设线管部位用之字网补强，吊挂洁具、橱柜等部位应按设计要求设型钢龙骨，并连接牢固。

29.4.2 墙面开裂、空鼓

1. 现象

隔墙抹好灰后，过一定时间，墙面出现开裂、空鼓；隔墙与主体结构交界处出现裂缝，顶板交界处更为明显；洞口上角处出现斜裂缝；板缝及隔墙中间出现裂缝等。

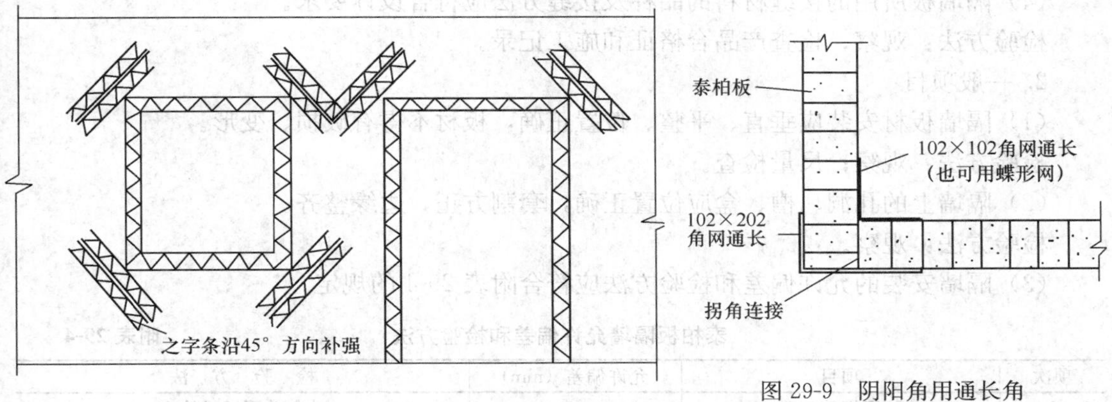

图 29-8 洞口处设之字条补强作法示意

图 29-9 阴阳角用通长角网连接补强作法示意

2. 原因分析

（1）运输堆放泰柏板时不当，芯材偏位导致抹灰厚度不均匀，或钢丝开焊导致强度下降。

（2）抹灰砂浆配合比掌握不准确，砂浆稀且一次成活，抹灰层下坠造成空裂。

（3）底层抹灰与芯材间或抹灰砂浆与钢丝网架间粘结强度不足，抹灰层与芯材间空鼓、开裂。

（4）墙板顶部未与结构固定牢，因抹灰及吊挂重物后下垂变形产生裂缝。

（5）拼缝及角部附加钢丝网片宽度不足，搭接不牢固，接缝及口角部位抹灰收缩变形开裂。

（6）泰柏板抹灰后，未达到一定强度就进行后续施工，或受到外力作用，如振动、碰撞等产生开裂。

3. 防治措施

（1）安装前应检查板材，不得使用已破损、偏芯、严重变形的泰柏板。

（2）泰柏板安装应尽量减少拼缝，不允许出现水平拼缝；阴阳角、拼缝及洞口角处按设计要求设附加网、之字条等，并连接牢固。

（3）抹灰前在芯材表面喷界面处理剂，第一遍抹灰厚度要盖住钢丝网，并抹压密实，第二遍抹灰间隔 2～3d，抹灰后应进行养护。

（4）抹灰 3d 后方可进行后续施工，注意合理安排施工，防止隔墙被破坏。

附录 29.4 泰柏板隔墙施工质量标准和检验方法

1. 主控项目

（1）隔墙板材料的品种、规格、性能应符合设计要求。有隔声、隔热、阻燃、防潮等特殊要求的工程，板材应有相应性能等级的检测报告。

检验方法：观察；检查产品合格证书、进场验收记录、性能检测报告和复验报告。

（2）安装隔墙板所需钢筋及连接件的位置、数量及连接方法应符合设计要求。

检验方法：观察；尺量检查；检查隐蔽工程验收记录。

（3）隔墙板必须安装牢固，隔墙板与周边结构的连接方法应符合设计要求，并连接牢固。

检验方法：观察；手扳检查；检查隐蔽工程验收记录。

(4) 隔墙板所用的接缝材料的品种及接缝方法应符合设计要求。

检验方法：观察；检查产品合格证和施工记录。

2. 一般项目

(1) 隔墙板材安装应垂直、平整、位置正确，板材不得有破损、变形。

检验方法：观察；尺量检查。

(2) 隔墙上的孔洞、槽、盒应位置正确，套割方正，边缘整齐。

检验方法：观察。

(3) 隔墙安装的允许偏差和检验方法应符合附表 29-4 的规定。

泰柏板隔墙允许偏差和检验方法　　**附表 29-4**

项次	项目	允许偏差（mm）	检　验　方　法
1	预留钢筋间距	±20	抹灰前用钢尺检查
2	隔板垂直度	3	抹灰时用 2m 垂直检测尺检查
3	表面阴阳角方正	按抹灰标准	抹灰后用直角检测尺检查
4	表面平整	按抹灰标准	抹灰后用钢直尺和塞尺检查

29.5　GRC 水泥条板隔墙

玻纤增强水泥条板，简称 GRC 水泥条板，是以普通硅酸盐水泥、低碱硫铝酸盐水泥、膨胀珍珠岩、细骨料为主要原料，以耐碱玻璃纤维涂塑网格布为增强材料预制成的空心条板。其特点是重量轻，可锯、刨、钻孔，具有易粘结及防火等性能，可用于民用建筑室内隔墙。

29.5.1　隔墙与结构连接不牢

1. 现象

隔墙板顶部与结构连接有缝隙，加外力后松动。

2. 原因分析

(1) 粘结面有灰尘杂物，粘结材料不密实。

(2) 粘结材料配合比不当，或一次搅拌过多，降低了粘结强度。

(3) 未按工艺要求安装操作。

3. 防治措施

(1) 安装前检查条板的粘结面，用钢丝刷将浮尘、碎渣清理干净，把粘结砂浆涂抹在粘结面上，挤出粘结砂浆使板顶与结构面粘结严密。

(2) 按产品说明书配制粘结砂浆，并搅拌均匀。

(3) 安装条板时，上端、下端、侧面应安装牢固，作法见图 29-10。抗震设防地区应安装固定铁件，作法参见 29.2.1“隔墙板与结构连接不牢”的防治措施。

29.5.2　门框固定不牢

1. 现象

门框松动，门框与隔墙间的缝隙塞灰受外力碰撞脱落。

2. 原因分析

(1) 门框与条板的固定连接做法不合理，门框固定点距离过大。

(2) 门框两侧条板位置不准确，门框与条板的间隙过大，塞灰收缩造成开裂脱落。

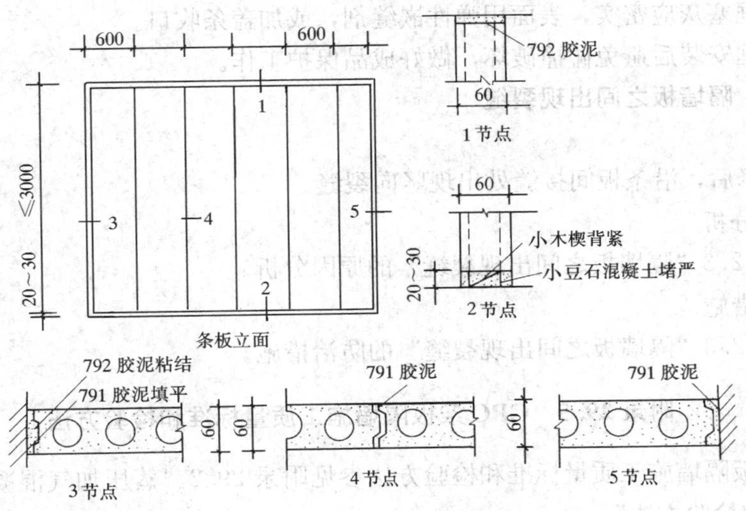

图 29-10 GRC 隔墙板连接示意

3. 防治措施

（1）门框侧面及上方的条板与结构应连接牢固，并按设计要求加固。

（2）安装门框两侧条板前进行排板并弹出洞口线，门洞口两侧的条板应无破损、裂缝等，门框周围间隙不超过 10mm。

（3）门框两侧应使用门框板，见图 29-11。门框板靠门一侧做平口，加设预埋件见图 29-12。当门洞低于 2100mm 时，设 3 块，门洞高于 2100mm 时，设 4 块，间距均分，将门框与埋件连接牢固。

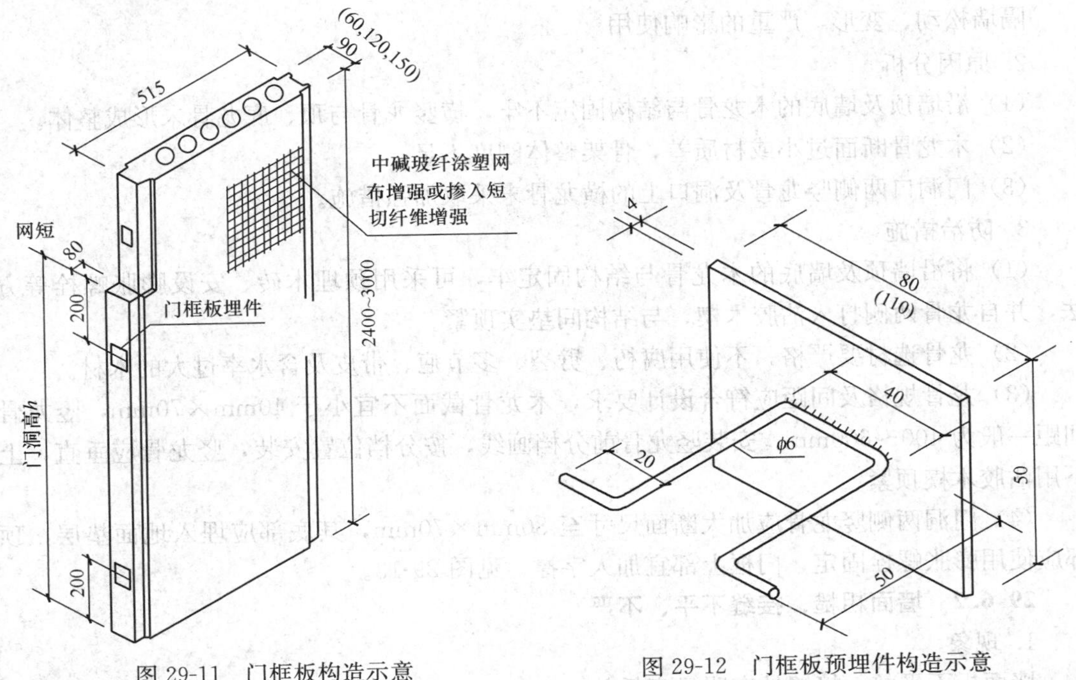

图 29-11 门框板构造示意

图 29-12 门框板预埋件构造示意

(4) 门框塞灰应密实，表面用弹性嵌缝剂，或加盖条收口。

(5) 门框安装后避免碰撞破坏，做好成品保护工作。

29.5.3　隔墙板之间出现裂缝

1. 现象

面层装修后，沿条板间接缝处出现竖向裂缝。

2. 原因分析

参见 29.2.3“隔墙板之间出现裂缝”的原因分析。

3. 防治措施

参见 29.2.3“隔墙板之间出现裂缝”的防治措施。

附录 29.5　GRC 条板隔墙施工质量标准和检验方法

GRC 条板隔墙施工质量标准和检验方法参见附录 29.2“蒸压加气混凝土条板隔墙施工质量标准和检验方法”。

29.6　木龙骨木板材隔墙

木龙骨木板材隔墙是以木方为骨架，表面用纤维板、刨花板、大芯板、胶合板等组成的轻质隔墙或隔断，多用于室内装饰装修、临时性分隔等，具有施工便捷、轻质灵活等特点，其隔声、耐火、防潮等性能较差。

29.6.1　隔墙与结构固定不牢

1. 现象

隔墙松动、变形，严重的影响使用。

2. 原因分析

(1) 沿墙顶及墙底的木龙骨与结构固定不牢，横竖龙骨与顶、底龙骨未形成整体。

(2) 木龙骨断面过小或材质差，骨架整体刚度不足。

(3) 门洞口两侧竖龙骨及洞口上的横龙骨未采取加强措施。

3. 防治措施

(1) 将沿墙顶及墙底的木龙骨与结构固定牢，可采用预埋木砖、安设膨胀螺栓等方法，并自龙骨两侧打入沾胶木楔，与结构间垫实顶紧。

(2) 龙骨选材要严格，不使用腐朽、劈裂、多节疤、带皮及含水率过大的木材。

(3) 龙骨规格及间距应符合设计要求，木龙骨截面不宜小于 40mm×70mm，竖龙骨间距一般为 400～600mm。安装竖龙骨前分档画线，按分档位置安装，竖龙骨应垂直，上下用沾胶木楔顶紧。

(4) 门洞两侧竖龙骨应加大断面尺寸至 80mm×70mm，其底部应埋入地面垫层，顶部应使用膨胀螺栓固定，门框上部宜加人字撑，见图 29-13。

29.6.2　墙面粗糙，接缝不平、不严

1. 现象

墙面板不平整，接缝处有明显高低差。

2. 原因分析

(1) 木龙骨表面未刨光找平，或面板材料厚度不一致。

(2) 木龙骨含水率过高，干燥后变形。

(3) 面板钉固顺序不当，拼接组装不严、不平，面板安装后受潮变形。

3. 防治措施

(1) 木龙骨一般应使用红白松，含水率不大于15%，并进行防腐处理。面板应根据使用部位选择相应的材料，厚度一致，表面平整。

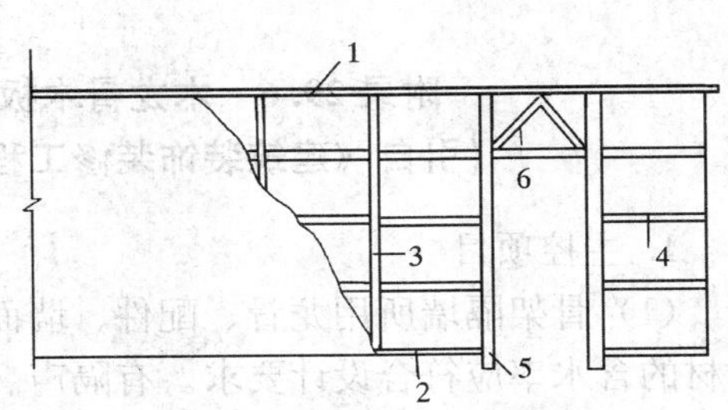

图 29-13 板材隔墙构造示意

1—上槛；2—下槛；3—立筋；4—横撑；5—通天立筋；6—人字撑

(2) 龙骨钉板的一面应刨光找平，检查合格后安装面板。

(3) 面板安装时应垫实、垫平，接缝应位于龙骨上，面板宜自下向上逐块钉固。应根据面板材料采用螺钉、铁钉、气钉等钉固，并宜同时使用胶粘，钉固顺序宜自中间向两侧，自下向上。

(4) 合理安排施工顺序，防止隔墙受潮及被破坏。

29.6.3 细部作法粗糙、不规矩

1. 现象

与墙、顶交接处不直不顺，门框与面板不交圈，踢脚出墙不一致等。

2. 原因分析

细部构造不合理，施工粗糙。

3. 防治措施

(1) 熟悉设计文件，事先确定合理的细部构造作法。

(2) 与墙、顶交接部位可采用木或金属等材料的线条收口，也可设缝留槽，收口构造应顺直、美观，线条应粘钉牢固，见图 29-14。

(3) 门框部位可采用贴脸、压条或门套等收口作法，并应顺直、美观、粘钉牢固，见图 29-15。

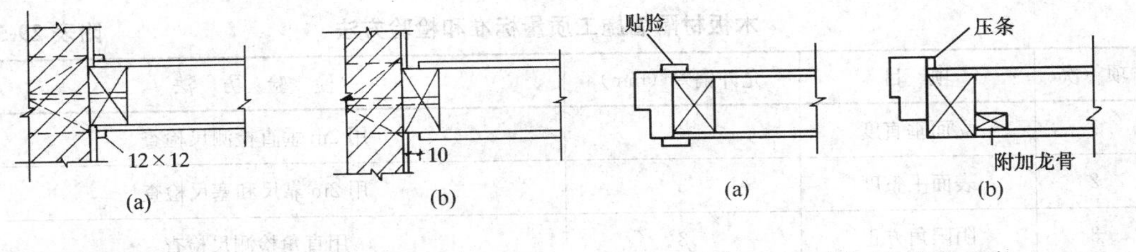

图 29-14 板材四周接缝作法

(a) 四周加盖口条；(b) 四周留缝

图 29-15 门口处构造示意

(a) 加贴脸；(b) 加压条

(4) 踢脚板应粘钉牢固，接缝应顺平，上口应顺直严密。

附录 29.6 木龙骨木板材隔墙施工质量标准和检验方法 (引自《建筑装饰装修工程质量验收规范》GB 50210—2001)

1. 主控项目

(1) 骨架隔墙所用龙骨、配件、墙面板、填充材料及嵌缝材料的品种、规格、性能和木材的含水率应符合设计要求。有隔声、隔热、阻燃、防潮等特殊要求的工程，材料应有相应性能等级的检测报告。

检验方法：观察；检查产品合格证书、进场验收记录、性能检测报告和复验报告。

(2) 骨架隔墙工程边框龙骨必须与基体结构连接牢固，并应平整、垂直、位置正确。

检验方法：手扳检查；尺量检查；检查隐蔽工程验收记录。

(3) 骨架隔墙中龙骨间距和构造连接方法应符合设计要求。骨架内设备管线的安装、门窗洞口等部位加强龙骨应安装牢固，位置正确，填充材料的设置应符合设计要求。

检验方法：检查隐蔽工程验收记录。

(4) 木龙骨及木墙面板的防火和防腐处理必须符合设计要求。

检验方法：检查隐蔽工程验收记录。

(5) 骨架隔墙的墙面板应安装牢固，无脱层、翘曲、折裂及缺损。

检验方法：观察；手扳检查。

(6) 墙面板所用的接缝材料的接缝方法应符合设计要求。

检验方法：观察。

2. 一般项目

(1) 骨架隔墙面应平整光滑、色泽一致、洁净、无裂缝，接缝应均匀、顺直。

检验方法：观察；手摸检查。

(2) 骨架隔墙上的孔洞、槽、盒应位置正确，套割吻合，边缘整齐。

检验方法：观察。

(3) 骨架隔墙内的填充材料应干燥，填充应密实、均匀，无下坠。

检验方法：轻敲检查，检查隐蔽工程验收记录。

(4) 骨架隔墙安装的允许偏差和检验方法应符合附表 29-5 的规定。

木板材隔墙施工质量标准和检验方法 附表 29-5

项次	项目	允许偏差（mm）	检验方法
1	立面垂直度	4	用 2m 垂直检测尺检查
2	表面平整度	3	用 2m 靠尺和塞尺检查
3	阴阳角方正	3	用直角检测尺检查
4	接缝直线度	3	拉 5m 线，不足 5m 拉通线，用钢直尺检查
5	压条直线度	3	拉 5m 线，不足 5m 拉通线，用钢尺检查
6	接缝高低差	1	用钢直尺和塞尺检查

29.7 水泥木丝板隔墙

水泥木丝板以普通硅酸盐水泥、白色硅酸盐水泥或矿渣硅酸盐水泥为胶凝材料，木丝为加筋材料，加水搅拌后经铺装成型、保压养护、调湿处理等工艺制成的板材。水泥木丝板具有重量轻，强度高，吸声隔声，保温隔热、防火、环保等性能，可锯、可刨、可钻等加工特点，可用于工业与民用建筑非承重分户隔墙。

29.7.1 隔墙与结构或骨架固定不牢

1. 现象

墙板与楼板顶板、外墙板（或骨架）、地面局部连接不牢，出现缝隙。门框活动脱开，隔墙松动倾斜，严重者影响使用。

2. 原因分析

（1）上下槛和主体结构固定不牢靠，立筋横撑没有与上下槛形成整体。

（2）骨架料尺寸过小或材质太差。

（3）安装时，先安装了竖向龙骨，并将上下槛断开。

（4）门口处下槛被断开，两侧立筋的断面尺寸未加大，门窗框上部未加钉人字撑。

3. 防治措施

（1）切锯板材时，应找方正。

（2）上下槛要与主体结构连接牢固。两端为砖墙，上下槛插入砖墙内应不少于12cm，伸入部分应做防腐处理；两端若为混凝土墙柱，应预留木砖，并应加强上下槛和顶板、底板的连接，可采取预留铁丝、螺栓或后打胀管螺栓等方法，使隔墙与结构紧密连接，形成整体。

（3）骨架若为木材，选材要严格，凡有腐朽、劈裂、扭曲、多节疤等疵病的木材不得使用。用料尺寸不小于40mm×70mm。

（4）骨架固定顺序应先下槛，后上槛，再立筋，最后钉装水平横撑。立筋间距一般在400～600mm之间，要求垂直，两端顶紧上下槛，用钉斜向连接牢固。若为混凝土墙柱，靠墙立筋与预留木砖的空隙应采用木垫垫实并钉牢，以加强隔墙的整体性。

（5）遇有门口时，因下槛在门口处被断开，其两侧应用通天立筋，下脚卧入楼板内嵌实，并应加大其断面尺寸至80mm×70mm（或2根并用）。门窗框上部宜加人字撑。

29.7.2 隔墙板接头不平、不严

1. 现象

板材接缝处高低不平，凹凸偏差超出允许范围。

2. 原因分析

板材厚度不一致或翘曲变形；安装方法不当。

3. 防治措施

（1）合理选配板材，将厚度误差大或因受力变形的板材挑出，在门口上或窗下作短板使用。

（2）安装时应采用简易支架，即按放线位置在墙的一侧（最好在主要使用房间墙的一面）支一简单木排架，其两根横杠应在一垂直平面内，作为立墙板的靠架，以保证墙体的平整度，也可防止墙板倾倒。

29.7.3　墙面粗糙不平整

1. 现象

木骨架钉板的一面未刨光找平，板材厚薄不一或受力变形，边楞翘起，造成表面凹凸不平。

2. 原因分析

（1）木骨架料含水率过大，干燥后易变形。室内抹灰时木骨架受潮变形或被撞击后未经修理就钉面板。

（2）板材薄厚不一，没有采取补救措施。或放置时受外力挤压变形，边楞翘起。

（3）钉板顺序不当，先上后下，压力小，拼接不严或组装不规格，造成表面不平。

（4）铁冲子过粗，钉眼太大，面板钉子过稀，造成表面凹凸不平。

3. 防治措施

（1）选料要严格。骨架若为木材一般应用红白松，含水率不大于15%，并应作好防腐处理。

（2）所有木骨架钉板的一面均应刨光，骨架应严格按线组装，尺寸一致，找方找直，交接处要平整。

（3）钉板材前，应认真检查，如骨架变形或被撞动，应修理后再钉面板。

（4）面板薄厚不均时，应以厚板为准，薄的背面垫起，但必须垫实、垫平、垫牢，面板正面应刮直（朝外为正面，靠骨架面为反面）。板材码放时场地应平整，避免挤压翘曲。

（5）面板应从下面角上逐块钉设，并以竖向钉装为宜，板与板的接头宜作为坡楞，如为留缝做法时，面板应从中间向两边由下而上铺钉，接头缝隙以5～8mm为宜，板材分块大小按设计要求，拼缝应位于立筋或横撑上。

（6）铁冲子应磨成扁头，与钉帽一般大小，钉子长度应为面板厚度的3倍。钉子间距为100mm，钉帽下应加镀锌垫圈。

29.7.4　隔墙板翘曲

1. 现象

隔墙板安装表面不平整，或发生翘曲。

2. 原因分析

隔墙板加工制作不精心，尺寸不准确，板面翘曲，安装后表面不平整。

3. 防治措施

（1）提高板材的加工质量，保证构件尺寸准确，构件应养护达到规定强度后再出厂，避免构件产生翘曲。

（2）预制成型好的板材应采用架子平放，码放高度宜为2m。

29.7.5　板面接缝有痕迹

1. 现象

隔墙板之间出现竖向裂缝。

2. 原因分析

板与板之间粘结材料随时间推移会产生收缩裂缝。

3. 防治措施

在隔墙板之间贴玻璃纤维网格条，第一层采用60mm宽的玻璃纤维网格条贴缝，贴缝胶粘剂要求与板之间拼装的胶粘剂相同，待胶粘剂稍干后，再贴第二层玻璃纤维网格条，第二层玻璃纤维网格条宽度为150mm，贴完后应将胶粘剂刮平，刮干净。在操作时应弹灰线，以保证位置准确。

29.7.6 细部作法不规矩

现象、原因分析、防治措施参见29.6.3“细部作法粗糙、不规矩”的相应部分。

附录 29.7 水泥木丝板隔墙施工质量标准和检验方法

水泥木丝板隔墙施工质量标准和检验方法同附录29.6“木龙骨木板材隔墙施工质量标准和检验方法”。

29.8 卫 生 间 隔 断

卫生间隔断是由工厂生产的用于分隔卫生间空间的非承重可拆卸式构件，现场使用配套五金件进行装配，将支座、拉杆、间隔板、门等组装成整体。适用于公共建筑和商业建筑，具有美观、耐撞击、耐潮湿、易清理、施工便捷等特点。按其特定的使用范围，可分为不同类型，并按其材质及价格划分为高、中、低档。

29.8.1 隔断不牢固

1. 现象

隔断安装后，轻推有明显颤动，使用一段时间后松动变形，随使用逐步加重，甚至发生脱落。

2. 原因分析

(1) 隔断的材质较差，构造不合理，整体强度及稳定性不足。

(2) 与结构连接的支撑及角码固定不牢，受力后松动脱落。

(3) 与结构连接的拉杆断面过小或材质差，刚度不足，受力后变形松动。

(4) 中隔板与门边板连接不牢固。

3. 防治措施

(1) 按使用要求选择隔断产品，板材应防潮、耐撞，并提供安全性及抗侧撞性能检验报告，五金件应坚固、耐腐蚀，并由厂家配套提供。

(2) 按设计要求及产品说明安装支撑、角码及拉杆，中隔板与门边板及墙应连接牢固。

(3) 合理安排施工顺序，防止隔断受撞损坏。

29.8.2 隔断面板、门板变形

1. 现象

隔断安装后有明显翘曲，门周围有明显高低差、缝隙不一致等，随使用逐步加重，甚至影响使用功能。

2. 原因分析

(1) 隔板运输、堆放等不当，造成变形。

(2) 隔板材质较差，厚度小，刚度不足。

(3) 隔板表面接缝和封边不严，受潮后产生变形。

3. 防治措施

(1) 隔断板材应防潮，厚度及材质应符合设计要求，并提供性能检验报告，安装前进行检查，不得使用翘曲、面层破损、面层起鼓、接缝不严及封边开胶的面板。

(2) 不得在现场切割隔断板或在板上开洞。

(3) 运输、存放隔断板时应垫实、垫平，不得重压、踩踏。

29.8.3 五金件松动、脱落

1. 现象

铰链、门锁等松动，随使用逐步加重，甚至脱落。

2. 原因分析

(1) 隔断板材质疏松或受潮后强度降低，连接处反复受力后松脱。

(2) 未使用配套五金件或连接固定方法不符合设计要求及产品说明书。

3. 防治措施

(1) 使用配套五金件，连接固定方法应符合设计要求及产品说明书。

(2) 运输、安装中注意避免损坏连接件，螺钉等不得扩孔安装。

附录 29.8 卫生间隔断施工质量标准和检验方法

1. 主控项目

(1) 隔断产品的材料及性能应符合设计要求，安全性及防侧撞性应有相应的检测报告，有阻燃、防潮等要求的工程，应有相应性能等级的检测报告。

检验方法：观察；检查产品合格证书、进场验收记录、性能检测报告。

(2) 隔断必须与基体结构连接牢固，并应位置正确。

检验方法：手扳检查；尺量检查。

(3) 隔断的组合、连接方式应符合设计要求及产品说明书。

检验方法：观察；尺量检查。

(4) 隔断门五金应安装正确、牢固，门应开关灵活，无翘曲、反弹。

检验方法：观察；手扳检查；尺量检查。

(5) 隔断面板无脱层、翘曲、折裂及缺损。

检验方法：观察；手扳检查。

2. 一般项目

(1) 隔断表面应平整光滑、色泽一致、洁净，线条应顺直、清晰。

检验方法：观察；手摸检查。

(2) 隔断安装的允许偏差和检验方法应符合附表 29-6 的规定。

卫生间隔断允许偏差和检验方法 附表 29-6

项次	项目	允许偏差（mm）	检验方法
1	立面垂直度	3	用 2m 垂直检测尺检查
2	表面平整度	2	用 2m 靠尺和塞尺检查
3	阴阳角方正	3	用直角检测尺检查
4	接缝直线度	3	拉 5m 线，不足 5m 拉通线，用钢直尺检查
5	接缝高低差	2	用钢直尺和塞尺检查

29.9 砌块式隔墙

砌块式隔墙是指混凝土空心砌块、加气混凝土砌块、轻集料混凝土空心砌块、石膏砌块等砌筑而成的轻质隔墙，具有重量轻、刚度与强度高、易施工等特点。广泛用于工业与民用建筑做非承重墙。

砌块式隔墙的质量通病和防治措施参见本手册第13章“砌体结构工程”的相关内容。

30 地 面 工 程

地面工程是建筑工程中楼面与地面以及楼梯等附属工程的总称。地面的名称，系按照面层所用材料的名称而定。由于面层直接承受着地面上的各种物理和化学作用，要求面层应满足特定的使用功能要求，因此面层下尚应设置相应的构造层，如垫层、结合层、找平层、隔离层、防冻胀层等。地面工程的质量，实际上不单纯指面层的质量，而应是组成地面各层的总体质量。很多质量通病的出现，反映在面层，其根源则往往在下面的某一层，只有一丝不苟地做好每一层，才能真正消灭楼地面工程的质量通病。

30.1 水 泥 地 面

水泥地面目前是地面工程中使用范围较少的一种地面，虽然材料来源比较广泛，施工操作简单，但质量通病也较多。

30.1.1 地面起砂

1. 现象

地面表面粗糙，光洁度差，颜色不一，不坚实。走动后，表面先有松散的水泥灰，用手摸时象干水泥面。随着走动次数的增多，砂粒逐步松动或有成片水泥硬壳剥落，露出松散的水泥和砂子。

2. 原因分析

(1) 水泥砂浆拌合物的水灰比过大，即砂浆稠度过大。根据试验证明，水泥水化作用所需的水分约为水泥重量的20%～25%，即水灰比为0.2～0.25。这样小的水灰比，施工操作是有困难的，所以实际施工时，水灰比都大于0.25。但水灰比和水泥砂浆强度两者成反比，水灰比增大，砂浆强度降低。如施工时用水量过多，将会大大降低面层砂浆的强度；同时，施工中还将造成砂浆泌水，进一步降低地面的表面强度，完工后一经走动磨损，就会起灰。

(2) 不了解水泥硬化的基本原理，压光工序安排不适当，以及底层过干或过湿等，造成地面压光时间过早或过迟。压光过早，水泥的水化作用刚刚开始，凝胶尚未全部形成，游离水分还比较多，虽经压光，但表面还会出现水光（即压光后表面游浮一层水），对面层砂浆的强度和抗磨能力很不利；压光过迟，水泥已终凝硬化，不但操作困难，无法消除面层表面的毛细孔及抹痕，而且会扰动已经硬结的表面，也将大大降低面层砂浆的强度和抗磨能力。

(3) 养护不适当。水泥加水拌和后，经过初凝和终凝进入硬化阶段。但水泥开始硬化并不是水化作用的结束，而是继续向水泥颗粒内部深入进行。随着水化作用的不断深入，水泥砂浆强度也不断提高。水泥的水化作用必须在潮湿环境下才能进行。水泥地面完成后，如果不养护或养护天数不够，在干燥环境中面层水分迅速蒸发，水泥的水化作用就会受到影响，减缓硬化速度，严重时甚至停止硬化，致使水泥砂浆脱水而影响强度和抗磨能力。此外，如果地面抹好后不到24h就浇水养护，由于地面表面较“嫩”，也会导致大面积脱皮，砂粒外露，使用后起砂。

(4) 水泥地面在尚未达到足够的强度就上人走动或进行下道工序施工，使地表面遭受摩擦等作用，容易导致地面起砂。这种情况在气温低时尤为显著。

(5) 水泥地面在冬季低温施工时，若门窗未封闭或无供暖设备，就容易受冻。水泥砂浆受冻后，强度将大幅度下降，这主要是水在低温下结冰时，体积将增加9%，解冻后，不再收缩，因而使面层砂浆的孔隙率增大；同时，骨料周围的一层水泥浆膜，在冰冻后其粘结力也被破坏，形成松散颗粒，一经人走动也会起砂。

(6) 冬期施工时在新做的水泥地面房间内生炭火升温，而又不组织排放烟气，燃烧时产生的二氧化碳是有害气体，它的密度比空气大，扩散慢，常处于空气中的下层，又能溶解于水中，它和水泥砂浆（或混凝土）表面层接触后，与水泥水化后生成的、但尚未结晶硬化的氢氧化钙反应，生成白色粉末状的新物质——碳酸钙。这是一种十分有害的物质，本身强度不高，还能阻碍水泥砂浆（或混凝土）内水泥水化作用的正常进行，从而显著降低地面面层的强度，常常造成地面凝结硬化后起砂。

(7) 原材料不符合要求：

1) 水泥强度等级低，或用过期结块水泥、受潮结块水泥，这种水泥活性差，影响地面面层强度和耐磨性能；

2) 砂子粒度过细，拌和时需水量大，水灰比加大，强度降低。试验说明，用同样配合比做成的砂浆试块，细砂拌制的砂浆强度比用粗、中砂拌制的砂浆强度约低25%～35%；砂子含泥量过大，也会影响水泥与砂子的粘结力，容易造成地面起砂。

3. 预防措施

(1) 严格控制水灰比。用于地面面层的水泥砂浆的稠度不应大于35mm（以标准圆锥体沉入度计），用混凝土和细石混凝土铺设地面时的坍落度不应大于30mm。垫层事前要充分湿润，水泥浆要涂刷均匀，冲筋间距不宜太大，最好控制在1.2m左右，随铺灰随用短杠刮平。混凝土面层宜用平板振捣器振实，细石混凝土宜用辊子滚压，或用木抹子拍打，使表面泛浆，以保证面层的强度和密实度。

(2) 掌握好面层的压光时间。水泥地面的压光一般不应少于三遍。第一遍应在面层铺设后随即进行。先用木抹子均匀搓打一遍，使面层材料均匀、紧密，抹压平整，以表面不出现水层为宜。第二遍压光应在水泥初凝后、终凝前完成（一般以上人时有轻微脚印但又不明显下陷为宜），将表面压实、压平整。第三遍压光主要是消除抹痕和闭塞毛细孔，进一步将表面压实、压光滑（时间应掌握在上人不出现脚印或有不明显的脚印为宜），但切忌在水泥终凝后压光。

(3) 水泥地面压光后，应视气温情况，一般在一昼夜后进行洒水养护，或用草帘、锯末覆盖后洒水养护。有条件的可用黄泥或石灰膏在门口做坎后进行蓄水养护。使用普通硅酸盐水泥的水泥地面，连续养护的时间不应少于7昼夜；用矿渣硅酸盐水泥的水泥地面，连续养护的时间不应少于10昼夜。

(4) 合理安排施工程序，避免上人过早。水泥地面应尽量安排在墙面、顶棚的抹灰等装饰工程完工后进行，避免对面层产生污染和损坏。如必须安排在其他装饰工程之前施工，应采取有效的保护措施，如铺设芦席、草帘、油毡等，并应确保 7～10 昼夜的养护期。严禁在已做好的水泥地面上拌和砂浆，或倾倒砂浆于水泥地面上。

（5）在低温条件下抹水泥地面，应防止早期受冻。抹地面前，应将门窗玻璃安装好，或增加供暖设备，以保证施工环境温度在＋5℃以上。采用炉火烤火时，应设有烟囱，有组织地向室外排放烟气。温度不宜过高，并应保持室内有一定的湿度。

（6）水泥宜采用早期强度较高的硅酸盐水泥、普通硅酸盐水泥，强度等级不应低于 42.5 级，安定性要好。过期或受潮结块的水泥不得使用。砂子宜采用粗、中砂，含泥量不应大于 3%。用于面层的细石和碎石粒径不应大于 15mm，也不应大于面层厚度的 2/3，含泥量不应大于 2%。

（7）采用无砂水泥地面，面层拌合物内不用砂，用粒径为 2～5mm 的米石（有的地方称“瓜米石”）拌制，配合比宜采用水泥：米石＝1：2（体积比），稠度控制在 35mm 以内。这种地面压光后，一般不起砂，必要时还可以磨光。

4. 治理方法

（1）小面积起砂且不严重时，可用磨石将起砂部分水磨，直至露出坚硬的表面。也可以用纯水泥浆罩面的方法进行修补，其操作顺序是：清理基层→充分冲洗湿润→铺设纯水泥浆（或撒干水泥面）1～2mm→压光 2～3 遍→养护。如表面不光滑，还可水磨一遍。

（2）大面积起砂，可用 108 胶水泥浆修补，具体操作方法和注意事项如下：

1）用钢丝刷将起砂部分的浮砂清除掉，并用清水冲洗干净。地面如有裂缝或明显的凹痕时，先用水泥拌和少量的 108 胶制成的腻子嵌补。

2）用 108 胶加水（约一倍水）搅拌均匀后，涂刷地面表面，以增强 108 胶水泥浆与面层的粘结力。

3）108 胶水泥浆应分层涂抹，每层涂抹约 0.5mm 厚为宜，一般应涂抹 3～4 遍，总厚度为 2mm 左右。底层胶浆的配合比可用水泥：108 胶：水＝1：0.25：0.35（如掺入水泥用量的 3%～4%的矿物颜料，则可做成彩色 108 胶水泥浆地面），搅拌均匀后涂抹于经过处理的地面上。操作时可用刮板刮平，底层一般涂抹 1～2 遍。面层胶浆的配合比可用水泥：108 胶：水＝1：0.2：0.45（如做彩色 108 胶水泥浆地面时，颜色掺量同上），一般涂抹 2～3 遍。

4）当室内气温低于＋10℃时，108 胶将变稠甚至会结冻。施工时应提高室温，使其自然融化后再行配制，不宜直接用火烤加温或加热水的方法解冻。108 胶水泥浆不宜在低温下施工。

5）108 胶掺入水泥（砂）浆后，有缓凝和降低强度的作用。试验证明，随着 108 胶掺量的增多，水泥（砂）浆的粘结力也增加，但强度则逐渐下降。108 胶的合理掺量应控制在水泥重量的 20%左右。另外，结块的水泥和颜料不得使用。

6）涂抹后按照水泥地面的养护方法进行养护，2～3d 后，用细砂轮或油石轻轻将抹痕磨去，然后上蜡一遍，即可使用。

（3）对于严重起砂的水泥地面，应作翻修处理，将面层全部剔除掉，清除浮砂，用清水冲洗干净。铺设面层前，凿毛的表面应保持湿润，并刷一道水灰比为 0.4～0.5 的素水泥浆（可掺入适量的 108 胶），以增强其粘结力，然后用 1：2 水泥砂浆另铺设一层面层，严格做到随刷浆随铺设面层。面层铺设后，应认真做好压光和养护工作。

30.1.2 地面空鼓

1. 现象

地面空鼓多发生于面层和垫层之间，或垫层与基层之间，用小锤敲击有空敲声。使用一段时间后，容易开裂。严重时大片剥落，破坏地面使用功能。

2. 原因分析

(1) 垫层（或基层）表面清理不干净，有浮灰、浆膜或其他污物。特别是室内粉刷的白灰砂浆沾污在楼板上，极不容易清理干净，严重影响垫层与面层的结合。

(2) 面层施工时，垫层（或基层）表面不浇水湿润或浇水不足，过于干燥。铺设砂浆后，由于垫层迅速吸收水分，致使砂浆失水过快而强度不高，面层与垫层粘结不牢；另外，干燥的垫层（或基层）未经冲洗，表面的粉尘难于扫除，对面层砂浆起到一定的隔离作用。

(3) 垫层（或基层）表面有积水，在铺设面层后，积水部分水灰比突然增大，影响面层与垫层之间的粘结，易使面层空鼓。

(4) 为了增强面层与垫层（或垫层与基层）之间的粘结力，需涂刷水泥浆结合层。操作中存在的问题是，如刷浆过早，铺设面层时，所刷的水泥浆已风干硬结，不但没有粘结力，反而起了隔离层的作用。或采用先撒干水泥面后浇水（或先浇水后撒干水泥面）的扫浆方法。由于干水泥面不易撒匀，浇水也有多有少，容易造成干灰层、积水坑，成为日后面层空鼓的潜在隐患。

(5) 使用未经过筛和未用水焖透的炉渣拌制水泥炉渣垫层（或水泥石灰炉渣垫层）。这种粉末过多的炉渣垫层，本身强度低，容易开裂，造成地面空鼓。另外，炉渣内常含有煅烧过的煤石，变成石灰，若未经水焖透，遇水后消解而体积膨胀，造成地面空鼓。

(6) 使用的石灰熟化不透，未过筛，含有未熟化的生石灰颗粒，拌合物铺设后，生石灰颗粒慢慢吸水熟化，体积膨胀，使水泥砂浆面层拱起，也将造成地面空鼓、裂缝等缺陷。

(7) 设置于炉渣垫层内的管道没有用细石混凝土固定牢，产生松动，致使面层开裂、空鼓。

(8) 门口处砖层过高或砖层湿润不够，使面层砂浆过薄以及干燥过快，造成局部面层裂缝和空鼓。

(9) 在高压缩性的软土地基上不经技术处理，直接施工地面，由于软土地基的缓慢沉降，造成地面整体下沉，并往往伴随整个地面层空鼓。

3. 预防措施

(1) 严格处理底层（垫层或基层）：

1) 认真清理表面的浮灰、浆膜以及其他污物，并冲洗干净。如底层表面过于光滑，则应凿毛。门口处砖层过高时应予剔凿。

2) 控制基层平整度，用 2m 直尺检查，其凹凸度不应大于 10mm，以保证面层厚度均匀一致，防止厚薄差距过大，造成凝结硬化时收缩不均而产生裂缝、空鼓。

3) 面层施工前 1～2d，应对基层认真进行浇水湿润，使基层具有清洁、湿润、粗糙的表面。

(2) 注意结合层施工质量：

1）素水泥浆结合层在调浆后应均匀涂刷，不宜采用先撒干水泥面后浇水的扫浆方法。素水泥浆水灰比以 0.4～0.5 为宜。

2）刷素水泥浆应与铺设面层紧密配合，严格做到随刷随铺。铺设面层时，如果素水泥浆已风干硬结，则应铲去后重新涂刷。

3）在水泥炉渣或水泥石灰炉渣垫层上涂刷结合层时，宜加砂子，其配合比可为水泥：砂子＝1：1（体积比）。刷浆前，应将表面松动的颗粒扫除干净。

（3）保证炉渣垫层和混凝土垫层的施工质量：

1）拌制水泥炉渣或水泥石灰炉渣垫层应用"陈渣"，严禁用"新渣"。所谓"陈渣"，就是从锅炉排出后，在露天堆放，经雨水或清水、石灰浆焖透的炉渣。"陈渣"经水焖透，石灰质颗粒消解熟化，性能稳定，有利于保证地面质量。

2）炉渣使用前应过筛，其最大粒径不应大于 40mm，且不得超过垫层厚度的 1/2。粒径在 5mm 以下者，不得超过总体积的 40%。炉渣内不应含有机物和未燃尽的煤块。炉渣采用"焖渣"时，其焖透时间不应少于 5d。

3）石灰应在使用前 3～4d 用清水熟化，并加以过筛。其最大粒径不得大于 5mm。

4）水泥炉渣配合比宜采用水泥：炉渣＝1：6（体积比）；水泥石灰炉渣配合比宜采用水泥：石灰：炉渣＝1：1：8（体积比），拌和应均匀，严格控制用水量。铺设后，宜用辊子滚压至表面泛浆，并用木抹子搓打平，表面不应有松动的颗粒。铺设厚度不应小于 60mm。当铺设厚度超过 120mm 时，应分层进行铺设。

5）在炉渣垫层内埋设管道时，管道周围应用细石混凝土通长稳固好。

6）炉渣垫层铺设在混凝土基层上时，铺设前应先在基层上涂刷水灰比为 0.4～0.5 的素水泥浆一遍，随涂随铺，铺设后及时拍平压实。

7）炉渣垫层铺设后，应认真做好养护工作，养护期间应避免受水侵蚀，待其抗压强度达到 1.2MPa 后，方可进行下道工序的施工。

8）混凝土垫层应用平板振捣器振实，高低不平处，应用水泥砂浆或细石混凝土找平。

（4）冬期施工如使用火炉采暖养护时，炉子下面要架高，上面要吊铁板，避免局部温度过高而使砂浆或混凝土失水过快，造成空鼓。

（5）在高压缩性软土地基上施工地面前，应先进行地面加固处理。对局部设备荷载较大的部位，可采用桩基承台支承，以免除沉降后患。

4. 治理方法

（1）对于房间的边、角处，以及空鼓面积不大于 $400cm^2$ 且无裂缝每自然间（标准间）不多于 2 处者，一般可不作修补。

（2）对人员活动频繁的部位，如房间的门口、中部等处，以及空鼓面积大于 $400cm^2$，或虽面积不大，但裂缝显著者，应予返修。

（3）局部翻修应将空鼓部分凿去，四周宜凿成方块形或圆形，并凿进结合良好处30～50mm，边缘应凿成斜坡形，见图 30-1。底层表面应适当凿毛。凿好后，将修补周围 100mm 范围内清理干净。修补前 1～2d，用清水冲洗，使其充分湿润。修补时，先在底面及四周刷水灰比为 0.4～0.5 的素水泥浆一遍，然后用面层相同材料的拌合物填补。如原有面层较厚，修补时应分次进行，每次厚度不宜大于 20mm。终凝后，应立即用湿砂或湿草袋等覆盖养护，严防早期产生收缩裂缝。

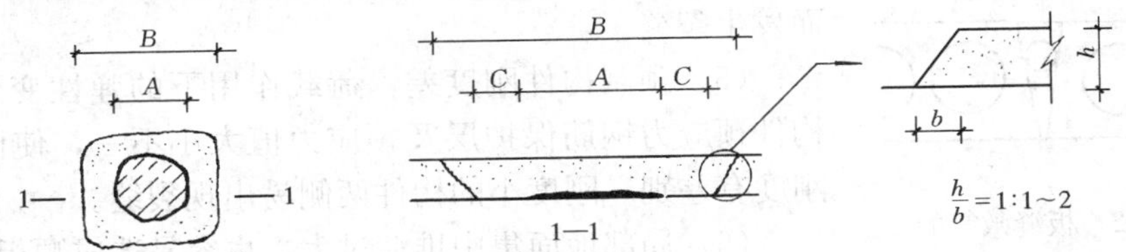

图 30-1 局部空鼓修补示意图

A—空鼓范围；B—凿除范围；C—30～50mm

（4）大面积空鼓，应将整个面层凿去，并将底面凿毛，重新铺设新面层。有关清理、冲洗、刷浆、铺设和养护等操作要求同上。

30.1.3 预制楼板地面顺板缝方向裂缝

1. 现象

有规则的顺预制楼板的拼缝方向通长裂缝。这种裂缝有时在工程竣工前就出现，一般上下裂通，严重时水能通过裂缝往下渗漏。

2. 原因分析

（1）板缝嵌缝质量粗糙低劣：预制楼板地面是由预制楼板拼接而成，依靠嵌缝将单块预制楼板连接成一个整体。在荷载作用下，各板可以协同工作。粗糙低劣的嵌缝将大大降低甚至丧失板缝协同工作的效果，成为楼面的一个薄弱部位，当某一板面上受到较大的荷载时，在有一定的挠曲变形情况下，就会出现顺板缝方向的通长裂缝。

造成板缝嵌缝质量粗糙低劣的原因，一般有以下几个方面：

1）对嵌缝作用认识不足，对嵌缝施工的时间安排、用料规格、质量要求、技术措施等不作明确交底，也不重视检查验收。甚至用石子、碎砖、水泥袋纸等杂物先嵌塞缝底，再在上面浇筑混凝土，嵌缝上实下空，大大降低了板缝的有效断面，影响了嵌缝质量。

2）嵌缝操作时间安排不恰当，未把嵌缝作为一道单独的操作工序，预制楼板安装后也未立即进行嵌缝，而是在浇筑圈梁或楼地面现浇混凝土结构时顺带进行，有的甚至到浇捣地面找平层或施工面层时才进行嵌缝。这样，上面各道工序的杂物、垃圾不断掉落缝中，灌缝时又不做认真的清理，结果嵌缝往往是外实内空。

3）嵌缝材料选用不当，不是根据板缝断面较小的特点选用水泥砂浆或细石混凝土嵌缝，而是用浇捣梁、板的普通混凝土进行嵌缝，往往大石子灌入小缝中，形成上实下空的现象。

4）预制构件侧壁几何尺寸不正确，有的预制楼板侧壁倾斜角度太小，难于进行嵌缝。

（2）嵌缝养护不认真，嵌缝前板缝不浇水湿润，嵌缝后又不及时进行养护，致使嵌缝砂浆或混凝土强度达不到质量要求。

（3）嵌缝后下道工序安排过急，特别是一些砖混宿舍工程，常常在嵌缝完成后立即上砖上料准备砌墙，楼板受荷载后产生挠曲变形，而嵌缝混凝土强度尚低，致使嵌缝混凝土与楼板之间产生缝隙，失去了嵌缝的传力效果。

（4）在预制楼板上暗敷电线管，一般沿板缝走线，如处理不当，将影响嵌缝质量。图30-2 所示是一种错误的敷设方法，管子嵌在板缝中，使嵌缝砂浆或混凝土只能嵌固于管

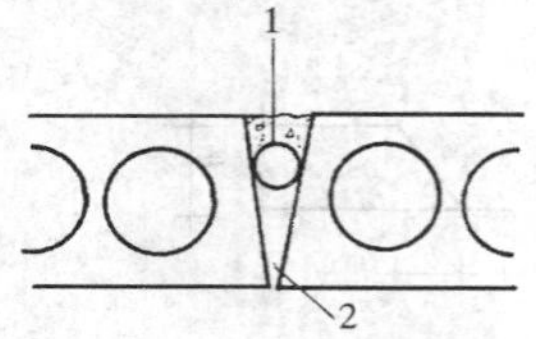

图 30-2　板缝敷管的错误作法
1—管道；2—浇灌不实的板缝

子上面，管子下面部分形成空隙。楼面一旦负荷，嵌缝错动而发生裂缝。

（5）预制构件刚度差，荷载作用下的弹性变形大；或是构件预应力钢筋保护层及预应力值大小不一，使同批构件的刚度有差别，刚度小的构件两侧易出现裂缝。

（6）局部地面集中堆荷过大，也容易造成顺板缝裂缝。

（7）预制楼板安装时，两块楼板紧靠在一起，形成“瞎缝”。此外，由于安装时坐浆不实或不坐浆，在上部荷载作用下，预制楼板往往发生下沉、错位，均可引起地面顺板缝方向裂缝。

3. 预防措施

（1）必须重视和提高嵌缝质量，预制楼板搁置完成后，应及时进行嵌缝，并根据拼缝的宽窄情况，采用不同的用料和操作方法。一般拼缝的嵌缝操作程序为：清水冲洗板缝，略干后刷 0.4～0.5 水灰比的纯水泥浆，用水灰比约 0.5 的 1：2～1：25 水泥砂浆灌 2～3cm，捣实后再用 C20 细石混凝土浇捣至离板面 10mm，捣实压平，但不要光，然后进行养护。做面层时，缝内垃圾应认真清理。嵌缝时留缝深 10mm，以增强找平层与预制楼板的粘结力。

宽的板缝浇筑混凝土前，应在板底支模，宽度大于 40mm 时，应按设计要求配置钢筋。过窄的板缝应适当放宽，严禁出现“瞎缝”。

（2）严格控制楼面施工荷载，砖块等各种材料应分批上料，防止荷载过于集中。必要时，可在砖块下铺设模板，扩大和均布承压面。在用塔吊作垂直运输上料时，施工荷载往往超过楼板的使用荷载，因此，必须在楼板下加设临时支撑，以保证楼板质量和安全生产。

（3）板缝中暗敷电线管时，应将板缝适当放大，如图 30-3 所示。板底托起模板，使电线管道包裹于嵌缝砂浆及混凝土中，以确保嵌缝质量。

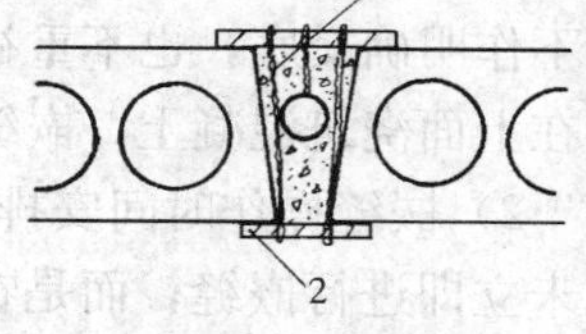

图 30-3　板缝敷管的正确作法
1—铁丝；2—模板

（4）改进预制楼板侧边的构造，如采用键槽形式，则能有效地提高嵌缝质量和传力效果。

（5）如预制楼板质量较差，刚度不够，楼板安装后，相邻板间出现高差，可在面层下做一层厚约 3cm 的细石混凝土找平层，既可使面层厚薄一致，又能增强地面的整体作用，防止裂缝出现。

对于面积较大或是楼面荷载分布不均匀的房间，在找平层中宜设置一层双向钢筋网片（ϕ5～ϕ6，@150～200mm），这对防止地面裂缝会有显著效果。

（6）预制楼板安装时应坐浆，搁平、安实，地面面层宜在主体结构工程完成后施工。特别是在软弱地基上施工的房屋，由于基础沉降量较大且沉降时间较长，如果在主体结构工程施工阶段就穿插做地面面层，则往往因基础沉降而引起楼、地面裂缝。这种裂缝，往往沿质量较差的板缝方向开裂，并形成面层不规则裂缝。

（7）使用时应严格防止局部地面集中荷载过大，这不仅使地面容易出现裂缝，还容易造成意外的安全事故。

4. 治理方法

（1）如果裂缝数量较少，且裂缝较细，楼面又无水或其他液体流淌时，可不作修补。

（2）如果裂缝数量虽少，且裂缝较细，但经常有水或其他液体流淌时，则应进行修补。修补方法如下：

1）将裂缝的板缝凿开，并凿进板边 30～50mm，接合面呈斜坡形，坡度 $h/b=1:1\sim2$，如图 30-4 所示。预制楼板面和板侧适当凿毛，并清理干净。

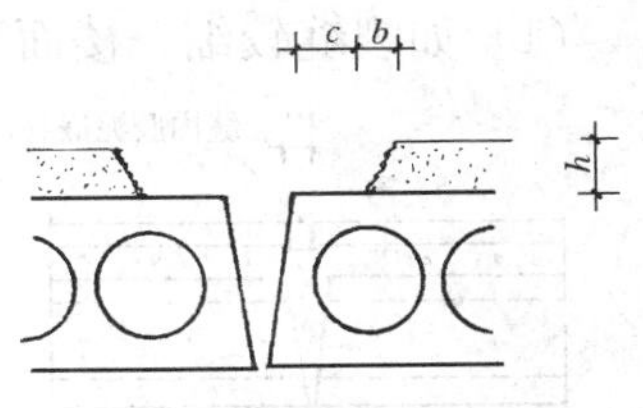

图 30-4 板缝修补示意图

2）修补前 1～2d，用清水冲洗，使其充分湿润，修补时达到面干饱和状态。

3）补缝时，先在板缝内刷水灰比为 0.4～0.5 的纯水泥浆一遍，然后随即浇筑细石混凝土，第一次浇筑板缝深度的 1/2，稍等吸水，进行第二次浇筑。如板缝较窄，应先用 1：2～1：2.5 水泥砂浆（水灰比为 0.5 左右）浇 2～3cm，捣实后再浇 C20 细石混凝土捣至离板面 1cm 处，捣实压平，可不压光，养护 2～3d。养护期间，严禁上人。

4）修补面层时，先在板面和接合处涂刷纯水泥浆，再用与面层相同材料的拌合物填补，高度略高于原来地面，待收水后压光，并压得与原地面平。压光时，注意将两边接合处赶压密实，终凝后用湿砂或湿草袋等进行覆盖养护。养护期间禁止上人活动。

（3）如房间内裂缝较多，应将面层全部凿掉，并凿进板缝深 1～2cm，在上面满浇一层厚度不小于 3cm 的钢筋混凝土整浇层，内配一层双向钢筋网片（$\phi5\sim\phi6$，@150～200mm），浇筑不低于 C20 的细石混凝土，随捣随抹（表面略加适量的 1：1.5 水泥砂浆）。有关清洗、刷浆、养护等要求同前。

30.1.4 预制楼板地面顺楼板搁置方向裂缝

1. 现象

这种裂缝主要发生在两间以上的大房间，裂缝位置较固定，一般均在预制楼板支座搁置位置的正上方。当走廊用小块楼板作横向搁置时，房间的门口处也往往发生这种裂缝。这种裂缝一般出现较早，上宽下窄，上口宽度有的达 3mm 以上。

2. 原因分析

（1）预制楼板在地面面层做好后具有连续性质，当地面受荷后，跨中产生正弯矩，向下挠曲，而板端（搁置端）则产生负弯矩而上翘，使面层出现拉应力，造成沿板端方向裂缝。

（2）由于横隔墙承受荷载较大，所以横隔墙基础的沉降量也较大。如果地面面层施工较早，一旦横隔墙受荷后出现沉降，使楼板在搁置端自由转动，则表面就会有较大的拉应力而产生裂缝。

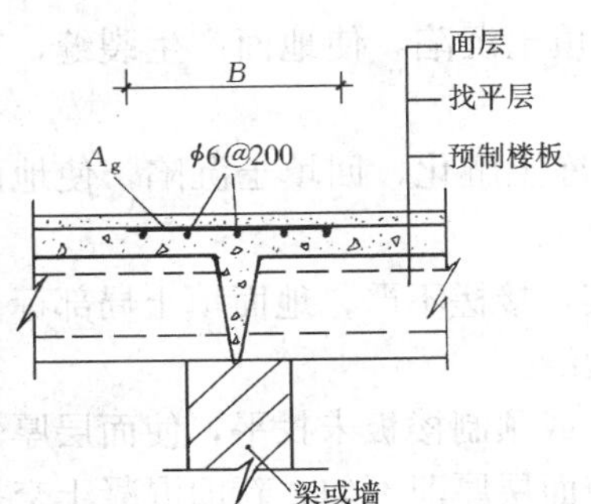

图 30-5 预制楼板搁置端设置防裂钢筋网片

（3）预制楼板安装时坐浆不实或不坐浆，顶端接缝处嵌缝质量差，地面易出现顺板端方向的裂缝。

3. 预防措施

（1）在支座搁置处设置能承受负弯矩的钢筋网片，构造配筋如图 30-5 所示。钢筋网片的位置应离面层上表面 15～20mm 为宜，并切实注意施工中不被踩到下面。

（2）设计上应尽量使房屋基础均匀沉降，特别应避免支承楼板的横隔墙沉降量过大而引起地面开裂。

(3) 安装预制楼板时应坐浆，搁置要平、实，嵌缝要密实。

4. 治理方法

(1) 如裂缝较细，楼面又无水或其他液体流淌时，一般可不作修补。

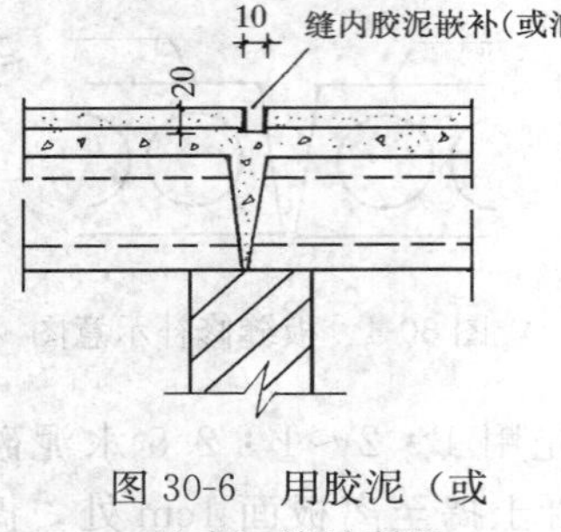

图 30-6 用胶泥（或油膏）修补裂缝

(2) 如裂缝较粗，或虽裂缝较细，但楼面经常有水或其他液体流淌时，则应进行修补。

1) 当房间外观质量要求不高时，可用无齿锯锯成一条浅槽后，用环氧树脂或屋面用胶泥（或油膏）嵌补。锯槽应整齐，宽约 10mm，深约 20mm，如图 30-6 所示。嵌缝前应将缝清理干净，胶泥应填补平、实。

2) 如房间外观质量要求较高，则可顺裂缝方向凿除部分面层（有找平层时一起凿除，底面适量凿毛），宽度 1000～1500mm，用不低于 C20 的细石混凝土填补，并增设钢筋网片，构造配筋见图 30-5 所示。

30.1.5 地面面层不规则裂缝

1. 现象

这种不规则裂缝部位不固定，形状也不一，预制板楼地面或现浇板楼地面上都会出现，有表面裂缝，也有连底裂缝。

2. 原因分析

(1) 水泥安定性差或用刚出窑的热水泥，凝结硬化时的收缩量大。或采用不同品种、或不同强度等级的水泥混杂使用，凝结硬化的时间以及凝结硬化时的收缩量不同而造成面层裂缝。

砂子粒径过细，或含泥量过大，使拌合物的强度低，也容易引起面层收缩裂缝。

(2) 面层养护不及时或不养护，产生收缩裂缝。这对水泥用量大的地面，或用矿渣硅酸盐水泥做的地面尤为显著。在温度高、空气干燥和有风的季节，若养护不及时，地面更易产生干缩裂缝。

(3) 水泥砂浆过稀或搅拌不均匀，则砂浆的抗拉强度降低，影响砂浆与基层的粘结，也容易导致地面出现裂缝。

(4) 首层地面填土质量差。

1) 回填土的土质差或夯填不实，地面完成以后回填土沉陷，使地面产生裂缝，甚至空鼓脱壳。

2) 回填土中夹有冻土块或冰块，当气温回升后，冻土融化，回填土沉陷，使地面面层裂缝、空鼓。

(5) 配合比不准确，垫层质量差；混凝土振捣不实，接槎不严；地面填土局部标高不够或是过高，这些都将削弱垫层的承载力而引起面层裂缝。

(6) 面层因收缩不均匀产生裂缝，如底层不平整，或预制楼板未找平，使面层厚薄不匀；埋设管道、预埋件或地沟盖板偏高偏低等，也会使面层厚薄不匀；新旧混凝土交接处因吸水率及垫层用料不同，也将造成面层收缩不匀；面层压光时撒干水泥面撒不均匀，会使面层产生不等量的收缩。

（7）面积较大的楼地面未留伸缩缝，因温度变化而产生较大的胀缩变形，使地面产生裂缝。

（8）结构变形，如因局部地面荷载过大而造成地基土下沉或构件挠度过大，使构件下沉、错位、变形，导致地面产生不规则裂缝。这些裂缝一般是底、面裂通的。

（9）使用外加剂过量而造成面层较大的收缩值。各种减水剂、防水剂等掺入水泥砂浆或混凝土中后，有增大其收缩值的不良影响，如果掺量不正确，面层完工后又不注意养护，则极易造成面层裂缝。

3. 预防措施

（1）重视原材料质量。用于水泥砂浆地面的原材料，其质量要求同 30.1.1“地面起砂”预防措施的相应部分。

（2）保证垫层厚度和配合比的准确性，振捣要密实，表面要平整，接槎要严密。混凝土垫层和水泥炉渣（或水泥石灰炉渣）垫层的最小厚度不应小于 60mm；三合土垫层和灰土垫层的最小厚度不应小于 100mm。

（3）面层的水泥拌合物应严格控制用水量，水泥砂浆的稠度不应大于 35mm；混凝土坍落度不应大于 30mm。表面压光时，不宜撒干水泥面。如因水分大难以压光，可适量撒一些 1：1 干拌水泥砂拌合物，撒布应均匀，待吸水后，先用木抹子均匀槎打一遍，然后再用铁抹压光。

水泥砂浆终凝后，应及时用湿砂或湿草袋覆盖养护，防止产生早期收缩裂缝。刮风天施工水泥地面时，应遮挡门窗，避免直接受风吹，防止因表面水分迅速蒸发而产生收缩裂缝。

（4）回填土应夯填密实，如地面以下回填土较深时，还应注意做好房屋四周的地面排水，以免雨水灌入造成室内回填土沉陷。

（5）水泥砂浆面层铺设前，应认真检查基层表面的平整度，尽量使面层的铺设厚度厚薄一致，垫层或预制楼板表面高低不平时，应用水泥砂浆或细石混凝土先找平。松动的地沟盖板应垫实，预制楼板板缝嵌得不实的应作翻修处理。如因局部需要埋设管道或铁件而影响面层厚度时，则管道或铁件顶面至地面上表面的最小距离一般不小于 10mm，并须设防裂钢丝网片，当 L 大于 400 时，宜用钢丝（板）网，如图 30-7 所示。

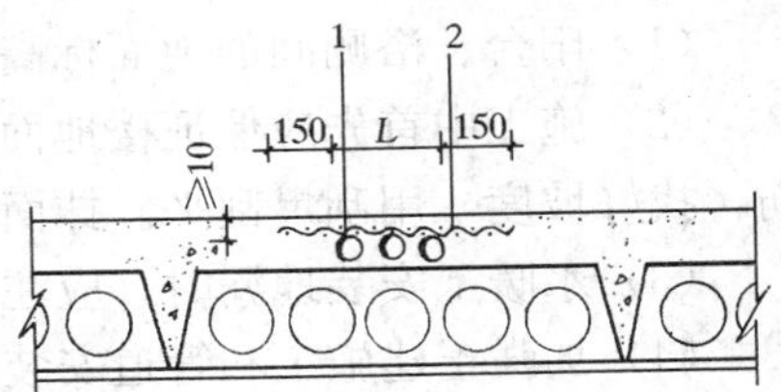

图 30-7 管道顶面设置防裂钢丝（板）网片

1—管道；2—钢丝（板）网

（6）面积较大的水泥砂浆（或混凝土）楼地面，应从垫层开始设置变形缝。室内一般设置纵、横向缩缝，其间距和形式应符合设计要求。

（7）结构设计上应尽量避免基础沉降量过大，特别要避免不均匀沉降。预制构件应有足够的刚度，避免挠度过大。

（8）使用上应防止局部地面集中荷载过大。

（9）水泥砂浆（或混凝土）面层中掺用外加剂时，严格按规定控制掺用量，并加强养护。

4. 治理方法

对楼地面产生的不规则裂缝，由于造成原因比较复杂，所以在修补前，应先进行调查研究，分析产生裂缝的原因，然后再进行处理。

对于尚在继续开展的“活裂缝”，如为了避免水或其他液体渗过楼板而造成危害，可采用柔性材料（如沥青胶泥、嵌缝油膏等）作裂缝封闭处理。对于已经稳定的裂缝，则应根据裂缝的严重程度作如下处理：

（1）裂缝细微，无空鼓现象，且地面无液体流淌时，一般可不作处理。

（2）裂缝宽度在 0.5mm 以上时，可作水泥浆封闭处理，先将裂缝内的灰尘冲洗干净，晾干后，用纯水泥浆（可适量掺些 108 胶）嵌缝。嵌缝后加强养护，常温下养护 3d，然后用细砂轮在裂缝处轻轻磨平。

（3）裂缝涉及结构受力时，则应根据使用情况，结合结构加固一并进行处理。

（4）如裂缝与空鼓同时产生时，则可参照 30.1.2“地面空鼓”的治理方法进行处理。

30.1.6 带坡度地面倒泛水

1. 现象

地漏处地面偏高，地面倒泛水、积水。

2. 原因分析

（1）阳台（外走廊）、浴厕间的地面一般应比室内地面低 20～50mm，但有时因图纸设计成一样平，施工时又疏忽，造成阳台、浴厕间的地面积水外流。

（2）施工前，地面标高抄平弹线不准确，施工中未按规定的泛水坡度冲筋、刮平。

（3）浴厕间地漏安装过高，以致形成地漏四周积水。

（4）土建施工与管道安装施工不协调，或中途变更管线走向，使土建施工时预留的地漏位置不符合安装要求，管道安装时另行凿洞，造成泛水方向不对。

3. 预防措施

（1）阳台、浴厕间的地面标高设计应比室内地面低 20～50mm。

（2）施工中首先应保证楼地面基层标高准确，抹地面前，以地漏为中心向四周辐射冲筋，找好坡度，用刮尺刮平。抹面时，注意不留洼坑。

（3）水暖工安装地漏时，应注意标高准确，宁可稍低，也不要超高。

（4）加强土建施工和管道安装施工的配合，控制施工中途变更，认真进行施工交底，做到一次留置正确。

4. 治理方法

（1）对于倒泛水的浴厕间，应将面层全部凿除，重抹水泥砂浆面层，并找好泛水坡度。具体作法参见 30.1.1“地面起砂”治理方法的相应部分。

（2）当浴厕间地面标高与室内地面标高相同时，可在浴厕间门口处作一道宽 200mm、高 30～50mm 的水泥砂浆挡水坎，以确保浴厕间地面水不外流。

30.1.7 浴厕间地面渗漏滴水

1. 现象

浴厕间地面常有积水，顶棚表面经常潮湿。沿管道边缘或管道接头处渗漏滴水，甚至渗漏到墙体内形成大片洇湿，造成室内环境恶化。

2. 原因分析

（1）设计图纸要求不明确，如地面标高、地面坡度、地漏形式、防水要求等未作具体说明，对此，施工人员未认真进行图纸审查和研究，盲目凭经验施工，造成差错。

（2）土建施工对浴厕间楼面混凝土浇筑质量不够重视。管道预留孔位置不正确，上下错位，致使安装管道时斩凿地面，增大预留孔洞尺寸。浇补管道四周空洞部分混凝土时，清洗不干净，浇捣不密实，浇捣后不重视养护，致使混凝土质量低劣或有干缩裂缝等。地面坡度设置不妥，防水层施工不认真等。

（3）安装坐便器、浴盆等的排水口预留标高不准，方向歪斜，上下接口不严，管道内掉入异物，管道支（托）架固定不牢，地漏设置粗糙等。

3. 预防措施

（1）设计方面应针对工程使用特点，在图纸上明确质量要求。

1）浴厕间楼地面标高应比一般地面低 20～50mm；

2）浴厕间楼地面结构四周的边梁应向上翻起，高度不小于 200mm，防止水从四周墙角处向外渗漏。

3）浴厕间楼地面应有 2%～3%的坡度坡向地漏。

4）管道支（托）架应注明用料规格、间距和固定方式。

5）横向排水管应有 2%～3%的坡度，以使排水畅通，防止涌水上冒。

6）竖向排水管每层应设置清扫口，一旦发生堵塞，便于及时清扫。

7）地漏应设有防水托盘，防止地面污水沿地漏四周向下渗漏。

8）明确管道安装好后，必须进行注水试压（上水管）和注水试验（下水管）的要求。

（2）土建施工应作好以下各点。

1）重视浴厕间楼地面结构混凝土的浇筑质量，振捣密实，认真养护。

2）楼面上预留的管道孔洞上下位置应一致，防止出现较大误差。

3）管道安装好后，宜用细石混凝土认真补浇管道四周洞口。混凝土强度等级应比楼面结构的混凝土提高一级，并认真做好养护。

4）认真做好防水层施工，施工结束后应作蓄水试验（蓄水 20～30mm，24h 不渗漏为合格），合格后方可铺设地面面层。

5）铺设地面前，应检查找坡方向和坡度是否正确，保证地面排水通畅。

（3）安装施工应做好以下各点。

1）坐便器在楼板上的排水预留口应高出地面（建筑标高，即地面完成后的标高）10mm，切不可歪斜或低于楼面。

2）浴盆在楼板上的排水预留口应高出地面（建筑标高）10mm，浴盆的排水铜管插入排水管内不应少于 50mm。

3）上下管道的接口缝隙内缠绕的油盘根绳应捻实，并用油灰嵌填严密。

4）排水管道应用吊筋或支（托）架固定牢固，排水横管的坡度应符合要求，使排水畅通。

5）安装过程中凡敞口的管口，应用临时堵盖随手封严，防止杂物掉入管膛内。寒冷地区入冬结冻前，对尚未供暖的工程，应将卫生器具存水弯内的积水排除干净或采取其他措施加以保护，避免冻裂管线。

6）管道安装后，应及时进行注水试压（用于上水管）和注水试验（用于下水管）。

7）地漏安装标高应正确，地漏接口安装好地漏防水托盘后，仍应低于地面 20mm，以保证满足地面排水坡度。

4. 治理办法

对于浴厕间楼地面的渗漏质量通病，应认真查清原因后，彻底进行根治。

30.1.8　地面返潮

1. 现象

地面返潮主要发生在房屋的底层地面。有的是季节性潮湿，如我国南方在霉雨季节时，很多房屋的底层地面出现返潮现象，严重时表面结露；有的是常年性潮湿。地面返潮使居住环境变坏，物品易发生霉烂变质，并影响人体健康。

2. 原因分析

(1) 地面季节性潮湿一般发生在我国南方的梅雨季节，雨水多，温度高，湿度大。温度较高的潮湿空气（相对湿度在90%左右）遇到温度较低的地面时，易在地表面产生冷凝水。地面表面温度越低（一般温差在2℃左右时即会发生）、地面越光滑，返潮现象越严重。有时除了地面返潮外，光滑的墙面也会结露淌水。这种返潮现象带有明显的季节性，一旦气候转晴，返潮现象即可消除。

(2) 地面常年性潮湿主要是地面的垫层、面层不密实，又未设置防水层，地面下地基土中的水通过毛细管作用上升以及汽态水向上渗透，使地面面层材料受潮所致。毛细水在各种不同土层中的上升高度极限差别较大：粗、中砂为0.3m；细砂为0.5m；粉土为0.8m，粉质黏土为1.3m；黏土为2m。此种地面返潮与土层中地下水位的高低有密切关系，夏（雨）季由于地下水位上升，返潮现象比较严重，冬季地下水位下降时有所好转。

3. 预防措施

(1) 季节性潮湿地面可采取以下措施。

1) 在梅雨季节来临时，应尽可能隔绝潮湿的热空气与室内地面的接触，如尽量少开门窗，门口设置门廊、门套及门帘等。

2) 室内准备适量的吸湿剂或吸湿机，将进入室内的潮湿空气中的水分吸收掉。

3) 采用不太光滑的地面材料（如地面砖、缸砖等）铺设地面面层。面层表面的毛细孔有较强的吸湿作用，可减轻地面表面的返潮现象。

(2) 常年性潮湿地面，主要应从增强面层（包括垫层）的密实性，切断毛细水上升和汽态水渗透方面采取有效措施。根据地面不同的防潮要求，通常可采用以下几种措施。

1) 设置碎石或煤渣、道砟垫层，对阻止地下毛细水的向上渗透有一定的作用，但对阻止汽态水的向上渗透作用较小。

2) 设置防潮隔离层。常用的防潮隔离层有热沥青涂刷层、沥青卷材防潮层、沥青砂浆和沥青混凝土防潮层等。这种防潮层对阻止地下毛细水的上升和汽态水的向上渗透有较好的作用，但造价较高。

在农村建筑中，还有较简易的防潮层做法，即直接用沥青油毡（1～2层）或塑料薄膜（2～3层）铺设于夯实后的素土垫层上，在其上面再做细石混凝土面层，价格较低，操作简便，也有一定的防潮效果，但使用年限较短。夯实的素土垫层上表面应平整、干燥，并清扫干净。铺设油毡或塑料薄膜时，应注意搭接宽度不小于10cm，当采用双层时，应作纵横向铺设。浇筑混凝土面层时，应严防损坏防潮层。

3) 采用架空式地面。即地面面层为各种预制板块或各种陶土板、方砖等，面层与地基土层脱离，架设在砖墩或地垄墙上。为了增加防潮效果，常在面层板底（铺设前）涂刷一层热沥青，这对阻止汽态水的渗透有较好的作用。架空板下的地基土应认真夯实，尽量减少土层中的潮湿气向板下空间渗透。架空空间一般不小于 30cm。砖墩或地垄墙顶面应抹一层 20mm 厚的防水砂浆层，重视板缝的填嵌质量，使之密实。

4. 治理方法

对于常年性返潮地面，如室内空间高度许可，可在原有地面上加做一层防潮层后，再做地面面层，以隔绝地下毛细水的上升和汽态水的渗透。如室内空间高度不许可，则应将地面面层凿掉后重新铺设面层，面层下设置相应的防潮层，面层浇筑应密实。

对于常年性返潮地面，还应检查四周墙身的防潮情况，若四周墙身没有设置防潮层或防潮效果较差时，在进行地面防潮治理时，应一并对四周墙身进行防潮处理，以求得防潮的整体效果。

30.1.9 地面边角处损坏

1. 现象

混凝土地面，特别是室外混凝土地面的边、角处，常出现翘曲、裂缝等现象，随着使用时间增长，逐步扩大损坏面。

2. 原因分析

（1）混凝土地面虽有较大的承载力，但也有受力不均匀性的弱点。由混凝土地面（平板）在荷载作用下的测试资料可知，板中承载力最高，板边次之，板角处最弱。板边的承载力为板中承载力的 65%左右，板角的承载力为板中承载力的 45%左右。混凝土地面边角处是地面受力的薄弱部位，在地面受荷作用下，常发生翘曲变形和损坏。

（2）室外混凝土地面施工完成后，除承受使用荷载外，还将承受昼夜寒暑的温度变化，这对混凝土板的边角处也是最不利的，裂缝首先从混凝土地面的边角处产生。

（3）寒冷地区在冻胀性土层上铺设室外地面（包括台阶、斜坡、散水等）时，未设置防冻胀层，土层冻胀使地面冻裂，地面的边角处又是最易冻裂的部位。

3. 预防措施

（1）混凝土地面，特别是室外混凝土地面，在设计上应采取必要的加强措施，以提高地面板角处的承载能力，使地面各部位的承载力趋于均衡，达到最佳的使用效果和经济效益。当混凝土板的边角采取加强措施后，边角处的承载力将显著提高，使板中、板边和板角处的承载力趋于平衡，能有效地防止板边和板角处翘曲和损坏。

常用的加强措施有以下几种形式：

1）加肋：这是最简单的加强措施，如图 30-8、图 30-9 所示。

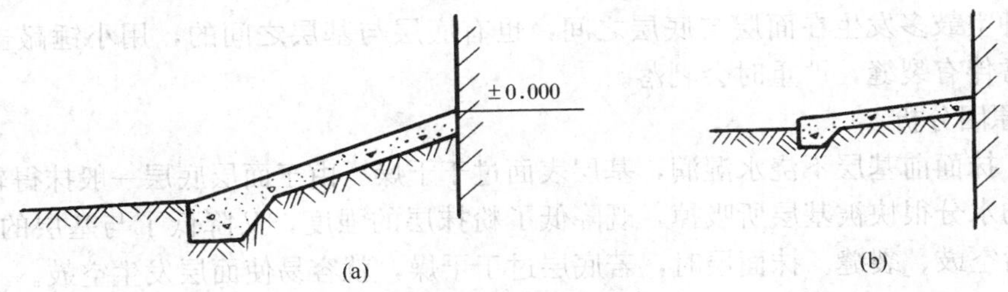

图 30-8 室外工程加肋构造示意

（a）斜坡；（b）散水坡

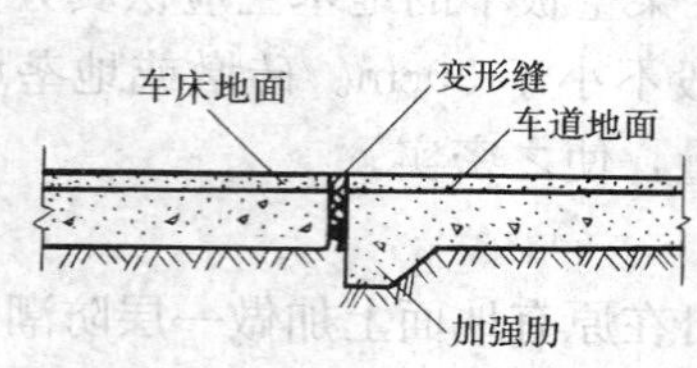

图 30-9　车间内车道边缘加肋示意

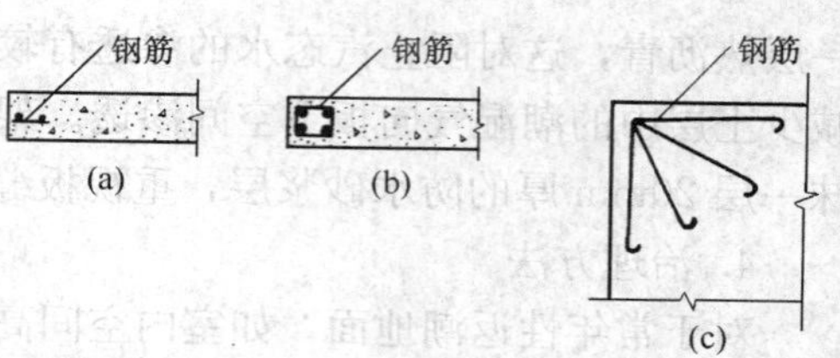

图 30-10　室外混凝土地面边角处加筋示意
(a) 单层布筋；(b) 双层布筋；(c) 板角布筋

2）加筋：地面边角处加筋也是一种简单而有效的加强措施。加筋后，能将局部的集中荷载向周围扩散，因而能防止边角处因瞬间荷载过大而遭受损坏。加筋有单层筋和双层筋，视地面厚度而定，如图 30-10 所示。

3）肋、筋同时加：当混凝土地面本身厚度较薄时，边角处往往采用既加肋又加筋的加强措施。

（2）室外混凝土地面应按施工验收规范要求，设置伸缩缝。

（3）寒冷地区室外混凝土地面下应按设计要求设置防冻胀层。当设计无明确规定时，可按表 30-1 选用。

防冻胀层厚度表　　　**表 30-1**

序　号	土的标准冻深（mm）	防冻胀层厚度（mm）	
		土为冻胀土	土为强冻胀土
1	600～800	100	150
2	1200	200	300
3	1800	350	450
4	2200	500	600

注：1. 土的标准冻深和土的冻胀性分类，应按现行《建筑地基基础设计规范》（GB 50007—2011）的规定确定。
2. 防冻材料可选用砂、砂卵石、炉（矿）渣或炉渣石灰土等具有较好水稳定性和冰冻稳定性的材料。
3. 采用炉渣石灰土作防冻胀层时，重量配合比一般为炉渣：素土：熟化石灰＝7：2：1，压实系数不宜小于 0.95，而且冻前龄期应大于 1 个月。

4. 治理方法

对裂缝和损坏较严重，影响使用的，应作翻修处理。翻修处理时，边角处应作加强处理。

30.1.10　水泥踢脚空鼓

1. 现象

这种空鼓多发生在面层与底层之间，也有底层与基层之间的，用小锤敲击时有空鼓声，并常伴有裂缝，严重时会剥落。

2. 原因分析

（1）抹面前基层不浇水湿润，基层表面过于干燥。由于面层底层一般抹得较薄，所以砂浆中的水分很快被基层所吸掉，既降低了粉抹层的强度，又降低了与基层的粘结能力，造成日后空鼓、裂缝。抹面层时，若底层过于干燥，就容易使面层发生空鼓。

（2）抹面前，基层表面未清理干净，粘结在基层表面的各种浮灰成了底层与基层之间的隔离剂，致使粉抹层空鼓。特别是水磨石地面在打磨过程中，浆水溅到墙面（或底糙灰面）上，当抹踢脚砂浆时，若不清理干净，极易造成踢脚空鼓。

（3）用石灰砂浆打底，由于与面层水泥砂浆材质、性能不同，粉抹后，极易造成裂缝、空鼓，甚至剥落。

（4）抹墙面罩面灰时，一直抹至水泥踢脚部位，抹踢脚时（不管面层或底糙），若不注意清理，将水泥砂浆抹于白灰层上，也容易产生裂缝、空鼓。

（5）水泥砂浆过稀，或是一次抹的太厚，使砂浆向下滑坠，大大削弱了与基层（或底层）的粘结力，造成空鼓、裂缝以至剥落。

3. 预防措施

（1）基层应清理干净，粉抹前一天应充分浇水湿润。

（2）粉抹时应先在基层上（当抹面时，应在底糙上）刷一度素水泥浆，水灰比控制在0.4左右，并注意随刷随抹。

（3）严禁用石灰砂浆或混合砂浆打底糙。

（4）当先抹墙面白灰、后抹踢脚时，应严格防止将白灰抹至踢脚部位。

（5）水泥砂浆不应过稀，稠度应控制在35mm左右，一次粉抹厚度以1cm为宜，粉抹层过厚，应分层操作。

（6）磨石机应有罩板，避免打磨时浆水四溅，玷污墙面。如有玷污，应随时用清水冲洗干净。

4. 治理方法

对于局部和轻微的裂缝、空鼓，长度不大于300mm，每自然间（标准间）不多于2处，不影响使用和外观时，一般可不做翻修处理。当裂缝、空鼓严重，或产生剥落等情况，应做翻修处理。

附录30.1 水泥地面质量标准及检验方法

水泥混凝土及水泥砂浆地面质量标准及检验方法 **附表30-1**

项目类别	项次	项目	质量要求或允许偏差（mm）	检验方法
主控项目	1	面层材料	（1）水泥采用硅酸盐水泥、普通硅酸盐水泥； （2）不同品种、不同强度等级水泥严禁混用； （3）砂应用中粗砂，采用石屑时，粒径应为1～5mm，含泥量不应大于3%； （4）水泥混凝土粗骨料最大粒径不应大于面层厚度的2/3，细石混凝土面层石子粒径不应大于16mm	观察检查，检查材质合格证明文件及检测报告
	2	面层强度、配合比	面层强度等级应符合设计要求，且水泥混凝土面层强度等级不应小于C20，水泥混凝土垫层兼面层强度等级不应小于C15；水泥砂浆面层强度等级不应小于M15，体积比应为1∶2	检查配合比通知单和检测报告
	3	面层与基层结合	应结合牢固，无空鼓、无裂纹	用小锤轻击检查

续表

项目类别	项次	项目		质量要求或允许偏差（mm）	检验方法
一般项目	4	有坡度要求的面层		坡度应符合设计要求，不得有倒泛水和积水现象	观察和采用泼水或坡度尺检查
	5	面层外观质量		表面应洁净、无裂纹、脱皮、麻面和起砂现象	观察检查
	6	踢脚与墙面贴合		贴合应紧密，高度一致，出墙厚度均匀	用小锤轻击，钢尺和观察检查
	7	楼梯踏步		宽度和高度应符合设计要求，相邻踏步高度差不大于10mm，踏步两端宽度差不大于10mm，旋转楼梯踏步两端宽度允许偏差为5mm，踏步齿角应整齐，防滑条应顺直	观察和钢尺检查
	8	表面平整	水泥砂浆	4	用2m靠尺和楔形塞尺检查
			混凝土	5	
	9	踢脚上口平直		4	拉5m线和钢尺检查，不足5m拉通线检查
	10	缝格顺直		3	拉5m线和钢尺检查，不足5m拉通线检查

30.2 现制水磨石地面

30.2.1 石子及分格条显露不清

1. 现象

地面石子及分格条显露不清，分格条处呈一条纯水泥斑带，外形不美观。

2. 原因分析

(1) 面层水泥石子浆铺设厚度过厚，超过分格条较多，使分格条难以磨出。

(2) 铺好面层后，磨光不及时，水泥石子面层强度过高（亦称“过老”），使分格条难以磨出。

(3) 第一遍磨光时，所用的磨石号数过大，磨损量过小，不易磨出分格条。

(4) 磨光时用水量过大，磨石机的磨石在水中呈飘浮状态，故磨损量极小。

(5) 面层铺设厚度过厚，石子粒径较小，滚压时石子被压到下层，表面水泥浆加厚，石子难以磨出。

3. 预防措施

(1) 控制面层水泥石子浆的铺设厚度，虚铺高度一般比分格条高出5mm为宜，待用滚筒压实后，则比分格条高出约1mm，第一遍磨完后，分格条就能全部清晰外露。

(2) 水磨石地面施工前，应准备好一定数量的磨石机。面层施工时，铺设速度应与磨光速度（指第一遍磨光速度）相协调，避免开磨时间过迟。

(3) 第一遍磨光应用60～90号的粗金刚砂磨石，以加大其磨损量。同时磨光时应控制浇水速度，浇水量不应过大，使面层保持一定浓度的磨浆水。

(4) 面层铺设厚度应与石子粒径相一致：小八厘为10～12mm，中八厘为12～

15mm，掺有一定数量大八厘的为15～18mm，掺有一定数量一分半的为18～20mm。

(5) 掌握好水泥石子浆的配合比，如采用滚压工艺，当不再干撒石子时，水泥：石子为1：2.8～3（体积比）；当采用干撒滚压工艺时，水泥：石子为1：1.5，干撒石子数量控制在9.5～10.5kg/m^2。

4. 治理方法

如因磨光时间过迟，或铺设厚度较厚而难以磨出分格条时，可在砂轮下撒些粗砂，以加大其磨损量，既可加快磨光速度，又容易磨出分格条。

30.2.2 分格条压弯（铜条、铝条）或压碎（玻璃条）

1. 现象

铜条或铝条弯曲，玻璃条断裂，分格条歪斜不直。这种现象大多发生在滚筒滚压过程中。

2. 原因分析

(1) 面层水泥石子浆虚铺厚度不够，用滚筒滚压后，表面同分格条平，有的甚至低于分格条，滚筒直接在分格条上碾压，致使分格条被压弯或压碎。

(2) 滚筒滚压过程中，有时石子粘在滚筒上或分格条上，滚压时就容易将分格条压弯或压碎。

(3) 分格条粘贴不牢，在面层滚压过程中，往往因石子相互挤紧而挤弯或挤坏分格条。

3. 防治措施

(1) 控制面层的虚铺厚度，具体要求见30.2.1“石子及分格条显露不清”的预防措施相应部分。

(2) 滚筒滚压前，应先用铁抹子或木抹子在分格条两边约10cm的范围内轻轻拍实，并应将抹子顺条处往里稍倾斜压出一个小八字。这既可检查面层虚铺厚度是否恰当，又能防止石子在滚压过程中挤坏分格条。

(3) 滚筒滚压过程中，应用扫帚随时扫掉粘在滚筒上或分格条上的石子，防止滚筒和分格条之间存在石子而压坏分格条。

(4) 分格条应粘贴牢固。铺设面层前，应仔细检查一遍，发现粘贴不牢而松动或弯曲的，应及时更换。

(5) 滚压结束后，应再检查一次，压弯的应及时校直，压碎的玻璃条应及时更换，清理后，用水泥与水玻璃做成的快凝水泥浆重新粘贴分格条。

30.2.3 分格条两边或分格条十字交叉处石子显露不清或不匀

1. 现象

分格条两边10mm左右范围内的石子显露极少，形成一条明显的纯水泥斑带。十字交叉处周围也出现同样的一圈纯水泥斑痕。

2. 原因分析

(1) 分格条粘贴操作方法不正确。水磨石地面厚度一般为12～15mm，常用石子粒径为6～8mm。因此，在粘贴分格条时，应特别注意砂浆的粘贴高度和水平方向的角度。图30-11所示是一种错误的粘贴方法，砂浆粘贴高度太高，有的甚至把分格条埋在砂浆里，在铺设面层的水泥石子浆时，石子就不能靠近分格条，磨光后，分格条两边就没有石子，出现一条纯水泥斑带，俗称“癞子头”，影响美观。

（2）分格条在十字交叉处粘贴方法不正确，嵌满砂浆，不留空隙，如图 30-12 所示。在铺设面层水泥石子浆时，石子不能靠近分格条的十字交叉处，结果周围形成一圈没有石子的纯水泥斑痕。

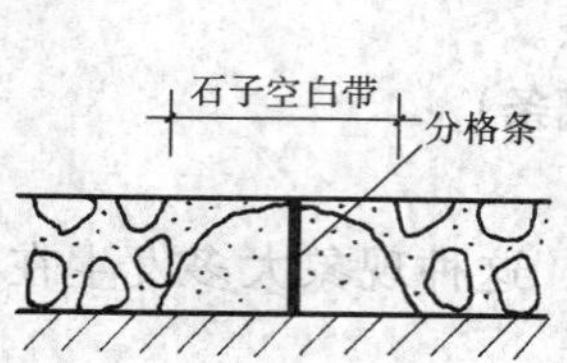

图 30-11 分格条砂浆粘贴太高

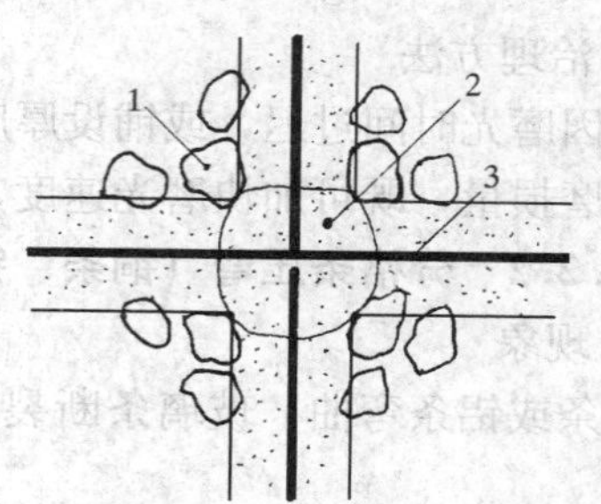

图 30-12 分格条十字交叉处砂浆过多过满

1—石子；2—无石子区；3—分格条

（3）滚筒的滚压方法不妥，仅在一个方向来回碾压，与滚筒碾压方向平行的分格条两边不易压实，容易造成浆多石子少的现象。

（4）面层水泥石子浆太稀，石子比例太少。

3. 防治措施

（1）正确掌握分格条两边砂浆的粘贴高度和水平方向的角度，正确的粘贴方法应按图 30-13 所示，并应粘贴牢固。

（2）分格条在十字交叉处的粘贴砂浆，应留出 15～20mm 左右的空隙，如图 30-14 所示。这在铺设面层水泥石子浆时，石子就能靠近十字交叉处，磨光后，石子显露清晰，外形也较美观。

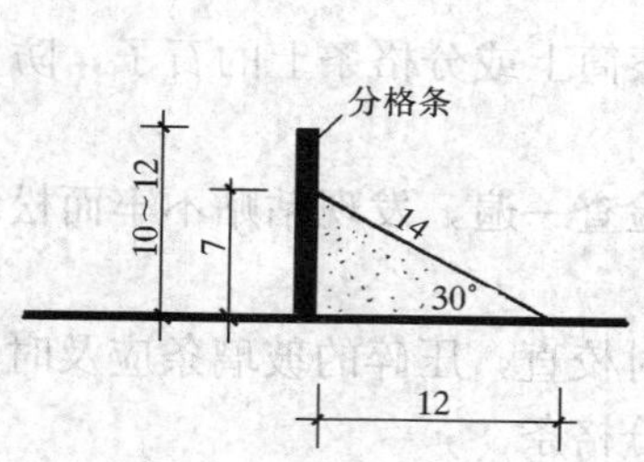

图 30-13 正确粘贴分格条两边砂浆的方法

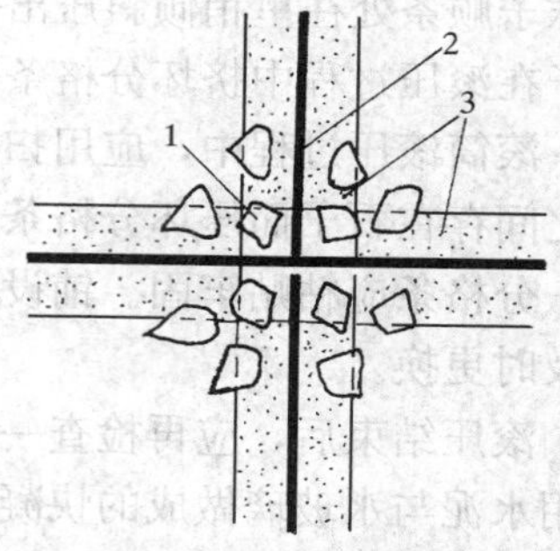

图 30-14 正确粘贴分格条十字交叉处的方法

1—石子；2—分格条；3—砂浆

（3）滚筒滚压时，应在两个方向（最好采用“米”字形三个方向）反复碾压。如碾压后发现分格条两侧或十字交叉处浆多石子少时，应立即补撒石子，尽量使石子密集。

（4）以采用干硬性水泥石子浆为宜，水泥石子浆的配合比应正确。

30.2.4 面层有明显的水泥斑痕

1. 现象

一般有两种情况：一种是脚印斑痕，面积约与脚跟差不多大；另一种是水泥斑痕，面积则大小不一。这种部位的石子明显偏少，使面层的外观质量大为逊色。

2. 原因分析

(1) 水泥石子浆在铺设时是很松软的，如果穿高跟胶鞋或鞋底凹凸不平较明显的胶鞋进行操作，必将踩出很多较深的脚印。在滚筒滚压过程中，脚印部分往往由水泥浆填补，不易发现这一缺陷，磨光后，则会立即发现脚印部分出现一块块水泥斑痕，造成无法弥补的质量缺陷。水泥石子浆越稀软，这种现象越显著。

(2) 铺设水泥砂浆地面面层，一般常用刮尺刮平，但铺设水磨石地面面层时，由于水泥石子浆中石子成分较多，如果用刮尺刮平，则高出部分的石子大部分给刮尺刮走，留下的部分出现浆多石子少的现象，磨光后，出现一块块水泥斑痕，影响美观。

3. 防治措施

(1) 水泥石子浆拌制不能过稀，以采用干硬性的水泥石子浆为宜。

(2) 铺设水泥石子浆时，应穿平底或底楞凹凸不明显的胶鞋进行操作。

(3) 面层铺设后，出现局部过高时，不得用刮尺刮平，应用铁抹子或铁铲将高出部分挖去一部分，然后再将周围的水泥石子浆拍挤抹平，具体操作步骤如图 30-15 所示。

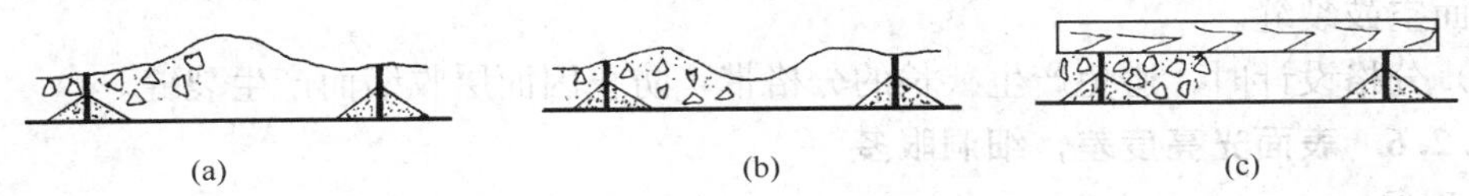

图 30-15　水泥石子浆铺设过高时的抹平操作方法

(a) 局部过高；(b) 将高处挖去一部分后情况；(c) 用铁抹拍平，直尺靠平

(4) 滚筒滚压过程中，应随时认真观察面层泛浆情况，如发现局部泛浆过多时，应及时增补石子，并滚压密实。

30.2.5　地面裂缝

1. 现象

大面积现制水磨石地面，一般都用在大厅、餐厅、休息厅、候车室等地面，施工后过一段时间，会出现裂缝。

2. 原因分析

(1) 现制水磨石地面产生裂缝，主要是地面回填土不实、高低不平或基层过冬时受冻；沟盖板水平标高不一致，灌缝不严；门口或门洞下部基础砖墙砌得太高，造成垫层厚薄不均或太薄，引起地面裂缝。

(2) 水磨石楼地面产生裂缝，主要是工期较紧，结构沉降不稳定；垫层与面层工序跟得过紧，垫层材料收缩不稳定，暗敷电线管线过高，周围砂浆固定不好，造成面层裂缝。

(3) 基层清理不干净，预制混凝土楼板板缝及端头缝浇灌不密实，影响楼板的整体性和刚度，地面荷载过于集中引起裂缝。

(4) 分格不当，形成狭长的分格带，容易在狭长的分格带上出现裂缝。如图 30-16 所示。

3. 防治措施

(1) 首层地面房心回填土应分层夯实，不得含有杂质和较大冻块，冬期施工中的回填土要采取保温措施，防止受冻。大厅等较大面积混凝土垫层应分块断开，也可采取适当的

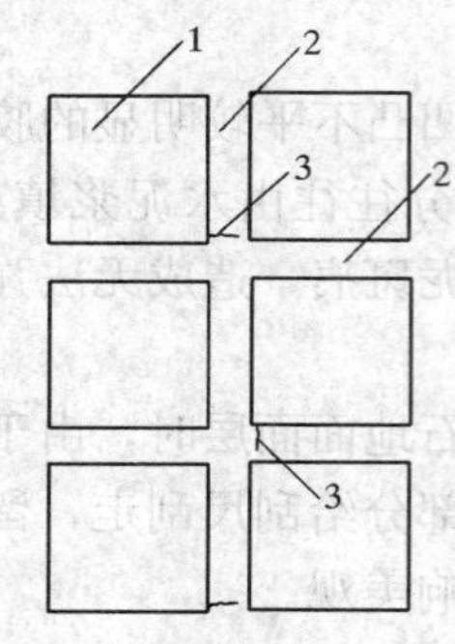

图 30-16　水磨石地面的狭长分格带

1—方形分格块；2—纵横狭长分格带；3—裂缝

配筋措施，以减弱地面沉降和垫层混凝土收缩引起的面层裂缝。

门口或门洞处基础砖墙最高不超过混凝土垫层下皮，保持混凝土垫层有一定厚度；门口或门洞处做水磨石面层时，宜在门口两边镶贴分格条，对解决该处裂缝有一定作用。

（2）现制水磨石地面的混凝土垫层浇筑后应有一定的养护期，使垫层基本收缩后再做面层；较大的或荷载分布不均匀的房间，混凝土垫层中最好加配钢筋（双向 $\phi 6$ 间距 150～200mm）以增加垫层的整体性。板缝和端头缝必须用细石混凝土浇筑严实。

暗敷电线管不应太集中，管线上面至少应有 2cm 混凝土保护层，电线管集中或较大的部位，垫层内可采用加配钢筋网做法。

（3）做好基层表面清扫处理，保证上下层粘结牢固。

（4）尽可能使用干硬性混凝土和砂浆。混凝土坍落度和砂浆稠度过大，必然增加产生收缩裂缝的机会，并降低强度，引起水磨石地面空鼓裂缝。

（5）分格设计时，避免产生狭长的分格带，防止因面层收缩而产生裂缝。

30.2.6　表面光亮度差，细洞眼多

1. 现象

表面粗糙，有明显的磨石凹痕，细洞眼多，光亮度差。

2. 原因分析

（1）磨光时磨石规格不齐，使用不当。水磨石地面的磨光遍数一般不应少于 3 遍（俗称“两浆三磨”）。第一遍应用粗金刚石砂轮磨，这一遍的作用是磨平磨匀，使分格条和石子清晰外露，但也留下明显的磨石凹痕。第二遍应用细金刚石砂轮磨，主要作用是磨去第一遍磨光后留下的磨石凹痕，将表面磨光。第三遍应用更细的金刚石砂轮或油石磨，进一步将表面磨光滑。但在施工中，金刚石砂轮的规格往往不齐，对第二遍、第三遍的磨石要求重视不够，只要求石子、分格条显露清晰，而忽视了对表面光亮度的要求。

（2）打蜡之前未涂擦草酸溶液，或将粉状草酸直接撒于地面表面后进行干擦。

打蜡的目的是使地面光滑、洁亮美观，因此，要求蜡与地面表面层有一定的粘附力和耐久性。涂擦草酸溶液能除去地面表面的杂物污垢，洁净表面，增强打蜡效果。如果直接将粉状草酸撒于地面后进行干擦，则难以保证草酸擦得均匀。擦洗后，面层表面的洁净程度不一，擦不净的地方就会出现片片斑痕，直接影响打蜡效果。

（3）补浆时不用擦浆法，而用刷浆法。水磨石地面在磨光过程中需进行两次补浆，这是消除面层洞眼孔隙的有效措施。如果用刷浆法，则往往一刷而过，仅在洞眼上口有一薄层浆膜，一经打磨，仍是洞眼。

3. 预防措施

（1）打磨时，磨石规格应齐全，对外观要求较高的水磨石地面，应适当提高第三遍的油石号数，并增加磨光遍数。

（2）打蜡之前应涂擦草酸溶液。溶液的配合比可用热水：草酸＝1：0.35（重量比），溶化冷却后用。溶液洒于地面，并用油石打磨一遍后，用清水冲洗干净。禁止用撒粉状草

酸后干擦的施工方法。

(3) 补浆应用擦浆法，用干布蘸上较浓的水泥浆将洞眼擦严擦实。擦浆时，洞眼中不得有积水、杂物，擦浆后应进行养护，使水泥浆有个良好的凝结硬化条件。

(4) 打蜡工序应在地面干燥后进行，应避免在地面潮湿状态下打蜡，也不应在地面被弄脏后打蜡。打蜡时，蜡层应薄而匀，操作者应穿干净的拖鞋。

4. 治理方法

(1) 对于表面粗糙、光亮度差的，或者出现片片斑痕的水磨石地面，应重新用细金刚石砂轮或油石打磨一遍，打磨后重新擦草酸溶液，再用清水冲洗晾干后，再行打蜡。直至表面光亮为止。

(2) 洞眼较多者，应重新用擦浆法补浆一遍，直至打磨后消除洞眼为止。

30.2.7 彩色水磨石地面颜色深浅不一，彩色石子分布不匀

1. 现象

色泽深浅不一，石子混合和显露不匀，外观质量差。

2. 原因分析

(1) 施工准备不充分，材料使用不严格，进多少，用多少，或是进什么材料，用什么材料。由于不同厂、不同批号的材料性能有差异，结果就出现颜色深浅不同的现象。

(2) 每天所用的面层材料没有专人负责配置，往往随用随拌，随拌随配。操作马虎，检查不严，造成配合比不正确。

3. 防治措施

(1) 严格用料要求。对同一部位、同一类型的地面所需的材料（如水泥、石子、颜料等），应使用同一厂、同一批号的材料，一次进场，以确保面层色泽一致。

(2) 认真做好配料工作。施工前，应根据整个地面所需的用量，事先一次配足。配料时应注意计量正确，拌和均匀，不能只用铁铲拌和，还要用筛子筛匀。水泥和颜料拌和均匀后，仍用水泥袋每包按一定重量装起来，待日后使用，以免水泥暴露在空气中受潮变质。石子拌和筛匀后，应集中贮存待用。这样在施工时，不仅速度快，也容易保证地面颜色深浅一致，彩色石子分布均匀。

如果面层材料用量较少，采用现配现用时，则应注意加料顺序。人工拌料时，应先将颜料加于水泥上，拌均匀后再加石子拌和均匀；用机械搅拌时，则应先把石子倒在料斗内，然后再加水泥和颜料，防止石子直接着色，产生色泽不匀的现象。

(3) 固定专人配料，加强岗位责任制，认真操作，严格检查。

(4) 外观质量要求较高的彩色水磨石地面，施工前应先做若干小样，经建设单位、设计单位、监理单位和施工单位等商定其最佳的式样后再行施工。

30.2.8 不同颜色的水泥石子浆色彩污染

1. 现象

色彩污染现象大多发生在不同颜色地面的分界处（即分格条边缘处），成点滴状或细条状，有时分格块中间也有点滴异色。

2. 原因分析

(1) 铺设水泥石子浆时，先铺的面层在靠近分格条处有空隙，局部低于分格条。后铺另一色水泥石子浆时，又不注意认真控制边缘，致使水泥浆漫过分格条而填补了先铺设的

空隙和局部低洼处，磨光后，分格条边缘就出现异色的水泥浆斑。

（2）先铺设的水泥石子浆厚度过厚，水泥浆漫过分格条，涂挂于分格条的另一侧，铺设后未注意对分格条进行清理，给后铺另一色水泥石子浆留下隐患，造成沿分格条边缘的异色污染斑痕。

（3）补浆工作不慎，特别是第一遍磨光后的补浆，由于洞眼孔隙较多，极易造成点滴状污染。

（4）彩色水磨石地面，在铺设面层水泥石子浆前，涂刷的素水泥浆结合层，其色彩与面层不同，在面层滚压过程中，素水泥浆泛至表面，造成表面颜色不一。

3. 防治措施

（1）对于掺有颜料的水磨石地面，应特别注意铺设顺序。一般应先铺设掺有颜料的部分，后铺设不掺颜料的部分，或先铺设深色部分，后铺设浅色部分。

（2）掌握好面层的铺设厚度，特别是在分格条处，不能过高，也不能过低。沿分格条两边应认真细致的拍实，避免空隙和低洼，当一种颜色的面层铺设完成后，应对分格条作一次认真的清理，后铺另一色水泥石子浆时，应再次检查一遍。

（3）补浆工作应认真细致，先补不掺颜料或浅色的部位，后补掺有颜料或深色的部位。

（4）对于彩色水磨石地面，铺设面层前所刷的素水泥浆结合层，其色彩（及配合比成分）应与面层相同。

30.2.9　面层褪色

1. 现象

面层刚做好时，色泽较鲜艳，但时间不长就逐步褪色，室外地面褪色更快，影响美观。

2. 原因分析

（1）水泥在水化过程中会析出氢氧化钙［$Ca(OH)_2$］，它是一种碱性物质。因此，如果掺入面层中颜料的耐碱性能差，则容易发生褪色或变色现象。如果地面经常处于阳光照射，则会因颜料的耐光性能差而造成褪色或变色。

（2）颜料本身质量差。

3. 防治措施

采用耐碱性能（有太阳光照射的地面还应有耐光性能）好的矿物颜料。由于颜料的品种、名称较多，因此在采购和使用时，应加以注明，避免差错。如氧化铁黄（又名铁黄，学名叫含水三氧化二铁，分子式为 $Fe_2O_3xH_2O$）的耐碱、耐光性能都非常强，是比较理想的黄色系颜料。而铬黄（又名铅铬黄、黄粉等，学名叫铬酸铅，分子式为 $PbCrO_4$）耐碱和耐光性能都较差，因此在地面施工中不宜采用。

30.2.10　地面接槎处不严密

1. 现象

室内水磨石地面与阳台、楼梯、卫生间等处地面接槎部位不严丝合缝，往往需要进行二次整修补抹，形成明显的施工缝，影响观感。

2. 原因分析

很多建筑物（如宾馆、医院、办公楼等）室内常采用现浇水磨石地面，而楼梯间、走廊、阳台、卫生间等处地面常采用板块铺贴地面。按照常规做法，先做现浇水磨石地面，然后铺贴板块地面。由于施工现浇水磨石地面时，对板块地面的几何尺寸（主要是宽度和厚度等）未作详细了解，没有留出较宽余的接槎余量，最终造成接槎处平面上不合缝或标高上不一致，成为观感较差的质量弊病。

3. 防治措施

（1）施工现浇水磨石地面前，应对相邻接部位地面的做法进行详细了解，事先制定一个较完善的接槎措施。

（2）摊铺现浇水磨石地面的水泥石子浆时，在接槎处应多铺出 30～50mm 的接槎余量，端部甩槎处用带坡度的挡板留成反槎，如图 30-17、图 30-18 所示。到铺贴相邻部位板块地面时，用无齿锯锯掉多余的接槎余量，这样拼接的缝就能严丝合缝。

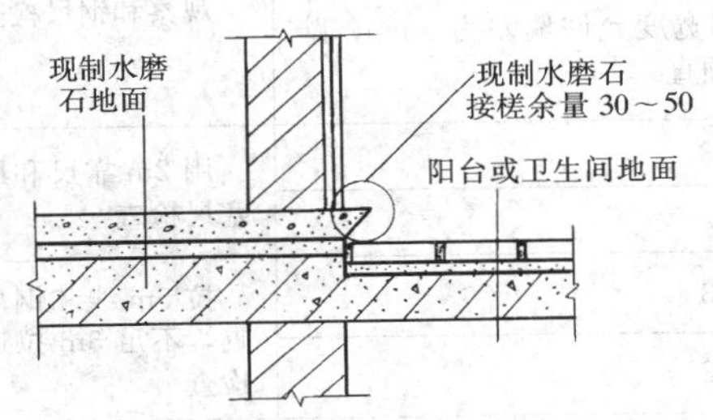

图 30-17 现制水磨石地面与阳台或卫生间地面邻接时接槎作法

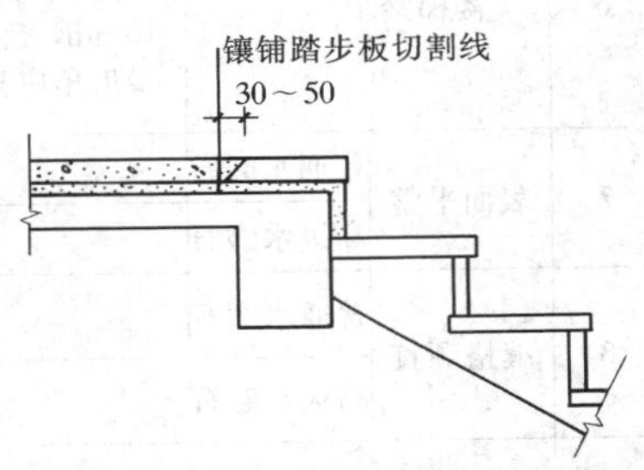

图 30-18 现制水磨石地面与楼梯踏步邻接处接槎作法

（3）无齿锯锯割时，动作要轻、细，切忌猛干，防止米石崩裂，造成豁口等缺陷。锯割完成后，应用 200 号以上细砂轮将棱角处及切割面蘸水磨光、磨亮。

（4）铺接相邻接处的板块地面时，应将接合处清理干净，并充分洒水湿润，涂刷水泥浆，以使结合牢固。铺设后，应做好成品保护，防止过早踩踏，造成松动等弊病。

附录 30.2 现制水磨石地面质量标准及检验方法

现制水磨石地面质量标准及检验方法　　附表 30-2

项目类别	项次	项　目	质量要求或允许偏差（mm）	检验方法
主控项目	1	面层材料	（1）面层石粒应用坚硬可磨的白云石、大理石等岩石，石粒应洁净无杂物，粒径应为 6～16mm； （2）水泥强度等级不应小于 32.5； （3）颜料应用耐光、耐碱的矿物原料，不得使用酸性颜料	观察检查和检查材质合格证明文件
	2	面层配合比	拌合料配合比（体积比）应符合设计要求，且为 1∶1.5～1∶2.5（水泥∶石粒）	检查配合比通知单和检测报告
	3	面层结合	与下一层结合应牢固，无空鼓，无裂纹	用小锤轻击检查

续表

项目类别	项次	项　目		质量要求或允许偏差（mm）	检 验 方 法
一般项目	4	面层外观质量		（1）面层表面应光滑； （2）无明显裂纹、砂眼和磨纹； （3）石粒密实，显露均匀； （4）颜色图案一致，不混色； （5）分格条牢固、顺直和清晰	观察检查
	5	踢脚与墙面结合		结合紧密，高度一致，出墙厚度均匀	用小锤轻击，钢尺和观察检查
	6	楼梯踏步		踏步宽度和高度应符合设计要求，楼层梯段相邻踏步高度差不大于 10mm，踏步两端宽度差不大于 10mm，旋转楼梯踏步两端宽度允许偏差为 5mm，踏步齿角应整齐，防滑条应顺直	观察和钢尺检查
	7	表面平整	普通水磨石	3	用 2m 靠尺和楔形塞尺检查
			高级水磨石	2	
	8	缝格顺直	普通水磨石	3	拉 5m 线和钢尺检查，不足 5m 拉通线检查
			高级水磨石	2	
	9	踢脚上口平直		3	拉 5m 线和钢尺检查，不足 5m 拉通线检查

30.3 板 块 地 面

30.3.1 天然石材地面色泽纹理不协调

1. 现象

铺好后的地面板块面层，色泽、纹理不协调一致。一个空间的板块地面中，有的色泽较深或较浅，纹理各异，观感较差。

2. 原因分析

（1）不同产地的天然石材混杂使用，色泽、纹理不一致。

（2）对同一产地的天然石材，铺设前没有进行色泽、纹理的挑选工作，来料就用。

（3）同一间地面正式铺贴前，没有进行试铺，铺贴结束后，才发现色泽、纹理不协调。

3. 防治措施

（1）不同产地的天然石材不应混杂使用。由于天然石材的形成过程比较复杂，所以色泽、纹理的变化较大，往往难以协调一致。在进料、贮存、使用中应予区别，避免混杂使用。

（2）同一产地的天然石材，铺设前也应进行色泽、纹理的挑选工作，将色泽、纹理一致或大致接近的，用于同一间地面，铺设后容易协调一致。

（3）同一间地面正式铺贴前，应进行试铺。将整个房间的板块安放地上，察看色泽和纹理情况，对不协调部分进行调整，如将局部色泽过深的板块调至周边或墙角处，使中间部位或常走人的部位达到协调和谐，然后按序叠起后待正式铺贴，这样整个地面的色泽和纹理能平缓延伸、过渡，达到整体和谐协调。

30.3.2 地面空鼓

1. 现象

水磨石、大理石、花岗石等板块铺设的地面粘结不牢，人走动时有空鼓声或板块松动，有的板块断裂。

2. 原因分析

（1）基层清理不干净或浇水湿润不够，水泥素浆结合层涂刷不均匀或涂刷时间过长，致使风干硬结，造成面层和垫层一起空鼓。

（2）垫层砂浆应为干硬性砂浆，如果加水较多或一次铺得太厚，砸不密实，容易造成面层空鼓。

（3）板块背面浮灰没有刷净和用水湿润，有的进口石材背面贴有塑料网络，铺贴前没有撕掉，影响粘结效果；操作质量差，锤击不当。

3. 预防措施

（1）地面基层清理必须认真，并充分湿润，以保证垫层与基层结合良好，垫层与基层的纯水泥浆结合层应涂刷均匀，不能用撒干水泥面后，再洒水扫浆的做法，这种方法由于纯水泥浆拌和不均匀，水灰比不准确，会影响粘结效果而造成局部空鼓。

（2）石板背面的浮土杂物必须清扫干净，对于背面贴有塑料网络的，铺贴前必须将其撕掉，并事先用水湿润，等表面稍晾干后进行铺设。

（3）垫层砂浆应用1∶3～1∶4干硬性水泥砂浆，铺设厚度以2.5～3cm为宜，如果遇有基层较低或过凹的情况，应事先抹砂浆或细石混凝土找平，铺放板块时比地面线高出3～4mm为宜。如果砂浆一次铺得过厚，放上板块后，砂浆底部不易砸实，往往会引起局部空鼓。

（4）板块铺贴宜二次成活，第一次试铺放后，用橡皮锤敲击，既要达到铺设高度，也要使垫层砂浆平整密实，根据锤击的空实声，搬起板块，增减砂浆，浇一层水灰比为0.5左右的素水泥浆，再安铺板块，四角平稳落地，锤击时不要砸边角，垫木方锤击时，木方长度不得超过单块板块的长度，也不要搭在另一块已铺设的板块上敲击，以免引起空鼓。

（5）板块铺设24h后，应洒水养护1～2次，以补充水泥砂浆在硬化过程中所需的水分，保证板块与砂浆粘结牢固。

（6）灌缝前应将地面清扫干净，把板块上和缝子内松散砂浆用开刀清除掉，灌缝应分几次进行，用长把刮板往缝内刮浆，务使水泥浆填满缝子和部分边角不实的空隙内。灌缝后粘滴在板块上的砂浆应用软布擦洗干净。灌缝后24h再浇水养护，然后覆盖锯末等保护成品进行养护。养护期间禁止上人走动。

4. 治理方法

（1）局部空鼓可用电钻钻几个小孔，注入纯水泥浆（掺入10%～20%108胶）或环氧树脂浆加以处理。孔洞表面用原地面同色水泥浆堵抹后磨光即可。

（2）对于松动的板块，搬起后，将底板砂浆和基层表面清理干净，用水湿润后，再刷浆铺设。

（3）断裂的板块和边角有损坏的板块应作更换。

30.3.3 接缝不平，缝子不匀

1. 现象

铺好的板块地面往往会在门口与楼道相接处出现接缝不平，或纵横方向缝子不均现象，观感质量差。

2. 原因分析

（1）板块本身几何尺寸不一，有厚薄、宽窄、窜角、翘曲等缺陷，事先挑选不严，铺设后在接缝处易产生不平和缝子不匀现象。

（2）各房间内水平标高线不统一，使与楼道相接的门口处出现地面高低偏差。

（3）分格弹线马虎，分格线本身存在尺寸误差。

（4）铺贴时，粘结层砂浆稠度较大，又不进行试铺，一次成活，造成板块铺贴后走线较大，容易造成接缝不平，缝子不匀。

（5）地面铺设后，成品保护不好，在养护期内上人过早，板缝也易出现高低差。

3. 预防措施

（1）必须由专人负责从楼道统一往各房间内引进标高线，房间内应四边取中，在地面上弹出十字线（或在地面标高处拉好十字线）。分格弹线应正确。铺设时，应先安好十字线交叉处最中间的1块，作为标准块；如以十字线为中缝时，可在十字线交叉点对角安设2块标准块。标准块为整个房间的水平标准及经纬标准，应用90°角尺及水平尺细致校正。

（2）安设标准块后应向两侧和后退方向顺序铺设，粘结层砂浆稠度不应过大，宜采用干硬性砂浆。铺贴操作宜二次成活，随时用水平尺和直尺找准，缝子必须通长拉线，不能有偏差。铺设时分段分块尺寸要事先排好定死，以免产生游缝、缝子不匀和最后一块铺不上或缝子过大的现象。

（3）板块本身几何尺寸应符合规范要求，凡有翘曲、拱背、宽窄不方正等缺陷时，应事先套尺检查，挑出不用，或分档次后分别使用。尺寸误差较大的，裁割后可用在边角等适当部位。

（4）地面铺设后，在养护期内禁止上人活动，做好成品保护工作。

4. 治理方法

（1）对明显大小不一的接缝，可在砂浆达到一定强度后，用手提切割机对接缝进行切割处理。切割时，手提切割机应用靠尺顺直，切割动作要轻细，防止动作过程造成掉角、裂缝和豁口等弊病。切割后，接缝应达到宽窄均匀，平直美观。

（2）根据板块颜色，勾缝材料中可掺入适当颜料，使接缝与板块的颜色基本一致。

30.3.4 地砖整体隆起

1. 现象

地面使用后在秋冬季节交替之际，瞬间发生整体隆起，事前无任何征兆。

2. 原因分析

（1）地砖铺贴时使用了流动性砂浆，含水率大，铺贴时用橡皮锤敲击地砖，砂浆内的水分和气体被挤压在砂浆与面砖之间，滞留在砖背面的网格内，当水分被吸收后，剩下大量气泡孔，所占面积可高达50%以上，看不到水泥胶浆粘结的迹象。这种操作工艺只是使面砖吸附在砂浆表面上，而不是粘结在基层上。

（2）地砖背面的花纹，多为多边形的网状单元格，铺贴时，这些单元格形成互不连通的空腔，且地砖背面周边边缘有封闭的加强筋，在地砖铺贴时，砂浆内挤出的气体、水分就会被封闭在单元格内，使地砖与砂浆隔离。

（3）镶贴地砖整体隆起的时间大都在秋冬季节交替之际。由于气温骤降，昼夜温差加大，建筑物和面砖受降温的影响，会有收缩变化，因地砖砖缝小，镶贴靠墙近，嵌缝严密，受收缩挤压和地砖背面积聚气体能量释放的影响，产生整体隆起。

3. 预防措施

（1）地面镶贴时应用半干硬性砂浆（手握成团，手有湿痕），严禁使用流动性砂浆。镶贴时将基层清扫干净，在基层上扫一层素水泥浆，摊铺1∶3半干硬性砂浆找平，然后对地砖试铺，试铺找平中用橡皮锤敲击地砖，将半干硬性砂浆找平压实，然后揭起地砖，用水泥膏将砖背面的网格刮平填实后，铺贴在已找平的基层上。亦可将面砖试铺后，在半干硬性砂浆上用毛刷均匀洒少许清水后，再均匀撒一层干水泥面（厚约2mm），静待干水泥面吸透水后，将面砖铺上，用橡皮锤轻击找平。

（2）地砖铺贴时砖缝不宜太小（不小于2mm），砖与外墙之间的缝隙不宜小于6mm，砖与内墙之间的缝隙不宜小于5mm。如地砖上部有踢脚或其他装饰材料能遮掩，离墙缝隙还可适当加大。地砖铺贴完成后不要立即嵌缝，新建工程嵌缝可在工程整体镶贴完成后集中嵌缝；如是房屋改造工程，嵌缝可在镶贴完一周后进行。这样既可避免新铺地面过早上人扰动，又可使结合层内水分得以散失。注意嵌缝不可用强度较高的砂浆，也不可太密实，靠外墙的缝隙可干填细砂或其他松散型的材料，表面用弹性材料（如硅酮胶等）封闭。

（3）地砖开箱后，应用清水浸泡，同时注意用抹布清洗掉在烧制过程中粘在砖背面的粉尘或装箱时使用的保护粉末。

4. 治理方法

地砖一旦发生隆起，必须将地砖全部揭起重铺。将地砖揭除后，铲除凸出地面的嵌缝砂浆；原基层浇水湿润，地砖用清水清洗，并清理掉砖背面的砂浆晾干。重贴时在基层上扫一遍素水泥浆后，用1∶1细砂浆将基层原地砖贴痕刮抹平整，立即用30%的108胶液拌和的素水泥膏刮抹在砖背面进行粘贴。

附录30.3 板块地面质量标准及检验方法

板块地面质量标准及检验方法 附表30-3

项目类别	项次	项目	质量要求或允许偏差（mm）	检验方法
主控项目	1	面层材料	（1）板块品种、质量、强度等级必须符合设计要求； （2）水磨石板块应符合建材行业标准《建筑水磨石制品》（JC 507）的规定； （3）条石强度等级应大于MU60，块石强度等级应大于MU30； （4）胶粘剂应符合国家标准《民用建筑工程室内环境污染控制规范》（GB 50325—2010）的规定	观察检查和检查材质合格证明文件及检测报告
	2	面层与基层结合	结合（粘结）应牢固，无松动，无空鼓	用小锤轻击检查

续表

<table>
<tr><th>项目类别</th><th>项次</th><th>项　目</th><th colspan="11">质量要求或允许偏差（mm）</th><th>检验方法</th></tr>
<tr><td rowspan="12">一般项目</td><td>3</td><td>面层外观质量</td><td colspan="11">（1）表面应洁净，图案清晰，色泽一致，大理石、花岗石板块无磨痕，接缝均匀平整，深浅一致，周边顺直；
（2）板块无裂纹、掉角、翘曲和缺楞等明显缺陷；
（3）条石面层组砌合理，无十字缝，铺砌方向应符合设计要求</td><td>观察检查</td></tr>
<tr><td>4</td><td>邻接处镶边</td><td colspan="11">用料应符合设计要求，边角整齐、光滑，拼缝严密、顺直</td><td>观察及用钢尺检查</td></tr>
<tr><td>5</td><td>踢脚</td><td colspan="11">表面洁净，高度一致，结合牢固，出墙厚度一致</td><td>观察和用小锤轻击及钢尺检查</td></tr>
<tr><td>6</td><td>楼梯和台阶踏步</td><td colspan="11">板块缝隙宽度一致，齿角整齐，相邻踏步高度差不大于10mm，防滑条顺直、牢固</td><td>观察和用钢尺检查</td></tr>
<tr><td>7</td><td>有坡度要求的地面</td><td colspan="11">（1）坡度应符合设计要求，不倒泛水，无积水；
（2）与地漏、管道结合处应严密牢固，无渗漏</td><td>观察、泼水或用坡度尺及蓄水检查</td></tr>
<tr><td rowspan="2"></td><td rowspan="2"></td><td colspan="11">面层材料</td><td rowspan="2"></td></tr>
<tr><td>陶瓷锦砖、陶瓷地砖、高级水磨石面层</td><td>缸砖面层</td><td>水泥花砖面层</td><td>水磨石板块面层</td><td>大理石、花岗石、人造石、金属板</td><td>塑料板面层</td><td>水泥混凝土板块面层</td><td>碎拼大理石、碎拼花岗石</td><td>活动地板</td><td>条石面层</td><td>块石面层</td></tr>
<tr><td>8</td><td>表面平整度</td><td>2</td><td>4</td><td>3</td><td>3</td><td>1</td><td>2</td><td>4</td><td>3</td><td>2</td><td>10</td><td>10</td><td>用2m直尺和楔形塞尺检查</td></tr>
<tr><td>9</td><td>缝格平直</td><td>3</td><td>3</td><td>3</td><td>3</td><td>2</td><td>3</td><td>3</td><td>—</td><td>2.5</td><td>8</td><td>8</td><td>拉5m线和用钢尺检查</td></tr>
<tr><td>10</td><td>接缝高低差</td><td>0.5</td><td>1.5</td><td>0.5</td><td>1</td><td>0.5</td><td>0.5</td><td>1.5</td><td>—</td><td>0.4</td><td>2</td><td>—</td><td>用钢尺和楔形塞尺检查</td></tr>
<tr><td>11</td><td>踢脚上口平直</td><td>3</td><td>4</td><td>—</td><td>4</td><td>1</td><td>2</td><td>4</td><td>1</td><td>—</td><td>—</td><td>—</td><td>拉5m线和用钢尺检查</td></tr>
<tr><td>12</td><td>板块间隙宽度</td><td>2</td><td>2</td><td>2</td><td>2</td><td>1</td><td>—</td><td>6</td><td>—</td><td>0.3</td><td>5</td><td>—</td><td>用钢尺检查</td></tr>
</table>

30.4 塑料板面层

30.4.1 面层空鼓

1. 现象

面层起鼓，手揿有气泡或边角起翘。

2. 原因分析

（1）基层表面粗糙，或有凹陷孔隙。粗糙的表面形成很多细孔隙，涂刷胶粘剂时，不但增加胶粘剂的用量，而且厚薄不均匀。粘贴后，由于细孔隙内胶粘剂多，其中的挥发性气体将继续挥发，当积聚到一定程度后，就会在粘贴的薄弱部位形成板面起鼓或板边起翘现象。

(2) 基层含水率大，面层粘贴后，基层内的水分继续向外蒸发，在粘贴的薄弱部位积聚鼓起，当基层表面粗糙时尤为显著。

(3) 基层表面不清洁，有浮尘、油脂等，降低了胶粘剂的胶结效果。

(4) 涂刷胶粘剂后，面层粘贴过早或过迟。为了便于胶粘剂涂刷，需掺一定量的稀释剂，如丙酮、甲苯、汽油等，当涂刷到基层表面和塑料板粘贴面后，应稍等片刻，待稀释剂挥发后，用手摸胶层表面感到不粘手时再行粘贴。如果粘贴过早，稀释剂闷于其中，当积聚到一定程度后，就会在面层粘贴的薄弱部位起鼓。面层粘贴过迟，则粘性减弱，最后也易造成面层起鼓。

(5) 塑料板在工厂生产成型时，表面涂有一层极薄的蜡膜，粘贴前，未作除蜡处理，影响粘贴效果，也会造成面层起鼓。

(6) 面层粘贴好后就进行拼缝焊接施工，胶粘剂尚未充分凝固硬化，受热膨胀，致使焊缝两侧的塑料板空鼓。

(7) 粘贴方法不当，粘贴时整块下贴，使面层板块与基层间存有空气，影响粘贴效果，也易使面层空鼓。

(8) 施工环境温度过低，粘结层厚度增加，既浪费胶粘剂，又降低粘结效果，有时会冻结，引起面层空鼓。

(9) 胶粘剂质量差或已变质，影响粘结效果。

3. 预防措施

(1) 基层表面应坚硬、平整、光滑、无油脂及其他杂物，不得有起砂、起壳现象。水泥砂浆找平层宜用 1∶1.5～1∶2 配合比，并用铁抹子压光，尽量减少细孔隙。如有麻面或凹陷孔隙，应用乳液腻子修补平整后再行粘贴面层塑料板。

(2) 除用 108 胶粘剂外，当使用其他胶粘剂时，基层含水率应控制在 6%～8%范围内，也可视地面发白色为宜。

(3) 涂刷胶粘剂，应待稀释剂挥发后（即用手摸不粘手时）再进行粘贴。由于胶粘剂的硬化速度与施工环境温度的高低有关，所以当施工温度不同时，粘贴时间也不同，施工前应作小量试贴，待取得经验后再行铺贴。

铺贴中还应注意涂刷胶粘剂的先后顺序。基层含水率虽小，但毕竟是多孔材料，吸湿性强，因而涂刷在基层上的胶粘剂比涂刷在塑料板上的胶粘剂容易干燥，故施工中一般应先涂刷塑料板粘贴面，后涂刷基层表面，这样两方面的干燥程度容易协调一致，否则会影响粘贴效果，造成面层空鼓。

塑料板粘贴面上胶粘剂应满涂，四边不漏涂，确保边角粘贴密实。

(4) 塑料板在粘贴前应作除蜡处理，一般将塑料板放进 75℃左右的热水中浸泡 10～20min，然后取出晾干。胶粘面可用棉丝蘸上丙酮∶汽油＝1∶8 的混合溶液擦洗，以除去表面蜡膜。

(5) 施工环境温度应控制在 15～30℃，相对湿度应不高于 70%（保持至施工后 10d 内）。温度过低，影响胶粘剂的粘贴效果；温度过高，则胶粘剂干燥、硬化过快，也会影响粘贴效果。

(6) 拼缝焊接应待胶粘剂完全干燥硬化后进行。施工前可由小样试验确定。一般应在粘贴 1～2d 后进行焊接。

(7) 粘贴方法应从一角或一边开始，边粘贴，边用手抹压，将粘结层中的空气全部挤出。板边挤溢出的胶粘剂应随即用棉丝擦掉。粘贴过程中，切忌用力拉伸或揪扯塑料板，当粘贴好一块后，还应用橡皮锤自中心向四周轻轻拍打，排除气泡，以增加粘贴效果。

(8) 粘结层厚度应控制在 1mm 左右为宜，可用图 30-19 所示带齿的钢皮刮板或塑料刮板进行涂刮。

(9) 严禁使用变质的胶粘剂。

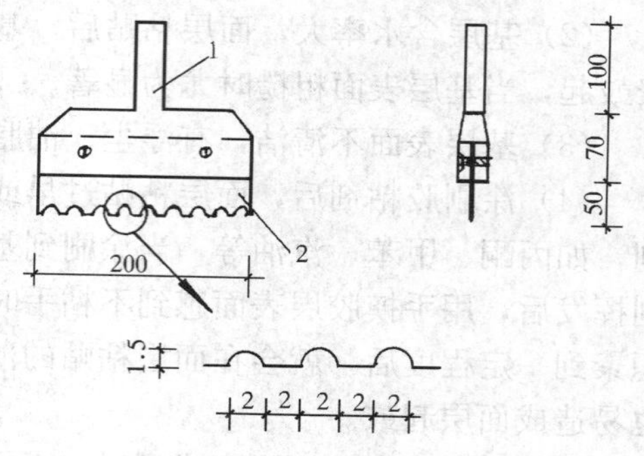

图 30-19 涂刮胶粘剂的刮板
1—木把；2—钢皮板或塑料板

4. 治理方法

起鼓的面层应沿四周焊缝切开后予以更换，基层应作认真清理，用铲子铲平，四边缝应切割整齐。新贴的塑料板在材质、厚薄、色彩等方面应与原来的塑料板一致。待胶粘剂干燥硬化后再行切割拼缝，并进行拼缝焊接施工。

局部小块空鼓处，可用医用针头注入胶粘剂，最后用重物压平压实。

30.4.2 塑料板颜色、软硬不一

1. 现象

外观颜色深浅不一，行走时脚下感觉软硬不同。

2. 原因分析

(1) 铺贴前在温水中的浸泡时间掌握不当，热水温度高低相差较大，造成塑料板软化程度不同，颜色和软硬程度也不一样，不但影响美观和使用效果，而且还会影响拼缝的焊接质量。

(2) 塑料板不是同一品种、同一批号，颜色和软硬程度往往不一。

3. 预防措施

(1) 同一房间、同一部位应采用同一品种、同一批号的塑料板。严格防止不同品种、不同批号的塑料板混杂使用。由于目前塑料板品种较多，原料配方有差异，所以在采购、堆放和使用时应加强管理，避免弄错。

(2) 在热水中浸泡应由专人负责。一般在 75℃的热水中浸泡 10～20min，尽量控制恒温，并严格掌握时间一致。为掌握最佳浸泡时间，施工前应作小块试验。

(3) 浸泡后取出晾干时的环境温度应与铺贴温度相同，不能过高或过低。最好堆放在待铺的房间内备用。

4. 治理方法

对于一般建筑中不影响使用或不发生空鼓等现象的，一般可不作修理。但对外观及使用质量要求较高的，以及产生起鼓、影响拼缝焊接质量的，应予修补。修理方法见 30.4.1“面层空鼓”的治理方法。

30.4.3 塑料板铺贴后表面呈波浪形

1. 现象

目测表面平整度差，有明显的波浪形。

2. 原因分析

(1) 基层表面平整度差，呈波浪形等现象。

(2) 涂刮胶粘剂的刮板，齿的间距过大或深度较深，使涂刮的胶粘剂具有明显的波浪形。由于塑料板粘贴时，胶粘剂内的稀释剂已挥发，胶体流动性差，粘贴时不易抹平，使面层呈现波浪形。

(3) 胶粘剂在低温下施工，不易涂刮均匀，流动性和粘结性能较差，胶粘层厚薄不匀。由于塑料板本身很薄（一般为2～6mm），铺贴后就会出现明显的波浪形。

3. 预防措施

(1) 严格控制粘贴基层的表面平整度，用2m直尺检验时，其凹凸度不应大于2mm。当基层表面有抹灰、油腻、砂粒等污迹时，可用磨石机轻磨一遍。

(2) 使用齿形恰当的刮板涂刮胶粘剂，使胶层的厚度薄而匀，并控制在1mm左右。刮板齿形可参照图30-19所示。涂刮时，注意基层与塑料板粘贴面上的涂刮方向应成纵横相交，以使面层铺贴时，粘贴面的胶层均匀。

不宜使用毛刷子涂刷胶粘剂。

(3) 控制施工温度，具体要求参见30.4.1“面层空鼓”的预防措施的相应部分。

4. 治理方法

可参照30.4.1“面层空鼓”治理方法进行。

30.4.4 拼缝焊接未焊透

1. 现象

焊缝两边有焊瘤，焊条熔化物与塑料板粘结不牢，有裂缝、脱落等现象。

2. 原因分析

(1) 焊枪出口气流温度过低。

(2) 焊枪出口气流速度过小，空气压力过低。

(3) 焊枪喷嘴离焊条和板缝距离较远。

(4) 焊枪移动速度过快。

以上四种情况中的任何一种情况，都会使焊条与板缝不能充分熔化，焊条与塑料板难为一体，因而结合不好。

(5) 焊枪喷嘴与焊条、焊缝三者不成一直线，或喷嘴与地面的夹角太小，使焊条熔化物不能正确落入缝中，致使结合不牢。

(6) 压缩空气不纯，有油质或水分混入熔化物内，影响相互粘结质量。

(7) 焊缝坡口切割过早，被脏物玷污，影响粘结质量。

(8) 焊缝两边塑料板质量不同，熔化程度不一样，影响粘结质量。

(9) 焊条选用不当，或因焊条本身质量差（或不洁净）而影响焊接质量。

3. 预防措施

(1) 采用同一品种、同一批号的塑料板铺贴面层，防止不同品种、不同批号的塑料板混杂使用。

(2) 拼缝的坡口切割时间不宜过早，切割后应严格防止脏物玷污。

(3) 焊接施工前，应先检查压缩空气是否纯洁。可将压缩空气向白纸上喷射20～30s（此时不接通电路），若纸上无任何痕迹，即可认为压缩空气是纯洁的。

（4）掌握好焊枪气流温度和空气压力值，一般温度控制在180～250℃为宜；空气压力值控制在80～100kPa为宜。

（5）掌握好焊枪喷嘴的角度和距离，喷嘴与地面夹角不应小于25°，以25°～30°为宜；距离焊条与板缝以5～6mm为宜。

（6）控制焊枪的移动速度，一般控制在30～50cm/min为宜。

（7）正式焊接前，应先做试验，掌握其温度、速度、角度、气压、距离等最佳参数后，再行正式施焊。施焊时，应使喷嘴、焊条、焊缝三者保持一直线。若发现焊接质量不符合要求时，应立即停止施焊，查找原因，作出改进措施后再行施焊。

4. 治理方法

对焊接不牢（或不透）的焊缝应返工，并按上述各条要求重新施焊。

30.4.5　焊缝发黄、烧焦，有黑色斑点

1. 现象

用肉眼观察有明显的黄斑、焦斑。

2. 原因分析

（1）焊枪出口气流温度过高。

（2）焊枪移动速度过慢。

（3）焊枪喷嘴距离焊条与板缝过近。

以上三种情况中任何一种情况，都会引起塑料板受热过久而分解，导致塑料板内部的增塑剂（增加塑料柔软性的材料）迅速挥发而影响塑料的柔软性，起了一定的催化作用，造成塑料板表面发黄，甚至烧焦、变黑等现象。

3. 预防措施

正确掌握各项焊接参数，详见30.4.4“拼缝焊接未焊透”中预防措施各点要求。

4. 治理方法

对于不影响使用或不发生空鼓、裂缝等现象者，一般可不作返修处理。但对外观质量要求较高的高级装修，或有空鼓、裂缝者，应予返修处理。返修的焊接应按30.4.4“拼缝焊接未焊透”预防措施中各点要求进行施焊。

30.4.6　焊缝凹凸不平，宽窄不一

1. 现象

焊缝表面高低不平，宽窄不一致，外观质量较差。

2. 原因分析

（1）塑料板坡口切割宽窄、深浅不一致。由于焊接时焊枪的行进速度一般是等速的，所以焊好后，不仅造成焊缝宽窄不一致，还将造成大（深）缝处填不满，呈下凹状；小（浅）缝处又填不下，呈凸起状，切平后还会出现高低不平的现象。

（2）焊接后，在焊缝熔化物尚未完全冷却的情况下就进行切平工作，俗称“热切”，冷却后往往收缩成凹形。

（3）拼缝坡口大而焊条体积小，焊好后，也会使焊缝成凹形。

（4）焊枪的空气压力过高，将焊缝处的熔化物吹成波浪形状。

（5）切平工作马虎粗糙，切平后焊缝深浅不一。

3. 预防措施

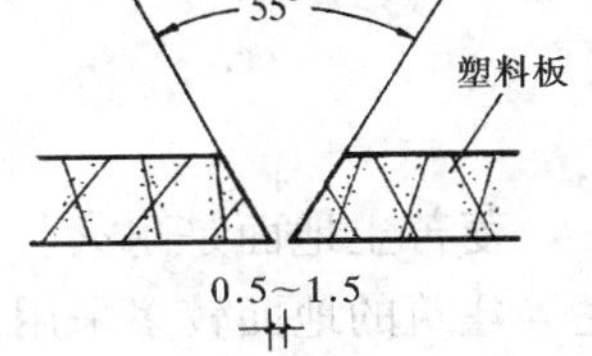

图 30-20 塑料板坡口示意图

(1) 拼缝坡口切割应正确，边缘应整齐、平滑，角度不能过大过小，如图 30-20 所示。

(2) 焊缝的切平工作，应待焊缝温度冷却到室内常温后再行操作。切平工作应认真、细致。

(3) 拼缝的坡口尺寸应与焊条尺寸协调一致，使熔化物冷却后略高于塑料板面，经切平后即成为一条平整的焊缝。

(4) 焊枪的空气压力应适宜，以 80～100kPa 为宜。

(5) 拼缝坡口切割和焊接施工前，应先做小样试验，以便确定合理的坡口角度和焊条尺寸。

4. 治理方法

同 30.4.5 “焊缝发黄、烧焦，有黑色斑点”的治理方法。

附录 30.4 塑料板地面质量标准及检验方法

塑料板地面质量标准及检验方法 **附表 30-4**

项目类别	项次	项 目	质量要求或允许偏差（mm）	检验方法
主控项目	1	面层材料	塑料板块和卷材品种、规格、颜色、等级应符合设计要求和国家标准规定	观察检查和检查材质合格证明文件及检测报告
	2	胶粘剂质量	应符合国家标准《民用建筑工程室内环境污染控制规范》（GB 50325—2010）规定，其产品应按基层材料和面层材料使用的相容性要求，通过试验确定	检查材质合格证明文件和试验报告
	3	面层与基层结合	粘结应牢固、不翘边、不脱胶、无溢胶	观察检查和检查检测报告
一般项目	4	面层质量	表面应洁净，图案清晰，色泽一致，接缝严密、美观，拼缝处图案、花纹吻合，无胶痕；与墙边交接严密，阴阳角收边方正	观察检查
	5	板缝焊接质量	焊缝应平整、光滑，无焦化变色、斑点、焊瘤和起鳞等缺陷，凹凸偏差不大于 0.6mm，焊缝的抗拉强度不得小于塑料板强度的 75%	观察检查和检查检测报告
	6	镶边质量	用料尺寸应正确，边角整齐，拼缝严密，接缝顺直	观察和用钢尺检查
	7	表面平整度	2	用 2m 靠尺和楔形塞尺检查
	8	缝格顺直	3	拉 5m 线和用钢尺检查
	9	接缝高低差	0.5	用钢尺和楔形塞尺检查
	10	踢脚上口平直	2	拉 5m 线和用钢尺检查

30.5 菱苦土地面

菱苦土地面是耐火、富有弹性的暖性地面，轻纺工业车间、医院、学校、办公室、住宅等建筑的地面较多采用。但工艺较复杂，操作要求较严，稍有不慎易发生质量事故。

30.5.1 强度增长慢，强度低

1. 现象

在正常情况下，菱苦土地面的面层与底层经 6h 左右能凝固硬化，72h 可达设计强度。在常温 15～25℃时经过 7d 养护，底层的抗压强度应达到 2MPa，面层的抗压强度达到 8MPa，抗拉强度 2MPa。但有时会出现反常现象，例如凝固缓慢，超过 12h，或 7d 内达不到上述强度。

2. 原因分析

（1）室内地坪温度低。菱苦土地面是由氧化镁和氯化镁溶液以及锯木屑、少量砂等材料拌和而成的一种气硬性胶凝材料，在干燥的空气中凝结硬化，它的正常的施工环境温度是 10～30℃，最佳温度为 18～24℃。如果温度过低，则凝结硬化速度就慢。

（2）配制菱苦土拌合料的氯化镁浓度低。氯化镁溶液的浓度通常用波美度和密度两个指标控制，随着施工环境温度的变化，溶液浓度应相应调整，如表 30-2 所示。当气温较低时，如不相应调整氯化镁溶液的浓度，则拌合物的强度增长就会很慢。

（3）使用了腐朽霉烂的木屑（锯末）。

（4）菱苦土粉贮藏期过长而失效。菱苦土系采用天然菱镁矿石（化学成分为碳酸镁 $MgCO_3$）经高温（800～900℃）煅烧后粉碎磨细而成。碳酸镁经高温分解成氧化镁 MgO 和二氧化碳 CO_2。氧化镁在空气中若贮存时间过久，则它吸收空气中的二氧化碳气后，会重新化合成坚硬的菱镁矿块体而失去活性，所以氧化镁不宜贮存时间过久，更不能长期暴露于空气中，存放时间一般不超过 3 个月。存放期间也要防止受潮，氧化镁将会与水发生化学反应，生成氢氧化镁 $Mg(OH)_2$，结块后也将大大降低其活性，并降低凝结体强度。

（5）菱苦土原材料质量差，有时因天然菱镁矿煅烧温度过高而使氧化镁产生烧结现象，拌水后，水化反应和凝结硬化速度很慢。

这五种情况对菱苦土地面强度增长都有直接影响，其中第（1）、（2）两点因素是密切关联的，而第（4）点原因是最主要的。

3. 预防措施

（1）针对地坪温度低，可按表 30-2 选择氯化镁溶液的浓度。在我国北方及东北地区，菱苦土地面施工有季节性，地坪温度在＋10℃以下时不宜施工，低于＋5℃时，因菱苦土不再凝固，强度不再增长，应停止施工，否则，应采取提高室温的措施。当采用炭火升温时，应有组织地排放烟气。

（2）使用腐朽、霉烂木屑引起菱苦土地面强度低时，应更换新鲜的木屑。木屑树种以针叶松较好，但阔叶木及硬杂木的木屑也可使用。木屑鉴定方法可用鼻子嗅，如发出新鲜的木材清香味，即属佳材。

（3）菱苦土粉似水泥一样，属于活性材料，存放期过长，或在潮湿环境下贮存，或堆积太高，或堆底贴地，都易使菱苦土凝结成块，失去活性，因此堆底必须架空垫起，铺上

地坪温度与氯化镁浓度关系表 **表 30-2**

温度与浓度	室内地坪温度（℃）											
	10		15		20		25		30		35	
	波美度	密度	波美度	密度	波美度	密度	波美度	密度	波美度	密度	波美度	密度
面层使用的氯化镁溶液	23	1.19	22	1.18	21	1.17	20	1.16	19	1.15	18	1.14
底层使用的氯化镁溶液	24	1.20	23	1.19	22	1.18	21	1.17	20	1.16	19	1.15

油纸或塑料薄膜隔潮。堆积高度不应超过 10 袋，贮存时间不超过 3 个月，并应放在防雨仓库内，如果菱苦土粉已经结块，或虽不结块但已过期失去活性时，可采取以下一些复活措施。

1）将结块轧碎，用 3mm 筛子过筛。

2）将筛好的菱苦土粉放入大铁锅内，架火烘炒，温度要求达到并保持 400℃，炒 2h 即可，待出锅冷却后称好重量装袋，以供使用。

3）为谨慎起见，复活后的菱苦土在使用之前再做一次初凝、终凝时间测定及抗压、抗拉强度试验，合格后再使用。

（4）采购菱苦土原材料，应认真了解其性能，施工前，应由材料试验部门进行质量检验，切忌盲目使用。

4. 治理方法

达不到设计强度等级的菱苦土地面应分析原因，并铲除重做。重做时，应注意做好基层的清理工作。

30.5.2 菱苦土地面起鼓、翘边

1. 现象

（1）室内中央或某一部分起鼓，敲击时发出空鼓声，起鼓面积及高度逐渐增长。

（2）室内周边翘起并逐渐发展。

起鼓、翘边是菱苦土地面的常发病，且属于恶性症状，一旦产生，无法制止，往往发展到整间地面。

2. 原因分析

菱苦土地面的特性是在凝固及强度增长过程中，体积膨胀，尤以最初 3～7d 内膨胀率为最大，这时如遇下述情况就会发生起鼓、翘边的现象：

（1）地面混凝土垫层强度不够。

（2）木基层过于光滑。

（3）混凝土垫层的水灰比过大，表面泌出一层水浆，干燥后结成一层强度极低的水泥浆膜。

（4）垫层表面有油迹或污泥、鞋印、车轮印或沾污石灰浆等。

（5）在垫层上铺面层胶泥前，没有刷透菱苦土胶泥浆，影响面层与垫层之间的粘结。

（6）菱苦土底层抹完后，间隔时间过短（即抹菱苦土面层时底层强度不够），面层膨胀造成起鼓；或因时间间隔过长引起结合不好而起鼓翘边。

（7）氯化镁溶液浓度过高，密度过大，使菱苦土拌合料内部结晶应力增大，造成体积膨胀甚至崩溃。

(8) 拌合料在凝结硬化过程中，直接受穿堂风吹或高温季节施工，地面拌合物经高温烘烤后，造成急剧地收缩和体积变化不均匀而导致裂缝和起壳。

3. 预防措施

(1) 混凝土垫层应使用硅酸盐水泥或普通硅酸盐水泥，表面应使之洁净干燥。垫层强度不应小于设计要求的50%，且不得小于5MPa。

(2) 如果是木基层，木板不得刨光，板宽不得大于120mm，上面需钉40mm镀锌铁钉，间距15cm，钉帽露出板面5～10mm。

(3) 垫层应为低流动性混凝土，坍落度最好小于20mm。待终凝后用竹帚将表面水泥浆刷去，使石子表面露出（如果混凝土已有强度，可用钢丝刷刷毛；强度高时，可用剁斧将表面凿毛）。

(4) 用清水洗净垫层表面的污垢。有油渍的地方用汽油刷净，再用碱水洗刷后用清水冲洗。有石灰浆点的地方用3%盐酸溶液洗涤，再用清水冲干净并晾干。待垫层干燥即可进行面层施工。

(5) 在混凝土垫层上铺菱苦土底层和在菱苦土底层上抹面层之前，应用密度为1.06～1.13的氯化镁溶液和菱苦土的拌合料（4：1～3：1重量比）涂刷（可用钢丝刷或马兰根刷，南方用棕刷），使混凝土孔眼吃透浆，并趁湿铺抹菱苦土拌合料。

(6) 正确掌握菱苦土底层与面层之间铺设相隔的时间，可参照表30-3。

面层与底层相隔时间表　　**表30-3**

室内地坪温度（℃）	10	15	20	25	30	35
相隔时间（h）	48	40	36	32	28	24

(7) 氯化镁溶液浓度不应过高或过低，应按表30-2采用。

(8) 菱苦土面层铺设后，应避免直接受穿堂风吹和高温烘烤。

4. 治理方法

对已鼓起及翘边的面层，在未扩展前应凿开，将已脱壳部分凿去，如果垫层强度很好（超过5MPa），就在上面清洗污迹、凿毛、刷透稀浆后补抹面层，如果属于垫层强度不足时，应彻底凿掉，从垫层开始处理。

30.5.3　菱苦土地面表面不光滑，施工缝不平整

1. 现象

(1) 整体菱苦土地面表面不平整或有成片发黑色的抹子印。

(2) 表面不光滑，呈橘皮状的粗毛孔。施工接缝处不平整。

2. 原因分析

(1) 面层胶泥抹平后，二次压光时间过迟或过早，或压光的遍数不够。

(2) 处理施工缝的工艺不当。

3. 防治措施

(1) 菱苦土胶泥面层用玻璃抹子荡平。到初凝时（一般为0.5～2h之间，视当时室内温度和湿度而定）再用玻璃抹子抹平出浆。到终凝时（一般为2～5h），先用大铁抹子压实压平，再用小铁抹子压实压光。压光时用力要均匀，一般压两次即可（来回各一遍为一次），光滑细致的地面需压光3～4次。菱苦土地面终凝时间参照表30-4。

菱苦土地面终凝时间　　表 30-4

室内地坪温度（℃）	10	15	20	25	30	35
终凝时间（h）	5	4	3.5	3.0	2.5	2.0

如果第二次压光与第一次压光时间相隔过长，表面会产生成片发黑色的抹子印。

如果第二次压光与第一次压光时间相隔过短，则表面在干燥后呈橘皮状。

（2）由于木屑太粗，出现毛孔时应更换细木屑（用 3mm 筛孔过筛），在水灰比不变的情况下，适当增加菱苦土的比例。

（3）要求施工缝处平整光滑时，应按下法处理：

混凝土基层上设置的温度缝及其他设计上所必需的伸缩缝等处，铺抹底层胶泥时应留出宽度相同的缝隙。面层胶泥应和底层胶泥的缝设在同一位置上。

施工接缝处应将已铺抹好的胶泥层边缘直线割去一部分，清除剩余的渣滓，再涂刷菱苦土胶泥稀浆，然后继续铺胶泥，在接缝处用力压紧、压实，再抹光，直至分辨不出接缝时为止。面层与底层处理方法相同。

30.5.4 地面打蜡缺陷

1. 现象

打蜡厚薄不均。色泽深浅不一，蜡未渗透到菱苦土面层内形成脱膜。

2. 原因分析

（1）没有正确掌握打蜡工艺，仅将生蜡用喷灯烤化熔滴在菱苦土地面上，造成生蜡层厚薄不均，同时喷灯的油烟污染了地面。

（2）地面完成后相隔时间太久才打蜡。

3. 预防措施

菱苦土地面养护期内禁止受潮湿，待面层终凝全部干燥且已有强度（温度在 20℃时经过 72h）后即可打蜡，时间最长不宜超过 7d。菱苦土地面使用的蜡应按表 30-5 配方一配制。

打蜡方法：用毛刷蘸蜡均匀地刷在菱苦土表面上，注意不可过多，过厚。待蜡渗入菱苦土地面内，第二天薄薄地撒上一层滑石粉，再用毛布或麻布擦光，或用磨光机擦光。以后每次打蜡的配合比按表 30-5 配方二配制。

打蜡材料配合比　　表 30-5

材料名称	单　位	配方一	配方二
石蜡	kg	1	1
煤油	kg	0.5	3
松节油	kg	0.5	1
鱼油（清油）	kg	0.5	1

打蜡材料的配制法：先将石蜡、煤油和鱼油熬到 95℃，待冷却到 40℃以下，加松节油调合均匀，第二天即可使用。

4. 治理方法

对于未渗透到菱苦土面层内的蜡膜应轻轻铲除干净，然后按上面预防措施中所述的打蜡方法重新打蜡。

30.5.5 地面泛潮

1. 现象

菱苦土地面在雨季很容易泛潮，厚度增高，强度降低。

2. 原因分析

氯化镁溶液与菱苦土调合后由于化学变化产生氢氧化镁 Mg（OH）$_2$ 和镁的氧氯化合物（$3MgO \cdot MgCl_2 \cdot 6H_2O$ 复盐），这是含有多量吸附水的小晶体的胶泥，它在干燥空气中蒸发后，胶泥便逐渐硬化成为强度很高的固体，但在雨季潮湿空气中，氧氯化合物能吸收水分而泛潮，使菱苦土地面强度降低。

在低温（施工温度低于 10℃）下施工时，为了操作方便，盲目提高氯化镁溶液的浓度和增加其用量，不仅使地面容易返潮，还容易加大收缩变形，造成地面裂缝。

3. 防治措施

（1）在雨季前打蜡一次，以后在雨季中再打蜡一次，使菱苦土面层保持一层蜡膜，便不易泛潮。平常使用期间每隔 4～6 个月打蜡一次，保持地面干燥，可延长菱苦土面层的使用寿命。

（2）氯化镁溶液的用量和浓度应严格按照施工配合比施工，切忌盲目加大。

（3）避免在阴雨天施工菱苦土地面。

30.5.6　预制菱苦土块铺贴层疵病

1. 现象

（1）预制菱苦土块铺贴数天后便发生空鼓或翘边脱落。

（2）预制块铺贴不平，四角灰缝空隙不饱满。块体周边灰缝宽窄不均。

（3）色泽不匀。

2. 原因分析

（1）菱苦土预制块空鼓翘边脱落的原因有：

1）基层混凝土强度不够；

2）基层表面不清洁，有油迹或石灰浆点，当预制块铺后数天，因膨胀变形与基层脱开；

3）不了解铺贴工艺，使用水泥砂浆作粘贴胶泥，预制块受潮变形，砂浆强度增长缓慢受拉力而脱开，有的用沥青作粘贴剂，也是不适宜的；

4）铺贴时在基层表面及预制块的铺贴面未刷透菱苦土稀浆，使预制块与垫层结合不好；

5）配制菱苦土粘结胶泥时所用氯化镁溶液的密度没有按照地坪温度来调整。

（2）铺贴时在基层上大面积铺胶泥，致使某些底灰较薄的预制块，因上表面找平而不敢下按，产生底灰空隙，周边灰缝不满等现象。

（3）由于预制块尺寸大小不均，造成周边灰缝宽窄不均匀。

（4）预制块配料没有严格按重量比，特别是色料掺得不匀，使预制块的色泽深浅不一。

3. 防治措施

（1）菱苦土预制块与基层结合不好应采取以下措施：

1）基层混凝土强度应不小于设计强度的 50%，且不得小于 5MPa；

2）严格保持基层上表面清洁，如有油污及石灰浆点时，应采取本节所述的清洗措施；

3）粘结层必须用菱苦土胶泥，而氯化镁的浓度应根据地坪温度按本节表 30-2 选用；

4）基层表面及预制块的铺贴面必须刷透稀菱苦土胶泥。

（2）铺贴时，应铺一块胶泥贴一块，铺浆饱满，使预制块按平，同时周边应挤出浆，随即刮去余浆，擦净表面。

（3）预制块规格尺寸须经挑选，误差应控制在1mm以内，不同规格的预制块应分别堆放使用。

（4）制作预制块时的配料应严格按重量比过秤，每批用的原材料必须相同，以免色泽不均匀。在铺贴前应将色泽深浅不同的预制块分别堆放使用，使在同一区域内的预制块颜色一致。

附录 30.5 菱苦土地面质量标准及检验方法

菱苦土地面质量标准及检验方法 附表 30-5

项目类别	项次	项目		质量要求或允许偏差（mm）	检验方法
主控项目	1	面层材质、强度（配合比）和密实度		必须符合设计要求和验收规范规定	检查材质合格证明文件和检测报告
	2	面层与基层结合		结合牢固，不应有起鼓和翘边现象	用小锤轻击和观察检查
一般项目	3	表面外观质量		表面应光滑，色泽一致，不应有深浅明显的抹痕印	观察检查
	4	地面镶边		用料符合设计要求，边角整齐、光滑，拼缝严密、顺直	观察及用钢尺检查
	5	表面平整	整体面层	4	用2m靠尺和楔形塞尺检查
			板块面层	3	
	6	缝格平直		3	拉5m线和用钢尺检查，不足5m拉通线检查
	7	相邻板块接缝高低差		1	用2m靠尺和楔形塞尺检查

30.6 木 地 板

木地板为以木板和拼花木板作面层的楼地面，一般用于高级或有特殊要求（如弹性、隔声、隔热）的地面，施工方法有铺钉（实铺或空铺）和粘贴两种。实铺法施工，即在混

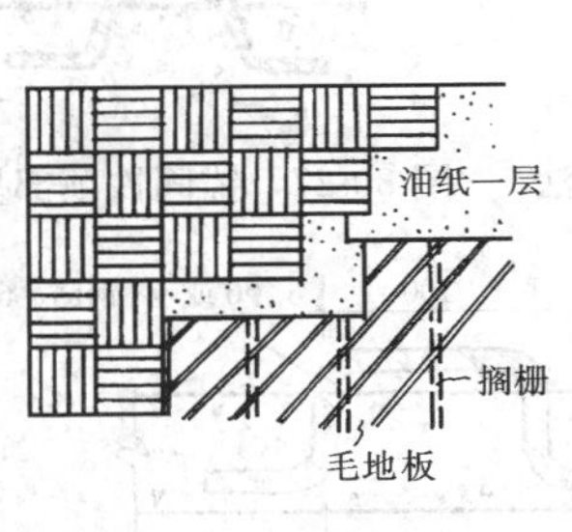

图 30-21 双层地板铺法示意图

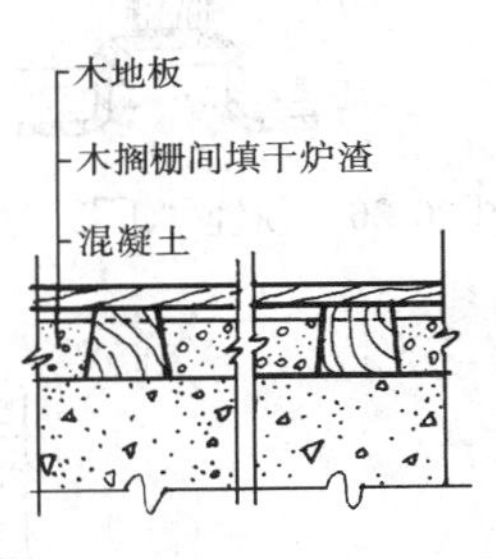

图 30-22 实铺法木地板作法示意之一

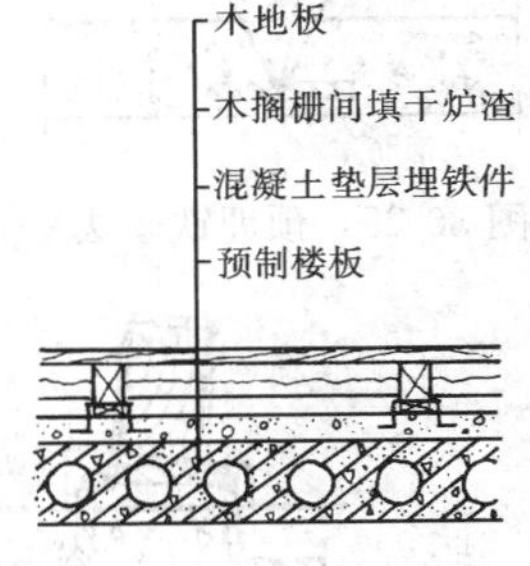

图 30-23 实铺法木地板作法示意之二

凝土垫层或楼板内预埋锚固铁件固定木搁栅，将毛地板或地板条钉在木搁栅上；拼花地板则将地板条钉在毛地板上。如图 30-21、图 30-22、图 30-23 所示。空铺法木地板用于房屋的底层，将木搁栅（或混凝土搁栅）搁置于砖墩或地垄墙上，并加以固定，然后将地板条铺钉于木搁栅上。地板下有一定的空间高度，设有通风洞，构造形式如图 30-24 示。粘贴法采用沥青胶结料或胶粘剂将拼花地板条粘贴在水泥类基层上。

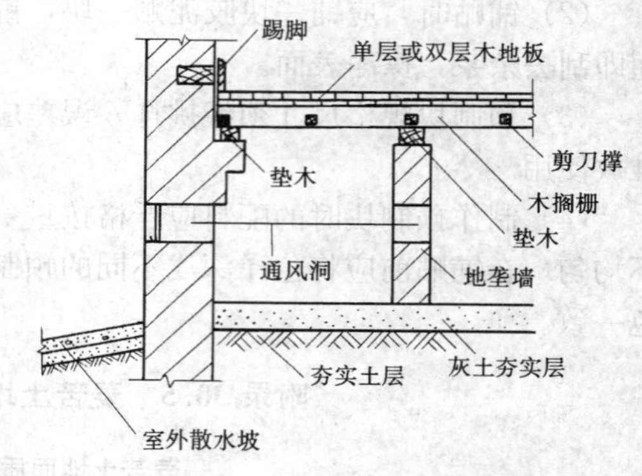

图 30-24　空铺木地板构造示意图

30.6.1　踩踏时有响声

1. 现象

人行走时，地板发出响声。轻度的响声只在较安静的情况才能发现，施工中往往被忽略。

2. 原因分析

（1）木搁栅采用预埋铁丝法（图 30-25）锚固时，施工过程中铁丝容易被踩断或清理基层时铲断，造成木搁栅固定不牢。

（2）木搁栅本身含水率大或施工时周围环境湿度大（室内湿作业刚完或仍在交叉进行的情况下铺设木搁栅），填充的保温隔声材料（如焦渣、泡沫混凝土碎块）潮湿等原因，使木搁栅受潮膨胀，致使在施工过程中以及完工后各结合部分因木搁栅干缩而产生松动，受荷时滑动变形发出响声。

（3）采用预埋"⎍"形铁件锚固木搁栅（图 30-26）时，如锚固铁顶部呈弧形，木搁栅锚固不稳（图 30-27）；或锚固铁间距过大，木搁栅受力后弯曲变形；或木垫块不平有坡度（图 30-28），木搁栅容易滑动；或铁丝绑扎不紧，结合不牢等，木搁栅也会松动。

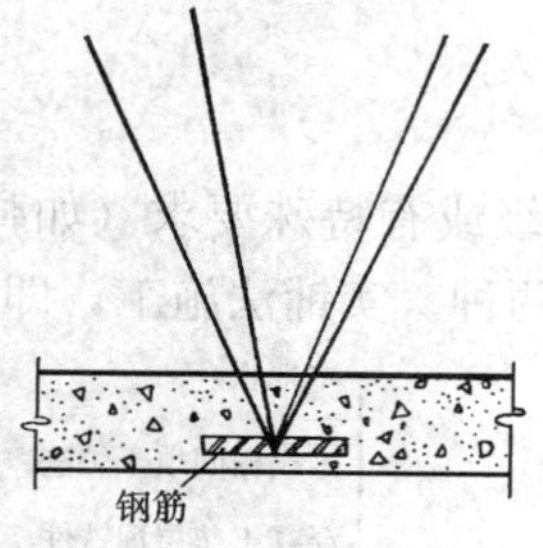

图 30-25　预埋铁丝法

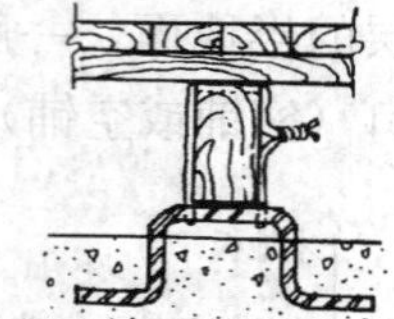

图 30-26　预埋"⎍"形铁件法

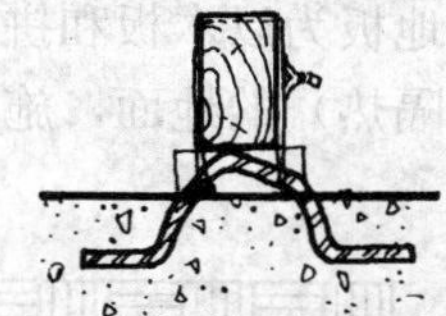

图 30-27　锚固铁顶部呈弧形

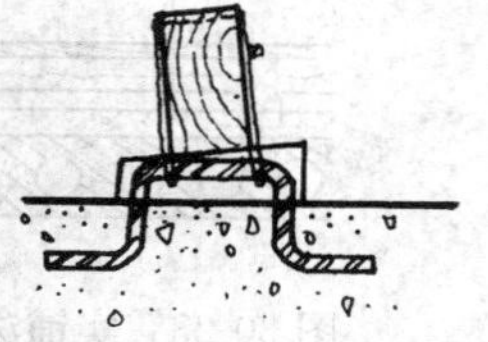

图 30-28　木垫块不平

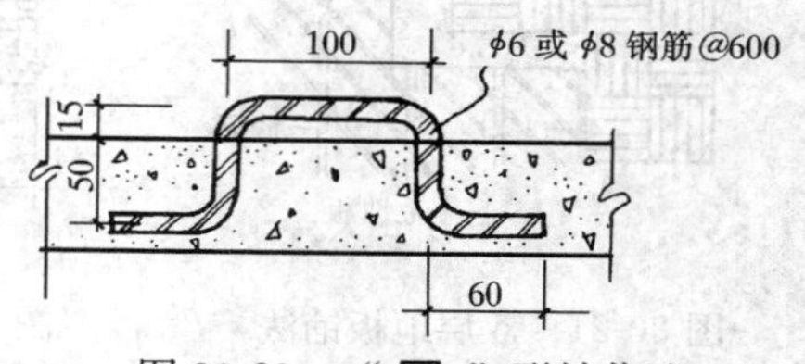

图 30-29　"⎍"形铁作法

(4) 对空铺木地板，当木搁栅设计断面偏小、间距偏大时，面层木板条的跨度就增大，人行走时因地板的弹性变形而出现响声。

3. 预防措施

(1) 采用预埋铁丝法锚固木搁栅，施工时要注意保护铁丝，不要将铁丝弄断。

(2) 木搁栅及毛地板必须用干燥料。毛地板的含水率不大于15%，木搁栅的含水率不大于20%。材料进场后最好入库保存，如码放在室外，底部应架空，并铺一层油毡，上面再用苫布加以覆盖，避免日晒雨淋。

(3) 木搁栅应在室内环境比较干燥的情况下铺设。室内湿作业完成后，应将地面清理干净，晾放7～10d，雨季晾放10～15d。保温隔声材料如焦渣、泡沫混凝土块等要晾干或烘干。

(4) 锚固铁的间距顺搁栅一般不大于800mm，锚固铁顶面宽度不小于100mm，而且要弯成直角（图30-29)，用双股14号铁丝与木搁栅绑扎牢固，搁栅上要刻3mm左右的槽，铁丝要形成两个固定点。然后用撬棍将木搁栅撬起，垫好木垫块。木垫块的表面要平，宽度不小于40mm，两头伸出木搁栅不小于20mm，并用钉子与木搁栅钉牢。

(5) 楼层为预制楼板的，其锚固铁应设于叠合层。如无叠合层时，可设于板缝内，埋铁中距400mm。如板宽超过900mm时，应在板中间增加锚固点。增加锚固点的方法：在楼板面（不要在肋上）凿一小孔，用14号铁丝绑扎$\phi6\times100$的钢筋棍，伸入孔内别住，再与木搁栅绑牢，垫好木垫块。

(6) 横撑或剪刀撑间距800mm，与搁栅钉牢，但横撑表面应低于搁栅面10mm左右。

(7) 搁栅铺钉完，要认真检查有无响声，不合要求不得进行下道工序。

(8) 对空铺木地板，木搁栅的强度和挠度应经计算，间距不宜大于400mm，面板厚度（刨光后的净尺寸）不宜小于20mm，人行走过程中，地面板弹性变形不应过大。

4. 治理方法

检查木地板响声，最好在木搁栅铺钉后先检查一次，铺钉毛地板后再检查一次，如有响声，针对产生响声的原因进行修理。

(1) 垫木不实或有斜面，可在原垫木附近增加一、二块厚度适当的木垫块，用钉子在侧面钉牢。

(2) 铁丝松动时，应重新绑紧或加绑一道铁丝。

(3) 锚固铁顶部呈弧形造成木搁栅不稳定时，可在该处用混凝土将其筑牢。

(4) 锚固铁间距过大时，应增加锚固点。方法是凿眼绑钢筋棍或用射钉枪在木搁栅两边射入螺栓，再加铁板将木搁栅固定。

30.6.2 地板缝不严

1. 现象

木地板面层板缝不严，板缝宽度大于0.3mm。

2. 原因分析

(1) 地板条规格不合要求：地板条不直（尤其是长条地板条有顺弯或死弯）、宽窄不一、企口榫太松等。

(2) 拼装企口地板条时缝太虚，表面上看结合严密，经刨平后即显出缝隙，或拼装时敲打过猛，地板条回弹，钉粘后造成缝隙。

（3）面层板铺设至接近收尾时，剩余的宽度与地板条的宽度不成倍数，为了凑整块，加大板缝；或者将一部分地板条宽度加以调整，经手工加工后地板条不很规矩，即产生缝隙。

（4）地板条受潮，在铺设阶段含水率过大，铺设后经风干收缩而产生大面积“拔缝”。

（5）木地板铺钉完毕后（上油前），由于门窗未安装玻璃，地板又未及时苫盖，受风吹后“拔缝”。

（6）用硬杂木作长条地板，硬杂木的横向变形值较大，易造成横向变形而稀缝。

3. 预防措施

（1）制造地板条的木材应经过蒸煮和脱脂处理，含水率限值应符合规范要求，一般北方不大于10%，南方不大于15%，其他地区不大于12%。材料进场后必须存放在干燥通风的室内。

（2）地板条拼装前，须经严格挑选，有腐朽、疖疤、劈裂、翘曲等疵病者应剔除，宽窄不一、企口不合要求的应经修理再用。长条地板条有顺弯者应刨直，有死弯者应从死弯处截断，适当修整后使用。

（3）为使地板面层铺设严密，铺设前房间应弹线找方，并弹出地板周边线。踢脚根部有凹形槽，周圈先钉凹形槽。

（4）长条地板与木搁栅垂直铺钉，当地板条为松木或为宽度大于70mm的硬木条时，其接头必须在搁栅上。接头应互相错开，并在接头的两端各钉1枚钉子。为使拼缝严密，钉长条地板时要用扒锔加木楔楔紧（图30-30）。

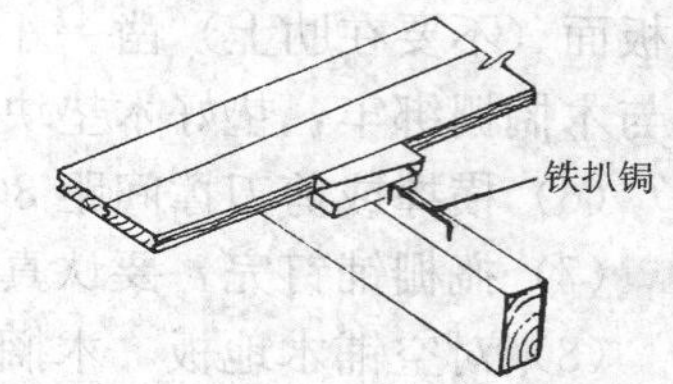

图30-30　地板条楔条

（5）长条地板铺至接近收尾时，要先计算一下差几块到边，以便将该部分地板条修成合适的宽度。严禁用加大缝隙来调整剩余宽度。装最后一块地板条不容易严密，可将地板条刨成略有斜度的大小头，以小头插入并楔紧。

（6）先完成室内湿作业并安装好门窗玻璃后再铺设木地板。木地板铺完应及时苫盖，刨平磨光后立即上油或烫蜡，以免“拔缝”。

（7）慎用硬杂木材种作长条木地板的面层板条。

（8）对用于高级建筑的木地板面层板条，制作好后六面应涂上清漆，使之免受温度变化的影响。

4. 治理方法

缝隙小于1mm时，用同种木料的锯末加树脂胶和腻子嵌缝。缝隙大于1mm时，用相同材料刨成薄片（成刀背形），蘸胶后嵌入缝内刨平。如修补的面积较大，影响美观，可将烫蜡改为油漆，并加深地板的颜色。

30.6.3　表面不平整

1. 现象

走廊与房间、相邻两房间或两种不同材料的地面相交处高低不平，以及整个房间不水平等。

2. 原因分析

（1）房间内水平线弹得不准，如抄平时线杆不直、画点不准、墨线太粗等原因，造成累积误差大，使每一房间实际标高不一；或者木搁栅不平、粘贴的水泥类楼地面基层不平等。

（2）先后施工的地面，或不同房间同时施工的地面，操作时互不照应，结果面层不交圈。如施工中先做水磨石、大理石地面，后铺木地板，而后施工的木地板标高未按先做的地面找齐，造成交接处高低不平。

（3）房间中间部分的木板面层一般用电刨刨光，周边用手工找刨，由于电刨吃刀深，故房间中间刨得较深，周边手工找刨处刨得较浅，使整个房间地面不平。另外，由于操作电刨不稳，行走速度快慢不均，或有时停顿，也会使面层刨成高低不平。在电刨换刀片的交接处，因刀片的利钝变化使刨削的深度不一，也能使房间地面不平。

3. 预防措施

（1）木搁栅铺设后，应经隐蔽验收，合格后方可铺设毛地板或面层。粘贴拼花地板的基层平整度应符合要求。

（2）施工前校正一下水平线（室内＋50cm），有误差要先调整。

（3）地面与墙面的施工顺序除了遵守先湿作业后干作业的原则外，最好先施工走廊的地面。如走廊不能先施工时，应先将走廊面层标高线弹好，各房间由走廊的面层标高往里找（即木搁栅从门口开始往里铺），以达到里外交圈一致。相邻房间的地面标高应以先施工的为准。

（4）使用电刨刨地板时，刨刀要细要快，转速不宜过低（最好在 5000r/min 以上），行走速度要均匀，中途不要停顿。

（5）人工修边要尽量找平。

4. 治理方法

（1）两种不同材料的地面如高差在 3mm 以内，可将高处刨平或磨平，但必须在一定范围内顺平，不得有明显痕迹。拼花木地板面层刨去的厚度不宜大于 1.5mm。

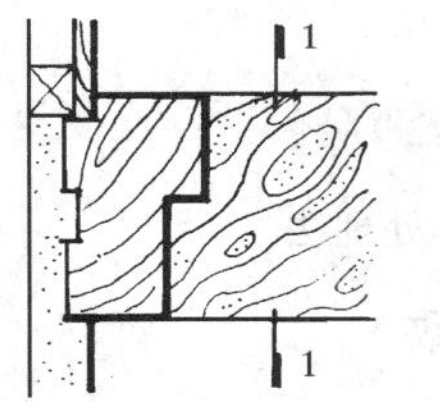

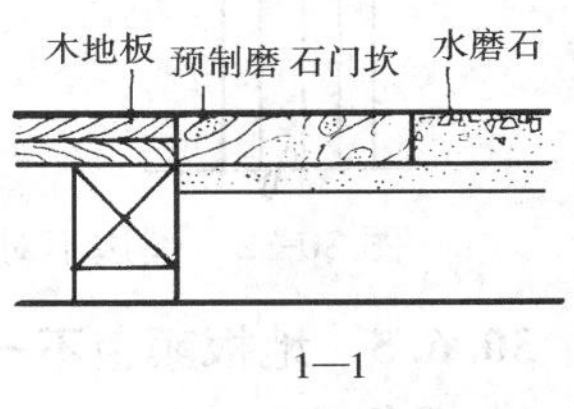

图 30-31 过门石示意图

（2）门口处高差较大时，可加过门石处理（图 30-31）。

（3）木地板表层高差在 5mm 以上，须将木地板拆开调整木搁栅高度（砍或垫），并在 2m 以内顺平。

30.6.4 拼花不规矩

1. 现象

拼花地板对角不方、错牙、端头不齐、圈边宽窄不对称。

2. 原因分析

（1）有的地板条规格不合要求，宽窄长短不一，施工前又未严格挑选，安装时没有套方，致使拼花犬牙交错。

（2）铺设时没有弹设施工线或弹线不准，排档不匀；操作人员互不照应，造成混乱，以致不能保证拼花图案匀称、角度一致。

3. 预防措施

(1) 拼花地板条应经挑选，规格整齐一致。经挑选的地板条应分规格、颜色装箱编号，同一规格、颜色铺设在同一房间，铺设时也要逐一套方。不合要求的地板要经修理后再用。

(2) 房间应先弹线后施工，席纹地板弹十字线，人字地板弹分档线。各对称边留空一致，以便圈边。但圈边的宽度最多不大于 10 块地板条。

(3) 铺设拼花地板时，宜从中间开始，每一房间的操作人员不要过多，以免头多不交圈。铺设第一趟或第一方后应经检查，合格后方可继续从中央向四周铺钉，以后每铺一趟或一方，均须及时修整，保证其规格符合要求。

4. 治理方法

(1) 局部错牙：端头不齐在 2mm 以内者，用小刀锯将该处锯一小缝，按 30.6.2 "地板缝不严" 的治理方法补好。

(2) 一块或一方地板条偏差过大时，应将此方（块）挖掉，换上合格的地板条并胶结牢固。

(3) 错牙不齐面积较大不易修补的，可以加深地板油漆的颜色进行处理。

(4) 纵横方向圈边宽窄相差小于一块、大于半块时，按图 30-32 的方法处理。

(5) 对称的两边圈边宽窄不一致，可将圈边加宽或作横圈边处理（图 30-33）。

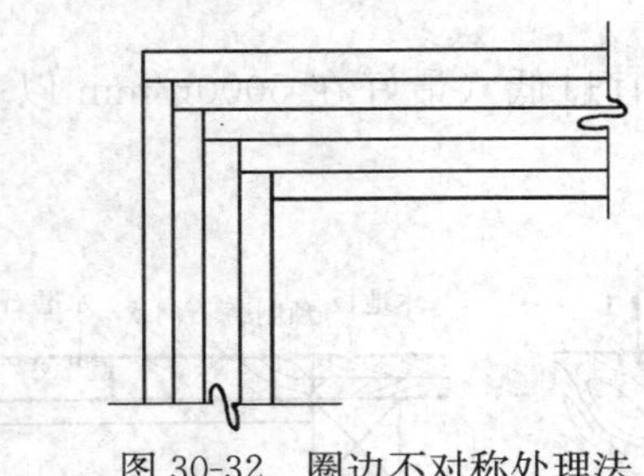

图 30-32 圈边不对称处理法

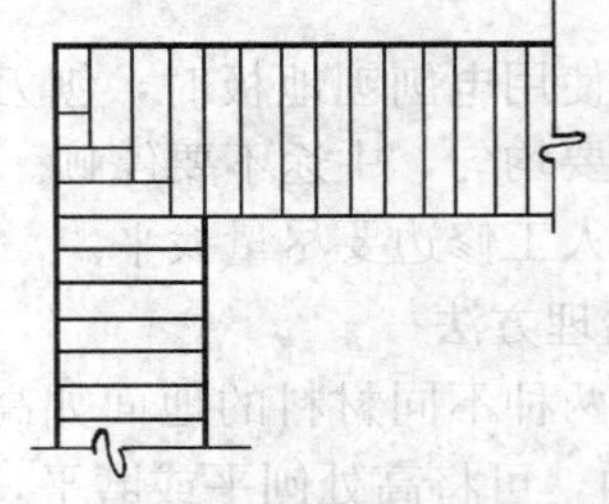

图 30-33 纵横圈边不一处理法

30.6.5 地板颜色不一致

1. 现象

木地板所用材料树种不完全相同，即使树种相同颜色也不尽一致，如将不同颜色的地板条混用，势必影响木地板的美观。

2. 原因分析

(1) 树种颜色的差异是客观现象，而思想上不重视观感的效果，是造成"大花脸"的主要原因。

(2) 粘贴地板条时，胶粘剂溢出地板表面造成污染。

3. 防治措施

(1) 施工前对地板条应先挑选，按规格、颜色分类编号，一个房间最好用一个号。

(2) 如一个号的地板条不足一个房间时，可调配使用，颜色由浅入深或由深入浅逐渐过渡，并注意将颜色深的用在光线强的部位，颜色浅的用于光线弱的部位，使色调得到调整。

(3) 对颜色过分混杂的，应适当加深木地板的油漆颜色予以掩盖。

(4) 采用沥青胶结料或其他胶粘剂粘贴地板条时，涂胶不宜过厚，溢出表面的胶结料应随即刮去擦净。

30.6.6 地板表面戗槎

1. 现象

木地板戗槎，出现成片的毛刺，或呈现异常粗糙的表面。尤其在地板上油烫蜡后更为明显。

2. 原因分析

（1）电刨刨刃太粗，吃刀太深，刨刃太钝，或电刨转速太慢，都容易将地板啃成戗槎。

（2）电刨的刨刃宽，能同时刨几根地板条，而地板条的木纹有顺有倒，倒纹就容易戗槎。

（3）机械磨光时砂布太粗，或砂布绷得不紧有皱褶，就会将地板打出沟槽。

3. 预防措施

（1）使用电刨时刨口要细，吃刀要浅，要分层刨平，先横纹粗刨，再顺纹细刨。

（2）电刨的转速应不少于 5000r/min，行走时速度要均匀。

（3）机器磨光时砂布要先粗后细，要绷紧绷平，顺序进行，不要乱磨，不要随意停留，必须停留时先要停转。

（4）人工净面要用细刨认真刨平，再用砂纸打光。

4. 治理方法

（1）有戗槎的部位应仔细用细刨手工刨平。

（2）如局部戗槎较深，细刨也不能刨平时，可用扁铲将该处剔掉，再用相同的材料涂胶镶补。

30.6.7 地板起鼓

1. 现象

地板局部隆起，轻则影响美观，重则影响使用。

2. 原因分析

（1）室内湿作业刚完，或在交叉作业的情况下铺设木地板，湿度太大；空心楼板孔内积水（雨水或冬期施工时积水），保温隔声材料（焦渣、泡沫混凝土块、珍珠岩等）含水率大等，均可使木地板受潮而起鼓。

（2）未铺防潮层或地板未开通气孔，铺设面层后内部潮气不能及时排出。

（3）毛地板未拉开缝隙或拉的缝隙太小，受潮后鼓胀严重，引起面层起鼓。

（4）房间内上水、暖气试水时漏水泡湿木地板。

（5）门厅或设有阳台房间的木地板雨天进水，使木地板受潮起鼓。

（6）木地板条过宽，铺钉时仅两侧边钉钉，时间一长，中间易起鼓。

3. 预防措施

（1）木地板施工必须合理安排工序，首先应将外窗玻璃安好，然后按先施工湿作业后施工木地板的顺序进行，湿作业完成后至少隔 7～10d，待室内基本干燥后进行作业，雨季更应适当延长。

（2）门厅或带阳台房间的木地板，门口处可采取图 30-34 作法，以免雨水倒流。

（3）毛地板条之间拉开 3～5mm 的缝。

（4）地板面层留通气孔，每间不少于 2 处，踢脚上通气孔每边不少于 2 处，通气孔一般为 3ϕ12 或设通风箅子。

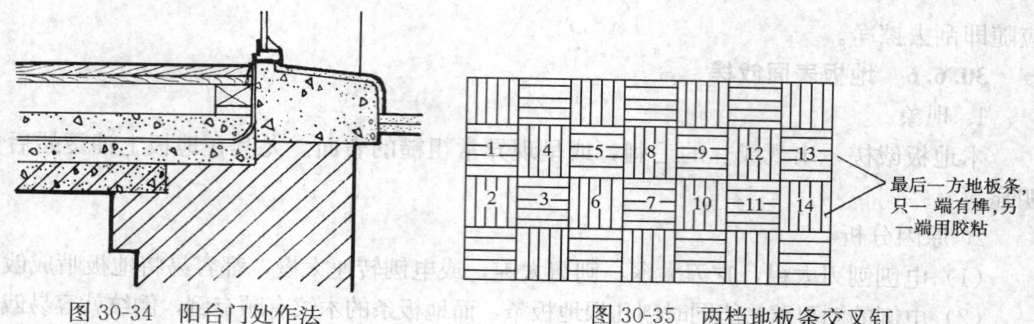

图 30-34　阳台门处作法　　　图 30-35　两档地板条交叉钉

(5) 室内上水或暖气片试水，应在木地板刷油或烫蜡后进行。试水时要有专人看管，采用有效措施，使木地板免遭浸泡。

(6) 当采用长条木地板时，宽度不应大于 12cm。

4. 治理方法

将起鼓的木地板面层拆开，在毛地板上钻若干通气孔，晾一星期左右，待木搁栅、毛地板干燥后再重新封上面层。此法返工面积大，修复席纹地板铺至最后两档时，要两档同时交叉向前铺钉，如图 30-35。最后收尾的一方块地板，一头有榫另一头无榫，应互相交叉并用胶粘牢。

30.6.8　粘贴的拼花地板空鼓脱落

1. 现象

拼花木板与基层（水泥类基层或其他硬质块材基层上）局部未粘牢或脱离，小锤敲击有空鼓声，脚踩有变形感，严重的则整条（方）木板脱落。

2. 原因分析

(1) 基层表面清理不干净，有浮灰、油污等，尤其是粉刷工程污染的基层，不认真清理，危害更大。

另外水泥类基层起砂、起皮、表面强度过低等均易造成基层与粘结胶隔离，严重影响粘结效果。

(2) 基层表面不平整，有大小不等的凹坑，使粘结的接触面减少，或使胶结料分布不匀，造成粘结牢固度差。或凹坑处胶料过多，挥发过程中将木板拱起。

(3) 基层含水率大，面层粘贴后，一方面木板遇潮膨胀起鼓，一方面基层水分蒸发时拱顶面层，造成局部粘结不牢处木板空鼓或脱落。

(4) 胶粘剂质量差或保管不当、超过保质期等。

(5) 操作不当，如沥青粘结料熬制和铺贴的温度不符合要求，基层未涂刷底子油；涂刷胶粘剂后木板条粘贴过早或过迟，影响粘结效果。

(6) 施工环境温度过高或过低，造成胶粘剂过快干硬或受冻，降低粘结力。

(7) 木板粘贴后上人或上刨刨光等工序过早，扰动粘结层，致使粘结失效。

(8) 木板粘结后遭雨水或施工用水浸泡，破坏了粘结效果。

3. 预防措施

(1) 基层必须清理干净，必要时用水冲洗，如有油污应用 10%火碱水刷净。对起砂、起皮或空裂的基层应采用乳胶腻子处理。处理时每次涂刷的厚度不大于 0.8mm。

(2) 基层表面平整度用2m直尺检查，超过2mm时，应采取措施剔凿或修补（方法同上）。

(3) 铺贴木板面层时，基层含水率不大于9%。

(4) 胶粘剂可采用乙烯类、氯丁橡胶型、聚氨酯、环氧树脂、合成橡胶溶液型、沥青类和926多功能建筑胶等。胶粘剂应存放在阴凉通风、干燥的室内，超过生产期3个月的产品，应取样检验，合格后方可使用，超过保质期的产品，不得使用。

(5) 沥青粘结料铺设时的温度应≥160℃，采用胶粘剂粘贴时，应待胶干至不粘手（约10～20min）后进行（或按胶粘剂产品说明书操作）。贴实后的木板不要来回移动。

(6) 施工时的环境温度宜控制在15～32℃，相对湿度不高于80%。

(7) 地板条粘贴后应硬结2～4d以后才能上人或进行刨光等其他工序，气温低时则应适当延长。

(8) 粘贴木地板前应先安好外门窗玻璃并根据天气情况及时开关，防止雨水浸入，且保持通风。水暖管线打压试水时应设专人看管，防止漏水浸泡木地板。

4. 治理方法

粘贴的木板空鼓面积不大于单块板块面积的1/8，且每间不超过抽查总数的5%者，可不进行处理。对超过验收标准的，应拆除重铺。拆除时应细心，不得损坏相邻板块；基层应认真清理，用小铲刀铲平。新粘结的木板条应与原有面层板树种、色泽、厚度一致，按工艺要求重新铺贴。

30.6.9 木踢脚安装缺陷

1. 现象

木踢脚表面不平，与地面不垂直，接槎高低不平、不严密。

2. 原因分析

(1) 木砖间距过大，垫木表面不在同一平面上，踢脚钉完后呈波浪形。

(2) 踢脚变形翘曲，与墙面接触不严。

(3) 踢脚与地面不垂直，垫木不平或铺钉时未经套方。

(4) 踢脚上边不水平，铺钉时未拉通线。

3. 防治措施

(1) 墙体内应预留木砖，中距不得大于400mm，木砖要上下错位设置或立放，转角处或最端头必须设木砖。

(2) 加气混凝土墙或其他轻质隔墙，踢脚范围内要砌普通黏土砖墙，以便埋设木砖。

(3) 钉木踢脚前先在木砖上钉垫木，垫木要平整，并拉通线找平，然后再钉踢脚。

(4) 为防止木踢脚翘曲，应在其靠墙的一面设两道变形槽，槽深3～5mm，宽度不少于10mm。

(5) 木踢脚上口的平线要从基本平线（50线）往下量，而且要拉通线。

(6) 墙面抹灰要用大杠横向刮平，特别是墙面下部与踢脚结合处。安装踢脚时要贴严，踢脚上边压抹灰墙不小于10mm，钉子尽量靠上部钉。

(7) 踢脚与木地板交接处有缝隙时，可加钉三角形或半圆形木压条。

(8) 踢脚应在木地板面层刨平磨光后再安装。

30.6.10 搁栅、地板条腐烂

1. 现象

木地板使用年限不长，地板条就因腐烂而损坏，特别是四周墙角处。如撬开观察，地板条背面往往有凝结水和长有白色的霉菇物。此种现象大多发生在空铺木地板工程。

2. 原因分析

(1) 铺设木地板时，板下填土层的含水量偏大，铺设木地板后，土层中的水分逐渐蒸发积聚于板下空间，板底因长期吸收水分而产生腐烂。

(2) 四周墙上通风洞数量太少或设置不合理，使板下空间的空气难于形成对流，造成通风不良，水分难以向外排出，当板下空间高度较低时，尤为突出。

(3) 木地板材质松软，吸湿性较强。

(4) 寒冷地区，木搁栅顶端直接伸入外墙内，由于室内外温差影响，端部容易产生凝结水而引起腐烂。

(5) 室外地面比室内填土面高，下部墙面的防潮处理又差，下雨后，雨水渗透到地板下的填土层中，增大填土层的含水量。

3. 预防措施

(1) 空铺木地板下的地面填土应予夯实，达到平整干燥。铺钉面层地板条时，板下杂物应清理干净。

(2) 板下应留有一定空间，高度视房间大小而定，但最小不少于 50cm。

(3) 四周墙上应留有通风洞。通风洞应前后、左右对齐，使空气形成良好的对流条件。通风洞应设有格栅，防止老鼠等小动物钻入其内。寒冷地区的通风洞，应设置能关闭的小门，冬季时关闭，避免寒冷空气进入板下空间，造成上下温差过大对地板不利。

(4) 木搁栅和木地板的背面，铺钉前应刷一道水柏油或清漆，以减少日后的吸湿量。木搁栅与墙之间应留出 30mm 缝取，地面面板与墙之间应留出 8～12mm 缝隙。

(5) 室外地面应做好散水或明沟，进行有组织排水，墙脚处应做好防潮层处理，避免室外雨水、潮湿气渗透到板下空间中去。

4. 治理方法

如腐烂现象不严重，不会造成塌落事故时，可采用改进通风条件，进行局部修理等办法。

如腐烂现象严重，有塌落可能时，则应进行彻底更换，并应采取改进通风、防潮、更换面层木板材种等综合措施，进行彻底治理。

附录 30.6　木地板工程质量标准及检验方法

木地板工程质量标准及检验方法　附表 30-6

项目类别	项次	项　目	质量要求或允许偏差（mm）	检验方法
主控项目	1	面层材料	(1) 实木地板、实木复合地板和中密度（强化）复合地板面层所用的材料，其技术等级和质量要求以及实木地板铺设时的含水率应符合设计要求； (2) 木搁栅、垫木、毛地板等必须做好防腐、防蛀处理	观察检查和检查材质合格证明文件及检测报告
	2	木搁栅安装	应牢固、平直	观察、脚踩检查
	3	面层铺设	应牢固，粘结无空鼓	观察、脚踩或用小锤轻击检查

续表

项目类别	项次	项目	质量要求或允许偏差（mm）				检验方法
	4	面层质量	（1）实木地板面层应刨平、磨光，无明显刨痕和毛刺现象； （2）面层图案清晰，颜色一致，符合设计要求 （3）板面无翘曲，表面洁净				观察、用 2m 靠尺和楔形塞尺检查
	5	拼缝质量	拼缝应严密，接头位置应错开，缝隙均匀一致				观察检查
	6	踢脚质量	表面光滑、接缝严密，高度一致				观察和用钢尺检查
一般项目			实木地板、实木集成地板、竹地板面层			浸渍纸层压木质地板、实木复合地板、软木类地板面层	
			松木地板	硬木地板、竹地板	拼花地板		
		板面缝隙宽度	1.0	0.5	0.2	0.5	用钢尺检查
		表面平整度	3.0	2.0	2.0	2.0	用 2m 靠尺和楔形塞尺检查
		踢脚板上口平齐	3.0	3.0	3.0	3.0	拉 5m 线和用钢尺检查
		板面拼缝平直	3.0	3.0	3.0	3.0	
		相邻板材高差	0.5	0.5	0.5	0.5	用钢尺和楔形塞尺检查
		踢脚线与面层间接缝	1.0				楔形塞尺检查

30.7 楼 梯、台 阶

30.7.1 踏级宽度和高度不一

1. 现象

楼梯或台阶的踏级宽度和高度不一致，使行人上下时出现一脚高、一脚低的情况，既不舒服，外形也不美观。

2. 原因分析

（1）结构施工阶段踏级的高、宽尺寸偏差较大，面层抹灰时，又未认真弹线操作，而是随高就低地进行抹面。

（2）虽然弹了斜坡线，但没有注意将级高和级宽等分一致，尽管所有踏级的阳角都落在所弹的踏级斜坡线上，但踏级的宽度和高度仍然不一致。

3. 预防措施

（1）加强楼梯和台阶在结构施工阶段的复尺检查工作，使踏级的高度和宽度尽可能一致，偏差应控制在±10mm 以内。

（2）为确保踏级的位置正确和宽、高度尺寸一致，抹踏级面层前，应根据平台标高和楼面标高，先在侧面墙上弹一道踏级标准斜坡线，然后根据踏级步数将斜线等分，这样斜线上的等分各点即为踏级的阳角位置，如图 30-36 所示。根据斜线上的各点位置，抹前应对踏级进行恰当的錾凿。图中粗线即为粉面完成后的踏级外形线。

（3）对于不靠墙的独立楼梯，如无法弹线，可在抹面前，在两边上下拉线进行抹面操作，必要时可做出样板，以确保踏级高、宽度尺寸一致。

4. 治理方法

对于踏级高度和宽度偏差较大的，或外观质量要求较高的楼梯或台阶，应作返修处理，将面层錾凿后，按本条预防措施中（2）、（3）项要求及 30.7.2“踏级阳角处裂缝、脱落”中各项要求重新抹面。

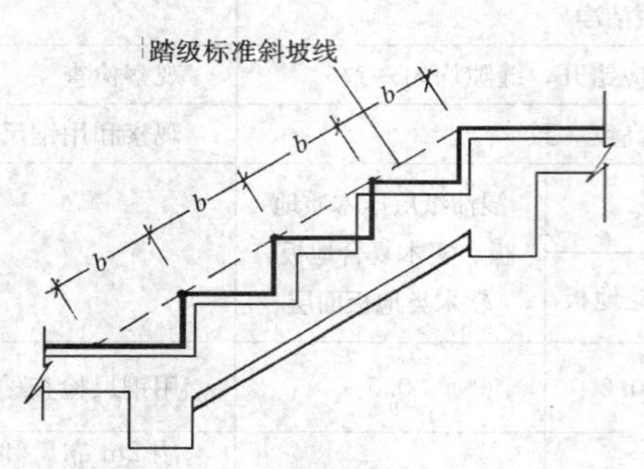

图 30-36 弹踏级标准斜坡线并予等分

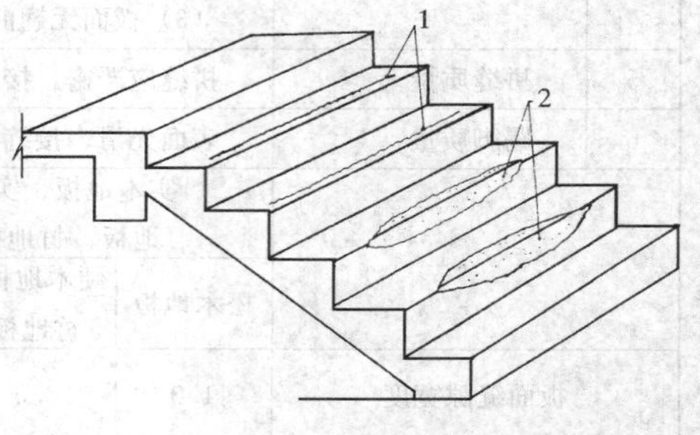

图 30-37 楼梯踏级裂缝、剥落示意
1—踏板裂缝；2—阳角剥落

30.7.2 踏级阳角处裂缝、脱落

1. 现象

踏级在阳角处裂缝或剥落，有的在踏级平面上出现通长裂缝，然后沿阳角上下逐步剥落，如图 30-37 所示，既影响使用，又影响美观。

2. 原因分析

（1）踏级抹面（或抹底糙时），基层比较干燥，致使粉面（或底糙）砂浆失水过快，既影响抹面（或底糙）砂浆的强度增长，又降低了与基层的粘结，造成日后裂缝、空鼓、剥落。

（2）基层清理不干净，表面有浮灰等杂物起了隔离作用，降低了粘结力。

（3）抹面砂浆过稀，抹在踢脚部位的砂浆在自重作用下产生向下滑坠的现象，特别是一次粉抹过厚时，这种情况更易发生。这种极微小的向下滑动，用肉眼不易观察到，但却大大削弱了与基层的粘结效果，成为裂缝、空鼓和脱落的潜在隐患。

（4）抹面操作顺序不当，如图 30-38（a）所示。若先抹平面（踏脚），后抹立面（踢脚），则平、立面的结合不易紧密牢固，往往存在一条垂直的施工缝隙，经频繁走动，就容易造成阳角裂缝、脱落等质量缺陷。

有的用八字尺木条抹楼梯踏级，虽然操作工序是先抹立面，后抹平面，但平、立面的接缝呈斜向，并在踏级阳角处闭合，如图 30-38（c）所示。这种接缝也容易使踏级阳角处产生裂缝和脱落。

（5）踏级抹面后养护不够或不养护，或者开放交通过早，造成裂缝、掉角、脱落等。

3. 预防措施

（1）踏级抹面（或抹底糙）前，应将基层清理干净，并充分洒水湿润，最好提前 1d 进行洒水湿润。

（2）抹前应先刷一度素水泥浆结合层，水灰比应控制在 0.4～0.5 之间，并严格做到随刷随抹。

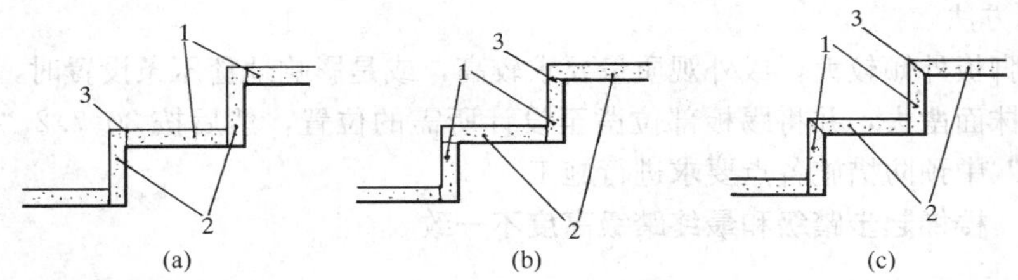

图 30-38 楼梯踏级的几种抹法

(a) 先抹平面（踏板），后抹立面（踢板）；(b) 先抹立面（踢板），后抹平面（踏板）；(c) 用八字尺木条抹踏步

1、2—抹的先后顺序；3—接缝

(3) 砂浆稠度应控制在 35mm 左右。

(4) 一次抹灰厚度应控制在 10mm 之内。过厚的抹面应分次进行操作。

(5) 踏级平、立面的施工顺序应按图 30-38（b）所示。先抹立面，后抹平面，使平、立面的接缝在水平方向，并应将接缝搓压紧密。

(6) 抹面（或底糙）完成后应加强养护。养护天数一般为 7～14d，养护期间应禁止行人上下。

(7) 踏级粉面层时，在阳角处增设护角钢筋，如图 30-39 所示。

(8) 从开放交通到正式验收前，应做好楼梯踏级保护工作，可用木板或角铁置于踏级阳角处，以防止踏级阳角被碰撞损坏。

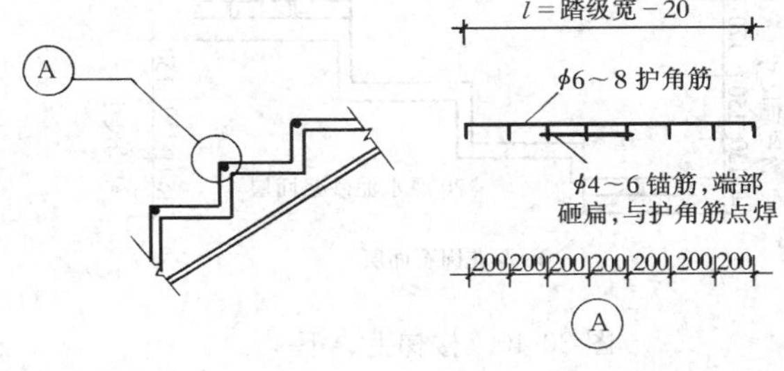

图 30-39 踏级阳角护角钢筋示意

4. 治理方法

当裂缝或脱落比较严重而影响行人交通，或外观质量要求较高时，应做返修处理。返修时，应将踏级抹面凿去，然后按本条“预防措施”中所提各点要求重新抹面。

30.7.3 踏级踢板外倾

1. 现象

踏级踢板外倾，外形不美观，行人上下时，脚尖容易撞到踢板上。

2. 原因分析

(1) 结构施工阶段几何尺寸不正确，模板胀模造成踢板外倾。

(2) 抹面施工时，不注意认真修正，操作马虎，检查不严。

3. 预防措施

(1) 加强结构施工阶段的检查复尺工作，特别应防止模板胀模造成踢板外倾。

(2) 有的楼梯采用踢板向内倾斜的方法，代替踏级的钩脚，既增加了美观，又可在阴角处设置压地毯的铜环。这时踏级阴角应比阳角凹进 20～30mm，这在立模和抹面施工中都应明确交底，勤检查，保证尺寸正确。

4. 治理方法

对于踢脚板外倾较大，或外观质量要求较高，或是影响地毯压条设置时，应做返修处理。将踏级抹面凿去，并将踢板部位凿至设计所需的位置，然后按 30.7.2"踏级阳角处裂缝、脱落"中预防措施各点要求进行施工。

30.7.4　楼梯起步踏级和最终踏级高度不一致

1. 现象

楼梯梯段的起步踏级与最终踏级的高度不一致，行人上下行走时的脚感很不舒服。

2. 原因分析

这种情况常发生在楼梯踏级面层的材料品种与厚度和楼面面层的材料品种与厚度不一致时。在主体结构施工阶段，楼梯踏级的宽度和高度一般是一致的，加上楼梯抹灰前弹好标准斜坡线后，就能做到踏级的宽度和高度尺寸一致。但当楼梯踏级面层材料品种与厚度和楼面面层材料的品种与厚度不一致时，就会使楼梯的起步踏级高度偏小，而最终一级的踏级高度偏大，如图 30-40 所示。例如楼梯踏级标准高度为 150mm，踏级面层为 1∶2 水泥砂浆，厚度 20mm；而楼面为花岗石面层，铺设厚度为 40mm，则楼梯起步踏级竣工后级高成为 130mm，而最终踏级竣工后级高成为 170mm。

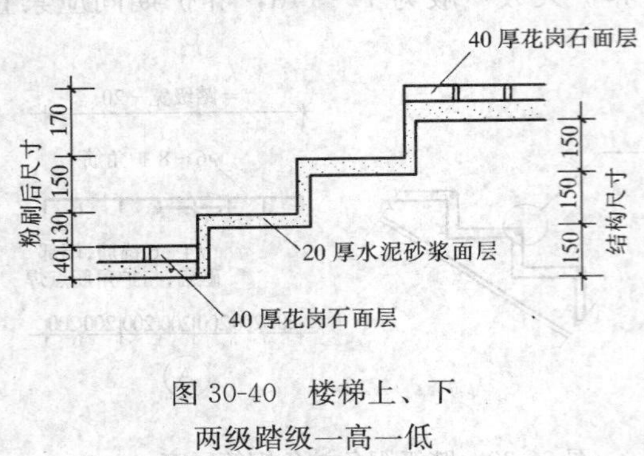

图 30-40　楼梯上、下两级踏级一高一低

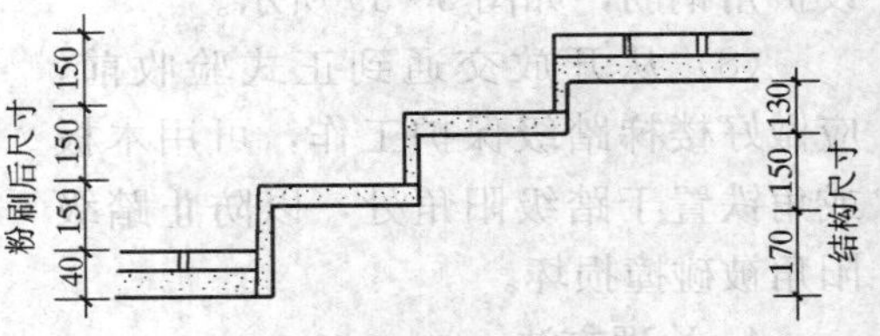

图 30-41　调整后上下两级的级高尺寸一致

3. 预防措施

图纸会审时，应弄清楚楼梯面层和楼面面层材料的品种和厚度要求，当面层材料的品种和厚度不同时，在主体结构施工阶段就要注意调整楼梯起步踏级和最终踏级的级高尺寸，以使面层完成后，整个梯段踏级的级高尺寸取得一致。如图 30-41 所示，如果在主体结构施工阶段，木工立模板时，将起步踏级的级高调整到 170mm，最终踏级的级高调整到 130mm，则面层完成后，整个楼梯梯段的级高尺寸就可完全一致。

4. 治理方法

将楼梯段上水泥砂浆面层凿毛后进行调整，如图 30-41 所示，每个踏级上加抹 20mm 厚水泥砂浆，最终全梯段踏级尺寸（高度）可完全一致。

30.7.5　楼梯踏步防滑条施工质量差

1. 现象

（1）防滑条高出踏级面太多，使行人有硌脚的感觉。

（2）防滑条高出踏级面太少，起不到防滑作用。

（3）防滑条翘起或脱落。

3. 预防措施

(1) 应根据设计要求与工程类型选择与之相符的技术标准及规范，熟悉并掌握其对制造及施工的环境条件的要求，并与实际情况相结合。目前国内外相关焊接技术标准与规范中，对按常规条件施焊所允许的最低环境温度要求存在较大的差异，施焊前要充分了解制造及施工环境是否满足所用标准规范的相关技术要求，如有差异，应提前进行相关的低温焊接工艺评定试验，并根据试验结果编制专用的工艺技术方案。表24-6给出了目前国内常用施工规范对低温焊接的最低施工温度限制，可供参考。

国内外各行业规程对低温焊接最低施工温度的规定 **表24-6**

规范、规程名称	低合金钢	低碳钢	常温下至低温限值以上的措施/低温焊接措施
AWSD1.1（美）	−18℃	—	不需预热的钢材和板厚在常温以下施焊应预热至常温。−18℃以下施焊时设防护棚或加热
JASS6（日）	−5℃	—	在−5～5℃施焊应对接头100mm范围内加热
BS5135（英）	0℃	—	—
《钢制压力容器焊接规程》JB/T 4709—2007	−18℃	—	焊件温度0～−18℃时在始焊处100mm范围预热到15℃以上。低温焊接采取有效防护措施
《建筑工程冬期施工规程》JGJ/T 104—2011	−26℃	−30℃	钢材应有相应温度的冲击韧性保证值，并根据钢材牌号及板厚预热36～150℃； 要求焊工经低温焊接培训
《北京市城市桥梁工程施工技术规程》DB J01—46—2001 《公路桥涵施工技术规程》JTJ041—2000 《铁路钢桥制造规范》TB 10212—98	5℃	0℃	—
《建筑钢结构焊接技术规程》JGJ81—2002	0℃	—	0℃以下施焊； 提高预热温度20～30℃； 扩大预热范围至2倍板厚； 焊后立即用岩棉保温，特厚板厚复杂节点应后热； 设防护棚
《钢结构焊接规范》GB 50661—2011	−10℃	—	焊接环境温度低于0℃但不低于−10℃时，应采取加热或防护措施，确保接头焊接处各方向大于等于2倍板厚且不小于100mm范围内的母材温度不低于20℃或规定的最低预热温度（二者取高值）。 焊接环境温度低于−10℃时，必须进行相应焊接环境下的工艺评定试验

(2) 在技术工艺方案可行的前提条件下，还应充分考虑其可操作性，尤其是焊工操作的灵活性，如有阻碍，则考虑局部保温措施，以保证焊接质量不受影响。

4. 治理方法

根据具体情况按照现行国家标准《钢结构焊接规范》（GB 50661—2011）第7章第

7.12 节及第 9 章第 9.0.10 条的规定进行返修。

24.5.7　焊条电弧焊常见缺陷

焊条电弧焊中常见的缺陷主要有：焊缝尺寸不符合要求、咬边、焊瘤、弧坑、根部未焊透、未熔合、气孔、夹渣及裂纹等。其现象、原因分析、预防措施及治理方法参见本手册第 17 章第 17.3 节“钢筋电弧焊”以及本章 24.5.2 至 24.5.5 中的有关内容。

24.5.8　熔化极气体保护电弧焊常见缺陷

1. 现象

熔化极气体保护电弧焊中常见的缺陷主要有：焊缝尺寸不符合要求、咬边、焊瘤、飞溅、根部未焊透、未熔合、气孔、夹渣及裂纹等。

2. 原因分析

（1）焊缝尺寸不符合要求（蛇形焊道）：其形状与焊条电弧焊基本相同。其产生的主要原因除坡口角度不当、装配间隙不均匀、工艺参数选择不合理及焊接技能较低外，还有焊丝外伸过长、焊丝校正机构调整不良和导丝嘴磨损严重等原因。

（2）咬边：焊接电流、电压或速度过大，停留时间不足，焊枪角度不正确是其产生的主要原因。

（3）焊瘤和熔透过度：焊瘤产生的原因与焊条电弧焊基本相同，主要是焊接电流、焊接速度匹配不当，焊接操作技能较差所致。而熔透过度则主要是因为热输入过大及坡口加工不合适。

（4）飞溅：其产生的主要原因是电弧电压过低或过高，焊丝与工件清理不良，焊丝粗细不均及导丝嘴磨损严重。

（5）根部未焊透：见 24.5.3“未熔合及未焊透”的原因分析。

（6）未熔合：见 24.5.3“未熔合及未焊透”的原因分析。

（7）气孔：见 24.5.4“气孔”的原因分析。

（8）夹渣：见 24.5.5“夹渣”的原因分析。

（9）裂纹：见 24.5.2“焊接裂纹”的原因分析。

3. 预防措施

（1）焊缝尺寸不符合要求（蛇形焊道）：在提高接头装配质量，选择合理的工艺参数，并保证焊工的操作技能达到相关考核标准要求的同时，对焊丝伸出长度和送丝速度进行调整，并应关注导丝嘴的磨损情况，磨损严重时应及时更换。

（2）咬边：在降低焊接电压或焊接速度的同时，还可通过调整送丝速度来控制电流，避免电流过大。且应适当增加焊丝在熔池边缘的停留时间，并控制焊枪角度。

（3）焊瘤和熔透过度：为避免焊瘤的产生，要根据不同的焊接位置选择焊接工艺参数，电流不能过大，焊速适中，严格控制熔池尺寸。对于熔透过度，除采取上述措施外，还应注意坡口的组对，适当减小根部间隙，增大钝边尺寸。

（4）飞溅：焊前应仔细清理焊丝和坡口表面，去除各种污物；并应检查压丝轮、送丝管及导丝嘴，如有损坏应及时更换。同时应根据焊接工艺文件及实际施焊情况，仔细调整电流和电压参数，使之达到理想的匹配状态。

4. 治理方法

对熔化极气体保护电弧焊中产生的焊缝尺寸不符合要求、咬边、焊瘤及飞溅等缺陷，可采用砂轮打磨及补焊方法进行处理。

24.5.9 埋弧焊常见质量缺陷

埋弧焊中常见的主要缺陷有：裂纹、未熔合、未焊透、夹渣、气孔、咬边、焊瘤、余高不符合要求、焊道过宽、焊道表面不光滑及表面压坑等。其现象、原因分析、预防措施及治理方法参见本手册第17章第17.6节“预埋件钢筋埋弧压力焊和埋弧螺柱焊”以及本章24.5.2至24.5.5中的有关内容。

24.5.10 电渣焊常见质量缺陷

1. 现象

电渣焊中常见的主要缺陷有热裂纹、冷裂纹、未焊透、未熔合、气孔和夹渣。

2. 原因分析

各种缺陷产生原因见24.5.2～24.5.5条。

3. 预防措施

(1) 热裂纹：除应采取24.5.2条“焊接裂纹”中规定的相关措施外，还应注意降低焊丝送进速度；焊接冒口应远离焊件表面，焊接结束前应逐步降低焊丝送进速度。

(2) 冷裂纹：除应采取24.5.2条“焊接裂纹”中规定的相关措施外，还应注意避免焊接过程中断。如不得已中断焊接过程，应及时采取保温缓冷措施。对于焊缝，特别是停焊处的缺陷要在焊缝未冷却前及时修补。当室温低于0℃时，要注意焊后保温缓冷。

(3) 未焊透：除应采取24.5.3条“未熔合及未焊透”中规定的相关措施外，还应注意保持稳定的电渣过程，调整焊丝或熔嘴，使其距水冷成形滑块距离及在焊缝中位置符合工艺要求。

(4) 未熔合：除应采取24.5.3条“未熔合及未焊透”中规定的相关措施外，还应注意保持稳定的电渣焊过程；选择适当的熔剂，避免熔剂熔点过高。

(5) 气孔：除应采取24.5.4条“气孔”中规定的相关措施外，还应注意焊前仔细检查水冷成形滑块，以防漏水。当采用耐火泥进行熔池密封时，应防止其进入熔池，熔剂使用前应按要求烘干。

(6) 夹渣：除应采取24.5.5“夹渣”中规定的相关措施外，还应注意保持稳定的电渣焊过程，选择适当的熔剂，避免熔剂熔点过高；当采用玻璃丝棉进行绝缘时，应防止过多的玻璃丝棉熔入熔池。

4. 治理方法

对于已发现的各类缺陷，可根据具体情况按照现行国家标准《钢结构焊接规范》(GB 50661—2011) 第7章第7.12节及第9章第9.0.10条的规定进行返修。

24.5.11 碳弧气刨常见质量缺陷

1. 现象

碳弧气刨操作中常见质量缺陷主要有焊缝夹碳、粘渣、铜斑、刨槽尺寸和形状不规则及裂纹。

2. 原因分析

(1) 操作人员未经过专业培训，操作技能较差。

(2) 工艺参数选择不当，且未按相关工艺要求进行后处理。

(3) 碳棒质量不合格。

3. 预防措施

(1) 建立健全相关从业人员的岗前培训考核制度，提高从业人员的操作技能。

(2) 严格控制工艺参数：

1) 电源极性一般应采用直流反接；

2) 电流与碳棒直径的匹配关系见表 24-7；

碳棒规格及适用电流　　表 24-7

断面形状	规格 (mm)	适用电流 (A)	断面形状	规格 (mm)	适用电流 (A)
圆　形	3×355	150～180	扁　形	3×12×355	200～300
	4×355	150～200		4×8×355	180～270
	5×355	150～250		4×12×355	200～400
	6×355	180～300		5×10×355	300～400
	7×355	200～350		5×12×355	350～450
	8×355	250～400		5×15×355	400～500
	9×355	350～450		5×18×355	450～550
	10×355	350～500		5×20×355	500～600

3) 刨削速度一般应控制在 0.5～1.2m/min 之间；

4) 压缩空气压力应为 0.4～0.6MPa；

5) 碳棒伸出长度应为 20～100mm；

6) 碳棒与工件的夹角一般为 45°。

(3) 夹碳缺陷产生的主要原因是刨削速度和碳棒送进速度不匹配，为防止该缺陷的产生应适时对其进行调整。

(4) 在操作过程中应经常注意压缩空气压力的变化，以防止由于压缩空气压力过低而导致吹出的氧化铁和碳化铁等化合物形成的熔渣。粘连在刨槽两侧。

(5) 在操作过程中若发现有碳棒铜皮脱落的现象，应及时进行更换。若碳棒质量没有问题而刨槽中仍有夹铜现象发生，则应考虑适当减小电流，以避免由于刨槽夹铜而在后继焊接过程中产生热裂纹。

4. 治理方法

对在操作过程中已形成的夹碳、夹渣及夹铜等缺陷，应采用砂轮、风铲或重新气刨等方法将其去除，以避免冷、热裂纹的产生。

24.5.12　焊接球节点球管焊缝根部未焊透

1. 现象

焊接球节点球管焊缝根部未焊透。

2. 原因分析

(1) 考虑安装方便和保证球节点的空中定位精度，球管钢网格结构经常采用的节点形式为单 V 形坡口，根部不留间隙；而承受动载荷的球管钢网格结构，为提高结构的疲劳寿命也只能采用上述节点形式，从而导致焊缝根部不易焊透。

(2) 焊工技能较差。

(3) 坡口角度、焊接工艺参数、焊接工艺方法及焊条直径选择不当。

3. 预防措施

(1) 对于承受静荷载结构，建议采用单V坡口加衬管且根部预留间隙的节点形式。此种方法虽在一定程度上增加了组装工作量，但对焊工的技术水平要求相对较低，可以有效避免根部未焊透缺陷的产生，提高焊缝的一次合格率。

(2) 对于承受动荷载的结构，由于衬管与结构受力管件在节点处形成几何突变，造成应力集中，其对疲劳寿命的影响远大于根部局部未焊透的程度，因此，应采用单V形坡口且根部不留间隙的节点形式。为克服由此产生焊缝一次合格率偏低的现象，建议采取如下措施：

1) 当管壁厚度小于10mm时，应采用如图24-25所示的单V坡口；当管壁厚度大于10mm时，建议采用如图24-26所示的变截面形坡口，坡口加工宜采用机械方法，既可提高安装的定位精度，又可提高工作效率；

2) 建议采用手工电弧焊或脉冲式富氩气体保护焊接方法进行打底焊道的焊接。当采用手工电弧焊时，应选择直径等于或小于3.2mm的焊丝，以保证根部焊道尽可能多熔透，且焊道背面成型良好；

3) 应尽可能保证角焊缝表面与管材表面的夹角不大于350°，以减少焊趾处的应力集中，提高抗疲劳寿命。

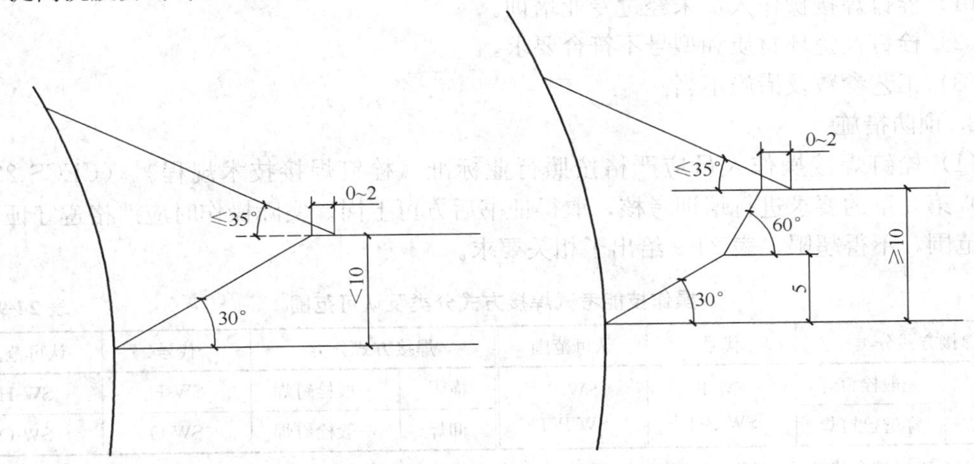

图24-25 单V坡口　　图24-26 变截面形坡口

(3) 对从事承受动荷载结构球管节点焊缝焊接工作的焊工，必须进行岗前模拟培训，使之熟悉工艺参数和操作要领，以提高产品的一次合格率。

4. 治理方法

对于已产生根部未焊透缺陷的焊缝，应首先采用超声波检测方法对缺陷进行精确定位，然后应严格按《钢结构焊接规范》(GB 50661—2011) 第7章第7.12节的规定进行返修。

24.5.13 栓钉焊接质量缺陷

1. 现象

目前栓钉焊接的质量问题比较突出，主要表现为现场抽样检验不能满足现行国家标准《钢结构工程施工质量验收规范》(GB 50205—2001) 第5章第5.3节及行业标准《栓钉焊接技术规程》(CECS 226：2007) 第 7 章第 7.2 节的质量要求。

(1) 外观质量检验合格标准见表 24-8。

栓钉焊接接头外观检验合格标准 表 24-8

外观检验项目	合格标准	检验方法
焊缝外形尺寸	360°范围内焊缝饱满 拉弧式栓钉焊：焊缝高 $K_1 \geqslant 1mm$；焊缝宽 $K_2 \geqslant 0.5mm$ 电弧焊：最小焊脚尺寸应满足《栓钉焊接技术规程》(CECS 226：2007) 表 7.2.1-2 的规定	目测、钢尺、焊缝量规
焊缝缺陷	无气孔、夹渣、裂纹等缺陷	目测、放大镜 (5 倍)
焊缝咬边	咬边深度≤0.5mm，且最大长度不得大于 1 倍的栓钉直径	钢尺、焊缝量规
栓钉焊后高度	高度偏差≤±2mm	钢尺
栓钉焊后倾斜角度	倾斜角度偏差 $\theta \leqslant 5°$	钢尺、量角器

(2) 现场弯曲试验应采用锤击方法，在焊缝不完整或焊缝尺寸较小的方向将其从原轴线弯曲 30°，视其焊接部位无裂纹为合格。

2. 原因分析

(1) 栓钉焊接操作人员未经过专业培训。

(2) 栓钉及瓷环材质和型号不符合要求。

(3) 工艺参数及措施不当。

3. 预防措施

(1) 栓钉焊接操作人员应严格按照行业标准《栓钉焊接技术规程》(CECS 226：2007) 第 8 章的要求进行培训考核，取得证书后方可上岗。实际操作时应严格遵守证书的限定范围，不得超限，表 24-9 给出了相关要求。

操作技能考试焊接方式分类及认可范围 表 24-9

焊接方式分类		代号	认可范围	焊接方式分类		代号	认可范围
平焊	一般栓钉焊	SW-P	SW-P	横焊	一般栓钉焊	SW-H	SW-H
	穿透栓钉焊	SW-P-T	SW-P-T	仰焊	一般栓钉焊	SW-O	SW-O

注：焊工考试合格后，其允许焊接栓钉的直径不得超过考试所用栓钉直径。

(2) 栓钉及瓷环材质及型号选择应符合现行国家标准《电弧螺柱焊用圆柱头焊钉》(GB/T 10433) 和行业标准《栓钉焊接技术规程》(CECS 226：2007) 中的有关规定，特别需要注意瓷环型号，应注意区分穿透型和非穿透型，不可混用，否则会严重影响焊接质量。

(3) 穿透焊或非穿透焊的焊接工艺参数可参照表 24-10、表 24-11、表 24-12 选择。

平焊位置栓钉焊接规范参考值 表 24-10

栓钉规格 (mm)	电流 (A)		时间 (s)		伸出长度 (mm)	
	非穿透焊	穿透焊	非穿透焊	穿透焊	非穿透焊	穿透焊
$\phi 13$	950	900	0.7	0.9	3～4	4～6
$\phi 16$	1250	1200	0.8	1.0	4～5	4～6

续表

栓钉规格（mm）	电流（A）		时间（s）		伸出长度（mm）	
	非穿透焊	穿透焊	非穿透焊	穿透焊	非穿透焊	穿透焊
ϕ19	1500	1450	1.0	1.2	4～5	5～8
ϕ22	1800	—	1.2		4～6	—
ϕ25	2200	—	1.3		5～8	—

横向位置栓钉焊接工艺参数表 表 24-11

栓钉规格（mm）	电流（A）	时间（s）	伸出长度（mm）
ϕ13	1400	0.4	4.5
ϕ16	1600	0.4	4
ϕ19	1900	1.1～1.2	3.5
ϕ22	2050	1	2.5

仰焊位置栓钉焊接工艺参数表 表 24-12

栓钉规格（mm）	电流（A）	时间（s）	伸出长度（mm）
ϕ13	1200	0.4	2
ϕ16	1300	0.7	2
ϕ19	1900	1	2
ϕ22	2050	1	2

（4）栓钉焊接的设备及工艺应参照现行行业标准《栓钉焊接技术规程》（CECS 226：2007）第 4 章及第 6 章的相关规定执行。

4. 治理方法

对于已发现缺陷的栓钉应按现行行业标准《栓钉焊接技术规程》（CECS 226：2007）第 6 章第 6.3 节的相关规定执行。

24.5.14 管一管相贯节点焊接质量缺陷

1. 现象

局部根部未焊透，且焊角尺寸达不到设计要求（如图 24-27 所示的 D 区及部分 C 区位置）。

2. 原因分析

（1）对熔透焊缝的理解有误，一般情况下人们常将熔透焊缝理解成在焊接接头处至少有一块被焊板材在焊接过程中被全部熔透的焊缝，但事实并非如此，在焊接专业术语里将所谓的熔透焊缝定义为，从接头的一面焊接所完全熔透的焊缝。一般指单面焊双面成型焊缝，如图 24-28 所示。图中所展示的接头形式均为熔透焊缝，特别是细节 C 到 D 和细节 D 两种形式往往被看成是局部熔透或角焊缝。但实际上角焊缝的接头形式应如图 24-29 所示。两者的主要区别在于焊缝根部有没有保证熔透的根部间隙。由于概念上的误差或对标准的理解不够，经常导致在相贯管节点的组装过程中忽略了对节点跟部或过渡区根部间隙的控制，从而将熔透焊缝变成局部熔透或角焊缝。

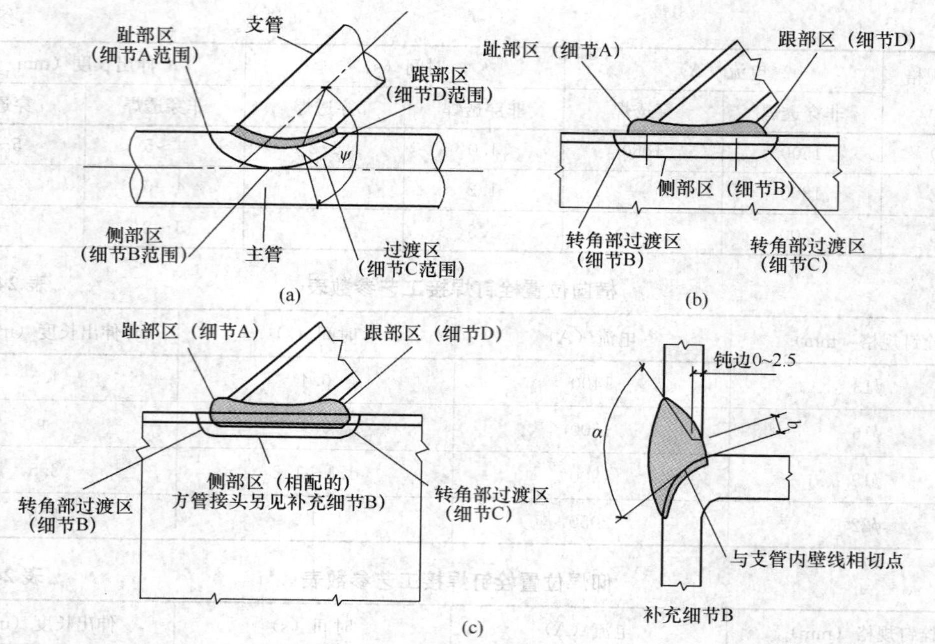

图 24-27　局部根部未焊透示意图

（a）圆管节点的分区；（b）台阶状矩形管节点的分区；（c）相配的方管节点分区；

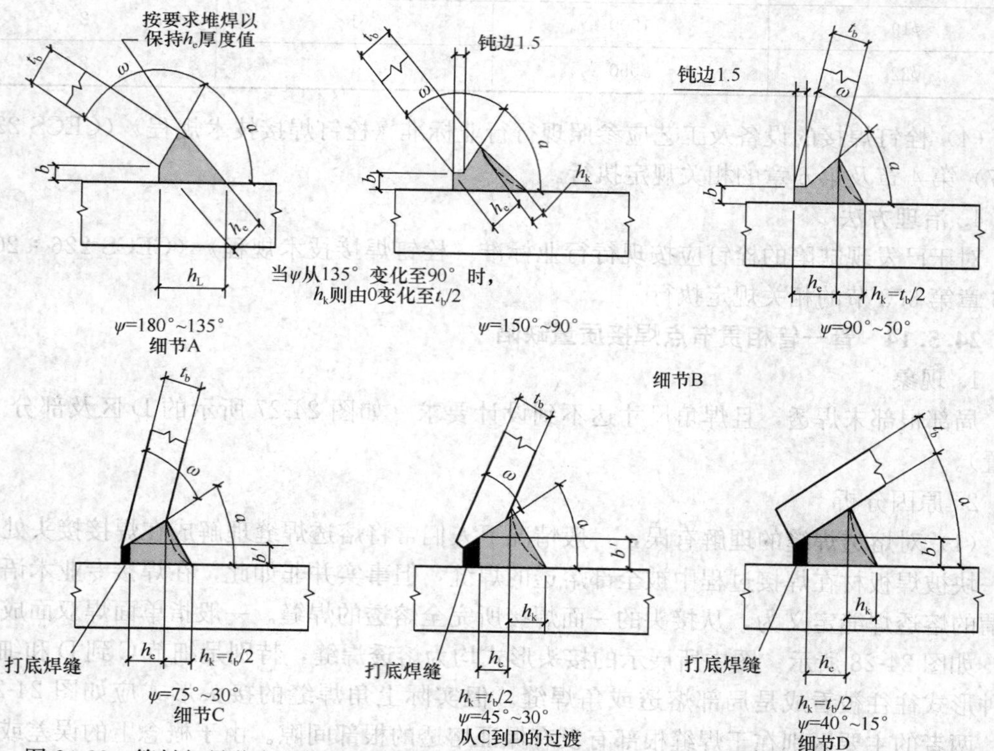

图 24-28　管材相贯节点全焊透焊缝的各区坡口形式与尺寸（焊缝为标准平直状剖面形状）

1—尺寸 h_e、h_L、b、b'、ψ、ω、α《钢结构焊接规范》（GB 50661—2011）中表 5.3.6-1；2—最小标准平直状焊缝剖面形状如实线所示；3—可采用虚线所示的下凹状剖面形状；4—支管厚度；5—h_k（加强焊脚尺寸）

(2) 焊角尺寸达不到设计要求：目前国内的实际情况是从设计到制造、安装的技术人员缺乏对《钢结构焊接规范》(GB 50661—2011) 第 5 章第 5.3.6 条的理解，没有完全掌握管相贯节点过渡区和跟部熔透、局部熔透和角焊缝焊缝尺寸的计算方法，从而导致焊缝尺寸达不到设计要求。

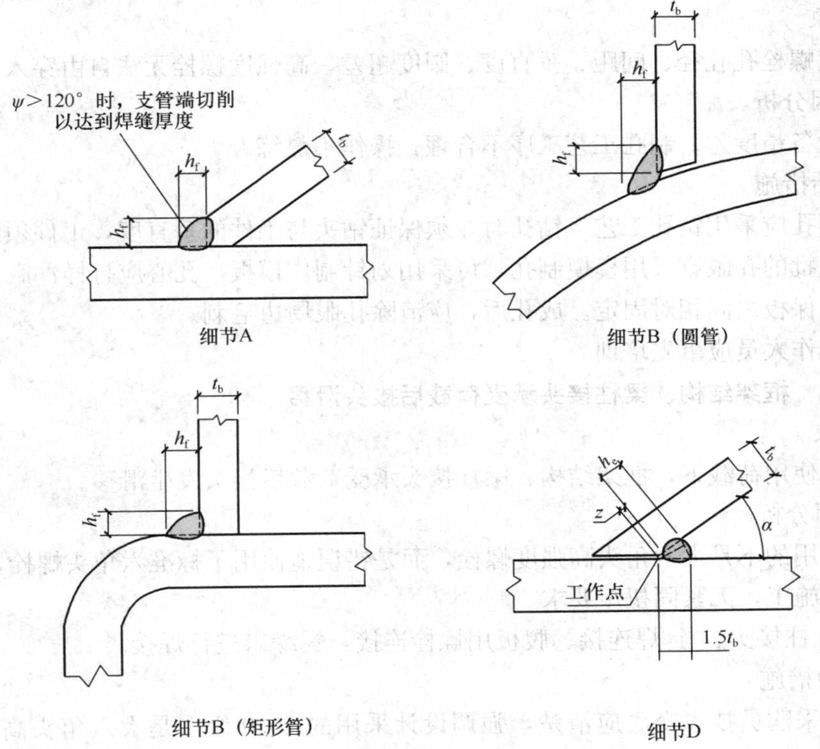

图 24-29　管材相贯节点角焊缝接头各区形状与尺寸

t_b—较薄件厚度；h_f—最小焊脚尺寸

(3) 目前国内外均缺少对管相贯节点过渡区和跟部焊缝熔敷情况及焊缝质量有效而简便的检测方法。

3. 预防措施

(1) 应加强对设计、制造、安装的技术人员及焊工的培训与标准宣贯，使其充分了解熔透与局部熔透及角焊缝之间的区别，掌握焊缝尺寸的计算方法。

(2) 加强管相贯焊接节点的过程控制，特别是对节点组对过程的控制，以保证相贯节点的不同部位的尺寸达到设计和规范的要求。

(3) 加强焊工岗前模拟培训与考核，提高焊工的操作水平。

4. 治理方法

(1) 由焊接缺陷导致的质量不合格可按照《钢结构焊接规范》(GB 50661—2011) 第 7 章第 7.12 节及第 9 章第 9.0.10 条的规定进行返修。

(2) 对于焊缝尺寸偏差导致焊缝强度不够，则应严格按照现行国家标准《钢结构焊接规范》(GB 50661—2011) 第 5 章第 5.3.6 条的要求重新计算并进行补强。

24.6 高强度螺栓连接

24.6.1 高强度螺栓孔超过偏差

1. 现象

高强度螺栓孔孔径、间距、垂直度、圆度超差，高强度螺栓无法自由穿入。

2. 原因分析

制孔设备精度差；制孔工艺工序不合理；操作不熟练。

3. 防治措施

（1）制孔应采用钻孔工艺，钻孔时，须保证钻头与工件的垂直度，工件须固定。

（2）成批的孔眼宜采用套模制孔，可采用划针制作模板，孔心应打样冲眼。多层板叠加时，须确保板之间相对固定。成孔后，应清除孔眼周边毛刺。

（3）操作人员应事先培训。

24.6.2 框架结构、梁柱接头承受荷载后接头滑移

1. 现象

在正常使用荷载下，框架结构、梁柱接头承受荷载后接头发生滑移。

2. 原因分析

（1）使用的不是大六角头高强度螺栓，而是错误地使用了标准六角头螺栓，并按普通六角头螺栓施工，无紧固扭矩要求。

（2）梁-柱接头、栓-焊连接、腹板用螺栓连接，翼缘未进行焊接。

3. 防治措施

（1）对采购员技术交底应清楚，强调设计采用的10.9级，是大六角头高强度螺栓，其标准是GB 1228—1231，需要保证扭矩系数，对紧固扭矩有要求；不能采购标准六角头高强度螺栓，这种螺栓对紧同扭矩没有要求，按普通螺栓施工。

（2）对制作施工人员应交底清楚，对栓-焊混合接头，腹板拴接翼缘必须焊接。

24.6.3 连接接头螺栓孔错位，扩孔不当

1. 现象

节点螺栓安装完后，能明显看到有错位的螺栓孔。

2. 原因分析

（1）螺栓孔采用画线成型方法，孔及孔距的误差过大，造成节点板通用性差。

（2）安装时因螺栓不能自由穿孔，随意拿气割扩孔，造成螺栓孔过大，垫圈盖不住。

3. 防治措施

（1）当板厚大于12mm时，冲孔会使孔边产生裂纹和使钢板表面局部不平整。因此高强度螺栓孔制孔，必须按规范要求采用钻孔成型工艺。

（2）对栓孔较多的节点板，应用数控钻床或套模制孔，确保节点板的互换性。

（3）安装高强度螺栓时，螺栓应能自由穿入螺栓孔。安装或制作公差造成孔错位时，不得采用气割扩孔，应该采用铰刀扩孔，且按《钢结构工程施工质量验收规范》（GB 50205—2001）的要求，扩孔后的孔径不得超过1.2d（d为高强度螺栓直径）。

24.6.4 高强度螺栓施工不符合规范要求

1. 现象

(1) 高强度螺栓在工地户外贴地堆放，随意拿苫布一盖，且未盖严，螺栓生锈严重。

(2) 螺母、垫圈均有装反。

2. 原因分析

(1) 螺栓储存不符合《钢结构高强度螺栓连接技术规程》(JGJ 82—2011) 的要求，高强度螺栓应按规格分类存放于室内，防止生锈和沾染脏物。

(2) 安装工地随处可见一箱箱被打开的高强度螺栓连接副，而规程规定，应按当天安装需要的数量从库房领取，当天安装剩余的连接副必须妥善保管，不得乱扔。

3. 防治措施

(1) 工地应有严格的管理制度，严格执行规程的各项规定，用多少领多少，不能图方便将整箱放置于作业面上。

(2) 对工人进行技术交底时，应强调高强度螺栓连接副的特点，它不同于一般螺栓，有紧固扭矩要求，只有保持高强度螺栓连接副的出厂状态，即螺栓、螺母均是干净、无脏物沾染，且有一定的润滑状态。否则将会增大扭矩系数，紧固后螺栓的轴力达不到设计值，直接导致降低连接节点强度。

(3) 执行正确的安装方法，螺母带垫圈的一面朝向垫圈带倒角的一面。垫圈的加工成型工艺使垫圈支承面带有微小的弧度，从制造工艺上保证和提高扭矩系数的稳定与均匀，因此安装时切不可装反。

24.6.5 高强度螺栓连接节点安装质量缺陷

1. 现象

终拧时垫圈跟着转；终拧后连接节点螺栓外露丝扣过多。

2. 原因分析

(1) 将高强度螺栓作安装螺栓用，螺栓的部分螺纹损伤、滑牙，导致终拧时垫圈跟着转，拧不紧。

(2) 螺栓订货长度计算不当，或计算后为了减少规格、品种而进行合并，使部分螺栓选用过长。

3. 防治措施

(1) 螺栓长度应按《钢结构高强度螺栓连接技术规程》(JGJ 82—2011) 的要求计算，不能因图方便而随意加长。标准规定，对各类螺栓直径，相应的螺纹长度是一定值，由螺母的公称厚度、垫圈厚度、外露 3 个螺距利螺栓制造长度公差等因素组成。同一直径规格的螺栓长度变化只是螺栓光杆部分，螺纹部分是固定的，因此，过长的螺栓紧固时，有一部分螺栓看似拧紧（扳手转不动），实际是拧至无螺纹的部分。

(2)《钢结构高强度螺栓连接技术规程》(JGJ 82—2011) 规定：高强度螺栓连接安装时，每个节点应使用临时螺栓和冲钉。冲钉便于对齐节点板的孔位，但在施工安装时，往往为图方便和省事，不用冲钉和临时螺栓，直接用高强度螺栓取代，导致高强度螺栓的螺纹碰坏，加大了扭矩系数，甚至拧不紧，达到了扭矩值，但螺栓实际并未拧紧。

(3) 高强度螺栓穿入节点后，应该按照规程要求及时紧固。高强度螺栓穿入节点后，如果随手一拧，过一段时间后再终拧，由于垫圈和螺母支承面间无润滑，或已生锈，终拧时扭矩系数加大，按原扭矩终拧后螺栓轴力达不到设计要求。

24.6.6　高强度螺栓摩擦面的抗滑移系数不符合设计要求

1. 现象

高强度螺栓摩擦面的抗滑移系数检验的平均值等于或略大于设计规定值。

2. 原因分析

对规程及验收规范理解有误，抗滑移系数检验的最小值必须大于或等于设计规定值，而不是平均值。

3. 防治措施

根据《钢结构高强度螺栓连接技术规程》（JGJ 82—2011）规定，抗滑移系数检验的最小值必须大于或等于设计规定值，当不符合上述规定时，构件摩擦面应重新处理。

抗滑移系数试件是模拟试件，《钢结构工程施工质量验收规程》（GB 50205—2001）附录B中规定，试件与所代表的钢结构构件为同一材质、同批制作、采用同一摩擦面处理工艺和具有相同的表面状态。实际上是检验工厂采用的摩擦面处理工艺，粗糙度可能达不到设计要求，所以必须是最小值达到设计要求，如果是平均值达到设计要求，即意味着有一部分节点抗滑移系数小于设计要求，节点抗剪能力小于设计值。

24.6.7　摩擦面外观质量不合格

1. 现象

构件安装时，摩擦面上有泥土、浮锈、胶粘物等杂物，外观质量不合格。

2. 原因分析

(1) 构件堆放不规范，直接贴地堆放，泥土、积雪、雨水、脏物污染连接节点，安装前不作任何处理，直接安装。

(2) 摩擦面上无任何防护措施，构件制作完成到工地间隔时间较长，摩擦面上浮锈严重。

(3) 工厂对摩擦面采取防护措施是用膜保护摩擦面，但是保护膜选择不当，工地安装前揭膜后，摩擦面上沾染过多的胶粘物。

(4) 摩擦面孔边有毛刺、焊接飞溅物、焊疤等，或误涂油漆。

3. 防治措施

(1) 对沾有泥土、雨水、积雪、油漆等污物的摩擦面进行清理、干燥，使摩擦面的粗糙度达到要求。

(2) 在构件安装前，高强度螺栓连接节点摩擦面应进行清理，保持摩擦面的干燥、整洁，孔边不允许有飞边、毛刺、铁屑、油污和浮锈等，并用钢丝刷沿受力方向除去浮锈。

(3) 在构件安装前，应对摩擦面孔边的毛刺、焊接飞溅物、焊疤、氧化铁皮等，使用扁铲铲除。

24.7　钢结构防腐

24.7.1　构件涂层表面反锈、脱落

1. 现象

构件涂层表面逐步出现锈迹，局部涂层“壳起”并脱落。

2. 原因分析

(1) 除锈不彻底，未达到设计和涂料产品标准的除锈等级要求。

(2) 涂装前构件表面存在残余的氧化皮，构件表面存在残余的毛孔，有残余的且分布均匀的毛孔锈蚀。

(3) 除锈后未及时涂装，钢材表面受潮返黄。

(4) 表面污染未及时清除。

3. 防治措施

(1) 涂装前应严格按涂料产品除锈标准和设计要求以及国家标准规定进行除锈。

(2) 对残留的氧化皮应返工，重新作表面处理。

(3) 严格控制除锈时的环境湿度条件。

(4) 除锈后应及时清除污染物。

24.7.2 构件表面误涂、漏涂

1. 现象

构件表面不该涂装的面涂上涂料，构件表面（涂层之间）没有全覆盖或未涂。

2. 原因分析

(1) 不了解构件表面涂装的要求。

(2) 施工时不需涂装的表面的覆盖材料破损或散落。

(3) 操作不当，误涂或漏涂涂料。

3. 防治措施

(1) 加强操作责任心。

(2) 涂装开始前，对不要涂装和涂装特殊要求的面进行隐蔽覆盖或妥善处理。

(3) 涂装时发现隐蔽覆盖材料破损或散落，应及时修整处理。

(4) 对漏涂的应进行补涂涂料。

24.7.3 涂装厚度不达标

1. 现象

(1) 构件表面涂装的遍数少于设计要求。

(2) 涂层厚度未达到设计要求。

2. 原因分析

(1) 未了解该构件涂装的设计要求，错误选用了不同型号的涂料。

(2) 操作技能欠佳或涂装位置欠佳，引起涂层厚度不均。

(3) 涂层厚度的检验方法不正确，或干漆膜测厚仪未校核计量，读数有误。

3. 防治措施

(1) 正确掌握构件被涂装的设计要求，选用合适类型的涂料，并根据施工现场环境条件加入适量的稀释剂。

(2) 被涂装构件的涂装面尽可能平卧，保持水平。

(3) 正确掌握涂装操作技能，对易产生涂层厚度不足的边缘处，先做涂装处理。

(4) 涂装厚度检测应在漆膜实干后进行，检验方法按规范规定检查。

(5) 对超过干膜厚度允许偏差的涂层应补涂修整。

24.8 钢结构防火

24.8.1 防火涂料基层处理不当

1. 现象

(1) 防火涂料涂装基层存在油污、灰尘、泥沙等污垢。

(2) 防火涂料涂装前钢材表面除锈和防锈底漆施工不符合要求。

(3) 防火涂料涂装时环境温度和相对湿度不符合产品说明书要求。

2. 原因分析

(1) 对涂装基层存在污垢、表面除锈和除锈底漆处理不佳等，会引起防火涂料涂后产生空鼓、粉化松散、浮浆和返锈等缺陷的认识不足。

(2) 温度过低或湿度过大，易出现结露，影响防火涂层干燥成膜。

(3) 温度过高，易产生防火涂料涂层表面裂纹，增大表面裂纹宽度。

(4) 防火涂料涂层未干前遭雨淋、水冲等，将使涂层发白或脱落。

(5) 机械撞击将直接损伤涂层，甚至脱落。

3. 防治措施

(1) 清洗涂装基层存在的油污、灰尘、泥沙等污垢后方能进行防火涂料的涂装。

(2) 防火涂料涂装前，应对钢材表面除锈及防锈底漆涂装质量进行隐蔽工程验收，办理隐蔽工程交接手续。

(3) 应按防火涂料产品说明书的要求，在施工中控制环境温度和相对湿度，构件表面有结露不应施工。

(4) 注意天气影响，露天作业要有防雨淋措施。

(5) 避免其他构件在吊运中对已涂装的防火涂料的撞击。

24.8.2 防火涂料厚度不够

1. 现象

防火涂料涂层厚度未达到耐火极限的设计要求。

2. 原因分析

(1) 没有认识到防火保护层的厚度是钢结构防火保护设计和施工时的重要参数，直接影响钢结构的防火性能。

(2) 测量方法和抽查数量不正确。

(3) 对防火涂层厚度的施工允许偏差不了解。

3. 防治措施

(1) 加强中间质量控制，加强自检和抽检。

(2) 按同类构件数抽查 10%，且均不应少于 3 件。

(3) 对防火涂料涂层厚度不够的区域应在涂层表面清洁处理后补涂，达到验收合格标准。

24.8.3 防火涂层表面裂纹

1. 现象

防火涂料涂层干燥后表面出现裂纹。

2. 原因分析

(1) 涂层过厚，表面已经干燥同结，内部却还在继续固化。

(2) 厚涂层未干燥到可以涂装后道涂层时，就涂装新的一层防火涂料。

(3) 防火涂料施工环境温度过高，引起表面迅速固化而开裂。

3. 防治措施

(1) 应按防火涂料产品说明书的要求配套混合，按施工工艺规定厚度多道涂装。

(2) 在厚涂层上覆盖新涂层，应在厚涂层最小涂装间隔时间后进行。

(3) 夏天高温下，涂装施工应避免暴晒，并注意保养。

(4) 对表面局部裂纹宽度大于验收规范要求的涂层，应进行返修。

(5) 处理涂层裂纹方法，可用风动工具或手工工具将裂纹与周边区域涂层铲除，再分层多遍进行修补涂装。

24.8.4 涂层外观缺陷

1. 现象

(1) 涂层干燥后出现脱层或轻敲时发现空鼓。

(2) 涂层表面出现明显凹陷。

(3) 涂层外观或用手掰，出现粉化松散利浮浆。

(4) 涂层表面外观不平整，有乳突现象。

2. 原因分析

(1) 一次涂层涂装太厚，由于内外干燥快慢不同，易产生开裂、空鼓与脱落(脱层)。

(2) 涂层在底层（或基层）存在油污、灰尘、泥沙等污垢或结露等情况下进行涂装，或没按产品要求挂钢丝网，涂刷界面剂，引起涂层空鼓与脱落（脱层）。

(3) 高温烈日下施工，未注意基层处理和涂层养护，引起涂层空鼓与脱落（涂层)。

(4) 在高温或寒冷环境条件下未采取措施就进行涂装施工，使涂料施工时就粉化或结冻，施工后涂层干燥固化不好，存在粘结不牢、粉化松散和浮浆等缺陷。

(5) 施工不规范，未作找平罩面，出现乳突也未作铲除处理。

3. 防治措施

(1) 防火涂料涂刷前应清除油污、灰尘和泥沙等污垢。

(2) 应按防火涂料施工技术要求，做好挂钢丝网、涂刷界面剂等增加附着力等措施。

(3) 防火涂料的施工环境温度宜在5～38℃之间，相对湿度不应大于85%，构件表面不应有结露。

(4) 钢构件表面连接处的缝隙应用防火涂料或其他防火涂料填补堵平后，方可进入大面积涂装。

(5) 防火涂料的底涂层宜采用喷枪喷涂。

(6) 薄型防火涂料喷涂时，每遍厚度不宜超过2.5mm，应在前涂层干燥后，再喷涂后遍涂层，喷涂应确保涂层完全闭合，涂层应平整、颜色均匀。

(7) 厚型防火涂料在喷涂或抹涂时，每遍厚度为5～8mm，施工层间间隔时间应符合产品说明书的要求。涂层应平整，无明显凹陷。

24.9 预应力钢结构拉索施工

24.9.1 拉索长度偏差大

1. 现象

拉索下料成品长度误差超过规范或者设计要求。

2. 原因分析

(1) 钢结构厂家没有按照应力下料，给索厂提供的加工索长没有考虑张拉和结构变形对索长的影响。

(2) 索厂没有按照拉索生产工艺进行生产。

3. 防治措施

在设计方没有给定拉索长度误差标准具体要求的情况下，一般参照《斜拉桥热挤聚乙烯拉索技术条件规范》规定，当索长小于100m时，拉索长度误差小于等于20mm；当索长大于100m时，长度误差小于或等于1/5000索长，因此是比较精确的，需要两方面控制。

(1) 钢结构厂家对拉索进行下料时，不能按照钢结构下料习惯。拉索下料时除应在三维模型中直接测量出拉索长度作为下料长度外，还要考虑拉索后续张拉能引起拉索伸长和钢结构变形，这两方面对拉索长度影响很大，因此拉索下料时给索厂的下料单中，既要有拉索长度，也要有应力状态下的索长。

(2) 索厂要按照钢结构厂家提供的应力下料图纸下料，在拉索的长度控制方面要考虑温度影响以及两端锚具浇铸体回缩对索长的影响，采用标定过的测量设备进行测量。同时下料前需对钢索进行预张拉，以消除索的非弹性变形，保证在使用时的弹性工作，预张拉在工厂内进行，一般选取钢丝极限强度的45％～60％为预张力，持荷时间为0.5～2.0h。

24.9.2 钢结构安装误差造成拉索不能安装

1. 现象

钢结构安装误差过大，造成不带调节端拉索不能安装上，或者安装完成后拉索松弛，带调节端拉索调节端调节长度不够。

2. 原因分析

钢结构安装时对结构安装尺寸控制较差：预应力钢结构在拉索张拉时会使钢结构产生变形，在钢结构安装时没有考虑。

3. 防治措施

(1) 要充分认识预应力钢结构与常规钢结构不同，需要严格控制安装尺寸，确保满足拉索的安装要求。

(2) 有些钢结构在拉索张拉前和张拉后变形很大，需要在钢结构安装时进行考虑，调整钢结构的安装尺寸。

(3) 如果工期安排得当，可以在钢结构安装完成后进行钢结构实际安装尺寸测量，根据测量结果进行拉索索长的下料。

24.9.3 拉索锚具生锈

1. 现象

拉索锚具镀锌层脱落，拉索锚具在安装前或安装后生锈。

2. 原因分析

拉索存储方法不当，受雨雪水浸泡；拉索安装时造成镀锌层脱落。

3. 防治措施

(1) 拉索及配件在铺放使用前，应妥善保存放在干燥平整的地方，下边要有垫木，上面采取防雨措施，以避免材料锈蚀。

(2) 拉索安装时，要尽量避免尖锐工具直接接触拉索锚具，拉索锚具往钢结构上安装时，要尽量按照轴线方向安装锚具，避免锚具与钢结构间过渡挤压，造成镀锌层脱落。

24.9.4 拉索安装张拉完成后不顺直

1. 现象

拉索在张拉完成后出现竖向和水平弯曲。

2. 原因分析

(1) 拉索设计时选用规格过大或者拉索锚固点间距离过大，造成张拉应力很小，不能使长拉索顺直。

(2) 拉索出厂和运输时造成索体局部弯折过大。

(3) 拉索放索及安装时索体局部受横向力过大，造成拉索索体局部弯曲。

3. 防治措施

(1) 在设计时拉索张拉完成后最小应力一般要大于50MPa，否则容易造成张拉完成后拉索不直；对于长度较大且水平放置的拉索，要注意计算拉索在设计张拉力下的挠度，如果挠度过大，应采取一定的措施加以消除。

(2) 拉索在索厂盘卷成盘时要注意均匀盘卷，避免拉索局部横向受力，同时盘卷直径不宜过小，一般取大于索体外径的20倍，盘卷直径过小容易造成防护膜破损，或者拉索局部弯曲过大。拉索盘卷成盘由盘卷索盘上卸下前，要进行充分的捆绑固定，防止运输吊装过程中拉索散开造成不均匀变形。拉索在运输过程中要将索盘平放，防止受力不均引起索体局部变形。

(3) 拉索到现场安装时要使用放索盘进行放索，放索时随着拉索展开转动放索盘，将拉索均匀放开，如果不使用放索盘放索会造成拉索扭转，在牵引或者安装后极易造成拉索不顺直，或者形成不可恢复的索体弯折。拉索在吊装过程中注意拉索吊点之间的距离不宜过大，根据拉索的规格合理布置吊点位置，必要时加装辅助扁担。

24.9.5 索体防护层破损

1. 现象

拉索表面的PE（聚乙烯）防护层破损或者非PE防护而采用高钒镀层防护的高钒拉索表面高钒镀层被磨损掉。

2. 原因分析

拉索在运输、吊装、安装过程中坚硬物体接触防护层，造成防护层损伤。

3. 防治措施

(1) 运输过程中拉索要采用柔软的绳索固定。

（2）到现场后拉索卸车时必须采用柔软的吊装带进行拉索卸货，严禁采用钢丝绳作为拉索卸货的吊具。

（3）放索时，应在索下方垫滚轴，避免PE和有尖锐的物体发生剐蹭。

（4）安装过程中注意防止拉索与钢结构或支撑胎架尖锐部位碰撞。

（5）PE拉索如果轻微破损，可以联系厂家提供与拉索同样颜色的PE，用热风枪熔化后进行修补，对于轻微的拉索高钒镀层损伤可以采用锌铝漆修补，对于损伤严重的PE和高钒镀层需要联系厂家进行修补。

24.9.6　索体锚具与PE索体间热缩管破损

1. 现象

拉索金属锚具与PE索体间用于防腐防护的热缩管破损。

2. 原因分析

由于热缩管是柔性拉索与刚性锚具间的连接部分，安装和张拉时都容易碰到这个部位，同时热缩管比较薄，比较容易破损。

3. 防治措施

安装和张拉时一定要注意保护该部位，可以采用软毛毡保护该部位，如果意外造成损伤，可以购买对应型号的热缩管，沿径向剖开，包裹到原部位后，用胶将热缩管粘结到一起后，再用热风枪将热缩管固定到防护部位。

24.9.7　撑杆偏移

1. 现象

连接到拉索的撑杆在张拉完成后竖向垂直度误差超过设计要求。

2. 原因分析

钢结构安装偏差和撑杆下端索夹安装位置偏差造成撑杆偏移；张拉时如果两边不对称，也会造成撑杆偏移。

3. 防治措施

（1）拉索在工厂制作时一定要严格按照设计要求，在拉索上做好撑杆安装位置的标记点。

（2）到达现场安装前，要先测量钢结构的安装尺寸，如果偏差较大，应调整拉索与撑杆下节点索夹的安装标记位置。

（3）拉索安装时严格按照标记位置进行安装。

（4）张拉时除控制索力外，还应控制两端锚具处螺纹的拧紧长度要对称，防止两端拧紧的长度差值过大，造成撑杆发生偏斜。

24.9.8　固定索夹节点滑移

1. 现象

撑杆下端的固定索夹节点在张拉过程中和张拉完成后，在安装屋面时及以后运营过程中发生滑移。

2. 原因分析

设计时没有考虑到撑杆两端拉索不平衡力过大，设计的螺栓拧紧力不够；或张拉前和张拉后螺栓没有拧紧。

3. 防治措施

(1) 设计时要考虑固定索夹节点两端拉索的不平衡力有多大，根据拉索与索夹节点间的滑移系数，设计选用螺栓和拧紧力。

(2) 张拉前要拧紧拉索索夹节点，由于拉索在张拉过程中直径要变细，因此在张拉完成后要再次拧紧螺栓。

(3) 如果后续结构恒载较大，在屋面、吊挂等恒载安装完成后，需要再一次拧紧螺栓。

24.9.9 钢拉杆螺纹锚固长度不够

1. 现象

钢拉杆杆体与锚具或调节套筒间的螺纹锚固长度没有满足受力要求。

2. 原因分析

由于钢拉杆杆体螺纹较短，且一个钢拉杆有多个连接部位，在安装时和张拉时需要反复旋转调节螺纹长度，因此容易造成个别螺纹锚固长度不够。

3. 防治措施

(1) 钢拉杆安装时首先要在杆体螺纹上用记号笔标记出拉杆的最小锚固长度位置，安装张拉完成后进行检查，如果标记没有露出，就表示能保证最小锚固长度。

(2) 在安装前，拉杆两端的螺纹露出长度一定要调整到相同，以确保不会出现为了调整拉杆长度，而造成个别螺纹锚固长度不够。

24.9.10 张拉完成后结构变形与索力偏差大

1. 现象

张拉完成后结构变形与索力及仿真计算值偏差超过要求。

2. 原因分析

(1) 支座摩擦与设计不相符，在相同张拉力下，摩擦力过大则结构变形偏小。

(2) 结构屋面荷载与设计不相符，荷载大则变形小，荷载小则变形大。

(3) 檩条及桁架与主梁的连接是固结还是铰接，对索力和变形也产生影响。

3. 防治措施

张拉前要仔细检查结构受力状态是否与仿真计算相符。检查的主要内容包括：

(1) 支座是否与设计相符，支座上的临时固定装置是否都已经拆除；

(2) 屋面荷载包括檩条、檩托等安装情况是否与计算相符；

(3) 相邻主梁间的檩托或者次梁与主梁的连接方式是刚接还是铰接；

(4) 支撑胎架是否有限制结构变形的措施；

(5) 张拉次序是否与原计算相符。

如果上述结构受力情况与仿真计算不符，需要重新调整仿真计算，确定张拉力和变形结果。

24.9.11 张拉完成后支座破坏

1. 现象

张拉完成后结构支座开裂或者变形。

2. 原因分析

张拉时支座的状态与设计不相符，或者张拉时支座为固定支座，张拉力大部分传递到支座上，造成支座变形或者开裂。

3. 防治措施

(1) 在张拉前要仔细检查支座状态，张拉前应把固定支座的临时措施全部拆除。

(2) 检查支座安装后滑动方向是否与设计一致。

(3) 张拉前一般支座被设计成可滑动状态，如果设计最终为固定支座，施工时应通过支座构造设计确保在张拉时支座可滑移，在屋面全部荷载施加完成后，最终使支座变成固定铰接支座。

25 索膜结构工程

索膜结构是用高强度柔性薄膜材料经其他材料的拉压作用而形成的稳定曲面，是能承受一定外荷载的空间结构形式。索膜结构造型自由、轻巧、柔美，充满力量感，具有阻燃、制作简易、安装快捷、节能、使用安全等优点，因而在世界各地得到广泛应用。

索膜结构作为一种建筑体系所具有的特性主要取决于其独特的形态及膜材本身的性能，用膜结构可以创造出传统建筑体系无法实现的设计方案。这种结构形式特别适用于大型体育场馆、入口廊道、公众休闲娱乐广场、展览会场、购物中心等场所。

膜结构基材基本上为织品，材料由纤维构成。最常见的材料为聚酯压层或镀 PVC 材质，镀 PTFE 或镀硅之玻璃纤维材质。

膜结构从结构形式上分可分为：骨架式膜结构、张拉式膜结构、充气式膜结构 3 种形式。

骨架式膜结构（图 25-1）通过自身稳定的骨架体系支撑膜体来覆盖建筑空间，骨架体系决定建筑形体，膜体为覆盖物。因屋顶造型比较单纯，开口部不易受限制，且经济效益高等特点，广泛适用于任何大、小规模的空间。

图 25-1　骨架式膜结构

张拉式膜结构（图 25-2）通过钢索与膜材共同受力形式的稳定曲面来覆盖建筑空间，具有高度的形体可塑性和结构灵活性。近年来，大型跨距空间也多采用以钢索与压缩材料

图 25-2　张拉式膜结构

构成钢索网来支撑上部膜材的形式。因其施工精度要求高，结构性能强，且具丰富的表现力，所以造价略高于骨架式膜结构。

充气式膜结构（图 25-3）通过空气压力支撑膜体来覆盖建筑空间，可得到更大的空间，施工快捷，经济效益高，但需维持 24 小时送风机运转，其持续运行及机器维护费用的成本较高。

图 25-3　充气式膜结构

膜结构具有以下特点：

（1）轻质：张力结构自重小的原因在于它依靠预应力形态而非材料来保持结构的稳定性。从而使其自重比传统的建筑结构小得多，但却具有良好的稳定性。

（2）透光性：透光性是现代膜结构被广泛认可的特性之一。膜材的透光性可以为建筑提供所需的照度，这对于建筑节能十分重要。通过自然采光与人工采光的综合利用，膜材透光性可为建筑设计提供更大的美学创作空间。同时在夜晚，透光性将膜结构变成了光的雕塑品。

（3）柔性：张拉膜结构不是刚性的，其在风荷载或雪荷载的作用下会产生变形。膜结构通过变形来适应外荷载，在此过程中荷载作用方向上的膜面曲率半径会减小，直至能更有效抵抗该荷载。

（4）雕塑感：张拉膜结构的独特曲面外形使其具有强烈的雕塑感。膜面通过张力达到自平衡。张拉膜结构可使建筑师设计出各种张力自平衡、复杂且生动的空间形式。利用膜材的透光性和反射性，经过设计的人工灯光也可使膜结构成为光的雕塑。

（5）安全性：按照现有各国规范和指南设计的轻型张拉膜结构具有足够的安全性。轻型结构在地震等水平荷载作用下能保持很好的稳定性。膜结构发生撕裂时，若结构布置能保证桅杆、梁等刚性支承构件不发生坍塌，其危险性会更小。

（6）多功能：由于张拉膜结构的自身特性，可以满足从简单遮阳结构到功能复杂的大型建筑等许多不同的建筑功能要求。

（7）抵御天气的影响：膜屋面的一个重要作用就是抵御各种天气变化（如日晒、雨淋、风雪等）对其内部空间的影响，保持建筑物内部的舒适性。选择膜面的形态和材料时要考虑到所有可能的天气状况，并尽可能利用建筑本身等被动方法来减少能量的消耗。

（8）可移动性：结构可以在不同的地点反复拆建，膜材轻柔的特点使其方便运输，且易于迅速搭建，而闲置时占用空间很小。这种特性使膜结构十分适于用作临时性可移动建筑，特别是在发生突然灾难或遇到紧急情况而需要在短时间内为大量人员提供庇护所时。这种可移动性和可重复使用的特点，对加速现代城市的发展和建筑功能在某些特殊领域中的转变具有重要意义。

（9）可展性和自适应性：可开敞也可闭合，是一种人造的自适应体系，它的空间布置和对天气变化的反应具有灵活性和自适应性。

膜结构在设计、材料选用、构件设计、细部构造设计、剪裁设计到加工制作、安装张拉以及建成后的使用维护等过程中，任何步骤的错误或疏忽都有可能影响到工程的质量，甚至酿成工程事故。

25.1 膜结构设计

25.1.1 膜结构选型不当

1. 现象

膜面皱褶及变形。

2. 原因分析

膜结构选型不当，张力松弛或不连续，导致膜面皱褶及变形。

3. 防治措施

（1）选择适当的支撑结构和膜面形状。考虑恒荷载、活荷载、温度作用、风荷载、地震作用等组合，结合建模软件，拟合建筑造型要求的曲面，使控制线在轨迹线上平滑移动，形成屋盖曲面。同时考虑与钢结构支撑相连的混凝土结构的约束刚度，对钢屋盖进行几何非线性的整体稳定分析和弹塑性极限承载力分析。

（2）重视抗风设计。膜结构质量轻、刚度小、自振频率低，对地震作用有良好的适应性，但对风荷载却较为敏感，因此膜结构设计首先要考虑风荷载（或雪荷载）的作用。膜结构形体一般比较复杂，在进行刚性缩尺模型风洞试验时，不仅要考虑全封闭状态的模型，同时还应考虑因膜材撕裂、门窗突然开启、充气膜结构中电气管线破断等情况，进行突然开口状态的模型对比试验。对于复杂形体的膜结构，还应进行气弹模型试验。抗风设计应采用多级设防原则，即“多遇风不坏，偶遇风可修，罕遇风不毁”，这样既可确保结构的整体安全，也可避免增加不必要的造价，同时可以兼顾膜结构的特点，提高膜结构工程的安全性。

（3）重视节点设计。膜结构的节点是联系索、膜及相关支撑骨架与边缘构件的重要部件，也是形成膜结构形体的重要纽带。节点的松弛、失效或破坏，关系着结构的整体安全。结构设计时应使节点具有合适的刚度，不先于其他部件破坏，使各种材料的力学性能得以正常发挥，避免出现过大的应力集中或附加弯矩，并留有二次张拉的可能性。张弦梁结构节点主要有撑杆与索连接的索夹节点、撑杆与单层网壳连接的关节轴承节点、预应力张拉段索连接节点等。针对这些典型节点，通过有限元分析，考察节点的应力水平，查找应力集中点，进行针对性的节点修改，完善和保证节点的安全性。设计时应防止节点松动、滑移而导致膜面松弛、撕裂，保持在遭受灾害袭击时结构的稳定性。

（4）重视材料选择。工程膜面采用的材料主要有聚四氟乙烯涂面、PVC、聚酯纤维类薄膜和玻纤特富隆薄膜。材料主要指标应包括单位重量、厚度、力学性能、光学性能、防火性能及耐久性等。膜结构应根据防火要求选用不同的膜材，尽量采用不燃类膜材，同时还应重视拉索或拉杆的材质控制、锚头和锚头浇铸镦头的质量控制，以及典型拉杆或拉索的1∶1张拉试验、拉索或拉杆长度等。

25.1.2 膜结构设计参数选取不当

1. 现象

膜结构设计有缺陷，参数选取不当。

2. 原因分析

(1) 不熟悉膜结构的设计过程及程序。

(2) 膜结构设计参数选取不合适。

3. 防治措施

(1) 要对膜结构进行施工图设计，确定以下与膜面几何形状有关的参数：膜面分区及膜布经纬分布方向，各几何形状基准点的空间坐标，伞形膜结构伞顶的具体位置及帽圈的大小，边索以及其他与膜面形状相关的加强索、脊索和谷索的具体位置及其相应的弧度，膜面的应力分布及大小等。对复杂造型的膜面进行分区时要考虑其曲面变化、排水安排及支承结构体系等因素。

1) 与膜面相连的索，如边索、加强索、脊谷索等的弧度，不仅影响到膜面的形状与覆盖面积，对索的内力影响也非常明显。同时，边索的弧度还影响到膜角点处膜布的宽度及节点板边线的夹角。膜面的应力分布及大小，不仅影响到其几何形状，还关系到结构张成后的刚度。确定膜面应力时要考虑到所用膜材的性能、张拉方法及实际张拉的难易程度。

2) 在确定了与几何形状相关的上述参数后，需重新生成膜面形状，并对膜面进行荷载态分析；检查膜面是否有应力过于集中、变形过大，以及是否会出现积水、积雪等现象，进行必要的修改和优化。形状的修改、优化，需得到建筑师和业主的确认，并通报其他专业工种，以便协调、配合。

(2) 进行结构体系设计，包括支承结构体系自身的稳定性、水平力的传递、体系内力的自平衡和结构单元的重复与组合。

1) 膜结构的支承体系应满足其自身稳定性的要求，以方便把握各控制点的空间位置及对膜面实施张拉，防止万一发生膜材撕裂，不至于引起结构整体倒塌的严重事故，更换膜面时施工也比较方便。

2) 在柔性边界的膜结构中，节点处的水平力往往很大，设计中应采用合适的构造措施以确保水平力的可靠传递。为避免柱顶水平力在柱脚产生过大的弯矩，可将边柱的柱脚铰接，也就是将其做成撑杆，并设置拉地锚索以传递膜角节点板传来的作用力。此时，撑杆、锚索的倾角应合理设计，以保证传力最有效并在各种荷载组合下的稳定。如因场地所限不能设置锚索时，可采用组合式边柱。

3) 膜结构是一种张力结构，在布置膜结构的支承结构体系时，应尽可能将其设计成自平衡体系，以减少膜面张力对下部结构或地基的影响。

4) 利用某种基本外形的结构单元加以组合，形成大面积的覆盖空间。设计时需注意膜面的热合线在连接处要对齐，以形成连续、流畅的视觉效果。

(3) 要重视细部设计。

1) 膜与索的连接：在柔性边界的膜结构中，索的应用形式可以是形成膜边界的边索，帮助大面积膜面传递荷载的加强索，辅助形成曲面形状的脊索和谷索，以及维持支承结构体系稳定的结构稳定索和锚地拉索等。边索与膜的连接可以是索穿在膜边的“裤套”内，也可以通过U形夹板相连；加强索以及脊索和谷索可以在膜布外也可以在膜布内。

2）索及索具的选用：应尽可能选用制作精美、耐久性能好的不锈钢制品。索及索具的最小破断力应满足机械强度的要求。

3）张拉节点及膜角节点板：为适应膜面在风作用下的变形及满足对膜面实施张拉和二次张拉的需要，张拉节点应有足够的转动自由度和张拉调节量。膜角节点板由不锈钢材料或普通钢板制成，可以是一片节点板加上与之配合的夹板组成，也可以由两片形状、大小相同的板组合而成。节点板的形状与角度要与膜面在角点处的空间形状相匹配，同时传力途径要明确、简洁，满足机械强度的要求。

4）膜面开洞的处理：应尽量避免在膜面开洞，当必须在膜面开洞时，应采取适当的措施，以保证开洞处膜面张力的可靠传递，同时做好防水处理。例如可在洞口处下方为一环形铝合金板，上方为用铝合金角钢制成的同样大小的圆环，用螺栓将膜布夹紧，膜面的张力在洞口处通过圆环传递，上面的角钢可阻止雨水从洞口处流入。

5）裁剪应变补偿的修正：在柔性边界的膜结构中，靠近边索处的膜在沿索的方向很难张拉，伞形膜在帽圈处沿环向也难以切实有效地施加预张力。当采用统一的百分率对膜布进行应变补偿（预缩）时，需对这些特定部位的补偿率作出修正。膜材的热合应采用张拉焊接，对膜片分块小、热合缝密集的区域，要考虑因热合造成的膜材收缩对补偿率的影响。

25.2 膜结构施工

25.2.1 膜面剪裁缺陷

1. 现象

膜面剪裁有缺陷，接缝布置不美观，膜材用料浪费。

2. 原因分析

膜结构在完成找形、荷载分析和构件设计（包括膜材、索、支承钢结构的设计等）并获批准后，要购买膜材料，进行裁剪设计，加工制作膜面。在裁剪设计的原则、裁剪方法、膜材连接方法与接缝设计、裁剪加工图、膜面制作工序与质量要求等任何一方面处理不当，均会导致膜面剪裁缺陷，影响膜面美观，造成膜材浪费。

3. 防治措施

（1）加强对膜结构裁剪设计。膜结构裁剪设计的内容与步骤如下：在找形得到的空间膜面上布置裁剪线，将空间膜面划分成若干个空间膜条；将空间膜条展开为平面膜片；释放预应力，对平面膜片进行应变补偿（即考虑预应力释放后膜材的弹性回缩）；根据以上结果，加上膜片接缝处及边角处都放量，得到平面裁剪片；给出膜材的下料图及膜面的加工图。对于简单、规则的可展曲面，可直接利用几何方法将其展开并得到下料图。而对于复杂曲面，需通过计算机方法确定。目前常用的裁剪方法有测地线裁剪法及平面相交裁剪法等。

（2）确定裁剪线的布置原则。裁剪线的布置应遵循以下原则：有良好的视觉效果；受力性能良好；便于加工，避免裁剪线过于集中，以方便边角处理；节省膜材，且使接缝总长度尽可能地短。通常，裁剪线的方向就是膜材的经向，即膜材的长度方向。习惯上，圆锥形（伞形）膜面的裁剪线按经向布置，马鞍形膜面的裁剪线沿平行于高点对角线的方向布置，拱支承形膜面的裁剪线多垂直于拱的跨度方向，脊谷式膜面的裁剪线多平行于脊谷索布置；刚性边界的膜结构，裁剪线多平行于边界支承构件。设计实际工程时，可适度地改变习惯做法，有时会收到意想不到的新奇效果。

(3) 确定裁剪的应变补偿。膜材裁剪时的应变补偿值（预缩量）需根据膜材在特定应力比及应力水平下的双轴拉伸试验结果，结合各种因素，综合确定应变补偿率。膜材经、纬向的应变补偿率通常是不同的，且不同的应力分区也应采用不同的补偿率。常用聚氯乙烯（PVC）涂层覆盖聚酯织物的应变补偿率在0.5%～0.8%；而常用聚四氟乙烯（PTFE）涂层覆盖玻璃纤维膜材的应变补偿率经向为0.5%～1.0%，纬向在1.0%～3.0%之间。

(4) 选用合理的膜材连接方法。膜材的连接方法有机械连接、缝纫连接、热合连接等。机械连接常用于大中型结构膜面与膜面的现场拼接。缝纫连接通常用于无防水要求的网状膜材结构中，或者与热合连接同时应用在PVC涂覆聚酯织物的边角处理上。对PVC膜材料，多用高频焊接，局部修补可用热风焊接；PTFE及乙烯-四氟乙烯共聚物（ETFE）膜材则采用接触加热物体的高温热合方法。接缝可以是搭接，也可以是采用“背贴条”的拼接。PTFE膜材采用焊接时，需要在两层PTFE膜材间放置氟化乙丙烯（FEP）薄膜条。

(5) 编制好裁剪加工图。裁剪加工图包括膜片下料图、膜材排版图、膜面加工图。膜片下料图是指考虑了应变补偿后的平面膜片图，亦即各裁剪片的平面坐标及经线方向；膜材排版图是指各裁剪片在特定幅宽膜材上的排列图，在考虑了边角放量及经纬方向后，排列应尽可能紧凑，以节约膜材；膜面加工图就是各裁剪片的拼装图。在加工图上，除了注明各裁剪片及接缝位置外，还需给出接缝及边角处理方式和放量、接缝方向、补强位置及范围、膜材型号及规格、接缝检测要求、包装时折叠的顺序及方向标识要求等。

(6) 对特殊部位的经验处理。诸如：在边角膜片与膜片连接处的接缝需要放量；在柔性边界的膜结构中，为方便穿钢索，常将膜边放出一定的余量做成索套；在膜结点板处以及刚性边界膜结构的边界处，也需在裁剪基准线外加上适当余量以方便埋绳；挖弧及补强层在膜角点，一般用膜节点板并通过连接配件连接膜面与支承结构；节点板处的膜面要作“挖弧”处理；膜角处及锥形膜面的顶部等部位应力比较集中，常用两层或三层膜热合在一起，作“补强层”处理；考虑到安装的方便，除了将膜面进行必要的分块之外，还可以在膜面上特定部位焊接一些“搭扣”，以方便吊装及张拉，在张拉完成后再将其剪去；出于防水或美观的考虑，也可在膜面适当部位焊接一些用于覆盖用的膜片。

(7) 对特殊部位的应变补偿率进行调整。对于外形为圆锥形的膜结构，在帽圈处常用圆钢板或圆环与膜面相连，安装时通常也是先将膜面固定在钢板或圆环上再顶升，因而帽圈处膜的环向应变补偿值几乎为零。同样，靠近边索处的膜在沿索的方向很难张拉，应变补偿率也需作出调整。在刚性边界的膜结构中，中间部位的膜比较容易张拉，而靠近边界处的膜张拉就比较困难，边角处的应变补偿率也宜作出适当的调整。

(8) 加强膜面加工质量检查。膜面的加工制作包括准备工作、放样、排版与下料、热合试验、热合加工、边角处理、清洗、包装。

1）膜面加工的技术准备工作，主要是阅读、领会设计图纸，查看相关数据文件；如为人工下料，需对制作人员进行技术交底。加工场地需平整、无尘，温度、湿度适宜；加工设备保养良好。

2）膜材的进场检测主要包括外观检查和物理性能检测两方面。外观检查主要是检查膜面色泽是否一致，有无斑点、小孔等，一般通过目测结合专用灯箱进行。待用膜材的品牌与型号应与设计图纸一致，并为同一批号（不同批号的膜材色泽会有差异）；无直径2mm以上的油污、瑕疵，无直径1mm以上的针孔，色泽应均匀一致。物理性能检测主要是检测厚度、重量、抗拉强度及撕裂强度等，检测结果应不低于膜材性能表所列指标。膜材进场时可对各项技术指标进行抽检，并检查膜材出厂时的材料检测报告和质量保证书。当抽检数据与出厂检测报告出入较大时，应通知膜材供应商并取样送权威检测机构检测、鉴定。

3）膜面放样有自动放样与手工放样之分，取决于加工厂商的设备情况。自动放样是将包含各膜片 X、Y 坐标的数据文件输入电脑，经排版、优化后打印在膜布上或直接由电脑控制的切割机将膜布裁剪成片。当采用手工放样时，通常要先做出1∶1的纸样，再将纸样放置在膜布上排版，最后划线、下料。手工放样、下料的精度应控制在2mm以内。

4）在正式进行焊接加工前，需进行热合试验，以便为热合加工提供参数依据。试验样条的抗拉强度应不低于其母材强度的80%。在焊接加工过程中，也需定时试验并记录结果，以便随着环境温、湿度的变化及加工部位的不同，随时修正相关技术参数。正式加工时，先将膜片在接缝处对齐，检查膜材的正反面及接缝顺序是否正确；清洁待焊区域；如为PVC膜材拼接接缝应放置“背贴条”，如为PTFE膜材需在接缝处两层膜片间放置EFP条；根据热合试验所得到的参数进行加工。最后根据设计图纸对边角进行埋绳、焊接穿钢索的“裤子”及补强处理。热合时宜采用张拉焊接，即要对待焊区域的膜材施加一定的预张力，以减小因热合造成的膜材收缩，改善张拉成型后焊缝处的应力状态。

25.2.2 膜材料色差大

1. 现象

膜材色泽差异明显，色差大。

2. 原因分析

膜材在生产过程中需在聚酯纤维织物或玻璃纤维织物的基材上涂以各种相应的涂层，以改善膜材的耐久性、抗水性、自洁性、抗紫外线等物理性能。然而不同批次生产的膜材往往存在一定的差异，若将色泽差异明显的膜材置于同一工程中势必影响美观。设于膜材外的PVC涂层随时间推移而老化、剥落。

3. 防治措施

（1）加强膜材料检查：主要有膜材检查、辅料检查和原材料复验。必须坚持在膜结构工程中采用同一厂家、同一型号、同一批次的膜材。膜材检查是指对厚度、宽度和外观进行检查。厚度检查用测厚仪检查，ETFE膜材厚度允许偏差不超过±5%；宽度检查采用钢卷尺测量，每卷膜材启用前测量一次，宽度不得小于厂家提供的质量保证书上的数值；外观检查的方法是将膜材在裁剪桌上缓缓打开，目测检查，膜材印刷图案应满足设计要求，每卷膜材之间应无明显色差，膜材表面应光滑平整，无污点、霉点、褶皱等缺陷。辅料检查主要是对胶条进行检查，用卡尺检查胶条直径，允许公差不超过±1mm。每

$500m^2$ETFE 膜作为一个检验批进行原材料复验，做物理力学性能试验和透光率试验，试验结果合格，方可进入加工厂进行加工。所有检查必须有相关记录。

（2）检验打孔边实际尺寸与图纸标注尺寸之间的相对误差，长边相对误差应小于等于1.5%，短边相对误差应小于等于3%。

（3）对 PVC 成品膜单元按安装展开程序合理折叠、码放，用标准膜包裹严密并捆扎牢固，固定于木排上或放置于木质包装箱内。PTFE 成品膜单元包装按安装要求的顺序逐一卷绕在有足够长度的钢管轴上，不应有折叠的死角。每个成品包装件上的醒目位置应有两处稳固的、字迹清楚牢固的标识。

（4）膜单元装车运输前应编制装卸运输方案，运输车辆应选用厢式货车，也可以选用配有可严密遮盖的防雨布并有固定装置的敞篷式货车。

（5）加强膜材制品的研究，推出涂敷良好、与基层结合紧密的新一代膜材；同时要精心施工及正常使用维护。

25.2.3　膜面制作损坏

1. 现象

膜材在制作过程中损坏。

2. 原因分析

没有正确按照制作工艺进行。

3. 防治措施

（1）制定正确的膜制作工艺流程：设计裁剪图→裁剪工程→熔接工程→修饰工程→制品检查→制品检查书制作→包装出货。

（2）膜材加工场杂物及突出物应清扫，并用吸尘器净尘，然后用布、吸滚轮及溶剂等仔细地将污垢清扫干净。膜材在工程中移动时，应由两人以上搬运，膜材下应无障碍物，以防止膜材发生折痕、折纹等损伤。

（3）将裁剪位置资料转送到自动裁剪机，自动进行膜材的记号、切割。

（4）熔接过程应按要求严格控制温度，以保证熔接质量。为保证膜结构整体的强度和稳定性，接缝的强度应与主要膜材的强度接近，接缝处弹性尽可能大，以保证几何曲面的美观。接缝处不得破损，在安装使用过程中无硬褶，表面不能渗水，接缝要能具有一定的耐化学侵蚀能力。在接缝处涂一层保护性的上光涂层或在薄膜上喷铝雾，以防熔接强度可能因受紫外线和高温作用而降低。

（5）膜固定用螺栓孔，应根据加工图，标出螺栓孔位置，用打孔机打孔。

（6）膜制作完进行检查验收并做好制品检查书后，将制作好的膜材两端设定在制品台上，以施工时展开顺序为基础确认卷起方向，卷在硬纸筒上并进行捆包工作，检查合格后方可运至安装施工现场。

25.2.4　膜结构张拉失误

1. 现象

膜结构施加预张力后超张拉或张拉力不足。

2. 原因分析

对膜结构工程施加预张力的重要性认识不足；施加预张力方案不正确，施加预张力方法及张拉控制机械设备选用不当，张拉质量控制不严。

3. 防治措施

（1）制定正确的施加预张力方案。应考虑预张力的均匀传递，膜裁剪相对准确；受力部件的力不宜过大，应根据施力位置而定；为便于整个结构体系安装，成品膜单元应比预张力状态下的膜单元小。

（2）准确选择施加预张力的方法。对膜结构施加预张力应以控制位移为主，对有代表性的施力点通过检测内力作为辅助控制手段。对膜结构的支撑结构的预埋件、地脚螺栓、预埋螺栓等的施工定位进行跟踪测量监控，确保施工定位准确。对钢构件的下料、组拼等加工过程进行严格检查监控，确保施工安装偏差控制在允许范围内。严格控制钢索的制作长度，确保误差控制在允许范围内。

（3）合理选用膜结构张拉控制机械设备。全站仪及配套设备，用于监控各工序施工安装的准确定位；自动转换行程穿心式千斤顶及泵站、控制台，用于钢索体系的整体提升；大行程千斤顶，用于顶升立柱，给膜结构体系施加预张力；大吨位千斤顶、液压泵及测力装置，用于张拉钢索的方法施加预张力，千斤顶系统配置有测力装置，可以直观准确地掌握作用力的情况；膜单元拉展、张紧器具，配套施工夹具，用于空中展开膜单元和直接张紧膜面施加预张力方法使用；膜单元应力测试仪，用于检测膜面应力。

（4）严格控制张拉质量。膜面应力应分块逐步张拉到位。膜面张拉到位后，监理应会同安装单位质检人员按照膜结构设计提供的膜面应力值、测试部位和测试工具对膜面应力进行全面检查验收，同时检查压板螺栓有无漏装漏拧。对钢结构预应力索或预应力拉杆的施工质量，应检查其材质控制、锚头质量控制、锚头浇铸镦头、典型拉杆或拉索的一比一张拉试验、拉索或拉杆长度、拉索或拉杆张拉力的控制、拉索或拉杆张拉对主体钢结构的影响、索张力或主体钢结构尺寸的控制关系。

25.2.5 膜结构支架钢结构施工质量差

1. 现象

膜结构钢结构骨架柱脚螺栓埋设不准确，柱顶部混凝土拉碎或拉崩；梁柱连接节点不规范，檩条、支撑局部失稳。

2. 原因分析

（1）柱脚螺栓距离混凝土柱子边过近。

（2）柱底抗剪件未按规定留设，柱底板与混凝土距离太近。

（3）梁、柱连接节点刚性、柔性节点区分不清楚，高强螺栓连接不规范。

（4）钢结构吊装方案不合理。

（5）随意切割及修改檩条及支撑。

3. 防治措施

（1）预埋螺栓时，钢柱侧边螺栓不能过于靠边，应与柱边留有足够的距离。同时，混凝土短柱要保证达到设计强度后，方可组织刚架的吊装工作。

（2）抗剪槽和抗剪件应按规定留设。柱脚底板与混凝土柱间空隙不应过小，一般二次灌料空隙应为50mm。

（3）地脚螺栓位置应准确，不得任意打孔切割，柱脚固定要牢靠，锚栓最小边（端）距应能满足规范要求。

（4）梁、柱连接与安装要严格按照设计图纸施作；翼缘板与加厚或加宽连接板对接焊缝时，应按要求做成倾斜度的过渡。对接焊缝连接处，若焊件的宽度或厚度不同，且在同一侧相差 4mm 以上者，应分别在宽度或厚度方向从一侧或两侧做成坡度不大于 1：2.5 (1：4)的斜角。

(5) 端板连接面制作要精细，切割要平整，与梁柱翼缘板焊接时要控制得当，不使端板翘曲变形。

(6) 刚架梁柱拼接时，不得把翼缘板和腹板的拼接接头放在同一截面上，一定要按规定错开。刚架梁柱构件受集中荷载处应设加劲肋。

(7) 连接高强螺栓应符合规范的相关规定。高强螺栓拧紧分初拧、终拧，对大型节点还应增加复拧。拧紧应在同一天完成，切勿遗忘终拧。在结构安装完成后，应对所有的连接螺栓逐一检查，以防漏拧或松动。高强螺栓连接面应按设计要求的抗滑移系数去处理。

(8) 吊装刚架时，应先安装靠近山墙的有柱间支撑的头两榀刚架，安装完毕后，应在两榀刚架间将水平系杆、檩条及柱间支撑、屋面水平支撑、隅撑全部装好，利用柱间支撑及屋面水平支撑调整构件的垂直度及水平度，待调整正确后方可锁定支撑，而后安装其他刚架。

(9) 不得随意增大、加长檩条或檩托板的螺栓孔径，若孔径过大、过长，隅撑就失去了应有的作用。隅撑角钢与钢梁的腹板不应直接连接，以免钢梁局部侧向失稳。檩条宜采用热镀锌带钢压制而成，且保证有一定的镀锌量。因墙面开设门洞，不得擅自将柱间垂直支撑一端或两端移位，以防破坏其稳定体系。

(10) 施工单位不得任意取消设计图纸的一些做法。任何单位均不得擅自增加设计范围以外的荷载。

25.2.6　膜安装变形

1. 现象

膜材在安装过程中变形或损坏。

2. 原因分析

没有正确的按照安装工艺进行。

3. 防治措施

(1) 按照正确膜安装工艺流程进行施工：安装方案会审→复核支承结构尺寸→膜安装技术交底→检查安装设备工具是否到位→施工安装平台搭设→钢索安装→铺设保护布料→膜面就位→展开膜材→连接固定→调整索及膜收边→张拉成型→防水处理→清洗膜面→最后检查→交工。

(2) 膜体进场安装前，应组织项目有关人员对施工方案进行评审，确定详细的安装作业与安全技术措施。先复核支承结构的各个尺寸，使每个控制点的安装误差均在设计和规范允许的范围内；对膜体及配件的出厂证明、产品质量保证书、检测报告及品种、规格、数量进行验收；检查膜体外观是否有破损、褶皱，热熔合缝是否有脱落，螺栓、铝合金压条、不锈钢压条有无拉伤或锈蚀，索和锚具涂层是否破坏。同时还应收集安装期间的气象信息，安装过程中要密切注意风向和风速，避免膜体发生颤动现象，在强风或大雨天气要及时停止施工，并采取相应的安全防护措施。

(3) 膜面安装应根据场地条件和施工方案搭设膜体展开平台，由专职架子工根据搭设方案按规定搭设，并按规定设好护栏、安全网等防护措施，经专职安全员验收合格后，方可使用。每跨膜面的搁置展开平台顶面用刨光的木垫板满铺，长度应满足一块膜材横向展开时的尺寸。搭设完毕后，外露的脚手管、扣件及尖锐部位应用棉布包裹。

(4) 膜布铺设前，应再一次对展开平台表面进行检查，应保证清洁、无污物、无尖锐毛刺，以免造成膜面的损坏或污染。展开膜体前，在平台上铺设临时彩条垫布，以保护膜材不被损伤，严格按确定的顺序展开膜体。打开包装前应校对包装上的标记，确认安装部位，并按标记方向展开，尽量避免展开后的膜体在场内移动。膜布展开时，随时观测膜布外观质量，发现因制作引起的破损、钩丝及不可清除的污迹，及时通报。

(5) 膜布安装时，操作工人的手套必须干净、无油污，穿软底胶鞋；安装工具放置时要平稳摆放，使用时必须做到安全、可控；小工具必须放置在工具包内。膜面安装完成后，保证膜布不破损，表面不被污浊。膜面展开前，预报当天风力不大于5级且非大雨时方可进行展膜。经确认所有安全设施及操作平台符合要求后方可进行展膜。根据膜面安装部位确认相同编号的膜布，打开包装将膜布从包装箱内取出。在平台上展开膜体后，用夹板将膜材与索连接固定。夹板的规格及夹板间的间距均应严格按设计要求安装。对一次性吊装到位的膜体，也必须一次将夹板螺栓、螺母拧紧到位。

(6) 膜面被搁置在展开平台上后，按折叠顺序依次打开，首先将膜面横向展开，四个角点固定，用绳索临时牵拉，当膜布纵向基本牵引到位时，将膜布向两侧膜结构支架方向牵引。膜面张拉成型时，应设专人统一指挥，保证操作工人的牵引速度同步。现场设专业技术人员跟踪检查监督，当膜面被牵引到距最终位置500mm时，用钢丝绳紧绳机代替绳索。膜布牵引工作结束后，为防止风的作用造成膜面的损坏，可采用反绳网拉设，纵向每隔8m拉1道。

(7) 调整膜布周边，进行膜布的张拉成型，最后与各节点板连接。张拉索膜结构中，膜材的张拉预应力靠索提供，张拉时应确定分批张拉的顺序、量值，控制张拉速度，并根据材料的特性确定超张拉量值，作好张拉值施工记录和张拉行程记录。

(8) 膜面固定时，先用紧绳机拉紧膜的四角，使膜角尽量接近固定位置，再进行膜边的固定。以膜后方中间点为起吊点吊起膜，膜起吊至适当位置，连接膜前方两个角点到主格构柱上，随后连接膜后方两个边角点到支柱上，松开吊车，连接膜后方中间点到钢筋混凝土墩上，对称张紧膜后方两个边角点及中点处张紧器完成张拉。将不锈钢螺栓依次安装在膜面连接板上，进行周边固定并将止水橡胶带按顺序排放在膜结构支架上。

25.2.7 膜结构“结露”

1. 现象

膜结构结露致使膜面积灰、变脏、变色，结构内部构件着水锈蚀，降低保温材料性能。

2. 原因分析

(1) 膜材料蓄热量低，保温性能差，膜内表面温度随着膜外表面温度波动。对于传统结构，外表面结露影响不大，但膜材内表面会受辐射降温的影响，如果内表面温度降低至结露点，与室内暖而湿的空气接触，就会发生结露现象。

(2) 膜材涂层具有憎水性，对湿度的变化没有任何抑制作用。膜材内表面的结露水很快就会在平滑的膜表面上形成一层水膜，并会积聚到一定程度后坠落。膜面和保温层内都曾出现过结冰现象。

（3）结露现象发生的频率以及严重性很大程度上受气候、结构形式、建筑用途以及室内空间使用功能等方面的影响。

3. 防治措施

（1）采用无保温隔热层的多层膜结构，限制辐射能量造成膜面降温，同时膜面之间增加的空气层可以设置独立的通风系统，使结露水分蒸发，也可以把外层膜内表面上形成的结露水收集起来，减少对内膜的危害。

（2）采用有保温隔热层的多层膜结构，设置保温隔热层，以减缓通过膜面的热传导，使内外膜间有较大温差，可以防止内膜温度下降到室内结露点以下，从而降低结露的可能性。必要时可以在保温层温度较高的一侧与内层膜之间增设隔气层，并在保温层两侧设通风层，以加快水蒸气的消散和结露水的蒸发。

（3）对于单层膜结构，通过提高室内膜面温度，提高结露点，通过除湿或补充室内外空气，维持室内外蒸汽压力平衡来降低空气湿度。

25.2.8 膜面褶皱

1. 现象

膜面出现褶皱。若结构在外荷载作用下出现过多的褶皱单元，膜面将形成水坑，产生应力集中，而使结构失去承载能力。

2. 原因分析

膜面褶皱大部分是由于设计、施工中预应力取值不当造成的。膜材是一种抗弯、抗压刚度趋近于零的材料，在设计中进行找形分析、荷载分析时，膜材不会产生褶皱。一般对于正交异性的薄膜材料，当一个方向的主应变出现负值时，膜单元将出现单向褶皱状态或全褶皱状态。

3. 防治措施

（1）在裁剪膜片时，应使膜片纤维方向与主应力方向一致。

（2）在实际操作时，特别是对一些角部或边缘区域，取材的随意性易造成热合后的膜片收缩不一致，易出现褶皱。因此这些部位应特别注意。

（3）预张力施加不到位或支承构件制作安装误差也易使膜材出现褶皱。同时膜片裁剪时还应考虑膜材沿经向、纬向的收缩量，否则由于膜材的徐变将造成膜面松弛而难以施加预张力。

（4）膜结构裁剪分析时应考虑周到，安装前必须对相关土建尺寸进行复核，及时调整膜片尺寸。

25.2.9 膜结构污渍

1. 现象

膜面或结构上有污渍。

2. 原因分析

（1）设于膜材外的 PVC 涂层随时间推移老化、剥落。

（2）制作安装缺陷导致膜面在焊缝处留下污渍，或不慎被利物刮划涂层，使织物直接接受紫外线的作用，时久也会出现局部污渍。

3. 防治措施

（1）在原已有污渍存在的张拉膜材上涂敷结合良好的涂层。

32 幕 墙 工 程

32.1 玻 璃 幕 墙

32.1.1 幕墙架体及节点部位处置不符合要求

1. 现象

幕墙预埋件尺寸不一；立柱与建筑物连接质量差；铝框架安装后；架体的水平度、垂直度、对角线超标；不同材料接触处未做防腐处理；结构胶与密封胶施工粗糙；玻璃未按设计要求采购及安装。

2. 原因分析

(1) 预埋件加工人员素质差，未按设计与技术交底要求进行下料与加工。

(2) 立柱与建筑物主体结构连接预埋件漏放，或擅自采用膨胀螺栓打入主体结构连接，不符合规范要求。

(3) 安装连接件、绝缘片、螺栓不认真，安装不牢固、松动，或角码连接未采用三维调节构造，或连接件与预埋件之间的位置偏差采用焊缝调整时焊缝长度不符合设计要求，导致幕墙架体水平度、垂直度、对角线长超过规范要求。

(4) 立柱安装质量控制不到位，结构胶与密封胶施工时铝框、玻璃间杂物未清理干净，或注胶人员未经培训，对注胶工艺、质量验收标准不熟悉。

(5) 成品保护意识差，不重视成品保护工作。

3. 防治措施

(1) 认真对工程技术人员做好岗位培训工作，施工前应严格按设计及规范规定的施工工艺进行技术交底。

(2) 应高度重视幕墙预埋件的留设工作，应按设计要求做好预留预埋工作。

(3) 按规范及施工工艺要求做好幕墙架体的水平度、垂直度控制工作，做好连接件、绝缘片、螺栓安装质量检查工作。

(4) 焊工应持证上岗，焊缝质量应逐一进行细致、认真的检查。

(5) 注胶工作应由专人检查，注胶时应按施工顺序进行，严格检查控制注胶质量。

(6) 做好成品保护工作，型材表面的保护膜必须在施工完毕后剥除，应注意及时消除幕墙表面的污染物，幕墙污染物清除应采用专门的清洗剂进行，严禁采用金属利器刮铲。

32.1.2 预埋件漏放、歪斜、偏移

1. 现象

预埋件变形、松动；土建施工时漏埋预埋件：预埋件位置进出不一、偏位。

2. 原因分析

(1) 预埋件未通过承载力计算、材质不符合要求、主体结构混凝土强度偏低等均会导

致预埋件变形松动。

（2）土建施工时幕墙施工单位尚未选定，导致预埋件漏放情况发生。

（3）模板不垂直或支撑不牢固，以及预埋件埋设时没有复验，导致预埋件发生歪斜和偏移。

3. 防治措施

（1）应对预埋件进行承载力计算，通常情况下，一般承载力的取值应为计算值的 5 倍；预埋件钢板宜采用热镀锌的 Q235 钢。

（2）幕墙施工单位应在主体结构施工前确定；预埋件必须有设计的位置图。

（3）旧建筑安装幕墙时不宜全部采用膨胀螺栓与主体结构连接，而应每隔 3～4 层加一层锚固件连接。膨胀螺栓只能作为局部附加连接措施，且使用的膨胀螺栓应处于受剪状态。

（4）预埋件焊接固定应在模板安装结束并通过验收后进行。

（5）预埋件安装时应进行专项技术交底且应由专业人员埋设；预埋件安放应牢固，位置准确，并应有隐蔽验收记录。

（6）预埋件钢板应紧贴于模板侧边，将锚筋点焊在主钢筋上固定；预埋件标高偏差应不大于 10mm，与设计位置偏差应不大于 20mm。

32.1.3　连接件与预埋件间的锚固或焊接无法满足安装要求

1. 现象

连接件与预埋件节点处理无法满足安装要求；连接件与空心砖砌体及其他轻质墙体连接强度差。

2. 原因分析

（1）幕墙与主体结构的连接处理没有设计图和大样图。

（2）焊缝未进行合理计算：焊工无上岗证且相关技能差。

（3）施工空心砖及轻质墙体结构时未考虑其与幕墙连接件的连接问题。

3. 防治措施

（1）幕墙设计应由有相关资质的设计部门承担，设计时要对各连接部位画出 1∶1 的节点大样图，大样图中应详细注明对材料规格、型号、焊缝等的具体要求。

（2）对连接件与预埋件间的锚固或焊接时的焊缝进行合理计算；焊工应持证上岗且具备相应的焊接技能，焊接的焊缝应饱满、平整。

（3）轻质墙体施工时宜在连接件部位的墙体处浇筑埋有预埋钢板的 C30 混凝土枕头梁（枕头梁截面应不小于 250mm×500mm），或在连接件穿过墙体时在墙体背面设置横扁担铁予以加强。

32.1.4　幕墙渗漏

1. 现象

幕墙安装后出现渗漏水；开启窗部位有渗水现象。

2. 原因分析

（1）幕墙设计考虑不周。

（2）加注耐候胶的施工过程中未做好清洁工作。二次注胶时未做好对上次注胶接头处胶缝的清洁工作。

(3) 泡沫条规格不符合设计要求，造成胶缝处厚度太薄。

(4) 开启窗的安装质量未达到规范或设计要求。

3. 防治措施

(1) 幕墙构件的面板与边框所形成的空腔，应采用等压原理进行设计，在可能产生渗漏水和冷凝水的部位应预留泄水通道，并设置集水措施，使其由管道排出。

(2) 加注耐候胶前应对胶缝处用二甲苯或丙酮进行两次以上的清洁处理。

(3) 二次注耐候胶前也应按加注耐候胶前的清洁处理要求进行清洗，并应使密封胶能在长期压力下保持弹性。

(4) 严格按设计要求使用泡沫条以保证耐候胶胶缝厚度的一致（一般耐候胶的宽深比宜为 2：1 并不应小于 1：1），胶缝的横平竖直和缝宽均匀。

(5) 开启窗安装的玻璃应与玻璃幕墙在同一平面内。

32.1.5 防火隔层设计安装不能满足功能要求

1. 现象

幕墙安装后无防火隔层；安装的防火隔层用木质材料进行封闭。

2. 原因分析

(1) 幕墙设计时未考虑防火隔层的设计问题：防火隔层的立面分割不合理，在楼层联系梁处未设幕墙分格横梁，防火层位置设计不正确，节点无设计大样图。

(2) 施工中未按规范要求进行作业。

3. 防治措施

(1) 防火隔层设计时的外立面分割应同步考虑防火安全设计问题，其设计应符合我国现行防火规范要求，并应绘制 1：6 大样图且应提出设计要求。

(2) 幕墙设计时的横梁布置应与层高相协调，若每一楼层为独立防火分区，则楼面处应设横梁以方便设置防火隔层。

(3) 玻璃幕墙与每层楼层处、隔墙处的缝隙应采用防火棉等不燃烧材料严密填实，但防火层用的隔断材料等不能与幕墙玻璃直接接触。

32.1.6 玻璃爆裂

1. 现象

幕墙玻璃产生爆裂。

2. 原因分析

(1) 幕墙玻璃材质不良或存在玻璃加工工艺问题造成自爆。

(2) 横梁、立柱安装质量差引起较大的附加应力。

(3) 未设防振垫块。幕墙结构设计时未合理验算挤压应力。

3. 防治措施

(1) 选用国家定点生产厂家的幕墙玻璃，优先采用特级品和一级品的安全玻璃。

(2) 幕墙玻璃要用磨边机磨边，安装后的钢化玻璃表面不应有伤痕，钢化玻璃应提前加工且应让其先通过自爆考验。

(3) 立柱安装偏差应尽可能地小，其标高偏差应不大于 3mm，轴线前后偏差应不大于 2mm，左右偏差应不大于 3mm；与横梁同高度的相邻两根横向构件应安装在同一高度位置，且其端部高差应小于 1mm。

(4) 玻璃安装的下框槽中应设置不少于两块的弹性定位橡胶垫块，垫块长度应不小于100mm，以消除变形对幕墙玻璃的影响。

32.1.7 幕墙防雷体系不符合要求

1. 现象

幕墙没有安装防雷体系；安装的防雷体系不符合要求。

2. 原因分析

(1) 幕墙设计过程中没有同时考虑防雷设计问题。

(2) 防雷安装施工未按规范要求进行。

3. 防治措施

(1) 幕墙防雷设计必须与幕墙设计同步进行，并应遵守我国现行设计规范的有关要求。

(2) 幕墙应每隔3层设置一道30mm×3mm的扁钢压环防雷体系，以与主体结构防雷系统相接，形成幕墙自身防雷体系。

(3) 幕墙安装后的竖向防雷通路应符合防雷设计要求且其接地电阻应不大于10Ω。

32.2 石材幕墙

32.2.1 设计不能满足功能要求

1. 现象

设计图纸深度不能满足施工要求；幕墙材料设计不符合规范要求；设计计算书不规范。

2. 原因分析

(1) 设计说明不全；设计节点不详细；防火、防雷、保温、变形缝等节点漏画或节点与我国现行规范不符；檐口及幕墙底部不做收口封闭处理；对钢龙骨未设计温度变形缝；立柱与角码、横梁与立柱间均采用焊接方式；成型的钢骨架变形较大且出现平面外挠度30～50mm的情况，导致石材无法安装。

(2) 一些外墙光面石材设计厚度为20mm或火烧板设计厚度为25mm（均小于规范要求）；钢材表面防腐设计采用镀锌钢材或防锈漆两道，未注明防腐漆膜厚度和防腐材料品种，施工单位因此采用了冷镀锌钢材或刷两道普通防锈漆，造成防腐质量不达标。

(3) 设计师对幕墙设计不精通，其采用的公式和数据不适用于所设计的工程，验算结果与设计图纸不符。

3. 防治措施

(1) 应优选幕墙工程专业设计单位，设计单位应具备与设计幕墙相应的资质。

(2) 幕墙设计过程中，设计单位应对建筑物进行必要的了解和实地勘察，并应出具完整的施工图设计文件，且应经建筑设计单位确认，特别是涉及主体和承重结构改动或增加荷载时，必须由建筑设计单位进行核验、确认。

(3) 图纸设计深度应满足施工要求，设计说明应详细、具体，防火、防雷、节能保温、防水、钢结构连接、变形缝、转角等均应绘制详细节点，并应注明工艺要求。

32.2.2 原材料选择不当

1. 现象

材料颜色差异明显；石材材质有缺陷；挂件质量问题突出；石材干挂胶无法满足要求。

2. 原因分析

（1）石材是天然材料，不同矿山的同品种材料颜色差异明显，即使同一矿山的石材仍会存在色差问题，由于对材料不进行挑选，而使墙面色差明显。

（2）有些石材有内伤或微小裂纹（用肉眼很难看清），另外，多数石材的厚度常会比设计厚度少 1～3mm，导致石材安装处理时受力不利，比如石材钻孔、开槽后，若剩余部分太薄则对受力不利。

（3）石材干挂件多采用不锈钢挂件，若采用了镀锌挂件或通过脱磁处理的不锈铁挂件，这类挂件基本都是采用再生材质制造的，其抗拉强度通常仅为不锈钢抗拉强度的 1/3 左右，则使用后易产生断裂。

（4）锈蚀后的氧化铁会污染石材表面及胶缝，一旦被污染即使日后进行清洗也无法消除。

（5）石材干挂胶在石材幕墙中起着重要作用，工程中错误地采用了云石胶做干挂胶。

3. 防治措施

（1）施工单位应具备与建设项目相应的石材幕墙专业施工资质，承担过类似的施工项目，全面掌握专业规范和工艺流程，施工单位专业技术人员和特殊工种须持证上岗并应经过岗前培训。

（2）各种原材料的品种、规格和质量应符合设计要求和国家现行规范的规定，并应选用优质材料，劣质和淘汰材料严禁使用。石材宜选用火成岩且吸水率应小于 0.8%，弯曲强度大于 8MPa，石材颜色均匀，色泽应与样板相符，花纹图案应符合设计要求。

（3）石材幕墙干挂件应采用国家标准规定的不锈钢挂件或铝合金挂件，挂件厚度和尺寸应满足设计和规范要求。

（4）石材干挂胶应选用环氧树脂石材干挂胶，其粘结强度试验应符合要求。石材密封胶应选用硅酮耐候密封胶，并应与石材进行污染性测试，以判断其是否会对石材产生污染，只有确认无污染后方可使用。

32.2.3 预埋件安装及处理不当

1. 现象

预埋件承载力不够；固定不牢靠；漏埋或埋件偏离大。

2. 原因分析

（1）施工单位为节约成本、加工方便而擅自改变预埋件形式。如缩短锚固筋长度，锚筋和钢板设计要求采用塞焊而实际施工中采用角焊缝等，都会降低预埋件的承载力。

（2）预埋件固定未采取有效措施，在混凝土浇筑时产生位移，影响立柱的连接，幕墙施工人员随意采取处理措施，如在预埋件旁焊接小钢板或附加钢板，并用 1～4 个膨胀螺栓固定，从而使立柱与预埋件的连接处变为薄弱环节。

（3）施工不仔细或方法不当，导致预埋件漏埋或埋件偏离大等问题发生，发生上述问题时，设计人员一般采用化学螺栓进行处理，而施工人员则常用膨胀螺栓代替化学螺栓或两种螺栓混用。由于膨胀螺栓与混凝土锚固性能不如化学螺栓，加之一些施工人员不熟悉化学螺栓的技术操作要求，钻眼深度不够，导致螺栓有效锚固长度不能满足要求。

3. 防治措施

（1）应加强预埋件的施工质量控制并按设计图纸进行加工制作安装，且应采取有效措施将预埋件固定在钢筋或模板上。在混凝土浇筑过程中，应对预埋件进行检查，以避免埋件位移。预埋件的标高偏差应不大于10mm，平面位置偏差应不大于20mm。若预埋件漏放或偏离设计位置太远无法使用时，应由设计单位给出设计变更，施工单位不得擅自处理。

（2）后置锚固件采用化学螺栓时，必须用在混凝土上（混凝土强度应大于C30），不得用在砖墙上。螺栓采用不锈钢或热镀锌碳素钢时，其锚孔孔径、孔深应符合要求且孔内应清理干净，固化时间也要严格掌握，不得扰动。螺栓垫板与螺栓和锚板孔径须配套，并应有防滑脱措施，化学螺栓现场拉拔试验应符合设计要求。

（3）钢龙骨安装偏差应严格控制，横梁与立柱的标高、轴线、垂直度、间距、挠度应控制在允许偏差内，以保证石材安装有足够的调节范围。

32.2.4　石材加工安装不能满足设计要求

1. 现象

石材不按要求进行挑选和排版；短槽式石材安装中石材受力不均匀；现场开槽石材的槽深和长度不够，石材固定点不能满足设计要求。

2. 原因分析

（1）石材不按要求进行挑选和排版，其色差会造成墙面不协调。

（2）在运输和堆放中未采取有效防雨措施，垫木或麻绳潮湿后浸入石材。

（3）高空上下交叉作业时，上面电焊操作未采取有效防护措施，电焊渣常会灼伤下部石材，灼伤的石材经风吹雨淋后，表面就会出现斑点锈迹，且无法消除。

（4）短槽式石材安装中常采用T形挂件，一个挂件挂入上下两层石材中，T形挂件对采用通缝形式石材一般可满足规范要求，而对采用上下层错缝（一般错开1/2板长）形式的石材则不能满足规范要求，两短槽边距离石板两端部的距离不应小于石板厚度的3倍且不应小于85mm，也不应大于180mm。

（5）施工中在现场开槽的石材，其槽深和长度往往难以满足规范要求，因开槽长一般只能达到6～7cm且为弧形口，上大下小，槽的有效深度只能达到1cm左右，均小于规范要求。干挂件仅能注入少许结构胶，粘结强度无法保证。

（6）由于加工水平及石材暗裂原因，在开槽处出现崩坏掉角时，未进行更换而采取灌胶或粘贴小块石材处理，使干挂件受力部位最薄弱，导致石材固定点不能满足设计要求。

3. 防治措施

（1）石材开槽后应逐块检查，不得有损坏或崩裂现象，槽口应打磨成45°，槽内石屑应用水或毛刷等清理干净，短平槽长度应不小于100mm，弧形槽的有效长度应不小于80mm，有效长度内槽深不宜小于15mm，开槽宽度宜为6mm或7mm，两短槽边距离石材两端部的距离应不小于石材厚度的3倍且不小于85mm（也不应大于180mm）。

（2）石材干挂件连接应牢固可靠，不得松动，螺栓应全部拧紧，在槽内干燥的条件下方能注入干挂胶，胶厚度宜为2～3mm，污染在石材外侧的胶液在固化前应及时清理干净。

(3) 干挂胶的养护固化符合产品技术要求后，方可进行上层板的安装。石材安装时上下左右的偏差不宜大于1.5mm。

(4) 石材表面清理干净及干燥后方能进行密封胶施工，密封胶颜色应与石材色彩相配，其嵌缝高度当设计未注明时，宜与石材板面齐平，胶缝应饱满严密，宽窄均匀，深浅一致，光滑顺直，污染石材面的密封胶应及时清理干净。

32.3 铝塑板幕墙

32.3.1 铝塑板铝材与芯材分裂、翘曲

1. 现象

铝板和芯层外露的边缘部位遇水或高温，出现铝材与芯材分裂、翘曲现象。

2. 原因分析

铝塑板是以PE（即聚乙烯塑料）为芯层，外贴铝板并在表面涂覆装饰或保护性涂层的复合铝材。铝板和芯层外露的边缘部位遇水或高温会出现铝材与芯材分裂、翘曲现象。

3. 防治措施

施工中应加强对铝塑板切边和加开孔洞位置的检查，并应保证打胶合格、密封。

32.3.2 铝塑板变形、损伤

1. 现象

铝塑板变形或其表面存在波纹和划伤现象。

2. 原因分析

铝塑板变形与表面波纹和划伤，大多是由于铝塑板加工设备使用年限过长，出现老化，以及工人操作不规范造成的，在铝塑板刻槽过程中，刻槽深度过大会将PE芯层材料全部刻掉，伤及铝塑板，造成折边部位损伤并出现开裂现象，严重危害铝塑板幕墙的使用寿命。

3. 防治措施

(1) 对进场铝塑板进行检查时，应保证铝皮厚度，表面不得有波纹、划伤。

(2) 加工时应着重检查加工设备的运行状况，避免其因使用年限过长而出现老化问题。加工时工人的操作应规范。

(3) 铝塑板工厂加工过程中应有专人定期进行抽检，刻槽后其塑料芯层厚度不小于0.3mm，以确保型材加工质量。

(4) 铝塑板大于900mm时应设中肋并应采用结构胶与铝板相连接。折边后的角部、切口位置必须用耐候胶密封。应保证幕墙的平整度和强度。

32.3.3 铝塑板扣板不洁净

1. 现象

铝塑板扣板上有灰尘、污渍等。

2. 原因分析

(1) 交叉施工影响幕墙施工质量和外形美观，施工中清洁不够。

(2) 嵌缝胶的深度控制不佳。耐候硅酮密封胶在接缝处处理不当。注胶后养护不好。

3. 防治措施

(1) 幕墙施工为干作业，若现场为交叉施工，则土建装修中所用到的水泥、砂浆均应尽量远离幕墙材料或采取隔离措施，机电安装、水电管道施工构件需要伸出墙体的部位应在幕墙骨架安装前做好，以免后期加开孔洞而影响幕墙施工质量和外形美观。

(2) 现场打胶时应保证铝塑板扣板无灰尘、积水，并应确保打胶完全密封，要充分清洁板材间缝隙中的水、油渍、涂料、铁锈、水泥砂浆、灰尘等，并应充分清洁粘结面，以保持干燥。

(3) 水泥砂浆基层含水量不得超过5%，每条直线打胶时应一次完成。

(4) 密封胶表面应平整，宽窄均匀，可在施胶缝道两侧粘贴保护膜，保证胶缝顺直，在打胶结束后再将保护膜撕去。

(5) 嵌缝胶的深度（厚度）应小于缝宽度，以防开裂，耐候硅酮密封胶在接缝内要形成两面粘结，不应三面粘结，以免胶在受拉时被撕裂失去密封和防渗漏作用。为防止形成三面粘结，在耐候硅酮密封胶施工前应采用无粘结胶带铺于缝隙的底部，将缝底与胶分开，注胶后应将胶缝表面抹平并去掉多余的胶，应注意注胶后的养护工作，胶在未完全硬化前不得沾染灰尘和划伤。

32.3.4 钢龙骨腐蚀、变形

1. 现象

龙骨出现腐蚀现象及变形。

2. 原因分析

(1) 钢骨架焊接完成后未涂刷防锈漆，或防锈漆涂刷质量差。

(2) 龙骨安装、连接、校正、固定偏差大。

3. 防治措施

(1) 铝塑板幕墙钢骨架一般均为镀锌钢管，其骨架与埋件之间多采用钢角码焊接，焊接高度不能小于4mm，接缝处需平整，焊接完成经检查尺寸、位置准确后，应及时涂刷防锈漆。

(2) 龙骨骨架连接固定时，为保证其准确性，应在施工过程中经常对框架进行检查，可在连接好的龙骨架顶端边框线上设置吊垂线，如果垂边与龙骨架不平行，说明柱体有歪斜度，需调整。骨架连接、校正、固定之后，要对其连接部位和龙骨本身的不平整处进行修平处理，对曲面龙骨应进行修边，以使其成为曲面的一部分。

32.3.5 雨期施工铝塑复合板产生污染

1. 现象

铝塑复合板因雨期施工而产生难以清除的水渍或损伤。

2. 原因分析

铝塑复合板雨期施工时防护不佳，养护不及时。

3. 防治措施

(1) 铝塑复合板雨期施工中应准备油布及防雨设备：雨量不是很大时，必须在施工区域上部正确张拉雨布后方能施工，同时应在施工区域用彩条布将该区域围护起来，以减少由于下雨而给施工作业及施工质量带来的不利因素。

(2) 雨天操作应检查脚手、电动工具等设备，注意安全，事先要有思想上、材料上的准备，以免措手不及。

(3) 雨期室外工作难以进行时，应尽量转入室内工作。雨期现场室外材料堆放必须加设防雨罩或防雨棚并应加强检查维修，遇六级以上大风和雨天时应停止露天操作。

32.4 幕墙渗水

32.4.1 设计不当渗水

1. 现象

密封胶在温度变化时自行拉裂或鼓起，失去防水功能。螺钉孔、压顶搭接形成渗水通道，外部水渗入幕墙。

2. 原因分析

(1) 设计时既没有采用伸缩量较大的密封胶也没有进行必要的计算（比如耐候硅酮密封胶其位移能力可达±25%，为普通密封胶的 2 倍），由于密封胶适应变形能力差，受温度变化会自行拉裂或鼓起，失去防水功能。

(2) 对与建筑物接合部进行收口处理时，没有与土建单位共同研究和配合，各自为政，比如螺钉孔、压顶搭接处不打胶或打胶不严密、遗漏等都会形成渗水通道。

(3) 设计时未认真考虑幕墙防水装置构造，造成外部水因压力差渗入幕墙。

3. 防治措施

(1) 设计时应采用伸缩量较大的密封胶，并进行合理的计算。

(2) 在对幕墙与建筑物接合部进行收口处理设计时，设计单位应与土建单位共同研究。

(3) 设计单位进行幕墙设计时，应首先考虑幕墙防水装置设计构造问题，合理运用等压原理，在幕墙铝型材上设置等压腔和特别压力引入孔，使等压腔内部压力通过特别压力引入孔与外部压力平衡，从而将压力差移至接触不到雨水的室内一侧，使有水处没有压力差，而有压差的部位又没有水，以达到防止外部水利用压力差渗入幕墙的目的。

32.4.2 铝型材缺陷渗水

1. 现象

幕墙严重变形，出现移位和雨水渗漏。整幅幕墙的平面度、垂直度不能达到要求。玻璃、铝型材与铝扣条之间的等压腔内存有少量积水。

2. 原因分析

(1) 铝型材表面处理不符合国家标准，表面涂层附着力不强，氧化膜太薄或过厚，导致密封胶粘接失效。

(2) 主要受力构件铝型材立柱和横梁的强度不足，刚度不够，其截面受力部分的壁厚小于 3mm，在风荷载标准值作用下出现相对挠度大于 $L/180$ 或绝对挠度大于 20mm 的现象，使幕墙产生严重变形并进而导致幕墙出现移位和雨水渗漏问题。

(3) 没有采用优质高精度等级的铝型材，或铝型材不合格，其弯曲度、扭拧度、波浪度等严重超标，造成整幅幕墙的平面度、铅直度无法满足要求，引起雨水渗漏。

(4) 在幕墙铝型材上未合理开设流向室外的泄水小孔，引起雨水渗漏。

3. 防治措施

(1) 铝型材表面处理应符合国家标准，其表面涂层附着力要强，氧化膜厚度应适中(不应低于AA15级)。

(2) 幕墙主要受力构件（比如铝型材的立柱和横梁等）的强度和刚度均应满足要求，截面受力部分的壁厚应不小于3mm。

(3) 应采用优质高精度等级的铝型材（其中幕墙立柱应采用超高精度等级)，且应符合现行国家规范要求，其弯曲度、扭拧度、波浪度等均不得超标。

(4) 在幕墙铝型材上应合理开设流向室外的泄水小孔，以把通过细小缝隙进入幕墙内部的水收集排出幕墙外，同时排去玻璃、铝型材与铝扣条之间的等压腔内的少量积水。

32.4.3　幕墙密封胶使用时渗水

1. 现象

铝塑复合板胶缝过早老化、开裂。密封胶粘结性差丧失密封作用。密封胶与幕墙玻璃粘结不密实。

2. 原因分析

(1) 采用了普通密封胶，没有采用耐候硅酮密封胶进行室外嵌缝，当幕墙上长期接受太阳光紫外线照射，胶缝会过早老化而造成开裂。

(2) 没有按规范要求进行结构硅酮密封胶接触材料相容性试验，若结构硅酮密封胶与铝型材、玻璃、胶条等材料不相容，就会发生影响粘结性的化学变化，影响密封作用。

(3) 未选用优质结构硅酮密封胶、耐候硅酮密封胶、墙边胶，或过期使用了上述密封胶。

(4) 选用的优质浮法玻璃未进行边缘处理，导致玻璃规格尺寸误差达不到相关规范要求。

(5) 未注意控制密封胶的使用环境，或在露天下雨时进行耐候硅酮密封胶施工，或结构胶的施工车间未达到清洁无尘土要求，且室内温度高于27℃、相对湿度低于50%。

(6) 注胶前未先将铝框、玻璃或缝隙上的尘埃、油渍、松散物和其他脏物清除干净，或注胶后未做到“嵌填密实、表面平整”，或受到手摸、水冲等不良影响。

3. 防治措施

(1) 应采用耐候硅酮密封胶进行室外嵌缝。

(2) 应按规范要求进行结构硅酮密封胶接触材料的相容性试验。

(3) 应选用优质结构硅酮密封胶、耐候硅酮密封胶、墙边胶，且应避免过期使用。

(4) 应选用优质浮法玻璃且必须按规范要求进行边缘处理，同时应确保玻璃的规格尺寸误差在现行国家规范要求的限度以内。

(5) 施工中应严格控制密封胶的使用环境，严禁露天下雨时进行耐候硅酮密封胶施工。

(6) 结构胶的施工车间应满足清洁无尘要求，室内温度一般不宜高于27℃，相对湿度不宜低于50%。

(7) 注胶前应先将铝框、玻璃或缝隙上的尘埃、油渍、松散物和其他脏物清除干净，注胶后应确保“嵌填密实、表面平整”，并应加强养护，防止手摸、水冲等现象发生。

32.4.4 幕墙玻璃缺陷渗水

1. 现象

玻璃暗裂、自爆、热断裂渗水。玻璃受热膨胀，被铝型材挤爆渗水。

2. 原因分析

(1) 玻璃没有进行边缘倒棱倒角处理，用作幕墙面材时容易产生应力集中，导致暗裂、自爆，幕墙漏水。

(2) 玻璃未进行热应力验算，大面积的玻璃吸收日照后，其热应力超过容许应力而引起热断裂，并导致幕墙漏水。

(3) 玻璃尺寸公差超标，玻璃两边的嵌入量及空隙不符合设计要求。当安装在明框玻璃幕墙上时，若玻璃偏小，则槽口嵌入深度不足，胶缝宽度达不到要求，玻璃容易从边缘破裂而渗水；若玻璃偏大，则槽口嵌入位置过深，玻璃受热膨胀容易被铝型材挤爆而渗水。当安装在隐框玻璃幕墙上时，由于胶缝宽度不均匀且难以控制注胶质量而导致渗水。

(4) 玻璃幕墙施工过程中未按规范要求分层进行抗雨水渗漏性能检查。

(5) 玻璃幕墙质量检查未认真实施。

3. 防治措施

(1) 幕墙玻璃应进行边缘倒棱倒角处理，以消除其用作幕墙面材时容易产生的应力集中问题，避免暗裂或自爆隐患发生。

(2) 幕墙玻璃应认真按相关规定进行热应力验算，确保大面积的玻璃吸收日照后的热应力不超过其容许应力，杜绝热断裂出现。

(3) 应确保幕墙玻璃的尺寸公差不超标并满足规范规定（即隐框玻璃幕墙玻璃拼缝宽度不宜小于 15mm），以保证拼缝间隙满足幕墙因地震、温度变化产生层间位移的要求，并确保玻璃不会因上述原因而被挤坏。

(4) 玻璃幕墙施工过程中应按规范要求分层进行抗雨水渗漏性能检查，以便及时进行修补以及在施工期间有效控制幕墙质量。

(5) 切实做好玻璃幕墙的隐蔽验收和工程验收工作。隐蔽验收在铝型材框架安装完毕后进行，主要检验连接钢码的牢固安全程度，检验幕墙与主体结构的间隙节点安装、伸缩缝安装等。工程验收在玻璃幕墙工程完工后进行，为玻璃幕墙的竣工验收。

32.4.5 幕墙安装缺陷渗水

1. 现象

铝框架接缝处渗水。密封和防渗漏失效渗水。密封失去防水功能渗水。玻璃底部挤裂渗水。

2. 原因分析

(1) 铝框架安装时未按规范操作，其水平度、铅直度、对角线差和直线度超标，直接影响幕墙的物理性能。通常接缝处的水流量远大于玻璃墙面上的平均水流量，因此，接缝是主要渗漏部位，若各构件连接处的缝隙未进行密封处理，则安装玻璃后必然渗水。

(2) 耐候硅酮密封胶封堵不密实、不严，或长宽比不符合规范要求。耐候硅酮密封胶厚度太薄，则不能保证密封质量，且对型材温度变化产生的拉应力不利；太厚又容易被拉断，使密封和防渗漏失效，导致雨水从填嵌的空隙和裂隙渗入室内。

(3) 密封胶条尺寸不符合要求，或采用劣质材料，很快松脱或老化，失去密封防水功能。

(4) 幕墙安装过程中未采用弹性定位垫块致使玻璃与构件直接接触，当建筑出现变形或温度变化时，其构件对玻璃产生较大应力并从玻璃底部开始挤裂玻璃而导致渗水。

3. 防治措施

（1）铝框架安装过程中应严格按规范操作并做好质量控制工作，其水平度、铅直度、对角线差和直线度均不得超标，各构件连接处的缝隙必须进行可靠的密封处理。

（2）耐候硅酮密封胶应封堵密实，长宽比应满足规范要求，规范规定其厚度应大于3.5mm、小于4.5mm，高度应不小于厚度的2倍且不得三面粘结。

（3）密封胶条尺寸应符合要求，严禁采用劣质材料。

（4）应合理设置并采用弹性定位垫块，以避免玻璃与构件直接接触。

32.5　框支承隐框玻璃幕墙

32.5.1　层间变形设计与实际不符

1. 现象

幕墙设计层间变形与实际的相差较大。

2. 原因分析

建筑幕墙一般由幕墙设计单位后续进行设计，建筑主体设计单位常常不提供或提供不准确的层间相对位移数据，导致幕墙设计层间变形与实际情况相差较大。此时幕墙主要受力构件变形会加大，并使其承载能力降低，对幕墙结构安全产生较大危害。

3. 防治措施

建设单位必须在建筑主体设计合同中要求设计单位无条件提供准确参数给幕墙设计单位进行幕墙设计，以使幕墙设计变形情况与实际情况吻合。

32.5.2　设计单元与实际四性检测单元不符

1. 现象

幕墙变形情况未能在设计时得到控制和调整。实际产生连续变形的因素未能得到控制和调整。

2. 原因分析

（1）大部分幕墙工程不在设计阶段进行四性检测，而是在施工阶段进行，导致幕墙变形情况未能在设计时得到有效控制和调整。

（2）有的工程设计按连续梁计算，但其四性检测的单元则按单跨送检，因此，其检测得出的数据不能准确体现设计变形情况，故其实际产生连续变形的因素未能得到有效控制和调整，影响幕墙结构安全。

3. 防治措施

幕墙工程四性检测应在设计阶段进行。工程设计时按连续梁计算的，其四性检测的单元也应该按连续跨送检。检测过程中应务必按其规定的阶段和设计单元进行。

32.5.3　立柱节点设计不符合实际受力情况

1. 现象

上段立柱受压与设计要求受拉的假定不相符。

2. 原因分析

一些工程幕墙立柱结构按连续梁设计，可施工图却未给出中间支座详图，导致实际施工时立柱的中间支座处理不符合设计假定的活动支座要求。

3. 防治措施

应完善设计并给出支座详图，施工中应按支座详图施工，并将立柱中间支座节点制成竖向长圆孔。

32.5.4 支座（角码）设计不符合实际受力情况

1. 现象

立柱两边各用单个角码夹抱固定。

2. 原因分析

（1）许多设计仍采取在立柱两边各用单个角码夹抱固定的形式，这样，势必会对变形造成不利影响，同时还会给安装过程中的调整造成不便。

（2）嵌入式幕墙最顶层（梁下）的中间立柱支座有时没有详图，施工中一般将角码置于立柱外面夹住，不便于立柱左右水平移动。

（3）边立柱支座在图上或是在实际施工中，经常用单个角码置于立柱一侧支撑立柱，立柱承受恒载为竖向荷载，与角码错动会导致螺栓受剪，并使立柱成为小偏心受拉构件，从而使立柱靠角码这侧的栓孔受力较大，不符合设计假定受弯要求，并会危害立柱和横梁安全。另外，转角处的立柱支座在图上或是在实际施工中用单个角码固定，其危害与边立柱支座相同。

3. 防治措施

（1）幕墙通常应采用支座节点固定形式并要求做到三维可调，宜参照标准图集的做法在立柱两边各用二个角码交叠而使其成为三维可调支座。

（2）嵌入式幕墙最顶层（梁下）的中间立柱支座宜将支座角码伸入立柱（方管）空腔中。角码与立柱间在放置绝缘垫后，还应留出间隙，以使立柱能够左右水平移动达到支座三维可调目的。

（3）边支座立柱必须做到双角码支承，若是嵌入式幕墙最顶层（梁下）的边立柱支座，则应将支座两个角码伸入立柱（方管）空腔中，外侧角码在与预埋板连接安装时，必须转一个方向，见图 32-1。转角处的立柱支座宜采用双角码支承。

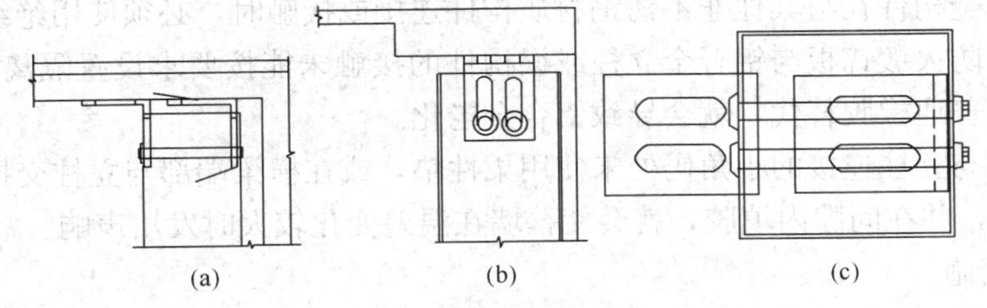

图 32-1 嵌入式幕墙最顶层边立柱角码设置示意

（a）正视图；（b）侧视图；（c）俯视图

32.5.5 幕墙附框松动，密封不好

1. 现象

幕墙附框松动，密封不好。

2. 原因分析

幕墙附框固定的压块未按设计确定的数量设置。

3. 防治措施

幕墙附框固定的压块必须按设计确定的数量设置，以避免附框松动，密封不好。

32.5.6　开启扇玻璃托安装设计偏差大

1. 现象

开启扇开关时，粘结玻璃的结构胶粘结力耐久性不好。

2. 原因分析

施工图中对开启扇未给出玻璃托或详图，其使用的型材经常不配套，故虽然开启扇面积较小，但经常开关对粘结玻璃的结构胶粘结力会产生不利影响，若在底部没有设置玻璃托，则会影响其耐久性。

3. 防治措施

在开启扇底设置两个100mm长、2mm厚不锈钢板制作的玻璃托，并Φ 4mm的不锈钢螺钉在框上固定（见图32-2）。

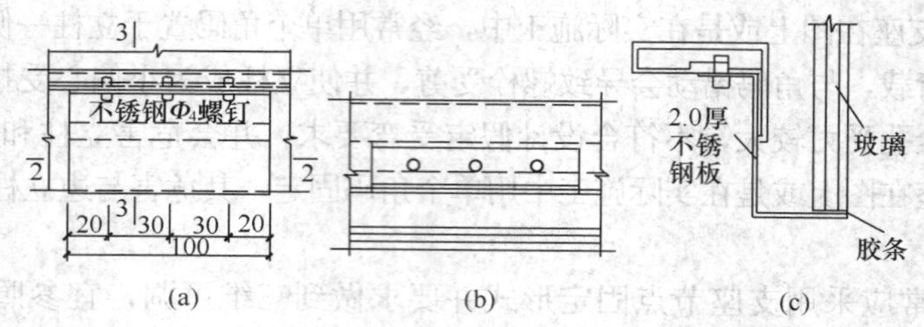

图32-2　开启扇玻璃托安装示意

（a）构造图；（b）2-2断面图；（c）3-3断面图

32.5.7　幕墙在温差变化较大时发出声响

1. 现象

绝缘垫与柔性垫设置不配套。幕墙在温差变化较大时会发出声响。

2. 原因分析

（1）铝合金构件在与其他非不锈钢材质构件连接或接触时，必须使用绝缘垫隔离，若立柱与角码、防火镀锌板与铝合金立柱或梁构件的接触未能按要求设置隔离垫或隔离胶，或虽设置但以普通橡胶替代，就会导致铝合金老化。

（2）横梁与立柱连接的小角码处未使用柔性垫，或在横梁端部与立柱交接处未能预留1～2mm间隙，并在间隙内填胶，就会使幕墙在温差变化较大时发出声响。

3. 防治措施

铝合金构件在与其他非不锈钢材质构件连接或接触时，必须设置耐热的环氧树脂纤维布或尼龙12垫片作为绝缘隔离垫。

横梁与立柱连接的小角码处应使用柔性垫，或在横梁端部与立柱交接处预留1～2mm间隙，并在其中填胶，安装时监理单位必须督促施工人员按要求施工。

32.5.8　与主体连接的焊接和防腐处理不当

1. 现象

焊缝经常出现不饱满、夹渣、气孔、主材烧伤、焊瘤等不良现象。预埋的钢锚板不做防腐处理或防腐处理不到位。焊渣清理不干净。

2. 原因分析

(1) 角码与预埋钢板连接焊接其焊缝方向有平焊、仰焊、竖焊等，其中仰焊难度较大，若焊工对仰焊和竖焊的技术掌握较差，则焊缝就会经常出现不饱满、夹渣、气孔、主材烧伤、焊瘤等不良现象。

(2) 若预埋的钢锚板不做防腐或不到位，就会出现基层未清理便油漆的问题，某些小面未进行防腐处理而产生锈蚀。未进行基层处理就直接涂面漆会严重影响防腐效果。

3. 防治措施

(1) 参见17.3“钢筋电弧焊”相关内容的防治措施。

(2) 涂面漆前必须先将焊渣清理干净后再涂防腐漆，最后再刷面漆。

32.5.9 避雷跨接不符合要求

1. 现象

出现原电池反应问题，出现跨接松动接触不良现象。

2. 原因分析

(1) 均压环与立柱的避雷连接用铝合金材料时，未考虑铝与钢材的电位差直接接触会出现原电池反应问题。

(2) 立柱与横梁未能进行跨接，或采取了刚性连接，则在温差变化较大时，会由于热胀冷缩变形而使跨接松动接触不良。若连接时采用单个螺钉固定，同样容易出现松动连接不良问题。

3. 防治措施

在均压环与立柱的避雷连接用铝合金材料连接时，应考虑铝与钢材的电位差问题，为此，宜用不锈钢板进行连接。

立柱与横梁应进行跨接，也可将连接铝板中部折成V形，留一定伸缩余量，固定宜使用2个螺钉，以保证连接效果。

32.5.10 收口部位与结构紧顶

1. 现象

边收口或底收口与周边结构紧顶。

2. 原因分析

玻璃幕墙的设计外形尺寸是依据主体立面提供的尺寸确定的，没有很好地考虑土建主体施工误差和土建装修施工误差，因此经常会出现边收口或底收口与周边结构紧顶的情况，温差变化较大时，会使构件实际受力状态不符合设计假定的受弯拉或受弯情况，从而对构件安全产生不利影响。另外，底收口紧顶还有可能影响排水。

3. 防治措施

玻璃幕墙设计外形尺寸应充分考虑土建主体施工误差和土建装修施工误差，应根据土建主体允许偏差情况在施工下料时对尺寸进行调整（外框宽度的缩小宜按每跨缩小5mm计、缩小的总宽度宜不少于50mm且不大于80mm。对嵌入式的幕墙下料高度也是要相应缩小，高度缩小宜按每层缩小5mm计、缩小的总高度宜不少于50mm且不大于80mm)。

32.5.11 钢化玻璃质量不符合要求

1. 现象

钢化玻璃的品种和厚度不符合设计要求。

2. 原因分析

钢化玻璃的生产厂家未按规定进行生产或加工，或经销商未按合同要求进货。

3. 防治措施

玻璃进场必须根据设计的品种和厚度进行检查，要对钢化玻璃用目测进行判别，即面对钢化玻璃的成像是否略有变形和不如平板玻璃真实。

32.5.12　结构硅酮胶打注质量差

1. 现象

结构胶的粘结能力差，使用年限短。胶面收缩有稍微弧面，宽度相应缩小。着胶构件清洗不好。结构胶打注后有气泡或不饱满。

2. 原因分析

(1) 打注胶车间的环境温度、湿度不符合规范规定，影响结构胶的粘结能力和使用年限。

(2) 注胶宽度一般按设计确定，但注胶玻璃压上后，胶面会收缩出现稍微弧面，且其宽度也相对缩小。

(3) 着胶构件清洗过程中，施工单位为节约成本和施工人员图省事常用一条毛巾清洗多个构件，使构件清洗质量差。

(4) 结构胶打注未按规定程序进行，产生气泡或胶面不饱满，严重时还会出现结构胶剥离面。

3. 防治措施

(1) 打注胶车间环境应清洁无尘，室内温度不宜低于15°，也不宜高于27°，相对湿度不宜低于50%。若打注胶车间由普通楼房临时改造而成，则应控制环境温度、湿度，使能符合规范规定，监理单位必须加强对这部分工程的验收工作。

(2) 实际注胶宽度宜比设计加宽1mm，实际用胶量宜为理论用胶量的1.03～1.08。

(3) 着胶构件清洗采用无纺布裁剪小块并按要求清洗，即可达到较好的清洗效果。

(4) 结构胶打注后应对注胶情况进行全数检查，看其是否有气泡或不饱满问题，另外，还应抽样检查结构胶剥离面位置、注胶尺寸等情况。结构胶应按胶类的不同进行合理的养护。

32.5.13　防火材料金属槽与梁或墙接触不严密

1. 现象

防火材料金属槽与主体混凝土梁或墙表面接触不密贴。

2. 原因分析

当梁或墙混凝土表面凹凸不平而出现孔隙时，放置防火材料金属槽就会与主体混凝土梁或墙表面接触不严密，从而形成烟的通道。

3. 防治措施

在角码定位安装后，对要设置防火隔离的部分进行抹平，并在安装防火材料槽工作结束后，对其与混凝土梁或墙的接触部位注防火密封胶进行密封。

32.5.14　锚板预埋偏差大

1. 现象

锚板预埋位置出现前后位移偏差。

2. 原因分析

锚板预埋施工不认真或设计位置偏差大。若锚板预埋位置经常出现左右位移偏差，则个别立柱支座一侧角码就无法置于预埋的锚板上。

3. 防治措施

(1) 锚板预埋位置出现左右位移偏差，可采用补植锚栓（即后置预埋件）和加锚板的方法进行处理，在补植锚栓后应进行拉拔检测，合格后方可连接锚板。锚板与锚栓必须采用塞孔焊连接，延长的锚板与原预埋的锚板必须用坡口焊连接。锚板预埋位置出现前后位移偏差，也可采用加长的角码（L边加长）进行校正处理。

(2) 为减少预埋锚板位置偏差，设置锚板混凝土的梁模板必须具有足够的强度、刚度和稳定性并应有防止侧模变形的措施；锚板预埋时必须将锚板与梁的主筋固定牢固；锚板预埋后或混凝土浇筑前必须对其位置进行三维校核（其偏差在允许范围之内）：设置锚板的混凝土浇筑时必须对操作人员交底，应特别强调振捣时振捣棒不要碰撞锚板并应避免锚板移动。

32.5.15 后置预埋件偏差大，抗拉拔能力差

1. 现象

后置预埋件锚栓抗拉拔能力差。锚板尺寸和锚栓孔位置有偏差。

2. 原因分析

(1) 在既有建筑或结构已施工完成的建筑中需要设置后置预埋件时，容易忽视对既有钢筋混凝土强度进行判定。

(2) 后置预埋件植入锚栓深度不能满足设计要求，或虽然植入深度能满足要求，但随意调整锚栓间距。

(3) 螺栓不垂直于锚板的打入方法，容易造成混凝土局部破坏，影响锚栓抗拉拔能力。

3. 防治措施

(1) 既有建筑或结构需要设置后置预埋件时，必须对结构混凝土强度进行检测并将检测结果提交设计单位验算确定。

(2) 应按规定将锚板尺寸和固定锚栓孔位置制作成固定规格进行预埋施工，植入锚栓深度应满足设计要求。

(3) 在钢筋混凝土结构上设置后置预埋件时，应先放样确定锚板位置，然后用扫描仪在每块后置预埋件的锚板范围内找出结构内钢筋位置，若遇到钢筋，应及时调整锚栓位置，调整位置必须保证锚栓间距不能过小，间距过大时可用增加锚栓的方式处理。锚板尺寸和锚栓孔位置必须根据每个部位扫描后的情况确定制作要求，以使后置预埋件能满足设计规定。

32.5.16 幕墙运行后功能不畅

1. 现象

开启扇的滑撑轨道不灵活或损坏。玻璃破损更换后相容性差。

2. 原因分析

(1) 开启扇的滑撑轨道未加润滑油而常为干涩状态，导致开关不灵活，并容易造成滑撑损坏或带来开启扇脱落的危险。

(2) 检修中更换或对使用过程中的破损玻璃进行更换时，若未能对其使用的材料重新进行相容性试验和结构胶等有关技术指标复验，就无法判别结构胶和其所接触的材料是否相容，因此，有可能出现玻璃脱落或耐久性差等问题。

3. 防治措施

(1) 开启扇的滑撑轨道应经常保养，以确保其具有适度的润滑能力。

(2) 建设单位应建立检修制度，对幕墙进行定期检修或定期聘请有经验的专业人员进行检修。

(3) 检修中更换或对使用过程中的破损玻璃进行更换时，必须对使用的材料重新进行相容性试验和结构胶有关技术指标复验，以判别结构胶和其所接触的材料是否相容，或其技术指标是否满足要求。

32.5.17 技术资料收集不全，影响幕墙运行

1. 现象

幕墙抗雨水渗漏的淋水试验情况不明，玻璃幕墙计算书、主要受力构件的技术资料、结构胶注后的检查资料、放置锚板的混凝土梁强度资料以及钢化玻璃的质量保证资料均欠缺。

2. 原因分析

(1) 幕墙抗雨水渗漏的淋水试验未做或未能按标准做，导致幕墙运行后发生雨水渗漏。也可能淋水资料未及时收集记录整理。

(2) 按规范要求设计单位必须提供玻璃幕墙计算书，但设计单位常以知识产权等为借口不提供，增加幕墙运行后更换损毁玻璃的困难。

(3) 主要受力构件的立柱横梁铝合金型材虽然附有出厂合格证和质保书，但常常未见立柱横梁型材进场后进行厚度、韦氏硬度的抽查检测记录资料，主要受力构件的技术资料欠缺，会增加幕墙运行后更换受力构件的困难。

(4) 结构胶注后的检查资料经常没有收录整理，有的虽附上其检查方法和检查内容指标，但也未有针对性描述，增加幕墙运行后更换损毁玻璃的困难。

(5) 放置锚板的混凝土梁强度依规范要求不宜低于C30，但幕墙资料未能提供检测报告，当主体混凝土强度低于C30时，将对锚板牢固程度产生不良影响。

(6) 放置锚板的混凝土梁强度资料欠缺，会增加幕墙运行后更换受力构件的困难。

(7) 对厚度8mm以下的钢化玻璃应进行引爆处理，可是在工程上使用厚度8mm以下的钢化玻璃在质量保证资料中经常未见收录，增加幕墙运行后更换损毁玻璃的困难。

3. 防治措施

(1) 必须进行幕墙抗雨水渗漏的淋水试验并应按现行国家标准进行，淋水试验时喷嘴与墙距离应符合要求，淋水水压应达到规定的最小水压700Pa的要求，淋水资料应及时收集记录整理，并应严格按标准要求进行检验和记录。

(2) 设计单位必须提供玻璃幕墙计算书，图纸会审、工程验收均必须有幕墙计算书，且应校核其主要技术指标是否符合要求，业主应要求设计单位提供玻璃幕墙计算书。

(3) 必须对进场的立柱横梁型材厚度用分辨率0.5mm的游标卡尺进行测量，测量方法是在杆件同一截面的不同部位测量不少于5个点，测值取最小值，其测值必须符合设计要求。必须用经校正后的韦氏硬度计对进场的受力立柱横梁型材进行硬度检测，检测时取

约 0.5 个单位值，测点不应少于 3 个，测值取平均值，其硬度必须满足规定要求。以上测量与检测必须记录并收集整理成内业资料。

(4) 必须对厚度 8mm 以下钢化玻璃进行引爆处理，让上墙后可能自爆的玻璃在工厂提前破碎，对此项工作应进行专门的验收和记录。

(5) 放置锚板的混凝土梁的强度，规范要求不宜低于 C30，设计和施工中对这部分混凝土强度应严格控制，并提供检测资料。

(6) 结构胶注后的检查资料应经常收录整理，并应附上其检查方法和检查内容指标以及针对性的描述，包括切割面、拉的方向角度、胶剥离面位置、气泡存在否或密实情况、胶尺寸等，且必须作为保证项目进行处理。

33 门窗及玻璃工程

门窗具有防卫、采光、通风、隔热、隔声、保温、遮阳、防风雨和美化建筑的外观等功能。

我国幅员辽阔，分为严寒、寒冷、夏热冬冷、夏热冬暖及温和五个气候区域，不同的气候区域，对门窗的功能要求会有一些差异。

近年来，国家出台一系列建筑节能政策，各地都在限制使用普通单层玻璃外门窗、普通推拉铝合金外门窗、普通实腹及空腹钢窗、非断热金属型材制作的外门窗等。铝合金节能门窗、塑钢（铝塑）复合门窗等新品种迭出。目前，建筑节能型门窗已占整个门窗市场的50%以上。

33.1 木 门 制 作

33.1.1 木门框变形

1. 现象

门框制作好后，发生弯曲或者扭曲、反翘，门框立面不在同一个平面内。立框后，与门框接触的抹灰层挤裂或挤脱落，或者边梃与抹灰层离开。变形轻者，门扇开关不灵活；变形重者，门扇关不上或关不平，关上后拉不开，无法使用。

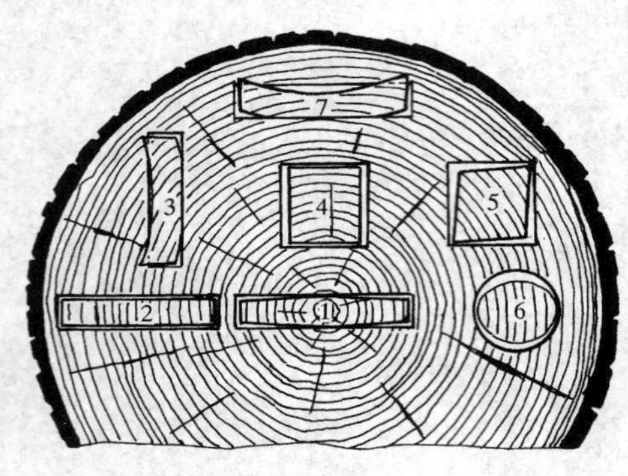

图 33-1 木材干燥后截面形状的改变

1—通过髓心的弦切板，两端收缩较大，中央收缩小，其结果呈凸形；2—不含髓心的径切板，收缩比较均匀；3—材面与年轮成45°角时，干燥后的两端收缩较大，发生翘曲；4—原来为正方形，年轮与两边平行，干缩后因顺年轮方向的收缩大，垂直于年轮方向的收缩小，则木材变为长方形；5—其年轮形成对角线时，干燥后由正方形变为菱形；6—如图面为圆形，则变为卵形或椭圆形；7—弦切板，干燥后则两边翘曲

2. 原因分析

（1）木材含水率超过了规定数值。当木材中水分下降到纤维饱和点以下时，木材发生干缩，其径向和弦向的干缩程度不一样。制作门框的木材是从许多原木的不同部位锯割出来的，既有径向，又有弦向，由于干缩不一致，使木材发生变形，门框也随着变形。

（2）选材不适当。木材中有迎风背，这部分木材极易发生边弯、弓形翘曲。木材斜纹超过规定，也易发生变形。

（3）加工制作质量低劣，打眼偏斜，开榫不平整，拼装不严密，榫卯不牢固。

（4）在木材窑干末期，没有加强终了处理，木材内部留下了较大的残余应力。

（5）当成品重叠堆放时，底部没有垫

平。露天堆放时，表面没有遮盖。制作完毕后没有及时刷底子油。门框受到日晒、雨淋、风吹，发生膨胀、干缩而变形。

3. 预防措施

(1) 将木材干燥到规定的含水率。当采用窑干时，木材含水率不应大于12%，当受条件限制时，允许采用不大于当地平衡含水率的气干木材。

(2) 对要求变形小的门框，应选用红松及杉木等制作。遇到偏心原木，要将年轮疏密部分分别锯割。变形大的阴面部分应挑出不用。木纹的斜率一般应控制在12%以内。

(3) 掌握木材的变形规律（图33-1），按变形规律合理下锯，多出径切板。对于较长的门框边梃，选用锯割料中靠心材部位。

(4) 在木材窑干末期，根据木材内部的应力情况，加强终了处理，消除残余应力。

(5) 当门框边梃、上槛料宽度超过120mm时，在靠墙面开5mm深、10mm宽的沟槽，以减少出现瓦形的反翘。

(6) 门框重叠堆放时，应使底面支承点在一个平面内，以免产生翘曲变形，并在表面覆盖防雨布，防止雨水淋湿和太阳暴晒而再次受到膨胀干缩。

(7) 门框制作好后，应及时刷底子油一遍。与砖墙接触的一面，应涂刷防腐油，以防受潮变形。

(8) 可采用胶合木方料作门框，以减小变形。

4. 治理方法

(1) 门框拼装好后发生变形，对弓形反翘、边弯的木材可通过烘烤凸面使其平直。

(2) 若由于边梃或上下槛变形严重而使门框翘曲时，可将变形严重的框料取下，重新换上好料。

33.1.2 木门扇翘曲

1. 现象

(1) 门扇立面不在同一个平面内。

(2) 门扇安装后关不平，插销棍插不进销孔内。

2. 原因分析

(1) 同33.1.1“门框变形”的原因分析（1）。

(2) 制品拼装成型后没有及时刷底子油，安装门扇后又没有及时油漆，遭到日晒、雨淋、风吹，再次发生膨胀、干缩而变形。

(3) 制作用的木材中有迎风背。这部分木材容易发生边弯、弓形翘曲等缺陷。

(4) 门扇过高、过宽，而选用的木材断面又小，刚度不足，遇到木材稍有膨胀、干缩，就会产生变形。

(5) 制作质量低劣。如刮料不方正，打眼偏斜，开榫不平整，榫肩不方（榫肩和榫头的平面不垂直），拼装机台面不平等都会引起翘曲变形。

3. 预防措施

(1) 用含水率达到规定数值的干燥木材制作门扇。

(2) 掌握木材的变形规律，合理下锯，多出径向板。遇到偏心原木，要将年轮疏密部分分别锯割，如图33-2所示。在截配料时，把易变形的阴面部分木材挑出不用。

(3) 较高、较宽的门扇，设计时应适当加大断面，以防止木材稍有干缩就发生翘曲

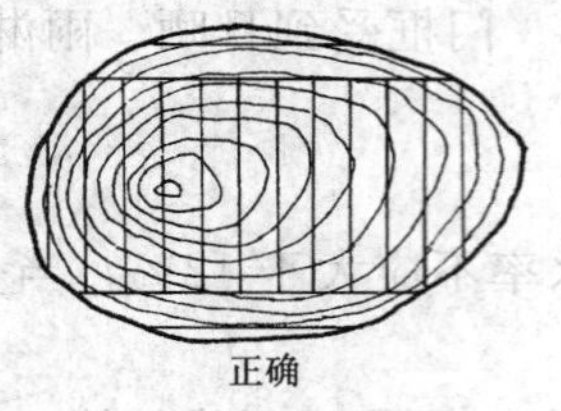
正确

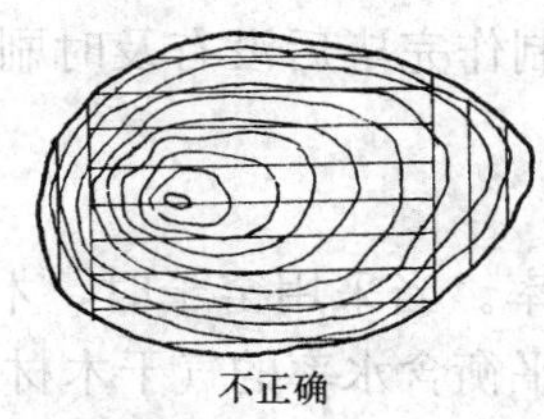
不正确

图 33-2　偏心原木锯割法

变形。

(4) 门扇的高度、宽度较大时，边梃、冒头要适当加大设计断面，以提高门扇刚度，防止木材稍有干缩就发生翘曲变形。

(5) 提高门扇的制作质量。打眼要方正，两侧要平整；开榫要平整，榫肩要方正。机器拼装时，先拼出三扇检查其变形情况，调整合适后，再成批拼装，并在拼装过程中加强检查。手工拼装时，要拼一扇检查一扇，掌握其扭歪情况，在加楔子时适当纠正。

(6) 门扇拼装成型后不要露天堆放。现场临时露天堆放要苫盖严密。重叠堆放时，应使底面支承点在一个平面内，以免发生翘曲变形。

(7) 安装门扇前，表面应先涂上底子油；安装后，应及时涂刷油漆。

4. 治理方法

安装前对门扇进行检查，翘曲在 3mm 以内的，可以用下列方法治理后使用：

(1) 调整铰链在框立梃上的横向位置，使扇上锁或插销的一边与框平齐；

(2) 扇与框过紧部分进行修刨；

(3) 用门锁或插销对翘曲门扇进行校正。

33.1.3　木门扇窜角

1. 现象

门扇的两相应对角线长度不相等，安装后，上冒头和下冒头的宽度均不相等。

2. 原因分析

(1) 榫头肩膀加工得不方，安装后边梃和冒头不能互相垂直。

(2) 打的眼不方正，孔的两端斜度不对称。

(3) 拼装时未规方。

(4) 加楔位置不当，引起窜角。

(5) 搬运过程中摔碰严重。

3. 预防措施

(1) 打眼要方正。用打眼机打眼时，台面要与钻头垂直，夹紧木料，使木料底面紧贴台面，以免偏斜。试打合格后，再成批加工。

(2) 榫头肩膀要方正。加工前，调整好机器，要使开榫机靠板与轨道垂直。

(3) 拼装时，榫插入眼，先规方后再打入，严格控制窜角不超过规定数值。

(4) 爱护成品，严禁摔碰。

4. 治理方法

轻微窜角，可在冒头上加楔校正，加楔位置如图 33-3 所示。

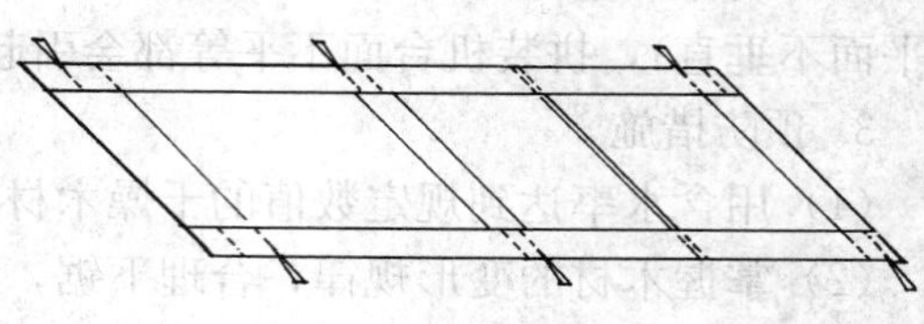
图 33-3　加楔位置

33.1.4　木门框窜角

1. 现象

门框制作好或运到工地后，检查对角

线长度不一致，甚至悬殊很大，出现窜角。

2. 原因分析

（1）画线不准确，打眼不方正、顺直，榫头加工歪斜，榫肩倾斜。

（2）在门框拼装时，没有规方就将胶楔打紧。

（3）榫、眼加工质量粗糙，榫与眼不够密合，或者未背紧胶楔，致使榫头松动。

（4）门框做好后，要经过多次堆放、装卸、运输，多次受到外力的作用，当门框的面积较大，刚度较差时就可能出现窜角。

3. 预防措施

（1）提高操作技术，开榫、打眼做到平、正、直、方，锯割榫肩做到方正。

（2）在拼装门框时，必须规方后才能加胶楔背紧。

（3）门框制作好后，应在边梃和上槛间一边钉上1根临时斜撑，使门框变成一个不变形的稳定体系，在外力作用下，仍可保持原有的几何形状，防止门框在搬运过程中由于受到外力作用而发生窜角。

4. 治理方法

窜角较小时，可用力将其规方后，在相应的榫头上加胶楔背紧；窜角过大时，应重新进行校正、拼装。

33.1.5 木门框、扇割角，拼缝不严密

1. 现象

在门框的边梃与上、下槛，门扇的冒头与扇梃，门棂子与冒头、扇梃等结合处不严密，露出明显的缝隙，或在倒棱割角处不密合。

2. 原因分析

（1）半榫的眼过浅，榫头过长。

（2）榫肩不平整，则一部分密合一部分露缝隙。

（3）双榫或双夹榫“叠台”部分过高，顶住眼中的凹槽。

（4）由于工具修理或使用不当，裁口深浅不一致，断肩长短不一致，使割角不等于45°。

3. 预防措施

（1）半眼的深度不得大于材料断面的1/3，半榫的长度应比半眼的深度小3mm。

（2）提高开榫的操作技术，做到榫肩长短合适，外形方正。

（3）拉肩时肩头要拉平，或稍向里倾斜半线，有利于保证缝隙严密。

（4）双榫或双夹榫“叠台”部分的高度，应小于眼中相应凹槽处的深度。

（5）校验倒棱刨，使其符合门扇的倒棱坡度。倒棱过大斜肩不严，倒棱过小硬肩不严。

（6）裁口深浅要一致，裁口刨或勒刀调整好后必须固定。

（7）割角处断肩时，两侧留线要一致，硬肩上面留半线，下面靠根处锯线，斜肩锯割贴住对角线，切不可吃线或留线。

4. 治理方法

（1）如系半榫过长，可略去短，使其距眼底3mm，也可将眼适当补凿加深。

（2）若榫肩不方正，应视情况将其修理方正；如榫肩过短，则需更换。

（3）如为双榫、双夹榫因“叠台”过长而造成缝隙不严，可将“叠台”部分适当锯短。

（4）割角结合缝不严时，可用小木楔粘胶塞缝，胶干后再按结合处的线条情况仔细削磨至与两边完全一致为止。

33.1.6　木门框（扇）平整度差

1. 现象

在门框的立梃与上、下槛，或门扇的扇梃与上、下冒头等结合处，相结合的两根料不在同一平面内，出现了高低错台。

2. 原因分析

（1）刨削材料不认真，刨好的料宽度、厚度尺寸不一致，误差过大。

（2）开榫、打眼线的位置画得不准确。开榫、打眼技术差，没有严格按线操作。

3. 预防措施

（1）刨削木料时，应保证每根木料的宽度（或厚度）符合设计尺寸，误差尽量减小。

（2）开榫打眼时，严格按画好的线进行操作。做到“锯半线，凿半线，合在一起整一线”，就是说开榫时的锯口吃掉线宽度的一半，打眼时凿去眼边线宽度的一半，如图 33-4。也可以采用“锯不留线凿留线，合在一起整一线”的方法，即开榫时锯口吃着墨线走，把墨线吃掉，打眼时凿刃靠着墨线走，将墨线留出，如图 33-5。

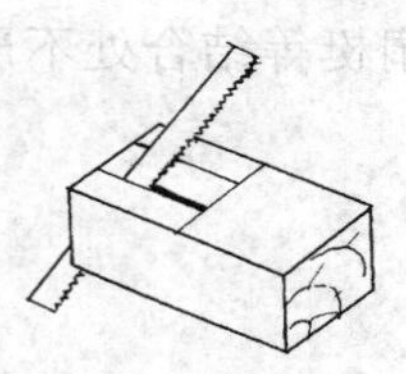
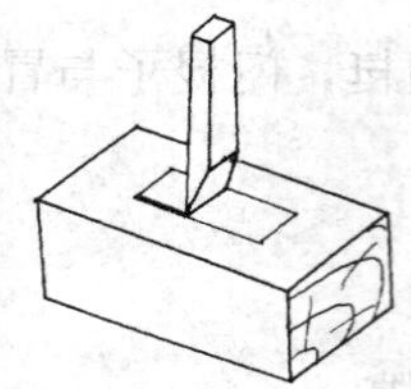

图 33-4　锯半线凿半线示意

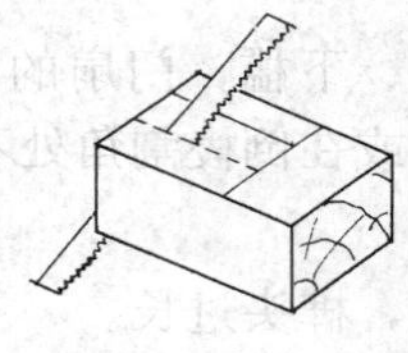
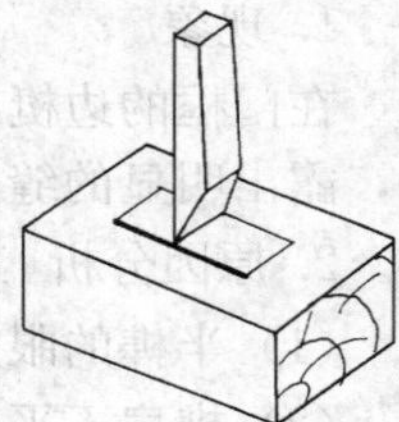

图 33-5　锯不留线凿留线示意

4. 治理方法

（1）若错台较小，可用刨子刨削平整。

（2）若错台相差过大，应重新换料，再按眼的实际距边部的尺寸开榫。

33.1.7　木门扇冒头、棂子不水平

1. 现象

（1）门扇冒头或棂子与立梃不垂直，水平方向倾斜。

（2）冒头两端宽度不一，外观不平直。

2. 原因分析

（1）画打眼位置线时，在两根相对立梃上，相同部位眼的上下位置线不准确，使打出的眼高低不一致。

（2）凿眼时，孔眼的上下位置未控制好，使眼的一端欠凿，另一端过凿。

3. 预防措施

（1）相对应的立梃在画线时，应将多根料叠放一起，用准确的拐尺一次画线，或在画线架上排列整齐后一次画线。

（2）凿眼时，先由眼的近端线下凿，凿刃要吃在墨线上；凿眼的远端线时，凿至线边即可，不可过凿。

4. 治理方法

若水平倾斜较大时，可将相对应的两根立梃并列一起，重新画好眼的位置线，并补凿至重新画好的线边。拼装后，在眼中留出较大空隙的一端，可用相适应的木塞涂胶后打入眼中空隙部分，然后再加胶楔背紧。

33.1.8 木门框扇加工粗糙

1. 现象

（1）门框、扇表面不平、不光、戗槎。

（2）门框、扇表面有锤印、凹坑。

（3）门框、扇表面有死节、孔洞、虫眼、腐朽。

2. 原因分析

（1）门框、扇料加工时刨得不平、不光，或者拼装完后在堆放过程中，木材收缩未予修整。

（2）刨料时，刨刃露出过大，或刨削方向与木纹方向相反，就会出现戗槎。

（3）门框扇拼装完后，未进行认真的净面、打磨。

（4）拼装时，直接用斧头锤击木料，造成锤印、凹坑。

（5）选料不当，使用了带死节、孔洞、虫眼、腐朽的木材，加工时又不认真，未予剔除。

3. 预防措施

（1）门框、扇料的毛料，应有一定的加工余量，单面刨光应留 3mm，双面刨光应留 5mm。加工刨削时，要认真刨至设计要求的尺寸。

（2）要顺木纹的方向刨料，刨边材时要从树梢向树根的方向推进；刨心材时要从树根向树梢的方向推进（图 33-6）。遇有逆纹时应将刨刃打小，或用加铁盖刃的刨子，以防木材面戗槎过深。

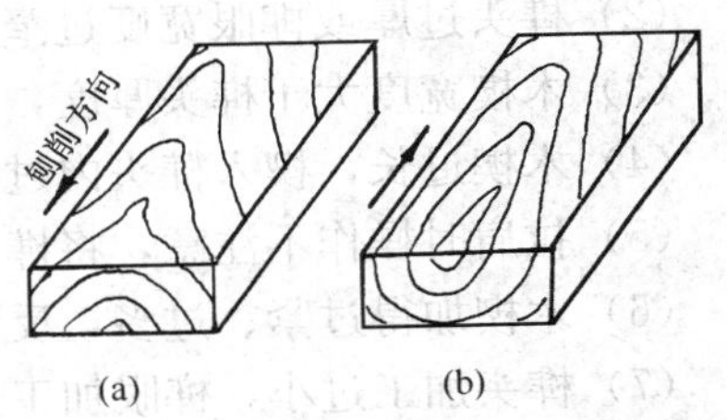

图 33-6 木纹与刨料推进方向
(a) 边材；(b) 心材

（3）拼装紧榫时，在斧锤敲打的地方应用硬木衬垫，不得直接锤击框、扇料。

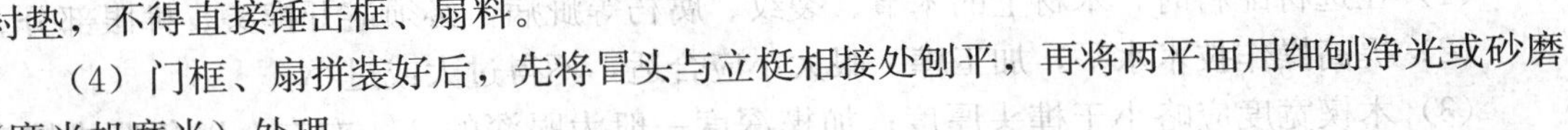

（4）门框、扇拼装好后，先将冒头与立梃相接处刨平，再将两平面用细刨净光或砂磨（磨光机磨光）处理。

4. 治理方法

（1）门框、扇表面戗槎、毛刺及不平、不光，可用细刨净面或砂磨处理。

（2）门框、扇上的死节、孔洞等疵病，应根据情况进行挖补处理。

（3）门框、扇表面如有锤印，可在锤印上淋一些温水，使塌陷处的木纤维充分吸足水分，膨胀复原，干后再上漆。

33.1.9 木门框、扇几何尺寸不准

1. 现象

门框、扇几何尺寸偏大或偏小，造成框、扇不配套，扇装不进框里或装进去缝隙

过大。

2. 原因分析

(1) 画线错误或尺寸不准确。

(2) 刨削、打眼加工时未按线进行，操作马虎。

3. 预防措施

(1) 大批量制作木门前，应画线加工试做一樘，检查尺寸无误后，再进行大批量加工，以避免错误。

(2) 操作时应严格按照画好的线加工。

4. 治理方法

(1) 若门扇稍大，可将其刨削至需要尺寸；若门扇过大，刨削过多会大大减小断面或损伤榫卯时，则应考虑更换新扇。

(2) 若门扇稍小，在不影响美观的情况下，可在边部涂胶加钉木条至所需尺寸，若过小时，则应考虑更换新扇。

33.1.10 木门框、扇榫卯处劈裂、松动、损坏

1. 现象

(1) 门框或门扇榫眼端头劈裂，榫卯损坏。

(2) 榫肩处开裂或榫头根部断裂损坏。

2. 原因分析

(1) 榫头或榫眼端部的木料材质不好，有木节，或原来就开裂、腐朽。

(2) 榫头过厚或榫眼宽度过窄，拼装时榫头将榫眼端胀裂。

(3) 木楔宽度大于榫头厚度，加楔时将榫眼胀坏。

(4) 木楔过长，楔入榫头内过深，造成榫肩开裂。

(5) 拉肩时操作不注意，将榫根部分锯开，易造成榫头断裂。

(6) 木楔加得过紧、过多，反而造成榫卯破坏。

(7) 榫头加工过小，榫眼加工过大，榫与眼不密合，易出现榫头松动。

(8) 拼装时榫头、木楔未粘胶，木材干缩后，榫头发生松动。

(9) 木材含水率过大，拼装完成后，木材逐渐干缩，榫头体积减小，造成榫头松动。

3. 预防措施

(1) 在选材配料时，木材上的木节、裂纹、腐朽等疵病，必须避开榫头、榫眼部分。

(2) 提高操作技术水平，加工榫、眼大小应合适，不得过大或过小。

(3) 木楔宽度应略小于榫头厚度；加楔深度一般为眼深的 3/4 左右，以免造成榫肩劈裂。

(4) 榫的宽度超过 50mm 时，应加两个楔，以确保结合牢固。

(5) 在配料时，木料端头榫眼的最端头，要留出一定长度的加工余量，保护榫眼，以免在加楔背紧时损坏。

(6) 在进行榫头拉肩时，必须仔细刹锯，锯刃不得伤害榫根。

(7) 门框、扇拼装时，必须在榫头、木楔上涂上胶料，使其粘结牢固，以防木楔脱落，榫头松动。

(8) 要选用含水率符合规范规定的干燥木材。

4. 治理方法

(1) 榫眼端头劈裂不严重者，可在裂缝中灌胶料后，用圆钉横向钉牢。

(2) 榫眼处严重开裂、损坏者，应重新更换木料。

(3) 榫头根部断裂，已不能保证质量，应重新更换。

(4) 榫卯松动时，可将其慢慢退出，并修整好后，将其粘胶、加楔，重新拼装。

33.1.11 胶合板门扇开胶

1. 现象

门扇的胶层大部分或部分剥离，开胶部位板面用手指极易压下，用手掌拍击可发出“噗噗”的声音；开胶面积较大时，板面还会隆起。在周边开胶处有缝隙，钉上镶边后，开胶部位略高出镶边。

2. 原因分析

(1) 木材含水率超过规定数值，使胶液不能渗透到木材空隙中，胶层和木材不能紧密连接，而且耐水性差的胶固化不好；耐水性强的胶虽然固化，但胶结强度降低，当木材干燥收缩时，内应力使胶层剥离。

(2) 胶粘剂质量不良，使用前检验不够，会因胶结强度低而引起剥离。

(3) 胶粘剂的固化时间不足。冷压时，环境温度太低，尤其在冬天，当胶粘剂还未完全固化就卸压，此时胶结强度低，很容易开胶；热压时，板面温度不均匀，热压板不平整，一些部位胶尚未固化即卸压，或者有些部位胶层太厚，接触不紧密，均能因胶结强度低而造成开胶。

(4) 操作不良引起开胶：

1) 一些部位未涂上胶或涂胶不足就合板；

2) 骨架不平整，粘结面上有严重的啃头和锯毛；

3) 冷压时重叠层数太多，受力不均匀，压力小的地方，胶层厚或留有空隙；

4) 门坯送进热压机的速度太慢，压机闭合前，部分胶已经固化。

(5) 胶合板门扇内的潮气排不出去，气温较高时会鼓包开胶。

3. 预防措施

(1) 控制好木材的含水率，一般不超过15%，最好在12%。

(2) 胶粘剂在使用前应进行检验，如使用脲醛树脂胶，粘度应控制在0.5～0.7Pa·s。禁止使用不符合质量要求和已变质的胶液。

(3) 骨架成型后要进行检查。交接处不平不得超过0.5mm，最好在0.3mm以下。涂胶面上有严重锯毛、啃头的材料要更换。

(4) 操作时要注意检查涂胶面是否都有胶，发现缺胶要补涂。

(5) 热压时，扇坯进压机的速度要迅速，机械故障应排除在扇坯送入压机前。手工装机时，压机层数不能超过10层，最好5层。冷压时，重叠层数不宜超过30层。加压后要检查周围是否压得严实，不严处用木楔挤严。

(6) 胶未固化不能卸压。冷压时，环境温度不要低于15℃，根据环境温度掺入固化剂。卸压前，可用手指甲按压挤出的胶疙瘩，如无指甲印，说明胶已固化，方可卸压。热压时，要定期检查热压板的平整度和板面温度的均匀度。对不符合要求的热压板要进行修理、调换，并根据温度高低及时调整热压的时间。

（7）在上、下冒头和中间横楞上，竖向钻两个以上小孔，使胶合板门扇内部的空气与外部空气流通，内部潮气可通过小孔排出，使门扇内部保持干燥。

4. 治理方法

开胶面积较小时可采用下述办法治理：

（1）若周边开胶，可从侧面撑开开胶部位，往里灌胶，然后再在平面上压钉木条，胶固化后，再将木条和钉子除去。

（2）若中间部位开胶，用扁铲将开胶处的人造板间断性地开口，从开口处灌胶，上面压钉木条，胶固化后，再将木条和钉子除去。

（3）把胶合板门扇拆卸下来，在上、下冒头上钻透气孔后再重新安装。

33.1.12　木门框、扇刨痕

1. 现象

木材经机械加工后，表面留下明显波纹，看上去高高低低，不平整，手摸不光滑。

2. 原因分析

旋转刀头在切削木材的过程中，会在加工面上形成波纹，如图 33-7 所示。波纹的深度、宽度，与进给速度、刀轴转速和刀轴半径有关。波纹的宽度与进给速度成正比，与刀轴的转速成反比；波纹的深度与刀轴的半径成反比。当机械的刀轴半径、刀轴转速不变时，进给速度越快，刨痕就越明显，木材表面的光洁度也就越差。

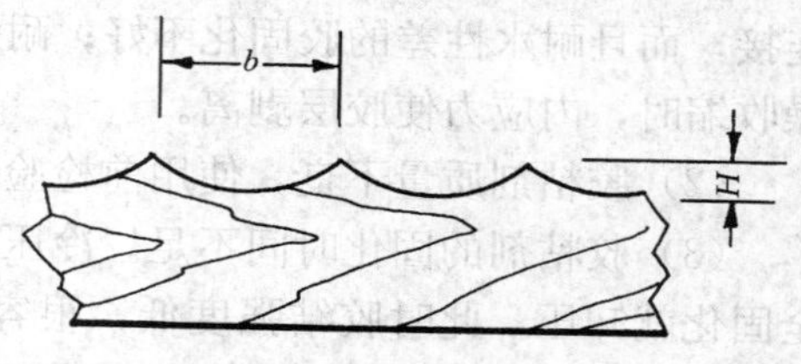

图 33-7　圆柱形刀头加工的工件表面

3. 预防措施

增加刀轴转速、加大刀轴直径或降低进给速度，都能减小刨痕，提高木材表面的光洁度。但转速太高不利于安全生产，加大刀轴直径也是有限度的。因此，只能降低进给速度，不开快车。控制其波宽不超过 2mm，最好在 1mm 之内。

4. 治理方法

对磨光机无法磨去的明显刨痕，可用手工刨（如净刨、线刨和裁口刨等）净光。

33.1.13　胶合板门扇“露筋”

1. 现象

门扇表面出现高低不平，空心部位的两边板面都向里面凹陷。凹陷严重的形似洗衣板。“露筋”的门扇，在使用过程中，无论是空气湿度小的冬季，还是空气湿度大的夏季，凹陷的状态始终不变。

2. 原因分析

（1）门扇热压胶合时，当板吸收胶液中水分后，在热和水的作用下，塑性增大，再加上门扇坯内的空气被加热膨胀、水分被加热汽化后，水蒸气和空气经排气孔向外排出，外部的空气不能补入而形成负压的作用，极易向里面凹陷。负压消失后，塑性大的板面就会留下残余变形。

其他条件相同时，当热压胶合的温度越高，板的塑性越大，负压也随着加大，则残余变形也越大。

（2）冷压胶合门扇时，板吸收胶中水分而塑性增大，如果门扇空心部位受到压力，当骨架内支撑零件宽窄不一致，间距不一致，出现上下对不准时，在压力去掉后，空心部位就会留下残余变形。

3. 预防措施

(1) 减小负压。热压温度不能太高，当胶粘剂使用脲醛树脂胶时，一般不要超过100℃。

(2) 提高板的刚度，减小板吸水率和受热后的塑性。应用强度高、吸水率小和厚一些的板制作胶合门扇。一、二级胶合板门扇热压胶合时，以使用五合板为宜。涂胶量要合适，以减少门扇坯内部的湿度，减小板的塑性和凹陷深度。

(3) 减小中间支撑的间距，一般不超过8cm，最好为6～7cm。使用蜂窝纸结构更好，但必须具有一定的耐水性和耐压强度。

(4) 骨架要求平整，面板要求厚薄一致。重叠加压胶合时，内部支撑零件上下要对正，不允许在空心部位受压。

4. 治理方法

露筋小的可用腻子将凹陷部位填平。

33.2 木 门 安 装

Ⅰ 木门框安装

33.2.1 木门框翘曲（皮楞）

1. 现象

经检验合格的门扇安装后，出现以下现象：

(1) 单扇门扇。装铰链的一边与框平，另一边一个角与框平，而另一个角高出框面。

(2) 双扇门扇。装铰链的一边都与框平。中间裁口处的等扇与盖扇的接触面不能全部靠实，其中一个角挨上，另一个角则留有空隙。

2. 原因分析

框的两根立梃不在同一个垂直平面内，其中一根立梃不垂直，或两根立梃向相反的两个方向倾斜。

3. 预防措施

(1) 安装门框时要用线坠吊直，按规程进行操作。安装完毕要进行复查。

(2) 门框安完以后，可先把立梃的下角清刷干净，用水泥砂浆将其筑牢，以加强门框的稳定性。但应控制砂浆的厚度，上面留出抹面的余量。

(3) 注意成品保护，避免框因车撞、物碰而位移。

(4) 安扇前要对门框进行检查，发现问题及早处理。

4. 治理方法

(1) 偏差在2mm以内的，安扇时可以用调整铰链在立梃上的横向位置来解决。即允许装铰链的一边，扇与框可以略有不平，而保证另一边扇与框的平整。

(2) 偏差在4mm以内时，除了调整铰链在立梃上的横向位置，还可将立梃上的梗铲掉一些，使扇与框接触严实，表面平整。

（3）偏差在 4mm 以上时，把不垂直的立梃上面的钉子起出，重新调整立梃的位置，使其垂直。

33.2.2　木门框不方正（窜角）

1. 现象

把检验合格的扇安装上后，出现以下现象：

（1）单扇玻璃扇的上、下冒头，一头宽一头窄；

（2）双扇玻璃扇的上、下冒头在裁口处一个宽一个窄，冒头不顺直，中间的棂子不在一个水平线上，尤其是带踢脚的门扇更显突出；

（3）夹板门上边的镶边板条一头宽一头窄。

2. 原因分析

（1）框在安装过程中，卡方不准或根本没有卡方，框的两个对角线不一样长，造成框不方正。

（2）框的上、下宽度不一致，安装时框的 1 根立梃垂直，并与冒头保持方正；而另 1 根（装铰链的一边）却不垂直，与冒头不成 90°角。

3. 预防措施

（1）安装前应检查框的每一个角的榫眼结合是否牢固。如果松动或脱开，应用钉子将其加固好以后再进行安装。

（2）检查门框两根立梃上锯口线的尺寸是否一致，如不一致，要重新划线。

（3）框的立梃垂吊好后要卡方，两个对角线的长度相等时再加钉固定。

（4）框固定好后，再进行一次检查，看是否有出入，并注意将框的下角用垫木垫实。

（5）注意成品保护。制作好的木门框应在立梃与上、下横框相交的角部钉斜拉木条固定。

4. 治理方法

（1）偏差在 3mm 以内的，安扇时可用调整扇的立梃和冒头上的修刨量来解决（即把偏差匀在扇的四个边上）。

（2）偏差超过 3mm 的，要重新调整安装。

33.2.3　木门框弯曲

1. 现象

框的两根立梃本身不顺直，其变形与墙体同一平面方向，或垂直于墙体方向。

2. 原因分析

（1）用黄花松制作木门框，其物理性能不大稳定，极易产生变形。

（2）现场保管不妥善，长期经受风吹日晒雨淋，框受温度和湿度的影响发生变形。

（3）操作不认真，垂直度垂吊不严格。

（4）木砖松动或框与木砖之间的垫木不实。

3. 预防措施

（1）对已进场的框要按规格码放整齐，底层要垫实垫平，距离地面要留有一定的空隙，以便通风。防止框在存放期间因潮湿和底层不平引起变形。

（2）注意苫盖，避免框受风吹日晒和雨淋而引起变形。

（3）对已变形的框，进行修理后再安装使用。

(4) 安装时，框的每根立梃的正侧面都要认真进行垂吊，并用靠尺与立梃靠严。如为与墙体同一方向不严实，可调整垫木的厚度；如为垂直于墙体方向不严，先将立梃上下固定好，再把立梃不直的地方用力使其顺直后加钉固定。

(5) 立门框前，应先在框与砖砌体的接触面上涂刷防腐油，以防木材吸潮变形。

4. 治理方法

(1) 门框立梃平行墙体轴线轻微弯曲。可在其对应的墙体上重新补砌木砖，并用水泥砂浆嵌填砌实，待其充分凝固后，用圆钉在框的弯曲部位钉入木砖中，将框逐渐恢复到顺直为止。如边梃向墙体一侧弯曲时，可先将固定门框的钉子取出，在框的弯曲部位与墙体之间的缝隙中背入木楔，使框逐渐校正顺直，然后重新用钉子与木砖钉牢。

(2) 门框立梃垂直墙体轴线弯曲。可先将立梃上下固定好，并将固定门框的钉取出，再用校直器将其校直，如图 33-8。

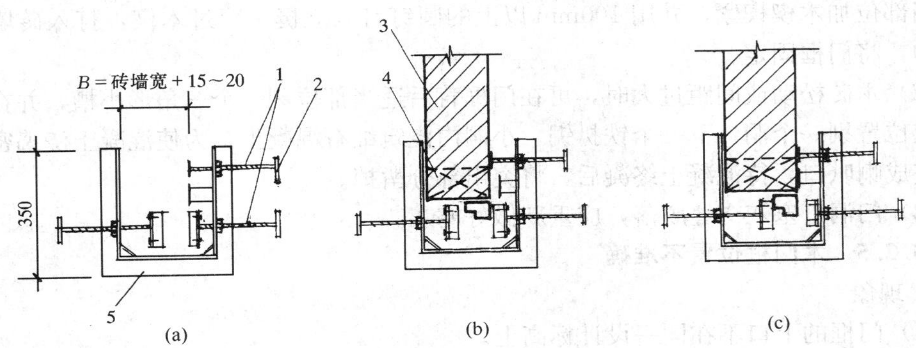

图 33-8 用校直器校直

(a) 门框校直器；(b) 框料向左校直；(c) 框料向右校直

1—ϕ18 螺杆；2—ϕ12 手柄；3—墙身；4—木砖；5—L50×5 角钢

(3) 弯曲过大而无法调整的，应将原框取下，换新框重新安装。

33.2.4 木门框松动

1. 现象

门框安装后经使用产生松动；当门扇关闭时撞击门框，使门口灰皮开裂、脱落。

2. 原因分析

(1) 预留木砖间距过大，半砖墙或轻质隔墙使用普通木砖，与墙体结合不牢，经受振动，逐渐与墙体脱离。

(2) 预留门洞口尺寸过大，使门框与墙体间的空隙较大，这种情况往往用加木垫的方法处理，使钉子钉进木砖的长度减少，降低了锚固能力，而且木垫容易劈裂。

(3) 门洞口塞灰不严，或所塞灰浆稠度大，硬化后收缩，使墙体、门框和灰缝三者之间产生空隙，也易造成门框松动。

3. 预防措施

(1) 木砖的数量应按图纸或有关规定设置，一般不超过 500mm 设一块，半砖墙或轻质隔墙应在木砖位置砌入混凝土块（图 33-9）。

(2) 较大的门框或硬木门框要用铁掳子与墙体结合。

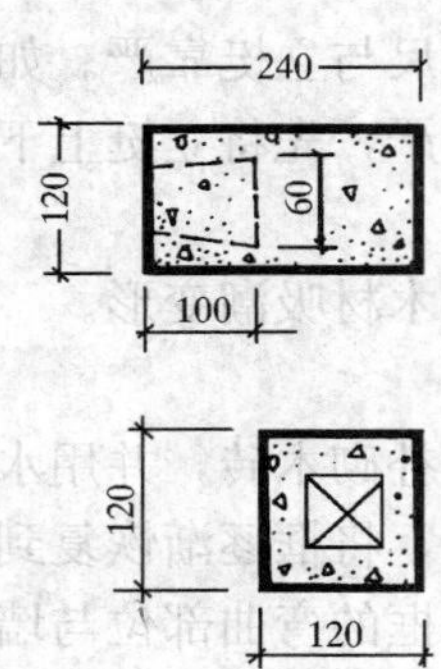

图 33-9　混凝土块

(3) 门洞口每边空隙不应超过 20mm，如超过 20mm，钉子要加长，并在木砖与门框之间加木垫，保证钉子钉进木砖 50mm。

(4) 门框与木砖结合时，每一木砖要钉 100mm 钉子 2 个，而且上下要错开，不要钉在一个水平线上。垫木必须通过钉子钉牢，不应垫在钉子的上边或下边。

(5) 门框与洞口之间的缝隙超过 30mm 时，应灌细石混凝土；不足 30mm 的应塞灰，要分层进行，待前次灰浆硬化后再塞第二次灰，以免收缩过大，并严禁在缝隙内塞嵌水泥袋纸或其他材料。

4. 治理方法

(1) 如门框松动程度不严重，可在门框的立梃与砖墙缝隙中的适当部位加木楔楔紧，并用 100mm 以上的圆钉钉入立梃，穿过木楔，打入砖墙的水平灰缝中，将门框固定。

(2) 木砖松动或间距过大时，可在门框背后适当部位刻一个三角形小槽，并在结构面上相应位置剔一个洞，下一个铁扒锔，小洞内浇筑细石混凝土。为使混凝土浇捣密实，模板应支成喇叭口，待混凝土终凝后，将突出部分凿掉。

(3) 门洞口塞灰离缝脱落，应重新做好塞灰。

33.2.5　木门框位置不准确

1. 现象

(1) 门框的上口不在同一设计标高上。

(2) 门框在墙上里出外进，不在同一平面内。

(3) 二层以上建筑的各层外墙门框，上下层对不齐，左右错位。

(4) 门框位置尺寸偏差过大，位移过多。

2. 原因分析

(1) 门框安装的具体作法，设计图纸无明确规定，施工中交底不清，操作时各自为政。

(2) 预留门洞口高低不一，位置不准，安门框时，随高就低，位置未予调整。

(3) 清水墙下木砖未考虑门框的位置，致使两者不相吻合，安框后盖不住木砖。

(4) 未严格按照图纸尺寸要求立门框，有时为了“赶好活”，适合砖的模数，而移动框的位置。

(5) 大模板工程先立框的，在浇筑混凝土时，受冲击振动使框产生位移和变形，如偏斜、塌腰、鼓肚等。

3. 防治措施

(1) 无论大小工程，如图纸对门框位置无明确规定时，施工负责人应根据工程性质及使用具体情况，作统一交底，明确开向、标高及位置（墙中、里平或外平等）。

(2) 安装门框前，墙面要先冲标筋，安装时依标筋定位。

(3) 2 层以上建筑物安装门框时，上层门框的位置要用经纬仪等与下层门框对齐。在同一墙面上有几层门框时，每层都要找平门框的标高。

(4) 安装门框要考虑到筒子板的位置和尺寸。

(5) 清水墙（一般为 370mm）木砖位置，最好统一由外墙皮往里返 120mm，立门框由外皮往里返 115mm，这样既可盖住木砖，又可盖住砖墙的立缝。

(6) 一般门框上皮应低于过梁 10～15mm，如预留门洞口高低不一致时，就低不就高，上面的空隙堵砂浆或灌细石混凝土处理。

(7) 固定在大模板上的门框，应与钢假口用螺钉拧紧，并用丝杆顶牢，以免浇筑混凝土时位移或变形。

(8) 门框安装时，先用木楔临时固定，待找平吊直后再钉牢。

33.2.6 大模板门框变形

1. 现象

大模板拆除后，门口发生窜角、弯曲、上宽下窄、上下位移和松动等。

2. 原因分析

(1) 门框制作时，卡方不准确，顶杆长短不等或支撑不实，浇筑混凝土时引起门框变形。

(2) 门框在大模板上固定不牢，在浇筑和振捣混凝土时发生变形。

(3) 混凝土浇筑违反操作规程，尤其是使用大灰斗直接放灰，将满斗混凝土全部灌在框的一侧，致使框发生位移和变形。

(4) 大模板施工中，＋50cm 的水平线大部分是标志在底层与本层搭接的钢筋上面，在架设本层钢筋进行修整后，造成＋50cm 水平线不准，使门框产生了上下位移。

3. 预防措施

(1) 门框制作时要卡方。顶杆要长短一致，并撑实。

(2) 不论采用钉子或螺钉固定，都要注意门口在大模板上的相应位置。大模板要对号使用，以便于对门框进行固定。

(3) 门框安装前，对＋50cm 线要进行检查，并在可能的情况下拉通线，以保证门框高低一致。

(4) 门框立好后，在两根立梃与木砖的相应位置上钉两枚 100mm 钉子，以加强与混凝土的连接。

(5) 浇筑门框两侧混凝土时，要在框的两边同时分步进行。

4. 治理方法

(1) 偏差大而必须进行修整的门框，应把框周围混凝土剔除，重新调整框的位置，然后再用灰补上。

(2) 框只发生窜角时，在上冒头上视窜角大小补两个楔形木条使框方正。抹灰做口时，再把混凝土抹方正。

33.2.7 木门框安装不垂直

1. 现象

(1) 门框的边梃与墙轴线不垂直，门框在墙中里外倾斜。

(2) 门扇安上后开关不灵或自动开闭（俗称走扇）。

2. 原因分析

(1) 立门框时没有用线坠将框吊直、校正、牢靠固定。

(2) 现场运输、施工等一些人为的原因，将门框撞斜，抹灰时未发现。

（3）安装后塞口门框时未吊直吊正，或是为了迁就已放斜的木砖而将框倾斜安装。

3. 预防措施

（1）立门框时必须拉通线找平，并用线坠逐樘吊正、吊直。

（2）门框立好并吊直后，应临时固定，然后再复查一次是否保持垂直。

（3）在施工过程中，抹灰工、木工要密切配合，及时检查校正门框是否垂直，如发现歪斜，应及时纠正。

4. 治理方法

先将固定门框的钉子取出，重新对门框吊直校正，经检查无误后，再用钉重新固定在两侧砖墙的木砖上。

33.2.8　木门框缺棱掉角

1. 现象

门框边梃缺棱掉角，尤其是在下部 60cm 范围内损坏严重。

2. 原因分析

（1）制作门框时选材不当，采用了带爬棱或大木节的木料。

（2）施工中运输车辆由门框中出入，由于门的宽度较小或工人粗心大意，车轴或车帮将门框边梃下部棱角撞坏。

（3）室内抹灰装修时，工人搬运架板、马凳、材料等时，将门框棱角碰坏。

3. 预防措施

（1）安装前要检查门框质量，正面如有缺棱掉角的部分应予更换。

（2）门框下部要钉上 50cm 高的临时木护角，安门扇时再将其拆除。

（3）加强工人责任心，搬运架板、材料时不得碰撞门框。

4. 治理方法

（1）缺棱掉角较小时，可让油工在批腻子时修补平齐。

（2）缺棱掉角较严重时，可用小木块或小木条进行局部加钉粘胶嵌补严实、平整。

（3）如门框边梃缺棱掉角十分严重时，就要考虑将门框拆除更换。

Ⅱ　木门扇安装

33.2.9　木门扇翘曲

1. 现象

将门扇安装在检查合格的框上时，扇的四个角与框不能全部靠实，其中的一个角跟框保持着一定距离。

2. 原因分析

（1）门扇制作时操作不认真，质量低劣，拼装好后的门扇本身就不在同一平面内。

（2）门扇材质差，用了容易产生变形的木料，或是未进行充分干燥，木材含水率过高，安装好后由于干湿产生变形。

（3）现场保管不善，长期受风吹、日晒、雨淋，或是堆放不注意，造成门扇变形。

3. 预防措施

（1）提高门扇的制作质量，门扇翘曲超过 2mm，不得出厂使用。

（2）对已进场的门扇，要按规格堆放整齐，平放时底层要垫实垫平，距离地面要有一定的空隙，以便通风。

（3）安装前对门扇进行检查，翘曲超过 2mm 的经处置后才能使用。

4. 治理方法

（1）门扇安装时，翘曲偏差在 2mm 以内，可将门扇装铰链一边的一端向外拉出一些，使另一边与框保持平齐。

（2）把框上与扇先行靠在一起的那个部位的梗铲掉，使扇和框靠实。

（3）借助门锁和插销将门扇的翘曲校正过来。

33.2.10 胶合板门扇锁木位置颠倒

1. 现象

按锁孔位置打眼后，两张面板之间没有锁木，这种情况多发生在胶合板门。

2. 原因分析

胶合板门在生产时只一边备有锁木，安装时未仔细检查，造成锁木位置倒置。

3. 预防措施

（1）安装修刨前，首先要确定锁木位置。在靠近两根立梃的部位，用锤子轻轻敲击面板，声音虚，里边是空的；声音实，里边即是锁木，做上明显标记，然后再进行修刨。

（2）修刨过程中，切勿再把位置搞错。

4. 治理方法

（1）摘下门扇，拆下铰链，将扇上的铰链槽补修平整，在扇的另一边重新剔铰链槽进行安装。

（2）在上锁的位置上，将扇一面的面板剔掉。在扇的两根龙骨之间加一块厚度与龙骨相同的木板，并与龙骨连接牢固，再封一块面板即可。面板接槎要严密。

33.2.11 木门扇开启不灵

1. 现象

（1）门扇安装好以后，开关费力，不灵活，有时感到别劲，或扇与框摩擦。

（2）门扇安好后不易打开，打开后不易关进门框的裁口内。

2. 原因分析

（1）门扇上下两块铰链的轴不在一个垂直线上，致使门扇开关费力。

（2）门扇安装时，预留的缝隙过小，当门扇在使用中吸收空气中的水分，体积膨胀；或刷油漆过厚，缝隙变小，造成开关不灵。

3. 预防措施

（1）验扇前应检查框的立梃是否垂直。如有偏差，待修整后再安装。

（2）保证铰链的进出、深浅一致，使上、下铰链轴保持在一个垂直线上。

（3）选用五金要配套，螺钉安装要平直。

（4）安装门扇时，扇与扇、扇与框之间要留适当的缝隙。

4. 治理方法

（1）按照门扇的开关不灵情况，适当调整铰链槽的深浅或铰链进出位置。

（2）如门扇与框间缝隙过小或局部挤紧，可用细刨将整个缝刨宽或将其局部刨削平整。

33.2.12 木门扇自行开关

1. 现象

门扇关上后能自行慢慢地打开，开着的门扇能自行慢慢地关上，不能停留在需要的位置上（俗称走扇）。

2. 原因分析

(1) 门框安装倾斜，往开启方向倾斜，扇就自行打开；往关闭方向倾斜，扇就自行关闭。

(2) 铰链安装倾斜，门扇上下两块铰链的轴不在一条垂直线上。

3. 预防措施

(1) 安装门扇前，先检查门框是否垂直，如发现里外倾斜，应进行调整修理合格后再安装门扇。

(2) 安铰链时应使铰链槽的位置一致，深浅合适，上下铰链的轴线在一条垂直线上。

4. 治理方法

(1) 如门框倾斜较小时，可调整下部（或上部）的铰链位置，使上、下铰链的轴线在一条垂直线上。

(2) 如门框倾斜较大时，应按 33.2.7“木门框安装不垂直”的治理方法修理。

33.2.13 木门扇缝隙不均匀、不顺直

1. 现象

门扇与框之间的缝有大有小，不一致（指同一条缝）。

2. 原因分析

(1) 操作技术不熟练，或操作不认真，不重视工程质量。

(2) 门扇尺寸偏差大，或是双扇搭口错台时刨削尺寸掌握不准确。

3. 预防措施

(1) 加强基本功训练，并在操作实践中注意积累经验。

(2) 如果直接修刨把握不大时，可根据缝隙大小的要求，用铅笔沿框的里棱在扇上画出应该修刨的位置。修刨时注意不要吃线，要留有一定的修理余地。

(3) 安装对扇，应先把对扇的口裁出来。裁口缝要直、严，里外一致。在框的中贯梃上分中，并向等扇的一边赶半个裁口画线，让扇的中缝对准此点，然后再在四周画线进行修刨；铰链槽要剔得深浅一致，这样就比较有把握使缝隙上下一致。

4. 治理方法

(1) 缝隙小或不均匀，可用细刨、扁铲将多余的部分修掉。

(2) 缝隙过大或上下错开的，根据情况将扇摘下来，加帮条重新安装。

33.2.14 木门扇刀棱

1. 现象

门扇的棱角像刀刃一样锋利。

2. 原因分析

扇修刨完毕，未做倒棱工序。

3. 预防措施

(1) 扇修刨完毕，要顺手用细刨将棱倒一下，刨成 1mm 斜面，并养成习惯。

（2）扇进行修理后也不要忘记倒棱。

4. 治理方法

用砂纸将棱磨掉或用手头上的工具（如改锥等）顺棱划一下即可。

33.2.15 木门扇修刨面不平直，有戗槎

1. 现象

用手摸门扇修刨过的面时，感觉到上面凸凹不平、不顺直，有戗槎。

2. 原因分析

（1）刨刃不锋利，又不注意木材的纹理，很容易出戗槎。

（2）修刨时只刨外棱，或是操作时没有把握，软的地方刨得多，硬的地方刨得少，造成凹凸不平和中间有棱角。

3. 预防措施

（1）不断提高技术水平，掌握过硬本领。

（2）经常修磨工具，操作时要先用粗刨后用细刨，保证成活平直光滑。

（3）注意木材纹理，从两头往中间推刨，避免戗槎。

4. 治理方法

（1）中间有棱或不顺直处，可用细刨将高处刨平，但应注意偏口不得过大。

（2）轻微不平的可用腻子补平，严重的可将料剔深后再补上一块新料。

33.2.16 木门扇下坠

1. 现象

门扇不装铰链一边下面与地面间的缝隙逐渐减小，甚至开闭门扇时摩擦地面。

2. 原因分析

（1）门扇过宽、过重，选用的铰链较小或安装的位置不适当，上部铰链与扇上边距离过大。

（2）门扇制作质量不好，榫卯不严，榫头松动，在自重作用下发生窜角变形。

（3）铰链安装质量不好，发生松动，造成扇下坠。

3. 预防措施

（1）安装门扇前，要检查扇的质量，如发现榫卯不严、制作不牢固等情况，要事先修理好后才能安装使用。

（2）可安装 3 个铰链，中间铰链应偏上，如图 33-10。

（3）铰链的大小要选择适当，不能凑合。选用木螺钉要与铰链配套。铰链距上下端的距离应为扇高的 1/10，并避开榫头部分。

（4）安装时，木螺钉应先用锤打入 1/3 深度，然后再拧入，不得打入全部深度。

（5）修刨门扇时，不装铰链一边的底面，可多刨 1mm 左右，让扇稍有挑头，留有下坠的余量。

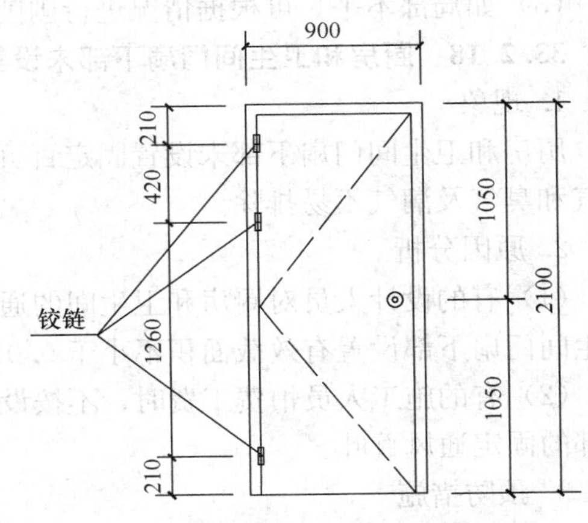

图 33-10 门五金（铰链）安装示意图

4. 治理方法

(1) 扇稍有下坠时，可以把下边的铰链稍为垫起一些，但不要影响立缝。

(2) 如系铰链过小，可换较大的铰链；如为铰链上的木螺钉松动，可将木螺钉取下，在原来的木钉丝孔眼中塞入小木楔，重新按要求将木螺钉拧上。

(3) 当门扇下坠 10～25mm 时，可将门扇打开，自由端垫高 20～25mm，然后在靠铰链边的门扇上面结合处及自由端的下面结合处打入胶楔校正。

(4) 门扇下坠严重时，应将扇取下，校正方正后将其修理结实，再按要求重新进行安装。

33.2.17　木门框与扇接触面不平

1. 现象

门扇安装好关闭后，扇和框的边框不在同一平面内，扇边高出框边，或者框边高出扇边。

2. 原因分析

(1) 门框的边梃裁口宽度不合适，小于门扇边梃厚度时，扇面高出框面；大于门梃厚度时，框面高出扇面。

(2) 门扇弯曲变形，使部分扇面高出框面。

(3) 操作不认真，门框裁口或门扇梃料刨削不顺直，局部凸凹，造成框与扇接触面不平整。

3. 预防措施

(1) 在制作门框时，裁口的宽度必须与门扇的边梃厚度相适应，裁出的口要宽窄一致，顺直平整，边角方正。

(2) 门框扇要用干燥木材制作。运到现场后要认真保管，防止风吹、日晒、雨淋。

(3) 在安装门扇前，根据实测门框裁口尺寸画线，按线将门扇锯正刨光，使表面平整顺直，边缘嵌入框的裁口槽内，缝隙合适，接触面平整。

4. 治理方法

(1) 如扇面高出框面不超过 2mm 时，可将门扇的边梃适当刨削至基本平整。

(2) 如扇面高出框面超过 2mm 时，可将裁口宽度适当加宽至与扇梃厚度吻合。

(3) 如局部不平，可根据情况进行刨削平整。

33.2.18　厨房和卫生间门扇下部未设置固定百叶通风孔

1. 现象

厨房和卫生间门扇下部未设置固定百页通风孔，影响厨房和卫生间的通风，室内的油烟气和臭气及潮气不易排除。

2. 原因分析

(1) 有的设计人员对厨房和卫生间的通风设计不够重视，未按设计规范要求在厨房和卫生间门扇下部设置有效截面积不小于 $0.02m^2$ 的固定通风百叶。

(2) 有的施工人员怕费工费时，不按设计或标准图集要求制作安装厨房和卫生间门扇下部的固定通风百叶。

3. 预防措施

(1) 在图纸会审时，如发现厨房和卫生间门扇下部未设置固定通风百叶，应向设计人员问清楚厨房和卫生间通风的设计意图。

（2）应按照有关设计标准要求，认真制作安装厨房和卫生间门扇下部的固定百页通风孔。

4. 治理方法

将无固定百页通风孔的厨房和卫生间门扇拆除，换上符合规范和设计标准要求的门扇。

Ⅲ 木门五金安装

33.2.19 铰链安装不规范，大面不安装在门框上

1. 现象

（1）铰链位置离扇的上、下端头过远或过近，尺寸不统一，不协调。

（2）安装铰链时，未在门框、扇的边梃上刻槽，或只在一边刻铰链槽。

（3）铰链槽刻得过深，上下铰链轴线不在同一条直线上，开关时发生别劲。

（4）铰链安装不牢，出现松动。

（5）铰链大面不安装在门框上。

2. 原因分析

（1）操作不认真，技术不过硬或是马虎随便。

（2）只图快或只图省事，不重视工程质量。

（3）安铰链时，木螺钉不是拧入，而是用锤打入，使用受力后产生松动。

3. 预防措施

（1）铰链位置距门上下端宜取立梃高度的 1/10，中间铰链偏上，并避开榫头。

（2）安装铰链时，必须按画好的铰链位置线开凿铰链槽，槽深应比铰链厚度大 1～2mm。

（3）安装铰链时，应根据铰链规格选用合适的木螺钉。木螺钉可用锤打入 1/3 深后再行拧入。当木门为硬木时，应先钻孔径为木螺钉直径 0.9 倍的孔，孔深为木螺钉全长的 2/3，然后再拧入木螺钉。

（4）铰链三段的大面应安装在门框上，两段的小面安装在门扇上，做到铰链平整，螺钉帽方向一致。

4. 治理方法

（1）若铰链安装已影响使用，要拆下重新按要求安装。

（2）若铰链槽刻得过深时，可以用薄木片衬垫。

（3）若木螺钉过小而松动，可换大 1 号合适的木螺钉，或者适当调整铰链槽上下位置，并开长槽口，重新拧入木螺钉。

（4）若铰链大面不安装在门框上，应拆下重新安装。

33.2.20 铰链槽不齐整

1. 现象

（1）铰链槽比铰链大，且四周参差不齐。

（2）铰链嵌得较深。

（3）铰链槽面高低不平，与框、扇结合不牢固。

2. 原因分析

（1）没有掌握正确的操作方法。

（2）工具不锋利。

3. 预防措施

(1) 铰链的高低位置线要画得尽量准确一致。

(2) 画线时笔尖要紧靠铰链的边缘，轻轻地将铰链的轮廓画在需要的位置上。

(3) 剔凿时，扁铲的刃口要锋利。操作时沿铅笔线的里侧下铲，要稳，要准。首先把周围的木丝断开。注意入铲深度不宜过大。特别是上下两铲要有意识地把铲斜置，使铰链槽外口深于里口。

(4) 根据缝隙的大小和铰链的厚度下铲剔槽。里口比外口要浅，剔出的面要平直。这样只要把铰链放在槽上，用锤子轻轻一敲，即可严丝合缝地嵌在槽里，并能做到里平外深，符合要求。

4. 治理方法

(1) 铰链槽底面不平，用扁铲将其铲平。

(2) 铰链槽稍深的，可在铰链的下面垫上刨花或纸盒片。要垫严实，外口要齐整。

(3) 铰链槽稍大或参差不齐者，可以用腻子把周围填平。

(4) 偏差过大或过深的，应把铰链起下来，把槽加大加深，补上新料重新制槽。

33.2.21 拉手位置不一致

1. 现象

拉手斜放。拉手安得过高或过低。相邻两扇的拉手高低不一。同一扇的里外拉手上下错开。同一房间的拉手位置不统一。

2. 原因分析

(1) 没有统一的安装尺寸。

(2) 操作时不认真，产生误差。

3. 预防措施

(1) 规定统一的安装尺寸。如设计上没有特殊要求时，拉手的位置应设在门扇的中线以下。门拉手距地面 0.9～1.1m，均应垂直安装。

(2) 同一房间、同一单元或整个栋号，拉手位置应力求一致。

(3) 尺寸要量准确。

4. 治理方法

将不合适的拉手拆下，按统一要求位置重新安装。

33.2.22 木螺钉松动、倾斜

1. 现象

(1) 木螺钉不正，拧进的木螺钉帽倾斜在螺钉窝内。

(2) 经过一段时间后，木螺钉松动或脱出。

2. 原因分析

(1) 木材质地坚硬，上木螺钉时未先钻眼，木螺钉产生倾斜。

(2) 木螺钉与五金不配套，长短、大小不合适。

(3) 不遵守操作规程，将木螺钉一次打入。木螺钉和框、扇结合不牢，过一段时间后，木螺钉产生松动或脱出。

3. 预防措施

(1) 严格按五金表配备木螺钉。

(2) 严格遵守操作规程，严禁用锤将木螺钉打入，可先打入 1/3 深度后再拧入。木螺钉拧入深度不得少于全长的 1/3；如果木料坚硬，必须先钻孔，其孔深为木螺钉长度的 2/3,然后拧入木螺钉，以免木螺钉周围木料开裂或把木螺钉拧断、拧歪。

4. 治理方法

把倾斜、松动的木螺钉退出，在原来的孔内塞上木楔，再按上述办法将木螺钉拧入。

附录 33.1 木门制作与安装工程质量标准及检验方法

1. 主控项目

(1) 木门的木材品种、材质等级、规格、尺寸、框扇的线形及人造木板的甲醛含量应符合设计要求。设计未规定材质等级时，所用木材的质量应符合《建筑装饰装修工程质量验收规范》(GB 50210—2001) 附录 A 的规定。

检验方法：观察；检查材料进场验收记录和复验报告。

(2) 木门应采用烘干的木材，含水率应符合《建筑木门、木窗》(JG/T 122) 的规定。

检验方法：检查材料进场验收记录。

(3) 木门的防火、防腐、防虫处理应符合设计要求。

检验方法：观察；检查材料进场验收记录。

(4) 木门的结合处和安装配件处不得有木节或已填补的木节。木门如有允许限值以内的死节及直径较大的虫眼时，应用同一材质的木塞加胶填补。对于清漆制品，木塞的木纹和色泽应与制品一致。

检验方法：观察。

(5) 门框和厚度大于 50mm 的门扇应用双榫连接。榫槽应采用胶料严密嵌合，并应用胶楔加紧。

检验方法：观察；手扳检查。

(6) 胶合板门和模压门不得脱胶。胶合板不得刨透表层单板，不得有戗槎。制作胶合板门时，边框和横楞应在同一平面上，面层、边框及横楞应加压胶结。横楞和上、下冒头应各钻两个以上的透气孔，透气孔应通畅。

检验方法：观察。

(7) 木门的品种、类型、规格、开启方向、安装位置及连接方式应符合设计要求。

检验方法：观察；尺量检查；检查成品门的产品合格证书。

(8) 木门框的安装必须牢固。预埋木砖的防腐处理、木门框固定点的数量、位置及固定方法应符合设计要求。

检验方法：观察；手扳检查；检查隐蔽工程验收记录和施工记录。

(9) 木门扇必须安装牢固，并应开关灵活，关闭严密，无倒翘。

检验方法：观察；开启和关闭检查；手扳检查。

(10) 木门配件的型号、规格、数量应符合设计要求，安装应牢固，位置应正确，功能应满足使用要求。

检验方法：观察；开启和关闭检查；手扳检查。

2. 一般项目

(1) 木门表面应洁净，不得有刨痕、锤印。

检验方法：观察。

(2) 木门的割角、拼缝应严密平整。门框、扇裁口应顺直，刨面应平整。

检验方法：观察。

(3) 木门上的槽、孔应边缘整齐，无毛刺。

检验方法：观察。

(4) 木门与墙体间缝隙的填嵌材料应符合设计要求，填嵌应饱满。寒冷地区外门（或门框）与砌体间的空隙应填充保温材料。

检验方法：轻敲门框检查；检查隐蔽工程验收记录和施工记录。

(5) 木门批水、盖口条、压缝条、密封条的安装应顺直，与门结合应牢固、严密。

检验方法：观察；手扳检查。

(6) 木门制作的允许偏差和检验方法应符合附表 33-1 的规定。

木门制作的允许偏差和检验方法 附表 33-1

项次	项　目	构件名称	允许偏差（mm）		检 验 方 法
			普通	高级	
1	翘曲	框	3	2	将框、扇平放在检查平台上，用塞尺检查
		扇	2	2	
2	对角线长度差	框、扇	3	2	用钢尺检查，框量裁口里角，扇量外角
3	表面平整度	扇	2	2	用 1m 靠尺和塞尺检查
4	高度、宽度	框	0，－2	0，－1	用钢尺检查，框量裁口里角，扇量外角
		扇	＋2，0	＋1，0	
5	裁口、线条结合处高低差	框、扇	1	0.5	用钢直尺和塞尺检查
6	相邻棂子两端间距	扇	2	1	用钢直尺检查

(7) 木门安装的留缝限值、允许偏差和检验方法应符合附表 33-2 的规定。

木门安装的留缝限值、允许偏差和检验方法 附表 33-2

项次	项　目	留缝限值（mm）		允许偏差（mm）		检验方法
		普通	高级	普通	高级	
1	门槽口对角线长度差	—	—	3	2	用钢尺检查
2	门框的正、侧面垂直度	—	—	2	1	用 1m 垂直检测尺检查
3	框与扇、扇与扇接缝高低差	—	—	2	1	用钢直尺和塞尺检查
4	门扇对口缝	1～2.5	1.5～2	—	—	用塞尺检查
5	工业厂房双扇大门对口缝	2～5	—	—	—	
6	门扇与上框间留缝	1～2	1～1.5	—	—	
7	门扇与侧框间留缝	1～2.5	1～1.5	—	—	
8	门扇与下框间留缝	3～5	3～4	—	—	

续表

项次	项目		留缝限值（mm）		允许偏差（mm）		检验方法
			普通	高级	普通	高级	
9	双层门内外框间距		—	—	4	3	用钢尺检查
10	无下框时门扇与地面间留缝	外 门	4～7	5～6	—	—	用塞尺检查
		内 门	5～8	6～7	—	—	
		卫生间门	8～12	8～10	—	—	
		厂房大门	10～20	—	—	—	

33.3 铝合金门窗制作与安装

33.3.1 铝合金门窗材质不合格

1. 现象

铝合金门窗平面刚度差，框、扇容易变形，推拉时出现晃动或抖动现象。

2. 原因分析

（1）没有铝合金门窗设计图纸，或者设计图纸上未注明门窗采用图集的名称、编号、规格。

（2）用户盲目选用劣质价廉的铝合金型材。

（3）铝合金型材的厚度过薄，小于铝合金门窗型材的标准厚度，使用了厚度仅有0.8～1.0mm的铝型材。

（4）铝合金型材的硬度（强度代表值）过低，氧化膜厚度过薄，小于10μ。

3. 预防措施

（1）设计单位应根据使用功能、地区气候特点确定风压强度、空气渗透、雨水渗透性能指标，选择相应的图集代号及型材规格。

（2）对所使用的铝合金型材应事先进行型材厚度、氧化膜厚度和硬度检验，合格后方准使用。

（3）铝合金门主型材壁厚不应小于2.0mm，窗用主型材壁厚不应小于1.4mm。建设单位不能因片面降低成本而采用小于设计厚度的型材。

4. 治理方法

对于一些高层建筑，尤其是涉及使用安全的问题，必须拆除后重新更换合格的铝合金门窗。对于一般的民用建筑，可根据具体情况进行加固处理。

33.3.2 铝合金门窗立口不正

1. 现象

铝合金门窗口固定后，出现门窗口向里或向外倾斜，不仅严重影响观感效果，而且影响开闭的灵活性，甚至会带来门窗渗漏水的不良后果。

2. 原因分析

（1）操作人员工作马虎，安装铝合金门窗框时未认真吊线找直、找正。

（2）门窗框安装时临时固定不牢靠，被碰撞倾斜后，在正式锚固前未加检验、修整。

（3）墙上洞口本身倾斜，安装铝合金门窗框时按洞口墙厚分中，而使门窗框也随之倾斜。

3. 预防措施

（1）安装铝合金门窗框前，应根据设计要求在洞口上弹出立口的安装线，照线立口。

（2）在铝合金门窗框正式锚固前，应检查门窗口是否垂直，如发现问题应及时修正后才能与洞口正式锚固。

4. 治理方法

如铝合金门窗框倾斜较小，且不明显影响观感时，可不作处理；如倾斜过大，则应松开或锯断锚固板，将门窗框重新校正无误后再行锚固。

33.3.3 铝合金门窗框锚固做法不符合要求

1. 现象

铝合金门窗框锚固件的材质、规格、间距、位置及固定方法不符合规范或标准图集的要求。如有的锚固板使用未经防腐蚀处理的白铁皮，风吹雨淋后严重锈蚀；有的锚固点间距过大，影响铝合金门窗框与墙体连接的牢固；有的在砖墙洞口上用射钉固定锚固板，日久后出现松动。

2. 原因分析

（1）未采用不锈钢锚固件，或采用了未经过防腐蚀处理的锚固板，会出现铝合金与钢铁间的电偶腐蚀，破坏锚固点的牢固性。

（2）用未做防腐蚀处理的螺钉固定连接件，致使其处于大阴极小阳极的状态，在潮湿环境下，螺钉很快就会腐蚀掉，使铝合金门窗框与墙之间处于无连接的状态。

（3）操作人员素质低，随意设置锚固点，增大锚固点的间距。

（4）在砖墙、加气混凝土墙上用射钉的方法锚固，造成射钉周围的墙体碎裂，锚固力大大降低，使门窗框出现松动。

3. 预防措施

（1）铝合金门窗选用的锚固件，除不锈钢外，均应采用热镀锌、镀铬、镀镍的方法进行防腐蚀处理。

（2）在铝合金门窗框与钢铁连接件之间用塑料膜隔开。

（3）锚固板应固定牢靠，不得有松动现象，锚固板的间距不应大于600mm，锚固板距框角不应大于180mm。

（4）在砖墙上锚固时，应用冲击钻在墙上钻孔，塞入直径不小于8mm的金属或塑料胀管，再拧进螺钉进行固定。锚固件与墙体上的预埋件直接焊接时，焊接处应做防腐处理。

4. 治理方法

如锚固板已严重锈蚀，门窗框已明显松动，则应拆除全部连接，按要求重新进行锚固。

33.3.4 铝合金门窗框与洞口墙体连接错误

1. 现象

一些施工单位将铝合金门窗框固定好后，在铝合金门窗框与洞口墙体间的缝隙内用水泥砂浆嵌填，错认为这样才能更好地锚固门窗框，其结果导致门窗框变形、铝合金腐蚀、门窗框周围出现缝隙，影响了使用功能。

2. 原因分析

（1）铝合金型材与水泥砂浆的膨胀系数不一样，当温度升高时，铝合金膨胀，门窗框变形，门窗扇开启困难；当温度降低时，铝合金收缩，在门窗框与洞口墙体间出现缝隙。

（2）当建筑物受振动、沉降等因素影响，易引起门窗框与水泥砂浆间的撞击、挤压而导致门窗损坏。

（3）铝合金门窗框直接与水泥砂浆接触，水泥砂浆中的碱性物质对铝合金进行腐蚀，缩短了门窗的使用寿命。

（4）因铝合金与水泥砂浆的导热系数不一样，在铝合金门窗四周形成冷热交换区而产生结露。

3. 防治措施

（1）铝合金门窗框与洞口墙体之间应采用柔性连接。其间隙可用矿棉条或玻璃棉毡条分层填塞，缝隙表面留5～8mm深的槽口，用密封材料嵌填、封严。

（2）在施工过程中不得损坏铝合金门窗上的保护膜。

（3）如表面沾污了水泥砂浆，应随时擦净。

33.3.5 铝合金推拉门窗扇推拉不灵活

1. 现象

铝合金推拉门窗在使用一段时间后出现推拉不灵活，甚至出现门窗扇推拉不动的情况。

2. 原因分析

（1）制作工艺粗糙，门窗扇与门窗框的尺寸配合欠妥，门窗扇制作尺寸偏大。

（2）铝合金门窗框因温度变化、建筑物沉降或受振动而变形，导致门窗扇推拉受阻。

（3）门窗扇下的滑轮制作粗糙，圆度超差，耐久性不好。

（4）所选用的滑轮与门窗扇不配套，偏大或偏小，滑轮脱出轨道。

3. 预防措施

（1）提高制作人员的操作水平，根据门窗框尺寸精确进行门窗扇的下料和制作，使框、扇尺寸配合良好。

（2）在门窗框四周与洞口墙体的缝隙间采用柔性连接，以防止铝合金门窗框受挤压变形。

（3）选用符合设计规定厚度的铝型材，防止因铝型材过薄而产生变形。

（4）选用质量优良，且与门窗扇配套的滑轮。

4. 治理方法

（1）如系门窗扇尺寸偏大或铝合金门窗框有较大变形时，可将门窗扇卸下，重新改制到适合的尺寸。

（2）如系滑轮质量低劣，且与门窗扇不配套时，可将门窗扇卸下，换上配套的优质滑轮。

33.3.6 铝合金推拉门窗扇脱轨、坠落

1. 现象

铝合金推拉门窗在使用过程中，常常因安装不好或使用不当（如猛推猛拉）造成滑轮

脱轨，使铝合金门窗扇推拉受阻，甚至会出现铝合金门窗扇坠落。

2. 原因分析

(1) 铝合金推拉门窗下滑轨的高度为6～8mm，而在滑轨上行走的滑轮内槽深度只有3mm，滑轮为塑料制品，质量差，槽又浅，当猛推猛拉时滑轮就容易出轨。

(2) 铝合金推拉门窗上的两个走轮，没有安装在同一条直线上，如果其中有一只偏斜，走轮就容易脱轨。

(3) 推拉门窗所用的铝合金型材偏小，厚度偏薄，经过多次推拉后，使紧固在门窗扇上的走轮螺栓松动，走轮上浮，整个门窗扇下坠，脱轨滑落。

(4) 铝合金门窗扇高度不够，上滑轨镶嵌门窗扇的深度不足，导致推拉门窗开启时坠落或被风吹落。

3. 预防措施

(1) 制作铝合金推拉门窗的门窗扇时，应根据门窗框的高度尺寸，确定门窗扇的高度，既要保证门窗扇能顺利安装入门窗框内，又要确保门窗扇在门窗框上滑槽内有足够的嵌入深度。

(2) 推拉门窗扇下面的滑轮，应选用优质滑轮，制作门窗扇时应将两个滑轮安装在同一条直线上。

(3) 要选用厚度符合设计要求的铝型材。

4. 治理方法

(1) 如经常发生推拉门窗扇脱轨，则可将门窗扇卸下，对滑轮进行检查校正或更换配套的优质滑轮。

(2) 如门窗扇插入门窗框上滑槽的深度过浅，说明门窗扇太短，可将门窗扇卸下后重新改制到适合的高度。

33.3.7　铝合金窗渗漏水

1. 现象

铝合金窗渗漏水，多出现在铝合金窗框与洞口墙体间的缝隙，以及铝合金窗下滑道等处，特别是在暴风雨时，在风压作用下雨水沿铝合金窗的侧面和下面的窗台流入室内，严重污染墙面装修，甚至由上层地面再流入下层顶棚，影响了正常的使用。

2. 原因分析

(1) 铝合金窗制作和安装时，由于本身存在拼接缝隙，成为渗水的通道。

(2) 窗框与洞口墙体间的缝隙因填塞不密实，缝外侧未用密封胶封严，在风压作用下，雨水沿缝隙渗入室内。

(3) 推拉窗下滑道内侧的挡水板偏低，风吹雨水倒灌。

(4) 平开窗搭接不好，在风压作用下雨水倒灌。

(5) 窗楣、窗台做法不当，未留鹰嘴、滴水槽和斜坡，因而出现倒坡、爬水。

3. 预防措施

(1) 内窗台应高于外窗台20mm，在窗楣上做鹰嘴和滴水槽；在外窗台上做出泛水圆弧角和向外的流水斜坡，坡度不小于10%，如图33-11。

(2) 用矿棉毡条等将铝合金窗框与洞口墙体间的缝隙填塞密实，外面再用优质密封材料封严。

(3) 对铝合金窗框的榫接、铆接、滑撑、方槽、螺钉等部位，以及组合窗拼樘杆件两侧的缝隙，均应用防水玻璃硅胶密封严实。

(4) 将铝合金推拉窗框内的低边挡水板下滑道改换成高边挡水板内下滑道，如图33-12。

4. 治理方法

(1) 在使用过程中如发现铝合金窗下雨时渗漏水，可选用优质密封胶将窗框、窗扇的榫接、铆接、拼樘、滑撑、方槽、螺钉等部位封填严密。

(2) 将铝合金窗框与洞口墙体间缝隙的外面用密封胶嵌填、封严。

(3) 在铝合金推拉窗框外下滑道上开流水孔，使雨水由孔中排到室外。

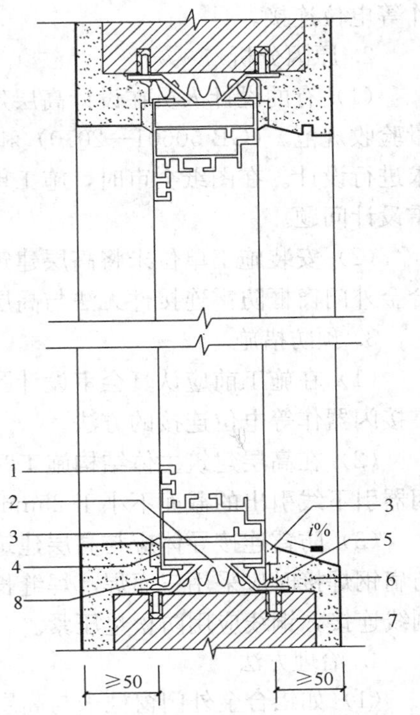

图33-11 铝合金窗框安装示意图

1—铝合金窗框；2—固定连接件；3—密封胶；4—泡沫棒；5—化学螺栓；6—水泥砂浆（保温层）；7—墙体；8—保温材料

33.3.8 铝合金门窗结合处不打胶

1. 现象

一些施工单位为图省事、省费用，在铝合金门窗制作、安装后，对铝合金杆件的结合处不进行打胶。铝合金门窗受雨水浸淋后，水顺结合处流入室内，影响使用。

2. 原因分析

铝合金门窗所用铝型材之间的连接，常见的有45°对接、直角对接及插接三种，还有组合拼樘杆件连接，但不论采用何种连接方法，均为金属与金属相结合，中间存在缝隙，成为渗水通道。

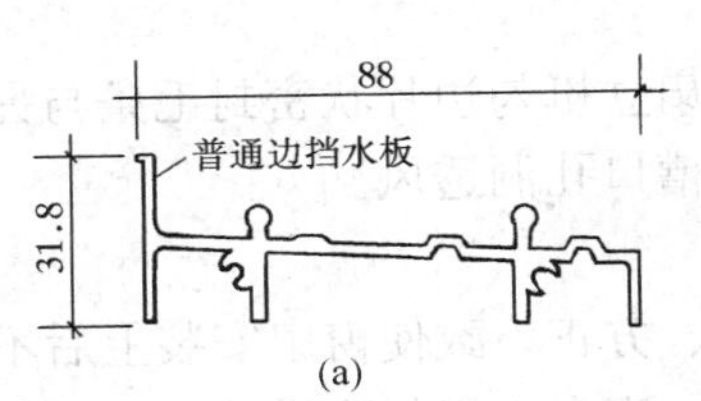

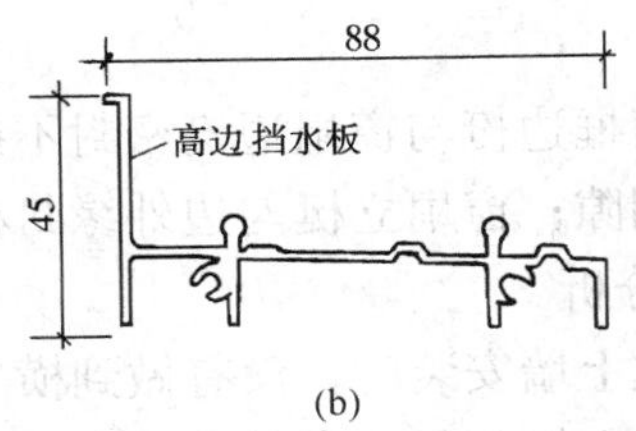

图33-12 下滑道挡水板

(a) 推拉窗普通边下滑道；(b) 推拉窗高边下滑道

3. 防治措施

铝合金门窗不论采用何种连接方法，均应在结合处的缝隙中用防水玻璃硅胶嵌填、封堵，组合拼缝杆件两侧缝隙应用耐候密封胶填注，对外露的连接螺钉，也应用防水密封胶密封，以防雨水沿缝渗入室内。

33.3.9 铝合金门窗框未与防雷接闪器作等电位连接

1. 现象

24m及以上建筑物铝合金外门窗框防雷连接件未与主体结构上的防雷接闪器引下线

作等电位连接。

2. 原因分析

（1）有的设计人员在设计高层建筑铝合金外门窗时，未按《建筑物防雷工程施工与质量验收规范》（GB 50601—2010）和《铝合金门窗工程技术规范》（JGJ 214—2010）的要求进行设计。在图纸会审时，施工单位未及时向设计单位提出高层建筑铝合金外门窗的防雷设计问题。

（2）安装施工单位未将高层建筑主体结构的防雷接闪器引下线引到外门窗洞口处。铝合金外门窗框防雷连接件无法与高层建筑主体结构的防雷接闪器引下线作可靠的软连接。

3. 预防措施

（1）在施工前应认真会审设计图纸，确定好铝合金外门窗框与高层建筑主体结构的防雷接闪器作等电位连接的方法。

（2）在高层建筑主体结构施工时，施工单位就应在外门窗洞口预留从主体结构防雷接闪器引下线引出的截面不小于 25mm×4mm 的热浸镀锌扁钢。

（3）防雷连接导体应与高层建筑防雷装置和铝合金外门窗框防雷连接件作可靠连接，与扁钢焊接时应采用三面焊，焊缝长度不小于 3 倍扁钢宽度，焊接处应涂防腐漆。如采用铜线连接，铜线应用防松垫压紧。

4. 治理方法

（1）如铝合金外门窗框未与高层建筑主体结构的防雷接闪器作等电位连接，必须在铝合金外门窗框上加设连接件，重新作等电位连接。

（2）如铝合金外门窗框与高层建筑主体结构的防雷接闪器的连接采用铜线连接，则接线头必须搪锡处理，接线处应采用防松垫压紧。

33.3.10　铝合金推拉窗扇气密性差

1. 现象

铝合金窗框边梃与窗扇边梃密封不严；窗扇立梃勾边片状密封毛条与另一窗扇立梃勾边搭接处有间隙；窗扇立梃勾边外缘封板上部槽口孔洞透风。

2. 原因分析

（1）窗框上墙安装时，没有做到横平竖直、方正，致使窗扇安装上后不密缝。

（2）窗扇立梃两勾边密封毛条太硬，与另一窗扇立梃勾边搭接无过盈量。

（3）窗扇立梃两勾边处立梃外缘封板的孔洞未封堵。

3. 防治措施

（1）铝合金推拉窗应按照《铝合金门窗工程技术规范》（JGJ 214—2010）设计、制作，满足气密性要求。

（2）安装窗框时应认真检查边立梃的垂直度和上、下横梃的水平度，以及对角线的偏差，应及时校正后固定牢固。

（3）采用摩擦式密封的推拉窗扇立梃两勾边搭接处应使用密度较高、毛束致密、中间加胶片的硅化密封毛条或三元乙丙密封胶条、软质橡胶密封条，密封条不能太厚也不能太硬，片状密封条为首选材料。密封条与另一窗扇立梃勾边不能有间隙，必须有过盈量，过盈量以在窗的原始状态 1～2mm 为好，既不影响窗扇的开启力，又能保持两窗扇搭接处密封。

(4) 窗扇立梃勾边处外缘封板上部开的槽口，因窗扇安装时插入上滑道，窗扇下部进入下滑道后，窗扇下降造成上部槽口有空隙，这个空隙必须用堵孔件堵塞密封，防止透风。

(5) 应保证密封胶条、密封毛条在窗四周的连续性，形成封闭的密封结构。

附录 33.2 铝合金门窗制作与安装工程质量标准及检验方法

1. 一般规定

(1) 铝合金门窗工程验收应符合现行国家标准《建筑工程施工质量验收统一标准》(GB 50300)、《建筑装饰装修工程质量验收规范》(GB 50210) 及《建筑节能工程施工质量验收规范》(GB 50411) 的有关规定。

(2) 铝合金门窗隐蔽工程验收应在作业面封闭前进行并形成验收记录。

(3) 铝合金门窗工程验收时应检查下列文件和记录：

1) 铝合金门窗工程的施工图、设计说明及其他设计文件；

2) 根据工程需要出具的铝合金门窗的抗风压性能、水密性能以及气密性能、保温性能、遮阳性能、采光性能、可见光透射比等检验报告；或抗风压性能、水密性能检验以及建筑门窗节能性能标识证书等；

3) 铝合金型材、玻璃、密封材料及五金件等材料的产品质量合格证书、性能检测报告和进场验收记录；

4) 隐框窗应提供硅酮结构胶相容性试验报告；

5) 铝合金门窗框与洞口墙体连接固定、防腐、缝隙填塞及密封处理、防雷连接等隐蔽工程验收记录；

6) 铝合金门窗产品合格证书；

7) 铝合金门窗安装施工自检记录；

8) 进口商品应提供报关单和商检证明。

(4) 铝合金门窗工程验收检验批划分、检查数量及合格判定，应按现行国家标准《建筑装饰装修工程质量验收规范》(GB 50210) 的规定执行，门窗节能工程验收应按现行国家标准《建筑节能工程施工质量验收规范》(GB 50411) 的规定执行。

2. 主控项目

(1) 铝合金门窗的物理性能应符合设计要求。

检验方法：检查门窗性能检测报告或建筑门窗节能性能标识证书，必要时可对外窗进行现场淋水试验。

(2) 铝合金门窗所用铝合金型材的合金牌号、供应状态、化学成分、力学性能、尺寸偏差、表面处理及外观质量应符合现行国家标准的规定。

检验方法：观察、尺量、膜厚仪、硬度钳等，检查型材产品质量合格证书。

(3) 铝合金门窗型材主要受力杆件材料壁厚应符合设计要求，其中门用型材主要受力部位基材截面最小实测壁厚不应小于 2.0mm，窗用型材主要受力部位基材截面最小实测壁厚不应小于 1.4mm。

检验方法：观察、游标卡尺、千分尺检查，进场验收记录。

(4) 铝合金门窗框及金属附框与洞口的连接安装应牢固可靠，预埋件及锚固件的数量、位置与框的连接应符合设计要求。

检验方法：观察、手扳检查、检查隐蔽工程验收记录。

（5）铝合金门窗扇应安装牢固、开关灵活、关闭严密。推拉门窗扇应安装防脱落装置。

检验方法：观察、开启和关闭检查、手扳检查。

（6）铝合金门窗五金件的型号、规格、数量应符合设计要求，安装应牢固，位置应正确，功能满足使用要求。

检验方法：观察、开启和关闭检查、手扳检查。

3. 一般项目

（1）铝合金门窗外观表面应洁净，无明显色差、划痕、擦伤及碰伤。密封胶无间断，表面应平整光滑、厚度均匀。

检验方法：观察。

（2）除带有关闭装置的门（地弹簧、闭门器）和提升推拉门、折叠推拉窗、无平衡装置的提拉窗外，铝合金门窗扇启闭力应小于 50N。

检验方法：用测力计检查。每个检验批应至少抽查 5%，并不得少于 3 樘。

（3）门窗框与墙体之间的安装缝隙应填塞饱满，填塞材料和方法应符合设计要求，密封胶表面应光滑、顺直、无断裂。

检验方法：观察；轻敲门窗框检查；检查隐蔽工程验收记录。

（4）密封胶条和密封毛条装配应完好、平整、不得脱出槽口外，交角处平顺、可靠。

检验方法：观察；开启和关闭检查。

（5）铝合金门窗排水孔应通畅，其尺寸、位置和数量应符合设计要求。

检验方法：观察，测量。

（6）铝合金门窗安装的允许偏差和检验方法应按附表 33-3 的规定执行。

铝合金门窗框安装允许偏差和检验方法（mm）　　附表 33-3

<table>
<tr><th colspan="2">项　目</th><th>允许偏差</th><th>检验方法</th></tr>
<tr><td colspan="2">门窗框进出方向位置</td><td>±5.0</td><td>经纬仪</td></tr>
<tr><td colspan="2">门窗框标高</td><td>±3.0</td><td>水平仪</td></tr>
<tr><td rowspan="3">门窗框左右方向相对位置偏差（无对线要求时）</td><td>相邻两层处于同一垂直位置</td><td>+10
0.0</td><td rowspan="3">经纬仪</td></tr>
<tr><td>全楼高度内处于同一垂直位置（30m 以下）</td><td>+15
0.0</td></tr>
<tr><td>全楼高度内处于同一垂直位置（30m 以上）</td><td>+20
0.0</td></tr>
<tr><td rowspan="3">门窗框左右方向相对位置偏差（有对线要求时）</td><td>相邻两层处于同一垂直位置</td><td>+2
0.0</td><td rowspan="3">经纬仪</td></tr>
<tr><td>全楼高度内处于同一垂直位置（30m 以下）</td><td>+10
0.0</td></tr>
<tr><td>全楼高度内处于同一垂直位置（30m 以上）</td><td>+15
0.0</td></tr>
<tr><td colspan="2">门窗竖边框及中竖框自身进出方向和左右方向的垂直度</td><td>±1.5</td><td>铅垂仪或经纬仪</td></tr>
<tr><td colspan="2">门窗上、下框及中横框水平</td><td>±1.0</td><td>水平仪</td></tr>
</table>

续表

项目		允许偏差	检验方法
相邻两横向框的高度相对位置偏差		+1.5 0.0	水平仪
门窗宽度、高度构造内侧对边尺寸差	$L<2000$	+2.0 0.0	钢卷尺
	$2000\leqslant L<3500$	+3.0 0.0	钢卷尺
	$L\geqslant 3500$	+4.0 0.0	钢卷尺

33.4 塑钢门窗安装

33.4.1 塑钢门窗固定片安装不当

1. 现象

塑钢门窗安装用的固定片，是与塑钢门窗配套的附件。在安装固定片时间距过大，位置不符合要求或用钉直接钉入，导致安装后门窗框固定不牢固，影响使用安全。

2. 原因分析

(1) 操作人员不了解塑钢门窗安装的特点，随意操作。

(2) 安装前未进行认真的技术交底。

3. 防治措施

(1) 安装固定片前，应先采用直径 3.2mm 的钻头钻孔，然后将十字槽盘头自攻螺钉 M4×20 拧入。

(2) 固定片与窗角、中竖框、中横框的距离 a 应为 150～200mm，固定片之间的距离 l 应小于或等于 500mm，如图 33-13。

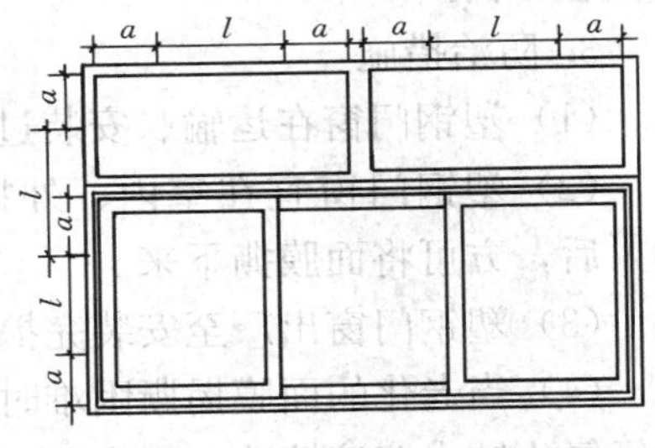

图 33-13 固定片安装位置

a—端头（或中框）距固定片的距离；l—固定片之间的间距

33.4.2 塑钢门窗与洞口固定不当

1. 现象

在塑钢门窗与墙体洞口的固定片上，用钉子直接钉入墙体内固定，长时间使用后，钉子容易锈蚀、松动，使连接受到破坏。

2. 原因分析

(1) 操作人员技术素质差，不了解塑钢门窗安装技术规范的有关规定。

(2) 施工时工人图方便、省事，不按有关规定操作。

3. 防治措施

(1) 当塑钢门窗与墙体固定时应先固定上框，后固定边框。

(2) 混凝土墙洞口应采用射钉或塑料膨胀螺钉固定。

（3）砖墙洞口应采用塑料膨胀螺钉或水泥钉固定。

33.4.3　塑钢门窗与墙体间填缝作法错误

1. 现象

塑钢门窗与洞口墙体间的缝隙，使用了水泥砂浆嵌填，导致塑钢门窗变形、门窗框与洞口墙体间出现缝隙，造成透风漏雨，影响正常使用。

2. 原因分析

（1）塑钢的膨胀系数大，当塑钢门窗与洞口墙体间填塞水泥砂浆后，由于气温升高，塑钢门窗膨胀挤压而出现变形。

（2）当气温降低时，塑钢门窗冷缩，使门窗框与洞口墙体间出现缝隙。

（3）窗台处水泥砂浆填塞不密实，下雨时由窗台下渗水。

3. 防治措施

（1）塑钢门窗框与洞口墙体间应采用闭孔泡沫塑料、发泡聚苯乙烯等弹性材料分层填塞。

（2）弹性材料要填塞严实，但也不宜过紧。

（3）对于有保温、隔声等级要求较高的工程，应用相应的隔热、隔声材料填塞。

（4）门窗与墙体间的缝隙外侧应用嵌缝膏密封处理。

33.4.4　揭撕塑钢门窗面膜时间不当

1. 现象

过早撕掉塑钢门窗上的面膜，门窗易被外界物体刻划、碰撞，或在室内外抹灰时被水泥砂浆沾污；过晚揭撕塑钢门窗上的面膜，则面膜容易老化，难于揭撕。

2. 原因分析

（1）由于运输、安装等过程中，操作人员不注意，将塑钢门窗上的面膜撕开、损坏。

（2）由于工程停工或门窗安装后后续工序延长，塑钢门窗经风吹日晒后面膜老化，而不能整张揭撕下来。

3. 防治措施

（1）塑钢门窗在运输、安装过程中，操作人员要认真、细致，不得损坏面膜。

（2）塑钢门窗宜在室内、外抹完灰后再安装和抹口，待抹口的水泥砂浆强度达到70%后，方可将面膜撕下来。

（3）塑钢门窗出厂至安装完揭撕面膜的时间不宜超过6个月。

（4）当老化的面膜揭撕困难时，应先用15%的双氧水溶液均匀涂刷一遍，再用10%的氢氧化钠水溶液擦洗，面膜即可清除。

33.4.5　塑钢门窗渗漏水

1. 现象

塑钢门窗在使用过程中，当暴风雨时，在风压作用下，雨水沿塑钢门窗的侧面和窗台流入室内，污染了墙面甚至下层顶棚。

2. 原因分析

（1）塑钢门窗制作质量粗糙，接缝不严密，不符合气密性、水密性及抗风压的技术要求。

（2）塑钢窗为推拉窗时，有一扇窗露在外面，推拉槽未设排水孔或排水孔堵塞，下雨时推拉槽中灌水，雨水沿下面的接口缝隙处渗入墙内，造成渗漏。

（3）窗框与洞口墙体间的缝隙，未按规范要求进行嵌填和密封，雨水沿缝隙渗入室内。

（4）外窗台施工时未做出向外的坡度，外窗台未低于室内窗合板，窗楣未做鹰嘴和滴水槽。

3. 防治措施

（1）应选用连接方式合理可靠，制作质量符合标准规定，使用性能符合气密性、水密性及抗风压等技术要求的塑钢门窗。

（2）推拉窗的下轨应设置排水孔，每樘窗不宜少于2个。

（3）塑钢门窗框与洞口墙体间的连接固定要符合规范要求。缝隙应用弹性材料分层嵌填，外面用密封膏封严，所用密封膏的性能应与塑料具有相容性。

（4）外窗台应低于室内窗台板20mm，外窗台应做出不小于10%的向外坡度，窗楣要做鹰嘴和滴水槽。

33.4.6 塑钢门窗表面划伤、烧伤

1. 现象

塑钢门窗的扇框表面有划伤痕迹和烧伤疤等。

2. 原因分析

（1）塑钢门窗在搬运过程中表面未用包装胶纸保护，门窗四角未采用加厚的纸质保护角保护。

（2）塑钢门窗安装上后，保护层揭撕得过早，致使后续工序的施工人员划破门窗表面的涂塑膜。

（3）塑钢门窗框与墙体预埋件采用焊接固定，在其邻近电焊施工时，电焊作业烧伤门窗表面的涂塑膜。

（4）在已安装好塑钢门框的洞口用手推车等工具运输建材时，碰撞损坏门框。

（5）在清理塑钢门窗框、扇上粘着的硬水泥浆等污染物时，用硬质材料制作的工具铲刮，表面被刮划伤。

3. 预防措施

（1）塑钢门窗在储运过程中表面应包贴保护胶纸，门窗四角应采用加厚的纸质保护角保护。

（2）吊运门窗时应妥善捆扎，樘与樘之间用非金属软质材料隔开，选择牢靠平稳的吊点，防止门窗相互摩擦、挤压损坏。

（3）塑钢门窗安装后，保护层不应过早揭撕掉，对后续工序施工人员应采取教育和处罚措施，做好门窗成品保护工作。

（4）在邻近塑钢门窗处电焊作业时，应采取有效的遮挡和防火措施，以免烧伤塑钢门窗的涂塑膜。

（5）塑钢门窗框、扇上粘有水泥浆等污染物时，应在其硬化前用湿布擦拭干净，不得用硬质工具铲刮门窗框、扇表面。

（6）已安装好门框的洞口，尽量不作后续工序的运料通道，如非要用作运料通道时，应用胶合板等将门框易碰撞处保护好。

4. 治理方法

塑钢门窗扇框的涂塑膜轻微划伤和烧伤，可用塑料裂缝修补胶和划痕修复绒片修补。

附录 33.3　塑料门窗安装工程质量标准及检验方法

1. 主控项目

（1）塑料门窗的品种、类型、规格、尺寸、开启方向、安装位置、连接方式及填嵌密封处理应符合设计要求，内衬增强型钢的壁厚及设置应符合国家现行产品标准的质量要求。

检验方法：观察；尺量检查；检查产品合格证书、性能检测报告、进场验收记录和复验报告；检查隐蔽工程验收记录。

（2）塑料门窗框、副框和扇的安装必须牢固。固定片或膨胀螺栓的数量与位置应正确，连接方式应符合设计要求。固定点应距窗角、中横框、中竖框 150～200mm，固定点间距应不大于 600mm。

检验方法：观察；手扳检查：检查隐蔽工程验收记录。

（3）塑料门窗拼樘料内衬增强型钢的规格、壁厚必须符合设计要求，型钢应与型材内腔紧密吻合，其两端必须与洞口固定牢固。窗框必须与拼樘料连接紧密，固定点间距应不大于 600mm。

检验方法：观察；手扳检查；尺量检查；检查进场验收记录。

（4）塑料门窗扇应开关灵活，关闭严密，无倒翘。推拉门窗扇必须有防脱落措施。

检验方法：观察；开启和关闭检查；手扳检查。

（5）塑料门窗配件的型号、规格、数量应符合设计要求，安装应牢固，位置应正确，功能应满足使用要求。

检验方法：观察；手扳检查；尺量检查。

（6）塑料门窗框与墙体间缝隙应采用闭孔弹性材料填嵌饱满，表面应采用密封胶密封。密封胶应粘结牢固，表面应光滑、顺直，无裂纹。

检验方法：观察；检查隐蔽工程验收记录。

2. 一般项目

（1）塑料门窗表面应洁净、平整、光滑，大面应无划痕、碰伤。

检验方法：观察。

（2）塑料门窗扇的密封条不得脱槽。旋转窗间隙应基本均匀。

（3）塑料门窗扇的开关力应符合下列规定：

1）平开门窗扇平铰链的开关力应不大于 80N；滑撑铰链的开关力应不大于 80N，并不小于 30N；

2）推拉门窗扇的开关力应不大于 100N。

检验方法：观察；用弹簧秤检查。

（4）玻璃密封条与玻璃及玻璃槽口的接缝应平整，不得卷边、脱槽。

检验方法：观察。

（5）排水孔应畅通，位置和数量应符合设计要求。

检验方法：观察。

(6) 塑料门窗安装的允许偏差和检验方法应符合附表 33-4 的规定。

塑料门窗安装的允许偏差和检验方法　　附表 33-4

项次	项目		允许偏差（mm）	检验方法
1	门窗槽口宽度、高度	≤1500mm	2	用钢尺检查
		>1500mm	3	
2	门窗槽口对角线长度差	≤2000mm	3	用钢尺检查
		>2000mm	5	
3	门窗框的正、侧面垂直度		3	用 1m 垂直检测尺检查
4	门窗横框的水平度		3	用 1m 水平尺和塞尺检查
5	门窗横框标高		5	用钢尺检查
6	门窗竖向偏离中心		5	用钢直尺检查
7	双层门窗内外框间距		4	用钢尺检查
8	同樘平开门窗相邻扇高度差		2	用钢直尺检查
9	平开门窗铰链部位配合间隙		+2，−1	用塞尺检查
10	推拉门窗扇与框搭接量		+1.5，−2.5	用钢直尺检查
11	推拉门窗扇与竖框平行度		2	用 1m 水平尺和塞尺检查

33.5 框、扇玻璃安装

33.5.1 木压条不平整，有缝隙

1. 现象

木压条未与玻璃紧贴，或未与木槽口紧贴；倾斜有缝隙；两面木压条对接处未锯成 45°角。如图 33-14 所示。

2. 原因分析

(1) 木压条尺寸大小、宽窄不一致，拼装在同一块玻璃上时，易产生缝隙。

(2) 木压条端部未锯成 45°斜面，或尺寸长短不合适，造成角部对缝有空隙。

(3) 装钉木压条没有靠紧玻璃及槽口，使木压条倾斜而有缝隙，或木压条材质性脆，钉钉子时易劈裂而有缝隙，表面不光洁、不美观。

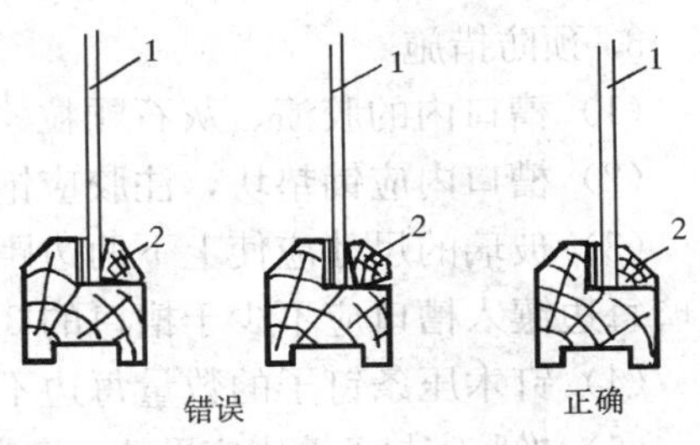

图 33-14　木压条钉法
1—玻璃；2—木压条

3. 预防措施

(1) 不要使用黄花松等质硬易劈裂的木材制作木压条；木压条尺寸大小应符合要求，端部锯成 45°角的斜面；安装玻璃前先将木压条卡入槽口内，装玻璃时再起下来。要加强保管，不得乱扔，以防损伤。

(2) 选择合适的钉子，将钉帽锤扁。然后将木压条贴紧玻璃，把四边木压条卡紧后，再用小锤钉牢，四角必须平整。

4. 治理方法

有缝隙、八字不见角、劈裂等弊病的木压条，必须拆除，换上较好的木压条重新钉牢。

33.5.2　钉帽外露

1. 现象

木门安装玻璃的钉子，在木压条上的钉帽外露（图 33-15）。

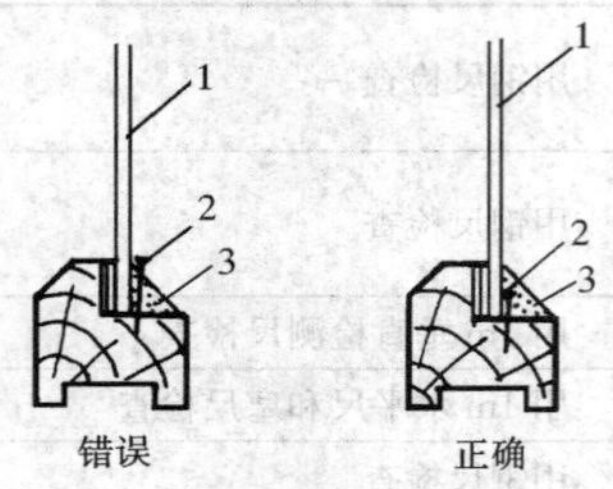

图 33-15　钉子钉法
1—玻璃；2—钉；3—木压条

2. 原因分析

(1) 选择钉子不适当，尺寸过大。

(2) 操作技术不熟练。

3. 预防措施

木门一般使用 10～20mm 的小铁钉为宜。钉的钉子要使木压条牢固，又不现露在木压条外面为准。

4. 治理方法

将钉帽砸扁，钉入木压条内 1～2mm，再刮腻子，干后打磨平，或采用射钉枪操作。

33.5.3　玻璃安装不平整或松动

1. 现象

玻璃与槽口边四面未紧贴，橡胶密封条未紧贴玻璃与扇框，扭斜不平整发生松动，用手轻轻敲击时，玻璃发出噼啪的声音。

2. 原因分析

(1) 槽口内的胶渍、灰石颗粒、木屑渣等杂物未清除干净。

(2) 未铺垫块，有空隙；或注胶不饱满，垫块与密封胶不相容。

(3) 玻璃裁制的尺寸不符合规定要求，一般多属于尺寸偏小，影响卡夹牢固。

(4) 钉木压条的钉子未按规定数量钉入；或钉木压条没有贴紧玻璃。

(5) 橡胶密封条镶嵌不密实，在转角处橡胶密封条未断开，未注胶粘结。

(6) 玻璃密封胶的宽度与厚度均不足。

3. 预防措施

(1) 槽口内的胶渍、灰石颗粒、木屑渣等杂物必须清理干净。

(2) 槽口内应铺垫块，注胶应饱满，垫块与玻璃密封胶材料应相容。

(3) 玻璃的尺寸应使上下两边距槽口不大于 4mm，左右两边距槽口不大于 6mm，但玻璃每边镶入槽口应不少于槽口的 3/4 或 15mm，禁止使用窄小的玻璃进行安装。

(4) 钉木压条钉子的数量每边不少于 3 颗，两钉间距不得大于 20cm，应垂直钉牢固。

(5) 橡胶密封条镶嵌应平整、密实，在转角处应作斜面断开，并在断开处注胶粘结牢固。

(6) 玻璃密封胶的厚度与宽度之比应为 1∶2，厚度不能小于 3.5mm。

4. 治理方法

玻璃安装不平整、不牢固，比较轻微的可以挤入底腻子，达到不松动即可。严重的必须拆掉玻璃，重新安装。

33.5.4　玻璃不干净或有裂纹

1. 现象

玻璃表面有灰尘、胶印、油漆滴点等，直接影响玻璃的透明度和美观，或玻璃存在小裂纹，受振后容易破裂损坏。

2. 原因分析

(1) 玻璃选料不当，有裂纹未发现。

(2) 玻璃安装不平整，经过振动后，玻璃炸裂。

(3) 玻璃裁制尺寸较大，与槽口顶得很紧，一旦温度升高或构件略有扭曲，都易使玻璃开裂损坏。

(4) 玻璃表面有污物未清理干净。

3. 预防措施

(1) 选择较好的玻璃材料，不使用有气泡、水印、棱脊、波浪和裂纹的玻璃。裁制玻璃尺寸大小应符合施工规范规定，不得过大或过小。

(2) 玻璃安装时，槽口应清理干净，垫块及注胶要均匀，将玻璃安装平整用手压实，再用玻璃密封胶固定。

(3) 玻璃安装后，应用软潮干布或棉丝将玻璃表面擦拭干净，达到透明光亮。

4. 治理方法

玻璃表面有污物，可以清洗擦净。有裂纹的玻璃，必须拆掉更换。

33.5.5 密封胶、橡胶条有缝隙

1. 现象

密封胶、密封橡胶条短缺不足，不严实，不美观。特别是直角交接处差，造成密封效果达不到设计要求。

2. 原因分析

(1) 槽口内杂物未清除干净，玻璃边缘未擦拭干净，如颗粒灰、胶渍、油污等杂物存在，造成断条、不沾、不饱满、不密实、缝隙大小不均。

(2) 密封胶或橡胶条型号规格未按设计要求使用，造成宽窄大小不一致。

(3) 操作技术人员技术不熟练，未压实紧密。

3. 预防措施

(1) 选择使用符合设计要求、材质合格的密封胶或橡胶条。

(2) 将玻璃擦拭干净无油污物，槽口清除无颗粒灰、胶渍等。

(3) 直角处密封胶必须打实，橡胶条防止短缺，如果无法弥补橡胶条短缺，可用密封胶封闭使其牢固。

4. 治理方法

(1) 玻璃与槽口未贴紧，密封胶或橡胶条严重不足，影响美观的必须拆除重新安装。

(2) 断条、长短不一致、宽窄不一致，可重新注胶补充不足。

33.5.6 绘画、印花玻璃拼装花饰交接不吻合

1. 现象

彩色或白色压花或印花玻璃，两块或多块在拼装时，花色、纹路交错移位，直接影响美观和视觉效果。

2. 原因分析

(1) 没有按照设计要求，仔细研究制定施工方案。

(2) 施工中未按照操作程序进行安装。

(3) 槽口有颗粒杂物，或槽口凸凹不平。

3. 预防措施

(1) 槽口内杂物必须清除干净，不平整处可适当加垫块找平，达到拼接花饰顺畅美观。

(2) 按照设计要求，首先在地面上进行拼接，制定有效的施工方案。

(3) 施工中严格按照操作程序，做到一丝不苟。

4. 治理方法

对于拼装花饰玻璃不吻合，有严重明显缺陷影响美观者，必须拆除，重新拼装。

33.5.7　玻璃胶条龟裂、短缺、脱落

1. 现象

铝合金门窗使用一段时间后，有的玻璃胶条开始出现龟裂，用手轻轻一弯就折断，完全失去了弹性。有的窗扇上四周的玻璃胶条部分脱落或端部短缺，导致透风、漏雨，甚至出现玻璃颤动，影响正常使用。

2. 原因分析

(1) 使用了再生胶的玻璃胶条，这种玻璃胶条价格便宜，但无弹性，耐久性差，极易龟裂。

(2) 玻璃胶条收缩，从窗的四角开始脱落。

(3) 玻璃胶条嵌入时未打胶固定，或打胶方法不正确。

(4) 嵌入玻璃胶条时未将胶条割断，将1根胶条用周圈式方法嵌入玻璃槽内。

3. 防治措施

(1) 铝合金门、窗要选用弹性好、耐老化的优质玻璃胶条。

(2) 玻璃胶条下料时要留出2%的余量，作为胶条收缩的储备。

(3) 方形、矩形门窗玻璃扇用的胶条，要在四角处按45°切断、对接。

(4) 安装玻璃胶条前，要先将槽口清理干净，避免槽内有杂物。

(5) 安装玻璃胶条前，在玻璃槽四角端部20mm范围内均匀注入玻璃胶。如玻璃胶条长度大于500mm，则每隔500mm再增加一个注胶点，然后再将玻璃胶条嵌入槽内。

33.5.8　安装塑钢窗玻璃时未正确设置垫块

1. 现象

在安装窗扇上的玻璃时，将玻璃直接镶入玻璃槽内而不加垫块，导致在使用过程中玻璃受框扇材料的挤压而破坏。

2. 原因分析

塑钢窗因玻璃直接与框扇塑钢接触，没有留出一定的缝隙，当气温等影响使塑钢框扇发生变形时，将玻璃挤压而破坏。

3. 防治措施

(1) 安装玻璃成时，应在玻璃四边垫上不同厚度的玻璃垫块，垫块位置如图33-16。玻璃垫块应选用模压成型邵氏硬度为70～90 (A) 的硬橡胶或塑料，其长度为80～150mm。不得使用硫化再生橡胶、木块或其他吸水性材料。

(2) 边框上的垫块，应用聚氯乙烯胶加以固定。

(3) 当将玻璃镶入框扇玻璃槽后，用玻璃压条将其固定。

33.5.9 玻璃最小装配尺寸不足

1. 现象

活动门窗玻璃的最小安装尺寸不足，玻璃安装不牢固。

2. 原因分析

(1) 相关门窗设计人员对《建筑玻璃应用技术规程》(JGJ 113—2009) 及《铝合金门窗工程技术规范》(JGJ 214—2010) 中要求的门窗玻璃最小安装尺寸不熟悉。

(2) 门窗生产厂家提供给玻璃生产厂家的玻璃尺寸不够准确，造成门窗扇框与玻璃镶嵌尺寸不配套。

3. 防治措施

(1) 门窗设计人员应在深化设计图纸上详细标示出门窗扇框及玻璃尺寸。并将核准的玻璃尺寸提供给玻璃生产厂家。

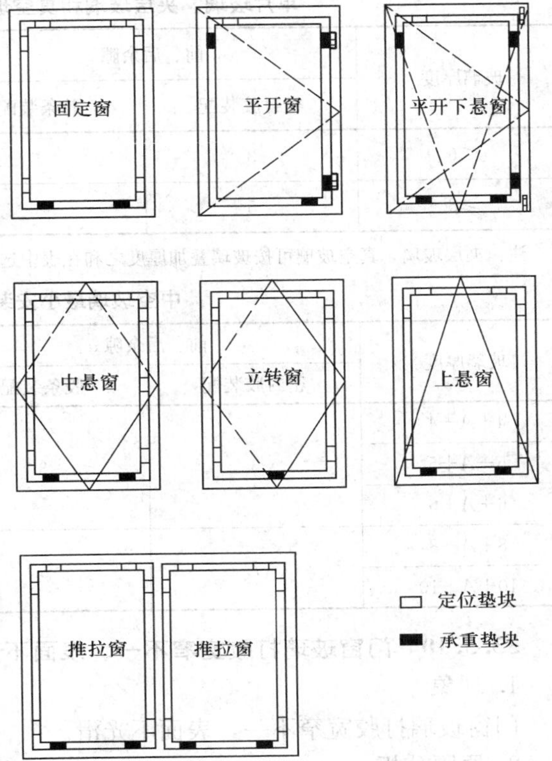

图 33-16 承重垫块和定位垫块的布置

(2) 门窗生产人员应按照《建筑玻璃应用技术规程》(JGJ 113—2009) 及《铝合金门窗工程技术规范》(JGJ214—2010) 中玻璃最小安装尺寸要求制作安装门窗。见图 33-17、图 33-18 及表 33-1、表 33-2。

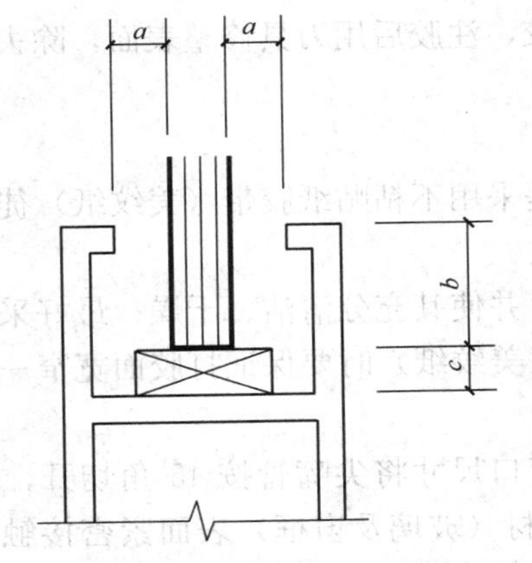

图 33-17 单片玻璃、夹层玻璃、真空玻璃最小安装尺寸

a—前、后余隙；b—嵌入深度；c—边缘余隙

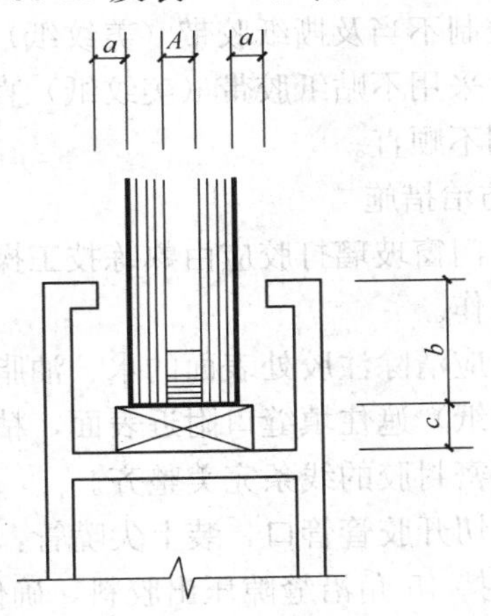

图 33-18 中空玻璃最小安装尺寸

a—前、后余隙；b—嵌入深度；c—边缘余隙；A—空气层

单片玻璃、夹层玻璃和真空玻璃最小安装尺寸（mm）　表 33-1

玻璃厚度	前、后余隙 a		嵌入深度 b	边缘余隙 c
	密封胶装配	胶条装配		
≤6	3	3	8	4
≥8	5	3	10	5

注：夹层玻璃、真空玻璃可按玻璃叠加厚度之和在表中选取。

中空玻璃最小安装尺寸（mm）　表 33-2

玻璃厚度	前、后余隙 a		嵌入深度 b	边缘余隙 c
	密封胶装配	胶条装配		
4+A+4	5	3	15	5
5+A+5				
6+A+6				
8+A+8	7	5	17	7
10+A+10				

33.5.10　门窗玻璃打胶宽窄不一、表面不光滑

1. 现象

门窗玻璃打胶宽窄不一，表面不光滑。

2. 原因分析

（1）打胶操作人员技术不熟练。

（2）粘贴纸胶带（美纹纸）时留缝宽度不均匀，导致打胶宽窄不一。

（3）注胶时，挤胶压力不均匀，注胶枪口移动过程中抖动，速率不稳定。

（4）回顺理平滑的时间未控制好，刮压的速度、用力不均匀。揭去纸胶带（美纹纸）的时间控制不当及撕纸胶带（美纹纸）时操作不慎，引起注胶面损伤。

（5）采用不贴纸胶带（美纹纸）直接徒手注胶，注胶后用刀具修整表面，除去多余胶料时切割不顺直。

3. 防治措施

（1）门窗玻璃打胶应由熟练技工操作，特别是采用不粘贴纸胶带（美纹纸）徒手打玻璃胶的操作。

（2）应清除注胶处表面的水、油脂、尘埃等，并使其充分清洁、干燥；最好采用纸胶带（美纹纸）遮住填缝口附近表面，粘贴纸胶带（美纹纸）时要保证打胶面宽窄一致，以确保玻璃密封胶的线条完美整齐。

（3）切开胶管管口，装上尖嘴管，再根据填缝口尺寸将尖嘴管按 45°角切开，装上压胶枪，保持 45°角沿缝隙压出胶料，确保胶料与基材（玻璃及窗框）表面紧密接触；当填缝口宽度大于 15mm 时，需分次反复注胶，不能一次注满，以防胶料流淌，影响注胶质量。

（4）密封胶在室温下 10min 后表面硬化，完全硬化需 24h 或更长时间，故注胶后应在 5 至 10min 内回顺刮平滑，刮压的用力和速度要均匀，应避免胶的两侧边压得太薄，如

太薄则经风吹日晒容易开裂。揭纸胶带（美纹纸）时间宜在胶料表面略有硫化时进行，故宜在回顺后10min内把纸胶带（美纹纸）撕去，可根据打胶的厚度和环境的温度、湿度等具体情况适当调整。

附录 33.4 门窗玻璃安装工程质量标准及检验方法

1. 主控项目

（1）玻璃的品种、规格、尺寸、色彩、图案和涂膜朝向应符合设计要求。单块玻璃大于1.5m^2时应使用安全玻璃。

检验方法：观察；检查产品合格证书、性能检测报告和进场验收记录。

（2）门窗玻璃裁割尺寸应正确。安装后的玻璃应牢固，不得有裂纹、损伤和松动。

检验方法：观察；轻敲检查。

（3）玻璃的安装方法应符合设计要求。固定玻璃的钉子或钢丝卡的数量、规格应保证玻璃安装牢固。

检验方法：观察；检查施工记录。

（4）镶钉木压条接触玻璃处，应与裁口边缘平齐。木压条应互相紧密连接，并与裁口边缘紧贴，割角应整齐。

检验方法：观察。

（5）密封条与玻璃、玻璃槽口的接触应紧密、平整。密封胶与玻璃、玻璃槽口的边缘应粘结牢固、接缝平齐。

检验方法：观察。

（6）带密封条的玻璃压条，其密封条必须与玻璃全部贴紧，压条与型材之间应无明显缝隙，压条接缝应不大于0.5mm。

检验方法：观察；尺量检查。

2. 一般项目

（1）玻璃表面应洁净，不得有腻子、密封胶、涂料等污渍。中空玻璃内外表面均应洁净，玻璃中空层内不得有灰尘和水蒸气。

检验方法：观察。

（2）门窗玻璃不应直接接触型材。单面镀膜玻璃的镀膜层及磨砂玻璃的磨砂面应朝向室内。中空玻璃的单面镀膜玻璃应在最外层，镀膜层应朝向室内。

检验方法：观察。

（3）腻子应填抹饱满、粘结牢固；腻子边缘与裁口应平齐。固定玻璃的卡子不应在腻子表面显露。

检验方法：观察。

33.6 门窗洞口工程

33.6.1 门窗框与洞口过大或过小

1. 现象

（1）墙面抹完灰以后，框的边梃外露部分很少。

（2）框的边梃四周均有较宽的缝，经开关振动灰皮极易脱落。

（3）外窗台抹不上泛水。

2. 原因分析

（1）洞口尺寸小，框只能勉强塞进。尤其是清水墙，又不能剔凿，安装时只能把框的立梃砍去一部分，灰抹完后外露部分少，窗台做不出泛水。

（2）过梁的放置位置偏高，洞口的水平尺寸大于要求尺寸，致使框周围露出很宽的灰缝。

3. 预防措施

（1）砌墙用的线杆应按设计图纸上的标高画出过梁位置，下面窗台要留出 5cm 左右的泛水，这样，门窗洞口尺寸才能符合设计要求。

（2）砌墙排砖时，不得随意将洞口尺寸加大或缩小。

（3）洞口尺寸合适，安装时过梁下边要留有 15～18mm 的缝隙。两边留缝要均匀一致。

4. 治理方法

混水墙如果洞口尺寸小，可以把砖墙剔掉一部分再安装；清水墙不允许剔凿，偏差在 2cm 以内的，把框的两根立梃各修掉一部分再安装；超出 2cm 的，可把框、扇同时分匀改小。

33.6.2　外墙门窗洞口裂缝

1. 现象

房屋一端各层窗户朝山墙方向的上角和相对应的下角墙体出现对角裂缝，越是上层裂缝越严重。较长房屋的几层窗户朝中间方向的上角和相对应的下角墙体出现对角裂缝，越是下层裂缝越严重。较长房屋两端顶层窗户朝中间方向的上角和相对应的下角墙体出现对角裂缝。较大窗户的窗台下墙体出现竖向裂缝。

2. 原因分析

（1）房屋一端各层窗户朝山墙方向的上角和相对应的下角墙体出现对角裂缝，越是上层裂缝越严重，多是由于这端房屋的基础下沉大所造成。

（2）较长房屋的几层窗户朝中间方向的上角和相对应的下角墙体出现对角裂缝，越是下层裂缝越严重，多是由于房屋中间部位的基础下沉大所造成。

（3）较长房屋两端顶层窗户朝中间方向的上角和相对应的下角墙体出现对角裂缝，多是因夏季高温热胀，屋面未设或设置的隔热层效果差，混凝土与砌体的线胀系数相差大，造成窗口墙体裂缝。

（4）较大窗户的窗台下墙体出现竖向裂缝，一般是由于窗台两端受窗间墙重力的影响，压缩变形较大，而窗下墙受地基反力作用，因结构薄弱而造成裂缝。

3. 预防措施

（1）建筑基础施工前应认真进行地质勘察，掌握地基土的物理力学性质，做好验槽或试桩工作。妥善处理软弱地基土层。多层或低层房屋基础及砌体墙中应配置钢筋混凝土圈梁，以提高房屋的刚度和整体性。

（2）采取屋面及墙体的隔热、遮阳措施，预防因温度应力过大造成房屋墙体裂缝。

（3）应在较大窗户的窗台下做配筋砌体，防止窗下墙裂缝。

4. 治理方法

(1) 低、多层房屋基础不均匀沉降，可在软弱地基中注压水泥浆或打树根桩等加固，待其沉降稳定后，再修补窗墙裂缝。

(2) 如因温度应力造成窗墙裂缝，应在屋面及外墙面上加做隔热层或遮阳板，待窗墙裂缝稳定后再堵缝。

(3) 窗下墙裂缝应将窗台板拆下，去掉若干层砌块后再作配筋砌体或现浇钢筋混凝土窗下梁。配筋砌体或钢筋混凝土窗下梁应伸入窗洞口两端墙体内不小于 600mm。

33.6.3 门窗洞口对角线长度超差

1. 现象

安装门窗框时，上横框的一端与圈梁、过梁下皮的缝隙较大，而上横框的另一端与圈梁、过梁下皮的缝隙却较小。窗的下横框的一端与窗台缝隙较小，而另一端与窗台的缝隙却较大。窗竖边框与墙体的缝隙上大下小，或者是上小下大。

2. 原因分析

(1) 施工人员技术水平低，或者施工人员未严格按操作规程操作。

(2) 支设圈梁、过梁模板时，底模板安装不平，或预制过梁安装不平。

(3) 砌筑窗下墙时，砌体不水平，也未用细石混凝土找平。

(4) 门窗洞口处墙体不垂直。

3. 防治措施

(1) 在施工人员上岗前，应进行操作技能培训和考核，合格者才能上岗；在施工过程中应督促施工人员严格按操作规程操作，实行奖优罚劣。

(2) 在现浇圈梁、过梁模板安装时，应认真测量标高、抄平。

(3) 模板应具有一定的刚度，模板支撑应牢固，以防变形。

(4) 砌筑窗下墙时，基层应先找平，高差大于 30mm 时，应采用细石混凝土找平，基层找平后应按皮数杆逐皮砌筑，以保持窗下墙体水平。

(5) 砌筑门窗洞口的墙体时，应控制好洞口正、侧面的垂直度。

33.6.4 门窗洞口位置偏差大

1. 现象

多层和高层房屋各层外门窗在垂直方向中线的水平位置偏位超差；在水平方向中线的上、下位置偏位超差。

2. 原因分析

(1) 在砌筑上层外门窗洞口墙体时，未将下层外门窗洞口的中线引测上去，或者引测点位置不准。造成各层外门窗垂直方向位置偏差大。

(2) 砌体预留的外门窗洞口过大，在安装外门窗框时为了省事，不是以洞口中线为准，将多余量往两边平分，而是都在一边补砌或补浇混凝土或补抹厚层砂浆的做法补堵，也会造成各层外门窗垂直方向位置偏差大。

(3) 砌体预留的外门窗洞口过小，在安装外门窗框时为了省事，不是以洞口中线为准平分凿去两边墙体，而是仅凿去一边墙体，也可能会造成各层外门窗垂直方向位置偏差大。

(4) 浇筑外门窗洞口上的圈梁、过梁或安装外门窗洞口上的过梁时，标高未控制好，同一层圈梁、过梁的位置有高低，造成同一层外门窗水平方向的位置偏差大。

（5）同一层窗下墙标高未控制好，致使各窗台有高低，安装窗框时又未纠正，也会造成同一层外门窗水平方向位置偏差大。

3. 预防措施

（1）在门窗洞口施工前，应根据《建筑门窗工程检测技术规程》（JGJ/T 205—2010）中对门窗洞口施工质量的要求，向施工人员作技术交底。

（2）在砌筑外门窗墙体时，应用经纬仪将最下层的外门窗洞口中线逐层引测上去，或用线坠从最上层的外门窗洞口中线向下逐层引测。砌筑外门窗洞口墙体时，应认真量好尺寸，不要将洞口砌得偏大或偏小。

（3）在浇筑外门窗洞口上的圈梁、过梁或安装外门窗过梁及砌筑外窗下墙时，应控制好标高，使每层所有的外门窗洞口都平齐。

4. 治理方法

如外门窗洞口偏位太大，应拆除门窗框，修正洞口后再重新安装外门窗框。

33.6.5　门窗洞口外观不完整、不密实

1. 现象

用轻质砌块砌筑的门窗洞口墙体，缺棱掉角，厚度小于 120mm 墙体的门窗预埋件安装不牢固。

2. 原因分析

（1）宽度大于 1.5m 或轻质砌块墙体厚度小于 120mm 的门窗洞口两侧未设置现浇钢筋混凝土边框。

（2）轻质砌块承重墙上的门窗洞口，采用无筋轻质砌块过梁。

（3）在每层房屋的窗下墙上部三皮砌体中未设置水平配筋，或未采用配筋混凝土条带。

（4）门洞两侧厚度小于 120mm 的轻质砌块墙体中，砌入的混凝土预埋件太短，与砌体固定不牢，安装木门框时造成松动。

（5）后续工序施工时，门窗洞口处的轻质砌体墙未采取保护措施，运料手推车、脚手架材料等工器具碰坏墙体棱角或撞松砌体。

3. 防治措施

（1）宽度大于 1.5m 或轻质砌块墙体厚度小于 120mm 的门窗洞口两侧，应设置现浇钢筋混凝土边框，以避免洞口墙体缺棱掉角和门窗框安装不牢固。

（2）轻质砌块承重墙上的门窗洞口，应采用现浇混凝土过梁或配筋专用轻质砌块过梁。

（3）在每层房屋的窗下墙上部至少三皮砌体中应设置 3Φ6 水平配筋；或采用 60mm 厚的配筋混凝土条带，配 2Φ10 纵筋和Φ6 分布筋，用 C20 混凝土浇筑，两端伸入墙体不小于 700mm。

（4）后续工序施工时，门窗洞口处的轻质砌体墙应采用胶合板等边角材料防护，以免运料车、脚手架材料等工器具碰撞墙体。

33.6.6 外墙门窗洞口四周侧面未设保温隔热层或保温隔热层厚度不足

1. 现象

外墙门窗洞口四周侧面未设保温（隔热）层或保温（隔热）层厚度不足。

2. 原因分析

（1）设计图纸没有明确要求在外墙门窗洞口四周侧面应设置保温（隔热）层。

（2）外墙墙体施工时，门窗洞口尺寸偏小，仅预留装饰层厚度的间隙，未留出保温（隔热）层厚度的间隙。

3. 防治措施

（1）在图纸会审时，应按照《建筑节能工程施工质量验收规范》（GB 50411—2007）、《外墙外保温工程技术规程》（JGJ 144—2009）、《无机轻集料砂浆保温系统技术规程》（JGJ 253—2011）、《外墙内保温工程技术规程》（JGJ/T 261—2011）及《蒸压加气混凝土建筑应用技术规程》（JGJ/T 17—2008）等标准要求，明确外墙门窗洞口保温（隔热）层做法。

（2）外墙或毗邻不采暖空间墙体上的门窗洞口四周的侧面以及墙体上凸窗四周侧面，设计应采取节能保温（隔热）措施，设置保温（隔热）层。

（3）墙体施工前，应认真核对门窗洞口尺寸和制作的门窗框尺寸，确认已留有保温（隔热）层厚度的间隙，最好先做出样板，检查无误后，方可施工。

附录 33.5 门窗洞口工程质量标准及检验方法

1. 门窗洞口尺寸

（1）门窗洞口尺寸的检测应包括洞口的宽度、高度、对角线长度差和位置偏差等。门窗洞口的尺寸应符合现行国家标准《建筑门窗洞口尺寸系列》（GB/T 5824—2008）及设计的规定。

（2）门窗洞口尺寸的允许偏差及检验方法应符合附表 33-5 的规定。

门窗洞口尺寸的允许偏差及检验方法 附表 33-5

项次	内容	洞口结构（未抹灰）		允许偏差（mm）	检验方法
1	宽度	砌体		±10	用钢卷尺量测距门窗洞口内角100m处的装门窗位置的宽度
		现浇混凝土		±8	
		预制混凝土		±5	
2	高度	砌体		±10	用钢卷尺量测距门窗洞口内角100mm处的装门窗位置的高度
		现浇混凝土		±8	
		预制混凝土		±5	
3	对角线长度差	砌体	≤2000mm	5	在门窗洞口两对角装门窗位置放置直径25mm圆棒，量测两对角圆棒之间的长度，并取两对角线长度差值的绝对值
			＞2000mm	10	
		混凝土	≤2000mm	5	
			＞2000mm	10	

续表

项次	内 容	洞口结构（未抹灰）	允许偏差（mm）	检验方法
4	位置偏差	砌体	20	用钢卷尺量测门窗洞口1/2宽度处与上下门窗洞口垂直中线的距离；用钢卷尺量测门窗洞口1/2高度处与左右门窗洞口水平中线的距离
		现浇混凝土	15	
		预制混凝土	10	
5	正、侧面垂直度	砌体	5	用2m托线板检查
		现浇混凝土	8	
		预制混凝土	5	
6	正、侧面平整度	砌体	8	用2m靠尺和楔形塞尺检查
		现浇混凝土	8	
		预制混凝土	5	

2. 洞口外观与埋件

（1）门窗洞口外观质量检查应观察其表面完整性和密实度。

（2）洞口埋件的检查应包括材质、数量、位置、尺寸及防腐处理情况等。

（3）埋件的材质可通过观察或核查埋件材质检验报告进行检查，埋件数量可通过观察确定。

（4）埋件的位置可用钢卷尺量测埋件中心至洞口1/2高度或1/2宽度处的距离。埋件的尺寸可用钢尺及游标卡尺量测。

（5）埋件的防腐处理状况可通过观察检查。

（6）在组合窗洞口拼樘料的对应位置，应检查预埋件或预留孔洞与设计要求的一致性。

34 木装修及吊顶工程

34.1 木护墙（木墙裙）、木门窗套（筒子板、贴脸）安装

木护墙（木墙裙）、木筒子板、木贴脸均要求有较好的装饰效果，应坚固、规矩、平整光滑、线条清晰、整齐美观。操作工艺应严格、细致。

34.1.1 木龙骨安装缺陷

1. 现象

木护墙板（木墙裙）和木筒子板通常作法是墙面设木龙骨，饰面层铺钉于木龙骨上（图 34-1、图 34-2）。制作安装木龙骨时的通病有：

（1）木龙骨与墙面固定不牢；

（2）木龙骨安装不平整，阴阳角不方；

（3）洞口的口角不方；

（4）分档的档距不符合要求。

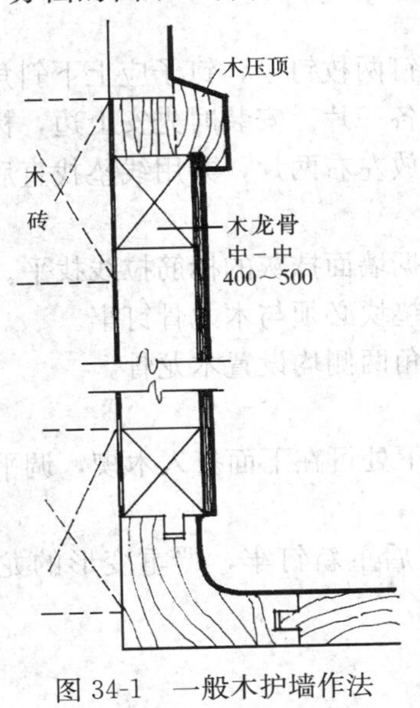

图 34-1 一般木护墙作法

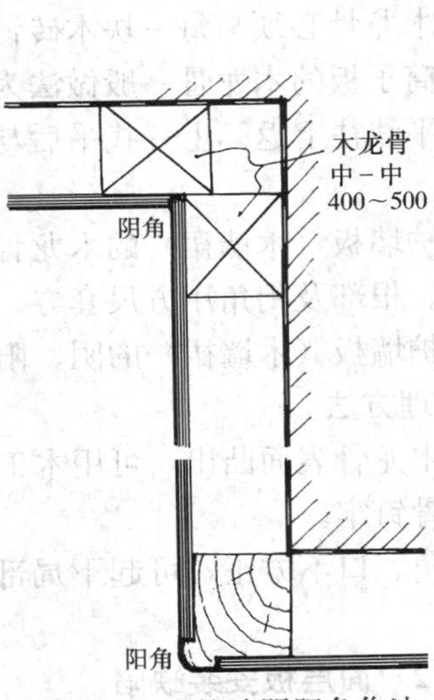

图 34-2 木护墙阴阳角作法

2. 原因分析

（1）结构施工阶段没有很好地考虑与装修的配合，没有为装修创造条件，例如没有预埋木砖或木砖间距过大、松动，以致木龙骨与墙体无法结合或结合不牢；又如放线工弹设门窗洞口线时，没有考虑筒子板的安装尺寸，或所留洞口尺寸不符合设计要求，给制作和安装木龙骨带来困难。

(2) 混凝土墙体施工时，预留门窗洞口位置不准确，或因模板变形，洞口尺寸产生了较大的偏差。在配制木龙骨时没有适当调整，给安装木龙骨造成困难。

(3) 制作木龙骨的木料含水率大或龙骨靠结构面未做防潮，使木龙骨受潮变形。

(4) 分档线测设不准或没弹分档线，使木龙骨排挡不均匀。

(5) 木龙骨安装时角部不好操作，没有方尺套方，产生较大误差使木龙骨角部不方正。

(6) 木龙骨在湿作业未完成或基层未干透的情况下就开始施工，导致木龙骨受潮，随之涨缩而变形。

3. 预防措施

(1) 认真熟悉图纸，在结构施工阶段，对设置预埋件的规格、部位、间距及装修留量等作详细交底。

(2) 木龙骨材料的含水率应小于12%，材料厚度不小于20mm，并不得有腐朽、疖疤、劈裂、扭曲等疵病。

(3) 木龙骨安装前，应对墙面洞口进行一次修整。偏差较小时，可用木龙骨的厚度来调整；偏差较大时，则应通过抹灰或剔凿修整。

(4) 检查预留木砖是否符合木龙骨分档的尺寸，数量是否符合规定。木砖的间距设计无规定时，横、竖一般不大于400mm。如木砖的位置不符合要求，应予补设。当墙体为砖墙时，可在需要加木砖的位置剔去一块砖，用高强度等级砂浆卧入一块木砖，或用冲击钻打孔钉入直径不小于10mm的木塞，木砖和木塞必须进行防腐处理后再用。当墙体为混凝土时，也可以用射钉枪射入螺栓固定木龙骨。

(5) 木龙骨必须与每一块木砖钉牢，每一块木砖钉两枚钉子，钉子应上下斜角错开。

(6) 筒子板的木龙骨一般做法为上部一片，两边各一片。安装时先安上边，标高统一从基准水平线往上返。上片找平后与木砖钉牢，再安放左右两片，并用线坠找直后与木砖钉牢。

(7) 护墙板（木墙裙）的木龙骨钉完后，横向根据墙面抹灰的标筋拉线找平。竖向吊线坠找直。根部及拐角用方尺套方。找平时所垫的木垫块必须与木龙骨钉牢。

(8) 护墙板（木墙裙）的阴、阳角处，必须在拐角两侧均设置木龙骨。

4. 治理方法

(1) 木龙骨表面凸出，可用木工刨刨平；表面凹下处可在下面打入木楔，调平后将木楔与木龙骨钉牢。

(2) 角、口不方正，可起下局部的钉子，找方正后重新钉牢，严重变形的龙骨予以更换。

34.1.2 面层板安装缺陷

1. 现象

(1) 面层的木质花纹错乱，颜色不匀，棱角不直，表面不平，接缝明显及接缝不严等。

(2) 筒子板、贴脸板割角不严、不方。

(3) 木护墙（木墙裙）压顶条粗细不一，高低不平、劈裂等。

(4) 分格条（槽）宽窄不一，横不平，竖不直。

2. 原因分析

（1）原材料未经认真挑选，安装时未选料对色、对花。胶合板板面透胶或安装时板缝余胶未清理掉，涂清油后即出现黑斑、黑缝。

（2）门窗框未裁口或打槽，使筒子板正面直接贴在门窗框的背面，盖不住缝隙，造成结合不严。

（3）贴脸割角不方、不严，主要是45°割角裁切不精准，锯后未用细刨进行修刨。

（4）木墙裙压顶条断面小，加工困难。尤其是机械加工一次压一束，常有粗细不均的现象，同时压条断面太小，容易钉劈、钉裂。

（5）板面及周边未用细刨刨光，显得粗糙。

3. 防治措施

（1）板面材料含水率应不大于12%，胶合板（切片或旋片）的厚度应不小于5mm。原木板材要求拼花时，厚度应不小于15mm；不要求拼花时，厚度应不小于10mm，但背面均须设置变形槽。企口板宽度不宜大于100mm，面层板的材料均要求纹理顺直，颜色均匀，花纹相似。贴脸条要求线条清晰。

（2）安装前要精选面板材料，将树种、颜色、花纹一致的使用在同一房间、同一部位。

（3）使用切片板时，尽量将花纹木心对上。一般花纹大的安装在下面，花纹小的安装在上面，防止倒装。颜色好的用在正面，颜色稍差的用在边角或背部。如在同一房间内的面层板颜色深浅不一致时，应逐渐由浅变深，避免出现突变。

（4）使用大块原木板或胶合板做面层时，一般竖向应设分隔缝，以防涨缩变形（图34-3）。每格之间留缝宽度一般8mm左右。为美观起见，缝子可嵌金属条处理。

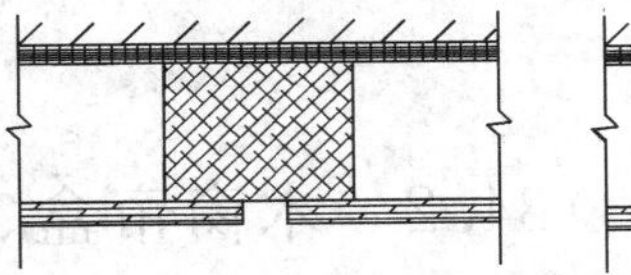

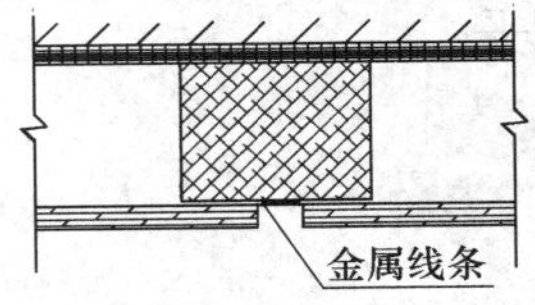

图34-3 护墙板拉缝示意

（5）木护墙纵向接头最好在窗口上部或窗台以下，避开视线敏感范围。钉面层板时，要自下而上进行，做到接缝严密。

（6）面层板安装前，先设计好分块尺寸，并将每一分块找方找直后试装一次，经调整修理后再正式钉装。

（7）有筒子板的门、窗框，要在与筒子板结合部位裁口或打槽。

（8）贴脸下部应设贴脸墩，贴脸墩的厚度应稍厚于踢脚板。不设贴脸墩时，贴脸板的厚度不能小于踢脚板厚度，以免踢脚板高于贴脸，影响观感效果。

（9）木墙裙的顶部要拉线找平。木压条应选规格尺寸一致、颜色相近的钉在一起，阴角接头采用45°割角的接法。

（10）筒子板安装应先安装顶部，找平后再安装两侧。

（11）安装贴脸时，先量出横向所需长度，两端放出45°角，锯好刨平，紧贴在樘子上冒头钉牢，再配两侧贴脸。贴脸板应压抹灰墙面不小于10mm。

（12）各面板与龙骨的接触面、筒子板与贴脸的交接处以及贴脸的割角接缝等部位均应用木工胶粘结并固定牢固。

34.1.3 面层开缝、露钉

1. 现象

木饰面上钉眼过大，贴脸、压缝条、墙裙压顶条等端头劈裂，钉帽外露等。

2. 原因分析

（1）采用圆钉时钉帽打得不够扁，打扁的钉帽未顺着木纹方向钉。

（2）用的铁冲子太粗，大于钉子直径。

（3）容易劈裂的硬木钉钉前未用木钻引钉眼。

（4）面板拉缝处位置不对，露出木龙骨上的大钉帽。

（5）所用钉子的规格过大。

3. 预防措施

（1）钉帽打扁后的厚度应略小于钉子直径，扁钉帽应顺着木纹方向钉。钉子位置应在两根木筋（年轮）之间。

（2）铁冲子的头要呈圆锥形，不要太尖，粗细应略小于钉帽。钉帽冲入深度应1mm左右。

（3）容易劈裂或较硬木料，应先用木钻打与钉子粗细相适宜的小孔，然后再钉钉子。

（4）钉子的长度不宜超过面层厚度的2倍。

4. 治理方法

（1）钉劈的部位，将钉子起出来，劈裂处用木工胶粘好，待粘牢固后，用木钻在两边各引孔补钉牢固。

（2）面板拉缝处露出木龙骨的钉帽，可用铁冲子将其冲进5mm左右，再用腻子刮平。

34.2　木窗帘盒、挂镜线安装

木窗帘盒分明、暗两种。暗窗帘盒设在有吊顶的房间，与吊顶同时制作安装。明窗帘盒一般加工成半成品后，再在现场安装（图34-4、图34-5）。本节仅介绍明窗帘盒的质量通病。

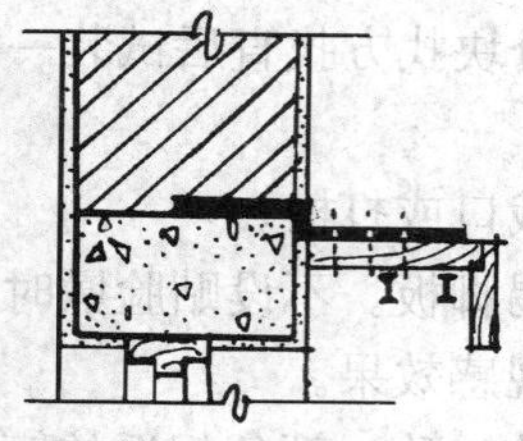

图34-4　木窗帘盒一般作法

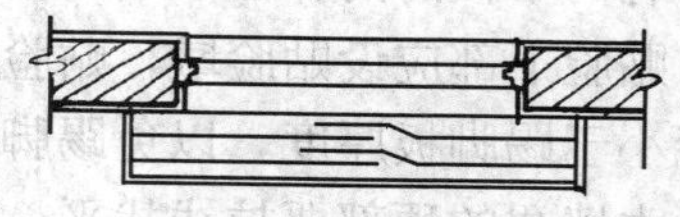

图34-5　窗帘轨示意图

34.2.1　窗帘盒安装不平、不严

1. 现象

（1）单个窗帘盒一头高一头低；多个窗帘盒之间高低不平，不在同一标高上。

（2）窗帘盒与墙面接触不严。

（3）窗帘盒两端伸出窗口的长度不一致。

2. 原因分析

（1）预留的窗洞口标高有偏差。

(2) 安装窗帘盒的预埋件位置不准确。

(3) 安装窗帘盒时，标高未从同一基准线（室内50线）往上引，而是从顶板往下量，由于顶板高低不平造成窗帘盒高低不一致。

(4) 同一墙面上有多个窗帘盒，安装时未拉通线找平，造成标高不一致。

(5) 窗口上部抹灰不平，造成墙面与窗帘盒接触不严。

(6) 窗帘盒安装前，未弹两端伸出窗框的尺寸控制线，安装时仅凭目测估计，使窗帘盒两端伸出窗框长短不一。

3. 防治措施

(1) 窗帘盒的标高不得从顶板往下量，更不得按窗洞口的实际位置安装，必须以基准线（室内50线）为标准。

(2) 同一墙面上有多个窗帘盒时，必须拉通线找平、控制标高。

(3) 洞口或预埋件位置不对时，应先调整或做后置埋件，确保预埋件处于正确位置。

(4) 安装窗帘盒前，先将窗套的边线用方尺引到墙上，在窗帘盒上也应画出窗套的位置线，安装时两者必须重合，确保位置正确。

(5) 窗口上部抹灰应设标筋，并用大杠横向刮平。安装窗帘盒时，应用靠尺进行检查，如果墙面不平，应将盖板进行适当的修刨，不得凿墙皮，确保盖板与墙面贴紧。

34.2.2 窗帘轨安装不平、不牢

1. 现象

窗帘轨不直，滚轮滑动困难；或安装不牢，窗帘轨脱落。

2. 原因分析

(1) 窗帘轨不直或对接的两根轨道不在同一直线上，致使滚轮滑动困难。

(2) 窗帘轨搭接长度不够，使窗帘闭合不拢。

3. 预防措施

(1) 窗帘轨安装前应先调直，安装时在盖板上画线，多根窗帘轨的档距要均匀一致。

(2) 窗宽大于1200mm时，轨道宜在中间断开成两段，断开处摵灯叉弯搭接，弯度要平顺，搭接长度不少于200mm（图34-5）。

(3) 盖板不宜太薄，以免螺钉拧进太少固定不牢。盖板厚度应不小于15mm，有多层窗帘轨时还应加厚。

4. 治理方法

窗帘轨安装出现问题一般都要拆下重装，所以从选材、制作到安装都必须严把质量关。

34.2.3 挂镜线安装缺陷

1. 现象

挂镜线高低不平，四周不交圈，宽窄厚度不一致。

2. 原因分析

(1) 挂镜线设置高度不合理，门窗框或贴脸上皮高低不一，使四周不交圈。

(2) 转角处接缝不吻合、不严密。

(3) 安装前未认真选料。

3. 防治措施

（1）有挂镜线的房间安装门窗框时，要特别注意门窗框的标高应整齐划一。

（2）如门窗框本身就高低不一时，调整挂镜线的设置高度，无法避开时应先安装短向的挂镜线，后安装长方向，以长方向的一面调整整体高低差。

（3）有挂镜线的房间墙面抹灰必须冲筋上杠，保证墙面平整。

（4）墙内预埋木砖间距应不大于500mm，位置要准确，阴、阳角处，两面均应有木砖。

（5）挂镜线拐角及接头处作45°对接，接头应设在木砖位置上，接头、转角等两端头应各钉1枚钉子，容易劈裂的硬木应先用钻引钉孔后钉钉。

（6）安装前先选料，将规格、花纹、颜色一致的或很相近的挂镜线条用于同一房间内。

34.3 木窗台板安装

34.3.1 窗台板高低不平

1. 现象

单个窗台板一头高一头低，同一房间内多个窗台板高低不一。

2. 原因分析

（1）安装窗台板时，未以室内基准线量测窗台标高和位置线，而是根据窗口位置安装窗台板，或根据地面量标高，致使产生较大误差。或安窗台板前未钉找平木条。

（2）同一房间有多个窗台板，安装时未拉通线，造成窗台板高低不一致。

3. 防治措施

（1）窗台板的顶部标高必须由基准线统一往上量测，房间有多个窗台板时应拉通线找平，并且在每个窗台的木砖顶面钉找平木条。

（2）如果几个窗框的高低有出入，应经过测量后作适当调整。一般就低不就高，窗框高低偏差较大时，可将窗台板下面的窗台适当进行剔凿、修补，以保持窗台板高度一致。

34.3.2 窗台板与墙面、窗框不一致

1. 现象

（1）窗台板挑出墙面的尺寸不同、宽窄不一。

（2）窗台板两端伸出窗框的长度不一致。

2. 原因分析

（1）立窗框时未考虑窗台板的位置，窗框里出外进。

（2）墙面标筋有变动，如安窗框时虽按标筋找平，但抹灰时由于某些原因而改变了标筋厚度，以致窗框位置与墙面不一致。

（3）窗台板伸出窗框两则长度不一，其原因一是安窗台板时未按中均分，二是墙面抹灰时为了窗口找方，两侧抹灰厚度不一致。

3. 防治措施

（1）安窗框时应保证距内墙抹灰面的尺寸一致。

（2）预留窗洞口要准确，以保证抹灰厚度一致。

（3）窗框下冒头内侧应做窗台板的裁口。

34.3.3 窗台板固定不牢、翘曲，泛水不一致

1. 现象

窗台板固定不牢、翘曲，泛水不一致。

2. 原因分析

(1) 窗台板材料不干燥或施工时受潮，干燥后出现翘曲变形，尤其是因窗台板下有暖气片，冬季供暖后潮湿的窗台板受热，使其变形更加严重。

(2) 窗台板与木砖钉结不牢或两端未压墙造成活动。

(3) 安装窗台板未用水平尺找坡，造成泛水不一，甚至出现倒泛水。

3. 预防措施

(1) 窗台板要用干燥料，并在其下开变形缝。

(2) 窗台板下的墙体内要预留木砖，窗台板与木砖应钉牢，并拉通线找平。

(3) 安装窗台板时应使用水平尺找平、找坡，顺泛水坡度一般为 1mm 左右。

4. 治理方法

(1) 窗台板出现固定不牢问题，就必须重新固定牢固，木砖松动时可补打胀栓固定。

(2) 窗台板翘曲、泛水不一致很难处理，一般都要拆下重装，所以从选料到安装必须严格控制质量。

34.4 散热器罩安装

34.4.1 散热器罩与窗台板之间有缝隙

1. 现象

散热器罩与窗台板之间有缝隙，接缝不严密。

2. 原因分析

(1) 窗台板（尤其是大理石、水磨石窗台板）背面不平，边缘不齐，或两块拼接的窗台板厚薄不均，使得散热器罩与窗台板之间出现缝隙。

(2) 散热器罩一般都是先加工成型；如果地面、窗台板的标高出现偏差，将会影响散热器罩的安装尺寸。

(3) 嵌入式暖气的槽洞口尺寸不准。

3. 预防措施

(1) 有散热器罩房间的窗台板（水磨石或大理石），在加工订货时必须注明底部磨平，同时要求窗台板的厚度一致。

(2) 严格控制窗台板与室内地面的标高，保证从地面至窗台板的距离及暖气槽的尺寸符合设计要求。

(3) 加工散热器罩时，将下面龙骨往上提 10mm 左右，即板面冒出龙骨 10mm 左右，使调整高度时加垫或刻槽后不致外露。

4. 治理方法

散热器罩出现缝隙很难处理，一般要拆下重装，所以从制作到安装过程必须严格控制。

34.4.2 散热器罩翘曲不平

1. 现象

木散热器罩安装产生变形，翘曲不平。

2. 原因分析

（1）当散热器罩较大而骨架较小时，造成散热器罩刚度不足，安装时扭曲不平。

（2）安装散热器罩时，由于客观原因往往改动较大，使骨架结构遭到破坏，刚度及稳定性降低，造成严重变形。

（3）原材料含水率较大，干燥后，特别是被暖气烘烤后收缩变形。

3. 防治措施

（1）较大的散热器罩最好采用金属骨架。

（2）散热器罩改动较大时，应保证其骨架结构的刚度和稳定，龙骨的交接处要采取加固措施，保证结合牢固。

（3）木材应采用干燥料。

34.5　木楼梯扶手安装

34.5.1　木扶手接头不严

1. 现象

弯头与扶手、扶手与扶手接头不严，产生缝隙，或在交工后接头处出现“拔缝”。

2. 原因分析

（1）扶手及弯头材料含水率大，安装后风干产生收缩裂缝。

（2）接头的切割面不平整，角度不合适，造成接头的接触面不平顺，不吻合。

（3）采用胶粘剂粘结时，气温过高、过低或操作不当而未粘结牢固。

3. 防治措施

（1）木扶手及弯头应使用干燥料，含水率不大于 12%，整体弯头一般在现场加工，如不能烘烤时，应在使用前 3 个月用水煮 24h 后，放在阴凉通风处自然干燥。

（2）接头的切割面要用木锉修整，保证接触严密。宽度大于 70mm 的扶手，要作暗大头榫，并在弯头或下面的扶手上作卯，卯榫要精确。拼接弯头要作 45°角榫接，保证拐角处方正。

（3）弯头及扶手如用蛋白质胶粘结（如熬制的猪皮鳔、鱼鳔等）时，涂抹时的温度不低于 50℃，环境温度不低于 5℃。

（4）接头胶结时要由下而上进行，胶料涂抹要均匀，多余的胶尽量挤出、擦净，或在接头面划几道浅槽，以吸收多余的胶。

34.5.2　扶手弯头不顺，扶手不直

1. 现象

弯头拐弯不通顺不交圈，木扶手弯曲，接头处高低不平。

2. 原因分析

（1）上下跑楼梯栏杆在拐弯处未留出适当的平直段，而是将扁钢的斜段与横平段直接焊接，造成木扶手不交圈、不通顺。

（2）由于上下跑楼梯栏杆拐弯处起弯点位置确定不精确（一般起弯点距楼梯踏步边缘尺寸为 1/2 踏步宽），使上下跑楼梯栏杆高度产生高差，安装木扶手后也会不通顺、不

交圈。

（3）木扶手拐弯处的割角，未按该角的平分线切割，两个斜面不相吻合而产生错台。

（4）使用整块木料做弯头时未仔细划线，或毛料太小，致使弯头弯度不顺。

（5）铁栏杆安装不平，扁钢不直，立杆与扁钢焊接处表面有焊疤、焊瘤。

（6）扶手底部的扁钢槽深浅不一，固定木扶手的木螺钉间距过大或螺钉规格偏小，造成木扶手不平或弯曲。

（7）木材含水率过大，木扶手码放不当造成变形。

3. 防治措施

（1）木扶手应用干燥料，加工后要先刷一道清油，再垫平堆放，不得曝晒或受潮。

（2）制作安装楼梯栏杆前，要根据木扶手的形状和宽、高等尺寸，计算出栏杆上下跑拐弯处扁钢的最小平直长度。

（3）安装转角木扶手时，应按照该角的平分线切割斜面，以保证两者相吻合。

（4）高级装修的木扶手最好采用整体弯头。作弯头的整料（干燥料）需先斜纹出方，然后划线锯成毛坯，再加工成基本形状。第二步加工时，先将弯头底面作准，然后将扶手套在弯头顶端划线，再刨成半成品。安装后与扶手找平顺。

（5）安装铁栏杆时，为防止铁栏杆变形，要在栏杆扁钢上绑 5cm×10cm 的木方加固。栏杆上部扁钢表面如有冒出的立杆或焊渣，必须锉平。安装木扶手时应按设计要求的间距、规格安装好木螺钉。

34.5.3 木扶手与栏杆结合不牢

1. 现象

木扶手活动，木螺钉歪斜不平。

2. 原因分析

（1）木扶手底部扁钢槽太宽或太浅。

（2）木螺钉数量不够或拧得不紧，硬木扶手拧螺钉前引的孔太深，使木螺钉拧不牢。

（3）因楼梯栏杆有坡度，拧螺钉时受立杆影响，螺丝刀不能与扶手面垂直，因而造成螺钉歪斜拧不紧。

（4）栏杆扁钢上的螺钉孔未划窝，螺钉帽不能卧入扁钢内。

3. 预防措施

（1）栏杆上部扁钢螺钉孔中距不应大于 400mm，螺钉孔四周要用钻头划出钉帽窝，每个螺钉孔必须拧螺钉，螺钉不得漏装或隔孔安装固定。

（2）螺钉孔应留在栏杆立柱的上侧部位，这样操作时螺丝刀便可与扶手底垂直，防止螺钉出现歪斜。

（3）硬木扶手用钻引的螺钉孔深度应不大于木螺钉长度的 2/3。

4. 治理方法

出现木扶手活动、木螺钉歪斜不平问题，应更换螺钉重新拧紧；缺少的木螺钉应补装齐全；引孔大的换用粗一号的螺钉；扁钢槽不合适的应拆下重装；制作、安装过程严格控制质量。

34.5.4 扶手木料的花纹、颜色不一致

1. 现象

相邻的木扶手或弯头的木料花纹、颜色相差较大，影响美观。

2. 原因分析

所用木材品种不一，加工或安装时未仔细选料，或在施工中受到污染。

3. 防治措施

安装木扶手时应仔细选料配色，尽量使相邻扶手的木纹、颜色近似，并将木纹颜色好的木扶手安在首层及显要位置。扶手安好后用不掉色的纤维织物或塑料布包裹，防止污染。

34.6 吊顶龙骨

34.6.1 轻钢龙骨、铝合金龙骨纵横方向线条不平直

1. 现象

(1) 吊顶龙骨安装后，主龙骨、次龙骨在纵横方向上不顺直，有扭曲、歪斜现象。

(2) 龙骨高低位置不匀，使得下表面拱度不均匀、不平整，甚至成波浪形。

(3) 吊顶完工后，经过短期使用产生凹凸变形。

2. 原因分析

(1) 主龙骨、次龙骨受扭折变形，虽经修整，仍不平直。

(2) 龙骨吊点位置不正确，吊点间距偏大，吊杆拉力不一致。

(3) 未拉通线全面调整主龙骨、次龙骨的高低位置。

(4) 测设吊顶的水平线时误差过大，中间平线起拱度不符合规定。

(5) 龙骨安装后，局部施工荷载过大，导致龙骨局部弯曲变形。

(6) 吊顶不牢，吊杆变形不均匀，产生局部下沉：

1) 吊点与建筑主体固定不牢，如膨胀螺栓埋入深度不够，产生松动或脱落；射钉松动，虚焊脱落等；

2) 吊挂件连接不牢，产生松脱；

3) 吊杆强度不够，或施工中在吊杆上施加过大荷载，使吊杆产生拉伸变形现象。

(7) 龙骨接头位置设置不合理，正常情况下，相邻龙骨的接头不应放在同一固定档内。

3. 预防措施

(1) 一般情况下不宜使用受扭折变形的主、次龙骨。

(2) 按设计要求弹线，确定龙骨吊点位置，主龙骨端部或接长部位增设吊点，吊点间距不宜大于 1.2m。吊杆距主龙骨端部距离不得大于 300mm，当大于 300mm 时应采取加固措施。当吊杆长度大于 1.5m 时，应设置反支撑。当吊杆与设备相遇时，应调整并增设吊杆。

(3) 四周墙面或柱面上，按吊顶高度要求弹出标高线，弹线清楚，位置正确，可采用激光扫平仪投射水平线或用水柱法测设水平线。

(4) 将龙骨与吊杆固定后，按标高线调整大龙骨标高，调整时一定要拉通线，大房间可根据设计要求起拱，拱度一般为房间短向的 1‰～3‰。

逐根调整龙骨的高低和平直。调整方法可用方木按主龙骨间距钉圆钉，再将方木横放

在主龙骨上，并用铁钉卡住各主龙骨，使其按规定位置定位，临时固定（图 34-6）。方木两端要顶到墙上或梁边，再按十字和对角线，拧动吊杆螺栓，升降调平（图 34-7）。

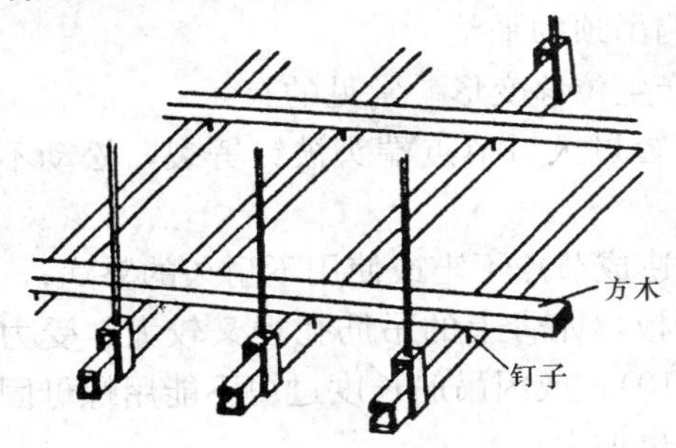

图 34-6 主龙骨定位方法示意图

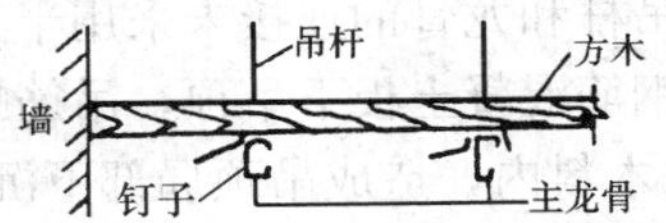

图 34-7 主龙骨固定调平示意图

（5）对于不上人吊顶，龙骨安装时，龙骨上不应挂放任何施工安装器具；对于大型上人吊顶，龙骨安装后，应为机电安装或其他作业人员铺设通道板，避免龙骨承受过大的不均匀荷载而产生不均匀变形。

4. 治理方法

（1）利用吊杆或吊筋螺栓调整龙骨高低和吊顶拱度。

（2）对于膨胀螺栓或射钉松动、虚焊脱落等，应补钉补焊。

34.6.2 吊顶造型不对称，罩面板布局不合理

1. 现象

吊顶罩面板安装后，罩面板布局不合理，造型不对称。

2. 原因分析

（1）未在房间四周测设造型中心线和控制线。

（2）未按设计要求布置主龙骨和次龙骨。

（3）安装罩面板的流向不正确。

3. 防治措施

（1）按吊顶设计标高，在房间四周测设标高控制线、分格线和造型中心线。

（2）严格按设计要求布置主龙骨和次龙骨。

（3）中间部分先铺整块罩面板，余量应平均分配在四周最边一块，或不被人注意的次要部位。

34.6.3 木龙骨吊顶拱度不匀

1. 现象

（1）吊顶龙骨装钉后，其下表面的拱度不均匀、不平整，甚至成波浪形。

（2）吊顶龙骨周边或四角不平。

（3）吊顶完工后，经过短期使用产生凹凸变形。

2. 原因分析

（1）木龙骨的材质不好，变形大、不顺直、有硬弯，施工中又难于调直；木材含水率较大，在施工中或交工后产生收缩翘曲变形。

（2）不按规程操作，施工中吊顶龙骨四周墙面上不弹水平线或水平线不准，中间不按水平线起拱，造成拱度不匀。

(3) 吊杆或吊筋的间距过大，龙骨的拱度不易调匀。同时，受力后易产生挠度，造成凹凸不平。

(4) 龙骨接头装钉不平或接出硬弯，直接影响吊顶的平整。

(5) 受力节点结合不严密、不牢固，受力后产生位移变形。常见的有：

1) 装钉吊杆、龙骨接头时，因材质不良或钉径过大，节点端头被钉劈裂，松动不牢而产生位移；

2) 吊杆和龙骨的连接未采用半燕尾榫，极易造成节点不牢或使用不耐久的弊病；

3) 钢筋混凝土板下吊顶，吊筋螺母处未加垫板，龙骨上的吊筋孔径又较大，受力后螺母陷入木料内，造成吊顶局部下沉（图 34-8 中 10）；或因吊筋长度过短不能用螺母固定（图 34-8 中 11），导致加大吊筋间距，受力后变形也加大；

4) 钢筋混凝土板下吊顶，用射钉锚固龙骨时，射钉未射牢固或间距过大，受荷载作用后射钉松脱或龙骨下挠。

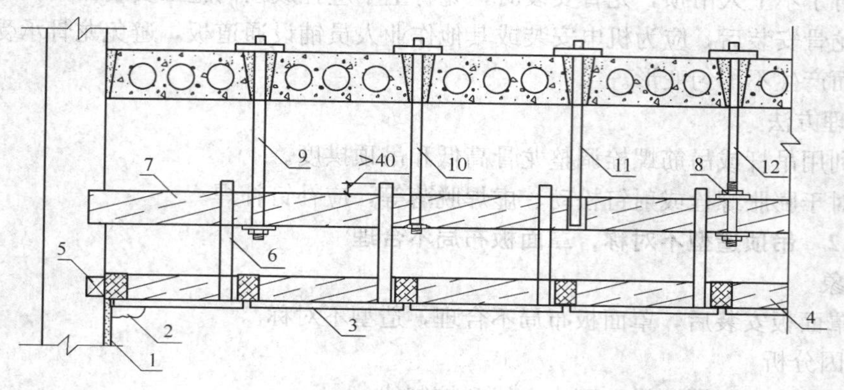

图 34-8　混凝土楼板下吊顶示意图

1—墙面抹灰层；2—压条；3—吊顶面板；4—吊顶木龙骨；5—预埋木砖；6—木吊杆；7—主龙骨；8—垫块；9—单螺母吊筋（正确作法）；10—吊筋螺母未加垫块（错误作法）；11—吊筋过短（错误作法）；12—双螺母吊筋（正确作法）

3. 预防措施

(1) 龙骨应选用比较干燥的松木、杉木等软质木材，并防止受潮和烈日暴晒；不宜用桦木、色木和柞木等硬质木材。

(2) 龙骨装钉前，应按设计标高在四周墙壁上弹水平线；钉装四周边龙骨时应以水平线为准，中间按水平线起拱，拱高应为房间短向跨度的 1‰～3‰，纵横拱度应均匀一致。

(3) 龙骨规格、尺寸及安装间距应符合设计要求；木料应顺直，如有硬弯，应在硬弯处锯断，调直后再用双面夹板连接牢固；龙骨在两个吊点之间若稍有弯度，弯度应向上。

(4) 各受力节点必须钉装严密、牢固，符合质量要求。可采取以下措施：

1) 吊杆和龙骨接头的夹板必须选用优质软材制作，钉子的长度、直径、间距要适宜，既能满足强度要求，订装时又不能劈裂；

2) 吊杆应刻半燕尾榫（图 34-9），交叉地钉固在吊顶龙骨的两侧，以提高其稳定性；吊杆与龙骨必须钉牢，钉长宜为吊杆厚度的 2～2.5 倍，吊杆端头应高出龙骨下皮 40mm，钉完后再锯掉，以防钉装时劈裂（图 34-10）。

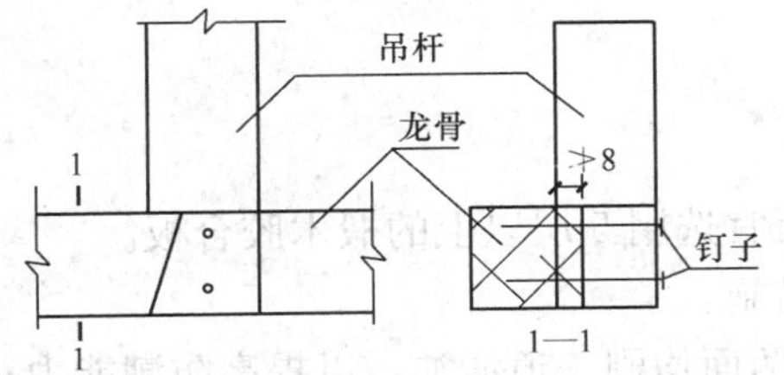

图 34-9 半燕尾榫示意图

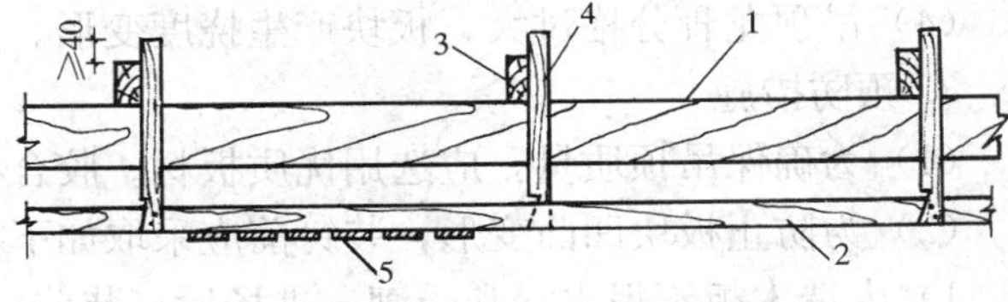

图 34-10 木屋架吊顶示意图

1—屋架下弦；2—吊顶龙骨；3—龙骨；4—吊杆；5—吊顶面板

3）如用钢吊杆吊挂龙骨，其吊杆位置和长度必须埋设准确，吊杆螺母处必须设置垫板。如木料有弯与垫板接触不严，可利用撑木、木楔靠严，以防吊顶变形。必要时应在上、下两面均设置垫板，用双螺母锁紧，见图 34-8 中 12。

4）龙骨接头的下表面必须装钉顺直、平整，龙骨接头必须错开 1m 以上，以加强整体性；

5）在墙体砌筑时，应按吊顶标高沿墙牢固地预埋木砖，间距不大于 1m，以固定边龙骨，或在墙上留洞，把吊顶龙骨固定在墙内；

6）混凝土现浇墙可以采用射钉锚固，射钉必须牢固，间距不宜大于 400mm；

7）木骨架吊顶内应设置通风窗，使木骨架处于干燥环境中；室内进行湿作业时，应将吊顶人孔封严，待墙面干后，再将人孔打开通风，使吊顶保持一个干燥环境。

4. 治理方法

（1）如木龙骨吊顶拱度不匀，局部超差较大，可利用吊杆或吊筋螺栓把拱度调匀。

（2）如吊筋出现图 34-8 中 10 的情况，应及时安设垫板，并把吊顶龙骨的拱度调匀；如出现图 34-8 中 11 的情况，可用电焊将螺栓加长，并安好垫板、螺母，把吊顶龙骨拱度调匀。

（3）吊杆被钉劈裂造成节点松动时，必须将劈裂的吊杆换掉；龙骨接头有硬弯的，应更换或将夹板拆掉进行调直，然后再重新钉牢。

（4）因射钉松动造成节点不牢时，必须补射射钉。如射钉不能满足节点荷载要求时，改用膨胀螺栓或化学锚栓固定。除现浇混凝土外严禁使用射钉固定。

34.7 轻质板吊顶

34.7.1 轻质板块吊顶面层变形

1. 现象

轻质板块吊顶钉装后，板面逐渐产生凹凸变形。

2. 原因分析

（1）面板在使用过程中受温度和湿度影响，特别是某些人造板材和半成品，因材质不均匀，各部分吸湿程度不同，易产生凹凸变形。

（2）钉装板块时，板块接头未留空隙，出现变形后没有伸缩余地，会加重变形程度。

（3）对于较大板块，钉装时板块与龙骨未全部贴紧；钉装从四角或四周向中心顺序排钉，板块内就会产生应力使板块凹凸变形。

（4）吊顶龙骨分格过大，板块产生挠度变形。

3. 预防措施

（1）为确保吊顶质量，应选用优质板材。胶合板宜选用 5 层以上的椴木胶合板。

（2）为防止板块凹凸变形，装钉前应采取如下措施：

1）人造木板不得水浸和受潮，进场后钉装前应两面均刷一道清油，以提高防潮能力；

2）轻质板块宜用小齿锯截成小块后钉装。钉装时必须由中间向两端排钉，以避免板块内产生应力而凹凸变形；板块接头留 3～6mm 的间隙，以适应板块膨胀变形要求；

3）用厚度较薄的人造板材吊顶时，其吊顶龙骨的分格间距不宜大于 450mm；否则中间应加 1 根 25mm×40mm 的小龙骨，以防板块下挠；

4）合理安排施工工序，当室内湿度较大时，应先钉装骨架，然后进行室内抹灰，待抹灰干燥后再钉装吊顶面板。

4. 治理方法

个别板块变形较大时，可由人孔进入吊顶内，补加小龙骨，然后在下面将板块钉平。

34.7.2 拼缝钉装不直，分格不均匀、不方正

1. 现象

在轻质板块吊顶中，同一直线上的分格、压条或明拼缝，边棱不在一条直线上，有错牙、弯曲等现象；纵横压条或板块拼缝分格不均匀、不方正。

2. 原因分析

（1）吊顶龙骨安装时，未拉通线找直和套方控制不严；吊顶龙骨间距分得不均匀；龙骨间距与板块尺寸不符等。

（2）未按先弹线，然后按线钉装板块或压条的顺序操作。

（3）明缝板块吊顶时，板块截得不方、不直或尺寸不准。

3. 预防措施

（1）钉装吊顶龙骨时，必须保证位置准确，纵横顺直，分格方正。其作法是：吊顶前，按吊顶龙骨标高在四周墙面上弹线找平，然后在平线上按计算出的板块拼缝间距或压条分格间距，准确地分出吊顶龙骨的位置。确定四周边龙骨位置时，应扣除墙面抹灰厚度，以防分格不均；钉装吊顶龙骨时，按所分位置拉线找直、归方、固定，同时应注意起拱和平整问题。

（2）板材应按分格尺寸裁成块。板块尺寸按吊顶龙骨间距尺寸减去明拼缝宽度确定。板块要截得方正、准确，不得损坏棱角，四周要修去毛边，使板边挺直光滑。

（3）板块钉装前，在每条纵横吊顶龙骨上按所分位置拉线弹出拼缝中心线，必要时应弹出拼缝边线，然后沿墨线钉装板块；钉装时若发现板块超线，应用木工刨修整，以确保缝口整齐、顺直、均匀、一致。

（4）钉装压条时，要先在板块上拉线弹出压条分格墨线，然后沿墨线钉装压条。压条的接头缝隙应严密。

4. 治理方法

压条或板块明缝钉装不直且误差较大时，应根据产生的原因进行返工修整，使之符合

质量要求。

34.7.3 轻质板吊顶与设备衔接不吻合

1. 现象

(1) 灯盘、灯槽、空调风口等设备在吊顶上的孔洞位置不准确，与吊顶不平，衔接不吻合。

(2) 自动喷淋头和烟感探头等设备安装时与吊顶表面衔接不吻合、不严密。自动喷淋头须通过吊顶板与喷淋系统的水管相接（图 34-11a）。安装中若出现水管位置不准、长短不一，喷淋头就不能与吊顶面很好的吻合（图 34-11b），如果强行拧上，就会造成吊顶局部凹进或凸出，喷淋头旁边有遮挡物（图 34-11c）等现象。

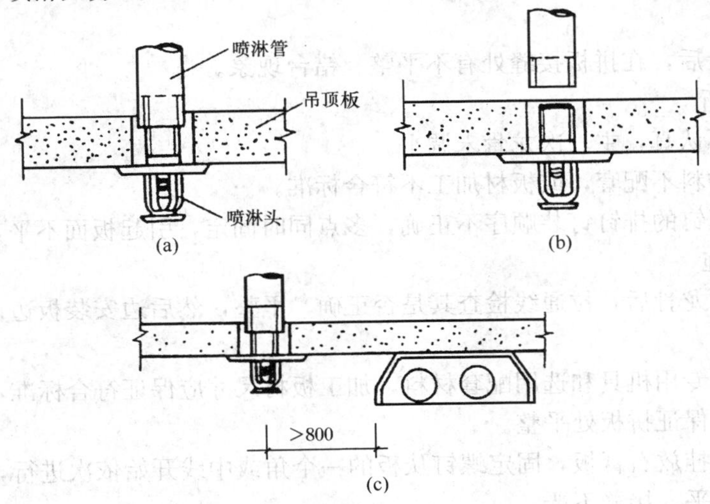

图 34-11 自动喷淋头安装与吊顶之关系示意图

(a) 自动喷淋系统（正确位置）；(b) 水管预留过短（不到位）；(c) 喷淋头旁有遮挡物

2. 原因分析

(1) 设备专业与装饰专业施工配合欠妥，导致施工安装后衔接不好。

(2) 确定施工方案时，工序安排不合理。

3. 预防措施

(1) 施工中设备专业与装饰专业应相互配合，采取合理的施工顺序。

(2) 如果孔洞较大，其孔洞位置应先由设备工种确定准确，吊顶在其部位断开。也可先安装设备，然后再封吊顶。回风口等较大孔洞，一般可先将回风口固定，这样做既保证位置准确，也易收口。

(3) 对于小孔洞，宜采用后开洞做法，这样不仅便于吊顶施工，同时还能保证孔洞位置准确。如吊顶的嵌入式灯具一般采用此法。开洞时应先拉通线，准确确定位置后，再用开孔器或曲线锯开洞。

(4) 自动喷淋系统的水管预留长度应准确，在拉吊顶标高线时应检查消防设备安装尺寸。

(5) 开洞处的吊杆、龙骨不应被开断，如遇开断时，应进行特殊处理，洞周围要加固。

4. 治理方法

(1) 一旦发生吊顶上设备孔洞位置不准确就较难治理，故必须采取预控手段，严格放线并按线安装，专业之间严格执行交接检制度，确保位置准确无误。

(2) 自动喷淋系统的水管预留过长或过短时，应把下垂段的短管拆下调整或更换，不应强行安上自动喷淋头。

34.8 石膏板吊顶

34.8.1 拼板处不平整

1. 现象

石膏板安装后，在拼板接缝处有不平整、错台现象。

2. 原因分析

(1) 操作不认真，主、次龙骨未调平。

(2) 选用材料不配套，或板材加工不符合标准。

(3) 固定螺钉的排钉钉装顺序不正确，多点同时固定，引起板面不平，接缝不严。

3. 防治措施

(1) 安装主龙骨后，拉通线检查其是否正确、平整，然后边安装板边调平，满足板面平整度要求。

(2) 应使用专用机具和选用配套材料，加工板材尺寸应保证符合标准，减少原始误差和装配误差，以保证拼板处平整。

(3) 按设计挂放石膏板，固定螺钉从板的一个角或中线开始依次进行，以免多点同时固定引起板面不平，接缝不严。

34.8.2 罩面板大面积不平整，挠度明显

1. 现象

罩面板下挠变形，吊顶大面积不平整。

2. 原因分析

(1) 罩面板由于固定不牢，局部脱落产生下挠变形。

(2) 吊杆安装前未弹分格线，导致吊杆间距偏大或忽大忽小等，或吊杆不符合要求。

(3) 龙骨与靠墙端部悬挑偏大，致使吊顶在使用一段时间后，出现明显挠度变形。

(4) 次龙骨间距偏大，导致板面变形挠度过大。

(5) 固定螺钉与石膏板边的距离大小不均匀。

(6) 次龙骨铺设方向不是与板长边垂直，而是顺着罩面板长边铺设，不利于螺钉排列。

3. 防治措施

(1) 安装吊杆时，应按规定在楼板底面弹吊杆的位置线，按罩面板规格尺寸确定吊杆间距。

(2) 龙骨端部与墙面间的距离应小于 100mm；选用大块板材时，间距也不宜大于 300mm。

(3) 在使用纸面石膏板时，自攻螺钉与板边的距离不得小于 10mm，也不宜大于

16mm，螺钉间距宜取 200～250mm。

(4) 铺设大块板材时，应使板的长边垂直于次龙骨方向，以利于螺钉排列。

34.8.3 吊顶板的孔、花排列不均

1. 现象

(1) 板块拼装后，孔、花距离不等。

(2) 孔、花从横、竖、斜方向看都不成直线，有弯曲、错位等现象。

2. 原因分析

(1) 没有预先按设计要求制作标准板块样板；或虽有标准样板，但因板块加工精度不高，偏差较大，致使孔、花排列不均。

(2) 钉装板块时，板块拼缝不直，分格不均匀、不方正，造成孔、花排列不均。

3. 预防措施

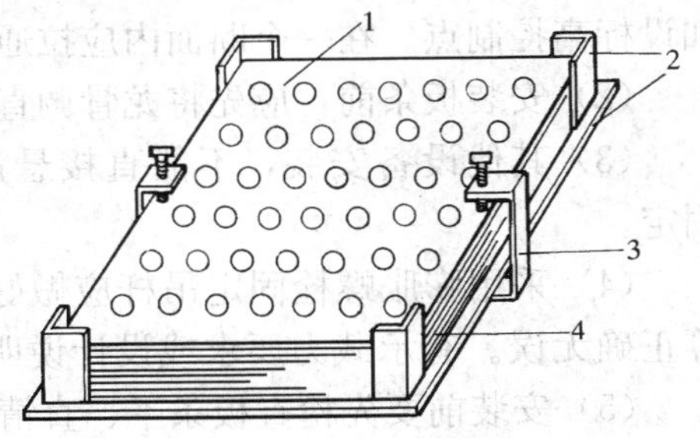

图 34-12 板块钻孔装匣示意图
1—钢样板；2—铁匣；
3—夹具；4—轻质板块

(1) 为确保孔、花排列规整，板块应装匣定位钻孔，见图 34-12。即将面板按计划尺寸分成板块，板边刨直、刨光后装入专用铁匣内用夹具夹好，以钢板做的模板为基准进行钻孔；钻孔时钻头必须垂直于板面。第一匣板块孔钻好后，应在吊顶龙骨上试拼，无误后再继续钻孔。

(2) 板块钉装时，如因拼缝不直，分格不均匀、不方正，致使孔、花排列不均。其预防措施可参见 34.7.2“拼缝钉装不直，分格不均匀、不方正”的预防措施。

(3) 钉装前仔细检查板块是否方正。

4. 治理方法

有孔、花的吊顶板出现孔、花排列不匀，不易修理，应加强预控、一次成活。

34.8.4 石膏板吊顶与设备衔接不吻合

现象、原因分析、预防措施和治理方法均同 34.7.3“轻质板吊顶与设备衔接不吻合”的相关内容。

34.9 金属板吊顶

金属板吊顶是以金属及其金属合金板为基板，经特殊加工处理而成，具有质轻、强度高、耐高温、耐高压、耐腐蚀、防火、防潮、化学性能稳定等特点。目前采用较多的是铝合金板、铝塑复合板和不锈钢板吊顶。

34.9.1 吊顶不平

1. 现象

吊顶安装后，明显不平，甚至产生波浪形状。

2. 原因分析

(1) 水平标高线控制不好，误差过大。

(2) 安装金属板条时，龙骨未调平就进行安装，使板条受力不均匀而产生波浪形状。

(3) 在龙骨上直接悬吊重物而发生局部变形。这种现象多发生在龙骨兼卡具的吊顶形式。

(4) 吊杆不牢，引起局部下沉。吊杆本身固定不合理、松动或脱落；吊杆不直，受力后拉直变长。

(5) 板条自身变形，未经矫正即安装，产生吊顶不平。

3. 预防措施

(1) 对于吊顶四周的标高线，应准确地测设到墙上。跨度较大时，应在中间适当位置加设标高控制点。在一个断面内应拉通线控制，线要拉直，不能下沉。

(2) 安装板条前，应先将龙骨调直调平，这是施工中既合理又重要的一道工序。

(3) 其他设备安装，不能直接悬吊在吊顶龙骨和吊杆上，应另设吊杆直接与结构固定。

(4) 采用膨胀螺栓固定吊杆应做好隐检，确保膨胀螺栓间距、埋入深度、承载能力等正确无误。有承载力要求或设计说明要求的关键部位，应对膨胀螺栓进行拉拔试验。

(5) 安装前要先检查板条平、直情况，发现不符合标准者，应进行调整、更换。

4. 治理方法

板块变形很难在吊顶面上调整，应取下来调整合格后再安装，不能调好的应更换。

34.9.2　接缝明显

1. 现象

(1) 接缝处接口露白茬。

(2) 接缝不平，接缝处有错台。

2. 原因分析

(1) 板条切割时，切割角度控制不好。

(2) 切口部位未经修整就安装。

3. 防治措施

(1) 做好下料工作。板条切割时，控制好切割的角度。

(2) 切口部位应用锉刀将其修平，将毛边及不平处修整好。

(3) 用相同色彩的胶粘剂（如硅胶）对接口部位进行修补，使接缝密合，并对切口白边进行遮掩。

34.9.3　色泽、反光不一致

1. 现象

吊顶安装后，色泽、反光明显不一致，影响观感效果。

2. 原因分析

(1) 安装前对金属板的色差未进行仔细挑选，出现色泽不一。

(2) 金属板按照轧制或辊花方向一致的原则进行安装，使其反光效果不一。

3. 预防措施

(1) 安装前仔细挑选色泽一样的板，把有色泽偏差的板装到边角或不显眼的部位。

(2) 金属板安装前，应先确认轧制或辊花方向，并在板背面进行标示，安装时严格按标示方向统一的原则进行安装。

4. 治理方法

色泽、反光不一致很难修理，应取下来调整板块的方向或更换板块。

34.9.4 金属板吊顶与设备衔接不吻合

现象、原因分析、预防措施和治理方法均同34.7.3条“轻质板吊顶与设备衔接不吻合”的相关内容。

附录34 木装修及吊顶工程施工质量标准及检验方法

一、一般要求

（一）木装修工程

（1）木作工程验收时应检查下列文件和记录：

1）施工图、设计说明及其他设计文件；

2）材料的产品合格证书、性能检测报告、进场验收记录和复验报告；

3）隐蔽工程验收记录；

4）施工记录。

（2）木作工程应对人造木板的甲醛含量进行复验。

（3）木作工程应对下列部位进行隐蔽工程验收：

1）预埋件（或后置埋件）；

2）护栏与预埋件的连接节点。

（二）吊顶工程

（1）吊顶工程应对人造木板的甲醛含量进行复验。

（2）吊顶工程应对下列隐蔽工程项目进行验收：

1）吊顶内管道、设备的安装及水管试压；

2）木龙骨防火、防腐处理；

3）预埋件或拉结筋；

4）吊杆安装；

5）龙骨安装；

6）填充材料的设置。

（3）安装龙骨前，应按设计要求对房间净高、洞口标高和吊顶内管道、设备及其支架的标高进行交接检验。

（4）吊顶工程的木吊杆、木龙骨和木饰面板必须进行防火、防腐处理，并应符合有关设计防火规范的规定。

（5）吊顶工程中的预埋件、钢筋吊杆和型钢吊杆应进行防锈处理。

（6）吊杆距主龙骨端部距离不得大于300mm，当大于300mm时，应增加吊杆或采取其他加固措施。当吊杆长度大于1.5m时，应设置反支撑。当吊杆与设备相遇时，应调整并增设吊杆。

（7）重型灯具、电扇及其他设备严禁安装在吊顶工程的龙骨上。

二、木护墙、门窗套制作与安装

木护墙、木门窗套制作与安装工程的检查数量，每个检验批应至少抽查3间(处)，不足3间(处)时应全数检查。

（1）主控项目

1）木护墙、木门窗套制作与安装所使用材料的材质、规格、花纹和颜色、木材的燃烧性能等级和含水率、人造木板的甲醛含量应符合设计要求及国家现行标准的有关规定。

检验方法：观察；检查产品合格证书、进场验收记录、性能检测报告和复验报告。

2）木护墙、木门窗套的造型、尺寸和固定方法应符合设计要求，安装应牢固。

检验方法：观察；尺量检查；手扳检查。

（2）一般项目

1）木护墙、木门窗套表面应平整、洁净、线条顺直、接缝严密、色泽一致，不得有裂缝、翘曲及损坏。

检验方法：观察。

2）木护墙、木门窗套安装的允许偏差和检验方法应符合附表 34-1 的规定。

木作工程的安装允许偏差和检验方法　　附表 34-1

项次	项目		允许偏差（mm）	检验方法
1	护墙板	上口水平度	1	用 1m 水平尺和塞尺检查
		上口直线度	3	拉 5m 线，不足 5m 拉通线检查
		垂直度	2	用 1m 垂直检测尺检查
		表面平整	1.5	用 1m 靠尺和塞尺检查
2	门窗套	正、侧面垂直度	3	用 1m 垂直检测尺检查
		门窗套上口水平度	1	用 1m 水平尺和塞尺检查
		门窗套上口直线度	3	拉 5m 线，不足 5m 拉通线检查
3	窗台板 窗帘盒 散热器罩	水平度	2	用 1m 水平尺和塞尺检查
		上、下口直线度	3	拉 5m 线，不足 5m 拉通线检查
		两端距窗洞口长度差	2	用钢直尺检查
		两端出墙厚度差	3	用钢直尺检查
4	挂镜线	整体平整顺直度	3	拉 5m 线，不足 5m 拉通线检查
5	木护栏 扶手	栏杆垂直度	3	用 1m 垂直尺检测检测
		栏杆间距	3	用钢直尺检查
		扶手直线度	4	拉通线和钢直尺检查
		扶手高度	3	用钢直尺检查

三、木窗帘盒、挂镜线、窗台板和散热器罩制作与安装

木窗帘盒、挂镜线、窗台板和散热器罩制作与安装工程检查数量，每个检验批应至少抽查 3 间(处)，不足 3 间(处)时应全数检查。

（1）主控项目

1）木窗帘盒、挂镜线、窗台板和散热器罩制作与安装所使用材料的材质和规格、木材的燃烧性能等级和含水率、人造木板的甲醛含量应符合设计要求及国家现行标准的有关规定。

检验方法：观察；检查产品合格证书、进场验收记录、性能检测报告和复验报告。

2）木窗帘盒、挂镜线、窗台板和散热器罩的造型、规格、尺寸、安装位置和固定方法必须符合设计要求。窗帘盒、窗台板和散热器罩的安装必须牢固。

检验方法：观察；尺量检查；手扳检查。

3）窗帘盒配件的品种、规格应符合设计要求，安装应牢固。

检验方法：手扳检查；检查进场验收记录。

(2) 一般项目

1）窗帘盒、挂镜线、窗台板和散热器罩表面应平整、洁净、线条顺直、接缝严密、色泽一致，不得有裂缝、翘曲及损坏。

检验方法：观察。

2）窗帘盒、挂镜线、窗台板和散热器罩与墙面、窗框的衔接应严密，密封胶缝应顺直、光滑。

检验方法：观察。

3）窗帘盒、挂镜线、窗台板和散热器罩安装的允许偏差和检验方法应符合附表 34-1 的规定。

四、木护栏和扶手制作与安装

木护栏和扶手制作与安装工程的检查数量，每个检验批的护栏和扶手应全部检查。

(1) 主控项目

1）木护栏和扶手制作与安装所使用材料的材质、规格、数量和木材、塑料的燃烧性能等级应符合设计要求。

检验方法：观察；检查产品合格证书、进场验收记录和性能检测报告。

2）木护栏和扶手的造型、尺寸及安装位置应符合设计要求。

检验方法：观察；尺量检查；检查进场验收记录。

3）木护栏和扶手安装预埋件的数量、规格、位置以及护栏与预埋件的连接节点应符合设计要求。

检验方法：检查隐蔽工程验收记录和施工记录。

4）木护栏高度、栏杆间距、安装位置必须符合设计要求，护栏安装必须牢固。

检验方法：观察；尺量检查；手扳检查。

(2) 一般项目

1）木护栏和扶手转角弧度应符合设计要求，接缝应严密，表面应光滑，色泽应一致，不得有裂缝、翘曲及损坏。

检验方法：观察；手摸检查。

2）木护栏和扶手安装的允许偏差和检验方法应符合附表 34-1 的规定。

五、暗龙骨吊顶工程

(1) 主控项目

1）吊顶标高、尺寸、起拱和造型应符合设计要求。

检验方法：观察；尺量检查。

2）饰面材料的材质、品种、规格、图案和颜色应符合设计要求。

检验方法：观察；检查产品合格证书、性能检测报告、进场验收记录和复验报告。

3）暗龙骨吊顶工程的吊杆、龙骨和饰面材料的安装必须牢固。

检验方法：观察；手扳检查；检查隐蔽工程验收记录和施工记录。

4）吊杆、龙骨的材质、规格、安装间距及连接方式应符合设计要求。金属吊杆、龙骨应经过表面防腐处理；木吊杆、龙骨应进防腐、防火处理。

检验方法：观察；尺量检查；检查产品合格证书、性能检测报告、进场验收记录和隐蔽工程验收记录。

5）石膏板的接缝应按其施工工艺标准进行板缝防裂处理。安装双层石膏板时，面层板与基层板的接缝应错开，并不得在同1根龙骨上接缝。

检验方法：观察。

（2）一般项目

1）饰面材料表面应洁净，色泽一致，不得有翘曲、裂缝及缺损。压条应平直、宽窄一致。

检验方法：观察；尺量检查。

2）饰面板上的灯具、烟感器、喷淋头、风口箅子等设备的位置应合理、美观，与饰面板的交接应吻合、严密。

检验方法：观察。

3）金属吊杆、龙骨的接缝应均匀一致，角缝应吻合，表面应平整，无翘曲、锤印。木质吊杆、龙骨应顺直，无劈裂、变形。

检验方法：检查隐蔽工程验收记录和施工记录。

4）吊顶内填充吸声材料的品种和铺设厚度应符合设计要求，并应有防散落措施。

检验方法：检查隐蔽工程验收记录和施工记录。

5）暗龙骨吊顶工程安装的允许偏差和检验方法应符合附表34-2的规定。

暗龙骨吊顶工程安装的允许偏差和检验方法　　附表34-2

项次	项　目	允许偏差（mm）				检　验　方　法
		纸面石膏板	金属板	矿棉板	木板、塑料板、格栅	
1	表面平整度	3	2	2	2	用2m靠尺和塞尺检查
2	接缝直线度	3	1.5	3	3	拉5m线，不足5m拉通线，用钢直尺检查
3	接缝高低差	1	1	1.5	1	用钢直尺和塞尺检查

六、明龙骨吊顶工程

（1）主控项目

1）吊顶标高、尺寸、起拱和造型应符合设计要求。

检验方法：观察；尺量检查。

2）饰面材料的材质、品种、规格、图案和颜色应符合设计要求。当饰面材料为玻璃板时，应使用安全夹层玻璃并采取可靠的安全措施。

检验方法：观察；检查产品合格证书、性能检测报告和进场验收记录。

3）饰面材料的安装应稳固严密。饰面材料与龙骨的搭接宽度应大于龙骨受力面宽度的2/3。

检验方法：观察；手扳检查；尺量检查。

4）吊杆、龙骨的材质、规格、安装间距及连接方式应符合设计要求。金属吊杆、龙骨应进行表面防腐处理；木龙骨应进行防腐、防火处理。

检验方法：观察；尺量检查；检查产品合格证书、进场验收记录和隐蔽工程验收记录。

5）明龙骨吊顶工程的吊杆和龙骨安装必须牢固。

检验方法：手扳检查；检查隐蔽工程验收记录和施工记录。

（2）一般项目

1）饰面材料表面应洁净、色泽一致，不得有翘曲、裂缝及缺损。饰面板与明龙骨的搭接应平整、吻合。压条应平直，宽窄一致。

检验方法：观察；尺量检查。

2）饰面板上的灯具、烟感器、喷淋头、风口箅子等设备的位置应合理、美观，与饰面板的交接应吻合、严密。

检验方法：观察。

3）金属龙骨的接缝应平整、吻合、颜色一致，不得有划伤、擦伤等表面缺陷。木质龙骨应平整、顺直，无劈裂。

检验方法：观察。

4）吊顶内填充吸声材料的品种和铺设厚度应符合设计要求，并应有防散落措施。

检验方法：检查隐蔽工程验收记录和施工记录。

5）明龙骨吊顶工程安装的允许偏差和检验方法应符合附表 34-3 的规定。

明龙骨吊顶工程安装的允许偏差和检验方法　　附表 34-3

项次	项　目	允许偏差（mm）				检　验　方　法
		石膏板	金属板	矿棉板	塑料板、玻璃板	
1	表面平整度	3	2	3	2	用 2m 靠尺和塞尺检查
2	接缝直线度	3	2	3	3	拉 5m 线，不足 5m 拉通线，用钢直尺检查
3	接缝高低差	1	1	2	1	用钢直尺和塞尺检查

35 抹灰饰面工程

建筑抹灰、饰面粉刷是建筑构造中的一个组成部分，其作用是保护建筑结构，完善建筑物的使用功能，装饰建筑物的外貌，改善卫生条件，并兼有保温、隔声、防火、防潮等效果。为居住营造更加完善、更加方便、更加宜人的室内空间。

抹灰饰面按使用要求分为一般抹灰和高级抹灰。一般抹灰包括石灰砂浆、水泥砂浆、水泥混合砂浆、聚合物水泥砂浆、膨胀珍珠岩水泥砂浆、保温复合水泥砂浆及麻刀白灰膏、纸筋石灰膏抹面等。装饰抹灰包括水磨石、水刷石、斩假石、干粘石、拉条（毛）灰等。目前，随着社会经济的发展，人们对精神、文化和物质生活要求的提高，对居住也有了新的标准和要求。有些传统的抹灰工艺已逐渐淡出我们的视野，取而代之的是一些新材料、新工艺和新技术，如种类繁多、异彩纷呈的饰面砖、人工合成仿真石材和各种合成涂饰材料、天然石料板材等。新材料、新工艺、新技术的使用必然出现新的质量标准和新的质量通病。目前我们正处于新老材料、新老工艺交替时期。为了一些传统的抹灰工艺不致失传，本章在编写中既有选择地保留了一些使用传统材料和工艺产生的质量通病和采取的防治措施，又增加了目前使用新材料、新工艺在施工中新山现的质量通病的防治措施。

35.1 内墙抹灰

35.1.1 水泥砂浆、水泥混合砂浆抹灰空鼓、裂缝

1. 现象

抹灰后陆续出现裂纹、空鼓现象，严重地影响到验收和使用。

2. 原因分析

(1) 内墙抹灰时基层清理不干净，混凝土基层不进行毛糙化处理，混凝土表面沾有油污、脱模剂等。

(2) 抹灰墙面浇水不透、浇水不均匀，干湿不等。

(3) 配置砂浆用的水泥安定性不合格；砂子含泥量超标，使用细砂、土砂等。

(4) 砂浆停放时间过长，结硬后又加水拌和使用，降低了砂浆的强度和粘结力。

(5) 基层墙面偏差过大，没有事先找平处理，出现抹灰层厚薄不一，有的局部一次找补太厚，出现抹灰层坠裂纹或干缩性裂纹；有的局部抹的太薄水泥还未全部水化形成水泥石即失水干燥，出现开裂甚至龟裂；厚薄交界处也会因收缩不一而开裂。

(6) 抹灰操作时不按要求分遍成活，合并抹灰做法，一次抹灰层太厚出现坠裂或干缩裂纹。

(7) 墙体异体材料交界处墙面和超厚部位，不按要求加设抗裂网片，未采取抗裂措施。

(8) 不按设计要求的配合比配制砂浆，随意加大水泥用量，加大配合比；结合层、中

间层、面层使用同一配合比的砂浆，增加了砂浆的硬脆性开裂的几率。

(9) 气候干燥季节，对新抹灰层不及时养护，出现失水性收缩裂缝。

(10) 秋冬交替季节，无防冻措施，抹灰层表面干燥，内部潮湿，出现冻胀，解冻时出现冻胀性空鼓开裂，或粉化、脱落。

(11) 强赶工期，主体未完成或刚完成，未经落载时效即进行抹灰，出现落载变形裂缝。

3. 预防措施

(1) 抹灰层的基层处理是确保抹灰质量的重要工序，必须严肃对待、认真做好，并有专人检查验收；大面积施工前应抹出样板间。

(2) 对抹灰表面的砂浆残渣、污垢、隔离剂、油污、析盐、泛碱物质等应清除干净。对油污、隔离剂可先用5%～10%的火碱清洗，然后再用清水冲洗；对析盐、泛碱的基层，可用3%的草酸溶液清洗；基层表面凹凸不平、偏差超出标准的部位，应事先剔平或用1∶3砂浆分层找补至规定的要求；对混凝土表面光滑的基层，要进行必要的毛化处理，如对光滑的混凝土基层凿毛，或甩刷用1∶3～1∶4建筑用胶拌和的素水泥浆或聚合物砂浆养护做结合层。

(3) 砂浆使用含泥量不大于3%的中砂；严禁使用土砂和特细砂；所用水泥安定性必须合格。

(4) 对不同基体材料相接处，和局部抹灰厚度超过3cm的部位按规定加设抗裂网片。

(5) 抹灰前一天应对墙面进行浇水，浇水要均匀一致，不得有漏浇之处。加气混凝土砌块基层，因该材料的毛细孔为封闭和半封闭性，同烧结砖相比，吸水速度降低75%～85%，因此要提前2d浇水，每天浇水应在两遍以上。如果分层抹灰的间隔时间较长，抹灰面已干燥，则在抹上一层灰时要对基层适当浇水湿润，其浇水程度可根据现场实际情况，凭经验掌控，避免过干或过湿。过干会使新抹砂浆的水分被底灰吸收出现干膜，产生空鼓；过湿则会出现水膜，使新抹的砂浆因滑坠产生空鼓、裂纹。另外，基层浇水程度还要根据施工季节、气温和室内外环境，靠操作者凭经验酌情掌握。

(6) 墙面抹灰时按设计要求的做法坚持分遍成活，每遍抹灰厚度应控制在5～8mm，不宜超过10mm；监理人员或质量管理人员要坚持做分遍见证验收，禁止合并遍数的违规操作现象；分遍抹灰应待前一遍抹灰结硬收水后再涂抹下一遍的灰层。水泥砂浆或水泥混合砂浆抹灰一般要求三遍成活，常温情况下一般一天不超过两遍，隔夜再抹面层，避免抹灰砂浆因收缩集中，产生收缩裂缝。

(7) 要求三遍成活的水泥、水泥混合砂浆，设计中三层的砂浆配合比应严格按设计要求的使用；面层砂浆的配合比最高不宜超过1∶2，严禁刮抹素水泥膏或白灰水泥膏做面层灰。

(8) 砂浆要随拌制随使用，搅拌出的砂浆应在初凝前用完。抹灰用水泥砂浆、水泥混合砂浆现场存放时间应分别控制在：当气温≤25℃时180min和210min内用完；当气温>25℃时在150min和180min内用完。对已结硬的砂浆不得再加水拌和后做抹灰砂浆。

(9) 对新抹灰层应根据气温和环境条件适当进行喷水养护。

(10) 秋冬交替季节抹灰要有可靠的防冻措施，非赶工期的工程应在进入冬期施工时停止抹灰作业。

(11) 对抹灰基层（特别是砌体基层），要经充分的落载时效后，方可进行抹灰工序的施工。一般情况下，多层砖混结构应待屋面保温层完成后再进行抹灰，框架填充墙应在填充墙砌筑完成两周后进行抹灰。

(12) 面层抹灰做法参照 35.2.2“抹纹、接槎、颜色不一致”的原因分析（3），以降低抹灰面层的脆性，且有利于粉刷层的附着。

4. 治理方法

对房屋使用前发现已开裂并空鼓的部位，且空鼓部位超出标准要求的，应将空鼓部位剔除后重抹。对入住使用后出现的空鼓，确认为有脱落可能的，已对安全使用造成隐患的，应剔除后重抹。

35.1.2　门窗侧面抹灰层开裂、空鼓，阳角外侧裂缝

1. 现象

(1) 工程竣工后，门窗口两侧面出现抹灰层空鼓、开裂、脱落，影响门窗正常启闭、使用。

(2) 抹灰层干燥后，在内门窗口周边阳角外侧出现抹灰接槎细裂缝，时间越长越明显。

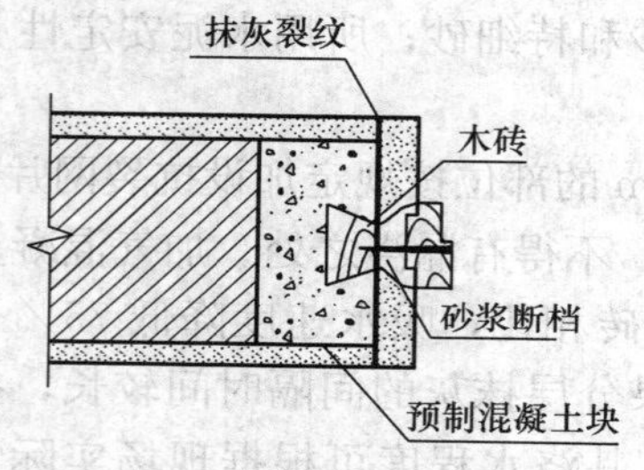

图 35-1　门窗框侧面抹灰空鼓

2. 原因分析

(1) 基层处理不当，抹灰时浇水不透或不浇水。

(2) 门窗框安装不当、固定不牢、固定点不符合规定要求。

(3) 抹灰操作不当，框背后塞填不严密，使两侧的抹灰断档（图 35-1）。

(4) 门窗口预留洞口尺寸过大，洞口偏中，出现边框与墙之间的间距过大（>3cm），抹灰时不分层成活，一次抹灰太厚，又不按要求增加抗裂措施。

3. 预防措施

(1) 抹灰时处理好基层，检查门窗框安装是否牢固，固定点是否符合要求。抹灰前应按要求充分湿润墙面，对框背后应用水壶浇水湿润。

(2) 门窗框的安装应符合标准要求，有专人检查验收。木门窗框应固定在镶嵌有燕尾木砖的预制混凝土砌块上，燕尾木砖应外露小面。砌块的预埋位置及间距、数量应符合规定要求；铝合金、塑钢门窗框应固定在混凝土墙体或预埋在混凝土砌块上，严禁用射钉固定在砖砌体上。

(3) 门窗框侧边抹灰应由熟练的抹灰工操作。框后缝隙应塞实堵严（图 35-2），严禁框后抹灰出现图 35-1 的空洞、断档不连接的情况。

(4) 门窗口安装前，应先检查预留门窗洞口的尺寸是否居中。如发现边框与墙之间的间距>3cm 时，应有专人用 1∶3 水泥砂浆进行分层找补，否则，一次抹灰过厚，会出现门窗口两侧阳角外侧如图 35-1 顺抹灰层厚度的接槎裂缝。

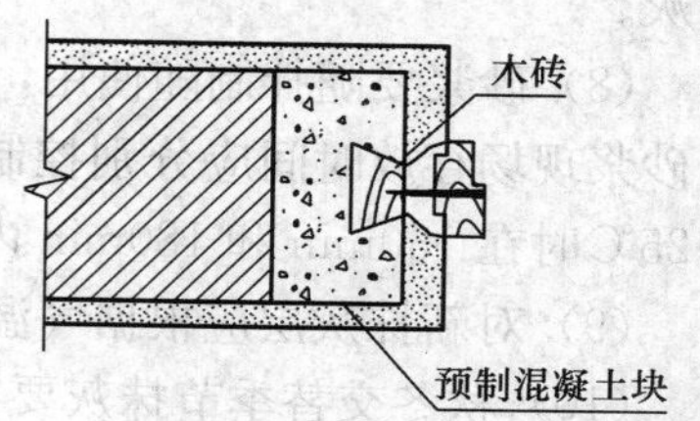

图 35-2　木门窗框固定方式

(5) 门窗口的上楣的反手灰厚度不宜大于 3cm，如

超厚应进行分遍找补处理。窗台抹灰当厚度≥3cm时，应用细石混凝土找抹，抹灰前应注意浇水湿润，并注意将窗框下堵塞严密。

（6）对使用水泥砂浆、水泥混合砂浆的内墙抹灰，不再对门窗阳角使用1：2水泥砂浆做护角，应使用与墙面同品种的砂浆与墙面同时涂抹。

4. 治理方法

（1）门窗口安装时，如发现砌体中固定框口的预埋混凝土预制块遗漏，应剔除砌体，重新植入混凝土预制块。

（2）对已开裂空鼓的门窗口侧面的抹灰层应铲除干净，按要求对基层进行清理，并充分浇水湿润后重抹。抹灰时一定要间隔分层涂抹。

35.1.3 预埋管槽墙面抹灰空鼓、裂缝

1. 现象

工程竣工后在水泥、水泥混合砂浆抹灰墙面上，陆续出现顺暗敷预埋管槽方向上的空鼓、裂缝，随时间的推移而发展、增多，带来结构裂缝的不安全感。

2. 原因分析

墙内暗敷管槽开槽不正确；敷管后对管槽填抹砂浆的方法不正确。

3. 防治措施

（1）管槽开设前应按设计要求先用墨线按槽宽弹出两边线，槽宽应为管径 d＋3cm，开槽深度应为管径 d＋2.2cm左右。

（2）槽内敷管时，应将管离开槽底8～10mm，并用管卡固定牢固，卡钉间距≯40cm，且在管子的两端外和管子的转弯处两侧各设一个卡子。

（3）管子敷设时应将管端的接线盒同时安装固定，并用锁母与接线盒连接。

（4）安装完成经检查合格后，用1：2.5的水泥砂浆对管槽进行嵌填，嵌填应由专业抹灰工进行。嵌填前用清水顺管槽将切割管槽时留在槽内的粉末冲洗干净，并使管槽得到充分湿润。砂浆要有良好的和易性，嵌填要用力使砂浆严密握裹线管，并使砂浆覆盖管表面≮1.5cm，待砂浆收水后用木抹子将砂浆表面搓成毛面。同时要对接线盒周边进行嵌填。填抹后要注意浇水养护不少于3d。图35-3是正确的嵌填方法，图35-4是错误的嵌填方法。

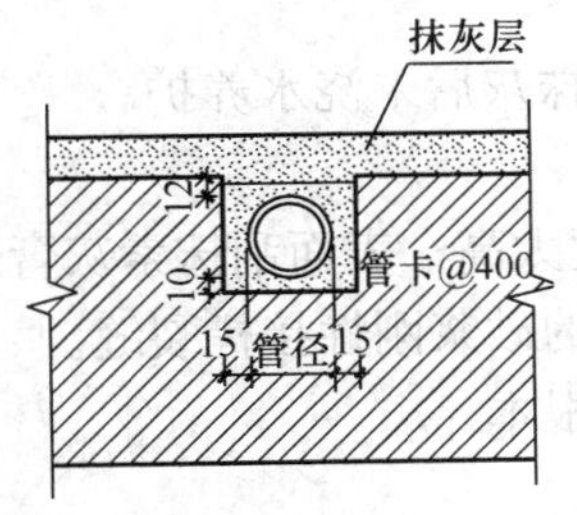

图35-3 墙内埋管正确作法示意

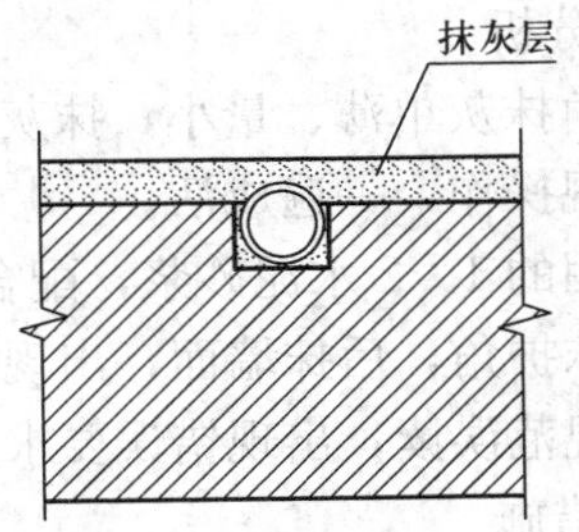

图35-4 墙内埋管错误作法

（5）大墙面整体抹灰时，要事先对管槽处的抹灰进行检查，如发现管槽嵌填砂浆表面已有裂缝或敷管有外露的现象，可用宽20cm的抗裂网片居中敷设在槽口上，然后进行抹灰。

35.1.4　过人洞口等后堵砌洞口接槎处抹灰开裂

1. 现象

工程竣工后沿后堵砌预留洞口周边出现裂缝。裂缝深透、明显，给人以不安全感。

2. 原因分析

(1) 过人洞等预留洞口堵砌时不认真，不按要求操作。

(2) 堵砌后不经落载，随堵砌随抹灰；抹灰不按规定分层涂抹，接槎处不加设抗裂网。

3. 预防措施

(1) 过人洞等预留洞口封堵前，应先对洞口两侧的马牙槎进行清理，将马牙槎内的残留砂浆清除干净，并浇水湿润。对碰掉的马牙槎，应在碰掉马牙槎的部位向内延伸剔出新的马牙槎。封堵用的砖应与原墙体相同，且用水对砖和槎浇水湿润；砌体砂浆的强度应比原砌体砂浆提高一级。

(2) 封堵时应按原墙体同样的皮数、等厚灰缝分层砌堵，与原墙体两侧的马牙槎紧密咬合，灰缝用砂浆塞实，严禁图省事将两侧的马牙槎敲掉，成直槎砌堵。遇有墙体内的预埋拉结钢筋，要经调直，并按要求砌在墙体内。严禁为图省事将钢筋剪断。堵砌到最后一皮砖，应留待洞口抹灰时进行补砌，补砌应用顺砖，从墙两侧喂灰，将砖缝用砂浆塞实后抹灰。

(3) 洞口砌砖封堵至少经 3～5d 后方可进行抹灰。抹灰前应对洞口周边的接槎处敷设抗裂网片，网片压缝两侧各 10cm。抹灰应用与大墙面同品种的砂浆。抹灰前要注意对墙面进行湿润，特别是抹灰接槎部位更要浇透，按设计要求进行分遍涂抹。

4. 治理方法

(1) 裂缝出现在洞口堵砌接槎上的治理方法：可参照附录 13.6“砌体裂缝修补法”。

(2) 在抹灰接槎部位细小的接槎裂纹是正常的，可不作处理。

35.1.5　水泥护角空鼓、裂缝、龟裂

1. 现象

抹灰完成后阳角 1∶2 水泥砂浆护角出现空鼓、横裂缝或龟裂；或在护角两侧与墙面抹灰接槎处出现接搓竖直裂纹。

2. 原因分析

(1) 护角抹灰单薄、量小，抹灰前浇水不透，抹灰后未浇水养护。

(2) 违规操作，一遍成活。

(3) 使用的 1∶2 水泥砂浆，配合比太大，强度太高；表面刮抹素灰膏压光。

(4) 先抹护角，后抹墙面，出现与墙面抹灰后的砂浆刚性接槎裂缝。

(5) 对规范误读，出现错误要求是产生通病的根本。

3. 预防措施

(1) 抹灰前浇水湿润基层，浇水面积要扩展至墙角两侧 50cm 范围内。不要随浇水随抹灰，以免使墙面湿润不透或外湿内干，或在抹灰后迅速失水，或在抹灰与基层之间出现水膜，影响与基层的粘结，使抹灰护角出现空鼓、开裂。抹灰后应注意浇水养护不少于 3d。

(2) 护角抹灰工作量零星，操作人员抹灰时要坚持分遍成活，严禁一气呵成，违规

操作。

（3）因要求使用的1∶2水泥砂浆，配合比大，收缩量大，强度高，与抹灰基层强度不匹配，在有必要抹护角时，对抹护角的砂浆的配合比建议用1∶1∶6混合砂浆打底，1∶0.3∶3混合砂浆罩面。

（4）零星抹灰砂浆要随拌随用，不得使用超时结硬后再加水拌和的砂浆。

（5）严禁在护角抹灰表面刮抹水泥膏压光。

（6）规范要求室内抹灰墙面、柱面和门窗洞口的阳角做1∶2水泥砂浆暗护角（详见《建筑装饰装修工程质量验收规范》（GB 50210—2001）第4.1.9条）。该条适用于白灰砂浆抹灰的阳角处易出现磕碰破损，用抹水泥暗护角的方法来保护。但该条在条文叙述中并未明确提及用什么品种的砂浆抹灰时做1∶2水泥砂浆暗护角。因此，设计、监督、监理单位都作为专条要求列出，施工单位也习惯按这一要求去做，出现了无论用何种砂浆抹灰的内墙面都用1∶2水泥砂浆做暗护角的做法。为消除这一质量通病，建议当室内采用水泥、水泥混合砂浆抹灰的墙面，应取消此作法，采用与墙面同品种的砂浆与墙面同时进行。

4. 治理方法

发现水泥砂浆护角有裂缝、空鼓、龟裂的，应将护角部位的抹灰全部剔除清理干净，再浇水充分湿润后，按要求层重新抹护角。

35.1.6 抹灰面层皲裂、卷皮

1. 现象

水泥、水泥混合砂浆抹灰后面层出现皲裂，有的还会出现鳞状卷皮脱落。

2. 原因分析

（1）抹面层砂浆时底层灰太干燥，抹压赶光时即出现皲裂现象，干燥后皲裂纹明显；在抹面层砂浆时，使用砂浆配合比太大（>1∶1），使用砂子太细，在抹压赶光过程中，表面提出的素水泥浆太厚，形成面层素浆层，环境干燥，抹灰后又得不到及时养护，在干燥过程中出现皲裂纹；面层砂浆太薄，抹灰后迅速失水也会出现面层的皲裂。

（2）有些地区在抹面层砂浆时，习惯刮抹素水泥膏或2∶8～3∶7水泥∶石灰膏拌和成的混合灰膏做面层，干燥后出现皲裂和皲裂卷皮。

3. 预防措施

（1）施工前严格按设计、规范的要求进行技术交底，施工过程中加强过程控制，严格按设计要求的砂浆配合比分遍成活；面层砂浆严禁用刮抹水泥膏或水泥白灰膏的操作方法。

（2）严格控制面层的砂浆配合比，面层砂浆的配合比不得大于1∶2；面层的抹灰厚度应控制在5mm左右，最薄处不得小于3mm，最厚处不得大于7mm；抹面层时如基层干燥，可提前浇水湿润，不得随浇水湿润随抹灰，抹灰前应先在基层上竖向薄刮一层素水泥浆结合层，然后随即抹面层灰。

（3）水泥、水泥混合砂浆内墙抹灰表面皲裂、卷皮，参照35.2.2“抹纹、接槎、颜色不一致”的预防措施（3）。

4. 治理方法

对因违规操作，使用水泥膏或水泥白灰膏出现的面层皲裂卷皮现象，应将面层全部铲

除，用设计要求的水泥砂浆重新抹面。

35.1.7　混凝土板顶反手灰空鼓、开裂、脱落

1. 现象

混凝土顶棚抹灰后产生裂缝、空鼓、脱落，或沿顶制楼板板长方向顺板裂缝。

2. 原因分析

（1）基层清理不干净，有油污、隔离剂等影响砂浆粘结的隔离物；使用砂浆配合比不当；底层砂浆与基层粘结不牢。

（2）预制楼板安装时支座端没有坐浆，楼板出现三点着地的现象，使楼板负荷后出现扭转，产生顺板裂缝。

（3）未使用补偿收缩混凝土灌缝，混凝土强度太低；板缝内不按标准加设板缝配筋。

（4）安装时板缝过小，清理不干净，灌缝不密实，影响楼板的整体性，相邻楼板不能共同工作，出现单块弹性变形，产生顺板裂缝；或灌缝后，混凝土未达到强度即上人操作或堆放荷载。

（5）楼板质量不合格，强度不足，或张拉应力不足，放张时间过早等都会引起楼板使用后出现顺板裂缝。

（6）抹灰时使用了存放时间过长，已结硬后再加水拌和的砂浆。

（7）抹灰时不分遍，一次抹灰太厚，出现坠裂性空鼓、脱落。

（8）抹灰后楼板使用不当，或抹灰工序与地面施工工序颠倒，对楼面敲击振动，使楼板受到过大振动，在外力的作用下，使顶板抹灰脱落。

3. 预防措施

（1）楼板安装前要全数检查楼板的质量，严禁使用不合格的楼板。

（2）预制楼板安装时要先对墙顶找平，并采用坐浆法安装。

（3）楼板灌缝的要求：楼板安装时，按楼板底面留设不小于3cm板缝，如板缝内有预埋管时，板缝应不小于5cm；认真清扫板缝，除去板缝两侧沾有的泥土、污物；灌缝时充分湿润板缝，在板缝两侧刷素水泥浆一道，浇筑C25补偿收缩细石混凝土；灌缝前，按相应标准图集要求配置板缝钢筋，不得漏放、少放；板缝浇筑后及时覆盖，按规定进行浇水养护。

（4）抹灰前，应将板底表面清扫干净，并用10%的火碱溶液进行清洗；对板缝不平和模板接槎平整度偏差超差部位，用聚合物砂浆补平后再抹灰。

（5）在抹灰前一天应对抹灰面喷水湿润，刷素水泥浆一道；抹灰时应严格按设计要求的配合比，间隔、分遍成活。

（6）砂浆应随拌制随用，不得使用存放时间过长已收水结硬的砂浆。

4. 治理措施

（1）对已出现空鼓的顶板抹灰层应铲除，查明原因处理后，按设计要求重新抹灰。

（2）铲除空鼓层时，应用切割锯沿空鼓层周边切割后再剔除。

35.1.8　墙面不平，阴阳角不垂直、不方正

1. 现象

抹灰后经质量验收，墙面垂直度、平整度、阴阳角垂直度和方正达不到验收标准要求；光照下，墙面有明显凹凸不平的抹纹。

2. 原因分析

(1) 抹灰前没有按规矩找方、挂线做灰饼；未对墙体超差大的部位进行修补；对混凝土局部胀模部位未剔除找平；阴阳角抹灰不用拐尺找方控制；做灰饼间距太大，离阴阳角太远。

(2) 一次抹灰厚度太厚，或基层材质不一样（如砖与混凝土），吸水程度不同出现干湿差异；压光时掌握火候不好，砂浆未收水即进行压光，或基层浇水不均匀，干湿不等，对较湿部位抹压时赶压出凹坑。

(3) 阳角以参照物顺直，不吊线坠，或不用线板复核，抹灰后阳角随参照物偏斜。

3. 防治措施

(1) 抹灰前检查墙面的垂直度，按规矩找方，拉横线找平做灰饼时，要注意门窗口两侧过口一致，在一条水平线上。立面吊直时，对发现偏差较大的墙面，要注意纠偏措施，使抹灰面垂直度控制在规范要求的范围内。对混凝土局部胀模的部位要剔平，不能因迁就局部增加抹灰厚度。

(2) 抹灰前墙面要提前一天（轻质混凝土砌块要提前两天）浇水，浇水时要均匀一致。

(3) 抹灰前先用托线板检查墙面的垂直度和平整度，然后决定抹灰厚度。在墙面上按规矩做灰饼。灰饼间距控制在1.5m左右呈梅花状布置。灰饼可用1∶3水泥砂浆制作，待灰饼收水后，用钢抹子沿靠尺将灰饼切成5cm×5cm的方块，切槎要向内倾斜。抹灰时按灰饼的标记，在灰饼厚度控制范围内分遍涂抹。抹面层灰时要掌握火候，砂浆涂抹收水后再用2m靠尺（灰杠）纵横依灰饼标记刮平后，参照35.2.2“抹纹、接槎、颜色不一致”的防治措施的方法操作。

(4) 经常检查、修正抹灰工具，如靠尺、灰杠有无翘曲变形、木抹子是否平直等。

(5) 抹门窗阴阳角时，要先校正框口的安装垂直度，依矫正好的框口作参照物，进行框口阳角的抹灰；如无框口则要按要求确定好洞口的尺寸，用线坠或托线板确定阳角的垂直度，用拐尺确定阳角的方正。阴、阳角抹灰完成后，应用拐尺立即复检阳角是否方正，有问题要立即修正。要特别注意诸如外飘窗侧面较宽部位阳角的方正和侧面抹灰的垂直、平整度。

(6) 对免抹灰的现浇板顶棚阴角处，要注意墙面顶部的横平，因顶板混凝土不平造成的阴角不顺直，可在内墙抹灰时用腻子分层找平。

35.1.9 轻质隔墙空鼓、裂纹

1. 现象

轻质隔墙沿板缝出现裂缝，与顶棚的阴角处裂缝，抹灰层出现空鼓、开裂。

2. 原因分析

(1) 隔墙板安装不稳，板端上下固定不牢，嵌缝不严，板缝拼接处不用胶泥连接，出现干挤缝拼接；板头不平、不齐，上与板顶、下与地面连接不齐，有三点着力的现象。

(2) 在轻质隔墙上抹灰时，基层处理不当，对板缝未按要求加设抗裂网片。

(3) 对轻质隔墙使用不当，在墙上开口、敲击、钉钉子挂物品等。

3. 预防措施

(1) 安装前对轻质板按既有高度加工或截取，截取时应用拐尺划线，用切割锯截取，

切头要齐平。安装时生产厂家有标准安装工艺的，要按工艺标准要求进行安装，无工艺要求的要严格按设计、规范的要求认真操作，上下用连接件连接牢固，缝隙嵌填密实。

（2）抹灰前应用钢丝刷子将浮浆、松散颗粒清理干净，提前浇水，并在板缝处用腻子找平，用胶结材料居缝中贴一层 20cm 宽的玻纤抗裂网格布后进行抹灰。

（3）轻质隔板上抹灰时，不应将高强度的水泥砂浆直接抹在墙板上，抹前应在基层上刷一层用水兑 20%的 108 胶拌制的素水泥浆后，抹 1：1：6 的水泥混合砂浆底子灰。收水后紧跟抹 9mm 厚底子灰扫毛。待底子灰收水结硬后再抹 7mm 厚 1：0.3：3 的水泥混合砂浆中间层扫毛，1：2.5 水泥砂浆抹面或贴面砖。

（4）不得在轻质隔墙上钉钉子挂物品，也不得在轻质隔墙安装后再开窗口等。

4. 治理方法

轻质隔板墙面出现板缝开裂影响使用的，可将板缝处的抹灰层铲除掉，清理打磨干净，将板缝用聚合物砂浆打底找平，将玻纤抗裂网格布贴平压实，表面用聚合物砂浆重新抹灰找平。墙面的抹灰出现放射性裂缝后，抹灰层可能已经空鼓，经诊断有剥落的可能时，应将抹灰层铲除掉，重新抹灰处理。

35.1.10　抹纹、起包、爆灰

1. 现象

抹灰面有明显抹纹；抹灰经一段时间后有的墙面有爆花、起包现象。

2. 原因分析

（1）水泥砂浆或水泥混合砂浆罩面抹灰时，底层灰太硬，压光跟得紧，表面赶出的素浆太厚或刮抹了水泥膏，压光时砂浆内挤压出气体封闭在素浆层内，操作人员没有及时戳破将气体放出。

（2）白灰砂浆抹麻刀（纸筋）灰罩面时，基层太湿，罩面灰跟得紧，紧跟压光，压光后易出现鼓包，且易出现明显的水光抹纹。

（3）水泥砂浆或水泥混合砂浆抹面时，砂浆未收水即进行面层压光，易出现抹纹（俗称“水光”），并影响了表面的平整度，在光线斜射下抹纹更明显，抹纹还会呈波浪状；抹灰时底层灰太干燥，面层抹灰时不浇水湿润，或浇水太少，抹灰后砂浆迅速失水，为赶光，用钢抹子在面层反复揉抹，出现无规律的且颜色较深的抹纹。

（4）淋制石灰膏时，过滤网损坏，对烧不透或过烧过火的灰、慢性灰颗粒及杂质没有过滤净；灰膏的熟化时间不足，没有熟化的慢性灰抹在墙上。

（5）使用的砂子未经过筛，砂子内含有小的土块。

3. 预防措施

（1）抹水泥、水泥混合砂浆面层罩面抹灰方法参照 35.2.2“抹纹、接槎、颜色不一致”的预防措施（3）。

（2）砂浆中使用的白灰膏应不用淋灰池上水头上的，使用下水头且在池中熟化时间不少于 30d 以上较细腻的灰膏。灰膏应随进场随使用，如在现场存放时，应进行覆盖保湿，不得使用风干后的灰膏块来拌制砂浆。

（3）麻刀（纸筋）灰罩面，须待底子灰五六成干后进行。如底子灰过干应浇水湿润；罩面时应由阴、阳角处开始，由上至下，先竖向薄刮一遍底灰，再横着抹第二遍，两遍厚度在 2mm 左右。横抹时抹子的运行方向要平直，上下抹纹要平行。

(4) 使用含泥量不大于3%的中砂，砂子使用前要过筛，砂子内不要混入土块。

4. 治理方法

(1) 如果在抹灰后不久即发生爆灰现象，说明灰膏的熟化时间不足，可采取将门窗全部关严封堵后，在室内加温至35℃以上的温度，并在墙面上喷水，使其保持湿润、高温的态势，持续10d左右，加速抹灰层中慢性灰颗粒的熟化。待颗粒全部熟化爆花后，用细钢钎将爆花彻底剔除，用纤维复合砂浆补平。如偶有发生，可将爆花处剔除后补平。剔除爆花时，要注意将爆花底部的颗粒清除干净，以免出现重复爆花。

(2) 出现确因白灰膏（或细磨白灰）熟化时间不足引起的墙面粉化，应将抹灰层全部剔除，清理干净后，按要求重新抹灰。

(3) 墙面出现的鼓包，有的可能是气泡，也可能是小土块，可将鼓包戳破剔除后，进行修补。

35.1.11 抹灰层析出白色絮状物

1. 现象

墙面抹灰完成一段时间后，在墙面析出一些白色絮状物质。

2. 原因分析

(1) 墙面中析出的白色絮状物，主要是在墙体干燥的过程中，由墙内随水分析出的盐碱类物质，它们生成的过程很复杂，主要来自冬期施工掺加的盐类早强剂、防冻剂，或使用了含有盐碱类物质黏土、矿物质烧制的砖，或含有盐碱类物质的砂拌制的砂浆。使用后与水泥、白灰膏中的活性材料进行反应，生成水化硅酸钙、水化铝酸钙、碳酸钙等盐类结晶物质，这些物质会随墙内水分的逸出而析出，形成白色絮状或柱状结晶体附着在墙面上。

(2) 水泥水化反应生成部分NaOH和KOH，它们与水中的$CaSO_4$等物质反应，生成Na_2SO_4和K_2SO_4溶于水的盐类，以及水化硅酸钙、水化铝酸钙、碳酸钙等，随着墙体水分的逸出而迁移到建筑物的表面，滞留堆积在墙面形成白色絮状晶体物质。

3. 预防措施

(1) 选择适宜的外加剂。外加剂应满足《室内装饰装修材料胶粘剂中有害物质的限量》(GB 18538—2001) 的要求。

(2) 当季节施工拌和砂浆（混凝土）添加外加剂时，可掺加一定数量的减水剂，减少砂浆（混凝土）中的游离水，则可以减轻盐、碱物质随游离水而渗出表面。并掺加一定数量的分散剂，使盐碱类物质分散均匀，减少成片析白现象的发生。

(3) 尽量减少使用含有盐碱类物质的砂和砖。

4. 治理方法

絮状结晶析白墙面可用扫帚进行清扫后，用3%～5%的稀草酸溶液对墙面进行冲洗消碱。

35.1.12 板条钢板网顶棚抹灰空鼓、开裂

1. 现象

钢板网顶棚抹灰后，出现空鼓、开裂现象。

2. 原因分析

(1) 钢板网顶棚抹灰常用混合砂浆分遍抹灰成活。一般底层抹灰使用1∶2∶1混合砂

浆，或麻刀（纸筋）、水泥、白灰混合砂浆挤入网孔内，用1：0.5：4水泥石灰膏砂浆挤入底灰中，7mm厚1：3：9水泥石灰膏砂浆找平，用2mm厚麻刀（纸筋）灰或3～5mm厚1：2水泥砂浆罩面抹平。但在施工中往往会加大水泥用量，增加砂浆的收缩率，出现裂缝，一旦裂缝成贯通性裂缝，高湿度下会有大量的水汽渗入，使钢板网受到锈蚀，对抹灰层产生胀裂，引起抹灰层脱落。

（2）钢板网顶棚有弹性，抹灰时局部用力过大，会引起后抹部位对先抹部位造成颤动，或因钢板网固定不好，抹灰后出现下挠变形，使抹灰层之间产生剪力，引起抹灰层开裂、脱壳。

（3）不按吊顶的操作工艺要求操作，吊顶使用的木材含水率过高，接头不紧，起拱不准，都会影响吊顶的表面平整，造成抹灰厚薄不匀，抹灰层较厚部位容易发生空鼓、开裂。

3. 防治措施

（1）钢板网顶棚吊顶施工应严格按吊顶操作工艺标准要求进行施工。吊顶抹灰时必须进行工序交接验收：表面平整度不得超过8mm；其起拱要求必须符合标准的要求，四周的水平线应符合规定；吊顶用的木材必须进行烘干，其含水率在12%以内；吊顶必须牢固可靠，主龙骨、次龙骨、吊筋间距、钢板网刚度以及铺设、搭接和连接都必须符合要求。

（2）钢板网顶棚抹灰时，应严格按设计要求的抹灰工艺和砂浆配合比进行操作；严格控制水泥用量，减少抹灰砂浆的收缩量。抹灰操作中注意控制抹灰层之间由于间隔时间太长，出现干燥；也不可太短，出现因钢板网颤动而脱骨，或抹灰层集中收缩而开裂；除罩面灰外，各层之间的表面应进行糙化处理。

（3）抹灰后应注意封闭门窗进行养护，使抹灰层在潮湿环境中硬化。

35.1.13 墙裙、踢脚、窗台空鼓裂纹

1. 现象

水泥砂浆墙裙、踢脚、窗台抹灰后出现空鼓或裂纹。

2. 原因分析

（1）基层未处理干净，特别是内墙为白灰砂浆抹灰的墙面，对白灰砂浆污染的交接处未清理干净便进行水泥砂浆抹灰，使水泥砂浆抹在白灰砂浆基层上。

（2）小面积抹灰时往往用小容器提水湿润，浇水不透或根本未浇水湿润便抹灰，出现干膜隔离的空鼓现象。

（3）小面积抹灰未分遍成活，抹踢脚时往往是底子灰刚完成即进行面层抹灰；窗台面层未清理干净即进行抹灰，抹灰时一次将砂浆摊抹在窗台上，待砂浆收水后压光了事。

（4）小面积抹灰用灰量小，拌制的多，砂浆硬结后加水拌和使用。

（5）不按要求分遍成活，使用了水灰比大的砂浆一遍成活，造成墙裙、踢脚、窗台抹灰空鼓开裂。

（6）使用含泥量过大或细砂拌和的砂浆进行抹灰。

（7）零星单薄的抹灰不注意养护，抹灰后很快失水，造成干缩开裂、空鼓。

3. 预防措施

（1）抹灰前应清理基层，对白灰、涂料等带有隔离性质的污染物用钢丝刷清刷干净，

且应充分湿润后方可进行抹灰；窗台基层如差一砖厚的，应用砖补砌，补砖应用条砖将砖深入窗框底部；不足一砖厚，但大于 3cm 时，应用 C20 细石混凝土补齐再抹灰。

(2) 严格按操作规程操作，坚持分遍成活，严格按设计要求的砂浆配合比进行拌制和使用；严禁一遍成活或用一个配合比的砂浆，面层严禁刮抹水泥膏或水泥白灰膏。

(3) 砂浆应随拌随用，不得使用已结硬的砂浆加水拌和后再用于抹灰。

(4) 使用含土量不大于 3%的中砂拌制砂浆；严禁使用土砂、细砂。

(5) 抹灰后注意加强养护。

4. 治理方法

对因基层清理不好而出现的空鼓、开裂，应将空鼓、开裂部位清除掉，将基层清理干净后重做。

35.1.14 装饰灰线变形、不顺直、粗糙

1. 现象

装饰灰线不顺直，结合不牢固、开裂、表面粗糙等。

2. 原因分析

(1) 基层处理不干净，存有浮灰和污物；浇水不透，导致砂浆因缺水而干裂；抹灰线的砂浆的水灰比过大，或砂浆配方中未加抗裂麻丝、纸筋或纤维；抹灰后没有及时养护，砂浆在硬化过程中因缺水而干裂变形。

(2) 靠尺松动，冲筋损坏，推拉灰线线模用力不均，手扶不稳，致灰线变形。

(3) 喂灰不足，推拉灰线模时灰浆挤压不密实，罩面砂浆稠稀不均，推抹用力不均，使灰浆表面产生蜂窝、麻面或粗糙。

3. 防治措施

(1) 灰线必须在墙面抹灰施工前进行，且墙面与顶棚的交角必须方正、顺直。

(2) 抹灰前将基层表面清理干净，找出规矩，弹好模具靠尺线，提前浇水湿润。

(3) 灰线抹砂浆时，应先抹一层水泥石灰混合砂浆过渡结合层（1∶1∶6 的混合砂浆），并认真控制各层的配合比，灰线砂浆应适量配加抗裂纤维、麻刀或纸筋，打灰要饱满，用力推拉挤压密实，使粘结牢固。

(4) 灰线模型体应规整，线条清晰，表面光滑；按灰线尺寸固定靠尺，靠尺要平直、牢固、滑顺，与线模紧密结合，均匀用力搓压灰线。

(5) 灰线做完后，应进行修补、整理，对线模压不光的或毛刺等瑕疵，用小灰压子细心修补整理，直到灰线表面密实、光滑、顺平，线条清晰，色泽一致。

(6) 除非要求现场制作外，一般灰线均可预制，在现场粘贴安装。

35.2 外墙抹灰

35.2.1 外墙空鼓、裂纹、剥落

1. 现象

外墙水泥砂浆抹灰后，出现空鼓、裂缝、龟裂，严重的会脱皮或大面积剥落。

2. 原因分析

(1) 参见 35.1.1“水泥砂浆、水泥混合砂浆抹灰空鼓、裂缝”的原因分析。

（2）高温天气抹灰后遮挡不及时，受阳光暴晒，又不及时喷水养护，使砂浆出现脱水急干，特别是一些抹灰较薄的部位。

（3）分格条间距过大，单块抹灰面积过大，受温度变化影响，出现温度裂缝，或在抹灰中留有抹灰接槎，出现抹灰接槎裂纹。

（4）为了追求光滑的抹灰表面，增加水泥用量，加大水灰比，表面压光时出现一层素水泥浆，或抹面时刮抹水泥膏，出现脆裂纹；受极端天气的影响，如夏季阳光直射墙面，使墙面温度高达50℃以上，或天气突变骤然降雨，墙面遭雨淋后骤然降温，造成墙面龟裂。

（5）秋冬交替季节外墙抹灰无防冻措施，抹灰后即受冻，特别是背阴面的抹灰。

3. 预防措施

（1）参见35.1.1“水泥砂浆、水泥混合砂浆抹灰空鼓、裂缝”的预防措施。

（2）主体施工中严格控制墙面垂直度、平整度，砖混结构的砌筑要坚持“三皮一吊、五皮一卡”的操作方法，浇筑混凝土要严格对模板的检查和控制，制作精细，安装牢固，防止安装出现偏差和浇筑时出现胀模现象。

（3）水泥砂浆抹灰宜选用低强度等级的水泥，或适当掺加掺合料（如粉煤灰）。

（4）抹灰前对外墙的脚手架眼、模板支撑空洞、框架与砌体交界处的缝隙应有专人负责堵孔和敷设抗裂网片，并作为一道工序由监理人员组织有关专业检查验收，进行工序交接。

（5）当外墙面抹灰分割单块面积较大时，应与设计方协商适度调整分格条的间距，如不能调整，在抹灰时应采取抗裂措施（如增加抗裂网片等），并保证每一单方一次抹完，严禁墙面出现抹灰接槎。

（6）炎热天气，应避免在日光暴晒下抹灰，砂浆应随拌随用，不宜将砂浆置于阳光下暴晒存放。抹灰完成后应及时遮挡并喷水养护不少于7d。

（7）秋冬交替季节为赶工期进行室外抹灰时，墙面浇水应适度减少，不宜过湿，砂浆应根据天气变化情况按规定掺加防冻剂。抹灰顺序应先阴面后阳面，并有防风抗冻措施，严禁抹后即受冻。当最低气温低于0℃时，应停止室外抹灰作业。

（8）外墙抹灰应自上向下逐次进行。

4. 治理方法

对于外墙抹灰出现的空鼓，应全部铲除，按设计要求重新抹灰

35.2.2　抹纹、接槎、颜色不一致

1. 现象

外墙抹灰后有明显抹纹，抹纹不顺直，接槎明显，或颜色不一致，墙面整体观感效果差，影响观感质量。

2. 原因分析

（1）墙面设置分格条间距过大，或不设置分格条，不能一次抹完，或抹灰间歇过长，成为抹灰接槎施工缝。

（2）基层浇水不均匀，抹灰基层干湿不匀，或基层材料不一致（如混凝土、砖等），抹灰后基层吃水程度不同。

（3）抹灰工作量大，施工中使用了不同品种的或强度等级不一致的水泥；抹灰时掺加

的外加剂（如粉煤灰、早强剂等）不是同一批次，或计量不准确。

（4）抹灰时受操作方法和环境的影响，导致抹灰颜色差异。

3. 防治措施

（1）使用合格同批次的材料。对抹灰量较大、施工周期较长的工程，应事先提出材料计划，能一次备足材料的尽量一次备足，如有困难，可按一个朝向的墙面或一个可视面一次备足。严格掌握配合比，坚持分层抹灰，各层按设计要求的配合比准确使用，多班组施工时严禁各层砂浆混用。

（2）设计主体施工时搭设的脚手架，要统筹考虑，不仅满足主体施工的要求，同时还要照顾到装饰抹灰的需求。竖向分格条的高度超过一步架时，要搭设上下架同时操作。在同一墙面上的施工缝均应留设在分格条上或阴、阳角上。阳角处的抹灰应用反贴八字杆的方法操作，以防出现阳角黑边。

（3）外墙面如设计有饰面要求或装饰覆盖要求的抹灰面，一般不要在表面压光。可抹成平直、不光的细糙面，方法是：抹罩面灰时用1∶2.5砂浆，掌握好火候（砂浆涂抹收水刮平后，用手指摁压有硬感，但还有手纹），即用木抹子揉搓出浆，再用钢抹子横向抹压，把砂粒压入浆内，使抹灰表面呈有棕眼状的细糙面即可。操作时要注意，用木抹子揉搓时，手腕用力要一致，先以圆弧形揉抹出浆，然后再上下轻搓两下，将揉出的浆丝搓匀，立即用钢抹子左右平行抹压，抹压时手腕用力要均匀。如此法操作有困难，也可将面层压光后，立即用海绵块蘸清水，轻轻擦拭成细毛面，但注意擦拭时用力要均匀，擦拭方向应一致，使擦纹一致。此做法不但能解决抹纹明显的缺陷，还能治理抹灰面龟裂的质量通病，更有利于墙面抹灰层的附着，有效治理抹灰层起泡、剥落的质量通病。

（4）抹灰完成后，将分格条取出（也可使用塑料一次性分格条留在墙内）。取分格条时要注意保持分格线条的整齐，对有缺损的部位进行修正，并用掺有108胶拌和成的素水泥浆将线条底进行细致勾抹，为提高观感效果，可用毛笔沾黑墨水将分格线描摹成黑色。描摹时要仔细，勿使墨汁污染墙面。

35.2.3 抹灰表面起霜、泛碱

1. 现象

工程竣工后，在建筑物表面析出白色物质，有的成片泛碱变白，有的长出结晶或絮状物质，附着在墙面上，影响建筑物的观感，严重的会使面层受到腐蚀而粉化剥落。

2. 原因分析

（1）参见35.1.11"抹灰层析出白色絮状物"的原因分析。

（2）卫生间使用时漏水，污水洇入墙内，然后蒸发，使污水内的尿碱和墙体内其他水化碱性物质滞留在墙面上，这些碱性物质不但使墙面变色，还对墙面产生腐蚀作用。

（3）使用了含碱量较多的土或煤矸石烧制的砖，或使用了带有碱性物质的砂浆，砌后经日晒雨淋，水分逸出墙体蒸发，将其内部的盐、碱类物质带出，这些物质成结晶体滞留在墙面上，使墙面变色。

（4）由于混凝土和砂浆、砖等墙体材料中有大量的空隙，具有透水性，易受外部环境的影响，吸收外界介质（空气、空气中的水分、雨水等），这些介质含有大量的有害物质，进入其内部化合后再逸出，也会加剧起霜析碱的产生。

（5）建筑物使用中因女儿墙底部水平裂缝渗漏水，也会造成渗漏处的泛碱。

3. 预防措施

(1) 参见35.1.11“抹灰层析出白色絮状物”的预防措施。

(2) 配制砂浆时可掺加适量的活性硅质掺合料，如粉煤灰、硅灰等。

(3) 增加基材的密实度，提高基材的抗渗性能。冬期施工配制混凝土、砂浆添加防冻剂时，应同时使用减水剂和适量分散剂，减少基材的孔隙率，提高其抗渗性。

(4) 浴厕的防水要做到位，防止出现渗漏。

(5) 随着建筑节能的实施，外墙一大部分被节能材料所覆盖，墙面大面积起霜析碱的情况将会减少。但保温材料仍需要外墙抹灰或镶贴来进行保护和装饰，在施工中仍要注意砂浆配制所用材料的成分。

(6) 女儿墙施工时，要增加抗裂措施（抗裂构造柱、抗裂筋等）；屋面防水施工时，对女儿墙根部按要求加设附加层，做到墙裂水不漏。

4. 治理方法

(1) 对抹灰前已出现起霜、泛碱的墙面，要进行清除，清除后再用3%～5%的草酸溶液或稀盐酸进行冲洗消碱，冲洗晾干后刷一遍丙烯酸封闭底漆后再抹灰。

(2) 对抹灰后出现的抹灰面起霜、泛碱的，可用3%～5%的草酸溶液进行清洗后，再用清水进行冲洗干净，晾干后刷一遍无色丙烯酸漆进行封闭。

(3) 发现卫浴间、女儿墙渗漏的，应及时进行补漏维修。

35.2.4 阳台、窗口、空调板等上下左右不通线

1. 现象

工程竣工后实测和目测各层阳台、窗口、空调板等凸出墙面的部位，上下不在一条垂线上，左右不在一条水平线上。

2. 原因分析

(1) 主体施工时控制手段差，混凝土安装构件或现浇构件偏差过大；窗口预留洞偏差大，事前不检查纠偏，不进行工序交接，造成施工误差过大。

(2) 砖混结构的主体结构砌筑时游丁走缝，造成上下窗口竖直方向随着偏移。

3. 防治措施

(1) 主体结构施工时，在现浇混凝土或安装构件时应有专人负责校对构件的垂直度和水平度，将垂直度、水平度控制在规范允许偏差范围内。

(2) 主体结构砌筑中随时纠正游丁走缝现象。每层砌到窗台时应向下吊线，由下层窗口垂线确定上层窗口的边线，这样既使上下窗口能够顺直在一条垂线上，又避免了砌体中出现游丁走缝的累计误差问题，保证了窗口的顺直。为保证同层窗台在一条水平线上，砌筑时要及时立皮数杆，砌至窗台时要及时校正。

(3) 安装窗口时，应先弹出窗口中心线，由室内50线确定好窗台的水平线，按中心线和水平线固定窗框。

35.2.5 分格条不平直、错槎，分割块不方正

1. 现象

(1) 外墙抹灰完成后，发现分格条不平、不直，出现抹灰分割块不方正，有大小头的现象，窗台或窗楣上出现错口相交的情况，破坏立面造型，影响观感质量。

(2) 米厘线棱角破损，分格条接槎错口，接槎明显。

（3）米厘条涂墨时污染墙面，墨迹洇出。

2. 原因分析

（1）弹外墙分格线时，因凸出外墙的柱、垛较多，拉通线有困难，过渡点不精确；墙面较长，拉线不紧、弹线操作不规范；量取分格线高度时操尺有误、读数误记，两人两边操作，配合不协调。窗间墙弹线时窗台还未补齐，抹灰时补抹窗台不一致，同一窗台左倾右斜，使窗台左右与分格线相交处出现错口；当抹窗上楣时，也会因操作不一致出现与分格条相交错口的问题。

（2）抹灰完成后，起出米厘条的方式不对。起出后对缺损部位修补不到位；米厘条粘贴时未吃透水，有变形；或米厘条短，接头太多等。

（3）米厘条涂墨时，墨汁质量差、涂墨部位太湿，涂抹后墨水外洇至墙面。

3. 防治措施

（1）墙面弹分格线时，要拉通线，墙面较长时，要把线拉紧分段标记，分段弹线；柱、垛隔断处，应将平点标记在柱、垛两边或柱、垛上，用水平尺再向柱、垛面或墙面过渡后进行弹线。窗间墙的分格线要上下统一垂线分格。

（2）米厘条使用前要在水中浸透。粘贴米厘条时要每根检查，剔除翘曲变形的；粘贴米厘条前应将砖墙薄抹灰覆盖。水平的米厘条应紧贴墨线的下方顺线粘贴。米厘条端头要齐整，中间不使用较短的米厘条。米厘条两侧用八字形灰膏固定时，水平米厘条应先抹下侧一面，竖向米厘条应两侧点抹固定后，再从下向上依次抹灰固定。当天成活能取出的米厘条可抹成45°陡角，隔天取出的可抹成60°坡角。

（3）抹窗台、窗楣时首先应照顾到左右两侧分格线的接槎和畅通，左右要在一条水平线上相通，上下在一条垂线上相通。

（4）当抹灰完成，砂浆有一定强度后取出米厘条，取出时，要先轻敲米厘条，然后用钢抹子尖插入米厘条内晃动取出。取出后，如发现分格线棱角有缺损，应立即修补，并用灰膏将线条底勾抹平正，抹灰干燥后再将线条涂色。

35.2.6 雨水污染墙面

1. 现象

雨后外墙面出现水渍和尘土污染的痕迹，甚至还会造成向室内洇漏的现象。雨水污染，使外墙装饰失去光泽，建筑物变得陈旧。

2. 原因分析

（1）外墙的窗台、阳台、压顶、雨棚以及凸出外墙的腰线等部件的装饰施工没有按规范要求：上面做泛水坡度，下面设滴水线（槽）。

（2）外墙饰面不平整或毛面易积尘土，经雨淋后（尤其是小雨）尘土成为泥浆顺墙流淌在墙面上，污染墙面。

（3）落水管接口承插反向、不严、破损，落水口或落水管堵塞，出现漏水、溢水污染墙面。

3. 防治措施

（1）凡凸出墙面6cm以内的外墙装饰线（如窗套、窗台、压顶、腰线等），上面应作泛水坡，下面应做滴水线（抹成鹰嘴），窗楣部分必须做滴水槽；凡凸出墙面6cm以上的部件（挑檐、雨棚、阳台板等），上面应做泛水坡，下面应做滴水槽，滴水槽必须下木条成型（图 35-5）且两端留出 3cm 做截水槽处理。

（2）屋面女儿墙压顶的流水坡应坡向内面屋顶一侧，且坡向明显。

（3）室外窗台抹灰前，木窗框下缝隙须用水泥砂浆塞实，铝、塑窗应用聚氨酯现场发泡堵塞严密。外窗台的抹灰应低于窗框底 1～2mm，内窗台应高于窗框底 2～3mm（图 35-6）。

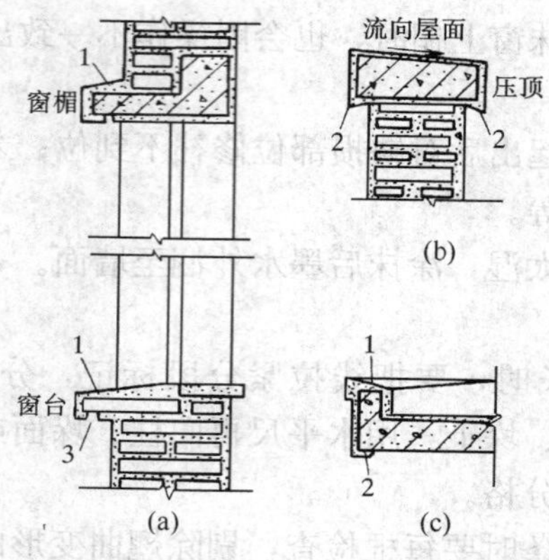

图 35-5　外墙节点抹灰作法

（a）窗洞；（b）女儿墙；（c）雨篷、阳台、檐口
1—流水坡度；2—滴水线；3—滴水槽

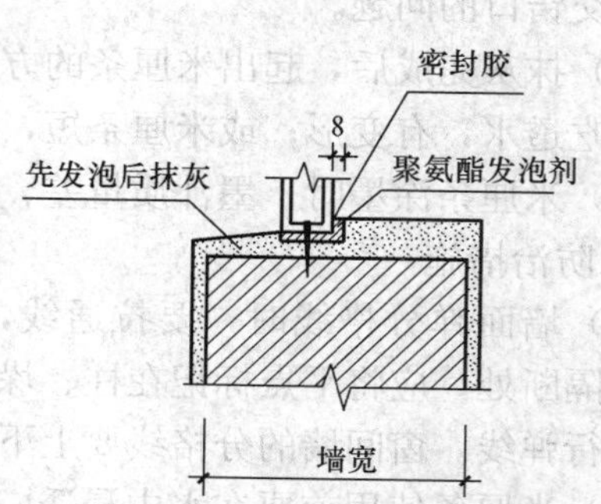

图 35-6　外窗台抹灰作法

（4）雨水管安装要牢固，接口承插方向应下节承插上节；经常检查落水口，清理掉被风飘落在落水口上的堵塞物，保持落水系统畅通，对破损的落水管及时进行更换。

35.2.7　外墙雨水渗漏

1. 现象

工程竣工后，阴雨天气常会出现在外门窗框口周边、墙面脚手架眼、外墙挑檐、突出构件的根部等部位渗漏水。

2. 原因分析

（1）外墙抹灰前对脚手架眼、墙面模板支撑洞眼等孔洞未按规定堵塞严密。

（2）门窗口框安装时，框与墙之间的间隙未用防水材料堵塞严密；用聚氨酯发泡有断档处；窗台作法不符合要求，坡度小，外高内低，倒泛水。

（3）砖混结构的外挑檐、外挑构件安装（浇筑）后，根部砌砖砂浆不饱满；外墙抹灰、外墙保温操作顺序颠倒。

（4）外墙砌体操作质量差，砂浆不饱满、有透明缝。

3. 预防措施

（1）抹灰前墙面处理、脚手架眼等孔洞的堵塞应作为一道工序有专人操作，专人检查验收。

（2）铝合金、塑钢外门窗的安装，有设计要求的或生产厂家有标准工艺要求的应严格按要求安装。无要求的可现场注打聚氨酯发泡剂进行堵塞。现场发泡操作时要做到一个框边一次注完，不断档，少外溢，注完后，当发泡充分胀起，不沾手但发泡还有塑性时，用手指将胀溢在框外侧的发泡挤入，与框平齐，室内侧可用壁纸刀将胀出框外的部分剔除。

（3）外门窗口如为后塞口时，可采用企口抹灰法操作，详见图35-7、图35-8。

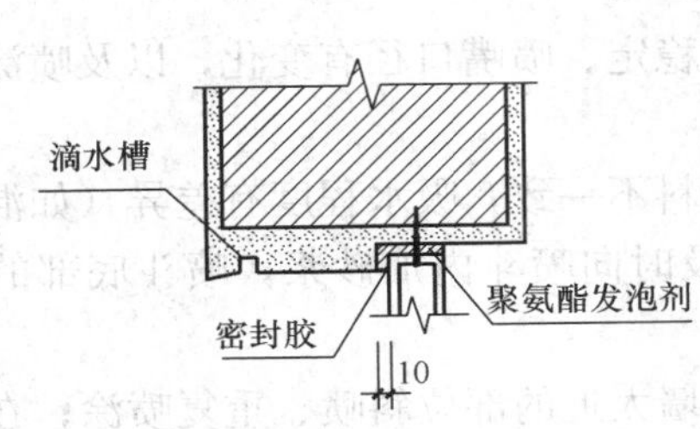

图35-7 门窗上楣抹灰、安装示意图

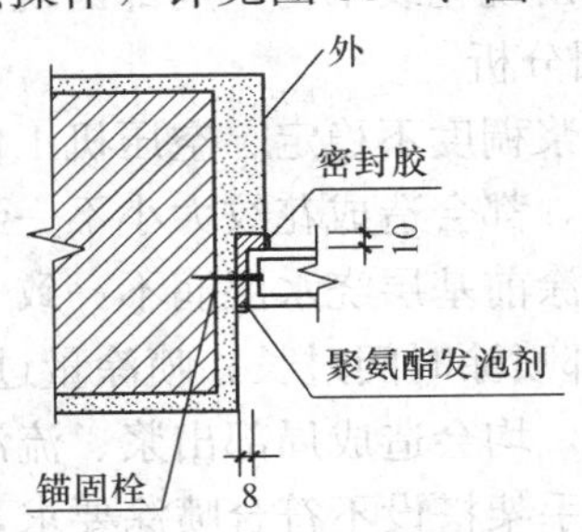

图35-8 企口抹灰安装示意图

（4）窗台的处理和抹灰参照35.2.6"雨水污染墙面"的预防措施（1）、（2）和35.1.13"墙裙、踢脚、窗台空鼓裂纹"的预防措施（1）。

（5）外挑檐及墙面外挑部件抹灰时，应将上面根部堆落的砂浆、混凝土等清理干净，并注意浇水湿润。抹灰顺序应先抹挑檐、外挑构件的平面，后抹墙立面，使立面抹灰槎压平面抹灰，切勿颠倒（图35-9）。在做外墙外保温时亦应按此顺序施工。

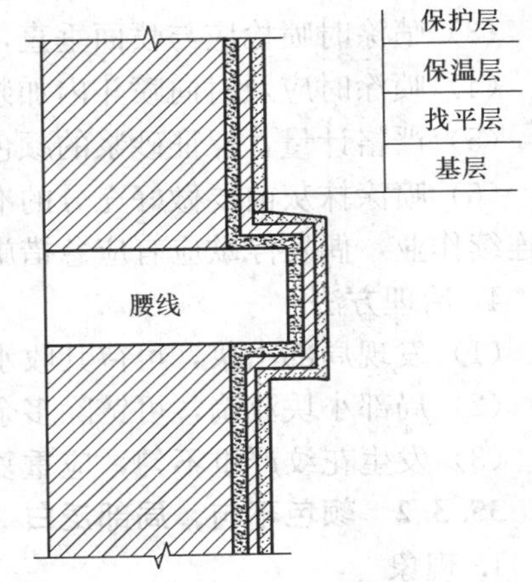

图35-9 外挑构件根部抹灰作法

（6）提高砌体质量，砌砖用三一砌墙法操作，用不小于M5的水泥混合砂浆砌筑。外墙抹灰时要提前浇水湿润墙面，抹底子灰时，要用力，使砂浆挤满砖缝。

4. 治理方法

（1）塑钢、铝合金门、窗框侧边漏水，应将渗漏边的抹灰层剔除，将原聚氨酯发泡剂掏出，清理干净后，重新注打发泡剂后再抹灰覆盖，恢复原样，然后用优质玻璃胶封闭。

（2）窗台漏水应查明原因：如因窗台外高内低引起的，应按标准重新做窗台；如因框下聚氨酯发泡剂不严引起的，应按（1）的方法重新注打发泡剂；如因固定螺栓处引起的，则应将螺栓取出加防水胶垫后重新固定。

（3）外挑檐（板）根部漏水，如漏点是因根部低洼造成的，可先刷一遍聚氨酯防水涂料后，用聚合物砂浆衬抹出泛水后，再刷两遍聚氨酯防水涂料；如因抹灰层颠倒，从抹灰缝中漏入的，可用堵漏灵堵抹后刷聚氨酯防水涂料三遍。

（4）对室内其他墙面上的漏点，可从室内漏点处顺湿痕（水路）进行剔凿，查明原因后，用堵漏灵或其他固体材料进行严密封堵。

35.3 喷涂抹灰

35.3.1 花纹不均，局部流淌，接槎明显

1. 现象

喷涂时出现花纹不均，局部出现流淌出浆及接槎明显等。

2. 原因分析

(1) 砂浆稠度不稳定、空压机工作压力不稳定、喷嘴口径有变化，以及喷涂距离、角度不一致等，都会造成花纹大小不一致。

(2) 喷涂前基层浇水湿润不一致，基层材料不一致，吸水程度有差异（如混凝土与砖基层）；局部喷涂时间过长，喷涂量过大；不及时向喷斗内加砂浆，喷斗底部的稀水泥浆喷至墙面上，均会造成局部出浆、流淌。

(3) 脚手架搭设不符合喷涂要求，造成离墙太近的部位斜喷、重复喷涂；在接槎处喷涂时不进行遮挡或遮挡不严，成活部位溅上浮砂等，都会造成明显接槎。

3. 预防措施

(1) 基层浇水湿润时要均匀一致，如底灰出现接槎，喷抹时应先用木抹子顺平。

(2) 脚手架搭设要符合喷涂工艺的操作要求，距墙不小于 30cm。

(3) 喷涂时喷枪应与喷面垂直，喷枪口径、空压机压力要稳定不变。

(4) 喷涂时应及时向喷斗内加浆，防止斗内底部稀浆喷至墙面。

(5) 严格计量，保证砂浆的颜色和稠度均匀一致。

(6) 喷涂抹灰前要做好充分的准备工作，事先确定好间歇时间和间歇位置，保证喷涂的连续作业，偶发停歇应有应急措施，在同一墙面上不能有间歇接槎。

4. 治理方法

(1) 发现局部出浆，可待其收水后，再喷一次浆。

(2) 局部小块流淌，可铲除多余砂浆；如出现大面积严重流淌，应铲除重喷。

(3) 发生花纹严重不匀，应重复喷涂。

35.3.2　颜色不匀，局部泛白

1. 现象

喷涂后出现颜色不匀，深浅不一致，局部有明显泛白现象。

2. 原因分析

(1) 使用不同批、不同品种的水泥以及掺合料掺量不准，都会对砂浆颜色有影响。

(2) 所用砂子不是同一产地，色泽不一；石灰膏细度不同，稠度有差异、掺量不一。

(3) 基层材质不同，干湿程度有差异，造成喷涂后的墙面干湿快慢程度不同，会使墙面颜色深浅不一致。

3. 防治措施

(1) 单位工程所需水泥应使用同一厂家、同一批次；所用砂子应用同一产地的中砂；白灰膏统一用淋灰池下水头的；所用原材料应一次备足。

(2) 施工中应有专人计量，砂浆的配合比和稠度必须严格掌握，砂浆应随拌随用，拌制出的砂浆存放时间不得超过 2h，不得使用放置时间过长已结硬的砂浆。

(3) 喷涂前应对墙面进行检查，对墙面凹凸不平的部位，应找平处理。墙面浇水要均匀一致；对不同材质的界面处应事先挂抗裂网片。

(4) 尽量避开雨天喷涂施工，冬期施工要注意防冻，并注意对防冻剂的选用，防止防冻剂析白情况发生。

35.4 水刷石、刷砂饰面

35.4.1 墙面空鼓、裂缝

1. 现象

水刷石墙面施工后，局部出现空鼓、裂缝。

2. 原因分析

(1) 基层空鼓、开裂参见35.2.1“外墙空鼓、裂纹、剥落”的原因分析。

(2) 在抹水泥石子灰浆前，没有在基层上刮抹素水泥浆结合层或刮抹不均匀或漏刮；基层干燥，刮水泥浆后没有紧跟抹石子罩面灰。

(3) 水泥石子浆太稀，底子灰太湿不吃水；水泥石子浆过厚，抹水泥石子浆后产生滑坠；操作质量差，反复冲刷，增大了罩面砂浆的含水量，造成坠裂、空鼓。

(4) 水泥石子浆放置时间过长，水泥已结硬后再加水拌和使用。

3. 防治措施

(1) 基层空鼓、开裂参见35.2.1“外墙空鼓、裂纹、剥落”的防治措施。

(2) 在抹水泥石子灰浆前，应在基层灰上满刮一层用水兑5%建筑用胶拌制的素水泥浆做结合层，然后抹水泥石子浆面层，并应随刮随抹。

(3) 在气候干燥的炎热季节抹水刷石时，应有遮挡，避免太阳直射墙面，使面层凝结过快影响操作。水泥石子浆应随拌制随使用，严禁使用初凝后已结硬的石子浆再加水拌和后做面层。

(4) 面层经压实找平开始初凝结硬时，即用软毛刷蘸清水刷掉面层的水泥素浆，喷刷时应自上而下顺风微倾喷刷。喷刷时喷雾要均匀细密，摆动适度。

35.4.2 石子不均匀或脱落，饰面浑浊，有抹纹

1. 现象

水刷石交活后表面石子疏密不一，有的石子脱落，有明显的缺石子凹坑；刷石表面上石子有水泥浆污染，饰面浑浊、不清晰；墙面不平，顺阳光照射下有明显的抹纹，影响观感。

2. 原因分析

(1) 石渣使用前没有过筛筛选、未进行清水清洗，保管不善，清洗后又遭污染。

(2) 石子砂浆拌和时，投料顺序颠倒。

(3) 墙面分格条规划不当，米厘条粘贴不当，分割块过大，给喷刷造成困难。

(4) 底子灰干湿程度不一致，过干或过湿。

(5) 水刷石喷刷操作不当，过早或过晚；喷头离墙距离和角度掌握不准，喷雾不细；有风天气喷刷时未对已成活的部位进行遮挡。

(6) 喷刷时间过长，不是循序渐进逐次推进，新手操作，熟练程度差。

(7) 面层只用钢抹子抹压，未用辊杠辊压即进行喷刷，钢抹子面积小，石子浆软，抹压会出现明显抹纹，顺光观察时更甚。

3. 防治措施

(1) 选用合适的石渣，一般墙面可选用颗粒坚硬、有棱角、洁净、颜色一致的中小八

厘石渣，使用前应过筛，并用清水冲洗干净晾干，剔出杂色的石渣。袋装或用塑料布盖好存放，注意防尘、防水、防污染。

（2）拌制石渣灰浆时，要注意投料顺序：先将石灰膏投入搅拌机中拌制成糊状，再投入石渣均匀搅拌，使白灰膏均匀包裹石渣后再加入水泥搅拌均匀。

（3）抹罩面石子水泥浆时，石子灰浆应高出分格条 1mm，用灰杠检查其平整度。在抹压石子浆时，如发现流淌的现象，应刮抹干水泥面，待干水泥面吸透水后，将水泥面刮除后再抹压。为了消除抹纹，抹压后再用辊杠反复辊压，辊压时石子在灰浆中转动，可使石子大面朝外，表面平整一致，消除表面的抹纹。

（4）水刷石喷刷是关键工序，应掌握好火候，不得过早、过晚、轻刷或过度。喷刷过早，则石子易脱落，出现掉石子现象；过晚灰浆冲洗不干净；轻刷会使墙面污浊不堪；过度会使墙面掉粒出现疤痕。开始喷刷的最佳时间应是面层开始初凝，用手指摁压不动，但有手痕，或用刷子试刷不掉粒为度，这时一人用刷子蘸水刷去表面水泥浆，一人紧跟喷刷，喷刷的次序自上风向开始由上向下，喷头离墙 10～20cm，喷雾要细密均匀一致，运行缓慢有度，掌握石子露出浆面 2mm 左右，观感适宜。阳角处应骑角喷洗，并一次喷到底。

（5）喷刷时如发现局部石子颗粒不均匀，应用铁抹子拍打进行调节；发现表面出现裂纹，应用钢抹子抹压消除；发现有坠裂现象，应迅速用干水泥面洇干后再抹压。如果不及时处理，会造成喷刷水内渗，出现面层石子浆坠塌现象，给处理带来麻烦。喷刷完成后用水壶灌清水自上而下进行冲洗，冲洗速度应适度，以不掉石子又不断流淌为度。

（6）喷刷时要注意已成活的墙面不出现交叉污染。墙面喷刷完成后，应对相邻已成活墙面进行冲洗，以免造成交叉污染。

（7）工程竣工交付前，应对整个水刷石墙面用3%～5%的稀盐酸溶液进行全面清洗。

35.4.3　阴阳角不顺直，有黑边

1. 现象

水刷石阳角棱不顺直，局部没有石子或石子稀少，露出灰浆形成一条黑线，阴角上下不顺直，局部出现钝角或凹坑，影响观感质量。

2. 原因分析

（1）底子灰在阴、阳角处的垂直度和平整度差。

（2）抹阴阳角石子浆面层时操作不当。

（3）阴角抹面层石子浆时，一次成活，事先不弹垂线。阴角处因操作受限拍打不平，出现钝角，影响墙角的顺直；喷刷时两面墙交叉污染。

（4）抹阳角面层石子浆时，抹完上节，抹下节时一般将靠尺紧贴在上节的阳角上，一是靠尺垂吊有偏差，不垂直；二是靠尺贴在上节有凸出墙面的石粒上，靠尺与墙面出现缝隙；三是用铁抹子抹压下一节的石子浆时，往往浆液挤入上一节的石子缝隙中，墙面冲洗后，使上下节接槎处出现不平、错槎、大角垂直度偏差等质量通病。阳角处喷洗时操作方法不当，不是骑角喷刷，喷刷不耐心；用水壶冲洗时水流过大过猛等，造成阳角处掉粒露浆。

（5）抹阳角时，不用反正杆贴法，出现抹灰厚度压槎黑线。

3. 防治措施

(1) 抹底子灰前，应对墙面找规矩，底子灰自上而下一次抹完，并作为一道工序进行检查验收，验收标准同面层；在阳角处挂垂线、在阴角处弹垂线。

(2) 抹阳角反贴八字杆靠尺时，先吊直，抹完一面起杆后，再正贴八字靠尺杆抹另一面，使抹灰接槎呈近45°的细接缝。靠尺必须与抹完的一面棱角一致，如尺边低于棱角，会把伸出的棱角上的尖棱拍松动，待冲洗时石子易脱落，如高于棱角时会出现水泥黑边。阳角喷洗时，应先用软毛刷蘸清水将棱角两侧的水泥浮浆刷掉，发现石子有欠缺，应再抹压一遍，然后骑角自上而下进行喷刷。

(3) 阴角抹石子浆罩面灰应分两次操作，先做一个面，再做另一个面，这样可在阴角处弹垂直线来解决阴角垂直问题。先做的一面在底子灰上弹线，后做的一面在已刷石的面层上弹线。后一次的抹灰要紧靠线，注意压实、拍平，与另一面成直角。阴角喷刷时要注意喷头的角度和喷刷时间，如果角度不对，喷出的水顺阴角流量比较集中，流量较大，会出现流痕造成两个墙面的交叉污染，或容易把石子冲洗掉。

35.4.4 面层泛碱

1. 现象

水刷石或水刷砂完成后，面层出现泛碱现象，特别是水刷砂会出现尿碱状成片泛碱污染，严重影响外墙的观感质量。

2. 原因分析

(1) 参见35.1.11“抹灰层析出白色絮状物”的原因分析。

(2) 水刷砂一般是由砂中筛选出的砂豆，表面沾有含有碱性物质的泥土未洗干净。

3. 防治措施

(1) 参见35.1.11“抹灰层析出白色絮状物”的防治措施。

(2) 在水刷石前发现基层墙面已泛碱析白的，应先将泛碱析白物质清扫掉，用稀草酸或稀盐酸对墙面进行消碱处理后进行水刷石或水刷砂的施工。

(3) 水刷砂时，事先对砂清洗干净，再从3%～5%的稀盐酸溶液中捞出晾干后使用。

35.5 现制水磨石饰面

35.5.1 表面不光亮，色泽不一致

1. 现象

水磨石饰面成活后，表面不光亮、不滑润、色泽不一致，有色差。

2. 原因分析

(1) 使用了不同批号或不同品牌的水泥；选用石子品种不好，有杂质。

(2) 石子清洗不干净，没有集中配料，级配石子拌和不均匀，配合比不统一，计量不准确，材料保管不好，混入杂质。

(3) 彩色水磨石使用了合成颜料；颜料计量不准确，搅拌不均匀。

(4) 未选用合适的磨石，酸洗不干净，上蜡不好，选用石蜡不好。

3. 防治措施

(1) 同一工程应使用同品种、同厂家、同规格、同批次的材料。所用材料应一次备足，不得中途断料，改变材料品种、规格。

(2) 对彩色及有花纹的艺术饰面磨石，所用颜料要选用稳定的天然矿物质染料，禁用人工合成颜料。颜料要妥善保管，严格计量。

(3) 磨石用的石子要选好级配，面积大的可选用大、中八厘的石子，面积较小可选用中、小八厘石子，筛去石粉，洗净晾干后分规格袋装或覆盖存放，防止混入杂质或污染。如选用彩色石子做彩色磨石时，应事先统一拌和均匀再妥善保存。

(4) 当采用不同色彩的饰面磨石，在装石子浆时，应先做深色，后做浅色，先做大面，后做镶边。注意不同颜色的饰面同时施工时，应先铺设一种颜色的石子浆料，操作完成并初凝后，再铺设相邻另一种颜色的石子浆料。

(5) 水磨石用磨石机分次磨光，头遍用 60～90 号粗金刚石加水研磨，要磨匀磨平，磨至全部分格条外露；第二遍用 90～120 号金刚石，磨至石子均匀显露；第三遍用 180～240 号金刚石，磨至光滑无砂眼，再清洗干净后，涂草酸溶液（热水：草酸＝1：0.35 冷却后用）一遍；第四遍用 240～300 号油石磨，研磨至出白浆表面光滑细腻为止，用清水冲洗晾干，最后打蜡。

(6) 上蜡应在其他工序全部完成后工程竣工交验前进行。

35.5.2 表面石子显露不均匀，表面有气泡

1. 现象

(1) 磨石表面局部石子疏密不一致，局部无石子。

(2) 交工后，磨石表面有小气泡坑。

2. 原因分析

(1) 石子浆拌和不匀。

(2) 石子浆料稠度不均匀或稠度过大，抹压不实，用滚子辊压时加石子不均匀。

(3) 面层粗磨后刮水泥素浆不严密，未达到强度即进行二遍磨石，将素水泥浆磨出。

3. 防治措施

(1) 石子浆要拌和均匀，计量准确。

(2) 镶嵌分格条时，用水泥浆将嵌条粘埋牢固，水泥浆应比嵌条低 3mm，分格嵌条应上平一致，接头严密，在十字接头处四边嵌条 3～4cm 内不得抹水泥浆（图 35-10）。

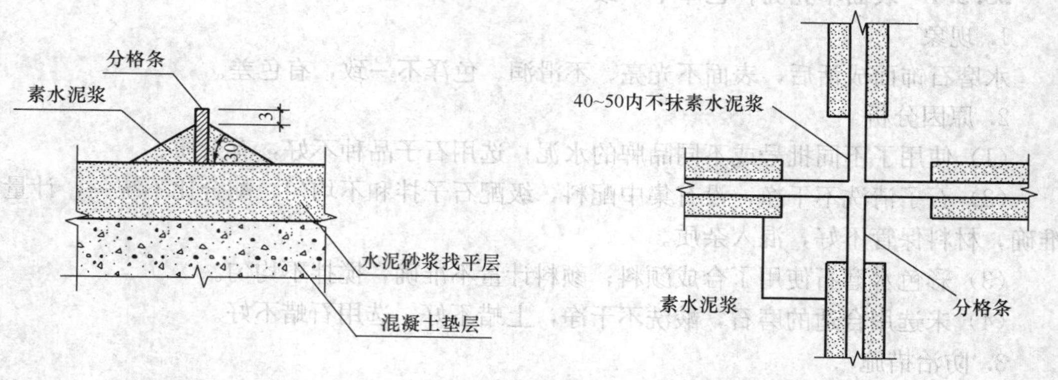

图 35-10 水磨石分隔条嵌条作法

(3) 装石子浆时，应先在基层上刷一遍与面层颜色相同的素水泥浆结合层，随刷随铺装石子浆。石子浆应高出分格条 1～2mm，要平整，辊压密实，待出浆后，再用抹子抹平。在辊压过程中，如发现表面石子偏少，可在水泥浆较多处补撒石子，也可在铺石子浆后，立即在其上均匀撒上干石子（其铺撒数量占铺设面积的 1/3～1/4），然后用钢抹子将干石粒全部拍入浆内抹平、压实。

(4) 磨完第一遍后，及时用与面层同颜色的素水泥浆刮抹面层，将面层中露出的气孔抹严，养护至要求的强度，再进行后面的磨光工序。

35.5.3 分格条断裂、压碎，接头错位，显露不均匀

1. 现象

水磨石完成后，发现有分格条断裂、断档、压碎、接头错位等现象。

2. 原因分析

(1) 水磨石表面不平整，使分格条显露不均匀，高处显露，低处掩埋。

(2) 水磨石分格条选用材料不正确，选用了易脆断的材料（如玻璃条）。

(3) 分格条镶嵌不牢固，镶嵌方法不正确。

(4) 分格条镶嵌时拉线不紧，上石子浆时操作不当，使分格条受到机械碰撞变形。

(5) 未掌握好开磨火候，开磨太晚，石子浆强度太高，磨不动。

3. 防治措施

(1) 镶嵌水磨石分格条时，要先在基层上按分格条尺寸弹墨线；分格条镶贴时要拉线，且要拉紧，下面紧贴墨线的一侧，上面紧贴拉线镶贴。

(2) 分格条宜用铜条，不宜选用易脆断的玻璃条。分格条除用水泥膏嵌固外，还应在铜条上钻孔用铁丝在面层内固定。铜条接头处要两边钻孔，用靠尺比齐后再用铜丝拧紧固定。

(3) 装石子浆时要以分格条的高度找平，使石子浆高出 1～2mm 为宜，高出部分要均匀一致。为保护分格条，装石子浆要用环装法，由外圈向内圈依次进行，不得留有施工缝，注意不得碰撞分格条，在十字相交处四角要均匀铺设操作。碾压石子浆时在分格条处要骑压分格条，不可沿分格条一侧碾压。

(4) 注意掌握磨石的开磨时间，及时开磨。磨石时特别是粗磨时，要注意磨石机均匀运行，注意分格条的显露程度，对不显露的部位要注意磨至均匀显露。

(5) 为消除分格条显露不均匀、断裂、断档、压碎、接头错位等质量通病，最好采用切割后植法安放分格条，特别是面积大的现制水磨石地面。方法是在水磨石面层粗磨完成上浆后，立即用切割机按面层上弹出的分格线切割出 5mm 深的分格缝，再嵌填用白水泥调配好的 108 胶色浆（或无颜色的白水泥浆），经细磨酸洗、上蜡等工序后，即可代替预植分格条。

35.6 斩假石饰面

35.6.1 空鼓

1. 现象

斩假石饰面施工完成干燥后，敲击有空鼓声。

2. 原因分析

（1）基层遭污染清理不干净，基层表面光滑未毛化，影响底子灰与基层的粘结。

（2）抹底灰时浇水过多或不足，不均匀；抹底子灰不分层找抹，一次抹灰过厚或过薄不均，或部分脱水过干，形成空鼓。

（3）斩剁时，斧刃太钝，操斧用力过大，诱发面层与底灰、底灰与基层空鼓。

3. 预防措施

（1）抹灰前将基层表面的粉尘、浮浆、松散层清除干净，必要时用清水冲洗。

（2）基层应平整，对光滑的基层表面应进行充分毛化，抹灰时涂刷用108胶拌制的素水泥浆做结合层。

（3）面层斩剁前要先检查剁斧刃是否锋利，斩剁时用力要均匀，斧刃要垂直于剁面，并经常检查斧刃，出现过钝时要及时打磨。

（4）秋冬季节交替时要注意及时覆盖，勿使其受冻，即使斩剁完后仍注意覆盖防冻，以免因冻胀造成空鼓。

4. 治理方法

对已出现空鼓且表面已出现裂缝的斩假石，应剔除重做。

35.6.2　有色差，外表面粗糙，影响观感

1. 现象

斩假石表面颜色有色差，观感粗糙，影响观感质量。

2. 原因分析

（1）水泥石子浆掺用颜料计量不准确，石子浆拌和不均匀；原材料选用不一致；使用了人工合成颜料，使用后褪色。

（2）剁斧的斧刃锋利程度不同，剁出的斧痕不一致。

（3）新手操斧，操斧不稳，技术欠佳。

（4）饰面在斩剁过程中或斩剁完成后立即用水冲刷。

3. 防治措施

（1）同一饰面的斩假石应用同一品牌、同一品种的原材料；添加的色剂应是天然矿物质颜料，严禁使用人工合成颜料。

（2）石子浆拌和时，应先将颜料倒入水中搅拌溶解后，加水泥搅拌成浆，再加石子拌和。各种材料计量应准确，拌和均匀。为使石子浆颜色均匀，可在石子浆内掺入分散剂木质素磺酸钙、疏水剂甲基硅酸钠。

（3）斩剁时部分完成后，应用钢丝刷顺剁纹清刷，不得用水冲刷。不得在遭受雨淋的环境中进行斩剁施工。

35.6.3　剁纹不均匀，纹理不顺直

1. 现象

斩假石面做成后，目测剁纹不均匀，不顺直，不规则，有断纹，有连斧斩剁碎纹，观感质量差，缺乏艺术效果。

2. 原因分析

（1）斩剁前不弹线，斩剁无依据；斩剁新手操作，操斧方法不规范。

（2）剁斧不锋利，用力轻重不均匀。

（3）多人操作无统一交底，操作手法不一致，所用剁斧规格不一致。

3. 防治措施

（1）斩假石在施工前应进行技术交底，做好人员安排，面层要在计划的时间内完成，拖延时间过长，会因石子浆的强度差异，造成后期强度高的面层斩剁困难，出现先剁与后剁面层剁纹的差异，影响观感质量。

（2）注意掌握斩剁时间，当气温15～30℃时，养护2～3d；5～15℃时，养护4～5d，当气温低于5℃时，不宜剁斧石施工。为控制剁纹的顺直，应顺剁纹方向弹间距10cm宽的平行线，然后沿线斩剁。

（3）大面积斩剁前应先进行试剁，试剁以石渣不脱落为准；斩剁前如表面太干，应先洒水湿润，以免石渣爆裂，但注意在斩剁过程中不得随浇水随斩剁。

（4）斩剁前应注意检查剁斧刃的锋利程度，在斩剁中随时注意打磨斧刃，使其保持一定的锋利度。斩剁时功夫在手腕，拿斧要稳，落斧要准，斧刃平行于弹线，用力要均衡，动作要迅速，运斧速度均匀一致，先轻剁一遍，再盖着前一遍的斧纹剁深痕，使剁纹清晰均匀，不能有漏剁，也不能有剁断纹。一般将石渣剁掉1/4～1/3为宜。

（5）饰面不同的部位应采取相应的剁斧和斩剁手法，边缘部位应用小斧斩剁；剁花纹饰边应用细斧，且斧纹应随花饰走势而变化，纹路相应平行，使纹路的转换自然柔顺，均匀一致。

35.7 节能抹灰

35.7.1 抹面胶浆厚度不足，抗裂网片放置错误

1. 现象

（1）抹面胶浆厚度不足，一般要求厚度在4～6mm，实际不到4mm。

（2）抹面胶浆内置抗裂网片（耐碱玻纤网格布或后热度电焊网片）不在胶浆中间，有的外露，有的紧贴基层。

2. 原因分析

（1）节能施工新工艺多数人还不熟悉，不了解其工作原理，把节能抹灰当作一般抹灰。施工过程控制中要求不严格，检查无标准。

（2）胶浆材料价格较贵，施工单位为降低成本，偷工减料。

（3）胶浆抹灰时一般使用吊篮脚手架，而胶浆多为人工提料，操作工人为减轻劳动强度，有意识进行薄抹。

（4）胶浆应分两次抹成，第一次薄抹灰后，在薄抹灰层上敷设抗裂网片，并用锚栓与墙基层进行机械连接，然后进行第二遍胶浆抹灰，将抗裂网片置于两层抹面胶浆中间。但在抹灰时由于交底不细，要求不严，缺少中间检查，出现随意性操作，把网片直接敷设在基层上抹灰覆盖。

（5）网片敷设时绷得不紧，出现褶皱，胶浆薄抹灰时无法严密覆盖。

3. 防治措施

（1）外墙节能施工前，加强管理人员、施工人员的学习和培训，对操作人员进行全面的技术交底，并在施工过程中加强过程控制，对分遍成活的要进行工序检查和见证

验收。

（2）改善工作条件，提高机械使用程度，降低劳动强度。

（3）坚持抹面胶浆二次薄抹工序，将抗裂网片置于抹面胶浆中，抹灰时要用力将胶浆握裹抗裂网片。

35.7.2　外挑构件底面反手抹保温层脱落

1. 现象

外墙外挑构件（阳台、挑檐、空调机搁板等）底面反手抹保温层（胶粉聚苯颗粒、保温砂浆等）整体脱落。

2. 原因分析

（1）胶粉聚苯颗粒保温砂浆材料密度低，材料本身较松散，与基层粘结能力差，抹灰完成后受振动易与基层分离。

（2）基层表面清理不干净，有油渍或浮尘、松散层、混凝土脱模剂等隔离物。

（3）抹灰前未涂刷界面底漆。

（4）抹胶粉聚苯颗粒或保温砂浆时不按节能标准要求施工，未敷设耐碱玻璃纤维网格布（或后热镀锌电焊网片），或敷设不正确。

3. 防治措施

（1）外墙外挑构件抹反手保温层前应认真清理基层，彻底清除油渍污物、混凝土脱模剂和松散层。

（2）外挑构件的底面应同墙面一样喷刷界面底漆，界面底漆应喷涂严密，不得漏刷。

（3）施工中应严格按设计和规范要求加设抗碱玻璃纤维网格布（或后热镀锌电焊网片），网片应上翻包至上平面并有固定措施（图 35-11、图 35-12）。

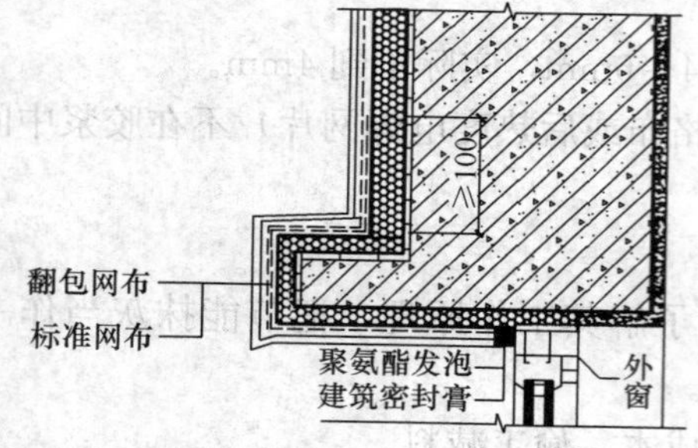

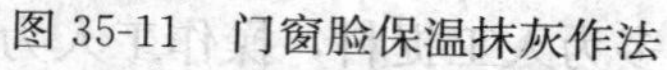
图 35-11　门窗脸保温抹灰作法

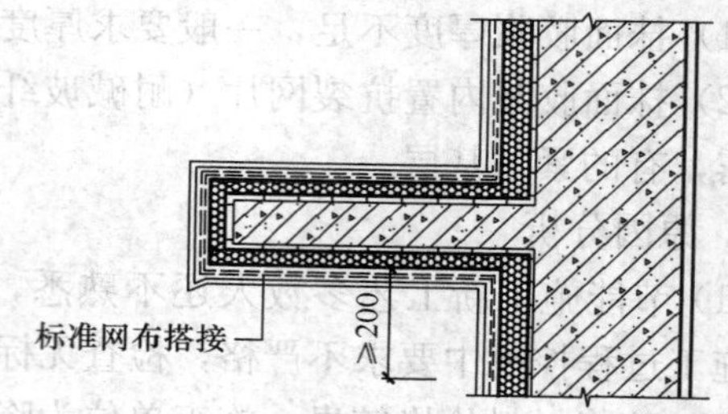

图 35-12　阳台等外挑构件保温抹灰作法

附录 35.1　一般抹灰工程质量标准及验收方法

1. 一般规定

（1）建筑装饰装修工程所用材料应符合国家有关装饰装修材料有害物质限量标准的规定。

（2）建筑装饰装修工程所使用的材料应按设计要求进行防火、防腐和防虫蛀处理。

2. 主控项目

（1）抹灰前基层表面的灰尘、污垢、油渍等应清除干净，并应洒水润湿。

检验方法：检查施工记录。

（2）一般抹灰所用材料的品种和性能应符合设计要求。水泥的凝结时间和安定性复验应合格。砂浆的配合比应符合设计要求。

检验方法：检查产品合格证书、进场验收记录、复验报告和施工记录。

（3）抹灰工程应分层进行。当抹灰总厚度大于或等于 35mm 时，应采取加强措施。不同材料基体交接处表面的抹灰，应采取防止开裂的加强措施，当采用加强网时，加强网与各基体的搭接宽度不应小于 10mm。

检验方法：检查隐蔽工程验收记录和施工记录。

（4）抹灰层与基层之间及各抹灰层之间必须粘结牢固，抹灰层应无脱层、空鼓，面层应无爆灰和裂缝。

检验方法：观察；用小锤轻击检查；检查施工记录。

3. 一般项目

（1）一般抹灰工程的表面质量应符合下列规定：

1）普通抹灰表面应光滑、洁净、接槎平整，分格缝应清晰。

2）高级抹灰表面应光滑、洁净、颜色均匀，无抹纹、分格缝和灰线应清晰美观。

检查方法：观察；手摸检查。

（2）护角、孔洞、槽、盒周围的抹灰表面应整齐、光滑；管道后面的抹灰表面应平整。

检查方法：观察。

（3）抹灰层的总厚度应符合设计要求；水泥砂浆不得抹在石灰砂浆上；罩面石灰膏灰不得抹在水泥砂浆上。

检验方法：检查施工记录。

（4）抹灰分格缝的设置应符合设计要求，宽度和深度应均匀，表面应光滑，棱角应整齐。

检验方法：观察：尺量检查。

（5）有排水要求的部位应做滴水线（槽）。滴水线（槽）应整齐顺直，滴水线应内高外底，滴水槽的宽度和深度不应小于 10mm。

检验方法：观察；尺量检查。

（6）一般抹灰工程质量的允许偏差和检验方法应符合附表 35-1 的规定。

一般抹灰的允许偏差和检验方法 **附表 35-1**

项次	项　目	允许偏差（mm）		检 验 方 法
		普通抹灰	高级抹灰	
1	立面垂直度	4	3	用 2m 垂直检测尺检查
2	表面平整度	4	3	用 2m 靠尺和塞尺检查
3	阴阳角方正	4	3	用直角检测尺检查
4	分格条（缝）直线度	4	3	拉 5m 线，不足 5m 拉通线，用钢直尺检查
5	墙裙、勒角上口直线度	4	3	拉 5m 线，不足 5m 拉通线，用钢直尺检查

注：1. 普通抹灰，本表第 3 项阴角方正可不检查。

2. 顶棚抹灰，本表第 2 项表面平整度可不检查，但应平顺。

附录 35.2　装饰抹灰工程质量标准及检验方法

1. 一般规定

同附录 35.1“一般抹灰工程质量标准及检验方法”的一般规定。

2. 主控项目

(1) 抹灰前基层表面的尘土、污垢、油渍等应清除干净，并应洒水湿润。

检验方法：检查施工记录。

(2) 装饰抹灰工程所用材料的品种和性能应符合设计要求。水泥的凝结时间和安定性复验应合格。砂浆的配合比应符合设计要求。

检验方法：检查产品合格证书、进场验收记录、复验报告和施工记录。

(3) 抹灰工程应分层进行。当抹灰总厚度大于或等于 35mm 时，应采取加强措施。不同材料基体交接处表面的抹灰，应采取防止开裂的加强措施，当采用加强网时，加强网与各基体的搭接宽度不应小于 10mm。

检验方法：检查隐蔽工程验收记录和施工记录。

(4) 各抹灰层之间及抹灰层与基体之间必须粘结牢固，抹灰层应无脱层、空鼓和裂缝。

检验方法：观察；用小锤轻击检查和施工记录。

3. 一般项目

(1) 装饰抹灰工程的表面质量应符合下列规定：

1) 水刷石表面应石粒清晰，分布均匀，紧密平整，色泽一致，无掉粒和接槎痕迹。

2) 斩假石表面剁纹应均匀顺直，深浅一致，无漏剁处；阳角处应横剁并留出宽窄一致的不剁边条，棱角应无损坏。

3) 干粘石表面应色泽一致、不露浆、不漏粘，石粒应粘结牢固、分布均匀，阳角处应无明显黑边。

4) 假面砖表面应平整，沟纹清晰，留缝整齐，色泽一致，无掉角、脱皮、起砂等缺陷。

检验方法：观察；手摸检查。

(2) 装饰抹灰分格条（缝）的设置应符合设计要求，宽度和深度应均匀，表面应平整光滑，棱角应整齐。

检验方法：观察。

(3) 有排水要求的部位应做滴水线（槽）。滴水线（槽）应整齐顺直，滴水线应内高外低，滴水槽的宽度和深度均不应小于 10mm。

检验方法：观察；尺量检查。

(4) 装饰抹灰工程质量的允许偏差和检验方法应符合附表 35-2 的规定。

装饰抹灰的允许偏差和检验方法　　附表 35-2

项次	项　目	允许偏差（mm）				检 验 方 法
		水刷石	斩假石	干粘石	假面砖	
1	立面垂直度	5	4	5	5	用 2m 垂直检测尺检查

续表

项次	项　目	允许偏差（mm）				检验方法
		水刷石	斩假石	干粘石	假面砖	
2	表面平整度	3	3	5	4	用2m靠尺和塞尺检查
3	阳角方正	3	3	4	4	用直角检测尺检查
4	分格条（缝）直线度	3	3	3	3	拉5m线，不足5m拉通线，用钢尺检查
5	墙裙、勒脚上口直线度	3	3	—	—	拉5m线，不足5m拉通线，用钢尺检查

36 板（砖）饰面工程

板（砖）饰面工程要求设计精巧，手工细致，安全可靠，观感新美，维修方便。但是，不少房屋由于存在饰面工程无专项深化设计，镶贴砂浆粘结力无专项现场检验和采用传统的密缝安装法等三大弊病，以及手工粗糙、空鼓脱落、渗漏析白、污染积垢等质量通病，致使装修材料档次虽然提高，却未能达到预期的美观效果，反而造成室内外装修发霉、发黑，甚至发生人身伤害事故。

板（砖）饰面工程是个系统工程，每一环节的失控，都可能导致装饰失效。设计方面，板（砖）饰面工程专项深化设计不但要考虑安全可靠、精巧美观，还要研究施工可行，从设计开始考虑如何减免质量通病。施工方面，在会审图纸时，对不够合理的设计要及时提出合理建议，施工前要有预控措施，防止和减少各种类型的质量通病；从主体结构到找平层抹灰、饰面镶贴的每一道工序都必须先做样板，尽量减少几何尺寸偏差，及早发现问题，千万不要等到问题严重才去纠正；有关材料，应先检验后使用，不但要求外观、尺寸合格，而且其物理力学性能也要合格，只有材料质量有保证，才能避免墙面渗漏和空鼓脱落。饰面工程使用期间应有定期检查、维修、保护制度，这不但可以对已交付使用的饰面工程弥补技术上的不足，及早发现问题，还可对新的饰面工程提供可借鉴的经验，从而保证安全使用功能和耐久性。

36.1 花岗石墙面

花岗石的抗冻性能达100～200次冻融循环，有良好的抗风化稳定性、耐磨性、耐酸碱性，耐用年限约75～200年。花岗石板块适用于室内外墙面装饰，富丽堂皇，但造价较高。干挂法施工，工艺复杂，需要设置轻钢龙骨和配套挂件，造价高，凸出墙面厚度大，占用空间位置多。镶贴法施工简便，造价较低，并已有许多改性粘结材料（表36-1），只要严格遵守国家规范、标准，精心施工，控制镶贴高度，同样可以达到观感新美、安全可靠的目的。

国产商品胶粘剂品种 **表36-1**

品种	供货状态	使用方法	性能特点	使用部位
水泥砂浆型	单组分粉末（干混料）	加水搅拌即可使用（满粘）	操作性好，界面粘结力强，耐水、耐老化	外墙、内墙、地面、水池等
聚合物水泥型	单组分乳液	加水泥、砂搅拌即可使用（满粘）	粘结强度高，耐水、耐老化	外墙、内墙、地面、水池
低温施工型	单组分粉末（干混料）	加水搅拌即可使用（满粘）	冬季－15℃以上施工，强度高，抗冻性高，耐水、耐老化	外墙、内墙、地面、水池

续表

品　种	供货状态	使用方法	性能特点	使用部位
界　面处理型	单组分或双组分乳液	单组分的需加固化剂等搅拌使用（满涂）	界面粘结力强，耐水、耐老化	外墙、内墙
聚合物预混型	膏状	直接使用（可点粘）	粘结强度高，使用方便，省料	内墙

36.1.1 板块长年水斑

1. 现象

湿法工艺（粘贴、灌浆）安装的花岗石墙面，在安装期间板块会出现水印；随着镶贴砂浆硬化和干燥，水印会慢慢缩小，甚至消失。若是石材不够密实（结晶较粗），颜色较浅，板块作防碱、防水处理，砂浆水灰比过大，墙面、特别是背阴面的水印可能残留下来（尤其是潮湿低温天气），板块出现大小不一、颜色较深的暗影，称为“水斑”。一般情况下，水斑孤立、分散地出现在板块中间，程度不甚严重（或不发生），影响外观不大，这种由于镶贴砂浆拌合水引发的板块水斑，称为“初生水斑”。随着时间的推移，遇上雨雪或潮湿天气，水从板缝、墙根等部位浸入，花岗石墙面的水印范围会逐渐变大，水斑在板缝附近串连成片，板块颜色局部加深，板面光泽暗淡，板缝“并发”析出白色的结晶体，严重影响外观。晴天，水印的范围虽然会缩小，但长年不褪，此种由于外部环境水的浸入而引发的板块水斑，称为“增生水斑”，见图36-1。

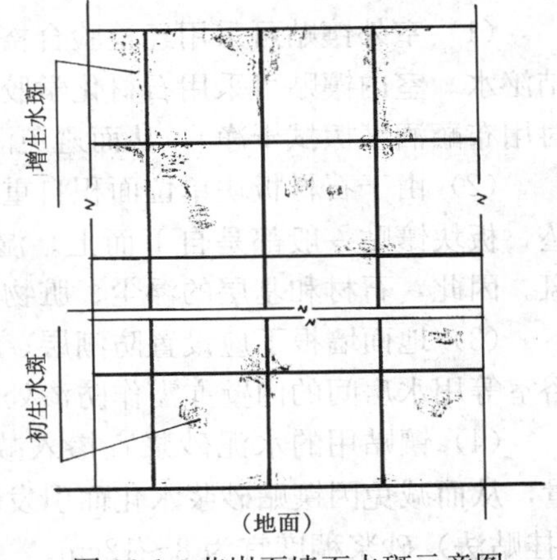

图 36-1　花岗石墙面水斑示意图

2. 原因分析

（1）花岗石结晶相对较粗，不如大理石致密，其吸水率为0.2%～1.7%，抗渗性能还不如普通水泥砂浆。水斑是花岗石（尤其颜色较浅、结晶较粗的）饰面的特有现象，因此，花岗石板块安装之前，如不作专门的防碱处理，其病害难以避免。

（2）镶贴砂浆析出的$Ca(OH)_2$（氢氧化钙）是硅酸盐系列水泥水化的必然产物，如果花岗石板块背面不作防碱处理，镶贴砂浆析出的$Ca(OH)_2$就会跟随多余的拌和水，沿石材的毛细孔游离入浸，板块拌和水越多，移动到砂浆表面的$Ca(OH)_2$就越多。水分蒸发后，$Ca(OH)_2$就积存在板块里面。

（3）混凝土墙体存在$Ca(OH)_2$，或在水泥中添加了含有钠Na^+的外加剂，如早强剂Na_2SO_3、粉煤灰激发剂NaOH、抗冻剂$NaNO_3$等。黏土砖土的成分就含有钠Na^+、镁Mg^{2+}、钾K^+、钙Ca^{2+}、氯Cl^-、硫酸根SO_4^{2-}、碳酸根CO_3^{2-}等离子（在西北地区、滨海盐碱地带、内陆盆地等盐渍土地区最为严重）；在烧制过程中使用煤，又提高了黏土砖体的SO_4^{2-}含量。上述物质遇水溶解，会渗透到石材毛细孔里或顺板缝流出。

（4）花岗石饰面目前国内仍多沿用传统的密缝安装法，形成“瞎缝”。规范规定，花岗石的接缝宽度（如设计无要求时）为1mm，室外接缝可“干接”，用水泥浆填抹，接缝

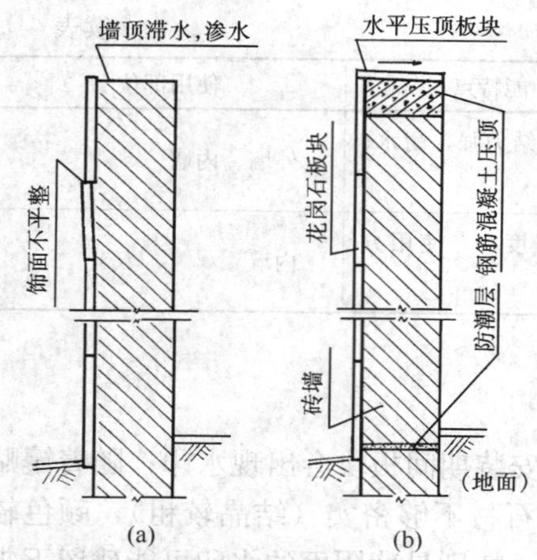

图 36-2 外部环境水入侵与防治

（a）入侵通道；（b）预防措施

不能防水，因此干接缝的水斑最为严重；也可在水平缝中垫硬塑料板条，用水泥细砂砂浆勾缝，但其防水效果差；如用油性腻子嵌填板缝，也由于板缝太窄小，嵌填困难，防水效果仍不好。如果饰面不平整，板缝更容易进水，见图 36-2（a）。

（5）离缝法镶贴的板块，嵌缝胶质量不合格或板缝不干净。嵌缝后，嵌缝胶在与石材的接触面部位开裂或嵌缝胶自身开裂，或胶缝里夹杂尘土、砂粒，出现孔眼。

（6）外墙饰面无压顶板块或压接不合理（如不压竖向板块），雨水从板缝侵入。

（7）饰面与地面连接部位无防水措施，地面水（或潮湿）沿墙体或砂浆层侵入石材板块内。

3. 预防措施

（1）室外镶贴可采用经检验合格的水泥基商品胶粘剂（干混料），能大大减轻水泥凝结泌水。室内镶贴可采用石材化学胶粘剂点粘（基层砂浆含水率不大于 6%，胶污染应及时用布蘸酒精擦拭干净），从而避免湿作业带来的一系列问题。

（2）由于石材板块单位面积自重较大，为方便系固、灌浆和防止砂浆未硬化前板块下坠，板块镶贴一般都是自下而上。湿润墙面、板块时，如果大量淋水，会发生或加重水斑。因此，石材和基层的浮尘、脏物应事先清净，板块应事先润湿，墙面不应大量淋水。

（3）地面墙根下应设置防潮层。室外墙体表面应涂抹水泥基料的防渗材料（卫生间、浴室等用水房间的内壁亦需作防渗处理）。

（4）镶贴用的水泥砂浆宜掺入减水剂，以减少 $Ca(OH)_2$ 析出至镶贴砂浆表面的数量，从而减免因镶贴砂浆水化而引发的初生水斑。粘贴法砂浆稠度宜为 6～8cm，灌浆法（挂贴法）砂浆稠度宜为 8～12cm。

（5）为防雨雪从板缝侵入，墙面板块必须安装平整，墙顶水平压顶板块必须压住墙面竖向板块，见图 36-2（b）。墙面板块必须离缝镶贴，缝宽不应小于 5mm。只有离缝镶贴，板缝才能嵌填密实。只有防水，才能防止镶贴砂浆、找平层、基体的可溶性碱和盐类被水带出，才能预防增生水斑和析白流挂。

（6）室外施工应搭设防雨篷布。处理好门窗框周边与外墙的接缝，防止雨水渗漏入墙。

（7）板块防碱防水处理。石材板底涂刷树脂胶，再贴化纤丝网络布，形成一层抗拉防水层（还可增加粗糙面，有利于粘贴）；或采用石材背涂专用处理剂或石材防污染剂，对石材的底面和侧面周边作涂布处理。也可采用环氧树脂胶涂层，再沾粘小米厘石以增强粘结能力，但施工比较麻烦，效果不如专用处理剂。

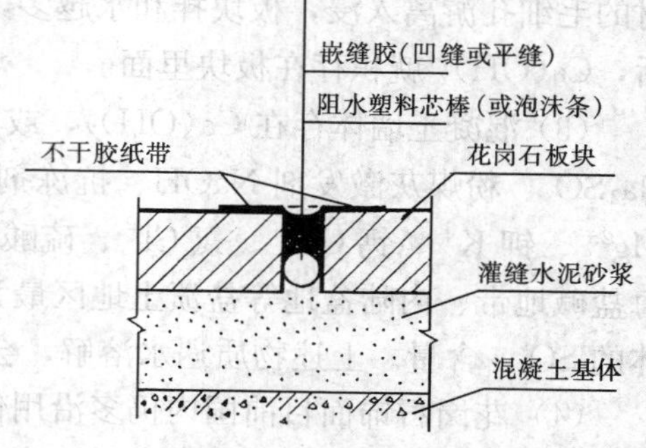

图 36-3 花岗石墙面防水嵌缝

（8）板缝嵌填防水耐候密封胶（加阻水塑料

芯棒），如图 36-3，密封材料应采用中性耐候硅酮密封胶，选择详表 36-2。耐候硅酮密封胶应作与石材接触的相容性试验，无污染，无变色，不发生影响粘结性的物理、化学变化。也可采用商品专用柔性水泥嵌缝料（内含高性能合成乳液，适用于小活动量板缝）。嵌缝后，应检查嵌缝材料本身或与石材接触面有无开裂。

建筑密封材料系列产品选用表　　表 36-2

档次	产品名称	代号	特点	适用范围	注意事项	预期寿命（年）
高	硅酮	SR	温度敏感性小，粘结力强，寿命长	玻璃幕墙、多种金属、非金属的垂直、水平面及顶部，不流淌	吸尘污染后，装修材料不粘结。低模量的适用于石材、陶瓷板块的接缝密封；高模量的可能腐蚀石材及金属面，玻璃适用	25～30
	单（双）组分聚硫	PS	弹性好，其他性能也较理想	中空玻璃、墙板及屋面板缝、陶瓷	可能与石材成分发生呈色反应	20
	聚氨酯	PU	模量低，弹性好，耐气候、耐疲劳，粘结力强	公路、桥梁、飞机场、隧道及建筑物的伸缩缝，陶瓷	粘结玻璃有问题，避免高温部位残留粘性。单组分的贮存时稳定性差，双组分的有时起泡	15～20
中	丙烯酸酯	AC	分子量大，固含量高，耐久性和稳定性好，不易污染变色	混凝土外墙板缝，轻钢建筑、门窗、陶瓷、卫生间、厨房等	适用于活动量比较小的接缝，未固化时，遇雨会流失；不耐寒，冻结随固化收缩变形增大，有的随龄期变硬	12
	丁基橡胶	IIR	气密性、水密性较好	第 2 道防水，防水层接缝处理及其他	不宜在阳光直射部位使用，随着固化收缩，变形增大	10～15
	氯磺化聚乙烯	CSPE	价格适中，具有一定的弹性及耐久性，污染变色	工业厂房、民用建筑屋面		12

（9）镶贴、嵌缝完毕，室外石材全面积喷涂有机硅防水剂或其他无色护面涂剂（毛面花岗石更为必要）。

4. 治理方法

室外花岗石墙面一旦出现水斑，由于可溶性碱（或盐）物质沿毛细孔已渗透到石材里面（已泄出板面者可以清除），很难清除，故应着重预防。水斑发生之后，应尽快对墙体、板缝、板面等全面进行防水处理，阻止水分继续入侵，使水斑不再扩大。

36.1.2 板缝析白流挂

1. 现象

经过一段时间（水斑“增生”）之后，室外花岗石墙面沿着横竖板缝悬挂着长短不一的“白胡子”，称“析白流挂”（析盐、析霜）严重影响饰面的观感质量，见图 36-4。

2. 原因分析

由于墙体、板缝、板面无防水措施或施工有缺陷，雨雪入侵，溶解并带出里面的氢氧

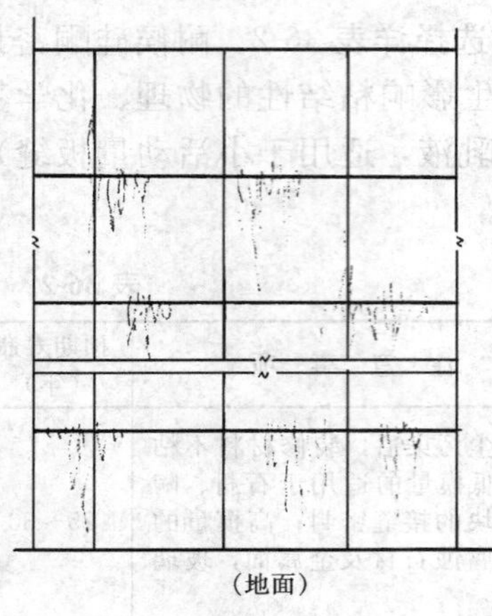

图 36-4　花岗石板缝析白流挂示意图

化钙 $Ca(OH)_2$，其一部分渗透到石材里面，成为水斑；另一部分顺板缝流出，进而变成析白流挂(详见 36.1.1“板块长年水斑”的原因分析)。从板缝流出的$Ca(OH)_2$溶液与空气中二氧化碳 CO_2 起化学反应生成不溶于水的白色沉淀物碳酸钙 $CaCO_3$，此外，空气中还可能有二氧化硫 SO_2、三氧化硫 SO_3 等酸性气体存在，它们将分别与 $Ca(OH)_2$ 反应，生成亚硫酸钙和硫酸钙。其水分蒸发后，便在板缝及其下的板面上留下白色结晶体，形成“白胡子”。由于室外石材镶贴必须使用硅酸盐系列水泥基料的镶贴砂浆，因而白色的 $Ca(OH)_2$ 析出是必然的，但其表现形式有三，即水斑和析白流挂可能同时发生于室外同一墙面，也可能只有水斑而无析白流挂（当板缝防水严密时），也可能只有析白流挂而无水斑（当花岗石材质密实或颜色很深时或板块已作防碱、防水处理，仅板缝入水）。

3. 预防措施

从墙面、板块压接、板缝嵌填等方面落实防碱、防水措施，详见 36.1.1“板块长年水斑”的预防措施。

4. 治理方法

室外花岗石墙面出现析白流挂之后，应全面检查渗漏点，进行补漏。然后清除析白流挂，详见 36.1.7“墙面污染”的治理方法。

36.1.3　饰面不平整，接缝不顺直

1. 现象

花岗石板块墙面镶贴之后，大面凹凸不平，板块接缝横不水平、竖不垂直，板缝大小不一，板缝两侧相邻板块高低不平，严重影响外观。

2. 原因分析

（1）板块外形尺寸偏差大，加工设备落后或生产工艺不合理，以及操作人员不认真，导致石材制作加工精度差，质量很难保证。

（2）弯曲面或弧形平面板块，在施工现场用手提切割机加工，尺寸偏差失控，造成板块厚薄不一，板面凹凸不平，板角不方正，板块尺寸超过允许偏差。

（3）施工无准备，对板块来料未作检查、挑选、试拼，板块编排无专项设计，施工标线不准确或间隔过大。

（4）干缝（或密缝）安装，无法利用板缝宽度适当调整板块加工制作偏差，导致面积较大的墙面板缝积累偏差过大。

（5）操作不当。采用粘贴法施工的墙面，基层找抹不平整。采用灌浆法（挂贴法）施工的墙面凹凸过大，灌浆困难，板块支撑固定不牢，或一次灌浆过高，侧压力大，挤压板块外移。

3. 预防措施

（1）批量板块应由石材厂加工生产，废止在施工现场批量生产板块的落后做法；弯曲面或弧形平面板块应由石材厂专用设备（如电脑数控机床）加工制作。石材进场应按标准

规定检查外观质量，包括规格尺寸、平面度、角度、外观缺陷等。超出允许偏差者，应退货或磨边修整，阳角板块斜边宜略小于1/2阳角角度（利于填入砂浆）。

（2）对墙面板块进行专项装修设计。

1）有关方面认真会审图纸，明确板块的排列方式、分格和图案，伸缩缝位置、接缝和凹凸部位的构造大样。

2）室外墙面由于有防水要求，板缝宽度不应小于5mm，并可采用适当调整板缝宽度的办法，减少板块制作积累偏差。室内墙面无防水要求，光面和镜面花岗石板缝干接是接缝不顺直的重要原因之一。因此，干接板材的方正平直不应超过优等品的允许偏差标准，否则会给干接安装带来困难。传统的逐块进行套方检查板块几何尺寸，并按偏差大小分类归堆的办法，固然可以减少因尺寸偏差带来的毛病，使接缝变得顺直；但是可能会打乱石材的原编号和增大色差（有花纹的石材还可能因此而使得花纹乱套），效果不一定好。根据规定，板块长、宽只允许负偏差，板缝干接，对于面积较大的墙面，为减少板块制作尺寸的积累偏差，板缝宽度宜适当放宽至2mm左右。

（3）作好施工大样图。板材安装前，首先应根据建筑设计图纸要求，认真核实板块安装部位的结构实际尺寸及偏差情况，如墙面基体的垂直度、平整度以及由于纠正偏差（剔凿后用细石混凝土或水泥砂浆修补）所增减的尺寸，绘出修正图。超出允许偏差的，若是灌浆法（挂贴法）施工，则应在保证基体与板块表面距离不小于30mm的前提下，重新排列分块尺寸，在确定排板图时应做好以下工作。

1）测量墙、柱的实际高度，墙、柱中心线，柱与柱之间距离，墙和柱上部、中部、下部拉水平通线后的结构尺寸，以确定墙、柱面边线，依此计算出板块排列分块尺寸。

2）对外形变化较复杂的墙面、柱面（例如多边形、圆形、双曲弧形），特别是需异形板块镶贴的部位，尚须用薄铁皮或三夹板进行实际放样，以便确定板块实际的规格尺寸。根据上述墙、柱校核实测的板块规格尺寸（包括板块间的接缝宽度），计算出板块的排列，按安装顺序编上号，绘制分块大样图以及节点大样图，作为加工板块和各种零配件（锚固件、连接件）以及安装施工的依据。

（4）墙、柱安装应按设计轴线距离弹出中心线、板块分格线和水平标高线。由于挂线容易被风吹动或意外触碰，或受墙面凸出物、脚手架等影响，测量放线应用经纬仪和水平仪，才能减少尺寸偏差。

（5）板块安装应先做样板墙，经建设、设计、监理、施工等单位共同商定和确认后，再大面积铺开，并应做好以下工作：

1）安装前应进行试拼，对好颜色，调整花纹，使板与板之间上下左右纹理通顺、颜色协调，接缝平直均匀。试拼后由下至上逐块编写镶贴顺序，然后对号入座。

2）根据事先找好的中心线、水平通线和墙面线进行试拼、编号，然后在最下一行两头用块材找平找直，拉上横线，再从中间或一端开始安装，随时用托线板靠直靠平，保证板与板交接部位四角平整。

3）板块安装应找正吊直，采取临时固定措施，以防灌注砂浆时板位移动。

4）板块接缝宽度宜用商品十字塑料卡控制，并应确保外表面平整、垂直及板上口平顺。突出墙面勒脚的板块，应待上层的饰面工程完工后进行安装。

（6）板块灌浆前应浇水将其背面和基体表面润湿，再分层灌注砂浆，每层灌注高度为

150～200mm，且不得大于板高的1/3，插捣密实。待其初凝后，应检查板面位置，若有移动错位，应拆除重新安装；若无移动，方可灌注上层砂浆，施工缝应留在板块水平接缝以下50～100mm处。

（7）粘贴法施工时，找平层表面平整度允许偏差宜为3mm，不得大于4mm；板块厚度允许偏差应按优等品要求，如板厚在12mm以内者，其允许偏差为±0.5mm。

（8）大面镶贴完毕后，宜用经纬仪及水平仪沿板缝打点，使墙面石材板缝在竖向和水平向都能通线，再沿板缝两侧用粉线（墨线会污染板块）弹出板缝边线，沿粉线贴上分色胶纸带（不干胶纸带）打防水密封胶，嵌缝胶的颜色选择需先作几个样板，再研究决定。一般情况下，光面石材或板缝偏差小的墙面，宜用深色（甚至黑色），会更显得缝格大小均匀，横平竖直。而毛面花岗石板块或板缝施工偏差较大的墙面，宜用颜色较浅的密封胶嵌缝。但是，无色密封胶不显缝格，又容易受污染，也不宜采用。

4. 治理方法

花岗石墙面如果出现大面不平整、接缝不顺直的情况，很难处理，返工费用又高，因而应重在预防。若接缝不顺直的情况不严重，可沿缝拉通线（大面积墙面宜用水平仪、经纬仪）找顺、找直，采用适当加大板缝宽度的办法，用粉线沿缝弹出加大板缝后的板缝边线，沿线贴上分色胶纸带，再打浅色防水密封胶，可掩饰原来接缝的缺陷。

36.1.4　饰面色泽不匀，纹理不顺

1. 现象

板块之间色泽不匀，色差明显，个别板块甚至有明显的杂色斑点、花纹。有花纹的板块，花纹不能通顺接通，横竖突变，杂乱无章，严重影响外观。

2. 原因分析

（1）板块石材不是来自同一山头，而是东拼西凑，有明显色差，或虽是同一山头，也存在色差。选择花岗石时，对杂色斑纹、石筋石胆以及裂隙等缺陷未注意剔除。石材出厂前，板块未干燥即行打蜡。

（2）饰面不平整，相邻板块高低差过大，用打磨方法整平，擦伤镜面或着色面。

（3）订货不明确。对有花纹要求的花岗石板块，订货单不明确，厂方未按订货图纸要求加工，或运至施工现场后未检查或试拼，就可能出现花纹杂乱无章。

（4）镜面花岗石反射光线性能好，对光线和周围环境比较敏感，加上人的不同视角，造成观感效果上的差异，甚至得出相反的装饰效果。

3. 预防措施

（1）一个主装饰面的花岗石面材料应该来自同一矿山、同一采集面、同一批荒料、一个连续台班的加工工序。荒料应避开矿山浅层表面受风化、渗水和污染的部分，否则将会影响石材的耐久性。保证批量材料的外观、纹理色泽以及物理力学性能基本一致，便于安装时色差纹理的过渡。石材的色差是难以绝对避免的，因而大型建筑选用花岗石时，对某一种颜色的石材不宜一次选用过多（如数万平方米）。因此，要最大限度地减少同一品种的色差，除重视矿源选择外，还要确定色差标准，确定样板时找两块颜色较接近的作为色差的上下界限，给开采和石材加工厂留有余地。为解决施工色差问题，还要在石材加工过程中，根据色差（深浅），在这两块样板的颜色间分成若干个档次，把每块加工出来的板材按颜色深浅分别归入这些编上号的档次中去，由设计、施工和监理三方共同研究各档次

板材在工程立面上的使用部位（如上下分档次，上部较浅，下面稍深）。与此同时，石材进场后还要进行石材纹理、色泽的挑选和试拼排，使色调花纹尽可能一致或利用颜色差异构成图案，才能将色差减少到最低的程度。另外，可将花岗石表面加工成粗面、麻面，或通过专门的渗透着色加工，将石材表面染上需要的颜色（称着色石、染色石），从而减少色差。表面防护处理前，应使石材充分干燥，减少自然含水率，防护液才能充分渗入板体，提高抗渗能力，保护石材表面。

（2）石材加工、进场检验和板块安装都要认真注意饰面的平整度，避免安装之后因饰面不平整而需再次打磨。

（3）板块进场拆包后，首先应进行外观质量检查，将破碎、变色、局部污染和缺棱掉角的全部挑拣出来，另行堆放。对有缺陷的板块，应改小使用，或安排在不显眼部位。

（4）镜面花岗石饰面可先做样板对比，视其与光线、环境的协调情况，以及与人的视距观感效果，再优化选择合适的花岗石板材。

4. 治理方法

墙面若出现色泽不匀、纹理不顺的情况，已无法处理。对因修平饰面打磨擦伤的板块表面，需认真细磨抛光（着色石需补染色，再抛光），但效果一般都不理想。

36.1.5 板块开裂，边角缺损

1. 现象

板块暗缝、“石筋”或石材加工、运输隐伤部位，以及墙、柱顶部或根部，墙、柱阳角部位等出现裂缝、损伤，影响美观和耐久性。

2. 原因分析

（1）板块材质局部风化脆弱，或加工运输过程中造成隐伤，安装前未经检查和修补。

（2）计划不周或施工无序，在饰面安装之后又在墙上开凿孔洞，导致饰面出现犬牙和裂缝。

（3）墙、柱上下部位，板缝未留空隙，结构受压变形；或大面积墙面不设变形缝，受环境温度变化，板块受到挤压；轻质墙体未作加强处理，墙体干缩开裂。

（4）花岗石板镶贴在外墙面或紧贴厨房、厕所、浴室等潮气较大的房间时，安装粗糙，板缝灌浆不严，侵蚀气体或湿空气侵入板缝，使连接件遭到锈蚀，产生膨胀，给花岗石板一种向外的推力。

3. 预防措施

（1）石材板底涂刷树脂胶，再贴化纤丝网格布，形成一层抗拉防水层（还可增加粗糙面，有利粘贴）；或采用有衬底的复合型超薄石材，以减免开裂和损伤。为防运输、堆放、钻孔等过程中造成损伤，板块应立放，不应水平摆放。

（2）饰面墙上有时难免需要开孔洞（如电开关、镶招牌等），应事先考虑并在板块未上墙之前加工，切勿在饰面安装之后再手工锤凿。如在饰面墙上开圆孔，应用专用的金刚石钻孔机或砂轮切割机开孔、打洞，可避免因锤、凿等落后施工作业而产生犬牙和裂缝。

（3）板块进场拆包后，首先应进行外观检验。轻度破损的板块，可用专门的商品石材胶修补，也可用自配环氧树脂胶粘贴，配合比参见表 36-3。修补时应使粘结面清洁并干燥，两个粘合面涂厚度≤0.5mm 粘接膜层，在≥15℃的环境中粘贴，并在相同温度的室内养护（紧固时间大于 3d）；对表面缺边、坑洼、疵点，可刮环氧树脂腻子并在 15℃室内养护 1d，而后用 0 号砂纸磨平，再养护 2～3d 打蜡。石材修补后，板面不得有明显痕迹，颜色应与板面花色相近。

自配环氧树脂胶粘剂与环氧树脂腻子配合比　　表 36-3

材料名称	重量配合比		材料名称	重量配合比	
	胶粘剂	腻　子		胶粘剂	腻　子
环氧树脂 E44 (6101)	100	100	邻苯二甲酸二丁酯	20	10
乙二胺	6～8	10	白水泥	0	100～200
			颜　料	适量（与修补板材颜色相近）	适量（与修补板材相近）

（4）考虑墙、柱受上部楼层荷载的压缩及成品保护等原因，饰面工程应在建筑物的施工后期进行。墙、柱顶部和根部的板块，宜预留不小于 5mm 的空隙，嵌填柔性密封胶，以适应下层墙、柱受长期荷载的压缩或温度变化。板缝用水泥砂浆勾缝的墙面，室外宜 5～6m（室内宜 10～12m）设一道宽度为 10～15mm 的变形缝，以适应环境温度变化。轻质墙体应作加强处理，详见 36.1.6“空鼓脱落”和 36.3.7“找平层剥离破坏”的预防措施。

（5）外墙或用水房间墙面须先搞好防水措施。详见 36.1.1“板块长年水斑”和 36.1.2“板缝析白流挂”的预防措施。

4. 治理方法

因缝格设置不当造成挤压破裂的饰面，应在适当部位开设变形缝。板块开裂，边角缺损不严重的，可用商品环氧基石材胶进行修补。

36.1.6　空鼓脱落

1. 现象

饰面板块镶贴之后，板块出现空鼓。空鼓可能会随着时间的推移，范围逐渐发展扩大，甚至松动脱落，伤害人和物。

2. 原因分析

（1）基体（或基层）、板块底面未清理干净，残存灰尘或脏污物，未用界面处理剂处理基体表面。

（2）粘贴（或灌浆）砂浆不饱满，或砂浆太稀，强度低，粘结力差，干缩量大，砂浆养护不良。传统的镶贴砂浆为 1∶2（或 1∶2.5）水泥砂浆，用料比较单一（水泥和砂），采用体积比等，无粘结强度的定量要求和检验，因而粘结力较差。

（3）板块现场钻孔不当，太靠边或钻伤板边；或用铁丝绑扎固定板块，日久锈蚀。

（4）石材防护剂涂刷不当，或使用不合格的石材防护剂，板背面变光滑，削弱了板块与镶贴砂浆的粘结力。

（5）板缝不能防水，雨雪入侵，板块背面的粘结层、基体（或基层）发生冻融循环、干湿循环，又由于水分入侵，诱发析盐，水分蒸发后，盐结晶体积膨胀，又会削弱砂浆的粘结力。

3. 预防措施

（1）镶贴之前，基体（或基层）、板块必须清理干净，用水充分湿润，阴干至表面无水迹时，即可涂刷界面处理剂（随贴随刷）；界面剂表干后，即行镶贴。

(2) 粘贴法砂浆稠度宜为6～8cm，灌浆法（挂贴法）砂浆稠度宜为8～12cm（坚持分层灌实）。由于普通水泥砂浆粘结力较小，应采用经检验合格的专用商品胶粘剂（聚合物干粉砂浆）粘贴板块，或在水泥中掺入改性成分（如乙烯—醋酸乙烯共聚物，即EVA或VAE乳液）能使其粘结力大大提高。为防止老化，用于室外的镶贴砂浆必须是水泥基料。石材板块自重大，板背面光滑无槽，因而镶贴砂浆的粘结力格外重要。为保证安全可靠，粘贴法施工的镶贴砂浆应采用经检验合格的适用于石材板块的“加强型”聚合物水泥干粉砂浆，使之具有更高的粘结强度。夏季镶贴室外饰面板块应防止暴晒。冬期施工，砂浆的使用温度不得低于5℃；砂浆硬化前，应采取防冻措施。室内可采用化学胶粘剂“点粘”，对要求极高的公共建筑，点粘工艺还可辅以铜丝与墙体适当拉结。

(3) 板块边长小于400mm的可用粘贴法镶贴。板块边长大于400mm，应用灌浆法（挂贴法）镶贴，其板块均应绑扎固定，不能单靠砂浆粘结。锚固饰面板用的钢筋网，应与锚固件连接牢固。锚固件应在结构施工时埋设（膨胀螺栓可后补）。每块板的上、下边打眼数量均不得少于2个，并用防锈金属丝（铜丝、不锈钢丝）穿入孔内以作锚固之用。禁止使用铁丝及镀锌铁丝绑扎固定板块。

(4) 现场用手电钻打“牛鼻子”孔的传统方法，准确性较差，如不慎还会钻伤板块边缘。目前较准确可靠的方法是板材先直立固定于木架上，再钻孔、剔凿，使用专门的不锈钢U形钉或经防锈处理的碳钢弹簧卡将板材固定在基体预埋钢筋网（或胀锚螺栓）上，如图36-5和图36-6所示。

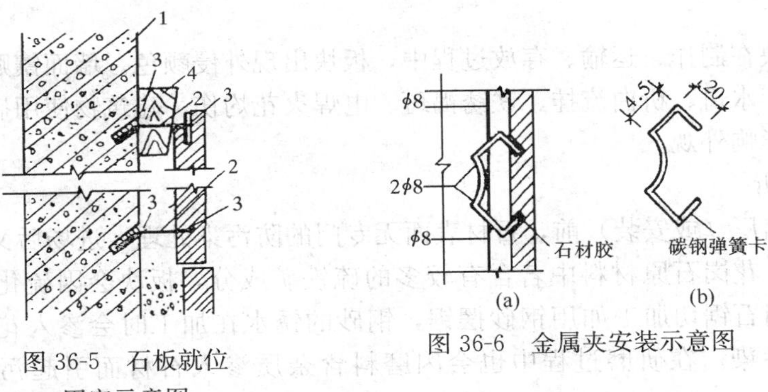

图36-5 石板就位固定示意图

1—基体；2—U形钉；3—石材胶；4—大头木楔

图36-6 金属夹安装示意图

(5) 使用经检验合格的石材防护剂，并按使用说明书进行涂刷。

(6) 较厚或尺寸较大的板块应考虑在自重作用下保证每个板块垂直面的稳定性，受力分析包括板块和砂浆的自重、板块安装垂直度偏差、灌浆未硬化时的水平推力、水分可能入侵后的冻胀力等。

(7) 由于石材单位面积较重，因此轻质砖墙不应直接作为石材饰面的基体。否则，应作加强措施。加强层应符合下列规定：

1) 采用规格为$\phi1.5$、孔目为15mm×15mm的钢丝网，钢丝网片搭接或搭入框架柱（构造柱）长度不小于200mm，并作可靠连接；

2) 设置M8穿墙螺栓、30mm×30mm垫片连接和绷紧墙体两侧的钢丝网，穿墙螺栓纵横向的间距不大于 600mm；

3）粘贴法镶贴，找平层用聚合物（如乙烯—醋酸乙烯共聚物，即 EVA 或 VAE 乳液）水泥砂浆与钢丝网结合牢固，厚度不应小于 25mm。灌浆法（挂贴法）镶贴不抹找平层，M8 穿墙螺栓可同时系固钢筋网，灌浆厚度约 50mm。

（8）板缝防水处理详见 36.1.1“板块长年水斑”的预防措施。

（9）注意成品保护，防止振动、撞击等外伤，尤其注意避免镶贴砂浆、胶粘剂早期受损伤。

4. 治理方法

（1）为避免板块因修补而产生色差和补疤，可请专业队伍用改性环氧树脂进行压力注浆（即化学灌浆），将空鼓、松动的板块重新粘合。

（2）加固或更换板块，也可采用不锈钢胀锚螺栓或钻孔插不锈钢螺栓（插筋可根据需要长度用环氧树脂植入基体内）将板块重新固定于墙上；镶贴质量无保证的板块，亦可采用螺栓锁固法或植入钢筋销挂法，详见大理石墙面 36.2.4“空鼓脱落”的治理方法，但修补后可能出现色差和补疤。

（3）粘贴法施工的板块，一般都无绑扎或挂钩固定，如果出现大面积空鼓，应返工重做。

（4）修补完毕，均应对饰面喷涂有机硅憎水剂或其他无色护面涂剂保护。

36.1.7　墙面污染

1. 现象

花岗石板块在制作、运输、存放过程中，板块出现外侵颜色。墙面镶贴后，饰面出现水泥斑迹、长年水斑、析白流挂、铁锈褐斑、电焊火花灼伤。建筑物使用后，饰面出现脏物污渍，严重影响外观。

2. 原因分析

（1）板块出厂（或安装）前，石材表面无专门的防污染处理，进场后又无物理性能和外观缺陷检验。花岗石原材料中若含有较多的硫铁矿成分，板块会因硫化物的氧化而变色。另外，花岗石锯切加工如用钢砂摆锯，钢砂的锈水在加工时会渗入花岗石结晶体之间，造成石材污染。在研磨过程中也会因磨料含杂质渗入石材而引起污染，日后出现锈斑。

（2）板块包装采用草绳、草袋（或有色纸箱），遇潮湿或雨水，流出黄褐色或其他颜色液体浸入板块里，发生黄渍等。

（3）传统的板材安装是用熟石膏临时固定、封堵，但是由于安装后板缝中的熟石膏不易从板缝中清理干净，残留石膏日后经雨水冲刷流淌，严重污染表面，尤其是外墙饰面脚手架已拆除，不易再进行表面清洁。也有采用麻丝、麻刀灰、厚纸板等封堵接缝的，在强碱作用下，可能产生黄色液体。

（4）嵌缝用的防水密封胶，有些品种可腐蚀石材表面，或与石材成分发生呈色反应，造成板缝部位石材污染、变色。

（5）长年水斑、析白流挂造成，详见 36.1.1“板块长年水斑”和 36.1.2“板缝析白流挂”的原因分析。

（6）成品保护不良。由于石材板块的镶贴顺序是由下而上进行，在镶贴过程中就可能受到污染，在后继施工过程中，板块受水泥砂浆、涂料、污液、电焊火花等污染或损伤，又未及时清洗（电焊灼伤极难复原）。在使用过程中，受钢铁支架、上下水管铁锈水污染或酸碱类化学物品、有色液体污染。

（7）环境污染。空气中的二氧化硫 SO_2、三氧化硫 SO_3、二氧化碳 CO_2 等酸性气体或酸雨等侵蚀。

3. 预防措施

（1）石材出厂（或安装前）应进行专门的石材保护剂（或防污染剂）喷涂或浸泡处理，增强石材的防污染能力，达到抵抗外界物质入侵的目的。但如果使用不合格的防护剂或涂刷不当，也可造成板块空鼓脱落（如采用有机硅憎水剂作表面喷涂）。为保证防护质量，可请专业石材养护公司处理。

（2）在原材料挑选和板材加工过程中，注意弃除含有较多硫铁矿的石材。采用钢砂摆锯加工的板块，应十分注意将板面用铜丝刷洗刷干净，认真清除附在板块上的钢砂。板块进场应进行物理性能检验。

（3）改进包装材料，可采用泡沫板或塑料包装。

（4）灌浆法镶贴板块，应用橡胶条或塑料条临时密封，表面再贴宽胶带纸。灌浆硬化后，揭去胶带纸和临时密封条（较宽的可以先在缝内嵌填阻水塑料芯棒）。

（5）嵌缝用的防水密封腔，可按表 36-2 选用中性耐候硅酮密封胶，事先作相容性试验。选用颜色应与板块协调、不腐蚀石材及不使石材变色的并与石材粘结性能良好的防水密封胶。待石材清洗干净并完全干燥后方可施工。

（6）水斑、析白预防详见 36.1.1“板块长年水斑”和 36.1.2“板缝析白流挂”的预防措施。

（7）坚持文明施工，加强成品保护。施工过程中出现的砂浆污染、污液、涂料污染等都应及时清净，时间越长，清洗越难，尤其是毛面花岗石板。电焊时，必须有遮盖防护，严禁电焊火花灼伤石材表面。饰面施工完毕，室外墙面应喷涂有机硅憎水剂，不但可以防水，还可以隔离环境污染；室内墙面可定期打蜡。

（8）为减少放射性物质的污染，应按《民用建筑工程室内环境污染控制规范》（GB 50325—2010）规定选用石材。用于室内的石材必须进行放射性指标检验，超出规范限量者严禁使用。Ⅰ类民用建筑必须采用 A 类石材。室内花岗石材总面积大于 $200m^2$ 时，应进行复检。

4. 治理方法

清洗污染之前需先进行腐蚀性检验，检验清洗效果（能否去污、清洗剂在墙面上停留的合适时间）和有无损伤石材饰面等副作用，宜优先使用经检验合格的商品专用清洗剂和专用工具，并宜由专业清洁公司进行清洗。慎用或避免使用强力型清洁剂，禁止使用溶剂型的化学清洗剂清洗石材，也不得使用硫酸、盐酸作为清洗剂。

（1）手工铲除：板缝析白流挂或板面水泥浆污染，其生成物通常为碳酸钙 $CaCO_3$、硫酸钙 $CaSO_4$ 或水泥水化物，为不溶于水的硬壳结垢，在采用其他清洗技术之前，必须用人工小心铲除（或砂纸轻轻打磨），作为初步粗处理。

（2）水洗：水洗（适量加入外墙面通用清洗剂）是现有清洗技术中破坏性最小的、对能溶或微溶于水的污物最有效的方法。可采用喷洒雾状水来慢慢溶化，疏松污垢，然后用中压水喷射清除；对污垢牢固的部位，必要时可辅以铜丝刷清洗。清洗工作开始前要小心封闭所有进水的孔隙。污垢严重的部位，需反复弄湿。但这又会造成石材体内污染物被激活，在石材表面形成棕色柏油状沉积，产生色斑。对于较敏感的部位，改进方法是加强水流量控制和脉冲清洗，以防止产生这些问题，并最大限度地减少用水量。

（3）化学清洗：

1）一般清洗。先用碱性表面活性剂（一般为氢氧化钠）进行预冲洗，接着用氢氟酸正式消除污秽物。两种应用物质要用中压喷射水枪轮换冲洗。选择氢氟酸在于使石材中不残留可溶性盐残物，然而氯氟酸是具有危险性的化学物质，虽然使用时高倍稀释，仍需采取仔细的安全措施，包括覆盖所有门窗玻璃，否则喷射的溶剂会对玻璃造成腐蚀。化学物质在用水洗掉以前允许保留在石材表面的时间最长为 20min。化学物质使用时，除液体溶液外，也可呈膏状或凝胶状，用于清洗污秽牢固的孤立部位或诸如雕塑装饰细部更有效。

2）石材被包装的草绳或纸箱等外侵颜色污染，应根据污染的性质来决定处理方案，碱性色污可用草酸来清除，千万不能用硫酸、盐酸来清除。一般色污可用过氧化氢 H_2O_2 刷洗，严重的色污可用过氧化氢和漂白粉掺在一起拌成面糊状涂于斑痕处，2～3d 后铲除，色斑可逐步减弱。如此重复几次，直至达到理想要求。

3）青苔污染。长期处于潮湿和阴暗的饰面，常常会发生青苔。可以用氨基磺酸铵清除，留下粉状堆积物用水洗掉。

4）被木材及海藻和菌类等生物污染。制成 10%～20%的家用漂白剂溶液后，将溶液涂刷在污染面上，可在几分钟内将被木材污染的表面清理干净。但长有植物的表面在经过这样的处理后，还要过几天才能擦洗和清理干净。

5）油墨污染。将 250g 氯化钙溶入 25L 水中，静停 24h，或静置到氯化钙沉淀到底部为止。将澄清的溶液过滤，向滤清的溶液中加入 15g24%的醋酸，再将一块法兰绒泡入制成的溶液中，取出后覆盖在污染处。用一块玻璃、石块或其他不透水材料压在绒布上。当绒布干透后，即可清除污染。如一次清除不净，可重复进行。

6）亚麻子油、棕榈油、动物油污染。处理方法同烟污染或油墨污染，或用 50g 磷酸三钠、35g 过硼酸钠和 150g 滑石粉均匀地干拌，将 500g 软肥皂溶入 2.5L 热水中，再将肥皂水与干粉料拌制成稠浆。将稠浆抹在污染部位，直到稠浆干透后，细心刮除。将一块法兰绒浸泡在丙酮：醋酸戊酯＝1：1 的溶液中，再将绒布覆盖在污染处，并压一块玻璃板，以防溶液迅速挥发。如未除净，该处理过程可重复进行，但在重新处理前，其表面应充分干燥。

7）润滑油污染应立即用卫生纸或吸水性强的棉织品吸收。已湿透油污的棉织品不能重复使用，否则会使污染扩散。然后用面粉、干水泥或类似的吸附材料覆盖在石材表面，保留 1d，也可用漂白剂在污斑上擦洗。

8）沥青污染。沥青有很好的附着力，清除比较困难。在使用任何方法前，应首先去除剩余的沥青和用擦洗剂及水进行擦洗。但注意表面不能用钢丝刷刷洗，因为钢丝脱落，表面以后会出现锈斑。另外，不能使用溶剂，因为溶剂使沥青溶解，向深处渗透。可将几层棉布浸在二甲亚矾和水按 1：1 配成的溶液中，使棉布饱和。然后将棉布贴在污斑表面，1h 后用硬刷擦洗，沥青就会被洗掉。沥青污染还可用滑石粉和煤油（或三氯乙烯）制成糊膏，然后抹在污染处，至少保持 10min。这种方法十分有效，但必须多次重复进行。也可在涂抹糊膏之前，先用冰或干冰把被沥青污染的表面冻结起来，以便用工具将较厚的沥青铲去。

9）烟草污染。将 1kg 磷酸三钠溶入 8L 水中，然后在另一个单独的容器内，用约 300g 的氯化钙和水拌成均匀的稠浆，稠浆中不应夹带凝结块。将磷酸三钠水溶液注入氯化钙稠浆中，充分搅拌均匀。一俟氯化钙沉淀到底部，便可将澄清的液体吸出，并用等量的水稀释。将这种稀释液与滑石粉一起调制成均匀的稠浆，然后用与下述去除铁锈相同的方法操作，即可除去烟草污染，也可使用这一方法除去尿污染。

10）烟污染。制三氯乙烯和滑石粉的均匀稠浆，将稠浆抹在污染部位，再用一块玻璃板或其他不吸水材料覆盖在稠浆上面，以防三氯乙烯迅速挥发。如果涂布数次之后，表面仍有污迹，可将残留的灰浆清除掉，让表面完全干燥，然后采用上述方法除污。必须注意，三氯乙烯有臭味，如果吸入过多时间稍长，其不良作用与三氯甲烷相同。如果在室内搅拌三氯乙烯稠浆，应该保持空气流通。这种方法也可清除矿物油的污染。

11）涂料污染。应先用卫生纸吸干，然后用石材专用的清洁剂涂敷和水冲洗残余的涂料。时间长已干燥成膜的涂料污染首先应尽可能刮去。

12）铜和青铜污染。将 1 份氨和 10 份水搅拌均匀，然后将 1kg 滑石粉和 250g 氯化氨干拌均匀，最后将溶液和粉料拌制成均匀的稠浆。将稠浆抹在污染部位，厚度至少 10mm。待稠浆干透后再去掉，用清水洗净便可除去污染。若一次不行，可抹数次，直到污染消除为止。氨有毒性，使用时应注意通风。

13）铁锈污染。铁锈污染，可使用商品石材专用的除锈液（剂）、清洁剂，用棉布涂敷于污染表面。锈迹消失后，用清水冲洗石材表面。除铁锈污染也可将 1 份柠檬酸钠溶入 6 份温水中，再加入 7 份无钙甘油，在充分搅拌后，取少量大白粉或硅藻土，用上述溶液将粉料拌成泥浆，再用抹子将泥浆涂布在污染部位，待干透后刮去。重复进行这一过程，直到锈污除净为止，最后将表面用清水彻底洗净。如果用这种方法不能取得理想的效果，可改用以下方法：将棉织物浸入上述含钠水溶液中（不必加入甘油），取出后敷在污染部位 0.5h，用大白粉或硅藻土与水拌和，调成稠泥浆。将稠浆摊平在抹子上，再在稠浆层上撒层亚硫酸氢盐晶体，并用少量水湿润，随后取下棉织物，将准备就绪的稠浆抹在污染部位，约保持 1h。这个过程也可多做几次。但在大多数情况下，处理一次便可奏效。锈污除去后，即可用清水冲洗干净。

除铁锈污染剂的选择：由于黄色的氧化铁渗透到石材内部，所以仅采用草酸、过氧化氢不能解决污染问题，可在双氧水中加磷酸氢二钠和乙二胺四乙酸二钠。由于是在已镶贴好的成品上除黄，所以除黄工艺必须以保护成品本身及邻近成品为前提。为节约用料起见，在其中加入滑石粉（硫酸镁）或大白粉（碳酸钙），调成糊状涂剂。涂敷前应先对石材表面进行处理，把打蜡面洗去，以便涂剂渗透到石材内部进行氧化反应。将糊状涂剂敷在污染面上，覆盖塑料布以减少涂剂蒸发，对敷在石材侧面部位的涂剂应设法固定。每 2h 加一次涂剂（视糊状涂剂干湿程度而定），如干得快，必须及时加涂剂，直至石材表面恢复原状为止。污染较轻者 1d 即可清除，重者也不超过 2d。石材恢复本色后，用清水洗净涂剂、擦干。

除铁锈污染剂配合比为双氧水：磷酸氧二钠：乙二胺四乙酸二钠＝100：20～30：20～30，注意配合比中，药物间的比例应按饰面污染的程度加以调整；配合比中双氧水浓度为

30%。由于双氧水及其涂剂对人体有害，故操作时须戴厚胶皮防护手套及口罩，若皮肤被腐蚀，应及时用松节油擦洗。

（4）磨料清洗：

1）干喷。由专业人员用喷砂机向析白流挂或水泥污迹、树脂污染部位喷射干燥细砂。较先进的方法是喷射细小的玻璃微珠或弹性研磨材料，起到轻度的抛光作用，还应增设残余物收集装置，以消除灰尘污染。

2）湿喷。在需要减少粗糙磨料影响的部位，可采用压缩空气中加水的湿喷砂方法，这样有利于控制灰尘。但由此积聚在工作面的泥浆，在装饰复杂细部施工时，会影响能见度。高压技术加磨料的喷水方法，可用来清除污垢更顽固的部位。

（5）打磨翻新：由专业公司使用专用工具将受污染（或风化、破损）的石材表面磨去薄薄的一层，然后在新的石材表面上进行抛光处理，再喷涂专用防护剂，使旧石材恢复其天然色泽和光洁度。

（6）护面处理：建筑物饰面清除污迹后，光面花岗石应重新抛光。室内墙面应定期打蜡保护。室外墙面应喷涂有机硅憎水剂或其他专用无色护面涂剂，详见 36.3.1“墙面渗漏”的治理方法。

36.2 室内大理石墙面

大理石色彩丰富，花纹多姿，用于高级装修显得色泽绚丽，典雅高贵。大理石结晶细小，结构致密。但比较“娇气”，如强度、硬度较低，耐久性较差，除汉白玉、艾叶青等少数几种杂质少、性能比较稳定、腐蚀速度比较缓慢外，一般仅适用于室内装修工程。

36.2.1 饰面不平整，接缝不顺直

1. 现象

参见花岗石墙面 36.1.3“饰面不平整，接缝不顺直”的现象部分。

2. 原因分析

参见 36.1.3“饰面不平整，接缝不顺直”的原因分析（1）～（4）。

3. 防治措施

（1）采用“干接”缝的饰面，其板块外观检查不应超过优等品的允许偏差标准，否则会给干接安装带来困难。根据标准规定，板块长、宽只允许负偏差。面积较大的饰面，若板缝干接，其板缝可适当放宽至 2mm 左右。

（2）参见 36.1.3“饰面不平整，接缝不顺直”的预防措施。

36.2.2 饰面纹理不顺，色泽不匀

1. 现象

参见 36.1.4“饰面色泽不匀，纹理不顺”的现象部分。比之花岗石，大理石饰面更容易产生纹理不顺，色泽不匀的毛病。

2. 原因分析

参见 36.1.4“饰面色泽不匀，纹理不顺”的原因分析。

3. 防治措施

（1）色调与花纹必须符合规定。按规定的检验方式，应达到色调与花纹基本调和，不

得与标准样板的颜色和特征有明显差异。非定型配套工程产品，每一部位色调深浅应逐渐过渡，花纹特征基本调和，不得有突然变化，尤其是有“对花”要求的饰面，设计应事先与石材生产厂家联系，根据具体情况设计“对花”图案；板块制作须经对花拼接检验，无误后才能进行编号。

（2）石材出厂预拼、编号时，对各镶贴部位石材应从严挑选，而且要把颜色、纹理好的大理石板块用于主要部位，以提高建筑装饰美。

（3）大理石进场拆开包装后应进行复检，挑选品种、规格、颜色一致、无缺棱掉角的板材。破碎、变色、局部污染和缺边掉角的另行堆放。

（4）安装前须再按装饰设计图纸进行试拼，要求颜色变化自然，一片墙或一个立面色调要和谐。拼对花纹时，要上下左右大体通顺，纹理自然，同一个面花纹对称或均衡。并经建设、设计、监理等单位共同确认，力求做到浑然如一体，以提高装饰效果。

36.2.3 板块开裂，边角缺损

现象、原因分析、预防措施、治理方法均可参照花岗石墙面 36.1.5“板块开裂，边角缺损”的相关部分。

比之花岗石，大理石硬度较低，容易受损伤，因而板材的物理性能和外观缺陷，必须符合国家标准的规定，注意在加工、运输、存放、施工过程中加强保护，饰面施工完毕，应用木板或塑料布等覆盖。由于大理石杂质较多，纹理较多，耐久性较差，在环境影响下容易变质、开裂，因而不宜用作室外装饰（汉白玉、艾叶青除外）。石材出厂（或安装前）应进行专门的石材保护剂（或防污染剂）喷涂或浸泡处理。在使用过程中应注意检查墙面有无渗漏，系固板块的钢筋有无锈蚀，并定期检查维护，可喷涂有机硅憎水剂或其他无色护面涂剂。

36.2.4 空鼓脱落

1. 现象

参见花岗石墙面 36.1.6“空鼓脱落”的相应部分。

2. 原因分析

参见 36.1.6“空鼓脱落”的原因分析。

3. 预防措施

淘汰传统的水泥砂浆，使用经检验合格的商品聚合物水泥砂浆干混料作镶贴砂浆；采用满粘法，不得出现空鼓。现有各种专用商品石材化学胶粘剂，可用于石材室内镶贴，而且可以“点粘”，板块“点粘”，必然空鼓。但是，只要是经检验合格的胶粘剂，并按使用说明书施工，其质量和安全都可靠。要求极高的公共建筑石材饰面，点粘工艺还可辅以铜丝与墙体适当拉结。参见 36.1.6“空鼓脱落”的预防措施。

4. 治理方法

（1）粘贴法、灌浆法安装的石材板块，若板块空鼓松脱，可请专业队伍采用改性环氧树脂压力灌浆，粘合固定，此方法既可靠，补疤又较小，但是，当空鼓不相贯通时，需多钻几个注浆孔，但必须钻完所有孔眼之后，才能注浆。

（2）粘贴法、灌浆法安装板块，也可采用不锈钢胀锚螺栓（加垫片）将板块重新固定于墙上。最宜使用敲击式（长螺杆）内螺纹锚栓，胀锚螺栓必须锚固在砖或混凝土基体上，螺栓直径、数量应通过计算确定。

（3）如果板块太厚，灌浆太厚，也可采用环氧树脂锚固长螺栓法，施工要点如下。

1）对需要修理的大理石板块，确定钻孔位置和数量，先用冲击钻（ϕ10mm钻头）钻至砖墙或混凝土基体内不少于50mm及不少于埋入螺杆总长的1/2，再在钻孔口处用ϕ12钻头在大理石上钻入5mm。钻孔时钻头应向下成15°倾角，以防止灌浆后，环氧树脂浆从孔内向外流出。

2）钻孔后，孔洞内灰尘用压缩空气清除（压力为0.6MPa），除灰空气嘴应插到孔底，使灰尘随压缩空气全部由孔洞口逸出。

3）灌浆宜优先采用经检验合格的商品改性环氧树脂化学浆，其流动性、可灌性很好，灌浆质量可靠。

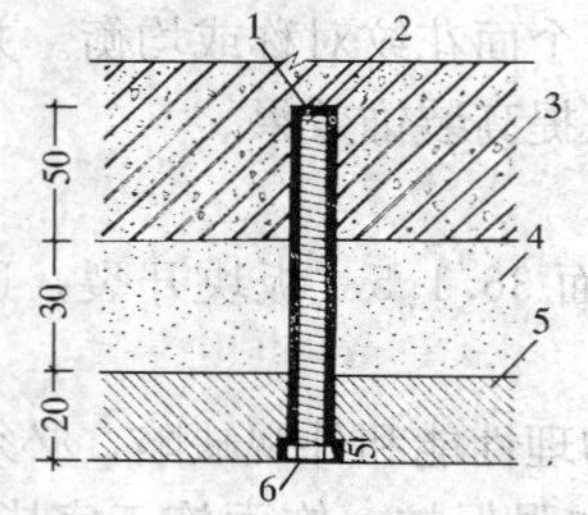

图36-7　灌浆锚固方法

1—ϕ10孔环氧树脂水泥；2—ϕ6螺栓（带螺母）；3—混凝土或砖墙；4—砂浆；5—大理石；6—ϕ12孔专用石材胶封口

4）灌浆时，采用树脂枪灌注（最大压力为0.4MPa）；为了使孔内树脂浆饱满；枪头应深入孔底，灌注时慢慢向外退出。

5）放入锚固螺栓，采用Φ6不锈钢长螺杆，为了提高粘结效果，螺栓杆应做成全螺纹型，在一端拧上六角螺母，以便将大理石板粘牢扣住。放入螺栓时，先将螺栓表面涂抹一层环氧树脂浆（其配合比为6101号环氧树脂：二丁酯：590号固化剂=100：20：20），慢慢转入孔内。放入螺栓后，为避免环氧树脂水泥浆流出，弄脏大理石表面，可用干净的白色棉纱头临时堵塞洞口，待环氧树脂水泥浆固化后，再将堵口清除。对残留在大理石表面的树脂浆，应立即用干净棉纱头擦拭干净，以免沾污墙面，灌浆锚固方法见图36-7。

6）用环氧树脂水泥浆灌入2～3d后，孔洞也可用商品石材胶（掺与石材相近颜色）封口，参照花岗石墙面36.1.5“板块开裂，边角缺损”的预防措施。

有些石材饰面，由于使用铁钉、铁丝系固板块，板块、墙面未清干净，未经湿润即灌浆，或砂浆强度太低，镶贴质量无保证，可采用螺栓锁固法。对较厚的石材还可采用植入小直径（直径尺寸可通过力学计算）的带肋钢筋的办法销挂石板。先凿与墙面夹角约为45°的斜孔，植入砖（或混凝土）基体中的长度不应小于植入钢筋总长的1/2。用压力空气吹净钻孔里的灰尘后，即可插入带肋钢筋和压注改性环氧树脂化学浆液，最后用石材胶修补石板孔眼（图36-8）。

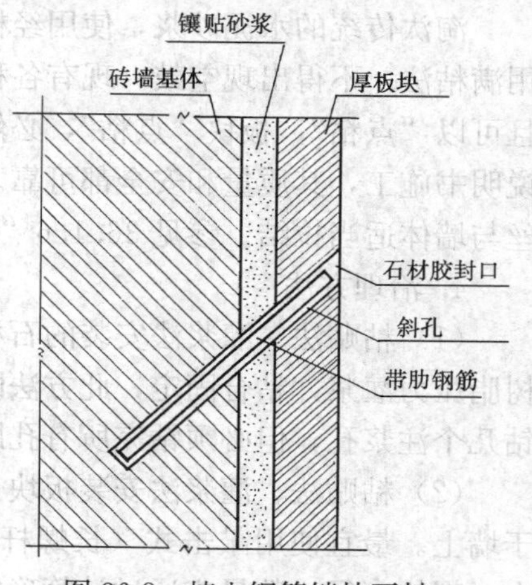

图36-8　植入钢筋销挂石材

36.2.5　板面腐蚀污染

1. 现象

大理石饰面经过一段时间之后，光亮的表面逐渐变色、褪色和失去光泽，进而变得粗糙，并产生麻点、开裂和剥落，失去了大理石装饰应有的效果。

2. 原因分析

（1）板块出厂（或安装前），石材表面未作专门的防护处理。

（2）大理石是一种变质岩，主要成分碳酸钙（$CaCO_3$）约占50%以上，杂有不同的其他成分则呈现不同的颜色和光泽，例如白色含碳酸钙、碳酸镁，紫色含锰，黑色含碳或沥青质，绿色含钴化物，黄色含铬化物，红褐色、紫色、棕黄色含锰及氧化铁水化物等。大理石中一般都含有许多矿物和杂质，在风霜雨雪、日晒下，容易变色和褪色。在五颜六色的大理石中，暗红色、红色最不稳定，绿色次之。白色大理石的成分比较单纯，杂质较少，性能比较稳定，腐蚀速度也较缓慢。环境中的腐蚀性气体，如空气中的二氧化硫，遇到潮湿空气或雨水时能生成亚硫酸，然后变为硫酸，与大理石中的碳酸钙发生反应，在大理石表面生成石膏。石膏微溶于水，且硬度低，使磨光的大理石表面逐渐失去光泽，变得粗糙晦暗，产生麻点、开裂和剥落。

（3）施工过程中受污染和损害，使用期间受墙壁渗漏，铁件支架、上下水管锈水，卫生间酸碱液体侵蚀污染。参见36.1.7“墙面污染”的原因分析。

3. 预防措施

（1）石材安装前浸泡或涂抹商品专用防护剂（液），能有效地防止污渍渗透和腐蚀。为保证防护质量，可请专业石材养护公司协助。

（2）板块进场应按规范规定进行外观缺陷和物理性能检验。

（3）大理石不宜用作室外墙面饰面，特别不宜在工业区附近的建筑物上采用，个别工程需用作外饰面时，应事先进行品种选择，挑选品质纯、杂质少、耐风化、耐腐蚀的大理石，如汉白玉、艾叶青等，以延长使用期限。

（4）室外大理石墙面压顶部位，要认真处理，其水平的压顶板块，必须压接墙面的竖向板块，保证接缝不渗透水。横竖接缝必须防水，板背灌浆饱满，每块大理石板与基体钢筋网拉接应不少于4点。设计上尽可能在上部加雨篷，以防止大理石墙面直接受到雨淋日晒而缩短使用年限。

（5）饰面的另一侧若是卫生间等用水房间，必须先做好防水处理。墙根亦应设置防潮层一类的防潮、防水处理。

（6）室内大理石饰面必须定期打蜡（或喷涂有机硅憎水剂）。室外墙面必须喷涂有机硅憎水剂或其他无色护面涂剂，以隔离腐蚀和污染。

（7）其他参见36.1.1“板块长年水斑”和36.1.2“板缝析白流挂”的预防措施。

4. 治理方法

（1）大理石遭受腐蚀，难以复原，必须重在预防。腐蚀发生后，应及时搞好防渗漏、清洗、修补等工作，表面再喷涂有机硅憎水剂或其他无色护面涂剂。

（2）大理石受污染后的清洗，参照花岗石墙面36.1.7“墙面污染”的治理方法。但要强调的是应使用酸碱度为中性的商品石材专用清洗剂或防污液，避免使用强力型清洁剂，禁止使用溶剂型的化学清洗剂，也不得使用硫酸、盐酸。

36.3　室外面砖（外墙砖）墙面

外墙饰面砖包括外墙面砖和锦砖，其中干压陶瓷砖和陶瓷劈离砖简称面砖；面积小于$4cm^2$的砖和玻璃马赛克简称锦砖，均用于建筑物的外饰面，对外墙起保护作用，装饰效果较好，造价适中，在国内大量采用。过去由于无专门的施工及验收规范，设计、施工依据不足，随意性多，加上缺乏专项检验规定，质量问题不少。现在我国已有国家行业标准，对我国的饰面砖粘贴工程传统的施工工艺作了重大改进，规定可按下列工艺流程施工：处理基层→抹找半层→刷结合层→排砖、分格、弹线→粘贴面砖→勾缝→清理表面。要求施工前应对各种原材料进行复检，并符合下列规定：

(1) 外墙饰面砖应具有生产厂的出厂检验报告及产品合格证。进场后应按表 36-4 所列项目进行复检。复检抽样应按现行国家标准进行。

外墙饰面砖复检项目　　表 36-4

气候区名	饰面砖种类		
	陶瓷砖（外墙砖、面砖）	陶瓷锦砖	玻璃马赛克
Ⅰ	(1)、(2)、(3)、(4)	(1)、(2)、(3)、(4)	(1)、(2)
Ⅱ	(1)、(2)、(3)、(4)	(1)、(2)、(3)、(4)	(1)、(2)
Ⅲ	(1)、(2)、(3)	(1)、(2)	(1)、(2)
Ⅳ	(1)、(2)、(3)	(1)、(2)	(1)、(2)
Ⅴ	(1)、(2)、(3)	(1)、(2)	(1)、(2)
Ⅵ	(1)、(2)、(3)、(4)	(1)、(2)、(3)、(4)	(1)、(2)
Ⅶ	(1)、(2)、(3)、(4)	(1)、(2)、(3)、(4)	(1)、(2)

注：表中 (1) 尺寸；(2) 表面质量；(3) 吸水率；(4) 抗冻性。长度、宽度、边直度和表面平整度的检验，不包括面积小于 $4cm^2$ 的砖。

(2) 粘贴外墙饰面砖所用的水泥、砂、胶粘剂等材料均应进行复检，合格后方可使用。饰面板（砖）工程所用的找平、粘结、勾缝砂浆，过去只有体积配合比要求，主要成分为水泥、砂，粘结力和防水效果较差。现在已有各种新型的胶粘剂系列商品和密封材料系列商品，以及商品建筑砂浆，其供货形式为袋装（或散装）的干拌（粉）料或预拌砂浆。使我国的饰面板（砖）工程质量走上新的台阶，详见表 36-1 和表 36-2。为减少施工单位的试配和保证材料质量，应根据工程的具体情况，优先采用经检验合格的商品胶粘剂和密封材料及商品砂浆。

36.3.1　墙面渗漏

1. 现象

雨水从面砖板缝浸入墙体，致使外墙的室内墙壁出现水迹，室内装修发霉变黑；还可能“并发”板缝析白流挂。

2. 原因分析

(1) 设计图纸缺乏细部大样，说明不详，外墙面横竖凹凸线条多，立面变化大，疏水不利。

(2) 墙体因温差、干缩产生裂缝，尤其是房屋顶层墙体和轻质墙体。砌体灰缝不饱满，用侧砖砌筑，砂浆饱满度差等，防水性能会更差。此外，空斗砖墙、空心砌块、轻质砖等墙体的防水能力也较差。

(3) 饰面砖通常靠板块背面满刮水泥砂浆（或水泥浆）粘贴上墙，靠手工挤压板块，砂浆不易全部位挤满，特别是 4 个角不易饱满，留下渗水空隙和通路。

(4) 有些饰面层要求砖缝疏密相间，即由若干板块密缝拼成小方形图案，再由横竖宽缝连接组成大方形图案（即“组合式”）。其密缝粘贴的板块形成“瞎缝”，板块接缝无法勾缝（只能擦缝），因此，“组合式”的面层最容易渗漏。

（5）卫生间室内瓷砖采用密缝法粘贴、擦缝，但它无大凹缝，有利于疏水。条形饰面砖勾缝处是一凹槽，于疏水不利，滞水从缺陷部位渗漏入墙。

（6）外墙找平层一次成活，由于一次涂抹过厚，造成抹灰层下坠、空鼓、开裂、砂眼、接槎不严实、表面不平整等毛病，成为藏水空隙和渗水通道。有些工程墙体表面凹凸不平，抹灰层超厚。另外，楼层圈梁（或框架梁）凸出墙面或墙体表面凹凸不平，以及框架结构的填充墙墙顶与梁底之间填塞不紧密等，也会发生抹灰裂缝，造成滞水、藏水和渗水。

（7）夏热冬冷地区应用抗渗砂浆找平层，但有的墙面找平层设计采用 1：1：6 水泥混合砂浆，防水性能差。

（8）不少工程用普通水泥加水的净浆作勾缝材料，不仅会增多 $Ca(OH)_2$ 等水溶成分，而且硬化后的收缩率也大。净浆硬化以后，经过时间变化，很容易在板缝部位产生裂隙或在净浆与面砖之间产生缝隙。

3. 预防措施

（1）外墙饰面砖工程应有专项设计，并有节点大样图。对窗台、檐口、装饰线、雨篷、阳台和落水口等墙面凹凸部位，应采用防水和排水构造。在水平阳角处，顶面排水坡度不应小于 3%～5%，以利于排水；应采用顶面面砖压立面面砖，立面最低一排面砖压底平面面砖作法，并应设置滴水构造（图 36-9）；45°角砖、“海棠”角等粘贴作法适用于竖向阳角，由于其板缝防水不易保证，故不宜用于水平阳角，如图 36-9（a）。

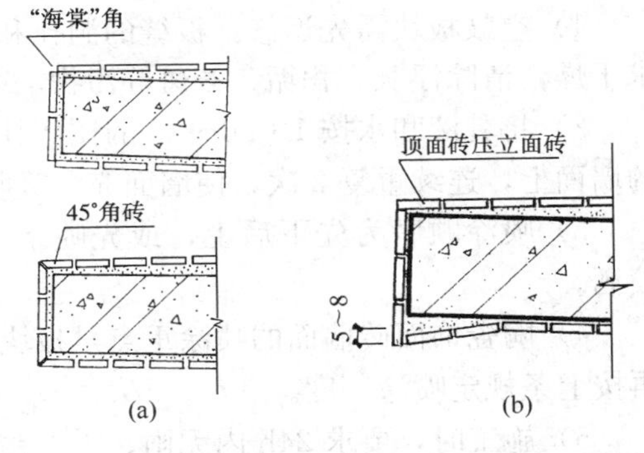

图 36-9 水平阳角防水排水构造示意图
(a) 不妥的作法；(b) 正确的压接作法

（2）轻质墙体应作加强处理，详见 36.1.6“空鼓脱落”和 36.3.7“找平层剥离破坏”的预防措施。

（3）外墙面找平层至少要求两遍成活，并且喷雾养护不少于 3d，3d 之后再检查找平层抹灰质量，在粘贴外墙砖之前，先将基层空鼓及裂缝处理好，确保找平层的施工质量。

（4）结构层和找平层应精心施工，以保证其表面平整度和填充墙紧密程度，使饰面层的平整度完全由基层控制，避免基层凹凸不平和粘结层局部过厚或饰面不平整带来的弊病，也可避免填充墙顶产生裂缝。

（5）找平层应具有独立的防水能力，可在找平层上涂刷一层结合层，以提高界面间的粘结力，兼封闭找平层上的残余裂纹和砂眼、气孔。其材料可用商品专用水泥基料的防渗材料，或刷聚合物水泥砂浆、界面处理剂。找平层完成后外墙砖粘贴前，外墙面也可作淋水试验，在房屋最顶层安装喷淋水管网，使水自顶层顺墙往下流淌。喷淋水时间不少于 2h。

（6）外墙砖接缝宽度不应小于 5mm，不得采用密缝粘贴。缝深不宜大于 3mm，也可采用平缝。外墙砖勾缝应饱满、密实，无裂缝，选用具有抗渗性能和收缩率小的材料勾缝，如采用商品水泥基料（内掺粉细砂及聚合物添加剂）的外墙砖专用勾缝材料，其稠度小于50mm或再干一些。将板缝填饱压实，待砂浆泌水"收水"后才能勾缝。如果刚嵌缝即勾缝，砂浆的泌水浮浆会使板缝砂浆表面变得脆弱、易裂。为使勾缝砂浆表面达到"连续、平直、光滑、填嵌密实、无空鼓、无裂纹"的要求，应进行二次勾缝，即砂浆"收水"后、终凝前再勾缝一次。为防止勾缝砂浆失水，墙面应喷洒养护不少于3d，并防止暴晒。不应采用稀砂浆先糊缝、后勾缝，更不应采用纯水泥浆糊缝。坚持"二次勾缝"，表面才能光滑；也可再加水泥浆勾缝，由于水泥浆是薄层，要注意在干燥或暴晒环境中容易失水，引发开裂、起皮等缺陷。勾缝表面应不开裂，不起皮，防止析白流挂等。

4. 治理方法

对发生渗漏的外墙面可喷涂有机硅憎水剂（或其他无色护面涂剂）。有机硅憎水剂是乳白色水性液体，pH值4～5，无腐蚀性，不燃烧，不污染环境；固化后无色、透明，饰面砖外观和颜色无变化，具有防霉、保色，防冻融、剥落风化，防泛碱、析盐等作用，可广泛用于各种材质的墙面及砖、石质文物的保护；仓库、档案室、图书馆的防潮防霉；饰面砖、马赛克的防渗，抗污染。

（1）施工工艺

1）空鼓板块需先返修，板缝的洞孔和裂缝须用勾缝砂浆或密封膏嵌填修补。墙面要求干燥，清除浮灰、积垢、苔斑等污物。

2）将乳液和水按1∶10～15的比例拌匀，用农用喷雾器或刷子直接喷（刷）在干燥的墙面上，连续重复2次，使墙面充分吸收乳液，应注意避免漏喷。

3）喷涂顺序为先下后上，或先喷下一段，再由上而下分段进行，不得跳跃或无序喷洒。

4）陶瓷饰面砖墙面的喷涂重点是板块间的缝隙，先用漆工刷沿纵横缝普遍涂刷一度，再按上条规定喷涂一度。

5）施工时，要求24h内无雨、雪、霜冻，风力在6级以下。

（2）注意事项

1）严格掌握乳液和稀释水的配合比。稀释后乳液含水量不易判定，若配合比不当，防水会失效。乳液稀释宜当天用完。

2）对墙面腰线、阳台、窗台等突出部位，要充分喷涂，以免雨水在此处滞留向室内渗透。

3）喷涂时应顺风向，遇大风、雨天应停止施工。

4）喷涂后，经泼水或雨水冲淋试验，未见渗漏，验收合格。

36.3.2　板缝析白流挂

室外面砖（外墙砖）墙面完工后，因受外部环境水的渗入，沿着面砖（外墙砖）的横竖板缝出现长短不一的"白胡子"，并随着时间的推移不断增长，严重影响外观，见图36-10。

原因分析、预防措施、治理方法参见36.3:1"墙面渗漏"和36.1.2"板缝析白流挂"的相关部分。应特别注意以下几点：

（1）对窗台、檐口、装饰线、雨篷、阳台和落水口等墙面凹凸部位，应采用防水和排水构造；

（2）在水平阳角处，顶面排水坡度不应小于3%～5%；应采用顶面砖压立面面砖，立面最低一排面砖压底平面面砖等作法，并应设置滴水构造；

（3）板块采用聚合物水泥砂浆满粘法，不得出现空鼓；

（4）板块接缝的宽度不应小于5mm，不得采用密缝。勾缝应采用具有抗渗性的粘结材料（优先采用水泥基专用勾缝商品材料），并坚持"二次勾缝"；勾缝应填嵌密实，无空鼓，无裂纹，连续、光滑。

图 36-10　外墙面砖板缝析白流挂

36.3.3　门窗框周边渗漏

1. 现象

雨水从门窗框与外墙门窗洞口之间的缝隙中渗入，致使室内装修霉坏，严重影响使用。

2. 原因分析

（1）金属门窗外框与洞口采用弹性连接，安装节点见图 36-11，门窗外框与墙体的缝隙采用矿棉条或玻璃棉毡条分层镶塞，缝隙外表留5～8mm深的槽口填嵌密封材料。由于只有一道防水，如果密封膏质量没有保证，或填嵌不密实，或无预留槽口（嵌缝膏厚度不足），清理不干净，密封膏粘结不牢，或保护门窗框的临时性塑料薄膜未清除干净，雨水便可能从缝隙渗入。

（2）部分地区的铝合金门窗框采用水泥砂浆材料塞缝，如图 36-12，为保护铝框，在铝材与砂浆接触面范围内作防腐处理或满贴厚度大于1mm的三元乙丙橡胶软质胶带。但是先安框后塞砂浆的作法，铝框凹槽难以填塞密实；而先填砂浆后安框的方法，与墙体预留洞口有接槎缝隙，固定扇的窗框无凹槽，与墙体之间的缝隙更难填塞密实。由于门窗框周边砂浆填缝难免干缩，是雨水渗漏的薄弱环节。

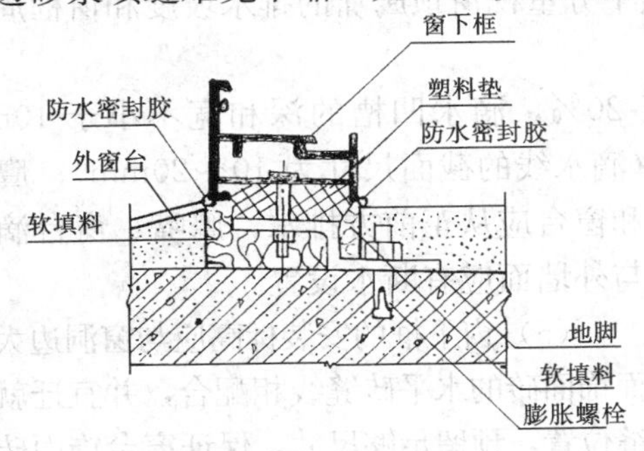

图 36-11　金属门窗安装节点填嵌密封材料作法

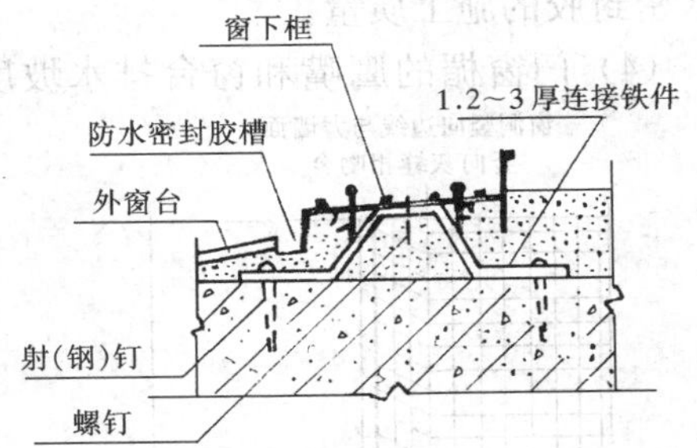

图 36-12　铝合金门窗安装节点水泥砂浆材料塞缝作法

（3）推拉窗框的凹槽泄水措施不力，门窗框四角未作防水处理。

（4）门窗顶部鹰嘴坡度小或滴水线凹槽浅，起不到截水作用；窗框安装未考虑与饰面砖缝的配合，有时为了板块对缝或避免切割，致使外窗台坡度小或与窗框高差少（甚至饰面砖与窗框齐平)。窗台基体用的黏土砖是透水材料。

(5) 门窗框安装过程中，临时用于调平固定的木块，在饰面施工前未取出，仍然留在缝隙里。

3. 预防措施

(1) 外墙抹找平层时，应预埋塑料条，保证门窗外框与门窗洞口之间有5～8mm宽和深的预留槽口。填嵌防水密封膏前应撕净包裹外框的塑料薄膜和松散砂浆及其他脏物。

(2) 门窗外框与墙体预留洞口之间的缝隙填嵌采用“枪射发泡填缝剂”(附有专用压注工具)。它是一种聚氨酯类发泡填充材料，当压注到缝隙内后，能发泡膨胀、胀填缝隙；固化后具有防火、隔热保温和防雨水渗漏等功能，能填充饱满密实，具有良好的相容性和粘结强度，还有一定的弹性。固化时间约1h，未固化前不得触碰。如发现不饱满者，还可补充压注，固化后再切割平整。各类填缝材料的技术经济对比见表36-5。

各类填缝材料技术经济对比　　**表 36-5**

填缝材料	价格	施工难度	性　能	安装质量
水泥砂浆	低	施工不便，效率低，粉尘大，湿作业	属脆性材料，防水、保温功效不佳	易出现裂纹，影响窗框周边的密封性、防水性
玻纤、岩棉、毡条	高	施工复杂，效率低	属弹性材料，但粘接性、耐久性差，不防水	密封、防水、保温质量易下降，防水仅靠嵌缝胶
窗用嵌缝胶	较高	施工方便，但仅对表面密封	属弹性材料，不膨胀	不能填充空洞深处，因而密封性受到影响
聚氨酯(PU)发泡填缝剂	适中	施工方便、效率高	属弹性材料，延展性好，体积可膨胀，密封、防水、保温、绝缘	保证窗框周边的严密性，防止窗框热胀冷缩引起的不良影响，防水性能好

(3) 推拉窗窗框的凹槽会滞水，其外侧应开约6mm×50mm的长方形泄水孔，使其及时排泄雨水。窗框的安装孔眼和窗框四角的接头必须作好防水处理。固定扇的窗框是四方筒，无凹槽，窗框周边更容易渗漏，因而必须十分重视窗顶鹰嘴的排水坡度和窗框周边防水密封胶的施工质量。

(4) 门窗楣的鹰嘴和窗台排水坡度不小于20%，滴水凹槽的深和宽不小于10mm(滴水线的截面尺寸为10～20mm)；鹰嘴和窗台应从正前方排水，鹰嘴、窗台滴水与外墙面应有断水设置。

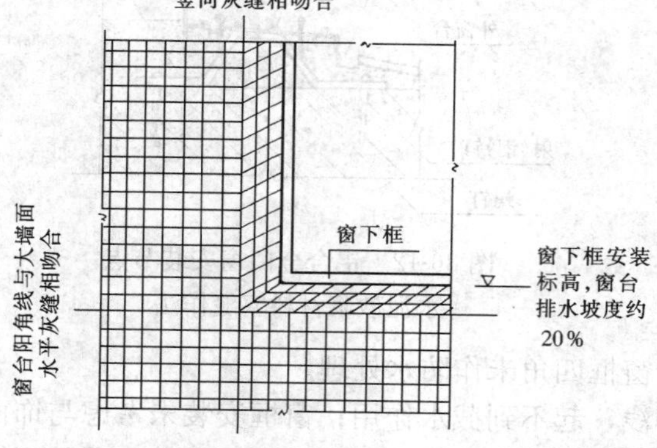

图36-13　窗框安装标高与大墙面的饰面砖缝吻合

(5) 窗下框的安装标高应与窗洞边大墙面饰面砖的水平砖缝线相配合，并宜迁就板缝位置，预留足够尺寸，保证窗台饰面砖低于窗框并排水畅顺，可参见图36-13。

(6) 饰面施工前，临时固定门窗框的木楔块必须清除干净。

(7) 外墙面上的门窗完工之后，应在现场喷淋作水密性试验，试验方法可参照

《建筑外窗雨水渗漏性能分级及其检测方法》（GB 7108）。

4. 治理方法

门窗框周边如出现渗漏，可根据本条“预防措施”内容逐一查清原因，由专业队进行治理。对于采用砂浆填塞框边缝隙者，可压注微膨胀水泥或聚合物（如 EVA 或 VAE 乳液）水泥浓浆或压注“发泡填缝剂”；压注水泥浆的工具有手摇泵或防水密封胶的压注工具。对有保温隔热要求的门窗可压注“发泡填缝剂”。

36.3.4 饰面不平整，缝格不均匀、不顺直

1. 现象

外墙砖粘贴后，墙面凹凸不平；板块接缝不水平、不垂直，板缝大小不一，板缝两侧相邻板块高低不平；套割不吻合，严重影响观感质量。

2. 原因分析

（1）找平层平整度差。

（2）板块不方正，板面翘曲。

（3）传统的密缝粘贴，板缝积累偏差过大。

（4）板块编排无专项设计，施工标线不准确或间隔过大，施工偏差过大。

（5）砌砖、饰面施工是在外脚手架上分层分段进行的。有时室外各楼层之间的横竖线角不顺直（甚至错位），拆了脚手架才发觉。其原因可能是吊线（或挂线）被风吹动或意外触碰；或受外墙脚手架或墙面凸出物（腰线、雨篷）等阻碍，上下不能通线，施工时只顾本层线角，未考虑整幢楼房从上到下的横竖线角。

3. 防治措施

（1）精心施工，尽量减少几何尺寸偏差。主体结构宜按清水墙要求施工，表面平整度和垂直度偏差应控制在 5mm 以内。基体处理完毕后，进行挂线、贴灰饼、冲筋，其间距不宜超过 2m；找平层的表面平整度允许偏差为 4mm，立面垂直度允许偏差为 5mm。不得采用加厚粘结层的办法调整大面平整度。

（2）板块进场应按标准进行验收。

（3）外墙饰面砖工程应进行专项设计，对以下内容提出明确要求：

1）外墙饰面砖的品种、规格、颜色、图案和主要技术性能；

2）找平层、结合层、粘结层、勾缝等所用材料的品种和技术性能；

3）基体处理；

4）外墙饰面砖的排列方式、分格和图案；

5）外墙饰面砖的伸缩缝位置，接缝和凹凸部位的墙面构造；

6）墙面凹凸部位的防水、排水构造。

（4）参照 36.1.3“饰面不平整，接缝不顺直”的预防措施。

36.3.5 饰面出现“破活”，细部粗糙

1. 现象

（1）横排对缝的墙面，门窗洞口的上下；竖排对缝的墙面，门窗洞口的两侧；阳角以及墙面明显部位的板块出现非整砖（“破砖”）。阴角或其他次要部位出现小于 1/3 整砖宽度的板块。

（2）同一墙面的门窗洞口，与门窗平面相互垂直的内侧周边的面砖块数不等，宽窄不

一，切割不一。

（3）外廊式的走廊墙面与楼板底（顶棚抹灰）接槎部位的面砖不水平、不顺直，板块大小不一（或最顶一行的板块一头大、一头小）。梁柱接头阴角部位和梁底、柱顶的板块"破活"多，或一边大、一边小。墙面与地面（或楼面）接槎部位的饰面砖不顺直，板块大小不一或"吊脚"（与地面或楼面有很大的空隙）。

（4）墙面阴阳角、室外横竖线角（包括阳台、窗台、雨篷、腰线）不方正、不顺直；墙面阴角、室外横竖线角的饰面砖出现"破活"，或阴角部位出现一行"一头大、一头小"的饰面砖；阴角部位出现干缝（即"瞎缝"，影响勾缝防水和观感）、粗缝、双缝或压接不当（参见图 36-14 和图 36-23）。套割不吻合，缝隙过大，墙裙凸出墙面，厚度不一致，滴水线不顺直，流水坡度不正确，倒淌水甚至滴水线（槽）突然消失。

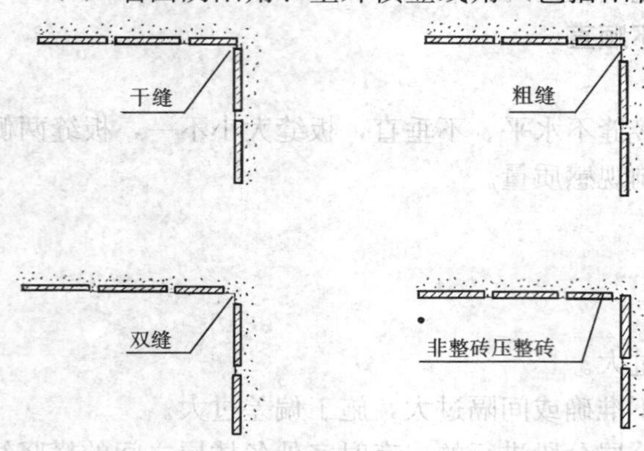

图 36-14　外墙砖竖向阴角部位砖缝疵病示意图

（5）非整砖切割边不齐整、破损，釉面崩角，切割边呈犬牙状。

2. 原因分析

（1）粘贴工程无专项设计，施工心中无数。

（2）主体结构或找平层几何尺寸偏差过大，如果找平层挂线、贴饼、冲筋以及面砖粘贴标线（宜使用水平仪、经纬仪）均挂小麻线，容易受风吹动和自重下挠的影响；如果檐口长度大，厚度小，而滴水线或滴水槽的截面尺寸更小；如果檐口边线几何尺寸偏差大，而面砖的规格尺寸是个定数，粘贴要求横平竖直，形成矛盾。如果基体（基层）尺寸偏差大，要保证滴水线的功能和截面尺寸，面砖就难免到处切割；若要饰面砖横平竖直，则滴水线（槽）的截面尺寸和功能难以保证。

（3）施工无预见性，门窗框安装标高、腰线标高不考虑与大墙面的砖缝配合，窗台、雨篷等凸出部位宽度不考虑能否整砖排版粘贴。

（4）因外墙脚手架或墙面凸出部位（雨篷、腰线等）障碍影响，各楼层之间上下不能通线（挂线）。施工时只顾本层或本施工段的横竖线角，未考虑整幢楼房从上到下的横竖线角。

（5）竖向阳角的 45°角砖，切角部位的角尖（刃脚）太薄，甚至近乎刀口；或角尖远小于 45°，粘贴时又未满挤水泥砂浆（或水泥净浆），阳角粘贴后空隙过大。竖向阳角若采用"海棠"角形式，其底胚侧面全部外露；若加浆勾缝（尤其是平缝），角缝还会形成一根粗线条，都会影响外观。详见图 36-15。

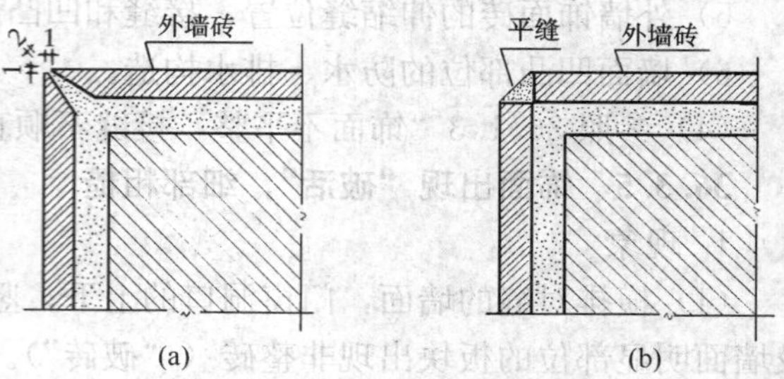

图 36-15　外墙砖竖向阳角作法
(a) 45°角砖窄缝（美观）；(b)"海棠"角加平缝（粗糙）

（6）非整砖切割粗糙，边角破损。

3. 预防措施

（1）饰面砖粘贴工程必须进行专

项设计和施工质量控制，才能避免“破活”。详见 36.3.4“饰面不平整，缝格不均匀、不顺直”的预防措施。

（2）从主体结构、找平层抹灰到粘贴施工都必须坚持“三通”。拉通大墙面三条线：室外墙皮线、室内墙皮线、各层门窗洞口竖向通线；拉通门窗三条线：同层门窗过梁底线（包括窗楣鹰嘴、雨篷等）、同层窗台线、门窗洞口立樘线（包括窗下框标高、边框在洞口的位置）。拉通外墙面凸出物三条线：檐口上下边线、腰线（及其他装饰线）上下线、附墙柱外边线。为避免风吹、意外触碰及外墙脚手架、外墙凸出物等的不利影响，“三通”线可用水平仪、经纬仪打点，绞车绷紧细铁丝。如果“三通”有保证，不但能保证墙体大面的垂直度和平整度，还能保证墙体厚度一致。只有墙体各部位的厚度一致，同一墙面的各樘门窗框安装，在洞口就位后其位置才能进出一致，洞口里的饰面砖必然块数相等。由于门窗洞口侧壁尺寸有限，即使经过各种调整，仍难免出现非整砖，此时可把非整砖的切割边藏进门窗框里 10～20mm，以掩盖切割边的缺陷，否则要认真修整切割边。门窗洞口周边是横竖线条、长短线条汇集的部位，是非整砖、“破活”、阴阳角不方正、横竖线条不顺直等质量通病的多发部位。在减少主体结构、找平层抹灰等施工偏差的基础上，窗框安装标高还要考虑与大墙面的砖缝配合，窗台、门窗、雨篷的长宽尺寸等应考虑安排整砖镶贴，尽量减免非整砖。

（3）必须注意主体结构和找平层的施工质量：找平层的表面平整度允许偏差为 4mm，立面垂直度允许偏差为 5mm。由于饰面砖施工的允许偏差和高级抹灰的质量要求相当，因此找平层的施工偏差应从严要求，大墙面、高墙面应使用水平仪、经纬仪，尽量减少基线本身的尺寸偏差，才能保证阴阳角方正，阴角部位的板块不致出现大小边；墙面凸出物套割吻合，交圈一致；滴水线顺直，流水坡度正确。

（4）由于施工偏差，外廊式的走廊墙面开间可能大小不一，梁的高度、宽度也可能不一。因此，外廊式走廊墙面的两个上部位（楼板底、梁柱节点）及大雨篷下的柱等，如果将饰面砖满贴到顶，则十分容易出现“破活”，见图 36-16（a）。一般情况，应将饰面砖粘贴至窗台或门窗顶或在梁底即止（若梁柱节点部位的梁高不一，可要求设计变更，尽量等高），见图 36-16（b）。如果饰面砖一定要满贴到顶，则要先控制走廊内同一墙面各开间的轴线位移不大于 5mm，各开间楼板底的顶棚抹灰底线必须是同一水平标高（拉 5m 线检查允许偏差为 2mm），梁柱节点的阴阳角部位必须按高级抹灰的标准要求施工，板块切

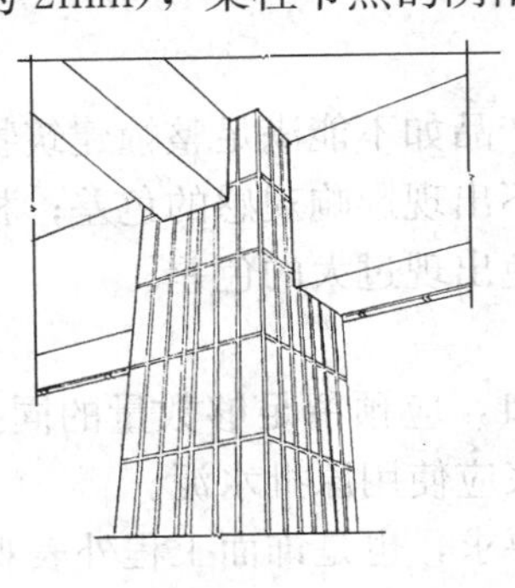

(a)

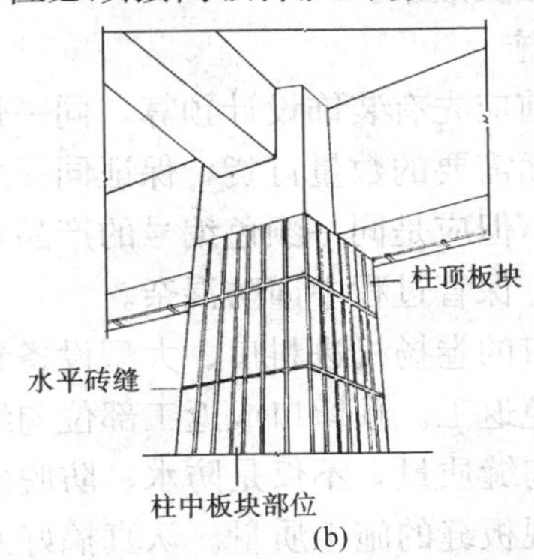

(b)

图 36-16 梁柱节点部位粘贴作法

（a）容易出现“破活”；（b）合理作法

割应略有余地，并通过磨边消除切割缺陷。此外，地面、楼面的最终标高需在饰面砖粘贴前定好（尤其有排水坡度的地面），才能使饰面砖粘贴到根，避免墙根饰面砖出现“吊脚”。

（5）竖向阳角砖切角时，为减免棱角崩损，角尖部位要留下约1mm厚刃脚，斜度要割、磨准确，宜略小于1/2阳角，才能填入砂浆。粘贴时，角尖部位应刮浆满挤，保证阳角砖缝满浆严密。约小于45°的竖向阳角，两角刃之间的砖缝里宜“夹心”嵌进1根不锈钢小圆管，使竖向阳角不致太尖锐，又可护角。因外墙砖的釉面和底胚颜色深浅不一，竖向阳角不宜采用“海棠”角形式；若采用，其角缝不宜勾缝，更不应是平缝，否则会出现“粗缝”，见图36-15。

（6）为减免板块边角缺损，应边注水边切割；非整砖切割时应略有余地，供磨边损耗，才能达到需要的尺寸和消除切割边的缺陷。忌在现场边切割边粘贴。

4. 治理方法

墙面出现“破活”、细部不细致的情况，如不严重的可局部返工处理。但返工又要注意修补部位可能出现色差。因而应重在预防，发现早，损失少。

36.3.6 饰面色泽不匀

1. 现象

面砖粘贴后，面砖与面砖、板缝与板缝之间颜色深浅不一，勾缝砂浆脱皮变色，开裂析白，致使墙面色泽不匀，影响装饰效果。

2. 原因分析

（1）同一编号（同色号）不同炉批产品的呈色有较为明显的差异，如果发生混批，就会出现影响观感的色差。

（2）不重视板缝的设计，施工板缝粘贴宽窄不一，勾缝深浅不一或使用不同的品种、批号的水泥勾缝。用水泥净浆糊缝或水泥砂浆不坚持“二次勾缝”，水泥净浆或表层浮浆最容易先开裂、后析白，或水泥浮浆表层局部脱皮。

（3）用稀盐酸清洗墙面，板缝砂浆表面被酸腐蚀，留下伤疤。

（4）“金属釉”的釉面砖（即“金光砖”）反光率好，如果粘贴的平整度差，反射的光泽零乱，加上距离远近、视线角度、阳光强弱、周围环境不同，观感（装饰效果）会有差异，甚至得出相反效果。

3. 防治措施

（1）订货前应先有装饰设计预算，同一炉批产品如不能满足整幢建筑物的需要，则应分别按不同立面需要的数量订货，保证同一立面不出现影响观感的色差；相邻立面可采用不同炉批产品，但应是同一颜色编号的产品，以免出现过大的色差。

（2）运输、保管过程中谨防混杂。

（3）后封口的卷扬机进料口、大型设备预留口，应预留足够数量的同一炉批饰面砖；精心施工，避免返工。预留口或返工部位勾缝砂浆应使用原批水泥。

（4）保证勾缝质量，不仅是防水、防脱落的要求，也是饰面工程外表观感的要求，因此必须十分重视板缝的施工质量。认真搞好专项装饰设计，粘贴保证板缝宽窄一致，勾缝保证深浅一致。不得采用水泥净浆糊缝；优先采用专用商品（水泥基）墙砖专用勾缝材料或胶粘剂作勾缝材料，并坚持“二次勾缝”，详见36.3.1“墙面渗漏”的预防措施。同一立面勾缝材料必须是同一批号材料；不应用酸洗法清洁墙面。

（5）"金属釉"的饰面砖应特别注意板块外观质量检验。重视粘贴的平整度和垂直度，并先做样板墙，经远近、视角、阴晴观察检查色差情况，与周围环境是否相衬。满意后方可大面积粘贴。

36.3.7 找平层剥离破坏

1. 现象

墙面水泥砂浆找平层与基体粘结不牢，成为"两张皮"，用小锤轻击检查，有响鼓声（严重的常伴有开裂现象）。随着时间的推移，找平层空鼓范围可能会逐渐扩大，导致面砖连同找平层成片脱落，甚至伤害人和物。

2. 原因分析

（1）基体未清理干净或表面太光滑。

（2）基体材料强度低（如轻质墙体），或因基体自身干缩变形开裂（轻质墙体尤其多见），致找平层粘结不牢。

（3）基体构造措施失当或失效，如砖墙漏放拉结钢筋，填充墙填塞不紧，致使接槎部位变形开裂，找平层局部空鼓，未设置伸缩缝。

（4）混凝土表面比较光滑，或使用含有憎水成分的脱模剂，润湿比较困难。若基体界面处理失当，如仅将混凝土基体表面凿毛，人为因素太多，常常因凿点稀疏和肤浅而使粘结失败；又如用108胶水泥细砂砂浆喷或甩到混凝土基体表面作毛化处理，但是108胶不耐水，固化成膜后仍可被水溶解，使砂浆强度降低。

（5）施工粗糙，墙体表面垂直度、平整度偏差大，使找平层总厚度超过20mm；或施工操作中，一次抹灰过厚，抹灰层下坠，空鼓开裂。

（6）水泥安定性不合格，或水泥砂浆强度低（如大量掺入黏土、石灰膏）。由于找平层养护要求较高，若使用矿渣水泥、火山灰质水泥、粉煤灰水泥等，早期强度低，加上干缩量较大，毛病更多。

（7）抹灰前基体未洒水湿润，或找平层砂浆无湿养护，找平层砂浆不能正常水化。或墙面湿润后水迹未干即行抹灰，界面间隔着一层水膜或稀浆。

（8）夏季太阳直射，墙上的水分容易蒸发，若遇湿度小、风速大的环境，水分蒸发更快，致找平层砂浆严重失水，不能正常水化，砂浆强度大幅度降低，找平层与基体形成"两张皮"。

3. 预防措施

（1）基体处理是保证室外面砖墙面质量的重要工序，应针对不同的基体采取相应的处理措施。

1）黏土砖、混凝土等墙体必须清理干净，无油污脏迹，无残留脱模剂等。抹找平层前必须提前湿润，抹灰时墙面应无水迹流淌，表干里湿。

2）砖墙基体应用水湿透后，用找平砂浆打底，木抹子搓平，隔天浇水养护。

3）混凝土基体可用界面处理剂处理，待界面剂稍收浆时，即用饰面工程"专项设计"要求的砂浆打底，木抹子搓平，隔天浇水养护；或用聚合物（如乙烯—醋酸乙烯共聚物）水泥砂浆或商品干粉砂浆做结合层，以提高界面间的粘结力。

4）基体的抗拉强度如不能保证外墙饰面砖粘结的粘结强度时，应进行加强处理；加气混凝土、轻质砌块及轻质墙板等墙体干缩量大，且抗拉强度低，不宜采用外墙饰面砖饰面，如采用，必须对基体进行加强，可采用在外墙面满钉金属网片或满贴化纤（或玻璃）丝网格布，网、布在外墙饰面缝格留设部位应断开，抹聚合物水泥砂浆（掺 EVA 乳液或商品干粉砂浆）方法进行加强处理，详见图 36-17 和 36.1.6“空鼓脱落”的预防措施。对于外墙砖，可仅在外墙面钉上纵横间距不大于 500mm 的塑料胀锚螺栓，胀锚螺栓必须加垫片，固定压紧金属网片，且应粘贴样板和进行强度检测，确保粘结强度符合设计要求。

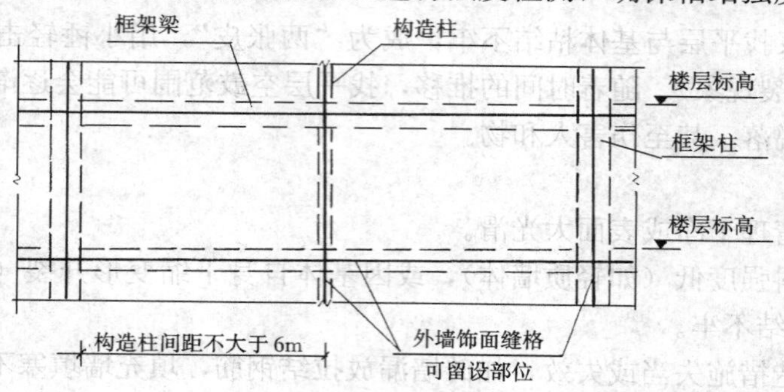

图 36-17　轻质墙体表面加强示意图

(2) 设置伸缩缝，竖直向伸缩缝可设在洞口两侧或横墙、柱轴线部位，相邻伸缩缝间距可根据各地区的气候条件确定，一般不宜超过 6m。水平向伸缩缝可设在门窗洞口上、下或楼面处。采用预制法粘贴外墙饰面的伸缩缝应设在预制墙板的接缝处。伸缩缝深度至基体表面，宽约 10～15mm。

(3) 砖墙拉结筋间距沿墙高不得少于 0.5m，填充墙必须填塞紧密。只有保证墙体构造措施，才能减少接槎部位的变形开裂。砖墙的垂直度和表面平整度允许偏差为 5mm。宜按清水墙的要求才能防止抹灰层超厚，或减少抹灰层的厚度。抹灰层总厚度超过 20mm 者，应加强抹灰层，可钉金属网并绷紧。坚持分层抹灰，每遍抹灰厚度宜为 5～7mm，并应待前一层的抹灰层终凝后，方可涂抹后一层，保证抹灰层不因自重而下坠、开裂。当室外气温高于 35℃时，应有遮阳设施，并宜避开中午施工。

(4) 各种砂浆的抹灰层，在凝结前应防止快干、水冲、撞击和振动；凝结后，应采取措施防止污染和损坏。水泥砂浆抹灰层应在湿润条件下养护不少于 7d。冬期施工抹灰砂浆应采取保温措施，涂抹时砂浆温度不宜低于 5℃。砂浆抹灰层硬化初期不得受冻。气温低于 5℃时，室外抹灰所用的砂浆可掺入混凝土防冻剂，其掺量应由试验确定。

(5) 找平层采用强度等级不低于 42.5 级硅酸盐水泥或普通硅酸盐水泥，其安定性和强度必须经复检合格。水泥砂浆配合比稠度为 50～70mm。应积极推行抹灰砂浆商品化(如预拌砂浆、干粉砂浆)。在建筑气候Ⅲ、Ⅳ、Ⅴ地区应采用具有抗渗性的找平材料，其性能应符合现行标准。

(6) 找平层的抗拉强度不应低于外墙饰面砖粘贴的粘结强度 0.4MPa，可用检测仪进行现场检验，详见 36.3.8“粘结层剥离破坏”的预防措施。

(7) 找平层施工后应有 14d 的干缩期，在粘贴前应对找平层质量进行检查，把空鼓、裂缝等问题处理好后再行粘贴。在干热气候条件下施工，抹找平层、刷防渗结合层、粘贴饰面砖三道工序可连续进行，以增强各层间结合力。

4. 治理方法

（1）找平层施工14d后，全面用小锤轻击检查，将空鼓部位画上记号。用手提电锯切去空鼓部位，剔除空鼓的抹灰层；再检查有无在切割、剔除过程中新出现的空鼓。在修补部位涂刷界面处理剂，分层修补，湿养护。

（2）拆除外墙脚手架前全面检查；使用期间定期检查饰面有无空鼓部位。

36.3.8 粘结层剥离破坏

1. 现象

面砖粘贴后，面砖与粘结层（或粘结层与找平层）砂浆因粘结力低或失效，发生局部剥离脱层，用小锤轻击检查，有响鼓声。随着时间的推移，脱层空鼓范围可能逐渐扩大，导致面砖松动脱落，甚至伤害人和物。

2. 原因分析

（1）找平层表面不干净或不够粗糙。

（2）找平层表面不平整，靠增加粘贴砂浆厚度的办法调整饰面的平整度，造成粘贴砂浆超厚，因自重作用下坠而粘结不良。

（3）粘贴前，找平层未润湿或饰面砖未浸泡，表面有积灰，砂浆不易粘结，而且干燥的找平层和面砖会把砂浆里的水分吸干，粘贴砂浆失水后严重影响水泥的水化和养护。

（4）板块临粘贴前才浸水，未晾干就上墙，板块背面残存水迹，与粘结层砂浆之间隔着一道水膜，严重削弱了砂浆对板块的粘结作用。粘结层砂浆如果保水性不好，尤其水灰比过大或使用矿渣水泥拌制，其泌水性较大，泌水会积聚在板块背面，形成水膜。如果基层表面凹凸不平或分格线弹得太疏，或采用传统的1∶2水泥砂浆粘结，砂浆水分易被基层吸收，若操作较慢，板块的压平、校正都比较困难，水泥浆会浮至粘结层表面，造成水膜。

（5）板块背面砂浆填充不饱满。

（6）夏季太阳直射，墙上的水分容易蒸发（若遇湿度小、风速大的环境，水分蒸发更快），使粘结层砂浆严重失水，不能正常水化，粘结强度大幅度降低。

（7）对砂浆的养护龄期无定量要求，板块粘贴后，找平层仍有较大的干缩变形；勾缝过早，操作时挤推板块，使粘结层砂浆早期受损。

（8）粘贴砂浆为1∶2水泥砂浆，成分单一，无粘结强度的定量要求和检验。如果水泥、砂质量不好，配合比不当，稠度过大，养护不良，则粘结力无保证。

（9）未设置伸缩缝，受热胀冷缩影响。

（10）墙体变形缝两侧的外墙砖，其间的缝宽小于变形缝的宽度，致使外墙砖的一部分贴在外墙基体上，另一部分则骑在变形缝上，受温度、干湿、冻融作用，发生空鼓脱落。

3. 预防措施

（1）找平层必须干净，无灰尘、油污、脏迹，表面刮平搓毛，并应在终凝后浇水养护，其表面平整度允许偏差为4mm，立面垂直度允许偏差为5mm。

（2）找平层应分层施工，每层厚度不应大于7mm，且应在前一层终凝后再抹后一层；找平层厚度应不大于20mm，若超过此厚度必须采取加固措施。

（3）外墙饰面砖宜采用背面有燕尾槽的产品，并安排熟练技工操作。

（4）预防板块背面出现水膜。

1）粘贴前找平层应先浇水湿润，粘贴时表面无水迹，找平层含水率宜为15%～25%。

2）粘贴前应将砖的背面清理干净，并浸水2h以上，待表面晾干后方可使用。冬期施工宜在掺入2%盐的温水中浸泡2h，晾干后方可使用。找平层必须找准标高，垫好底尺，确定水平位置及垂直竖向标志，挂线粘贴，避免因基层表面凹凸不平或弹线太疏，一次粘贴不准，来回拨动、敲击。

3）推广使用商品专用饰面墙砖胶粘剂（干混料）。

（5）找平层施工后应有14d的干缩期（包括7d湿润养护），面砖粘贴前应对找平层进行质量检查，把空鼓开裂等问题处理好。面砖粘贴完毕应先喷水养护2～3d，待粘结层砂浆达到一定强度后才能勾缝。

（6）保证粘结砂浆质量。

1）外墙饰面砖粘贴应采用水泥基粘结材料，其中包括现行标准《陶瓷墙地砖胶粘剂》（JC/T 547—2005）规定的A类及C类产品。A类由水泥等无机胶凝材料、矿物集料和有机外加剂组成的粉状产品（即干粉砂浆或干混料）；C类由聚合物的分散液和水泥等无机胶结材料、矿物集料等组成的双包装产品，上述均属聚合物水泥砂浆。外墙饰面砖粘贴不得采用有机物作为主要粘结材料。

2）水泥基粘结材料应符合现行行业标准《陶瓷墙地砖胶粘剂》（JC/T 547—2005）的技术要求，并按现行标准《建筑工程饰面砖粘结强度检验标准》（JGJ 110—2008）的规定，在试验室进行试配、制样、检验，粘结强度应不小于0.6MPa。为保证质量，宜采用经检验合格的专用商品聚合物水泥干粉砂浆。大尺寸的外墙砖，应采用经检验合格的“加强型”聚合物水泥干粉砂浆，使有更高的粘结强度。

3）水泥基粘结材料应采用普通硅酸盐水泥或硅酸盐水泥，其性能应符合现行国家标准的技术要求，强度等级不应低于42.5级的硅酸盐水泥和普通硅酸盐水泥。水泥基粘结材料中采用的砂，应符合现行标准要求。

（7）饰面砖粘贴施工操作要求。

1）在外墙饰面砖工程施工前，应对找平层、结合层、粘结层及勾缝、嵌缝所用的材料进行试配，经检验合格后方可使用。优先采用水泥基专用商品材料。

2）面砖接缝的宽度不应小于5mm，不得采用密缝粘贴。缝深不宜大于3mm，也可采用平缝。

3）面砖宜自上而下粘贴，粘结层厚度宜为4～8mm。

4）在粘结层初凝前或允许的时间内，可调整面砖的位置和接缝宽度，使之附线并敲实；在初凝后或超过允许的时间后，严禁振动或移动面砖。

5）施工应在日最低气温0℃以上。当低于0℃时，必须有可靠的防冻措施。当高于35℃时，应有遮阳设施，并宜避开中午施工。

（8）检验饰面砖背面粘结砂浆的填充率（饱满度），在粘贴外饰面砖施工期间，每天检验一次，每次检验两块砖。如饰面砖为50mm×50mm以上的正方形砖时，填充率应大于60%；如为60mm×108mm以上的长方形砖时，填充率应大于75%。在抽检的两块饰面砖中，如都能达到规定的填充率即为合格；如两块或其中1块的填充率没有达到规定的填充率时，即判为不合格。此时应再剥离10块饰面砖，如10块砖的填充率全部达到规定，即将剥离下来的砖重新粘贴上；如10块砖中，有1块砖的填充率没有达到规定，则这一天所粘贴的饰面砖要全部返工。

(9) 外墙饰面砖粘贴前和施工过程中，均应在相同基层上做样板件，并对样板件的饰面砖粘结强度进行检验，其检验方法和结果判定应符合检验标准规定。可用手摇式加压的饰面砖粘结强度检测仪进行现场检验，如图36-18，粘结强度同时符合以下两项指标时可定为合格：

1) 每组试样平均粘结强度不应小于0.4MPa；

2) 每组可有1个试样的粘结强度小于0.4MPa，但不应小于0.3MPa。

当两项指标均不符合要求时，其粘结强度应定为不合格。

(10) 面砖墙面应设置伸缩缝，伸缩缝应采用柔性防水材料嵌缝。竖直向伸缩缝可以设在洞口两侧与横墙、柱相对应的部位；水平向伸缩缝可以设在洞口上、下或与楼层对应处。伸缩缝宽度可根据当地的实际经验确定。墙体变形缝两侧粘贴的外墙饰面砖，其间的缝宽不应小于变形缝的缝宽（图36-19）。因装饰美观的需要，或调整排版方案，使之减免非整砖，或方便施工，在伸缩缝之间还可增设分格缝，参见36.3.4“饰面不平整，缝格不均匀、不顺直”的预防措施。伸缩缝或分格缝太宽会影响美观，其合适宽度可先做样板对比确定，一般宜为10mm左右。

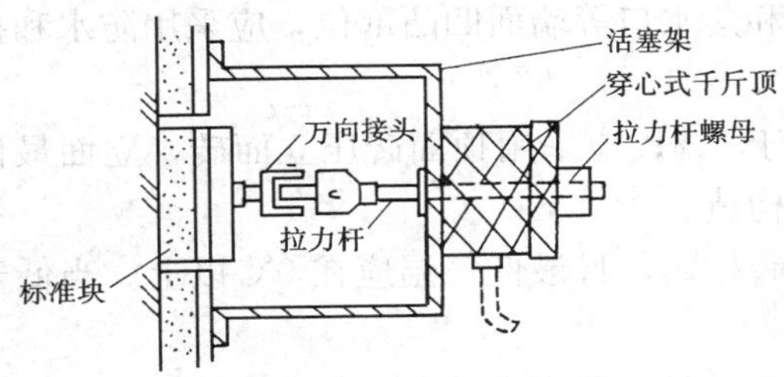

图36-18 饰面砖粘结强度检测示意图

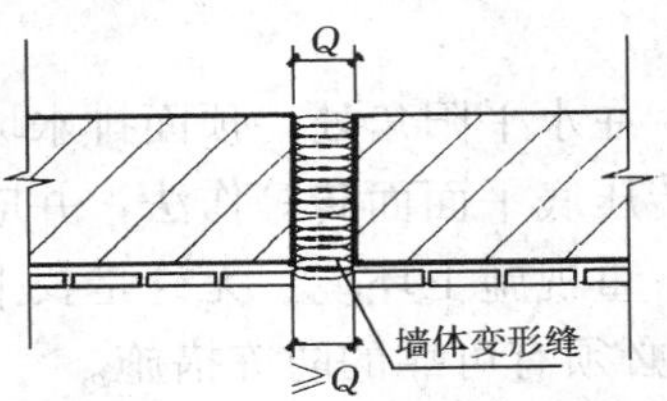

图36-19 变形缝两侧排砖示意

4. 治理方法

(1) 发现空鼓不合格的部位应返工重做。

(2) 在使用期间定期检查，及早发现，及时处理。已拆除外墙脚手架的检验，可借助载人吊篮进行。

36.3.9 面砖墙面冻融破坏

1. 现象

室外面砖墙面受冻融作用，出现空鼓开裂、松动脱落或板块表面变色、爆皮、裂纹、风化剥落，严重影响外观，还可能伤害人和物。

2. 原因分析

(1) 外部环境水或雨雪渗入。冬季，渗入的水分在粘结层、找平层部位结冰冻胀；春天融化，冻融作用使砂浆结构变松，粘结力削弱甚至破坏。

(2) 基层的水泥砂浆强度太低，水泥过期失效，砂含泥量过大，搅拌砂浆时水泥用量过少，抹灰前砖墙未浇水。用素水泥浆粘贴面砖。素水泥浆没有骨料，干缩性、脆性大、粘结力小，是造成脱落的一个原因。

(3) 板缝对接不良，雨雪入侵。出现整块脱落的工程，多是发生在饰面砖密缝粘贴的墙面上，而离缝粘贴并满勾缝的外墙面砖则不脱落或少脱落。女儿墙檐口、雨篷、窗台、阳台栏板等具有上平面和水平阳角的部位以及水落管出水口的下部等易发生问题，主要原因是角部板缝对接不良，上平面易积存雨雪水，这些水分渗入缝隙中，经热胀冷缩和冻融循环，面砖便开始脱皮、脱落。

(4) 饰面砖吸水率过大。釉面面砖是多孔材料，由于毛细管的作用，水会被吸到砖坯中去，水在0℃以下时结冰，体积增大。釉面砖越密实，吸水率就越小或不吸水，就可能不产生冻害。反之吸水率越大，冻害就越严重。

(5) 不重视施工环境。当室外气温低于0℃时，无可靠的防冻措施，致使砂浆上墙后冻结，不能正常水化。

3. 预防措施

(1) 保证找平层、粘结层砂浆质量，详见36.3.7“找平层剥离破坏”和36.3.8“粘结层剥离破坏”的预防措施。

(2) 保证板缝、基层防水质量，详见36.3.1“墙面渗漏”的预防措施。

(3) 所用饰面砖在Ⅰ、Ⅵ、Ⅶ区，吸水率不应大于3%，在Ⅱ区吸水率不应大于6%。在Ⅲ、Ⅳ、Ⅴ区及冰冻期一个月以上的地区，吸水率不宜大于6%。在Ⅰ、Ⅵ、Ⅶ区，冻融循环应满足50次；在Ⅱ区，冻融循环应满足40次。

(4) 对窗台、檐口、装饰线、雨篷、阳台和落水口等墙面凹凸部位，应采用防水和排水构造。

(5) 在水平阳角处，顶面排水坡度不应小于5%；应采用顶面砖压立面砖，立面最低一排面砖压底平面面砖等作法，并应设置滴水构造。

(6) 重视施工环境。无论是找平层或是面砖粘贴，日最低气温应在0℃以上。当低于0℃时，必须有可靠的防冻措施。

(7) 加强成品保护。特别是拆除脚手架，有时碰出裂痕或碰去一角，成为雨水渗入的渠道，留下冻融隐患。所以应格外注意，一经碰损须及早更换。

4. 治理方法

室外面砖墙面发生冻融损坏后，要搞清楚损坏出自找平层、粘结层、板缝还是板块材质问题，然后对症下药进行维修。维修之后，表面喷涂有机硅防水剂或其他无色护面涂料。

36.3.10　墙面污染

1. 现象

饰面板块在运输存放过程中出现外侵颜色。饰面粘贴之后，墙面出现析白流挂、铁锈褐斑、电焊火花灼伤。建筑物使用之后，墙面出现污渍脏物。

2. 原因分析

参照36.1.7“墙面污染”和36.3.1“墙面渗漏”的相关内容。

3. 预防措施

(1) 饰面砖进场检验，无论是哪个气候区都必须严把吸水率和表面质量关。否则污染侵入坯体之后，去污困难，成为永久性的污染。

(2) 由于工种不同、管理不严等原因，从脚手架和室内向外乱倒脏水、垃圾；电焊时，饰面无防护遮盖，任由电焊火花灼伤饰面砖等情况相当普遍，必须坚决阻止这种野蛮施工。

(3) 门窗、雨篷、窗台等由于找坡不顺，雨水从两侧流淌至墙壁上。因此，上述部位排水找坡必须保证雨水从正前方排出；为防止雨水从两侧流出，可加设小“灰埂”挡水。

4. 治理方法

(1) 未上墙的板块，被污染的颜色浅且污染面不大者，可用30%浓度的草酸液体泡洗，或表面涂抹商品专用防污剂（液），可去除污渍和防止污渍的渗透。

(2) 未上墙的板块污染严重者，要用双氧水（H_2O_2）泡洗。经实践证明，一般被污染的建材经12～24h后就可见效，再用清水淋洗干净。通过强氧化剂氧化褪色的饰面砖，不会损伤建材光泽。也可在表面涂抹商品专用防水剂（液）。

(3) 对施工期间出现的水泥浆和析白流挂，可采用草酸清洗。先初步铲除饰面墙上的硬结垢，用钢丝刷和水先行洗刷墙面，为减轻酸腐蚀，应让勾缝砂浆饱水，然后用滚刷蘸5%浓度的草酸水对污染部位进行滚涂处理，再用清水和钢丝刷洗净。如一次不理想，可进行多次。

(4) 对使用期间出现的析白流挂和脏渍可采用盐酸或溴酸清洗。先初步铲除饰面墙上的硬结垢后，用钢丝刷和水对面砖表面进行刷洗，为减轻酸腐蚀，应让勾缝砂浆饱水，然后滚刷稀盐酸或溴酸（浓度约3%～5%），其在墙面停留的时间一次不超过4～5min，使泛白物溶解，最后用清水冲洗干净。但酸洗方法有下述（有害）副作用，应尽量避免。盐酸不仅会溶解泛白物，而且对砂浆和勾缝材料等水泥硬化物也有侵蚀作用，造成表面水泥硬膜剥落，光滑的勾缝面被腐蚀成粗糙面，甚至露出砂粒；如果盐酸浸透到面砖的背面，就无法再清除掉。为预防稀酸入侵板缝和板背，酸洗前应先用清水湿饱墙面，酸洗后及时用清水冲洗墙面，并防止稀盐酸溅到铁制品上造成锈蚀。因此，酸洗法应逐渐淘汰。

(5) 参照36.1.7“墙面污染”的治理方法。

36.3.11 无釉面砖墙面污染，砖面析白

室外无釉面砖（外墙砖）墙面污染和砖面析白的现象、原因分析、预防措施和治理方法详见36.3.2“板缝析白流挂”和36.3.10“墙面污染”的相关内容，并注意以下几点。

(1) 由于板块表面相对比较粗糙和多孔，施工过程中极易受污染，而且清洗比较困难。为防止施工操作污染，必须使用干净的白棉纱头及时擦净水泥浆污染，而且必须强调成品保护和及时清除施工污染（时间越长，清洗越难）。对已干燥结垢的水泥浆或$Ca(OH)_2$、$CaCO_3$污染，可用细砂纸或220号、250号油石手工轻轻磨去结垢。不宜采用酸洗，以防表面变色。

(2) 由于无釉面砖多孔、透水性好，粘贴砂浆析出的氢氧化钙$Ca(OH)_2$不仅会从板缝析出，还会从板块表面析出，变成白色碳酸钙$CaCO_3$，墙面出现一片花白；又由于板块表面相对比较粗糙和多孔，清洗困难，因此必须重在预防：

1) 粘贴施工时，必须搭设防雨篷布，防止雨水入侵，宜自上而下粘贴，避免来自外部的水分入侵和施工污染。

2) 用水泥基料的专用商品胶粘剂满粘板块，板缝宽约5mm，但不勾缝。还要清除挤压至板块周边外的砂浆，使板缝成为良好的排水通道。

3) 如设计需要勾缝，则墙面粘贴完毕，需待全墙面喷涂有机硅等无色透明护面剂后，才能拆除防雨篷布。

4）对板块预先进行防水处理。若用有机硅乳液浸泡板块，板背很光滑，会影响粘结力，可参考36.1.1“板块长年水斑”的预防措施。

5）散水坡施工水泥浆时，为防其对墙面的污染，可将墙根部位已粘贴的面砖预先刷白灰膏等，待散水坡施工完毕再清洗墙根，有一定效果。但是白灰膏对无釉面砖（以及无釉锦砖、玻璃锦砖等）表面还是能侵入，这时可留下墙根部位约1.5m高的面砖（锦砖）待散水坡施工完毕再行粘贴。散水坡与墙根之间的变形缝宽度，应加上饰面层的厚度（为预防“吊脚”，饰面可少许藏入散水坡）。填嵌散水坡变形缝时，应在墙根部位贴上不干胶纸带（分色纸带），预防嵌缝料（多用改性沥青类材料）对墙面的污染。

36.4　室外陶瓷锦砖（陶瓷马赛克）墙面

陶瓷锦砖又称“陶瓷马赛克”，是传统的墙面装饰材料。单块尺寸有矩形、正方、菱形、不规则多边形等。陶瓷锦砖外形规格薄而小，质地坚实，经久耐用，色泽多样，耐酸、耐碱、耐磨，不渗水，抗压力强，易清洗，吸水率小，不易碎裂，在常温下(±20℃)无开裂现象。产品分无釉面和有釉面两种，无釉产品多为“小方”锦砖，由于价格相对高于玻璃马赛克，装饰效果又不如玻璃马赛克，已逐渐被“小方”玻璃马赛克取代；有釉面产品多为“大方”锦砖，价格稍高，但装饰效果较好，它仍是由多块小砖用牛皮纸拼贴成联，其粘贴方法仍属锦砖。“大方”锦砖吸水率相对较大，应选择合适的聚合物干混料作粘贴材料，并通过现场试验确定。陶瓷锦砖是外墙饰面砖中的一个种类，其许多质量通病都与外墙砖墙面相似。而比之石材板块、外墙砖等，陶瓷锦砖单块尺寸显得特别小，要同粘在其上的牛皮纸整联粘贴，板缝多如密网，同时，陶瓷锦砖切割比较困难，许多质量通病都与其特点密切相关。陶瓷锦砖粘贴可按下列工艺流程施工：处理基层→抹找平层→刷结合层→排砖、分格、弹线→粘贴锦砖→揭纸、调缝→清理表面。

36.4.1　墙面渗漏

现象、原因分析、预防措施和治理方法参照36.3.1“墙面渗漏”和36.3.3“门窗框周边渗漏”的相关部分内容。

36.4.2　饰面不平整，缝格不均匀、不顺直

1. 现象

陶瓷锦砖粘贴后，墙面凹凸不平，板块接缝不水平，不垂直；接缝大小不一，联与联之间的“线路”（锦砖单块之间）错缝，联与联之间的接缝明显大于或小于线路。其特有疵病“分联”（联与联之间分缝明显）最为影响外观。

2. 原因分析

（1）陶瓷锦砖单块尺寸小，粘结层厚度小（3～4mm）。每次粘贴一联。如果找平层表面平整度和阴阳角方正偏差稍大，一张牛皮纸上十数块（或数十块）单块就不易调整找平。如果用增加粘结层厚度的方法找平面层，则陶瓷锦砖粘贴之后，由于粘结层砂浆厚薄不一，饰面层很难拍平，同样会产生不平整现象。

（2）陶瓷锦砖单块尺寸小，板缝多如密网。每联之内，有十几个锦砖单块（甚至几十个单块），如果材料外观质量不合格，靠揭纸之后再拨正板缝，难度很大，效果未必好。因此，联与联之间的接缝宽度必须等同线路宽度，否则，联与联之间也会出现板缝大小不

均匀、不顺直现象。

（3）脚手架大横杆（平杆）步距过大，头顶部位操作困难，视角有限；或间歇施工缝留在大横杆附近（甚至紧挨脚手板），操作、视线困难增多。

（4）参见36.3.4“饰面不平整，缝格不均匀、不顺直”的原因分析。

3. 防治措施

（1）找平层质量保证详见36.3.4“饰面不平整，缝格不均匀、不顺直”的预防措施。同时，粘贴前还要在找平层上贴灰饼（厚度为3～4mm，间距为1.0～1.2m），使粘结层厚度一致。为保证粘结层砂浆抹得厚薄一致，宜用梳齿泥抹刀（齿状铲刀）将之梳成条纹，如图36-20所示。

（2）陶瓷锦砖进场后，其几何尺寸偏差必须符合要求，抽样检验不合格者坚决退货。在现场开箱检查，不仅增加现场工作量，而且也无法解决每联锦砖内单块尺寸偏差、线路宽度偏差过大等同题。此外，逐箱检查，还可能弄皱、弄破牛皮纸，或受潮损坏，造成新的尺寸偏差。

（3）按饰面工程专项设计（详见36.3.4“饰面不平整，缝格不均匀、不顺直”）的要求进行排版，弹线施工。锦砖粘贴总体工艺流程是从上而下；每个施工段，则由下而上。先在找平层上用墨线弹出每一联锦砖的水平和竖向控制线，联与联之间的接缝宽度应与“线路”宽度相等，才能使分格缝（或伸缩缝）内的锦砖联与联之间的连接浑然一体，如图36-21。如果联间接缝宽度与线路宽度大小不一，则联间接缝线条明显“分联”，有如一块块补疤，严重影响外观。

（4）为方便操作，脚手架步距不应大于1.8m（宜为1.6m）；粘贴时的间歇施工缝宜留设在脚手板面约1.0m高的部位，特别注意用靠尺检查间歇施工缝部位的锦砖平整度，拉线检查水平缝，及时发现问题并处理。

（5）对要求较高的公共建筑，宜采用“大方”锦砖墙面。

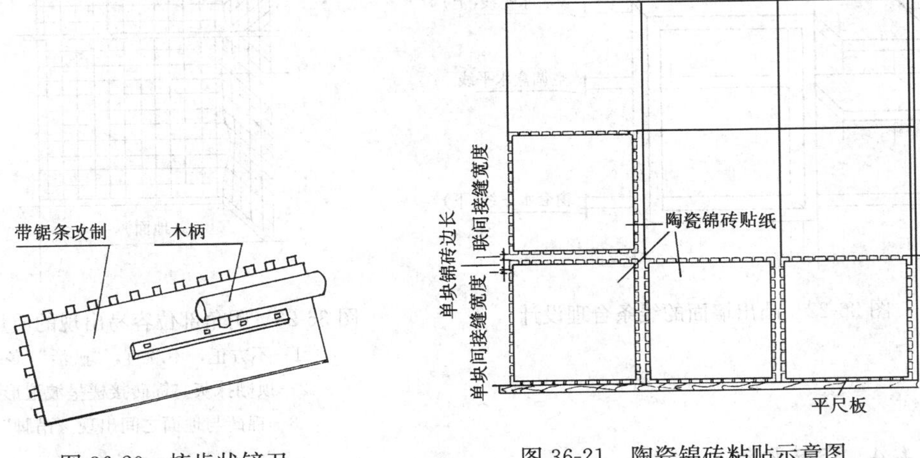

图36-20 梳齿状铲刀

图36-21 陶瓷锦砖粘贴示意图

36.4.3 墙面出现“破活”，细部粗糙

现象、原因分析、预防措施和治理方法参见36.3.5“饰面出现‘破活’，细部粗糙”的相关部分内容。根据陶瓷锦砖特点，应注意以下几点。

（1）石材板块和面砖粘贴，不但可以适当调整伸缩缝（或分格缝）的宽度，还可适当调整板块之间的接缝宽度；板块的数量越多，调整的余地就越大，从而可使石材板块、面砖等减免非整砖或“破活”。而锦砖的线路宽度在工厂生产时已定，联与联之间的接缝宽度必须等同线路宽度，都不能调整；与石材板块、面砖等相比，其调整余地限制较多。能供锦砖墙面调整的只有伸缩缝（或分格缝）的间距和缝宽的适当增减，以及找平层抹灰厚度的适当增减，但总的调整余地不大。

（2）饰面工程专项设计应从主体结构的尺寸和标高抓起。容易出现非整砖“破活”的部位如大墙阴角、附墙柱、腰线、檐口、门头的雨篷和门窗套、窗台等，如果待主体结构完成之后才进行饰面工程设计，其时建筑立面的大尺寸（如层高、各种凸出墙面的线角标高和长度）已成定局，饰面粘贴排版其细部标高和长度往往难与单块锦砖的模数相吻合，调整起来顾此失彼，难免出“破活”。因此，从主体结构、找平层施工就应考虑其正面、侧面、上下都能安排单块整砖粘贴，并有节点细部构造大样图。当有多条装饰线交汇时，更要仔细考虑。总的要求是凸出大墙面的横竖线角其上下线、左右线都必须考虑与大墙面锦砖缝的横竖线条相重合，如图 36-13 和图 36-22。

（3）阴角部位容易出现质量问题（图 36-23）。因此阴角除要求方正和顺直外，还要注意锦砖的安排，当非整单块情况不可避免时，应在找平层抹灰时就预留空位；非整单块可不切割，而将多余部分藏进阴角找平层内（或门窗框内），避免切割困难或造成锦砖破碎。

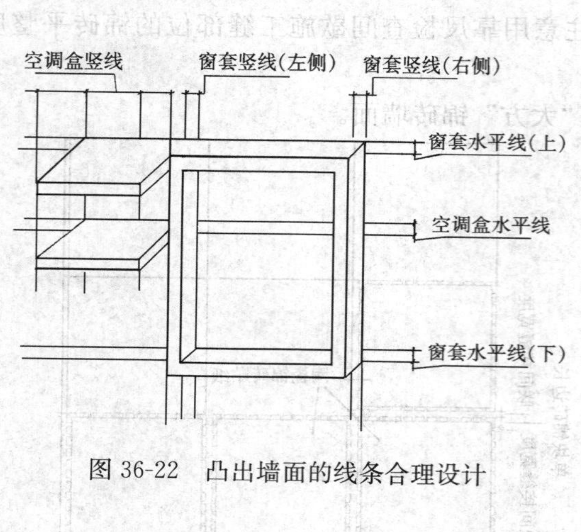

图 36-22　凸出墙面的线条合理设计

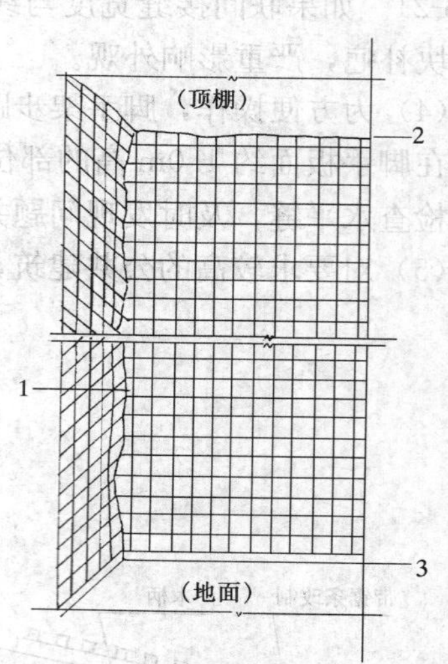

图 36-23　阴角部位容易出现的质量问题
1—不方正，不顺直，“破活”多；
2—顶棚抹灰与锦砖接槎呈波浪形；
3—锦砖与地面之间出现“吊脚”

36.4.4　空鼓脱落

陶瓷锦砖空鼓脱落的现象、原因分析、预防措施和治理方法详见 36.3.7“找平层剥离破坏”、36.3.8“粘结层剥离破坏”和 36.3.9“面砖墙面冻融破坏”的相关部分内容。陶瓷锦砖面层粘贴后，要用拍板靠放在已贴好的面层上，用小锤敲击拍板，满敲均匀，使面层粘结牢固和平整，然后刷水将护纸揭去，检查陶瓷锦砖灰缝平直和大小情况，将弯扭的砖缝用开刀拨正调直，再用小锤敲击拍板拍平一遍，以达到表面平整为止。陶瓷锦砖粘贴后，揭纸拨缝时间应控制在1h内，如果揭护纸时间过早，饰面会因冲水后自重下坠；揭护纸时间过晚，粘结砂浆已收水，拨缝调直会引起面层空鼓掉粒。正确方法如下。

（1）揭纸：陶瓷锦砖贴完后，过20～30min（粘结材料初凝前）或按聚合物干混料使用说明书规定的时间，便可用软毛刷在纸面上刷水湿润。湿透后将纸揭下。纸面揭下后，如有残余的纸毛和胶，还应用毛刷蘸水将其刷掉再用棉纱擦干净。揭纸时应轻轻地往下揭，用力方向与墙面平行，切不可与墙面垂直，直着往下拉，以免将陶瓷锦砖拉掉，如图36-24所示。

（2）拨缝：牛皮纸揭掉后，应检查陶瓷锦砖的缝隙是否均匀，有无歪斜和掉块过深的现象。用开刀插入缝内，用铁抹子轻轻敲击开刀，使陶瓷锦砖边棱顺直，凡经拨动过的单块均需用铁抹子轻压，使其粘贴牢固，先调整横缝，再调整竖缝。最后把歪斜的小块起掉重贴，把掉块补齐。印进墙面较深的揭下来重新贴好。

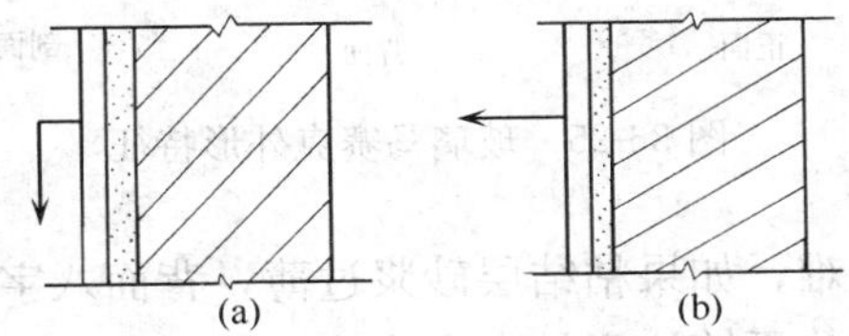

图36-24　揭纸用力方向
(a) 正确方向；(b) 错误方向

（3）擦缝：拨好缝隙后待终凝结束后，按设计要求，在粘贴好的陶瓷锦砖表面上，用素水泥浆或白水泥浆或掺好颜色的水泥浆用铁抹子把缝满刮平刮严，稍干后用棉纱将表面擦拭干净。

36.4.5　色泽不匀，墙面污染

现象、原因分析、预防措施和治理方法详见36.3.6“饰面色泽不匀”和36.3.11“无釉面砖墙面污染，砖面析白”的相关内容。

36.5　室外玻璃马赛克（玻璃锦砖）墙面

玻璃马赛克又名玻璃锦砖，是一种小规格的、与陶瓷锦砖相似的饰面玻璃制品，是以各种颜色的玻璃用压延法（亦称熔融法）加工而成；或用烧结法以废玻璃为主，加上工业废料或矿物废料、胶粘剂和水等，经压块、干燥（表面染色）、焙烧、退火加工而成。玻璃马赛克具有各种颜色，有透明、半透明、不透明及镀金或银斑点、线条等多种。玻璃马赛克类似陶瓷锦砖，如单块尺寸小，板缝多如密网，切割困难，具有陶瓷锦砖的质量通病。由于它是玻璃制品，板块不吸水，板底比较光滑，材料透明度高，容易破碎（切割更困难），其质量通病又与玻璃材料性质有关。

36.5.1　墙面渗漏

现象、原因分析、预防措施和治理方法详见36.4.1“墙面渗漏”的相关部分内容。

36.5.2　饰面不平整，缝格不均匀、不顺直，砖块缺棱掉角

1. 现象

（1）在阳光照射下，目测表面平整度差，呈微波形。

（2）玻璃马赛克在缝格两侧排列不整齐。砖缝之间玻璃马赛克高低不平、歪扭、斜缝。

（3）缺棱掉角的单块玻璃马赛克较多。

2. 原因分析

参照 36.4.2“饰面不平整，缝格不均匀，不顺直”的原因分析。根据玻璃马赛的特点尚有下列原因造成。

（1）玻璃马赛克表面有光泽，反光性能好。若粘贴平整度差，反射的光线零乱，在阳光照射下会更显得墙面不平整。

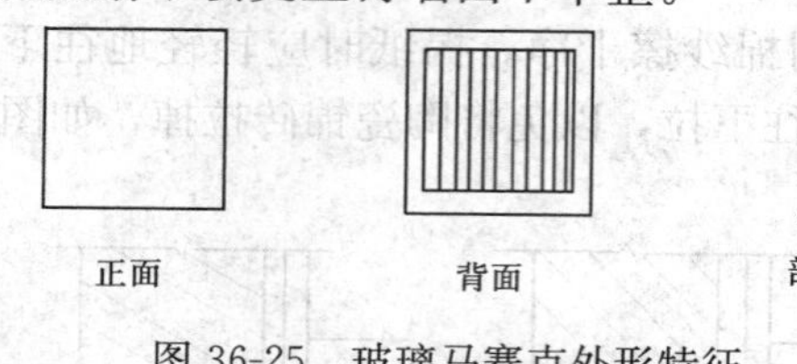

图 36-25　玻璃马赛克外形特征

（2）陶瓷锦砖背面及侧面都整齐方正，粘贴后较易拍平拍实。但玻璃马赛克露明面大，粘结面小，且背面呈凹形和带有棱线条，四周边呈斜角面，见图 36-25。又由于玻璃材料透明度高，不吸水，表面光滑，不易粘贴，边角部位易缺棱掉角，所以在外墙粘贴时比之陶瓷锦砖施工困难，如果粘结层砂浆过薄，背面八字缝中砂浆填抹不匀，粘贴后拍平拍实不匀，或敲拍次数不够，容易产生表面不平整，玻璃马赛克歪扭、空鼓、脱落、颜色深浅不一等质量问题。

（3）玻璃马赛克产品尺寸偏差较大，缺楞掉角也较多。外观缺陷和理化性能不合格的产品，粘贴时更容易拍碎。玻璃材料脆性大，抗拉强度低，若找平层开裂，玻璃马赛克容易顺着找平层裂缝而开裂。

3. 防治措施

参照 36.4.2“饰面不平整，缝格不均匀、不顺直”的预防措施。根据玻璃马赛克的特点，尚应注意以下各点。

（1）找平层的平整度应比粘贴陶瓷锦砖的要求更高，才能保证玻璃马赛克墙面的平整度，经得起阳光照射的考验。

（2）抹粘结层砂浆的厚度应比粘贴陶瓷锦砖墙面时稍厚一些，以 4～5mm 为宜。在玻璃马赛克背面抹刮的粘结层应均匀填满八字缝隙，表面仅留薄薄一层浆液，起结合作用。敲拍时，墙面上粘结砂浆应挤满玻璃马赛克背面有棱线条凹面和挤严八字缝，表面就易拍平。相反如果墙面粘结砂浆抹得过薄，而玻璃马赛克背面粘结砂浆抹得较厚，表面就不易拍平。为保证粘结砂浆厚薄一致，宜用梳齿混抹刀（齿状铲刀）将之梳成条纹，见图 36-20。

（3）材料质量必须符合规定，拒绝使用不合格产品。为减少质量通病，对要求较高的建筑立面宜采用“大方”马赛克粘贴。

36.5.3　墙面出现“破活”，细部粗糙

现象、原因分析、预防措施和治理方法详见 36.4.3“墙面出现破活，细部粗糙”的相关部分内容。

36.5.4　空鼓脱落

现象、原因分析、预防措施和治理方法参见 36.4.4“空鼓脱落”的相关内容。根据玻璃马赛克材料特点，其原因和预防措施还有以下几点。

（1）玻璃马赛克材料不吸水，表面光滑不易粘贴，如果粘结层砂浆使用不当，和易性不好，粘贴敲拍不匀，次数不够，粘贴不牢固，可引起面层空鼓掉粒。

（2）粘结砂浆应优先使用经检验合格的专用商品胶粘剂（聚合物干混料），以改善砂

浆的和易性，增加玻璃和基层的粘结力。玻璃马赛克面层粘贴后，敲拍次数要比粘贴陶瓷锦砖时适当增加，使粘结砂浆挤严玻璃马赛克背面的凹面和八字形侧面缝隙，达到粘贴牢固。

（3）饰面完成后的次日，应喷雾湿养护不少于7d。盛夏应遮盖施工。

36.5.5 色泽不匀，墙面污染

1. 现象

玻璃马赛克粘贴后，表面色泽深浅不一；墙面在施工或使用期间出现脏污。

2. 原因分析

（1）详见36.3.6“饰面色泽不匀”的原因分析。

（2）玻璃马赛克表面有光泽，粘贴时平整度差，反射光泽零乱，影响美观。

（3）玻璃马赛克呈半透明，使用粘结层砂浆颜色不一致，贴好后透底出来的颜色也深浅不一，甚至会出现一团一团不均匀的颜色。

（4）门窗框周边及预留洞口，工作量小而烦琐，又处于施工后期，找平层施工才1～2d（甚至当天）往往即行粘贴，致使找平层上的普通水泥分子扩散、渗透到白水泥粘结层上，不久玻璃马赛克板缝部位便出现深浅不一的灰青色斑（或色带），且清洗不掉。

（5）片面追求粘贴速度，玻璃马赛克揭纸后，墙面撒干水泥吸水，使白水泥干粉粘附在饰面上，刷水和擦缝时又未能将之清理干净。日后，饰面出现一片片的花白，若经风雨淋洗，花白还会扩散。

（6）擦缝时满涂满刮，水泥浆将玻璃马赛克晶体毛面填满，擦洗不干净、不及时而失去光泽。

（7）施工时用脏污的棉纱头擦拭玻璃马赛克表面，使玻璃马赛克和接缝砂浆都受到污染。雨天施工还可能受其他脏水污染。

3. 预防措施

（1）详见36.3.6“饰面色泽不匀”的预防措施。

（2）粘贴玻璃马赛克基层的平整度要求应比陶瓷锦砖高，在各道工序操作中都应该注意做到这一点。

（3）除深色的玻璃马赛克可用普通水泥砂浆粘贴外，其他浅色或彩色的玻璃马赛克均应使用白水泥或用白水泥色浆粘结。砂子最好也用80目的石英砂，这样就不致影响浅色玻璃马赛克饰面的美观。

（4）找平层施工后，不应过早粘贴玻璃马赛克。它需要一个水化和干缩龄期，以及空鼓、开裂的暴露龄期。如工期需要，也不宜少于5d（最好有14d龄期）；仅防污染，也不宜少于3d。

（5）玻璃马赛克揭纸后，不得用水泥干粉吸水，否则不但会留下“花白”，还会降低粘结层的粘结力。

（6）擦缝时应仔细在板缝部位涂刮，不能在表面满涂满刮；掌握好擦缝时间。当玻璃马赛克颗粒不出现移位，灰缝不出现凹陷，表面不出现条纹时，即为擦缝的最佳时间。擦缝要沿玻璃马赛克对角方向来回清擦，才能保证灰缝平滑饱满，不出现凹缝和布纹。擦完缝后，应用干净的棉纱及时将表面灰浆擦洗干净，以免污染和失去光泽。为防铁锈对白水泥的污染，“大方”马赛克勾缝宜用铝线或铜线。

（7）预防散水坡施工时的水泥浆污染，详见 36.3.11“无釉面砖墙面污染，砖面析白”的预防措施（2）。

4. 治理方法

参见 36.1.7“墙面污染”和 36.3.1“墙面渗漏”的治理方法。

墙面受水泥浆污染，要及时并一次性地彻底擦拭干净。若水泥浆已凝固，可用细砂纸或 220 号、250 号油石用手工轻轻磨去结垢，不宜酸洗。因玻璃马赛克表面容易被酸洗的脏水污染，砂浆表面容易受酸的侵蚀，失去光泽而变色，影响美观。

36.6　室内瓷砖（内墙砖）墙面

瓷砖（内墙砖）正面挂釉是用瓷土或优质陶土煅烧而成，属陶质砖。瓷砖（内墙砖）的结构由两部分组成，即坯体和表面釉彩层。表面挂釉可获得各种色彩，因为是氧化钛、氧化钴、氧化铜等高温煅烧，所以颜色稳定，经久不变。内墙砖的耐酸、耐污染、硬度等性能都比较好。可用于室内墙面，如卫生间、厨房、走道、试验室、医院等。由于内墙砖是由多孔坯体烧成，所以收缩率极小，可生产面积较大的产品，但吸水率大（≥10%），耐候性能差，在长期与空气的接触过程中，特别是潮湿的环境中使用，会吸收大量水分而产生湿膨胀现象。由于釉的吸湿膨胀非常小，当坯体湿膨胀的程度增长到使釉面处于张应力状态，应力超过釉的抗张强度时，釉面发生开裂。如果用于室外，经长期冻融，更易出现剥落掉皮现象。因此，瓷砖（内墙砖）不应用于室外墙面。

36.6.1　用水房间墙壁泛潮

1. 现象

浴室、厕所、厨房等用水房间及蓄水池等因为用水、水蒸气、冷凝水、卫生洁具、穿墙管道渗漏等原因，墙体吸收水分后渗透、蒸发，致使墙体未贴瓷砖的另一面出现明显的水迹或泛潮，损坏装修材料又影响美观。

2. 原因分析

（1）与普通不用水房间同样设计，对墙面无防水要求。

（2）参见 36.3.1“墙面渗漏”的原因分析。

（3）采用轻质墙体或墙体构造措施不当，墙体变形开裂，拉裂找平层、防渗层（甚至拉裂瓷砖）。

（4）墙面找平层施工质量差（如空鼓、开裂、强度低），或无防渗处理。蹲台、隔板、洗手盆等与墙体接槎的阴角部位未先作防水处理。

（5）施工管理落后，穿墙管道无预留孔洞、预埋管，现划现凿，损坏墙体、找平层、瓷砖。穿墙管道渗漏（尤其接头在墙内）。

（6）传统的密缝粘贴，形成“瞎缝”，板缝几乎无法塞进砂浆，仅在板缝表面用水泥擦平缝，板缝仍是渗漏通道。

3. 预防措施

（1）《建设工程质量管理条例》关于建设工程最低保修期限规定，“有防水要求的卫生间、房间和外墙面的防渗漏，为 5 年”。对用水房间，设计应明确找平层、防渗层的材料和质量要求，并有关键部位的细部大样图。

(2) 参照 36.3.1“墙面渗漏”和 36.3.7“找平层剥离破坏”的预防措施。

(3) 施工必须认真落实墙体构造措施，尤其是拉结筋、构造柱等。轻质墙体必须先作加强处理。

(4) 确保墙面找平层、防渗层质量。蹲台、隔板、洗手盆等与墙体的接槎部位的找平层、防渗层的防水工序必须先做好。

(5) 穿墙管道应预埋套管，管道的接头不得设置在墙内。不宜使用铸铁管、镀锌管，应使用塑料管。

(6) 采用离缝法粘贴瓷砖，板缝宽约 2.0mm，见图 36-26 (a)，可增强板缝的防水能力。阴角部位打卫生间专用商品防水防霉密封胶。由于水泥砂浆的干缩及其与瓷砖接槎部位界面粘结力有限，以及墙体、找平层可能发生变形，板缝砂浆的防水能力是有限的。因此，防水的关键是保证找平层及找平层表面的防渗层质量。瓷砖板缝只有采用柔性水泥嵌缝料或瓷砖专用填缝剂（内含高性能合成乳液，适用于小活动量板缝），嵌缝才有防水功能。

(7) 瓷砖与门窗框接缝部位应预留宽约 5mm 的凹槽，填嵌卫生间专用防水防霉密封胶，见图 36-26 (b)。

(8) 为保护室内装修（如壁纸、木板、墙漆等），与用水房间紧紧相邻的房间，其墙面找平层和防渗层质量应保证同用水房间。

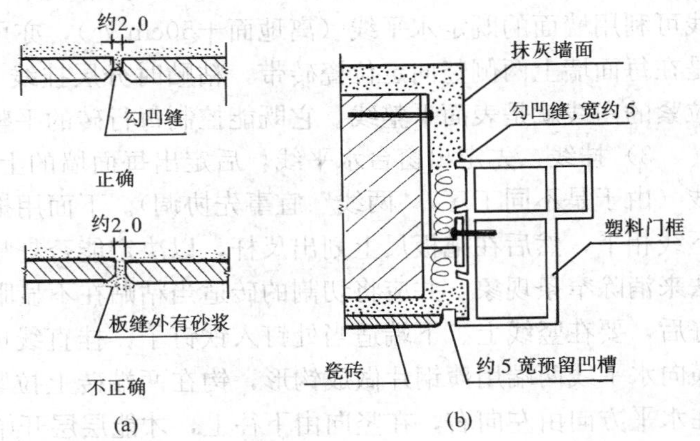

图 36-26 卫生间瓷砖墙面节点示意
(a) 瓷砖板缝；(b) 门框与瓷砖接缝

4. 治理方法

用水房间墙壁如出现渗漏、泛潮，应先查明原因，采取相应措施。市场上目前已有各种补漏材料和专业队伍，一般处理可在阴角部位补打卫生间专用的防水防霉密封胶。如无效，可全面喷涂有机硅憎水剂，详见 36.3.1“墙面渗漏”的治理方法。如果瓷砖粘贴工程总体较差，上述方法不能根治，可局部返工处理。也可以在不贴瓷砖的另一面进行背水面防渗处理，视室内装修情况，可分别采用涂抹或喷洒对混凝土具有渗透结晶型的防水材料，或涂刷水泥基聚合物防水涂料、丙烯酸涂料等成膜防水材料，宜请专业队伍进行专门治理。但如果找平层空鼓、砂浆强度低劣（起粉、起砂），则背涂不起作用。

36.6.2 饰面不平整，缝格不顺直

1. 现象

瓷砖墙面粘贴后，墙面凹凸不平，瓷砖板缝错位明显，板缝横竖线条不顺直。

2. 原因分析

(1) 瓷砖饰面无专项设计，盲目施工。

(2) 瓷砖外观尺寸偏差较大。

(3) 墙体、找平层不平整、不垂直。

（4）采用传统的密缝粘贴方法，板缝砂浆嵌填困难，一部分板缝有砂浆，一部分无砂浆，粘贴面积越大，板缝的积累偏差也越大。

3. 防治措施

（1）根据房间主体结构实际尺寸进行瓷砖饰面工程专项设计（包括墙面排砖和细部设计大样图）。

（2）进场瓷砖的外观质量必须符合《陶瓷砖》（GB/T 4100—2006）的规定。

（3）墙体找平层的质量参见 36.3.7“找平层剥离破坏”的预防措施。

（4）根据专项设计要求施工。

1）弹竖线：对室内粘贴瓷砖的每一个墙面均应用墨斗弹出竖线，在弹线之前应先检查每面墙的平整度及室内净空尺寸，定出瓷砖粘结层厚度（宜为 6～7mm）。按瓷砖尺寸加设计要求的砖缝宽度，粘贴墙面两侧竖向定位瓷砖带，然后以此作标准线逐皮挂线粘贴瓷砖。

2）弹水平线及表面平整线：这是保证饰面层横平竖直、表面平整的关键措施。水平线可利用墙面的既定水平线（离地面＋50cm 处），亦可用水准仪划出水平线。表面平整线是在每面墙上两侧竖向定位瓷砖带，粘贴时分层挂线（白线），用薄钢片钩住拉紧，这条拉紧的白线就是表面平整线，它既能控制每行砖的平整度，也能控制每行砖的水平度。

3）挂线：先定出窗台水平线，后定出每面墙的上下两端线，即顶棚抹灰底线和地面线（由于是不同工序，“两线”宜事先协调）。下面用拖板尺垫平、垫牢，使它和墙面底砖下线相平，然后在拖板尺上划出尺杆，以决定能否赶整砖。如赶不上，应用割两块砖的办法来消除窄条现象，并应将切割的砖适当粘贴在不显眼部位，使墙面砖比较整齐。尺杆定好后，要在竖线上、下端适当处钉入铁钉子，挂直线成为竖向表面平整线。表面平整线、横向水平线两端用薄钢片做成钩形，钩在两端砖上拉紧使用。两线挂好后，经检验无误，在水平方向由左向右，在竖向由下往上，才能层层开始粘贴瓷砖。可采用弹墨线的方法施工，墙面平整度则用贴灰饼的方法控制，灰饼间距约 1.5m。粘贴时用齿状铲刀（图 36-20）将板块背面的砂浆梳成条状。

（5）设计要求密缝法施工时，色泽不同的瓷砖应分别堆放，挑出翘曲、变形、裂纹、面层有杂质等缺陷的瓷砖。在挑选瓷砖时，还应做一个按瓷砖标准尺寸的“口”形木框，钉在木板上，进行大、中、小分类，先将瓷砖从“口”形的木框开口处塞入检查，取出后转向 90°再塞入开口处检查，两次检查后即可分出标准尺寸、大于标准尺寸和小于标准尺寸三类，分类堆放。同一类尺寸者应用于同一房间或同一面墙上，以做到接缝均匀一致。

（6）宜采用离缝法粘贴，将板缝宽度放宽至约 2.0mm。这样，选砖、板缝防水、板缝横平竖直问题都能得到较好解决。瓷砖勾缝线条宽度 2mm 左右（实际勾缝宽度可能会略大于板缝宽度），与外墙勾缝宽度 5mm 左右相比，美观效果好，消除了密缝法粘贴的一系列弊病。

36.6.3　墙面出现“破活”，细部粗糙

1. 现象

立面主要部位出现非整砖，门窗周边、高低曲折的饰面部位瓷砖切割块数过多，出现细部手工粗糙、“破活”多、套割不吻合、缝隙过大等问题，严重影响观感质量。

2. 原因分析

（1）参见 36.3.5“饰面出现破活，细部粗糙”的原因分析。

（2）瓷砖饰面工程无专项设计，细部无节点大样图；大面积粘贴之前无样板间，盲目施工，问题发现太晚。

（3）墙面凸出物、管线穿墙部位用碎砖粘贴，瓷砖切割无合适的专用工具。

（4）先安装管道后粘贴瓷砖，管道的支、托架及穿墙位置未能合理安排，最后只好将瓷砖碎割粘贴墙面，出现较多“破活”。

（5）先粘贴瓷砖后安装管道，管道支、托架及穿墙无专用钻孔工具，靠手锤打凿，使套割尺寸过大，不吻合，又使墙面瓷砖受到振动产生开裂、空鼓。

（6）开关、插座套割出现尺寸过大，开关、插座面板盖不上，露黑边。

3. 防治措施

（1）参照 36.3.5“墙面出现‘破活’，细部粗糙”的预防措施。

（2）瓷砖饰面工程应有专项设计和样板间。

（3）门窗洞口尽量安排整砖，减少切割。为减少切割，尽量减少非整砖，有时可在窗台（或窗台下）、门窗过梁等适当部位，插入宽度较窄的、不同色调的装饰腰线。里外都在室内的门窗可按室外面砖粘贴排版方法，适当调整门窗框上下左右位置，减免非整砖。

（4）高低曲折的饰面应尽量减少切割。楼梯间墙裙常见的排砖方法是竖缝排列，其在与楼梯踏步接槎部位和与栏杆扶手平行的斜线部位都要切割，如图 36-27（a）；其缺点是切割太多，而且切割边线在楼梯踏步接槎部位不易吻合。改成图 36-27（b）的方法，每一踏步切割砖只需一块；休息平台与楼梯踏步接槎部位的墙裙切割量也可减少。

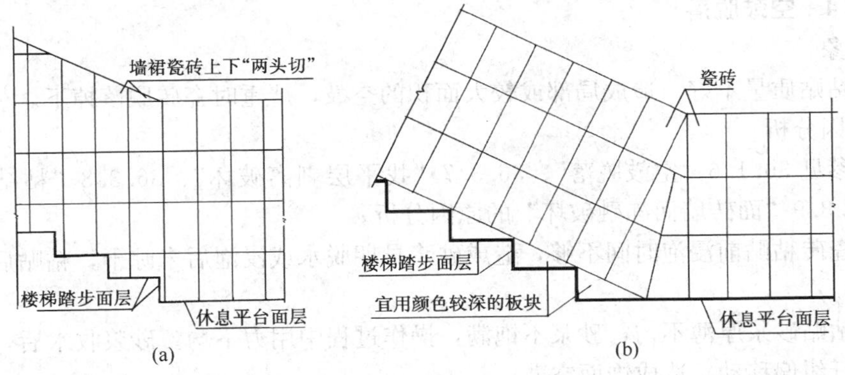

图 36-27　楼梯间墙裙瓷砖排砖方法

（a）竖缝排列；（b）改进作法

（5）在有洗脸盆、镜框的墙面，应以洗脸盆、镜框为中心，往两边排砖，阳角部位要排成整块砖，排不成整块砖的留在阴角。为了墙面整齐美观，非整砖宽度不宜小于 1/3 整砖宽度，为消除小于 1/3 的窄条砖，也可考虑多割 2～3 块；对于尺寸小的房间，一眼就能同时看到两端阴角，其非整砖宜对称布置在墙面两端的阴角部位。浴盆、水池等上口和阴阳角部位，宜使用配件砖。

（6）墙面凸出物，管线穿过的孔洞、槽盆、管根、管卡等部位不得用碎砖粘贴，应用整砖上下左右对准孔洞套划好，套割吻合，凸出墙面边缘的厚度应一致。粘砖前，应确定管道及支、托架大概位置，在粘贴到管道支托架位置时，预留上下或左右的两块瓷砖。按施工图将管道的垂直或水平中心线延长投影到瓷砖墙面上，使投影线处于两块瓷砖的竖缝或水平缝上。

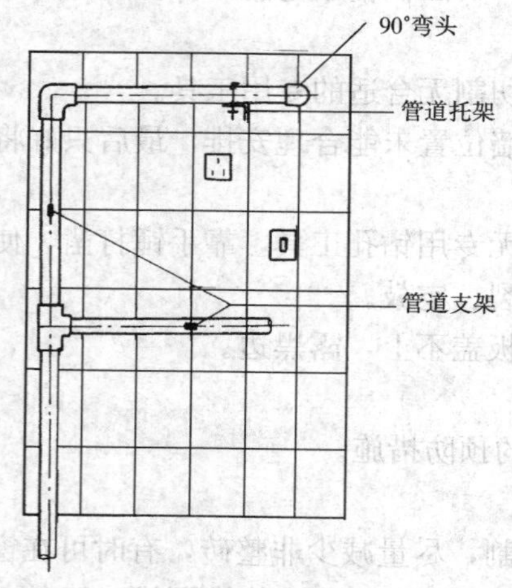

图 36-28　支托架及穿墙管道部位瓷砖套割粘贴示意图

根据投影到两块瓷砖的竖缝或水平缝上的线确定管道穿墙及支、托架位置。在安装管道支、托架后，按照支、托架的厚度及穿墙管道的直径，从上下或左右方向量出距瓷砖边缘的距离，最后按此尺寸套割瓷砖粘贴，见图 36-28。

(7) 根据使用功能和美观要求，瓷砖如无须一贴到顶的，则尽量贴至窗台、门窗过梁、梁底部位为止，参见 36.3.5“饰面出现‘破活’，细部粗糙”的预防措施（4）。

(8) 为防止饰面出现“吊脚”，在墙面粘贴之前就应预先定好楼面（或地面）线，地面板块宜压墙根板块。

(9) 配齐各种用途的切割工具，避免切割边出现“犬牙”破碎或歪斜，切割边宜藏进找平层或被整砖压边。否则，板块切割边应留有余量，然后在砂轮上磨边修正。钻小圆孔、开大圆洞应采用金刚石钻孔机，复杂图形可用“水刀”，在安装管道后用专门的盖套掩饰开洞部位的缺陷。

36.6.4　空鼓脱落

1. 现象

瓷砖粘贴质量不好，造成局部或较大面积的空鼓，严重时瓷砖脱落掉下。

2. 原因分析

(1) 参见 36.1.6“空鼓脱落”、36.3.7“找平层剥离破坏”、36.3.8“粘结层剥离破坏”和 36.3.9“面砖墙面冻融破坏”的原因分析。

(2) 瓷砖粘贴前浸泡时间不够，造成砂浆早期脱水或浸泡后未晾干，粘贴后产生浮动自坠。

(3) 粘贴砂浆厚薄不匀，砂浆不饱满，操作过程中用力不均。砂浆收水后，对粘贴好的瓷砖进行纠偏移动，造成饰面空鼓。

(4) 粘贴砂浆质量差。采用传统的密缝粘贴，板缝无砂浆。

(5) 瓷砖本身有隐伤，进场验收把关不严。

3. 预防措施

(1) 参见 36.1.6“空鼓脱落”、36.3.7“找平层剥离破坏”、36.3.8“粘结层剥离破坏”和 36.3.9“面砖墙面冻融破坏”的预防措施。

(2) 进场瓷砖质量应符合国家标准要求。瓷砖粘贴前，必须清洗干净，用水浸泡到瓷砖不冒泡为止，且不少于 2h，待表面晾干后方可粘贴。没有浸泡或浸泡时间不够的瓷砖，与砂浆粘结性能差，而且吸水性大，粘结砂浆中的水分会很快被瓷砖吸收掉，造成砂浆早期失水；表面有水迹的瓷砖，粘贴时容易产生浮动自坠，都会导致饰面空鼓。

(3) 瓷砖粘结砂浆厚度一般应控制在 6～10mm（宜为 6～7mm）左右，过厚或过薄均易产生空鼓。为改善砂浆的和易性，提高操作质量，掺用水泥重量3%的108胶水泥砂浆，和易性和保水性均较好，易于保证粘贴质量。但是，108胶不耐水，固化成膜后仍可被水溶解，不宜在用水房间使用。为提高瓷砖粘贴质量，宜使用经检验合格的商品聚合物水泥专用胶粘剂，如“瓷砖胶粉”，详见表36-1。

（4）施工顺序为先墙面、后地面；墙面由下往上分层粘贴，先粘墙面砖，后粘阴角及阳角，其次粘压顶，最后粘底座阴角。在分层粘贴程序上，应用分层回旋式粘贴法，即每层瓷砖按横向施工：墙面砖→阴阳角→墙面砖→阴阳角→墙面砖等。这种粘贴方法，能使阴阳角紧密牢固。

（5）当采用水泥砂浆粘结层时，粘贴后的瓷砖可用小铲木把轻轻敲击；瓷砖粘贴20min后，切忌挪动或振动。当采用108胶水泥砂浆粘结层时，可用手轻压，并用橡皮锤轻轻敲击，使其与基层粘结密实牢固。每贴好一行砖后，应及时用靠尺板横向靠平，竖向靠直，偏差部位用小铲木把轻轻敲平，并及时校正，避免在粘结砂浆收水后再进行纠偏移动，造成空鼓和墙面不平整。遇粘贴不密实缺灰时，应取下瓷砖重新粘贴，不得在砖口处塞灰，防止空鼓。

（6）离缝粘贴瓷砖，板缝可以嵌进水泥净浆（或水泥砂浆），有助于预防瓷砖空鼓脱落，用经检验合格的商品专用嵌缝材料，效果更佳。

4. 治理方法

空鼓脱落的瓷砖，可取下重贴。为不影响使用，宜采用聚合物预混型（膏状）化学胶粘剂点粘粘贴，详见表36-1。

36.6.5 板块开裂、变色、墙面污染

1. 现象

（1）瓷砖运输保管不慎，出现黄渍。

（2）瓷砖墙面使用几年后，普遍发现瓷砖裂纹、变色。裂纹按材性分有釉面层裂、砖坯裂；裂纹形状有单块线条裂和几块通缝裂、冰炸纹裂等多种。

（3）使用期间，墙面出现污渍脏物。

2. 原因分析

（1）参见36.3.10“墙面污染”的原因分析。

（2）瓷砖运输保管过程中遇雨水，受草绳、纸箱等有色液体污染。

（3）瓷砖质量不好，材质松脆，吸水率大，其抗拉、抗压、抗折性能均相应下降，由于瓷砖吸水率和湿膨胀大，因此产生内应力而开裂，详见图36-29。

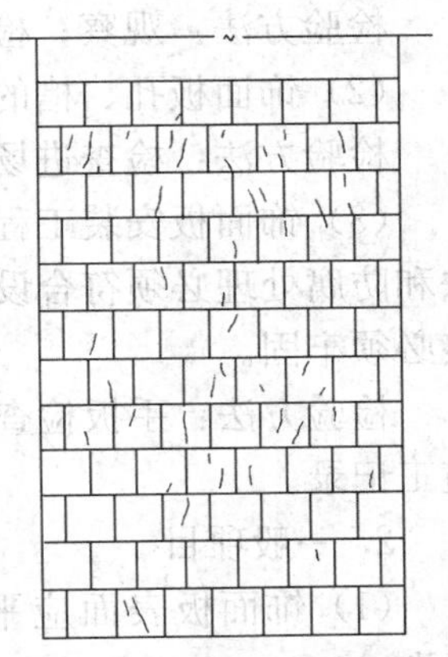

图36-29 卫生间瓷砖裂纹实例示意

（4）瓷砖在运输、操作中造成隐伤，加上湿膨胀应力作用，出现裂纹。

（5）瓷砖材料质地疏松，施工前浸泡不透；粘贴时，粘结砂浆中的浆水或不洁净水从瓷砖背面进入砖坯内，并从透明釉面上反映出来，造成瓷砖变色。

（6）轻质墙体未加强处理，因墙体干缩开裂引发瓷砖开裂。

（7）瓷砖质量差，油污、有色液体甚至苔藓等侵入瓷砖的

坯体内部。

3. 预防措施

（1）材料进场应严格把关。使用的瓷砖（特别是用于高级装修工程上的瓷砖），应选用材质密实、吸水率小、质量好的瓷砖，以减少裂纹产生。

（2）粘贴前瓷砖一定要用水浸泡透，将有隐伤的仔细挑出，并尽量使用和易性、保水性较好的砂浆粘贴（如商品专用胶粘剂）。操作时不要大力敲击砖面，防止产生隐伤，并随时将瓷砖面上的砂浆擦拭干净。

（3）参见 36.3.10“墙面污染”的预防措施。

（4）轻质墙体应作加强处理，详见 36.1.6“空鼓脱落”的预防措施（7）和 36.3.7“找平层剥离破坏”的预防措施（1）。

4. 治理方法

（1）详见 36.3.10“墙面污染”的治理方法。

（2）目前已有各种专用瓷砖清洗剂或防污液，可根据使用房间（卫生间或厨房）的污染性质选择不同的洗涤材料。

（3）稀盐酸（5%～10%）对清除瓷砖釉面上的脏污有效，但是，由于酸对板缝砂浆有侵蚀作用，造成板缝表面水泥硬膜剥落，被腐蚀成粗糙面。因此酸洗时应先用清水湿透板缝砂浆；酸洗完毕，立即用清水洗净墙面。酸洗法应逐渐淘汰。

（4）厨房、卫生间使用年久后，原来的瓷砖（内墙砖）容易出现老化。旧法是铲除重新粘贴。现在已有瓷面翻新涂料，它能快速硬化成陶瓷质的层面。具有耐磨损、无放射性、抗紫外线、施工简便等特点，可使旧瓷砖重放光彩，费用仅为铲旧重新粘贴费用的1/4～1/3。

附录 36 饰面板（砖）工程质量标准及检验方法

一、饰面板安装工程

1. 主控项目

（1）饰面板的品种、规格、颜色和性能应符合设计要求，木龙骨、木饰面板和塑料饰面板的燃烧性能等级应符合设计要求。

检验方法：观察；检查产品合格证书、进场验收记录和性能检测报告。

（2）饰面板孔、槽的数量、位置和尺寸应符合设计要求。

检验方法：检查进场验收记录和施工记录。

（3）饰面板安装工程的预埋件（或后置埋件）、连接件的数量、规格、位置、连接方法和防腐处理必须符合设计要求。后置埋件的现场拉拔强度必须符合设计要求。饰面板安装必须牢固。

检验方法：手扳检查；检查进场验收记录、现场拉拔检测报告、隐蔽工程验收记录和施工记录。

2. 一般项目

（1）饰面板表面应平整、洁净，色泽一致，无裂痕和缺损。石材表面应无泛碱等污染。

检验方法：观察。

（2）饰面板嵌缝应密实、平直，宽度和深度应符合设计要求，嵌填材料色泽应一致。

检验方法：观察；尺量检查。

（3）采用湿作业法施工的饰面板工程，石材应进行防碱背涂处理。饰面板与基体之间的灌注材料应饱满、密实。

检验方法：用小锤轻击检查；检查施工记录。

（4）饰面板上的孔洞应套割吻合，边缘应整齐。

检验方法：观察。

（5）饰面板安装的允许偏差和检验方法应符合附表36-1的规定。

饰面板安装的允许偏差和检验方法 **附表36-1**

项次	项目	允许偏差（mm）							检验方法
		石材			瓷板	木材	塑料	金属	
		光面	剁斧石	蘑菇石					
1	立面垂直度	2	3	3	2	1.5	2	2	用2m垂直检测尺检查
2	表面平整度	2	3	—	1.5	1	3	3	用2m靠尺和塞尺检查
3	阴阳角方正	2	4	4	2	1.5	3	3	用直角检测尺检查
4	接缝直线度	2	4	4	2	1	1	1	拉5m线，不足5m拉通线，用钢直尺检查
5	墙裙、勒脚上口直线度	2	3	3	2	2	2	2	拉5m线，不足5m拉通线，用钢直尺检查
6	接缝高低差	0.5	3	—	0.5	0.5	1	1	用钢直尺和塞尺检查
7	接缝宽度	1	2	2	1	1	1	1	用钢直尺检查

二、饰面砖粘贴工程

1. 主控项目

（1）饰面砖的品种、规格、图案、颜色和性能应符合设计要求。

检验方法：观察；检查产品合格证书、进场验收记录、性能检测报告和复验报告。

（2）饰面砖粘贴工程的找平、防水、粘结和勾缝材料及施工方法应符合设计要求及国家现行产品标准和工程技术标准的规定。

检验方法：检查产品合格证书、复验报告和隐蔽工程验收记录。

（3）饰面砖粘贴必须牢固。

检验方法：检查样板件粘结强度检测报告和施工记录。

（4）满粘法施工的饰面砖工程应无空鼓、裂缝。

检验方法：观察；用小锤轻击检查。

2. 一般项目

（1）饰面砖表面应平整、洁净，色泽一致，无裂痕和缺损。

检验方法：观察。

（2）阴阳角处搭接方式、非整砖使用部位应符合设计要求。

检验方法：观察。

（3）墙面突出物周围的饰面砖应整砖套割吻合，边缘应整齐。墙裙、贴脸突出墙面的厚度应一致。

检验方法：观察；尺量检查。

（4）饰面砖接缝应平直、光滑，填嵌应连续、密实，宽度和深度应符合设计要求。

检验方法：观察；尺量检查。

（5）有排水要求的部位应做滴水线（槽）。滴水线（槽）应顺直，流水坡向应正确，坡度应符合设计要求。

检验方法：观察；用水平尺检查。

（6）饰面砖粘贴的允许偏差和检验方法应符合附表 36-2 的规定。

饰面砖粘贴的允许偏差和检验方法　　**附表 36-2**

项　次	项　　目	允许偏差（mm）		检验方法
		外墙面砖	内墙面砖	
1	立面垂直度	3	2	用 2m 垂直检测尺检查
2	表面平整度	4	3	用 2m 靠尺和塞尺检查
3	阴阳角方正	3	3	用直角检测尺检查
4	接缝直线度	3	2	拉 5m 线，不足 5m 拉通线，用钢直尺检查
5	接缝高低差	1	0.5	用钢直尺和塞尺检查
6	接缝宽度	1	1	用钢直尺检查

37 建筑涂饰工程

建筑涂料是主要应用于建筑物的内、外墙面，顶棚、地面以及建筑物有关部件和构件等的装饰，并兼具有保护功能以及其他特种功能的饰面材料。建筑涂料以水性涂料为主，内墙和顶棚所用涂料几乎全部为水性涂料。根据国家有关的产业政策，内墙和顶棚涂料的主导产品为合成树脂乳液涂料。外墙涂料中水性涂料和溶剂型涂料均有应用，但在用量上以水性涂料为多，在质量上则以溶剂型涂料取胜。地面涂料目前尚以溶剂型涂料为主。但现在水性环氧改性水泥地面涂料的研究与应用发展也很快。建筑构、配件用涂料则主要是溶剂型涂料。

建筑涂料涂装后，通过涂膜的颜色、质地和纹理等特征，使被涂装对象给人以美感；建筑涂料经涂装后形成了一层完整的保护膜，避免了被涂装物件直接与大气接触，避免受紫外光和各种腐蚀性因素的作用而起到保护作用；不同的功能性建筑涂料除了装饰、保护作用外，还能够赋予被涂装物以特种功能，例如吸声、防结露、反射隔热、防水、防静电、防腐蚀、防火、防霉等功能。

建筑涂料经涂装后，涂膜的各种性能会随着时间延长而降低，即产生老化作用，因而应当定期维修或翻新，以保证其各种功能作用。

37.1 溶剂型建筑涂料工程

以溶剂型树脂为成膜物质，以有机溶剂为分散介质，并使用相应溶剂型涂料用助剂制备的涂料称为溶剂型建筑涂料。

溶剂型建筑涂料的基本特征是流平性好，可施工的温度范围宽，涂膜装饰效果好，物理力学性能优异，例如涂膜致密，耐水、耐腐蚀和耐老化性能好等。此外，在建筑涂料中，溶剂型涂料还有以下特征：

（1）溶剂型建筑涂料集中了各种高性能的建筑涂料，这类涂料的耐久性、耐沾污性均好，耐水、耐酸雨和耐大气中其他化学物质的腐蚀性好。例如氟树脂涂料、聚氨酯丙烯酸酯复合涂料、有机硅丙烯酸酯复合涂料和丙烯酸酯等，均比其对应的水性涂料的性能优异。

（2）溶剂型建筑涂料的性能优于同类水性类建筑涂料的性能。涂料水性化后，虽然从环保性能上来说，具有极大优势，并已经成为不可逆转的发展趋势。但就目前的技术水平来说，由于水性化使一些易溶于水的表面活性剂、增稠剂和保护胶体等留在涂料中，使得涂料的性能整体降低。

（3）溶剂型建筑涂料可以通过使用稀释剂或调整溶剂比例来满足涂料在不同气候，例如低温甚至负温、高温、高湿度等条件下的施工要求。但水性涂料则不能在负温或低温下施工，高湿度下施工也会给水性涂料性能带来一定影响。

(4) 溶剂型涂料在低温、高温下都很稳定，而水性涂料由于水在零度要结冰，其低温稳定性较差，由于水性树脂的性能原因，在常温下涂料的储存稳定性也不如溶剂型涂料。

(5) 溶剂型涂料的主要问题是环保、成本、生产、储运和使用过程中的安全问题（易燃、易爆和毒性等)。

37.1.1 腻子不干硬，卷皮、开裂、塌陷

1. 现象

(1) 油灰腻子刮涂在物面上，几天后仍柔软，不干硬、不粘结。

(2) 腻子刮到物面上后，会卷起来。

(3) 腻子发生开裂、起泡和脱落。

(4) 涂膜干后，出现腻子塌陷。

2. 原因分析

(1) 不干硬：

调配油灰腻子使用的配合比（重量比）为：石膏粉：熟桐油：水=20：7：50。其中，石膏粉和熟桐油都有干硬性，两者的重量都能够影响油灰腻子的干硬性。即配制油灰腻子时，只要有一种不合格，都可能导致油灰腻子不干硬。

(2) 卷皮：

1) 拌和腻子时，水分加得过多；

2) 被涂物面比较潮湿，刮上去的腻子粘附不牢；

3) 在底漆太光滑的平面上刮腻子。

(3) 开裂、起泡、脱落：

1) 木材尚未充分干燥；

2) 板缝粘接不严密或榫眼安装不当；

3) 施工时有大风或物面受烈日暴晒；

4) 腻子填刮得太厚；腻子中填充料过多，胶粘剂太少，腻子干燥缓慢；此外，腻子附着力差，也易造成开裂、起泡和脱落；腻子中石膏和水的用量过多，易发脆，继而开裂；配制硝基腻子时，增韧剂用量不适当，腻子干后收缩、开裂。

(4) 塌陷：

1) 头遍腻子未干就刮二遍腻子；

2) 腻子填坑时，一次用量太多，腻子干燥后收缩，引起凹陷。

3. 防治措施

(1) 不干硬：

不得使用烧过火的石膏粉。为防止使用烧过火的石膏粉而造成油灰腻子报废，可预先采取下列方法鉴别：

1) 已烧过火的熟石膏粉在调配腻子过程中一般会散发出葱臭味；

2) 将熟石膏粉加水调拌后，烧过火的熟石膏粉凝结很慢或者不凝结。

(2) 卷皮：

1) 在腻子配料中加入适量的熟桐油或清漆，即可防止卷皮，但油分不能加得太多，太多了会使腻子软瘫，没有刚性；

2) 若物面有潮气或水珠，应使用干抹布擦净；若含水量过高，应待干燥或烘干后再

批涂腻子；

3）应在上腻子之前打磨物面，并涂刷一遍红灰打底漆。

（3）开裂、起泡、脱落：

1）施工期间，避免大风和烈日暴晒；

2）按规定的配合比调配腻子，保证其胶粘性、附着力。腻子必须填刮在涂有底漆的物体表面，底漆必须充分干燥，每道腻子的厚度不得大于0.5mm，同时往返刮涂次数不能太多；

3）因木材未干而引发的裂缝，应采取措施使木制品彻底干燥或使之自然干燥，然后用胶量大的水胶腻子将裂缝填实；

4）用凿子将缝边削宽，再用有色腻子将缝隙填实补平。当板眼和榫眼松动时，先用小钉固定，再补腻子。

（4）塌陷：

1）腻子应分多次薄刮，充分干燥，逐步找平；

2）对于大洞，先用小刀将该部位的腻子全部挖出，用碎木料（屑）做成相应的形状，蘸胶液将洞补实、补平，擦净余胶，然后再补稀腻子，上颜色、涂漆。对于小洞，用小刀将该部位的漆膜刮涂，然后用虫胶漆拌老粉，并加适量的颜料调成腻子，用小刀将小洞填高，待干后用砂纸磨平，补色、涂漆。

37.1.2 底色花斑

1. 现象

在光亮透明的漆膜下显露出颜色深浅不一的斑疤。底色花斑，在透明涂饰工艺中较为常见，一般产生于底层处理工程中，是清漆常见的病态之一。

2. 原因分析

（1）基体物面上有油污、松脂疤、胶水印等未处理干净。

（2）在做露木纹的清水活时，没有将白坯上残余的腻子打磨干净；嵌过腻子的面上和木嵌过腻子的面上吸收颜色和油分不一样，涂刷后显出斑疤（腻子疤）；砂磨技术不佳，未顺木材纹理而是随意打磨。

（3）在白坯面上嵌填的虫胶漆过浓，腻子中的颜色深于底色而留有明显填疤；或涂刷时，反复多刷。

（4）在白坯面上润水粉色，木纹孔隙受到水分影响而膨胀、伸缩，引起底色花斑；在白坯面上涂刷水色，不均匀或揩擦不到均会留有痕迹，砂纸擦痕过深等经上色后也会留痕迹。

3. 预防措施

（1）除胶去污迹、白坯脱脂必须认真操作，并保持物面干燥、洁净。木制品涂油前，必须先满批腻子或抹油粉子，决不能局部补嵌。

（2）砂磨时，必须按各种物面的需求进行打磨，适当使用粗细砂纸及旧砂纸等，顺木纹有规则地进行打磨，将残余的腻子打磨干净，并露出木纹。

（3）虫胶漆的配方须按各种工序的需求配制，尤其是调制腻子的虫胶漆，不宜过浓，颜色须浅于底色。涂刷时，排笔蘸虫胶漆不能过多，涂刷要快而匀，不能重复，尤其是在仿制木纹的水色面上涂刷，更应注意。

4. 治理方法

将涂层清洗干净，按要求返工重做。

37.1.3　色泽不匀

1. 现象

色泽不匀在透明涂饰工艺和不透明涂饰工艺以及半透明涂饰工艺中均较为常见，一般产生于底色、涂色漆以及批刮着色腻子过程。

2. 原因分析

(1) 木质不均匀，对着色料吸收不一，或着色时揩擦不匀，尤其深色重复涂刷；酒色染色后色彩鲜艳，但容易发生色调浓淡不匀现象；涂过水色后，木面遭湿手触摸；或水洒，留下痕迹；操作不当，如配料不均匀，涂刷不均匀，或出现明显接槎。

(2) 在上色后的物面上批刮着色腻子，由于腻子中所含的水分多、油性少而引起白坯面上填嵌腻子的颜色深于批刮腻子。最忌在着色腻子中任意加入颜料及体质颜料，引起色漆的底漆与面漆不一。

3. 预防措施

(1) 刷水色前，可在白木坯上涂刷一遍虫胶清漆，或揩擦过水老粉后再涂刷一次虫胶消漆，以防止木材出现颜色过深及分布不匀的现象。如果局部吸收水色过多，可用干净棉纱揩淡一些。如果水色在物面不能均匀分布，有些部位甚至刷不上，可用沾有水色的排笔或棉纱擦一擦后，再行涂刷，避免在同一部位重复涂刷。涂刷完毕，不能用湿手触摸物面或遭雨水浸入。

(2) 批刮腻子中的水分须少，油性须重，底色、嵌填腻子、批刮腻子中配制的颜色由浅到深，着色腻子须一次配成，不能任意加色或加入体质颜料。在不透明涂饰工艺中涂刷色漆，须底浅面深，逐渐加深，涂刷时刷具须匀称，轻重一致。接槎口可用白布包棉花团，在漆里泡湿拧干后揩拭。

(3) 木家具涂饰宜采用树脂色浆新工艺，也可采用 XJ-1 酸固化氨基底漆代替虫胶底漆，它呈乳白色，适于涂饰淡色或本色木材，刷 2 道可代替 3 道虫胶漆，并且封闭性好；缺点是低温、高湿时，干燥速度较慢。为此，使用时应加入浓度为 2%的硫酸作硬化剂，用量为每 100g 漆里加 3～5mL；配套使用的腻子中，应避免使用能与硫酸起化学反应的材料，如大白粉、钛白粉，应使用水性染色腻子。聚氨酯漆施工，宜用稀释的聚氨酯作底漆，或用 ABC 底漆、YJ-1 酸固化氨基底漆。

4. 治理方法

透明或半透明涂饰工艺中，色泽不匀的原因属于着色腻子或底色者，应将涂层清洗干净，按预防措施要求返工重做。

37.1.4　油漆流坠

1. 现象

在垂直物体的表面，或线角的凹槽部位或铰链连接部位，一部分油漆在重力作用下发生流淌。较轻的形成串珠泪痕；严重的如帐幕下垂，形成突山的山峰状态倒影，用手摸明显地感到流坠部位的漆膜比其他部位凸出，影响漆膜外观。

2. 原因分析

(1) 油漆中加稀释剂过多，降低了油漆正常的施工粘度，涂料不能很好地附着在物体表面而流淌下坠。

(2) 涂刷的漆膜太厚，聚合与氧化作用未完成前，由于涂料的自重造成流坠。

(3) 施工环境温度过低，湿度过大；或漆质干性较慢，也易形成流坠。

(4) 使用的稀释剂挥发太快，在漆膜未形成前已挥发，造成油漆流平性能差，而形成漆膜厚薄不均；或使用的稀释剂挥发太慢，或周围空气中溶剂蒸发浓度高，油漆流动性太大，也容易发生流坠。

(5) 在凹凸不平的物体表面上涂刷油漆，容易造成涂刷不均匀，厚薄不一致，较厚部位的油漆容易流坠；物体表面处理得不彻底，有油、水等污物，油漆涂刷后不能很好地附着在物面上而自然下坠。

(6) 物体的棱角、转角或线角的凹槽部位、铰链连接部位，没有及时将这些不明显部位上的涂漆收刷，常因油漆过厚而造成流坠。

(7) 选用的漆刷太大，刷毛太长、太软；或涂刷油漆时蘸油太多，均易造成油漆涂刷厚薄不均，较厚部位自然下坠。

(8) 喷涂油漆时，选用喷嘴孔径太大，喷枪距离物面太近或距离不能保持一致；喷漆的气压太小或太大，都容易造成漆膜不均匀而自然下坠。

(9) 涂料中含重质粉料（如红丹粉、重晶石粉等）过多；搅拌不均匀，颜料研磨不均匀；颜料湿润性能不良，也会使油漆流坠。

(10) 涂刷油漆后的平面，油层较厚，未经表干即竖立放置，自然下坠。

(11) 仿铝板幕墙氟树脂涂料粘度过低，涂膜较厚；施工气温高，涂料本身干燥速度慢，在成膜过程中的流动性较大；基层表面凹凸不平，表面处理不好，含有油和水；基层的棱角和凹槽处施工时积聚的涂料过多；喷枪喷嘴距离喷涂面距离掌握得不均匀；稀释涂料时使用的稀释剂挥发速度较慢或较快。

3. 预防措施

(1) 选用优良的油漆材料和配套的稀释剂。

(2) 涂漆前，物体表面油、水等污物必须清除干净。

(3) 物体表面凹凸不平部位，应先进行处理，凸鼓部位要铲磨平整；凹陷部位应用腻子抹平，较大的孔洞要分多次找抹平整。

(4) 施工环境温度和湿度要选择适当。一般（生漆、广漆除外）以温度 15～25℃、相对湿度 50%～70%为最适宜的施工环境。

(5) 选用适宜的油漆粘度。油漆的粘度与温度有关，温度高时，粘度应小些。一般采用喷涂方法粘度要小，采用刷涂方法粘度要略大些，如喷硝基清漆为 25～30s，涂刷调和漆或油性磁漆为 40～45s。

(6) 每次涂刷油漆的漆膜不宜太厚，一般油漆应在 50～70μm，喷涂油漆应比刷涂的要薄一些。

(7) 使用喷涂方法时，选用喷嘴孔径不宜太大，空气压力应在 0.2～0.4MPa，喷枪距物体表面一般在使用小枪时为 15～20cm；大枪时为 20～25cm 较合适，并应保持一致性，喷涂时移动速度要均匀（图 37-1、图 37-2）。

图 37-1 喷枪移动轨迹示意图

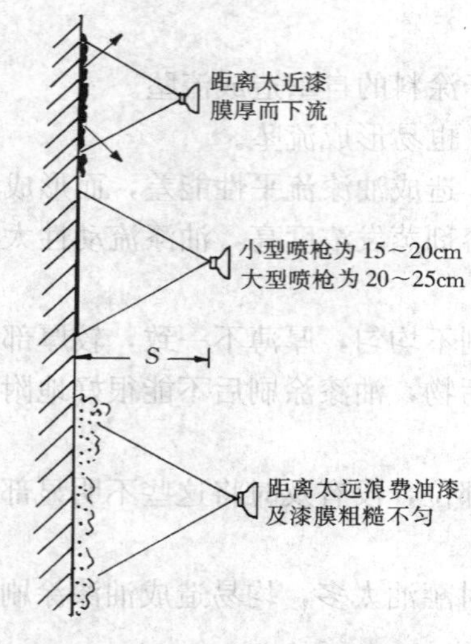

图 37-2 喷枪操作技术示意图

(8) 选择适宜的刷子，刷毛要有弹性、耐用，根粗而梢细，鬃厚口齐。刷门窗可使用50mm刷子；大面积刷涂，使用60～75mm刷子。刷面漆或粘度大的漆时，可用半口刷子（七八成新的旧刷子）；刷底漆或粘度小的漆时，可使用新刷子；涂板门或墙面时，可使用75～100mm刷子或油滚，滚涂后再理顺均匀。

(9) 涂刷操作，应先开油（塆油），再横油、斜油，最后理油（顺油），详见图37-3。理油前应在桶边将油刷内的油漆刮干净后，再将物面上的油漆上下（或顺木纹）理平整，做到油漆厚薄均匀一致，不要横涂乱抹。在线角和棱角部位要用油刷轻按一下，将多余的油漆蘸起顺开，避免漆膜过厚而流坠。

(10) 垂直表面上涂刷罩光面漆须薄而匀，刷具不宜过新（八成新最为适宜），涂刷油漆后的平面须平放，待表干、结膜后再竖起。

(11) 仿铝板幕墙氟树脂涂料应调整涂料的粘度，增加施工道数，每道涂膜不宜太厚；施工气温不宜过高，一般应在35℃以下，温度过高时不宜施工，应保持施工场所的适当通风；对基层应进行彻底处理；注意施工时基层的棱角和凹槽处不要积聚涂料；应掌握好喷涂技术；使用挥发速度适中的稀释剂。

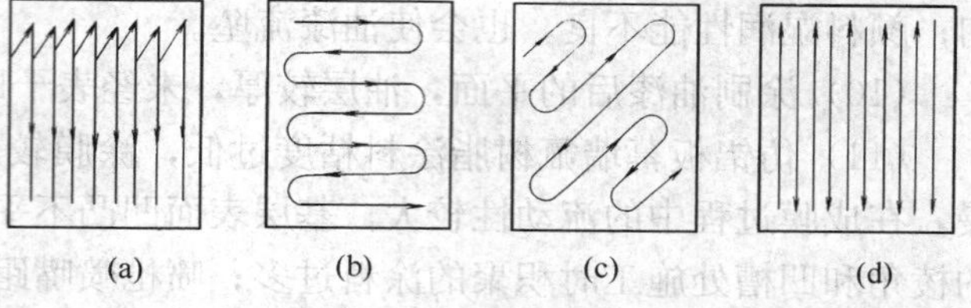

图 37-3 刷油顺序示意图

(a) 开油；(b) 横油；(c) 斜油；(d) 理油

4. 治理方法

(1) 流痕未干时，即用漆刷轻轻地将流痕刷平。油漆粘度过大，酚醛、脂胶、钙脂漆类出现流坠，可立即用净刷蘸松节油在流坠部位刷一次，使流坠重新溶解，然后用漆刷将流坠推开刷平；醇酸漆出现流坠，可用醇酸稀释液将流坠润溶后，再推开刷平；喷漆流坠，可用同类溶剂将之擦除，再重新喷涂。

(2) 漆膜未完全干燥，在一个边或一个面部位出现流坠，可用铲刀（开刀）将多余的油漆铲除后，对这个边或面再用同样的油漆满刷一遍即可。

(3) 如漆膜已完全干燥，对于轻微的油漆流坠，可以用砂纸将流坠漆膜磨平整；对于大面积油漆流坠，可用水砂纸磨皮或用铲刀（开刀）铲除干净，并在修补腻子后，再满刷油漆一遍即可。

(4) 涂刷时应勤检查，发现流坠现象及时清除或调整涂刷工艺。若已大面积出现流坠，则需将漆膜全部去除，重新涂刷。

37.1.5 慢干和回粘

1. 现象

油漆涂刷后，漆膜超过规定的干燥时间仍未干燥，称为慢干。如果漆膜已形成，但仍有粘指现象，称为回粘。慢干和回粘都容易使漆膜表面碰坏或沾污，使施工工期延长，严重的还需要返工。

2. 原因分析

(1) 油漆过稠，涂刷时漆膜太厚，致使漆膜氧化作用仅限于表面，漆膜内部聚合进行缓慢，内层漆膜长时间不能干燥。如厚的亚麻仁油制的漆，涂在阴暗处发粘可长达数年。

(2) 前遍漆未完全干透，又涂刷第二遍漆，造成面漆干燥结膜，而底漆不能固结，使漆膜长时间柔软不干固。

(3) 催干剂使用不适当，品种不符，数量过多或不足。催干剂虽能加速油基漆类的干燥，但是涂层的干燥速度并不与催干剂的用量成正比。当超过一定数量之后，干燥速度反而要下降（表面结膜封闭，里层干得慢），同时还会造成涂膜发粘或起皱等毛病。涂料贮存过久，催干剂被颜料吸收而失效，造成漆膜不干结。

(4) 底漆中含有较多蜡质会使硝基漆出现慢干和发粘，虫胶漆中加有超过10%的松香溶液或乙醇度数不高，也会使硝基漆面出现慢干与发粘。

(5) 在雨雾、潮湿、严寒、阴暗、烈日暴晒等恶劣气候条件下施工，都能影响漆膜的干燥。涂刷天然漆时，周围潮气过小（大气过分干燥），易造成漆膜慢干或回粘。

(6) 物体表面不干净，有蜡、油或盐等附着在基层上，涂漆后易产生慢干或回粘。旧漆膜上附着大气污物（硫化物、氮化物），致使正常干燥的涂料涂在旧漆膜上干燥很慢，甚至不干。

(7) 涂料中含有半干性或不干性油质；涂料采用了挥发性很差的稀释剂，如煤油等，或溶剂中含杂质过多；清漆熬煮时，熬炼时间不够或硬树脂局部受热分解，都会影响漆膜的干燥。

(8) 涂料贮存过久或未密封，涂料中溶剂已挥发，涂料接触空气逐渐氧化聚合而胶化。如果使用这种涂料，虽加入稀释剂后能够进行涂饰，但漆膜不易干燥，容易回粘。

(9) 涂饰油漆时，周围环境含有酸、碱、盐或其他化学气体，也影响漆膜干燥。

(10) 水泥砂浆等基层未完全干燥，就进行油漆，造成漆膜长期不干或脱落。木材潮湿，气温低，涂漆时表面似乎正常，气温升高时有回粘现象；这是因为木材本身有木质素，还含有油脂、树脂油精、色素、氮化物等，会与油漆产生作用。

3. 预防措施

(1) 选用优良的涂料，不使用贮存时间过长的涂料，对于性能不够了解的涂料，要进行试验或做样板，合格后再使用。

(2) 选用适当的催干剂。常用的催干剂有铅催干剂、钴催干剂与锰催干剂。铅催干剂可促使漆膜的表面和内层同时干燥；钴催干剂催干能力较强，可使漆膜表面迅速干燥；锰催干剂的催干作用介于铅、钴催干剂之间。这几种催干剂一般需配合使用，效果较好。催干剂的加入量要严格控制，不能主要靠催干剂来加快干燥速度，若想加快涂层漆膜的干燥速度，应改变涂料的类型和采用人工干燥的方法。催干剂加入后要充分搅拌，并放置1～2h，才能充分发挥催干效能。

(3) 硝基漆应用低毒的苯类稀释剂，并用不变质的涂料作罩光面漆用。虫胶漆的配制须用95%以上的工业酒精（气候不过分潮湿时，尽量不放松香）。在发粘不干的腊克（硝基清漆）面上可用棉球蘸稀腊克进行涂揩数遍，或用虫胶清漆薄薄涂刷2～3次。

(4) 水泥砂浆等潮湿基层不能涂油漆，至少要经过2～3个月的风干时间的基层才允许涂刷油漆，含水率用专门仪器测定，可参考图37-4。潮湿会影响漆膜正常干燥，尤其物面凝结湿气时，必须擦干，待湿气蒸发后，方可涂漆。具体要求是混凝土和抹灰层的含水率不得大于8%，碱度pH值应在10以下；木材含水率不得大于12%。

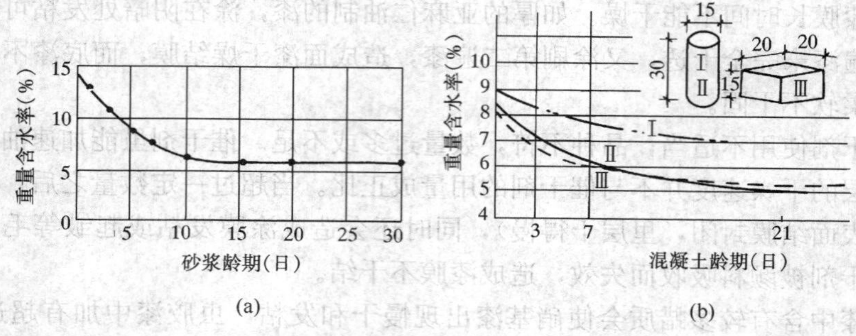

图37-4　水泥砂浆、混凝土干燥速度参考图
（a）水泥砂浆干燥速度；（b）混凝土干燥速度

（5）应选择良好的施工环境，不得有酸、碱、盐分或其他化学气体；不在雨雾、潮湿、严寒阴暗、烈日暴晒等恶劣气候条件下进行施工。一般最适宜的条件是空气相对湿度不超过70%。温度低或冬季可酌加一些催干剂。在室内、地下室施工，要使空气流通，促使漆膜干燥。

（6）不同类型的油漆不能混用；为防止混杂，应使用干净漆刷。基层上的蜡、油、盐分等杂物必须清洗干净。对于钢铁制品可用溶剂擦洗；含油脂较多的松柏类木质品（尤其松脂节疤），可涂刷一层漆片（虫胶漆、泡立水）或树脂色浆隔离。旧漆膜应进行打磨及清洁处理，对大气污染的漆膜可用石灰水清洗（50kg水加消石灰3～4kg），有污垢的部位应刷洗干净，预涂底漆前用稀释剂重新清洗。

（7）涂饰的油漆稠度（粘度）应调配适当，宁可多图刷几遍，不要急于求成一次将漆膜涂刷太厚，每遍漆必须涂刷均匀一致。

（8）一般建筑用漆干燥时间不得少于24h。考查漆膜干燥程度的简易方法是：涂漆前，用指甲划底漆，划痕呈白色时，即表示漆膜已干燥，可以进行涂漆。醇酸树脂漆可在底漆尚未完全干透前涂刷面漆，不会影响漆膜的干性，但会减少面漆的光泽。

4. 治理方法

（1）漆膜有较轻微的慢干或回粘弊病，可加强通风，适当增加温度，加强保护，再观察数日，如确实不能干燥结膜，再作处理。

（2）慢干或回粘严重的漆膜，要用脱漆剂洗掉刮净，再重新涂油漆。

37.1.6　漆膜粗糙，表面起粒

1. 现象

油漆涂饰在物体上，漆膜中颗粒较多，表面粗糙，不但影响美观，而且会造成粗粒凸出，部分漆膜提前损坏。各类漆膜都可能出现此类毛病，但油脂漆的漆膜较软、较粗糙，酚醛树脂漆的漆膜较脆，都比较容易产生小颗粒。有光漆由于外表面光滑，毛病最明显；亚光漆次之，无光漆不易发现。在光滑的基层上涂刷高级有光漆，要比在粗糙面上涂刷一般油漆容易发现。

2. 原因分析

(1) 涂料在调制过程中，研磨不够、用油不足等，都会产生漆膜粗糙；有的涂料调配时细度很好，但涂刷后即出现斑点，如酚醛与醇酸清漆，混色漆中蓝色、绿色及含铁蓝等涂料容易产生粗糙。

(2) 涂料调制搅拌不均匀，或贮存时产生凝胶，油漆变质，过箩（或筛）不细致，将杂质污物混入涂料中；调配涂料时，产生的气泡混在漆内未经“破灭”即施工，尤其在天气寒冷时，气泡更不容易“破灭”，漆膜在干燥过程中即产生粗糙。

(3) 误将两种以上不同性质的漆混合，干燥快的漆即刻发生粗糙，有的在涂完后才发现漆膜表面粗糙。用喷过油性涂料的喷枪喷硝基涂料时，溶剂将旧漆皮咬起成渣带入硝基涂料里。

(4) 施工环境不清洁，空气中有灰尘；刮风时将砂粒等飘落于涂料中，或沾在未干的漆膜上。

(5) 涂刷油漆前，物体表面打磨不光滑，灰尘、砂粒未清除干净。

(6) 漆桶、刷子等工具不洁净，油漆表面沾有漆皮或其他杂物；油漆底部有灰砂，又未经过箩（或筛）就使用，都会使漆膜粗糙。

(7) 使用喷涂方法时，枪口小、气压大，喷枪与物面距离太远，温度较高，漆粒未到达物面已开始干结，或将灰尘带入油漆中，使漆膜产生粗粒。

(8) 油漆在储存过程中出现“返粗”现象，涂刷前没有很好的过滤掉“返粗”的颗粒，涂刷后粗颗粒浮在表面导致漆膜粗糙。

(9) 涂料施工过程中，环境条件较差，在涂料干燥固化前环境中的粗大灰尘颗粒落在漆膜表面，导致漆膜粗糙。

(10) 仿铝板幕墙氟树脂涂料在储存和使用过程中混入杂质，使用前没有过滤；涂料中混入水分，颜料颗粒凝聚变粗；调整涂料粘度时稀释剂加入过多。

3. 预防措施

(1) 选用优良的涂料；贮存时间长的、材料性能不明的涂料，应作样板试验后再使用。

(2) 涂料必须调制搅拌均匀，并过箩（或筛）将混入的杂物除净，等待气泡“破灭”后再使用。

(3) 对于两种以上型号、性能不同的涂料，即使颜色相同，也严禁混合使用，只有相同性质的涂料才可混合在一起，喷硝基漆宜用专用喷枪。

(4) 刮风或有灰尘的场所不得进行施工，刚涂刷完的油漆应防止尘土污染。

(5) 基层在涂饰前，凸凹不平部位应刮抹腻子，并打磨光滑，擦去粉尘后再涂刷油漆。

(6) 漆桶边缘不应有旧漆皮，并经常保持洁净。未使用完的油漆，其表面应加些溶剂，或用纸、塑料布遮盖，防止结皮或灰砂等落入。

(7) 选用适宜的气压、喷枪口径及喷枪与物面的距离，熟练掌握喷涂施工方法。

(8) 当发现底漆膜有粗粒时，应先进行处理后，再涂刷面漆。

(9) 仿铝板幕墙氟树脂涂料施工时，涂料在使用前应过滤，使用后应注意密封，防止水分混入；按照要求正确稀释涂料。

4. 治理方法

（1）漆膜出现颗粒，一般应待漆膜彻底干燥后，用细水砂纸蘸温皂水，仔细将颗粒打平、打滑，抹干水分，擦净灰尘（为避免划伤表面遗留粉尘，不可使用普通砂纸打磨），在保证涂料质量的前提下，重新涂饰一遍。硝基漆面可用棉纱团蘸稀释的硝基漆擦涂几次，再抛光处理。

（2）对于高级装修，可使用水砂纸或砂蜡打磨平整，最后上光蜡（汽车光蜡）或使用抛光膏出亮，消除粗糙弊病，提高漆膜的光滑及柔和感。

37.1.7 漆膜皱纹

1. 现象

漆膜干燥后表面因收缩形成许多高低不平的弯曲棱脊痕迹，影响表面光滑和光亮。但专门生产的美术漆，如锤纹漆、皱纹漆等则不属于漆膜的病态。

2. 原因分析

（1）涂料中含桐油太多，炼制聚合不佳的清漆，或含有沥青成分的黑磁漆，往往漆膜尚未流平而粘度已经增稠，出现皱纹。夏季高温，醇酸磁漆涂刷稍有不均匀，就起皱。

（2）两层漆膜干燥速度不同。刷涂时或刷完后遇高温或太阳暴晒，以及催干剂加得过多，或调和漆中加入过量的锰、钴催干剂，使漆膜内外干燥不均匀，油漆表面提早干燥结膜而内部尚未干燥，就会形成表面皱纹。干性快的油漆和干性慢的油漆掺合使用，干性快的油漆先干，结成漆膜；而干性慢的油漆则慢慢结膜。对于长油度的涂料，如防锈漆、油性调和漆尤为显著。

（3）在长油度漆膜上，加涂短油度漆膜，也会产生皱纹。

（4）在涂料中使用挥发快的溶剂，要比挥发慢的溶剂易于产生皱纹。

（5）底漆过厚，未干透或粘度太大，漆膜表层先干结成膜，隔绝了下层和空气的接触，致外干里不干而形成皱纹。

（6）油漆涂刷不均匀，造成漆膜薄厚不匀，尤其是物面基层不平滑的凹陷部位、边棱、铰链部位油漆积聚过多，厚处起皱皮。

（7）仿铝板幕墙氟树脂涂料的粘度过高，或涂膜太厚；施工后涂膜受到太阳光的直接曝晒。

3. 预防措施

（1）宜用亚麻仁油代替桐油，并控制挥发剂用量。熬炼涂料，聚合度应掌握均匀。为避免夏季施工起皱，醇酸磁漆里可加入10%～20%相同颜色的氨基磁漆或清漆，使干燥减缓。要重视涂料的选择，并且不得任意混杂。

（2）多选用铅或锌的催干剂，少用钴或锰的催干剂。涂料中加入催干剂必须适量。

（3）高温、日光暴晒及寒冷、风大的大气不宜涂刷油漆。

（4）避免在长油度漆膜上，加涂短油度漆膜，或在底漆未完全干透的情况下涂饰面漆。

（5）对于粘度大的涂料，可以适当加入稀释剂，使涂料易刷。物面基层必须打磨光滑平整。涂刷时，要使漆膜厚度均匀，必须纵横展开涂层，特别在边棱、线角、转角部位要涂刷均匀一致。涂刷粘度较大的涂料又不能稀释时，要选用刷毛短而硬的油刷进行涂饰。

（6）仿铝板幕墙氟树脂涂料的粘度调整合适后再施工，一次涂装涂膜不宜太厚。

4. 治理方法

对于已产生皱纹的漆膜，应待漆膜完全干燥后，用水砂纸轻轻将皱纹打磨平整。皱纹较严重不能磨平的，需在凹陷处刮腻子找平，再做一遍面漆。

37.1.8 橘皮

1. 现象

漆膜表面呈现许多圆状突起，形如橘子皮。

2. 原因分析

(1) 在喷涂时，漆的粘度过大，压力太高，喷嘴太小，喷枪与物面距离远近不合适，以及施工温度太高或太低，都会使漆膜来不及流平就干燥而形成橘皮。

(2) 涂料处于静止液态的膜层中，由于高挥发溶剂急剧挥发，产生强烈对流电流，这种电流膜层破裂成小穴，未及二度流平表面已经干结，造成粗糙橘皮弊病。

3. 预防措施

(1) 选用由脱水硝化纤维素和蒸发慢的溶剂或沸点较高的溶剂（如环已酮）制得的涂料。硝基漆应该用硝基漆稀释剂适当对稀。如采用小口径喷枪，过氯乙烯漆的施工粘度应比硝基漆的施工粘度低得多，一般可按原漆量的30%～60%过氯乙烯漆稀释剂来对稀使用。

(2) 施工现场温度应在20℃左右。喷漆使用压力不宜太高，粘度适中，喷嘴略大一些，喷枪与物面保持适当的距离。刷漆时，粘度也不宜过大，防止橘皮。

4. 治理方法

在橘皮弊病的涂层，用水砂纸将凸起部位磨平，凹陷部位抹补腻子，再满涂饰一遍面漆。

37.1.9 漆膜起泡

1. 现象

漆膜干透后，表面出现大小不同突起的气泡，用手压感到有一点弹性，气泡在漆膜与物体基层，或面漆与底漆之间发生。气泡内的物质与涂刷面的材料有关，有水、气体、树脂、晶化盐及铁锈等。新气泡软而有弹性，旧气泡硬、脆易于清除。深色涂料由于反射弱，对热量的吸收多，要比浅色涂料容易产生气泡。气泡部位的附着力为零，气泡外膜很容易成片地脱落。

2. 原因分析

(1) 耐水性差的涂料用于浸水物体的涂饰，采用的油性腻子未完全干燥或底漆不干就涂面漆，石膏凝胶中的水或底漆膜中残存的溶剂受热蒸发，腻子和底漆中的水分和溶剂气化时为外罩的漆膜所遮挡，逸散不出，从而形成气泡。对于面漆结膜较快的涂料，由于膜下封底的溶剂要逸出而产生气泡。

(2) 喷涂时，压缩空气中含有水蒸气，与涂料混在一起；涂刷的漆粘度太大，涂刷时夹带的空气进入涂层，在漆膜干燥过程中不能随溶剂挥发，干燥成膜后保留在漆膜中的溶剂汽化引起漆膜产生气泡。

(3) 施工环境温度太高，或日光强烈照射使底漆未干透，遇到雨水又涂上面漆；底漆干结时，产生气体将面漆膜顶起。在强烈的日光下涂刷油漆，涂层涂得太厚，表面的油漆经暴晒干燥，热量传入内层油漆后，油漆中的溶剂迅速挥发，造成漆膜起泡。

(4) 底漆涂饰不好，留有小的空气洞，当烘烤时空气膨胀，也会将外层漆膜顶起。油漆品种使用不当，如醇酸磁漆涂于浸水材料表面；漆膜过厚，与表面附着不牢，或层间缺乏附着力。在多孔表面涂漆时，没有将孔眼填实，在油漆干燥过程中，孔眼中的空气受热膨胀后鼓成气泡。

（5）木质面上的油漆涂层出现气泡：

1）未风干木面的木材含水率超过15%就容易起泡，室外朝阳部位和室内热源附近尤为明显。当气温达到露点后木材中的水分会冷凝，也会使漆膜形成小泡。

2）已风干的木面含水量虽低，但潮气仍会从木面的某些部位渗入形成气泡。与砖、混凝土接触的木材端、接缝、钉孔及刮抹不好的油灰都容易吸潮，室外的木面即使有防雨措施，由于吸入大量的潮气，已风干的木面也会引起气泡。

3）涂料涂刷在树脂含量较高的木面上（特别是未风干的新木面上），受到高温影响后，树脂会变成液态，体积增大形成压力将漆膜鼓起形成气泡或将漆膜顶破流出树脂。

4）有些硬木面，如橡木表面有许多开放的管孔，涂刷涂料时易将空气封闭在管孔内，受热时空气膨胀鼓起使漆膜产生气泡。

5）使用带水的油刷涂刷或漆桶内有水或涂刷面上有露水等，都可使涂层形成潮气产生气泡。

（6）新砌砖石、混凝土、抹灰面上漆膜出现气泡：

1）在含水率较高的新墙面上涂刷非渗透型涂料易产生气泡，特别是墙的两面都涂刷这类涂料，潮气会被封闭在墙体内。新砖石、混凝土、抹灰面一般都含有较高的水分，含水时间长短受环境条件影响。由于基体深处的水分缓慢地上升至表面，然后迅速蒸发，因而常常使人产生一种基层已完全干燥的假象。当非渗透性的涂层覆盖在表面上时便会产生气泡。产生气泡的时间主要与基体（基层）含水量的多少、涂膜弹性的程度、基层所受的热量及水分或潮气是否有可从其他方面逃逸的可能等因素有关。

2）水泥制品表面为多孔性并含有盐分、碱性物质的非金属材料，直接涂装油漆往往发生气泡、脱落、泛白，与涂料起皂化作用而损坏漆层。

（7）旧的砖石、混凝土、抹灰面上涂层出现气泡：是由于物面上有脏污，或由于基体（基层）内的潮气因某种原因不断上升而引起的，如防潮层损坏、室外地面高于防潮层、墙面有破损雨水渗入、给排水或空调系统有渗漏等。

（8）钢铁面上的漆膜出现气泡：钢铁构配件由于基体表面处理不当或底漆涂刷不善而产生锈蚀，含有潮气的铁锈被涂膜封闭会产生气泡。

（9）金属面漆起泡：当环境温度升高或金属基体受热后，溶剂含量较高的涂层易起泡。漆膜受热后变软，弹性变大，并可能使涂膜内的溶剂产生气体，从而产生气泡。

（10）聚氨酯漆膜出现气泡：第一道涂层中的溶剂未完全挥发即涂第二道，即涂装间隔时间不够；快速加热，溶剂挥发的速度超过涂料允许的指标；涂料在已经熟化时间较长，已处于即将固化的情况下施工；施工时有水分浸入；虫胶漆作底漆，化学反应生成CO_2气体，形成气泡。

（11）仿铝板幕墙氟树脂涂料的涂膜起泡：

1）基层没有干透就进行施工，是起泡的重要原因；

2）腻子生产过程中，加入大量保水剂，腻子批刮时由于局部批刮过厚，或过分赶工期，腻子膜还没有彻底干透，残留水分过多；

3）底漆未干透就遇到水，经日晒受热时会起泡；

4）涂膜与水接触，或暴露在高湿度的大气中；调整涂料粘度时稀释剂使用不当，挥发速度太快而产生气泡。

3. 预防措施

（1）使用油性腻子，须待腻子干透后，再刷油漆。当基层有潮气或底漆上有水时，必须将水擦净，潮气散干后，再做油漆。

（2）在潮湿及经常接触水的部位涂饰油漆时，应选用耐水涂料。

（3）涂料粘度不宜太大，一次涂饰不宜过厚；喷漆使用的压缩空气要过滤，防止潮气浸入漆膜。

（4）多孔材料干燥后，其表面应及时涂刷封闭底漆（或树脂色浆）；施工时，避免用带汗的手接触工件；工件漆好后，不能放在日光或高温下；根据涂料的使用环境，合理地选择油漆品种；喷涂或刷涂的油漆不能太厚，如需得到较厚的漆膜，应分多次涂刷。

（5）木质面上的油漆涂层：

1）未风干或已风干木面涂刷时必须严格控制木材的含水率不大于12%。当现场环境湿度较大，无法降低含水率时，可将其暂时移至其他场所，待含水率达到规定标准，涂刷防潮涂料后再安装。风干的木面在处理或安装后应尽快涂刷优质底漆，底漆应用油刷刷进木材管孔内。木材的边沿及与砖、混凝土接触的表面宜涂刷二遍底漆，以防潮气渗入。

2）含树脂的木面应将含有树脂或树节的部位加温，使树脂稠度降低或流出，然后用刮刀刮除，大的树脂节可将其挖除后用好木材修补，也可将其挖低，用红丹、铅白和金胶的混合物修补平整。对含树脂的木面也可经打磨、除尘后，涂刷一层乳胶漆。

3）硬木用麻布将填孔剂擦进木材的管孔内，除去里边的空气后涂刷底漆。

（6）新砌砖石、混凝土、抹灰面至少要经2～3个月的风干时间（参见图37-4），待内部水分基本干燥后再进行涂刷（具体要求是基层含水率不大于8%；碱度pH小于10）。如急需施工可采用15%～20%硫酸锌或氯化锌溶液涂刷混凝土表面数次，待干后扫除析出的粉质和浮粒；或用5%～10%稀盐酸洗刷，再用清水洗净，待干燥后涂装。

（7）旧的砖石、混凝土、抹灰面上的油漆涂层：将建筑物有问题、引起潮湿的部位查清并修复好，待基体（基层）彻底干燥后再涂刷新涂层。如问题无法根除，或未做防潮层，可不涂刷非渗透性涂料，只涂刷乳胶漆一类渗透性涂料。对于旧混凝土表面用稀氢氧化钠溶液去除油污，然后用清水冲洗，干燥后再涂装。

（8）钢铁面上采用喷砂方法清除铁锈，然后涂刷防锈底漆（如红丹底漆），以涂刷两道为宜，然后涂刷面漆。涂刷工作最好在干燥天气中进行。

（9）其他金属面上涂刷前应将物件使用中可能受到的最高温度了解清楚，然后涂刷耐热涂料。

（10）聚氨酯漆涂层：

1）须待第一道涂层中的溶剂大部分挥发，再刷第二道，采用湿碰湿工艺时，特别要注意这一点。切忌对漆膜突然高温加热。

2）虫胶底漆必须彻底干透，方可涂饰面漆。宜用稀释聚氨酯作底漆。

3）施工时，物面及工具、容器要干燥，严防沾上水分，不要在潮湿的环境施工。

4）涂料粘度增高时，可用稀释剂稀释，但配合比的改变很容易使漆膜出现气泡。因此，凡另外掺稀释剂的聚氨酯漆，不宜涂装在主要装饰面上。

5）为防止起泡，可在配制涂料时适当加入硅油，硅油的用量为树脂漆的0.01%～0.05%。硅油要先与溶剂混合，然后再按比例加入漆中。硅油用量不宜过多，否则会出现缩孔、凹陷现象。

（11）仿铝板幕墙氟树脂涂料：

1）保证基层含水率符合要求：做好基层防水层的处理。

2）装饰所用的腻子应具有相应的强度，以防止防水层破坏而渗水、漏水引起起泡，同时腻子也要有一定的防水功能。

3）对于微量的水分，可加入气体调节剂，使涂膜具有类似皮肤的单向透气功能，防止气泡的产生。

4）选用封闭底漆封闭微量水分。

5）对窗边、檐口等易进水部位进行封闭，防止水分进入。

6）设置分格缝，增加微量水分渗透通道。

4. 治理方法

（1）轻微的漆膜起泡，可待漆膜干透后，用水砂纸打磨平整，再补面漆。

（2）较严重的漆膜起泡，必须将漆膜铲除干净，待基体（基层）干透，针对起泡原因经过处理后，再涂油漆。

（3）木质面上漆膜起泡应查清产生气泡的原因并予以根除，将有问题的漆膜全部清除后，涂刷优质涂料。对旧有涂层处理时，为防止潮气渗入，宜使用溶剂型除漆剂清除漆膜。清除后打磨表面，特别是旧涂层的边沿部位，应将接缝、钉孔等部位填塞严密，然后再涂刷耐水涂料。

（4）新砌砖石、混凝土、抹灰面上漆膜起泡，首先将开裂、凸起的漆膜刮至完好漆膜的边缘，然后放置一段时间，让其干燥。当两面都涂有涂料，裸露部位较小，不利潮气散发时，可采用加热措施缩短其干燥时间。重新涂刷前应将裸露部位点涂耐碱底漆。

（5）旧的砖石、混凝土、抹灰面上漆膜起泡应查清产生潮湿的原因并将其根除，然后修复有问题的部位；将开裂起泡的漆膜清除掉，待基体（基层）充分干燥后再涂刷优良底漆及面漆。

（6）钢铁面上漆膜起泡，将漆膜刮除后，清除表面的锈蚀，特别是锈斑的凹坑部位。最好采用火焰清除法清除锈蚀，以利潮气的驱散。清除后应在表面冷却前涂刷防锈底漆，然后再涂刷配套面漆。

（7）金属面上的油漆起泡，将有毛病的漆膜铲除后，清理干净底面，然后在较低的温度条件下涂刷底漆和面漆。在易受高温影响的金属面上，涂刷专用的耐热底漆、中间漆层、面漆或金属涂料。

37.1.10 发笑

1. 现象

漆膜"发笑"，又称"缩漆"、"笑纹"、"收缩"，即面漆涂刷后干燥时，漆膜表面有部分收缩成锯齿、圆珠状坑疤，使面漆破坏而露出底层。

2. 原因分析

（1）基层表面太光滑或底漆光泽太高，或漆液太稀；有油污、蜡质、潮气时，漆膜在底漆表面的湿润性（附着力）差，由于表面张力使漆膜（如玻璃上抹水）收缩，产生破绽而露底。

（2）溶剂选用不当，挥发太快（如喷漆中误用了挥发性极快的丙酮），漆膜来不及流平，出现收缩现象。

（3）涂料粘度小，涂刷的漆膜太薄；在雨季、阴天、大雾等潮湿环境施工，被涂刷的物面有水分；喷涂施工时没有使用油水分离器，使空气中的水分和空压机内部的油分混入油漆，喷于物面；底漆上有水气时，刷上聚氨酯漆（水能和聚氨酯漆甲组分中的异氰酸酯基团反应而放出二氧化碳气体）等，都易产生漆膜收缩。

（4）制漆时，为了避免浮色或发花，往往加一些有机硅油，若用量过多，反而会使漆膜收缩。有的油漆颜料润湿性差，不能在基层扩展、流平成一层均匀的膜层，极易发生收缩。

（5）有些油漆品种，如环氧树脂漆在形成漆膜时容易产生溶膜（即空膜），形成“发笑”，双组分涂料调配后即进行涂刷，常常发生收缩而“发笑”。用煤油调制的涂料涂刷后，煤油会浮在漆膜的表面上，使下道工序的涂层不易粘附而“发笑”。虫胶清漆中的蜡质不溶于酒精，在虫胶漆上涂刷水色，有些部位会“发笑”。

（6）木质制品涂漆前被煤油透湿，或蜡质附于表面，蜡质上涂漆不但收缩，而且不干燥。

（7）钢铁构配件沾的机油未清除干净，渗入腻子层，涂上底漆后，机油又与底漆融合。

（8）烘干漆在第一度漆干后，涂第二度漆时，溶剂挥发速度与烘烤温度不相适应，烘干漆所用的溶剂挥发太慢或溶解性差。

3. 预防措施

（1）选用润湿性强的涂料，避免使用纯酚醛树脂漆。

（2）选择挥发较慢的溶剂，涂料施工时粘度要适中，以保证漆膜厚薄均匀一致；要使用无油水混杂的压缩空气进行喷涂施工。

（3）避免在寒冷的或潮湿的环境中进行油漆施工。

（4）环氧树脂涂料中加入适量的溶解力强的极性溶剂，可以预防“发笑”。双组分涂料调配后，须经过一段时间放置熟化后再行涂刷。涂刷聚氨酯漆应先擦干物面漆膜再刷漆。

（5）煤油透湿木制品的部位，可撒上熟石膏粉分多次吸除。表面蜡质用丁醇清洗干净。

（6）钢铁构配件表面油污应清除干净。腻子层上有油迹可用有机溶剂清洗，再用熟石膏粉吸去涂层油液，或铲除油迹部位，重新补好腻子。

（7）合理选择溶剂，溶解力要相适应。烘烤时先低温，不使溶剂过早挥发，并使漆液有流平的机会。然后升温，按漆的品种、技术条件控制温度和时间。

（8）认真清除基层表面的油污、蜡质、潮气等。如基层表面太光滑，可以用肥皂水、酒精或溶剂在表面上擦抹一遍，也可以用水砂纸打磨至无光，再涂面漆。

4. 治理方法

（1）如果收缩现象在涂刷时发生，应立即停刷，用溶剂或松香水、肥皂水擦净物面，用布包石灰粉末或滑石粉拍擦物面，再清扫干净或刷 1～2 遍漆片封闭，即可避免。

(2)"发笑"严重的涂层，干燥后无法补救，可用脱漆剂、烧除法或砂磨去除，重新刷漆。

37.1.11　针孔

1. 现象

漆膜上出现圆形小圈，形成周围向中心凹陷，状如针刺的小孔，较大的像麻点，称为针孔。针孔降低了漆膜的密闭性和抗渗透性，影响漆膜的寿命和美观。

2. 原因分析

(1) 溶剂搭配不当，低沸点挥发性溶剂用量过多；涂漆后在溶剂挥发到初期结膜阶段，由于溶剂的急剧挥发，使漆液来不及补充空挡，而形成一系列小穴及针孔；溶剂使用不当或温度过高，如沥青漆用汽油稀释就会产生（部分树脂析出）针孔，经烘烤时则更严重。

(2) 烘干型漆进入烘箱太早或烘烤不均匀，高温烘烤则更严重。

(3) 施工不够细致，腻子层不光滑，未干透；底层污染；未涂底漆或二道底漆，急于喷面漆。

(4) 施工环境湿度过高，喷涂设备油水分离器失灵带有水分，喷涂时水分随压缩空气由喷嘴喷出，也会造成漆膜表面针孔，甚至起水泡。喷嘴距物面距离太远，压缩空气的压力过大，都容易出现针孔。

(5) 硝基漆面配制涂料的稀释剂不佳，含有水分，挥发不均衡；涂刷或喷涂操作不佳，厚薄不一致。

(6) 聚氨酯漆面出现针孔：

1) 被涂物或涂料、溶剂中含有水分；木材的含水率过高；腻子或底漆未完全干透；水分与聚氨酯发生化学反应放出二氧化碳，使漆膜形成针孔；

2) 填孔不良，如没有将木材表面的导管槽填实，涂刷封闭底漆时未刷匀，没有干透，空气从木材中逸出；

3) 涂料中加入低沸点溶剂或干燥剂过多；

4) 漆膜太厚，而表面结膜太快，致使外干内不干，溶剂挥发时易使漆膜出现针孔。

(7) 仿铝板幕墙氟树脂涂膜的涂料粘度过高，施工时气温较低或涂料搅拌后静置的时间短，仍有残存气泡；低沸点溶剂用量大，涂膜表面干燥后内部没有完全干透；喷枪口径小，喷涂压力过大，喷枪喷嘴距离喷涂面距离太大；涂料中有水分，空气中有灰尘；在发汗和油垢的表面施工涂料。

3. 预防措施

(1) 烘干型漆液粘度要适中，涂漆后在室温下静置 15min，烘烤时先以低温预热，后按规定控制温度和时间，让溶剂能正常挥发。

(2) 沥青烘漆用松节油稀释，涂漆后静置 15min，烘烤时先以低温烘烤 30min，然后按规定控制温度和时间。纤维漆中可加入一些甲基环乙醇硬脂酸或氯化石蜡；酯胶清漆中加入 10%的乙基纤维，既能防止针孔又能改进干性和硬度；对于过氯乙烯漆，可调整溶剂的挥发速度，来防止针孔的产生。

(3) 腻子涂层要刮光滑，喷漆前涂好底漆，再喷面漆。如要求不高，底漆刷涂可以填针孔。

(4) 喷涂面漆时，施工环境相对湿度以 70%为宜，检查油水分离器的可靠性；压缩空气需经过滤，杜绝油和水及其他杂质。

(5) 硝基漆施工时，木器用稀释剂宜采用低毒性醋酸乙酯类或优质稀释剂等，使挥发匀称；涂刷应均匀一致，在涂刷后的漆膜面上用排笔轻轻飘掸一下，以减少小气泡。遇有较为深凹的小针孔，即用棉球蘸腊克（硝基清漆、外用硝基清漆），在腊克面上揩平整即可。

(6) 聚氨酯漆施工：

1) 被涂物必须充分干燥，木制品的含水率不得大于 12%；

2) 腻子、底漆必须完全干燥后才能上漆；

3) 加入漆中的溶剂，不能含有过多的水分，使用前必须先进行水分含量的测试，最简单的方法是将 1 份溶剂倒入 20 份 200 号溶剂汽油里，如果出现浑浊，则该溶剂水分含量过多；

4) 增加溶解力强、挥发速度慢的高沸点溶剂；

5) 不平整的漆膜不用水砂磨，因为砂磨后的漆面，水分不一定能从物面逸出，残留在物面上的水分会使下一道漆面产生针孔；

6) 施工时，每次涂漆不可太厚。

(7) 仿铝板幕墙氟树脂涂膜针孔应在环境条件满足施工条件要求时再施工；应将涂料的粘度调整合适再施工；搅拌后应静置一段时间；注意溶剂的搭配和使用性能合适的稀释剂；调整喷枪口径，掌握好喷涂技术；施工时避免将水分带入涂料中，净化空气；基层处理干净后再施工。

4. 治理方法

轻度的针孔须及时整治，如在漆面上，可用排笔轻轻飘掸一下。硝基漆针孔可用棉球蘸腊克在腊克面上揩平。沥青漆针孔可用喷灯微温膜面，严重的针孔应返工重做。

37.1.12 漏刷、透底

1. 现象

(1) 施工时，不显眼的边角部位（尤其门窗的顶、底边）无油漆覆盖。

(2) 漆膜缺乏覆盖底层的能力，部分大面或边角部位有透露底色（透底、露底）的现象或火去光泽呈现干巴现象。

2. 原因分析

(1) 漏刷是施工马虎或偷工减料。

(2) 透底的一般原因是在调配涂料时，加入过多的稀释剂，破坏了涂料的粘度；调配涂料时搅拌不均，密度大的下沉；没有严格按操作工艺标准进行涂刷，任意减少涂刷遍数，使涂层太薄。硝基漆固体含量低，遮盖力差。

(3) 清漆透底一般是在木器上出现，主要指边沿棱角、嵌刮钉眼等部位露出白木。其原因多是在白木打磨时未将边沿棱角打秃，或钉眼等部位折断的木刺没有用凿子刮净等造成。这些部位的漆膜，容易被砂布或水砂纸打磨掉，造成露白。

(4) 色漆透底是由于在刷底、面不同颜色的色漆时，面漆太稀，涂刷过薄；或底漆与面漆的颜色有明显区别时，只刷一遍面漆。

（5）喷漆透底是因为喷漆过薄或喷枪移动速度不匀，来回喷涂间隔较大使漆液不能均匀地分布，造成透底。

3. 防治措施

（1）根据实际情况，选择适当的涂料；不得任意在涂料中加入过量的稀释剂；严格按工艺标准施工，不得任意减少涂刷遍数；棱角边沿部位，必须认真涂刷；喷漆应喷涂均匀。

（2）清漆透底可用少许较浓的虫胶漆（加入与原漆膜同色的颜料）用小画笔将露白部位用清漆罩光。

（3）色漆透底轻微者，可用毛笔或画笔蘸该色漆补匀；若普遍出现星星点点的透底时，应用细砂纸将该漆膜打滑，重新刷漆。

（4）如涂膜太薄，遮盖不足，可经过表面处理后，再加刷一遍面漆。

37.1.13　木纹浑浊

1. 现象

清色油漆涂饰后，显露木纹不清晰，漆膜不透彻、不光亮。

2. 原因分析

（1）油色存放时间较长，颜料下沉，造成上部浅下部深；操作时，未搅拌均匀，涂刷颜色较深部位，覆盖木纹而呈现浑浊。

（2）木材质地不同，着色不均匀，一般木质软者易着色，硬着不易着色。

（3）操作技术不熟练，重复涂刷部位颜色深；刷毛太硬或太软也容易造成色泽不一致。

3. 预防措施

（1）木材着色宜选用酒色、水色、树脂色浆，尽量不用油色。如果木材本身颜色差别较大，深色部位可采用漂白脱色方法使之变浅后，再进行整体染色，使颜色统一。对于木纹清晰、材色较浅的木面，着色颜料要少用一些；木纹杂乱、颜色较深或木节较多的木面，着色颜料要多用一些。

（2）使用颜色浅、透明程度好的清漆，传统的虫胶漆已逐渐淘汰，硝基清漆已逐渐被聚氨酯清漆或不饱和聚氨酯清漆取代。

4. 治理方法

木纹浑浊、色泽深浅不一严重的，需要将涂层全部清洗干净后，再重新刷色。

37.1.14　刷纹

1. 现象

漆膜上留有刷毛痕迹，干后依然存在一丝丝高低不平的刷纹（高的称“漆梁”，低的称“漆谷”）。刷纹明显部位漆膜厚薄不均，不仅影响涂层外观，而且“漆谷”的底部是漆膜的最薄弱环节，是引起漆膜开裂的根源。刷纹在平整光滑的表面比较明显，当表面比较粗糙时不显刷纹；刷纹在一些颜料含量高的油漆中较为多见。

2. 原因分析

（1）涂料流平性差易产生刷纹，如由铅白、红丹和亚麻油制作的涂料。

（2）涂料贮存时间较长，遇水形成乳化悬浮体，使涂料粘度增大呈假厚状态；涂料中挥发性溶剂过多，挥发太快，或涂料的粘度较大等，涂刷后漆膜来不及流平而表面迅速成膜；底层物面吸收性过强，油漆涂刷后即将被吸干，涂料在干燥前即失去流平性而留下刷纹。

(3) 与猪鬃混合使用的油漆刷及尼龙或其他纤维的刷毛不仅易产生刷纹，还不易涂层刷匀。

(4) 涂刷技术差，涂刷方法不正确也会产生刷纹，如漆刷倾斜角度不对，收刷方向杂乱，间隔时间过长。基层过于粗糙或面积过大，漆刷太小，毛太硬，刷不开，也易产生刷纹。

(5) 磁性漆比油性漆易显露刷纹。硝基漆和过氯乙烯漆等涂料干燥过快，使漆膜来不及刷匀就已拉不动刷子，造成刷纹明显。

(6) 刷涂环境温度过高，醇酸漆来不及流平，表面就已结膜。

3. 预防措施

(1) 选择优良的涂料，不使用挥发性快的溶剂，涂料粘度应调配适中。为防止出现刷纹，可适当在油漆中加入稀释剂，调整油漆的稠度；开油的面积不要太大；选用毛刷要合适，不得过软；在吸收性强的底层上先刷一道底油；施工温度一般应在10℃以上；选用挥发慢的溶剂或稀释剂。

(2) 猪鬃毛刷对涂料的吸收性适宜，弹性也好，适宜涂刷各种涂料。施工时细心涂刷可减轻刷纹，若最后几道漆能精巧地顺木纹方向涂刷，将大大减轻、减少刷纹。

(3) 使用磁性漆时，要用较软的漆刷，理油漆动作要轻巧，顺木纹的方向平行操作。

(4) 涂刷硝基漆和过氯乙烯漆等快干漆时，刷涂动作一定要快，来回涂刷次数要少，并将漆调得稀些。刷漆难免留下刷纹，中高级工艺应以喷涂为宜。

(5) 醇酸漆应选择适宜的环境，刷涂动作要尽量快。

4. 治理方法

漆膜有较严重的刷纹，需用水砂纸轻轻打磨平整光滑后，再涂刷一遍面漆即可。

37.1.15 胶状物析出

1. 现象

漆膜自生胶状物或硬块，影响漆膜的美观和使用寿命。

2. 原因分析

(1) 使用稀释剂过多，或稀释剂溶解力差，致使涂料里面的胶状物不能全部溶解而析出。稀释时，先出现浑浊，最后胶状物析出，虽尽力搅拌也难于溶解，此种现象在清漆中较多见，如硝基漆类使用过量苯类溶剂稀释，或硝基漆中误加了松节油；环氧树脂漆类用汽油稀释等。

(2) 色漆析出的胶体能与颜料结成硬块；稀释硝基漆中的硝化棉有一定限度，超过限度即析出；虫胶清漆吸入水分，酒精不断挥发，也会析出。

(3) 两种不同色漆相配时，由于所用的两种色漆基料不同，如醇酸漆和硝基漆相配调色，也会析出、沉底、浮色。

3. 预防措施

(1) 合成树脂涂料，使用汽油、松节油等稀释时易析出；使用苯类稀释析出较少。

(2) 当发现硝基漆有析出现象时，可以加一些溶剂，如醋酸乙酯或醋酸丁酯，漆液中析出物在搅拌下可消失，还能继续使用。环氧树脂漆用苯类或丁醇稀释。虫胶油漆析出的清漆除去水，加酒精拌匀，用后应密封。

（3）调配色漆的颜色时，必须用同类油漆。

（4）检验析出的简单方法，是将涂料薄薄涂在玻璃片上观察，析出严重的涂料禁止使用。

4. 治理方法

有较严重析出弊病的漆膜，需用水砂纸轻轻打磨至平整光滑后，再涂一遍较好的画漆。

37.1.16 发汗

1. 现象

基层有矿物油、蜡质，或底漆有未挥发掉的溶剂，把面漆膜局部溶解并渗透到表面。

2. 原因分析

（1）树脂含量较少的亚麻仁油或熟桐油漆膜容易"发汗"。

（2）施工环境潮湿、黑暗或湿热，使漆膜表面凝聚水分，通风不良更易发生。

（3）表面干燥的清漆膜，打磨后成为无光漆膜，但过几小时后光泽还会恢复，这是由于氧化未完成；或长油度漆未能从底部完全干燥所致。

（4）金属表面的油污未除尽；或旧漆面的残余石蜡、矿物油等处理不彻底，涂饰硝基漆后透入旧漆膜，使旧漆膜重新软化。

3. 预防措施

（1）采用树脂色漆封底，选用优质涂料。

（2）涂料施工时基层要干燥。不在潮湿、黑暗、通风不良的环境中操作。基层表面油污等须处理干净后，才能进行涂料施工。底漆干燥后，再涂面漆。

4. 治理方法

对有"发汗"弊病的漆膜，要加强通风，促使漆膜氧化和聚合，达到完全干燥。如果仍有"发汗"现象，应分析原因，属于基层潮湿不干或有油污的，要清除漆膜，处理后再涂饰。

37.1.17 渗色

1. 现象

漆膜渗色是指在深色底漆上再涂浅色漆时，底漆被面漆所溶解，底漆的颜色渗透到面漆上来，使面漆变色，外观受影响。

2. 原因分析

（1）底层使用了干燥极慢的材料。如大漆腻子批刮物面后，在这种物面上无论涂刷水色、油色或酒色，即使刚刷后的颜色很均匀，但经 0.5h 左右，大漆的黑斑腻子部位的颜色就会全部显露于漆面。涂过沥青的物面再刷油漆，漆面上会出现沥青的痕迹。

（2）底漆未彻底干燥就涂面漆。喷涂硝基漆时，溶剂的溶解力强，下层的底漆有时透过面漆，使面漆颜色污染。

（3）刷底漆前，未清除物面上的油污、松脂、红汞、染料等，又未用虫胶漆封闭即刷油漆，致使漆膜渗色。

（4）底漆是深色，或含有染色，而面漆是浅色，特别是硝基漆渗色现象更严重。

3. 预防措施

(1) 底层不用干燥慢的大漆腻子打底。着色腻子须浅于底漆、面漆，批刮须匀称一致，并认真封闭底色。鉴于虫胶漆打底的缺点，改用树脂色浆。

(2) 底漆、面漆应配套使用，要等底漆干透后才能涂刷面漆。

(3) 涂刷底漆前，一定要彻底清除油污、松脂、沥青、红汞、染料等。

(4) 涂装不同颜色的硝基漆时，在面漆中应适当减少稀释剂用量，同时涂层宜薄，使漆膜能迅速干燥。

(5) 采用挥发速度快的、对底层漆膜溶解能力小的溶剂。

4. 治理方法

(1) 刷（喷）漆时有渗色现象应立即停止施工，已刷（喷）上的漆经干燥后，打磨好，涂虫胶漆隔离，重刷（喷）面漆。

(2) 在红底漆上涂浅色的面漆时，应改用相近的浅色漆，如面漆能更改为红色漆为最好。否则，须用虫胶漆或树脂色漆隔离再重刷（喷）面漆。

(3) 金属面渗色，可将渗色部分铲刮掉，或用树脂漆封闭。

37.1.18 咬底

1. 现象

在涂完后遍漆的短时间内，面漆中的溶剂把底漆膜软化，前遍漆的漆膜会自动膨胀、移位、收缩、发皱、鼓起，甚至使前遍漆失去附着力，出现脱皮的现象。

2. 原因分析

(1) 油脂漆膜、醇酸漆膜以及由干性油改性的一些合成树脂漆膜，未经高度氧化和聚合成膜之前，一旦与强溶剂相遇，底漆膜就会被侵蚀而肿胀；尤其是面漆厚时，则底层漆膜很容易被上层油漆中的溶剂所溶胀、鼓起。如底漆用油性酚醛漆，面漆用硝基漆，则硝基漆中的溶剂就会把酚醛漆咬起，并与原附着的基层分开。

(2) 底漆未完全干燥就涂面漆，面漆中的溶剂极易将底漆溶解软化，引起咬底。醇酸漆含有较强溶剂，如果第一遍漆未充分干燥，即进行第二遍涂饰，则第一遍漆膜往往也会发生咬底。

(3) 涂刷面漆时，操作不迅速，反复涂刷次数过多，也能使底漆膜被溶解咬起。

(4) 使用漆片液（虫胶漆）或硝基漆等涂刷，易产生咬底现象。

(5) 底、面漆不配套，也会发生咬底。

3. 预防措施

(1) 在底漆完全干燥后，方可涂刷面漆。

(2) 注意底、面漆之间的配套性，宜用同种性能的漆料和同种性能的稀释剂配套涂料。材料不具备时，也可用酚醛漆、酯胶漆、钙酯漆和油性调和漆、清油、桐油、大漆及厚漆配套；醇酸漆可与大漆、氨基漆混合配套，也可用于前面几种漆的下层，或待前面几种漆的漆膜（大漆除外）彻底干燥后再用于最上层，或用于虫胶漆、硝基漆、过氯乙烯漆的上层。虫胶漆、硝基漆、过氯乙烯漆，除单独配套使用外，也可用于各种慢干漆的下层。但虫胶漆不能用于慢干漆的中层，其他漆也不能用于大漆的上层。此外，还要注意两层漆之间的间隔时间及合适的溶剂。如果用不同的涂料，在油性漆表面刷溶剂型较强的面漆前，可在底漆完全干透后，涂刷 2～3 遍漆片液或树脂色浆作隔离封闭层，然后再涂刷面漆，即可避免或减少咬底弊病。

(3) 涂刷强溶剂性的涂料，要求技术熟练，操作准确、迅速，防止反复涂刷。

4. 治理方法

轻微咬底，不影响质量的可不作处理。较严重的，需将涂层全部铲除，待基层干燥后，再选用统一品种的涂料进行涂饰。

37.1.19 漆膜发花（浮色）

1. 现象

两种以上颜色配制的混色漆，在涂刷中或干燥成膜时，油漆面上有一小部分着色颜料，脱离颜料本身分离到膜面上层，产生泛色，但并无斑点发生，漆膜湿时色淡，干后较深。在漆膜面上出现不同颜色的斑纹或直线丝纹，称为浮色。有时在清漆中也会产生发花。

2. 原因分析

涂料中颜料密度及粉粒大小不同，重的下沉，轻的上浮；颜料的湿润性不好，与液料不易混合。

3. 预防措施

选择优良的涂料。对于新材料要试验后使用。遇有发花的涂料，应针对发花原因加入适量的保护胶，如铝脂磺酸盐、干酪素、乙基纤维素、聚乙烯醇等，或加入适量的润湿剂，或加入适量的低沸点溶剂，或将色漆贮存一定时间再用。

4. 治理方法

对于有发花弊病的涂层，可以选择优良的涂料，用软毛漆刷再涂刷一遍面漆即可。

37.1.20 漆膜失光

1. 现象

漆膜失光是指有光漆成膜后不发光。

2. 原因分析

(1) 被涂表面多孔或相当粗糙，经涂布有光漆后，不能显出光亮。再加一度漆也难以增强光泽。

(2) 虫胶漆和硝基漆，必须在平整光滑的底层上经过多次涂装，才有光泽，若只涂1～2遍是不会显出亮光的；大漆中加熟桐油量过少，也会使漆膜呈半光或无光状。

(3) 木质表面没有用清漆封底，面漆内的油分陆续渗入木材的细孔中。

(4) 涂料中混入了煤油或柴油，由于煤油和柴油对涂料的溶解能力差，易使涂料变粗，使漆膜呈半光或无光。

(5) 稀释剂用量过多，降低了固体分的含量，涂刷次数又少，达不到应有的厚度，造成漆膜没有光泽。

(6) 使用含颜料过多的色漆涂装，涂装前没有搅匀。

(7) 几种不同性能的油漆混合涂装，或是硝基清漆内加入过多的防潮剂，引起漆膜失光。

(8) 施工环境不好，被涂物面有油污、水分，或气候潮湿，施工环境温度太低，施工场所尘埃太多或在干燥过程中遇到风、雨、煤烟等，漆膜也容易出现半光或无光。特别是桐油涂膜，如遇风雨、煤烟熏后，很容易失光。

(9) 底漆及腻子未干透就刷面漆，造成失光。

(10) 使用耐晒性差的油漆，漆膜经日光暴晒，很快就会失去光泽。

3. 防治措施

(1) 加强涂层表面光滑处理，主要用腻子刮光滑，才能发挥有光漆的作用。木质表面应用清漆或树脂色漆封闭。用聚氨酯清漆或不饱和聚酯清漆取代硝基清漆、虫胶漆。

(2) 冬期施工场地，必须防止冷风或选择合适的施工场地，加入适量催干剂，并先做涂膜干燥试验。

(3) 排除施工场地的煤气、熏烟。

(4) 挥发性漆施工时，相对湿度在60%～70%为宜，否则，工件应预热，或加10%～20%的防潮剂。

(5) 稀释涂料时，应保证正常的粘度，约30s左右（涂一4杯)。

(6) 色漆应先搅拌均匀，才能稀释和涂刷。

(7) 室外应采用耐候性好的油漆。

37.1.21 漆膜粉化

1. 现象

漆膜粉化是随着失光以后发生的一种弊病，系指暴露在大气的漆膜表面上出现粉层并脱落的现象，用手擦，粉粒便粘于手上。粉化起始于表面，每次脱粉很少，下面漆膜仍可保持完整。随着粉化过程的不断进行，漆膜将逐渐破坏。

2. 原因分析

(1) 漆膜受紫外线、氧化、水气、腐蚀性气体、化学药品的作用，使颜料颗粒失去涂料的粘附力。如果时间不长，漆膜粉化提早出现，是涂料质量不佳，成膜物质含量不足，或施工调配涂料时稀释剂加得过多，导致涂层过薄；也可能是因为漆膜所处的环境较恶劣。

(2) 在封闭不充分、吸收能力较强的物面上涂涂料。

(3) 在室外暴露的部位使用高色料醇性涂料，在室外使用室内涂料。如环氧漆的耐化学药品、耐溶剂性能较为突出，但用于室外时，环氧漆不耐紫外线照射，会出现粉化。

3. 预防措施

(1) 涂饰时选用高质量的涂料，不可随意稀释涂料，漆膜应达到足够的厚度，涂膜未干透不允许遭受雨淋日晒。

(2) 用树脂色漆等材料封闭吸收能力强的物面，并修补填孔。

(3) 正确选择涂料，注意将室内和室外涂料分开。

4. 治理方法

漆膜粉化后，已失去装饰和保护功能，应查明原因，铲除病膜，返工重做。

37.1.22 漆膜倒光、发白

1. 现象

漆膜干燥后，表面无光泽或有一层白雾状物凝聚在漆膜上（有时呈蓝色光彩)；有的浑浊或呈半透明牛乳色。这种弊病常在涂漆后立即产生，或几小时（几天、几星期）后出现。

2. 原因分析

(1) 挥发性涂料在干燥过程中有大量溶剂挥发，由于挥发速度快，漆膜表面的温度迅速降低，如果这时空气湿度高于70%，空气中的水蒸气就会凝结在漆膜表面。水与溶剂互不相容，久而久之涂层就变成白色雾状，这种现象叫做“发白”（泛白)。当施工环境的温度过低，或压缩空气中含有水蒸气，也容易发白。发白这类病状是硝基漆、虫胶漆中一种特殊现象，因为这两种涂料是依靠大量溶剂来溶解的挥发型涂料。另外，醇酸漆中加入含钴催干剂也易发白。

（2）在阴雨大或冬天，使用漆片液（虫胶漆）涂刷，由于含有低沸点溶剂及稀释剂：或涂料未干前受到烟熏，或水蒸气凝结在涂膜中，油漆干后易产生“倒光”。

（3）广漆（熟漆）施工，操作技术不熟练，或没有掌握生漆的性能，面漆没有理通，漆内水分没有充分蒸发就理平自干；施工时湿度太大（如雨季），空气中的水分积聚在漆面上而产生白色雾状，甚至整片发白。

（4）木材的含水率过大或墙体不干；喷（刷）油漆的工具不干燥，施工时水分混入油漆内，会使漆膜局部发白。

（5）木材基体含有吸水的碱性植物胶；金属表面有油渍，喷涂硝基漆后，产生发雾或微白。

（6）虫胶漆的漆膜受热发白。

3. 预防措施

（1）阴雨、寒冷天气或潮湿环境，不宜进行醇溶性或硝基漆施工。如果必须施工，应提高环境温度至15～20℃，降低漆中溶剂的挥发率；或加入少量防止漆膜发白的助剂，或用聚氨酯清漆或不饱和聚氨酯清漆取代虫胶漆和硝基清漆。

（2）虫胶漆在低温和相对湿度大于80％以上的情况下施工，漆膜不但容易发白，而且附着力差，表面无光泽。下述方法可以减少虫胶漆发白。

1）在第一道虫胶漆中加入适量的丁醇和尿素。配合比是：虫胶10份，乙醇30份，丁醇20份，尿素2份。操作时先将虫胶加入乙醇中溶解，然后加尿素，不断搅拌，使尿素全部溶解，使用时再加入丁醇。由于溶剂的挥发速度减慢，漆面温度下降也就减慢，从而减轻发白现象。加入一定量的尿素，可提高虫胶漆的光泽和耐热性能。

2）第一道虫胶漆采用擦涂方法，即蘸上浓度较低的虫胶漆（含虫胶20％），顺木纹方向涂擦。擦涂可以增加物面的温度，空气中的水分就不易在漆膜上结露。然后涂刷第二道、第三道虫胶漆，因成膜速度比第一道慢，发白的现象较少发生。

（3）硝基漆防潮剂（防白剂）是沸点较高、挥发较慢的溶剂，常与稀释剂配合使用。在稀释剂中加防潮剂，一般可按100份涂料中加入10～20份防潮剂的比例，最多加20％的防潮剂。选用乙二醇丁醚作防潮剂，防白效果好。但防潮剂不能单作稀释剂用，并不能在过潮或过低的温度里起作用，在不能采取其他方法加温的环境里，应停止施工操作。

（4）广漆施工应预先提纯生漆，或加入适量优质漆；一旦发白，应立即将物件放在通风处或在太阳下晒；提高室内气温，顺理通直，用国漆刷（专用刷具）反复翻动漆液，促使漆内水分充分蒸发后理平。

（5）喷漆时，使用的压缩空气必须过滤，并装有除水器，防止水分混入漆中。

（6）木材、金属等基体表面，在涂漆前，必须处理干净，不得有污物和油渍。

4. 治理方法

（1）漆膜倒光，可用远红外线照射，促使漆膜干燥；也可待漆膜水分蒸发后，倒光自行消失，但时间较长。

（2）在倒光的漆膜表面，涂一薄层加有防潮剂的涂料。

（3）虫胶漆的漆膜上若出现白雾（受潮或被热水烫引起），可以将漆膜表面清洗干净，用酒精刷一遍，放在干燥的地方让它自然干燥，白雾一般会消失。

（4）硝基漆的漆膜泛白，可用棉花蘸取稀腊克（硝基清漆）进行涂揩，以涂揩摩擦的热量，来消除白色雾状。

37.1.23 漆膜光泽不匀

1. 现象

面漆干燥后，漆膜有的地方光泽强，有的地方光泽弱，或有光缕。

2. 原因分析

（1）在尚有局部未干燥的物面上涂装面漆，导致漆膜干后光泽不匀。

（2）涂刷较厚的醇酸漆时，由于刷涂不匀，又没有迅速地将漆堆刷开，形成漆堆部位的光泽好，其余部位的光泽差，整体看光泽不匀。

（3）刷虫胶漆、硝基漆和其他干燥较快的面漆时，在漆膜上回刷的次数过多，或用过稀的涂料在来不及刷匀时，漆膜表面已干，或喷涂时喷枪移动速度不匀，漆膜干后出现光泽不匀。

（4）打蜡上光不当，如打砂蜡时，反复擦某一局部造成光泽不匀。

3. 预防措施

（1）基体（基层）、腻子干燥后，才能进行刷漆。

（2）油漆涂刷应迅速、均匀，回刷次数不能过多。打蜡上光应均匀。

（3）用聚氨酯清漆或不饱和聚氨酯漆取代虫胶漆、硝基漆。

4. 治理方法

光泽不匀一般可用打蜡的方法补救。如果光泽明显不匀，则应用细砂纸将漆膜打磨一遍，然后重刷一遍面漆。

37.1.24 漆膜闪光

1. 现象

在无光或半光的罩面漆上有不规则的光泽小块，或无光漆施工后局部漆膜有光。

2. 原因分析

（1）在结合面搭接前边缘已经干结，主要出现在顶棚和大面积墙面上；室内温度过高，干结过快；空气流动过快加速干燥；工件表面孔隙过多，引起参差不齐的下陷。

（2）油漆开桶后没有充分搅拌均匀就进行涂刷或喷涂，涂料中的消光剂主要沉积在桶底。因此，上部涂料中含主要成膜物质过多，漆膜呈有光。

3. 预防措施

（1）大面积施工应增加涂刷操作人数或使用较大油刷加快涂刷；涂刷涂料时，若空气流动过快，应关闭门窗，减少空气流动。

（2）多孔物面应涂刷封闭底漆；不论何种涂料，施涂前都应搅拌均匀。

4. 治理方法

用水砂纸湿磨，抹补腻子，再满涂一遍面漆。

37.1.25 颜色发黑

1. 现象

（1）银粉（铝粉）漆、金粉（铜粉）漆涂装时间稍长，铝、铜粉表面失去金属光泽，漆膜发黑。

（2）大漆是一种透明漆，长期发黑不透明。

2. 原因分析

（1）用于调配铝粉、铜粉的清漆中含酸，酸会与铝、铜起化学反应，使铝粉、铜粉表面失去光泽，时间一长，由于各种化学作用，阳光暴晒，或大气污染，使漆膜变黑。

（2）大漆存放时间不够，漆性尚未稳定；用煤油作溶剂；漆液中混入有机酸盐、无机酸盐，或是错用颜料，也会使漆膜永远呈黑色，显得晦暗。

3. 预防措施

（1）银粉漆、金粉漆采取分装形式，用时现配现用。铝粉或铜粉宜用聚氨酯清漆或丙烯酸清漆或醋酸丁酯纤维素漆调配。用什么清漆调配铝、铜粉，就应用同类型的清漆罩光，以免发生咬起现象。若用硝基清漆调配，应先薄刷二道虫胶漆，后用硝基清漆罩光，以免硝基清漆罩光时溶融银、金粉漆。

（2）配制的熟漆应先存放3～4个月，待漆性基本稳定后再进行涂刷，每次涂刷的厚度（用漆量）不要超过$100g/m^2$，漆层要从乳白色涂刷到纯黑发亮为止。不宜用煤油做溶剂，煤油往往造成漆膜发暗，常用的溶剂是200号溶剂汽油。

4. 治理方法

颜色发黑严重的应返工重做。

37.1.26　漆膜在短期内开裂

1. 现象

油漆漆膜开裂有粗裂、细裂和龟裂之分。粗、细裂是漆膜在老化过程中产生的收缩现象，即漆膜的内部收缩力大大超过它的内聚力而造成的破裂。龟裂指漆膜破裂到底露出物面，或表面开裂未透底层，外观呈梯子状或鸟爪状，浅的肉眼不易看出，似龟背上的纹丝，在硝基漆涂饰工艺中居多。

2. 原因分析

（1）木材含水率较高，制成成品后，木材逐渐干缩变形。

（2）底漆涂膜太厚，未干透就涂面漆，或是用长油度的油漆作底漆，罩上短油度的面漆，两种漆膜的收缩力不一样，会因面漆的弹性不够而开裂，厚的部位收缩更大，漆膜开裂后甚至会露出底漆。

（3）室内用油漆或短度油漆（如环氧或干性酚醛、沥青等）被用于室外涂装，因其抗紫外线性能不良，使用不久即会开裂。

（4）涂料质量差，如采用低粘度硝化棉制造的硝基漆缺乏耐久性和耐候性，或因未经耐候性、耐光性良好的合成树脂进行改性。大漆本身含水率高，或大漆中掺入了水分，未充分刷理等。

（5）用漆时未搅拌均匀，下层含颜料多的部位易出现裂纹。

（6）制漆时加入过量的挥发成分或催干剂，造成开裂。在硝基漆调制的过程中，稀释剂使用不当也会引起类似状况。

（7）施工操作技术差，出现刷纹，“漆谷”成为薄弱环节。

（8）漆膜受外来因素影响，造成开裂。如日光强烈照射，温度高、湿度大，漆膜受冷热而伸缩，水分吸收蒸发穿透作用频繁等。使用期保养不当也会造成类似病态。如紫外线对硝基漆膜有极大的危害，长期暴晒，硝基漆中的硝化棉成分逐步分解，脆性增大使漆膜龟裂。

(9) 仿铝板幕墙氟树脂涂料的头道漆未干透前就涂二道漆；涂膜太厚，未干透；涂料有分层或沉淀，在使用前没有搅拌均匀；面涂中稀释剂添加太多，影响成膜的结合力。

3. 预防措施

(1) 涂料施工时木材制品的含水率不得大于12%。

(2) 正确选择油漆品种；达到规定的干燥时间后，再涂刷下一层油漆；干燥剂应掺加适量；漆膜上沾有浆糊或胶水应立即除去。

(3) 采用品质好的涂料。在硝基漆制造过程中，必须用高粘度硝化棉作原料，并用性能良好的合成树脂进行改性，以提高硝基漆的耐候性和耐光性能。还须加入耐光性良好的稀释剂、增韧剂等优质原材料，以增强漆膜的柔韧性。

(4) 提高施工操作技术，不得出现刷纹。尽量避免日光暴晒和风吹雨打，漆膜应经常用上光剂进行涂揩、保养，以延长使用寿命。

(5) 仿铝板幕墙氟树脂涂料施工时，应在头道涂料完全干透后再涂二道涂料；施工过程中每道涂膜不宜太厚；应充分搅拌均匀再施工；面涂的质量应符合标准要求。

4. 治理方法

(1) 轻度的开裂，可用水砂纸磨平后重新涂饰面漆，严重的应全部铲除重做。

(2) 硝基漆饰面龟裂用300号水砂纸水砂表面，擦净并干燥后，用硝基漆涂刷几遍，再用棉花球往复擦涂50～60次（或至遮住龟裂为止）；然后用400号水砂纸磨平滑，抛光，上蜡。

(3) 聚氨酯漆饰面龟裂的治理，用300号水砂纸水砂表面。待干后用685聚氨酯漆涂刷4遍（每遍间隔1h左右），放置3d后再磨水砂、抛光、上蜡。

37.1.27 漆膜片落

1. 现象

涂膜火去附着力，呈小片状脱离或开裂。单层涂层或多层都可出现片落，其宽度小于10mm，长度小于25mm，大于此尺寸的叫做脱落。出现片落的常是涂膜脆性大、硬度高的涂料。

2. 原因分析

(1) 软木基体油基漆涂层：

1) 木材未烘干前其含水量可高达35%，此时如涂刷非渗透性涂料，特别是在阳光照射下更易出现片落；

2) 木质面上的春材软而多孔隙，夏材硬而密实，当湿度变化时，它们的膨胀率有较大的差异，因而在木纹明显、较宽的材质面上涂刷时也易产生片落；

3) 雨水、潮气易被木材的管孔吸入内部，无底漆封闭保护的木材及与潮湿的砖石靠近的木材都易出现片落。

(2) 硬木基材油基漆涂层：在硬木上涂刷，如不采取措施，一般都易出现片落，如柚木和红木由于木质坚硬、光滑，不利于底漆的渗透，特别是含有油性，更不利于底漆的附着。

(3) 旧木质基体油基漆涂层：旧木质面长期暴露于大气中，木质开裂、变软，其至出现黑色霉斑，没有经过基层处理便涂刷，很快便会出现开裂和片落。

(4) 钢铁基体油基漆涂层：钢铁轧制后表面会出现一层铁鳞，由于铁鳞与金属面的膨胀。收缩系数不同，铁鳞便会脱落，若在此前涂刷涂料，涂层便会随铁鳞一起脱落；若在此后涂刷，表面会出现锈蚀，同样也不利于涂层的附着。

（5）镀锌基层油基漆涂层：热镀锌是使用最广泛、也是最不易与涂层粘附的一种，出现片落是由于使用底漆不当，加上镀锌板较薄，镀锌面表面光滑不易附着涂料，受温度影响的膨胀收缩率较大，对涂层的附着有破坏性。

1）用含有干性油或脂肪酸多的涂料做底漆，其中脂肪酸与锌反应或由于涂膜经紫外线照射，老化过程中生成的甲酸与锌表面产生化学反应，使锌表面形成一层白色粉状的锌锈，漆膜与锌层基体脱落。若涂刷红丹（Pb_3O_4）底漆，红丹与锌会发生电化学反应，诱发锈蚀，破坏镀锌层，使罩面漆出现片落。

2）国产热浸镀锌铁板出厂时涂有一层 20 号机油，除油不彻底，残留的不干性油，将破坏漆膜的附着力。

3）磷化底漆的配制和施工要求十分苛刻，它要求有准确的配合比，厚度要在 8～15μm，环境温度要适当，相对湿度不得超过 70%。

（6）砂浆、石膏基层油基漆涂层：

1）底漆稠度过大，涂料不易渗到内部，没有粘结性的颜料就会浮在表面，这层酥松的颜料就为后续涂层的附着造成一个不利因素；

2）基层表面压抹过光，不利涂层粘附，在受温度变化的影响或撞击后，涂膜便易出现脱落；

3）基层抹灰面因干燥过快，表面无法进行充分水化，形成粉尘表面，在其上面涂刷涂料就会产生片落；

4）详见 37.1.9“漆膜起泡”的原因分析（6）、（7）。

（7）无孔隙材料基体油基漆涂层：正面施釉的陶瓷砖、玻璃等无孔隙面上出现片落，一般是由于表面光洁，含有油污。使涂层附着力差造成的；在潮湿环境，当涂层防潮差时，潮气会聚集在基体表面，对涂层形成胀力产生片落；此外温度变化对涂膜引起的膨胀收缩也会产生破坏作用。

（8）仿铝板幕墙氟树脂涂料的脱落：基层处理不当，表面有污物、锈垢、水汽、灰尘和化学钓品等；底漆未干透前就罩面漆或清漆，漆膜易发生脱落或开裂；涂膜太厚，底层未干透，面漆干燥过程中收缩过甚而引起开裂、脱落等；在潮湿或发霉的砖和水泥基层上涂装涂料，涂膜与基层的附着力不好。

3. 预防措施

（1）软木基体油基漆涂层：含水率高于 12%的木质材料不应涂刷油基涂料。底漆应使用含 5%红丹的铅白用亚麻籽油稀释的木质专用底漆，不要使用劣质底漆。木质端部及其他与砖石接触的部位都应涂刷两道底漆，以防潮湿渗入。

（2）便木基体油基漆涂层：涂刷前用溶剂擦洗表面，除去油脂，干后用粗砂纸将表面磨糙，然后擦拭填孔剂或铅酸钙底漆，最后涂刷面漆。如涂刷聚氨酯、环氧树脂漆时，头道涂料须用溶剂稀释 25%。

（3）旧木质基体油基漆涂层：长期放置于大气中的裸木在涂刷前必须对表面进行重新处理。

（4）钢铁基体油基漆涂层：采用喷砂方法清除所有的铁鳞，然后立即涂刷防锈底漆，在运到施工现场后受损部位应补刷底漆，然后至少再涂刷二道具有防水能力的涂料。

(5) 镀锌基层油基漆涂层：

1) 镀锌铁板上的机油用较稀的碱水清洗，再用中性洗涤剂除油，用冷水、热水冲洗至锌面全部脱脂；

2) 选用耐碱性和耐水性好的底漆，其成膜物质中必须对锌表面不产生不良的化学作用。红丹防锈漆不能用于轻金属，轻金属表面打底防锈应用锌黄防锈漆。底漆中的胶粘剂应为丙烯酸树脂、氯化橡胶、环氧树脂、聚乙烯树脂、石油树脂等；颜料应为锌粉、锌粉-氧化锌（铅酸钙、铬酸锌）等。采用了以上组分的底漆，即使遇到磷化底漆没有充分发挥作用的部位，也能防止锌腐蚀物的产生，从而起到第二道防线的作用；

3) 漆膜的老化脱落是由表及里一薄层一薄层地进行的。因此，必须保证足够的厚度。防锈漆宜配成厚浆状，固体含量大于60%，一道可刷100μm以上。露天的镀锌铁皮应涂防锈漆三遍，总厚度300μm。

(6) 砂浆、石膏基层油基漆涂层：

1) 底漆的稠度不可过大，底漆涂刷后应稍放置以利潮气散发，然后用砂纸打磨，除去表面的松散物质，在涂刷面漆前，宜再刷一道封闭漆；

2) 涂刷底漆或面漆前，基层要进行打磨，不可过于光滑；

3) 刮除或打磨起粉起砂的基层，然后用油性渗透性封闭底漆封闭；石膏基面宜裱糊衬纸，但必须清除有毛病的部位；

4) 详见37.1.9“漆膜起泡”的预防措施（6）、（7）。

(7) 无孔隙材料基层油基漆涂层：涂刷前要将表面的油脂污物彻底清除，可用洗涤剂刷洗后，再漂洗干燥，然后宜再用酒精擦拭一遍。第一道涂层必须有较好的附着性，加入5%的云母可提高附着力，并可使表面变糙，有利后续涂层的附着；第一遍涂层涂刷后不要放置过久，涂层过硬不利于下层涂层的粘附；双组分的环氧涂料或聚氨酯涂料具有良好的附着性，可直接涂刷在无孔隙光滑面上。

(8) 仿铝板幕墙氟树脂涂料：施工前基层要彻底处理干净；一般应在底涂完全干透后再罩面涂或清漆；施工过程中每道涂膜不宜太厚；砖和水泥基层应经过干燥和彻底处理后再涂装涂料。

4. 治理方法

(1) 软木基体油基漆涂层出现片落：首先清除全部有病态漆膜，最好使用电加热的刮除器或喷灯，刷洗表面，彻底干燥后涂刷含5%红丹铅白颜料、亚麻籽油、松节油调制的底漆或树脂色漆；接缝部位更应填实、压紧，然后将表面打磨平整，涂刷1～2道中间涂层后再涂刷面漆。

(2) 硬木基体油基漆涂层出现片落：将开裂破损的涂膜刮涂，表面的油质可用松香水（即松节油）擦除，干燥后用砂纸打磨，然后用下面的任一方法进行处理。

1) 用合成树脂调配透明颜料的填孔剂填充表面的棕眼、凹坑。填充时可用粗麻布沿棕眼横向擦拭，干后进行打磨，涂刷木质底漆后再刷2～3道面漆。

2) 涂刷含高比例松节油（即松香水）稀释的清漆类中间涂层，它可渗进木材管孔中驱赶掉内部的空气，待干硬后便可涂刷底漆、中间漆层和面漆。

3) 涂刷一层铅酸钙底漆，然后再涂刷正常涂料。

当涂膜只是局部片落时，只须按上述方法做局部处理，但片落部位边缘的棱角要磨平。

（3）旧木基体油基漆涂层出现片落：烧除表面开裂的涂膜，然后用力打磨表面，最好采用机械打磨，以使表面平整、坚实，然后按新木质面进行处理。

（4）钢铁基体油基漆涂层出现片落：将所有开裂的涂层全部清除，铁鳞、锈蚀也同表面油剂、污物一同清除。基体处理后应立即涂刷红丹底漆，底漆最好采用刷涂施工。其他底漆还有铅酸钙、锌铬黄和白铅底漆。

（5）镀锌基体油基漆涂层出现片落：将有问题的漆膜全部清除，但不要伤及镀锌面，然后按预防措施（5）返工重做。

（6）砂浆、石膏基体油基漆涂层出现片落：将松动的漆膜全部刮除，用砂纸打磨除去粉尘，然后补刷渗透性油性封闭底漆；石膏基面宜裱糊一层衬纸；全面刮除面漆和底漆后，修补缺陷部位，干燥后用砂纸打磨除去粉尘，刷涂抗碱封闭底涂，改涂水性涂料。

（7）无孔隙材料上油基漆出现片落：将开裂、松动的漆膜清除掉，完好的涂膜刷洗后进行打磨；裸露的部位在重新涂刷前须按预防措施（7）的方法进行处理。

37.1.28 漆膜生锈

1. 现象

钢铁基体涂漆后，漆膜表面开始略透黄色，然后逐渐破裂出现锈斑。

2. 原因分析

（1）涂饰出现针孔等弊病或有漏刷空白点，易产生锈斑。

（2）基体表面有铁锈、酸液、盐水、水分等未清除干净，易产生铁锈。基体锈蚀，漆膜破坏，造成生锈。

（3）漆膜太薄，水气或腐蚀气体透过膜层，到达涂层的钢铁基体表面，产生针蚀而发展到大面积锈蚀。

3. 预防措施

（1）应喷砂或酸洗除锈。一般大气环境，可用 Y53 型红丹油性防锈底漆、醇酸面漆。腐蚀较重的大气环境，可用富锌底漆、高氯化聚乙烯面漆。

（2）钢铁表面涂刷普通防锈漆时，漆膜要略厚一些，宜涂两遍防锈漆，并防止出现针孔或漏涂、透底等弊病。

4. 治理方法

凡已产生锈蚀的漆膜，铲除干净后，喷砂除锈，重刷配套的底漆、面漆。

37.1.29 施工沾污

1. 现象

（1）门窗混色油漆分色裹棱，装饰线、分色线不平直。

（2）门窗小五金、玻璃、墙壁、地面等被油漆沾污。

（3）油漆表面粘上灰砂或其他脏污。

上述不文明施工行为，严重影响建筑物的清洁和美观。

2. 原因分析

（1）施工管理不善，施工场地脏乱差，操作水平低，乱涂乱刷。

（2）分色部位未贴分色胶带，界限不分明，致使油漆刷到不应刷到的部位。

（3）采用机械喷涂时，不需喷涂的部位无遮挡。

(4) 油漆成膜干燥后才清除沾污，为时已晚。

3. 预防措施

(1) 提高管理水平，坚持文明施工，禁止沾污小五金、玻璃、墙壁、地面。

(2) 分色部位应先贴上分色胶带纸，并经检查确认平直之后，再行刷漆。

(3) 采用机械喷涂时，应将不需喷涂的部位遮挡。

(4) 及早清擦被玷污部位，并注意成品保护。

4. 治理方法

(1) 被油漆沾污又成膜干燥后的门窗小五金，应予更换。玻璃、墙壁、地面用溶剂清擦，并预防在清擦过程中污染成品。

(2) 分色裹棱及装饰、分色线不平直部位，应先贴上分色胶粘塑料纸带，再行修补刷漆，并预防重复涂刷出现色差。

37.2 水性涂料涂饰工程

用于建筑物内墙、外墙、顶棚、卫生间等部位的合成树脂乳液涂料、无机涂料等统称为水性建筑涂料。

水性建筑涂料最主要的特征在于其环保性和安全性，即水性建筑涂料在生产、运输、施工和使用过程中不会对人体造成危害，也不像溶剂型涂料那样存在易燃、易爆等安全问题。水性涂料的成本也比较低。但水性建筑涂料也有不足，如水性涂料性能差；水在0℃会结冰，因此如果贮存或施工不当，会冻结，对涂料的性能其至可能造成不可挽回的损失；水性涂料不能在高湿度和低温下施工，水性涂料中需要使用大量防霉剂等。

水性建筑涂料品种有合成树脂乳液涂料、无机涂料和水溶性涂料三大类，目前应用的主要是合成树脂乳液涂料。水溶性涂料已经淘汰。合成树脂乳液涂料中有聚丙烯酸酯类内、外墙涂料（乳胶漆），弹性内、外墙涂料，复层涂料，砂壁状涂料以及高性能的氟碳外墙涂料和有机硅-丙烯酸酯（硅丙）外墙涂料等。

37.2.1 涂料流坠

1. 现象

涂料施工后，在干燥成膜前由于自重作用而向下流淌，其形态如泪痕或垂幕。

2. 原因分析

(1) 基层（或基体）过湿，或表面太光滑，吸水少。

(2) 涂料本身粘度过低，或施工调配时加水过多。

(3) 一次施涂过厚。

(4) 涂料里含有较多的密度大的颜、填料。

(5) 施工环境的湿度过大或温度过低。

(6) 墙面、顶棚等转角部位未采取遮盖措施，致使先后刷（喷）涂的涂料在转角部位叠加过厚而流坠。

(7) 喷涂距离过近或涂料施工前未搅拌均匀（上层的涂料较稀）。

3. 预防措施

(1) 混凝土或抹灰墙面施涂乳液涂料时，基层含水率不得大于10%。

（2）控制好涂料的施工粘度，应按要求的涂料粘度施工。

（3）控制施涂厚度。

（4）普通涂料的施工环境温度应保持在10℃以上，湿度应小于85%。

（5）施工时转角部位应使用遮盖物遮挡，避免两个面的涂料互相叠加。

（6）施涂前应将涂料搅拌均匀。

（7）提高技术、操作水平，保证施涂质量，采用先进设备的无气喷涂施工技术

（8）刷涂涂刷方向和行程长短均应一致。如涂料干燥快，应勤沾短刷，接槎应在分格缝部位。涂刷层次一般不少于两道，往前一道涂层表干后才能进行后一道涂刷。前后两次涂刷的间隔时间与施工现场的湿度、温度有密切关系，通常不少于2～4h。

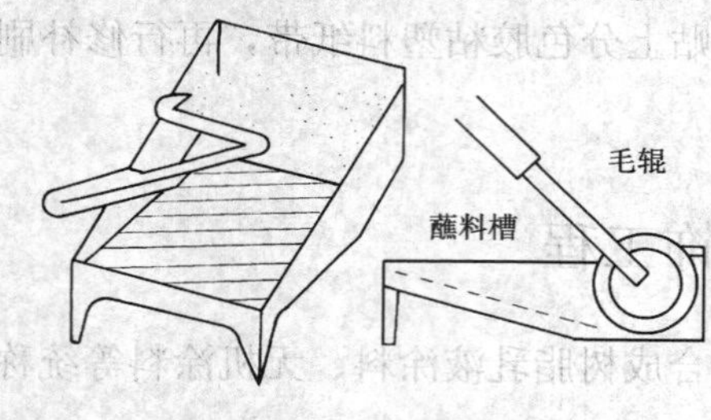

图37-5 蘸料槽示意图

（9）滚涂粘度小、较稀的涂料时应选用刷毛较长、细而软的毛辊：滚涂粘度较大又稍稠一些的涂料时，应选用刷毛较短、较粗、较硬一些的毛辊。毛辊上的吸浆量不能太多或太少。先将桶内搅拌均匀的涂料倒在一特制的蘸料槽中，蘸料槽底部是斜坡并有凹凸的条纹（图37-5），蘸料槽宽度稍大于毛辊的长度，长度比宽度略大1/2。毛辊在蘸料槽一端蘸满料后，在蘸料槽的斜坡上轻轻往复几个来回，直到毛辊中吸浆量均匀合适为止。当毛辊中的涂料用去1/3～1/2时，应蘸料后再进行辊涂。

（10）喷涂的涂料稠度必须适中，太稠，不便施工；太稀，影响涂料厚度，且容易流淌。对含粗填料或含云母片的喷涂，空气压力宜在0.4～0.8MPa之间选择；喷射距离一般为40～60cm，喷嘴离被涂墙面过近，涂层厚薄难控制，易出现过厚或挂流等现象。喷涂时要注意三个基本要素，如图37-6所示，移动路线如图37-7所示。

4. 治理方法

（1）施涂过程中，勤检查，发现流坠应暂停施涂，立即将流坠顺平。

（2）涂膜干燥后的流坠应用砂纸打磨平整，再重新施涂一遍。

37.2.2 刷纹或接痕

1. 现象

涂层出现毛刷或辊筒的痕迹，或在施涂搭接部位接痕明显。涂膜干后，一丝丝高低不平的纹痕依然存在。

2. 原因分析

（1）基层处理不当，基层或腻子材料吸水（或溶剂）过快。

（2）刷子、辊筒过硬，或刷子陈旧，毛绒短少，涂刷厚薄不匀。

（3）涂料本身的流平性差。

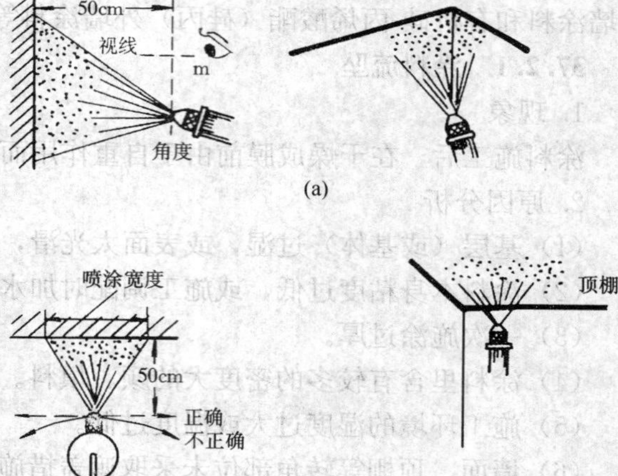

图37-6 喷涂基本要素示意图

（a）喷涂阴角与表面时，一面一面分开进行；（b）喷枪移动方法；（c）喷涂顶棚时尽量使喷枪与顶棚成一直角

(4) 涂料的颜料与基料的比例不合适，颜、填料含量过高。

(5) 基层过于干燥，施工环境温度过高。

(6) 施涂操作不当，搭接部位接痕明显。

(7) 涂料的干燥速度过快。

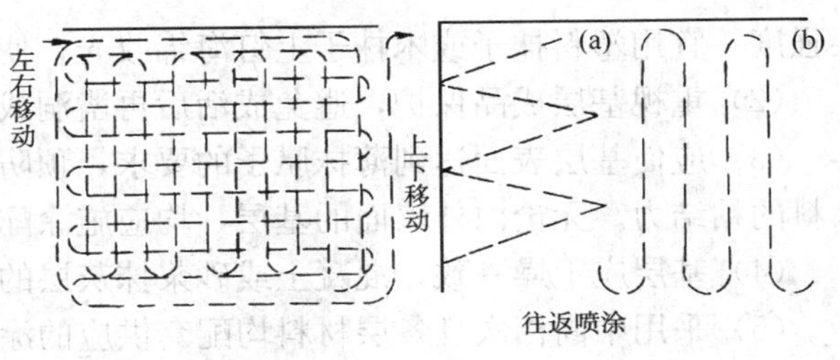

图 37-7 喷涂移动路线示意图

(a) 返回点成锐角；(b) 防止重喷

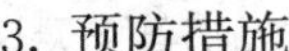

3. 预防措施

(1) 基层处理后涂刷与面涂配套的封闭底涂，采用经检验合格的商品腻子，薄而均匀的满批腻子。腻子干燥后要用砂纸磨平，清除浮粉，方可进行涂料施工。

(2) 根据所用涂料选用合适的刷子或辊筒，及时清洗更换刷具。

(3) 使用流平性好的有机增稠剂来改善涂料的流平性。

(4) 调整涂料的颜料与基料的比例，增加基料的用量。

(5) 避免在温度过高的环境下施工。

(6) 要正确操作。涂料施工应连续不断，由于乳胶涂料干燥较快，每个刷涂面应尽量一次完成，间断时间不得超过 3min，否则易产生接痕。采用喷涂施工可免刷纹。在滚涂过程中，向上时要用力，向下时轻轻回带，为避免辊子痕迹，搭接度为毛辊长度的 1/4，一般滚涂两遍，其间隔应在 2h 以上。

(7) 增加涂料中保水剂的用量。

4. 治理方法

(1) 加强施工自检，应在刷纹未干之前顺平。

(2) 如涂膜已干燥，应用砂纸打磨平整，重新施涂。

37.2.3 饰面不均匀

1. 现象

薄涂料表面出现局部抹痕、斑疤、疙瘩，在阳光照射下反差更为明显，即使饰面颜色均匀，仍是不能近看。喷涂表面出现饰面颗粒不均匀。

2. 原因分析

(1) 抹灰面用木抹子搓毛面，致使基层表面粗糙、粗细不均匀；有的边角部位用铁制阴、阳角工具光面，大面部位用木抹子搓面，粗细反差更明显。

(2) 局部修理返工，造成基层补疤明显高低不平。

(3) 各部位经常干湿不一，基层渗吸不均匀。

(4) 材料批号、质量不一，计量不准，涂料粘度不当。乳胶漆搅拌不均匀，桶底涂料逾刷逾稠，甚至有凝胶。

(5) 施涂任意甩槎，接槎部位涂层过厚。

(6) 由于脚手架遮挡，施工不方便，造成施涂不匀。

(7) 喷涂机具发生故障，胶管不畅。喷涂时空气压缩机压力不稳定，喷涂距离、喷涂角度操作前后不一致。喷涂过薄，遮盖率达不到标准。

3. 预防措施

(1) 抹灰面层用铁抹子压光嫌其光滑，用木抹子则太粗糙，用排笔蘸水扫毛会降低面层强度；宜用塑料抹子或木抹子上钉海绵收光，使之大面平整，粗细均匀。

（2）重视基层成品保护，避免成活后再凿洞或损坏。局部修补宜用专门的修补腻子。

（3）应使基层表面达到薄抹腻子的要求，预防腻子批刮过厚或因打磨过于光滑而降低涂料的粘结力。无论内外墙面的基层，均应施涂配套的封底涂料。

（4）基层应干燥一致，混凝土或砂浆抹灰层的含水率不得大于10%。

（5）采用中高档次且各层材料均配套供应的涂料，使用前搅拌均匀。

（6）施工接槎应在分格缝部位。

（7）脚手架距离墙面不得小于30cm，脚手架妨碍操作部位应注意均匀施涂。大风天、雨大不施工。

（8）事先检查喷涂设备，保证喷涂稳定。喷嘴到喷涂面距离为400～600mm；喷涂速度应前后一致。试喷达到要求后，再大面积操作，保证达到适当的遮盖率。

4. 治理方法

白色或浅色的表面缺陷，可作局部修补。深色面层若局部修补，容易造成明显的色差，应在铲平疤痕、疙瘩后，全面满刮腻子，重做面层。

37.2.4　涂层颜色不均匀

1. 现象

同一墙面，涂层颜色深浅不一致，或有接槎出现。

2. 原因分析

（1）不是同厂同批涂料，或颜料添加量有差异。颜料与基料比例不合适，颜、填料过多，树脂成分过少，展色不均匀。

（2）使用涂料时未搅拌均匀或任意加水，使涂料本身颜色深浅不同，造成墙面颜色不均匀。

（3）基层（或基体）不同材质的差异，混凝土或砂浆龄期相差悬殊，湿度、碱度有明显差异（最忌涂饰新近修补的墙面）。

（4）基层处理差异，光滑程度不一，有明显接槎；有光面或麻面的差别，致使吸附涂料不均匀；涂刷后，由于光影作用，造成墙面颜色深浅不匀。

（5）脚手架离墙太近或靠近脚手板的上下部位操作不便，致使施涂不均匀。

（6）操作不当，反复施涂或未在分格缝部位接槎。随意甩槎或虽然在分格缝部位接槎，但未遮挡，致使未成活一面溅上部分涂料等，都会造成明显接槎。

（7）产品保护不好，如涂料施工完毕后，又安装凿孔或后继施工损坏，形成补疤。

3. 预防措施

（1）同一工程，应选购同厂同批涂料；每批涂料的颜色和各种涂料配合比须保持一致。采用中高档涂料。

（2）由于涂料易沉淀分层，使用时须将涂料搅匀，并不得任意加水。一桶乳胶漆宜先倒出2/3，搅拌剩余的1/3，然后倒回原先的2/3，再整桶搅拌。

（3）混凝土基体龄期应在28d以上，且含水率应小于10%（专用仪器检测），pH值在10以下（试验纸或pH计检测）。

（4）基层表面的麻面、小孔，事先应用经检验合格的商品“修补腻子”（或“填补剂”）修补平整；采用不锈钢或橡皮刮板，避免铁锈的产生。无论内外墙面的基层，均应施涂与面涂配套的封闭底涂（同一大面的基层有不同材质时尤其需要），使基层吸附涂料均匀；若有油污、铁锈、脱模剂等污物时，须先用洗涤剂清洗干净。

（5）脚手架离墙不小于30cm，靠近脚手板的上下部位应注意施涂均匀。

（6）施涂要连续，不能中断，衔接时间不得超过3min。接槎应在分格缝或阴阳角部位，不得任意停工甩槎。未遮挡受飞溅玷污的部位应及时清除。

（7）涂饰工程应在安装工程完毕之后进行。施涂完毕，应加强成品保护。

4. 治理方法

白色涂层可局部补涂。其他颜色的涂层（尤其是深色涂层）局部补涂可能出现色差，甚至全面补涂仍可能出现色差（或越补色差越严重），严重者应返工重做。

37.2.5 涂膜发花

1. 现象

涂料干燥成膜后，表面颜色不均匀，有的地方深，有的地方浅。

2. 原因分析

（1）涂料本身有浮色。涂料最终显现的颜色是由多种颜料调和出来的。各种颜料的密度不同，有时差异较大，造成密度小的颜料颗粒漂浮于上面，密度大的颜料颗粒往下部沉积，致使颜色分离。虽然经过搅拌，但涂膜干燥后，涂层仍易产生色泽上的差异。

（2）涂料中颜料分散不好，或两种以上的颜料相互混合不均匀。在涂膜干燥时，由于颜料颗粒漂浮而使其分布不均匀，产生浮斑。

（3）涂刷不均匀，薄厚不均匀。涂料搅拌不匀，或过度稀释。

（4）基层表面粗糙度不同；或基层碱性过大，涂料使用不耐碱性的颜料。

3. 预防措施

（1）选用适宜的颜料分散剂，宜将有机、无机分散剂匹配使用，使颜料处于良好的稳定分散状态。宜使用中高档涂料。

（2）适当提高乳胶涂料的粘度。如果粘度过低，浮色现象严重；粘度过高时，即使密度相差较大的颜料也会减少分层的倾向。

（3）施工前应充分搅拌涂料使之均匀，没有浮色或沉淀。施工时，不要任意对水稀释。

（4）涂膜应力求均匀。涂膜不宜过厚，涂膜越厚，越易出现浮色发花。宜采用滚涂。

（5）基层含水率应小于10%，pH值小于10。为使基层吸收涂料均匀及抗碱，内外墙面均应涂刷配套的封闭底涂。墙面局部修补宜用修补腻子。

4. 治理方法

浅色涂料可局部修补。深色涂料修补后，涂层叠加，容易出现色差；应满刮腻子后，重新施涂面层。

37.2.6 变色、褪色

1. 现象

外墙乳胶涂料由于涂膜长年暴露于自然环境中，经受风吹、雨淋、日晒，时间久了外观发生变化，最常见的便是涂膜变色和褪色，内、外墙均有可能发生。变色有时是局部发生（如墙体局部渗漏或意外水浸、反碱），呈地图斑状；褪色往往是大面积发生。

2. 原因分析

（1）涂膜的变色和褪色通常与基料和颜料有关。某些有机颜料耐光性差，不耐碱，在日光、化学药品、大气污染等作用下，颜料会变质。有些颜料的粉化现象也会造成涂膜褪色。基料的黄变倾向及耐候性差也会引起变色或褪色。

（2）基层太湿，碱性太大，涂料中某些耐碱性差的金属颜料或有机颜料发生化学反应而变色，尤其是新修补的墙面。

（3）乳胶漆与聚氨酯类油漆相邻同时施工，因聚氨酯类油漆中含有游离甲苯二异氰酸酯，会严重导致未干透的乳胶漆泛黄。

（4）面涂与底涂不配套，面涂溶解底涂，发生“渗色”现象。

（5）内墙涂料用于外墙。

（6）施工现场附近有能与颜料起化学作用的氨、SO_2 等发生源。

3. 预防措施

（1）采用中高档涂料。在设计外墙乳胶漆配方时，一定要选择耐候耐碱的基料和颜料，如纯丙乳液、苯丙乳液及金红石型钛白、氧化铁系、酞菁系颜料，以避免或减少涂膜的变色和褪色，也是内、外墙乳胶漆所用基料及颜料不同的原因所在。

（2）涂饰基层必须干燥，砂浆基层 pH 值要小于 10，含水率不得大于 10%。无论内外墙基层，均应涂刷配套的封底涂料。内墙应采用建筑耐水腻子，外墙应采用聚合物水泥基腻子。墙面局部修补宜用商品专用修补腻子。

（3）宜用高品质聚氨酯或醇酸树脂油漆，待彻底干燥后再刷乳胶漆。

（4）施工时，检查底涂与面涂是否配套，避免产生面涂溶解底涂的“渗色”现象。因此，面涂与底涂应是属于同一成膜干燥机理的涂料，如乳胶漆是靠挥发涂层中的水分和溶剂干燥成膜的，而环氧树脂、聚氨酯树脂等漆，则是靠化学反应固化干燥成膜的。不可选化学干燥的面涂涂在物理干燥的底涂上，亦不可选强溶剂的面涂涂于弱溶剂的底涂上。

（5）内墙涂料不能用于外墙。

（6）使氨、SO_2 等发生源远离施工现场。

4. 治理方法

在基层质量保证的前提下，满刮腻子，重做面层。

37.2.7　涂膜透底

1. 现象

涂膜缺乏遮盖底层的能力或漏刷，致使底层颜色仍隐约可见。

2. 原因分析

（1）基层太湿，或太光滑，不易涂刷，尤其是新修补的墙面。

（2）基层涂料的颜色相差过大，即使采用一般遮盖力的涂料，也会显得遮盖力不足。

（3）涂料本身的遮盖力不合格。

（4）涂料粘度低，涂刷过薄，尤其是涂料过度稀释。

（5）涂料使用时未搅匀，桶内上面料稀薄，色料上浮，遮盖力差；下面料稠厚，填料沉淀，色淡起粉。

（6）局部漏涂。

3. 预防措施

（1）基体（基层）要干燥，混凝土和抹灰面的含水率不得大于 10%。基面适度粗糙。

(2) 当基材颜色过深、涂料颜色过浅时，为保证良好的遮盖力，可多涂刷一道涂料。

(3) 使用遮盖力强的涂料。

(4) 施工精心操作，力求涂层薄厚均匀。

(5) 施工前充分搅拌涂料使其均匀，并不得任意加水稀释。

(6) 顺次涂刷，避免漏涂。

4. 治理方法

(1) 透底不严重，颜色又较浅的涂层，可局部加涂一道涂料。

(2) 颜色较深的涂层，宜满刮腻子后，重涂面层。

37.2.8 涂膜开裂

1. 现象

涂膜开裂发生在使用期间者居多，随着时间的推移，裂缝条数可能会逐渐增加和变宽。内、外墙面的涂膜都有可能发生开裂，由墙体或抹灰层引发的开裂，与涂膜自身及腻子层开裂，几乎参半。

2. 原因分析

(1) 墙体自身变形开裂，尤其是轻质墙体。

(2) 抹灰层开裂。

(3) 刷（喷）涂料前用水泥（或1∶1水泥砂浆）批嵌抹灰面层，必然容易产生裂缝。

(4) 外墙面抹灰层不分缝格，或缝格间距过大。

(5) 基层未处理好，抹灰层强度太低，掉粉或有粉尘、油污等。

(6) 腻子柔韧性差，特别是房间供暖后，受墙体热胀冷缩的影响，墙面极易变形，引发腻子开裂。

(7) 使用不合格的涂料，涂料所用基料过少或成膜助剂用量不够。

(8) 乳胶涂料施工时，温度低，涂料成膜不良。

(9) 当底涂或第一道涂层施涂过厚而又未完全干燥时，即施涂面层或第二道涂料，由于内外干燥速度不同，造成涂膜开裂。

(10) 大风吹袭，涂膜干燥过快。

3. 预防措施

(1) 墙体或抹灰层开裂的原因多是因为墙体或抹灰层施工后的短期内就进行涂料工程的施工，没有等待墙体或抹灰层充分体积收缩。因而，应当在墙体或抹灰层施工后体积变化趋于稳定后再进行涂料工程的施工，而且进行涂料施工时，应选择质量良好的封闭底漆。

(2) 抹灰面层压光可用海绵拉毛；比较适宜的办法是用塑料抹子压光。砂浆面成活后，不得再加抹水泥净浆或石灰膏罩面。局部修补宜用商品专用修补腻子。

(3) 外墙面抹灰层应设置分格缝，水平分格缝可设置在楼层分界部位；垂直分格缝可设置在门窗两侧或轴线部位，间距为5～6m。

(4) 过去内墙涂料施工往往不需要封闭底漆，但从实际使用效果及国外的先进经验看，封闭底漆的使用对保证工程质量有很大帮助。因此，新建建筑物的内外墙混凝土或砂浆基层表面均应施涂配套的抗碱封闭底涂；旧墙面在清除酥松的旧装修层后，涂刷界面处理剂。封闭底涂可使风化、起粉、酥松等强度低的基层（或基体，尤其轻质墙体）加强；

均匀和降低基层的毛细吸水能力，并使之憎水；能渗入基层一定深度，形成干燥层，阻碍外部水分的浸入和内部可溶性盐、碱析出；具有较高的透气性，基层内部的水分能以水汽形式向外扩散；能增强面层涂料和基面的粘结力，延长使用寿命。

（5）选用柔韧性好，能够适应墙体或砂浆抹灰层温度、干缩变形的并经检验合格的商品腻子（内墙用建筑耐水腻子，外墙用聚合物水泥基腻子）。其技术要求是，按照腻子膜柔韧性方法测试，腻子涂层干透后绕 50mm 而不断裂为合格。弹性乳胶漆面涂虽能解决宽约 2mm 以内的裂缝问题，但价格很高。水泥砂浆基层将高弹性抗裂腻子加普通乳胶漆，属优化组合。高弹性抗裂腻子涂层厚达 1.2～1.5mm，解决裂缝的可靠性更高，成本更低。

4. 治理方法

（1）浅色及轻度开裂的缺陷，可局部加涂面涂一遍，掩盖裂纹。

（2）深色或较严重的开裂，应在查明原因之后，铲除病膜，满刮腻子，重涂面层。

37.2.9　涂膜鼓包、剥落

1. 现象

涂膜失去粘附力，先鼓包后剥落。剥落有时深入所有的涂层，有时仅是面层。

2. 原因分析

（1）基层酥松，有浮尘、油污等不洁物（尤其旧墙翻新，原墙面刷石灰浆），或基层过于平滑，都易造成涂膜附着力不好。

（2）新抹水泥砂浆基层湿度大，碱性也大，析出结晶粉末造成鼓包。

（3）涂层鼓包、剥落占第一位的原因是腻子受潮后与基层脱离。不耐水的腻子遇水膨胀，体积增大，粘结强度降低其至丧失。

（4）涂料组分中颜、填料的含量过高，或涂料加水过多，造成涂膜附着力差。卫生间、厨房未使用耐水涂料。

（5）各层涂料施工间隔时间太短，或施涂及成膜时温度过低，湿度过大，致使乳胶涂料成膜不好。

3. 预防措施

（1）基层应处理好，将酥松层铲掉，清理干净浮尘、油污。轻质墙体或原石灰浆的基层应用“高渗透型”的底面处理剂处理，内外墙面均应施涂配套的封闭底涂。

（2）检查基层是否干燥，含水率应小于 10%，pH 值应在 10 以下。

（3）根据内、外墙的不同要求，选择优质腻子。腻子层不可过厚；一定要等腻子干燥后再施涂涂料。墙面局部修补宜用商品修补腻子。

（4）外墙涂料宜使用苯丙、纯丙、硅丙类外墙涂料。内墙乳胶漆宜使用乙-丙乳液涂料、苯-丙或纯丙乳液涂料。

（5）保证涂刷间隔时间，施涂及成膜时温度应在 10℃以上，湿度小于 85%，避免雨天施工。

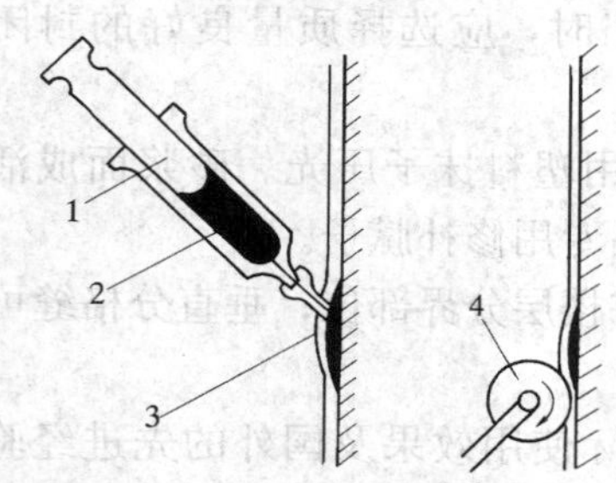

图 37-8　涂膜鼓包修补示意图
1—针管；2—胶粘剂；3—鼓包；4—胶辊

4. 治理方法

轻度的鼓包可局部铲除修补（图 37-8）；严重的涂膜鼓包、剥落，已火去装饰和保护作用，应进行翻新涂装。

37.2.10 内墙乳胶漆暴皮、粉化、剥落

1. 现象

内墙乳胶漆刷（喷）涂后，出现暴皮、粉化、剥落，给工程带来很大的维修量。

2. 原因分析

（1）内墙砌体和抹灰多用水泥混合砂浆，因混合砂浆内含有较多的白灰膏（熟石灰），使白灰膏在气化过程中产生大量的水分。另外，为达到光滑的抹灰表面，操作人员加大了砂浆配合比的用水量，甚至在抹灰表面刮抹水泥膏或水泥白灰膏，使抹灰表面形成一层光滑、坚硬密实的外壳，既降低了乳胶漆对面层的附着性能，又阻断了墙内水分的逸出，使水分连同析出的碱性物质一起滞留在墙内。乳胶漆粉刷后在潮湿又有碱性物质的基层上结膜固化，使漆膜变软、变脆，出现暴皮、粉化。

（2）秋末冬初竣工的工程，为赶工期，墙面未完全干燥即进行粉刷，涂刷后又不及时开窗通风干燥，使漆膜长期处于低温潮湿的环境中，或霉变粉化，或暴皮脱落。施工时气温低，乳液不能连续成膜固化，受潮湿或冻害粉化，出现起皮、剥落。

（3）使用了质量低劣的底腻子，底腻子无胶料或胶料少，本身无强度和粘结力，既不能与墙基层附着，又不能与乳胶漆附着，出现因底腻子受潮而粉化剥落。

（4）使用了劣质的或受冻融或放置时间过长已变质的乳胶漆。

（5）在新建的混凝土墙面或抹灰墙面上未进行消碱处理，墙面未喷刷抗碱封闭底漆。对改造工程的墙面清理不干净，未涂刷界面剂即进行乳胶漆施工；施工方法不当，第一道涂层未干燥，即涂施第二道涂层，由于内外干燥速度不同，造成漆膜开裂、暴皮。

3. 预防措施

（1）有粉刷要求的内墙抹灰墙面应抹成平整、洁净、颜色一致呈棕眼状的细糙面。严禁在抹灰面的任何部位刮抹水泥膏；对光滑的混凝土表面应严密涂刷界面剂，对墙面进行改良。

（2）乳胶漆的基层应干燥（含水率不大于10%），一般情况下，混合砂浆抹灰的墙面干燥时间：夏季不少于25d，春、秋季节应不少于35d。

（3）旧工程改造的墙面，应将旧墙面疏松层清除掉重新抹灰，将墙面上的油渍、粉尘、污物清除干净，并在基层上涂刷一遍界面剂后进行乳胶漆施工。

（4）对新建工程墙面应先刷一遍抗碱封闭底漆。在粉刷乳胶漆前，发现有泛碱析盐结晶物质的墙面，应先用3%～4%的稀草酸液清洗消碱后，再用清水冲洗干燥，喷刷抗碱底漆。

（5）使用合格的内墙乳胶漆专用底腻子，不得使用无胶粉质底腻子。

（6）使用的乳胶漆的品牌和性能应符合设计要求和使用要求，设计无要求的要选用正规厂家的合格产品。杜绝使用伪劣、受冻融或存放过期沉淀变质的乳胶漆。

（7）在秋冬季节交替之际刷（喷）乳胶漆时，晚上应关好门窗注意保温，白天升温后要及时打开门窗进行通风换气。冬季对已粉刷完成的房间要有专人定期开窗通风，严禁乳胶漆在结膜固化中长时间置于潮湿的环境中或遭受冻害。

4. 治理方法

对乳胶漆暴皮、粉化、剥落的部位应铲除干净，找出原因，待基层干燥后进行重刷。

37.2.11 底腻子鱼鳞纹、皱裂纹

1. 现象

(1) 在混凝土墙面上刮腻子时，出现腻子翻翘、鱼鳞状皱皮。

(2) 底腻子刮抹后出现小裂纹，局部坑洼修补处出现塌陷性裂纹。

2. 原因分析

(1) 基层表面有酥松、脱皮、起壳、粉化等现象，或有泥土、油污、油漆、粉尘、隔离剂等隔离物。

(2) 在含有冰霜、露水或光滑及温度较高或过低的基面上刮抹底腻子。

(3) 底腻子过厚或太薄，施工气温高，环境干燥。

(4) 一次性刮抹腻子太厚；腻子刮抹在凹陷、空洞上，出现半眼；蒙盖等缺陷，造成腻子不能生根，出现塌陷性裂纹。

3. 预防措施

(1) 使用合格的专用内墙腻子。自配腻子按要求加入内墙涂料或专用胶调制，对过于光滑的基层上刮抹内墙腻子，可适量增加纤维素。搅拌腻子的稠稀程度，以适宜刮抹为宜。

(2) 刮抹腻子的基层应清洁，无油渍、粉尘、隔离剂等隔离物。

(3) 底腻子应分遍批刮，不可一遍批刮得太厚，当第一遍批刮后应用砂纸将刮痕打磨掉，在批刮第二遍时发现第一遍刮抹的腻子表面有裂纹或与基层脱离的，应查明原因后，将其铲除干净再进行重新批刮。

(4) 对基层平整度较差、有坑洼的部位，应事先用高强腻子进行刮抹找补后，再与墙面同时刮抹底腻子。基层有小孔洞（大于3mm）的，应将空洞用干拌水泥（手握成团，落地开花）或聚合物砂浆堵塞严密后与墙面一同批刮腻子。对于小于3mm的小气孔，可直接用底腻子用力填补封闭。

(5) 不可在有冰霜、露珠、潮湿的基层上或在高温的基层上批刮底腻子。

4. 治理方法

(1) 对出现翻翘、鱼鳞状裂纹的腻子应铲除干净。查明原因，采取措施处理后重新批刮腻子。

(2) 对裂纹较大已与基层脱离的底腻子，要铲除干净，待基层处理后再重新刮抹底腻子；对有蒙盖塌陷的底腻子应将其挖出清理干净后，重新分层堵塞后，刮底腻子进行覆盖。

37.2.12 涂刷层表面有砂眼

1. 现象

乳液类涂刷层表面有砂眼。

2. 原因分析

(1) 胶浆兑制搅拌后未经消泡即使用，粉刷后在成膜中泡沫破裂，形成细小的砂眼。

(2) 基层或底腻子内有气孔，批刮底腻子时使用刮板太软，腻子批刮不实、不平，有些小气孔虽然面积不大，但内部较深，胶浆粉刷后，气泡胀裂。

(3) 批刮腻子时，表面打磨砂纸太粗，有打磨痕；砂纸打磨完后的粉末未清除干净，打磨的腻子粉末未均匀分布留在墙面，而是在砂纸的上下边缘或砂纸停留处出现小的堆

积，胶浆粉刷后在这些部位出现小砂眼。

(4) 不按产品说明使用乳液胶浆，兑水太少或太多，胶液太稠或太稀。

3. 预防措施

(1) 在配兑浆料时，胶浆搅拌后须有静置消泡过程，待胶浆表面泡沫完全消除后方可使用。涂刷蘸浆后不能立即上墙刷、滚，应将刷子或滚子蘸浆后，待沥浆消泡再进行刷、滚。

(2) 批刮腻子时应用有一定的刚性和弹性的钢舌刮板，第一遍使用的腻子应相对软一些，批刮时应用力反复刮抹。

(3) 腻子表面打磨时应用0号砂纸，将浮腻子及批痕打磨平整，并注意消除其粉末、浮尘。

(4) 使用乳液时，按产品说明加水勾兑。

4. 治理方法

对影响观感不符合验收标准的砂眼，用0号砂纸轻轻打磨平整后，重刷一遍进行覆盖。

37.2.13 掉粉

1. 现象

粉刷表面用手轻轻擦拭即掉粉，人靠近墙面就蹭一身白粉面。

2. 原因分析

(1) 浆液中胶浆少，浆液无胶性或胶性太小，粉刷层干燥后，粉剂固料自动脱落。

(2) 面层粉刷后，因基层潮湿，环境湿度大，浆膜长时间不能固结干燥，出现霉变粉化现象；使用了受冻融后变质或超期存放变质的浆液，或粉刷后即受冻粉化。

(3) 基层或环境有酸碱性（主要是碱性）物质腐蚀。粉刷前新墙面未刷（喷）封闭抗碱底漆，或旧墙面未刷（喷）界面剂，面层粉刷后遭受腐蚀变质粉化。

3. 预防措施

(1) 使用合格的粉刷浆料。在配置浆料时，按要求的比例添加胶浆，勿因胶料价格贵而减料。根据施工条件和施工环境适当增加胶液用量。所配置的浆料应先进行试粉刷，确认合格后再进行批量配置。

(2) 粉刷前对新墙面要刷（喷）封闭抗碱底漆，对旧墙面刷（喷）界面剂。粉刷前发现已析盐泛碱的基层，应先用3%～4%的稀草酸溶液进行消碱处理后，再用清水冲刷，待干燥后再刷封闭抗碱底漆。

(3) 当基层含水率较高或环境湿度较大时，使用的浆液可稍稀一些，采取薄刷、多晾、增加涂刷遍数的施工方法。用喷涂法时可增大喷距，喷枪移动要快一些，应掌握薄喷、多次操作。喷刷后要注意及时通风干燥。

(4) 不得使用受冻融已变质沉淀或存放时间超期变质的浆液。在低温环境下喷刷时要有防冻措施，严禁粉刷层在结膜固化中受冻。

4. 治理方法

发现有掉粉现象，应将掉粉面层当作基层底腻子使用，用0号砂纸打磨后，再重新刷（喷）合格的浆液进行覆盖。

37.2.14　涂膜发霉，长毛变黑

1. 现象

乳液型涂料在交付使用后，在窗帘后面、家具背面等死角处，以及厨房、洗浴、卫生间等潮湿、通风不畅的部位出现涂膜变霉、长出黑毛的现象，新竣工工程第一年使用的尤甚。

2. 原因分析

（1）乳液型涂料大多以水溶性或水乳性等高分子合成材料为胶粘剂的主要成膜物，其中所用的增稠剂为纤维素类、聚丙烯盐酸类等水溶性物质，这些物质是霉菌繁殖的温床，在温度、湿度适宜的环境里，涂膜容易发霉，长出黑色霉菌长毛。

（2）当年竣工交付使用的工程，因墙内含有大量水分，且在施工中砌体砂浆和抹灰砂浆内都使用了混合砂浆，混合砂浆内含有大量的石灰膏，与业主入住后产生的二氧化碳发生还原反应，生成碳酸钙和水，这些水析出墙面后吸附在涂层上；另外，还有生活中（做饭、洗浴、烧水、呼吸等）产生的大量的水汽，造成室内湿度达80%以上的环境。冬季不注意开窗通风换气，使墙面涂膜长毛霉变变黑。

（3）未按节能工程设计及施工的构造柱、圈梁等部位出现热桥效应。屋面保温措施不力或保温措施失败，使热桥部位（多在阴角处）或顶层顶棚出现结露现象，这些部位往往在冬季因结露原因受潮湿，长毛霉变变黑。

（4）厨房、卫浴、冷库、库房等长期处于潮湿环境中使用的房间，未使用防霉耐水专用涂料。

3. 预防措施

（1）对长期处于阴暗潮湿又不通风的环境部位、房间或建筑物的墙面、顶棚，应满刮耐水腻子或抗菌防霉乳胶配套供应的底腻子。按设计要求使用合格的耐水抗菌防霉涂料（如苯丙乳液防霉涂料、丙烯酸乳液防霉涂料、氯偏乳液防霉涂料及耐水仿瓷涂料等），或能在潮湿涂层上施工的水硬性涂料及行业标准《水溶性内墙涂料》规定的Ⅰ类产品。

（2）喷涂与防霉涂料配套供应的防霉封闭底漆，如苯丙乳液高渗透性基层处理剂。

（3）对已竣工的工程注意按时打开门窗进行通风干燥；入住后的第一个冬季，要特别注意及时开窗通风换气，窗帘拉开后应将窗帘挽起；对家具背后及通风不畅的死角，可辅以人工吹风的方法定时进行吹风干燥；使用厨房、卫浴间时要关紧内侧门窗，以免湿气逸入户内。

4. 治理方法

（1）对已出现霉变长毛发黑的，可暂时不要处理，待来年春天墙面干燥后用干净的卫生纸轻轻擦拭掉即可。如出现黑痕难以清除的，可用刷子蘸与原墙面同品种乳胶漆进行涂刷覆盖。

（2）对霉变严重又有胶膜粉化、起皮的部位，应用铲刀将这些部位铲除掉，待墙面彻底干燥，重新刮抹底腻子后，涂刷与原墙面同品种的乳胶漆进行覆盖。

37.2.15　外墙表面污染，界面变色，线条不清晰

1. 现象

外墙乳胶漆完成后，表面有污染、界面变色、线条不清晰和混色现象，影响观感效果。

2. 原因分析

(1) 施工中计划不周，工序安排不妥，有颠倒工序现象。

(2) 施工时变色界面遮挡不严；喷涂施工遇有大风天气。

(3) 施工中要求不严，责任不清，多工种交叉施工出现交叉污染；附属工程及安装工程施工时，外墙无保护措施。

3. 预防措施

(1) 施工前应加强计划性，合理安排工序。外墙乳胶漆应在抹灰工程全部完成，屋面防水、外门窗框安装完成并经验收后进行。

(2) 外墙落水管安装应与乳胶漆施工同时进行，否则在屋面落水口处应有严密的挡水措施，屋面应有可靠的排水措施，严禁已粉刷好的墙面遭受从屋面落水口处自由落水的污染。

(3) 外墙乳胶漆要求分色装饰时，应先施工深色的乳胶漆，后施工浅色的。分色界面处用纸条或胶带进行隔离，隔离前应先弹隔离线，隔离条应顺线贴严。

(4) 对有装饰分格条（线）的外墙面，墙面粉刷前应先在分格条（线）上进行一层白水泥砂浆薄抹灰后，在分格条（线）上用108胶贴纸条进行遮盖，当施工完毕后揭下纸条，对不规整的部位进行修正。也可用白色外墙乳胶漆进行描摹覆盖。

目前较好的方法是采用商品（带凹槽的）塑料条，在墙面抹灰时预埋、嵌固在抹灰层里，如图37-9。施工时，若遭沾污，容易擦拭干净。

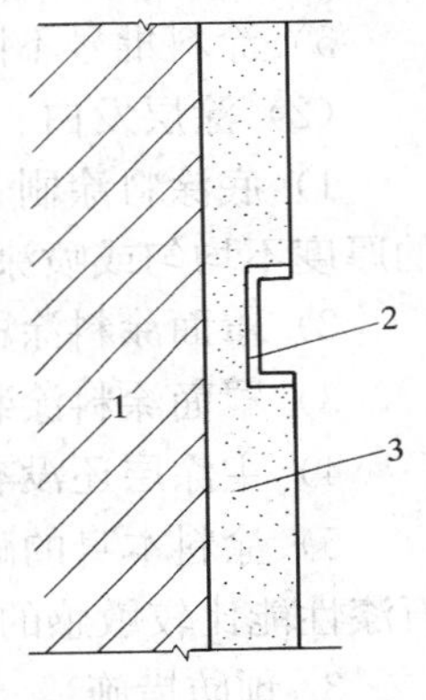

图37-9 外墙抹灰面塑料分格条示意图
1—基体；2—塑料分格条；3—外墙抹灰层

(5) 当用喷涂方法施工外墙乳胶漆时，在遇有分色界面处，喷头方向应朝向正在喷涂的一方。遇有4级以上的有风天气应停止外墙乳胶漆的喷涂施工。

(6) 外墙乳胶漆完成后要注意保护，杜绝其他工序、工种施工的交叉污染。对室外的安装工程施工要有技术保护交底，有遮盖保护措施后方可进行施工。

4. 治理方法

乳胶漆表面污染应按谁污染谁负责处理的原则，分清责任进行有针对性的清洗或复涂处理。

37.3 其他建筑涂料工程

37.3.1 真石漆涂层不均匀、发白、发花等

1. 现象

(1) 涂层不均匀

1) 厚薄不均匀，涂层有的地方薄，有的地方厚；

2) 平整度不均匀，良好施工的真石漆，经过表面施涂罩面涂料后，涂层表面手感光滑，基本上是平面，平整度不均匀的真石漆涂层，看起来有点像橘子皮，明显不平整；

3) 涂层强度不均匀，有的地方强度高，有的地方强度低，强度低的地方用手指可以

抹下砂颗粒。

（2）涂层发白、发花：

1）真石漆涂层固化成膜后，失去真石漆应有的颜色外观，而是比应有的颜色浅，甚至呈水白色，或发白、发雾，表面像罩着一层雾或霜，谓之发白；

2）涂层表面颜色局部看起来是均匀的，但大面积看起来一块一块的不一致、不均匀，色差明显，降低装饰效果，谓之发花。

2. 原因分析

（1）涂层不均匀：

1）喷涂操作技术不过关，喷涂时没有掌握好；

2）涂料储存时分层，表层出现浮水或浮胶，喷涂前没有充分搅拌均匀，致使施工的涂料粘度不同，成分也产生差异；

3）喷涂时喷枪的空气压力不稳定，出现时高时低的波动；

4）喷涂时喷枪喷嘴的口径因磨损或错误安装而发生变化；

5）涂料批号不同时涂料本身粘度有差异。

（2）涂层发白、发花：

1）底涂料涂刷不均匀或有漏涂现象，导致基层对涂料的吸收不均匀，或主涂料喷涂的厚度不均匀或喷涂的涂层厚度不够；

2）罩面涂料涂刷不均匀，有漏涂现象或者只涂刷一道；

3）罩面涂料涂装后保养期不够，还没有充分干燥即受到雨淋或其他情况的水侵蚀；

4）主涂层还没有完全干燥就涂装罩面涂料；

5）涂料本身的耐水性不能满足要求。对真石漆的耐水性要求高，因而耐水性成为真石漆性能比较敏感的一个项目，使用一般建筑乳液配制真石漆不能满足其耐水要求。

3. 预防措施

（1）涂层不均匀：

1）增强责任心，刻苦学习和实践，掌握正确的施工技术，提高施工技术水平；

2）对于有分层或表面出现浮水的涂料，施工前一定要充分搅拌均匀，应采用机械搅拌，涂料批量小时可采用手持式搅拌机搅拌；涂料批量大、有条件时最好将一次施工的涂料放在大型搅拌机中一次或几次搅拌均匀；

3）喷涂作业时一定注意保持空压机的输出压力。造成压力不稳的原因是电压不稳或空压机的功率（排气量）小，或一台空压机带动多个喷枪。属于电压不稳，应待电压稳定后再施工；属于空压机排气量小，应更换大功率的空压机；属于一台空压机带动多个喷枪情况的，应减少喷枪；

4）喷涂时注意保持喷嘴口径一致；当喷嘴磨蚀严重时，应及时更换新喷嘴；

5）施工时注意在同一面墙上使用同一批号的涂料，如果同一批号的涂料数量不够，则应将不同批号的涂料放在一起搅拌均匀后再施工。

（2）涂层发白、发花：

1）涂刷底涂料时注意均匀，不要有漏涂现象，喷涂主涂层时注意厚薄均匀，厚度满足要求；特别是要保证真石漆的喷涂厚度不少于1.5mm；

2）罩面涂料要涂刷均匀，不要有漏涂现象，特别是要保证涂刷两道；

3）注意天气变化，可能出现下雨天气时不要施工或作好防雨措施；注意罩面涂料没有充分干燥前不要受到水的侵蚀；应注意采取措施保证真石漆施工完成后两周内不受水的侵蚀；

4）待主涂层完全干燥后再涂装罩面涂料；

5）使用耐水性能合格的真石漆，在大面积涂料施工前可喷涂小块涂层，待干燥一到两个星期后，向涂层表面洒水检验，待证明真石漆的耐水性合格后再大面积施工。

4. 治理方法

（1）涂层不均匀：对于厚薄和平整度不均匀的真石漆涂层，可薄喷真石漆找平，若情况严重时，可先用真石漆批涂平整后再薄喷真石漆；对于强度不均匀的真石漆涂层，可施涂封闭底漆进行加固，然后再薄喷真石漆；情况严重时则需要铲除原涂层重新涂装。

（2）涂层发白、发花：对于涂层厚度不满足要求的真石漆涂层，可补喷至要求的厚度；罩面涂料涂刷得不均匀的涂层，可补涂一至两道并直至均匀；属于涂料本身耐水性不满足要求的涂层，可待涂层彻底干燥后，使用耐水性强的有机硅-聚丙烯酸酯复合型罩面涂料（水性或溶剂型均可）或硅溶胶-聚丙烯酸酯复合型罩面涂料施涂两道至均匀为止。

37.3.2 真石漆涂层开裂

1. 现象

真石漆涂层在施工后不久表面即出现裂缝。裂缝的大小可能有的细如发丝，但有的裂缝可能很明显。

2. 原因分析

（1）基层开裂导致出现大裂缝；

（2）一次喷涂量太大，涂层太厚。这种原因引起的裂缝往往是细小裂缝；

（3）仿石型真石漆喷涂前基层未分割成块，或分割的块太大；

（4）涂料太稠厚，而且在施工前没有能够正确稀释；

（5）涂料本身性能有缺陷，例如有的真石漆在生产时为了提高涂层的耐水性而使用较高玻璃化温度的聚合物乳液，但成膜助剂加入的量不足，致使真石漆在正常的温度下施工不能充分成膜。这种原因引起的裂缝往往是细小裂缝。

3. 预防措施

（1）检查及处理基层，待符合要求后再施工；

（2）一次喷涂不要太厚，若一次喷涂不能够达到涂层设计厚度要求，可分两道喷涂；

（3）仿石型真石漆应做成块状饰面，且块状大小要适当；

（4）施工前按照使用说明书正确稀释涂料；

（5）与涂料生产商协商解决。

4. 治理方法

对于有细小裂缝的涂层，可再薄喷一层真石漆遮盖住裂缝；若裂缝大，可以使用真石漆将裂缝补平，再薄喷一层真石漆遮盖住裂缝。对于因基层开裂导致的大裂缝，情况严重时则需要使用弹性建筑乳液调制的真石漆分多次将裂缝补平，然后再整体薄喷一层真石漆，以使整个涂层均匀一致。

37.3.3 真石漆表面泛乳液，出现色差

1. 现象

真石漆施工后表面出现泛乳液现象，表面暗亮不一，出现色差。

2. 原因分析

(1) 施工中使用了劣质乳液，未按要求使用专用乳液。

(2) 施工时使用的彩砂不是同批次购进的，或在使用时拌和不均匀，使用颜料计量不准确，拌和不均匀。

(3) 基层抹灰不平整，批刮底腻子打磨不平整，有批痕，在光线照射下出现折射角度差异，影响观感。

(4) 喷涂真石漆时，操枪方法不正确，运行速度不均匀，喷涂厚度厚薄不一。多人喷涂时操作手法不统一，喷枪气压不一致，喷枪口径不统一。刮抹真石漆时，刮抹不平整，不均匀，局部太薄，有透底现象。

(5) 真石漆添加剂（增稠剂、消泡剂等）配伍不恰当，施工后造成真石漆表面出现微裂纹。

3. 防治措施

(1) 真石漆施工前应先做出样板，按样板的做法进行大面积配料、施工和操作。

(2) 施工前进行全面的技术交底，检查所用机具，确定好喷枪的口径。

(3) 严格把好材料使用关，真石漆应使用专用乳液（改性苯丙或硅丙乳液）。

(4) 一个单位工程或一个视面内应使用同一批次购进的彩砂，并一次拌和足量后装袋存放。使用色剂应一次购进，计量准确，充分搅拌。

(5) 2 人以上同时喷涂作业时，要事先进行演练，统一操作手法、喷枪口径、喷枪气压和喷距。

(6) 真石漆的基层抹灰质量应符合规范对高级抹灰质量标准的要求。

(7) 真石漆施工时的配料应按要求严格配制，不得随意改变配方。当喷涂后出现裂纹时，应适量增加纤维素的用量，减少增稠剂的用量。

(8) 真石漆喷涂时要分遍成活，每遍间隔 2h 以上。漆膜厚度要均匀，墙面阴阳角处要采用薄喷多层法，阳角处应采用骑角喷涂，喷枪距墙 80cm，运枪速度要快；刮抹的真石漆要保证基层平整，刮抹厚度均匀，不得有透底现象。

(9) 罩面漆应在真石漆完成 10d 后进行（最好在工程即将验收交付前进行）。罩面漆施工前应先用细砂纸轻轻将真石漆表面凸起的砂料及尖角打磨平整，打磨时切忌用力过大，面漆要均匀一致，施工温度应不低于 10℃。

(10) 当真石漆为白色或较浅色时，墙面可批刮白水泥膏配制的底腻子，批刮要平整，无批痕。

37.3.4　真石漆局部空鼓、脱落，强度不足

1. 现象

真石漆施工后出现局部脱落，用手触摸面层有掉粒，强度明显不足。

2. 原因分析

(1) 在有粉化层、粉尘沉积、油渍污染成隔离层的基面上施工；阴阳角、管根等处基层未处理好，有不平整、不密实、不顺直现象，施工前未做工序检查交接，施工时又未认真处理。

(2) 底腻子未使用专用腻子，使用底腻子胶浆少，强度低，粘结力差。

（3）未使用高渗透抗碱底漆进行基面封闭。真石漆使用了伪劣胶料。

（4）在低温下施工，成膜或成膜中遭受冻害。

（5）在未干透、含水率＞10％基层上施工。

（6）作业人员操作经验不足，或责任心不强，未对薄弱部位采取相应措施。

3. 预防措施

（1）真石漆必须施工在坚固、平整、顺直的基层上。施工前应对基层检查验收，进行工序交接：对有空鼓、粉化、疏松的基层要铲除重做：对阴阳角、管根及落水管等管道背后要认真检查，发现有未压实、不平整的要进行处理；对有油渍污染或粉尘污物的基层要进行有效清洗。

（2）对基层使用高渗透抗碱底漆进行喷涂封闭。抗碱底漆应喷（刷）均匀，覆盖严密，不得有漏喷（刷）部位。

（3）真石漆应在干燥基层上施工，抹灰基层含水率应控制在10％以内。

（4）真石漆应用专用弹性底腻子进行批刮，不得使用内墙腻子或无胶粉质腻子代替专用腻子。底腻子应平整、坚实、牢固，无粉化、起皮、裂缝。

（5）真石漆应在10～35℃的气温环境下施工。当气温低于50℃时应停止施工。严禁真石漆施工后即受冻；在强阳光高温下施工时应有遮挡措施。

（6）施工前要进行全面的技术交底和员工培训；选择合适的喷枪口径和喷距。

4. 治理方法

（1）出现真石漆脱落的部位应全部铲除，查明原因进行处理后重做。

（2）对于受冻后有粉化、掉粒、强度明显不足的部位应铲除后重做。

37.3.5 膨胀聚苯板薄抹灰外墙外保温系统中涂料脱落

1. 现象

某严寒地区涂料饰面膨胀聚苯板薄抹灰外墙外保温系统的多层住宅工程，在工程竣工使用的第一个采暖期接近结束，春季室外正负温度交替阶段，涂料陆续脱落。

脱落发生在膨胀聚苯板接缝处或锚栓处，涂料局部翘边、部分或大面积脱落。脱落部位的腻子表观检查为粉化状态。采用电采暖工程和竣工验收完成没有进行采暖工程的外墙涂料无脱落现象。

涂料脱落多发生在多层住宅的2至6层，3至5层较严重。在春季室外正负温度交替期间，有一段时间，在东侧和南侧涂料脱落部位，负温观察时，腻子中含有冰碴。北侧、西侧部位沿膨胀聚苯板缝出现湿迹，说明膨胀聚苯板中有冰霜，已开始融化，该处涂料脱落。

2. 原因分析

（1）原材料选择不当：

1）腻子质量差，涂料脱落部位腻子几乎无强度，腻子受冻融破坏后强度丧失；

2）涂料质量不良，涂料的附着力、耐冻融循环性能不合格；涂料的透气性也差，在脱落部位涂料与腻子之间存在冰膜，室外正温时，冰膜融化，腻子与涂料分离，造成脱落。

（2）施工工艺安排不合理：

1）聚苯板粘贴前墙体潮湿，严寒地区建设，施工工期短，工程赶工抢工；墙体湿度相对较大，在室内空气水蒸气压力作用下，采暖期间墙体水蒸气不断向膨胀聚苯板中渗透，加速外墙涂料脱落；

2）膨胀聚苯板与抹面胶浆施工安排欠妥，基层潮湿，粘贴聚苯板时，逢下雨或抹面胶浆施工前下雨；在没有采暖的情况下湿度剧增，加上抹面胶浆的渗透阻较大，保温层中始终保持较大湿度，采暖后室内空气中的水分向保温层渗透；

3）部分聚苯板之间缝隙过大，抹面胶浆施工前没有处理；水蒸气渗透不均匀，集中在少量接缝部位渗透，产生局部涂料脱落。

（3）入住使用时室内温、湿度过大，使采暖期间外保温系统湿度增大。采暖期结束时，环境温度达到0℃以上，保温层内部冰霜融化，沿聚苯板接缝处出现湿痕，此时南侧、东侧保温层每天都经受一个冻融循环，腻子层由于冻融破坏失去强度，冻融面积不断扩大，使涂料产生脱落。

（4）设计深度不够，设计时未进行围护结构防潮验算和采取措施。

3. 防治措施

（1）设计阶段应按规范要求验算围护结构内部的冷凝受潮，不符合要求时应采取结构防潮措施。

（2）正确选择透气性好、指标合格的外保温系统专用腻子和涂料。

（3）为增加冷凝界面的蒸汽渗透阻，可在膨胀聚苯板粘贴前对外围护墙体抹20mm的1∶2水泥砂浆找平层。

（4）防止聚苯板受雨水浸泡，粘贴聚苯板前基层应充分干燥，抹面胶浆施工时要避开雨天，使保温层内湿度增量降至最低。

（5）聚苯板粘贴后，应及时对大于2mm以上的板缝进行处理，保证水蒸气渗透时分布均匀，防止产生集中渗透。

（6）对赶工抢工的当年入住工程，在施工期间或采暖初期要保持经常性通风换气，使室内温、湿度及墙体湿度降低，最大限度地降低室内水蒸气向保温层渗透。

（7）对于赶工抢工需当年入住的工程，涂料可延缓在第二年室外环境温度允许时施工。

37.3.6 外墙涂料泛碱与盐析

1. 现象

外墙涂膜泛碱和盐析是外墙建筑涂料工程最常见的问题，北方初冬新建外墙涂装的涂膜和沿海地区墙面涂膜尤为常见。

涂膜出现泛碱与盐析后，涂膜颜色不均匀，一块一块发白，发白的部位表面有一层“白霜”，用水洗或湿抹布擦，能够将“白霜”擦净，干燥后涂膜能够恢复原来的颜色。但由于泛碱与盐析可能是个长时间的过程，因而过一段时间“白霜”可再次出现。

涂膜泛碱虽然不影响涂膜的物理力学性能，但是极大的影响涂膜外观，使涂料工程失败，必须采取必要的措施进行处理。而且由于泛碱现象出现于涂料工程的后期，此时脚手架已经拆除，处理起来既困难，费用也高，因而应当预防泛碱问题的出现。

2. 原因分析

（1）泛碱和盐析的基本原因是基层没有得到充分养护，存在着大量的碱性物质和盐类，并通过涂料涂膜的孔隙迁移至涂膜表面，使涂膜出现返碱、盐析、咬色等现象。

（2）涂膜被水湿润后，水能够通过涂膜渗透进基层中，溶解其中的可溶性盐和碱，部分溶解物随着水分迁移至底材表面与二氧化碳反应生成盐，在迁移的过程中随着水分的不断蒸发，溶解物不断结晶析出，若结晶在涂膜与底材之间，就会影响涂膜与基层的附着：如果结晶在涂膜表面，则形成泛碱和盐析。

（3）泛碱、盐析现象的出现与形成混凝土坚固机械性能的化学反应密切相关。水泥的硬化过程是水和硅酸钙的化学反应，这个反应生成氢氧化钙和水化硅酸钙，后者使水泥具有良好的机械性能。但是，水泥中还有硅酸钠和硅酸钾等物质存在，因此，氢氧化合物也会在水泥水化反应的过程中产生。当氢氧化物迁移到底材表面与空气中的二氧化碳接触后反应生成碳酸盐和水，水挥发后会把碳酸盐留在底材表面，形成泛碱和盐析现象。

3. 防治措施

（1）保证底层充分的养护期。建筑外墙涂装面对的基层一般是混凝土和水泥砂浆，水泥砂浆的养护期夏季为14d，冬季为21d；现场浇筑混凝土的养护期夏季为21d，冬季为28d。在寒冷的北方，养护期还应适当延长。未达到养护期的水泥砂浆或者混凝土中尚含有许多未水化的水泥颗粒，以及水泥水化生成的氢氧化钙其pH值一般都大于13，其内部含有许多未硬化的水泥颗粒，含有大量的碱性物质，同时含有许多可溶性的盐类。

（2）使用高封闭性能的封闭底漆进行基层封闭。要尽量避免“泛碱”、“盐析”现象就必须防止碱和空气中二氧化碳相接触或反应。在底材与涂膜之间涂装封闭底漆，可起到封闭作用。一般来说，底漆的封闭可通过以下两种机理来实现：

1）通过对底材的渗透并与内部的基团发生化学键作用，从而增加涂膜与底材的附着力利抗碱能力，同时封闭砂浆毛细孔，进而阻止碱和盐的析出；

2）在要求涂膜与底材有很好的附着力的前提下，通过在砂浆表面形成致密的涂膜，阻止碱和盐的迁移。

为了确保封闭效果，应选用封闭性能好的封闭底漆，如溶剂型丙烯酸封闭底漆、阳离子封闭底漆、水性环氧封闭底漆和硅溶胶改性封闭底漆等。其中，阳离子封闭底漆和水性环氧封闭底漆的封闭性能更为突出。

（3）采取措施对基层进行预处理。当因为工期、气候等原因需要对基层粉刷砂浆未达到养护期的墙面进行涂料涂装时，可以采取一些技术措施进行处理，对泛碱与盐析有一定的预防作用。

1）使用5%草酸溶液刷涂墙面。使用5%草酸溶液涂刷一遍砂浆基层，草酸溶液能够中和砂浆或混凝土面层中的碱。方法是先将待处理的水泥基墙面（砂浆墙面或混凝土墙面）清理干净。使用涂料刷或者滚筒蘸5%草酸溶液涂施需要处理的表面，涂施5%草酸溶液的量以能够润湿墙面而不会产生流挂为准。使墙面涂施的5%草酸溶液自然干燥，干燥后，用清水将5%草酸溶液和墙面的碱的反应产物洗刷掉，待墙面自然干燥后即可进行封闭底漆和腻子及涂料等的施工。若墙面的碱性较高，可以涂施两遍。即待涂施的第一遍5%草酸溶液干燥后，再涂施一遍。

2）使用性能好、封闭性强的耐碱封闭底漆对基层进行封闭处理，特别是使用封闭性能好、耐碱性强的水性环氧封闭底漆。

3）使用高性能的腻子，例如具有抗渗、防裂等性能的高强外墙腻子作为基层的批涂层，增大溶解有碱和盐的水向面层移动的阻力。

4）将以上方法复合使用。例如，先使用5%草酸溶液刷涂墙面，再使用高性能的水性环氧封闭底漆封闭；或者使用水性环氧封闭底漆封闭后，再使用高性能的腻子批涂等。

37.3.7　环氧地坪涂料出现气泡、起鼓、脱落

1. 现象

（1）环氧地坪涂料施工后，表面出现大量麻点，这类麻点强度很低，很容易磨破。磨破后可以发现麻点是空的，是涂膜中产生的小气泡。

（2）环氧地坪涂料施工并干燥成膜后，涂层鼓起，与基层出现脱离现象，这种起鼓的地方在受到机械力作用时可能会很容易就脱落，情况严重时会自行脱落。

（3）脱落是指环氧地坪涂膜由于和基层已经失去粘结而自行与基层脱离，成片的掉下来。

2. 原因分析

（1）气泡：环氧地坪涂膜中出现气泡的主要原因是涂料在施工过程中，由于搅拌、施涂等的机械操作而产生气泡；以及环氧树脂同固化剂反应放出热量，使施涂的涂膜中产生很多气泡。由于环氧地坪涂料在配制时，没有加入合适的消泡剂，或者消泡剂加入的量不够，产生的气泡不能及时破灭而在环氧地坪涂膜固化后仍保留在涂膜中。

（2）起鼓、脱落：造成起鼓、脱落的原因是涂层与基层的粘结强度低，基层潮湿以及过于光滑都会导致涂层与基层的粘结强度低。

例如，对基层进行不同粗糙化处理情况下所得到的环氧砂浆与基层的剪切粘结强度光滑表面为7.2MPa，而经粗砂纸打毛的表面则为15.4MPa。混凝土基层含水率为0时与环氧砂浆的粘结强度为11.04MPa，而含水率为7%时，则为2.91MPa。

3. 预防措施

（1）气泡：

1）涂料生产时，适当加入消泡剂，以降低涂料的表面张力，消除气泡的产生；

2）在施工工程中，将搅拌后的涂料静置一段时间后再进行施涂操作；

3）适当控制涂料的粘度和固化速度，即涂料的粘度不要太高，固化速度适中，不要太快；

4）在涂料施涂后尚处于流动状态时用针刺滚筒滚涂有气泡的涂膜。

（2）起鼓、脱落：对于潮湿基层，应进行干燥处理；对于表面过于光滑的基层，则应采取措施对表面进行粗糙化处理，能够显著提高粘结强度。

1）基层干燥处理措施有自然通风、热风烘吹等，自然通风需要的时间长，且不容易达到要求的基层含水率，也可以将两者结合使用，即在基层含水率高时，先自然通风一段时间，然后再采取措施热风烘吹；

2）对于表面光滑的混凝土或水泥砂浆基层，施工前应认真进行表面粗糙化处理。

4. 治理方法

（1）气泡：用砂纸将涂膜打磨光滑后，再施涂一到两道环氧地坪涂料。

（2）起鼓、脱落：当起鼓现象不严重时，可以采取注射环氧胶粘剂的方法对起鼓部位进行粘结增强处理；若起鼓严重，则应将涂层全部、彻底铲除，然后重新施工。同样，若脱落情况不严重，可以将脱落部位进行局部清理，然后进行局部修补；若脱落情况严重，应将涂层全部、彻底铲除重新施工。

37.3.8　环氧地坪涂料出现浮色和颜色迁移

1. 现象

（1）浮色：环氧地坪涂料在固化成膜以后，由于颜料使用不当，会出现颜料分离现象。涂料施涂后颜色的分离一般分为垂直分离和水平分离两种情况。垂直分离会造成涂膜的颜色不均匀，因而称为发花；水平分离会使涂膜改变其应有颜色，与调配的颜色产生明显的偏差，一般称为浮色。有时涂料组分并没有改变，更换固化剂后涂料就产生浮色。

（2）颜色迁移：主要发生在环氧地坪砂浆中。常见的是使用颜料或色浆调配色彩时砂浆不上色，即调配环氧地坪砂浆的颜色时，颜料用量很大（可能超出平常用量的一倍或几倍）时仍不能够使涂膜呈现所需要的颜色，甚至根本不能够显现彩色，称为环氧地坪砂浆的颜色迁移现象。

2. 原因分析

（1）浮色：造成涂料浮色的原因很多，这里主要指环氧地坪涂料因更换固化剂而产生的浮色。这种现象同颜料的性能（如粒径、晶型、分子极性、表面电荷等）有关。因为无机颜料分为极性和非极性，同时，固化剂中的稀释剂，也分极性溶剂和非极性溶剂。当两者不匹配时，就会导致浮色。

（2）颜色迁移：造成涂膜颜色迁移的原因是因为彩色涂膜中的颜料，从其所在的涂膜中转移到涂膜表面或与之接触的另一物质表面对于环氧地坪砂浆来说，主要是因为砂浆组分中缺少微细粉料。因为环氧地坪砂浆中石英砂等颗粒粗大，溶剂的存在又能够使涂料中的颜料的流动性迁移性很大，导致颜料在未固化的涂膜中易于迁移。颜料向基层迁移，使涂膜表面没有颜料分布，因而涂膜难于上色。

颜料迁移性的大小主要与涂膜性质、颜料种类和用量、颜料在涂膜中所处的物理化学状态及涂膜所处的环境等因素有关。一般来讲，颜料迁移性越大，涂膜耐迁移性越差。耐迁移性是彩色涂膜的一项重要性能指标，如果涂膜耐迁移性差，则其在使用过程中会发生变色，从而影响涂装效果，严重时还会损害涂膜的物理化学性能。

3. 防治措施

（1）浮色：当涂料组分中颜料的分子极性和某种固化剂中稀释剂的分子极性相反时，不会产生浮色现象。更换固化剂后产生浮色时可通过调整分散剂降低极性，或加入适量的硅偶联剂来降低涂料的极性，消除浮色。

（2）颜色迁移：增加涂料中粉料的用量以消除颜料迁移的问题。但过多的增加粉料，可能会对涂料的流动性和涂膜的物理力学性能产生不利影响。若在合理的范围内增加粉料的用量仍不能够解决，则在涂料中适量的添加钛白粉就能够很好的消除这类颜料迁移现象，达到所需要的配色要求。

附录 37.1　涂饰工程质量要求和检验方法

引自《建筑装饰装修工程质量验收规范》（GB 50210—2001）

一、一般规定

（1）涂饰工程的基层处理应符合下列要求：

1）新建筑物的混凝土或抹灰层在涂饰涂料前涂刷抗碱封闭底漆；

2）旧墙面在涂饰涂料前应清除疏松的旧装修层，并涂刷界面剂；

3）混凝土或抹灰层基层涂刷溶剂型涂料时，含水率不得大于 8%；涂刷乳液型涂料时，含水率不得大于10%；木材基层的含水率不得大于12%；

4）基层腻子应平整、坚实、牢固，无粉化、起皮和裂缝；内墙腻子的粘结强度应符合《建筑室内用腻子》(JG/T 3049）的规定；

5）厨房、卫生间墙面必须使用耐水腻子。

（2）水性涂料涂饰工程施工的环境应在5～35℃之间。

（3）涂饰工程应在涂层养护期满后进行质量验收。

二、水性涂料涂饰工程

1. 主控项目

（1）水性涂料涂饰工程所用涂料的品种、型号和性能应符合设计要求。

检验方法：检查产品合格证书、性能检测报告和进场验收记录。

（2）水性涂料涂饰工程的颜色、图案应符号设计要求。

检验方法：观察。

（3）水性涂料涂饰工程应涂饰均匀，粘结牢固，不得漏涂、透底、起皮和掉粉。

检验方法：观察；手摸检查。

（4）水性涂料涂饰工程的基层处理应符合本附录“一般规定”第（1）项要求。

检验方法：观察；手摸检查；检查施工记录。

2. 一般项目

（1）薄涂料的涂饰质量和检验方法应符合附表37-1的规定。

（2）厚涂料的涂饰质量应符合附表37-2的规定。

（3）复层涂料的涂饰质量应符合附表37-3的规定。

（4）砂壁状建筑涂料的涂饰质量应符合附表37-4的规定（引自上海市地方施工规范《外墙涂料工程应用技术规程》DG/TJ 08—504—2000)。

（5）涂层与其他装修材料和设备衔接处应吻合，界面应清晰。

检验方法：观察。

薄涂料的涂饰质量和检验方法 附表37-1

项次	项目	普通涂饰	高级涂饰	检验方法
1	颜色	均匀一致	均匀一致	观察
2	泛碱、咬色	允许少量轻微	不允许	
3	流坠、疙瘩	允许少量轻微	不允许	
4	砂眼、刷纹	允许少量轻微砂眼，刷纹通顺	无砂眼，无刷纹	
5	装饰线、分色线直线度允许偏差（mm）	2	1	拉5m线，不足5m拉通线，用钢直尺检查

厚涂料的涂饰质量和检验方法 附表37-2

项次	项目	普通涂饰	高级涂饰	检验方法
1	颜色	均匀一致	均匀一致	观察
2	泛碱、咬色	允许少量轻微	不允许	
3	点状分布	—	疏密均匀	

复层涂料的涂饰质量和检验方法 附表 37-3

项次	项目	质量要求	检验方法
1	颜色	均匀一致	观察
2	泛碱、咬色	不允许	
3	喷点疏密程度	均匀，不允许连片	

砂壁状建筑涂料工程的质量要求 附表 37-4

项次	项目	质量要求
1	漏涂、透底	不允许
2	造型、套色号	纹理真实，套色喷涂分布均匀
3	掉粉、起皮	不允许
4	门、窗	洁净

注：包括真石型和仿石型两类砂壁状建筑涂料工程的质量要求。

三、溶剂型涂料涂饰工程

1. 主控项目

(1) 溶剂型涂料涂饰工程所选用涂料的品种、型号和性能应符合设计要求。

检验方法：检查产品合格证书、性能检测报告和进场验收记录。

(2) 溶剂型涂料涂饰工程的颜色、光泽、图案应符合设计要求。

检验方法：观察。

(3) 溶剂型涂料涂饰工程应涂饰均匀，粘结牢固，不得漏涂、透底、起皮和反锈。

检验方法：观察；手摸检查。

(4) 溶剂型涂料涂饰工程的基层处理应符合本附录“一般规定”第 (1) 项要求。

检验方法：观察；手摸检查；检查施工记录。

2. 一般项目

(1) 色漆的涂饰质量和检验方法应符合附表 37-5 的规定。

色漆的涂饰质量和检验方法 附表 37-5

项次	项目	普通涂饰	高级涂饰	检验方法
1	颜色	均匀一致	均匀一致	观察
2	光泽、光滑	光泽基本均匀，光滑无挡手感	光泽均匀一致，光滑	观察、手摸检查
3	刷纹	刷纹通顺	无刷纹	观察
4	裹棱、流坠、皱皮	明显处不允许	不允许	观察
5	装饰线、分色线直线度允许偏差 (mm)	2	1	拉 5m 线，不足 5m 拉通线，用钢直尺检查

注：无光色漆不检查光泽。

（2）清漆的涂饰质量和检验方法应符合附表 37-6 的规定。

清漆的涂饰质量和检验方法　　附表 37-6

项次	项　目	普通涂饰	高级涂饰	检验方法
1	颜色	基本一致	均匀一致	观察
2	木纹	棕眼刮平、木纹清楚	棕眼刮平、木纹清楚	观察
3	光泽、光滑	光泽基本均匀 光滑无挡手感	光泽均匀一致 光滑	观察、手摸检查
4	刷纹	无刷纹	无刷纹	观察
5	裹棱、流坠、皱皮	明显处不允许	不允许	观察

四、美术涂饰工程

1. 主控项目

（1）美术涂饰所用材料的品种、型号和性能应符合设计要求。

检验方法：观察；检查产品合格证书、性能检测报告和进场验收记录。

（2）美术涂饰工程应涂饰均匀，粘结牢固，不得漏涂、透底、起皮、掉粉和反锈。

检验方法：观察；手摸检查。

（3）美术涂饰工程的基层处理应符合本附录“一般规定”第（1）项要求。

检验方法：观察；手摸检查：检查施工记录。

（4）美术涂饰的套色、花纹和图案应符合设计要求。

检验方法：观察。

2. 一般项目

（1）美术涂饰表面应洁净，不得有流坠现象。

检验方法：观察。

（2）仿花纹涂饰的饰面应具有被模仿材料的纹理。

检验方法：观察。

（3）套色涂饰的图案不得移位，纹理和轮廓应清晰。

检验方法：观察。

附录 37.2　漆料在贮存中发生变质及预防措施

漆料在贮存中发生变质及预防措施　　附表 37-7

质量通病	原　因　分　析	防　治　措　施
浑浊	（1）容器内的水未倒干净，或因溶剂桶未盖严密，放置室外，淋入雨水； （2）清油、清漆加入催干剂（尤其是铅催干剂）后，在有水分或低温的地方放置； （3）稀释剂所用不当，如用量过多，则清漆料液呈胶状；若稀释剂溶解性差，则部分成膜物质不溶解	（1）溶剂桶要盖严密，不要放在室外，防止水分进入桶内； （2）如溶剂含有水分、苯类、汽油、松节油，可用分层法分离，丙酮、酒精也可用分馏法分离： （3）清油、清漆的水分可用水溶加热方法（65℃）消除；贮存室温要保持在 20℃左右； （4）稀释剂少许浑浊，可以加一些松节油或低毒苯类溶剂来改善，根据成膜物质的不同，使用合适的稀释剂； （5）性质不同的清漆，尽量避免混合

续表

质量通病	原因分析	防治措施
沉淀	(1) 颜料密度大、颗粒较粗或填充料较多，漆料液粘度小以及研磨的细度不够等； (2) 贮存时间过久	(1) 采购合格的涂料； (2) 先入库的先使用，缩短储存时间
变稠（变厚）	(1) 稀释剂用错，混入不相宜的材料； (2) 漆料贮存过久，超过规定贮存期； (3) 醇酸清漆使用后桶盖未盖严密，漆料桶漏气、漏液、溶剂挥发，贮存温度过高或过低	(1) 使用规定的稀释剂，不要把不同类型的漆料混合； (2) 所用漆料应在规定的正常限期内用完，桶盖要盖得严密； (3) 漆料内可以加一些丁醇来防治； (4) 更换漆料桶和贮存环境，防止暴晒，贮存库温度保持在20℃左右
结皮	(1) 装桶不满或桶盖未盖严，漏气，漆料含过度聚合桐油较多； (2) 漆料过稠，颜料含量较多，钴锰催干剂过多等易产生结皮； (3) 存放时间越长，皮膜越厚	(1) 盖严桶盖，不使漏气，如漆料桶漏气，应更换新桶； (2) 粘度大的漆料应尽量先用； (3) 如用后剩余的漆料不多，不要用原桶盛放，应换用小容器盛放，并在漆料面上盖一层牛皮纸，然后盖紧容器口；使用时取掉皮膜，用后在表面倒上一层同类型稀料，盖严桶盖
变色	(1) 虫胶清漆若直接在马口铁桶中颜色会变深，贮存越久颜色越深，且带黑，干性也不好； (2) 金粉、银粉与清漆会发生酸蚀作用，以致失去鲜艳光泽，色彩变绿、变暗； (3) 清漆所用溶剂有的极易水解（如酯类溶剂），与铁容器反应； (4) 复色涂料中，因颜料密度不同，密度大的颜料下沉，轻的浮在上面	(1) 虫胶清漆忌用金属容器贮存，应用非金属容器（陶瓷、玻璃等）溶解和贮存； (2) 金粉、银粉与颜料应分开包装，使用时，用多少，随调随用； (3) 清漆和溶剂应用木桶、陶瓷罐、玻璃瓶等存放；复色漆料使用时，要搅拌均匀
发胀（肝化）	(1) 肝化：氧化物（如红丹）与酸价高的天然树脂漆料相遇产生"肝化"； (2) 胶凝：油料聚合过度，其中含有聚合肢体，粘度增高或结成冻胶，如着色颜料（铁蓝等）碰到聚合度很高的漆料，会凝聚成固体； (3) 假厚：亦称触变，外表看来稠厚，但一经机械搅拌，立即流动自如，停止搅拌又会复原，这种现象主要出现在含颜料成分较高的漆料中，而以滑石粉、氧化锌、锌钡白、红丹粉等最为明显，粉刷时刷痕不易消失	(1) 肝化：用清油与红丹粉在现场自行调配，当天配制当天用完； (2) 胶凝：是一种物理变化现象，系暂时性的，经过机械作用可以重新分散，加入少许有机酸（安息香酸）就能恢复正常； (3) 假厚：实际不是漆料的病态（除呈现刷痕外），相反倒是一种优点，因为它可以防止颜料沉淀，漆料在涂刷后也不会发生流挂而造成涂膜厚薄不均

37.4　裱 糊 工 程

37.4.1　离缝或搭缝

1. 现象

离缝是指相邻两幅裱糊层拼接缝偏差（图 37-10），出现接缝不严的现象；搭缝与接缝正好相反（图 37-11），相邻裱糊层接缝出现重叠凸起现象。

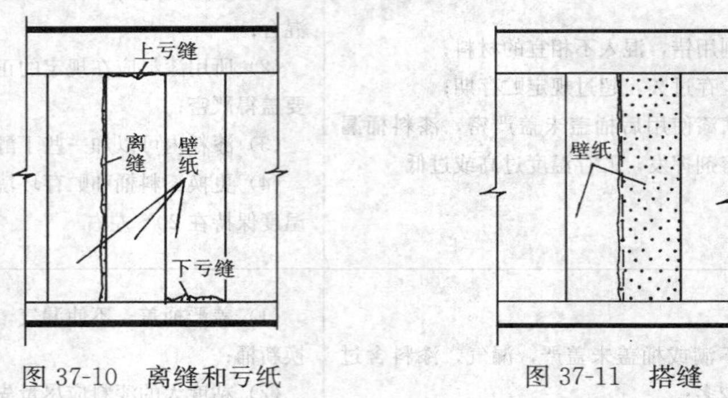

图 37-10　离缝和亏纸　　图 37-11　搭缝

2. 原因分析

（1）第一幅裱糊层粘贴垂直后，在粘贴第二幅裱糊层时，未连接准确就压实；或虽连接准确，但粘贴时赶压底层胶液推力过大而使裱糊层伸张，在干燥过程中产生回缩，造成离缝。

（2）未严格按量好的尺寸裁割壁纸或墙布，一般尺寸偏小；或者不是一刀裁割而是多次变换刀刃的方向，使壁纸或墙布忽胀忽亏，待裱糊后、亏损部分造成离缝。

（3）未将相邻两幅裱糊层拼缝推压分开，出现搭缝现象。因裁割不齐，凸出部位也会出现搭缝现象。

3. 预防措施

（1）在裱糊时，后贴幅必须与前贴幅靠紧，后幅粘贴时要先试贴，后裁割，力争做到无缝隙拼贴；在赶压时由拼缝向外赶压胶液和气泡。

（2）裁割壁纸或墙布时必须严格掌握尺寸，下刀前应复核尺寸有无出入，尺子压紧后不得再移动，刀刃紧靠尺边，一气呵成，中间不得停顿或变换持刀角度。手劲要均匀，尤其是裁割已粘贴在墙上的裱糊层时，更不可用力过猛，防止将墙面划出沟痕，使刀刃受损，影响再次裁割质量；施工中应经常检查壁纸刀的锋利程度，及时更换刀片。对于塑料层较厚的壁纸，只将塑料层割透而留有纸基，也会带来搭缝的隐患。

（3）保证裱糊层的边直而光洁，幅边不得有凸出或毛边；粘贴无收缩性的壁纸或墙布寸，不准有搭接现象；粘贴有收缩性的壁纸或墙布时可适当留有收缩搭接量，以便干燥收缩后正好对缝。粘贴前，应先试贴并掌握好壁纸或墙布的特性，才能取得良好的施工效果。

4. 治理方法

（1）对已出现离缝的部位，可用与裱糊层相同颜色的乳胶漆点描在缝隙上；对离缝较严重的部位可用相同裱糊层仔细补贴，不使留有痕迹。，

（2）对出现搭缝的裱糊层，一般可用钢板尺压紧搭缝处，用锋利的刀片沿尺裁割掉搭

接部分，处理平整，再仔细粘贴好。

37.4.2 裱糊层壁纸或墙布亏损，皱折

1. 现象

(1) 裱糊层裱糊后上部与挂镜线、下部与踢脚连接处出现不严，露出基底（图37-10）。

(2) 裱糊层裱糊后表面出现皱折或棱脊凸起的现象。

2. 原因分析

(1) 裱糊时未严格按照量好的尺寸放长10～20mm进行裁割。

(2) 壁纸或墙布材质不良或太薄，操作者操作不熟练，技术欠佳。

3. 预防措施

(1) 裱糊施工时先以上口为准，将壁纸或墙布裁割好，下口可比量得的尺寸稍长10～20mm，待壁纸或墙布粘贴后，在踢脚线上口压尺，将多余的部分裁割掉，如是带花饰的，应先将上口的花饰全部统一成一种形状，细心裁割，一次裁割成功，不得错位。

(2) 选用优质壁纸或墙布，对厚薄不均部分裁掉。裱糊时应用手将其舒平后，才能用橡胶滚或橡胶皮刮板赶压，不得使用钢皮刮板硬性推压，赶压时由内向外用力要均匀。已出现褶皱时，如胶液尚未干结，可将壁纸或墙布揭起，用手慢慢地推压平正后，再用橡胶滚子或胶皮刮板赶压。

4. 治理方法

(1) 对于出现亏纸或亏布的部位可参照37.4.1"离缝或搭缝"的治理方法。

(2) 发现裱糊层出现皱折的部位，如裱糊层尚未干燥，可把裱糊层揭起来重新裱糊；如已干结，对于褶皱较小的可用壁纸刀仔细切开，按搭接接缝的方法（图37-11），切除多余部分再对缝接好。皱折严重且已形成大的死折的，只能将其撕下，把基面清理干净后重贴。

37.4.3 色泽不一致、变色

1. 现象

裱糊层表面有花斑，色相不统一。

2. 原因分析

(1) 裱糊层的材质不良，颜色易褪色。

(2) 基层潮湿，或受阳光暴晒，使裱糊层表面颜色发白变浅。

(3) 裱糊层较薄，混凝土或水泥砂浆基层颜色映透到裱糊层的面层。

(4) 裱糊前未对基层刷（喷）抗碱封闭底漆，基层的碱性物质对裱糊面层造成腐蚀而变色。

3. 预防措施

(1) 选用不易褪色的、较厚的壁纸或墙布，不使用伪劣、残次品。

(2) 基层颜色较深时，应选用较厚或颜色较深、花饰较大的壁纸或墙布，或批刮白色底腻子进行覆盖。

(3) 裱糊层应裱糊在干燥的基层上，墙面基层的含水率应控制在8%以内，木基层应控制在12%以内。

(4) 应尽量避免裱糊层处在阳光下直接照射，或在有害气体的环境中储存和施工。

（5）裱糊新建筑物的混凝土或抹灰基层墙面时，在刮底腻子前应涂刷抗碱封闭底漆；旧墙面在裱糊前应清除疏松的旧装修层，并涂刷界面剂。

4. 治理方法

有严重颜色不一致的弊病的壁纸或墙布，必须撕掉，查明原因后重做。

37.4.4　起光，质感不强，污斑、胶痕

1. 现象

表面有星点或部分光亮，与裱糊层整体光泽不一致；局部遭污染或有手印、胶痕、污斑等，影响观感质量。

2. 原因分析

（1）裱糊层表面有胶迹未清擦干净，胶膜反光。

（2）带花饰或较厚的壁纸或墙布，裱糊时用压滚赶压用力过大，将花饰或厚塑料层赶压变形，致使壁纸或墙布表面反光。

（3）裱糊施工中对裱糊层保护不好，放置不当；对浅色的壁纸或墙布施工时未戴手套，手上有汗迹、污渍。

（4）不注意施工环境的卫生，有其他装饰颜料混放在施工场地。

3. 预防措施

（1）裱糊施工时，布胶要均匀一致，对赶压出来的胶液应注意及时清理掉，并注意不得使胶液污染裱糊层的正面。一旦有胶液或污物污染面层，应用干净毛巾或棉丝仔细清擦掉，再用干毛巾或干纱布蘸清水彻底擦抹干净。

（2）根据塑料壁纸或墙布的弹性，挤压裱糊层内部的胶液和空气时，挤压力不得超过裱糊层的弹性极限。

（3）施工中要注意施工环境和使用工具的清洁，保持双手洁净；裱糊颜色较浅、较高级的裱糊层时，应带洁白手套操作。

（4）注意裱糊壁纸场所的干净，裁割壁纸或墙布的几案或放置地点，不得放有盛放液体的桶、罐之类的器皿，更不准放有装饰用的颜料。

4. 治理方法

属于胶迹起光的壁纸或墙布工程，可用干净毛巾蘸温水在胶迹处稍加覆盖，待胶膜柔软后，轻轻将胶膜揭起或擦抹掉。属于压力过大造成反光而面积又大的壁纸或墙布工程，应将原来的壁纸或墙布揭掉，重新裱糊新的壁纸或墙布。

37.4.5　壁纸或墙布空鼓

1. 现象

裱糊表面局部出现鼓包，用手按压，有弹性和与基层附着不实的感觉，敲击有空鼓声。

2. 原因分析

（1）裱糊时，赶压方法不得当，多次往返赶压，使胶液干结失去粘结作用，或赶压力过小，多余的胶液未能挤出，存留在裱糊层内长期不能干燥，形成胶囊，或未将裱糊层内的空气赶出形成气囊。

（2）基层或壁纸（墙布）底面涂刷胶液厚薄不均匀或漏刷。

（3）基层潮湿，含水率太高，或基层的灰尘、油污未清理干净。

（4）裱糊层为石膏板基层的表面，石膏板表面纸基起泡脱落。

（5）白灰砂浆或其他基层较松软，强度低，有裂纹空鼓，或孔洞凹陷处未用腻子刮抹找补，填补坚实。

3. 预防措施

（1）严格按裱糊工艺操作，必须用橡胶刮板或胶辊由里向外赶刮或滚压，将气泡和多余的胶液赶出。

（2）在旧墙面上裱糊时应注意清除已疏松的基层，并对基层进行清理干净后，涂刷界面剂再进行裱糊工程的施工，界面剂刷涂要均匀，不得有漏刷。

（3）裱糊的基层必须干燥，基层含水率在8%以内，木质基层含水率12%以内。表面的尘土、油污必须清洗干净，对空洞和凹陷处必须用石膏腻子或大白粉、滑石粉、乳液合成的腻子批刮平整。

（4）石膏板基层的板表面的纸基有起泡、脱落的必须清除干净，重新修补好纸基。

（5）涂刷胶液必须厚薄均匀一致，绝对避免漏刷。为使胶液均匀一致，涂刷胶液后，可用橡皮刮板满刮一遍，把多余的胶液回收再用。

4. 治理方法

由于基层含有潮气或空气造成的空鼓，应用锋利的刀片将空鼓的气泡割开，将潮气或空气放出，待基层完全干燥将鼓包内的空气排出后，用医用注射器将胶液打入后压实即可。也可揭起壁纸或墙布用毛笔蘸胶液均匀涂刷，待胶液收水后由两边向中间赶压合缝。

在裱糊工程中，如因壁纸或墙布出现因胶液过多形成的液囊，可用医用注射器穿透壁纸或墙布，将胶液吸净后压实即可。

37.4.6 接缝、花饰不垂直

1. 现象

相邻两张裱糊层的接缝不垂直，阴阳角处壁纸或墙布不垂直；壁纸或墙布的接缝虽垂直，但出现花纹不与纸边平行，造成花纹不垂直（图37-12）。

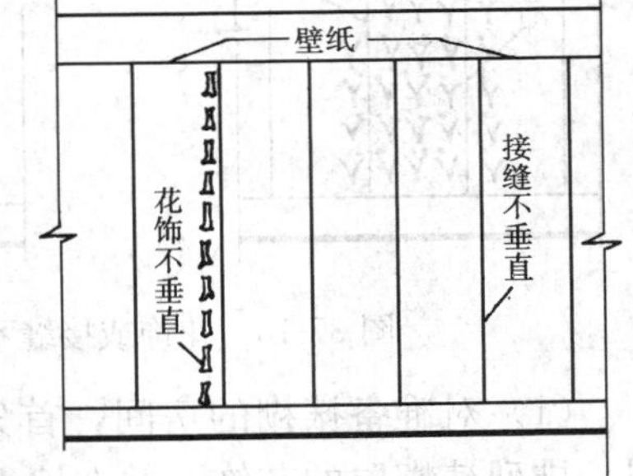

图37-12 接缝或花饰不垂直

2. 原因分析

（1）粘贴第一幅裱糊层时未作垂线，或操作中把握不准确，依次继续裱糊多张后，出现累计误差，偏离越来越明显，特别是花饰较明显的裱糊层尤为明显。

（2）由于墙壁阴阳角抹灰垂直度偏差较大，裱糊时又未注意检查垂吊，造成裱糊面层的不平整和垂直偏差，影响到接缝和花纹的垂直。

（3）壁纸或墙布选用不严格，花饰与边缘不平行，未经处理就裱糊。

（4）壁纸或墙布太薄，有松紧性，裱糊时用力不均匀，出现纸、布幅的倾斜。

3. 预防措施

（1）根据阴角搭缝的里外关系，再决定先做那一面墙面；裱糊第一幅前应在墙上弹一条垂线，裱糊第一幅时，使其纸或布边必须紧贴此线。

（2）裱糊采用拼接法接缝时，应注意将第二幅壁纸或墙布放在案子上，根据尺寸大小、规格要求和花饰对称要求进行裁割，并先试贴对花核实无误后再进行裱糊。采用搭缝法拼接裱糊时，对一般无花纹的裱糊层注意使壁纸或墙布间的拼缝重叠 2～3cm；对有花饰的壁纸或墙布，可使两张纸或布的花纹重叠，对花准确后，在准备拼缝的部位用钢直尺将重叠处压紧压实，用锋利壁纸刀由上而下一刀裁割，将多余的纸或布切去。

(3) 凡裱糊工程的墙面，墙面应平整、垂直，其阳角必须垂直（阴角必须顺直）、平整、无凹凸。在裱糊施工前必须先做检查，不符合要求的应进行整修。

(4) 采用接缝法裱糊壁纸或墙布时，必须事先严格检查壁纸或墙布的花饰与纸或布边是否平行对称，如不平行对称，应将斜边裁割成平行边后再裱糊。

(5) 对裱的每一墙面，均需弹出垂线，线越细越好，防止贴斜，且注意弹线应用粉线，不得用深黑色的墨线，以免反光透线。正常裱糊时，应每贴 2～3 幅即用线坠检查接缝的垂直度，以便及时纠偏，避免出现累计误差。

(6) 尽量不使用太薄或松紧性较大的壁纸或墙布，如使用时应注意在裱糊操作中用力要均匀自然，不可强拉对缝，以免出现倾斜。

4. 治理方法

裱糊层的接缝或花饰垂直偏差较大，已经明显影响观感质量的，必须将已裱糊的壁纸或墙布揭掉，将基层处理平整后，再严格按照施工工艺重新进行裱糊。

37.4.7　花饰不对称

1. 现象

有花饰的壁纸或墙布裱糊后，相邻两幅壁纸或墙布的正反面或阴阳面的花饰不对称；或者在门窗口的两边、室内对称的柱子、对称的墙面等处，裱糊的花饰不对称（图 37-13）。

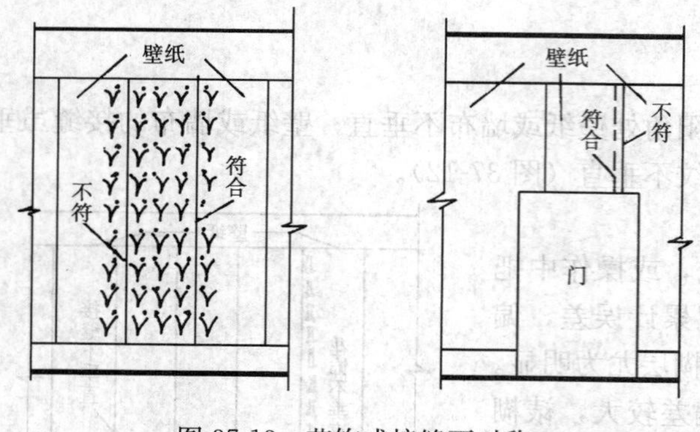

图 37-13　花饰或接缝不对称

2. 原因分析

(1) 对有花饰的裱糊层在裱糊前，未对裱糊的房间进行周密观察、测量和规划，盲目施工。

(2) 有花饰的壁纸或墙布上印有正花与反花、阴花与阳花，裱糊时未予仔细辨认、区别，造成相邻纸或布的花饰正花反贴或阴花阳贴，出现不对称的现象。

3. 预防措施

(1) 对准备裱糊的房间，首先观察有无对称的部位，如有对称部位，应仔细设计规划、排列裱糊层的花饰，并在墙上事先弹出布幅对称中心粉线，按规划、排列的尺寸对壁纸或墙布进行裁割。裱糊时，应按事先弹出的对称中心线由中心线向两侧对称裱糊，使对称两侧的花饰保持对称一致。

(2) 在同一壁纸或墙布上印有正花或反花、阴花与阳花时，在裱糊时要仔细分辩，最好采用搭接法进行裱糊，以避免由于花饰差别不明显而误贴。如采用接缝法施工，已粘贴的裱糊层边花饰如为正花，必须将第二幅壁纸或墙布边的正花饰裁割掉。

4. 治理方法

具有明显花饰不对称的裱糊工程，应将裱糊层全部揭掉，清理干净基层后，按对称要求重新裱糊。

37.4.8 边缘纸毛、飞刺，线盒周边不严密

1. 现象

裱糊后，边缘不平直，有纸毛、飞刺；裱糊后，与墙内留设的接线盒或设备箱周边交接不严密、不平整、不整齐。

2. 原因分析

（1）壁纸或墙布裁割时壁纸刀不锋利，刀刃有小残缺豁口；裁割壁纸或墙布时底面不平整，有凹坑或疏松软卧层；裁割时对壁纸或墙布压得不紧，出现拉划现象；裁割时用力不足或用力不均匀，局部没有割透，出现撕拉纸毛或飞刺。

（2）裱糊前未将接线盒或设备箱安装就位；安装不牢固；应安装与墙面齐平的不齐平，或盒、箱周边不平整，或有缝隙。

3. 预防措施

（1）裁割壁纸或墙布时应用刀刃锋利而无缺损的壁纸刀。裁割壁纸或墙布的几案应平整、坚固；裁割时应将壁纸或墙布用钢板尺压紧，壁纸刀紧贴钢板尺，均匀用力一刀裁透，一气呵成，偶有裁割不透撕裂断开出现纸毛、飞刺时，应及时用锋利的剪刀仔细剪除；在墙面上裁割时，应用钢板尺紧压壁纸或墙布由上而下一刀裁下，不得缓手，遇有凹坑或疏松软卧层的部位应稍加用力。裁割完成后，应仔细检查裁割纸或布边，有纸毛或飞刺时，应用剪刀或指甲刀仔细剪除掉。

（2）裱糊时应将墙内埋设的接线盒、开关盒、插座、设备箱等按轮廓细心割露出，然后紧贴周边粘贴牢固。对于凸出墙面较大的箱、盒应先测量好尺寸，裁割后再裱糊。不论用哪种方法裱糊，都要达到使裱糊层与箱盒周边交接严密，与墙面平整划一的要求，且周边不得有翘边张嘴的弊病。

4. 治理方法

裱糊后对表面观察发现边缘不平直，有纸毛、飞刺的部位，用小剪刀或指甲刀修剪整齐。

附录 37.3 裱糊工程质量标准及验收方法

1. 主控项目

（1）壁纸、墙布的种类、规格、图案、颜色和燃烧性能等级必须符合设计要求及现行业标准有关规定。

检验方法：观察；检查产品合格证、进场验收记录和性能检测报告。

（2）裱糊工程基层处理质量达到下列要求：

1）新建筑物的混凝土或抹灰基层墙面在刮腻子前应涂刷抗碱封闭底漆；

2）旧墙面在裱糊前应清除疏松的旧装饰层，并涂刷界面剂；

3）混凝土或抹灰基层含水率不得大于8%；木材基层的含水率不得大于12%；

4）基层腻子应平整、坚实、牢固，无粉化、起皮和裂缝；腻子的粘结强度应符合《建筑室内用腻子》（JG/T 3040）N型的规定；

5）基层表面平整度、立面垂直度及阴阳角方正的允许偏差不得超过3mm；

6）基层表面颜色应一致；

7）裱糊前应用封闭底胶涂刷基层。

检验方法：观察；手摸检查；检查施工记录。

（3）裱糊后各幅拼接应横平竖直，拼接处花纹、图案应吻合，不离缝，不搭接，不显拼缝。

检验方法：观察；拼缝检查距离墙面 1.5m 处正视。

（4）壁纸、墙布应粘结牢固，不得有漏贴、补贴、脱层、空鼓和翘边。

检验方法：观察；手摸检查。

2. 一般项目

（1）裱糊的壁纸、墙布表面应平整，色泽应一致，不得有波纹起伏、气泡、裂缝、褶皱及斑污，斜视时应无胶痕。

检验方法：观察；手摸检查。

（2）复合压花壁纸的压痕及发泡壁纸的发泡层应无损坏。

检验方法：观察。

（3）壁纸、墙布及各种装饰线、设备线盒应交接严密。

检验方法：观察。

（4）壁纸、墙布边缘应平直整齐，不得有纸毛、飞刺。

检验方法：观察。

（5）壁纸、墙布阴阳角处搭接应顺光，阳角处无接缝。

检验方法：观察。

38 设备安装工程

设备安装工程是一个系统的工程，从基础施工、设备就位、安装、调试到设备运行，每一个环节都是紧密相关的，工程的安装质量关系到设备能否正常运行和设备的使用寿命。设备安装工程的质量是依靠安装施工人员在每一道工序中认真施工，依据设计图纸和规范标准来进行相应工序的安装来完成的。

由于施工环境、施工人员、操作工艺、设备材料、工期等因素的影响，在施工过程中会产生一些质量问题。本章针对设备安装工程中常见的一些质量通病进行了原因分析，提出了预防措施和治理方法，希望在施工中避免出现类似的质量问题，以确保工程的质量达到设计和规范的要求。

施工中除设计或专业设备要求执行的行业专业标准外，一般设备安装工程应执行现行国家标准《机械设备安装工程施工及验收通用规范》（GB 50231—2009）的有关规定。

38.1 设备基础施工

38.1.1 设备基础中心线偏差大

1. 现象

设备基础中心线超过允许误差。

2. 原因分析

在基础放线时，基准坐标找错；或施工中尺寸误差过大。

3. 预防措施

在基础放线时要严格按施工图平面位置施工，对基准坐标要反复核对，发现误差立即纠正。机械设备安装前，要对其基础、地坪和相关建筑结构进行全面检查，应符合规范和工艺要求，设备基础的允许误差参见表 38-1。

机械设备基础位置和尺寸的允许误差 **表 38-1**

项目		允许误差（mm）
坐标位置		20
不同平面的标高		0，－20
平面外形尺寸		±20
凸台上平面外形尺寸		0，－20
凹凸尺寸		＋20，0
平面的水平度	每米	5
	全长	10
垂直度	每米	5
	全高	10

续表

项目		允许误差（mm）
预埋地脚螺栓	标高	+20，0
	中心距	±2
预埋地脚螺栓孔	中心线位置	10
	深度	+20，0
	孔壁垂直度	10
预埋活动地脚螺栓锚板	标高	+20，0
	中心线位置	5
	带槽锚板的水平度	5
	带螺纹孔锚板的水平度	2

注：1. 检查坐标、中心线位置时，应沿纵、横两个方向测量并取其中的最大值；
2. 预埋地脚螺栓的标高，应在其顶部测量；
3. 预埋地脚螺栓的中心距，应在根部和顶部测量。

4. 治理方法

对基础中心偏移较小的，在不影响基础质量的前提下，可采取适当扩大预留的方法加以解决。对于误差较大的要重新制作。

38.1.2 设备基础标高不准

1. 现象

机械设备混凝土基础标高过高或过低，给机械设备安装带来一定的影响。

2. 原因分析

设计施工图纸与设备尺寸不一致；施工时混凝土基础尺寸误差过大；施工作业不细心。

3. 预防措施

认真核对设计图纸与设备的尺寸，发现图纸尺寸与设备尺寸不符时，要及时与设计沟通，按照设备实际尺寸进行调整。施工时要认真核对模板尺寸，避免模板支撑完成后出现误差，造成拆模后与设计尺寸有大的误差，影响设备基础的标高。

4. 治理方法

（1）当混凝土基础过高时，要铲掉超高的部分（不影响整体性能时，可采用此方法），铲除后要对表面进行找平处理。如超高过多，应与设计或有关部门协商，或拆除整个基础，重新进行混凝土基础施工；或制定合理的铲除方案，按照方案进行施工。

（2）当混凝土基础过低时，需要加高基础，先要对原基础表面进行处理，保证设备基础的整体性。也可使用金属型钢进行加高，但要确保金属型钢与混凝土基础固定牢固。设备定位基准允许误差一般应符合表 38-2 的规定。

机械设备定位基准的面、线或点与安装基准线的平面位置和标高的允许偏差　　表 38-2

项目	允许误差（mm）	
	平面位置	标高
与其他机械设备无机械联系的	±10	+20，−10
与其他机械设备有机械联系的	±2	±1

38.1.3 坐浆施工不规范

1. 现象

坐浆工艺不规范，捣浆方法不正确。

2. 原因分析

没有按照工艺要求施工。

3. 防治措施

要严格执行规范规定，坐浆坑的长度、宽度应比垫铁大 60～80mm，深度不小于 30mm，浆墩的厚度不小于 50mm。坐浆坑用空气或用水吹洗净，不得有油污或杂物，清水浸润坑约 30min，坐浆前先刷一薄层水泥浆，捣浆时要分层，每层厚度宜为 40～50mm，连续捣至浆浮于表层，混凝土表面形状应呈中间高四周低的弧状，混凝土表面应低于垫铁面 2～5mm。坐浆混凝土配置见《机械设备安装工程施工及验收通用规范》（GB 50231—2009）附录 B。

38.1.4 中心标板及基准点埋设不规范

1. 现象

中心标板及基准点埋设不规范，永久基准点未加设保护装置。

2. 原因分析

没有按照工艺要求施工，永久基准点没有加设保护措施。

3. 防治措施

中心标板及基准点可采用铜材、不锈钢材，在采用普通钢材时应有防腐措施，要按图纸设计的位置安放牢固并予以保护，可采用防护罩、围栏、醒目的标记等。

38.1.5 设备坐浆顶面垫板低于坐浆墩

1. 现象

坐浆完成后，顶面垫板低于坐浆墩。

2. 原因分析

坐浆料配合比不标准，没有按照规范标准施工。

3. 预防措施

坐浆料要经过选择，并要严格配合比计量。使用合格的计量器具，并严格执行规范，材料的配合比和称量应准确，用水量应根据施工季节和砂石含水率调整控制。按照工艺标准施工。

4. 治理方法

发现垫板低于坐浆墩时，要修整或铲掉重做。

38.1.6 二次灌浆层脆裂与设备底座分离

1. 现象

二次灌浆层混凝土表面裂纹，产生麻面、泛砂，与机械设备底座、垫铁剥离。

2. 原因分析

现场未配备或未使用计量工具，混凝土配合比误差过大；混凝土搅拌不均匀，拌和时间过短，未设内外模板，混凝土填捣不密实。

3. 防治措施

施工现场应配备检验合格的计量器具，二次灌浆用的混凝土的强度等级应比基础混凝土高一级。使用合格的水泥，砂子应过筛，石子应洗净，拌和应均匀充分。灌浆前，灌浆处应清洗洁净。灌浆时，应捣固密实，但要注意不得使地脚螺栓歪斜而影响设备的安装精度。灌浆层的厚度不应小于25mm。只起固定垫铁或防止油水进入等作用且灌浆有困难时，可小于25mm。为使垫铁、设备底座底面与灌浆层的接触良好，宜采用压浆法垫铁施工。压浆施工法见《机械设备安装工程施工及验收通用规范》(GB 50231—2009）附录C。

38.2 地脚螺栓施工

38.2.1 地脚螺栓长短不一

1. 现象

地脚螺栓伸出设备底孔的螺纹长短不一。

2. 原因分析

地脚螺栓长度尺寸不标准，基础螺栓预留孔深度不符合要求，地脚螺栓在预留孔内安装高度不正确。

3. 防治措施

(1) 安装前要检查设备地脚螺栓是否符合设计要求，如有问题应及时更换。

(2) 地脚螺栓在预留孔内的置放高度要适宜，螺栓头不要贴靠孔的底面，上部丝扣和伸出设备螺栓孔的长度须符合规范要求，一般地脚螺栓上紧螺母后丝扣外露长度为1.5～5螺距。

(3) 对于同基础混凝土一起浇灌的螺栓，丝扣外露过长可锯掉一部分长度，再套丝；如过短偏差较小时，可将螺栓用气焊烤红后稍稍拉长，拉长部分用2～3块钢板沿螺杆周边加固；如偏差过大，用拉长办法不能解决时，可将地脚螺栓周围的混凝土挖到一定深度，将地脚螺栓割断，另外焊上一个新加工的螺杆，用钢板、圆钢加固，长度应为螺栓直径的4～5倍。

38.2.2 地脚螺栓螺纹受损及沾上污垢

1. 现象

地脚螺栓螺纹段螺线破断或沾上水泥、灰浆等污垢。

2. 原因分析

施工中安装专业与土建配合不当；机械设备上位过早且未采取相应的防护措施。

3. 防治措施

加强安装专业与土建施工的配合，合理安排施工程序。机械设备就位二次灌浆时，地脚螺栓上部螺纹段可用厚纸包紧或用塑料套管等方法保护螺纹，避免损坏螺纹或粘上灰浆。

38.2.3 地脚螺栓螺母未上紧

1. 现象

地脚螺栓螺母拧紧力不够，达不到设备稳定性的要求。

2. 原因分析

施工作业不认真，手工操作时螺母拧紧力掌握不准确，达不到紧固要求。

3. 防治措施

螺母紧固要认真操作，按照紧固顺序进行。紧固时要使用力矩扳手按照地脚螺栓的直径大小施加相应的扭力矩。一般地脚螺栓拧紧力矩可参照表38-3。

地脚螺栓紧固力矩 表38-3

螺栓直径（mm）	拧紧力矩（N·m）	螺栓直径（mm）	拧紧力矩（N·m）
10	11	22	130
12	19	24	160
14	30	27	240
16	48	30	320
18	66	36	580
20	95		

38.2.4 地脚螺栓倾斜

1. 现象

地脚螺栓埋设时形成倾斜，与设备基础面不垂直。

2. 原因分析

地脚螺栓固定时不垂直；二次灌浆时地脚螺栓未放正和固定好；浇筑混凝土时碰歪。

3. 预防措施

安装地脚螺栓时应保证螺栓垂直，必要时要加以固定，二次灌浆时要有专人看护，防止浇筑混凝土时将地脚螺栓碰歪，混凝土养护期间要认真检查和巡视。

4. 治理方法

对于一般设备地脚螺栓歪斜不严重时，可采用斜垫圈补偿调整。歪斜严重的要铲除重新制作。

38.2.5 紧固地脚螺栓程序不当

1. 现象

地脚螺栓紧固螺母时不按拧紧顺序进行作业。

2. 原因分析

施工作业时没有严格按照拧紧螺母的顺序进行操作。

3. 防治措施

要对施工人员进行业务培训，使他们掌握各种形状设备的螺母紧固顺序，紧固中应使用标准长度的扳手拧紧螺母，最好使用力矩扳手，按照螺母紧固顺序紧固。拧紧地脚螺栓时，应使每个地脚螺栓均匀受力。对于多组地脚螺栓固定的大设备底座，应从设备由里向外分3～4次均匀、对称顺序拧紧。螺母紧固顺序可按图38-1所示的方法和顺序进行。

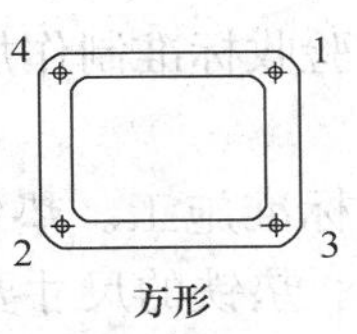

方形

圆形

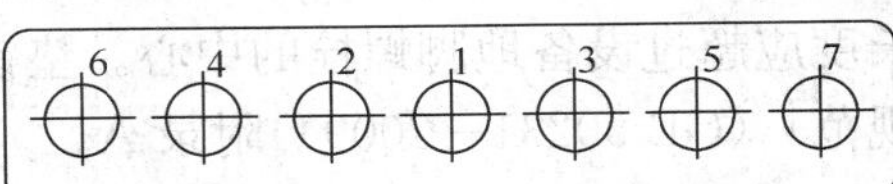

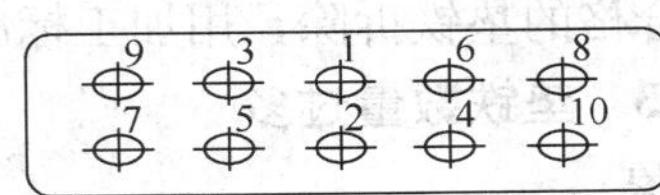

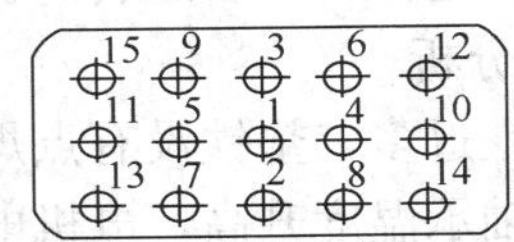

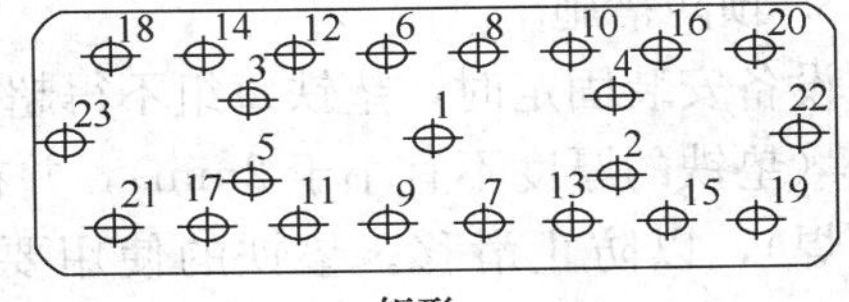

矩形

图38-1 方形、圆形、矩形螺母旋紧顺序

38.3　垫　铁　配　置

38.3.1　设备垫板外露尺寸不一致

1. 现象

设备垫板外露长短不一致或有被锤击打痕迹。

2. 原因分析

垫板安装时没按规定尺寸露出设备底座，或设备的尺寸和实际的有误差，造成外露尺寸不一致。垫板安装调整时用锤子击打，在表面留有击打痕迹。

3. 预防措施

首先要确定设备的尺寸和设备基础。安装时要仔细核对垫铁的尺寸和固定位置，调整时要采取防护措施，不能用锤子直接击打垫板，防治锤击变形或留有痕迹。

4. 治理方法

垫板不合格的要进行修理和调整，尺寸不合适的要更换。

38.3.2　垫铁尺寸不标准

1. 现象

垫铁形状不标准，有的过长，有的过短。

2. 原因分析

没有按照施工规范和验收标准制作加工垫铁。

3. 预防措施

按照施工规范和验收标准施工。垫铁过长不仅浪费材料，而且露出底座过长也不美观；垫铁过短不便于调整。垫铁的尺寸要能达到承受设备负荷的要求。安放垫铁时，要求一般平垫铁露出底座10～30mm，斜垫铁露出底座10～50mm。垫铁组伸入设备底座底面的长度应超过设备地脚螺栓的中心。垫铁的制作要求见《机械设备安装工程施工及验收通用规范》(GB 50231—2009) 附录A。

4. 治理方法

将不合格的垫铁拆除，用加工标准的、合格的垫铁重新按照规范要求安装。

38.3.3　垫铁数量过多

1. 现象

垫铁数量过多，设备运转时振动慢慢增大，轴承温度升高。

2. 原因分析

设备垫铁过多，垫铁没有点焊成整体，造成设备运转时振动，使垫铁产生滑移而造成振动增大，轴承温度升高，电机电流增大。

3. 预防措施

设备安装固定时，垫铁每组不得超过5块，放置垫铁时最厚的放在下面，最薄的放在中间（垫铁的厚度不宜小于2mm)，并在设备找平、找正后马上用电焊点牢（铸铁垫铁可不点焊)，以防止滑移。垫铁的使用要求见《机械设备安装工程施工及验收通用规范》(GB 50231—2009) 4.2.3条的规定。

4. 治理方法

将垫铁拆除，按照规范规定重新安装垫铁，固定牢固后再进行设备安装。

38.3.4 垫铁处基础破损

1. 现象

设备基础在使用中垫铁处的混凝土出现裂纹。

2. 原因分析

设备使用的垫铁的面积小于计算面积，安放位置不合理，因而，垫铁处混凝土基础承受的载荷超过了它的抗压强度，以致基础被破坏。

3. 防治措施：

(1) 设备垫铁的安装要根据现场实际情况确定，垫铁安放方式一般有两种：一是垫铁安放方式，采用这种垫铁安放方式时，基础表面与设备底座之间的距离为50mm左右，最低不得低于30mm，最高不得高于100mm；二是砂墩垫铁安放方式，采用这种垫铁安放方式时，基础表面与设备底座之间的距离为100～150mm左右。一般尽量采用砂墩垫铁，以保证设备安装质量。

(2) 在设备基础的检测验收中，要注意基础表面的标高与工艺设计标高的偏差情况，然后根据实际标高来计算垫铁的总厚度及各个垫铁的厚度组合，以达到每组垫铁数量不超过5块的规范要求。

(3) 垫铁的尺寸，要能达到承受设备负荷的要求，在安放垫铁时，要计算垫铁的面积，如果所下的垫铁尺寸不够，就要多加几组辅助垫铁；另外，成对的斜垫铁安放时，一定要保证斜垫铁与设备底座之间的接触面积。

(4) 垫铁安放方法见图38-2，垫铁组的安放要求应符合《机械设备安装工程施工及验收通用规范》(GB 50231—2009) 4.2.2条的规定。

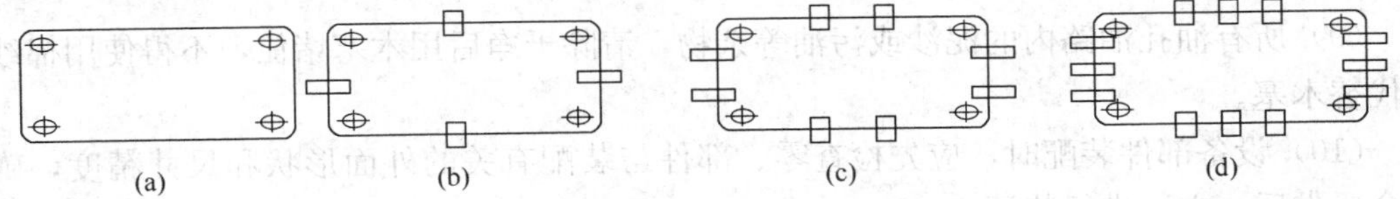

图38-2 垫铁的安放方法

38.3.5 大型、精密设备垫铁承垫不合理

1. 现象

大型、精密设备的垫铁面积和摆放位置不经过严格计算。

2. 原因分析

施工马虎，不能严格按照施工工艺和规范规定施工。

3. 防治措施

对于大型、精密的机械设备一定要按照设备的要求合理摆放垫铁，垫铁面积要满足设备负荷和受力的要求，施工时认真按照工艺和规范要求进行。精密设备应按照要求对垫铁进行计算，计算方法应符合《机械设备安装工程施工及验收通用规范》(GB 50231—2009) 4.2.2条的规定。

38.3.6 设备拆卸、清洗后与原来精度相差过大

1. 现象

设备机件拆卸清洗装配后精度降低，不能恢复到原来的精度。

2. 原因分析

对被拆卸零部件的结构和装配要求不熟悉；拆卸装配方法不对，造成零部件损伤或丢失，使用替换件；拆卸的零件安装不正确，造成零件的划伤和变形；对被拆下零件未经检查清洗就进行装配；对设备清洗检查的重要性认识不足，或不具备清洗基础知识；对不准拆卸的设备进行拆卸。

3. 防治措施

（1）进行拆卸、清洗的工作地点必须清洁，禁止在灰尘多的地点或露天进行，如必须在露天进行时，应采取防尘措施。

（2）拆卸前必须对机器部件的结构、用途、构造、工作原理及有关技术要求等了解清楚，熟悉并掌握机械装配工作中各项技术规范，在拆卸修理再装配时才能准确无误。

（3）通常拆卸与装配顺序相反，拆卸时使用的工具，必须保证对合格零件不会造成损伤，在零件装配前必须彻底清洗一次，任何脏物或灰尘均会引起严重磨损。

（4）拆卸时，零件回松的方向、厚薄端、大小头必须辨别清楚，拆下的部件和零件必须有次序、有规则地安放，避免杂乱和堆积，对精密部件和零件更应小心安放。

（5）零部件在装配前应检查其在搬运和堆放时有无变形、碰伤。零件表面不应有缺陷，装配时严格按技术规范要求进行。

（6）对可以不拆卸或拆卸后可能降低连接质量的零部件，应尽量不拆卸，对有些设备或零部件标明有不准拆卸的标记时，则严禁拆卸。

（7）需加热后拆卸的机件，其加热温度应按设计或设备说明书的规定执行。

（8）清洗机件一般均用煤油，但精密机件或滚动轴承，用煤油清洗后必须再用汽油清洗一次。

（9）所有油孔油路内的泥沙或污油等杂物，清除干净后用木塞堵住，不得使用棉纱布头代替木塞。

（10）设备部件装配时，应先检查零、部件与装配有关的外面形状和尺寸精度，确认符合要求后，方可进行装配。

附录 38.1　金属表面除锈方法

金属表面的除锈方法见附表 38-1。

金属表面的除锈方法　　**附表 38-1**

金属表面粗糙度（μm）	除锈方法
＞50	用砂轮、钢丝刷、刮具、砂布、喷砂、喷丸抛丸、酸洗除锈、高压水喷射
50～6.3	用非金属刮具、油石或粒度 150 号的砂布沾机械油擦拭或进行酸洗除锈
3.2～1.6	用细油石或粒度 150～180 号的砂布沾机械油，擦拭或进行酸洗除锈
0.8～0.2	先用粒度 180 号或 240 号的砂布沾机械油擦拭，然后用干净的绒布沾机械油和细研磨膏的混合剂进行磨光

注：表面粗糙度值为轮廓算术平均偏差。

38.4 联轴节装配

38.4.1 联轴节的不同轴度超差

1. 现象

机械设备两传动轴的不同轴度径向、轴度超过标准的要求。

2. 原因分析

测量工具不合格或精度等级不够；测量误差大；施工不认真。

3. 防治措施

施工安装时，应使用经过计量合格的器具进行测量，要严格按照施工及验收规范的要求进行测量和检验不同轴度。

38.4.2 联轴节端面间隙值超差

1. 现象

两半联轴节端面间隙过大或过小，不符合标准。

2. 原因分析

整体设备出厂检验不严格；不按标准规定进行找正；施工不认真。

3. 预防措施

对于进场的设备要加强检查，达不到规范要求的不能安装。联轴节端面间隙要按照规范的要求和技术文件的规定进行调整。

4. 治理方法

对于中、小型有共用底座的整体安装的设备，两半联轴器端面间隙过小时，要按照验收标准加大间隙；两半联轴器端面间隙过大时，可采用扩长电机底角定位槽解决。

附录 38.2 联轴节装配两轴心径向位移和两轴线倾斜的测量与计算

见《机械设备安装工程施工及验收通用规范》(GB 50231—2009) 附录 H。

38.5 轴承装配

38.5.1 滑动轴承轴瓦的接触角不符合要求

1. 现象

轴瓦与轴颈间的接触角达不到标准要求。

2. 原因分析

不能严格按照操作要点进行刮瓦；施工马虎，工艺基本功差。

3. 防治措施

(1) 加强责任心，提高工艺基本功的训练。

(2) 轴瓦与轴颈间的接触角大小要适宜，高速轻载轴承接触角可取 60°，低速重载轴承接触角可取 90°。轴瓦的刮研要在设备精平以后进行，刮研的范围包括轴瓦背面（瓦背）与轴承体接触面的刮研和轴瓦与轴颈接触面的刮研两部分。瓦背与轴承体的刮研的具体要求是：下瓦背与轴承座之间的接触面积不得小于整个面积的 50%，上瓦背与轴承盖间的接触面积不得少于40%。瓦背与轴承座和轴承盖之间的接触点应为1～2点/mm^2。如果接触面积过小或接触点数过少，将会使轴瓦所承受的单位面积压力增加，从而加速轴瓦的磨损。

（3）刮研轴瓦时，应将轴上的零件全部装上。刮瓦一般先刮下瓦，后刮上瓦。研瓦时，可在轴颈上涂一层薄薄的红铅油，将轴颈轻轻的放入瓦内，然后盘动轴，使轴在轴瓦内正、反各转一周，轴瓦与轴颈相互摩擦，再将轴吊起，根据研瓦的情况，判定其接触角和接触点是否符合要求，如不符合要求，应使用刮刀刮削。刮研时，在60°～90°接触角范围内，接触点应该中间密两侧逐渐变疏，不应该使接触面与非接触面间有明显的界限。上瓦的刮研方法与下瓦相同。在瓦上着色时，要装好上瓦，撤去瓦口上的垫片，将轴承盖用螺丝紧固好，保证上瓦能够良好的与轴颈接触。

38.5.2　轴颈与轴瓦接触点过少

1. 现象

轴瓦与轴颈间的接触点不符合施工及验收规范的规定。

2. 原因分析

刮瓦的程序和方法不妥当，操作不细致。

3. 防治措施

操作应该认真细致，刮瓦时按照工艺程序进行，轴颈在轴瓦内反正转一圈后，对呈现出的黑斑点用刮刀均匀刮去，每刮一次变换一次方向，使刮痕成60°～90°的交错角，同时在接触部分与非接触部分不应有明显的界限，当用手触摸轴瓦表面时，应该感到非常的光滑。轴瓦接触点标准可参照表38-4的标准。

上下轴瓦内孔与轴颈的接触点数　　表38-4

轴承直径（mm）	机床或精密机械主轴承			锻压设备、通用机械和动力机械的轴承		冶金设备和建筑工程机械的轴承	
	高精度	精密	普通	重要	一般	重要	一般
	每25mm×25mm内的接触点数						
≤120	20	16	12	12	8	8	5
＞120	16	12	10	8	6	5～6	2～3

38.5.3　轴承间隙过大或过小

1. 现象

滚动轴承装配后间隙过大或过小。

2. 原因分析

测量工具或操作误差过大，对轴承间隙测量不仔细；当采用螺钉调整时，未拧紧锁紧螺母；用止推环调整时，止动片未固定牢固。

3. 防治措施

使用检验合格的测量工具，测量时认真、仔细。按照规定要求调整轴承的间隙。安装时需要调整的一般都是径向止推式滚锥式轴承。调整时，通过轴承外套进行，根据轴承部件的不同，主要有下面三种调整方法：垫片调整法（如图38-3）；螺钉调整法（如图38-4），止推环调整法（如图38-5）。

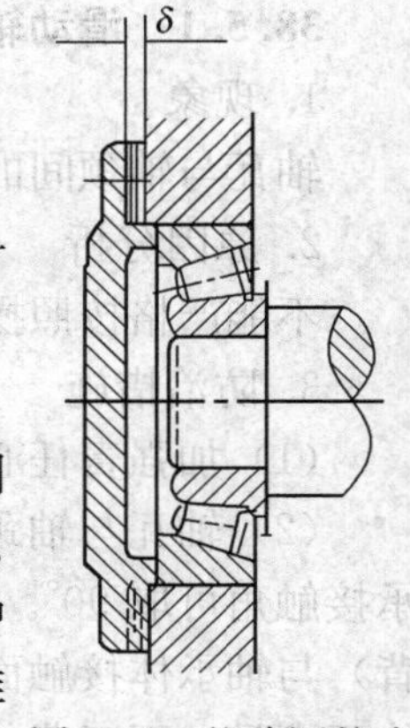

图38-3　垫片调整法

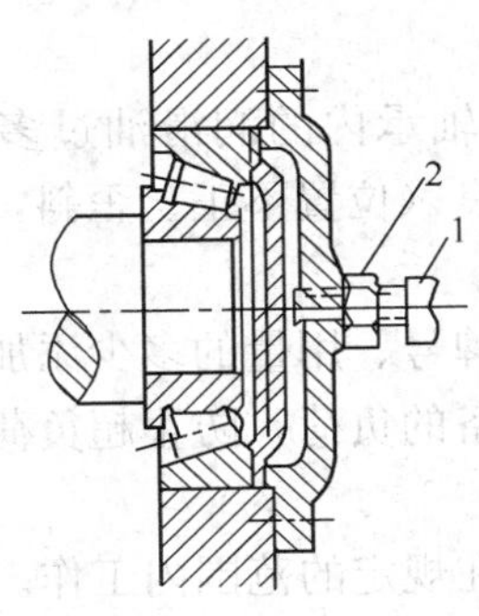

图 38-4 螺钉调整法
1—调整螺钉；2—螺母

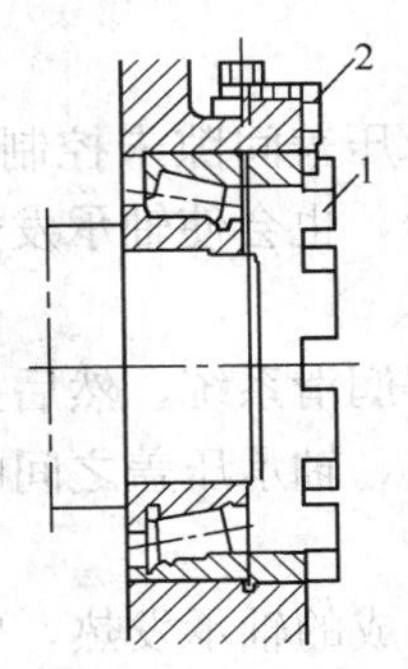

图 38-5 止推环调整法
1—止推环；2—止动片

38.5.4 轴发热

1. 现象

传动轴在运转中温度升高。

2. 原因分析

轴上的挡油毡垫或胶皮圈太紧，在传动中由于摩擦发热；轴承盖与轴的四周间隙大小不一，导致有磨轴的现象发生，使轴发热。

3. 预防措施

安装时检查挡油毡垫或胶皮圈的松紧度，轴承盖与轴的四周间隙要按照设备技术文件的要求调整。

4. 治理方法

由于挡油毡垫或胶皮圈太紧造成轴发热，要调整挡油毡垫或胶皮圈的松紧度，将胶皮圈内的弹簧换松。由于轴承盖与轴的四周间隙造成的轴发热，要按照工艺标准重新调整间隙，使其达到要求，确保设备正常运行。

38.5.5 轴承漏油

1. 现象

设备运转中轴承压盖处润滑油泄漏。

2. 原因分析

润滑系统供油过多，压力油管油压高，超过规定标准；轴承回油孔或回油管尺寸太小，油封数量不够或油封装配不良，油封槽与其他部位穿通从轴承盖不严密处漏出。

3. 预防措施

安装时检查轴承回油孔和回油管的尺寸是否符合装配要求，油封的数量要符合工艺要求，装配时应认真仔细。试车时检查和调整润滑系统的油压和供油量，使其达到正常工作。

4. 治理方法

调整润滑系统的供油量，油量要适宜；增大回油管的直径；油封数量不够的要增加油封，重新安装和调整；修理好油封槽，紧固轴承盖。

38.5.6 轴承发热

1. 现象

在设备运转中轴承温度逐渐增高超过规定的温度。

2. 原因分析

轴弯曲，轴承压盖间隙未控制好；负荷过大；轴承内的润滑油过多或过少，甚至无油；润滑油不洁净，也会使轴承发热；轴承装配不良（位置不正、歪斜，以及无间隙等）。

3. 预防措施

首先要清洗好润滑系统，然后按照设计要求的牌号、用量的多少添加符合要求的润滑油，调整好轴弯曲，轴承压盖之间的间隙，控制设备的负荷，防止超负荷运转。

4. 治理方法

由于超负荷造成的轴承发热，要控制负荷使其在规定的范围内工作。由于润滑油不洁净造成的轴承发热，要更换符合要求的润滑油，并防止过多或过少。轴承装配不良造成的发热，要重新进行调整，达到设计和规范的要求。当设备受到非正常外力的作用，或受到意外损伤时，还应考虑主轴及箱体轴承孔的变形情况，主轴是否弯曲，前后轴承孔是否同轴，发现问题必须进行处理。

38.6　皮带和链传动

38.6.1　传动轮在轴上装配不牢

1. 现象

传动轮在轴上未装配牢固，有松动，径向和轴向端面跳动量超标。

2. 原因分析

传动轮孔与轴的配合精度不符合要求，紧固件未起到稳固作用，轴孔与轴之间有相对运动。

3. 预防措施

传动轮安装到轴上，一般应采用2～3级精度的过渡配合，装配前必须加上润滑油，以免发生咬口现象。装配时，可采用锤击法或压入法，并用键或紧固螺钉予以固定，检查传动轮装配是否正确，通常采用划针盘或百分表来检查轮的径向和端面的跳动量。

4. 治理方法

发生以上问题时要重新进行装配，装配时检查传动轮孔与轴的配合精度，装配后将紧固件固定牢固，并检查和测量轮的径向和端面的跳动量，符合规定要求后方可使用。

38.6.2　两轮端面不平行

1. 现象

两轮中心线不在同一平面上（两轮平行时），如图38-6所示。

2. 原因分析

纵横向中心位置未找准，或两轮厚度不一致。

3. 预防措施

传动轮装配后，必须检查和调整两个传动轮之间相互安装位置的正确性，首先应固定好从动轮，以它为基准找好纵横中心线和两轴平行度，如有偏移或倾斜时，

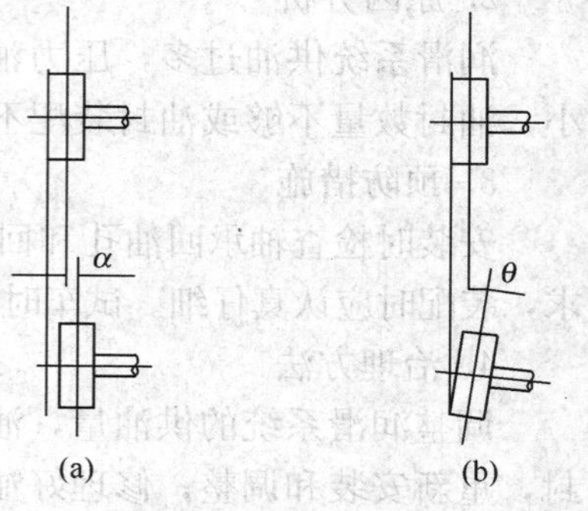

图 38-6　传动轮相互位置正确性的检查
(a) 用长直尺检查；(b) 用拉线法检查

应进行调整，偏移量的标准为：三角皮带轮（链轮）不应超过 1mm；平皮带轮不应超过 1.5mm。

4. 治理方法

发现两轮不平行时，要按照以上方法进行调整。

38.6.3 传动带（链）受力不一致

1. 现象

三角带（链）张紧程度不一致。

2. 原因分析

装带（链）时，两传动轴不平行；或使用的带（链）规格不一，长度不同。

3. 预防措施

在安装带（链）过程中，应仔细调整好两传动轮的轮距和平行度，使用相同规格的带（链）。两轮的距离通过定期调节或采用自动压紧的张紧轮装置予以改善。三角带的拉紧程度，一般以大拇指能把带揿下约 15mm 左右为适合（两轮的中心距约 500～600mm）。链传动的拉紧程度可通过弛垂度值予以检验。如果链传动是水平的，或稍微倾斜的（在 45°以内），可取弛垂度 f 等于 $2\%L$（L 为两传动链轮的轴心距离）；倾斜度增大时，就要减少弛垂度［$f=(1\%\sim1.5\%)L$］；在垂直传动中减少等于 $0.2\%L$。

4. 治理方法

由于两传动轴不平行造成的张紧程度不一致，应重新调整传动轮的平行度和轮距，使其达到要求。由于带（链）规格不一致造成的，应更换同一规格的、长度一致的带（链）。

38.6.4 传动链产生跳动

1. 现象

齿轮运转中，链节与轮齿接触不顺，产生跳动。

2. 原因分析

齿轮的链齿数与链条的链节数不匹配，链节与齿轮不能循环接触。

3. 预防措施

链传动机构装配时，一般齿轮齿数采用奇数，而链条的链节都是偶数。如果齿轮的链齿数是偶数，则链条链节必须是奇数。这样在传动时，能使链节和轮齿循环接触良好，保持磨损均匀，传动平稳。

4. 治理方法

检查齿轮数，如果链条与齿轮数不符，要更换链条，更换原则是：齿轮数是奇数，则链条的链节必须是偶数；如果齿轮的链齿数是偶数，则链条链节必须是奇数。链条更换完成后，还要检查链条的拉紧程度使其符合工艺要求。

38.6.5 三角带单边工作

1. 现象

在传动过程中，三角带单边与皮带槽接触，磨损严重，降低三角带的使用寿命。

2. 原因分析

安装三角带轮时，两对轮槽未在一个平面内，造成三角带单边工作。

3. 预防措施

安装三角带时，三角带在轮槽中的位置应使胶带两侧面与轮槽内缘平齐或稍高一点，太高或太深时不能起到有效的传动效果。因此，在调节两轮的安装位置时，应使两轮的轮槽（各条带的轮槽）处在同一平面内。

4. 治理方法

发生三角带单边工作现象时，要首先检查两对轮槽是否在一个平面内，如果是由于两对轮槽不在一个平面内造成三角带单边工作，就要调整两轮的位置，使其保证在一个平面内。

38.7 齿轮传动

38.7.1 圆柱齿轮轴孔松动

1. 现象

齿轮与齿轮轴配合不紧密。

2. 原因分析

齿轮内孔加工不正确，见图 38-7（a）成喇叭形。

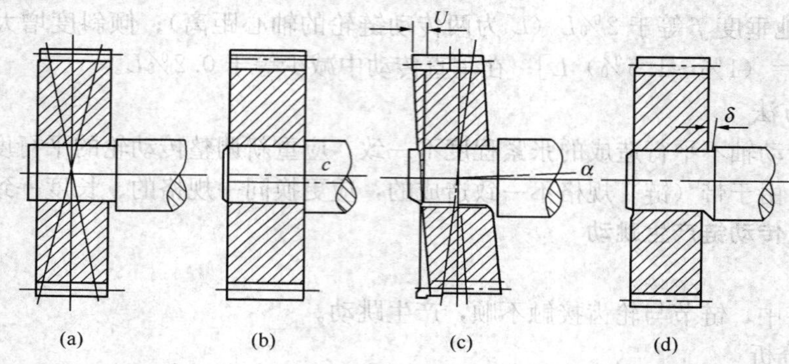

图 38-7　齿轮常见通病示意

3. 预防措施

安装时检查齿轮的轴孔，轴孔与轴的配合精度要符合装配要求。

4. 治理方法

应重新进行齿轮内孔加工，必要时，更换齿轮。

38.7.2 齿轮偏摆

1. 现象

齿轮中心线与轴中心线不重合，见图 38-7（b）。

2. 原因分析

装配尺寸误差大。

3. 预防措施

齿轮传动系统要正确装配，并进行仔细的检查和认真的调整，特别要注意轴与齿轮间的定位键的对位和松紧适度，以保证齿轮中心线与轴中心线重合。

4. 治理方法

齿轮偏摆由于装配原因造成的，要进行重新调整，如调整不过来的，就要更换有关部件。

38.7.3 齿轮歪斜

1. 现象

齿轮装配在轴上产生歪斜，见图 38-7（c）。

2. 原因分析

装配时粗糙、马虎、不认真；零、部件加工尺寸误差偏大。

3. 预防措施

装配时要认真按照工艺要求进行，检查零、部件的加工精度，发现加工尺寸误差大的要更换。

4. 治理方法

重新进行齿轮装配和调整，由于齿轮轴孔加工过大造成的要进行更换。

38.7.4 齿轮副啮合不良

1. 现象

（1）齿轮装配时未贴靠到轴肩位置，见图 38-7（d）。

（2）两齿轮啮合接触面积偏向齿顶（见图 38-8b）。正确的啮合接触部位（见图38-8a）。

（3）两齿轮在装配时中心距过小；或是齿轮加工厚度偏大。

（4）两齿轮中心线偏移。

（5）两齿轮中心线发生扭斜，装配不当。

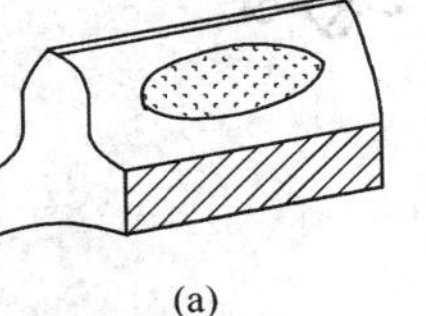

(a)

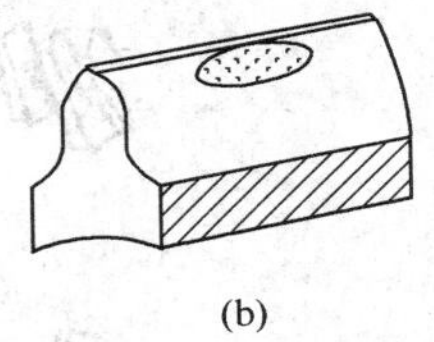

(b)

图 38-8 接触斑点位置偏差

2. 原因分析

（1）传动轴轴头过长；齿轮加工时宽度不够；齿轮装配不正确。

（2）两齿轮在装配时中心距过大；或是齿轮加工厚度不够。

（3）两齿轮中心线发生扭斜，装配不当。

（4）两齿轮中心线偏移所造成。

3. 预防措施

（1）齿轮在轴上的位置要严格按照标准要求进行装配，装配时检查齿轮的宽度，不符合要求的一定要更换。

（2）齿轮装配时要测量两齿轮的中心距离，确保齿轮啮合接触位置正确。安装调整过程中，可调整两啮合齿轮轴的位置。测量齿轮的厚度，以保证齿轮啮合良好，接触面积、部位正确，确保两齿轮在装配后在同一轴线上，中心线不扭斜。

4. 治理方法

（1）检查齿轮及传动轴，对部件存在的问题（如肩圆角太大等）要修整，齿轮宽度不够的要更换，重新进行齿轮装配。

（2）由于两齿轮中心距过大或过小造成的啮合不良，可采取调整两啮合齿轮轴位置，用刮研轴瓦的方法进行调整。齿轮加工厚度偏大或不够的，要对齿轮的齿形重新进行加工或更换齿轮。

（3）中心线扭斜时，应对其中心位置进行调整，也可通过研瓦、修刮齿形等方法解决。

38.7.5　圆锥齿轮啮合不良

1. 现象

(1) 小齿轮接触面太高或太低，大齿轮接触面太低或太高（图 38-9a）。

(2) 小齿轮接触区高或低，大齿轮接触区低或高（图 38-9b）。

(3) 在同一齿的一侧接触区高，而在另一侧接触区低。

(4) 两齿轮的齿轮两侧同在小端或大端接触（图 38-9c）。

(5) 直齿锥齿轮及螺旋锥齿轮，大小齿轮在齿的一侧接触于大端，另一侧接触于小端（图 38-9d）。

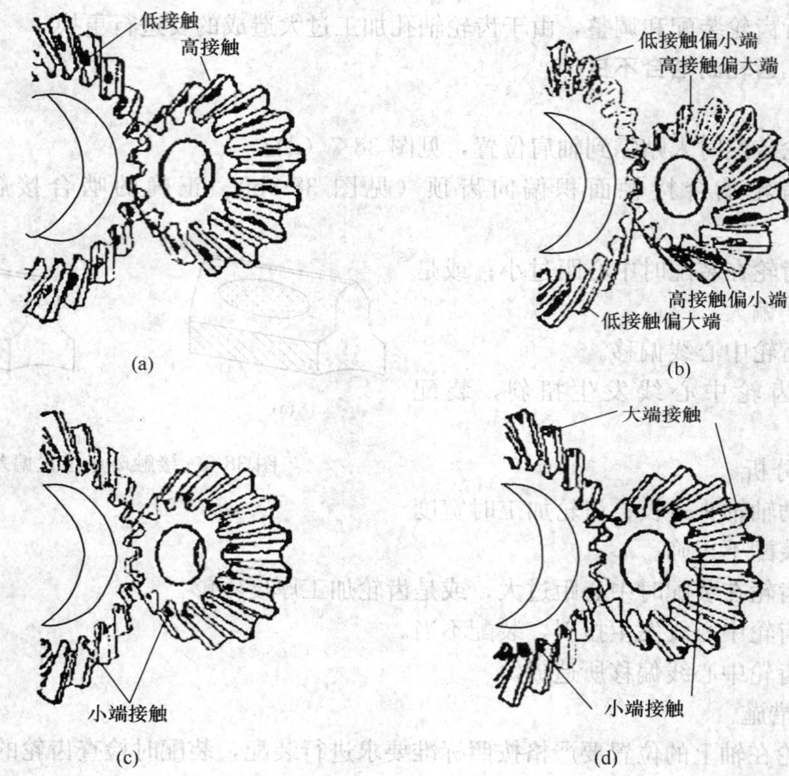

图 38-9　圆锥齿轮啮合不良示意

(6) 小齿轮齿凹侧接触于小端，凸侧接触于大端（零度螺旋锥齿轮）。

(7) 小齿轮齿凹侧接触于大端，齿凸侧接触于小端。

2. 原因分析

(1) 小齿轮轴向定位有误差，但误差方向与小齿轮接触面太高，大齿轮接触面太低的误差恰好相反。

(2) 小齿轮定位及间隙不正常，或齿加工不正确，两齿轮交角太小。

(3) 由于齿高方向曲率关系，小齿轮凸侧略偏于小端或大端，凹侧略偏于大端或小端；而在大齿轮上凸侧略偏于大端或小端，凹侧略偏于小端或大端，这主要是小齿轮定向有误差。

(4) 两齿轮轴向定位不正确，或轴线产生位移，或轴线偏离太大。

3. 预防措施

(1) 首先检查小齿轮的加工是否符合装配要求，符合要求后才可进行齿轮装配。

(2) 小齿轮装配时，要调整好齿轮的位置后，再进行轴向定位，检查齿轮的接触面，确保定位正确，间隙正常。

(3) 齿轮装配时要测量轴线，测量两齿轮的交角，确保轴线不发生偏离，符合装配要求。

(4) 齿轮装配前要测量和检查两齿轮加工的偏差和轴向定位。装配时要认真仔细，装配后测量两齿轮的定位和轴线，确保装配后轴向定位正确，没有偏移，符合装配要求。

4. 治理方法

(1) 可将小齿轮沿轴向移出，使小齿轮重新定位。如间隙过大或过小，可将大齿轮沿轴向移进。

(2) 由于齿轮加工造成的啮合不良，要更换合格的小齿轮。由小齿轮装配造成的啮合不良，要重新进行装配，并调整好间隙，使小齿轮的装配定位及间隙正常。

(3) 仔细检查测量齿轮的加工偏差是否符合要求，偏差太大的要更换齿轮。

(4) 重新进行齿轮定位，调整轴线，可将小齿轮轴沿轴向移出。必要时，可用修刮轴瓦来改变两齿轮接触交角的方法调整。

38.7.6 蜗轮、蜗杆接触偏斜

1. 现象

蜗轮接触面向左或向右偏移，见图 38-10。

2. 原因分析

蜗轮与蜗杆中心线扭斜或中心距偏差过大。

3. 预防措施

装配时检查和测量准确蜗轮与蜗杆中心线，避免出现装配后中心线扭斜或中心距偏大的现象。

4. 治理方法

可移动蜗轮中间平面位置来改变蜗轮与蜗杆啮合接触位置，或刮研蜗轮的轴瓦以矫正中心线扭斜和中心距偏差。

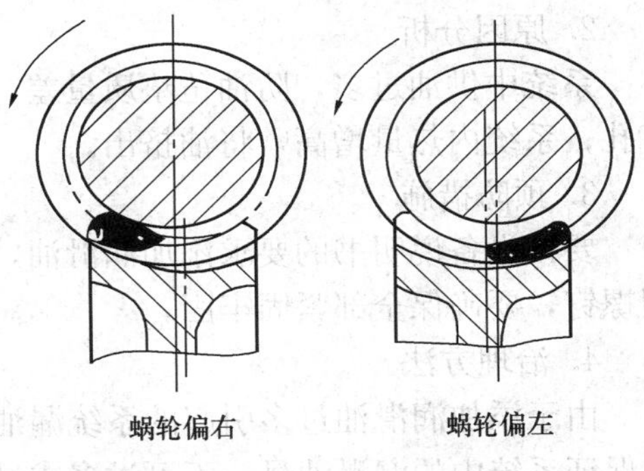

图 38-10 蜗轮齿面接触斑点

38.7.7 齿轮传动不正常

1. 现象

齿轮传动不正常及启动困难。

2. 原因分析

齿轮固定键松动；齿轮齿形不标准或有破损；齿轮装配误差过大；油量过多。

3. 防治措施

齿轮键松动时，应重新固定好。齿形超标过多或破损，应进行修整或更换合格的齿轮。齿轮装配不当的，要加以调整或重新进行齿轮装配。油量过多时，应调整油量，按规定加以限量。

附录 38.3　检查传动齿轮啮合的接触斑点的百分率

见《机械设备安装工程施工及验收通用规范》（GB 50231—2009）中 5.7.10 条的方法和规定。

38.8 液压与润滑系统

38.8.1　液压冲击

1. 现象

液压油在流动过程中，发生冲碰和撞击。

2. 原因分析

由一个稳定状态到另一个稳定工作状态中，油液压力突然变化，这是由于液体本身特性（惯性力）而产生的。如油液正在流动，突然使其停止，从而压力突然剧增；反之，静止的液体，突然使其流动，这时也会由于惯性力的作用，使压力降低。

3. 防治措施

在操作时动作要减慢，或限制油液流动的变化，在管路上可安装小惯性安全阀或缓冲器。

38.8.2　系统漏油

1. 现象

系统中液油流失。

2. 原因分析

系统中供油过多，防油毡垫质量差，甚至损坏；部分螺钉未拧紧，减速机本身没有通气孔；系统内热量增高，将油挤出。

3. 预防措施

要按设备说明书的要求添加润滑油，检查防油毡垫的质量，不合格的要更换。检查紧固螺钉，要确保全部紧固牢固。

4. 治理方法

由于添加润滑油过多引起的系统漏油，要将多余的润滑油放出，按照设备说明书的要求保证系统中的润滑油量，不可过多或过少。将不合格的防油毡垫全部更换。检查所有螺钉，重新进行紧固。减速机没有通气孔的要增加通气孔，确保系统能正常工作。

38.8.3　润滑系统失效

1. 现象

运转时设备摩擦表面进油少。

2. 原因分析

润滑系统中油管、油沟有堵塞，造成油路不畅通。油沟敷设太浅，油温过低，甚至有凝固现象，润滑系统零、部件损坏。油系统进水，排污不及时。

3. 防治措施

清理疏通油管、油沟，并刮深油沟，提高润滑油的油温，保证油路畅通。检查整个润滑系统，更换损坏的零、部件，确保润滑系统的正常工作。

38.8.4 齿轮泵困油

1. 现象

齿轮泵困油，造成不能运转。

2. 原因分析

齿轮泵的两齿轮在啮合过程中，同时啮合的齿轮对数应多于一对，齿轮泵才能进行工作。如果，当转动的一对牙齿开始啮合时，而前面一对齿轮的啮合点尚未脱离啮合，这样，在同时两对啮合的齿轮之间就形成了一个封闭的容积，使两对啮合齿之间的油，困在一个封闭的容积内，形成困油现象。

3. 防治措施

可在齿轮两侧前后端盖的平面上铣两条沟槽（即卸荷槽）。当油受挤压或形成空穴时，可与油腔连通而得到缓解。

38.8.5 齿轮泵欠压

1. 现象

齿轮泵油量不足，压力不高。

2. 原因分析

轴向和径向间隙过大。

3. 防治措施

应正确的调整齿轮泵的轴向和径向间隙，一般轴向间隙控制在 0.04～0.06mm，径向间隙以不擦壳（即齿轮与泵体不接触）为准。

38.8.6 齿轮泵密封故障

1. 现象

泵密封塞崩出来。

2. 原因分析

泵中回油孔堵塞所致。

3. 防治措施

检查和疏通回油孔，如果是由于液压油中的杂物将回油孔堵住，就要清除液压油中的杂物或重新换油，在压入轴端密封塞时，不要将回油孔堵住。

38.8.7 齿轮泵运转卡阻

1. 现象

油泵咬死。

2. 原因分析

液压系统的油液不干净。

3. 防治措施

清除油液中的杂物或更换液压油；如不能修复，就要修理或更换油泵。

38.8.8 齿轮泵轴转速不均

1. 现象

泵运转时快时慢。

2. 原因分析

由于泵的端盖与轴不垂直，或螺钉孔位置不正，以及齿轮有毛刺等造成。

3. 防治措施

对泵要重新进行调整和装配，保证泵的端盖与轴要垂直，螺钉孔位置不正的要重新打眼，去除轮齿上的毛刺，使齿轮光滑。

38.8.9 齿轮泵腔欠油

1. 现象

泵不吸油或油量不足。

2. 原因分析

油泵转向不对；过滤器、管道堵塞；连接接头未拧紧，吸入空气。

3. 防治措施

检查泵的转向，如果反转，要调整过来，使泵转向正确。检查和清除过滤器和连接管道内的杂物，保证系统畅通。接头未拧紧造成的泵腔欠油，要将接头仔细检查并拧紧。

38.8.10 油泵油管漏气

1. 现象

油泵油管漏气。

2. 原因分析

系统中连接部件（法兰和丝扣）处不严密，密封填料不符合标准要求。

3. 防治措施

检查系统中的连接部件，确保连接处连接紧密、牢固，更换符合标准的密封填料，密封应符合设备运转要求。

38.8.11 叶片泵不转动

1. 现象

油泵咬死。

2. 原因分析

泵与电机不同心，或油不洁净。

3. 防治措施

调整泵与电机的同心度，清除系统中油的杂物，或更换合格的液压、润滑油。

38.8.12 叶片泵油压不稳

1. 现象

油量不足，压力不够，表针摆动快。

2. 原因分析

液压、润滑系统管路漏气；滤油器堵塞；个别叶片动作不灵活；轴向间隙过大；溢流阀失灵或系统漏油；叶片与转子装配相反或配油盘内孔磨损。

3. 防治措施

找出漏气处，仔细将漏气处修复，消除系统中的管路漏气。清洗过滤器，修整叶片，使之转动灵活。调整轴向间隙（一般为 0.005mm）；修复或更换溢流阀，检查系统漏油处并修复。配油盘内孔磨损的要修复或更换。

38.8.13 叶片泵运转噪声

1. 现象

泵运转时噪声异常。

2. 原因分析

叶片高度不一，倾角太小，转子与叶片松紧不一致，配油盘产生困油现象。

3. 防治措施

调整好叶片的高度和倾角，一般高度差不超过 0.01mm。倾角为 0.5×45°；检查叶片在转子槽内灵活性，松紧程度要适宜。修整好配油盘节流开口处相邻的叶片。

38.8.14 叶片泵不上油

1. 现象

叶片泵吸不上油。

2. 原因分析

采用的油液粘度过大；油的温度过低；油泵的叶片与转子槽配合过紧；电机转向不对。

3. 防治措施

调换粘度小的油液，适当提高油温，修整叶片，调整叶片与转子间的配合间隙，矫正电动机的转向。

38.8.15 油缸运行状态失稳

1. 现象

油缸爬行和局部速度不均。

2. 原因分析

油缸内进入空气；两端盖板的油封圈装的松紧不一，并有泄漏现象；拉杆和活塞不同心，拉杆全长或局部弯曲；油缸安装位置偏移或孔径直线性不直以及油缸内壁腐蚀和拉毛；拉杆和床身台面固定得太紧，使同心度超差。

3. 防治措施

在油缸的上部装排气阀，排出空气。调整密封油圈，使其松紧适宜，处理好泄漏现象。校正拉杆与活塞的同心度（一般控制在 0.04mm 以内），拉杆修整后弯曲不超过 0.2mm，如拉杆调整后还达不到要求，就要更换拉杆。调整油缸位置，油缸与导轨平行度应在 0.1mm 范围内，修整活塞按油缸间隙选配，除掉油缸壁上的腐蚀和毛刺，适当放松螺母，保证拉杆与支架接触。

38.8.16 活塞杆冲击

1. 现象

活塞杆往返过程中产生冲击现象。

2. 原因分析

活塞与油缸间隙大，节流阀失去调节作用，单向阀失灵，不起缓冲作用；纸垫破损，造成泄漏。

3. 防治措施

应严格按照工艺标准调节活塞与油缸之间的间隙，调整或更换单向阀，更换合格的纸垫。

38.8.17 缓冲时间过长

1. 现象

活塞杆在往返冲程过程中缓冲时间过长。

2. 原因分析

操作机构纸垫破损，回油不畅通；油缸及活塞杆变形；缸与活塞之间的间隙过小；活塞上节流阀过短，使缓冲时间加长。

3. 防治措施

更换合格的纸垫，调大回油接头，使其回油畅通。调整或更换变形的油缸和活塞杆，按照工艺标准调整缸与活塞之间的间隙。开长节流槽，缩短缓冲时间。

38.8.18　活塞杆推力不足

1. 现象

活塞杆在往返冲程过程中推力弱，影响机构正常操作。

2. 原因分析

缸与活塞配合间隙过大，泄漏量过多；拉杆弯曲；封油圈过紧；缸体局部有腰鼓形缺陷等。

3. 防治措施

调整油缸与活塞间隙，应保持在 0.04～0.08mm 以内，消除泄漏处（更换纸垫和封油圈）；校正拉杆的弯曲部位，保持与活塞的同心度；放松压接螺钉，使封油圈封住泄漏处，修配油缸活塞。

38.8.19　溢流阀性能失控

1. 现象

溢流阀压力不稳定。

2. 原因分析

溢流阀中的弹簧弯曲、弹性不足；阀芯与阀座接触不良；滑阀拉毛、变形弯曲；油液不洁，堵塞阻尼孔。

3. 防治措施

安装前应仔细检查溢流阀是否正确，当出现溢流阀压力不稳定时，应更换弹簧，修整阀座，研磨清洗滑阀。

38.8.20　溢流阀产生振动

1. 现象

阀运行过程中产生振动。

2. 原因分析

阀中螺母松动，弹簧变形；滑阀配合过紧等。

3. 防治措施

要及时拧紧螺母，更换合格的弹簧，并修理研磨滑阀。

38.8.21　溢流阀节流失灵

1. 现象

调节阀调节失灵，流量无法控制。

2. 原因分析

阀与孔的间隙过大造成泄漏；节流孔堵塞，阀芯卡住。

3. 防治措施

调整阀与孔的间隙，更换损坏的零件。净化油或更换油，修整阀芯，使其滑动灵活。

38.8.22 溢流阀失稳

1. 现象

执行机构运行速度不稳定。

2. 原因分析

系统内的压力油不洁净，使节流面积减小，速度减慢，节流阀使用性能差；节流阀泄漏，使动作不稳定；油温过高，使速度加快；阻尼堵塞空气侵入。

3. 防治措施

净化或更换压力油；清洗滑阀，增加过滤器；增加节流装置；更换失灵部件；各连接处要严加密封；开车一段时间后，调整节流阀并增加散热装置；要清洗好零件保证阻尼畅通；在系统中装设排气阀。

38.8.23 换向阀不换向

1. 现象

滑阀不动作、不换向。

2. 原因分析

电磁铁损坏或吸力不够；弹簧折断或弹力超过电磁铁吸力；滑阀拉毛或卡住。

3. 防治措施

更换损坏的电磁铁和弹簧，并对滑阀进行拆洗和研磨，确保零、部件完整。

38.8.24 换向阀动作失灵

1. 现象

电磁铁上的绕组发热或烧坏。

2. 原因分析

电磁铁绕组绝缘不良；电磁铁芯吸附不牢；电磁线圈接通电压不符合要求；电磁焊接质量差。

3. 防治措施

更换符合要求的电磁铁和弹簧，调整系统中的电压，使其与电磁线圈要求的电压相符，重新焊接电极。

38.8.25 换向阀运行噪声

1. 现象

交流电磁铁发出噪声。

2. 原因分析

电磁铁衔接接触不良。

3. 防治措施

拆开电磁铁，清除杂物，修整接触面，保证电磁铁接触良好。如调整不好时，就要更换电磁铁。

附录 38.4 管道清洗后的清洁度等级

管道清洗后的清洁度等级应符合设计或随机技术文件的规定。

38.9　起重吊装设备

38.9.1　吊车轨道安装偏差

1. 现象

吊车轨道的跨距大小不一。吊车轨道未留设伸缩缝。

2. 原因分析

(1) 施工中使用的钢盘尺误差过大。测量轨距时，以手拉的操作法，尺过松过紧或力量大小悬殊，也是造成测值误差过大的原因。

(2) 未严格按照设计图纸和轨道安装标准图进行施工安装，在安装排放轨道时，采用了从梁的一头向另一头铺设钢轨的方法。

3. 防治措施

(1) 在施工中使用经过计量合格的钢盘尺，然后用同一弹簧秤，两人进行操作。作业时，两人在同一直线上，弹簧秤的拉力在每个测点上应相同，保证吊车轨道的轨距符合规范要求。

(2) 严格按照设计图纸和轨道安装标准图进行。在安装轨道时，应从伸缩缝向两端铺设。

(3) 对未留伸缩缝的，可采取锯断的方法，并相应增加压板的数量；伸缩缝的允许误差，不应超过±1mm。

38.9.2　两轮中心面不在同一平面上

1. 现象

吊车两轮的中心面不在同一平面上，造成行车不平稳。

2. 原因分析

纵横向中心位置未找准，或两轮厚度不一致。

3. 防治措施

传动轮装配后，必须检查和调整两个传动轮之间相互安装位置的正确性。首先应固定好从动轮，以它为基准找好纵横中心线和两轴平行度，检查如有偏移或倾斜时，应进行调整。检查两个轮的厚度，不一致时要调整或更换。

38.9.3　车轮啃轨

1. 现象

桥式起重机大车车轮在运行过程中，由于某种原因，使车轮与轨道产生横向滑动，导致车轮轮缘与轨道挤紧，引起运行阻力增大，造成车轮轮缘与钢轨的磨损。起重机在运行过程中是否发生啃轨现象，可根据下列迹象来判断：

(1) 钢轨侧面有明亮的痕迹，严重的痕迹上带有毛刺；车轮轮缘的内侧有亮斑；

(2) 钢轨顶面有亮斑；

(3) 起重机在运行过程中，在很短的一段距离内，车轮轮缘与钢轨侧面之间的间隙发生明显的改变；

(4) 起重机在启动或制动时，车体走斜、扭摆。

2. 原因分析

（1）车轮的安装位置不准确引起的啃轨。车轮的水平偏差过大。或车轮的垂直偏差过大。车轮轮距、对角线不等，同一轨道上两车轮直线性不良，也会造成起重机车轮啃轨。这些情况下啃轨的特点是车轮轮缘与钢轨的两侧都有磨损。

（2）车轮加工误差造成车轮的直径不等，如果是两主动车轮的直径不等，在使用时会使左右两侧车轮的运行速度不一样，行驶一段距离后，造成车体走斜，发生横向移动，产生啃轨现象。

（3）轨道安装质量差，造成两条轨道相对标高和水平直线度偏差过大，同一侧两根相邻的钢轨顶面不在同一水平面内，或钢轨顶面上有油、水、冰霜等。起重机在运行过程中，必然引起啃轨，这种情况下啃轨的特点是在某些地段产生啃轨现象。

（4）桥架变形，必将引起车轮歪斜和起重机跨度的变化，使端梁水平弯曲，造成车轮水平偏差、垂直偏差超差，引起车轮啃轨。

（5）传动系统制造误差过大或者在使用过程中磨损较严重；传动系统的齿轮间隙不等或轴键松动等；两套驱动机构的制动器调整的松紧程度不同；电动机的转速差过大；都会造成大车两主动车轮运行速度不等，导致车体走斜引起啃轨。

3. 防治措施

对于集中驱动和分别驱动的运行机构，防止和改善起重机车轮啃轨的方法应有所不同。可通过仔细检查，认真调整，纠正车轮和钢轨的不准确安装，特别要注意分别驱动运行机构两侧电动机、制动器和减速器存在的不同步问题。

（1）限制桥架跨度 L 和轮距 K 的比值。L/K 值小于 5～6 时较为有利。

（2）集中驱动的运行机构如车轮总数为 4 个，其中 2 个为主动车轮，主动车轮踏面可采用圆锥形踏面（锥度为 1∶10），并将锥面的大端向内安装，采用凸顶钢轨，起重机在运行过程中经过几次摆动，会自动调整运行方向，减少车轮与钢轨间的摩擦。

（3）集中驱动的运行机构，两侧主动车轮直径不同的要车削或更换。

（4）采用润滑车轮轮缘和钢轨侧面的方法，减轻运行摩擦阻力，以减少车轮和钢轨的磨损。

（5）经常检查桥架是否变形，并及时矫正，使其符合技术要求，从根本上解决啃道轨问题。在检查中若发现车轮对角线、垂直度及水平度超差，应及时进行调整。

（6）对于分别驱动的驱动机构，若两侧驱动电动机的转速不一致，应更换为同一厂家生产的同一型号的电动机；两侧制动器动作不协调或者松紧程度不同的要调整制动器。

（7）传动系统间隙大的要检修或更换联轴器、变速箱等部件。

（8）轨道有问题的，要按照轨道安装的技术要求进行检修调整；轨道上的杂物要及时清理。

38.9.4 吊车制动故障

1. 现象

吊车电机制动器（抱闸）过松、过紧，制动失灵，影响动作平稳性。

2. 原因分析

抱闸内有污物和锈蚀未清除干净；衬料与闸瓦固定不牢，铆钉突出；闸轮与衬料接触面积达不到规定的标准；弹簧节距和直径的误差过大；长冲程气缸不清洁，气孔未调节好。

3. 防治措施

（1）检查和清洁所有小轴、闸轮上的所有污物、锈迹，保证小轴转动灵活，两端要有开口销，闸轮表面要确保无油漆；衬料与闸瓦应固定牢固，铆钉应埋入衬料厚度的1/4；闸轮与衬料接触面积，应不小于衬料总面积的75%；弹簧节距和直径的误差，不许超过1mm；弹簧总长度误差，不准超过误差总和之半；长冲程抱闸磁铁下的气缸，应清洗干净，试运转时，应检查气缸的工作状况，并调整好气孔。

（2）运行机构的制动器应能制动大车和小车，但不宜调的太紧，防止车轮打滑和引起振动冲击；起升机构的制动器必须能制止额定负荷的1.25倍，没有下滑和冲击现象。

38.9.5 吊车大梁与端梁连接不牢

1. 现象

大梁与端梁连接部位的钢板端部不平，连接螺栓孔未充分对正吻合。

2. 原因分析

组装时，未将车体大梁放到找好水平及轨距的临时轨道上进行组对，而是就地组装，在车体大梁及端梁变形情况下，将连接螺栓穿孔把紧。

3. 防治措施

组装时，应将车体大梁放到水平及轨距符合要求的临时轨道上进行组对，将大梁与端梁连接处的钢板端部调平，并检查连接螺栓孔是否吻合，如孔有错位，应仔细查明原因，不准任意修整螺栓孔，也不得随意更换连接螺栓或将螺杆的方台磨掉。螺栓孔对正后，穿上并把紧螺栓，测量大车的对角线是否相等，两对角线相比长度差不应超过5mm。此外，还要测量大小车相对两轮中心距以及大车上的小车轨距。端梁接头的焊缝应牢固，表面不应有裂纹、夹渣、气孔和弧坑，加强板的高度和宽度应均匀。

附录38.5 起重机跨度检测

起重机跨度检测应符合《起重设备安装工程施工及验收规范》（GB 50278—2010）中附录A的规定。

38.10 压缩机

38.10.1 活塞式压缩机气缸响声不正常

1. 现象

气缸内发生敲击和异响。

2. 原因分析

（1）在安装压缩机时，没留出气缸余隙，因此，在运转过程中，活塞碰气缸端面，发出沉闷的金属声。当气缸余隙过小时，压缩机运转后，连杆、活塞杆受热膨胀而伸长，也会使活塞与气缸相碰，发出碰击声。再一方面是活塞螺母松动，由于螺母未拧紧，当压缩机活塞向气缸方向运动时，发出强烈的敲打声，同时，冲击力逐渐加大。

（2）气缸水套破裂将导致水进入气缸；水冷却系统泄漏，出现液体碰撞声；油水分离器失灵，使气体带水进入气缸，造成冲击；当压缩机冷却水中断后，气缸温度上升，这时突然供给冷却水，也会使气缸断裂，水进入气缸；在冬季压缩机停车后，不及时放出气缸的水，会冻坏气缸，使水流进。

（3）在压缩机刚启动时，突然发出金属卡碰声，这表明某种工具或零件落入气缸内，如果活塞在行程的一个方向发出一种碎块似的敲打声，则可能是某个阀片破碎脱落，掉入汽缸。

（4）气缸润滑油过多，多余的油液聚集在缸内；活塞往复运动时，击溅油液，发出双向的、不明显的液体冲击声。

（5）铸造时内部型砂和型砂骨末没有清理干净，当活塞动作时，发出沙沙响声。

（6）活塞与气缸中心不一致，压缩机运行时，活塞组件擦碰气缸内壁，使气缸发热，并产生冲击碰撞声。

3. 防治措施

（1）按照设备技术文件的要求，调整好气缸与活塞的余隙；对活塞螺母松动的应及时拧紧，特别要在压缩机运行前做好此项工作。

（2）气缸水套和冷却水系统，应在安装前进行认真的外观检查，并用1.5倍工作压力进行压力试验，合格后才能运转使用；对油、水分离器应及时进行清洗，吹出聚集在底部的油、水分，保持其效能；对温度高的汽缸，待降温后，才能通入冷却水；冬季运转停止后，应及时放掉气缸水套中的水，防止发生断裂事故。

（3）当发生异常响声，应立即停车，打开阀座口，清除杂物，重新装阀，并仔细检查后，封闭气缸，再行开车。

（4）使用符合要求的润滑油，并定量供油，当压缩机启动前，开动油泵时间不要太长。

（5）将活塞上螺母堵头旋开，彻底清理型砂和杂物，洁净后拧紧堵头，并加上自动防松装置，拧紧堵头时，不能高出活塞端面。

（6）按照设备技术文件和规范要求找正活塞与气缸中心。

38.10.2 传动部件异响

1. 现象

机体内发生敲击和异响。

2. 原因分析

（1）主轴颈与瓦出现响声。

1）轴瓦间隙过大，瓦间隙不适合，不便于轴转动和形成轴膜，这将会引起发热，跳动冲击；

2）主轴装配不当，主轴加工几何尺寸超过偏差，当水平度达不到要求时，也会出现发热、振动等情况；

3）斜铁贴合不良。当主轴承和整体式连杆头装用可调轴承时，由于轴瓦与斜铁贴合不良，而出现沉重的撞击声。

（2）曲轴销与连杆大头发出异响。

1）当连杆大头瓦径向间隙过大时，将引起敲击、振动和烧瓦；轴向间隙过大时，容易使连杆横向窜动、歪偏，产生敲击冲动；

2）间隙过小，曲轴热伸长推移连杆，使其歪斜，曲轴工作失常或卡死、烧瓦、抱轴等，破坏合金层，造成钢瓦背直接磨轴颈。

（3）十字头发出不正常的响声。

1）压缩机转向不对，十字头侧向力向相反方向作用，这时听到的是十字头上滑块的敲击声，使上滑道加速磨损，这种情况多出现于卧式压缩机；

2）十字头跑偏或横移；一般情况下，十字头在机身滑道内的位置应居中，并与机身滑道中心线重合，相反，在滑道内歪斜、跑偏或横向跑偏，都将引起敲击和发热；

3）滑道间隙过大，容易产生十字头跳动、敲击的异响声；

4）十字头零件紧固不够，出现松动，发生异响；

5）连杆小头与十字头销的装配间隙不合适。当径向间隙过大时，运转中十字头发出敲击声，径向间隙过小也会发热、烧瓦和抱轴；当轴向间隙过大时，也容易引起敲击和冲击，轴向间隙过小，膨胀时，容易咬住，也会产生发热和烧瓦；

6）曲轴中心与滑道气缸中心不垂直，容易发热产生异响。

3. 防治措施

（1）重新调整主轴与瓦的径向和轴向间隙，使其达到规范要求；主轴安装前要认真检查几何尺寸是否符合要求；超差时，应及时处理和更换；对主轴水平度要按要求找平、找正；对轴瓦和斜铁的贴合接触面要求达到75%以上。

（2）要正常调整曲柄与连杆大头瓦的径向和轴向间隙，一直达到设备技术文件和施工验收规范的规定。

（3）要保证压缩机转向正确。

（4）要正确装配十字头，对机身、中体和气缸，应以钢丝线找正定心，特别是长系列压缩机尤为重要，必须使其中心线重合，用内径千分尺检查十字头在滑道内位置是否正确，然后，将活塞杆慢慢插入十字头体内，并检查其水平度后，慢慢盘车，看其转动是否灵活。

（5）滑道间隙过大，可利用十字头体与滑板之间的垫片进行调整。对十字头螺栓腰逐渐均匀对称拧紧，并加上制动防松垫圈。

（6）安装时，要严格控制连杆小头和十字头销的径向间隙使其达到标准的要求，并调整好曲轴中与滑道气缸中心的垂直度。

38.10.3　阀件异响

1. 现象

吸、排气阀产生敲击声，严重时损坏气缸。

2. 原因分析

（1）阀片折断是由于材料和制造质量不符合要求造成的，另一方面是阀簧弹力不均匀，使阀片开关不一致，产生歪斜与升降导向块相互卡阻，阀片冲击升程限制器，阀片产生异响，应力集中极易损坏。

（2）阀座装入阀室时，没有放正或阀室上压紧螺栓未拧紧，阀座不正或螺栓不紧，当气流通过时，易产生漏气和阀座跳动，并发出沉重的响声。

3. 防治措施

（1）安装前，对阀片的材质和加工质量应进行仔细的检查，发现问题，及时采取措施。对阀簧弹力不均者，应进行调整。并对每个阀簧至少要压缩3次，使圈与圈接触，要检查阀簧在压缩前后的自由高度，允许误差为0.5%。

（2）安装时，要仔细检查配气阀，特别是阀杆螺栓装入阀座或阀盖孔以后，要检查螺栓中心线是否与阀座平面垂直，螺栓与孔配合应符合规定。

38.10.4 机组异常振动

1. 现象

压缩机组和基础异常振动。

2. 原因分析

(1) 设计不合理。表现在工作时，产生不平衡的惯性力和惯性力矩大小和方向是周期性变化的，由于压缩机组结构设计不合理或基础设计有问题，使振动增大和剧烈。

(2) 卧式压缩机安装不当。曲轴本身安装不当或与气缸连杆等中心线不垂直，或十字头、活塞与气缸中心线不同心等，都是产生振动的因素。另一方面，地脚螺栓未拧紧，机座窜动，垫铁面积太小，不平整、过高，位置摆设不合理，以及压缩机同轴度超差过大等，都将引起振动。

(3) 电机安装不当。使转子铁芯与定子摩擦，导致振动。

(4) 皮带轮不同心。用三角形皮带传动时，两轮中心偏差过大。

3. 防治措施

(1) 属于机组本身不平衡，惯性力过大引起的振动，可以在安装时，增大设备基础来补偿。

(2) 安装偏差过大者，应进行调整，达到标准规定时为止。

(3) 安装前，对零件应仔细检查，不符合标准的应加以修整或更换。

38.10.5 系统管路振动

1. 现象

压缩机运转时，压缩系统管路产生异常振动。

2. 原因分析

压缩机组本身不平衡的惯性力引起，气流脉动性所致。惯性力不平衡引起机组和基础振动，可由管路和土体传到远方，而气流脉动引起的振动，只限于它产生的部位。当产生的振动频率恰和自然振动频率相同时，就会产生共振，使振动剧烈。

3. 防治措施

一般采取短管路支承长度，以提高自振频率，消除共振现象；在工作中，当发现管路振动大时，应把与压缩机连接的管路用管卡紧固，同时，管卡的安装数量要合适，对大、中型压缩机的排气管要有水泥墩座，把排气管固定在水泥墩座上，可减小振动。

38.10.6 运行过热

1. 现象

(1) 压缩机曲轴的主轴颈和主轴瓦的运转温度超过标准要求。

(2) 气缸过热或排气温度过高。

(3) 活塞杆与密封器过热。

2. 原因分析

(1) 主轴瓦间隙不合适。当径向间隙过小或不均匀时，将会破坏润滑油膜，产生偏摩擦、发热、烧瓦、抱轴等。而轴向间隙过小，轴受热膨胀，也容易出现卡住、烧瓦、过热等不正常现象。

(2) 主轴瓦润滑不良。油质不佳；供油量不足或中断供油造成部件磨损；油压不够，形不成一定油膜，使温度升高；油质污染，不经过滤，杂质多容易研瓦；油分配不均，润滑油应合理分布，形成油楔，产生油压平衡载荷等，当分布不均，将造成油瓦温度升高，直至烧毁轴瓦。

（3）曲轴装配偏差过大，包括曲轴的水平度、曲轴与气缸中心线垂直度、主轴颈与主轴瓦间隙等；由于偏差过大，将会使轴承发热，超过规定的要求。

（4）冷却水供应不足将造成冷却效果不佳，一般回水温度高于35～40℃时，即表明冷却水供量不足。水垢厚度大，气缸表面沉积着从冷却水中带去的沉淀物，这就是“水垢”，当它厚度过大时，将妨碍了热的传导，降低冷却效果，并浪费电能，严重时，使气缸过热，出现爆炸的恶性事故。

（5）密封器与活塞杆安装不当。两者不同心，当压缩机运转时，产生严重的摩擦，造成异常发热和漏气。压紧角装错，摩擦发热漏气。密封圈弹簧安装歪斜，压力不均匀发生过热现象。密封器内有杂物，引起磨损发热。新安装的压缩机活塞杆与密封器未经“磨合”，产生配合密封不够。润滑油孔道（冷却水通路）受到阻塞，使润滑油（冷却水）不能进入密封器内部，造成活塞杆与密封器过热。

3. 防治措施

（1）应按设备技术文件的规定，正确调整主轴瓦的径向和轴向间隙。

（2）油质应符合要求，通常用40号和50号机械油。应定量供油，不能任意中断供油，油箱上一般有油位标示，以保证有足够的油量。要保持一定的油压，一般情况下油泵出口油压用回油阀调节，调到0.2～0.4MPa的范围内。保持润滑油的清洁，对有杂质的油应经过滤后使用，当油中含水量超过2.5%时，应予更换。润滑油分布要合理均匀，以保证正常的油楔和油压。

（3）要正确的装配曲轴，使其达到设备技术文件规定的偏差，以保证运转的顺利进行。

（4）供水量充足时，正常的排气温度不应高于140～160℃，冷却水供给量要确保系统正常运行，定期除垢。

（5）安装密封器时，必须仔细清洗干净，防止杂物落入，应用压缩空气吹洗润滑油孔道（冷却水通路），以确保畅通。装气缸孔内时，不要放歪斜，特别是当密封器底部有垫片时，更要均匀、对称的拧紧螺栓，避免产生歪斜现象。压紧角安装时要仔细检查，不要装错。安装密封圈弹簧时，可涂沾一些黄干油，放入弹簧座孔内，以免歪斜。

（6）压缩机在无负荷试运转时，对密封器的“磨合”时间不应少于：气缸压力（表压）<15MPa时，4h；15～200MPa时，8h。

38.10.7 气阀漏气

1. 现象

气阀漏气。

2. 原因分析

（1）气阀不严密：阀片与阀座接触不好；阀座螺栓不严密；阀组件与气缸阀座口处不严密；阀片翘曲变形，形成气阀关闭不严；气阀装配不当，使阀片关闭不严，造成过热。

（2）阀片开闭时间和开启高度不对，引起漏气。

3. 防治措施

（1）阀片与阀座接触不好应进行研磨，直到密封不漏气为止。

（2）阀座螺栓配合要严密，防止气体倒泄。

（3）阀组件与气缸阀座口处不严密时，首先应将密封垫圈的接口处，修磨平整，对阀组件密封垫圈的把紧程序不能搞错；第一，将阀组件套上密封圈，对准气缸上的阀孔座口平整地放入；第二，装入阀组件的压筒；第三，将阀盖密封圈正确的放入，并将阀组件压筒的顶丝松开，扣上阀盖；第四，对角匀称地把紧阀盖螺栓的螺母，然后再把紧压筒顶丝；第五，阀组压筒顶丝的螺母下应放入密封垫圈，以防气体漏出。

（4）安装发片时，应认真检查，对变形要妥善处理，必要时进行更换。

（5）调整阀的装配偏差。对气阀的阀簧要认真检查和装配，阀片升程高度不符合要求经检查后，应进行调整；对没有调节装置的气阀，可加工阀片的升高限制器；对有调节装置的，可调节气阀内垫圈的厚度。

38.10.8 安全阀漏气

1. 现象

安全阀漏气。

2. 原因分析

（1）安全阀阀簧支承面与弹簧中心线不垂直，阀簧受压时，就产生偏斜，造成安全阀的阀瓣受力不均，发生翘曲，引起漏气、振荡，甚至安全阀失灵。

（2）安全阀与阀座间接触面不严密，有杂质和污物，产生发热、漏气等。

（3）安全阀阀簧未压紧，连接螺纹及密封表面损坏等，引起安全阀漏气。

3. 防治措施

调整安全阀阀簧支承面与弹簧中心线垂直度，保持其相互垂直；对安全阀与阀座间的杂质、污物要清理干净，必要时，重新研磨，确保接触面严密；安全阀阀簧要压紧，螺纹和密封表面要保护好，有损坏处应修刮和研磨。

38.10.9 曲轴损坏

1. 现象

曲轴产生裂纹或折断。

2. 原因分析

（1）安装不正确，曲轴与轴瓦间隙过小或接触不均，都会引起曲轴异常发热、振动和冲击，产生弯曲变形、甚至断裂；当联轴器同心度偏差过大，也会造成曲轴异常发热、跳动、变形、折断等。

（2）制造工艺不当，曲轴有砂眼和裂纹存在，运转时造成断裂。

（3）曲轴承受意外剧烈冲击，引起曲轴变形、裂纹或折断。

3. 防治措施

（1）要认真检查曲轴与瓦间隙和接触情况，必须达到技术标准的要求。联轴器同心度要用百分表反复测试，一直到符合标准要求为止。

（2）安装前，对部件进行认真检查，对有怀疑的重要零、部件，要组织有关人员进行鉴定，对不符合要求的产品，不能进行安装，以确保施工质量。

（3）严格按操作规程正确地进行操作，防止意外冲击载荷的出现。对设备基础情况，可经常进行观测，发现问题，及时处理。

38.10.10 连杆螺栓折断

1. 现象

连杆螺栓折断。

2. 原因分析

(1) 安装质量差，连杆螺栓与螺母拧得过松、过紧或操作方法不对，造成受力不均而折断。

(2) 由于连杆轴承过热，活塞被卡阻或压缩机进行超负荷运行，连杆螺栓承受过大载荷而折断。连杆螺栓材质不符合设备技术文件的要求，也会出现折断现象。长时间运行，零部件产生疲劳过度，而导致连杆螺栓损坏。

3. 防治措施

(1) 安装连杆螺栓时，松紧要适宜，要使用测力扳手，或用卡规等工具检测预紧力。正确的操作方法，可通过涂色法检查连杆螺母端面与连杆体上的接触面是否密封配合，必要时应进行刮研。

(2) 连杆螺栓材质一定要符合标准要求，不合格者，坚决更换。

(3) 要加强设备运行中的维护工作，严格按技术操作规程进行作业，发现问题要及时处理。

38.10.11 连杆损坏

1. 现象

连杆折断、弯曲。

2. 原因分析

由于连杆螺栓松动，折断脱扣，活塞冲击气缸，使连杆突然承受过大的应力而弯曲或折断。另一方面锁紧十字头销的卡环脱扣或开口销折断，十字头销窜出，致使连杆撞弯。

3. 防治措施

安装连杆螺栓和十字头销卡环时要仔细拧紧，反复检查，防止发生事故。

38.10.12 汽缸损坏

1. 现象

汽缸或汽缸盖破裂；汽缸镜面被拉伤，活塞被卡住。

2. 原因分析

(1) 冬期施工时，冷却水未放出，形成结冰膨胀，使汽缸破裂。

(2) 压缩机运转中突然停水，使汽缸温升过高，同时又突然放入冷却水，因而由于热胀冷缩的原因，使汽缸破裂。

(3) 活塞与汽缸盖相撞，把汽缸盖撞裂；活塞杆与十字头连接不牢，活塞杆脱开十字头；活塞与活塞杆上的防松螺母松动；汽缸内掉入金属物或流入一定数量的液体；汽缸的前后余隙太小。

(4) 滤清器失灵。当滤清器失灵，不洁物被吸入汽缸、润滑油不干净等，使汽缸镜面拉伤。

(5) 汽缸润滑油中断。当润滑油中断后，活塞与汽缸形成干摩擦，阻力增大，使活塞卡住或拉伤汽缸镜面。

(6) 汽缸活塞装配间隙过小或不均匀。当曲轴、连杆、十字头等运动机构偏斜，都将导致活塞与汽缸发生偏摩擦，因而划破汽缸镜面。

3. 防治措施

（1）压缩机停止工作后，应及时排除汽缸的冷却水。

（2）当冷却水停止，汽缸温度过高时，应在气缸适当降温后，再通入冷却水。

（3）安装时，要严格检查活塞与活塞杆、活塞杆与十字头的连接及防松垫片的翻边情况，仔细核对前后汽缸的余隙。安装完毕后，用盘车装置盘动活塞，再次检查有无杂物落入汽缸和有无异常响声。

（4）对滤清器应经常进行清洗，防止异物进入汽缸。

（5）按规定供给合格的润滑油，并经常检查供油情况是否正常，发现问题，及时加以解决。

38.10.13 离心式压缩机压力、流量低于设计规定

1. 现象

过滤网阻塞，形成吸入负压增大。

2. 原因分析

（1）季节性风尘造成吸入空气含尘量超过过滤器过滤功能。

（2）过滤网运行不正常，使灰尘积厚，影响空气流量。

（3）气温降低，油粘度增大，造成阻塞和冻结。

3. 防治措施

调整过滤网的过滤功能，并经常清洗，保持空气的正常流量。当气温降低时，应采取升温措施，保持油的正常运行。

38.10.14 离心式压缩机冷却失效

1. 现象

各段冷却器效率降低。

2. 原因分析

供水量不足，供水温度高，以及冷却器水垢堵塞，影响换热效率。

3. 防治措施

检查各段冷却器，增大供水量和降低水温。

38.10.15 滑动轴承故障

1. 现象

径向轴承出现故障；止推轴承出现故障。

2. 原因分析

（1）润滑油不足或中断，引起轴承升温，严重时将瓦烧坏。

（2）润滑油不清洁，赃物带入轴瓦内，破坏了油膜。

（3）轴承振动大，引起合金脱落或裂纹。

（4）冷却器冷却水供应不足或中断，油温度过高，油精度下降，形不成良好的油膜。

（5）润滑油中有水分。轴端轴封间隙过大，漏气窜入轴承内，流经冷却器中冷却水压力大于油压，当油管泄漏时，水漏入油中。

（6）轴承外壳过度热变形，使轴颈与轴瓦接触面受力不均，引起合金摩擦和轴承发热。

1）轴向推力增加，使止推轴承超负荷运行，致使止推块的巴氏合金熔化。

2）润滑油系统不畅通。油内有杂质，油质差，进油口孔板及管路堵塞，油冷却器失灵等。

3）巴氏合金质量差。

3. 防治措施

（1）检查修理润滑系统，并增加供油量；清洗过滤润滑油，保证其清洁干净；调整好轴承装配间隙；增加供水量，并消除管路系统中存在的问题；调整轴端、轴封间隙，使其达到规定的标准；调整轴颈与瓦的受力情况，保持受力分配均匀。

（2）调整轴向推力，减小轴向负荷，保持合金层，使其正常运行；使用符合要求的润滑油，并经常检查润滑系统的工作情况，疏通油路，修整冷却器等；要正确地浇铸巴氏合金。

38.10.16　机组振动超常

1. 现象

机组运转过程中，振频及振幅均超过标准。

2. 原因分析

（1）转子不平衡，转数越高，偏心距越小，如转子的偏心距大于规定数值，转子转动时产生的离心力，会引起过大的振动。

（2）安装调整不符合要求，如基础与易振构件相连，地脚螺栓松动，轴承间隙过大，机组找平、找正不精确，以及热膨胀等。

（3）当转子在某一转数下旋转时，如产生的离心力频率与轴的固有频率相一致时，轴即产生共振。产生强烈振动结果使转子以及整个机械遭到损坏。

3. 防治措施

（1）在专用设备上进行转子平衡试验，并采用相适应的措施，必要时，更换部件。

（2）安装前要做好各项准备工作；安装过程中要保证每道工序、每个部件的装配正确，严格按设计和规范施工。

（3）当压缩机启动时，不要在临界转数附近停留，使转子尽快跨越临界转数。

附录38.6　压缩机振动检测及限值

压缩机振动检测及限值见《风机、压缩机、泵安装工程施工及验收规范》（GB 50275—2010）中附录A的规定。

附录38.7　压缩机清洁度检测及限值

压缩机清洁度检测及限值见《风机、压缩机、泵安装工程施工及验收规范》（GB 50275—2010）中附录B的规定。

38.11　风机及水泵

38.11.1　风机弹簧减振器受力不均

1. 现象

弹簧压缩高度不一致，风机安装后倾斜，运转时左右摆动。

2. 原因分析

(1) 同规格的弹簧自由高度不相等。

(2) 弹簧两端，半圈平面不平行、不同心；中心线与水平面不垂直。

(3) 每支弹簧在同一压缩高度时，受力不相等。

3. 防治措施

(1) 挑选自由高度相等的弹簧配合为一组。

(2) 换用合格的产品。

(3) 在弹簧盒内底部加斜垫，调整弹簧中心轴线的垂直度。

(4) 分别作压力试验；将在允许误差范围内受力相等的弹簧配合使用。

38.11.2 离心式通风机底部存水

1. 现象

离心式通风机底部存水，风机外壳容易锈蚀，送风含湿量大。

2. 原因分析

(1) 由于挡水板过水量过大，水滴随空气带入通风机。

(2) 经空调器处理的空气进入通风机时，由于某种原因，空气状态参数发生变化，有水分由空气中析出，使通风机底部存水。

3. 防治措施

(1) 调整挡水板安装质量，使过水量控制在允许范围内。

(2) 在通风机底部最低点安装泄水管，并用截止阀门控制，定期放水。

38.11.3 风机产生与转速相符的振动

1. 现象

风机运转中，产生的振动与风机转速相符。

2. 原因分析

叶轮重量可能不对称；叶片上有附着物；双进通风机两侧进气量不相等。

3. 防治措施

(1) 叶轮重量不对称的要调整、更换，使其重量对称。

(2) 检查叶片，将叶片上的附着物清除干净。

(3) 双进通风机应检查两侧进气量是否相等。如不等，可调节挡板，使两侧进气口负压相等。

38.11.4 风机运转擦碰

1. 现象

机壳与叶轮圆周间隙不均。

2. 原因分析

风机出厂时装配不当；在运输、安装过程中发生碰撞。

3. 防治措施

应按设备技术文件的要求，调整机壳和叶轮之间的间隙，保证运转正常。一般轴向间隙应为叶轮外径的 1/100，径向间隙应均匀分布，其数值应为叶轮外径的 1.5/1000～3/1000。

38.11.5　风机润滑、冷却系统泄漏

1. 现象

风机的润滑和冷却系统未进行压力试验，产生泄漏。

2. 原因分析

不严格按标准施工，任意减少施工工艺程序。

3. 防治措施

应按设计或规范要求进行强度试验，试验压力当用水和介质时，为工作压力的1.25～1.5倍，用气做介质时，为工作压力的1.05倍。

38.11.6　风机运转振动异常

1. 现象

风机转子大振动大，响声异常。

2. 原因分析

风机叶轮制造和安装不符合要求，或叶轮损坏，破坏转子体平衡而引起振动。

3. 防治措施

如叶轮本身有缺陷，应进行修整，必要时予以更换；如系安装精度不高，应重新进行调整，达到要求后，再投入正常运转。

38.11.7　风压不足

1. 现象

风压降低，电流减小。

2. 原因分析

风机叶轮被棉纱或其他杂物缠住，送不出风。

3. 防治措施

要认真彻底清理叶轮上的棉纱或其他杂物，保持风机叶轮的正常运转。

38.11.8　风机轴承振幅过大

1. 现象

风机运转中轴承径向振幅超过要求。

2. 原因分析

设备部件制造质量差，或安装精度达不到要求。

3. 防治措施

应仔细调整轴承的安装精度，使其达到规范规定的要求。

38.11.9　管道和阀门重量加在泵体上

1. 现象

水泵进出口处的配管和阀门不设固定支架。

2. 原因分析

不严格按规定架设管道或设计不合理。

3. 防治措施

水泵配管或阀门处应设独立的固定支架。同时保证水泵进出口连接柔性短管在管道与泵接口两个中心的连线上。按照规范要求和验收标准在管道和阀门的连接件上增设支撑，解除加到泵体上的载荷。

38.11.10 水泵不出水或出水量过少

1. 现象

水泵出水量过小，甚至不出水。

2. 原因分析

(1) 水泵转动方向不对或水泵转速过低。

(2) 水泵未灌满水，泵壳内有空气或吸水管及填料漏气。

(3) 水泵安装高度过大或水泵扬程过低。

(4) 吸水口淹没深度不够，空气被带入水泵。

(5) 压力管阀门未打开或发生故障。

(6) 叶轮进水口被杂物堵塞。

3. 防治措施

(1) 检查吸水管及填料是否漏气，如漏气应加以修复。

(2) 降低水泵安装高度或改换水泵。清除水泵进出口杂物。

(3) 检查吸水口的淹没深度，应保持一定的深度，以确保水泵工作时不会因降低水位而将空气吸入系统。

(4) 认真检查电路，测试电压和频率是否符合电机要求。如水泵反转，要将水泵电机的转向调整。

(5) 检查压水管阀门，若有故障应及时排除。

38.11.11 水泵发热或电机过载

1. 现象

水泵启动后，轴承或填料发热，电机负荷过大。

2. 原因分析

(1) 轴承安装不良、缺油或油质不好，滑动轴承的甩油环损坏。

(2) 电机转速过高或泵流量过大，或水泵内混入杂物。

(3) 填料压得太紧或填料的位置不对。

(4) 泵轴弯曲、磨损或联轴器间隙太小。

3. 防治措施

(1) 轴承安装前，认真进行检查，安装应正确，使用的润滑油应合格，注油不可少也不可过多。甩油环应放正位置。更换损坏的甩油环。

(2) 检查电机的转速，将转速控制在额定范围内，用阀门控制水泵流量，清理泵内的杂物。吸水口应设过滤网，压水管上的阀门开启程度应适当。

(3) 水泵叶轮与泵壳之间的间隙，填料函、泵轴、轴承安装应符合技术要求。

(4) 安装前应检查校核泵轴，如有弯曲现象应加以校直，联轴器间隙不应过小。

38.11.12 水泵振动噪声过大

1. 现象

水泵运转时，振动剧烈或噪声过大，影响水泵的正常运转。

2. 原因分析

(1) 水泵安装垂直度或平整度误差较大。

(2) 水泵与电机两轴不同心度过太，或联轴器间隙过大或过小。

（3）吸水高度高，吸水管水头损失过大。

（4）管内存有空气。

（5）基础地脚螺栓松动。

（6）压水管与吸水管同水泵连接未设防振装置。

3. 防治措施

（1）利用已知水准基点的高程，用水准仪进行测量，控制安装标高的误差在允许范围内。

（2）用角尺贴在两联轴器的轮缘上，检直上下左右点的表面是否与尺线贴平。若有差异，则可调整电机底脚垫片或移动电机位置，使其贴平。也可用塞尺塞两联轴器之间测量上下左右的端面间隙，并调整到允许范围以内。

（3）降低吸水高度或减少吸水管水头损失。

（4）压水管安装应有一定的坡度，并且顺直以消除管中存有的空气。

（5）拧紧地脚螺栓并加防松装置，防治松动。

（6）水泵与基础之间应设减振垫或采用减振基础。

38.11.13 减速机密封不良

1. 现象

减速机漏油。

2. 原因分析

在密封的减速机内，由于齿轮摩擦发热，使减速机箱内温度增高，油压力也随着增大，因而使减速机内润滑油飞溅到内壁各处，在密封比较差的地方，油很快的渗漏出来，特别是轴头部分，在运转中从轴隙处，容易向外渗漏。

3. 预防措施

减速机本身应装设通风罩，以实现箱内均压；同时，要使箱内润滑油畅流，回收四壁飞溅的油料。减速机结合面处要密封良好。

4. 治理方法

更换损坏的密封垫。

38.11.14 减速机运行噪声大

1. 现象

齿轮啮合不标准，振动大。

2. 原因分析

减速机内传动齿轮啮合接触面和间隙不符合要求，多数是由于在场内制造时，检查不严格，加工粗糙所致。并且装配时两轴中心线不符合设计要求，距离过大或过小。

3. 预防措施

安装前，对可拆卸的减速机进行开盖检查，看齿轮组的啮合间隙和接触面是否符合要求，必要时，应进行刮研处理。

4. 治理方法

对两齿轮中心距误差过大或过小无法调整时，应及时更换部件，保证其正常运转。

附录 38.8 风机、压缩机和泵振动的检测及限值

风机、压缩机和泵振动的检测及限值应符合《风机、压缩机、泵安装工程施工及验收

规范》(GB 50275—2010)中附录A的规定。

38.12 锅 炉

38.12.1 锅炉钢架安装超差过大

1. 现象

(1) 各立柱的平面位置超差,上下水平对角线超差。

(2) 立柱不垂直或弯曲,各立柱相互间高低不一,两立柱在铅垂面内对角线超差。

(3) 水平梁不水平或弯曲。

(4) 锅炉大架焊接质量有问题(漏焊、裂纹、未焊透等)。

2. 原因分析

(1) 基础放线不准,柱、横梁等构件的相对位置未经校正验收便焊接固定。

(2) 梁、柱等构件在安装前未校正调直。

(3) 焊接质量存在问题。

3. 防治措施

(1) 应使用经过检验计量合格的工具和测量仪器,测量时要仔细,测量后要认真复核,确认无误并经验收合格后方可进行下步工作。

(2) 钢架组装前必须对构件进行检验校对,对超差的构件进行校正处理,校正合格后方可进行组装,经过校正不能达到标准的要更换。

(3) 注意基础纵横中心线及标高线测量放线方法,一般可依据锅筒定位中心线,确定锅炉的纵横向安装基准线。并在钢架安装前,预先在各立柱上设置永久的1m标高线和纵向的中心线,1m标高线应从柱顶向下量。

(4) 各立柱与主要横梁焊接固定前,应对各立柱的垂直度、主要横梁的水平度、水平面对角线、垂直面对角线、立柱标高等尺寸进行纠正验收,合格后方可焊接固定。

(5) 焊接时注意施焊顺序,防止焊接变形。焊接过程中,要对焊接质量进行检查,防止焊接质量问题的产生。

(6) 钢架安装允许偏差及其检测位置,应符合《锅炉安装工程施工及验收规范》(GB 50273—2009)中3.0.3条的规定。

38.12.2 锅炉底部漏风

1. 现象

锅炉运行中底部出现漏风。

2. 原因分析

锅炉就位后,锅炉与基础处理不当,接缝处没有堵严,造成漏风。

3. 预防措施

锅炉就位找正后,应将底部缝隙认真填充,可首先填充石棉水泥砂浆,然后用普通水泥砂浆抹平。

4. 治理方法

发现锅炉底部漏风后,要找到漏风处,将缝隙处内的杂物清理干净,填充石棉水泥砂浆后,用水泥砂浆抹平即可。

38.12.3 锅筒与集箱安装超差过大

1. 现象

(1) 锅筒标高、纵横水平度轴线中心位置、纵向中心线超差。

(2) 锅筒内的零部件漏装或固定不牢。

(3) 汽包吊环与汽包外圆接触间隙太大。

2. 原因分析

(1) 锅筒和集箱放线时，没有找到纵、横坐标和标高基准线，锅筒、集箱两端水平和垂直中心线不准，使用的测量仪器和量具误差大；二者位置找到后，没有固定牢固而发生位移。

(2) 安装锅筒内部装置时，操作人员不认真，检验人员检查不认真。

(3) 安装固定时没有认真核对和检查接触间隙的大小。

3. 防治措施

(1) 锅筒和集箱放线时，先找好纵横中心和标高的基准位置；当锅筒和集箱找好后，应由质量检验人员进行校核，发现偏差后要予以调整，合格后要及时固定。对使用的仪器和工具要经过检验合格。

(2) 进行锅筒内的零部件安装时要按照施工图纸进行。安装完成后，由检验人员进入锅筒内认真检查，发现问题及时处理。

(3) 汽包安装时要认真核对接触间隙，接触面符合要求后进行固定，固定后要再进行核对，以保证安装符合规范规定。

(4) 锅筒和集箱就位找正时，应根据纵向和横向安装基准线以及标高基准线对锅筒、集箱中心线进行检测。锅筒、集箱安装的允许偏差应符合《锅炉安装工程施工及验收规范》(GB 50273—2009) 中 4.1 条的规定。

38.12.4 过热器、省煤器安装偏差大

1. 现象

管排平整度偏差大，管子对口错口、折口，以及设备内部不清洁等现象。

2. 原因分析

(1) 设备本身存在缺陷，其中包括管排平整度差、防磨罩脱落、设备运输过程中碰伤、管子鼓包、管子凹坑等。

(2) 施工中没有对管排进行及时调整和固定。

(3) 设备带缺陷安装。

(4) 卡扣制造质量差。

(5) 在风力较大的情况下进行设备吊装时，会对设备的固定、找正工作带来影响，造成误差较大。

3. 防治措施

(1) 对设备进行仔细检查，发现缺陷及时上报处理，吊装前逐件对组件进行检查，确保不将缺陷带到锅炉上。

(2) 设备在地面全部进行通球，在组合进行后进行第 2 次通球，并安排专人进行旁站，确保设备内部清洁。

(3) 搭建防风、防雨棚，减少由于环境因素对构件质量的影响。

（4）立式管排吊装过程中及时对管排进行调整并紧固，确保下一步设备的安装。

（5）使用合格的、质量好的卡扣，安装中管子对口平整，不出现对口错口和折口的发生，确保安装质量。

38.12.5 炉顶密封漏烟、漏灰

1. 现象

锅炉运行时，从顶部有烟和灰尘飘出。

2. 原因分析

（1）未按图纸说明或技术规范的要求施工。

（2）密封焊接质量不好，出现漏焊、气孔等。

（3）密封材料选择不当，质量检验把关不严。

3. 预防措施

（1）密封施工前，仔细熟悉施工图纸和有关规范，严格按照规范要求施工。

（2）密封件施工前要检验合格后方可点焊到位，焊接按顺序进行。密封焊缝侧的油污、铁锈等杂物必须清除干净。密封件搭接间隙要压紧，其公差要在规范要求范围内，密封件的安装严禁强力对接。

（3）焊缝停歇处的接头，应彻底清除药皮才能继续焊接。焊缝应严格按设计图纸的厚度和位置进行，不得漏焊和错焊。炉顶保温浇灌前应吹扫清理干净积灰及焊渣药皮。

（4）浇灌前应逐个捣固严密，所有夹缝和间隙处都应灌严，防止有空隙和孔洞，并按规范要求妥善养护。

（5）填塞材料材质按照设计要求使用。

4. 治理方法

（1）密封材料使用不符合设计和规范要求的要全部更换。

（2）由于漏焊和气孔造成的要进行补焊，补焊合格后按照规范要求进行填塞材料的密封。

38.12.6 炉排安装偏差过大

1. 现象

（1）炉排跑偏。

（2）运转中有间断的咔嚓声，严重时炉排断裂。

（3）炉排外侧与护墙板碰撞。

2. 原因分析

（1）炉排前后轴不平行或水平度差，链条长短不一。

（2）炉排片制造误差大，翻转不灵活，链条制造误差大。

（3）炉排外侧与护墙板间隙过小，护墙板凹凸或个别钢砖松动。

3. 防治措施

（1）炉排前后轴安装时要测量平行度和水平度，以确保前后轴的平行和水平符合规范规定。

（2）炉排安装前应对炉排逐节检验，并对齿轮进行检查修磨。安装后在空运时应仔细予以调整。

（3）护墙板用拉线的方法予以检查，调整炉排与护墙板的间隙，并对个别凸出的砖墙

予以修平。

(4) 链条炉排、鳞片式炉排、链带式炉排、横梁式炉排、往复炉排、型钢构件及其链轮安装前应复检，检查项目和允许偏差见《锅炉安装工程施工及验收规范》(GB 50273—2009) 中 7.1.1、7.1.2 和 7.1.6 的规定。

38.12.7 炉膛火焰偏烧

1. 现象

锅炉运行中，炉内火焰偏向一侧。

2. 原因分析

布风不均，布煤不均，烟道调节门偏移或烟风道不畅通。

3. 防治措施

调节烟闸门使其灵活、左右对称。保证出煤均匀、厚度一致。检查调风装置，要牢固可靠，操作灵活，防止风门脱落。检查并调整炉膛侧密封块与炉膛的间隙，使其符合生产厂家的规定和要求。烟风通道要清理干净，无杂物，无漏风。

38.12.8 胀管失误

1. 现象

锅炉胀管率过大或过小，胀管管口有偏胀处。

2. 原因分析

锅筒管孔和管束外径偏差过大；管孔大小尺寸与管束外径尺寸不对号；胀管操作时，用力不均，胀紧程度未控制好；锅筒和集箱位置不正等。

3. 防治措施

锅炉受热面安装前，要仔细检查锅筒、集箱和管束，各部分尺寸不能超过标准，对不合格品要剔出，不能用在受热面安装中。胀接前，要做好放大样、排管工作，要认真做到"对号入座"，要由熟练的工人操作，并采取控制胀管率的方法，防止出现过胀或欠胀等情况，胀管器要灵活可靠；对锅筒和集箱位置一定要找正并固定牢固。胀管的具体要求和规定见《锅炉安装工程施工及验收规范》(GB 50273—2009) 中 4.2.7 的要求。

38.13 焊 接 工 程

38.13.1 焊缝成形不良

现象、原因分析、预防措施和治理方法参见本手册第 17 章"钢筋焊接与机械连接"的相关条目。

38.13.2 咬边

现象、原因分析、预防措施和治理方法参见本手册第 17 章"钢筋焊接与机械连接"的相关条目。

38.13.3 烧伤

现象、原因分析、预防措施和治理方法参见本手册第 17 章"钢筋焊接与机械连接"的相关条目。

38.13.4 未熔合

现象、原因分析、预防措施和治理方法参见本手册第 17 章"钢筋焊接与机械连接"

的相关条目。

38.13.5 弯曲

1. 现象

由于焊缝的横向收缩或安装对口偏差而造成的垂直于焊缝的两侧母材不在同一平面上，形成一定的夹角。

2. 原因分析

（1）安装对口不合适，本身形成一定夹角。

（2）焊缝熔敷金属在凝固过程中本身横向收缩。

（3）焊接过程不对称施焊。

3. 预防措施

（1）保证安装对口质量。

（2）对于大件不对称焊缝，预留反变形余量。

（3）对称点固、对称施焊。

（4）采取合理的焊接顺序。

4. 治理方法

（1）对于可以使用火焰校正的焊件，采取火焰校正措施。

（2）对于不对称焊缝，合理计算并采取预留反变形余量等措施。

（3）采取合理焊接顺序，尽量减少焊缝横向收缩，采取对称施焊措施。

（4）对于弯折超标的焊接接头，无法采取补救措施时，进行割除，重新对口焊接。

38.13.6 未焊透

现象、原因分析、预防措施和治理方法参见本手册第 17 章“钢筋焊接与机械连接”的相关条目。

38.13.7 焊瘤

现象、原因分析、预防措施和治理方法参见本手册第 17 章“钢筋焊接与机械连接”的相关条目。

38.13.8 弧坑

现象、原因分析、预防措施和治理方法参见本手册第 17 章“钢筋焊接与机械连接”的相关条目。

38.13.9 表面气孔

现象、原因分析、预防措施和治理方法参见本手册第 17 章“钢筋焊接与机械连接”的相关条目。

38.13.10 弧疤

1. 现象

焊件表面有电弧击伤痕迹。

2. 原因分析

多为偶然不慎使焊条、焊把、电焊电缆线破损处与焊接工件接触，或地线与工件接触不良，短暂时引起电弧。焊接时不在坡口内引弧而随意在工件上引弧、试电流。

3. 预防措施

经常检查焊接电缆线及地线的绝缘情况，发现破损处，立即用绝缘布包扎好，装设接地线要牢固可靠。焊接时，不在坡口以外的工件上引弧试电流，停焊时，将焊钳放置好，以免电弧擦伤工件。

4. 治理方法

电弧擦伤处用砂轮打磨光滑。

38.13.11　表面裂纹

1. 现象

在焊接接头的焊缝、熔合线、热影响区出现表面开裂缺陷。

2. 原因分析

这是焊缝中危害最大的一种缺陷，任何焊缝都不允许有裂纹及裂缝出现，一经发现必须马上清除返修。按裂纹产生的原因不同，有热裂纹、冷裂纹及再热裂纹之分。热裂纹一般是在焊缝金属结晶过程中形成的，是应力对焊缝金属结晶过程作用的结果。冷裂纹是焊缝冷却过程中出现的，它可在焊接后立即出现，也可在焊后较长时间后出现，它的产生与氢有关，所以又称氢致延迟裂纹，由于其具有延迟特性，所以它的出现相当于埋下了一颗定时炸弹，危害更大。再热裂纹一般产生于热影响区，大多发生在应力集中部位，一般在焊缝区域再次受热时形成。

3. 预防措施

(1) 防治热裂纹的措施：

1) 采用熔深较浅的焊缝，改善散热条件，使低熔点物质上浮在焊缝表面而不存在于焊缝中；

2) 合理选用焊接规范，并采用预热和后热，减小冷却速度；

3) 采用合理的装配次序，减小焊接应力；

4) 降低焊缝中的杂质含量，改善焊缝金属组织；

5) 焊接接头的固定要正确，避免不必要的外力作用于接头部位；

6) 选择刚性小的焊接接头形式来改善接头的拘束条件。

(2) 防治冷裂纹的措施：

1) 采用低氢型碱性焊条，严格烘干，在100～150℃下保存，随取随用；

2) 提高预热温度，采用后热措施，并保证层间温度不小于预热温度；

3) 选用合理的焊接顺序，减少焊接变形和焊接应力；

4) 仔细清理焊丝和焊件，去油除锈改善焊接接头，减少应力集中，对接头部位必须先清除油污、水分和锈蚀；

5) 采取及时焊后热处理，以改善接头组织或消除焊接残余应力。

(3) 防治再热裂纹的措施：

1) 合理预热或采用后热，增加焊前预热、焊后缓冷措施，以减小残余应力和应力集中，控制冷却速度；

2) 改进接头形式，减少接头的刚性；

3) 回火处理时尽量避开再热裂纹的敏感温度区，或缩短在此温度区内的停留时间；

4) 焊后将焊缝打磨平滑；

5) 利用氩弧焊对焊缝表面进行一次重熔，以减小焊接残余应力。

4. 治理方法

(1) 针对每种产生裂纹的具体原因采取相应的对策。

(2) 对已经产生裂纹的焊接接头，采取挖补措施处理。

38.13.12 表面夹渣

现象、原因分析、预防措施和治理方法参见本手册第17章“钢筋焊接与机械连接”的相关条目。

38.13.13 错口

1. 现象

焊缝两侧外壁母材不在同一平面上，错口量大于10%母材厚度或超过4mm。

2. 原因分析

焊接对口不符合要求，焊工在对口不合适的情况下点固和焊接。

3. 预防措施

对口工程中使用必要的测量工具，对口不合格的不得点固和焊接。

4. 治理方法

错口要采取割除、重新对口和焊接，在标准内的错口要进行板材两侧补焊过渡。

38.14 防腐、保温施工

38.14.1 漆膜返锈

现象、原因分析、预防措施和治理方法参见本手册第37章“建筑涂饰工程”和第31章“建筑防腐蚀工程”的相关条目。

38.14.2 漏刷

现象、原因分析、预防措施和治理方法参见本手册第37章“建筑涂饰工程”和第31章“建筑防腐蚀工程”的相关条目。

38.14.3 漆层流坠

现象、原因分析、预防措施和治理方法参见本手册第37章“建筑涂饰工程”和第31章“建筑防腐蚀工程”的相关条目。

38.14.4 漆膜起泡

现象、原因分析、预防措施和治理方法参见本手册第37章“建筑涂饰工程”和第31章“建筑防腐蚀工程”的相关条目。

38.14.5 埋地管道防腐缺陷

1. 现象

(1) 底层与管子表面粘接不牢。

(2) 卷材与管道或各层之间粘贴不牢。

(3) 表面不平整，有空鼓、封口不严、搭接尺寸过小等缺陷。

2. 原因分析

(1) 管子表面上的污垢、灰尘和铁锈清理不干净，甚至有水分，使冷底子油不能很好地与管型粘接，冷底子油配制比例不符合要求。

(2) 沥青温度不合适，操作不当。

(3) 卷材缠得不紧密。

3. 预防措施

(1) 管子在涂冷底子油之前必须将管子表面清理干净，冷底子油按重量比，沥青：汽油为 1：2.25～1：2.5。

(2) 操作须正确，涂冷底子油要均匀，接着涂热沥青玛瑞脂（沥青加热到 160～180℃加入高岭土），仔细涂抹均匀，并注意安全操作。防水油毡按螺旋状包缠在管壁上，搭接宽度为 60～80mm，并用热沥青封口。缠绕应紧密平整，防止起鼓。

4. 治理方法

如果卷材松动，说明粘接不牢或缠绕不紧，必须拆下重做。

38.14.6　涂装完成的管道保护不好

1. 现象

涂装完成的管道安装时涂层有脱落、划痕。

2. 原因分析

涂装后的管道有碰撞，油漆未干燥时就移动，吊装时保护不好。

3. 预防措施

涂装后的管道用道木垫起，严禁碰撞。待油漆干燥后再移动。吊装时作好管道保护工作。

4. 治理方法

脱落的地方要按规定补刷。

38.14.7　保温隔热层保温性能不良

1. 现象

保冷结构夏季外表面有结露返潮现象，热管道冬季表面过热。

2. 原因分析

(1) 保温材料密度太大，含过多较大颗粒或过多粉末。

(2) 松散材料含水分过多；或由于保温层防潮层破坏，雨水或潮气浸入。

(3) 保温结构薄厚不均，甚至小于规定厚度。

(4) 保温材料填充不实，存在空洞；拼接型板状或块状材料接口不严。

(5) 肪潮层有损坏或接口不严。

3. 预防措施

(1) 松散保温材料应严格按标准选用、保管，并抽样检查，合格者才能使用。

(2) 使用的散装保温材料，使用前必须晒干或烘干，除去水分。

(3) 施工时必须严格按设计或规定的厚度进行施工。

(4) 松散材料应填充密实，块状材料应预制成扇形块并捆扎牢固。

(5) 油毡或其他材料的防潮层应缠紧并应搭接，搭接宽度为 30～50mm，缝口朝下，并用热沥青封口。

4. 治理方法

凡已施工不能保证保温效果的，应拆掉重做。

38.14.8　保温结构不牢、薄厚不均

1. 现象

保温结构外管凹凸不平，薄厚不均，用手扭动表层，保温结构活动。

2. 原因分析

(1) 当采用矿棉等松散材料保温时，有时不加支撑环或支撑环拧得不紧，造成包捆的铁丝网转动或不能很好掌握保温层厚度。

(2) 采用瓦块式结构时，绑扎铁丝拧得不紧或与管子表面粘接不牢。

(3) 缠包式结构铁丝拧得不紧，缠得不牢，造成结构松脱。

(4) 抹壳不合格，造成保温层表面薄厚不均，不美观。

3. 预防措施

(1) 采用松散保温材料时，特别是立管保温，必须按规定预先在管壁上焊上或卡上支撑环，环的距离要合适，焊得要牢，拧得要紧。这样一方面容易控制保温层厚度，另一方面使主保温结构牢固。

(2) 当采用预制瓦块结构保温时，需用胶粘剂粘牢，瓦块厚度要均匀一致。

(3) 采用缠包式保温结构时，应把棉毡剪成适用的条块，再将这些条块缠包在已涂好防锈漆的管子上，缠包时应将棉毡压紧。

4. 治理方法

如果保温层厚度超过规定允许偏差时，应拆下重做。绝热结构固定件和支承件的安装要求见《工业设备及管道绝热工程施工质量验收规范》(GB 50185—2010) 及《工业设备及管道绝热工程施工规范》(GB 59126—2008) 中 4.3 的规定；绝热层安装厚度、安装密度及伸缩缝宽度的质量标准参见《工业设备及管道绝热工程施工质量验收规范》(GB 50185—2010) 中 6.2.19 的规定。

38.14.9 护壳凹凸不平、表面粗糙

1. 现象

石棉水泥护壳抹得不光滑，厚度不一致。棉布或玻璃丝布缠得不紧，搭接长度不够，用铝板、镀锌铁皮板包缠的护壳，接口不直。

2. 原因分析

保温层护壳不仅起保护主保温材料的作用，还有美观的作用。所以，在进行保温结构施工时，要保证设计要求的厚度，并做到牢固均匀。在进行护壳施工时，要特别注意施工程序和规范要求。由于忽视以上方面的要求，往往造成护壳不合格或不美观。

3. 预防措施

(1) 石棉水泥保护壳使用最广。一般做法是把包好的铁丝网完全覆盖，面层应抹平整、圆滑，端部棱角齐整，无明显裂纹。石棉水泥护壳应在管子转弯处预留 20～30mm 伸缩缝，缝内填石棉绳。

(2) 玻璃布保护层一般先在绝热层外粘一层防潮油毡，油毡外贴铁丝网。缠玻璃布时，先剪成条状，环向、纵向都要搭接，搭接尺寸不小于 50mm。缠绕时应裹紧，不得有松脱、翻边、褶皱和鼓包，起点和终点必须用铁丝扎牢。

(3) 用铝板或镀锌铁皮做保护壳时，首先根据保温层外圆加搭接长度下料、滚圆。一般采用单平咬口和单角咬口。纵缝边可采用半咬口加自攻螺钉的混合连接，但纵缝搭口必须朝下。

4. 治理方法

石棉水泥保护壳不合格，只有砸掉重抹。玻璃布和铁皮护壳可进行修整。

38.14.10　保温材料脱落

1. 现象

管道、设备上的保温材料开裂、脱落。

2. 原因分析

（1）用铝箔的保温棉保温，外用铝箔胶带固定。当铝箔胶带受潮老化失效时，保温材料脱落。

（2）捆绑保温材料的镀锌铁丝的缠绕方法不正确。

（3）保温立管长度较大时未设置托盘。

3. 预防措施

（1）正确选定保温方式，在潮湿和高温的地方不宜采用铝铂胶带固定方法。

（2）镀锌铁丝必须单圈捆绑，不可沿管道方向缠绕。

（3）在较长立管保温时，应用镀锌铁皮或铁丝制作支撑托盘，焊固在钢管上，以支撑保温材料的重量。

4. 治理方法

将开裂、脱落的保温部分拆下重新进行安装，立管处加支撑。选用适合潮湿、高温处的保温固定方法。

38.14.11　设备保温留有缝隙

1. 现象

保温层材料搭接处有缝隙。

2. 原因分析

进行保温工作时，保温材料的接缝处没有对齐、对平。保温材料接头处切割不整齐、不平整。

3. 预防措施

保温层敷设时材料切割必须整齐，保温层紧贴金属壁面拼接严密，同层应错缝，多层应压缝，方形设备四角保温应错接，缝隙用软质高温保温材料充填，绑扎固定牢固。多层次保温时，一层施工完毕进行检查验收合格后，方可进行下一道工序的施工。

4. 治理方法

不符合标准的要拆除重新进行保温。

39　建筑电气安装工程

39.1　室　内　配　线

39.1.1　金属管道安装缺陷

1. 现象

锯管管口不齐，套丝乱扣；管口插入箱，盒内的长度不一致；管口有毛刺；弯曲半径太小，有扁、凹、裂现象；楼板面上敷设管路，水泥砂浆保护层或垫层素混凝土太薄，造成地面顺管路裂缝。

2. 原因分析

锯管管口不齐是因为手工操作时，手持钢锯不垂直和不正所致。套丝乱扣原因是板牙掉齿或缺乏润滑油，套丝过程一板完成。管口入箱、盒长短不一致，是由于箱、盒外边未用锁母固定，箱、盒内又没有设挡板而造成。管口有毛刺是由于锯管后未用锉刀洗口。弯曲半径太小是因为揻弯时出弯过急。弯管器的槽过宽也会出现管径弯扁、表面凹裂现象。楼板面上敷管后，若垫层不够厚实，地面面层在管路处过薄，当地面内管路受压后，产生应力集中，使地面顺管路出现裂缝。

3. 预防措施

（1）锯管时人要站直，持钢锯的手臂和身体成90°角，手腕不颤动，这样锯出的管口就平整。

（2）出现马蹄口可用板锉锉平，然后再用圆锉将管口锉出喇叭口。

（3）使用套丝板时，应先检查丝板牙齿是否符合规格、标准，套丝时应边套丝边加润滑油。管径20mm及以下时，应为二板套成，管径在25mm及以上时，应为三板套成。

（4）管口入箱、盒时，可在外部加锁母。吊顶棚、木结构内配管时，必须在箱、盒内外用锁母锁住。配电箱引入管较多时，可在箱内设置一块平挡板，将入箱管口顶在板上，待管路用锁母固定后拆去此板，管口入箱就能一致，作法如图39-1所示。

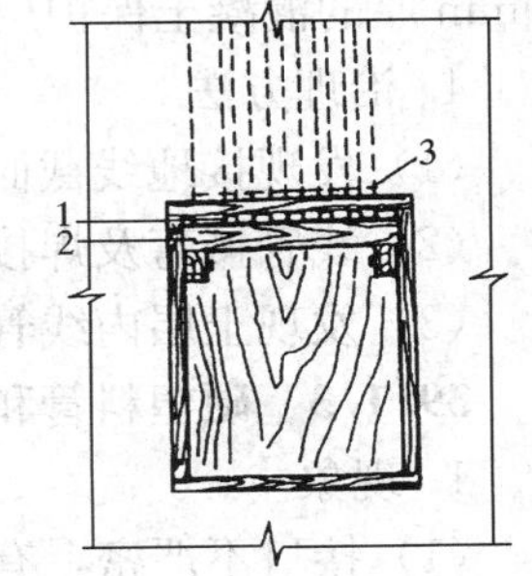

图39-1　配电箱入管作法

1—线管；2—平挡板；3—锁母

（5）管子揻弯时，用定型揻管器，将管子的焊缝放在内侧或外侧，弯曲时逐渐向后方移动揻管器，移动要适度，用力不要过猛，亦曲不要一次成型，模具要配套。对于管径在25mm以上的管子，应采用分离式液压揻管器或灌砂火揻。暗配管时，最小弯曲半径应是管径的6倍。明配管时不应小于外径6倍；只有一个弯时，不宜小于4倍。弯扁度不大于管外径的0.1倍。

（6）在楼板或地坪内敷管时，要求线管面上有20mm以上的素混凝土保护层，以防止产生裂缝。

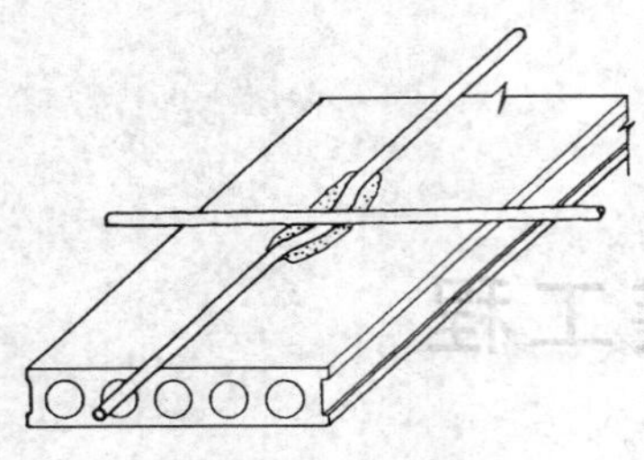
图 39-2　楼板面上交叉管路作法

（7）加强图纸会审，特别注意建筑作法，若垫层不够厚时，应减少交叉敷设的管路，或将交叉处顺着楼板孔揻弯，作法如图 39-2 所示。

（8）对初次操作的青工，要求加强基本功的训练。

4. 治理方法

（1）管口不齐用板锉锉平，套丝乱扣应锯掉重套。

（2）弯曲半径太小，又有偏、凹、裂现象、应换管重做。

（3）管口入箱、盒长度不一致，应用锯锯齐。

（4）顺管路较大的裂缝，应凿去地面龟裂部分，用高强度等级水泥砂浆补牢，地面抹平。

39.1.2　金属线管保护地线和防腐缺陷

1. 现象

（1）金属线管保护地线截面规格随意选择，焊接面太小，达不到标准。

（2）揻弯及焊接处刷防腐油有遗漏，焦渣层内敷管未用水泥砂浆保护，土层内敷管混凝土保护层做得不彻底。

2. 原因分析

（1）金属线管敷设焊接地线时，未考虑与管径大小的关系。

（2）对金属线管刷防锈漆的目的和部位不明确。

（3）金属线管埋在焦渣层或土层中未做混凝土保护层，有的虽然做了保护层，但未将管四周都埋在水泥砂浆或混凝土内。浇筑混凝土前，没有用混凝土预制块将管子垫起，造成底面保护不彻底。

3. 预防措施

（1）金属线管连接地线在管接头两端跨接线规格应符合 09BD5 图集要求。跨接线焊缝均匀牢固，双面施焊，清除药皮，刷防锈漆。

（2）线管刷防锈漆（油），除了直接埋设在混凝土层内的可免刷外，其他部位均应涂刷，地线的各焊接处也应涂刷。直接埋在土内的金属线管，将管壁四周浇筑在素混凝土保护层内。浇筑时，一定要用混凝土预制块或钉钢筋楔将管子垫起，使管子四周至少有 50mm 厚的混凝土保护层。金属管埋在焦渣层时必须做水泥砂浆保护层。

4. 治理方法

（1）发现接地线截面积不够大，应按规定重焊。

（2）线管揻弯及焊接处发现漏刷防腐油，应用樟丹或沥青油补刷二道。

（3）发现土层内线管无保护层者，应浇筑 C10 素土保护层。

39.1.3　硬塑料管和聚乙烯软线管敷设缺陷

1. 现象

（1）接口不严密，有漏、渗水情况。揻弯处出现扁裂，管口入箱，盒长度不齐。

（2）在楼板及地坪内无垫层敷设时，普遍有裂缝。

（3）现浇筑混凝土板墙内配管时，盒子内管口脱落，造成剔凿混凝土墙找管口的后果。

2. 原因分析

(1) 接口处渗水是因接口处未外加套管，或涂胶不饱满，又未涂胶粘剂，只用黑胶布或塑料带包缠一下，未按工艺规定操作。

(2) 硬塑料管揻弯时加热不均匀，或未采用相关配套的专用弹簧，即会出现扁、凹、裂现象。

(3) 塑料管入箱、盒长度不一致，是因管口引入箱、盒受力后出现负值。管口固定后未用快刀割齐。

3. 防治措施

(1) 聚乙烯软线管在混凝土墙内敷设时，管路中间不准有接头；凡穿过盒敷设的管路，能不断开的则不断，待拆模后修盒子时再断开，保证浇筑混凝土时管口不从盒子内脱落，作法如图 39-3 所示。

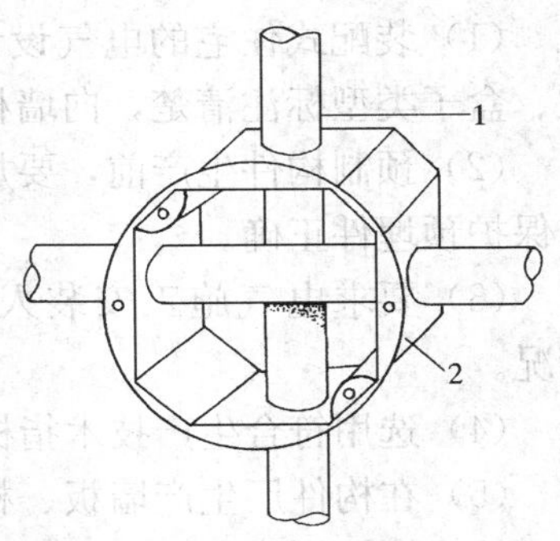

图 39-3 聚乙烯线管在大模板混凝土墙内的接线盒
1—线管；2—接线盒

(2) 若聚乙烯软线管必须接头时，一定要用大一号的管（长度 60mm）做套管。接管时口要对齐，套管各边套进 30mm。硬塑料管接头时，可将一头加热胀出承插口，将另一管口直接插入承插口。在接口处涂抹塑料胶粘剂，则防水效果更好。

(3) 硬塑料管揻弯时，可根据塑料管的可塑性，在需揻弯处局部加热，即可以手工操作揻成所需度数成形。管径较小时，可使用专用弯曲弹簧直接弯制。

39.1.4 装配式住宅暗配线管、盒缺陷

1. 现象

(1) 预埋在墙板、楼板内的塑料管不通，管口脱离接线盒。

(2) 拉线开关、支路分线盒、插座接线盒在工厂浇筑墙板时未曾预埋，等到现场安装时再普遍刷凿预制板板顶端，后稳接线盒，如图 39-4 所示。

(3) 楼板内预埋电线管，楼板顺管路普遍裂缝。

(4) 在每户门口下面板拼缝中，正好是下层的电线管，立门框时往往把管压碎或压扁，以致无法穿线。

(5) 冬期施工中出现塑料管冻碎。

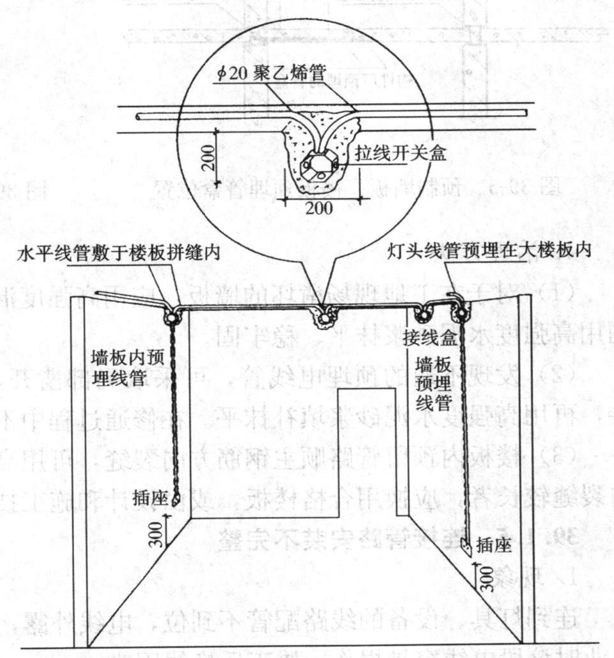

图 39-4 预制墙板未预埋线管安装时剔凿

2. 原因分析

(1) 设计人员缺乏施工经验，对楼板、墙板应预留的预埋件未作交代，未作预留设计。

(2) 墙板生产人员与施工安装

人员缺乏联系，不了解电气施工安装工艺。

(3) 缺乏保证质量的技术措施。

3. 预防措施

(1) 装配式住宅的电气设计图纸，必须绘制出预留穿线管、盒的大样，并将预留部位、盒子类型标注清楚，向墙板生产厂作好设计交底。

(2) 预制构件生产前，要加强设计、生产、安装三方面的技术协作，进行图纸会审，以保护预埋件正确。

(3) 要求电气施工安装人员掌握墙板、楼板各种预制构件指标的塑料管、塑料盒情况。

(4) 选用符合生产技术指标的塑料管、塑料盒。

(5) 在构件厂生产墙板、楼板时，应按图 39-5、图 39-6 所示位置预埋电线管、接线盒，杜绝现场剔凿。

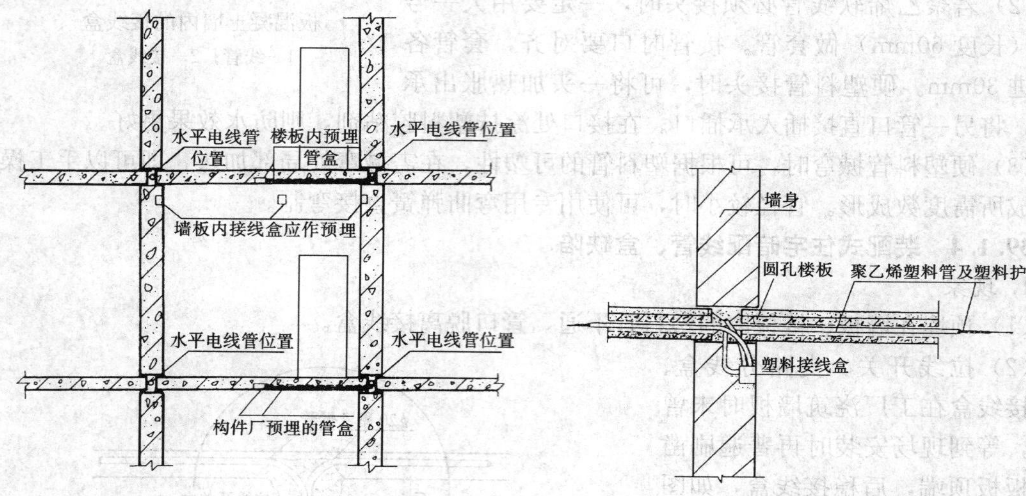

图 39-5　预制墙板、楼板预埋管盒位置

图 39-6　预制圆孔板砖墙线管、接线盒作法

4. 治理方法

(1) 对于在工地现场凿坏的墙板，应用高强度混凝土修补严密。在接线盒、电线管周围用高强度水泥砂浆抹平、稳牢固。

(2) 发现不通的预埋电线管，可采取局部凿开，切去不通的管段，用同规格短管套接，再用高强度水泥砂浆填补抹平。在修通过程中不准切断楼板钢筋。

(3) 楼板内预留管路顺主钢筋方向裂缝，可用高强度水泥砂浆补缝抹平，沿主钢筋方向裂缝较长者，应换用合格楼板，或由设计和施工技术负责人鉴定处理。

39.1.5　连接管路安装不完整

1. 现象

连到灯具、设备的线路配管不到位，电线外露，暗配管时该电线直接埋入墙内。交叉作业时该段电线容易损伤，竣工后换线困难。

2. 原因分析

（1）配管时粗心大意，下料过短。

（2）建施图和电施图有矛盾，或施工中建筑门窗、墙体等的位置发生变化。

（3）配管完成后，变更灯具、设备等位置，致使配管不到位。

3. 预防措施

（1）配管下料应认真实测。

（2）图纸会审前应认真核对电施图和建施图中所标示的门窗、墙体等位置是否吻合，尽量把问题解决在施工之前。施工中建筑门窗、墙体等发生变化，应及时通知安装方面。

（3）建设单位如要变更灯具、设备等位置，最好在配管之前确定，以免造成不必要的损失。

4. 治理方法

把不到位的管段重新敷设到位。若接管实在困难，且不能安装接线盒，管段又较短，不影响今后换线，也可用相同材质的软管安装到位，但软硬管接头必须作好密封处理。

39.1.6 管路过长，中间未设接线盒

1. 现象

管路超过规范规定的长度，中间未设接线盒。

2. 原因分析

未考虑规范的规定，敷设的管路过长，给扫管、穿线增加难度。

3. 预防措施

为保证管路畅通，穿线顺利，当导管遇到下列情况时，中间应增设接线盒，接线盒的位置应便于穿线。

1）导管长度每大于40m，无弯曲；

2）导管长度每大于30m，有1个弯曲；

3）导管长度每大于20m，有2个弯曲；

4）导管长度每大于10m，有3个弯曲。

4. 治理方法

在适当位置增加接线盒，以满足规范要求。

39.1.7 套接紧定式钢导管（JDG管）进配电箱（柜）不做跨接地线

1. 现象

套接紧定式钢导管（JDG管）进配电箱不做跨接地线。

2. 原因分析

套接紧定式钢导管(JDG管)电线管路的管材、连接套管及附件一般均镀锌，当管与管、管与盒连接，且采用专用附件时，连接处可不设置跨接地线。但套接紧定式钢导管(JDG管)进配电箱时，忽略了配电箱(柜)不是镀锌的情况，而按通常情况进行了处理。

3. 预防措施

套接紧定式钢导管（JDG管）进配电箱不做跨接地线，不能保证接地的电气连续性，应在施工前进行识别。对金属配电箱（柜）体表面采用喷塑等进行防腐处理，在与电气管路连接时，因其附着力强，厚度较厚，JDG管配套的爪型螺母尚不适应，且当连接处的防腐层受损后，将影响箱体的整体防腐性能。此时应考虑管路与箱（柜）体连接时的电气性能，在连接处设跨接地线。

4. 治理方法

套接紧定式钢导管（JDG 管）进配电箱时，可将所有管路采用专用接地卡通过截面不小于 4mm^2 的软铜线进行跨接，并将软铜线接至配电箱（柜）内 PE 端子排。

39.1.8　明配的导管采用暗配的接线盒

1. 现象

管路明敷设时，接线盒采用暗配的接线盒，影响观感质量。

2. 原因分析

工程中大量采用暗配导管的方式，但也有部分场所需要明配，由于数量较小或经济方面原因，便用暗配的接线盒代替明配的接线盒。明配接线盒和暗配接线盒构造不同，防腐和抗冲击强度也不同，如用暗配接线盒代替明装接线盒，会影响工程质量，不能达到预期功能要求，同时也影响观感质量。

3. 预防措施

施工前明确那些场所需要管路明敷，制定相应的施工方案和技术要求，采购符合要求的明配接线盒。

4. 治理方法

将暗配接线盒更换为明装接线盒。

39.1.9　镀锌钢管采用焊接方式连接

1. 现象

镀锌钢管采用焊接或丝扣连接时其跨接地线采用焊接，焊接破坏了镀锌层，虽然可在接点补刷沥青或防锈漆，但由于往往不及时、不彻底，且不美观，失去了镀锌钢管应有的效果。

2. 原因分析

(1) 不熟悉规范，规范明确规定，镀锌钢管不能用熔焊连接。

(2) 镀锌钢管埋地、埋墙及埋在混凝土内，宜采用丝接。

3. 预防措施

(1) 严格按照规范施工，镀锌钢管不能采用焊接，而应采用螺纹连接或紧定螺钉连接。镀锌钢管的跨接接地线宜采用专用接地线卡跨接。

(2) 埋地、埋墙及埋在混凝土内的厚壁钢管宜采用套钢管焊接，套管长度为该管外径的 1.5～3 倍。若提高档次采用镀锌钢管焊接，则其外壁按黑色钢管的要求进行防腐处理（埋于混凝土内的钢管外壁可不作防腐处理）。

4. 治理方法

对已焊接的镀锌钢管进行更换，连接处采用专用接地卡跨接接地线。

39.1.10　吊顶内敷设套接紧定式钢导管（JDG 管）时，管卡间距不均匀

1. 现象

在吊顶内敷设套接紧定式钢导管(JDG 管)时，管卡的间距不符合规范要求，有时甚至出现管卡间距不均匀，或者以套接紧定式钢导管(JDG 管)接头为节点确定管卡间距。

2. 原因分析

《建筑电气工程施工质量验收规范》（GB 50303—2002）中规定，在终端、弯头重点或柜、台、箱、盘等边缘的距离 150～500mm 范围内设置管卡，以壁厚小于 2mm 的 ϕ20

钢导管为例，管卡间距应为1m，由于不能确定管段中弯头中点、管段终端的位置，造成管卡间距忽大忽小。

3. 预防措施

首先应按管线走向做好放线工作，将管线的敷设路由确定，找到预留盒位置及弯头中点、管段终端的位置，按规范要求确定管卡位置。

4. 治理方法

对工人进行交底，在顶板上先进行放线，确定好预留盒位置及弯头中点，在预留盒、弯头中点两端150～500mm范围内确定固定点位置，为保证弯头中点两端的管卡位置对称，取300mm位置确定固定点，在顶板上做好标记。其次，确定管段终端位置，在距离终端300mm位置确定固定点，在顶板上做好标记。确定了上述几个关键点后，分别从关键点向管段中点以1m的间距标记好固定点位置。按上述方法标记好固定点后，当管段中央大于2m的位置需要加设一个固定点时，应在相邻两个固定点的中点位置确定固定点。最后，将管卡按照放级及标记位置进行固定，方可保证固定点间距满足规范要求，且能做到均匀、美观。

39.1.11 套接紧定式钢导管（JDG管）在地面敷设，因湿作业造成管线进水

1. 现象

地面敷设的套接紧定式钢导管（JDG管）接头处存在缝隙，其他专业施工中存在湿作业环境，造成管线进水。

2. 原因分析

(1) 电气专业与其他专业工序倒置。

(2) 地面管线施工完成后，套接紧定式钢导管（JDG管）接头未做封闭。

3. 预防措施

(1) 在地面套接紧定式钢导管（JDG管）敷设完成后，安排成品保护人员进行查看，避免现场存在积水。

(2) 使用导电膏将接头处涂抹严密，或用塑料胶带局部包裹，也可以用水泥砂浆进行保护。

(3) 严格按照工序施工，在地面套接紧定式钢导管（JDG管）完成后，土建专业尽快完成地面垫层施工。

4. 治理方法

穿线前应进行扫管工作，确保管线内无积水。如管线已经进水，应使用气泵将管线进行连续吹扫，将水吹出。

39.1.12 采用的绝缘导管不适应环境温度要求，出现碎裂

1. 现象

有的工程冬季敷设绝缘导管，气温低，选用的导管只适用于−5℃以上应用，不适合在更低的环境温度下应用，以致导管出现碎裂现象。

2. 原因分析

绝缘导管的敷设应与环境温度相适应，现行标准《建筑用绝缘电工套管及配件》（JG 3050）对绝缘导管的在运输、存放、使用、安装均有明确规定。

3. 预防措施

电气施工技术人员应根据工程实际进度，在冬期施工前要考虑冬季温度低时绝缘导管的适应性，选用温度在－15℃时仍可使用的导管。

4. 治理方法

对不符合温度要求的导管，在适当的时间和部位改为符合温度要求的导管。

39.1.13　电气导管进水损坏绝缘

1. 现象

已穿线电气导管进水损坏绝缘。

2. 原因分析

有的工程工期紧迫，电气导管敷设完成后，随即进行穿线。而电导管上面需要做垫层，敷设地暖管，敷设地砖，在地暖管打压试水过程中可能防水，但其下面的管路连接处（镀锌钢管丝接，紧定管紧定连接）并不紧密，导致水进入并长时间在管内存留，绝级下降。

3. 预防措施

（1）具备条件后再扫管穿线，保证穿线前管内没有水。

（2）现行敷设的管路自行做好防护，如：连接处涂导电膏或其他防护措施，然后用水泥砂浆进行保护。

4. 治理方法

对进水后的导管内导线进行更换。

39.1.14　箱、盒安装缺陷

1. 现象

箱、盒安装标高不一致；箱、盒开孔不整齐；铁盒变形；箱、盒口抹灰缺阳角；现浇混凝土墙内箱、盒移位；安装电器后箱、盒内脏物未清除。

2. 原因分析

（1）稳装木、铁箱盒时，未参照土建装修预放的统一水平线控制高度，尤其是在现浇混凝土墙、柱内配线管的，模板无水平线可找。

（2）铁箱、盒用电、气焊切割开孔，致使箱、盒变形，孔径不规矩。木箱、盒开孔用钢锯锯成长方口，甚至敲掉一块箱子帮。

（3）土建施工时模板变形或移动，使箱、盒移位，凹进墙面。

（4）土建施工抹底子灰时，盒子口没有抹整齐，安装电器时没有清除残存在箱、盒内的脏物和灰砂。

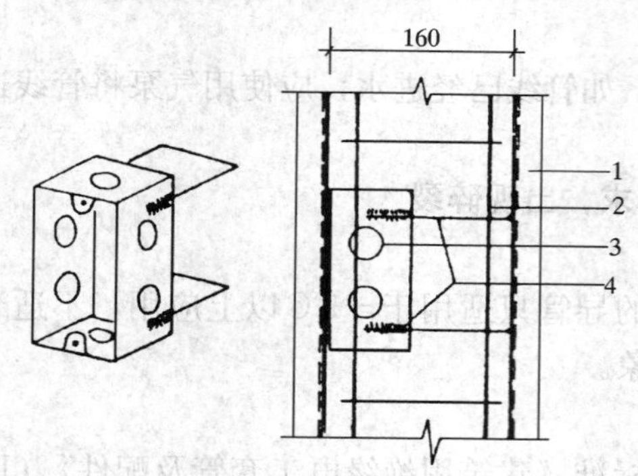

图 39-7　混凝土墙内箱、盒定位

1—钢模板；2—主筋；3—盒；4—ϕ6 钢筋套

3. 预防措施

（1）稳装箱、盒找标高时，可以参照土建装修统一预放的水平线，一般由水平线以下50cm 为竣工地平线。在混凝土墙、柱内稳箱、盒时，除参照钢筋上的标高点外，还应和土建施工人员联系定位，用经纬仪测定总标高，以确定室内各点地平线，用水平管确定各点标高。

（2）稳装现浇混凝土墙板内的箱、盒时，可在箱、盒背后加设 ϕ6 钢筋套子，以稳定箱、盒位置，如图 39-7 所示。这样使箱、盒能被模板紧紧地夹牢，不易移位。

(3) 箱、盒开眼孔，木制品必须用木钻，铁制品开孔如无大钻头时，可以自制开孔的划刀架具，先在需要开孔的中心钻个小眼，然后将划刀置于台钻上钻孔，以保证箱、盒眼孔整齐。划刀架具的式样如图 39-8 所示。

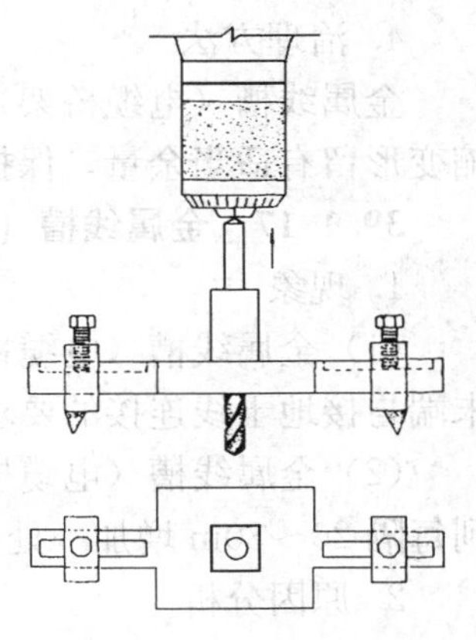

图 39-8 开孔划刀架具

(4) 穿线前，应先清除箱、盒内灰渣。穿好导线后，用接线盒盖将盒子临时盖好，盒盖周边要小于圆木或插座板、开关板，但应大于盒子。待土建装修喷浆完成后，再拆去盒子盖，安装电器、灯具，这样可保证盒内干净。

4. 治理方法

(1) 箱、盒高度不一致，加装调接板后仍超过允许限度时，应剔凿箱、盒，将高度调到一致。

(2) 箱、盒口边抹灰不齐，应用高强度水泥砂浆修补整齐。

39.1.15 套接紧定式钢导管（JDG 管）及薄壁钢管使用场合不正确

1. 现象

在室外露天环境，水泵房、空调机房、排污泵等潮湿环境中采用套接紧定式钢导管（JDG 管）及薄壁钢管，采用明敷方式，室外地面埋设方式，沿地面及墙进行导管敷设。

2. 原因分析

未按规范、设计文件要求正确选择施工材料。对钢制管材的物理性能缺陷认识不正确：忽略了恶劣环境、特殊场合对管材使用寿命、安装防护性能的影响，以低成本材料代替高性能材料。薄壁钢管、套接紧定式钢管（JDG 管）管壁薄，强度差，防锈性能差，耐折性差，对其使用场合和环境有较高要求。

3. 预防措施

严格按规范和设计要求选择导管材料，严格把好施工方案的制定、施工技术交底关，管材不符合要求不准使用。

4. 治理方法

在室外露天环境、室内潮湿环境等特殊场合，选择 SC 线路敷设方式，管材壁厚不小于规定，内外壁做好防腐措施。

39.1.16 长度超过 30m 的直线段线槽未加设伸缩节

1. 现象

线槽的直线段长度超过 30m 未设置伸缩节，此类现象易出现在水平干线线槽敷设过程中。

2. 原因分析

施工前，未对直线段线槽长度进行测量，设计图纸中未明确伸缩节加设位置，施工中忽略伸缩节设置。

3. 预防措施

在设计图纸中测量出直线段线槽长度，如直线段长度超过 30m，应以 30m 为间距定制伸缩节，并在图纸中做好标记，向操作工人做好交底，确保伸缩节安装到位。

4. 治理方法

金属线槽（电缆桥架）在预设的伸缩节处应断开，用内连接板搭接，一端固定，为伸缩变形留有适当余量，保护地线和线槽内导线也应有相应的补偿余量。

39.1.17　金属线槽（电缆桥架）与接地干线连接点少

1. 现象

（1）金属线槽（电缆桥架）全长不大于 30m 时，只做到一处与接地干线相连接，其末端与接地干线连接的要求常常被忽略。

（2）金属线槽（电缆桥架）全长大于 30m 时，至多两处与接地干线相连接，未能做到每隔 20～30m 增加一处与接地干线连接。

2. 原因分析

（1）未严格按照规范施工，熟悉施工图和深化图纸不到位。

（2）贯彻施工规范验收要求不彻底，只做到全场应不小于两处与接地干线相连处，全场大于 30m 时增加接地连接点的要求被忽视。

3. 预防措施

（1）施工阶段是保证金属线槽（电缆桥架）接地施工质量的关键，应着重加强施工阶段的质量控制，做好相关施工的技术交底，发现漏接现象应及时补齐。

（2）熟悉施工设计文件中关于接地干线的设置、连接位置。接地点可在施工预埋阶段预留引出，以满足金属线槽（电缆桥架）始端、末端及中间部位的接地要求。

4. 治理方法

金属线槽（电缆桥架）缺少与接地干线连接的应补齐。

39.1.18　线槽穿防火墙、楼板时内部未进行防火封堵

1. 现象

线槽穿越防火分区时，线槽内部没有进行防火封堵。

2. 原因分析

当线槽穿过防火墙、楼板时，有的线槽盖也直接穿过，造成线槽内部没有封堵或封堵不严密。

3. 预防措施

当线槽穿过墙、楼板时，应弄清是否防火分区隔墙，如为防火分区隔墙应事先考虑防火封堵的措施。

4. 治理方法

当线槽穿过墙、楼板时，线槽盖不应直接穿过防火墙、楼板，应将线槽盖在墙、板两端断开后，预留孔洞用防水堵料封堵严密。

39.1.19　线槽穿墙孔洞被砂浆封死

1. 现象

穿墙线槽四周缝隙波砂浆直接封死，穿墙孔洞不收口。

2. 原因分析

穿墙线槽四周缝隙不能用砂浆直接封死的要求，土建专业不清楚，造成了被封死的情况。

3. 预防措施

电气专业技术人员应与土建专业技术人员及时进行沟通，提出明确要求。

4. 治理方法

穿墙线槽四周应处理方正，四周应留有不少于 50mm 缝隙，如为防火墙，其内外应用防火堵料进行封堵。

39.1.20 线槽、电缆梯架分支未用 135°弯头

1. 现象

线槽、电缆梯架敷设，在交叉、转弯、丁字连接时，直接采用 90°弯头。

2. 原因分析

当线槽、电缆梯架在分支处采用 90°弯头，在导线、电缆敷设时，直角处的金属板容易对导线、电缆的绝缘护套造成损坏，可能引起电气事故，有时电气人员对此认识不足。

3. 预防措施

在编制电气施工方案时，根据线槽、电缆梯架的情况，应明确在分支处不能直接采用直角弯头，应采用 135°弯头。在加工订货时，要求厂家加工相应的 135°弯头。在大面积施工前，做样板时，应确认采用 135°弯头。

4. 治理方法

线槽、电缆梯架敷设，在交叉、转弯、丁字连接时，凡采用 90°弯头的，应更换为 135°弯头。

39.1.21 喷涂线槽做跨接地线时未刮开喷涂涂层

1. 现象

喷涂线槽的喷涂涂层，做跨接地线前未将喷涂涂层刮开，或使用的垫片无刺破涂层的功能。

2. 原因分析

除镀锌线槽外，有喷涂涂层的线槽连接时需要做跨接地线处理，施工中忽略了喷涂涂层对金属材料接地的阻碍作用，造成接地的不连续。

3. 预防措施

当喷涂线槽进行跨接地线处理时，应首先注意将喷涂线槽表面的涂层去掉，露出金属表面，使编制软线接线端子能够直接与线槽的金属表面相接触。

4. 治理方法

当喷涂线槽进行跨接地线处理时，可直接采用带划破涂层功能的接线端子，或者在做跨接地线前，由工人使用工具将跨接地线处的涂层刮掉，露出金属表面。

39.1.22 套接紧定式钢导管（JDG 管）与喷涂线槽连接时未刮开线槽的喷涂涂层

1. 现象

套接紧定式钢导管（JDG 管）与喷涂线槽连接时，PE 线的压线端子与喷涂线槽表面进行压接时，未将喷涂涂层刮掉。

2. 原因分析

套接紧定式钢导管（JDG 管）与喷涂线槽连接时，忽略了涂层对金属材表面接触电阻阻值的影响，造成接地电阻增大。

3. 预防措施

当套接紧定式钢导管（JDG 管）与喷涂线槽连接时，应首先注意将喷涂线槽表面的

涂层去掉，露出金属表面，使得PE线的压线鼻子能够直接与线槽的金属表面相接触。

4. 治理方法

当套接紧定式钢导管（JDG管）与喷涂线槽做跨接地线处理时，为保证接地的电气连续，应首先将PE线压线鼻子与喷涂线槽的压接处进行处理，使用工具人工将该点的喷涂涂层刮掉。PE线与套接紧定式钢导管（JDG管）的压接应使用专用接地卡进行压接，PE线的线芯应进行涮锡处理。此外，为保证接地的可靠性，JDG管的锁母应采用爪型，并且将“爪子”朝向喷涂线槽拧紧，在拧紧的同时，也可将喷涂线槽的喷涂涂层划破。

39.1.23　套接紧定式钢导管（JDG管）进配电箱做跨接地线时未接至PE排

1. 现象

套接紧定式钢导管（JDG管）进配电箱做跨接地线时，使用4mm²PE软线作为跨接地线，PE线压接在配电箱外壳上。

2. 原因分析

套接紧定式钢导管（JDG管）与设备进行跨接地线处理时，不应使用设备的外壳作为接续导体，应使用配电箱内专用的接地干线进行跨接地线处理。

3. 预防措施

首先，应要求施工单位在配电箱加工订货时，要求厂家在箱体内部设置专用接地母排。其次，在施工过程中，应使用专用压线端子进行压接。

4. 治理方法

首先，应对4mm²PE软线进行处理，将线皮剥开，对线芯裸露部分进行涮锡处理。其次，使用专用接地管卡将PE线与套接紧定式钢导管（JDG管）进行跨接，在配电箱上打孔。最后，将PE线穿入配电箱，使用压线鼻子将PE线固定在配电箱的接地螺栓上，或压接在专用接地端子板上。

39.1.24　线路穿建筑物的变形缝处，未安装补偿装置

1. 现象

导管、线槽穿建筑物的变形缝处未安装补偿装置。

2. 原因分析

配线工程中各类管线、线槽应尽可能避免穿越变形缝进行敷充。如不可避免时，则应在穿越处由刚性变为柔性，即所称的补偿装置。

3. 预防措施

管线过变形缝时，可在其两侧各设一个接线箱，先把管的一端固定在接线箱上，另一侧在接线箱底部的垂直方向开长孔，其孔径长宽度尺寸不小于被接入管直径的2倍，钢导管两侧接好补偿跨接地线。

线槽过变形缝时，线槽应断开，断开距离以100mm为宜，线槽底部应附同材质衬板，两侧用连接板封闭，但只能在一侧用螺栓固定。金属线槽两端应做好跨接地线，并留有伸缩余量。

4. 治理方法

对导管、线槽穿越建筑物的变形缝处未安装补偿装置的，应按预防措施的方法进行处理。

39.1.25 吊顶内导线和接头明露

1. 现象

吊顶内导线和接头出现明露现象。

2. 原因分析

由于有的射灯，变压器和灯具（灯体）是分离的，造成导线和接头明露。

3. 预防措施

在灯具订货前，对灯具样品进行确认。如不能满足不明露导线和接头要求，应明确提出，要求厂家采取适当措施。

如果灯具已到货，安装前应对灯具进行确认，如不能满足要求，可要求厂家或安装单位采取措施，以保证导线和接头不明露。

4. 治理方法

对明露的导线和接头，应重新敷设管路，增加接线盒。

39.1.26 母线槽安装缺陷

1. 现象

(1) 母线槽外壳防护等级未按使用环境合理选择。

(2) 对母线槽极限温升值重视不够，造成母线安全使用系数降低。

(3) 安装过程中连接头接触不良，连接部位连接不牢固。

(4) 母线搭接部位及连接头未与PE可靠连接。其外壳与PE干线连接有效连接界面不符合要求。

(5) 母线槽水平、垂直安装过程中，距地高度、固定间距、接头设置、单根直线长度等技术参数不符合要求。

(6) 母线槽穿越防火分区未采取防火隔离措施。

(7) 母线槽始末端与配电设备连接未采取相关过度连接，越长不加伸缩节，穿过伸缩缝等无适当措施。

2. 原因分析

(1) 母线槽外壳防护等级是防止人或动物直接触及带电设备，防止异物和水进入母线槽内，对设备安全造成影响的一项重要指标。母线槽安装工程中，由于工程设计时没有注明母线槽的外壳防护等级，工程项目过度考虑工程造价等原因，造成母线槽外壳防护等级降低使用，随意选择，使母线槽安装使用环境存在隐患。

(2) 工程设计文件没有明确标注母线槽的极限温升值要求，选择母线槽时，运行环境对母线槽长期可靠运行影响程度重视不够，造成加工订货缺少针对性的技术要求。母线槽极限温升数值标准如果降低很大，造成母线槽运行温度升高，导体电阻值和电压降增大，电能损耗也随之加大，使母线槽的运行寿命降低。

(3) 母线安装过程，节与节连接、插接不到位，相邻段母线插接不准，接触面弯斜，连接后母线导体与外壳承受机械外力，未用扭力扳手锁紧。

(4) 建筑电气安装施工中，常见的三相五线制母线槽，PE的设置有三种形式，对PE线跨接所选择的PE线截面规格不同，不加区分显然是不正确的。

(5) 母线槽水平安装高度、固定间距应符合设计要求，设计无要求时，应符合相关规定，随意安装会影响到母线的正常使用。

(6) 母线槽穿越防火分区采取消防封堵措施，未按规范要求进行施工。

(7) 母线槽始末端与设备连接采用硬连接，不符合施工工艺要求，忽视伸缩节和变形缝的处理措施。

3. 防治措施

(1) 为保障母线的安全运行，一定要根据使用环境要求，选择合适的母线槽，在选择母线槽防护等级时，连接头部位防护等级最重要。

(2) 在设计文件和加工订货技术交底中，按规范要求，明确提出对母线槽的极限温升验证要求。目前国家强制性“CCC”认证，对于母线槽的极限温升验证，统一按≤70K 温升值试验标准进行。母线槽极限温升值越小，母线槽运行环境就越好，母线槽极限温升值≤70K，是安全合理的标准。

(3) 母线插接安装，需要母线与外壳同心，允许偏差为±5mm，段与段连接，首先检查母线槽导体连接面有无磕碰损伤，两相邻段母线及外壳对准，连接后不使母线及外壳承受额外应力，在确保安装到位后，用扭力扳手锁紧。

(4) 母线槽外壳作 PE 连接时，常用的有三种方式。产品产生形式不同，施工做法也不相同，由于母线是供电主干线，母线槽外壳实际作用都是作为 PE 接地干线使用。外壳作为 PE 线；除了满足可靠连接之处，外壳总截面，外壳段与段之间的跨接地线总截面都要符合规范对保护导体的截面积的等效截面积的要求。跨接地线选择应符合相关规定。

(5) 母线槽水平安装时，安装高度应符合设计要求，设计无要求时，距地高度不应低于 2.2m，但敷设在专用间除外。母线槽连接点不应在穿墙板部位，插接孔（分岔口）应设在安全可靠及安装维修方便处。母线垂直安装时，接头距地面垂直距离不应小于 0.6m。母线槽在楼层间垂直安装时，单根长度不应大于 3.6m，超长时可分节制作，垂直、分层安装弹簧支架时，加设防振装置。

(6) 母线槽在穿越防火墙及防火楼板时，应采取防火隔离措施，对其穿墙孔洞周围缝隙应用防火堵料封堵严密。

(7) 母线槽始末端与配电箱（柜）连接时，采用镀锡硬铜排过度连接。母线槽与变压器、发电机等振动较大设备连接时，应采用铜编软连接。母线槽敷设长度超过 40m 时，按规定设置伸缩节，跨越建筑物伸缩缝或沉降缝处须做变形处理。

39.2 灯具电器安装

39.2.1 Ⅰ类灯具的外露可导电部分未接地

1. 现象

建筑工程上采用的灯具大部分为Ⅰ类灯具，如：格栅灯、盒式荧光灯、筒灯等，其外露可导电部分未连接 PE 线。

2. 原因分析

部分电气技术人员认为只有当灯具安装高度低于 2.4m 时才需要接地。而《建筑照明设计标准》(GB 50034—2004) 第 7.2.12 条规定：“当采用Ⅰ类灯具时，灯具的外露可导电部分应可靠接地。”此条规定要求无论Ⅰ类灯具安装高度多少，均应接地。

3. 预防措施

在设计交底时要请设计明确哪些是属于Ⅰ类灯具？相关的照明支路应含有PE线；应要求生产Ⅰ类灯具的厂家预留相应的接地端子。

4. 治理措施

对未接地的Ⅰ类灯具，其供电回路应加穿PE线，使其外露可导电部分与PE线进行连接。

39.2.2　大型灯具固定及悬吊装置未做承载试验

1. 现象

重量大于10kg的大型灯具已安装，但其固定装置未按5倍灯具重量的恒定均布载荷做强度试验。

2. 原因分析

有的电气人员未注意最新国家标准《建筑电气照明装置施工与验收规范》(GB 50617—2010)的规定，仍按旧规范规定按灯具重量的2倍做过载试验。

3. 预防措施

大型灯具的固定及悬吊装置是由设计计算出图后预埋安装的，在灯具安装前并在安装现场，应做恒定均布载荷强度试验。试验的目的是检验安装单位的安装质量。灯具所提供的吊环、连接件等附件强度应由灯具制造商在工厂进行过载试验。根据灯具制造标准规定，所有悬挂灯具应将4倍灯具重量的恒定均布载荷以灯具正常的受载方向加在灯具上，历时1h。试验终了时，悬挂装置（灯具本身）的部件应无明显变形。因此当在灯具上加载4倍灯具重量的载荷时，灯具的固定及悬吊装置（施工单位预埋的）须承受5倍灯具重量的载荷。

4. 治理措施

将已安装的灯具拆下，按5倍灯具重量的恒定均布载荷补做强度试验。

39.2.3　自在球吊线灯安装缺陷

1. 现象

吊盒内保险扣太小不起作用。灯口内的保险扣余线太长，使导线受挤压变形。吊盒与圆木不对中，灯位在房间内不对中。软线涮锡不饱满，灯口距地太低，竣工时灯具被喷浆玷污。

2. 原因分析

(1) 采用0.5mm^{2}软塑料线取代双股编织线做吊灯线，外径太细，使保险扣从吊盒眼孔内脱出，压线螺钉受拉力。

(2) 安装时不细心，又无专用工具，全凭目测，安装后吊盒与圆木不对中。

(3) 工种之间工序颠倒，或装上灯具后又修补浆活，特别是采用喷浆取代刷浆，造成灯具污染。

(4) 灯口距地面太低，吊线下料过长。

3. 预防措施

(1) 吊灯线以选用双股编织花线为宜，若采用0.5mm^{2}软塑料管，应穿软塑料管，并将该线双股并列挽保险扣，如图39-9所示，不使吊盒内的压线螺钉受力。

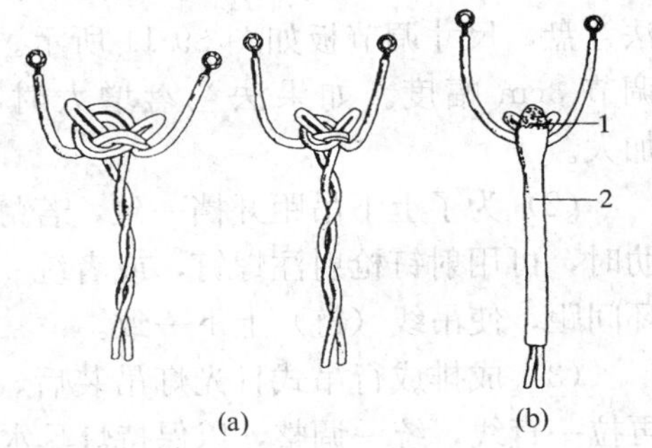

图39-9　0.5mm^{2}软塑料线挽保险扣

(a) 挽口；(b) 穿塑料管

1—热封口；2—套软塑料管

（2）在圆木上打眼时，预先将吊盒位置在圆木上划一圈线，安装时对准划好的线拧螺钉，使吊盒装在圆木中心。预制圆孔板定灯位时，由于板肋的影响，灯位可往窗口一边偏移6cm。

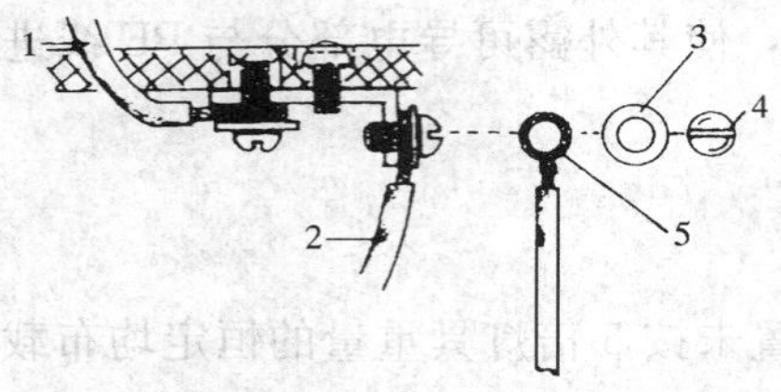

图39-10　拧吊盒内压线螺钉

1—灯头线；2—0.5mm² 塑料软铜线；3—垫圈；4—螺钉；5—芯线挽圈涮锡

（3）吊灯软线涮锡时，可先将铜芯线按安装螺钉大小，挽成圈再涂松香油，焊锡烧得热一点即可焊好。在安装灯口吊盒时，可将已涮锡的线圈用钳口夹扁，然后再往螺钉上拧，保证螺钉压接严密，接触良好，如图39-10所示。

（4）在计算、断开吊灯线长度时，应将各部位长度都计算在内，根据房间的不同层高确定。吊灯线放直后，灯光应距地面至少80cm。

4. 治理措施

（1）吊盒内保险扣从眼孔掉下，应重新挽大保险扣再安装。

（2）吊盒不在圆木中心，返工重新安装。

39.2.4　吊式（荧）光灯群安装缺陷

1. 现象

（1）成排成行的灯具不整齐，高度不一致，吊线（链）上下档距不一致，出现梯形。

（2）日光灯金属外壳不做接地保护。

（3）灯具喷漆被碰坏，外观不整洁。

2. 原因分析

（1）暗配线、明配线定灯位时未弹十字线、也未加装灯位调节板。吊灯装好后未拉水平线测量定出中心位置，使安装的灯具不成行，高低不一致。

（2）对Ⅰ类灯具须做保护接地的规定不明确。

（3）灯具在贮存、运输、安装过程中未妥善保管，同时过早拆去包装纸。

3. 预防措施

（1）成行吊式日光灯安装时，如有3盏灯以上，应在配线时就弹好十字中心线，按中心线定灯位。如果灯具超过10盏时，即可增加尺寸调节板，用吊盒的改用法兰盘，尺寸调节板如图39-11所示。这种调节板可以调节3cm幅度。如果法兰盘增大时，调节范围可以加大。

（2）为了上下吊距开档一致，若灯位中心遇到楼板肋时，可用射钉枪射注螺钉，或者统一改变日光灯架吊环间距，使吊线（链）上下一致。

（3）成排成行吊式日光灯吊装后，在灯具端头处应再拉一直线，统一调整，以保持灯具水平一致。

（4）吊装管式日光灯时，铁管上部可用锁母、吊钩安装，使垂直于地面，以保持灯具平正。

（5）Ⅰ类灯具应认真做好保护接地。

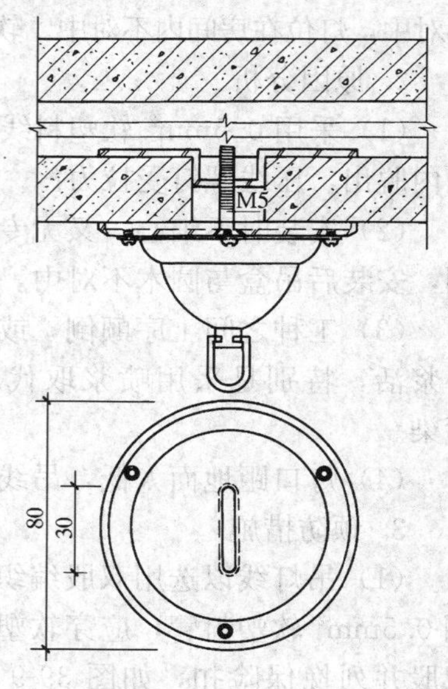

图39-11　灯位调节板

（6）灯具在安装、运输中应加强保管，成批灯具应进入成品库，设专人保管，建立责任制度，对操作人员应作好保护成品质量的技术交底。不准过早地拆去包装纸。

4. 治理方法

（1）灯具不成行，高度、档距不一致超过允许限度值时，应用调节板调整。

（2）Ⅰ类灯具没有保护接地线时，应使用2.5mm^{2}的软铜线连接保护地线。

39.2.5 花灯及组合式灯具安装缺陷

1. 现象

花灯金属外壳带电；花灯不牢固甚至掉下；灯位不在格中心或不对称；吊灯法兰盖不住孔洞（图39-12），严重影响了厅堂整齐美观。在木结构吊顶板下安装组合式吸顶灯，防火处理不认真，有烤焦木棚的现象，甚至着火。

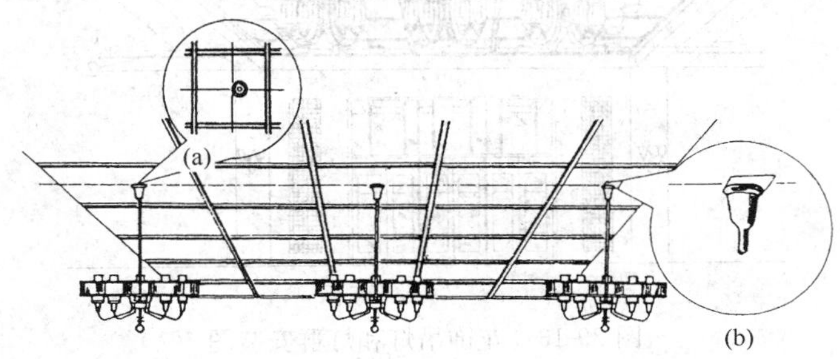

图39-12 花灯安装缺陷

（a）灯位偏移；（b）孔洞开大

2. 原因分析

（1）高级花饰灯具灯头多，照度大，温度高，使用中容易将导线烤老化，致使绝缘损坏而金属外壳带电。在安装灯具时，未接保护地线，所以花灯金属构件即使长期带电，也不会熔断保险丝或使断路器动作。

（2）未考虑吊钩长期悬挂花灯的重量，预设的吊钩太小，没有足够的安全系统，造成后期掉灯事故。

（3）在有高级装修吊顶板和护墙分格的工程中，安装线路确定灯位时，没有参阅土建工程建筑装修图，土建、电气会审图纸不严密，容易出现灯位不中不正，档距不对称。装饰吊顶板留灯位孔洞时，测量不准确。土建施工操作时灯位开孔过大。

（4）在木结构吊顶板下安装吸顶灯未留透气孔，开灯时间一长，灯泡产生的温度越积越高，使木材先炭化，达到350℃时即起火燃烧。

3. 预防措施

（1）所有花饰灯具的金属构件，都应做良好的保护接地。

（2）花灯吊钩加工成型后应全部镀锌防腐。特别重要的场所和大厅中的花灯吊钩，安装前应请结构设计人员对其牢固程度做出技术鉴定，做到绝对安全可靠。

（3）采用型钢做吊钩时，圆钢最小规格不小于ϕ12mm；扁钢不小于50mm×5mm。

（4）在配合高级装修工程中的吊顶施工时，必须根据建筑吊顶装修图核实具体尺寸和分格中心，定出灯位，下准吊钩。对大的宾馆、饭店、艺术厅、剧场、外事工程等的花灯安装，要加强图纸会审，密切配合施工。

(5) 在吊顶夹板上开灯位孔洞时，应先用木钻钻个小孔，小孔对准灯头盒，待吊顶夹板钉上后，再根据花灯法兰大小，扩大吊顶夹板眼孔，使法兰能盖住夹板孔洞，保证法兰、吊杆在分格中心位置。

(6) 凡是在木结构上安装吸顶组合灯、面包灯、半圆灯和日光灯管灯具时，应在灯爪子与吊顶直接接触的部位，垫 3mm 厚的石棉布（纸）隔热，防止火灾事故发生。

(7) 在顶棚上安装灯群及吊式花灯时，应先拉好灯位中心线，十字线定位，如图 39-13所示。

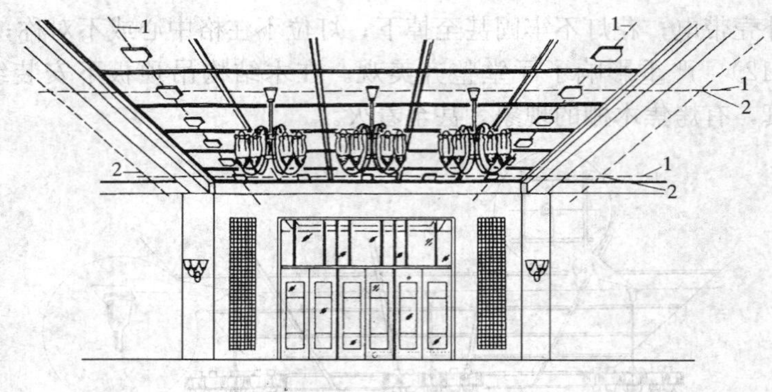

图 39-13　花饰吊灯和灯群安装图

1—灯位中心线；2—定位十字线

4. 治理方法

(1) 金属灯具外壳未接保护地线而引起的外壳带电，必须重新连接良好的保护接地线。

(2) 花灯因吊钩腐蚀而掉下，必须凿出结构钢筋，用直径≥ϕ12mm 镀锌圆钢重新做吊钩挂于结构主筋上。

(3) 分格吊顶高级装饰的花灯位置开孔过大，灯位不中，应换分格板，调整灯位，重新开孔装灯。

39.2.6　灯具安装在木质家具内部或可燃饰面上存在火灾隐患

1. 现象

随着各种新型装饰材料及家具的出现，在装饰装修工程中，为了美观、新颖等考虑，设计人员通常会在木饰面或木质家具中设置照明装置。由于灯具本身发热，或由于环境导致灯具散热不好，造成火灾隐患。

2. 原因分析

(1) 照明器具与可燃饰面、家具连接紧密，未采取防火、隔热措施。

(2) 照明器具的导线外露，直接与可燃饰面、家具相互接触。

(3) 可燃饰面、家具本身未涂刷防火涂料，安装灯具的空间狭小，不利于散热。

3. 预防措施

(1) 在设计方案中，尽量杜绝照明器具安装在可燃饰面、家具中。

(2) 在照明器具与可燃材料连接处进行防火、隔热处理。

(3) 对可燃材料本身进行处理。

4. 治理方法

(1) 在照明器具与可燃饰面、家具紧密接触的部位，加装石棉垫等隔热材料，避免灯具本身过热而引燃材料本体。

(2) 将照明灯具的外露导线进行绝缘、隔热处理，可采用穿阻燃导管的方式，将灯具外露导线与可燃饰面、家具隔开。

(3) 对可燃饰面、家具本体进行处理，涂刷防火涂刷，或设置散热孔，保证灯具散热不受阻碍。

39.2.7 连接射灯的柔性软管长度过大

1. 现象

现代装饰、装修工程中通常使用射灯嵌入吊顶内，射灯的灯头盒预设在吊顶内，导线穿软管由灯头盒直接接入射灯，软管长度过大，超出规范要求。

2. 原因分析

根据《建筑电气工程施工质量验收规范》(GB 50303—2002) 要求，刚性导管经柔性软管接入电气设备、器具连接，柔性软管在照明工程中不大于 1.2m，由于灯头盒距离吊顶灯位较远，被迫将软管接长，超过规范要求。

3. 预防措施

减小灯位与灯头盒之间的距离，通过刚性导管敷设，使柔性软管的敷设距离在到合理长度。

4. 治理方法

(1) 根据吊顶标高，通过敷设刚性导管，使射灯与灯头盒的距离缩短。

(2) 参照图纸，在结构顶板上进行放线，使灯头盒预设在射灯的附近，降低柔性导管敷设长度。

39.2.8 疏散指示灯固定缺陷

1. 现象

公共走道、楼梯间等部位的墙板预留洞较大，在安装疏散指示灯底盒时，需要进行二次固定，使用木楔、尼龙塞等材料，将疏散指示灯嵌入预留洞内。

2. 原因分析

由于在结构施工阶段，疏散指示灯的具体尺寸尚未确定，设计及施工单位通常将预留孔洞的尺寸留有余量，在后期末端设备安装过程中，未对疏散指示灯底盒嵌入墙体的具体做法予以明确，造成施工随意性较大，通常使用边角料先与疏散指示灯底盒进行固定，再嵌入预留孔洞。《建筑电气照明装置施工与验收规范》(GB 50617—2010) 中明确规定，在砌体和混凝土结构上严禁使用木楔、尼龙塞或塑料塞安装固定电气照明装置。施工中未明确规范要求。

3. 预防措施

(1) 在设计阶段及结构施工阶段，尽量明确疏散指示灯的选型及尺寸，确定预留孔洞尺寸。

(2) 将疏散指示灯底盒预埋入墙体结构中。

(3) 使用规范允许的材料，对疏散指示灯底盒进行固定，完成后由土建配合将孔洞封堵。

4. 治理方法

（1）制作与疏散指示灯底盒外形尺寸相同的木质底盒，预留入结构墙体，在混凝土浇筑完成模板拆除的同时，将底盒清理出墙体。

（2）在结构施工前确定疏散指示灯尺寸，将底盒预埋入结构墙体，预埋时做适当保护，做好防锈处理。

（3）制作角锡支架，使用螺栓将支架与疏散指示灯底盒进行固定，在预留洞的适当位置，使用膨胀螺栓将支架与结构墙体进行固定，固定完成后，由土建将孔洞封堵。

39.2.9　开关插座安装缺陷

1. 现象

金属盒子生锈腐蚀，插座盒内不干净有灰渣，盒子口抹灰不齐整。安装圆木或上盖板后，四周墙面仍有损坏残缺，特别是影响外观质量。暗开关、插座芯安装不牢固，安装好的暗开关板、插座盖板被喷浆弄脏。

2. 原因分析

（1）各种铁制暗盒子，出厂时没有做好防锈处理。混凝土墙拆模后，砌筑墙内配管、稳盒完成后，未及时清理，并做好防腐处理。

（2）抹灰时，只注意大面积的平直，忽视盒子口的修整，抹罩面灰时仍未加以修整，待喷浆时再修补，由于墙面已干结，造成粘结不牢并脱落。

（3）没有喷浆先安装电器灯具，工序颠倒，使开关、插座板、电器灯具被喷浆弄脏。

3. 预防措施

（1）在安装开关（电门）、插座时，应先扫清盒内灰渣脏土。

（2）铁开关、灯头和接线盒，应先焊好接地线，然后全部进行镀锌。墙内、板内的预埋盒，按工序要求及时清理，并做好防锈处理。

（3）安装铁盒如出现锈迹，应再补刷一次防锈漆，以确保质量。

（4）各种箱、盒的口边最好用水泥砂浆抹口。如箱子进墙而较深时，可在箱口和贴脸（门头线）之间嵌以木条，或抹水泥砂浆补齐，使贴脸与墙面平整。对于暗开关、插座盒子，较深于墙面内的，应采用其他补救措施。常用的办法是加装套盒。

（5）土建装修进行到墙面、顶板喷完浆活时，才能安装电气设备，工序绝对不能颠倒。如因工期紧，又不受喷浆时间限制，可以在暗开关、插座装好后，先临时盖上铁皮盖（图 39-14），规格应比正式胶木盖板小一圈，直到土建装修全部完成后，拆下临时铁盖，安装正式盖板。

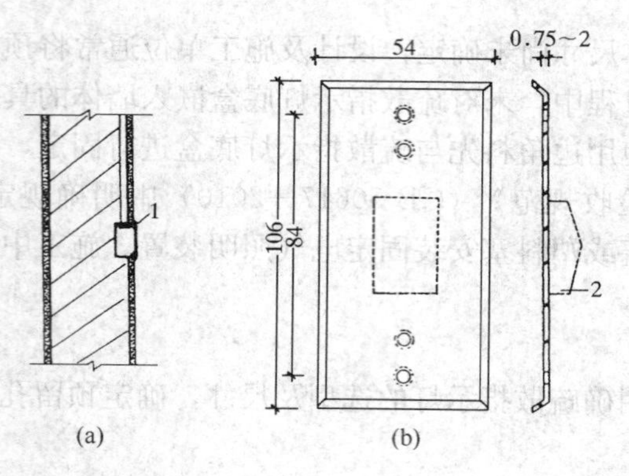

图 39-14　临时铁皮盖

（a）剖面；（b）铁皮盒盖大样

1—盒盖；2—作开关盒盖应凸出

4. 治理方法

（1）开关、插座装好后，抽查发现盒内有灰渣、生锈腐蚀者，应卸下盖板，彻底清扫盒子，补刷防锈漆二道。

（2）开关、插座安装不牢固，应拆下重新进行安装，确保牢固。

39.2.10 开关、插座、灯具、吊扇等器具安装质量差

1. 现象

(1) 开关、插座、灯具、吊扇等器具安装偏位，成排灯具、吊扇，水平直线度偏差严重。

(2) 日光灯吊装用导线代替吊链，引下线使用单股硬导线，软导线不和吊链编织直接接灯。

(3) 装在吊顶上的吸顶灯不做固定吊架，直接用自攻螺钉固定在顶板上。

(4) 开关盒内电源回火线的颜色选择不正确。

(5) 多联开关内各开关间电源线在盒内拱接。

(6) 不同楼层上下阳台，阳台灯位置偏差大，观感质量差。

2. 原因分析

(1) 由于预埋接线盒偏位引起开关、插座、吊扇安装偏位，安装成排灯具和吊扇时没有拉线定位，或拉线定位不准确。施工过程对位置要求重视不移，轻易调整预埋盒位置，验收时对位置尺寸不做校正，使其中心位置、水平、直线度超出规定值。

(2) 对灯具接线、导线连接、导线包扎、导线不应承受较大外力及导线敷设等工艺要求和操作规程不熟悉，安装方法没有掌握好。

(3) 吊顶上吸顶灯具安装直接用自攻钉固定，未做吊钩或固定支架，安装过程中忽视操作规程，图省事。

(4) 开关盒内电源回火线颜色选择混合，不统一，造成接线困难，对工程功能质量重视不够。

(5) 多联开关电源线在盒内拱接，没有按工艺要求施工，对工程安装可靠性要求重视不够。

(6) 上下阳台阳台灯位置未能与土建施工放线统一进行，只参照本楼层阳台模板檐线和钢筋尺寸，简单拉线定位，造成位置不统一。

3. 防治措施

(1) 电气预埋施工要定位准确，全过程放线调整、控制，减少随意性，日光灯吸顶安装，为了保证其美观，可不加绝缘台，预留接线盒应用长方形盒代替普通灯头盒。

(2) 吊装的日光灯应根据图纸要求的规格型号，把预埋盒的位置定在吊链一侧，不应放在灯中心，以便日光灯的引下线就可以沿吊链引下，与吊链编织在一起进灯具。吊链环附近如果没有预留孔洞，可另开一孔，使导线直接进入灯具，不能沿灯罩上敷设导线从中间孔进灯具。

(3) 灯具、吊扇在吊顶上安装时，应牢固、端正，位置正确，用型材制作支架，或采用吊杆安装、支架与吊杆固定在楼板上，灯具、吊扇可以直接固定在支架和吊杆上。

(4) 单联开关回火线应使用白色线，多联开关回火线宜使用白、黑、棕、橙等色线（相线、中性线、PE线中无已经使用的线色）加以区别。

(5) 多联开关插座内各接点之间电源线连接时不应拱接，分支线与总线应改为爪形连接，涮锡包扎后放于接线盒内，保证接点连接的可靠性，导线做回头压在开关或插座面板的接线柱上。

(6) 不同楼层上下之间阳台的照明器具安装，灯具位置的定位很重要，定位不准给

观感质量造成很大影响。前期预埋施工，应要求土建施工给出阳台位置线，依据土建施工放线，找准预埋盒位置，不应马虎了事。灯具安装时，再次对灯具位置进行调整，保证灯盘遮住接线盒孔洞，达不到上述要求时，需对管线进行适当处理，使灯盘可以完全遮住接线盒孔，避免导线外露。前期预埋定位不精确，后期灯具左右前后调整余地会很小。

39.2.11　开关、插座面板在可燃饰面上安装未加装石棉垫

1. 现象

在木质饰面或软包等可燃饰面上安装开关、插座面板，未加装石棉垫，使得面板与饰面紧密接触，无防火措施。

2. 原因分析

电气专业在施工前未明确饰面材料，忽略防火处理方法，或者未向工人做好交底，忽略了石棉垫的加装。

3. 防治措施

(1) 与土建专业进行沟通，明确饰面材料，确定防火处理方法。

(2) 明确饰面材料，安排工人预制石棉垫，将石棉垫裁剪成与开关、插座面板尺寸一致的形状，在安装面板时将石棉垫垫在面板与饰面的接缝处，顺次安装螺栓，将石棉垫压紧。安装完成后，进行检查验收。

39.3　配电箱、盘（板）、柜安装

39.3.1　箱、板安装缺陷

1. 现象

箱体不方正：贴脸门与箱体深浅不一；明装配电箱，距地高度不一致；铁箱盘面接地位置不明显。

2. 原因分析

(1) 箱体安装挤压变形，安装过程未经过垂直、水平吊线检查。

(2) 稳装箱体时与装修抹灰层厚度不一致，造成深浅不一。

(3) 明装配电箱距地高度不一致，是因为预下木砖没有测准标高线，安装时又检查不细。

(4) 铁箱盘面接地线装在盘背后，没有装在盘面上，没有很好掌握安装标准；预留墙洞抹水泥砂浆时，没有掌握尺寸。

3. 预防措施

(1) 暗装配电箱时，要采取防止挤压变形的措施，内部做填充，外部不能过度充堵。

(2) 成批配电箱应入成品库，运输、保管时要防止变形。

(3) 暗装配电箱时应凸出墙 1～2cm，查看标高，按抹灰厚度钉好标志钉，便于安装，保证质量。

(4) 铁箱铁盘都要严格安装良好的保护接地线。箱体的保护接地线可以做在盘后，但盘面的保护接地必须做在盘面明显处。为了便于检查测试，不准将接地线压在配电盘盘面的固定螺钉上，要专开一孔，单压螺钉。

4. 治理方法

配电箱缩进墙体太深，应通过抹灰收口使箱体口与抹灰面一样平。

39.3.2 配电箱接线困难

1. 现象

配电箱加工完成后，发现箱体过小，开关接线端子与电缆截面不匹配，无法接线。

2. 原因分析

（1）事先未核实箱体尺寸和电器接线桩头大小，配电箱安装完成后，才发现导线较大，无法直接与电器相连。

（2）配电箱厂家片面追求降低成本，致使箱体尺寸过小，箱内未留过线和转线空间。

3. 预防措施

配电箱订货时应附电气系统图及技术要求，生产厂家根据图中导线大小及开关电器型号、规格和技术要求，确定是否增设接线端子排，并预留足够的过线和接线空间。

4. 治理方法

（1）更换配电箱。

（2）在配电箱旁增设接线箱。

39.3.3 箱内N排、PE排端子板含铜量低

1. 现象

配电箱内的N排、PE排应为含铜量99.9%的紫铜，施工单位及生产厂家忽略了对N排和PE排的质量控制，使用含铜量达不到国家标准的电工用铜。

2. 原因分析

（1）施工单位未对生产厂家进行交底或交底不到位。

（2）生产厂家存在偷工减料行为。

3. 预防措施

（1）施工单位应向生产厂家进行交底，交底内容应着重强调N排和PE排使用紫铜材料。

（2）在配电箱加工订货前，施工单位应到生产厂家进行考察，着重注意N排利PE排的加工过程，抽查材料。

4. 治理方法

在配电箱进场验收时，施工单位应检查配电箱内的N排及PE排，如不符合制造标准，应要求生产厂家进行更换。

39.3.4 暗装配电箱剔凿缺陷

1. 现象

为使配电箱本体完全暗装在二次结构墙体内，将墙体进行剔凿，剔凿深度较大，造成墙体被剔透，配电箱成为墙体承重结构的一部分，影响结构安全，或影响隔声。

2. 原因分析

（1）业主要求暗装配电箱，减少外露体积，加强美观程度。

（2）设计方案中未明确配电箱的安装方式。

（3）施工前与土建专业协调不足，未确定二次结构墙体尺寸，对配电箱的暗装方式未予考虑。

3. 预防措施

(1) 施工前应与设计及业主进行协商，现场考察，确定墙体结构及尺寸是否具备配电箱暗装条件。

(2) 在人面积施工前，对配电箱固定方式制作样板，明确配电箱暗装效果，如不具备暗装条件，应重新确定配电箱安装方式。

4. 治理方法

(1) 如配电箱暗装无法满足结构安全及隔声效果，应将暗装方式改为明装。

(2) 如业主坚持暗装，可与二次结构施工单位进行协商，调整墙体尺寸，对墙体加厚或加固处理。

39.3.5　配电箱内开关、元器件配线压接不牢固

1. 现象

在配电箱接线过程中，配线与开关、电气元器件压接时出现松动现象，造成虚接，为日后使用带来隐患。

2. 原因分析

电工在操作过程中来进行检查，压线完成后，质检人员未进行复查工作。

3. 预防措施

在压线工作前，电气专业工长应向电工做好交底工作，并要求工人做好自检，完成后由电气专业工长进行复检。

4. 治理方法

如出现松动现象，要求工人重新压接。应将压线端子松开后，重新将电线插接至相应位置，再拧紧螺钉，完成后反复检查。

39.3.6　强、弱电箱随意开孔

1. 现象

由于强、弱电箱各自位置不利于线缆敷设，施工人员为便于自身操作，不使用箱体本身的进、出线预留孔，在箱体上随意开孔。此现象在区域照明、动力控制箱与 DDC 箱之间，敷设控制线时经常出现。

2. 原因分析

(1) 箱体安装空间狭小，不利于箱体间敷设线管或线槽。

(2) 操作人员图省事，不按工艺要求施工。

3. 预防措施

在施工前仔细查阅图纸，确定箱体安装位置及周围空间大小，明确进、出线路由，在箱体安装前，对线管及线槽敷设路由进行放线，并向工人做好交底，严禁在箱体上自行随意开孔。

4. 治理方法

(1) 箱体排布时，应尽量增大箱体间的空间范围，使线管及线槽有足够的空间及路由进行敷设。

(2) 如已经出现随意开孔现象，应将开孔位置进行封堵处理，可裁剪钢板，将开孔处点焊封堵，再进行防锈处理。

39.3.7 配电箱箱门跨接地线未压接到接地端子板上

1. 现象

配电箱门采用编织软线做箱门跨接地线，与箱体连接，未压接到接地端子板上。

2. 原因分析

此施工做法忽略了不能使用电气设备外壳作为接续导体的要求，预制软线也未接出接地端子板相连的支线。

3. 预防措施

预制编织软线时，专门接出1根与接地端子板相连的编织软线。

4. 治理方法

可单独敷设一个编织软线，将箱门与接地端子板相连，压接应紧密可靠。也可以在跨接地线不断开的情况下，由箱体接地端子直接引出。

39.3.8 配电箱安装工程质量缺陷

1. 现象

(1) 配电箱内无N或PE汇流排，附件不齐或不符合规范要求。

(2) 配电箱（柜）内PE线规格不符合规范要求。

(3) 进入配电箱（柜）与出配电箱（柜）导线相色不一致。

(4) 箱体、二层板的接地线串接或使用箱壳作为连接线。

(5) 箱内二层板或箱内防护材料使用塑料板或非阻燃材料。

(6) 箱柜内压接点压接松动，走线乱，一个压接点。压接多根导线。

(7) 多股软线不涮锡或不做端子压接，压接导线盘圈方向不正确，造成压接不牢。

(8) 箱柜内控制电器之间，线路连接拱接。

(9) 箱内裸母线无安全防护板。

(10) 配电箱（柜）系统出线标志牌不打印、不齐全，固定不牢。

(11) 配电箱（柜）门上无铭牌或使用塑料不干胶纸铭牌。

(12) 户内形式的配电箱（柜）置于户外使用。

2. 原因分析

配电箱（柜）安装工程是一项专业性很强的工作，一般来讲，它涉及厂家选择材料、设备，加工制造标准，设计图纸要求，加工订货技术交底，进场验收，工程施工质量验收规范要求，每一个环节出现问题都可能造成配电箱（柜）安装工程出现质量问题。选择合格厂家，完善加工订货技术交底，强化进场验收，严格执行工程质量验收规范是关键环节。配电箱（柜）进入施工现场，首先应检查货物是否符合制造标准、技术交底、设计要求及相关规范要求。核对设备材料型号、规格、性能参数是否与设计一致。检查说明书、图纸、合格证、零配件及相关资质文件，并进行外观检查，做好开箱检查记录，并妥善保管，验收合格后方能进场投入使用。

3. 防治措施

(1) 配电箱（柜）内应分设N线汇流排和PE线汇流排。N线和PE线经相应汇流排配出，汇流排压线螺钉为内六角型，接入N线和PE线回流的导线要有垫片和弹簧垫圈，附件齐全。

(2) 当PE线所用材质与相线相同时，PE线应按热稳定性要求选择截面，配电箱

(柜》内 PE 线规格应按国家标准规定选取。

(3) 导线相色自进箱开始至负载末端，中间不应改变颜色，当导线相色出现其他颜色时，可在压线端子处用热缩管热缩或塑料绝缘胶布缠绕方式取得所需相色。

(4) 配电箱（柜）箱体，二层板均应有专用接地螺钉。螺钉不小于 M8，接地线分别由配电箱（柜）内 PE 汇流排引出，不能串接，箱体不能用作接地连接线。保护接地线截面不够，保护接地线串接，应按规范要求纠正。金属配电箱（柜）带有器具的门应有明显可靠的裸软铜线接地。

(5) 配电箱（柜）内外应无可燃材料，箱内二层板、各类防护材料都应选择阻燃材料，非阻燃材料需更换。

(6) 配电箱（柜）内配线排列应整齐，导线长度要留有规定的余量，多根导线应按支路使用尼龙绑扎带绑扎成束，固定美观。压线尽量避免双线接点，端子数量不足援入压线端子的导线数量不应超过 2 根。如有双线接点时，顶丝压接双线直径不相等时应涮锡后再压接，螺钉压接双线间应加平垫，螺母部位加平垫与弹簧垫。

(7) 配电箱（柜）内接线，当导线截面≤2.5mm² 时，单股导线可顺丝方向盘圈后直接压接，多股导线需拧紧、涮锡、顺丝方向盘圈后直接压接。当导线截面>2.5mm² 时，导线需要压接线端子涮锡后压接。导线压接端子时，不得减少导线股数。

(8) 配电箱（柜）内各路控制电器之间应并联分接。

(9) 配电箱（柜）内相线如有裸母线时，应加阻燃绝缘盖板加以防护。

(10) 配电箱（柜）内所有导线的端头需要使用专用的线号管进行编号，箱柜内系统出线标示编号牌，应打印标示清晰，设置齐全，粘贴牢固，整齐。

(11) 配电箱、柜进场时，箱、柜门上应有金属铭牌并安装牢固，不应使用塑料或不干胶材质铭牌。

(12) 根据设计要求及安装场合，配电箱（柜）加工订货时，室外箱（柜）应特殊加工增加防雨、防晒、防腐蚀、防尘、防潮等技术措施，室内配电箱（柜）不得置于室外使用。

39.3.9　配电柜安装缺陷

1. 现象

安装运输中，配电柜没有采取保护措施面被碰坏。由于基础槽钢用法不统一，柜与柜并立安装时，拼缝不平不正。柜与柜之间的外接线不按照标准接线图编号。

2. 原因分析

(1) 搬运、起吊配电柜时没有采取有效的保护措施。设备进场后，存放保管不善，过早拆除包装，造成人为的或自然的侵蚀、损伤。

(2) 安装配电柜时未做槽钢基础，有时在底座开螺钉孔过早，而且多半是气割开孔，造成槽钢因受热变形。

3. 预防措施

(1) 成套设备搬运、起吊应按规程办事。

(2) 加强对成套设备的验收、保管。不到安装时不得拆除设备的包装箱或包装皮。

(3) 安装成套柜时，一定要在混凝土地面上按安装标准的设置槽钢基座。基座应用水平尺找平正，用角尺找方，如图 39-15 所示。安装时先在中间的“3”～“4”两台找平，

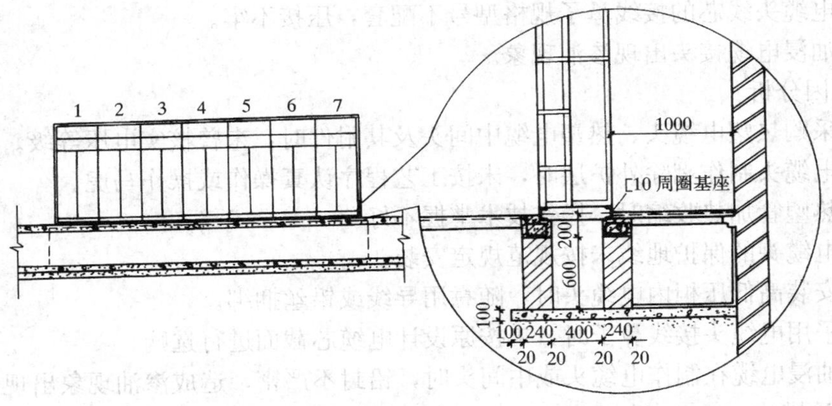

图 39-15 成套柜槽钢基础座

再往两边进行，最后在上面（柜顶）再拉一道通线，局部垫薄铁片找齐找平。找平正后，在槽钢基础座上钻孔，以螺钉固定。

4. 治理方法

（1）低压配电柜出现掉漆划痕，应按喷漆工艺重新修补。

（2）并立装柜出现不平整，应用薄钢板片垫整齐，水平尺找平。

39.4 电缆敷设

39.4.1 电缆敷设时环境温度过低，电缆护套损坏

1. 现象

在环境温度过低的条件下敷设电缆，电缆护套出现碎裂现象。

2. 原因分析

施工前没有注意到电缆敷设对环境温度的要求，所以出现了在环境温度过低的条件下敷设电缆，尤其是电缆弯曲时电缆扩套碎裂。

3. 预防措施

在敷设塑料绝缘电力电缆时，必须重视现场的环境温度，低于0℃时不宜敷设，或采取相应措施（按厂家要求），保证电缆敷设后的正常使用。

4. 治理措施

拆除已出现护套碎裂的电缆，在温度适宜的情况下进行更换。

39.4.2 热塑电缆终端头、热塑电缆中间头及其附件缺陷

1. 现象

（1）热塑电缆终端头、热塑电缆中间头及其附件的电压等级与原电缆额定电压等级不符。

（2）电缆头制作剥除外护层时，损伤相邻的绝缘层。

（3）热塑管加热收缩时出现气泡或开裂。

（4）电缆头保护地线安装不符合规范规定。

（5）电缆头在柜内固定不牢。

（6）电缆头线芯的接线鼻子规格型号不配套，压接不牢。

（7）油浸电缆接头出现渗油现象。

2. 原因分析

（1）采购热塑电缆头、热塑电缆中间头及其附件时，未曾核实电压等级。

（2）电缆头制作剥除外护层时，未按工艺程序认真操作或操作马虎。

（3）热塑管加热收缩时，操作技术掌握不好。

（4）电缆头的保护地线未按规范规定安装。

（5）安装高低压柜内电缆头时，随意用导线或铅丝捆绑。

（6）采用电缆头接线鼻子时，未按原设计电缆芯截面进行选购。

（7）油浸电缆在制作电缆头或中间头时，铅封不严密，造成渗油现象出现。

3. 防治措施

（1）对采购的热塑电缆头、热塑中间头及其附件，除应按设计要求采购外，在现场使用时，必须查验有关资料，有关资料齐全才允许使用。

（2）剥除电缆外护层应先调直，测好接头长度，再剥除外护套及铠装，剥除内护层及填充物，再剥除屏蔽层及半导电层，逐层进行切割剥除，不得损伤相邻护层及芯线。

（3）加热收缩电缆熱塑管件操作时，应注意温度控制在110～120℃；火焰缓慢接近加热材料，在其周围不停移动，确保收缩均匀；去除火焰烟碳沉积物，使层间界面接触良好；收缩完的部位应光滑无褶皱，其内部结构轮廓清晰，而且密封部位有少量胶挤山，表明密封完善。

（4）电缆头保护地线安装时应进行技术交底，认真检查截面、接线鼻子的压接、垫圈、弹簧垫、压楼螺栓、螺母应符合现行国家规范规定，压接应牢固可靠。

（5）电缆头在高低压柜内固定时，应理顺调直，并采用配套的Ω形卡将其牢固地固定在柜体进出线端处。

（6）对采用不配套的接线鼻子，应及时剔除并更换配套的产品。

（7）制作铅封电缆头或中间头的操作人员必须持证上岗，同时在操作时严格把关，将电缆头或中间头需要铅封的部位封铅密实，不允许有渗漏油现象产生。

39.4.3 直埋电缆缺陷

1. 现象

（1）直埋电缆沟底土层松动。

（2）直埋电缆沟底铺砂或细土不符合设计或规范要求。

（3）直埋电缆沟底内建筑垃圾未清除。

2. 原因分析

（1）电缆沟底层土松软呈胶泥状，不易夯实，密实度不符合要求。

（2）电缆沟底铺砂或细土时，铺设不均匀，薄厚不一。

（3）电缆沟底内建筑垃圾未及时清除，或清除干净后未及时回填。

3. 防治措施

（1）电缆沟底土质不符合要求时，应及时换土，并应夯实，保证底土密实度符合要求。

（2）电缆沟底铺砂或细土时，沟底应找平，放线铺设，并加强厚度的检查，确认符合要求后再进行下一道工序。

(3) 电缆内的杂物清理需要有专人看管检查，并加强成品保护，及时回填，做好预检与隐检记录。

39.4.4 电缆沟内敷设缺陷

1. 现象

(1) 敷设电缆的沟内有水。

(2) 电缆沟内支（托）架安装歪斜、松动，接地扁铁截面不符合规定，扁铁的焊接不符合要求。

(3) 电缆进户处有水渗漏进室内。

2. 原因分析

(1) 电缆沟内防水不佳或未做排水处理。

(2) 电缆沟内支（托）架未按工序要求进行放线确定固定点位置；安装固定支（托）架预埋或金属螺栓固定不牢；接地扁铁未按设计要求进行选择。

(3) 穿外墙套管与外墙防水处理不当，造成室内进水。

3. 防治措施

(1) 电缆沟内支（托）架安装应在技术交底中强调先弹线找好固定点；预埋件固定坐标应准确；使用金属膨胀螺栓固定时，要求螺栓固定位置正确，与墙体垂直，固定牢靠；接地扁铁应正确选择界面，焊接安装应符合工艺要求。

(2) 电缆进户穿越外墙套管时，特别对低于±0.000 地面深处，应用油麻利沥青处理好套管与电缆之间的缝隙，以及套管边缘渗漏水的问题。

(3) 电缆沟内进水的处理方法，应采用地漏或集水井向外排水。

39.4.5 竖井垂直敷设电缆缺陷

1. 现象

竖井垂直敷设电缆固定支架间距过大；电缆未做坠落处理；穿越楼板孔洞未做防火处理。

2. 原因分析

支架安装时未进行弹线定位；施工不精心，电缆未做防下坠处理，穿越楼板的孔洞未做防火处理。

3. 防治措施

根据楼层高度及规范规定找好支架间距，再根据电缆自重情况做好下坠处理，采用Ω形卡将电缆固定牢固防止下坠。电缆敷设排列整齐，间距均匀，不应有交叉现象。对于垂直敷设于线槽内的电缆，每敷设1根应固定1根，固定间距不大于1.5m，控制电缆固定间距不大于1m。采用防火枕或其他防火材料在电缆敷设完毕后，及时将楼板孔洞封堵严实。

39.4.6 竖井内敷设电缆长度缺陷

1. 现象

在竖井内敷设电缆，电缆长度控制不到位。

2. 原因分析

(1) 电缆敷设前，未测量出各层层箱压接点的电缆余量。

(2) 层箱敷设滞后，竖向电缆长度不好控制。

3. 防治措施

(1) 电缆敷设前进行各层实地测量，计算山每段电缆的长度。

(2) 尽早落实层箱安装厂作，便于电缆长度确定。

39.4.7　水平电缆敷设弯曲半径过小

1. 现象

水平干线电缆敷设时，在线槽弯曲处出现电缆自身弯曲困难，弯曲角度过小，将线槽盖板顶开。

2. 原因分析

由于水平干线线槽敷设时，通常会遇到其他专业管线，如风管、水管。在与其他专业管线交义敷设时，线槽通常需要弯曲，避开其他专业管线，线槽内的电缆也随之产生弯曲现象。

3. 预防措施

(1) 在专业管线综合排布时，尽量不与其他专业管线产生竖向交叉，可在水平方向上适当调整线槽走向，避让其他专业管线。

(2) 在规范要求的管道交叉敷设最小距离外，应尽可能使线槽弯曲半径增人，从而使电缆弯曲半径尽可能增大，线槽内的电缆则尽可能顺直。

4. 治理方法

(1) 增大线槽的弯曲半径。

(2) 在电缆转角两侧增加固定点，使电缆与线槽固定牢靠。

(3) 增加线槽敷设支路，减少线槽内电缆数量。

39.4.8　氧化镁绝缘电缆终端头和中间接头连接不牢，电缆受潮

1. 现象

氧化镁绝缘电缆终端头和中间接头的制作连接附件连接不牢，导致电缆受潮。

2. 原因分析

由于氧化镁绝缘电缆构造的特殊性，其终端头和中间接头的制作，极易出现操作不到位的情况。电缆的绝缘材料在空气中易吸潮，绝缘电阻可能达不到 100MΩ 以上的要求。

3. 预防措施

电缆头制作人员应经过培训或由厂家技术人员完成，以保证工程质量。每路电缆的终端头利中间接头制作完成后，绝缘电阻的测试应达到 100MΩ 以上才能交付使用。

4. 治理方法

电缆终端头、中间接头的制作与安装，应严格按照电缆生产厂家推荐的工艺施工。当发现有潮气浸入电缆终端时，可截去受潮段或用喷灯加热受潮段驱潮。在终端头、中间接头的制作过程中，要及时测量电缆的绝缘电阻值，因安装时铜护套受损、电缆受潮或铜金属碎屑未清除干净，均可能造成绝缘不合格。

39.4.9　单芯氧化镁绝缘电缆排列方式不正确

1. 现象

单芯氧化镁绝缘电缆敷设时的相序排列方式，不符合规定。

2. 原因分析

单芯氧化镁绝缘电缆敷设时没有注意到《矿物绝缘电缆敷设技术规程》(JGJ 232—2011) 中的有关规定，相序排列方式不符合规定，单芯电缆相互之间电磁感应导致各相电流

不平衡或平衡三相负载的中性线中感应出电流。

3. 预防措施

在单芯电缆敷设时应采用《矿物绝缘电缆敷设技术规程》(JGJ 232—2011) 规定的方式，尽量采用“正方形”和“三角形”排列方式，这两种排列方式电磁场比较集中，对周围其他强弱电线路影响较小，但这种排列方式对电缆的散热不利，选择电缆载流量时要留一定的余量。

4. 治理措施

对不符合《矿物绝缘电缆敷设技术规程》(JGJ 232—2011)规定的排列方式进行调整。

39.4.10 每组氧化镁绝缘电缆进出箱柜的孔洞未连通

1. 现象

每组氧化镁电缆进山箱体的孔洞之间没有进行连通。

2. 原因分析

每根氧化镁电缆与配电箱（柜）连接时，其间孔洞如果不连通，将会在箱体上产生涡流。

3. 预防措施

在配电箱（柜）加工订货前，应根据进入配电箱（柜）的组数，要求生产厂家将每一组之间的孔洞连通，以防止涡流产生。

4. 治理措施

将每组氧化镁电缆进出箱体的孔洞之间进行连通。

39.4.11 用氧化镁绝缘电缆铜护套做接地线时未直接接至 PE 排

1. 现象

用配电箱（柜）体作为接地接续导体。

2. 原因分析

用氧化镁绝缘电缆铜护套做接地线时，接地线中断，特别是在氧化镁绝缘电缆分支处，没有按电缆的相序分别进行跨接，用箱体作为接续导体。

3. 防治措施

(1) 氧化镁绝缘电缆的起始端（包括树干式供电的分支终端）铜护套的连接软线，一定要压接在配电箱柜的 PE 排上，每路氧化镁绝缘电缆供电回路的 PE 线，是由 A、B、C、N 四根氧化镁绝缘电缆的铜护套并接组成的。由于配电箱柜氧化镁绝缘电缆的进出线采用上进上出的方式，每根氧化镁绝缘电缆铜护套的连接线都要压在箱柜的 PE 排上，因此要求箱柜的生产厂家将 PE 排置于箱柜的上方，以减少接地连接线的长度，对于 PE 排置于箱柜下部或侧面的产品，要求在箱柜的上部增加辅助 PE 排。

(2) 铜护套接地连接线是供电线路 PE 线的组成部分，压接完成后，不能随便断开。

39.5 变配电所安装工程

39.5.1 变配电所内安装缺陷

1. 现象

(1) 给水、采暖管、空调冷凝水管、污水管接口、检查口装在室内。

（2）地下电缆沟内穿外墙套管出现渗漏。

（3）电缆隧道内有渗水现象。

2. 原因分析

（1）给水、采暖管、空调冷凝水管在室内安装时，将管道丝接部位安装在变配电所内；或是将污水管道接口、检查口放在室内，未考虑以后出现“跑冒滴漏”对变配电所内设备造成的隐患。

（2）地下电缆沟内穿外墙套管未做好防水处理，造成雨水或地下水由套管间隙向变电所电缆沟内渗水。

（3）电缆隧道由室外通向室内，室外电缆隧道的地下水或雨水流入室内。

3. 防治措施

（1）在变配电所施工前，及时对各专业管道走向及安装部位进行协调，不允许雨污水管道及各种管道进入变配电所内。

（2）地下电缆沟内穿外墙套管应做成带止水翅的，套管与电缆之间应采用油麻封堵，然后要求土建对外墙套管与电缆缝隙处再做一次防水处理，确保套管在外墙处的防水做到严密可靠，不渗漏水。

（3）室内电缆隧道与室外隧道相通，应保证室外隧道沟盖板缝不向内渗漏大量雨水，隧道外墙在地下水浸泡中不渗漏，隧道与建筑物接槎处不渗漏。除上述要求外，在隧道底应有排水沟、集水井及排水设备。

39.5.2 变压器安装缺陷

1. 现象

（1）变压器高低压侧瓷件破损。

（2）变压器轮轴间距与导轨间距不等。

（3）油浸变压器在放油阀处出现渗漏油现象。

（4）气体继电器安装方向或坡度不符合规定。

（5）防潮硅胶失效。

（6）变压器中性线和保护接地线安装错误。

（7）温度计安装不符合规范规定。

（8）电压切换装置切换不灵活或错位。

（9）变压器联线松动。

2. 原因分析

（1）变压器二次搬运过程中，变压器在包装箱内未固定牢固，破坏瓷件。

（2）配合土建安装导轨时，未按实际采购变压器轮距尺寸定位。

（3）变压器油路安装附件密封不好或截门损坏。

（4）气体继电器安装时，未考虑其方向或坡度。

（5）防潮硅胶受潮变成浅红色。

（6）变压器中性线和保护地线未按设计要求进行正确连接。

（7）变压器用温度计安装时，考虑不周，造成测试位置不准确。采用的导线不是温度补偿导线，或者导线连接点固定不牢。

（8）电压切换装置在安装时未调整好，造成切换不灵活或错位。

(9) 变压器一、二次引线，压接螺栓未拧紧。

3. 防治措施

(1) 变压器在出厂装箱时，应考虑加强易损部件的包装固定，保证搬运时不受损坏。在二次搬运时，应保证包装箱不受损坏，吊装时轻起轻落，不损坏变压器及其附件。

(2) 安装变压器导轨时，应按设计图要求的变压器型号规格去采购产品，并将该产品轮距尺寸取回，确保导轨与轮距吻合。

(3) 变压器油路及其附件在产品出厂时应进行检查，不允许出现渗漏油现象，并应有产品合格证。在变压器安装前应进行检查，确认变压器无渗漏油现象再进行安装，不合格的阀门不得采用。

(4) 气体继电器安装前应进行检查，观察窗应装在便于检查的一侧，沿气体继电器的气流方向有1%～1.5%的升高坡度。

(5) 防潮硅胶受潮应及时更换，在115～120℃烘箱内烘烤8h，进行烘干。

(6) 变压器中性线和保护接地线应接在接地线同一点上，保证保护地线零电位。

(7) 应将温度计置于油浸变压器套管内，并在孔内加适当的变压器油，刻度置于便于观察的方向。干式变压器的电阻温度计已预埋其内，应注意调整温度计引线的附加电阻。

(8) 电压切换装置安装前应做好预检，检查电压切换位置是否准确可靠，转动灵活。如为有载调压装置时，必须保证机械联锁和电器联锁可靠性，触头间应有足够的压力（一般为80～100N）。

(9) 变压器一、二次线连接时，压接要牢固，紧固螺栓时应用力矩扳手。

39.5.3 高压开关柜安装缺陷

1. 现象

(1) 高压开关柜内一、二次接线出现与设计方案不符合之处。

(2) 高压开关柜内零配件不齐全，个别电气元件有破损。

(3) 高压开关柜基础尺寸与柜体几何尺寸不符合要求。

(4) 成列高压开关柜安装出现垂直度、水平度偏差，柜体与柜体之间缝隙超出允许公差。

(5) 高压开关柜接地螺栓或接地导线截面不符合现行规范规定。

(6) 高压开关柜内一次接线母排或电缆导线端头安装不符合规定。

(7) 高压开关柜内二次接线松散，导线端头压接、焊接不符合规范规定。

2. 原因分析

(1) 高压开关柜一、二次线路方案，未按设计图要求在合同中对生产厂家交待清楚，或者生产厂家按自身标准产品组装，忽略设计的特殊要求。

(2) 搬运柜体有磕碰；成品保护不善；零配件及其他部件遭盗窃或被损坏；安装设备时碰坏部件，未及时更换。

(3) 高压开关柜基础施工时，对设备采用槽钢基础还是混凝土基础，要求不清，按常规施工造成差错。

(4) 成列高压开关柜安装时，随意放置排列，未进行细部调整。

(5) 高压开关柜接地螺栓或接地导线截面未按国家规范规定选用。

(6) 高压开关柜内一次接线母排或电缆导线端头安装时，忽略母排间隙、瓷瓶、母线卡子或电缆导线端头的压接，或电缆头固定不牢。

（7）高压开关柜内二次接线在查线时将绑线拆开，安装高度完毕后未恢复；导线压接不牢，多股导线涮锡温度忽高忽低，造成烧损线皮或涮锡不饱满。

3. 防治措施

（1）被选用的高压开关柜的技术资料应齐全，其产品应由国家认可的企业生产，各种证件齐全，能满足设计要求，并经复核确认无误后才允许使用。

（2）高压开关柜搬运时，应注意不要倒置，轻拿轻放；存放时要防雨雪、防腐蚀、防火、防盗；施工过程中及在竣工交验前应加强成品保护。

（3）根据设计图要求的高压开关柜排列顺序所确定的基础尺寸，对所采购的产品逐一核实后，再进行柜体基础施工，具体作法应按设计图与现行国家规范规定执行。

（4）稳装高压开关柜时，应按柜体编号顺序及柜体尺寸，使与基础尺寸相吻合；调整时，先找正两端柜体，再从柜下至柜上 2/3 高处拉紧一条水平线，逐台进行调整，柜高度不一致时，可以柜面为准进行调整。找好垂直度、水平度及柜体间隙，符合规范规定再固定牢固。

（5）接地螺栓及接地导线截面不合格，必须更换。压接点处螺栓不应小于 M12，弹簧垫、平垫圈都应符合规定，压接牢固可靠。接地扁铁可采用焊接或压接。

（6）检查母排是否横平竖直。固定好瓷瓶和母线卡子，再固定母排，其间距平行部分应均匀一致，误差不大于 5mm。

（7）检查高压柜各种控制线导通情况，并将多根控制线理顺，绑扎成束，固定好，并对其导线端头盘圈。多股导线涮锡或压接接线端子等都应符合现行国家规范规定。

（8）对超过检定周期的高压开关严禁使用，只有经过复验合格后，才允许安装使用。

39.5.4　高压开关柜调试运行缺陷

1. 现象

（1）高压真空断路器失效。

（2）油断路器内缺变压器油。

（3）电压互感器或电流互感器变比不符合设计规定。

（4）二次控制线路中电子元件在调试中发现损坏。

（5）高压断路器操动机构调整不灵活。

（6）电压表或电流表指示不正确。

（7）断路器分合显示牌翻牌失灵。

（8）带指示灯分合隔离开关接触不良或缺相。

（9）带电间隔机械连锁不灵活。

（10）高压开关柜防止带电挂地线的母线门开启不畅。

（11）高压开关柜防止带地线合闸的母线门关闭不严。

2. 原因分析

（1）高压真空断路器长期放置造成漏气或真空度下降。

（2）油断路器安装完毕漏检造成内缺变压器油。

（3）电压互感器或电流互感器变比不符合设计要求，是由于中途修改设计或因合同中交待不清。

(4) 二次控制线路中电子元件在调试过程中采用绝缘摇表做试验，造成元器件损坏。

(5) 高压断路器操动机构机械连锁部分，其螺栓松紧程度、刀口角度、刀片与刀口的接触部位不正确。

(6) 电压表或电流表在搬运时，表内轴尖或游丝移位或卡住。

(7) 断路器分合显示红绿指示牌在搬运过程中受振，螺丝松动，造成翻牌失灵。

(8) 带指示灯分合隔离开关的拉合角度不对，刀口间隙过大，造成接触不良或缺相。

(9) 高压开关柜放置过久，带电间隔机械部分锈蚀，造成机械联锁不灵活。

(10) 母线门的机械连锁部位螺栓固定过紧，造成母线门开启不畅。

(11) 机械连锁部位螺栓固定太紧。

3. 防治措施

(1) 高压真空断路器应定期进行检测，在安装调试前，预先做好测试检验。

(2) 制定油断路器安装制度，明确对油断路器各个部位进行检查，发现的问题应有修复的记录。

(3) 加强电压互感器或电流互感器各个环节的检查，其变比应严格按设计规定制作，对不符合设计规定的应及时更换，不允许不合格产品交付使用。

(4) 检查调试二次控制线路中的电子元件时，不允许电子元件回路通过大电流或高电压，因此该部分不允许使用绝缘摇表做试验，只允许采用高阻万能表进行检测。

(5) 高压开关操动机构之间的机械连锁部分，经过调整应达到机械连锁的作用。如防止带负荷分合的隔离开关，应保证当断路器处于合闸时，隔离开关不能进行分合闸操作。当断路器处于分闸状态时，才允许隔离开关进行分合闸。开关应操作灵活，合闸时刀口接合良好，分闸刀口与闸刀断开间隙应符合设计规定。

(6) 装在高压柜盘面上的电压表或电流表拆除输入端短路线后，调整机械零旋钮使指针回零，再经通电检查半载或满刻度是否正常。经检验合格后才允许使用，否则必须更换合格的电压表或电流表。

(7) 断路器分合显示红绿指示牌在搬运过程中应加强保护，如旋钮损坏，应将其更新。经调整好的红绿指示牌在分合显示时应正常，否则不允许使用。

(8) 经调整的隔离开关，如仍不能达到现行国家规范的使用要求，应及时更换，不合格产品不许使用。

(9) 为了防止误入带电间隔，当母线侧的隔离开关牌合闸状态时，母线门不得开启；当母线侧的门未关闭时，母线的隔离开关不应合上，因此必须调整使其机械连锁转动灵活。

(10) 为了在检修高压开关柜时，防止带电挂接地线，应调整好母线门的机械连锁螺栓，使之转动灵活，确保母线侧隔离开关分闸后，才能开启母线门挂地线。

(11) 为防带地线合闸，应调整好母线门传动部分的螺栓，确保接地线不拆除，母线门不能完全关闭，母线侧的隔离开关不能合闸。

39.5.5 变电所设备布置及灯具安装工程施工缺陷

1. 现象

(1) 低压配电屏屏前、屏后通道宽度不满足规范要求。

（2）配电柜后通道的出口数量不满足规范要求。

（3）配电室内灯具采用线吊、链吊，且安装在配电装置的上方，不符合安全要求。

2. 原因分析

配电室电气设备及电气照明安装施工，必须做到在执行国家现行标准的同时，还应满足当地供电部门的具体要求，否则会给变配电室验收设置障碍，以上问题产生，存在设计缺陷，图纸会审未提出，设计变更造成电气设备增加，空间布局变小，施工方法不当，预留预埋施工灯位放线不合理等原因。

3. 防治措施

（1）根据国家标准要求，低压配电室内成排布置，配电屏前、屏后的通道最小宽度为：屏后通道固定式和抽屉式均为1m，其屏前通道，固定式成排布置为1.5m，抽屉式单排布置为1.8m，固定式双排面对面布置为2m，抽屉式双排面对面布置为2.3m，只有当建筑物墙面遇有柱类局部凸出现，凸出部分通道宽度可减少200mm。

（2）规范规定：配电装置长度大于6m时，其屏后通道应设两个出口，低压配电装置两个出口间距离超过15m时，应增加出口。该措施为保证巡视和维修人员在电气设备发生故障时，能及时疏散。

（3）根据国家标准规定，在变配电室裸导体的正上方，高压开关柜、变压器正上方不应布置灯具和明敷线路，在变配电室裸导体上方布置灯具时，灯具与裸导体的水平净距不应小于1m，灯具不得采用吊链和软线吊装，配电室内灯具安装，通常可采用线槽型荧光灯，用吊杆安装。

39.6 架空外线工程

39.6.1 电杆安装缺陷

1. 现象

杆位组立不排直；水泥电杆不做底盘；夹盘（地横木）位置摆放错误；电杆有横向及纵向裂缝；钢绞线拉线漏套心形环；普通拉线角度不准，用料太长。

2. 原因分析

（1）肉眼测杆位有误差，挖坑时未留余度，立杆程序不对，造成杆位不成直线。

（2）对水泥电杆要加底盘的重要性不认识，往往在原杆坑内用脚踏平，不做底盘。

（3）做夹盘未按线路走向正确位置摆放，距地面不是太深就是太浅。

（4）水泥杆在运输中因应力集中而产生横向裂缝，影响了电杆强度。

（5）对拉线的角度、受力、方向、位置缺乏理论知识，出现各种错误作法，计算拉线长度时只凭经验估计，用料不准。

3. 预防措施

（1）电杆架立测位时要在距电杆中心的某一处设标志桩，以便在挖坑后仍可测量目标，不要把标志桩钉在坑位中心。挖坑时要把杆坑长的方向挖在线路的左右方向，如图39-16所示，留有左右移动余地。立杆时要先立1号、5号杆，然后再立2号和3、4号不拆除杆，便于找直线。

（2）水电电杆底盘可用预制或现浇混凝土制作。在安装预制混凝土夹盘时（图

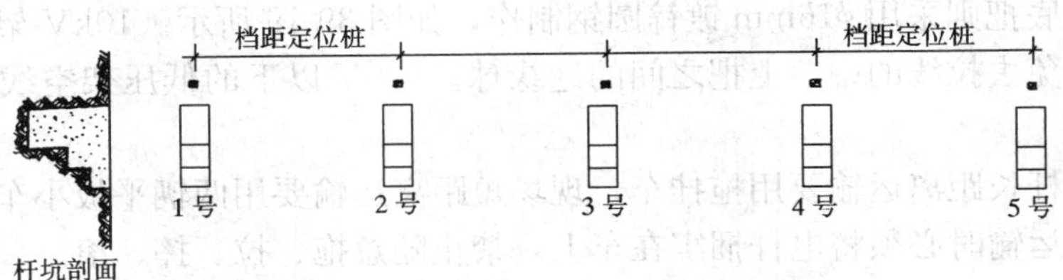

图 39-16 电杆坑挖法

39-17)，两终端杆要将夹盘设在受力内侧，中间电杆应设在受力边侧。夹盘采用现浇混凝土时，可在电杆根部 65cm 处，挖出以电杆为中心、直径 1m 的圆坑，浇筑厚 15cm 的 C15 素混凝土，待养护达到强度要求后，填土夯实。

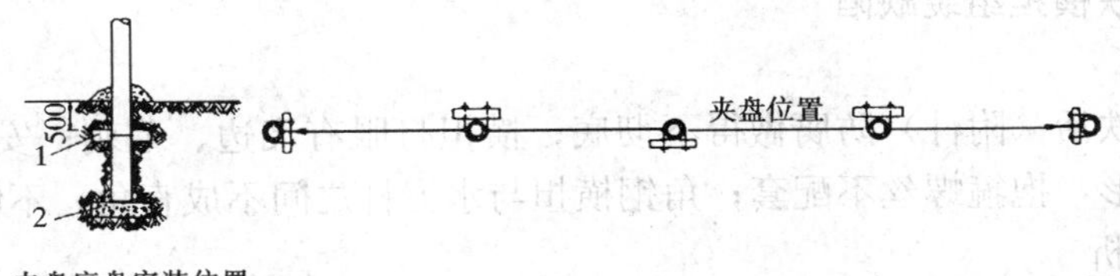

图 39-17 预制混凝土夹盘作法

1—夹盘；2—底盘

(3) 拉线截面积应根据所架空的导线选择，一般拉线的承拉荷载大于电杆上架空的导线全部受力负重。当用镀锌钢绞线做拉线时，其接触拉线抱箍和底把部位必须加套心形环，防止单股吃劲。用 ϕ4mm 镀锌铁丝做拉线时，各部尺寸如图 39-18 所示。

根据电杆不同的高度用直角三角形法则，可以求出各段铁丝的长度。例如图 39-19 欲求上段(把)长度，则 c 边等于 a 边 $\times\sqrt{2}$，即 2000×1.414，若要计划断铁丝，还应加上两头的缠绕线。所以欲求上把的铁丝全长，可以按下述经验公式计算：$2000\times\sqrt{2}+[(2\times1200)$ 两端的缠绕线]。拉线除了经常采用 ϕ4mm(8 号)铁丝外，现在普遍采用 7 股 35mm^2

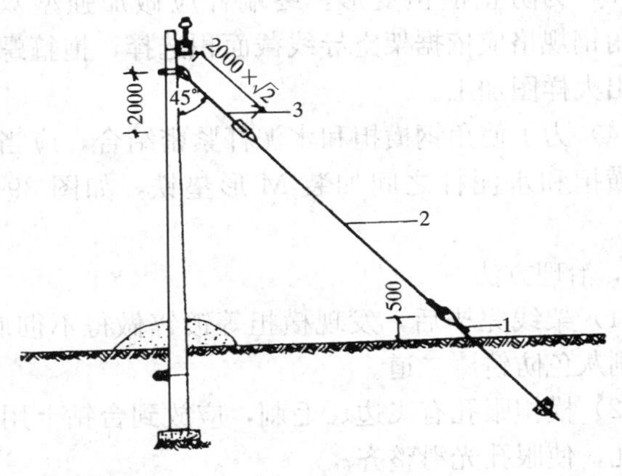

图 39-18 铁丝拉线各部尺寸

1—底把；2—中把（长度按电杆高度定）；3—上把

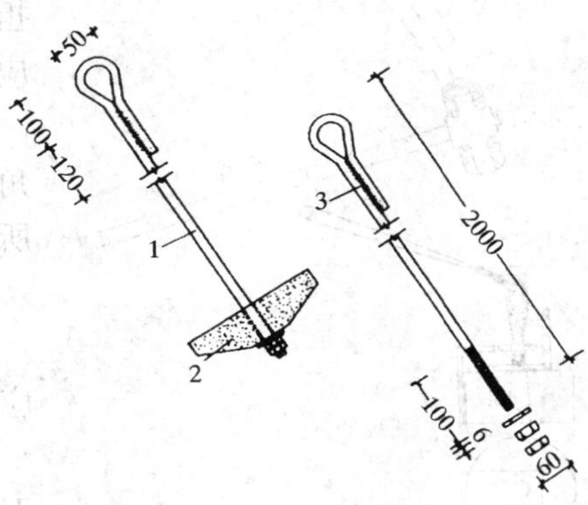

图 39-19 镀锌圆钢底把

1—ϕ16 圆钢；2—混凝土拉线盘；3—电焊

镀锌钢绞线。底把则采用 ϕ16mm 镀锌圆钢制作，如图 39-19 所示。10kV 架空线路采用水泥杆时，可以免去拉线的中、上把之间的绝缘球。500V 以下的低压架空线路仍旧要装设绝缘球。

（4）水泥杆长距离运输要用拖挂车，现场短距离运输要用两辆平板小车架放在电杆上腰和下腰间。运输时必须将电杆捆牢在车上，禁止随意拖、拉、摔、滚。

4. 治理方法

（1）杆位不成直线应在打夹盘前，挖出部分填土在杆坑内校正。

（2）发现未做夹盘时，应将杆坑内挖去 65cm 深，浇筑直径 1m、深 0.15m 的 C15 素混凝土夹盘。

（3）夹盘位置摆错了的应予以纠正。

39.6.2　铁横担组装缺陷

1. 现象

角钢横担铁活（附件）防腐做得不彻底；横担打眼有飞边、毛刺；安装瓷瓶不稳定；终端杆横担变形，抱箍螺丝不配套；角钢横担与水泥杆之间不成直角，不够平正。

2. 原因分析

（1）横担、铁活镀锌防腐未被普遍采用，刷防锈漆时未彻底除锈，影响涂料粘结。

（2）角钢横担用电、气焊切割开孔，造成烂边、飞刺。

（3）终端杆横担未做加强型双横担，或横担规格过小刚度不够而变形。

（4）横担抱箍（附件）加工时，没有按水泥杆的拔梢锥度计算直径，结果抱箍螺丝过长，使用时只能垫钢管头。

（5）横担与电杆之间没有装 M 形垫铁。

3. 预防措施

（1）外线用角钢横担、铁活，应于加工成形后，全部采用镀锌防腐。在施工中局部磨损掉的镀锌层，在竣工前应全部补刷防锈漆。

（2）角钢横担开眼孔必须在台钻上进行，或用“漏盘”砸（冲）眼孔，如图 39-20 所示。不允许用电、气焊切割。

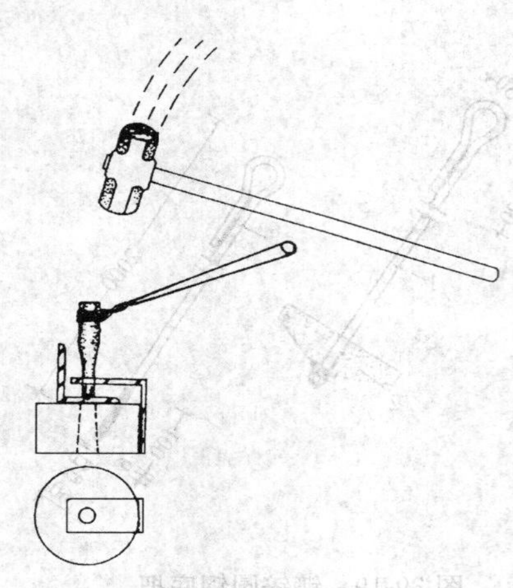

图 39-20　用冲模冲角钢眼孔

（3）为防止横担变形，终端杆应做加强型双横担。角钢规格应依据架空导线截面积选择，抱箍螺丝应画出大样图加工。

（4）为了使角钢横担和水泥杆紧密结合，应当在角钢横担和水泥杆之间加装 M 形垫铁，如图 39-21 所示。

4. 治理方法

（1）架线完毕后，发现横担等镀锌做得不彻底，应补刷灰色防锈漆二道。

（2）横担眼孔有飞边、毛刺，应放到台钻上用锉刀镗孔，使眼孔光滑整齐。

（3）横担安装不平整，应选择配套的抱箍、M 形垫铁，重新安装。

39.6.3 导线架设缺陷

1. 现象

导线出现背扣、死弯，多股导线松股、抽筋、扭伤；电杆档距内导线弛度不一致；导线接头没有测定接触电阻；裸导线绑扎处有伤痕。

2. 原因分析

(1) 在放整盘导线时，没有采用放线架或其他放线工具，人工放线时又没有按图39-22中 (a) 所示的方法放线，采用了 (b) 所示的错误方法，使导线出现背扣、死弯。

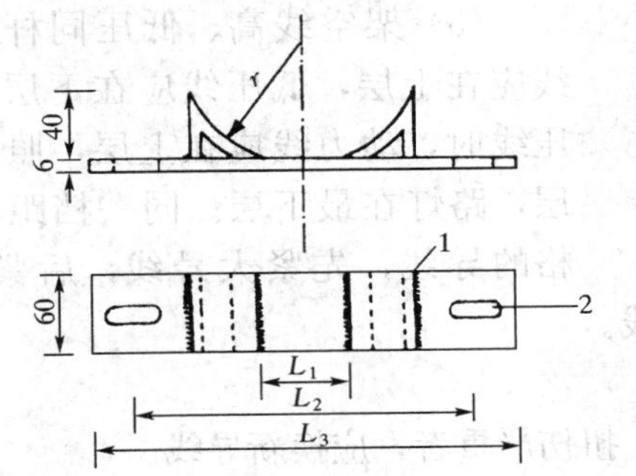

图 39-21 水泥杆横担 M 形垫铁

1—电焊镀锌；2—18×35 长孔

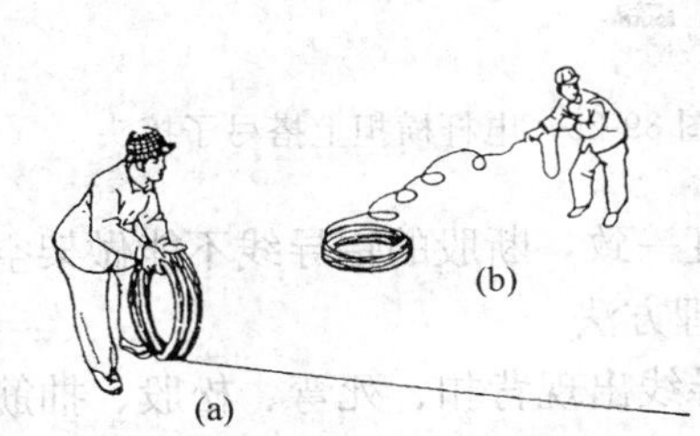

图 39-22 人工放线

(a) 正确的方法；(b) 错误的方法

(2) 在电杆上放线拉线，会使导线磨损、蹭伤（图 39-23），严重时造成断股。

(3) 导线接头未按标准制作，工艺不正确。

(4) 绑扎裸铝线时没有缠保护铝带。

(5) 同一档距内，架设不同截面的导线，紧线方法不对，出现弛度不一致。

3. 预防措施

(1) 整盘导线开放时，必须用放线架。也可将手推车轮子竖起来放线，效果较好。

(2) 架设裸铝导线时，可在角钢横担上挂上开口滑车，如图 39-24 所示，放线时将铝导线穿于滑车内，由地面人员用大绳从这一档电杆到那一档电杆，一档一档地拉到终端杆，可以保护导线不受损伤。

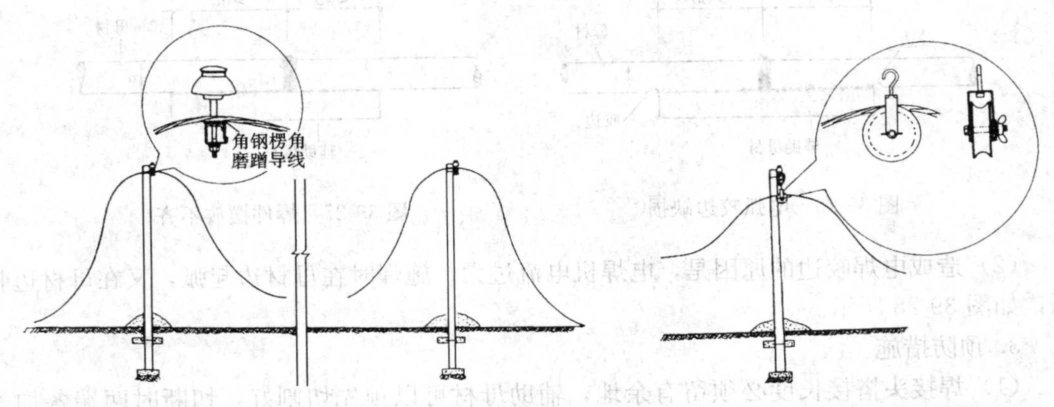

图 39-23 错误地在电杆横担上放线拉线　图 39-24 用滑车放线

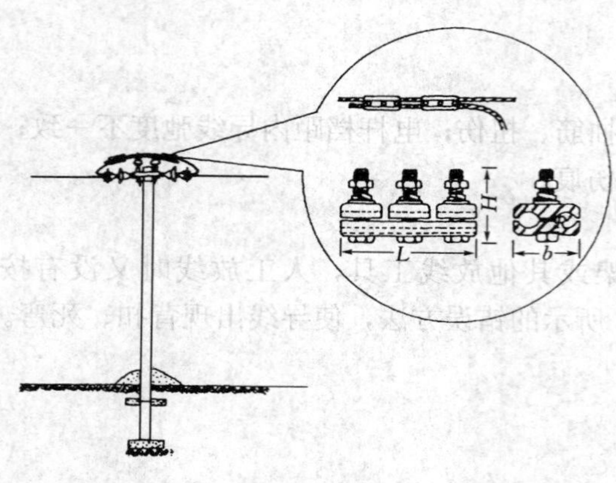

图 39-25　电杆横担上搭弓子接头

（3）导线接头应尽量在电杆横担上搭弓子跨接，铝导线用铝套管或并沟线夹压接，如图 39-25 所示。普通铝导线不应在档距内接头，应采用钢芯铝绞线加铝套管抱压接头。

（4）裸铝导线与瓷瓶绑扎时，要缠 1mm×10mm 的小铝带，保护铝导线。

（5）架空线高、低压同杆时，高压线应在上层，低压线应在下层；架设低压线时，动力线应在上层，照明线在下层，路灯在最下层。同一档距内不同规格的导线，先紧大号线，后紧小号线，可以使弛度一致，断股的铝导线不能做架空线。

4. 治理方法

（1）导线出现背扣、死弯、松股、抽筋、扭伤严重者，应换新导线。

（2）架空线弛度不一致，应重新紧线校正。

39.7　防雷与接地装置安装

39.7.1　镀锌圆钢接闪网（带）焊接缺陷

1. 现象

（1）接闪网（带）焊接头搭接长度不够，电焊时电弧咬边造成缺损，因而减小了圆钢的截面积，如图 39-26 所示。

（2）焊接处未作防腐处理。

2. 原因分析

（1）安装接闪网（带）时，留出的搭接长度不够，或者在断辅助母材时不够长，焊性摆放不齐，一边过长，一边过短，结果造成焊接面长度不够，如图 39-27 所示。

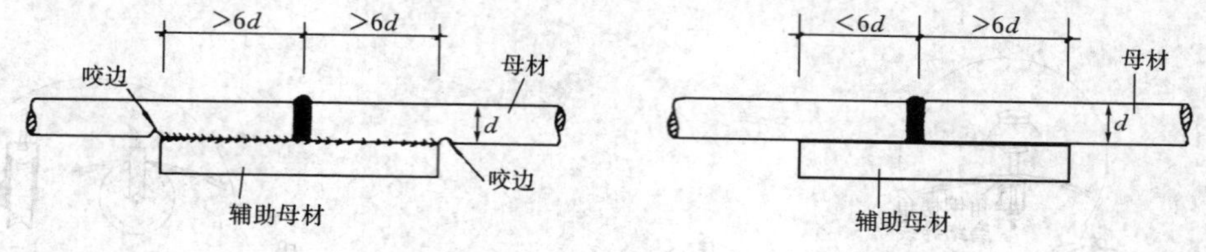

图 39-26　电弧咬边缺损　　　　图 39-27　焊件摆放不齐

（2）造成电焊咬边的原因是，电焊机电流过大，施焊时在母材边起弧，又在母材边收弧，如图 39-28 所示。

3. 预防措施

（1）焊接头搭接长度必须留有余地，辅助母材可以预先切割好，切断时两端各加长 10mm，并在居中做出标记，将两个钢筋接头放在中间对齐，如图 39-29 所示。

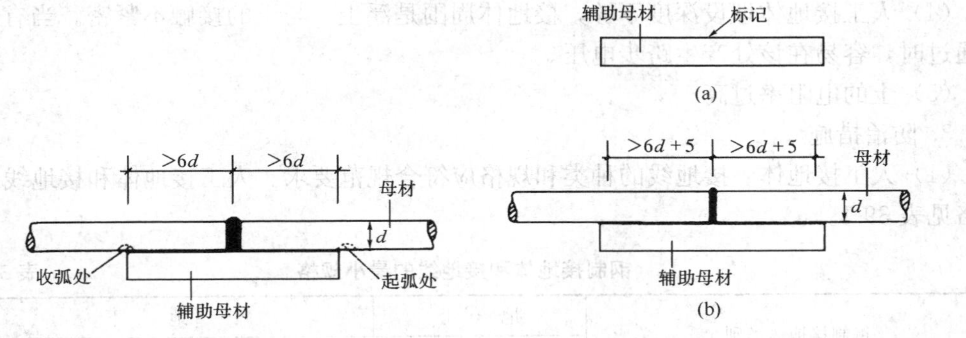

图 39-28 焊件起弧收弧处

图 39-29 焊件做记号对齐

(2) 施焊时可在辅助母材边起弧，焊完后仍在辅助母材边收弧，这样可以避免因熔池收缩而造成咬边现象。

4. 治理方法

发现电焊面积不够和电弧缺口咬边，应加焊补齐。焊接处涂防锈油漆二道。

39.7.2 防雷引下线漏做断接卡子和接地电阻测试点

1. 现象

高层建筑利用建筑物的柱子钢筋作引下线，或柱子内附加引下线时，没有在首层预焊出测量接地电阻值的测试点，以致无法测量避雷系统的接地电阻。

2. 原因分析

认为防雷引下线利用柱子钢筋，则整个建筑物的钢筋已统一接地，就没有必要再测接地电阻值，所以漏做测试点。

3. 预防措施

(1) 在主体结构施工时，若防雷引下线利用柱子钢筋，可在室外距地面 500mm 处，于建筑物的四个角焊出接地电阻测试端子。

(2) 如果是在混凝土柱子或墙内暗设的防雷引下线，则应在距室外地坪 500mm 处，逐根作接地引下线断接卡子，作为接地电阻的测试点。

4. 治理方法

施工阶段发现未作断接卡子和测试点时，应凿出柱子主筋，补焊出接地电阻测试点。

39.7.3 接地电阻达不到要求

1. 现象

接地的种类很多，有工作接地、保护接地、重复接地、防雷接地、联合接地等，各类接地对接地电阻阻值的要求各不相同，若接地电阻达不到要求，则不能保证电气设备和线路的正常运行，甚至危及人身安全。

2. 原因分析

(1) 人工接地体材料的种类不合乎要求。如选择热轧带肋钢筋作为接地体，尽管所选截面积合乎要求，但实测接地电阻可能不够，因为热轧带肋钢筋与同直径的圆钢相比，其与土的接触面积可能会大大减少。

(2) 人工接地体的截面积过小。

(3) 人工接地体的数量不够。

（4）人工接地体埋设深度不够，接地体周围是浮土，与土的接触不紧密。当有强大电流通过时，容易在该处产生跨步电压。

（5）土的电阻率过高。

3. 防治措施

（1）人工接地体、接地线的种类和规格应符合规范要求。人工接地体和接地线的最小规格见表 39-1。

钢制接地体和接地线的最小规格 表 39-1

钢制接地体类别		地上		地下	
		室内	室外	交流电流回路	直流电流回路
圆钢直径（mm）		6	8	10	12
扁钢	截面（mm^2）	30	100	100	100
	厚度（mm）	3	4	4	6
角钢厚度（mm）		2	2.5	4	6
钢管管壁厚度（mm）		2.5	2.5	3.5	4.5

（2）人工接地体敷设后须实测接地电阻，若阻值不够则增设接地体。

（3）人工接地体的埋设深度以顶部距地面大于 0.6m 为宜。

（4）对于砂、石、风化岩等高电阻率的地区，应使用降阻剂降低土的电阻。

（5）接地线焊接搭接长度按表 39-2 规定。

接地线焊接搭接长度规定和检验方法 表 39-2

项次	项目		规定数值	检验方法
1	搭接长度	扁钢	$\geqslant 2b$	尺量检查
		圆钢	$\geqslant 6d$	
		圆钢和扁钢	$\geqslant 6d$	
2	扁钢焊接搭接长度的棱边数		3	观察检查

注：b 为扁钢宽度；d 为圆钢直径。

39.7.4 突出屋面的非金属物未作防雷保护

1. 现象

高出屋面接闪带的非金属物，如玻璃钢水箱、塑料排水透气管未作防雷保护，在雷雨天气，这些突出物就有可能遭受雷击。

2. 原因分析

错误地认为只有高出屋面的金属物体才需要与屋面防雷装置连接，而非金属不是导体，不会传电，因而不会遭受雷击。雷击是一种瞬间高压放电现象，这种高电压、强电流足以击穿空气、击毁任何物体。很多高大的建筑物、构筑物本身并非导体，却需要防雷保护，即是最简单的例子。

3. 防预措施

在屋面接闪器保护范围之外的物体应装接闪器，并和屋面防雷装置相连。

4. 治理方法

高出层面接闪器的玻璃钢水箱、玻璃钢冷却塔、塑料排水透气管等应补装接闪杆，并和屋面防雷装置相连，接闪杆的高度应保证被保护物在其保护角范围之内。

39.7.5 屋面设备配管或设备本体未与接闪带相连

1. 现象

屋面上的风机等设备安装后，设备本体或设备电源配管未与接闪带相连，缺少防雷保护。

2. 原因分析

根据规范要求，引出屋面的金属物体应与接闪带相连接，施工中只有设备本体与接闪带相连，电源配管未连接接闪带；或是只有设备配管与接闪带相连，设备本体未连接闪带。

由于设备本体与配管间应进行跨接地线处理，施工中经常认为只要接闪带与其中之一相连，则达到防雷要求，此做法缺陷在于将设备本体与电源配管的其中之一作为接续导体，违反规范要求。

3. 预防措施

将接闪带引至设备机位，用两根直径不小于 8mm 的镀锌圆钢，从接闪带焊出，配管完成及设备到位后，分别将两根预留圆钢焊接至设备基座及电源配管。

4. 治理方法

如果未预留出两根镀锌圆钢，可将接闪带首先焊接至设备底座，然后从接闪带上焊接出 1 根镀锌圆钢，将圆钢焊接至电源配管，焊接完成后涂刷防锈漆。切忌从设备底座或电源配管向另一侧引出镀锌圆钢。

39.7.6 超出接闪器保护范围的非金属构造物未单独敷设接闪器

1. 现象

引出屋面的非金属结构（如机房屋顶、水箱间屋顶）高度已超出建筑物本体接闪器高度，未按规范要求单独敷设专用接闪器，造成雷击隐患。

2. 原因分析

（1）施工前未比对非金属结构高度与建筑物本体接闪器的高度，在结构施工阶段，未将防雷引下线相应引出。

（2）施工中认为非金属结构不需要进行防雷保护，忽略了非金属结构的防雷要求。

3. 防治措施

施工前认真熟悉图纸，在屋面结构施工过程中，适时将防雷引下线引至屋顶机房等高度超过建筑物高的构造本体上，为构造物接闪带敷设创造条件，引下线可以明敷或暗敷，相应建筑物屋顶上的金属物体也应与防雷引下线贯通连接。

39.7.7 接地测试点丢失

1. 现象

在建筑物首层地面以上 50cm 取两个对角引出镀锌扁钢，与防雷引下线相连，作为接地测试点。由于幕墙安装时未设置接地测试点预留盒，幕墙板块将遮挡住接地测试点，造成测试点丢失，无法进行防雷接地电阻测试。

2. 原因分析

（1）在幕墙板块安装前，未预留接地测度点底盒，幕墙板块将预留扁钢遮挡，幕墙板块无法随意开孔，造成接地测试点丢失。

(2) 未与幕墙专业进行沟通，幕墙专业在板块加工时未预留接地测试点孔洞。

3. 防治措施

在幕墙板块安装前，电气专业应与幕墙专业进行沟通，要求幕墙专业在板块加工时将接地测试点位置的板块预留出孔洞，电气专业应在安装前将接地测试点底盒安装到位，并做好标记。在幕墙板块安装后，应迅速将带有接地测试点标志的盒盖安装，或用其他盒盖安装到位，做好成品保护工作。

39.7.8 屋面冷却塔爬梯未采取防雷措施

1. 现象

屋面的冷却塔通常带有金属爬梯，未单独敷设接闪杆，也未与接闪带进行连接。

2. 原因分析

冷却塔高度一般高于屋面女儿墙高度，通常情况下不能受到建筑物本体接闪器的保护，应单独敷设接闪器。但冷却塔系建筑物的重要设备，单独敷设接闪器存在一定风险，宜考虑安装接闪杆。

3. 预防措施

在冷却塔安装位置附近，由接闪带分别焊接出两根 $\phi8$ 镀锌圆钢，预留给冷却塔本体及作为接闪杆焊接点，要求接闪朴焊接完成后，高于冷却塔本体高度。冷却塔安装后，将从接闪带焊接处的两根预留圆钢，分别与冷却塔电源配管及爬梯进行焊接，焊接处应进行防腐处理。

4. 治理方法

冷却塔安装到位后，将接闪杆安装至冷却塔顶端，焊接完成后，接闪杆应高于冷却塔本体，再将接闪带与爬梯用 $\phi8$ 镀锌圆钢进行焊接。

39.7.9 接闪带操作缺陷

1. 现象

接闪带整体敷设不顺直，支架高度不符合要求，固定附仆不齐全，焊接点不饱满、不光滑，防腐不良。

2. 原因分析

用于接闪带敷设使用的镀锌圆钢，使用前未进行调直处理，存在较多的弯、折、碎褶，不平直。支架安装高度没有按工艺要求进行施工，随意设置，也没有排水平线进行高度调整。各种附件使用未能引起施工人员及质量检查人员重视，敷衍了事，不负责任，焊接质量不合格，缺少最后一道防腐处理工序。

3. 预防措施

接闪带使用的镀锌圆钢，使用前都要进行冷拉凋直，保管、运输、敷设、卡固、焊接过程中要采取相应的保护措施，防止变形、弯曲、折损。支架安装要根据设计要求先进行弹线定位，然后用水平线调直，支架高度为 10～20cm。水平度每 2m 段允许偏差 3/1000，垂直段每 3m 允许偏差 2/1000，全长偏差不得大于 10mm，直线段上不应有高低起伏及弯曲情况。接闪带使用的附件，全部为热镀锌，应加强检查，严格验收焊接点，要求焊缝平整、饱满，无明显气孔、咬肉缺陷，焊接点需打磨平整，刷防锈漆，银粉罩面。

4. 治理方法

接闪带整体敷设不顺直，超山允许偏差时，重新固定间距，将直线段校正平直，不得超出允许偏差。如焊接点不饱满，有夹渣、咬肉、裂纹、气孔等缺陷，应重新补焊。防腐不良时，应将焊接处药皮清理干净，再刷防锈漆、银粉。接闪带敷设后应避免砸碰。

39.7.10 接闪带敷设缺陷

1. 现象

接闪带通过屋顶爬梯处不断开，出现绊脚线，接闪带在通过变形缝处无伸缩弯。屋面金属物未接地，或未全部接地，高大金属物只有一点接地。

2. 原因分析

对屋面金属物体需要全部与防雷装置连接的规范要求认识有偏差，按闪带在爬梯处不断开，在变形缝处不做处理，给防雷系统安全使用带来隐患。

3. 防治措施

接闪带在通过爬梯处必须断开，两端与爬梯焊接，通过爬梯保让接闪带贯通。接闪带在通过变形缝处应设有伸缩弯，伸缩弯半径＞$10D$（D为圆钢直径）。屋面金属物均应可靠接地，高大金属物在不同方向上应有两点以上与接地干线连接。

39.7.11 接地电阻测试点施工缺陷

1. 现象

接地电阻测试点暗盒烂口，防腐、防水、排水不良，位置、标高无标识。

2. 原因分析

接地测试点位置标高未按设计要求进行施工，预留偏差较人，预埋暗盒安装完成后，未协调土建施工人员进行收口施工，防腐措施不到位，盒盖、封盖缺少防水胶圈，密封不严。盖板未喷涂接地标识。

3. 防治措施

接地电阻测试点烂口应修正完好，盒壁防腐良好，盒内清理干净，有防、排水措施，位置标高应符合设计要求，盖板或门上应有黑色接地标志。

39.8 等电位安装

39.8.1 卫生间局部等电位安装缺陷

1. 现象

具有洗浴功能的卫生间地板钢筋、插座PE线不接至局部等电位端子排。

2. 原因分析

不了解卫生间局部等电位的作用，且未按国家标准图集《等电位联结安装》(02D501-2)的要求进行施工。错误认为卫生间插座已经通过PE线接地，开设有剩余电流保护器保护，所以无须做局部等电位联结。

3. 预防措施

施工前应认真熟悉电气设计图纸，并掌握国家标准图集的要求。由于人在沐浴时身体表皮湿透，人体电阻很低，如有高电位引入，电击致死的危险性很大，而人在沐浴时，必然要与地面相接触，因此地面的钢筋、插座PE线必须与局部等电位端子排相连接。

4. 治理方法

可采用截面积不小于 $50mm^2$ 的镀锌扁钢一端与卫生间地板钢筋焊接，另一端与卫生间局部等电位端子排进行压接；在卫生间内插座与卫生间局部等电位端子箱之间，应采用 $4mm^2$ 软铜线穿塑料管暗敷，一端与插座 PE 线连接，另一端按续端子后与局部等电位端子排进行压接。

39.8.2　卫生间局部等电位与防雷引下线连接

1. 现象

卫生间局部等电位通过镀锌扁钢与防雷引下线连接。

2. 原因分析

卫生间做局部等电位联结，是为防止自外面进入卫生间的金属管线引入高电位，而使地面和其他金属物之间不产生电位差，也就不会发生电击事故。有的电气技术人员认为卫生间局部等电位应接地，所以将其接至防雷引下线，可能会将雷电流引入卫生间，造成不必要的人身伤害。

3. 防治措施

严格按国家标准图集《等电位联结安装》(02D501-2)的要求进行施工，既节约成本，提高效率，还不致“引狼入室”。

39.8.3　卫生间局部等电位施工完毕后未进行测试

1. 现象

卫生间局部等电位端子排与进入卫生间的金属管道、地板钢筋等金属物连接后，未进行测试。

2. 原因分析

电气技术人员未认真了解国家标准图集的要求，或没有配备相应的仪表，以致没有进行测试。或者忽略了等电位联结导通性的测试标准要求。

3. 防治措施

等电位联结安装完成后，应进行导通性测试。采用低阻抗的欧姆表对等电位联结端子板与等电位联结范围内的金属管道等金属体末端之间的导通性进行测试。等电位联结导通性测试使用空载电压为 4～24V 的直流或交流电源，测试电流不应小于 0.2A，当测试的等电位联结板与等电位联结范围内的金属末端之间的电阻不超过 3Ω 时，可认为等电位联结是有效的。如发现管道连接处导通不良，应做跨接线。

39.8.4　卫生间局部等电位与总等电位相联

1. 现象

将卫生间局部等电位预留扁钢，引至附近的竖井，与竖井内的总等电位预留扁钢相连。

2. 原因分析

错误地认为将局部范围内可接触到的设备与建筑物内所有设备相联最安全，混淆了总等电位和局部等电位的概念。两者的最大区别是作用范围不同，如果将局部等电位与总等电位相联，一旦建筑物其他位置的设备接收了外来电流，则将通过联结线引入局部范围，使人受到外来电流袭击。

3. 预防措施

应正确理解卫生间局部等电位的概念和保护范围，工程技术人员向工人做好交底，按图集要求施工，不要将局部等电位单独敷设扁钢与总等电位相联结。

4. 治理方法

局部等电位的范围越小越安全。如单独敷设了扁钢将卫生间局部等电位与总等电位相联结，应将扁钢断开，切断两者的联系。

39.8.5 卫生间局部等电位预留扁钢敷设在卫生间外

1. 现象

当卫生间隔墙砌筑完成后，发现预留的卫生间局部等电位扁钢在卫生间外。或者扁钢虽在卫生间内，但扁钢与钢筋网片的焊接点在卫生间外。

2. 原因分析

(1) 在结构预留预埋施工时，电气施工人员没有将扁钢位置预留准确，或认为将扁钢引入卫生间，便是预留到位。

(2) 卫生间隔墙位置变化，将卫生筒等电位预留扁钢甩在墙外。

3. 预防措施

首先依照图纸，确定卫生间隔墙位置，在现场施工时，选择卫生间范围内的钢筋网片任意一点作为预留扁钢的焊接点，做好标记，严格要求工人在标记点处进行焊接。

4. 治理方法

如施工中本身预留不到位，或隔墙位置改变，造成预留扁钢及焊接点在卫生间外，且土建专业已浇筑完混凝土，则应将该扁钢废弃，在卫生间内对已经浇筑完毕的地面进行剔凿，露山钢筋，重新焊接扁钢，焊缝长度应符合“$6D$”要求，焊接完毕后，将焊缝防锈处理，再将焊点用砂浆填实。注意，如发现预留扁钢未到位，应及时处理，切忌破坏卫生间地面防水。

39.8.6 选取1根竖向贯通的钢筋，将各楼层卫生间局部等电位进行串接

1. 现象

选取的竖向贯通的钢筋不是防雷引下线。此做法多出现在上下户型一致的住宅中，住宅工程设计图纸中就要求施工单位采取此类做法。

2. 原因分析

由于每层卫生间的预留扁钢与选取的主筋相连，造成在竖向上将各层的卫生间进行了串接，一旦某层卫生间出现漏电现象，电流将通过竖向钢筋传向其他楼层，使得其他楼层卫生间内的人员触电。

3. 预防措施

在设计交底时，应向设计提出此问题，杜绝预留扁钢与竖向钢筋焊接的现象。

4. 治理方法

如已经将卫生间局部等电位预留扁钢与竖向钢筋相联，应切断扁钢，弃用预留扁钢，将卫生间地面进行剔凿，重新焊接扁钢至局部等电位端子箱。

39.8.7 同一户型内的多个卫生间局部等电位串接

1. 现象

一些住宅建筑内的大户型可能有两个或两个以上的卫生间，用1根扁钢沿房间内走道将几个卫生间局部等电位扁钢进行串接。

2. 原因分析

国家标准图集《等电位联结安装》02D501-2 中关于局部等电位联结的概念是除本卫生间以外，其他卫生间内的设备与本卫生间无关。将各个卫生间进行联结，则一旦其他卫生间设备漏电，漏电电流将从联结线流入本卫生间，导致人员触电。

3. 预防措施

严格杜绝敷设联结线将多个卫生间相联结。

4. 治理方法

将联结几个卫生间局部等电位的扁钢切断。

39.8.8　将局部等电位视为接地

1. 现象

施工中将局部等电位联结视为接地，预留扁钢焊接点随意敷设，甚至焊接在防雷引下线或总等电位干线上。

2. 原因分析

无论电压大小，人员能够同时触碰到物体没有电位差，则没有电压降，不会造成人员触电。施工人员通常认为卫生间局部等电位联结预留的扁钢，是局部等电位端子箱的“接地线”，这样的观点是不对的。局部等电位端子箱应视为各类设备和可导电的金属物体联结终端，通过局部等电位端子箱将它们联结到一起，使各类电气设备外壳和金属物体之间带有同等电位。也就是说，应该将卫生间内的钢筋网片视为与卫生间内水管、浴缸等同看待的设备，人员在各种电气设备包围的范围内，各种电气设备外壳与金属物体之间的电位差为零。

3. 预防措施

正确认识等电位端子箱的作用，将卫生间范围内的钢筋网片视力设备。

4. 治理方法

等电位与接地是两个不同的概念，PE 线是接地的，LEB 接的可以是地，也可以不是地，PE 线在事故状态下可以传到故障电流，而等电位联接线则只传到电位。局部等电位只要将该区域的电气设备金属外壳和金属物体联结在一起，就可以达到对危险电位的控制。

39.8.9　卫生间等电位 PE 线穿管使用钢导管

1. 现象

压接在设备上的 PE 线，外保护管使用钢导管。

2. 原因分析

忽略了规范规定，卫生间局部等电位联结中的联结线为单芯 PE 线，为避免产生涡流现象，不能穿钢管敷设。

3. 防治措施

提前预制 PVC 管，专门使用在卫生间等电位联结上。

40 给排水与暖卫工程

40.1 室内给水管道安装

室内给水管道的传统管材是钢管和给水铸铁管。给水铸铁管一般采用承插连接和法兰连接，钢管采用丝接、焊接和法兰连接。由于钢管和铸铁管自重较大，且钢管易生锈，铸铁管管壁粗糙，再加之生产钢管和铸铁管的能耗较大。所以“以塑代钢”已成必然趋势。取代钢管和铸铁管作为生活给水管的将是聚丁烯管、聚丙烯管、铝塑复合管、钢塑复合管、给水 PVC-U 管和铜管等新型管材。给水塑料管根据材质的不同，其连接方法有卡套式连接、热熔焊、承插粘接等，并可用带丝口的管件方便地与钢管和给水配件连接。

40.1.1 地下埋设管道漏水或断裂

1. 现象

管道通水后，地面或墙角处局部返潮、汪水甚至从孔缝处冒水，严重影响使用。

2. 原因分析

(1) 管道安装后，没有认真进行水压试验，管道裂缝、零件上的砂眼以及接口处渗漏，没有及时发现并解决。

(2) 管道支墩位置不合适，受力不均匀，造成丝头断裂；尤其当管道变径使用管补心以及丝头超长时更易发生。

(3) 北方地区管道试水后，没有及时把水泄净，在冬季造成管道或零件冻裂漏水。

(4) 管道埋土夯实方法不当，造成管道接口处受力过大，丝头断裂。

3. 预防措施

(1) 严格按照施工规范进行管道水压试验，认真检查管道有无裂缝，零件和管丝头是否完好。管道接口应严格按标准工艺施工。

(2) 管道严禁铺设在冻土或未经处理的松土上，管道支墩间距要合适，支垫要牢靠，接口要严密，变径不得使用管补心，应该用异径管箍。

(3) 冬期施工前或管道试压后，应将管道内积水认真排泄干净，防止结冰冻裂管道或零件。

(4) 管道周围埋土要分层夯实，避免管道局部受力过大，丝头损坏。

4. 治理方法

查看竣工图，弄清管道走向，判定管道漏水位置，挖开地面进行修理，并认真进行管道水压试验。

40.1.2 塑料给水管漏水

1. 现象

管道通水后管件处或管道自身漏水。

2. 原因分析

(1) 安装程序不对，安装方法不当，造成管道损坏，接头松动。

(2) 试压不合格。

3. 预防措施

(1) 塑料给水管多为暗装，应采用以下安装方法：

1) 预埋套管；

2) 预留墙槽、板槽，尽量把安装工期延后，以减少因工种交叉而损坏管道的概率。

(2) 作好成品保护，与土建工种搞好协调配合。

(3) 对于铝制管件，应精心安装，一次成功，切忌反复拆卸。

(4) 采用分段试压，即对暗装管道安装一段，试压一段。试压必须达到规范和生产厂家的要求。全部安装完成后，再整体试压一次。

4. 治理方法

更换损坏的管道和管件。

40.1.3　管道立管甩口不准

1. 现象

立管甩口不准，不能满足管道继续安装对坐标和标高的要求。

2. 原因分析

(1) 管道安装后，固定得不牢，在其他工种施工（例如回填土）时受碰撞或挤压而位移。

(2) 设计或施工中，对管道的整体安排考虑不周，造成预留甩口位置不当。

(3) 建筑结构和墙面装修施工误差过大，造成管道预留甩口位置不合适。

3. 预防措施

(1) 管道甩口标高和坐标经核对准确后，及时将管道固定牢靠。

(2) 施工前结合编制施工方案，认真审查图纸，全面安排管道的安装位置。关键部位的管道甩口尺寸应经过详细计算确定。

(3) 管道安装前注意土建施工中有关尺寸的变动情况，发现问题，及时解决。

4. 治理方法

挖开立管甩口周围的地面，使用零件或用揻弯方法修正立管甩口的尺寸。

40.1.4　镀锌钢管焊接连接，配用非镀锌管件

1. 现象

镀锌钢管焊接连接，配用非镀锌管件，造成管道镀锌层损坏，降低管道使用年限，影响供水的质量。

2. 原因分析

(1) 镀锌钢管的零件供应不配套。

(2) 不按操作规程施工。

3. 预防措施

(1) 及时做出镀锌钢管零件的供应计划，保证安装使用的需要。

(2) 认真学习和执行操作规程。

4. 治理方法

拆除焊接部分的管道，采用丝扣连接的方法，非镀锌管件换成镀锌管件重新安装管道。

40.1.5 管道结露

1. 现象

管道通水后，夏季出现管道周围积结露水并往下滴水。

2. 原因分析

（1）管道没有防结露保温措施。

（2）保温材料种类和规格选择不合适。

（3）保温材料的保护层不严密。

3. 预防措施

（1）设计应选用满足防结露要求的保温材料。

（2）认真检查防结露保温质量，保证保护层的严密性。

4. 治理方法

重新修整保护层，保证其严密封闭。

40.1.6 给水管出水混浊

1. 现象

打开水阀或水嘴后，流出的自来水发黄，有沉淀物甚至有异味。

2. 原因分析

（1）给水钢管生锈。

（2）给水系统交付使用前，未认真进行冲洗。

（3）屋顶水箱为普通钢板水箱，水箱的漆层脱落，钢板生锈。

（4）消防水与生活水共用屋顶水箱，但未采取相应的技术措施。致使水箱的水存放过久而变质。

3. 防治措施

（1）用塑料给水管等新型管材代替钢管作为生活给水管。若采用钢管作为给水管，应尽量采用质量合格的热浸镀锌钢管。

（2）水管交付使用前，应先用含氯的水在管中置留24h以上，进行消毒，再用饮用水冲洗，至水质洁白透明，方可使用。

（3）钢板水箱做玻璃钢内衬或其他符合卫生标准的水箱，代替普通钢板水箱。

（4）与消防水共用的屋顶水箱将图40-1（a）的生活出水管配管方式改为图40-1（b）的配管方式，以防水存放过久而变质。

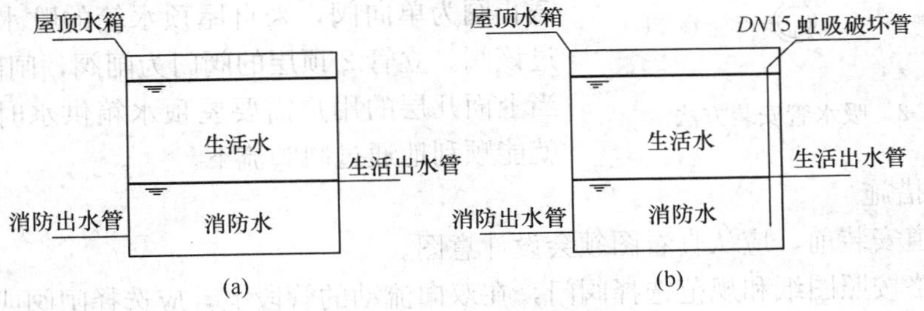

图40-1 与消防水共用的屋顶水箱的生活出水管配管方式

40.1.7　水泵不能吸水或不能达到应有的扬程

1. 现象

(1) 水泵空转，不能吸水。

(2) 水泵出力不够，不能达到应有扬程。

2. 原因分析

(1) 水泵底阀漏水或堵塞。

(2) 吸水管有裂缝或砂眼，吸水管道连接不紧密。

(3) 盘根（填料涵）严重漏气。

(4) 水泵安装过高，吸水管过长。

(5) 吸水管坡度方向不对。

(6) 吸水管大小头制作、安装错误。

3. 防治措施

(1) 若条件许可，尽量采用自灌式给水，这样既可节省安装底阀，减少故障，又可实现水泵自动控制。

(2) 吸水管应精心安装，吸水管的管材须严格把关，仔细检查，不能把有裂纹和砂眼的次品管作为吸水管。

(3) 吸水管若为丝接，丝口应有锥度，填料饱满，连接紧密；吸水管若为法兰连接，紧固法兰螺栓应对角交替进行，以保证接头严密。

(4) 压紧或更换盘根。

(5) 水泵的吸水高度应视当地的海拔高度而定。如果水泵安装过高，将会产生“汽蚀”，使水泵不能正常工作。

吸水管坡度及吸水管大小头制作安装的正、误作法见图40-2所示。

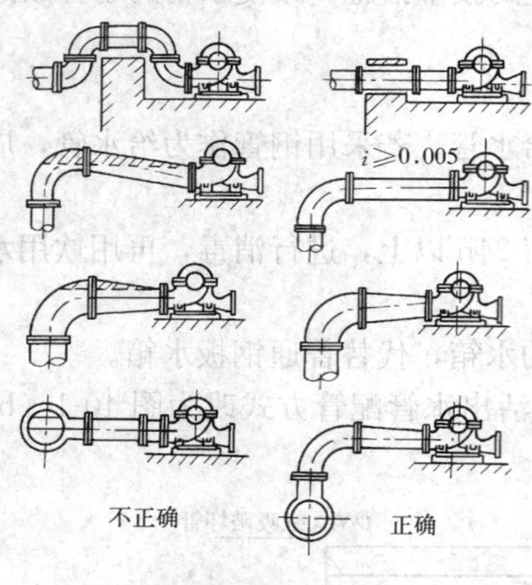

图 40-2　吸水管安装方法

40.1.8　给水阀门选择错误

1. 现象

屋顶水箱进出水共用管的阀门选择错误，致使水流过小，甚至无水可供。

2. 原因分析

图 40-3 所示为某楼房的给水示意图，下面几层利用自来水管网压力直接供水，立管中部装有单流阀，当自来水压力不够时，上面几层的用户就依靠屋顶水箱供水。图中立管 1 顶层的阀门为截止阀，截止阀为单向阀，来自屋顶水箱的贮水难以向下通过该阀。立管 2 顶层的阀门为闸阀，闸阀为双向阀，当上面几层的用户需要屋顶水箱供水时，水箱贮水就能顺利地通过闸阀流下。

3. 预防措施

(1) 管道安装前，应认真看图领会设计意图。

(2) 严格按照图纸和规范选择阀门，在双向流动的管段上，应选择闸阀或蝶阀。

4. 治理方法

更换图 40-3 中立管 1 顶层的截止阀为闸阀或蝶阀。

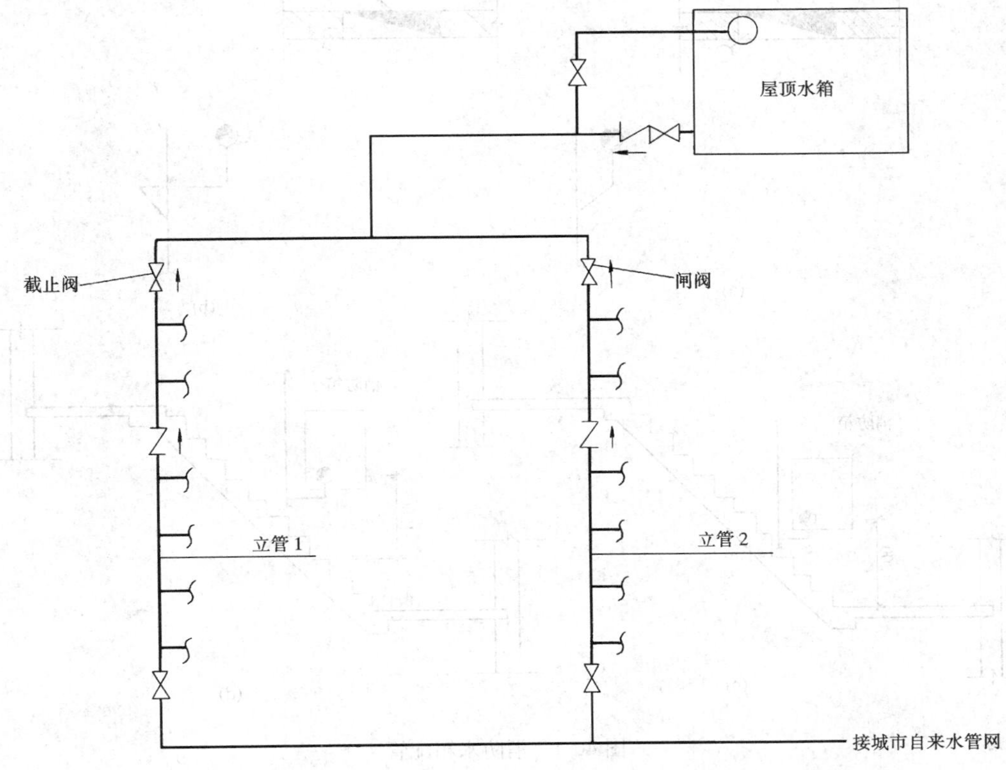

图 40-3 屋顶水箱进出水共用管的阀门选择

40.1.9 室内消火栓箱安装及配管不当

1. 现象

室内消火栓箱安装及配管不规范，消火栓阀门中心标高不符合规范要求，接口处油麻不干净；箱内水龙带摆设不整齐；消火栓箱保护不善，污染严重，门开、关困难，影响观感，妨碍使用。

2. 原因分析

(1) 如图 40-4 (a) 所示，暗装消火栓箱的支管斜砌入墙内，影响观感。

(2) 如图 40-4 (c) 所示，安装在楼梯侧的消火栓箱，其安装高度不合适，消火栓栓口距楼梯转角平台 1.2m，安装过低，影响使用。

(3) 土建留洞口位置不准，安装消火栓箱时未认真核对标高；安装完栓口阀门后未认真清理；未按规范规定将水龙带折挂或卷在盘上；消火栓箱在运输、贮存中乱堆乱放，保护层脱落，门被碰撞变形，造成污染和开关困难。

3. 防治措施

(1) 明装管道应横平竖直，与建筑线条相协调，进入暗装消火栓箱的支管应按图 40-4 (b) 所示安装。

(2) 消火栓栓口中心距地面高度应为距栓口中心垂直向下所在楼梯踏步 1.2m 或 1.1m (由设计图纸确定)，如图 40-4 (d) 所示。这样才不会妨碍消火栓箱的正常使用。

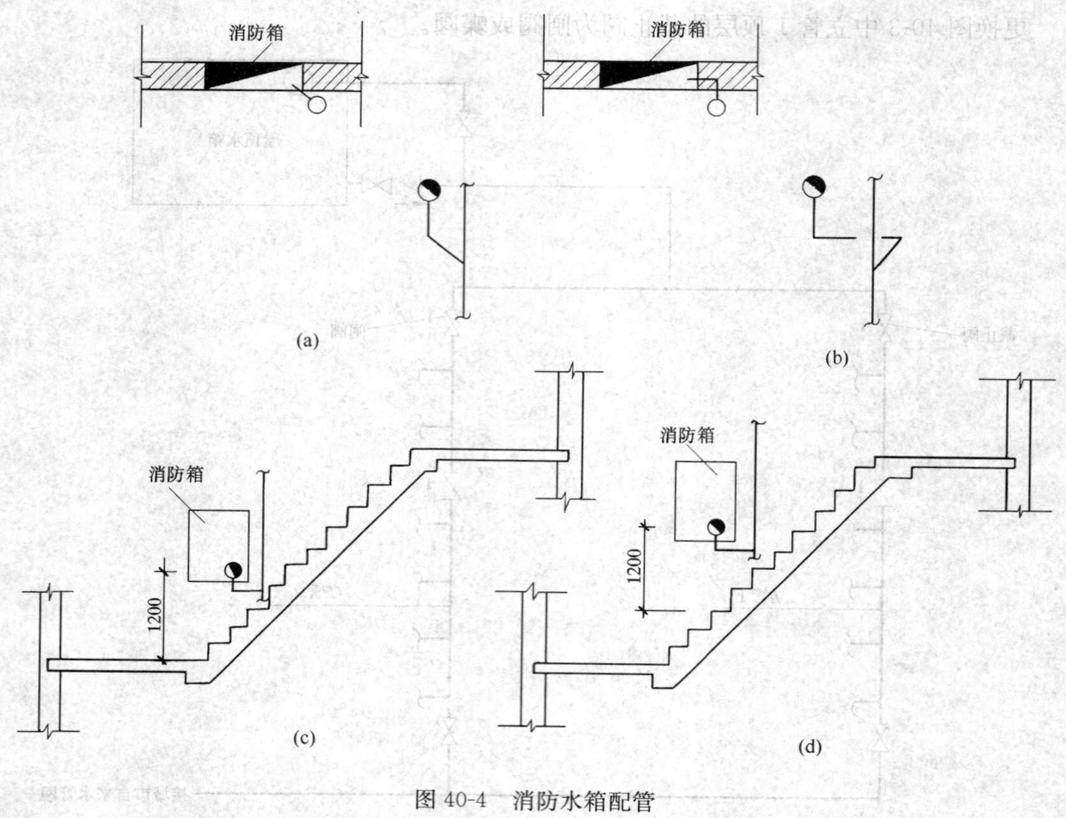

图 40-4　消防水箱配管

(3) 安装消火栓箱时，对标高要认真核对无误后方可安装；安装后应随手将接口处多余的油麻清理干净；严格执行规范，将水龙带折挂在挂钉上或卷在卷盘上；加强对消防设施的保护和管理，对有碍使用的应及时维护与修理。

40.1.10　管道支架制作安装不合格

1. 现象

支架制作粗糙，切口不平整，有毛刺；制作支架的型材过小，与所固定的管道不相称；支架抱箍过细与支架本体不匹配；支架固定不牢固。

2. 原因分析

(1) 支架制作下料时，用电气、焊切割，且毛刺未经打磨。

(2) 支架不按标准图制作或片面追求省料。

(3) 支架埋深不够或墙洞未用水浸润。

(4) 支架固定于不能载重的轻质墙上。

3. 防治措施

(1) 制作支架下料应采用锯割，尽量不采用电、气焊切割，并用砂轮或锉刀打去毛刺。

(2) 支架应严格按照标准图制作，不同管径的管道应选用相应规格的型材，管箍也应与支架配套。

(3) 埋设支架前，应用水充分湿润墙洞。支架的埋深根据支架的种类而定（一般为

100～220mm)，埋设支架时，墙洞须用水泥砂浆或细石混凝土捣实。

（4）轻质墙上的支架应视轻质墙的材质加工特殊支架，如对夹式支架等。

40.1.11 立管距墙过远或半明半暗

1. 现象

立管距墙过远，占据有效空间；立管嵌于抹灰层中，半明半暗，影响美观，不便检修。

2. 原因分析

（1）由于设计原因，多层建筑同一位置的各层墙体不在同一轴线上。

（2）施工中技术变更，墙体移位。

（3）施工放线不准确或施工误差，使多层建筑的同一位置的各层墙体不在同一轴线上。

（4）管道安装未吊通线，管道偏斜。

3. 预防措施

（1）图纸会审前，应认真核对土建图纸，发现问题及时解决。

（2）土建的施工变更应及时通知安装方面。

（3）土建砌筑墙体时须精确放线，发现墙体轴线压预留管洞或距管洞过远时，应与安装方面联系，找出原因，寻求解决办法。

（4）安装管道时需吊通线。管道安装允许偏差见附表 40-1。

4. 治理方法

（1）拆掉半明半暗的管道，重新安装。

（2）距墙过远的管道采用搣弯或用管件调节距墙距离。

40.1.12 室内给水系统冲洗不认真

1. 现象

（1）以系统水压试验后的泄水代替管路系统的冲洗试验。

（2）不认真填写冲洗试验表，无据可查。

2. 原因分析

（1）工作不认真，图省事。

（2）规章制度不严。

3. 防治措施

（1）严格执行规范，在系统水压试验后或交付使用前，必须单独进行管路系统的冲洗试验，达到检验规定。

（2）按冲洗试验表内规定如实填写，归档备查。

40.1.13 管道交叉敷设

1. 现象

给水管道与其他管道平行和交叉敷设时，其平行和交叉的净距不符合要求，或出现严重无净距现象。

2. 原因分析

（1）工作不认真，图省事。

（2）规章制度不严。

3. 防治措施

(1) 给水引入管与排水排出管的水平净距不得小于1m；室内给水与排水管道平行敷设时，两管间的最小水平净距为500mm；交叉敷设时，其垂直净距为150mm，而且给水管应敷在排水管上面，如果给水管必须敷在排水管下面时，则应加套管，套管长度不应小于排水管径的3倍。

(2) 煤气管道引入管与给水管道及供热管道的水平距离不应小于1m，与排水管道的水平距离不应小于1.5m。

40.1.14 室内水表接口滴漏

1. 现象

水表安装在潮湿阴暗处，阀门、配件生锈，不便维修和读数；表壳紧贴墙面安装，表盖不好开启，受污受损，接口滴漏。

2. 原因分析

安装水表缺乏经验；安装水表时，未考虑外壳尺寸和使用维修方便；给水立管距墙面过近或过远；支管上安装水表时未用乙字弯调整；水表接口不平直，踩踏或碰撞后，接口松动。

3. 防治措施

(1) 安装在潮湿阴暗处或易冻裂、曝晒处的水表，应拆除改装在便于维修和读数，以及不易冻裂、曝晒的干燥部位。

(2) 给水立管距墙面过近或过远时，应在水表前的水平管上加设两个45弯头，使水表外壳与墙面保持10～30mm净距，距地面0.6～1.2m高度。

(3) 水表接口不平直、有松动，应拆开重装，使水表接口平直，垫好橡胶圈，用锁紧螺母锁紧接口，表盖清理干净；严禁踩蹬和碰撞。

40.1.15 配水管安装不平正

1. 现象

配水管、配水支管安装通水试验后，有“拱起”、“塌腰”、弯曲等现象。

2. 原因分析

管道在运输、堆放和装卸中产生弯曲变形；管件偏心，壁厚不一，丝扣偏斜；支吊架间距过大，管道与吊支架接触不紧密，受力不均。

3. 防治措施

(1) 管道在装卸、搬运中应轻拿轻放，不得野蛮装卸或受重物挤压，在仓库应按材质、型号、规格、用途，分门别类地挂牌，堆放整齐。

(2) 喷淋消防管道必须按设计挑选优质管材、管件、直管安装，不得用偏心、偏扣、壁厚不均的管件施工；如出现“拱起”、“塌腰”或弯曲现象，应拆除，更换直管和管件，重新安装。

(3) 配水管支、吊架设置和排列，应根据管道标高、坡高弹好线，确定支架间距，埋设安装牢固，接触紧密，外形美观整齐，若支架间距偏大，接触不紧密时，需拆除重新调整安装。

(4) 管子直径大于或等于50mm时，每段配水管设置防晃支架应不少于1个，在管道起端、末端及拐弯改变方向处，均应增设防晃支架。

(5) 配水横管应有0.003～0.005的坡度坡向排水管或泄水阀，不得倒坡。

附录 40.1 室内给水系统安装质量标准及检验方法

一、一般规定

(1) 给水管道必须采用与管材相适应的管件。生活给水系统所涉及的材料必须达到饮用水卫生标准。

(2) 管径小于或等于 100mm 的镀锌钢管应采用螺纹连接，套丝扣时破坏的镀锌层表面及外露螺纹部分应做防腐处理；管径大于 100mm 的镀锌钢管应采用法兰或卡套式专用管件连接，镀锌钢管与法兰的焊接处应二次镀锌。

(3) 给水塑料管和复合管可以采用橡胶圈接口、粘接接口、热熔连接、专用管件连接及法兰连接等形式。塑料管和复合管与金属管件、阀门等的连接应使用专用管件连接，不得在塑料管上套丝。

(4) 给水铸铁管管道应采用水泥捻口或橡胶圈接口方式进行连接。

(5) 铜管连接可采用专用接头或焊接，当管径小于 22mm 时宜采用承插或套管焊接，承口应迎介质流向安装；当管径大于或等于 22mm 时，宜采用对口焊接。

(6) 给水立管和装有 3 个或 3 个以上配水点的支管始端，均应安装可拆卸的连接件。

(7) 冷、热水管道同时安装时应符合下列规定：

1) 上、下平行安装时热水管应在冷水管上方。

2) 垂直平行安装时热水管应在冷水管左侧。

二、给水管道及配件安装

1. 主控项目

(1) 室内给水管道的水压试验必须符合设计要求。当设计未注明时，各种材质的给水管道系统试验压力均为工作压力的 1.5 倍，但不得小于 0.6MPa。

检验方法：金属及复合管给水管道系统在试验压力下观测 10min，压力降不应大于 0.02MPa，然后降到工作压力进行检查，应不渗不漏；塑料管给水系统应在试验压力下稳压 1h，压力降不得超过 0.05MPa，然后在工作压力的 1.15 倍状态下稳压 2h，压力降不得超过 0.03MPa，同时检查各连接处不得渗漏。

(2) 给水系统交付使用前必须进行通水试验并做好记录。

检验方法：观察和开启阀门、水嘴等放水。

(3) 生产给水系统管道在交付使用前必须冲洗和消毒，并经有关部门取样检验，符合国家《生活饮用水卫生标准》(GB 5749—2006) 方可使用。

检验方法：检查有关部门提供的检测报告。

(4) 室内直埋给水管道（塑料管道和复合管道除外）应做防腐处理。埋地管道防腐层材质和结构应符合设计要求。

检验方法：观察或局部解剖检查。

2. 一般项目

(1) 给水引入管与排水排出管的水平净距不得小于 1m。室内给水与排水管道平行敷设时，两管间的最小水平净距不得小于 0.5m，交叉铺设时，垂直净距不得小于 0.15m。给水管应铺在排水管上面，若给水管必须铺在排水管的下面时，给水管应加套管，其长度不得小于排水管管径的 3 倍。

检验方法：尺量检查。

(2) 管道及管件焊接的焊缝表面质量应符合下列要求：

1) 焊缝外形尺寸应符合图纸和工艺文件的规定，焊缝高度不得低于母材表面，焊缝与母材应圆滑过渡。

2) 焊缝及热影响区表面应无裂纹、未熔合、未焊透、夹渣、弧坑和气孔等缺陷。

检验方法：观察检查。

(3) 给水水平管道应有2‰～5‰的坡度坡向泄水装置。

检验方法：水平尺和尺量检查。

(4) 给水管道和阀门安装的允许偏差应符合附表40-1的规定。

管道和阀门安装的允许偏差和检验方法　　附表 40-1

项次	项目			允许偏差(mm)	检验方法
1	水平管道纵横方向弯曲	钢管	每米 全长25m以上	1 ≯25	用水平尺、直尺、拉线和尺量检查
		塑料管复合管	每米 全长25m以上	1.5 ≯25	
2	立管垂直度	铸铁管	每米 全长25m以上	2 ≯25	
		钢管	每米 5m以上	3 ≯8	吊线和尺量检查
		塑料管复合管	每米 5m以上	2 ≯8	
		铸铁管	每米 5m以上	3 ≯10	
3	成排管段和成排阀门		在同一平面上间距	3	尺量检查

(5) 管道的支、吊架安装应平整牢固，其间距应符合《建筑给水排水及采暖工程施工质量验收规范》(GB 50242—2002) 的有关规定。

检验方法：观察、尺量及手扳检查。

(6) 水表应安装在便于检修、不受曝晒、污染和冻结的地方。安装螺翼式水表，表前与阀门应有不小于8倍水表接口直径的直线管段。表外壳距墙表面净距为10～30mm；水表进水口中心标高按设计要求，允许偏差为±10mm。

检验方法：观察和尺量检查。

三、室内消火栓系统安装

1. 主控项目

室内消火栓系统安装完成后应取屋顶层（或水箱间内）试验消火栓和首层取二处消火栓做试射试验，达到设计要求为合格。

检验方法：实地试射检查。

2. 一般项目

(1) 安装消火栓水龙带，水龙带与水枪和快速接头绑扎好后，应根据箱内构造将水龙带挂放在箱内的挂钉、托盘或支架上。

检验方法：观察检查。

(2) 箱式消火栓的安装应符合下列规定：

1) 栓口应朝外，并不应安装在门轴侧。

2) 栓口中心距地面为 1.1m，允许偏差±20mm。

3) 阀门中心距箱侧面为 140mm，距箱后内表面为 100mm，允许偏差±5mm。

4) 消火栓箱体安装的垂直度允许偏差为 3mm。

检验方法：观察和尺量检查。

四、给水设备安装

1. 主控项目

(1) 水泵就位前的基础混凝土强度、坐标、标高、尺寸和螺栓孔位置必须符合设计规定。

检验方法：对照图纸用仪器和尺量检查。

(2) 水泵试运转的轴承温升必须符合设备说明书的规定。

检验方法：温度计实测检查。

(3) 敞口水箱的满水试验和密闭水箱（罐）的水压试验必须符合设计与《建筑给水排水及采暖工程施工质量验收规范》(GB 50242—2002) 的规定。

检验方法：满水试验静置 24h 观察，不渗不漏；水压试验在试验压力下 10min 压力不降，不渗不漏。

2. 一般项目

(1) 水箱支架或底座安装，其尺寸及位置应符合设计规定，埋设平整牢固。

检验方法：对照图纸，尺量检查。

(2) 水箱溢流管和泄放管应设置在排水地点附近，但不得与排水管直接连接。

检验方法：观察检查。

(3) 立式水泵的减振装置不应采用弹簧减振器。

检验方法：观察检查。

(4) 室内给水设备安装的允许偏差应符合附表 40-2 的规定。

室内给水设备安装的允许偏差和检验方法　**附表 40-2**

<table>
<tr><th>项次</th><th colspan="3">项　目</th><th>允许偏差(mm)</th><th>检　验　方　法</th></tr>
<tr><td rowspan="3">1</td><td rowspan="3">静置设备</td><td colspan="2">坐　标</td><td>15</td><td>经纬仪或拉线尺量</td></tr>
<tr><td colspan="2">标　高</td><td>±5</td><td>用水准仪、拉线和尺量检查</td></tr>
<tr><td colspan="2">垂直度（每米）</td><td>5</td><td>吊线和尺量检查</td></tr>
<tr><td rowspan="4">2</td><td rowspan="4">离心式水泵</td><td colspan="2">立式泵体垂直度（每米）</td><td>0.1</td><td>水平尺和塞尺检查</td></tr>
<tr><td colspan="2">卧式泵体垂直度（每米）</td><td>0.1</td><td>水平尺和塞尺检查</td></tr>
<tr><td rowspan="2">联轴器同心度</td><td>轴向倾斜（每米）</td><td>0.8</td><td rowspan="2">在联轴器互相垂直的四个位置上用水准仪、百分表或测微螺钉和塞尺检查</td></tr>
<tr><td>径向位移</td><td>0.1</td></tr>
</table>

(5) 管道及设备保温层的厚度和平整度的允许偏差应符合附表 40-3 的规定。

管道及设备保温的允许偏差和检验方法　　附表 40-3

项次	项目		允许偏差(mm)	检验方法
1	厚度		$+0.1\delta$ -0.05δ	用钢针刺入
2	表面平整度	卷材	5	用 2m 靠尺和楔形塞尺检查
		涂抹	10	

注：δ 为保温层厚度。

40.2　室内排水管道安装

除了高层建筑外，传统的排水铸铁管因笨重、管壁不光滑、外形不美观而逐渐被管壁光滑、外形美观的硬聚氯乙烯排水管（PVC-U 管）所取代。PVC-U 管的连接方法有两种：承插粘接和胶圈连接。

40.2.1　地下埋设管道漏水

1. 现象

排水管道渗漏处的地面、墙角缝隙部位返潮，埋设在地下室顶板与 1 层地面内的排水管道渗漏处附近（地下室顶板下部）还会看到渗水现象。

2. 原因分析

(1) 施工程序不对，入窨井或管沟的管段埋设过早，土建施工时损坏该管段。

(2) 管道支墩位置不合适，在回填土夯实时，管道因局部受力过大而破坏，或接口处活动而产生缝隙。

(3) 预制铸铁管段时，接口养护不认真，搬动过早，致使接口活动，产生缝隙。

(4) PVC-U 管下部有尖硬物或浅层覆土后即用机械夯打，造成管道损坏。

(5) 冬期施工时，铸铁管道接口保温养护不好，管道水泥接口受冻损坏。

(6) 冬期施工时，没有认真排除管道内的积水，造成管道或管件冻裂。

(7) 管道安装完成后未认真进行闭水试验，未能及时发现管道和管件的裂缝和砂眼以及接口处的渗漏。

3. 预防措施

(1) 埋地管段宜分段施工，第一段先做正负零以下室内部分，至伸出外墙为止；待土建施工结束后，再铺设第二段，即把伸出外墙处的管段接入窨井或管沟。

(2) 管道支墩要牢靠，位置要合适，支墩基础过深时应分层回填土，回填时严防直接撞压管道。

(3) 铸铁管段预制时，要认真做好接口养护，防止水泥接口活动。

(4) PVC-U 管下部的管沟底面应平整，无突出的尖硬物，并应作 10～15cm 的细砂或细土垫层。管道上部 10cm 应用细砂或细土覆盖，然后分层回填，人工夯实。

(5) 冬期施工前应注意排除管道内的积水，防止管道内结冰。

（6）严格按照施工规范进行管道闭水试验，认真检查是否有渗漏现象。如果发现问题，应及时处理。

4. 治理方法

查看竣工图，弄清管道走向和管道连接方式，判定管道渗漏位置，挖开地面进行修理，并认真进行灌水试验。

40.2.2 PVC-U管穿板处漏水

1. 现象

易产生积水的房间，积水通过PVC-U管穿板处渗漏

2. 原因分析

（1）房间未设置地漏，使积水不能排走。

（2）地坪找坡时未坡向地漏，使积水不能排走。

（3）因PVC-U管管壁光滑，补管洞时未按程序，又未采取相应的技术措施，使管外壁与楼板结合不紧密，形成渗漏。

3. 防治措施

（1）易产生积水的房间，如厨房、厕所等，应设置地漏。

（2）地坪应严格找坡，坡向地漏，坡度以1%为宜。

（3）PVC-U管穿板处如固定，应按图40-5（a）施工，在管外壁粘接与管道同材质的止水环，补洞浇筑细石混凝土分两次进行，细心捣实。与细石混凝土接触的管外壁可刷胶粘剂再涂抹细砂。

PVC-U管穿板处如不固定，则按图40-5（b）施工，即设置钢套管，套管底部与板底平，上端高出板面2cm，管周围油麻嵌实，套管上口用沥青油膏嵌缝。

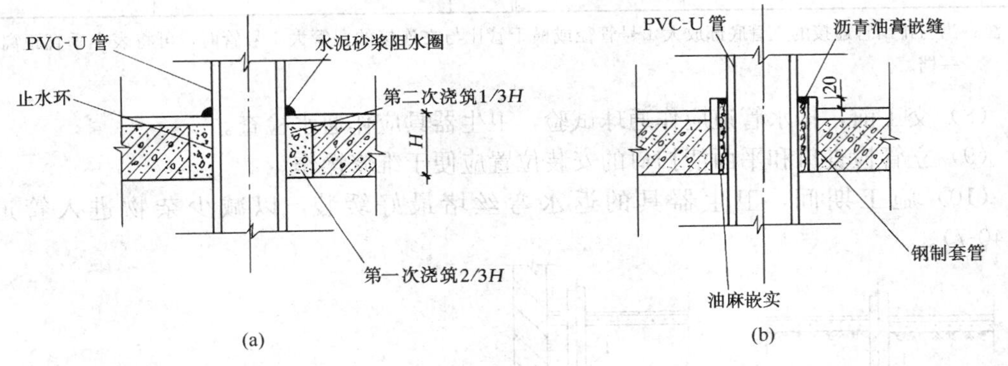

图40-5 PVC-U管穿楼板的技术处理

40.2.3 排水管道堵塞

1. 现象

管道通水后，卫生器具排水不通畅。

2. 原因分析

（1）管道甩口封堵不及时或方法不当，造成水泥砂浆等杂物掉入管道中。

（2）卫生器具安装前没有认真清理掉入管道内的杂物。

（3）管道安装时，没有认真清除管膛杂物。

(4) 管道安装坡度不均匀，甚至局部倒坡。

(5) 管道接口零件使用不当，造成管道局部阻力过大。

3. 预防措施

(1) 及时堵死封严管道的甩口，防止杂物掉进管膛。

(2) 卫生器具安装前认真检查原甩口，并掏出管内杂物。

(3) 管道安装时认真疏通管膛，除去杂物。

(4) 保持管道安装坡度均匀，不得有倒坡。

(5) 生活排水管道标准坡度应符合规范规定。无设计规定时，管道坡度应不小于1%。

生活排水管道标准坡度详见附表40-4、附表40-5。

(6) 合理使用零件。地下埋设铸铁管道应使用TY和Y形三通，不宜使用T形三通；水平横管避免使用四通；排水出墙管及平面清扫口需用两个45°弯头连接，以便流水通畅。

(7) 最低排水横支管与立管连接处至排出管管底的垂直距离（图40-6）不宜小于表40-1规定。

最低排水横支管与立管连接处至排出管管底的垂直距离　　表40-1

项次	立管连接卫生器具的层数（层）	垂直距离（m）	项次	立管连接卫生器具的层数（层）	垂直距离（m）
1	≤4	0.45	4	13～19	3.00
2	5～6	0.75	5	≥20	6.00
3	7～12	1.2			

注：当与排出管连接的立管底部放大1号管径或横干管比与之连接的立管大1号管时，可将表中垂直距离缩小一档。

(8) 交工前，排水管道应作通球试验，卫生器具应作通水检查。

(9) 立管检查口和平面清扫口的安装位置应便于维修操作。

(10) 施工期间，卫生器具的返水弯丝堵最好缓装，以减少杂物进入管道内（图40-7）。

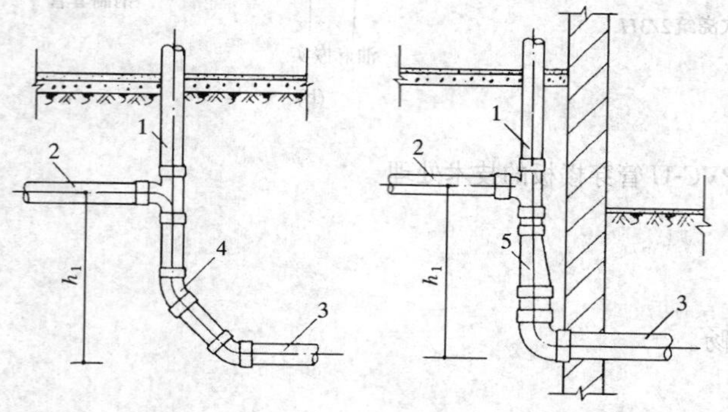

图40-6 最低横支管与立管连接处至排出管管底的垂直距离

1—立管；2—横支管；3—排出管；4—45°弯头；5—偏心异径管

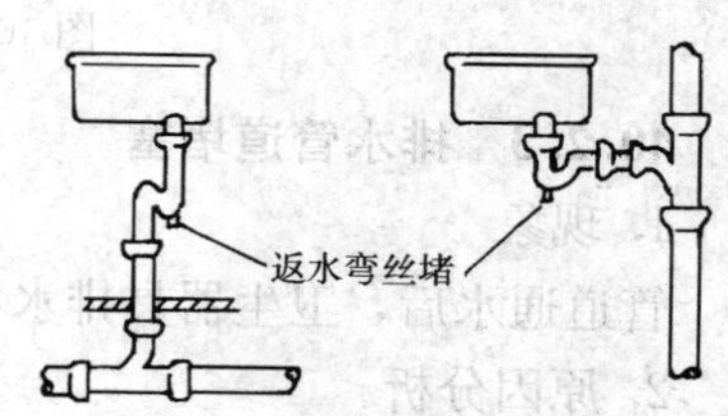

图40-7 缓装返水弯丝堵

4. 治理方法

查看竣工图，打开地坪清扫口或立管检查口盖，排除管道堵塞。必要时须破坏管道拐弯处，用更换零件方法解决管道严重堵塞问题。

40.2.4 排水管道甩口不准

1. 现象

在继续安装立管时，发现原管道甩口不准。

2. 原因分析

(1) 管道层或地下埋设管道的甩口未固定好。

(2) 施工时对管道的整体安排不当，或者对卫生器具的安装尺寸了解不够。

(3) 墙体与地面施工偏差过大，造成管道甩口不准。

3. 预防措施

(1) 管道安装后要垫实，甩口应及时固定牢靠。

(2) 在编制施工方案时，要全面安排管道的安装位置，及时了解卫生器具的规格尺寸，关键部位应做样板交底。

(3) 与土建密切配合，随时掌握施工进度，管道安装前要注意隔墙位置和基准线的变化情况，发现问题及时解决。

4. 治理方法

挖开管道甩口周围地面，对钢管排水管道可采用改换零件或揻弯的方法；对铸铁排水管道可采用重新捻口方法，修改甩口位置尺寸。

40.2.5 PVC-U 管变形、脱落

1. 现象

在温差变化较大处，PVC-U 管安装完成一段时间后，发生直管弯曲、变形甚至脱落。

2. 原因分析

PVC-U 管的线膨胀系数较大，约为钢管的 5～7 倍。采用承插粘接的 PVC-U 管，如果未按规范要求安装伸缩器，或伸缩器安装不符合规定，在温差变化较大时，PVC-U 管的热胀冷缩得不到补偿，就会发生弯曲变形甚至脱落。

3. 防治措施

(1) 在温差变化较大处，选用胶圈连接的 PVC-U 管。

(2) 使用承插粘接的 PVC-U 管，立管每层或每 4m 安装一个伸缩器，横管直管段超过 2m 时应设伸缩器。

(3) 安装伸缩器时，管段插入伸缩器处应预留间隙。夏季安装间隙为 5～15mm；冬季安装间隙为 10～20mm。

40.2.6 承插式排水铸铁管接口漏水

1. 现象

承插式排水铸铁管水泥或石棉水泥接口不按程序操作，打灰前不加麻，水泥或石棉水泥掉入管中，形成堵管隐患。或立管和支管接口抹稀灰，或根本忘记对该处接口进行处理，通水时才发现漏水严重。

2. 原因分析

(1) 承包人对工程质量不负责，以普通工代替技工，又不对其进行必要的安全技术教

育和技术培训，操作工人素质低下，不懂施工验收规范和技术操作规程。

（2）片面追求进度，赶工期，违背了操作规程，又缺乏有效的质量监督。

（3）北方冬期施工捻口时，没有采取防冻措施，捻口的石棉水泥冻裂。

3. 预防措施

（1）操作工人应有上岗证，不能以普通工代替技工。

（2）加强自检、互检，建立必要的质量奖惩制度。

（3）必须严格按照操作程序进行操作，排水铸铁管的水泥或石棉水泥承插接口应先填麻，再打水泥或石棉水泥。水泥或石棉水泥的作用是压紧麻，同时也有一定的防渗透能力。麻用麻錾填入，头两层为油麻，最后一层为白麻（因白麻和水泥的亲和性较好），填麻时用麻錾、手锤打实，打实后的麻层深度为承口环形间隙深度的1/4到1/3为宜。填麻完成后再分层填入水泥或石棉水泥，用麻錾和手锤层层打实。捻口须密实、饱满，环缝间隙均匀，填料凹入承口边缘不大于5mm，最后用湿草绳或草袋对承口进行养护，养护时间的长短根据季节而定。

（4）冬期施工时应认真采取保温防冻措施

4. 治理方法

按操作程序处理不合格的管道接口，或拆除接口不合格的管道重新安装。

40.2.7 灌水试验不认真，质量不合格

1. 现象

灌水不及时，灌水人员、检查人员不全，灌水试验记录填写不及时、不准确、不完整；胶囊卡住；胶囊封堵不严，放水时胶囊被冲走。

2. 原因分析

未按施工程序进行，未等灌水就匆忙隐蔽；在有关人员未到齐的情况下匆忙进行灌水试验；当时不记录，事后追忆补记或未由专业人员填写记录；用于封堵的胶囊保管不善，存放时间过长，且未涂擦滑石粉；发现胶囊封堵不严也未及时放气、调整；胶管与胶囊接口未扎紧。

3. 防治措施

应严格按施工程序进行，坚持不灌水不得隐蔽，严禁进入下一道工序；在灌水试验时，应参加检查的有关人员不能参加时，不得进行灌水试验：灌水试验记录表应由专人填写，技术部门对有关资料应定期检查；封堵用胶囊保存时应涂擦滑石粉；胶囊在管内躲开接口处，发现封堵不严时可放气，待调整好位置后再充气；胶囊与胶管接口处应绑扎紧密。

40.2.8 楼道、水表井内及下沉式卫生间沉箱底部积水

1. 现象

楼道里、水表井内积水，下沉式卫生间沉箱底部积水。

2. 原因分析

设计有缺陷，水表井内空间不够。

3. 防治措施

（1）图纸会审前须熟悉图纸，及时提出问题。

（2）地漏标高应正确，严禁抬高地漏标高。

（3）卫生间施工必须先做样板间，验收合格后，才能大面积施工。

40.2.9 生活污水管内污物、臭气不能正常排放

1. 现象

生活污水立管、透气管内污物（水）、臭气排放受阻。

2. 原因分析

（1）排水铸铁管安装前管内砂粒、毛刺未除尽。

（2）立管与横管、排出管连接用正三（四）通和直角90°弯头，局部阻力大；排水立管和通气管管径偏小；检查口或清扫口设置数量不够，安装位置不当。

（3）多层排水立管接入的排水支管上卫生器具多，未设辅助透气管或未用排气管，立管内形成水塞流，存水弯遭破坏；高层建筑污水立管与通气管之间未设联通管或环状通气管，立管气压不正常，换气不平衡，管内臭气不能顺利排入大气。

3. 防治措施

如发生以上问题，可剔开接口，更换不符合要求的管件，增设辅助透气管或联通管，使排污、排气正常。在施工中还应注意几点：

（1）卫生器具排水管应采用90°斜三通；横管与横管（立管）的连接，应采用45°或90°斜三（四）通，不得用正三（四）通，立管与排出管连接，应采用两个45°弯头或弯曲半径不小于4倍管径的90°弯头。

（2）排水横管应直线连接，少拐弯，排水立管应设在靠近杂物最多及排水量最大的排水点。

（3）排水管和透气管尽量采用硬聚氯乙烯管及管件安装，用排水铸铁管时应将管内砂粒、毛刺、杂物除尽。

（4）排污立管应每隔两层设一检查口，并在最低层、最高层和乙字弯上部设检查口，其中心距地面为1m，朝向要便于清通维修；在连接两个或两个以上大便器或三个卫生器具以上的污水横管，应设置清扫口，当污水管在楼板下悬吊敷设，清扫口应设在上层楼面上。污水管起点的清扫口，与墙面距离不小于400mm。

（5）存水弯内壁要光滑，水封深度50～100mm为宜。

（6）通气管必须伸出屋顶0.3m以上，并不小于最大积雪厚度，如为上人屋面，应伸出屋顶1.2m以上。

（7）高层、超高层建筑的排水、排气、排污系统设计比较复杂，必须由熟悉设计和施工规范的技术负责人进行技术交底，认真组织施工，保证施工质量。

附录40.2 室内排水系统安装质量标准及检验方法

一、一般规定

（1）生活污水管道应使用塑料管、铸铁管或混凝土管（由成组洗脸盆或饮用喷水器到共用水封之间的排水管和连接卫生器具的排水短管，可使用钢管）。

（2）雨水管道宜使用塑料管、铸铁管、镀锌钢管或混凝土管等。

（3）悬吊式雨水管道宜使用钢管、铸铁管或塑料管。易受振动的雨水管道（如锻造车间等）应使用钢管。

二、排水管道及配件安装

1. 主控项目

（1）隐蔽或埋地的排水管道在隐蔽前必须做灌水试验，其灌水高度应不低于底层卫生器具的上边缘或底层地面高度。

检验方法：满水 15min 水面下降后，再灌满观察 5min，液面不降，管道及接口无渗漏为合格。

（2）生活污水铸铁管道的坡度必须符合设计或附表 40-4 的规定。

生活污水铸铁管道的坡度　　**附表 40-4**

项　次	管径（mm）	标准坡度（‰）	最小坡度（‰）	项　次	管径（mm）	标准坡度（‰）	最小坡度（‰）
1	50	35	25	4	125	15	10
2	75	25	15	5	150	10	7
3	100	20	12	6	200	8	5

检验方法：水平尺、拉线尺量检查。

（3）生活污水塑料管道的坡度必须符合设计或附表 40-5 的规定。

生活污水塑料管道的坡度　　**附表 40-5**

项　次	管径（mm）	标准坡度（‰）	最小坡度（‰）	项　次	管径（mm）	标准坡度（‰）	最小坡度（‰）
1	50	25	12	4	125	10	5
2	75	15	8	5	160	7	4
3	110	12	6				

检验方法：水平尺、拉线尺量检查。

（4）排水塑料管必须按设计要求及位置装设伸缩节。如设计无要求时，伸缩节间距不得大于 4m。

高层建筑中明设排水塑料管道应按设计要求设置阻火圈或防火套管。

检验方法：观察检查。

（5）排水主立管及水平干管管道均应做通球试验，通球球径不小于排水管道管径的 2/3，通球率必须达到 100%。

检查方法：通球检查。

2. 一般项目

（1）在生活污水管道上设置的检查口或清扫口，当设计无要求时，应符合下列规定。

1）在立管上应每隔一层设置一个检查口，但在最底层和有卫生器具的最高层必须设置。如为两层建筑时，可仅在底层设置立管检查口；如有乙字弯管时，则在该层乙字弯管的上部设置检查口。检查口中心高度距操作地面一般为 1m，允许偏差±20mm；检查口的朝向应便于检修。暗装立管，在检查口处应安装检修门。

2）在连接 2 个及 2 个以上大便器或 3 个及 3 个以上卫生器具的污水横管上应设置清扫口。当污水管在楼板下悬吊敷设时，可将清扫口设在上一层楼地面上，污水管起点的清扫口与管道相垂直的墙面距离不得小于 200mm；若污水管起点设置堵头代替清扫口时，与墙面距离不得小于 400mm。

3）在转角小于 135°的污水横管上，应设置检查口或清扫口。

4）污水横管的直线管段，应按设计要求的距离设置检查口或清扫口。

检验方法：观察和尺量检查。

（2）埋在地下或地板下的排水管道的检查口，应设在检查井内。井底表面标高与检查口的法兰相平，井底表面应有 5%坡度的坡向检查口。

检验方法：尺量检查。

（3）金属排水管道上的吊钩或卡箍应固定在承重结构上。固定件间距：横管不大于 2m；立管不大于 3m。楼层高度小于或等于 4m，立管可安装 1 个固定件。立管底部的弯管处应设支墩或采取固定措施。

检验方法：观察和尺量检查。

（4）排水塑料管道支、吊架间距应符合附表 40-6 的规定。

排水塑料管道支、吊架最大间距（m） 附表 40-6

管径（mm）	50	75	110	125	160
立　管	1.2	1.5	2.0	2.0	2.0
横　管	0.5	0.75	1.10	1.30	1.6

检验方法：尺量检查。

（5）排水通气管不得与风道或烟道连接，且应符合下列规定：

1）通气管应高出屋面 300mm，但必须大于最大积雪厚度。

2）在通气管出口 4m 以内有门、窗时，通气管应高出门、窗顶 600mm 或引向无门、窗一侧。

3）在经常有人停留的平屋顶上，通气管应高出屋面 2m，并应根据防雷要求设置防雷装置。

4）屋顶有隔热层从隔热层板面算起。

检验方法：观察和尺量检查。

（6）安装未经消毒处理的医院含菌污水管道，不得与其他排水管道直接连接。

检验方法：观察检查。

（7）饮食业工艺设备引出的排水管及饮用水水箱的溢流管，不得与污水管道直接连接，并应留出不小于 100mm 的隔断空间。

检验方法：观察和尺量检查。

（8）通向室外的排水检查井的排水管，穿过墙壁或基础必须下返时，应采用 45°三通和 45°弯头连接，并应在垂直管段顶部设置清扫口。

检验方法：观察和尺量检查。

（9）由室内通向室外排水检查井的排水管，井内引入管应高于排出管或两管顶相平，并有不小于 90°的水流转角，如跌落差大于 300mm，可不受角度限制。

检验方法：观察和尺量检查。

（10）用于室内排水的室内管道、水平管道与立管的连接，应采用 45°三通或 45°四通和 90°斜三通或 90°斜四通。立管与排出管端部的连接，应采用两个 45°弯头或曲率半径不小于 4 倍管径的 90°弯头。

检验方法：观察和尺量检查。

（11）室内排水管道安装的允许偏差应符合附表 40-7 的相关规定。

室内排水和雨水管道安装的允许偏差和检验方法　　　　附表 40-7

<table>
<tr><th>项次</th><th colspan="4">项　目</th><th>允许偏差（mm）</th><th>检验方法</th></tr>
<tr><td>1</td><td colspan="4">坐　标</td><td>15</td><td rowspan="14">用水准仪（水平尺）、直尺、拉线和尺量检查</td></tr>
<tr><td>2</td><td colspan="4">标　高</td><td>±15</td></tr>
<tr><td rowspan="12">3</td><td rowspan="12">横管纵横方向弯曲</td><td rowspan="2">铸铁管</td><td colspan="2">每 1m</td><td>≯1</td></tr>
<tr><td colspan="2">全长（25m 以上）</td><td>≯25</td></tr>
<tr><td rowspan="4">钢管</td><td rowspan="2">每 1m</td><td>管径小于或等于 100mm</td><td>1</td></tr>
<tr><td>管径大于 100mm</td><td>1.5</td></tr>
<tr><td rowspan="2">全长（25m 以上）</td><td>管径小于或等于 100mm</td><td>≯25</td></tr>
<tr><td>管径大于 100mm</td><td>≯38</td></tr>
<tr><td rowspan="2">塑料管</td><td colspan="2">每 1m</td><td>1.5</td></tr>
<tr><td colspan="2">全长（25m 以上）</td><td>≯38</td></tr>
<tr><td rowspan="2">钢筋混凝土管、混凝土管</td><td colspan="2">每 1m</td><td>3</td></tr>
<tr><td colspan="2">全长（25m 以上）</td><td>≯75</td></tr>
<tr><td rowspan="6">4</td><td rowspan="6">立管垂直度</td><td rowspan="2">铸铁管</td><td colspan="2">每 1m</td><td>3</td><td rowspan="6">吊线和尺量检查</td></tr>
<tr><td colspan="2">全长（5m 以上）</td><td>≯15</td></tr>
<tr><td rowspan="2">钢管</td><td colspan="2">每 1m</td><td>3</td></tr>
<tr><td colspan="2">全长（5m 以上）</td><td>≯10</td></tr>
<tr><td rowspan="2">塑料管</td><td colspan="2">每 1m</td><td>3</td></tr>
<tr><td colspan="2">全长（5m 以上）</td><td>≯15</td></tr>
</table>

40.3　室内卫生器具安装

室内卫生器具安装的基本要求是牢固美观，给排水支管的预留接口尺寸准确，与卫生器具连接紧密。这就要求在施工中与土建密切配合，按选定的卫生器具作好预留、预埋，杜绝因管道甩口不准等原因造成二次打洞，影响安装以至整个建筑工程的质量。

40.3.1　大便器与排水管连接处漏水

1. 现象

大便器使用后，地面积水，墙壁潮湿，甚至在下层顶板和墙壁也出现潮湿滴水现象。

2. 原因分析

（1）排水管甩口高度不够，大便器出口插入排水管的深度不够。

（2）蹲坑出口与排水管连接处没有认真填抹严实。

（3）排水管甩口位置不对，大便器出口安装时错位。

（4）大便器出口处裂纹没有检查出来，充当合格产品安装。

（5）厕所地面防水处理不好，使上层渗漏水顺管道四周和墙缝流到下层房间。

（6）底层管口脱落。

3. 防治措施

（1）安装大便器排水管时，甩口高度必须合适，坐标应准确并高出地面 10mm。

(2) 安装蹲坑时，排水管甩口要选择内径较大、内口平整的承口或套袖，以保证蹲坑出口插入足够的深度，并认真做好接口处理，经检查合格后方准填埋隐蔽。

(3) 大便器排出口中心应对正水封存水弯承口中心，蹲坑出口与排水管连接处的缝隙，要用油灰或用 1∶5 石灰水泥混合灰填实抹平，以防止污水外漏。

(4) 大便器安装应稳固、牢靠，严禁出现松动或位移现象。

(5) 作好厕所地面防水，保证油毡完好无破裂；油毡搭接处和与管道相交处都要浇灌热沥青，周围空隙必须用细石混凝土浇筑严实。

(6) 安装前认真检查大便器是否完好，底层安装时，必须注意土层夯实，如不能夯实，则应有防止土层沉陷造成管口脱落的措施。

40.3.2 蹲坑上水进口处漏水

1. 现象

蹲坑使用后地面积水，墙壁潮湿，下层顶板和墙壁也往往大面积潮湿和滴水。

2. 原因分析

(1) 蹲坑上水进口连接胶皮碗或蹲坑上水连接处破裂，安装时没有发现。

(2) 绑扎蹲坑上水连接胶皮碗使用铁丝，容易锈蚀断坏，使胶皮碗松动。

(3) 绑扎蹲坑上水胶皮碗的方法不当，绑得不紧。

(4) 施工过程中，蹲坑上水接口处被砸坏。

3. 预防措施

(1) 绑扎胶皮碗前，应检查胶皮碗和蹲坑上水连接处是否完好。

(2) 选用合格的胶皮碗，冲洗管应对正便器进水口，蹲坑胶皮碗应使用两道 14 号铜丝错开绑扎拧紧，冲洗管插入胶皮碗角度应合适，偏转角度不应大于 5°。

蹲坑胶皮碗的连接方法见图 40-8。

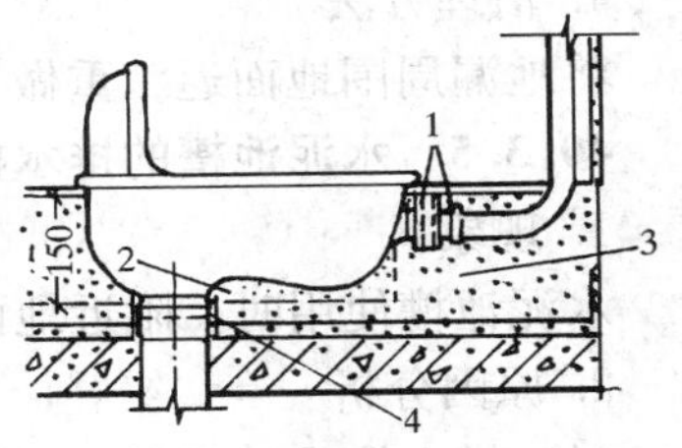

图 40-8 蹲坑胶皮碗连接方法

1—胶皮碗大小两头均缠 14 号铜丝；2—便器底填白灰膏；3—胶皮碗及冲洗管四周填干砂；4—油灰接口

(3) 蹲坑上水连接口应经试水无渗漏后再做水泥抹面。

(4) 蹲坑上水接口处应填干砂或装活盖，以便维修。

4. 治理方法

轻轻剔开大便器上水进口处地面，检查连接胶皮碗是否完好，损坏者必须更换。如原先使用铁丝绑扎，须换成铜丝两道错开绑紧。

40.3.3 卫生器具安装不牢固

1. 现象

卫生器具使用时松动不稳，甚至引起管道连接零件损坏或漏水，影响正常使用。

2. 原因分析

(1) 土建墙体施工时，没有预埋木砖。

(2) 安装卫生器具所使用的稳固螺栓规格不合适，或拧栽不牢固。

(3) 卫生器具与墙面接触不够严实。

3. 预防措施

(1) 安装卫生器具宜尽量采取拧栽合适的机螺钉。

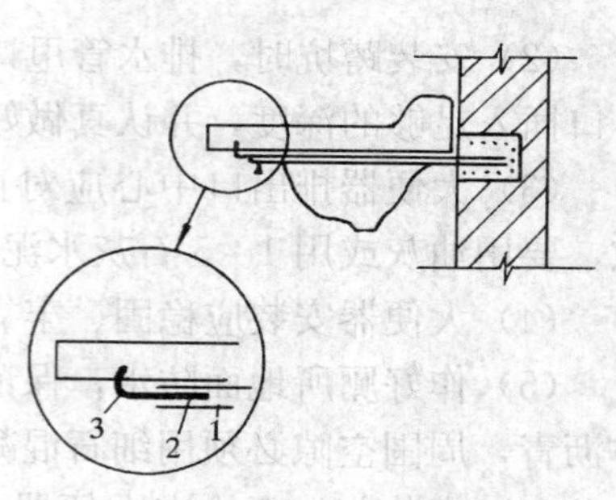

图 40-9　用管式支架安装洗脸盆
1—$DN15$ 镀锌管；2—$\phi 6 \times 15$ 的顶丝；3—$\phi 12$ 圆钢

(2) 安装洗脸盆可采用管式支架或圆钢支架（图 40-9）。

4. 治理方法

凡固定卫生器具的托架和螺钉不牢固者应重新安装。卫生器具与墙面间的较大缝隙要用水泥砂浆填补饱满。

40.3.4　地漏汇集水效果不好

1. 现象

地漏汇集水效果不好，地面上经常积水。

2. 原因分析

(1) 地漏安装高度偏差较大，地面施工无法弥补。

(2) 地面施工时，对作好地漏四周的坡度重视不够，造成地面局部倒坡。

3. 预防措施

(1) 地漏的安装高度偏差不得超过允许偏差。

(2) 地面要严格遵照基准线施工，地漏周围要有合理的坡度。

4. 治理方法

将地漏周围地面返工重做

40.3.5　水泥池槽的排水栓或地漏周围漏水

1. 现象

水泥池槽使用时，附近地面经常存水，致使墙壁潮湿，下层顶板渗漏水。

2. 原因分析

(1) 排水管或地漏周围混凝土浇筑不实，有缝隙。

(2) 安装排水栓或地漏时扩大了池槽底部的孔洞，使池槽底部产生裂缝而又没有及时妥善修补。

3. 预防措施

(1) 安装水泥池槽的排水栓或地漏时，其周围缝隙要用混凝土填实，在填灌混凝土前要支好托板，先刷水泥灰浆。

(2) 在池槽中安装地漏，地漏周围的孔洞最好用沥青油麻塞实再浇筑混凝土，并做水泥抹面。

4. 治理方法

剔开下水口周围的水泥砂浆，重新支模，用水泥砂浆填实。

40.3.6　卫生器具返水

1. 现象

底层蹲式大便器、地漏等卫生器具返水，污水横溢，严重时甚至波及楼层。

2. 原因分析

(1) 埋地管道堵塞。

(2) 埋地管道转弯过多，管线过长，引起排水不畅。

(3) 最低排水横支管与立管连接处至排出管管底的距离过小。

(4) 通气管堵塞或未设通气管，排水时产生虹吸作用，引起楼层卫生器具存水弯积水，造成水力波动，增加了底部排水管的负担。

3. 预防措施

（1）埋地管道堵塞的预防措施参见 40.2.3“排水管道堵塞”。

（2）埋地排水管道应尽量走直线，窨井或其他排水点布置不能远离排水立管。

（3）排水立管仅设伸顶通气立管时，最低排水横支管与立管连接处至排出管管底的垂直距离（图 40-6）不能小于表 40-1 中数值。

（4）排水立管应按规定设置通气管。

4. 治理方法

（1）疏通堵塞的管道。

（2）拆除埋地管道重新安装。

（3）增设通气管。

40.3.7 蹲式大便器排水出口流水不畅或堵塞

1. 现象

蹲式大便器排水出口流水不畅或堵塞，污水从大便器向上返水。

2. 原因分析

（1）大便器排水管堵塞。

（2）大便器排水管未及时清理。

3. 预防措施

（1）大便器排水管甩口施工后，应及时封堵，存水弯、丝堵应后安装。

（2）排水管承口内抹油灰不宜过多，不得将油灰丢入排水管内，溢出接口内外的油灰应随即清理干净。

（3）防止土建施工厕所或冲洗时将砂浆、灰浆流入、落入大便器排水管内。

（4）大便器安装后，随即将出水口堵好，把大便器覆盖保护好。

4. 治理方法

用胶皮碗反复抽吸大便器出水口；或打开蹲式大便器存水弯、丝堵或检查孔，把杂物取出；也可打开排水管检查口或清扫口，敲打堵塞部位，用竹片或疏通器、钢丝疏通。

40.3.8 浴盆安装质量缺陷

1. 现象

浴盆排水管、溢水管接口渗漏，浴盆排水管与室内排水管连接处漏水；浴盆排水受阻，并从排水栓向盆内冒水；浴盆放水排不尽，盆底有积水。

2. 原因分析

浴盆安装后，未做盛水和灌水试验；溢水管和排水管连接不严，密封垫未放平，锁母未锁紧；浴盆排水出口与室内排水管未对正，接口间隙小，填料不密实，盆底排水坡度小，中部有凹陷；排水甩口、浴盆排水栓口未及时封堵；浴盆使用后，浴布等杂物流入栓内堵塞管道。

3. 预防措施

（1）浴盆溢水、排水连接位置和尺寸应根据浴盆或样品确定，量好各部尺寸再下料，排水横管坡向室内排水管甩口。

（2）浴盆及配管应按样板卫生间的浴盆质量和尺寸进行安装。

(3) 浴盆排水栓及溢、排水管接头要用橡皮垫、锁母拧紧，浴盆排水管接至存水弯或多用排水器短管内应有足够的深度，并用油灰将接口打紧抹平。

(4) 浴盆挡墙砌筑前，灌水试验必须符合要求。

(5) 浴盆安装后，排水栓应临时封堵，并覆盖浴盆，防止杂物进入。

4. 治理方法

溢水管、排水管或排水栓等接口漏水，应打开浴盆检查门或排水栓接口，修理漏点；若堵塞，应从排水管存水弯检查口（孔）或排水栓口清通；盆底积水，应将浴盆底部抬高，加大浴盆排水坡度，用砂子把凹陷部位填平，排尽盆底积水。

40.3.9　地漏安装质量缺陷

1. 现象

地漏偏高，地面积水不能排除；地漏周围渗漏。

2. 原因分析

安装地漏时，对地坪标高掌握不准，地漏高出地面；地漏安装后，周围空隙未用细石混凝土灌实严密；土建未根据地漏找坡，出现倒坡。

3. 防治措施

(1) 找准地面标高，降低地漏高度，重新找坡，使地漏周围地面坡向地漏；并做好防水层。

(2) 剔开地漏周围漏水的地面，支好托板，用水冲洗孔隙，再用细石混凝土灌入地漏周围孔隙中，并仔细捣实。

(3) 根据墙体地面红线，确定地面竣工标高，再按地面设计坡高，计算出距地漏最远的地面边沿至地漏中心的坡降，使地漏箅子顶面标高低于地漏周围地面 5mm。

(4) 地面找坡时，严格按基准线和地面设计坡度施工，使地面泛水坡向地漏，严禁倒坡。

(5) 地漏安装后，用水平尺找平地漏上沿，临时稳固好地漏，在地漏和楼板下支设托板，并用细石混凝土均匀灌入周围孔隙并捣实，再做好地面防水层。

附录 40.3　室内卫生器具安装质量标准及检验方法

一、一般规定

(1) 卫生器具的安装应采用预埋螺栓或膨胀螺栓安装固定。

(2) 卫生器具安装高度如设计无要求时，应符合附表 40-8 的规定。

卫生器具安装高度　　附表 40-8

项次	卫生器具名称		卫生器具安装高度(mm)		备　注
			居住和公共建筑	幼儿园	
1	污水盆（池）	架空式 落地式	800 500	800 500	
2	洗涤盆（池）		800	800	自地面至器具上边缘
3	洗脸盆、洗手盆（有塞、无塞）		800	500	
4	盥洗槽		800	500	
5	浴　盆		≯520		

续表

项次	卫生器具名称			卫生器具安装高度（mm）居住和公共建筑	卫生器具安装高度（mm）幼儿园	备注
6	蹲式大便器	高水箱		1800	1800	自台阶面至高水箱底
		低水箱		900	900	自台阶面至低水箱底
7	坐式大便器	高水箱		1800	1800	自地面至高水箱底
		低水箱	外露排水管式	510		自地面至低水箱底
			虹吸喷射式	470	370	
8	小便器	挂式		600	450	自地面至下边缘
9	小便槽			200	150	自地面至台阶面
10	大便槽冲洗水箱			≮2000		自台阶面至水箱底
11	妇女卫生盆			360		自地面至器具上边缘
12	化验盆			800		自地面至器具上边缘

（3）卫生器具给水配件的安装高度，如设计无要求时，应符合附表40-9的规定。

卫生器具给水配件的安装高度 **附表 40-9**

项次	给水配件名称		配件中心距地面高度（mm）	冷热水龙头距离（mm）
1	架空式污水盆（池）水龙头		1000	—
2	落地式污水盆（池）水龙头		800	—
3	洗涤盆（池）水龙头		1000	150
4	住宅集中给水龙头		1000	—
5	洗手盆水龙头		1000	—
6	洗脸盆	水龙头（上配水）	1000	150
		水龙头（下配水）	800	150
		角阀（下配水）	450	—
7	盥洗槽	水龙头	1000	150
		冷热水管其中热水龙头上下并行	1100	150
8	浴盆	水龙头（上配水）	670	150
9	淋浴器	截止阀	1150	95
		混合阀	1150	
		淋浴喷头下沿	2100	—
10	蹲式大便器（台阶面算起）	高水箱角阀及截止阀	2040	
		低水箱角阀	250	—
		手动式自闭冲洗阀	600	—
		脚踏式自闭冲洗阀	150	—
		拉管式冲洗阀（从地面算起）	1600	—
		带防污助冲器阀门（从地面算起）	900	—

续表

项次	给水配件名称		配件中心距地面高度（mm）	冷热水龙头距离（mm）
11	坐式大便器	高水箱角阀及截止阀	2040	—
		低水箱角阀	150	—
12	大便槽冲洗水箱截止阀（从台阶面算起）		≮2400	—
13	立式小便器角阀		1130	—
14	挂式小便器角阀及截止阀		1050	—
15	小便槽多孔冲洗管		1100	—
16	实验室化验水龙头		1000	—
17	妇女卫生盆混合阀		360	—

注：装设在幼儿园的洗手盆、洗脸盆和盥洗槽水嘴中心离地面安装高度应为700mm，其他卫生器具给水配件的安装高度，应按卫生器具实际尺寸相应减少。

二、卫生器具安装

1. 主控项目

（1）排水栓和地漏的安装应平正、牢固，低于排水表面，周边无渗漏。地漏水封高度不得小于50mm。

检验方法：试水观察检查。

（2）卫生器具交工前应做满水和通水试验。

检验方法：满水后各连接件不渗不漏；通水试验给、排水畅通。

2. 一般项目

（1）卫生器具安装的允许偏差应符合附表40-10的规定。

卫生器具安装的允许偏差和检验方法　　附表40-10

项次	项目		允许偏差（mm）	检验方法
1	坐标	单独器具	10	拉线、吊线和尺量检查
		成排器具	5	
2	标高	单独器具	±15	
		成排器具	±10	
3	器具水平度		2	用水平尺和尺量检查
4	器具垂直度		3	吊线和尺量检查

（2）有饰面的浴盆，应留有通向浴盆排水口的检修门。

检验方法：观察检查。

（3）小便槽冲洗管，应采用镀锌钢管或硬质塑料管。冲洗孔应斜向下方安装，冲洗水流同墙面成45°角。镀锌钢管钻孔后应进行二次镀锌。

检验方法：观察检查。

（4）卫生器具的支、托架必须防腐良好，安装平整、牢固，与器具接触紧密、平稳。

检验方法：观察和手扳检查。

三、卫生器具给水配件安装

1. 主控项目

卫生器具给水配件应完好无损伤，接口严密，启闭部分灵活。

检验方法：观察及手扳检查。

2. 一般项目

（1）卫生器具给水配件安装标高的允许偏差应符合附表 40-11 的规定。

卫生器具给水配件安装标高的允许偏差和检验方法 附表 40-11

项次	项目	允许偏差（mm）	检验方法
1	大便器高、低水箱角阀及截止阀	±10	尺量检查
2	水嘴	±10	
3	淋浴器喷头下沿	±15	
4	浴盆软管淋浴器挂钩	±20	

（2）浴盆软管淋浴器挂钩的高度，如设计无要求，应距地面 1.8m。

检验方法：尺量检查。

四、卫生器具排水管道安装

1. 主控项目

（1）与排水横管连接的各卫生器具的受水口和立管均应采取妥善可靠的固定措施；管道与楼板的接合部位应采取牢固可靠的防渗、防漏措施。

检验方法：观察和手扳检查。

（2）连接卫生器具的排水管道接口应紧密不漏，其固定支架、管卡等支撑位置应正确、牢固，与管道的接触应平整。

检验方法：观察及通水检查。

2. 一般项目

（1）卫生器具排水管道安装的允许偏差应符合附表 40-12 的规定。

卫生器具排水管道安装的允许偏差及检验方法 附表 40-12

项次	检查项目		允许偏差（mm）	检验方法
1	横管弯曲度	每 1m 长	2	用水平尺量检查
		横管长度≤10m，全长	<8	
		横管长度>10m，全长	10	
2	卫生器具的排水管口及横支管的纵横坐标	单独器具	10	用尺量检查
		成排器具	5	
3	卫生器具的接口标高	单独器具	±10	用水平尺和尺量检查
		成排器具	±5	

（2）连接卫生器具的排水管管径和最小坡度，如设计无要求时，应符合附表 40-13 的规定。

连接卫生器具的排水管管径和最小坡度　　**附表 40-13**

项次	卫生器具名称		排水管管径 (mm)	管道的最小坡度 (‰)
1	污水盆（池）		50	25
2	单、双格洗涤盆（池）		50	25
3	洗手盆、洗脸盆		32～50	20
4	浴盆		50	20
5	淋浴器		50	20
6	大便器	高、低水箱	100	12
		自闭式冲洗阀	100	12
		拉管式冲洗阀	100	12
7	小便器	手动、自闭式冲洗阀	40～50	20
		自动冲洗水箱	40～50	20
8	化验盆（无塞）		40～50	25
9	净身器		40～50	20
10	饮水器		20～50	10～20
11	家用洗衣机		50（软管为 30）	

检验方法：用水平尺和尺量检查。

40.4　室内采暖管道安装

采暖管道一般使用钢管，热水采暖管道应使用镀锌钢管，管径小于或等于 32mm 宜采用螺纹连接，管径大于 32mm 宜采用焊接或法兰连接。热水管道要注意排除管内空气，蒸汽管道须在低处泄水，这样才能保证采暖管网的正常运行。因此采暖管道必须严格按照设计图纸或规范要求的坡度进行安装。管道变径也应视热媒介质和流向的不同采用相应的变径管。

40.4.1　干管坡度不适当

1. 现象

暖气干管坡度不均匀或倒坡，导致局部窝风、存水，影响水、汽的正常循环，从而使管道某些部位温度骤降，甚至不热，还会产生水击声响，破坏管道及设备。

2. 原因分析

（1）管道安装时未调直好。

（2）管道安装后，穿墙处堵洞时，其标高出现变动。

（3）管道的托、吊卡间距不合适，造成管道局部塌腰。

3. 预防措施

（1）管道焊接最好采取转动焊，整段管道经调直后再焊固定口，并按设计要求找好坡度。

（2）管道变径处按图 40-10 制作。

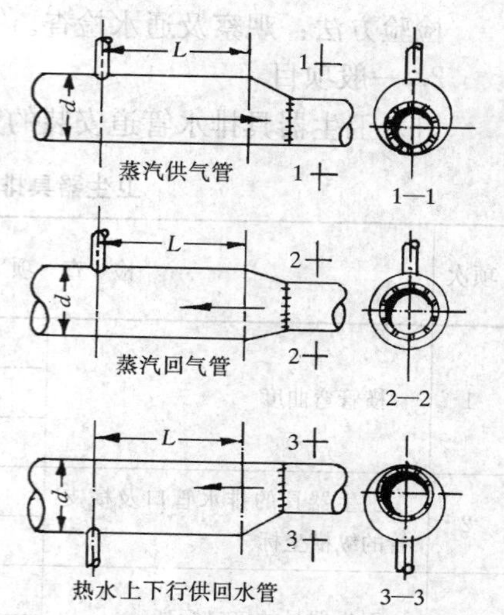

图 40-10　管道变径作法

图中：$d \geqslant 70$mm，$L=300$mm；$d<50$mm，$L=200$mm

(3) 管道穿墙处堵洞时，要检查管道坡度是否合适，并及时调整。

(4) 管道托、吊卡的间距应符合设计要求。设计无规定时，按表 40-2 采用。

管道托、吊卡的最大间距（m） **表 40-2**

管径（mm）	15～20	25～32	40	50	70～80	100	125	150
不保温管道	2.5	3	3.5	3.5	4.5	5.0	5.5	5.5
保温管道	2.0	2.5	3.0	3.5	4.0	4.5	5.0	5.5

4. 治理方法

剔开管道过墙处并拆除管道支架，调直管道，调整管道过墙洞和支架标高，使管道坡度适当。

40.4.2 采暖干管三通甩口不准

1. 现象

干管的立管甩口距墙尺寸不一致，造成干管与立管的连接支管打斜，立管距墙尺寸也不一致，影响工程质量（图 40-11）。

2. 原因分析

(1) 测量管道甩口尺寸时，使用工具不当，例如使用皮卷尺，误差较大。

(2) 土建施工中，墙轴线允许偏差较大。

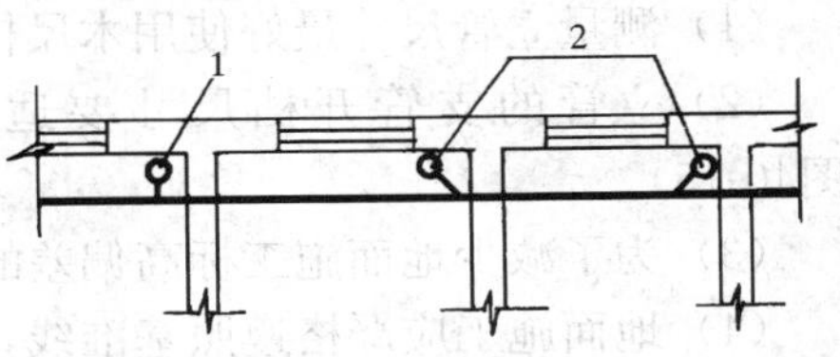

图 40-11 干管甩口不准

1—支管正确；2—支管打斜

3. 预防措施

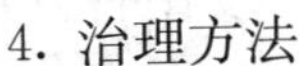

(1) 干管的立管甩口尺寸应在现场用钢卷尺实测实量。

(2) 各工种要共同严格按设计的墙轴线施工，统一允许偏差。

4. 治理方法

使用弯头零件或者修改管道甩口间的长度，调整立管距墙的尺寸。

40.4.3 采暖干管的支、托架失效

1. 现象

管道的固定支架与活动支架不能相应地起到固定、滑动管道的作用，影响暖气管道的合理伸缩，导致管道或支、托架损坏。

2. 原因分析

(1) 固定支架没有按规定焊装挡板。

(2) 活动支架的 U 形卡两头套丝并拧紧了螺母（图 40-12），使活动支架失效。

3. 防治措施

(1) 固定支架应按规定焊装止动板，阻止管道不应有的滑动（图 40-13）。

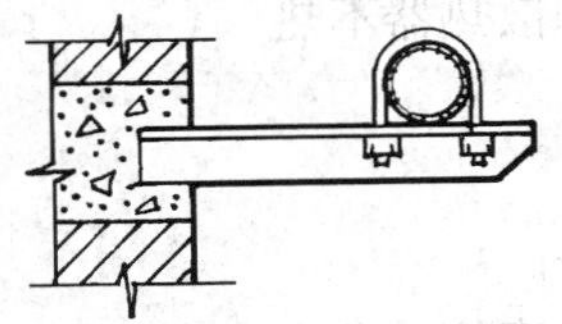

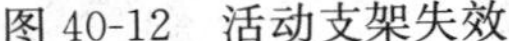

图 40-12 活动支架失效

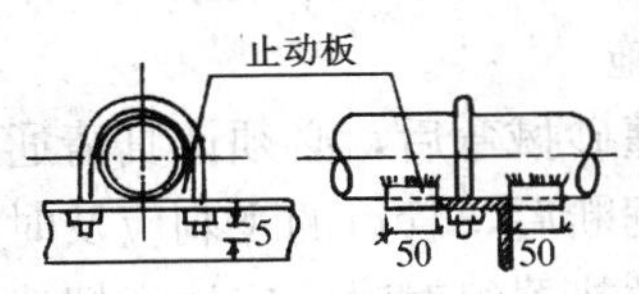

图 40-13 固定支架

(2) 活动支架的U形卡应一端套丝，并安装两个螺母；另一端不套丝，插入支架的孔眼中，保证管道自由滑动（图40-14）。

(3) 型钢支架应用台钻打眼，不应用气焊刺眼，以保证孔眼合适。

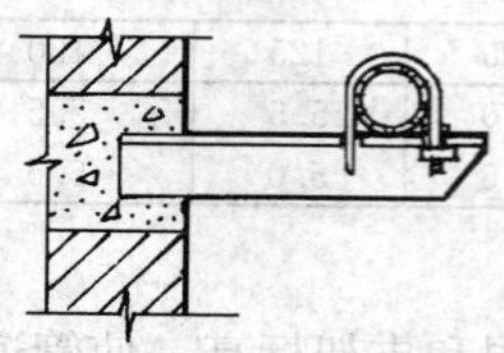

图40-14　活动支架

40.4.4　暖气立管上的弯头或支管甩口不准

1. 现象

暖气立管甩口不准，造成连接散热器的支管坡度不一致，甚至倒坡，从而又导致散热器窝风，影响正常供热。

2. 原因分析

(1) 测量立管时，使用工具不当，测量偏差较大。

(2) 各组散热器连接支管的长度相差较大时，立管的支管开档采取同一尺寸，造成支管短的坡度大，支管长的坡度小。

(3) 地面施工的标高偏差较大，导致立管原甩口不合适。

3. 预防措施

(1) 测量立管尺寸最好使用木尺杆，并做好记录。

(2) 立管的支管开档尺寸要适合支管的坡度要求，一般支管坡度以1%为宜(图40-15)。

(3) 为了减少地面施工标高偏差的影响，散热器应尽量挂装。

(4) 地面施工应严格遵照基准线，保证其偏差不超出安装散热器要求的范围。

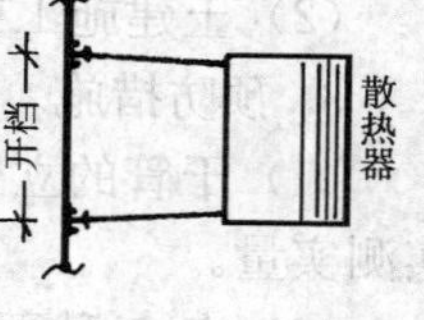

图40-15　立管的支管开档

4. 治理方法

拆除立管，修改立管的支管预留口间的长度。

40.4.5　采暖管道堵塞

1. 现象

暖气系统在使用中，管道堵塞或局部堵塞，影响气或水流量的合理分配，使供热工作不能正常和顺利进行。在寒冷地区，往往还会使系统局部受冻损坏。

2. 原因分析

(1) 管道加热揻弯时，遗留在管中的砂子未清理干净。

(2) 用砂轮锯等机械断管时，管口的飞刺没有去掉。

(3) 铸铁散热器内遗留的砂子清理得不干净。

(4) 安装管道时，管口封堵不及时或不严密，有杂物进入。

(5) 管道气焊开口方法不当，铁渣掉入管内，没有及时取出。

(6) 新安装的暖气系统没有按规定进行冲洗，大量污物没有排出。

(7) 管道"气塞"，即上下返弯处未装设放气阀门。

(8) 集气罐失灵，系统末端集气，末端管道和散热器不热。

3. 预防措施

(1) 管材灌砂揻弯后，必须认真清通管膛。

(2) 管材锯断后，管口的飞刺应及时清除干净。

(3) 铸铁散热器组对时，应注意把遗留的砂子清除干净。

(4) 安装管道时，应及时用临时堵头把管口堵好。

(5) 使用管材时，必须做到一敲二看，保证管内通畅。

(6) 管道气焊开口时落入管中的铁渣应清除干净。

(7) 管道全部安装后，应按规范规定先冲洗干净再与外线连接。

(8) 按设计图纸或规范规定，在系统高点安装放气阀。

(9) 选择合格的集气罐，增设放气管及阀门。

4. 治理方法

首先关闭有关阀门，拆除必要的管段，重点检查管道的拐弯处和阀门是否通畅；针对原因排除管道堵塞。

附录 40.4　室内采暖系统安装质量标准及检验方法

一、一般规定

(1) 焊接钢管的连接，管径小于或等于 32mm 应采用螺纹连接；管径大于 32mm 采用焊接。

(2) 镀锌钢管连接见 40.1 附录中“一般规定”第 (2) 项。

二、管道及配件安装

1. 主控项目

(1) 管道安装坡度，当设计未注明时，应符合下列规定：

1) 气、水同向流动的热水采暖管道和汽、水同向流动的蒸汽管道及凝结水管道，坡度应为 3‰，不得小于 2‰；

2) 气、水逆向流动的热水采暖管道和汽、水逆向流动的蒸汽管道，坡度不应小于 5‰；

3) 散热器支管的坡度应为 1%，坡向应利于排气和泄水。

检验方法：观察，水平尺、拉线、尺量检查。

(2) 补偿器的型号、安装位置及预拉伸和固定支架的构造及安装位置应符合设计要求。

检验方法：对照图纸，现场观察，并查验预拉伸记录。

(3) 平衡阀及调节阀型号、规格、公称压力及安装位置应符合设计要求。安装完后应根据系统平衡要求进行调试并作出标志。

检验方法：对照图纸查验产品合格证，并现场查看。

(4) 蒸汽减压阀和管道及设备上安全阀的型号、规格、公称压力及安装位置应符合设计要求。安装完毕后应根据系统工作压力进行调试，并做出标志。

检验方法：对照图纸查验产品合格证及调试结果证明书。

(5) 方形补偿器制作时，应用整根无缝钢管揻制，如需要接口，其接口应设在垂直臂的中间位置，且接口必须焊接。

检验方法：观察检查。

(6) 方形补偿器应水平安装，并与管道的坡度一致；如其臂长方向垂直安装，必须设排气及泄水装置。

检验方法：观察检查。

2. 一般项目

(1) 热量表、疏水器、除污器、过滤器及阀门的型号、规格、公称压力及安装位置应符合设计要求。

检验方法：对照图纸查验产品合格证。

(2) 钢管管道焊口尺寸的允许偏差应符合《建筑给水排水及采暖工程施工质量验收规范》(GB 50242—2002) 中表 5.3.8 的规定。

(3) 采暖系统入口装置及分户热计量系统入户装置，应符合设计要求。安装位置应便于检修、维护和观察。

检验方法：现场观察。

(4) 散热器支管长度超过 1.5m 时，应在支管上安装管卡。

检验方法：尺量和观察检查。

(5) 上供下回式系统的热水干管变径应顶平偏心连接，蒸汽干管变径应底平偏心连接。

检验方法：观察检查。

(6) 在管道干管上焊接垂直或水平分支管道时，干管开孔所产生的钢渣及管壁等废弃物不得残留管内，且分支管道在焊接时不得插入干管内。

检验方法：观察检查。

(7) 膨胀水箱的膨胀管及循环管上不得安装阀门。

检验方法：观察检查。

(8) 当采暖热媒为 110～130℃的高温水时，管道可拆卸件应使用法兰，不得使用长丝和活接头。法兰垫料应使用耐热橡胶板。

检验方法：观察和查验进料单。

(9) 焊接钢管管径大于 32mn 的管道转弯，在作为自然补偿时应使用揻弯。塑料管及复合管除必须使用直角弯头的场合外，应使用管道直接弯曲转弯。

检验方法：观察检查。

(10) 管道、金属支架和设备和防腐和涂漆应附着良好，无脱皮、起泡、流淌和漏涂缺陷。

检验方法：现场观察检查。

(11) 管道和设备保温的允许偏差应符合附表 40-3 的规定。

(12) 采暖管道安装的允许偏差应符合附表 40-14 的规定。

室内采暖管道安装的允许偏差和检验方法　　附表 40-14

项次	项目			允许偏差	检验方法
1	横管道纵、横方向弯曲（mm）	每 1m	管径≤100mm	1	用水平尺、直尺、拉线和尺量检查
			管径＞100mm	1.5	
		全长（25m 以上）	管径≤100mm	≯13	
			管径＞100mm	≯25	
2	立管垂直度（mm）	每 1m		2	吊线和尺量检查
		全长（5m 以上）		≯10	

续表

项次	项	目		允许偏差	检验方法
3	弯管	椭圆率 $\frac{D_{max}-D_{min}}{D_{max}}$	管径≤100mm	10%	用外卡钳和尺量检查
			管径>100mm	8%	
		折皱不平度（mm）	管径≤100mm	4	
			管径>100mm	5	
4	减压器、疏水器、除污器、蒸汽喷射器		几何尺寸（mm）	10	尺量检查

注：D_{max}、D_{min}分别为管子最大外径及最小外径。

40.5 散热器安装

散热器的种类很多，用得最多的是铸铁散热器和钢管散热器。散热器不热、跑汽、漏水和安装不牢固是常见安装质量通病。

40.5.1 铸铁散热器漏水

1. 现象

暖气系统在使用期间，散热器接口处或有砂眼处渗漏水，甚至吱水，影响使用。

2. 原因分析

(1) 散热器质量不好，对口不平，丝扣不合适以及严重存在蜂窝、砂眼。

(2) 散热器单组水压试验的压力和时间未满足规范规定，造成渗漏水隐患。

(3) 散热器片数过多，搬运方法不当，使散热器接口处产生松动和损坏。

3. 预防措施

(1) 散热器在组对前应进行外观检查，选用质量合格的进行组对。

(2) 散热器组对后，应按规范规定认真进行水压试验，发现渗漏及时修理。

(3) 散热器组对时，应使用石棉纸垫。石棉纸垫可浸机油，随用随浸。不得使用麻垫或双层垫。

(4) 20片以上的散热器应加外拉条。多片散热器搬运时宜立放。如平放时，底面各部位必须受力均匀，以免接口处受折，造成漏水。

4. 治理方法

用炉片钥匙继续紧炉片连接箍，或更换坏炉片和炉片连接箍。

40.5.2 铸铁散热器安装不牢固

1. 现象

散热器安装后，接口处松动、漏水。

2. 原因分析

(1) 挂装散热器的托钩、炉卡不牢，托钩强度不够，散热器受力不均。

(2) 落地安装的散热器腿片着地不实或者垫得过高不牢。

3. 预防措施

(1) 散热器钩卡栽墙深度不得小于12cm，堵洞应严实，钩卡的数量应符合规范规定。

（2）落地安装的散热器的支腿均应落实，不得使用木垫加垫，必须用铅垫。断腿的散的散热器应予更换或妥善处理。

4. 治理方法

按规定重新安装散热器或其钩卡。

40.5.3　部分散热器不热

1. 现象

热网启动后，部分散热器不热。

2. 原因分析

（1）水力不平衡，距热源远的散热器因管网阻力大而热媒分配少，导致散热器不热。

（2）散热器未设置跑风门或跑风门位置不对，以致散热器内空气难以排出而影响散热。

（3）蒸汽采暖的疏水器选择不当，因而造成介质流通不畅，使散热器达不到预期效果。

（4）管道堵塞。

（5）管道坡度不当，影响介质的正常循环。

3. 防治措施

（1）设计时应作好水力计算，管网较大时宜作同程式布置，而不宜采用异程式。图 40-16 所示为单管式热水采暖异程式系统和同程式系统示意。

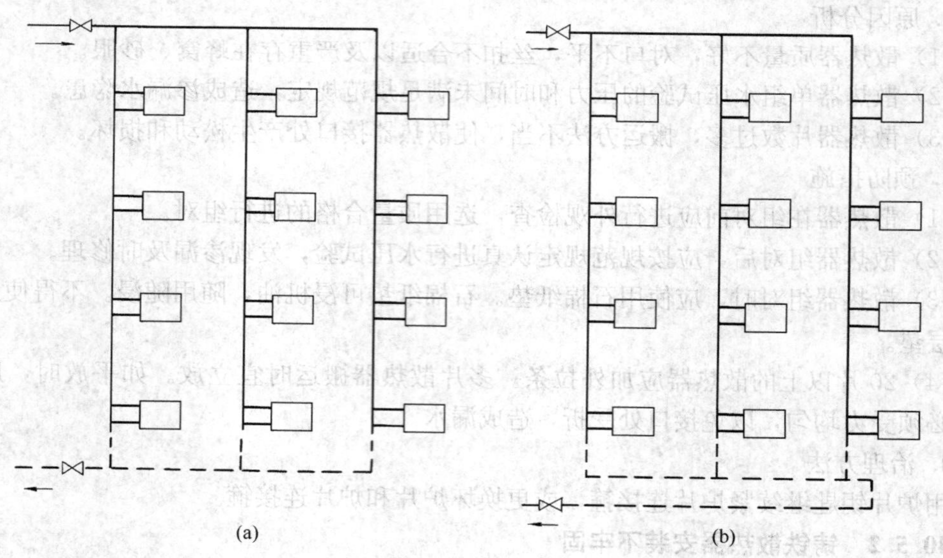

图 40-16　单管式热水采暖异程式系统和同程式系统示意
（a）异程式采暖系统；（b）同程式采暖系统

（2）散热器应正确设置跑风门。如为蒸汽采暖，跑风门的位置应在距底部 1/3 处；如为热水采暖，跑风门的位置应在上部。

（3）疏水器选用不仅要考虑排水量，还要根据压差选型，否则容易漏气，破坏系统运行的可靠性，或者疏水器失灵，凝结水不能顺利排出。

（4）管道堵塞按 40.4.5"采暖管道堵塞"所述的方法进行治理。

（5）采暖管道干管坡度不当，参见 40.4.1"干管坡度不适当"所述。对于散热器支管，进管应坡向散热器，出管应坡向干管，坡度宜为 1%。

附录 40.5 室内采暖设备安装质量标准及检验方法

1. 主控项目

（1）散热器组对后，以及整组出厂的散热器在安装之前应作水压试验。试验压力如设计无要求时，应为工作压力的 1.5 倍，但不小于 0.6MPa。

检验方法：试验时间为 2～3min，压力不降且不渗不漏。

（2）水泵、水箱、热交换器等辅助设备安装的质量检验与验收应按《建筑给水排水及采暖工程施工质量验收规范》（GB 50242—2002）的相关规定执行。

2. 一般项目

（1）散热器组对应平直紧密，组对后的平直度应符合附表 40-15 规定。

组对后的散热器平直度允许偏差 附表 40-15

项次	散热器类型	片 数	允许偏差（mm）
1	长翼型	2～4	4
		5～7	6
2	铸铁片式 钢制片式	3～15	4
		16～25	6

检验方法：拉线和尺量

（2）组对散热器的垫片应符合下列规定：

1）组对散热器垫片应使用成品，组对后垫片外露不应大于 1mm；

2）散热器垫片材质当设计无要求时，应采用耐热橡胶。

检验方法：观察和尺量检查。

（3）散热器支架、托架安装，位置应准确，埋设牢固，其数量应符合设计或产品说明书要求。如设计未注明时，则应符合附表 40-16 的规定。

散热器支架、托架数量 附表 40-16

项次	散热器形式	安装方式	每组片数	上部托钩或卡架数	下部托钩或卡架数	合 计
1	长翼型	挂墙	2～4	1	2	3
			5	2	2	4
			6	2	3	5
			7	2	4	6
2	柱型 柱翼型	挂墙	3～8	1	2	3
			9～12	1	3	4
			13～16	2	4	6
			17～20	2	5	7
			21～25	2	6	8

续表

项次	散热器型式	安装方式	每组片数	上部托钩或卡架数	下部托钩或卡架数	合　计
3	柱型 柱翼型	带足落地	3～8	1	—	1
			8～12	1	—	1
			13～16	2	—	2
			17～20	2	—	2
			21～25	2	—	2

（4）铸铁或钢制散热器表面的防腐及面漆应附着良好，色泽均匀，无脱落、起泡、流淌和漏涂缺陷。

检验方法：现场观察。现场清点检查。

（5）散热器背面与装饰后的墙内表面安装距离，应符合设计或产品说明书要求。如设计未注明，应为 30mm。

检验方法：尺量检查。

（6）散热器及太阳能热水器安装允许偏差应符合附表 40-17 的规定。

散热器及太阳能热水器安装的允许偏差和检验方法　　**附表 40-17**

项次	项　目					允许偏差（mm）	检验方法
1	散热器	坐　标	散热器背面与墙内表面距离			3	用水准仪（水平尺）、直尺、拉线和尺量检查
		坐　标	与窗中心线或设计定位尺寸			20	
		标　高	底部距地面			±15	
		中心线垂直度				3	吊线和尺量检查
		侧面倾斜度				3	
		平直度	灰铸铁	长翼型（60）（38）	2～4 片	4	用水准仪（水平尺）、直尺、拉线和尺量检查
					5～7 片	6	
				圆翼型	2m 以内	3	
					3～4m	4	
				M132 柱　型	3～14 片	4	
					15～24 片	6	
			钢制	串片型	2 节以内	3	
					3～4 节	4	
				板　型	$L<1$m	4	
					$L>1$m	6	
				扁管型	$L<1$m	3	
					$L>1$m	5	
				柱　型	3～12 片	4	
					13～20 片	6	

续表

项次	项目			允许偏差 (mm)	检验方法
2	壁挂式暖风机	标　高	中心线距地面	±20	用水准仪（水平尺）、直尺、拉线和尺量检查
	金属辐射板	标　高	中心线距地面	±20	
		坡　度	水平安装不小于 5/1000	+1/1000 −0	
3	板式直管太阳能热水器	标　高	中心线距地面	±20	
		固定安装朝向	最大偏移角（°）	不大于 15	分度仪检查

40.6　室内管道除锈防腐及保温

40.6.1　管道除锈防腐不良

1. 现象

管道除锈、污垢打磨不干净，油漆漏除，造成防腐不良。

2. 原因分析

管道进场后保管不善，安装前未认真清除铁锈，未及时刷油防腐。

3. 防治措施

（1）管道进场后应妥善保管，并采取先集中除锈刷油，后进行预制安装的方法。

（2）认真执行除锈和刷油操作规程。

40.6.2　管道瓦块保温不良

1. 现象

瓦块绑扎不牢，瓦块脱落，罩面不光滑，厚度不够，保温隔热效果下降。

2. 原因分析

（1）瓦块材料配合比不当，强度不够。

（2）绑扎瓦块时，瓦块的放置方法不对，使用铁丝过细，间距不合适。

3. 预防措施

（1）预制瓦块所用材料的强度、表观密度、导热系数和含水率应符合设计要求和规范规定。

（2）绑扎瓦块时，其结合缝应错开，并用石棉灰填补。管径小于 50mm 时，用 20 号（0.95mm）镀锌铁丝绑扎；管径大于 50mm 时，用 18 号（1.2mm）镀锌铁丝绑扎。绑扎间距为 150～200mm。

（3）在固定支架、法兰、阀门及活接头两边留出 100mm 的间隙不做保温，并抹成 60°～90°斜坡。

（4）在高压蒸汽及高压热水管道的拐弯处或涨缩拐弯处，均应留出 20mm 的伸缩缝，并填充石棉绳。

（5）瓦块的罩面层材料应采用合理的配合比。认真进行罩面层的施工操作。

4. 治理方法

补齐脱落瓦块，加密绑扎铁丝。

附录 40.6 管道保温和刷油质量标准及检验方法

管道保温和刷油质量标准及检验方法 附表 40-18

项次	项目		允许偏差（mm）	检验方法
1	保温层表面平整度	卷材或板材	5	用 2m 直尺和楔形塞尺检查
		涂抹或其他	10	
2	保温层厚度		$+0.1\delta$ -0.05δ	用钢针刺入隔热层和尺量检查
3	刷油：铁锈、污垢应清除干净，防腐油漆应均匀，无漏涂			观察检查

注：δ 为管道保温层厚度。

41 通风空调工程

通风空调工程是由送排风系统、防排烟系统、除尘系统、空调风系统、净化空调系统、制冷设备系统、空调水系统构成。

“通风”是为改善生产和生活条件，采用自然或机械方法，对某一空间进行换气，以保证卫生、安全等适宜空气环境的技术。“空调”是使房间或密闭空间的空气温度、湿度、洁净度和气流速度等参数，达到给定要求的技术。

通风空调工程的工作内容就是按照设计图纸和国家规范要求来制作、安装通风、空调设备，以及调试风管、风口、风阀及其他各类部件，以满足使用要求。

目前，风管及通风部件等已发展为单机或流水线机械制作，制作质量得到保证，制冷、空调设备的装配程度也大大提高。

41.1 风管与部件制作

风管包括金属风管、非金属风管和复合风管。金属风管以镀锌薄钢板风管最为常见，根据风管材制的不同，制作和连接方法各异，主要包括咬口连接和焊接，法兰连接和无法兰连接。本节主要叙述金属风管制作与安装过程中的质量通病，其他材质的风管也可借鉴。

41.1.1 镀锌钢板的镀锌层破损

1. 现象

风管板材的镀锌层脱落、锈蚀，出现刮花和粉化等现象。

2. 原因分析

(1) 生产厂的产品不合格，镀锌层的厚度不符合标准要求，导致镀锌钢板的耐久性差。

(2) 材料运输、保管不善，镀锌钢板的镀锌层受到损坏，失去防锈保护作用，镀锌层内的碳素钢在空气中极易氧化，生成氧化铁（铁锈），铁锈脱落。

(3) 风管加工制作过程受损，主要是地板上拖伤或划伤镀锌层。

3. 预防措施

(1) 选择的产品材质应符合国家标准规定，其镀锌层为100号以上的材料，即双面三点试验平均值不应小于 100g/m^2 的连续热镀锌薄钢板，其表面应平整光滑，厚度均匀，不能有裂纹、结疤等缺陷。

(2) 材料的运输和保管都应加以保护，防止擦伤镀锌层，防止腐蚀性液体或气体损伤镀锌层。

(3) 风管在加工制作过程中，避免碰伤、擦伤和明火烧伤镀锌层。

4. 治理方法

质检部门必须严格把关，按规程要求对镀锌层受损的钢板禁止使用在工程中。

41.1.2　圆形风管不圆，管径变小

1. 现象

风管不直，两端口平面不平行，管径变小。

2. 原因分析

（1）制作同径圆风管时，没有控制好弧度，造成风管不圆。

（2）制作异径圆风管时，两端口周长采用划线法求出，圆的内接多边形周长小于其外接圆的周长，直径变小，缩小量一般为1%。

（3）咬口宽度不相等。

3. 预防措施

（1）具有弹性的镀锌薄钢板，在滚圆时滚圆机应调整好。

（2）圆风管两端口周长应用计算法求出，圆周长＝π×直径＋咬口留量。

（3）严格保持咬口宽度一致。

4. 治理方法

圆风管成品不同心或直径变小时，可加宽法兰口风管翻边的宽度。

41.1.3　矩形风管对角线不相等

1. 现象

风管表面不平，两相邻表面互不垂直，两相对表面互不平行，两端口平面不平行。

2. 原因分析

（1）下料找方不准确。

（2）风管两相对面的长度及宽度不相等。

（3）风管四角处的联口角型咬合或转角咬口宽度不相等。

（4）咬口受力不均。

3. 预防措施

（1）材料找方划线后，检验每片宽度、长度及对角线的尺寸，对超出误差范围内的尺寸应予以校正。

（2）下料后将风管相对面的两片重合起来，检验其尺寸的准确性。

（3）操作时应保证咬口宽度一致。

（4）手工咬口时，可首先固定两端及中心部位，然后再进行均匀咬口。

4. 治理方法

用法兰口风管翻边高度调整风管两端口平行度及法兰与风管的垂直度，风管翻边应平整，翻边高度不小于6mm。

41.1.4　金属矩形风管刚度不够

1. 现象

金属矩形风管的刚度不够，出现管壁凹凸不平，或风管在两个支、吊架之间产生挠度。

2. 原因分析

（1）钢板的厚度不符合要求，没有按照《通风与空调工程施工质量验收规范》（GB 50243—2002）的要求下料，造成管壁抗弯强度低，风管系统启动时，管壁颤动产生噪声，

而且在支承点之间出现挠度，极易发生风管塌陷。

(2) 咬口形式选择不当，减弱了风管的刚度。

(3) 没有按照规范要求采取加固措施，或加固的方式、方法不当。

3. 防治措施

(1) 风管钢板的厚度太薄，管壁的抗弯强度低，制成风管后，风管的刚度不够；钢板的厚度太厚，则浪费材料，且增加支、吊架的负荷和不安全因素；因此必须严格按照规范规定及设计要求，选择风管钢板的厚度。钢板风管板材厚度的选用见表 41-1。

钢板风管板材厚度（mm） **表 41-1**

风管直径 D 或边长尺寸 b	矩形风管		除尘系统风管
	中、低压系统	高压系统	
D (b) ≤320	0.5	0.75	1.5
320＜D (b) ≤450	0.6	0.75	1.5
450＜D (b) ≤630	0.6	0.75	2.0
630＜D (b) ≤1000	0.75	1.0	2.0
1000＜D (b) ≤1250	1.0	1.0	2.0
1250＜D (b) ≤2000	1.0	1.2	按设计
2000＜D (b) ≤4000	1.2	按设计	

注：1. 排烟系统风管的钢板厚度可按高压系统。
2. 特殊除尘系统风管的钢板厚度应符合设计要求。
3. 不适用于地下人防与防火隔墙的预埋管。

(2) 矩形风管的咬口形式，必须与不同功能的风管系统相对应。空调系统、空气洁净系统不允许采用按扣式咬口，应采用联合角咬口，使咬口缝设在四角部位，增大风管的刚度。

(3) 严格按照《通风与空调工程施工质量验收规范》(GB 50243—2002) 第 4.2.10 条第 2 款的规定及设计文件要求的方式、方法，对矩形风管进行加固，同时，管壁的横向应压加强筋，以增强风管管壁的抗弯能力，提高系统运行的稳定性。

41.1.5 角钢法兰面不平且与风管的轴线不垂直

1. 现象

角钢法兰面不平且歪斜，使风管的连接不严密且走向偏离。

2. 原因分析

(1) 法兰孔距误差大，造成管段组装困难。

(2) 法兰角钢不平直或法兰焊后变形或平面扭曲，导致法兰面不平。

(3) 法兰与风管组装时定位不准，或在铆接或焊接时移位，导致法兰平面与风管轴线不垂直。

(4) 套装法兰后，风管管口的翻边宽度不一致，造成法兰与风管的轴线不垂直，影响风管的走向，使法兰接口处不严密。

3. 防治措施

(1) 角钢法兰应按每一个风管接头的两个法兰配对钻孔，保证管段组装畅顺无误，同一批量加工的相同规格法兰的螺孔排列应一致，并具有互换性，确保管段间法兰面的紧密接触。

（2）法兰角钢在下料前和焊接后的变形，必须进行矫正，使法兰面平正、不扭曲；风管法兰的焊缝应熔合饱满，无假焊和孔洞。法兰平面度的偏差必须小于 2mm；根据矩形风管的边长尺寸，选择法兰角钢的规格，见表 41-2。

矩形风管法兰角钢型号（mm） 表 41-2

风管长边尺寸（b）	法兰角钢规格	风管长边尺寸（b）	法兰角钢规格
$b\leqslant 630$	25×3	$1500<b\leqslant 2500$	40×4
$630<b\leqslant 1500$	30×3	$2500<b\leqslant 4000$	50×5

（3）法兰与风管套装前，在风管端部划出套装法兰的基准线、角钢法兰按照基准线定位、套装并进行与风管的铆接或焊接，保证法兰面不倾斜并与风管的轴线相垂直。

（4）角钢法兰与风管连接牢固后，进行管口的翻边，翻边应平整，紧贴法兰，其宽度应一致，且不应小于 6mm；咬缝与法兰四角处不应有开裂与孔洞。

41.1.6 薄钢板共板法兰的法兰面不平

1. 现象

薄钢板风管的共板法兰，采用单体专用设备加工时，极易出现法兰面不平或扭曲翘角。

2. 原因分析

（1）使用单体专用设备在法兰扳边时，弯折线偏移。

（2）管身板材折弯时弯折线偏移。

3. 防治措施

（1）在薄钢板共板法兰折弯加工时应对准弯折线，以确保共板法兰面的平整；

（2）管身板材在弯折前，应复查板材两边的折弯点，无误后再开始折弯，确保共板法兰面平整，法兰连接处严密、不漏风。

41.1.7 螺旋风管加工咬口没压实

1. 现象

螺旋风管螺旋缝咬口没压实。

2. 原因分析

（1）螺旋风管成型机咬合轮，间隙过大。

（2）螺旋风管成型机液压系统压力不足，造成咬合轮压力不够。

（3）螺旋风管成型机咬合轮磨损严重。

3. 防治措施

（1）调整咬合轮间隙使其符合要求。

（2）调整液压系统压力，或维修液压系统，使其压力符合要求。

（3）更换咬合轮。

（4）制作样品，并对样品进行检验，合格后方可批量生产。

41.1.8 C 形插条连接方法不正确，缝隙大

1. 现象

C形插条与风管连接的缝隙过大。

2. 原因分析

（1）水平的C形插条两端压倒垂直的C形插条，C形插条的连接方法不正确。

（2）C形插条的加工不标准，成型不规正，尺寸不合格。

（3）风管管口的扳边不符合要求。

3. 防治措施

（1）大边长度小于630mm的矩形风管，以C形插条连接两段风管时，应该先连接风管上、下水平的C形插条，再连接风管两侧垂直的C形插条；上下水平插条的长度等于风管水平面的宽度，两侧垂直插条的长度等于风管两侧面的高度再加上、下两端不小于20mm的延长量，折弯成90°角，紧贴压倒在上、下水平C形插条的端部。

（2）C形插条必须采用符合要求的机械进行加工，以保证C形插条外形的各部位尺寸准确，成型规正，与风管管口加工插口的宽度应相匹配。

（3）风管管口的扳边量要合适，折弯后的角度及各部位的尺寸应准确，外形规正，与C形插条连接匹配严密，其允许偏差应小于2mm。

41.1.9 矩形风管四角咬口处易开裂

1. 现象

矩形风管断面较大时，四角咬口处容易开裂。

2. 原因分析

（1）咬口型式选用不当。大断面矩形风管如采用按钮扣式咬口，风管四角处容易开裂。

（2）由于运输、振动以及安装时风管各方向受力不均匀，也容易使按扣咬口开裂。

3. 防治措施

（1）对矩形风管大边尺寸在1500mm以上时，应采用转角咬口或联合角型咬口，尽量不使用按扣咬口。

（2）风管按扣式咬口如开裂，可用与风管同质材料制作一个50mm×50mm的90°的抱角，用$\phi3 \sim \phi4$的拉铆钉固定，将风管咬口开裂处修补好。抱角长度应该大于风管开裂长度100mm左右。

41.1.10 矩形风管断面尺寸高宽比不合理

1. 现象

矩形风管高宽比过大，因此造成风管阻力大，材料浪费，造价高。

2. 原因分析

（1）设计及施工时，只考虑了风管断面积的合理性，没有考虑风管断面高宽比和风管造价的合理性。

（2）风管断面积固定时，风管断面高宽比尺寸不同，制作风管所用的材料也不相同。

3. 防治措施

采用矩形风管时，其高宽比宜在1∶4以下。

41.1.11 矩形弯头角度不准确

1. 现象

内外弧形的矩形弯头角度不准确，与其他部件或配件连接后，直接影响其坐标位置的准确性，造成风管歪斜或走向不正确。

2. 原因分析

（1）弯头两侧板的里、外弧形尺寸不准确。

（2）制作工艺没有控制好弯头角度的准确性。

3. 防治措施

（1）内外弧形的矩形弯头要掌握好两侧板的里、外弧度，其展开宽度应加折边咬口的留量；如果是角钢法兰连接，其展开长度应留出法兰角钢的宽度和翻边量。

（2）弯头的两侧板和里、外弧形板下料后，必须认真校对弯头角度的准确性，成形后仍须复核一次角度，确保其准确性。

41.1.12　外直角内圆弧弯头制作不规范

1. 现象

外直角内圆弧弯头使风管的气流不畅，局部阻力增大，加大风机机外余压的损失。

2. 原因分析

（1）未装导流片，影响气流的顺畅流通，并产生噪声。

（2）导流片安装位置不合理，使气流不稳定。

（3）导流片规格、片数和片距不符合规范和规程要求，未能降低风阻和噪声。

3. 防治措施

（1）平面边长 $a \geqslant 500$mm 内圆弧形弯头必须设置导流叶片，使气流流通顺畅，减少阻力。

（2）导流叶片应按照规定的间距铆接在连接板上，然后将连接板再铆接在弯头上，导流叶片的迎风侧边缘应圆滑。为保证风管系统运行时气流稳定，各导流叶片的弧度应一致，导流叶片与连接板、连接板与弯头板壁必须铆接牢固，不得松动，使气流畅顺，风阻小。

（3）严格执行《通风与空调工程施工质量验收规范》（GB 50243—2002）第 5.3.8 条和《通风管道技术规程》（JGJ 141—2004）第 3.10.2 条的规定，导流叶片的规格、片数和片距，应根据弯头的平面边长而定，平面边长越大，其片数越多。导流叶片的长度超过 1250mm 时，应有加强措施，确保风阻和噪声满足设计要求的参数。

41.1.13　正三通和斜三通的角度不准确

1. 现象

正三通和斜三通的角度不准确，使风管不能按垂直方向和斜三通所要求的角度连接，影响风管系统的正确走向。

2. 原因分析

（1）连接管口的端面与中心线的角度不准确，直接影响连接管的走向。

（2）连接管咬口或套装法兰时出现偏差，造成三通的角度不准确。

3. 防治措施

（1）控制好下料尺寸的准确性，咬口或焊接的工艺要保证角度的偏差在允许范围内，保证管口端面与中心线的夹角正确无误：风管正三通支管与主管应成 90°角，角度偏差不应大于 3°；风管斜三通支管与主管夹角宜为 15°～60°，角度偏差不应大于 3°。

（2）应从加工制作工艺方面加以重视。控制好下料尺寸的准确，在组装时，保证几何尺寸的准确；在组对三通主管法兰时，两端的法兰面一定要平行，且与主轴线相垂直；在套装支管法兰时，正三通支管的法兰面要与三通主管的轴线相平行，斜三通支管的轴线与主轴线的夹角要正确，偏差不应大于3°，且支管的法兰面要与支管的轴线相垂直。

41.1.14 圆形弯头角度不准确

1. 现象

圆形弯头的角度不准确，直接影响与其相连接的风管或零部件坐标位置的准确性，将使风管系统偏移，不能按照设计的意图施工。

2. 原因分析

(1) 圆形弯头的展开线不准确，成形后达不到所要求的角度。

(2) 咬口部位的咬口宽度不相等，造成弯头的角度不准确。

3. 防治措施

(1) 严格按照几何图形展开下料，保证片料在咬合后弯头角度的准确性。

(2) 弯头的各短节在咬口时，必须保证其咬口宽度一致，并将各节的咬口缝错开，以保证咬口缝的严密和弯曲角度的准确。

41.1.15 圆形弯头合缝时跑口，合缝不严

1. 现象

母口没有完全包合公口；母口完全包合公口时还有多余的部分；母口没有咬紧公口，公口能在母口内松动。

2. 原因分析

(1) 互相咬合的公口和母口的尺寸大小没调好，造成公口过小，在母口中滑动，或母口过大不能咬紧公口。

(2) 弯头弯曲半径过小，节数过少，造成操作障碍。

(3) 弯头相临的两节直径偏差过大。

3. 防治措施

(1) 调节互相咬合的公口和母口，使尺寸大小相匹配。

(2) 按《通风管道技术规程》(JGJ 141—2004) 选用弯头参数，见表41-3。

圆形弯管曲率半径和最少分节数　　表41-3

弯管直径 D (mm)	曲率半径 R (mm)	弯管角度和最少节数							
		90°		60°		45°		30°	
		中节	端节	中节	端节	中节	端节	中节	端节
80<D≤220	≥1.5D	2	2	1	2	1	2	—	2
220<D≤450	1D~1.5D	3	2	2	2	1	2	—	2
450<D≤800	1D~1.5D	4	2	2	2	1	2	1	2
800<D≤1400	1D	5	2	3	2	2	2	1	2
1400<D≤2000	1D	8	2	5	2	3	2	2	2

(3) 闭合弯头每节板料时，注意加工精度，保证每节直径一致。

41.1.16 送风时风管内有噪声

1. 现象

钢板风管送风时有较大噪声，用调节阀调节风量时，调节阀两侧风管有很大的颤

动声。

2. 原因分析

(1) 风管内的风速超出设计规范的数值。

(2) 风管的钢板厚度与风管断面尺寸有关，风管制作时未按施工验收规范规定执行。

(3) 风管没采取加固措施或内支撑松动、脱落。

3. 防治措施

(1) 风管内的风速应按表 41-4 中的数值进行控制。

风 管 内 风 速　　表 41-4

频率为 100Hz 时的室内允许声压级 (dB)	风 速 (m/s)		
	总管和总支管	无送回风口的支管	有送回风口的支管
40～60	6～8	5～7	3～5
60 以上	7～12	6～8	3～6

(2) 钢板厚度与风管断面尺寸的关系值应按规范规定取用，不得小于表 41-5 规定。

钢板或镀锌钢板风管板材厚度 (mm)　　表 41-5

规　格	圆形风管	矩形风管		除尘系统风管
		中、低压系统	高压系统	
D (b) ≤320	0.5	0.5	0.75	1.5
320<D (b) ≤450	0.6	0.6	0.75	1.5
450<D (b) ≤630	0.75	0.6	0.75	2.0
630<D (b) ≤1000	0.75	0.75	1.0	2.0
1000<D (b) ≤1250	1.0	1.0	1.0	2.0
1250<D (b) ≤2000	1.2	1.0	1.2	按设计
2000<D (b) ≤4000	按设计	1.2	按设计	

注：1. D 为风管直径，b 为长边尺寸。
2. 螺旋风管的钢板厚度可适当减小 10%～15%。
3. 排烟系统风管钢板厚度可按高压系统。
4. 特殊除尘系统风管钢板厚度应符合设计要求。
5. 不适用于地下人防与防火隔墙的预埋管。

(3) 按照规范或规程的相关规定对风管采取加固措施。

附录 41.1　金属风管制作与安装的允许偏差和检验方法

附表 41-1

项次	项　目		允许偏差 (mm)	检 验 方 法
1	圆形风管外径 (mm)	≤300	0 −1	用钢尺量互成 90°的直径
		>300	0 −2	
2	矩形风管大边 (mm)	≤300	0 −1	钢尺检查
		>300	0 −2	

续表

项次	项　　目			允许偏差(mm)	检　验　方　法
3	圆形弯头、三通角度			3°	按角度线，用量角器测量
4	矩形弯头、三通角度			3°	按角度线，用量角器测量
5	圆形法兰	内　径		+2	用尺量直径4～6处
		平整度		2	法兰平放于平台上，用塞尺检查
	矩形法兰	内边尺寸		+2	用尺量管口各边长度
		平整度		2	法兰平放于平台上，用塞尺检查
6	法兰铆接	翻边宽度		6～9	用尺测翻边4～6处
		平整度		平　整	外观检查
7	无法兰风管连接			严　密	用风速仪检验
8	洁净系统风管	法兰铆钉孔间距		100～65	用尺检查
		法兰螺栓孔间距		150～100	用尺检查
		直风管拼接缝		不得有横向拼接缝	外观检验
		风管系统安装		严密、不漏风	用毕托管、微压计测试、计算
9	风管安装	水平度	每　米	3	用尺检查
			总偏差	20	
		垂直度	每　米	2	用线坠及尺检查
			总偏差	20	
10	预留孔洞			准　确	用尺检查
11	风管刷油			无皱纹、气泡、混色	外观检验
12	风管保温			表面平整，不损坏	外观检验

41.2　风管与部件安装

41.2.1　风管变径不合理

1. 现象

风管突然扩大或突然缩小，造成阻力增大，风量减少，影响风机效率，达不到设计要求。

2. 原因分析

自于建筑空间窄小，在风管的变径或与设备的连接处，风管变径不合理，存在突扩、突缩、直角弯头等现象。对空间的尺寸未能详尽安排，又未从气流合理着手考虑接法。

3. 防治措施

按如图41-1所示的方法，尽量按照合理的变径、拐弯等要求进行安装。变径管单面变径的夹角α宜小于30°，双面变径的夹角α宜小于60°。

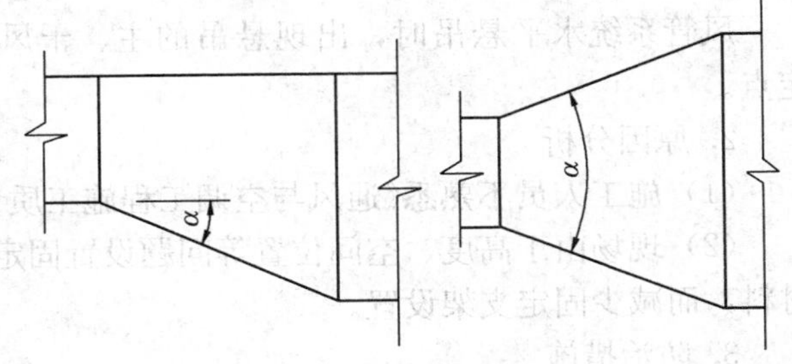

图41-1　单面变径与双面变径夹角

41.2.2　镀锌钢板风管与其他专业管线交叉，避让不合理

1. 现象

镀锌钢板风管与其他专业管线交叉而受损；改变了风管的有效面积，会引起风管漏风量加大；如有电管穿

越，则有漏电危险。

2. 原因分析

(1) 风管交叉施工受损，主要是因为受到现场建筑空间的限制。

(2) 风管安装前，未根据设计图纸要求施工，与相关专业（水、电、装饰等）的协调不到位。

(3) 未进行综合机电管线深化设计，确定的空间位置不恰当，不合理。

(4) 对《通风与空调工程施工质量验收规范》(GB 50243—2002) 第 6.2.2 条第 1 款的规定不了解，不熟悉。

3. 防治措施

(1) 加强施工交底和图纸审查，注意工程施工中管线比较集中、有交叉跨越的部位，正确处理好各类管线之间安装空间和走向等的矛盾。

(2) 加强现场施工管理，协调好多工种施工，如有违反，应立即整改。

(3) 做好管线的综合布局深化设计，避免日后施工过程中返工。

(4) 风管内严禁其他管线穿越，不得敷设电线、电缆以及输送有毒、易燃气体或液体的管道，以确保施工安全。

41.2.3　法兰垫料放置不合格

1. 现象

镀锌钢板风管连接时，经常出现法兰垫料安放突出管外，或突入管内的现象，影响风管系统的严密性，导致法兰接口处漏风。

2. 原因分析

法兰垫料规格（材质、宽度和厚度）不符合要求；法兰垫料粘贴时不平直。

3. 防治措施

(1) 根据风管法兰的具体规格选择合适的法兰垫料：法兰垫料采用压敏胶的发泡聚乙烯塑料带，其厚度应不小于 4mm，其宽度应不小于 20mm；净化系统法兰密封垫料选用不透气、不产尘、弹性好的闭孔海绵橡胶及压敏密封胶条等材料，垫料厚度 5～8mm，垫料的接头应采用阶梯式或品字形式；

(2) 对矩形法兰边粘贴法兰垫料，粘贴时一定要平直，可从一端开始逐步向另一端用力挤压，保证法兰垫料都能受力粘接牢固。根据风管用途，正确选择垫料材质，特别是排烟风管垫料材质应符合防火阻燃性能相关要求。

41.2.4　水平安装超长风管未设固定点

1. 现象

风管系统水平悬吊时，出现悬吊的主、干风管长度超过 20m 而未设防止摆动的固定点。

2. 原因分析

(1) 施工人员不熟悉《通风与空调工程施工质量验收规范》(GB 50243—2002)要求。

(2) 现场由于高度、空间位置等问题设置固定点有一定难度，或为了降低成本，节约材料，而减少固定支架设置。

3. 防治措施

(1) 严格按照《通风与空调工程施工质量验收规范》(GB 50243—2002) 中 6.3.4 条

第5款执行："当水平悬吊的主、干风管长度超过20m时，应设置防止摆动的固定点，每个系统不应少于1个。"

（2）对设置固定点有一定难度的风管，可采取斜拉钢丝绳固定等方式解决。

41.2.5 薄钢板法兰风管连接件间距太大或连接件松紧不一致

1. 现象

薄钢板法兰风管连接时，往往出现法兰连接件间距太大或连接件松紧不一致的现象，严重的导致风管底部连接件脱落。法兰间连接不严密，导致法兰接口处漏风，影响观感质量。

2. 原因分析

（1）风管在安装过程中遇到操作空间太小，无法进行法兰连接件的安装。

（2）施工人员不熟悉弹簧夹连接风管时的分布规定。

（3）在选择薄钢板法兰风管连接件时，规格选择不正确，或连接件的材料厚度不符合要求。

（4）连接件重复使用，导致连接件弹性消失，从而出现连接件松动。

（5）安装连接件的工具不匹配，也容易导致连接件弹性受损及松动。

3. 防治措施

（1）将操作空间比较小的区域的风管，采取地面预组装整体吊装的方式进行安装。避免出现连接件安装盲区。

（2）严格按照国家建筑标准设计图集07K133《薄钢板法兰风管制作与安装》的要求布置风管弹簧夹。用于安装风管的弹簧夹长度为150mm，弹簧夹之间的间距应≤150mm，最外端的弹簧夹离风管边缘空隙距离不大于150mm（图41-2）。

（3）根据薄钢板风管的法兰规格选择正确的法兰风管连接件（图41-3）。

（4）严禁重复使用薄钢板法兰风管连接件。

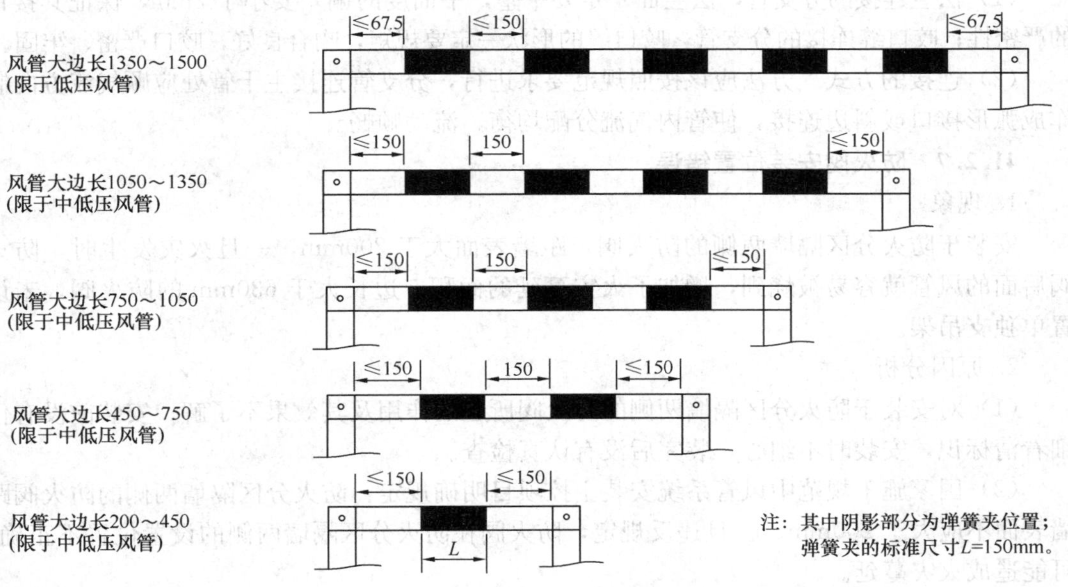

图41-2 薄钢板法兰风管安装

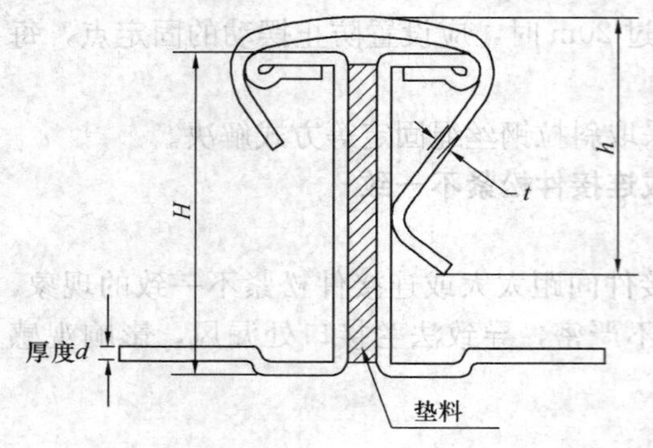

H	弹簧夹h (t≥1mm)	适用风管边长(mm)	
		低压	中压
30	28	≤1500	≤1350
35	32		

H—薄钢板连体法兰的高度(mm)
h—弹簧夹的高度(mm)
t—弹簧夹的厚度(mm)
d—薄钢板连体法兰的厚度,0.6～1.2mm。

图 41-3　薄钢板风管法兰风管连接件选择

(5) 根据不同规格的连接件采用相应的专用工具。不宜使用螺丝刀等进行撬扳，用力不当将造成连接件弹性受损。

41.2.6　分支管与主干管连接方式不当

1. 现象

分支管与主干管的连接处缝隙大，用密封胶难于完全达到密封的目的，极易产生漏风现象。

2. 原因分析

(1) 主干管开口管壁变形，使接口不严密，缝隙过大，造成漏风；咬口缝加工不符合要求，使咬口不严密，系统运行后振动，可能会增大缝隙，增大漏风。

(2) 连接方法未按规范要求做，使接口的形式和方法不合理，缝隙增大；风管内气流不顺畅，增大管内压力，增加漏风的几率。

3. 防治措施

(1) 法兰连接的分支管，法兰面一定要平整，平面度的偏差要小于 2mm，保证其接口的严密性；咬口缝连接的分支管，咬口缝的形状一定要规矩，吻合良好，咬口严密、牢固。

(2) 连接的方式、方法应该按照规范要求进行，分支管连接主干管处应顺气流方向制作成弧形接口或斜边连接，使管内气流分配均衡，流动顺畅。

41.2.7　防火阀安装位置错误

1. 现象

安装于防火分区隔墙两侧的防火阀，距墙表面大于 200mm，一旦火灾发生时，防火阀后面的风管就容易被烧到，增加了火灾蔓延的面积。边长大于 630mm 的防火阀，未设置单独支吊架。

2. 原因分析

(1) 对安装于防火分区隔墙两侧的防火阀所起的作用及其效果不了解；安装前没有仔细看清标识，安装时不细心，装完后没有认真检查。

(2) 国家施工规范中风管系统安装主控项目明确规定：防火分区隔墙两侧的防火阀距墙表面不应大于 200mm。一旦违反规定，防火阀在防火分区隔墙两侧的设置位置不正确，可能造成火灾蔓延。

(3) 没有认真看清防火阀的规格型号，或防火阀附近设置支吊架比较困难。

3. 防治措施

(1) 加强设计和施工交底，加强对防排烟系统风管部件安装施工质量的控制。

(2) 检查防火阀的安装位置是否正确，如不正确应立即进行调整、拆除，并重新安装。

(3) 检查防火阀的规格型号，对于边长大于630mm的防火阀必须设置单独支吊架。

41.2.8 防火阀动作不灵活

1. 现象

在极限温度时，防火阀动作延时或失效

2. 原因分析

安装反向；易熔片老化失灵；阀体轴孔不同心；阀体与阀板有摩擦。

3. 防治措施

(1) 按气流方向调整安装方向。

(2) 按设计要求对易熔片作熔断试验，在使用过程中定期更换。

(3) 调整阀体轴孔同心度。

(4) 减小阀板外形尺寸，使阀体与阀板之间的间隙适当，在保证原阀板重量不变的情况下可作配重。

41.2.9 矩形百叶式启动阀调节不灵活

1. 现象

叶片不平行、颤动，叫片与外框摩擦、开启不能达到90°。

2. 原因分析

(1) 外框孔轴不同心，偏离中心线，轴距不相等。

(2) 叶片转动半轴中心偏移。

(3) 外框轴孔与叶片半轴间隙大。

(4) 外框对角线不相等。

(5) 开关定位板选择位置不准确。

3. 防治措施

(1) 将带有轴孔的两侧面重合起来，检验轴孔的同心度、中心线偏差及轴距。误差在2mm以内时，可扩大轴孔，移动轴套使其同心，然后再焊接成外框。

(2) 扩大叶片螺栓孔径，调整两半轴中心度，再用螺栓拧紧。

(3) 调换半轴或轴套。

(4) 以对角线相等的法兰固定其外框短管。

(5) 按叶片与短管呈90°时确定定位板位置。

41.2.10 百叶送风口调节不灵活

1. 现象

叶片不平行，固定不稳，产生颤动，安装不平、不正。

2. 原因分析

外框叶片轴孔不同心，中心偏移；外框与叶片铆接过紧或过松；墙上预留风口位置不正。

3. 防治措施

(1) 中心偏移不同心的轴孔，焊死后重新钻孔。

（2）叶片铆接过紧时，可连续搬动叫片使其松动。铆接过松可继续铆接，其松紧程度以在风口出风风速 6m/s 下，叶片不动不颤，用手可轻轻搬动为宜。

（3）加大预留孔洞尺寸。

41.2.11 旋转吹风口转动不灵活

1. 现象

吹风口旋转费力。

2. 原因分析

（1）固定及转动法兰圆度差。

（2）滚动钢珠直径小。

（3）法兰上钢球孔直径小，钢珠不滚动。

（4）法兰垫片薄，法兰螺栓连接过紧。

（5）转动部位生锈。

3. 防治措施

（1）调整固定及转动法兰的圆度，加大其间隙量，以转动法兰旋转一周没有碰擦为准。

（2）调换直径配套的钢珠。

（3）法兰钢珠孔扩孔。

（4）加厚法兰垫片，调整法兰螺栓松紧度，以吹风口旋转时轻快自如为宜。

（5）转动部位保持润滑。

41.2.12 柔性短管安装扭曲

1. 现象

柔性短管安装有明显的扭曲及变形，造成连接处的牢固性和可靠性变差，一旦脱落，影响系统的正常使用。

2. 原因分析

（1）柔性短管制作不规范，下料尺寸不准确，软管两端的风管（或设备）不同心。

（2）柔性短管安装时松紧程度控制不当，或连接处缝合不够严密，造成扭曲及变形。

（3）对国家规范有关柔性短管安装的要求不了解或不重视。

3. 防治措施

（1）柔性短管连接安装过程中，应保持一定的伸展量，以减少风阻，同时满足使用和观感效果，保证软管两端的风管（或设备）调整在同一轴线之后再安装软管。

（2）柔性短管的安装有明显的扭曲，应拆除，并重新安装。

（3）柔性短管主要用于风机的吸入口和排出口与风管的连接处。柔性短管的长度不宜过长，一般为 150～300mm；其连接处缝合应严密、牢固、可靠。

（4）为保证柔性短管在系统运转中不扭曲，安装应松紧适度。对于装在风机的吸入端的柔性短管，可安装得稍紧些，防止风机运转时被吸住，而形成短管截面尺寸变小的现象。

41.2.13 止回风阀安装方向错误

1. 现象

止回风阀安装过程中，阀门的安装方向不符合管道气流方向，导致气流被阻断。

2. 原因分析

施工人员对系统不了解，不清楚风管内气流的流向。

3. 防治措施

阀门安装前要对施工人员进行交底，使其对系统有初步的理解，了解风管内气流流向。

41.2.14 风口安装有偏差

1. 现象

在进行风口与风管的连接时，风口安装不合格，风口与风管的连接不紧密、不牢固，未能与装饰面紧贴，出现表面不平整、有明显缝隙等现象；风口水平安装水平偏差大于3/1000，垂直偏差大于2/1000时，会破坏风口的美观，严重时会造成漏风，在夏季时，容易导致吊顶结露。

2. 原因分析

(1) 在进行风口施工时，与吊顶施工配合不够，前期没有进行定位及拉线，造成风口排列不整齐。

(2) 在送风口与风管的连接时，送风口没有紧贴吊顶预留空洞的边缘，连接后形成位置偏差，导致风口安装水平度及垂直度达不到要求。

3. 防治措施

(1) 在施工时，应进行放线，确保风口排列整齐划一。

(2) 对于垂直度方面，应调整软管连接形式及角度，确保垂直度满足规范要求。

(3) 已发生的不整齐现象，重新进行调整，重新放线，确保风口整齐划一。

41.2.15 消声器未设置独立的支、吊架

1. 现象

消声器未设置独立的支、吊架，增大消声器与相连风管邻近的两个支、吊架的负荷，极易发生支、吊架的脱落，造成风管系统破坏。此外，没有独立支、吊架，一旦消声器有损坏，不便于更换。

2. 原因分析

(1) 施工操作人员对规范理解模糊，对消声器未设置独立支、吊架的危害性认识不足。

(2) 质检部门工作不认真，对工程的每个环节没有把好关。

3. 防治措施

(1) 项目技术负责人对现场施工人员的技术水平和执行、理解规程、规范的能力，应该掌握清楚，在技术交底时，有针对性地贯彻工艺、技术和规程、规范，确保工程质量，严格执行规范要求，设置独立支、吊架，确保系统运行时，消声器不摆动，安全可靠，并有良好的消声效果。

(2) 质检人员必须熟悉标准、规程和规范，并在工作中严格执行；工程的每个环节必须认真检查，不能疏忽大意。发现问题，立即提出整改措施，并继续跟踪整改情况。

41.2.16 支、吊架强度不够

1. 现象

支、吊架强度不够，不能承受应该承受的荷载，吊杆过细，横担过薄。其承重超过强度极限时，可能发生支、吊架破坏性的脱落，造成严重的质量、安全事故，影响整个系统

的运行。

2. 原因分析

(1) 支、吊架选用的材料的材质、型号和规格有问题，或者在材料代用时没有进行强度验算。

(2) 支、吊架加工和安装质量存在问题。

(3) 未按国标图集和规范的要求进行制作和安装。

3. 防治措施

(1) 支、吊架所选用材料的材质、型号和规格一定要符合图纸或规范要求，如果没有该品种的材料，需要采取代用时，必须进行等强度的验算，合格后才能使用。

(2) 支、吊架应按照钢结构的加工制作工艺生产，焊缝不能有夹渣、裂纹和未熔透，螺栓连接的部位一定要紧固好。

(3) 严格执行规范要求，风管支、吊架宜按国标图集与规范选用强度和刚度相适应的形式和规格。对于直径或边长大于 2500mm 的超宽、超重等特殊风管的支、吊架，应按设计要求加工制作。

附录 41.2 部件制作、安装质量标准及检验方法

附表 41-2

项次	项目	质量要求或允许偏差		检验方法
1	蝶阀	调节制动准确可靠		实际操作调节外观检查
2	防火阀（易熔件）	熔点温度	—2℃	做熔化试验
3	密封式斜插板阀	严密、牢固、调节灵活		实际操作调节，外观检查
4	圆形光圈启动阀	严密、牢固、调节灵活		实际操作调节，外观检查
5	矩形百叶式启动阀	片距均匀，贴合严密，搭接一致		实际操作调节，外观检查
6	手动对开式多叶阀	片距均匀，贴合严密，搭接一致		实际操作调节，外观检查
7	洁净系统阀门	严密、调节灵活		实际操作调节，外观检查
8	风口	外形尺寸	＜2mm	钢尺检查
		对角线	＜3mm	钢尺检查
9	百叶送风口	外形尺寸	＜2mm	钢尺检查
10	旋转吹风口	转动轻便、灵活		实际操作调节外观检查

41.3 通风、空调设备安装

41.3.1 离心式通风机底部存水

1. 现象

离心式通风机底部存水，风机外壳容易锈蚀，送风含湿量大。

2. 原因分析

(1) 由于挡水板过水量过大，水滴随空气带入通风机。

(2) 经空调器处理的空气，进入通风机时，由于某种原因，空气状态参数发生变化，

有水分由空气中析出，使通风机底部存水。

3. 防治措施

(1) 调整挡水板安装质量，使过水量控制在允许范围内。

(2) 在通风机底部最低点加 ϕ15 泄水管，并用截止阀门控制，定期放水。

41.3.2 弹簧减振器受力不均

1. 现象

弹簧压缩高度不一致，风机安装后倾斜，运转时左右摆动。

2. 原因分析

(1) 同规格的弹簧自由高度不相等。

(2) 弹簧两端半圈平面不平行、不同心。

(3) 弹簧中心线与水平面不垂直。

(4) 每个弹簧在同一压缩高度时受力不相等。

3. 防治措施

(1) 挑选自由高度相等的弹簧配合为一组。

(2) 换用合格的产品。

(3) 在弹簧盒内底部加斜垫，调整弹簧中心轴线的垂直度。

(4) 分别作压力试验，将在允许误差范围内受力相等的弹簧配合使用。

41.3.3 风机盘管漏水

1. 现象

风机盘管的盘管、管道阀门、管道接口等处漏水、滴水，集水盘溢水等，影响空调房间舒适度，严重时，因漏水造成房间吊顶破损，墙体、地板和地毯被污染损坏。

2. 原因分析

(1) 盘管漏水：风机盘管在运输和装卸过程中意外碰撞，造成铜管破裂，胀接口松动；在管路系统试压或系统充水后，未能及时将盘管内的水排尽，气温降低时，造成盘管内水结冰，体积膨胀，将铜管冻裂损坏而漏水。

(2) 管道接口漏水：管道接口丝扣加工粗糙，丝扣被损坏或丝口直径过小，导致丝口松动；丝扣连接时，连接填料不实；丝扣连接时，拧紧力不均匀，出现过紧或过松现象；丝扣拧紧后又要退回重新拧紧时，没有拆除旧填料，更换新填料再拧紧。

(3) 阀门漏水：安装前未检验阀门自身质量缺陷，如手轮密封不严，阀体的砂孔被油漆盖住等，使用后因锈蚀和管内压力，出现漏水、滴水；阀门与管道连接时，丝扣与丝牙不相匹配；阀门与管道连接时，因连接过度紧固，或手柄操作方向不当，拆除后重装时，未拆除旧填料，更换新填料再重新连接。

(4) 集水盘溢水：凝结水管倒坡；集水盘内杂质在安装后未清除干净，堵塞排水口；集水盘与其凝结水出口管接头的焊缝质量不合格：连接集水盘的管道弯头小于90°，容易积渣堵死排水口等。

3. 防治措施

(1) 防治风机盘管漏水的措施：

1) 风机盘管一定要包装好后再运输，在运输过程中，要避免碰撞；

2) 风机盘管装卸时，一定要轻拿轻放，库房堆放不能太高，防止下层的被压坏；

3）一经发现风机盘管被撞或被摔倒，安装前必须进行单机试压，合格后再安装；

4）在寒冷地区冬期施工，如确需系统试压，试压后必须将系统水排净，每台风机盘管都要单独逐一将水排尽，防止盘管冻坏。

（2）防止管道、阀门的丝扣连接处漏水的措施：

1）管道丝扣尽量采用机械加工，保证丝扣加工精度和质量；

2）按管道、阀门的直径，选择合适的紧固扳手或管钳，拧紧时尽量用力一致，做到不超拧也不少拧，保持适中，一般先用手工拧入2～3扣，最终根据外露螺纹留出2～3扣即可；

3）螺纹连接时，应根据输送介质选择相应的密封填料，以达到连接严密；填料在螺纹里只能使用一次，如果发生超拧，造成螺纹连接松动时，必须将丝扣退出，拆除旧填料，更换新填料，再适度拧紧；

4）管路安装完后，必须进行强度试验和系统试验，试验合格后应将管路系统内冲洗干净；

5）阀门安装前应进行外观检查；并按规定进行压力试验（抽检或100%全数），合格后才能安装；阀门检验不合格的，应检修或解体研磨，再试压，直至合格才能安装。

（3）防止集水盘溢水的措施：

1）集水盘安装前和安装后都要将杂质清除干净，防止杂质掉入凝结水排水管弯头里（或三通）堵塞管道；

2）风机盘管安装后，排水管连接好后，应采取措施（如用软木塞）封堵排水孔，防止安装、装修杂质掉入排水管造成堵管路塞，但在系统试运行前，千万不要忘记拆除封堵；

3）凝结水排水管与集水盘连接处弯头，曲率半径必须大于管径的1.50倍；

4）排水管必须保证排水坡度，严禁倒坡，其坡度应按设计或规范规定。

41.3.4　组合式空调机组凝结水排水不畅

1.现象

接水盘积水过高，机组底盘溢水，造成机房积水。

2.原因分析

（1）凝结水盘的排水管道无U形存水弯水封设置，排水管直接连接。

（2）凝结水盘的排水管道U形存水弯水封高度尺寸设置不够，无法克服机组内的负压。

（3）凝结水盘杂物没有清理，堵塞水盘。

（4）冷凝水管坡度不足或倒坡。

（5）冷凝水管安装完未进行通水试验。

3.防治措施

（1）凝结水盘的排水管，按设计要求的水封高度安装合理的U形存水弯。

（2）冷凝水排水管坡度，应符合设计文件的规定。当设计无规定时，其坡度宜大于或等于8‰；软管连接的长度，不宜大于150mm。

（3）按规范要求合理设置支架，以防管道弯曲变形。

（4）安装完成后进行充水试验，排水顺畅，不渗漏为合格。

（5）系统投入使用后，定期检查冷凝水排水情况，及时清理杂物、滋生物等。

41.3.5 空调机组飘水

1. 现象

空调机组送风中有水飘出，造成送风中水汽过火，箱体干区域内的金属腐蚀，甚至会造成有水从送风口中飘出。

2. 原因分析

(1) 空调机组盘管迎面风速过高。

(2) 空调机组结构设计不够合理；或空气流过盘管时不够均匀，造成局部风速过高。

(3) 空调机组未能在需要的情况下设置、安装挡水板，或挡水板设置、安装不合理。

3. 防治措施

(1) 盘管迎面风的风速超过2.5m/s时，应加设挡水板（但还应综合考虑盘管的析水情况及盘管排数）。喷水段进、出风侧应有挡水板。

(2) 优化空调机组机构设计，避免出现吹过盘管的空气风速不均匀，或局部风速过高。

41.3.6 风冷式空调器室外机安装位置不合理

1. 现象

风冷式空调器室外机散热效果差；热空气短路造成制冷效率降低，噪声、热气、振动等对环境和人员造成不良影响。

2. 原因分析

(1) 受建筑条件限制，进风面或出风口受阻挡，导致进风量不足或热气回流短路。

(2) 未合理安装配置减振装置，导致机组振动通过建筑体传递。

(3) 安装位置距离民房较近，未采用消声挡板或其他消声措施，产生噪声影响。

(4) 机组热气出风口正对民居，影响他人生活环境。

3. 防治措施

(1) 选择气流通畅位置安装风冷式空调机，多台机组之间保证最少合理距离。

(2) 在安装空间条件受限制时，可采用增加导风管、辅助通风措施等防止气流回流短路。

(3) 安装位置尽量远离民居，安装时增加减振和隔声措施。

41.3.7 水泵振动，噪声过大

1. 现象

水泵振动严重，发出异响；使设备零部件损坏，给工作生活环境产生噪声污染。

2. 原因分析

(1) 水泵底座的减振弹簧选择不合理，造成减振弹簧工作失效。

(2) 水泵安装不水平，电机轴与水泵轴同轴度过大。

(3) 水泵进出口的波纹减振管选型偏大，致使波纹减振管不起作用。

(4) 管道有空气，造成水泵内部有气蚀，引起水泵振动和噪声过大。

(5) 水泵进出水管道无固定支架，水泵在运行时产生移位。

(6) 水泵内进入异物。

3. 防治措施

(1) 按水泵重量及重心，配置合适的底座及减振座。

(2) 调整水泵安装平整度。

(3) 按水泵流量配管及配置合适的软连接。

(4) 检查轴承是否有异响，添加润滑油。

(5) 清洗管道及过滤器，排除异物。

41.3.8　膨胀水箱安装不合理

1. 现象

水箱溢流，补水不正常，造成水质浪费并影响系统补水量和整个空调系统的运行。

2. 原因分析

(1) 膨胀水箱容积偏小，水量膨胀时易发生溢流，造成水浪费。

(2) 阀门设置位置不正确，在膨胀管或补水管上设置的阀门被误操作而关闭。

(3) 补水压力不足及浮球阀损坏等原因导致无法补水。

3. 防治措施

(1) 合理选用膨胀水箱，按合理位置开口接管，确保正常补水。

(2) 膨胀管上不应设置阀门。

(3) 开式补水箱应高于系统最高点 0.5m 以上。

(4) 系统运行后，应定期对膨胀水箱水位、浮球阀状况等进行检查，发现不正常情况应及时采取措施。

41.3.9　板式热交换器漏水，压差过大

1. 现象

板式热交换器漏水，进出水温差小，压差大，浪费系统冷量，影响系统正常运行。

2. 原因分析

(1) 板式热交换器组装时，换热板之间不紧密，在系统运行时发生渗漏。

(2) 高温端和低温端管道错接，影响换热效果。

(3) 进出水接口错接，造成流向相反，降低换热效率。

(4) 进水未安装过滤器或过滤孔过大，致使杂物堵塞，造成流量不足，降低换热效率。

3. 防治措施

(1) 板式热交换器组装时，换热板之间安装要紧密，安装完成后必须进行压力试验。

(2) 按照产品说明及设计文件，正确连接高温端和低温端，进水口和出水口。

(3) 进水管上合理配置过滤器，并定期检查，以防堵塞板式热交换器。

附录 41.3　通风、空调设备制作与安装质量标准及检验方法

附表 41-3

项次	项目			质量要求或允许偏差	检验方法
1	金属空调箱制作及安装	空气过滤器		严密、拆装方便	实际操作及外观检查
		挡水板	长度	<2mm	钢尺检查
			宽度	<2mm	钢尺检查
			间距	均匀	钢尺检查
		空气加热器		符合设计压力	水压试验
2	弹簧减振器			受力均匀	压力试验

续表

<table>
<tr><th>项次</th><th colspan="3">项目</th><th>质量要求或允许偏差</th><th>检验方法</th></tr>
<tr><td>3</td><td colspan="3">轴流式通风机安装</td><td>叶片与机壳间隙均匀</td><td>钢尺量间隙4～6处</td></tr>
<tr><td rowspan="7">4</td><td rowspan="7">离心式通风机安装</td><td colspan="2">中心线平面位移</td><td>10mm</td><td>钢尺、方尺和水平尺检查</td></tr>
<tr><td colspan="2">标高</td><td>±10mm</td><td>钢尺检查</td></tr>
<tr><td colspan="2">皮带轮轮宽中央平面位移</td><td>1mm</td><td>钢尺、方尺和水平尺检查</td></tr>
<tr><td rowspan="2">传动轴水平度</td><td>纵向</td><td>0.2/1000</td><td>用水平尺检查</td></tr>
<tr><td>横向</td><td>0.3/1000</td><td>用水平尺检查</td></tr>
<tr><td rowspan="2">联轴器同心度</td><td>径向位移</td><td>0.05mm</td><td>钢尺、方尺和水平尺检查</td></tr>
<tr><td>轴向位移</td><td>0.2/1000</td><td>钢尺、方尺和水平尺检查</td></tr>
<tr><td>5</td><td colspan="3">柜式空调机组安装</td><td>符合工厂技术要求</td><td>按工厂检验要求进行</td></tr>
</table>

附录 41.4 制冷管道安装及焊缝的允许偏差和检验方法

附表 41-4

<table>
<tr><th>项次</th><th colspan="4">项目</th><th>允许偏差(mm)</th><th>检查方法</th></tr>
<tr><td rowspan="4">1</td><td rowspan="4">坐标</td><td rowspan="2">室外</td><td colspan="2">架空</td><td>15</td><td rowspan="8">按系统检查管道的起点、终点、分支点和变向点及各点间直管。用经纬仪、水准仪、液体连通器、水平仪、拉线和钢尺检查</td></tr>
<tr><td colspan="2">地沟</td><td>20</td></tr>
<tr><td rowspan="2">室内</td><td colspan="2">架空</td><td>5</td></tr>
<tr><td colspan="2">地沟</td><td>10</td></tr>
<tr><td rowspan="4">2</td><td rowspan="4">标高</td><td rowspan="2">室外</td><td colspan="2">架空</td><td>±15</td></tr>
<tr><td colspan="2">地沟</td><td>±20</td></tr>
<tr><td rowspan="2">室内</td><td colspan="2">架空</td><td>±5</td></tr>
<tr><td colspan="2">地沟</td><td>±10</td></tr>
<tr><td rowspan="3">3</td><td rowspan="3">水平管道</td><td rowspan="2">纵、横向弯曲</td><td>DN100 以内</td><td rowspan="2">10m</td><td>5</td><td rowspan="6">用液体连通器、水平仪、直尺、吊线、拉线和钢尺检查</td></tr>
<tr><td>DN100 以上</td><td>10</td></tr>
<tr><td colspan="2">横向弯曲全长 25m 以上</td><td>20</td></tr>
<tr><td rowspan="2">4</td><td colspan="2" rowspan="2">立管垂直度</td><td colspan="2">每米</td><td>2</td></tr>
<tr><td colspan="2">全长 5m 以上</td><td>8</td></tr>
<tr><td>5</td><td colspan="4">成排管段及成排阀在同一平面上</td><td>3</td></tr>
<tr><td>6</td><td colspan="2">焊口平直度</td><td colspan="2">$\delta\leqslant$10mm</td><td>$\frac{\delta}{5}$</td><td>钢尺和样板尺检查</td></tr>
<tr><td rowspan="2">7</td><td colspan="2" rowspan="2">焊缝加强层</td><td colspan="2">高度</td><td>$^{+1}_{0}$</td><td rowspan="2">焊接检验尺检查</td></tr>
<tr><td colspan="2">宽度</td><td>$^{+1}_{0}$</td></tr>
<tr><td rowspan="3">8</td><td colspan="2" rowspan="3">咬肉</td><td colspan="2">深度</td><td><0.5</td><td rowspan="3">钢尺和焊接检验尺检查</td></tr>
<tr><td colspan="2">连续长度</td><td>25</td></tr>
<tr><td colspan="2">总长度（两侧）小于焊缝总长</td><td>$\frac{L}{10}$</td></tr>
</table>

注：*DN* 为公称直径，δ 为管壁厚，*L* 为焊缝总长。

41.4　空调水系统管道施工安装

41.4.1　支架变形

1. 现象

吊架横担弯曲变形，吊杆弯曲不直，支、吊架与管道接触不紧密，吊架扭曲歪斜等，造成管道局部变形，系统运行时产生振动，阀门处支、吊架变形，影响操作。

2. 原因分析

(1) 吊架横担弯曲变形：支架的规格大小同管道管径不匹配；管道支架间距不符合规定，管道使用后，重量增加，引起支架变形；支架采用型材的材质和几何尺寸不能满足出厂标准。

(2) 支、吊架与管道接触不紧密：支架的抱箍或卡具同管道的外径不匹配；支架安装前所定坡度、标高不准，安装时未纠正。

(3) 吊架扭曲歪斜：支架固定方法不正确；吊杆与地面不垂直。

3. 防治措施

(1) 支、吊架安装前，根据管道总体布局、走向及管道规格，按照设计、施工图集、施工及验收规范的要求，合理布置支架的位置及相互之间间距；根据管道的规格和支架间距，选择合适的支架形式和型钢规格；根据管道运行过程中的重量及支架的重量，通过计算选用合适的固定方式。需预埋铁构件的应提前预埋，膨胀螺栓规格必须经计算后确定。

(2) 支、吊架在安装前，认真复核管道走向、标高及变径位置，保证支架横担标高与管底标高一致；根据管道的规格，选择或制作匹配的抱箍及卡具，使能与管道紧密接触。

(3) 吊架固定点为预埋钢板时，钢板与吊杆的焊接必须保证吊杆的垂直度；吊架的固定采用金属膨胀螺栓时，金属膨胀螺栓在结构内的长度应满足受力要求，保证吊点钢板与楼面或墙面结合紧密，同时保证吊杆的垂直度。

41.4.2　支架制作不规范

1. 现象

支架下料断面不平整，有毛刺、飞边或尖锐部分；支架开孔过大或开孔处不平整，螺栓孔成型不规则，孔距与抱箍螺栓不匹配等；支架组对焊接质量差。

2. 原因分析

(1) 支架下料前，未对作业人员进行支架制作的技术交底；支架下料未放样，几何尺寸控制不严；支架制作工序中缺少打磨环节。

(2) 支架开孔前，未核对成品抱箍的螺栓间距，致使支架上的孔距与抱箍不匹配；支架采用电焊或氧乙炔开孔，使螺栓孔不规则；开孔之后，未对开孔处的毛刺进行打磨。

(3) 支架组对焊接前未进行技术交底；支架的材质不合格或焊条受潮；支架制作的位置不利于焊工操作；未使用合格的焊工进行操作。

3. 防治措施

(1) 支架下料前，应对作业人员进行支架制作的技术交底，交底包括支架使用钢材的规格、材质，支架制作需要的机具，制作工艺流程等。支架下料时，放样几何尺寸必须准确；支架的下料尽可能采用砂轮切割机或空气等离子切割，支架采用机械切割时，卡具必须牢固，保证支架与砂轮切割片垂直；支架制作过程中必须对端面的毛刺、飞边及尖锐部分进行打磨。

（2）支架开孔必须进行计算，保证管道之间的间距满足安装和保温的需要，开孔的间距和规格需满足支架抱箍的安装；支架的开孔需采用钻头机械开孔，严禁采用电焊和氧乙炔开孔；开孔后对开孔处形成的毛刺应进行砂轮机打磨。

（3）支架组对焊接应选用合格的焊条，焊条使用前应防止受潮，对有轻微受潮的焊条使用前必须进行烘烤；选用持证上岗的合格焊工；对操作人员进行焊接前的技术交底；支架加工最好集中进行，做好防腐工序，检验合格后，再安装固定；尽量减少在高处或不利于焊工操作的位置施工。

41.4.3 支架安装位置不当

1. 现象

支架过于靠近墙体、设备；支架距阀门、三通或弯头等接头零件处距离过大或过小；支架设于管道接口处；支架固定点过于集中或设在松软的结构上。

2. 原因分析

（1）支架在制作和安装前，未对管道系统的图纸与设备、建筑图进行对照理解，不明确设备、墙体的位置；对管路系统转向、分支等部位，未进行受力和安装操作等的综合考虑；对支架的布局未提前进行受力计算和图纸上的整体规划。

（2）支架在布局之前未对焊口或接头处位置进行预测；在管道焊接或丝接前，未对影响操作的支架位置进行调整。

（3）支架的固定位置事先未和土建结构图进行综合考虑，对支架的固定形式在预留预埋期间缺乏预见，造成固定在松软的结构上。

3. 防治措施

（1）支架在制作和安装前，应认真对管道系统的图纸与设备、建筑图进行对照理解，明确设备、阀门、墙体的具体位置；对管路系统转向、分支等部位应进行受力和安装操作等的综合考虑，保证支架在三通、弯头处对称分布，管道受力均匀；对阀门处的支架进行对称分布，严禁利用阀门传递管路受力；对支架的布局进行受力计算和图纸上的提前整体规划。

（2）支架在布局之前应对管路系统的焊口或接头处位置进行预测，支架的位置尽可能错开接口位置 200mm 左右；在管道连接安装前，对影响操作的支架位置及时进行调整。

（3）预留预埋期间，对管道支架的布局提前介入，需要预埋钢板的，应与土建密切配合，防止漏埋或错位；主要受力支架应安装在梁体或柱体，避免全部支架只安装在楼板或墙体；安装在松软墙体上的支架根部，尽可能打孔埋入，并采用细石混凝土浇筑捣实。

41.4.4 管内积气

1. 现象

管内水流量不平稳或管道出现大的振动；制冷制热效果不好；膨胀水箱中的水不能补入管道系统内；水泵出现异响，引起管道振动剧烈、水击造成管道支架松动；管道内水流量不均匀，冲击供水设备和制冷设备；制冷、制热效果差，造成空调系统失调，浪费能源。

2. 原因分析

(1) 管道的坡度设置不合理，造成管道内积气。

(2) 局部避让其他管道形成Ω形返弯，返弯处顶端未设置排气装置。

(3) 水泵进口处水平管道在使用大小头时，未使用偏心大小头或偏心大小头安装方向错误。

(4) 空调补水膨胀管管径过小或管路过程引起管道内积气。

(5) 水平管道高处未设置集气管或自动排气阀。

3. 防治措施

(1) 合理布置管道，保证管道的坡度能够使系统的排气自动进行。

(2) 减少管道向上翻拱，必须翻拱时，注意翻拱顶端应按要求设置排气装置。

(3) 注意水泵进口使用大小头时，应采用偏心大小头，管顶平接。

(4) 开式冷却水系统高位主管道不得局部上返。

(5) 空调补水膨胀管管路不宜过长，同时管径应尽可能大于 *DN*25。

(6) 水平干管高处应设集气管或安装自动排气装置。

41.4.5　管道接口外观成形差

1. 现象

焊接管道成形质量差，存在咬肉、凸瘤、未焊透、气孔、裂纹、夹渣、焊缝过宽、歪斜等缺陷；焊缝两端对接管道不同心；丝接管道接口螺纹断丝、缺丝，爆丝、螺纹接口内部多余的铅油麻丝或生料带未清除干净；与管件连接处出现偏斜。

2. 原因分析

(1) 管道焊接前未进行焊接工艺交底或焊工未持证上岗。

(2) 焊条同母材的材质不匹配。

(3) 管道上开孔离焊缝太近、焊缝与焊缝太近，出现交叉焊缝；焊缝两端对接管道不同心，管道组对错边过大；焊缝盖面后，未对焊缝处氧化物进行剔除就直接进行了防腐。

(4) 手工套丝用力不均匀，或使用套丝机不规范等，出现断丝、缺丝等现象。

(5) 丝接接口处填料未进行清理，管件质量较差。

3. 防治措施

(1) 焊接管道首先应根据管道的材质、直径和壁厚，编制焊接工艺卡，确定管道的坡口加工形式、管道的组对间隙、使用焊条的材质、管道焊接的各种参数。

(2) 合理布置焊口位置，尽可能采用集中预制，同时将焊口的碰头点尽可能设在便于施工的位置，减少焊接死角；同一位置多个开口宜采用成品三通、四通管件；注意管道组对质量，减少管道错边；焊缝盖面后及时剔除氧化物，并进行焊缝防腐。

(3) 丝接管道应注意丝口的加工质量满足规范要求；管道连接完后，及时对连接处挤出的填料进行清理，认真检查配件质量，挑选使用。

41.4.6　阀门漏水

1. 现象

阀门端面的法兰连接处漏水，阀门本体渗漏、滴水，容易造成吊顶、墙面污染和破坏，影响系统运行效果；可能造成电气系统短路或触电事故；绝热管道阀门渗水更会破坏绝热结构，造成绝热层脱落或开裂。

2. 原因分析

(1) 阀门端面的法兰连接处漏水：阀门安装没有按规范或图集要求使用紧固螺栓，螺栓过小，紧固力矩达不到要求；螺栓过长或过短，使用双平垫或多平垫，造成阀门的紧固不到位；振动部位的阀门紧固螺栓未设置防松动装置；法兰端面有杂物或对夹法兰两侧平行度不足，依靠螺栓强制紧固；橡胶法兰垫片老化或使用的法兰垫片工作压力低于系统的运行压力，垫片圈安装时偏出；连接法兰本身存在夹渣、气孔等质量缺陷；阀门两侧的支架距阀门过远，或阀门两侧的支架设置不对称，使阀门传递管道重量，法兰和阀门不能紧密结合；法兰的密封垫选材不正确，安装位置偏斜。

(2) 阀门本体渗漏、滴水：阀门本体存在夹渣、裂纹等质量缺陷；阀门安装前，未按规范要求进行强度和严密性试验；阀门压兰盖没有压紧，填料不足。

3. 防治措施

(1) 阀门端面法兰连接处漏水：严把材料采购和验收关，保证法兰和密封垫的质量；阀门的紧固螺栓规格必须与阀门、法兰的孔径配套，螺栓的长度必须保证螺栓紧固到位后，外露螺杆长度不小于1/2螺母直径；振动部位的阀门紧固螺栓应设置防松动装置，不得使用双平垫或多平垫；阀门两侧的法兰应平行，不得依靠螺栓强制紧固，垫片安装时注意调整到与法兰同心位置；阀门两侧的支架应尽可能对称设置，支架距阀门的距离建议不大于800mm。

(2) 阀门本体渗漏、滴水：保证进场阀门的质量；根据施工及验收规范的要求进行强度和严密性试验；系统冲洗过程中，应对有卡涩现象的阀门拆除，清理焊渣或铁块，防止焊渣或铁块对阀门的损伤，及时更换和添加密封填料；压兰盖松紧适度。

41.4.7 阀门操作不方便

1. 现象

阀门安装位置与其他物件距离过近；阀门安装位置距操作面太高或操作人员无法触及；阀门周围空间狭窄；阀门手柄方向错误，影响阀门操作、检修。

2. 原因分析

(1) 管道在安装前，未对阀门的位置进行规划，使阀门位置与吊顶、墙体、设备、其他工种的管线等相互冲突；支架的设置未考虑阀门的位置，支架过于靠近阀门，使阀门的手柄、手轮不能正常开启和关闭。

(2) 阀门安装位置距操作面太高或操作人员无法操作；阀门安装的高度未考虑操作方便，距操作面太高或距地面下太深；阀门安装周围的空间太狭小，阀门手柄、手轮在操作时容易卡手，阀门维修困难。

(3) 阀门安装前，未对施工图纸进行详细理解；阀门安装与周围的距离未考虑阀门手柄的长度和方向。

3. 防治措施

(1) 管道安装前，应对阀门位置进行规划，保证阀门位置与吊顶、墙体、设备、其他工种的管线等之间有足够的位置进行管道的操作和维修；支架的设置应考虑阀门的位置，支架不得过于靠近阀门，其位置不得妨碍阀门的手柄、手轮的操作和维修，当支架与阀门位置冲突，必须调整支架位置。

(2) 阀门安装位置距操作面不宜太高或距地面下太深，应充分考虑人体的生理特征，方便操作和维修；阀门安装周围的空间不宜过小，特别是井道和阀门井内的空间必须保证阀门的正常使用和维护，必要时设置操作平台。

（3）阀门安装前，应对施工图纸进行详细理解；安装时应考虑与周围的距离，同时考虑阀门手柄的朝向应保证操作和维护。

41.4.8 软接管变形、破坏，漏水

1. 现象

软接管被过度拉伸、压缩，发生软接管破坏及漏水，造成连接处漏水；软接管使用寿命缩短。

2. 原因分析

（1）软接管被过度拉伸、压缩：管道与管道或管道与设备的接口距离过大或过小，软接管强行连接；固定支架安装不牢，间距不合理。

（2）软接发生扭曲：管道与管道或管道与设备的接口不同心，利用软接管强行连接；软接管两端缺少支架，使该部位的管道出现下塌现象，造成软接管扭曲；软接管安装之后，连接管道发生旋转，位置狭小，为求省事简便，用软管代替弯头。

3. 防治措施

（1）软接管被过度拉伸、压缩：在需要安装软接管的位置，施工过程中必须留够合理的距离；管道支架安装必须牢固，防止将管道的位移直接传递到软接管。

（2）软接发生扭曲：管道与管道或管道与设备的接口处安装软接管时，必须先保证接口两端同心，不得利用软接管进行强行连接；软接管两端支架的设置，必须保证两端的管道不出现下塌现象；软接管安装应该在两端管道安装到位后进行，防止软接管安装之后两端管道发生旋转。禁止用软管代替弯头的做法。

41.4.9 波纹补偿器安装错误

1. 现象

系统工作时波纹补偿器没有伸缩，补偿器破裂、漏水。

2. 原因分析

（1）补偿器没有正确的预拉伸或预压缩。

（2）系统运行前没有调整定位螺母至正确位置或拆除了定位螺杆。

（3）补偿器补偿量不能满足管道补偿要求。

（4）补偿器两端管道没有设固定支架，或固定支架强度不够，不能控制管道热胀冷缩的补偿方向，固定支架设置位置不合理，与膨胀方向的要求冲突。

3. 防治措施

（1）根据设计要求，补偿器的参数必须选择正确。

（2）补偿器安装前，应进行管路膨胀量的计算，以便对补偿器进行预拉伸或预压缩。

（3）补偿器两端的管道应按要求设置固定支架和滑动支架，正确理解补偿器的工作原理和膨胀方向。

（4）在系统运行前将定位螺母调整至正确位置，并做好油漆标记。

41.4.10 动态平衡阀反向安装

1. 现象

动态平衡阀反向安装，造成不能平衡系统流量，导致部分区域制冷（热）达不到要求。

2. 原因分析

(1) 没有观察阀体方向指示，没有按阀体箭头标示的水流方向安装。

(2) 阀体水流方向箭头标示不清楚，不了解动态平衡阀的工作原理。

3. 防治措施

(1) 安装时注意观察阀体方向指示，按阀体箭头标示的水流方向安装动态平衡阀。

(2) 了解动态平衡阀的工作原理，动态平衡阀内塔形不锈钢膨胀球的头部朝向水流方向交付使用前，要按照设计要求和系统运行参数，对平衡阀进行认真调整。

41.5 防腐与绝热工程

41.5.1 管道及支吊架锈蚀

1. 现象

管道及支吊架出现锈蚀，油漆部分剥落，影响观感质量及整个系统的使用寿命，甚至造成支吊架锈蚀断裂等严重后果。

2. 原因分析

(1) 未严格按照施工工序施工，安装前未进行除锈防腐。

(2) 防腐施工交底不详细，或没有严格执行：金属表面清理未达标，表面有污物和铁锈，甚至局部未除锈；涂层间隔时间不够，造成漆膜脱落，产生气泡。

(3) 材料质量不合格或使用不当：防锈漆超过保质期；防锈漆的种类选用与设计要求不符；防腐漆与面漆不匹配。

(4) 施工的环境条件不适合，温度过低，湿度太大。

3. 防治措施

(1) 防锈漆施工应在管道及支架的除锈基层清理工作完成后进行，管道及支架的基层处理工作应包括：铲除毛刺、鳞皮、铸砂、焊渣、锈皮，清洗油污、焊药等。除锈等级应满足设计要求，当设计无要求时，以去除母材表面的杂物，露出金属光泽为原则，除锈后应立即刷防锈漆。当空气湿度较大或构件温度低于环境温度时，应采取加热措施防止被处理好的构件表面再度锈蚀。

(2) 一般底漆或防锈漆应涂刷1～2道，每层涂刷不宜过厚，以免起皱或影响干燥。如发现不干、皱皮、流挂、露底时，须进行修补或重新涂刷。在涂刷第二道防锈漆前，第一道底漆必须彻底干燥，否则会出现漆层脱落现象。

(3) 防锈漆、面漆应按设计要求选用，并应符合《通风与空调工程施工质量验收规范》(GB 50243—2002) 第10.2.2条规定。防腐涂料和油漆必须是有效保质期内合格产品。施工前应熟悉油漆性能参数，包括油漆表干时间、实干时间、理论重量以及按说明书施工的涂层厚度。

(4) 管道及支架油漆施工时，应符合《通风与空调工程施工质量验收规范》(GB 50243—2002) 第10.1.5条规定。防腐油漆施工场地应清洁干净，有良好的照明设施。冬、雨期施工应有防冻、防雨雪措施。雨天或表面结露时，不宜作业。冬季应在采暖条件下进行，室温保持均衡。

(5) 为保证防腐蚀质量，在施工过程中必须每天进行中间检查，不符合标准的，应立即返修，不留隐患。

41.5.2　风管镀锌层锈蚀起斑

1. 现象

风管表面镀锌层粉化或存在成片白色或淡黄色的花斑，呈现腐蚀现象，影响风管的美观，缩短风管的使用寿命，对于洁净系统，还会影响系统的清洁度。

2. 原因分析

（1）镀锌钢板质量差或需用的不是热镀锌钢板。

（2）镀锌钢板及半成品存放不当，在镀锌钢板存储、风管加工、堆放及安装等过程中，由于环境条件不佳或管理不善，使镀锌板或风管遭污水淋浸、泥浆沾染（尤其是含有水泥的污水或泥浆），造成镀锌层腐蚀。

（3）施工环境潮湿，在密闭的地下室或地沟内进行混凝土地面施工时，大量带有碱性的水汽凝结在风管表面，导致镀锌层腐蚀。

3. 防治措施

（1）选用镀锌钢板材料时，应根据《通风管道技术规程》（JGJ 141—2004）第 3.1.1 条的规定，采用热镀锌工艺生产的产品，镀锌层质量应达到《连续热镀锌薄钢板和钢带》（GB 2518）第 3 条的要求。

（2）根据《通风与空调工程施工质量验收规范》（GB 50243—2002）第 4.2.13 条的规定，加强现场管理，采取有效防护措施，保证在镀锌钢板存储、风管加工、堆放及安装等过程中保持地面清洁干燥，防止污水、泥浆对钢板及风管的污染，造成风管表面镀锌层粉化或存在成片白色或淡黄色的花斑。安装好的风管应注意成品保护，防止后续工种施工或漏水浸泡对风管造成损害。

（3）在地下室、地沟等密闭空间施工时，应合理安排施工顺序，待浇筑完混凝土地面后再安装风管；如果条件允许，还可以增加通风设施，保证密闭空间的干燥。

（4）对于已造成锌层腐蚀的风管，如腐蚀程度不严重，可将腐蚀处清洁并用砂纸打磨后刷锌黄类防锈漆防腐，对于严重腐蚀的应拆除更换。

41.5.3　漆面起皱、脱落

1. 现象

漆面卷皮、脱落，影响管道及整个系统的使用寿命。对于不绝热的管道，还影响观感质量。

2. 原因分析

金属表面锈迹、油污清理不干净；油漆涂刷过厚；油漆性能不符合设计要求；油漆超过保质期；防锈漆与面漆不匹配。

3. 防治措施

（1）进行油漆涂刷前，必须按设计要求对金属表面进行彻底清理，确保金属表面干净无油污、锈迹等杂物。当设计无要求时，以去除金属表面的杂物，露出金属光泽为原则。除锈后应立即刷防锈漆。当空气湿度较大或金属表面温度低于环境温度时，应采取加热措施防止被处理好的表面再度锈蚀。明装部分的最后一遍色漆，宜在安装完毕后进行。普通薄钢板在制作风管前，宜预涂防锈漆一遍。

（2）详细阅读油漆使用说明书，按说明书要求进行油漆配合比配制及涂刷。喷、涂油漆的漆膜，应均匀，无堆积、皱纹、气泡、掺杂等缺陷，防止油漆涂刷过厚。

（2）严格按设计及规范要求购置油漆，并对油漆进行进场检查，确保油漆在有效保质期限内是合格产品，满足使用要求。

41.5.4 明装管道的金属支、吊架未涂面漆

1. 现象

明装管道的金属支、吊架未涂面漆；防锈层得不到保护；在支、吊架锈蚀严重的情况下，容易发生破坏事故；未涂面漆，观感不好。

2. 原因分析

（1）向施工操作人员交底不清，在施工过程中疏忽了金属支、吊架应涂面漆的要求。

（2）施工班组的自检制度和质检部门的监督检查工作没有抓好。

3. 防治措施

（1）明装的金属风管支、吊架，一般都是采用碳素钢制作，在大气中表层很容易氧化生成氧化铁（铁锈），并一层一层地脱落，削弱支、吊架的厚度，降低支、吊架的承重能力，易出现破坏事故。因此，金属支、吊架必须采取防锈处理。建筑工程金属构件通常采用红丹或沥青防锈漆，但其分子结构在大气中的耐久性有限，所以应在防锈漆的外层再涂面漆。

（2）加强施工班组自检制度，提高施工操作人员的质量意识，彻底消除质量通病。

（3）质检部门应该认真细致地抓好每道工序的质量，严格贯彻执行《通风与空调工程施工质量验收规范》（GB 50243—2002）第 10.1.4 条的要求。

41.5.5 绝热管道出现结露

1. 现象

管道绝热层表面出现冷凝水，绝热层接缝处出现渗水或滴水现象，空调制冷效果差。

2. 原因分析

（1）绝热材料质量差或选用的规格不适合，材料厚度、密度等指标不符合设计要求。

（2）风管玻璃棉绝热施工方法不符合要求：玻璃棉与风管间不密实、不牢固；玻璃棉间接口不严密，缝隙处未填实，绝热材料接缝处胶带脱落；风管法兰连接处产生冷凝水，绝热厚度达不到规范要求；风管在穿越混凝土墙预留洞或防火分区隔墙的套管时，由于人为疏忽，预留洞或套管内没有连续绝热，造成绝热段有缺失；预留洞或套管尺寸较小，使风管的绝热厚度达不到设计要求或无法进行连续绝热；风管贴梁安装或风管安装较密，超大规格风管无绝热空间或遗漏。

（3）空调水管橡塑棉绝热施工方法不符合要求：橡塑棉与管道间不密实、不牢固，绝热材料接缝处胶开裂；用橡塑专用胶带缠绕固定橡塑棉时，搭接不均匀，缠绕不紧，纵向接缝位置不正确，产生凝结水渗出；管道在套管内没有连续绝热，由于人为疏忽，造成绝热段有缺失，或预留套管规格较小，使管道的绝热厚度达不到设计要求或无法进行连续绝热。

3. 防治措施

（1）绝热材料应按设计要求选用，并应符合标准规定，符合《通风与空调工程施工质量验收规范》（GB 50243—2002）第 10.2.1 条规定，对材料进行检查，合格后方可使用。所用材料材质、密度、规格及厚度应符合设计要求和消防防火规范的要求，运输及存放过

程中应避免绝热材料受潮、变霉及损坏。

(2) 风管玻璃棉绝热施工:

1) 玻璃棉的施工方法应该符合规范关于风管绝热层采用粘结方法固定时的规定;

2) 粘胶带前，棉板铝箔灰尘应用抹布擦干净再粘胶带，以减少胶带脱落情况;

3) 风管采用角钢法兰或共板法兰连接时，法兰应该进行单独绝热，风管法兰部位的绝热层厚度，不应低于风管绝热层的0.8倍，保证法兰处不产生冷凝水;

4) 在施工预留预埋阶段，混凝土预留洞和套管预留时，要考虑风管的绝热厚度及防火套管，避免给后续的绝热工程造成施工困难。绝热管道在穿越预留洞或套管时，绝热材料要连续。防火隔墙上的风管预留洞规格较大，土建需加过梁，防止套管和风管变形，无法进行绝热;

5) 风管安装过程中，尤其是空调机房，因风管布置较密，需提前考虑绝热工程的绝热和操作空间，在空间有限时，可考虑安装前进行绝热。对绝热工程完成的区域要进行排查，尽量避免出现遗漏或无法进行绝热的现象。

(3) 空调水管橡塑棉绝热施工:

1) 如果使用橡塑棉管壳绝热，管壳与管道的管径必须吻合，绝热时管壳的两端一定在内侧进行抹胶，中间隔适当距离抹一次胶，在侧缝和管道截面上抹胶时，保证满涂不遗漏且均匀。管段间保持自然伸长，不要外力拉伸，避免伸缩力造成开胶；使用棉板绝热时，重点在下料，保证棉板贴在管道之后，稍微用力即可抹胶粘上。下料不能太小，造成拉力太大，长时间会裂开。下料太大，棉和管道之间有空隙，形成气腔，产生冷凝水。保温管壳纵向接口，应设置在侧下方:

2) 橡塑棉绝热最好用专用胶进行粘接，如果用胶带绝热，绝热棉缝隙对齐，缠绕胶带时搭接要均匀，不能让绝热棉局部凸起形成气腔，或部分未缠绕以及缠绕太松，都会产生凝结水渗出;

3) 在施工预留预埋阶段，套管预留时，要考虑管道的绝热厚度，避免给后续的绝热工程造成施工困难。管道安装时，管道应与套管尽量同心，否则，造成无法绝热。

41.5.6 外保护层内出现积水

1. 现象

外保护层内积水，接缝处渗出水，出现结露或外部水渗入，影响绝热效果及外保护层的使用寿命。

2. 原因分析

(1) 室内管道保护壳接口处施工工艺不正确，搭接接口方向、位置错误，或接口处有开裂，水顺着搭接缝隙流入保护壳内，造成保护壳内积水：绝热层与管道表面接触不严密或绝热层隔汽层受损，空气渗入，形成结露，造成保护壳内积水。

(2) 地下室、地沟等空间处安装的管道，因环境湿度较大，保护壳出现结露。

(3) 室外管道保护壳接口处施工工艺不正确，在雨天造成保护壳内积水；室外管道绝热后，保护壳被损坏，造成内部产生冷凝水或雨水渗入。

3. 防治措施

(1) 编制科学合理的施工方法，尤其对搭接接口方向、搭接位置、搭接方式等做出详细的说明，金属径向接缝一律朝管中心线以下安装，环缝一律按Ω形搭接成缝。施工方法应符合《通风与空调工程施工质量验收规范》(GB 50243—2002) 第 10.3.12 条规定的原则；进行外保护层前应对内绝热进行详细的检查与检验，确保内绝热合格后方可进行外保护层的施工。防止因疏忽和人为破坏，绝热不合格就进行外保护层施工。

(2) 地下室或地沟内的管道，应尽量增加通风口，避免湿度太大造成冷凝水，在有条件情况下，可以增加通风设备，辅助通风。

(3) 要重视成品保护，因绝热与外保护壳不是一个单位施工，或分包给不同施工队伍，应防止外保护层施工时对内绝热层的破坏。系统投入使用前应对保护层尤其是露天部分进行检查，防止人为破坏。

41.5.7 管道绝热层及外护层开裂、脱落

1. 现象

绝热层及外护层开裂、脱落，出现渗水或滴水现象，造成空调制冷效果差，甚至因冷凝水造成吊顶损坏、电线短路等严重后果。

2. 原因分析

(1) 橡塑棉专用胶、专用胶带质量差，造成开裂或脱落；玻璃棉绝热选择的保温钉粘结剂、铝箔胶带不当，粘结力不够，质量差；保温钉的钉盖和钉杆连接不牢；保护壳材料选用的太软，不易固定，容易损坏。

(2) 管道橡塑棉绝热施工方法不符合要求，橡塑棉绝热时，下料尺寸过小，强行拉伸粘接；管道表面清理不干净，绝热好的橡塑棉开胶、脱落；材料下料切口粗糙，橡塑胶粘剂涂抹不均匀，粘接前未保持粘接口干燥、清洁；粘接口接触阳光照射。

(3) 风管绝热施工方法不符合要求，矩形风管采用铝箔玻璃棉绝热时，采用保温钉固定，保温钉数量不够，布局不正确；风管表面不干燥或擦拭不干净，或粘钉干燥时间不够，造成粘钉不牢固，保温棉脱落；矩形风管采用聚苯乙烯泡沫塑料板绝热粘接不牢，无捆扎。

(4) 外保护壳应确保与绝热层紧密结合，不空鼓；保护层搭接口应密实无缝隙。

(5) 成品保护不当，水管或建筑漏水，浸泡铝箔玻璃棉板，造成绝热层脱落。

3. 防治措施

(1) 专用胶、铝箔胶带、保温钉胶粘剂等绝热材料的性能应符合使用温度和环境卫生的要求并与绝热材料匹配，符合标准的规定。必须是有效保质期内合格产品，使用前要先了解胶粘剂的使用方法及适用湿度等及相关参数，详细阅读说明书，掌握绝热层粘贴时间。涂胶要均匀，无漏涂现象，确保保温钉、绝热材料粘贴牢固。保温钉要抽检，确保质量；不应选用固定困难的及易损的材料（如 PAP、铝箔纸）作为外保护层。

(2) 管道橡塑棉绝热施工下料不能过小，造成开裂现象；在进行橡塑专用胶涂刷绝热施工前必须对管道外表面进行彻底清理，去掉管道表面附属的铁锈、油污、灰尘、水等杂物，保证橡塑专用胶的正常使用；在下料时，选用合适的工具进行下料，保证切口平整，不能有毛刺外翻，并保证切口干燥洁净；在技术交底时，如果是室外管道绝热，特别要对工人强调粘接口尽量超阴面，少接触阳光照射，防止老化过快。

(3) 风管采用铝箔玻璃棉板绝热，用保温钉连接固定时，应满足《通风与空调工程施工质量验收规范》(GB 50243—2002) 第 10.3.6 条规定；在粘保温钉前，一定要清理风管表面。另外，要保证保温钉粘上以后，胶要干透，再进行棉板的安装，防止棉板脱落；

风管采用聚苯乙烯泡沫塑料板绝热时，粘接一定要牢固，进行捆扎。

(4) 外保护层应紧贴绝热层，不得有脱壳、褶皱、强行接口等现象；自攻螺钉应固定牢固，螺钉间距均匀，接口处不得出现缝隙。

(5) 对非绝热自身原因（如水管、建筑物漏水等）造成的绝热层及外保护层开裂、脱落，应及时对源头原因进行处理。铝箔玻璃棉板被水浸泡后，一般不能再进行维修，应尽快拆除被浸泡的棉板，不要使其他棉板受损。待清理完后更换新的棉板。

41.5.8 保冷管道支吊架处结露

1. 现象

保冷管道吊架处细部处理不当，致使在管道支架的垫木与绝热材料结合处结露，产生冷凝水。造成吊顶等破坏，甚至能引起电气短路等严重后果。

2. 原因分析

(1) 空调风管、水管未设垫木或垫木较绝热层薄。

(2) 木衬垫与管道绝热材料之间有缝隙。

(3) 吊杆被包在绝热层内。

(4) 空调水管固定支架处未采取防“热桥”措施。

3. 防治措施

(1) 供冷的风管及管道的支、吊架一定要设垫木，垫木的厚度不应小于绝热层厚度。垫木要进行防腐处理。冷热水管道与支、吊架之间，应有绝热衬垫（承压强度能满足管道重量的不燃、难燃硬质绝热材料或经防腐处理的木衬垫），其厚度不应小于绝热层厚度，宽度应大于支、吊架支承面的宽度。衬垫的表面应平整，衬垫接合面的空隙应填实。

(2) 对支、吊架处的绝热施工编制详细的施工方案，确保绝热材料与垫木接触紧密，不留缝隙，无死角，不产生冷凝水。

(3) 尽量避免吊杆被包在绝热层中，如因空间太小，增加吊杆数量，改变吊杆的位置至合理处，保证其使用功能，冷水管道的固定支架一定做好防“热桥”措施。

(4) 加强检查力度，强化工序管理。由专人负责对管道绝热施工前、后的全面质量检查，尤其对保冷管道支、吊架处的施工质量进行重点检查，发现问题及时整改，不留后患。

41.5.9 管道管件绝热外形观感差

1. 现象

绝热外形表面不平整，不流畅，外观质量差，影响工程的整体质量观感。

2. 原因分析

(1) 绝热材料质量差；铝箔玻璃棉密度、铝箔粘贴质量不好，铝箔与玻璃棉起股或脱离；运输不当，造成绝热棉褶皱，棉太软，不成形。

(2) 管道橡塑棉绝热施工方法不当，管道绝热不平整，不流畅，接缝不严，表面不平，有破损；法兰和阀门处绝热不到位，导致绝热完成后无角无棱无形状：木衬垫安装时上下两半未对正，两侧端面不在一个平面上。

(3) 风管玻璃棉绝热施工方法不当，铝箔胶带粘贴不好，无顺序，无角度，有口就糊上；风管的变径管、方圆节、弯头等，绝热棉未按照展开下料法进行下料；切割工具不锋利，或切割角度不对，造成风管绝热四边无棱角，不美观；设备软接头处绝热未收口，产生冷凝水，且绝热棉外漏。管道绝热材料收头不严，玻璃纤维外漏；木衬垫厚度与绝热厚度不一致；木衬垫未进行浸渍沥青防腐处理或处理效果不佳。

（4）镀锌铁皮外保护层变形，咬口不紧密，表面不平，有破损。

（5）环境恶劣，成品保护不好：地下室等潮湿区域，选用铁质绝热钉，易生锈；铝箔玻璃棉贴铝箔的胶未干透，受潮后发霉、变黑。

3. 防治措施

（1）严格控制绝热材料质量，按要求对材料进行检验，加强材料采购、保管工作的管理，除对绝热棉进行外观的检查，更要严格按照设计的要求，对绝热棉的密度进行检查；严格检查绝热棉铝箔粘贴质量，严禁使用起股、脱离等不符合质量要求的材料；因运输造成的材料损坏或绝热棉褶皱、变软不成形的，均拒绝进场。施工中要加强材料保护，损坏的材料不能继续使用。

（2）管道橡塑棉绝热施工主要保证材料的质量和下料的质量；法兰和阀门处的绝热，应根据形状进行填补，再根据填补后的形状进行下料，绝热后要棱角分明。另外，绝热材料不能因为部件较小而使用下脚料或散乱材料：选择的管道的管卡要合适，木衬垫安装时上下两半要对正，两侧端面应在一个平面上，再进行固定。

（3）风管玻璃棉绝热施工，铝箔胶带粘贴应事先进行技术交底，采取适当措施，保证绝热后棱角分明，做到部件与绝热形状一个样；操作工人要加强责任心，不能敷衍了事：在风管与设备的连接处，除了风管的棱角处理好外，对截面还要用铝箔胶带进行收口，防止产生冷凝水，也防止黄色的玻璃棉外漏，影响美观；在材料采购中，木垫要根据绝热厚度进行选择，否则绝热棉与木垫不平，影响观感效果；木衬垫应进行浸渍沥青防腐处理。

（4）环境恶劣时，应根据现场实际条件采取相应措施，将绝热钉改为全铝材质，保证在使用条件下不生锈；因绝热材料已确定，不能随便更改，可增加通风设备，减少施工现场的湿度，尽量减少环境对工程的影响。

41.5.10 阀门不方便操作及检修

1. 现象

阀门绝热时，对手柄、检查孔等处理不当，被覆盖不能活动或被包在绝热层内，造成绝热完成后阀门不方便操作及阀门无法单独拆卸，不便于检修。

2. 原因分析

（1）风管阀门绝热，阀柄、检查孔被包在绝热层内。

（2）空调水阀门绝热与管道成一整体，对阀门未采取单独绝热。

（3）过滤器的排污口、某些电动阀的检查孔，绝热时未留活动检修口。

（4）与设备接口处，设备法兰与管道绝热成整体，不方便设备检修。

3. 防治措施

（1）对阀门、过滤器等需日常操作检修部件的绝热，应编制详细的施工方法，并对操作工人进行技术交底，以指导施工；

（2）坚持班前例会制度，对阀门、过滤器等绝热容易出现质量问题的部位加强学习，使得每个操作工人能从思想上予以重视，并贯彻执行；

（3）加强施工过程中的检查及质量控制，发现有阀门、过滤器、法兰等绝热施工不当的行为，及时予以制止并要求立即返工，必要时可进行相应的经济处罚。

（4）管道阀门、过滤器及法兰部位的绝热结构必须采用可拆卸式结构。可拆卸式结构的绝热层，宜为两部分的组合形式，其尺寸应与实物相适应。靠近法兰连接处的绝热层，应在管道一侧留有螺栓长度加 25mm 的间隙。

41.5.11 冷冻水管道管件、部件绝热层内积水

1. 现象

从绝热层内渗出冷凝水，冷冻水管道阀门类绝热处理不当，致使绝热层内积水影响绝热效果，甚至可能造成绝热层坍塌、掉落等。

2. 原因分析

(1) 空调水管及制冷剂管道的阀门、过滤器等不规则管道附件绝热施工方法不当，形成内部不密实，有空腔。

(2) 绝热材料采用质地较硬、脆性较大的材料时，未能用软体或粉状材料填充密实。

3. 防治措施

(1) 根据设计及规范要求选用质量合格的绝热材料，并根据规范要求对绝热材料的各项技术参数进行复试检测。

(2) 制定详细的施工方案，对各种不规则的阀类、管件均应做出样板，并编制详细的技术交底，使操作者掌握任何形状的阀类、管件的施工方法，确保绝热结构密实。

(3) 当采用质地较硬的绝热材料时，形成的空腔应用粉状或其他绝热材料填充密实，外部密封牢固。

(4) 必须确保管线试压合格后方可进行绝热施工，避免阀门等漏水，造成绝热层内积水。

41.5.12 绝热后设备铭牌被覆盖

1. 现象

绝热后设备铭牌被覆盖，致使运行人员对设备的名称及各项技术参数不能准确掌握，给运行带来困难，甚至可能导致误运行，造成安全事故。

2. 原因分析

(1) 交底不明确，未做硬性要求。

(2) 铭牌无支架或支架低于绝热层厚度，工人粗心，未做处理。

3. 防治措施

(1) 对不同型号规格的设备应单独制定详细而可行的施工方案，尤其对铭牌处容易忽视的地方提出明确的处理方法。

(2) 加强对工人的技术交底和对施工质量的过程检查控制。

(3) 设备绝热时，应确定好铭牌位置与绝热材料厚度的关系，当铭牌位置低于绝热材料厚度时，应延长铭牌的支架，使其高于绝热材料厚度 1～2mm。

(4) 设备铭牌无法避免被覆盖时，应在绝热完成后在外绝热层上重新设置铭牌。

41.6 检验、试验及系统调试工程

41.6.1 管道系统冲洗未与设备隔离

1. 现象

空调管道系统冲洗时，设备未与管道系统隔离，水通过管道直接进入设备内，循环冲

洗，管道内杂物容易进入设备内，造成换热盘管处堵塞。

2. 原因分析

(1) 空调水管道连接空气处理机、风机盘管等末端设备处，没有设置旁通管路供系统管道开泵循环冲洗。

(2) 冷水机组、热交换器的进出水口处没有加装临时旁通管，或虽已设置旁通管，但冲洗时操作人员忘记关闭末端设备进出水口处阀门和打开旁通管路阀门。

3. 防治措施

(1) 图纸会审时，应保证在靠空调末端设备进出水管段设有旁通管及旁通阀。冲洗前，应全面检查管道系统安装完成情况，特别是旁通管及旁通阀是否按图纸要求正确完成安装。

(2) 冲洗前，应在冷水机组、热交换器进出水口处与管道系统隔离（如拆除软接头），并敷设临时旁通管将管道系统连通，保证管道系统能开泵循环冲洗。

(3) 冲洗前操作人员需逐个检查旁通阀门的启闭情况，关闭进出末端设备的管道阀门，打开旁通管连接阀门，经检查无误后才可进行冲洗作业。

41.6.2 空调水量分配不合理

1. 现象

空调水系统水力失调，某些区域流量过剩，某些区域流量不足；系统输送冷、热量不合理，引起能耗浪费；某些区域由于空调水流量不足导致该区域空调效果差。

2. 原因分析

(1) 对空调水系统设计流量值不清楚。

(2) 没有配备水流量测试仪表，无法进行水流量测定，仅凭经验调节空调水系统相关阀门开度来进行系统水力平衡调试。

(3) 水流量测试操作不当，测试值与实际值偏差大，影响系统水力平衡调试；系统水力平衡调整步骤方法不当。

3. 防治措施

(1) 对于空调水系统，在流量平衡调试前，需与设计人员充分沟通，取得系统相关流量参数，包括干管流量值、立管流量值、支管流量值、末端设备流量值、水泵及泵组流量值、压差平衡阀的压差值等。

(2) 管路上的截止阀、蝶阀、闸阀、各类平衡阀都需要配备专门水流量测试仪表进行专业测量，以定量反映系统水流量是否符合设计要求。

(3) 一般管路上平衡阀流量的测量可以通过平衡阀两端流量测孔以及厂家配套测量仪器进行，在无平衡阀的管路上可采用超声波流量计进行测量；系统中所有平衡阀的实际流量均达到设计流量，系统实现水力平衡。在进行后一个平衡阀的调节时，将会影响到前面已经调节过的平衡阀而产生误差。当这种误差超过工程允许范围时，则需进行再一轮的测量与调节，直到误差减小到允许范围内为止。

41.6.3 测定风管风量值与实际值有较大偏差

1. 现象

风管风量测量结果与实际风量有较大偏差，影响系统风量调试不能达到设计要求。

2. 原因分析

测量截面位置选择不当；测量点布置不当；测量仪器选用或操作不当。

3. 防治措施

（1）测量截面位置应选择在气流较均匀的直管段上，并距上游局部阻力管件（三通头、弯头、阀门等）4～5倍管径（或矩形风管长边尺寸）以上，距下游局部阻力管件2倍管径（或矩形风管长边尺寸）以上，当条件受限制时，可适当缩短距离，但应适当增加截面测点数。

（2）测量点布置不当的防治措施是：将矩形风管截面划分为若干个接近正方形的、面积相等的小断面，面积一般不大于0.05m^2，且边长＜220mm为宜（虚线分格），测点位于各个小断面的中心（十字交点），测点的位置和数量取决于风管断面的形状和尺寸；将圆形风管断面划分为若干个面积相等的同心圆环，测点布置在各圆环面积等分线上，且应在相互垂直的两直径上布置2个或4个测孔。

（3）风管风量测试仪器可以是毕托管和微压计的组合或直接使用风速仪，当动压小于10Pa时，风量测量推荐用热电风速计或数字式风速计。

（4）当采用毕托管测量时，毕托管的直管必须垂直管壁，毕托管的测头应正对气流方向且与风管的轴线平行，测量过程中，应保证毕托管与微压计的连接软管通畅无漏气；当采用热球式风速仪进行测量，测量前应按仪表使用说明书规定进行机械调零及预热调零，测量时，注意使测杆垂直，并使探头有顶丝的一面正对气流吹来的方向，将风速探头测杆端部热敏感应件拉出，插入风管测孔中进行测量。

41.6.4　离心式通风机试运转性能差

1. 现象

离心式通风机试运转风量不足，风压减小。

2. 原因分析

电压低；C型传动丢转过多；风机叶轮实际转数比设计转数低；风机叶轮反转；启动调节阀没有全部打开；法兰接口处漏风；帆布连接管过长漏风。

3. 防治措施

（1）待电压稳定后再运转。

（2）调整三角带松紧度。

（3）按设计转数比，调换电动机或风机叶轮轴槽轮。

（4）三相电源倒换其中一相。

（5）风机启动后，将启动调节阀全部打开。

（6）加厚法兰垫，拧紧法兰螺栓。

（7）缩短帆布连接管长度，帆布表面可涂刷一层密封涂料。

41.6.5　离心式通风机运转不正常

1. 现象

离心式通风机运转时跳动，声响大，叶轮扫膛，槽轮温度高，三角带磨损大，启动电流大。

2. 原因分析

（1）叶轮质量不均匀。

（2）叶轮轴与电动机轴传动，C型平行度差，D型同心度差。

(3) 叶轮前盘与风机进风圈间隙小，有碰擦。

(4) 叶轮轴与电动机轴水平度差。

(5) C 型传动三角带过紧或过松；同规格三角带周长不相等。

(6) C 型传动槽轮与三角带型号不配套。

(7) 风机启动时，启动阀门没有关闭。

3. 防治措施

(1) 对叶轮做静平衡试验。

(2) 调整叶轮轴与电动机轴平行度或同心度。

(3) 按叶轮前盘与风机进风圈间隙量，在进风圈与机壳间加一扁钢圈或橡胶衬垫圈。

(4) 调整叶轮轴与电动机轴的水平度。

(5) 利用电动机滑道调整三角皮带松紧度；调换周长不相等的三角皮带。

(6) 按设计要求调换型号不符的槽轮或三角皮带。

(7) 风机启动时注意先关闭启动阀门。

41.6.6 冷却塔水流外溢

1. 现象

冷却塔积水盘中的水向外溢出，造成冷却水大量损失，降低冷却塔的散热效果，冷却水泵吸入水量不足或吸入空气，产生振动和噪声，浪费大量水资源并影响冷却塔周围环境。

2. 原因分析

多台冷却塔同时工作，由于冷却水管道到各冷却塔的分支回路阻力不一致，造成各管路冷却水回水量不一样，但各个冷却塔的给水量基本相同，从而造成部分冷却塔回水量小于给水量，产生冷却水从冷却塔积水盘中往外溢山。如果因流量不平衡造成积水盘水位下降的冷却塔的总补水量小于系统总溢出水量，就会使冷却水总回水量变小，降低冷却塔散热效果，造成冷却水泵吸水量不足，产生振动和噪声。如果外溢水量过大过多，则会造成回水阻力较小的冷却塔的积水盘积水过浅，从而在回水中吸入空气，对冷却水泵会产生更大的危害。

3. 防治措施

把同一循环系统的所有冷却塔共用同一个积水盘，或者把同一循环系统所有冷却塔的积水盘安装大直径的连通管道。

41.6.7 空调房间未保持合适的压差

1. 现象

房间内静压过大；房间内产生负压，室外或走廊的空气大量渗入室内；房间门难以开启或关闭。

2. 原因分析

(1) 门窗实际漏风量小于设计计算值。

(2) 空调系统的风量未按设计给定的参数进行测定和调整，使系统送风量大于回风量和排风量之和。

(3) 空调房间各风口风量未按设计值调整，或风口风量调整偏差过大，造成部分空调房间各送风口实际送风量之和远大于房间各回风口（和排风口）风量之和。

（4）同一排风系统中某些房间的排风调节阀（口）关闭，使该房间的排风量减少，房间静压增大。

（5）系统排风量过大而新风量偏小，使系统送风量小于回风量和排风量之和。

（6）空调房间各风口风量未按设计给定的参数调整，或风口风量调整偏差过大，造成部分空调房间各送风量小于房间内各回风口（和排风口）风量之和；同一排风系统中某些房间的排风调节阀（口）关闭，使其他房间的排风量增加，房间变成负压。

3. 防治措施

（1）发现门窗实际漏风量小于设计计算值，应及时与设计人员沟通，在确保系统送风量略大于回风量和排风量之和的前提下，适当降低送风量或增大回风量（排风量）设计给定值。

（2）空调系统的送风量、回风量及排风量必须按设计值进行调整和测定，使系统各风量达到要求。

（3）当系统总风量、风口风量平衡后，对于静压要求严格的空调房间或洁净室，仍需测量静压，并逐个调整回风口调节阀的开度，使静压达到设计要求；对于一般空调房间，可通过验证开门用力大小或门缝处的气流方向，调整调节阀的开度，使空调房间处于正静压状态（0～25Pa）。系统运行时，回风调节阀或排风调节阀不得随意关闭。

（4）系统风量调整和静压调整符合设计要求后，正常运转过程中，共用排风系统中布置于各房间的排风调节阀不得随意关闭，否则会使其他房间的排风量增加，导致各空调房间风量不平衡而引起静压波动，甚至产生过大静压或负压。

41.6.8　机械防排烟系统调试结果达不到要求

1. 现象

机械防排烟系统的风量或有防烟要求疏散通道的压力及压力分布达不到设计与消防的规定；发生火灾时烟气不能顺利排出，易侵入楼梯间、前室等疏散通道，危及人员逃生。

2. 原因分析

（1）机械加压送风系统达不到要求，主要原因是：正压送风系统采用砖、混凝土风道时，风道内壁未抹灰批平，表面粗糙阻力大，未清除的垃圾堵塞，引起送风不畅，甚至部分末端风口不出风，风道内孔洞未封堵，也会造成系统漏风；疏散楼梯间送风口无调节装置，系统阻力难调平衡，造成末端风口风量不够，达不到规定正压值；前室、楼梯间防火门密闭性差，很难保持正压；或无余压调节装置，正压过大时无法泄压；机械防烟系统风量及疏散通道余压值测试方法不正确。

（2）机械排烟系统达不到要求，主要原因是：对消防要求排烟风量范围不清楚；测试方法不正确。

3. 防治措施

（1）机械加压送风系统达不到要求的防治措施是：

1）避免风管系统的漏风和堵塞现象，砖、混凝土风道的内壁要抹灰，风道壁所有孔洞必须封堵严密，垃圾要及时清除；

2）楼梯间、前室的防火门要保证严密不漏风，楼梯间送风口最好有调节装置，要设置余压调节装置（余压阀）来泄压。

（2）机械排烟系统达不到要求的防治措施是：

1）走道（廊）排烟系统：将模拟火灾层及上、下一层的走道排烟阀打开，启动走道排烟风机，测试排烟口处平均风速，根据排烟口截面（有效面积）及走道排烟面积计算出每平方米面积的排烟量，当结果≥60m^3/（h·m^2），为符合消防要求。测试宜与机械加压送风系统同时进行，若系统采用砖、混凝土风道，测试前还应对风道进行检查。平均风速测定可采用匀速移动法或定点测量法，测定时，风速仪应贴近风口，匀速移动法不小于3次，定点测量法的测点不少于4个；

2）中庭排烟系统：启动中庭排烟风机，测试排烟口处风速，根据排烟口截面计算出排烟量（若测试排烟口风速有困难，可直接测试中庭排烟风机风量），并按中庭净空换算成换气次数。若中庭体积小于17000m^3，当换气次数达到6次/h左右时，符合消防要求；若中庭体积大于17000m^3，当换气次数达到4次/h左右且排烟量不小于102000m^3/h时，符合消防要求；

3）地下车库排烟系统：若与车库排风系统合用，须关闭排风口，打开排烟口。启动车库排烟风机，测试各排烟口处风速，根据排烟口截面计算出排烟量，并按车库净空换算成换气次数。当换气次数达到6次/h左右时，为符合消防要求；

4）设备用房排烟系统：若排烟风机单独担负一个防烟分区的排烟时，应把该排烟风机所担负的防烟分区中的排烟口全部打开；如排烟风机担负两个以上防烟分区时，则只须把最大的防烟分区及次大的防烟分区中的排烟口全部打开，其他一律关闭，启动机械排烟风机，测定通过每个排烟口的风速，根据排烟口截面计算出排烟量，符合设计要求为合格。

42 电 梯 工 程

电梯按用途可分为乘客电梯、载货电梯、客货电梯、病床电梯、观光电梯、杂物电梯、船用电梯、防爆电梯、消防员电梯、家用电梯等。电梯作为机电一体化的特殊交通工具，其制造、安装、调试等施工工艺、技术措施和质量要求较为复杂，应严格按照国家规范、施工图纸和技术方案来制作、安装、调试，以防止各类质量问题的发生，确保电梯工程的质量，满足使用要求。

42.1 电梯机房设备安装

42.1.1 机房门、消防设施配备等不符合要求

1. 现象

机房门向屋内开启，无警示标识。电梯机房用途发生改变。机房内无消防设施。

2. 原因分析

(1) 机房设计前，设计单位未参照相应国家标准设计。

(2) 机房安装完门窗后，施工人员未及时张贴相应警示标识。

(3) 机房未按要求配备检验合格、符合使用要求的消防器材。

(4) 机房内空调或采暖等设备采用了蒸汽或水加热设施，一旦发生漏水、跑气现象，将对电梯设备造成损坏。

(5) 安装或维修人员侵占电梯机房作为住宿使用。

3. 防治措施

(1) 土建单位施工时，应按照设计图纸施工。

(2) 安装单位进场施工前，要与土建单位办理相应的工程质量验收交接手续。

(3) 设计单位进行机房设计时，应按照《电梯制造与安装安全规范》（GB 7588—2003）要求设计。规范要求：通道门的宽度不应小于0.60m，高度不应小于1.80m，且门不得向房内开启。

(4) 机房门窗封闭后，安装单位应按照《电梯制造与安装安全规范》（GB 7588—2003）及《电梯安装验收规范》（GB/T 10060—2011）要求完善与配备相应设施。在通往机房和滑轮间的门或活板门的外侧应设有包括下列简短字句的“须知”：

“电梯驱动主机—危险，未经许可禁止入内”

对于活板门，应设有永久性的须知，提醒活板门的使用人员：

“谨防坠落—重新关好活板门”

(5) 电梯驱动主机及其附属设备和滑轮应设置在一个专用房间内，该房间应有实体的墙壁、房顶、门和（或）活板门，只有经过批准的人员（维修、检查和营救人员）才能接近。

（6）机房或滑轮间不应用于电梯以外的其他用途，也不应设置非电梯用的线槽、电缆或装置。但这些房间可设置：

1）杂物电梯或自动扶梯的驱动主机；

2）该房间的空调或采暖设备，但不包括以蒸汽和高压水加热的采暖设备；

3）火灾探测器和灭火器。

42.1.2 机房通风、防雨情况不良

1. 现象

机房门窗布局不合理，通风情况差，温度过高。机房门窗、排风扇等防雨差。

2. 原因分析

（1）机房设计未借鉴、参照所订电梯生产厂家机房布置图。

（2）土建单位未严格按照图纸及施工工艺施工。

（3）设置机房空调或通风换气装置位置不合理。

（4）机房窗、排风扇及空调位置，未考虑到电梯设备在机房内的安放布置。

3. 防治措施

（1）设计机房窗、排风扇及空调位置时，尽量不要安放在电梯主机、控制柜上方，避免因为漏雨、漏水造成电梯设备损坏。

（2）土建单位应按照施工图纸进行施工。

（3）设计单位应按照所订电梯制造厂家及规范要求进行设计。规范要求：机房应有适当的通风，同时必须考虑到井道通过机房通风。从建筑物其他处抽出的陈腐空气不得直接排入机房内。应保护电机、设备以及电缆等尽可能不受灰尘、有害气体和湿气的损害。机房内的空气温度应保持在＋5～＋40℃之间。

42.1.3 吊钩位置不正确，承载能力不足

1. 现象

吊钩材料单薄，承载能力小，距电梯驱动主机旋转部件空间距离小。吊钩位置不能满足电梯安装使用要求，增加主机安装就位难度。吊钩埋入机房顶板或梁深度不够，承载能力不够，易发生吊装事故。未做吊钩相应标识。

2. 原因分析

（1）机房吊钩位置未参照所订电梯厂家机房布置图及国家标准要求设计。

（2）设计单位未根据所订电梯规格、型号、参数等，计算吊钩承载能力。

（3）土建单位未按设计要求及图纸进行吊钩安装施工。

（4）吊钩安装完毕后，未按照国家规范标准要求进行标注。

3. 防治措施

（1）吊钩位置及承载能力预留时，应参照所订电梯生产厂家相关技术资料及制作安装要求设计。

（2）吊钩位置下空间应按照规范要求设计。规范要求：电梯驱动主机旋转部件的上方应有不小于 0.30m 的垂直净空距离。

（3）吊钩承载能力应按照规范要求进行设计。规范要求：在机房顶板或横梁的适当位置上，应装备一个或多个适用的具有安全工作载荷标示的金属支架或吊钩，以便起吊重载设备。

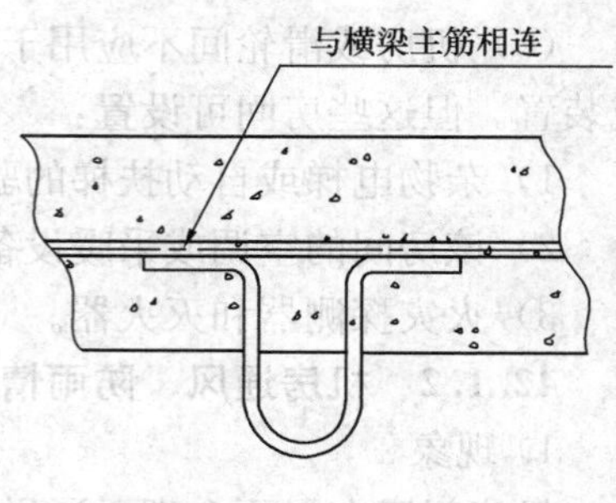

图 42-1　吊钩设置

（4）吊钩标识应按照规范要求进行标识。规范要求：在承重梁或吊钩上应标明最大允许载荷。

（5）电梯安装单位进场施工前，应按照规范要求与土建单位进行交接验收，吊钩设置应安全可靠，位置应正确，做法如图 42-1 所示。

42.1.4　机房孔洞预留及凹坑防护不当

1. 现象

曳引绳、限速器绳孔预留洞位置不正确，需进行二次剔凿；绳孔预留洞过大或过小；四周无防水台或高度不够。机房有凹坑或槽坑时未遮盖。

2. 原因分析

（1）孔洞预留时未参照所订电梯生产厂家机房孔洞布置图设计。

（2）凹坑防护未按照国家规范要求设计、实施。

（3）土建施工单位未按设计图纸施工。

3. 防治措施

（1）孔洞位置预留时，设计单位应参照所订电梯厂家机房孔洞布置图进行曳引绳、限速器绳孔洞位置预留设计。

（2）曳引绳、限速器绳孔洞尺寸大小及防护，应按照规范要求设计。规范要求：机房、滑轮间内钢丝绳与楼板孔洞每边间隙均宜为 20～40mm，通向井道的孔洞四周应筑有高于楼板或完工后地面至少 50mm 的圈框。

（3）机房有凹坑或槽坑时，应按照规范要求进行遮盖。规范要求：机房地面有任何深度大于 0.50m、宽度小于 0.50m 的凹坑或任何槽坑时，均应遮盖。

（4）电梯安装单位进场施工前，应按照电梯机房留孔洞布置图要求与土建单位进行施工质量交接验收。

42.1.5　机房爬梯、防护栏制作安装不当

1. 现象

机房爬梯制作安装无夹角、把手。机房地面高度不一，未设置爬梯或台阶。工作台上的防护栏高度不够。

2. 原因分析

（1）爬梯、防护栏设计时，未按照国家规范标准要求进行设计。

（2）土建施工单位未按设计图纸制作、施工。

3. 防治措施

（1）通往机房需采用梯子进入时，应按照规范要求进行设计。规范要求：应提供人员进入机房和滑轮间的安全通道。应优先考虑全部使用楼梯，如果不能用楼梯，可以使用符合下列条件的梯子：

1）通往机房和滑轮间的通道不应高出楼梯所到平面 4m；

2）梯子应牢固地固定在通道上而不能被移动；

3）梯子高度超过 1.50m 时，其与水平方向夹角应在 65°～75°之间，且不易滑动或翻转；

4）梯子净宽不应小于 0.35m，其踏板深度不应小于 25mm。对于垂直设置的梯子，

踏板与梯子后面墙的距离不应小于0.15m。踏板的设计荷载应为1500N；

5）靠近梯子顶端，至少应设置一个容易握到的把手；

6）梯子周围1.50m的水平距离内，应能防止来自梯子上方坠落物的危险。

(2) 机房内不同平面及防护栏设计时，应按照规范要求进行设计。规范要求：机房地面高度不一且相差大于0.50m时，应设置楼梯或台阶，并设置护栏。在一个机房内，当有两个以上不同平面的工作平台，且相邻平台高度差大于0.5m时，应设置楼梯或台阶，并应设置高度不小于0.9m的安全防护栏。

(3) 土建施工单位应按设计图纸要求施工，保证防护栏高度与爬梯牢固性。

42.1.6 机房主开关、照明及其他开关安装位置与要求不符

1. 现象

主开关未设置在机房入口易于操作处。主开关断开时，轿厢照明及应急报警装置电源同时断开。各电气开关未做标识。

2. 原因分析

(1) 主开关位置设计时，未按国家规范标准要求设计。

(2) 主开关、轿厢照明开关、井道照明开关及应急报警装置电源等，未进行电路分开敷设施工。

(3) 电梯安装单位施工人员责任心不强，未进行各个开关标识制作。

3. 防治措施

(1) 机房主开关设计时，应按照规范要求进行设计施工。规范要求：在机房中，每台电梯都应单独装设有能切断该电梯所有供电电路的主开关。该开关应具有切断电梯正常使用情况下最大电流的能力。该开关不应切断轿厢照明和通风，轿顶电源插座，机房和滑轮间照明，机房、滑轮间和底坑电源插座，电梯井道照明以及报警装置的供电电路。应能从机房入口处方便、迅速地接近主开关的操作机构。如果机房为几台电梯所共用，各台电梯主开关的操作机构应易于识别。

(2) 加强电梯安装单位施工人员规程规范教育。对各电气开关标识工作，应按照规范要求制作。规范要求：各主开关及照明开关均应设置标注，以便区分。在主电源断开后，某些部分仍然保持带电（如电梯之间互联及照明部分等），应使用“须知”说明此情况。

42.1.7 机房照明不符合要求

1. 现象

机房检修设备施工时，照明光线不足。控制柜处于照明光线阴影处。

2. 原因分析

(1) 机房照明灯具位置及照度未考虑到现场实际要求。

(2) 未参照国家规范要求设计。

3. 防治措施

(1) 调整机房现有照明设备布局位置，或增设机房照明设备。

(2) 机房照明设计、布局时，应按照规范要求设计。规范要求：机房应设有永久性的电气照明，地面上的照度不应小于200lx。照明电源应符合要求。在机房内靠近入口（或多个入口）处的适当高度应设有一个开关，控制机房照明。未安装控制柜的滑轮间，在滑轮附近应有不小于100lx的照度。

42.1.8　曳引机承重梁安装不合格

1. 现象

承重墙预埋钢板制作安装时，未与基础承重墙（梁）钢筋焊接、生根。曳引机承重梁埋入承重墙内支撑长度不够或未超过墙厚中心，安放位置不正确，水平偏差大。承重梁固定螺栓孔位置用气割开孔，损伤工字钢立筋。

2. 原因分析

（1）土建施工单位在制作安装承重墙内预埋钢板时，未按所订电梯厂家图纸设计要求施工。

（2）曳引机承重梁埋入承重墙（梁）时，未按照规范要求施工。

（3）曳引机承重梁埋入承重墙（梁）属于隐蔽工程，安装单位未制定相应的技术措施与方案，未报监理单位监督检验。

（4）承重梁位置确定时测量方法不正确，造成承重梁移位。

（5）开孔过大或修正时损伤工字钢立筋。

3. 防治措施

（1）土建施工单位安装承重墙内预埋钢板时，应参照所订电梯厂家机房孔洞布置图及规范要求施工。规范要求：驱动主机、驱动主机底座与承重梁的安装应符合产品设计要求。

（2）曳引机承重梁位置，应根据井道平面布置基准线、轿厢中心线和对重中心线及机器底盘螺栓孔位置来确定。

（3）禁止随意切割钢梁。

（4）曳引机直接固定在承重梁上时，必须实测，用电钻打孔。对严重损伤到工字钢立筋的，需更换承重梁。

（5）电梯安装单位在进行曳引机承重梁安装时，应按照规范要求施工。规范要求：埋入承重墙内的曳引机承重梁，其支撑长度宜超过墙厚中心 20mm，且不应小于 75mm。

（6）曳引机承重梁安装属于隐蔽工程，电梯安装单位安装施工自检完毕后，应及时报业主和监理验收，作法如图 42-2 所示。

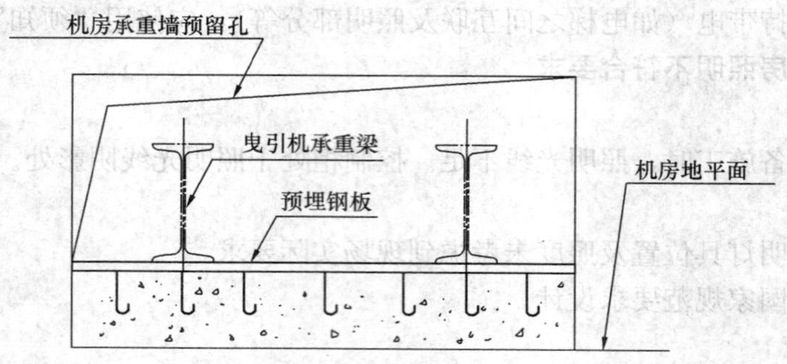

图 42-2　电梯机房曳引机承重梁与承重墩作法示意图

42.1.9　控制柜安装位置不当

1. 现象

控制柜安装位置不便于电梯维修人员安全巡视与操作。控制柜安装在窗、排风换气装置及空调设备下面，未能采取可靠的防风雨措施。控制柜基座未与地面可靠固定，导致柜内接线松动。

2. 原因分析

(1) 电梯安装单位在进行控制柜安装就位时，未参照所订电梯厂家机房设备布置图要求施工。

(2) 电梯安装单位在进行控制柜安装就位时，未做基础及未按国家标准要求施工。

3. 防治措施

(1) 控制柜安装应牢固，控制柜、屏底座应高出机房地面，并能够在操作时清楚地观察到曳引机运转情况。

(2) 控制柜不要安装在窗、排风换气装置及空调设备下面，防止雨水、灰尘的侵入。如受机房面积限制必须安装时，应采取有效的防护措施。

(3) 控制柜安装位置及空间要求，应按照规范进行施工。规范要求：控制柜（屏）的安装位置应符合电梯土建布置图中的要求。在控制柜（屏）、紧急和试验操作屏前应有一块净空面积。该面积的深度，应从屏、柜的外表面测量时不小于0.7m；宽度为0.5m或柜、屏的全宽，取两者中的大者。

42.1.10 机房线槽、线管安装及线路敷设不合格

1. 现象

线槽、线管敷设不平直、不整齐、不牢固。镀锌线槽采用焊接方式连接。动力线未单独敷设或与控制线共同敷设在同一线槽中时，未做隔离。线槽、管内电缆（线）敷设总量过多，超过标准要求。线槽拐弯处、出口处未做线路橡胶套保护。开口线鼻子压线后未涮锡，造成接触不良。

2. 原因分析

(1) 线槽、线管敷设时，施工人员责任心不强。

(2) 安装人员未进行敷设线路排序，造成线槽、线管内导线总截面积超标。

(3) 安装人员不了解、不清楚国家规范要求。

3. 防治措施

(1) 线槽、线管敷设前，应放好基准线，安装后应横平竖直，接口严密，槽盖齐全，平整无翘角。

(2) 动力线与控制线应分开敷设，如在同一线槽内敷设，应做隔离处理，减少控制线路信号受到干扰。如所订电梯厂家有明确要求的，应严格按照厂家线路敷设要求施工。

(3) 配线应绑扎整齐，并有清晰的接线编号。

(4) 线槽拐弯、线管出口处，应按要求加装橡胶套，以对线路进行有效保护。

(5) 线槽、线管施工敷设时，应按照规范要求进行安装施工。规范要求：线管、线槽的敷设应平直、整齐、牢固。软管固定间距不应大于1m，端头固定间距不应大于0.1m。线槽内导线总面积不应大于槽内净截面积的60%，线管内导线总截面积不应大于管内净截面积的40%。

42.1.11 曳引轮、导向轮、限速器轮安装偏差大

1. 现象

曳引轮、导向轮、限速器轮垂直度超差，产生不均匀侧向磨损。曳引轮、导向轮安装

位置及相对位置偏差，钢丝绳表面磨损严重，影响使用寿命。

2. 原因分析

(1) 曳引轮、导向轮、限速器轮安装时，未进行反复测量与调整。曳引轮、导向轮只注意空载时的垂直度，未进行满载时垂直度的相应调整工作。

(2) 只注意曳引轮、导向轮垂直度，忽略了两轮之间是否在同一平面。

(3) 测量工具未在检验合格周期内。

3. 防治措施

(1) 根据曳引绳绕绳形式的不同，首先调整好曳引机的位置，应按照轿厢中心铅垂线与曳引轮节圆直径铅垂线一致，对重中心铅垂线与导向轮节圆直径铅垂线一致，来调整曳引机的安装位置。

(2) 曳引机底座与基础座中间用垫片调节，空载曳引轮调节垂直度在2mm以内，并有意向满载时曳引轮偏侧的方向调整，使轿厢在满载时曳引轮垂直度偏差在2mm以内。

(3) 调整导向轮位置，使曳引轮与导向轮平行度不超过1mm（空载时）。

(4) 曳引轮、导向轮、限速器轮安装时，应按照规范要求进行安装调整。规范要求：限速器绳轮轮缘端面相对水平面的垂直度不宜大于2/1000，曳引轮和导向轮轮缘端面相对水平面的垂直度在空载或满载工况下不宜大于4/1000。设计上要求倾斜安装者除外。

42.1.12 电梯旋转部件未做标识

1. 现象

曳引轮、限速器轮无标识或标识颜色不正确，无运行方向箭头及文字说明。

2. 原因分析

(1) 安装施工人员不了解、不清楚规范要求。

(2) 安装施工人员马虎，责任心不强。

3. 防治措施

(1) 电梯旋转部件应涂成黄色，并用红色箭头标明旋转方向并用文字说明。

(2) 加强安装施工人员相关知识培训，增加责任心。

(3) 电梯旋转部件，应按照规范要求进行标识。规范要求：对可能产生危险并可能接触的旋转部件，特别是传动轴上的键和螺钉，钢带、链条、皮带、齿轮、链轮，电动机的外伸轴，甩球式限速器，必须提供有效的防护。但带防护装置的曳引轮、盘车手轮、制动轮及任何类似的光滑圆形部件除外。这些部件应涂成黄色，至少部分地涂成黄色。

42.1.13 制动器调整不正确

1. 现象

制动器闸瓦不能紧密贴合在制动轮上，打开后与制动轮间隙过大或过小。制动器闭合时声音大。制动器闸瓦打开、闭合时有机械卡阻现象。制动器制动力矩不足，出现溜车现象。

2. 原因分析

(1) 制动器闸瓦磨损严重，闸瓦表面不能紧密均匀贴合在制动轮上，易造成制动力不足，发生溜车现象。

(2) 制动器由于长时间使用，铁芯中积碳过多或有偏磨现象。

(3) 制动器制动弹簧位置调整不当，造成制动力矩不足。

3. 防治措施

(1) 安装前应首先检查制动器电磁铁在铜套中动作是否灵活，可用少量石墨粉作为铁芯与铜套的润滑剂。

(2) 制动器电磁铁调整时不应有撞芯现象，必要时拆除铁芯，排除故障。

(3) 修正闸瓦，使其紧密贴合在制动轮上。

(4) 调节制动器限位螺钉，使制动闸瓦打开后与制动轮工作表面间隙小于 0.7mm，且四角间隙一致。

(5) 制动器应按照规范要求进行安装调整。规范要求：制动系统应具有一个机—电式制动器（摩擦型）。

1) 当轿厢载有125%额定载重量并以额定速度向下运行时，操作制动器应能使曳引机停止运转。轿厢的减速度不应超过安全钳动作或轿厢撞击缓冲器所产生的减速度。所有参与向制动轮（或盘）施加制动力的制动器机械部件应分两组装设。如果一组部件不起作用，则应仍有足够的制动力使载有额定重量以额定速度下行的轿厢减速下行。

2) 被制动部件应以机械方式与曳引轮或卷筒、链轮直接刚性连接。

制动器应动作灵活，制动间隙调整应符合产品设计要求。

机—电式制动器应用有导向的压缩弹簧或重块向制动靴或衬片施加压力。

42.1.14 紧急停止装置安装位置不正确

1. 现象

驱动主机、滑轮间处未设置停止装置。未做停止装置相应标识。

2. 原因分析

(1) 安装人员不了解、不清楚国家标准要求。

(2) 安装人员图施工方便，不考虑停止装置安装位置是否符合要求。

(3) 安装人员责任心不强。

3. 防治措施

(1) 停止装置设置安装时，应按照规范要求进行施工。规范要求：电梯应设置停止装置，用于停止电梯并使电梯包括动力驱动的门保持在非服务的状态。停止装置设置在：①底坑；②滑轮间；③轿顶，距检修或维护人员入口不大于 1m 的易接近位置，该装置也可设在紧邻距入口不大于 1m 的检修运行控制装置位置；④检修控制装置上；⑤对接操作的轿厢内。此停止装置应设置在距对接操作人员处不大于 1m 的位置，并应能清楚地辨别。

(2) 停止装置应按照规范要求进行安装标识。规范要求：停止开关的操作装置（如有）应是红色，并标以“停止”字样加以识别，以不会出现误操作危险的方式设置。

42.1.15 电气设备零线、地线连接不正确

1. 现象

电气设备外露部分未做接地或接零保护。保护接地线未采用黄绿色线。零线与地线始终未分开，接地支线串联。线槽拐弯处、接线盒处未做跨接接地线，金属软管未做接地处理。轿厢、层门、线槽、线管、导轨和接线盒处漏做接地线。

2. 原因分析

(1) 安装施工人员，未按照国家标准要求施工。

(2) 安装施工人员，图省事随便进行连接。

3. 防治措施

(1) 电梯地线、零线制作时，应按照规范要求进行安装敷设。规范要求：电梯动力线路与控制线路宜分离敷设或采取屏蔽措施。除36V及以下安全电压外的电气设备金属罩壳均应设有易于识别的接地端，且应有良好的接地。接地线应采用黄绿双色绝缘电线分别直接接至接地端上，不应互相串接后再接地。电梯供电中的中性导体（N，零线）和保护导体（PE，地线）应始终分开。

(2) 电气外壳接地制作时，应按照规范要求进行安装施工。规范要求电气设备接地必须符合下列规定：

1) 所有电气设备及导管、线槽的外露可导电部分均必须可靠接地（PE）；

2) 接地支线应分别直接接至接地干线接线柱上，不得互相连接后再接地。

(3) 电气线路绝缘电阻值应符合规范要求。规范要求导体之间和导体对地之间的绝缘电阻必须大于1000Ω/V，且其值不得小于：

1) 动力电路和电气安全装置电路0.5MΩ；

2) 其他电路（控制、照明、信号等）0.25MΩ。

(4) 加强施工人员管理，禁止无证人员操作施工。

42.2　电梯井道设备部件安装

42.2.1　井道尺寸及预留洞偏差大

1. 现象

井道净深、净宽尺寸偏小，造成电梯安装困难。井道垂直度偏差过大，超出国家标准要求。各层层门留洞尺寸垂直偏差大，造成层门安装不在一条垂直线上。井道内导轨支架预埋件位置、尺寸偏差大，造成导轨安装困难。各层层站外呼盒留洞大小不一、深度不够，造成安装不牢固，位置不整齐划一，影响美观。

2. 原因分析

(1) 井道尺寸设计时未取得所订电梯厂家相关技术参数要求，自行参照某一品牌型号电梯井道设计，与实际所订电梯梯型要求不符。

(2) 土建单位施工质量差，未按照图纸施工。

3. 防治措施

(1) 电梯设备订货与安装单位应尽早与设计单位进行接洽和图纸会审工作，了解土建相关结构，及时提出问题，以便尽早修正。如不易修正，应与建设单位、土建单位和设计单位协商，采取相应的补救措施。

(2) 核对所安装电梯型号和厂家提供的土建施工布置图，井道尺寸可偏大，严禁偏小。

(3) 土建单位施工时，应按照施工图纸及《电梯工程施工质量验收规范》（GB 50310—2002）及《电梯主参数及轿厢、井道、机房的形式与尺寸》（GB/T 7025.1—2008/ISO 4190—2：2001）要求施工。井道尺寸是指垂直于电梯设计运行方向的井道截面沿电梯设计运行方向投影所测定的井道最小净空尺寸，该尺寸应和土建布置图所要求的一致，规范要求允许偏差应符合下列规定：

1）当电梯行程高度小于等于 30m 时，为 0～＋25mm；

2）当电梯行程高度大于 30m 且小于等于 60m 时，为 0～＋35mm；

3）当电梯行程高度大于 60m 且小于等于 90m 时，为 0～＋50mm；

4）当电梯行程高度大于 90m 时，允许偏差应符合土建布置图要求。

42.2.2 井道顶层高度、底坑深度不足

1. 现象

井道顶层高度不够，不能满足所订电梯速度冲顶时的顶层缓冲距离要求。井道底坑深度不够，不能满足所订电梯发生蹲底事故时井道底部空间国家标准要求。底坑内有杂物、油污，防水处理不当，有渗水现象，易造成底坑内设备部件损坏。

2. 原因分析

（1）井道顶层空间与底坑空间预留设计时，未取得电梯厂家关于所订电梯相关井道高度与底坑深度尺寸。对电梯速度、载重与井道空间预留关系的相关国家标准不清楚。

（2）土建单位清理井道底坑时，将剩余在底坑内的渣土直接回填，施工单位在安装电梯时，未进行相应测量。

3. 防治措施

（1）电梯安装单位进场施工前，要对井道进行有效测量，防止空间预留不足。如需修正，应及时与建设、土建和设计单位协商，采取相应的补救措施。

（2）土建单位施工时，应严格按照施工图纸设计施工。

（3）设计单位在设计电梯井道顶层高度与底坑深度时，要充分考虑到电梯速度、载重与预留空间的关系。应按照《电梯制造与安装安全规范》（GB 7588—2003）第 5.7.1.1 条、5.7.1.2 条、5.7.3.3 条要求设计。

42.2.3 井道底坑地面以下空间防护不符合要求

1. 现象

电梯井道底坑地面以下有人员可以进入的空间，对重未装安全钳，或对重缓冲器未安装在一直延伸到坚实地面上的实心桩墩上。

2. 原因分析

（1）设计单位在井道底坑地面以下空间防护设计时未参见国家标准要求。

（2）电梯设备采购时，对重没有安全钳。

3. 防治措施

（1）电梯设备采购时，增加对重安全钳。

（2）设计单位在设计电梯井道底坑地面以下空间时，应按照规范要求进行设计。规范要求：位于轿厢与对重（或平衡重）下部空间的防护，如果轿厢与对重（或平衡重）之下确有人能够到达的空间，井道底坑的底面至少应按 5000N/m^2 载荷设计，且应将对重缓冲器安装于（或平衡重运行区域下面是）一直延伸到坚固地面上的实心桩墩，或对重（或平衡重）上装设安全钳。电梯井道最好不设在人们能到达的空间上面。

42.2.4 井道预留圈梁位置偏移

1. 现象

砖混结构井道或钢结构井道预留圈梁间距过大或过少，不能满足电梯安装要求。混凝土梁或钢梁宽度或高度不够，导轨支架安装不牢固。

2. 原因分析

设计单位在设计砖混结构井道或钢结构井道时，预留混凝土圈梁或钢制圈梁时，未按照所订电梯井道布置图进行预留设计。

3. 防治措施

（1）设计单位与电梯厂家及安装单位应提前进行接洽，严格按照所订电梯井道布置图要求进行圈梁位置预留设计。

（2）设计单位应按照规范进行导轨圈梁位置设计。规范要求：每根导轨宜至少设置两个导轨支架，支架间距不宜大于2.5m。当不能满足此要求时，应有措施保证导轨安装满足GB 7588—2003中10.1.2规定的许用应力和变形要求。对于安装于井道上、下端部的非标准长度导轨，其导轨支架数量应满足设计要求。导轨支架在井道壁上安装应固定可靠。预埋件应符合土建布置图要求。锚栓（如膨胀螺栓等）固定应在井道壁的混凝土构件上使用，其连接强度与承受振动的能力应满足电梯产品设计要求，混凝土构件的压缩强度应符合土建布置图要求。

42.2.5　井道门口装饰地面标准线不正确

1. 现象

装饰完后地面高于或低于电梯层门地坎，造成候梯厅如有积水时，易通过层门地坎流入到井道内，造成电梯设备损坏。并排安装的电梯，其厅门不在同一平面，造成不整齐、不美观。

2. 原因分析

土建单位提供的楼层装饰基准线、平行线不准确，造成电梯安装单位以此为标准确定的层门地坎高度与层门位置不正确。

3. 防治措施

（1）土建单位必须提供准确的装饰基准线，电梯安装单位应严格按照土建单位提供的装饰基准线来确定层门地坎高度与位置。如在安装工程中存在疑问，应及时与土建单位进行核实，以免造成不必要的损失。

（2）电梯安装单位应按照规范要求进行施工。规范要求：层门地坎应具有足够的强度，地坎上表面宜高出装饰后的地平面2～5mm。在开门宽度方向上，地坎表面相对水平面的倾斜不应大于2/1000。

42.2.6　井道测量与放线位置偏移

1. 现象

样板架制作材料与安装质量不符合要求。受风等其他因素影响，造成铅垂线晃动。电梯井道导轨铅垂线安装偏移，造成轿厢、对重导轨垂直度超差，电梯运行晃动大，舒适感差。电梯井道层门口铅垂线安装偏移，造成层门头、地坎安装不在一个垂直面上，电梯运行时，易发生门刀撞地坎、撞门轮现象。

2. 原因分析

（1）样板架制作材料变形，安装后未进行有效固定或底坑样板架位移。

（2）楼层高时，井道铅垂线受风力影响。

（3）线坠过轻或未做阻尼处理。

(4) 井道导轨、层门口等铅垂线在电梯安装过程中，被井道的个别位置挂住或挡住。

3. 防治措施

(1) 制作样板架的材料要选用韧性强、不易变形并经烘干处理的木材，木料要保证宽度和厚度，并应四面刨平互成直角。提升高度过高时，可采用型钢制作样板架或中间层加装样板架的方法处理。

(2) 样板架上需在放铅垂线的位置处，用薄锯条锯斜口，其旁边钉一铁钉，用以固定铅垂线，当底坑样板架上铅垂线稳定后，确定其位置用U形钉固定，并刻以标记，以备铅垂线碰断时重新放线使用。

(3) 样板架水平度不应大于3/1000，顶部、底部样板架的垂直偏移不应超过1mm，铅垂线各线位置偏差不应超过±0.15mm。

(4) 每次施工时，要从新进行各铅垂线位置的勘察与测量。

(5) 铅锤线坠一般为5kg，当井道过高时，可相应增加铅锤线坠的重量，减少摆动量，增加阻尼性。

42.2.7 导轨支架安装不正确

1. 现象

导轨支架松动，焊接支架焊缝间断且有缺陷。导轨支架不水平，膨胀螺栓入墙深度不够，与导轨之间调节用垫片超厚，未用电焊点焊在一起。在砖墙上用膨胀螺栓固定导轨支架。

2. 原因分析

(1) 安装人员责任心不强，打膨胀螺栓入墙孔时造成位置歪斜、深度不够。

(2) 混凝土强度等级未满足设计要求，影响螺栓固定性。

(3) 井道为砖墙结构时，导轨支架安装没有采用井道预埋件或混凝土圈梁结构形式。

(4) 井道预埋件厚度、位置、垂直度超差，不能满足安装标准。

(5) 导轨支架与预埋件接触不严密，造成焊接不实。

3. 防治措施

(1) 用膨胀螺栓固定导轨支架时，要选用合适的钻头打孔，孔要正，深度不应小于120mm。

(2) 当用金属垫片调整导轨支架高度时，垫片厚度超过5mm时，应与导轨支架点焊在一起。

(3) 导轨、导轨支架安装时，应按照规范要求安装。规范要求：

1) 每根导轨宜至少设置两个导轨支架，支架间距不宜大于2.5m，当不能满足此要求时，应有措施保证导轨安装满足GB 7588—2003中10.1.2规定的许用应力和变形要求；

2) 固定导轨支架的预埋件，直接埋入墙的深度不宜小于120mm；

3) 采用建筑锚栓安装的导轨支架，只能用于具有足够强度的混凝土井道构件上，建筑锚栓的安装应垂直于墙面；

4) 采用焊接方式连接的导轨支架，其焊接应牢固，焊缝无明显缺陷；

5) 导轨应用压板固定在导轨支架上，不应采用焊接或螺栓方式与支架连接；

6) 设有安全钳的对重导轨和轿厢导轨，除悬挂安装者外，其下端的导轨座应支撑在坚固的地面上。

42.2.8　导轨安装精度超差

1. 现象

电梯运行时，轿厢摆动，有来自导轨的明显晃动、振动及异常声响，舒适感差。两列导轨道距及垂直度超差。

2. 原因分析

(1) 导轨安装基准线，导轨中心线偏移，导致导轨间距过大或过小。

(2) 导轨接头处安装方法不正确。

(3) 导轨支架松动，造成导轨道距发生变化。

(4) 导轨安装前自身有弯曲变形现象。

3. 防治措施

(1) 导轨安装前应检查导轨有无弯曲，对弯曲的导轨进行调直。

(2) 用专门的导轨找道尺自下至上进行校对，压道板与导轨连接螺栓暂不拧紧，当用找道尺校验时，再逐个拧紧压道板和导轨连接板螺栓。

(3) 安装导轨时应按照规范要求进行施工。规范要求每列导轨工作面（包括侧面与顶面）相对安装基准线每 5m 长度内的偏差均不应大于下列数值：

1) 轿厢导轨和装设有安全钳的对重导轨为 0.6mm；

2) 不设安全钳的 T 形对重导轨为 1.0mm。

对于铅垂导轨的电梯，电梯安装完成后检验导轨时，可对每 5m 长度相对铅垂线分段连续检测（至少测 3 次），取测量值间的相对最大偏差，其值不应大于上述规定值的 2 倍。两列导轨顶面间的距离偏差：轿厢导轨 0～＋2mm；对重导轨 0～＋3mm。导轨应用压板固定在导轨架上，不应采用焊接或螺栓方式与支架连接。

(4) 导轨安装质量太差时，可考虑从新安装。

42.2.9　导轨接头缝隙大及修平长度不足

1. 现象

电梯运行经过导轨接头处时晃动。导轨接头处有连续缝隙或局部缝隙过大。导轨接头处未按照国标要求进行修平或修平长度不够。

2. 原因分析

(1) 安装人员未按要求进行导轨安装工艺施工，造成导轨接头处有连续缝隙。

(2) 安装人员图省事，导轨接头处有台阶，未按要求进行导轨接头修平或修平长度不足。

3. 防治措施

(1) 应按照电梯厂家的设备部件安装图进行导轨的预装、编号、组装。

(2) 安装施工时，应按照规范要求进行导轨接头处里。规范要求：轿厢导轨和设有安全钳的对重导轨，工作面接头处不应有连续缝隙，局部缝隙不大于 0.5mm，工作面接头处台阶用直线度为 0.01/300 的平直尺或其他工具测量，不应大于 0.05mm。不设安全钳的对重导轨接头处缝隙不应大于 1mm，工作面接头处台阶不应大于 0.15mm。

(3) 导轨接头处修平长度应大于 150mm。

42.2.10　曳引钢丝绳安装、绳头制作不正确

1. 现象

曳引钢丝绳安装固定未充分松扭，或张力不均匀。电梯曳引轮槽磨损不均匀。曳引绳与绳瓶锥套连接歪斜，受力状态不利，抗拉强度下降。曳引绳头制作时，浇筑巴氏合金不严密，未高出锥面，且绳头折弯处未露出，易造成电梯满载、超载运行时，钢丝绳从绳瓶锥套中脱出。曳引绳头螺母未拧紧，销钉未穿或没有劈开。采用曳引钢丝绳夹进行固定时，U形绳卡压板未压在钢丝绳长头一侧。

2. 原因分析

(1) 曳引绳头制作前，未进行充分松扭，致使钢丝绳仍带有扭矩。

(2) 巴氏合金浇筑时，没有将绳头、绳瓶锥套垂直固定好，钢丝绳切割且绑扎方法不正确，扎紧长度不够。

(3) 巴氏合金加热温度不够，锥套未预热或预热温度不够，合金未一次连续浇筑完成。

(4) 用曳引钢丝绳夹进行固定时对工艺要求不了解，不清楚绳夹规格与钢丝绳直径的配合关系。

(5) 电梯曳引钢丝绳安装完毕后，未进行定期张力的调整。

3. 防治措施

(1) 制作绳头时，首先要清洗绳瓶锥套及应折弯的钢丝绳绳头，保证其清洁无油污。

(2) 巴氏合金应加热充分，温度应在270℃至350℃之间，绳瓶锥套加热温度在40℃至50℃之间，然后将绳瓶锥套固定垂直。溶液浇筑时要轻轻敲击锥套，并一次性浇筑在绳瓶锥套内，保证其充分灌实，表面平整。

(3) 用绳夹固定绳头时，必须注意绳夹规格与钢丝绳公称直径的配合，U形螺栓加紧方向正确。

(4) 曳引钢丝绳头制作时应按照规范要求进行安装。规范要求悬挂用钢丝绳的公称直径不应小于8mm。悬挂绳表面应清洁，不应粘有尘渣等污物。当使用自锁紧楔形绳套式端接装置时，如果钢丝绳尾段较长，可使用适当方式进行固定。当采用套环配合钢丝绳夹式端接装置时，所用钢丝绳夹和套环应分别符合《钢丝绳夹》(GB/T 5976) 和《钢丝绳用普通套环》(GB/T 5974.1)《钢丝绳用重型套环》(GB/T 5974.2) 的规定，其固定方式应满足以下要求：

1) 绳夹座扣在绳的工作段面上，U形螺栓扣在绳的尾段上；

2) 钢丝绳公称直径大于18mm时，至少使用3个绳夹；

3) 绳夹间距为钢丝绳直径的6至7倍；

4) 离套环最近的绳夹应尽量的靠近套环，但要保证在不损坏绳外层钢丝的情况下，能正确地拧紧绳夹。

悬挂绳端接装置应安全可靠，其锁紧螺母均应安装有锁紧销。至少应在悬挂钢丝绳或链条的一端设置一个自动调节装置，用来平衡各绳或链间的张力，使任何一根绳或链的张力与所有绳或链之张力平均值的偏差均不大于5%。

42.2.11 层门、轿门、地坎安装偏差大

1. 现象

层门与门套不垂直，不平行，开关门过程中运行不平稳。层门门扇与门套间隙过大或过小，开关门过程中有相擦现象。层门有划伤或撞伤，地坎高于或低于装饰地面。轿厢地

坎与层门地坎间距不一致，不平行，超差。层门地坎护脚板安装变形不平，造成电梯运行中与轿厢相碰擦。层门地坎支撑力不够，地坎变形。

2. 原因分析

(1) 层门地坎安装时，两根基准线放线不准，不平行，造成安装误差。

(2) 门套、层门门扇安装完毕后，未进行有效调整垂直度。

(3) 层门导轨安装时未进行有效清理。

(4) 层门安装完毕后，在未投入使用前撕下防护膜。

(5) 层门地坎安装高度未按照最终装饰后地平面计算。

(6) 层门地坎安装时未用混凝土浇筑密实或未养护好就进行门框安装。

3. 防治措施

(1) 在进行层门安装前要检查门套是否变形，并进行必要的调整。

(2) 门套与层门安装完毕后要进行相应调整，检查其垂直度与门缝间隙。

(3) 地坎制作时要将混凝土浇筑密实，并养护好以后再进行地坎及门框组装。

(4) 在吊挂层门门扇时，要先将滑道、地坎槽清理干净，并检查门滑轮是否转动灵活。

(5) 用同等高度块垫在层门门扇与地坎之间，保证门扇与地坎之间的间隙，通过调整门滑轮座与门扇间的连接垫片来调整门与地坎、门套的间隙。

(6) 层门中与地坎中对齐后，固定住钢丝绳或杠杆撑杆，对用钢丝绳传动的层门，钢丝绳需张紧。

(7) 注意成品保护，在投入使用前不要将层门外张贴的保护膜清除。

(8) 注意最终装饰地面标准线的位置，保证层门地坎安装位置的准确。

(9) 地坎护脚板安装前，要注意有无变形。

(10) 安装施工时，应按照规范要求进行安装。规范要求：

1) 层门地坎应具有足够的强度，地坎上表面宜高出装饰后的地平面 2～5mm。在开门宽度方向上，地坎表面相对水平面的倾斜不应大于 2/1000。

2) 轿厢地坎与层门地坎间的水平距离不应大于 35mm。在有效开门宽度范围内，该水平距离的偏差为 0～+3mm。

3) 与层门联动的轿门部件与层门地坎之间、层门门锁装置与轿厢地坎之间的间隙应为 5～10mm。层门关闭后，门扇之间及立柱、门楣和地坎之间的间隙，对乘客电梯不应大于 6mm；对载货电梯不应大于 8mm。如果有凹进部分，上述间隙从凹底处测量。

4) 在水平滑动门和折扇门的每个主动门扇的开启方向，以 150N 的力施加在门扇的一个最不利点上时，门扇与门扇、门扇与立柱之间的间隙允许大于规定值，但不应大于下列值：对旁开门，30mm；对中分门，总和为 45mm。

42.2.12　层门自闭性差

1. 现象

层门在开锁区域外打开后，自动闭合不畅或不能自动闭合。

2. 原因分析

(1) 层门地坎槽有异物卡阻。

(2) 层门导轨滑道脏，未进行定期清理。

（3）层门自闭装置损坏失灵。

3. 防治措施

（1）层门地坎槽、滑道要定期清理，保持槽内无异物，导轨无油污与尘土结块。

（2）层门自闭装置为钢丝绳重块式的，要定期检查钢丝绳有无折弯，重块有无脱落现象。弹簧折臂式的要定期检查折臂是否变形，弹簧是否有老化折断现象。

（3）安装、维保人员应按照规范要求进行检查。规范要求：在轿门驱动层门的情况下，当轿厢在开锁区域之外时，无论层门因何种原因而开启，应有一种装置（重块或弹簧）确保该层门自动关闭。

42.2.13 门刀与层门地坎、门锁滚轮安装配合不当

1. 现象

门刀与各层门地坎间隙不均。门刀与门锁滚轮相对位置偏差大，电梯运行时有瞬间挑开层门门锁触点的现象。电梯运行时，门刀撞擦层门头盖板。

2. 原因分析

（1）轿门开门刀安装时垂直偏差大。

（2）门刀与门锁滚轮间隙过小。

（3）轿厢地坎与层门地坎间隙超标。

（4）轿厢导靴磨损严重或脱落，造成轿厢位置偏移。

3. 防治措施

（1）各层层门地坎和门头安装时应在同一垂线上。

（2）定期检查轿厢导靴，发现磨损严重应及时更换。

（3）门刀与层门地坎、门锁滚轮安装调整时，应按照规范要求进行安装调整。规范要求：轿厢地坎与层门地坎间的水平距离不应大于35mm。在有效开门宽度范围内，该水平距离的偏差为0～＋3mm。与层门联动的轿门部件与层门地坎之间、层门门锁装置与轿厢地坎之间的间隙应为5～10mm。门刀与层门地坎、门锁滚轮与轿厢地坎间隙应小于5mm。

42.2.14 外呼召唤盒及层站指示灯盒安装位置歪斜松动

1. 现象

外呼召唤盒、层站指示灯盒安装预留孔不正，安装不牢固，与墙壁最终装饰面偏差大。

2. 原因分析

（1）未按照所订电梯厂家外呼召唤盒、层站指示灯盒留洞图进行孔洞预留施工。

（2）外呼召唤盒、层站指示灯盒安装时未进行有效固定连接。

（3）对最终墙壁装饰完成面的材料、尺寸不清楚。

3. 防治措施

（1）安装前要进行针对留洞情况进行质量交接，对不符合要求的要及时整改。

（2）安装前了解最终墙壁装饰完成面的材料、厚度，从而确定外呼召唤盒、层站指示灯盒预埋深度。

（3）安装外呼召唤盒、层站指示灯盒时，应按照规范要求进行安装。规范要求：层站指示装置及操作装置的安装位置应符合设计规定，指示信号应清晰明确，操作装置动作应

准确无误。层门指示灯盒、召唤盒和消防开关盒应安装正确，其面板与墙面贴实，横竖端正。

42.2.15　轿厢组装水平度不符合要求

1. 现象

轿厢下梁水平度、轿厢底盘水平度超差，轿厢整体性强度和刚度达不到要求。各壁板结合处高低不平，缝隙大，电梯运行时有噪声，外观达不到要求。轿厢壁板有划痕或撞伤严重。

2. 原因分析

（1）安装施工时，作业人员未按照轿厢组装顺序及工艺要求进行装配，底梁、立柱、上梁水平度与垂直度超差。

（2）轿厢壁板拼装调整时，敲击损伤壁板。

（3）成品保护措施不当，在楼内装修使用电梯过程中，未对轿厢壁板采取相应的遮挡及保护措施。

3. 防治措施

（1）按照电梯厂家轿厢组装施工图进行拼装，先将组装好的轿厢顶固定在上梁下面，再进行轿厢壁板拼装，拼装过程为，一般先按拼装后壁板、侧壁板、前壁板顺序与轿厢顶、底固定连接，接口平整。通风口、轿厢灯等应同时一起装配。

（2）轿厢壁板装好后，在正式交付使用移交前，应用木板或其他材料将轿壁遮挡，防止划伤或撞击轿壁。

（3）轿厢组装时，应按照规范要求进行安装调整。规范要求：正常运行时，轿厢地板的水平度不应超过 3/1000。

42.2.16　轿顶、对重反绳轮安装未达标

1. 现象

轿顶、对重反绳绳轮垂直度超差。水平面横、纵轴线不一致。防护罩固定不牢。曳引绳挡绳装置间隙不当。

2. 原因分析

（1）反绳轮安装后未进行有效调整。

（2）曳引钢丝绳安装后，忘记安装防护罩或固定不牢。

（3）曳引绳挡绳装置与反绳轮间隙位置调整不当，起不到应有的作用。

3. 防治措施

（1）反绳轮安装完毕后，要调节垂直度，复查横、纵轴线位置，并检查上梁与立柱的连接处是否紧密，有无变形。

（2）钢丝绳安装完毕，应立即装上挡绳装置和反绳轮防护罩。

（3）绳轮安装时，应按照规范要求进行安装。规范要求轿厢上装设有反绳轮（或链轮）时应有防护装置防止：钢丝绳或链条因松弛而脱离绳槽或链轮；异物进入绳与绳槽或链与链轮之间；人身伤害，当绳轮或链轮设置在轿顶时。对重或平衡重架上有反绳轮，反绳轮应设置防护装置和挡绳装置。

42.2.17　导靴安装位置不正确

1. 现象

高速电梯采用滚轮导靴，滚轮导靴所有轮子不能同时在导轨上滚动运行。滚轮导靴偏

磨或有打滑现象。导靴靴衬与导轨端面间隙不均匀。

2. 原因分析

(1) 上下导靴不在同一中心上，有歪斜和偏扭。

(2) 滑动导靴和滚轮导靴的内部弹簧受力没有进行有效调整。

(3) 导轨垂直度偏差大。

(4) 导靴靴衬内有异物，造成摩擦有异响。

(5) 导靴上润滑装置缺油或油棉吸油不畅。

3. 防治措施

(1) 固定式导靴间隙应一致。

(2) 弹簧式导靴内部弹簧受力应相同，确保轿厢平衡。

(3) 滚轮导靴安装应平整，两侧滚轮对导轨侧面弹簧压力应相同。

42.2.18 对重及平衡装置配置不符合要求

1. 现象

对重（平衡重）太轻或太重，电梯轿厢重载运行时蹲底，轻载运行时易发生冲顶事故。补偿链过长或过短，电梯运行时与井道内的其他设备装置相碰撞。补偿链两端未做二次保护装置，将造成安全隐患。补偿绳有打结、扭曲变形现象。

2. 原因分析

(1) 未用标准砝码做电梯平衡系数试验确定对重（平衡重）重量。

(2) 未根据工艺要求，确定补偿链的合适长度。

(3) 安装人员责任心不强，漏装补偿链二次保护装置。

(4) 补偿绳安装时，未进行充分松扭，以消除扭力。

3. 防治措施

(1) 电梯慢车试运行前，安装作业人员应先将轿厢与对重（平衡重）放到齐平的位置，用手动盘车的方法大致确定对重重量，待通电调试时，再通过做平衡系数试验，确定对重的精确重量。

(2) 补偿链连接在电梯轿厢和对重底部，补偿链悬空部分距底坑地平面不应小于100mm，且需附加二次保护装置。

(3) 电梯补偿绳安装时，应按照规范要求进行安装调整。规范要求补偿绳使用时必须符合下列条件：

1) 使用张紧轮；

2) 张紧轮的节圆直径与补偿绳的公称直径之比不小于30；

3) 张紧轮设置防护装置；

4) 用重力保持补偿绳的张紧状态；

5) 用一个符合规定的电气安全装置来检查补偿绳的最小张紧位置。

补偿绳、链、缆等补偿装置的端部应固定可靠。对补偿绳的张紧轮，验证补偿绳张紧的电气开关应动作可靠。张紧轮应安装防护装置。

42.2.19 对重固定不牢靠

1. 现象

对重框架内对重（平衡重）固定不牢或未固定，造成电梯冲顶或蹲底时，对重块冲出对重框架的事故发生。

2. 原因分析

(1) 安装人员责任心不强，未将固定对重用压铁固定好。

(2) 安装人员不了解相关施工工艺与国家标准。

3. 防治措施

(1) 电梯平衡系数试验完成，对重块调整装配完毕后，应及时将对重块固定牢固。

(2) 对重（平衡重）框架组装及对重块的固定时，应按照规范要求进行固定组装。规范要求：如对重（或平衡重）由对重块组成，应防止它们移位，应将对重块固定在一个框架内；对于金属对重块，且电梯额定速度不大于 1m/s，则至少要用两根拉杆将对重块固定住。对重（平衡重）块应可靠固定。

42.2.20　随行电缆安装不正确

1. 现象

随行电缆与轿厢间隙过小，电梯运行时，电缆在井道内摇摆时与轿厢相碰擦，影响电缆使用寿命。随行电缆两端及不随之运行部分电缆固定不牢靠，绑扎不正确，电缆位置变移与导轨支架发生碰擦，严重时将挂断电缆。随行电缆太长或太短，电梯蹲底时拉断电缆或轿厢在最底层时，随行电缆已经拖至地面。随行电缆运行时有打结或波浪扭曲现象。井道电缆支架与轿底电缆支架不平行。

2. 原因分析

(1) 随行电缆安装时未按要求固定安装。

(2) 随行电缆截断时，未按合适长度下料。

(3) 安装前未对电缆进行充分松扭，去除内部扭力。

3. 防治措施

(1) 挂随行电缆前，首先将电缆散开看有无外伤、机械变形。测试绝缘性能及检查有无断芯。

(2) 将电缆挂在井道内，使其自然充分松扭。

(3) 根据井道长度及机房控制柜安装位置确定随行电缆长度，保证轿厢完全压缩缓冲器时电缆不至拉紧或拖地。

(4) 随行电缆绑扎长度应不小于 30～70mm，绑扎处离电缆支架钢管 100～150mm。

(5) 轿厢底电缆支架与井道电缆支架应保持平行，使电缆在井道底部时能避开缓冲器，并保持一定距离。

(6) 随行电缆悬挂安装时，应按照规范要求进行安装。规范要求随行电缆的安装应满足：

1) 电缆两端应可靠固定；

2) 轿厢压缩缓冲器后，电缆不应与底坑地面和轿厢底边框接触；

3) 电缆不应有打结、波浪和扭曲现象；

4) 避免电缆与限速器钢丝绳、限位开关、极限开关、井道信号采集系统及对重装置等发生干涉；

5) 避免电缆在运行中与电线槽、管发生卡阻；

6) 电缆处于井道底部时应始终能避开缓冲器。

42.2.21 缓冲器安装精度超差

1. 现象

缓冲器底座与基础接触面不平整，不牢固，直接影响回弹作用，不能保证缓冲行程。缓冲器垂直度超差。两个缓冲器高度不一致，不能正常动作。液压缓冲器有漏油现象，造成动作不可靠。缓冲器中心与轿厢或对重架相对应撞板中心有偏差。液压缓冲器安全开关动作失灵。缓冲距离超标。

2. 原因分析

(1) 安装作业人员责任心不强，安装就位缓冲器时未认真测量。

(2) 液压缓冲器缸体锈蚀造成油路不畅或漏油。

(3) 液压缓冲器安全开关因受潮或浸水，造成动作不可靠。

3. 防治措施

(1) 根据规程要求和缓冲器形式确定安装高度，用垫片来保证两个缓冲器在同一高度。

(2) 安装就位缓冲器时要认真测量调整其垂直度和水平度。

(3) 安装缓冲器时要检查外观，看有无锈蚀和油路不通现象，必要时进行清理，按照说明书要求注足指定品牌型号的缓冲器油。

(4) 底坑做好防水、防潮措施，定期检查保证缓冲器开关动作可靠灵敏。

(5) 缓冲器安装就位时，应按照规范要求进行安装调整。规范要求：在轿厢和对重行程底部的极限位置应设置缓冲器。蓄能型缓冲器（包括线性和非线性）只能用于额定速度小于或等于 1m/s 的电梯。耗能型缓冲器可用于任何额定速度的电梯。如果在轿厢或对重行程的底部使用一个以上缓冲器，在轿厢处于上、下端站平层位置时，各缓冲器顶面与对重或轿厢缓冲器之间距离的偏差不应大于 2.0mm。耗能型缓冲器的柱塞（或活塞杆）相对水平面的垂直度不应大于 5/1000（设计要求倾斜安装者除外）。耗能型缓冲器应设有一个电气安全装置，在缓冲器动作后未恢复到正常位置之前，使电梯不能启动。液压缓冲器柱塞铅垂度不应大于 0.5%，冲液量应正确。

(6) 蓄能型缓冲器缓冲距离为 200～350mm，耗能型缓冲器缓冲距离为150～400mm。

42.2.22 限速器与张紧轮安装不符合要求

1. 现象

限速器安装底座固定不牢，造成安全钳联动时有颤动现象。限速器轮垂直度超差，与张紧绳轮不在同一平面，造成限速器绳易磨损，运行不平稳。电梯运行时，张紧轮电气安全开关误动作。张紧绳断裂或过长，电气安全开关不起作用。

2. 原因分析

(1) 限速器安装前混凝土基础不符合要求。

(2) 限速器安装完毕后未进行垂直度调整。

(3) 由于限速器绳伸长，致使张紧轮下坠，并与电气安全开关相接近，造成误动作。

(4) 安装作业人员不了解张紧绳轮安装位置及电气安全开关工作原理。

3. 防治措施

(1) 土建单位制作限速器混凝土基座时要比限速器基座每边宽 25～40mm。

(2) 调整限速器垂直度与绳的张紧力，满足限速器钢丝绳可靠驱动限速器绳轮。

（3）定期应检查限速器绳是否伸长，并做相应收绳调整，保证张紧绳轮的平行度。

（4）调整张紧绳轮的安装位置，当张紧装置下滑或下跌时，能使断绳电气开关可靠动作。

（5）安装限速器及张紧装置时，应按照规范要求进行安装。规范要求：除设计要求限速器绳相对导轨倾斜安装者外，操作安全钳侧的限速器钢丝绳至导轨侧面及顶面距离的偏差，在整个井道高度范围内均不宜超过10mm。限速器钢丝绳应张紧，在运行中不应与轿厢或对重等部件相碰触。限速器安装在井道内时，应能从井道外接近它。否则，应符合GB 7588—2003中9.9.8.3的要求。限速器绳断裂或过分伸长时，应通过一个电气安全装置使电动机停止运转。限速器及张紧轮应有防止钢丝绳因松弛而脱离绳槽的装置。当绳沿水平方向或水平面之上以与水平面不大于90°的任意角度进入限速器或其张紧轮时，应有防止异物进入绳与绳槽之间的装置。

42.2.23　底坑急停及照明开关安装位置不正确

1. 现象

底坑急停开关安装位置过高或过低，安装维修人员在打开井道最底层层门时，不能触及急停安全开关，不能有效保证自身安全。底坑井道照明开关安装位置不合理，安装维修人员在打开井道最底层层门时，不能触及井道照明开关。底坑急停开关、井道照明开关未做标识。

2. 原因分析

（1）安装人员不熟悉国家规程规范要求。

（2）安装人员责任心不强，图施工省事，随意安装。

3. 防治措施

（1）井道照明开关应设置为两地控制形式，在电梯机房、底坑都能打开或关闭。

（2）加强对安装作业人员的培训，要求其应严格按照规范的要求进行安装。规范要求底坑内应有：停止装置、电源插座和井道灯的开关。在停止装置上或其近旁应标出“停止”字样，设置在不会出现误操作危险的地方。

42.3　电梯调试运行

42.3.1　电梯运行噪声超标

1. 现象

曳引机运转时声音不正常。电梯运行时有摩擦声、碰撞声，噪声大。电梯运行时轿厢连接处发出噪声。电梯运行时对重有异响。

2. 原因分析

（1）曳引机固定螺栓松动引起电梯振动。

（2）导轨变形，导轨支架松动，接头处有台阶，修平长度不足等，造成电梯运行到此处时振动与晃动，直接影响电梯的舒适感。

（3）新装电梯由于环境因素的影响，导轨上附着有渣土等杂物，造成导轨润滑不良，致使电梯运行噪声大。

（4）轿厢框架与壁板拼装之间有缝隙，造成轿厢变形。

（5）轿门与层门间隙小，电梯运行时，开门刀与层门门锁轮、地坎之间发生相碰。

（6）对重块未紧固，电梯运行时产生松动和异响。

3. 防治措施

（1）检查曳引机轴承温升及螺栓和减振橡胶固定情况，发现问题及时处理。

（2）定期检查导轨支架及压道板连接是否牢固。

（3）新装电梯交付使用前应对导轨进行清洗加油，保证导轨干净并有充分润滑。

（4）轿厢拼装时要注意轿厢上、下四角的对角线，保证各面的相互垂直度，并对螺栓进行紧固。

（5）按照要求紧固好对重块，防止其松动移位。

（6）确保安全钳与导轨的间隙。

（7）保证各处噪声值应按照规范要求进行安装调整，见表 42-1。

乘客电梯的噪声值 dB（A）　**表 42-1**

额定速度 v（m/s）	$v \leqslant 2.5$	$2.5 < v \leqslant 6.0$
额定速度运行时机房内平均噪声值	≤80	≤85
运行内轿厢最大噪声值	≤55	≤60
开关门过程中最大噪声值	≤65	

注：无机房电梯的“机房内平均噪声值”是指距离曳引机 1m 处所测得的平均噪声值。

（8）噪声测试方法应按照规范要求进行测量。规范要求：运行中轿箱内的噪声，风扇、空调等轿箱内的附属设备以及可在轿厢内听到的警报、广播等层站附属设备应处在关闭状态，如有任何一种设备不能关闭，应在结果中说明。传声器放置在轿厢地板中央半径为 0.10m 的圆形范围上方1.50m±0.10m 处，沿着水平方向直接对着轿厢主门。取电梯全程上行和全程下行运行过程中以额定速度运行时的最大值。开关门过程噪声，测试时传声器分别从轿内和层站门宽中央水平对着轿门和层门，传声器距门 0.24m，距地面 1.50m ±0.10m 处测量。取开、关门过程的最大值。机房噪声，电梯以额定速度运行，取 5 个测点，即距驱动主机前、后左、右最外侧各 1m 处的（H+1）/2 高度上的 4 个点（H 为驱动主机的顶面高度，m）及正上方 1m 处 1 个点。受建筑物结构或者设备布置的限制可以减少测点。取每个测点测得的声压修正值的平均值。

42.3.2　电梯运行舒适感差

1. 现象

电梯运行时，轿厢上下抖动大，水平方向有明显晃动。电梯启动、制动阶段舒适感不好。

2. 原因分析

（1）曳引钢丝绳张力不均，曳引轮和导向轮垂直度偏差大。

（2）导轨工作面垂直度、导轨距超差，造成电梯运行时轿厢水平方向晃动。

（3）电梯调试时对启、制动过程加减速度值及转矩补偿调整不好，造成电梯启、制动阶段舒适感差。

3. 防治措施

（1）曳引钢丝绳安装时要充分松扭，对于新装电梯要定期用测力计调节钢丝绳张紧度，将各绳张力应控制在 5%以内。

(2) 导轨安装时，要将导轨支架及压道板螺栓固定好，防止松动。导轨台阶处要按照要求进行修光处理。

(3) 保证曳引轮和导向轮的垂直度与水平度符合要求。

(4) 对于电梯加减速度及水平振动调整，应按照规范要求进行调整。规范要求：当乘客电梯额定速度为 $1.0m/s \leqslant v \leqslant 2.0m/s$ 时，按 GB/T 24474—2009 测量，A95 加、减速度不应小于 $0.50m/s^2$；当乘客电梯额定速度为 $2.0m/s < v \leqslant 6.0m/s$ 时，A95 加、减速度不应小于 $0.70m/s^2$。乘客电梯轿厢运行在恒加速度区域内的垂直（Z 轴）振动的最大峰峰值不应大于 $0.30m/s^2$，A95 峰峰值不应大于 $0.20m/s^2$。乘客电梯轿厢运行期间水平（X 轴和 Y 轴）振动的最大峰峰值不应大于 $0.20m/s^2$。A95 峰峰值不应大于 $0.15m/s^2$。

42.3.3　平层精度差

1. 现象

电梯平层不准确，特别是轿厢空载和满载时，精度更差。电梯停车不平稳。

2. 原因分析

(1) 制动器制动力不够，引起上行平层过高或下行运行过低。

(2) 制动器制动力过大，引起上行平层过低或下行运行过高。

(3) 电梯平衡系数不准确，对重过重，引起上、下行平层都过高。对重过轻，引起上、下行平层都过低。

(4) 平层感应器与平层遮磁板调节距离不合适。

3. 防治措施

(1) 调整制动器弹簧压力，使制动器打开时闸瓦四边间隙相同且小于 0.7mm。

(2) 调整制动力矩。

(3) 调整平层感应器与平层遮磁板之间的距离和平层遮磁板的垂直度。

(4) 调整电梯平层速度。

(5) 调整电梯平衡系数，使其在 0.4～0.5 范围内。

(6) 平层的调整应在做完平衡系数后进行。

(7) 平层精度调整，应按照规范要求进行安装调整。规范要求：额定速度小于等于 0.63m/s 的交流双速电梯，应在±15mm 的范围内；额定速度大于 0.63m/s 且小于等于 1m/s 的交流双速电梯，应在±30mm 的范围内；其他调速方式的电梯，应在±15mm 的范围内。

42.3.4　层门开启不平稳

1. 现象

门扇与门套间隙过大或过小，门扇不垂直。层门外观有划痕或撞伤。门套立柱的垂直度和横梁的水平度超差。开关门不平稳，有跳动现象。开门到位或关门到位时有较大的冲击力。层门关闭后有缝隙。

2. 原因分析

(1) 各层层门门头安装时不在一个垂面上，造成挂在层门导轨上的门扇与门套间隙不一致。

(2) 各层层门地坎安装时不在一个垂面上，导致门扇不垂直。

(3) 门套安装时垂直偏差大，有倾斜现象。

（4）门套固定时，电焊焊接不牢固，造成门套垂直度移位。

（5）层门安装完毕后，未按要求进行有效调整。

（6）层门未采取成品保护措施。

（7）层门地坎槽内有垃圾或其他障碍物，导致开关门跳动。

（8）层门门扇导轨滑块磨损严重或松动，导致开关门过程中门扇晃动不平稳。

3. 防治措施

（1）门套安装前应先检查有无变形现象，必要时进行调整。

（2）门套与地坎连接后要测量调整门套垂直度和横梁的水平度均应不大于 1/1000。

（3）层门关闭后，在厅外应不能以人力推开。对于中分开门方式的层门，当用手扒开门缝时，强迫锁紧装置或自闭装置应使之锁紧严密。

（4）在吊挂层门门扇前，应首先清理门轮滑道和地坎槽，保证滑道清洁无污物。

（5）用等高块垫在层门门扇与地坎之间，保证门扇与地坎间隙一致。

（6）通过调整门滑轮座和门扇连接垫片来调整门与地坎、门套的间隙。

（7）注意成品保护，未交付运行前，不要清除层门保护膜。

（8）调整层门门扇、立柱等各间隙尺寸，应按照规范要求进行安装调整。规范要求：层门关闭后，门扇之间及门扇与立柱、门楣、地坎之间的间隙应尽可能的小，对于乘客电梯，此间隙不应大于 6mm；对于载货电梯，此间隙不应大于 8mm。如有磨损，间隙值允许达到 10mm。如果有凹进部分，上述间隙从凹底处测量。为了避免动力驱动的自动滑动门运行中发生剪切危险，门的外表面不应有大于 3mm 的任何凹进或凸出，这些凹进或凸出部分的边缘应在开门运行方向上倒角。在水平滑动门和折扇门的每个主动门扇的开启方向，以 150N 的力施加在门扇的一个最不利点上时，门扇与门扇、门扇与立柱之间的间隙允许大于规定值，但旁开门不应大于 30mm；中分门，总和为 45mm。

42.3.5 超载开关不灵敏

1. 现象

进入电梯的乘客超过额定载重时，超载报警开关不起作用；进入电梯的乘客少于额定载重时，超载开关误动作。

2. 原因分析

（1）电梯调节超载报警开关时，未使用标准砝码测试。

（2）超载报警开关固定在轿厢底下方式时，开关松动，位置偏移。

（3）轿厢底下面的橡胶软连接变形移位。

（4）超载报警开关固定在轿厢上梁时，其驱动动作绳头弹簧内有异物卡阻或调节位置不正确。

3. 防治措施

（1）调节超载报警开关时，应用标准砝码，保证测量精度。

（2）调节超载报警开关时，应将连接开关的绳头套管清理干净，使其动作灵活，并在调节超载报警开关完毕后进行有效遮盖，防止异物进入。

（3）超载报警开关调节完毕后，应将开关可靠固定。

（4）超载报警调试时，应按照《电梯实验方法》（GB/T 10059—2009）第 4.1.16 条要求进行测量。规范要求：在装有额定载重量的轿箱内，再加装 10%的额定载重量并至少为 75kg，观察电梯的报警、启动、平层和门的状态。

42.3.6 称重传感器安装不正确

1. 现象

传感器固定支架松动，安装位置不当，参数调节不合适，致使不能准确测量轿厢负荷，电机不能提供预负载转矩。

2. 原因分析

（1）支架采用焊接固定，不能配合称重传感器自行有效调整。

（2）支架及称重传感器调整后未进行有效固定。

（3）称重传感器参数设置时，未实现参数的准确设定。

3. 防治措施

（1）称重装置一般安装在轿厢底或轿厢上梁上，由多个微动开关或称重传感器组成。支架固定方式应采用螺栓固定。

（2）支架及传感器调整完毕后，应可靠固定。

（3）电子称重传感器必须准确设置参数。在重负荷运行时，给电机输出一个预负载电流，作为启动补偿，避免电梯启动时，发生轿厢瞬间下滑或上滑现象。目前高档电梯均使用随负载变化能发出连续信号的电子称重装置。

42.3.7 安全钳动作不准确

1. 现象

安全钳动作时，两侧拉杆不能同时同步动作，使安全钳动作后，轿厢倾斜严重。安全钳动作时，其电气开关未动作。安全钳动作时，机械结构先动作，电气开关后动作。安全钳未动作，直接影响乘客安全。安全钳动作后，轿厢没有有效制停。

2. 原因分析

（1）限速器失灵或安全钳楔块与导轨侧工作面间隙超差。

（2）导轨位移，致使安全钳楔块与导轨侧工作面间隙变小，造成电梯正常速度运行时误动作。

（3）安全钳楔块与导轨侧工作面间隙不均匀，一侧间隙大，另一侧间隙小或导轨上有异物，造成安全钳动作后，轿厢倾斜严重。

（4）安全钳电气开关安装位置不正确或发生松动位移，致使安全钳动作时不能按照先电气、后机械的顺序动作。

3. 防治措施

（1）安全钳楔块拉杆端的螺母应锁紧，确保限速器钢丝绳与连杆系统连接可靠。

（2）手动拉限速器钢丝绳，其连杆系统应动作灵敏，两侧拉杆应能同时被提起，安全钳开关被断开。松开时，连杆系统能迅速复位，但安全钳开关不能自动复位。

（3）当轿厢下行速度超过 115%及以上时，限速器楔块动作夹住限速器钢丝绳，同时对安全钳拉杆产生提拉力，使安全钳楔块轧住导轨，避免轿厢快速下滑。

（4）限速器不能拆卸铅封，自行调节。

（5）安全钳位置调整，应按照规范要求进行。规范要求：

1）轿厢应装有能在下行时动作的安全钳，在达到限速器动作速度时，甚至在悬挂装置断裂的情况下，安全钳应能夹紧导轨使装有额定载重量的轿厢制停并保持静止状态。

2）在特殊情况下，对重（或平衡重）也应设置仅能在其下行时动作的安全钳。在达到限速器动作速度时（或者悬挂装置在特殊情况下发生断裂时），安全钳应能通过夹紧导轨而使对重（或平衡重）制停并保持静止状态。

3）轿厢和对重（或平衡重）安全钳的动作应由各自的限速器来控制。

若额定速度小于或等于 1m/s，对重（或平衡重）安全钳可借助悬挂机构的断裂或借助 1 根安全绳来动作。

4）不得用电气、液压或气动操纵的装置来操纵安全钳。

5）安全钳动作后的释放需经专职人员进行。

6）只有将轿厢或对重（或平衡重）提起，才能使轿厢或对重（或平衡重）上的安全钳释放并自动复位。

7）轿厢空载或者载荷均匀分布的情况下，安全钳动作后轿厢地板的倾斜度不应大于其正常位置的 5%。

8）当轿厢安全钳作用时，装在轿厢上面的电气装置应在安全钳动作以前或同时使电梯驱动主机停转。

9）操纵轿厢安全钳的限速器的动作应发生在速度至少等于额定速度的 115%，但应小于下列各值：

①对于除了不可脱落滚柱式以外的瞬时式安全钳为 0.8m/s；

②对于不可脱落滚柱式瞬时式安全钳为 1m/s；

③对于额定速度小于或等于 1m/s 的渐进式安全钳为 1.5m/s；

④对于额定速度大于 1m/s 的渐进式安全钳为 $1.25v+0.25/v$（m/s）。

注：对于额定速度大于 1m/s 的电梯，建议选用接近④规定的动作速度值。限速器绳的公称直径不应小于 6mm。

10）限速器可调部件在调整后应加封记。

42.3.8 紧急照明不起作用

1. 现象

断开轿厢照明电源后，轿厢紧急照明不起作用。或轿厢紧急照明启动后，光线太暗或有异物遮挡。

2. 原因分析

(1) 紧急照明内灯泡损坏。

(2) 紧急照明内电池老化，未充电。

(3) 紧急照明充电线路损坏失灵。

(4) 紧急照明灯泡瓦数小或轿顶灯箱板尘土太多将其遮挡。

3. 防治措施

(1) 定期做紧急照明试验，发现灯泡损坏及时更换。

(2) 紧急照明内电池要定期检查其充电能力，充电不足时及时更换电池组。

(3) 定期清洁轿厢灯箱顶板，保证其清洁及透光率。

(4) 紧急照明安装、更换与调整，应按照规范要求进行。规范要求：在轿箱内应设置紧急照明，正常照明电源一旦失效，紧急照明应自动点亮。紧急照明应由自动再充电的紧急电源供电。在正常照明电源中断的情况下，它至少能供 1W 灯具用电 1h。

43 智能建筑工程

43.1 安全防范系统

43.1.1 入侵报警探测器安装位置偏离

1. 现象

(1) 探测器保护区内（设防区域）发生入侵事件时探测器不报警。

(2) 探测器误报。

2. 原因分析

(1) 探测器安装在保护区外，探测器不能完全覆盖保护区。

(2) 探测器安装的高度、角度偏离保护区，入境者可能从探测有效区域的下方或上方侵入。

3. 防治措施

(1) 探测器安装前应根据设防区域位置探测范围和可能入侵的方向，确定探测器的安装位置高度、角度。

(2) 根据入侵报警设防区的位置探测范围，调整探测器的安装位置、高度和角度。

(3) 防护对象应在探测器的有效探测范围内，覆盖区域内应无盲区，覆盖范围边缘与防护对象间的距离宜大于 5m。

(4) 如安装有多个探测器，其探测范围有交叉覆盖时，应避免相互干扰。

(5) 在探测器安装前仔细阅读设备说明书，了解设备性能指标、探测范围、安装角度后再进行安装（图 43-1）。

43.1.2 入侵报警探测器周围有遮挡或干扰

1. 现象

当发生入侵报警事件时，探测器设防区域不报警或误报。

2. 原因分析

(1) 探测器设防区域在可能入侵方向有遮挡物，幕帘式被动红外窗户内窗台较小，或与窗台平行的墙面有遮挡或紧贴窗帘安装。

(2) 探测器设备周边有电磁辐射、热辐射、光辐射、噪声等。

3. 防治措施

(1) 探测器安装后，检查在设防区域可能入侵方向是否有遮挡物，探测器红外光路有无阻挡物。

(2) 探测器安装不要对着加热器、空调出风口、管道、警戒区域内，在防范区内不应有高大物体，否则阴影部分有人走动将不能报警，不要正对热源和强光源，特别是空调和暖气，不断变化的热气流将引起误报警，如有热源，则与热源保持至少 1.5m 以上间隔距离。

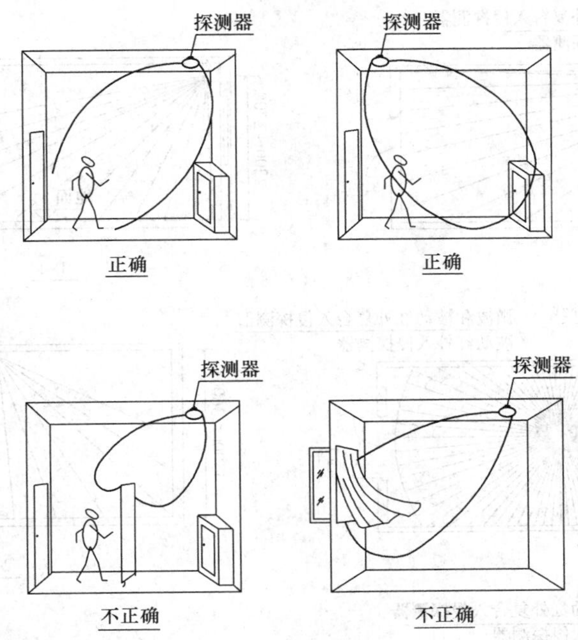

图 43-1 探测器的安装位置

(3) 探测器不宜对着强光源和受阳光直射的门窗。

(4) 移去探测器设防区域可能入侵方向的遮挡物、红外光路阻挡物，或调整探测器安装位置。

(5) 根据设防区环境干扰源，更换具有抗干扰源的探测器或采取防护措施。

(6) 根据防设区环境选择合适类型的探测器吸顶、壁挂、幕帘探测器等。如图 43-2 所示。

43.1.3 摄像机视频图像画面灰暗，不清晰

1. 现象

(1) 摄像机视频图像有干扰纹或有晕光。

(2) 摄像机图像显示画面灰暗、不清晰。

2. 原因分析

(1) 摄像机镜头逆光安装，环境光对着镜头照射。

(2) 摄像机没有安装防护罩，镜头被污染，监控区域环境较差，摄像机防护罩被污染。

(3) 摄像机环境温差大，湿度大，在防护罩上形成冷凝水。

(4) 视频图像显示设备清晰度较低，低于摄像机的清晰度。

(5) 摄像机监控区域有磁场干扰源，摄像机视频线缆屏蔽层未接地或视频线缆屏蔽层连接摄像机外壳未接地，监控系统未做接地装置。

(6) 摄像机监控区域的照明装置光源直射摄像机镜头，产生晕光。

(7) 监视环境照度低于摄像机要求的照度。监视目标的最低环境照度应高于摄像机要求最低照度的 50 倍。

(8) 摄像机供电电源不稳定，供电电压过高或过低，一般电源变化范围不宜大于 ±10%。

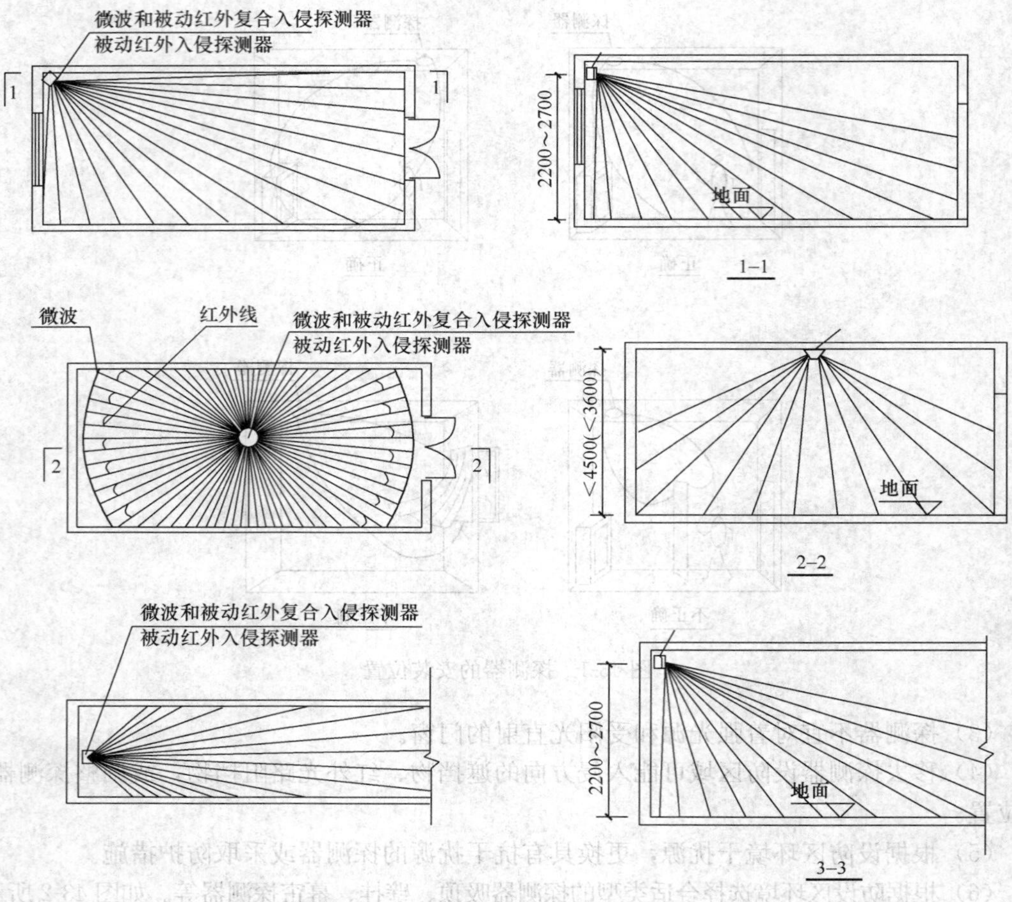

图 43-2　探测器安装平面示意图

(9) 摄像机镜头选择不合适，或焦距未调整好，导致图像不清晰。

(10) 摄像机视频线缆超过设计规范规定的长度，视频线缆屏蔽层损坏。

3. 防治措施

(1) 摄像机镜头安装宜顺光源方向对准监视目标，并宜避免逆光安装；当必须逆光安装时，宜降低监视区域的光照对比度或选用具有逆光补偿的摄像机。

(2) 环境照度低于摄像机要求的照度时，加装辅助照明或采用带红外灯的摄像机，安装环境光时避免直接照射摄像机镜头。

(3) 特殊环境的摄像机应选用防爆、防冲击、防腐蚀、防辐射等特殊性能的防护罩。防护罩应定期清洗，以保证图像清晰，在室外使用时防护罩内可加装自动调温装置和遥控雨刷。

(4) 显示设备清晰度宜高出摄像机的 100TVL。

(5) 选择合适的摄像机镜头。摄像机镜头选择应按照监视目标视角大小确定，视距较大可选用长焦镜头，视距较小且视角较大时，选用广角镜头，镜头安装后调整好光圈、焦距，如电梯轿厢内视角需要变化视角的范围较大时，宜选用变焦镜头。

(6) 在有强电磁环境下传输时，宜采用光缆、电梯轿厢的视频电缆，选用屏蔽性良好的电梯专用视频电缆。信号传输线缆宜敷设在接地良好的金属导管或金属线槽内，视频线缆屏蔽层与设备接地端子屏蔽层线缆和监控接地系统应牢固连接。

（7）摄像机宜由监控中心统一供电，或由监控中心控制的电源供电，供电电源不稳定的要增加电源稳压器。

（8）按照设计规范要求做好监控系统接地装置，室外摄像机安装应根据现场情况安装避雷装置，要有防雷措施。

43.1.4 监控区域视频图像抖动，呈现马赛克

1. 现象

（1）刮风时监控视频图像抖动、晃动。

（2）摄像机立杆倾斜，立杆、支架晃动。

（3）视频图像传输速度慢，图像停顿。

2. 原因分析

（1）摄像机立杆埋深不够，支架、立杆安装不牢固，摄像机固定螺钉松动、脱落。

（2）摄像机支架、立杆的强度、刚度不够，立杆、支架固定螺钉松动、脱落，刮风时立杆、支架晃动，导致视频图像抖动、晃动。

（3）视频线缆规格选择不合适，超过设计规范规定的长度，传输网络带宽不够，传输延时。

3. 防治措施

（1）摄像机应有稳定牢固的支架，室外立杆基础按照设计要求实施，固定好立杆。支架和立杆的强度、刚度要足够，安装稳定牢固；立杆、支架固定螺栓应有放松装置。如图43-3所示。

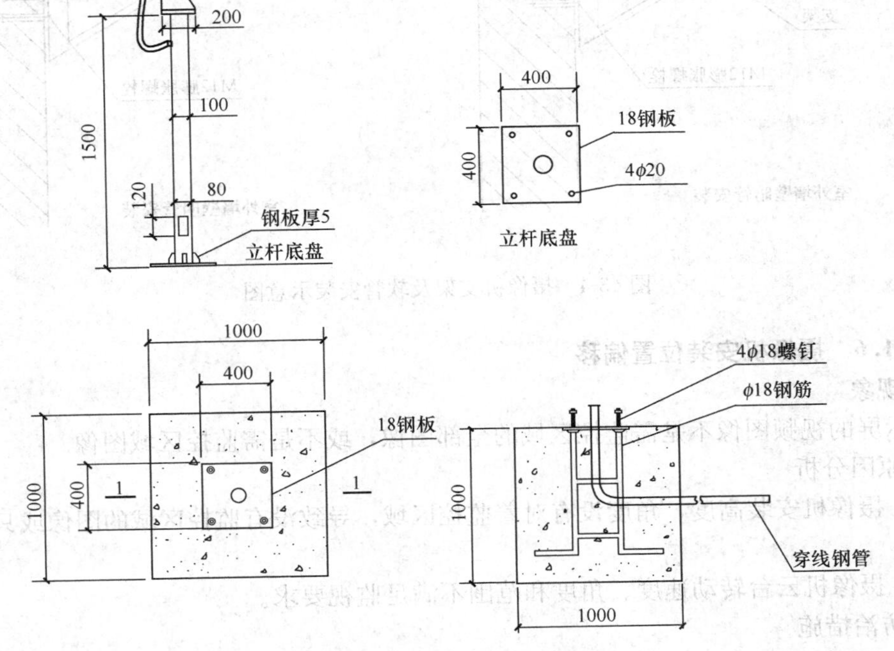

图43-3 立杆安装示意图

（2）按照设计规范规定选择线缆，SYV75-5 同轴电缆传输距离 300m 以内采用模拟视频信号，超过 300m 采用光缆传输或其他传输方式。

（3）选择满足传输网络带宽要求的交换机。

43.1.5　云台操作柄控制失效

1. 现象

摄像机云台不能转动或转动角度小，视频图像不能放大、缩小，不能变焦、变倍。

2. 原因分析

（1）摄像机控制线缆接线不正确，控制线缆与设备端子连接不好，控制线被卡住，导致云台不能转动。

（2）摄像机协议、波特率、地址码等参数设置不正确。

（3）设备已经损坏。

3. 防治措施

摄像机云台安装前应仔细阅读说明书，按照说明书要求接线，设置参数。云台电缆接口宜放于云台固定不动的位置；固定部件与转动部件之间线缆应采用欠线连接。如图 43-4 所示。

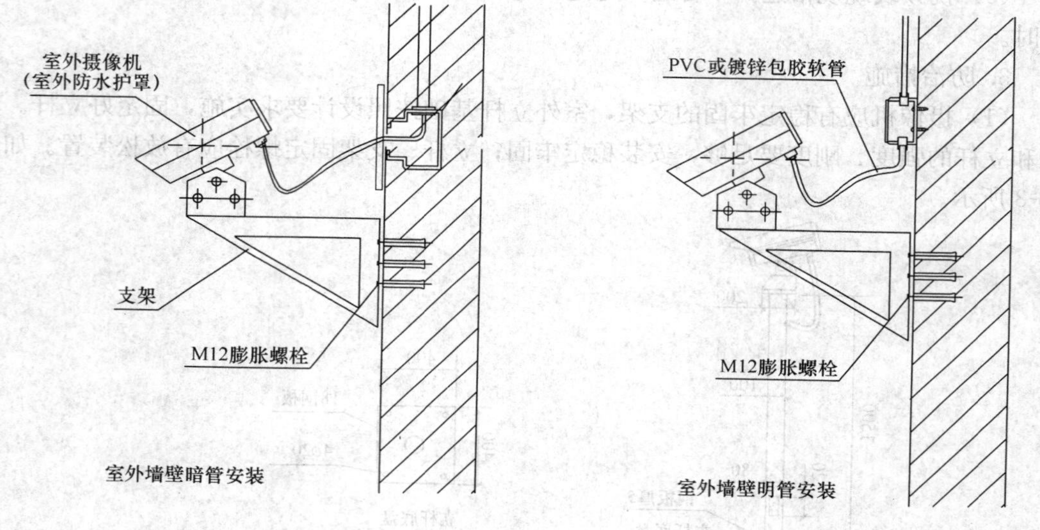

图 43-4　摄像机支架及软管安装示意图

43.1.6　摄像机安装位置偏移

1. 现象

显示屏的视频图像不是需监控区域的全部图像，或不是需监控区域图像。

2. 原因分析

（1）摄像机安装高度、角度没有对着监控区域，导致没有监控区域的图像或只有部分图像。

（2）摄像机云台转动速度、角度和范围不满足监视要求。

3. 防治措施

（1）根据监控区域范围调整摄像机角度、高度，保证摄像机的视野范围，满足监控要求。室内摄像机距地面不宜低于 2.5m，室外距地面不宜低于 3.5m，电梯轿厢内的摄像机宜安装在电梯轿厢门侧的左或右上角。

（2）摄像机云台的运行速度（转动角度）范围与监视的目标范围相适应，变焦镜头应满足监视目标最远距离和视场角的要求，镜头应在其工作允许的范围内尽可能靠近防护罩的光学玻璃的内表面。

43.2 出入口控制系统

43.2.1 读卡器、出门按钮安装位置不当

1. 现象

（1）读卡器和出门按钮安装位置距开启门边距离较远，安装位置较高，刷卡不方便，刷卡后延时不够，门可能又关上。

（2）车辆出入时驾驶员无法刷卡。

2. 原因分析

（1）读识部分设备读卡器、出门按钮安装位置偏高，读识设备没有安装于门开启边，人员出入刷卡不便。

（2）车辆出入口处车辆读卡口安装在右道或距离车道较远。

3. 防治措施

（1）土建预埋时按照施工规范预埋好读卡器底盒和线管，底盒、线管应在墙体内暗敷，读卡器底盒和出门按钮底盒暗敷时应注意门的开启方向，预埋在保护区门开启方向一侧。

（2）读卡器和出门按钮底盒安装高度为距地面 1.2～1.4m，距门开启边 200～300mm。

（3）车辆出入口读卡器宜安装在车道左侧，距地面高度 1.2m，距挡车器 3.5m 处。

43.2.2 磁力锁、锁电源等安装位置不当

1. 现象

（1）执行器部分设备磁力锁、锁电源、控制器设备安装在防护门外。

（2）磁力锁安装在保护门外门框上，吸附板安装在内开门外的门上方。

（3）单开门磁力锁安装在门的中间，导致门不能被可靠锁住。

（4）开、关门时吸附板与磁力锁有碰撞声。

2. 原因分析

（1）土建预埋时执行器部分管线、底盒预埋在保护门外。

（2）内开门没有安装磁力锁支架，磁力锁无法安装在内开门的门内上方。

（3）磁力锁未安装在门的开启边，而是安装在门的中间，导致门锁易被拉开。

（4）磁力锁吸附板、磁力锁安装不牢固，接触不良，开、关门时吸附板与磁力锁相互碰撞。

（5）未调整好吸附板与磁力锁之间的距离。

3. 防治措施

（1）土建预埋时按照施工规范预埋好执行器部分设备底盒和线管，底盒、线管应在墙体内暗敷，底盒暗敷时应注意预埋在门的保护区内，若只能明装底盒和线管，应安装在门内。如图 43-5 所示。

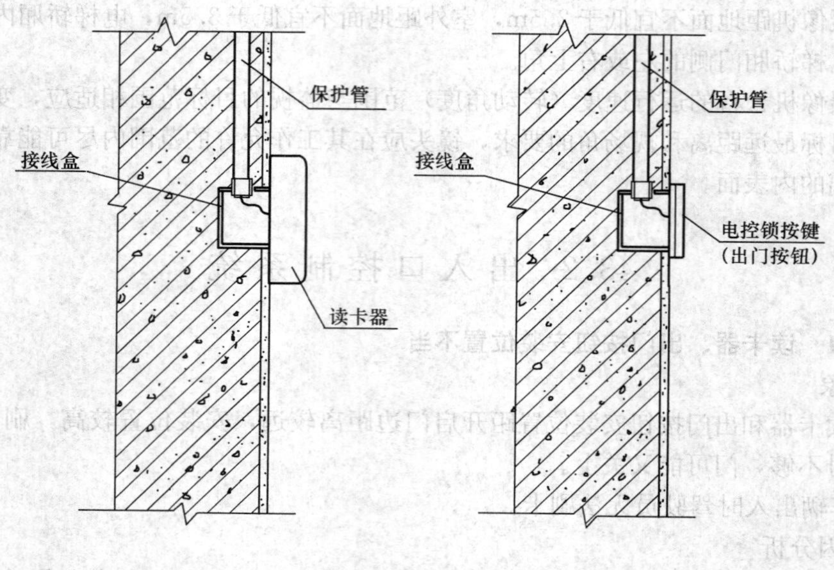

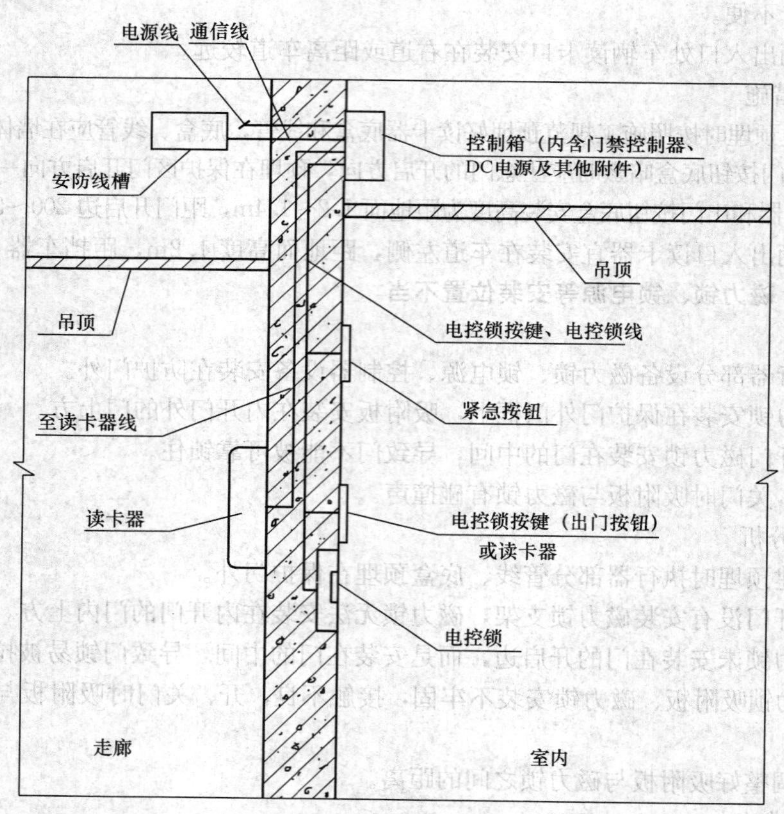

出入口控制设备、缆线

图 43-5 出入口控制设备、线缆示意图

（2）单开门磁力锁应安装于保护区内门框上靠近门开启边，双开门磁力锁安装在保护门内门框上中间位置。

（3）内开门磁力锁安装在门内的门框上，磁力锁支架宜在门内安装，磁力锁吸附板安装在磁力锁支架上。如图 43-6、图 43-7 所示。

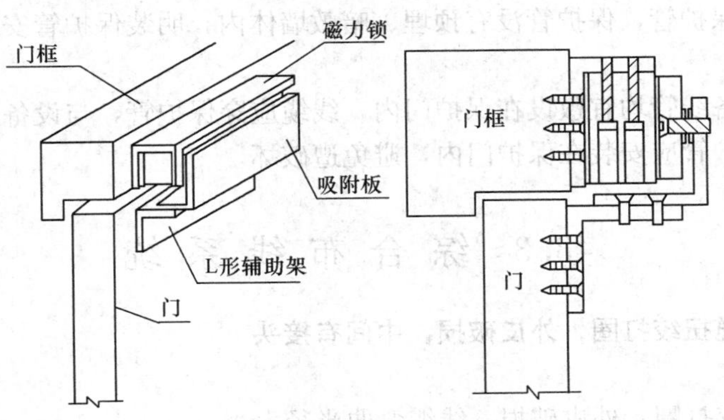

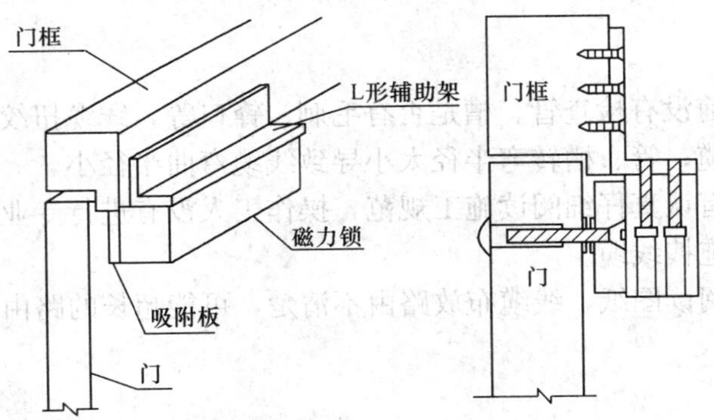

图 43-6 向内、外开磁力锁安装示意图

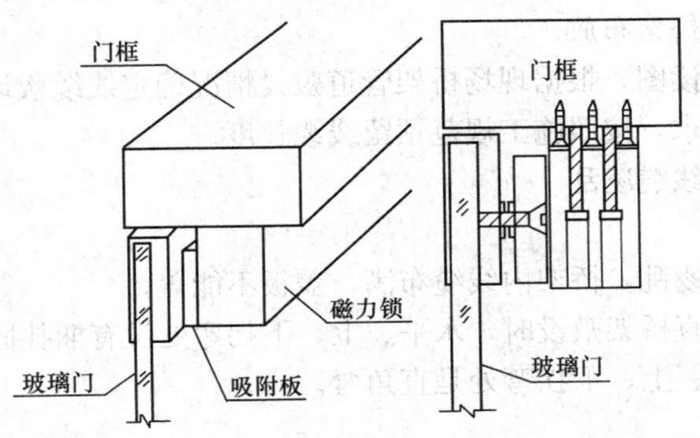

图 43-7 玻璃门磁力锁安装示意图

（4）磁力锁吸附板安装 L 形支架，吸附板下可安装橡皮垫或调整吸附板下垫圈，吸附板与磁力锁之间紧密接触后再固定好吸附板螺栓。

43.2.3　线缆明装或裸露在保护区门外

1. 现象

连接设备的线缆没有套保护管，线缆明装在门外或裸露在外。

2. 原因分析

线缆没有穿保护管，保护管没有预埋、暗敷墙体内，明装保护管安装在保护门外。

3. 防治措施

执行部分设备线管均宜敷设在保护门内，线缆应穿保护管，与设备连接的线缆可穿软管保护，明装保护管应安装在保护门内，避免遭破坏。

43.3　综合布线系统

43.3.1　线缆扭绞打圈，外皮破损，中间有接头

1. 现象

(1) 线缆扭绞打圈，外皮破损，线缆弯曲半径太小。

(2) 预留线缆长度不足，线缆中间有接头或线缆预留太长，超过规范 90m 的长度要求。

2. 原因分析

(1) 布放线缆前没有检查管、槽是否有毛刺、锋口等，线缆扭绞、打圈，在放线时没有及时理顺放平线缆；管、槽转弯半径太小导致线缆弯曲半径小。

(2) 施工前没有认真仔细阅读施工规范，操作工人没有进行专业培训，没有掌握布线的施工方法，野蛮拖拽线缆。

(3) 没有认真阅读图纸，线缆布放路由不清楚，可能超长的路由没有仔细核对，长度预留不足，有接头。

3. 防治措施

(1) 放线前去掉管、槽、桥架的毛刺、锋口，避免拉伤线缆。

(2) 在布放线缆前将每箱线理顺放平，应有专人抽线、理线，及时整理扭绞、打圈线缆，然后再往管道、桥架布放。

(3) 施工前认真读图，根据现场桥架管道敷设情况确定线缆敷设路由，核对缆线路由长度是否超出规范要求，按照施工规范预留线缆长度。

43.3.2　桥架内线缆凌乱

1. 现象

(1) 桥架内线缆凌乱，桥架内线缆布满，盖板不能盖。

(2) 线缆在沿垂直桥架敷设时，水平、上、下拐弯处没有捆扎固定。

(3) 桥架在水平、上、下拐弯处是直角弯。

2. 原因分析

(1) 设计桥架太小，没有余量，或桥架内线缆凌乱，没有理顺、放平，导致盖板不能盖。

(2) 桥架在水平、上、下拐弯处没有按施工规范规定制作。

3. 防治方法

(1) 在布放线缆前进行施工图纸会审，桥架内布放线缆截面利用率为30%～50%，线缆布放应顺直，尽量不交叉。

(2) 线缆沿垂直桥架敷设时，在桥架转弯处（上端）、垂直桥架间隔1.5m处，固定在桥架的支架上；电缆敷设在水平桥架内，在首尾、转弯处与水平桥架固定。

(3) 桥架、管道制作时，转弯半径应达到施工规范要求的标准，桥架的转弯均是大于45°角。

43.3.3 线缆两端无标识或标识不规范

1. 现象

(1) 线缆终接两端无标识，标识不清晰，护套上的标识磨损，护套标记被捆扎在里面。

(2) 标签材料损坏、脱落，标识内容表示不清楚。

2. 原因分析

(1) 施工过程中没有做好缆线临时标识或临时标识脱落，终结时线缆无法做标签。

(2) 线缆标签材质不符合要求，易脱落、磨损或损坏。

3. 防治措施

(1) 施工时应在线缆两端做好临时标识，以便线缆终接时做永久标识。

(2) 安装场地、线缆两端、水平链路、主干链路等标签，均应做好永久标识标签。

(3) 在线缆终接时应在每根线缆两端做标识，标在线缆的护套上，或在距线缆每一端300mm内标记。

(4) 线缆标签根据标识部位不同，使用粘贴型、插入型或其他类型标签；标签应做到表示内容清晰、材质耐磨、抗恶劣环境、附着力强等。

(5) 在机柜端做好线缆终端永久标识标签，线缆应采用环套型标签，配线（跳线）采用扁平标签，插入式标签应固定在明显位置，线缆标识应整齐清晰。

(6) 墙面信息面板安装完后，按照线缆的标识在面板标识插槽上及时安装好面板标牌。

43.3.4 线缆终接处质量差

1. 现象

(1) 线缆终接处外皮剖皮太长，扭绞松开太长。

(2) 对绞电缆与连接器件连接线位色标颠倒、错接、线对短路、断路、交叉、反向等，未通过测试。

(3) 屏蔽对绞电缆屏蔽层未与模块（连接器件）屏蔽罩连接，连接不牢固。

2. 原因分析

(1) 施工人员未进行专业培训，不了解施工规范要求，线缆卡接工艺不熟悉。

(2) 对绞电缆与连接器件连接前没有认准线号和线位色标。

(3) 线缆终接端不到位，缆线与模块接触不良。

3. 防治措施

(1) 缆线在终接前应对施工人员进行专业培训，必须核对缆线标识内容是否正确。

(2) 线缆终接时每对对绞线应保持扭绞状态，扭绞松开长度对于3类电缆不应大于75mm；对于5类电缆不应大于13mm；对于6类电缆应尽量保持扭绞状态，减小扭绞松开长度。

（3）对绞线与信息模块卡接时，必须按色标和线对顺序进行卡接，A、B类两种连接方式均可，在同一工程中只能选择一种，不能混用。

（4）端接时应按先近后远、先下后上的顺序进行卡接，缆线终接处必须牢固，接触良好。

（5）屏蔽布线线缆屏蔽层与模块（连接器件）屏蔽罩应紧固连接，360°圆周可靠接触，接触长度不宜小于10mm。

（6）选用合适的卡接工具或随产品附带的卡接工具。

43.3.5　机柜线缆凌乱，机柜门不能关闭

1. 现象

机柜线缆凌乱；机柜门不能关闭。

2. 原因分析

（1）机柜线缆没有理顺、捆扎，线缆捆扎松紧不适当。

（2）机柜端接前没有调整好配线架与机柜门间的距离，没有预留跳线布放空间，安装跳线后机柜门被顶住不能关闭 。

3. 防治措施

（1）在线缆终接前整理线缆顺直，进入机柜处绑扎固定，线缆沿机柜支架绑扎固定，绑扎松紧应适宜。

（2）机柜端接前调整好配线架与机柜门间的距离，预留跳线布放空间。

43.3.6　综合布线工程电气未按标准测试

1. 现象

（1）采用简易测试仪（通断仪）进行线缆电气性能测试验收。

（2）工程竣工验收时布线工程电气性能测试未按线缆规定的级别（超五类、六类等）选择测试标准。

（3）测试方法不正确。

2. 原因分析

（1）没有测试工具。

（2）对测试标准方法不熟悉。

3. 防治措施

（1）竣工测试应选择符合测试标准的测试设备。

（2）熟悉测试设备使用方法，检查测试设备测试标准是否有符合线缆级别的测试等级，校准测试仪再进行测试。

（3）布线验收测试有三种方式：

1）基本链路方式：最长90m的端间固定连接水平缆线和两端的接插件，一端为工作区插座，另一端为楼层配线架及连接两端接插件的两条2m测试线，如图43-8所示。

2）永久链路方式：适用于固定链路测试，其连接方式由90m水平电缆和链路中的相关接头组成，永久链路不包括现场测试仪插头，以及两端2m测试电缆，包缆总长度为90m，而基本链路包括两端的2m测试电缆，电缆总计长度为94m，如图43-9所示。

3）信道链路方式：最长90m的水平线缆、一个信息插座、一个靠近工作区的可选的

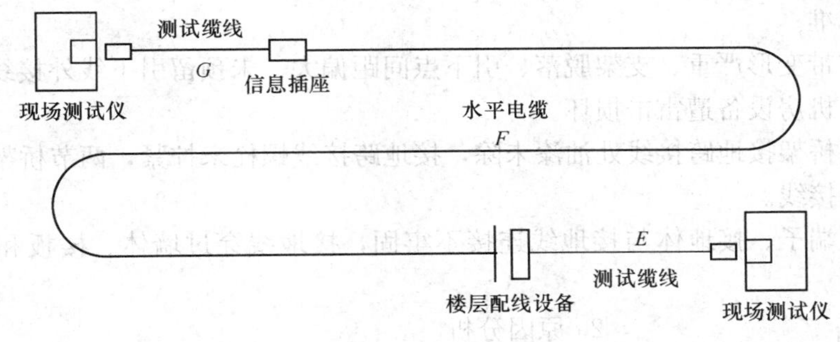

图 43-8 基本链路方式

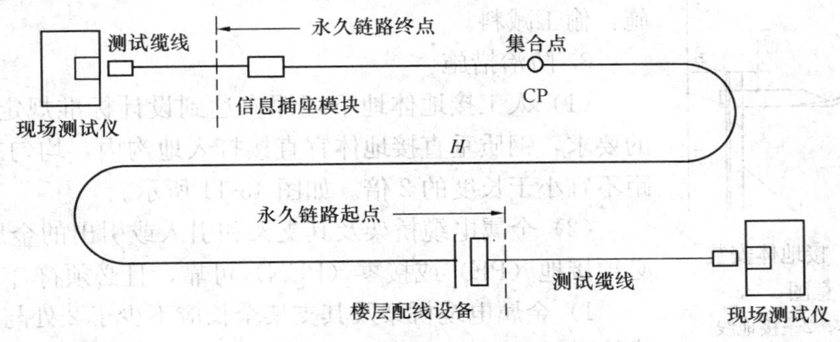

图 43-9 永久链路方式

附属转接连接器，在楼层配线间跳线架上的两处连接跳线和用户终端连接线，总长不得长于 100m，如图 43-10 所示。

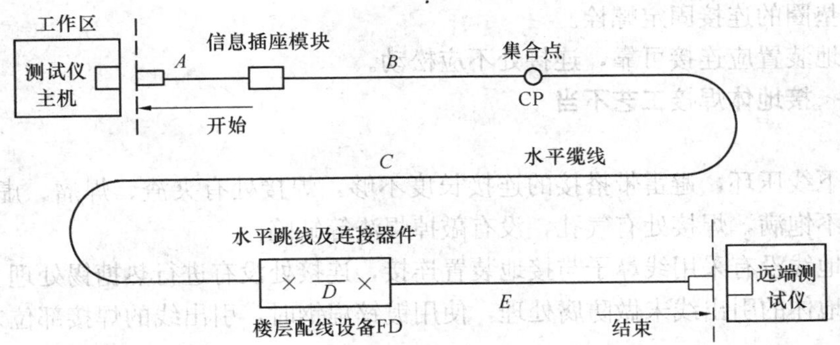

图 43-10 信道链路方式

(4) 工程完工后，电缆电气性能测试项目根据布线信道或链路设计等级和布线系统类别要求选择测试标准。测试仪测试结果能保存，测试数据不能被修改。

43.4 电子信息系统防雷与接地

43.4.1 防雷与接地体安装不当

1. 现象

(1) 人工接地体埋深不够，接地体顶部距地面深度不够，接地体间距不足，接地测试达不到设计标准。

（2）避雷带变形严重、支架脱落、引下点间距偏大、未预留引下线外接线，浪涌保护器失去作用，机房设备遭雷击损坏。

（3）喷塑桥架接地跨接线处油漆未除，接地跨接线螺栓未拧紧，两节桥架未连通；镀锌桥架安装跨接线。

（4）接线端子、接地体与接地线连接不牢固，接地线穿过墙体、楼板和地坪时没套套管。

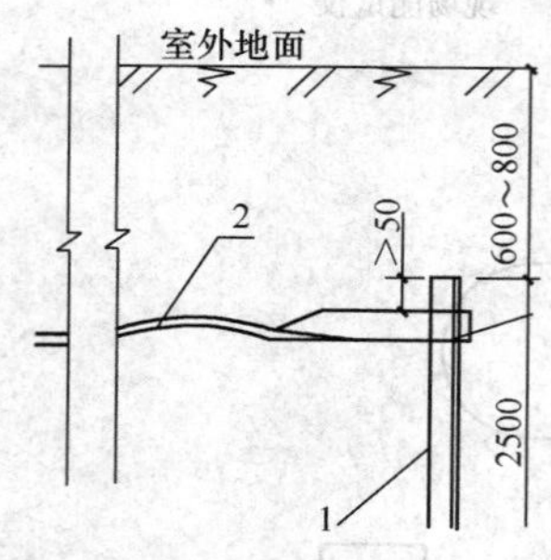

图 43-11 接地体安装示意图

1—接地体；2—接地线

2. 原因分析

施工人员对规范工艺不熟悉，未按设计和施工规范要求实施，偷工减料。

3. 防治措施

（1）人工接地体地下埋深应达到设计标准规定大于 0.5m 的要求，钢质垂直接地体宜直接打入地沟内，均匀布置，其间距不宜小于长度的 2 倍。如图 43-11 所示。

（2）金属电缆桥架及其支架和引入或引出的金属电缆导管必须接地（PE）或接零（PEN）可靠，且必须符合下列规定：

1）金属电缆桥架及其支架全长应不少于 2 处与接地（PE）或接零（PEN）干线连接；

2）非镀锌电缆桥架间连接板的两端跨接处的喷塑、油漆要刮掉，处理干净，以保证铜芯接地线与桥架可靠连接，接地线最小允许截面积不小于 $4mm^2$；

3）镀锌电缆桥架间连接板的两端不跨接接地线，但连接板两端应不少于 2 个有防松螺帽或防松垫圈的连接固定螺栓。

（3）接地装置应连接可靠，连接处不应松动。

43.4.2 接地体焊接工艺不当

1. 现象

（1）引下线压环，避雷带搭接的连接长度不够，焊接处有夹渣、焊瘤、虚焊、咬肉，连接处焊接不饱满，焊接处有气孔，没有敲掉焊渣等缺陷。

（2）接地线没有采用线鼻子与接地装置连接，连接处没有进行热搪锡处理。

（3）接地体的引出线未做防腐处理，使用镀锌扁钢时，引出线的焊接部位未补刷防腐涂料。

2. 原因分析

施工人员的焊接技术水平差，焊接完成后没有检查焊接质量，连接没有按施工要求实施。

3. 防治措施

（1）钢质接地宜采用焊接连接，其搭接长度应符合设计要求，扁钢和圆钢与钢管、角钢互相焊接时，除应在连接处两侧焊接外，还应在搭接处增加圆钢搭接件，焊接部位做好防腐处理。

（2）接地线与接地装置连接应可靠，连接处不应松动、脱焊、接触不良，连接处应有防松动或防腐蚀措施。

(3) 带有接线柱的浪涌保护器，接地线宜采用线鼻子与接线柱连接和接地装置连接，连接处要进行热搪锡处理。

43.4.3 接地体材料不符合标准要求

1. 现象

(1) 接地线没有采用软线，等电位连接导线未使用黄绿相间色标的铜质绝缘导线等。

(2) 以金属管代替 PE 线，等电位连接，桥架及金属管、电器的柜、箱、门等跨接地线线径不足，线径小于规范规定。

(3) 扁钢宽度、厚度小于设计要求。

2. 原因分析

未按设计施工图实施，对施工规范不熟悉，偷工减料。

3. 防治措施

(1) 等电位连接导线应使用黄绿相间色标的铜质绝缘导线，接地干线宜采用多股铜芯导线或铜带，其截面积不应小于 16mm^2；综合布线楼层配线柜的接地线截面积也不应小于 16mm^2。

(2) 设备间（弱电间）安装等电位接地装置，机柜接地端子、桥架末端采用截面不小于 16mm^2 黄绿相间色标的铜质绝缘导线与等电位接地装置连接。室外引入的电缆、光缆金属外壳、钢丝均应接地。

(3) 对已完成的接地系统在连接弱电接地装置前进行检测，检查是否达到设计和规范要求的标准，若未达到，应采取补救措施增加人工接地体，达到设计和规范要求。

(4) 浪涌保护器连接导线应平直，其长度不宜大于 0.5m；带有接线端子的浪涌保护器应采用压接；信号线路浪涌保护器接地端宜采用截面积不小于 1.5mm^2 的铜芯导线，与设备机房内的局部等电位接地端子板连接。

(5) 防雷接地与交流接地、直流工作接地、安全保护接地共用一组接地装置时，接地装置的接地电阻值应按接入设备中要求的最小值。

43.4.4 接地系统安装不符合要求

1. 现象

(1) 机房设备未与机房接地排连接，机房接地系统（排）未与总等电位箱（端子箱）连接。

(2) 电子信息设备由 TN 交流配电系统供电时，配电系统没有采用 TN-S 系统的接地方式。

(3) 布线系统弱电间（设备间）、机房设备间没有安装接地装置。

(4) 金属导体、电缆屏蔽层及金属线槽（架）等进入机房时，没有做等电位连接。

(5) 接地装置与室内总等电位接地端子未连接，接地装置未在不同两处采用两根连接导线与总等电位箱端子连接，连接处接触不良。

(6) 户外监控摄像机视频线、信号线和电源线没有根据不同线缆的性能参数选择安装浪涌保护器。

2. 原因分析

施工人员未按设计施工图实施，对施工规范不熟悉，偷工减料。

3. 防治措施

（1）弱电系统中的智能化工程、信息通信系统、计算机网络系统等防雷接地应以国家规范《建筑物电子信息系统防雷技术规范》（GB 50343—2004）要求进行实施。

（2）按设计要求标准及施工规范进行防雷接地预留预埋，要重点对照强制性标准进行验收检测。

（3）需要保护的电子信息系统必须采取等电位联结，与接地保护措施电气和电子设备的金属外壳、机柜、金属管、槽、屏蔽线缆的屏蔽层、吊顶金属支架等的防静电接地。

（4）浪涌保护器接地端等均应按最短的距离与等电位连接网络的接地端子连接。

（5）室外摄像机的信号线、视频线、电源线应根据不同的线路选择浪涌保护器，其线缆应有金属屏蔽层并穿钢管埋地敷设，屏蔽层和钢管两端应接地。

（6）工程竣工后必须对接地装置、接地干线、接地线的材质、连接方法、连接形式、防腐措施、导线绝缘等进行检查，对接地电阻和有关参数测试并达到设计标准值，检验不合格的项目不得交付使用。

43.5　住宅小区智能系统

43.5.1　访客可视对讲图像不清晰

1. 现象

（1）可视对讲室内分机访客视频图像灰暗、不清晰。

（2）可视对讲单元门口主机视频图像不清晰、没有图像或有重影。

（3）单元门口主机、围墙机到管理中心的联网视频图像不清晰，图像有干扰纹、重影。

2. 原因分析

（1）可视对讲单元门口机和小区围墙机镜头对着太阳光直晒；没有防雨设施；摄像机镜头污染。

（2）电源线与视频线没有分别穿管敷设；对视频图像产生干扰；视频线屏蔽层未接地。

（3）设备接线端子与信号线、视频线连接错误；设备端子与线缆接触不良；虚焊或端子连接不牢固；焊接处生锈。

（4）单元门口主机、小区围墙机的联网视频线接线错误；视频信号传输距离太长。

（5）视频线缆外皮屏蔽层损坏。

3. 防治措施

（1）可视对讲系统电源线与信号线和视频线应分别穿管敷设；视频线屏蔽层应与设备外壳接地线连接；更换破损的线缆，避免干扰。

（2）可视对讲单元门口机、小区围墙机不宜对着阳光安装，要有遮挡阳光、雨水措施，在单元门口机、小区围墙机处安装遮光、挡水板。对讲主机内置摄像机没有逆光补偿的摄像机，宜做环境亮度处理。

（3）单元门口机和小区围墙机安装高度为距地面 1.4～1.5m；调整访客可视对讲主机内置摄像机的方位和视角至最佳位置。

（4）按照设备说明书要求连接设备端子和线缆；检查视频线缆与设备连接端子是否焊

接良好；连接处要进行热搪锡处理。

(5) 传输距离超长，可增加视频放大器、线路放大器或选用线径较大的视频线缆、光缆。

(6) 安装设备前仔细阅读设备说明书，检查设备安装和视频图像质量是否符合要求。

43.5.2 访客对讲语音通话不清晰

1. 现象

可视对讲室内分机与访客（单元门口机、小区围墙机、管理主机）通话声音小，有杂音、电流声，通话声音不连续。

2. 原因分析

(1) 电源线与音频线没有分别穿管敷设，对语音产生干扰，产生电流声。

(2) 音频线缆传输距离太长，沿音频线路由处有干扰，线缆破损受潮。

(3) 单元门口机、小区围墙机、管理主机音频线与设备接线端子焊接接触不良，焊缝脱落，焊接处生锈。

3. 防治措施

(1) 电源线与音频线分别穿管敷设；更换破损线缆。

(2) 检查单元门口机、小区围墙机、管理主机音频线以及设备接线端子连接处的焊接质量；焊接处要进行热搪锡处理。

(3) 查找干扰源，选择音频线路路由，避开干扰源（湖边、河边）。对讲电话分机、可视对讲机、访客对讲主机安装如图 43-12 所示。

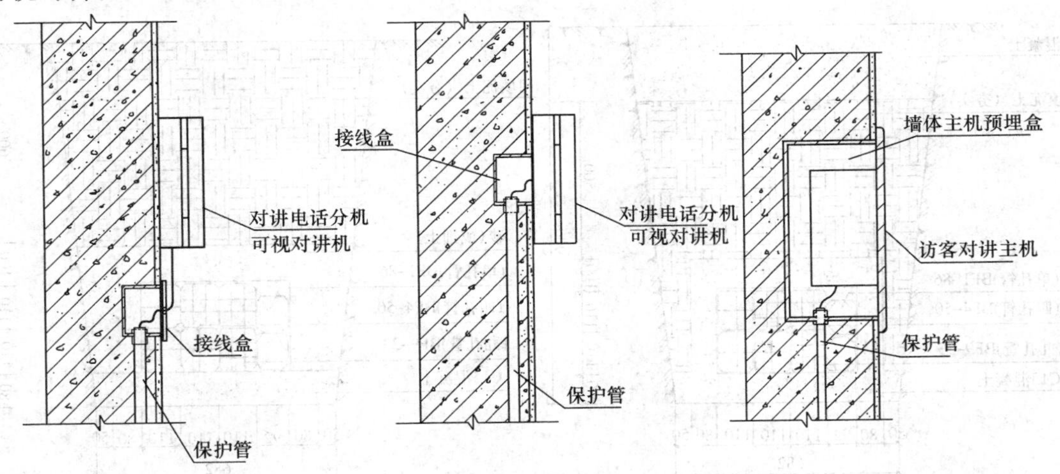

图 43-12 对讲电话分机、可视对讲机、访客对讲主机安装示意图

43.5.3 小区室外管网下沉、破损

1. 现象

路面损坏下沉，管道破损、下沉，管件连接脱开。

2. 原因分析

(1) 敷设管道前，管道底部未敷设垫层；垫层厚度不足；垫层不平损伤管道。

(2) 基础垫层的回填土夯填不实，导致管道下沉。管道与管件连接脱离，管道与管件连接没有用粘胶接牢。

(3) 多个多孔管组群施工时，管间没有预留足够的空间，挤压损坏。

(4) 小区管网纵横交叉，各专业施工交叉重复开挖，导致已施工完成的管道损坏。

(5) 选用的管材不合适或不合格，管道埋设深度不够。

3. 防治措施

(1) 土方开挖前，应根据图纸和确认的基准点和基准线进行预放线，保证各管道水平位置的正确性。

(2) 小区管道种类繁多，管网施工前进行综合管网设计，依据管线标高深浅，依次开挖，避免交叉重复开挖损坏。

(3) 各种管线的覆土埋设深度，必须在当地的冻土层深度以下；在小区主要干道上时，一般覆土埋设深度在 0.8～1.0m。

(4) 多个多孔管组群时，管间宜留 10～20mm 空隙，进入人孔时多孔管之间应留 50mm 空隙，单孔波纹管、实壁管之间宜留 20mm 空隙，所有空隙均应分层填实。

(5) 各出入户套管的竖向标高位置，不应设置在同一个标高上，尤其不应设置在同一个建筑物的同侧，要留有一定的标高差，以减少各种管线平面交叉干扰。

(6) 敷设管道前，管道底部应敷设垫层，垫层厚度和材料按符合设计和施工图的规定。

(7) 基础垫层和回填土夯填，垫层敷设应平整，管道与管件连接用胶粘结牢固。

(8) 在车行道路及有特殊要求处，塑料管群四周应加混凝土包封保护，或选用钢管。如图 43-13 所示。

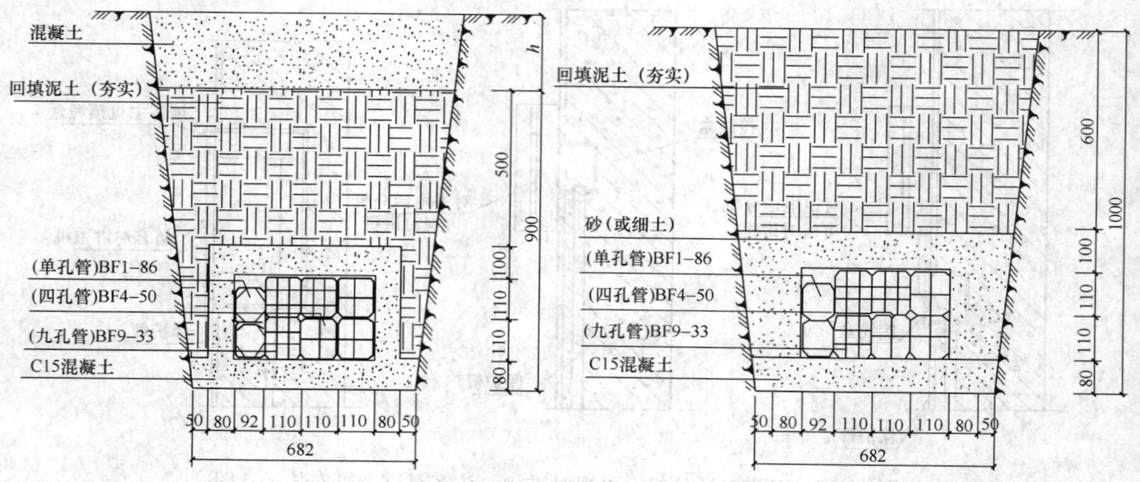

图 43-13　过路管水泥包封、绿化带栅格管断面图

(9) 管道进入人孔处，管道顶部距人孔内上覆顶面的净距不得小于 300mm，管道底部距人孔底板的净距不得小于 400mm。引上管进入人孔处宜在上覆顶下面 200～400mm 范围内，并与管道进入的位置错开。

(10) 管道进入人（手）孔时，管口不应凸出人（手）孔内壁，应终止在距墙体内侧 100mm 处，并应严密封堵，管口做成喇叭口。管道基础进入人（手）孔时，在墙体上的搭接长度不应小于 140mm。

44 古 建 工 程

本章叙述古建瓦石作、木作、油漆作及彩画作工程中特有的常见的质量通病和防治措施。有关古建工程中土方、地基基础、防水、钢筋混凝土等工程的质量通病和防治措施，可参见本手册相关各章节内容。

44.1 瓦 石 作 工 程

Ⅰ 石 作

44.1.1 石料材质或颜色与传统作法不符

1. 现象

官式中的小式建筑应使用青砂石，却用了青白石；花岗岩本应使用在地方建筑或临水建筑中，却使用在四合院中；本地的传统建筑使用了外地石料；文物建筑修缮添配的石料材质相同，但颜色差异较大。

2. 原因分析

(1) 缺少古建筑石料知识。

(2) 缺少文物保护知识。

(3) 供货渠道增多。

3. 防治措施

(1) 加强学习古建石作知识。

(2) 了解本地传统建筑的石料习惯用法。

(3) 调查被修缮的文物建筑的原有石材情况。

(4) 慎用外地石料。

44.1.2 石料表面加工粗糙

1. 现象

石料表面剁斧后,斧印不直顺,不均匀,不细密。要求磨光的石料表面仍有明显不平之处。

2. 原因分析

(1) 剁斧用的工具未经常修理打磨。

(2) 剁斧的遍数少，未达到两遍以上的要求。

(3) 剁斧不认真，盲目追求进度，致使斧印间距过大。

(4) 近年来许多企业已没有石作专业人员，完全交由分包企业处理，致使专业水平和管理力度都有所下降。

(5) 表面要求磨光的石料，对用机械锯石料时留下的锯痕未做处理，或局部锯痕过深，无法处理。

3. 预防措施

(1) 斧刃应随时磨平磨尖，必要时应重新淬火。

(2) 除设计有要求外，剁斧的遍数应为三遍，每"遍"均应剁两次。

(3) 严格按操作工艺和质量要求操作，加强质量监控和管理。

(4) 采用机械锯开的石料，应加强验收工作。锯痕过深，无法补救的石料应予退货。

4. 治理方法

(1) 表面剁斧的石料可重新剁斧。

(2) 表面要求磨光的石料应磨平磨光，无法磨平的，应重新更换。

44.1.3　廊门桶阶条石宽度不够

1. 现象

硬山建筑两山廊门桶处的阶条石，宽度仅为 12～15cm，而正常情况下应为 30cm 以上。此外，在这块阶条石里侧，山面檐柱顶与金柱顶之间的卡子石也常被砖墁地代替。

2. 原因分析

硬山建筑的山面有墙体，此墙从台明外皮退进的尺寸（金边）只有 1～2 寸，即两山阶条石的露明部分仅 1～2 寸，其余都被压在墙下。因此这一段阶条石通常被加工得较窄，以节省石料。但加工单位往往忘记了廊门桶一段没有墙，地面完全暴露，此段阶条石应按正常的宽度加工。而委托加工单位也没有注意到这一点，因此出现了上述现象。至于里侧未安装卡子石，多数原因是设计或施工人员不了解这一传统作法。

3. 防治措施

委托加工时应向加工单位特别说明。加工料单上应单独列出其名称和尺寸。

44.1.4　台明侧表面不平齐

1. 现象

阶条石、角柱石突出于砖砌台明或陡板石的表面。

2. 原因分析

(1) 不熟悉操作或图省事，而突出在外的作法可以使小的误差不易看出，因而将其突出在外。

(2) 不清楚平齐的作法才符合传统规矩（唐、宋建筑除外），误以为阶条石、角柱石应该突出在外。

3. 防治措施

(1) 安装角柱石、阶条石时，其外皮线应以砖砌台明或陡板石外皮为准。

(2) 安装中如发现角柱石、阶条石的棱线不能与砖砌台明或陡板石表面完全重合时，不应以墙面或陡板石表面不平的凸出部分为准。同时应注意石活不能有凹进墙面部分。待其牢固后，用石匠工具"扁子"沿角柱石、阶条石、陡板石的边棱将凸出的部分打平。如为砖砌台明作法，还要用瓦匠工具"磨头"将交接处高出的砖表面磨平。

Ⅱ　瓦　　作

44.1.5　砖的包灰尺寸超过标准

1. 现象

砌干摆、丝缝墙所用的砖，在砍磨加工时，包灰尺寸被砍得过大，造成砖内灰浆厚度过大，致使砌体强度降低，甚至引起墙面开裂。

2. 原因分析

(1) 以砂轮锯等机械代替手工操作，切出的锯口较大，因此误差就会很大。

(2) 不了解包灰的大小与砌体的强度密切相关，因此未加以控制。

3. 防治措施

(1) 改用手工操作。

(2) 用砂轮锯等机械切割时，应尽量选择薄型锯片，同时应注意控制误差。

44.1.6 "五出五进"作法组砌不正确

1. 现象

"出"与"进"交错处形成通缝，与传统规矩不符。

2. 原因分析

(1)"出"组第一层的最后一块砖用了丁砖。

(2) 墙的转角两侧，同一层"出"组砖的块数相同，则必然有一侧的摆法不正确。

3. 防治措施

(1) 注意将墙转角第一块砖（即"出"组的第一块砖）的方向摆放正确。此砖的方向应由这一层的最后一块砖决定，而最后一块砖应摆成条砖，以此决定第一块砖应摆成条砖还是丁砖。

(2) 转角的两侧同一层砖的长度应相差半块砖的长度，如一侧摆成两块条砖加一块丁砖，则另一侧就应摆成两块或三块条砖。

44.1.7 槛墙砖组砌不正确

1. 现象

(1) 两端不对称。如一端为条砖另一端为丁砖。或一端为七分头另一端为丁砖等。

(2) 两端出现"砖找"(宽度小于丁砖的砖)。

2. 原因分析

(1) 未经"样活"(即试摆)，从一端开始砌起。

(2) 从中间开始砌起，两端出现"砖找"未做调整。

3. 防治措施

(1) 先"样活"后砌砖。"样活"时从中间开始摆起，两端自然对称。

(2) 两端出现"砖找"时，应做相应调整，如将"砖找"改为七分头或丁砖加七分头等。

44.1.8 石活与砖墙表面不平齐

1. 现象

压面石、腰线石、角柱石、挑檐石等突出于砖墙表面。

2. 原因分析

(1) 不知道怎样才能搞平，而突出在外的作法可以使小的误差不易看出，因而将其突出在外。

(2) 明知故犯，图省事。

(3) 不知道平齐的作法才符合传统规矩，误以为应该突出在外。

3. 防治措施

（1）安装压面石、腰线石、角柱石、挑檐石时，其外皮线应以墙外皮为准。

（2）安装中如发现石活棱线不能与砖墙表面完全重合时，不应以墙面不平处的凸出部分为准。同时应注意石活不能有凹进墙面的部分。待其牢固后，用“扁子”沿石活边棱将凸出的部分打平，继而用“磨头”将交接处高出的砖表面磨平。

44.1.9　带角柱石的墙下碱或台明，砖摆法不正确

1. 现象

（1）墙中间出现“破活”，未使用条砖或丁砖。

（2）两端砖的摆法不对称，如一端为丁头，另一端为七分头等。

2. 原因分析

（1）从两端的角柱石处开始摆砌，造成中间出现破活。

（2）从一端角柱石处开始摆砌，赶至另一端时，出现了不对称现象。

3. 防治措施

从中间开始向两端摆砌，至角柱石处可以出现“破活”甚至“砖找”。

44.1.10　墙的两端不对称

1. 现象

（1）两端墀头同一层的摆法不“搭对”。如左侧墀头第一层的里侧为丁砖，右侧墀头第一层的里侧却为条砖等。

（2）山墙两端不一致（设计为两端摆法不同者除外），如同一层中前檐为丁砖，后檐却为七分头等。

2. 原因分析

（1）两人同时砌筑，相互之间未协调。

（2）未经“样活”，从一端向另一端赶砌。

3. 防治措施

（1）两人以上同时砌筑时，由工长或班组长统一确定摆法。

（2）先“样活”，试摆合适后再砌筑。

44.1.11　硬山墀头腮帮排砖错误

1. 现象

（1）未排成十字缝。

（2）未用整砖摆出十字缝。

（3）柁头与柁头下面的砖形成了“齐缝”（通缝）。

（4）两层盘头的里侧做成了直棱，因此与戗檐砖里棱的斜线无法形成同一条斜线。

2. 原因分析

（1）误以为必须与墀头上身排砖方法相同，即必须与墀头上身的砖缝对齐。

（2）误以为与普通砖墙转角处的排砖方法相同，即必须用丁砖和条砖起手摆十字缝。

（3）在摆放腮帮第一层第一块砖前，未考虑至柁头底时是否会出现通缝，以及怎样摆放才能避免出现通缝。

（4）把两层盘头用砖当作普通转角砖处理。

3. 防治措施

（1）从枭砖以上（不含枭砖）单独排砖。排砖时从柁头外皮线开始核算，用丁砖与条

砖摆出十字缝。柁头外皮线至柱外皮的一段，与丁砖对应的一层，应随之加长（此砖称为“整”）。与条砖对应的一层，应以“砖找”补齐（此砖称为“破”）。

（2）在摆放第一层第一块砖前，应先核算一下至柁头底共有几层。如为奇数层，第一块砖必须用“整”。如为偶数层，第一块砖必须用“破”。如赶不上整数层（如五层半），半层应按一层算（如五层半即按六层算）。

（3）两层盘头的里棱线按戗檐砖的里棱斜线确定，使这3块砖的里棱在同一条斜线上。按此要求在两层盘头的里侧划出斜线，将多余的部分打掉、磨齐后再安装。

44.1.12 砖墙下碱透风砖位置不对

1. 现象

（1）透风位置太高，使柱根部位空气无法流通，造成柱根糟朽。

（2）透风位置太低，台明上的雨水容易侵入墙体，造成柱根糟朽。

2. 原因分析

操作人只知道透风砖可使空气进入墙内以预防柱根糟朽，但不知道其效果与透风砖位置高低有很大的关系。

3. 防治措施

普通砖墙的透风砖应放在第二层砖之上。城砖墙的透风砖应放在第一层砖之上。

44.1.13 干摆、丝缝墙墙面不洁

1. 现象

（1）墙面未露出“真砖实缝”。

（2）对砖表面的砂眼、残缺处的打点（找平）痕迹明显，不自然。

2. 原因分析

（1）未用清水刷洗，或同一桶水反复使用后，水已变得混浊不清。

（2）墙面砖缝不严，缺棱掉角处较多，操作者用刷浆的办法进行遮盖。

（3）配制打点用“药”时，“药”的颜色未与砖色对比，或是用未干的“药”与砖色对比。

（4）打点后的砖“药”，未予打磨，或未与墙表面磨平，因而略高于墙面。

（5）打点砖“药”在漫水活工序之后才进行，因此无法通过漫水活与墙面融为一体。

3. 防治措施

（1）刷洗墙面的清水必须及时更换，使墙面保持清洁。

（2）墙面应反复刷洗，直至露出“真砖实缝”。

（3）严禁在墙表面刷浆。

（4）砖“药”要由技术较高的工人统一配制。砖“药”的颜色要待其干后再与砖色对比。

（5）打点砖“药”应在漫水活之前进行，且应反复打磨，直至与墙表面完全齐平为止。

44.1.14 淌白墙或糙砖墙勾缝作法错误

1. 现象

采用了与现代清水墙相同的勾缝方法。

2. 原因分析

不了解传统砖缝使用的材料和作法。

3. 防治措施

（1）糙砖墙的砖缝应用木棍直接划缝，并扫净即可，不应用现代勾缝工具"铁溜子"勾缝。

（2）淌白墙要用传统的深月白灰或老浆灰勾缝，勾缝时要用传统工具"鸭嘴"，并应将灰与砖表面打点平，不得用"铁溜子"勾成凹缝。

44.1.15　仿古面砖镶贴不牢

1. 现象

墙面空鼓，甚至局部面砖脱落。

2. 原因分析

（1）面砖在镶贴前浸水时间太短。

（2）灰浆不饱满。

（3）发现墙面不平整后，对已贴好的前几层砖再次敲击，造成浮摆。

（4）贴完后未反复浇水养护，墙面在短时间内干燥，致使水泥砂浆的强度无法提高。

3. 防治措施

（1）镶贴前，面砖的浸泡时间应不少于 3min。

（2）砂浆中可掺入胶类外加剂，以增强砂浆的和易性及粘接力。

（3）砂浆的饱满度应不小于 95%。

（4）粘贴后不得为追求墙面平整而对已贴好的前几层砖进行敲击。

（5）完工后墙面应反复浇水，使其能持续保持湿润，浇水养护的时间应不少于 7d。

44.1.16　干摆作法的仿古面砖墙面外观不佳

1. 现象

（1）砖缝不严。

（2）相邻砖之间表面不平。

2. 原因分析

（1）由于生产工艺原因，砖的里口略高于外口，因此安装时外口合缝不易严密。

（2）镶贴时遗留在砖棱处的砂粒造成合缝不严。

（3）面砖有曲翘现象，造成接缝处不平。

3. 防治措施

（1）在镶贴前，先用砂轮将砖的里棱稍磨去一些。

（2）每贴好一层砖后，用干布将砖棱处的砂浆擦净。

（3）墙面贴好后，先用砂纸将砖的接缝处的高出部分磨平，再将墙面全部打磨一遍。

（4）仿古建筑宜将仿干摆作法改为仿丝缝作法。

44.1.17　仿古面砖墙面出现半层砖

1. 现象

（1）墀头梢子下面出现了"破活"，即出现了半层砖。

（2）后檐墙或院墙砖檐下面出现了"破活"，即出现了半层砖。

2. 原因分析

贴砖之前未对面砖的层数及灰缝的厚度进行核算。

3. 防治措施

（1）事先对面砖的层数及灰缝的厚度进行核算，排出好活后再开始贴砖。

（2）在技术交底文件中提出要求。

44.1.18 仿古面砖的厚度遮挡了相邻部位

1. 现象

（1）硬山山墙贴砖后，遮挡了台明金边和山墙砖檐的头层檐。

（2）墀头贴砖后遮挡了梢子的头层檐。

（3）后檐墙或院墙贴砖后遮挡了砖檐的头层檐。

2. 原因分析

（1）平面图中的金边尺寸为台明外皮至结构墙外皮的尺寸，未考虑装修（贴砖）尺寸。

（2）砌砖檐之前未考虑到贴砖厚度对砖檐挑出效果的影响。

3. 防治措施

（1）金边尺寸从面砖外皮算起。

（2）砖檐的头层檐的出檐尺寸从面砖外皮算起。

（3）审图时注意图纸中的尺寸是否正确。

（4）在技术交底文件中提出要求。

44.1.19 干摆、丝缝墙面出现裂缝

1. 现象

干摆或丝缝做法的后檐墙外立面，沿每间的分间位置出现纵向裂缝，但台基部分无裂缝。

2. 原因分析

（1）柱中至墙外皮尺寸（称“外包金”）小于传统习惯厚度，造成柱子处的墙厚偏小，导致应力不匀。

（2）里、外砌体材料作法不同，因而抗压强度不同，里强外弱。

（3）封后檐作法的后檐墙，瓦面是直接落在砖檐上。如果里墙砖至檩底处未能顶严顶牢，屋顶沉降时，外墙砖首先受压。

（4）木柱沉降导致柱子处的墙体局部压力增加。

3. 防治措施

（1）应按传统规矩确定外包金尺寸。

（2）古建结构以木结构为受力结构，墙体不承重。确定里皮墙的材料作法时应首先考虑与外皮砌体强度的平衡问题。

（3）砌体砌至檩下时，应将砖顶严顶牢。

（4）木柱四周的砖不宜与柱子贴得太紧。

Ⅲ 地 面

44.1.20 地面与柱顶盘不平齐

1. 现象

室内（或廊内）砖墁地面高出或低于柱顶盘，即高出或低于柱顶石的鼓径下棱（无鼓径作法的即为柱顶石上棱）。

2. 原因分析

（1）墁地时未按柱顶盘确定标高。

（2）柱顶盘的标高相互之间有误差，墁地时其标高按较低的柱顶盘确定，高出部分未予剔除。

（3）柱顶盘的标高相互之间有误差，墁地时其标高按较高的柱顶盘确定，致使柱顶盘凹入地面而无法补救。

3. 防治措施

（1）墁地的标高应按柱顶盘确定。

（2）若柱顶盘的标高相互之间有误差，应以其中最低处为室内地面的标高。

（3）地面做完后，对高出地面的柱顶盘进行剁斧，直至与地面找平为止。

44.1.21　方砖地面排砖错误

1. 现象

（1）与现代地面排砖方法相同，即排成了横、竖缝均为通缝的形式。

（2）未从明间正中向两边排砖，或入口正中处未放置整砖。

（3）甬路的趟数出现偶数。

（4）甬路转角、交叉处的摆法不符合传统规矩，或大、小式作法混淆。

2. 原因分析

设计人员或操作人员对传统作法不了解。

3. 防治措施

（1）请熟悉古建筑规矩作法的人进行指导，或参照《中国古建筑瓦石营法》的相关内容进行设计和施工。

（2）审图时注意甬路宽度是否符合传统方砖单趟数所需的尺寸，如不符合，应及时向设计人员提出。

Ⅳ　抹　灰

44.1.22　室外传统抹灰的强度达不到要求

1. 现象

室外抹灰强度较低，有时经过1～2个冬季就出现灰皮酥碱、脱落现象。

2. 原因分析

改变了传统材料作法。传统作法室外抹灰所用原材料必须用泼灰，如果用灰膏或质量不好的灰粉，就会大大降低灰的强度。

3. 防治措施

（1）必须使用泼灰。

（2）防止泼灰被雨水淋湿。

（3）泼灰存放时间不宜超过6个月。

44.1.23　室外抹灰的颜色不正确

1. 现象

抹灰的颜色不符合传统作法要求。如官式建筑的外墙采用抹白灰作法，又如，北方地区寺庙的外墙采用抹黄灰作法等。

2. 原因分析

设计人员或操作人员不了解传统规矩。

3. 防治措施

传统建筑室外抹灰的颜色应按下列原则确定：

（1）红灰用于宫殿及寺庙的外墙。有特殊要求时，也可用于内墙。

（2）黄灰用于宫殿及寺庙的内侧。如，室内墙、廊心墙、宫门券洞等。

（3）黄灰用于外墙是江南庙宇的风格。北方官式建筑的外墙不得采用抹黄灰的作法。

（4）青灰用于庙宇、大式建筑及民居的外墙。

（5）月白灰（一般为深月白灰）用于民居的外墙。下碱如需抹灰，一般应抹青灰。

（6）白灰一般不用于外墙，但可用于小式或大式建筑的游廊内侧的廊心墙上。

（7）白灰用于外墙，是江南建筑的作法风格。北方官式建筑的外墙不得采用抹白灰作法，但园林建筑仿江南作法的除外。

Ⅴ 屋 面

44.1.24 屋面泥背密实度达不到要求

1. 现象

表面无密实感，开裂严重，抗渗能力较差。

2. 原因分析

（1）苫抹时图省事，泥背抹得太薄。

（2）泥背总厚度超过 5cm 时，未分层进行苫抹。

（3）泥中掺灰量小于 30%。

（4）以灰膏作为原材料。

（5）泥中麦秸、稻草或麻刀等纤维物的掺入量不足。

（6）泥背未经“拍背”，或“拍背”的方法不正确。

3. 防治措施

（1）泥背厚度不小于 5cm，总厚度超过 5cm 时应分层苫抹，每层不超过 5cm。

（2）泥中灰的掺入量不少于 30%（体积比）。麦秸、稻草的掺入量不小于 20%（体积比）。如以麻刀代替麦秸或稻草，掺入量不小于 5%（与土的重量比）。

（3）泥中的白灰应使用泼灰或使用生石灰浆，不得使用灰膏。

（4）泥背苫完后应进行“拍背”工序，“拍背”要用铁拍子，并应在泥背干至七八成时进行，每层泥背都要拍背，每层的拍背次数不少于 3 次。

44.1.25 青灰背密实度达不到要求

1. 现象

表面无密实感，开裂、露麻，抗渗能力较差。

2. 原因分析

（1）用灰膏作为原材料。

（2）苫背时图省事，灰背抹得太薄。

（3）灰背总厚度超过 3cm 时，未分层进行苫抹。

（4）麻刀的掺入量不足。

（5）表面未“拍麻刀”或麻刀分布不均。

(6) 赶轧次数少或方法不对。

3. 预防措施

(1) 不得使用灰膏，必须用泼浆灰作为原材料。泼浆灰的存放时间不得超过6个月，且应未经雨淋。

(2) 应在泥背干透，不再继续开裂后，再开始苫灰背，以防止灰背随泥背一起开裂。

(3) 灰背厚度不小于3cm，总厚度超过3cm时，应分层苫抹，每层不超过3cm。

(4) 麻刀的掺入量应不少于灰重的5%。

(5) 灰背苫抹至最后一层时，宜在表面“拍麻刀”。“拍麻刀”应使用细软的麻刀绒，麻刀绒必须分布匀密。泼上青浆后应反复赶轧，务使麻刀绒“揉实入骨”。

(6) 每层灰背应充分赶轧。灰背至七成干以后，赶轧必须使用小轧子，不得使用铁抹子。最后一层的赶轧遍数，从该层七成干以后算起不应少于5遍。每次均应先刷青浆。青浆应随灰背的逐渐硬结，由稠逐渐变稀，并应适时将小轧子的根部翘起，以增加对灰背的赶轧重量。以灰背直接作为防水层的灰背顶，赶轧的次数应有所增加，以轧至灰背基本硬结为准，在此期间应不间断地操作，即应“轧干”，而不能“等干”。

(7) 苫完青灰背后，不得立刻宼瓦，应“晾背”一段时间，等确认青灰背无开裂现象时，再开始宼瓦。如发现开裂应及时修补。

4. 治理方法

用小锤沿裂缝砸成浅沟，然后用麻刀灰沿浅沟抹平、赶轧。经“晾背”确认不再发生开裂时，才能开始宼瓦。

44.1.26 “审瓦”工序达不到要求

1. 现象

瓦件在运至屋顶前，未对瓦逐块挑选或挑选方法不当，致使带有裂缝、裂纹、砂眼、隐残的瓦用到了屋面上，造成屋面漏雨。

2. 原因分析

(1) 对瓦的质量与层面漏雨的关系认识不足，因此对“审瓦”工序不重视，甚至未进行这道工序。

(2) 虽派人对瓦进行挑选，但挑选的方法不当，对“审瓦”人的工作又不进行检查，因而使质量不好的瓦用到了屋面上。

3. 防治措施

(1) 派有经验的人“审瓦”，并派专人随时对挑选出的瓦进行抽样检查。

(2)“审瓦”时除仔细观察瓦的正反两面外，还必须用瓦刀等铁器对瓦进行多点敲击，瓦音不清脆的不能使用。

(3) 采用先“审瓦”，后付材料款的管理办法，以防止为减少经济损失而放宽“审瓦”标准。

44.1.27 “沾瓦”工序达不到要求

1. 现象

黑活屋面用瓦缺少“沾瓦”工序或沾浆方法不当，因此未能提高瓦的抗渗能力。

2. 原因分析

经过用正确方法沾过浆的瓦，吸水率会明显减少。如未经“沾瓦”或方法不当，瓦面的抗渗能力较差。尤其是遇到连续阴雨天气时，瓦面就可能出现渗漏。

3. 防治措施

（1）底瓦沾浆必须用生石灰浆。

（2）合瓦屋面的盖瓦应沾月白浆。

（3）干槎瓦、仰瓦灰埂屋面应沾月白浆。

（4）每块瓦的沾浆长度不少于瓦长的4/10。

（5）底瓦应沾小（窄）头，合瓦的盖瓦应沾大（宽）头，干槎瓦应沾大头。

44.1.28 瓦下灰泥饱满度达不到要求

1. 现象

底瓦或盖瓦灰泥不饱满，降低了瓦面的整体抗渗能力，导致屋面漏雨。

2. 原因分析

（1）瓦下所铺灰泥量不足。

（2）未进行“背瓦翅”工序，造成瓦下两侧空虚。尤其是底瓦的两侧向上翘起，不背瓦翅更容易造成两侧空虚。

（3）未进行“扎缝”工序，造成瓦垄之间的缝隙处空虚。

3. 防治措施

（1）瓦下灰泥必须打足。

（2）铺瓦后应适时“背瓦翅”，即用瓦刀将瓦两侧的多余灰泥向内填实，不足时要予以补充，直至灰泥与瓦翅齐。“背瓦翅”时还要用瓦刀向内适当拍打，以确保瓦内灰泥密实。

（3）在宽盖瓦前，先在两垄底瓦之间的缝隙处“扎缝”，即在缝隙处堆上适量灰泥，然后用瓦刀向下扎，使灰泥将缝隙完全填满。

44.1.29 板瓦勾“瓦脸”达不到要求

1. 现象

底瓦或合瓦的底、盖瓦搭接处勾缝不严，或短期内即脱落，造成瓦面“倒喝水”，使雨水流入底瓦内，甚至造成屋面漏雨。

2. 原因分析

操作方法不当。

3. 防治措施

（1）勾抹底瓦的瓦脸应在宽盖瓦之前进行，合瓦的盖瓦勾瓦脸，应在夹垄之前进行。

（2）勾瓦脸要用较稀的灰，且灰中不应掺麻刀。

（3）勾瓦脸之前应将瓦垄清扫干净，用水将瓦垄冲净并洇湿。

（4）勾瓦脸要用“鸭嘴”，不得用瓦刀，否则很难将灰挤入瓦内，不久即将会造成开裂，甚至脱落。

（5）勾瓦脸时要向瓦内抠抹，灰应勾足但瓦外不留灰。

（6）在灰七八成干时，要用微湿的短毛刷子勒刷灰与瓦的交接处，使灰服帖，否则容易开裂。

44.1.30 筒瓦“捉节”达不到要求

1. 现象

筒瓦（包括琉璃筒瓦）搭接处灰不严实，造成雨水渗入盖瓦垄，甚至造成屋面漏雨。

2. 原因分析

(1) 未勾抹熊头灰。

(2)“捉节”操作不当。

3. 防治措施

(1) 在宼盖瓦时应在瓦的“熊头”处抹足熊头灰。不得只在外部捉节，而内部缺少熊头灰，否则很难将瓦的接缝处填实，且使捉节灰容易脱落。

(2) 捉节之前应将瓦的接缝处用水洇湿。

44.1.31　新筒瓦屋面错用裹垄作法

1. 现象

在全部使用新瓦的筒瓦垄外面，又包裹了一层灰，并错误地称此作法为“混水作法”(不裹垄的被冠以“清水作法”)。

2. 原因分析

(1) 设计人员或操作人员不了解在传统作法中，新作的瓦面只采用“捉节夹垄”作法，不采用裹垄作法。只有旧房维修时才采用裹垄作法。

(2) 不清楚瓦面的防水性能主要由瓦的质量、瓦的搭接密度及瓦内灰泥的饱满度决定，误认为裹垄就可以保证屋面不漏雨。

(3) 认为瓦垄不经过裹垄就不能保证直顺。

3. 防治措施

在设计交底和施工技术交底中应明确指出不得裹垄。

44.1.32　清官式风格的屋面刷浆颜色不正确

1. 现象

黑活瓦面或屋脊未刷浆，或浆色不符合传统作法要求。

2. 原因分析

不了解传统规矩。

3. 预防措施

(1) 瓦面刷浆应按以下要求进行：

1) 合瓦及仰瓦灰埂应刷青浆，筒瓦应刷深月白浆。

2) 筒瓦屋面应在檐头的一段刷烟子浆（即“绞脖”），绞脖宽度宜为一块勾头瓦的长度。

3) 合瓦屋面不绞脖。

4) 无论何种瓦面，凡作梢垄的，梢垄刷烟子浆或青浆。披水砖的上面随梢垄刷烟子浆或青浆，侧面和底面应刷深月白浆。

(2) 屋脊刷浆应按以下要求进行：

1) 眉子刷烟子浆，当沟刷烟子浆或青浆，其他部位刷深月白浆。

2) 铃铛排山脊中的排山勾滴部分（包括滴水瓦的底部）应刷烟子浆，梢垄刷烟子浆或青浆。

3) 披水排山脊的梢垄应刷烟子浆或青浆，披水砖的上面也应随之刷烟子浆或青浆，侧面及底面应刷深月白浆。

4. 治理方法

按正确的作法重新刷浆。

44.1.33 清官式屋面黑活正脊作法错误

1. 现象

将当沟的外侧抹成了垂直的平面。

2. 原因分析

（1）不了解传统作法要求。

（2）图省事，违反操作工艺要求。

3. 预防措施

当沟应抹成向外突出的略似三角形的形状，即传统作法所称的“荞麦棱”。“棱”可抹得略尖，也可抹得圆缓。

4. 治理方法

按正确作法重新堆抹。

44.1.34 大式与小式垂脊等的瓦条作法混淆

1. 现象

在明清官式建筑中，垂脊、戗脊及下檐角脊中都要使用瓦条这个脊件。在小式作法中要使用两层瓦条（正脊用一层瓦条时除外），且这两层瓦条都一直通到下端。而在大式作法中，只在兽头以上的一段使用两层（正脊用一层时除外），在兽头以下则只能用一层瓦条。而一些施工人员将兽前这一段也做成了两层瓦条。

2. 原因分析

对传统作法规矩了解得不深、不全，对大、小式作法只了解那些明显的不同之处，对相似之处的区别则了解不够。

3. 预防措施

（1）在施工前组织施工人员学习古建筑瓦作知识。

（2）在技术交底中明确提出要求。

4. 治理方法

兽前一段返工重作，只保留一层瓦条。在拆除上层瓦条时应注意要拆至兽头上端，即应使兽座的下面也只保留一层瓦条。

44.1.35 套兽与角梁不配套

1. 现象

套兽的宽度小于仔角梁的宽度。

2. 原因分析

施工单位在定购瓦件、确定套兽尺寸时，往往按其他瓦件的规格来确定。例如琉璃瓦定为五样，就用五样的琉璃套兽，而未考虑到其尺寸可能会与角梁的宽度不相符，因而造成套兽小于角梁的宽度。

3. 防治措施

套兽的规格应按角梁的尺寸确定，如没有与之完全相符的套兽，应选择比角梁稍宽者。例如琉璃的样数（规格）为七样，角梁宽度为20cm。经查，七样琉璃套兽宽为17.3cm，六样套兽宽为22cm，则此时应使用六样套兽，而不能使用七样套兽。

44.1.36 冬期施工使用传统材料作法的屋面质量有问题

1. 现象

临近或进入冬期施工后，仍使用传统材料进行屋面施工，造成垫层及瓦面冻胀破坏甚至导致屋面漏雨。

2. 原因分析

(1) 传统材料的强度低于水泥砂浆，且传统灰浆的强度增长较慢，受冻后强度又不再增长，因此冬期施工很容易因冻胀开裂而导致垫层甚至瓦面受到破坏。

(2) 在冬期施工来临时，屋面工程已基本结束，但屋面垫层和瓦下灰泥的水分并没有完全蒸发，以至仍然发生冻涨。

(3) 不了解冬期施工对传统屋面的不利影响或存有侥幸心理，因抢进度造成。

3. 防治措施

(1) 苫背应在距冬期施工起始期的一个月前完工，瓦面应在20d前全部完工，否则应停止施工。

(2) 在距冬期施工前一个月苫完灰背并在冬期停工的屋面，春季复工时应检查灰背的受冻情况，必要时应重新苫灰背。

(3) 因临近冬期，决定不再进行苫背的工程，也应在望板上抹护板灰和一层泥背，以保护木屋架。春季复工时，应重新苫抹泥背。如原设计为两层泥背的，应在原来的泥背上重新苫抹两层泥背。

(4) 如为仿古建筑，或经设计及文物主管部门同意时，可改用水泥砂浆（可掺入防冻剂）。

44.1.37 屋脊"象鼻"不符合要求

1. 现象

清官式作法的黑活垂脊、戗脊及下檐角脊"规矩盘子"处勾抹的象鼻不符合要求。

(1) 应该有象鼻时未抹出，或不该有时却抹出了象鼻。

(2) 象鼻抹得粗糙。

(3) 造型错误变形，例如抹成转圈或拉长、向下垂等形状。

2. 原因分析

(1) 未真正弄懂象鼻与脊件的关系，以及应该何时勾抹、如何勾抹，只会用同一种手法去处理。因此虽然有时能抹对，但仍会出现抹错的现象。

(2) 抹象鼻是古代工匠"变掩饰为装饰"的招法，它看似装饰，实为掩饰，因此既要抹得细致，又不宜过于夸张。操作人员对此不了解，往往会随意变形，但又抹得不细致。

3. 预防措施

(1) 象鼻的有无应按下列原则确定：

1) 硬山垂脊及悬山垂脊，或凡是使用咧角盘子的垂脊，应只在脊的内侧勾抹象鼻；而戗脊、角脊等斜向脊及歇山垂脊，或凡是使用直盘子的脊才在两侧勾抹象鼻。

2) 小式屋脊的第一层瓦条至圭角处应抹出象鼻（但硬、悬山垂脊只在脊的内侧抹，外侧不抹）。

3) 大式屋脊，兽前只有一层瓦条，在圭角之上自相交圈，因此瓦条不抹象鼻。

4) 无论大、小式屋脊，凡当沟宽于圭角，当沟抹成"荞麦棱"形状时，当沟至圭角处应抹出象鼻（但硬、悬山垂脊只在脊的内侧抹，外侧不抹），否则不应抹象鼻。

5）当瓦条和当沟都需抹象鼻时，上下应连在一起勾抹。

（2）象鼻的形状应按以下要求勾抹：

1）用于瓦条和直抹的当沟时，象鼻的端头轮廓应呈开口向上的抛物线状，其厚度应自下而上逐渐减薄，至上端收头时宜约厚0.5cm。用于荞麦棱状的当沟时，其端头轮廓一般不抹成抛物线状，只随势向斜上方收头即可。

2）上端收头处的形状可采用两种形式：第一种是自然收成尖头，第二种是在端头处抹出一个勾状圆形扁片。当沟单独抹象鼻时多采用第一种形式，瓦条或瓦条与当沟连作时，多采用第二种形式。

3）抹象鼻应注意"不求显眼，但求精细"的原则，切忌粗糙或随意拉长、转圈、下垂等作法。

44.2　大木构架制作与安装工程

44.2.1　木材含水率高

1. 现象

大木构件（包括柱、梁、枋、板、檩、椽等）制作后出现裂缝、扭曲变形等疵病；安装后出现榫卯松动现象；油饰地仗及彩画施工后，短期内出现地仗裂缝、与木件剥离（俗称脱裤子）等质量问题；木件内水分不能自然蒸发造成构件糟朽等。

2. 原因分析

（1）木材含水率高（木材现伐现用，木材销售部门无干料）。

（2）大木构件制作安装后，没有充分的自然干燥时间就进行油漆地仗工程。

3. 预防措施

（1）木材销售部门应备有两年以上木材。

（2）建设单位或施工单位在施工前应提前购进木材，留适当干燥时间。

（3）大木加工提前安排，使构件制作后有一定的干燥时间。

（4）大木构件安装后应留出适当的干燥时间，不要立即做油饰地仗。

（5）建设单位、施工单位相互配合，树立科学施工的意识，不要做违反客观规律的事。

4. 治理方法

（1）木材供应部门应广开货源，储备一定数量的风干木料，以备特殊古建工程之用。

（2）在现有体制下，文物部门务必采取有效措施，确保文物修缮所用木料达到含水率合格的要求。

（3）除文物建筑之外，凡能用混凝土或其他材料代替木构件者，一律采用代用材料，以减少木材用量。

44.2.2　榫卯制作缺陷

1. 现象

木构建筑在质量保证期限内出现诸如梁枋榫压扁、拉断、柱子卯眼集中处断裂等质量问题。

2. 原因分析

（1）大木构件榫卯制作时，没有按照规范要求掌握榫卯尺度，出现榫子过小或过大以及卯眼过大等现象，造成木构件局部断面过小，不能适应长期荷载的作用而导致质量问题。

（2）在制作选材时，对木材疵病去留不当，榫卯等关键部位有腐朽、节疤、虫蛀、裂缝等疵病，导致质量问题。

（3）工人操作不当造成榫子截面锯伤等现象，导致榫子断面减小。

（4）成品保护不当，使预制木构件的榫卯损伤，导致质量问题。

3. 防治措施

（1）对技术工人、工程技术负责人进行严格的技术培训，使之熟悉掌握古建木作榫卯制作安装规范的要求，严格按施工规范与操作规程、质量标准的要求施工操作。

（2）严把质量关，凡发现不符合规范要求的榫卯制作及木材疵病，立即进行更换，防止质量隐患。

（3）严格成品保护，大木安装前进行认真检查，凡发现不合格的构件榫卯立即进行处理。

44.2.3　大木安装缺陷

1. 现象

木构架安装后出现柱子与柱顶石中线不能相对；柱头部分有闯退中线现象；柱子不垂直或不合乎侧脚要求；各层构件中线不对，尺寸不一；檩木接续不平、不直等疵病。

2. 原因分析

（1）大木安装前，没有用丈杆认真验核柱顶石轴线尺寸。

（2）大木安装过程中，没有及时用丈杆核对各开间和进深尺寸，导致闯退中线。

（3）大木安装过程中，没有按照操作规程要求进行操作，龙门戗、迎门戗的使用不正确。

（4）大木安装过程中，对榫卯不合格以及制作过程中遗留的疵病未能及时处理便进行安装。

3. 防治措施

（1）大木安装前要用丈杆仔细核对柱顶石轴线尺寸及大木构件的尺寸。

（2）大木安装过程中随时用丈杆校核开间、进深尺寸，以防闯退中线。

（3）严格按照大木安装的要求进行操作，不能偷工减序。

（4）严格遵守大木安装程序的十六句口诀：

对号入座，切记勿忘，先内后外，先下后上；下架装齐，验核丈量，吊直拨正，牢固支戗；上架构件，顺序安装，中线相对，勤校勤量；大木装齐，再装椽望，瓦作完工，方可撤戗。

44.2.4　斗栱安装缺陷

1. 现象

斗栱翘、昂、耍头等构件出入高低不平不齐；与栱子相交榫卯不严不实，三才升等小斗松动不实，整攒斗栱总高不合乎设计要求等。

2. 原因分析

（1）斗栱构件制作不符合质量要求，尺寸、榫卯不准。

（2）斗栱安装前没有进行认真的草验摆放（试装）。

（3）安装时设有严格按照事先草验摆放的顺序进行，任意掉换构件位置。

（4）安装中遇到不合适的榫卯，未予及时处置，马虎凑合。

（5）不能严格地按线操作。

3. 防治措施

（1）制作斗栱单件必须严格套样板，做到尺寸精确。下料要准确，严格按样板制作。

（2）斗栱安装前必须进行草验摆放，安装时要严格按顺序进行安装，不得任意掉换构件位置。

（3）安装时要拉线，按线操作，发现高低不平、出入不齐等问题及时解决。

44.2.5 隔扇门或街门走扇（自开门）

1. 现象

隔扇门或街门等，安装以后走扇（自开门），不能自如开启，影响正常使用。

2. 原因分析

（1）抱框安装操作不正确，抱框不垂直于地面。

（2）在外檐有侧脚的柱子上安装抱框时，将抱框以中线为准进行安装，而不是以升线为准进行安装，造成抱框与地面不垂直。

3. 防治措施

（1）在有升线的柱子侧面安抱框时，要以升线为准进行安装，不能以中线为准进行安装。

（2）安装抱框时，要用线坠校正，确保抱框与地面垂直。

附录44 大木构架制作与安装工程质量要求

摘编自《古建筑修建工程施工及验收规范》(JGJ 159—2008)

1. 一般规定

（1）各类木构件的材质要求应符合规范规定。

（2）木构件的防腐蚀、防虫蛀、防白蚁，应符合设计要求和有关规范规定。

（3）各类木构件的制作、安装须采用传统的排丈杆，丈杆排出后应进行预检。斗栱制作须先放样板，按样板进行制作。

（4）各类木构件制作完成时，应进行质量检查，并做好施工记录。

（5）各类木构件成品在保管、运输时，应采取防潮、防燥晒及防止损伤、污染等措施。

（6）大木构架安装前，应对柱顶石摆放的质量进行预检，合格后方可进行大木安装施工。

（7）文物古建筑的各类木构件，其规格及作法必须符合法式要求或按原作法不变。

2. 柱类构件制作

（1）柱类构件制作前，应按设计图纸给定的尺寸和总丈杆（或原构件尺寸）排出柱高分丈杆，并在分丈杆上标明各面榫卯位置、尺寸，作为柱子制作的依据，按丈杆进行画线。丈杆排出后要经两人以上查对校核，不得出现任何差错。

（2）檐柱或最外圈的柱子必须按设计要求做出侧脚，侧脚大小应符合各朝代有关营造法则或设计要求的规定。

(3) 柱子榫卯的规格尺寸及作法应须符合以下规定：

1) 柱子上下端馒头榫、管脚榫的长度不应小于柱径的1/4，不应大于3/10。榫子直径（或宽度）与长度相同。

2) 柱头上端的枋子口，其深度不应小于柱直径的1/4，不应大于3/10。枋子口最宽处不大于柱直径的3/10，不小于1/4。

3) 柱身上面半眼的深度不应大于柱径的1/2，不能小于1/3。

4) 凡柱身透眼均应采用大进小出作法，大进小出卯眼的半眼部分，其深度要求同半眼。

5) 柱子上各种半眼、透眼的宽度，圆柱不应超过柱径的1/4，方柱不应超过柱截面宽的3/10。

6) 柱身卯眼上端应留胀眼，胀眼尺寸一般为卯眼高度的1/10。

(4) 柱子制作完成后，其上的中线、升线、大木位置号的标写必须清晰齐全，不得缺线、缺号，以备安装。

3. 梁类构件制作

(1) 梁类构件制作前，应按设计图纸给定的各种梁的尺寸和总丈杆，排出各种梁的分丈杆，在分丈杆上标出梁头、梁身、侧面各部位榫卯位置、尺寸，作为梁类构件制作的依据，并按丈杆进行画线制作。梁丈杆排出后，须经两人以上查对校核，不得有任何差错。

(2) 梁的榫卯、规格、作法必须符合以下规定：

1) 一、二、三、四、五、六、七、八、九架梁，抱头梁，斜抱头梁，递角梁，双步梁，三步梁等，其梁头檩碗深度不得大于1/2檩径，不得小于1/3檩径。

2) 梁头垫板口子，深度不得大于垫板自身厚度。垫板口子刻出后，先不要剔除口内木质，待安装时再行剔除。

3) 凡正身部位的梁，其梁头两侧檩碗之间必须有鼻子榫，榫宽为梁头宽的1/2。承接梢檩的梁头做小鼻子榫，榫子高、宽不应小于檩径的1/6，不应大于1/5。

4) 承接转角搭交檩的梁头，做搭交檩碗，搭交檩碗内不做鼻子榫。

5) 趴梁、抹角梁与桁檩相交，梁头外端必须压过中线，过中线的长度不应小于1.5/10檩径（即半金盘）。梁端上皮必须按椽子上皮抹角。大式建筑抹角梁端头如压在斗栱正心枋上，其搭置长度由正心柱中至梁外端头不应小于3斗口。

6) 趴梁、抹角梁与桁檩扣搭，其端头必须做阶梯榫，榫头与桁檩咬合部分，面积不得大于檩子截面积的1/5。短趴梁作榫搭置于长趴梁时，其搭置长度不小于1/2趴梁宽。榫卯咬合部分面积不大于趴梁自身截面积的1/5。

7) 桃尖梁、抱头梁、接尾梁等各种梁与柱相交，其榫子截面宽度不得小于梁自身截面宽的1/5，不大于3/10。半榫长度不小于对应柱径的1/3，不大于1/2。

(3) 梁类构件制作四角须做滚棱，滚棱尺寸为各面自身宽度的1/10，滚棱形状应为浑圆。

(4) 梁类构件制作完成后，其上的上下中线、迎头中线、平水线、抬头线、熊背线、滚楞线均应齐全清晰，大木位置号按规定标写清楚，以备安装。

4. 枋类构件制作

(1) 枋类构件制作之前，应先按设计图纸给定的尺寸和总丈杆，榫出枋子和分丈杆，在丈杆上标出枋子榫卯位置及尺寸，以作为枋类构件画线制作的依据，并按丈杆画线制作。枋类丈杆排出后，须经两人以上查对校检，不得有任何差错。

(2) 枋各部节点、榫卯规格作法必须符合以下规定：

1) 檐枋、额枋、金枋、脊枋、随梁枋等端头作燕尾榫的枋子，其燕尾榫长度，不应小于对应柱径的 1/4，不应大于 3/10，榫子截面宽度要求同长度。燕尾榫的“乍”和“溜”都应按榫长或宽的 1/10 收溜（每面各收 1/10）。

2) 穿插枋、跨空枋等拉结枋，端头做透榫时，必须做大进小出榫，榫厚为檐柱径的 1/5～1/4，其半榫部分的长度不得大于 1/2 柱径，不得小于 1/3 柱径。

3) 起拉结作用的枋（或随梁），如端头只能做半榫时，其下所施的辅助拉结构件雀替或替木必须是通雀替或通替木。

4) 用于宫殿、歇山、多角亭等转角建筑的枋在转角处相交时，必须做箍头榫，不得作燕尾榫和假箍头榫，其榫厚不小于柱径的 1/4，不大于 3/10。

5) 承椽枋、棋枋等榫的截面宽度不应小于枋自身宽的 1/4 或柱径的 1/3，榫长不小于 1/3 柱径。承椽枋侧面椽碗深度不应小于 1/2 椽径。

6) 圆形、扇形建筑物的檐枋、金枋等弧形物件，在制作时必须放实样、套样板，枋子弧度必须符合样板。端头榫卯作法要求同上。

(3) 枋类构件制作，四角须做滚棱，滚棱尺寸为各面自身宽的 1/10，滚棱形状为浑圆。

(4) 枋类构件制作完成后，其上下、端头中线，滚棱线均应齐全清晰，大木位置号按规定标写清楚，以备安装。

5. 檩（桁）类构件制作

(1) 桁、檩类构件在制作之前，应先按设计图纸给定的尺寸和总丈杆，排出檩子分丈杆，在丈杆上标出檩子榫卯及椽花等榫卯位置，以作为檩子制作的依据，并按丈杆画线制作。丈杆排出后，须经两人以上查验校核，不得出现任何差错。

(2) 檩（桁）的节点、榫卯规格、作法应符合以下规定：

1) 桁檩延续连接，接头处燕尾榫的长、宽均不小于桁檩直径的 1/4，不大于 3/10。

2) 两檩（桁）以 90°或其他角度扣搭相交时，凡能做搭交榫者，均须做搭交榫。榫截面积不小于檩（桁）径截面积的 1/3。

3) 檩（桁）与其他构件（如枋、垫板、扶脊木、衬头木）相叠时，必须在叠置面（底面或上面）做出金盘，金盘宽度不大于檩径的 3/10，不小于 1/4。

4) 圆形、扇形建筑的弧形檩，在制作前必须放实样、套样板，按样板制作。檩弧度必须符合样板。

5) 扶脊木两侧椽碗深度不小于椽径的 1/3，不大于 1/2。

(3) 檩类构件制作完成后，其上下、两侧中线、椽花线必须齐全清晰，大木位置号按规定标写清楚准确，以备安装。

6. 板类构件制作

(1) 板类构件制作必须符合以下规定：

1) 博缝板、挂檐板、榻板等板类构件以窄木板拼攒为宽板时，必须在背面（或小面）

穿带或镶嵌银锭榫，穿带（或银锭榫）间距不大于板自身宽的1.2倍，穿带深度为板厚的1/3。

2）立闸滴珠板、挂檐板拼接，立缝须做企口榫，水平穿带不得不于二道。

3）立闸山花板拼接，立缝必须做企口榫或龙凤榫。木楼板拼接，缝间必须做企口榫或龙凤榫。

4）博缝板按一定举架（角度）延续对接，其接缝必须在檩头中线上；接头部分必须做龙凤榫，下口做托舌，托舌高不应小于一椽径。

5）圆形、弧形建筑的垫板、由额垫板在制作前必须放实样、套样板，板的弧度必须合乎样板。

（2）板类构件制作完成后，其位置号必须按规定标写齐全、清晰，以备安装。

7. 屋面木基层部件制作

（1）屋面木基层檐椽、飞椽、翼角椽、翘飞椽及罗锅椽等制作之前应放置实样、套样板或排丈杆，按样板和丈杆进行制作。

（2）屋面木基层部件制作必须符合以下规定：

1）飞椽制作必须符合一头二五尾或一头三尾的比例（即尾部长度是头部长度的2.5倍或3倍），不得小于这个比例。

2）飞椽制作须头尾套裁，以节约用料。

3）明清官式建筑的翼角椽制作必须符合第一根撇1/3椽径，翘飞椽撇1/2椽径的要求（地方作法可不循此例）。

4）翼角大连檐破缝头须用手锯或薄片锯，不得用电锯或厚片锯，以确保起翘部分连檐的厚度。

5）罗锅椽下脚与脊檩或脊枋条的接触面，不得小于椽自身截面的1/2。

6）椽碗必须与椽径相吻合，不得有大缝隙。除翼角部分外不得做单椽碗。

（3）翼角椽、翘飞椽在制作过程中，位置号必须标写齐全、清晰，以便于安装。

8. 斗栱制作

（1）各类斗栱制作之前必须按设计尺寸放实样、套样板，每件样板必须外形、尺寸准确，各层叠放在一起，总尺寸符合设计要求。斗栱的昂、翘、耍头、六分头、麻叶头、头饰卷杀等必须符合设计要求或不同时期、不同地区的造型特点。

（2）斗栱榫卯节点作法必须符合以下规定：

1）斗栱纵横构件刻半相交，要求翘、昂、耍头、撑头木等构件必须在腹面刻口；瓜、万、厢等构件在背面刻口；角科、斗栱等三层构件相交时，向斜向挑出的构件（如斜翘、斜昂等），必须在腹面刻口，其余二层构件的刻口规定以山面压檐面。

2）斗栱纵横构件刻半相交，节点处必须做包掩，包掩深度为0.1斗口。

3）斗栱昂、翘、耍头等水平构件相叠，每层用于固定作用的暗梢不少于2个，坐斗、三才升、十八斗等暗梢每件1个。

（3）斗栱分件制作完成后，在正式安装前须以攒为单位进行草验摆放，注明每攒的位置号。并以攒为单位进行保存，以待安装。

9. 大木雕刻

（1）大木构件的雕刻必须按设计图纸放足尺大样并套出样板，按样板放样进行雕刻。

(2) 文物古建筑的大木雕刻，其放样必须遵循“不改变原状”的原则，应符合不同历史时代的不同艺术特点和法式要求。

44.3 古建油饰工程

I 地仗工程

44.3.1 地仗裂缝

1. 现象

地仗施工中和磨细钻生干燥后，或在地仗上涂饰油漆、绘制彩画、饰金后，其表面出现裂缝。轻微的细如发丝，严重的宽几毫米，其长度不等，逐渐翘皮脱落，严重影响地仗工程质量及使用寿命。

2. 原因分析

(1) 木基层含水率高，使木材变形、劈裂及构件缝松动、节点缝开裂、拼接缝开胶，或感受气候影响等，造成油漆彩画表面裂缝。

(2) 柱、枋、挂落板、博风板等部位的预埋铁件卧槽浅，因受气候、日照热胀冷缩的影响，抽漆彩画表面产生裂缝。

(3) 旧斗栱木质老化，地仗前未操油或钻生时油稀或未钻透，做彩画刷大色中的水气焖透（浸入）木质，在彩画即将完工中或完工后，木材干缩，彩画表面易产生细裂纹。

(4) 木基层处理时，对木基层缝隙未进行撕缝、下竹钉，或楦缝的木条、竹扁及下竹钉不实，不牢固，因受季节性气候影响，地仗施工中或油漆彩画后，其表面易造成裂缝。

(5) 地仗施工时在捉缝灰工序中捉蒙头灰或缝内旧灰、浮尘未清理干净，造成油灰不生根，易产生裂缝。或单披灰地仗施工时，先用木条楦缝再捉缝灰，因受季节性气候影响，地仗施工中或油漆彩画后，其表面易造成裂缝。

(6) 麻布以上灰层轧中灰线胎使用的灰淌（软），线路油灰干缩后易造成横裂纹及断裂纹，这些线路的裂纹未经彻底铲除，就进行下道工序，油漆或贴金后显暗裂，由于受季节性气候影响仍然收缩，裂变由暗裂至明显的大小横裂纹及断裂纹，以至翘皮、脱落。

(7) 使麻、糊布工序中，使用了质量较差的麻或不符合要求的布，或使麻的麻层过薄、漏籽，或结构缝处使麻，糊布操作方法不当未拉麻、拉布，或麻面不密实，因受季节性气候影响，地仗施工中或油漆彩画后的表面都易造成裂缝。

(8) 在磨麻、磨布时遇有秧角崩秧、窝浆的麻或麻布，割断后未做补麻、糊布处理，就进行下道工序，因受季节性气候影响，其表面易造成裂缝。

(9) 修补旧地仗其灰口处未操三七生油，或修补地仗时新旧地仗衔接不牢，油漆彩画前后其表面易造成裂缝。

3. 预防措施

(1) 地仗工程施工的基层含水率控制在：木基层面做传统油灰地仗不宜大于12%；混凝土面做传统油灰地仗不宜大于8%，做胶溶性地仗不宜大于10%。

(2) 木基层处理时，遇有劈裂、戗槎、脱层，应用钉子钉牢，遇有膘皮应铲掉。接缝开胶或结构缝松动或不该使用的轮裂木构件劈裂、翘裂、脱层，应与木作协调处理后，再进行下道工序。

(3) 木基层表面的缝隙应用铲刀撕成“V”字形，并撕全撕到，缝内遇有旧油灰应剔净。撕缝后应下竹钉，竹钉间距 15cm 左右一个，如一尺缝隙应下三个竹钉，缝隙的两头和中间各下一个，并同时下击。如遇并排缝时竹钉应成梅花形，竹钉应钉牢固。缝隙较大时，竹钉之间应楦竹扁或干木条，并楦牢固。

(4) 做地仗前应对木质水锈、老化、风化糟朽处和部位，进行操底油封闭，其稀稠度以增加油质和强度为宜。对修补旧地仗的灰层或灰口处应操三七生油增加强度。

(5) 木基层表面铁箍等预埋件的卧槽深度应距木基层面 3～5mm，做地仗前先铁箍除锈涂刷醇酸底漆后，再刮 3～5mm 厚的附着力强的耐热性好的油性底腻子，配合比为：生石膏粉：光油：白铅油：醇酸底漆：松香水：清水＝5：2.5：1.2：0.5：0.3：3，干后做地仗，起隔热作用。

(6) 捉缝灰工序时，对于木基层面的小缝隙和结构缝，应用铁板横掖竖划，将油灰填实捉饱满。凡捉 10mm 以上缝隙灰时，应先捉灰后将木条楦入缝内再捉规矩，严禁捉蒙头灰。

(7) 使麻时不使用糟朽的、拉力差的线麻，操作时应横着（垂直）木纹方向粘麻，遇横竖木纹交接处（结构缝）应先粘拉缝麻。如柱头与额枋的交接缝，应先使柱头麻，麻丝搭在额枋上不少于 10cm，在使额枋的麻时，应垂直于木纹压柱头搭过来的麻丝。麻层厚度应按规定的用麻量使麻，不得少于 1.5～2mm 厚度，麻层应密实，厚度均匀一致。

(8) 仿古建筑木构与混凝土混合结构的麻布地仗施工，木基层面使麻糊布时，对于木混结构缝的麻布搭接，其宽度不得少于 30mm。

(9) 磨麻磨布时，遇有崩秧、窝浆的麻布将其割断后，应做补浆粘麻、糊布处理，然后进行下道工序。

(10) 凡麻布以上灰层轧各种线时，应使用棒灰（稍硬点）防止线路干裂。凡轧各种线其线路不成形，应铲掉重轧及时调整轧线灰，防止线路灰干缩后产生横裂纹或断裂纹，否则影响到油漆、贴金质量和使用寿命。

4. 治理方法

(1) 单披灰地仗及其油饰彩画贴金表面的裂缝修理，根据裂缝深度、宽度，用铲刀顺裂缝两侧撕成“V”字形，然后分别按地仗及其油漆、彩画、贴金的操作工艺进行修补。裂缝宽度 3mm 以上时治理方法同 44.3.2“地仗龟裂纹”。

(2) 麻布地仗及其油饰彩画贴金表面的裂缝，根据深度，砍到麻布面或木质面。需颠砍到麻布面时不得损伤麻布层，其灰口宽度不少于 50mm，但灰口应有坡槎，旧麻布地仗其灰口处应操稀生油，然后分别按麻布地仗及其油漆、彩画、贴金的操作工艺进行修补。

44.3.2 地仗龟裂纹

1. 现象

龟裂纹又称激炸纹、鸡爪纹，指地仗施工中各遍灰层表面、磨细灰钻生桐油的表面及油皮（漆膜）表面呈现出不规则的细小裂纹，逐渐翘皮、脱落，严重影响油漆彩画的观感质量，更是缩短油漆彩画工程使用寿命的隐患。

2. 原因分析

(1) 捉缝灰、通灰工序的调灰比例及所选用砖灰的灰粒级配不准，或调灰时使用了棒血料，造成灰层干缩后产生龟裂纹。

(2) 捉缝灰时，对基层表面缺陷处，未进行分层分次补缺、衬平、找圆、找直，造成通灰的灰层过厚或平整度差，易造成通灰的灰层或麻布以上灰层过厚干缩而产生龟裂纹。

(3) 通灰层不平、不直、不圆或麻层有窝浆、薄厚不均和麻缕不平，造成压麻灰、压布灰和中灰的灰层过厚，灰层干缩后易产生龟裂纹，渗透于细灰层及油皮表面。

(4) 槛框起混线时，由于砍、修、轧的八字基础线宽度和锓口不准，在轧线胎（此时修整线口为时过晚）时纠正，造成槛框麻布以上灰层过厚，灰层干缩后产生龟裂纹，渗透于细灰层及油皮表面。

(5) 调制压麻灰、压布灰和中灰的配合比不准，如灰溏、砖灰级配不准，使用了棒血料、满少料大（油满少血料多），造成灰层干缩后产生明显的或不明显的龟裂纹，未采取根除继续细灰工序，磨细时未发现龟裂纹和风裂纹，钻生时呈现成片的或大面积的暗龟裂纹，油漆彩画后或早或晚逐渐裂变产生或明或暗的龟裂，随时间推移逐步明显，又时刻受到有害气体的侵蚀而慢慢卷翘、脱落。

(6) 调制细灰配合比不准，如细灰溏（稀）、使用的血料粘度小、掺入光油量少，细灰时灰层厚，灰层干缩后都易产生龟裂纹。

(7) 细灰工序时，曝晒部位的灰层速干会裂变，易出现龟裂纹；细灰的强度低，在刮风的环境中磨细灰易出现风裂纹。这类龟裂纹、风裂纹未采取根除，油漆彩画后易产生龟裂纹。

(8) 地仗钻生使用了干燥快的生桐油，特别是生桐油内掺有干燥快的材料，不易钻透细灰层，或钻生干透后晾晒时间过长，未及时油饰彩画，地仗干缩易产生裂变，出现或暗或明的龟裂纹，油漆彩画后，龟裂纹逐步明显而慢慢卷翘、脱落。

(9) 混凝土面有龟裂纹做单披灰地仗和油漆彩画后，因受气候影响混凝土面的龟裂纹逐渐产生裂变，在油漆彩画表面呈现出龟裂纹，慢慢翘皮至脱落。

(10) 在地仗工程施工前未详细制定施工方案，特别是对引起龟裂纹的不利因素，未采取预防措施。

3. 预防措施

(1) 调制地仗油灰除掌握工程作法外，还应掌握建筑物的构件大小及缺陷情况，应严格控制砖灰的灰粒级配和调灰比例，不使用或不掺用发老的过期（泻）的血料调灰。所调配的各种灰应满足油灰的和易性、可塑性和工艺质量的要求。

(2) 捉缝灰时除进行捉缝外，还应衬平、补缺、找规矩，捉缝灰干燥后，应用70cm左右长度的尺棍检查基层缺陷，用不同规格的灰板，将不平、不圆、不直的缺陷，分层分次衬垫找平、圆、直。衬垫灰干燥后，通灰达到滚籽过板刮灰基本圆平直，且不可将缺陷例外转序到压麻灰、压布灰或中灰及细灰工序中。

(3) 凡槛框起混线时，砍、修、轧的八字基础线宽度为混线规格的1.3倍，正视面宽度为混线规格的1.2倍，侧视面（小面或称进深）为混线规格的1/2，防止槛框的麻布以上灰层过厚，确保传统的混线质量要求。

(4) 使麻糊布前，通灰的平、圆、直应符合要求。如通灰表面出现龟裂纹时，应用通灰刮平整。如单披灰的通灰、中灰表面有龟裂纹时，应挠掉龟裂纹重新刮通灰、中灰。使麻时麻层厚度应均匀，并用麻轧子轧平轧密实，不得有麻缕、麻疙瘩、窝浆等缺陷。

(5) 调制压麻灰、压布灰及中灰应严格控制砖灰的灰粒级配和调灰比例，不使用或不掺用发老的过期（泻）的血料调灰，天热干燥、湿度低、风大可适量增油满或撤血料。压麻灰、压布灰工序时应滚籽刮灰，灰层宜薄不宜厚，中灰工序应刮克骨灰。如压麻灰、压布灰和中灰表面出现轻微龟裂时，应将出现龟裂部位的压麻灰、压布灰和中灰及时挠净，或将表面重新糊布，再进行中灰、细灰工序。

(6) 调制细灰时，应使用专用的细灰料（有粘性的血料），可适量增加光油和白坯满的比例，严格按大木细灰、轧线细灰、椽望细灰等配合比调灰，确保细灰强度，但细灰应棒不宜溏。

(7) 细灰时。最好选择多云天，避开阳光曝晒的时间段，细灰部位的面积不宜过多，细灰干燥后，能在半日或一日内磨细钻生完成，再细为宜。在操作中不得任意行龙（加水）或拽灰，严禁使用出水的细灰。

(8) 磨细灰时。最好选择多云天，避开刮风的时间段，钻生油时，应随磨随钻合格的生桐油，并连续钻透细灰层。在擦生桐油时，如室内发现极个别处有轻微的风裂纹，随时用砂纸蘸油揉磨无风裂纹为止，再用麻头擦净浮油。

(9) 地仗钻生桐油干燥后，应及时油漆彩画。因彩画或其他工种影响施工进度时，应将需油漆的地仗部分涂刷两道油漆，待竣工前再进行交活油饰。

(10) 混凝土面有暗龟裂做地仗时，需在通灰干后增加满糊布一道，胶溶性通灰干后应满操稀油一道。

(11) 地仗工程施工前，应详细制定施工方案，针对引起龟裂的不利因素，事先采取相应周密的预防措施。

4. 治理方法

(1) 凡磨细灰前后发现有较多的或大面积的龟裂、风裂及钻生时呈现的暗龟裂（不规则暗纹），应及时铲除细灰层，重新细灰。钻生后严禁用细灰粉面擦饰风裂纹及浮生油。凡钻生时呈现较多的或大面积的暗龟裂纹，需及时采取颠砍至压麻灰，操稀生油或颠疏密均匀的斧痕操稀生油，再按操作工艺重新做一布四灰地仗。

(2) 单披灰地仗在油漆彩画前后出现龟裂纹时，根据龟裂纹的宽度和深度及面积的大小，将其局部或全部灰层颠砍到木基层，清理干净，操稀生油干后，按操作工艺重新施工。

(3) 麻布地仗在油漆彩画前后出现龟裂时，应根据其宽度和深度及面积大小，确定修理方法。龟裂轻微时（有明显龟裂纹痕迹但无缝隙）按治标的方法，如彩画后应先通磨满操稀生油，如油漆彩画前，满刮浆灰一道，通磨浆灰后再满操稀生油，但不得有亮光；龟裂严重时（有成片的细微缝隙或明显缝隙），应将其局部或全部的细灰层、中灰层颠砍掉，清理干净应操稀生油后，按一布四灰地仗、油漆彩画操作工艺重新施工。

(4) 地仗表面油漆后出现龟裂，可根据其严重程度和面积大小、治理。如轻微时（有明显龟裂纹痕迹但无缝隙），可用砂纸打磨后，刮一道油石膏腻子，再进行涂饰油漆；龟裂严重（旧麻布地仗油漆表面龟裂有缝隙或明显缝隙）时，将其局部或全部细灰层、中灰层颠砍掉，清理干净，在压麻灰上操稀生油后，按一布四灰地仗、油漆操作工艺重新施工。

44.3.3 地仗空鼓

1. 现象

个别处或局部地仗与基层之间，或灰层与灰层之间，或灰层与麻布之间剥离不实，产生的地仗空鼓，严重影响地仗工程质量及使用寿命。

2. 原因分析

(1) 木基层的包镶部位或拼帮部位松动不实，使地仗空鼓。

(2) 木基层劈裂、轮裂及膘皮未进行处理，地仗施工后，易造成空鼓，甚至开裂翘皮。

(3) 混凝土面抹灰或找补抹灰粘结不牢，导致地仗空鼓。

(4) 使麻、糊布时，由于操作不当，产生干麻包、窝浆现象，造成地仗空鼓。

(5) 在磨各遍灰（划拉灰时）或磨麻布时，有漏磨或磨后未清理或清理不干净，或各道灰操作时未造严实，使局部灰层与灰层之间或灰层与麻布之间粘结不牢，导致灰层空鼓。

3. 预防措施

(1) 木基层处理时，对包镶或拼帮的构件，有松动处用钉子钉牢，戗槎和劈裂处同时钉牢，膘皮应铲掉，轮裂的构件与木作协调解决后，再进行地仗施工。

(2) 对混凝土面抹灰的构件，有空鼓但不裂时，其面积不得大于 $200cm^2$ 范围；空鼓面积超出范围或有裂纹时，应重新抹灰。

(3) 使麻糊布时，开头浆应均匀，粘麻应厚度一致，砸干轧后有干麻处进行潲生，水轧应使底浆充分浸透麻或布面，用麻针翻麻，确无干麻、干麻包后，再用麻轧子将阴阳角和大面赶轧密实、平整。

(4) 地仗施工中的灰层、麻布层必须干燥，经打磨、清扫掸净浮尘后（麻布地仗的中灰遍透磨后，清扫干净后须支水浆一道或用湿布通掸干净），进行抹灰时应造严造实，防止局部灰层与麻布层之间、灰层与灰层之间粘结不牢而造成空鼓。

(5) 在地仗施工中磨灰、磨麻布时发现声音不实或翘裂，应及时用铲刀将不实或翘裂的灰层铲除，进行操稀底油、补油灰修整。

4. 治理方法

根据地仗空鼓面积大小进行分析治理，如地仗空鼓面积大或空鼓处有裂纹，将其空鼓的灰层颠砍掉，砍到基层，清理干净应操稀生油后，然后分别按地仗、油漆、彩画、贴金的操作工艺进行修补。

44.3.4 地仗脱层翘皮

1. 现象

地仗与基层之间或灰层与灰层之间及灰层与麻或布之间粘结不牢固，导致脱层开裂、翘皮现象，严重影响地仗工程质量及使用寿命。

2. 原因分析

(1) 地仗施工时环境湿度大，灰层未干透就进行下道工序，致使地仗霉变，造成脱层、开裂、翘皮。或木基层含水率大，致使地仗开裂后，雨季进水造成脱层翘皮。

(2) 木基层处理时，对水锈、糟朽、旧油灰的污垢未处理，或处理不干净。支油浆时该部位的支油浆材料或材料配合比不正确，致使地仗与基层附着不牢，造成脱层、开裂、翘皮。

(3) 混凝土面、抹灰面的基层处理时，对油污、尘土、砂浆、隔离剂等污垢未清除，或清除不干净。基层表面光滑或未达到施工强度（起砂）。支油浆时的材料与地仗灰不配套或支油浆的配合比不正确，或支油浆未按操作要求进行，致使地仗与基层附着不牢，造成脱层、开裂、翘皮。

(4) 地仗材料和配合比不正确，或与基层面不配套，易造成地仗脱层、开裂、翘皮。

(5) 在磨各遍灰（划拉灰时）或磨麻布时，有漏磨或磨后未清理或清理不干净，或各道灰操作时未造严实，或底层灰强度低，便进行了新的麻布或灰层，使局部灰层与灰层之间或灰层与麻布之间粘结不牢，导致脱层、开裂、翘皮。

(6) 地仗使麻或糊布后，经较长时间的停工或没有及时磨麻（布）和压麻（布）灰。麻布层受到风吹雨打日晒的影响，使头浆（粘结剂）产生粉化现象，降低了粘结强度，进行压麻（布）灰时，由于新的灰层粘结强度大，使灰层与麻布之间粘结不牢，导致脱层、开裂、翘皮。

3. 预防措施

(1) 地仗工程施工的基层含水率的要求：木基层面做传统油灰地仗不宜大于12%；混凝土面、抹灰面做传统油灰地仗不宜大于8%，做胶溶性灰地仗不宜大于10%。

(2) 在气候湿度大的环境中施工，木基层面选择传统做法，油水应大些，混凝土面、抹灰面选择众霸胶溶性灰地仗。操作时在确保灰配合比的情况下，灰层不得过厚，灰层干燥后再进行下道工序，钻生桐油时应按操作规程进行。

(3) 混凝土面、抹灰面的基层强度应达到相应标准合格的基础上进行地仗施工。其表面有灰尘、泥浆等应清除干净。如有隔离剂、油污等，应用5%～10%的火碱溶液涂刷1～2遍，再用清水冲洗干净，干后进行地仗施工。

(4) 木基层面处理时，表面有灰尘、泥浆、旧灰皮等污垢应清理干净，如有水锈、糟朽层，用挠子挠至见新木槎，涂一遍操油，其配合比为灰油或生桐油：汽油＝1：2～3。施涂后的表面不得有结膜现象，并确保基层强度。

(5) 各基层面地仗施工，其地仗材料及配合比与支油浆材料及配合比和基层面应配套施工，支油浆时，基层面较光滑或有轻微起砂应调整浆液的稀稠度，如混凝土面做传统地仗前应操油，做胶溶性地仗前应涂界面剂，表面不得结膜，并确保基层强度。

(6) 地仗施工中的灰层、麻布层必须干燥，经打磨、清扫掸净浮尘（麻布地仗的中灰遍透磨后，需支水浆一道或清扫干净后用湿布通掸干净）。进行抹灰时应造严造实，防止局部灰层与麻布层之间、灰层与灰层之间粘结不牢而造成脱层。

(7) 地仗施工中磨灰、磨麻布时发现声音不实或翘裂或易磨、微有松软，应及时用铲刀将不实或翘裂的灰层铲除，操稀底油、补灰、补麻修整希望引起重视。

(8) 麻布地仗工程施工中遇特殊原因需停工时，应在捉缝灰、通灰工序后停工，不得搁置在麻遍或布遍或压麻灰、压布灰及其以上工序，防止压麻灰或压布灰附着不牢及灰层裂变，造成麻布及其以上灰层脱落及龟裂。

4. 治理方法

油饰彩画后发现地仗裂纹有空鼓、脱层、翘皮时，应分析原因，用斧子、挠子、铲刀将其脱层、翘皮的灰层清除干净，进行操稀底油，重新修补地仗和油饰彩画。

44.3.5 混线"三停""三平"缺陷

1. 现象

古建油饰工程中槛框混线往往出现"三停"尺寸符合要求而忽略"三平"，"三平"符合要求而忽略"三停"尺寸，符合"三停三平"要求而达不到混线的规格尺寸等缺陷。特别是达不到"三平"而出现线肚高于两个线膀肩角的缺陷较为严重，严重影响观感质量。

2. 原因分析

(1) 地仗施工中轧线者在制作轧子时，对"挖竹轧子"或"窝马口铁轧子"的传统规则不掌握，或马虎从事，或使用不符合要求的轧子轧线，造成达不到传统规则的混线。

(2) 地仗施工中轧线者在制作"马口铁轧子"时，正反轧子窝的不成对，大小不一，采用的马口铁或镀锌白铁较薄，为了好窝轧子，轧线时轧子变形走样，造成达不到传统规则的混线。

(3) 地仗施工中轧线者在轧线时，虽然使用了符合传统规则的混线轧子，但未掌握操作要领，用力过大，使轧子变形走样，造成达不到传统规则的混线。

(4) 地仗施工中轧线者在轧线时，虽然使用了符合传统规则的混线轧子，由于使用了不符合要求的中灰、细灰，所轧的中灰线胎和细灰定型线因干燥后受缩而变形走样，或磨细灰定型线时磨走样，造成达不到传统规则的混线。

3. 预防措施

(1) 制作混线轧子时，首先掌握"三停三平"的规则，"三停"是指框线的两个线膀宽度与线肚底宽尺寸相等，即为框线尺寸三等分。"三平"是指框线的两个线膀肩角高度与线肚高度一致。从传统框线的竹轧子所要求的"三停三平"线形规则分析，其线膀的内肩角为90°夹角，即为传统框线的特征。外线膀的内肩角为136°夹角，两个线膀的坡度按三平线的夹角为22°，见图44-1，图44-2。

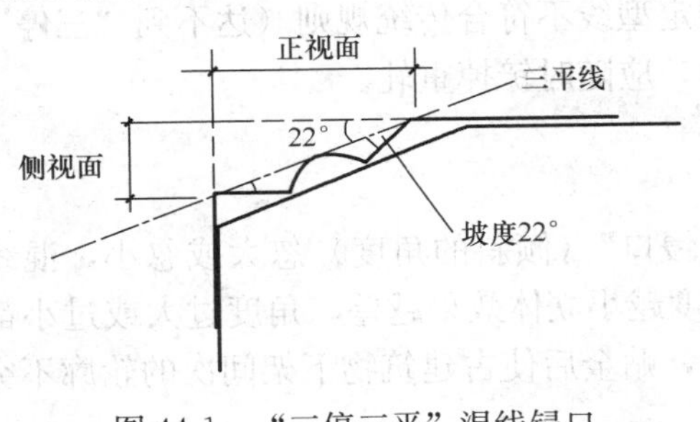

图44-1 "三停三平"混线镘口

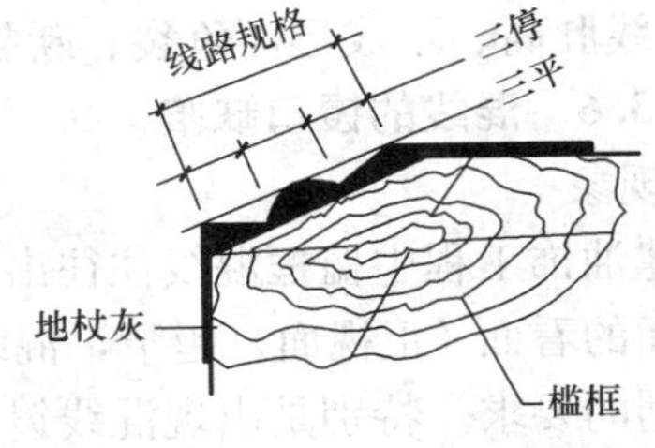

图44-2 "三停三平"混线线口

(2) 轧线时为了防止轧子变形，导致线形走样。制作轧子前所选用的马口铁或镀锌白铁，其厚度应根据所确定的混线规格宽度而定。因此，凡混线规格尺寸在30mm以内时，应选用0.5mm厚度的白铁；混线规格尺寸在31～40mm时，应选用0.75mm厚度的白铁；混线规格尺寸在40mm以上时，应选用1mm厚度的白铁。

(3) 轧线者在制作"马口铁轧子"时，应严格掌握"三停"与"三平"和规格尺寸的关系，也就是轧坯的画线，是轧子制作的主要环节，也是处理好线型的规格尺寸及"三停"和"三平"关系的关键所在。更重要的是要掌握简便计算公式：混线轧子（轧坯）总下料宽度＝两个线膀尺寸＋线鼓肚尺寸＋基本固定尺寸。线膀下料尺寸＝$B\div 3$，两个线膀尺寸$=2\times(B\div3)$，线鼓肚尺寸$=B\div2$，B为混线规格尺寸。基本固定尺寸根据操作者个人习惯控制在40mm至60mm之间为宜，正反轧坯的长度控制在200mm至240mm之间。轧坯剪好后，将计算出的尺寸在轧坯的十字线上用钢针划出线肚尺寸的准确位置。然后在线肚尺寸的线印两侧向外量出线膀尺寸，用钢针划出准确位置。其余是内外线膀膀臂和志子尺寸部分。然后窝正反轧子，符合要求并对口一致即可使用，见图44-3。

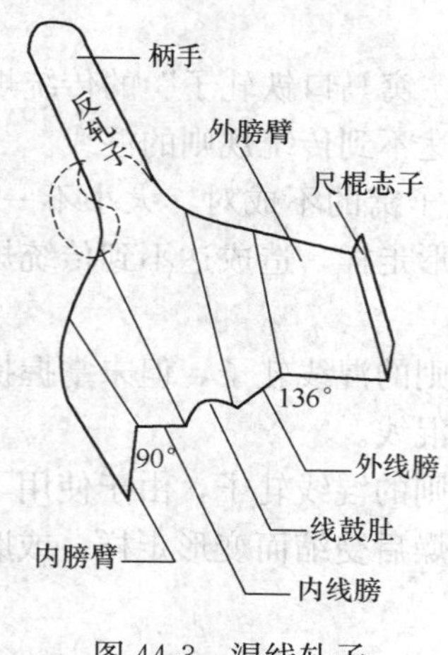

图44-3　混线轧子

(4) 轧线者在轧线时，应采用嫩豆腐状有粘度的血料调灰，轧线灰易棒（硬）不宜溏（软）；轧线时，右手持铁片轧子，由左框上起手，将轧子的内线膀膀臂卡住框口，坡着轧子让细灰，均匀后靠尺棍。持轧子在尺棍的两端找准锓口后，固定尺棍。再由上戳起轧子稳住手腕向下拉轧子，向右转圈至右框轧下来。使用传统竹轧子轧线时，应由左框下起手，将轧子大牙卡住框口，坡着轧子让灰，再从左框下戳起轧子稳住手腕向上提轧子，向右转圈至右框轧下来。特别是轧线时用力要均匀，随时检查轧子的“三平”和线膀的内肩角是否是90°夹角，以便及时纠正。

(5) 磨线路时，下架细灰工艺完成并干燥后，进行磨细灰工艺。线路应派专人磨。磨时用金刚石先磨线路的两侧，宽度不少于50mm，不得损伤线膀。线口应用麻头擦磨，线角处均可暂不磨（待修好线角时找补钻生）。由下至上磨完第一步架时，即可钻生，生桐油应一次性连续钻透。当天必须将表面的浮油用麻头擦净。

4. 治理方法

掌握轧坯选厚不选薄，轧子的线肚可低1mm不许高，轧线灰易棒不宜溏，在轧线时，随时检查所轧的鱼籽中灰线胎或细灰定型线不符合传统规则（达不到“三停”和“三平”，或线肚高、不成形而龟裂、断裂等），应随时铲掉重轧。

44.3.6　混线的锓口缺陷

1. 现象

古建油饰工程中槛框混线往往出现“锓口”（倾斜的角度）忽大或忽小，混线角度越大饰金面的看面（正视面）越窄，混线角度越小立体效果越差，角度过大或过小都不符合传统规则的要求。特别是出现混线锓口大，贴金后使古建筑物下架间次的轮廓不突出，更不协调，严重影响观感质量。

2. 原因分析

(1) 地仗施工中轧线者对传统混线的“锓口”（倾斜的角度）不掌握，或有模糊概念，造成达不到传统要求的混线锓口。

(2) 槛框起混线前，由于对砍、修、轧的八字基础线的线口宽度和锓口与混线的关系不掌握，或没有控制。在轧线胎时或轧细灰定型线时，发现线口的宽度和锓口不准，此时修整线口为时过晚，因此将产生以下两种后果：如纠正线口宽度和锓口则耗费工力和造成槛框麻布以上灰层过厚，灰层干缩后产生龟裂纹，使渗透于细灰层及油皮表面；如不纠正线口宽度和锓口，则造成达不到传统要求的混线锓口。

(3) 在地仗施工中，由于未控制槛框交接处的平整度，或砍、修、轧八字基础线时，未控制槛框交接处的线角交圈方正，或轧线胎、轧细灰定型线时，忽略槛框交接处的线角交圈方正，造成上槛或中槛或风槛与抱框的混线镘口达不到一致。

3. 预防措施

(1) 轧线者首先应熟悉了解传统混线的“镘口”(倾斜的角度)。传统混线的线口倾斜的角度为22°左右，见图44-1，图44-2，为便于掌握和控制镘口的大小，均按混线线口宽度的90%为最佳角度，也就是混线线口的看面尺寸可控制在87%～93%之间。

(2) 在基础处理时，首先对砍、修的八字基础线尺寸进行换算再砍、修。其尺寸应在确定的框线尺寸的基础上，增加20%的宽度为八字基础线的看面尺寸，框线宽度的二分之一，为八字基础线侧视面（小面）尺寸，其斜边（线口）尺寸应是框线规格尺寸的1.3倍，斜边与看面夹角为22°，即八字基础线的宽度和镘口，见图44-4。

(3) 在轧八字基础线时，其轧子的线口宽度应控制在混线规格尺寸的1.3倍。内线膀的内夹角控制在112°，外线膀的内夹角控制在158°，见图44-5。对于文物古建筑修缮中的槛框线口，如不符合混线要求又不得砍修线口时，应将八字基础线轧子外线膀的内夹角相应小于158°，使轧子的外膀臂与槛框面贴实，但必须随时检查轧子内线膀的内夹角是否控制在112°。目的是将不同程度的粗灰层厚度控制在麻层以下工序中，确保地仗和框线的质量。

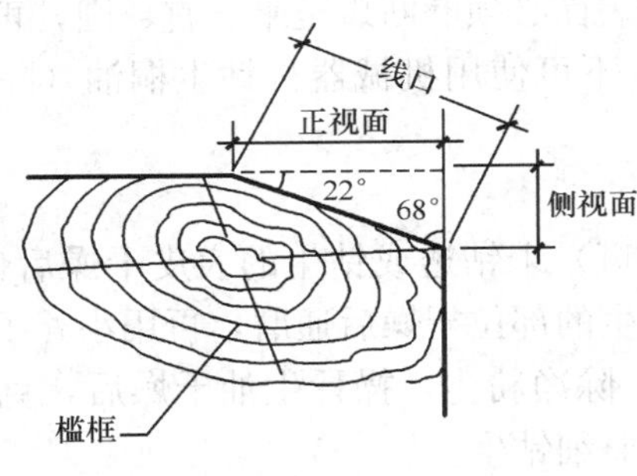

图44-4 槛框八字基础线

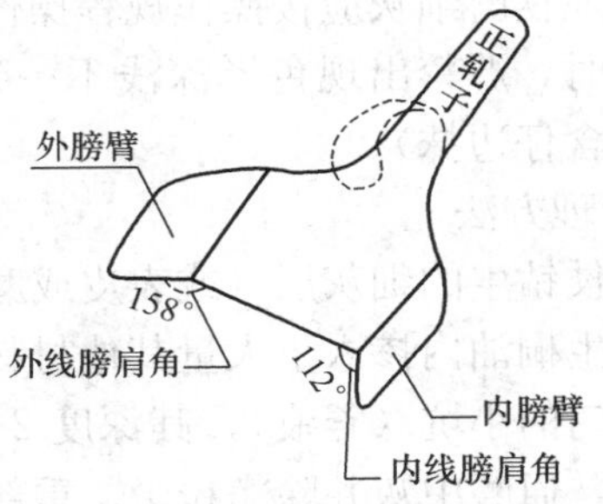

图44-5 八字基础线轧子

(4) 地仗施工中，在捉缝灰时发现槛框交接处不平，应进行衬平处理，通灰时用灰板将不平处斜板刮灰找平；轧八字基础线时或轧线胎时或轧细灰定型线时，对槛框交接处的线角应轧得交圈方正，其镘口达到一致。修线角时，地仗全部钻生七八成干时，派专人进行槛框交接处的修整，用直顺、方正的铁板和斜凿，将线角的线路与主线路接通成型，并交圈方正平直，线角全部修整符合混线要求后找补生油。

4. 治理方法

主要控制凡砍、修、轧的八字基础线镘口不符合传统要求时，不得进行灰遍工序。凡轧八字基础线时，镘口仍不符合传统要求，应随时铲掉重轧。严禁转到通灰填槽程序，确保麻层或布层以上灰层的地仗质量和“三停三平”混线的镘口（角度）要求。

44.3.7 地仗钻生桐油后颜色达不到要求

1. 现象

地仗细灰干燥后磨完一部分细灰或即将磨完细灰时，随之搓或刷生桐油后，其地仗表面色泽局部或全部较浅或深浅不一致。为了地仗表面色泽一致，而将生桐油内掺入颜料或色漆。严重影响地仗工程质量及使用寿命。

2. 原因分析

(1) 地仗钻生由于使用了不合格的生桐油（包括生桐油内掺入成品油漆或掺入稀释剂及掺入熟桐油），搓或刷涂第一遍生桐油时，生桐油未被钻进地仗而在表层成膜，使第二遍生桐油钻不进地仗细灰层内部，造成地仗表面色泽局部或全部较浅或深浅不一致。

(2) 地仗钻生由于未按操作规程操作，搓涂或刷涂第一遍生桐油与第二遍生桐油间隔过久，或只刷涂 一遍生桐油，或搓涂、刷涂生桐油不均匀，造成地仗表面色泽局部或全部较浅或深浅不一致。

(3) 由于地仗磨细灰未按操作规程操作，细灰表面未磨断斑就搓涂或刷涂生桐油，造成地仗表面色泽局部或全部较浅或深浅不一致。

3. 预防措施

(1) 地仗工程施工应使用合格的生桐油，钻生桐油中不宜掺加光油或其他干性快的油料和稀释剂及其颜料或色漆。否则影响地仗工程质量及使用寿命。

(2) 地仗钻生应按操作规程操作，搓涂或刷涂生桐油不得间断，应一次性连续钻透细灰层为准，遍数不限，以黑褐色并达到一致为宜。上午钻的生桐油中午前将表面的浮油用麻头擦净，下午钻的生桐油下班前将表面的浮油用麻头擦净，以防地仗表面生桐油挂甲。

(3) 地仗磨细灰应按操作规程操作，细灰表面必须磨断斑至平、直、圆，再搓涂或刷涂生桐油时，严禁出现色泽深浅不一致现象。不可使用机械器具钻生桐油（除菱花心屉外，但不含仔边抹）。

4. 治理方法

凡地仗钻生的细灰层（或表皮或磨细未断斑）未钻透或钻生的表皮干燥后色泽较浅，或钻生的生桐油内掺入了大量其他材料，待钻生的部位干燥后通磨，再用小斧子以斧尖剁成基本均匀的小坑（斧痕），其深度 2～3mm，除净粉尘，操稀生油干燥后，克骨满刮中灰干燥后，通磨中灰并除净粉尘，重新细灰、磨细钻生。

Ⅱ 油漆（油皮）工程

本节叙述古建油漆（油皮）工程中特有的质量通病和防治措施，一般的质量通病及其防治措施，详见本手册第 37 章“建筑涂饰工程”的有关内容。

44.3.8 顶生

1. 现象

地仗表面油漆后，局部出现成片的小鼓包，呈鸡皮状，油漆表面严重时呈橘皮状或疥蛤蟆皮状，彩画后其表面出现局部咬色，深浅不一致，严重影响观感质量。

2. 原因分析

(1) 生桐油的油质不合格，钻生后形成外焦里嫩，未进行磨生晾干，就涂刷油漆，易产生“顶生”缺陷。

(2) 地仗表面钻生后，未彻底干透，来进行磨生晾干，涂刷油漆后易产生“顶生”。

(3) 有时建设单位要求工期越来越短，而施工单位为保证工期，违背地仗施工客观规律，在地仗磨细钻生后，局部未干或部分未干透，就进行油漆彩画，易产生油膜不干及顶生或彩画颜色不一致的缺陷。

3. 预防措施

(1) 地仗工程施工应使用合格的生桐油，并将生桐油做干燥性试验，钻生桐油中不宜掺加光油或其他干性快或干性慢的油料，否则防止了顶生但缩短了工程使用寿命。

(2) 地仗钻生桐油干后，用指甲划出白印即为干，再用 1.5 号砂纸进行全面磨生，确无溢油现象时，清扫过水布，再油漆彩画。凡地仗钻生桐油干后，应提前进行全面"晾生"，如出现溢油现象时，应晾干后再进行油饰彩画。

4. 治理方法

油漆表面出现轻微橘皮时，用 1 号砂纸或 200 号水砂纸彻底打磨平整，刮油血料腻子，干燥后打磨光滑重新油饰。如橘皮严重时可先用细金刚石穿磨，再用 1 号砂纸打磨平整，清扫干净后，刮石膏光油腻子，干燥后打磨光滑重新油饰。

44.3.9 油皮超亮

1. 现象

又称倒光、失光，俗称冷超、热超。光油、金胶油、成品油漆刷后在短时间内，光泽逐渐消失或局部消失或有一层白雾凝聚在油漆面上，呈半透明乳色或浑浊乳色胶状物。

2. 原因分析

(1) 搓颜料光油、罩光油、打金胶油和涂刷油漆后，遇雾气、寒霜、水蒸气、冷或热空气及烟气的侵袭，在油漆面上或罩光油面上凝聚造成超亮、失光。

(2) 油漆内掺入了不干性溶剂或掺入稀释剂过多，刷后油漆表面有层油雾。颜料光油、光油、金胶油内掺入了稀释剂，搓刷后表面造成失光。

(3) 被涂刷的物面粗糙吸油造成失光；或水泥面上含有碱性物质使油漆膜皂化失光。

(4) 上遍油漆、颜料光油未干透，就涂刷面漆或罩光油，而底层的油漆和颜料光油会把面层的光泽吸收而造成失光；油漆中含有较强的溶剂，涂刷后容易使底层油漆回软而失光。

3. 预防措施

(1) 在有雾气、水蒸气、寒霜、烟气和湿度大的环境中，不宜搓刷颜料光油、罩光油、打金胶油，也不宜涂刷成品油漆和虫胶清漆。必须涂刷时，应在太阳升起九时以后和下午四时以前施涂（排除水蒸气、烟气、湿度大的环境）。

(2) 油饰工程施工应对不干性溶剂、油料和强溶剂及稀释剂严格控制，防止胡掺乱兑。

(3) 不在物面粗糙面上涂刷面漆和罩面油；涂刷面漆和罩光油必须在前遍油漆、颜料光油干透后进行。

(4) 搓刷末道颜料光油、罩光油和涂刷成品油漆的面漆，应少掺或不掺稀释剂，打金胶油严禁掺入稀释剂。

4. 治理方法

(1) 搓光油和打金胶油出现超亮时，用砂纸打磨干净或用稀释剂擦洗干净，重新搓油或打金胶油。

(2) 因成品油漆内掺入了不干性溶剂，刷后油漆表面有层油雾而产生的失光，可用软棉布蘸清水擦洗或用胡麻油、醋和甲醇的混合液揩擦，再用清水擦净，干后再涂刷一遍面漆；成品油漆因空气湿度大或水蒸气产生的失光，可用远红外线照射，促使漆膜干燥，失光也可自行消失。

（3）搓刷末道颜料光油和罩光油及打金胶油出现超亮（失光）时，用旧砂纸打磨光滑并擦干净，重新搓油或打金胶油。

44.3.10　皱皮与炸纹

1. 现象

搓刷颜料光油、罩光油或涂刷油漆、金胶油后，油膜干燥中收缩形成许多高低不平的折皱或秧角形成成串的芝麻大小的油珠。或油膜干燥以后收缩裂变形成许多高低不平的炸纹、龟裂状的折皱至蛤蟆斑，严重影响观感质量。这种现象多呈现在背阴的部位，又称起皱、皱纹、串秧。

2. 原因分析

（1）颜料光油、罩光油、金胶油熬炼火候不够、聚合不佳或土籽比例不准。

（2）干性慢和干性快的油漆掺和，或油漆、光油掺用了挥发快的稀释剂。

（3）刷油、搓油、打金胶油时或搓刷打完后，受高温或曝晒，油膜内外干燥不匀，使表面油膜提前干燥而封皮，内部尚未干燥形成皱皮、串秧。

（4）油漆或搓油、金胶油粘度大，涂刷不均匀，个别处及秧角处油膜厚，易皱皮、穿秧。

（5）涂刷底层油漆太厚，未干透就涂面漆（扣油或罩油），易外焦里嫩形成皱皮。

（6）使用的底面漆（油）不配套，底层涂刷油性漆而面漆涂刷醇酸漆。或底层搓刷颜料光油而罩光油内含松香脂，或罩光油内掺了不等量的清漆或直接罩清漆，受曝晒、高低温变化或酸雨的因素影响，油膜产生化学反应形成外脆里软，内部油膜胀缩促，使外部无弹性的油膜或早或晚出现炸纹，油膜干燥后呈现炸纹。

3. 预防措施

（1）选购和熬制的光油、金胶油应经样板试验合格后，方可使用。

（2）油饰工程应掌握油漆品种和性能及稀释剂的选用。

（3）搓油、打金胶油、刷油漆时涂刷要均匀，避免阳光曝晒。

（4）涂刷底层油漆干透后，再涂刷下遍油漆，并掌握油漆的粘度和涂刷的薄厚均匀度。

（5）使用底面漆（油）应配套，园林古建筑（亭子、长廊）要选购或熬制含松香脂的颜料光油、罩光油，不宜使用不含松香脂的颜料光油打底，而使用含松香脂（清漆）的光油罩油，否则罩油干燥后（根据光油内掺清漆的多少罩油后）迟早出现炸纹。仿古建可采用醇酸漆打底，使用含或不含松香脂的光油作罩油，延长使用期。

4. 治理方法

涂饰油漆或面漆（罩油或扣油）干燥后，出现轻微皱纹、穿秧，可待油膜干透后用砂纸或水砂纸打磨平整。出现严重皱皮，待油膜基本干燥时，可用铲刀铲除起皱，铲除后出现凹坑时，用铁板或开刀将不平处找补油石膏腻子，干燥后用砂纸磨平磨光，腻子处找补原色油漆，再重新搓刷光油（涂饰油漆）成活。

44.3.11　翘皮

1. 现象

翘皮又称变脆、炸纹、开裂、卷皮。油漆膜开裂破碎成小片，逐渐卷皮后慢慢脱落。

2. 原因分析

（1）在木基层面或水泥类抹灰面上未操底油就攒刮腻子，或油漆膜无光颜料粉化未打磨干净就涂刷油漆，都会使油漆膜翘皮。

（2）攒刮腻子前未磨生或磨生后未清理干净，使用了滑石粉调配的血料腻子，或者使用了 821 腻子，油漆后由于腻子附着力差造成油漆翘皮。

（3）油漆表面批刮的腻子油质少或腻子太厚，涂饰的面漆或使用了过期的面漆（油质少，树脂多），成膜后漆膜容易脆裂翘皮。

（4）被涂物面上沾有各种油污或物面太光滑，油漆结膜后附着力不佳。

（5）基层含水率高或地仗平、直、圆差和细灰面粗糙，攒刮腻子厚，油饰后，易开裂、翘皮。

（6）基层面与底漆、面漆不配套或配套而操作不当，造成脱层翘皮。

（7）油皮表面批刮的腻子油性小而厚，涂刷油漆后易开裂翘皮。

3. 预防措施

（1）油漆工程的基层含水率要求：木基层面不大于 12%，混凝土面不大于 8%。

（2）油漆工程的基层面、底漆或底油、腻子、面漆应配套使用，并按操作要求施工。如基面为镀锌铁皮时，经打磨擦净污垢后，应涂刷锌黄醇酸底漆一遍，7～10d 内必须涂刷面漆。其面漆为浅色油漆时，应施涂三遍，深色油漆可施涂两遍。

（3）油漆面除严格控制地仗的平、直、圆外，油皮上找刮腻子时，应使用油石膏腻子。用胶油细腻子时油应大些，但不得刮厚。油皮上找刮的腻子打磨后，需补刷合色油漆。

（4）油漆工程应控制所使用的油漆品种的性能、出厂日期及配兑。

（5）地仗钻生桐油干燥后，在油饰前应细致的磨生、过水布，使用土粉子调配的血料腻子。攒刮血料腻子时宜薄不宜厚；在攒刮血料腻子中强度低时，应随时加入适量光油增加强度。

（6）油皮表面刮原子灰后，应通磨光洁，再刮油性适宜的薄腻子，打磨光洁后进行油饰。

4. 治理方法

油漆面层局部有油漆膜卷皮、脱皮，应铲除干净操底油，干后，找刮油石膏腻子，干后，打磨光平，仍有砂眼、麻面处，进行复找干后磨光平，补刷合色颜料光油或油漆，再满搓刷成活。

44.3.12 椽望红帮绿底油饰缺陷

1. 现象

椽望涂饰红帮绿底油漆后，其色彩分配的尺寸，往往出现清朝中期的彩画，其红帮绿底按传统（清晚期至今）红帮绿底做法油饰。老檐椽与飞檐椽、廊步和长廊、大门内檐及室内椽与外檐椽的红帮绿底尺寸不规矩。翼角绿椽肚的通线弧度和绿椽帮及肩角不规矩，甚至不分椽当，或四角八面不一致，达不到文物要求和设计要求或传统做法的要求。

2. 原因分析

（1）对文物工程现状勘测不清或施工技术交底不明确，或操作者对油饰工程的椽望红帮绿底做法与文物的关系不清楚。

（2）操作者未经技术培训或技术不熟练就上岗操作，达不到质量要求。

（3）刷绿椽帮和绿椽肚前，计算尺寸或弹线马虎从事，或不按规矩刷，甚至难刷部位有的绿椽帮不刷，达不到质量要求。

3. 预防措施

（1）文物工程施工前，现状勘测记录要清楚全面，施工技术交底要细致明确，要使用文物意识强，技术素质高的施工队伍。

（2）施工操作人员除掌握油饰工程的椽望色彩分配和尺寸外，还应满足文物要求和设计要求。传统的红帮绿底要求绿椽帮高为椽高（径）的45%，绿椽肚长为椽长的4/5，大门内檐和室内的绿椽肚无红椽根；廊步依据檐檩，有燕窝（里口木）者外留内无红椽根，无燕窝者外无内留红椽根；翼角通线弧度应与小连檐弧度取得一致。清中期遗留痕迹恢复的，其老檐椽无红椽根，飞檐椽红椽根为椽长的1/10，绿椽帮高同传统椽高（径）的45%。翼角绿椽肚的通线随小连檐弧度。

（3）椽望搓刷或涂刷绿椽肚前，应按文物和设计要求及传统要求的尺寸，先弹绿椽根通线后弹椽帮分色线。弹线时，先弹正身椽，后弹翼角椽。在弹正身椽时，其绿椽根的通线长度不少于一间，在弹翼角椽时，其绿椽根的通线长度应控制在2～3根斜椽之间。

（4）椽望揩搓或涂刷绿椽肚时，分色界线应规矩、直顺、整齐，颜色一致，漆膜饱满，光亮，椽肚通线与小连檐的弧度一致，无透底、流坠、接头、超亮、皱纹、漏刷等缺陷。

4. 治理方法

刷椽望红帮绿底后，出现不符合文物要求和设计要求及传统要求的尺寸时，应按预防措施（2）的尺寸进行修整。如绿椽肚的长度不足或椽肚通线与小连檐的弧度不一致或翼角椽的绿椽肚未分椽当时，应重新按尺寸弹绿椽根通线，打磨砂纸后，用绿油刷绿椽肚或用红油涂刷红椽根。如绿椽帮的高度不足，应重新按尺寸弹线或画线，打磨砂纸后，用绿油刷绿椽帮的高度。如翼角椽的绿椽肚未分椽当，应重新弹线刷红油分椽当，有未刷的绿椽帮应画线后用绿油补刷绿椽帮。

44.3.13　油皮表面长白毛与起泡

1. 现象

搓刷颜料光油或涂刷成品油漆后，在一段时间内地仗霉变油皮表面长白毛，严重时白毛咬黄返碱，甚至造成木质腐烂、起泡（鼓水泡）、脱层、开裂、翘皮等质量缺陷。

2. 原因分析

（1）古建、仿古建当年的土建工程，屋顶（面）的木基层（望板）未做防潮、防水，而直接做苫背（护板灰、泥背和灰背）时，其檐头的望板、连檐瓦口、椽头部位，当年就进行地仗、油漆工程施工，造成地仗灰腐烂或附着力差、裂缝、鼓泡、翘皮、脱落、油漆长白毛、返碱咬黄等缺陷，甚至导致连檐瓦口、望板木质腐烂，新木构件含水率高同样出现此类缺陷。

（2）地仗施工时木基层含水率偏高，搓刷颜料光油或涂刷成品油漆后，使木基层水分得不到蒸发，在气候湿度大的环境中，易造成地仗霉变和油皮表面长白毛、返碱咬黄。

（3）地仗施工时环境湿度大，搓刷颜料光油或涂刷成品油漆后，霉雨季节檐头瓦面泥灰背漏雨，或柱根、下槛等地仗被雨水浸透，使木基层的水分封闭得不到蒸发，造成地仗霉变和油皮表面长白毛、返碱咬黄，甚至鼓水泡、木材腐烂、脱层、开裂、翘皮。

3. 预防措施

(1) 凡古建、仿古建的土建工程，屋顶（面）的木基层（望板）未做防潮、防水，而直接做苫背（护板灰、泥背和灰背）时，其檐头的望板、连檐瓦口、椽头部位应待来年再进行地仗、油漆工程施工。

(2) 凡古建、仿古建要求油漆彩画当年完成的工程时，其木基层含水率不得大于12%，屋顶（面）的木基层（望板）建议做防潮、防水处理。如椽子含水率基本符合要求时，建议连檐瓦口、椽头和椽望的椽子做地仗、油漆，其望板可刷色胶应与椽子油漆颜色近似。这样做既确保望板不腐朽，又能焕然一新，便于下次再修缮。

(3) 凡油漆彩画工程预计霉雨季节后竣工时，凡属柱根、下槛等地仗易被雨水浸透处，地仗施工前应提前进行操稀生桐油封闭，并做好雨施防护措施。

4. 治理方法

(1) 凡椽望的望板油皮表面长白毛或轻微咬黄返碱处，可用粗布将白毛擦干净即可。

(2) 油皮表面凡有长白毛而严重咬黄返碱处，应先检测地仗是否湿软或腐烂，如只是硬化的咬黄返碱，应用砂布将污垢打磨干净，重新涂饰油漆。

(3) 连檐瓦口、椽头、椽望的望板等部位，凡发现有起泡、脱层、开裂、翘皮等缺陷，应提前用铲刀或挠子将缺陷处的灰皮油皮清除干净晾干，待空气干燥季节，再进行操稀生桐油，干燥后，重新修补地仗搓刷光油（涂饰油漆）成活。

44.3.14 返粘

现象、原因分析、预防措施和治理方法参见37.1.5“慢干和回粘”的相关内容。

43.3.15 粗糙（颗粒与油痱子）

现象、原因分析、预防措施和治理方法参见37.1.6“漆膜粗糙，表面起粒”的相关内容。

44.3.16 水波纹、鼓包

1. 现象

地仗表面油漆彩画后，局部有不平的水波纹，随着季节性变化，个别处拱出鼓包或条状鼓包，地仗收缩后，油漆表面呈现更明显的凹凸不平的水波纹现象，刷浆（水性涂料）表面或局部拱出鼓包，影响油饰彩画表面的观感质量和粉刷墙面使用寿命。

2. 原因分析

(1) 木基层表面的疤节（死节）、树脂未作处理就进行地仗施工，由于木材受气候影响，产生胀缩后，其死节由于硬度大并没有随之收缩，使地仗表面形成鼓包。

(2) 混凝土面抹灰时或抹麻刀灰时，灰内掺入生石灰粒、硬土粒等杂物，在地仗施工中或粉刷涂料中抹灰层渗入水分或潮气促使杂物膨胀，造成地仗或粉刷涂料的表面产生鼓包。

(3) 木基层处理时，对于木构件的缝隙未作撕缝和下竹钉处理，地仗的油饰彩画完工后，在木质收缩的季节，缝内油灰被挤出，使地仗的油饰彩画表面出现凸条状鼓包。

(4) 使麻、糊布工序中，开头浆不均匀未浸透麻层或布面，水翻轧时未用麻针翻麻，内含干麻包；或麻层薄厚不均匀，麻层窝浆多（麻层囊密实度差），地仗干缩后，造成油漆彩画表面出现鼓包和不平的水波纹。

(5) 地仗施工中，调配油灰使用血料棒的砖灰级配不准或油灰灰淌，或操作不当。

3. 预防措施

(1) 木基层处理时，凡遇有 20mm 以上的木疤节子（死节子），应用小斧子砍深 3～5mm，预防木材收缩。

(2) 混凝土面、抹灰面施工地仗，以及麻刀灰面施工粉刷涂料工程时，应严格控制基层含水率，在基层处理中发现鼓包隐患及时铲除掉，进行地仗修补和油漆彩画的修补成活，或进行涂料修补成活。

(3) 新营建的建筑木构件含水率经测验符合要求后，再进行地仗施工。木构件表面基层处理时，凡有缝隙应撕成两撇刀为 V 字形，随后将撕过缝的缝隙，按 15cm 的间距下竹钉，下击钉牢，构件的缝隙有并列缝时，除按 15cm 的间距外，并列缝隙的竹钉应错位成梅花形并同时下击钉牢。

(4) 使麻糊布时，开头浆应均匀，粘麻应厚度一致，砸干轧后有干麻处进行潲生，水翻轧应使底浆充分浸透麻或布面，并用麻针翻麻，确无干麻、干麻包后，再用麻轧子将棱角秧角和大面赶轧和复轧密实、平整。

(5) 地仗施工中，应严格控制调配油灰的配合比，砖灰级配应恰当，不使用棒血料调配油灰。

(6) 地仗施工中必须控制好使麻糊布前后工序的平、圆、直，大木件细灰的厚度控制在 2mm，磨细灰应按长磨细灰的操作技术要点操作。地仗表面油漆前，应对易出现不平处进行找刮浆灰（如雀替金边应横着使用铁扳掐直再刮平），再刮血料腻子。

4. 治理方法

(1) 根据缺陷的大小、长短，可沿鼓包边缘砍宽 5～15mm，并砍出坡口，再按操作规程进行地仗修补和油漆彩画的修补成活。

(2) 油漆表面出现凹凸不平的水波纹现象，根据缺陷面积大小，应横竖使用铁板找刮油石膏腻子，应找刮平整，干后打磨平光，找补垫光油，再按要求满刷成活。

Ⅲ　贴金（铜）箔工程

44.3.17　绽口

1. 现象

贴金箔、银箔、铜箔时，金箔因金胶油粘度不够形成不规则的离缝，显露出底色的现象，俗称錾口，严重影响观感质量，受雨淋日晒部位缩短使用寿命。

2. 原因分析

(1) 金胶油粘度小，配制时光油多，或掺色油漆多，帚金时，由于金胶油拢瓤子差（金胶油不返粘，吸金差）产生绽口、金花。

(2) 采用清漆代替金胶油，易造成绽口、金花、金木。

(3) 试验的样板金胶油与贴金地点、部位、环境不符，易造成绽口、金花、金木。

(4) 贴金环境不洁净，或打金胶、贴金的操作方法不当。

3. 预防措施

(1) 贴金工程应使用熬制加工试验合格的金胶油。不宜使用清漆代替金胶油。为了防止打金胶漏刷，依据色差标识所打金胶油时，允许掺入微量（0.5%～1%）酚醛色油漆。

(2) 配兑金胶油时，用稠度或粘度适宜的光油与豆油坯或糊粉配兑，应根据季节按隔夜金胶油试验配兑，9 月至次年 4 月使用爆打爆贴金胶油，样板试验要与贴金的部位环境相同的为准。

(3) 打金胶油时，现场及架木要洁净，打多少贴多少，不宜多打，否则贴金时易产生绽口和金花，浪费材料和人力。

(4) 有风的环境不宜打金胶、贴金，施工应做围挡。

(5) 打金胶和贴金时，其主要操作要点是：先打里后打外，先打上后打下，贴金先贴外后贴里、先贴下后贴上，崩直金紧跟手，不易出绽口。

(6) 贴金中，金胶油快到预定脱滑时间时，应及时帚金，发现框线有绽口时，应及时补金，并调整贴金方法（如肚膀分贴），发现有明显绽口补金不粘时，应立即停止贴金。

(7) 凡做大面积浑金时，应使用隔夜金胶油并确保拢瓤子，否则贴金达不到浑然一体。

4. 治理方法

帚金后有明显多处绽口时，彩画部位均可重打金胶、贴金，油活部位应重新包黄胶（浅黄油漆），干后打磨擦净，再打金胶、贴金。

44.3.18 金木

1. 现象

贴金箔、铜箔等时，表面无光泽或微有光泽，甚至既无光泽又有折皱（金箔或铜箔被金胶油吃掉，或称淹了）缺陷，俗称金面发木不亮。

2. 原因分析

(1) 基层面粗糙或未包色黄胶和油黄胶，打金胶后被基层吸渗，贴金箔、铜箔等产生金木。

(2) 金胶油稀或掺有稀释剂，或被打金胶油落尘土、超亮等现象，贴金箔、铜箔等产生金木。

(3) 打金胶后，贴金箔、铜箔时间掌握不准，或金胶油未形成薄膜就贴金箔、铜箔等，易产生金木和折皱。

(4) 采用成品油漆代替金胶油，由于贴金箔、铜箔时间掌握不准或控制不好，易造成绽口、金花、金木。

(5) 贴赤金箔、铜箔等，罩丙烯酸清漆太早，易产生金木和折皱。

3. 预防措施

(1) 金胶油经样板试验合格后，方可使用；成品油漆不宜代替金胶油使用，否则不易控制贴金时间，易造成金面绽口、金木、金花等缺陷。

(2) 油漆打底的漆膜应光滑饱满，可打一道金胶油，包色黄胶打底时应打两道金胶油，所打金胶的表面要光洁、光亮、饱满。

(3) 贴金工程应使用隔夜金胶油；9 月至明年 4 月使用爆打爆贴金胶油时，应认真掌握贴金时间；试贴前，以手指背在不明显处触摸金胶油，感觉既不粘指又有返粘的手感，贴金最佳。

(4) 不在刮风环境中打金胶、贴金，或做好防风、防尘措施后，再打金胶、贴金，操作应按打金胶、贴金要点进行。

（5）金胶油超亮不得贴金，罩油应在贴金（铜）12h后进行，贴赤金箔、铜箔表面罩丙烯酸清漆，应在3d后金胶油彻底干燥再进行。

4. 治理方法

凡贴金箔、铜箔表面出现无光泽及折皱或皱纹的金面、铜箔面等，应轻磨后重新包油黄胶，干燥后打磨光滑，再重新打金胶、贴金。

44.3.19　金花

1. 现象

贴金箔、铜箔等时，表面出现不规则的无金缺陷，并显露底色，致使金面光泽、色泽不一致的现象，又称金面发花。

2. 原因分析

（1）金胶油掺入的糊粉或成品油漆过量，或采用了成品油漆代替金胶油使用，不易控制贴金时间，易产生金花、金木、绽口。

（2）施工环境及架木不清洁，在打金胶时或打金胶后金胶被蹭掉或风尘污染，贴金易金花。

（3）贴金时，超过样板金胶油试验时间，或金胶油已有脱滑现象而继续贴。

（4）样板金胶油与贴金地点、部位不符，或打金胶油局部过干（油膜太薄）。

（5）软天花和活天花及燕尾贴金后，摞放时未夹棉纸，或搬运不当及存放受潮，造成金花。

3. 预防措施

（1）金胶油的样板在贴金地点、部位试验合格后，方可使用；成品油漆不宜代替金胶油使用；为了标识打金胶或没有打金胶，可掺入微量（0.5%～1%）酚醛色漆加以区分。

（2）贴金场地、架木在打金胶前应清扫干净；打金胶、贴金尽可能选择无风或风力较小的天气，或进行遮挡防护，方可进行。

（3）打金胶、贴金应按操作要点进行，防止金胶油被蹭而贴花；贴金贴到所打金胶油三分之二工作量时，应随贴随扫、随检查，防止金胶油脱滑、贴花。

（4）金胶油微有脱滑（手指背触摸金胶油膜，感觉不粘指有磁性手感）现象时，应停止贴金。

（5）软天花和活天花及燕尾贴金后，摞放时，层与层之间应夹棉纸或海绵，搬运时应轻拿轻放，存放时应放在干燥通风的房间。

4. 治理方法

金胶油出现脱滑现象，打磨光滑后再重新打金胶、贴金（铜）；出现金花观象，应轻磨后重新包油黄皎，干燥后打磨光滑，再重新打金胶、贴金（铜）。

44.3.20　煳边和煳心

1. 观象

贴赤金箔、银箔、铜箔等，金面色泽不一致或整张金衔接的边沿较明显，甚至早观不规则的黑斑及局部变黑或全部变黑，俗称变质。

2. 原因分析

（1）赤金箔、银箔、铜箔等贮存不当；进库、进现场或贴金前未检验，贴金时误用造成色泽不一致或煳边和煳心。

(2) 贴赤金箔、银箔、铜箔等，环境湿度大，未及时进行罩油，或个别处及局部罩油漏刷，易造成表面色泽不一致或氧化变质。

(3) 贴金（片金、两色金或大面积浑金）时，使用了贴两色金剩余的金箔或贮存不当的库金箔，易造成金面色泽不一致，甚至呈现整张金衔接的边沿（一张一张的金箔）。

3. 预防措施

(1) 库金箔、赤金箔、铜箔等进库应检验，合格后方可入库，贮存时应放入防潮剂；凡潮湿的地区或沿湖水、河面较近的建筑物不宜选择贴赤金箔、铜箔及涂饰金粉做法。

(2) 进入现场的库金箔、赤金箔、铜箔等应检验，合格后方可使用在工程上，贴金前折金时应认真检查一次。

(3) 贴金（铜）时，使用剩余的散金箔应认真注意颜色，划金中发现颜色不一致或变质（煳边、煳心）现象，不得贴到活上。

(4) 贴赤金箔、银箔、铜箔等罩光油、清漆时应罩严罩到，不得遗漏，否则遇潮气、雾气等有害气体氧化变质。

(5) 贴两色金做法应分别按图案打金胶；贴大面积浑金前最好预购新金箔，如使用存放时间过长的金箔：可撕掉金箔破口的三面边沿再贴，以防金箔破口的边沿受有害气体氧化，达到色泽一致。

4. 治理方法

油漆面贴金出现煳边、煳心及色泽不一致处（如某条线、花纹等，彩画部位可不包油黄胶），应重新包油黄胶、打金胶、贴金箔、铜箔，不得出现补丁现象。

44.3.21 金面爆裂卷翘

1. 现象

多发生在卜架装饰线、面叶饰金面等，其表面出现不规则的金面卷翘，逐渐慢慢脱落，并显露底色，俗称金面爆皮。

2. 原因分析

(1) 油漆后的装饰线未打磨砂纸，或刷油黄胶后未打磨砂纸，就打金胶、贴金箔、铜箔、罩清漆，使油黄胶或金胶油附着不牢；或金胶油选用不当，清漆成膜收缩强度大，长期受阳光曝晒，容易产生空鼓、开裂，致使金面逐渐爆皮卷翘。

(2) 打金胶油或罩油（清漆）时，空气湿度过大或有湿气凝聚在油黄胶面上或饰金面上，在过高的温度下，使罩油（清漆）结膜中的干缩应力受到破坏，产生空鼓、开裂，致使金面逐渐爆皮卷翘。

(3) 贴金后金胶油未干透，就进行金面罩清光油（清漆），或罩清光油（清漆）内掺松节油、醇酸稀料，使其外焦里嫩，长期受阳光曝晒，油漆膜收缩应力大，易龟裂，使金面逐渐爆皮卷翘。

3. 预防措施

(1) 油漆面在刷油黄胶前后，应用旧细砂纸打磨光滑再进行打金胶工序。

(2) 金胶油应选用传统材料熬配制的金胶油，并经试验能作为隔夜金胶油使用，方可施工。

(3) 打金胶或金面罩清光油，需在常温环境，湿度在60%以下时进行。环境湿度在60%以上，早晨和傍晚打金胶或金面罩清光油时，最好用干棉花将装饰线、面叶表面的湿气轻轻擦拭，或在阳光升起湿气挥发后进行，白天要避开阳光曝晒时间段。

（4）贴金后，金面罩清光油应待金胶油干燥后进行。下架装饰线、面叶饰金面不宜使用清漆罩金，如金面罩清漆时必须待金胶油干透（最好为 3d）后进行。金面罩清光油（清漆）内严禁掺用稀释剂（松节油、醇酸稀料）。

4. 治理方法

金面出现爆裂卷翘现象，用细砂纸将爆裂卷翘金面彻底打磨平滑后，重新刷油黄胶、打磨，边缘呛粉、打金胶、贴金箔（铜箔）、罩清光油。

44.4 彩画工程

44.4.1 地仗生油顶生咬色

1. 现象

当彩画颜色涂刷于油作地仗面后不久，各种颜色面从颜色的下面浸透出大小不同的油迹斑点，使得彩画颜色失去装饰美观的功能。

2. 原因分析

（1）在地仗生油还未充分干透时，提前了彩画的施工刷色，致使地仗未干，生油对其外部所刷颜色产生顶生咬色。

（2）地仗生油只是表面假干，施工人员判断错误，将彩画开工期提前，使得地仗未干，生油对表面刷饰颜色产生顶生咬色。

3. 预防措施

（1）油作应配合画作，做地仗时选用含蜡质低的优质生油用于钻生油的工序。

（2）合理安排施工期，给地仗钻生油工序留有较宽松的干燥时间。

（3）彩画工程开工前，必须对油作地仗生油是否干透，可否开工做出准确判断，例如在地仗面做些实际颜色的涂刷试验观察。也可凭经验以指甲于地仗生油面划试，以手感利落干脆，所划线道反白色，一般为生油已干，否则手感涩滞，所划线道反黄白色，一般为生油未干。对于未干生油地仗，绝对不允许施工彩画。

4. 治理方法

（1）一旦发现地仗生油顶生咬色，必须立即停止彩画施工作业，以免造成大量人工材料的浪费。

（2）对于因地仗生油未干而发生的顶生咬色的颜色刷饰面，一般可继续晾干生油，待色面内外生油都充分干透后，继续重叠蒙刷各种颜色，以达到色彩的刷饰要求。

44.4.2 沥粉脱落

1. 现象

（1）古建油作地仗面的沥粉整线条或局部线条与地仗面出现开缝、翘起，经轻动便脱落。

（2）若于沥粉线条上面相继做蒙刷颜色工序时，稍加刷饰，其沥粉会被刷下。

（3）沥粉大部分完好，部分成片脱落。

（4）沥粉普遍不干并粉化脱落。

2. 原因分析

（1）现象（1）是因地仗生油未干引起，当地仗的生油未干时，生油与地仗的灰壳还未能形成统一整体，故此时地仗不具有强度，且其内的生油油气仍在挥发，并具有向外顶推作用，地仗面若于此时沥粉，沥粉必定无法粘牢于地仗，并被地仗的生油所浸顶，造成沥粉脱落。

（2）现象（2）是因沥粉的用胶量偏小或水胶粘性失效所致。沥粉的用胶量应大于覆盖于其上的颜色的用胶量，若沥粉用胶量小于覆盖色的用胶量，则刷色时必会同时刷掉沥粉，或当颜色干燥后沥粉被颜色抓起，造成沥粉脱落。

（3）现象（3）是因地仗钻生油时操作不当，出现了挂甲不良现象，又由于对生油挂甲的不良光滑面未经处理就盲目沥粉，致使沥粉与地仗面粘结不牢，造成沥粉脱落。

（4）现象（4）是因构件内部的含水率超过了规范允许限度，在这样的地仗面上若强行沥粉，其内部水分仍在慢慢不断地穿过地仗作用于沥粉（单披灰的地仗做法表现尤为突出）。构件含水率超标，使得沥粉始终不能与地仗很好地结合，造成沥粉普遍粉化及脱落。

3. 预防措施

（1）油作地仗生油必须充分干透后才能进行彩画施工沥粉。

（2）调制沥粉时，严禁用变质胶，正确掌握沥粉的用胶量，沥粉的用胶量必须大于其以后所刷饰颜色的用胶量。

（3）地仗生油的挂甲面，必须于沥粉前首先满磨较粗号砂纸，造成毛面，以利沥粉与地仗面的结合。

（4）凡油饰彩画工程的构件面，其含水率必须符合油饰彩画的规范要求，方可进行施工。

4. 治理方法

（1）对于地仗生油还未干透即已沥粉的，必须一律清除干净，待地仗生油干透后重新沥粉。

（2）对于因用胶量小造成沥粉脱落或蒙颜色被刷下脱落的所有沥粉（包括未脱的部分），必须一律清除干净，再重新拍谱子沥已加足用胶量的沥粉。

（3）对于在局部挂甲地仗面沥粉后发现有起翘、裂纹、脱落的，应做局部清除，并经砂纸磨后重新沥粉。

（4）对于因在含水率过高的构件上沥粉造成普遍粉化并脱落的，应一律清除干净，待构件含水率晾干挥发，达到规范要求时，再重新做彩画的沥粉。

44.4.3 沥粉线条不规范

1. 现象

沥粉线条的凸起度不足，有断条、刀子粉、麻面粉、流坠现象。

2. 原因分析

（1）标准的沥粉线条，从其断面看应达到半圆或接近半圆。但如果沥粉的浓度过于稀释，则必然导致沥粉中应含的干粉骨料相应减少，沥粉干燥后，水分等液体挥发，沥粉的干粉骨料无法形成凸起足实的立体线条；另外当操作不当，沥粉时粉尖子与工作面的夹角过大，控制了粉尖口应有的出粉量，就会造成沥粉线条凸起度不足。

（2）造成沥粉断条现象是因在向沥粉的工具的粉袋内装粉时窝进了少量的空气，在沥粉时将沥粉及空气同时挤出，其空气会隔断沥粉，形成线条断条。

(3) 所谓刀子粉，即沥粉时粉尖向外出粉未能达到相同于粉尖子的口径，而是各种不规则线条的沥粉。造成这些不良现象的主要原因是，调制沥粉时对干粉填充料、水胶、光油没有过相应细度的箩，就进行沥粉，使得其中的颗粒杂质部分地堵住了粉尖出口，但还仍在用力挤沥粉而形成刀子粉。

(4) 麻面粉，即沥粉表面呈不光滑状态，造成麻面粉的主要原因是：所用干粉填充料颗粒单一或太粗，如只用了土粉子，或干粉填充料过箩不细，造成沥粉结膜面不光滑；调制沥粉的动物质胶液变质失效，造成沥粉结膜面不光滑；调制沥粉草率，没有反复砸制，未使各种材料形成统一的糊状，造成沥粉面不光滑。

(5) 造成沥粉向下流坠的原因是：所用的调制沥粉的干粉材料成分不规范，如只用了青粉或大白粉或滑石粉，而没有用作为主要骨料的土粉子，故沥粉易向下流坠；沥粉的浓度不够，沥粉太稀，易向下流坠。

3. 预防措施

(1) 调制大、小粉时，必须按各种沥粉的粗细不同，正确掌握沥粉的稀稠度，经试沥成功后方可较大面积沥粉，以确保沥粉线条凸起度的要求。

(2) 沥粉过程中，粉尖子与沥粉工作面的下夹角度保持在75°～85°为宜，以达到沥粉所需要的出粉量。

(3) 无论沥大、小粉，在向沥粉工具的粉袋内灌粉后，首先必须反复轻揉粉袋，随即应从粉袋尾部排出粉内窝藏的空气，系好粉袋尾口后，方可沥粉，以排除沥粉断条隐患。

(4) 调沥粉必须过细箩，清除粉内各种颗粒杂质后，方可用于施工，以防出现刀子粉。

(5) 调制沥粉的材料成分应符合传统要求，严禁使用变质水胶调制沥粉。沥粉的用胶量、用水量必须适宜，调制沥粉过程中，须反复精心砸制，使各种材料成分混合为一体方可使用，以防出现麻面粉、流坠粉。

4. 治理方法

(1) 对于凸起度明显不足的沥粉线条，应铲除重沥。

(2) 对于部分的沥粉断条，应按已沥线条规格接补沥齐所断部分，但衔接部位不可留有明显接头。一整条箍头线或某些部位的沥粉，若有较普遍的断条现象，则应全部铲掉重新沥粉。

(3) 刀子粉、麻面粉、流坠粉，施工中一般多出现于局部，对于此类质量问题，一经发现应即铲掉重沥，同时不可留下明显的接头痕迹。

44.4.4　色相感不正

1. 现象

彩画施工涂刷的某种基底颜色（指未经两种颜色以上相互复合配兑过他色的一次性颜色）所呈现的色彩、色度、色温质量感觉不正，如感觉某种颜色色彩偏于刺激或柔和，色度偏于深或浅，色温偏于冷或热等。

2. 原因分析

对于所刷饰的未经配兑过他色的一次性的某种颜色，感觉其色相不正的原因，往往是因为用了彩画施工规范或设计所不允许应用的颜色，出现了较显著的偏差。

3. 预防措施

深入了解掌握并执行传统古建彩画的法规及具体彩画设计所限定的用色要求，施工中不违反法规或设计的规定和要求，使用其他颜色施工。

4. 治理方法

对于施工中已刷的各种色相感不正的不合格颜色，应一律废除，重新涂刷符合彩画施工标准的颜色。

44.4.5 颜色虚花

1. 现象

彩画施工涂刷的无论大色、小色，无论为胶或油调制的各种颜色，经干燥后其颜色面不均匀一致，不实透底。

2. 原因分析

(1) 使用了遮盖力质量较差的颜色。

(2) 刷颜色时，任意向专职调制人员已调制成的颜色内加水或加稀料进行稀释，使颜色降低了遮盖力，导致颜色虚花。

(3) 有些特殊颜色，需要涂刷两遍才能成活，但只涂刷一遍了事，导致颜色虚花。

(4) 刷色工艺没有按照规范要求先垫刷底色，而是直接涂了所需的成活色，造成颜色虚花。

(5) 涂刷颜色的刷毛太硬，涂刷颜色厚薄不匀，造成颜色虚花。

3. 预防措施

(1) 选用优质颜料进行调色刷色。

(2) 未经拌料专职人员许可，任何人不得任意向已调制成的颜色内加进任何稀释剂。

(3) 按颜料遮盖力的性质，正确地决定颜色的涂刷遍数。

(4) 严格按操作规程规定的刷色工艺要求，进行各种刷色。

(5) 选择刷色工具的软硬度必须适宜，刷色时布色、顺色及搭接色的方法应符合规范要求，尽力做到使全部色面的颜色达到厚薄一致。

4. 治理方法

对刷色形成的虚花面，应在原刷色基础上重复涂刷相同色至成活。重复刷色时，应特别注意做到在保证颜色质量前提下，按颜色的涂刷遍，相应地递减用胶量，以防以后因罩面色的用胶量过大而抓起底色，造成其他质量问题。

44.4.6 颜色刷饰面龟裂及爆皮

1. 现象

(1) 颜色刷饰面普遍出现较明显的有规律的裂纹。

(2) 颜色刷饰面普遍出现不太有规律的裂纹，表现为有的部分已与地仗拉开翘起，有的部分已开始自行脱落。

2. 原因分析

出现颜色饰面普遍龟裂的主要原因是：油作地仗的中、细灰龟裂在先，连带造成刷饰颜色龟裂；颜色的用胶量过大，致使颜色干燥后拉断颜色面，形成爆起甚至自行脱落。

3. 预防措施

(1) 严格要求油作无论做何种地仗面，均必须具备彩画施工刷色所需具备的强度，不得将粉化、糠软等不合格地仗交由画作施工。

(2) 各种胶调色时，必须正确掌握用胶量，在颜色干燥后手触摸不掉色粉的前提下，其自身强度以不大于地仗的强度为宜。

4. 治理方法

对于颜色刷饰面出现的较明显的龟裂、爆皮，必须一律清除并重新涂颜色。

44.4.7 颜色掉粉

1. 现象

各种刷饰于彩画装饰面的颜色经干燥后，手触摸掉落色粉。

2. 原因分析

调制颜色的用胶量小，颜色内胶质起不到饱和颜料的作用，因此颜色干后，不能形成颜色结膜面，经手触摸掉色粉。

3. 预防措施

入胶调制各种颜色时，必须严格按规范的有关要求，正确掌握用胶量，对于已入胶调制好的颜色，须经样板试刷试验，确认成功后，方可于施工面做大面积涂刷。

4. 治理方法

(1) 发现颜色掉粉，必须立即停止刷色作业，以防造成重大材料浪费。

(2) 对已刷饰的掉色粉的颜色，可采取套胶重刷或清除掉重刷。

44.4.8 晕色明暗度明显偏差

1. 现象

无论彩画主体大线旁的晕色或烟云晕色或细部图案的攒退活晕色，从彩画整体色彩系统的一个特定色阶分析，其色度表现偏深或偏浅，突出地感觉到不协调，骤深或骤浅等。

2. 原因分析

(1) 调配晕色时，没有将该晕色作为整体色彩系列的一部分全面进行认真的权衡对比，盲目地做上了色度不当的晕色。

(2) 操作人员色感不灵敏，缺乏对各种色彩色度的实际训练，盲目参加施工操作。

3. 预防措施

(1) 对于不具有做彩画晕色能力的人员，不得允许上岗实际作业。

(2) 操作人员平时应有针对性地对各种色彩色度做反复练习。

4. 治理方法

对于明暗度明显偏差的各种不合格晕色，应重刷、重拉或重退晕色，覆盖掉不合格的晕色。

44.4.9 违反国家有关文物建筑保护修缮法规

1. 现象

把文物建筑彩画修缮工程作法，混同于现代仿古建工程作法，错误地进行了颜色材料抉择，任意改变原彩画的形制、工艺和作法，造成了对文物建筑彩画的人为破坏。

2. 原因分析

国家于1982年颁发了《中华人民共和国文物保护法》等有关法律，但施工单位及监理单位未能认真贯彻执行。

3. 防治措施

(1) 进一步加大加快立法力度，详细具体立法，明确各方面所负责任，一旦发现此方面问题，严格追究法律责任。

(2) 设计、监理、施工、文物管理等有关单位，必须严肃认真学习和贯彻执行有关文物建筑保护修缮的各项有关法规，真正做到有法必依，违法必究。

45 地 下 空 间 工 程

45.1 盾 构 施 工

Ⅰ 盾 构 始 发

45.1.1 盾构基座移位、变形

1. 现象

在盾构始发过程中，盾构基座发生移位、变形，使盾构掘进轴线偏离预定轴线。

2. 原因分析

（1）基座摆放时中心线与盾构机设计始发中心线之间夹角过大，使基座受到盾构机前推产生的过大侧向力。

（2）来对基座的刚度、强度、稳定性进行计算，或计算错误。

（3）盾构机前推时选用的千斤顶编组不合理，致使盾构机对基座上产生过大的侧向力；盾构机与基座导轨之间的滑块设计、安装不合理，盾构机前推时滑块对导轨产生侧向力，可导致导轨弯曲。

（4）未及时解除盾构机与基座之间连接，盾构机前推时带动导轨或基座前移。

（5）基座与始发井底板连接失效。

3. 预防措施

（1）基座摆放时基座中心线与盾构机设计始发中心线之间应尽量重合。

（2）基座在设计制造时，应对其刚度、强度、稳定性进行计算，确保满足使用要求。

（3）合理选用千斤顶编组，选用左右侧的千斤顶编组，使盾构沿基座轴线的方向前进。

（4）滑块的设计应考虑当盾构机的前进方向与基座轴线之间产生偏离时，滑块不对导轨产生侧向力，在盾构进入土体前应随时观察滑块的状态。

（5）在盾构始发前推之前，应及时解除盾构机与基座之间连接。

（6）盾构基座底面与始发井底板间要垫平垫实，确保基座与始发井底板之间可靠连接。

4. 治理方法

（1）先停止推进，防止其状态进一步恶化。对已发生变形破坏的构件分析破坏原因，进行相应的加固补强。对需要调换的部件，先将盾构进行临时支顶，再调换被破坏构件。

（2）盾构基座变形严重，盾构在其上又无法修复和加固时，只能顶升盾构机使其脱离基座，再创造工作条件后对基座作修复加固或重新搭建基座。

45.1.2 反力架产生过大变形或位移

1. 现象

在盾构始发过程中，在盾构机推进力的作用下，盾构始发反力架产生过大的变形，或反力架与始发井底板、始发井结构之间产生位移，从而影响反力架的使用功能。

2. 原因分析

(1) 未对始发反力架的刚度、强度、稳定性进行计算，或计算错误。

(2) 盾构推力过大，超出了反力架的设计允许荷载，或受出洞千斤顶编组影响，造成后靠受力不均匀、不对称，产生应力集中。

(3) 反力架部件组装质量差，各构件间的螺栓连接或焊接的强度不够。

(4) 反力架安装时精度差，使部分构件偏心受压、偏心受拉或受扭。

(5) 反力架与始发井结构之间的连接不牢固，盾构机推力作业时连接部位失效。

3. 预防措施

(1) 反力架设计、制造之前对始发反力架的刚度、强度、稳定性进行计算，确保结构能满足使用要求，一般按盾构机设计推力的 1/3 作为反力架结构的设计荷载。

(2) 在始发推进过程中控制盾构的总推力在反力架设计允许推力之下，且尽量使千斤顶合理编组，均匀受力。

(3) 对体系的各构件的连接点应采用合理的连接方式，保证连接牢靠，各构件安装定位要精确，并确保电焊质量以及螺栓连接的强度。

(4) 反力架框架结构平面应与千斤顶的顶靴平面保证平行，使后反力架受力均匀；在盾构机始发过程中应对反力架的变形进行监测。

(5) 核算反力架与始发井底板始发井结构之间的连接强度，在盾构机始发过程中对上述部位的位移进行监测。

4. 治理方法

(1) 对已变形的反力架构件采用增加附加支撑的方式进行补强和加固，防止其状态进一步恶化。

(2) 反力架与始发井底板始发井结构之间的连接部位发生裂缝后，通过重新焊接或植钢筋补强的办法进行修复；对于已经产生的较大位移，必要时拆除反力架及负环，对反力架重新安装。

45.1.3 盾构水平曲线始发时轴线偏差大

1. 现象

当盾构始发段处于线路水平曲线上时，其水平轴线偏离隧道轴线超出规范允许值。

2. 原因分析

(1) 盾体处于始发基座上方时只能沿直线推进，直到完全进入土体之后才能转弯，在此过程中由于线路是处于水平曲线上，盾构机直线的始发轴线与设计线路中心曲线之间产生超过规范允许的水平偏差。

(2) 曲线始发时，当曲线半径较小时，在盾体完全进入土体后，盾构机进行水平纠偏的过程中，由于每环掘进的纠偏量有限，水平偏差经过一定环数的掘进才能回到规范允许偏差范围内。

(3) 选择的管环类型不合理，致使管环与盾壳之间的间隙局部过小，限制了盾构机的纠偏操作。

（4）盾构机推进系统或铰接系统故障，致使盾构机转向困难。

3. 预防措施

（1）正确设计曲线段始发，根据曲线半径的大小可采用切线、割线始发方式。

（2）在盾体进入土体后，盾构机应及时进行纠偏操作。

（3）选择合适的管环类型，保证管环与盾壳之间的间隙，给纠偏操作预留出空间。

（4）正确操作盾构，按时保养设备，保证机械设备的完好，及时排除盾构机推进系统或铰接系统故障，故障不排除前不允许掘进。

4. 治理措施

当成型隧道的中心偏差在允许范围内时，可不处理；如果成型隧道的中心偏差超出了允许范围，应对线路进行调坡调线处理。

45.1.4　盾构进洞时产生"扎头"现象

现象、原因分析、防治措施参见本手册 49.1.4"盾构出洞段轴线偏离设计位置"的相关内容。

45.1.5　盾构进洞时产生"抬头"现象

现象、原因分析、防治措施参见本手册 49.1.5"盾构进洞后姿态发生突变"的相关内容。

45.1.6　在大坡度段始发时竖向轴线偏差超标

1. 现象

当盾构始发段处于较大的上坡或下坡段时，盾构进洞后竖向轴线偏差超出规范允许值。

2. 原因分析

基座的垂直轴线设计不合理，盾体处于始发基座上方时只能沿直线推进，直到盾体完全进入土体之后才能进行坡度调整，在此过程中盾构机的竖向始发轴线与设计线路中心之间产生超过规范允许的垂直偏差。

3. 预防措施

当盾构始发段处于较大的上坡或下坡段时，基座应按隧道设计坡度摆放成上坡或下坡的姿态。

4. 治理方法

当成型隧道的中心偏差在允许范围之内时，可不处理；如果成型隧道中心偏差超出了允许范围，需对线路进行调坡处理。

45.1.7　始发段进洞管片错台大，破碎多

1. 现象

始发段刚进洞的几环管片错台大，破碎多。

2. 原因分析

（1）由于盾构处于始发段掘进时，直到盾尾进入土体一定距离后才能进行同步注浆，且最初几环正环掘进时，同步注浆管距离洞门较近，浆液易于从洞门临时密封处漏失，难于密实填充管片与土体的间隙，造成管片变形、下沉，管片之间产生较大的错台。

（2）由于此时隧道较短，成型隧道的整体刚度差，环片受到千斤顶推力和盾尾的拖拽力容易造成管片变形、下沉，管片间产生较大的错台，管片局部应力过大时产生破碎。

(3) 始发反力架采用钢结构时，当钢结构刚度较小，在盾构机推力作用下反力架向后方产生弯曲变形，从而引起负环利正环管片向后方产生错动，致使管片之间产生较大的错台，管片局部应力过大时拱顶位置产生破碎。

(4) 盾构机始发进洞后姿态不好，轴线偏离较大，在姿态调整过程中幅度过大，致使千斤顶盾尾对管片产生较大的侧向力，同时由于盾构机刚刚始发，同步注浆难于密实填充管片与土体的间隙，环片在千斤顶和盾尾侧向力作用下，管片间产生较大错台，管片局部应力过大时产生破碎。

3. 预防措施

(1) 盾尾进入洞门以后及时进行回填注浆封堵洞门，调整同步注浆的配合比，采用初凝时间小的浆液，当同步注浆量未达到理论填充率而浆液已从盾构机前方流出时，可从管片注浆孔向管片背后注入双液速凝型浆液。为确保浆液的饱满程度，水泥净浆的水灰比不应小于 2∶1，水泥净浆凝结时间不少于 2min。注浆时，必须从所有管片的注浆孔自下而上逐孔注入，待浆液初凝后再进行下一环管片的掘进。

(2) 核算始发反力架刚度、强度和稳定性，确保始发过程中反力架不产生过大的变形。

(3) 盾构纠偏操作应缓慢进行，选择合适的管片类型，保证盾位间隙，为纠偏操作预留出空间。

(4) 始发掘进时应控制总推进力，不宜为了追求掘进速度而采用大推力的掘进方式。

4. 治理方法

管片错台无法补救，对于管片的局部破损，可进行修补。

45.1.8 始发段进洞管片漏水点多

1. 现象

在含水地层始发段的管片，特别是最初的几环正环管片的环缝、纵缝以及管片吊装孔位置漏水点多。

2. 原因分析

(1) 盾构始发时由于考虑到反力架的承载力限制，一般采用低推力的方法，造成环片之间的止水垫圈挤压不紧，造成管缝漏水。

(2) 当完成初始掘进拆除负环后，由于环片之间的止水垫圈的应力释放，造成管片环缝疏松，同时也能引起纵缝的变化，造成管缝漏水。

(3) 盾构始发时因同步注浆量难于密实填充管片与土体的空隙，常常需要打穿管片吊装孔进行补浆，补浆完毕后注浆孔封闭不严，引起管片吊装孔处漏水。

3. 预防措施

(1) 管片拼装完成后，应将连接螺栓拧紧，在管片脱出盾尾后进行复紧，以确保止水垫圈之间压实。

(2) 负环管片拆除前，在隧道一定长度范围内安设拉杆，通常为 10～15 环安 1 个拉杆，防止拆除负环后管缝变大。

(3) 利用管片吊装孔补浆，完成后及时封闭注浆孔。

4. 治理措施

对漏水的部位进行堵漏处理。

45.1.9　始发时盾构本体滚动角超标

1. 现象

盾构始发时，当刀盘切入土体时盾构本体发生旋转，造成滚动角超出规范允许值。

2. 原因分析

当刀盘切入土体时，盾体还处于始发基座上，由于始发一般采用低推力，千斤顶顶靴与负环间的摩擦力不足以克服刀盘旋转产生的反向扭矩，盾体产生与刀盘反方向的旋转，当旋转量过大时，造成滚动角超出规范允许值。

3. 预防措施

(1) 刀盘切入土体时应采用慢转速、低贯入度的掘进方式，以降低刀盘的反向扭矩。

(2) 在盾体上焊接防旋转的挡板，利用挡板将反向扭矩传导到基座上或是始发井底部；对焊缝和钢板的强度进行核算，确保其能克服刀盘的反向扭矩。

(3) 刀盘切入土体时在确保反力架安全的前提下宜选用较多数目的千斤顶推进，以增大顶靴与负环的接触面积，增大千斤顶顶靴与负环间的摩擦力。

4. 治理方法

(1) 当由于没有在盾体上焊接防旋转的挡板而发生的旋转，但旋转量较小时，可通过在盾体上焊接防旋转挡板，再通过改变刀盘的旋转方向进行缓慢的回调。在回调的过程中要不断调整挡板高度，以防止调整时在反方向又产生过大的旋转。

(2) 当旋转量过大时，可通过改变刀盘的旋转方向或在盾体一侧用千斤顶进行支顶的方式调回旋转角；如果采用千斤顶支顶的方法，应确保刀盘刹车处于打开状态。

45.1.10　刀盘切入土体时被卡住

1. 现象

盾构始发时刀盘切入土体后，刀盘被洞门前方的土体卡住。

2. 原因分析

(1) 洞门前方的土体或加固体强度大，或者有局部的突起，盾构机前推进入土体时，刀盘处于静止状态，被加固体卡住，造成刀盘不能转动。

(2) 洞门前方加固体强度大，或者有局部的突起，刀盘切入土体时的贯入度过大，从而被加固体卡住，造成刀盘不能转动。

(3) 盾构始发时刀盘刚切入土体时，由于土仓距离洞门很近，往土仓内添加的土体改良材料容易从洞门漏失，因此土体改良效果差，造成刀盘扭矩大，容易被卡住。

(4) 盾构始发时配置的刀具与地层不匹配，产生过大的旋转阻力，卡住刀盘。

3. 预防措施

(1) 凿除洞门前方土体或加固体表面突出的部分，使开挖面呈平面。

(2) 刀盘在接触洞门土体前必须保持旋转状态，刀盘采用小贯入度、低转速的方式切入土体。

(3) 完善洞口临时密封装置，初始掘进时尽量减少土体改良材料的漏失。

(4) 刀盘要配备与开挖地层相适应的初装刀具。

4. 治理方法

(1) 刀盘采取小幅度正、反转的方式逐渐脱困。

(2) 回缩掘进前进时采用外加千斤顶，使盾体退回，使刀盘与开挖面脱离接触，再重新启动刀盘，刀盘采用小贯入度、低转速的方式切入土体。

（3）封堵临时密封装置，初始掘进时尽量减少土体改良材料的漏失。

45.1.11 盾构始发时洞门涌水、涌砂

1. 现象

盾构机正在始发时，从盾构机与接收洞口的空隙涌水、涌砂。

2. 原因分析

（1）盾构接收端土体加固效果差。

（2）洞口临时止水装置效果差。

（3）洞口预埋钢环与洞口混凝土连接差，预埋钢环变形、拔出。

（4）盾构始发时，注浆管距离洞门较近，同步注浆容易从洞门流出，造成管片与土体之间的空隙填充不实，产生较大变形，当地层稳定性差时，地下水或流沙能以此为通道，沿盾体喷涌到盾构机前方，从而造成地面沉降过大或塌陷。

（5）由于盾构机刚进入洞门，土仓内的压力平衡尚未建立，刀盘所在位置的土体易产生较大变形，当地层稳定性差时，造成地面沉降过大或塌陷。

3. 预防措施

（1）洞门土体加固的施工参数范围严格按设计要求确定，经过改良的土体要求其有一定的自立性和稳定性。在盾构机进入加固区前，必须对加固效果进行检测。

（2）检查预埋钢环与洞口混凝土的连接情况，当连接效果差时，应通过加焊钢筋、植钢筋等方法进行补强。

（3）盾构机进入接收洞口前，应先清理完洞口的渣土，再完成洞口密封。洞口密封帘布必须完整，压板或折页板必须无变形且安装精确，与洞口预埋件可靠连接。

（4）调整同步注浆的配合比，采用初凝时间短的浆液，当同步注浆量已从盾构机前方流出时，可从管片注浆孔向管片背后注入双液速凝型浆液。为确保浆液的饱满程度，水泥净浆的水灰比不小于2：1，水泥净浆凝结时间不少于2min。注浆时，必须从所有管片的注浆孔自下而上逐孔注入。注浆完成后待浆液初凝后再进行下一环管片的掘进。

（5）当洞门完成封堵后，应及时采取土压或泥水压力平衡的模式掘进。

4. 治理方法

（1）发现加固的范围和效果未达到设计要求时，盾构机应停止掘进，对加固区进行重新加固，达到要求后再进行贯通掘进。

（2）盾构机从洞门推出的过程中发生洞口预埋钢环与洞门混凝土脱开事故时，可沿洞门钢环周圈在端墙上植钢筋，通过钢筋焊接来加固预埋钢环或洞口临时止水装置。

（3）始发时发生大规模涌水、涌砂，可通过管片吊装孔注入水硬性发泡材料聚氨酯封堵。当遇到管片尚在盾壳内而无法利用管片注浆孔注入时，可利用盾构机中体、前体上预留的径向注浆孔注入水硬性发泡材料封堵涌水、涌砂的通道。

（4）当通过管片吊装孔或盾体上的径向注浆孔的注入量不足以封堵涌水、涌砂时，可通过在始发井端墙上钻孔，打入注浆管在盾体周围注入双液浆或聚氨酯材料封堵。

45.1.12 洞门土体掉落、塌方

1. 现象

在凿除洞门围护结构过程中，洞门前方土体从工作面掉落到盾构始发井内或者洞门

处，土体产生塌方。

2. 原因分析

(1) 洞门外侧土体加固范围或施工参数未到达设计要求，加固体土体自稳性较差。

(2) 围护结构的凿除方法不恰当，在凿除过程中对加固体产生了较大的振动和冲击，使加固体产生裂隙，造成加固体自稳性下降。

(3) 围护结构凿除后，由于盾构机刀盘未及时切入到加固体，造成加固体暴露时间过长。

3. 预防措施

(1) 洞门土体加固的施工参数范围严格按设计要求确定，要求其有一定的自立性和稳定性。在盾构机进入加固区前，必须对加固效果用取芯的方法进行检测。

(2) 如加固体处于含水地层，可布置井点降水管，将地下水位降至能保证安全出洞水位。

(3) 根据洞门的实际尺寸和加固土的状况，制定合理的洞门凿出方案，当洞门前方土体为软土地层时，应采用分层、分块、自上而下的凿出方法。

(4) 完成洞门围护结构凿除后，应尽快缩短加固体的暴露时间。

4. 治理方法

(1) 当检测到土体加固效果不良时，应对加固体进行冲洗加固或补充加固，再次检测达到设计要求后，再进行洞门围护结构凿除施工。

(2) 完成洞门围护结构凿除后，应尽快前推盾构机，使刀盘切入加固体中。

(3) 在凿出过程中发生加固体流水、吊土，但尚未发生塌方时，可采用挂塑料网片或玻璃纤维网片再喷射混凝土的方法对已暴露的加固体表面进行封闭，对加固体进行降水或补充加固后再继续凿除剩余的洞门围护结构。

(4) 在凿除过程中发生大规模塌方或涌水涌砂时，应考虑在始发洞门处临时搭设模板、浇筑混凝土来封堵洞门，之后再对加固体进行重新加固或补充加固，加固体经检验合格后再继续凿除封堵混凝土和洞门围护结构。

Ⅱ　盾　构　掘　进

45.1.13　土压平衡式盾构推力大，掘进困难

1. 现象

盾构掘进过程中，由于正面阻力过大造成盾构掘进速度降低。

2. 原因分析

(1) 盾构刀盘的进土开口率偏小，进土不畅通。

(2) 盾构正面地层土质发生变化，土层变为密实地层。

(3) 盾构正面遭遇大直径卵石、漂石等较大块状的障碍物。

(4) 仓内土体改良效果不佳，土仓内结有严重的泥饼，进土不畅通。

(5) 盾构机刀盘前方遇到前期未发现的地下构筑物或遗落在地层中的障碍物。

(6) 设定的掘进土压过大。

(7) 刀具及刀盘磨损严重。

(8) 长时间停机造成盾构机被地层抱死。

(9) 实施地面注浆或管片背后注浆时，浆液将盾体与周围土体固结。

3. 预防措施

(1) 详细了解盾构掘进断面内的地质状况，根据工程地质状况设计具有针对性的刀盘形式，配备合适的刀具。

(2) 在盾构始发之前，应对盾构穿越的地层进行调查和地质勘察，摸清沿线影响盾构掘进的障碍物的具体类型，所在位置的里程、深度等信息。

(3) 选择合适的土体改良材料，保证添加剂加注系统完好，根据地层状况和掘进参数加注添加剂，防止刀盘内结泥饼。

(4) 根据地质状况和盾构机的性能，合理设定掘进参数。

(5) 合理设定平衡压力，加强施工动态管理，及时调整控制平衡压力值。

(6) 避免长期停机，如因故需要盾构机长时间等待掘进时，可每隔一段时间将盾构机前推几厘米，避免盾体被土体抱死。

(7) 进行地面注浆或管片背后注浆时，应避免浆液流入盾壳与土体的缝隙内。

4. 治理方法

(1) 采用人员进仓的办法排除前期发现但不便进行地面处理的障碍物或在掘进过程中发现的未知障碍物。

(2) 及时更换磨损超标的刀具，及时对刀盘的耐磨层进行补焊。

(3) 对于已经发生的泥饼，可采用分散剂浸泡或人员进仓的方式进行清除。

(4) 减低掘进土压至合理值。

(5) 加大推力，或同时在盾体预留径向孔注入膨润土液进行润滑，使盾构机脱困。

45.1.14 土压平衡式盾构土压值波动过大

1. 现象

在盾构掘进及管片拼装过程中，土压平衡式盾构土压计显示的土压值波动过大，与理论压力值或设定压力值有较大偏差。

2. 原因分析

(1) 掘进速度与螺旋机的出土速度不匹配。

(2) 泡沫和膨润土液等土仓添加剂压力设定不合理，加注量与掘进速度不匹配，造成开启添加剂注入时土仓显示压力升高，关闭添加剂注入后土仓显示压力降低。

(3) 盾构停机后发生后退，使开挖面平衡压力下降。

(4) 当采用气压模式掘进时，土仓内发生塌方，显示土压将骤然升高。

(5) 当采用气压模式掘进时，地层大量漏气或压气系统、土仓密封、盾尾密封系统等大量漏气，使显示压力骤然降低。

(6) 土体改良不好，造成螺旋机出土困难或出土不连续。

3. 预防措施

(1) 正确设定盾构掘进的施工参数，使掘进速度与螺旋机的出土能力相匹配。

(2) 管片拼装作业要正确伸、缩千斤顶，严格控制油压和伸出千斤顶的数量，确保拼装时盾构不后退。

(3) 盾构机配置停机保压系统，当由于盾构机停机而造成土压下降时，保压系统通过向土仓内注入膨润土液体以保持土压。

(4) 正确设定添加剂注入量、注入压力等参数。

(5) 在开始掘进前，对地层的渗透性进行分析，避免在渗透性高的地层采用气压模式掘进。

(6) 在采用气压模式掘进前，确保土仓、螺旋机、铰接和盾尾密封系统的完好性。

4. 治理方法

(1) 向切削面注入泡沫、水、膨润土等物质，改善切削进入土仓内土体的性能，提高螺旋机的排土能力，稳定正面土压。

(2) 维修好设备，减少液压系统泄漏。

(3) 调整泡沫、膨润土等土仓添加剂的加注量和加注压力，使之与地层参数和掘进参数相适应。

(4) 及时开启保压系统。

(5) 当气压掘进模式失效时，应及时转变为土压平衡掘进模式。

45.1.15　土压平衡式盾构螺旋机出土不畅

现象、原因分析、防治措施参见本手册 49.1.11"土压平衡式盾构螺旋机出土不畅"的相关内容

45.1.16　土压平衡式盾构螺旋机发生喷涌

1. 现象

土压平衡盾构机在掘进过程中，螺旋机渣土的含水量太高，形成流体状的泥水混合物，无法通过皮带运输机带走而从螺旋机排土口掉落在隧道内，造成地层超挖和管片拼装困难。

2. 原因分析

(1) 地层的渗透性强，含水量高，水压大。

(2) 地层含有的粘性颗粒少，土体改良剂的类型和加注量不合适。

(3) 加注泡沫时，气水混合液的气压过大。

(4) 施工不连续，停机时间过长，使地层中的水汇集到土仓内。

3. 预防措施

(1) 当掘进地层的渗透性强、含水量高、水压大时，盾构选型应优先选用泥水平衡式盾构机施工。当选用土压平衡盾构机施工时，应采用两级螺旋或配备保压泵渣装置。

(2) 选择合适的土体改良剂类型和加注量，以降低泥水混合物的流动性。

(3) 阻断盾构机土仓与已成型隧道的水力联系。

(4) 加注泡沫时要控制加注的气压。

(5) 增强施工连续性，减少意外停机。

4. 治理方法

(1) 通过管片吊装孔进行补浆，形成止水环，阻断盾构机刀盘与已成型隧道的水力联系。

(2) 调整土体改良剂类型和加注量，以降低泥水混合物的流动性。

(3) 发生喷涌时应降低泡沫加注的气压和混合液中空气的含量。采用保压泵渣装置代替螺旋机进行排土。

(4) 当采用二级螺旋时，控制一、二机的转速，使转速与渣土的流动性相匹配。

45.1.17 掘进轴线偏差超标

1. 现象

盾构掘进过程中，盾构推进轴线过量偏离隧道设计轴线，进而影响成环管片的轴线。

2. 原因分析

(1) 盾构超挖或欠挖，造成盾构在土体内的姿态不好，导致盾构轴线产生过量偏移。

(2) 盾构测量误差，造成轴线偏差。

(3) 盾构纠偏困难，纠偏不及时，或纠偏不到位。

(4) 盾构刀盘开挖面的土体软硬不均，造成对刀盘的阻力不均衡。

(5) 盾构下卧层的土体压缩性大，抗压强度低，如掘进停止的间歇太长，盾体受自身重力影响导致盾构下沉。

(6) 管片拼装后与盾尾之间的间隙局部过小，限制了纠偏操作。

(7) 盾构机掘进系统、铰接系统故障或仿形刀、扩挖刀无法使用，限制了纠偏操作。

(8) 当处于小半径曲线掘进或大坡度段掘进时，盾构机的设计转弯能力和爬坡能力不足。

3. 预防措施

(1) 正确设定平衡压力，使盾构的出土量与理论值接近，减少超挖与欠挖；掘进时应控制好方向，在直线掘进时避免盾构蛇行，在曲线掘进时适当设置变向提前量，尽量减少纠偏幅度。

(2) 盾构施工过程中经常校正、复测及复核测量基站。

(3) 发现盾构姿态出现偏差时应及时纠偏，使盾构正确地沿着隧道设计轴线前进。

(4) 盾构机设计时应考虑施工隧道的最小曲线半径和最大坡度，确保盾构机转弯能力和爬坡能力满足需要。

(5) 保持盾构机掘进系统、铰接系统、仿形刀、扩挖刀的完好性。

(6) 当盾构在极软弱土层中施工时，应使盾构机相对于设计轴线保持一定的抬头姿势，保持施工的连续性，快速的穿越软土区。

4. 治理方法

(1) 调整盾构的千斤顶编组或调整各区域油压，及时纠正盾构轴线。

(2) 使用仿形刀、扩挖刀对开挖面作局部超挖，使盾构沿被超挖的一侧前进。

(3) 通过选择合适的管环类别和操作盾构机铰接系统，调整盾尾间隙至合理值，为纠偏操作预留出空间。

(4) 更换磨损超标的刀具、清除刀盘内泥饼后再进行纠偏操作。

45.1.18 隧道上浮

1. 现象

土压平衡式盾构施工过程中，随着盾构的不断向前掘进，成环隧道呈上浮现象。

2. 原因分析

(1) 地层含水量丰富，水压大；同步注浆效果欠佳，同步注浆未能及时凝结，未能密实填充盾构管片与土体之间的空隙，未能有效地隔绝隧道与地层之间水力的联系：地下水及未凝结的浆液产生的浮力大于管片重力及施工荷载，使隧道产生上浮现象。

(2) 土体的自稳定性好，或处于岩层掘进，盾构通过后管片上方的土体能完整成拱，使隧道上浮存在空间。

(3) 管环之间的连接件未及时拧紧，使隧道的整体刚度降低，加重了上浮现象。

(4) 同步注浆或管片补浆选择的注浆位置不合适，注浆压力加重了上浮现象。

3. 预防措施

(1) 提高同步注浆质量，缩短浆液初凝时间，使其遇泥水后不产生劣化。

(2) 提高注浆与盾构掘进的同步性，使浆液能及时充填建筑空隙，建立盾尾处的浆液压力。

(3) 加强对成环隧道的姿态监测，当发现隧道上浮呈较大趋势时，及时采取补压浆措施。

(4) 及时复紧已成环隧道的连接件。

(5) 体的自稳定性好，或处于岩层掘进，当地下水丰富时不宜追求过高的掘进速度，应该给浆液合理的凝结时间。

(6) 隧道掘进时盾构机姿态保持一定的下压量，以防隧道上浮后发生轴线偏差超标。

4. 治理方法

(1) 对于已经发生的上浮，只能采取措施防止上浮继续发展，可对已成环隧道进行补压浆措施，形成止水环（必要时采用聚氨酯），阻断隧道与后方土体之间的水力联系。

(2) 隧道上浮稳定后，如隧道轴线偏差未超标，不做特殊处理；如果隧道轴线偏差超标，只能对线路进行调坡、调线处理。

45.1.19　掘进中盾构本体滚动角超标

1. 现象

盾构掘进中盾体发生过量的旋转，造成盾体与车架连接不好，设备运行不稳定，增加测量、封顶块拼装等困难。

2. 原因分析

(1) 盾构内设备布置重量不平衡，盾构的重心不在竖直中心线上而产生了旋转力矩。

(2) 盾构所处的土层不均匀，两侧的阻力不一致，造成掘进过程中受到附加的旋转力矩。

(3) 在施工过程中刀盘或旋转设备连续同一转向，导致盾构在掘进运动中旋转。

(4) 在纠偏时左右千斤顶推力不同及盾构安装时千斤顶轴线与盾构轴线不平行。

(5) 推进力过小，造成千斤顶承靴与管片端部的摩擦力过小。

(6) 由于地层或盾构机刀盘、盾壳的设计原因，造成盾壳与地层的摩阻力过小。

3. 预防措施

(1) 安装于盾构内的设备应合理布置，并对各设备的重量和位置进行验算，使盾构重心位于中线上，或配置配重调整重心位置于中心线上。

(2) 经常改变盾构机刀盘的旋转方向，使盾构自转在允许范围内。

(3) 盾构机刀盘、盾壳设计时，应考虑避免盾体易于发生与刀盘方向相反的旋转。

(4) 在自稳性强的土层掘进或岩层掘进时，推进力不宜过小。

4. 治理方法

(1) 通过改变刀盘转向或千斤顶的选用来调节盾构的自转角度。

(2) 当由于盾构机壳体与土体之间的摩阻力过小造成盾构本体滚动角易于超标时，可通过盾体上预留的径向注浆孔，向壳体与土体之间注入浆液，以增加摩阻力。

45.1.20 盾构后退

现象、原因分析、防治措施参见本手册 49.1.16“盾构产生后退”的相关内容。

45.1.21 盾尾密封刷泄漏

现象、原因分析、防治措施参见本手册 49.1.17“盾尾密封装置泄漏”的相关内容。

45.1.22 盾构隧道施工引起土体变形超标

1. 现象

在盾构隧道施工引起超过设计允许值的土体变形量，造成隧道上方的地下、地表建筑物和构筑物产生超出设计允许值的变形，严重时会造成地面沉陷、管线折断、建筑物倒塌等事故。

2. 原因分析

(1) 复合型盾构掘进时对地质状况了解不足，所采取的掘进模式与地质状况不适应，造成土仓内产生塌方。

(2) 施工参数设定不当，如平衡土压力设定值偏低或偏高。

(3) 盾构掘进时发生超挖或欠挖。

(4) 浆液注入量不足，或浆液质量差。

(5) 盾构掘进时遇到未知地下障碍物。

3. 预防措施

(1) 详细了解地质状况，采取与地层相适应的掘进模式，及时调整施工参数。

(2) 严格控制平衡，避免其波动范围过火。

(3) 严格控制掘进出土量，按理论出土量和施工实际工况定出合理出土量，掘进速度应与螺旋机出土速度相匹配，避免发生超挖或欠挖。

(4) 严格控制浆液注入量和浆液质量，确保浆液密实填充管片与土体的空隙。

(5) 在盾构始发前做好详细的地下障碍物调查工作，特别是要注意调查盾构穿越范围内是否存在废弃人防设施、废井、地质勘查孔等地下孔洞。如发现障碍物，预先采取针对性的移除、回填等措施。

(6) 对地下管线、地面建筑物等按照设计要求，在盾构穿越之前采取针对性的保护措施。

4. 治理方法

当土体变形超标引起地面变形超标时，应会同设计和相关方协商后采取措施恢复地面至原有状态，可采取的措施包括挖填、隧道内注浆或地面注浆等，当土体变形超标引起地下管线、地面建筑的变形超标时，应与产权方进行协商后，再采取相应的保护或重建方案。

Ⅲ 隧道压浆

45.1.23 隧道同步注浆浆液质量差

现象、原因分析、防治措施参见本手册 49.1.28“注浆浆液质量差”的相关内容。

45.1.24 隧道同步注浆效果差

1. 现象

在盾构掘进过程中，注浆效果不佳，造成管片的拼装质量差和隧道周边的土体沉降，进而引发隧道上方的地下、地表建筑物、构造物沉降超标或损坏。

2. 原因分析

(1) 隧道同步注浆浆液质量差。

(2) 盾尾密封效果不好，注浆压力又偏高，浆液从盾尾渗入隧道，造成有效注浆量不足。

(3) 注浆过程不均匀，注浆未与掘进同步；注浆压力波动大，造成对土体结构的扰动和破坏，使地层变形量过大。

3. 预防措施

(1) 加强对注浆设备的检查、维修，确保同步注浆浆液质量，使其符合施工要求。

(2) 控制注浆压力在盾尾密封系统的允许压力之下，加强操作，避免盾尾密封系统损坏或过量磨损。

(3) 加强注浆操作的控制，使注浆压力与掘进速度同步，避免注浆压力大幅度波动。

4. 治理方法

(1) 不符合要求的浆液重新进行拌制。

(2) 当盾尾密封系统或铰接密封系统出现漏浆后，及时进行整修。

(3) 根据地面变形情况及时调整注浆量、注浆部位，对于沉降大的部位可采用补压浆措施。

45.1.25 单液注浆浆管堵塞

现象、原因分析、防治措施参见本手册 49.1.30“单液注浆浆管堵塞”的相关内容。

45.1.26 双液注浆浆管堵塞

现象、原因分析、防治措施参见本手册 49.1.31“双液注浆浆管堵塞”的相关内容。

Ⅳ 管片生产、拼装与防水

45.1.27 管片表面气泡

1. 现象

管片脱模后在管片表面发现有气泡，气泡多发生在管片的侧表面。

2. 原因分析

(1) 混凝土坍落度偏大，气体不易排出。

(2) 振动时间不能满足要求，在气体尚未完全排出之前停止振动。

(3) 隔离剂或外加剂与混凝土的匹配性差。

3. 预防措施

(1) 检查混凝土的搅拌质量，坍落度一般控制在 70～90mm 为宜。

(2) 为确保振捣质量，采取边浇筑边振捣的方法。

(3) 混凝土采用分三层下料的方式，以减少表面气泡，振捣时间根据混凝土的流动性掌握，目视混凝土不再下沉或不再出现气泡冒出为止。

4. 治理方法

深度大于 2mm，直径大于 3mm 的气泡，用胶粘液与水稀释后再掺进适量的水泥和细砂填补，研磨表面，达到光洁平整。

45.1.28 管片表面微裂缝

现象、原因分析及防治措施可参见本手册第18章“混凝土工程”中18.5“混凝土裂缝”的相关内容。

45.1.29 管片钢筋笼加工质量差

1. 现象

管片钢筋笼的钢筋长度、间距偏差超标，钢筋间焊接不牢固或出现钢筋烧伤。

2. 原因分析

（1）管理人员和操作人员对钢筋加工重视不够，钢筋加工受到人为因素影响。

（2）钢筋加工设施的精度欠缺。

3. 预防措施

（1）严格按照相关要求，对钢筋加工及成型质量实施全过程控制。

（2）每次断料前必须对机器刀片及刀口位置进行检查，每种型号、规格的钢筋经过检测无误后方能进行批量下料。

（3）对于弯弧钢筋，应根据配料表对钢筋进行试弯，并与标准样校核合格后再进行弯弧、弯曲操作。

（4）钢筋骨架成型应在符合设计要求的成型胎模或焊台上进行制作，焊机电流不得超过额定电流，以免出现烧伤现象，焊接时焊点的位置要准确，不得漏焊，焊口要牢固，焊缝表面不允许有气孔及夹渣。

4. 治理方法

对长度、弧度不合格的钢筋以及烧伤深度超过1mm的主筋进行替换，对漏焊和不牢固的焊口进行补焊，对有气泡和夹渣的焊口，在处理后进行重焊。

45.1.30 管片转运过程中边角被碰坏

现象、原因分析、防治措施参见本手册49.1.20“运输过程中管片受损”的相关内容。

45.1.31 圆环管片环面不平整

现象、原因分析、防治措施参见本手册49.1.32“圆环管片环面不平整”的相关内容。

45.1.32 纵缝质量不符合要求

1. 现象

同环相邻的管片相互位置发生变动，致使纵缝出现了前后喇叭、内外张角、内弧面产生错台、纵缝过宽、两块管片相对旋转等质量问题，对隧道的防水、管片的受力都造成严重的危害。

2. 原因分析

（1）拼装时管片没有放正，盾壳内有杂物，使拱底块管片放不到位或产生上翘、下翻，环面有杂物夹入环缝，也会使纵缝产生前后喇叭。

（2）拼装时管片未能形成正圆，造成内外张角。

（3）前一环管片的基准不准，造成新拼装的管片位置也不准。

（4）盾尾间隙不好，使管片局部与盾壳相碰，无法拼成正圆，纵缝质量也就无法保证。

（5）盾尾间隙不好，在进行下一环的掘进时，盾尾与管片贴死，使成型管环受盾尾侧向力作用而失圆。

3. 预防措施

（1）拼装前做好盾壳与管片各面的清理工作，防止杂物夹入管片之间。

（2）推进时控制盾构机姿态，做到勤纠偏、少纠偏，保持良好的盾尾间隙，保证管片能够居中拼装，管片周围有足够的建筑空隙使管片能拼装成正圆。

（3）当管片拼装后盾尾间隙局部过小时，下一环掘进应该调整盾构机姿态，改善盾尾间隙，避免管片受管片的侧向力作用。

（4）管片正确就位，千斤顶靠拢时要加力均匀，除封顶块外，每块管片至少要有两只千斤顶顶住。

（5）盾构推进时骑缝的千斤顶应开启，保证环面平整。

4. 治理方法

（1）用整圆器进行整圆，通过整圆来改善纵缝的偏差。

（2）管片出盾尾，环向螺栓再进行一次复紧，可改善纵缝的变形。

（3）采用局部加贴楔子的办法，纠正纵缝质量。

45.1.33　圆环整环旋转

现象、原因分析、防治措施参见本手册 49.1.35“圆环整环旋转”的相关内容。

45.1.34　连接螺栓拧紧程度未达到要求

现象、原因分析、防治措施参见本手册 49.1.36“连接螺栓拧紧程度未达到要求”的相关内容。

45.1.35　管片边角碎裂

现象、原因分析、防治措施参见本手册 49.1.37“拼装后管片碎裂”的相关内容。

45.1.36　管片纵向裂纹

1. 现象

拼装的管片在拼装和盾构推进过程中产生裂缝，甚至断裂的情况。

2. 原因分析

（1）错缝拼装时管片环面不平整，相邻管片的迎千斤顶面有交错现象，使拼装的下一环管片受力不均匀，盾构的推力较大时，管片的表面会出现纵向裂缝，严重时甚至会顶断管片。

（2）当隧道处于急转曲线掘进时，如果拼装后盾尾间隙不好，管片局部与盾壳内壁贴死，盾构掘进时管片受到盾尾施加过大的侧向力，可使管片产生纵向裂纹。

（3）通过管片吊装孔进行补注浆时，注浆压力过大，使管片外侧产生过大的超载，产生纵向裂纹。

3. 预防措施

（1）每环管片拼装时都应对环面平整情况进行检查，发现环面不平，及时加贴衬垫予以纠正，使后拼的管片受力均匀。

（2）减小纠偏幅度，注意管片间隙，当发现管片间隙局部较小时，应在下一环盾构推进时立即进行纠偏。

（3）通过管片吊装孔进行补注浆时，应严格控制注浆压力在管片的设计允许值之内。

4. 治理方法

根据裂缝的发展程度，采取针对性措施进行修补。

45.1.37 管片环向错台过大

现象、原因分析、防治措施参见本手册 49，1.39“拼装后管片环高差过大”的相关内容。

45.1.38 管片椭圆度过大

现象、原因分析、防治措施参见本手册 49.1.40“管片椭圆度过大”的相关内容。

45.1.39 管片补浆孔渗漏

现象、原因分析、防治措施参见本手册 49.1.41“管片压浆孔渗漏”的相关内容。

45.1.40 管片接缝渗漏

现象、原因分析、防治措施参见本手册 49.1.42“管片接缝渗漏”的相关内容。

V 盾构机接收

45.1.41 盾构机不能进入接收洞门

1. 现象

盾构隧道贯通时，盾构机不能从接收洞门中进洞。

2. 原因分析

(1) 测量错误，接收洞门中心坐标错误或盾构机中心位置坐标错误。

(2) 洞门或盾构机中心偏差大，盾构机在贯通前依据洞门实际位置进行姿态调整。

3. 预防措施

(1) 盾构到站前 50m，要对洞内所有的测量控制点进行一次整体的、系统的控制测量复测，对所有控制点的坐标要进行精密、准确的平差计算。

(2) 在盾构到站前的最后一次测量系统搬站中，以精密测设并经过平差的地面导线点和水准点为基准，测量测站、后视点的坐标和高程（测量经纬仪和后视棱镜的坐标和高程），每一测量点的测量不少于 4 个测回。

(3) 盾构到达前 50m 地段即应加强盾构姿态和隧道线形测量，及时纠正偏差，确保盾构顺利进入车站。并根据实测的车站洞门位置调整隧道贯通时的盾构刀盘位置。

4. 治理方法

切割洞门墙，盾构隧道进行调线。

45.1.42 洞门涌水、涌砂

1. 现象

盾构机到达接收洞门或盾构机正在接收时，盾构机与接收洞口的空隙处涌水、涌砂。

2. 原因分析

(1) 盾构接收端土体加固效果差。

(2) 洞口临时止水装置效果差。

(3) 洞口预埋钢环与洞口混凝土的连接差，预埋钢环变形、拔出。

(4) 盾构机接收时，同步注浆效果差，当隧道贯通后，一般还需要安装 5～6 环管片才能完成区间隧道的管片安装，随着隧道贯通后，同步注浆容易沿盾体向前方流出，从而造成管片与土体之间的空隙填充不实，使土体产生较大变形，当地层稳定性差时，地下水或流砂能以此为通道，沿盾体喷涌到盾构机前方，造成地面沉降过大或塌陷。

3. 预防措施

(1) 洞门土体加固的施工参数范围严格按设计要求确定，经过改良的土体无侧限抗压强度达到设计要求，有一定的自立性和稳定性。在盾构机进入加固区前，必须对加固效果用取芯的方法进行检测。

(2) 检查预埋钢环与洞口混凝土的连接情况，当连接效果差时应通过加焊钢筋、植钢筋等方法进行补强。

(3) 在盾构机进入接收洞口之前，应先清理完洞口的渣土，再完成洞口密封的安装。洞口密封帘布必须完整，压板或折页板必须无变形且安装精确，压板或折页板与洞口预埋件进行可靠连接。

(4) 调整同步注浆的配合比，采用初凝时间短的浆液，当同步注浆量为达到理论填充率而浆液已从盾构机前方流出时，可从管片注浆孔向管片背后注入双液速凝型浆液。为确保浆液的饱满程度，水泥净浆的水灰比不小于 2∶1，水泥净浆凝结时间不少于 2min。注浆时，必须从所有管片的注浆孔自下而上逐孔注入。注浆完成后待浆液初凝后再进行下一环管片的掘进。

4. 治理方法

(1) 发现加固的范围和效果未达到设计要求时，盾构机应停止掘进，对加固区进行重新加固，达到要求后在进行贯通掘进。

(2) 盾构机从洞门推出的过程中发生洞口预埋钢环与洞门混凝土脱开事故时，可沿洞门钢环周圈在端墙上植钢筋，通过钢筋焊接来加固预埋钢环或洞口临时止水装置。

(3) 盾构接收时发生大规模的涌水、涌砂时，可用泥土或水回填接收井，采用水下接收的方式接收盾构机。

45.1.43　隧道最后几环管片缝隙漏水

1. 现象

隧道贯通的最后 5～6 环的管片破损较多，错台大，管片缝隙漏水。

2. 原因分析

当隧道贯通后，一般还需要安装 5～6 环管片才能完成区间隧道的管片安装。同时这几环管片随着隧道贯通后，盾构前方没有了反推力，将造成管片与管片之间的环缝连接不紧密，容易漏水。同时由于最后几环推进时，同步注浆难于密实填充管片与土体的间隙，容易造成管片变形、下沉，管片之间产生较大的错台。

3. 预防措施

(1) 在最后几环管片安装时，根据现场实际情况，要在刀盘前方的预定位置，设置支挡，以防盾构刀盘向前滑动，增加管环与管环之间的挤压力。

(2) 在最后 10～15 环管片拼装中要及时用纵向拉杆将管片连接成整体，以免在推力很小或者没有推力时管片之间产生松动。

(3) 采用初凝时间短的浆液，当同步注浆量为达到理论填充率而浆液已从盾构机前方流出时，可从管片注浆孔向管片背后注入双液速凝型浆液。为确保浆液的饱满程度，水泥净浆的水灰比不小于 2∶1，水泥净浆凝结时间不少于 2min。注浆时，必须从所有管片的注浆孔自下而上逐孔注入。注浆完成后待浆液初凝后再进行下一环管片的掘进。

4. 治理方法

当渗漏较轻微时，可通过在渗漏位置的管片吊装孔注入纯水泥浆液，先行对渗漏位置背后土体进行填充，再用堵漏材料进行管缝堵漏的方式处理；当渗漏量较大时，可从洞门向管片背后纵向打入注浆管，注入纯水泥浆，对空隙先进行填充，再用堵漏材料进行管缝堵漏的方式处理。

45.1.44 最后几环管片破损严重

1. 现象

隧道贯通的最后5～6环的管片破损较多，破损多出现在拱顶位置。

2. 原因分析

(1) 最后几环推进时，同步注浆难于密实填充管片与土体的间隙，容易造成管片变形、下沉，管片局部受力较大产生破损。

(2) 盾体由洞门口推出至接收基座的过程中，在穿越接收井围护结构和洞门圈时，受重力作用，盾体显著下降，对管片产生下拉力，使管片局部受力集中，产生较大破损。

3. 预防措施

(1) 加强最后几环的注浆。

(2) 在洞门圈的拱底设置垫块，防止盾构机穿越洞门圈时出现较大的下降。

(3) 调整好盾构机的姿态，设置合适的接收基座标高，尽量使盾构机平推到接收基座上。

(4) 在条件允许的情况下，拱顶位置可采用大块的管片拼装（标准块或相邻快），以增加隧道顶部的刚度。

4. 治理方法

对出现破损的管片进行修补。

45.2 地铁车站施工

45.2.1 逆作法现浇墙体施工缝处有空隙

1. 现象

暗挖逆作法施工车站侧墙时，先浇混凝土和后浇混凝土施工缝存在混凝土浇筑不严密现象，导致墙体的受力传递性能和水密性受到不利影响，引起钢立柱处产生较大的应力集中。

2. 原因分析

(1) 在逆作法施工中，混凝土采取后填的方法，当混凝土浇筑后会因沉降和收缩而在其上形成空隙。

(2) 施工时，由于没有顺畅的排气通道，气泡不易排出，接头表面产生析水或聚集气泡，形成空隙。

(3) 混凝土浇筑时由于流动性不足和振捣不足，使得混凝土填充不实。

(4) 由于跑模、胀模等原因，导致混凝土下沉。

3. 预防措施

(1) 逆作法施工时宜使用直接法结合注入法填充空隙（图45-1a），即在浇筑前在先浇

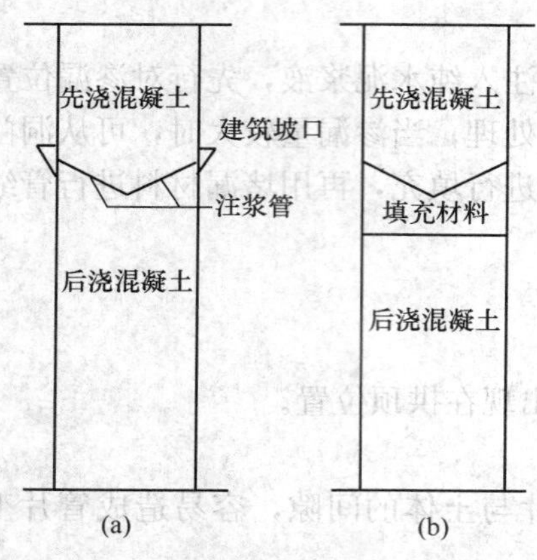

图 45-1　逆作法施工缝处理
(a) 注入法；(b) 填充法

混凝土下部预先安装注浆管，并在后浇筑的模板上方设置高度约为 20cm 的混凝土浇筑坡口，待混凝土浇筑至此高度时，依靠浇筑压力和振捣器将混凝土缝隙填充密实，待混凝土硬化后将其表面修凿平整，最后在混凝土收缩稳定后，通过对注浆管注水泥浆，填充因混凝土收缩沉降而产生的空隙。

(2) 混凝土坍落度宜为 180mm，且先浇筑混凝土下方接缝部位宜做成 20°～30°的斜坡，以利于气泡排出。

(3) 还可以采用填充法施工（图 45-1b)，即在后浇混凝土浇捣完毕后，将接缝下方的混凝土浮浆层清除，留置 20cm 缝隙，填充入微膨胀水泥混凝土并振捣密实。

4. 治理方法

当出现空隙时，可用钻孔注浆法填充空隙。当空隙很小时，宜用树脂系材料注浆填充；当空隙在 0.5mm 以上时，宜用水泥系材料注浆填充。当伴随有渗漏水情况时，可参考本手册第 11 章“11.8 防水工程堵漏技术”中治理渗漏水的方法进行填充治理。

45.2.2　暗挖车站连拱结构中柱（隔墙）顶部渗漏水

1. 现象

暗挖车站连拱结构中隔墙或顶纵梁与扣拱之间施工缝渗漏水。

2. 原因分析

(1) 连拱结构连接处人工形成了一道“V”字形的积水槽，槽内积水没有排出路径，十分容易渗透进入结构内。

(2) 采用中导洞施工时，连拱处防水板甩头容易被后期施工破坏，为了保证两侧初期支护钢拱架的稳定，需将钢拱架穿过防水层固定在中柱（隔墙）顶，破坏了防水板的完整性。

(3) 连拱处混凝土由于不易振捣和施工缝处处理不当，导致接缝不严密，同时影响防水混凝土密实性。

(4) 暗挖车站连拱结构一般较厚，后浇筑混凝土易产生收缩变形，导致施工缝处接缝不严密。

3. 预防措施

(1) 顶纵梁与扣拱施工缝宜采用齿形施工缝，或使用钢板防水板，在拱浇筑前做好施工缝处理工作，最好能提前涂抹一层水泥基渗透结晶材料，并在施工缝处预留注浆管。

(2) 连拱处防水板铺设要与扣拱施工段划分相协调，同时防水板甩头两侧都应用夹板予以保护。钢拱架穿过防水板宜用螺栓连接固定，并在连接板处和螺栓口处设置防水加强层。

(3) 连拱处顶部混凝土宜采用安装排气管等措施进行浇筑密实，达到强度后再用高等级水泥浆进行回填注浆。

(4) 在顶纵梁上部设纵向有管盲沟，并在车站两端头处设引排水管将盲沟中水引排至车站内集水井中，或每隔 10m 设 1 根引水管，从施工缝处将水引至结构排水沟内。

4. 治理方法

对于已经出现渗漏水现象的施工缝，先对扣拱二次衬砌进行持续背后注浆，再对渗漏水施工缝预留注浆管处用小型注浆压力泵从下往上进行注浆，注浆材料可为油性聚氨酯灌浆料，注浆压力为 0.2MPa。如注浆管不能注浆，应用电钻打孔埋设注浆管进行注浆处理。

45.2.3 开挖轮廓不标准，超挖欠挖严重

1. 现象

暗挖施工土方开挖轮廓不好，超挖欠挖严重。

2. 原因分析

(1) 爆破参数不对引起超挖欠挖。

(2) 未及时改变开挖及支护方法，盲目追求进度。

(3) 在地质条件差的地方开挖土方未进行超前支护，导致土方坍塌。

3. 预防措施

加强超前地质预报，及时分析断层特征，改变开挖方法和支护方法，调整爆破参数，避免超挖欠挖，在地质条件差的地方，增加超前预支护等措施，防止坍塌。

4. 治理方法

严格控制超挖欠挖，欠挖处应凿除，超挖部分应在初期支护的同时喷射混凝土回填。

45.2.4 喷射混凝土厚度不够，喷面不平整

1. 现象

暗挖车站初期支护喷射混凝土厚度不够，致使锚杆头及钢筋外漏及喷射面平整度低，影响防水板的铺设和刺穿防水板，影响结构防水效果。

2. 原因分析

(1) 喷射混凝土时未分段、分片、分层喷射，而是一次喷射成型。

(2) 喷射混凝土配合比不当，坍落度不符合要求，导致黏聚力低，回弹料过多。

(3) 喷射混凝土时，未设置喷射厚度控制标志，导致喷射面平整度不够。

3. 预防措施

(1) 喷射混凝土时应分段、分片，由下而上依次进行，先喷钢架与壁面间混凝土，然后再喷射两榀钢架之间的混凝土，每次喷射厚度为：边墙 70～100mm，拱部 50～60mm。

(2) 喷射混凝土前应计算设计配合比并做喷大板试验。喷射混凝土配合比宜为：灰骨比 1∶4～1∶5，水灰比 0.4～0.5，含砂率 45%～60%，水泥用量≥400kg/m^3。

(3) 拌制喷射混凝土时应严格称量原材料用量，每盘称重偏差为：水泥±2%，粗、细骨料±3%，水、外加剂±2%。

(4) 喷射混凝土时，在纵向连接钢筋上焊接控制厚度的钢筋头，以喷射厚度刚好能埋没钢筋头为佳。

4. 治理方法

厚度不够和喷面凹陷处应先清洗喷层表面，再喷射混凝土至设计厚度。对于锚杆头外漏和喷面突出处，不得有尖刺物、大块锐利碎石等。

45.2.5　暗挖车站立柱结构安装定位不准确

1. 现象

暗挖车站中钢管柱安装定位不准确，垂直度不能满足要求。

2. 原因分析

(1) 钢管柱底部定位器安装不牢固或位置不准确。

(2) 钢管柱安装时定位不准确，或与定位器之间安装不牢固。

3. 防治措施

(1) 钢管柱定位采用底部定位器与顶部花篮螺栓。为保证钢管柱安装精度，定位器必须做到安装前精确放线定位，安装后重新复验，保证牢固准确。

(2) 定位器的制作质量必须严格控制，保证具有足够的强度、刚度及精确度，其中心误差＜3mm，固定边与水平面成直角误差＜1‰。锥底宽度比钢管内径小 6mm。安装时应注意通过调节螺栓调节定位器标高，推移定位器调节其中心，调整好中心位置后，用钢筋把定位器锚钉与桩基主筋焊接在一起，防止定位器在浇筑下面混凝土之前移位。精确校核其平面位置、标高、垂直度后，紧固定位器调节螺栓。

(3) 深井作业应注意投点的精确度，为避免投点仪投点视镜铅垂误差，每次投点时要变换三个方向，如点位均落于同一点时，即是桩心。否则会产生三个方向点并组成一个三角形，此时三角形中心点即为桩心。

(4) 在浇筑混凝土时，要尽量避免对定位器的冲击。钢管柱吊装过程应采用多点吊装，避免吊装过程中钢管柱变形及涂料破坏。

45.2.6　开挖面土方坍塌

1. 现象

暗挖车站导洞或断面开挖时，开挖面土方坍塌或出现流沙现象。

2. 原因分析

(1) 在浅埋软岩地段、自稳性差的软弱破碎围岩、断层破碎带、砂土层等不良地质条件下施工，围岩自稳时间短，不能保证安全地完成初次支护，且未采取超前支护措施。

(2) 未进行超前地质预报，对断层破碎带未做预处理。

(3) 超前小导管少或注浆效果不好，导致土体加固效果不好，不能保持足够的自稳时间。

(4) 未进行降水，或降水效果不理想，导致土层含水量大，自稳能力低。

(5) 一次性开挖距离过大，或未及时进行格栅安装和喷射混凝土。

3. 防治措施

(1) 在不良地质条件下施工时，若围岩自稳时间短，不能保证安全地完成初次支护，为确保施工安全应采用辅助技术（喷射混凝土封开挖工作面、超前锚杆或超前小导管、管棚超前支护、设置临时仰拱等）进行加固处理，使开挖作业面围岩保持稳定。

(2) 土方开挖前宜进行降水作业，尽量保证地下水位在车站底板以下，当采用降水方案不能满足要求时，应在开挖前进行帷幕预注浆、加固地层等堵水处理。

(3) 预计涌水量不大，但开挖后可能引起大规模塌方时，应在开挖前进行注浆堵水，加固土方。注浆加固时应随时观察加固土体情况，及时调整注浆系数，采取多种超前加固方法相结合的方式进行超前支护。

（4）严格控制两榀格栅之间的开挖距离，及时对格栅之间进行挂网喷射混凝土。

45.2.7 暗挖车站管棚安设位置偏移

1. 现象

暗挖车站管棚施工时由于地质不均匀、顶管定位工艺等原因，使得管棚在受到局部变形和弯曲的情况下产生位置偏移。

2. 原因分析

（1）混凝土护拱、导向管的位置与角度定位不准确或固定不牢。

（2）水平钻机操作平台固定不牢固，架立钻机时未精确核定孔位。

（3）当采取先钻孔后排管的方法施工时，钻孔时孔位产生偏移或塌孔，导致管棚安设时也产生偏移；当在软弱土层中钻进时，送入钻头处的高压水使管周围岩变差，导致钻孔扩大和弯曲。

（4）在钻机钻进过程中没有每隔 2～6m 对正在钻进的钻孔及插入的钢管进行孔弯曲测定检查。

（5）当采取直接将管棚打入地层的方法时，在顶进过程中遇到地层空洞或孤石，导致顶进角度偏移。

3. 防治措施

（1）在管棚起始端，要用喷射混凝土浇筑一道厚 20 ~ 40cm 的隔墙，以确保钢管位置，防止冒浆。

（2）在开挖马头门处应设置混凝土标准拱架并固定牢固，预留钻孔套管，加固和平整钻机平台下基础，架立钻机时应精确核定孔位。

（3）在软弱土层使用一般钻头钻孔法时，宜用水泥浆代替水、泥水、膨润土等，可防止围岩破坏及软化，防止钻孔扩大和弯曲。

（4）在钻机钻进过程中，应每隔 2～6m 对正在钻进的钻孔及插入的钢管的弯曲及其趋势进行孔弯曲测定检查，及时修正钻进弯曲、油压、回转等参数。

（5）当钻孔遇到地层变化处，要及时调整钻孔方法和钻孔工具。可采用先用小钻头钻进，后用大钻头扩孔的办法。当遇到孤石时，可按最小限度送水钻孔，管内土、砂用硬质合金钻头粉碎后排出。

（6）在软弱土层及均匀质土层打设大直径钢管时，可采用螺旋钻孔法。

（7）在钻进孔壁不稳定土层时，宜采用钢管钻进法，钢管接头处应采用厚壁管箍，上满丝扣，确保连接可靠，且接头不应在一个断面上。连接丝扣长度不小于 150mm，管箍长宜为 200mm。

（8）管棚打入后，应及时隔孔向管内后退注浆，注入水泥浆或水泥砂浆加固周围土体，填充管内空隙。

45.2.8 初期支护背后空洞

1. 现象

暗挖车站初期支护背后存在空洞现象。

2. 原因分析

（1）地质探测未能探测到的土层空洞。

（2）管棚注浆工艺落后，浆液扩散情况差，砂层中易发生溜空现象。单次施作长度太短，在施作过程中，每次均须上挑形成工作室。

（3）车站部分施工过程中，小导管的仰角普遍过大，小导管的作用发挥不充分。

（4）现场动态管理不够理想，超前支护不能因地质情况的改变而改变。注浆工艺落后，浆液扩散不均匀，对注浆效果缺乏控制及验证。

（5）开挖存在超挖欠挖现象，且未及时进行填充。

（6）喷射混凝土时未将格栅钢架与开挖面之间的空隙填充密实。

（7）初期支护注浆管缺乏，现场回填注浆不够及时。

3. 预防措施

（1）施工前详细进行地质探测，探明地下空洞区域，提前对其进行注浆充填。

（2）严格控制超前小导管的外插角，尽量做到钻孔一次成型插入超前小导管，避免多次钻孔形成空洞。

（3）超前注浆应根据地质情况的不同，及时改变注浆参数，使浆液扩散效果能满足开挖要求。宜在试验段进行超前注浆试验，了解实际注浆效果。

（4）避免超挖和欠挖，对于超挖处，及时进行喷射混凝土充填。

（5）喷射混凝土时应首先喷射格栅钢架和开挖面之间的空隙，保证其填充密实。

（6）合理布置初期支护背后注浆管，初期支护喷射混凝土完成后，及时进行其背后充填注浆。

4. 治理方法

可用探测手段对初支背后空洞进行探测，对空洞区域钻孔，进行背后回填注浆作业。

45.2.9 格栅钢架安装位置偏差，连接不牢

1. 现象

暗挖车站初期支护格栅钢架安装位置偏移，或变形导致格栅连接板之间连接不牢。

2. 原因分析

（1）格栅钢架制作精度低，使用前未进行预拼装。

（2）格栅钢架在存放和搬运过程中产生变形。

（3）开挖断面不符合设计要求，导致格栅钢架在安装时位置产生偏移。

（4）安装格栅钢架时，拱顶和拱脚处标高未进行测量或未设锁脚锚杆。

（5）螺栓未拧紧，连接板处连接不牢。

3. 预防措施

（1）制作格栅钢架时利用标准模具拼装焊接，使用前在空地上预拼装成型。特别是在开挖断面变化处的格栅钢架制作时一定要精确量测，保证结构初支尺寸。

（2）格栅钢架在存放时不宜堆放过高或者用重物压在其上，堆放场地应尽量平整。格栅在搬运过程中应尽量避免受较大的弯压力和剧烈碰撞。

（3）保证开挖断面的结构尺寸、格栅安装空间和主筋的保护层厚度需求。

（4）安装时格栅应对拱顶和拱脚处标高进行准确测量，并在拱脚处打设锁脚锚杆固定格栅。

（5）格栅连接板处螺栓应牢固拧紧，必要时可在连接板处帮焊钢筋。

4. 治理方法

当格栅钢架安装变形导致连接板处有较小空隙或无法对正安装螺栓时，可在连接板中加垫钢板并与连接板焊接牢固，同时在钢板中钻孔安装螺栓或在格栅主筋上帮焊钢筋进行连接。当格栅偏移过大或连接板之间间隙过大无法连接，导致格栅钢架整体受力性能降低时，应拆除重新安装新的钢架，拆除前宜先对钢架背后土体进行注浆加固，防止出现塌方。

45.2.10 车站主体结构渗漏水

1. 现象

车站主体结构与隧道区间及风道、出入口结构连接处渗漏水；车站施工工法变化处渗漏水，如车站明挖结构与暗挖结构连接处渗漏水。

2. 原因分析

车站主体与隧道区间及风道、出入口等附属结构或车站施工工法变化处两侧结构采用不同的防水材料，相互搭接一般为带水作业，不易保证搭接防水质量；施工顺序不同，防水甩槎在后续破桩施工中容易遭到破坏，导致防水材料搭接无法满足要求；沉降和收缩变形量不同，导致连接处防水材料撕裂破损，影响防水效果。

3. 预防措施

(1) 在车站主体结构施工时用木板或钢板保护防水板甩头预留部分；在破桩施工时将防水板甩头紧贴加强环梁，并用木板或钢板加以遮盖保护。

(2) 在施工车站与隧道或出入口连接处加强环梁时，预留钢筋接驳器。隧道或出入口施工时，单独施工连接处到变形缝处之间的防水板和二次衬砌混凝土，确保隧道纵向钢筋与车站的紧密连接，让变形和沉降在变形缝处产生。

4. 治理方法

此处一般离变形缝较近，可能会与变形缝一起渗漏水，有条件或埋深很浅时，可以开槽重新铺设连接处上部的防水层，或设置盲沟或排水管将水引流排走。当条件有限时，可按 45.2.2“暗挖车站连拱结构中柱（隔墙）顶部渗漏水”的治理方法处理。

45.2.11 暗挖车站超前小导管注浆冒浆

1. 现象

暗挖车站超前小导管注浆时冒浆或窜浆。

2. 原因分析

注浆压力过大；进浆速度过快。

3. 预防措施

(1) 超前小导管注浆孔注浆压力宜控制在 0.5MPa，若结束注浆时压力大，可提前将开挖轮廓线处喷射一层 10cm 的混凝土，注浆结束后及时封堵注浆管尾部。

(2) 注浆孔进浆量不宜过大，注水泥-水玻璃双液浆时，每根导管双液总进浆量应控制在 30L/min 以内。

(3) 注浆时应跳孔注浆。

4. 治理方法

超前小导管注浆出现冒浆现象时，可以在导管口周围及孔口处用水玻璃和水泥的拌合物封堵，同时在导管间开挖面上喷射混凝土。

45.2.12 超前小导管安设位置偏移，固定不牢

1. 现象

暗挖车站超前小导管安设时位置偏移与固定不牢。

2. 原因分析

(1) 超前小导管采用风钻钻孔时，孔壁坍塌或遇到较大石块，导致小导管插入时位置及角度有偏差。

(2) 小导管未从拱架腹部穿过，且与拱架之间未牢固连接。

3. 预防措施

(1) 风钻钻孔吹孔时不要来回摆动，以免扩大孔径，造成塌孔。吹孔时反复推拉吹管，宜加快吹孔速度，遇到较大石块时可用掏钩掏山。

(2) 若小导管插入困难，可用带冲击锤的风钻顶入。超前小导管外插角宜为5°～15°，沿隧道纵向的两排钢管搭接长度宜为1m，外漏长度宜为15～20cm。

(3) 小导管前端应压扁，插入后应及时注浆加固。

(4) 打孔前宜对开挖轮廓线附近喷射一层10cm的混凝土，以固定导管和防止冒浆。

(6) 超前小导管宜从拱架腹部穿过，并在尾部与拱架之间焊接牢固。

4. 治理方法

小导管插入角度过大，插入长度不足，及与格栅之间无牢固连接时，应拔出重新钻孔，插入并固定在格栅钢架上，并将原孔封堵。

45.2.13 暗挖车站二次衬砌拱顶空洞

1. 现象

暗挖车站二次衬砌施工完成后，二次衬砌与防水层或初期支护之间存在空隙现象，此现象绝大多数存在于拱顶和拱肩处二次衬砌背后。

2. 原因分析

(1) 浇筑前对混凝土用量计算错误，混凝土浇筑量不足。

(2) 初期支护喷射混凝土面平整度不够，在两榀格栅之间存在大的凹陷处，二次衬砌浇筑时易在此处形成空洞。

(3) 使用台车浇筑二次衬砌混凝土时，浇筑速度太快，空气排出不够充分，在二次衬砌和防水层之间形成空洞。

(4) 使用塑料防水板等柔性较小的材料作为防水层时，防水层与初期支护之间贴合不够紧密，特别是在拱肩位置，混凝土的自重不足以提供足够的压力使防水板与初期支护之间贴合紧密，从而在防水板和初期支护之间形成空洞。

(5) 二次衬砌混凝土在浇筑后会产生缓慢下沉，从而在拱顶处与防水层之间形成空隙。

(6) 使用台车浇筑二次衬砌混凝土时，在浇筑完成前易因气体无法排出而形成空洞。

(7) 二次衬砌浇筑完成后未进行背后注浆。

3. 预防措施

(1) 防水层施工前对初期支护喷锚面进行找平，合理布置防水层与初期支护的连接点位置，保证防水层与初期支护之间紧密贴合。

(2) 使用台车浇筑二次衬砌混凝土时应严格控制浇筑速度，合理安排附着式振动器的数量和位置，确保二次衬砌混凝土的振捣质量。

(3) 混凝土浇筑量必须经过精确计算，混凝土台车封端应采取足够强度的固定措施，避免浇筑施工时出现胀模和大量漏浆现象，并保证混凝土浇筑方量能满足要求。

（4）混凝土浇筑前需预埋二次衬砌背后回填注浆管，在二次衬砌混凝土达到强度后，必须按要求进行背后注浆施工；浇筑混凝土前在拱顶预留排气管（可用二次衬砌背后回填注浆管代替），排气管管端距离拱顶1cm左右，使得拱部空气能够完全排出。排气管也可兼做混凝土浇筑是否到顶的观察孔。

4. 治理方法

可用雷达探测手段对二次衬砌背后空洞进行探测，存在空洞区域通过对预埋在二次衬砌混凝土结构中的背后注浆管，进行背后回填注浆。如若因为背后空洞引起应力集中，导致二次衬砌变形量大时，必须视实际情况采取合理措施进行加固。

45.3 地下连续墙施工

地下空间工程中地下连续墙施工的质量通病，除参见本手册第6章“深基坑工程”中6.7“地下连续墙”的相关内容外，尚应防止以下质量通病发生。

45.3.1 导墙及便道质量差

1. 现象

导墙及便道存在较大变形、开裂、下沉、鼓包等现象，其危害是容易发生漏浆以及墙后被泥浆掏空下沉，进而导致承载力不足、鼓包形成以及钢筋笼无法下入等问题。

2. 原因分析

（1）导墙位置施工质量较差，如埋入不深，底部未插入原状土层中，墙背回填土不密实，拆模后未加木支撑且暴露时间过长，与地下连续墙中心线不平行等。

（2）养护质量较差，如养护措施不得当、不及时，混凝土养护龄期不足就受力等。

（3）便道与导墙施工工艺设计缺陷，如便道与导墙净距不够；钢筋间距、位置偏差过大，被压坏下陷而损坏等。

3. 防治措施

（1）应根据项目地理环境、土层性质、水文情况、承受的施工机械荷载、机械能力、对周边环境的影响程度及施工进度综合设计，选择较好的导墙形式和足够的埋深。应根据设计规范按条形基础进行设计，其段落划分应与槽段错开。应确保其表面平整、高度一致，其高度应比原地面稍高2～3cm，以避免雨水及洒漏泥浆流到槽内。

（2）在软弱地层中可将导墙底部地基采用振冲、高压旋喷、深层搅拌等方法进行加固。在端头井阴阳角拐弯处的导墙应向外延伸一定距离，以防止成槽断面不足而影响钢筋笼的施工。

（3）钢筋绑扎时应用脚手架固定，以确保其位置准确，不变形、不散架，并保证钢筋与混凝土整体受力均衡。

（4）基槽开挖时可采用小型挖掘机进行并进行人工修整，严禁超挖、欠挖。应边挖边控制标高，回填土应采用跳夯分层夯实。

（5）严格控制成槽机的停机位置以及吊机及罐车的行走路线。在导墙边上应敷设钢板（9300mm×1950mm×30mm，Q235B）以减小接触应力，避免导墙发生内倾、变形、下沉、开裂等问题。在灌筑混凝土时应把灌筑高程提高到导墙底以上0.3～0.5m，并应注意保持导墙稳定。

（6）便道施工时应预留出至槽段边缘的距离，确保净距大于5m。底基层可用10t以上压路机压实，钢筋混凝土路面面层厚度应不小于20cm，以确保承载力满足施工要求。

45.3.2　成槽形位偏差大

1. 现象

泥浆护壁挖土成槽开挖后存在形位偏差大、墙体鼓包、接缝错台、垂直度超限等问题。成槽形位偏差较大会直接增大墙面凿除量，并影响后续的防水施工作业。

2. 原因分析

未按规定要求进行成槽作业，成槽机司机不具备成槽施工的必备知识又未经培训上岗，或是赶工期；泥浆不达标；成槽施工时附近有其他施工荷载或附加应力。

3. 防治措施

（1）在成槽前应认真检验导墙宽度、垂直度以及成槽机抓斗尺寸等，确保符合要求。发现问题应及时处理。在挖槽过程中应随时检查成槽机运行状况，确保其始终处于良好的工作状态。

（2）根据场地内土层特性、地下连续墙形式、成槽深度制定相应的成槽方案，以提高成槽精度和安全性。应优先选用带有推板纠偏装置及重心偏下重型的抓斗，制备和使用符合现场地质条件和施工条件的泥浆，合理安排挖槽顺序。

（3）加强对成槽机司机的培训工作。成槽机司机应由素质高、技术熟练、经验丰富、责任心强的人员担当，并应避免施工疲劳。

（4）严格控制泥浆的使用和管理。在现场泥浆箱上应搭设防雨遮阳篷。成槽过程中应全程跟踪取样测试，并根据测试结果对泥浆及时采取修正配合比、再生处理（或废弃处理）等措施。施工过程应进行严格的指标控制（包括成槽中、成槽后、灌筑前），以确保泥浆指标满足规范要求。

（5）成槽中应加强垂直度控制工作。应按照成槽机上铅直度显示仪上显示的垂直度，及时调整臂杆的角度以调整抓斗铅直度，利用抓斗自身的上下活动刷除不垂直的区域，也可利用超声仪每隔3～5m进行抽查，发现倾斜度超限时，应及时纠正，并尽可能做到随挖随纠。

（6）每次下放和提起抓斗时要缓慢、匀速进行，以使抓斗两侧阻力均衡，并减少对槽壁的碰撞及避免造成泥浆振荡。

（7）优化施工方案，加强工序间衔接。不同厚度的地下连续墙之间相接时，应优先考虑施工薄的一边，并应尽可能地减小对邻近土体的扰动。对特殊地层，必要时可采用“两钻一抓法”，控制垂直度。

（8）施工过程中应严格控制地面荷载，避免槽壁受到其他施工荷载作用而坍塌。应尽量缩短槽壁暴露时间，及时下放钢筋笼和导管，并及时浇筑混凝土。

45.3.3　锁口管变形变位

1. 现象

锁口管在混凝土或邻槽段土侧压力作用下发生变形、弯曲现象。锁口管变形会导致混凝土灌筑时绕流、夹泥和窝泥。

2. 原因分析

地下连续墙挖土成槽验槽结束后应马上进行锁口管下放及刷壁施工等工作，锁口管施工质量控制不好，就容易产生管身不稳固、不垂直、偏斜等现象；若管后填土不足、不密实，还会导致锁口管在混凝土或邻槽段土侧压力作用下发生变形和弯曲，并造成浇筑时绕流、夹泥、窝泥问题。

3. 防治措施

(1) 锁口管下放前应找出导墙上的油漆线并严格控制顶拔机的位置，用水平尺或水准仪控制底座标高，保证其垂直、稳固。

(2) 提前检查管身质量和连接件的焊接质量、各节拼装后轴线的顺直情况以及连接销和各节节间间隙是否影响其他工序的问题。

(3) 若墙体不深，则整体起吊接头管时不得使管子弯曲，吊放时应小心匀速轻放，并有专人用水平尺检查管体的垂直度情况，确保管身自由而又垂直地插入槽底。

(4) 锁口管吊放到位后，应及时检验管体是否在预定的位置上，且是否达到了规定的深度以及是否满足了接头施工所要求的条件。

(5) 锁口管回填应尽可能采用人工挖出的新鲜黏土，并分层捣实，以避免浇筑混凝土时发生绕流。

(6) 锁口管拔出后要将其拆开、冲洗干净后，堆放在指定位置，留待下次使用。

45.3.4 钢筋笼吊装及就位偏差大

1. 现象

钢筋笼吊装施工中发生偏位等缺陷，以及因偏位而引起其他问题。

2. 原因分析

钢筋骨架通常在胎模上施焊成型并采用双机多点抬吊、空中回直工艺，抬吊过程中不可避免地要产生晃动和振颤。另外，若施工不注意还会发生许多难以处理的问题，如保护层厚度不够、露筋、骨架扭曲、变形错位、生锈、下沉；预埋件偏位、接驳器错位；分布筋、接驳器上夹泥；保护层脱焊掉落等。导致钢筋等的受力作用减弱，墙体抗弯性能下降，后期形成病害不易根治等诸多问题。

3. 防治措施

(1) 钢筋笼应尽量整体加工和吊装，起吊前应对钢筋骨架的整体刚度及吊点受力进行模拟验算并对施工人员进行详细的技术交底。道路不平时要用钢板铺平。

(2) 钢筋骨架在胎模上制作时应每隔 2.0m 布置一道闭合的水平箍筋，以加强其整体性和刚度。每个焊点要焊接牢固，对于起吊点处更要加强，焊缝长度、饱满度、电焊渣等情况应有专人检查并确保合格。

(3) 钢筋笼起吊时，其顶部应设置 1 根扁担横梁。为避免钢筋笼在空中晃动，应在其底部系两根麻绳，用人力进行控制，起吊时不允许将钢筋笼在地面上拖引。

(4) 钢筋笼吊放过程中要小心平稳，不得强行冲放，以防止因钢筋笼晃动而导致槽壁坍塌。

(5) 钢筋笼入槽时必须在确保吊点中心对准槽段中心后再徐徐下降，吊放过程中应随时在两个互成 90°的方向，用吊线坠或经纬仪检查钢筋笼的垂直度，以控制钢筋笼的位置并保持笼体垂直，发现偏斜情况应及时纠正。

(6) 吊放过程中若槽壁凹凸不平、弯曲会导致钢筋笼无法下放，此时可用抓斗、刷壁器修整槽壁直到钢筋笼可以放入为止。

(7) 钢筋笼下放到位后，应及时用水准仪精确复测其顶面标高，确保其与设计一致，偏差应控制在规范容许范围以内。

45.3.5 地下连续墙变形过大

1. 现象

因各种原因导致地下连续墙变形过大以及与之相关的其他问题。

2. 原因分析

(1) 钢支撑支座下窝泥、夹泥使钢板下不实以及受力后支座发生变形，进而导致后期墙体压浆不及时、质量不达标，从而增大了墙体的沉降并产生一定的侧向变形。

(2) 支护结构的位移与坑内土体的状况有很大关系，例如受自然温度变化、支撑混凝土徐变、坑内加固、降水以及时空效应影响。大多数情况下，坑内土体不能保持原状性质，设计工况与施工工况严重不符，进而导致地下连续墙变形过大而发生渗漏。

3. 防治措施

(1) 施工下一段时应及时在设计上支座处没有预埋钢板的位置增设钢板或加劲板。

(2) 当裂隙、蜂窝、孔眼、接缝处有微量漏水而渗水面积不大时可采用填堵法，先将漏水部位凿出（凿出深度 5～10cm），冲洗干净后将细麻丝用扁錾子塞入缝内，然后用掺入防渗剂的水泥浆或速凝型堵漏剂腻子对凿出部位进行封堵。

(3) 漏水较严重、面积较大时应采用先排后堵法，即先将漏水部位凿出并及时安装排水管用软管引流（将水汇集于排水管内排除），然后再将其他部位用掺入防渗透剂的水泥浆进行封堵，以使渗漏面积逐渐缩小，最后再堵塞排水管。

(4) 漏水比较严重的部位可先清理漏水孔并及时用木楔堵住，且应用快速水泥封堵，然后再采用打孔注浆法堵漏（用电锤在漏水处周围钻孔后安装针头压注化学胶水封堵）。

(5) 漏水非常严重时，应先用土工布、毛毡布、土袋等封堵漏水点并在阻水后尽快用钢板将漏水点焊死，然后再在地下连续墙迎土面用水泥或化学浆液灌浆封堵。

(6) 若漏水点漏砂严重、封堵无效并有可能导致基坑周围环境破坏时，应用土方、砂或混凝土等材料回填基坑。

45.4 沉 井 施 工

地下空间工程沉井施工的质量通病项目参见本手册第 10 章“沉井工程”的相关部分内容。

45.5 地 下 防 水 施 工

地下空间工程防水施工的质量通病项目参见本手册第 11 章。“防水工程”的相关部分内容。

46 建筑物室外工程

本章所述建筑物室外工程系指单位工程或群体工程建筑物以外的工程项目，根据《建筑工程施工质量验收统一标准》（GB 50300—2001）第 4.0.6 条的规定，明确了室外工程按附录C进行分类，主要包括车棚、围墙、大门、挡土墙、垃圾收集站及建筑小品、道路、亭台、连廊、花坛、场坪绿化等室外建筑环境工程以及室外给水、排水、供热、供电、照明等系统的室外安装工程。其设计施工图反映在建施一层平面图或总平面图中，施工安排一般在建筑物室内外装饰工程完工后，临近竣工验收、交付使用前进行。

室外工程一般为非受力结构，且项目比较分散、工程量小，施工单位往往对此不予重视，而工程交付使用后，用户或住户也很少有人注意这些项目的内在质量状况，若施工监理及物业管理不到位，将使建筑物室外工程中质量问题不能及时发现，贻误最佳处理时机，酿成事故隐患或造成重大损失。所以，建筑物室外工程尤其是施工阶段的质量通病应引起设计、施工、建设、监理等单位及物业管理部门的足够重视，千万不可掉以轻心，疏于管理而不采取防范措施。

46.1 散　水

散水，又称护坡，位于建筑物外墙四周。设置散水的目的是为了使建筑物外墙勒脚附近的地面积水能够迅速排走，并且防止屋檐滴水和屋面雨水冲刷外墙四周地面的土壤，保护墙身和基础，以防建筑物受水浸泡而下沉。

散水依铺筑方式不同可分为两大类：一类是用块料铺筑而成的：如块石（片石）散水、卵石散水、砖铺散水等；一类是整体浇筑而成的：如水泥混凝土散水、石灰炉渣碎砖散水等。对一般工业与民用建筑工程，最为普遍应用的是水泥混凝土散水。本节介绍的就是这类散水的相关内容。

散水一般宽度为 600～1200mm，或比屋面挑檐宽出 200～300mm。散水应有向外的排水坡度，一般为 3%～5%。

水泥混凝土散水会因热胀冷缩而产生伸缩破坏，因此，在施工过程中应设置好必要的伸缩缝。

室外散水一般是由面层、垫层、基层这三部分构成。对水泥混凝土散水而言，水泥砂浆面层厚度应符合设计要求，水泥砂浆的体积比应为 1∶2（水泥∶砂），其稠度不应大于 35mm，强度等级不应小于 M15。水泥（陶粒）混凝土垫层的厚度不应小于 60（80）mm，其强度等级均应符合设计要求；陶粒混凝土的密度应在 800～1400kg/m^3 之间。散水的基层即地基土的夯实处理好坏对散水的使用寿命有很大关系。对不良地基，如湿陷性黄土地基、盐渍土地基等必须按有关规程及设计要求做好换填、加固处理。否则，散水坐落在不良地基土上，极有可能遇到破坏而影响正常使用。在北方寒冷地区，散水底层（在地基土之上）应铺设300～500mm厚的混砂或炉渣防冻层（厚度依当地的冰冻深度情况而定），以免因土的冻胀而破坏。

46.1.1　表面起砂

现象、原因分析、预防措施和治理方法参见本手册30.1.1“地面起砂”的相关内容。

46.1.2　散水空鼓

现象、原因分析、预防措施和治理方法参见本手册30.1.2“地面空鼓”的相关内容。

46.1.3　散水裂缝

1. 现象

散水裂缝有出现在沿墙体通长方向的纵向裂缝，有沿散水宽度方向出现的横向裂缝，有在墙体转角处产生的45°斜向裂缝。开始时仅涉及面层，随着时间延续，裂缝开展，当深及垫层时，成为渗漏水的通道。裂缝继续开展，渗水严重，使散水局部下沉，失去排水功能。还有一种表面干缩裂缝，大多呈无规则状态分布。

2. 原因分析

（1）散水地基土内的垃圾等杂物未清理干净，或地基未按规范规定分层夯实，过一段时间后回填土下沉，引起散水裂缝。墙基或柱基土方开挖时，由于施工工艺需要，土方开挖的宽度往往大于基础的宽度，导致建筑物散水一般坐落在外墙（柱）基础边的回填土上。该部分回填土，如施工不规范，就会造成散水地基土下沉，使散水表面出现沉陷裂缝。

（2）散水施工时，没有按规定留置好伸缩缝。散水长度大、厚度小，长期处于室外风吹雨淋、冷热交替的恶劣环境中；温度、湿度的变化而处于胀、缩循环之中。若不设置好伸缩缝，或缝宽过窄，不足以承受胀、缩的需要，或填缝粗糙不牢靠，都会出现裂缝。

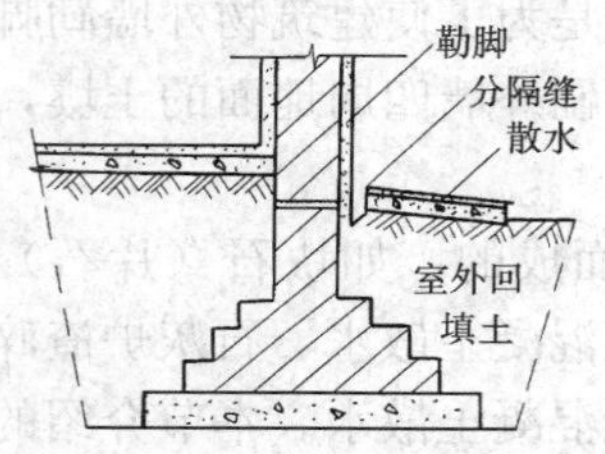

图46-1　勒脚与散水施工关系

（3）勒脚和散水施工程序颠倒，会引发散水靠墙边沿长度方向出现纵向裂缝。由于通常散水位于勒脚外侧，且中间还设置有分隔缝，如图46-1所示。如先浇混凝土散水，后做勒脚，两者在外墙阴角相交，勒脚位于散水之上。随着地基土的不断压缩，紧贴于墙面的勒脚因建筑物下沉，在与散水粘结面之间产生很大的剪力，这不仅使勒脚脱落，而且会引发散水沿墙长度方向出现纵向裂缝。

（4）落水管下部位于散水伸缩缝处或落水管没有排水弯头，使雨水进入伸缩缝内，长期冲刷散水，造成垫层或地基土局部下沉，引发散水表面出现沉陷裂缝。

（5）水灰比过大，砂浆内多余水分不断蒸发，必然会增大散水体积的收缩，在水泥硬化过程中，若不按规范要求养护，硬化所需的温度、湿度条件低劣，体积收缩加剧，收缩裂缝就会过早出现。

（6）用撒干水泥面进行面层压光的施工方法容易造成表面干缩裂缝的发生。由于水泥净浆比水泥砂浆的干缩值大得多，因此，在凝结硬化过程中容易使面层收缩不均而产生裂缝；加之撒干水泥面为人工操作，随意性很大，必然产生干水泥面的厚薄不均现象，进而使散水表面形成一层厚薄不均的水泥石，更加剧了干缩裂缝的发生。

（7）散水坡度太小，甚至施工时倒泛水，使积水难以及时排出甚至往内排，长此下去在表面低坑周围会出现不规则的变形裂缝。

3. 预防措施

(1) 切实保证地基土的回填质量。

混凝土散水坐落在基础室外回填土上，回填土施工质量的好坏直接影响到散水工程的质量。按规定，不得用含有垃圾等杂物的土作回填土；淤泥、腐殖土、冻土、耕植土和膨胀土等也不得用作填土。填土的施工应采用机械或人工方法分层压（夯）实，填土土块的粒径不应大于 50mm。每层虚铺厚度：用轻型机械夯实时，不应大于 250mm；人工夯实时，不应大于 200mm。每层压（夯）实后土的压实系数应符合设计要求，设计无要求时，不应小于 0.9。填土时应为最优含水量的情况下施工，过干的土在压实前应加以湿润，过湿的土应予晾干。

采用灰土垫层施工时，应采用熟化石灰与黏土（或粉质黏土、粉土）的拌合料铺设，灰土拌合料的体积比应符合设计要求，灰土垫层不宜在冬期施工。熟化石灰粉应在生石灰使用前 3～4d 洒水粉化并加以过筛，其颗粒粒径不得大于 5mm；熟石灰也可采用磨细生石灰，亦可用粉煤灰代替，并按体积比与黏土拌和洒水堆放 8h 后使用。采用的黏土（或粉质黏土、粉土）内不得含有有机物质，使用前应予过筛，其颗粒粒径不应大于 16mm。灰土拌合料应拌制均匀，颜色一致，并保持一定湿度。现场鉴定以手握成团、落地开花为宜。铺设灰土拌合料应分层随铺随夯，不得隔日夯实，也不得遭受雨淋。灰土每层虚铺厚度宜为 150～250mm，灰土垫层厚度不应小于 100mm。

(2) 散水施工应按规定设置好分隔、伸缩缝。

1）分隔、伸缩缝的位置：与建筑物连接处沿墙体通长方向应设置纵向分隔缝；房屋转角处应设置 45°角伸缩缝；沿散水长度方向应设置横向伸缩缝，其延长米间距宜按各地气候条件决定，其最大延长米间距均不得大于 10m，对日晒强烈且昼夜温差超过 15℃的地区，其延长米间距宜为 4～6m。

2）分隔、伸缩缝宜做成平头缝，深度贯通面层和混凝土垫层。

3）所有缝宽应为 15～20mm，缝内应填嵌柔性密封材料。一般工地采用沥青砂浆填塞，既经济、又实用。但切不可图省事，仅简单地浇灌热沥青或下部填砂、表面喷沥青的作法。

留缝作法：先根据伸缩缝留置规定，结合在施建筑物实际情况规划好留缝的具体位置；按施工进度划分作业段；一般选用厚度为 15～20mm 的木板，宽度（支设后的置放高度）可控制在比散水厚度（垫层加面层）大 20～30mm，在模板接触混凝土部位事先钉设一层油毡纸或塑料布（纸）。待水泥终凝后，常温下一般 4～5h 就可起出分隔模板，周转使用。

(3) 按先做好勒脚、后施工散水的操作程序组织施工。

(4) 规划伸缩缝留设位置时应避开落水管位置，让屋面排水不能正对着伸缩缝冲刷。落水管下部靠近散水处要安设排水弯头，以减少屋面排水对散水表面的冲击力。若在排水弯头前方（屋面排水冲流方向）散水表面增设一块厚度 50mm、250mm 见方的混凝土板，效果会更好。

(5) 控制好抹面砂浆水灰比，认真做好覆盖、浇水养护工作。当面层表面出现泌水时，可将同面层砂浆配合比相同的干拌水泥砂拌合物均匀地在面层上薄薄铺撒一层，待吸水后，先用木抹子抹压紧密，然后用铁抹子压光。

(6) 掌握好散水排水坡度。工地上可制作简易坡度尺。从地基土回填开始，首先保证基层表面坡度符合要求，浇筑混凝土垫层时随时用样尺控制，铺设水泥砂浆面层时也常用样尺复查表面坡向，使其各层厚度一致，坡向顺直。

4. 治理方法

对于散水表面产生的不规则裂缝，由于造成原因比较复杂，所以在修补前应先进行调查研究，分析清楚产生裂缝的原因，然后再进行处理。

对于尚在继续开展的裂缝，为避免雨水流进缝内造成危害，可以采用柔性材料（如沥青胶泥、嵌缝油膏等）作裂缝封闭处理。对已稳定的裂缝，则应根据裂缝的严重程度分别作如下处理：

(1) 裂缝细微、无空鼓现象者，将该部位面层清除干净，用水湿润后，刮掺108胶素水泥浆一道进行封闭处理。

(2) 裂缝宽度在0.5mm以上时，可做水泥砂浆嵌缝处理。先将裂缝内的灰尘冲洗干净、充分湿润后，可用1∶2纯水泥浆（可适量掺些108胶）嵌缝密实。嵌缝后要加强养护，常温下养护不少于3d。

(3) 如裂缝与空鼓同时存在时，则可参照本手册30.1.2“地面空鼓”的治理方法进行处理。

46.1.4　局部沉陷、开裂、渗水

1. 现象

散水局部区段开始在周边出现断续裂缝，随之，裂缝不断延伸成封闭状，贯通面层、基层，最后发生断裂、坍陷，雨水沿陷裂处渗入。随着时间延续，坍陷愈加严重，致该部位散水破坏。

2. 原因分析

(1) 坍陷区段地基土回填不密实，上部荷载的作用或意外的振动、重压都会引起压缩变形。时间一久，散水垫层与地基土脱离，即该区段的散水悬置在周边坚硬的地基土上，久而久之，当该区段的散水不足以承受荷载作用时就开裂，甚至坍陷。

(2) 超载使用引起局部压裂、坍陷。散水由于紧靠建筑物外墙，宽度也不大，使用期间主要考虑承受行人走动荷载。但有时会有机动车辆由于避车、装卸货物等原因，车轮压在散水上，也会将散水局部压坏，引起开裂。

(3) 散水坡边局部积水过多，引起地基土下沉，造成影响区段散水坍陷。散水施工一定要保证排水坡度流畅，坡边的地坪修筑时也应保持一定的排水流向（将水排至远离建筑物方向），不能让散水排流的水停置在散水坡边。如果不尽快将坡边余土清除干净，而是堆积在散水坡边，或把室外地坪排水坡向散水坡边，或是在散水坡边地坪局部有坑洼，由于雨水及地表流水的沉积，均易引起散水坡边周围地基土下沉。

3. 预防措施

(1) 严格控制地基土的回填质量，保证散水坐落在密实可靠的地基土上。对个别区段松软地基应做好换填加固处理。

(2) 避免车辆在散水上行驶、滞留，减少超重物品堆放。

(3) 当散水坡施工完后，及时清除掉坡边余土，并做好室外地面整平。室外地坪修筑时要做到散水排流的水能尽快沿室外地坪排至远离建筑物之处。一般散水外地坪标高应低于散水面50mm。严禁地面水倒流至散水坡边。

4. 治理方法

凡发现开裂、沉陷的部位，应做到及时、准确、彻底处理，千万不可延误，以免渗水严重，不仅造成散水破坏，而且会引起建筑物基础下沉。

清除掉开裂、沉陷部位的散水混凝土块，凿打时尽量不要损伤周围结构良好的散水。重新回填好坍陷区段的地基土，该区段若原有地基土含水量太大或已成稀泥状，应作回填土处理；土处理后按规定程序重新浇筑混凝土垫层、水泥砂浆面层。为保证新旧混凝土和砂浆面粘结良好，先用草袋或麻袋片提前1d覆盖，浇水湿润旧混凝土和砂浆接触面，修补混凝土浇筑前，接触面再刷掺108胶水泥浆一道。

46.1.5 散水边缘压裂

1. 现象

散水使用后不久甚至尚未投入使用，出现边缘压裂、破损。

2. 原因分析

(1) 散水施工时边缘未采用加肋的加强措施。试验表明：不加肋的混凝土板的边、角处是受力薄弱部位。板边加肋后可改善其边界条件，提高整个板的承载能力，使板中与板角的承载力之比值可提高一倍多，防止散水边缘过早压裂、损坏。

(2) 未做好成品保护措施，致使散水上堆置过重物品或重型车辆轮压碰撞也会导致边缘过早压裂。

3. 预防措施

(1) 在散水的边缘施工时采取加肋的加强措施，增加的混凝土用量不多，施工也不太麻烦，而技术经济效果则十分良好。地基土夯实、表面找坡后就挖好加肋部位沟槽，以利混凝土垫层浇筑时肋部成型，板肋一体。

(2) 加强成品保护工作，避免重物堆放在散水上，严防载货车辆轮压碰撞散水。

4. 治理方法

边缘压裂后，应及时进行修补。首先应凿除掉已损坏的散水混凝土块，再按46.1.4“局部沉陷、开裂、渗水”的治理方法进行处理。

46.1.6 排水不畅

1. 现象

已做好的散水坡，雨天流水不畅，不能沿散水排至离建筑物较远的地方；地面水量大时，水停留在散水表面。

2. 原因分析

(1) 没有按规定做好散水排水坡度。散水施工时应该有排向室外地坪的流水坡度，这是由散水的作用所决定的。一般散水的坡度为3%～5%。在南方多雨地区，坡度可适当大些。

(2) 散水排水坡度合适，但未及时清理掉散水边多余土方，或者室外地坪未做好，雨水流落到散水面后，由于坡边流水受阻，排放不利，造成散水排水不畅。

3. 预防措施

(1) 按规定及当地气候特点做好排水坡度，保证散水排水通畅。

(2) 及时清理掉散水边多余土方，并平整好室外地坪。

4. 治理方法

(1) 若因施工未按规定设置好坡度，或原来施工时留置坡度太小，排水缓慢时，可将其面层表面凿毛、清理，用水冲洗干净，充分湿润后刷掺108胶水泥浆一道，接着增做一层水泥砂浆面层。施工时要控制好坡度，即靠墙边加厚一些，靠散水边薄一些，断面成楔形状。具体操作按规范严格执行，保证增做面层与原面层粘结牢固，做到不空鼓、不起砂、无裂缝。

(2) 如发现散水边有多余土方的，应及时清除掉，并尽快施工室外地坪。

附录 46.1　室外散水质量标准及检验方法

1. 采用的材料和完成的各层构造必须符合设计要求和《建筑地面工程施工质量验收规范》(GB 50209—2010) 的规定。可采用检查试验报告及有关测定记录的方法检验。

2. 散水各层的材料质量、强度等级（或配合比）和密实度等应符合设计要求和规范的规定。上下层结合用敲击方法检查，不得有空鼓。

3. 各层厚度与设计厚度的偏差，采用实测实量的方法检查。其允许偏差为该层厚度的10%。

4. 水泥混凝土散水、明沟和台阶等与建筑物连接处应设缝处理。采取量测、观察方法检查变形缝的位置应符合设计要求，其延长米间距不得大于10m；房屋转角处应做成45°缝。缝宽为15～20mm，缝内填嵌柔性密封材料，并应做到填缝密实，不漏缝。

5. 散水的排水坡度用尺量检查，应符合设计要求，不得有倒泛水和积水现象。

6. 观察散水表面不应有裂缝、脱皮、麻面和起砂等现象。

7. 散水各层表面的平整度，应采用2m直尺检查，当为斜面时，应采用水平尺和样尺检查。各层表面平整度应符合附表46-1规定。

室外散水、台阶平整度的允许偏差及检验方法　　附表 46-1

散水各构造层	材料种类	允许偏差（mm）	检验方法
基土	土	15	用2m靠尺和楔形塞尺检查
垫层	砂、砂石、碎石、碎砖	15	
	灰土、三合土、四合土、炉渣、水泥混凝土、陶粒混凝土	10	
面层	水泥混凝土	5	
	水泥砂浆	4	
	普通（高级）水磨石	3 (2)	
	硬化耐磨	4	
	块石、条石	10	

46.2　室外台阶

一般工业与民用建筑工程的室内地面均高于室外地坪，故在室外要设置台阶或斜坡。

室外台阶（斜坡）是进出建筑物的必经之路，使用频繁，因此要求坚固、耐用，面层耐磨。

室外台阶或斜坡构造同地面工程，一般也由基层（地基土）、垫层和面层三部分构成。垫层可由砖砌或由水泥三合土、碎砖三合土、混凝土或钢筋混凝土浇筑而成；面层由水泥砂浆或饰面板镶贴。也有垫层与面层合二为一直接铺设块石或细料石的台阶做法。台阶两侧有时设置挡墙，其做法有砖砌或混凝土浇筑，也有用毛石或块石砌筑而成的。若系砖砌挡墙时，在高出室外地坪 60mm 处要设置防潮层。

室外台阶或斜坡由于长期暴露在外，有风吹雨淋、太阳暴晒、寒冷气流以及昼夜温差、热胀冷缩等来自大自然的侵蚀；有使用方面的负荷、磨损和污染影响，故其损坏率极高。而人们在施工中对其质量往往不重视，从而导致一些工程交付不久，就会出现一些质量通病，甚至留下工程事故隐患。

46.2.1 局部下沉变形

1. 现象

台阶投入使用后甚至完工后不久，部分区段发生台面下沉，台阶歪斜，影响正常使用。

2. 原因分析

（1）用作基层的地基土回填不均匀、不密实，不足以承受上部传来的荷重，产生压缩变形。随着地基的下沉，该部位上部的垫层、面层受到牵连，首先与周边结合良好的台阶拉裂、脱开，随之下沉、歪斜。

（2）室外台阶的垫层采用砖砌做法时，虽然造价较低，操作也方便，但由于砖砌体整体性差，地基的不均衡变形或台面重物的冲击，极易造成台阶被拉（压）裂，引起局部下沉。

（3）由于台面破损严重未及时修复，有雨水渗入地基土，或台阶侧面地表水排流不畅，长期冲蚀挡墙下地基土，使地基土局部沉陷，压缩变形，引起台阶下沉。

（4）在北方严寒地区，由于对台阶基础设计不重视，基础埋置深度太浅，或未考虑防止地基土冻胀的措施，当地基土遭受到冻胀后，将台阶拱起，也可引发下沉、变形。

3. 预防措施

（1）对于一般房屋建筑工程，室外台阶占地面积不大，而且大多位于墙基室外回填土上，此时只要按照分层均匀、夯填密实的原则就可保证地基土的质量要求。但对一些大型公共建筑工程，室外台阶占地面积较大，这时一部分台阶可能坐落在场地表面原状土上。同一种构件坐落在不同密实度或不同种类的地基土上，必然对地基土产生不同的压缩变形，使上部构件产生不同的下沉变形。此时应采取切实可行的技术措施，以保证整个台阶坐落在持力强度均匀、牢固可靠的地基土上。

（2）改变台阶采用砖砌垫层的做法，采用混凝土一次性浇筑成阶梯形垫层的做法，虽然施工时要增加支模工序，但其综合效益显著，使用效果良好。

（3）使用期间发现台阶破损、开裂或周围地表水排流不畅，引起水冲刷台阶地基土时，建设单位或物业管理部门应及时组织人员进行修补，处理完好，不能拖到台阶下沉、变形时才予解决。

（4）在北方寒冷地区为使地基土不遭受冻害，可采取在垫层下加设混砂或炉渣防冻层的做法。其厚度可依据各地土的冻结深度或习惯做法而定。

4. 治理方法

根据局部下沉、变形产生的原因和损坏程度的不同，分别采用不同的治理方法。

(1) 因地基不密实或地基土受水浸泡发生沉陷，必须拆除上部下沉部分台阶，重新处理好地基土，再补做垫层、面层。

(2) 由于地表水排流不畅造成的下沉变形，首先应修整好地表水排流坡向，阻止地表水继续渗漏、冲刷到台阶地基土中，然后按上述程序先处理好已发生沉陷部分的地基土，再修补好垫层、面层。

(3) 寒冷地区的台阶，由于基础埋置太浅或未做防冻层造成下沉变形的，应返工重做。重做时要考虑到土的冻害的因素，采取增设防冻层的可靠措施。

46.2.2 砖砌台阶水泥砂浆面层裂缝

1. 现象

砖砌台阶水泥砂浆面层与室内地面交接处或与室外地坪交接处出现纵向通长裂缝；台阶挡墙两侧抹灰层龟裂；踏步阳角处产生裂缝；踏步面层出现不规则裂缝等。

2. 原因分析

(1) 与室内外地面交接处出现的纵向裂缝主要是由于台阶抹面基层是砖砌体，室内外地面抹面基层是混凝土，不同基层对水泥砂浆的粘结力不同而造成。

(2) 台阶挡墙两侧抹灰层龟裂，原因是侧墙砌筑时表面不平整，致使抹灰层厚薄不均，收缩变形不一致造成的；或是因砂浆抹面时抹压不密实，硬化条件不同造成的；也有因抹面后未采取养护措施或养护不及时、养护不当等原因造成的。

(3) 台阶水泥砂浆抹面施工顺序不合理，致使平、立面接缝处粘结不牢固，频繁走动，反复摩擦，均很容易造成踏步阳角处裂缝。若先抹踏脚板，后抹踢脚板，则平、立面的结合不易紧密牢固，往往存在一条垂直的施工缝隙，经频繁走动，就容易造成阳角裂缝、脱落等质量缺陷。或虽然操作工序为先立面后平面，但平立面的接缝呈斜向，并在踏级阳角处闭合，这也容易造成踏级阳角处产生裂缝和脱落。

(4) 踏步面层不规则裂缝主要原因是砖砌基层平、立面表面不平整，抹面砂浆厚薄不均，收缩变形不一致。此外，砖砌体台阶顶层砖平砌，粘结效果差，容易出现裂缝、脱落现象；抹压不及时，抹后养护不好，以及砂浆内的水分散失过快，也容易造成表面裂缝发生。

3. 预防措施

(1) 室外台阶施工时，在与室内外地面交接处应做好分隔处理，即按伸缩缝的做法，将接缝处断开，减少相互影响作用。与室内地面接缝处可采用在垫层上嵌设玻璃条（铝条）的分隔办法；与室外地面可采取留置 20mm 分隔缝、浇灌沥青砂浆的做法。

(2) 台阶挡墙砌筑时要掌握好表面平整度、垂直度，抹面前充分湿润墙体，做好打底、找平，面层太厚时应分层操作。控制好水泥砂浆的水灰比，以防多余的自由水蒸发过程中引起"失水收缩"。掌握好压光时间，确保抹压质量。一般水泥经过一天的凝结硬化，第二天就应及时进行洒水覆盖养护，养护时间不得少于 3d。

(3) 台阶抹面严格按照先抹立面（踢面）、后抹平面（踏面）的作法，以保证接缝紧密牢固。

(4) 砖砌台阶砌筑时应注意横平竖直，尽量使垫层表面平整。最上层砖应坚持侧砌。抹面前，严格按操作程序，认真做好基层清理、湿润基体等工作。抹面时应自上而下进行。抹压时间、遍数按一般水泥砂浆地面工程要求。抹压后视气温情况认真做好覆盖养护，对室外台阶面可采用草袋或锯末覆盖、洒水养护的办法，养护时间不得少于7d。

4. 治理方法

对于台阶与室内外地面接槎处已发生的通长裂缝，可采用小型切割机切缝、清渣，冲洗后浇灌沥青胶泥或沥青砂浆。

46.2.3 块料贴面空鼓、脱落

1. 现象

块料面层镶贴质量不好，造成局部或较大面积空鼓，严重时块料脱落掉下。

2. 原因分析

(1) 基层清理不干净或处理不当，影响粘结力；浇水不透，粘结砂浆中的水分会很快被基层吸收，致使水泥硬化速度减缓，强度减弱；基层表面未进行认真找平处理，粘结层过厚，干缩率增大，结合不牢。

(2) 配制的砂浆和原材料质量不好，使用不当。

(3) 块料镶贴前浸泡时间不够，造成粘结砂浆早期脱水或浸泡好后未晾干，镶贴后产生浮动，自行坠下。

(4) 粘贴砂浆厚薄不均，饱满度差，操作时用力不均，各部分粘结牢固程度不一致。砂浆吸水后，对镶贴好的块料进行纠偏移动，破坏了水泥的硬化机理，也易造成饰面空鼓。

(5) 板缝不密实或者漏嵌，既影响面层与基层的粘结力，又加剧了风尘、雨雪等恶劣气候环境对踏步的侵蚀。

3. 预防措施

(1) 首先应清除掉基层（混凝土、砖砌体或土垫层）表面的垃圾、污物，凹凸不平处用水泥砂浆或细石混凝土找平。表面光滑时可适当进行凿毛处理，清除掉杂物、浮灰，浇水充分湿润粘结面。

(2) 根据不同块料配制相应材料和厚度的结合层。当铺贴预制水磨石块、花岗石台面时，应采用1：2～1：3干硬性水泥砂浆做结合层，厚度30mm；当铺贴砖面层时，应采用1：2水泥砂浆，厚度10～15mm。料石面层应采用天然石料铺贴。采用条石面层应铺设在砂、水泥砂浆或沥青胶结料结合层上；采用块石做面层应铺设在基土或砂垫层上。块石面层的砂垫层厚度，在夯实后不应小于60mm；条石面层采用水泥砂浆铺设时应为10～15mm；采用沥青胶结料铺设时应为2～5mm；采用砂结合层时厚度应为15～20mm。

(3) 预制块料铺贴前应浸足水，并晾干。

(4) 台阶饰面板的镶贴应自上而下进行，不得自下而上进行。对每个台阶踏步先镶贴踢面、再镶贴踏面，完成两个踏步后便对第一踏步灌缝或擦缝。

具体操作程序为：挑选块料→提前将块料浸水湿润、基层浇水湿润→基层表面刷水灰比为0.5左右的素水泥浆→刷浆后随即铺设水泥砂浆结合层→试铺块料→搬起块料、检查、符合要求后浇上一层水灰比为0.45左右的素水泥浆→正式铺贴，用橡皮锤敲实敲平→处理好缝隙，擦干净表面污物。

应做到完成一段，封闭一段，并在7d内禁止人员上下走动。

4. 治理方法

对已空鼓的块料面层，用切割机辅以扁铲拆除块料，并将结合层清理干净，提前半天用水湿润基面。然后，按正常的饰面操作程序补贴好该部分块料。对已脱落的部位，应重新镶贴。

46.2.4　斜坡礓礤齿形倒置

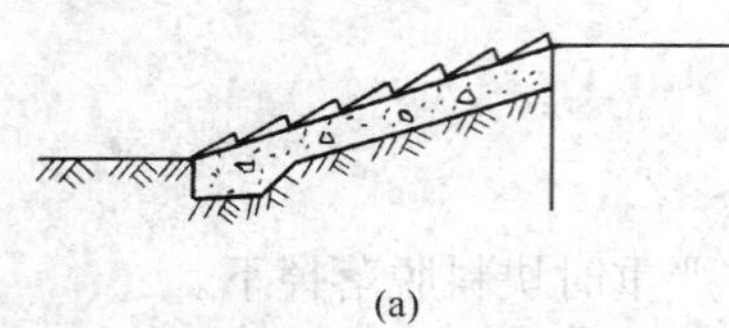

(a)

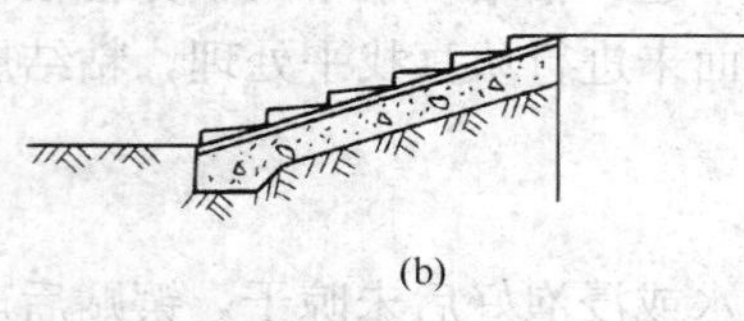

(b)

图 46-2　斜坡采用礓礤形式
(a) 正确形式；(b) 错误形式

1. 现象

如图 46-2 中（b）所示，斜坡礓礤的齿形不是朝上，而是朝下，不起防滑作用。既影响外观，又影响使用效果，严重时，易造成交通事故。

2. 原因分析

(1) 对礓礤的设计意图不清楚。或不了解齿形朝向对车辆防滑的作用机理。

(2) 施工交底不清楚，施工过程中检查不严，发现错误后，也不认真改正。

3. 预防措施

(1) 认真学习图纸，了解设计意图。室外斜坡通常有多种形式，视使用对象（行人、行车等）不同而异。

(2) 施工前做好施工交底，施工过程中加强检查，竣工后认真验收。

4. 治理办法

对齿形倒置的礓礤斜坡，应返工重做。

附录 46.2　室外台阶质量标准及检验方法

1. 采用的材料和完成的各层构造必须符合设计要求和《建筑地面工程施工质量验收规范》(GB 50209—2010) 的规定。可采用检查试验报告、质量合格证明文件及有关测定记录的方法检验。

2. 台阶各层的材料质量、强度等级（或配合比）和密实度等应符合设计要求和规范的规定。

3. 水泥砂浆面层表面应洁净，无裂纹、脱皮、麻面和起砂等现象；水磨石面层表面应光滑，无裂纹、砂眼和磨痕，石粒密实，显露均匀，颜色图案一致、不混色，分隔条牢固、顺直和清晰。

硬化耐磨面层表面应色泽一致，切缝应顺直，不应有裂缝、脱皮、麻面、起砂等缺陷。

4. 室外台阶各层表面平整度的允许偏差及检验方法见附表 46-1 要求。

5. 室外台阶其他质量要求、允许偏差及检验方法详见附表 46-2。

室外台阶质量要求（允许偏差）及检验方法　　附表 46-2

项目类别	项次	项　目	质量要求或允许偏差 (mm)	检验方法
主控项目	1	面层与下一层结合情况	结合牢固，不应有开裂、空鼓等现象	观察和用小锤轻击检查

续表

项目类别	项次	项　　目	质量要求或允许偏差（mm）	检验方法
一般项目	2	表面质量情况	应洁净，不应有裂缝、起砂、脱皮、麻面等缺陷。防滑条应顺直、牢固，位置正确，高度和宽度尺寸一致，踏级阳角成一直线	观察和拉线检查
	3	踏级宽度和高度对设计偏差值	10	观察和用钢尺检查
	4	踏级两端宽度差	10	
	5	相邻两步的高差值	10	
	6	旋转台阶踏级两端宽度差	5	

46.3 区内室外给排水管道及管沟

近年来随着国民经济和城市建设的飞速发展，给排水管道工程技术的不断提高，管材的品种和结构也得以迅速发展。本节所谓的区内系指城镇和工业区的民用建筑群（或住宅小区）及厂区。室外给排水管道指建造在建筑物外部的常用开槽施工的给排水管道工程，主要包括室外给水、排水系统等分部（子分部）工程中的管道工程，主要有刚性管道和柔性管道二种。

刚性管道是指主要依靠管体材料强度支撑外力的管道，在外荷载作用下其变形很小，有钢筋混凝土、预应力混凝土及预应力钢筒混凝土管道。柔性管道是指在外力作用下变形显著的管道，竖向荷载大部分由管道两侧土体所产生的弹性抗力所平衡，管道的失效通常由变形造成而不是管壁的破坏，主要有钢管、化学建材管和柔性接口的球墨铸铁管管道。

室外管沟则是指建造在建筑物外部的用以安装采暖、给排水管道及其附件的综合管沟工程，主要由管沟、阀门井、检查井等组成。

管沟是地下敷设管道的围护构筑物，它的作用是承受土压力和地面荷载，并防止水的侵入。

地下管沟分砌筑、装配和整体式等类型。砌筑地沟采用砖、石砌筑墙体，配合钢筋混凝土预制盖板；装配式地沟一般用钢筋混凝土预制构件现场装配；整体式地沟用钢筋混凝土现场浇筑而成。为防止水侵入，管沟内壁及底板均要求防水砂浆抹面，地沟盖板之间、地沟盖板与地沟壁之间要用水泥砂浆或沥青封缝，地沟底应有纵向坡度，其坡向与管道坡向一致，坡度不宜小于 2‰，以便渗入地沟内的水流入检查井的积水坑内，然后用水泵抽出。由于安装管道或架设线路的需要，常在沟底做支墩或在沟壁上埋设有钢构件支架。

阀门井或检查井一般采用混凝土基础，砖砌圆形或矩形井壁，上部设钢筋混凝土井圈，井圈上安设高强纤维混凝土、再生树脂、聚合物复合材料或金属等井盖。也有钢筋混凝土预制构件装配的检查井，或井底板及井壁全部采用钢筋混凝土浇筑而成的。

46.3.1 管沟开挖不符合要求

1. 现象

(1) 开挖过程或开挖后不久，边坡土方局部或大部坍塌、滑坡。

(2) 管沟开挖后沟底土基有积水和被水浸泡现象。

(3) 所开挖沟底超挖，设计高程以下土层被挖除或受到扰动。

(4) 沟槽坡脚线不顺直，宽窄不一，坡度偏陡、不平整，底部工作面宽度偏小。

(5) 土方堆放位置不当，弃土堆坡脚距管沟上缘距离太近，不但堵塞施工通道，且易造成边坡塌方。

2. 原因分析

(1) 施工管理不到位，挖土时边坡坡度太大或未根据土质、沟深等情况确定放坡坡度；在有地下水作用的土层或地面水冲刷时，没有采取有效的降排水措施，土层受浸泡，失去稳定而塌方。

(2) 对地下水或天然降水未采取有效降水措施或降排水措施不力，导致沟底受水浸泡。

(3) 开工前未进行技术交底或技术交底不清，施工过程中测量放线错误或开挖时司机、指挥人员及操作工人工作不认真，造成土层超挖。

(4) 管理人员施工前未充分了解现场具体情况，施工过程未跟踪检查沟槽宽度，挖土机司机不按图纸要求的断面开挖，甚至图省力偷工减料，使沟槽的坡度、宽度不符合要求。

(5) 施工管理意识淡薄，相关施工人员对堆土的有关规范规定不熟悉，或未能落实，致使现场土方堆放混乱、无序。

3. 预防措施

(1) 加强现场施工管理工作。开挖前，根据现场土质等具体情况及时编制施工方案，并做好详细的施工技术交底。严格按相关规范要求和施工方案实施作业。对于雨季施工，要执行雨季的施工措施。

(2) 加强技术交底和安全教育工作，强化施工过程中的质量监督和检查。挖出的土方应及时外运或事先安排好堆放位置，一般堆在沟槽两侧。弃土堆坡脚距管沟上缘距离应根据沟深、土质及边坡情况确定，其最小距离不少于1m，堆土高度一般不宜超过2m。施工管理人员应充分了解施工环境，并坚持随挖随检查边坡的坡度和平顺度，随时检查每侧酌开挖宽度，确保槽底宽度为管道结构宽度加两侧工作宽度。

4. 治理方法

(1) 管沟已经塌方的，要及时将塌方的土方清除，并按规定做好加固措施。

(2) 管沟有泡水现象，应立即检查降排水措施，及时排水；因被水浸泡而受扰动的基土，应根据实际情况，采取换填级配砂砾、砾石夯实或块石等措施。堆土太近的要及时将土外翻至安全距离，堆土高度超出的要及时挖除并外运。

(3) 管沟超挖在15cm以内时，可用原土回填，并夯实至不低于天然土的密实度；超挖在15cm以上时，可用石灰土回填处理，其密度不应低于轻型击实的95%；当沟底有地下水或基土含水量较大时，可用天然级配砂砾回填。

(4) 如果沟底宽度不够，可在确保安全的情况下，采取加设短木桩保护，底部两侧削挖坡脚的方法；在无法保证安全及工程质量时，应重新开挖，直至符合标准要求。

46.3.2 管基质量不符合要求

1. 现象

(1) 平基表面不平整，厚度小于设计要求。

(2) 安管过早，致使平基边缘开裂、混凝土损坏，表层松散不实。

(3) 平基中夹带泥土与杂物。

(4) 管座肩宽大小不一，肩高高低不平。

(5) 平基或管座混凝土出现蜂窝、孔洞现象。

2. 原因分析

(1) 基槽底标高控制不严，出现基底高突或平基表面标高偏低，甚至施工操作人员有意偷工减料，造成平基厚度偏薄，表面不平整。

(2) 施工作业人员对规范不了解或赶工需要，平基施工后，未达到规定强度要求即安管，造成平基开裂破损、混凝土表层松动等缺陷。

(3) 基槽底位于地下水位以下或雨后未及时抽排水，在积水的情况下浇筑平基，导致平基混凝土中夹带泥水等杂物。或平基未进行凿毛和清理，即浇筑混凝土，也使平基与管座间夹带土与杂物。

(4) 支设管座的模板强度、刚度不足，模板支撑不牢固或混凝土灌注倾倒高度偏大，引起炸模、跑模，管座肩宽大小不一，肩高不平整；再加以混凝土配合比骨料含量过多，振捣不实、搅拌不均等，造成管座出现蜂窝、孔洞。

3. 预防措施

(1) 加强现场管理和隐检验收工作，支搭模板时，严格复核基槽底标高，确认无误后再浇筑混凝土，并严格按规范施工，做到不偷工减料。

(2) 控制平基混凝土强度应大于5MPa时方可进行安管的要求，对于赶工的项目，可采用掺加早强剂或提高平基混凝土强度等级等方法。

(3) 对于基槽底位于地下水位以下地区，应采取降排水措施，使地下水位降至基槽底以下不小于0.5m，当出现有积水时，及时抽排并清淤，保证平基混凝土干槽施工。管座混凝土浇筑前，先将平基凿毛并冲刷干净，保证平基与管座整体性，做到共同受力。

(4) 支设管座的模板和支撑结构应有足够的强度、刚度和稳定性，且支撑不应直接支设在土层上，而应加设垫板或垫木。倾倒混凝土的自由高度不应超过2m，否则应用串筒或溜槽运送，也不可直接倒入模板内，先倒至管顶再溜入模板内。混凝土浇筑应做到不漏振，分层进行，确保混凝土成型良好。

4. 治理方法

(1) 对于出现管座与管体脱节现象，或平基出现严重松散、损坏的，或平基有大量夹泥水、厚度严重不足等现象，应返工重做。

(2) 管座混凝土出现较小蜂窝时，可先用水冲洗干净，后用1：2水泥砂浆修补压实抹光；如出现的蜂窝较大，则先将松动的杂物、石子等颗粒凿除干净，再用高一级强度等级的细石混凝土浇筑密实，并按规定养护。

46.3.3 排水管道刚性接口质量缺陷

1. 现象

(1) 排水管接口部位抹带出现裂缝、空鼓甚至脱落，引起污水外渗，污染地下水源。

（2）管径小于 600mm 的排水管道，在浇筑管座和抹带后，从管段一端管口用手电筒等检查管内壁时，出现管子接口处有突出管壁的砂浆瘤现象，降低过流量，严重的会造成管道堵塞。

（3）钢丝网水泥砂浆抹带中的钢丝网中线与管缝严重偏离，钢丝网插入管座深度不足或搭接长度不够等，造成抹带破裂漏水。

（4）大管径雨水管接口孔隙过大，在地下水位中或雨后水位升高超出管内底时，接口孔隙处出现向管内冒水现象，严重时出现地面坍陷现象。

2. 原因分析

（1）抹带砂浆配合比不准，仅凭经验计量，采用人工拌制遍数不够、机械拌制加料顺序不妥，材料质量差等因素，影响砂浆质量。或管口部位未清理干净，未凿毛处理，影响砂浆与管外壁粘结，或未及时养护、养护不善等，或受到暴晒、冻害等影响，引起抹带裂缝。

（2）管径小于 600mm 的管道，在浇筑混凝土管座和水泥砂浆抹带的同时，未按规范要求采取消除砂浆突出管内壁的措施，使砂浆通过管口接缝流入并突出管内壁。

（3）钢丝网水泥砂浆抹带施工中，钢丝网插入管座的位置太偏，深度太浅，或浇筑管座混凝土时钢丝网受冲击造成挤偏、上浮，但未予及时纠正。钢丝网下料长度不够或钢丝网插入管座深度过深，影响搭接长度。

（4）大管径雨水管外管带和内管缝未同步勾抹，造成管缝内砂浆不密实；刚性接口的企口管，未将外管缝用 1∶2 水泥砂浆填塞，勾缝未压实，内缝又未起到捻缝作用，或在有地下水的位置，内管缝尚未勾抹，未及时采取有效的降排水措施。

3. 预防措施

（1）砂浆配合比应符合设计要求，材料质量满足规范要求，按先砂后水泥的加料次序，采用机械搅拌。或抹带前，管径 600mm 及以上的管子，抹带部分的管口外壁凿毛；小于 600mm 的管子抹带部分管口应用钢丝刷刷浆洗净，并刷水泥浆一道；管径大于 400mm 的抹带应分两层抹压，第一层为管带的 1/3 厚，表面划成线槽，待第一层初凝后再抹第二层。抹带完成即用平软材料覆盖，3～4h 后洒水养护。冬期施工时，需将抹带、管段端口、管身以及检查井井口均加以覆盖封闭保温，其材料应用小于 80℃的水，小于 40℃的砂。如对砂浆有防冻要求的，应加氯盐或防冻剂。

（2）管径小于 600mm 的管道，在浇筑混凝土管座和抹带的同时，用麻袋球或其他工具在管内来回拖动，拖平流入管内的砂浆。对于管径 700mm 及以上的管道，在浇筑混凝土管座和抹带后，应及时配合勾抹内管缝，防止砂浆流入管内壁。

（3）向管座内安插钢丝网和浇筑混凝土时，要随时检查钢丝网的位置和插入深度，发现移位时应及时予以调整。

（4）大管径雨水管外管带终凝后，应立即勾抹内管缝，勾抹前要搂缝，使砂浆牢固嵌入缝内，并勾严压实。企口管的内外管缝可同步进行填塞勾捻，管座浇筑时，内缝勾捻亦应完成。如遇有地下水，应采取降排水措施，并待内管缝勾抹完成后方可停止降排水。

4. 治理方法

在覆土前隐检中，须逐个检查抹带，对于空鼓、裂缝甚至脱落的抹带，应返工重做。发现钢丝网因管座混凝土浇筑等原因造成搭接长度不够或移位的，应按规定再补敷一层，以满足搭接长度和管缝位置居中的要求。

46.3.4　排水管道柔性接口不严密

1. 现象

由于承、插口处理不当，污水管道做闭水试验时，接口出现渗漏水现象。

2. 原因分析

(1) 管材承、插口工作面不平整，或工作面上有泥土等杂物未清理干净，致使胶圈与承、插口间有空隙；承、插口间隙过大或承、插口圆度不一致，使胶圈不能胀严整个承、插口截面间隙；胶圈与管材插口不配套，造成太松而引起胶圈与插口间的空隙，或太紧而引起胶圈被拉裂。

(2) 胶圈质量有缺陷，如截面大小不一，厚薄不均，质地脆而硬，有裂缝、气泡等质量问题，从劣质胶圈处渗漏水。

(3) 胶圈在撞口时受力不均，出现扭曲，致使局部出现过松或过紧状况。

3. 预防措施

(1) 接口前，应将承口内部及插口外部清理干净，承、插口密封工作面做到平整光滑，接口环形间隙均匀一致，使安装后胶圈与承、插口密闭。为做到胶圈与管材插口配套，胶圈应由管材厂家配套供应，并做好管材与胶圈的进场检验工作。

(2) 进场后应对胶圈的外观质量进行仔细检查的同时，对其物理性能也应根据规范要求作必要指标的复试。接口安装时，将胶圈套在插口端部，胶圈应保持平正，无扭曲现象。

(3) 接口的严密性检查应在检查井未砌筑前进行，先按闭气标准进行检验，如发现不合格，便于及时返修，减少损失。

(4) 接口安装时应注意满足下列要求：

1) 管子稍微抬离或吊离槽底，便于插口胶圈准确地对入承口的锥面内；

2) 准确调整管身位置，使管身中线满足设计及规范要求；

3) 仔细检查胶圈与承口接触是否均匀紧密，否则应进行调整，直至胶圈准确就位；

4) 选择安装接口的机具时，其顶拉能力应能满足相应管径正常就位要求；

5) 接口安装时，顶拉设备应缓慢，并安排专人检查胶圈就位情况，如发现就位不均，应调整后再顶拉，顶拉准确就位后，应立即锁定接口。

4. 治理方法

对于出现承、插口漏水情况，由于检查井往往已砌筑完成，返工重做浪费太大，一般采用在有渗漏的承、插口间隙中填塞防水嵌缝材料进行封堵处理。

46.3.5　钢筋混凝土排水管安装缺陷

1. 现象

(1) 管道安装后，局部管节中线位移过大，出现直顺度偏差。

(2) 整段或个别管道坡度有反坡，造成局部管段壅水。

(3) 两管口对口处出现相对高差即管道内底错口。预留备管或预留支线位置管道淤塞、管端以上地面塌陷以及管头在圆形检查井内露出井壁过长或缩进井壁。

2. 原因分析

(1) 安管时支垫不牢；浇筑混凝土管座或管沟回填土方时，单侧高度过高，造成侧压力过大而推挤管子位移。

(2) 标高测量错误引起管道整段反坡；新管接入旧管或旧管引入新管时，未现场仔细核测，仅凭竣工图核定旧管标高，或现场核测时未将塔尺安至准确位置，引起旧管标高不准而造成新旧管交接处反坡。

(3) 管壁厚薄不一，或平基不平处恰好遇到接口造成高差，形成内底错口。施工单位管理不严，个别预留备管或支线的管端未按规定封堵，管道通水后，外侧泥土被水冲刷流入管内，造成管道淤塞，有些管端上部地面塌陷。圆形检查井砌筑时，未事先核验管段在检查井内的长度，安装时又不认真定位。

3. 预防措施

(1) 采用挂边线安管，不但管子半径高度要量准，且线要绷紧，安装过程中要随时检查。在调整每节管子的中心线和标高时，要用石块支垫牢固，不得用土块、木块及砖块等支垫。管沟回填夯实时，管道两侧应同时进行，其高差不得超过 300mm。管座混凝土浇筑前，用同等级的水泥砂浆将管道两侧与平基形成的三角部分填实，再在两侧同时浇筑混凝土，且混凝土坍落度不宜太大。浇筑时应缓慢入模，高度大于 2m 时，应采用串筒或溜槽。

(2) 测量要坚持复核制度。同时，不论是新管接入旧管线，还是旧管线引入新管，均应通过实测的方法来确定旧管线的流水面标高，不能依据原有竣工图上的标高。

(3) 严格把好进场管材的质量检验关，误差超标过大的坚决不用。偏差不是很大的，可以根据平基标高状况，采用对号入座的办法安管。

(4) 对预留的支线管应在管端用砖封堵，并从外面用水泥砂浆抹面，对预留备管则可从井内管口用同样方法封堵，加强现场检查和管理，以防遗漏。对于圆形检查井与管道搭接长度，要事先根据井型和所适用的管径，核算其管道两端头的间距，并据此定位实施。

4. 治理方法

(1) 对局部管道新旧管交接处形成的反坡高差较小的，可以采用调小纵坡的方法加以纠正。

(2) 对于个别管道错口有可能造成管道内杂物沉积及堵塞的，或管道因测量原因造成反坡高差大的，或备管、预留支线端部未封堵的，均要返工重做。

46.3.6　管沟上部地面裂缝

1. 现象

管沟上部地面在沟宽（或开挖沟槽土方宽度）沿沟纵向出现断续裂缝，并逐渐连成条状，当雨水或地面水流经时，水会从缝内渗入地面面层和管沟上部覆土内，造成填土下沉，拉裂、破坏地面，影响正常使用。

2. 原因分析

(1) 管沟上部覆土或两侧填土夯实质量差，使该部分填土密实度达不到要求，地面使用受荷后造成裂缝、下沉。

(2) 安装在管沟内的给排水管道，因管道焊接头破裂或接口处理不牢靠，管道本身发生渗漏，当渗漏水在管内排流不畅时，在沟底或沟壁有渗水通道的薄弱部位渗漏成泄孔，若不及时封堵，时间一长流水浸湿沟底地基土及沟壁外填土，引起压缩沉陷变形，沟底不均匀的地基土导致管沟变形破坏，拉裂上部地面，出现局部裂缝及下沉。

(3) 管沟上部地面在使用期间若有重型车辆通行或地面上堆积重物超出地面允许承载力时，也会在重荷载影响区段发生局部开裂、下沉。

3. 预防措施

(1) 两侧土方回填前应清除掉砖沟砌筑（或混凝土浇筑）时遗留在沟壁周围的垃圾、杂物，若遇地下水位较高的地基土还应把槽内积水抽掉，清理出淤泥状土。一般在砌筑（浇筑）砂浆（混凝土）强度达到不少于设计强度的75%后，才可进行沟两侧土的同时分层回填。每层回填土的虚铺厚度，应根据所采用的压实机具而定，依据国标《给排水管道工程施工及验收规范》（GB 50268—2008）表4.5.5的规定，并结合当地实际情况执行。管沟两侧土方回填到与管沟顶部持平。分段回填土的交接处，应做成踏步形，逐层接合密实。管沟上部覆土回填，要注意待管沟盖板安装工序完成或浇筑强度达到规定的要求后方可进行。回填时对于刚性管道两侧和管顶以上500mm范围胸腔夯实，应采用轻型压实机具，管道两侧压实面的高差不应超过300mm。对于柔性管道管内径大于800mm的，回填施工时应在管内设有竖向支撑；回填土从管底基础部位开始到管顶以上500mm范围内，必须采用人工回填；管顶500mm以上部位，可用机械从管道轴线两侧同时夯实，每层回填高度应不大于200mm。所有夯实土应分层取样检查，压实度应达到设计要求，达不到设计要求时应与设计协商进行处理。

(2) 管道管沟回填应符合以下规定：压力管道水压试验前，除接口外，管道两侧及管顶以上回填高度不应小于0.5m；水压试验合格后，应及时回填沟槽的其余部分；无压管道在闭水或闭气试验合格后应及时回填。管沟沟槽使用期间，物业管理部门应定时派人下管沟内查看，发现管道接口渗漏或沟底排水不畅，应及时处理。

(3) 严格控制管沟上部地面使用荷载，杜绝重型车辆行驶及在管沟上部堆积重物。

4. 治理方法

当地面发生裂缝较轻微，经观察不再继续发展时，可采取掺胶水水泥浆或水泥砂浆封缝的办法进行处理；当裂缝较长、较深，特别是由于管沟上部覆土和填筑质量太差引起裂缝沿沟纵向延续、缝深延伸至混凝土地面垫层时，可把该部位混凝土地面全部凿除，并处理好回填土，重新施工该部位地面。

46.3.7 管沟内积水

1. 现象

管沟内有水聚集，排流不畅。

2. 原因分析

(1) 沟底板混凝土浇筑或底板水泥砂浆抹面时，未按设计规定找好排水坡度，使水沉积。

(2) 沟底板局部沉陷，形成凹槽状，在凹槽内产生积水，水流受阻。

3. 预防措施

(1) 管沟底板施工时要保证纵向排水坡度。按设计规定测设好坡度标高控制点，饰面施工时严格按控制标高找好坡向。

(2) 业主和物业公司在使用期间要加强管理，勤检查，发现底板有凹陷可能影响水流时，应及时处理。

4. 治理方法

对排水不畅区段重新用水泥砂浆找好坡度。处理好凹陷部位，凿除原水泥砂浆抹面，并清除掉垃圾、浮灰，用水湿润后先涂刷一层掺108胶水泥浆，再用1：2水泥砂浆（加5%防水剂）仔细抹压平实，并做好养护工作。

46.3.8 管沟局部下沉

1. 现象

管沟上方部分地面明显发生沉陷，管沟内可见对应部位底板断裂、凹陷，相连沟壁拉裂、沟壁上支架歪斜。下沉继续发展有可能造成管道变形、接口裂开、阀门失灵、漏水严重而影响使用。

2. 原因分析

（1）当管沟在局部区段遇软弱地基而未按设计要求处理或处理不密实时，软弱的地基土不足以承受上部荷载作用时就会产生压缩变形，导致上部管沟随之下沉。

（2）使用压路机碾压回填土的管沟，其边角碾压不到的部位，未用小型夯具夯实，造成局部漏夯。或管沟周围地面破坏严重，地面排水或雨水从地面缝隙或断裂处长期浸泡沟壁回填土、沟底地基土，造成地基土不均匀下沉，引起管沟局部下沉。

（3）管沟内架设的水、暖管道长期渗漏，未予处理，沟底纵向排水坡度不畅，或排水井水满后来及时抽走，沟底的积水会在防水处理薄弱部位或底板已发生裂缝处渗入地基土，引起该部位地基土沉陷，导致该区段管沟下沉。

（4）有重型车辆通过或超重物品堆放，使盖板压坏，沟壁压弯，管沟下沉。

3. 预防措施

（1）管沟线路一般较长，施工时若遇不良地基应及时要求设计单位出具特殊地基处理变更单或施工单位主动提出地基处理方案，报设计审批。对经过变更、审批的处理方案，施工中应严格按操作程序、规程要求认真作业，以确保整个地基密实一致，坚固可靠。

（2）对管沟边角等机械碾压不到位的部位，一定要用机动夯或人力夯补夯，不得出现局部漏夯现象。在管沟使用期间，物业管理部门应随时观察管沟上部地面，发现裂缝、凹陷时，应及时予以修复处理。

（3）管道通水、通暖期间，定期派人下沟查看。发现管道有滴漏现象或沟内流水不畅、沟底板裂缝时应及时处理。积水坑内水应随时用水泵排掉，不可长期积存。

（4）加强管沟使用期间监控防范管理，杜绝重型车辆在管沟上部行驶，避免超重物体在管沟上方堆积。

4. 治理方法

（1）当施工期间管沟出现局部小量沉陷时，应立即将软土挖出，重新回填并分层夯实。

（2）若非因地基土压缩变形引起的管沟下沉，可仅修复管沟部分；若由于地基土因各种原因已产生压缩变形时，就应从处理软弱地基土开始，依次往上修复。

（3）管沟下沉处理修复时，应尽可能保障沟内各种管线的正常运行。若确实无法保障时，应提前通知有关部门，并办妥停水（电、暖）手续，在规定时间内抢修完成。

46.3.9 管渠结构碰、挤变形

1. 现象

(1) 回填管渠两侧胸腔时，将管带、基础管座或沟墙挤压变形，甚至引起管道中心位移。

(2) 压路机将管体压裂。

2. 原因分析

(1) 在接口抹带砂浆和管座混凝土未达到一定强度及砖砌沟墙沟盖未安装的情况下，即进行土方回填，导致管道及沟墙结构因碰撞和侧压力而变形。

(2) 回填作业方法不妥，只回填单侧或两侧回填高差过大，使管道单侧受力而向另一侧推移，导致接口抹带和管座混凝土遭到破坏。

(3) 管顶或沟盖顶以上覆土厚度偏小，在使用重型机械压实时，由于机械的自重和振动双重作用，造成管体破裂，沟盖断裂。

3. 预防措施

(1) 严格按施工工序要求进行作业，一定要待管道接口抹带砂浆和管座混凝土达到一定强度且沟盖安装完毕，方可按规范要求回填土方。

(2) 回填土方时，管顶覆土厚度和作业机具选择应视不同的管道而定。对于刚性管道两侧和管顶以上 500mm 范围胸腔夯实，应采用轻型压实机具，管道两侧压实面的高差不应超过 300mm。对于柔性管道回填土从管底基础部位开始到管顶以上 500mm 范围内，必须采用人工回填；管顶 500mm 以上部位，可用机械从管道轴线两侧同时夯实，每层回填高度应不大于 200mm。

(3) 采用重型压实机械压实或有较重车辆在回填土上行驶时，管顶以上必须有一定厚度的压实回填土，其最小厚度应按压实机械的规格和管道的设计承载力，通过计算确定。

4. 治理方法

(1) 管带接口、管材保护层及管座损坏的，应立即修复，所用砂浆或混凝土强度应高于原有强度。

(2) 对于管道的轴线位移、管体破裂或柔性管道的变形率超出规范要求（如化学建材管道变形率超过 5%）的，一般应返工重做，并会同设计、建设等单位研究处理。

46.3.10 检查井砌筑砂浆不饱满，与砖粘结不牢

现象、原因分析、预防措施和治理方法参见本手册第 13 章“砌体结构工程”的相关内容。

46.3.11 井室不圆，尺寸误差大

1. 现象

圆形井室，砌成后呈椭圆形或不规则圆形、桃形；井径尺寸严重超标，在不同断面忽大忽小，竖向井壁不垂直，砖墙面凹凸不平，收口锥形断面坡度不一致，既影响观感质量亦影响使用功能。

2. 原因分析

操作人员对砌筑圆形检查井的砌筑工艺不熟练，或不重视、不认真，不使用工具找圆和检查井室半径，仅凭感觉砌筑；施工管理不严，要求标准过低，缺乏有效的监督和检查。

3. 预防措施

要安排有经验的工人进行砌筑，加强质量监督和检查，做到每砌一层砖都要找圆和复核半径，确保每一层砖都是同心圆的重合，水平灰缝厚度和竖向灰缝宽度应按 10mm±2mm 控制，井径误差按±20mm 控制，达到墙面平直、圆顺、无通缝。

4. 治理方法

对施工误差不太大的检查井，用砂浆衬平找圆；对误差较大、影响使用功能甚至影响结构安全的检查井，要坚决返工重做。

46.3.12　井圈、井盖安装缺陷

1. 现象

(1) 车行道上检查井的井盖，不是"五防"（防响、防坠落、防盗、防滑、防位移）井盖。安装了一般井盖。铸铁井圈安装不坐水泥砂浆或坐浆不饱满，或支垫碎砖块等杂物，造成井圈移动并下沉移位，泥土或杂物掉入下水管道，使管道淤塞。

(2) 位于未铺装地面上的检查井安装井圈后，未及时在其周围浇筑水泥混凝土圈予以固定；井盖型号用错；雨污水井盖误用或安装为其他专业井盖。

(3) 井圈安装高出地面很多，或低于原地面，雨季常被淹没，导致泥沙进入。

2. 原因分析

(1) 施工单位图便宜有意用非"五防"井盖，或擅自将重型井盖改为轻型井盖，而建设及监理单位监管不到位或有意放行。

(2) 施工单位对检查井井圈、井盖安装，在结构质量上和使用功能上的重要性认识不足，施工安装敷衍了事，以致井圈下未做坐浆处理，使用的井盖特征显示不明显等，导致井圈不稳固，易混用。

(3) 施工单位缺乏施工过程中的质量检查与有效监管。

3. 预防措施

(1) 在车行道上必须按规定安装"五防"井盖，该井圈坐落在井圈下加设的预制钢筋混凝土井筒上，和该井筒上预埋的 3 根螺栓锚固，以解决井圈下沉和位移问题。同时，要严格按设计要求安装相应规格和类型的井盖。

(2) 施工人员要熟悉图纸和施工规范的有关要求，加强施工管理和技术交底工作，认真组织质量检查，进行有效的质量监督。

(3) 井圈与井墙间必须坐水泥砂浆。在有路面面层的道路上的检查井，井圈必须用混凝土固定，高度允许偏差为±5mm；在未经铺装面层的道路上的检查井，井口应高于道路，但不应超过 50mm，周围必须浇筑混凝土圈，并应做 2‰坡度的护坡；在场区绿地上砌筑的检查井，井口应高出地面 200～300mm。

4. 治理方法

对检查不合乎要求的井圈和井盖，要坚决返工重装。

46.3.13　井室尺寸及管件和闸阀在井室内的位置不妥

1. 现象

井室尺寸太小，或管件和闸阀距壁与井底的距离太近，造成管件和闸阀的维护及拆换困难，有的甚至将接口和法兰砌在井外，正常的维修都会损坏井室；管道穿过井壁在井壁上不留防沉降环缝，检查井产生不均匀沉降把管道压坏。

2. 原因分析

(1) 设计人员缺乏经验，设计考虑不周。

(2) 技术交底不清，或施工人员责任心不强，且在施工过程中缺少有效的质量监管和检查。

3. 预防措施

(1) 要认真组织施工前的图纸会审工作，发现问题及时与设计人员沟通联系。

(2) 选派经验丰富、责任心强、质量意识高的施工人员施工，加强施工过程中的技术交底和质量检查工作。

(3) 井室的尺寸及管件和闸阀在井室内的位置，应能保证管件和闸阀的拆换。接口和法兰不得砌在井外，且与井壁和井底的距离一般不得小于 250mm。管道穿过井壁应有 30～50mm 的环缝，用油麻填塞并捣实。

4. 治理方法

(1) 若井室尺寸太小，闸阀的接口和法兰砌在井外，或虽在井内但距井壁和井底的距离太近，不能进行正常的管道维护，要返工重做。

(2) 管道穿过井壁而没有留防沉降环缝的，可在井壁上管道周围凿出 30～50mm 的环缝，用油麻填塞并捣实。

46.3.14 检查井内管道水流跌落差过大

1. 现象

污水管或雨污水合流管，在干管两管段间或支线管、户线管接入干管时高程差过大，其水流在检查井内形成的水头跌落差过大；有些由砖砌和水泥砂浆抹面而成的流槽结构，受常年高水头跌差水流的冲击而破坏。

2. 原因分析

(1) 设计人员缺乏经验，对超过规定跌落差的水流，未设计跌落井。

(2) 施工单位不专业，对相关排水管道的规范要求不熟悉，或干脆偷工减料，而施工过程中又缺少有效的质量监管和检查。

3. 预防措施

(1) 设计人员应严格按规范要求设计，一般雨水管跌水水头大于 1m，雨污水合流管与污水管跌水水头大于 0.5m 时，应设置跌落井或改变接入管坡度，在设计上消除跌水水头。跌落井结构形式，主要是把跌水水头跨在主井墙外，使跌水水头不致影响到下井检查和操作。

(2) 选择信誉好的专业市政施工单位施工，施工前进行图纸会审，对设计忽略的水流跌落差过大问题，提出补充设计要求。施工过程加强质量管理和检查。

4. 治理方法

检查井施工过程发现的，采用增加跌落井或返工改变管道坡度。检查井完成后发现的，采取增设跌落井的做法。

附录 46.3 室外给水管沟及井室质量检验标准

1. 主控项目见《建筑给水排水及采暖工程施工质量验收规范》（GB 50242—2002）第 9.4.1～9.4.4 条。一般项目见第 9.4.5～9.4.10 条。

2. 室外给水管道安装的允许偏差和检验方法见附表 46-3。

室外给水管道安装的允许偏差和检验方法　附表 46-3

<table>
<tr><th>项次</th><th colspan="3">项　　目</th><th>允许偏差
(mm)</th><th>检验方法</th></tr>
<tr><td rowspan="4">1</td><td rowspan="4">坐标</td><td rowspan="2">铸铁管</td><td>埋地</td><td>100</td><td rowspan="4">拉线和尺量检查</td></tr>
<tr><td>敷设在沟槽内</td><td>50</td></tr>
<tr><td rowspan="2">钢管、塑料管、复合管</td><td>埋地</td><td>100</td></tr>
<tr><td>敷设在沟槽内或架空</td><td>40</td></tr>
<tr><td rowspan="4">2</td><td rowspan="4">标高</td><td rowspan="2">铸铁管</td><td>埋地</td><td>±50</td><td rowspan="4">拉线和尺量检查</td></tr>
<tr><td>敷设在地沟内</td><td>±30</td></tr>
<tr><td rowspan="2">钢管、塑料管、复合管</td><td>埋地</td><td>±50</td></tr>
<tr><td>敷设在地沟内或架空</td><td>±30</td></tr>
<tr><td rowspan="2">3</td><td rowspan="2">水平管纵横向弯曲</td><td>铸铁管</td><td>直段（25m 以上）起点至终点</td><td>40</td><td rowspan="2">拉线和尺量检查</td></tr>
<tr><td>钢管、塑料管、复合管</td><td>直段（25m 以上）起点至终点</td><td>30</td></tr>
</table>

附录 46.4　室外排水管沟及井池质量检验标准

1. 主控项目见《建筑给水排水及采暖工程施工质量验收规范》（GB 50242—2002）第 10.2.1～10.2.2 条及第 10.3.1～10.3.2 条。

2. 一般项目见《建筑给水排水及采暖工程施工质量验收规范》（GB 50242—2002）第 10.2.3～10.2.7 条及第 10.3.3～10.3.4 条。

3. 室外排水管道安装的允许偏差和检验方法见附表 46-4。

室外排水管道安装的允许偏差和检验方法　附表 46-4

<table>
<tr><th>项次</th><th colspan="2">项　　目</th><th>允许偏差
(mm)</th><th>检验方法</th></tr>
<tr><td rowspan="2">1</td><td rowspan="2">坐标</td><td>埋　地</td><td>100</td><td rowspan="2">拉线尺量</td></tr>
<tr><td>敷设在沟槽内</td><td>50</td></tr>
<tr><td rowspan="2">2</td><td rowspan="2">标高</td><td>埋地</td><td>±20</td><td rowspan="2">用水平仪、拉线和尺量</td></tr>
<tr><td>敷设在沟槽内</td><td>±20</td></tr>
<tr><td rowspan="2">3</td><td rowspan="2">水平管纵横向弯曲</td><td>每 5m 长</td><td>10</td><td rowspan="2">拉线尺量</td></tr>
<tr><td>全长（两井间）</td><td>30</td></tr>
</table>

46.4　区　内　道　路

这里的区内道路主要是指城镇和工业区的民用建筑群（或住宅小区）及厂区内的建造在建筑物外部的为陆地交通运输服务，通行各类机动车、非机动车及行人的各种道路。本节所涉及的道路工程主要由道路工程结构、广场和停车场及交通工程设施等组成，而道路工程结构则主要由路基、路床、路面及附属设施所组成，道路的附属设施主要包括人行道、路缘石（侧石）、雨水口等。

46.4.1 路基回填土压实度不够

现象、原因分析、预防措施和治理方法参见本手册第3章“土方工程”的相关内容。

46.4.2 灰土基层的强度及稳定性差

1. 现象

(1) 消解石灰和土料不过筛，导致灰土中含有未彻底消解的石灰块、慢化石灰块、大土块、砖石块、大石块或其他杂物等。

(2) 搅拌不均匀，石灰和土采用人工搅拌掺和后搅拌遍数不够，色泽呈花白。或采用机械搅拌没有合理的搅拌工艺，灰土搅拌不均。

(3) 配合比控制不准，灰土掺和过程中，灰土不计量，加灰凭感觉，随意性较强，不认真对土、灰的表观密度进行试验计算。或虽有计量只是粗略的体积比。

(4) 石灰活性氧化物含量低，细度偏小。

2. 原因分析

(1) 施工人员图省力，违反施工操作规程。

(2) 施工现场质量管理跟不上，缺乏有效的质量监督和质量检查。

(3) 施工操作及管理人员不了解控制配合比是直接影响灰土强度的重要因素，或管理人员对操作者技术交底不清，或所购石灰质量差。

3. 防治措施

(1) 生石灰要提前3～5d加水消解，并过筛，其颗粒不得大于5mm；土料应过筛，其颗粒不应大于15mm。

(2) 对采用人工拌制的，应将备好的土和石灰按配合比要求，分层均匀地交叠堆放，保持适度的含水量，翻拌后过20mm的方孔筛，至颜色均匀一致为止。对机械拌制采用路拌的，必须在已成活的土路床上，按压实系数计算好虚铺厚度，将已过筛（20mm方孔筛）的土料摊铺在路床上，再将已过筛（10mm方孔筛）的消解石灰，按重量比换算成体积比的厚度摊铺在土料上，搅拌4遍以上，直至颜色一致。搅拌过程中应检查灰土层与路床间不应有素土夹层，并应使拌和深度侵入路床5～10mm。对于大批量使用的石灰土，应在场外采用强制搅拌机搅拌后运至现场摊铺。

(3) 筛好的土和石灰都要用专门加工的计量斗或手推车斗按设计配合比计量。

(4) 施工过程中要派专人进行质量监督和检查，发现问题及时纠正。

(5) 采用不低于Ⅲ级标准的石灰。对新购进的或存放过久的石灰要进行活性氧化物含量检验，并尽量缩短石灰的存放时间，一般存放时间不超过3个月。

46.4.3 混凝土路面起砂

现象、原因分析、预防措施和治理方法参见本手册第30章“地面工程”的相关内容。

46.4.4 混凝土路面纵横缝不顺直

1. 现象

混凝土路面纵向施工缝留设及横向缩缝切割、胀缝留设不顺直，影响路面的观感质量。

2. 原因分析

(1) 纵向施工缝处模板固定不牢，施工过程中因碰撞或混凝土侧压而使模板跑模变位。

(2) 使用的模板本身不直或支设时移位。

(3) 横向缩缝切割前未划线，或切割操作人员缺乏施工经验。横向胀缝因分缝板移动、倾斜、歪倒而造成不顺直。

3. 防治措施

(1) 模板的刚度要符合要求，模板固定要保证模板本身及模板之间牢靠、不错位，宜选用槽钢做模板。

(2) 施工过程中应严格控制模板的直顺度，浇筑过程中要随时用经纬仪检测模板是否变位，如有变位要及时纠正。

(3) 横向缩缝在切割前要先划好直线，由有操作经验的施工人员操作。要保证胀缝分缝板的正确位置，采取胀缝外加模板，以固定胀缝板不致移动。

(4) 纵向施工缝，如局部出现跑模，可在拆模后，混凝土强度达到设计强度的20%～30%时，用切割机将跑模混凝土割除，以保证纵向施工缝顺直。

46.4.5 混凝土板块裂缝

1. 现象

路面使用后，混凝土板块出现浅表层细小裂纹、不规则断裂和角隅处折裂及施工缝处断裂或板块横向裂缝等现象，既影响路面的观感质量，亦影响路面的正常使用和耐久性。

2. 原因分析

(1) 混凝土养护不到位，表层风干收缩，导致浅表层发状裂纹。

(2) 角隅处与基层接触面积小，单位面积压力大，造成基层相对沉降大，进而板下脱空或角隅处振捣不密实，均易造成角隅处断裂。

(3) 切缝时间过迟或路基下沉，造成板块横向裂缝、折裂。

(4) 土基强度不足或不均匀；或施工期间白天与晚上温差过大，造成板块开裂。

(5) 水泥等原材料技术指标不稳定；混凝土振捣过多而产生分层离析或施工缝位置振捣不密实，蜂窝多；真空吸水的搭接处处理不合理，造成混凝土板含水量分布不均；施工时交通不中断，半幅路施工时，旁边重车行驶产生振动等，以及原材料或施工操作不当等问题，均可引起混凝土板块裂缝。

3. 预防措施

(1) 混凝土浇捣完成后，按规范规定及时覆盖养护，养护期间必须保持湿润，防止暴晒和风干，养护时间一般不少于 14d。

(2) 注意角隅处混凝土的振捣，对软路基地段，可加固设计成钢筋混凝土路面板。

(3) 当混凝土达到设计强度的 25%～30%时（一般不超过 24h）即可切缝，以切缝锯片两侧边不出现超过 5mm 的毛茬为宜。加强路基和基层的压实度、稳定性及均匀性质量控制，防止路基下沉。

(4) 混凝土施工缝应留设在胀缝处，不应留设在板块中间。施工期间注意采取季节性施工技术措施，并减少昼夜温差影响。

(5) 严格控制原材料特别是水泥的质量。混凝土浇捣时既要防止漏振而致不密实，又要防止过振而产生混凝土分层离析。注意处理好真空吸水搭接处，使混凝土板含水量均匀；半幅路混凝土浇筑要尽量避开车流高峰期。

4. 治理方法

混凝土板块裂缝应根据裂缝度的大小不同，及时而有区别地进行修补处理，以防止裂缝的进一步发展影响使用功能。裂缝度等于裂缝纵向长度的总和（cm）除以调查路段面积（m^2）。

（1）当裂缝度<20cm/m^2，且路面无其他变形时，可清凿出施工面后，用环氧砂浆修补。

（2）当裂缝度≥20cm/m^2，且裂缝宽度超过5mm以上时，将裂缝边缘凿成一个凹面，冲洗干净，用稀沥青在缝边涂刷一遍，再用沥青砂或细粒式沥青混凝土填满夯实，表面用烙铁烙平。

（3）当裂缝度>30cm/m^2时，应结合路面强度，作全面返修或局部返修后再做整体罩面处理。

（4）混凝土板块横向裂缝，采用局部返修处理。

46.4.6 路缘石质量差

1. 现象

（1）路缘石顶面与路面边缘相对高差不一致；路缘石顶面标高不一致，呈波浪状，影响道路整体观感质量。

（2）路缘石混凝土强度不足，外表粗糙，缺棱掉角，棱角不直，厚薄不均，观感质量差。

（3）立道牙前倾后仰，多数为前倾即向路面倾歪；平道牙顶面与路面边缘不平齐，或向内、外倾斜而牙身被压碎。

2. 原因分析

（1）路缘石顶面标高一致，而路面标高控制不好；或路面标高控制较好，而路缘石顶面标高未控制好；或路面和路缘石顶面两者标高均未控制好。

（2）采购信誉差且无质量保证的厂家生产路缘石，或施工单位在难以保证质量的情况下现场预制。

（3）立道牙安栽后下半部填土内外未夯实，当牙背上半部填土夯实时，受土压力挤压向内倾（图46-3）。立道牙外侧不设人行道时，经车轮等外力在内侧挤撞，造成立道牙向外仰（图46-4）。

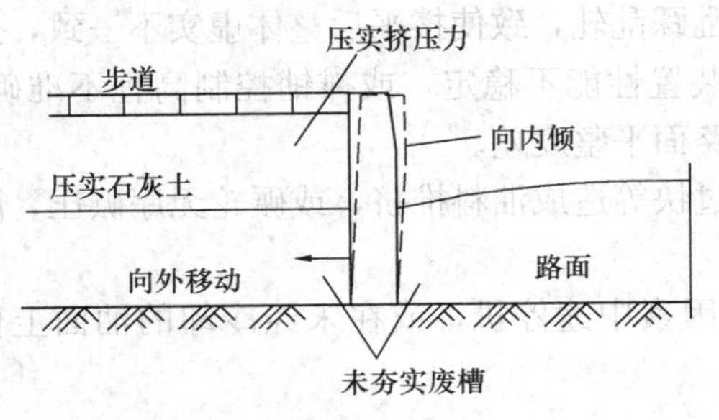

图46-3 立道牙内倾示意图

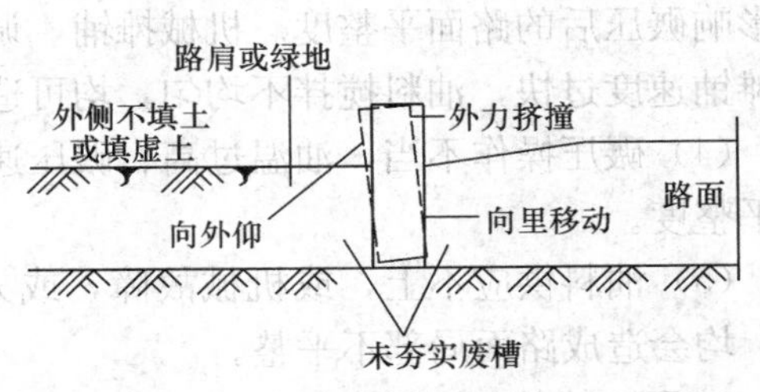

图46-4 立道牙外仰示意图

（4）平牙安栽时标高控制不准，或因路边缘底层高低不平，造成油路边缘与平牙出现高低差。四丁砖平边牙刨槽深浅不一致，安栽时，槽深处垫虚土，槽浅处砖牙安在硬槽底上，碾压路面层时，经车轮刨压，在虚土上的牙必下沉，而安栽在硬底上的砖牙易压碎。

3. 预防措施

(1) 路面施工时，按不大于3m间距布置标高桩，并随时拉线检查正在施工路面的标高，确保路面标高误差在允许范围。安设路缘石时，沿路边每10m布置一标高控制桩，并拉线安设路缘石。

(2) 路缘石必须从信誉好且有质量保证的生产厂家购买，购买前要选择多家生产厂的产品做质量对比，进场时要配合质检人员对产品的外观、强度、几何尺寸等严格把关，不合格的不得用于工程。

(3) 立道牙安栽调直后，牙根部外废槽应换填易夯实的好土或石灰土，牙内如为不易夯实的松散材料，可掺加少量水泥将废槽填实，待固结后再进行牙外上部的分薄层夯实。

(4) 严格控制平牙顶面和路边缘底层的标高和平整度，摊铺沥青混合料时，按压实系数留出虚高高度，碾压油路面时，要跟人使用热墩锤和热烙铁修整夯实边缘。对于四丁砖平边牙刨槽要深浅一致，槽底要预留一定的虚高，保证碾压后恰与油路边压平。

4. 治理方法

(1) 对路缘石顶面标高不一致者，要重新按设计标高找平。

(2) 对强度不足、外观质量差、缺棱掉角、几何尺寸偏差较大等不合格的路缘石，要更换成合格的路缘石。

46.4.7　沥青混凝土路面平整度差

1. 现象

开放交通后沥青混凝土路面出现波浪、“碟子”坑、“疙瘩”坑及鼓包、洼兜等平整度差的现象。

2. 原因分析

(1) 底层高低不平，沥青混合料虚铺厚度有薄有厚，碾压后，薄处沉降小，而厚处沉降多，造成表面不平整。

(2) 采用人工摊铺时，往往直接将沥青混凝土卸在底层上，粘结在底层上的料底清除不净，或将当天已经压实、冷凝的剩料摊在底层上充当一部分摊辅料，当新料补充搂平压实后，形成局部高突、“疙瘩”坑。

(3) 摊铺方法不当。人工摊铺时，用铁锹抛撒，或运输卸料时的冲击力，将抛撒和卸料的核心部分砸实，或人、车在虚铺混合料上乱踩乱轧，致使搂平后整体虚实不一致，进而影响碾压后的路面平整度。机械摊铺，调平装置性能不稳定，或摊铺控制高程不准确，或摊铺速度过快，油料搅拌不均匀，均可造成路面平整度差。

(4) 碾压操作不当，油温过高、碾压速度过快等造成油料推挤，或碾轮无序碾压，降低平整度。

(5) 油料供应不上，或机械故障，或人为因素中途停机，或在未经冷却的油面上停碾，均会造成路面局部不平整。

3. 预防措施

(1) 确保底层（路床或基层）平整度质量。要按照质量检验评定标准中对路面各层要求严格控制，并认真检验。对底层纵横断高程应用“五点五线法”加密检查点；并按高程控制的要求，加细找补和修整。对于小面积和零星路面的铺筑，包括旧路加铺和掘路补修，均应严格控制好底层的平整度。

（2）小面积或无摊铺机使用条件时采用人工摊铺，要严格按操作规程要求采用扣锹法，不准扬锹，要锹锹重叠。扣锹时要求用锹头略向后刮一下，使厚度均匀一致。采用手推车和装卸机运料时，应用热锹将料底砸实部分翻松后摊平，使各处虚实一致。搂平时，不可踩踏未经压实的虚铺层，要倒退搂平一次成活，找补搂平可用专用长把刮板。沥青混合料应卸在铁板上，不可直接卸在底层上，如发现底层有料底的，应设法清除干净 。剩余冷料不可直接铺筑在底层上，应加热后另作他用。

（3）采用机械摊铺的，摊铺前，应加强对摊铺机的维护保养，防止摊铺过程出现意外停机，特别是调平系统运行的稳定性，大面积摊铺要有备用机械。摊铺所需的路面高程应事先设定。油料供应必须连续，摊铺开始前，一般不少于 5 辆供油车待铺，摊铺过程一般不得少于 3 辆，且应配备足够人员轮换，确保摊铺过程不停机。摊铺机要求匀速行进，速度控制在 2～6m/min。

（4）沥青混合料的碾压油温、碾压速度和碾压程序应严格按规范规定要求进行控制。施工时，应设专人、专用测温设备控制各施工阶段的油温，其大小应根据沥青品种、标号、粘度、气温条件及层铺厚度等因素确定。碾压应按初压、复压及终压三个阶段进行。压路机应以慢而均匀的速度碾压，碾压速度根据压路机类型及不同的压实阶段确定，其碾压路线及方向不应突然改变，碾压区的长度应大体稳定，两端折返位置应随摊铺机前进而推进，横向不得在同一断面上。

4. 治理方法

（1）对底层平整度达不到规范要求的，按高程控制的要求，加细找补和修整，以达到规范要求。小面积采用人工摊铺的路面，局部找补搂平可用专用长把刮板修整。

（2）路面平整度差，经验收不合格的要返工重做。

46.4.8 沥青混凝土路面与平道牙衔接不顺

1. 现象

路面与平道牙之间出现较大甚至明显的相对高差。

2. 原因分析

（1）路面底层边缘部位高程和平整度控制不严，高低不平，导致预留沥青混合料的厚薄不匀，摊铺压实后出现路面与平道牙的相对高差。

（2）平道牙高程失控，铺筑沥青混合料面层时，按路边设计高程摊铺，导致路面与平道牙衔接出现错台。

（3）摊铺机所定层厚厚薄不一，或摊铺机过后，对平道牙与路面间的偏差，未采取人工整平措施。

3. 防治措施

（1）严格控制路边缘部位各层结构及平道牙安砌的高程。对于路面底层的高程和平整度偏差，应在铺油前予以找补压实，使平道牙下预留路面厚度一致。

（2）边缘部位摊铺高应以高程准确的平道牙为基础，在其上拉钢丝绳作依据，再配合小型碾和人工，对雨水口边及路面与平道牙之间的小偏差进行处理。

46.4.9 沥青混凝土路面早期裂缝

1. 现象

（1）在路面碾压过程中出现横向短小微裂缝。

(2) 半刚性材料为基层的沥青路面，通车一段时间后出现近似等间距的横向反射裂缝。

(3) 路面在纵、横向接槎处产生不规则纵、横裂缝；或因低温产生的冻胀纵、横裂缝或路面出现的凸起开花和不规则短裂缝。

2. 原因分析

(1) 压路机加速或减速太猛，特别是转向时过猛；碾压前沥青混合料摊铺时间过长，形成压路机串皮碾压；整平找补料层过薄；或在坡道上摊铺沥青混合料过厚；或对薄层沥青混合料过度碾压等均会产生横向微裂缝。

(2) 半刚性的基层、垫层在碾压后未能潮湿养护，引起干缩反射；寒冷地区，沥青面层或半刚性基层低温收缩，造成变形受阻等均会产生横向裂缝。

(3) 沥青混合料分幅碾压或纵向接槎时，因接槎处理不合要求而造成接槎开裂；道路发生冻胀，引起路面拱起开裂；沥青原材料低温延性差或沥青混合料粘结力低，造成路面开裂；含有未消解石灰灰块的基层，压实后消解膨胀，引起其上沥青路面开花。

3. 预防措施

(1) 做好摊铺碾压过程中的下列各项工作，以防产生横向裂缝：沥青混合料进场摊铺要严把质量关，不合格的坚决退货；严格控制摊铺和初压、复压、终压的沥青混合料温度，在大风和降雨时停止作业；作业时严格遵守碾压操作规程；双层式沥青混合料面层的上下二层铺筑，宜在当天完成；沥青混合料的松铺系数宜通过试铺碾压确定；宜采用全路宽多机全幅摊铺，减少纵向分幅冷接槎。

(2) 严格按规范要求做好纵横向接缝。纵缝尽量采用直槎热接的方法，摊铺段不宜太长，一般控制在 60～100m 之间，并于当日衔接。当第一幅摊铺完后，立即倒至第二幅摊铺，第一、二幅间搭接 2.5～5cm，然后再摊回碾压。

(3) 控制沥青混合料所用沥青的延度，或进行低温冷脆改性。同时，要防止沥青混合料拌制时加热过度，避免沥青混合料“烧焦”。

(4) 为防止石灰土等半刚性基层收缩裂缝，应采取下列的设计和施工措施：控制基层施工中压实时的含水量；加强对半刚性基层碾压后的潮湿养护，根据气候湿度不同，以5～14d为宜。设计时，在半刚性基层上加铺厚度不少于 10cm 的沥青碎石，或厂拌碎石联结层；或在半刚性基层材料中，掺入 30%～50%的粒径为 2～4cm 的碎石，以减少收缩裂缝，并提高碾压中抗拥推的能力。

4. 治理方法

(1) 碾压中出现的横向微裂缝，可在终碾前，用轮胎碾进行复压，予以消除。

(2) 因半刚性基层开裂反射上来的裂缝，或无变形、不严重的裂缝，缝宽在 6mm 以内的，可用热沥青灌缝；缝宽大于 6mm 的，将缝内杂质清理干净后，用沥青砂或细粒式沥青混凝土进行填充、捣实，并用烙铁熨平。

(3) 对发裂、轻微龟裂，可采用刷油法处治，或进行小面积的喷油封面，防止渗水而使裂缝扩大。

46.4.10 沥青混凝土路面后期裂缝

1. 现象

(1) 路面非接槎部位产生不规则纵向裂缝，并伴有不均匀沉降变形。

（2）雨水支管部位出现不规则的顺管走向裂缝或检查井周围有不规则裂缝。

（3）路面出现裂块面积直径大于 30cm 的成片状网状裂缝和裂块面积直径小于 30cm 的龟背状裂缝。

2. 原因分析

（1）路基或基层结构强度不足，或路基局部下沉引起路面出现不规则纵向裂缝及成片网状裂缝。

（2）雨水支管及检查井周边部位肥槽回填不易夯实，导致局部路面强度削弱而发生沉陷和开裂。

（3）路面基层结构强度不足或沥青面层老化而引起龟裂；路面结构在重复行车荷载作用下，发生疲劳破裂而形成长条状网裂。或路面结构层中有软夹层，如石料质软、含泥量大等，会产生沉陷、网裂和龟裂。

（4）因沥青混合料表面过凉，内部过热，摊铺层较厚时，用重型压路机碾压引起路面表层切断，第一遍碾压中易出现贯穿的纵向裂缝。

3. 预防措施

（1）采取 46.4.1“路基回填土压实度不够”的预防措施及 46.4.2“灰土基层的强度及稳定性差”的防治措施，提高道路路基的施工质量，防止路基下沉引起裂缝。

（2）雨水支管肥槽回填，可采用水泥稳定砂砾或低强度等级混凝土回填并夯实振捣密实，防止路面下沉开裂。

（3）提高路面基层材料的均匀性和强度，尽可能避免出现强度裂缝，并减少温度裂缝。

（4）加强对沥青混合料外观质量的检查，矿料拌和粗细均匀一致，沥青和细矿料应均匀裹敷粗骨料表面，不应出现花白料或油少、干枯等现象。

4. 治理方法

（1）对土基、基层破坏所引起的裂缝，或出现较大龟裂时，采用挖补方法，先处理好土基或路基后，再修复路面面层。

（2）轻微龟裂的，可采用刷油法处理，或进行小面积喷油封面，防止雨水渗入扩大裂缝。

附录 46.5 区内道路水泥混凝土面层质量检验标准及检验方法

1. 主控项目及一般项目见《城镇道路工程施工与质量验收规范》（CJJ 1—2008）第 10.8.1 条。

2. 混凝土路面的允许偏差和检验方法见附表 46-5。

混凝土路面允许偏差和检验方法 **附表 46-5**

项 目	允许偏差或规定值		检验频率		检验方法
	城市快速路、主干路	次干路、支路	范围	点数	
纵断高程（mm）	±15		20m	1	用水准仪测量
中线偏位（mm）	≤20		100m	1	用经纬仪测量

续表

项目		允许偏差或规定值		检验频率		检验方法
		城市快速路、主干路	次干路、支路	范围	点数	
平整度	标准差σ（mm）	≤1.2	≤2	100m	1	用测平仪检测
	最大间隙（mm）	≤3	≤5	20m	1	用3m直尺和塞尺连续量两尺，取较大值
宽度（mm）		0，－20		40m	1	用钢尺量
横坡（%）		±0.30%且不反坡		20m	1	用水准仪测量
井框与路面高差（mm）		≤3		每座	1	十字法，用直尺和塞尺量，取最大值
相邻板高差（mm）		≤3		20m	1	用钢板尺和塞尺量
纵缝直顺度（mm）		≤10		100m	1	用20m线和钢尺量
横缝直顺度（mm）		≤10		40m		
蜂窝麻面面积①（%）		≤2		20m	1	观察和用钢板尺量，每20m查1块板的侧面

①每20m查1块板的侧面。

附录46.6 区内道路热拌沥青混合料面层质量检验标准及检验方法

1. 主控项目及一般项目见《城镇道路工程施工与质量验收规范》（CJJ 1—2008）第8.5.1条。

2. 热拌沥青混合料面层的允许偏差和检验方法见附表46-6。

热拌沥青混合料面层允许偏差和检验方法 **附表46-6**

项目		允许偏差		检验频率				检验方法
				范围	点数			
纵断高程（mm）		±15		20m	1			用水准仪测量
中线偏位（mm）		≤20		100m	1			用经纬仪测量
平整度	标准差σ（mm）	快速路、主干路	≤1.5	100m	路宽（m）	<9	1	用测平仪检测，见注1
		次干路、支路	≤2.4			9～15	2	
						>15	3	
	最大间隙（mm）	次干路、支路	≤5	20m	路宽（m）	<9	1	用3m直尺和塞尺连续量取两尺，取最大值
						9～15	2	
						>15	3	
宽度（mm）		不小于设计值		40m	1			用钢尺量

续表

项目		允许偏差	检验频率				检验方法
			范围	点数			
横坡		±0.3%且不反坡	20m	路宽(m)	<9	2	用水准仪测量
					9～15	4	
					>15	6	
井框与路面高差(mm)		≤5	每座	1			十字法，用直尺、塞尺量取最大值
抗滑	摩擦系数	符合设计要求	200m	1			摆式仪
				全线连续			横向力系数车
	构造深度	符合设计要求	200m	1			砂铺法
							激光构造深度仪

注：1 测平仪为全线每车道连续检测每100m计算标准差σ；无测平仪时可采用3m直尺检测；表中检验频率点数为测线数。

2 平整度、抗滑性能也可采用自动检测设备进行检测。

3 底基层表面、下面层应按设计规定用量洒泼透层油、粘层油。

4 中面层、底面层仅进行中线偏位、平整度、宽度、横坡的检测。

5 改性（再生）沥青混凝土路面可采用此表进行检验。

6 十字法检查井框与路面高差，每座检查井均应检查。十字法检查中，以平行于道路中线，过检查井盖中心的直线做基线，另一条线与基线垂直，构成检查用十字线。

附录46.7 区内道路冷拌沥青混合料面层质量检验标准及检验方法

1. 主控项目及一般项目见《城镇道路工程施工与质量验收规范》（CJJ 1—2008）第8.5.2条。

2. 冷拌沥青混合料面层允许偏差和检验方法见附表46-7。

冷拌沥青混合料面层允许偏差和检验方法 附表46-7

项目	允许偏差	检验频率				检验方法
		范围	点数			
纵断高程(mm)	±20	20m	1			用水准仪测量
中线偏位(mm)	≤20	100m	1			用经纬仪测量
平整度(mm)	≤10	20m	路宽(m)	<9	1	用3m直尺、塞尺连续量两尺，取最大值
				9～15	2	
				>15	3	
宽度(mm)	不小于设计值	40m	1			用钢尺量
横坡	±0.3%且不反坡	20m	路宽(m)	<9	2	用水准仪测量
				9～15	4	
				>15	6	

续表

<table>
<tr><th colspan="2" rowspan="2">项　目</th><th rowspan="2">允许偏差</th><th colspan="2">检验频率</th><th rowspan="2">检验方法</th></tr>
<tr><th>范围</th><th>点　数</th></tr>
<tr><td colspan="2">井框与路面高差（mm）</td><td>≤5</td><td>每座</td><td>1</td><td>十字法，用直尺、塞尺量，取最大值</td></tr>
<tr><td rowspan="4">抗滑</td><td rowspan="2">摩擦系数</td><td rowspan="2">符合设计要求</td><td rowspan="2">200m</td><td>1</td><td>摆式仪</td></tr>
<tr><td>全线连续</td><td>横向力系数车</td></tr>
<tr><td rowspan="2">构造深度</td><td rowspan="2">符合设计要求</td><td rowspan="2">200m</td><td rowspan="2">1</td><td>砂铺法</td></tr>
<tr><td>激光构造深度仪</td></tr>
</table>

46.5　围　　墙

围墙既有安全防护作用，又能美化环境。现代建筑围墙的种类繁多，主要有：砖砌花饰、砖柱钢栅栏及钢筋混凝土柱钢栅栏等围墙。本节所述为围墙所特有的质量通病及防治措施。

46.5.1　地基不均匀沉降

1. 现象

轻者使围墙或围墙基础出现裂缝，重者使围墙倾斜、结构破坏甚至倒塌，既影响围墙的观感效果，也影响正常使用，甚至危及人民群众的财产和生命安全。

2. 原因分析

（1）围墙的跨越范围较大，所处位置地基状况变化多端，而施工往往又对其不甚重视，很少有在施工前对地基进行勘察，也没有对围墙地基进行专门的加固等措施，故地基本身已为不均匀沉降留下隐患。

（2）围墙在设计上很少考虑采取预防不均匀沉降的构造措施，致使围墙结构本身对不均匀沉降较为敏感。

3. 预防措施

（1）围墙在设计前，应对围墙跨越范围进行初步的地基勘察，至少参考一下围墙附近原建筑物的地基勘察报告，尤其是对新近填土、冲积填土及其他软弱地基应做出准确的判断。

（2）软弱地基施工时要做必要的处理，对新填土，要将虚土挖出回填塘渣后重新分层夯实。

（3）围墙如位于较为复杂的地基上，设计时应考虑到采取抗不均匀沉降的构造措施，如在基础上增设钢筋混凝土圈梁、隔一定距离设置伸缩缝或直接采用钢筋混凝土基础等。

4. 治理方法

对轻微不均匀沉降使围墙局部产生小于2mm裂缝的，可将裂缝用水泥腻子刮上。如不均匀沉降较严重，使围墙局部产生较宽裂缝甚至造成围墙倾斜的，可局部进行返工处理。对于有倒塌的部分围墙，必须进行返工处理，且必须对该部分地基采取换土、加固等处理措施。

46.5.2　砖柱钢栅栏围墙基础温度裂缝

1. 现象

砖柱钢栅栏围墙基础一般均露出自然地坪 500～600mm，在露出地坪的部分，通常每隔 12～15m 会产生 0.2～0.7mm 垂直于基础的竖向温度裂缝，上宽下窄，延伸至地坪下 100～150mm，影响围墙的观感质量，也直接影响围墙的使用寿命。

2. 原因分析

由于处于地坪以上部分基础，长期暴露在外，受昼夜、季节变化等引起的温差影响较大，热胀冷缩，相比地坪以下受上述温差变化的影响要小得多。当地坪以上收缩时，受到地坪以下部分的约束作用，而地坪以上部分基础砌体的抗拉强度又比较低，故造成地坪以上部分基础砌体产生竖向裂缝。

3. 预防措施

在砖砌基础顶面增设钢筋混凝土压顶梁，可减少甚至避免地坪以上基础砌体部分产生温度裂缝。

4. 治理方法

温度裂缝一般不影响结构安全，只需采用水泥腻子将裂缝封堵即可。

46.6 小区内室外园林绿化

随着国民经济发展和生活水平的提高，新建住宅小区或厂区内的室外园林绿化工程应用越来越普遍，质量要求也越来越高。园林绿化泛指园林城市绿地和风景名胜区中涵盖园林建筑工程在内的环境建设工程，包括园林建筑工程、土方工程、园林筑山工程、园林理水工程、园林铺地工程及绿化工程等，它是应用工程技术来表现园林艺术，使地面上的工程构筑物和园林景观融为一体。本节仅列出场坪绿化等方面所可能产生的质量通病及防治措施。

46.6.1 铺砖路面出现凹陷、翻浆

1. 现象

铺砖路面或石材贴面路面出现凹陷、面层松动以及出现雨后冒浆等现象。

2. 原因分析

(1) 基层填筑前未对基底表面的杂草、有机土、种植土及垃圾等进行清理或基础不平整。

(2) 基底土层松软的区域未进行地基加固处理。

(3) 基层填料选择不当。

(4) 基层层次结构的做法不正确。

(5) 面积较大区域施工时未设置伸缩缝。

3. 预防措施

(1) 基层填筑前应按设计要求对基底进行清理，如对基底表面的杂草、有机土、种植土及垃圾等清理。

(2) 基底土层松软的区域要进行地基加固处理。

(3) 基层选用材料要得当，一般采用干碎石、煤渣石灰土、石灰土作基层，并应采用不小于 12t 的压路机碾压，每层碾压厚度＜20cm。

(4) 结构层施工采用 M7.5 混合砂浆，砂浆摊铺宽度每边应大于铺装面 5～10cm，石

材铺地结合层采用M10水泥砂浆。

（5）面层施工时采用整体浇注，过大区域可划分若干地块，但每一块面积在9m×10m之间，地块之间需做伸缩缝。

4. 治理方法

对于出现上述质量问题时，应翻出面层贴块，对凹陷及不实基层用M7.5混合砂浆进行加固处理，再用M10水泥砂浆铺贴面层。

46.6.2　场坪植草砖内草皮枯死

1. 现象

停车区内铺设的草皮（尤其是植草砖内的草）经过一段时间后，草皮长势不佳或枯死。

2. 原因分析

（1）由于结构层的特殊性，其保水、保肥性不强，经常发生草皮由于缺水而枯死的现象（尤其在夏季），同时在维护方面有一些难度，修剪较困难。

（2）由于经常在上面承载重负荷，造成不均匀沉陷，使面层不平整，引起积水而导致草皮死亡。

（3）由于车辆长期辗压，导致草皮受损乃至死亡。

3. 预防措施

（1）结构层施工时，注意做好排水施工，避免有积水现象产生。

（2）做好结构层的处理，最大限度地考虑所能承载的负荷，或避免超荷载的车辆停放，以免产生不均匀沉陷而引起积水。

（3）考虑到停车场的特殊性，在草皮品种选择上以选择耐辗压、耐践踏的草种。

4. 治理方法

一旦发现植草砖内有积水或草皮枯死现象，应及时排水，补植草皮。

46.6.3　绿化种植与其他专业交叉施工配合不当

1. 现象

由于各种原因，绿化与土建、机电在不同单位交叉施工时容易出现问题，造成绿化种植和硬铺地与小区内的路灯、窨井、地下车库地面通风口、雨水排放井、电缆及煤气管道等方面，相互间存在着冲突及不协调的地方，如路灯与树木靠得太近、窨井盖高出草坪太多、窨井与景观铺装不协调、树穴内有电线穿越、市政管道及设备裸露在园林景观范围内等现象。

2. 原因分析

（1）景观设计图中有关地下车库地面通风口、窨井、电缆及煤气管道等方面没有具体交代清楚。

（2）由于施工单位众多，相关的管理部门及专业不同，相互间沟通、协调工作不够，造成景观与上述项目间有一些冲突及不协调的地方。

（3）由于赶工期，造成绿化与土建、机电等不同单位同时交叉施工，各自赶工期相互间又缺少有效沟通，易出现种植完成后又因埋设电缆开挖造成绿化破坏等类似的问题。

3. 防治措施

（1）在设计中应明确与景观相关联的土建、市政管道、机电设施和设备等的位置。

（2）在施工中各部门及各专业应积极配合、协调、沟通，避免出现一些细节上的差错而影响使用及景观效果。

（3）加强协调沟通，由建设单位牵头，总包组织统一组建指挥部，施工前对种植区内有关的土建、机电设施、设备的施工计划统一协调，并制定总的施工进度计划。

46.6.4　草坪表面不平整

1. 现象

雨后在草坪局部区域有积水现象。

2. 原因分析

（1）草皮铺设前，铺设区域内的土壤未进行翻土、清理垃圾，表层土没有做好细平整，凹凸不平，铺设后形成一些低洼地，雨后或浇水后易造成积水。

（2）籽播草坪在播籽后或植生带草皮在铺设后未进行有效的滚压，某些区域出现低洼地，雨后或浇水后易造成积水。

3. 预防措施

（1）草皮铺设前，应对铺设区域内的土壤进行翻土，深度不得小于20cm，应把土壤中的混杂物，如杂草根、碎石块、碎砖等清除干净，将大于5cm块径的土块敲碎，表层土做到细平整，并有3%～10%的排水坡度。

（2）籽播草坪在播籽后，应覆盖0.5～1cm的优质疏松土，并进行滚压、浇水，在草出土前，必须保持湿润，视天气条件进行浇水。

（3）植生带草皮在铺设后应充分浇水、滚压，在新根扎实前不可践踏，避免出现坑洼地而造成积水。

4. 治理方法

对于有严重积水的草坪区域，应返工重做。

46.6.5　地下车库顶绿化种植区域积水

1. 现象

局部地下车库顶绿化种植区域伴有积水现象，使植物生长受到影响。

2. 原因分析

（1）有些地下车库顶上绿化种植区域未做排水层或未设计有组织、有系统的排水处理，致使雨水、多余的浇灌水无法排出，出现积水现象，不利于植物的生长。

（2）施工单位没有按设计要求和有关规范做好排水设施的施工；或所用的排水管道及其他设施不符合设计及规范要求。

（3）排水口及管道堵塞，没有及时进行清理。

3. 预防措施

（1）设计时应充分考虑车库顶种植区的排水，设计有组织的排水系统。

（2）施工单位应严格按设计及有关规范要求进行施工，重视排水层、排水设施的施工质量，避免使用劣质产品及偷工减料。

（3）如排水口和管道堵塞时，应及时进行清理，保证地下车库顶种植区内雨水和多余的浇灌水及时排除。

4. 治理方法

如出现严重积水现象，应查明原因，并按设计及规范要求进行返工处理。

47 既有建筑物加固工程

47.1 结构加固用材料

47.1.1 聚合物砂浆强度不稳定

1. 现象

聚合物砂浆强度波动性较大，强度低于设计要求的情况较多。

2. 原因分析

(1) 原材料质量不合格。

(2) 配合比计量不准。

(3) 搅拌时间不足，搅拌不匀。

3. 防治措施

(1) 对进场材料品种、包装、级别进行检查，并检查产品出厂合格证、原材料检测报告，并取样复检。

(2) 材料应妥善保存，不能受潮、受冻，界面处理剂和乳液不得有分层离析、结絮现象。

(3) 现场制作试块检验其性能和等级，应符合产品合格要求。

(4) 计量设备应经过检定，现场使用前要验证其准确性。

(5) 搅拌时间要符合产品要求，必须搅拌均匀，不得出现结块现象。

47.1.2 聚合物砂浆和易性差

1. 现象

(1) 聚合物砂浆和易性不好，施工困难。

(2) 砂浆保水性差，易产生分层，泌水现象。

2. 原因分析

(1) 原材料质量不合格。

(2) 砂浆搅拌时间不足，拌和不均匀。搅拌后存放时间过长。

(3) 砂浆未在规定时间内用完，剩余砂浆重新加水搅拌后继续使用。

3. 防治措施

(1) 对进场材料品种、包装、级别进行检查，并检查产品出厂合格证、原材料检测报告，并取样复检。

(2) 材料应妥善保存，不能受潮、受冻，界面处理剂和乳液不得有分层离析结絮现象。

(3) 严格执行施工配合比，搅拌时间要符合产品要求，必须搅拌均匀，不得出现结块现象。

（4）拌制砂浆应加强计划性，拌制量应根据施工需要，搅拌完的砂浆使用时间不宜超过 30min。

47.1.3 钢绞线质量不合格

1. 现象

（1）钢绞线硫、磷含量超过规定指标。

（2）镀锌钢绞线镀锌层重量及质量不符合要求。

（3）主筋规格和间距过大，网片有破损、死折、散束，卡口开口脱落。

（4）表面有油污、油漆等污物。

（5）抗拉强度值不符合要求。

2. 原因分析

（1）选用的钢丝本身不合格。

（2）加工质量差。

（3）保管存放不符合要求。

3. 防治措施

（1）检查钢丝出厂合格证及检测报告，应符合相关规定。

（2）对进场钢绞线网片按批次进行外观验收，不符合要求的要求退场。

（3）对外观检查合格的钢绞线进行见证复检，合格后再使用。

（4）钢绞线存放保管地点要干燥，禁止沾染油污和油漆，有油漆或油污的钢绞线禁止使用。

47.1.4 钢丝网片安装不当

1. 现象

（1）端部锚固区位置未错开，造成固定销钉布置在同一截面上。

（2）钢绞线下料尺寸过长或过短。

（3）钢绞线端部拉环未夹紧，张拉不到位。

（4）钻孔深度及直径不满足要求。

（5）网片受力方向错误。

（6）选用的胀栓和 U 形卡具不符合规定。

（7）网片整体未绷紧，间距不均匀，搭接不符合要求。

2. 原因分析

（1）不了解规范规定，不了解安装的工艺方法，操作不认真。

（2）量尺或裁剪错误。

（3）钻头选用错误，深度不足。

3. 防治措施

（1）学习规范，做好交底工作。

（2）现场实际丈量结构构件长度，下料时考虑好钢绞线绷紧时施工余量和端头错开锚固的构造要求。

（3）钢绞线端部应从拉环包裹处外露少许，以便检查，并统一拉环操作方法。

（4）钻头选用直径 6mm 钻头，深度 40～45mm。

（5）确定网片布置的纵横方向及正反面，平行于主受力方向的钢绞线在加固面外侧，垂直于主受力方向的钢绞线在加固面内侧。

（6）采用打入式专用金属胀栓。

（7）网片绷紧的程度为钢绞线平直，用手推压受力钢绞线有可以恢复紧绷状态的弹性为准，且根据预计绷紧的位置钻孔。

（8）按照设计要求，无设计时，搭接要避开受力最大部位，搭接长度应不小于600mm。

47.1.5　钢材焊接后存在焊瘤、裂缝与未焊透现象

1. 现象

参见本手册第17章“钢筋焊接与连接”的相关条目。

2. 原因分析

参见本手册第17章“钢筋焊接与连接”的相关条目。

3. 预防措施

参见本手册第17章“钢筋焊接与连接”的相关条目。

4. 治理方法

（1）拆除原来的连接构件，采用机械连接方法重新连接。

（2）在既有连接的基础上，增加局部连接件进行加强。例如通过增设连接钢板、钢筋或角钢进行局部加强，同时采用可靠的机械连接方法，使新增部分与既有部分之间有效连接。

47.2　增大截面法结构加固

增大构件截面的混凝土仍然具有普通混凝土的质量缺陷，可参见本手册第18章“混凝土工程”的相关内容，本节仅叙述其特有的质量通病。

47.2.1　加固部位开裂

1. 现象

在混凝土梁、板、柱等构件的增大截面法加固中，当采用高强灌浆料进行施工时，在达到规定的养护龄期之后拆除模板，发现在采用高强灌浆料增大截面施工部分的表面出现多条明显可见裂缝。裂缝宽度比较均匀，最大裂缝宽度可达2mm左右；裂缝的发展形式主要呈现为垂直于构件的长轴方向，同时也伴有少许其他方向的裂缝，不同于材料本身收缩形成的无规则龟裂；裂缝深度超过保护层厚度，甚至贯穿整个增大截面部分。上述裂缝使结构整体抗弯、抗扭刚度等整体性降低；构件内部的钢筋与空气直接接触，容易使钢筋发生锈蚀，降低构件的耐久性，影响结构或构件的受力。

2. 原因分析

高强灌浆料是以高强度材料为骨料，以水泥为结合剂，辅以高流态、微膨胀、防离析等物质配制而成。在施工现场加入一定量的水，搅拌均匀后即可使用。因此，高强灌浆料是属于水泥基灌浆材料的一种。依据现行规范规定，水泥基灌浆材料依据最大骨料粒径与流动度划分为Ⅰ、Ⅱ、Ⅲ、Ⅳ四类。其中Ⅰ～Ⅲ类中的最大骨料粒径≤4.75mm，Ⅳ类的最大骨料粒径介于4.75～16mm。随着最大骨料粒径的减小，同等条件所需要的水泥用量增大，其与水发生化学反应的过程中释放的水化热就增大，从而增大了高强灌浆料成型过

程中的干缩变形。在混凝土增大截面法的加固施工中，对于增大截面部分的体积较大时，如果采用散热量较大的Ⅳ类高强灌浆料，又未采用特殊的降温与养护处理措施，那么很难避免如一般大体积混凝土施工中所遇到的因内外温差而形成的温度收缩裂缝；此外，干缩变形会进一步加剧裂缝的发展。因此，裂缝形成的主要原因在于，施工人员对高强灌浆料的具体分类不清楚，在增大截面几何尺寸较大的部位采用Ⅳ类高强灌浆料进行加固时，由于Ⅳ类高强灌浆料散热量、干缩变形相对普通混凝土有明显增大，又未采取养护等相关措施，很容易产生收缩裂缝。

3. 预防措施

当增大截面法施工中增大的厚度不超过150mm时，应采用Ⅰ～Ⅲ类高强灌浆料；当厚度超过150mm时，应采用Ⅳ类高强灌浆料。

4. 治理方法

(1) 当增大截面部分位于受弯构件的受压区或者受拉区，应采取灌注型结构胶封闭裂缝。

(2) 当增大截面部分位于受扭构件或构件的受剪区，应采取灌注型结构胶封闭裂缝，同时采用纤维复合材料、钢板等进行加固；此外，也可以采用局部凿除重新浇筑进行加固。

47.2.2 箍筋位置混凝土开裂

1. 现象

在采用增大截面法加固混凝土梁、板与柱时，当施工完毕达到养护龄期后，拆除浇筑模板，发现增大截面部分的表面出现规则的、平行于箍筋的裂缝；裂缝间距近似与箍筋间距相等；裂缝的宽度大小不一，深度较浅，基本不超过钢筋的保护层厚度。上述裂缝虽然对构件的整体受力没有明显影响，但使得混凝土内部的纵筋或箍筋与空气直接接触，因而钢筋容易发生锈蚀。锈蚀部分体积膨胀至原来的2～6倍，从而使得保护层混凝土脱落，影响构件的耐久性。锈蚀严重时，将沿着主筋锈蚀产生沿主筋方向的裂缝，当其裂缝宽度大于1mm、主筋锈蚀导致构件掉角以及混凝土保护层严重脱落时，将显著影响构件的承载力。

2. 原因分析

新增部分混凝土浇筑成型时保护层厚度偏小，不能满足现行规范要求。混凝土材料在正常条件下浇筑成型时，不可避免地要发生温度收缩变形与凝结固化过程中的材料收缩变形。当混凝土的保护层厚度偏小，保护层部分截面削弱，材料的应力集中更加明显。最终，使得该部分保护层的混凝土很容易出现因温度或材料收缩引起的裂缝。当混凝土的保护层厚度偏小时，最薄弱的部分就是箍筋对应的位置。

3. 预防措施

应确保钢筋的保护层厚度满足现行规范规定。混凝土的保护层厚度与构件的类别、环境类别以及结构的使用年限有关。需要强调的是，现行规范的保护层厚度指的是最外层钢筋（即箍筋）的保护层厚度。

4. 治理方法

(1) 对条数多且宽度小于0.05mm的裂缝，宜采用水泥浆液或环氧树脂胶泥进行表面修补。

(2) 对于宽度为0.05～0.2mm的裂缝，宜采用低粘度的环氧树脂浆液灌注封闭。

(3) 当裂缝宽度大于0.5mm时，宜用水泥砂浆修补。

(4) 对于宽度为0.2～0.5mm的裂缝，宜采用收缩较小的环氧树脂灌注封闭。

(5) 当裂缝条数多，采用环氧树脂系列材料封闭困难时，也可采用200g的碳纤维布粘贴一层进行封闭。

47.2.3 新旧混凝土结合面处出现裂缝

1. 现象

当采用增大截面法进行加固施工时，施工完后发现新增混凝土与旧混凝土结合面之间出现明显的裂缝，直接影响新增部分与既有部分之间的受力性能。

2. 原因分析

(1) 旧混凝土的接触面没有进行粗糙处理或者处理不满足一定的要求，或接触面存在油污、粉尘等杂质，直接影响了新旧混凝土之间的有效粘结。

(2) 新旧混凝土之间没有设置可靠的连接措施（如传递剪力的连接钢筋），当接触界面过于光滑或存在油污等杂质时容易产生裂缝。

(3) 新旧混凝土结合面的抗拉强度（或粘结强度）低于新旧混凝土自身的抗拉强度，如果结合面处理不满足一定的要求，当新旧混凝土之间出现拉应力时，容易出现裂缝。

3. 预防措施

采取粗糙化处理、清洁处理与改善界面粘结性能来提高新旧混凝土接触面的工作性能。粗糙化处理的方法主要包括砂轮打磨、人工凿毛、喷砂、高压水射。新旧混凝土结合面应凿毛或打成沟槽，采用砂轮打磨的沟槽其方向应尽量垂直于构件受力方向，深度约为6mm，间距不应大于箍筋间距或150mm；当采用三面或四面新浇混凝土层外包梁、柱时，尚应凿除梁、柱截面的棱角。清洁处理是指清洁粘结表面的涂层、油污、粉尘、锈垢或氧化物等杂质，以避免在粘结剂与被粘结面间形成隔离层，降低新旧混凝土之间的粘结效果。清洁处理的方法主要包括水清洁、毛刷清洁和拉毛、火焰清洁、风力清洁、溶剂清洁和洗涤剂清洁。此外，为了改善新浇筑混凝土与旧混凝土之间的结合能力，可以通过如下几种方法：在原有混凝土构件的表面涂刷一道水泥砂浆，效果比较有限；在原有混凝土构件的表面涂刷一层混凝土界面剂；适当增加连接钢筋的数量。

4. 治理方法

(1) 如果新旧混凝土之间所配置的连接箍筋能够完全承担新旧混凝土之间传递的剪力，则可以采取压力灌注结构胶的方法填充两者之间的间隙。

(2) 如果所配置连接钢筋不能完全承担，则应当加大新增混凝土部分的截面面积，提高其新增部分的承载能力，同时采用压力灌注结构胶的办法填充其间隙。

(3) 如果旧混凝土表面存在油污等杂质，应对接触面进行凿除，露出没有受到杂质污染的混凝土结构面，然后在两者之间灌注带有微膨胀剂的细石混凝土。

47.2.4 新增或置换混凝土竖向连接存在裂缝间隙

1. 现象

在采用增大截面法加固梁或柱子时，施工完毕后发现新增混凝土部分与楼板底部或者梁的底部存在一定的裂缝间隙；在采用置换混凝土法对局部区域混凝土进行置换时，发现新混凝土与旧混凝土之间出现明显可见的裂缝间隙，不能有效地承担荷载；对于非主要受力部位，影响构件的外观等。

2. 原因分析

新增混凝土中未加入适量的微膨胀剂，或者加入的微膨胀剂的量未达到应有的标准。在浇筑新混凝土的过程中，旧混凝土本身的材料收缩相对稳定，新混凝土在成型过程中，自身变形较大时，就可能在新旧混凝土之间产生明显的裂缝间隙。如果加入适量的微膨胀剂，使得微膨胀部分的体积抵消其自身的收缩体积，则可以保证新旧混凝土之间的有效接触，达到加固设计的目的。

3. 预防措施

新浇筑的混凝土必须选用微膨胀混凝土。膨胀剂的种类主要有：硫铝酸钙类、氧化钙类、氧化钙—硫铝酸钙类、氧化镁类。根据其用途不同，可分为：

(1) 补偿收缩混凝土（砂浆），主要为减少混凝土（砂浆）干缩裂缝，提高抗裂性和抗渗性。适用范围主要为屋面防水、地下防水、基础后浇带（宽缝）及洞口回填等；

(2) 填充用膨胀混凝土（砂浆），主要为提高机械设备和构件的安装质量，加快安装速度。适用范围主要为机械设备的底座灌浆、地脚螺栓的固定、防水堵漏等；

(3) 自应力混凝土（砂浆）：提高抗裂和抗渗性，仅用于常温下使用的自应力钢筋混凝土压 力管。

4. 治理方法

(1) 当新旧混凝土之间的裂缝间隙出现在梁与柱、柱与基础顶面以及梁与楼板之间，影响到竖向荷载的有效传递时，应采用压力灌注结构胶填充封闭裂缝间隙；当裂缝间隙较大时，可以考虑局部凿除采用微膨胀混凝土重新进行浇筑。

(2) 如果上述问题仅出现在非受力构件，或者受力构件的次要部位，对构件的受力特性未造成影响，只是影响构件的耐久性等，可以采用压力灌注结构胶进行填充封闭或者采用环氧树脂系列胶泥进行密封，防止混凝土内部碳化以及钢筋锈蚀。

47.2.5 新浇筑部分与原结构结合差

1. 现象

新浇筑部分与原结构结合差，形成夹心，严重的会造成混凝土空鼓、裂缝、剥离等现象。

2. 原因分析

旧混凝土表面清理不彻底。旧混凝土表面未凿毛。浇筑混凝土前未充分浇水湿润。新浇筑混凝土流动性差或振捣不够。

3. 预防措施

(1) 旧混凝土表面要剔除碳化层，并整体凿毛，用气泵吹干净后用水冲洗。

(2) 合模前洒水养护至水浸入混凝土表面 1cm，混凝土浇筑前再次浇水湿润旧混凝土和模板。采用自密实性混凝土，施工时模板内侧和外侧共同振捣。

(3) 浇筑时要有专人检查模板，查看混凝土下料是否密实。混凝土浇筑应迅速，以保持其设计坍落度，现场随时抽测，对不符合要求的混凝土禁止使用。

4. 治理办法

(1) 拆除模板后应检查混凝土密实性，对结合不良的混凝土，应剔除至原结构面，刷洗干净并充分湿润后支模，用比原混凝土高一级的微膨胀细石混凝土，强力捣实，并加强养护。

(2) 出现表面裂纹未造成空鼓、剥离的，应采用混凝土裂缝修补方法进行修补。

(3) 对新浇筑或修补后的混凝土，拆模后采用浇水养护或覆盖塑料薄膜养护。

47.3 外粘及外包法结构加固

47.3.1 粘贴加固时混凝土层剥离

1. 现象

在采用粘贴钢板、碳纤维布或其他纤维复合材料进行抗弯、抗剪加固混凝土构件时，当加固完毕投入使用后，随着使用荷载的增加，加固部分参与受力，钢板或纤维复合材料发生剥离破坏。并且，在已经剥离的钢板或纤维复合材料表面上粘结有很多混凝土碎块。此时，维持钢板或纤维复合材料与混凝土构件共同工作的剪力传递失效，钢板、碳纤维布或纤维复合材料不能充分发挥作用，达不到原设计要求的加固效果。

2. 原因分析

采用钢板、碳纤维布或其他复合材料，通过结构胶粘结加固混凝土构件时，钢板或纤维复合材料与混凝土之间可能会发生剥离破坏。剥离破坏的类型主要分为三种：钢板或纤维复合材料与结构胶界面发生剥离；混凝土与结构胶界面发生剥离；混凝土层发生受拉破坏引起剥离。上述剥离破坏都属于脆性破坏。为了避免出现上述剥离破坏，可以采取增加压条、U形箍、机械锚固以及增加粘贴长度等措施。但是，如果被加固构件自身的混凝土强度偏低时，即使采用上述处理方法，也很难避免出现上述质量问题。依据现行规范规定，采用粘贴纤维复合材料或钢板加固时，被加固的混凝土结构构件，其现场实测混凝土强度等级不得低于C15，且混凝土表面的正拉粘结强度不得低于1.5MPa。在实际工程中，特别是历史悠久的建筑物，经常会遇到原结构的混凝土强度低于现行设计规范所规定的最低强度等级的情况。如果被加固构件的混凝土强度过低，采用结构胶粘结复合材料或钢板加固时，易发生混凝土被拉坏的脆性剥离破坏，即上述的第三种剥离破坏模式。

3. 预防措施

工程结构构件进行加固之前，应经专业机构进行技术鉴定，对混凝土构件的强度等级进行确定。在加固过程中，应避免在没有任何检测数据与鉴定结论的前提下进行加固设计与施工。如果确认混凝土的强度等级达不到现行规范相关要求时，不应采用环氧树脂系列胶粘剂粘贴技术进行提高构件承载力的加固。

4. 治理方法

现行规范规定低于C15时，不应采用粘贴钢板或者纤维复合材料进行加固，可以采用外包角钢或增大构件的截面，并应优先考虑采用四面围套的增大截面加固方法。

47.3.2 粘贴钢板、纤维片材加固后产生剥离

1. 现象

当采用粘贴钢板或纤维片材进行加固后，在被加固构件投入正常使用之后（随着上部荷载的增加）或者之前，发现钢板或纤维片材与混凝土表面之间出现明显的剥离缝隙，使得被加固构件与粘贴的钢板或者纤维片材不能够完全作为一个整体进行工作，导致被加固结构构件存在安全隐患。

2. 原因分析

(1) 钢板或纤维片材内部存在空鼓现象，用小锤敲击钢板或纤维片材的表面，可辨别是否存在空鼓现象。现行《碳纤维片材加固混凝土结构技术规程》(CECS 146：2003) 中 6.0.4 条规定：碳纤维片材与混凝土之间的总的有效粘结面积不应低于 95%。

(2) 粘结材料的性能较差或不配套，导致粘结效果不好，或者发生化学反应等不利情况。《碳纤维片材加固混凝土结构技术规程》(CECS 146：2003) 中 3.3.1 条规定：采用碳纤维片材对混凝土结构进行加固时，应采用与碳纤维片材配套的底胶、修补胶和具有良好浸渍、粘结能力的结构胶粘剂。

(3) 粘结锚固长度或 U 形箍构造不足。当粘结锚固长度不足时，在粘贴钢板或纤维片材的端部会发生沿胶层与钢板或纤维片材之间的剥离破坏；当 U 形箍构造不足时，除了上述端部剥离破坏外，还有可能在受弯构件的中部发生剥离破坏。

(4) 使用环境不当。《碳纤维片材加固混凝土结构技术规程》(CECS 146：2003) 和《混凝土结构加固设计规范》(GB 50367—2006) 中相关条文都规定：采用结构胶粘剂粘贴加固的混凝土构件，其长期使用的环境温度不应高于 60℃；处于特殊环境（如高温、高湿、介质侵蚀、放射等）的混凝土结构构件，尚应采用耐环境因素作用的胶粘剂，并需按照专门的工艺要求进行粘贴。

3. 预防措施

(1) 采用粘贴钢板或纤维片材进行混凝土结构构件加固时，应选择正规、专业的加固设计、施工队伍，并要求施工技术负责人具有相关工程的操作经验。同时，应委托监理单位对施工的全过程进行监督。

(2) 正式施工前，应对选择的结构胶粘剂进行检查，选择配套且质量合格的粘结材料。

4. 治理方法

(1) 碳纤维布的空鼓面积不大于 10000mm^2 时，可采用针管注胶的方法进行修补。

(2) 空鼓面积大于 10000mm^2 时，宜将空鼓部位的碳纤维片材切除，重新搭接并粘贴等量的碳纤维片材，搭接长度不应小于 100mm。

(3) 粘钢钢板出现空鼓时，如果能够通过针管注胶解决的，可以优先考虑，否则应将钢板进行重新粘贴。当钢板或纤维片材的粘结长度不满足时，应加长其粘结长度或者采用机械锚固；当其构造 U 形箍约束不满足现行规范要求时，应增设 U 形箍约束或者采用其他相应的机械锚固。

47.3.3 粘贴纤维片材加固时，外抹灰层空鼓、脱落

1. 现象

在采用纤维片材（目前最常用的是碳纤维布）对混凝土、砌体结构（构件）进行加固时，通常在加固施工完毕后需要在纤维片材上增加一个水泥砂浆或者混合砂浆外抹灰层，起到美化外观以及保护纤维片材的作用。在施工过程中，有时会发现最外层的水泥砂浆或者混合砂浆层存在明显的空鼓、脱落现象，影响构件的外观，并使得纤维片材暴露在外面，降低抹灰层对纤维片材的防护作用。

2. 原因分析

水泥砂浆或者混合砂浆抹灰层与纤维片材之间的粘结力太差。纤维片材加固混凝土或砌

体结构（构件）一般是通过环氧树脂系列结构胶进行粘贴，在施工时纤维片材的表面基本全部浸润有结构胶。此时，在纤维片材的表面形成一层光滑的胶层面。如果在水泥砂浆或者混合砂浆层抹灰前（结构胶完全硬化之后），未对纤维片材表面的胶层面作任何处理，则抹灰层与胶层面之间的粘结力非常低。此外，砂浆在凝固硬化的过程中，本身具有一定的收缩性，使得抹灰层与胶层面之间很容易脱开产生空鼓，空鼓严重时抹灰层可能发生脱落。

3. 预防措施

在采用纤维片材加固混凝土、砌体结构或构件时，应在结构胶或其他胶粘剂硬化前，采用 3～6mm 的砂石（一般用石英砂）洒在涂有胶粘剂的纤维片材施工面上形成一定的粗糙面，确保抹灰层的粘结性。

4. 治理方法

首先应将已经出现或可能出现空鼓、脱落区域的抹灰层全部清理干净。采用吹风机对纤维片材表面进行除尘等处理，直至完全露出纤维片材原有的胶层面。然后，用环氧树脂系列的胶粘剂在纤维片材表面重新涂一层，在胶粘剂硬化前采用 3～6mm 的砂石（一般用石英砂）洒在纤维片材的表面。最后，用砂浆进行重新抹灰。

47.3.4 加固后挠度变形与裂缝未改善

1. 现象

混凝土梁、板类构件在采用粘贴钢板或者纤维片材加固后，发现梁的挠度变形与裂缝依然维持现状，甚至可能随着上部荷载的增加，竖向挠度变形与裂缝宽度进一步加大。

2. 原因分析

对于有明显裂缝损伤，引起构件发生明显的挠曲变形时，在实施加固施工之前，构件得不到有效卸载，构件中底部受拉钢筋的应力水平较高，此时新增受拉钢板或者纤维片材相对既有钢筋存在较大的应变滞后。要想承载力提高，则必须依靠既有构件的变形进一步增大。

3. 预防措施

(1) 要在设计说明书里明确加固过程中卸载与支承的重要性；此外，在设计时可以考虑采取体外预应力的方法进行加固。体外预应力在张拉安装过程中，可以产生等效荷载抵消一部分竖向荷载，降低构件的挠度变形与裂缝宽度。

(2) 施工单位在具体施工前，应编制详细的施工方案与支承措施。

(3) 监理单位应严格督促施工单位按照图纸进行施工。

4. 治理方法

(1) 改变加固方法，将被动的粘贴钢板或纤维片材加固方法改变为主动的体外预应力加固方法，在体外预应力张拉的过程中，解决被加固构件存在的问题。

(2) 拆除粘贴的钢板或纤维片材，对被加固构件进行卸载或者支承后重新粘贴加固。

(3) 采用增大截面法进行加固。在采用此方法时，对新增截面部分进行配筋时可以不考虑原有构件的配筋情况。

47.3.5 湿式外包钢加固效果差

1. 现象

外包钢加固混凝土或砌体构件时，根据外包钢与被加固构件之间是否能够充分协同工作，分为干式外包钢与湿式外包钢两种加固方式。其中，湿式外包钢的加固效果更好。湿式外包钢加固方式经常会出现外包钢与被加固混凝土或砌体构件之间存在多处孔洞空隙、填充材料不密实的缺陷；此外，也有可能出现填充外包钢内侧空隙的环氧树脂系列胶粘剂丧失粘结性能等工程质量问题，导致被加固构件存在一定的安全隐患。

2. 原因分析

依据现行《混凝土结构加固设计规范》（GB 50367—2006）中 8.1.2 条规定，采用外粘型钢加固混凝土结构构件时，应采用改性环氧树脂胶粘剂进行灌注。如果采用普通的水泥砂浆进行填充时，由于砂浆的流动性相对较差，可能存在填充不密实的现象。至于环氧树脂系列胶粘剂丧失粘结性能，主要原因在于：施工时先灌注胶粘剂后焊接，焊接引起的高温对胶粘剂的材料性能会产生很大的不利影响，严重时可能完全破坏其粘结性能；或是使用的胶粘剂产品质量得不到保证。

3. 预防措施

（1）在采用湿式外包钢加固混凝土或砌体构件时，构件表面应进行清理，同时型钢骨架及缀板与构件贴合面应进行粗糙处理，粗糙的纹路方向应尽量垂直于构件的受力方向。

（2）施工时，应在型钢和构件贴合面处分别涂抹乳胶水泥砂浆或环氧树脂系列胶粘剂（厚度约 5mm），并立即将型钢骨架贴合安装，型钢周边应有少量的乳胶水泥或环氧树脂系列胶粘剂挤出

（3）在采用环氧树脂系列胶粘剂填充型钢内部空隙时，型钢与缀板的焊接施工应先于胶粘剂的灌注，以避免焊接产生的高温对胶粘剂的材料性能产生的不利作用，甚至破坏胶粘剂与型钢等之间的粘结性能。

（4）外包钢采用环氧树脂胶粘剂进行压力灌注时，施工完成后的 72h 固化期间，被加固部位不得受到撞击和振动的影响，养护时的环境温度应符合胶粘剂产品说明书的要求。

（5）被加固构件外包钢施工完成后，应检查其胶粘层或注胶层的饱满度，当采用敲击法检查时，其空鼓面积率不应大于 5%。

4. 治理方法

出现上述工程质量的加固构件，应采用灌注型胶粘剂再次填充型钢与被加固构件之间的空隙。对于焊接高温影响较大的胶粘剂，建议先清理材料性能受影响区域的胶粘剂，再重新灌注。

47.4 钢丝网—砂浆结构加固

47.4.1 砂浆或混凝土面层加固砌体墙空鼓

1. 现象

为了提高砌体墙的承载力（竖向或水平抗震承载力），可以采用水泥砂浆和钢筋网砂浆面层加固、钢绞线网—聚合物砂浆面层加固以及现浇混凝土板墙加固。在采用这三种方法加固砖砌体墙时，出现砂浆或混凝土面层明显的空鼓，即面层部分起壳与被加固墙体脱开。当出现上述情况时，加固部分的砂浆或混凝土面层自身在竖向或者水平力作用下容易失去稳定性，达不到原设计要求的承载力提高的幅度。

2. 原因分析

砂浆或混凝土面层与被加固墙体之间没有很好的粘结，原因是材料本身的粘结性能以

及通过设置拉结钢筋的机械连接存在问题，或砂浆、混凝土面层在成型过程中的工艺问题，如砂浆面层没有分层抹灰；混凝土的养护不到位，造成材料自身的收缩变形较大而引起空鼓等。

3. 预防措施

（1）水泥砂浆面层和钢筋网砂浆面层加固宜按下列顺序施工：原有墙面清底、钻孔并用水冲刷，孔内干燥后安设锚筋并且铺设钢筋网，浇水湿润墙面，抹水泥砂浆并养护，墙面装饰：

1）原墙面碱蚀严重时，应先清除松散部分并用 1∶3 水泥砂浆抹面，已松动的勾缝砂浆应剔除；

2）在墙面钻孔时，应按设计要求先画线标出锚筋（或穿墙筋）位置，并应采用电钻在砖缝处打孔，穿墙孔直径宜比 S 形筋大 2mm，锚筋孔直径宜采用锚筋直径的 1.5～2.5 倍，其孔深宜为 100～120mm，锚筋插入孔洞后可采用水泥基灌浆料、水泥砂浆等填实；

3）铺设钢筋网时，竖向钢筋应靠近墙面并采用钢筋头支起；

4）抹水泥砂浆时，应先在墙面刷水泥浆一道再分层抹灰，且每层厚度不应超过 15mm；

5）面层应浇水养护，防止阳光暴晒，冬季应采取防冻措施。

（2）钢绞线网一聚合物砂浆层加固砌体墙施工时，宜按下列顺序施工：原有墙面清理、放线定位，钻孔并用水冲刷，钢绞线网片锚固、绷紧、调整和固定，浇水湿润墙面，进行界面处理，抹聚合物砂浆并养护，墙面装饰：

1）墙面钻孔应位于砖块上，应采用 $\phi6$ 钻头，钻孔深度应控制在 40～45mm；

2）钢绞线网端头应错开锚固，错开距离不小于 50mm；

3）钢绞线网应双层布置并绷紧安装，竖向钢绞线网布置在内侧，水平钢绞线网布置在外侧，分布钢绞线应贴向墙面，受力钢绞线应背离墙面；

4）聚合物砂浆抹面应在界面处理后随即开始施工，第一遍抹灰厚度以基本覆盖钢绞线网片为宜，后续抹灰应在前次抹灰初凝后进行，后续抹灰的分层厚度控制在 10～15mm；

5）常温下，聚合物砂浆施工完毕 6h 内，应采取可靠保温养护措施；养护时间不少于 7d；雨期、冬期或遇大风、高温天气时，施工应采取可靠应对措施。

（3）板墙加固施工的基本顺序、钻孔注意事项，可按照水泥砂浆面层和钢筋网砂浆面层加固的相关规定执行。板墙可支模浇筑或采用喷射混凝土工艺，应采取措施使墙顶与楼板交接处混凝土密实，浇筑后应加强养护。

4. 治理方法

遇到上述工程质量问题，建议对空鼓区域及相邻约 1m 范围内的面层全部拆除。然后，按照上述施工要求重新施工。

47.4.2　聚合物砂浆外加层表面缺陷

1. 现象

聚合物砂浆外加层表面出现龟裂或裂缝，表面不平整或酥松脱落。

2. 原因分析

（1）聚合物砂浆材料本身性能差。

(2) 砂浆早期强度增长过快。

(3) 养护时间太迟或养护效果达不到标准。

(4) 抹灰厚度不一致，一次施工厚度超厚。

(5) 炎热天或刮风天，表面快速脱水。

(6) 冬季未采取保温措施，造成表面受冻。

3. 预防措施

(1) 施工前要做样板段，以检验实际情况下砂浆的使用效果。

(2) 避开高温季节施工。

(3) 施工完砂浆面层及时用塑料薄膜贴于聚合物砂浆表面，防止表面失水过快，强度硬化后喷雾养护 7d，使聚合物砂浆始终保持湿润状态。

(4) 平整度按照一般抹灰要求验收，操作工人达不到标准的应及时更换。

(5) 做好施工前交底，施工过程中严格检查，控制一次施工厚度不超过 15mm。

(6) 施工气温宜为 20～25℃，五级大风天气以上不应施工，对已施工的构件要加强养护。

(7) 施工环境不得低于 5℃，温度保持至终凝后 7d 左右且同条件试件抗压强度不低于设计强度的 30%。

4. 治理方法

表面裂纹未造成空鼓的可不作处理；深裂缝不空鼓的，可沿裂缝切割 V 字形切口，直至裂缝底部，再用聚合物砂浆填满；空鼓面积超过 $20cm^2$ 的，受冻部位全部返工重做；空鼓面积在 $20cm^2$ 以内的，将空鼓部位剔净，重新抹灰。

47.4.3 聚合物砂浆外加层内部缺陷

1. 现象

抗压及抗折强度不合格；大面积空鼓；正拉粘结强度不足；厚度不够。

2. 原因分析

(1) 原材料不符合要求，配合比未认真执行。

(2) 基层清理不合格，界面剂涂刷不匀。

(3) 第一遍抹灰层太厚收缩大，与构件接触不好。抹灰厚度未控制好。

(4) 相邻抹灰层施工间隔时间不合理。

3. 预防措施

(1) 严格控制原材质量，认真执行配合比，加强检查，保证材料计量准确。

(2) 加固构件应清除污垢、油渍、夹渣及碳化层，并用清水冲洗干净。

(3) 基层界面剂配置要按比例搅拌均匀，界面剂随拌随用，分布均匀，网片遮挡处要覆盖。

(4) 第一层聚合物砂浆抹灰要在界面处理剂凝固前用铁抹子压实，必须使聚合物砂浆透过网片与加固构件紧密结合，抹灰层表面应为毛面。

(5) 第一遍抹灰层不能太厚，以覆盖住钢绞线为宜，在 10mm 左右。

(6) 第二遍或第三遍抹灰层时间要在第一遍抹灰初凝后、终凝前进行，厚度控制在 10～15mm。单向双层加固构件时，为防止聚合物砂浆抹不进去，应在第一层网片安装完后进行界面剂和抹灰施工，抹灰表面拉毛，待砂浆终凝后安装第二层网片，后续抹灰施工应在涂刷界面剂后进行。

(7) 施工时在四周弹水平线，中间用钉子作厚度控制点，最后用靠尺检查，也可用测距仪检查前后对比数据来检查厚度。

4. 治理方法

(1) 此项工程返工难度大，要加强质量控制，尽可能减少返工。

(2) 对于空鼓部位，将砂浆层凿去，洗刷干净并充分湿润后，再重新施工。

47.5　化学锚栓及托换结构

47.5.1　植筋或化学锚栓加固失效

1. 现象

当采用植筋或化学锚栓锚固施工完毕后，发现新增部分与既有构件之间没有可靠的连接，两者之间出现明显可见的脱开裂缝；情况严重的，被锚固混凝土发生明显的开裂、破坏，植入的钢筋或者化学锚栓与混凝土之间发生可见的滑移，甚至拔出。

如果后增加部分属于非悬挑构件，出现上述损伤现象后，构件的负弯矩承载能力明显下降，跨中弯矩与挠度变形增大，结构的整体性与刚度降低。如果后增加部分属于悬挑构件，一旦出现上述锚固失效问题，悬挑部分构件的承载能力急剧降低，变形增大，情况严重时会发生垮塌事件。

2. 原因分析

无论采用植筋或者化学锚栓之类的后锚固技术进行锚固连接时，直接决定锚固承载力的因素包括以下几个方面：

(1) 基材性能。依据现行《混凝土结构后锚固技术规程》(JGJ 145—2004) 中 3.1 条的规定，混凝土基材应坚实，且具有较大体量，能够承担对被连接件的锚固和全部附加荷载；风化混凝土、严重裂损混凝土、不密实混凝土、结构抹灰层、装饰层等，均不得作为锚固基材；基材混凝土强度等级不应低于 C20。按照现行《混凝土结构加固设计规范》(GB 50367—2006) 中 12.1.2 条规定，对于植筋技术，当新增构件为悬挑结构构件时，其原构件混凝土强度等级不得低于 C25；对于锚栓技术，重要构件的混凝土强度等级不应低于 C30；

(2) 钢筋或锚栓的选择，其中，承重结构的锚固长度必须经设计计算确定，严禁按短期拉拔试验值或厂商技术手册的推荐值采用；

(3) 相关构造要求，即最小锚固深度、植筋或锚栓的最小相邻间距以及最小边距。

上述三个条件，任何一个方面不满足现行规范要求，都可能出现锚固失效。目前很多加固、改造工程存在不少构件加固时没有正规的检测、鉴定报告，完全依据经验或者原设计图纸，过高地估计了原结构的混凝土强度。另外，也存在一些很不正规的施工队伍，在施工时没有去除混凝土构件表面的抹灰层或装饰层，甚至由于施工难度大或者偷工减料，直接减小了植筋或锚栓的有效锚固长度。

3. 预防措施

在进行类似工程结构构件加固之前，应对其进行正规的检测、鉴定，充分掌握原结构构件的力学性能。此外，检查混凝土基材是否有缺陷，清理混凝土基材表面的抹灰或装饰层，确保植筋或化学锚栓的有效锚固深度满足设计图纸以及现行规范的要求。

4. 治理方法

出现上述植筋或化学锚栓失效的施工缺陷，应进行重新锚固连接。当混凝土基材强度等级不满足现行相关规范要求时，不允许简单地采取结构胶连接的后锚固技术进行加固，可以辅助增大截面法或其他机械锚固的方法。除此之外，也可以通过改变结构的受力形式并采取相应的加固措施。例如，在悬挑结构的端部增加立柱，将悬挑梁改变为两端有支承的构件。

47.5.2 大空间改造施工时，上部墙体开裂

1. 现象

在采用托换结构进行大空间改造过程中，发现增设托换梁、柱子位置的上部墙体出现裂缝，裂缝形式主要呈现为斜向正八字形。采用钢板－砖砌体组合结构进行砖混房屋大空间改造时，如果施工顺序控制不好，会出现可见变形。

2. 原因分析

拆墙托换结构（尤其是托换梁）常用的是混凝土结构。一般采用混凝土夹梁，即在拟拆除砌体墙的两侧分别浇筑一根钢筋混凝土梁，并且设置一定的拉结构造措施连接两侧的夹梁，使其作为一个整体承担上部墙体传递下来的荷载。除此之外，随着结构形式的不断创新，出现了各种新型托换加固技术，在施工过程中，施工单位必须在托换梁完全达到设计图纸所要求的技术指标之后，才可以拆除拟定拆除的既有砖砌体墙。对于此类施工，如果墙体非要进行大范围拆除，则必须提供可靠的支承，否则上部墙体产生的效应值可能超过施工过程中梁的承载力或抗弯刚度。在此类结构加固改造过程中，当位于下部的组合梁出现较为明显的变形时，上部墙体就会沿着拱作用线位置出现八字形斜裂缝。

3. 预防措施

为了避免在大空间改造过程中出现上述工程质量问题，施工单位应当具备类似工程的施工经验，并且针对大空间改造项目的施工特点，制定详细的施工组织方案，严格控制施工顺序，避免托换结构在形成完整的受力体系之前承受较大的荷载。此外，设计单位在进行设计和技术交底时，应向施工单位明确此类工程的技术要点和施工顺序。

4. 治理方法

针对上述工程质量问题，必须立即采取措施进行有效支承；此外，对已施工的托换结构，应会同设计单位提出新的方案进行加强。对上部开裂的墙体，根据其破坏程度采取相应的加固方法，如灌注砂浆、替换、钢丝网砂浆面层等。

47.6 地基基础加固

47.6.1 地基加固时压桩、注浆出现不均匀沉降或跑浆

1. 现象

在既有建筑物的增层、改造或地基的不均匀沉降加固工程中，经常遇到既有建筑物的地基承载力不足，此时比较常用的加固方法有锚杆静压桩、树根桩或注浆。

在锚杆静压桩的施工过程中，可能会引起或加剧上部结构出现斜裂缝损伤，即锚杆静压桩的施工引起或进一步加剧了地基的不均匀沉降。

在树根桩或注浆加固地基施工过程中，可能会出现地基的承载力得不到有效的提高，引起或进一步加剧地基的不均匀沉降，也有可能存在跑浆等现象。

地基不均匀沉降使上部结构的安全性存在隐患，并使既有地基的加固效果达不到原加固设计的要求。

2. 原因分析

（1）施工组织顺序错误，在既有地基的压锚杆或者注浆等操作过程中，均会引起附加应力并产生一定的附加变形。如果这个附加变形控制的不好，必然造成或加剧了地基的不均匀沉降变形，上部结构出现对应的斜裂缝特征。

（2）注浆施工工艺不正确，在压力注浆加固地基时，应尽量将注浆管口放在底部、自下而上地注浆；注浆的压力既不能太小达不到有效渗透的目的，也不能太大达不到均匀渗透的效果。

3. 预防措施

（1）锚杆静压桩施工应对称进行，不应数台压桩机在一个独立基础上同时加压。

（2）树根桩施工时，注浆材料可采用水泥浆液、水泥砂浆或细石混凝土，当采用碎石填塞时，注浆应采用水泥浆。当采用一次注浆时，泵的最大工作压力不应低于1.5MPa；开始注浆时，需要1MPa的起始压力，将浆液经注浆管从孔底压出，接着注浆压力宜为0.1～0.3MPa，使浆液逐渐上冒，直至浆液泛出孔口停止注浆。当采用二次注浆时，泵的最大工作压力不应低于4MPa。待第一次注浆的浆液初凝时方可进行第二次注浆，浆液的初凝时间根据水泥品种和外加剂掺量确定，可控制在45～60min范围。第二次注浆压力宜为2～4MPa，二次注浆不宜采用水泥砂浆和细石混凝土。注浆施工时应采用间隔施工、间歇施工或增加速凝剂掺量等措施，以防止出现相邻桩冒浆和串孔现象。树根桩施工不应出现缩颈和塌孔。拔管后应立即在桩顶填充碎石，并在1～2m范围内补充注浆。

（3）注浆施工应符合下列规定：

1）注浆用水不得采用pH值小于4的酸性水和工业废水；

2）水泥浆的水灰比可取0.6～2.0，常用的水灰比为1.0；

3）注浆的流量可取7～10L/min，对充填型注浆，流量不宜大于20L/min；

4）当用花管注浆和带有活堵头的金属管注浆时，每次上拔或下钻高度宜为0.5m；

5）浆体应经过搅拌机充分搅拌均匀后才能开始压注，并应在注浆过程中不停缓慢搅拌，搅拌时间应小于浆液初凝时间，浆液在泵送前应经过筛网过滤；

6）日平均温度低于5℃或最低温度低于−3℃的条件下注浆时，应在施工现场采取措施，保证浆液不冻结；

7）水温不得超过30～35℃，并不得将盛浆桶和注浆管路在注浆体静止状态暴露于阳光下，防止浆液凝固；

8）注浆顺序应按跳孔间隔注浆方式进行，并宜采用先外围后内部的注浆施工方法。当地下水流速较大时，应从水头高的一端开始注浆；

9）对渗透系数相同的土层，首先应注浆封顶，然后由下向上进行注浆，防止浆液上冒。如土层的渗透系数随深度而增大，则应自下向上注浆。对互层地层，首先应对渗透性或孔隙率大的地层进行注浆；

10）当既有建筑地基进行注浆加固时，应对既有建筑及其邻近建筑、地下管线和地面的沉降、倾斜、位移和裂缝进行监测。并应采取多孔间隔注浆和缩短凝固时间等措施，减少既有建筑基础因注浆而产生的附加沉降。

4. 治理方法

上述工程质量问题一般在施工的过程中就会发现，此时应及时停止施工。针对已经出现的问题可以采取如下治理方法：如果引起上部结构不均匀沉降变形或加剧其不均匀沉降变形，应调整原来的加固方案，按照上部要求的施工方案进行，或者先对上部结构的整体性进行加固；如果是地基的加固效果不理想，应采取相关技术手段（如钻探）查看注浆等方法的有效范围，针对地基的特点改变注浆压力或会同加固设计单位采用其他加固方法。

47.6.2 地基基础加固后地基失稳、墙体开裂与倾斜

1. 现象

在既有建筑物的加固、改造过程中，地基基础承载力不足时，经常采用基础补强注浆加固法、加大基础底面积法以及加深基础方法。在采用上述三种加固方法进行施工时，经常会遇到施工单位为了赶工期，对基础周边的土体采用重型机械设备进行大范围的开挖，导致基础底部土体向两侧变形移动，严重时上部结构出现裂缝损伤。此时，原有地基的稳定性、承载力受到较大的影响；同时，上部结构构件中产生一定的附加内力、裂缝损伤甚至倾斜变形，使其安全性存在一定的隐患。

2. 原因分析

为了抢工期，施工单位一般采用重型机械并且进行大面积开挖。采用重型机械（如挖机）在对既有建筑物室外地基进行开挖时必然会产生一定的冲击力，既有建筑物的地基土必然受到一定的扰动作用。此时，土体的黏聚力与内摩擦角土力学性能参数发生变化，引起土体承载力与变形模量发生一定的变化。此外，在大面积土体的开挖过程中，由于受上部土体卸载等诸多因素的影响，下层土体的受力情况与边界条件也发生了改变，土体会发生一定的回弹。当基坑开挖的面积较小时，基坑底部受到相邻土体的约束，造成的影响较小，在工程中可以忽略。但是，当基坑开挖面积较大时，相邻基坑不能有效地约束基坑底部变形的发展，可能会引起明显的不利影响。

3. 预防措施

（1）在基础补强注浆加固施工时，对单独基础每边钻孔不应少于 2 个；对条形基础应沿基础纵向分段施工，每段长度可取 1.5～2.0m。

（2）条形基础加宽时，应按长度 1.5～2.0m 划分成单独区段，分批、分段、间隔进行施工。

基础加深施工应先在贴近既有建筑基础的一侧分批、分段、间隔开挖长约 1.2m，宽约 0.9m 的竖坑，对坑壁不能直立的砂土或软弱地基要进行坑壁支护，竖坑底面可比原基础底面深 1.5m。

4. 治理方法

（1）如果引起上部结构的裂缝损伤、倾斜变形不严重，对上部结构的承载力尚无显著影响。此时，可以按照现行相关规范中要求的施工工艺，重新进行施工，并对上部结构的裂缝损伤进行维修。

（2）如果引起的裂缝损伤、倾斜变形已经对上部结构的承载力产生显著影响时，应采取其他更有效、更安全的方法加固地基基础，如锚杆静压桩、压力注浆、增加筏板基础等。

48 工程构筑物施工

48.1 烟 囱 工 程

烟囱为高耸构筑物，主要有基础筏板、筒壁、内衬和附属设施（内衬平台、落灰斗、爬梯、航空色标等)。基础一般由筏板和筒座组成，筏板为大体积混凝土，本节按照筒壁施工工艺的不同（液压滑模施工和翻模施工）分别进行阐述。

Ⅰ 液 压 滑 模 施 工

48.1.1 混凝土拉裂

1. 现象

混凝土出模时，出现水平裂缝或八字形裂缝。

2. 原因分析

(1) 混凝土出模时间过长，混凝土强度过高，摩擦阻力过大。

(2) 模板锥度过小或出现反锥度，模具圆度不一致。

(3) 半径偏差调整过快。

(4) 模板口有凝结物；钢筋或石子卡住模板；模板粘结砂浆。

(5) 平台倾斜或扭转；提升时平台调整过快。

3. 预防措施

(1) 合理组织施工，确保混凝土终凝前出模。特殊情况，要在中间增加提升一次。

(2) 检查模板锥度，不合适时及时调整。

(3) 及时清理模板上的凝结砂浆等；设置保护装置，确保混凝土保护层厚度。

(4) 控制千斤顶升差和模具扭转。

(5) 每次提升结束后检查是否带起混凝土，并及时进行二次振捣。

4. 治理方法

对一般裂缝用混凝土筛出的原浆进行修补；裂缝严重的，将裂缝以上的混凝土剔除，清理干净，重新浇灌混凝土。

48.1.2 筒身外表面凹凸失圆

1. 现象

从侧面看，烟囱竖向不顺直，有凹凸起伏或失圆，影响烟囱的观感质量。

2. 原因分析

(1) 滑升时模板调径收分尺寸不均匀，收分尺寸大时，筒身内凹；收分尺寸小时，筒身外凸。

(2) 滑模出现中心偏移，发现后纠偏过急，筒身出现一侧凹，一侧凸。

（3）滑模围檩角钢弧度和筒身不符，在滑动模板和固定模板位置出现折线，固定模板位置凹，滑动模板位置凸。

（4）有时由于滑升速度过快，混凝土出模强度过低，导致混凝土出模后下坠，形成外凸。

3. 预防措施

（1）根据烟囱外形的设计坡度，计算出各个施工节调整半径的数值，并列表作为施工过程调径收分的依据，把每一次调径尺寸刻在辐射梁上，每滑升一次，调径收分一次，做到均匀收分。

（2）当出现中心偏移时，纠偏要平缓分次进行，使混凝土出模后肉眼看不到调整的痕迹。

（3）及时调整或更换模板围檩，使围檩弧度尽可能同该标高筒身弧度。

（4）合理控制滑升速度，确保混凝土在初凝后终凝前出模。

（5）经常变换混凝土的浇筑方向，以防中心向一个方向偏移。

4. 治理方法

要以预防为主，每次提升模板时，要设专人进行出模检查，一旦出现肉眼能看到的凹凸或失圆现象，要批准原因，及时采取对应措施。对已出现的问题，要及时进行剔凿和修补。修补砂浆要用混凝土原浆，并及时养护，做到色泽一致。

48.1.3 筒身外表面出现滑痕

1. 现象

在筒壁混凝土表面出现竖向条状凹槽，一般出现在收分模板处，影响囱身的观感质量。

2. 原因分析

（1）收分模板变形，收分模板和抽拔模板拼接不严，浇筑混凝土时漏水泥浆。

（2）未及时抽出抽拔模板。

（3）收分模板和抽拔模板的叠合缝内有残存的混凝土或砂浆没有及时清理。

（4）抽拔模板被过早拔出。

3. 预防措施

（1）施工中要使收分模板紧贴抽拔模板，收分模板要用弹性较好的钢板制作。

（2）正确掌握抽拔时间。

（3）及时清理收分模板接缝处的混凝土或砂浆夹渣。

（4）在浇筑收分模板处的混凝土时，不宜强力振捣或触模振捣，发现漏浆现象堵漏后再振捣。

4. 治理方法

发现新出模的混凝土筒壁有滑痕现象，首先找出原因，并立即采取有效措施进行纠正。对出现滑痕的筒壁，用同品种水泥砂浆修补。

48.1.4 混凝土表面鱼鳞状外凸

1. 现象

混凝土表面上下节缝处出现上部凸出的情况，俗称鱼鳞状。

2. 原因分析

(1) 模板空滑过高，一次浇筑混凝土太厚。

(2) 在滑升内托座部位时，内侧模板调坡度后，模板加固刚度不够。

(3) 模板锥度过大，造成下部开口。

(4) 模板随提升架倾斜。

3. 预防措施

(1) 合理确定模板提升高度和混凝土浇筑高度。

(2) 滑升托座部位时要采用专业加固措施，滑空过托座时要确保托座上部混凝土高度达 1/2 内模板高。

(3) 检查调整模板锥度，对变形的模板及时更换。

(4) 平台堆物尽可能均布，避免操作平台倾斜。

4. 治理方法

对已出现的鱼鳞状筒壁，用扁铲或錾尖将凸出的混凝土剔除，用同品种水泥砂浆进行修补。

48.1.5 筒身倾斜

1. 现象

筒壁滑出后，筒身中心偏差过大，筒身不垂直。

2. 原因分析

(1) 混凝土浇筑不均匀，习惯从一个方向开始浇筑。

(2) 操作平台荷载不均匀，平台倾斜、扭转。

(3) 千斤顶爬升不同步，出现高差，门架高度不一。

(4) 操作平台刚度差，平整度、垂直度难以控制。

3. 预防措施

(1) 经常有序变换混凝土浇筑方向，加强筒壁中心偏差控制，及时发现及时处理，使中心偏差控制在 20mm 以内。

(2) 平台上荷载要均匀布置，经常检查提升抱杆方向有无偏差，发现偏差及时纠正。

(3) 在门架上安装限位器，确保滑升同步。个别纠偏时出现的平台偏差，应在纠偏后缓慢调平。

(4) 平台倾斜时，可用调节千斤顶增加行程等方法调整。

4. 治理方法

通常中心偏差不太大时，通过将偏移方向的门架多一二个行程来纠偏，效果不好时可在偏差方向收分时多收一二丝，调整过来以后逐步调回正常状态。

48.1.6 操作平台扭转

1. 现象

操作平台产生扭转，使支撑杆和钢筋扭转，造成混凝土筒壁旋转位移。

2. 原因分析

(1) 平台荷载不匀，造成爬杆环向位移。

(2) 千斤顶顶升不同步，出现高差未及时调整；中心偏差纠正过快。

(3) 支承杆布置不合理或刚度小。

(4) 门架自由度大，调整门架的花篮螺栓未拉紧，使门架倾斜。

(5) 操作平台刚度不够，组装时支承杆未加固好。

3. 预防措施

(1) 加强管理，确保平台荷载均匀，尽可能少出现局部集中受力。

(2) 选用刚度较大的支承杆，增加平台刚度和提升力。

(3) 安装千斤顶行程限位装置，保证平台同步提升。

(4) 中心偏差纠正不要过急。

4. 治理方法

对于已出现的扭转，可用花篮螺栓或捯链校正，扭转严重时，要对支承杆进行加斜撑等加固后再滑升。

Ⅱ 烟囱翻板或电动提模施工

48.1.7 筒壁中心偏差

1. 现象

筒壁混凝土浇筑前半径与混凝土浇筑后半径偏差较大，造成筒身中心偏移。

2. 原因分析

(1) 施工管理不细，混凝土浇筑后未检查半径和未检查中心偏差。

(2) 模板加固刚度不够，出现跑模现象。

(3) 混凝土浇筑前后出现大风等天气异常情况。

(4) 筒身实际标高与计算标高存在偏差。

3. 预防措施

(1) 加强施工管理，确保浇筑前、浇筑后检查到位，及时发现偏差并纠偏。

(2) 模板和加固构件出现弯曲变形时及时更换。

(3) 天气异常变化复工后，要全面检查筒身半径、曲线等。

(4) 定期实测筒身实际标高，及时修正计算表。

4. 治理方法

采取逐渐纠正锥度的方法调整，确保肉眼看不到缺陷，保证筒壁整体锥度平滑顺直。

48.1.8 筒壁混凝土表面错台

1. 现象

上下节或水平节间混凝土表面出现凹凸现象，影响外观质量。

2. 原因分析

(1) 模板加固不好，模板间未打满连接销，加固螺栓未上紧，浇筑混凝土后在侧压力作用下，模板移位。

(2) 模板下口支撑不牢，围檩构件未压紧。

(3) 大风等天气改变加固质量。

3. 预防措施

(1) 上下层模板连接销要打满，围檩加固到位。

(2) 大风天气后全面检查模具架体。

(3) 混凝土浇筑过程中设专人检查监测模板，发现问题及时加固。

4. 治理方法

小于 3mm 的错台一般不做处理，比较明显的错台，可用手持砂轮机进行打磨处理。

48.1.9　模板漏浆造成蜂窝麻面

现象、原因分析、预防措施及治理方法参见本手册第 15 章“滑模及爬模施工”和第 18 章“混凝土工程”的相关条目。

48.1.10　筒壁混凝土颜色不一致

1. 现象

不同标高的混凝土颜色不一致，同一标高的混凝土水平位置的不同颜色存在色差。

2. 原因分析

(1) 混凝土原材料变化造成颜色不同。不同时期的水泥、砂、石以及外加剂混合后，造成混凝土颜色变化。

(2) 混凝土坍落度以及混凝土振捣情况不同，造成同节混凝土上下左右内部砂、石和水泥含量差别大，形成色差。

(3) 模板的光洁度不同，使混凝土光泽度不同，造成视觉上存在色差。

(4) 模板上使用的脱模剂不同，或脱模后使用养生液不同，造成混凝土颜色不同。

(5) 每节混凝土在模板中的时间不同，造成混凝土光泽、颜色不同。

3. 预防措施

(1) 尽可能使用同厂同批次水泥，砂、石、外加剂也要定厂、定品种，以减小混凝土色差。

(2) 混凝土的坍落度在满足施工的情况下要尽可能小，充分振捣混凝土，使砂、石、水泥分布均匀。

(3) 确定合理的统一拆模时间，确保表面光泽一致。

(4) 使用统一的脱模剂和养生液。

4. 治理方法

混凝土拆模后，将表面进行清理，在混凝土表面均匀涂刷同一品牌的养生液，养生液在混凝土表面形成膜，减小色差。

48.1.11　筒壁混凝土表面污染

1. 现象

上部混凝土浇筑时有漏浆现象，造成下部混凝土污染；平台检修机油溅洒混凝土表面，形成污染。

2. 原因分析

(1) 模板拼缝不严，混凝土浇筑时漏浆。

(2) 对成品的保护措施不到位。

(3) 吊运易污染的材料时未采取特殊措施。

3. 预防措施

(1) 模板拼缝内加双面胶海绵条，避免漏浆。

(2) 下部模板上设置专用防护装置。

(3) 吊运易污染的材料时，使用专用工具，以防溅洒。

4. 治理方法

漏浆后及时用水连续冲洗，将筒壁上砂浆冲洗干净。未能清理干净的，在刷航空色标前，用吊篮上人专门清理。

48.1.12 烟囱基础大体积混凝土施工缝留设位置不当

1. 现象

烟囱基础一般为圆形大体积混凝土，不容易有组织划分施工段，加上近年混凝土浇筑使用泵送，坍落度过大，施工组织一旦不连续，会形成冷缝，甚至出现千层饼的情况。

2. 原因分析

(1) 烟囱基础为圆形筏板，确定浇筑路线难度较大。

(2) 泵送混凝土坍落度过大，混凝土流动随意性较大。

(3) 混凝土供应不能满足现场要求。

(4) 混凝土终凝时间短，满足不了现场需求。

(5) 浇筑设备不能满足现场要求。

3. 预防措施

(1) 选择足够的浇筑设备，保证混凝土连续浇筑。

(2) 保证混凝土的供应能力，一般要选两到三家搅拌站。

(3) 在许可的情况下，尽可能降低坍落度。

(4) 在混凝土内添加缓凝剂，增加混凝土凝固时间。

4. 治理方法

一般不允许出现规范规定以外的施工缝。如果出现了不应有的施工缝，要暂停施工，找出原因，制定措施，认真处理。首先对混凝土表面进行凿毛，用清水冲洗干净后，加铺砂浆后继续浇筑。情况严重时可在混凝土内置部分钢筋，增加与混凝土的结合力。

48.1.13 基础出现温度裂缝

1. 现象

烟囱基础圆形筏板一般都比较厚，由于大体积混凝土内外温差较大，施工中措施不周容易产生温度裂缝，裂缝从上部表面开始，向基础内部延伸。

2. 原因分析

参见本手册 18.5.4“温度裂缝”的原因分析。

3. 预防措施

参见本手册 18.5.4“温度裂缝”的预防措施。

4. 治理方法

参见本手册 18.5.4“温度裂缝”的治理方法。

48.1.14 烟囱内衬砌筑质量差

1. 现象

烟囱内衬因是圆形砌体，灰缝大小不匀，竖缝瞎缝多；内衬砌体多用耐酸胶泥砂浆砌筑，加上砌体不是垂直地面，造成游缝，内侧观感凹凸不平。

2. 原因分析

(1) 烟囱为圆形，当半径较小时，砌体的弧度比较大，用普通规格的耐火砖排版难度大，竖缝控制困难。

(2) 立皮数杆不能挂线，不好控制。

(3) 耐酸胶泥砂浆粘性好，但容易游缝。

(4) 内衬施工平台施工条件差，管理人员检查不到位。

3. 预防措施

(1) 烟囱内衬耐火砖要定制特种异形砖，以满足不同弧度要求。

(2) 立皮数杆，制作弧形板来控制砌体弧度和水平。

(3) 控制内衬砌体的砌筑速度，减少砌体游缝。

(4) 改善内衬平台的施工条件，管理人员跟班进行检查。

(5) 耐酸胶泥凝固前不急于提升内衬平台，发现问题及时处理。

4. 治理方法

每班下班前要对本班所砌砌体进行检查，胶泥未凝固前的游缝用瓦刀击打到正常位置。对已凝固的可用剔凿后再抹耐酸砂浆的方法处理。

48.1.15　爬梯安装不顺直，出现“摆龙”现象

1. 现象

爬梯安装后视觉上东倒西歪，扭头甩尾。

2. 原因分析

(1) 暗榫安装时未使用经纬仪，造成位置偏差。

(2) 暗榫安装不牢，振捣混凝土时触动使其位置改变。

(3) 筒身曲线凸凹，爬梯随筒身摇摆。

(4) 爬梯制作误差大，护栏竖向扁铁节间偏差过大。

3. 预防措施

(1) 安装爬梯暗榫时要用经纬仪定位，确保暗榫位置正确。

(2) 暗榫安装要牢靠，要紧贴筒壁外模板；混凝土振捣时尽可能不触动暗榫。

(3) 控制筒身外观质量，减少筒壁半径偏差。

(4) 用专用模具来加工爬梯及护栏，安装前在地面试拼。

4. 治理方法

在暗榫存在偏差的位置安装爬梯时，调整制作爬梯支腿，通过调整爬梯支腿来确保爬梯顺直。

48.1.16　航空色标咬色、污染

1. 现象

航空色标颜色不一致，涂刷时对下部造成污染。

2. 原因分析

(1) 筒壁混凝土清理不干净，混凝土存在缺陷未处理。

(2) 因吊篮上作业条件差，涂刷时不贴分格纸，使用滚筒滚刷。

(3) 吊篮上未设防污染筒壁的措施。

3. 预防措施

(1) 筒壁施工时要把筒身的缺陷处理完，航标施工前再次清理修补。

(2) 施工前做好分格、排版等准备工作。

(3) 吊篮要使用安全性能好的专用吊篮，并加设溅洒防护装置。

(4) 施工前要全面交底，严禁使用滚筒涂刷。

4. 治理方法

对咬色严重的进行返工处理，对筒身的污染进行清理。

48.2 倒锥壳水塔

钢筋混凝土倒锥壳水塔以其新颖美观的外形、良好的抗震性能、较高的机械化施工水平受到建设单位和施工单位的普遍欢迎。由于倒锥壳水塔施工技术要求高，施工难度大，较容易发生质量通病，甚至造成质量事故。本节列出倒锥壳水塔施工或使用中容易发生的主要质量通病。

48.2.1 基础顶面施工缝出现夹渣、漏浆、麻面

1. 现象

在基础施工时，不重视基础顶面的找平工作，加上筒身插筋的影响，有时出现 2～4cm 的高差，在滑动模板组装时也未对该部位进行有效处理，模板拼装后只是对该部分进行堵塞，开滑时第一层混凝土浇筑高度较大，部分位置出现漏浆，形成夹渣、蜂窝、麻面等质量缺陷。

2. 原因分析

基础顶面是工序间的转折点，由于施工管理不善，技术交底不到位，对施工缝的处理未严格按照制定的方案执行，仓促开滑造成质量缺陷。

3. 预防措施

(1) 基础施工时要派专人负责施工缝的质量控制工作，做好施工缝部位的标高、插筋位置，并在混凝土凝固后及时对施工缝进行剔凿。

(2) 标高偏差尽可能采用剔凿的方法来消除，确实困难时，提前在筒壁外用水泥砂浆找平，找平宽度不能太窄，100mm 左右为宜，并加强养护，确保开滑前有足够强度。

(3) 模板拼装时要在混凝土和模板间加海绵条，确保模板缝不漏浆。

(4) 第一层混凝土装模高度不能太高，以免造成模板变形；混凝土浇筑一层后及时滑升 1～2 行程，再进行上部混凝土浇筑。

4. 治理方法

混凝土出模后，及时检查混凝土的缺陷情况，将夹渣剔除，用同强度等级的细石混凝土进行修补。

48.2.2 支筒水平环向裂缝

1. 现象

支筒在滑升过程中，由于滑升速度、天气温度和湿度不同，有时会出现水平裂纹或裂缝，裂缝情况多有不同，有水平裂缝，也有斜向裂缝。

2. 原因分析

(1) 支筒直径小、曲率大、壁薄，滑升阻力较大，容易出现水平裂缝。

(2) 夏季施工未掺加缓凝剂；滑升速度过慢，出模时混凝土已终凝，造成滑升阻力过大。

(3) 千斤顶不同步，造成平台倾斜，或模板组装锥度不够，造成混凝土拉裂。

(4) 支筒滑升过程中因故停滑，未按规定采取有关停滑措施，再次滑升时又未松离模板，造成混凝土拉裂。

3. 预防措施

(1) 支筒滑升模板要选用较小模板，或订制专用曲率模板，保证滑升需要；模板锥度要控制在2‰～5‰。

(2) 做好混凝土的试配工作，不同的气温、湿度，不同的施工速度外加剂添加量应不同，确保混凝土出模强度满足要求（0.2～0.4MPa）。

(3) 滑升时每200mm高限位调平一次；中心偏差时不宜采用倾斜平台法纠偏；停滑时要采取停滑措施，每30～40min应提升1～2个行程。

4. 治理方法

(1) 非贯通表面裂缝，在混凝土出模后用原浆对表面进行封闭处理即可。

(2) 贯通裂缝应该停滑，将裂缝以上的混凝土剔凿后重新浇筑。

48.2.3 支筒顶提升架支撑小柱施工偏差大

1. 现象

倒锥水塔水柜的支撑是靠6～8根小柱，由于支撑小柱的施工偏差，给水柜提升支架的安装带来困难，也有因小柱偏差，水柜提升受力不均，导致小柱出现裂缝。

2. 原因分析

在支筒顶部支撑小柱施工不易操作，小柱模板之间的相对尺寸没有很好校核，或加固不牢。柱顶相对标高只能用注水的透明塑料软管校对，操作比较麻烦。作业人员责任心不强，找平偏差大。

3. 预防措施

(1) 小柱模板支设完成后，要认真校核其相对位置，并进行加固。混凝土浇筑过程中要注意随时校核，相对标高用透明的塑料软管注水校对。

(2) 水柜提升支架与小柱连接孔适当加大，减小安装难度。

4. 治理方法

(1) 当相对标高误差较大时，提升支架与小柱间出现的空隙可用楔形扁铁塞紧。

(2) 小柱水平位置偏差过大时，小柱应重新施工。

48.2.4 水柜渗水

1. 现象

水柜运行后经常出现渗漏现象，具体位置多在倒锥外壁或在水柜下环梁和支承环板位置。

2. 原因分析

(1) 水柜浇筑混凝土时出现冷缝。

(2) 五层防水未按要求做或养护不当，导致防水砂浆裂缝。

(3) 混凝土配合比不适宜水柜的浇筑要求；混凝土浇筑作业人员责任心不强，造成水柜下锥壳混凝土浇筑不密实或出现蜂窝麻面。

(4) 水柜支承节点中的防水层厚度不够或采用冷作业施工。

3. 预防措施

(1) 合理组织水柜混凝土施工，确保不出现冷缝。

(2) 水柜下锥壳体混凝土浇筑多采用拍坡形成，不设内模，混凝土浇筑要分层交圈进行，要在下层混凝土初凝前浇筑完上层混凝土，使上下层混凝土结合良好，避免出现冷缝。因此要求混凝土坍落度不能太大，确保混凝土振捣密实而不下坠。具体施工时可分段钉几圈内模板带，以控制壁厚，保证振捣时对混凝土的控制。

（3）严格按图纸做好五层防水抹灰施工，并加强养护。

（4）水柜支承节点中的防水要按图纸要求保证施工厚度，施工时基层应干燥并采用热作业，确保防水质量。

4. 治理方法

（1）对仅出现水渍、潮点的，不用处理。使用一段时间后渗水现象可以消失。

（2）对于水柜渗漏严重，形成滴水的，可将渗漏部位的五层防水剔凿后重新抹灰，并注意接槎处理。

（3）对水柜支承点处的漏水，要将上层混凝土剔除，重新浇筑并重做防水止水。

48.2.5 采光窗洞口移位

1. 现象

倒锥壳水塔筒身有采光窗，由于倒锥壳水塔筒身直径较小，滑模施工控制相对难度比较大，容易造成采光窗移位。

2. 原因分析

（1）窗模的弧度和滑升模板的弧度不一致，造成窗模卡住滑升模板，使窗模移位。

（2）窗位置的内模固定不牢。

（3）混凝土浇筑方法不当，造成窗模移动。

3. 预防措施

（1）定做采光窗专用内模，并固定牢固。

（2）混凝土浇筑从窗模的两侧同时进行，避免窗模两侧的压力不平衡致窗模位移。

（3）混凝土振捣尽可能采用低频、短棒头振动棒，振捣时不得触及钢筋、支承杆和模板，确保窗模位置正确。

4. 治理方法

发现窗洞口偏移，应及时拆除专用内模，将偏差位置混凝土剔除。偏差小时用水泥砂浆抹灰找正位置，偏差大时重新支设内模，浇筑偏差部位的混凝土。

48.3 水池及油罐

钢筋混凝土水池及油罐大体可分为现浇式和预制装配式两种，一般直径较大，而且都采用整体现浇底板。采用预制装配池壁时，池（罐）壁外侧均缠绕环向预应力钢丝，压力喷浆罩面。无论哪一种结构形式，底与壁交接处均存在施工缝。

48.3.1 池罐地基扰动

1. 现象

大型水池及油罐贮量很大，壁底均处于液体压力下工作，抗渗要求较高。水池及油罐试水或投产后，由于地基已受到扰动，因而产生不均匀沉陷，导致水池或油罐开裂，影响池罐的正常工作。

2. 原因分析

油罐及水池直径较大，地基受扰动机会较多，扰动因素主要有以下几方面：

(1) 地基冻胀。在冬季前后，气候突变，急剧降温，大面积地基未及时覆盖而受冻胀。

(2) 地基浸水。施工过程中排水措施不周，因地下水位上升或雨水冲积，地基受浸。

(3) 局部地基挖深超过设计标高，由于补填挖深部分使局部地基承载能力降低。

3. 预防措施

(1) 在冬季前后，无论是地基或已浇完混凝土垫层的池底，均应防止受冻。施工时，应采取有计划预留土方的方法，或预先准备必要的覆盖材料，按照气温条件在地基或混凝土垫层上覆盖草垫等保温材料，以避免地基受冻。

(2) 大型油罐及水池基底标高一般均在地下水位以下，应十分重视排水设施的安排，任何情况下不使地基受地下水及雨水积水的浸泡，在湿陷性大孔土地区，施工时更应特别注意。

(3) 人工地基应选用同一类土，分层进行夯填取样检验。分层厚度不应超过 300mm。黏土类土密实度不应小于 0.95，砂卵石表观密度不应小于 1.9t/m³。

4. 治理方法

在油罐或水池未施工前出现的地基扰动，原则上应挖除扰动部分，按标准重做人工地基。挖除扰动部分土时，尽量整层找平挖出，不要局部取土。对于施工后出现的地基下沉及结构开裂，需待变形稳定后再对结构作加固处理。加固方法可参见 48.3.2“池体渗漏”的治理方法。

48.3.2　池体渗漏

1. 现象

水池及油罐试水时，往往出现水位下降，墙体与底板间施工缝漏水或池壁局部渗漏现象。渗漏部位多在底板与预制壁板接缝以及底板与现浇池壁施工缝处，有时在现浇池壁混凝土浇筑缺陷部位出现。

2. 原因分析

(1) 地基不均匀沉陷造成池底开裂，这是造成渗漏的主要原因。

(2) 池底与池壁交接处施工缝质量不合要求，造成该部局部漏水。

(3) 池体防水混凝土原材料不合格。如石子级配不良，砂子云母含量超过 1%及含泥量超过 3%，都会严重降低防水混凝土的抗渗性能。

(4) 混凝土浇筑时施工管理不善，造成很多不应有的施工缝，加之事后处理不当造成渗漏现象。或因振捣不实，混凝土密实性不好造成渗漏。

(5) 池内抹灰层因养护不良而开裂，降低了池体的抗渗性。

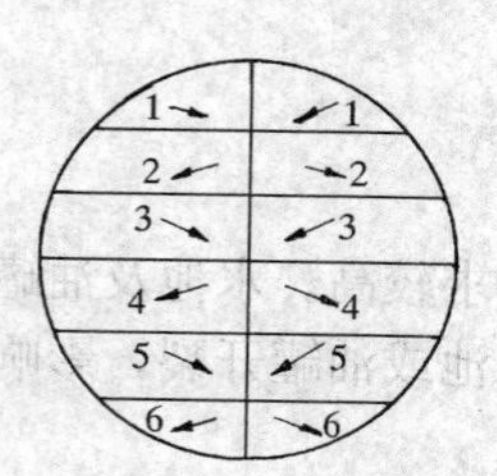

图 48-1　平底板浇筑顺序图

3. 预防措施

(1) 混凝土底板浇筑前，应检查地基土质是否与设计资料相符，如有变化应加以处理。如地基稍湿而松软时，可在其上铺以厚 10cm 的砾石层，夯实后再浇筑混凝土垫层。

(2) 底板应一次连续浇筑完，不得留施工缝。平底板浇筑顺序如图 48-1。

(3) 池壁现浇混凝土必须一次浇筑，不得留施工缝，并按设计和施工规范要求做好底板与池壁间的水平施工缝。要十分注意施工缝部位的清理和捣固质量。

(4) 必须留施工缝时，应做成垂直结合面，不得做成斜坡结合面，并注意结合面附近混凝土的密实度。

(5) 加强混凝土原材料管理、检验和搅拌计量工作，严格控制砂子含泥量不超过3%，砂子云母含量不超过1%，石子含泥量不超过1%。

(6) 直径较大的油罐及水池底板施工时，在钢筋混凝土底板与素混凝土垫层之间涂二层沥青或隔离剂，以降低底板的摩阻力，减少底板的温度应力，防止混凝土产生裂缝。

4. 治理方法

(1) 加底：如底板发生裂缝，可将底板表面凿毛，清洗干净，在底板上铺钢筋网片，浇筑C30混凝土。

(2) 加底及加壁：如池底和池壁均开裂渗漏，应将部分池顶拆除，把池内油污清洗干净，然后将池底及池壁内侧全部凿毛，在底板和池壁内侧铺设钢筋网，浇筑C30混凝土。

48.3.3 水池浮起

1. 现象

钢筋混凝土清水池在施工过程中，因基坑排水跟不上或因雨水流入基坑，在池顶正在施工或虽已施工但未覆土之前造成水池上浮，有时会导致池底板、池顶盖和柱开裂、漏水。

2. 原因分析

(1) 水池抗浮是按池体自重加上顶板覆土重量大于地下水浮力的1.1倍计算的，在水池顶盖正在施工，或虽已施工但没有覆土时，如果有地下水没有排出或雨水进入基坑，很容易产生浮力大于当时水池自重的情况，引起水池上浮。

(2) 施工人员对水池施工时基坑排水的重要性缺乏认识，不认为水池埋在地下会浮起来。

3. 预防措施

(1) 加强技术交底，强调水池覆土前基坑排水的重要性。

(2) 在施工过程中及时排水，不使基坑积水。

(3) 在基坑回填之前要敞开水池下部的出水管，一旦基坑内有积水可以自由流入水池内；如果基坑已回填，水池下部的出水管已封死，可在水池内先存水直到顶盖上完成覆土。

4. 治理方法

水池浮起后，要认真进行分析，确定浮起造成的损害程度，慎重进行处理。一般来说，水池浮起后对水池产生破坏不严重，经复位和修补处理后不影响使用。

(1) 如水池浮起时间短，基坑土壁较稳定，池底周边没有淤泥，可以采取排除基坑内存水的措施，使水池下沉复位。

(2) 若水池浮起时间较长，或由暴雨引起水池浮起，在水池底板周边已有淤泥，则在排除基坑内存水的同时，若水池内有水，要同步排出。用高压水枪清除水池底周边淤泥，使水池复位。有时最后还高出原设计标高3～5cm不能完全复位，或即使完全复位，由于高压水枪清除淤泥时使水池下部基底不平整，水池底板已不可能与基底完全接触，这时可先用混凝土在水池外将池底周边填实，在水池底板上每$10m^2$左右钻一$\phi30$孔，使用灰浆泵注入 1∶7 水泥粉煤灰浆料进行处理。

(3) 若水池浮起时引起水池底、顶板和柱子裂缝，复位后需分别对其进行补强处理。底板有裂缝时，通常采取先凿去抹灰砂浆，池底凿毛冲洗干净，浇筑一层 4～6cm 厚配有钢丝网的细石混凝土，再重新抹防水砂浆；池顶板有裂缝时，复位后一般都能基本闭合，只要在池顶板两侧抹砂浆即可。柱子出现裂缝一般都在两端，可根据裂缝宽度进行处理，若裂缝宽度小于 0.5mm，可采取环氧树脂压力灌浆修补裂缝；若裂缝宽度大于 0.5mm，可采取在裂缝部位包一层钢筋混凝土的方法进行加固处理。

48.3.4　池壁胀模

1. 现象

水池施工中，经常会发生水池池壁混凝土胀模现象，轻者使部分壁厚增加 20～30mm，重者使局部壁厚增加 50～70mm，既浪费材料，又影响工程质量和美观。

2. 原因分析

水池是一种有特殊要求的构筑物，对混凝土池壁抗渗有一定要求。池壁施工中不能像普通混凝土板壁结构那样用普通螺栓和钢板条对拉支模。采用带止水板的对拉螺栓支模又比较麻烦，施工中往往采用里支外顶的方法来固定模板。由于混凝土的侧压力比较大，模板里支外顶很容易移动变位，造成水池混凝土壁胀模。

3. 防治措施

(1) 池壁支模采用螺栓对拉，可以有效防止混凝土胀模。为了使池壁不因使用对拉螺栓而渗水，对拉螺栓要加预制细石混凝土套管，池壁的厚度用套管长度来控制，套管混凝土的强度等级及抗渗等级与池壁混凝土相同，其构造形式如图 48-2 所示。每层模板高度用水平二行对拉螺栓，其水平间距视池壁厚度和横楞刚度一般采用 1～1.5m。池壁模板拆除后，对拉螺栓孔的堵塞和修补是满足水池抗渗的重要环节。一般可采用石棉水泥浆，其配合比为水∶石棉绒∶水泥＝1∶3∶7（重量比），搅拌均匀的石棉水泥浆能手捏成团、落地散开为宜。堵孔时加料斗和冲杆（图 48-3），从池壁内外分别向孔内塞满石棉水泥，并从两端同时用锤子敲击冲杆，把孔内的石棉水泥捣固密实，孔两端用砂浆填满抹平。填孔材料也可采用膨胀水泥砂浆，其配合比要经过试验。

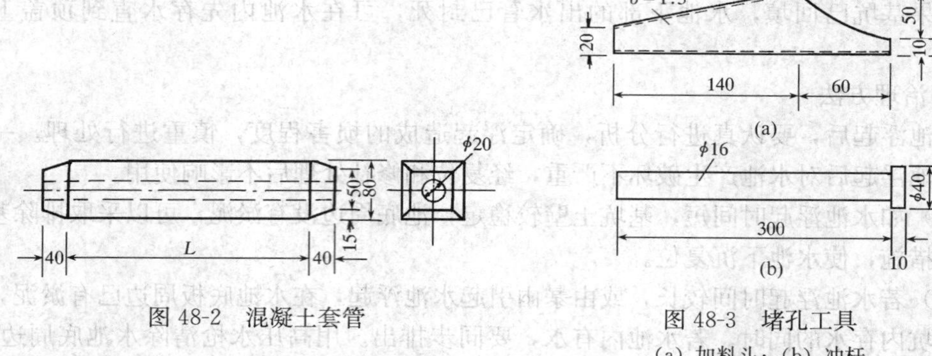

图 48-2　混凝土套管

图 48-3　堵孔工具

(a) 加料斗；(b) 冲杆

(2) 池壁发生胀模，如混凝土密实，满足抗渗要求，只需将池壁内侧大致凿平满足抹灰需要即可，因水池大都埋在地下，对观感质量影响不大。

48.4 冷　却　塔

钢筋混凝土双曲线自然通风冷却塔为高耸构筑物，主要分为环基、池壁、人字柱、双曲线筒壁和塔心设施等。冷却塔以其体高、面大、壁薄等特点成为施工中的难点；又以运行环境潮湿、冷热交替的水工构筑物成为质量控制的要点。冷却塔施工方法大致相同，人字柱施工分现浇和预制吊装两种方法；风筒施工分普通三节脱模翻板施工和电动爬模施工两种。

48.4.1　现浇施工人字柱弯曲

1. 现象

人字柱在施工时，受自重的影响，有时会出现沿人字柱轴线向下的弯曲变形，轻则影响观感质量，严重的会影响结构受力。

2. 原因分析

(1) 人字柱支撑系统不牢固或模板支设时轴线控制不准确。

(2) 模板和支撑系统固定不牢，混凝土浇筑时模板滑移变形。

(3) 两个轴线相交的人字柱没有同时浇筑，使支撑系统受力不均而产生变形。

(4) 人字柱及环梁模板支撑系统拆除过早。

3. 预防措施

(1) 支撑系统要经过计算并满足要求方可施工，连接构件要安全可靠，防止模板发生移位。

(2) 人字柱模板在支设过程中要加强控制，确保位置正确。

(3) 两个轴线相交的人字柱必须同时浇筑混凝土，确保支撑系统的受力均衡。

(4) 控制人字柱及下环梁模板支撑系统的拆模时间，保证混凝土强度满足要求后方可拆模。

4. 治理方法

由于人字柱是冷却塔的重要受力构件，发生弯曲不仅影响观感，更重要的是会影响结构受力，弯曲严重时要砸掉重新施工，不严重时可采取装饰性修补。

48.4.2　水池漏水

1. 现象

冷却塔下部是环基和水池。水池在底板伸缩缝、底板和环基连接处、环基和池壁交界处以及池壁和池壁伸缩缝等位置，容易发生渗漏水现象。

2. 原因分析

(1) 底板和垫层之间的防水层施工中遭到破坏，或伸缩缝未严格按设计要求处理。

(2) 环基出现微裂纹，在与底板连接处漏水。

(3) 环基和池壁交界处的施工缝没有严格按施工规范处理。

(4) 池壁混凝土存在局部振捣不密实。

(5) 止水带连接部位施工不细致，局部与混凝土的连接存在问题。

3. 预防措施

(1) 加强混凝土的养护工作，确保不出现裂缝。

（2）伸缩缝按设计要求认真处理。

（3）池壁水平施工缝可考虑用钢板止水带。

（4）止水带连接应使用专用工具。

4. 治理方法

（1）重新处理存在质量问题的伸缩缝。

（2）在漏水的迎水面做五层防水砂浆或高分子防水涂料。

（3）沥青防水层必须分块，按设计要求和厚度进行施工，块与块之间的连接处要重点检查，确保遍数和厚度。

48.4.3　风筒曲线不流畅

1. 现象

双曲线冷却塔风筒局部出现凸凹，曲线不流畅，有明显拐点。

2. 原因分析

（1）三角架支撑固定不牢，浇筑混凝土时变形位移。

（2）风筒分节计算不准确，实际标高和计算标高误差大。

（3）斜尺换算错误、中心偏移、钢尺固定点移位或碰到障碍物。

（4）模板检查验收不认真，偏差过大。

3. 预防措施

（1）支架和模板要满足刚度要求，发现三角架变形或顶杆顶丝损坏要及时更换，确保模板的组装质量。

（2）对风筒分节进行精确计算，必要时进行现场放样，保证分节准确；施工过程中每10板实测标高，调整分节计算带来的偏差。

（3）拉尺验收前要全面检查钢尺是否打结及其他异常情况，在拉尺检查的同时，应有专人观察检查模板曲线。

（4）在混凝土挠筑前后分别进行拉尺检查，检查模板是否移位，发现移位及时调整。

4. 治理措施

对于筒壁出现位置偏差后，要采用多节分步调整纠偏，既要调整半径，又要确保肉眼看不出曲线有明显的转折变化。

48.4.4　筒壁渗漏

1. 现象

冷却塔筒壁在使用过程中，在施工缝或对拉螺栓处出现渗漏现象，影响外观质量，也影响结构的使用寿命。

2. 原因分析

（1）施工缝未按施工规范规定处理，浇筑第一层混凝土时振捣不充分。

（2）对拉螺栓孔堵塞不密实。

（3）风筒内壁防水涂料施工质量存在问题。

3. 预防措施

（1）筒壁施工缝的处理有多种方法，最常用的有放梯形木条留凹形止水槽，做内低外高的裁口形止水槽，安放止水铁皮或膨胀止水条等几种方法。用凹形槽时，拆梯形方木的时间必须把握好，晚了拆不出来，早了带起两边的混凝土，形成渗漏隐患。裁口形施工缝可以解决拆模问题，但浇筑时需单独进行，存在振捣不实隐患。安放止水铁皮或膨胀止水条需增加成本。采用裁口形止水槽是防止渗漏的有效办法，同时又能消除“双眼皮”现象。

（2）注意对施工缝的清理。在组装模板时，要注意将模板上的混凝土碎屑、余渣清理干净，以免掉入施工缝内。混凝土浇筑前要浇水冲洗，保证上下两节混凝土结合良好。

（3）对拉螺栓孔采用两人对面同时封堵，封堵材料应符合要求；为保证封堵质量，可在螺栓孔内加一段膨胀止水条，起到二次保护作用。

（4）控制筒壁内侧防水涂料施工质量，特别是在对拉螺栓孔和施工缝位置，要进行基层处理，增加涂刷遍数，提高防水性能。

4. 治理方法

因冷却塔筒壁湿潮，可采用丙烯酰胺或聚氨酯浆液处理。如能停运，可在渗漏筒壁内侧将混凝土表面凿毛，抹 20mm 厚防水砂浆处理，凝固晾干后刷防水涂料。个别情况也有采用外侧高压注浆封堵。

48.4.5 筒壁颜色不一致

1. 现象、原因分析、预防措施和治理方法参见 48.1.10“筒壁混凝土颜色不一致”的相关部分。

48.4.6 筒壁二次污染

1. 现象

冷却塔喉部以下表面有附着物，远看发黑。

2. 原因分析

（1）喉部以上开始施工时，模板拼缝不严、混凝土浇筑时漏浆，落到喉部以下筒壁上，造成筒壁表面挂浆。

（2）模板拆除或走道清理的垃圾等落在喉部以下筒壁上。

3. 预防措施

（1）模板拼缝内加双面胶海绵条，避免漏浆。

（2）在风筒外侧清理模板时要有专项防护措施。

（3）经常对喉部以下风筒进行冲洗。

4. 治理方法

发现漏浆时及时用水冲洗，在筒壁施工完未处理完时，用吊篮进行清理。

48.4.7 模板错台、漏浆

1. 现象

筒壁混凝土错台明显，模板漏浆形成麻面。

2. 原因分析

（1）三角架支撑安装不牢，浇筑混凝土时模板变形位移。

（2）模板肋板、板面不平整，板缝过大。

（3）模板承插口结合不好，造成漏浆。

（4）上下模板连接未满上连接销。

3. 预防措施

（1）模板支设时要拧紧螺栓，三角架要垂直于模板。

（2）模板在使用前进行清理、修整，肋板、面板要平整，保证接缝严密。

(3) 模板上节承插口要插到下节模板内，保证施工缝质量。

(4) 上下模板连接要满上连接销。

4. 治理方法

错台一般是将混凝土剔凿找平，用同品种水泥配制砂浆抹平压光。麻面可直接用同品种水泥配制的砂浆抹平压光即可。

48.4.8 塔心构件缺陷

1. 现象

(1) 中央竖井漏水，主水槽与竖井连接位置漏水，主水槽与主水管连接位置漏水，水槽渗漏水。

(2) 塔心杯口基础、柱、梁构件安装偏差过大，影响淋水冷却效果。

2. 原因分析

(1) 中央竖井较高、壁薄，一次支模连续浇筑难度较大；分节支设施工缝处理较困难；水管、水槽、预留口位置混凝土浇筑难度大。

(2) 主水槽及A形架预制吊装吨位较大；采用现浇水槽底板、槽壁、顶板连续浇筑难度大，易出现蜂窝麻面；预留洞口位置下部振捣难。

(3) 水槽节点灌浆施工不认真。

(4) 塔心放线和吊装易产生累计误差，如边部次梁存在较大偏差，修正难度会比较大。

(5) 预制混凝土盖板质量粗糙，安装条件受限制，收尾质量控制不严。

3. 预防措施

(1) 中央竖井尽可能采用留设振捣检查孔，一次支模，分层连续浇筑的方法施工，预留洞口位置使用专用模板，加强浇筑施工时的模板检查，确保混凝土浇筑密实。

(2) 制定水槽施工专项方案，确保水槽底板和水槽壁连续浇筑。

(3) 加强塔心构件施工管理和质量检查工作，发现偏差及时调整和纠正，避免误差累计。

(4) 水槽节点灌浆要进行详细交底，并加强施工质量检查。

4. 治理方法

(1) 对于轻微渗漏部位，可在内侧刷防水涂料进行处理；对于渗漏严重的要将该部分混凝土剔除，重新浇筑并在内侧做五层砂浆防水。

(2) 对于塔心构件偏差较大的，在做塔心填料时，订做专用异形填料，确保淋水效果。

(3) 对灌浆不密实的水槽节点要剔除重做。

(4) 盖板不平可在下部垫橡胶垫。

48.5 皮 带 栈 桥

48.5.1 双柱式栈桥支架柱断裂

1. 现象

双柱式栈桥支架施工后，在使用过程中，出现混凝土支架柱水平裂缝，甚至断裂，造成结构无法正常使用。

2. 原因分析

(1) 设计未加防护。由于皮带栈桥主要是安装皮带，利用皮带运输大宗集料，这些集料落地后，堆积量大（图 48-4），当接触到走廊支架柱并达到一定高度时，势必要对栈桥支架柱产生相当的水平推力，而支架柱在设计时一般不考虑该水平力的作用，因此，支架柱很容易在额外侧向力作用下出现水平裂缝或断裂。

（2）设计单位未向使用单位说明使用注意事项，使用单位不明白如何使用，使结构处于非正常使用状态，造成结构破坏。

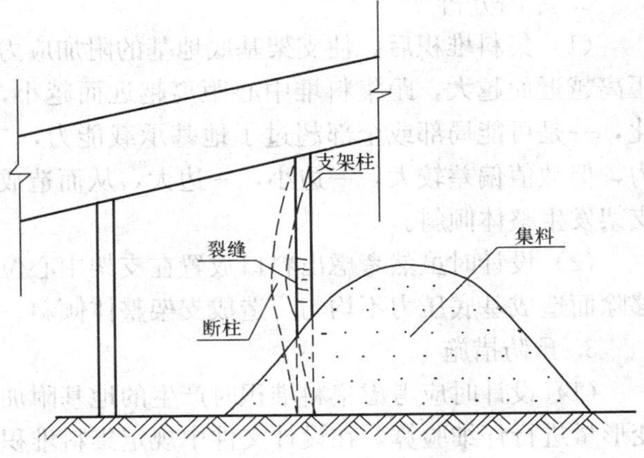

图 48-4 皮带栈桥与大宗集料

3. 预防措施

设计要考虑集料堆积对支架柱的影响，选择好堆集位置，尽量远离支架柱；规定堆积高度，避免堆积过高而使集料触及支架柱。或者，采取必要的防护措施，在支架柱周围根据不同的集料，设计相应的防护结构，设计单位向使用单位提供使用说明；使用单位严格按使用说明要求正确使用。

4. 治理方法

治理前对破坏程度进行准确判断，对于出现水平裂纹，而结构的纵向受力钢筋未达到屈服极限的，可以采用粘钢法对柱体进行加固，恢复构件的承载能力，再加以防护。对于构件纵向受力钢筋已达到屈服极限或锈蚀特别严重的，原则上要新建替代支架，原支架放弃不用（图 48-5）。

48.5.2 框架式栈桥支架总体倾斜

1. 现象

高度较高的皮带栈桥支架，为了考虑其稳定性，往往设计成框架式，采用筏形基础，该种支架的柱子由于框架连续梁连接而在侧向形成了较大的结构抗力，容易出现整体倾斜，如图 48-6 所示。

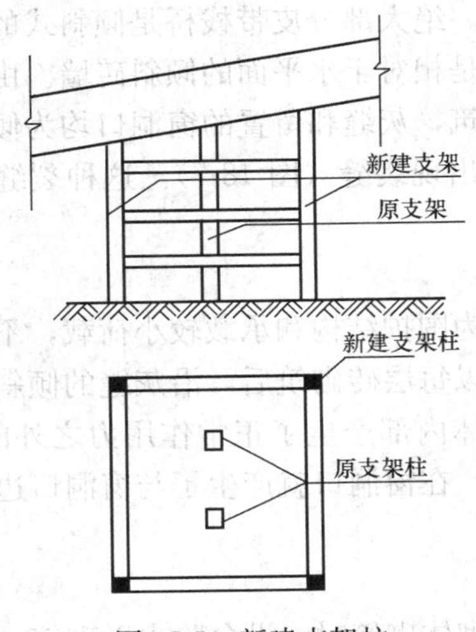

图 48-5 新建支架柱

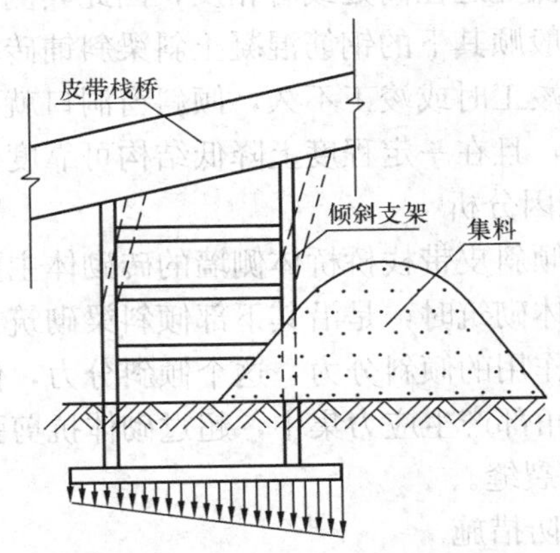

图 48-6 筏形基础的框架式栈桥支架

2. 原因分析

(1) 集料堆积后，使支架基底地基的附加应力值增加，且增加的数值随距集料堆中心距离越近而越大，距集料堆中心距离越远而越小，使支架基础下地基应力发生了较大变化，一是可能局部或全部超过了地基承载能力，二是即使附加应力值未超过地基承载能力，但数值偏差较大，一边小，一边大，从而造成地基土不同的压缩变形量，带动其上部支架发生整体倾斜。

(2) 设计时虽然考虑出料口放置在支架中心位置，但由于集料被移走时不是四周均匀移除而造成基底压力不均匀，造成支架整体倾斜。

3. 预防措施

(1) 设计时应考虑集料堆积时产生的地基附加应力对支架的影响，对支架地基的压缩变形量进行仔细验算，在设计文件中规定集料堆积的范围及高度，避免由于堆积集料产生的基底附加应力对地基变形量影响过大。

(2) 改变基础形式，如钢筋混凝土灌注桩等深基础形式，尽量避开或减小集料堆积对地基附加应力的影响，避免支架倾斜。

(3) 设计单位要给使用单位明确的使用说明书，使用单位要严格按照使用说明书的要求，做到正常使用，不要使集料堆积过高而使地基产生较大附加应力和变形，避免支架倾斜。同时，在堆积的集料被移除时，尽量沿集料堆四周均匀移除，均匀卸载，避免地基土由于应力不同而变形量不同，避免了支架倾斜。

4. 治理方法

发现支架倾斜时，首先要停止设备运转，然后沿集料堆周围均匀移除集料，由于地基土仍处于弹性受力状态，因此，当集料移除时，支架会自动恢复到原来位置。支架复原后，要按设计规定和使用经验标注清楚集料堆积高度、位置和范围，同时注意均匀卸载，支架就不会再倾斜。

48.5.3　倾斜栈桥砖砌墙体窗洞口裂缝

1. 现象

皮带栈桥的桥身底板一般采用混凝土梁和板，其上侧墙往往是砖墙构造柱混合结构，上部为钢筋混凝土板，由此形成安装皮带的空间。绝大部分皮带栈桥是倾斜式的，是为了把集料从低处运往高处或者相反，因此其侧砖墙是相对于水平面的倾斜砖墙。由于砖墙砌筑时，一般顺其下的钢筋混凝土斜梁斜铺砖块砌筑，灰缝和留置的窗洞口均为倾斜状，在皮带栈桥竣工时或竣工不久，倾斜窗洞口就开始出现裂缝（图 48-7）。这种裂缝给人一种不安全感，且在一定程度上降低结构可靠度。

2. 原因分析

该种倾斜皮带栈桥桥体侧墙的砖砌体主要作为围护结构和承载较小荷载，不进行专项设计，砌体砌筑时，是沿其下部倾斜梁砌筑，所以每层砖砌筑后，沿灰缝的倾斜方向就有一个重力作用的倾斜分力，这个倾斜分力，使砌体内部产生了正常作用力之外的次应力，使窗洞口角部产生应力集中，超过砌体抗剪强度，在窗洞口就产生了与窗洞口边长基本成45°左右的裂缝。

3. 预防措施

把砖砌体下的混凝土斜梁设计成台阶状，砖砌体砌筑时，沿台阶水平砌筑，使灰缝成水平，窗洞口留置也成水平状（图 48-8）这样，砌体内就没有砖砌体沿灰缝的下滑分力；砌体内不再产生由下滑力造成的次应力和应力集中，也就避免了窗洞口上这种裂缝的产生。

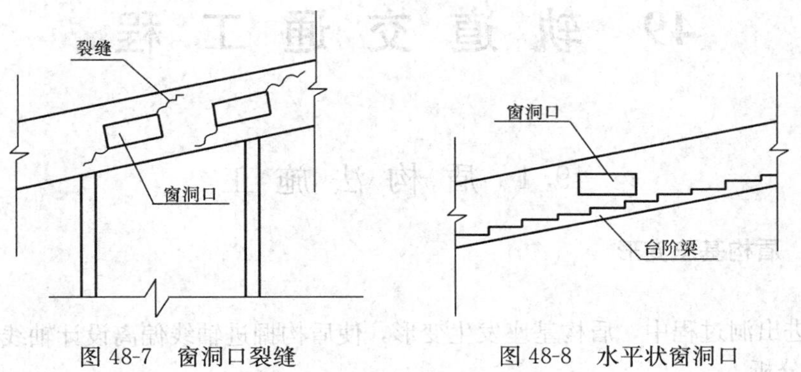

图 48-7 窗洞口裂缝　　图 48-8 水平状窗洞口

4. 治理方法

对于已经出现裂缝的此类砌体，可采用双侧挂小直径钢筋网片并对拉连接后再抹灰，或用钢丝网片加抹灰，或把一侧裂缝堵牢后采用压浆法注入结构胶（或纯水泥浆）等。

49 轨道交通工程

49.1 盾构法施工

49.1.1 盾构基座变形

1. 现象

在盾构进出洞过程中，盾构基座发生变形，使盾构掘进轴线偏离设计轴线。

2. 原因分析

盾构基座的中心夹角轴线与隧道设计轴线不平行，纠偏时产生过大的侧向力；盾构基座的整体刚度、稳定性不够，或局部构件的强度不足；盾构推进轴线与基座轴线产生较大夹角，使盾构基座受力不均匀；对盾构基座固定不牢靠。

3. 防治措施

（1）盾构基座形成时中心夹角轴线应与隧道设计轴线方向一致，当洞口段隧道设计轴线处于曲线状态时，可使盾构基座沿隧道设计曲线的切线方向放置。

（2）基座框架结构的强度和刚度应能克服出洞段穿越加固土体所产生的推力。

（3）控制盾构姿态，尽量使盾构轴线与盾构基座中心夹角轴线保持一致。

（4）盾构基座的底面与始发井的底板间应垫平垫实，保证接触面积满足要求。

（5）当发生上述问题时应先停止推进，然后对已发生变形破坏的构件进行原因分析并进行相应的加固，然后再调换被破坏构件；若盾构基座的变形非常严重，盾构在其上又无法修复和加固时，则应使盾构脱离基座，在场地满足工作条件后再对基座进行修复加固。

49.1.2 盾构后靠支撑位移及变形

1. 现象

盾构出洞过程中，盾构后靠支撑体系在受盾构推进顶力的作用后，发生局部变形或位移。

2. 原因分析

盾构推力过大或受出洞千斤顶编组影响，造成后靠受力不均匀、不对称，产生应力集中；盾构后靠混凝土充填不密实或强度不够；组成后靠体系的部分构件的强度、刚度不够以及各构件间焊接强度不够；后靠与负环管片间结合面不平整。

3. 防治措施

（1）合理控制盾构的总推力且应尽量使千斤顶合理编组以使之均匀受力。

（2）填充各构件连接处的缝隙除应充填密实外，还必须确保填充材料具有足够的强度，并做好养护工作。

（3）对体系的各构件进行强度、刚度校验，对受压构件还应进行稳定性验算。各连接点应保证连接牢靠，各构件安装应定位精确，并确保电焊质量以及螺栓连接应有的强度。

（4）应尽快安装上部的后盾支撑构件，使后盾支撑系统受力均匀。

（5）当发生上述问题时，对已产生裂缝或强度不够的缝隙填充料应凿除并重新充填，在其强度达到要求后再恢复推进；对变形的构件应进行修补及加固；对已发现有裂缝的接头应及时进行修补。

49.1.3 封门时发生涌土

1. 现象

在封门过程中，洞门前方土体从封门间隙内涌入工作井（接收井）内。

2. 原因分析

封门外侧土体加固效果欠佳，使其自立性无法满足封门拆除所需的施工时间要求；地下水丰富，导致土体软弱、自立性极差；封门拆除工艺不合理（或施工中发生意外），造成封门外土体暴露时间过长。

3. 防治措施

（1）根据现场实际土质状况制定土体加固方案，并应在拆封门前设置观察孔以检测加固效果，在确保土体加固效果良好的情况下拆封门。

（2）布置井点降水管，将地下水位降至能保证安全出洞水位。

（3）根据封门的实际尺寸制定封门拆除工艺，施工安排应确保安全、快速拆除。

（4）当发生上述问题时，应创造条件使盾构尽快进入洞口内，并应对洞门圈进行注浆封堵，以减少土体流失。

49.1.4 盾构出洞段轴线偏离设计位置

1. 现象

盾构出洞推进段的推进轴线上浮，偏离隧道设计轴线较大。

2. 原因分析

盾构刚出洞时，开始几环的后盾管片是开口环，上部后盾支撑还未安装好，千斤顶无法使用，故推力集中在下部，导致盾构姿态出现向上抬头趋势；盾构正面平衡压力设定过高，导致土体发生拱起变形，引起盾构轴线上浮；未及时安装上部的后盾支撑，上半部分的千斤顶无法使用，使得盾构沿着向上抬头的趋势偏离轴线；盾构机械系统故障，造成上部千斤顶的顶力不足。

3. 防治措施

（1）正确设计出洞口土体加固方案，施工中应保证加固土体的强度均匀，防止产生局部的硬块、障碍物等。

（2）施工过程中应正确地设定盾构正面平衡土压。

（3）及时安装上部后盾支撑以改变推力的分布状况。

（4）应正确操作盾构，按时保养设备，确保机械设备完好及性能可靠。

（5）管片拼装时应加贴楔子以调正管片环面与轴线的垂直度并便利盾构推进纠偏控制；并应尽量利用盾壳与管片间隙进行隧道轴线纠偏以改善推进后座条件。

（6）隧道少量纠偏应采用注浆法进行，使盾构推进轴线的纠偏工作较易进行。

49.1.5 盾构进洞后姿态发生突变

1. 现象

盾构进洞后最后几环管片与前几环管片存在明显高差，影响隧道有效净尺寸。

2. 原因分析

盾构进洞时由于接收基座中心夹角轴线与推进轴线不一致，使盾构姿态产生突变，盾尾内的圆环管片位置产生相应的变化；最后两环管片在脱出盾尾后，与周围土体间的空隙因洞口处无法及时填充，在重力作用下产生沉降。

3. 防治措施

(1) 盾构接收基座应设计合理，使盾构下落的距离不超过盾尾与管片的建筑空隙。

(2) 进洞段的最后一段管片在上半圈的部位应用槽钢相互连接，以增加隧道刚度。

(3) 在最后几环管片拼装时，应将拼装螺栓及时复紧以提高其抗变形能力。

(4) 进洞前，应仔细调整好盾构姿态，使盾构标高略高于接收基座标高。

(5) 当发生上述问题时，应在洞门密封钢板未焊接前用整圆装置将下落的管片向上托起，以纠正误差。

49.1.6 盾构进（出）洞时洞口土体大量流失

1. 现象

盾构进（出）洞时，大量土体从洞口流入井内，造成洞口外侧地面发生大量沉降。

2. 原因分析

洞口土体加固质量不好；在凿除洞门混凝土或拔除洞门钢板桩后盾构未能及时靠上土体，使正面土体失去支撑造成塌方；洞门密封装置安装不好，止水橡胶帘带内翻，造成水土流失；洞门密封装置强度不高，受挤压破坏后失效；盾构外壳上有突出的注浆管等物体，使密封效果受到影响；进洞时未能及时安装好洞圈钢板；进洞时土压力未能及时下调，致使洞门装置被顶坏，大量井外土体塌入井内。

3. 防治措施

(1) 洞口土体加固应提高施工质量，以确保加固后土体的强度及均匀性。

(2) 洞口封门拆除前应充分做好各项进、出洞的准备工作。

(3) 洞门密封圈安装要准确，并应在盾构推进过程中加强观察，防止盾构刀盘的周边刀割伤橡胶密封圈（密封圈可涂牛油以增加润滑性）。

(4) 及时调整洞门的扇形钢板，以改善密封圈的受力状况。

(5) 在设计、使用洞门密封时，应仔细分析与考虑盾壳上的各个凸出物体，并在相应位置设计可调节的构造，以确保密封性能。

(6) 盾构进洞时应及时调整密封钢板的位置并及时将洞口封好。

(7) 盾构将进入洞口土体加固区时，应降低正面的平衡压力。

(8) 当发生上述问题时，应将受压变形的密封圈重新压回洞口内，并及时固定弧形板，以恢复其密封性能；对洞口进行注浆堵漏以减少土体流失。

49.1.7 盾构掘进时正面阻力过大

1. 现象

盾构掘进过程中，由于正面阻力过大，造成盾构掘进困难和地面发生隆起变形。

2. 原因分析

盾构刀盘的进土开口率偏小（进土不畅通）；盾构正面地层土质发生变化；盾构正面遭遇较大的块状障碍物；推进千斤顶内油泄漏（达不到其本身的最高额定油压）；正面平衡压力设定过大；刀盘磨损严重。

3. 防治措施

(1) 合理设计进土孔的尺寸，以保证出土畅通。

(2) 隧道轴线设计前应对盾构穿越沿线进行详细的地质勘察，摸清沿线影响盾构推进的障碍物的具体位置、深度，供轴线设计时考虑。

(3) 应详细了解盾构推进断面内的土质状况。

(4) 经常检修刀盘和推进千斤顶的状况，确保其运行良好。

(5) 应合理设定平衡压力并加强施工动态管理，及时调整与控制平衡压力值。

(6) 当发生上述问题时，应采取合理的辅助技术，如尽量在工作面内清理障碍物，条件许可时也可采用大开挖施工法以清理正面障碍物；增添千斤顶，以增加盾构总推力。

49.1.8 泥水加压平衡式盾构正面阻力过大

1. 现象

盾构掘进过程中，由于正面阻力过大，造成盾构掘进困难。

2. 原因分析

泥水平衡系统不能建立或泥水压力过大；盾构刀盘的进土开口率偏小，使进土不畅通；盾构正面地层土质发生变化；盾构正面遭遇较大块状的障碍物；推进千斤顶内油泄漏，达不到其本身的最高额定油压。

3. 防治措施

(1) 严格控制泥水质量，准确设定各种施工参数，确保泥水输送系统的正常运行。

(2) 详细了解盾构掘进断面内的土质状况，以便能及时优化调整平衡压力设定值、推进速度等施工参数，并及时配制与土质相适应的泥水。

(3) 在盾构穿越沿线，做好详尽的地质勘察工作，事先清除各种障碍物。

(4) 经常检修推进千斤顶，确保其运行良好。

(5) 当发生上述问题时，应采取合理的辅助技术，如尽量在工作面内清理障碍物，条件许可时也可采用大开挖施工法以清理正面障碍物；增添千斤顶以增加盾构总推力。

49.1.9 正面平衡土压力波动

1. 现象

在盾构掘进及管片拼装过程中，开挖面的平衡土压力与理论压力值或设定压力值发生较大偏差。

2. 原因分析

掘进速度与螺旋机的旋转速度不匹配；当盾构在砂土土层中施工时，螺旋机摩擦力大(或形成土塞)，而被堵住，导致出土不畅，并使开挖面平衡压力急剧上升；盾构后退使开挖面平衡压力下降；土压平衡控制系统出现故障，导致实际土压力与设定土压力出现偏差。

3. 防治措施

(1) 正确设定盾构掘进的施工参数，以使掘进速度与螺旋机的出土能力相匹配。

(2) 当土体强度高，螺旋机排土不畅时，在螺旋机（或土仓）中适量地加注水或泡沫等润滑剂，以提高出土的效率；当土体很软，排土很快而影响正面压力建立时，应适当关小螺旋机的闸门，以便利平衡土压力的构建。

(3) 管片拼装作业中应正确伸、缩千斤顶，严格控制油压和伸出千斤顶的数量。

（4）正确设定平衡土压力值以及控制系统的控制参数。

（5）加强设备维修保养，保证设备完好率，并确保千斤顶没有泄漏现象。

（6）当发生上述问题时，应向切削面注入泡沫、水、膨润土等物质，以改善切削进入土仓内土体的性能，提高螺旋机的排土能力，稳定正面土压；维修好设备以减少液压系统的泄漏；对控制系统的参数重新进行设定，以满足使用要求。

49.1.10　泥水加压平衡式盾构正面平衡压力过量波动

1. 现象

在泥水加压平衡式盾构掘进及拼装过程中，开挖面的泥水压力与理论压力值或设定压力值发生较大偏差。

2. 原因分析

泥水加压平衡式盾构的排泥口堵塞，排泥不畅，而此时送泥管仍在送泥水，导致开挖面的泥水压力瞬间上升并超过设定压力；泥水系统的各施工参数设定不合理，导致泥水循环不能维持动态平衡；泥水系统中的某些设备发生故障，使泥水输送不正常，正面平衡压力过量波动；拼装时盾构后退，导致开挖面平衡压力下降；拆接泵管时由于接泵管的速度慢而导致开挖面平衡压力下降。

3. 防治措施

（1）在盾构的排泥吸口处安装搅拌机或粉碎机以保证吸口的畅通；排泥泵前的过滤器应经常清理，以确保其不被堵塞。

（2）正确设定泥水系统的各项施工参数（包括泥浆密度、粘度、压力、流量等），以确保开挖面支护的稳定性。

（3）应对泥水系统的各运转部件定期进行检修保养，保证各设备的正常运转。

（4）在泥水系统操作过程中，应做到顺序正确，避免因误操作而引起压力波动。

（5）管片拼装作业时应正确伸、缩千斤顶。

（6）在泥水系统中应设计一个单独的补液系统，以便在送泥管被拆开时可对泥水仓进行加压，从而确保泥水仓压力的稳定。

（7）遇到盾构正面吸泥口堵塞时，应即进行逆洗处理（每次逆洗的时间应控制在2～3min之间）；若多次逆洗达不到清除堵塞的目的，则可借助压缩空气置换平衡仓内泥水。

（8）对损坏的设备应及时进行修复或更新，并应对泥水平衡控制系统的参数设定进行优化（做到动态管理）；当发现泥水流动不畅时，可及时转换为旁路状态，判断管路堵塞的位置及堵塞的原因，并及时采取措施排除故障。

49.1.11　土压平衡式盾构螺旋机出土不畅

1. 现象

螺旋机螺杆形成“土棍”无法出土，或螺旋机内形成阻塞，负荷增大，电动机无法带动螺旋机转动而不能出土。

2. 原因分析

盾构开挖面平衡压力过低，螺旋机不能正常进土也就不能出土；螺旋机螺杆的安装与壳体不同心，运转过程中壳体磨损，使叶片和壳体间隙增大，导致出土效率降低；盾构在强度较高的土中掘进时，土与螺旋机壳体间的摩擦力大；大块的漂砾进入螺旋机卡住螺杆；螺旋机驱动电动机因长时间高负荷工作，发生过热或油压过高而停止工作。

3. 防治措施

(1) 螺旋机打滑时，可把盾构开挖面平衡压力的设定值以及盾构的掘进速度提高，使螺旋机能正常进土。

(2) 螺旋机应确保安装精度，且应在运转过程中做好对轴承的润滑工作。

(3) 降低掘进速度，降低单位时间内螺旋机的进土量，使螺旋机电动机的负荷降低。

(4) 在螺旋机中加注水、泥浆或泡沫等润滑剂，以降低土与螺旋机外壳的摩擦力，减少电动机的负荷。

(5) 当发生上述问题时，应打开螺旋机的盖板清理螺旋机被堵塞部位，或更换磨损的螺旋机螺杆。

49.1.12 泥水平衡式盾构吸口堵塞

1. 现象

泥水平衡式盾构施工过程中因排泥不畅而造成送（排）泥流量严重失调，并进而破坏开挖面的泥水平衡。

2. 原因分析

盾构土舱的土体中含有大块状障碍物；盾构土舱内搅拌机搅和不匀，导致吸口处沉淀物过量积聚；泥水管路输送泵故障，导致排泥流量小于送泥流量；泥水指标不合要求，不能有效形成盾构开挖面的泥膜。

3. 防治措施

(1) 及时调整各项施工参数，并尽量保持掘进速度以及开挖面泥水压力的平稳。

(2) 应确保各搅拌机的正常运转，以达到拌和均匀。

(3) 对泥水输送管路及泵等设备进行经常性的保养检修，确保泥水输送的畅通。

(4) 根据施工工况及时调整泥水指标，确保泥膜的良好形成。

(5) 当吸口轻微遭堵时，应降低掘进速度并同时按技术要求进行逆洗；当堵严重时应采取有效措施，在确保安全的前提下，由施工人员进入土舱清除障碍物。

49.1.13 盾构掘进轴线偏差过大

1. 现象

盾构掘进过程中盾构掘进轴线过量偏离隧道设计轴线，影响成环管片轴线。

2. 原因分析

盾构超挖或欠挖，造成盾构轴线产生过量偏移；盾构测量误差，造成轴线发生偏差；盾构纠偏不及时或纠偏不到位；盾构处于不均匀土层中；盾构处于软弱土层中，若掘进停止的间歇太长，当正面平衡压力损失时会导致盾构下沉；拼装管片时拱底块部位盾壳内清理不干净；同步注浆量不够或浆液质量不好，泌水后引起隧道沉降，影响掘进轴线；浆液不固结，使隧道在大的推力作用下产生变形。

3. 防治措施

(1) 正确设定平衡压力，以减少超挖与欠挖现象，控制好盾构的姿态。

(2) 盾构施工过程中应经常校正、复测及复核测量基站。

(3) 发现盾构姿态出现偏差时应及时纠偏；盾构处于不均匀土层中时，应适当控制掘进速度并多用刀盘切削土体，以减少掘进时的不均匀阻力，也可采用向开挖面注入泡沫或膨润土的办法改善土体，以使掘进更加顺畅；当盾构在极其软弱的土层中施工时，应掌握掘进速度与进土量的关系，以有效控制正面土体的流失。

(4) 拼装拱底块管片前应对盾壳底部垃圾进行清理，防止夹杂在管片间而影响隧道轴线。

(5) 施工中应做好注浆工作，确保浆液的搅拌质量和注入方式符合要求。

(6) 当发生上述问题时应调整盾构的千斤顶编组，或调整各区域油压，及时纠正盾构轴线；对开挖面作局部超挖，使盾构沿被超挖的一侧前进；当盾构的轴线受到阻碍而不能进行纠偏时，应采用楔子环管片调整环面与隧道设计轴线的垂直度以改善盾构后座面。

49.1.14　泥水加压平衡式盾构施工过程中隧道上浮

1. 现象

泥水加压平衡式盾构施工过程中，随着盾构不断向前掘进，成环后的隧道逐渐出现上浮。

2. 原因分析

盾构切口前方泥水后窜至盾尾后而使管片处于悬浮状态；同步注浆效果欠佳，未能有效隔绝正面泥水；管片连接件未及时拧紧；盾构掘进一次纠偏量过大，对地层产生过大扰动。

3. 防治措施

(1) 提高同步注浆质量，缩短浆液初凝时间，使其遇泥水后不致产生劣化现象。

(2) 提高注浆与盾构推进的同步性，使浆液能及时充填建筑空隙并建立盾尾处的浆液压力，当发现隧道呈较大上浮趋势时，应立即采取对已成环隧道进行补压浆措施。

(3) 及时复紧已成环隧道的连接件。

(4) 当发生上述问题时，应在盾尾后隧道外周压注双液浆，以形成环箍（必要时可采用聚氨酯）以隔断泥水流失路径。

49.1.15　盾构掘进中过量旋转

1. 现象

盾构掘进中盾构发生过量的旋转，导致盾构与车架连接不佳，设备运行不稳定，并增加了测量及封顶块拼装的困难。

2. 原因分析

盾构重心不在竖直中心线上，产生了旋转力矩；盾构所处的土层不均匀，两侧阻力不一致，导致掘进过程中出现附加的旋转力矩；在施工过程中刀盘或旋转设备连续同一转向，导致盾构旋转；纠偏时左右千斤顶推力不同；盾构安装时千斤顶轴线与盾构轴线不平行。

3. 防治措施

(1) 安装于盾构内的设备应合理布置，应使盾构重心位于中线上，或通过配置配重调整重心位置。

(2) 应经常纠正盾构转角，以使盾构自转在允许范围内。

(3) 根据盾构的实际自转角经常改变旋转设备的工作转向。

(4) 当发生上述问题时应通过改变刀盘或旋转设备的转向（或改变管片拼装顺序）来调节盾构的自转角度；盾构自转量较大时可采用单侧压重的方法纠正盾构转角。

49.1.16 盾构产生后退

1. 现象

盾构停止掘进时产生后退，可使开挖面压力下降，地面产生下沉变形。

2. 原因分析

盾构千斤顶自锁性能不好；千斤顶大腔的安全溢流阀压力设定过低，使千斤顶无法全部抵抗盾构正面的土压力；盾构拼装管片时千斤顶缩回的个数过多，且没有控制好最小应有的防后退顶力。

3. 防治措施

（1）加强盾构千斤顶的维修保养工作，特别注意防止其产生内泄漏。

（2）应将安全溢流阀的压力调定到规定值。

（3）拼装时不得多缩千斤顶，管片拼装到位时，应及时伸出千斤顶至规定压力。

（4）当盾构发生后退时应及时采取预防措施，防止后退的情况进一步加剧。

49.1.17 盾尾密封装置泄漏

1. 现象

地下水、泥及同步注浆浆液从盾尾的密封装置渗漏进入盾尾的盾壳和隧道内。

2. 原因分析

管片与盾尾不同心，使盾尾和管片间的空隙超过密封装置的密封功能界限；密封装置受偏心的管片过度挤压后产生塑性变形，失去弹性并导致密封性能下降；盾尾密封油脂压注不充分，盾尾钢刷内侵入了注浆的浆液并固结，使盾尾刷的弹性丧失，密封性能下降；盾构后退造成盾尾刷与管片间发生与刷毛方向相反的运动，使刷毛反卷、盾尾刷变形、密封性能下降：盾尾密封油脂质量不好，或因油脂中含有杂质堵塞泵，使油脂压注量达不到要求。

3. 防治措施

（1）尽量使管片四周的盾尾空隙均匀一致，以减少管片对盾尾密封刷的挤压程度。

（2）应采用优质的盾尾油脂，并及时、保量、均匀地压注盾尾油脂。

（3）准确控制好盾构姿态，避免盾构产生后退现象。

（4）管片拼装时可在管片背面塞入海绵以将泄漏部位堵住；对已经产生泄漏的部位，应集中压注盾尾油脂以恢复密封的性能。

（5）对有多道盾尾钢丝刷的盾构可将最里面的一道盾尾刷更换，以保证其密封性。

（6）应及时从盾尾内清除密封装置钢刷内的杂物。

49.1.18 泥水加压平衡式盾构施工过程中地面冒浆

1. 现象

泥水平衡式盾构施工过程中，盾构切口前方地表出现冒浆。

2. 原因分析

盾构穿越土体发生突变（处于两层土断层中）或盾构覆土厚度过浅；开挖面泥水压力设定值过高；同步注浆压力过高；泥水指标不符合规定要求。

3. 防治措施

（1）冒浆区应用黏土进行覆盖，严格控制开挖面泥水压力。

（2）严格控制同步注浆压力，并应在注浆管路中安装安全阀，以免注浆压力过高。

（3）适当提高泥水的各项质量指标。

（4）若出现轻微冒浆，则可在不降低开挖面泥水压力的情况下继续推进，同时应适当加快推进速度，提高管片拼装效率，使盾构尽早穿越冒浆区。若冒浆严重则应停止推进并采取措施处理，包括提高泥水密度和粘度；掘进一段距离以后应进行充分的壁后注浆；地面可采用覆盖黏土等措施。

49.1.19　盾构切口前方地层变形

1. 现象

盾构掘进过程中，切口前方地面出现超量沉降或隆起。

2. 原因分析

地质状况发生突变；施工参数设定不当（比如平衡土压力设定值偏低或偏高；掘进速度过快或过慢等）；盾构切削土体时超挖或欠挖。

3. 防治措施

（1）详细了解地质状况并根据实际情况及时调整施工参数。

（2）严格控制平衡压力和掘进速度设定值，避免其波动范围过大。

（3）按理论出土量和施工实际工况定出合理的出土量。

（4）当发生上述问题时，应根据地面监测情况及时调整盾构施工参数。

49.1.20　运输过程中管片受损

1. 现象

管片在垂直运输与水平运输过程中，管片边角被撞坏或受到损伤。

2. 原因分析

吊运管片时管片晃动而碰撞行车支腿或其他物件，造成边角损坏；管片翻身时碰擦边角；管片堆放时垫木没有放置妥当；用钢丝绳起吊管片时，钢丝绳将管片的棱边勒坏；运输管片的平板车跳动；管片叠放在隧道内时未垫枕木；管片吊放时放下动作过大，使管片损坏。

3. 防治措施

（1）吊运操作要平稳，防止出现过大的晃动。

（2）管片应使用翻身架（或专用吊具）翻身，保证管片平稳翻身。

（3）地面堆放管片时，上下两块管片之间应垫上垫木。

（4）设计吊运管片的专用吊具，使钢丝绳在起吊管片的过程中不碰到管片的边角。

（5）采用运输管片的专用平板车，加设避振设施，叠放的管片之间应垫好垫木。

（6）工作面储存管片处应放置枕木将管片垫高，确保存放的管片与隧道不产生碰撞。

（7）对已碰撞损坏的管片应及时进行修补，损坏严重的管片应运回地面重新进行整修或更换新的管片。

49.1.21　盾构刀盘轴承失效

1. 现象

盾构刀盘轴承失效，刀盘无法转动，盾构失去切削功能，无法推进。

2. 原因分析

盾构刀盘轴承密封失效，使砂土等杂质进入轴承内，导致轴承卡死；封腔的润滑油脂压力小于开挖面平衡压力，易引起盾构正面的泥土或地下水夹着杂质进入轴承，使轴承磨损、间隙增大，导致保持架受外力破坏而使滚柱散乱，轴承损坏；轴承的润滑状态不好，导致轴承磨损严重而损坏。

3. 防治措施

（1）应设计密封性能好、强度高的土砂密封，保护轴承不受外界杂质的侵害。

（2）密封腔内的润滑油脂压力要略高于开挖面平衡压力，并应经常检查油脂压力。

（3）应经常检查轴承的润滑情况，并对轴承的润滑油定期进行取样检查。

49.1.22 盾构掘进压力低

1. 现象

盾构掘进压力无法达到掘进所需压力值。

2. 原因分析

掘进主溢流阀损坏，使压力无法调到需要的压力值；掘进油泵损坏，无法输出需要的压力；阀板或阀件有内泄漏，无法建立起需要的压力；密封圈老化或断裂造成泄漏；千斤顶内泄漏，无法建立需要的压力；掘进、拼装压力转换开关失灵，无法建立掘进所需的高压。

3. 防治措施

（1）系统不应长期工作在较高压力工况下；应保证液压系统的清洁；保证油温不致过高；应经常检查液压系统，确保及时发现问题，及时进行修复。

（2）当发生上述问题时，应找出泄漏部件予以修复或更换；更换老化或损坏的密封圈；更换千斤顶的密封装置，保证千斤顶的性能；修复或更换掘进、拼装压力转换开关或电磁阀。

49.1.23 盾构掘进系统无法动作

1. 现象

盾构掘进系统可以建立压力，但千斤顶不能动作。

2. 原因分析

换向阀不动作而使千斤顶无法伸缩；油温过高导致连锁保护开关起作用而千斤顶却不能动作；刀盘、螺旋机未转动，导致千斤顶不能动作；先导泵损坏，无法对液压系统进行控制；管路内混入异物，堵塞油路，导致液压油无法到达；滤油器堵塞。

3. 防治措施

（1）保持液压油的清洁，避免杂物混入油箱内（拆装液压元件时应保持系统清洁）。

（2）按操作方法正确使用设备。

（3）发现故障应及时修理，不得随便将盾构连锁开关短接，不得强行启动盾构设备。

（4）按要求正确设定并调定好系统压力。

（5）当发生上述问题时，应检查控制电路是否有故障，换向电信号是否传到电磁阀；若换向阀卡住则应更换换向阀；先排除别的故障再检查掘进系统故障；修复或更换先导泵；判断杂物在管路内的位置并设法取出；更换滤油器。

49.1.24 液压系统漏油

1. 现象

液压系统的管路、管接头漏油，影响液压系统的正常运行。

2. 原因分析

油接头因液压管路振动而松动；"O"形圈密封失效；油接头安装位置困难，造成安装质量差；油温高时液压油的粘度下降；系统压力持续较高，使密封圈失效；系统的回油背压高，导致不受压力的回油管路产生泄漏；密封圈质量差（过早老化）导致密封失效。

3. 防治措施

(1) 经常检查液压系统的漏油情况，发现漏点应及时消除；结构设计、安装尺寸要合理；油温应保持在合适的工作温度内；注意控制系统压力，不要使其长时间在高压下工作；适当增大回油管路的管径，减少回油管路的弯头数量，以使回油畅通；阀板、密封油箱油接头等结构的设计要合理。

(2) 当发生上述问题时，应将松动的油接头进行复紧；更换漏油的油接头"O"形圈；采用特殊的扳手对位置狭小的油接头进行复紧。

49.1.25　皮带运输机打滑

1. 现象

皮带运输机驱动辊旋转而皮带不转，会导致螺旋输送机排出的土堆积在进料口（甚至堆积在隧道内）影响盾构机的掘进。

2. 原因分析

皮带的张紧程度不够；皮带运输机的刮板刮土不干净；在螺旋机中加水过多（或排出的土太湿），使得水（或湿土）流到皮带反面而引起皮带打滑；掘进结束时未将皮带机上的土排干净就停机，下一次皮带运输机重载启动使皮带打滑。

3. 防治措施

(1) 皮带安装并运行了一段时间后，应将皮带张紧装置重新调节到适当的位置。

(2) 应经常调整刮板的位置，使刮板与皮带间的空隙保持在1～1.5mm之间。

(3) 注意观察螺旋机内排出的土的干湿程度，并根据情况调整加水流量。

(4) 每次掘进完毕后，应将皮带运输机上的土全部排入土箱。

(5) 当发生上述问题时，应清理驱动辊上和皮带上粘附的黏土，张紧皮带，若张紧装置已调节到极限位置，则应将皮带割短后重新接好，再进行张紧。

49.1.26　千斤顶行程、速度无显示

1. 现象

千斤顶行程、速度显示不出来，造成盾构掘进控制困难。

2. 原因分析

冲水清理时有水溅到千斤顶行程传感器上，使传感器损坏；拼装工踩踏在千斤顶活塞杆上损坏了传感器的传感部件；传感器的信号线断路，使信号无法传送到显示器。

3. 防治措施

(1) 清理时避免用水冲洗；应设计作业平台，不使拼装工站立到千斤顶活塞杆上作业。传感器的信号线布置部位要适当，且应确保施工人员不踩踏到电线。

(2) 当发生上述问题时，应对损坏的传感器进行更换；检查线路的断点，重新接线。

49.1.27　盾构内气动元件不动作

1. 现象

盾尾油脂泵、气动球阀等气动元件不动作，使盾构无法正常掘进。

2. 原因分析

系统存在严重漏气点，导致压缩空气压力达不到规定的压力值；受水汽等影响，使气动控制阀的阀杆锈蚀卡住；气压太高，使气动元件的回位弹簧过载而发生疲劳断裂。

3. 防治措施

(1) 安装系统时应连接好各管路接头，防止泄漏；经常将气包下的放水阀打开放水，以减少压缩空气中的含水量，并防止气动元件产生锈蚀；根据设计要求，正确设定系统压力，保证各气动元件处于正常的工作状态。

(2) 当发生上述问题时，应找出气路中的漏气点进行堵漏以恢复系统压力；修复或更换损坏的元件。

49.1.28 注浆浆液质量差

1. 现象

盾构掘进过程中，由于注浆浆液质量差，注浆效果不佳，引起地面和隧道沉降。

2. 原因分析

注浆浆液配合比不当，与注浆工艺、盾构形式、周围土质不相适应；计量不准，导致配合比发生偏差，浆液质量不符合要求；原材料质量不合格；运输设备性能不符合要求，使浆液在运输过程中产生离析、沉淀。

3. 防治措施

(1) 应根据盾构的形式、压浆工艺、土质情况、环境保护的控制要求及经济效益，正确设计浆液配比并通过试验使其符合施工要求。

(2) 在满足合理的精度前提下，考虑使用简单可靠的计量器具，发现计量器具精度误差超标，应及时校正或换新。

(3) 对拌浆材料的质量进行有效的管理，保证各种材料的质量符合要求。

(4) 拌浆设备应状态良好，发生故障应及时修复，不能带病作业。

(5) 浆液的输送应根据浆液性能确定，选择合理的输送方法。

(6) 加强对拌制后浆液的检测，确保浆液的质量符合施工需要。

49.1.29 沿隧道轴线地层变形量过大

1. 现象

沿隧道轴线地层变形过量，引起地面建筑物及地下管线损坏。

2. 原因分析

盾构开始掘进后若不能同步进行注浆或注浆效果差，产生地面沉降；盾尾密封效果不好，注浆压力又偏高时，浆液从盾尾渗入隧道，造成有效注浆量的不足；浆液质量不好，强度达不到要求，无法起到有效支护作用，造成地层变形量过大；注浆过程不均匀，造成对土体结构的扰动和破坏，进而导致地层变形量过大。

3. 防治措施

(1) 正确确定注浆量和注浆压力，及时、同步地进行注浆。

(2) 注浆应均匀，根据掘进速度，调整注浆速率并应尽量做到与掘进速率匹配。

(3) 若浆液质量不符合标准，则应提高拌浆质量，确保压注浆液的强度。

(4) 推进时应同时、均匀地压注盾尾密封油脂，保证盾尾钢丝刷的使用功能。

(5) 当发生上述问题时，应根据地面变形情况，及时调整注浆量、注浆部位，对于沉降大的部位，可采用补压浆措施进行处理；对损坏的盾尾应进行更换，或在盾尾内垫海绵对盾尾进行堵漏；注浆口离盾尾太近引起盾尾漏浆时，可采用从管片上进行壁后注浆的方法，以减少浆液渗漏。

49.1.30 单液注浆浆管堵塞

1. 现象

采用单液浆注浆时，浆管堵塞无法注浆，甚至发生浆管爆裂。

2. 原因分析

停止注浆的时间太长，留在浆管中的浆液结硬而引起堵塞；浆液中的砂含量大并沉淀在浆管中，使浆管通径逐渐减小，引起堵塞；浆管的三通部位在压浆过程中有浆液积存。

3. 防治措施

(1) 停止掘进时定时用浆液打循环回路，以使管路中的浆液不产生沉淀，若长期停止掘进则应将管路清洗干净；应确保配合比准确，搅拌充分；应定期清理浆管，清理后的第一个循环应用膨润土泥浆压注；应经常维修注浆系统的阀门，使启闭灵活。

(2) 当发生上述问题时，应将堵塞的管子拆下将堵塞物清理干净，重新接好管路。

49.1.31 双液注浆浆管堵塞

1. 现象

双液注浆时，浆管堵塞无法注浆，甚至发生浆管爆裂。

2. 原因分析

长时间未注浆且浆管没有清洗；两种浆液的注浆泵压力不匹配，B液浆的压力太高，进入A液的管路中，引起A液管内浆液结硬；管路中有支管时，清洗球无法清洗到该部位。

3. 防治措施

(1) 每次注浆结束都应清洗浆管，清洗浆管时决不能将清洗球遗漏在管路内；应注意调整注浆泵的压力，对已发生泄漏、压力不足的泵，应及时更换；应保证两种浆液压力和流量的平衡；对管路中存在分叉的部分，若清洗球清洗不到，则应借助人工进行清洗。

(2) 当发生上述问题时，应将堵塞部位的注浆管路拆卸下来进行清洗，然后重新安装后恢复压浆。

49.1.32 圆环管片环面不平整

1. 现象

同一环管片在拼装完成后，迎千斤顶一侧环面不在同一平面上。

2. 原因分析

管片制作误差尺寸累积；拼装时前后两环管片间夹有杂物；千斤顶的顶力不均匀，使环缝间的止水条压缩量不相同；纠偏楔子粘贴部位的厚度不符合要求；止水条粘贴不牢，拼装时翻到槽外；成环管片的环以及纵向螺栓没有及时拧紧及复紧。

3. 防治措施

(1) 拼装前应检测前一环管片的环面情况，以决定本环拼装时的纠偏量及纠偏措施；应清除环面和盾尾内的各种杂物；控制好千斤顶确保顶力均匀；提高纠偏楔子的粘贴质量；应确保止水条粘贴可靠；盾构推进时，骑缝千斤顶应开启以保证环面平整。

(2) 对于已形成环面不平的管片，可在下一环上及时加贴楔子以纠正环面。

49.1.33 管片环面与隧道设计轴线不垂直

1. 现象

拼装完成后的管片迎千斤顶的一侧，整环环面与盾构推进轴线的垂直度偏差超出允许范围，造成下一环管片拼装困难，并影响到盾构掘进轴线的控制。

2. 原因分析

拼装时前后两环管片间夹有杂物，导致相邻块管片间的环缝张开量不均匀；千斤顶的顶力不均匀，导致止水条压缩量不相同，累积后使环面与轴线不垂直；纠偏楔子的粘贴部位和厚度不符合要求；前一环的环面与设计轴线不垂直；盾构掘进单向纠偏过多，使管片环缝压密量不均匀，导致环面出现竖直度偏差。

3. 防治措施

(1) 拼装时应防止杂物夹杂在管片环缝间；应尽量多开启千斤顶，以使盾构纠偏的力变化均匀；在施工中应经常测量管片环面的垂直度，发现误差应及早安排纠偏；提高纠偏楔子的粘贴质量；应确保止水条粘贴可靠。

(2) 当发生上述问题时，应合理修改管片的排列顺序，并利用增减楔子环（曲线管片）的方法进行纠偏；根据需要纠偏的量在管片上适当部位加贴厚度渐变的传力衬垫，以形成楔子环对环面进行纠正，偏差大时可进行连续多环纠偏；当垂直度偏差较大而造成管片拼装困难（或盾壳卡管片严重）时，可采用纠偏量较大的刚性楔子进行。

49.1.34 纵缝偏差大

1. 现象

纵缝偏差过大，对隧道的防水、管片的受力都会造成严重危害。

2. 原因分析

拼装时管片没有放正或盾壳内有杂物，使拱底块管片放不到位或产生上翘、下翻；拼装时管片未能形成正圆，造成内外张角；前一环管片的基准不准，导致新拼装管片的位置不准；隧道轴线与盾构的实际中心线不一致，使管片与盾壳相碰，无法拼成正圆。

3. 防治措施

(1) 拼装前应做好盾壳与管片各面的清理工作，防止杂物夹入管片之间；推进时应勤纠偏，保证管片能够居中拼装，并能拼装成正圆；管片就位应正确，千斤顶靠拢时要加力均匀，除封顶块外，每块管片至少要有两只千斤顶顶住；盾构掘进时应开启骑缝的千斤顶，保证环面平整。

(2) 当发生上述问题时，应用整圆器进行整圆，改善纵缝偏差；管片出盾尾时环向螺栓应再进行一次复紧，使管片被周围土体包裹住，椭圆度会相应地减小，纵缝压密程度会得到提高；采用局部加贴楔子的办法纠正纵缝偏差。

49.1.35 圆环整环旋转

1. 现象

拼装成环的管片与设计要求的拼装位置，旋转了一定的角度，导致盾构的后续车架及电机车轨道铺设不平整，影响设备的运行，并增加了封顶成环的拼装难度。

2. 原因分析

千斤顶编组不合理，导致管片受力不均匀，使管片产生相对转动；管片环面不正，千斤顶的顶力方向与环面不垂直，盾构掘进时产生使管片转动的力矩，导致管片旋转；拼装时管片的位置安放不准确；管片上螺栓孔和螺栓之间的间隙，给两环管片之间相互错动创造了条件，如果在管片就位时随意操作，就会引起旋转偏差；后拼装的管片与已就位的管片发生碰撞，使已拼装的管片发生移位。

3. 防治措施

（1）千斤顶的编组应使顶力的变化均匀，调整好管片环面的角度，减少掘进过程中产生的转动力矩；拼装管片时管片要放置正确，千斤顶靠拢时要有足够的顶力；拼装机操作时要动作平缓，旋转缓慢；对已成环管片的旋转情况要经常进行测量并及时纠正；应经常变换管片拼装的顺序。

（2）在拱底块管片拼装时，管片纵向螺栓穿进后，利用拼装机钳着管片向需要纠正的方向旋转一个角度，然后靠拢千斤顶并拧紧纵向螺栓。然后再以拱底块管片为基准，正确拼装其余管片，这样就可使整环管片向相反的方向旋转一个角度。连续数环管片拼装时采用这种方法就可使旋转误差得到纠正。

49.1.36　连接螺栓拧紧程度未达到要求

1. 现象

螺栓的拧紧力矩未达到要求，使螺纹的有效连接长度得不到保证。

2. 原因分析

拼装质量差，导致相邻管片之间错位严重；螺栓加工质量不好（螺纹的尺寸超差），造成螺母松动或无法拧紧；施工过程中忽视了拧紧螺栓的工作；未及时进行复紧，尤其是对底部及两肩部位的螺栓，往往发生漏拧。

3. 防治措施

（1）提高管片拼装质量，及时纠正环面不平或环面与隧道轴线不垂直等问题，使每个螺栓都能正确地穿过螺孔；严格控制螺栓的加工质量，不符合质量要求的螺栓应退换；加强施工管理并做好自检、互检、抽检工作，确保螺栓穿进及拧紧的质量。

（2）当发生上述问题时，对未穿入螺栓的管片，可采用特殊工具对螺栓孔进行扩孔；对不能穿过的孔可换用小直径、等强度的螺栓；加工专用平台，对隧道的所有连接螺栓进行检查和复紧。

49.1.37　拼装后管片碎裂

1. 现象

拼装完成的管片有缺角、掉边和裂缝等现象，使结构强度受到影响并导致发生渗漏。

2. 原因分析

管片在脱模、储存、运输过程中发生碰撞；拼装时管片在盾尾中的偏心量太大，使管片与盾尾发生磕碰现象；定位凹凸榫的管片在拼装时位置没有对齐，当千斤顶靠拢时，会由于凸榫对凹榫的径向分力而顶坏管片；管片拼装时相互位置错动，管片间没有形成面接触，使管片的角发生碎裂；前一环管片的环面不平，使后一环管片单边接触，在千斤顶作用下，管片受到额外的弯矩而断裂；拼装好的邻接块开口量不够；拼装机操作时转速过大，拼装时发生管片碰撞、边角崩落问题。

3. 防治措施

（1）管片运输过程中，应使用弹性的保护衬垫，避免其相互发生碰撞而损坏，起吊过程中防止磕坏管片的边角；管片拼装时要减少管片撞击；应提高管片拼装质量；拼装时应将封顶块管片的开口部位留得稍大一些，使能顺利插入；发生管片与盾壳相碰时应在下一环盾构掘进时立即进行纠偏。

（2）因运输碰损的管片应采用与原管片强度相当的材料修补合格后方能使用；在井下吊运过程中损坏的管片，若损坏范围大，影响止水条部位的，应予以更换，如损坏范围小，则可在井下修补合格后使用；掘进过程中被盾壳拉坏的管片，应立即进行修补，以保证止水效果；内弧面有缺损的管片进行修补时，其所用的材料应与原管片强度等级相同。

49.1.38　错缝拼装管片碎裂

1. 现象

错缝拼装的管片在拼装和盾构掘进过程中产生裂缝（甚至断裂）。

2. 原因分析

管片环面不平整，导致后拼上的管片受力不均匀；拼装时前后两环管片间夹有杂物，后拼装的管片在掘进时可能被顶断；管片有上翘或下翻现象；封顶块管片插入时，由于管片开口不够而使管片受挤压。

3. 防治措施

（1）每环管片拼装时都应对环面平整情况进行检查，发现环面不平，应及时加贴衬垫予以纠正；应及时调整管片环面与轴线的垂直度，使管片在盾尾内能居中拼装；拼装前应做好清理工作；对管片中存在的上翘或下翻情况可通过在局部加贴楔子的办法进行纠正；封顶块拼装前应调整好开口尺寸，以使封顶块管片能顺利插入到位。

（2）拼装完成即发现环面严重不平的管片，应立即拆下并重新制作楔子后再行拼装，以提高环面平整度；对产生裂缝的管片应进行修补；已经断裂的管片应根据具体情况采取相应措施处理，或将断裂的管片换掉。

49.1.39　拼装后管片环高差过大

1. 现象

拼装完成的两环管片间内弧面不平，环高差过大。

2. 原因分析

管片拼装的中心与盾尾中心不同心；管片拼装的椭圆度较大造成环高差过大；管片的环面与隧道轴线不垂直；管片在脱出盾尾后建筑空隙没有及时填充，使管片在自重作用下位置下移，导致环高差过大。

3. 防治措施

（1）将管片在盾构内居中拼装，以使管片不与盾构相碰；保证管片拼装的整圆度；纠正管片环面与隧道轴线的不垂直度；及时、充足地进行同步注浆，将管片托住以减少环高差；严格控制盾构掘进轴线和盾构姿态，确保管片能拼于理想位置。

（2）当拼装过程中发现新拼装的管片与前一环管片的环高差过大时，可拧松连接螺栓，并逐块调整管片的位置。

49.1.40　管片椭圆度过大

1. 现象

拼装完成的管片的水平直径和垂直直径相差过大，导致椭圆度超过标准。

2. 原因分析

管片的拼装位置中心与盾尾的中心不同心，管片无法在盾尾内拼装成正圆；管片的环面与盾构轴线不垂直，使管片与盾构的中心不同心；单边注浆，使管片受力不均匀。

3. 防治措施

(1) 经常纠正盾构的轴线，以使盾构沿着设计轴线前进，确保管片能居中拼装；应经常纠正管片的环面使与盾构轴线垂直；合理布置注浆管的位置，使管片均匀受力。

(2) 当发生上述问题时，应采用楔子环管片纠正隧道的轴线，使管片的拼装位置处在盾尾的中心；控制盾构姿态，使管片能在盾尾内居中拼装；待管片脱出盾尾后，应对管片的环向螺栓进行复紧，使各块管片连接可靠。

49.1.41 管片压浆孔渗漏

1. 现象

压浆孔周围有水渍以及周围混凝土有钙化斑点的现象。

2. 原因分析

压浆孔的闷头未拧紧；压浆孔的闷头螺纹与预埋螺母间的间隙大。

3. 防治措施

(1) 用扳手拧紧压浆孔的闷头；在闷头的丝口上缠生料带以止水。

(2) 当发生上述问题时应将闷头拧出后重新按要求拧紧；在压浆孔内注少量水泥浆进行堵漏，然后再用闷头闷住。

49.1.42 管片接缝渗漏

1. 现象

地下水从已拼装完成管片的接缝中渗漏进入隧道。

2. 原因分析

管片接缝中有杂物，纵缝有内外张角、前后喇叭等；管片之间的缝隙不均匀；局部缝隙太大；管片碎裂，止水条与管片间不能密贴；纠偏量太大，所贴的楔子垫块厚度超过止水条的有效作用范围；止水条粘贴不牢固；止水条强度、硬度、遇水膨胀倍率等参数不符合要求；对已贴好止水条的管片保护不好，止水条在拼装前已遇水膨胀。

3. 防治措施

(1) 管片拼装时应保证管片的整圆度和止水条的正常工况，以提高拼装质量；对破损的管片应及时进行修补；应控制好衬垫的厚度，在贴过较厚衬垫处的止水条上应按规定加贴一层遇水膨胀橡胶条。

(2) 应严格按照粘贴止水条的规程进行操作，先清理止水槽，当胶水不流淌后才能粘贴；采购质量好的止水条产品，并在施工过程中定期抽检止水条的质量。

(3) 在施工现场应增加防雨棚等防护设施，以加强对管片的保护，根据实际情况，也可对膨胀性止水条涂缓膨胀剂，以确保施工的质量。

(4) 对渗漏部分的管片接缝进行注浆；利用水硬性材料在渗漏点附近进行壁后注浆；对管片的纵缝和环缝用遇水膨胀材料嵌缝，并将其嵌入管片内侧预留的槽中，其外面应封以水泥砂浆，以达到堵漏目的。

49.2 钻爆法（矿山法）与明挖法施工

49.2.1 光面爆破轮廓偏差大

1. 现象

光面爆破后岩体开挖轮廓及空间位置与设计位置偏差较大，洞室轮廓质量欠佳（壁面不够光滑），超（欠）挖量偏大，炮孔利用率低，门帘、开挖面不平整等。

2. 原因分析

钻孔深度及钻孔定位精度低；装药结构不合理，装药质量不高；装药量不当；堵塞不好；周边孔布置不合理；掏槽及延时控制不好；地质存在裂隙、溶洞以及非均质岩体等。

3. 防治措施

（1）严格控制周边炮孔的外插角精度、钻孔定位精度和钻孔深度精度。

（2）确保装药均匀，应重视利用偏心不耦合装药技术，适当加大底部装药量；合理确定堵塞长度，确保堵塞应有的密实度，合理选取堵塞材料。

（3）科学设计爆破参数（包括装药量、周边孔布置、装药结构等）；提高掏槽质量并合理确定延时时间；对不良地质条件采取合理的爆破工艺。

49.2.2 围岩爆破损伤大

1. 现象

隧道开挖爆破时，对要保留的围岩体造成的损伤和破坏较大，进一步演化会形成损伤带并进而导致围岩承载力及稳定性降低。

2. 原因分析

爆破参数选取不当，没有很好地控制各个爆破影响区的爆轰状况。爆破近区岩石被强烈压缩破碎，但作用范围小，而爆破远区为弹性振动区，一般可不考虑其对围岩构成损伤问题。钻爆法施工围岩爆破损伤大的关键原因是没有很好地控制爆破中区的爆轰状况，环向拉应力使岩石破坏形成环向裂纹，径向裂隙和环向裂隙交错形成破裂区，而后在爆生气体的准静态楔入作用下，进一步发生裂纹的二次扩展，形成围岩的进一步损伤。

3. 防治措施

控制好爆破中区爆生气体的压力，综合考虑爆生气体的压力、远场应力、岩石性质与裂纹尺寸等的关系，合理选取爆破参数。爆炸冲击波作用应根据围岩动态、抗压强度破坏准则分析；爆炸应力波作用可按脆性损伤断裂准则分析；爆生气体压力场作用可按准脆性断裂损伤准则分析。经验表明，爆破对围岩的损伤大致在距硐周 2.3m 范围内。

49.2.3 明挖区间隧道渗漏

1. 现象

道床与中墙边和侧墙边开裂、漏水、返白、冒泥；中心水沟破损、水沟与道床开裂、沟底混凝土损伤；处于结构缝上的道床其中心水沟开裂，破损严重（丰水期严重、枯水期量少）；沉降严重部位的道床出现横向裂缝；道床伸缩缝胶条位置出现剥离、开裂、渗水；道床与主体结构出现翻浆、冒泥、冒水、剥离等现象，水沟断流，水在道床底部流动。

2. 原因分析

隧道结构长期出现渗漏水，最终将导致道床产生剥离、开裂等一系列病害；主体结构连接部位出现不均匀沉降，导致道床出现横向断裂裂缝；整体道床剥离后，在列车运行振动时会撞击侧墙、中隔墙和中心水沟，导致开裂，渗漏面进一步扩大。

3. 防治措施

（1）采用亲水性高渗透环氧灌浆材料，对道床底部与仰拱间剥离的缝隙进行排水充填、粘结，也可通过道床钻深孔灌浆，对二衬结构混凝土进行止水补强加固处理。

（2）对出现渗水、冒泥、冒浆位置以及道床和轨枕裂缝，进行封闭或固结和灌浆处理。

（3）对整体道床进行系统布孔，并采用高渗透亲水性环氧灌浆材料，做好渗透、排水固结、封堵二衬结构渗漏水部位等工作，以确保道床底部与二衬结构面充填粘结。

（4）严格施工工艺，应在夜间施工，施工后1～2h内灌注的材料应能满足地铁列车振动行驶的要求，并应确保灌入的材料充填均匀，且具有止水、粘结、补强功效。

49.3　沉管法施工

49.3.1　沉管隧道底钢板空鼓

1. 现象

沉管隧道管段底钢板与混凝土局部脱空形成空鼓，为管段的防水埋下隐患。

2. 原因分析

底钢板锚筋连接不牢，影响到底钢板与底板混凝土的锚固效果，为形成空鼓提供条件；底板混凝土振捣不密实，使混凝土内、底钢板与混凝土间残余空气，随着混凝土浇筑量的增大，内部残余空气由于温度升高而急剧膨胀，将压力作用在侧墙底钢板上，导致底钢板与锚筋、混凝土被顶压分离。底钢板空鼓，导致钢筋保护层厚度不足，影响结构的耐久性；空鼓处底钢板与结构不能紧密贴合，严重时可能使裂纹发展至钢筋表面；空鼓处会因钢板边缘与混凝土交界处出现裂隙、钢板焊缝缺陷等原因而与外界贯通，导致钢筋腐蚀。

3. 防治措施

（1）改变锚筋与底钢板连接方式。将锚筋两端均弯曲60mm，使之与底钢板的点连接改为双面满焊，并在焊接中使用圆形小锤敲击，以消除中间焊层应力。焊接时采用小径焊条，电流大小调节适当。严格控制焊接质量，侧墙部位更应加强控制。锚筋焊接应按设计要求进行，且不得与底板主筋接触，以免形成漏水通道而影响管段自防水质量。

（2）底钢板应焊接平整并采用分段加工方式进行。用底面平整的钢压块将钢板对接缝压紧，采用跳焊方式进行拼焊，以避免局部加热集中，将底钢板的平整度控制在设计要求之内。浇筑段底板底部预埋钢板应一次性加工完毕，侧墙部位底钢板可每12m左右为1段进行分段加工，待混凝土浇筑完毕，拼接焊缝并预埋注浆铝管，以便压力注浆处理。

（3）创造振捣条件，加强振捣控制。底板可以不设模板以方便振捣，浇筑时正确使用振捣棒，分段、分层浇筑，对间隙较小的地方，可辅以小振捣棒振捣；预埋件及加强钢筋较多处，宜采用细石混凝土；分层厚度以300～500mm为宜，分段长度可按振捣速度进行控制。

（4）底钢板空鼓处上下各钻1个孔，埋设注浆铝管后进行压力注浆，下孔为注浆孔，上孔为排气孔。注浆分2次进行，第1次注浆液为纯水泥浆，第2次注浆液为高强防渗材料掺合固化剂、促进剂。两次注浆应间隔48h以上，注浆参数应严格按设计执行。将底钢板与侧墙剥离的部位混凝土凿成45°斜角后，用环氧砂浆封堵，并在环氧砂浆及底钢板空鼓处预埋注浆管，待环氧砂浆硬化后对空鼓处进行注浆处理，注浆压力应适宜，注浆完毕，对注浆孔进行封堵，并在其上涂刷一层环氧树脂后再进行底钢板的防腐、防锈处理工作。

49.3.2 沉管隧道预制管节尺寸偏差大

1. 现象

沉管隧道钢筋混凝土管段预制管节的几何尺寸偏差超出设计和施工规范容许范围。

2. 原因分析

模板体系及钢端壳的加工与安装质量控制不好；沉管隧道钢筋混凝土管段管节预制的几何尺寸误差引起浮运时管节的干舷及重心变化，增加管节浮运沉放的施工风险；钢端壳的加工及安装精度还会增加管节间的对接难度，甚至会影响接头防水效果。

3. 防治措施

（1）选择合适的模板体系，强化安装质量控制。模板应有足够的刚度，保证其满足变形要求；适合干坞上的施工环境；方便机械化操作，故宜采用大块钢外模板与内钢模台车结合体系，以满足管段预制的进度和质量要求。

（2）做好钢端壳的加工及安装质量控制工作，钢端壳应在工厂整段加工制作，分段运输，现场拼装，并应与管段混凝土连接钢筋在安装前预先焊接；应采用两次调坡（安装）方案，首先应在管段混凝土（两端浇筑段）之前安装钢端壳骨架并进行初步调坡，然后应在管段混凝土浇筑完成后进行精确调坡，并安装焊接端板。应正确设计及安装支承支架，保证钢端壳在管段混凝土浇筑过程中有足够的支承力，不至于发生变形或位移。

（3）应制定严格的焊接工艺，减小焊接变形，保证钢端壳的加工精度在每延米0.5mm以内，安装不平整度在每延米0.5mm以内，整体的不平整度在±1.5mm以内。

49.3.3 沉管隧道钢筋混凝土裂缝

1. 现象

沉管隧道钢筋混凝土预制后出现裂缝。

2. 原因分析

选用原材料不合理；混凝土配合比设计欠完善；粗骨料的入仓温度及运输升温控制不好；混凝土养护及内部浇筑温度控制不好；浇筑时间选择不当。沉管隧道钢筋混凝土非荷载裂缝的根源是其体积变化，体积不稳定、抗拉强度低及匀质性较差等是混凝土的固有特性。混凝土的体积不稳定主要是指混凝土会因其水化反应、温度及湿度变化而膨胀或收缩。对于管段这样的大体积箱形钢筋混凝土结构，若不采取温控防裂措施就很容易出现贯穿性裂缝并影响管段的防渗防水质量。

3. 防治措施

（1）在保持水灰比不变情况下节约水泥用量，减少裂缝的产生；选用优质Ⅰ级或Ⅱ级粉煤灰。

（2）优化混凝土配合比设计，严格控制水泥用量及水灰比，可采用双掺技术，保证水泥用量$<300kg/m^3$，水灰比<0.45；可掺入适量的优质矿渣粉，以提高混凝土的抗渗强度，降低水泥水化热，改善混凝土和易性；为减少混凝土裂缝，可掺入适量的聚丙烯单丝

纤维或钢纤维；后浇带混凝土则可掺入 UEA 微膨胀剂。

(3) 应尽量降低粗骨料入仓温度，搭设防晒棚降温，碎石洒冷水降温，取用粗骨料时，可采用坑道方式取用中间部分材料，避免取用较高温度的表层骨料。

(4) 用冰水作为搅拌用水，一般水温应控制在5℃以下，必要时应在搅拌站配置制冰机，设置冰库及冰水池。

(5) 减少运输升温，采取在混凝土输送区搭设防晒棚，混凝土输送管道用塑料保护套包裹，防止太阳暴晒等措施。

(6) 选择合适的施工工艺，包括合理分段、分层施工以及分段分层浇筑并设置后浇带，以减小基础块的尺寸，增加散热面，降低施工期间的温度应力，减小产生裂缝的可能性。确定合理的浇筑顺序，浇筑底板时应先浇中间，后浇左右两侧，并应从前往后推进；浇筑侧墙时，应先浇中间底部，后浇两侧底部并逐层升高。控制好下料高度，合理确定混凝土振捣工艺，不能过振、漏振或欠振，浇筑至顶面或施工缝时应采用二次振捣和抹面，以清除表面浮浆并使混凝土表面密实。严格控制浇筑间隔时间。

(7) 混凝土硬化后应立即进行覆盖洒水养护，养护时间应不小于14d，且一般应在12～18h内进行养护，若在天气炎热或干燥季节，则养护时间应提前到8～14h内进行。顶板及底板可在混凝土结硬后，在四周砌砖墙蓄水养护；侧墙可用带小孔的塑料软管与顶板蓄水池连通，以形成"水帘式"自动喷淋装置，并挂双层麻袋养护。应设置管内外保温措施，在管段端部应挂尼龙布挡风帘，防止内面风速快而使温度急速下降，同时也可避免因混凝土水分散发过快而产生裂缝。

(8) 管段侧墙混凝土浇筑时可埋设冷却循环水管，并用循环水冷却新浇筑的混凝土，以降低混凝土内部温度，减少内外温差，同时，还可使温度相对较低的底板混凝土与侧墙混凝土间获得一渐变的温度曲线。

(9) 应尽量避免在夏季高温季节或当天高温时期进行管段预制施工。在高温季节应尽量安排管段混凝土在夜间进行浇筑。

49.3.4　沉管隧道钢筋混凝土性能指标偏差大

现象、原因分析及防治措施可参见本手册第18章"混凝土工程"相关质量通病项目的内容。

49.4　冻结法与掘进机法施工

49.4.1　冻结法施工人工冻结失效

1. 现象

地铁冻结法施工中未控制好冻胀和冻融沉降而造成结构开裂，严重渗漏水和漏砂土，隧道变形日益严重。

2. 原因分析

(1) 土质问题。人工冻结法主要是冻结自由水，其含量多少直接影响着冷量的消耗量、冻结速度和冻土强度。

(2) 含盐量高的土质不适宜人工冻结法施工。在人工冻结法施工中，应特别注意冻结管冻裂后，冷冻水的渗漏会造成局部冻结失效。

(3) 自然条件会引起地下水的流动，从而造成局部冻结土失效。

(4) 人为因素影响，如冻结管未按设计要求布置而打偏；串联冻结管太多或太长，造成端点的冷量不够，形成局部冻结土失效。

(5) 土层杂质多而不均，影响冻结土的强度，施工过程中产生渗漏水现象。

(6) 地层中有空洞、沼气等不良地质构造，导致人工冻结失效。

(7) 冻结法施工指导错误；急于抢进度未能在施工中及时发现险情。

3. 防治措施

(1) 应综合考虑各种不利因素，强化地下勘探，认真分析，科学设计，强化监测，根据冻土机理及既有施工经验，借助大型数值计算有限元分析软件对冻结壁进行分析，并按偏于安全的冻结帷幕受力和变形进行计算。

(2) 为了确保施工过程安全，应适当扩大冻结范围，延长冻结时间，考虑到实际水分迁移等情况，可将冻结加固范围扩大到 1200m^3 以上。

49.4.2 冻结法施工发生冻胀和冻融沉降

1. 现象

地铁冻结法施工中，因冻结而导致旁通道发生较大沉降，影响隧道结构安全和耐久性。

2. 原因分析

(1) 水结冰后的体积增大，使冻结土体产生冻胀并对周围土体产生冻胀力。

(2) 土层冻结时发生水分向冻结面迁移，随着水分迁移的不断增加，冰的体积、冻胀量、冻胀力也会不断增加。

(3) 当土体粉粘粒含量大于 12%时，冻胀率会明显增大。

(4) 在粉质黏土中可发生最强烈的迁移和冻胀现象。

(5) 融沉量与冻胀量差异悬殊。实践证明，人工冻土的融沉量显著大于冻胀量。

(6) 土体不均匀冻胀是人工冻结工程大量破坏的重要因素之一。

(7) 冻结速度影响，冻结时间延续越长则冻胀力也越大。

(8) 由于人工冻结作用，土体经过冻融过程后，因形成冰以及水分的迁移，土体结构已被破坏，承载力也会由于结构的破坏而降低。

(9) 物理化学混合作用，会使土体的渗透性显著增加，在融解过程中水分容易流失并产生固结沉降。

(10) 纵向刚度影响。软土层土体承载力低，整个区间隧道是个柔性体，难以抵御冻胀和冻融沉降。

(11) 横向刚度影响。从区间隧道横向看，旁通道的结构重心偏下，受力上下不均匀，环与环间为柔性连接，螺栓连接仅起定位作用。从上下行线圆环截面分析，由于其先受到冻胀影响而向上，后又受到冻融沉降向下扭转影响，故会增加沉降量。

(12) 旁通道（泵站）与上、下行线隧道连接处受扭矩影响（上部受压、下部受拉），混凝土结构不能承受因冻融沉降产生的拉应力，造成下部结构开裂。

(13) 融沉不均衡。融沉发生时，冻结土体温度升高，冻土融化，体积缩小，构成融化沉降，同时土体在重力和上复荷载压力作用下，发生排水固结沉降。

3. 防治措施

（1）为减少冻胀以及保护周围管线和地下结构物的安全稳定，温度梯度较大对低温快速冻结有利。

（2）采取安置卸压孔、预留冻胀空间、边界冻结孔热循环等措施，减少冻胀力。

（3）为保证人工冻结帷幕有足够的冻结强度，并能维持整个施工期间的安全，冻结时间越长，冻结管越密，冻结温度越低，冻结壁越厚，则冻结强度越高，施工过程越安全；但从运营安全和环境保护看，冻结时间越短，冻结管越少，冻结温度越低，冻结壁越薄，则冻结强度越低，冻胀（冻融）时间越短，运营和环境保护就越安全。因此，务必要周密思考，反复权衡以确定冻结方案。

49.4.3　掘进机法施工掘进机行走跑偏

1. 现象

掘进机行走方向偏离原设计方向。

2. 原因分析

（1）由于掘进机行走机构的结构影响容易产生变形，导致左右行走机构链轮的行走速度方向与掘进机整机中心线平行有偏差，产生跑偏。当掘进机向前推进时，整机重心位置应位于两履带的中心处机体中心线上，但由于配重及其他加工误差，常会导致其中心不重合而使行走机构发生跑偏。

（2）掘进机电动机的容积效率是由其几何结构决定的，因此液压电动机输出流量越小（即泄漏量越大）、容积效率 η_v 越低，转速 n 也就越低。

3. 防治措施

（1）调整机械系统。为防止支撑板变形，可将行走结构改进为整体焊接机，从结构上保证行走减速机中心线与机架中心线垂直，不产生偏离现象；另外，还可通过调整行走配重保证整机重心位置位于两履带的中心处机体中心线上。

（2）调整液压系统。为使系统能不管负载如何变化，执行元件都能够得到恒定的流量，同时多执行元件可同时工作，压力和流量也相互不受影响，七联换向阀上前两联阀用于行走，其他依此设置为截割升降、截割回转、铲板升降、后支撑、截割伸缩。在安排动作的顺序上应考虑将有同步要求的行走放在第一和第二联以保证其流量充裕、阻力小、同步精度高。由于以上做法考虑了阀内压力损失（动作频繁的向前排，不频繁的排在后面），且几个动作均可同时工作，因而就使跑偏因素大大减少；另外，也可通过检验方法以保证选用的行走电动机性能参数比较接近，以减少机器跑偏影响因子。

49.5　轨道交通路基工程

49.5.1　土方路堤填料适宜性差

1. 现象

路堤填筑中有些填料适宜性差而影响路堤质量。

2. 原因分析

材料采集使用人员不熟悉材料性质，经验不足以及选择填料不当。

3. 防治措施

材料采集使用人员必须对路堤填料的种类、性质和适宜性进行认真研究，选择填料时既要考虑料源和经济性，更要重视填料的性质和适宜性；应选择适宜性强的填料，包括砂土、砂性土、粉性土、黏性土、碎石质土、砾石、不易风化的石块等；严禁采用不宜于路堤填筑的其他类土（如重黏土，黄土类土，黑土，淤泥、泥炭、带有草皮的表层土等）。

49.5.2 路基填筑过程中线偏位

1. 现象

路基填筑过程发生中线严重偏位。

2. 原因分析

导线点遭到破坏；施工过程中中线复测频度不够；没有按要求设立保护控制桩。

3. 防治措施

（1）应进行导线复测并加固导线点，一直保护至交工验收；路基施工前应根据恢复的路线中桩、设计图表、施工工艺和有关规定，定出路基用地界桩和路堤坡脚、路堑堑顶、边沟、取土坑、护坡道、弃土堆等的具体位置，在距路中心一定安全距离处应设立控制桩，其间隔不宜大于50m，桩上应标明桩号和路中心填挖高度；在放完边桩后应进行边坡放样，对深挖高填地段应每挖深或填高60～80cm复测一次中线桩，通过测定路基标高及宽度以控制边坡坡度；机械施工中应在边桩处设立明显填挖标志，并在不大于200m间距段落内距中心桩一定距离设立控制桩。

（2）当发生上述问题时应校核导线点重新恢复中线，按规范要求保护设立的控制桩。亏坡的一侧应按照规范要求开台阶补填，多余的一侧则应进行削坡处理。

49.5.3 路基缺陷处理失当

1. 现象

路基于原有斜坡、水渠、填井、墓穴、淤泥处出现局部沉陷、失稳、滑坡等病害。

2. 原因分析

路基填筑过程中对斜坡、水渠、填井、墓穴、淤泥地段处理不当而留下隐患。

3. 防治措施

（1）路基修筑范围内原地面的坑、洞、墓穴等应用原地的土或砂性土进行回填、夯实。

（2）对影响路基稳定的人工坑洞应予以查明，并参照岩溶处置方法进行处理。

（3）黄土陷穴处理时，应先查清陷穴水的供给来源、水量、发育情况与扩展方向以及对路基可能造成的危害，然后根据具体情况采取相应的处理方法，处理范围应根据实际情况而定，一般宜包括路基填方或挖方坡外的上侧50cm，下侧10～20cm，若陷穴倾向路基，即使在50cm以外仍应进行适当处理，串状陷穴应治理彻底。

（4）路基穿过水渠时，应先将积水排除，然后再彻底清除淤泥，并在水渠坡面上挖成宽度不小于1m的台阶，再由渠底逐层填筑压实。

（5）路基施工遇有淤泥时，应降低水位，彻底清除后再行处理。

49.5.4 路基压实度不够

1. 现象

路基施工中压实度不能满足质量标准要求。

2. 原因分析

压实遍数不够；压路机重量偏小；填土松铺厚度过大；碾压不均匀（局部有漏压现

象)；含水量偏离最佳含水量或超过有效压实规定值；没有对紧前层表面浮土或松软层进行治理；土场土质种类多而出现不同类别土混填；填土颗粒过大且颗粒之间空隙过大。

3. 防治措施

(1) 应确保压路机的重量及压实遍数符合规范要求；

(2) 应选用振动压路机配合三轮压路机碾压，以保证碾压均匀；

(3) 压路机应进退有序且碾压轮迹重叠及铺筑段落搭接超压应符合规范要求；

(4) 填筑土应在最佳含水量±2%时进行碾压；

(5) 当下层因下雨松软或干燥起尘时，应彻底治理至压实度符合要求后再进行施工；

(6) 优先选择级配较好的粗粒土等作为路堤填料，填料最小强度应符合规范要求；

(7) 不同类的土应分别填筑，不得混填（每种填料累计总厚度一般不宜小于 0.6m)；

(8) 应分层填筑，分层压实，厚度应不超过 20cm，路床顶面最后一层应不小于 15cm。

49.5.5　路基填料含水量不均匀

1. 现象

当填料含水量不均匀时压实度也不均匀，引起路基填筑层局部翻浆或碾压不实。

2. 原因分析

填料含水量不匀或洒水量控制不严。

3. 防治措施

(1) 细粒土、砂类土和砾石土不论采用何种压实机械，均应在该种土的最佳含水量±2%以内方可压实；当需要对土采用人工加水时，宜在取土的前 1d 浇洒在取土坑内的表面，以使其均匀渗入土中。

(2) 当发生上述问题时，应即对翻浆处进行晾晒，或换填适宜的填料，或加生石灰粉调整含水量；当填料过干时应计算确定加水量，并在拌和均匀后重新碾压。

49.5.6　路基边缘压实度不够

1. 现象

路基行车带压实度符合规范要求，但路基边缘带压实度不够。

2. 原因分析

路基填筑宽度不足，未按超宽填筑要求施工；压实机具碾压不到边；路基边缘漏压或压实遍数不够；采用三轮压路机碾压时边缘带（0~75cm）碾压频率低于行车带。

3. 防治措施

(1) 路基施工应按设计要求进行超宽填筑；应控制碾压工艺以确保机具碾压到边；应认真控制碾压顺序，并确保轮迹重叠宽度和段落搭接超压长度符合规定；应提高路基边缘带压实遍数，确保边缘带碾压频率高于或不低于行车带。

(2) 当发生上述问题时应校正坡脚线位置；路基填筑宽度不足时应返工至满足设计和规范要求；控制碾压顺序和碾压遍数。

49.5.7　半填半挖路基质量差

1. 现象

半填半挖路基（横断面）出现纵向裂缝并以裂缝为界产生轻微沉陷、侧移。

2. 原因分析

路基施工过程中对半填半挖路基（横断面）路段的处理不符合规范要求。

3. 防治措施

（1）在稳定的斜坡上填筑路堤时，若横坡为 1∶10～1∶5，则应清除草皮、树根等杂物以及淤泥和腐殖土，并翻松表土后再进行填筑；当横坡陡于 1∶5 时，除应清除草木等杂物、淤泥和腐殖土外，还应将原地面斜坡挖成稍向内倾斜的阶梯（阶梯宽度一般应≥1m）；对于倾斜度过陡的山坡，以致无法填筑（或占地太宽，填方数量甚大）时，可根据实际情况充分利用废石方进行处理（包括采用叠砌、护墙、护脚、挡土墙、栈道、栈桥等多种形式修筑支撑或路基）。

（2）发生上述问题时，对出现沉陷、侧移的路段应查明原因，并采取相应措施进行处理，必要时应返工。

50 桥梁工程

50.1 桥墩与桥台

50.1.1 桥梁灌注桩塌孔

1. 现象

施工过程中因地层地质条件的改变或钻进过程中出现不良地质条件而引起塌孔，造成二次钻进或者钢筋笼报废，增加施工成本，滞后施工进度。

2. 原因分析

（1）泥浆相对密度不够，泥浆性能指标不符合要求，孔壁未形成坚实泥皮。

（2）出渣后未及时补充泥浆或水，造成孔内水头高度不够。

（3）护筒埋置太浅或下端孔口漏水、塌陷，由于振动使孔口扩展成较大塌孔。

（4）在松软砂层中钻进进尺太快；提出钻锥钻进回转速度过快、空转时间过长。

（5）水头太高，导致孔壁渗浆或护筒底形成反穿孔。

（6）清孔后泥浆相对密度、粘度等指标降低，使孔内水位低于地下水位。

（7）清孔操作不当，供水管嘴直接冲刷孔壁，清孔时间过久或停顿时间过长。

（8）吊入钢筋骨架时碰撞孔壁。

3. 防治措施

（1）在松散粉砂土或流砂中钻进时，应严格控制进尺速度并选用具有较大相对密度、粘度、胶体率的泥浆。

（2）发生孔口坍塌时应立即拆除护筒并回填钻孔，然后再重新埋设护筒重钻；发生孔内坍塌时，应判明坍塌位置并回填砂和粘质土（或砂砾和黄土）混合物到塌孔处以上1～2m；若塌孔严重，则应全部回填并待回填物沉积密实后再钻进。

（3）清孔时应指定专人补浆（或水）以保证孔内必要的水头高度。

（4）吊入钢筋骨架时应对准钻孔中心竖直插入，严防触及孔壁。

50.1.2 灌注桩钻孔偏斜

1. 现象

钻成的桩孔（或竖直桩）不铅直（或斜桩斜度不符合要求），桩位偏离设计桩位，导致灌注桩施工时钢筋笼难吊入，或造成桩的承载力无法满足设计要求。

2. 原因分析

（1）钻孔中遇有较大的孤石或探头石。

（2）在有倾斜的软硬地层交界处岩面倾斜钻进。

（3）在粒径大小悬殊的砂卵石层中钻进时钻头受力不均。

（4）扩孔较大处钻头摆动偏向一方。

（5）机底座未安置水平或发生不均匀沉陷及位移，钻杆弯曲，接头不正。

3. 防治措施

（1）安装钻机时应使转盘、底座水平，并应经常检查校正。

（2）由于主动钻杆较长转动时上部摆动过大，因此必须在钻架上增设导向架，以控制杆上的提引水龙头使其沿导向架对中钻进。

（3）钻杆接头应逐个检查、及时调正（当主动钻杆弯曲时应用千斤顶及时调直）。

50.1.3 桥梁灌注桩钻杆松脱

1. 现象

钻进过程中发生钻杆松脱。

2. 原因分析

卡钻时强提、强扭使钻杆或钢丝绳超负荷（或疲劳断裂），钻杆接头不良或滑丝；电动机接线错误使钻机反向旋转而导致钻杆松脱；转向环、转向套等焊接处断开；因操作不慎而落入扳手、撬棍等物。

3. 防治措施

开钻前应先清除孔内落物，然后再在护筒口加盖；并应经常检查钻具、钻杆、钢丝绳和联结装置的位置是否正确可靠。

50.1.4 桥梁灌注桩钻杆折断

1. 现象

钻进过程中发生的钻杆折断。

2. 原因分析

（1）用水文地质或地质钻探小孔径钻孔的钻杆来作桥梁大孔径钻孔桩用。

（2）钻进中选用的转速不当，使钻杆所受的扭转或弯曲等应力增大。

（3）钻杆使用过久，其连接处有损伤或接头磨损过甚。

（4）地质结构坚硬、进尺太快导致钻杆超负荷工作。

（5）孔中出现异物，使阻力突然增加，没有及时停钻。

3. 防治措施

（1）不使用弯曲严重的钻杆，各节钻杆的连接和钻杆与钻头的连接丝扣应完好，以螺丝套连接的钻杆接头要有防止反转松脱的固锁设施。

（2）钻进过程中应控制进尺速度，遇到坚硬、复杂地层时应仔细操作。

（3）钻进过程中应经常检查钻具各部分的磨损情况以及接头强度是否足够。

（4）钻进中若遇异物应及时处理妥当后再行钻进。

（5）若已发生钻杆折断事故，则应将掉落钻杆打捞上来并在检查原因后换用新钻再钻进。

50.1.5 桥梁灌注桩孔径过大

1. 现象

钻进过程中发生钻孔扩大现象，一般表现为局部的孔径过大。

2. 原因分析

在地下水呈运动状态、土质松散地层处或钻锥摆动过大较易出现扩孔问题，发生原因与塌孔相同，轻为扩孔，重则为塌孔。

3. 防治措施

若只是由于孔内局部发生坍塌而扩孔，但钻孔仍能达到设计深度的，不必进行处理；若因扩孔后继续坍塌，影响钻进，则应按塌孔事故进行处理。

50.1.6 桥梁灌注桩缩孔

1. 现象

钻进过程中发生的钻孔缩小现象。

2. 原因分析

钻锥焊补不及时；地层中有软塑土，俗称橡皮土；遇水膨胀后使孔径缩小。

3. 防治措施

定期检查并及时修补磨损的钻头；应使用失水率小的优质泥浆护壁，并须快转慢进且应复钻2～3次；使用卷扬机吊住钻锥上下、左右反复扫孔以扩大孔径；对有缩孔现象的孔位应尽快使钢筋笼就位并立即灌注，以免桩身缩径或发生露筋。

50.1.7 桥梁灌注桩卡管

1. 现象

灌注过程中导管被卡住，无法上下运动。

2. 原因分析

灌注过程中导管被混凝土或钢筋笼卡住提升不起来；隔水阀卡在导管中；混凝土拌和不均匀、和易性差，导致粗骨料集中卡在导管中；混凝土在导管中停留过久并凝结；导管升降时挂住钢筋笼。

3. 防治措施

严格按施工规程操作；混凝土配合比应与水下混凝土浇筑条件相适应，其和易性和流动性应符合要求；应拌制合格的混凝土熟料，且混凝土供应及时；导管应经常检查并精心操作。若是因混凝土堵管或隔水阀堵塞，则可用钢筋或长杆冲捣（或用软轴振捣器振捣）；若导管与钢筋笼卡在一起，则不可强力起拔，宜采用轻扭动慢提拔的方法解决。

50.1.8 桥梁灌注桩桩身空洞

1. 现象

水下混凝土灌注过程中，导管中出现的空洞，无法灌满。

2. 原因分析

水下混凝土灌注过程中导管埋深过大，致使导管活动部位的混凝土离析，保水性能差而泌出大量的水，沿着导管部位最后灌入的、最为新鲜的混凝土往上冒，形成通道；混凝土倾倒入导管的速度过快、过猛，灌注时间过长，导管起拔后留下难以愈合的空洞。

3. 防治措施

严格控制导管埋深，灌注过程中应做到导管勤提勤拔：混凝土倾入导管的速度应根据混凝土在管内的深度情况确定，管内深度越深，混凝土倾入速度越应放慢。适当掺加缓凝剂以确保混凝土在初凝前完成水下灌注工作。

50.1.9 桥梁灌注桩桩身夹泥

1. 现象

导管内混凝土灌注时产生夹泥现象。

2. 原因分析

灌注时由于导管密封不良使泥浆渗入导管内导致夹泥。另外，若导管栓塞破裂、脱落则也会产尘夹泥现象。

3. 防治措施

发现桩身夹泥时应全部提出导管进行处理，然后再重新灌注混凝土。混凝土导管在下入桩孔前应对螺纹、管壁等进行详细检查并作好配管记录。

50.1.10 桥梁灌注桩钢筋笼上浮

1. 现象

钢筋笼未能下放到设计位置。

2. 原因分析

在灌注混凝土前，钢筋笼自重与悬吊力会形成平衡状态。在混凝土灌注中，钢筋笼在孔口固定不牢固或提升导管用力过猛，使钢筋笼钩挂；混凝土面到达钢筋笼底面时，导管埋深过浅；混凝土质量差，易离析、坍落度损失大的混凝土都易使钢筋笼发生上浮。

3. 防治措施

在钢筋笼上加压重物并在其上端加焊4根较粗钢筋固定在钢护筒顶部施工平台上；用细钢筋在钢筋笼上加焊防浮倒刺；当混凝土上升至钢筋笼底部附近时，应小步提升导管，以保持较小的埋管深度（≥1.5m），并略微减缓混凝土的灌注速度。

50.1.11 桥梁灌注桩断桩

1. 现象

导管内混凝土灌注时混凝土产生脱节现象。

2. 原因分析

混凝土拌合物发生离析使桩身中断；灌注中发生导管堵塞而又未能处理好，演变为桩身严重夹泥、混凝土桩身中断的严重事故；灌注时间过长，首批混凝土已初凝，而后灌注的混凝土则会冲破顶层与泥浆相混，或导管进水未及时进行妥善处理，均会在两层混凝土中出现部分夹有泥浆渣土的截面。

3. 防治措施

导管应有足够的抗拉强度，能承受其自重和与混凝土接触产生的摩擦力的重量；内径应一致（其误差应小于±2mm），内壁应光滑无阻，组拼后须用球塞、检查锤作通过试验；导管最下端一节要长一些（一般应为4m），且其底端不得带法兰盘；导管浇灌前要进行试拼，并应进行水密性试验和抗拉试验；应严格控制导管埋深（一般为2～6m）与拔管速度，浇筑过程中应及时测量混凝土浇灌深度，严防导管拔空；应控制好沉淀层厚度（通常柱桩≤5cm，摩擦桩≤20cm）及确保导管底口腾空；应经常检测混凝土拌合物质量，确保符合要求。

50.1.12 桥梁灌注桩烂桩头

1. 现象

导管内混凝土灌注时产生桩头混凝土中间高、四周低的现象。

2. 原因分析

清孔不彻底导致桩顶浮浆过浓、过厚；浇筑结束时导管起拔速度过快，尤其是在桩头直径过大时，若未经插捣直接起拔导管，桩头就很容易出现混凝土中间高、四周低的“烂桩头”；浇筑过程中泥浆密度偏低或钢筋笼刮碰孔壁而导致孔壁局部坍塌。

3. 防治措施

认真做好清孔工作，确保清孔完成后沉淀层厚度符合规范要求；混凝土终灌拔管前应使用导管适当地插捣混凝土，以把桩身可能存在的气泡尽量排出桩外，并便于精确测量混凝土面，也可通过导管插捣使桩顶混凝土摊平。

50.1.13　轻型薄壁桥台裂缝

1. 现象

随着薄壁台结构尺寸和宽高比的增大，裂缝问题相对突出。

2. 原因分析

薄壁台大部分裂缝是由温度应力和混凝土收缩等非荷载因素引起的。

(1) 设计原因：若水平筋配筋不足，就不能有效提高台身混凝土抗拉强度，也是竖向裂缝产生的主要原因之一；分段宽度大，沉降缝、伸缩缝设置少，以及宽高比大，均会导致台身内的拉应力过大，导致混凝土开裂。

(2) 材料原因：水泥用量大、水泥水化热过高，台身内部混凝土温度升高产生显著的体积膨胀，台身外表部温度随大气温度降低而降低，导致混凝土收缩并产生较大的约束应力，当应力超过混凝土抗拉强度时便会产生温差裂缝；水灰比过大则易使混凝土收缩系数增大，继而导致收缩裂缝；若混凝土用砂中含泥量偏高或砂偏细，则会增大混凝土收缩系数，降低强度，并引起台身收缩裂缝。

(3) 施工原因：施工工艺流程掌握不好，如振捣不密实，高温时段施工，台身施工与承台施工时间间隔过长，钢筋保护层偏差过大等，会成为薄壁台裂缝的诱因；养护不及时导致混凝土失水是造成薄壁台裂缝的重要原因。

(4) 环境原因：外界气温、湿度变化对混凝土质量有着不容忽视的影响。

3. 防治措施

进行科学的、有针对性的设计，如降低台身分段宽度，合理增设沉降缝及伸缩缝，避免斜交角度过大而造成台身过宽，选择合理的配筋率，在薄壁台的拉应力区配置抗拉钢筋。优选原材料，优化配合比，严控施工配合比；加强施工组织管理，精细化施工；采用具有适宜散热系数的模板；重视混凝土养护，严防干缩裂缝。避开不利环境，改善不良环境。做好相关应急预案，及时化解不利因素。采用特殊工艺，如在高应力区增加水平抗拉钢筋配筋率；台身前侧增设工程抗裂钢丝网；台身背部增加横梁；混凝土掺加聚丙烯纤维；台身增厚10～20cm；控制养护水温度等。

50.2 桥面系与支座

50.2.1　普通梁式桥支座脱空或不密贴

1. 现象

支座上下支承面脱空或不密贴，引起桥面开裂。

2. 原因分析

支座设计简陋或支座上下支承面设计不合理，造成支座上下支承面脱空或不密贴，致使同一块梁板底面的支座不能均匀、平衡受力，并引起梁板的翘板现象，导致桥面铺装出现开裂和沿铰缝处的纵向裂缝。支座上下支承面未进行合理的纵横坡设计，使梁板的上下面出现台阶形，导致桥面铺装厚度不均以及受力差异大，引起桥面开裂。

3. 防治措施

做好支座设计并应避免使用油毛毡等简易支座；完善支座上下支承面的设计工作，设计时应在综合考虑支座及支座上下支承面的纵横坡调控因素后，再适当调整盖梁及立柱顶面标高，使支座的上下支承面既能密贴又能均匀受力，还能使桥面标高符合要求。

50.2.2 普通梁式桥支座施工偏差过大

1. 现象

支座上下支承面施工偏差过大。

2. 原因分析

支座上下支承面施工不符合要求，造成盖梁垫石的施工标高及几何尺寸不准，以及表面平整度差等问题，导致在支座及梁板安装时不得不采用钢板、砂浆等进行调高或整平，使支座的密贴性及梁板上下面平顺度大大降低。

3. 防治措施

在施工中，为达到支座安放平整、密贴，梁板横坡平顺的目的，应根据纵横坡情况对支座上下支承面提出调整纵横坡的补充设计。在支座安装前应再实地精确确定好摆放位置并测定其标高偏差，若支座底面标高不足，可用水泥砂浆抹平后垫一块相应厚度并经防锈处理的钢板（尺寸应比支座周边各宽 3cm 以上）进行调整，严禁采用其他材料垫高支座。支座顶面除应按设计要求设置调坡或滑动钢板外，一律不得设置调高钢板。

50.2.3 桥面伸缩缝不贯通

1. 现象

桥台与梁端相接处及各联（桥面连续的几孔称为一联）间的伸缩缝处，常出现桥台侧翼墙、地袱、防撞护栏、栏杆扶手，使伸缩缝不能完全贯通，导致未断开的桥台侧翼墙、地袱、防撞护栏、栏杆扶手发生裂损。

2. 原因分析

桥主体上部结构完成后进行附属设施施工时，在技术交底中未提出留缝要求，或施工操作人员不明白伸缩缝的作用。

3. 防治措施

在附属构造施工时的技术交底中，应强调在桥面伸缩缝处要完全断开，以使伸缩缝在桥横向完全贯穿；施工中应加强检查工作。上述问题一旦发生，应对该部位的桥台侧翼墙及地袱、栏杆进行局部返工，以留出贯通缝。

50.2.4 桥面伸缩缝安装质量缺陷

1. 现象

桥梁伸缩缝常因安设时操作不细而造成质量缺陷，主要表现为：伸缩缝下的导水槽脱落；齿形板伸缩缝、橡胶伸缩缝的预埋标高不符合设计要求；主梁预埋钢筋与联结角钢及底层钢板焊接不牢或存在焊接变形；伸缩缝混凝土保护带的混凝土破碎。

2. 原因分析

施工中导水 U 形槽锚粘不牢，造成导水槽脱落；齿形板伸缩缝的锚板，滑板伸缩缝的联结角钢，橡胶伸缩缝的衔接梁与主梁预埋件焊接前高程都未进行检查；伸缩缝各部分焊接件的表面未除锈或施焊时焊接缝长度及高度不够；施焊时未跳焊而造成焊件变形大；

混凝土保护带未用膨胀混凝土浇筑且振捣不密实。

3. 防治措施

锚牢或粘贴牢导水U形槽；焊件表面彻底除锈；点焊间距应不大于50cm且应控制施焊温度在5～30℃之间；加固焊接应采用双面焊、跳焊并最后进行塞孔焊，以确保焊接变形小，焊接强度高；在主梁预埋件上焊锚板、联结角钢，衔接梁钢件时，应保持缝两侧高程相同，且顶面高程应符合桥面根据纵横坡推算出的该点标高。

50.2.5 桥面橡胶伸缩缝及TS缝雨水漫流

1. 现象

橡胶伸缩缝及TS缝的缝内埋塞树叶等杂物时，桥面雨水流入后顺地袱发生漫流现象。

2. 原因分析

设计不够完善或缝内没有排水通道，水便从伸缩缝最低端和地袱接缝处流出。

3. 防治措施

工程开工前，在图纸会审阶段应向设计者提出增加伸缩缝排水设计大样的要求。若上述问题已经发生，则可在水漫流的低处设置水漏斗及落水管，以排除缝内积水。

50.2.6 桥面板梁横移

1. 现象

跨径在6m以下的钢筋混凝土板梁容易发生横移，导致桥的纵轴线偏离两端道路轴线。

2. 原因分析

通过桥梁的车辆在行驶中对板梁的冲击振动。

3. 防治措施

在板梁端的两侧设置限制横移的预埋螺栓。

50.2.7 板式橡胶支座受损

1. 现象

(1) 板式橡胶支座橡胶或橡胶与加强钢板的固结受到剪切破坏。

(2) 梁对两个橡胶支座的压缩不等，个别支座有缝隙。

(3) 支座安装在支座槽内，吊梁后支座被压缩，支座“落坑”。

(4) 支座顶面滑板与梁的收缩量超过支座剪切变形量，无正常滑动现象发生。

2. 原因分析

(1) 板式橡胶支座粘结过程中，若支座垫石环氧砂浆尚未固结就吊放上部结构，必然会导致支座位移，或支座安装位置错误，另外，若梁吊装后欲纠正横顶梁也势必会使支座侧向发生剪切变形，并进而导致支座在梁胀缩时因剪切变形过量而剪坏。

(2) 若梁底面有些翘曲，或梁底预埋钢板变位，则易造成梁安放后空间位置与设计要求值出入过大，并导致支座受力不等。

(3) 当桥台、桥墩或盖梁顶面实际标高大于设计值时，为保持梁底标高，将支座处留成凹槽，导致梁底与墩、台顶面净空过小，或未按桥面横坡要求留有坡度，使部分梁底的墩、台顶面标高超标。

(4) 支座与滑板间及滑板上未按操作工艺要求涂抹润滑物。

3. 防治措施

(1) 安装支座后必须静置足够时间，待环氧砂浆完全固结后才能进行上部结构的吊装，以保证支座位置的准确。

(2) 梁底支承部位应平整、水平，高程误差不得大于0.5mm，桥墩台支承垫石顶面标高应准确且上表面要平整，每一墩台、同一片梁的支承垫石顶面高程误差应小于1mm，相邻两墩台同一片梁下支承垫石顶面高程误差应小于3mm。

(3) 若必须留设支座坑槽时，应在支座用环氧砂浆固结后进行，以确保支座与坑槽间有足够的变形预留量，以及梁底面与墩、台顶面的净空隙大于支座压缩量加上20mm的量值。

(4) 橡胶支座安放时，应按设计要求在墩台顶面标出其纵、横中线，且安放后的位移偏差应不大于5mm；支座与梁底（或支承垫石底面）应全部紧密接触，有滑板时必须按要求在支座与滑板间以及滑板上涂抹润滑物质。

(5) 安装支座时最好在当地年平均气温状态下进行，否则应使支座产生预变位。

50.2.8 钢支座锚栓折断

1. 现象

桥梁钢支座上下摆动时锚栓折断。

2. 原因分析

(1) 弧形支座弧面制作粗糙（或弧面锈死），不能保证正常位移。

(2) 支座施工时未计算活动支座位移量，致使在最高（或最低）气温时其位移受阻。

(3) 当上摆锚栓与支座栓孔位置设置有误时，用锤击强行安装，螺栓被击伤。

3. 防治措施

(1) 应保证弧形支座弧面的光滑并应避免弧面生锈。

(2) 安装活动支座时，要按最高、最低温度与施工气温的最大差值计算支座位移量，并确定安装位置。

(3) 应保证上摆锚栓与支座栓孔位置的准确性，以减少误差，顺利安装。

(4) 若已发生上述问题，则可在支座上摆与梁底镶角板间加焊角钢加固或更换。

50.2.9 桥面铺装混凝土表面平整度差

1. 现象

桥面混凝土表面平整度差，存在坑凹、起拱、波浪、接缝台阶等现象。

2. 原因分析

(1) 标高带本身凸凹不平，或呈拱形、波浪形，桥面整平失去了基准。

(2) 振动梁变形，表面灰浆清理不净，振动频率失调，影响混凝土的刮平、补振、压实提浆功能；振动梁和滚筒行进速度不当也会影响桥面平整度。

(3) 浇筑方法不当，受施工条件限制有时会采用半幅一次浇筑方法。

(4) 在混凝土表面拉毛时时间掌握不当，局部桥面泛砂时拉毛易破损。

(5) 采用泵送混凝土坍落度较大，振捣过度，易使混凝土料粒分层，上层只有砂浆和小骨料，振动后混凝土稀浆多且水灰比变大，当水分蒸发后，该处混凝土强度小、收缩率大，影响桥面平整度。

(6) 箱梁、板梁顶板（尤其是张拉齿板槽锚头区）标高失控，造成桥面厚薄不一致，导致桥面钢筋网铺设位置不准，直接影响振动梁的行进，使过薄或厚薄交接处平整度变差。

3. 防治措施

桥面混凝土铺装是控制路面质量的最后一道关键工序，桥面铺装三度（厚度、强度、平整度）和裂缝是桥面铺装施工质量的关键，尤其是平整度和裂缝控制将直接影响面层质量，影响工程建成后行车的稳定性、舒适性、安全性和桥梁的使用寿命。

（1）认真做好现浇箱梁、预制梁板顶板的标高控制工作，箱梁标高控制宜比设计标高略低 5～10mm。在预制箱梁施工中采用反压架对芯模进行反压防止上浮，并应严格控制顶板的平整度和横坡。安装预制箱梁时应按规范要求严格控制顶板高程和横坡，预制梁、板的顶板标高控制宜比设计标高略低 5mm 左右，梁、板的横坡要安装平顺。此外，浇筑湿接缝、中横梁混凝土时，应严格控制其顶面高程比预制梁顶面高程略低 2~3mm。

（2）认真做好标高带控制工作。桥面混凝土铺装应根据里程控制点每 2m 测量一点，相邻标高控制点之间按 100cm 间距加密，测出各控制点梁面的标高及角铁标高，角铁顶面应与设计标高平齐，钢筋焊接后应先进行高程自查，合格后向项目部测量组报验复测，最后向监理工程师报验，合格后方可浇筑标准带混凝土。浇筑标准带混凝土时应先用铝合金刮尺（3m 长）沿横向刮平，然后再顺纵向刮平。

（3）为保证桥面铺装的平整度，应采用高频整平机（振动梁），振动梁应具有重量轻、刚度大、抗变形能力强等优点。每次浇筑混凝土前应挂线检查振动梁底面的平整度，考虑振动荷载影响，宜在跨中部位预留 2~3mm 的上拱度。振动梁每小时的浇筑速度宜控制在单幅全断面 25m 以内。滚筒通常采用 ϕ120×8mm 钢管制作，每次使用前要洒水充分湿润，以防止沾浆。滚筒施工中一般应采用纵向拖滚的方式，若采用横向拖滚方式，则应特别注意对低洼部位的补料工作，或铲除高处多余的混凝土，来回拖滚的遍数不得少于 3 次。

（4）操作平台应符合要求并按规定程序作业。为防止在振动梁振捣后混凝土上留下脚印而影响混凝土表面平整度，滚筒拖滚、收浆抹面、磨光机打磨、拉毛、覆盖土工布等工序均应在操作平台上完成。

（5）混凝土浇筑应合理选择浇筑时间。浇筑混凝土前应再次检查，确保钢筋网片不下沉。泵送混凝土的坍落度应控制在 120～140mm，注意控制铺料厚度，使其基本均匀。混凝土初步整平后，应先采用平板振动器横桥向进行振捣，待有一定作业面长度后再启动振动梁缓慢、均匀地前进。振捣过程中，局部低洼部位要及时补料。

50.2.10　桥面铺装混凝土表面起皮、裂缝

1. 现象

桥面铺装混凝土表面起皮、裂缝（有横向、纵向裂缝及龟裂、不规则裂缝等）。

2. 原因分析

（1）施工人员质量意识淡薄，收浆抹面工艺控制不严；养护不及时。

（2）铺设桥面钢筋网位置不准，造成混凝土上保护层太厚，导致表层混凝土开裂。

（3）箱梁、板梁的顶板标高失控，造成桥面厚度不一致，过薄或厚薄交接处将成为薄弱断面，产生混凝土收缩裂纹。

（4）施工时箱梁顶板面干燥，使底部混凝土失水过快而导致开裂。

(5) 砂子的细度模数太小，产生混凝土收缩裂纹。

(6) 混凝土表面起皮的原因主要是施工作业面过大，现场人员配备不足，部分作业面的混凝土来不及收浆抹面而初凝，以及二次收面拉毛后洒水养护时间过早，引起表面起皮。

3. 防治措施

(1) 认真做好梁、板顶板标高控制工作（见 50.2.9“桥面铺装混凝土表面平整度差”的相关内容）。

(2) 认真做好保护层控制工作，保护层垫块应按 1m 的矩形间距布置，8cm、10cm 厚的混凝土铺装，应以保证钢筋网上净保护层厚度 3cm 为宜，5cm 厚的混凝土铺装以保证钢筋网上净保护层厚度 2cm 为宜；钢筋网片应采用铁钩将其钩起。

(3) 严格控制混凝土的配合比，若采用 C50 混凝土，其配合比宜为水泥：黄砂：碎石：水：外加剂＝491：624：1159：162：4.91；碎石级配宜为 5～25mm；砂子细度模数宜控制在 2.3～3.0 范围内；混凝土坍落度宜控制在 120～140mm 范围内。

(4) 认真做好收浆、磨光机打磨等工作，打磨时严禁在混凝土表面洒水，应及时进行收浆，第一次收浆应在每一横桥向的滚筒拖滚作业面完成拖滚后立即进行，混凝土初凝后应立即采用磨光机进行打磨，打磨后应立即进行二次收面，紧跟着进行拉毛和覆盖土工布工作。二次收面后约 5h 进行洒水养护，养护时间不得少于 14d，养生期间应严禁重车通行。

50.3 桥梁钢筋工程

50.3.1 钢筋加工慢弯或折弯

现象、原因分析及防治措施可参见本手册第 16 章“钢筋加工与安装”相关质量通病项目的内容。

50.3.2 钢筋切断尺寸不准、端口不平

现象、原因分析及防治措施可参见本手册第 16 章“钢筋加工与安装”相关质量通病项目的内容。

50.3.3 成型钢筋尺寸不准

现象、原因分析及防治措施可参见本手册第 16 章“钢筋加工与安装”相关质量通病项目的内容。

50.3.4 钢筋加工后圆形螺旋筋直径不准

现象、原因分析及防治措施可参见本手册第 16 章“钢筋加工与安装”相关质量通病项目的内容。

50.3.5 钢筋安装错位

1. 现象

柱子外伸钢筋、框架梁插筋错位。

2. 原因分析

固定钢筋的措施不可靠，导致钢筋发生变位；或浇捣混凝土时钢筋被振捣器碰撞。

3. 防治措施

将外伸插筋用箍筋套上，利用端部模板固定；在钢筋位置上各留卡口，卡口深度均应等于外伸钢筋半径；浇筑混凝土过程中应随时注意检查，若固定处发生松脱，应及时校正。

50.3.6 钢筋安装同截面接头过多

现象、原因分析及防治措施可参见本手册第16章“钢筋加工与安装”相关质量通病项目的内容。

50.3.7 箍筋间距不一致

1. 现象

按图纸标注的箍筋间距绑扎梁钢筋骨架，可能会发现最末一个箍筋间距与其他箍筋之间的间距不一致，或实际所用箍筋数量与钢筋材料表上的数量不符。

2. 原因分析

施工作业不规范、技术交底不清。

3. 防治措施

绑扎箍筋时可按图纸要求的数量进行试摆，以核实是否符合实际数量；绑扎箍筋时应从梁的中心点向两端划线并按钢筋配料单上所标数量均匀布筋。

50.3.8 柱箍筋接头位置同一方向

现象、原因分析及防治措施可参见本手册第16章“钢筋加工与安装”相关质量通病项目的内容。

50.3.9 弯起钢筋方向错误

现象、原因分析及防治措施可参见本手册第16章“钢筋加工与安装”相关质量通病项目的内容。

50.3.10 钢筋安装中双层网片移位

1. 现象

配有双层网片的平板常会出现上部网片向构件中部移位的现象，使上下网片中间距离缩小，影响结构质量。

2. 原因分析

施工作业不规范，技术交底不清楚。

3. 防治措施

用一些套箍或钢筋制成支架，将上、下网片绑在一起，使之成为整体。

50.3.11 钢筋焊接未焊透

现象、原因分析及防治措施可参见本手册第17章“钢筋焊接与机械连接”相关质量通病项目的内容。

50.3.12 钢筋焊接焊口氧化

1. 现象

焊口局部区域为氧化膜所覆盖，呈现光滑面状态；或是焊口四周强烈氧化而失去金属光泽，呈发黑状态。

2. 原因分析

焊接作业不规范，焊接参数选择不当，焊接温度控制不当。

3. 防治措施

应确保烧化过程的连续性；采用适当的顶锻留量；采用尽可能快的顶锻速度以杜绝氧化形成；应保证接头处具有适当的塑性变形，以有利于去除氧化物。

50.3.13 钢筋焊接焊口脆断

现象、原因分析及防治措施可参见本手册第 17 章“钢筋焊接与机械连接”相关质量通病项目的内容。

50.3.14 钢筋焊接处烧伤

现象、原因分析及防治措施可参见本手册第 17 章“钢筋焊接与机械连接”相关质量通病项目的内容。

50.3.15 钢筋接头弯折或偏心

现象、原因分析及防治措施可参见本手册第 17 章“钢筋焊接与机械连接”相关质量通病项目的内容。

50.3.16 钢筋点焊焊点脱点

现象、原因分析及防治措施可参见本手册第 17 章“钢筋焊接与机械连接”相关质量通病项目的内容。

50.3.17 钢筋点焊焊点过烧

现象、原因分析及防治措施可参见本手册第 17 章“钢筋焊接与机械连接”相关质量通病项目的内容。

50.3.18 钢筋点焊焊点冷弯脆断

1. 现象

焊接制品冷弯时在接近焊点处发生脆断。

2. 原因分析

焊接作业不规范，焊接参数选择不当，焊接温度控制不当。

3. 防治措施

用于点焊的钢筋原材料必须有化学成分检验报告，硫、磷含量超过国家标准的钢筋不得用于焊接；冷拔低碳钢筋用于焊接时，应在焊接前进行冷拔丝强度试验，若极限强度偏高，反复弯曲试验不合格，则不得用于焊接；焊接时应避免压陷深度过大或过烧。

50.3.19 钢筋电弧焊焊缝成形不良

现象、原因分析及防治措施可参见本手册第 17 章“钢筋焊接与机械连接”相关质量通病项目的内容。

50.3.20 钢筋电弧焊咬边

现象、原因分析及防治措施可参见本手册第 17 章“钢筋焊接与机械连接”相关质量通病项目的内容。

50.3.21 电弧焊烧伤钢筋表面

现象、原因分析及防治措施可参见本手册第 17 章“钢筋焊接与机械连接”相关质量通病项目的内容。

50.3.22 钢筋电弧焊夹渣

现象、原因分析及防治措施可参见本手册第 17 章“钢筋焊接与机械连接”相关质量通病项目的内容。

50.3.23　钢筋电渣压力焊接头偏心和倾斜

现象、原因分析及防治措施可参见本手册第 17 章“钢筋焊接与机械连接”相关质量通病项目的内容。

50.3.24　钢筋电渣压力焊未熔合

现象、原因分析及防治措施可参见本手册第 17 章“钢筋焊接与机械连接”相关质量通病项目的内容。

50.3.25　钢筋电渣压力焊夹渣

现象、原因分析及防治措施可参见本手册第 17 章“钢筋焊接与机械连接”相关质量通病项目的内容。

50.3.26　钢筋气压焊接头偏心

现象、原因分析及防治措施可参见本手册第 17 章“钢筋焊接与机械连接”相关质量通病项目的内容。

50.3.27　钢筋气压焊焊炬回火或氧气倒流回火

1. 现象

钢筋气压焊焊炬发生回火现象，以及氧气倒流时发生回火现象。

2. 原因分析

发生上述问题的原因是焊接作业不规范，焊接参数选择小当，焊接温度控制不当。

3. 防治措施

应尽量使用大功率火焰并缩短加热时间，以避免焊炬过热造成回火；氧化阀关闭时不要过于用力，否则会胀裂引射嘴而使氧气倒流发生回火。

50.3.28　钢筋气压焊焊接过程停顿

1. 现象

钢筋气压焊焊接过程中焊接作业未全部完成而发生停顿。

2. 原因分析

焊接准备工作不充分，或焊接过程中出现意外。

3. 防治措施

焊接过程中的停顿应根据接缝闭合情况作出决定。若接缝已闭合，则可继续压接。若焊缝未闭合，则接头处会因失去火焰保护而立即氧化，必须重新处理。

50.4　钢筋混凝土箱梁桥

50.4.1　混凝土麻面

现象、原因分析及防治措施可参见本手册第 18 章“混凝土工程”相关质量通病项目的内容。

50.4.2　混凝土蜂窝

现象、原因分析及防治措施可参见本手册第 18 章“混凝土工程”相关质量通病项目的内容。

50.4.3　混凝土孔洞

现象、原因分析及防治措施可参见本手册第 18 章“混凝土工程”相关质量通病项目的内容。

50.4.4 混凝土钢筋外露

现象、原因分析及防治措施可参见本手册第18章“混凝土工程”相关质量通病项目的内容。

50.4.5 混凝土缺棱掉角

现象、原因分析及防治措施可参见本手册第18章“混凝土工程”相关质量通病项目的内容。

50.4.6 混凝土表面不平整

现象、原因分析及防治措施可参见本手册第18章“混凝土工程”相关质量通病项目的内容。

50.4.7 混凝土温差裂缝

现象、原因分析及防治措施可参见本手册第18章“混凝土工程”中18.5“混凝土裂缝”的相关内容。

50.4.8 混凝土冷缝

1. 现象

在同一浇筑块之间上下浇筑层面成为软弱夹层（称为冷缝）。

2. 原因分析

同一浇筑块之间上下浇筑层由于超过允许间隔时间，使下面浇筑层表面已形成的乳皮（含游离石灰的水泥膜）无法在振捣中消失，上下浇筑层就不能形成浇筑整体，成为软弱夹层。冷缝影响抗渗能力，影响抗剪强度、抗拉强度，并会影响构筑物的整体安全，若冷缝发生在结构物的剪应力或拉应力最大的部位，则会发生重大质量事故。

3. 防治措施

除了在必要时添加一定的缓凝剂，延长上下层面浇筑的允许间隔时间外，最根本的措施是确保仓号的浇筑强度，即上层混凝土浇筑完毕的时间不能大于下层已浇混凝土的时间。否则，必然出现冷缝。夏季高温作业时更应注意。

50.4.9 混凝土薄弱部位产生裂缝

1. 现象

混凝土变断面和孔洞四周以及混凝土强度最低的部位和应力最大的核心部位产生裂缝。

2. 原因分析

混凝土变断面和孔洞四周应力集中的部位以及混凝土强度最低的部位和应力最大的核心部位都容易产生裂缝。

3. 防治措施

钢筋混凝土中拉应力通常主要由钢筋承担，故合理配置钢筋可以限制裂缝的开展，钢筋直径细而间距密时，可提高混凝土的抗裂性。为此，除应在结构表层设置防裂钢筋外，还应在变断面和洞口四周配置补强钢筋，确保钢筋的合理布置并在混凝土薄弱处增加补强钢筋。

50.4.10 混凝土塑性裂缝

现象、原因分析及防治措施可参见本手册第18章“混凝土工程”中18.5“混凝土裂缝”的相关内容。

50.4.11　混凝土干缩裂缝

现象、原因分析及防治措施可参见本手册第18章“混凝土工程”中18.5“混凝土裂缝”的相关内容。

50.5　预应力混凝土梁桥

50.5.1　预应力梁桥桥头跳车

1. 现象

汽车在通过预应力梁桥桥头时出现颠簸现象。

2. 原因分析

引起桥头跳车的主要原因是台后填土及路基与桥台间的不均匀沉降。预应力梁桥台后施工一般采用回填土，而桥台则多采用桩基础，故其沉降量基本上在施工完毕后就已完成，因此，势必会导致两者之间在运营一段时间后逐渐产生沉降差，从而引发桥头跳车。

3. 防治措施

桥头跳车现象可以通过长期观测来确定其病害程度，并据以判断其台后及路基沉降是否稳定。台后填土在夯打密实基础的过程中，应预留一定的允许沉降量，对不满足施工要求的台后回填土可考虑对其进行加固处理。对已出现桥头跳车现象且沉降相对稳定的桥梁，可考虑将台后路面凿掉后重新铺装混凝土的方法加以改善，但应注意不能破坏或扰动原来的台后回填土；另外，设计上可考虑通过增设台后搭板的形式来避免或减轻桥头跳车现象。

50.5.2　预应力梁桥伸缩缝处跳车

1. 现象

汽车在通过预应力梁桥伸缩缝处时出现颠簸现象。

2. 原因分析

伸缩装置本身刚度不足或锚固构件强度不足，在营运过程中产生不同程度的破坏。

3. 防治措施

选用伸缩装置最主要的是刚度和质量应能满足上部结构梁与梁之间以及梁与台之间的适度位移要求。对伸缩装置的锚固要求牢固可靠，经久耐用，且能够抵抗机械磨损及碰撞，安装方便、简单，且易于检查并便于养路工操作。

50.5.3　预应力梁桥钢筋锈蚀

现象、原因分析及防治措施可参见本手册第18章“混凝土工程”相关质量通病项目的内容。

50.5.4　预应力梁桥桥台偏移

1. 现象

随着桥梁运营时间的延长，桥台发生偏移。

2. 原因分析

地基基础的倾覆及滑移会导致桥台偏移，并可能进一步带动梁体一起滑移。

3. 防治措施

在桥台护坡上增加排水孔；在桥台梁端设置活动支座以适应其水平位移的变化；对台后填土进行加固。

50.5.5 预应力梁桥混凝土开裂

现象、原因分析及防治措施可参见本手册第18章“混凝土工程”中18.5“混凝土裂缝”和第22章“预应力混凝土工程”的相关内容。

50.5.6 预应力梁桥引桥段路面不平整

1. 现象

施工质量不高导致引桥段路面不平整。

2. 原因分析

路堤地基处理不当或填料控制不当，路基压实不足或排水不完善，导致路基不均匀沉降；混凝土基层不平整，导致路面厚度不均；混凝土基层干缩程度不同，纵向接缝和横向接缝处理不好，导致路面不平整。

3. 防治措施

路堤填筑前应对原地面进行处理并严格控制路堤填料质量，严格控制最佳含水量，必要时可通过掺外加剂改良以完善排水设施。严格控制路面基层的施工质量，可用3m直尺检测其平整度。面层摊铺时应认真清理基层，并将表面污染及时清除，以确保面层平整度。摊铺机基准线控制应严格，应借助基准钢丝绳控制高度，并以浮动基准梁法控制厚度。

50.5.7 预应力梁桥大体积混凝土裂缝

现象、原因分析及防治措施可参见本手册第18章“现浇混凝土工程”中18.5“混凝土裂缝”的相关内容。

50.5.8 预应力梁桥预应力损失

现象、原因分析及防治措施可参见本手册第22章“预应力混凝土工程”相关质量通病项目的内容。

50.5.9 后张法施工滑丝和断丝

现象、原因分析及防治措施可参见本手册第22章“预应力混凝土工程”相关质量通病项目的内容。

50.5.10 后张法施工预应力筋伸长值偏差过大

1. 现象

张拉力已达到设计要求，但预应力钢绞线（或钢筋）的伸长值与理论计算伸长值间存在较大偏差。

2. 原因分析

(1) 预应力钢筋（或预应力钢绞线）本身的实际弹性模量与设计弹性模量间相差较大。

(2) 孔道线形与设计线形间存在较大差别，导致设计的预应力摩阻损失计算值与实际情况存在较大差别；或设计的孔道摩阻参数与实际情况不同。

(3) 实际采用的初应力不符合设计要求或存在超张拉问题。

(4) 张拉钢绞线过程中锚具出现滑丝或钢绞线断丝。

(5) 采用的张拉设备没有进行正确检测，或各种仪表读数的离散性较大。

3. 防治措施

(1) 对工程中采用的各批预应力钢筋进行复检，根据实际弹性模量值修正伸长值。

(2) 对预应力孔道的线形进行合理校正。

(3) 根据预应力钢筋的实际长度及管道摩阻力，确定合理的初应力及超张拉值。校核各种张拉设备的标定质量；检验预应力钢筋及锚具是否可能发生滑丝或断丝问题，若检验发现预应力束的断丝率超出规范规定，则应更换预应力束。

50.5.11 后张法施工预应力损失过大

1. 现象

预应力张拉完成后，由于钢筋松弛，导致其所剩的预应力值未达到设计要求。

2. 原因分析

(1) 锚具出现滑丝（或钢绞线存在断丝）。

(2) 张拉的测量仪表存在标定误差。

(3) 钢绞线的松弛率超出了规范要求的限值。

(4) 钢束与孔道间的摩阻力过大。

(5) 锚具下的混凝土存在局部破坏变形过大问题。

3. 防治措施

(1) 检查预应力钢筋的实际松弛率，预应力张拉应采用双控方式。

(2) 锚具出现滑丝问题时应及时更换。

(3) 发生锚具下混凝土破坏的情况，则应先将预应力释放，然后再采用环氧混凝土（或高强度混凝土）补强后重新张拉。

(4) 张拉用千斤顶、油泵、油压表应进行配套系列化标定（可采用测力环或传感器进行），并做好标识且应配套使用（千斤顶校正系数应不大于1.05）。

(5) 认真做好预应力钢筋的张拉记录以及张拉过程中出现各种情况的原始记录，经检查并确认全部合格后方可割丝。张拉力应以油表读数为主，并以实际伸长值作校核。

50.5.12 预应力芯管灌浆不密实

现象、原因分析及防治措施可参见本手册第22章“预应力混凝土工程”相关质量通病项目的内容。

50.6 悬 索 桥

50.6.1 锚碇及索塔承台大体积混凝土温度裂缝

1. 现象

锚碇及索塔承台等大体积混凝土中出现温度裂缝。

2. 原因分析

锚碇和索塔承台均属大体积混凝土，若混凝土内表温差及层间温差产生的温度应力超过此时的混凝土抗拉强度，就会产生温度裂缝。

3. 防治措施

(1) 科学制定温控标准、量化温控指标。采用大体积混凝土施工期温度场及温度应力场计算软件对锚碇大体积混凝土浇筑过程进行仿真计算，制定出混凝土在施工期间不产生有害裂缝的温控标准。或采用经验值，混凝土最大水化热温升对C25混凝土应不超过28℃，C40混凝土应不超过35℃；混凝土内表温差应不超过25℃，其中基岩以上第1至第5层混凝土内表温差应不超过20℃；相邻块体的混凝土温差应不超过25℃；混凝土允许最大降温速率不超过1.5℃/d。

(2) 精选材料并采用双掺技术，优化混凝土配合比，降低混凝土水化热温升。经验表明，C25混凝土宜采用42.5低热矿渣水泥，C40混凝土宜采用52.5硅酸盐水泥。采用双掺技术、优化配合比是降低混凝土内部水化热绝对温升、防止出现温度裂缝的重要途径，掺入Ⅱ级以上粉煤灰，可以在保证混凝土强度的条件下降低水泥用量；掺入适量缓凝高效减水剂，可以在满足施工工艺的前提下，延长水化热散发时间，降低水化热强度，推迟水化高峰出现的时间，有效避免相邻块混凝土不利温升组合。

(3) 合理分块、分层，化整为零，降低混凝土水化热温升。可根据仿真计算结果，将锚碇水平方向分为若干大块，竖向分为若干层进行浇筑，每层高度应控制在1.4～2.8m、一次最大浇筑量不宜超过750m^3，任何平面尺寸的减小和层厚的减薄均有利于水化热的散发。

(4) 严格控制混凝土的入仓温度并切实把好开盘关。通过仿真计算确定当地不同月份的混凝土浇筑温度。混凝土从搅拌机倒出，经运输、平仓、振捣诸过程后的温度为浇筑温度。在每次混凝土开盘前均应量测水泥、砂、石、水的温度，并进行专门记录，然后确定其出机温度。由于混凝土从出机至浇筑需经过混凝土输送泵运输、摊平、振捣等过程，因此经过多次测试还应相应升温1.5～2.5℃。当浇筑温度超过上述控制标准时，必须改为夜间浇筑。若仍不能满足要求，则应采取砂石料降温，拌和水加冰等措施。若采取上述措施后仍无法满足控制标准，则不得开盘。

(5) 设置冷却水管以利用冷却水散发混凝土内部热量。冷却水管可采用管径25mm、壁厚1.2mm的薄壁钢管，应在每层混凝土层厚1/2处布置一层冷却水管，水平间距0.9m，利用流量不低于18L/min的冷却水循环带走混凝土内部热量。

(6) 加强温度现场监测，及时调整温控措施。根据锚碇结构特点和温度场计算结果，在有代表性的各层，分别布置温度传感器和应变计，以通过定期观测相关数据，指导确定冷却水管的通水流量、通水时间以及进水温度。

(7) 控制各层浇筑间歇期以减少层间约束。通常情况下，混凝土间歇期应控制在5d左右，并应尽量保证锚碇大体积混凝土做到短间歇、连续施工。若不能满足上述规定，则应通过验算采用调整层厚等措施来满足温控要求。

(8) 控防结合主动采用防裂措施。防裂措施主要包括微膨胀混凝土的应用和施工缝处治等。锚碇后浇段和湿接缝混凝土，直接将平面上的分块连接为一个整体，混凝土干缩应力会引起混凝土的变形，还会产生干缩裂缝，为此，湿接缝和后浇段应采用微膨胀混凝土。施工缝处治应及时合理，每层混凝土浇筑完形成一定强度后，应及时凿毛并冲洗干净，然后在层与层间设置一层159mm×75mm的金属扩张网，以提高层间结合力，防止层面产生裂缝。

50.6.2 钢筋混凝土索塔钢筋锈蚀

1. 现象

钢筋混凝土索塔长时间暴露在空气中产生钢筋锈蚀现象。

2. 原因分析

索塔钢筋在横梁施工时，一般在空气中要暴露两个月左右，若不采取措施，锈蚀往往难免。

3. 防治措施

应先除锈，然后涂刷水泥净浆，再用雨布遮盖。

50.6.3 索塔、塔身混凝土表面气孔、蜂窝、麻面

现象、原因分析及防治措施可参见本手册第18章“混凝土工程”相关质量通病项目的内容。

50.6.4 索塔、塔身混凝土施工缝错位、错台

1. 现象

索塔、塔身混凝土施工过程中出现的施工缝错位、错台现象。

2. 原因分析

索塔施工缝错台产生的主要原因是收盘混凝土未检平、凿毛；钢模板变形、跑模等。

3. 防治措施

采用超大模板减少施工缝数量；加强混凝土收盘检平、凿毛；保证接缝混凝土平顺；加强模板刚度，防止模板变形和跑模。

50.6.5 索塔、塔身混凝土开裂

现象、原因分析及防治措施可参见本手册第18章“混凝土工程”中18.5“混凝土裂缝”的相关内容。

50.6.6 索鞍、索夹铸造质量差

1. 现象

索鞍、索夹中出现夹砂、裂纹、缩孔、疏松和变形等。

2. 原因分析

主索鞍、散索鞍、索夹是悬索桥受力关键部件，主索鞍、散索鞍为铸焊结合件，其工程质量主要受铸件质量和焊接质量的影响。由于铸钢件的质量与铸件设计、型砂、造型、冶炼、浇铸、精整、热处理等工艺过程有关，一旦工艺过程中出现偏差，就会导致夹砂、裂纹、缩孔、疏松和变形等问题发生。

3. 防治措施

(1) 加强检查，包括表面缺陷检查和内部缺陷检查。表面缺陷可采用磁粉、萤光（渗透）检查手段进行；内部缺陷可采用超声波或射线检查手段进行。通过检查发现质量缺陷后，应根据其缺陷的大小、位置以及性质的不同采取相应的处治方法。

(2) 对于较小的缺陷可采用打磨、机加工的方法剔除，应边剔除边进行萤光（渗透）检查，直至缺陷全部剔除干净。对较大缺陷的修复，可采用局部加热和整体加热的处理方法，通过加热使其达到一定温度后进行焊补。焊补后应采取局部或整体消除焊接残余应力的措施，热处理后应进行打磨探伤，若仍有超过标准的缺陷，则应重复进行上述工序直至缺陷完全剔除。

(3) 对关键部位有缺陷且难以修复的铸件应报废后重铸。所有铸件必须经严格检验合格后才能转入焊接工序。

50.6.7 索鞍焊接残余应力大

1. 现象

索鞍焊接后出现的残余应力大及应力集中等现象。

2. 原因分析

索鞍焊接残余应力大的原因主要是索鞍结构尺寸大、刚性大。焊接应力一般会集中发生在焊缝交叉处。

3. 防治措施

在设计上进行合理分块，以合理确定焊接部位的结构尺寸。制造中应保证对接部位的尺寸精度，焊接时应严格按照试验确定的工艺实施。在次要受力部位割成圆角，可减少焊缝交叉造成的应力集中。

50.6.8 钢箱梁对接及预拼偏差大

1. 现象

钢箱梁对接间隙与预拼不一致，超过规定值，缝宽不一致，板边平整度超标等。

2. 原因分析

钢箱梁通常采用鱼鳍式扁平流线形横断面，且为全焊结构，宽一般在30m左右，高一般在3m左右。另外，钢箱梁一般多有近百个节段组成，制造及安装通常包括钢箱梁制作、节段匹配、运输、吊装及焊接等几个环节。钢箱梁焊接包括钢箱梁单元件焊接、节段总成焊接和工地现场焊接，影响因素多。产生“钢箱梁对接及预拼偏差较大”现象的主要原因是节段几何尺寸制造误差（包括端口尺寸和节段长度）较大，以及梁段存放、运输及吊装引起的变形较大等。

3. 防治措施

(1) 采用无余量精密切割工艺确保下料尺寸准确。

(2) 单元件制造采用反变形工艺，以减少单元件的变形。

(3) 将空中工作量提前到地面，在吊装前实施“3＋1”匹配预拼装，以消除梁段制造误差。

(4) 吊装过程中通过千斤顶、手动葫芦或其他手段进行偏差矫正，并通过匹配件、钢板及时固定。

50.6.9 钢箱梁桥面标高及线形偏差大

1. 现象

桥面标高偏离设计值，线形不匀顺。

2. 原因分析

(1) 架设中影响因素多，如接缝间隙值、焊接收缩量、温度变化等。

(2) 桥面标高和线形在架设中处于不断变化中，主缆线形受钢箱梁自重、鞍座顶推影响而变化，因而导致桥面标高和线形随之变化。

3. 防治措施

加强监控的科学性，修正应及时，应严格控制各个影响因素，认真执行预拼装确定的控制指标。

50.6.10 钢箱梁 CO_2 焊缝树枝状气孔

现象、原因分析及防治措施可参见本手册第17章“钢筋焊接与机械连接”相关质量通病项目的内容。

50.6.11 钢箱梁 CO_2 焊缝蜂窝状气孔

现象、原因分析及防治措施可参见本手册第 17 章“钢筋焊接与机械连接”相关质量通病项目的内容。

50.6.12 钢箱梁手工电弧焊缝密集性气孔

现象、原因分析及防治措施可参见本手册第 17 章“钢筋焊接与机械连接”相关质量通病项目的内容。

50.6.13 钢箱梁手工电弧焊接分散性气孔

现象、原因分析及防治措施可参见本手册第 17 章“钢筋焊接与机械连接”相关质量通病项目的内容。

50.6.14 钢箱梁弧坑缩孔

1. 现象

钢箱梁焊缝存在弧坑缩孔现象。

2. 原因分析

坡口间隙大，收弧快，未填满。

3. 防治措施

应将焊丝伸出长度增长 5mm，以增加电阻热，待填满弧坑后再收弧。

50.6.15 钢箱梁桥面板或桥底板错边

1. 现象

钢箱梁焊接后桥面板或桥底板不在一个平面上。

2. 原因分析

一端箱梁下沉；过早拆码或卡码固定刚性不够；温度荷载的影响：焊接电弧偏向一边。

3. 防治措施

用缆载吊机将下沉的箱梁提起；打底焊后不能马上拆码，一定要完成好第二层 CO_2 药芯焊丝填充焊后再拆码，或在焊缝反面加焊卡码；应在早晚温度荷载影响较小时进行焊接工作；焊接电弧应对中。

50.6.16 钢箱梁上斜腹板不平整

1. 现象

钢箱梁焊接完成后上斜腹板不平整。

2. 原因分析

施焊顺序不当。

3. 防治措施

应待桥面板底板与下斜腹板拼装焊接后，再装配焊接上斜腹板。

50.6.17 钢箱梁弧坑裂纹

1. 现象

钢箱梁焊接后出现弧坑裂纹。

2. 原因分析

收弧过快，定位焊应力大。

3. 防治措施

应注意填满弧坑，定位焊或打底焊时引弧及收弧处 15mm 左右应用砂轮打磨成 1∶5 的坡度并使接头过渡平顺。

50.6.18 钢箱梁打底焊裂纹

现象、原因分析及防治措施可参见本手册第 17 章“钢筋焊接与机械连接”相关质量通病项目的内容。

50.6.19 钢箱梁 CO_2 焊缝缩沟

1. 现象

钢箱梁 CO_2 焊时焊缝存在缩沟现象。

2. 原因分析

药芯焊丝或陶瓷衬垫受潮；坡口间隙过大。

3. 防治措施

焊材应烘干后使用，拆包后用不完的焊材可烘烤后再用；减慢焊接速度，注意填满。

50.6.20 钢箱梁咬边

1. 现象

钢箱梁焊接后边缘不整齐，焊缝凸度大。

2. 原因分析

焊接工艺参数不当；焊工操作不当，左右摆动不够。

3. 防治措施

调整电流和电压以及焊接速度等焊接参数；焊枪左右摆动要到位。

50.6.21 钢箱梁焊缝宽度不齐

1. 现象

钢箱梁焊接后焊缝有宽有窄。

2. 原因分析

坡口间隙不匀。

3. 防治措施

应采用切割或堆焊法先修整坡口再焊接，或从焊接操作上进行调整。

50.6.22 钢箱梁球扁钢的球头未填满

1. 现象

钢箱梁球扁钢的球头焊接后未填满。

2. 原因分析

球头未补正，焊接操作不当。

3. 防治措施

焊接时应注意保持球头面的齐平并注意填满。

50.6.23 主缆钢丝制作偏差大

1. 现象

主缆钢丝扭转指标达不到设计的次数，直线性差，弹性模量离散性大，编束所需的粗糙度不够。

2. 原因分析

盘圆材质和规格以及钢丝的加工工艺等存在缺陷或不足。

3. 防治措施

(1) 采用优质的盘圆以提高钢丝的抗扭转性能，满足设计要求。

(2) 在试生产期间研究决定相关控制指标，采用对直线性要求更严的指标（即1m矢高）代替不合理的自由圈径和自由翘头，减小检测工作量，有效控制质量。

(3) 在钢丝整直工序中应减少或不用润滑剂，可提高钢丝编束所需的粗糙度。

(4) 通过稳定原材料和生产工艺来减小弹性模量离散性。

50.6.24 主缆钢丝编束质量差

1. 现象

索股编束后出现索股扭转、鼓丝、呼啦圈（自身重力影响上盘不紧）等现象。

2. 原因分析

上盘工艺未有效解决索股自身重力的影响。

3. 防治措施

可采用S法上盘，利用上盘紧缩装置来减少和消除束股扭转、鼓丝、呼啦圈现象。

50.6.25 主缆猫道架设不符合要求

1. 现象

主缆猫道的安全性和线形不太符合要求，底板索锚头锚具破损（环状裂纹等）；浇铸合金松动、脱落、裂纹；上、下游两副猫道面层标高差引起横向走道倾斜；同副猫道底板索高差过大而导致底板索不能均匀受力；猫道出现偏斜等。

2. 原因分析

猫道组件重复使用以及在拆卸、运输过程中受损。横向走道倾斜、猫道偏斜和底板索不能均匀受力主要是承重索下料和架设精度不够造成的。

3. 防治措施

(1) 解决锚具破损以及浇铸合金松动、脱落、裂纹问题的方法是使用前对全部旧锚头逐一进行探伤检查，不合格的应重新制作。新制锚头应按规定比例抽检，直至合格率100%。

(2) 当横向走道倾斜、猫道偏斜和底板索不能均匀受力时，应严格控制承重索下料长度，明确规定控制指标，其上、下游两副猫道标高差应≤10cm，同副猫道承重索标高差应≤5cm，通过对施工过程的严格监控来保证施工安全，满足施工需要。

50.6.26 主缆索股架设偏差大

1. 现象

主缆索股在牵引和架设中出现索股扭转、松弛以及钢丝鼓丝、交叉、磨损和包扎带断裂等现象。

2. 原因分析

(1) 索股扭转原因主要是索股上盘时产生的内力在放盘时释放；猫道上安装的索股牵引滚轮偏离猫道中轴线，导致牵引索股时索股重量偏载，引起猫道面倾斜进而导致索股扭转。

(2) 索股钢丝鼓丝、交叉、磨损和包扎带断裂的原因主要是索股受力体系不协调，索股上盘力小，索盘索股层数多，索股由于自重，上紧下松，上盘时形成呼啦圈现象，放盘时由于外层约束力减小导致内层松弛；索股牵引体系不协调；索股牵引时滚轮摩阻力导致钢丝错动、磨损和包扎带断裂。

3. 防治措施

（1）为了尽量减少索股扭转或确保其不扭，索股上盘采用S法以减小上盘时产生的内力；利用着色丝（标志丝）及时检查索股的扭转情况。

（2）针对可能出现的索股钢丝的鼓丝、交叉、磨损和包扎带断裂问题，可增加上盘紧束装置，以减少索股自重形成的呼啦圈现象；在放束装置上增加刹车系统，以便索股牵引停止时速度同步；选择摩阻力较小的尼龙滚轮代替橡胶滚轮，以减少钢丝错动、磨损和包扎带断裂发生的概率。

50.6.27 桥面铺装质量差

1. 现象

钢箱梁沥青铺装时出现车辙、拥包、横向推移、开裂、脱层等现象。

2. 原因分析

（1）封闭式钢箱梁结构不透风，其高温抗流动性及抵抗剪切推移不足就将产生车辙、拥包和横向推移。

（2）钢桥面铺装在一些与正交异性板结构有关的特定部位，在车辆荷载作用下会产生较大的拉应变，在荷载的反复作用下就容易产生疲劳开裂；低温条件下，若铺装层与钢桥面变形不同步，就会出现低温开裂。

（3）脱层则主要是因铺装层与钢桥面板结合力不足所致。

3. 防治措施

（1）搞好气候环境调查，合理确定使用温度。应调查本地区近几十年来气温、降雨、风速、风向和极端气温情况，并据以推算钢箱梁的使用温度。

（2）科学进行受力分析，优选试验铺装方案。应对桥面铺装的实际受力状况进行科学的力学分析，弄清其受力特征，据以选择追从性好、适应性强的铺装方案。

（3）加强试验研究，选用优质材料。应在室内进行多种级配的混合料动态剪切流变、低温弯曲、透水率、浸水马歇尔稳定度、车辙等试验。应选择性能好的基质沥青、改性沥青、石料、纤维和矿粉材料等。

（4）通过直道试验研究确定铺装方案。经室内试验初拟采用的几种铺装方案后，还要通过疲劳试验和高温浸水车辙直道试验测定各方案的疲劳特性、高温车辙变形和剪切流动变形等。应综合分析评价各方案的优劣并从中确定最佳铺装方案。

（5）科学制定施工工艺，严格工艺纪律。应确定合理的施工工艺流程，明确规定每道工艺控制参数和技术要求，并通过试验路铺筑，修改完善施工工艺。施工过程中应以严格控制拌和、摊铺、碾压温度以及保证层厚为重点，应严格控制工艺参数，严格技术要求以确保施工质量。

（6）加强竣工后观测，及时处理个别病害。桥面铺装施工完成后，由于受其他工程施工、营运环境、排水、养护等不利因素影响，常常会出现不同程度的病害，因此，应及时观测，及时发现，及时处理。

50.7 连 续 钢 构 桥

50.7.1 跨中挠度大

1. 现象

连续钢构桥施工过程中及运行后，跨中出现较大的挠曲变形。

2. 原因分析

设计不合理，承载能力偏低；施工不规范，如施工预拱度设置不够，预应力张拉不合理，接缝设置不当等。

3. 防治措施

(1) 适当增加梁高，提高结构的承载能力。

(2) 设置足够的施工预拱度来抵消桥梁长期下挠变形。

(3) 加强施工控制，减少应力松弛影响。

(4) 延长混凝土的加载龄期，增加截面配筋率，并利用高墩柔度来适应结构因预应力混凝土收缩、徐变和温度变化等引起的位移。

(5) 避免竖向接缝存在，可采用把接缝作成斜接缝、阶梯接缝、销槽式接缝等方式处理。

50.7.2 箱梁腹板、底板裂缝

1. 现象

连续钢构桥施工过程中及运行后箱梁腹板、底板出现明显的裂缝。

2. 原因分析

设计不合理，基础不稳定，施工不规范。

3. 防治措施

(1) 选择合适的箱梁下缘曲线。大跨径连续刚构桥多采用变截面箱梁，底板下缘曲线常采用半立方抛物线和二次抛物线。

(2) 改善预应力筋的布置。大跨径连续钢构在对称纵向荷载作用下，截面将产生纵向翘曲位移，且会在顶底板横向不同位置产生纵向位移差。

(3) 施工时应严格按横、竖向预应力张拉顺序进行张拉。改善预应力分布状态的最好方法是“滞后张拉”，即张拉的预应力筋离节段断部或合龙段应有足够的距离。为保证混凝土上的预应力分布较为均匀，且与设计标准间偏差较小，所有纵向预应力索应在每个节段都下弯，以保证施工过程中“滞后张拉”区段上的主拉应力较小。

(4) 在中跨跨中及悬臂中部设置横隔板，以提高箱梁畸变刚度。

(5) 合理布置桥梁跨径以保证足够的截面尺寸。适当增加梁高可增加主梁刚度，改善主梁应力状态。

(6) 充分考虑非线性温差及活载影响问题。非线性温差及活载将在边跨现浇段上缘产生较大的拉应力，合理的温度取值对结构的安全性非常重要。

(7) 强化基础稳定工作。地基的不均匀沉降是桥梁产生裂缝的原因之一，因此应加强对基础施工的管理。

(8) 合理选择支座形式。设计时若只注意纵向支座的固定或者滑动类型，而不注意横

向，把横向都设置成固定的，就很容易导致开裂现象发生。

(9) 重视工后裂缝控制工作。除了应在设计及施工阶段对裂缝进行严格控制外，还应加强完工后的裂缝控制工作，应尽量避免超载发生。为约束箱梁裂缝的进一步发展，可采用环氧树脂或建筑结构胶将钢板、钢筋或玻璃钢等抗拉强度高的材料，粘贴在钢筋混凝土受弯和受剪构件表面，并用对穿螺栓或种植钢筋固定。

(10) 其他可参见本手册第18章“混凝土工程”中18.5“混凝土裂缝”的相关内容。

50.7.3 墩顶0号梁段开裂

1. 现象

墩顶0号梁段处发生开裂。

2. 原因分析

墩、梁交接处受力状态不好以及箱梁0号梁段混凝土的抗裂性能较差。

3. 防治措施

箱梁0号梁段横隔板的厚度不宜太厚，应尽可能与顶板、腹板的刚度匹配，其竖向预应力可延伸至墩顶以下5～10m，以改善墩、梁交接处的受力状态；设置足够的底板钢筋；在箱梁0号梁段内、外主筋的表面设置防裂钢筋网片，同时可在箱梁0号梁段的混凝土中加入抗混凝土开裂的杜拉纤维或钢纤维，以提高结构的抗裂性能。

50.7.4 桥墩墩身裂缝

1. 现象

连续钢构桥施工过程中及运行后，桥墩的墩身出现明显的裂缝。

2. 原因分析

设计不合理，受力钢筋配置不足或施工不规范，混凝土施工质量不高等。

3. 防治措施

设计中除了应配置足够的受力钢筋外，还应在主筋的外表面设置防裂钢筋网片，同时还应在混凝土中加入一定比例的抗裂防水膨胀剂。

50.8 独墩单铰支座曲线梁桥

50.8.1 梁体外移

1. 现象

梁体结构径向变位不能回复，导致梁体外移量逐年增加，当径向变位累积到一定量后，梁体有脱落、失稳可能。

2. 原因分析

内因是曲线梁桥的支承体系；外因则是温度变化、车辆的离心力、预应力等导致梁体径向变位、梁体扭转变形等不利因素的作用。预应力对曲线梁桥支反力的影响有两个方面，即预应力在径向截面内造成的扭矩以及预应力使曲线梁体外移后由恒载产生的额外扭矩，若曲线梁桥的抗扭墩仅设置在曲线两端，则这种扭矩对曲线梁桥的支反力将造成巨大影响，这时支座会产生环向鼓包、开裂，同时，支座下的盖梁也会因此而产生剪切裂缝。

3. 防治措施

(1) 曲线梁桥应尽量不采用单铰支承形式，采用时，必须在设计阶段周密考虑温度、预应力等因素，对曲线梁进行详尽的结构空间分析，并进行必要的修正，精心考虑曲线梁桥的支承形式并合理选择最佳的桥梁支座形式。

(2) 温度变化以及车辆离心力造成的梁体移位，可以通过支座的限位措施来解决，曲线梁体的扭转变形可以通过增设抗扭墩来解决，预应力对曲线梁（尤其是支座反力）的影响主要是在建造阶段，对支座脱空问题采用调整支座预偏心以及增设抗扭墩将会取得良好的效果。

(3) 掌握曲线梁桥结构在温度变化、预应力等因素作用下的反应是曲线梁桥病害整治的基础，加强有关曲线梁桥的径向累积位移及扭转变形的控制则是病害整治的关键，要达到这个目标便要从改善其支承体系入手，对不受地形、地貌以及结构要求限制的独墩柱，应尽量改为抗扭墩，另外，对大跨独墩单支座曲线梁桥可建立永久的变位监测点，以准确掌握其结构状态，确保其能得到必要的结构维护及早期安全预警信息，以避免安全事故发生。

50.8.2　单铰橡胶支座变形严重

1. 现象

单铰橡胶支座变形严重，部分支座发生环向开裂而失效。

2. 原因分析

同 50.8.1“梁体外移”的原因分析。

3. 防治措施

同 50.8.1“梁体外移”的防治措施。

50.8.3　曲线梁端头抗扭墩一侧支座脱空

1. 现象

曲线梁端头抗扭墩上的双支座由于梁体的扭转变形而导致一侧支座脱空，改变了梁体的支承体系，使结构成为不稳定体系。

2. 原因分析

同 50.8.1“梁体外移”的原因分析。

3. 防治措施

同 50.8.1“梁体外移”的防治措施。

50.8.4　曲线梁端头的双支座抗扭墩盖梁开裂

1. 现象

曲线梁端头的双支座抗扭墩盖梁由于一侧支座脱空，另一侧支座受力过大而引起盖梁开裂。

2. 原因分析

同 50.8.1“梁体外移”的原因分析。

3. 防治措施

同 50.8.1“梁体外移”的防治措施。

附　录

附录一　本手册采用的国家标准和行业标准目录索引

1　建 筑 建 设

规范编号	规 范 名 称	规范编号	规 范 名 称
GB 50016—2006	建筑设计防火规范	GB/T 50103—2010	总图制图标准
GB 50045—2001（2005年版）	高层民用建筑设计防火规范	GB/T 50104—2010	建筑制图标准
		GB/T 50362—2005	住宅性能评定技术标准
GB 50096—2011	住宅设计规范	GB/T 50378—2006	绿色建筑评价标准
GB 50176—1993	民用建筑热工设计规范	GB/T 50504—2009	民用建筑设计术语标准
GB 50352—2005	民用建筑设计通则	GB/T 50662—2011	水工建筑物抗冰冻设计规范
GB 50368—2005	住宅建筑规范	JGJ 117—1998	修缮工程查勘与设计规程
GB 50555—2010	民用建筑节水设计标准	JGJ/T 229—2010	民用建筑绿色设计规范
GB/T 50001—2010	房屋建筑制图统一标准	CECS179：2009	健康住宅建设技术规程

2　建 筑 结 构

规范编号	规 范 名 称	规范编号	规 范 名 称
GB 50009—2012	建筑结构荷载规范	GB 50292—1999	民用建筑可靠性鉴定标准
GB 50010—2010	混凝土结构设计规范	GB/T 50344—2004	建筑结构检测技术标准
GB 50011—2010	建筑抗震设计规范	GB 50429—2007	铝合金结构设计规范
GB 59023—2009	建筑抗震鉴定标准	GB/T 50083—1997	建筑结构设计术语和符号标准
GB 50068—2001	建筑结构可靠度设计统一标准	GB/T 50105—2010	建筑结构制图标准
GB 50135—2006	高耸结构设计规范	GB/T 50344—2004	建筑结构检测技术规程
GB 50144—2008	工业建筑可靠性鉴定标准	GB/T 50476—2008	混凝土结构耐久性设计规范
GB 50153—2008	工程结构可靠性设计统一标准	CECS252：2009	火灾后建筑结构鉴定标准

3　建筑材料及试验

规范编号	规 范 名 称	规范编号	规 范 名 称
GB 175—2007	通用硅酸盐水泥	GB 2518—2008	连续热镀锌钢板及钢带
GB 326—2007	石油沥青纸胎油毡	GB 8076—2008	混凝土外加剂
GB 1499.1—2008	钢筋混凝土钢　第1部分：热轧光圆钢筋	GB 8239—1997	普通混凝土小型空心砌块
		GB 11968—2006	蒸压加气混凝土砌块
GB 1499.2—2007	钢筋混凝土钢　第2部分：热轧带肋钢筋	GB 12952—2011	聚氯乙烯（PVC）防水卷材
		GB 12953—2003	氯化聚乙烯防水卷材

续表

规范编号	规范名称	规范编号	规范名称
GB 13545—2003	烧结空心砖和空心砌块	GB/T 11263—2010	热轧H型钢和剖分T型钢
GB 13788—2008	冷轧带肋钢筋	GB/T 12470—2003	埋弧焊用低合金高焊丝和焊剂
GB 16776—2005	建筑用硅酮结构密封胶	GB/T 13477—2002	建筑密封材料试验方法
GB 18967—2009	改性沥青聚乙烯胎防水卷材	GB/T 14684—2011	建设用砂
GB 50574—2010	墙体材料应用统一技术规范	GB/T 14685—2011	建设用卵石、碎石
GB/T 176—2008	水泥化学分析方法	GB/T 14957—1994	熔化焊用焊丝
GB/T 228.1—2010	金属材料拉伸试验第1部分：室温试验方法	GB/T 15229—2011	轻集料混凝土小型空心砌块
GB/T 700—2006	碳素结构钢	GB/T 16777—2008	建筑防水涂料试验方法
GB/T 701—2008	低碳钢热轧圆盘条	GB/T 17431.2—2010	轻集料及其试验方法第2部分：轻集料试验方法
GB/T 983—2012	不锈钢焊条	GB/T 17493—2008	低合金钢药芯焊丝
GB/T 1345—2005	水泥细度检验方法（筛析法）	GB/T 17656—2008	混凝土模板用胶合板
GB/T 1346—2011	水泥标准稠度用水量、凝结时间、安全性检验方法	GB/T 17671—1999	水泥胶砂强度检验方法（ISO法）
GB/T 1591—2008	低合金高强度结构钢	GB/T 18046—2008	用于水泥和混凝土中的粒化高炉矿渣粉
GB/T 1596—2005	用于水泥和混凝土中的粉煤灰	GB/T 18601—2009	天然花岗石建筑板材
GB/T 2015—2005	白色硅酸盐水泥	GB/T 18736—2002	高强高性能混凝土用矿物外加剂
GB/T 3810—2006	陶瓷砖试验方法	GB/T 20065—2006	预应力混凝土用螺纹钢筋
GB/T 3183—2003	砌筑水泥	GB/T 20474—2006	玻纤胎沥青瓦
GB/T 4100—2006	陶瓷砖	GB/T 21149—2007	烧结瓦
GB/T 4812—2006	特级原木	JGJ 52—2006	普通混凝土用砂、石质量及检验方法标准
GB/T 5117—2012	非合金钢及细晶粒钢焊条	JGJ/ T 191—2009	建筑材料术语标准
GB/T 5118—2012	热强钢焊条	JGJ/T 240—2011	再生骨料应用技术规程
GB/T 5223—2002	预应力混凝土用钢丝	JG 161—2004	无粘结预应力钢绞线
GB/T 5224—2003	预应力混凝土用钢绞线	JG/T 369—2012	缓粘结预应力钢绞线
GB/T 5293—1999	埋弧焊用碳钢焊丝和焊剂	JC 746—2007	混凝土瓦
GB/T 5574—2008	工业用橡胶板	JC/T 456—2005	陶瓷马赛克
GB/T 8110—2008	气体保护电弧焊用碳钢、低合金钢焊丝	JC/T 738—2004	水泥强度快速检验方法
GB/T 9755—2001	合成树脂乳液外墙涂料	JC/T 400—2012	再生骨料地面砖和透水砖
GB/T 9756—2009	合成树脂乳液内墙涂料		
GB/T 9757—2001	溶剂性外墙涂料		
GB/T 10045—2001	碳钢药芯焊丝		

4 测 量 工 程

规范编号	规范名称
GB 50026—2007	工程测量规范
GB 50308—2008	城市轨道交通工程测量规范
CB/T 50228—2011	工程测量基本术语标准
JGJ 8—2007	建筑变形测量规范
CJJ/T 73—2010	卫星定位城市测量技术规范

5 土 方 工 程

规范编号	规范名称
GB 50021—2001 (2009 年版)	岩土工程勘察规范
GB 50201—2012	土方与爆破工程施工及验收规范
GB 50290—1998	土工合成材料应用技术规范
GB 50330—2002	建筑边坡工程技术规范
GB 50843—2013	建筑边坡工程鉴定与加固技术规范
GB 50862—2013	爆破工程工程量计算规范
GB/T 50123—1999	土工试验方法标准
GB/T 50145—2007	土的工程分类标准
GB/T 50279—1998	岩土工程基本术语标准
JGJ 72—2004	高层建筑岩土工程勘察规程
JGJ 180—2009	建筑施工土石方工程安全技术规范

6 地基基础工程

规范编号	规范名称
GB 50007—2011	建筑地基基础设计规范
GB 50025—2004	湿陷性黄土地区建筑规范
GB 50086—2001	锚杆喷射混凝土支护技术规范
GB 50112—2013	膨胀土地区建筑技术规范
GB 50202—2002	建筑地基基础工程施工质量验收规范
GB 50497—2009	建筑基坑工程监测技术规范
GB 50739—2011	复合土钉墙基坑支护技术规范
GB/T 50783—2012	复合地基技术规范
JGJ 6—2011	高层建筑筏形与箱形基础技术规范
JGJ 79—2012	建筑地基处理技术规范
JGJ 120—2012	建筑基坑支护技术规程
JGJ 167—2009	湿陷性黄土地区建筑基坑工程安全技术规程
JGJ/T 87—2012	建筑工程地质勘探与取样技术规程
JGJ/T 111—1998	建筑与市政降水工程技术规范
JGJ/T 187—2009	塔式起重机混凝土基础工程技术规程
JGJ/T 197—2010	混凝土预制拼装塔机基础技术规程
JGJ/T 199—2010	型钢水泥土搅拌墙技术规程
JGJ/T 211—2010	建筑工程水-水玻璃双液注浆技术规程
JGJ/T 233—2011	水泥土配合比设计规程
JGJ/T 282—2012	高压喷射扩大头锚杆技术规程
CECS 22：2005	岩土锚杆（索）技术规程
CECS 96：1997	基坑土钉支护技术规程
CECS 279：2011	强夯地基处理技术规程

7 桩 基 工 程

规范编号	规范名称
JGJ 94—2008	建筑桩基技术规范
JGJ 106—2003	建筑基桩检测技术规范
JGJ 135—2007	载体桩设计规程
JGJ/T 186—2009	逆作复合桩基技术规程
JGJ/T 187—2009	塔式起重机混凝土桩基工程技术规程
JGJ/T 210—2010	刚-柔型桩复合地基技术规程

续表

规范编号	规范名称	规范编号	规范名称
JGJ/T 213—2010	现浇混凝土大直径管桩复合地基技术规程	JTJ 261—1997	港口工程预应力混凝土大直径管桩设计与施工规程
JGJ/T 225—2010	大直径扩底灌注桩技术规程	JTJ 285—2000	港口工程嵌岩桩设计与施工规程
JTJ 254—1998	港口工程桩基规范	JTS 167—1—2010	高桩码头设计与施工规范

8　模板与脚手架工程

规范编号	规范名称	规范编号	规范名称
GB 15831—2006	钢管脚手架扣件	JGJ 166—2008	建筑施工碗扣式钢管脚手架安全技术规范
GB 50113—2005	滑动模板工程技术规范		
GB 50214—2001	组合钢模板技术规范	JGJ 183—2009	液压升降整体脚手架安全技术规程
GB 50829—2013	租赁模板脚手架维修保养技术规范	JGJ 195—2010	液压爬升模板工程技术规程
JGJ 74—2003	建筑工程大模板技术规程	JGJ 202—2010	建筑施工工具式脚手架安全技术规范
JGJ 96—2011	钢框胶合板模板技术规程		
JGJ 128—2010	建筑施工门式钢管脚手架安全技术规范	JGJ 231—2010	建筑施工承插型盘扣式钢管支架安全技术规程
JGJ 130—2011	建筑施工扣件式钢管脚手架安全技术规范	JGJ 254—2011	建筑施工竹脚手架安全技术规范
		JGJ/T 194—2009	钢管满堂支架预压技术规程
JGJ 162—2008	建筑施工模板安全技术规范	JG/T 3032—1995	预制混凝土构件钢模板
JGJ 164—2008	建筑施工木脚手架安全技术规范	DBJ 01—89—2004	全钢大模板应用技术规程

9　钢筋工程

规范编号	规范名称	规范编号	规范名称
GB/T 1499.3—2010	钢筋混凝土用钢第3部分：钢筋焊接网	JGJ/T 152—2008	混凝土中钢筋检测技术规程
JGJ 18—2012	钢筋焊接及验收规程	JGJ/T 192—2009	钢筋阻锈剂应用技术规程
JGJ 19—2010	冷拔低碳钢丝应用技术规程	JG 190—2006	冷轧扭钢筋
JGJ 107—2010	钢筋机械连接技术规程	JG/T 398—2012	钢筋连接用灌浆套筒
JGJ/T 27—2001	钢筋焊接接头试验方法标准	JG 171—2005	镦粗直螺纹钢筋接头

10　混凝土工程

规范编号	规范名称	规范编号	规范名称
GBJ 146—1990	粉煤灰混凝土应用技术规范	GB/T 9142—2000	混凝土搅拌机
GB 23439—2009	混凝土膨胀剂	GB/T 14902—2012	预拌混凝土
GB 50119—2013	混凝土外加剂应用技术规范	GB/T 50080—2002	普通混凝土拌合物性能试验方法标准
GB 50164—2011	混凝土质量控制标准		
GB 50496—2009	大体积混凝土施工规范	GB/T 50081—2002	普通混凝土力学性能试验方法标准

续表

规范编号	规范名称	规范编号	规范名称
GB/T 50082—2009	普通混凝土长期性能和耐久性能试验方法标准	JGJ/T 178—2009	补偿收缩混凝土应用技术规程
GB/T 50107—2010	混凝土强度检验评定标准	JGJ/T 193—2009	混凝土耐久性检验评定标准
GB/T 50557—2010	重晶石防辐射混凝土应用技术规范	JGJ/T 221—2010	纤维混凝土应用技术规程
GB/T 50733—2011	预防混凝土碱骨料反应技术规范	JGJ/T 241—2011	人工砂混凝土应用技术规程
JGJ 51—2002	轻骨料混凝土技术规程	JGJ/T 281—2012	高强混凝土应用技术规程
JGJ 55—2011	普通混凝土配合比设计规程	JGJ/T 283—2012	自密实混凝土应用技术规程
JGJ 63—2006	混凝土用水标准	JG/T 266—2011	泡沫混凝土
JGJ 169—2009	清水混凝土应用技术规程	JC 475—2004	混凝土防冻剂
JGJ/T 15—2008	早期推定混凝土强度试验方法标准	JC 477—2005	喷射混凝土用速凝剂
JGJ/T 17—2008	蒸压加气混凝土建筑应用技术规程	JC/T 907—2002	混凝土界面处理剂
JGJ/T 23—2011	回弹法检测混凝土抗压强度技术规程	CECS 02：2004	自密实混凝土设计与施工指南
		CECS 13：2009	钢纤维混凝土试验方法
		CECS 21：2000	超声法检测混凝土缺陷技术规程
		CECS 203：2006	自密实混凝土应用技术规程
		CECS 207：2006	高性能混凝土应用技术规程

11　砌 体 工 程

规范编号	规范名称	规范编号	规范名称
GB 50003—2011	砌体结构设计规范	JGJ/T 98—2010	砌筑砂浆配合比设计规程
GB 50203—2011	砌体结构工程施工质量验收规范	JGJ/T 136—2001	贯入法检测砌筑砂浆抗压强度技术规程
GB 50211—2004	工业炉砌筑工程施工及验收规范	JGJ/T 201—2010	石膏砌块砌体技术规程
GB 50309—2007	工业炉砌筑工程质量验收规范	JGJ/T 223—2010	预拌砂浆应用技术规程
GB 50574—2010	墙体材料应用统一技术规范	JGJ/T 228—2010	植物纤维工业灰渣混凝土砌块建筑技术工程
GB/T 15229—2011	轻集料混凝土小型空心砌块	JC 860—2008	混凝土小型空心砌块和混凝土砖砌筑砂浆
GB/T 50129—2011	砌体基本力学性能试验方法标准	JC 861—2008	混凝土砌块（砖）砌体用灌孔混凝土
GB/T 50315—2011	砌体工程现场检测技术标准	JC/T 862—2008	粉煤灰混凝土小型空心砌块
JGJ 137—2001	多孔砖砌体结构技术规范	CECS 256：2009	蒸压粉煤灰砖建筑技术规范
JGJ 217—2010	纤维石膏空心大板复合墙体结构技术规程	CECS 257：2009	混凝土砖建筑技术规范
JGJ/T 14—2011	混凝土小型空心砌块建筑技术规程	CECS 281：2010	自承重砌体墙技术规程
JGJ/T 17—2008	蒸压加气混凝土建筑应用技术规程	CECS 289：2011	蒸压加气混凝土砌块砌体结构技术规范
JGJ/T 70—2009	建筑砂浆基本性能试验方法标准	CECS 293：2011	房屋裂缝检测与处理技术规程

12 钢筋混凝土及钢-混结构工程

规范编号	规范名称	规范编号	规范名称
GB 15762—2008	蒸压加气混凝土板	JGJ/T 217—2010	纤维石膏空心大板复合墙体结构技术规程
GB 50010—2010	混凝土结构设计规范	JGJ/T 219—2010	混凝土结构用钢筋间隔件应用技术规程
GB 50204—2002（2011年版）	混凝土结构工程施工质量验收规范	JGJ/T 259—2012	混凝土结构耐久性修复与防护技术规程
GB 50628—2010	钢管混凝土工程施工质量验收规范	JGJ/T 258—2011	预制带肋底板混凝土叠合楼板技术规程
GB 50666—2011	混凝土结构工程施工规范	JGJ/T 268—2012	现浇混凝土空心楼盖技术规程
GB/T 50152—2012	混凝土结构试验方法标准	JGJ/T 273—2012	钢丝网架混凝土复合板结构技术规程
JGJ 3—2010	高层建筑混凝土结构技术规程	CECS 28：2012	钢管混凝土结构设计与施工规程
JGJ 12—2006	轻骨料混凝土结构技术规程	CECS 38：2004	钢纤维混凝土结构设计与施工规程
JGJ 22—2012	钢筋混凝土薄壳结构设计规程	CECS 175：2004	现浇混凝土空心楼盖结构技术规程
JGJ 95—2011	冷轧带肋钢筋混凝土结构技术规程	CECS 254：2012	实心与空心钢管混凝土结构技术规程
JGJ 114—2003	钢筋焊接网混凝土结构技术规程	CECS 280：2010	钢管结构技术规程
JGJ 115—2006	冷轧扭钢筋混凝土构件技术规程	DB11/T 491—2007	轻骨料混凝土隔墙板施工技术规程
JGJ 138—2001	型钢混凝土组合结构技术规程		
JGJ 149—2006	混凝土异形柱结构技术规程		
JGJ/T 10—2011	混凝土泵送施工技术规程		
JGJ/T 207—2010	装配箱混凝土空心楼盖结构技术规程		

13 预应力混凝土工程

规范编号	规范名称	规范编号	规范名称
GB/T 14040—2007	预应力混凝土空心板	JGJ/T 271—2012	混凝土结构工程无机材料后锚固技术规程
GB/T 14370—2007	预应力筋用锚具、夹具和连接器	JGJ/T 279—2012	建筑结构体外预应力加固技术规程
GB/T 50448—2008	水泥基灌浆材料应用技术规范	JG 161—2004	无粘结预应力钢绞线
JGJ 85—2010	预应力筋用锚具、夹具和连接器应用技术规程	JG 225—2007	预应力混凝土用金属波纹管
JGJ 140—2004	预应力混凝土结构抗震设计规程	JG/T 320—2011	预应力筋用液压镦头器
JGJ 145—2004	混凝土结构后锚固技术规程	JG/T 321—2011	预应力用液压千斤顶
JGJ 224—2010	预制预应力混凝土装配整体式框架结构技术规程	JG/T 370—2012	缓粘结预应力钢绞线专用粘合剂
JGJ 256—2011	钢筋锚固板应用技术规程	JG/T 387—2012	环氧涂层预应力钢绞线
JGJ/T 92—2004	无粘结预应力混凝土结构技术规程	CJJ/T 111—2006	预应力混凝土桥梁预制节段逐跨拼装施工技术规程
JGJ/T 208—2010	后锚固法检测混凝土抗压强度技术规程	CECS 52：2010	整体预应力装配式板柱结构技术规程
JGJ/T 226—2011	低张拉控制应力拉索技术规程	CECS 180：2005	建筑工程预应力施工规程
		CECS 212：2006	预应力钢结构技术规程

14 木结构工程

规范编号	规范名称	规范编号	规范名称
GB 50005—2003（2005年版）	木结构设计规范	GB/T 50329—2012	木结构试验方法标准
GB 50206—2012	木结构工程施工质量验收规范	GB/T 50361—2005	木骨架组合墙体技术规范
GB 50828—2012	防腐木材工程应用技术规范	GB/T 50708—2012	胶合木结构技术规范
GB/T 144—2003	原木检验	GB/T 50772—2012	木结构工程施工规范
GB/T 155—2006	原木缺陷	JGJ/T 265—2012	轻型木桁架技术规范

15 钢结构工程

规范编号	规范名称	规范编号	规范名称
GB 14907—2002	钢结构防火涂料	JGJ 227—2011	低层冷弯薄壁型钢房屋建筑技术规程
GB 50017—2003	钢结构设计规范		
GB 50018—2002	冷弯薄壁型钢结构技术规范	JGJ 257—2012	索结构技术规程
GB 50205—2001	钢结构工程施工质量验收规范	JGJ/T 249—2011	拱形钢结构技术规程
GB 50661—2011	钢结构焊接规范	JG 144—2002	门式钢架轻型房屋钢构件
GB 50755—2012	钢结构工程施工规范	JG/T 10—2009	钢网架螺栓球节点
GB/T 2975—1998	钢及钢产品力学性能试验取样位置及试样制备	JG/T 11—2009	钢网架焊接空心球节点
		JG/T 395—2012	建筑用膜材料制品
GB/T 50621—2010	钢结构现场检测技术标准	YB 3301—2005	焊接H型钢
JGJ 7—2010	空间网格结构技术规程	CECS 102：2002（2012年版）	门式刚架轻型房屋钢结构技术规程
JGJ 81—2002	建筑钢结构焊接技术规程		
JGJ 82—2011	钢结构高强度螺栓连接技术规程	CECS 226：2007	栓钉焊接技术规程
JGJ 99—1998	高层民用建筑钢结构技术规程	CECS 300：2011	钢结构钢材选用与检验技术规程
JGJ 209—2010	轻型钢结构住宅技术规程	DB11/T 743—2010	膜结构施工质量验收规范

16 防水工程

规范编号	规范名称	规范编号	规范名称
GB 7106—2008	建筑外门窗气密、水密、抗风压性能分级及检测方法	JGJ/T 291—2012	现浇塑性混凝土防渗芯墙施工技术规程
GB 23440—2009	无机防水堵漏材料	JC/T 408—2005	水性乳沥青防水涂料
GB 50108—2008	地下工程防水技术规范	JC/T 902—2002	建筑表面用有机硅防水剂
GB 50208—2011	地下防水工程质量验收规范	CJJ 139—2010	城市桥梁桥面防水工程技术规程
GB/T 19250—2003	聚氨酯防水涂料		
JGJ/T 53—2011	房屋渗漏修缮技术规程	CJJ/T 53—1993	民用房屋修缮工程施工规程
JGJ/T 200—2010	喷涂聚脲防水工程技术规程	CECS 195：2006	聚合物水泥、渗透结晶型防水材料应用技术规程
JGJ/T 212—2010	地下工程渗漏治理技术工程		
JGJ/T 235—2011	建筑外墙防水工程技术规程	CECS 196：2006	建筑室内防水工程技术规程

17 屋面工程

规范编号	规范名称	规范编号	规范名称
GB 50207—2012	屋面工程质量验收规范	JGJ 155—2007	种植屋面工程技术规程
GB 50345—2012	屋面工程技术规范	JGJ 230—2010	倒置式屋面工程技术规程
GB 50404—2007	硬泡聚氨酯保温防水工程技术规范	JGJ 255—2012	采光顶与金属屋面技术规程
		JG/T 402—2013	热反射金属屋面板
GB 50693—2011	坡屋面工程技术规范	JC/T 1075—2008	种植屋面用耐根穿刺防水卷材

18 墙体保温及隔墙工程

规范编号	规范名称	规范编号	规范名称
GB 50404—2007	硬泡聚氨酯保温防水工程技术规范	JG 158—2004	胶粉聚苯颗粒外墙外保温系统
		JG/T 314—2012	聚氨酯硬泡复合保温板
JGJ 217—2010	纤维石膏空心大板复合墙体结构技术规程	JG/T 357—2012	水泥木丝板
		JG/T 366—2012	外墙保温用锚栓
JGJ 253—2011	无机轻集料砂浆保温系统技术规程	JG/T 396—2012	外墙用非承重纤维增强水泥板
		CECS 286：2011	建筑用无机集料阻燃木塑复合墙板应用技术规程
JGJ 289—2012	建筑外墙外保温防火隔离带技术规程		
		CECS 297：2011	乡村建筑外墙无机保温砂浆应用技术规程
JGJ 144—2009	外墙保温工程技术规程		
JGJ/T 157—2008	建筑轻质条板隔墙技术规程	CECS 301：2011	乡村建筑内隔墙板应用技术规程
JGJ/T 261—2011	外墙内保温工程技术规程	CECS 302：2011	乡村建筑外墙板应用技术规程
JGJ/T 269—2012	轻型钢丝网架聚苯板混凝土构件应用技术规程	DB11/T 491—2007	轻骨料混凝土隔墙板施工技术规程
JGJ/T 274—2012	装饰多孔砖夹心复合墙技术规程	DB11/T 537—2008	墙体内保温施工技术规程
		DB11/T 584—2008	外墙外保温施工技术规程

19 地面工程

规范编号	规范名称	规范编号	规范名称
GB 50037—1996	建筑地面设计规范	GB/T 50589—2010	环氧树脂自流平地面工程技术规范
GB 50209—2010	建筑地面工程施工质量验收规范		
		JGJ/T 172—2012	建筑陶瓷薄板应用技术规程
GB/T 15036.1—2001	实木地板技术条件	JGJ/T 175—2009	自流平地面工程技术规程
GB/T 15036.2—2001	实木地板检验和试验方法	WB/T 1016—2002	木地板铺设面层检验规范
GB/T 18103—2000	实木复合地板	CECS 191：2005	木质地板铺装工程技术规程

20 建筑防腐蚀工程

规范编号	规范名称	规范编号	规范名称
GB 50046—2008	工业建筑防腐蚀设计规范	GB 50224—2010	建筑防腐蚀工程施工质量验收规范
GB 50212—2002	建筑防腐蚀工程施工及验收规范	GB 50726—2011	工业设备及管道防腐蚀工程施工规范

续表

规范编号	规范名称	规范编号	规范名称
GB 50727—2011	工业设备及管道防腐蚀工程施工质量验收规范	GB/T 8923.1—2011	涂覆涂料前钢材表面处理　表面清洁度的目视评定　第1部分：未涂覆过的钢材表面和全面清除原有涂层后的钢材表面的锈蚀等级和处理等级
GB/T 50538—2010	埋地钢质管道防腐保温层技术标准	JGJ/T 251—2011	建筑钢结构防腐蚀技术规程
GB/T 50590—2010	乙烯基酯树脂防腐蚀工程技术规范	CECS 01：2004	呋喃树脂防腐蚀工程技术规程

21　幕　墙　工　程

规范编号	规范名称	规范编号	规范名称
GB 16776—2005	建筑用硅酮结构密封胶	JGJ/T 139—2001	玻璃幕墙工程质量检验标准
GB/T 14683—2003	硅酮建筑密封膏	JG/T 260—2009	建筑幕墙用高压热固化木纤维板
JGJ 102—2003	玻璃幕墙工程技术规范	JG/T 324—2011	建筑幕墙用陶板
JGJ 133—2001	金属与石材幕墙工程技术规范	JC/T 882—2001	幕墙玻璃接缝用密封胶
JGJ 168—2009	建筑外墙清洗维护技术规程	CECS 231：2007	铝塑复合板幕墙工程施工及验收规程

22　门窗与铝合金结构工程

规范编号	规范名称	规范编号	规范名称
GB 17565—2007	防盗安全门通用技术条件	JGJ 237—2011	建筑遮阳工程技术规范
GB 50576—2010	铝合金结构工程施工质量验收规范	JGJ/T 151—2008	建筑门窗玻璃幕墙热工计算规程
		JGJ/T 205—2010	建筑门窗工程检测技术规程
GB/T 5824—2008	建筑门窗洞口尺寸系列	JGJ/T 216—2010	铝合金结构工程施工规程
JGJ 103—2008	塑料门窗工程技术规程	JG/T 231—2007	建筑玻璃采光顶
JGJ 113—2009	建筑玻璃应用技术规程	JG/T 392—2012	建筑用钢木室内门
JGJ 214—2010	铝合金门窗工程技术规范	JC/T 485—2007	建筑窗用弹性密封胶

23　装　饰　装　修　工　程

规范编号	规范名称	规范编号	规范名称
GB 50210—2001	建筑装饰装修工程质量验收规范	GB/T 19766—2005	天然大理石建筑板材
		JGJ 110—2008	建筑工程饰面砖粘结强度检验标准
GB 50222—1995（2001年版）	建筑内部装修设计防火规范	JGJ 126—2000	外墙饰面砖工程施工及验收规程
GB 50327—2001	住宅装饰装修工程施工规范	JGJ 168—2009	建筑外墙清洗维护技术规程
GB 50354—2005	建筑内部装修防火施工及验收规范	JGJ 169—2009	清水混凝土应用技术规程
GB 50854—2013	房屋建筑与装饰工程工程量计算规范	JGJ/T 29—2003	建筑涂饰工程施工及验收规程
		JGJ/T 105—2011	机械喷涂抹灰施工规程

续表

规范编号	规范名称	规范编号	规范名称
JGJ/T 172—2012	建筑陶瓷薄板应用技术规程	JC/T 517—2004	粉刷石膏
JGJ/T 220—2010	抹灰砂浆技术规程	JC/T 547—2005	陶瓷墙地砖胶粘剂
JGJ/T 238—2011	混凝土基层喷浆处理技术规程	JC/T 670—2005	矿渣棉装饰吸声板
JGJ/T 244—2011	房屋建筑室内装饰装修制图标准	JC/T 799—2007	装饰石膏板
		JC/T 803—2007	吸声用穿孔石膏板
JG/T 26—2002	外墙无机建筑涂料	CECS 255：2009	建筑室内吊顶工程技术规程
JG/T 298—2010	建筑室内用腻子	DG/TJ 08—504—2000	外墙涂料工程应用技术规程
JG/T 348—2011	纤维增强混凝土装饰墙板		

24 给排水与暖通空调工程

规范编号	规范名称	规范编号	规范名称
GB 50015—2003	建筑给水排水设计规范	JGJ 158—2008	蓄冷空调工程技术规程
GB 50019—2003	采暖通风与空气调节设计规范	JGJ 174—2010	多联机空调系统工程技术规程
GB 50184—2011	工业金属管道工程施工质量验收规范	JGJ/T 260—2011	采暖通风与空气调节工程检测技术规程
GB 50185—2010	工业设备及管道绝热工程施工质量验收规范	CJJ 63—2008	聚乙烯燃气管道工程技术规程
		CJJ 94—2009	城镇燃气室内工程施工与质量验收规范
GB 50242—2002	建筑给水排水及采暖工程施工质量验收规范	CJJ 101—2004	埋地聚乙烯给水管道工程技术规程
GB 50243—2002	通风与空调工程施工质量验收规范	CJJ 122—2008	游泳池给水排水工程技术规程
GB 50268—2008	给水排水管道工程施工及验收规范	CJJ 123—2008	镇（乡）村给水工程技术规程
		CJJ 124—2008	镇（乡）村排水工程技术规程
GB 50364—2005	民用建筑太阳能热水系统应用技术	CJJ 127—2009	建筑排水金属管道工程技术规程
GB 50374—2006	通信管道工程施工及验收规范	CJJ 138—2010	城镇地热供热工程技术规程
GB 50495—2009	太阳能供热采暖工程技术规范	CJJ 143—2010	埋地塑料排水管道工程技术规程
GB 50738—2011	通风与空调工程施工规范		
GB 50787—2012	民用建筑太阳能空调工程技术规范	CJJ/T 29—2010	建筑排水塑料管道工程技术规程
GB/T 50106—2010	建筑给水排水制图标准	CJJ/T 78—2010	供热工程制图标准
GB/T 50114—2010	暖通空调制图标准	CJJ/T 98—2003	建筑给水聚乙烯管道工程技术规程
GB/T 50125—2010	给水排水工程基本术语标准	CJJ/T 154—2011	建筑给水金属管道工程技术规程
GB/T 50349—2005	建筑给水聚丙烯管道工程技术规范	CJJ/T 155—2011	建筑给水复合管道工程技术规程
JGJ 141—2004	通风管道技术规程	CJJ/T 165—2011	建筑排水复合管道工程技术规程
JGJ 142—2012	辐射供暖供冷技术规程		

25　建筑电气安装工程

规范编号	规范名称	规范编号	规范名称
GB 50034—2004	建筑照明设计标准	GB 50310—2002	电梯工程施工质量验收规范
GB 50057—2010	建筑物防雷设计规范	GB 50311—2007	综合布线工程设计规范
GB 50147—2010	电气装置安装工程　高压电器施工及验收规范	GB 50312—2007	综合布线工程验收规范
GB 50149—2010	电气装置安装工程　母线装置施工及验收规范	GB 50343—2012	建筑物电子信息系统防雷技术规范
GB 50168—2006	电气装置安装工程　电缆线路施工及验收规范	GB 50389—2006	750kV 架空送电线路施工及验收规范
GB 50169—2006	电气装置安装工程　接地装置施工及验收规范	GB 50575—2010	1kV 及以下配线工程施工与验收规范
GB 50254—1996	电气装置安装工程　低压电器施工及验收规范	GB 50582—2010	室外作业场地照明设计标准
GB 50255—1996	电气装置安装工程　电力变流设备施工及验收规范	GB 50601—2010	建筑物防雷工程施工与质量验收规范
GB 50256—1996	电气装置安装工程　起重机电气装置施工及验收规范	GB 50617—2010	建筑电气照明装置施工与验收规范
GB 50257—1996	电气装置安装工程　爆炸和火灾危险环境电气装置施工及验收规范	GB/T 10059—2009	电梯试验方法
		GB/T 10060—2011	电梯安装验收规范
		GB/T 50786—2012	建筑电气制图标准
		JGJ 16—2008	民用建筑电气设计规范
GB 50303—2002	建筑电气工程施工质量验收规范	JGJ 242—2011	住宅建筑电气设计规范

26　设备安装工程

规范编号	规范名称	规范编号	规范名称
GB 50126—2008	工业设备及管道绝热工程施工规范	GB 50275—2010	风机、压缩机、泵安装工程施工及验收规范
GB 50184—2011	工业金属管道工程施工质量验收规范	GB 50278—2010	起重设备安装工程施工及验收规范
GB 50185—2010	工业设备及管道绝热工程施工质量验收规范	GB 50387—2006	冶金机械液压、润滑和气动设备工程安装验收规范
GB 50231—2009	机械设备安装工程施工及验收通用规范	GB 50397—2007	冶金电气设备工程安装验收规范
GB 50235—2010	工业金属管道工程施工及验收规范	GB 50403—2007	炼钢机械设备工程安装验收规范
GB 50236—2011	现场设备、工业管道焊接工程施工规范	GB 50467—2008	微电子生产设备安装工程施工及验收规范
GB 50252—2010	工业安装工程施工质量验收统一标准	GB 50654—2011	有色金属工业安装工程质量验收统一标准
GB 50270—2010	输送设备安装工程施工及验收规范	GB 50683—2011	现场设备、工业管道焊接工程施工质量验收规范
GB 50273—2009	锅炉安装工程施工及验收规范	GB/T 50561—2010	建材工业设备安装工程施工及验收规范
GB 50274—2010	制冷设备、空气分离设备安装工程施工及验收规范	GB/T 50664—2011	棉纺织设备工程安装与质量验收规范

27 智能建筑工程

规范编号	规范名称	规范编号	规范名称
GB 50131—2007	自动化仪表工程施工质量验收规范	GB 50847—2012	住宅区和住宅建筑内光纤到户通信设施工程施工及验收规范
GB 50166—2007	火灾自动报警系统施工及验收规范	GB/T 50314—2006	智能建筑设计标准
GB 50198—2011	民用闭路监视电视系统工程技术规范	GB/T 50624—2010	住宅区和住宅建筑内通信设施工程验收规范
GB 50339—2013	智能建筑工程质量验收规范	JGJ 203—2010	民用建筑太阳能光伏系统应用技术规范
GB 50395—2007	视频安防监控系统工程设计规范	JGJ/T 179—2009	体育建筑智能化系统工程技术规程
GB 50396—2007	出入口控制系统工程设计规范	JGJ/T 264—2012	光伏建筑一体化系统运行与维护规范
GB 50606—2010	智能建筑工程施工规范		

28 古建工程

规范编号	规范名称	规范编号	规范名称
GB 50165—1992	古建筑木结构维护与加固技术规范	JC/T 765—2006	建筑琉璃制品
GB 50855—2013	仿古建筑工程计量规范	CJJ 39—1991	古建筑修建工程质量检验评定标准（北方地区）
JGJ 159—2008	古建筑修建工程施工及验收规范	CJJ 70—1996	古建筑修建工程质量检验评定标准（南方地区）

29 地下空间工程

规范编号	规范名称	规范编号	规范名称
GB 50213—2010	煤矿井巷工程质量验收规范	CJJ 6—2009	城镇排水管道维护安全技术规程
GB 50314—2004	人防工程施工及验收规范	CJJ 74—1999	城镇地道桥顶进施工及验收规程
GB 50374—2006	通信管道工程施工及验收规范	CJJ/T 164—2011	盾构隧道管片质量检测技术标准
GB 50446—2008	盾构法隧道施工与验收规范	CECS 246：2008	给水排水工程顶管技术规程
GB 50490—2009	城市轨道交通技术规范		
JGJ 165—2010	地下建筑工程逆作法技术规程		

30 抗震及既有建筑物改造工程

规范编号	规范名称	规范编号	规范名称
GBJ 117—1988	工业构筑物抗震鉴定标准	GB 50728—2011	工程结构加固材料安全性鉴定技术规范
GB 50223—2008	建筑工程抗震设防分类标准	JGJ 101—1996	建筑抗震试验方法规程
GB 50367—2006	混凝土结构加固设计规范	JGJ 116—2009	建筑抗震加固技术规程
GB 50550—2010	建筑结构加固工程施工质量验收规范	JGJ 123—2012	既有建筑地基基础加固技术规范
GB 50702—2011	砌体结构加固设计规范	JGJ 125—1999	危险房屋鉴定标准

续表

规范编号	规范名称	规范编号	规范名称
JGJ 147—2004	建筑拆除工程安全技术规范	CCJ/T 53—1993	民用房屋修缮工程施工规程
JGJ 161—2008	镇（乡）村建筑抗震技术规程	CECS 25：1990	混凝土结构加固技术规范
JGJ 248—2012	底部框架-抗震墙砌体房屋抗震技术规程	CECS 77：1996	钢结构加固技术规范
		CECS 78：1996	砖混结构房屋加层技术规范
JGJ 270—2012	建筑物倾斜纠偏技术规程	CECS 146：2003	碳纤维片材加固修复混凝土结构技术规程
JGJ/T 13—1994	设置钢筋混凝土构造柱多层砖房抗震技术规程		
		CECS 225：2007	建筑物移位纠倾增层改造技术规范
JGJ/T 97—2011	工程抗震术语标准		
JGJ/T 239—2011	建（构）筑物移位工程技术规程	CECS 293：2011	房屋裂缝检测与处理技术规程
		CECS 295：2011	建（构）筑物托换技术规程
JGJ/T 284—2010	结构加固修复用玻璃纤维布	CECS 325：2012	既有村镇住宅建筑抗震鉴定和加固技术规程
JGJ/T 289—2010	混凝土结构加固用聚合物砂浆		

31 工程构筑物

规范编号	规范名称	规范编号	规范名称
GB 50069—2002	给水排水工程构筑物结构设计规范	GB 50342—2003	混凝土电视塔结构技术规范
GB 50078—2008	烟囱工程施工及验收规范	GB 50393—2008	钢质石油储罐防腐蚀工程技术规范
GB 50094—2010	球形储罐施工规范		
GB 50128—2005	立式圆筒形钢制焊接储罐施工及验收规范	GB 50573—2010	双曲线冷却塔施工与质量验收规范
		GB 50669—2011	钢筋混凝土筒仓施工与质量验收规范
GB 50141—2008	给水排水构筑物工程施工及验收规范	GB 50860—2013	构筑物工程工程量计算规范
		CJJ 161—2011	污水处理卵形消化池工程技术规程
GB 50191—2012	构筑物抗震设计规范		

32 市政设施工程

规范编号	规范名称	规范编号	规范名称
GB 50092—1996	沥青路面施工及验收规范	GB 50642—2011	无障碍设施施工验收及维护规范
GB 50157—2003	地下铁道设计规范		
GB 50299—1999（2003 年版）	地下铁道工程施工及验收规范	GB 50652—2011	城市轨道交通地下工程建设风险管理规范
		GB 50715—2011	地铁工程施工安全评价标准
GB 50382—2006	城市轨道交通通信工程质量验收规范	GB 50857—2013	市政工程工程量计算规范
GB 50490—2009	城市轨道交通技术规范	GB 50861—2013	城市轨道交通工程工程量计算规范
GB 50578—2010	城市轨道交通信号工程施工质量验收规范	CJJ 1—2008	城镇道路工程与质量验收规范
GB 50614—2010	跨座式单轨交通施工及验收规范	CJJ 2—2008	城市桥梁工程施工与质量验收规范

续表

规范编号	规范名称
CJJ 11—2011	城市桥梁设计规范
CJJ 43—1991	热拌再生沥青混合料路面施工及验收规程
CJJ 74—1999	城镇地道桥顶进施工及验收规程
CJJ/T 111—2006	预应力混凝土桥梁预制节段逐跨拼装施工技术规程
CJJ/T 135—2009	透水水泥混凝土路面技术规程
CJJ/T 164—2011	盾构隧道管片质量检测技术标准
CJJ/T 190—2012	透水沥青路面技术规程
CECS 319：2012	双曲拱桥加固改造技术规程

33 建筑施工安全技术

规范编号	规范名称
GB 2811—2007	安全帽
GB 2894—2008	安全标志及其使用导则
GB 5144—2006	塔式起重机安全规程
GB 5725—2009	安全网
GB 6067.1—2010	起重机械安全规程
GB 6095—2009	安全带
GB 6722—2003	爆破安全规程
GB 7588—2003	电梯制造与安装安全规范
GB 26557—2011	吊笼有垂直导向的人货两用施工升降机
GB 13495—1992	消防安全标志
GB 15630—1995	消防安全标志设置要求
GB 19155—2003	高处作业吊篮
GB 50194—1993	建设工程施工现场供用电安全规范
GB 50348—2004	安全防范工程技术规范
GB 50484—2008	石油化工建设工程施工安全技术规范
GB 50720—2011	建设工程施工现场消防安全技术规范
GB/T 3787—2006	手持式电动工具的管理、使用、检查和维修安全技术规程
JGJ 33—2012	建筑机械使用安全技术规程
JGJ 59—2011	建筑施工安全检查标准
JGJ 80—1991	建筑施工高处作业安全技术规范
JGJ 88—2010	龙门架及井架物料提升机安全技术规范
JGJ 160—2008	施工现场机械设备检查技术规程
JGJ 184—2009	建筑施工作业劳动防护用品配备及使用标准
JGJ 196—2010	建筑施工塔式起重机安装、使用、拆卸安全技术规程
JGJ 215—2010	建筑施工升降机安装、使用、拆卸安全技术规程
JGJ 231—2010	建筑施工承插型盘扣式钢管支架安全技术规程
JGJ 276—2012	建筑施工起重吊装工程安全技术规范
JGJ 65—2014	液压滑动模板施工安全技术规程
JGJ 46—2005	施工现场临时用电安全技术规范
JGJ/T 77—2010	施工企业安全生产评价标准
JGJ/T 189—2009	建筑起重机械安全评估技术规程
CECS 266：2009	建设工程施工现场安全资料管理规程

34 建筑节能

规范编号	规范名称	规范编号	规范名称
GB 50189—2005	公共建筑节能设计标准	JGJ 134—2010	夏热冬冷地区居住建筑节能设计标准
GB 50411—2007	建筑节能工程施工质量验收规范	JGJ 176—2009	公共建筑节能改造技术规范
GB/T 50668—2011	节能建筑评价标准	JGJ/T 177—2009	公共建筑节能检测标准
GB/T 50801—2013	可再生能源建筑应用工程评价标准	JGJ/T 129—2012	既有采暖居住建筑节能改造技术规程
JGJ 26—2010	严寒和寒冷地区居住建筑节能设计标准	JGJ/T 267—2012	被动式太阳能建筑技术规范
		JGJ/T 132—2009	居住建筑节能检测标准
		JGJ/T 177—2009	公共建筑节能检测标准
JGJ 75—2012	夏热冬暖地区居住建筑节能设计标准	CECS 328：2012	农村住宅用能测试标准
		DBJ 01—602—97	民用建筑节能设计标准

35 环境保护

规范编号	规范名称	规范编号	规范名称
GBJ 122—1988	工业企业噪声测量规范	GB 50325—2010	民用建筑工程室内环境污染控制规范
GB 3095—2012	环境空气质量系数		
GB 5749—2006	生活饮用水卫生标准		
GB 3838—2002	地面水循环质量标准	GB/T 16705—1996	环境污染类别代码
GB 6566—2010	建筑材料放射性核素限量	GB/T 16706—1996	环境污染源类别代码
GB 12523—2011	环境排放标准		
GB 18582—2008	室内装饰装修材料　内墙涂料中有害物质限量	GB/T 50743—2012	工程施工废弃物再生利用技术规范
GB 18583—2008	室内装饰装修材料　胶粘剂中有害物质限量	JGJ 146—2004	建筑施工现场环境与卫生标准
GB 18587—2001	室内装饰装修材料　地毯、地毯衬垫及地毯胶粘剂中有害物质释放限量	CJJ 134—2009	建筑垃圾处理技术规范
		CJJ 82—2012	园林绿化工程施工及验收规范

36 建筑工程管理

规范编号	规范名称	规范编号	规范名称
国务院令第 279 号	建设工程质量管理条例	GB 50500—2013	建设工程工程量清单计价规范
GB 50178—1993	建筑气候区划标准	GB 50618—2011	房屋建筑和市政基础设施工程质量检测技术管理规范
GB 50300—2001	建筑工程施工质量验收统一标准	GB 50656—2011	建筑施工企业安全生产管理规范
GB 50319—2013	建设工程监理规范	GB/T 50326—2006	建设工程项目管理规范
GB 50434—2008	开发建设项目水土流失防治标准	GB/T 50328—2001	建设工程文件归档整理规范

续表

规范编号	规范名称	规范编号	规范名称
GB/T 50353—2005	建筑工程建筑面积计算规范	JGJ 35—1987	建筑气象参数标准
GB/T 50358—2005	建设项目工程总承包管理规范	JGJ 190—2010	建筑工程检测试验技术管理规范
GB/T 50375—2006	建筑工程施工质量评价标准	JGJ/T 104—2011	建筑工程冬期施工规程
GB/T 50378—2006	绿色建筑评价标准	JGJ/T 121—1999	工程网络计划技术规范
GB/T 50380—2006	工程建设设计企业质量管理规范	JGJ/T 185—2009	建筑工程资料管理规程
		JGJ/T 188—2009	施工现场临时建筑物技术规范
GB/T 50430—2007	工程建设施工企业质量管理规范	JGJ/T 198—2010	施工企业工程建设技术标准化管理规范
GB/T 50502—2009	建筑施工组织设计规范	JGJ/T 204—2010	建筑施工企业管理基础数据标准
GB/T 50531—2009	建设工程计价设备材料划分标准	JGJ/T 222—2011	建筑工程可持续性评价标准
GB/T 50640—2010	建筑工程绿色施工评价标准	JGJ/T 250—2011	建筑与市政工程施工现场专业人员职业标准
GB/T 50851—2013	建设工程人工材料设备机械数据标准	JGJ/T 292—2012	建筑工程施工现场视频监控技术规范

附录二 本手册法定计量单位与习用非法定计量单位换算关系

量的名称	习用非法定计量单位			法定计量单位			单位换算关系
	名称	国际符号	中文符号	名称	国际符号	中文符号	
长度	英寸	in	英寸	厘米	cm	厘米	1in＝2.54cm
力	千克力	kgf	千克力	牛顿	N	牛	1kgf＝9.80665N
	吨力	tf	吨力	千牛顿	kN	千牛	1tf＝9.80665kN
线分布力	千克力每米	kgf/m	千克力/米	牛顿每米	N/m	牛/米	1kgf/m＝9.80665N/m
	吨力每米	tf/m	吨力/米	千牛顿每米	kN/m	千牛/米	1tf/m＝9.80665kN/m
面分布力	千克力每平方米	kgf/m^2	千克力/$米^2$	牛顿每平方米（帕斯卡）	N/m^2（Pa）	牛/$米^2$（帕）	$1kgf/m^2$＝$9.80665N/m^2$（Pa）
面分布力	吨力每平方米	tf/m^2	吨力/$米^2$	千牛顿每平方米	kN/m^2	千牛/$米^2$	$1tf/m^2$＝$9.80665kN/m^2$
力矩、弯矩、扭矩	千克力米	kgf·m	千克力·米	牛顿米	N·m	牛·米	1kgf·m＝9.80665N·m
	吨力米	tf·m	吨力·米	千牛顿米	kN·m	千牛·米	1tf·m＝9.80665kN·m

续表

量的名称	习用非法定计量单位			法定计量单位			单位换算关系
	名 称	国际符号	中文符号	名 称	国际符号	中文符号	
压强	标准大气压	atm	标准大气压	兆帕斯卡	MPa	兆帕	1atm=0.101325MPa
	工程大气压	at	工程大气压	兆帕斯卡	MPa	兆帕	1at=0.0980665MPa
	毫米水柱	mmH_2O	毫米水柱	帕斯卡	Pa	帕	$1mmH_2O=9.80665Pa$（按水的密度为 $1g/cm^3$ 计）
	毫米汞柱	mmHg	毫米汞柱	帕斯卡	Pa	帕	1mmHg=133.322Pa
应力、材料强度	千克力每平方毫米	kgf/mm^2	千克力/毫米^2	兆帕斯卡	MPa	兆帕	$1kgf/mm^2=9.80665MPa$
	千克力每平方厘米	kgf/cm^2	千克力/厘米^2	兆帕斯卡	MPa	兆帕	$1kgf/cm^2=0.0980665MPa$
	吨力每平方米	tf/m^2	吨力/米^2	千帕斯卡	kPa	千帕	$1tf/m^2=9.80665kPa$
弹性模量、压缩模量	千克力每平方厘米	kgf/cm^2	千克力/厘米^2	兆帕斯卡	MPa	兆帕	$1kgf/cm^2=0.0980665MPa$
地基抗力刚度系数	吨力每三次方米	tf/m^3	吨力/米^3	千牛顿每三次方米	kN/m^3	千牛/米^3	$1tf/m^3=9.80665kN/m^3$
功、能、热量	千克力米	kgf·m	千克力·米	焦耳	J	焦	1kgf·m=9.80665J
	吨力米	tf·m	吨力·米	千焦耳	kJ	千焦	1tf·m=9.80665kJ
	国际蒸汽表卡	cal	卡	焦耳	J	焦	1cal=4.1868J
功率	千克力米每秒	kgf·m/s	千克力·米/秒	瓦特	W	瓦	1kgf·m/s=9.80665W
	千卡每小时	kcal/h	千卡/时	瓦特	W	瓦	1kcal/h=1.163W
	米制马力		马力	瓦特	W	瓦	1马力=735.499W
动力粘度	千克力秒每平方米	$kgf·s/m^2$	千克力·秒/米^2	帕斯卡秒	Pa·s	帕·秒	$1kgf·s/m^2=9.80665Pa·s$
	泊	P	泊	帕斯卡秒	Pa·s	帕·秒	1P=0.1Pa·s
发热量	千卡每立方米	$kcal/m^3$	千卡/米^2	千焦耳每立方米	kJ/m^3	千焦/米^3	$1kcal/m^3=4.1868kJ/m^3$
汽化热	千卡每千克	kcal/kg	千卡/千克	千焦耳每千克	kJ/kg	千焦/千克	1kcal/kg=4.1868kJ/kg
热负荷	千卡每小时	kcal/h	千卡/时	瓦特	W	瓦	1kcal/h=1.163W
传热系数	卡每平方厘米秒摄氏度	cal/（cm^2·s·℃）	卡（厘米^2·秒·℃）	瓦特每平方米开尔文	W/（m^2·K）	瓦/（米^2·开）	1cal/（cm^2·s·℃）=41868W/（m^2·K）
	千卡每平方米小时摄氏度	kcal/（m^2·h·℃）	千卡/（米^2·时·℃）	瓦特每平方米开尔文	W/（m^2·K）	瓦/（米^2·开）	1kcal/（m^2·h·℃）=1.163W/（m^2·K）
导热系数	卡每厘米秒摄氏度	cal/（cm·s·℃）	卡/（厘米·秒·℃）	瓦特每米开尔文	W/（m·K）	瓦/（米·开）	1cal/（cm·s·℃）=418.68W/（m·K）
	千卡每米小时摄氏度	kcal/（m·h·℃）	千卡/（米·时·℃）	瓦特每米开尔文	W/（m·K）	瓦/（米·开）	1kcal/（m·h·℃）=1.163W/（m·K）
比热容	千卡每千克摄氏度	kcal/（kg·℃）	千卡/（千克·℃）	千焦耳每千克开尔文	kJ/（kg·K）	千焦/（千克·开）	1kcal/（kg·℃）=4.1868kJ/（kg·K）
热阻率	米小时摄氏度每千卡	m·h·℃/kcal	米·时·℃/千卡	米开尔文每瓦特	m·K/W	米·开/瓦	1m·h·℃/kcal=（1/1.163）m·K/W

附录三　本手册所用物理量和计量单位符号索引

符号或代号	量的名称	计量单位名称	含　义
A		安[培]	
A	面积		
B	宽度		
b	宽度		
C			混凝土强度等级
C		库[仑]	
℃		摄氏度	
c	比热，保护层厚度		
cm		厘米	
cm^2		平方厘米	
cm^3		立方厘米	
cos			余弦
csc			余割
ctg			余切
D	直径，延伸率		
d		日（天）	
d	直径，厚度，深度		
dB		分贝	
DN		管材公称直径	
E	弹性模量，能		
e	偏心距		
F		法[拉]	
F	力		
f	强度，矢高，挠度		
g		克	
H			硬度
H	高度		
h	高度		
h		[小]时	
hm^2(ha)		公顷	
HB			布氏硬度
HR			洛氏硬度
Hz		赫[兹]	
I	电流，惯性矩		
i	序数		
J		焦[耳]	
K		开[尔文]	
V	刚度，系数		
k	系数		
kg		千克（公斤）	
kJ		千焦[耳]	
km		千米（公里）	
km^2		平方千米（平方公里）	
kN		千牛[顿]	
kPa		千帕[斯卡]	
kVA		千伏安	
kW		千瓦[特]	
L		升	
L	长度		
l	长度，跨度		
lg			常用对数
lim			极限
ln			自然对数
M			砂浆强度等级
M	弯矩，力矩		
m		米	
m^2		平方米	
m^3		立方米	
max			最大
mg		毫克	
min			最小
min		分	

续表

符号或代号	量的名称	计量单位名称	含　义	符号或代号	量的名称	计量单位名称	含　义
mL		毫升		T	周期,扭矩		
mm		毫米		t		吨	
mm^2		平方毫米		t	温度,时间		
mm^3		立方毫米		U	电压		
MPa		兆帕[斯卡]		V		伏[特]	
MU			砖、石、砌块强度等级	V	体积,剪力		
N		牛[顿]		var		乏	
N·m		牛顿米		W		瓦[特]	
N	轴向力			W	重量,含水率,功		
P			混凝土抗渗等级	Δ			[有限]增量
P	功率,预加力			δ	厚度,伸长率		
p	压强			ε	应变		
Pa		帕[斯卡]		η	[动力]粘度,效率		
pH			溶液酸碱度	θ	角度		
Q	电量,电荷,荷载,热量			λ	长细比,导热系数		
q	分布活荷载			μ	摩擦系数		
R	抗力,反力,半径,电阻			μm		微米	
r	半径			ν	运动粘度,泊松比		
rad		弧度		ξ	孔隙率		
S			钢材强度等级	π	圆周率		
s		秒		ρ	密度,配筋率		
s	间距			Σ			求和
sec			正割	σ_b	钢筋抗拉强度		
sin			正弦	σ_s	钢筋屈服点,极限强度		
T			木材强度等级	τ	剪应力,切应力		

续表

符号或代号	量的名称	计量单位名称	含 义	符号或代号	量的名称	计量单位名称	含 义
ψ	软化系数			≥			大于或等于，不小于
Ω		欧[姆]		@			相等中距，每个
≈			约等于	L			角钢
<			小于	[			槽钢
>			大于	—			扁钢，钢板
≤			小于或等于，不大于	ϕ			圆形，材料直径

注：[ ] 内的字，是在不致引起混淆的情况下可以省略的字；( ) 内的名词是其前者的同义词。

附录四 参 考 文 献

1 土建及安装工程常用技术标准分类索引. 见本手册附录一：本手册采用的国家标准和行业标准目录索引.
2 《建筑技术》《建筑工人》统一用词选用标准[M]. 北京：建筑技术杂志社.
3 《建筑施工手册》(第四版)编写组. 建筑施工手册(第四版)[M]. 北京：中国建筑工业出版社.
4 江正荣. 建筑地基与基础施工手册(第二版)[M]. 北京：中国建筑工业出版社.
5 江正荣. 地基与基础工程施工禁忌手册[M]. 北京：机械工业出版社.
6 《工程地质手册》编委会. 工程地质手册(第四版)[M]. 北京：中国建筑工业出版社.
7 吴来瑞，邓学才. 建筑施工测量手册[M]. 北京：中国建筑工业出版社.
8 陈希哲. 土力学地基基础(第4版)[M]. 北京：清华大学出版社.
9 王铁梦，工程结构裂缝控制[M]. 北京：中国建筑工业出版社.
10 赵志缙，于晓音. 地下与基础工程百问[M]，北京：中国建筑工业出版社.
11 赵志缙主编. 高层建筑施工手册[M]. 第二版. 上海：同济大学出版社.
12 胡世德主编. 高层建筑施工，第二版[M]. 北京：中国建筑工业出版社.
13 王赫. 建筑工程事故处理手册[M]. 北京：中国建筑工业出版社.
14 史佩栋主编. 桩基工程手册(桩和桩基础手册)[M]. 北京：人民交通出版社.
15 徐维钧主编. 桩基施工手册[M]. 北京：人民交通出版社.
16 桂业昆，邱式中. 桥梁施工专项技术手册[M]. 北京：人民交通出版社.
17 阎明礼，张东刚. CFG桩复合地基技术及工程实践[M]. 北京：中国水利水电出版社.
18 周国钧，牛青山编译. 灌注桩设计施工手册[M]. 北京：地震出版社.
19 李世京主编. 钻孔灌注桩施工手册[M]. 北京：地质出版社.
20 史佩栋. 实用桩基工程手册[M]. 北京：中国建筑工业出版社.
21 唐业清. 简明地基基础设计施工手册[M]. 北京：中国建筑工业出版社.
22 郭继武. 地基基础设计简明手册[M]. 北京：机械工业出版社.
23 冯乃谦，邢锋. 混凝土与混凝土结构的耐久性[M]. 北京：机械工业出版社.
24 北京市建筑设计研究院. 建筑结构专业技术措施(2006年版)[M]. 北京：中国建筑工业出版社.
25 朱炳寅，娄宇，杨琦. 建筑地基基础设计方法及实例分析[M]. 北京：中国建筑工业出版社.
26 陈馈，洪开荣，吴学送. 盾构施工技术[M]. 北京：人民交通出版社.
27 张凤祥，朱合华，傅德明. 盾构隧道[M]. 北京：人民交通出版社.
28 张凤祥，傅德明，杨国祥，项兆池. 盾构隧道施工手册[M]. 北京：人民交通出版社.
29 周文波. 盾构法隧道施工技术及应用[M]. 北京：中国建筑工业出版社.
30 王梦恕. 地下工程浅埋暗挖技术通论[M]. 合肥：安徽教育出版社.
31 建筑安装工程施工图集(第三版)[M]. 北京：中国建筑工业出版社.
32 新型建筑模板实用技术[M]. 北京：中国建筑工业出版社.
33 叶林标，张玉玲，侯君伟，等，建筑工程防水施工手册[M]. 北京：中国建筑工业出版社.
34 叶琳昌，薛绍祖. 防水工程. 第二版[M]. 北京：中国建筑工业出版社.
35 国家建筑标准设计图集[M]：轻钢龙骨纸面石膏板隔墙、吊顶(07CJ03-1).